Massimo Bergamini
Graziella Barozzi
Anna Trifone

3G Matematica.verde

Seconda edizione

Matematica e arte

Ellsworth Kelly di Emanuela Pulvirenti

Che cos'è quella strana macchia verde in copertina? Difficile crederlo, ma è un quadro: un'opera di Ellsworth Kelly dal titolo *Green Curve*. Certo, ha una forma anomala, dimensioni esagerate, non presenta immagini né disegni astratti, non si capisce quale sia il significato... eppure è un dipinto a tutti gli effetti. E come tutti i dipinti, anche quelli più essenziali, nasce dall'esigenza di rappresentare un aspetto della realtà. Nel caso di Kelly, artista americano morto a dicembre del 2015 all'età di 92 anni, quell'aspetto è la forma che hanno le cose, soprattutto quelle della natura e delle piante a lungo disegnate negli anni della formazione.

"Non sono interessato alla struttura di una roccia ma alla sua ombra", amava dire Kelly.

I contorni delle cose, dunque, sono per Kelly più importanti di quello che ci sta dentro; la sagoma del quadro è più interessante del colore con cui è riempito. Si tratta quindi di un'esplorazione precisa e paziente delle infinite geometrie del quadro. Un'operazione di reinvenzione del mondo attraverso un linguaggio "pulito" e astratto. Talmente rigoroso e oggettivo che l'opera deve quasi sembrare essersi fatta da sé, senza l'intervento della volontà dell'artista.

La sua produzione è vicina al movimento del *Hard Edge Painting*, la pittura realizzata con campiture uniformi accostate in modo netto, ed è affine al *Minimalismo*, la corrente artistica che si esprime con elementi geometrici semplici e basilari. Eppure la sua opera sfugge a queste definizioni, perché riduce la tavolozza a pochi colori base, per di più usati separatamente, e poi perché le sue tele, con quelle forme originali e non classificabili, possiedono un dinamismo estraneo all'arte minimalista.

Le sue sagome colorate parlano lo stesso linguaggio essenziale ed esatto della matematica, sono formule visive che raccontano, proprio come fa questo libro, un universo misterioso tutto da scoprire.

Ellsworth Kelly, *Green Curve*, 1996
olio su tela
302,3 × 164,5 cm

Per saperne di più vai **su.zanichelli.it/copertine-bergamini**

PER IL COMPUTER E PER IL TABLET

L'eBook multimediale

1 REGÌSTRATI A MYZANICHELLI

Vai su **my.zanichelli.it** e registrati come studente

2 SCARICA BOOKTAB

- Scarica **Booktab** e installalo
- Lancia l'applicazione e fai login

3 ATTIVA IL TUO LIBRO

- Clicca su **Attiva il tuo libro**
- Inserisci la **chiave di attivazione** che trovi sul **bollino argentato** adesivo (qui accanto un esempio di bollino con chiave di attivazione)

4 CLICCA SULLA COPERTINA

Scarica il tuo libro per usarlo offline

DS 0046745374
COD 64378
BERGAMINI MAS
RISTAMPA
BERGAMINI MAS
ZANICHELLI ED
ZANICHELLI ED
554A83B9F0

W0297356

ZANICHELLI

Copyright © 2017 Zanichelli editore S.p.A., Bologna [72121der]
www.zanichelli.it

I diritti di elaborazione in qualsiasi forma o opera, di memorizzazione anche digitale su supporti di qualsiasi tipo (inclusi magnetici e ottici), di riproduzione e di adattamento totale o parziale con qualsiasi mezzo (compresi i microfilm e le copie fotostatiche), i diritti di noleggio, di prestito e di traduzione sono riservati per tutti i paesi. L'acquisto della presente copia dell'opera non implica il trasferimento dei suddetti diritti né li esaurisce.

Le fotocopie per uso personale (cioè privato e individuale, con esclusione quindi di strumenti di uso collettivo) possono essere effettuate, nei limiti del 15% di ciascun volume, dietro pagamento alla S.I.A.E. del compenso previsto dall'art. 68, commi 4 e 5, della legge 22 aprile 1941 n. 633. Tali fotocopie possono essere effettuate negli esercizi commerciali convenzionati S.I.A.E. o con altre modalità indicate da S.I.A.E.

Per le riproduzioni ad uso non personale (ad esempio: professionale, economico, commerciale, strumenti di studio collettivi, come dispense e simili) l'editore potrà concedere a pagamento l'autorizzazione a riprodurre un numero di pagine non superiore al 15% delle pagine del presente volume. Le richieste vanno inoltrate a

CLEARedi Centro Licenze e Autorizzazioni per le Riproduzioni Editoriali
Corso di Porta Romana, n. 108
20122 Milano
e-mail autorizzazioni@clearedi.org e sito web www.clearedi.org

L'editore, per quanto di propria spettanza, considera rare le opere fuori del proprio catalogo editoriale. La loro fotocopia per i soli esemplari esistenti nelle biblioteche è consentita, oltre il limite del 15%, non essendo concorrenziale all'opera. Non possono considerarsi rare le opere di cui esiste, nel catalogo dell'editore, una successiva edizione, né le opere presenti in cataloghi di altri editori o le opere antologiche. Nei contratti di cessione è esclusa, per biblioteche, istituti di istruzione, musei e archivi, la facoltà di cui all'art. 71 - ter legge diritto d'autore. Per permessi di riproduzione, anche digitali, diversi dalle fotocopie rivolgersi a ufficiocontratti@zanichelli.it

Realizzazione editoriale:
- Coordinamento editoriale: Giulia Laffi
- Redazione: Silvia Gerola; Marinella Lombardi; Ilaria Lovato; Damiano Maragno; Edigeo srl (Filippo Bonaventura, Chiara Finardi)
- Collaborazione redazionale: Massimo Armenzoni, Parma
- Segreteria di redazione: Deborah Lorenzini, Rossella Frezzato
- Progetto grafico: Byblos, Faenza
- Composizione e impaginazione: Litoincisa, Bologna
- Disegni: Livia Marin; Roberta Maroni; Francesca Ponti; Dario Zannier; Graffito, Cusano Milanino
- Ricerca iconografica: Silvia Basso; Anna Boscolo; Byblos, Faenza; Silvia Gerola; Marinella Lombardi; Ilaria Lovato; Damiano Maragno

Contributi:
- Revisione dei testi e degli esercizi: Silvia Basso; Anna Boscolo; Annalisa Castellucci (Statistica); Filippo Bonaventura e Paola Sardella (Funzioni goniometriche, Formule goniometriche, Equazioni e disequazioni goniometriche, Trigonometria)
- Coordinamento degli esercizi Realtà e modelli: Luca Malagoli
- Stesura delle schede di approfondimento: Daniela Cipolloni, Adriano Demattè, Daniele Gouthier, Chiara Manzini, Elisa Menozzi, Ilaria Pellati, Antonio Rotteglia
- Rilettura dei testi: Marco Giusiano, Luca Malagoli, Francesca Anna Riccio
- Stesura degli esercizi: Chiara Ballarotti, Anna Maria Bartolucci, Davide Bergamini, Andrea Betti, Cristina Bignardi, Francesco Biondi, Daniela Boni, Silvana Calabria, Lisa Cecconi, Roberto Ceriani, Daniele Cialdella, Chiara Cinti, Paolo Maurizio Dieghi, Daniela Favaretto, Francesca Ferlin, Rita Fortuzzi, Ilaria Fragni, Lorenzo Ghezzi, Chiara Lucchi, Mario Luciani, Chiara Lugli, Francesca Lugli, Armando Magnavacca, Luca Malagoli, Elisa Menozzi, Luisa Morini, Monica Prandini, Tiziana Raparelli, Laura Recine, Daniele Ritelli, Antonio Rotteglia, Giuseppe Sturiale, Renata Tolino, Maria Angela Vitali, Alessandro Zagnoli, Alessandro Zago, Lorenzo Zordan
- Stesura degli esercizi Realtà e Modelli: Arcangela Bennardo, Andrea Betti, Daniela Boni, Silvia Bruno, Roberto Ceriani, Paolo Maurizio Dieghi, Maria Falivene, Marco Ferrigo, Lorenzo Ghezzi, Nadia Moretti, Marta Novati, Marta Parroni, Marco Petrella, Marco Sgrignoli, Giulia Signorini, Enrico Sintoni, Claudia Zampolini
- Stesura dei Listen to it: Fabio Bettani, Ilaria Lovato
- Stesura degli esercizi in lingua inglese: Anna Baccaglini-Frank, Andrea Betti, Ilaria Lovato
- Revisione dei Listen to it e degli esercizi in lingua inglese: Jessica Halpern, Luisa Doplicher
- Coordinamento della correzione degli esercizi: Francesca Anna Riccio
- Correzione degli esercizi: Silvano Baggio, Francesco Benvenuti, Davide Bergamini, Angela Capucci, Elisa Capucci, Lisa Cecconi, Barbara Di Fabio, Elisa Garagnani, Daniela Giorgi, Erika Giorgi, Cristina Imperato, Francesca Incensi, Chiara Lugli, Francesca Lugli, Elisa Menozzi, Elena Meucci, Monica Prandini, Francesca Anna Riccio, Daniele Ritelli, Renata Schivardi, Elisa Targa, Ambra Tinti

Realizzazione dell'eBook multimediale:

Booktab Z:
- Progettazione esecutiva e sviluppo software: duDAT srl, Bologna

Video:
- Coordinamento redazionale: Fabio Bettani
- Redazione e realizzazione: Christian Biasco
- Revisione: Isabella Malacari, Elena Zaninoni

Animazioni interattive:
- Coordinamento redazionale: Fabio Bettani, Giulia Tosetti
- Stesura e realizzazione: Davide Bergamini
- Revisione: Massimo Brida, Giulia Menegon

Audio *Listen to it*:
- Voce: Anna Baccaglini-Frank
- Realizzazione: formicablu srl, Bologna

Copertina:
- Progetto grafico: Miguel Sal & C., Bologna
- Realizzazione: Roberto Marchetti e Francesca Ponti
- Immagini di copertina: **Ellsworth Kelly**, **Green Curve**, **1996**. Olio su tela. Collezione privata © Ellsworth Kelly

Prima edizione: gennaio 2017

Ristampa:

6 5 4 2020 2021 2022

Zanichelli garantisce che le risorse digitali di questo volume sotto il suo controllo saranno accessibili, a partire dall'acquisto dell'esemplare nuovo, per tutta la durata della normale utilizzazione didattica dell'opera. Passato questo periodo, alcune o tutte le risorse potrebbero non essere più accessibili o disponibili: per maggiori informazioni, leggi my.zanichelli.it/fuoricatalogo

File per sintesi vocale
L'editore mette a disposizione degli studenti non vedenti, ipovedenti, disabili motori o con disturbi specifici di apprendimento i file pdf in cui sono memorizzate le pagine di questo libro. Il formato del file permette l'ingrandimento dei caratteri del testo e la lettura mediante software screen reader. Le informazioni su come ottenere i file sono sul sito http://www.zanichelli.it/scuola/bisogni-educativi-speciali

Grazie a chi ci segnala gli errori
Segnalate gli errori e le proposte di correzione su **www.zanichelli.it/correzioni**. Controlleremo e inseriremo le eventuali correzioni nelle ristampe del libro. Nello stesso sito troverete anche l'errata corrige, con l'elenco degli errori e delle correzioni.

Zanichelli editore S.p.A. opera con sistema qualità certificato CertiCarGraf n. 477 secondo la norma UNI EN ISO 9001:2015

Questo libro è stampato su carta che rispetta le foreste.
www.zanichelli.it/chi-siamo/sostenibilita

Stampa: Grafiche Zanini s.r.l.
Via Emilia 41/E, 40011 Anzola Emilia (Bologna)
per conto di Zanichelli editore S.p.A.
Via Irnerio 34, 40126 Bologna

SOMMARIO

Fonti delle immagini

Cap 1 – Equazioni e disequazioni
11: Ronald Sumners*, Luminis*, Hfng*
19: Alexander Raths*
28 (a): Kitch Bain*
28 (b): Stas Tolstnev*
47 (a): Pornsak Paewlumfaek*
47 (b): NarisaFotoSS*
47 (c): Semjonow Juri*
49: Ilya Andriyanov*
70: elen 418*
71: VOJTa Herout*

Cap 2 – Funzioni
82: NASA
59: Goodluz*
105: Atid28*
112: Jason Vandehey*
113 (a): studioVin*; Tim UR*; kaband*
113 (b): Inara Prusakova*
119: ssguy*
127: nataliafrei*

Cap 3 – Piano cartesiano e retta
131: Baloncici*
132: Marcio Jose Bastos Silva*
137: Ridvan EFE*
139: Monkey Business Images*
148 (a): GoodMood Photo*
148 (b): carsthets*
153: lzf*
158: Meoita*
161: Iakov Filimonov*
163: EvrenKalinbacak*
166 (a): archigraf*; Kjolak*
166 (b): Popova Valeriya*
172 (a): Lev Kropotov*; Silhouette Lover*
172 (b): OkFoto*

Cap 4 - Parabola
180: Holly Miller, 2008
182: Anton_Ivanov*
185: Lilyana Vynogradova*
188: Fred Goldstein*
195: Anthony Correia*
222: mountainpix*
225: J. Glover, Atalanta, Georgia
226 (a): Marcello Modica/www.archeologiaindustriale.net
226 (b): donatas1205*
238 (a): My Good Images*
238 (b): www.yamaha-motor.com
242 (a): Viktoriya Popova*
242 (b): Annto*
242 (c): Daxiao Productions*
242 (d): Pavel Shchegolev*
243: Tomasz Troyanowsky

Cap 5 – Circonferenza
254: CoraMax*
261 (a): SWEviL*
261 (b): nakorn*
268: tothzoli001*
272: Dorottya Mathe*
275: Rawpixel*, Katrien1*
279: aslysun*, 3drenderings*
283: Adam Vilimek*
284: Rigamondis*
287 (a): solarseven*
287 (b): Galushko Sergey*
289: Tang Yan Song*
296 (a): Creative Jen Designs*
296 (b): Ron Ellis*
301: Xtrekx*
302: Digital Genetics*
303: Filip Uhrak*

Cap 6 – Ellisse
308: NASA/JPL
316: SF photo*
317: EtiAmmos*
321 (a): Phish Photography*
321 (b): Massimiliano Pieraccini*
326: Marcel Clemens*; bluecrayola*
328: George P. Choma*
329: VDV*

Cap 7 – Iperbole
348: Kameel4u*; Thad/iStockphoto
349: V. J. Matthew*
354: ETH-Bibliothek Zürich, Rar 813: 2
366: Mirec*
367 (a): ANDRE DIB*
367 (b): Givaga*
367 (c): gresei*
369: subin pumsom*
376 (a): Elenarts*
376 (b): Doris Schattschneider, "Visioni della Simmetria – I disegni periodici di M. C. Escher", Zanichelli
376 (c): Dario Lo Presti*
380 (a): sciencepics*
380 (b): tungtopgun*
380 (c): Dmitrydesign*

Cap 8 – Esponenziali
385: Lars Christensen*, Ljupco Smokowski*
386: Digital Storm*
387: violetkaipa*
394 (a): Dennis W. Donohue*
394 (b): Arthimedes*
394 (c): Gena96*
396: Mopic*
402: Marcel Jancovic*
405 (a): Rido*
405 (b): 5*
406 (a): Yuliyan Velchev*
406 (b): maradon 333*
407: Satirus*

Cap 9 – Logaritmi
411: eldar nurkovic*
412: oceanfishing*
416: Olivier Le Moal*
417: ollirg*
433: FabrikaSimf*
439: Juan Gaertner*
440 (a): Alberto Zornetta*
440 (b): RMIKKA*
440 (c): Iurii N*
448 (a): ravl*
448 (b): Maxim Blinkov*
448 (c): albund*
449: www.camlab.co.uk

Cap 10 – Funzioni goniometriche
452: Elenarts*
454: Pialr Echevarria*, Marek Cech*
502: Liu Hui (1726 Tu Shu Ji Cheng)
506 (a): Elisanth*
506 (b): Photo Melon*
506 (c): wavebreakmedia*
512: Tatiana Popova*
515 (a): Giovanni Benintende*
515 (b): bergamont*
516: S.Cooper Digital*
521: cubee*
522: Jiri Hera*
523: EuToch*

Cap 11 – Formule goniometriche
531: luckypick*
534: Africa Studio*
536 (a): happy photo*
536 (b): Giuseppe_R*
540 (a): Jason Salmon*
540 (b): viritphon*
543: Diego Barbieri*
549: Bodik1992*
550 (a): Dimedrol68*
550 (b): photokup*
551: marcovarro*

Cap 12 - Equazioni e disequazioni goniometriche
556: Olga Kushcheva*
567: Prism_68*
586: Zerbor*
592: Zurijeta*
593: Patryk Kosmider*
614 (a): Kamil Macniak*
614 (b): parinyabinsuk*; Lightspring*
615: Peter Sobolev*

Cap 13 – Trigonometria
617: Mmaxer*
623: Carolina K. Smith, M. D.*; Jonathan Larsen*
627: PerseoMedusa*
636 (a): Poznyakov*
636 (b): Mitch Gunn*
636 (c): Pressmaster*
642: Lemon Tree Images*
648 (a): Manuel Ploetz*
648 (b): hxdbzxy*
653: photo.ua*
655: Claudio Giovanni Colombo*
656: welcomia*
657: www.laverderosa.it
662 (a): alfredolon*
662 (b): fluidworkshop*
663: Yulia Grigoryeva*

Cap 14 – Statistica
664: Denis Vrublevski*
691: NASA/JPL-Caltech
696: Kzenon*
697: (a): Tatiana Popova
697: (b): Production Perig*
707: William Perugini*
708: Pro3DArtt*
714: Mega Pixel*
716: Ekaterina Pokrovsky*
719: Andresr*
723: Marcel Jancovic*
725: Colour*
726: Pinkcandy*
727: Rido*

* da archivio Shutterstock

COME ORIENTARSI NEL LIBRO

Tanti tipi di esercizi

AL VOLO — **Esercizi veloci**
Per esempio: esercizi dal 95 al 98, pagina 29.

CACCIA ALL'ERRORE — **Evita i tranelli**
Per esempio: esercizio 199, pagina 399.

COMPLETA — **Inserisci la risposta giusta**
Per esempio: esercizio 361, pagina 436.

EUREKA! — **Una sfida per metterti alla prova**
Per esempio: esercizio 267, pagina 650.

FAI UN ESEMPIO — **Se lo sai fare, hai capito**
Per esempio: esercizio 80, pagina 205.

LEGGI IL GRAFICO — **Ricava informazioni dall'analisi di un grafico**
Per esempio: esercizio 287, pagina 116.

REALTÀ E MODELLI — **La matematica di tutti i giorni**
Per esempio: esercizio 325, pagina 222.

RIFLETTI SULLA TEORIA — **Spiega, giustifica, argomenta**
Per esempio: esercizio 122, pagina 269.

YOU & MATHS — **La matematica in inglese**
Per esempio: esercizio 410, pagina 45.

VERO O FALSO? **TEST** **ASSOCIA** — **Vedi subito se hai capito**
Per esempio: esercizi dal 72 al 75, pagina 204.

267 EUREKA! Dimostra che il perimetro e l'area di un poligono regolare di n lati inscritto in una circonferenza di raggio r misurano rispettivamente $2n r \sin\frac{\pi}{n}$ e $\frac{1}{2}r^2 n \sin\frac{2\pi}{n}$. Calcola poi:

a. perimetro e area del dodecagono regolare inscritto in una circonferenza di raggio 2;
b. il raggio di una circonferenza in cui è inscritto un ottagono regolare di area $32\sqrt{2}$.

[a) $12\sqrt{2}(\sqrt{3}-1)$; 12; b) 4]

287 LEGGI IL GRAFICO A partire dal grafico della funzione $y = f(x)$, traccia i grafici di $y = f(x-1)$ e $y = f(x+1) - 2$.

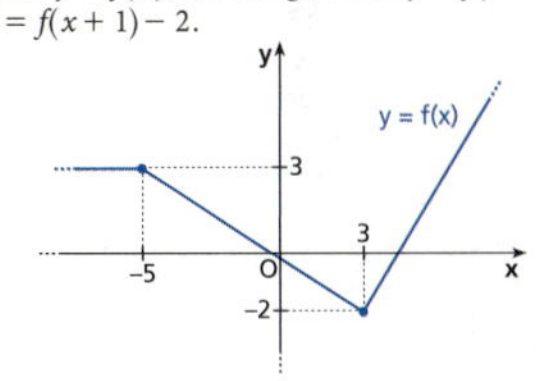

325 REALTÀ E MODELLI **Acrobazie con gli sci** In una sfida di salto acrobatico con gli sci, la rampa usata dagli atleti può essere schematizzata nel modo rappresentato in figura: ...

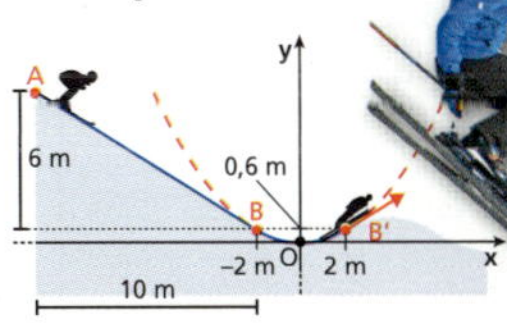

I rimandi alle risorse digitali

Video — **1 ora e 30 minuti di video**
Per esempio: *Eccentricità e orbite*, pagina 308.

Animazione — **130 animazioni interattive**
Per esempio: esercizi a pagina 350.

Listen to it — **La lettura di 50 definizioni ed enunciati in inglese**
Per esempio: *Surjective function*, pagina 78.

TUTOR matematica — risorsa riservata a chi ha acquistato l'edizione con tutor — **750 esercizi interattivi in più**
con suggerimenti teorici, video e animazioni per guidarti nel ripasso.

CAPITOLO

1 EQUAZIONI E DISEQUAZIONI

1 Disequazioni e princìpi di equivalenza

Le disuguaglianze sono enunciati fra espressioni che confrontiamo mediante le seguenti relazioni d'ordine:

$<$ (minore), $>$ (maggiore), $\leq$ (minore o uguale), $\geq$ (maggiore o uguale).

Per esempio:

$2 + 1 < 5, \quad 3a + 1 \geq b.$

Listen to it

An **inequality** is a relation that compares two expressions, one greater than the other. If the expressions contain unknown quantities, we **solve the inequality** by finding the values for which the **inequality** holds.

DEFINIZIONE

Una **disequazione** è una disuguaglianza in cui compaiono espressioni letterali per le quali cerchiamo i valori di una o più lettere che rendono la disuguaglianza vera.

Le lettere per le quali si cercano valori sono le **incognite**. I valori delle incognite che rendono vera la disuguaglianza sono le **soluzioni** della disequazione.

Ci occuperemo, per il momento, di disequazioni a una sola incognita e cercheremo di determinare l'**insieme delle soluzioni** S nell'insieme $\mathbb{R}$ dei numeri reali.

ESEMPIO

La disequazione $5 - x > 0$ ha come insieme delle soluzioni $S = \{x \in \mathbb{R} | x < 5\}$, che indichiamo, per brevità, con $x < 5$.

Se una disequazione è scritta nella **forma normale** $P(x) > 0$, con $P(x)$ polinomio nell'incognita x ridotto in forma normale, il **grado della disequazione** è il grado di $P(x)$. Analoga definizione si ha per le disequazioni con $<, \leq, \geq$.

Una disequazione è **numerica** se nell'equazione non compaiono altre lettere oltre all'incognita. È **letterale** se invece contiene altre lettere, che possono anche essere chiamate *parametri*.

Una disequazione è **intera** se l'incognita compare soltanto nei numeratori delle eventuali frazioni presenti nella disequazione. Se invece l'incognita è contenuta nel denominatore di qualche frazione, allora la disequazione è **fratta**.

ESEMPIO

La disequazione $\frac{2}{x+5} > 3x - 1$ è fratta e ha senso solo quando

$x + 5 \neq 0 \to x \neq -5$

perché non possono esistere frazioni con denominatore nullo. Diciamo anche che la sua condizione di esistenza è $x \neq -5$.

DEFINIZIONE

Le **condizioni di esistenza** di una disequazione sono le condizioni che le variabili devono soddisfare affinché tutte le espressioni scritte abbiano significato. Le indichiamo con C.E.

Intervalli

▶ Esercizi a p. 24

Spesso gli insiemi delle soluzioni delle disequazioni che studieremo sono particolari sottoinsiemi di $\mathbb{R}$ chiamati **intervalli**.

DEFINIZIONE

Dati due numeri reali a e b, con $a < b$, chiamiamo **intervallo limitato** l'insieme dei numeri reali x compresi fra a e b.

Dato un numero reale a, chiamiamo **intervallo illimitato** l'insieme dei numeri reali x che precedono a, oppure l'insieme dei numeri reali x che seguono a.

Un intervallo è **chiuso** quando include i propri estremi, in caso contrario è **aperto**.

Distinguiamo i seguenti casi, dove rappresentiamo gli intervalli in tre modi diversi: con le disuguaglianze, mediante parentesi quadre o con una rappresentazione grafica.

Intervalli limitati

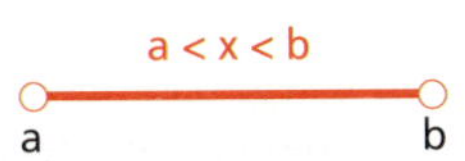

a. Intervallo aperto $]a; b[$.

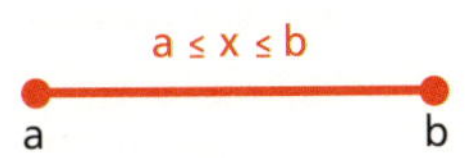

b. Intervallo chiuso $[a; b]$.

c. Intervallo aperto a destra $[a; b[$.

d. Intervallo aperto a sinistra $]a; b]$.

Intervalli illimitati

a. Intervallo aperto illimitato superiormente $]a; +\infty[$.

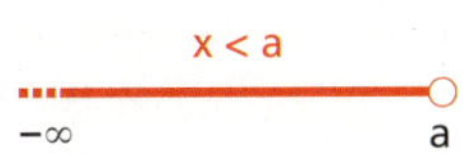

b. Intervallo aperto illimitato inferiormente $]-\infty; a[$.

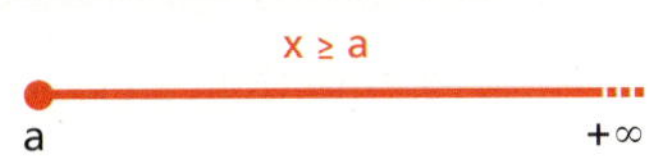

c. Intervallo chiuso illimitato superiormente $[a; +\infty[$.

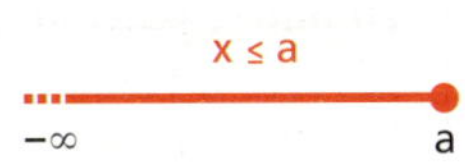

d. Intervallo chiuso illimitato inferiormente $]-\infty; a]$.

ESEMPIO

1. $\left[2; \frac{17}{5}\right]$, ossia $2 \leq x \leq \frac{17}{5}$, è un intervallo limitato chiuso; 2 è l'estremo inferiore, $\frac{17}{5}$ l'estremo superiore.

2. $]-\infty; 5[$, ossia $x < 5$, è un intervallo aperto illimitato inferiormente.

Disequazioni equivalenti

▶ Esercizi a p. 25

DEFINIZIONE
Due **disequazioni** sono **equivalenti** se hanno lo stesso insieme di soluzioni.

ESEMPIO
$x - 3 > 0$ e $x - 2 > 1$ sono disequazioni equivalenti perché hanno per soluzioni i valori dell'intervallo $x > 3$.

I **membri** di una disequazione sono le due espressioni che si trovano a sinistra (primo membro) e a destra (secondo membro) del segno di disuguaglianza.

Per l'equivalenza tra disequazioni valgono i seguenti princìpi.

▶ **a.** La disequazione $-x^2 > -7x^2$ è equivalente alla disequazione $6x^2 > 0$?

b. $-4x > 0$ è equivalente a $x > 4$?

Primo principio di equivalenza
Data una disequazione, si ottiene una disequazione a essa equivalente aggiungendo a entrambi i membri uno stesso numero o espressione.

ESEMPIO
La disequazione $x^2 - 3 < x$ è equivalente alla disequazione $x^2 - x - 3 < 0$, ottenuta sommando $-x$ a entrambi i membri.

Nell'esempio precedente, dopo l'applicazione del primo principio, il termine x scompare dal secondo membro e compare al primo con il segno cambiato.
Per questo, possiamo dire che **un termine può essere trasportato da un membro all'altro della disequazione cambiandogli il segno**.

Secondo principio di equivalenza
Data una disequazione, si ottiene una disequazione a essa equivalente:

- moltiplicando o dividendo entrambi i membri per uno stesso numero (o espressione) *positivo*.
- moltiplicando o dividendo entrambi i membri per un numero (o espressione) *negativo* e *cambiando il verso* della disuguaglianza.

In particolare, **se si cambia il segno di tutti i termini di una disequazione e si inverte il verso della disuguaglianza, si ottiene una disequazione equivalente**.

Questa operazione equivale a moltiplicare per -1 i due membri della disequazione e a invertire il verso della disuguaglianza.

ESEMPIO

1. La disequazione $\frac{5x}{2} > 1$ è equivalente alla disequazione $5x > 2$. La seconda si ottiene dalla prima moltiplicando entrambi i membri per 2.
2. $-x^2 > -9$ è equivalente a $x^2 < 9$. La seconda disequazione si ottiene dalla prima moltiplicando entrambi i membri per -1 (ovvero cambiando il segno di tutti i termini) e invertendo il verso della disuguaglianza.

▶ **a.** La disequazione
$(1-\sqrt{2})x > 1$
è equivalente alla disequazione
$x > \frac{1}{1-\sqrt{2}}$?

b. $-6x > -8x$
è equivalente a
$x > 0$?

2 Disequazioni di primo grado

▶ Esercizi a p. 26

Le disequazioni intere di primo grado possono sempre essere scritte in una delle seguenti forme, dopo aver opportunamente applicato i princìpi di equivalenza:

$$ax > b, \quad ax \geq b, \quad ax < b, \quad ax \leq b, \quad \text{con } a, b \in \mathbb{R}.$$

Risolvendo $ax > b$, otteniamo, a seconda dei valori di a:

- se $a > 0$, $\quad x > \frac{b}{a}$;
- se $a = 0$, $\quad 0 \cdot x > b$
  - se $b > 0$, $S = \emptyset$;
  - se $b = 0$, $S = \emptyset$;
  - se $b < 0$, $S = \mathbb{R}$;
- se $a < 0$, $\quad x < \frac{b}{a}$.

Un ragionamento analogo vale anche per le altre tre disequazioni.
Risolviamo una disequazione numerica intera, applicando i princìpi di equivalenza:

$$2 + \frac{x}{4} \leq 1 + x \quad \to \quad \frac{x}{4} - x \leq 1 - 2 \quad \to \quad -\frac{3}{4}x \leq -1 \quad \to \quad x \geq \frac{4}{3}.$$

Un esempio di disequazione letterale è $ax - 1 \geq 2a$. Per risolverla occorre discutere le sue soluzioni al variare di a.

$$ax - 1 \geq 2a \quad \to \quad ax \geq 2a + 1$$

- se $a > 0$, $x \geq \frac{2a+1}{a}$
- se $a = 0$, $0 \geq 1$ $\to$ impossibile
- se $a < 0$, $x \leq \frac{2a+1}{a}$

Discutere le soluzioni di una disequazione letterale permette di ottenere le soluzioni di infinite disequazioni numeriche, quelle che si hanno sostituendo nella disequazione data valori particolari alla lettera (o alle lettere).

Studio del segno di un prodotto

ESEMPIO

Consideriamo la disequazione costituita da un prodotto di binomi di primo grado messo a confronto con il numero 0:

$$(x-1)(3x+2)(x+4) > 0.$$

Per risolverla **studiamo il segno** di ogni fattore e poi deduciamo quello del prodotto al variare di x.

Animazione

Nell'animazione, scomponendo in fattori e applicando lo stesso metodo, risolviamo anche:

$x^3 - 4x \leq 0$.

$$x-1>0 \quad \rightarrow \quad x>1$$
$$3x+2>0 \quad \rightarrow \quad x>-\frac{2}{3}$$
$$x+4>0 \quad \rightarrow \quad x>-4$$

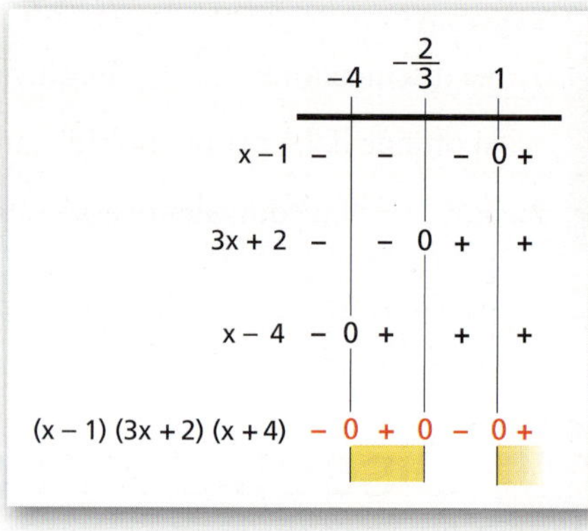

Rappresentiamo i risultati in uno schema grafico in cui indichiamo i segni dei fattori nei diversi intervalli e il segno del prodotto, ottenuto con la regola dei segni. Evidenziamo in giallo gli intervalli in cui la disequazione è verificata, cioè quelli in cui il prodotto risulta essere positivo. L'insieme delle soluzioni è:

$$-4<x<-\frac{2}{3} \quad \vee \quad x>1.$$

► Risolvi la disequazione $x(4-2x)(x+3) \leq 0$.

3 Disequazioni di secondo grado

Segno di un trinomio di secondo grado

|► Esercizi a p. 31

Per studiare il segno di un trinomio di secondo grado ax^2+bx+c, con $a \neq 0$, possiamo considerare la funzione $y=ax^2+bx+c$ e utilizzare il suo grafico, che è una parabola.

ESEMPIO

Studiamo il segno del trinomio di secondo grado $2x^2-7x+3$.
La funzione $y=2x^2-7x+3$ ha per grafico una parabola che ha la concavità rivolta verso l'alto e interseca l'asse x nei punti di ascissa $\frac{1}{2}$ e 3, perché:

$$2x^2-7x+3=0 \rightarrow \Delta=49-24=25>0,\ x=\frac{7 \pm 5}{4} \rightarrow x_1=\frac{1}{2},\ x_2=3.$$

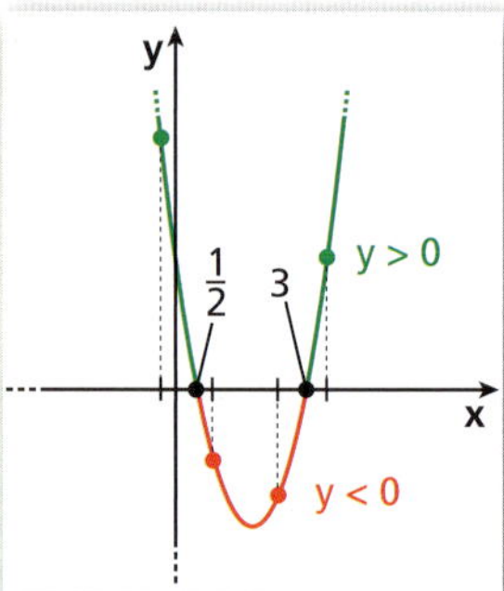

Per $\frac{1}{2}<x<3$, i punti del grafico hanno ordinata negativa; per $x<\frac{1}{2}$ o $x>3$, hanno ordinata positiva.
Per lo studio del segno non servono altre informazioni relative alla parabola, quindi possiamo utilizzare lo schema semplificato della figura a lato e concludere che $2x^2-7x+3$ è:

- negativo se $\frac{1}{2}<x<3$;
- nullo se $x=\frac{1}{2} \vee x=3$;
- positivo se $x<\frac{1}{2} \vee x>3$.

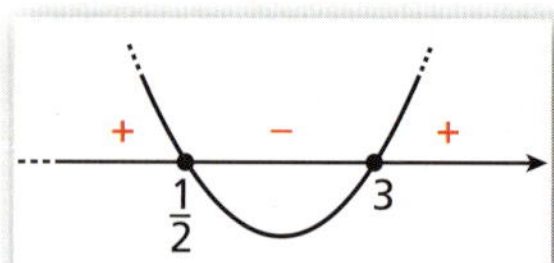

Riassumiamo nella tabella le possibili posizioni di una parabola di equazione $y=ax^2+bc+c$ rispetto all'asse x. x_1 e x_2 sono le radici dell'equazione associata $ax^2+bx+c=0$, cioè i valori per i quali il trinomio è nullo. I segni + e − indicano dove la parabola è sopra o sotto l'asse x, e quindi anche dove il trinomio è positivo o negativo.

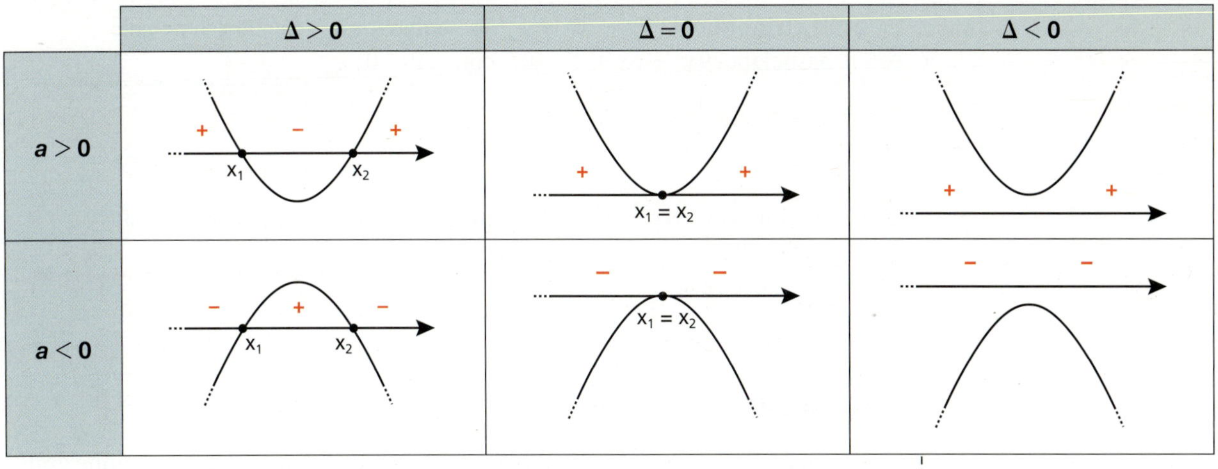

Chiamiamo **intervallo delle radici** l'intervallo dei valori compresi fra x_1 e x_2.
Osserviamo i grafici nella prima colonna della tabella precedente, che si riferiscono al caso $\Delta > 0$. Per valori di x esterni all'intervallo delle radici:

- se $a > 0$, cioè ha segno $+$, anche il trinomio ha segno $+$;
- se $a < 0$, cioè ha segno $-$, anche il trinomio ha segno $-$;

quindi il trinomio assume sempre *segno concorde* con quello del primo coefficiente a per *valori esterni all'intervallo delle radici.*

Ragionando in modo analogo, otteniamo che, con $\Delta > 0$, il trinomio assume *segno discorde* da quello di a per *valori di x interni all'intervallo delle radici.*

Quindi, per formulare una regola che valga sia per $a > 0$ sia per $a < 0$, basta confrontare il segno del trinomio con quello di a per i valori interni o esterni all'intervallo delle radici.

Procedendo nello stesso modo anche nei casi $\Delta = 0$ e $\Delta < 0$, otteniamo il seguente schema, che possiamo utilizzare anche senza tracciare il grafico della parabola.

confronto dei segni di $ax^2 + bx + c$ e di a:

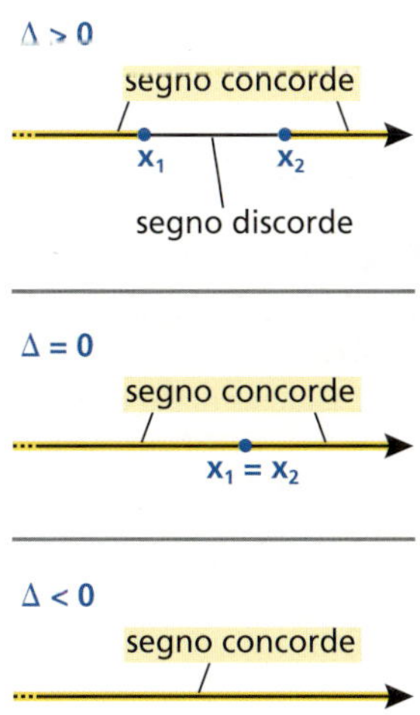

Segno di un trinomio di secondo grado
Quando l'equazione associata al trinomio $ax^2 + bx + c$, con $a \neq 0$, ha:

- $\mathbf{\Delta > 0}$, il trinomio e il coefficiente a hanno
  - *segno concorde* per valori di x *esterni* all'intervallo delle radici;
  - *segni discordi* per valori di x *interni* all'intervallo delle radici;
- $\mathbf{\Delta = 0}$, il trinomio e il coefficiente a hanno *segno concorde* per *tutti* i valori di x *diversi* dalla radice dell'equazione;
- $\mathbf{\Delta < 0}$, il trinomio e il coefficiente a hanno *segno concorde* per *ogni* valore reale di x.

Facciamo alcuni esempi.

ESEMPIO

a. Il trinomio $-x^2 - x + 2$ ha equazione associata $-x^2 - x + 2 = 0$, con $\Delta > 0$ e $x_1 = -2$, $x_2 = 1$.

Segno del trinomio

TEORIA

b. Il trinomio $+9x^2-6x+1$ ha equazione associata $9x^2-6x+1=0$, con $\Delta=0$ e

$$x_1=x_2=\frac{1}{3}.$$

Segno del trinomio

c. Il trinomio $-8x^2+x-3$ ha equazione associata $-8x^2+x-3=0$, con $\Delta<0$ e nessuna radice reale.

Segno del trinomio

Studio algebrico del segno

Animazione | La regola che abbiamo ottenuto mediante interpretazione grafica, osservando le caratteristiche della parabola, può anche essere dimostrata con lo studio algebrico del segno, come proponiamo nell'animazione.

Risoluzione di una disequazione di secondo grado

▶ Esercizi a p. 32

La regola dello studio del segno di un trinomio di secondo grado è utile per risolvere una disequazione di secondo grado.

Possiamo seguire questo procedimento:

- portiamo la disequazione nella forma normale $\boldsymbol{ax^2+bx+c>0}$ (o in quelle analoghe con $\geq$, $<$, $\leq$), dove per comodità scegliamo di avere $\boldsymbol{a>0}$;
- risolviamo l'equazione associata, determinando il segno del discriminante e le radici, quando esistono;
- applichiamo la regola dello studio del segno, individuando l'intervallo o gli intervalli in cui il trinomio è o positivo o negativo, a seconda della richiesta della disequazione.

Abbiamo scelto di portare sempre la disequazione nella forma con $a>0$ perché, in questo modo, nella risoluzione, per studiare il segno del trinomio possiamo utilizzare solo parabole con la concavità rivolta verso l'alto.

Esaminiamo alcuni esempi. Nelle animazioni puoi vedere il segno dei trinomi in modo dinamico.

Listen to it

To solve a **quadratic inequality** just sketch some basic features of the **graph** of the associated quadratic function, as shown in the figures.

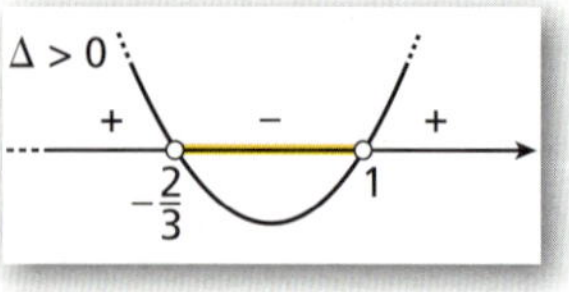

ESEMPIO

1. **Animazione** | $\boldsymbol{\Delta>0}$ Risolviamo la disequazione $3x^2-x-2<0$.

L'equazione associata è $3x^2-x-2=0$, con $\Delta=25>0$; le sue radici sono:

$$x_1=-\frac{2}{3};\qquad x_2=1.$$

Il trinomio ha segno concorde con il coefficiente 3 di x^2 per valori esterni all'intervallo $\left[-\frac{2}{3};1\right]$, ha segno discorde per valori interni.

La disequazione chiede che il trinomio sia negativo, quindi le soluzioni sono:

$$-\frac{2}{3}<x<1.$$

2. **Animazione** | **Δ = 0** Risolviamo la disequazione $x^2 - 4x + 4 > 0$.

L'equazione associata $x^2 - 4x + 4 = 0$ ha $\Delta = 0$, con due soluzioni coincidenti:

$x_1 = x_2 = 2$.

Il trinomio ha segno concorde con il coefficiente 1 di x^2 per qualunque valore diverso da 2.

La disequazione chiede che il trinomio sia positivo, quindi le soluzioni sono:

$x \neq 2$.

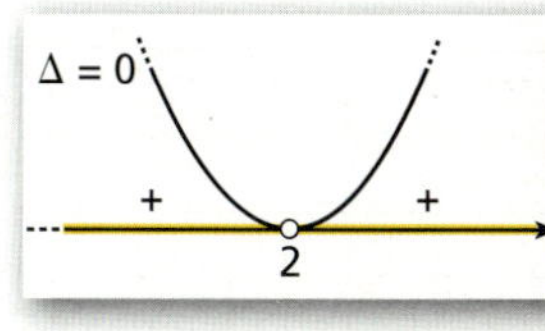

3. **Animazione** | **Δ < 0** Risolviamo la disequazione $2x^2 - x + 1 < 0$.

L'equazione associata $2x^2 - x + 1 = 0$ ha $\Delta < 0$.

Il trinomio ha segno concorde con il coefficiente 2 di x^2 per qualsiasi valore di x.

La disequazione chiede che il trinomio sia negativo, quindi non è mai verificata.

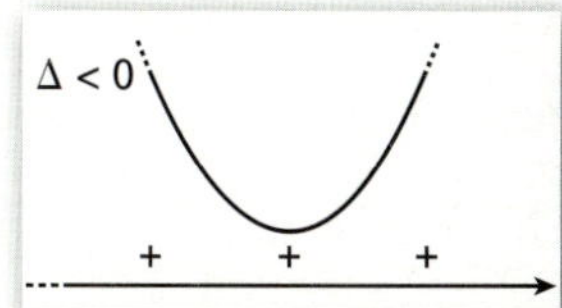

► Risolvi le seguenti disequazioni:

a. $2x^2 + 8x - 10 < 0$;

b. $2x^2 - 12x + 18 \geq 0$;

c. $4x^2 + 2x + 1 < 0$.

4 Disequazioni di grado superiore al secondo

► Esercizi a p. 38

Disequazioni risolvibili con scomposizioni in fattori

Dato un polinomio $P(x)$ di grado maggiore di 2, le disequazioni del tipo $P(x) < 0$ o $P(x) > 0$ sono di grado superiore al secondo e possono essere risolte scomponendo in fattori di primo e secondo grado il polinomio $P(x)$ e studiando il segno del prodotto di polinomi che si ottiene.

ESEMPIO **Animazione**

Risolviamo la disequazione $x^3 - 2x^2 - 5x + 6 > 0$.

Scomponiamo $x^3 - 2x^2 - 5x + 6$ in fattori mediante la regola di Ruffini.

Se sostituiamo nel polinomio i divisori del termine noto 6, scopriamo che 1 è uno zero del polinomio, che è quindi divisibile per $(x - 1)$.

Applichiamo la regola di Ruffini:

	1	−2	−5	6
1		1	−1	−6
	1	−1	−6	0

$x^3 - 2x^2 - 5x + 6 = (x - 1)(x^2 - x - 6)$.

La disequazione iniziale è equivalente a:

$(x - 1)(x^2 - x - 6) > 0$.

Esaminiamo il segno dei polinomi fattori e del prodotto:

$x - 1 > 0 \quad \rightarrow \quad x > 1$;

$x^2 - x - 6 > 0 \quad \rightarrow \quad x < -2 \ \vee \ x > 3$.

Dal quadro della figura ricaviamo che la disequazione è verificata per

$-2 < x < 1 \ \vee \ x > 3$.

► Risolvi la disequazione $x^3 + 3x^2 - 6x - 8 \leq 0$.

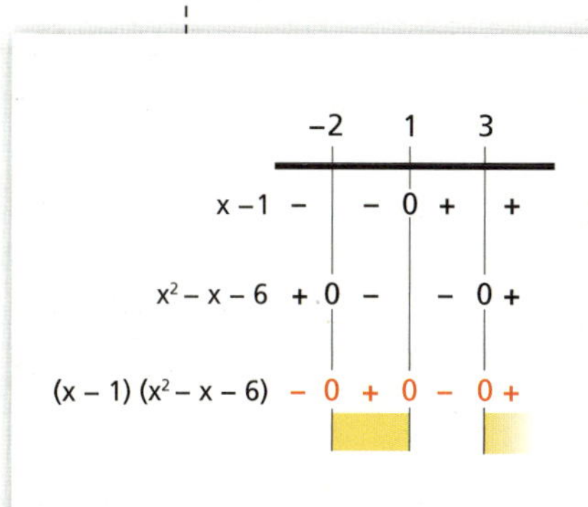

In particolari casi di disequazioni, possiamo utilizzare metodi specifici.

Disequazioni biquadratiche

Una **disequazione biquadratica** è riconducibile alla forma $ax^4 - bx^2 + c \gtreqless 0$, con $a \neq 0$.

ESEMPIO Animazione

Risolviamo $x^4 - 13x^2 + 36 \geq 0$.

L'equazione associata $x^4 - 13x^2 + 36 = 0$ è un'*equazione biquadratica*, perché è nella forma $ax^4 + bx^2 + c = 0$, con $a \neq 0$. Introduciamo l'incognita ausiliaria z, poniamo $x^2 = z$ e risolviamo nell'incognita z:

$$z^2 - 13z + 36 = 0 \quad \rightarrow \quad z_1 = 4, z_2 = 9.$$

La disequazione iniziale è equivalente alla disequazione in z:

$$z^2 - 13z + 36 \geq 0$$

le cui soluzioni sono $z \leq 4 \lor z \geq 9$; da ciò, essendo $x^2 = z$:

$$x^4 - 13x^2 + 36 \geq 0 \quad \text{per} \quad x^2 \leq 4 \ \lor \ x^2 \geq 9, \text{ ossia:}$$

$$-2 \leq x \leq 2 \ \lor \ (x \leq -3 \ \lor \ x \geq 3).$$

▶ Risolvi $-x^4 - 6x^2 - 8 < 0$.

Disequazioni binomie

Una **disequazione binomia** può essere ricondotta alla forma $ax^n + b \gtreqless 0$, con $a \neq 0$ e n intero positivo.

ESEMPIO Animazione

Risolviamo $x^3 - 8 \leq 0$.

L'equazione associata $x^3 - 8 = 0$ è un'*equazione binomia*, con esponente $n = 3$, dispari, perché è nella forma $ax^n + b = 0$, con $a \neq 0$ e n intero positivo. La sua soluzione è:

$$x^3 = 8 \rightarrow x = \sqrt[3]{8} = 2.$$

Ricordando che

$$a^3 - b^3 = (a - b)(a^2 + ab + b^2),$$

scriviamo $x^3 - 8 = (x - 2)(x^2 + 2x + 4)$.

Inoltre il trinomio $x^2 + 2x + 4$, che ha $\frac{\Delta}{4} = 1 - 4 < 0$, assume sempre segno positivo, allora il segno di $x^3 - 8$ dipende solo dal segno del fattore $(x - 2)$.

La disequazione è verificata per $x \leq 2$.

▶ **a.** Risolvi $x^5 + 125 \leq 0$.
b. Risolvi $x^4 - 81 > 0$ e $x^4 + 81 > 0$, e confronta i risultati con il caso di esponente dispari di x.

In generale, le disequazioni del tipo $\boldsymbol{x^n > a}$ e $\boldsymbol{x^n < a}$, con n dispari, si possono risolvere direttamente scrivendo $\boldsymbol{x > \sqrt[n]{a}}$ e $\boldsymbol{x < \sqrt[n]{a}}$.

Disequazioni trinomie

Una **disequazione trinomia** può essere ricondotta alla forma $ax^{2n} + bx^n + c \gtreqless 0$, con $a \neq 0$ e n intero positivo.

ESEMPIO Animazione

Risolviamo $x^6 - 3x^3 + 2 > 0$.

L'equazione associata $x^6 - 3x^3 + 2 = 0$ è un'*equazione trinomia*, perché è nella forma $ax^{2n} + bx^n + c = 0$, con $a \neq 0$ e n intero positivo. Per risolverla, introduciamo l'incognita ausiliaria z e poniamo $x^3 = z$:

$$z^2 - 3z + 2 = 0 \quad \text{per} \quad z_1 = 1, z_2 = 2.$$

Procediamo come abbiamo fatto per la disequazione biquadratica.

La disequazione di sesto grado, nell'incognita x, è equivalente alla disequazione di secondo grado, nell'incognita ausiliaria z.

Ricaviamo:

$z^2 - 3z + 2 > 0 \quad$ per $\quad z < 1 \vee z > 2$, da cui:

$x^6 - 3x^3 + 2 > 0 \quad$ per $\quad x^3 < 1 \vee x^3 > 2$, vale a dire:

$x < 1 \vee x > \sqrt[3]{2}$.

▶ Risolvi $-x^{10} - x^5 + 2 \leq 0$.

5 Disequazioni fratte

▶ Esercizi a p. 43

Una disequazione è **fratta** se contiene l'incognita al denominatore. Può essere sempre trasformata in una disequazione del tipo

$$\frac{A(x)}{B(x)} > 0$$

o in altre analoghe con i diversi segni di disuguaglianza.

Per risolvere una disequazione fratta dobbiamo studiare il segno della frazione $\frac{A(x)}{B(x)}$, esaminando i segni di $A(x)$ e di $B(x)$. Dobbiamo imporre $B(x) \neq 0$ per la condizione di esistenza della frazione.

ESEMPIO Animazione

Risolviamo la disequazione $\dfrac{x^2 - 1}{2x^2 - 7x - 4} \geq 0$.

Il denominatore deve essere non nullo, perciò:

$$\text{C.E.: } 2x^2 - 7x - 4 \neq 0 \quad \rightarrow \quad x \neq -\frac{1}{2} \wedge x \neq 4.$$

Studiamo il segno del numeratore:

$$x^2 - 1 > 0 \quad \rightarrow \quad x < -1 \vee x > 1.$$

Studiamo il segno del denominatore.

Le radici dell'equazione associata sono $-\frac{1}{2}$ e 4, quindi:

$$2x^2 - 7x - 4 > 0 \quad \rightarrow \quad x < -\frac{1}{2} \vee x > 4.$$

La frazione è uguale a 0 quando lo è il suo numeratore, mentre se il denominatore è uguale a 0 la frazione non esiste. In questo caso, nello schema, utilizziamo il simbolo ∄.

MATEMATICA ED ECONOMIA

Made in... Negli ultimi anni i prodotti «made in China» hanno invaso il mercato mondiale e spinto gli altri Paesi a trovare nuove strategie per restare competitivi.

▶ Quando è più conveniente importare un bene dall'estero anziché produrlo?

La risposta

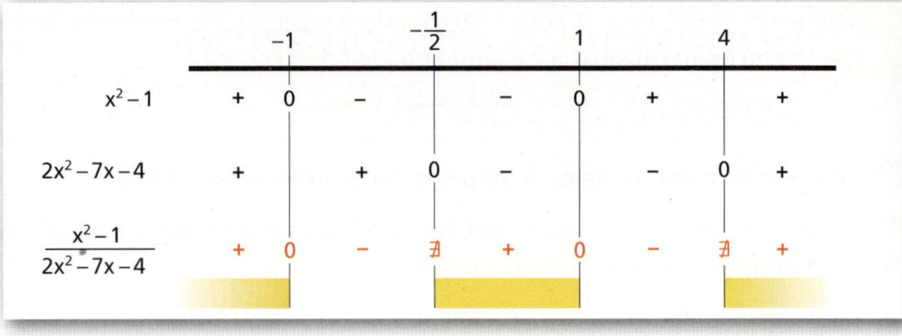

La disequazione fratta è verificata per:

$$x \leq -1 \quad \vee \quad -\frac{1}{2} < x \leq 1 \quad \vee \quad x > 4.$$

▶ Risolvi la disequazione $\frac{x^2-4x}{x-3} \leq 0$. $[x \leq 0 \vee 3 < x \leq 4]$

6 Sistemi di disequazioni

|▶ Esercizi a p. 48

DEFINIZIONE

Un **sistema di disequazioni** è un insieme di più disequazioni nella stessa incognita, per le quali cerchiamo le soluzioni comuni.

Listen to it

To solve a **system of inequalities** we have to find the values that satisfy all the inequalities involved.

Le **soluzioni** del sistema sono quei numeri reali che soddisfano *contemporaneamente* tutte le disequazioni e si ottengono dall'**intersezione** degli insiemi delle soluzioni dalle singole disequazioni.

ESEMPIO

Risolviamo il sistema:

$$\begin{cases} x^2 - x > 0 \\ 3x - 21 \leq 0. \\ x^2 - 4 < 0 \end{cases}$$

Risolvendo separatamente le disequazioni, otteniamo:

$x^2 - x > 0 \quad \rightarrow \quad x < 0 \vee x > 1;$

$3x - 21 \leq 0 \quad \rightarrow \quad x \leq 7;$

$x^2 - 4 < 0 \quad \rightarrow \quad -2 < x < 2.$

Animazione

Nell'animazione, trovi la risoluzione delle tre disequazioni.

Rappresentiamo su una retta orientata gli intervalli delle soluzioni. Un pallino pieno indica che il relativo valore è una soluzione, un pallino vuoto che il valore non è una soluzione. Coloriamo la parte che rappresenta le soluzioni comuni alle tre disequazioni.

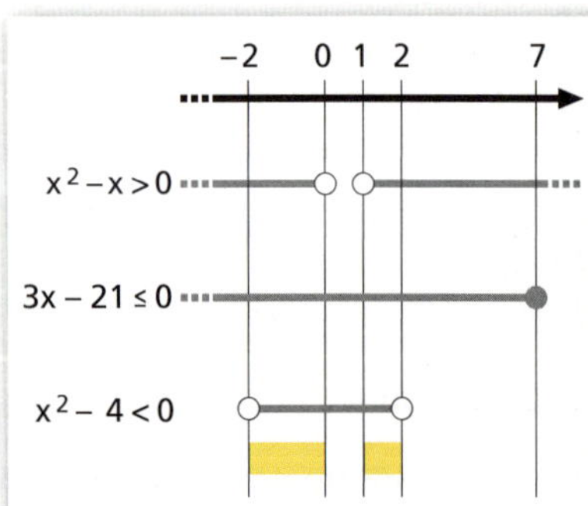

Le soluzioni del sistema sono $-2 < x < 0 \vee 1 < x < 2$.

▶ Risolvi il sistema $\begin{cases} x^2-2x-3<0 \\ x^2-6x \geq 0 \end{cases}$. $[-1 < x \leq 0]$

7 Equazioni e disequazioni con valori assoluti

Il **valore assoluto** di un numero è uguale al numero stesso se il numero è positivo o nullo, è l'opposto del numero se questo è negativo. In generale:

$$|x| = \begin{cases} x & \text{se } x \geq 0 \\ -x & \text{se } x < 0 \end{cases}$$

ESEMPIO

$|+5| = 5;\quad |0| = 0;\quad |-5| = 5.$

Il *valore assoluto* di un numero è per definizione *sempre positivo o nullo.*

Elenchiamo alcune utili proprietà del valore assoluto:

1. $|x| = |-x| \quad \forall x \in \mathbb{R};$
2. $|x \cdot y| = |x| \cdot |y| \quad \forall x, y \in \mathbb{R};$
3. $\left|\dfrac{x}{y}\right| = \dfrac{|x|}{|y|} \quad \forall x, y \in \mathbb{R}, y \neq 0;$
4. $|x| = |y| \quad \leftrightarrow \quad x = \pm y \quad \forall x, y \in \mathbb{R};$
5. $|x| \leq |y| \quad \leftrightarrow \quad x^2 \leq y^2 \quad \forall x, y \in \mathbb{R};$
6. $\sqrt{x^2} = |x| \quad \forall x \in \mathbb{R}.$

Equazioni con valori assoluti

▶ Esercizi a p. 52

Risolviamo ora equazioni nelle quali compaiono valori assoluti dell'incognita, o di espressioni che la contengono.

Equazioni con un valore assoluto

ESEMPIO Animazione

Risolviamo l'equazione $|x-5| = 3x-1$.
Studiamo il segno dell'espressione all'interno del valore assoluto:

$$x - 5 \geq 0 \quad \rightarrow \quad x \geq 5.$$

Compiliamo uno schema grafico: il valore assoluto coincide con $x-5$ quando $x-5$ è positivo; è l'opposto di $x-5$, ossia $-(x-5)$, quando $x-5$ è negativo.

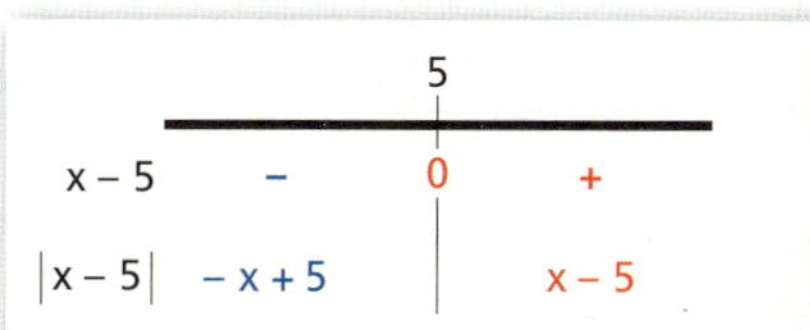

Quindi $|x-5| = \begin{cases} x-5 & \text{se } x \geq 5, \\ -x+5 & \text{se } x < 5. \end{cases}$

L'equazione data diventa

$$x - 5 = 3x - 1 \qquad \text{per } x \geq 5,$$

$$-x + 5 = 3x - 1 \qquad \text{per } x < 5.$$

TEORIA

Questo significa che l'insieme delle soluzioni dell'equazione è l'**unione** degli insiemi delle soluzioni dei seguenti sistemi.

Primo sistema

$$\begin{cases} x \geq 5 \\ x - 5 = 3x - 1 \end{cases}$$

$$\begin{cases} x \geq 5 \\ -2x = 4 \rightarrow x = -2 \end{cases}$$

Secondo sistema

$$\begin{cases} x < 5 \\ -x + 5 = 3x - 1 \end{cases}$$

$$\begin{cases} x < 5 \\ -4x = -6 \rightarrow x = \frac{3}{2} \end{cases}$$

$x = -2$ non è accettabile perché non è maggiore o uguale a 5, mentre $x = \frac{3}{2}$ è accettabile perché minore di 5: l'equazione iniziale ha per soluzione $x = \frac{3}{2}$.

▶ Risolvi l'equazione $|2x+2|+x=1$. $\left[x=-\frac{1}{3} \vee x=-3\right]$

Equazioni del tipo $|A(x)| = a$, con $a \in \mathbb{R}$

ESEMPIO Animazione

1. Risolviamo l'equazione $|3 - x| = 2$.
   Utilizziamo la proprietà **4** del valore assoluto:
   $|3 - x| = 2 \rightarrow |3 - x| = |2| \rightarrow 3 - x = \pm 2$, da cui:
   $3 - x = 2 \quad \vee \quad 3 - x = -2$, cioè:
   $x = 1 \quad \vee \quad x = 5$.
2. L'equazione $|7 + x| = -3$ non ha soluzioni perché il valore assoluto di un'espressione non può essere un numero negativo.

▶ Risolvi $|2x+5|=3$. $[x=-4 \vee x=-1]$

In generale, $|A(x)| = a$:

se $a \geq 0$, è equivalente ad $A(x) = a \vee A(x) = -a$;
se $a < 0$, l'equazione non ha soluzioni.

Equazioni con più valori assoluti

Esaminiamo un esempio di equazione con più valori assoluti che risolviamo utilizzando alcune delle proprietà del valore assoluto che abbiamo elencato.

ESEMPIO Animazione

Risolviamo $\dfrac{2|x|}{|x+2|} = |x - 1|$.

C.E.: $|x + 2| = 0 \rightarrow x \neq -2$.

Utilizziamo la proprietà **3**, letta da destra verso sinistra:

$$\frac{2|x|}{|x+2|} = 2\left|\frac{x}{x+2}\right| = \left|\frac{2x}{x+2}\right|.$$

Scriviamo questa espressione al primo membro dell'equazione e applichiamo la proprietà **4**:

$$\left|\frac{2x}{x+2}\right| = |x - 1| \rightarrow \frac{2x}{x+2} = \pm(x - 1).$$

Quindi dobbiamo risolvere due equazioni e considerare l'unione della soluzioni:

$$\frac{2x}{x+2} = x - 1 \rightarrow x^2 - x - 2 = 0 \rightarrow x = -1 \vee x = 2;$$

$$\frac{2x}{x+2} = -x + 1 \rightarrow x^2 + 3x - 2 = 0 \rightarrow x = \frac{-3 \pm \sqrt{17}}{2}.$$

Tutti i valori ottenuti soddisfano le C.E., quindi le soluzioni dell'equazione iniziale sono:

$$x_1 = -1,\ x_2 = 2,\ x_3 = \frac{-3 - \sqrt{17}}{2},\ x_4 = \frac{-3 + \sqrt{17}}{2}.$$

▶ Risolvi $\frac{|x|}{|x+4|} = 2$. $\left[x = -\frac{8}{3} \vee x = -8\right]$

Disequazioni con valori assoluti

▶ Esercizi a p. 55

Disequazioni con un valore assoluto

Per le disequazioni con un valore assoluto si procede come per le equazioni.

ESEMPIO Animazione

Risolviamo la disequazione $|x-4| > -2x + 1$.

Studiamo il segno dell'espressione all'interno del valore assoluto:

$$x - 4 \geq 0 \quad \rightarrow \quad x \geq 4.$$

Quindi: $|x-4| = \begin{cases} x-4 & \text{se } x \geq 4 \\ -x+4 & \text{se } x < 4. \end{cases}$

La disequazione ha per soluzioni l'unione delle soluzioni di due sistemi.

Primo sistema

$$\begin{cases} x \geq 4 \\ x - 4 > -2x + 1 \rightarrow x > \frac{5}{3} \end{cases}$$

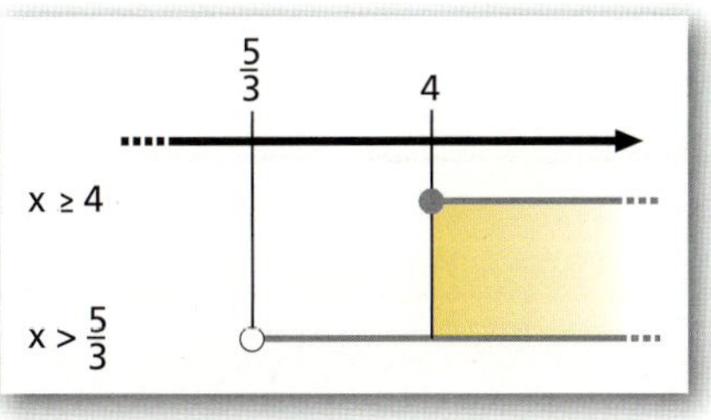

Soluzioni: $x \geq 4$.

Secondo sistema

$$\begin{cases} x < 4 \\ -x + 4 > -2x + 1 \rightarrow x > -3 \end{cases}$$

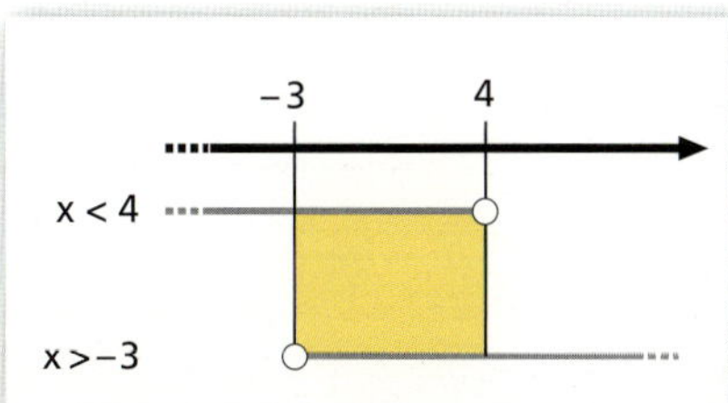

Soluzioni: $-3 < x < 4$.

Le soluzioni della disequazione sono quindi:

$$-3 < x < 4 \vee x \geq 4 \rightarrow x > -3.$$

▶ Risolvi $|3x+6| \geq 9 + 2x$. $[x \leq -3 \vee x \geq 3]$

Disequazioni del tipo $|A(x)| < k$, con $k > 0$

ESEMPIO Animazione

Risolviamo la disequazione $|x| < 10$.

Dobbiamo risolvere i seguenti sistemi e poi unire le soluzioni trovate.

Primo sistema

$\begin{cases} x \geq 0 \\ x < 10 \end{cases}$

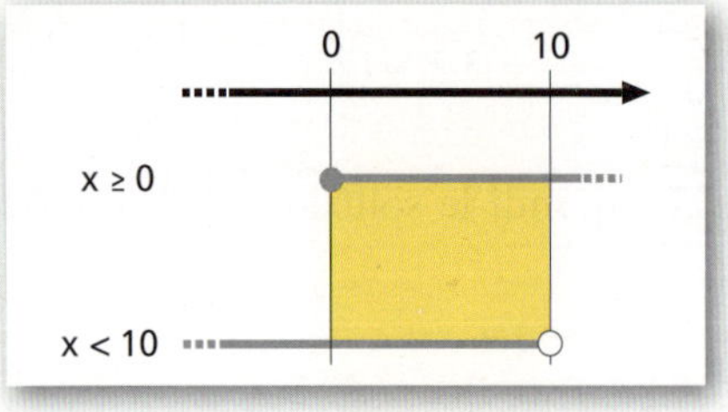

Soluzioni: $0 \leq x < 10$.

Secondo sistema

$\begin{cases} x < 0 \\ -x < 10 \to x > -10 \end{cases}$

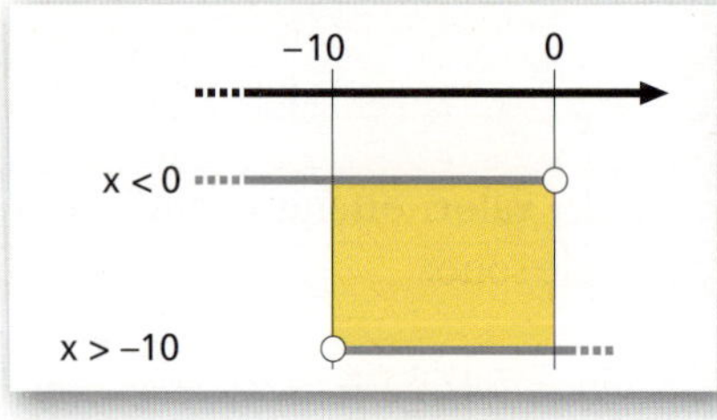

Soluzioni: $-10 < x < 0$.

Uniamo le soluzioni dei due sistemi e otteniamo le soluzioni della disequazione:

$$-10 < x < 0 \vee 0 \leq x < 10 \to -10 < x < 10.$$

In generale, con lo stesso procedimento, se $A(x)$ è una qualsiasi espressione contenente x, si ricava che

$|A(x)| < k$, con $k > 0$, è equivalente a:

$-k < A(x) < k$ ossia al sistema $\begin{cases} A(x) > -k \\ A(x) < k \end{cases}$.

ESEMPIO Animazione

Risolviamo la disequazione $|x^2 - 9| < 7$.

Essa è equivalente a $-7 < x^2 - 9 < 7$, ossia al sistema $\begin{cases} -7 < x^2 - 9 \\ x^2 - 9 < 7 \end{cases}$.

Risolviamolo:

$$\begin{cases} x^2 - 2 > 0 \\ x^2 - 16 < 0 \end{cases} \to \begin{cases} x < -\sqrt{2} \vee x > \sqrt{2} \\ -4 < x < 4 \end{cases}.$$

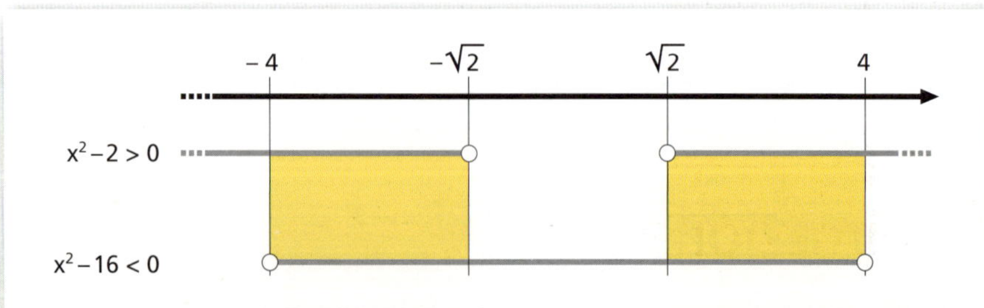

Le soluzioni della disequazione sono:

$$-4 < x < -\sqrt{2} \quad \vee \quad \sqrt{2} < x < 4.$$

► Risolvi

$\frac{3 - |x-1|}{|x^2 - 16|} \geq 0.$

Animazione

Disequazioni del tipo $|A(x)| > k$, con $k > 0$

ESEMPIO Animazione

Risolviamo la disequazione $|x| > 8$.
Cerchiamo le soluzioni dei seguenti sistemi.

Primo sistema

$$\begin{cases} x \geq 0 \\ x > 8 \end{cases}$$

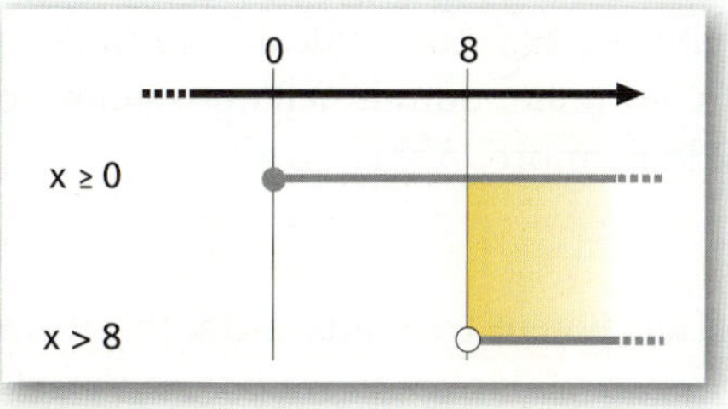

Soluzioni: $x > 8$.

Secondo sistema

$$\begin{cases} x < 0 \\ -x > 8 \rightarrow x < -8 \end{cases}$$

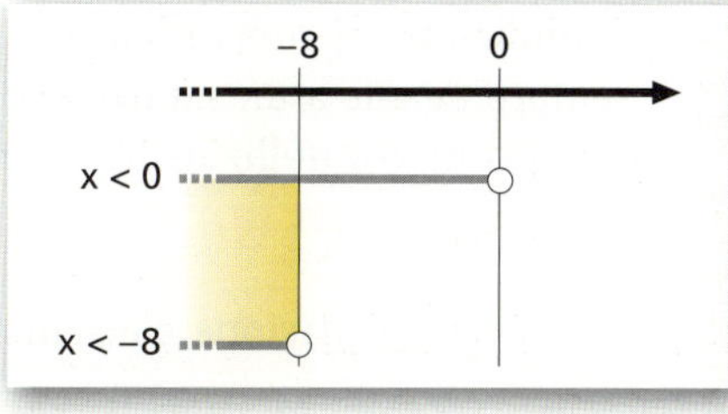

Soluzioni: $x < -8$.

L'unione delle soluzioni dei due sistemi dà le soluzioni della disequazione:

$$x < -8 \quad \vee \quad x > 8.$$

In generale, con lo stesso procedimento, si ricava che:

$|A(x)| > k$, con $k > 0$, è equivalente ad $A(x) < -k \quad \vee \quad A(x) > k$.

ESEMPIO Animazione

Risolviamo la disequazione $|x^2 - x| > 6$.
Per farlo, dobbiamo risolvere le seguenti disequazioni.

Prima disequazione

$x^2 - x < -6$

$x^2 - x + 6 < 0$

Nell'equazione associata
$x^2 - x + 6 = 0$ è $\Delta = 1 - 24 < 0$;
la disequazione non è mai verificata.

Seconda disequazione

$x^2 - x > 6$

$x^2 - x - 6 > 0$

Nell'equazione associata
$x^2 - x - 6 = 0$ è $\Delta = 25$;
le radici sono -2 e 3.
La disequazione è verificata per:

$$x < -2 \vee x > 3.$$

Le soluzioni della disequazione iniziale sono date dall'unione delle soluzioni delle due disequazioni e, in questo caso, coincidono con quelle della seconda disequazione: $x < -2 \quad \vee \quad x > 3$.

▶ Risolvi $|x^2 - 1| > 3$. $[x < -2 \vee x > 2]$

8 Equazioni e disequazioni irrazionali

Un'**equazione** o **disequazione** è **irrazionale** se in essa ci sono radicali contenenti l'incognita.

Listen to it

An equation or an inequality is irrational if it involves one or more radical expressions containing an unknown variable.

Equazioni irrazionali

▶ Esercizi a p. 60

Consideriamo l'equazione del tipo $\sqrt[n]{A(x)} = B(x)$, con $n \in \mathbb{N}$ e $n \geq 2$.

- Se n è *dispari*, l'equazione si risolve elevando alla potenza n-esima entrambi i membri, cioè:

$\sqrt[n]{A(x)} = B(x)$ è equivalente ad $A(x) = [B(x)]^n$ (se n è dispari).

Video

Caccia all'errore Fabio, Elena e Christian hanno risolto tre equazioni irrazionali, ma tutti e tre non hanno trovato il risultato corretto.

▶ Dov'è l'errore?

- Se n è *pari*, è necessario porre alcune condizioni.
  La condizione di esistenza del radicale:

  $$A(x) \geq 0.$$

  La condizione di concordanza di segno per $B(x)$: un radicale con indice pari è sempre uguale a un numero positivo o nullo, quindi nell'uguaglianza deve essere positivo o nullo anche il secondo membro. Abbiamo allora:

  $$B(x) \geq 0.$$

  Per risolvere l'equazione, eleviamo poi alla potenza n-esima entrambi i membri.

In sintesi, se n è pari, l'equazione $\sqrt[n]{A(x)} = B(x)$ è equivalente al sistema:

$$\begin{cases} A(x) \geq 0 \\ B(x) \geq 0 \\ A(x) = [B(x)]^n \end{cases}.$$

ESEMPIO

1. Risolviamo $\sqrt[3]{4 + x - x^3} = -x$.
   Poiché $n = 3$ è dispari, l'equazione è equivalente a

   $$4 + x - x^3 = -x^3 \rightarrow 4 + x = 0 \rightarrow x = -4.$$

   La soluzione è $x = -4$.

2. Risolviamo $\sqrt{2x^2 + x + 4} = 2x - 1$.
   Poiché $n = 2$ è pari, l'equazione è equivalente al sistema:

   $$\begin{cases} 2x^2 + x + 4 \geq 0 \\ 2x - 1 \geq 0 \\ 2x^2 + x + 4 = (2x - 1)^2 \end{cases} \rightarrow \begin{cases} \forall x \in \mathbb{R} \\ x \geq \frac{1}{2} \\ 2x^2 + x + 4 = 4x^2 - 4x + 1 \end{cases} \rightarrow$$

   $$\begin{cases} x \geq \frac{1}{2} \\ 2x^2 - 5x - 3 = 0 \end{cases} \rightarrow \begin{cases} x \geq \frac{1}{2} \\ x = -\frac{1}{2} \lor x = 3 \end{cases}$$

   Il valore $x = -\frac{1}{2}$ non soddisfa la disequazione del sistema, per cui non è accettabile, mentre $x = 3$ soddisfa la disequazione, quindi è la soluzione del sistema e dell'equazione irrazionale.

Animazione

Nell'animazione c'è anche la verifica relativa alle soluzioni delle due disequazioni.

▶ Risolvi l'equazione $\sqrt[3]{x^3 - x} = x - 1$.

$\left[x = \frac{1}{3} \lor x = 1\right]$

Disequazioni irrazionali

▶ Esercizi a p. 62

Esaminiamo disequazioni del tipo $\sqrt[n]{A(x)} < B(x)$ oppure $\sqrt[n]{A(x)} > B(x)$, con $n \in \mathbb{N}$ e $n \geq 2$.

Indice dispari

Se n è *dispari*, sia la prima sia la seconda disequazione si risolvono elevando alla potenza n-esima entrambi i membri, ottenendo così una disequazione equivalente a quella data, cioè:

se n è dispari,

$$\sqrt[n]{A(x)} < B(x) \quad \text{è equivalente a} \quad A(x) < [B(x)]^n;$$

$$\sqrt[n]{A(x)} > B(x) \quad \text{è equivalente a} \quad A(x) > [B(x)]^n.$$

ESEMPIO Animazione

Risolviamo $\sqrt[3]{-1+7x} \leq x-1$.

Eleviamo al cubo i due membri e svolgiamo i calcoli:

$$\sqrt[3]{-1+7x} \leq x-1 \to -1+7x \leq (x-1)^3 \to x^3-3x^2-4x \geq 0.$$

Scomponiamo in fattori:

$$x^3-3x^2-4x \geq 0 \to x(x^2-3x-4) \geq 0 \to x(x-4)(x+1) \geq 0.$$

Studiamo il segno dei tre fattori e del prodotto.

$x > 0$

$x-4 > 0 \to x > 4$

$x+1 > 0 \to x > -1$

		−1		0		4	
x	−		−	0	+		+
x − 4	−		−		−	0	+
x + 1	−	0	+		+		+
x(x − 4)(x + 1)	−	0	+	0	−	0	+

La disequazione è verificata per:

$$-1 \leq x \leq 0 \vee x \geq 4.$$

▶ Risolvi $\sqrt[3]{4x^2+5x} \leq x$.
$[-1 \leq x \leq 0 \vee x \geq 5]$

Indice pari

Se n è *pari*, consideriamo il caso $n = 2$ e teniamo conto della seguente proprietà.

Se *a* e *b* sono due numeri reali positivi o nulli, la relazione di disuguaglianza che c'è fra i due numeri è la stessa che c'è fra i loro quadrati:

$$\forall\, a, b \geq 0: \; a < b \quad \leftrightarrow \quad a^2 < b^2.$$

Per esempio:

$$5 > 3 \quad \leftrightarrow \quad 5^2 > 3^2.$$

La relazione può non essere valida se i due numeri non sono entrambi positivi o nulli.

Per esempio: $-5 < 3$ ma non è vero che $25 < 9$.

Disequazioni del tipo $\sqrt{A(x)} < B(x)$

Data la disequazione $\sqrt{A(x)} < B(x)$, per risolverla, dobbiamo porre la condizione di esistenza del radicale:

$$A(x) \geq 0.$$

Inoltre, poiché il radicale quadratico è un numero positivo o nullo, perché sia vera la disuguaglianza deve essere:

$$B(x) > 0.$$

TEORIA

Poste queste due condizioni, i due membri della disequazione sono entrambi positivi o nulli, quindi, per la proprietà esaminata in precedenza, possiamo elevarli al quadrato, ottenendo la relazione:

$$A(x) < [B(x)]^2.$$

In sintesi, la disequazione $\sqrt{A(x)} < B(x)$ è equivalente al sistema:

$$\begin{cases} A(x) \geq 0 \\ B(x) > 0 \\ A(x) < [B(x)]^2 \end{cases}.$$

ESEMPIO Animazione

Risolviamo la disequazione $\sqrt{x^2 + 2x - 15} < x - 1$.

Essa è equivalente al sistema:

$$\begin{cases} x^2 + 2x - 15 \geq 0 \\ x - 1 > 0 \\ x^2 + 2x - 15 < (x-1)^2 \end{cases} \rightarrow$$

$$\begin{cases} x \leq -5 \vee x \geq 3 \\ x > 1 \\ 4x < 16 \end{cases} \rightarrow \begin{cases} x \leq -5 \vee x \geq 3 \\ x > 1 \\ x < 4 \end{cases}.$$

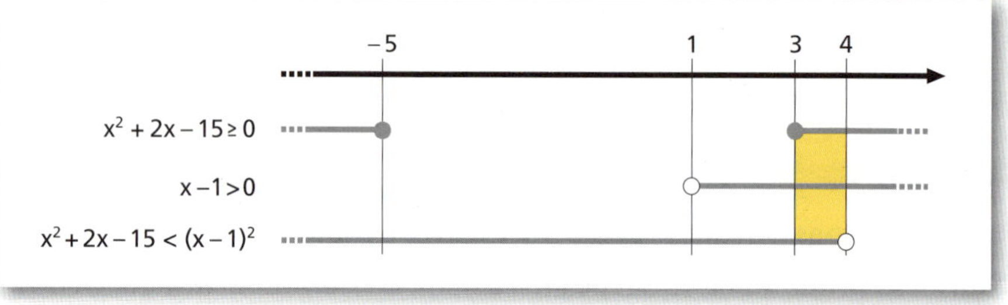

Le soluzioni del sistema, e quindi della disequazione, sono $3 \leq x < 4$.

Se la disequazione ha il segno $\leq$, ossia è del tipo $\sqrt{A(x)} \leq B(x)$, dobbiamo risolvere il sistema:

$$\begin{cases} A(x) \geq 0 \\ B(x) \geq 0 \\ A(x) \leq [B(x)]^2 \end{cases}.$$

▶ Risolvi $\sqrt{x^2 - 9} \leq 4 - x$.

Animazione

Disequazioni del tipo $\sqrt{A(x)} > B(x)$

Anche per una disequazione del tipo $\sqrt{A(x)} > B(x)$ poniamo la condizione di esistenza del radicale:

$$A(x) \geq 0.$$

Dobbiamo poi risolvere due sistemi, distinguendo il caso in cui $B(x)$ è minore di 0 e quello in cui è maggiore o uguale a 0.

- Se $B(x) < 0$, la disequazione iniziale è senz'altro soddisfatta, perché il secondo membro che è negativo deve essere minore del primo, che è positivo o nullo. Quindi una parte delle soluzioni della disequazione irrazionale è data da un primo sistema:

$$\begin{cases} A(x) \geq 0 \\ B(x) < 0 \end{cases}.$$

- Se $B(x) \geq 0$, entrambi i membri della disuguaglianza sono positivi o nulli, quindi, se li eleviamo al quadrato, otteniamo una disuguaglianza con lo stesso verso:

$$A(x) > [B(x)]^2.$$

Osserviamo che se è verificata questa relazione, $A(x)$, essendo maggiore di un quadrato, è certamente positivo: la condizione di esistenza del radicale, $A(x) \geq 0$, è superflua. Otteniamo pertanto le restanti soluzioni della disequazione iniziale da un secondo sistema:

$$\begin{cases} B(x) \geq 0 \\ A(x) > [B(x)]^2 \end{cases}.$$

In sintesi, l'insieme delle soluzioni della disequazione $\sqrt{A(x)} > B(x)$ è l'unione delle soluzioni dei due sistemi:

$$\begin{cases} A(x) \geq 0 \\ B(x) < 0 \end{cases} \quad \vee \quad \begin{cases} B(x) \geq 0 \\ A(x) > [B(x)]^2 \end{cases}.$$

ESEMPIO Animazione

Risolviamo la disequazione $\sqrt{x-1} > x-3$.

Otteniamo:

$$\begin{cases} x-1 \geq 0 \\ x-3 < 0 \end{cases} \quad \vee \quad \begin{cases} x-3 \geq 0 \\ x-1 > (x-3)^2 \end{cases}$$

$$\begin{cases} x \geq 1 \\ x < 3 \end{cases} \quad \vee \quad \begin{cases} x \geq 3 \\ x^2 - 7x + 10 < 0 \rightarrow 2 < x < 5. \end{cases}$$

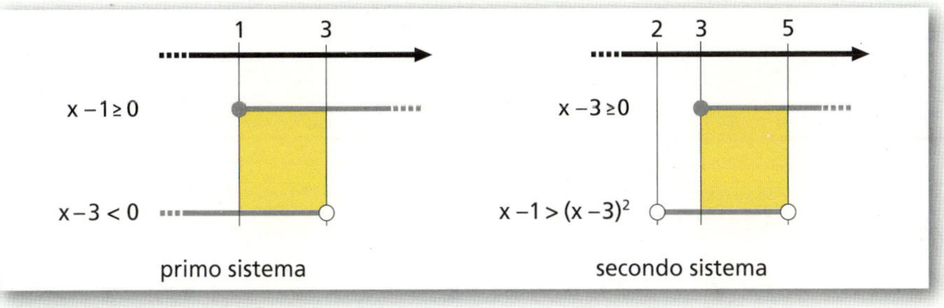

Il primo sistema ha come soluzioni $1 \leq x < 3$, il secondo $3 \leq x < 5$. L'unione dei due intervalli dà l'insieme delle soluzioni della disequazione:

$$1 \leq x < 5.$$

► Risolvi
$\sqrt{x^2 + x - 2} \geq 2 - x$.

Animazione

► Risolvi
$\sqrt{1 + x^2} \leq \sqrt[3]{x^3 + 1}$.

Animazione

IN SINTESI
Equazioni e disequazioni

Disequazioni e princìpi di equivalenza

- **Disequazione**: è una disuguaglianza fra due espressioni letterali per la quale si cercano i valori di una o più lettere (le **incognite**) che la rendono vera.
  Tali valori sono le **soluzioni** della disequazione.
- **Princìpi di equivalenza**
  Data una disequazione, si ottiene una a essa equivalente:
  - aggiungendo a entrambi i membri uno stesso numero (o espressione);
  - moltiplicando o dividendo entrambi i membri per uno stesso numero (o espressione) *positivo*;
  - moltiplicando o dividendo entrambi i membri per uno stesso numero (o espressione) *negativo* e *cambiando il verso* della disuguaglianza.

Disequazioni di primo grado

Risoluzione della **disequazione di primo grado intera $ax > b$**:

- se $a > 0$, $\quad x > \frac{b}{a}$;
- se $a = 0$, $\quad 0 \cdot x > b$ — se $b \geq 0$, $\nexists x \in \mathbb{R}$; se $b < 0$, $\forall x \in \mathbb{R}$;
- se $a < 0$, $\quad x < \frac{b}{a}$.

Disequazioni di secondo grado

- **Disequazione intera di secondo grado**: può essere ricondotta alla forma normale

  $ax^2 + bx + c > 0, \qquad \text{con} \qquad a > 0,$

  o alle analoghe che si ottengono con i segni $<$, $\leq$ o $\geq$.
- Per risolverla consideriamo l'*equazione associata* $ax^2 + bx + c = 0$, di cui chiamiamo x_1 e x_2 le soluzioni (quando esistono).

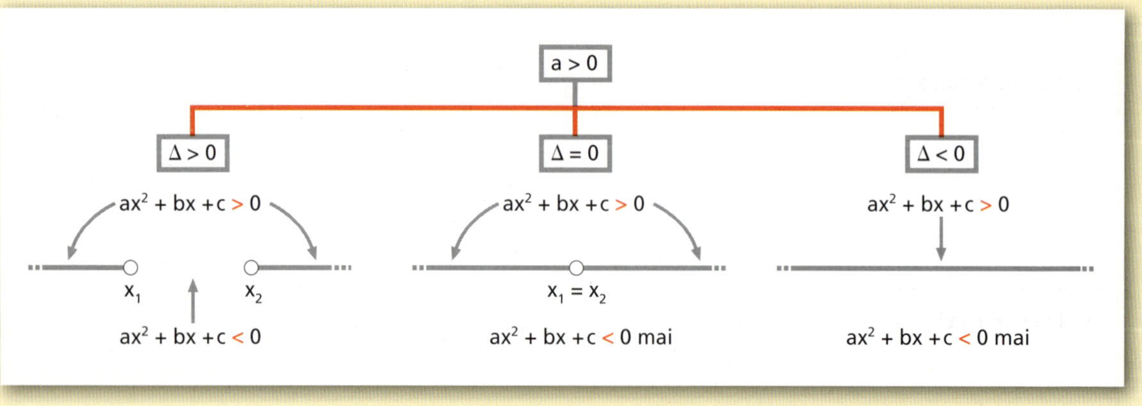

Disequazioni di grado superiore al secondo e disequazioni fratte

- Una disequazione del tipo $P(x) > 0$, con $P(x)$ polinomio di grado maggiore di 2, può essere risolta scomponendo in fattori di primo e secondo grado il polinomio $P(x)$ e **studiando il segno** del prodotto.
- Analogamente, per risolvere una **disequazione fratta** del tipo

  $$\frac{A(x)}{B(x)} > 0, \text{ posto } B(x) \neq 0,$$

  dobbiamo studiare il segno della frazione $\frac{A(x)}{B(x)}$.

Sistemi di disequazioni

Sistema di disequazioni: è un insieme di più disequazioni nella stessa incognita, per le quali cerchiamo le soluzioni comuni.

Equazioni e disequazioni con valori assoluti

- Per risolvere **equazioni** o **disequazioni con il valore assoluto** di espressioni contenenti l'incognita, si esamina il segno di ogni espressione che sia all'interno di un valore assoluto.
- L'equazione $|\boldsymbol{A(x)}| = \boldsymbol{a}$ non ha soluzione se $a < 0$, altrimenti si risolve ponendo $A(x) = \pm\, a$.
- La disequazione $|\boldsymbol{A(x)}| < \boldsymbol{k}$, con $k > 0$, è equivalente a $-k < A(x) < k$, ossia al sistema:

  $$\begin{cases} A(x) > -k \\ A(x) < k \end{cases}$$

- Le soluzioni della disequazione $|\boldsymbol{A(x)}| > \boldsymbol{k}$, con $k > 0$, sono date dall'unione delle soluzioni di $A(x) < -k$ e di $A(x) > k$.

Equazioni e disequazioni irrazionali

Un'**equazione** o **disequazione** è **irrazionale** se contiene radicali con l'incognita nel radicando.

Equazioni irrazionali

L'equazione	equivale a
$\sqrt[n]{A(x)} = B(x)$	• $A(x) = [B(x)]^n$ se n è dispari • $\begin{cases} A(x) \geq 0 \\ B(x) \geq 0 \\ A(x) = [B(x)]^n \end{cases}$ se n è pari

Disequazioni irrazionali

La disequazione	equivale a
$\sqrt[n]{A(x)} < B(x)$	• $A(x) < [B(x)]^n$ se n è dispari • $\begin{cases} A(x) \geq 0 \\ B(x) > 0 \\ A(x) < [B(x)]^n \end{cases}$ se n è pari
$\sqrt[n]{A(x)} > B(x)$	• $A(x) > [B(x)]^n$ se n è dispari • $\begin{cases} B(x) < 0 \\ A(x) \geq 0 \end{cases} \vee \begin{cases} B(x) \geq 0 \\ A(x) > [B(x)]^n \end{cases}$ se n è pari

ESERCIZI

CAPITOLO 1
ESERCIZI

1 Disequazioni e princìpi di equivalenza

1 ●○ **VERO O FALSO?**

a. La disequazione $\frac{2x^3}{5} - \frac{x}{4} + 3 < 0$ nell'incognita x è di terzo grado fratta. V F

b. $\sqrt{2}\,x^2 + \sqrt{3}\,x > 1$ è una disequazione intera. V F

c. La disequazione $\frac{x-1}{k+3} > 0$ è letterale fratta nell'incognita x. V F

d. In una disequazione intera non ci sono condizioni di esistenza. V F

2 ●○ **FAI UN ESEMPIO** di disequazione:

a. numerica intera di quarto grado;

b. numerica fratta con C.E.: $x \neq 2$.

Indica per ogni disequazione quali dei valori proposti sono soluzioni.

3 ●○ $2x - 4 > 3x$; $\quad -5; -1; 0; 3.$

4 ●○ $6a - 2 \leq a + 3$; $\quad -1; 0; 1; 2.$

Intervalli

▶ Teoria a p. 3

5 ●○ **ASSOCIA** a ogni insieme l'intervallo corrispondente scritto con la notazione delle parentesi quadre.

a. $\{x \mid x \in \mathbb{R}; x \leq -2\}$

b. $\{x \mid x \in \mathbb{R}; -2 \leq x < 1\}$

c. $\{x \mid x \in \mathbb{R}; -2 \leq x \leq 1\}$

d. $\{x \mid x \in \mathbb{R}; x > -2\}$

1. $[-2; 1[$

2. $]-2; +\infty[$

3. $]-\infty; -2]$

4. $[-2; 1]$

TEST

6 ●○ L'intervallo $]0; 50]$ è:

A aperto. B limitato. C chiuso. D illimitato. E infinito.

7 ●○ L'intervallo rappresentato corrisponde a:

A $]5; +\infty[$ B $[5; +\infty[$ C $]5; +\infty]$ D $]5; 1000[$ E $[5; +\infty]$

Stabilisci se i seguenti insiemi sono intervalli e, in caso affermativo, stabilisci se sono aperti o chiusi. Rappresentali sulla retta orientata e utilizzando la notazione con le parentesi quadre.

8 ●○ $\{x \mid x \in \mathbb{R}; 3 \leq x \leq 7\}$

9 ●○ $\{x \mid x \in \mathbb{R}; -5 \leq x < 8\}$

10 ●○ $\{7, 9\}$

11 ●○ $\{x \mid x \in \mathbb{R}; x \geq 7\}$

12 ●○ $\{x \mid x \in \mathbb{R}; -3 < x < -2\}$

13 ●○ $\{x \mid x \in \mathbb{R}; x < 5\}$

Rappresenta i seguenti intervalli (o unioni di intervalli) mediante disuguaglianze e parentesi quadre.

14 

15 

16 

17 

18 

19 

20 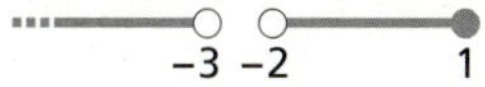

21 

22 

23 

24 VERO O FALSO?

a. L'intervallo $]2; 10]$ comprende tutti i numeri maggiori di 2 e minori di 10, estremi esclusi. V F

b. L'intervallo $]-\infty; 4]$ comprende tutti i numeri minori o uguali a 4. V F

c. Un intervallo limitato è chiuso se sono compresi i due estremi. V F

d. L'insieme dei numeri minori di -5 o maggiori di 7 è l'unione di due intervalli. V F

Scrivi i seguenti intervalli con le disuguaglianze e con le parentesi quadre. Indica tutti i numeri reali che sono:

25 compresi tra -2 e 9, estremi inclusi.

26 compresi tra $-\frac{1}{2}$ e 2, estremi esclusi.

27 compresi tra -4 e 5, con -4 incluso e 5 escluso.

28 positivi e minori o uguali a 4.

29 maggiori di $\frac{12}{5}$.

30 minori o uguali a -3 o maggiori di 1.

Rappresenta su una stessa retta orientata i seguenti insiemi e scrivi il risultato anche con le disuguaglianze e con le parentesi quadre.

31 

32 

33 

34 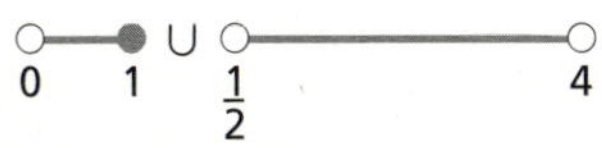

35 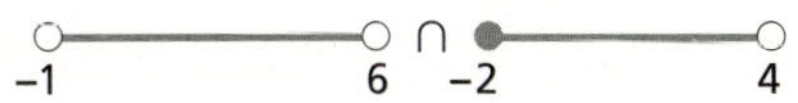

36 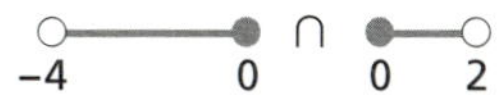

37 $\mathbb{R} \cup \{x \in \mathbb{R} \mid x > 2\}$

38 $\emptyset \cap \{x \in \mathbb{R} \mid x \geq 1\}$

39 $\mathbb{R} \cup \{x \in \mathbb{R} \mid 1 \leq x \leq 3\}$

40 $]1; 9] \cap [-4; 3[$

Disequazioni equivalenti

▶ Teoria a p. 4

41 VERO O FALSO? Sono equivalenti le disequazioni:

a. $x - 2x^2 < -x + 5$ e $2x^2 - 2x + 5 > 0$. V F

b. $-6b - 1 > 3$ e $6b + 1 > -3$. V F

c. $\frac{x^2 + 2}{x} < \frac{3}{x}$ e $x^2 + 2 < 3$. V F

d. $\frac{x + 1}{x^2} > \frac{2}{x^2}$ e $x + 1 > 2$. V F

ESERCIZI

42 ASSOCIA ogni disequazione a quella a essa equivalente.

a. $5x - 10 > 0$ b. $3x + 3 > -3$ c. $20 - 10x > 0$ d. $5x > 2x$

1. $x > 0$ 2. $x > 2$ 3. $x < 2$ 4. $x > -2$

Risolvi le seguenti disequazioni, applicando il primo o il secondo principio di equivalenza. Per ogni passaggio indica quale principio hai applicato.

43 $x - 5 < 7$; $2x > 10$; $-3x < 4$.

44 $2x > x + 3$; $9 > x + 1$; $3x + 2 < 1 + 2x$.

45 $9 < -3x$; $12x > 4x$; $\frac{1}{3}x > 2$.

46 $5x - 7 < 6x$; $\frac{9}{2}x > 1$; $12x - 4 < 7$.

2 Disequazioni di primo grado

▶ Teoria a p. 5

Disequazioni numeriche intere

47 VERO O FALSO?

a. La disequazione $-2x < 6$ ha per soluzione $x < -3$. V F

b. La disequazione $5x - 1 > 0$ ha per soluzione . V F

c. L'intervallo $[2; +\infty[$ è soluzione di $7x - 3 > 11$. V F

d. La disequazione $0x > -3$ è verificata $\forall x \in \mathbb{R}$. V F

48 ASSOCIA ogni disequazione alle sue soluzioni.

a. $x > x + 1$ b. $a + 2 \geq a + 2$ c. $-4x < 0$ d. $a < -a$

1. 

2. $\varnothing$
3. $\mathbb{R}$
4. 

49 RIFLETTI SULLA TEORIA Gabriele risolve la disequazione $(1 - \sqrt{3})x > 2$ ottenendo $x > \frac{2}{1 - \sqrt{3}}$. Alice non è d'accordo. Perché?

50 ESERCIZIO GUIDA Risolviamo la seguente disequazione numerica intera:

$$\left(\frac{x}{2} + 1\right)^2 + (x - 4)(x + 4) > -\frac{2x + 14}{2} + \frac{5}{4}x^2.$$

Eliminiamo le parentesi svolgendo i calcoli:

$$\frac{x^2}{4} + x + 1 + x^2 - 16 > -\frac{2x + 14}{2} + \frac{5}{4}x^2.$$

Eliminiamo i denominatori, moltiplicando entrambi i membri per 4 (secondo principio di equivalenza):

$$x^2 + 4x + 4 + 4x^2 - 64 > -4x - 28 + 5x^2.$$

Trasportiamo i termini con l'incognita al primo membro e i termini noti al secondo membro (primo principio di equivalenza):

$$\cancel{5x^2} + 4x + 4x - \cancel{5x^2} > -28 + 60$$

$$8x > 32 \quad \rightarrow \quad x > 4.$$

L'intervallo delle soluzioni è $]4; +\infty[$.

Risolvi le seguenti disequazioni numeriche intere.

51 ●○ $5x - 8 > 3x - 6$ $[x > 1]$

52 ●○ $7x - 3 + 5(-2x + 1) < 3x - 7$ $\left[x > \frac{3}{2}\right]$

53 ●○ $x > \frac{4 + x}{-3}$ $[x > -1]$

54 ●○ $(1 - x)^2 \leq (x + 3)^2$ $[x \geq -1]$

55 ●○ $(x - \sqrt{2})(x + \sqrt{2}) \geq x(x - 6)$ $\left[x \geq \frac{1}{3}\right]$

56 ●○ $\frac{x - 2}{\sqrt{2} - \sqrt{3}} > \frac{4}{\sqrt{2} - \sqrt{3}}$ $[x < 6]$

57 ●○ $-\frac{1}{2} + 5(x + 1) > 2\left(\frac{13}{5} + x\right) + \frac{1}{2}$ $\left[x > \frac{2}{5}\right]$

58 ●○ $\frac{3x + 5}{2} - \frac{8x - 5}{7} < \frac{x - 1}{14}$ $\left[x < -\frac{23}{2}\right]$

59 ●○ $\frac{3 - x^2}{2} + 7\left(\frac{1}{2} + x\right) < \frac{1}{2}(8 - x^2)$ $\left[x < -\frac{1}{7}\right]$

60 ●○ $\frac{7x(x - 1)}{3} - 5(x^2 - 2x - 1) > \frac{1}{3} - 8x\left(-\frac{1}{8} + \frac{1}{3}x\right)$ $\left[x > -\frac{7}{10}\right]$

61 ●○ $(x - 3)(x + 3) - \frac{1}{2}(3 - 2x) + 1 - 7\left(\frac{3}{2} + \frac{1}{7}x^2\right) < 0$ $[x < 20]$

62 ●○ $x(2 - x)^2 + (x - 6)(x + 1) - x^3 - 2 > -3(x - 1)(x + 1)$ $[x < -11]$

63 ●○ $(x + 1)(x^2 - x + 1) + (x + 1)^2 - 5x > 5(1 - x) + x^2(1 + x) + 2$ $\left[x > \frac{5}{2}\right]$

64 ●○ $(x - 3)^2 + 3(3x + 4) > (x + 6)(x + 3) + 12$ $\left[x < -\frac{3}{2}\right]$

65 ●○ $x\left(\frac{1}{4}x + 1\right) + \frac{1}{3}x > -\frac{1}{4}(4x - 3)(4x + 3) - \frac{1}{4}(13 \quad x^2) + 4x\left(x + \frac{1}{3}\right)$ $[\forall x \in \mathbb{R}]$

66 ●○ $\frac{x + 4}{12} - \frac{x + 2}{8} + \frac{5}{24}(x - 1) > \frac{x - 1}{4} - \frac{x - 6}{24}$ $[x < -3]$

67 ●○ $x^2 + 3(x + 1) > (x + 3)^2 - 3(x + 2)$ $[\nexists x \in \mathbb{R}]$

68 ●○ $\frac{3x - 2}{5} + \frac{5x - 6}{15} + \frac{x - 3}{10} - \frac{x - 3}{30} \geq 0$ $[x \geq 1]$

69 ●○ $x(x - 2) > (x - 1)^2 + 2$ $[\nexists x \in \mathbb{R}]$

70 ●○ $\left(x + \frac{1}{4}\right)^2 - \frac{1}{2}(x + 3) - 2\left(\frac{15}{4} + 3x\right) > (x - 3)^2$ $[\nexists x \in \mathbb{R}]$

71 ●○ $\left(2x - \frac{1}{3}\right)\left(x + \frac{1}{3}\right) - 2\left(x^2 - \frac{1}{8}\right) + \frac{1}{72} > 0$ $\left[x > -\frac{11}{24}\right]$

72 ●● $\frac{x}{3 - \sqrt{5}} + \frac{2 - x}{3 + \sqrt{5}} + 1 > -\frac{2\sqrt{5}}{(3 - \sqrt{5})(3 + \sqrt{5})}$ $[x > -\sqrt{5}]$

73 ●● $(x - \sqrt{2})^2 - (x + \sqrt{2})^2 < \sqrt{2}(-4x + \sqrt{2})$ $[\forall x \in \mathbb{R}]$

74 La somma di tre numeri naturali consecutivi deve essere maggiore di 24. Qual è la terna con i numeri più piccoli che soddisfa la richiesta? [8, 9, 10]

75 Trova per quali valori di a l'equazione $ax^2 - 4x + 2 = 0$ non ha soluzioni reali. [$a > 2$]

76 Calcola per quali valori di k la soluzione dell'equazione $2x - 3k = 6 + 7k$ è maggiore di 4. [$k > \frac{1}{5}$]

77 Determina per quali valori di b il perimetro del triangolo ottusangolo in figura è minore di 20.

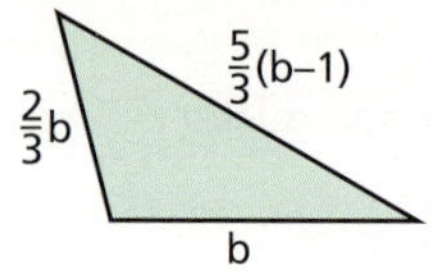

[$\frac{5}{2} < b < \frac{13}{2}$]

REALTÀ E MODELLI

78 **Che colazione!** Quanti biscotti può mangiare al massimo Carolina, insieme al latte, per non superare le 650 kcal? [4]

79 **Sollevamento pesi** In una macchina da palestra, un sistema di leve fa sì che lo sforzo compiuto equivalga a sollevare un peso pari all'88% di quello effettivamente posizionato sulla macchina. Sapendo che il carico può essere variato a passi di 1 kg, quale carico bisogna mettere sull'attrezzo per compiere uno sforzo pari al sollevamento di almeno 70 kg? [carico $\geq$ 80 kg]

Disequazioni letterali intere

80 **VERO O FALSO?**

a. La disequazione $ax > a$ ha come soluzione $x > 1$. V F

b. La disequazione $(a-1)x > 1$, se $a < 1$, ha come soluzione $x < \frac{1}{a-1}$. V F

c. La disequazione $b(x+1) \geq 0$ è equivalente a $x + 1 \geq 0$ se $b \neq 0$. V F

d. La disequazione $k^2x < 2$ è equivalente a $x < \frac{2}{k^2}$ se $k \neq 0$. V F

81 **COMPLETA** La disequazione $2 - bx < x$:

a. se $b = -1$, ha come insieme delle soluzioni $S =$ ______;

b. se $b < -1$, ha come soluzione x ______;

c. se $b > -1$, ha come soluzione x ______.

82 ESERCIZIO GUIDA Risolviamo la seguente disequazione letterale intera:

$(x+a)^2 - (x-a)(x+a) \leq 0.$

Eseguiamo i calcoli che permettono di arrivare alla forma $ax \leq b$:

$x^2 + 2ax + a^2 - x^2 + a^2 \leq 0 \quad \rightarrow \quad 2ax + 2a^2 \leq 0 \quad \rightarrow \quad ax \leq -a^2.$

Discussione

Abbiamo casi diversi a seconda del segno del coefficiente a di x.

- $a > 0$: possiamo dividere per a senza cambiare verso alla disequazione: $x \leq -a$.
- $a = 0$: sostituendo, otteniamo $0x \leq 0$, vera per qualunque valore della x: $\forall x \in \mathbb{R}$.
- $a < 0$: dividiamo per una quantità negativa, quindi cambiamo il verso: $x \geq -a$.

Risolvi le seguenti disequazioni letterali intere nell'incognita x, discutendo al variare del parametro in $\mathbb{R}$.

83 $ax - 2 < a$ $\left[a > 0, x < \frac{a+2}{a}; a = 0, \forall x \in \mathbb{R}; a < 0, x > \frac{a+2}{a}\right]$

84 $a(x-1) < 3(1-a)$ $\left[a > 0, x < \frac{3-2a}{a}; a = 0, \forall x \in \mathbb{R}; a < 0, x > \frac{3-2a}{a}\right]$

85 $1 - ax \geq -2(a-1)$ $\left[a > 0, x \leq \frac{2a-1}{a}; a = 0, \forall x \in \mathbb{R}; a < 0, x \geq \frac{2a-1}{a}\right]$

86 $bx - 1 < b(1-x)$ $\left[b > 0, x < \frac{b+1}{2b}; b = 0, \forall x \in \mathbb{R}; b < 0, x > \frac{b+1}{2b}\right]$

87 $b(x-2) > b(b+3)$ $[b > 0, x > b+5; b = 0, \nexists x \in \mathbb{R}; b < 0, x < b+5]$

88 $m(x+1) - m(m-x) > 0$ $\left[m < 0, x < \frac{m-1}{2}; m > 0, x > \frac{m-1}{2}; m = 0, \nexists x \in \mathbb{R}\right]$

89 $x(3a+2x) + 2a(x-1) < 2x^2$ $\left[a > 0, x < \frac{2}{5}; a < 0, x > \frac{2}{5}; a = 0, \nexists x \in \mathbb{R}\right]$

90 $(m-1)x - 4(m^2 - m) \leq 0$ $[m > 1, x \leq 4m; m = 1, \forall x \in \mathbb{R}; m < 1, x \geq 4m]$

91 $(2x+a)(a-1) < 2a^2 - 2$ $\left[a > 1, x \leq \frac{a+2}{2}; a = 1, \forall x \in \mathbb{R}; a < 1, x \geq \frac{a+2}{2}\right]$

92 $bx - 1 < 2(x - 2b)$ $\left[b < 2, x > \frac{1-4b}{b-2}; b = 2, \nexists x \in \mathbb{R}; b > 2, x < \frac{1-4b}{b-2}\right]$

93 Dati i tre numeri a, $a+x$, $a+2x$, trova per quali valori di x il prodotto dei primi due è maggiore del terzo al variare di a.
$\left[a > 2, x > \frac{a(1-a)}{a-2}; a = 2, \forall x \in \mathbb{R}; a < 2, x < \frac{a(1-a)}{a-2}\right]$

94 Un rettangolo ha i lati che misurano $2b$ e $b+x$. Trova per quali valori di x l'area è minore di 2.
$\left[b > 0, -b \leq x < \frac{1-b^2}{b}\right]$

Studio del segno di un prodotto

AL VOLO **Spiega perché le seguenti disequazioni hanno lo stesso insieme di soluzioni.**

95 $(x+2)(x-1) > 0, \quad \frac{100}{7}(x+2)(x-1) > 0.$

96 $x(x+1) > 0, \quad -2x(x+1) < 0.$

97 $-\frac{1}{5}x(2x-1) < 0, \quad \frac{1}{5}x(1-2x) < 0.$

98 $(3-x)(x-5) > 0, \quad (x-3)(5-x) > 0.$

99 **ESERCIZIO GUIDA** Risolviamo la disequazione $-\frac{1}{2}x(x-2)(4-x) \geq 0$.

Studiamo il segno di ognuno dei fattori, cercando i valori di x per i quali ciascun fattore è positivo:

$-\frac{1}{2}x > 0 \quad \rightarrow \quad x < 0$

$x-2 > 0 \quad \rightarrow \quad x > 2$

$4-x > 0 \quad \rightarrow \quad x < 4.$

Compiliamo il quadro dei segni.

		0		2		4	
$-\frac{1}{2}x$	+	0	−		−		−
$x-2$	−		−	0	+		+
$4-x$	+		+		+	0	−
$-\frac{1}{2}x(x-2)(4-x)$	−	0	+	0	−	0	+

Poiché si richiede che il prodotto sia positivo o nullo, le soluzioni della disequazione sono:

$0 \leq x \leq 2 \ \vee \ x \geq 4.$

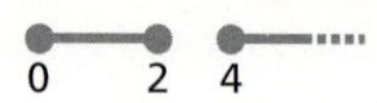

Risolvi le seguenti disequazioni.

100 $3(x-8)(2-4x) \leq 0$ $\left[x \leq \frac{1}{2} \vee x \geq 8\right]$

101 $(-x-3)\left(\frac{1}{2}x-1\right) < 0$ $[x < -3 \vee x > 2]$

102 $6x(10x+2) \leq 0$ $\left[-\frac{1}{5} \leq x \leq 0\right]$

103 $-\frac{1}{3}(x+2)\left(x-\frac{1}{3}\right) > 0$ $\left[-2 < x < \frac{1}{3}\right]$

104 $-(2x+5)(1-x) < 0$ $\left[-\frac{5}{2} < x < 1\right]$

105 $(15+30x)\left(\frac{1}{2}x+1\right) > 0$ $\left[x < -2 \vee x > -\frac{1}{2}\right]$

106 $(6x-4)(8-x)(10x+4) > 0$ $\left[x < -\frac{2}{5} \vee \frac{2}{3} < x < 8\right]$

107 $x(1-x)(1+4x) > 0$ $\left[x < -\frac{1}{4} \vee 0 < x < 1\right]$

108 $\left(\frac{1}{2}-x\right)\left(\frac{1}{4}+x\right)\left(\frac{1}{8}-x\right) \geq 0$ $\left[-\frac{1}{4} \leq x \leq \frac{1}{8} \vee x \geq \frac{1}{2}\right]$

109 $x(x-1)(6+2x)(4x-8) < 0$ $[-3 < x < 0 \vee 1 < x < 2]$

110 Trova le soluzioni della disequazione $A(x) \cdot x \geq 0$, sapendo che:

$A(x) \geq 0$ ha come soluzioni $x \leq 4$.

$[0 \leq x \leq 4]$

111 Considera la disequazione $-A(x) \cdot B(x) > 0$. Trova le sue soluzioni sapendo che:

$A(x) > 0$ per $x < -1$ e $B(x) > 0$ per $x > -\frac{1}{2}$.

$\left[x < -1 \vee x > -\frac{1}{2}\right]$

3 Disequazioni di secondo grado

Segno di un trinomio di secondo grado

▶ Teoria a p. 6

LEGGI IL GRAFICO **In ogni figura è rappresentata una parabola di equazione $y = ax^2 + bx + c$. Indica il segno dei trinomi associati a ciascuna parabola.**

112 ●○

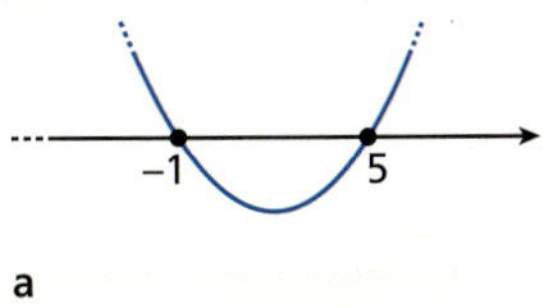

a

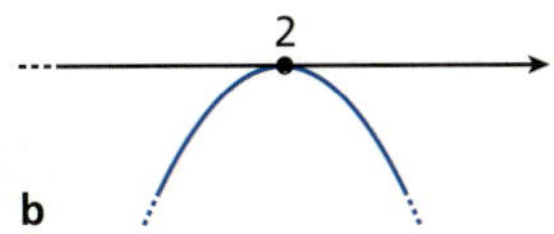

b

113 ●○

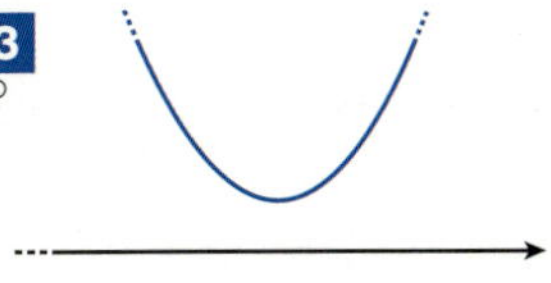

a

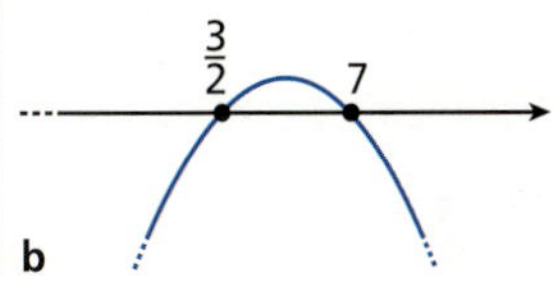

b

114 **ESERCIZIO GUIDA** Studiamo il segno dei seguenti trinomi di secondo grado:

a. $-x^2 + 7x - 12$; **b.** $-x^2 + 10x - 25$; **c.** $4x^2 + x + 3$.

a. Risolviamo l'equazione associata $-x^2 + 7x - 12 = 0$.

$$\Delta = 49 - 48 = 1 > 0 \quad \rightarrow \quad x = \frac{-7 \pm 1}{-2} \begin{matrix} \nearrow 3 \\ \searrow 4 \end{matrix}$$

Disegniamo la parabola associata, che è rivolta verso il basso perché il coefficiente di x^2 è negativo. Deduciamo dal grafico che il trinomio è positivo per $3 < x < 4$, negativo per $x < 3 \vee x > 4$ e nullo per $x = 3 \vee x = 4$.

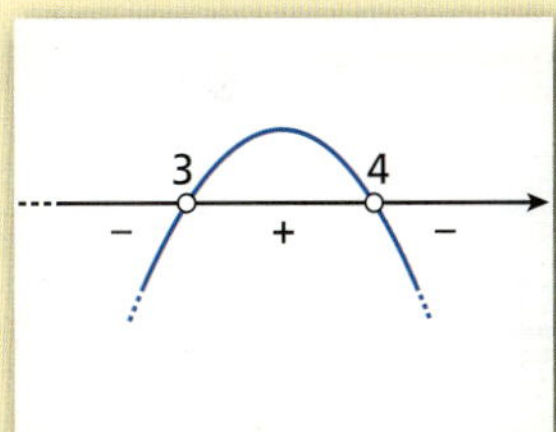

b. L'equazione associata $-x^2 + 10x - 25 = 0$ ha:

$$\frac{\Delta}{4} = 25 - 25 = 0 \quad \rightarrow \quad x_1 = x_2 = 5.$$

Il coefficiente di x^2 è negativo, quindi la parabola rivolge la concavità verso il basso e il trinomio è negativo per $x \neq 5$, nullo per $x = 5$.

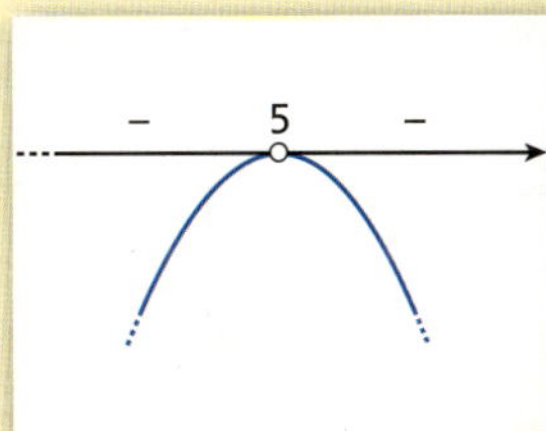

c. L'equazione associata $4x^2 + x + 3 = 0$ ha $\Delta = 1 - 48 = -47 < 0$, pertanto è impossibile. Il coefficiente di x^2 è positivo, quindi la parabola associata è rivolta verso l'alto e ha tutti i punti con ordinata positiva. Il trinomio è positivo $\forall x \in \mathbb{R}$.

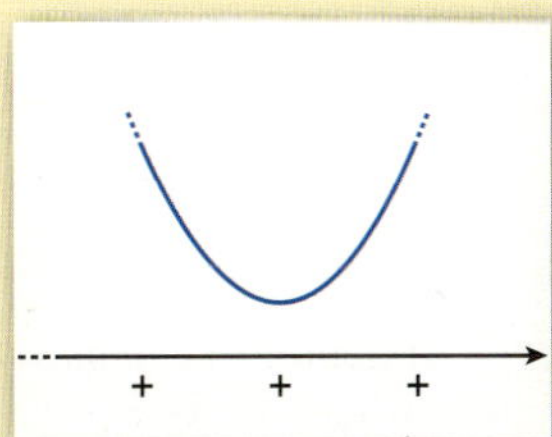

Studia il segno dei seguenti trinomi di secondo grado.

115 ●○ $x^2 - 6x + 9$ [positivo se $x \neq 3$]

116 ●○ $3x^2 - 4x + 1$ [positivo se $x < \frac{1}{3} \vee x > 1$]

117 ●○ $-4x^2 + 3x - 2$ [negativo $\forall x \in \mathbb{R}$]

118 ●○ $a^2 + 2a - 24$ [positivo se $a < -6 \vee a > 4$]

119 ●○ $-x^2 + x + 2$ [positivo se $-1 < x < 2$]

120 ●○ $b^2 + 2b + 1$ [positivo se $b \neq -1$]

121 ●○ $2x^2 - 3 - 5x$ [positivo se $x < -\frac{1}{2} \vee x > 3$]

122 ●○ $-x^2 - 8x - 7$ [positivo se $-7 < x < -1$]

123 ●○ $5x^2 + 2x + 1$ [positivo $\forall x \in \mathbb{R}$]

124 ●○ $-7a^2 + 5a - 3$ [negativo $\forall a \in \mathbb{R}$]

ESERCIZI

125 ASSOCIA ogni trinomio al grafico che ne rappresenta il segno.

a. $-x^2+4x-4$ b. $2x^2-5x+2$ c. x^2+4x+8 d. $-4x^2+10x-4$

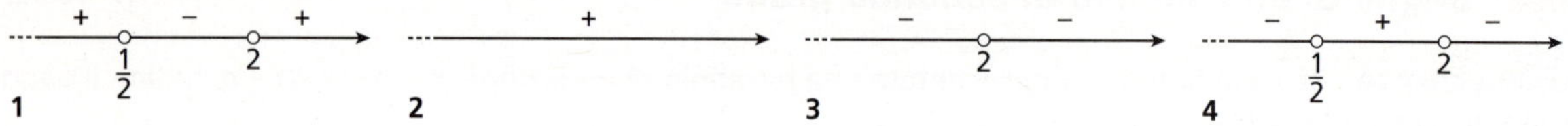

126 RIFLETTI SULLA TEORIA Perché per studiare il segno di $3x^2+4$ e $-x^2-5$ non è necessario eseguire calcoli?

AL VOLO **Studia il segno delle seguenti espressioni senza fare calcoli.**

127 x^2+2

128 $(x-3)^2$

129 $(-x-2)^2$

130 $-4-9x^2$

131 $-(1-x)^2$

132 $\sqrt{2}+x^2$

Risoluzione di una disequazione di secondo grado

▶ Teoria a p. 8

AL VOLO **Risolvi senza fare calcoli.**

133 $-3(2x-5)^2 \geq 0$

134 $(\sqrt{2}-2)x^2 \leq (1+x)^2$

135 $(x-8)^2 \geq -x^2$

136 $3 \leq 5+2x^2$

L'equazione associata ha $\Delta > 0$

137 ESERCIZIO GUIDA Risolviamo la disequazione

$5x(x-1)+x^2+1<0.$

Sviluppiamo i calcoli e otteniamo: $6x^2-5x+1<0$.
Risolviamo l'equazione associata $6x^2-5x+1=0$.

$$\Delta = 25-24=1>0 \rightarrow x=\frac{5\pm 1}{12} \begin{cases} \frac{1}{2} \\ \frac{1}{3} \end{cases}$$

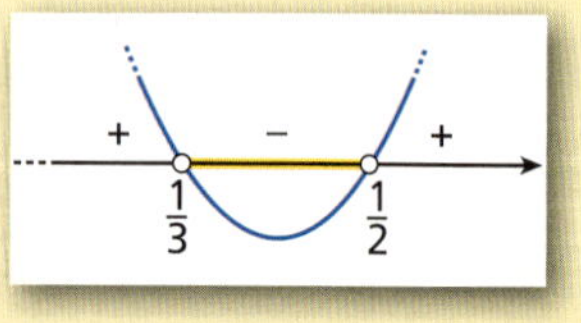

Il trinomio è negativo per valori interni all'intervallo delle radici, pertanto la disequazione è verificata per $\frac{1}{3}<x<\frac{1}{2}$.

Risolvi le seguenti disequazioni di secondo grado.

138 $3x^2-12>0$ $[x<-2 \vee x>2]$

139 $x^2+3x-18 \geq 0$ $[x \leq -6 \vee x \geq 3]$

140 $-2x^2+3x+2<0$ $\left[x<-\frac{1}{2} \vee x>2\right]$

141 $x^2-7x+10<0$ $[2<x<5]$

142 $-x^2-6x+7>0$ $[-7<x<1]$

143 $3x^2-2x-5>0$ $\left[x<-1 \vee x>\frac{5}{3}\right]$

144 $10x^2+4x-\frac{1}{2} \leq 0$ $\left[-\frac{1}{2} \leq x \leq \frac{1}{10}\right]$

145 $\frac{x^2}{3}+\frac{4}{3}x-7<0$ $[-7<x<3]$

146 $8x^2 - 6x - 5 > 0$ $\left[x < -\frac{1}{2} \vee x > \frac{5}{4}\right]$

147 $x^2 - \frac{11}{2}x - 3 \geq 0$ $\left[x \leq -\frac{1}{2} \vee x \geq 6\right]$

148 $4x^2 + 8x < 12$ $[-3 < x < 1]$

149 $x^2 - \frac{5}{3}x - \frac{2}{3} \leq 0$ $\left[-\frac{1}{3} \leq x \leq 2\right]$

150 $-x^2 - 6x < 0$ $[x < -6 \vee x > 0]$

151 $-x^2 + \frac{3}{2}x - \frac{1}{2} > 0$ $\left[\frac{1}{2} < x < 1\right]$

152 COMPLETA la tabella con le soluzioni della disequazione indicata, considerando $f(x) = 2x^2 - 3x - 5$.

Disequazione	$f(x) > 0$	$f(x) \geq 0$	$f(x) < 0$	$f(x) \leq 0$
Soluzione				

153 FAI UN ESEMPIO Scrivi una disequazione di secondo grado la cui soluzione è $-1 < x < 4$ e una disequazione verificata per $x \leq -1 \vee x \geq 5$.

L'equazione associata ha $\Delta = 0$

154 ESERCIZIO GUIDA Risolviamo la disequazione $9 + 8x(3 + 2x) \leq 0$.

Svolgiamo i calcoli e otteniamo: $16x^2 + 24x + 9 \leq 0$.

Risolviamo l'equazione associata $16x^2 + 24x + 9 = 0$:

$$\frac{\Delta}{4} = 144 - 144 = 0 \rightarrow x_1 = x_2 = -\frac{12}{16} = -\frac{3}{4}.$$

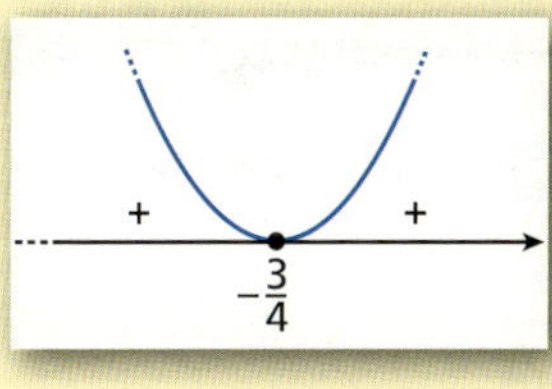

Il trinomio è positivo per ogni valore di $x \neq -\frac{3}{4}$ e si annulla per $x = -\frac{3}{4}$.

Pertanto l'unica soluzione della disequazione è $x = -\frac{3}{4}$.

Risolvi le seguenti disequazioni di secondo grado.

155 $9x^2 - 12x + 4 < 0$ $[\nexists x \in \mathbb{R}]$

156 $-16x^2 - 9 + 24x \leq 0$ $[\forall x \in \mathbb{R}]$

157 $20x - 4x^2 - 25 < 0$ $\left[x \neq \frac{5}{2}\right]$

158 $-\frac{1}{4}x^2 + 5x - 25 > 0$ $[\nexists x \in \mathbb{R}]$

159 $x^2 + 4 \leq 4x$ $[x = 2]$

160 $4x^2 + \frac{1}{4} - 2x \geq 0$ $[\forall x \in \mathbb{R}]$

161 $49x^2 - 14x + 1 \geq 0$ $[\forall x \in \mathbb{R}]$

162 $8x(2x + 1) > -1$ $\left[x \neq -\frac{1}{4}\right]$

163 $x^2 + 36 \geq 12x$ $[\forall x \in \mathbb{R}]$

164 $3(4x - 3) \geq 4x^2$ $\left[x = \frac{3}{2}\right]$

L'equazione associata ha $\Delta < 0$

165 ESERCIZIO GUIDA Risolviamo la disequazione $5(2x + 7) < -x^2$.

Sviluppiamo i calcoli e otteniamo:

$$x^2 + 10x + 35 < 0.$$

Risolviamo l'equazione associata $x^2 + 10x + 35 = 0$:

$$\frac{\Delta}{4} = 25 - 35 = -10 < 0 \rightarrow \text{equazione impossibile.}$$

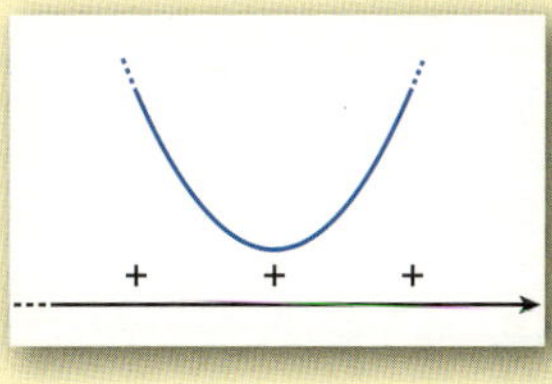

Il trinomio è sempre positivo, pertanto la disequazione è impossibile.

Risolvi le seguenti disequazioni di secondo grado.

166 $3x^2 + 2x + 5 > 0$ $[\forall x \in \mathbb{R}]$

167 $\frac{1}{9}x^2 + x + 9 \leq 0$ $[\nexists x \in \mathbb{R}]$

168 $x^2 - 4x + 16 > 0$ $[\forall x \in \mathbb{R}]$

169 $6x^2 + 3x + 1 < 0$ $[\nexists x \in \mathbb{R}]$

170 $x^2 + x + 7 \geq 0$ $[\forall x \in \mathbb{R}]$

171 $x(2 - x) < 6$ $[\forall x \in \mathbb{R}]$

172 $-x^2 - 6 > 3x$ $[\nexists x \in \mathbb{R}]$

173 $2(x^2 + 4) < x$ $[\nexists x \in \mathbb{R}]$

174 TEST Solo una delle seguenti disequazioni è sempre verificata. Quale?

- A $x^2 + 3x + 12 < 0$
- B $9x^2 + 6x + 1 > 0$
- C $-x^2 + x - 5 \leq 0$
- D $x^2 + 5x + 4 \geq 0$
- E $x^2 - 2x + 1 > 0$

175 FAI UN ESEMPIO di disequazione di secondo grado verificata $\forall x \in \mathbb{R}$ e di una impossibile.

Riepilogo: Disequazioni di secondo grado numeriche intere

176 CACCIA ALL'ERRORE Correggi le risoluzioni delle seguenti disequazioni.

a. $x^2 > 0 \rightarrow x > 0$ **b.** $x^2 \geq 36 \rightarrow x \geq \pm 6$ **c.** $x^2 \geq 5x \rightarrow x \geq 5$

177 VERO O FALSO?

a. L'equazione $x^2 + 6x + 10 = 0$ è impossibile, quindi la disequazione $x^2 + 6x + 10 > 0$ è impossibile. V F

b. La disequazione $-3x^2 - 5 < 0$ è verificata $\forall x \in \mathbb{R}$. V F

c. Il trinomio $x^2 - 8x + 16$ è sempre positivo. V F

d. Il trinomio $-2x^2 + 5x - 5$ è sempre negativo. V F

178 COMPLETA

a. $x^2 \square 1 > 0$ $\forall x \in \mathbb{R}$.

b. $x^2 \square 1 < 0$ per $-1 < x < 1$.

c. $x^2 - 6x + 9 \leq 0$ per $\square$.

d. $-x^2 + 2x - 10 > 0$ per $\square$.

e. $x^2 \square 9 < 0$ per nessun valore di x.

f. $-x^2 + 4x - 3 \square 0$ per $1 \leq x \leq 3$.

TEST

179 Osservando il grafico in figura puoi dedurre che il segno del trinomio $-x^2 + 2x - 1$ *non* è negativo:

- A $\forall x \in \mathbb{R}$.
- B $\forall x \in \mathbb{R} - \{1\}$.
- C $\nexists x \in \mathbb{R}$.
- D per $x > -1$.
- E per $x = 1$.

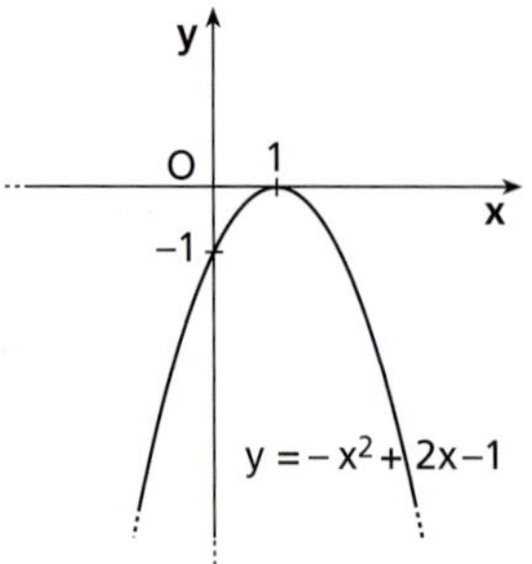

180 In figura sono rappresentate le soluzioni di *una sola* fra le seguenti disequazioni. Quale?

- A $x^2 + 4x + 4 < 0$
- B $x^2 + 2x > 0$
- C $x^2 - 2x < 0$
- D $x^2 + 4x + 4 > 0$
- E $2x^2 + 4 > 0$

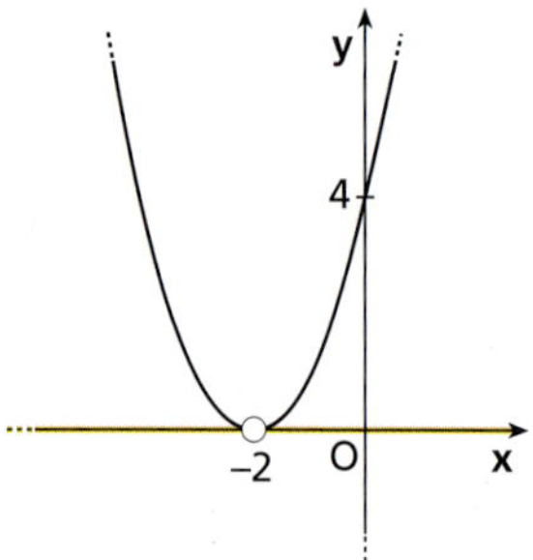

ESERCIZI

Risolvi le seguenti disequazioni.

181 $x^2 - 1 > \frac{15}{4}x$ $\left[x < -\frac{1}{4} \vee x > 4\right]$

182 $4x^2 + 11x - 3 \le 0$ $\left[-3 \le x \le \frac{1}{4}\right]$

183 $x^2 - 4x - 12 \ge 0$ $[x \le -2 \vee x \ge 6]$

184 $-x^2 + 9 \le 0$ $[x \le -3 \vee x \ge 3]$

185 $4x^2 + 4x + 9 < 0$ $[\nexists x \in \mathbb{R}]$

186 $-x^2 + 8x \ge 0$ $[0 \le x \le 8]$

187 $-x^2 + 1 > 0$ $[-1 < x < 1]$

188 $-\frac{1}{4}x^2 \le 0$ $[\forall x \in \mathbb{R}]$

189 $x^2 + 2x + 9 \ge 0$ $[\forall x \in \mathbb{R}]$

190 $5x^2 + 9x - 2 \ge 0$ $\left[x \le -2 \vee x \ge \frac{1}{5}\right]$

191 $-4x(x-1) > 1$ $[\nexists x \in \mathbb{R}]$

192 $x(x-2) + 7 > -2x$ $[\forall x \in \mathbb{R}]$

193 $(1-3x)(1+3x) < 7x + 1$ $\left[x < -\frac{7}{9} \vee x > 0\right]$

194 $4x^2 + 12x + 5 < 0$ $\left[-\frac{5}{2} < x < -\frac{1}{2}\right]$

195 $3(x^2 + 3) > x(12 - x)$ $\left[x \ne \frac{3}{2}\right]$

196 $9x^2 - 2x \le -\frac{1}{4}$ $[\nexists x \in \mathbb{R}]$

197 $3x(x-1) + (x^2 + 1) < 0$ $[\nexists x \in \mathbb{R}]$

198 $4x^2 + 6x + 9 > 0$ $[\forall x \in \mathbb{R}]$

199 $-x^2 + 14x - 49 < 0$ $[x \ne 7]$

200 $-2x^2 + 7x - 3 < 0$ $\left[x > 3 \vee x < \frac{1}{2}\right]$

201 $2(x-1)(x+3) \ge 0$ $[x \le -3 \vee x \ge 1]$

202 $x^2 - 2\sqrt{2}x + 2 \le 0$ $[x = \sqrt{2}]$

203 $(x-2)(x+2) > 5x - 4$ $[x < 0 \vee x > 5]$

204 $2(x^2 + 1) < 5x$ $\left[\frac{1}{2} < x < 2\right]$

205 $3\left(\frac{2}{3} - x\right)(x+4) \ge 0$ $\left[-4 \le x \le \frac{2}{3}\right]$

206 $16(x^2 + 1) < 40x + 7$ $\left[\frac{1}{4} < x < \frac{9}{4}\right]$

207 $(x+1)^2 + (2x-1) > \frac{x-5}{2}$ $\left[x < -\frac{5}{2} \vee x > -1\right]$

208 $(x+3)^2 + 12(2-x) > 3(3-4x)$ $[\forall x \in \mathbb{R}]$

209 $2x(x+1) + 4(x-2) + 3(1-3x) > 0$ $\left[x < -1 \vee x > \frac{5}{2}\right]$

210 $\left(x - \frac{7}{2}\right)^2 + 2(8+x) < \frac{1}{4}(49 + 8x)$ $[\nexists x \in \mathbb{R}]$

211 $(x-1)^2 + 10x - 7(x+1) > 0$ $[x < -3 \vee x > 2]$

212 $2x(x+1) - (x^2 + 1) < 2x^2$ $[x \ne 1]$

213 $4(x^2 - 1) + (x+1)(x-3) < 0$ $\left[-1 < x < \frac{7}{5}\right]$

214 $3x(x-1) \le 2x(x-5) - 6$ $[-6 \le x \le -1]$

215 $(2x-7)(2x+7) + 5x - 11 \ge 3x(x-2) - 18$ $[x \le -14 \vee x \ge 3]$

216 $\frac{3(x^2+1)}{2} - 1 > 2x(2x-1)$ $\left[-\frac{1}{5} \le x \le 1\right]$

217 $-6(x+1) + \left(\frac{1}{3}x + 1\right)(6x+3) > -4x^2 + 2$ $\left[x < -1 \vee x > \frac{5}{6}\right]$

218 $3x^2 - 2(2 + 5x) \le -(x+5)(2-x)$ $\left[\frac{1}{2} \le x \le 6\right]$

219 $3(5x - 6) + x^2 \ge 2(x^2 - 9)$ $[0 \le x \le 15]$

220 $2x(x-6) + 4(x+4) - 2 > (x-1)(x+1)$ $[x < 3 \vee x > 5]$

221 $-\frac{1}{4}x(3x-2) + x - 2x + \frac{3x^2+3}{2} \le \frac{11}{4}$ $\left[-1 \le x \le \frac{5}{3}\right]$

ESERCIZI

222 $\frac{5x(x+1)}{2}+1 \geq \frac{7-x^2}{2}-2x(1-x)$ $\left[x \leq -5 \vee x > \frac{1}{2}\right]$

223 $\frac{x(x+3)}{3}+\frac{x(2x-1)}{2} > -\frac{3}{2}$ $[\forall x \in \mathbb{R}]$

224 $(1-x)^2+2+(x+4)^2 < x+2(8-x)$ $\left[-3 < x < -\frac{1}{2}\right]$

225 $8(x^2+2-x) < x(16-x)$ $[\nexists x \in \mathbb{R}]$

226 $\frac{5}{2}x(x+1)+\frac{3}{2}\left(-x^2-\frac{4}{3}x+\frac{1}{24}\right) > 0$ $\left[x \neq -\frac{1}{4}\right]$

227 $(2x+3)\left(x+\frac{3}{2}\right)-7x > 2\left(\frac{1}{4}-\frac{7}{2}x\right)$ $[x < -2 \vee x > -1]$

228 $\frac{19}{30}+\frac{x-3}{5}+\frac{2x^2+1}{2} > 2\left(\frac{7x^2-1}{15}\right)$ $[\forall x \in \mathbb{R}]$

229 $1+(3x+1)\left(x+\frac{1}{3}\right)+\frac{1}{3}(14-9x) < 1-3x$ $[\nexists x \in \mathbb{R}]$

230 $3(x-3)(x+1)+3(x^2+6x-1)-2(x^2-11) > 1$ $\left[x \neq -\frac{3}{2}\right]$

231 $\frac{7}{3}x(x+3)+\frac{2(x^2+18)}{3}+5x > x+2$ $\left[x < -2 \vee x > -\frac{5}{3}\right]$

232 $x(x^2-3)+x(-3x+2)+6 > x(x^2-4)+14$ $[\nexists x \in \mathbb{R}]$

233 $x(x+2)+(2-x)(4+x^2+2x)+x^3+1 > 0$ $[\forall x \in \mathbb{R}]$

234 $(x+1)^3 > x(x^2-2)+(x-2)(x+1)-1$ $[x < -2 \vee x > -1]$

235 $x(x+2\sqrt{2})+2(\sqrt{2}x-6) < 3\sqrt{2}x$ $[-3\sqrt{2} < x < 2\sqrt{2}]$

236 $\left(\frac{1}{2}x-1\right)^2+(x-1)(x+1) \geq \frac{1}{4}x^2-\frac{1}{4}$ $[\forall x \in \mathbb{R}]$

237 $\left(x+\frac{1}{2}\right)^2+(1+x)(1-x) < \left(\frac{1}{2}-x\right)\left(\frac{1}{2}+x\right)$ $[\nexists x \in \mathbb{R}]$

238 $\frac{1}{7}(x+21)^2+5x\left(\frac{x}{7}+\frac{1}{3}\right)+\frac{13}{4} > \frac{3-40x}{12}$ $[\forall x \in \mathbb{R}]$

Problemi

239 Un rettangolo ha i lati di lunghezza $3x+2$ e $x+1$. Trova per quali valori di x la sua area è minore dell'area di un triangolo di base $4x$ e altezza $2x+3$. $[x > 1]$

240 Determina per quali valori di k il polinomio $P(x)=(k^2+1)x^2-kx+2k-1$ è tale che:

a. $P(1) > 0$; **b.** $P(2) > P(-1)+9$.

$[\text{a) } k < -1 \vee k > 0; \text{ b) } k < -1 \vee k > 2]$

241 Calcola per quali valori di x la somma dei polinomi $f(x)=x^2+2x-6$ e $g(x)=-6(x+1)$ è negativa. $[-2 < x < 6]$

242 ●● REALTÀ E MODELLI **Un giardino geometrico** Un giardiniere ha a disposizione 130 piantine fiorite da sistemare in quattro aiuole in modo da formare un quadrato, due file lunghe come il lato del quadrato e un rettangolo contenente la metà delle piantine che ha sistemato nel quadrato.

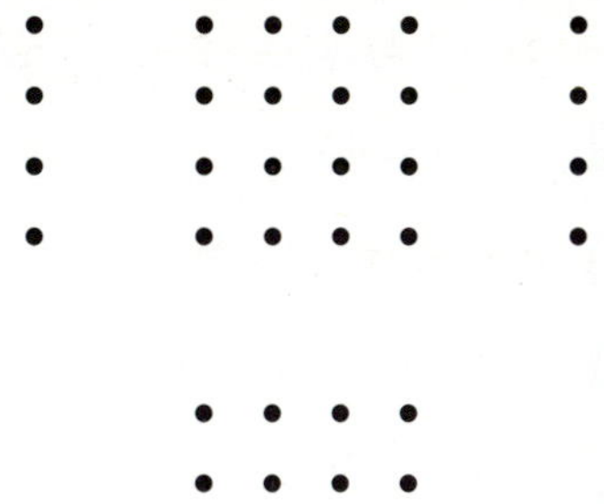

a. Quante piantine dovrà posizionare al massimo sul lato del quadrato?
b. Quante piantine gli avanzeranno?

[a) 8; b) 18]

Disequazioni letterali intere di secondo grado

TEST

243 ●○ La disequazione $ax^2 \geq 0$:

A è sempre verificata.
B è equivalente alla disequazione $x^2 \geq 0$.
C se $a > 0$ è sempre verificata.
D se $a = 0$ è impossibile.
E è verificata per $x \geq 0$.

244 ●○ La disequazione $x^2 - kx < 0$, con $k < 0$, è verificata per:

A $k < x < 0$.
B $-k < x < 0$.
C $0 < x < k$.
D $x < 0 \vee x > k$.
E $x < -k \vee x > 0$.

Risolvi le seguenti disequazioni nell'incognita *x*.

245 ●○ $kx^2 + x > 0, \quad k < 0.$ $\left[0 < x < -\frac{1}{k}\right]$

246 ●○ $ax^2 - 3a \leq 0, \quad a > 0.$ $[-\sqrt{3} \leq x \leq \sqrt{3}]$

247 ●○ $x^2 - 5ax + 6a^2 \geq 0, \ a < 0.$ $[x \leq 3a \vee x \geq 2a]$

248 ●○ $2x^2 + kx - k^2 < 0, \quad k > 0.$ $\left[-k < x < \frac{k}{2}\right]$

249 ●● $2a^2x^2 + 5ax - 3 < 0, \ a > 0.$ $\left[-\frac{3}{a} < x < \frac{1}{2a}\right]$

250 ●● $ax^2 + x(a^2 - 1) - a < 0, a > 0.$ $\left[-a < x < \frac{1}{a}\right]$

251 ESERCIZIO GUIDA Risolviamo la seguente disequazione nell'incognita *x*, discutendo al variare di $a \in \mathbb{R}$:

$ax^2 + (a^2 - 1)x - a > 0.$

Discussione

Se $a = 0$, la disequazione è di primo grado: $x > 0 \rightarrow x < 0$.

Se $a \neq 0$: $\Delta = a^4 - 2a^2 + 1 + 4a^2 = a^4 + 2a^2 + 1 = (a^2 + 1)^2 > 0$.

Soluzioni dell'equazione associata: $x = \dfrac{-a^2 + 1 \pm (a^2 + 1)}{2a} \rightarrow x_1 = \dfrac{1}{a}, \ x_2 = -a.$

Confrontiamo le soluzioni al variare di *a*:

$x_1 > x_2$ se $\dfrac{1}{a} > -a \rightarrow$

$\dfrac{1 + a^2}{a} > 0 \rightarrow a > 0;$

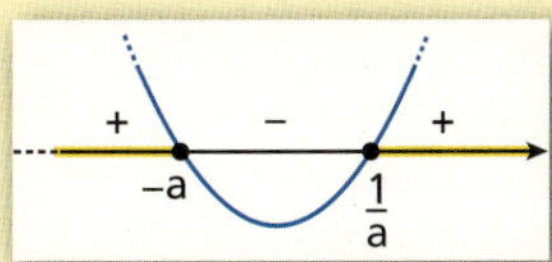

$x_2 > x_1$ se $a < 0$.

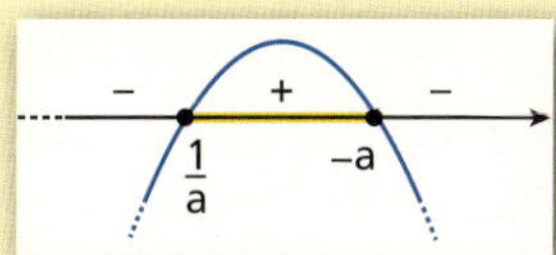

In conclusione:

- se $a > 0$, il coefficiente di x^2 è positivo e le soluzioni sono i valori esterni all'intervallo delle radici:

  $x < -a \vee x > \dfrac{1}{a};$

- se $a < 0$, il coefficiente di x^2 è negativo e le soluzioni sono i valori interni all'intervallo delle radici:

  $\dfrac{1}{a} < x < -a.$

Risolvi le seguenti disequazioni nell'incognita *x*, discutendo al variare del parametro in $\mathbb{R}$.

252 $x^2 + k \geq 0$ $[k < 0: x \leq -\sqrt{-k} \vee x \geq \sqrt{-k}; k \geq 0: \forall x \in \mathbb{R}]$

253 $a^2x^2 - ax - 2 > 0$ $\left[a < 0: x < \frac{2}{a} \vee x > -\frac{1}{a}; a = 0: \text{imp.}; a > 0: x < -\frac{1}{a} \vee x > \frac{2}{a}\right]$

254 $(x - a)(x + 2a) \leq 0$ $[a < 0: a \leq x \leq -2a; a = 0: x = 0; a > 0: -2a \leq x \leq a]$

255 $x^2 - kx < 0$ $[k < 0: k < x < 0; k = 0: \text{imp.}; k > 0: 0 < x < k]$

256 $ax^2 + ax + 10a < 0$ $[a < 0: \forall x \in \mathbb{R}; a \geq 0: \text{imp.}]$

257 $x^2 + 4ax + 5a^2 > 0$ $[a \neq 0: \forall x \in \mathbb{R}; a = 0: x \neq 0]$

258 $x^2 - (a + 1)x + a < 0$ $[a < 1: a < x < 1; a = 1: \text{imp.}; a > 1: 1 < x < a]$

259 $x(x - a) \leq 2(a - x)$ $[a < -2: a \leq x \leq -2; a = -2: x = -2; a > -2: -2 \leq x \leq a]$

260 Determina per quali valori del parametro k la disequazione $x^2 - 2kx + 7 > 0$ è verificata $\forall x \in \mathbb{R}$. $[-\sqrt{7} < k < \sqrt{7}]$

261 Trova i valori di b per i quali la disequazione $x^2 + 3bx - b \leq 0$ è impossibile. $\left[-\frac{4}{9} < b < 0\right]$

262 Determina per quali valori del parametro a l'equazione

$$x^2 + (a - 1)x + a + \frac{1}{4} = 0$$

ha soluzioni reali. $[a \leq 0 \vee a \geq 6]$

4 Disequazioni di grado superiore al secondo

▶ Teoria a p. 9

Disequazioni monomie

263 ESERCIZIO GUIDA Risolviamo le seguenti disequazioni:

a. $(x + 3)^4 > 0$; **b.** $(x - 8)^3 \leq 0$.

a. L'esponente è pari, quindi la potenza $(x + 3)^4$ è sempre positiva o nulla.
La soluzione della disequazione è: $x \neq -3$.

b. L'esponente è dispari: $(x - 8)^3$ ha lo stesso segno di $x - 8$.

$$(x - 8)^3 \leq 0 \rightarrow x - 8 \leq 0 \rightarrow x \leq 8$$

Risolvi le seguenti disequazioni.

264 $(x - 2)^4 \geq 0$ $[\forall x \in \mathbb{R}]$

265 $(x + 3)^3 > 0$ $[x > -3]$

266 $(a - 7)^7 \leq 0$ $[a \leq 7]$

267 $2(x - 5)^4 \leq 0$ $[x = 5]$

268 $(3 - x)^6 > 0$ $[x \neq 3]$

269 $(5x + 1)^6 < 0$ $[\nexists x \in \mathbb{R}]$

270 $-3(2 - 3x)^5 \geq 0$ $\left[x \geq \frac{2}{3}\right]$

271 $(4x + 2)^3 < 0$ $\left[x < -\frac{1}{2}\right]$

272 $(x + 1)^{10} > 0$ $[x \neq -1]$

273 $(1 - \sqrt{2})y^7 > 0$ $[y < 0]$

Disequazioni binomie

274 ESERCIZIO GUIDA Risolviamo le seguenti disequazioni: **a.** $x^5+32>0$; **b.** $x^6-64\geq 0$.

a. Risolviamo l'equazione binomia associata; poiché l'esponente è dispari, abbiamo una sola soluzione:

$$x^5+32=0 \rightarrow x^5=-32 \rightarrow x=\sqrt[5]{-32}=-2.$$

Inoltre, il segno del binomio x^5+32 coincide con il segno del binomio $x+\sqrt[5]{32}$, cioè $x+2$:

$$x^5+32>0 \rightarrow x+2>0 \rightarrow x>-2.$$

La disequazione data è verificata per $x>-2$.

b. Scomponiamo il binomio x^6-64, ricordando il prodotto notevole:

$$a^2-b^2=(a+b)(a-b), \quad a,b\in\mathbb{R}.$$

Nel nostro caso è: $x^6-64=(x^3+8)(x^3-8)$.
Studiamo il segno di ciascun fattore:

$$x^3+8>0 \rightarrow x^3>-8 \rightarrow x>-2;$$

$$x^3-8>0 \rightarrow x^3>8 \rightarrow x>2.$$

La disequazione è verificata per $x\leq -2 \vee x\geq 2$.

		−2		2	
x^3+8	−	0	+		+
x^3-8	−		−	0	+
x^6-64	+	0	−	0	+

Risolvi le seguenti disequazioni.

275 $x^4+3\geq 0$ $[\forall x\in\mathbb{R}]$

276 $x^3+1<0$ $[x\leq -1]$

277 $32x^5-1>0$ $\left[x>\frac{1}{2}\right]$

278 $2x^6+1\geq 0$ $[\forall x\in\mathbb{R}]$

279 $x^4-81<0$ $[-3<x<3]$

280 $4x^6+5<0$ $[\nexists x\in\mathbb{R}]$

281 $x^5+8<0$ $[x<-\sqrt[5]{8}]$

282 $4x^7+12<0$ $[x<-\sqrt[7]{3}]$

283 $x^3-125>0$ $[x>5]$

284 $2x^6-128<0$ $[-2<x<2]$

285 $81x^4-16>0$ $\left[x<-\frac{2}{3} \vee x>\frac{2}{3}\right]$

286 $3x^3+24\leq 0$ $[x\leq -2]$

287 ASSOCIA a ogni disequazione le sue soluzioni.

a. $x^4+16>0$ **b.** $x^3+8>0$ **c.** $x^5-32<0$ **d.** $4-x^2>0$

1. $-2<x<2$ **2.** $x>-2$ **3.** $\forall x\in\mathbb{R}$ **4.** $x<2$

TEST

288 La disequazione

$$-(x^2+1)(x+1)^3<0$$

è verificata per:

A $x>-1$ B $x<-1$ C $\forall x\in\mathbb{R}$ D $x<1$ E $\nexists x\in\mathbb{R}$

289 Solo una delle seguenti disequazioni è equivalente alla disequazione $x^3-27\geq 0$. Quale?

A $x^2(x^3-27)\geq 0$

B $x^2-9\geq 0$

C $(2+x^3)(x^3-27)\geq 0$

D $(2+x^4)(x^3-27)\geq 0$

E $x^3\leq 27$

ESERCIZI

AL VOLO Risolvi le seguenti disequazioni senza usare il quadro dei segni.

290 $(x^2+\sqrt{2})x^3<0$

291 $(1+x)^2(1-x)^3\geq 0$

292 $-x^6(x-2)^2\leq 0$

293 $(x^4+4)(x^6+1)>0$

294 $(y-3)^2(2y^2+1)>0$

295 $(-1-a^2)(a+5)^4\leq 0$

Risolvi le seguenti disequazioni in cui il primo membro è scritto in forma di prodotto.

296 $(x+7)^2(x-1)>0$ $[x>1]$

297 $(x+3)^3(x-5)\leq 0$ $[-3\leq x\leq 5]$

298 $(2x-5)^7(3x+6)\geq 0$ $\left[x\leq -2 \vee x\geq \frac{5}{2}\right]$

299 $(x^2-64)(2x-5)^4\leq 0$ $[-8\leq x\leq 8]$

300 $5(x+6)(x^3-27)>0$ $[x<-6 \vee x>3]$

301 $(2-8x)(x+1)^4\leq 0$ $\left[x\geq \frac{1}{4} \vee x=-1\right]$

302 $(7-x)(2+4x)^3(x+2)^2>0$ $\left[-\frac{1}{2}<x<7\right]$

303 $x^2(x^3-8)(2x-3)^5<0$ $\left[\frac{3}{2}<x<2\right]$

304 $-2(2+3x^2)(x^3+125)>0$ $[x<-5]$

Disequazioni trinomie

305 **ESERCIZIO GUIDA** Risolviamo la disequazione $x^8-15x^4-16\geq 0$.

Consideriamo l'equazione associata:

$x^8-15x^4-16=0$.

Poniamo $x^4=z$ e risolviamo l'equazione in z:

$z^2-15z-16=0 \rightarrow z_1=-1, z_2=16$.

Otteniamo:

$z^2-15z-16\geq 0$ per $z\leq -1 \vee z\geq 16$,

vale a dire

$x^8-16x^4-16\geq 0$ per $x^4\leq -1 \vee x^4\geq 16$.

Essendo:

$x^4+1\leq 0$ impossibile,

$x^4-16\geq 0$ per $x\leq -2 \vee x\geq 2$,

la disequazione $x^8-15x^4-16\geq 0$ ha per soluzioni:

$x\leq -2 \vee x\geq 2$.

Risolvi le seguenti disequazioni trinomie.

306 $x^6+x^3+1<0$ $[\nexists x\in\mathbb{R}]$

307 $x^4+x^2+1>0$ $[\forall x\in\mathbb{R}]$

308 $4x^6+8x^3+4>0$ $[x\neq -1]$

309 $x^4+2x^2-15>0$ $[x<-\sqrt{3} \vee x>\sqrt{3}]$

310 $16x^4-24x^2+9\leq 0$ $\left[x=\pm\frac{\sqrt{3}}{2}\right]$

311 $x^6+2x^3-15<0$ $[-\sqrt[3]{5}<x<\sqrt[3]{3}]$

312 $x^4-x^2-12\geq 0$ $[x\leq -2 \vee x\geq 2]$

313 $y^6+7y^3-8<0$ $[-2<y<1]$

314 $x^4-8x^2-9>0$ $[x<-3 \vee x>3]$

315 $x^6-4x^3+3<0$ $[1<x<\sqrt[3]{3}]$

Disequazioni risolubili con scomposizioni in fattori

316 **ESERCIZIO GUIDA** Risolviamo la disequazione di terzo grado $x^3 - 5x^2 - 4x + 20 > 0$.

Scomponiamo in fattori il polinomio $x^3 - 5x^2 - 4x + 20$ con un raccoglimento parziale:

$$x^2(x-5) - 4(x-5) > 0 \rightarrow (x^2-4)(x-5) > 0.$$

Studiamo il segno dei due fattori.

$$x^2 - 4 > 0 \rightarrow x < -2 \lor x > 2$$

$$x - 5 > 0 \rightarrow x > 5$$

La disequazione data è verificata per:

$$-2 < x < 2 \lor x > 5.$$

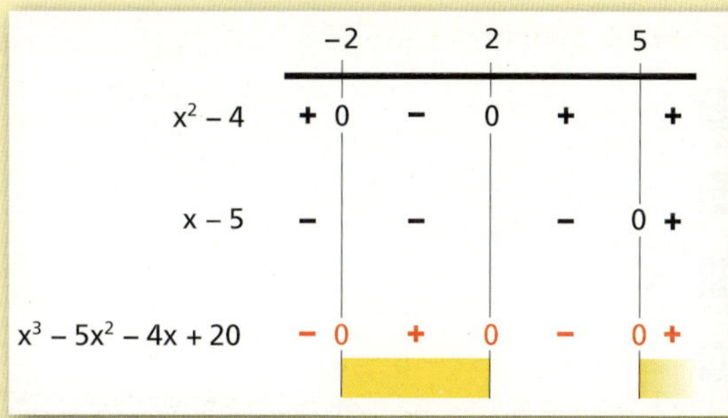

Risolvi le seguenti disequazioni di grado superiore al secondo, scomponendo in fattori.

317 $x^3 - 4x^2 - 5x > 0$ $[-1 < x < 0 \lor x > 5]$

318 $x^4 + 7x^3 + 12x^2 < 0$ $[-4 < x < -3]$

319 $x^5 - 25x^3 > 0$ $[-5 < x < 0 \lor x > 5]$

320 $x^3 + x^2 - 4x - 4 \leq 0$ $[x \leq -2 \lor -1 \leq x \leq 2]$

321 $x^5 + 6x^4 + 9x^3 > 0$ $[x > 0]$

322 $16x - x^5 \geq 0$ $[x \leq -2 \lor 0 \leq x \leq 2]$

323 $x^4 - 5x^2 \geq 0$ $[x \leq -\sqrt{5} \lor x \geq \sqrt{5} \lor x = 0]$

324 $x^6 + 8x^3 \geq 0$ $[x \leq -2 \lor x \geq 0]$

---

325 $x^3 + 2x^2 - 9x - 18 < 0$ $[x < -3 \lor -2 < x < 3]$

326 $5x^2 + 7x^4 \leq 0$ $[x = 0]$

327 $3(x^3 + x^2 - 1) + x(x^2 + 9x - 1) \leq 0$ $\left[x \leq -3 \lor -\frac{1}{2} \leq x \leq \frac{1}{2}\right]$

328 $x^3(1 + x) < 2x^2(x^2 - 2x - 3)$ $[x < -1 \lor x > 6]$

329 $2x(2x^2 + 3) + 4x^2 - 3(2x^2 + 1) > 0$ $\left[x > \frac{1}{2}\right]$

330 $x^4 - 5x^3 - x + 5 < 0$ $[1 < x < 5]$

331 $x(x^2 - 11) < 7x(1 - x)$ $[x < -9 \lor 0 < x < 2]$

332 $x^3(x^2 - 1) - 2x(x^2 + 14) < 0$ $[x < -\sqrt{7} \lor 0 < x < \sqrt{7}]$

333 $16x^2\left(x - \frac{5}{4}\right)\left(x + \frac{5}{4}\right) + 25(x - 5)(x + 5) > 0$ $\left[x < -\frac{5}{2} \lor x > \frac{5}{2}\right]$

334 $7\left(\frac{1}{3}x^4 + x^2 + 1\right) - \frac{1}{3}x^4 - 2(x^2 + 2) > 0$ $[\forall x \in \mathbb{R}]$

335 **TEST** La disequazione $(3x - 1)^3 < (3x - 1)^4$ è verificata:

- **A** per $x > \frac{2}{3}$.
- **B** per $x < \frac{1}{3} \lor x > \frac{2}{3}$.
- **C** per $\frac{1}{3} < x < \frac{2}{3}$.
- **D** per nessun valore di x.
- **E** per tutti i valori reali di x.

ESERCIZI

336 Dati i seguenti polinomi, per quali valori di x il loro prodotto è negativo?

$3x^3 - 6x^2$ $\quad$ $x^2 + 2x - 3$

$[x < -3 \vee 1 < x < 2]$

Risolvi le seguenti disequazioni scomponendo in fattori con la regola di Ruffini.

337 $x^3 - 7x + 6 \geq 0$ $[-3 \leq x \leq 1 \vee x \geq 2]$

338 $x^3 + 4x^2 + x < 6$ $[x < -3 \vee -2 < x < 1]$

339 $8x^3 \geq x^2 + 7$ $[x \geq 1]$

340 $2x^3 - x^2 - 13x - 6 \leq 0$ $\left[x \leq -2 \vee -\frac{1}{2} \leq x \leq 3\right]$

341 $6x^3 - x^2 - 10x - 3 > 0$ $\left[-1 < x < -\frac{1}{3} \vee x > \frac{3}{2}\right]$

342 $x^3 + x + 10 < 0$ $[x < -2]$

343 $x^3 - 4x^2 - 3x + 18 \leq 0$ $[x \leq -2 \vee x = 3]$

344 $x^3 - 5x - 12 \geq 0$ $[x \geq 3]$

Riepilogo: Disequazioni di grado superiore al secondo

345 TEST Solo una tra le seguenti disequazioni è verificata per ogni valore di x. Quale?

A $x^4 + x^6 > 0$

B $x^4 + 8x^2 + 15 \geq 0$

C $-3x^5 - 4 < 0$

D $x^4 + x^3 + 3x^2 > 0$

E $-x^4 - 4x^2 < 0$

Risolvi le seguenti disequazioni.

346 $-2x^4 \leq 0$ $[\forall x \in \mathbb{R}]$

347 $\sqrt{3}(2 - x)^3 > 0$ $[x < 2]$

348 $4x^8 + 1 \geq 0$ $[\forall x \in \mathbb{R}]$

349 $x^6 - 5x^3 + 6 > 0$ $[x < \sqrt[3]{2} \vee x > \sqrt[3]{3}]$

350 $x^4 - 4 \leq 0$ $[-\sqrt{2} \leq x \leq \sqrt{2}]$

351 $2x^8 + x^4 - 3 > 0$ $[x < -1 \vee x > 1]$

352 $x^2(4x - 6)^5 \geq 0$ $\left[x \geq \frac{3}{2} \vee x = 0\right]$

353 $x^6 - 8 \leq 0$ $[-\sqrt{2} \leq x \leq \sqrt{2}]$

---

354 $(x^2 - 3)^2 > 4x^2$ $[x < -3 \vee -1 < x < 1 \vee x > 3]$

355 $27x^6 - 1 \geq 0$ $\left[x \leq -\frac{\sqrt{3}}{3} \vee x \geq \frac{\sqrt{3}}{3}\right]$

356 $-2(x^2 + 4)(x^2 - 25) > 0$ $[-5 < x < 5]$

357 $2x^3 + 4x - x^2 - 2 > 0$ $\left[x > \frac{1}{2}\right]$

358 $3x^3 - x^4 + 3 - x \leq 0$ $[x \leq -1 \vee x \geq 3]$

359 $x^3 - x^2 - 4 > 0$ $[x > 2]$

360 $4x^3 - 7x - 3 > 0$ $\left[-1 < x < -\frac{1}{2} \vee x > \frac{3}{2}\right]$

361 $-x^3 + 6x + 9 \geq 0$ $[x \leq 3]$

362 ●○ $[x(x+1)-3x]x(x+2) < 4-x^2$ $[-2 < x < 2]$

363 ●○ $2x(x^2+1)+x^3(x-1)-(3x+1) > 0$ $[x < -1 \vee x > 1]$

364 ●● $(4x+1)^2(2x^2-7x-4) \geq 0$ $\left[x \leq -\frac{1}{2} \vee x = -\frac{1}{4} \vee x \geq 4\right]$

365 ●● $4x^3(x^3-64)(x+1)^2 \geq 0$ $[x \leq 0 \vee x \geq 4]$

366 ●● $x^2(x-2\sqrt{2})(x+2\sqrt{2})-5 < (x^2+3)3x$ $[-1 < x < 5]$

367 ●● $x^5+\frac{1}{2}x(3x^3-1)-\frac{1}{2}x(x^3+1) > x^4$ $[-1 < x < 0 \vee x > 1]$

368 ●● $8x^3(x+2) > x^5(7-x)$ $[x < -1 \vee 0 < x < 4 \vee x > 4]$

369 ●● $(x^2+2)^2+2(x^2+3-x)+2(2+x) \leq 0$ $[\nexists x \in \mathbb{R}]$

370 ●● $\frac{5}{3}(x^3-1)+4x^2\left(\frac{x}{3}+1\right)-\frac{1}{3}(x+1) < \frac{2}{3}x$ $\left[x < -1 \vee -1 < x < \frac{2}{3}\right]$

371 ●● $x^2(x^2+1)+7x(x+1)-7(x-2) < 2$ $[\nexists x \in \mathbb{R}]$

372 ●○ Determina per quali valori del parametro k l'equazione $x^2-(k^3+1)x+1=0$ ammette due soluzioni reali e distinte. $[k < -\sqrt[3]{3} \vee k > 1]$

373 ●○ Trova i valori di a per cui l'equazione $ax^2-(a+3)x-a^2=0$ non ammette soluzioni reali. $[a < -1]$

5 Disequazioni fratte

▶ Teoria a p. 11

RIFLETTI SULLA TEORIA

374 ●○ Le disequazioni $A(x)\cdot B(x) > 0$ e $\frac{A(x)}{B(x)} > 0$ sono equivalenti? Perché?

375 ●○ Le disequazioni $A(x)\cdot B(x) \geq 0$ e $\frac{A(x)}{B(x)} \geq 0$ sono equivalenti? Perché?

376 ●○ **COMPLETA**

a. $\frac{x^2+9}{-2x} > 0$ per x ☐.

b. $\frac{x^2}{x-3} \leq 0$ per x ☐.

c. $\frac{(x+1)^4(x-4)^5}{x^2} > 0$ per x ☐.

d. $\frac{x^2 \square 4}{x-1} < 0$ per $x < 1$.

AL VOLO Risolvi le seguenti disequazioni.

377 ●○ $\frac{x^2}{(x^2+1)^2} > 0$

378 ●○ $\frac{x^4+1}{3x^2} < 0$

379 ●○ $\frac{-5x^2}{x-3} \geq 0$

380 **ESERCIZIO GUIDA** Risolviamo la disequazione $\frac{x^2-10x+24}{2x^2-7x-15} > 0$.

ESERCIZI

- Studiamo il segno del numeratore:

  $x^2 - 10x + 24 > 0.$

  Equazione associata:

  $x^2 - 10x + 24 = 0$

  $\frac{\Delta}{4} = 25 - 24 = 1 \rightarrow x = 5 \pm 1 \begin{array}{l} 6, \\ 4. \end{array}$

  Il numeratore è positivo per valori esterni all'intervallo di estremi 4 e 6:

  $x < 4 \vee x > 6.$

- Studiamo il segno del denominatore:

  $2x^2 - 7x - 15 > 0.$

  Equazione associata:

  $2x^2 - 7x - 15 = 0$

  $\Delta = 49 + 120 = 169 \rightarrow x = \frac{7 \pm 13}{4} \begin{array}{l} 5, \\ -\frac{3}{2}. \end{array}$

  Il denominatore è positivo per valori esterni all'intervallo di estremi $-\frac{3}{2}$ e 5:

  $x < -\frac{3}{2} \vee x > 5.$

- Compiliamo il quadro dei segni.

La disequazione è verificata per:

$x < -\frac{3}{2} \vee 4 < x < 5 \vee x > 6.$

		$-\frac{3}{2}$		4		5		6	
N	+		+	0	−		−	0	+
D	+	0	−		−	0	+		+
$\frac{N}{D}$	+	∄	−	0	+	∄	−	0	+

Osservazione. Per brevità, non abbiamo scritto la condizione di esistenza, segnando direttamente nel quadro i valori per cui la frazione non esiste.

Risolvi le seguenti disequazioni.

381 $\frac{x-3}{x+5} < 0$ $[-5 < x < 3]$

382 $\frac{-6x}{3x+1} \geq 0$ $\left[-\frac{1}{3} < x \leq 0\right]$

383 $\frac{x+3}{5-2x} > 0$ $\left[-3 < x < \frac{5}{2}\right]$

384 $\frac{1-3x}{x+4} > 0$ $\left[-4 < x < \frac{1}{3}\right]$

385 $-\frac{2x+1}{7-x} \leq 0$ $\left[-\frac{1}{2} \leq x < 7\right]$

386 $\frac{-(2-x)-(3+2x)}{1-x} < 0$ $[-5 < x < 1]$

387 $\frac{x^2-4}{x} > 0$ $[-2 < x < 0 \vee x > 2]$

388 $\frac{x^2+x}{2-x} \leq 0$ $[-1 \leq x \leq 0 \vee x > 2]$

389 $\frac{x^2+6}{3-x} < 0$ $[x > 3]$

390 $\frac{2x}{6x^2+x-5} \leq 0$ $\left[x < -1 \vee 0 \leq x < \frac{5}{6}\right]$

391 $\frac{(5-x)^3}{3-x} < 0$ $[3 < x < 5]$

392 $\frac{x^2-2x-8}{x(x^2+1)} \geq 0$ $[-2 \leq x < 0 \vee x \geq 4]$

393 $\frac{x^2-8x+16}{(x+1)(2x-11)} < 0$ $\left[-1 < x < \frac{11}{2} \wedge x \neq 4\right]$

394 $\frac{(3x-4)(x+5)}{x^2+3x-10} \geq 0$ $\left[x \leq \frac{4}{3} \wedge x \neq -5 \vee x > 2\right]$

395 $\frac{x^2+x+1}{(x-2)^2} > 0$ $[x \neq 2]$

396 $\frac{(1-x)^4(x-2)^3}{x(x-3)^2} > 0$ $[x < 0 \vee x > 2, x \neq 3]$

397 $\frac{(4x+1)^2}{4-2x} \geq 0$ $[x < 2]$

398 $\frac{x^2+4x+4}{12x-4-9x^2} \geq 0$ $[x = -2]$

399 $\frac{x(-x+8)-(2x+9)}{x^2-4} \leq 0$ $[x < -2 \vee x > 2]$

400 $\frac{x^2-4}{x^2+5x-14} < 0$ $[-7 < x < -2]$

401 $\dfrac{x^2-x-6}{x^2+3x-4}>0$ $[x<-4 \vee -2<x<1 \vee x>3]$

402 $\dfrac{-x^2+7x-12}{2x^2-7x+3}>0$ $\left[\frac{1}{2}<x<3 \vee 3<x<4\right]$

403 $\dfrac{(x+1)(x+3)(x-6)}{x^2}<0$ $[x<-3 \vee -1<x<6, x\neq 0]$

404 $\dfrac{-x^4+x^2}{4x^2-9}>0$ $\left[-\frac{3}{2}<x<-1 \vee 1<x<\frac{3}{2}\right]$

405 $\dfrac{x^3-3x^2+2x}{x+1}\leq 0$ $[-1<x\leq 0 \vee 1\leq x\leq 2]$

406 $\dfrac{(x-2)(x+1)}{(2x^2+4)(2-3x)}\leq 0$ $\left[-1\leq x<\frac{2}{3} \vee x\geq 2\right]$

407 $\dfrac{x^3-4x^2-x+4}{x^4+3x^2-4}\geq 0$ $[x\geq 4]$

408 $\dfrac{x^4-5x^2+4}{x^2+4}\leq 0$ $[-2\leq x\leq -1 \vee 1\leq x\leq 2]$

409 $\dfrac{x^3+x^2-3x-3}{(x^4-1)(x^3+8)}<0$ $[-2<x<-\sqrt{3} \vee 1<x<\sqrt{3}]$

410 YOU & MATHS Consider the inequality $\dfrac{(x-2)^4}{x^2+9}\leq 0$. Which of the following statements is true?

- **A** It has no real solutions.
- **B** It has only one real solution.
- **C** The set of solutions is: $x\leq 2$.
- **D** Every real number is a solution.
- **E** The set of solutions is $x\leq -2 \vee x\geq 2$.

Risolvi le seguenti disequazioni dopo averle ricondotte alla forma $\dfrac{A(x)}{B(x)}\lesseqgtr 0$.

411 $\dfrac{5x-1}{x-3}\geq 1$ $\left[x\leq -\frac{1}{2} \vee x>3\right]$

412 $\dfrac{3x-2}{x}\leq 4$ $[x\leq -2 \vee x>0]$

413 $\dfrac{x}{3x+1}\geq 7$ $\left[-\frac{7}{20}\leq x<-\frac{1}{3}\right]$

414 $\dfrac{1}{x}-\dfrac{3}{5x}\geq 2$ $\left[0<x\leq \frac{1}{5}\right]$

415 $-\dfrac{4}{x+2}+\dfrac{7}{x+3}>0$ $\left[-3<x<-2 \vee x>-\frac{2}{3}\right]$

416 $1+\dfrac{2x}{x^2-1}+\dfrac{x}{x+1}<0$ $\left[\frac{1}{2}<x<1\right]$

417 $\dfrac{1}{2x+3}\geq \dfrac{4}{x+5}$ $\left[x<-5 \vee -\frac{3}{2}<x\leq -1\right]$

418 $x-\dfrac{x-2}{x+3}\geq 2$ $[-3<x\leq -2 \vee x\geq 2]$

419 $1+\dfrac{x^2+3x-10}{x^2+1}<0$ $\left[-3<x<\frac{3}{2}\right]$

420 $\dfrac{4x^2-3x+3}{5x^2-3x-2}>-1$ $\left[x<-\frac{2}{5} \vee x>1\right]$

421 $\dfrac{x+5}{x-1}+2\geq 0$ $[x\leq -1 \vee x>1]$

422 $\dfrac{1}{x-3}\geq \dfrac{5}{x+1}$ $[x<-1 \vee 3<x\leq 4]$

423 $\dfrac{5}{x-5}>\dfrac{2}{x+1}$ $[-5<x<-1 \vee x>5]$

424 $\dfrac{x+3}{x-2}<\dfrac{x-2}{x+3}$ $\left[x<-3 \vee -\frac{1}{2}<x<2\right]$

425 $\dfrac{1}{x}<\dfrac{x-1}{x^2+x+1}$ $\left[-\frac{1}{2}<x<0\right]$

426 $\dfrac{x^3+x^2+1}{x^3-1}\leq 1$ $[x<1]$

427 $\dfrac{2x^2+3x+5}{x^2-x+3}<-1$ $[\nexists x\in\mathbb{R}]$

428 $\dfrac{1}{x-1}\geq \dfrac{x+1}{x^2-1}$ $[x\neq 1, x\neq -1]$

ESERCIZI

429 $\frac{x}{x+7}-\frac{2}{x-3}>\frac{x}{x-3}$ $\left[x<-7 \vee -\frac{7}{6}<x<3\right]$

430 $\frac{1}{3}-\frac{2}{1-x^2}>\frac{1}{2+2x}$ $[x<-1 \vee x>1]$

431 $\frac{6-4x}{x^2+2x-3}+\frac{x+3}{x-1}\leq\frac{2}{x+3}$ $[-3<x<1]$

432 $\frac{x}{x+1}-\frac{3}{x+2}>\frac{x}{x^2+3x+2}$ $[x<-2 \vee x>3]$

433 $\frac{2x^2}{x^3+1}-\frac{x}{x^2-x+1}\leq\frac{1}{x-1}$ $[x<-1 \vee x>1]$

434 $\frac{6(1-x)}{(x-1)(x-5)}+\frac{6}{x-5}+\frac{x}{x-1}>0$ $[x<0 \vee 1<x<5 \vee x>5]$

435 $\frac{x+2}{x+1}+\frac{18}{x^2-2x-3}<\frac{x+3}{x-3}$ $\left[-1<x<\frac{9}{5} \vee x>3\right]$

436 $\frac{x}{x+3}+\frac{2(7x+9)}{(x-2)(x+3)}>\frac{x+4}{x-2}$ $\left[-3<x<-\frac{6}{5} \vee x>2\right]$

437 $\frac{3x}{x-5}-\frac{2(x-5)}{x-2}>\frac{21x-64}{(x-2)(x-5)}$ $[x<2 \vee x>5]$

438 $\frac{x^2-2}{x+1}+\frac{2}{x}\leq\frac{x^2-2x+1}{x}+\frac{1}{x^2+x}$ $[\nexists x \in \mathbb{R}]$

439 $\frac{x-1}{3+x}+\frac{8}{x^2+5x+6}<\frac{x+4}{x+2}$ $[-3<x<-2 \vee x>-1]$

440 $\frac{1}{x}\left(\frac{1}{x}+\frac{9x}{x+3}\right)>\left(\frac{4x^2+1+x}{x^2}\right)\frac{1}{x+1}$ $\left[-3<x<-1 \vee x>\frac{3}{5}\right]$

441 $\frac{3x+1}{2x-4}+\frac{2}{x-5}>-\frac{2x^2+13}{2(x-2)(x-5)}$ $[x<0 \vee x>5]$

442 $\frac{7(x+2)}{x+3}+\frac{5x}{3-2x}+\frac{2(x^2+x-17)}{9-2x^2-3x}\leq 0$ $\left[-3<x\leq-\frac{4}{7} \vee \frac{3}{2}<x\leq 2\right]$

443 Dati i seguenti polinomi:

$P(x)=2x^2-x-13$ e $Q(x)=x^2-2x-3$

determina per quali valori di x:

a. $Q(x)$ è maggiore della metà di $P(x)$;

b. il rapporto tra $P(x)$ e $Q(x)$ è minore di 3. $\left[\text{a) } x<\frac{7}{3}; \text{ b) } x<-1 \vee 1<x<3 \vee x>4\right]$

444 **EUREKA!** Risolvi la seguente disequazione senza svolgere le potenze.

$$2\left(1+\frac{1}{x}\right)^4+\left(1+\frac{1}{x}\right)^2-3>0$$ $\left[-\frac{1}{2}<x<0 \vee x>0\right]$

445 Il rapporto tra il quadrato di un numero e il successivo del numero stesso è minore di $\frac{1}{2}$. Quanto può valere quel numero? $\left[x<-1 \vee -\frac{1}{2}<x<1\right]$

446 Aggiungendo al doppio di un numero positivo a il triplo del reciproco di a, si ottiene un numero minore di 5. Quanto può valere a? $\left[1<a<\frac{3}{2}\right]$

Problemi REALTÀ E MODELLI

RISOLVIAMO UN PROBLEMA

Riempire una cisterna

Per riempire una cisterna un rubinetto impiega un certo numero di ore; un secondo rubinetto ne impiega il doppio; un terzo impiega 2 ore più del primo.
Quanto tempo impiega ciascun rubinetto da solo se, aperti tutti e tre insieme, riempiono la cisterna in meno di un'ora?

▶ **Scegliamo l'incognita.**

Prendiamo come incognita n, il numero di ore impiegate dal primo rubinetto per riempire la cisterna. Il secondo ne impiega $2n$ e il terzo $n+2$. Il problema ha senso soltanto se $n > 0$.

▶ **Modellizziamo il problema.**

In un'ora il primo rubinetto riempie $\frac{1}{n}$ di cisterna, il secondo $\frac{1}{2n}$ e il terzo $\frac{1}{n+2}$.

Pertanto, se vengono aperti contemporaneamente, i tre rubinetti in un'ora riempiono

$$\frac{1}{n}+\frac{1}{2n}+\frac{1}{n+2}=\frac{2(n+2)+(n+2)+2n}{2n(n+2)}=$$

$$\frac{5n+6}{2n(n+2)} \text{ di cisterna.}$$

I tre rubinetti riempiono la cisterna in meno di un'ora se:

$$\frac{5n+6}{2n(n+2)}>1.$$

▶ **Risolviamo la disequazione.**

$$\frac{5n+6}{2n(n+2)}-1>0 \rightarrow \frac{5n+6-2n^2-4n}{2n(n+2)}>0 \rightarrow$$

$$\frac{-2n^2+n+6}{2n(n+2)}>0$$

$N>0: -\frac{3}{2}<n<2$; $\quad D>0: n<-2 \vee n>0$.

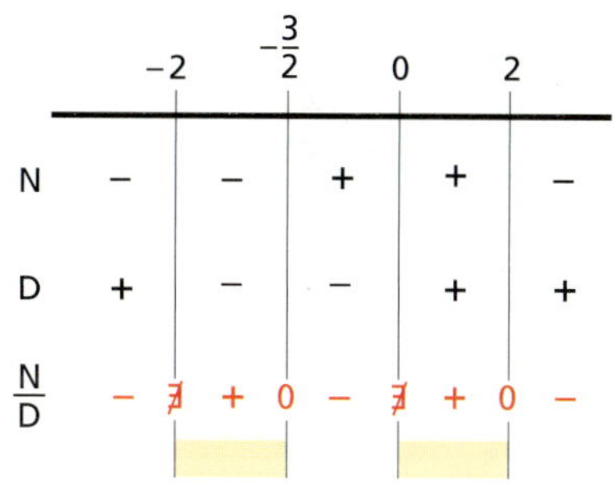

Le soluzioni accettabili sono: $0<n<2$.

▶ **Determiniamo il tempo di ciascun rubinetto.**

Il primo rubinetto impiega tra 0 e 2 ore, il secondo tra 0 e 4 ore, il terzo tra 2 e 4 ore.

447 ●● **Il muro** Per costruire un muro un operaio impiega un certo numero di giornate lavorative intere, mentre un suo collega impiega 3 giorni in più. Se lavorando insieme completano il lavoro in meno di 4 giorni, quanti giorni avrebbe impiegato al massimo il primo operaio da solo?

[6 giorni]

448 ●● **Pronti a giocare** Manca un'ora all'inizio della partita e il campo da calcio deve ancora essere tosato. Il custode con il suo tosaerba impiegherebbe n minuti e il giardiniere con il trattorino ne impiegherebbe la metà. Sapendo che i due, lavorando insieme, sono in grado di finire il lavoro, quanto impiegherebbe al massimo il custode da solo?

[3 ore]

TUTOR matematica
Allenati con **15 esercizi interattivi** con feedback "hai sbagliato, perché..."
su.zanichelli.it/tutor3 risorsa riservata a chi ha acquistato l'edizione con tutor

6 Sistemi di disequazioni

▶ Teoria a p. 12

449 VERO O FALSO?

a. I due sistemi $\begin{cases} 10-5x \geq 0 \\ 1-x \leq 0 \end{cases}$ e $\begin{cases} x-2 \leq 0 \\ x \geq 1 \end{cases}$ sono equivalenti. V F

b. La disequazione $(1+x)(4-x) \leq 0$ è equivalente al sistema $\begin{cases} 1+x \geq 0 \\ 4-x \leq 0 \end{cases}$. V F

c. La disequazione $-1 \leq x \leq 3$ è equivalente al sistema $\begin{cases} x \geq -1 \\ x \leq 3 \end{cases}$. V F

d. Il sistema $\begin{cases} x+1 < 0 \\ x^4 < 0 \end{cases}$ è impossibile. V F

450 YOU & MATHS Find the solution set E of $2x+7 \leq 19$, $x \in \mathbb{R}$. Find the solution set H of $3-2x \leq 11$, $x \in \mathbb{R}$. Find $E \cap H$.

(IR *Leaving Certificate Examination*, Ordinary Level, 1995)

$[E \cap H = \{-4 \leq x \leq 6\}]$

451 ESERCIZIO GUIDA Risolviamo il sistema $\begin{cases} x(1-2x)+2(2x+1)+1<0 \\ \dfrac{x+5}{3}+\dfrac{1}{2} \leq \dfrac{7}{3}-\dfrac{x}{6} \end{cases}$.

La soluzione è l'**intersezione** degli insiemi delle soluzioni delle due disequazioni. Svolgiamo i calcoli in ciascuna di esse.

$$\begin{cases} x-2x^2+4x+2+1<0 \\ \dfrac{2(x+5)+3}{\not 6} \leq \dfrac{14-x}{\not 6} \end{cases} \rightarrow \begin{cases} -2x^2+5x+3<0 \\ 3x \leq 1 \end{cases}$$

Prima disequazione

equazione associata: $-2x^2+5x+3=0$; $\quad \Delta = 25+24=49 \rightarrow x_1=-\frac{1}{2}$, $x_2=3$.

La disequazione è verificata per $x<-\frac{1}{2} \vee x>3$.

Il sistema diventa:

$$\begin{cases} x<-\dfrac{1}{2} \vee x>3 \\ x \leq \dfrac{1}{3} \end{cases}.$$

Costruiamo lo schema grafico.

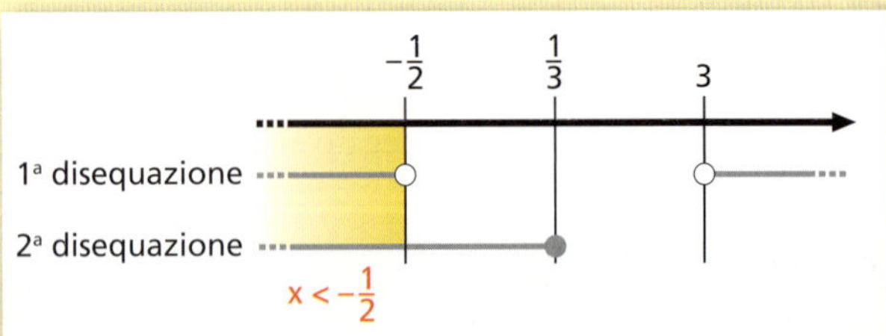

Le soluzioni del sistema sono: $x<-\frac{1}{2}$.

Risolvi i seguenti sistemi di disequazioni intere.

452 $\begin{cases} x+1 \leq 0 \\ 2x-5<0 \end{cases}$ $[x \leq -1]$

453 $\begin{cases} 3(x+2)-5(x-1) \leq 0 \\ 9+3(x-4)>0 \end{cases}$ $\left[x \geq \frac{11}{2}\right]$

454 $\begin{cases} 4x+1>x+6 \\ 2x+3>-x+2 \\ 3(x+1)>1 \end{cases}$ $\left[x>\frac{5}{3}\right]$

455 $\begin{cases} 3x \geq 1 \\ 6x^2 \leq 5x-1 \end{cases}$ $\left[\frac{1}{3} \leq x \leq \frac{1}{2}\right]$

456 $\begin{cases} 2x-7 \geq 0 \\ 2x-7<(3x+1)^2 \end{cases}$ $\left[x \geq \frac{7}{2}\right]$

457 $\begin{cases} x-x^2>0 \\ x^2+5x+6>0 \end{cases}$ $[0<x<1]$

458 $\begin{cases} x(x+1) < 12 \\ (3-x)(3+x) > 4(x-3) \end{cases}$ $[-4 < x < 3]$

459 $\begin{cases} x^3 - 1 > x^2 - 2x + 1 \\ \frac{x+4}{2} + \frac{x+18}{3} > \frac{2x-1}{3} \end{cases}$ $[x > 1]$

460 $\begin{cases} (x+1)^2 \leq 16 \\ x(x-7) \geq 4(5-2x) \end{cases}$ $[x = -5]$

461 $\begin{cases} x^2 + 3x - 4 < 0 \\ 3(x-2) + 5 \leq 7(x+1) \end{cases}$ $[-2 \leq x < 1]$

462 $\begin{cases} \frac{1}{2}(x+8) - \frac{5}{2} \leq 3\left(1 - \frac{x}{2}\right) \\ x(2x-1) > 1 \end{cases}$ $\left[x < -\frac{1}{2}\right]$

463 $\begin{cases} (3x-2)^2 + 17x \leq 3x^2 + 5 \\ 4\left(x + \frac{1}{3}\right) \leq \frac{2}{3} \end{cases}$ $\left[-1 \leq x \leq -\frac{1}{6}\right]$

464 $\begin{cases} 4x^2 - 4x + 1 \geq 0 \\ \frac{1}{5} + \frac{3x-1}{2} > x - \frac{1}{10} \end{cases}$ $\left[x > \frac{2}{5}\right]$

465 $\begin{cases} (3x-1)^3 \leq 0 \\ 2x\left(1 + \frac{1}{2}x\right) - 5 > 3 \end{cases}$ $[x < -4]$

466 $\begin{cases} \sqrt{2}\,x^2 + x - \sqrt{2} < 0 \\ 2x^2 + \sqrt{3}\,x + 1 > 0 \end{cases}$ $\left[-\sqrt{2} < x < \frac{\sqrt{2}}{2}\right]$

467 $\begin{cases} 2x > \sqrt{8} \\ (x+1)^2 + 1 \leq 2(x+2) \end{cases}$ $[\nexists x \in \mathbb{R}]$

468 $\begin{cases} x^4 - 13x^2 + 36 > 0 \\ x^2 < -3x \end{cases}$ $[-2 < x < 0]$

AL VOLO

469 $\begin{cases} x^4 + 2 \geq 0 \\ 3x > 6 \end{cases}$

470 $\begin{cases} x^{10} + 10 \leq 0 \\ (x+1)^3 < 0 \end{cases}$

471 $\begin{cases} (x+3)^6 > 0 \\ 5x < 15 \end{cases}$

472 Determina i valori di b per i quali la soluzione dell'equazione $bx - 2 - x = (1-b)x$ è un numero positivo minore di 1. $[b > 2]$

473 Un rettangolo ha la base che misura $5 - 2x$ e l'altezza che misura $3x - 1$. Trova i valori che si possono assegnare a x affinché esista il rettangolo e inoltre la base sia sempre maggiore dell'altezza. $\left[\frac{1}{3} < x < \frac{6}{5}\right]$

474 Il trapezio in figura ha area minore di 12,5 ma maggiore di 3,5. Quanto può valere b? $\left[\frac{1}{4} < b < 1\right]$

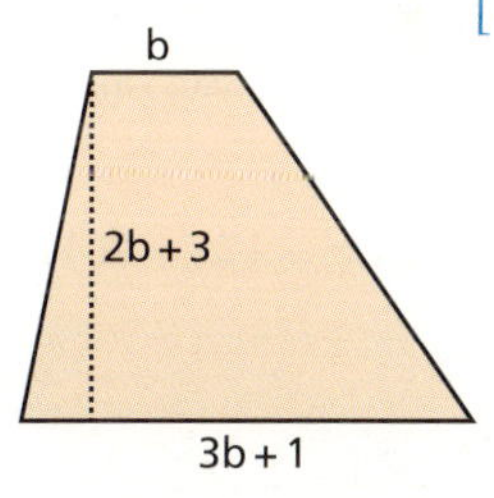

Problemi REALTÀ E MODELLI

RISOLVIAMO UN PROBLEMA

La scatola di cioccolatini

Anna vuole costruire con un cartoncino colorato di 12×9 cm una scatoletta da riempire con almeno 10 cioccolatini preparati da lei. Per far questo, ritaglia dai quattro angoli del cartoncino quattro quadrati, per poi ripiegare i lembi laterali. I cioccolatini hanno la forma di parallelepipedi rettangoli di dimensioni $4 \times 2 \times 1$ cm.

- Quale misura deve avere il lato del quadrato da ritagliare perché la scatola abbia il volume corrispondente ad almeno 10 cioccolatini?
- Con le soluzioni limite trovate, quanti cioccolatini possono stare effettivamente nella scatola? Qual è la soluzione migliore?

► **Disegniamo il modello geometrico della scatola e scegliamo l'incognita.**

Indichiamo con x il lato di ogni quadrato agli angoli del cartoncino, che va ritagliato per costruire la scatola. Le dimensioni della scatola sono positive se $x > 0$ e $2x < 9$, cioè $0 < x < 4{,}5$.

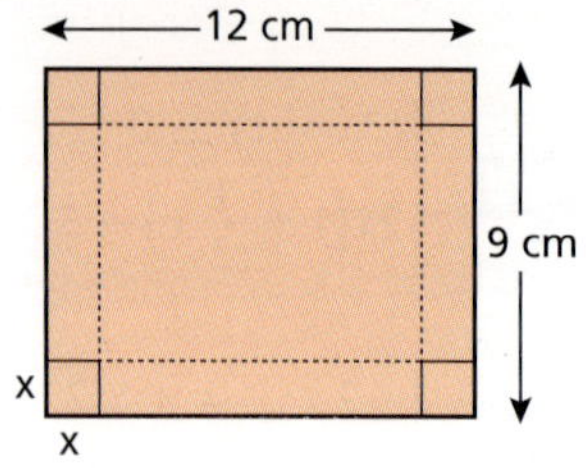

► **Esprimiamo il volume della scatola in funzione dell'incognita.**

La scatola ha come base un rettangolo di lati $12 - 2x$ e $9 - 2x$ e l'altezza è x.
Il volume della scatola è quindi:

$$x(12-2x)(9-2x).$$

► **Troviamo la misura del lato del quadrato.**

Il volume di ogni cioccolatino è $4 \cdot 2 \cdot 1 = 8\ \text{cm}^3$.
Affinché la scatola contenga almeno 10 volte il volume di un cioccolatino deve essere:

$$\begin{cases} x(12-2x)(9-2x) \geq 8 \cdot 10 \\ 0 < x < 4{,}5 \end{cases}.$$

La prima disequazione, svolgendo i calcoli, diventa:

$$4x^3 - 42x^2 + 108x \geq 80 \rightarrow 2x^3 - 21x^2 + 54x - 40 \geq 0.$$

Scomponiamo il polinomio $P(x)$ a primo membro con il metodo di Ruffini, osservando che $P(2) = 0$.
Otteniamo:

$$(x-2)(2x^2 - 17x + 20) \geq 0.$$

Primo fattore

$$x - 2 > 0 \rightarrow x > 2$$

Secondo fattore

$$2x^2 - 17x + 20 > 0 \rightarrow x < 1{,}4 \quad \vee \quad x > 7{,}1$$

La disequazione è verificata se il prodotto è positivo o nullo, quindi ha per soluzioni:

$$1{,}4 \leq x \leq 2 \quad \vee \quad x \geq 7{,}1.$$

Costruiamo lo schema grafico relativo al sistema.

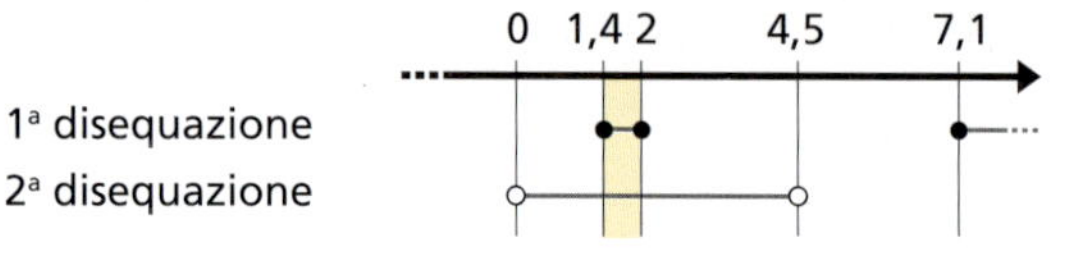

Le soluzioni del sistema sono $1{,}4 \leq x \leq 2$.

► **Analizziamo i due casi limite.**

Con $x = 1{,}4$ la scatola ha il rettangolo di base di $9{,}2 \times 6{,}2\ \text{cm}^2$ e l'altezza di 1,4 cm; contiene perciò un solo strato di 6 cioccolatini.
Con $x = 2$ la scatola ha il rettangolo di base di $8 \times 5\ \text{cm}^2$ e l'altezza di 2 cm; contiene perciò due strati di 4 cioccolatini, ovvero 8 cioccolatini, se poggiano sulla base, cioè sulla faccia di $4 \times 2\ \text{cm}^2$. Se li si dispone in verticale, in modo che poggino sulla faccia di $4 \times 1\ \text{cm}^2$, ce ne stanno10, in due file da 5.

La soluzione migliore è quindi quella di ritagliare i quadratini di lato $x = 2$ cm.

475 **Lattine per bibite** Il contenuto di una lattina di bibita deve essere di 33 cL, con una tolleranza del 10%. Si vuole che l'altezza della lattina sia il doppio del diametro di base.
Quali sono i limiti massimo e minimo per il diametro di base? $[5{,}74\ \text{cm} \leq d \leq 6{,}14\ \text{cm}]$

476 **Il dado** Luigi deve costruire un dado ritagliando un cartoncino.

a. Quanto può essere lungo lo spigolo s del dado?

b. Quanto deve essere lungo lo spigolo perché il volume del dado sia maggiore di 125 cm^3?

$[a)\ 0 \leq s \leq 7;\ b)\ 5 \leq s \leq 7]$

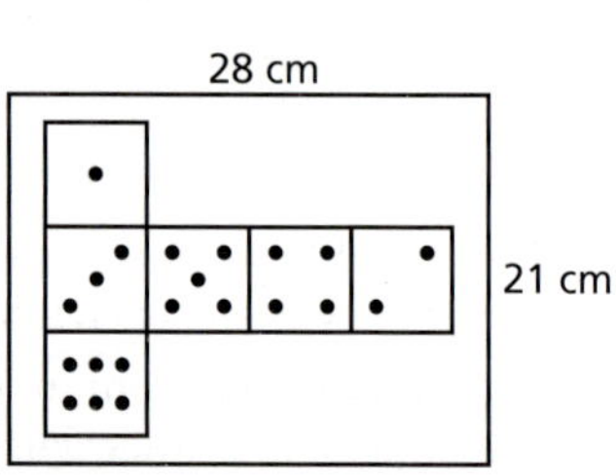

477 ●● **In classe** Il numero degli alunni di una classe non è superiore a 35 e il numero delle femmine è $\frac{1}{4}$ del quadrato di quello dei maschi. Determina la composizione della classe sapendo che la differenza tra il numero delle femmine e il doppio del numero dei maschi non è inferiore a 5. [10 maschi, 25 femmine]

478 ●○ **YOU & MATHS** The temperature x kilometers below the surface of the earth is given by

$$T(x) = 30 + 25(x - 3),\ 3 \leq x \leq 15,$$

where T is the temperature in degrees Celsius. At what depth will the temperature be between 200 °C and 300 °C?

A $3 \leq x \leq 15$ **B** $9.8 \leq x \leq 13.8$ **C** $5.1 \leq x \leq 9.4$ **D** $0 \leq x \leq 3$ **E** None of the above.

(USA *Catawba College NCCTM Mathematics Contest*, 2007)

Risolvi i seguenti sistemi di disequazioni intere o fratte.

479 ●○ **AL VOLO** $\begin{cases} \dfrac{x}{(x-1)} - \dfrac{5-2x}{3-3x} > 0 \\ (x^2-3)^2 + 4x^2 < 0 \end{cases}$ $[\nexists x \in \mathbb{R}]$

480 ●○ $\begin{cases} \dfrac{x+1}{x-5} < 0 \\ x^2 \geq 9 \end{cases}$ $[3 \leq x < 5]$

481 ●○ $\begin{cases} \dfrac{1}{x} > x \\ 3x^2 + 8x - 3 > 0 \end{cases}$ $\left[x < -3 \vee \dfrac{1}{3} < x < 1\right]$

482 ●○ $\begin{cases} 4x^2 - 100 \geq 0 \\ \dfrac{x+1}{x^2} < 0 \end{cases}$ $[x \leq -5]$

483 ●○ $\begin{cases} \dfrac{x+1}{x+2} \geq 0 \\ \dfrac{x+1}{x^2} > 0 \end{cases}$ $[x > -1 \wedge x \neq 0]$

484 ●○ $\begin{cases} \dfrac{2}{x+1} > \dfrac{1}{x-3} \\ 16 - x^4 > 0 \end{cases}$ $[-1 < x < 2]$

485 ●○ $\begin{cases} \dfrac{1+x^2}{3x} \leq 0 \\ x < (x+2)(3-x) \end{cases}$ $[-\sqrt{6} < x < 0]$

486 ●○ $\begin{cases} \dfrac{x-2}{x+3} \geq 0 \\ 7 + 2x > -\dfrac{x^2}{7} \end{cases}$ $[x < -7 \vee -7 < x < -3 \vee x \geq 2]$

487 ●○ $\begin{cases} \dfrac{x-1}{x+2} \leq \dfrac{-1}{x-3} \\ 1 - \dfrac{4-x}{3} + \dfrac{3-x}{2} \geq 0 \end{cases}$ $[-2 < x < 3]$

488 ●○ $\begin{cases} x^2 + 4x + 4 > 0 \\ \dfrac{1}{x^2} \geq 0 \end{cases}$ $[x \neq -2, x \neq 0]$

489 ●○ $\begin{cases} \dfrac{x+1}{x-2} < 1 \\ (x^2+4)(x+1) < 0 \end{cases}$ $[x < -1]$

490 ●○ $\begin{cases} \dfrac{x^2}{x+1} \geq -2 \\ x^4 - 4x^2 \leq 0 \end{cases}$ $[-1 < x \leq 2]$

491 ●○ $\begin{cases} \dfrac{x^2-x}{x^2+4} \leq 0 \\ \dfrac{x^2}{x-1} \leq 0 \\ x^4 + x^2 + 1 \geq 0 \end{cases}$ $[0 \leq x < 1]$

492 ●● $\begin{cases} \dfrac{x-2}{x+1} \geq 2 \\ x^4 + 3x^2 - 4 \geq 0 \end{cases}$ $[-4 \leq x < -1]$

493 ●● $\begin{cases} x^3 - 8x^2 + 13x - 6 \leq 0 \\ \dfrac{1}{x^2-2x+1} \geq 0 \end{cases}$ $[x \leq 6 \wedge x \neq 1]$

494 ●● $\begin{cases} x^4 - 5x^2 + 4 \geq 0 \\ \dfrac{1-\sqrt{2}}{x} < 0 \end{cases}$ $[0 < x \leq 1 \vee x \geq 2]$

495 ●● $\begin{cases} \dfrac{2x+3}{3-2x} > \dfrac{1}{2} \\ \dfrac{1}{4+x^2} \leq \dfrac{1}{16-x^4} \end{cases}$ $[\nexists x \in \mathbb{R}]$

496 ●● $\begin{cases} \dfrac{x}{x^2-x} > \dfrac{x^3}{x^2-x} \\ \dfrac{(x-2)}{x^4+x^3-x-1} \leq 0 \end{cases}$ $[x < -1]$

497 ●● $\begin{cases} \dfrac{2x^4}{6-x} \geq 6 + x \\ (2x+3)^2 + 3 < 2x^2 - x - 3 \end{cases}$ $[-5 < x \leq -2]$

ESERCIZI

498 ●● $\begin{cases}(4x-1)^2 \geq 36 \\ \dfrac{1}{x+1} < \dfrac{1}{7}x + \dfrac{1}{21}\end{cases}$ $\left[-\dfrac{10}{3} < x \leq -\dfrac{5}{4} \vee x > 2\right]$

499 ●● $\begin{cases}\dfrac{x^2-6x}{1-2x} \geq 0 \\ \dfrac{x}{(3x-2)^2} \geq 0\end{cases}$ $\left[x = 0 \vee \dfrac{1}{2} < x \leq 6 \wedge x \neq \dfrac{2}{3}\right]$

500 ●● $\begin{cases}\dfrac{7+3x^2(x-4)}{x-3} < x+3 \\ -\dfrac{5}{(3x-4)^3} > 0\end{cases}$ $\left[-1 < x < \dfrac{4}{3}\right]$

501 ●● $\begin{cases}\dfrac{2-x}{3x} + \dfrac{1+x}{2x+1} > \dfrac{x^2+8}{4x^2+2x} \\ x^3 - 8 \leq 0\end{cases}$ $\left[-\dfrac{1}{2} < x < 0\right]$

502 ●● $\begin{cases}\dfrac{x^2+1}{10} + \dfrac{x}{x-6} \geq 0 \\ \dfrac{5}{1-x} < \dfrac{8-5x}{x^2-1}\end{cases}$ $[x < -1 \vee 2 \leq x \leq 3 \vee x > 6]$

503 ●● $\begin{cases}(x+1)(x+2) > (x-1)(x-2) \\ \dfrac{1}{2x^2-4x} \geq \dfrac{x-2}{8x}\end{cases}$ $[2 < x \leq 4]$

504 ●● $\begin{cases}\dfrac{1-5x+4x^2}{1-3x+2x^2} > 1 \\ x^8 \geq -10^8\end{cases}$ $\left[x<0 \vee \dfrac{1}{2}<x<1 \vee x>1\right]$

505 ●● $\begin{cases}\dfrac{x^2-1}{2} \geq \dfrac{2}{x^2-1} \\ \dfrac{x^2+1}{2} \geq \dfrac{2}{x^2+1}\end{cases}$ $[x \leq -\sqrt{3} \vee x \geq \sqrt{3}]$

7 Equazioni e disequazioni con valori assoluti

Proprietà del valore assoluto

506 ●○ VERO O FALSO?

a. $|x+2| = |-x+2| \quad \forall x \in \mathbb{R}$. V F

b. $-3|x| = |-3x| \quad \forall x \in \mathbb{R}$. V F

c. $|-a-3| \geq 0 \quad \forall a \in \mathbb{R}$. V F

d. $|y| + 4 > 0$ solo se $y > 0$. V F

507 ●○ COMPLETA

a. $|x+4| =$ ______ se $x \geq -4$.

b. $|a-3| =$ ______ se $a < 3$.

c. $|6-y| = y-6$ se y ______.

d. $|2x+4| = 2x+4$ se x ______.

508 ●○ RIFLETTI SULLA TEORIA È vero che $|a|+|b| = |a+b|$? Motiva la risposta con degli esempi.

Equazioni con valori assoluti

▶ Teoria a p. 13

Equazioni con un valore assoluto

509 ESERCIZIO GUIDA Risolviamo l'equazione $|x-3| = 7-2x$.

L'insieme delle soluzioni è l'**unione** degli insiemi delle soluzioni dei seguenti sistemi.

$\begin{cases}x-3 \geq 0 \\ x-3 = 7-2x\end{cases}$ $\qquad$ $\begin{cases}x-3 < 0 \\ -x+3 = 7-2x\end{cases}$

$\begin{cases}x \geq 3 \\ 3x = 10\end{cases}$ $\qquad$ $\begin{cases}x < 3 \\ x = 4\end{cases} \to$ impossibile $\to S_2 = \varnothing$

$\begin{cases}x \geq 3 \\ x = \dfrac{10}{3}\end{cases} \to S_1 \colon x = \dfrac{10}{3}$

La soluzione dell'equazione iniziale è $x = \dfrac{10}{3}$.

Risolvi le seguenti equazioni.

510 $|1-x|=3x$ $\left[\frac{1}{4}\right]$

511 $|4x-3|=5x$ $\left[\frac{1}{3}\right]$

512 $1-|x|=x$ $\left[\frac{1}{2}\right]$

513 $|3x-5|=2x+1$ $\left[\frac{4}{5};6\right]$

514 $\left|3x+\frac{5}{2}\right|=7x-\frac{1}{2}$ $\left[\frac{3}{4}\right]$

515 $|5x-3|=2(2x-7)-2(x+3)$ $[\nexists x\in\mathbb{R}]$

516 $|2a-1|+3=3a+4$ $[0]$

517 $|4x+5|=(2-x)(2+x)+3+x^2$ $\left[\frac{1}{2};-3\right]$

518 $|(x+4)(x-1)-x^2|=2(2-x)+1$ $\left[\frac{9}{5};-1\right]$

519 $|x^2-4x|=x$ $[0;3;5]$

520 AL VOLO $|3-5x+x^2|=-x^2-3$

521 $|9-x^2|=x-3$ $[3]$

522 $|3x-x^2|-5=x$ $[-1;5]$

523 AL VOLO $\frac{1}{4+x^2}=-1-|x^2-4x+3|$

524 $\frac{1}{|x-2|}=\frac{x+1}{2}$ $\left[0;1;\frac{1+\sqrt{17}}{2}\right]$

525 $2-|x^2-9|-x-6=3x$ $[2-\sqrt{17};-5]$

Equazioni del tipo $|A(x)|=a$, con $a\in\mathbb{R}$

526 ESERCIZIO GUIDA Risolviamo le equazioni: **a.** $|x+7|=-6$; **b.** $|x^2+3x|=10$.

a. Il valore assoluto di un'espressione è sempre maggiore o uguale a 0, quindi l'equazione è impossibile.

b. L'equazione equivale a $x^2+3x=\pm 10$.

$x^2+3x=+10 \rightarrow x^2+3x-10=0 \quad \Delta=49 \rightarrow x_1=-5, x_2=2.$

$x^2+3x=-10 \rightarrow x^2+3x+10=0 \quad \Delta=-31<0 \rightarrow$ nessuna soluzione.

Le soluzioni sono $x=-5$ e $x=2$.

Risolvi le seguenti equazioni.

AL VOLO

527 $|x(x-1)|=0$

528 $|5x-1|=-2$

529 $|x|=2$

530 $|x^3+x|+6=0$

531 $|x-1|=6$ $[-5;7]$

532 $|x-6|=4$ $[2;10]$

533 $3|x|-|x|=3$ $\left[\pm\frac{3}{2}\right]$

534 $6(|x-2|+1)=1$ $[\nexists x\in\mathbb{R}]$

535 $|9x-3(2x-1)|=6$ $[-3;1]$

536 $|x^2-1|=-5$ $[\nexists x\in\mathbb{R}]$

537 $4|x-1|=1$ $\left[\frac{3}{4};\frac{5}{4}\right]$

538 $|x(x-5)|=14$ $[-2;7]$

539 $|x^2-x|=6$ $[-2;3]$

540 $|x^2-1|=8$ $[\pm 3]$

541 $||x|-2|=3$ $[\pm 5]$

542 $|1-|x||=\frac{1}{2}$ $\left[\pm\frac{1}{2};\pm\frac{3}{2}\right]$

Equazioni con più valori assoluti

Risolvi le seguenti equazioni applicando le proprietà del valore assoluto.

543 $|x| = |4x - 1|$ $\left[\frac{1}{3}; \frac{1}{5}\right]$

544 $|3 - 2a| = 2|a|$ $\left[\frac{3}{4}\right]$

545 $\frac{6}{|y|} = |y + 1|$ $[-3; 2]$

546 $|x^2 - 3x| = |x^2 + x|$ $[0; 1]$

547 $|-x^2 + 2x + 3| = |-x + 3|$ $[-2; 0; 3]$

548 AL VOLO $|x^3 - 4x^2| = -3|x|$

549 $|x^3 - 16| = |-x^3|$ $[2]$

550 $4|x||x - 6| = x^2$ $\left[0; \frac{24}{5}; 8\right]$

551 $3|x||3x + 2| = |2x - 1|$ $\left[-1; \frac{1}{9}\right]$

---

552 CACCIA ALL'ERRORE

a. $|x - 1| = |2x| \rightarrow x - 1 = 2x \vee -x + 1 = -2x$

b. $-4|x||3 - x| = |x + 1| \rightarrow |-4x(3 - x)| = |x + 1|$

c. $|y| + |y + 3| = 0 \rightarrow |y| = -|y + 3| \rightarrow y = \pm(y + 3)$

553 TEST Solo una delle seguenti equazioni è impossibile. Quale?

A $|4x| = |-x - 3|$

B $|x| + |2x| = 9$

C $|-x| + |5x + 6| = 0$

D $-|3 - 8x| = -10$

E $|x| + |x^2 - x| = 0$

554 ESERCIZIO GUIDA Risolviamo l'equazione $|x - 1| - 3x = |2x + 8|$.

Studiamo il segno delle espressioni all'interno dei valori assoluti.

$x - 1 \geq 0 \rightarrow x \geq 1$

$2x + 8 \geq 0 \rightarrow x \geq -4$

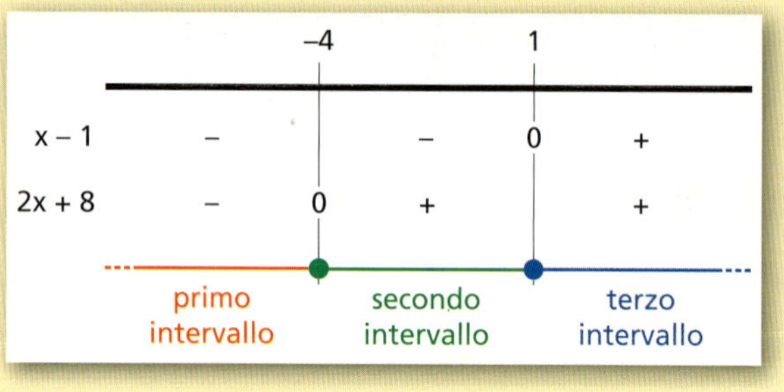

L'equazione ha come soluzioni l'unione delle soluzioni dei tre seguenti sistemi, che risolviamo.

Primo sistema

$$\begin{cases} x < -4 \\ -(x - 1) - 3x = -(2x + 8) \end{cases} \rightarrow \begin{cases} x < -4 \\ x = \frac{9}{2} \end{cases} \rightarrow \text{impossibile}$$

Secondo sistema

$$\begin{cases} -4 \leq x < 1 \\ -(x - 1) - 3x = 2x + 8 \end{cases} \rightarrow \begin{cases} -4 \leq x < 1 \\ x = -\frac{7}{6} \end{cases} \rightarrow x = -\frac{7}{6}$$

Terzo sistema

$$\begin{cases} x \geq 1 \\ x - 1 - 3x = 2x + 8 \end{cases} \rightarrow \begin{cases} x \geq 1 \\ x = -\frac{9}{4} \end{cases} \rightarrow \text{impossibile}$$

La soluzione dell'equazione è $x = -\frac{7}{6}$.

Risolvi le seguenti equazioni.

555 $|x-1|+5=|x+3|+2x$ $\left[\frac{3}{4}\right]$

556 $|x-3|-4x=|x+1|-3$ $\left[\frac{5}{6}\right]$

557 $|2x+1|+|-x+1|=x+4$ $[-1;2]$

558 $|x-1|-2|x+3|=7x$ $\left[-\frac{1}{2}\right]$

559 $|x-1|+3|x|=2x+4$ $\left[\frac{5}{2};-\frac{1}{2}\right]$

560 $2|x-1|=x-\frac{1}{3}+|2-x|$ $\left[\frac{1}{6};\frac{11}{6}\right]$

561 $|x^2-4|+16=|x|$ $[\nexists x\in\mathbb{R}]$

562 $|y-1|+|y^3|=y+1$ $[0;\sqrt[3]{2}]$

563 $|x^2+3x|-4=3|x|$ $[-3-\sqrt{13};2]$

564 $\frac{|x^2+3|}{|x-1|}-|x-2|=0$ $\left[-\frac{1}{3}\right]$

Disequazioni con valori assoluti

▶ Teoria a p. 15

Disequazioni con un valore assoluto

565 TEST Una sola fra le seguenti disequazioni ammette un unico numero reale come soluzione. Quale?

A $|x+3|>0$ B $2|x^2-6|\leq 0$ C $-3|x+1|\geq 0$ D $|2x+5|<0$ E $|x-2|<0$

566 ESERCIZIO GUIDA Risolviamo la disequazione $|x^2-4|<x^2+5x+10$.

Studiamo il segno dell'espressione all'interno del valore assoluto:

$$x^2-4\geq 0 \quad \rightarrow \quad x\leq -2 \lor x\geq 2.$$

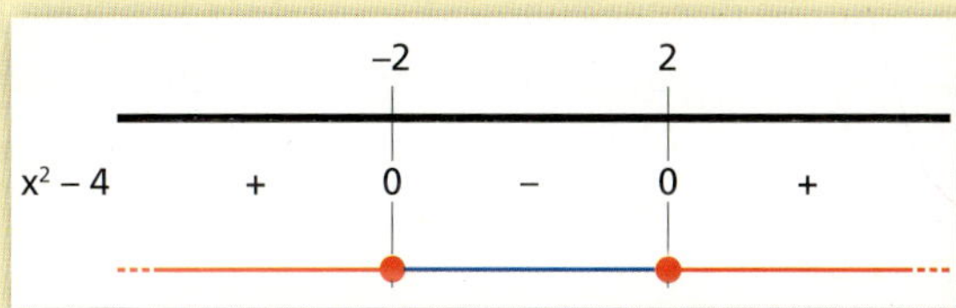

La disequazione ammette come soluzioni i valori appartenenti all'unione degli insiemi delle soluzioni dei due seguenti sistemi, che risolviamo.

Primo sistema

$$\begin{cases} x\leq -2 \lor x\geq 2 \\ x^2-4<x^2+5x+10 \end{cases}$$

$$\begin{cases} x\leq -2 \lor x\geq 2 \\ -5x<14 \end{cases}$$

$$\begin{cases} x\leq -2 \lor x\geq 2 \\ x>-\frac{14}{5} \end{cases}$$

Secondo sistema

$$\begin{cases} -2<x<2 \\ -x^2+4<x^2+5x+10 \end{cases}$$

$$\begin{cases} -2<x<2 \\ -2x^2-5x-6<0 \end{cases}$$

$$\begin{cases} -2<x<2 \\ \forall x\in\mathbb{R} \end{cases}$$

Compiliamo i quadri delle soluzioni dei due sistemi.

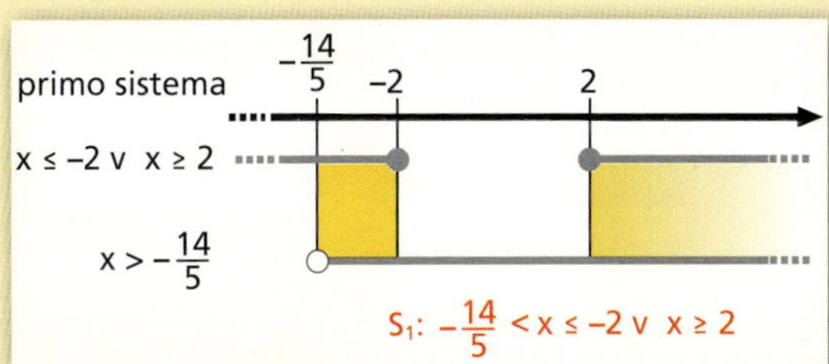

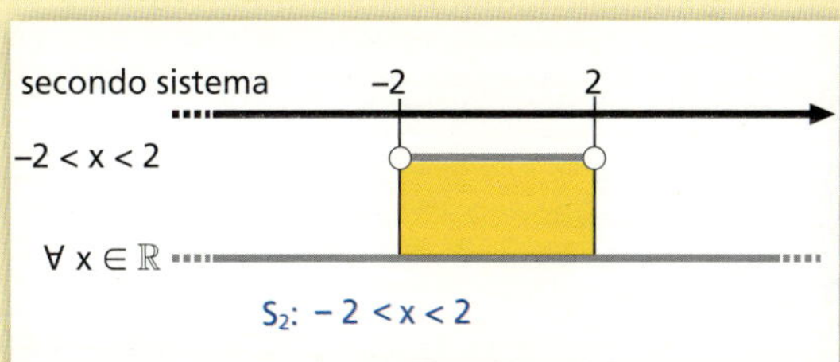

Uniamo le soluzioni.

La disequazione iniziale è soddisfatta per $x>-\frac{14}{5}$.

ESERCIZI

Risolvi le seguenti disequazioni.

567 $|5x-1|<3x+2$ $\left[-\frac{1}{8}<x<\frac{3}{2}\right]$

568 $|3x-4|\geq 2x+5$ $\left[x\leq-\frac{1}{5}\vee x\geq 9\right]$

569 $|3x+1|-3(x+5)>2$ $[x<-3]$

570 $|-2x+5|<x-3$ $[\nexists x\in\mathbb{R}]$

571 $\left|\frac{1}{2}x-3\right|>2x-\frac{5}{2}$ $\left[x<\frac{11}{5}\right]$

572 $|x|>x^2-4x+6$ $[2<x<3]$

573 $|2(x+3)+3(x-2)|<-2x-3$ $[\nexists x\in\mathbb{R}]$

574 $\left|\frac{1}{2}x+3\right|>3x+1$ $\left[x<\frac{4}{5}\right]$

575 $|x^2-3|\leq 2x$ $[1\leq x\leq 3]$

576 $|2x+1|>-7x+3$ $\left[x>\frac{2}{9}\right]$

577 $|9-x^2|\geq x^2+3x$ $\left[x\leq\frac{3}{2}\right]$

578 $x|x|-x^2<x+4$ $[\forall x\in\mathbb{R}]$

579 $|x^2-3x|\leq x^2+4x$ $[x\geq 0]$

580 $|x^2-x|<3x+5$ $[-1<x<5]$

Disequazioni del tipo $|A(x)|<k$ o $|A(x)|>k$, con $k\in\mathbb{R}$

581 VERO O FALSO?

a. La disequazione $|x-1|\leq 0$ è impossibile. V F

b. La disequazione $|-x^2-4|\geq 0$ è verificata per ogni $x\in\mathbb{R}$. V F

c. La disequazione $|x+3|>0$ è verificata per ogni $x\neq-3$. V F

d. La disequazione $|x^2-16|<-1$ è verificata per ogni $x\neq\pm 4$. V F

Disequazioni del tipo $|A(x)|<k$

$|A(x)|<k \xrightarrow[k>0]{} -k<A(x)<k$

582 ESERCIZIO GUIDA Risolviamo la disequazione $8+|3x-1|<13$.

Scriviamo la disequazione nella forma $|A(x)|<k$:

$|3x-1|<13-8 \rightarrow |3x-1|<5$.

Poiché la disequazione $|A(x)|<k$, con $k>0$, è equivalente a $-k<A(x)<k$, la disequazione data è equivalente a

$-5<3x-1<5$,

ossia al sistema:

$$\begin{cases}3x-1<5\\3x-1>-5\end{cases}\rightarrow\begin{cases}3x<6\\3x>-4\end{cases}\rightarrow\begin{cases}x<2\\x>-\frac{4}{3}\end{cases}.$$

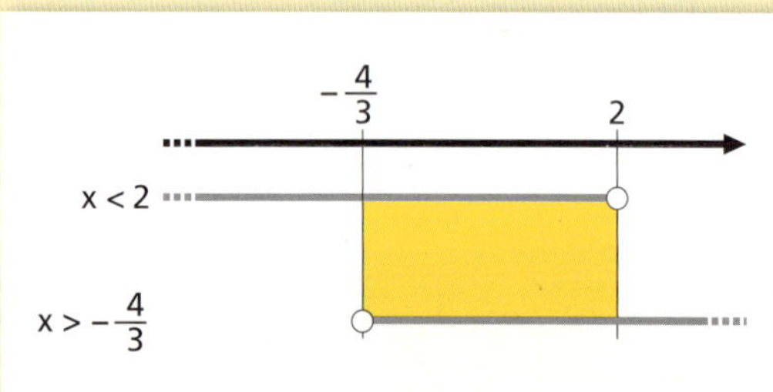

Le soluzioni della disequazione data sono:

$-\frac{4}{3}<x<2$.

Risolvi le seguenti disequazioni.

583 $2+|x|<9$ $[-7<x<7]$

584 $10<11-|x|$ $[-1<x<1]$

585 $3|x|-2<2|x|+3$ $[-5<x<5]$

586 $|4x^2-1|+5<0$ $[\nexists x\in\mathbb{R}]$

587 $|x| + \frac{2}{3} > 2|x| - \frac{1}{6}$ $\left[-\frac{5}{6} < x < \frac{5}{6}\right]$

588 $\frac{1-|x|}{2} + \frac{1}{4} > 1 - \frac{|x|+1}{4}$ $[\nexists x \in \mathbb{R}]$

589 $2 + |3x-4| < 1 - |3x-4|$ $[\nexists x \in \mathbb{R}]$

590 $\frac{1}{7}|x-2| < 2$ $[-12 < x < 16]$

591 $\left|x - 3\left(x + \frac{2}{3}\right)\right| - 4 < 0$ $[-3 < x < 1]$

592 $|(x-4)(x-1) - x^2| < 1$ $\left[\frac{3}{5} < x < 1\right]$

593 $|x^2 - x| < 12$ $[-3 < x < 4]$

594 $|4x^2 + 1| < 2$ $\left[-\frac{1}{2} < x < \frac{1}{2}\right]$

595 $\left|\frac{x+3}{x-2}\right| < 4$ $\left[x < 1 \vee x > \frac{11}{3}\right]$

596 $\left|\frac{2-5x}{2x+3}\right| - 3 < 4$ $\left[x < -\frac{23}{9} \vee x > -1\right]$

597 $|x^2 + x - 3| < 3$ $[-3 < x < -1 \vee 0 < x < 2]$

598 $3 + |x^2 - x| < 4$ $\left[\frac{1-\sqrt{5}}{2} < x < \frac{1+\sqrt{5}}{2}\right]$

Disequazioni del tipo $|A(x)| > k$

$|A(x)| > k \rightarrow A(x) < -k \vee A(x) > k$
$k > 0$

599 ESERCIZIO GUIDA Risolviamo la disequazione $|3x+5| - 4 > 6$.

Scriviamo la disequazione nella forma $|A(x)| > k$:

$$|3x+5| > 6+4 \quad \rightarrow \quad |3x+5| > 10.$$

Poiché la disequazione $|A(x)| > k$, con $k > 0$, è equivalente ad $A(x) < -k \vee A(x) > k$, la disequazione data è equivalente a:

$$3x+5 < -10 \quad \vee \quad 3x+5 > 10$$
$$3x < -15 \quad \vee \quad 3x > 5$$
$$x < -5 \quad \vee \quad x > \frac{5}{3}.$$

Le soluzioni della disequazione data sono:

$$x < -5 \vee x > \frac{5}{3}.$$

Risolvi le seguenti disequazioni.

600 $3 + |x| > 7$ $[x < -4 \vee x > 4]$

601 $1 > 12 - |x|$ $[x < -11 \vee x > 11]$

602 $|3 + b| > 5$ $[b < -8 \vee b > 2]$

603 $|6 - x| > 3$ $[x < 3 \vee x > 9]$

604 $\frac{1}{2}|6x+2| > 7$ $\left[x < -\frac{8}{3} \vee x > 2\right]$

605 $4|x| - 9 > 3|x| + 3$ $[x < -12 \vee x > 12]$

606 $\left|\frac{1}{2}x^2 + 1\right| + 2 > 0$ $[\forall x \in \mathbb{R}]$

607 $\frac{|x|-2}{3} + \frac{1}{2} > 1 - \frac{|x|-1}{6}$ $\left[x < -\frac{8}{3} \vee x > \frac{8}{3}\right]$

608 $|4x-3| + 1 > 10$ $\left[x < -\frac{3}{2} \vee x > 3\right]$

609 $|3x^2 + 1| > 13$ $[x < -2 \vee x > 2]$

610 $|a^5 - 1| > -3$ $[\forall a \in \mathbb{R}]$

611 $3 + |x-2| > 8 - |x-2|$ $\left[x < -\frac{1}{2} \vee x > \frac{9}{2}\right]$

612 $3 + |4x^2 - 12x + 10| > 4$ $\left[x \neq \frac{3}{2}\right]$

613 $|x^2 + 2x| > 3$ $[x < -3 \vee x > 1]$

614 $1 - \left|\frac{x-2}{x}\right| \leq -3$ $\left[-\frac{2}{3} \leq x < 0 \vee 0 < x \leq \frac{2}{5}\right]$

615 $\left|\frac{2+5x}{1-2x}\right| + 2 > 7$ $\left[\frac{1}{5} < x < \frac{7}{5}, x \neq \frac{1}{2}\right]$

616 $\left|\frac{x-3}{x+2}\right| > 6$ $\left[-3 < x < -\frac{9}{7}, x \neq -2\right]$

617 $\frac{|x|-1}{x+3} \geq 0$ $[-3 < x \leq -1 \vee x \geq 1]$

618 $\frac{2|x|-6}{1-x} > 0$ $[x < -3 \vee 1 < x < 3]$

619 $\frac{|x|-2}{|x-2|} \leq 0$ $[-2 \leq x < 2]$

620 $\frac{|x|-9}{x^2-9} \geq 0$ $[x \leq -9 \vee -3 < x < 3 \vee x \geq 9]$

621 $\frac{|2x+5|-7}{|x|} < 0$ $[-6 < x < 1, x \neq 0]$

622 ASSOCIA a ciascuna disequazione della prima riga una disequazione equivalente nella seconda riga.

a. $2-2x^2 \leq 0$ b. $5x^2+10 \leq 0$ c. $3x^2 \geq 0$ d. $1 > x^2$

1. $-2|x| \leq 0$ 2. $|x|-1 < 0$ 3. $|x| \geq 1$ 4. $|x+2| < 0$

Disequazioni con più valori assoluti

623 ASSOCIA ogni disequazione alle sue soluzioni.

a. $|x| > -|x+9|$ b. $|x+1|+|x^2+x| \leq 0$ c. $|x|+2|x+1| < 0$ d. $1-|x| < 0$

1. $x=-1$ 2. $x < -1 \vee x > 1$ 3. $\forall x \in \mathbb{R}$ 4. impossibile

Risolvi le seguenti disequazioni.

624 $|2x+3|-|3x-2| < 4$ $\left[x < \frac{3}{5} \vee x > 1\right]$

625 $|x-1|+|x+1| > 5$ $\left[x < -\frac{5}{2} \vee x > \frac{5}{2}\right]$

626 $|4x|-|3x-1| \leq 10$ $[-11 \leq x \leq 9]$

627 $2|x|-|3x+1| < 1$ $[\forall x \in \mathbb{R}]$

628 $|x-1|-\left|\frac{1}{2}x-8\right| < x$ $\left[x > -\frac{14}{3}\right]$

629 $|x^2-2x| \leq 2|x|-3$ $[\sqrt{3} \leq x \leq 3]$

630 ESERCIZIO GUIDA Risolviamo la disequazione $|2x-1| \leq |3-x|$.

Per la proprietà 5 del valore assoluto, $|a| \leq |b| \rightarrow a^2 \leq b^2$

$$|2x-1| \leq |3-x| \leftrightarrow (2x-1)^2 \leq (3-x)^2.$$

Risolviamo:

$$4x^2-4x+1 \leq 9-6x+x^2 \rightarrow 3x^2+2x-8 \leq 0 \rightarrow -2 \leq x \leq \frac{4}{3}.$$

Risolvi le seguenti disequazioni.

631 $|x| < |x+2|$ $[x > -1]$

632 $|x+1| \geq |2x-3|$ $\left[\frac{2}{3} \leq x \leq 4\right]$

633 $2|x| > |4-x|$ $\left[x < -4 \vee x > \frac{4}{3}\right]$

634 $|a+5| < |2a-1|$ $\left[a < -\frac{4}{3} \vee a > 6\right]$

Riepilogo: Equazioni e disequazioni con valori assoluti

635 ASSOCIA ogni equazione alle sue soluzioni.

a. $|x+1| = 5$ b. $|x+1| = -5$ c. $|x+1| = |5x|$ d. $|x+1| = |-1-x|$

1. impossibile 2. $\forall x \in \mathbb{R}$ 3. $x = \frac{1}{4} \vee x = -\frac{1}{6}$ 4. $x = 4 \vee x = -6$

Risolvi le seguenti equazioni.

636 $\left|\frac{1}{3}x-3\right|=\left(2+\frac{1}{3}x\right)-5\left(\frac{2}{3}+x\right)$ $[-1]$

637 $\frac{|x^3+3x^2-x-3|}{x+1}=0$ $[-3;1]$

638 $\frac{1}{2}x-|x-6|=1-3x$ $\left[\frac{14}{9}\right]$

639 $|x-3|=\frac{1}{2}(x-4)-6x$ $\left[-\frac{10}{9}\right]$

640 $\frac{x-3}{x}+|x|-5=x+\frac{1}{2}$ $[\nexists x\in\mathbb{R}]$

641 $1-\frac{13}{x}+|x-3|=9-x$ $\left[\frac{13}{2};-\frac{13}{5}\right]$

642 $\frac{|x-3|}{1-x}=\frac{1-x}{|x|}$ $\left[-1;\frac{5\pm\sqrt{17}}{4}\right]$

643 $\frac{|2x^2-3x+1|}{x-2}=1$ $[\nexists x\in\mathbb{R}]$

---

644 TEST Il polinomio di secondo grado $P(x)$ è positivo se e solo se $x\in\,]0;2[$. Per quali valori di x è verificata la disequazione $|P(x)|>0$?

A $\forall x\in\mathbb{R}$.

B Per $x\in\,]0;2[$.

C $\nexists x\in\mathbb{R}$.

D $\forall x\in\mathbb{R}-\{0,2\}$.

E Non è possibile rispondere.

645 COMPLETA

a. $|4-x^2|>0$ se x ____.

b. $\frac{1}{|x-2|+|x^2-4|}>0$ per x ____.

c. $|4x^2|\leq 0$ se x ____.

d. $\left|\frac{x}{x+2}\right|+2>0$ se x ____.

Risolvi le seguenti disequazioni.

646 $-|-x+6|\geq 0$ $[x=6]$

647 $|2x+5|<-3$ $[\nexists x\in\mathbb{R}]$

648 $|x-4|\leq 3$ $[1\leq x\leq 7]$

649 $7x+1-|x+3|<2x+5(x-2)$ $[x<-14 \vee x>8]$

650 $-2|y+1|-3y<0$ $\left[y>-\frac{2}{5}\right]$

651 $3(1-x)-x^2>-|x-1|-x(x+3)+8$ $[x<-4\vee x>6]$

652 $|-2x+10|-6>3x+3(1-x)$ $\left[x<\frac{1}{2}\vee x>\frac{19}{2}\right]$

653 $3-|2x+1|<|6x+3|+5$ $[\forall x\in\mathbb{R}]$

654 $3-|4x+1|>|8x+2|+5$ $[\nexists x\in\mathbb{R}]$

655 $|x^2-10x|-6>x-x^2$ $\left[x<-\frac{1}{2}\vee x>\frac{2}{3}\right]$

656 $2x+|1-x^2|\geq -2$ $[\forall x\in\mathbb{R}]$

657 $\frac{1}{|x+3|}>1$ $[-4<x<-3\vee -3<x<-2]$

658 $\left|\frac{x+1}{2-x}\right|>2$ $[1<x<5, x\neq 2]$

659 $\frac{-|x|}{|x-1|}\geq 0$ $[x=0]$

660 $|x^2-4|>4x-8$ $[x\neq 2]$

661 $\frac{|4x-1|-3x-1}{x^2+16}>0$ $[x<0\vee x>2]$

662 $|3x-|2-x||\leq 2$ $[0\leq x\leq 1]$

663 $|x^2-5x+6|\leq|x-2|$ $[2\leq x\leq 4]$

664 $\frac{|x+2|}{3x-2}+\frac{1}{2}x\geq 0$ $\left[x>\frac{2}{3}\right]$

665 $\left|\frac{x^2}{x-1}\right|+x>3$ $\left[\frac{3}{4}<x<1\vee x>1\right]$

666 $|x^2-4|+|x^2-1|>1$ $[\forall x\in\mathbb{R}]$

667 $\frac{|x^2-2x+3|}{x^2-1}>1$ $[x<-1\vee 1<x<2]$

668 $\frac{|2x-3|-1}{|x|-2}\geq 0$ $[x<-2\vee x\geq 1, x\neq 2]$

669 $\frac{|2-x|}{x^2-2|x|-3}\geq 0$ $[x<-3\vee x=2 \vee x>3]$

ESERCIZI

670 Per quali valori di a la disequazione $|2a+x|+|x^2-4|\leq 0$ ha soluzione?

671 Trova per quali valori di b la soluzione dell'equazione $2(x-2b)+3(1+b)=x$ ha il valore assoluto compreso tra 1 e 2. $[1<b<2 \vee 4<b<5]$

Risolvi i seguenti sistemi di disequazioni.

672 $\begin{cases}|x+5|<7\\ -x<|x+2|-1\end{cases}$ $\left[-\frac{1}{2}<x<2\right]$

673 $\begin{cases}|x-3|<2x\\ |2x+5|>3\end{cases}$ $[x>1]$

674 $\begin{cases}\dfrac{4x^2-x}{x^2-4}\geq 0\\ |x+8|<2\end{cases}$ $[-10<x<-6]$

675 $\begin{cases}\left|2x-\frac{1}{2}\right|<7x-\frac{5}{2}\\ \left|\frac{1}{2}x+3\right|>3x+1\end{cases}$ $\left[\frac{2}{5}<x<\frac{4}{5}\right]$

676 $\begin{cases}|5x-1|<3x+2\\ |2x-1|>7x+3\end{cases}$ $[\nexists x\in\mathbb{R}]$

677 $\begin{cases}x^2-6x+9>0\\ |x^2-6x|>9\end{cases}$ $[x<3-3\sqrt{2} \vee x>3+3\sqrt{2}]$

8 Equazioni e disequazioni irrazionali

Scrivi le condizioni di esistenza per i seguenti radicali.

678 $\sqrt{1-x^2}$; $\sqrt[3]{\frac{2}{x}}$; $\sqrt{x}+\sqrt{4-x}$. $[-1\leq x\leq 1;\ x\neq 0;\ 0\leq x\leq 4]$

679 $\dfrac{1}{\sqrt[3]{x^2-1}}$; $\sqrt[5]{x^2-4}$; $\sqrt{\dfrac{x+1}{2-x}}$. $[x\neq\pm 1;\ \forall x\in\mathbb{R};\ -1\leq x<2]$

680 $\sqrt{x^2-7x+12}$; $\sqrt[3]{x^3-8}$; $\sqrt{5x-x^2-6}$. $[x\leq 3 \vee x\geq 4;\ \forall x\in\mathbb{R};\ 2\leq x\leq 3]$

Equazioni irrazionali

▶ Teoria a p. 17

681 VERO O FALSO?

a. $\sqrt{x}\cdot\sqrt{x-2}=\sqrt{x(x-2)}$ per ogni $x\in\mathbb{R}$. V F

b. $\dfrac{\sqrt{x+1}}{\sqrt{x-3}}=\sqrt{\dfrac{x+1}{x-3}}$ per $x\neq 3$. V F

c. $\dfrac{\sqrt{x}}{\sqrt{x}}=1$ per ogni $x\in\mathbb{R}$. V F

d. $\sqrt{4x^2}=\pm 2x$. V F

682 RIFLETTI SULLA TEORIA Spiega perché ciascuna delle seguenti equazioni non ha soluzione.

a. $\sqrt{2x+3}=-4$; b. $\sqrt{-x^2}=2$; c. $-\sqrt{3+x}=x^4$; d. $\sqrt{x}=-\sqrt{1-x}$.

683 ESERCIZIO GUIDA Risolviamo le equazioni: a. $\sqrt[3]{2x+x^3+1}=1+x$; b. $\sqrt{x^2-3x+2}=2-x$.

a. Poiché l'indice del radicale è dispari, la radice è sempre definita. Quindi basta elevare entrambi i membri al cubo per eliminare la radice:

$$2x+x^3+1=(1+x)^3 \rightarrow 2x+\cancel{x^3}+\cancel{1}=\cancel{1}+\cancel{x^3}+3x^2+3x \rightarrow 3x^2+x=0 \rightarrow x(3x+1)=0.$$

L'equazione ha due soluzioni: $x_1=-\frac{1}{3}$ e $x_2=0$.

b. Poiché l'indice del radicale è pari, l'equazione è equivalente al sistema:

$$\begin{cases} x^2-3x+2\geq 0 \\ 2-x\geq 0 \\ x^2-3x+2=(2-x)^2 \end{cases} \rightarrow \begin{cases} x\leq 1 \vee x\geq 2 \\ x\leq 2 \\ x^2-3x+2=4+x^2-4x \end{cases} \rightarrow \begin{cases} x\leq 1 \vee x=2 \\ x=2 \end{cases}$$

La soluzione $x = 2$ è accettabile.

Risolvi le seguenti equazioni irrazionali.

684 $\sqrt{3x-6}=3$ $[5]$

685 $\sqrt{x-1}=(-2)^2$ $[17]$

686 $5-\sqrt{2-x}=0$ $[-23]$

687 $\sqrt{y^2+3y-10}=2\sqrt{2}$ $[-6; 3]$

688 $\sqrt{\frac{x-1}{2x+1}}=\frac{1}{2}$ $\left[\frac{5}{2}\right]$

689 $\sqrt{3x+4}=2+x$ $[-1; 0]$

690 $\sqrt[3]{x}=x$ $[-1; 0; 1]$

691 $2+\sqrt{8-4x}=x$ $[2]$

692 $\sqrt{x+1}-x-1=0$ $[-1; 0]$

693 $\sqrt[3]{x^3-2}=1+x$ $[\nexists x \in \mathbb{R}]$

694 $\sqrt{4x+5}=2x+1$ $[1]$

695 $\sqrt{6x+3}+x=4$ $[1]$

696 $\sqrt[3]{x(x^2+5)-1}-x=0$ $\left[\frac{1}{5}\right]$

697 $\sqrt{7-3x^2}=x+2$ $\left[-\frac{3}{2}; \frac{1}{2}\right]$

698 $\sqrt{1-x^2}+x=-3$ $[\nexists x \in \mathbb{R}]$

699 $\sqrt{(x-2)\left(2-\frac{1}{2}x\right)}+2=x$ $\left[2; \frac{8}{3}\right]$

700 $3-4x-\sqrt{x^2-1}=4-3x$ $[-1]$

701 $4\sqrt{5x}+10=6\sqrt{5x}+6$ $\left[\frac{4}{5}\right]$

702 $\sqrt{x^2-1-5(x-1)}+3x=3$ $\left[1; \frac{5}{8}\right]$

703 $\sqrt{6x^2-2x}=3-x$ $\left[-\frac{9}{5}; 1\right]$

---

704 Nella figura trova x in modo tale che si abbia $\overline{CH}=\frac{7}{2}\overline{AB}$. $[\sqrt{2}\text{ cm}]$

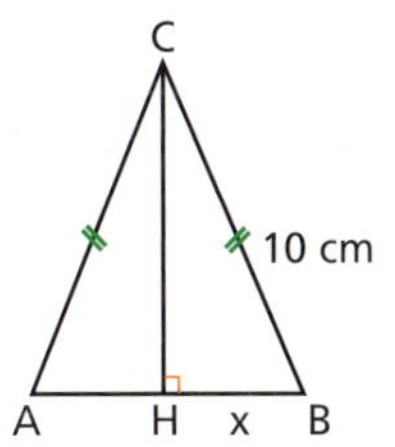

705 La differenza tra un numero e la sua radice quadrata è 6. Trova il numero. $[9]$

706 Un triangolo rettangolo ha un cateto lungo 15 cm. Trova l'area, sapendo che il perimetro è 90 cm. $[270\text{ cm}^2]$

MATEMATICA AL COMPUTER

Un'equazione irrazionale Con l'aiuto di Wiris determina il valore del parametro h in modo che l'equazione irrazionale $\sqrt{x+h}=2x+2$ ammetta la soluzione $x=-\frac{1}{2}$.
Svolgi poi la verifica algebrica del risultato ottenuto. Sostituisci il valore di h trovato e traccia infine i grafici del primo e del secondo membro nel medesimo riferimento cartesiano per mettere in evidenza la soluzione $x=-\frac{1}{2}$.

Risoluzione – 5 esercizi in più

---

707 **TEST** Le seguenti equazioni sono tutte impossibili tranne una. Quale?

A $\sqrt{2x}+\sqrt[4]{6x+1}=0$

B $\sqrt{x}=\sqrt[3]{-4x^2}$

C $\sqrt{x-4}=-x$

D $\sqrt{-|x-2|}=2$

E $\sqrt{-2x}=x-1$

ESERCIZI

Risolvi le seguenti equazioni irrazionali con due o più radicali.

708 ●○ $\sqrt{x-2}=\sqrt{x^2-4}$ $[2]$

709 ●○ $\sqrt{2x^2+x-6}=2\sqrt{3x}$ $[6]$

710 ●○ $\sqrt{3x^2-2x+1}=\sqrt{3x-1}$ $\left[\frac{2}{3};1\right]$

711 ●○ $\sqrt{x+6}=\sqrt{x}+2$ $\left[\frac{1}{4}\right]$

712 ●○ $\sqrt{x-1}+1=\sqrt{x-3}$ $[\nexists x \in \mathbb{R}]$

713 ●○ $\sqrt{4-x}+\sqrt{12-x}=4$ $[3]$

714 ●○ $\sqrt[3]{5x-1}=\sqrt[3]{x+4}$ $\left[\frac{5}{4}\right]$

715 ●○ $\sqrt{2x+7}=3-\sqrt{1-x}$ $[-3;1]$

716 ●○ $\sqrt{5+4x-x^2}-2\sqrt{5-x}=0$ $[3;5]$

717 ●○ $\sqrt{2x-1}=-1+\sqrt{3x+1}$ $[1;5]$

718 ●● $\sqrt{5-x}+\sqrt{5+x}=\dfrac{12}{\sqrt{5+x}}$ $[3;4]$

Disequazioni irrazionali

▶ Teoria a p. 18

AL VOLO **Risolvi le seguenti disequazioni senza eseguire calcoli.**

719 ●● $\sqrt{x^2+2}>-2;\quad \sqrt{x^2}>0.$

720 ●○ $\sqrt{x}+\sqrt{1-x}>0;\quad \sqrt[3]{x}<0.$

721 ●○ $\sqrt[4]{x^2}+\sqrt{x^4}\geq 0;\quad -3\sqrt{x^2+1}<0.$

722 ●○ $\sqrt[3]{4x^2+1}>0;\quad \sqrt[4]{-6x^2-2}<0.$

723 ●○ **RIFLETTI SULLA TEORIA** Quando le due disequazioni $\sqrt{A(x)}\geq 0$ e $\sqrt{A(x)}\leq 0$ possono essere entrambe vere? Quando entrambe impossibili?

Risolvi le seguenti disequazioni che contengono radicali con indice dispari.

724 ●○ $\sqrt[3]{x+7}\geq 3$ $[x\geq 20]$

725 ●○ $\sqrt[3]{x^2-1}<2$ $[-3<x<3]$

726 ●○ $\sqrt[5]{x-4}<-1$ $[x<3]$

727 ●○ $x+2\leq\sqrt[3]{x^3+2}$ $[x=-1]$

728 ●○ $\sqrt[3]{1-3x}>x+1$ $[x<0]$

729 ●● $\sqrt[3]{8x-x^3}\leq x$ $[-2\leq x\leq 0 \vee x\geq 2]$

Disequazioni del tipo $\sqrt{A(x)}<B(x)$

730 ●○ **RIFLETTI SULLA TEORIA** La disequazione $\sqrt{x+1}<3$ è equivalente a $x+1<9$? Perché?

731 **ESERCIZIO GUIDA** Risolviamo la disequazione $\sqrt{4x^2+5x-6}<4x-3$.

La disequazione è equivalente al sistema:

$$\begin{cases} 4x^2+5x-6\geq 0 \\ 4x-3>0 \\ 4x^2+5x-6<(4x-3)^2 \end{cases}$$

$$\sqrt{A(x)}<B(x) \rightarrow \begin{cases} A(x)\geq 0 \\ B(x)>0 \\ A(x)<B^2(x) \end{cases}$$

Risolviamo le disequazioni separatamente.

- Prima disequazione.

  Equazione associata: $4x^2+5x-6=0 \rightarrow \Delta=121 \rightarrow x_1=-2$ e $x_2=\frac{3}{4}$.

  La disequazione è verificata per $x\leq -2 \vee x\geq\frac{3}{4}$.

- Seconda disequazione.

  $4x-3>0\rightarrow x>\frac{3}{4}.$

- Terza disequazione.

Svolgiamo i calcoli:

$$4x^2 + 5x - 6 < (4x - 3)^2$$
$$4x^2 + 5x - 6 < 16x^2 + 9 - 24x$$
$$12x^2 - 29x + 15 > 0.$$

Equazione associata: $12x^2 - 29x + 15 = 0$;

$$\Delta = 121 \rightarrow x_1 = \frac{3}{4}, x_2 = \frac{5}{3}.$$

La disequazione è verificata per:

$$x < \frac{3}{4} \vee x > \frac{5}{3}.$$

Compiliamo il quadro delle soluzioni.

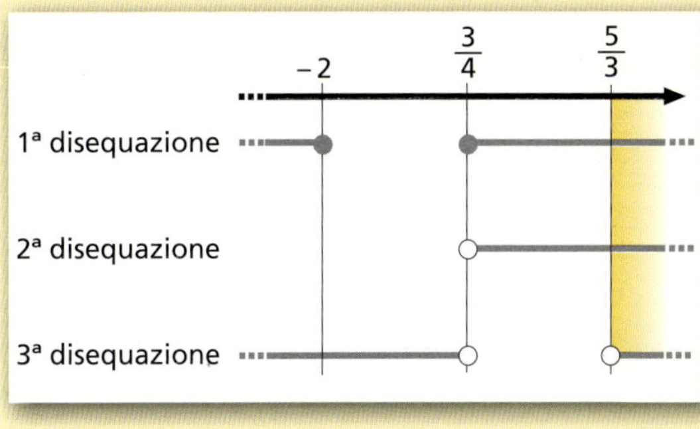

Le soluzioni del sistema, e quindi della disequazione iniziale, sono:

$$x > \frac{5}{3}.$$

Risolvi le seguenti disequazioni irrazionali.

732 ●○ $\sqrt{x^2 - 9} \leq 4$ $\quad [-5 \leq x \leq -3 \vee 3 \leq x \leq 5]$

733 ●○ $\sqrt{x + 2x^2} < \sqrt{3}$ $\quad \left[-\frac{3}{2} < x \leq -\frac{1}{2} \vee 0 \leq x < 1\right]$

734 ●○ $\sqrt{2x + 15} \leq x$ $\quad [x \geq 5]$

735 ●○ $\sqrt{16 + x^2} - x \leq -3$ $\quad [\nexists x \in \mathbb{R}]$

736 ●○ $\sqrt{1 + x^2} < 2 - x$ $\quad \left[x < \frac{3}{4}\right]$

737 ●○ $2\sqrt{1 - x + x^2} < 1 - 2x$ $\quad [\nexists x \in \mathbb{R}]$

738 ●○ $\sqrt{x - 3} < 2x - 1$ $\quad [x \geq 3]$

739 ●○ $\sqrt{x^2 - 7x} < x - 2$ $\quad [x \geq 7]$

740 ●○ $\sqrt{25 - x^2} < x + 1$ $\quad [3 < x \leq 5]$

741 ●○ $\sqrt{x - 7} < 4x + 5$ $\quad [x \geq 7]$

742 ●○ $1 > \sqrt{x^2 - 2x} - x$ $\quad \left[-\frac{1}{4} < x \leq 0 \vee x \geq 2\right]$

743 ●○ $\sqrt{x^2 + 3x + 3} < x - 2$ $\quad [\nexists x \in \mathbb{R}]$

744 ●○ $\sqrt{x^2 - 4} < 4 - x$ $\quad \left[x \leq -2 \vee 2 \leq x < \frac{5}{2}\right]$

745 ●○ $\sqrt{x + 1} < 1 - x$ $\quad [-1 \leq x < 0]$

746 ●○ $2\sqrt{x^2 - 5x + 7} \leq 2x - 4$ $\quad [x \geq 3]$

747 ●● $\sqrt{x^2 - 3} < 4x - 3\sqrt{x^2 - 3} - 1$ $\quad \left[\sqrt{3} \leq x < \frac{49}{8}\right]$

748 ●● $\sqrt{7 + 3(x + 2) - 2(2x - 3)} < -1 - x$ $\quad [x < -6]$

749 ●● $\sqrt{x^2 - 4} + 1 < 2x$ $\quad [x \geq 2]$

---

750 ●○ La radice quadrata della somma tra un numero e 2 è minore della somma tra il doppio di quel numero e 3. Quali condizioni soddisfa il numero? $\quad [x > -1]$

Disequazioni del tipo $\sqrt{A(x)} > B(x)$

751 ●○ **RIFLETTI SULLA TEORIA** Perché la disequazione $\sqrt{x^2 - 1} > x - 2$ *non* è equivalente a $(x^2 - 1) > (x - 2)^2$?

752 **ESERCIZIO GUIDA** Risolviamo la disequazione $\sqrt{x^2 - 4x - 21} > x - 3$.

Dobbiamo risolvere i seguenti sistemi e fare l'unione delle loro soluzioni.

$$\sqrt{A(x)} > B(x) \rightarrow \begin{cases} A(x) \geq 0 \\ B(x) < 0 \end{cases} \vee \begin{cases} B(x) \geq 0 \\ A(x) > B^2(x) \end{cases}$$

Primo sistema

$\begin{cases} x^2-4x-21 \geq 0 \\ x-3<0 \end{cases}$

La prima disequazione è soddisfatta per $x \leq -3 \lor x \geq 7$.

$\begin{cases} x \leq -3 \lor x \geq 7 \\ x<3 \end{cases}$

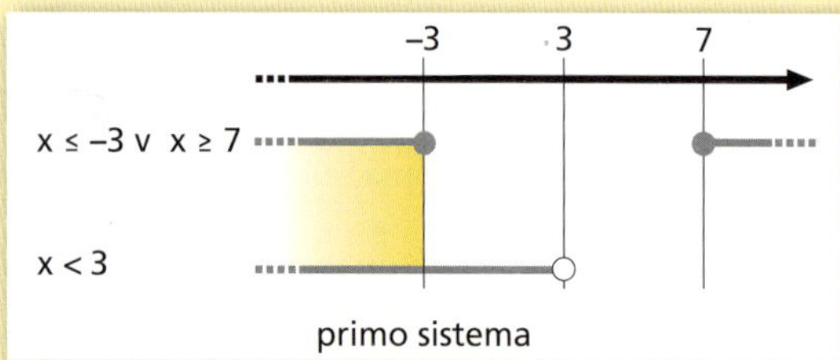

Il primo sistema è verificato per $x \leq -3$.

Secondo sistema

$\begin{cases} x-3 \geq 0 \\ x^2-4x-21 > (x-3)^2 \end{cases}$

$\begin{cases} x-3 \geq 0 \\ \cancel{x^2}-4x-21 > \cancel{x^2}+9-6x \end{cases}$

$\begin{cases} x \geq 3 \\ 2x > 30 \quad \rightarrow \quad x > 15 \end{cases}$

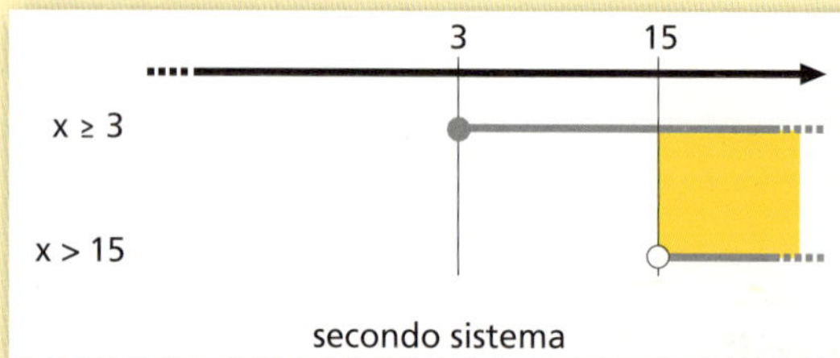

Il secondo sistema è verificato per $x > 15$.

Unendo i due intervalli, otteniamo le soluzioni della disequazione:

$x \leq -3 \lor x > 15$.

Risolvi le seguenti disequazioni irrazionali.

753 $\sqrt{x+3} > 3$ $[x>6]$

754 $\sqrt{x^2-1} \geq 2\sqrt{2}$ $[x \leq -3 \lor x \geq 3]$

755 $\sqrt{3x+2x^2} > -1$ $\left[x \leq -\frac{3}{2} \lor x \geq 0\right]$

756 $\sqrt{9+x^2} \geq x+1$ $[x \leq 4]$

757 $\sqrt{2x^2-5x+6} > \sqrt{2}(x+1)$ $\left[x < \frac{4}{9}\right]$

758 $\sqrt{x^2-2x}-2 \geq x+1$ $\left[x \leq -\frac{9}{8}\right]$

759 $\sqrt{8(x+5)} \geq 2x+7$ $\left[-5 \leq x \leq -\frac{1}{2}\right]$

760 $\sqrt{-x+3} > x-3$ $[x<3]$

761 $\sqrt{x^2+2x+9}-1 \geq x$ $[\forall x \in \mathbb{R}]$

762 $\sqrt{4(1+x^2)} > 5-x+\sqrt{1+x^2}$ $\left[x > \frac{12}{5}\right]$

763 $\sqrt{4x+x^2} > 1+x$ $\left[x \leq -4 \lor x > \frac{1}{2}\right]$

764 $\sqrt{x^2-9} > 5-x$ $\left[x > \frac{17}{5}\right]$

765 $2\sqrt{x+x^2}+x > \sqrt{x+x^2}+6$ $\left[x > \frac{36}{13}\right]$

766 $x \leq -1+\sqrt{1+2x}$ $[x=0]$

767 $\sqrt{x(x-4)+4} > 2x+1$ $\left[x < \frac{1}{3}\right]$

768 $x-3 < \sqrt{x^2+x+4}$ $[\forall x \in \mathbb{R}]$

769 $\sqrt{x^2-5x+6} > x-1$ $\left[x < \frac{5}{3}\right]$

770 $\sqrt{\dfrac{(2x-1)(x+3)}{x^2+4}} > \sqrt{3}$ $[\nexists x \in \mathbb{R}]$

771 $\sqrt{x(x+6)-x+6}+2x > 3x-1$ $[x \leq -3 \lor x \geq -2]$

772 $\sqrt{2(x+15)}+2x^2 > x(1-x)+3(1+x^2)$ $[-15 \leq x < 3]$

773 $\sqrt{2x^2-5x} > -x^2+2x-1$ $\left[x \leq 0 \lor x \geq \frac{5}{2}\right]$

774 Un rettangolo ha la base che misura $\sqrt{k+3}$ e l'altezza è il doppio della base. Trova per quali valori di k il suo perimetro è maggiore di 24. $[k>13]$

775 Trova per quali valori di x, in centimetri, il lato AD del trapezio isoscele $ABCD$ ha lunghezza maggiore del raggio della semicirconferenza, che è 8 cm. $[0<x<4]$

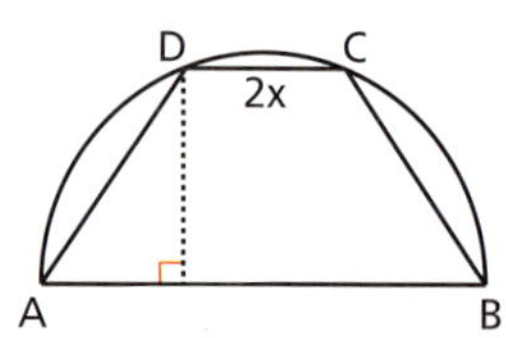

Disequazioni irrazionali con più radici

Risolvi le seguenti disequazioni.

776 $\frac{\sqrt{1-x}}{2} > \frac{\sqrt{1+x}}{3}$ $\left[-1 \leq x < \frac{5}{13}\right]$

777 $\sqrt{-x-3} < \sqrt{x^2-5x}$ $[x \leq -3]$

778 $\sqrt{x^2+5x-14} > \sqrt{x^2+4x+3}$ $[x > 17]$

779 $\sqrt{-2x^2+5x-4} < \sqrt{-4x+5}$ $[\nexists x \in \mathbb{R}]$

780 $\sqrt{x^2+3} - \sqrt{x+5} > 0$ $[-5 \leq x < -1 \vee x > 2]$

781 $\sqrt{x} - 1 \geq \sqrt{x-2}$ $\left[2 \leq x \leq \frac{9}{4}\right]$

782 $\sqrt{2x} - 1 \geq \sqrt{x+1}$ $[x \geq 8]$

783 $\sqrt{3x} + 1 \leq \sqrt{5x+1}$ $[x = 0 \vee x \geq 3]$

784 $\sqrt{x-1} > \sqrt{2x-1} - 1$ $[1 < x < 5]$

785 $\sqrt{2x-1} + \sqrt{2x+1} > 1$ $\left[x \geq \frac{1}{2}\right]$

786 $\sqrt{x} + \sqrt{x-4} > \sqrt{2x-1}$ $\left[x > \frac{9}{2}\right]$

Riepilogo: Disequazioni irrazionali

TEST

787 La disequazione $\sqrt{x^2-1} \geq 1$ è equivalente a tutte le seguenti, *tranne* una. Quale?

A $x^2-1 \geq 1$

B $x \leq -\sqrt{2} \vee x \geq \sqrt{2}$

C $\begin{cases} x^2-1 \geq 0 \\ x^2-1 \geq 1 \end{cases}$

D $x^2 \geq 2$

E $x^2-1 \geq 0$

788 Risolvere il sistema $\begin{cases} x-1 \geq 0 \\ 2-x > 0 \\ x-1 < 4-4x+x^2 \end{cases}$ equivale a risolvere la disequazione:

A $\sqrt{2-x} < x-1$.

B $\sqrt{x-1} \leq 2-x$.

C $\sqrt{x-1} < 2-x$.

D $\sqrt{2-x} > x-1$.

E $x-1 < \sqrt{4-4x+x^2}$.

789 Risolvi le seguenti equazioni e disequazioni supponendo $x < 0$.

a. $\sqrt{-x} = -x$; **b.** $|x| > -x$; **c.** $x^2 > -x$.

Risolvi le seguenti disequazioni irrazionali.

790 $\sqrt{x^2-x} < x+1$ $\left[-\frac{1}{3} < x \leq 0 \vee x \geq 1\right]$

791 $\sqrt{x^2+x+1} - x > -1$ $[\forall x \in \mathbb{R}]$

792 $\sqrt{9x^2-6x+1} < 3x$ $\left[x \geq \frac{2}{3}\right]$

793 $x - \sqrt{x^2+5x+6} + 2 \geq 0$ $[x = -2]$

794 $\sqrt{3x-2} + 2 > x$ $\left[\frac{2}{3} \leq x < 6\right]$

795 $x > \sqrt{x^2-4} - 1$ $[x \geq 2]$

796 $1 + x > 4 - \sqrt{x^2-4x}$ $[x \geq 4]$

797 $2 < x + \sqrt{4-x}$ $[0 < x \leq 4]$

798 $\sqrt{x^2-1} - x < 0$ $[x \geq 1]$

799 $\sqrt{|x|+1} > 3$ $[x < -8 \vee x > 8]$

800 $2\sqrt{x(x+4) - 4(x+1)} > 2x+1$ $[x \leq -2]$

801 $\sqrt{26-17x} > 2x-5$ $\left[x \leq \frac{26}{17}\right]$

802 $\sqrt[3]{x^3+8} \geq x+2$ $[-2 \leq x \leq 0]$

803 $2(\sqrt{x+9} - 4x + 7) \leq 8$ $\left[x \geq \frac{25}{16}\right]$

804 $\sqrt[4]{x^4-16} > x$ $[x \leq -2]$

805 $\sqrt[3]{x+6} > x$ $[x < 2]$

806 $\sqrt{2x^2-3x+4} + 1 > 2x$ $\left[x < \frac{3}{2}\right]$

807 $\sqrt{(4x^2+1)(2x-3)} \leq \sqrt{(2x-1)^3}$ $\left[x \geq \frac{3}{2}\right]$

ESERCIZI

808 $\sqrt{9x^2-25} < 3x+1$ $\left[x \geq \frac{5}{3}\right]$

809 $\sqrt{x-3} \geq \frac{1-\sqrt{2}}{5}$ $[x \geq 3]$

810 $|x| \leq \sqrt{2x-1}$ $[x=1]$

811 $|2x-1| > \frac{1}{\sqrt{x}}$ $[x>1]$

812 $\sqrt{5x-x^2-4}-x+1>0$ $\left[1<x<\frac{5}{2}\right]$

813 $\sqrt[3]{x^3+2x^2+3x}-x-1 \leq 0$ $[\forall x \in \mathbb{R}]$

814 $\frac{1}{\sqrt{1-x}} > \frac{2}{\sqrt{1+x}}$ $\left[\frac{3}{5}<x<1\right]$

815 $\frac{|3-2x|+|4x+1|}{\sqrt[3]{x+2}} \leq 0$ $[x<-2]$

816 $\sqrt{x^2-4x} > \frac{1}{2}x-6$ $[x \leq 0 \vee x \geq 4]$

817 $-3\sqrt{2x^2-6x^2}+\frac{9}{4} > \left(x-\frac{3}{2}\right)^2$ $[\nexists x \in \mathbb{R}]$

818 $\sqrt{x^2-5x+6} > \sqrt{x^2-5x+4}$ $[x \leq 1 \vee x \geq 4]$

819 $\sqrt{x^2-3x-28} \leq \sqrt{x^2+x-6}$ $\left[-\frac{11}{2} \leq x \leq -4 \vee x \geq 7\right]$

820 $\sqrt{4x^2-3} < 2x+4$ $\left[-\frac{19}{16}<x \leq -\frac{\sqrt{3}}{2} \vee x \geq \frac{\sqrt{3}}{2}\right]$

821 $\sqrt[4]{x^2-9} < \sqrt{2-x}$ $[x \leq -3]$

822 $\sqrt{\frac{x+1}{x-1}} \leq \sqrt{\frac{x+2}{x-2}}$ $[x>2]$

823 $\sqrt{x+1} < \sqrt[3]{x-1}$ $[\nexists x \in \mathbb{R}]$

824 $\sqrt{\frac{81x^3-3}{x+2}} < 9x+1$ $\left[x \geq \frac{1}{3}\right]$

825 $\sqrt{x-2} > \frac{2}{\sqrt{x-1}}$ $\left[x > \frac{3+\sqrt{17}}{2}\right]$

826 $\frac{5x}{\sqrt{-5x-1}} < 2$ $\left[x<-\frac{1}{5}\right]$

827 $\frac{2}{\sqrt{x^2-4}-2x+3} \leq 0$ $[x \geq 2]$

828 $\frac{1-x}{2} > -1-\sqrt{\frac{2-3x}{2}}$ $\left[x \leq \frac{2}{3}\right]$

829 $\sqrt[3]{\frac{2x+3}{-1-x}} \geq \sqrt[3]{\frac{-2x^2-1}{2x^2-3x-5}}$ $\left[-2 \leq x<-1 \vee \frac{5}{2}<x \leq 4\right]$

830 $\frac{\sqrt{x^2+6x}+2}{2x} \leq 0$ $[x \leq -6]$

831 $\sqrt{\frac{x^2-16}{x^2+16}} < \sqrt{\frac{x^2+4}{x^2-4}}$ $[x \leq -4 \vee x \geq 4]$

832 $\frac{\sqrt{x}-2}{1-\sqrt{x+1}} > 0$ $[0<x<4]$

833 $\sqrt{\left|x+\frac{4}{x}\right|} \geq |x|$ $[-2 \leq x<0 \vee 0<x \leq 2]$

834 $\sqrt[3]{\sqrt{x}-2} < 1$ $[0 \leq x \leq 9]$

835 $|x+1| < \sqrt[3]{x^3+1}$ $[-1<x<0]$

836 $\frac{\sqrt{6x-x^2}}{3-2x} \geq 1$ $\left[\frac{3}{5} \leq x<\frac{3}{2}\right]$

837 $\sqrt{x+2} < 8-\sqrt{3x+4}$ $\left[-\frac{4}{3} \leq x<7\right]$

---

838 Sull'arco AB, quarta parte di una circonferenza di centro O e raggio 2, considera un punto P e la sua proiezione H sul raggio OA. Determina $x=\overline{PH}$ in modo che l'area del quadrilatero $OAPB$ sia maggiore di $\frac{5}{2}$.

$\left[\frac{5-\sqrt{7}}{4}<x<\frac{5+\sqrt{7}}{4}\right]$

839 Un rettangolo ha i lati lunghi $\sqrt{k}$ e $\sqrt{1-2k}$ ($k \in \mathbb{R}$). Trova per quali valori di k:

a. esiste il rettangolo;

b. il perimetro risulta uguale a 2;

c. l'area è minore di $\frac{1}{3}$.

$\left[\text{a) } 0 \leq k \leq \frac{1}{2}; \text{ b) } k=0, k=\frac{4}{9}; \text{ c) } 0 \leq k<\frac{1}{6} \vee \frac{1}{3}<k \leq \frac{1}{2}\right]$

TUTOR matematica Allenati con **15 esercizi interattivi** con feedback "hai sbagliato, perché…"
su.zanichelli.it/tutor3 risorsa riservata a chi ha acquistato l'edizione con tutor

VERIFICA DELLE COMPETENZE ALLENAMENTO

UTILIZZARE TECNICHE E PROCEDURE DI CALCOLO

1 VERO O FALSO?

a. Se $P(x)$ è un polinomio diverso da 0 per ogni valore di x, allora le disequazioni $\sqrt{P(x)} < 3$ e $P(x) < 9$ sono equivalenti. V F

b. La disequazione $\sqrt{4x^2+1} < |x|$ è equivalente a $4x^2 + 1 < x^2$. V F

c. La disequazione $x^2 - 4x + 5 < 0$ è verificata $\forall x \in \mathbb{R}$. V F

d. Se $a < 0$, la disequazione $ax^2 - 9 > 0$ non ha soluzioni. V F

Risolvi le seguenti disequazioni intere.

2 $-\frac{1}{2}x(3x-5) - 2 > 0$ $[\nexists x \in \mathbb{R}]$

3 $3x(x-4) < x(x-1)$ $\left[0 < x < \frac{11}{2}\right]$

4 $(2x-3)(2x+3) - 7(x-2) < 2$ $\left[\frac{3}{4} < x < 1\right]$

5 $\frac{x(4-3x)}{2} - \frac{3x+1}{4} \le 2x^2 + 1 - \frac{x^2+4}{2}$ $\left[x \le -\frac{1}{3} \vee x \ge \frac{3}{4}\right]$

6 $\frac{(1+2x)(1-2x)}{2} + 2 \ge \frac{1}{2}x$ $\left[-\frac{5}{4} \le x \le 1\right]$

7 $3\left(\frac{x^2}{2} - 1\right) + \frac{1}{2}x(-x+1) \ge 0$ $\left[x \le -2 \vee x \ge \frac{3}{2}\right]$

8 $4(x^2+x)(x^2-x) + 2x^2 \ge (x^2+3)^2 + 7$ $[x \le -2 \vee x \ge 2]$

9 $\frac{x(x+2)}{3} - \frac{1}{5}x \ge \frac{8x^2+1}{5} - \frac{x-2}{5}$ $[\nexists x \in \mathbb{R}]$

10 $(x-3)^2 - \frac{3}{5}(x+1) \le 9 - 7x$ $\left[-1 \le x \le \frac{3}{5}\right]$

11 $2\left(x^2 + \frac{1}{12}\right) + x[6(x-1) + x] > x(x-1) - \frac{3}{4}$ $[\forall x \in \mathbb{R}]$

12 $17x^8 + 17 \le 0$ $[\nexists x \in \mathbb{R}]$

13 $x^4 - 5x^2 + 4 > 0$ $[x < -2 \vee -1 < x < 1 \vee x > 2]$

14 $2x^3 - 5x^2 + 8x - 20 < 0$ $\left[x < \frac{5}{2}\right]$

15 $3x^4 + x^3 - 24x - 8 \le 0$ $\left[-\frac{1}{3} \le x \le 2\right]$

16 $18x^4 - 3x^2 \le 3x^3$ $\left[-\frac{1}{3} \le x \le \frac{1}{2}\right]$

17 $x^3 - x^2 - 4x + 4 \le 0$ $[x \le -2 \vee 1 \le x \le 2]$

18 $x^2(x^2+2) - 2x^2 - (x-1)(1+x) \ge 0$ $[\forall x \in \mathbb{R}]$

19 $3x(x-1)(x+1) \le x^2 - 1$ $\left[x \le -1 \vee \frac{1}{3} \le x \le 1\right]$

20 $x^2(x^2+1) + 7x(x+1) - 7(x-2) < 2$ $[\nexists x \in \mathbb{R}]$

21 $2x^2(x^4 - 4x) - x^3(x^3 - 1) - 8 > 0$ $[x < -1 \vee x > 2]$

22 $3x^3 - 10x^2 - 9x + 4 < 0$ $\left[x < -1 \vee \frac{1}{3} < x < 4\right]$

23 $(x-1)^2 - 6(x^2-1) + x^3 - 1 + (13-x)(x-1) \ge 0$ $[x \ge 1]$

Risolvi le seguenti disequazioni fratte.

24 $\frac{x}{x^2-9} < 0$ $[x < -3 \vee 0 < x < 3]$

25 $\frac{-3x^2+2x}{x^2-4x+4} < 0$ $\left[x < 0 \vee x > \frac{2}{3} \wedge x \ne 2\right]$

26 $\frac{10x - x^2 - 9}{x^3 - 8} \ge 0$ $[x \le 1 \vee 2 < x \le 9]$

27 $\frac{x}{11x - 6x^2 + 2} > 0$ $\left[x < -\frac{1}{6} \vee 0 < x < 2\right]$

28 $\dfrac{(x-3)^2}{x^2+5x+9} \le 0$ $[x=3]$

29 $\dfrac{(6-x)(4x^2+x-5)}{x^2+1} > 0$ $\left[x<-\dfrac{5}{4} \vee 1<x<6\right]$

30 $\dfrac{(x+5)(x-7)^5}{2x^2-5x-7} \ge 0$ $\left[x \le 5 \vee -1<x<\dfrac{7}{2} \vee x \ge 7\right]$

31 $\dfrac{(x^4+8)(x^2+x+7)}{3x-8} \ge 0$ $\left[x>\dfrac{8}{3}\right]$

32 $\dfrac{2x+3}{x-5} \le \dfrac{x+7}{x+2}$ $[-2<x<5]$

33 $\dfrac{1}{x+2}-\dfrac{2x}{2x+4} > \dfrac{-12}{x^2-4}$ $[2<x<5]$

34 $\dfrac{(x^5-16x)(x+10)}{5x^2-20x+20} \ge 0$ $[x \le -10 \vee -2 \le x \le 0 \vee x>2]$

35 $\dfrac{x-2}{x-3}-\dfrac{5x+1}{x-2}-\dfrac{3x^2-2x-14}{-x^2+5x-6} \le 0$ $[x \le 1 \vee 2<x<3 \vee x \ge 7]$

Risolvi le seguenti equazioni e disequazioni con valori assoluti.

36 $|3x-1|=4$ $\left[-1; \dfrac{5}{3}\right]$

37 $|x^2-x|=6$ $[-2; 3]$

38 $\dfrac{|2x-1|}{3}+2=\dfrac{1}{2}$ $[\nexists x \in \mathbb{R}]$

39 $x=|2x+1|-3$ $\left[-\dfrac{4}{3}; 2\right]$

40 $5-2|x+3|=3x$ $\left[-\dfrac{1}{5}\right]$

41 $x-2+3|x+1|=2|x|$ $\left[-\dfrac{1}{6}\right]$

42 $5|x+1|=1-2x$ $\left[-2; -\dfrac{4}{7}\right]$

43 $|1+2x-|x+2||=x-1$ $[x \ge 1]$

44 $|x+4|=|2x-7|+3$ $[2; 8]$

45 $|4x+3|<5$ $\left[-2<x<\dfrac{1}{2}\right]$

46 $|5-7x|<9$ $\left[-\dfrac{4}{7}<x<2\right]$

47 $\left|\dfrac{1}{3}x-3\right|>6$ $[x<-9 \vee x>27]$

48 $|5x+1|<6$ $\left[-\dfrac{7}{5}<x<1\right]$

49 $|3x^2-5x|>-6$ $[\forall x \in \mathbb{R}]$

50 $|2x^2-5x|>12$ $\left[x<-\dfrac{3}{2} \vee x>4\right]$

51 $\left|\dfrac{3-2x}{x+1}\right|<1$ $\left[\dfrac{2}{3}<x<4\right]$

52 $|2x^2-12x+9| \ge 9$ $[x \le 0 \vee x \ge 6 \vee x=3]$

53 $|x+1| \le 5x+8$ $\left[x \ge -\dfrac{3}{2}\right]$

54 $(1+|x|)^2-2x-3 \le 0$ $[2-\sqrt{6} \le x \le \sqrt{2}]$

55 $\dfrac{x^2+1-(x-2)(x+1)}{|2x^2+x-15|} \ge 0$ $\left[x>-3 \wedge x \ne \dfrac{5}{2}\right]$

56 $|2x-1|-|x+3| \le 2-3x$ $\left[x \le \dfrac{3}{2}\right]$

---

57 $|x+5|-3 \le x+|2x-4|$ $[x \le 1 \vee x \ge 3]$

58 $\left|\dfrac{2x-5}{x+3}\right| > \dfrac{x+3}{2x-5}$ $\left[x<-3 \vee -3<x<\dfrac{5}{2} \vee x>8\right]$

59 $\dfrac{|2x-1|-x+2}{|x-1|-3} \ge 0$ $[x<-2 \vee x>4]$

60 $\dfrac{|x|-2}{|x+1|} > 1$ $[\nexists x \in \mathbb{R}]$

Risolvi le seguenti equazioni e disequazioni irrazionali.

61 $\sqrt{x^2-3}=x+1$ $[\nexists x \in \mathbb{R}]$

62 $x+\sqrt{x^2+3x}=2$ $\left[\dfrac{4}{7}\right]$

63 $2x=\sqrt{4x^2+2}-3$ $\left[-\dfrac{7}{12}\right]$

64 $x-\sqrt{x+5}=-3$ $[-1]$

65 $\sqrt{4x+x^2-4}+\dfrac{1}{x}=1-x$ $[\nexists x \in \mathbb{R}]$

66 $\sqrt{2x-1} \le x+3$ $\left[x \ge \dfrac{1}{2}\right]$

67 $2x+\sqrt{2x+1}>1$ $[x>0]$

68 $x+2>\sqrt{x^2-6x}$ $\left[-\frac{2}{5}<x\leq 0 \vee x\geq 6\right]$

69 $\sqrt{5x^2-1}+1\leq(1-x)(1+x)$ $[\nexists x\in\mathbb{R}]$

70 $\sqrt{x^2-1}>x+3$ $\left[x<-\frac{5}{3}\right]$

71 $x\geq\sqrt{3x-4}-1$ $\left[x\geq\frac{4}{3}\right]$

72 $\sqrt{x^2+x-6}+2-x\leq 0$ $[2]$

73 $\sqrt{x^2-x-20}<x+4$ $[x\geq 5]$

74 $7-\sqrt{x^2-8x+15}+x\leq 0$ $\left[x\leq-\frac{17}{11}\right]$

75 $\frac{\sqrt{x}(8-x)}{|x^2-6x|}>0$ $[0<x<8\wedge x\neq 6]$

76 $\frac{\sqrt{x^2-1}-x-2}{|x-1|}<0$ $\left[-\frac{5}{4}<x\leq-1\vee x>1\right]$

77 $\frac{\sqrt[3]{x+4}}{|5x-6|+\sqrt{x^2+3}}\leq 0$ $[x\leq-4]$

78 $\frac{\sqrt{x}}{1-|x-6|}\leq 0$ $[0\leq x<5\vee x>7]$

79 $\frac{\sqrt{x^2+5}-2x}{x^2-4x+3}\leq 0$ $\left[1<x\leq\frac{\sqrt{15}}{3}\vee x>3\right]$

80 $\frac{x^2-4x+4}{x-\sqrt{x^2-1}}>0$ $[x\geq 1\wedge x\neq 2]$

81 $\sqrt{\frac{x^2-4}{2x^2}}\leq\frac{1}{x}$ $[2\leq x\leq\sqrt{6}]$

82 $\frac{|x-8|-1}{\sqrt{x+2}}>0$ $[-2<x<7\vee x>9]$

83 $\frac{|x-5|-2x}{\sqrt{x-3}-x+1}\geq 0$ $[x\geq 3]$

Risolvi i seguenti sistemi di disequazioni.

84 $\begin{cases}\frac{1}{4}(8x^2-4)-2x(x+6)>5\\ 5(x+7)\geq 30\end{cases}$ $\left[-1\leq x<-\frac{1}{2}\right]$

85 $\begin{cases}\frac{1}{4}(x-2)-3(x+1)<2\\ \frac{15}{2}(x+2)-8<\frac{x-7}{2}\end{cases}$ $\left[-2<x<-\frac{3}{2}\right]$

86 $\begin{cases}2x^2+2x+1\geq 0\\ 3-2x-x^2>0\end{cases}$ $[-3<x<1]$

87 $\begin{cases}x^2-3x+5<0\\ 4(x-3)<6\end{cases}$ $[\nexists x\in\mathbb{R}]$

88 $\begin{cases}\frac{x-2}{x+1}\geq 0\\ x^2-5x+6<0\end{cases}$ $[2<x<3]$

89 $\begin{cases}1+\frac{x-4}{x+3}\geq 0\\ -x^2+2(x^4+1)\geq x^2(x^2+4)-2\end{cases}$ $\left[x<-3\vee\frac{1}{2}\leq x\leq 1\vee x\geq 2\right]$

90 $\begin{cases}x^2-5x<-4\\ x^2\geq 0\\ 3(x-2)+1\leq(x-1)(x+1)\end{cases}$ $[1<x<4]$

91 $\begin{cases}x^3-1\geq 7\\ (x+1)(x-1)\leq(x+2)(x-1)\\ \frac{1}{x}<x\end{cases}$ $[x\geq 2]$

92 $\begin{cases}8x^3-1\leq 0\\ (4x-1)^2+2>5x(2x-1)+6x^2\end{cases}$ $\left[x\leq\frac{1}{2}\right]$

93 $\begin{cases}5(x^2+1)<2x\\ x^2+5\geq 0\end{cases}$ $[\nexists x\in\mathbb{R}]$

94 $\begin{cases}\frac{x-3}{x+4}<-1\\ -x^2+3x\geq 0\end{cases}$ $[\nexists x\in\mathbb{R}]$

95 $\begin{cases}\frac{x-2}{x+3}\geq 0\\ \frac{3}{2}(x+5)>8\end{cases}$ $[x\geq 2]$

96 $\begin{cases}\frac{x}{x-2}<1\\ \frac{4-2x-2x^2}{x^3+x^2+x}<0\end{cases}$ $[-2<x<0\vee 1<x<2]$

97 $\begin{cases}\frac{x+5}{x^3+2x^2-15x}>0\\ x^3+1>0\end{cases}$ $[-1<x<0\vee x>3]$

98 $\begin{cases}\sqrt{x+4}>1\\ \frac{x^2-5x+6}{1-x}\geq 0\end{cases}$ $[-3<x<1\vee 2\leq x\leq 3]$

99 $\begin{cases}\sqrt{\frac{x}{x^2-1}}\geq 0\\ \frac{x^2+x+7}{x^3-4x}\geq 0\end{cases}$ $[-1<x<0\vee x>2]$

100 $\begin{cases}-x-\sqrt{5x-8}\leq\frac{9}{5}\\ 5x^3-8x^2+5x\leq 8\end{cases}$ $\left[x=\frac{8}{5}\right]$

101 $\begin{cases}|x-1|>0\\ \sqrt{x^2-4x+3}<3-2x\end{cases}$ $[x<1]$

RISOLVERE PROBLEMI

102 Trova per quali valori di x il perimetro del trapezio in figura è maggiore di 80 cm. [$x > 24$ cm]

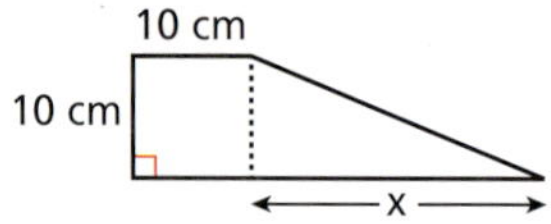

103 In un rettangolo la base misura $\sqrt{2k+1}$ e l'altezza $\sqrt{k-3}$. Determina per quali valori di k:

a. il rettangolo esiste;

b. il perimetro del rettangolo è maggiore o uguale a 8. [a) $k \geq 3$; b) $k \geq 4$]

104 Indica per quali valori di k la soluzione dell'equazione $kx - k^2 + 4 = 0$ è positiva. [$-2 < k < 0 \vee k > 2$]

105 Data l'equazione

$$kx^2 - (2k+1)x + k = 0, \quad k \in \mathbb{R},$$

trova per quali valori di k:

a. le soluzioni sono reali e distinte;

b. non ci sono soluzioni reali.

$\left[\text{a) } k > -\frac{1}{4}; \text{ b) } k < -\frac{1}{4}\right]$

106 La somma fra il triplo di un numero e 4 è maggiore della radice quadrata della somma tra tale numero e 16 e minore del quadrato della differenza tra il triplo del numero stesso e 2. Quali condizioni soddisfa tale numero? (Indica con x il numero richiesto.) $\left[x > \frac{5}{3}\right]$

COSTRUIRE E UTILIZZARE MODELLI

107 **Vittoria!** Una società di pallacanestro vuole celebrare la vittoria nel campionato con una targa di ottone su cui incidere lo stemma della squadra e i nomi dei giocatori.
L'ottone costa € 5 al kilogrammo e ha densità 8,5 kg/dm^3, mentre la lavorazione costa € 33.
Quali sono le dimensioni massime che può avere la targa per costare meno di € 50? [40 cm × 50 cm]

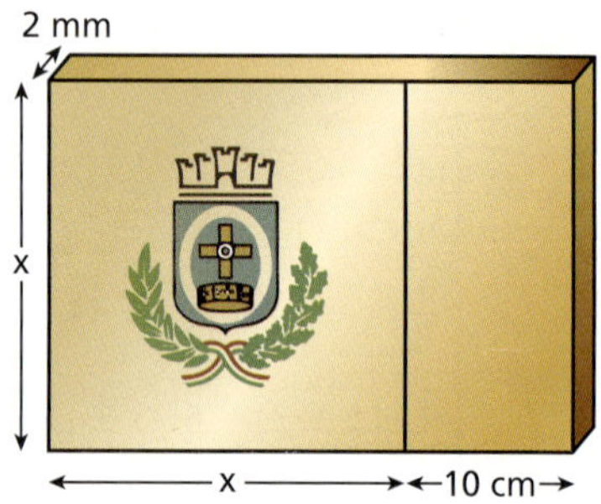

108 **L'aiuola** Antonio deve collocare almeno 60 piante nell'aiuola, una al centro e le altre lungo tre circonferenze concentriche, a distanza costante una dall'altra.

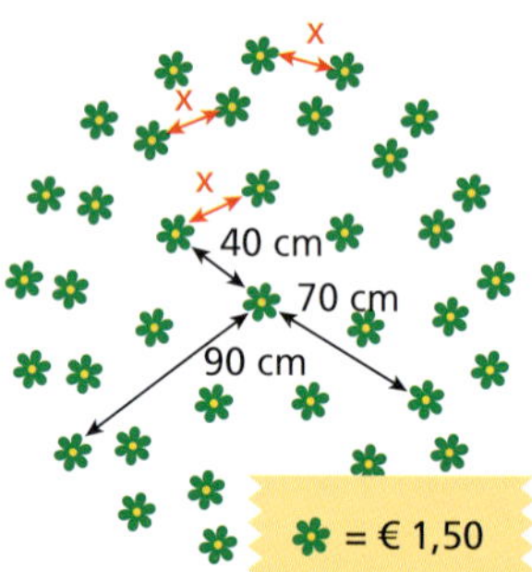

a. A quale distanza deve piantarle per non spendere più di € 120?

b. Quante piante può acquistare?

[a) $15,9 \leq x \leq 21,3$; b) $60 \leq n \leq 80$]

109 **La siepe** Michele deve recintare il suo giardino, che ha le dimensioni riportate in figura, espresse in metri. Quanto deve valere l affinché la lunghezza della recinzione sia compresa tra 80 e 100 m? [$21 < l < 27$]

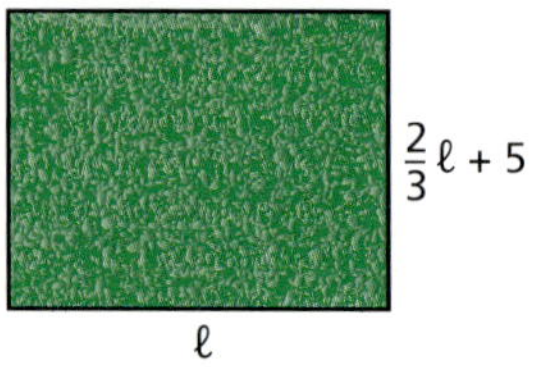

110 **Che convenienza!** Mauro ha un'offerta sul suo smartphone solo per Internet e paga le chiamate a parte. Deve valutare se accettare la nuova tariffa proposta dalla sua compagnia.

a. Quanto dovrebbero durare in media le sue chiamate affinché gli convenga cambiare?

b. Se accetta la nuova tariffa, quanto dovrebbero durare in media le sue chiamate per risparmiare almeno 2 cent/min rispetto alla vecchia tariffa? [a) almeno 3 min; b) almeno 5 min]

TUTOR matematica
Allenati con **15 esercizi interattivi**
con feedback "hai sbagliato, perché..."
su.zanichelli.it/tutor3
risorsa riservata a chi ha acquistato l'edizione con tutor

VERIFICA DELLE COMPETENZE PROVE

1 ora

PROVA A

Risolvi le seguenti disequazioni.

1 **a.** $x(x-3)+\frac{2}{3}x(2-x)>10-2x$

b. $(x^2-4)(x^3-5x^2+6x)\geq 0$

2 $\frac{2}{x^2-9}-\frac{1}{x^2-3x}\geq 0$

Risolvi le seguenti equazioni.

3 $x^2=|x^2-5x|+3$

4 $\sqrt{x^2+5}+3-x=0$

5 Risolvi il sistema $\begin{cases}|x^2+4x|<5\\2+\sqrt{3x+16}>x\end{cases}$.

6 In un triangolo la base misura $\sqrt{a+2}$ e l'altezza $\sqrt{a-1}$. Trova per quali valori di a:

a. esiste il triangolo; **b.** l'area è maggiore di 1.

PROVA B

Il caseggiato Un'amministrazione comunale bandisce una gara d'appalto per la costruzione di un caseggiato su un terreno rettangolare di 55×45 m. Il bando prevede che il caseggiato a forma di L sia circondato da una zona verde di area almeno doppia rispetto a quella occupata dalla casa, se questa ha al massimo due piani; se la casa ha da tre a cinque piani, l'area della zona verde deve essere tre volte quella del fabbricato. Le dimensioni della casa sono nella pianta rappresentata in figura.

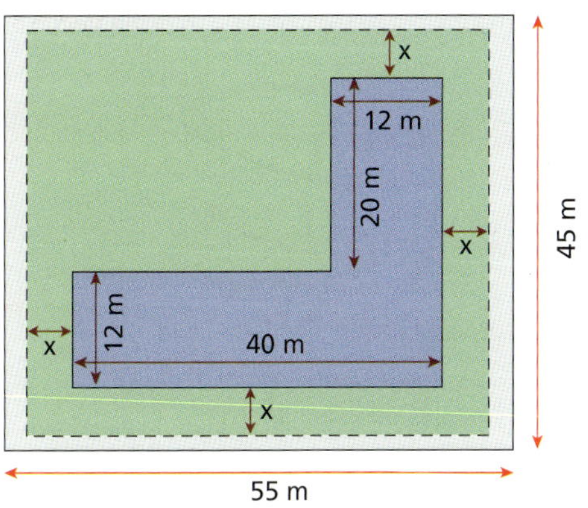

a. Trova l'intervallo dei valori di x per i quali sono rispettate le condizioni poste.

b. È possibile costruire una casa di cinque piani?

CAPITOLO 2 FUNZIONI

1 Funzioni e loro caratteristiche

Che cosa sono le funzioni

▶ Esercizi a p. 95

Listen to it

A **function** from a set *A* to a set *B* is a relation that assigns to each element in the set *A* exactly one element in the set *B*. The set *A* is called the **set of inputs**, or **domain**, whereas the set *B* contains the **set of outputs**, or **range**.

DEFINIZIONE

Una relazione *f* fra due insiemi *A* e *B* è una **funzione** se a *ogni* elemento di *A* associa *uno e un solo* elemento di *B*.

ESEMPIO

Nella figura è rappresentata la relazione:

«x è nella regione y»,

con $x \in A$ e $y \in B$.

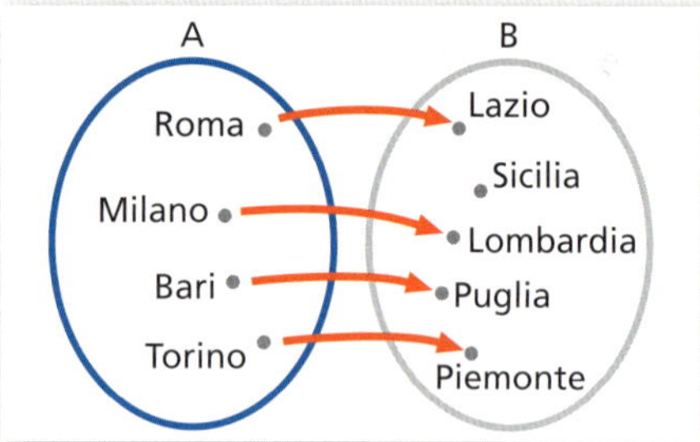

Tale relazione è una funzione perché soddisfa due condizioni:

- **per ogni** elemento di *A* **esiste un** elemento di *B* a esso associato;
- tale elemento di *B* è **unico**.

Nella figura sotto esaminiamo alcune relazioni. Soltanto nel caso **a** abbiamo una funzione.

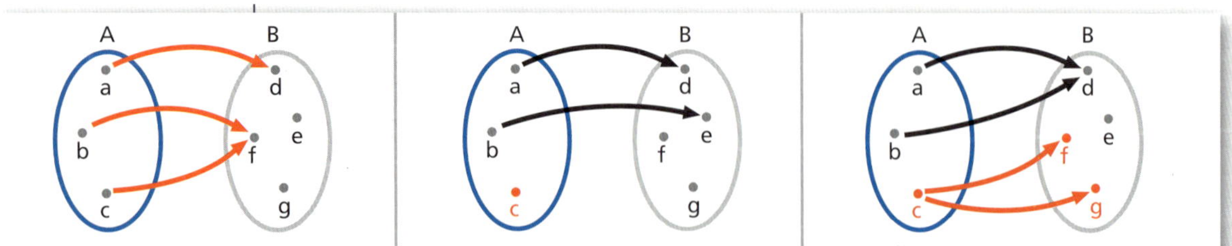

a. La relazione è una funzione: da ogni elemento di *A* parte una sola freccia.

b. La relazione *non* è una funzione: c'è un elemento di *A* che *non* è in relazione.

c. La relazione *non* è una funzione: a un elemento di *A* corrispondono *due* elementi di *B*.

Poiché una funzione fa corrispondere a ogni elemento di *A* un *unico* elemento di *B*, essa viene anche chiamata **corrispondenza univoca**.

In simboli: $\boldsymbol{f\colon A \rightarrow B}$, che si legge: «$f$ è una funzione da A a B».

Si dice che A è l'**insieme di partenza** della funzione e B l'**insieme di arrivo**.

Per indicare che a un elemento x di A corrisponde un elemento y di B scriviamo:

$f\colon x \mapsto y$ oppure $y = f(x)$, che si legge «y uguale a effe di x».

y è detta **immagine** di x mediante la funzione f. Analogamente, x è detta **controimmagine** di y.

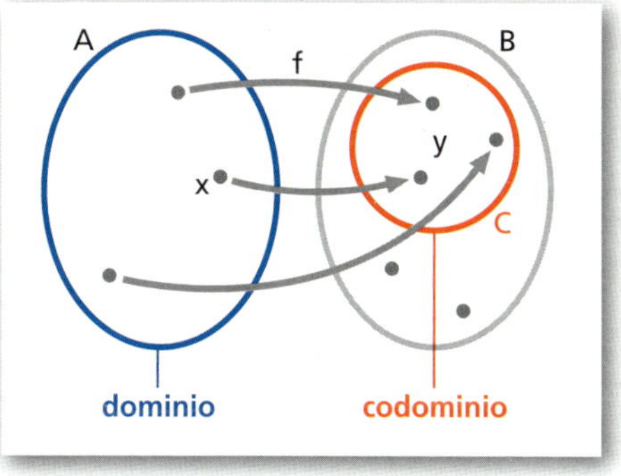

L'insieme di partenza A è detto **dominio** della funzione; il sottoinsieme di B formato dalle immagini degli elementi di A è detto **codominio**. Indichiamo il dominio con D, il codominio con C. Vale la relazione $C \subseteq B$.

Funzioni numeriche

▶ Esercizi a p. 95

Quando i due insiemi A e B sono numerici, le funzioni vengono dette **funzioni numeriche**.

In seguito, quando parleremo di funzioni numeriche, sarà sottinteso che esse sono definite per valori reali, cioè il loro dominio sarà $\mathbb{R}$ o un sottoinsieme di $\mathbb{R}$ e l'insieme di arrivo sarà $\mathbb{R}$ stesso. Tali funzioni si chiamano **funzioni reali di variabile reale**. Inoltre esse saranno in genere descrivibili mediante un'**espressione analitica**, ossia mediante una formula matematica.

ESEMPIO

Consideriamo la funzione $f\colon \mathbb{R} \to \mathbb{R}$ descritta da $y = f(x) = 2x + 5$.
A ogni valore di x la legge fa corrispondere uno e un solo valore di y.
Per esempio, per $x = 3$ il valore di y è $y = 2 \cdot 3 + 5 = 11$.
Possiamo anche dire che 11 è l'immagine di 3, cioè $f(3) = 11$.

Il valore che assume y dipende da quello attribuito a x. Per questo motivo y prende il nome di **variabile dipendente** e x di **variabile indipendente**.
I valori della x sono quindi gli elementi del dominio, mentre quelli assunti dalla y sono gli elementi del codominio.

Di una funzione numerica si cerca spesso di studiare il **grafico**, ossia l'insieme dei punti $P(x; y)$ del piano cartesiano tali che x è un numero reale nel dominio di f e y è l'immagine di x, ossia $y = f(x)$. Il grafico viene anche detto **diagramma cartesiano**.

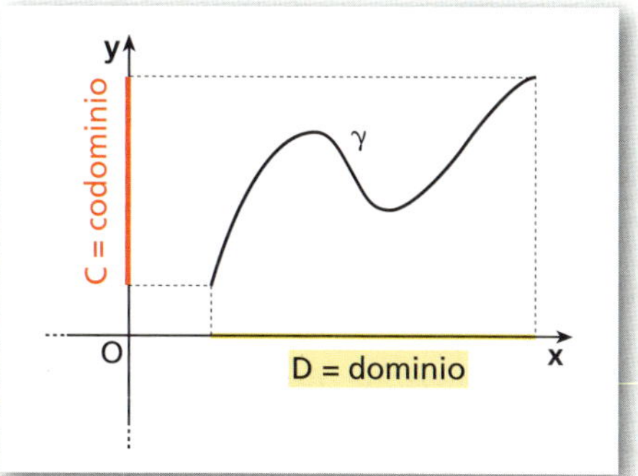

Se la funzione f è definita da un'equazione $y = f(x)$, il suo grafico è una curva γ, luogo di tutti i punti del piano che soddisfano l'equazione.

La costruzione del diagramma si può effettuare «per punti», assegnando a x alcuni valori e determinando i corrispondenti valori di y.

▶ Spiega perché la figura seguente *non* può rappresentare il grafico di una funzione.

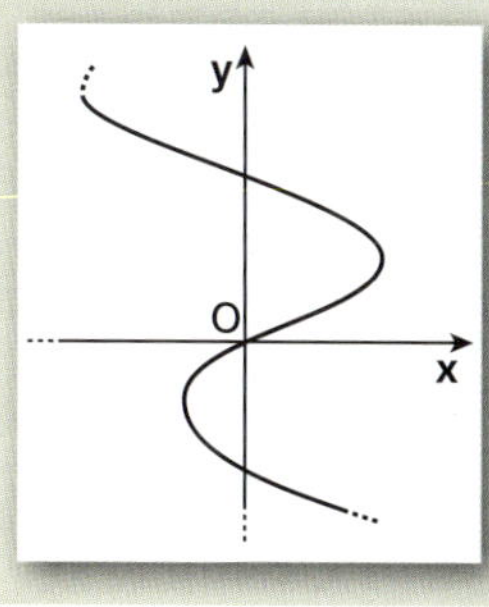

▸ Verifica, mediante rappresentazione per punti, che i grafici delle funzioni $y = x^3$ e $y = \frac{1}{x}$ sono i seguenti.

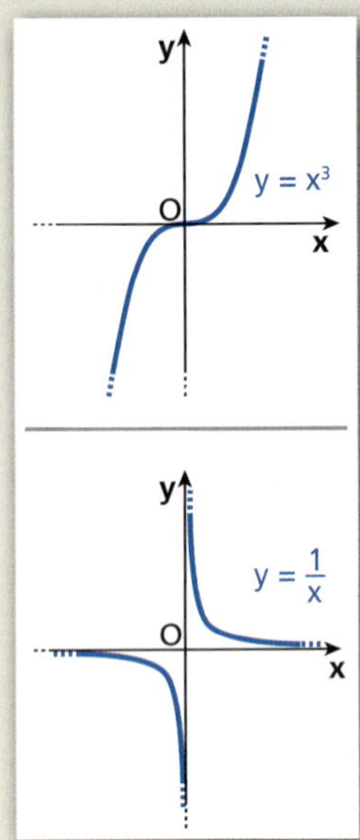

Nelle figure dell'esempio, puoi osservare i grafici di due funzioni di uso frequente.

ESEMPIO

Tracciamo per punti i grafici delle funzioni $y = \sqrt{x}$ e $y = \sqrt[3]{x}$.

x	$\sqrt{x}$
0	0
2	$\simeq 1,4$
3	$\simeq 1,7$
4	2

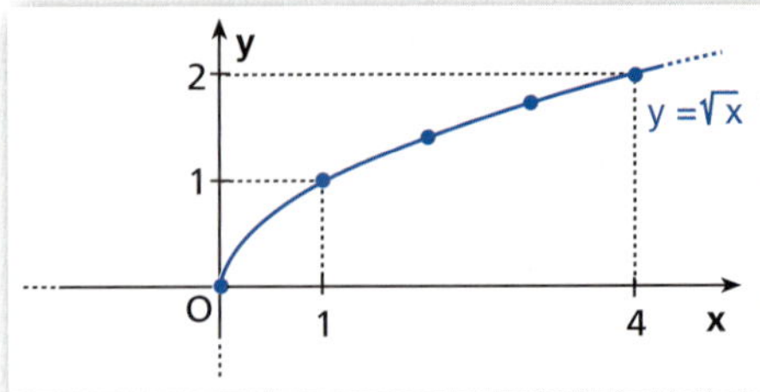

x	$\sqrt[3]{x}$
0	0
± 1	± 1
± 8	± 2

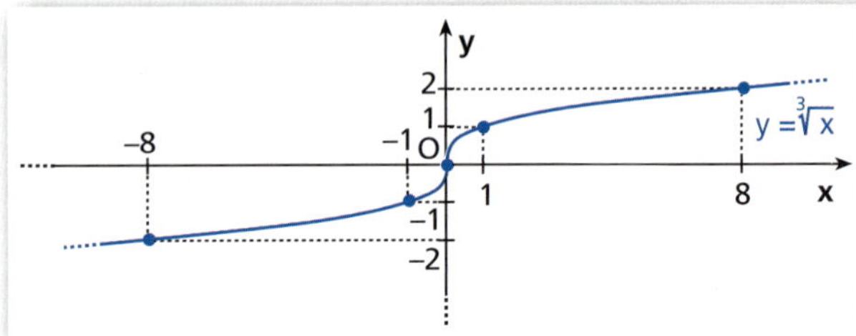

Classificazione delle funzioni

▸ Esercizi a p. 98

L'espressione analitica che descrive una funzione può avere due forme:

- **forma esplicita**, del tipo $y = f(x)$; per esempio, $y = 2x^2 - 1$;
- **forma implicita**, del tipo $F(x; y) = 0$; per esempio, $2x^2 - y - 1 = 0$.

Se l'espressione $y = f(x)$ contiene soltanto operazioni di addizione, sottrazione, moltiplicazione, divisione, elevamento a potenza o estrazione di radice, la funzione è **algebrica**.

Una funzione algebrica in forma esplicita può essere:

- **razionale intera** (o polinomiale) se è espressa mediante un polinomio; in particolare, se il polinomio è di primo grado rispetto alla variabile x, la funzione si dice **lineare**, se il polinomio in x è di secondo grado, la funzione è detta **quadratica**; il grafico di una funzione lineare è una retta, quello di una funzione quadratica è una parabola;
- **razionale fratta** se è espressa mediante quozienti di polinomi;
- **irrazionale** se la variabile indipendente compare sotto il segno di radice.

ESEMPIO

Le funzioni $y = 5x - 7$ e $y = -x^2 + 3x - 8$ sono razionali intere.
La prima è lineare, la seconda è quadratica.

$y = \dfrac{5x - 1}{x^2}$ è una funzione razionale fratta. $y = \sqrt[4]{x^3 - 9}$ è una funzione irrazionale.

Se una funzione non è algebrica, si dice **trascendente**. Studieremo in seguito alcune funzioni trascendenti, per esempio la funzione logaritmica e la funzione esponenziale.

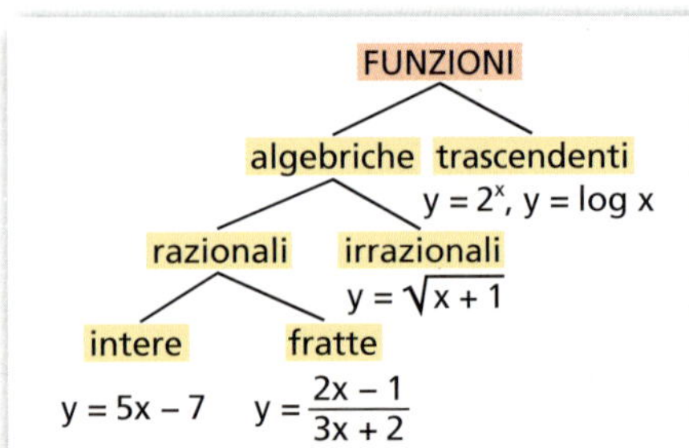

Funzioni definite a tratti

▶ Esercizi a p. 98

Esistono **funzioni definite a tratti**: sono definite da espressioni analitiche diverse a seconda del valore attribuito alla variabile indipendente.

ESEMPIO

La funzione

$$y = \begin{cases} 2x + 6 & \text{se } x \leq -1 \\ x^2 - 2x + 1 & \text{se } x > -1 \end{cases}$$

è definita a tratti. Nella figura il suo grafico è in rosso.

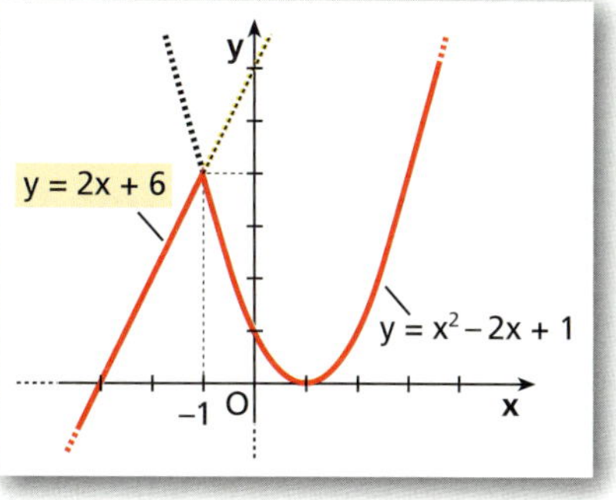

Animazione

Nell'animazione ci sono anche i grafici di:

$$y = \begin{cases} -2x - 3 & \text{se } x < 0 \\ -1 & \text{se } x = 0 \\ x - 3 & \text{se } x > 0 \end{cases};$$

$$y = \begin{cases} -2 - x & \text{se } x < -1 \\ -1 & \text{se } -1 \leq x < 1 \\ x - 1 & \text{se } x \geq 1 \end{cases}.$$

Anche la funzione **valore assoluto** è definita a tratti.

$$y = |x| = \begin{cases} x & \text{se } x \geq 0 \\ -x & \text{se } x < 0 \end{cases}$$

$y = x$ è la funzione rappresentata dalla bisettrice del primo e terzo quadrante e $y = -x$ è rappresentata dalla bisettrice del secondo e quarto quadrante, quindi il grafico di $y = |x|$ è quello della figura a fianco.

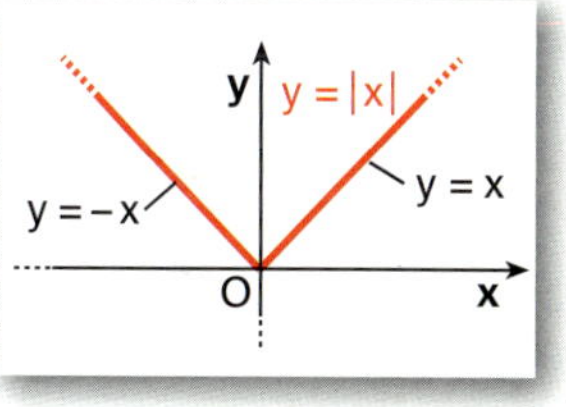

Dominio naturale di una funzione

▶ Esercizi a p. 100

DEFINIZIONE

Il **dominio naturale** della funzione $y = f(x)$ è l'insieme più ampio dei valori reali che si possono assegnare alla variabile indipendente x affinché esista il corrispondente valore reale y.
Il dominio naturale viene anche chiamato **campo di esistenza**.

Di solito, il dominio naturale non viene assegnato esplicitamente, perché può essere ricavato dall'espressione analitica della funzione.

ESEMPIO

Consideriamo la funzione: $y = \sqrt{x - 2}$.
Se sostituiamo a x un valore minore di 2, la radice perde significato.
Il dominio naturale di tale funzione è allora l'intervallo $x \geq 2$, con $x \in \mathbb{R}$.
In simboli scriviamo: D: $x \geq 2$.

Quando viene assegnata una funzione senza indicare il dominio, si sottointende che esso è il dominio naturale.

Per questo motivo, chiamiamo il dominio naturale anche soltanto **dominio** e lo indichiamo con D.

▶ Determina il dominio della funzione $y = \frac{x}{(x+2)(x-5)}$.

Funzioni uguali

DEFINIZIONE

$y = f(x)$ e $y = g(x)$ sono **funzioni uguali** se hanno lo stesso dominio D e $f(x) = g(x)$ per ogni $x \in D$.

TEORIA

ESEMPIO

Le funzioni $y = x^2 - 9$ e $y = (x - 3)(x + 3)$ sono uguali, perché per entrambe il dominio è $\mathbb{R}$ e $x^2 - 9 = (x - 3)(x + 3)$ per ogni $x \in \mathbb{R}$.

Le funzioni $y = x - 3$ e $y = \dfrac{x^2 - 9}{x + 3}$ non sono uguali, perché $x - 3 = \dfrac{x^2 - 9}{x + 3}$ soltanto per $x \neq -3$. Il valore -3 appartiene al dominio D_1 della prima funzione, ma non al dominio D_2 della seconda: $D_1 \neq D_2$.

Zeri e segno di una funzione

▶ Esercizi a p. 103

Un numero reale a è uno **zero della funzione** $y = f(x)$ se $f(a) = 0$.

Nel grafico di una funzione, i suoi zeri sono le ascisse dei punti che hanno ordinata nulla, cioè dei punti di *intersezione con l'asse x*.

Gli eventuali punti di *intersezione con l'asse y* hanno invece ascissa nulla, quindi si ottengono calcolando $y = f(0)$, quando 0 appartiene al dominio della funzione.

Mediante lo *studio del segno* della funzione, risolvendo la disequazione $f(x) > 0$, possiamo anche stabilire in quali zone il grafico della funzione è nel semipiano delle ordinate positive e in quali è nel semipiano di quelle negative.

ESEMPIO

Della funzione $y = f(x) = x^3 + 2x^2 - 5x - 6$ determiniamo:

a. il dominio;
b. gli eventuali punti di intersezione del suo grafico con gli assi;
c. il segno.

a. La funzione è razionale intera, perciò il dominio è $\mathbb{R}$.

b. Per trovare i punti di intersezione con l'asse x, risolviamo l'equazione:

$$f(x) = 0 \rightarrow x^3 + 2x^2 - 5x - 6 = 0.$$

Scomponendo il polinomio con la regola di Ruffini, otteniamo:

$$(x + 3)(x + 1)(x - 2) = 0 \rightarrow x = -3;\ x = -1;\ x = 2.$$

Il grafico della funzione ha quindi tre punti di intersezione con l'asse x: $(-3; 0)$; $(-1; 0)$; $(2; 0)$.

Per trovare il punto di intersezione del grafico con l'asse y, calcoliamo:

$$f(0) = 0^3 + 2 \cdot 0^2 - 5 \cdot 0 - 6 = -6.$$

Il punto di intersezione con l'asse y è $(0; -6)$.

c. Per determinare il segno della funzione risolviamo:

$$x^3 + 2x^2 - 5x - 6 > 0 \rightarrow$$

$$\rightarrow (x + 3)(x + 1)(x - 2) > 0.$$

Compiliamo il quadro dei segni.

		−3		−1		2	
x+3	−	0	+		+		+
x+1	−		−	0	+		+
x−2	−		−		−	0	+
(x+3)(x+1)(x−2)	−	0	+	0	−	0	+

Animazione

Nell'animazione trovi i passaggi con cui si ottiene la scomposizione del polinomio.

▶ Determina dominio, intersezioni con gli assi e segno della funzione $y = x^3 + 3x^2 - 4x$.

▶ Trova il dominio e studia il segno di $y = \dfrac{\sqrt{|x| - 2}}{x^2 - 8x + 16}$.

Animazione

Dal quadro ricaviamo che:

$f(x) > 0 \quad$ se $-3 < x < -1 \vee x > 2$;

$f(x) < 0 \quad$ se $x < -3 \vee -1 < x < 2$.

Possiamo utilizzare le informazioni ricavate per determinare la regione del piano cartesiano in cui si trova il grafico della funzione. Sono quelle che nella figura **a** *non* sono tratteggiate. I punti segnati con un pallino indicano le intersezioni del grafico della funzione con gli assi. Possiamo verificare questi risultati tracciando per punti il grafico della funzione (figura **b**).
Se la funzione è positiva il grafico si trova sopra l'asse delle ascisse, se è negativa si trova al di sotto dell'asse delle ascisse.

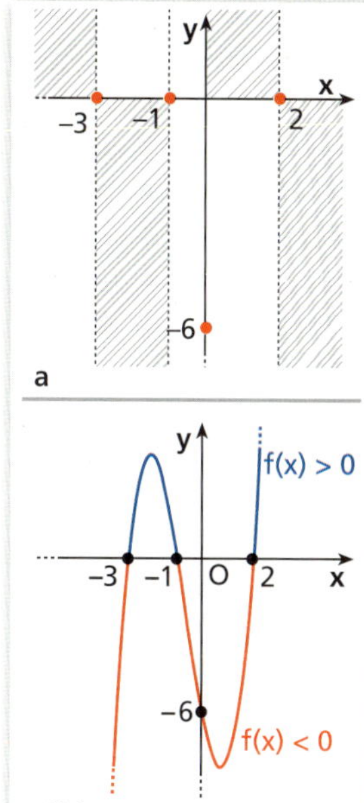

$f(x) = x^3 + 2x^2 - 5x - 6$
b

2 Funzioni iniettive, suriettive e biunivoche

▶ Esercizi a p. 105

Funzione iniettiva

DEFINIZIONE
Una funzione da A a B è **iniettiva** se ogni elemento di B è immagine di al più un elemento di A.

Listen to it

A **function** from a set *A* to a set *B* is said to be an **injection** (or an **injective function**) if it maps distinct objects of set *A* to distinct objects of set *B*.

Dicendo *al più*, intendiamo che ci possono essere elementi di B che non sono immagini di elementi di A, ma non possono esserci elementi di B che sono immagini di più di un elemento di A.
Quindi, se una funzione è iniettiva:

- a due elementi distinti del dominio corrispondono sempre due elementi distinti del codominio: $x_1 \neq x_2 \rightarrow f(x_1) \neq f(x_2)$;
- non è detto che l'insieme B di arrivo coincida con il codominio.

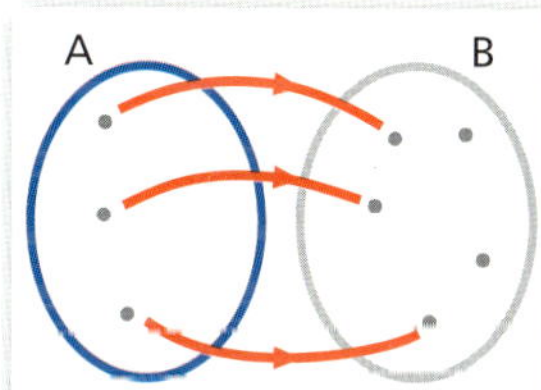

a ogni elemento di B arriva al più una freccia

Animazione

Nell'animazione puoi verificare la iniettività o la non iniettività con figure dinamiche.

ESEMPIO
Verifichiamo se sono iniettive le seguenti funzioni.

a. $y = 2x - 1$ è iniettiva perché ogni valore assunto da y è immagine di un solo valore di x.

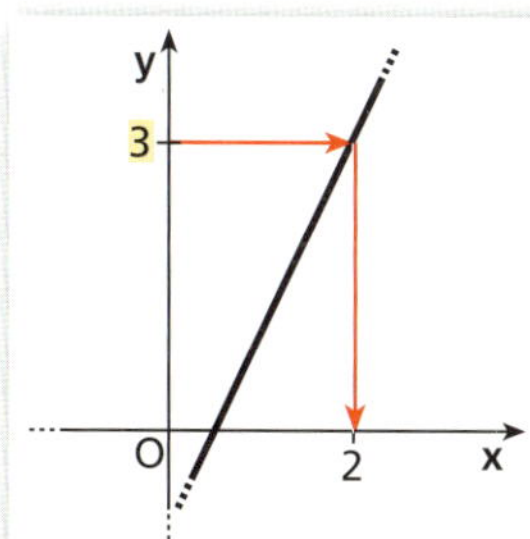

b. $y = x^2 - 2x + 2$ **non** è iniettiva.
Scegliamo, per esempio, $y = 5$. Sostituendo, otteniamo:

$$x^2 - 2x + 2 = 5 \quad \rightarrow \quad x^2 - 2x - 3 = 0 \quad \rightarrow$$
$$x_1 = -1,\ x_2 = 3.$$

Il valore 5 della y è immagine di due diversi valori della x, -1 e 3.

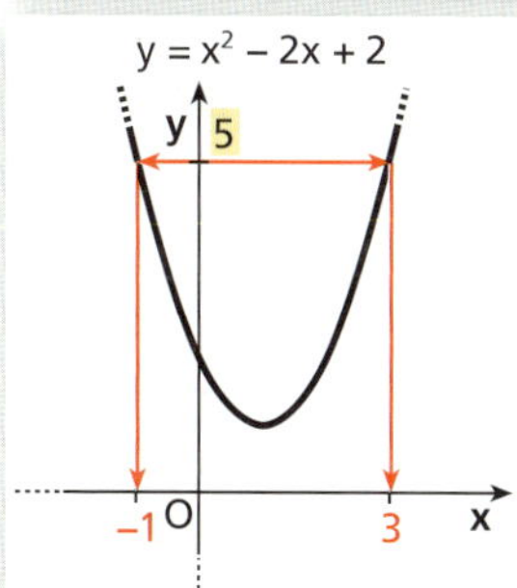

▶ Verifica se la funzione $y = x^3 - 1$ è iniettiva.

In generale, per dimostrare che una funzione *non* è iniettiva, è sufficiente:

- algebricamente, trovare due valori x_1 e x_2 appartenenti al dominio tali che $f(x_1) = f(x_2)$;
- graficamente, verificare che una retta parallela all'asse x interseca il grafico della funzione in più di un punto.

Funzione suriettiva

DEFINIZIONE
Una funzione da A a B è **suriettiva** quando ogni elemento di B è immagine di almeno un elemento di A.

Listen to it

A **function** from a set *A* to a set *B* is said to be a **surjection** (or a **surjective function**) if each element of *B* is the image of at least one element of *A*.

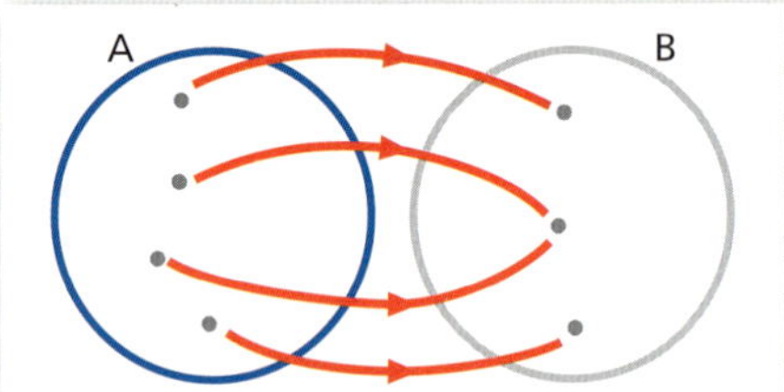

Dicendo *almeno* intendiamo che un elemento di B può essere l'immagine di più elementi di A.

Se una funzione è suriettiva, l'insieme di arrivo B coincide con il codominio.

Il fatto che una funzione sia o non sia suriettiva dipende da come si sceglie l'insieme di arrivo. Se lo si sceglie coincidente con il codominio, la funzione è certamente suriettiva.

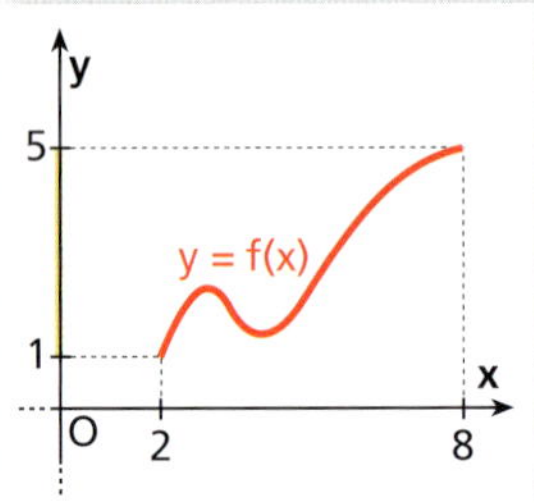

ESEMPIO
La funzione rappresentata nella figura a fianco è suriettiva se l'insieme d'arrivo è costituito dagli y tali che $1 \leq y \leq 5$.
Se invece consideriamo l'insieme di arrivo $0 \leq y \leq 5$, **non** è suriettiva.

Funzione biunivoca

DEFINIZIONE
Una funzione da A a B è **biunivoca**, o **biiettiva**, quando è sia iniettiva sia suriettiva.
Una funzione biunivoca viene anche chiamata **corrispondenza biunivoca** fra A e B.
In simboli:

$$f: A \leftrightarrow B.$$

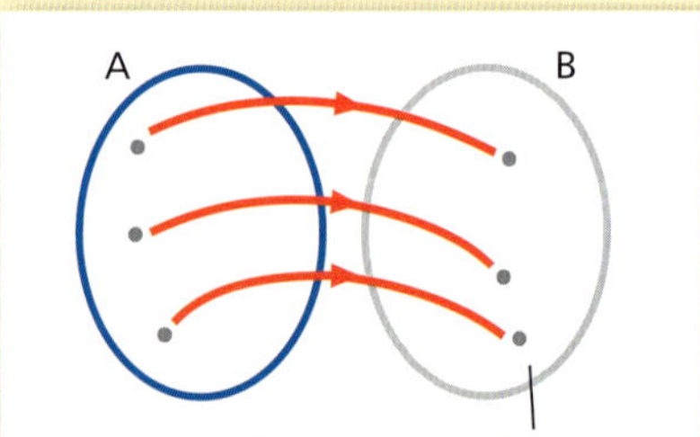

Listen to it

A **function** from a set *A* to a set *B* is said to be a **bijection** (or a **bijective function**) if it is both injective and surjective.

In una funzione biunivoca c'è una corrispondenza «uno a uno»: ogni elemento di A è l'immagine di uno e un solo elemento di B e viceversa.

Video

Il codice fiscale
Il codice fiscale è usato per identificare in modo univoco tutti i cittadini italiani. Usiamo le proprietà delle funzioni per capire come viene creato.

ESEMPIO
a. La funzione f: $[a; b] \rightarrow [c; d]$ rappresentata nella figura **a** è biunivoca. Ogni valore di y è l'immagine di uno e un solo valore di x.

b. La funzione g: $[a; b] \to [c; d]$ della figura **b non** è biunivoca. Ci sono valori di y che sono immagine di più valori di x.

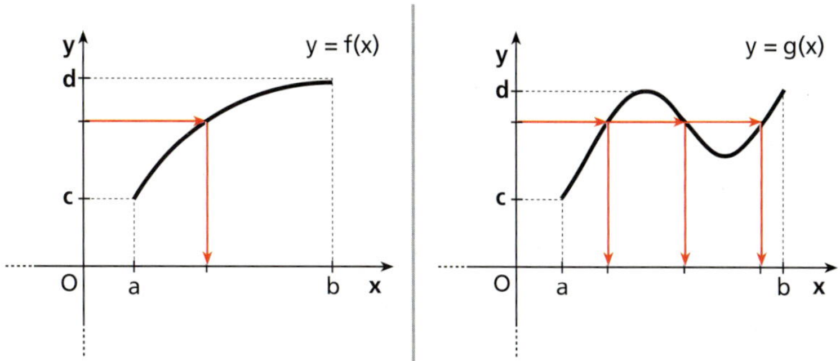

a. f(x) è biunivoca. **b.** g(x) non è biunivoca.

▶ La funzione $f(x) = |x|$, definita da $\mathbb{R}$ a $\mathbb{R}$, è biunivoca? E la funzione $g(x) = x^3$, definita da $\mathbb{R}$ a $\mathbb{R}$?

3 Funzione inversa

▶ Esercizi a p. 106

DEFINIZIONE

Sia $f: A \to B$ una funzione biunivoca. La **funzione inversa** di f è la funzione biunivoca $f^{-1}: B \to A$ che associa a ogni y di B il valore x di A tale che $y = f(x)$.
In simboli:

$$f: A \to B,\ y = f(x) \to f^{-1}: B \to A,\ x = f^{-1}(y).$$

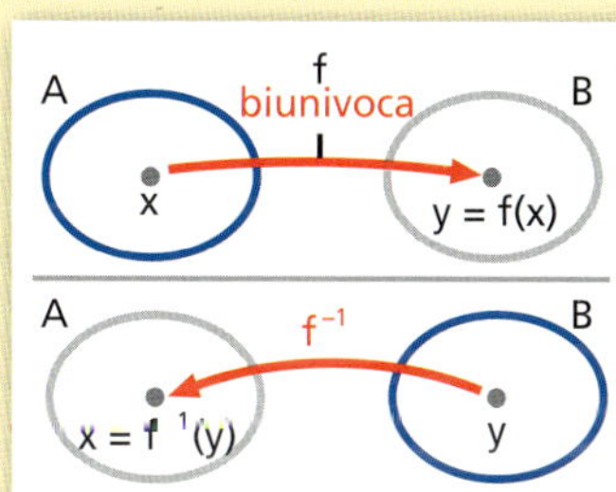

Poiché A e B sono entrambi sottoinsiemi di $\mathbb{R}$ e x e y sono entrambe variabili reali, spesso nell'indicare la funzione inversa di una funzione $f(x)$ si preferisce utilizzare comunque x come variabile indipendente e y come variabile dipendente, scrivendo quindi un'espressione analitica della forma $y = f^{-1}(x)$.

Grafico della funzione inversa

ESEMPIO

La funzione $y = f(x) = 2x - 1$ è biunivoca.
Per ottenere la sua inversa $f^{-1}(x)$:

- ricaviamo x in funzione di y:

$$x = \frac{y+1}{2};$$

- indichiamo con y la variabile dipendente e con x quella indipendente, ossia scambiamo x con y:

$$y = f^{-1}(x) = \frac{x+1}{2}.$$

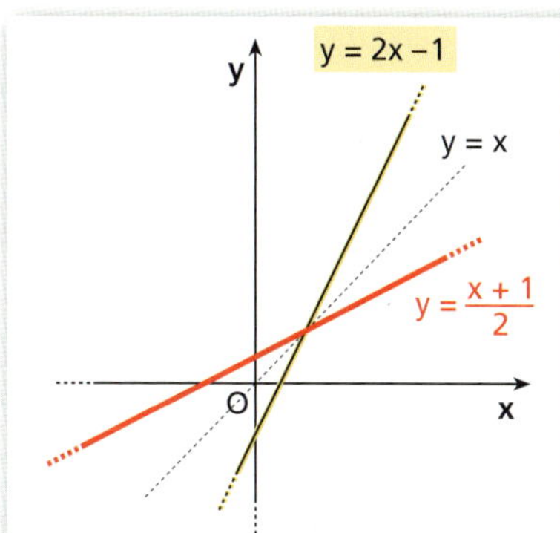

Rappresentiamo la funzione e la sua inversa nello stesso piano cartesiano. I loro grafici sono rette simmetriche rispetto alla bisettrice del primo e terzo quadrante.

Animazione

Con figure dinamiche, esaminiamo i grafici delle funzioni inverse di:

- $y = mx + q$,
- $y = ax^2 + c$,

generalizzando le funzioni di questo esempio e di quello successivo.

▶ Determina la funzione inversa di $y = -4x + 4$ e rappresentala graficamente.

MATEMATICA E STORIA

Messaggi in codice

Durante la Seconda guerra mondiale, gli inglesi, con l'aiuto del matematico Alan Turing (1912-1954) e della macchina Colossus, sono riusciti a decifrare i messaggi in codice dei servizi segreti tedeschi.

▶ Che cosa è la crittografia?

La risposta

Cerca nel Web: cifrario di Cesare, cipher

Il grafico di una funzione e quello della sua inversa sono sempre simmetrici rispetto alla bisettrice del primo e terzo quadrante. Se un punto $A(x; y)$ appartiene al grafico della funzione, il punto $A'(y; x)$ appartiene al grafico della funzione inversa.

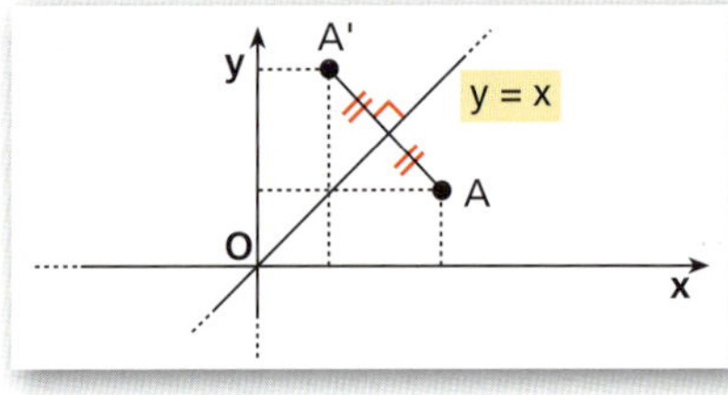

Si può dimostrare che punti di questo tipo si corrispondono in una simmetria che ha per asse la retta di equazione $y = x$, ossia:

- AA' è perpendicolare alla retta $y = x$;
- la retta $y = x$ interseca il segmento AA' nel suo punto medio.

Restrizione del dominio

ESEMPIO Animazione

La funzione $y = g(x) = x^2 - 1$, considerata nel suo dominio naturale $\mathbb{R}$, non ammette la funzione inversa perché non è biunivoca. Infatti, osservando il suo grafico, che è una parabola, notiamo che a ogni ordinata maggiore di -1 corrispondono due punti del grafico, quindi la funzione non è iniettiva.

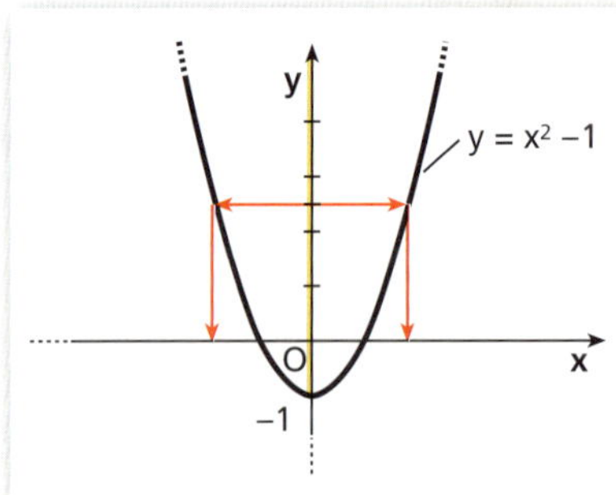

Possiamo dedurre che la funzione non è biunivoca anche per via analitica, ricavando x dalla relazione che esprime $f(x)$:

$$x^2 = y + 1 \quad \to \quad x = \pm\sqrt{y+1}.$$

Pertanto, ciascun valore di $y > -1$ è immagine di due diversi valori di x, uno positivo e uno negativo: $x = \sqrt{y+1}$, $x = -\sqrt{y+1}$. Questo indica che la funzione non è iniettiva.

Tuttavia, possiamo *restringere il dominio* della funzione a un sottoinsieme in cui essa risulti biunivoca.

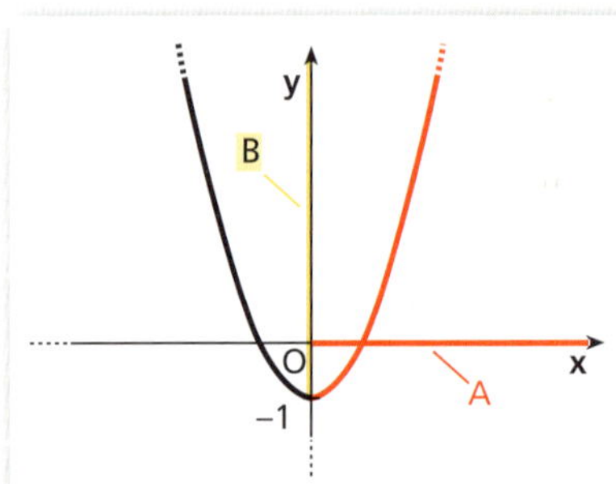

Se consideriamo $y = g(x) = x^2 - 1$ soltanto per $x \geq 0$, il grafico della funzione così definita è quello disegnato in colore rosso nella figura: la funzione è biunivoca e quindi invertibile.

Il valore di $x = \sqrt{y+1}$ appartiene al dominio, mentre $-\sqrt{y+1}$ è escluso. Quindi l'espressione $y = x^2 - 1$ si inverte in $x = \sqrt{y+1}$.

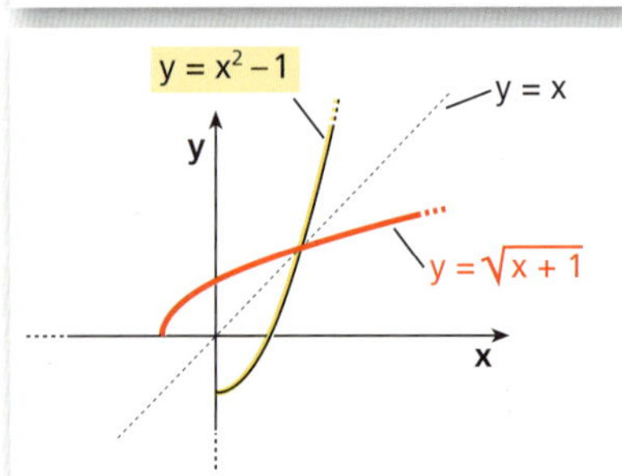

Scambiando i ruoli di x e y otteniamo la funzione inversa: $y = g^{-1}(x) = \sqrt{x+1}$.

Osserviamo che, per garantire che $y = x^2 - 1$ sia suriettiva, basta considerare il suo insieme di arrivo coincidente con il suo codominio $y \geq -1$.

Questo insieme diventa il dominio della funzione inversa: $x \geq -1$.

I grafici di $y = x^2 - 1$ e di $y = \sqrt{x+1}$ sono simmetrici rispetto alla bisettrice del primo e terzo quadrante.

▶ Restringi il dominio di $y = 4x^2 - 9$ in modo che sia invertibile e determina la funzione inversa.

4 Proprietà delle funzioni

Funzioni crescenti, decrescenti, monotòne

▶ Esercizi a p. 107

DEFINIZIONE

$y = f(x)$ di dominio $D \subseteq \mathbb{R}$ è una **funzione crescente in senso stretto** in un intervallo I, sottoinsieme di D, se comunque scelti x_1 e x_2 appartenenti a I, con $x_1 < x_2$, allora $f(x_1) < f(x_2)$.

$$\forall x_1, x_2 \in I,\ x_1 < x_2 \rightarrow f(x_1) < f(x_2)$$

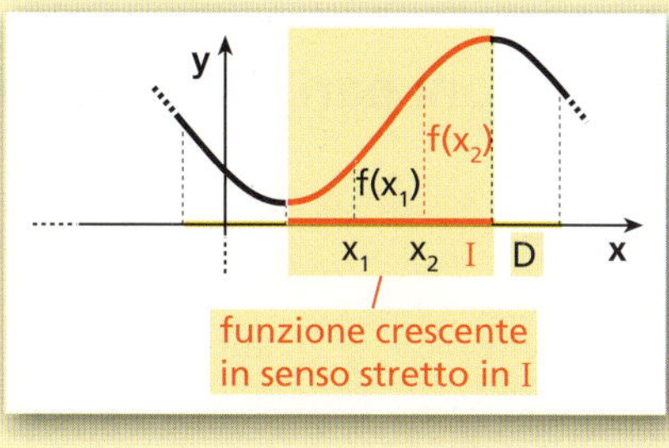

Per esempio, $y = x^2 - 4$, di cui hai il grafico nella figura a lato, è crescente nell'intervallo $I = [0; +\infty[$.

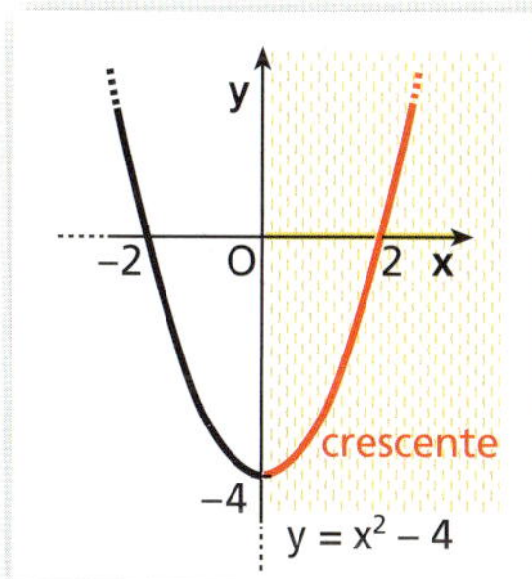

Se nella definizione precedente sostituiamo la relazione $f(x_1) < f(x_2)$ con $f(x_1) \leq f(x_2)$, otteniamo la definizione di funzione **crescente in senso lato** o anche **non decrescente**.

ESEMPIO

$$y = f(x) = \begin{cases} x & \text{se } x \leq 1 \\ 1 & \text{se } 1 < x < 3 \\ x - 2 & \text{se } x \geq 3 \end{cases}$$

è crescente in senso lato in $\mathbb{R}$.

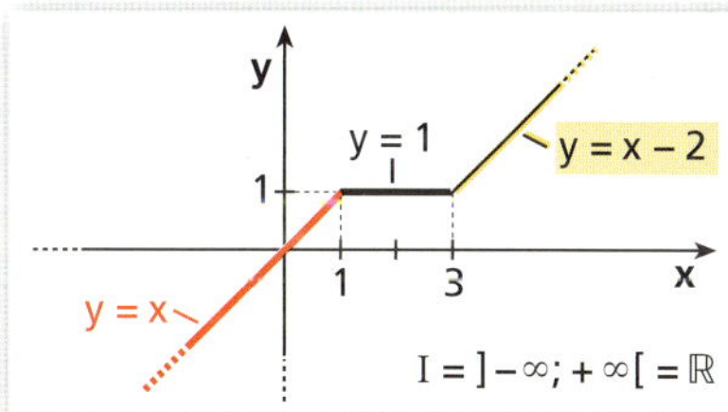

DEFINIZIONE

$y = f(x)$ di dominio $D \subseteq \mathbb{R}$ è una **funzione decrescente in senso stretto** in un intervallo I, sottoinsieme di D, se comunque scelti x_1 e x_2 appartenenti a I, con $x_1 < x_2$, allora $f(x_1) > f(x_2)$.

$$\forall x_1, x_2 \in I,\ x_1 < x_2 \rightarrow f(x_1) > f(x_2)$$

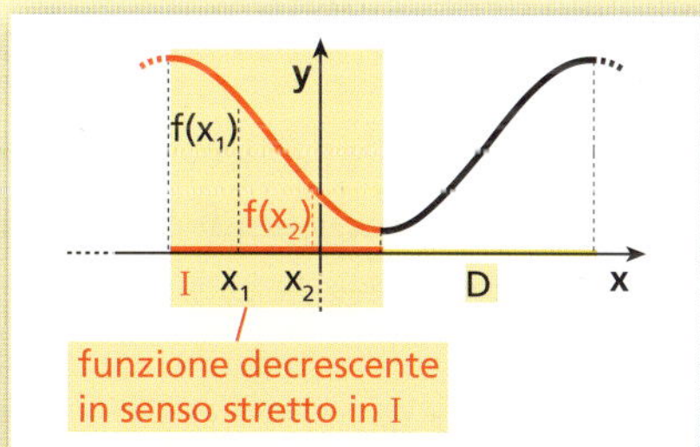

Per esempio, $y = -x^2 + 8$ nell'intervallo $I = [0; +\infty[$ è decrescente (figura a lato).

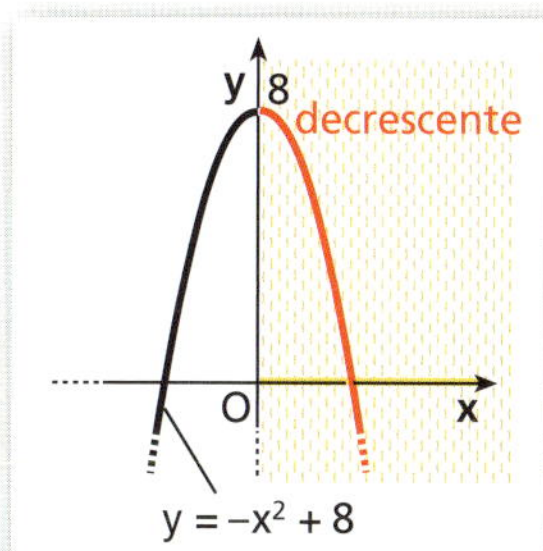

Se nella definizione precedente sostituiamo la relazione $f(x_1) > f(x_2)$ con $f(x_1) \geq f(x_2)$, otteniamo la definizione di funzione **decrescente in senso lato** o anche **non crescente**.

ESEMPIO

$$y = f(x) = \begin{cases} x^2 + 2x + 3 & \text{se } x \leq -1 \\ 2 & \text{se } x > -1 \end{cases}$$

è decrescente in senso lato in $\mathbb{R}$.

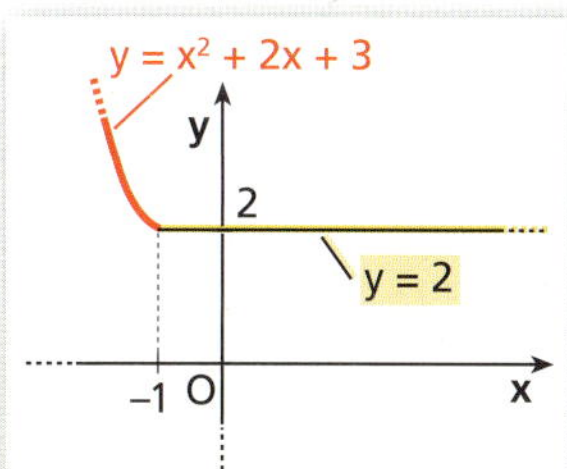

Nel seguito, quando diremo che una funzione è crescente (o decrescente), senza aggiungere altro, sarà sottinteso che lo è in senso stretto.

Video

Space Shuttle
Lo Space Shuttle ha fatto viaggiare più di 350 astronauti in 30 anni di attività.

▶ Come usare le proprietà delle funzioni per studiare i dati riguardanti la sua messa in orbita?

▶ La funzione $f(x)=\sqrt{x^2+1}$ è pari? Motiva la risposta.

DEFINIZIONE

Una funzione di dominio $D \subseteq \mathbb{R}$ è una **funzione monotòna in senso stretto** in un intervallo I, sottoinsieme di D, se in quell'intervallo è sempre crescente o sempre decrescente in senso stretto.
Analoga definizione può essere data per una **funzione monotòna in senso lato**.

Funzioni pari, funzioni dispari

▶ Esercizi a p. 108

DEFINIZIONE

Indichiamo con D un sottoinsieme di $\mathbb{R}$ tale che, se $x \in D$, allora $-x \in D$.
$y=f(x)$ è una **funzione pari** in D se $f(-x)=f(x)$ per qualunque x appartenente a D.

f: D → ℝ   D ⊆ ℝ
∀x, −x ∈ D → f(−x) = f(x)

ESEMPIO

a. $y=f(x)=2x^4-1$ è pari in $\mathbb{R}$, perché sostituendo a x il suo opposto $-x$ si ottiene ancora $f(x)$:

$$f(-x)=2(-x)^4-1=2x^4-1=f(x).$$

b. $y=f(x)=2x^4-x$, invece, **non** è pari, perché sostituendo a x il suo opposto $-x$ non si ottiene $f(x)$:

$$f(-x)=2(-x)^4-(-x)=2x^4+x\neq f(x).$$

Se una funzione polinomiale ha espressione analitica contenente soltanto potenze della x con *esponente pari*, allora è pari. Il termine noto può essere considerato un monomio di grado zero.

ESEMPIO

$y=5x^6-3$ può essere scritta $y=5x^6-3x^0$. La funzione contiene soltanto potenze pari di x, quindi è una funzione pari.

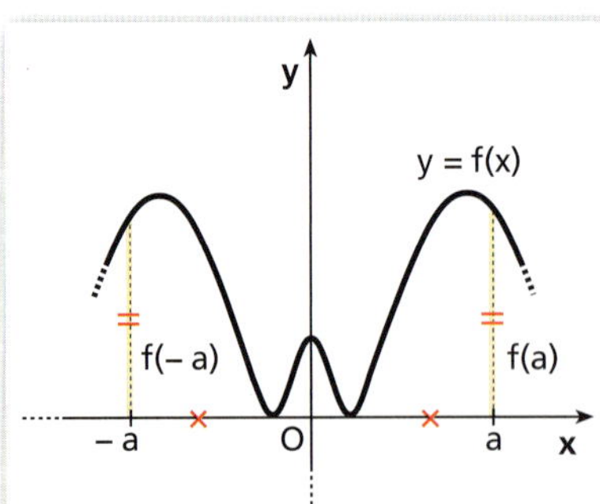

Se una funzione è pari nel suo dominio D, abbiamo che $f(a)=f(-a)$, $\forall a \in D$, quindi il suo grafico, così come il suo dominio, è simmetrico rispetto all'asse y. Infatti, se il punto $P(x; y)$ appartiene al grafico, vi appartiene anche il punto $P'(-x; y)$, che ha ordinata uguale e ascissa opposta rispetto a quella di P.

DEFINIZIONE

Indichiamo con D un sottoinsieme di $\mathbb{R}$ tale che, se $x \in D$, anche $-x \in D$.
$y=f(x)$ è una **funzione dispari** in D se $f(-x)=-f(x)$ per qualunque x appartenente a D.

f: D → ℝ   D ⊆ ℝ
∀x, −x ∈ D → f(−x) = −f(x)

ESEMPIO

a. $y = f(x) = x^3 + x$ è dispari, perché sostituendo a x il suo opposto $-x$ si ottiene $-f(x)$:

$$f(-x) = (-x)^3 + (-x) = -x^3 - x = -(x^3 + x) = -f(x).$$

b. $y = f(x) = x^3 + 1$ **non** è dispari, perché sostituendo a x il suo opposto $-x$ non si ottiene $-f(x)$:

$$f(-x) = (-x)^3 + 1 = -x^3 + 1 \neq -f(x).$$

► La funzione

$f(x) = \frac{1}{x+5}$

è dispari?
Motiva la risposta.

Una funzione polinomiale con espressione analitica contenente solo potenze della x con *esponente dispari* è una funzione dispari.

Se una funzione è dispari nel suo dominio D, abbiamo che $f(a) = -f(-a)$ $\forall a \in D$, quindi il suo grafico è simmetrico rispetto all'origine degli assi.

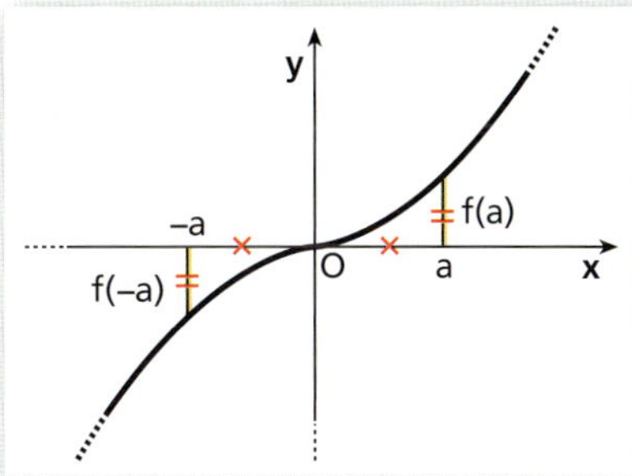

Infatti, se il punto $P(x; y)$ appartiene al grafico, vi appartiene anche il punto $P'(-x; -y)$, che ha ascissa e ordinata opposte di quelle di P.

Video

Funzioni polinomiali

- ► Cosa sono le funzioni polinomiali?
- ► Come riconoscerle?
- ► Che proprietà hanno?

Una funzione che non è pari non è necessariamente dispari (e viceversa).

Per esempio, $y = f(x) = x^2 + x$ non è né pari né dispari. Infatti:

$$f(-x) = (-x)^2 + (-x) = x^2 - x \neq -f(x) \wedge \neq f(x).$$

Funzioni periodiche

► Esercizi a p. 108

DEFINIZIONE

$y = f(x)$ è una **funzione periodica** di periodo T, con $T > 0$, se, per qualsiasi numero k intero, si ha:

$$f(x) = f(x + kT).$$

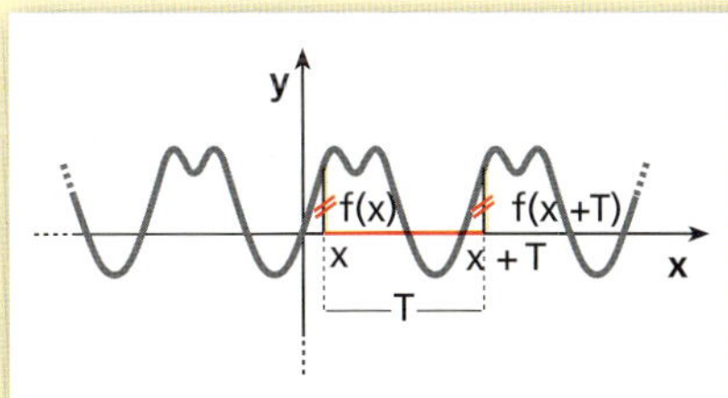

In una funzione periodica il grafico si ripete di periodo in periodo.

Se una funzione è periodica di periodo T, essa lo è anche di periodo $2T$, $3T$, $4T$, …
Per esempio, la funzione della figura ha periodo 3, ma anche 6, 9, …

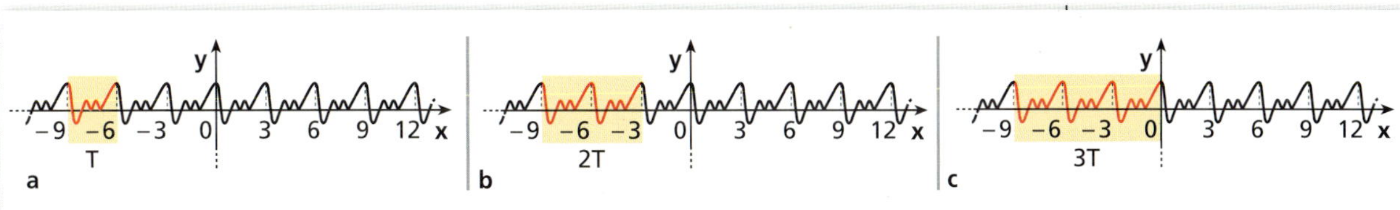

Il periodo più piccolo è anche detto *periodo principale* ed è quello che di solito è considerato come periodo della funzione.

5 Funzioni composte

▶ Esercizi a p. 109

Comporre le funzioni $f\colon A \to B$ e $g\colon B \to C$ significa considerare una terza funzione, detta **funzione composta** $g \circ f$, che associa a ogni elemento di A un elemento di C nel seguente modo:

- all'elemento $x \in A$ corrisponde, mediante f, l'elemento $f(x) \in B$;
- all'elemento $f(x) \in B$ corrisponde, mediante g, l'elemento $g(f(x)) \in C$.

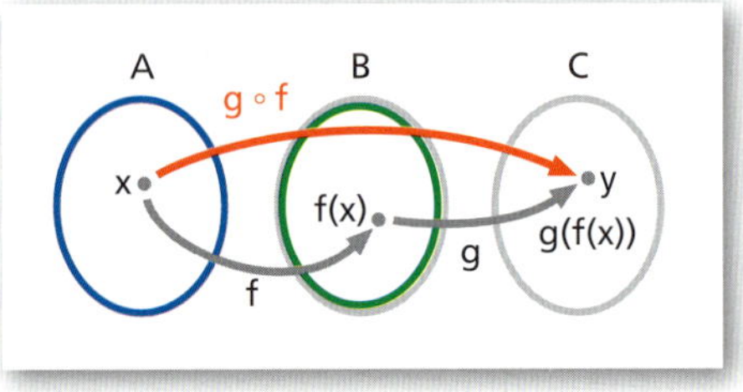

Quindi $(g \circ f)(x) = g(f(x))\ \forall x \in A$.

$g \circ f$ si legge «g composto f».

$g(f(x))$ si legge «g di f di x».

Se $C = A$, possiamo considerare sia $g \circ f$ sia $f \circ g$, ma, in generale:

$$g \circ f \neq f \circ g,$$

ossia **la composizione delle funzioni non è commutativa**.

ESEMPIO

Date le funzioni $f(x) = 2x + 3$ e $g(x) = \dfrac{1}{x}$, determiniamo $f \circ g$ e $g \circ f$.

Per determinare $f \circ g$, consideriamo un valore x del dominio di g e applichiamo g a x. Al valore ottenuto, se appartiene al dominio di f, applichiamo f. Associamo a x il valore finale

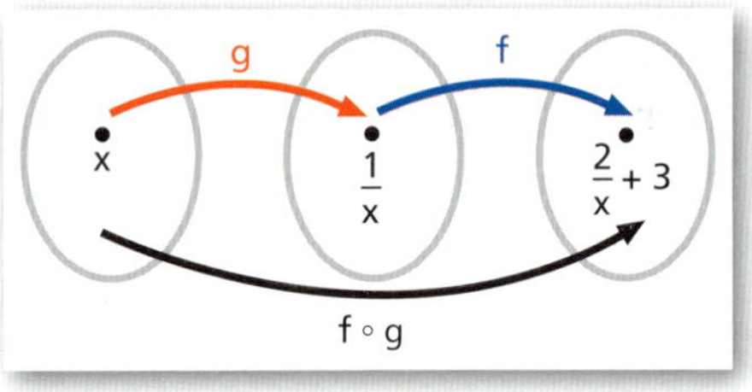

$$x \xrightarrow{g} \frac{1}{x} \xrightarrow{f} 2\cdot\left(\frac{1}{x}\right) + 3 = \frac{2}{x} + 3,$$

quindi: $f(g(x)) = \dfrac{2}{x} + 3$.

Per determinare $g \circ f$, dobbiamo invece applicare prima f e poi g:

$$x \xrightarrow{f} 2x + 3 \xrightarrow{g} \frac{1}{2x+3},$$

quindi $g(f(x)) = \dfrac{1}{2x+3}$.

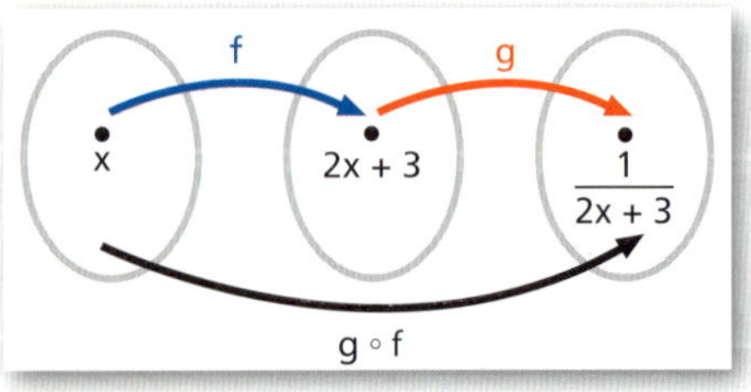

Notiamo che $f \circ g \neq g \circ f$.

Se si compone una funzione $f\colon A \to B$ con la sua inversa $f^{-1}\colon B \to A$, si ottiene la funzione **identità**, che associa a ogni elemento di un insieme se stesso.

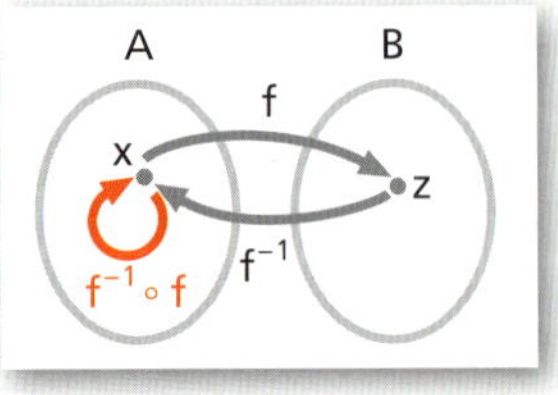

Animazione

Nell'animazione determiniamo $f \circ g$ e $g \circ f$ anche per le funzioni $f(x) = x + 2$ e $g(x) = x^3$.

▶ Date le funzioni $f(x) = 3x$ e $g(x) = x - 5$, determina $f \circ g$ e $g \circ f$.

6 Trasformazioni geometriche e grafici

Che cos'è una trasformazione geometrica

DEFINIZIONE
Una **trasformazione geometrica** nel piano è una corrispondenza biunivoca che associa a ogni punto del piano uno e un solo punto del piano stesso.

Listen to it

A **geometric transformation** of the plane is a bijection from the set of points in the plane to itself. In a geometric transformation each point in the plane is the image of exactly one point in the plane.

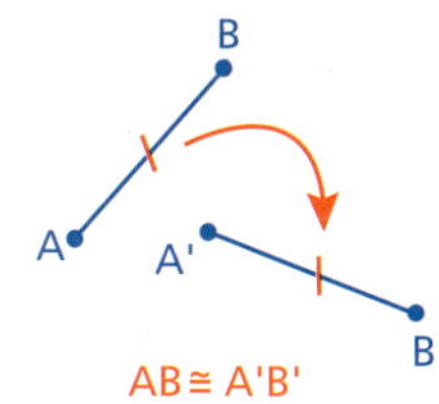

In questo capitolo studiamo le **isometrie**, particolari trasformazioni geometriche che a ogni coppia di punti A e B del piano fanno corrispondere una coppia di punti A' e B' tali che le misure dei segmenti AB e $A'B'$ sono uguali.
Le isometrie conservano allora le distanze e trasformano figure geometriche in figure congruenti.
Ci sono quattro tipi di isometrie nel piano: la traslazione, la simmetria assiale, la simmetria centrale e la rotazione. Per il loro interesse nello studio dei grafici delle funzioni, noi analizziamo soltanto i primi tre.
Per ognuna delle trasformazioni, a ogni punto del piano cartesiano associamo la sua **immagine**, il punto **trasformato**, mediante le **equazioni della trasformazione**.

Traslazione

▶ Esercizi a p. 114

Fissati due numeri reali a e b, una **traslazione** è una trasformazione che associa a ogni punto $P(x; y)$ del piano cartesiano il punto $P'(x'; y')$, le cui coordinate si ottengono con le equazioni:

$$\begin{cases} x' = x + a \\ y' = y + b \end{cases}.$$

ESEMPIO
Determiniamo le immagini di $A(2; 1)$, $B(6; 5)$, $C(8; 2)$ nella traslazione di equazioni:

$$\begin{cases} x' = x + 1 \\ y' = y + 3 \end{cases}.$$

Sostituendo le coordinate dei punti nelle equazioni otteniamo:

$A(2; 1) \mapsto A'(3; 4)$,
$B(6; 5) \mapsto B'(7; 8)$,
$C(8; 2) \mapsto C'(9; 5)$.

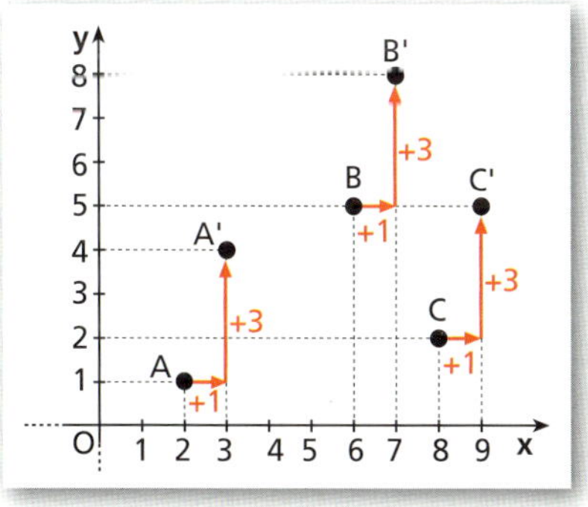

Se congiungiamo ogni punto con il suo trasformato otteniamo dei **segmenti orientati**: $\overrightarrow{AA'}$, $\overrightarrow{BB'}$, ...
I segmenti ottenuti:
- sono *congruenti*;
- appartengono a rette parallele e hanno quindi la *stessa direzione*;
- sono orientati nello *stesso verso*.

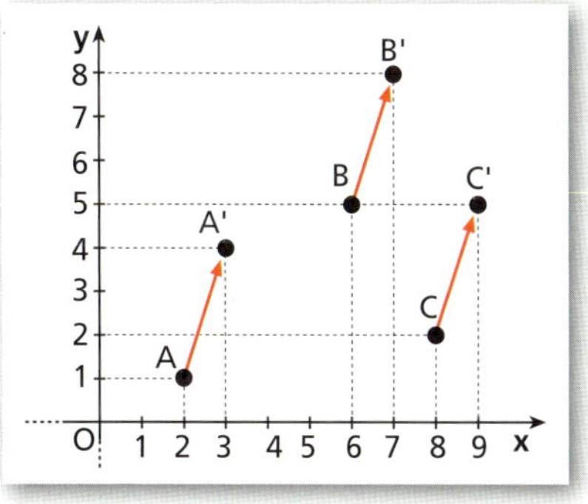

▶ Considera il quadrato di vertici $(1; 1)$, $(-1; 1)$, $(-1; -1)$ e $(1; -1)$. Determina le loro immagini secondo la traslazione $\begin{cases} x' = x \\ y' = y + 2 \end{cases}$.
Sono ancora i vertici di un quadrato?

TEORIA

Segmenti orientati con queste caratteristiche si dicono **equipollenti** fra loro e ognuno di essi rappresenta lo stesso **vettore**.

Gli elementi caratteristici di un vettore $\overrightarrow{AA'}$, sono:

- il **modulo**, che è la misura del segmento AA' e che indichiamo con $|\overrightarrow{AA'}|$;
- la **direzione**, che è la direzione della retta AA';
- il **verso**, da A ad A'.

Un vettore può essere indicato, oltre che con un segmento orientato, anche con una lettera con sopra una freccia. Per esempio, $\vec{v}$.

Se, nel piano cartesiano, rappresentiamo un vettore con il particolare segmento orientato che ha come primo estremo il punto $O(0; 0)$, per indicarlo è sufficiente fornire le coordinate del secondo estremo O', che vengono dette **componenti** del vettore. Le componenti del vettore sono proprio i coefficienti a e b delle equazioni della traslazione; infatti si può dimostrare che:

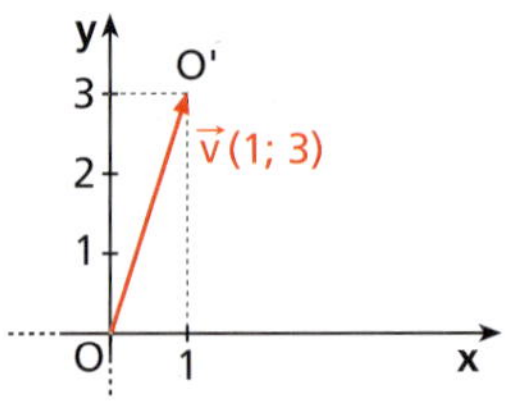

alla traslazione di equazioni $\begin{cases} x' = x + a \\ y' = y + b \end{cases}$ è associato il vettore $\vec{v}(a; b)$ e viceversa.

Traslazione e grafico delle funzioni

▶ Esercizi a p. 115

Dato il grafico di una funzione $y = f(x)$, mediante una traslazione di vettore $\vec{v}$ otteniamo il grafico di una nuova funzione $y = f'(x)$. Diciamo anche che la funzione f', immagine di f nella traslazione, è la **funzione traslata**.

Cerchiamo la relazione che c'è fra le due funzioni, partendo da un esempio.

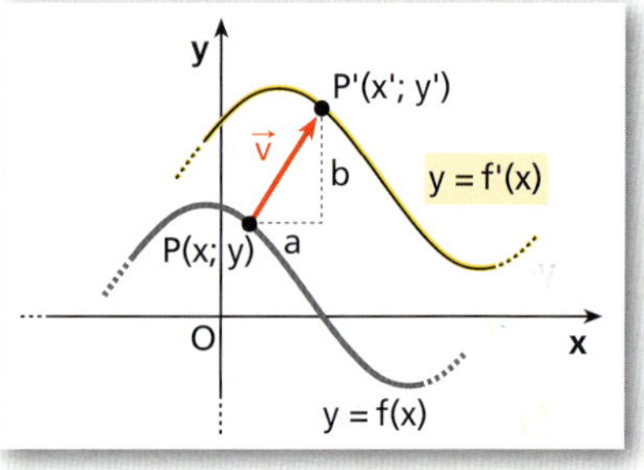

Animazione

Nell'animazione la traslazione avviene con una figura dinamica in cui facciamo variare a e b nel vettore $\vec{v}(a; b)$.

ESEMPIO

Consideriamo la funzione $y = 4x^2$ e la traslazione di vettore $\vec{v}(2; 1)$. Scriviamo l'equazione e disegniamo il grafico della funzione che si ottiene dalla funzione data mediante la traslazione.

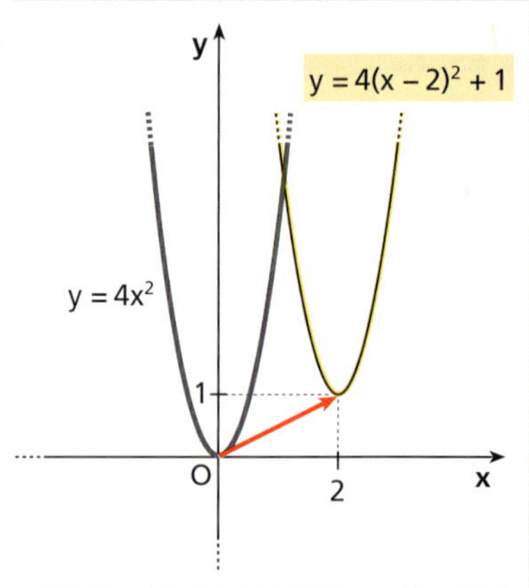

Nelle equazioni della traslazione ricaviamo x e y:

$$\begin{cases} x' = x + 2 \\ y' = y + 1 \end{cases} \rightarrow \begin{cases} x = x' - 2 \\ y = y' - 1 \end{cases}.$$

Sostituiamo le espressioni ottenute in $y = 4x^2$:

$$y' - 1 = 4(x' - 2)^2 \quad \rightarrow \quad y' = 4(x' - 2)^2 + 1.$$

Gli apici servono soltanto per distinguere le coordinate del punto finale rispetto a quelle del punto di partenza.

Eliminando gli apici, otteniamo l'espressione della funzione traslata:

$$y = 4(x - 2)^2 + 1 \rightarrow y = 4x^2 - 16x + 17.$$

Confrontiamo $y = 4x^2$ e $y = 4(x - 2)^2 + 1$. Se chiamiamo $y = f(x) = 4x^2$ la prima, la seconda è $y = f(x - 2) + 1$, dove 2 e 1 sono le componenti del vettore di traslazione.

▶ Scrivi l'equazione e disegna il grafico della funzione che ottieni dalla funzione $y = 3x$ mediante la traslazione di vettore $\vec{v}(-4; 2)$.

Per generalizzare il procedimento precedente, consideriamo una generica funzione $y = f(x)$.

Ricaviamo x e y dalle equazioni di una generica traslazione di vettore $\vec{v}\,(a; b)$:

$$\begin{cases} x' = x + a \\ y' = y + b \end{cases} \rightarrow \begin{cases} x = x' - a \\ y = y' - b \end{cases}.$$

Sostituiamo le espressioni calcolate in $y = f(x)$:

$$y' - b = f(x' - a) \quad \rightarrow \quad y' = f(x' - a) + b.$$

Togliendo gli apici, otteniamo l'espressione della funzione traslata, scritta utilizzando l'espressione di f e le componenti di $\vec{v}$:

$$\boldsymbol{y = f(x - a) + b}.$$

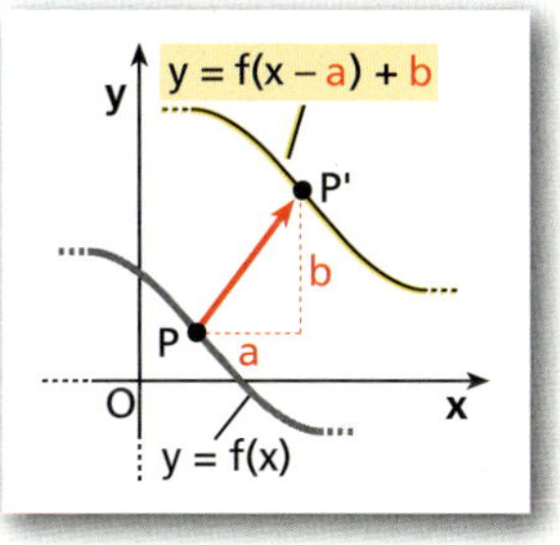

Casi particolari

- Se $a = 0$ e $b \neq 0$, la **traslazione ha vettore parallelo all'asse *y*.**
  Se $b > 0$, la traslazione ha il verso dell'asse y (verso l'alto). Se $b < 0$, ha verso contrario a quello dell'asse y (verso il basso).

  L'equazione della funzione traslata è: $\boldsymbol{y = f(x) + b}$.

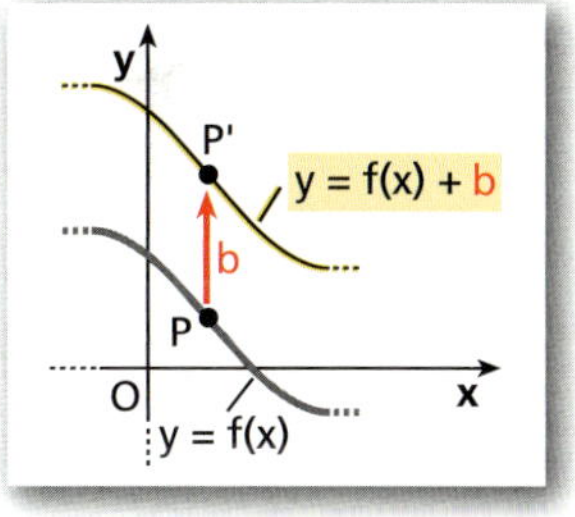

- Se $a \neq 0$ e $b = 0$, la **traslazione ha vettore parallelo all'asse *x*.**
  Se $a > 0$, la traslazione ha lo stesso verso dell'asse x (verso destra). Se $a < 0$, ha verso contrario a quello dell'asse (verso sinistra).

  L'equazione della funzione traslata è: $\boldsymbol{y = f(x - a)}$.

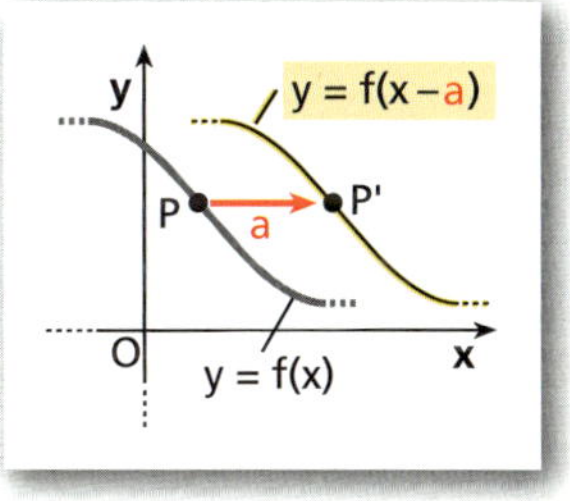

ESEMPIO Animazione

Consideriamo ancora la funzione $y = f(x) = 4x^2$ dell'esempio precedente. Scriviamo le equazioni e disegniamo i grafici delle funzioni ottenute mediante le traslazioni di vettori $\vec{v_1}(0; 1)$ e $\vec{v_2}(2; 0)$.

Dall'equazione di $f(x)$ passiamo all'equazione $y = f(x - a) + b$.

Con $\vec{v_1}(0; 1)$, abbiamo $a = 0$ e $b = 1$, quindi $y = 4x^2 + 1$.

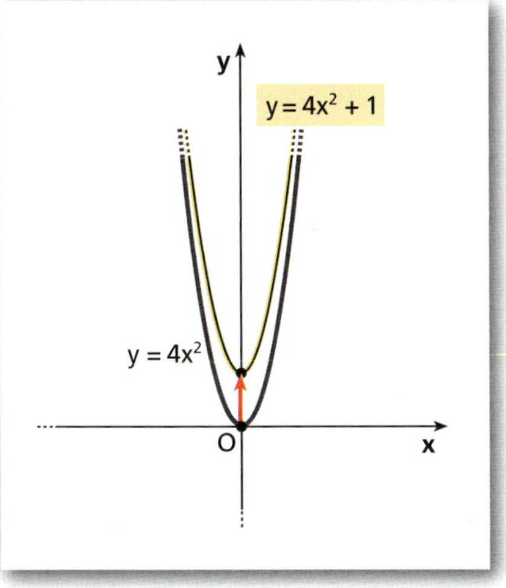

Con $\vec{v_2}(2; 0)$, abbiamo $a = 2$ e $b = 0$, quindi $y = 4(x - 2)^2$.

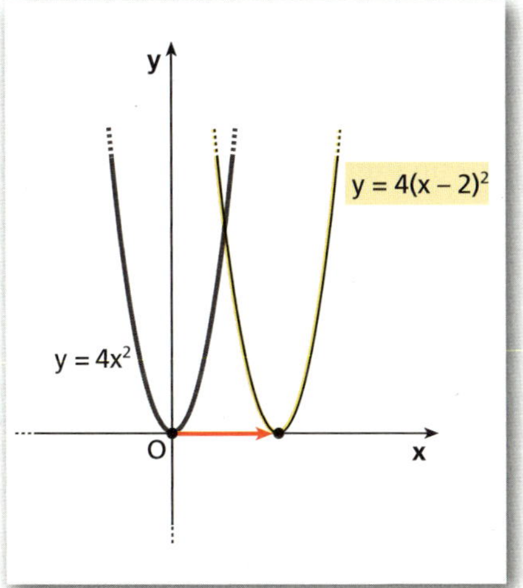

▶ Considera la funzione $f(x) = 2x + 3$.
Scrivi le equazioni delle funzioni ottenute traslando f secondo il vettore $\vec{v}_1(-3; 0)$ e secondo il vettore $\vec{v}_2(0; 1)$, e disegna i loro grafici.

Simmetrie

▶ Esercizi a p. 116

Simmetria assiale

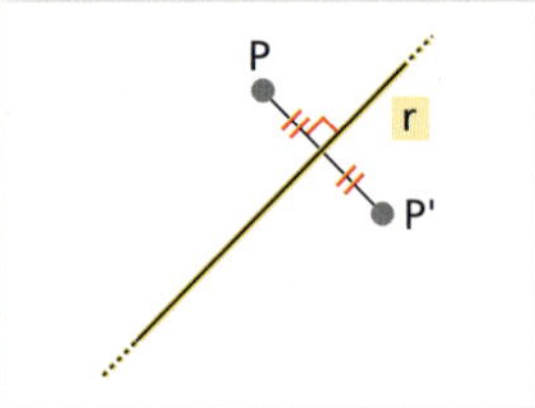

Fissata nel piano una retta r, la **simmetria assiale rispetto alla retta r** è quella isometria che a ogni punto del piano P fa corrispondere il punto P' del semipiano opposto rispetto a r tale che r è l'asse del segmento PP':

- r passa per il punto medio di PP';
- PP' è perpendicolare alla retta r.

La retta r è detta **asse di simmetria**.

Prendiamo in esame nel piano cartesiano le simmetrie che hanno come asse una retta parallela all'asse y, una parallela all'asse x, la bisettrice del primo e terzo quadrante. Si può dimostrare che hanno le seguenti equazioni.

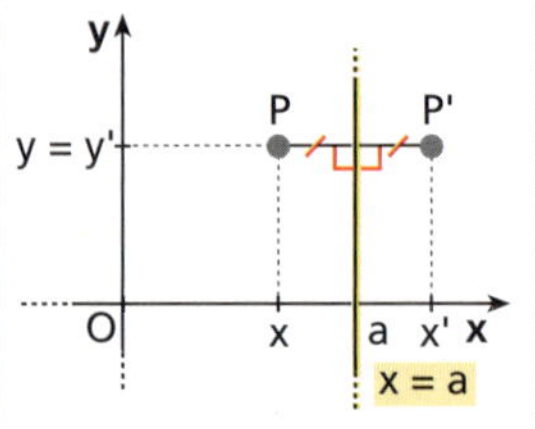

Simmetria rispetto all'asse $x = a$ (asse parallelo all'asse y)

$$\begin{cases} x' = 2a - x \\ y' = y \end{cases}$$

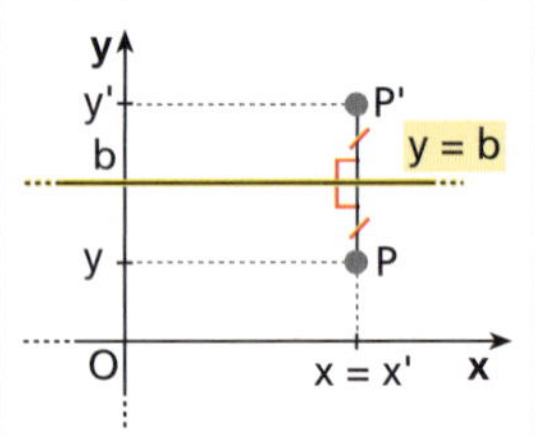

Simmetria rispetto all'asse $y = b$ (asse parallelo all'asse x)

$$\begin{cases} x' = x \\ y' = 2b - y \end{cases}$$

Casi particolari sono le simmetrie rispetto all'asse y e rispetto all'asse x. Le loro equazioni si ottengono dalle due precedenti, con $a = 0$ e $b = 0$.

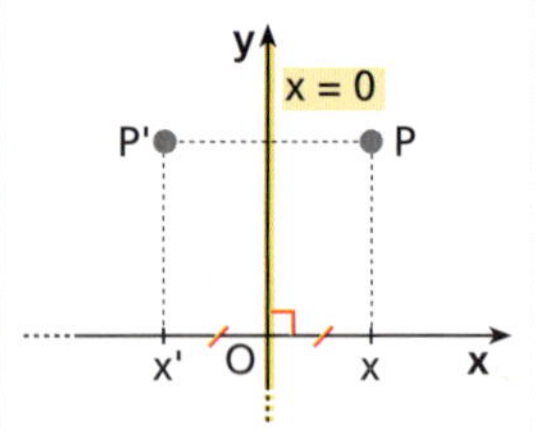

Simmetria rispetto all'asse $x = 0$ (asse y)

$$\begin{cases} x' = -x \\ y' = y \end{cases}$$

Due punti simmetrici rispetto all'asse y hanno ascisse opposte e la stessa ordinata.

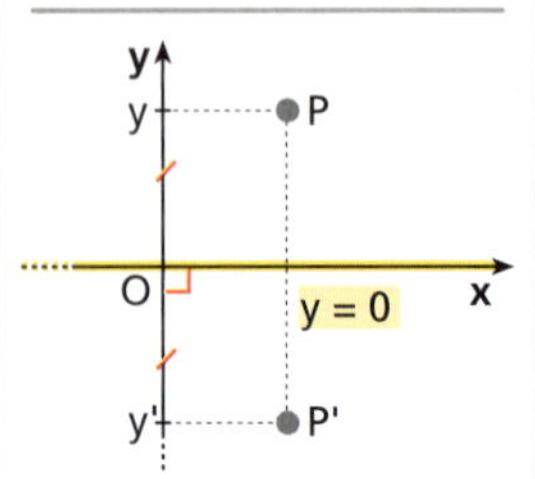

Simmetria rispetto all'asse $y = 0$ (asse x)

$$\begin{cases} x' = x \\ y' = -y \end{cases}$$

Due punti simmetrici rispetto all'asse x hanno la stessa ascissa e ordinate opposte.

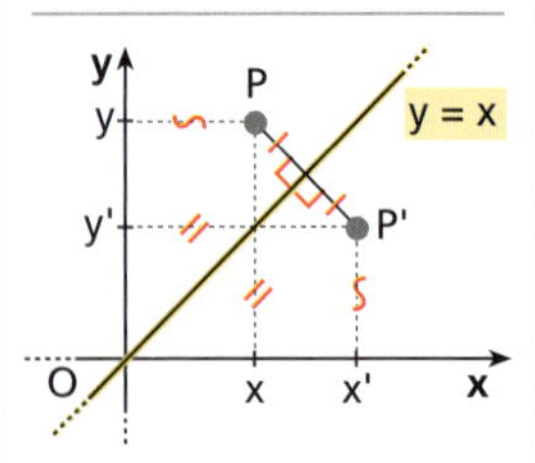

Simmetria rispetto all'asse $y = x$ (bisettrice del primo e terzo quadrante)

$$\begin{cases} x' = y \\ y' = x \end{cases}$$

Punti uniti

P è un **punto unito** di una trasformazione geometrica se ha come trasformato se stesso.

Si può dimostrare che **in una simmetria assiale i punti uniti sono tutti e soltanto quelli dell'asse di simmetria**.

Simmetria centrale

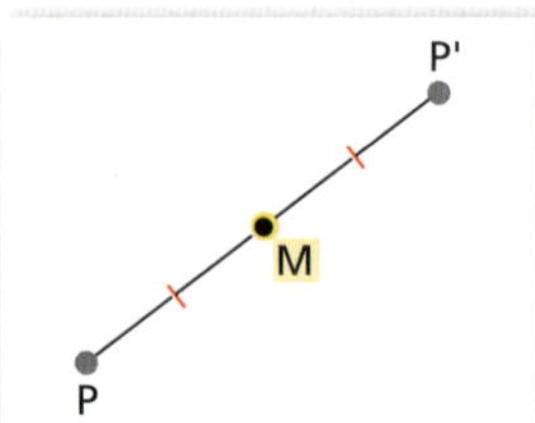

Fissato nel piano un punto M, la **simmetria centrale** di centro M è quella isometria che a ogni punto P del piano fa corrispondere il punto P' tale che M è il punto medio del segmento PP'.
L'unico punto unito in una simmetria centrale è il centro di simmetria.

Studiamo nel piano cartesiano la simmetria rispetto all'origine O. Si può dimostrare che le sue equazioni sono le seguenti.

Simmetria centrale rispetto all'origine degli assi

$$\begin{cases} x' = -x \\ y' = -y \end{cases}$$

Due punti simmetrici rispetto all'origine hanno ascisse e ordinate opposte.

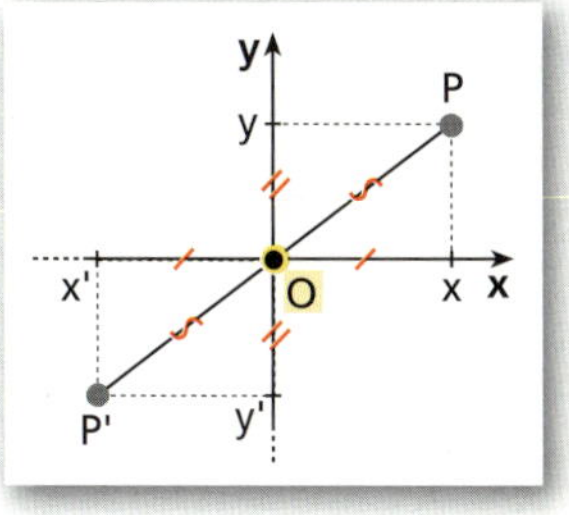

Simmetrie e grafico delle funzioni

▶ Esercizi a p. 118

Data una funzione di equazione $y = f(x)$, con considerazioni analoghe a quelle utilizzate per la traslazione, si può dimostrare che:

a. $y = -f(x)$ ha il grafico simmetrico del grafico di $f(x)$ rispetto all'asse x;
b. $y = f(-x)$ ha il grafico simmetrico del grafico di $f(x)$ rispetto all'asse y;
c. $y = -f(-x)$ ha il grafico simmetrico del grafico di $f(x)$ rispetto all'origine.

Animazione

Nell'animazione, rappresentiamo nel piano cartesiano $y = f(x) = x^2 - x$ e le funzioni:
a. $y = -f(x)$;
b. $y = f(-x)$;
c. $y = -f(-x)$.

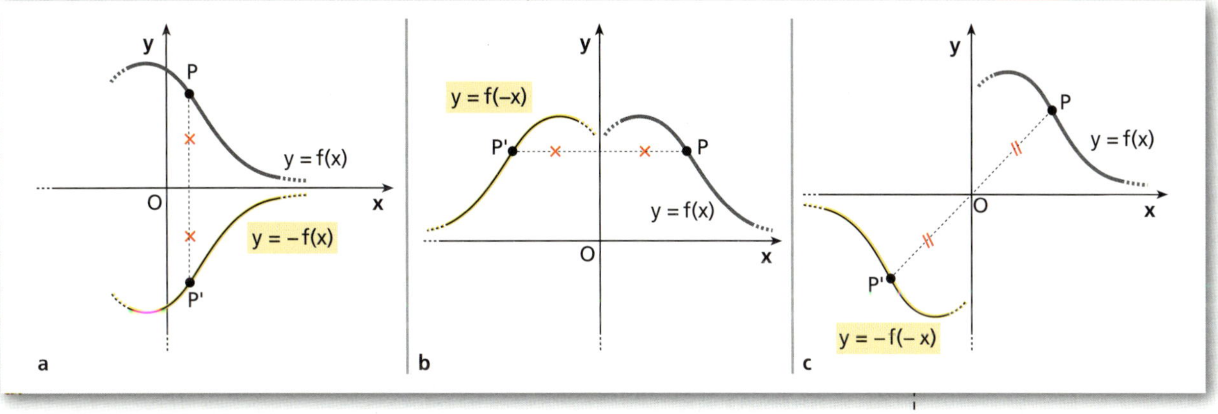

Funzioni con valori assoluti

▶ Esercizi a p. 120

Utilizziamo le simmetrie per disegnare i grafici di alcuni tipi di funzioni che contengono valori assoluti.

Il grafico di $y = |f(x)|$

Per ottenere il grafico di $y = |f(x)|$, dove

$$|f(x)| = \begin{cases} f(x) & \text{se } f(x) \geq 0 \\ -f(x) & \text{se } f(x) < 0 \end{cases},$$

disegniamo il grafico di $y = f(x)$ e poi:

- confermiamo il grafico di f negli intervalli in cui $f(x) \geq 0$, ossia per i punti del grafico che appartengono al semipiano delle ordinate positive;
- consideriamo il simmetrico rispetto all'asse x del grafico di $f(x)$ negli intervalli in cui $f(x) < 0$, ossia per i punti del grafico che appartengono al semipiano delle ordinate negative.

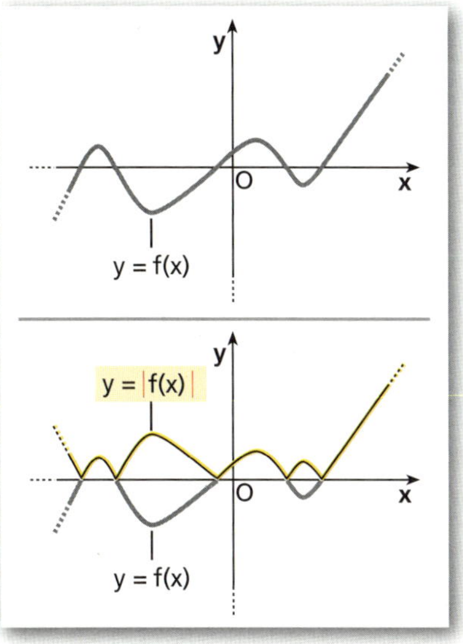

ESEMPIO
Il grafico di $y = |x^2 - x|$ si ottiene dalla parabola di equazione $y = x^2 - x$ se al posto dei punti con ordinata negativa si prendono i punti con la stessa ascissa ma con ordinata opposta, cioè simmetrici rispetto all'asse x.

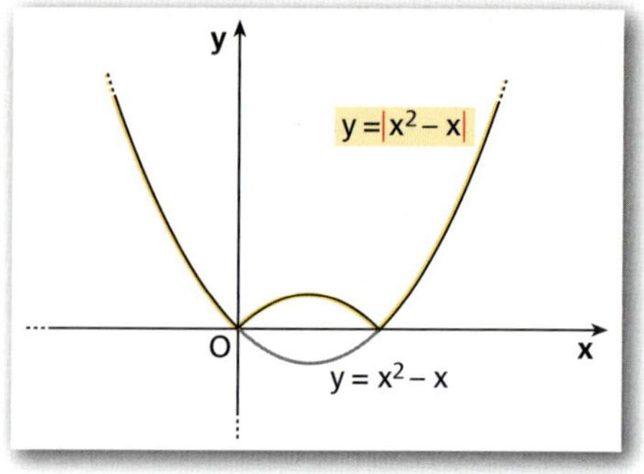

Il grafico di $y = f(|x|)$

La funzione $y = f(|x|)$, dove $f(|x|) = \begin{cases} f(x) & \text{se } x \geq 0 \\ f(-x) & \text{se } x < 0 \end{cases}$,

- se $x \geq 0$ (semipiano delle ascisse positive), ha lo stesso grafico di $y = f(x)$;
- se $x < 0$ (semipiano delle ascisse negative), ha il grafico di $y = f(-x)$, che si ottiene tracciando il simmetrico rispetto all'asse y del grafico di $y = f(x)$.

▶ Traccia i grafici di:
- $y = \left|-\frac{x}{2} + 1\right|$;
- $y = -\frac{|x|}{2} + 1$.

Animazione

ESEMPIO
Il grafico di $y = |x|^2 - |x|$ si ottiene tracciando quello di $y = x^2 - x$ nel semipiano con ascisse positive e considerando poi, nel semipiano delle ascisse negative, il suo simmetrico rispetto all'asse y.

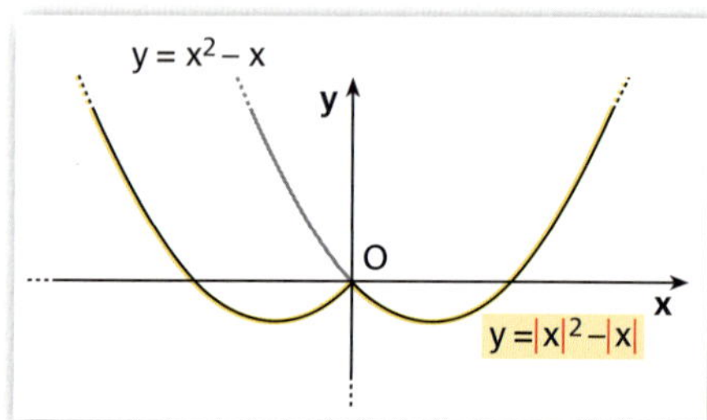

Dilatazione

▶ Esercizi a p. 121

Dato il punto $P(x; y)$ e il suo trasformato $P'(x'; y')$, consideriamo la trasformazione geometrica che ha per equazioni

$$\begin{cases} x' = mx \\ y' = ny \end{cases} \quad \text{con } m, n \in \mathbb{R}^+.$$

Queste sono le equazioni di particolari *affinità*. Le affinità sono trasformazioni geometriche che conservano il parallelismo ma non la congruenza, e quindi sono trasformazioni non isometriche. Se $m = n$, si ha un'*omotetia diretta* avente come centro l'origine degli assi.

Data la funzione $y = f(x)$, cerchiamo l'equazione della funzione f' il cui grafico è l'immagine di quello di f nella trasformazione.

Dalle equazioni della trasformazione ricaviamo x e y:

$$\begin{cases} x = \dfrac{x'}{m} \\ y = \dfrac{y'}{n} \end{cases}$$

Sostituiamo in $y = f(x)$:

$$\frac{y'}{n} = f\left(\frac{x'}{m}\right) \rightarrow y' = nf\left(\frac{x'}{m}\right).$$

Togliendo gli apici, scriviamo l'espressione della funzione f':

$$y = nf\left(\frac{x}{m}\right).$$

Casi particolari

Studiando alcuni casi particolari possiamo capire come cambia il grafico al variare di m e n.

1. Se $n = 1$, l'equazione diventa:

$$y = f\left(\frac{x}{m}\right).$$

Distinguiamo due casi.

- $n = 1$ e $m > 1$: **dilatazione orizzontale**.
- $n = 1$ e $m < 1$: **contrazione orizzontale**.

ESEMPIO

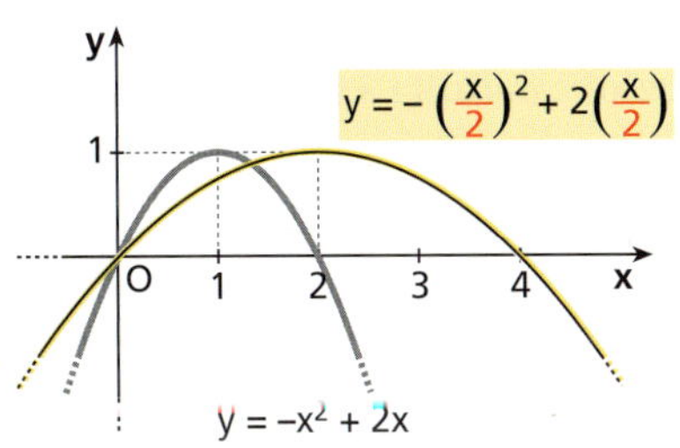

a. Il grafico in giallo si ottiene dall'altro con una dilatazione orizzontale con $m = 2$.

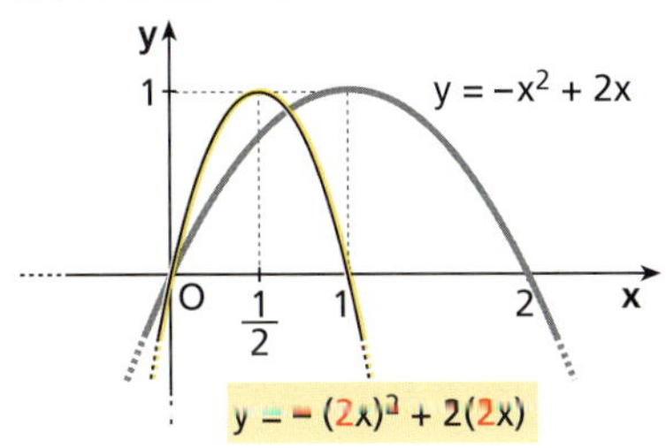

b. Il grafico in giallo si ottiene dall'altro con una contrazione orizzontale con $m = \frac{1}{2}$.

2. Se $m = 1$, l'equazione diventa:

$$y = nf(x).$$

Si presentano due casi.

- $m = 1$ e $n > 1$: **dilatazione verticale**.
- $m = 1$ e $n < 1$: **contrazione verticale**.

ESEMPIO

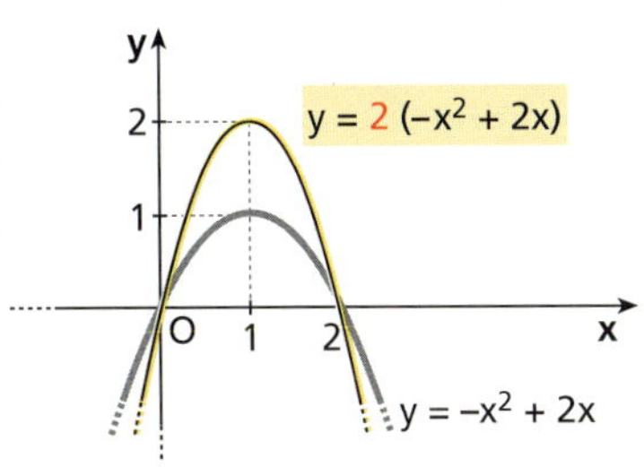

a. Il grafico in giallo si ottiene dall'altro con una dilatazione verticale con $n = 2$.

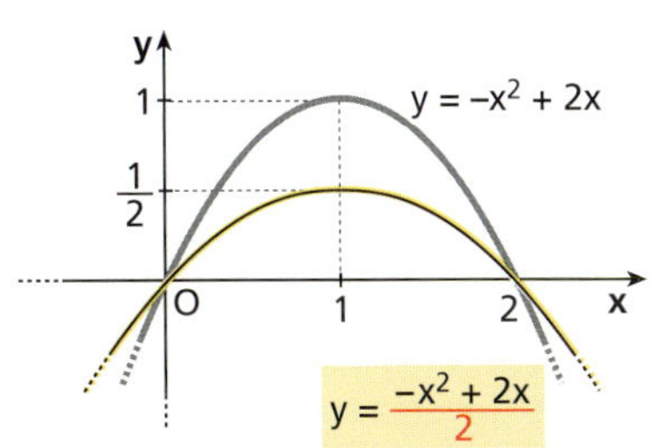

b. Il grafico in giallo si ottiene dall'altro con una contrazione verticale con $n = \frac{1}{2}$.

Animazione

Nell'animazione, rappresentiamo nel piano cartesiano $y = f(x) = x^2 - 5x + 4$ e le funzioni:

a. $y = f\left(\frac{x}{2}\right)$;

b. $y = f(2x)$;

c. $y = 2 \cdot f(x)$;

d. $y = \frac{1}{2} \cdot f(x)$.

Otteniamo poi con una figura dinamica il grafico di $y = n \cdot f\left(\frac{x}{m}\right)$, al variare di n e m.

IN SINTESI
Funzioni

Funzioni e loro caratteristiche

- **Funzione** da A a B: relazione che a *ogni* elemento di A associa *uno e un solo* elemento di B.
- **Funzione reale di variabile reale**: funzione con dominio e codominio sottoinsiemi di $\mathbb{R}$.

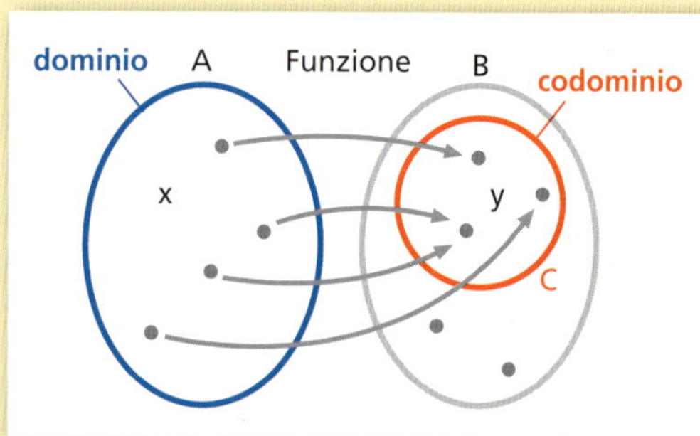

variabile indipendente

$y = f(x)$

variabile dipendente

- **Dominio naturale di una funzione**: è il più ampio sottoinsieme di $\mathbb{R}$ che può essere preso come dominio. È costituito da tutti i valori per i quali non perde significato l'espressione analitica che definisce la funzione. È anche detto **campo di esistenza**.
- **Valore assoluto**: $y = |x| = \begin{cases} x & \text{se } x \geq 0 \\ -x & \text{se } x < 0 \end{cases}$. È un esempio di **funzione definita a tratti**.
- a è **zero** di una funzione $y = f(x)$ se $f(a) = 0$.

Funzioni iniettive, suriettive e biunivoche

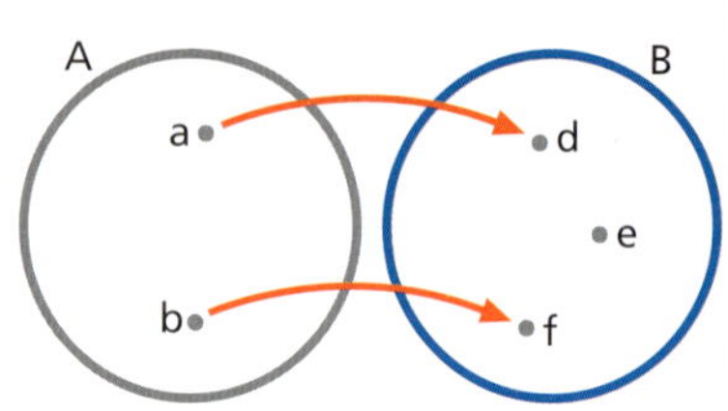

Funzione **iniettiva**: a *ogni* elemento di B arriva *al più una* freccia.

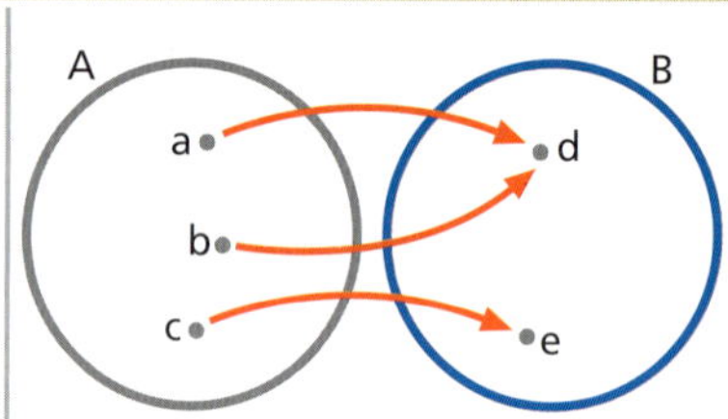

Funzione **suriettiva**: a *ogni* elemento di B arriva *almeno una* freccia.

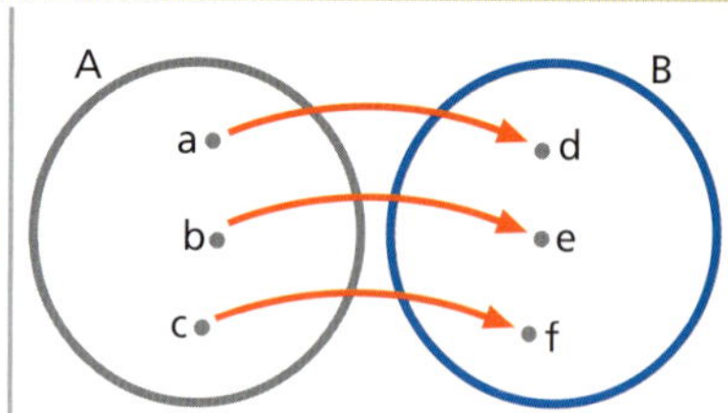

Funzione **biunivoca**: a *ogni* elemento di B arriva *una e una sola* freccia.

Funzione inversa

- Sia $f: A \to B$ una funzione biunivoca. La **funzione inversa** di f è la funzione biunivoca $f^{-1}: B \to A$ che associa a ogni y di B il valore x di A tale che $y = f(x)$.
  In simboli:

$$f: A \to B,\ y = f(x) \to f^{-1}: B \to A,\ x = f^{-1}(y).$$

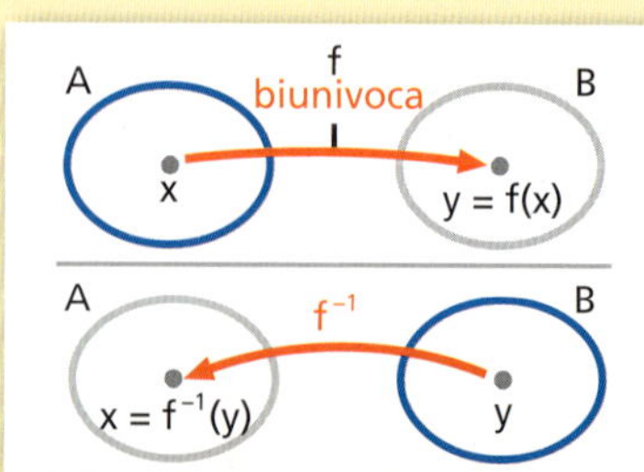

- Una funzione ammette la funzione inversa se e solo se è biunivoca.

Proprietà delle funzioni

- Una funzione $y = f(x)$, di dominio D, è:
  - **crescente in senso stretto** in un intervallo $I \subseteq D$, se $\forall x_1, x_2 \in I$, con $x_1 < x_2$, risulta $f(x_1) < f(x_2)$;
  - **decrescente in senso stretto** in un intervallo $I \subseteq D$, se $\forall x_1, x_2 \in I$, con $x_1 < x_2$, risulta $f(x_1) > f(x_2)$.

  Se la funzione è crescente o decrescente **in senso lato**, le considerazioni sono analoghe, ma valgono rispettivamente le relazioni $f(x_1) \leq f(x_2)$ e $f(x_1) \geq f(x_2)$.
- Una funzione è **monotòna** in un intervallo del suo dominio se in esso è sempre crescente o sempre decrescente.
- Una funzione $y = f(x)$, di dominio D, è:
  - **pari** se $f(-x) = f(x), \ \forall x \in D$;
  - **dispari** se $f(-x) = -f(x), \ \forall x \in D$.
- **Funzione periodica**

  Una funzione $y = f(x)$ è **periodica** di periodo T $(T > 0)$ se:

  $$f(x) = f(x + kT), \quad \forall k \in \mathbb{Z}.$$

Funzione composta

- Date le funzioni f: $A \to B$ e g: $B \to C$, la **funzione composta** $g \circ f$: $A \to C$ associa a ogni elemento $a \in A$ un elemento $c \in C$ così ottenuto:
  - ad a si associa $b \in B$ tale che $b = f(a)$;
  - a b si associa $c \in C$ tale che $c = g(b)$.
- Se $C = A$, possiamo definire sia $g \circ f$ che $f \circ g$, ma, in generale, $g \circ f \neq f \circ g$.

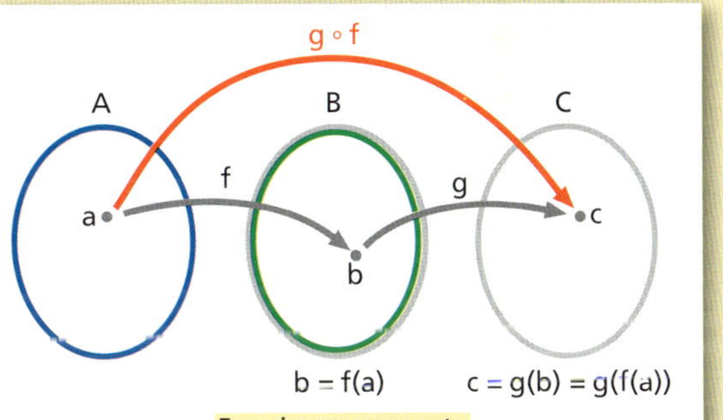

Funzione composta

Trasformazioni geometriche e loro equazioni

- **Traslazione di vettore $\vec{v}(a; b)$**

  $$\begin{cases} x' = x + a \\ y' = y + b \end{cases}$$

- **Simmetria rispetto all'asse $x = a$ (asse parallelo all'asse y)**

  $$\begin{cases} x' = 2a - x \\ y' = y \end{cases}$$

  Se $a = 0$, l'asse di simmetria è l'asse y.

- **Simmetria rispetto all'asse $y = b$ (asse parallelo all'asse x)**

  $$\begin{cases} x' = x \\ y' = 2b - y \end{cases}$$

  Se $b = 0$, l'asse di simmetria è l'asse x.

- **Simmetria rispetto all'asse $y = x$ (bisettrice del primo e terzo quadrante)**

  $$\begin{cases} x' = y \\ y' = x \end{cases}$$

- **Simmetria centrale con centro nell'origine degli assi**

  $$\begin{cases} x' = -x \\ y' = -y \end{cases}$$

- **Dilatazione**

  $$\begin{cases} x' = mx \\ y' = ny \end{cases} \quad \text{con } m, n \in \mathbb{R}^+;$$

  se $n = 1$ e $m > 1$: dilatazione orizzontale;
  se $n = 1$ e $m < 1$: contrazione orizzontale;
  se $m = 1$ e $n > 1$: dilatazione verticale;
  se $m = 1$ e $n < 1$: contrazione verticale.

Grafici delle funzioni e trasformazioni geometriche

• Traslazioni

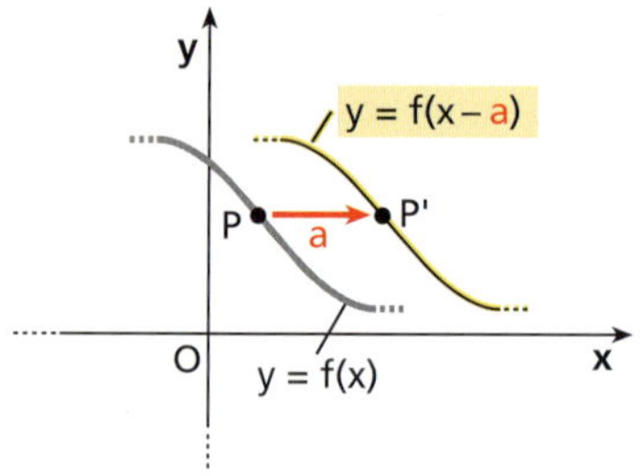

Traslazione di vettore $\vec{v}(a; 0)$ parallelo all'asse *x*.

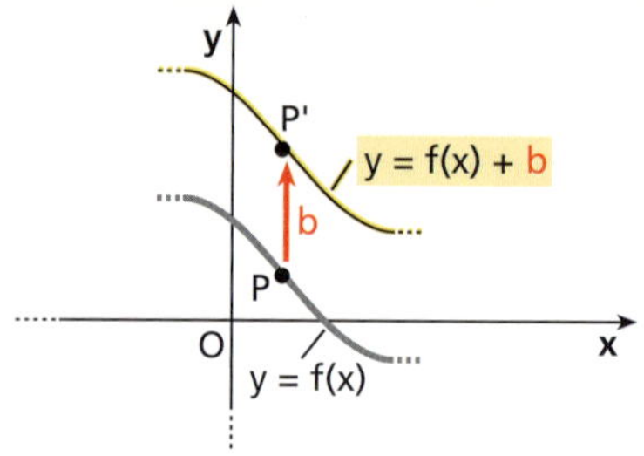

Traslazione di vettore $\vec{v}(0; b)$ parallelo all'asse *y*.

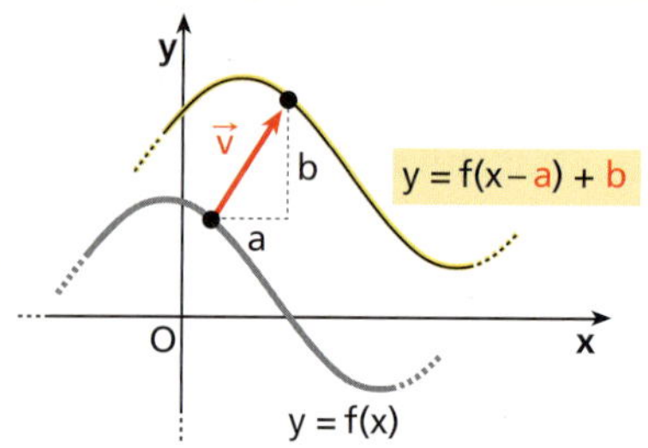

Traslazione di vettore $\vec{v}(a; b)$.

• Simmetrie

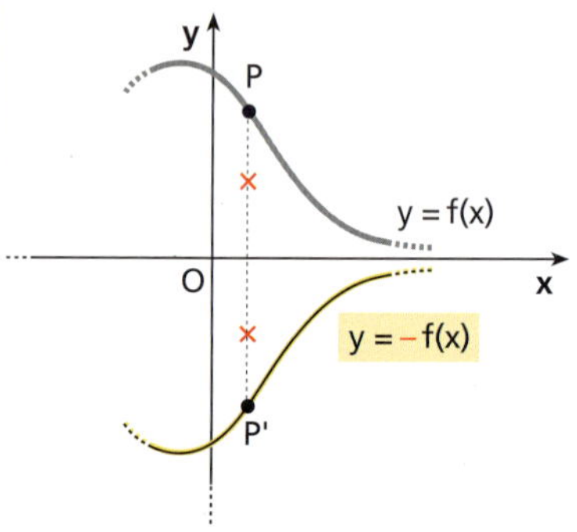

Simmetria rispetto all'asse *x*.

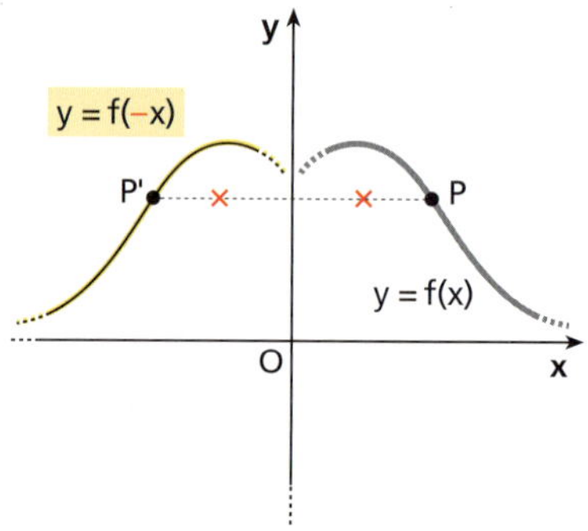

Simmetria rispetto all'asse *y*.

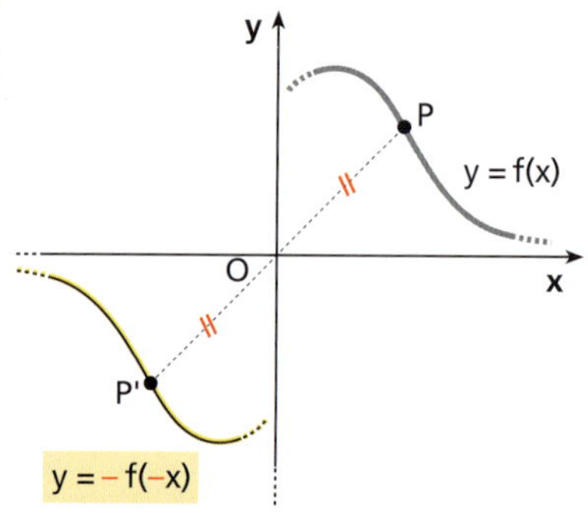

Simmetria centrale rispetto a *O*.

• Grafici di funzioni con valori assoluti

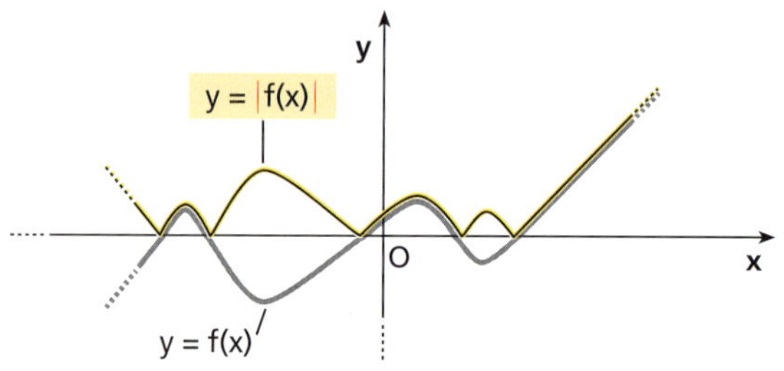

Simmetria rispetto all'asse *x* delle parti del grafico di $y = f(x)$ con $y < 0$.

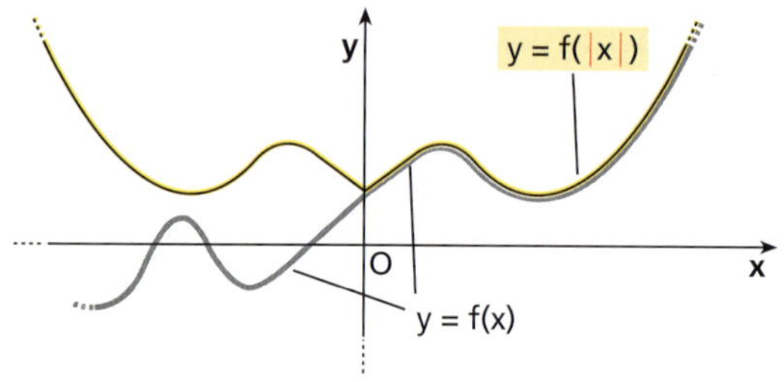

Per $x \neq 0$, il grafico è lo stesso di $y = f(x)$, per $x < 0$ il grafico è il simmetrico rispetto all'asse *y* del grafico che $y = f(x)$ ha per $x > 0$.

• Dilatazioni

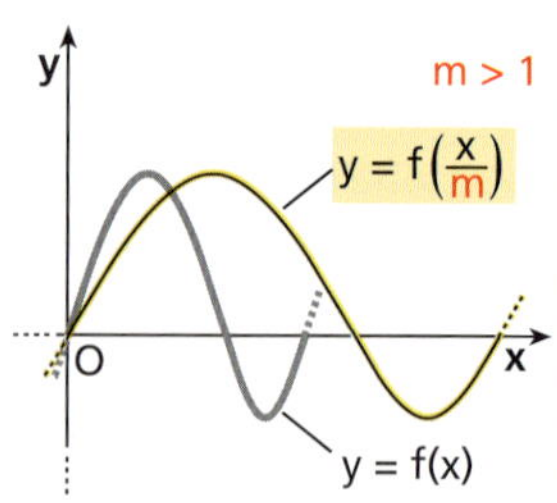

Dilatazione orizzontale.

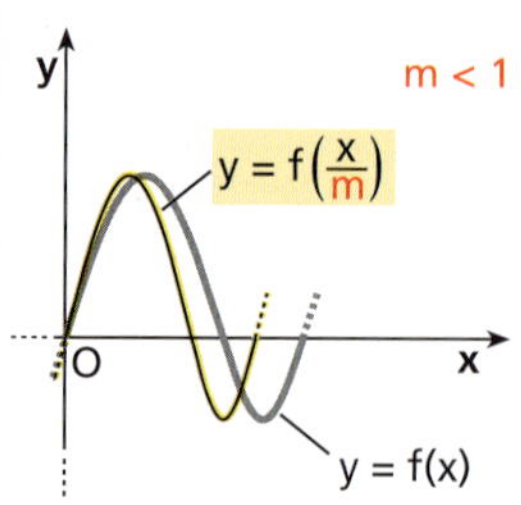

Contrazione orizzontale.

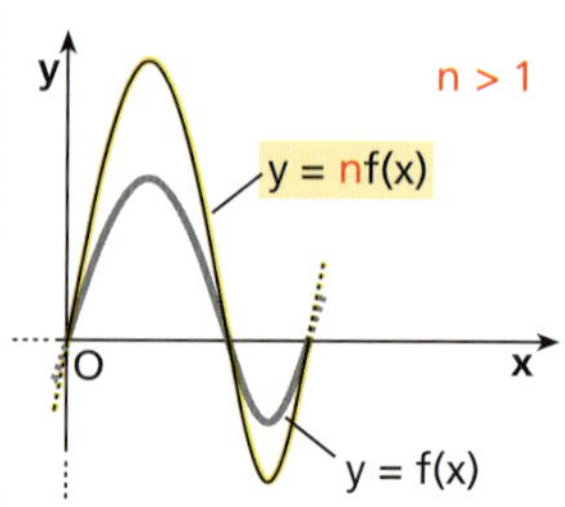

Dilatazione verticale.

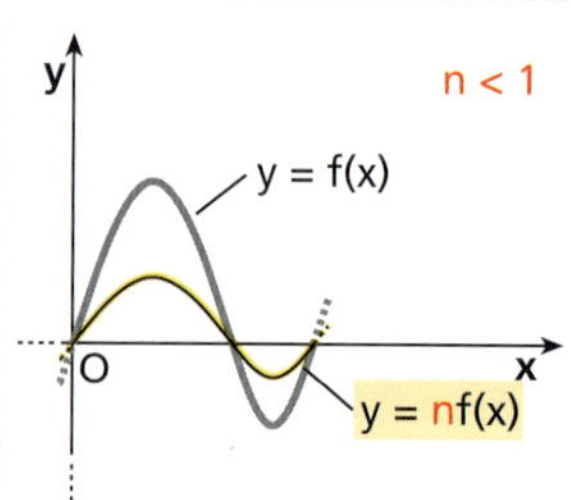

Contrazione verticale.

CAPITOLO 2
ESERCIZI

1 Funzioni e loro caratteristiche

Che cosa sono le funzioni

▶ Teoria a p. 72

1 Indica per ogni figura se la relazione rappresentata è una funzione da A a B.

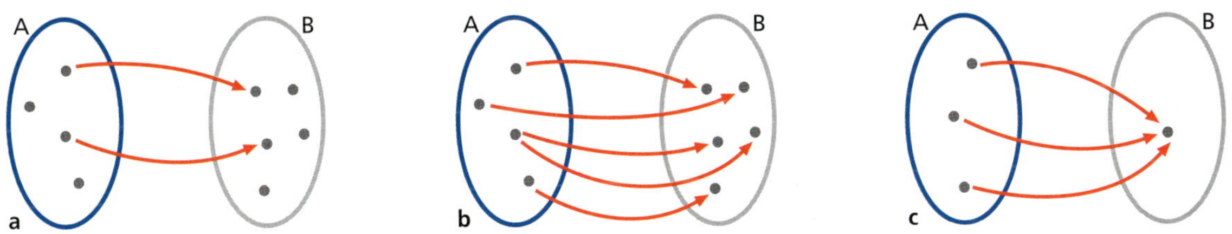

TEST

2 Le seguenti affermazioni riguardanti la funzione nella figura sono tutte *vere* tranne una. Quale?

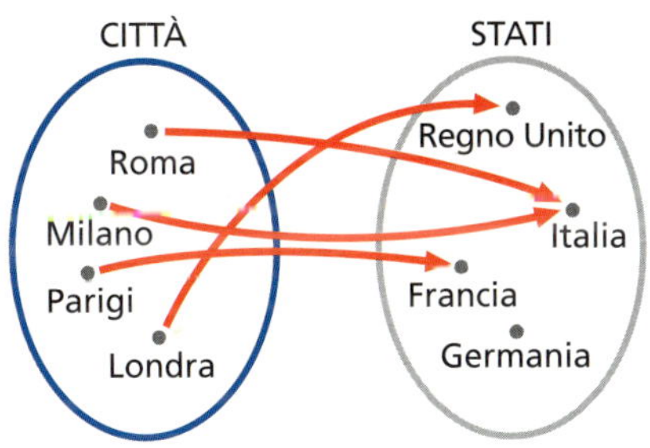

A L'insieme CITTÀ è il dominio della funzione.
B *Parigi* è la controimmagine di *Francia*.
C *Germania* appartiene al codominio della funzione.
D *Roma* e *Milano* hanno la stessa immagine.
E *Italia* ha due controimmagini.

3 Solo una delle seguenti relazioni *non* è una funzione. Quale?

A La relazione che a ogni triangolo associa il suo perimetro.
B La relazione che a ogni stato associa la sua capitale.
C La relazione che a ogni numero naturale associa il suo doppio.
D La relazione che a ogni quadrilatero associa la circonferenza a esso circoscritta.
E La relazione che a ogni segmento associa il suo punto medio.

Funzioni numeriche

▶ Teoria a p. 73

4 **LEGGI IL GRAFICO** Osserva i seguenti grafici e stabilisci quale di essi non può rappresentare una funzione.

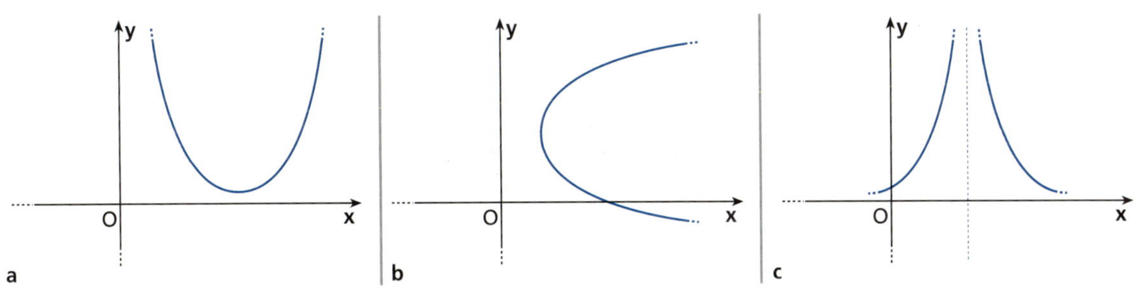

ESERCIZI

5 Dati gli insiemi $A = \{4, 9, 25\}$ e $B = \{1, 2, 3, 4, 5\}$ e la relazione R da A a B così definita: $x\,R\,y$ se $y = \sqrt{x}$:

a. scrivi le coppie degli elementi che sono in relazione;

b. R è una funzione? [a) (4; 2), (9; 3), (25; 5); b) sì]

6 Esplicita le seguenti funzioni considerando come variabile indipendente quella indicata a fianco.

a. $2y - x^2 + 1 = 0$, x.

b. $3tx - t = 2$, t.

c. $yz^2 - y = 5z$, z.

d. $v - 5 = 8t$, t.

7 RIFLETTI SULLA TEORIA Spiega perché l'equazione $x - y^2 = 1$ non definisce una funzione del tipo $y = f(x)$.

LEGGI IL GRAFICO **Determina dominio e codominio delle funzioni osservando il loro grafico.**

8

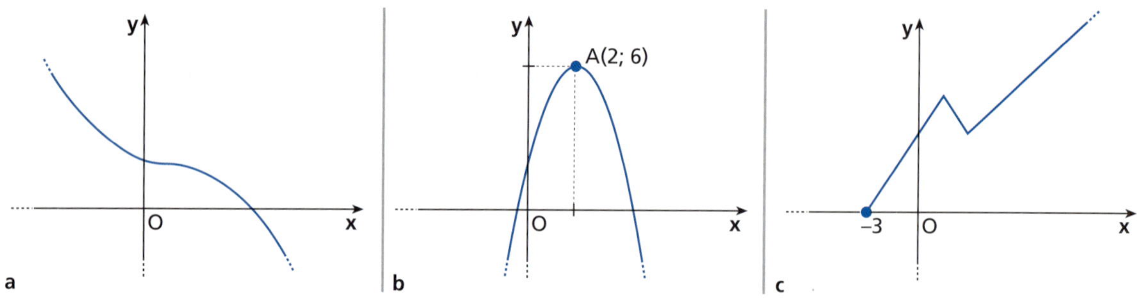

9

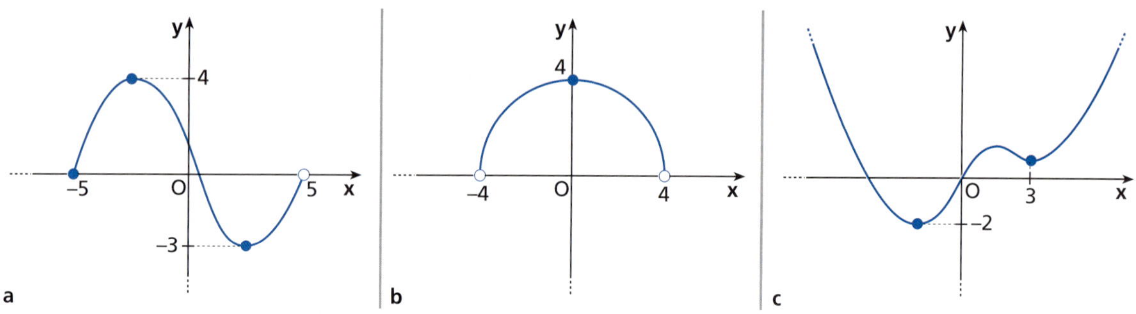

10 Data la funzione f da $\mathbb{R}$ in $\mathbb{R}$ così definita: $f\colon x \mapsto 4x^2 - 2x$, trova $f(0)$, $f(1)$, $f(-1)$. [0, 2, 6]

11 Data la funzione $y = -x^2 + 4x + 1$, trova le immagini di -1 e 1 e le controimmagini di -4. [-4, 4; -1, 5]

12 ESERCIZIO GUIDA Data la funzione $f\colon \mathbb{R} \to \mathbb{R}$ tale che $f(x) = 6x^2 - 1$, troviamo l'immagine di 2 e le controimmagini di 5 e -7.

Calcoliamo: $f(2) = 6(2)^2 - 1 = 24 - 1 = 23$.

sostituiamo 2 a x

Cerchiamo per quale valore di x si ha $f(x) = 5$ risolvendo l'equazione:

$$6x^2 - 1 = 5 \to 6x^2 = 6 \to x^2 = -1 \to x = \pm 1.$$

Risolviamo l'equazione $6x^2 - 1 = -7 \to 6x^2 = -6 \to x^2 = -1$. impossibile

Non esistono valori che, attribuiti a x, hanno come immagine -7.

COMPLETA le uguaglianze per ogni funzione f: $\mathbb{R} \to \mathbb{R}$, inserendo il valore mancante (se esiste).

13 $f(x) = -\frac{2x}{3}$, $f(12) = \square$; $f\left(\frac{7}{5}\right) = \square$; $f(\square) = \frac{4}{3}$; $f(\square) = 8$.

14 $f(x) = 4x^2$, $f(-8) = \square$; $f\left(\frac{3}{8}\right) = \square$; $f(\square) = 81$; $f(\square) = -5$.

15 $f(x) = x^3$, $f(\square) = 8$; $f(1) = \square$; $f(4) = \square$; $f(\square) = -\frac{1}{2}$.

16 Considera la funzione $f(x)$: $\mathbb{N} \to \mathbb{R}$ tale che $f(x) = \frac{1}{3}x - 2$. Trova le immagini di 0, 2, 9 e le controimmagini di 1 e 2. $\left[-2, -\frac{4}{3}, 1; 9, 12\right]$

17 Data la funzione $f(x)$: $\mathbb{N} \to \mathbb{R}$ tale che $f(x) = -x^2 + 1$, calcola $f(0)$, $f(3)$ e le controimmagini di 0 e -8. $[1, -8, 1, 3]$

18 $f(x)$ è una funzione da $\mathbb{R}$ a $\mathbb{R}$ tale che $f(x) = x^2 + 2x - 1$. Trova l'immagine di -1 e -3 e la controimmagine di -2. $[-2, 2, -1]$

19 Date le funzioni da $\mathbb{N}$ a $\mathbb{R}$ $f(x) = 5x - 4$ e $g(x) = \frac{-x+3}{2}$, determina, se esiste, un valore di x che ha la stessa immagine in f e in g. $[1]$

Determina per quali valori di x le funzioni f e g, da $\mathbb{R}$ a $\mathbb{R}$, hanno stessa immagine.

20 $f(x) = -\frac{2}{5}x^2 - 2$; $g(x) = 3x^2 + 1$. [impossibile]

21 $f(x) = 1 - 2x^2 + x$; $g(x) = x - 1$. $[\pm 1]$

22 Trova il codominio della funzione $f: A \to \mathbb{R}$, con $A = \{-1, 0, 1, 2\}$ e $f(x) = 2x^2 + 1$. $[C = \{1, 3, 9\}]$

23 Determina il codominio delle funzioni $y = x^3$ e $y = x^4$ che hanno dominio comune $D = \left\{-1, -\frac{1}{2}, 0, \frac{1}{2}, 1, \sqrt{2}\right\}$.
$\left[C = \left\{-1, -\frac{1}{8}, 0, \frac{1}{8}, 1, 2\sqrt{2}\right\}; C = \left\{0, \frac{1}{16}, 1, 4\right\}\right]$

24 Se $f(x) = \frac{x - 3a}{x - 5}$ e $f(2) = -\frac{8}{3}$, qual è il valore di a? $[-2]$

25 Trova i valori di a e b per la funzione $f(x) = ax^2 - b$, sapendo che $f(0) = -2$ e $f(1) = 4$. $[a = 6, b = 2]$

26 Data $f(x) = 2ax + 3b$, trova i valori di a e b per cui $f(0) = -6$ e $f(1) = -2$. $[a = 2, b = -2]$

27 Sia f la funzione che a x associa l'opposto del quadrato della sua metà e sia $A = \{-1, 2, 3, 6\}$ il suo dominio. Determina l'espressione analitica di f e il suo codominio. $\left[f(x) = -\frac{x^2}{4}; C = \left\{-\frac{1}{4}, -1, -\frac{9}{4}, -9\right\}\right]$

28 Determina la funzione che associa a ogni numero reale x il doppio del suo quadrato aumentato di 3 e indica il suo codominio. $[y = 2x^2 + 3; C = \{y \geq 3\}]$

29 Una funzione $y = f(x)$ associa al numero reale x la differenza tra il cubo del numero e il cubo della somma tra il numero e 2. Scrivi $f(x)$ e trova il suo codominio C se il dominio è $D = \{-2, -1, 0, 1\}$.
$[y = -6x^2 - 12x - 8; C = \{-26, -8, -2\}]$

30 Data la funzione $f(x) = x^2 - 4$, calcola $f(2x)$, $2f(x)$, $f(x^2)$, $[f(x)]^2$. $[4x^2 - 4; 2x^2 - 8; x^4 - 4; x^4 - 8x^2 + 16]$

31 Data la funzione $f(x) = \dfrac{x-3}{x}$, calcola $f(3x)$, $f(x+2)$, $f(x)+2$, $f\left(\dfrac{1}{x}\right)$.

$\left[\dfrac{x-1}{x}; \dfrac{x-1}{x+2}; \dfrac{3x-3}{x}; 1-3x, \text{con } x \neq 0\right]$

32 Date le due funzioni $f(x) = x^2 - 4x$ e $g(x) = 24 - 6x$, risolvi la disequazione $f(x-2) < g(2x)$. $[-6 < x < 2]$

33 **COMPLETA** utilizzando il grafico della figura, che rappresenta una funzione f.

Codominio $C = \square$; $f(4) = \square$, $f(0) = \square$;

$f(\square) = 0$, $f(\square) = -1$, $f(\square) = 3$;

$f(-2) = \square$; $2 \cdot f(3) = \square$.

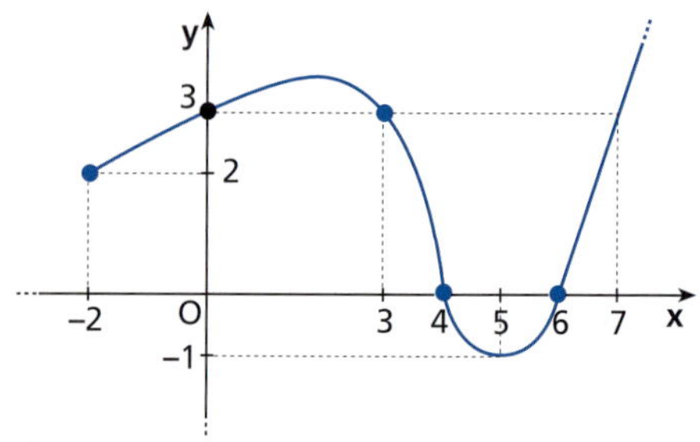

Traccia per punti i grafici delle seguenti funzioni.

34 $y = 2x$; $y = -\dfrac{1}{3}x$.

35 $y = 3x + 1$; $y = -x + 1$.

36 $y = \dfrac{3}{2}x - 5$; $y = -4x + 2$.

37 $y = \dfrac{1}{9}x^2$; $y = -x^3$.

38 $y = -x^2 - 1$; $y = x^2 - 2x$.

39 $y = 2x^2 + 2$; $y = -\dfrac{2}{x}$.

40 $y = x^3 - 1$; $y = -\sqrt{x}$.

41 $y = (x-2)^2$; $y = \dfrac{x}{6} + 1$.

Classificazione delle funzioni

▶ Teoria a p. 74

Per ognuna delle seguenti funzioni indica se è razionale (intera o fratta) o irrazionale o trascendente.

42 $y = x^3 - x$; $y = \dfrac{1}{x} - 1$; $y = \dfrac{3^x + 2}{\sqrt{x}}$; $y = x + 2^x$.

43 $y = \sqrt{10^x + 1}$; $y = x^3 2^{\sqrt{3}}$; $y = 5\sqrt{x^4 - 7}$; $y = \sqrt{2}x - 3$.

44 $y = \dfrac{x+9}{2}$; $y = \dfrac{2-\sqrt{7}}{x}$; $y = 2^{x-7}$; $y = 2\pi x$.

Scrivi in forma esplicita le seguenti funzioni e classificale.

45 $2y + x - 3 = 0$

46 $x^2 y - y + 7x = 0$

47 $xy + 2 = 0$

48 $\dfrac{1}{x} + \dfrac{1}{y} = 1$

49 $4y - \sqrt{x} = 3y$

50 $x^2(x^2 - y) = y + 1$

Funzioni definite a tratti

▶ Teoria a p. 75

51 **LEGGI IL GRAFICO** Deduci da ciascun grafico se è rappresentata una funzione e trova dominio e codominio.

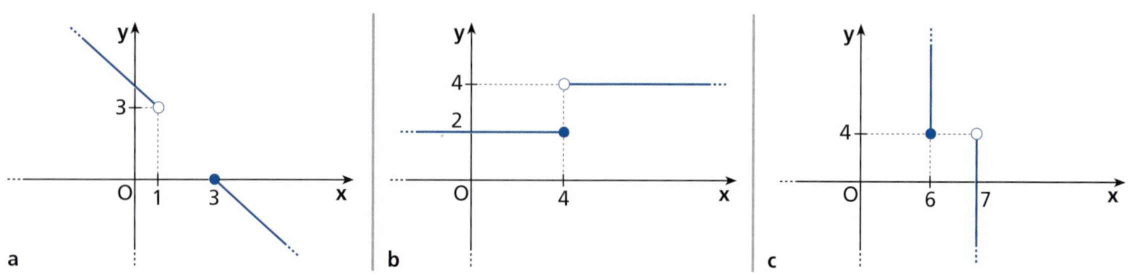

52 L'espressione

$$f(x) = \begin{cases} x & \text{se } x \leq 2 \\ \sqrt{x-1} & \text{se } x \geq 2 \end{cases}$$

non indica una funzione. Perché?

53 Data la funzione $f(x)$: $\mathbb{R} \to \mathbb{R}$ così definita:

$$f(x) = \begin{cases} -3 & \text{se } x < -1 \\ -2x+1 & \text{se } x \geq -1 \end{cases}$$

trova $f(-5), f(-1), f(0), f(1)$. $[-3; 3; 1; -1]$

54 È assegnata la funzione $f(x)$: $\mathbb{R} \to \mathbb{R}$ così definita:

$$f(x) = \begin{cases} -1 & \text{se } x < -2 \\ x & \text{se } -2 \leq x \leq 1 \\ -x^2+2x+2 & \text{se } x > 1 \end{cases}$$

a. calcola le immagini di $-3, -2, -\frac{1}{2}, 0, 1, 2$;

b. trova i valori di x per cui $f(x) = -1$ e quelli per cui $f(x) = 2$.

$\left[\text{a) } -1, -2, -\frac{1}{2}, 0, 1, 2;\right.$

$\left.\text{b) } x < -2 \vee x = -1 \vee x = 3 \vee x = 2\right]$

---

55 **TEST** Considera la funzione $f(x) = \begin{cases} 1-3x & \text{se } x \leq 0 \\ 2x^2-5 & \text{se } x > 0 \end{cases}$ e indica quale dei seguenti punti appartiene al suo grafico.

A $(-1; -2)$ B $(0; 1)$ C $(0; -5)$ D $(1; -2)$ E $(2; -5)$

56 **LEGGI IL GRAFICO** Considera la funzione $y = f(x)$ rappresentata dal grafico a lato.

a. Indica il dominio e il codominio di $f(x)$.

b. Trova $f(0), f(1), f(-1), f(2)$ e completa:

$f(\square) = 1, f(\square) = 3, f(\square) = -1$.

[a) D: $\mathbb{R}$, C: $\{-1 \leq y \leq 1\} \cup \{y > 2\}$; b) $1, -1, 1, 3$]

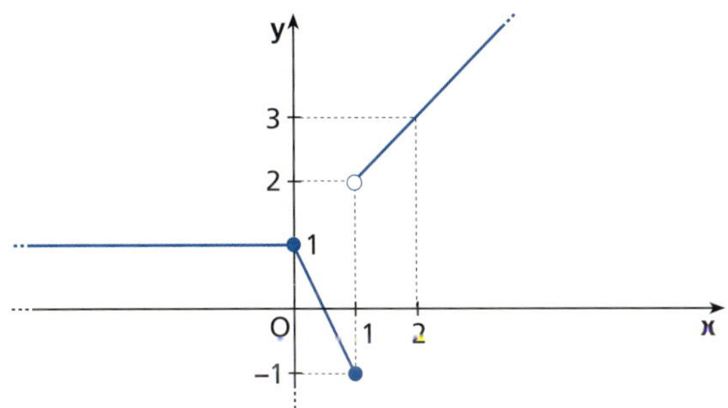

Disegna per punti il grafico delle seguenti funzioni e indica il codominio.

57 $y = \begin{cases} x & \text{se } x < 0 \\ 3x & \text{se } x \geq 0 \end{cases}$

58 $y = \begin{cases} -2x & \text{se } x < 2 \\ \frac{1}{2}x & \text{se } x \geq 2 \end{cases}$

59 $y = \begin{cases} 3x & \text{se } x < 1 \\ -5x-3 & \text{se } x \geq 1 \end{cases}$

60 $y = \begin{cases} \frac{1}{2}x+1 & \text{se } x \leq 0 \\ -x+1 & \text{se } x > 0 \end{cases}$

61 $y = \begin{cases} x+2 & \text{se } x > 0 \\ -x-2 & \text{se } x \leq 0 \end{cases}$

62 $y = \begin{cases} -x+5 & \text{se } x \geq 0 \\ x-1 & \text{se } x < 0 \end{cases}$

---

63 $y = |2x-1|$ **64** $y = |5-x|$ **65** $y = |x|+3$ **66** $y = |x+3|$

---

67 **REALTÀ E MODELLI** **Se telefonando...** La tariffa di una società telefonica consiste nel costo fisso di € 10 fino a 600 minuti di chiamate e 12 centesimi per ogni minuto ulteriore. Determina la funzione del costo e rappresentala graficamente.

$$\left[y = \begin{cases} 10 & 0 \leq x \leq 600 \\ 0{,}12x - 62 & x > 600 \end{cases}\right]$$

ESERCIZI

Dominio naturale di una funzione

▶ Teoria a p. 75

68 ESERCIZIO GUIDA Determiniamo il dominio delle seguenti funzioni:

a. $y = \frac{5-x}{2x-9}$; c. $y = 12 - \sqrt[3]{x-1}$; e. $y = \frac{2-x}{|x+3|-5}$.

b. $y = 5\sqrt{x^2-16}$; d. $y = \frac{\sqrt{x+5}}{\sqrt{x-3}}$;

a. Una frazione è definita quando il denominatore è diverso da 0.

$$2x - 9 \neq 0 \rightarrow x \neq \frac{9}{2} \rightarrow D: \mathbb{R} - \left\{\frac{9}{2}\right\}$$

b. Una radice di indice pari è definita quando il radicando è positivo o nullo.

$$x^2 - 16 \geq 0 \rightarrow x^2 \geq 16 \rightarrow D: x \leq -4 \vee x \geq 4$$

c. Una radice di indice dispari è sempre definita: $D = \mathbb{R}$.

d. L'espressione è definita se sono definite *contemporaneamente* le due radici e se il denominatore è diverso da 0.

$$\begin{cases} x+5 \geq 0 \\ x-3 > 0 \end{cases} \rightarrow \begin{cases} x \geq -5 \\ x > 3 \end{cases} \rightarrow D: x > 3$$

e. Il denominatore deve essere diverso da 0.

$$|x+3| - 5 \neq 0 \rightarrow |x+3| \neq 5 \rightarrow x + 3 \neq \pm 5 \begin{array}{l} x \neq 2 \\ x \neq -8 \end{array} \rightarrow D: \mathbb{R} - \{-8; 2\}$$

Determina il dominio delle seguenti funzioni.

AL VOLO

69 $y = 3x^2 - 4x + 7$

70 $y = \sqrt{x-5}$

71 $y = |3x^2 + 2x + 1| - 2x$

72 $y = \sqrt{|x^2-4| + 3}$

73 $y = \frac{x^4}{4} - 3x^2$

74 $y = \frac{1}{5 + |x|}$

75 $y = \sqrt{\frac{1}{x^2} + 1}$

76 $y = \frac{x}{4-x}$

77 $y = \frac{1}{\sqrt{x-2}}$

78 $y = \frac{x+17}{|x|}$

79 $y = \frac{3x-2}{(x-3)^3}$

80 $y = \frac{x}{x^2+4}$

81 $y = \frac{1}{x^2-16}$

82 $y = \frac{1}{4x^2+4x+1}$

83 $y = \frac{x-1}{x^2-7x+10}$

84 $y = \frac{1}{2x^3 - 8x}$ $[x \neq 0 \wedge x \neq \pm 2]$

85 $y = \frac{1}{4x^2-36} + \frac{1}{4x^2}$ $[x \neq \pm 3 \wedge x \neq 0]$

86 $y = \frac{1}{(x-1)(2x^2-6x)}$ $[x \neq 0 \wedge x \neq 1 \wedge x \neq 3]$

87 $y = \frac{1}{x} + \frac{2x-1}{x^2-9}$ $[x \neq \pm 3 \wedge x \neq 0]$

88 $y = \frac{1}{2x^2+5x-3}$ $\left[x \neq -3 \wedge x \neq \frac{1}{2}\right]$

89 $y = \frac{x-1}{x^4-8x}$ $[x \neq 0 \wedge x \neq 2]$

90 ●○ $y = \dfrac{5 - x}{|x| + 1}$ $[\mathbb{R}]$

91 ●○ $y = \sqrt{x^2 - 7x}$ $[x \le 0 \vee x \ge 7]$

92 ●○ $y = \dfrac{2 - x}{\sqrt{7 + x^2}}$ $[\mathbb{R}]$

93 ●○ $y = \sqrt[3]{7 - 3x}$ $[\mathbb{R}]$

94 ●○ $y = \sqrt{6x - x^2}$ $[0 \le x \le 6]$

95 ●○ $y = \sqrt[3]{\dfrac{x}{5x - 3}}$ $\left[x \ne \dfrac{3}{5}\right]$

96 ●○ $y = \dfrac{2 + |x|}{|4x^2 - 1|}$ $\left[x \ne \pm\dfrac{1}{2}\right]$

97 ●○ $y = \dfrac{4x}{x^2 - 5x + 6}$ $[x \ne 2 \wedge x \ne 3]$

98 ●○ $y = \sqrt[4]{9 - x^2}$ $[-3 \le x \le 3]$

99 ●○ $y = \dfrac{2x - 7}{x^4 - x^3 + 3x^2}$ $[x \ne 0]$

100 ●○ $y = \sqrt[3]{x^2 - 3x - 4}$ $[\mathbb{R}]$

101 ●○ $y = \dfrac{1}{|x^3 - x^2 + x|}$ $[x \ne 0]$

102 ●○ $y = \sqrt{x^3 - 3x^2}$ $[x = 0 \vee x \ge 3]$

103 ●○ $y = \sqrt{3x + 2} + \sqrt{4x}$ $[x \ge 0]$

104 ●○ $y = \dfrac{1}{x^2 - 4x} + \dfrac{3}{\sqrt{x - 2}}$ $[x > 2 \wedge x \ne 4]$

105 ●○ $y = \sqrt{\dfrac{x + 3}{x^2 - 2x + 1}}$ $[x \ge -3 \wedge x \ne 1]$

106 ●○ $y = \sqrt{x^2 - x} + \sqrt{-x}$ $[x \le 0]$

107 ●○ $y = \dfrac{\sqrt{1 - x}}{\sqrt{x + 1}}$ $[-1 < x \le 1]$

108 ●○ $y = \dfrac{5x + 2}{x^3 - x^2 + x - 1}$ $[x \ne 1]$

109 ●○ $y = \sqrt{x - 1} + \sqrt{|2 - x^2|}$ $[x \ge 1]$

110 ●○ $y = \dfrac{x}{\sqrt{x^2 - 16}}$ $[x < -4 \vee x > 4]$

111 ●○ $y = \dfrac{8x}{\sqrt{3x - 7}} + \sqrt{5x^2 - 5}$ $\left[x > \dfrac{7}{3}\right]$

112 ●○ $y = \sqrt{\dfrac{2 - x}{x + 6}}$ $[-6 < x \le 2]$

113 ●○ $y = \dfrac{3x - 7}{3 - |x|}$ $[x \ne \pm 3]$

114 ●○ $y = \dfrac{\sqrt{3x - 2}}{x^2 - 4}$ $\left[x \ge \dfrac{2}{3} \wedge x \ne 2\right]$

115 ●○ $y = \dfrac{3}{|x - 1| - 3}$ $[x \ne -2 \wedge x \ne 4]$

116 ●○ $y = \dfrac{1}{\sqrt{|x|}} + \sqrt{x^3 + 1}$ $[x \ge -1 \wedge x \ne 0]$

117 ●○ $y = \dfrac{3x - 2}{x^3 - 3x^2 - 4x + 12}$ $[x \ne 3 \wedge x \ne \pm 2]$

118 ●○ $y = \sqrt{\dfrac{3x - 1}{x + 2}}$ $\left[x < -2 \vee x \ge \dfrac{1}{3}\right]$

119 ●● $y = \dfrac{\sqrt{2x - 1}}{3x^2 - 1}$ $\left[\dfrac{1}{2} \le x < \dfrac{\sqrt{3}}{3} \vee x > \dfrac{\sqrt{3}}{3}\right]$

120 ●● $y = \begin{cases} \dfrac{1}{x} & \text{se } x < 1 \\ x + 4 & \text{se } x > 1 \end{cases}$ $[x \ne 0 \wedge x \ne 1]$

121 ●● $y = \begin{cases} \sqrt{2 + x} & \text{se } x \le 0 \\ \dfrac{1}{x - 4} & \text{se } x > 0 \end{cases}$ $[x \ge -2 \wedge x \ne 4]$

122 ●● $y = \sqrt{\dfrac{x}{x^2 - 9}}$ $[-3 < x \le 0 \vee x > 3]$

123 ●● $y = \dfrac{2x}{\sqrt{x + 5} - 4}$ $[-5 \le x < 11 \vee x > 11]$

124 ●● $y = \sqrt{\dfrac{x + 1}{x^2 - 8x}}$ $[-1 \le x < 0 \vee x > 8]$

125 ●● $y = \dfrac{\sqrt{16 - x^2}}{x^2 - 6x + 9}$ $[-4 \le x < 3 \vee 3 < x \le 4]$

126 ●● $y = \dfrac{\sqrt{4x - 6}}{\sqrt[3]{x^3 - 8x^2}}$ $\left[\dfrac{3}{2} \le x < 8 \vee x > 8\right]$

127 ●● $y = \dfrac{1}{|x^2 - 4| - 3}$ $[x \ne \pm 1 \wedge x \ne \pm\sqrt{7}]$

128 ●● $y = \sqrt{3x - x^2} + \dfrac{5}{x - 3}$ $[0 \le x < 3]$

129 ●● $y = \dfrac{1}{x^2 - 5x + 6} + \sqrt{x^2 - 9}$ $[x \le -3 \vee x > 3]$

130 ●● $y = \sqrt{x + \sqrt{x}}$ $[x \ge 0]$

131 ●● $y = \sqrt{1 - \sqrt{x}}$ $[0 \le x \le 1]$

132 ●● $y = \dfrac{\sqrt{4 - |x|}}{x}$ $[-4 \le x \le 4 \wedge x \ne 0]$

133 ●● $y = \sqrt{4 + 3x^2 - x^4}$ $[-2 \le x \le 2]$

134 ●● $y = \sqrt{|x^2 - 4| - 5}$ $[x \le -3 \vee x \ge 3]$

135 ●● $y = \dfrac{1}{2x^3 + x^2 - 8x - 4}$ $\left[x \ne \pm 2 \wedge x \ne -\dfrac{1}{2}\right]$

136 ●● $y = \dfrac{\sqrt{4x - 2}}{x^4 - 10x^2 + 9}$ $\left[x \ge \dfrac{1}{2} \wedge x \ne 1 \wedge x \ne 3\right]$

TEST

137 Solo una di queste funzioni *non* ha dominio $D = \mathbb{R}$. Quale?

A $y = \sqrt{|x^2 - 4|}$ B $y = 3x^2 - 3$ C $y = \sqrt{|x+1|}$ D $y = \frac{1}{|x|}$ E $y = \sqrt[3]{6 - x}$

138 Solo una di queste funzioni ha dominio $D = \mathbb{R}$. Quale?

A $y = \frac{3}{\sqrt[3]{x}}$ B $y = \sqrt{x^4 + 2}$ C $y = \sqrt{\frac{x-1}{x+1}}$ D $y = \frac{x^2-4}{x+2}$ E $y = |\sqrt{x}|$

139 FAI UN ESEMPIO di una funzione $y = f(x)$ che abbia come dominio:

a. D: $\mathbb{R} - \{0; 6\}$;

b. D: $x \geq -2$.

140 FAI UN ESEMPIO di una funzione

a. razionale fratta che abbia come dominio $\mathbb{R} - \{-5\}$;

b. irrazionale fratta che abbia dominio $\mathbb{R}$.

141 Data la funzione $y = \frac{x}{|x| - 2}$, indica:

a. l'immagine di 0, 3 e -1;

b. il suo dominio;

c. se il punto $A(-4; 2)$ appartiene al suo grafico. [a) 0, 3, 1; b) $x \neq \pm 2$; c) no]

142 Data la funzione $y = \frac{3x+1}{\sqrt{1-x^2}}$, determina:

a. l'immagine di 2;

b. il suo dominio;

c. se il punto $A(0; 1)$ appartiene al suo grafico. [a) non esiste; b) $-1 < x < 1$; c) sì]

143 Determina per quale valore di a la funzione $y = \frac{x+4}{a-x}$ ha dominio D: $x \neq -2$. [-2]

144 Determina i valori di a e b per cui la funzione $y = \frac{a+x}{2x-b}$ è definita per $x \neq 1$ e ha il grafico passante per $P(2; 5)$. [$a = 8, b = 2$]

145 Determina per quali valori di k la funzione $y = \sqrt{x^2 + 3x + 2k}$ è definita per ogni $x \in \mathbb{R}$. [$k \geq \frac{9}{8}$]

Funzioni uguali

Determina se le due funzioni sono uguali e giustifica la risposta.

146 $y = \frac{x+1}{x^2+x}$; $y = \frac{1}{x}$. [no]

147 $y = 3x$; $y = \frac{3x^3+6x}{x^2+2}$. [sì]

148 $y = \sqrt{x-1} \cdot \sqrt{x-2}$; $y = \sqrt{x^2 - 3x + 2}$. [no]

149 $y = \sqrt{\frac{x}{x+5}}$; $y = \frac{\sqrt{x}}{\sqrt{x+5}}$. [no]

150 $y = \sqrt[3]{\frac{x+2}{x-2}}$; $y = \frac{\sqrt[3]{x+2}}{\sqrt[3]{x-2}}$. [sì]

151 $y = \frac{x^3+1}{x^2-x+1}$; $y = x + 1$. [sì]

152 $y = 3x^2 + 1$; $y = |-1 - 3x^2|$. [sì]

153 $y = 1 - |x|$; $y = \begin{cases} 1 + x & \text{se } x < 0 \\ 1 - x & \text{se } x \geq 0 \end{cases}$. [sì]

154 VERO O FALSO?

a. La funzione $y = \frac{2x+2}{x+1}$ coincide con la funzione $y = 2$. V F

b. Le funzioni $y = \frac{\sqrt{x}}{\sqrt{x-4}}$ e $y = \sqrt{x} + \sqrt{x-4}$ hanno lo stesso dominio. V F

c. Il dominio di $y = \sqrt{-x^2} + \sqrt{2x}$ è l'insieme vuoto. V F

d. Il codominio $y = |x| + 1$ è l'insieme $\mathbb{R}$. V F

Zeri e segno di una funzione

▶ Teoria a p. 76

LEGGI IL GRAFICO **Osservando il grafico, indica il dominio e il codominio della funzione. Scrivi inoltre per quali valori di x la funzione è positiva e per quali è negativa. Indica gli zeri.**

155

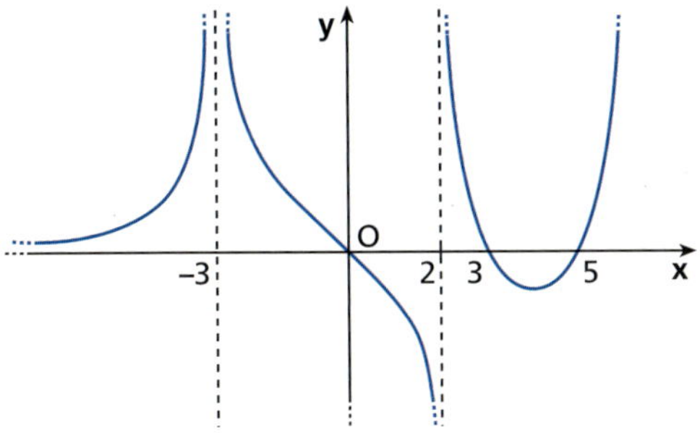

156

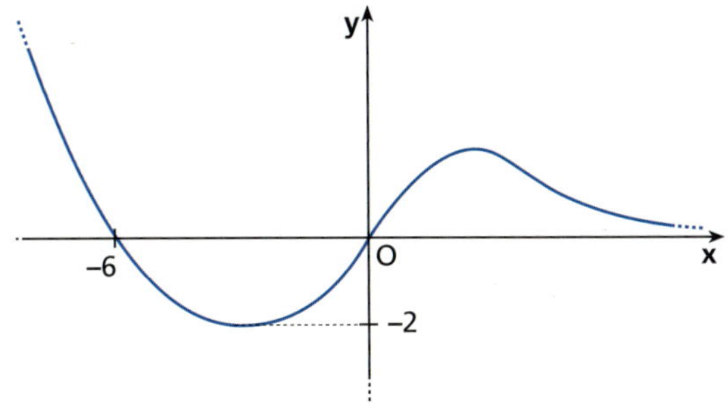

157 **ESERCIZIO GUIDA** Determiniamo il dominio, il segno e gli eventuali punti di intersezione del grafico con gli assi cartesiani per la funzione:

$$y = f(x) = \frac{\sqrt{x} - 1}{x\sqrt{x+1}}.$$

- Dominio:

$$\begin{cases} x \geq 0 & \text{esistenza di } \sqrt{x} \\ x \neq 0 & \\ x + 1 \neq 0 & \text{esistenza della frazione} \quad \rightarrow \quad D\colon x > 0. \\ x + 1 \geq 0 & \text{esistenza di } \sqrt{x+1} \end{cases}$$

- Segno della funzione: analizziamo separatamente numeratore e denominatore della frazione.

Numeratore: $\sqrt{x} - 1 > 0 \rightarrow \sqrt{x} > 1 \rightarrow x > 1$.

Denominatore: $x\sqrt{x+1} > 0 \rightarrow x > 0$ (essendo il radicale sempre positivo).

Compiliamo il quadro dei segni.

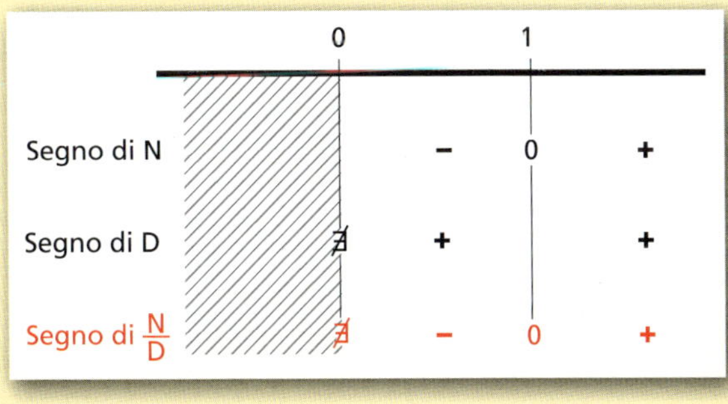

$y = f(x)$ esiste soltanto per $x > 0$:

$f(x) > 0$ per $x > 1$;

$f(x) < 0$ per $0 < x < 1$;

$f(x) = 0$ per $x = 1$.

- Intersezioni con gli assi:

Per $x = 0$ la funzione non è definita, perciò il suo grafico non ha punti di intersezione con l'asse delle ordinate.

Per trovare le intersezioni con l'asse delle ascisse cerchiamo gli zeri della funzione. Abbiamo già trovato che $f(x) = 0$ per $x = 1$, quindi il grafico della funzione interseca l'asse delle ascisse nel punto $(1; 0)$.

Utilizzando le informazioni ricavate, determiniamo la regione del piano cartesiano in cui si trova il grafico.

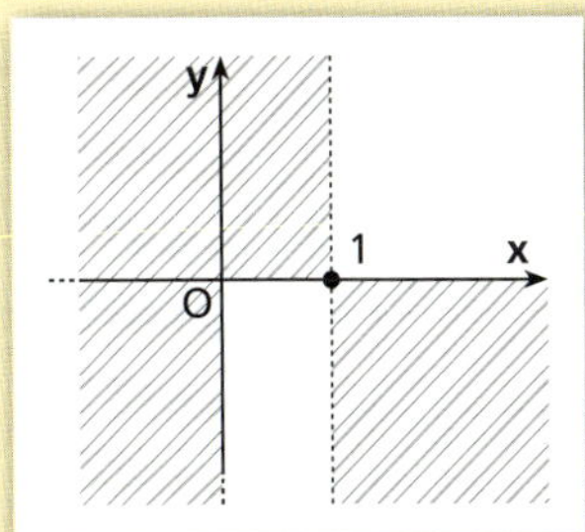

ESERCIZI

Studia il segno delle seguenti funzioni nel loro dominio e trova eventuali punti di intersezione del grafico con gli assi (nei risultati non li indichiamo). Rappresenta nel piano cartesiano le zone in cui si trova il grafico.

158 $y = 3x^4 - x^3$ $\left[D: \mathbb{R};\ y > 0: x < 0 \lor x > \frac{1}{3}\right]$

159 $y = \frac{x^2 - 9}{x}$ $[D: x \neq 0;\ y > 0: -3 < x < 0 \lor x > 3]$

160 $y = x^7 - x^3$ $[D: \mathbb{R};\ y > 0: -1 < x < 0 \lor x > 1]$

161 $y = \frac{(x+2)(x+1)}{x-4}$ $[D: x \neq 4;\ y > 0: -2 < x < -1 \lor x > 4]$

162 $y = 3x|x^2 - 9x|$ $[D: \mathbb{R};\ y > 0: x > 0 \land x \neq 9]$

163 $y = \frac{5 - 2x}{|x| - 1}$ $\left[D: x \neq \pm 1;\ y > 0: x < -1 \lor 1 < x < \frac{5}{2}\right]$

164 $y = \frac{1 - x}{x + 4}$ $[D: x \neq -4;\ y > 0: -4 < x < 1]$

165 $y = x^3 - 6x^2$ $[D: \mathbb{R};\ y > 0: x \neq 0 \land x > 6]$

166 $y = x^3 + 4x$ $[D: \mathbb{R};\ y > 0: x > 0]$

167 $y = (2x^2 - x + 1)(25 - x^2)$ $[D: \mathbb{R};\ y > 0: -5 < x < 5]$

168 $y = \frac{(x-1)(x+3)}{(x-2)(2x+1)}$ $\left[D: x \neq -\frac{1}{2} \land x \neq 2;\ y > 0: x < -3 \lor -\frac{1}{2} < x < 1 \lor x > 2\right]$

169 $y = \frac{1}{x^3 - 10x^2 + 25x}$ $[D: x \neq 0 \land x \neq 5;\ y > 0: x > 0 \land x \neq 5]$

170 $y = \frac{6 - x}{-x^3 - 9x}$ $[D: x \neq 0;\ y > 0: x < 0 \lor x > 6]$

171 $y = \frac{2x^2 - 8x}{x^2 - 2x + 4}$ $[D: \mathbb{R};\ y > 0: x < 0 \lor x > 4]$

172 $y = \frac{x - 4}{x(1 - x)^2}$ $[D: x \neq 0 \land x \neq 1;\ y > 0: x < 0 \lor x > 4]$

173 $y = \frac{x^2 - 5x + 4}{x^3 - 3x^2 - x + 3}$ $[D: x \neq \pm 1 \land x \neq 3;\ y > 0: -1 < x < 1 \lor 1 < x < 3 \lor x > 4]$

174 $y = \frac{x^2 - 4}{9x^2 - x^3}$ $[D: x \neq 0 \land x \neq 9;\ y > 0: x < -2 \lor 2 < x < 9]$

175 $y = \sqrt[3]{2x^2 + 7x - 4}$ $\left[D: \mathbb{R};\ y > 0: x < -4 \lor x > \frac{1}{2}\right]$

176 $y = \sqrt{5 - x}$ $[D: x \leq 5;\ y > 0: x < 5]$

177 $y = \frac{\sqrt{3x + 4}}{x - 1}$ $\left[D: x \geq -\frac{4}{3} \land x \neq 1;\ y > 0: x > 1\right]$

178 $y = \sqrt{\frac{x^2 - 2x}{x^3}}$ $[D: x \geq 2;\ y > 0: x > 2]$

179 $y = \frac{2 - |x|}{\sqrt{x - 1}}$ $[D: x > 1;\ y > 0: 1 < x < 2]$

180 $y = \sqrt{1 - \sqrt{x - 2}}$ $[D: 2 \leq x \leq 3;\ y > 0: 2 \leq x < 3]$

181 **ASSOCIA** a ogni funzione la figura che indica la zona in cui si trova il grafico.

a. $y = \frac{x^2 - 4}{x}$ **b.** $y = \frac{x + 2}{x^2 - 2x}$ **c.** $y = \frac{x^2 - 4x + 4}{x^2 + 2x}$ **d.** $y = \frac{\sqrt{x + 2}}{x - 2}$

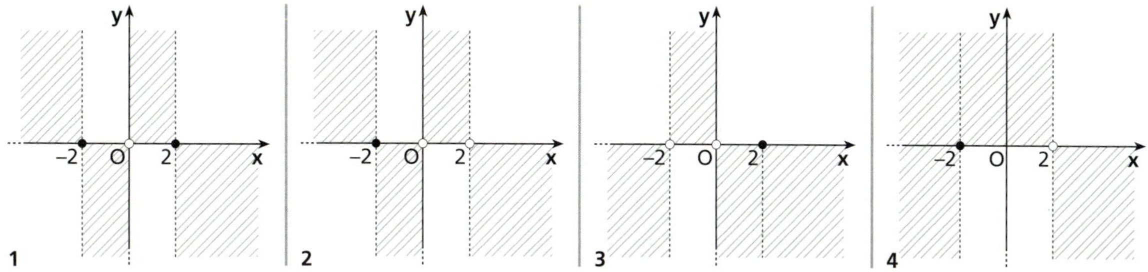

182 **REALTÀ E MODELLI** **Azioni su, azioni giù** Nel grafico a fianco sono rappresentati gli andamenti dei prezzi delle azioni di due compagnie, *A* e *B*, quotate in Borsa in funzione del tempo, i cosiddetti *indici azionari*. Basandoti sul riferimento in figura:

a. Quanti sono gli zeri di ciascuna delle due funzioni nell'intervallo di tempo rappresentato?

b. Per quale percentuale dell'intervallo di tempo di 20 unità ciascuna delle funzioni rappresentate è positiva?

[a) *A*: 3, *B*: 3; b) *A*: 35%, *B*: 70%]

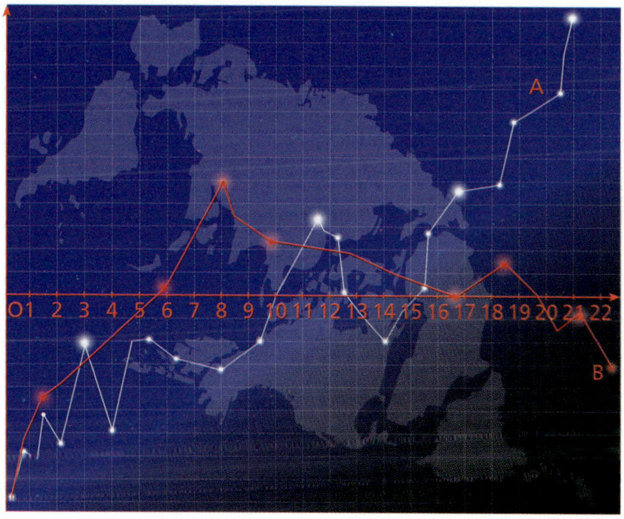

2 Funzioni iniettive, suriettive e biunivoche

▶ Teoria a p. 77

183 Stabilisci se le funzioni rappresentate sono iniettive, suriettive o biunivoche.

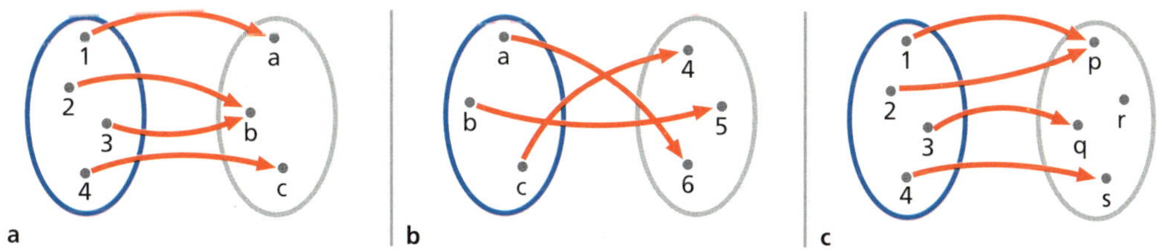

184 **LEGGI IL GRAFICO** Ogni grafico rappresenta una funzione $f: \mathbb{R} \to \mathbb{R}$. Indica per ognuno se si tratta di una funzione iniettiva, suriettiva, biettiva.

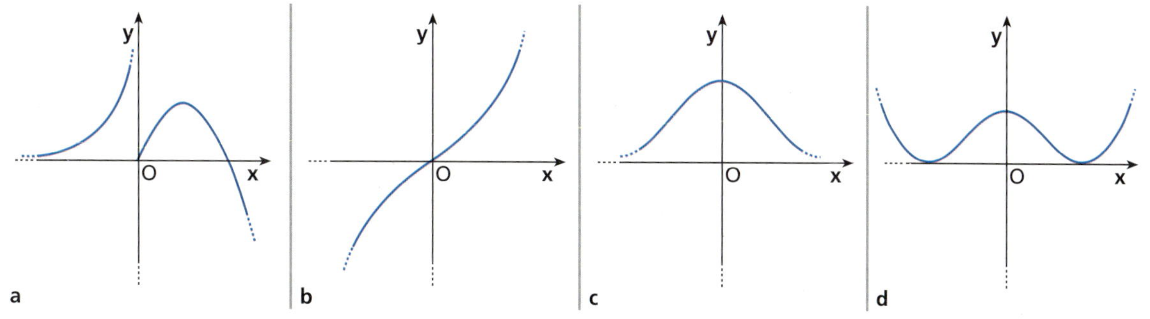

185 ●○ **LEGGI IL GRAFICO** Per ognuna delle seguenti funzioni da $\mathbb{R}$ a $\mathbb{R}$, indica quale sottoinsieme di $\mathbb{R}$ si deve prendere come insieme di arrivo se si vuole che la funzione sia suriettiva.

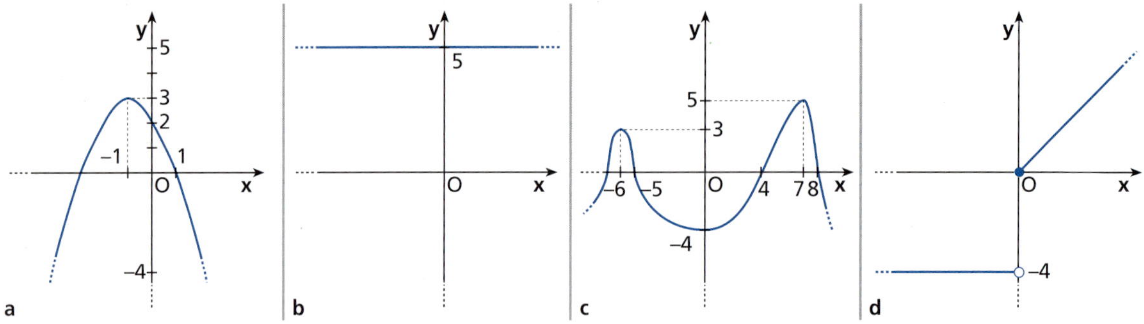

TUTOR matematica — Allenati con **15 esercizi interattivi** con feedback "hai sbagliato, perché..."
su.zanichelli.it/tutor3 risorsa riservata a chi ha acquistato l'edizione con tutor

3 Funzione inversa

▶ Teoria a p. 79

LEGGI IL GRAFICO

186 ●○ Spiega perché ognuna delle seguenti funzioni è invertibile. Indica dominio e codominio e traccia il grafico della funzione inversa.

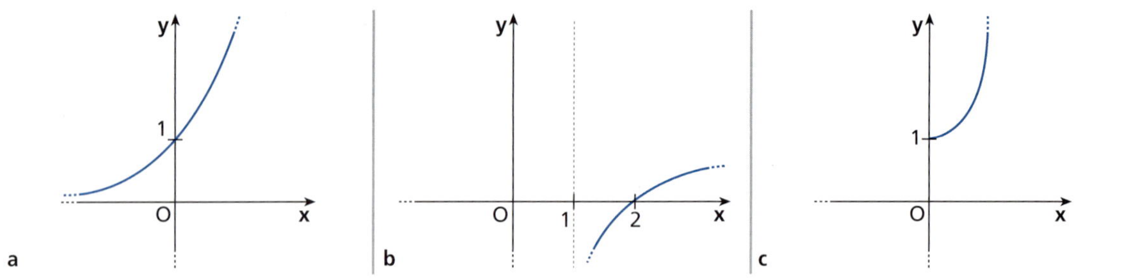

187 ●○ Stabilisci se le seguenti funzioni ammettono la funzione inversa e in caso affermativo disegna il grafico.

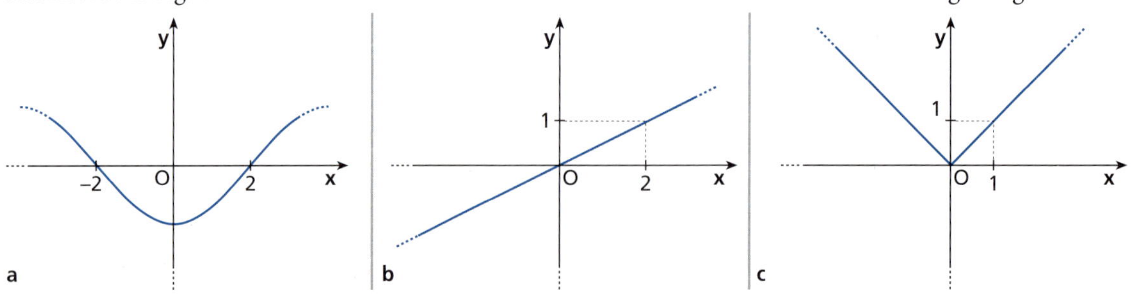

188 ●○ **AL VOLO** Verifica che la funzione $y = \frac{6}{x}$ coincide con la sua inversa.

Per ciascuna delle funzioni seguenti, determina l'espressione analitica della funzione inversa considerando il dominio indicato.

189 ●○ $y = \frac{1}{2}x^2 - 5$, $x \geq 0$. $[y = \sqrt{2(x+5)}]$

190 ●○ $y = -\frac{2}{5}x^2$, $x \leq 0$. $\left[y = -\sqrt{-\frac{5}{2}x}\right]$

191 ●○ $y = \frac{x^2}{9}$, $x \geq 0$. $[y = 3\sqrt{x}]$

192 ●● $y = x^2 + 1$, $x \leq 0$. $[y = -\sqrt{x-1}]$

193 Disegna il grafico della funzione $y = 3x - 3$ e della sua inversa. Scrivi l'equazione di $f^{-1}(x)$ e calcola $f^{-1}(-6)$ e $f^{-1}(1)$.

$\left[y = \frac{x+3}{3}, -1, \frac{4}{3}\right]$

194 **COMPLETA** analizzando il grafico della funzione $f(x)$.

a. $f(-2) =$ ____

b. $f^{-1}(2) =$ ____

c. $f^{-1}(1) =$ ____

d. $f^{-1}(0) =$ ____

e. $f(4) =$ ____

Disegna il grafico della funzione inversa.

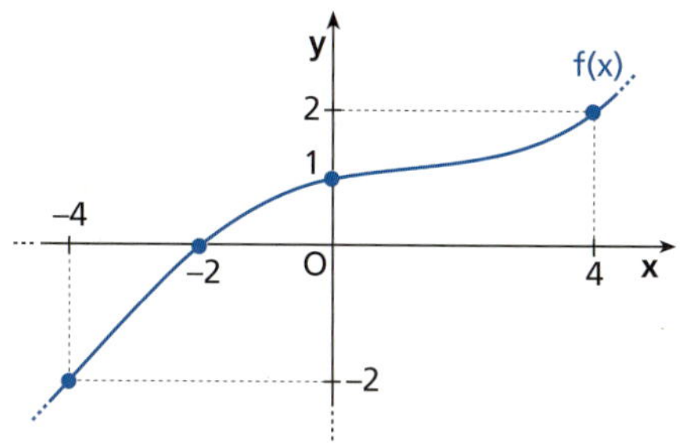

4 Proprietà delle funzioni

Funzioni crescenti, decrescenti, monotòne

Teoria a p. 81

195 **COMPLETA** utilizzando i dati dal grafico:

a. dominio: $x \neq$ ____;

b. codominio: $y \geq$ ____;

c. $f(7) =$ ____; $f(2) =$ ____; $f(6) =$ ____;

d. $f($____$) = -2$;

e. f è crescente in $]-\infty;$ ____$[$ e $[$____$; 7]$;

f. f è decrescente in $]0;$ ____$[$.

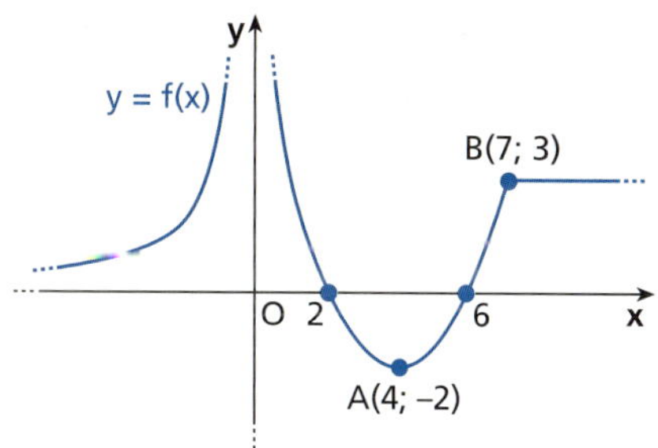

196 Indica quali tra i seguenti grafici rappresentano funzioni crescenti o decrescenti nel loro dominio, precisando se lo sono in senso stretto o in senso lato.

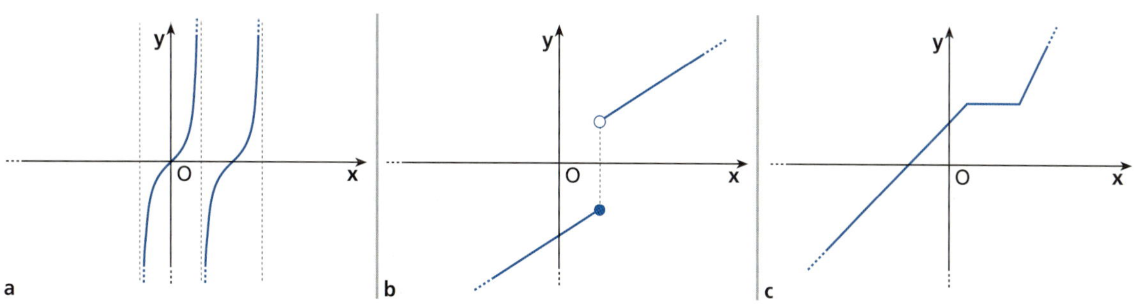

Rappresenta le seguenti funzioni e indica in quali intervalli sono crescenti.

197 $y = 8 - x^2$ [cresc.: $x < 0$]

198 $y = x^2 - 3x - 10$ $\left[\text{cresc.: } x > \frac{3}{2}\right]$

199 $y = \begin{cases} 2x - 1 & \text{se } x \leq 2 \\ 5 - x & \text{se } x > 2 \end{cases}$ [cresc.: $x < 2$]

200 $y = \begin{cases} 1 - 3x^2 & \text{se } x \leq 1 \\ x - 3 & \text{se } x > 1 \end{cases}$ [cresc.: $x < 0 \vee x > 1$]

201 $y = \begin{cases} x^2 + 5 & \text{se } x \leq 0 \\ 5 - x & \text{se } 0 < x \leq 3 \\ 2x - 4 & \text{se } x > 3 \end{cases}$ [cresc.: $x > 3$]

Funzioni pari, funzioni dispari

▶ Teoria a p. 82

202 LEGGI IL GRAFICO Osserva i grafici e stabilisci se le funzioni che rappresentano sono pari, dispari o né pari né dispari.

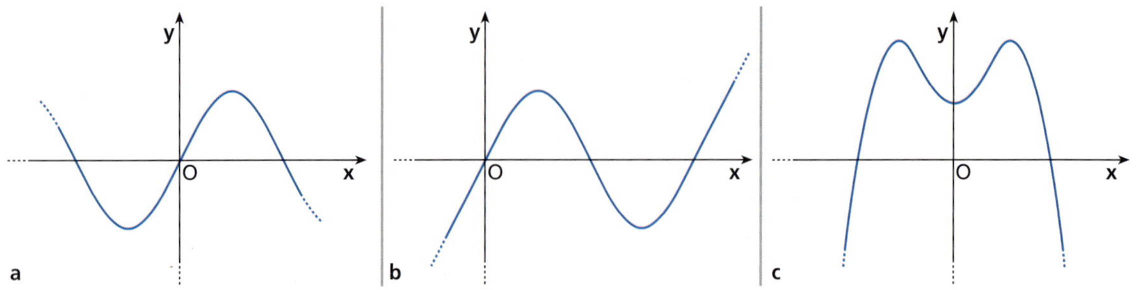

203 ESERCIZIO GUIDA Stabiliamo se le seguenti funzioni sono pari o dispari:

a. $f(x) = \dfrac{|x|}{1-4x^2}$; **b.** $g(x) = x^3 - x$.

a. $D: x \neq \pm\dfrac{1}{2}$

Per $x \neq \pm\dfrac{1}{2}$, calcoliamo $f(-x)$: $f(-x) = \dfrac{|-x|}{1-4(-x)^2} = \dfrac{|x|}{1-4x^2} = f(x) \rightarrow f$ è pari.

b. $D: \mathbb{R}$

Per $x \in \mathbb{R}$, abbiamo: $g(-x) = (-x)^3 - (-x) = -x^3 + x = -(x^3 - x) = -g(x) \rightarrow g$ è dispari.

Stabilisci se le seguenti funzioni sono pari, dispari o né pari né dispari.

204 $y = x^2$

205 $y = 2|x|$

206 $y = x^3$

207 $y = x^2 + 3x$

208 $y = x + \dfrac{4}{x}$

209 $y = -3x^2 + |x|$

210 $y = \dfrac{x^4 + 2x^2}{|x|}$

211 $y = x^2 - x^3$

212 $y = \dfrac{x + x^3}{x^2}$

213 $y = x\sqrt[3]{x}$

214 $y = \sqrt{x^2 + 2}$

215 $y = 2x|x|$

216 $y = -2x^3 + 1$

217 $y = \dfrac{\sqrt{1 - x^2}}{x}$

218 $y = |x + 2|$

Funzioni periodiche

▶ Teoria a p. 83

Indica il periodo delle seguenti funzioni periodiche.

219

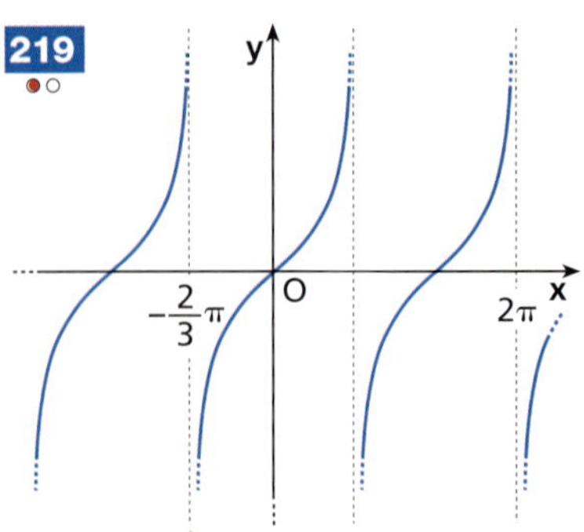

220

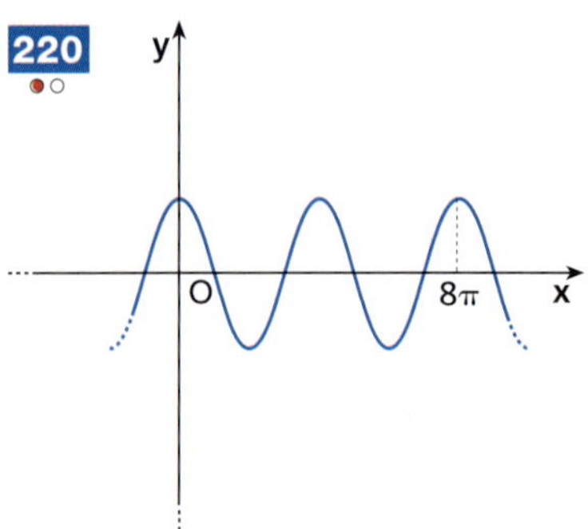

221

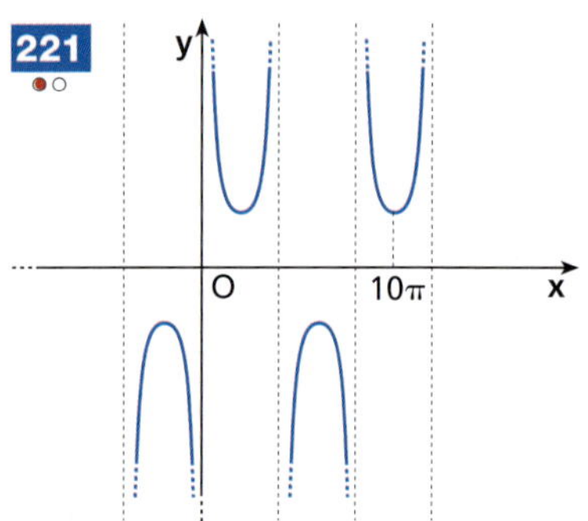

5 Funzioni composte

▶ Teoria a p. 84

COMPLETA

222 Se $f: x \mapsto x - 1$ e $g: x \mapsto \sqrt{|x|} + 2$,

$-3 \xrightarrow{f} \square \xrightarrow{g} \square$,

$10 \xrightarrow{f} \square \xrightarrow{g} \square$.

223 Se $f: x \mapsto -\frac{x}{2}$ e $g: x \mapsto \frac{1}{x}$,

$2 \xrightarrow{f} \square \xrightarrow{g} \square$,

$-\frac{1}{4} \xrightarrow{f} \square \xrightarrow{g} \square$.

224 Date le funzioni $f(x) = -x + 2$ e $g(x) = 3x - 1$, calcola $f(g(1))$ e $g(f(-2))$. [0; 11]

225 Date le funzioni $f(x) = -x^2 + 5$ e $g(x) = \sqrt{x} + 1$, calcola $f(g(4))$ e $g(f(-1))$. [−4; 3]

226 **ESERCIZIO GUIDA** Se $f(x) = \frac{1}{2x}$ e $g(x) = 3x^2$, determiniamo $f \circ g$ e $g \circ f$ negli opportuni domini.

- $(f \circ g)(x) = f(g(x)) = f(3x^2) = \frac{1}{2(3x^2)} = \frac{1}{6x^2} \to D: x \neq 0$.
- $(g \circ f)(x) = g(f(x)) = g\left(\frac{1}{2x}\right) = 3\left(\frac{1}{2x}\right)^2 = \frac{3}{4x^2} \to D: x \neq 0$.

227 **TEST** Date le funzioni $f(x) = 3x - 2$ e $g(x) = (3 + x)^2$, quale delle seguenti funzioni è $y = f(g(x))$?

A $y = (1 + 3x)^2$ B $y = 3(3 + x)^2 - 2$ C $y = (3x - 2)^2$ D $y = 3x^2 - 2$ E $y = (3 + 3x)^2$

Date le seguenti funzioni *f* e *g*, determina *f* ∘ *g* e *g* ∘ *f*, specificando il loro dominio.

228 $f(x) = 2 - x$; $g(x) = 3x + 2$. $[(f \circ g)(x) = -3x; (g \circ f)(x) = 8 - 3x]$

229 $f(x) = 3x^2 - 2x$; $g(x) = x - 3$. $[(f \circ g)(x) = 3x^2 - 20x + 33; (g \circ f)(x) = 3x^2 - 2x - 3]$

230 $f(x) = x^3 - 1$; $g(x) = 1 - 3x$. $[(f \circ g)(x) = -27x^3 + 27x^2 - 9x; (g \circ f)(x) = -3x^3 + 4]$

231 $f(x) = \frac{1}{x}$; $g(x) = x^2 + 1$. $\left[(f \circ g)(x) = \frac{1}{x^2 + 1}; (g \circ f)(x) = \frac{1}{x^2} + 1\right]$

232 $f(x) = 2x^2$; $g(x) = \frac{1}{x} + 3$. $\left[(f \circ g)(x) = 2\left(\frac{1}{x} + 3\right)^2; (g \circ f)(x) = \frac{1}{2x^2} + 3\right]$

233 $f(x) = \sqrt{x}$; $g(x) = x^2 - 1$. $[(f \circ g)(x) = \sqrt{x^2 - 1}; (g \circ f)(x) = x - 1]$

234 Considera $f(x) = x^2 + x + 1$ e $g(x) = 2x - 1$. Trova $g(f(x))$. $[g(f(x)) = 2x^2 + 2x + 1]$

235 Date le funzioni $f(x) = x^4$ e $g(x) = x^3$, verifica che $f \circ g = g \circ f$.

236 Trova $g \circ h$ e $h \circ g$ e calcola $g\left(h\left(\frac{3}{2}\right)\right)$ e $h\left(g\left(\frac{3}{2}\right)\right)$, con $g(x) = \frac{1}{2} - x$ e $h(x) = 3x + 1$.

$\left[(g \circ h)(x) = -\left(\frac{1}{2} + 3x\right), (h \circ g)(x) = \frac{5}{2} - 3x; -5, -2\right]$

237 Data la funzione $f(x) = \frac{x + 6}{x}$, determina $f \circ f$ e calcola $(f \circ f)(2)$. $\left[(f \circ f)(x) = \frac{7x + 6}{x + 6}; \frac{5}{2}\right]$

238 ●● Considera le funzioni $f(x) = 1 + 4x$ e $g(x) = x^2 - k$.
Determina per quale valore di k il grafico di $(f \circ g)(x)$ passa per $(0; 3)$. $\left[-\frac{1}{2}\right]$

239 ●● **YOU & MATHS** Given the functions $f(x) = 2x + 1$ and $g(x) = x^2 - 4$ determine if they are injective or surjective and, if possible, compute their inverse functions. Then write $f \circ g$ and $g \circ f$.
$\left[f^{-1}(x) = \frac{x-1}{2}, \nexists\, g^{-1}; (f \circ g)(x) = 2x^2 - 7, (g \circ f)(x) = 4x^2 + 4x - 3\right]$

240 ●○ Date le funzioni $f(x) = |x + 4|$ e $g(x) = 2x - 1$, determina $h(x) = (f \circ g)(x)$ e risolvi la disequazione $h(x) < 7$. $[-5 < x < 2]$

241 ●○ Considera $f(x) = 4 - 7x$ e $g(x) = \frac{x - 9}{2}$.

a. Trova per quali x si ha $(f \circ g)(x) = (g \circ f)(x)$.

b. Risolvi l'equazione $f(g(x)) + g(x) = 1$. [a) $\nexists\, x \in \mathbb{R}$; b) $x = 10$]

242 ●○ **RIFLETTI SULLA TEORIA**

a. Se componi una funzione con la funzione identità $y = x$, che cosa ottieni?

b. Se componi una funzione con la sua inversa, che cosa ottieni?

Giustifica le risposte, fornendo anche qualche esempio.

243 ●○ **YOU & MATHS** Let $f(x) = \sqrt[3]{x}$, $g(x) = x^3 + 1$.

a. Sketch the graph of $g^{-1}(x)$.

b. Evaluate $(f \circ g)(-2)$.

c. Let $h(x) = (g \circ f)(x)$. Solve $h(x) = 0$.

(USA *Southern Illinois University Carbondale*, Final Exam, Fall 2001)

$[\text{b)} -\sqrt[3]{7}; \text{c)}\, x = -1]$

244 ●● **EUREKA!** Sia $f(x) = \sqrt{x - 2} - 5$. Determina il dominio di $f \circ f$ senza calcolare la sua espressione analitica. $[x \geq 51]$

MATEMATICA AL COMPUTER

Le funzioni Data la funzione $f(x) = \sqrt{ax + b} - 2$, con $a \neq 0$, costruisci un foglio elettronico che, dopo aver letto i valori dei coefficienti a e b, stabilisca il dominio e determini le eventuali intersezioni con gli assi cartesiani del grafico corrispondente.

Risoluzione – 26 esercizi in più

Riepilogo: Funzioni

245 ●○ **VERO O FALSO?** Rispondi osservando il grafico di $f(x)$. La funzione:

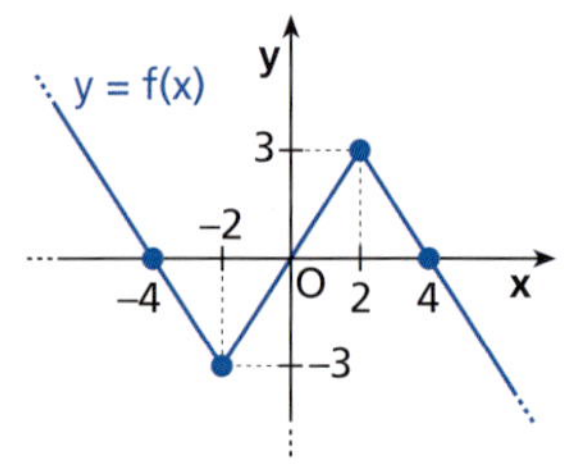

a. ha dominio $\mathbb{R}$ e codominio $\mathbb{R}$. V F

b. ha tre zeri. V F

c. è pari. V F

d. è iniettiva. V F

246 ●○ Se $f(x) = \frac{2x + a}{x - b}$, $f(-2) = 0$ e $f(1)$ non esiste, quali sono i valori di a e b? $[a = 4, b = 1]$

247 ●○ Se $f(x) = \frac{ax^2 + b}{x + c}$, $f(-1) = -6$, $f(1) = 6$ e $f\left(\frac{1}{2}\right) = 9$, quali sono i valori di a, b e c? Determina dominio e segno di $f(x)$. $[a = 2, b = 4, c = 0; D: x \neq 0]$

LEGGI IL GRAFICO **Osserva i grafici e rispondi alle domande.**

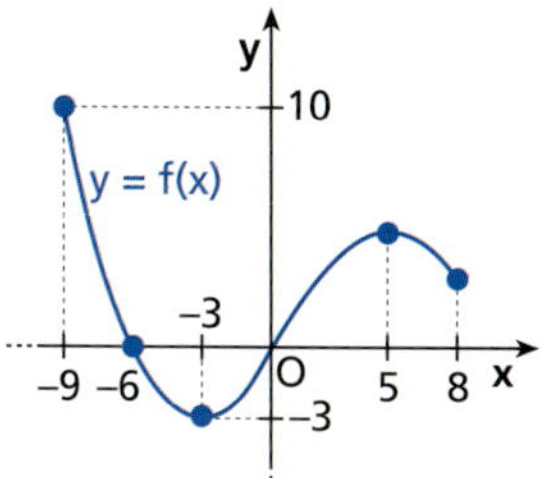

248
a. Determina il dominio e il codominio di $f(x)$.
b. Individua gli intervalli in cui è crescente.
c. Individua gli zeri di $f(x)$ e gli intervalli in cui è positiva.
d. Stabilisci se è iniettiva.

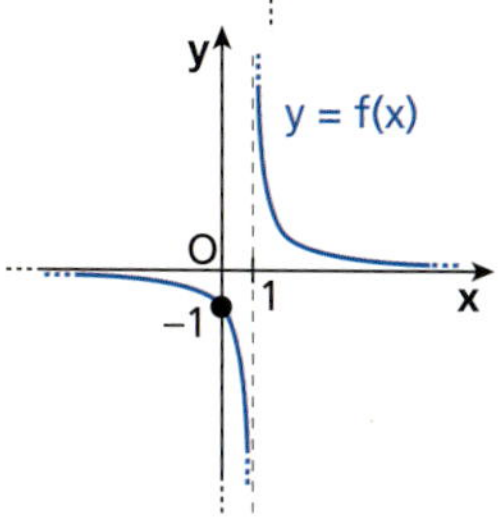

249
a. Determina il dominio e il codominio di $f(x)$.
b. Studia il segno e indica le intersezioni del grafico con gli assi cartesiani.
c. Spiega perché è invertibile e disegna il grafico della funzione inversa.

250 Considera la funzione $f(x) = \frac{4-x}{4}$.
a. Classifica la funzione e determina il suo dominio.
b. Studia il segno della funzione e rappresenta nel piano cartesiano le regioni in cui si trova il suo grafico.
c. Verifica che è una funzione invertibile e determina la funzione inversa.
d. Disegna per punti il grafico di $f(x)$ e quello di $f^{-1}(x)$.

[a) $D = \mathbb{R}$; b) $f(x) > 0$: $x < 4$; c) $f^{-1}(x) = 4 - 4x$]

251 Data la funzione $f(x) = 1 + \frac{1}{x}$:
a. classificala e determina il suo dominio;
b. stabilisci se è pari o dispari;
c. determina gli eventuali zeri e studia il segno;
d. traccia per punti il suo grafico.

[a) D: $x \neq 0$; b) né pari né dispari; c) $f(x) > 0$: $x < -1 \vee x > 0$, $f(x) = 0$: $x = -1$]

252 Considera la funzione $f(x) = \frac{x^2+1}{x}$.
a. Determina il dominio e verifica che è una funzione dispari.
b. Calcola $f(1)$, $f(-2)$ e $f\left(\frac{1}{2}\right)$.
c. Studia il segno della funzione e rappresenta nel piano cartesiano le regioni in cui si trova il suo grafico.

$\left[\text{a) } D\text{: } x \neq 0; \text{ b) } 2, -\frac{5}{2}, \frac{5}{2}; \text{ c) } f(x) > 0\text{: } x > 0\right]$

253 È data la funzione $f(x) = x(x-4)(x+3)^2$.
a. Classificala e determina il suo dominio.
b. Determina gli zeri e studia il segno, rappresentando nel piano cartesiano le regioni in cui si trova il suo grafico.
c. Spiega perché non è invertibile.

[a) $D = \mathbb{R}$; b) $f(x) > 0$: $x < 0 \vee x > 4$, $f(x) = 0$: $x = -3 \vee x = 0 \vee x = 4$]

254 Considera la funzione $f(x) = \frac{5-x}{x+2}$.
a. Classificala e determina il suo dominio.
b. Determina gli zeri e studia il segno, rappresentando nel piano cartesiano le regioni in cui si trova il suo grafico.
c. Calcola $f(0)$ e $f(-3)$.
d. Determina l'espressione analitica di $f \circ f$ e calcola $(f \circ f)(-1)$.

$\left[\text{a) } D\text{: } x \neq -2; \text{ b) } f(x) > 0\text{: } -2 < x < 5,\ f(x) = 0\text{: } x = 5; \text{ c) } \frac{5}{2}, -8; \text{ d) } (f \circ f)(x) = \frac{6x+5}{x+9}, (f \circ f)(-1) = -\frac{1}{8}\right]$

255 Considera la funzione $f(x) = \sqrt{\frac{x-8}{x^2}}$.

a. Classificala e determina il suo dominio.

b. Determina gli zeri e studia il segno della funzione, rappresentando nel piano cartesiano le regioni in cui si trova il suo grafico.

c. Calcola l'immagine di 12 e la controimmagine di -2.

$\left[\text{a) } D\text{: } x \geq 8\text{; b) } f(x) > 0\text{: } x > 8,\ f(x) = 0\text{: } x = 8\text{; c) } \frac{1}{6}\text{, non esiste}\right]$

256 EUREKA! Una funzione è tale che $f(ax) = af(x)$ per a, x numeri reali positivi. Se $f(4) = -2$, quanto valgono $f(12)$ e $f(5)$?

Problemi REALTÀ E MODELLI

RISOLVIAMO UN PROBLEMA

Macchine e ciambelle

In una ditta dolciaria che produce ciambelle, nelle fasi finali della produzione le ciambelle entrano in una macchina A che le confeziona e poi entrano in una macchina B che le inscatola. Mediamente, nella macchina A si perde il 2% delle ciambelle in ingresso, oltre a un numero fisso di 7 pezzi ogni ora, inviati a un controllo di qualità; la macchina B confeziona scatole da 14 pezzi l'una.

- Detto x il numero di ciambelle che entrano in un'ora nella macchina A, esprimi in funzione di x il numero y di ciambelle che entrano nella macchina B, e in funzione di y il numero z di scatole che escono in un'ora dalla macchina B.
- Esprimi direttamente in funzione di x il numero z di scatole prodotte in un'ora, e in particolare ricava il valore di z corrispondente a $x = 350$.
- Scrivi la funzione inversa di quella ricavata al secondo punto e trova quante ciambelle sono state prodotte ogni ora se dopo 8 ore di lavoro sono pronte 136 scatole.

▶ **Esprimiamo y in funzione di x e z in funzione di y.**

Dalla macchina A esce il 98% delle ciambelle che sono entrate, a cui vanno sottratte 7 ciambelle ogni ora. La funzione $y = f(x)$, che esprime il numero di ciambelle che entrano nella macchina B, è $y = \frac{49}{50}x - 7$.

Per esprimere il numero $z = g(y)$ di scatole che escono in un'ora dalla macchina B dobbiamo dividere y per il numero di ciambelle in ciascuna scatola: $z = \frac{y}{14}$.

▶ **Esprimiamo z in funzione di x.**

Per esprimere z in funzione di x dobbiamo trovare la funzione composta $g \circ f$:

$$z = g(f(x)) = g\left(\frac{49}{50}x - 7\right) = \frac{7}{100}x - \frac{1}{2}.$$

In particolare:

$$x = 350 \rightarrow z = \frac{7}{100} \cdot 350 - \frac{1}{2} = 24.$$

▶ **Scriviamo la funzione inversa.**

La funzione $z = \frac{7}{100}x - \frac{1}{2}$ è biunivoca.

Per trovare la funzione inversa dobbiamo esplicitare la x:

$$z = \frac{7}{100}x - \frac{1}{2} \rightarrow x = \frac{100}{7}\left(z + \frac{1}{2}\right).$$

Se dopo 8 ore sono pronte 136 scatole, in un'ora ne sono state prodotte 17.

$$z = 17 \rightarrow x = \frac{100}{7}\left(17 + \frac{1}{2}\right) = 250.$$

257 **Borsette e funzioni** Teresa realizza e vende borsette artigianali. Per i primi tre mesi la sua attività era in perdita, nei sei mesi successivi il guadagno è cresciuto notevolmente, poi per tre mesi c'è stato un calo. Con il secondo anno di attività il guadagno è di nuovo aumentato e al termine del secondo anno si è stabilizzato intorno a € 300 mensili.

a. Tra i grafici seguenti scegli quello che rappresenta meglio l'andamento dei guadagni di Teresa.

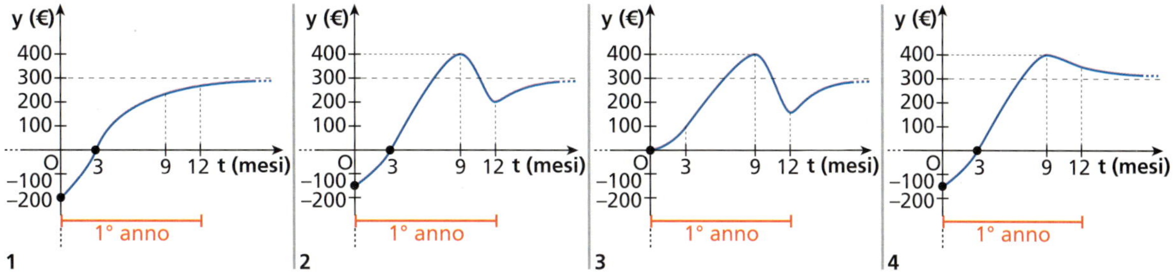

b. Per ogni grafico scrivi il dominio e il codominio della funzione rappresentata e stabilisci se la funzione è iniettiva.

c. Indica in quale mese Teresa ha avuto guadagno nullo e in quale guadagno massimo.

258 **Pesca o melograno?** Marco ha destinato € 60 all'acquisto di due tipi di succo, uno alla pesca e uno al melograno. Ogni bottiglia di succo al melograno costa € 3 e ogni bottiglia di succo alla pesca € 2.

a. Se x è il numero di bottiglie di succo al melograno che Marco decide di comprare, scrivi la funzione che esprime il numero y di bottiglie di succo alla pesca che può acquistare con i soldi rimanenti.

b. Scrivi la funzione che esprime il numero x di bottiglie di succo al melograno che può acquistare una volta scelto il numero y di bottiglie di succo alla pesca. Che relazione c'è tra le due funzioni?

c. Se Marco vuole prendere lo stesso numero di bottiglie di succo al melograno e di succo alla pesca, quante ne può acquistare?

$\left[\text{a) } y = 30 - \frac{3}{2}x;\ \text{b) } x = 20 - \frac{2}{3}y;\ \text{c) } 12\right]$

259 **Bagaglio a mano** Le regole per il bagaglio a mano di diverse compagnie aeree stabiliscono che la valigia (o borsa) deve avere un peso massimo di 5 kg e che la somma dei lati non deve superare i 115 cm. In molti modelli le borse per il bagaglio a mano hanno una larghezza che supera di 15 cm la profondità.

a. Approssimando la forma della valigia a un parallelepipedo, esprimi il volume in funzione della profondità e studia il segno della funzione volume.

b. Costruisci per punti una rappresentazione grafica approssimata della funzione volume e stabilisci con quale profondità del bagaglio, tra i valori 25 cm, 30 cm e 35 cm, si ottiene la capienza maggiore della borsa.

$[\text{a) } f(x) = -2x^3 + 70x^2 + 1500x,\ D: x \geq 0;\ f(x) > 0: 0 < x < 50;\ \text{b) } 30 \text{ cm}]$

TUTOR matematica
Allenati con **15 esercizi interattivi** con feedback "hai sbagliato, perché…"
su.zanichelli.it/tutor3 risorsa riservata a chi ha acquistato l'edizione con tutor

ESERCIZI

6 Trasformazioni geometriche e grafici

Traslazione

▶ Teoria a p. 85

TEST

260 Le equazioni di una traslazione di vettore $\vec{v}(-1;-4)$ sono:

A $\begin{cases} x' = -x-4y \\ y' = -4x-y \end{cases}$. B $\begin{cases} x' = x-4 \\ y' = y-1 \end{cases}$. C $\begin{cases} x' = x+4 \\ y' = y+1 \end{cases}$. D $\begin{cases} x' = x-1 \\ y' = y-4 \end{cases}$. E $\begin{cases} x' = x+1 \\ y' = y+4 \end{cases}$.

261 Il corrispondente del punto $A(2;-3)$ nella traslazione di vettore $\vec{v}(4;1)$ è il punto A' di coordinate:

A $(6;-4)$. B $(6;-2)$. C $(-2;-4)$. D $(-2;-2)$. E $(6;4)$.

Riconosci fra le seguenti equazioni quali coppie rappresentano una traslazione e scrivi le componenti del vettore di traslazione.

262 $\begin{cases} x' = -1+x \\ y' = 6+y \end{cases}$; $\begin{cases} x' = x \\ y' = y-5 \end{cases}$; $\begin{cases} x' = 1-x \\ y' = 2+y \end{cases}$; $\begin{cases} x' = -x \\ y' = -y \end{cases}$.

263 $\begin{cases} x' = x+6 \\ y' = -y+1 \end{cases}$; $\begin{cases} x' = 2 \\ y' = y+4 \end{cases}$; $\begin{cases} x' = x+4 \\ y' = 2+y \end{cases}$; $\begin{cases} x' = -2+x \\ y' = \frac{1}{2}+y \end{cases}$.

264 ESERCIZIO GUIDA Trasliamo il triangolo di vertici $A(1;0)$, $B(2;5)$ e $C(-1;3)$ secondo il vettore $\vec{v}(3;-4)$.

Scriviamo le equazioni della traslazione.

$$\begin{cases} x' = x+3 \\ y' = y-4 \end{cases}$$

Determiniamo le coordinate dei punti corrispondenti ai vertici dati.

$A(1;0) \mapsto A'(4;-4)$

$B(2;5) \mapsto B'(5;1)$

$C(-1;3) \mapsto C'(2;-1)$

Disegniamo il vettore $\vec{v}$ con il primo estremo nell'origine e i due triangoli corrispondenti.

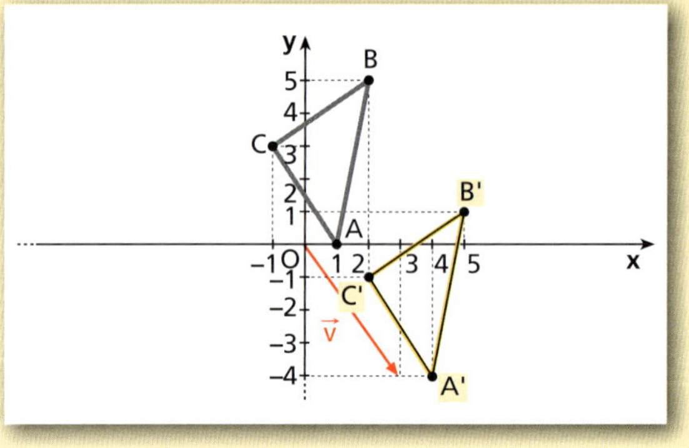

Trasla il poligono dei vertici indicati secondo il vettore $\vec{v}$ dato.

265 $A(-1;0)$, $B(-2;-5)$, $C(0;-1)$; $\vec{v}(7;0)$.

266 $A(0;2)$, $B(1;0)$, $C(4;0)$; $\vec{v}(-2;-4)$.

267 $A(-5;0)$, $B(-4;3)$, $C(-1;3)$, $D(0;1)$; $\vec{v}(6;-3)$.

268 $A(0;-4)$, $B(1;-6)$, $C(5;-2)$, $D(2;-2)$; $\vec{v}(1;6)$.

I punti indicati si corrispondono in una traslazione. Determina le equazioni della traslazione e le componenti del vettore di traslazione.

269 $A(1;-2) \mapsto A'(2;6)$.

270 $B\left(-3;\frac{1}{4}\right) \mapsto B'\left(2;\frac{3}{4}\right)$.

271 $C(-5;7) \mapsto C'(0;-1)$.

272 $D(10;-4) \mapsto D'(-2;-9)$

273 Una traslazione t trasforma il punto $P(-1; 3)$ in $P'(-2; -4)$. Scrivi le equazioni di t e trova le coordinate di un punto Q, sapendo che il suo trasformato nella traslazione t è $Q'(0; -5)$. $\left[t: \begin{cases} x' = x - 1 \\ y' = y - 7 \end{cases}; Q(1; 2)\right]$

274 Scrivi le equazioni della traslazione che porta B in C. Trasla il triangolo ABC, indicando le coordinate dei vertici del triangolo ottenuto.

$\left[\begin{cases} x' = x - 6 \\ y' = y + 2 \end{cases}; (-3; 2), (1; 4), (-5; 6)\right]$

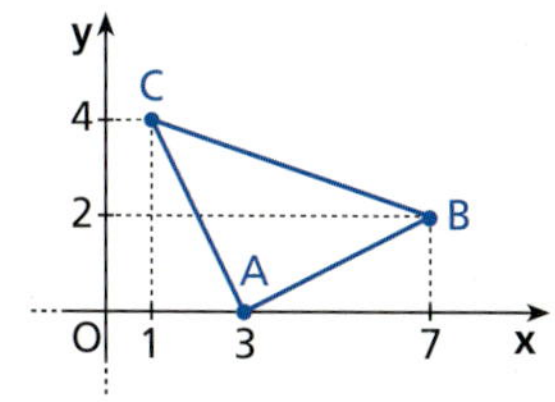

275 Trasla il triangolo di vertici $A(-1; 0)$, $B(2; 3)$ e $C(5; 0)$ secondo il vettore che fa corrispondere all'origine il punto $O'(1; -4)$ e determina l'area del triangolo traslato. [9]

Traslazione e grafico delle funzioni

▶ Teoria a p. 86

276 ESERCIZIO GUIDA Data la funzione $y = f(x)$ di equazione $y = -3x + 1$, scriviamo l'equazione della funzione $y = f'(x)$ ottenuta traslando $y = f(x)$ secondo il vettore $\vec{v}(-2; 3)$ e disegniamo il grafico.

Dall'equazione di $y = f(x)$ passiamo all'equazione $y = f(x - a) + b$, dove $a = -2$ e $b = 3$:

$$y = -3(x + 2) + 1 + 3 \rightarrow y = -3x - 2.$$

Disegniamo poi il grafico di $f(x)$ e di $f'(x)$.

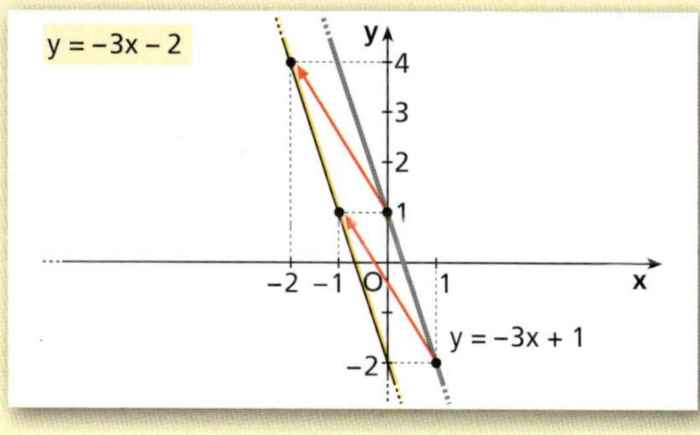

Assegnata la funzione $y = f(x)$, scrivi l'equazione della funzione ottenuta traslando $y = f(x)$ secondo il vettore indicato e traccia il grafico completo.

277 $y = 2x + 4$; $\vec{v}(3; -2)$. $[y = 2x - 4]$

278 $x - 2y + 2 = 0$; $\vec{v}\left(-1; -\frac{1}{2}\right)$. $\left[y = \frac{x}{2} + 1\right]$

279 $y = -x^2 + 1$; $\vec{v}(2; 3)$. $[y = -x^2 + 4x]$

280 $y = 4x^2 - 8x$; $\vec{v}(0; 3)$. $[y = 4x^2 - 8x + 3]$

281 Data la funzione $y = f(x)$ di equazione $x + \frac{1}{2}y - 4 = 0$, determina $y = f'(x)$ ottenuta con la traslazione di equazioni:

$$\begin{cases} x' = x + 3 \\ y' = y - 1. \end{cases}$$

$[y = -2x + 13]$

282 Determina il valore di a per cui la traslazione di vettore $\vec{v}(a; 0)$ trasforma la funzione di equazione $2y - x + 3 = 0$ in una funzione il cui grafico passa per l'origine. $[-3]$

ESERCIZI

Disegna il grafico della funzione indicata per prima e utilizzalo per rappresentare, mediante traslazioni, le funzioni scritte a fianco.

283 $y = -2x;\quad y = -2x + 3;\quad y = -2(x-1).$

284 $y = 3x;\quad y = 3(x+2);\quad y = 3x + 2.$

285 $y = x^2;\quad y = x^2 + 4;\quad y = (x-1)^2.$

286 $y = \sqrt{x};\quad y = \sqrt{x-2};\quad y = \sqrt{x} + 1.$

287 LEGGI IL GRAFICO A partire dal grafico della funzione $y = f(x)$, traccia i grafici di $y = f(x-1)$ e $y = f(x+1) - 2$.

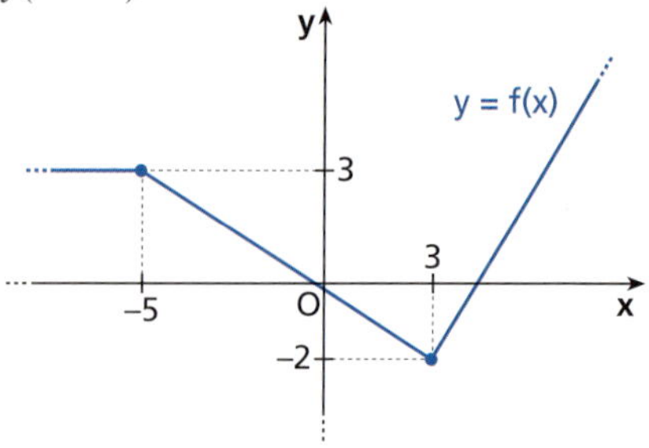

Simmetrie

▶ Teoria a p. 88

TEST

288 Le equazioni della simmetria assiale rispetto alla retta di equazione $y = -1$ sono:

A $\begin{cases} x' = -2 - x \\ y' = y \end{cases}$. B $\begin{cases} x' = x \\ y' = -2 - y \end{cases}$. C $\begin{cases} x' = -1 - x \\ y' = y \end{cases}$. D $\begin{cases} x' = x \\ y' = -2y \end{cases}$. E $\begin{cases} x' = x \\ y' = 2 - y \end{cases}$.

289 Solo una delle seguenti coppie di equazioni rappresenta una simmetria rispetto a una retta parallela all'asse y. Quale?

A $\begin{cases} x' = -4 - x \\ y' = y \end{cases}$ B $\begin{cases} x' = -6 + x \\ y' = y \end{cases}$ C $\begin{cases} x' = x \\ y' = -y + 8 \end{cases}$ D $\begin{cases} x' = x \\ y' = -2y \end{cases}$ E $\begin{cases} x' = -2x + 1 \\ y' = y \end{cases}$

Riconosci fra le seguenti equazioni quali rappresentano una simmetria, individuandone il tipo.

290 $\begin{cases} x' = x \\ y' = -4 + y \end{cases}$ $\begin{cases} x' = -x + 6 \\ y' = y \end{cases}$

293 $\begin{cases} x' = y \\ y' = x \end{cases}$ $\begin{cases} x' = 4 - x \\ y' = 6 - y \end{cases}$

291 $\begin{cases} x' = y \\ y' = x \end{cases}$ $\begin{cases} x' = -x \\ y' = y \end{cases}$

294 $\begin{cases} x' = -x \\ y' = y \end{cases}$ $\begin{cases} x' = 8 - x \\ y' = y \end{cases}$

292 $\begin{cases} x' = x \\ y' = -y \end{cases}$ $\begin{cases} x' = x \\ y' = -y + 2 \end{cases}$

295 $\begin{cases} x' = -x \\ y' = -y \end{cases}$ $\begin{cases} x' = x + 1 \\ y' = -4 + y \end{cases}$

296 ESERCIZIO GUIDA Data la retta r di equazione $x = -2$ e il quadrilatero di vertici $A(4; 1)$, $B(9; 1)$, $C(8; 7)$ e $D(2; 4)$, troviamo le coordinate dei vertici A', B', C', D', corrispondenti ad A, B, C, D nella simmetria assiale rispetto alla retta r, e successivamente troviamo le coordinate A'', B'', C'', D'' dei vertici corrispondenti di A', B', C', D' nella simmetria centrale rispetto all'origine O.

La retta r è parallela all'asse y. Le equazioni di una simmetria assiale di asse parallelo all'asse y con equazione $x = a$ sono del tipo

$$\begin{cases} x' = 2a - x \\ y' = y \end{cases} \xrightarrow[a=-2]{} \begin{cases} x' = -4 - x \\ y' = y \end{cases}$$

Scriviamo le coordinate dei punti simmetrici di A, B, C, D e disegniamo la figura.

$A(4; 1) \mapsto A'(-8; 1)$

$B(9; 1) \mapsto B'(-13; 1)$

$C(8; 7) \mapsto C'(-12; 7)$

$D(2; 4) \mapsto D'(-6; 4)$

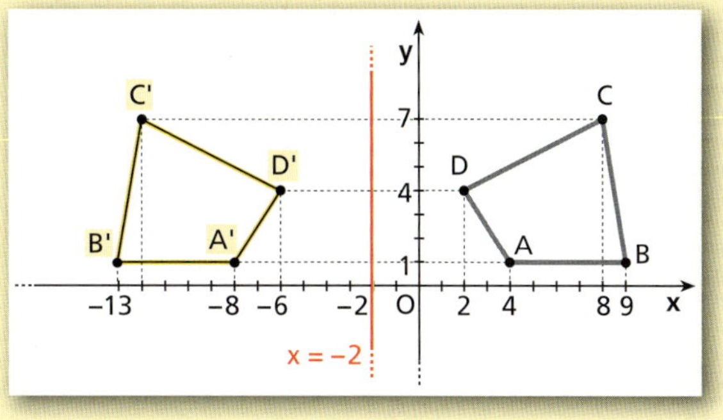

Le equazioni della simmetria centrale rispetto all'origine sono:

$$\begin{cases} x' = -x \\ y' = -y \end{cases}.$$

Scriviamo le coordinate dei punti simmetrici di A', B', C', D' e disegniamo la figura.

$A'(-8; 1) \mapsto A''(8; -1)$

$B'(-13; 1) \mapsto B''(13; -1)$

$C'(-12; 7) \mapsto C''(12; -7)$

$D'(-6; 4) \mapsto D''(6; -4)$

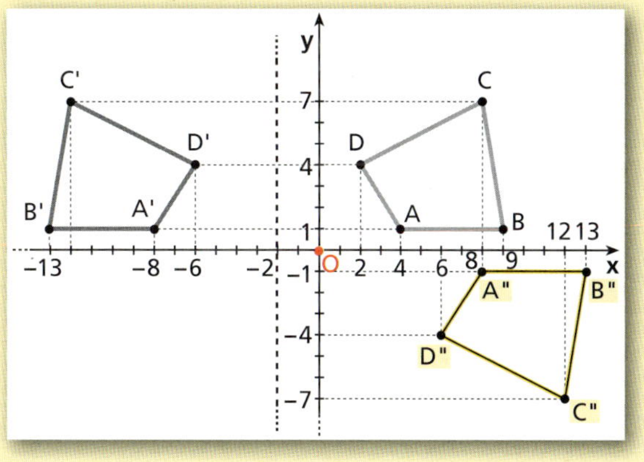

297 Dato il punto $A(-2; 1)$, determina le coordinate del punto simmetrico di A rispetto:

a. all'origine degli assi;

b. alla retta di equazione $y = -3$;

c. alla bisettrice del primo e terzo quadrante.

[a) $(2; -1)$; b) $(-2; -7)$; c) $(1; -2)$]

298 Dato il punto $B(5; 3)$, determina le coordinate del punto simmetrico di B rispetto:

a. all'asse x;

b. alla retta di equazione $x = 2$;

c. all'origine degli assi.

[a) $(5; -3)$; b) $(-1; 3)$; c) $(-5; -3)$]

Dati i vertici di un poligono e l'equazione dell'asse di una simmetria, scrivi le equazioni della simmetria assiale e determina i simmetrici dei poligoni assegnati. Disegna le figure.

299 Triangolo di vertici $A(-1; 3)$, $B(2; 6)$, $C(0; -1)$; asse di simmetria $x = 3$.

300 Triangolo di vertici $A(-2; 4)$, $B(1; 8)$, $C(3; 2)$; asse di simmetria $y = -1$.

301 Quadrilatero di vertici $A(4; 3)$, $B(-2; -6)$, $C(-3; 0)$, $D(-1; 7)$; asse di simmetria $y = x$.

302 Quadrilatero di vertici $A(-1; -1)$, $B(0; -4)$, $C(2; 0)$, $D\left(\frac{1}{2}; \frac{1}{4}\right)$; asse di simmetria l'asse x.

303 Dato il triangolo di vertici $A(0; 3)$, $B(1; 1)$, $C(4; 2)$, determina il suo simmetrico rispetto all'origine.

304 Dato il punto $A(3; -2)$ e detti B e C i suoi simmetrici rispetto alle rette di equazioni $x = 2$ e $y = 1$ rispettivamente, determina l'area del triangolo ABC. [6]

305 Dato il quadrilatero di vertici $A(-1; 3)$, $B(-3; 5)$, $C(0; 7)$ e $D(2; 6)$, trova le coordinate dei vertici del quadrilatero $A'B'C'D'$, simmetrico di $ABCD$ rispetto all'origine, e le coordinate dei vertici del quadrilatero $A''B''C''D''$, simmetrico di $A'B'C'D'$ rispetto alla retta di equazione $x = -1$. Disegna quindi le figure.

[$A'(1; -3)$, $B'(3; -5)$, ...; $A''(-3; -3)$, $B''(-5; -5)$, ...]

Le seguenti coppie di punti si corrispondono in una simmetria assiale. Individua l'asse di simmetria e le equazioni della trasformazione.

306 $P(2; -4)$, $P'(2; 4)$.

307 $P(3; 2)$, $P'(3; -6)$.

308 $A(4; 5)$, $A'(10; 5)$.

309 $B(-1; -2)$, $B'(1; -2)$.

310 $A(6; -9)$, $A'(-9; 6)$.

311 $A(-2; 4)$, $A'\left(\frac{5}{2}; 4\right)$.

312 Scrivi le equazioni della simmetria assiale che trasforma il triangolo ABC di vertici $A(0; 4)$, $B(3; 1)$ e $C(6; 5)$ nel triangolo $A'B'C'$, con $A'(-4; 4)$. Determina quindi le coordinate di B' e C'.

$\left[\begin{cases} x' = -4 - x \\ y' = y \end{cases}; B'(-7; 1), C'(-10; 5)\right]$

Simmetrie e grafico delle funzioni

Teoria a p. 89

313 **ESERCIZIO GUIDA** Data la funzione $y = f(x)$ di equazione $y = x^2 - 3x$, troviamo la funzione $y = f'(x)$, ottenuta con la simmetria di asse $y = 2$.

La simmetria assiale di asse $y = 2$ ha equazioni

$$\begin{cases} x' = x \\ y' = 4 - y \end{cases}$$

Ricaviamo x e y: $\begin{cases} x = x' \\ y = 4 - y' \end{cases}$, e sostituiamo nell'equazione di $f(x)$:

$$4 - y' = (x')^2 - 3(x') \rightarrow y' = -x'^2 + 3x' + 4.$$

Quindi $f'(x) = -x^2 + 3x + 4$.

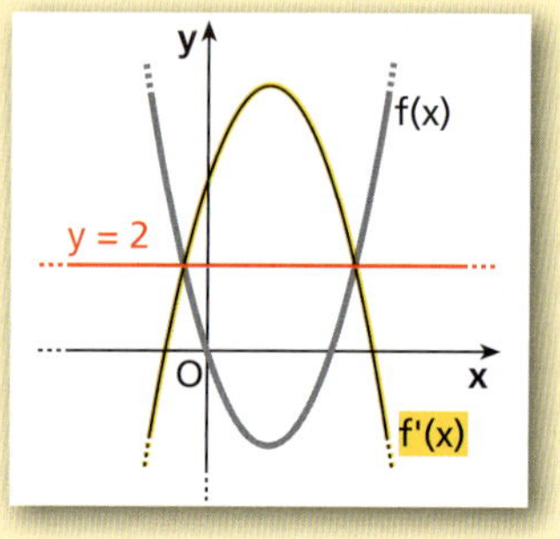

Determina l'equazione della funzione ottenuta applicando a $y = f(x)$ la simmetria indicata.

314 $y = 2x$; asse $x = 0$. $[y = -2x]$

315 $y = x^2 + 1$; asse $y = 0$. $[y = -x^2 - 1]$

316 $y = x + 4$; centro O. $[y = x - 4]$

317 $x - y + 2 = 0$; asse $y = 1$. $[y = -x]$

318 $y = x^2 + x$; asse $y = x$. $[x = y^2 + y]$

319 $y = -\frac{2}{x}$; asse $y = 3$. $\left[y = \frac{2}{x} + 6\right]$

320 Determina la funzione che ha il grafico simmetrico, rispetto alla retta di equazione $x = -2$, di quello della funzione $y = x^2 - 1$. $[y = x^2 + 8x + 15]$

321 Determina la funzione che ha, rispetto al grafico della funzione $y = -2x - 1$, il grafico simmetrico:
a. rispetto all'origine;
b. rispetto alla retta di equazione $y = -3$. [a) $y = -2x + 1$; b) $y = 2x - 5$]

322 **ESERCIZIO GUIDA** Consideriamo la funzione di equazione $y = (x-2)^2$. Determiniamo l'equazione e il grafico della funzione simmetrica rispetto:

a. all'asse x **b.** all'asse y **c.** all'origine.

a. La funzione simmetrica rispetto all'asse x ha equazione $y = -f(x)$, quindi $y = -(x-2)^2$.

b. La funzione simmetrica rispetto all'asse y ha equazione $y = f(-x)$, quindi $y = (-x-2)^2$.

c. La funzione simmetrica rispetto all'origine ha equazione $y = -f(-x)$, quindi $y = -(-x-2)^2$.

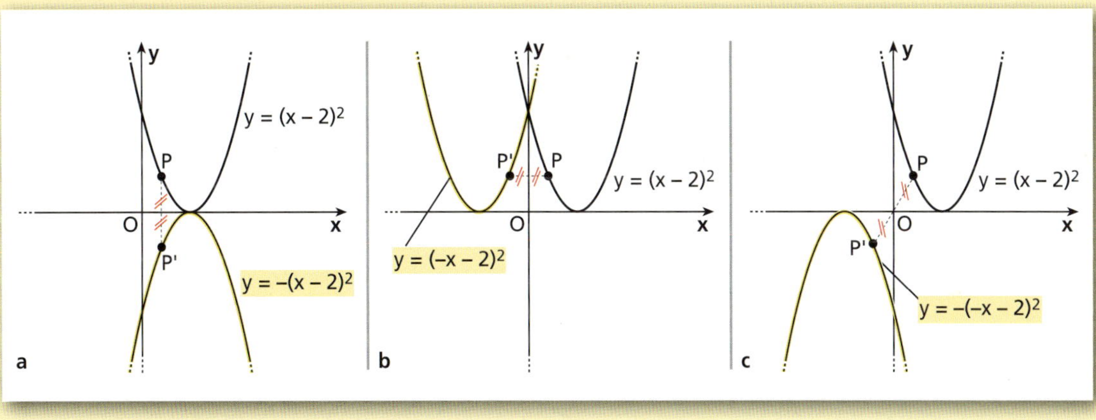

Disegna i grafici delle seguenti funzioni e, dopo aver determinato l'equazione, disegna il grafico della funzione simmetrica rispetto:
a. **all'asse** ***x*****;** **b.** **all'asse** ***y*****;** **c.** **all'origine.**

323 $y = (x+1)^2$

324 $y = 3x + 1$

325 $x + y - 4 = 0$

326 $y = -x^2$

327 $y = \sqrt{x}$

328 $y = |x|$

329 $y = \sqrt[3]{-x}$

330 $y = \dfrac{1}{x}$

331 $y = x^2 + 2x - 8$

332 $y = (x-1)^2$

333 $y = -(x^2 + 4x)$

334 $y = -x^2 + 1$

---

335 Verifica che il grafico della funzione $y = 4x^2$ è simmetrico rispetto all'asse y.

336 **REALTÀ E MODELLI** **Il ponte** Nella foto, che ritrae un ponte autostradale, si possono riconoscere delle trasformazioni geometriche.

a. Scrivi le equazioni della trasformazione geometrica che trasforma il grafico di $y = f(x)$ nel grafico di $y = f'(x)$.

b. La retta che congiunge i punti A e B nel riferimento Oxy ha equazione $y = 2x$. Scrivi l'equazione della funzione il cui grafico è formato dall'unione delle semirette AO e OB', essendo B' simmetrico di B rispetto all'asse x.

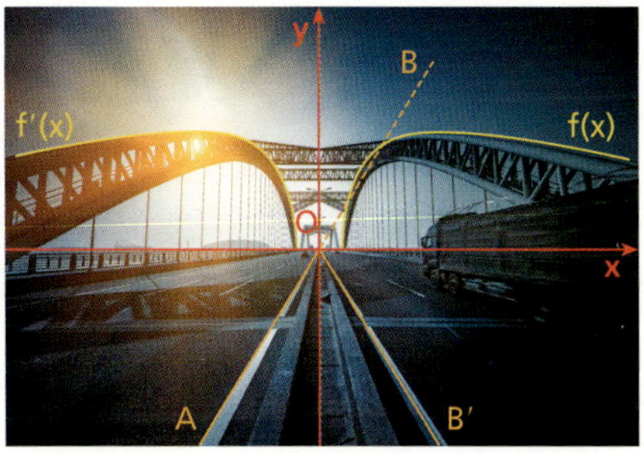

ESERCIZI

Funzioni con valori assoluti

▶ Teoria a p. 89

Il grafico di $y = |f(x)|$

337 ESERCIZIO GUIDA Disegniamo il grafico della funzione $y = \left|\frac{x}{2} - 1\right|$.

Per ottenere il grafico della funzione data:

- disegniamo il grafico di $y = \frac{x}{2} - 1$ (figura **a**);
- confermiamo il grafico precedente nell'intervallo in cui le ordinate dei punti sono positive o nulle, ossia per $x \geq 2$ (figura **b**);
- consideriamo il simmetrico rispetto all'asse x del grafico precedente nell'intervallo in cui le ordinate sono negative, ossia per $x < 2$ (figura **c**).

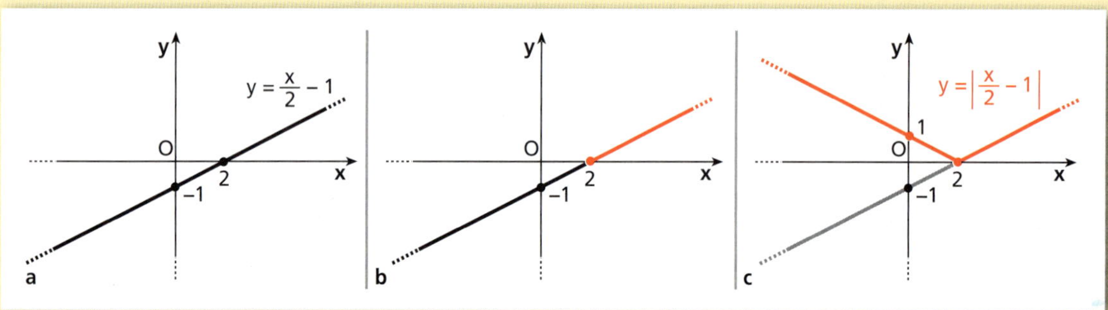

Disegna il grafico delle seguenti funzioni.

338 $y = |3x + 5|$; $y = |-x - 2|$.

339 $y = |x + 1|$; $y = \left|-\frac{x}{5} + \frac{7}{4}\right|$.

340 $y = |x^2 - 2x|$; $y = |x^2 - 9|$.

341 $y = |-x^2 + 4x|$; $y = \left|1 - \frac{x^2}{4}\right|$.

342 $y = -|2x - 6|$; $y = |-x^2 + 25|$.

343 $y = \left|\frac{1}{x}\right|$; $y = |-x^2 + 3x - 2|$.

344 $y = |x^2 - 4x + 3|$; $y = |\sqrt[3]{x}|$.

345 $y = -|x^2 - 16|$; $y = -\left|\frac{1}{x}\right|$.

Il grafico di funzioni del tipo $y = f(|x|)$

346 ESERCIZIO GUIDA Disegniamo il grafico della funzione $y = \frac{|x|}{2} - 1$.

Per ottenere il grafico della funzione data:

- disegniamo il grafico di $y = \frac{x}{2} - 1$ (figura **a**);
- confermiamo il grafico precedente nell'intervallo in cui le ascisse dei punti sono positive o nulle, ossia per $x \geq 0$ (figura **b**);

- consideriamo il simmetrico rispetto all'asse y del grafico precedente nell'intervallo in cui le ascisse sono negative, ossia per $x < 0$ (figura **c**).

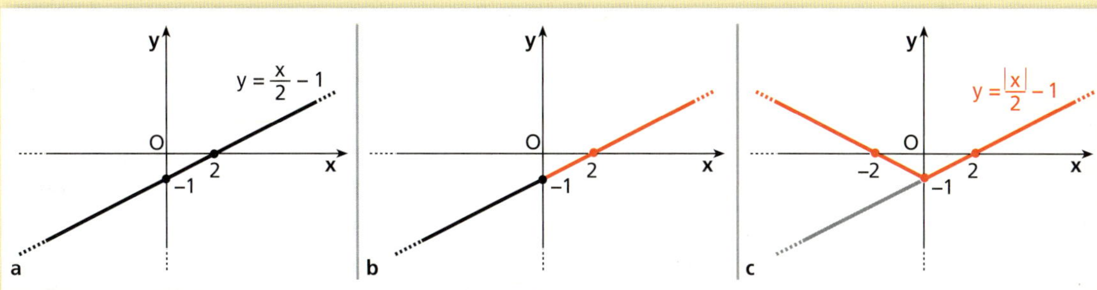

Disegna il grafico delle seguenti funzioni.

347 $y = |x| - 3;$ $\quad y = -3|x| + 1.$

348 $y = -x^2 + 6|x|;$ $\quad y = \dfrac{|x| - 1}{2}.$

349 $y = 2|x| - 4;$ $\quad y = 2x^2 - 4|x| + 2.$

350 $y = x^2 - 3|x| + 2;$ $\quad y = x^2 - 2|x|.$

351 $y = -|x| + 3;$ $\quad y = \sqrt{|x|}.$

352 $y = |x|^3;$ $\quad y = \sqrt[3]{|x|}.$

Dilatazione

▶ Teoria a p. 90

Riconosci tra le seguenti equazioni quali rappresentano una dilatazione e di che tipo.

353 $\begin{cases} x' = 2x \\ y' = \dfrac{1}{2}y \end{cases};$ $\quad \begin{cases} x' = 2 - x \\ y' = y \end{cases}.$

354 $\begin{cases} x' = -4x \\ y' = -2y \end{cases};$ $\quad \begin{cases} x' = x - 1 \\ y' = y + 2 \end{cases}.$

355 $\begin{cases} x' = 3x \\ y' = 3y \end{cases};$ $\quad \begin{cases} x' = -x \\ y' = y \end{cases}.$

356 $\begin{cases} x' = \dfrac{x}{4} \\ y' = y \end{cases};$ $\quad \begin{cases} x' = x \\ y' = 6y \end{cases}.$

Scrivi le equazioni della dilatazione con *m* e *n* assegnati e trova il corrispondente del punto *A*.

357 $m = 3, \quad n = 1;$ $\quad A(1; 4).$ $\quad [A'(3; 4)]$

358 $m = 1, \quad n = 2;$ $\quad A(-2; 1).$ $\quad [A'(-2; 2)]$

359 $m = \dfrac{1}{3}, \quad n = 1;$ $\quad A(6; -2).$ $\quad [A'(2; -2)]$

360 $m = \dfrac{1}{4}, \quad n = 2;$ $\quad A(4; 3).$ $\quad [A'(1; 6)]$

Scrivi le equazioni della dilatazione che trasforma il punto *P* nel punto *P'*.

361 $P(1; 3);$ $\quad P'(2; 3).$ $\quad \left[\begin{cases} x' = 2x \\ y' = y \end{cases}\right]$

362 $P(-2; 5);$ $\quad P'\left(-2; \dfrac{5}{2}\right).$ $\quad \left[\begin{cases} x' = x \\ y' = \dfrac{y}{2} \end{cases}\right]$

363 $P(3; 4);$ $\quad P'(9; 4).$ $\quad \left[\begin{cases} x' = 3x \\ y' = y \end{cases}\right]$

364 $P(2; -6);$ $\quad P'(4; -2).$ $\quad \left[\begin{cases} x' = 2x \\ y' = \dfrac{1}{3}y \end{cases}\right]$

365 **AL VOLO** Trova i vertici del quadrilatero Q', immagine del quadrato Q della figura nella dilatazione di equazioni $\begin{cases} x' = 4x \\ y' = \dfrac{1}{4}y \end{cases}$. Quanto vale il rapporto tra le aree di Q e Q'?

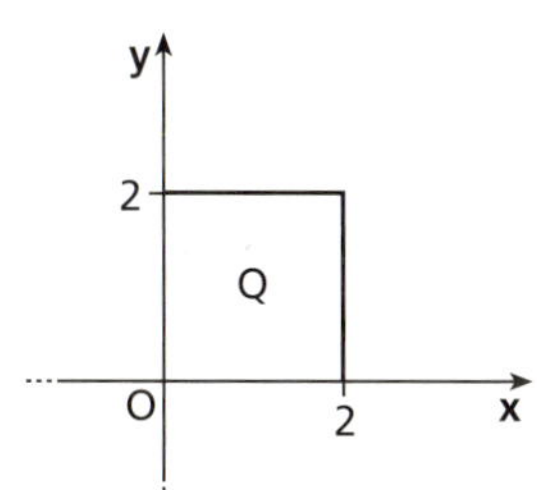

366 ESERCIZIO GUIDA Data la funzione $y = x^2 - 4$, troviamo le equazioni della sua immagine nella dilatazione con le equazioni indicate e rappresentiamo il suo grafico.

$$\begin{cases} x' = 2x \\ y' = y \end{cases}$$

$\begin{cases} x' = 2x \\ y' = y \end{cases} \rightarrow$ dilatazione orizzontale con $m = 2 > 1$ e $n = 1$.

Troviamo le equazioni inverse $\begin{cases} x = \dfrac{x'}{2} \\ y = y' \end{cases}$ e sostituiamo nell'equazione $y = x^2 - 4$, ottenendo:

$$y' = \left(\frac{x'}{2}\right)^2 - 4 \rightarrow y' = \frac{x'^2}{4} - 4.$$

Togliendo gli apici: $y = \dfrac{x^2}{4} - 4$.

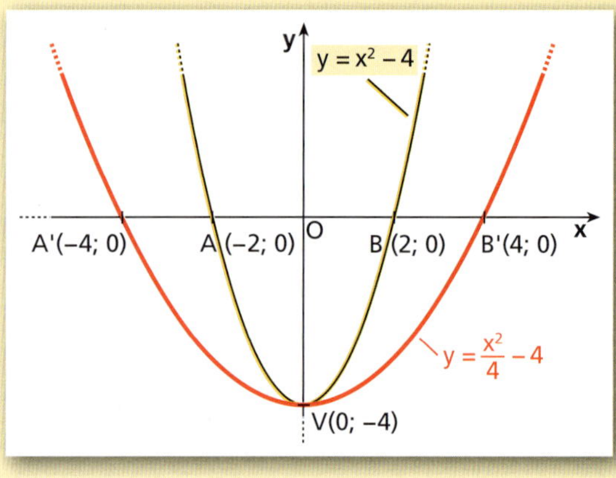

Nei seguenti esercizi, data l'equazione di una funzione e le equazioni di una dilatazione, determina l'equazione della funzione trasformata e rappresenta graficamente le due funzioni.

367 $y = -x^2 + 2x$; $\begin{cases} x' = 4x \\ y' = y \end{cases}$.

368 $y = |x^2 - 9|$; $\begin{cases} x' = x \\ y' = 2y \end{cases}$.

369 $y = (x - 2)^2$; $\begin{cases} x' = \dfrac{1}{2}x \\ y' = 4y \end{cases}$.

370 $y = x^2 - 6x + 5$; $\begin{cases} x' = 2x \\ y' = 3y \end{cases}$.

Disegna i grafici delle seguenti funzioni a partire da quelli di $y = |x|$, $y = x^2$, $y = x^3$, $y = \sqrt{x}$ e $y = \dfrac{1}{x}$.

371 $y = \dfrac{1}{4}|x|$; $y = \dfrac{x^2}{9}$.

372 $y = (2x)^2$; $y = \dfrac{x^2}{16}$.

373 $y = 2|x|$; $y = \dfrac{|x|}{2}$.

374 $y = 2\sqrt{x}$; $y = \sqrt{2x}$.

375 $y = \left(\dfrac{x}{4}\right)^3$; $y = 2x^3$.

376 $y = \dfrac{4}{x}$; $y = \dfrac{1}{2x}$.

Riepilogo: Trasformazioni geometriche e grafici delle funzioni

377 YOU & MATHS Explain how we can obtain this graph starting from the graph of $y = x^2$ by applying two geometric transformations.

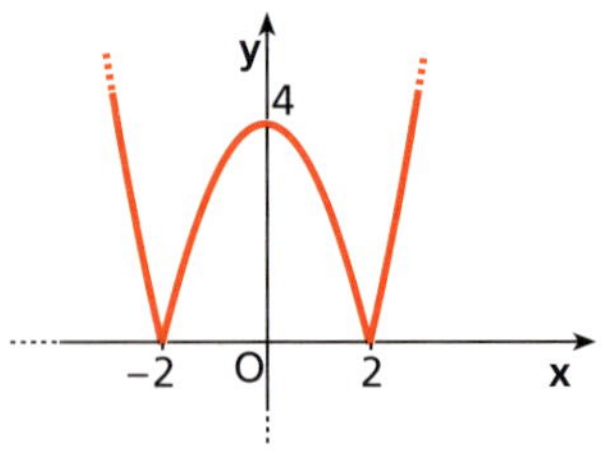

378 Disegna il grafico di $y = 1 + |x - 3|$ e verifica che è simmetrico rispetto alla retta di equazione $x = 3$.

Disegna il grafico delle seguenti funzioni applicando le trasformazioni geometriche a partire dai grafici noti.

379 $y = -|x| - 1$

380 $y = -\frac{x^2}{25} - 2$

381 $y = (x+1)^2 - 3$

382 $y = |x-3| + 2$

383 $y = -(x+3)^2 + 2$

384 $y = x^2 - 2|x| + 1$

385 $y = \frac{1}{4}(x+2)^2$

386 $y = \frac{1}{x} + 4$

387 $y = |x^3 - 1|$

388 $y = \frac{1}{x-1} + 2$

389 $y = |1 - 4x^2|$

390 $y = ||x| - 2|$

391 $y = |(x-2)^2 - 1|$

392 $y = -|x-1| + 1$

393 $y = \left|-\frac{1}{2}|x| + 1\right|$

394 Disegna il grafico di $y = f(x) = -\frac{1}{3}x + 1$. Traccia poi i grafici delle seguenti funzioni, dopo averne scritto l'espressione analitica.

a. $y = |f(x)|$; **b.** $y = -f(x)$; **c.** $y = f(x) + 1$; **d.** $y = f(x+1)$.

395 Come nell'esercizio precedente, ma con $y = -x^2 + 2x - 1$.

396 Disegna il grafico di $y = f(x) = x^2 - 4x$. Traccia poi i grafici delle seguenti funzioni, dopo averne scritto l'espressione analitica.

a. $y = -f(x)$; **b.** $y = f(-x)$; **c.** $y = f(|x|)$; **d.** $y = |f(|x|)|$.

397 Data la funzione $y = ax - 3$, determina a sapendo che al suo grafico appartiene il punto $P(2; 7)$ e rappresentala graficamente. Disegna poi il grafico simmetrico rispetto alla bisettrice del primo e terzo quadrante e determina l'equazione della funzione corrispondente. Cosa puoi dire sulle due funzioni? $\left[a = 5; y = \frac{1}{5}x + \frac{3}{5}\right]$

398 Data la funzione $f(x) = x^2 + bx$, determina b in modo che il grafico della funzione passi per il punto $A(2; -7)$ e rappresentala graficamente. Disegna quindi i grafici di $y = 2 - f(x)$ e $y = -|f(x)|$. $\left[-\frac{11}{2}\right]$

399 Data la funzione $f(x) = \frac{x+1}{x-2}$, determina l'equazione della funzione f' ottenuta da f con una traslazione di vettore $\vec{v}(-3; 2)$ e l'equazione della funzione f'' ottenuta da f con una simmetria rispetto alla retta di equazione $x = -3$. $\left[f'(x) = \frac{3x+6}{x+1}; f''(x) = \frac{x+5}{x+8}\right]$

400 REALTÀ E MODELLI **Acqua alta** Il grafico rappresenta la previsione dell'andamento della marea nell'alto Adriatico nell'arco di una giornata. Il Centro maree della città di Venezia deve aggiornare il grafico sapendo che per quel giorno è previsto un forte vento che causerà un innalzamento del livello del mare di ulteriori 50 cm. Inoltre la variazione del livello dell'acqua all'interno della laguna veneziana subisce un ritardo di 1 ora rispetto al mare aperto.

a. Scrivi le equazioni della trasformazione che permette di ottenere la previsione della marea in laguna.

b. A Venezia, piazza San Marco si trova a 90 cm dal livello 0 del mare. Alle ore 8 la piazza sarà sommersa dall'acqua? Dai una spiegazione qualitativa.

c. A che ora si registrerà a Venezia la punta più alta della marea?

$\left[a) \begin{cases} x' = x+1 \\ y' = y+50 \end{cases}; c) 19\right]$

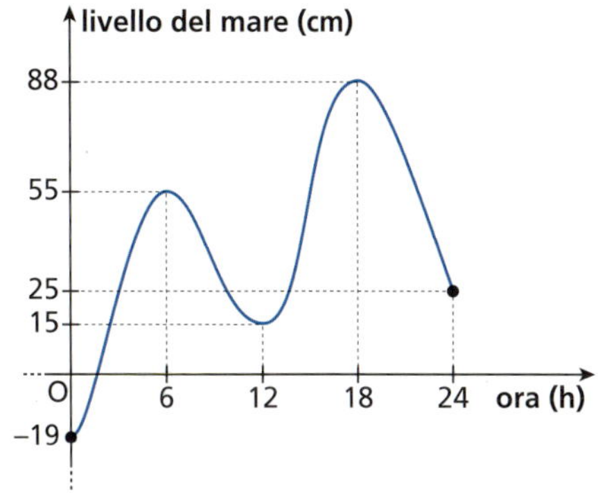

TUTOR matematica
Allenati con **15 esercizi interattivi** con feedback "hai sbagliato, perché…"
su.zanichelli.it/tutor3 risorsa riservata a chi ha acquistato l'edizione con tutor

VERIFICA DELLE COMPETENZE ALLENAMENTO

UTILIZZARE TECNICHE E PROCEDURE DI CALCOLO

Determina il dominio delle seguenti funzioni.

1 $y = \dfrac{x+1}{4-|x+1|}$ $[x \neq -5 \land x \neq 3]$

2 $y = \dfrac{\sqrt{x}}{x-2}$ $[x \geq 0 \land x \neq 2]$

3 $y = \dfrac{1}{x^2+4x+15}$ $[\forall x \in \mathbb{R}]$

4 $y = \sqrt{x^2-7x+12}$ $[x \leq 3 \lor x \geq 4]$

5 $y = \dfrac{9x^2}{\sqrt{2x-3}} + \dfrac{3x}{\sqrt{4-x}}$ $\left[\dfrac{3}{2} < x < 4\right]$

6 $y = \sqrt{\dfrac{x-x^2}{x^2+3}}$ $[0 \leq x \leq 1]$

ANALIZZARE E INTERPRETARE DATI E GRAFICI

7 Osservando il grafico di $f(x)$, determina:

a. dominio e codominio;
b. gli eventuali zeri;
c. se la funzione è pari o dispari;
d. gli intervalli in cui la funzione è crescente.

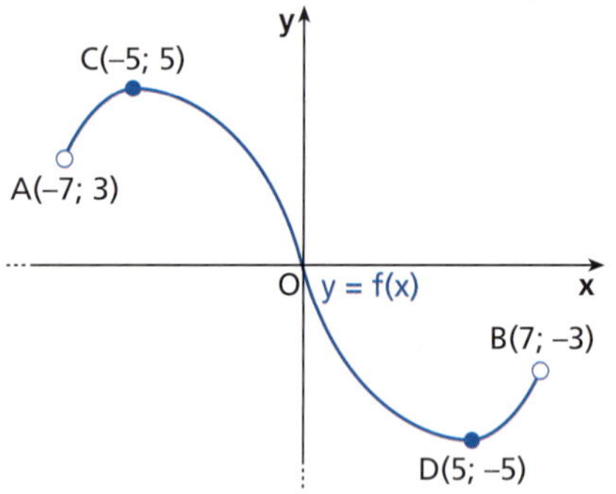

[a) D: $-7 < x < 7$, C: $-5 \leq y \leq 5$; b) $x = 0$; c) dispari; d) $-7 < x < -5 \lor 5 < x < 7$]

8 Osservando il grafico di $f(x)$:

a. determina dominio e codominio;
b. studia il segno;
c. determina l'immagine di -2 e 3 e la controimmagine di 6;
d. spiega perché la funzione non è biunivoca.

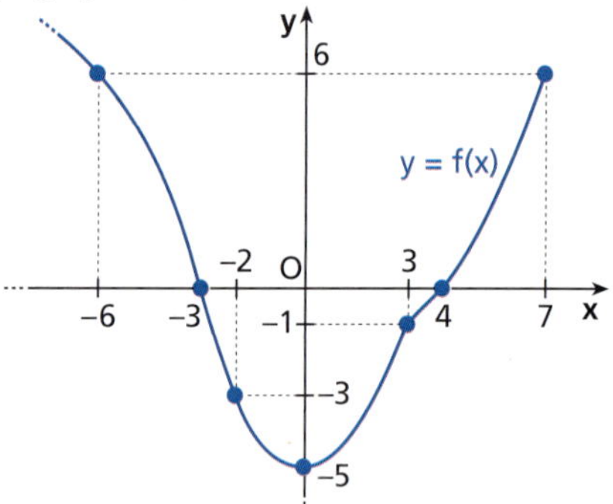

[a) D: $x \leq 7$, C: $y \geq -5$; b) $y > 0$: $x < -3 \lor 4 < x \leq 7$; c) $f(-2) = -3$, $f(3) = -1$, $f(-6) = f(7) = 6$]

RISOLVERE PROBLEMI

9 Data la funzione $y = 6x - 1$, determina il suo codominio se il dominio è $D = \{-3, -4, 1, 5, 8\}$. $[C = \{-19, -25, 5, 29, 47\}]$

10 Dimostra che $y = \dfrac{x^3}{|x|+4}$ è dispari.

11 Stabilisci se la funzione $y = \dfrac{2x}{x-1}$ è iniettiva, suriettiva, biunivoca.

12 Disegna il grafico della seguente funzione.

$$\begin{cases} y = \dfrac{3}{2}x & \text{se } x < 0 \\ y = -x + 2 & \text{se } x \geq 0 \end{cases}$$

Indica in quale intervallo è crescente e in quale decrescente. [cresc.: $x < 0$; decr.: $x > 0$]

Per ciascuna delle seguenti funzioni: determina il dominio; trova gli eventuali punti di intersezione del grafico con gli assi cartesiani; studia il segno; rappresenta nel piano cartesiano le regioni in cui si trova il grafico.

13 $f(x) = x^3 + 3x^2 - x - 3$ [D: $\mathbb{R}$; $f(x) = 0$: $x = \pm 1$; $x = -3$; $f(0) = -3$; $f(x) \geq 0$: $-3 \leq x \leq -1$; $x \geq 1$]

14 $f(x) = \dfrac{x^2-4}{x^2-6x}$ [D: $x \neq 0 \land x \neq 6$; $f(x) = 0$: $x = \pm 2$; $f(x) \geq 0$: $x \leq -2$; $0 < x \leq 2$; $x > 6$]

15 $f(x) = \dfrac{4-x^2}{\sqrt{x}}$ [D: $x > 0$; $f(x) = 0$: $x = 2$; $f(x) > 0$: $0 < x < 2$]

16 $f(x) = x^3 - 3$ e $g(x) = 3x - 1$. Trova $f \circ g$, $g \circ f$, $g(f(1))$ e $f(g(1))$ e risolvi l'equazione

$g(f(x)) - 3f(x) = g(2x) + 6.$

$[(f \circ g)(x) = 27x^3 - 27x^2 + 9x - 4; (g \circ f)(x) = 3x^3 - 10; g(f(1)) = -7; f(g(1)) = 5; x = -1]$

17 Calcola f^{-1}, g^{-1}, $f \circ g$, $(f \circ g)^{-1}$ e verifica che $(f \circ g)^{-1} = g^{-1} \circ f^{-1}$, con $f(x) = x - 1$ e $g(x) = 2x + 3$.

$\left[f^{-1}(x) = x + 1; g^{-1}(x) = \frac{x-3}{2}; (f \circ g)(x) = 2x + 2; (f \circ g)^{-1}(x) = \frac{x-2}{2}\right]$

18 Verifica che $y = x^3 - 2$ è invertibile e determina l'espressione analitica dell'inversa. $[y = \sqrt[3]{x+2}]$

Determina l'equazione della funzione ottenuta applicando a $y = f(x)$ la trasformazione indicata.

19 $y = 3x - 4$; traslazione di vettore $\vec{v}(-2; 2)$. $[y = 3x + 4]$

20 $y = \frac{1}{x+1}$; simmetria di asse $x = 3$. $\left[y = \frac{1}{7-x}\right]$

21 $y = 3 - x^3$; simmetria rispetto all'origine. $[y = -3 - x^3]$

22 Data la funzione $y = f(x)$ di equazione $x - 3y + 1 = 0$, determina $y = f'(x)$ che ha grafico simmetrico rispetto alla bisettrice del primo e terzo quadrante. Dove si incontrano i due grafici? $\left[y = 3x - 1; P\left(\frac{1}{2}; \frac{1}{2}\right)\right]$

Disegna il grafico delle seguenti funzioni applicando le trasformazioni geometriche.

23 $y = \sqrt{x-2} + 3$

24 $y = (x-1)^3$

25 $y = |x^2 - 1| - 1$

26 $y = 2|x| + 3$

---

27 Disegna il grafico della funzione $y = x^2 - 6x$. Traccia poi i grafici delle seguenti funzioni, dopo averne scritto l'espressione analitica: **a.** $y = -f(x)$; **b.** $y = f(-x)$; **c.** $y = f(x+1)$; **d.** $y = f(|x|)$; **e.** $y = |f(x)|$.

COSTRUIRE E UTILIZZARE MODELLI

28 Su un foglio rettangolare, che ha dimensioni 26 cm e 42 cm, viene stampato un testo lasciando in ognuno dei lati un bordo bianco di x cm. Scrivi una formula che fornisca la misura A dell'area della parte stampata al variare della misura x del bordo. Indica il dominio della funzione e quale valore essa assume per $x = 2$.
Se si vuole che l'area sia 897 cm², quanto deve misurare x? $[A = 1092 - 136x + 4x^2; D: [0; 13]; 836; x = 1,5]$

29 La finestra di un'antica chiesa ha la forma rappresentata nella figura; il suo perimetro è lungo 324 cm.

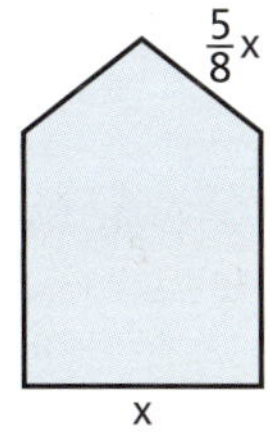

a. Scrivi la misura dell'area A in funzione della base x della finestra.

b. Scrivi il dominio della funzione A.

c. Se la base è lunga 1 m, quanto misura l'area?

$\left[a)\ A(x) = 162x - \frac{15}{16}x^2; b)\ D:]0; 144[; c)\ 6825\ cm^2\right]$

30 **Giocoleria** Se Filippo lancia verticalmente verso l'alto un diablo con una certa velocità, al variare del tempo t, la sua altezza h è espressa dalla funzione $h(t) = -5t^2 + 15t$.

a. Rappresenta per punti il grafico di $h(t)$.

b. È una funzione iniettiva?

c. Qual è la massima altezza raggiunta dal diablo?

d. Dove si trova dopo 3 secondi dal lancio?

[c) 11,25 m]

RISOLVIAMO UN PROBLEMA

Funzioni per l'archeologia

Nell'analisi dei reperti, per stimare l'altezza di una persona adulta in base alla lunghezza delle ossa ritrovate, gli archeologi utilizzano tabelle analoghe a quella riportata a lato. Le formule sono valide per altezze comprese tra 150 cm e 220 cm.

Sesso	Altezza in centimetri (h)	
	Data la lunghezza del femore in centimetri (f)	Data la lunghezza della tibia in centimetri (t)
M	$2,32f + 65,53$	$2,39t + 81,93$
F	$2,47f + 54,10$	$2,97t + 61,53$

- Individua dominio e codominio della funzione $h(f)$ per un adulto di sesso maschile.
- Determina l'espressione della funzione inversa di $h(f)$ e indicane dominio e codominio. Qual è la lunghezza del femore di un uomo la cui tibia misura 40,5 cm?
- Durante alcuni scavi sono stati rinvenuti un femore lungo 55,9 cm e una tibia lunga 44,1 cm. Ipotizzando che appartengano allo stesso soggetto, e basandosi esclusivamente su considerazioni relative alla tabella, è più realistico che appartengano a un uomo o a una donna? Perché?

▶ Ricaviamo dominio e codominio di *h(f)*.
Il codominio di $h(f)$ corrisponde ai valori (in centimetri) compresi tra i due indicati: $150 \leq h \leq 220$. Per determinare il dominio, è sufficiente in questo caso individuare le controimmagini dei due estremi del codominio, risolvendo dunque $h(f) = 150$ e $h(f) = 220$. L'intervallo che si trova è $36,41 \leq f \leq 66,58$.

▶ Calcoliamo l'inversa di *h* e la controimmagine di 40,5.
L'espressione analitica della funzione inversa h^{-1} si trova risolvendo in f l'equazione $h = 2,32f + 65,53$.

Una possibile scrittura è $f = \frac{h - 65,53}{2,32}$. Il dominio di h^{-1} corrisponde al codominio di h e viceversa.

Se la tibia dell'uomo è lunga 40,5 cm, in base alla formula contenuta nella seconda cella l'altezza dell'uomo sarà 178,73 cm. Applicando ora h^{-1} al valore trovato, si può stimare che la lunghezza del femore debba essere 48,79 cm (arrotondabile a 48,8 cm).

▶ Confrontiamo i dati con i valori in tabella.
Le formule contenute nella prima e nella seconda cella stimano, rispettivamente, altezze di 195,22 cm e 187,33 cm nel caso di un individuo di sesso maschile: uno scarto di 7,89 cm. Applicando invece le formule della terza e della quarta cella, si ottengono le stime di 192,17 cm e di 192,51 cm: lo scarto è in questo caso soltanto di 0,34 cm. È dunque più realistico che le ossa appartengano entrambe a una donna.

31 ●○ **Dolomiti e Toscana** Il grafico a lato rappresenta l'andamento della temperatura a Cortina, località sulle Dolomiti, durante una giornata estiva.

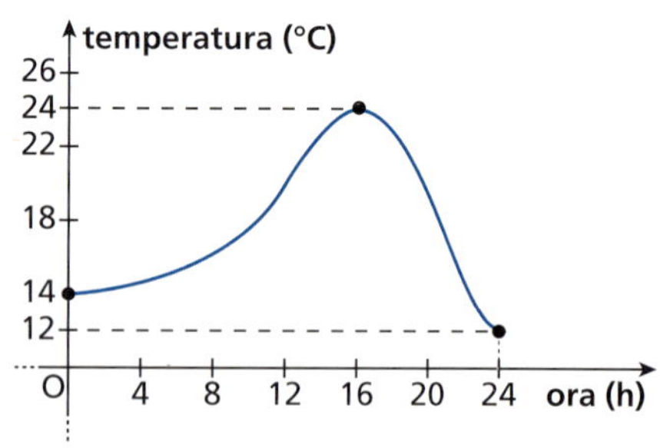

a. Individua dominio e codominio della funzione f corrispondente al grafico. La funzione è iniettiva? Suriettiva? Biunivoca?

b. A Firenze le temperature registrate durante lo stesso giorno sono di 6 °C più alte. Rappresenta graficamente la funzione g che descrive l'andamento nel tempo della temperatura a Firenze, e scrivi le equazioni della trasformazione geometrica che manda il grafico di f in quello di g. Quali sono dominio e codominio di g?

c. A che ora la temperatura a Firenze è la stessa che a Cortina a mezzogiorno?

$\left[\text{a) } D = [0; 24], C = [12; 24], \text{ suriet. ma non biuniv.; b) } \begin{cases} x' = x \\ y' = y + 6 \end{cases}, D_g = [0; 24], C_g = [18; 30]; \text{ c) } x = 0 \vee x = 22 \right]$

TUTOR matematica Allenati con **15 esercizi interattivi** con feedback "hai sbagliato, perché..."
su.zanichelli.it/tutor3 risorsa riservata a chi ha acquistato l'edizione con tutor

VERIFICA DELLE COMPETENZE PROVE

1 ora

PROVA A

1 COMPLETA osservando il grafico di $f(x)$.

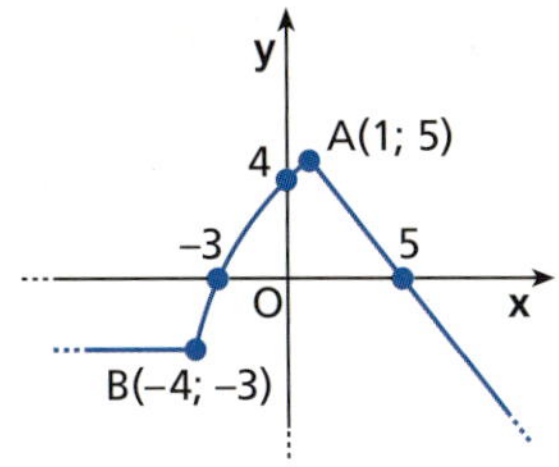

a. D: ☐; C: $y \leq$ ☐;

b. $f(-4) =$ ☐; $f($☐$) = 5$; $f(0) =$ ☐;

c. f è crescente per ☐ $< x <$ ☐;

d. $f(x) > 0$ per ☐ $< x <$ ☐.

2 Determina il dominio delle seguenti funzioni.

a. $y = \dfrac{2}{x^3 - 6x^2 + 9x}$ b. $y = \dfrac{x}{|x| - 4}$ c. $y = \dfrac{\sqrt{25 - x^2}}{x}$

3 Data la funzione $f(x) = \dfrac{x^2 + 6x}{1 - x}$, classificala, determina il suo dominio e i punti di intersezione del grafico con gli assi, studia il segno e rappresenta nel piano cartesiano le regioni in cui si trova il suo grafico.

4 Considera le funzioni $f(x) = 3x$ e $g(x) = \dfrac{x}{2} - 5$ e scrivi l'espressione analitica di f^{-1}, g^{-1}, $f \circ g$ e $(f \circ g)^{-1}$.

5 Data la funzione $y = f(x)$ di equazione $y = 2x - 1$, scrivi l'equazione di $y = f'(x)$ ottenuta traslando $y = f(x)$ secondo il vettore $\vec{v}(-1; 0)$ e disegna i grafici delle due funzioni.

6 A partire dal grafico di $y = \sqrt{x}$, disegna il grafico delle seguenti funzioni.

a. $y = \sqrt{x + 1} - 2$; b. $y = \sqrt{|x|}$.

PROVA B

1 **Mille paia di stivali** Un calzaturificio produce un modello di stivali con una spesa fissa mensile di € 4500 e un costo unitario di € 85 al paio, che aumenta a € 98 per ciascun paio prodotto dopo i primi 500 nel mese. Il prezzo di vendita è fissato in € 220, ma la vendita comporta un ulteriore costo complessivo, che espresso in euro è numericamente pari a 20 volte il quantitativo mensile di produzione. La capacità produttiva mensile dell'azienda è di 1000 paia di stivali.

a. Esprimi le funzioni costo, ricavo e guadagno in funzione del numero di stivali prodotti e rappresentale sul piano cartesiano.

b. Individua il dominio di tali funzioni e stabilisci in quali intervalli sono crescenti e decrescenti.

c. Calcola il numero di paia di stivali che l'azienda deve produrre (e vendere) per non essere in perdita e il massimo guadagno.

2 **Sconti e rincari** Sai che il prezzo x del biglietto di un aereo è stato rincarato del 10% ed è stato scontato del 10%. Scrivi in funzione di x il prezzo finale nell'ipotesi che sia avvenuto prima il rincaro e poi lo sconto e nell'ipotesi in cui lo sconto sia stato applicato prima del rincaro. C'è differenza fra i due prezzi? Motiva la risposta.

CAPITOLO

3 PIANO CARTESIANO E RETTA

1 Coordinate nel piano

▶ Esercizi a p. 142

Fissiamo un sistema di assi cartesiani ortogonali considerando due rette orientate tra loro perpendicolari, e per comodità scegliamo la prima orizzontale e la seconda verticale. Le due rette sono gli **assi** del riferimento e il loro punto di intersezione O è l'**origine**.

Fissata un'unità di misura su entrambi gli assi, possiamo rappresentare un punto mediante una coppia *ordinata* di numeri reali. Viceversa, fissato un punto Q, a esso corrisponde una coppia di numeri reali.

A ogni punto del piano corrisponde una e una sola coppia di numeri; viceversa, a ogni coppia di numeri corrisponde uno e un solo punto del piano.

Si è così creata *una corrispondenza biunivoca tra i punti del piano e le coppie ordinate di numeri reali.*

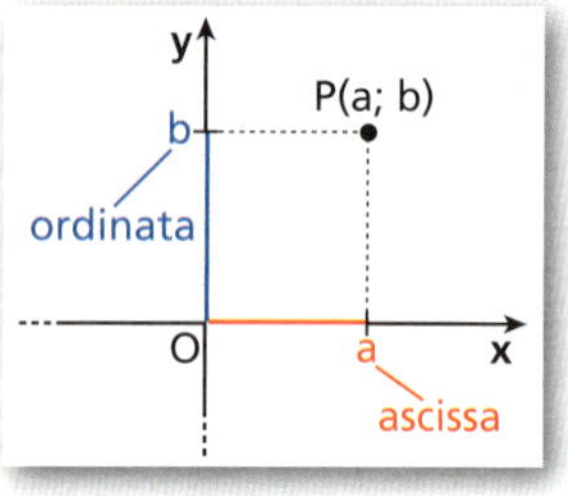

In ogni coppia di numeri, le **coordinate** del punto, il primo numero è l'**ascissa** e il secondo è l'**ordinata**. Usiamo la scrittura $P(x; y)$, che leggiamo «il punto P di coordinate x e y». L'asse orizzontale è l'**asse delle ascisse**, o anche **asse *x***; l'asse verticale è l'**asse delle ordinate** o anche **asse *y***.

Gli assi dividono il piano in quattro angoli retti, detti **quadranti**.

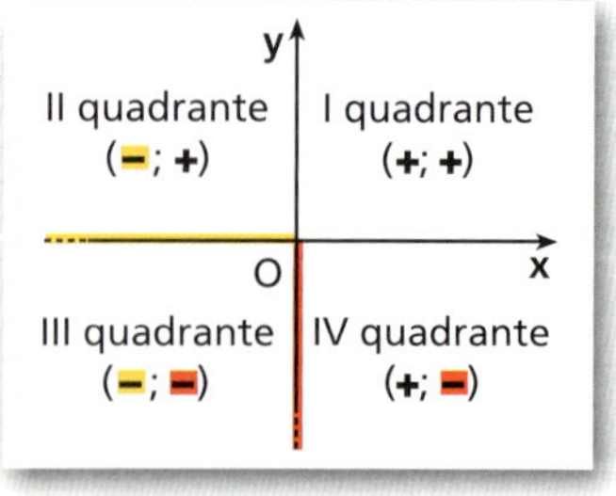

Le coordinate dei punti del piano sono positive o negative a seconda del quadrante in cui i punti si trovano. Nel primo e nel terzo quadrante, un punto ha ascissa e ordinata dello stesso segno; nel secondo e nel quarto quadrante, ha coordinate di segno opposto.
I punti dell'asse x hanno ordinata 0, quelli dell'asse y hanno ascissa 0. L'origine O ha coordinate (0; 0).

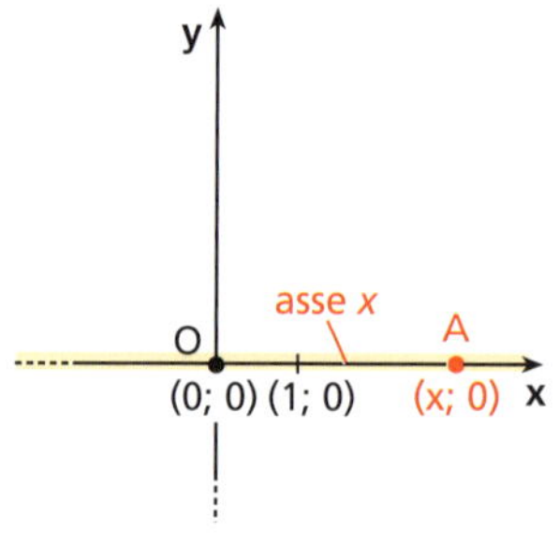

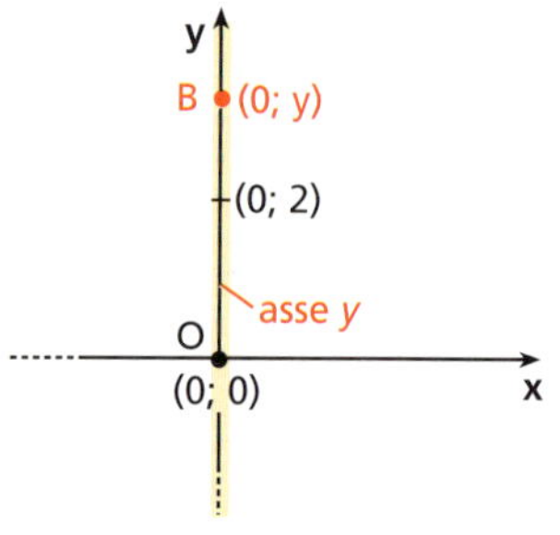

Listen to it

A **Cartesian coordinate system** in the plane is given by a pair of **axes** that intersect at a point called the **origin**; every point in the plane is uniquely identified by an **ordered pair of coordinates**, the **abscissa** (x) and the **ordinate** (y).

2 Lunghezza e punto medio di un segmento

Distanza fra due punti

Esercizi a p. 143

I punti hanno la stessa ordinata o la stessa ascissa

Animazione | La distanza fra due punti $A(x_A; y_A)$ e $B(x_B; y_B)$ che hanno la stessa ordinata $\boldsymbol{y_A = y_B}$ è la differenza delle loro ascisse, presa in valore assoluto, in modo da non doverci preoccupare di qual è la maggiore:

$$\overline{AB} = |x_B - x_A|.$$

Per esempio, nella figura **a**: $\overline{AB} = |x_B - x_A| = |3 - (-4)| = 7$.

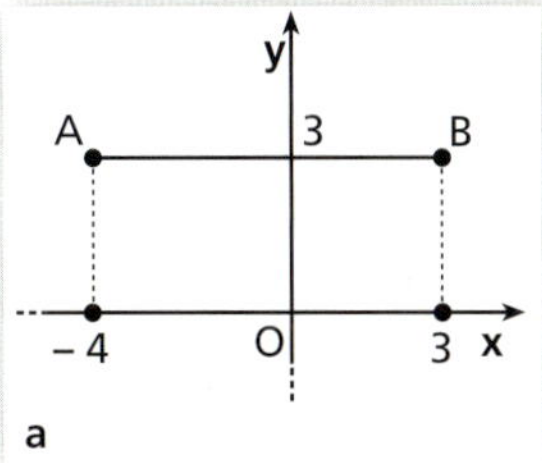

a

Analogamente, la distanza fra due punti $A(x_A; y_A)$ e $B(x_B; y_B)$ con la stessa ascissa $\boldsymbol{x_A = x_B}$ è:

$$\overline{AB} = |y_B - y_A|.$$

Per esempio, nella figura **b**: $\overline{AB} = |-1 - 5| = 6$.

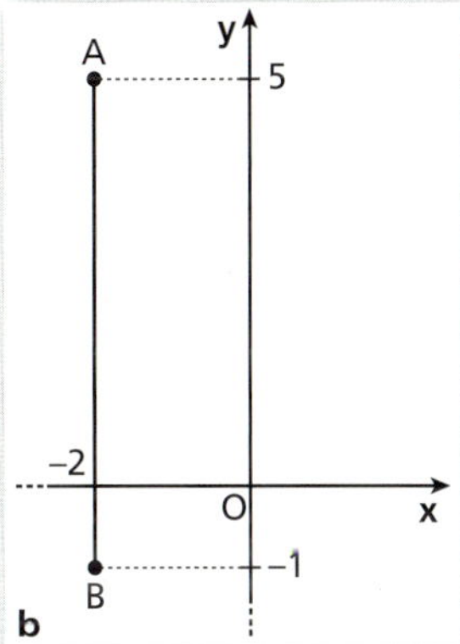

b

Il caso generale

Consideriamo il segmento AB non parallelo agli assi e applichiamo il teorema di Pitagora al triangolo rettangolo ABH:

$$\overline{AB} = \sqrt{\overline{AH}^2 + \overline{BH}^2}.$$

$$\overline{AH} = |x_B - x_A| \text{ e } \overline{BH} = |y_B - y_A|,$$

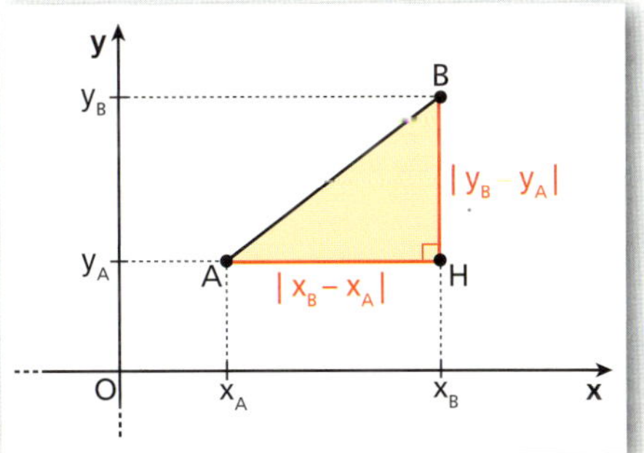

quindi:

$$\boldsymbol{AB = \sqrt{(x_B - x_A)^2 + (y_B - y_A)^2}}.$$

Per esempio, nella figura **c**:

$$\overline{AB} = \sqrt{(5-2)^2 + (7-3)^2} = \sqrt{3^2 + 4^2} = \sqrt{9 + 16} = 5.$$

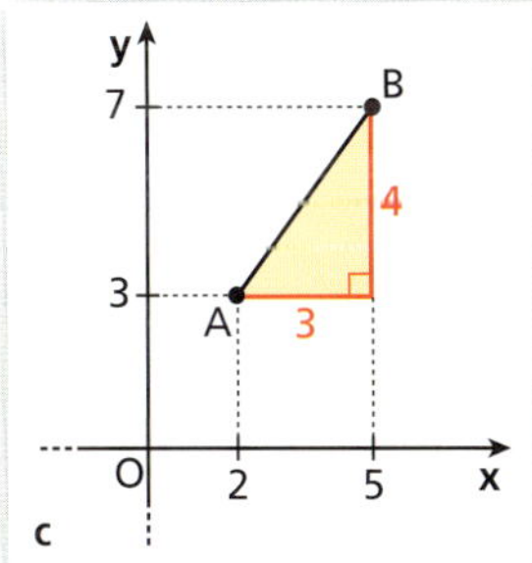

c

La formula comprende anche i due casi particolari precedenti.
Inoltre, la distanza di un punto $P(x; y)$ dall'origine O è:

$$\overline{OP} = \sqrt{x^2 + y^2}.$$

Punto medio di un segmento

Esercizi a p. 146

Animazione | Consideriamo i punti $A(x_A; y_A)$ e $B(x_B; y_B)$. Vogliamo calcolare le coordinate del punto medio M del segmento AB.

Dopo aver tracciato le parallele agli assi passanti per i punti A, B e M, applichiamo il teorema del fascio di rette parallele: dato un fascio di rette parallele tagliato da due trasversali, a segmenti congruenti su una trasversale corrispondono segmenti congruenti sull'altra trasversale.

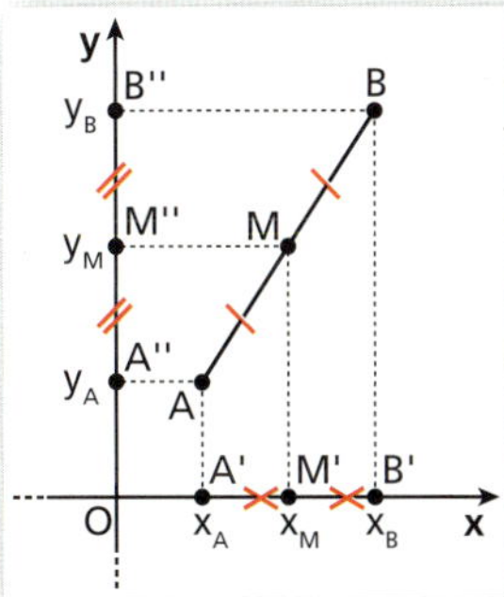

$AM \cong MB$, perché M è punto medio di AB, quindi $A'M' \cong M'B'$ e $A''M'' \cong M''B''$.

$$\overline{A'M'} = \overline{M'B'}, \quad \text{quindi} \quad |x_M - x_A| = |x_B - x_M|.$$

Poiché $x_A < x_M$ e $x_M < x_B$, scriviamo le differenze senza il valore assoluto:

$$x_M - x_A = x_B - x_M.$$

Ricaviamo x_M:

$$x_M + x_M = x_A + x_B \rightarrow 2x_M = x_A + x_B \rightarrow x_M = \frac{x_A + x_B}{2}.$$

Con considerazioni analoghe, sapendo che $\overline{A''M''} = \overline{M''B''}$, otteniamo:

$$y_M = \frac{y_A + y_B}{2}.$$

In sintesi, dati i punti $A(x_A; y_A)$ e $B(x_B; y_B)$, il punto medio M del segmento AB ha coordinate:

$$\boldsymbol{x_M = \frac{x_A + x_B}{2}, \quad y_M = \frac{y_A + y_B}{2}}.$$

ESEMPIO

Determiniamo il punto medio M del segmento AB con $A(2; 1)$ e $B(8; 5)$.

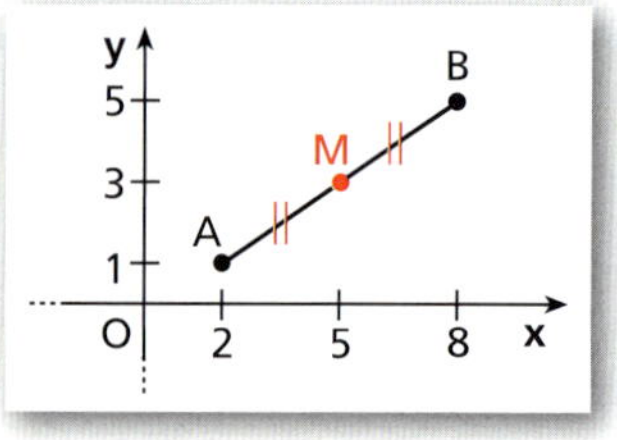

$$x_M = \frac{x_A + x_B}{2} = \frac{2+8}{2} = 5; \quad y_M = \frac{y_A + y_B}{2} = \frac{1+5}{2} = 3.$$

▶ Determina il punto medio del segmento che ha per estremi i punti $(-2; 0)$ e $(4; -3)$.

Baricentro di un triangolo

Il baricentro di un triangolo è il punto di incontro delle tre mediane. Ognuna di esse è divisa dal baricentro in due parti tali che quella che ha un estremo nel vertice è doppia dell'altra. Tenendo conto di questa proprietà e delle formule del punto medio di un segmento, si può dimostrare che in un triangolo, di vertici $A(x_A; y_A)$, $B(x_B; y_B)$ e $C(x_C; y_C)$, le coordinate del baricentro G sono:

$$\boldsymbol{x_G = \frac{x_A + x_B + x_C}{3}, \quad y_G = \frac{y_A + y_B + y_C}{3}}.$$

ESEMPIO

Il triangolo ABC ha per vertici i punti $A(0; -1)$, $B(6; 2)$, $C(3; 5)$.
Il suo baricentro G ha coordinate:

$$x_G = \frac{0+6+3}{3} = 3,$$

$$y_G = \frac{-1+2+5}{3} = 2.$$

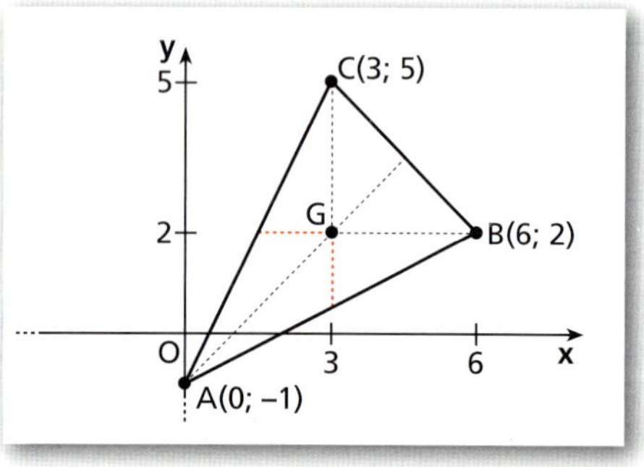

▶ Calcola le coordinate del baricentro del triangolo di vertici $(-5; -2)$, $(-3; -2)$, $(-4; 4)$.

3 Rette nel piano cartesiano

Equazioni lineari e rette

▶ Esercizi a p. 149

Equazione della retta in forma implicita

Un'equazione lineare in due variabili x e y è un'equazione di primo grado per entrambe le incognite. Può essere scritta nella forma:

$$ax + by + c = 0, \qquad \text{con } a, b, c \in \mathbb{R} \ (a \text{ e } b \text{ non entrambi nulli}).$$

Una soluzione dell'equazione è una coppia $(x_0; y_0)$ di numeri reali che la soddisfa.

ESEMPIO

Data l'equazione $3x + 2y - 6 = 0$, per $x = 1$:

$$3 \cdot 1 + 2y - 6 = 0 \quad \rightarrow \quad 2y = 3 \quad \rightarrow \quad y = \frac{3}{2}.$$

La coppia $\left(1; \frac{3}{2}\right)$ è soluzione dell'equazione.

MATEMATICA E TECNOLOGIA

I robot cartesiani I robot cartesiani sono macchine che permettono di realizzare processi industriali di precisione, tagliando, forando o sagomando materiali.

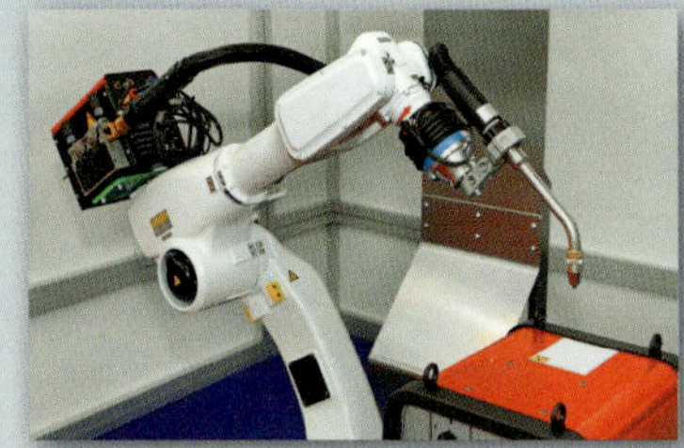

▶ Come sfruttano le coordinate cartesiane i robot?

La risposta

▶ Trova alcune soluzioni dell'equazione $y - x + 4 = 0$.

Le soluzioni sono infinite e per ottenerle basta sostituire a x un qualsiasi numero reale e determinare il corrispondente valore di y.
Data un'equazione lineare in due variabili, a ogni soluzione corrisponde un punto del piano cartesiano, mentre, dato un punto, non sempre le sue coordinate sono una delle infinite soluzioni dell'equazione. Queste soluzioni corrispondono ai punti di una retta e soltanto a essi.
In altre parole, si può dimostrare che a ogni retta del piano cartesiano corrisponde un'equazione lineare in due variabili e, viceversa, a ogni equazione lineare in due variabili corrisponde una retta. Diciamo allora che

$$ax + by + c = 0$$

è l'**equazione di una retta**, che è detta **equazione di una retta in forma implicita** perché nessuna delle variabili è ricavata in funzione dell'altra.

Retta parallela all'asse *x*

Detto $A(0; k)$ il punto di intersezione con l'asse y di una retta parallela all'asse x:

- tutti i punti della retta hanno ordinata k;
- ogni punto di ordinata k appartiene alla retta.

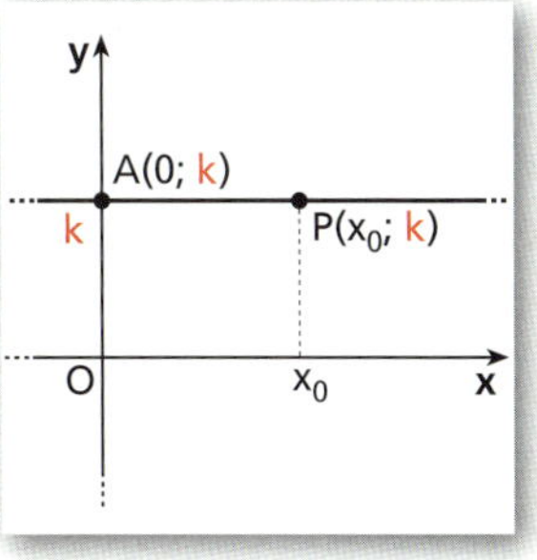

Quindi *tutti e soli* i punti della retta soddisfano l'equazione:

$y = k$. — equazione di una retta parallela all'asse x

Per esempio, $y = -2$ è l'equazione della retta parallela all'asse x i cui punti hanno tutti ordinata -2.

Se $k = 0$, la retta coincide con l'asse x, che ha quindi equazione:

$y = 0$. — equazione dell'asse x

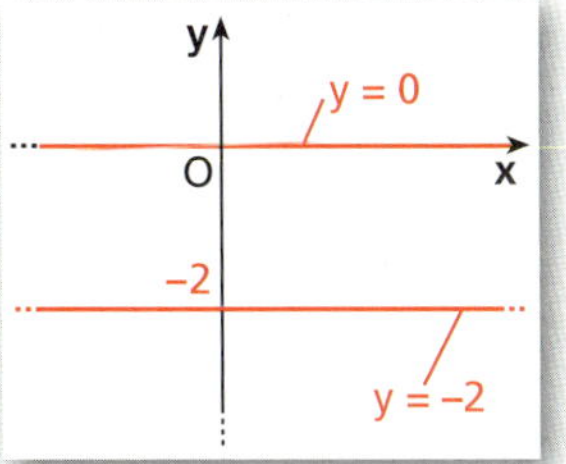

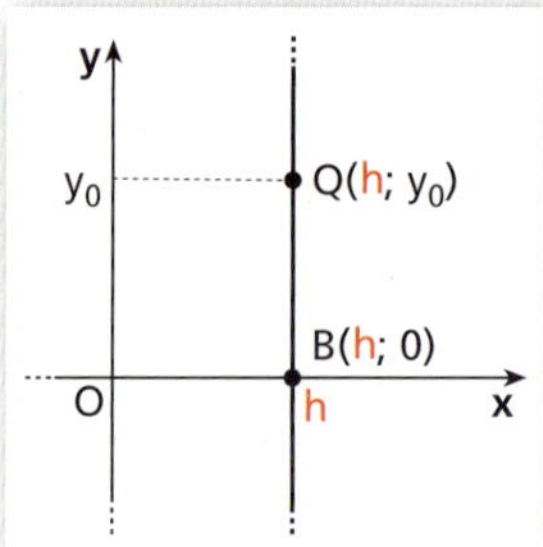

Retta parallela all'asse *y*

Detto $B(h; 0)$ il punto di intersezione con l'asse x di una retta parallela all'asse y:

- tutti i punti della retta hanno ascissa h;
- ogni punto di ascissa h appartiene alla retta.

Quindi *tutti e soli* i punti della retta soddisfano l'equazione:

$$x = h. \quad \text{equazione di una retta parallela all'asse } y$$

Per esempio, $x = \frac{1}{2}$ è l'equazione della retta parallela all'asse y i cui punti hanno tutti ascissa $\frac{1}{2}$.

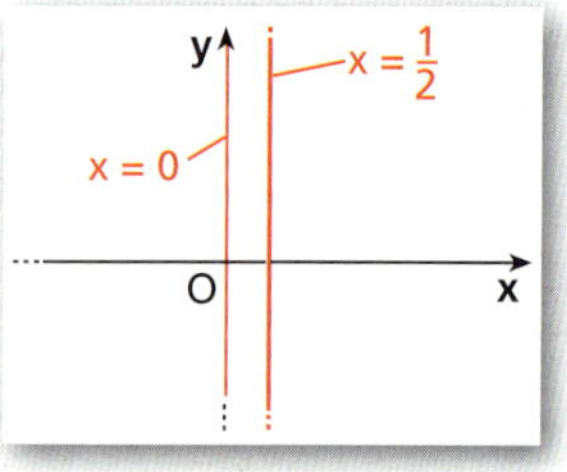

Se $h = 0$, la retta coincide con l'asse y, che ha quindi equazione:

$$x = 0. \quad \text{equazione dell'asse } y$$

Retta passante per l'origine

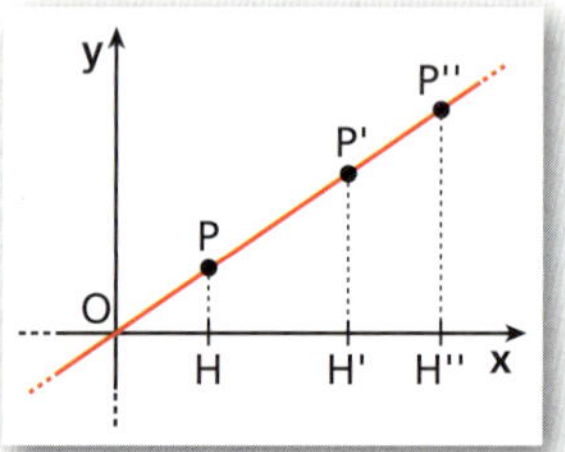

Data una retta passante per l'origine, che non sia parallela all'asse y, prendiamo a caso alcuni suoi punti, per esempio quelli della figura, P, P', P''. Consideriamo le loro proiezioni H, H', H'' sull'asse x. I triangoli OPH, $OP'H'$, $OP''H''$ sono simili tra loro, quindi:

$$\frac{PH}{OH} = \frac{P'H'}{OH'} = \frac{P''H''}{OH''}.$$

Considerando le coordinate dei punti, possiamo allora scrivere:

$$\frac{y_P}{x_P} = \frac{y_{P'}}{x_{P'}} = \frac{y_{P''}}{x_{P''}} = m,$$

dove m è un numero reale *costante*. Tutti i punti della retta godono di questa proprietà e, viceversa, si può dimostrare che la proprietà è vera soltanto per essi. Quindi l'equazione di una retta passante per l'origine, non parallela all'asse y, è:

$$y = mx,$$

dove la costante m è detta **coefficiente angolare**.

Chiamiamo **angolo fra retta e asse *x*** l'angolo α che ha per vertice il loro punto di intersezione e come lati la semiretta costituita dai punti della retta con ordinata positiva e la semiretta sull'asse x di verso positivo.

Il coefficiente angolare fornisce informazioni su tale angolo, ossia sulla «pendenza» della retta rispetto all'asse x.

Nella figura possiamo osservare come varia m al variare dell'angolo α:

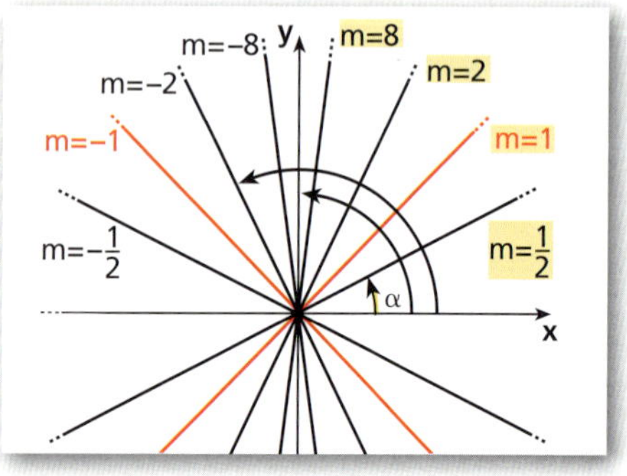

- se α è acuto, m assume valori sempre maggiori man mano che l'angolo si avvicina all'angolo retto;
- se α è retto, non esiste un corrispondente valore di m in quanto l'asse y non ha equazione esprimibile nella forma $y = mx$;

Video

Coordinate geografiche

- Come funzionano le coordinate geografiche terrestri?
- Come possono essere rappresentate su un piano?

- se α è ottuso, m è negativo e assume valori sempre minori all'avvicinarsi di α all'angolo retto.

Se $m = 1$, i punti della retta hanno l'ascissa uguale all'ordinata (figura **a**). Il triangolo OHP è rettangolo e isoscele, quindi $H\widehat{O}P$ è metà dell'angolo retto:

$\boldsymbol{y = x}$. —— equazione della bisettrice del primo e terzo quadrante

Analogamente, se $m = -1$ (figura **b**), il triangolo OKQ è rettangolo e isoscele e l'angolo $K\widehat{O}Q$ è metà dell'angolo retto:

$\boldsymbol{y = -x}$. —— equazione della bisettrice del secondo e quarto quadrante

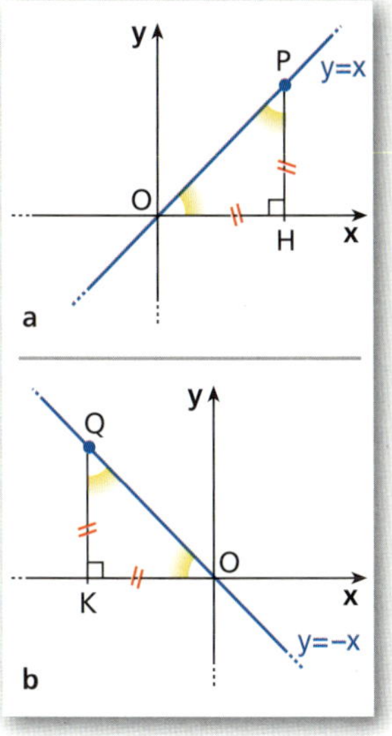

Retta generica non parallela all'asse *y*

Si può dimostrare che l'equazione di una retta generica non parallela all'asse y è del tipo:

$\boldsymbol{y = mx + q}$,

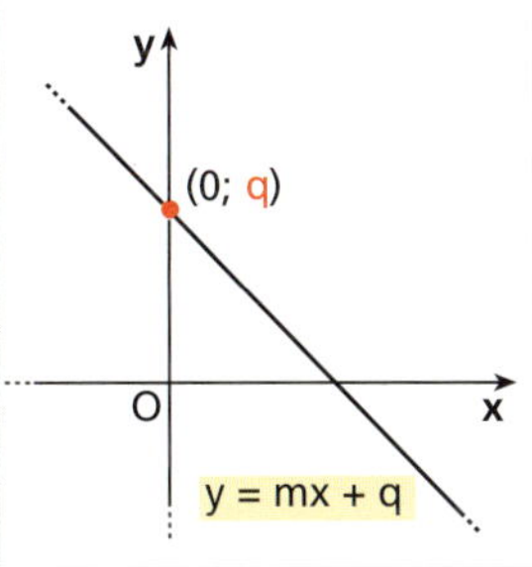

dove m è il **coefficiente angolare** della retta e la costante q è detta **ordinata all'origine** e rappresenta l'ordinata del punto di intersezione della retta con l'asse y. Se $q = 0$, la retta passa per l'origine.

L'equazione $y = mx + q$ è detta **equazione della retta in forma esplicita**.

A differenza dell'equazione in forma implicita, *l'equazione della retta in forma esplicita non è un'equazione generale*, in quanto, al variare di m e q, non si ottengono tutte le rette del piano: sono escluse le rette parallele all'asse y.

Animazione

Nell'animazione studiamo le caratteristiche della retta di equazione $y = mx + q$, al variare di m e q.

Equazione di una retta passante per un punto e di coefficiente angolare noto

▶ Esercizi a p. 154

Se una retta, non parallela all'asse y, passa per un punto $P(x_1; y_1)$, le coordinate del punto devono soddisfare l'equazione

$$y = mx + q,$$

quindi

$$y_1 = mx_1 + q.$$

Sottraendo i due membri della seconda uguaglianza a quelli della prima, otteniamo:

$\boldsymbol{y - y_1 = m \cdot (x - x_1)}$. —— equazione della retta di coefficiente angolare m passante per $P(x_1; y_1)$

Animazione

Guarda nell'animazione cosa succede modificando m o le coordinate di P.

ESEMPIO

L'equazione della retta di coefficiente angolare $\frac{3}{4}$ e passante per $P(1; 2)$ è:

$$y - 2 = \frac{3}{4} \cdot (x - 1) \quad \rightarrow \quad y = \frac{3}{4}x + \frac{5}{4}.$$

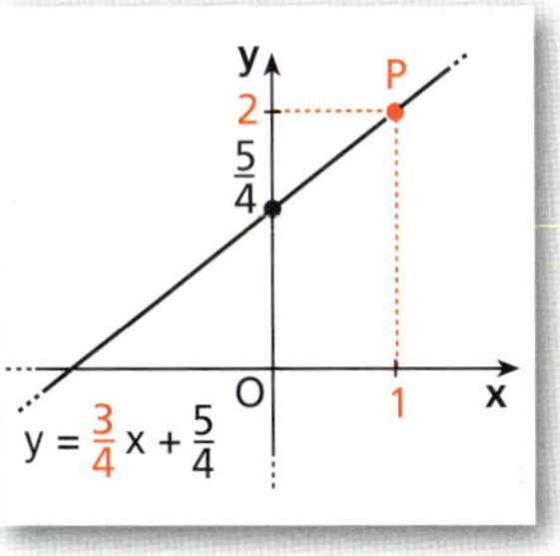

▶ Scrivi l'equazione della retta che passa per il punto (1; 1) e ha coefficiente angolare 5.

Coefficiente angolare, note le coordinate di due punti

▶ Esercizi a p. 155

Ricaviamo il coefficiente angolare m di una retta di equazione $y = mx + q$ in funzione delle coordinate di due suoi punti distinti, $A(x_1; y_1)$ e $B(x_2; y_2)$.

$y_1 = mx_1 + q$, perché A è un punto della retta;

$y_2 = mx_2 + q$, perché B è un punto della retta.

Sottraendo membro a membro la prima equazione dalla seconda:

$$y_2 - y_1 = mx_2 - mx_1 \quad \rightarrow \quad y_2 - y_1 = m(x_2 - x_1) \quad \rightarrow \quad m = \frac{y_2 - y_1}{x_2 - x_1}.$$

PROPRIETÀ

Il **coefficiente angolare** di una retta *non parallela all'asse y* è il rapporto fra la differenza delle ordinate e la differenza delle ascisse di due punti distinti della retta:

$$\boldsymbol{m = \frac{y_2 - y_1}{x_2 - x_1}}.$$

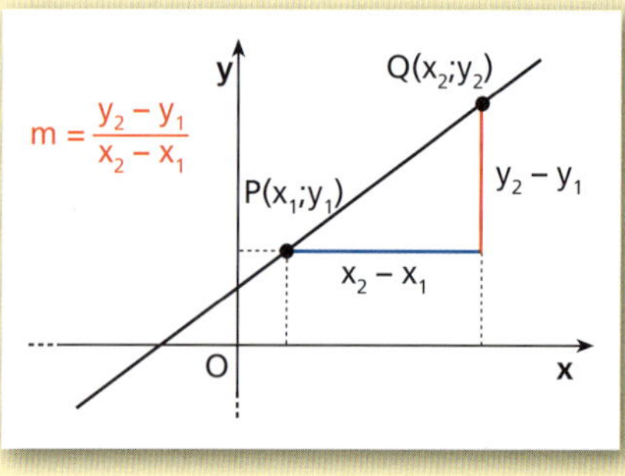

Animazione

Nell'animazione, oltre alla dimostrazione della proprietà, trovi figure dinamiche per:

- verificare che il coefficiente angolare di una retta non varia se consideri due punti diversi;
- comprendere il significato del coefficiente angolare come *pendenza* della retta.

Listen to it

For a generic line the **slope** is the ratio of the difference between the *y*-coordinates to the difference between the *x*-coordinates of two points on the line. This definition does not apply to vertical lines.

ESEMPIO

I punti $A\left(1; \frac{8}{3}\right)$ e $B(3; 4)$ appartengono alla retta di equazione:

$$y = \frac{2}{3}x + 2.$$

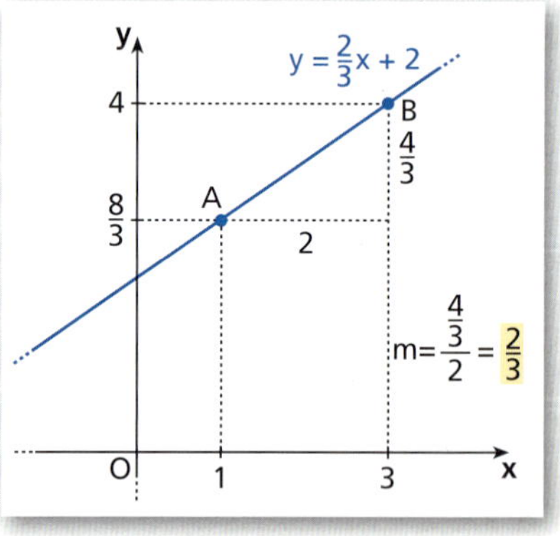

Il coefficiente angolare $\frac{2}{3}$ può essere calcolato con il rapporto:

$$m = \frac{4 - \frac{8}{3}}{3 - 1} = \frac{\frac{4}{3}}{2} = \frac{4}{3} \cdot \frac{1}{2} = \frac{2}{3}.$$

▶ Calcola il coefficiente angolare della retta che passa per l'origine e per il punto $(6; 2)$.

La proprietà che abbiamo ricavato fa comprendere che il coefficiente angolare è il *tasso di variazione* della variabile y al variare di x, poiché indica di quanto aumenta o diminuisce y sulla retta per un aumento unitario di x: quando l'ascissa aumenta di 1, l'ordinata aumenta di m.

ESEMPIO

1. Nella retta $y = 2x - 1$, $m = 2$: per andare da $A(2; 3)$ a $B(3; 5)$, quando x aumenta di 1, y aumenta di 2, così come per passare dal punto B a $C(4; 7)$.
2. Nella retta $y = -3x + 1$, $m = -3$: quando l'ascissa aumenta di 1, l'ordinata diminuisce di 3.

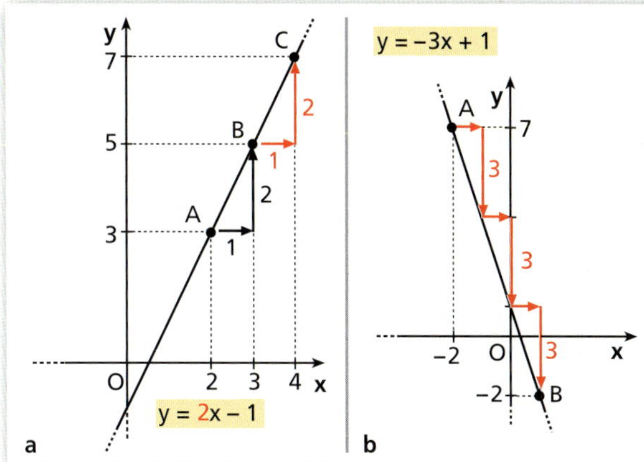

Retta passante per due punti

▶ Esercizi a p. 157

Se nell'equazione $y - y_1 = m(x - x_1)$ a m sostituiamo la sua espressione in funzione delle coordinate di due punti, otteniamo:

$$y - y_1 = \frac{y_2 - y_1}{x_2 - x_1}(x - x_1) \quad \to \quad \frac{y - y_1}{y_2 - y_1} = \frac{x - x_1}{x_2 - x_1},$$

che è l'equazione della retta passante per i punti $(x_1; y_1)$ e $(x_2; y_2)$.

ESEMPIO

Ricaviamo l'equazione della retta passante per $(-1; 2)$ e $(3; 1)$:

$$\frac{y-2}{1-2} = \frac{x-(-1)}{3-(-1)} \quad \to \quad \frac{y-2}{-1} = \frac{x+1}{4} \quad \to \quad 4y - 8 = -x - 1 \quad \to$$

$$y = -\frac{x}{4} + \frac{7}{4}.$$

Video

Fabbrica di auto

- ▶ Quante auto deve vendere una fabbrica automobilistica per coprire i costi di impianto e andare in pari?
- ▶ E per avere un utile del 5% sul fatturato?

▶ Scrivi l'equazione della retta che passa per i punti $(3; -2)$ e $(-1; 2)$.

4 Rette parallele e rette perpendicolari

Rette parallele

▶ Esercizi a p. 160

TEOREMA

Rette parallele

Due rette r e s (non parallele all'asse y), di equazioni $y = mx + q$ e $y = m_1x + q_1$, sono parallele se e solo se hanno lo stesso coefficiente angolare:

$$r \,/\!/\, s \quad \leftrightarrow \quad m = m_1.$$

Animazione

Guarda nell'animazione la dimostrazione del teorema.

ESEMPIO

Sono parallele le rette di equazioni $y = 2x + 4$ e $y = 2x - 1$, perché hanno lo stesso coefficiente angolare 2.

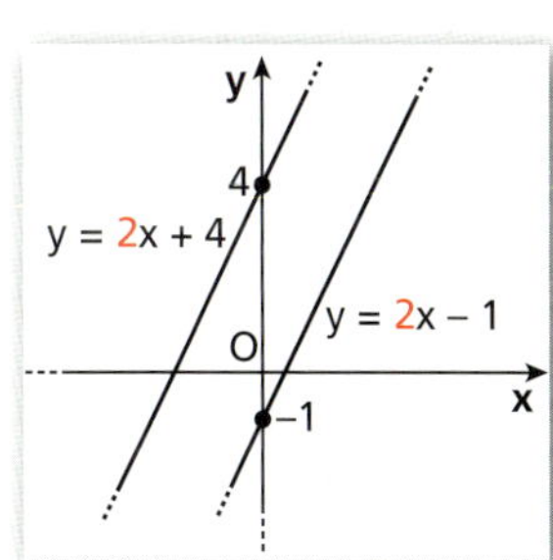

Se le rette r e s hanno equazioni in forma implicita

$$r: ax + by + c = 0, \qquad s: a_1x + b_1y + c_1 = 0,$$

i loro coefficienti angolari sono $m = -\frac{a}{b}$ e $m_1 = -\frac{a_1}{b_1}$.

TEORIA

Quindi, r e s sono parallele se e solo se:

$$m = m_1 \leftrightarrow -\frac{a}{b} = -\frac{a_1}{b_1} \leftrightarrow ab_1 = a_1 b \leftrightarrow ab_1 - a_1 b = 0.$$

In sintesi:

$$\boldsymbol{r \parallel s \leftrightarrow m = m_1 \leftrightarrow ab_1 - a_1 b = 0.}$$

Puoi verificare che la condizione di parallelismo $ab_1 - a_1 b = 0$ è valida anche per rette parallele all'asse y. Per esempio:

$$r: x - 4 = 0, \quad s: 5x + 10 = 0; \quad r \parallel s \leftrightarrow 1 \cdot 0 - 5 \cdot 0 = 0.$$

▶ Scrivi l'equazione della retta parallela a $r: y = -3x + 5$ passante per $A(0; -3)$.

La posizione reciproca di due rette

Se due rette sono parallele, possono essere *distinte* oppure *coincidenti*. Se due rette non sono parallele, sono *incidenti* e hanno in comune un punto, di cui possiamo trovare le coordinate mettendo a sistema le equazioni delle due rette.

Rette perpendicolari

▶ Esercizi a p. 165

Animazione

Guarda nell'animazione la dimostrazione del teorema.

TEOREMA

Rette perpendicolari

Due rette r e s (non parallele agli assi), di equazioni $y = mx + q$ e $y = m_1 x + q_1$, sono perpendicolari se e solo se il prodotto dei loro coefficienti angolari è uguale a -1:

$$\boldsymbol{r \perp s \leftrightarrow mm_1 = -1.}$$

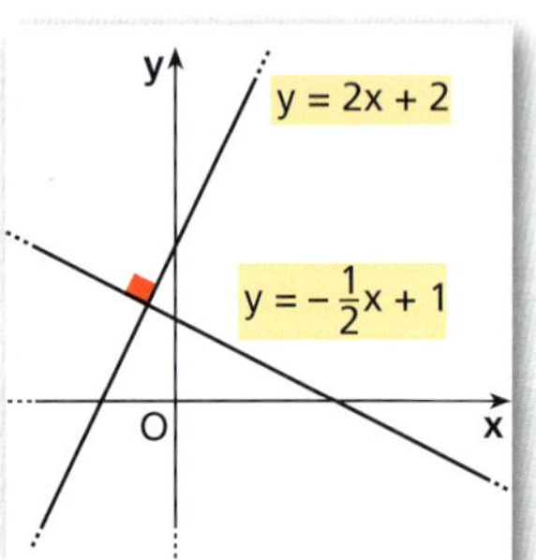

ESEMPIO

Le rette di equazioni $y = 2x + 2$ e $y = -\frac{1}{2}x + 1$ sono perpendicolari perché il prodotto dei loro coefficienti angolari è -1:

$$2 \cdot \left(-\frac{1}{2}\right) = -1.$$

Se le rette r e s hanno equazioni in forma implicita

$$r: \ ax + by + c = 0, \qquad s: a_1 x + b_1 y + c_1 = 0,$$

r e s sono perpendicolari se e solo se:

$$m = -\frac{1}{m_1} \leftrightarrow -\frac{a}{b} = -\frac{1}{-\frac{a_1}{b_1}} \leftrightarrow -\frac{a}{b} = \frac{b_1}{a_1} \leftrightarrow aa_1 + bb_1 = 0.$$

▶ Scrivi l'equazione della retta perpendicolare a $r: y = \frac{3}{4}x - \frac{1}{4}$ passante per $A(3; 2)$.

In sintesi:

$$\boldsymbol{r \perp s \leftrightarrow m = -\frac{1}{m_1} \leftrightarrow aa_1 + bb_1 = 0.}$$

Puoi verificare che la condizione di perpendicolarità $aa_1 + bb_1 = 0$ è valida anche per rette parallele agli assi cartesiani. Per esempio:

$$r: y - 4 = 0, \quad s: 2x + 5 = 0; \quad r \perp s \leftrightarrow 0 \cdot 2 + 1 \cdot 0 = 0.$$

5 Distanza di un punto da una retta

▶ Esercizi a p. 168

Mandiamo da un punto P la perpendicolare a una retta r. Chiamiamo H la proiezione ortogonale di P su r, ossia il punto di intersezione fra la retta stessa e la perpendicolare. La misura del segmento di perpendicolare PH è la **distanza del punto P dalla retta r**.

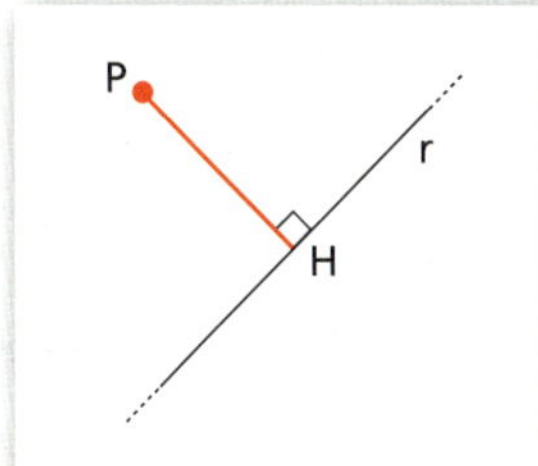

Consideriamo un punto $P(x_0; y_0)$ e una retta r. Esaminiamo due casi.

La retta r è parallela all'asse x o all'asse y. In questo caso la distanza di P da r è il valore assoluto della differenza delle ordinate o delle ascisse di P e H.

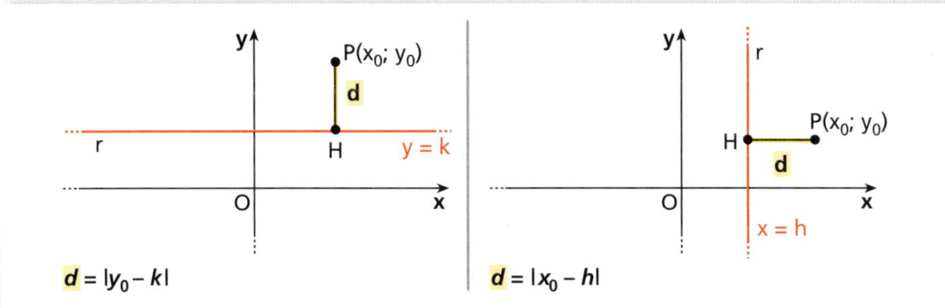

La retta r non è parallela agli assi. Se la retta non è parallela a uno degli assi, consideriamo la distanza come altezza di un particolare triangolo.

ESEMPIO Animazione

Dato il punto $P(3; 1)$, calcoliamo la sua distanza $\overline{PH}$ dalla retta di equazione $4x - 3y + 3 = 0$.
Per farlo, tracciamo da P le parallele agli assi fino a incontrare la retta nei punti A e B. Individuiamo così il triangolo rettangolo APB, di cui PH è l'altezza relativa all'ipotenusa.

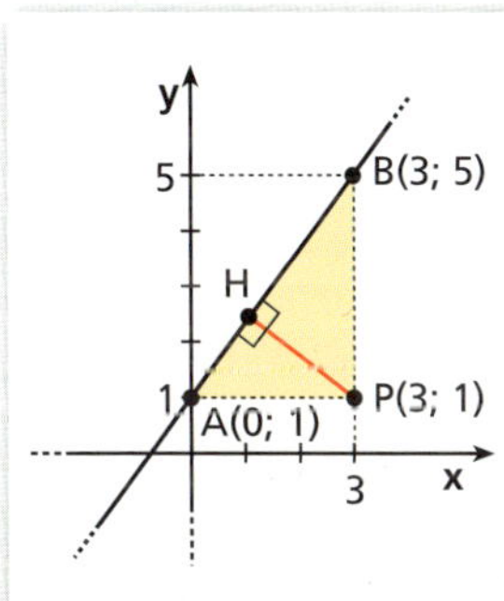

A ha ordinata 1, come P. Sostituendola nell'equazione della retta, determiniamo la sua ascissa:

$$4x - 3 \cdot 1 + 3 = 0 \rightarrow x = 0.$$

In modo analogo, poiché l'ascissa di B è uguale a quella di P, ricaviamo l'ordinata di B, che è 5. Otteniamo quindi: $A(0; 1)$, $B(3; 5)$.

Il doppio dell'area di APB si ottiene moltiplicando le misure dei cateti AP e PB. Se dividiamo poi per la misura dell'ipotenusa AB, otteniamo la misura cercata dell'altezza PH relativa all'ipotenusa:

$$\overline{PH} = \frac{\overline{PA} \cdot \overline{PB}}{\overline{AB}} = \frac{3 \cdot 4}{5} = \frac{12}{5}.$$

In generale, utilizzando lo stesso procedimento dell'esempio, si ottiene che la **distanza d di un punto $P(x_0; y_0)$ da una retta di equazione $ax + by + c = 0$** è:

$$d = \frac{|ax_0 + by_0 + c|}{\sqrt{a^2 + b^2}}.$$

MATEMATICA E STORIA
Alle origini del metodo delle coordinate

- Perché il metodo delle coordinate è così utile?
- Quali problemi ha consentito di risolvere?
- Com'è nato e come si è sviluppato nel corso del tempo?

Cerca nel Web: geometria analitica, Dicearco, Descartes, Fermat

TEORIA

▶ Calcola la distanza del punto $(-2; -7)$ dalla retta $y = x$.

ESEMPIO

Calcoliamo la distanza dell'esempio precedente usando la formula.
Poiché il punto ha coordinate $P(3; 1)$ e la retta ha equazione $4x - 3y + 3 = 0$:

$$d = \frac{|4 \cdot 3 - 3 \cdot 1 + 3|}{\sqrt{4^2 + 3^2}} = \frac{|12 - 3 + 3|}{\sqrt{25}} = \frac{12}{5}.$$

6 Fasci di rette

Fascio improprio

▶ Esercizi a p. 169

Consideriamo una retta r del piano: l'insieme formato da r e da tutte le rette a essa parallele si chiama **fascio improprio** di rette parallele a r.

Se r, non parallela all'asse y, ha equazione $y = mx + q$, le altre rette del fascio hanno lo stesso coefficiente angolare m, mentre q varia.

ESEMPIO Animazione

Troviamo l'equazione del fascio improprio di cui fa parte la retta che interseca gli assi in $(0; 3)$ e $(1; 0)$. Rappresentiamo poi la retta insieme ad altre rette del fascio.
L'intersezione con l'asse y è $(0; 3)$, quindi l'ordinata all'origine è 3.
Nel passaggio dal punto di ascissa 0 a quello di ascissa 1, l'ordinata diminuisce di 3, quindi il coefficiente angolare è -3.
L'equazione della retta è:

$$y = -3x + 3.$$

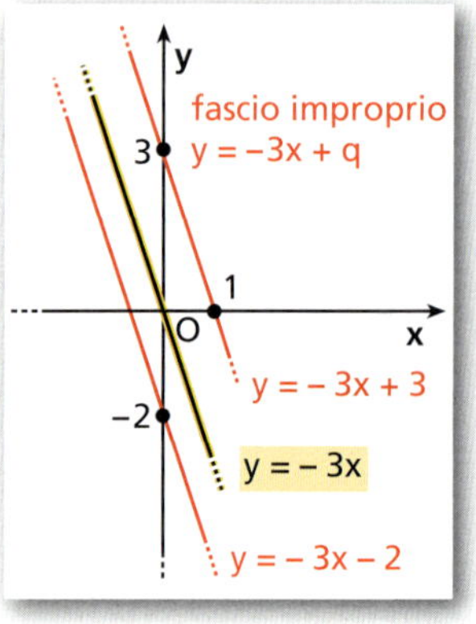

Il fascio improprio ha equazione:

$$y = -3x + q.$$

Al variare di q, otteniamo le altre rette del fascio, di cui q è l'ordinata all'origine.
Per esempio, $y = -3x - 2$ interseca l'asse y in $(0; -2)$.
Se $q = 0$, abbiamo la retta del fascio che passa per l'origine:

$$y = -3x.$$

▶ Scrivi l'equazione del fascio di rette parallele alla bisettrice del secondo e quarto quadrante.

Se r è parallela all'asse y, il fascio di rette ha equazione $x = k$.

Fascio proprio

▶ Esercizi a p. 170

Listen to it

The set of all lines passing through a point P in the plane is called the sheaf of lines through P.

L'insieme di tutte le rette del piano che passano per uno stesso punto P si chiama **fascio proprio** di rette per P.

Il punto P comune a tutte le rette del fascio è il **centro del fascio**.

ESEMPIO Animazione

Determiniamo l'equazione del fascio di rette di centro $P(2; 4)$.
L'equazione di una retta di coefficiente angolare m e passante per $(x_1; y_1)$ è

$$y - y_1 = m(x - x_1).$$

Quindi, se il centro del fascio è $P(2; 4)$, otteniamo:

$$y - 4 = m(x - 2).$$

Al variare di m otteniamo le rette del fascio:

- per $m = 1$ abbiamo la retta $y - 4 = x - 2$, cioè $y = x + 2$;
- per $m = -2$ la retta $y - 4 = -2x + 4$, cioè $y = -2x + 8$;
- per $m = 0$ la parallela all'asse x, $y = 4$ e così via.

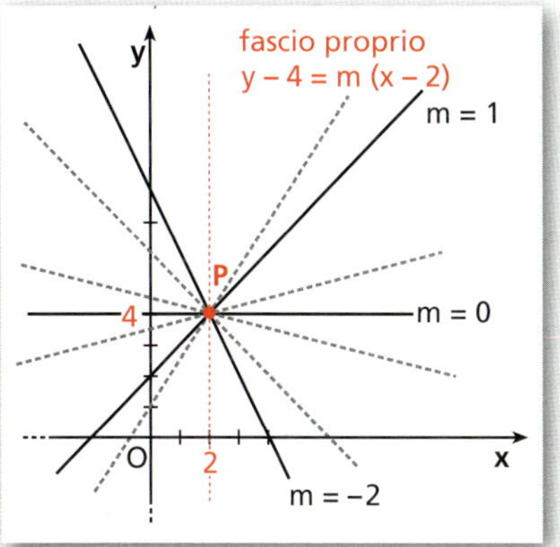

L'equazione della parallela all'asse y passante per $P(2; 4)$ è $\boldsymbol{x = 2}$, ma non esiste alcun valore di m che, sostituito nell'equazione del fascio, fornisca questa equazione. Pertanto, il fascio completo è descritto da:

$$y - 4 = m(x - 2) \vee x = 2, \quad \text{con } m \in \mathbb{R}.$$

► Determina l'equazione del fascio di rette di centro $(-2; 0)$.

In generale, il **fascio di rette di centro $P(x_1; y_1)$** ha equazione:

$$\boldsymbol{y - y_1 = m(x - x_1)}.$$

Al variare di m si ottengono tutte le rette del fascio passanti per P, tranne la parallela all'asse y, che ha equazione $x = x_1$.
Pertanto, il fascio completo è descritto dalle equazioni:

$$\boldsymbol{y - y_1 = m(x - x_1) \vee x = x_1}, \quad \text{con } m \in \mathbb{R}.$$

MATEMATICA INTORNO A NOI

Le rette e la TAC La TAC (tomografia assiale computerizzata) è una tecnica che sfrutta i raggi X per ricostruire, grazie al computer, immagini tridimensionali di tessuti e organi.

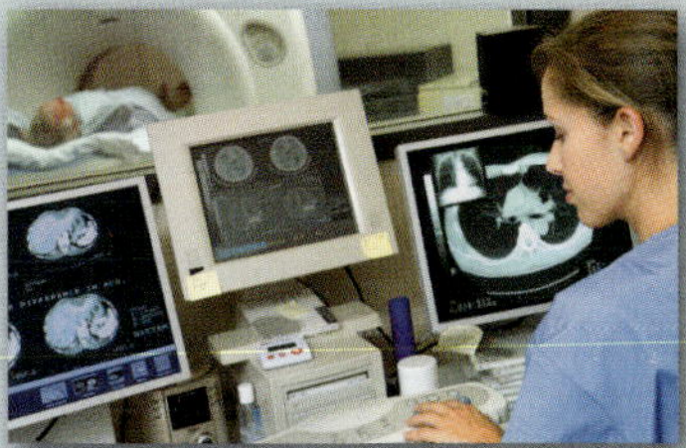

► Puoi usare le rette per comprendere il funzionamento della TAC?

La risposta

IN SINTESI
Piano cartesiano e retta

Lunghezza e punto medio di un segmento. Baricentro di un triangolo

- Nel segmento di estremi $P_1(x_1; y_1)$ e $P_2(x_2; y_2)$:
  - il **punto medio** $M(x_M; y_M)$ ha coordinate
    $$x_M = \frac{x_1 + x_2}{2}, \qquad y_M = \frac{y_1 + y_2}{2};$$
  - la **distanza** fra P_1 e P_2 è:
    $$\overline{P_1P_2} = \sqrt{(x_1 - x_2)^2 + (y_1 - y_2)^2}.$$

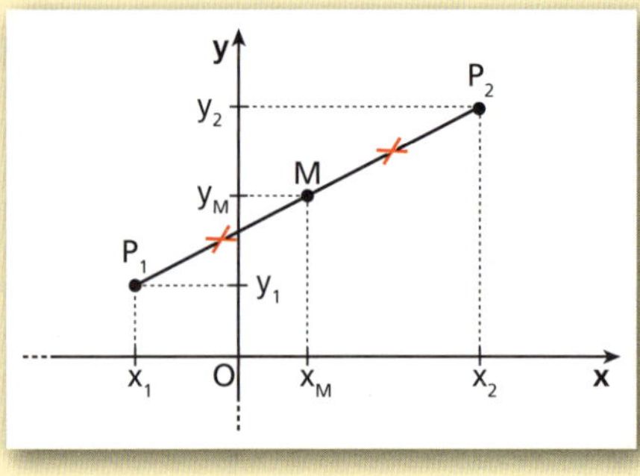

- In un triangolo di vertici $A(x_A; y_A)$, $B(x_B; y_B)$, $C(x_C; y_C)$, le coordinate del **baricentro** G sono:
  $$x_G = \frac{x_A + x_B + x_C}{3}; \qquad y_G = \frac{y_A + y_B + y_C}{3}.$$

Equazione di una retta

- A ogni **retta** del piano cartesiano corrisponde un'**equazione lineare** in due variabili del tipo $ax + by + c = 0$, con a, b, $c \in \mathbb{R}$ e a e b non entrambi nulli, e viceversa.

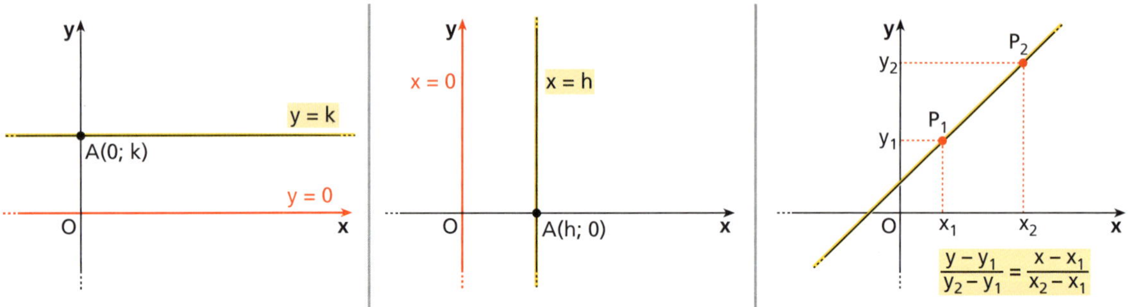

Retta parallela all'asse *x*.

Retta parallela all'asse *y*.

Retta non parallela agli assi passante per i punti $P_1(x_1; y_1)$ e $P_2(x_2; y_2)$.

- Equazione di una retta:
  - in **forma implicita**: $ax + by + c = 0$;
  - in **forma esplicita**:
    $y = mx + q$ (retta non parallela all'asse y).

  q è l'**ordinata all'origine**.
  m è il **coefficiente angolare** della retta:
  $$m = \frac{y_2 - y_1}{x_2 - x_1}.$$

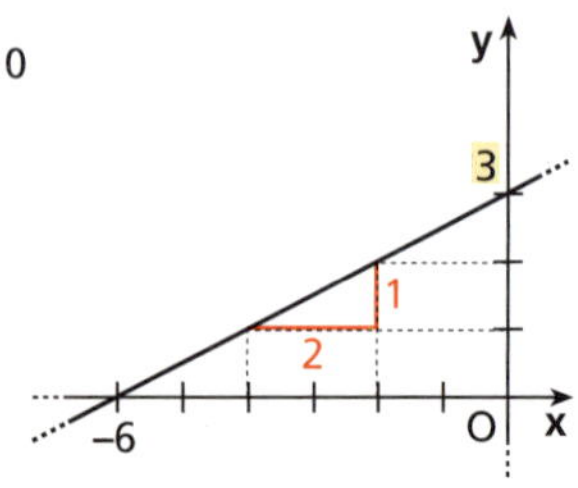

- **Angolo fra una retta e l'asse x: è acuto se $m > 0$, ottuso se $m < 0$.** Se $m = 0$, la retta è parallela all'asse x. Il coefficiente angolare non esiste se la retta è parallela all'asse y.

- **Equazione di una retta di coefficiente angolare m e passante per $P(x_1; y_1)$**

$$y - y_1 = m \cdot (x - x_1).$$

- **Equazione di una retta passante per l'origine $O(0; 0)$**

$$y = mx.$$

Rette parallele e rette perpendicolari

Due rette (non parallele all'asse y) sono fra loro:

- **parallele** quando hanno lo stesso coefficiente angolare;
- **perpendicolari** quando il prodotto dei loro coefficienti angolari è uguale a − 1.

Se le rette r e s, non parallele agli assi, hanno equazioni in forma implicita

$$r: ax + by + c = 0, \quad s: a_1x + b_1y + c_1 = 0,$$

allora:

- $r \mathbin{/\!/} s \leftrightarrow m = m_1 \leftrightarrow ab_1 - a_1b = 0$;
- $r \perp s \leftrightarrow m = -\dfrac{1}{m_1} \leftrightarrow aa_1 + bb_1 = 0$.

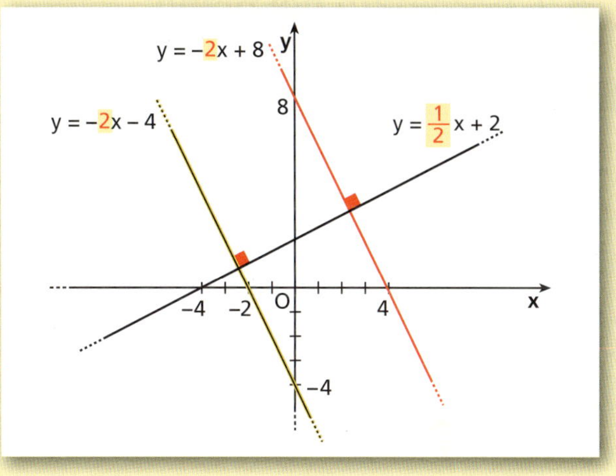

Distanza di un punto da una retta

Distanza di un punto $P(x_0; y_0)$ da una retta r di equazione $ax + by + c = 0$: misura del segmento che ha per estremi il punto P e il piede della perpendicolare a r passante per P. Si calcola con:

$$d = \frac{|ax_0 + by_0 + c|}{\sqrt{a^2 + b^2}}.$$

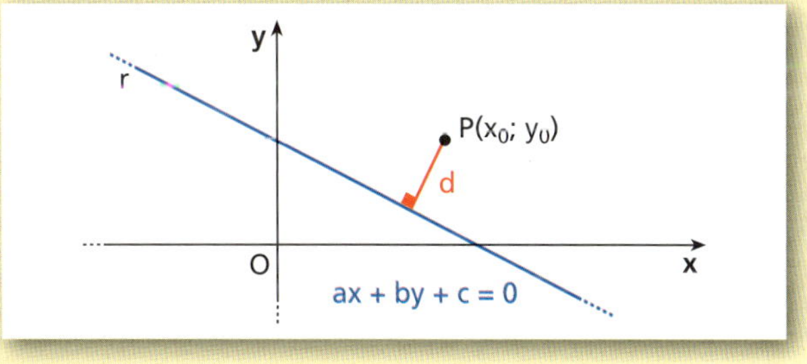

ESEMPIO: La distanza di $P(-1; 2)$ dalla retta di equazione $4x - 3y + 1 = 0$ è:

$$d = \frac{|4(-1) - 3(2) + 1|}{\sqrt{16 + 9}} = \frac{|-9|}{5} = \frac{9}{5}.$$

Fasci di rette

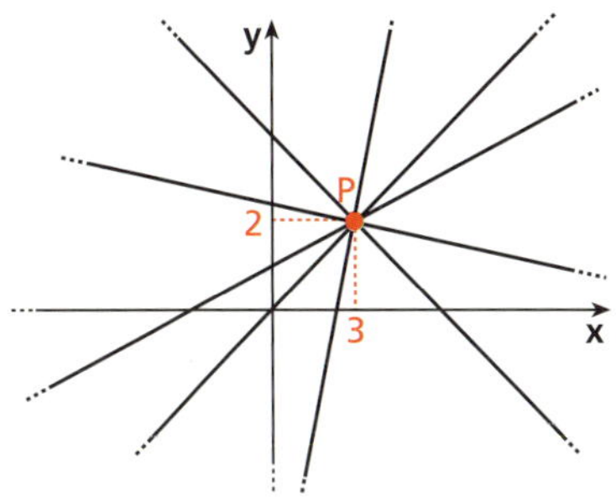

Fascio proprio di rette per un punto P: insieme di tutte le rette del piano passanti per P. P è detto **centro del fascio**.
Esempio: fascio proprio di centro $P(3; 2)$: $y - 2 = m(x - 3) \vee x = 3$.

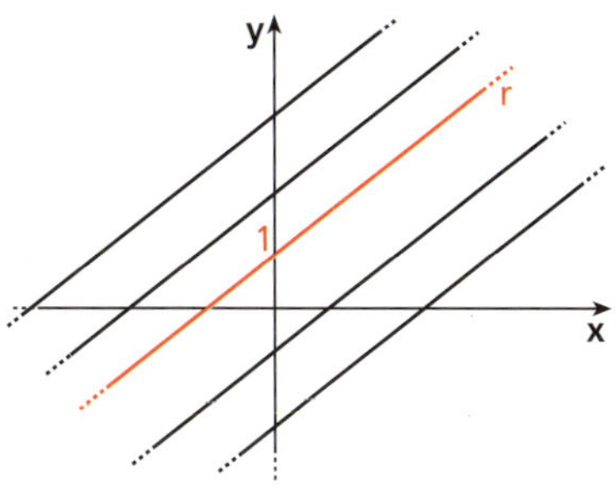

Fascio improprio di rette parallele a una retta r.
Esempio: r: $y = 2x + 1$, fascio improprio: $y = 2x + q$.

CAPITOLO 3
ESERCIZI

1 Coordinate nel piano

▶ Teoria a p. 128

1 Scrivi le coordinate dei punti indicati in figura.

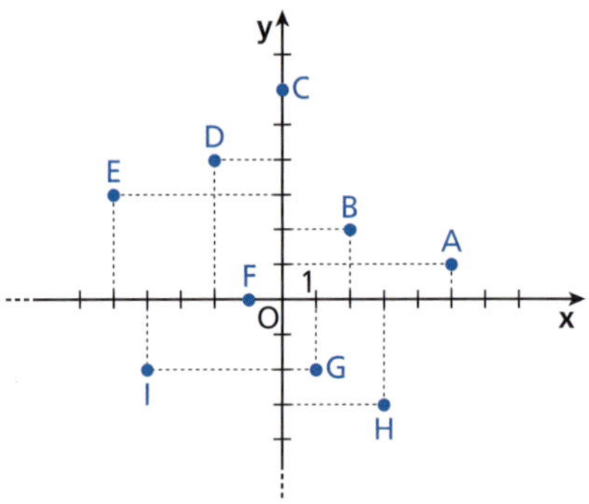

2 Per ogni figura scrivi quali punti hanno ordinata positiva e quali hanno ascissa negativa.

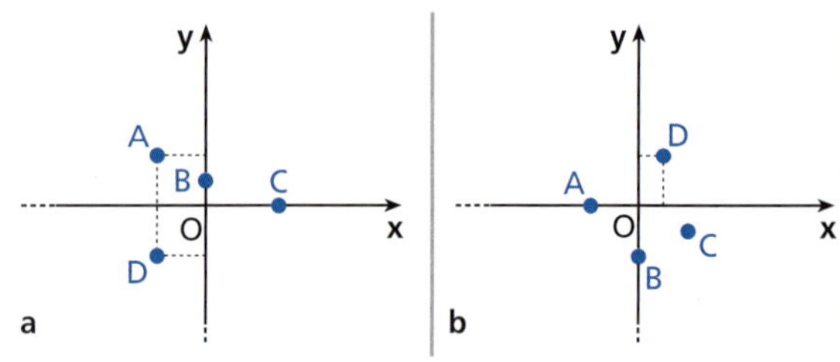

3 Rappresenta nel piano cartesiano i seguenti punti:

$A(-2; 5)$; $B(-4; -1)$; $C(3; 0)$;
$D(2; -5)$; $E\left(-\frac{5}{2}; 2\right)$.

4 Senza rappresentarli nel piano cartesiano indica a quale quadrante appartengono i seguenti punti:

$A\left(-\frac{1}{2}; 2\right)$; $B(4; -5)$; $C(1-\sqrt{2}; 1)$;
$D(-6; -2)$.

5 VERO O FALSO?

a. I punti che si trovano sull'asse delle ordinate hanno coordinate $(a; 0)$. V F

b. $A(-1; -3)$ si trova nel terzo quadrante. V F

c. I punti che appartengono al quarto quadrante hanno coordinate opposte. V F

d. Tutti i punti di ascissa 0 si trovano sull'asse delle ordinate. V F

6 Disegna il quadrilatero di vertici:

$A(5; -1)$, $B(3; 3)$, $C(-2; 4)$, $D(-1; -4)$.

Rispondi alle seguenti domande.

a. Quale punto ha l'ordinata maggiore?
b. Quale punto ha l'ascissa minore?
c. Quali punti hanno ascissa negativa?

7 Indica in quale quadrante può trovarsi un punto se:

a. l'ascissa è negativa e l'ordinata positiva;
b. le sue coordinate sono entrambe positive;
c. le sue coordinate sono tali che $xy > 0$;
d. le sue coordinate sono entrambe nulle;
e. l'ascissa è uguale all'ordinata.

8 Per quale valore di a il punto $P(-3a-1; 6a+6)$ appartiene all'asse y? E all'asse x? $\left[-\frac{1}{3}; -1\right]$

9 Dato il punto $P(3a; a+2)$, determina per quali valori di a il punto appartiene al secondo quadrante. $[-2 < a < 0]$

10 Trova per quali valori di k il punto $A(2-k; 2k-1)$ appartiene al primo quadrante. $\left[\frac{1}{2} \le k \le 2\right]$

11 Stabilisci per quali valori di k il punto $P(2k - 5; k^2 - 5k + 6)$ è un punto dell'asse x e calcola il valore corrispondente dell'ascissa. $[k = 2, x = -1;\ k = 3, x = 1]$

12 Determina per quali valori di a il punto $P(a - a^2; 3a - 6)$ appartiene al quarto quadrante. $[0 \leq a \leq 1]$

LEGGI IL GRAFICO **Indica per ciascun insieme di punti evidenziato la condizione sulle coordinate che lo descrive.**

13

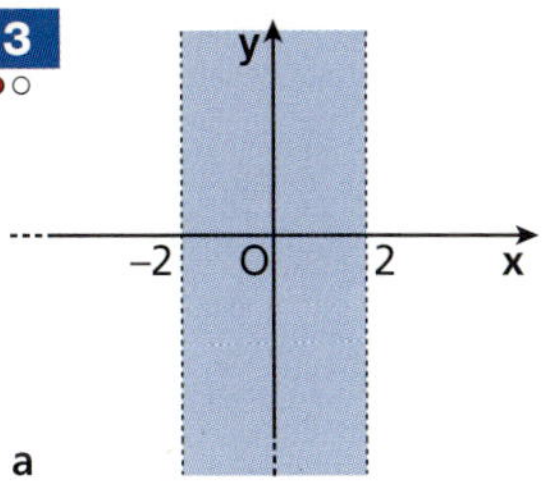

a

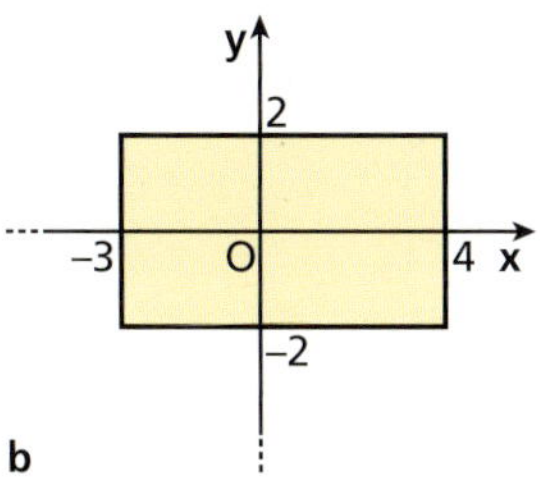

b

14

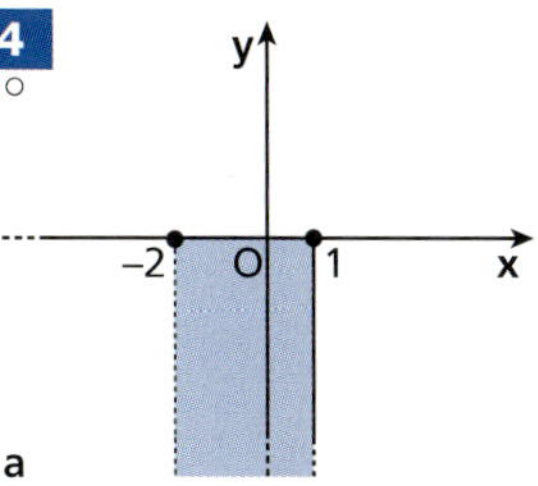

a

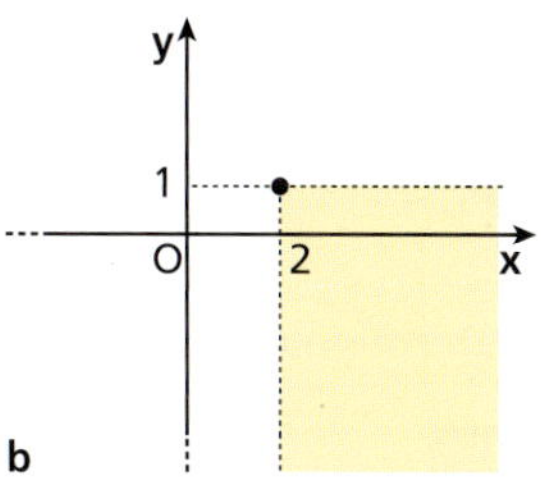

b

Rappresenta nel piano cartesiano gli insiemi dei punti $P(x; y)$ le cui coordinate soddisfano le seguenti condizioni.

15 $\begin{cases} -2 \leq x \leq 3 \\ -3 \leq y < 0 \end{cases}$

16 $\begin{cases} x < 3 \\ y \geq 3 \end{cases}$

17 $\begin{cases} 0 \leq x < 2 \\ y \geq 0 \end{cases}$

18 $\begin{cases} |x - 2| < 3 \\ |y| \leq 2 \end{cases}$

2 Lunghezza e punto medio di un segmento

Distanza fra due punti

▶ Teoria a p. 129

19 **ESERCIZIO GUIDA** Dati i punti $A(4; 1)$, $B(4; 4)$, $C(-2; 4)$, calcoliamo le distanze $\overline{AB}$, $\overline{BC}$, $\overline{CA}$.

- I punti $A(4; 1)$ e $B(4; 4)$ hanno la stessa ascissa, quindi:

  $\overline{AB} = |y_A - y_B| = |1 - 4| = |-3| = 3.$

- I punti $B(4; 4)$ e $C(-2; 4)$ hanno la stessa ordinata, quindi:

  $\overline{BC} = |x_B - x_C| = |4 - (-2)| = |4 + 2| = |6| = 6.$

- I punti $C(-2; 4)$ e $A(4; 1)$ hanno ascisse e ordinate diverse:

  $\overline{CA} = \sqrt{(x_C - x_A)^2 + (y_C - y_A)^2} = \sqrt{(-2 - 4)^2 + (4 - 1)^2} =$

  $\sqrt{36 + 9} = \sqrt{45} = 3\sqrt{5}.$

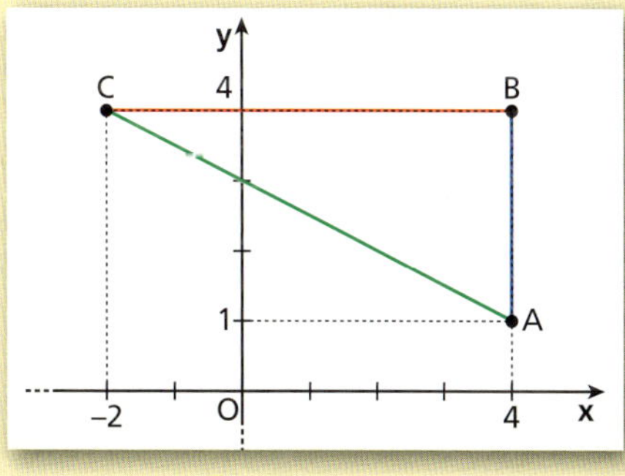

$P(x_P; y_P);\ Q(x_Q; y_Q)$

$\overline{PQ} = \sqrt{(x_P - x_Q)^2 + (y_P - y_Q)^2}$

Calcola la distanza fra i punti indicati.

20 $A(2; 1)$, $B(2; 6)$.

21 $A(3; 8)$, $B\left(3; \frac{19}{2}\right)$.

22 $A\left(-4; \frac{4}{3}\right)$, $B\left(-4; \frac{5}{6}\right)$.

23 $A(-4; -4)$, $B(2; -4)$.

24 $A(-5; 0)$, $B(8; 0)$.

25 $A(2; 5)$, $B(5; 6)$.

26 $A(-2;-1)$, $B(4;12)$.

27 $A\left(-\frac{3}{4};4\right)$, $B\left(\frac{17}{4};2\right)$.

28 $A(2;6)$, $B(9;-1)$.

29 $A\left(-10;\frac{1}{2}\right)$, $B\left(1;\frac{1}{2}\right)$.

30 $A\left(\frac{4}{3};15\right)$, $B\left(\frac{1}{3};7\right)$.

31 $A(2+\sqrt{2};0)$, $B(2;\sqrt{7})$.

Trova la distanza dei seguenti punti dall'origine.

32 $A(-4;-3)$, $B(2;-1)$.

33 $A(8;-15)$, $B(-6;8)$.

34 $A(-1;7)$, $B(-7;-1)$.

Determina il perimetro dei triangoli che hanno i seguenti vertici.

35 $A(2;4)$, $B(2;1)$, $C(6;3)$.

36 $A(-2;5)$, $B(4;3)$, $C(1;1)$.

37 $A(6;3)$, $B(-1;3)$, $C(1;-2)$.

38 $A\left(\frac{1}{2};7\right)$, $B(-2;3)$, $C(3;-1)$.

LEGGI IL GRAFICO **Calcola il perimetro dei seguenti poligoni.**

39

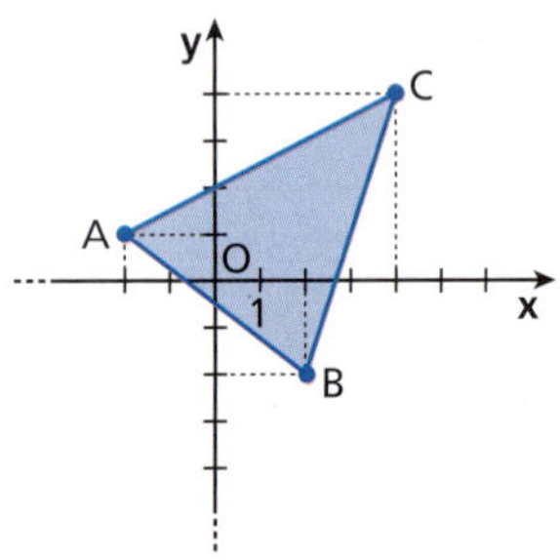

40

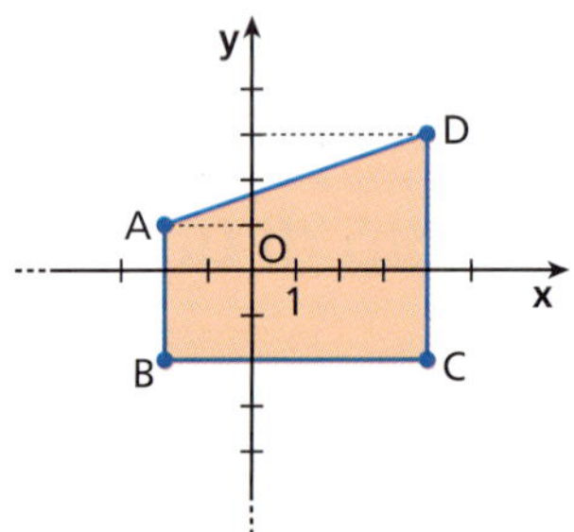

41

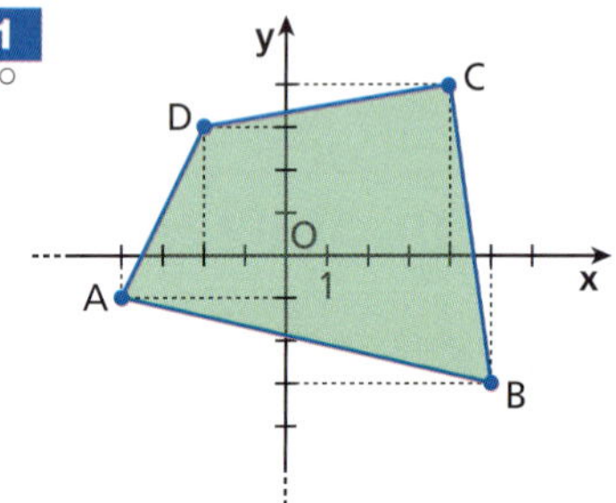

42 Calcola il perimetro del quadrilatero i cui vertici sono $A(-5;6)$, $B(0;6)$, $C(2;2)$, $D(-3;-3)$.

43 Stabilisci se il triangolo ABC di vertici $A(-5;6)$, $B(-1;4)$, $C(4;-1)$ è isoscele.

44 Verifica che il triangolo di vertici $A(-3;0)$, $B(5;0)$, $C(1;4\sqrt{3})$ è equilatero.

45 Un triangolo ha vertici $A(-3;2)$ e $B(5;2)$ e area $S=16$. Determina le coordinate del terzo vertice C, sapendo che appartiene al semiasse delle ordinate positive. [$C(0;6)$]

46 Verifica che il quadrilatero di vertici $A(2;1)$, $B(8;2)$, $C(11;7)$, $D(5;6)$ è un parallelogramma.
(SUGGERIMENTO Verifica che i lati opposti sono congruenti.)

47 Stabilisci se il triangolo ABC di vertici $A(1;-2)$, $B(-1;2)$, $C(-1;-3)$ è un triangolo rettangolo.
(SUGGERIMENTO Verifica se le misure dei lati soddisfano il teorema di Pitagora).

48 Determina il punto P sull'asse x equidistante da $A(-5;5)$ e da $B(0;2)$.

49 Individua il punto P che ha ordinata uguale all'ascissa ed è equidistante da $A(-2;1)$ e $B(5;-4)$.

50 Verifica che il triangolo di vertici $A(2;2)$, $B\left(6;\frac{3}{2}\right)$, $C(4;5)$ è isoscele e calcola la misura del suo perimetro.

51 Trova per quali valori di k il punto $P(k+2;k+1)$ è equidistante dai punti $A(-2;1)$ e $B(4;-2)$. $\left[-\frac{1}{2}\right]$

52 Determina per quali valori di a la distanza tra i punti $A(2a+3;2)$ e $B(1;2a)$ è uguale a 4. [± 1]

53 Calcola per quali valori di k il segmento che congiunge i punti $P(2; 1+k)$ e $Q\left(\frac{k}{2}; 0\right)$ misura 5. [± 4]

54 Dati i punti $A(2k; -1)$, $B(-2; -k+3)$, $C(4; 3)$, trova k in modo che risulti $\overline{AB} = \overline{CO}$, essendo O l'origine degli assi cartesiani. [± 1]

55 Trova il punto $P(a; b)$ equidistante dai punti $A(-4; 0)$, $B(0; 3)$ e $C(1; 0)$. $\left[P\left(-\frac{3}{2}; \frac{5}{6}\right)\right]$

56 Dati i punti $A(3; 7)$, $B(9; -1)$ e $C(1; k)$, trova k in modo che il triangolo ABC sia rettangolo in C. [3]

57 Verifica che il quadrilatero $AOBC$ di vertici $A(-1; -1)$, $O(0; 0)$, $B(-2; 2)$, $C(-3; 1)$ è un rettangolo.
(**SUGGERIMENTO** Verifica che i lati opposti sono congruenti e che le diagonali sono congruenti.)

58 Stabilisci se il quadrilatero di vertici consecutivi $I(0; 2)$, $L(3; -3)$, $M(8; 0)$, $N(5; 4)$ è un rettangolo.

59 Verifica che il quadrilatero in figura è un rombo.

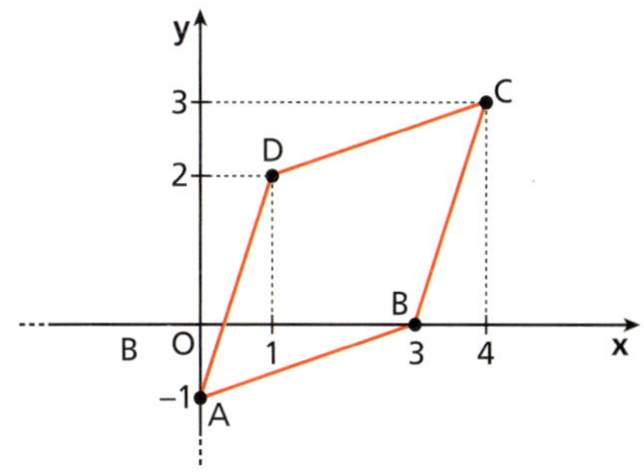

Area di triangoli e poligoni

60 **ESERCIZIO GUIDA** Determiniamo l'area del triangolo di vertici $A(1; 5)$, $B(3; 1)$, $C(8; 4)$.

Calcoliamo l'area $\mathcal{A}$ del rettangolo $AHKL$: $\mathcal{A} = \overline{AH} \cdot \overline{HK}$.

$\overline{AH} = |5-1| = 4$, $\quad \overline{HK} = |8-1| = 7$,

$\mathcal{A} = 4 \cdot 7 = 28$.

Calcoliamo l'area del triangolo T_1: $\mathcal{A}_{T_1} = \frac{\overline{LC} \cdot \overline{LA}}{2}$.

$\overline{LC} = |5-4| = 1$, $\quad \overline{LA} = |8-1| = 7$,

$\mathcal{A}_{T_1} = \frac{1 \cdot 7}{2} = \frac{7}{2}$.

Analogamente: $\mathcal{A}_{T_2} = \frac{3 \cdot 5}{2} = \frac{15}{2}$; $\mathcal{A}_{T_3} = \frac{4 \cdot \cancel{2}}{\cancel{2}} = 4$.

Calcoliamo l'area del triangolo ABC:

$$\mathcal{A}(ABC) = \mathcal{A}(AHKL) - (\mathcal{A}_{T_1} + \mathcal{A}_{T_2} + \mathcal{A}_{T_3}) = 28 - \left(\frac{7}{2} + \frac{15}{2} + 4\right) = 13.$$

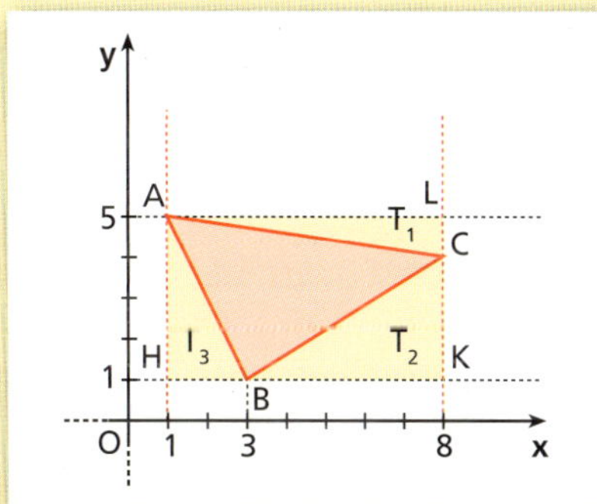

Calcola l'area dei triangoli che hanno i vertici indicati.

61 $A(6; 0)$, $\quad B(4; 3)$, $\quad O(0; 0)$.

62 $A\left(-3; \frac{3}{2}\right)$, $\quad B\left(7; \frac{3}{2}\right)$, $\quad C(1; -5)$.

63 $A(-5; -4)$, $\quad B\left(-5; \frac{1}{3}\right)$, $\quad C(6; 4)$.

64 $A\left(5; -\frac{1}{2}\right)$, $\quad B\left(5; \frac{9}{2}\right)$, $\quad C(-8; -5)$.

65 Determina perimetro e area del triangolo di vertici $A(2; 1)$, $B(-2; 3)$ e $C(-3; -1)$. $[2\sqrt{5} + \sqrt{29} + \sqrt{17}; 9]$

66 Verifica se i triangoli ABC e PQR, rispettivamente di vertici $A(-2; 1)$, $B(3; 1)$, $C(1; 5)$ e $P(5; 1)$, $Q(0; -4)$, $R(5; -3)$, sono equivalenti. Hanno lo stesso perimetro?

Determina l'area dei quadrilateri aventi i vertici assegnati.

67 $A(2; 0)$, $B(6; -1)$, $C(5; 3)$, $D(3; 4)$.

68 $A(-3; 3)$, $B(-6; 2)$, $C(-4; -4)$, $D(-1; -3)$.

69 Verifica che il quadrilatero di vertici $A(11; -5)$, $B(16; 7)$, $C(3; 7)$, $D(-2; -5)$ è un rombo. Determina la misura dell'area. [156]

Punto medio di un segmento

▶ Teoria a p. 129

70 ESERCIZIO GUIDA Determiniamo le coordinate del punto medio del segmento AB, con $A(-1; -3)$ e $B(7; 5)$.

Le coordinate del punto medio $M(x_M; y_M)$ sono:

$$x_M = \frac{x_A + x_B}{2} \quad x_M = \frac{-1+7}{2} = 3; \qquad y_M = \frac{y_A + y_B}{2} \quad y_M = \frac{-3+5}{2} = 1 \rightarrow M(3; 1).$$

Determina le coordinate del punto medio del segmento di estremi *A* e *B*.

71 $A(4; -3)$, $B(10; -3)$.

72 $A(5; 1)$, $B(5; 9)$.

73 $A(0; 1)$, $B(1; -1)$.

74 $A\left(\frac{1}{3}; -4\right)$, $B\left(-\frac{1}{2}; 3\right)$.

75 $A\left(-3; \frac{1}{4}\right)$, $B\left(6; \frac{3}{4}\right)$.

76 $A(2; 7)$, $B(-2; -7)$.

77 Nel triangolo ABC, di vertici $A(-2; 4)$, $B(0; 2)$, $C(4; 6)$, determina i punti medi dei lati e la misura delle mediane. $[(-1; 3), (2; 4), (1; 5); \sqrt{34}; 4; \sqrt{10}]$

78 Dato il triangolo ABC con $A(1; 3)$, $B(6; 1)$ e $C(3; -5)$, considera i punti medi M e N dei lati AC e BC e verifica che $\overline{MN} = \frac{1}{2}\overline{AB}$.

79 Conoscendo le coordinate del punto $A\left(-\frac{1}{2}; -1\right)$ e quelle del punto medio del segmento AB, $M\left(\frac{5}{2}; 5\right)$, calcola le coordinate di B.

Per ogni segmento *AB* sono indicate le coordinate di un estremo e quelle del punto medio *M*. Calcola le coordinate dell'altro estremo.

80 $A(2; 4)$, $M(0; 2)$.

81 $A\left(\frac{3}{2}; -4\right)$, $M\left(\frac{3}{2}; 2\right)$.

82 $B\left(\frac{3}{2}; \frac{5}{2}\right)$, $M(4; 5)$.

83 $B\left(\frac{4}{3}; -\frac{3}{4}\right)$, $M(0; 0)$.

84 Trova le coordinate del punto P' simmetrico di $P(2; 1)$ rispetto a $C(5; 2)$. $[P'(8; 3)]$

85 Determina le coordinate dei punti A' e B', simmetrici di $A(0; 1)$ e $B(5; 0)$ rispetto a $C(2; 2)$, e verifica che il quadrilatero $ABA'B'$ è un parallelogramma. $[A'(4; 3); B'(-1; 4)]$

86 Del parallelogramma $ABCD$ sono noti i vertici consecutivi $A(1; 5)$, $B(-4; -7)$, $C(2; 1)$. Calcola le coordinate del vertice D e il perimetro. $[(7; 13); 46]$

Baricentro di un triangolo

87 ESERCIZIO GUIDA Determiniamo le coordinate del baricentro del triangolo di vertici $A(1; 1)$, $B(2; -3)$ e $C(6; 3)$.

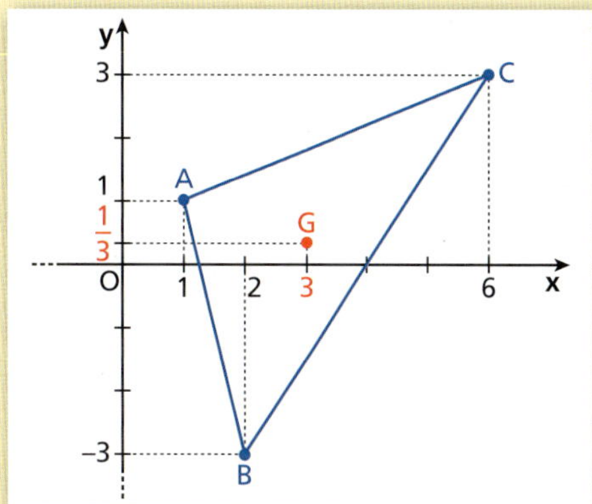

Le coordinate del baricentro $G(x_G; y_G)$ sono:

$$x_G = \frac{x_A + x_B + x_C}{3} = \frac{1+2+6}{3} = 3$$
$$y_G = \frac{y_A + y_B + y_C}{3} = \frac{1+(-3)+3}{3} = \frac{1}{3} \quad \to G\left(3; \frac{1}{3}\right).$$

Calcola le coordinate del baricentro dei triangoli che hanno i seguenti vertici.

88 $A(-1; 0)$, $B(5; 1)$, $C(2; 2)$.

89 $A(-1; 3)$, $B(2; -2)$, $C(-5; -1)$.

90 $A(0; -2)$, $B(3; 2)$, $C(4; -6)$.

91 $A(4; 3)$, $B(0; 1)$, $C(8; -3)$.

92 Trova le coordinate del terzo vertice di un triangolo sapendo che due vertici sono $A(3; 8)$ e $B(-1; 2)$ e il baricentro è $G(2; 3)$. [$C(4; -1)$]

93 Nel triangolo ABC, con $A(0; 5)$, $B(1; 1)$ e C sull'asse x, il baricentro G ha ascissa 3. Determina le coordinate di C e G. [$C(8; 0)$, $G(3; 2)$]

94 Trova il valore del parametro k per cui il triangolo di vertici $A(2k; 3-k)$, $B(k-5; -k)$ e $C(4-k; -7)$ ha il baricentro di ascissa 1. [2]

Riepilogo: Distanza, punto medio, baricentro

95 COMPLETA

a. La distanza tra $P(-1; 3)$ e $Q(2; -1)$ è ☐.

b. Il punto medio del segmento AB, di estremi $A($☐$; 6)$ e $B(-3; -8)$, è $M(2;$ ☐$)$.

c. Il simmetrico di $A(-1; 3)$ rispetto a $C\left(2; -\frac{1}{2}\right)$ è $A'($☐; ☐$)$.

d. La distanza tra $A(3; -4)$ e $B($☐$; 2)$ è 6.

96 Calcola la misura del perimetro e dell'area del trapezio in figura. Congiungi A e D con il punto medio M del lato CB e verifica che il triangolo ADM è isoscele. [$19 + \sqrt{61}; 39$]

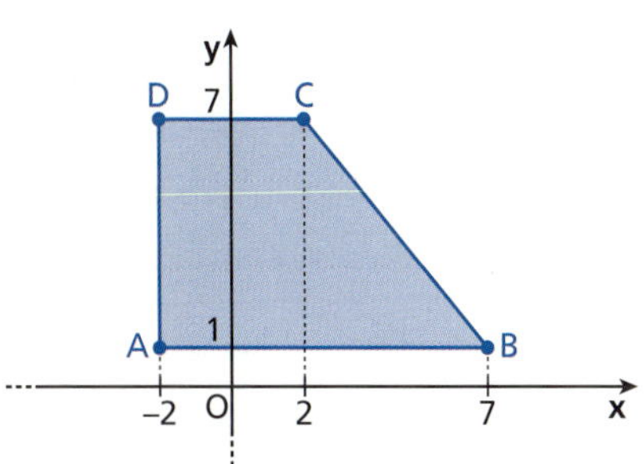

97 Verifica che il triangolo di vertici $A(-2; 4)$, $B(1; -1)$ e $C(3; 1)$ è isoscele con base BC e trova la misura dell'altezza relativa a BC. [$4\sqrt{2}$]

98 Verifica che il triangolo di vertici $A(-3; -1)$, $B\left(2; \frac{3}{2}\right)$, $C(-9; 11)$ è rettangolo e che la mediana relativa all'ipotenusa è congruente alla metà dell'ipotenusa stessa.

99 Considerati i punti $A(-2a; -1)$ e $B(a-5; -1)$, con a numero positivo, individua a in modo che $\overline{AB}$ sia uguale a 7. Determina poi il punto C di ascissa 5, in modo che il triangolo ABC abbia area che misura 35. [$a = 4$; $C_1(5; 9)$, $C_2(5; -11)$]

100 Del rombo $ABCD$ sono noti i vertici $A(1; 0)$, $B(5; 3)$ e il punto di incontro delle diagonali $M(1; 3)$. Trova le coordinate degli altri vertici C e D e calcola il perimetro del rombo. [$C(1; 6)$, $D(-3; 3)$; $2p = 20$]

101 Determina il baricentro G del triangolo di vertici $A(-1; 3)$, $B(6; 1)$, $C(4; 8)$ e verifica che la mediana AM è divisa da G in due parti, una doppia dell'altra. [$G(3; 4)$]

102 Calcola il perimetro del triangolo che si ottiene congiungendo i punti medi dei lati del triangolo in figura e verifica che è la metà del perimetro del triangolo di partenza.

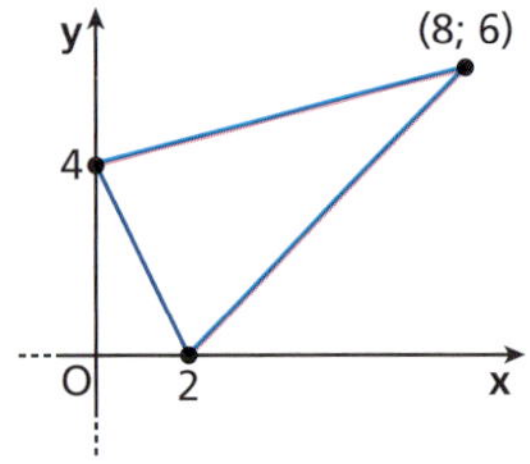

103 Determina le condizioni sul parametro h affinché il baricentro del triangolo di vertici $P(1 + h; 2)$, $Q(h - 2; 2h)$ e $R(-3; h + 1)$ appartenga al secondo quadrante. [$-1 < h < 2$]

104 Determina le coordinate di un punto P che ha l'ascissa uguale all'ordinata ed è equidistante dai punti $A(2; 0)$ e $B(0; 4)$ e trova il perimetro, l'area e il baricentro del triangolo APB.

$\left[P(3; 3); \sqrt{10}(2+\sqrt{2}); 5; G\left(\frac{5}{3}; \frac{7}{3}\right)\right]$

RISOLVIAMO UN PROBLEMA

Una stima precisa

Marco deve fissare alla parete della cucina un portaoggetti, applicando un nastro adesivo lungo il perimetro del poligono convesso di vertici A, B, C e D. La superficie del poligono deve essere protetta con una pellicola. Marco ha dimenticato il metro, ma sapendo che ogni piastrella quadrata della parete ha il lato di 5 cm, riesce a stimare con una certa precisione quanto materiale gli occorre.

- Quanti centimetri quadrati di pellicola sono necessari, come minimo?
- Quanti centimetri di nastro adesivo sono necessari?

► Fissiamo un riferimento cartesiano e ricaviamo le coordinate.

Poniamo l'origine del riferimento nel punto A; se gli assi sono paralleli ai lati delle mattonelle, si hanno le seguenti coordinate, in cm, per i vertici del poligono $ABCD$: $A(0; 0)$, $B(30; 40)$, $C(50; 20)$, $D(35; -10)$.

► Calcoliamo l'area della figura.

Il poligono risulta inscritto in un quadrato con lati paralleli agli assi di lunghezza 50 cm, dalla cui area di 2500 cm² si sottraggono le aree di quattro triangoli rettangoli, ottenendo:

$$S_{ABCD} = 2500 - 600 - 200 - 225 - 175 = 1300 \text{ cm}^2.$$

► Calcoliamo il perimetro.

Il perimetro è invece:

$$2p_{ABCD} = 50 + 20\sqrt{2} + 15\sqrt{5} + 5\sqrt{53} \simeq 148,22 \text{ cm}.$$

105 REALTÀ E MODELLI **Misuriamo un terreno** Giovanni possiede l'appezzamento di terreno pianeggiante mostrato nella foto aerea, su cui ha tracciato anche un riferimento cartesiano in cui l'unità di misura corrisponde a 1 metro. Il poligono corrispondente al suo terreno ha contorno blu. Quanto valgono l'area e il perimetro del terreno? [area $\simeq$ 174550 m², perimetro $\simeq$ 1925 m]

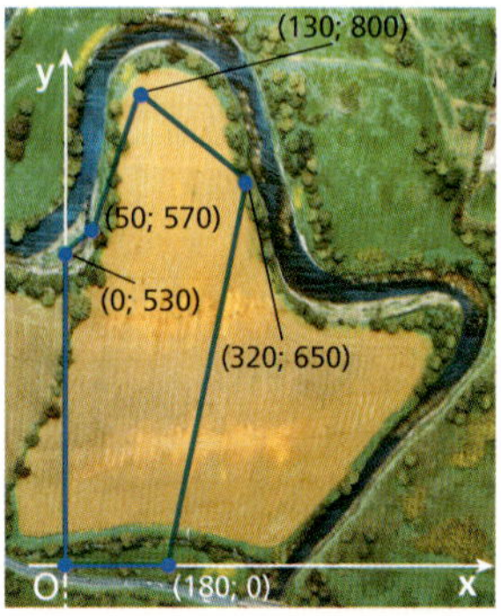

3 Rette nel piano cartesiano

Equazioni lineari e rette

▶ Teoria a p. 131

Dall'equazione al grafico

106 ●○ **ASSOCIA** all'equazione di ogni retta il relativo grafico.

a. $-x-2=0$ **b.** $y=-x-2$ **c.** $y=-2$ **d.** $y-x-2=0$

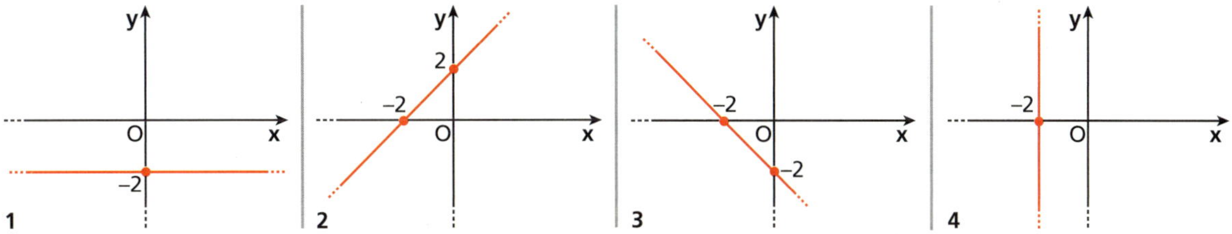

107 **ESERCIZIO GUIDA** Tracciamo i grafici delle rette di equazioni:

a. $x=-3$; **b.** $y=4$; **c.** $x+4y-4=0$.

a. $x=-3 \rightarrow$ tutti i punti hanno ascissa -3.

La retta è parallela all'asse y.

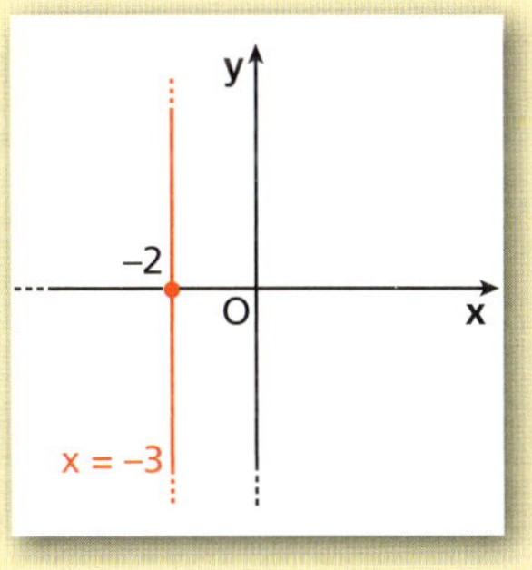

b. $y=4 \rightarrow$ tutti i punti hanno ordinata 4.

La retta è parallela all'asse x.

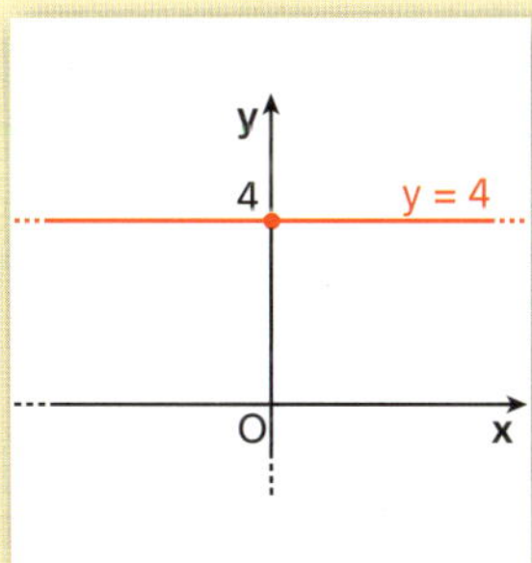

c. Scriviamo l'equazione in forma esplicita: $y=-\frac{1}{4}x+1$.

Troviamo alcuni punti che appartengono alla retta assegnando dei valori all'ascissa e calcolando l'ordinata:

$$x=0 \rightarrow y=-\frac{1}{2}\cdot(0)+1=1 \rightarrow P_1(0;1);$$

$$x=4 \rightarrow y=-\frac{1}{4}\cdot(4)+1=0 \rightarrow P_2(4;0);$$

$$x=-4 \rightarrow y=-\frac{1}{4}\cdot(-4)+1=2 \rightarrow P_3(-4;2).$$

Disegniamo i punti e tracciamo la retta.

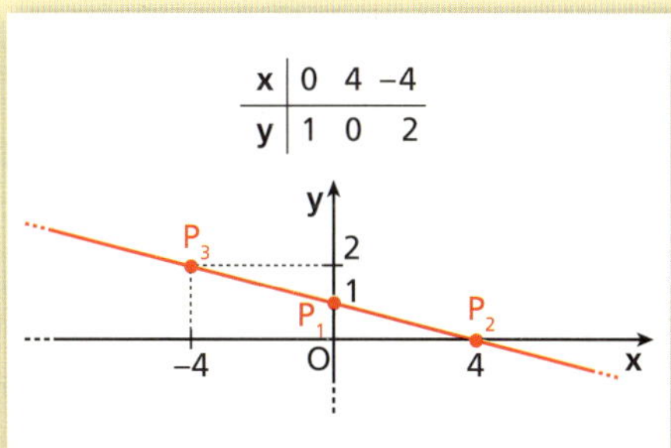

Rappresenta nel piano cartesiano le rette che hanno le seguenti equazioni.

108 ●○ $x=-3$; $y=2$.

109 ●○ $2x-1=0$; $y-5=0$.

110 ●○ $2x-y=0$; $4y+1=0$.

111 ●○ $y=2x-2$; $y=-4$.

112 $y = -\frac{2}{3}x + 1$; $x = \frac{5}{2}$.

113 $2x + 7 = 0$; $4x - y + 4 = 0$.

114 $y = -x + 4$; $y = \frac{1}{4}x - 1$.

115 $x = 4$; $x - y + 3 = 0$.

116 $4x - 3 = 0$; $2x + y - 1 = 0$.

117 $y - 5x = 0$; $1 + x = 0$.

118 $2 - 3x = 0$; $4 + 6y = 0$.

119 $y - x + 1 = 0$; $2x - 3y + 6 = 0$.

120 **VERO O FALSO?**

a. L'equazione $ax + 1 = 0$ rappresenta, per $a \neq 0$, l'equazione di una retta parallela all'asse x. V F

b. L'equazione $ax + by + c = 0$ rappresenta sempre, al variare di a, b, c, una retta del piano cartesiano. V F

c. $x = 2$ nel piano cartesiano rappresenta il punto $(2; 0)$ dell'asse x. V F

d. La retta $4x - 5y = 0$ passa per l'origine. V F

Determina il coefficiente angolare delle rette che hanno le seguenti equazioni.

121 a. $y = \frac{x}{4} - 1$ b. $4x + 2y - 5 = 0$ c. $3y - 6 = 0$ d. $2x = 5$

122 a. $7x = -14y$ b. $6x - 3y = 2$ c. $x + 3y = 0$ d. $\frac{x + y}{4} = 0$

Per ognuna delle seguenti equazioni di rette indica il coefficiente angolare m, il termine noto q e poi rappresentale.

123 $2 - 2x = 0$; $y - x - 1 = 0$.

124 $y = -3x + 6$; $2x - y - 2 = 0$.

125 $3x + 3y + 6 = 0$; $10y - 2x + 5 = 0$.

126 $y = \frac{4}{3}x - 2$; $2y - 6 + x = 0$.

127 **VERO O FALSO?**

a. L'equazione $y = mx + q$ rappresenta tutte le rette del piano al variare di m e q. V F

b. L'equazione $4y - x + 1 = 0$ non è l'espressione di una funzione di $\mathbb{R}$ in $\mathbb{R}$. V F

c. L'asse x non ha coefficiente angolare. V F

d. L'ordinata all'origine della retta $y - 5 = \frac{1}{2}(x + 1)$ è $\frac{11}{2}$. V F

128 **TEST** Osservando la figura si deducono le seguenti affermazioni. Una sola è *falsa*. Quale?

A Le rette r, s, t hanno ordinata all'origine positiva.

B I coefficienti angolari di r e s sono discordi.

C Il coefficiente angolare di s è maggiore di quello di t.

D Il coefficiente angolare della retta t è minore di quello di r.

E La retta r ha coefficiente angolare negativo.

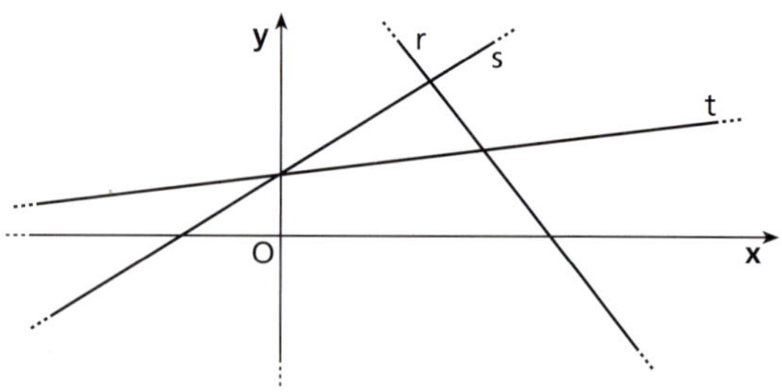

129 In ognuna delle seguenti figure evidenzia l'angolo tra retta e asse x, come definito nella teoria. Indica se il coefficiente angolare della retta è positivo, negativo, nullo o non definito.

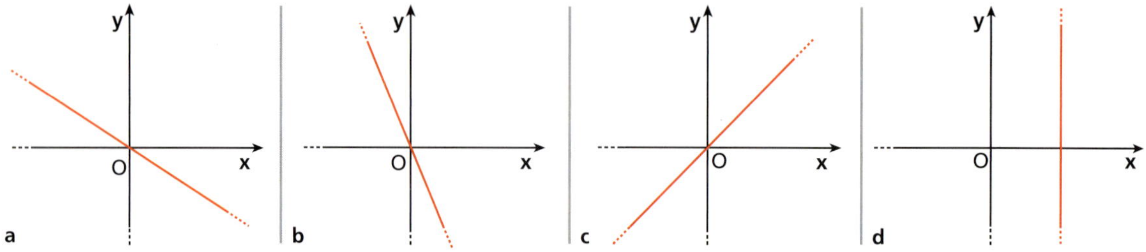

130 Indica per quali valori di a la retta di equazione $y = (2 - a)x + a - 3$ forma con l'asse x un angolo acuto. Se $a = 2$, che angolo forma la retta con l'asse x? $[a < 2]$

131 Trova per quali valori di k il grafico della retta di equazione $y + (2k - 1)x + k = 0$ forma con l'asse x un angolo ottuso. $\left[k > \frac{1}{2}\right]$

132 Determina la condizione sul parametro a affinché il grafico della retta di equazione $2ay + (a - 2)x - 1 = 0$ formi un angolo retto con l'asse x. $[a = 0]$

133 Considera la retta di equazione $y = 2kx - 3k - 6$ e indica per quale valore di k interseca l'asse y in un punto di ordinata negativa. $[k > -2]$

134 Determina per quali valori di a il grafico della retta di equazione $5y + (a^2 - 9)x + a = 0$ forma con l'asse x un angolo acuto. Per quale valore di a l'angolo è di 45°? $[-3 < a < 3, a = \pm 2]$

135 Trova i valori di k tali che la retta di equazione $-3y + (3k - k^2)x + 5 = 0$ formi con l'asse x un angolo ottuso. $[k < 0 \vee k > 3]$

L'appartenenza di un punto a una retta

Stabilisci se le rette aventi le seguenti equazioni passano per i punti indicati.

136 $2x - 6y - 1 = 0$, $A\left(-\frac{1}{2}; 0\right)$, $B\left(1; \frac{1}{6}\right)$, $C(-1; 0)$, $D\left(10; \frac{3}{2}\right)$.

137 $y = \frac{1}{5}x + 2$, $A(-5; 3)$, $B(10; 4)$, $C(-10; 0)$, $D(0; -2)$.

138 $x - \frac{1}{2}y + 4 = 0$, $A\left(-\frac{1}{2}; 3\right)$, $B(-4; 2)$, $C(0; 8)$, $D(-2; 4)$.

139 Sulla retta $2x + y - 3 = 0$ determina il punto A di ascissa -1 e il punto B di ordinata 7.

140 Data la retta di equazione $2x + y - 5 = 0$, stabilisci se i punti $A(2; 1)$ e $B(1; 1)$ appartengono a essa e determina l'ordinata del suo punto C di ascissa 1 e l'ascissa del suo punto D di ordinata 4. $\left[C(1; 3), D\left(\frac{1}{2}; 4\right)\right]$

141 Data la retta r di equazione $2x - y + 2 = 0$, stabilisci se i punti $P\left(-\frac{1}{2}; 3\right)$ e $Q(1; -7)$ appartengono a r. Trova il punto R della retta che ha ascissa 4 e rappresenta r, P, Q, R. $[R(4; 10)]$

142 Determina per ciascuna delle rette di equazioni $x - 4y + 7 = 0$, $2x + 6y - 7 = 0$ e $2y - x - 4 = 0$ il relativo punto di ordinata $-\frac{1}{2}$. $\left[\left(-9; -\frac{1}{2}\right), \left(5; -\frac{1}{2}\right), \left(-5; -\frac{1}{2}\right)\right]$

143 Dati la retta di equazione $x - 2y = 3$ e il punto $A(a - 2; 1 - 3a)$, per quale valore di a il punto appartiene alla retta? $[a = 1]$

144 Determina il valore di h affinché il punto $A(4h - 2; 1 + h)$ appartenga alla retta di equazione $x - 3y + 2 = 0$. $[h = 3]$

145 Trova il valore di k affinché l'equazione $(k + 1)x - ky + 2 = 0$ sia l'equazione di una retta passante per il punto $A(1; -2)$ e disegna tale retta. $[k = -1]$

146 Calcola il valore del parametro k affinché la retta di equazione $(2k - 1)x - (k + 1)y + k = 0$ passi per il punto $A(0; 3)$. Disegna tale retta dopo aver trovato i punti che ha in comune con l'asse x e con l'asse y. $\left[k = -\frac{3}{2}, \left(-\frac{3}{8}; 0\right), (0; 3)\right]$

147 Determina il valore di k affinché la retta di equazione $(k + 3)x - y - 2 = 0$ passi per il punto $A(2; 0)$ e disegna tale retta. $[k = -2]$

148 YOU & MATHS The equation of the line L is $2x - y + 4 = 0$. L intersects the x-axis at P and the y-axis at Q. Find the coordinates of P and the coordinates of Q. Show L on a diagram.

(IR *Leaving Certificate Examination*, Ordinary Level, 1995)

$[P(-2; 0); Q(0; 4)]$

149 Determina quale punto della bisettrice del primo e terzo quadrante ha distanza dal punto $A(4; -1)$ uguale a $\sqrt{13}$. $[(1; 1); (2; 2)]$

150 Un punto P della retta di equazione $y = -3x + 4$ è distante $4\sqrt{2}$ da $Q(2; 6)$. Trova le sue coordinate.

$\left[(-2; 10) \vee \left(\frac{6}{5}; \frac{2}{5}\right)\right]$

151 RIFLETTI SULLA TEORIA Dimostra che la distanza tra due punti $A(x_A; y_A)$ e $B(x_B; y_B)$ appartenenti a una retta di equazione $y = mx + q$ è indipendente da q.

Grafici di funzioni definite a tratti

152 ESERCIZIO GUIDA

Rappresentiamo graficamente la funzione $y = f(x)$:

$$y = \begin{cases} 2x - 1 & \text{se } x \leq 0 \\ -1 & \text{se } 0 < x \leq 4. \\ x & \text{se } x > 4 \end{cases}$$

La funzione è costituita da tre tratti.

Per $x \leq 0$ disegniamo la retta di equazione $y = 2x - 1$. Troviamo almeno due suoi punti nel semipiano $x \leq 0$.

$x = 0 \rightarrow y = -1$,

$x = -1 \rightarrow y = -3$.

Per $0 < x \leq 4$ la funzione è $y = -1$, che rappresenta una retta parallela all'asse x.

Per $x > 4$ la funzione è $y = x$, che è l'equazione della bisettrice del primo e terzo quadrante.

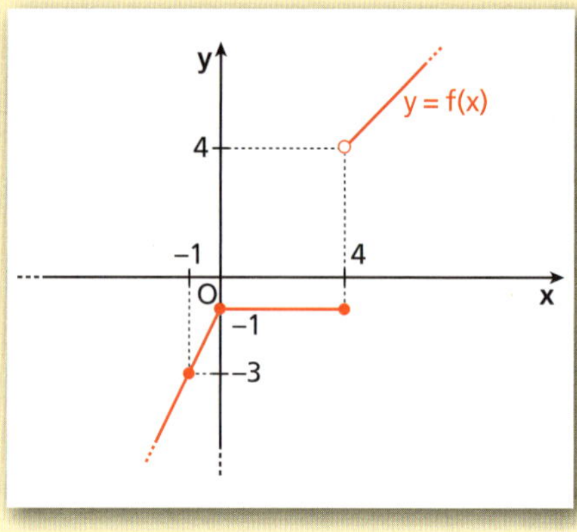

Rappresenta graficamente le seguenti funzioni.

153 $y = \begin{cases} -x + 7 & \text{se } x \leq 0 \\ 7 & \text{se } x > 0 \end{cases}$

154 $y = \begin{cases} -5x + 1 & \text{se } x \leq 1 \\ 2x & \text{se } x > 1 \end{cases}$

155 $y = \begin{cases} -1 & \text{se } x < \frac{2}{3} \\ 3x + 2 & \text{se } x \geq \frac{2}{3} \end{cases}$

156 $y = \begin{cases} x + 1 & \text{se } x \leq 0 \\ 1 & \text{se } 0 < x \leq 2 \\ 2x & \text{se } x > 2 \end{cases}$

157 $y = \begin{cases} 2x - 1 & \text{se } x \leq 1 \\ -2x + 4 & \text{se } x > 1 \end{cases}$

158 $y = \begin{cases} -x - 1 & \text{se } x \leq 0 \\ -3 & \text{se } 0 < x \leq 3 \\ x - 6 & \text{se } x > 3 \end{cases}$

159 $y = \begin{cases} 2x + 1 & \text{se } x \leq -2 \\ -x - 5 & \text{se } -2 < x < 1 \\ x - 6 & \text{se } x \geq 1 \end{cases}$

160 $y = \begin{cases} -5 & \text{se } x \leq -2 \\ 2x - 1 & \text{se } -2 < x \leq 3 \\ 5 & \text{se } x > 3 \end{cases}$

161 $y = -|x|$

162 $y = |x| + 1$

163 $y = 2|x| + 1$

164 $y = |x - 4|$

165 $y = -|x - 2|$

166 $y = |x + 1| - 1$

167 $y = |2x + 3| - 3$

168 $y = \dfrac{|x+1|}{x+1}$

169 $y = |x + 3| + x + 3$

170 $y = |x| - 3$

171 $y = 2 - \left|\dfrac{x}{3}\right|$

172 $y = ||x| - 2|$

173 $y = |x - 2| + |1 - x|$

174 $y = 2\sqrt{x^2} - x$

175 $y = \dfrac{|x^2 + 2x|}{x + 2} - 3$

---

176 $y = \begin{cases} |x| - 1 & \text{se } x < 2 \\ -\dfrac{1}{2}x + 2 & \text{se } x \geq 2 \end{cases}$

177 $y = \begin{cases} |x + 1| & \text{se } x \leq 0 \\ 2 - \left|\dfrac{1}{2}x - 1\right| & \text{se } x > 0 \end{cases}$

---

178 EUREKA! $y = \dfrac{2x^2 + 5x + 3}{|x + 1|} - |x|$

179 Data la funzione $f(x) = a|x - 3| + b$, trova per quali valori di a e di b il grafico di $f(x)$ passa per i punti $(0; 2)$ e $(-2; 4)$ e rappresentala nel piano cartesiano. [$a = 1, b = -1$]

Problemi REALTÀ E MODELLI

180 **Lavori in corso** Il signor Benvenuti ha acquistato un piccolo magazzino e deve far rifare l'impianto elettrico e idraulico. Ha chiesto l'intervento di un artigiano il cui preventivo prevede l'acquisto di materiale e un costo orario per la mano d'opera. Determina la funzione che permette il calcolo del costo totale y, in euro, in funzione del numero di ore di lavoro x, e rappresentala graficamente. [$y = 430 + 38x$]

materiale da acquistare
cavi elettrici € 40
numero 4 prese corrente € 20 l'una
numero 2 interruttori € 40 l'uno
un salvavita € 140
un rubinetto € 90

costo
mano d'opera € 38 all'ora

181 **Orologio in ritardo** Un gruppo di studenti controlla il ritardo dell'orologio della propria aula confrontando per diversi giorni l'ora indicata dall'orologio con quella di un orologio satellitare. Gli studenti riescono a descrivere il ritardo accumulato R in secondi tramite l'equazione $R = \dfrac{3}{2}G + 9$, dove G è il numero dei giorni trascorsi dall'inizio dell'esperimento. Rappresenta in un grafico l'equazione ricavata e determina il ritardo accumulato 30 giorni dopo la prima misurazione. [54 s]

182 **Da Venezia a Padova** Fabio e Marta salgono in treno alla stazione di Venezia per andare a Padova. Il percorso è di 40 km e l'unica fermata intermedia è Mestre, che dista 10 km da Venezia. La funzione che descrive lo spazio percorso s (in km) rispetto al tempo t (in minuti) è:

$$s = \begin{cases} t & \text{se } 0 \leq t < 10 \\ 10 & \text{se } 10 \leq t \leq 15 \\ 2t - 20 & \text{se } 15 < t \leq 30 \end{cases}.$$

a. Rappresenta il grafico della funzione s.

b. Dopo 25 minuti, a che distanza da Padova si trovano Fabio e Marta? E da Mestre? [b) 10 km; 20 km]

183 **Prepararsi alla maratona** Camilla vuole partecipare alla maratona di Roma. Si allena tre volte a settimana e ha un programma-tipo. Durante le diverse fasi cerca di mantenere una velocità costante. Quanto tempo impiega Camilla a percorrere i primi 10 km? Quale distanza ha percorso dopo 35 min? Rappresenta il suo allenamento in un grafico spazio-tempo. [55 min; 6 km]

riscaldamento: 5 km 30 min
corsa veloce: 10 km 50 min
defaticamento: 5 km 30 min

ESERCIZI

Dal grafico all'equazione

LEGGI IL GRAFICO Per ogni grafico scrivi l'equazione della retta relativa.

184

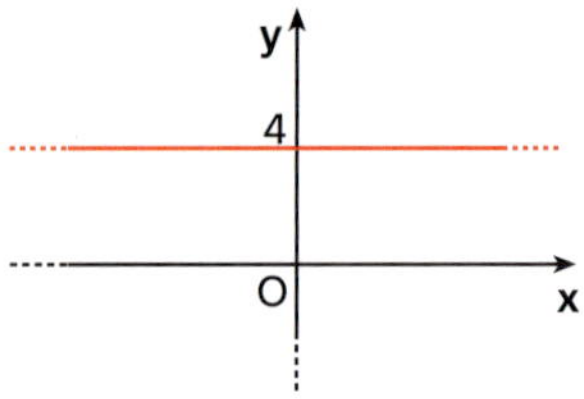

185

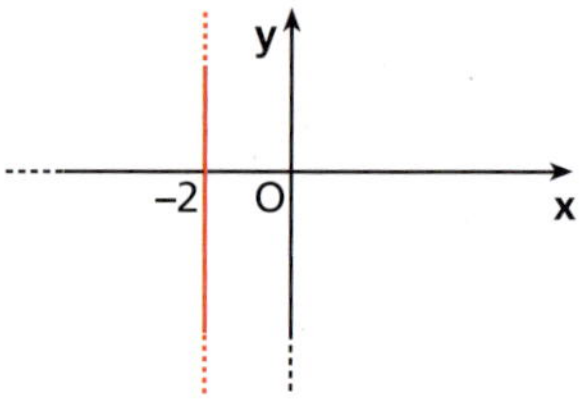

186

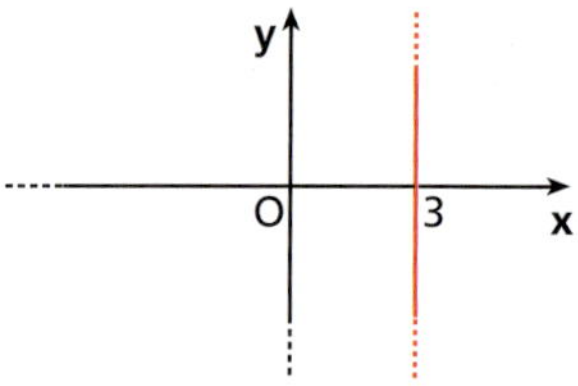

187 Trova l'equazione della retta che passa per il punto $P(1; -5)$ ed è parallela all'asse x.

188 Traccia la retta parallela all'asse y passante per il punto $A(-2; 1)$ e scrivi la sua equazione.

189 Determina le equazioni delle rette passanti per l'origine e per i seguenti punti:

a. $\left(-1; \frac{1}{2}\right)$; **b.** $(2; -4)$; **c.** $(3; 9)$.

190 Scrivi le equazioni delle rette passanti per il punto $P(2; -6)$ parallele agli assi cartesiani e di quella passante per P e per l'origine.

191 **LEGGI IL GRAFICO** Scrivi le equazioni dei seguenti grafici.

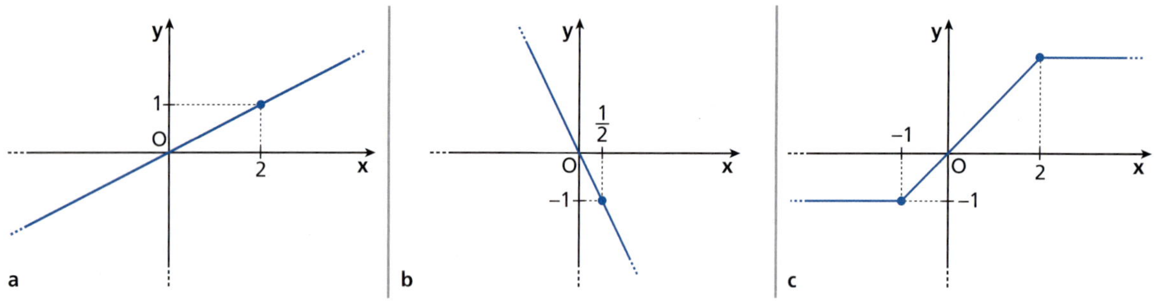

Equazione di una retta passante per un punto e di coefficiente angolare noto

▶ Teoria a p. 133

192 **VERO O FALSO?**

a. L'asse y non ha coefficiente angolare. V F

b. L'equazione $y - 1 = m(x - 2)$ rappresenta tutte le rette passanti per il punto $P(2; 1)$. V F

c. Tutte le rette di equazione $y - 1 = m(x - 2)$ passano per il punto $P(2; 1)$. V F

d. L'equazione $y = mx - m$ rappresenta tutte le rette passanti per $P(1; 0)$, esclusa la retta $x = 1$. V F

193 **ESERCIZIO GUIDA** Scriviamo l'equazione della retta passante per il punto $P(2; -5)$ e di coefficiente angolare $m = -3$.

Utilizziamo la formula $y - y_1 = m(x - x_1)$.

Sostituendo, abbiamo:

$$y + 5 = -3(x - 2) \rightarrow y = -3x + 1.$$

Scrivi l'equazione della retta passante per il punto indicato e di coefficiente angolare assegnato e rappresentala.

194 $A(-1; 2)$, $m = -1$.

195 $A\left(3; -\frac{1}{2}\right)$, $m = 3$.

196 $A(-2; -3)$, $m = \frac{1}{2}$.

197 $A(0; -2)$, $m = -5$.

198 $A\left(\frac{4}{3}; \frac{5}{2}\right)$, $m = -\frac{3}{2}$.

199 $A(3; 0)$, $m = 4$.

200 Scrivi l'equazione della retta passante per l'origine e di coefficiente angolare -2 e rappresentala. Trova i punti della retta che hanno distanza $3\sqrt{5}$ dall'origine. $[(3; -6), (-3; 6)]$

201 Trova l'equazione della retta passante per l'origine e di coefficiente angolare $-\frac{2}{3}$ e poi calcola l'ascissa del punto P della retta che ha ordinata 6. $\left[y = -\frac{2}{3}x; x = -9\right]$

202 Scrivi l'equazione della retta che passa per il punto $P(0; 5)$ e ha coefficiente angolare uguale a quello della retta di equazione $2x - 3y + 1 = 0$. $\left[y = \frac{2}{3}x + 5\right]$

203 Trova l'equazione della retta r che forma con l'asse x un angolo di 45° e passa per il punto P di ascissa 2 appartenente alla bisettrice del secondo e quarto quadrante. $[y = x - 4]$

204 **TEST** La retta r passante per il punto $P(1; 1)$ forma con la retta s di equazione $y + 3 = 0$ un angolo di 45°. Quale tra le seguenti è l'equazione della retta r?

A $y = x + 1$ B $x = y$ C $x = y + 1$ D $y = -x$ E $y = x - 1$

Coefficiente angolare, note le coordinate di due punti

▶ Teoria a p. 134

205 **ESERCIZIO GUIDA** Determiniamo, se è possibile, il coefficiente angolare delle rette AB e CD, conoscendo le coordinate dei punti $A(-1; 3)$, $B(3; 5)$, $C(-3; -2)$ e $D(-3; 1)$.

- Calcoliamo $m(AB)$, applicando la formula

$$m(AB) = \frac{y_B - y_A}{x_B - x_A};$$

$$m(AB) = \frac{5 - 3}{3 - (-1)} = \frac{2}{4} = \frac{1}{2}.$$

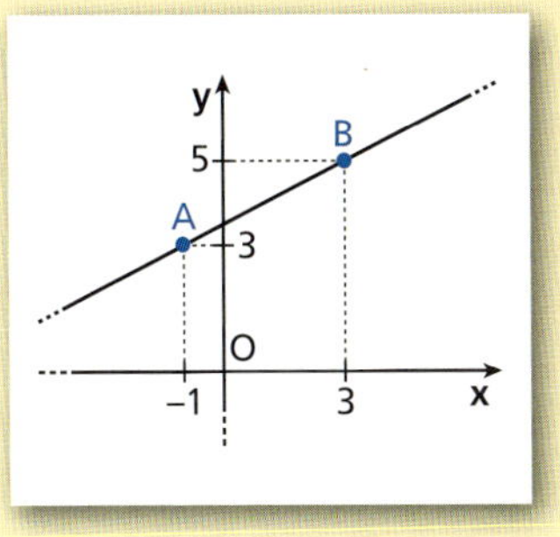

- Cerchiamo di calcolare $m(CD)$ allo stesso modo:

$$m(CD) = \frac{1 - (-2)}{-3 - (-3)} = \frac{3}{0};$$

la frazione non esiste, quindi per la retta CD non ha significato parlare di coefficiente angolare; la retta è parallela all'asse y e la sua equazione è $x = -3$.

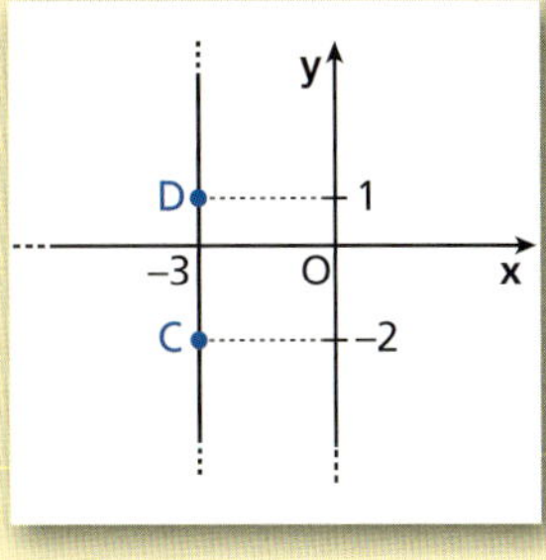

Determina, se è possibile, il coefficiente angolare della retta passante per la coppia di punti indicata.

206 $A(0; 3)$, $B(2; 4)$.

207 $A(1; 5)$, $B(3; 6)$.

208 $C(2; 5)$, $D(4; 5)$.

209 $A\left(\frac{1}{3}; -\frac{1}{2}\right)$, $B\left(\frac{2}{3}; -\frac{3}{2}\right)$.

210 $E(0; 2)$, $F(0; -2)$.

211 $A(3; -1)$, $B(3; -3)$.

---

212 Il punto $A(-1; 4)$ appartiene alla retta AB il cui coefficiente angolare è $\frac{2}{3}$. Qual è l'ordinata del punto B se la sua ascissa è 5?

COMPLETA determinando la coordinata mancante del punto *B* che appartiene alla retta *AB* di coefficiente angolare *m*.

213 $m = 3$, $A(1; 2)$, $B(3; \square)$.

214 $m = 1$, $A(4; 4)$, $B(\square; 8)$.

215 $m = 2$, $A(3; 2)$, $B(4; \square)$.

216 $m = -\frac{1}{4}$, $A(2; -1)$, $B\left(\square; -\frac{3}{2}\right)$.

217 **TEST** Una retta interseca gli assi coordinati nei punti $P(-3; 0)$ e $Q(0; -1)$. Quanto vale il suo coefficiente angolare?

A -3 B 3 C $\frac{1}{3}$ D $-\frac{1}{3}$ E 0

LEGGI IL GRAFICO

218 Scrivi il coefficiente angolare delle rette rappresentate nei seguenti grafici.

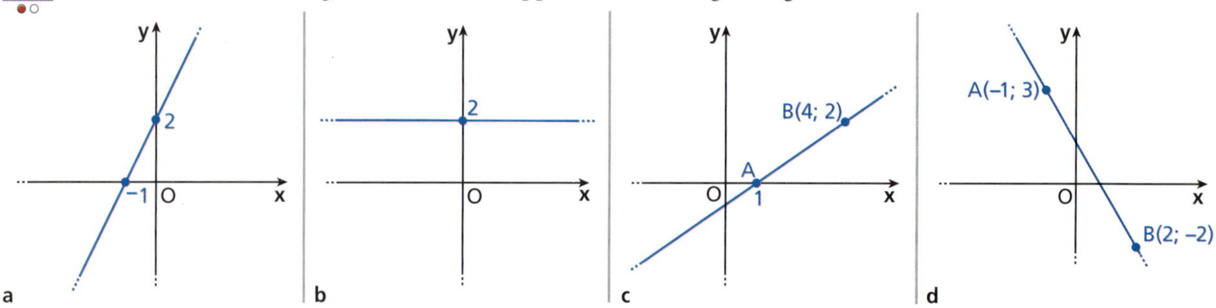

Scrivi le equazioni delle rette *r*, *s* e *t* rappresentate nelle figure.

219

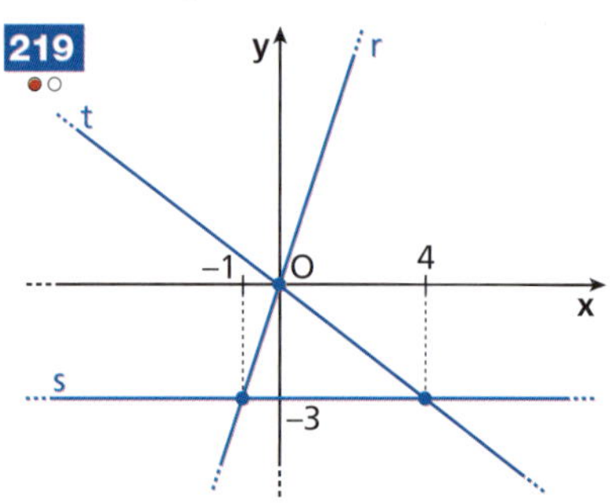

220

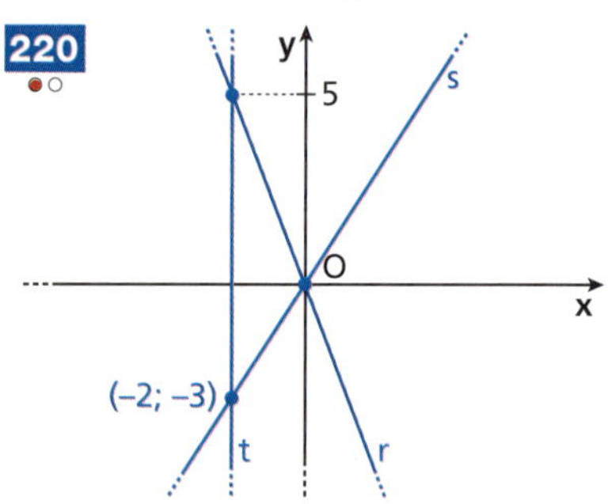

221

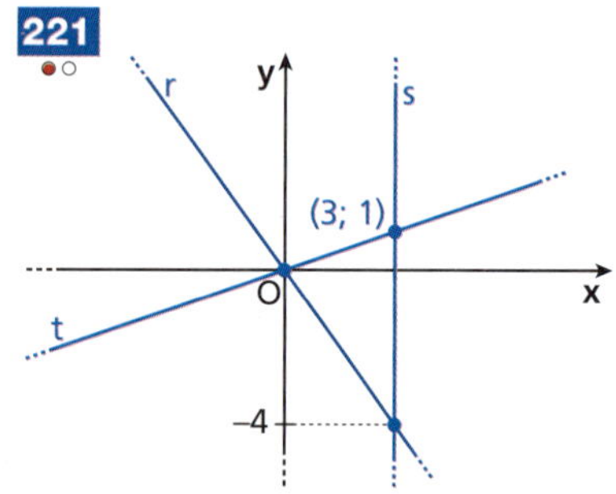

In base alle indicazioni date in ogni figura, ricava *m* e scrivi l'equazione della retta rappresentata.

222

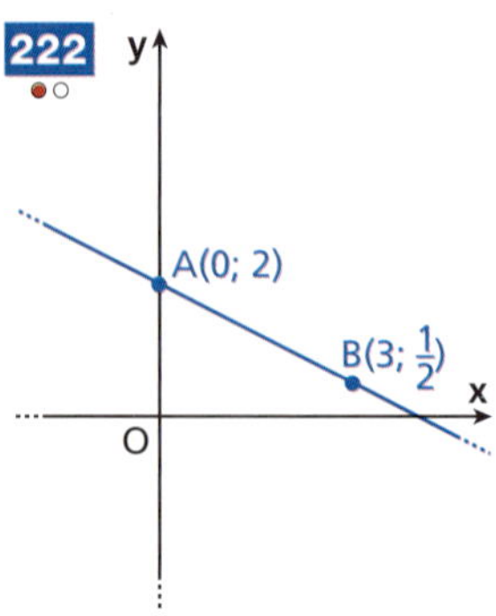

223

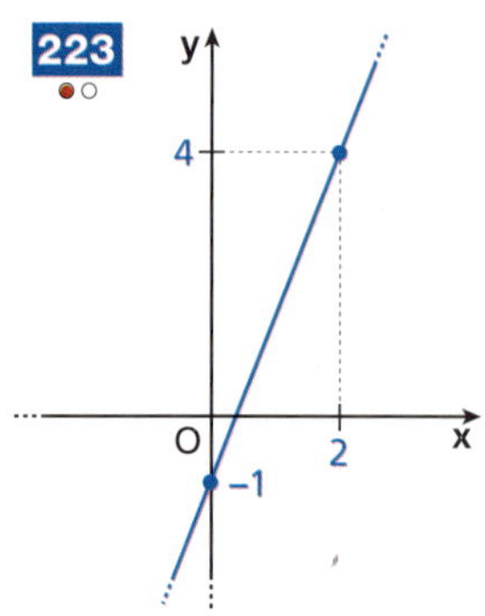

224

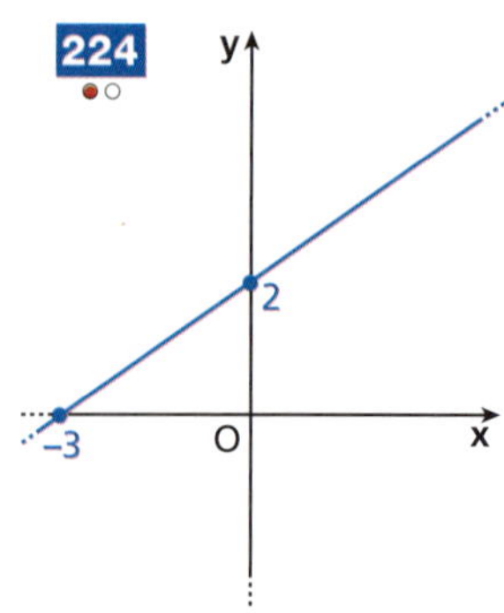

225

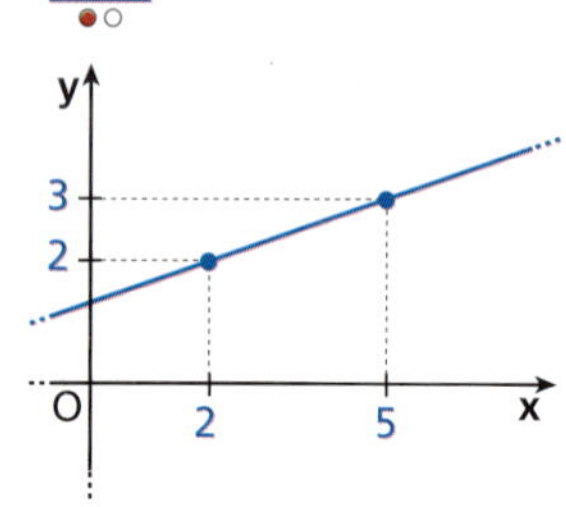

226 ●○ **RIFLETTI SULLA TEORIA** Siano P un punto del primo quadrante, Q un punto di ascissa e ordinata doppie rispetto a quelle di P, e R un punto con ascissa quadrupla e ordinata doppia rispetto a quelle di P. Quale tra le rette PQ e PR forma con l'asse x un angolo maggiore? Giustifica la risposta.

227 ●○ Determina l'equazione della retta che passa per $C(-1; 2)$ e ha il coefficiente angolare uguale a quello della retta che passa per $A(2; 2)$ e $B(1; -4)$. [$y = 6x + 8$]

Retta passante per due punti

▶ Teoria a p. 135

228 **ESERCIZIO GUIDA** Scriviamo l'equazione della retta passante per i punti $A(1; 4)$ e $B(-1; 3)$ e verifichiamo che il punto $C(-5; 1)$ è allineato con A e B.

Applichiamo la formula: $\dfrac{y - y_1}{y_2 - y_1} = \dfrac{x - x_1}{x_2 - x_1}$.

Sostituiamo a $(x_1; y_1)$ le coordinate di A e a $(x_2; y_2)$ le coordinate di B:

$$\frac{y-4}{3-4} = \frac{x-1}{-1-1} \rightarrow -(y-4) = -\frac{1}{2}(x-1) \rightarrow$$

$$y = \frac{1}{2}x + \frac{7}{2}.$$

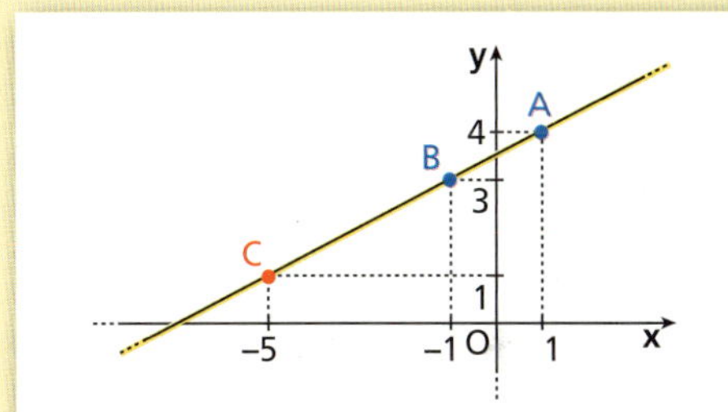

Il punto $C(-5; 1)$ è allineato con A e B perché appartiene alla retta passante per A e B; infatti, le coordinate di C verificano l'equazione della retta:

$$y = \frac{1}{2}(-5) + \frac{7}{2} = 1.$$

Scrivi l'equazione della retta passante per i punti *A* e *B*.

229 ●○ $A(3; 0)$, $B(0; 5)$.

230 ●○ $A(-5; 0)$, $B(7; -2)$.

231 ●○ $A\left(-\frac{2}{3}; -1\right)$, $B\left(\frac{1}{3}; -2\right)$.

232 ●○ $A(2; -1)$, $B(0; -4)$.

233 ●○ $A(1; 1)$, $B(-1; -1)$.

234 ●○ $A\left(\frac{1}{2}; -6\right)$, $B(2; -3)$.

235 ●○ $A(-3; 7)$, $B(6; 2)$.

236 ●○ $A(5; 2)$, $B(-3; 2)$.

237 ●○ $A(8; 8)$, $B(2; -2)$.

LEGGI IL GRAFICO Scrivi le equazioni delle rette passanti per i punti *A* e *B* di ogni figura.

238 ●○

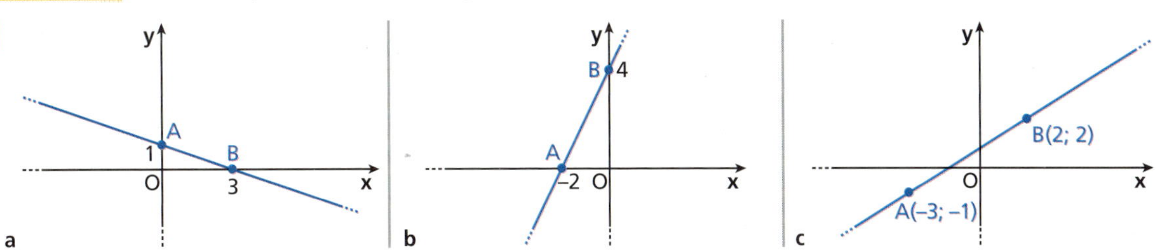

239 ●○

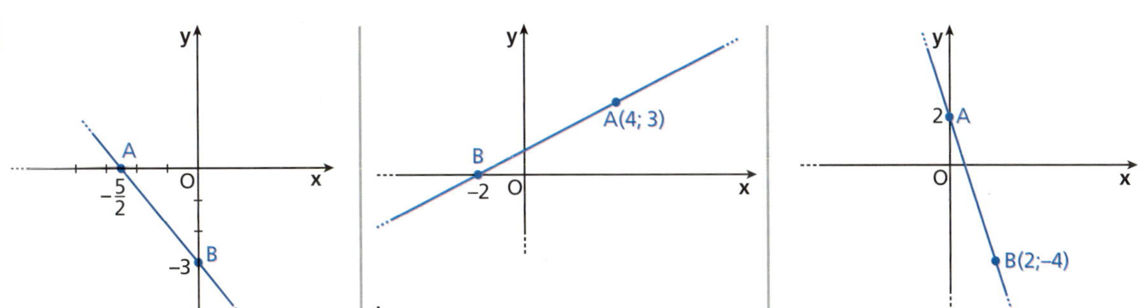

240 ●○

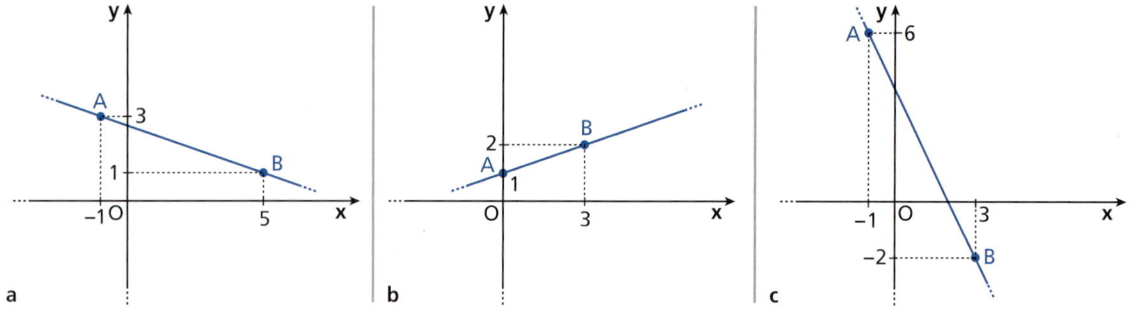

241 ●○ Scrivi l'equazione della retta passante per $A\left(\frac{5}{2}; -2\right)$ e $B\left(3; -\frac{3}{2}\right)$ e trova l'ordinata del suo punto C di ascissa -1.

$\left[2x - 2y - 9 = 0;\ y_C = -\frac{11}{2}\right]$

REALTÀ E MODELLI

242 ●● **L'assedio di Masada** Durante l'assedio di Masada, città fortificata in Palestina, nel 74 d.C., i Romani costruirono un terrapieno (nel grafico trovi le dimensioni: con buona approssimazione $h = 111$ m, $l = 185$ m).

a. Calcola la pendenza della rampa (il valore assoluto del coefficiente angolare della retta che rappresenta la rampa espresso in percentuale).

b. Determina l'equazione della rampa nel riferimento riportato nella figura. [a) 75%; b) $3x + 4y - 444 = 0$]

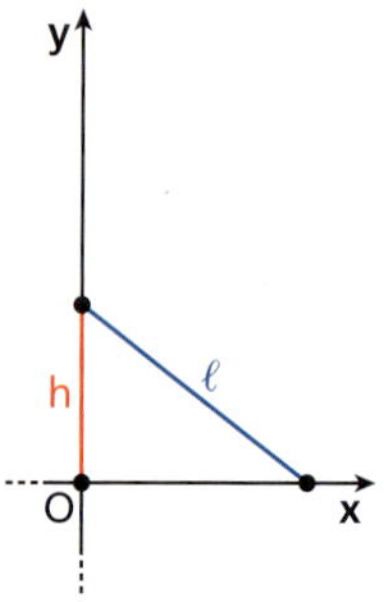

243 ●● **Progetto di una scala** Per il progetto di una scala è stato richiesto di disporre 9 gradini per ogni rampa e di attenersi alla *legge di Blondel*:

$$2a + p = 63,$$

dove a e p indicano, rispettivamente, la *alzata* e la *pedata* di ogni gradino.

a. Calcola la pendenza della scala (il coefficiente angolare della retta obliqua in figura espresso in percentuale).

b. Calcola la distanza tra il vertice superiore del primo gradino e il vertice superiore del nono gradino.

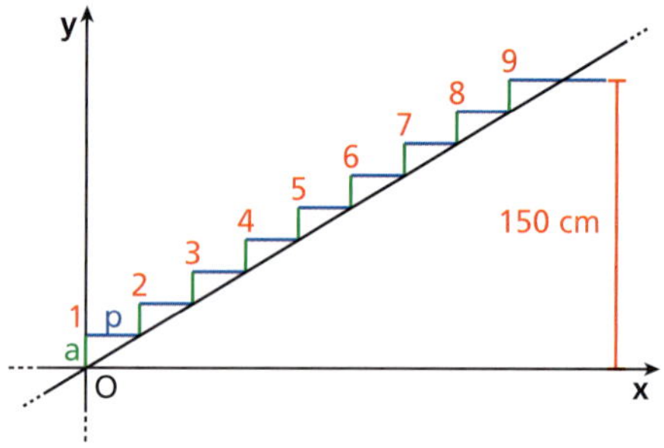

[a) circa 56%; b) circa 272 cm]

Stabilisci se i punti seguenti sono allineati.

244 ●○ $A(1; -1)$, $B(5; -7)$, $C(-1; 2)$.

245 ●○ $A\left(\frac{1}{2}; -\frac{3}{2}\right)$, $B(1; -1)$, $C(-1; 0)$.

246 ●○ **TEST** L'equazione della retta passante per i punti $A(3; 0)$, $B(0; 2)$ e $C\left(\frac{3}{2}; 1\right)$ è:

- **A** $3x + 2y = 0$.
- **B** $3x + 2y - 6 = 0$.
- **C** $2x - 3y + 6 = 0$.
- **D** $2x + 3y - 6 = 0$.
- **E** $2x - 3y = 0$.

I punti dei seguenti gruppi appartengono tutti a una stessa retta, tranne uno. Scrivi l'equazione della retta e individua il punto che non appartiene alla retta.

247 ●○ $A(-1; -5)$, $B(2; 10)$, $C(-3; -15)$, $D(-10; -2)$. [D]

248 ●○ $A(3; 9)$, $B(-2; 6)$, $C(4; 12)$, $D(1; 3)$. [B]

249 ●○ $A(1; 4)$, $B(2; -8)$, $C(-3; 12)$, $D(3; -12)$. [A]

250 Dati i punti $A(-2; 1)$ e $B(3; 3)$, trova le coordinate di tre punti appartenenti al segmento AB.

251 Scrivi le equazioni dei lati del triangolo ABC di vertici $A(-2; 1)$, $B(1; 0)$ e $C(3; 2)$.
[$x + 3y - 1 = 0; x - y - 1 = 0; x - 5y + 7 = 0$]

252 Determina le equazioni delle mediane del triangolo ABC di vertici $A(-3; 0)$, $B(1; 2)$ e $C(1; 6)$.
[$5x - 2y + 7 = 0; x - y + 3 = 0; x + 2y - 5 = 0$]

253 Scrivi le equazioni dei lati del quadrilatero di vertici $A(-3; 1)$, $B(4; 1)$, $C(2; 6)$, $D(-1; 6)$ e verifica che è un trapezio isoscele. [$y = 1; 5x + 2y - 22 = 0; y = 6; 5x - 2y + 17 = 0$]

LEGGI IL GRAFICO

254 Utilizzando i dati della figura a lato, scrivi le equazioni dei lati del parallelogramma e quelle delle diagonali.
[$y = -2; 5x - 2y - 29 = 0; y = 3; 5x - 2y + 6 = 0;$
$x + y - 3 = 0; 5x - 9y - 8 = 0$]

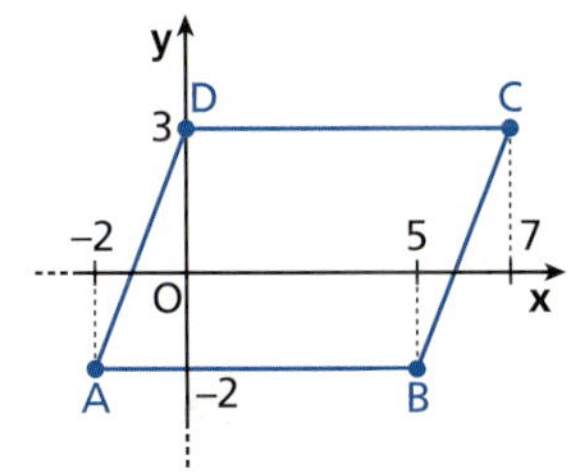

Esprimi analiticamente le funzioni rappresentate dai seguenti grafici.

255

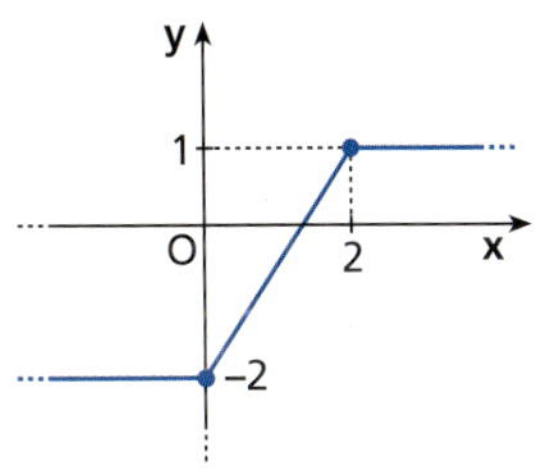

256

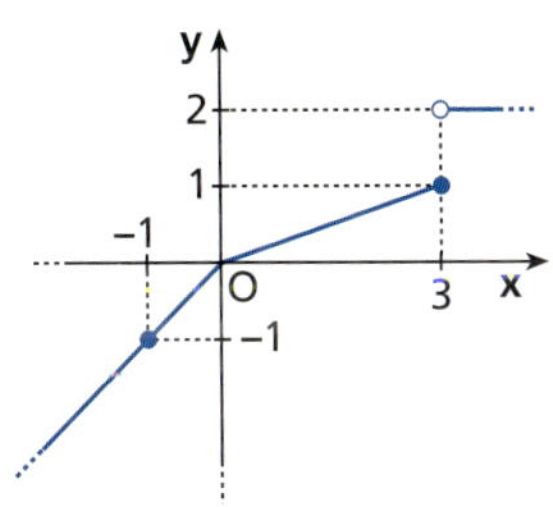

257

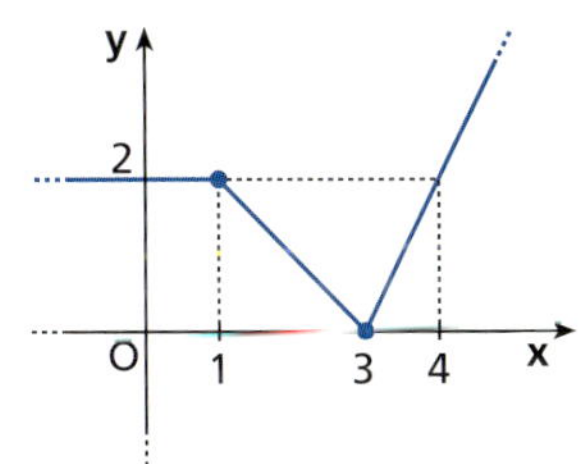

Deduci dai grafici: a. le equazioni di $f(x)$ e $g(x)$; **b.** per quali valori di x si ha $f(x) > g(x)$.

258

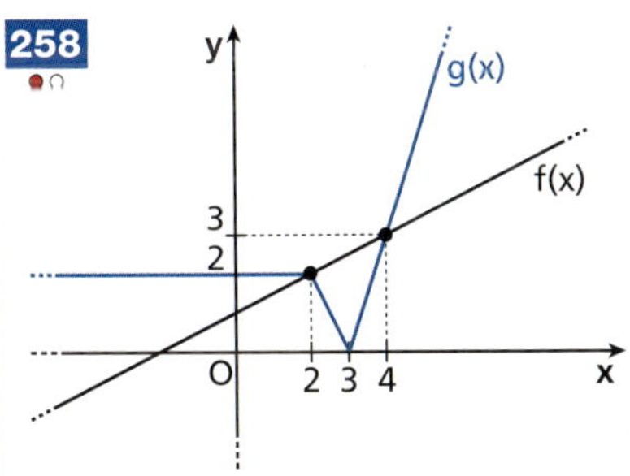

259

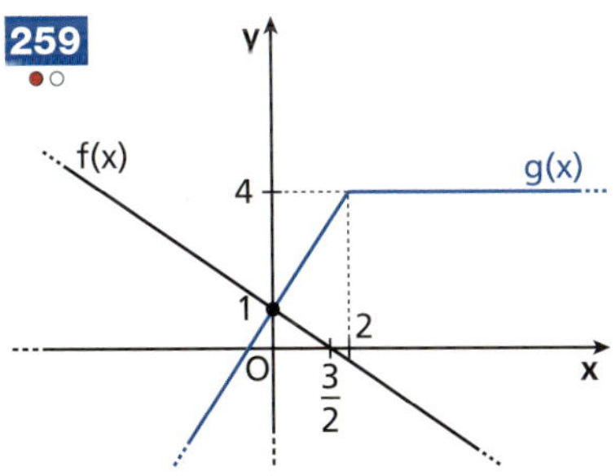

260

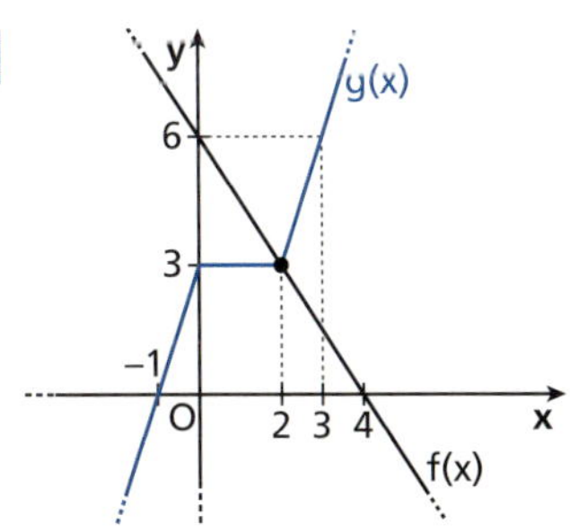

261 Disegna il grafico delle funzioni $f(x) = \begin{cases} -\frac{3}{2}x + 2 & \text{se } x < 2 \\ 2x - 5 & \text{se } x \geq 2 \end{cases}$ e $g(x) = \begin{cases} x + 2 & \text{se } x < 1 \\ 3 & \text{se } x \geq 1 \end{cases}$ e indica per quali valori di x si ha $f(x) = g(x)$ e $f(x) < g(x)$. [$x = 0 \vee x = 4; 0 < x < 4$]

TUTOR matematica
Allenati con **15 esercizi interattivi** con feedback "hai sbagliato, perché..."
su.zanichelli.it/tutor3 risorsa riservata a chi ha acquistato l'edizione con tutor

4 Rette parallele e rette perpendicolari

Rette parallele

▶ Teoria a p. 135

Determina il coefficiente angolare delle rette di ciascuno dei seguenti gruppi e stabilisci quali sono parallele.

262 $y=-3x+1$, $\quad y+3x-2=0$, $\quad y=-2x+1$, $\quad 2y+6x-5=0$.

263 $y=x-\frac{2}{5}$, $\quad y=-\frac{2}{5}x$, $\quad y=-\frac{2}{5}x-\frac{2}{5}$, $\quad y=-\frac{2}{5}$.

264 $3x-2y+1=0$, $\quad -6x+4y+7=0$, $\quad y=\frac{2}{3}x+1$, $\quad 9x-6y=0$.

265 $5x-10y+2=0$, $\quad y=\frac{1}{5}x$, $\quad 4x-8y+2=0$, $\quad x+5y=0$.

266 **FAI UN ESEMPIO** Scrivi le equazioni di due rette parallele alla retta di equazione $3y-2=0$ e di due parallele alla retta di equazione $3x-5=0$.

267 **TEST** Una delle seguenti rette è parallela all'asse delle ordinate. Quale?

A $x=y$ B $2x+7=0$ C $1-3y=0$ D $y=-2$ E $y=0$

268 **ASSOCIA** a ogni equazione di una retta il grafico della retta a essa parallela.

a. $2x-8y+1=0$ b. $2x+y=0$ c. $y=3x+1$ d. $2x+4y+4=0$

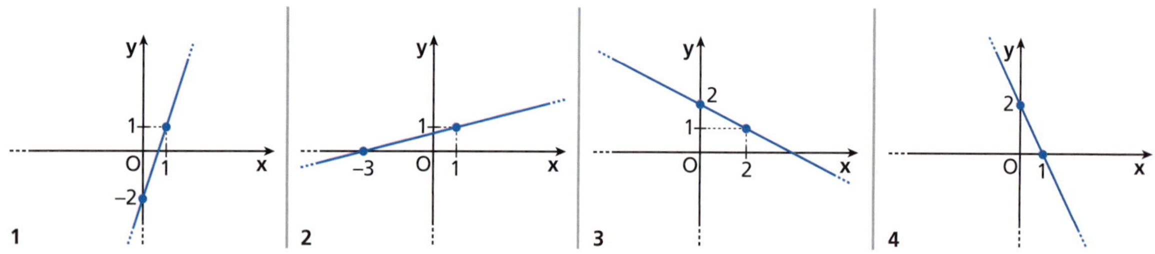

269 **COMPLETA**

a. La retta di equazione $x+2y+1=0$ è parallela alla retta di equazione ☐ $x+6y+5=0$.

b. La retta di equazione $x=3$ è parallela all'asse ☐.

c. $y=-\frac{3}{2}x+2$ è l'equazione di una retta parallela alla retta di equazione ☐ $x+4y-1=0$.

d. Le rette di equazioni ☐ $x+4y+3=0$ e $3x-2y+1=0$ sono parallele.

270 **ESERCIZIO GUIDA** Data la retta r di equazione $2y+x-8=0$, determiniamo l'equazione della parallela s passante per $A(1;-1)$.

Scriviamo in forma esplicita l'equazione di r e ricaviamo il suo coefficiente angolare m:

$$y=-\frac{1}{2}x+4, \quad \text{con } m=-\frac{1}{2}.$$

Determiniamo s utilizzando la formula

$$y-y_1=m(x-x_1),$$

e tenendo conto che una retta **parallela** a r ha lo stesso coefficiente angolare di r.

$$y+1=-\frac{1}{2}(x-1) \quad \rightarrow \quad y=-\frac{1}{2}x-\frac{1}{2}$$

$m_s=m_r$

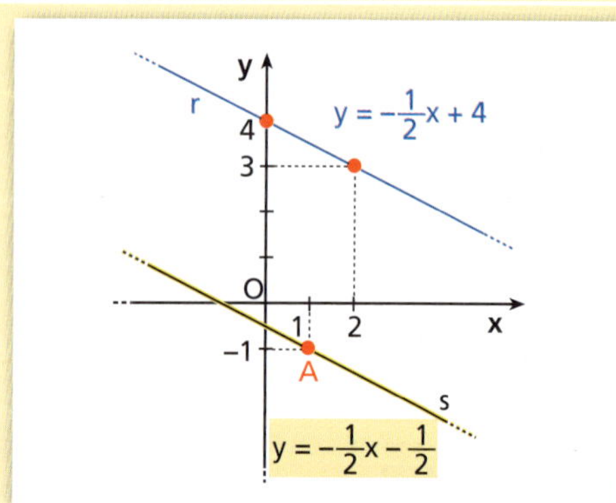

Per ciascuna retta, scrivi l'equazione della parallela passante per il punto A.

271 $y = \frac{1}{4}x$, $A(1; -1)$. $\left[y = \frac{1}{4}x - \frac{5}{4}\right]$

272 $2x + 3y - 1 = 0$, $A(-3; 0)$. $\left[y = -\frac{2}{3}x - 2\right]$

273 $3x + 6y + 2 = 0$, $A(5; 1)$. $[x + 2y - 7 = 0]$

274 Fra le rette parallele alla retta r di equazione $3x + 6y - 5 = 0$, individua quella che passa per il punto $P(3; 1)$ e quella passante per l'origine. $[2y + x - 5 = 0; 2y + x = 0]$

275 Fra le rette passanti per il punto $Q(-3; -5)$, individua l'equazione della retta parallela alla retta passante per $A(3; 2)$ e $B(1; 1)$. $\left[y = \frac{1}{2}x - \frac{7}{2}\right]$

LEGGI IL GRAFICO **Scrivi le equazioni di ciascuna coppia di rette parallele delle figure.**

276

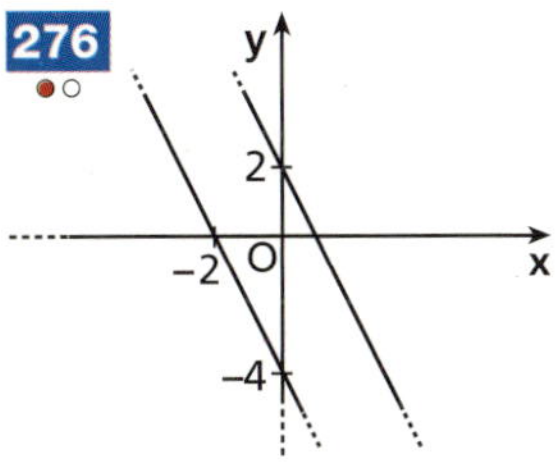

277

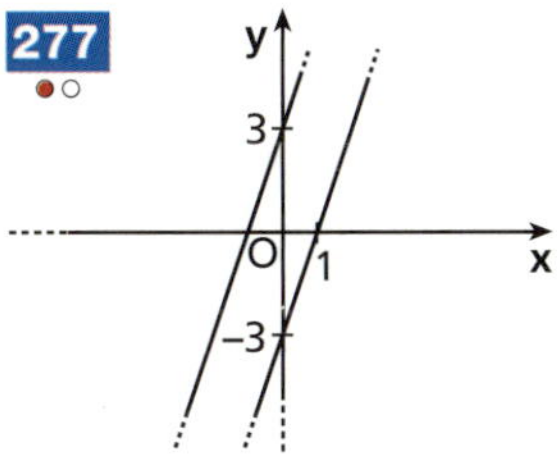

278

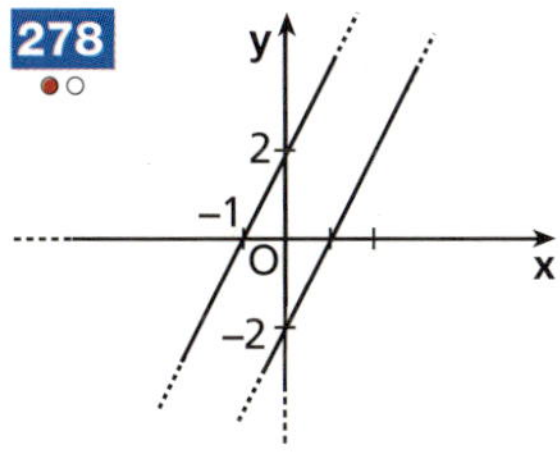

279

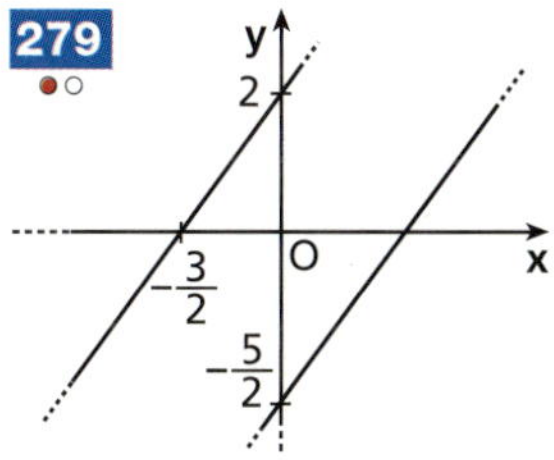

280 **ESERCIZIO GUIDA** Determiniamo per quale valore di a risultano parallele le rette di equazioni $x - 2y + 3 = 0$ e $(3 - 2a)x - 2y + 1 = 0$.

Scriviamo in forma esplicita entrambe le equazioni:

$$x - 2y + 3 = 0 \rightarrow y = \frac{1}{2}x + \frac{3}{2} \text{ e } (3 - 2a)x - 2y + 1 = 0 \rightarrow 2y = (3 - 2a)x + 1 \rightarrow$$
$$y = \frac{3 - 2a}{2}x + \frac{1}{2}.$$

Le due rette sono parallele solo se hanno lo stesso coefficiente angolare:

$$\frac{1}{2} = \frac{3 - 2a}{2} \rightarrow 1 = 3 - 2a \rightarrow 2a = 2 \rightarrow a = 1.$$

281 Stabilisci per quale valore di a le due rette $-x + 2y - 1 = 0$ e $ax + (a - 1)y = 1$ risultano parallele. $\left[\frac{1}{3}\right]$

282 Trova per quale valore di a le due rette $ax + 2y - 3 = 0$ e $(2a + 1)x + y - 1 = 0$ sono parallele. $\left[-\frac{2}{3}\right]$

283 **TEST** Per quale valore di $k \in \mathbb{R}$ il punto $P(-1; k)$ determina con l'origine O una retta parallela alla retta $y = 2x + 3$?

A -2 **B** -1 **C** 0 **D** 1 **E** 2

284 **REALTÀ E MODELLI** **Una semina geometrica** Anna, Beatrice e Carla hanno un orto. Anna e Beatrice hanno tracciato un solco per la semina (segmento AB in figura); Carla, che si trova in C, deve tracciare un secondo solco CD, parallelo al primo e della stessa lunghezza. Beatrice suggerisce questo metodo: Anna e Carla devono avanzare l'una verso l'altra dello stesso numero di passi uguali, fino a incontrarsi in M; poi Beatrice si deve muovere verso M, contando i passi necessari, e proseguire oltre nella stessa direzione dello stesso numero di passi compiuti per andare da B a M: il punto in cui si troverà sarà l'estremo D del solco.

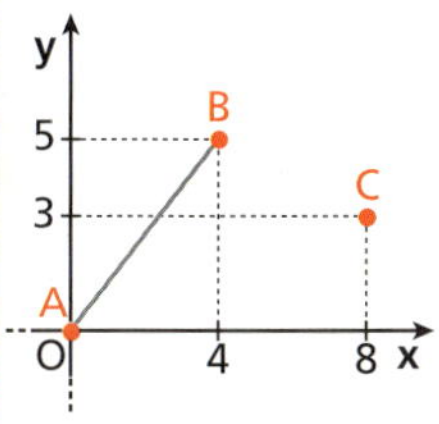

a. Giustifica la correttezza del procedimento suggerito da Beatrice.

b. Ricava le coordinate del punto M e del punto D, quindi verifica che $\overline{AB} = \overline{CD}$ e che la retta CD è parallela alla retta AB.

$\left[\text{b) } M\left(4; \frac{3}{2}\right), D(4; -2); m_{AB} = m_{CD} = \frac{5}{4}\right]$

La posizione reciproca di due rette

285 AL VOLO Trova il punto di intersezione delle coppie di rette con le seguenti equazioni.

a. $x=-1$; $y=3$.

b. $3x=6$; $y=-3$.

c. $y=x$; $x=-2$.

d. $y=-x$; $y=1$.

286 ESERCIZIO GUIDA Determiniamo la posizione reciproca delle rette di equazioni:

$2x+y-5=0, \quad x-3y-6=0.$

Stabiliamo se le rette sono parallele verificando se è soddisfatta la condizione di parallelismo per le equazioni in forma implicita: $a \cdot b' - b \cdot a' = 0$.

$2\cdot(-3)-1\cdot 1=-6-1=-7\neq 0 \rightarrow$ le rette non sono parallele.

Le rette sono quindi incidenti. Cerchiamo le coordinate del punto di intersezione P mettendo a sistema le due equazioni.

$$\begin{cases}2x+y-5=0\\x-3y-6=0\end{cases} \rightarrow \begin{cases}y=-2x+5\\x-3(-2x+5)-6=0\end{cases} \rightarrow \begin{cases}y=-2x+5\\7x=21\end{cases} \rightarrow \begin{cases}y=-1\\x=3\end{cases} \rightarrow P(3;-1)$$

Stabilisci la posizione relativa delle seguenti coppie di rette.

287 $2x+y+3=0$, $3x-y+2=0$.

288 $4x-3y-2=0$, $-8x+6y-1=0$.

289 $x+3y-4=0$, $2x+6y-8=0$.

290 $-x+y-6=0$, $x+y-6=0$.

291 $y-2=0$, $3x-2=0$.

292 $y=3x-6$, $y=2x-5$.

---

293 Determina la misura del segmento che le rette di equazioni $y=x-6$ e $y=-x+5$ staccano sull'asse delle x. [1]

294 La retta di equazione $4x+3y-12=0$ interseca gli assi cartesiani in due punti A e B. Calcola area e perimetro del triangolo AOB. [area = 6; perimetro = 12]

295 YOU & MATHS Find the coordinates of the point of intersection of the lines $x-2y-3=0$ and $-2x+3y+4=0$.
(CAN *University of New Brunswick*, Final Exam, 2000) [$(-1;-2)$]

296 Le rette r e s, rispettivamente di equazioni $y=2x+3$ e $y=2x-1$, staccano sulla retta t di equazione $2x-3y+9=0$ un segmento AB. Calcola la misura di AB. [$\sqrt{13}$]

297 Determina le coordinate dei vertici A, B, C del triangolo i cui lati appartengono alle rette di equazioni $2x-6=0$, $y=2$ e $y=-2x+10$. Calcola l'area e il perimetro del triangolo. [$A(3;4)$, $B(3;2)$, $C(4;2)$; area = 1; perimetro = $3+\sqrt{5}$]

298 Determina l'equazione della retta parallela all'asse y e passante per il punto di intersezione delle rette di equazioni $x-y+3=0$ e $x+2y=0$. [$x=-2$]

299 Determina il punto di intersezione delle rette di equazioni $y=2x-5$ e $2x-3y+1=0$ e verifica che tale punto appartiene alla retta di equazione $x+4y-16=0$.

300 Stabilisci per quale valore di a le rette di equazioni $x-y+a=0$ e $x-3y=0$ si intersecano in un punto di ascissa 3. [-2]

301 Trova il valore del parametro k per cui il punto di intersezione delle rette di equazioni $3x+y+4=0$ e $x-2y+6=0$ appartiene alla retta di equazione $y=(3-k)x+6$. [1]

302 Determina per quale valore di h il punto di intersezione delle rette di equazioni $y=x+h$ e $y=-4x+4$ appartiene alla retta di equazione $y=-4$. [-6]

RISOLVIAMO UN PROBLEMA

Trasporto merci

Per trasportare un certo tipo di merce tra due luoghi fissati vi sono tre possibilità:

- su rotaia con una spesa fissa di 200 euro e una spesa variabile di 400 euro per tonnellata trasportata;
- su gomma con mezzi speciali forniti da un'impresa di trasporto, che prevede una spesa fissa di 400 euro e una spesa variabile di 360 euro per tonnellata trasportata;
- via mare con una spesa fissa di 480 euro e una spesa variabile di 320 euro per tonnellata trasportata.

Determina la possibilità più conveniente in base alle quantità di merce da trasportare.

▶ Cerchiamo dei modelli che descrivano le diverse possibilità.

Tutte le possibilità prevedono un costo fisso e una quota che cresce in proporzione alle tonnellate di merce che vanno trasportate. Le leggi che descrivono le tre possibilità sono:

$$y = 400x + 200,$$

$$y = 360x + 400,$$

$$y = 320x + 480,$$

che corrispondono alle equazioni di tre rette nel piano cartesiano.

▶ Determiniamo i valori per cui due di queste soluzioni sono equivalenti.

Due soluzioni sono equivalenti quando le rette che le descrivono si incontrano. Determiniamo i punti di intersezione risolvendo i tre sistemi:

$$\begin{cases} y = 400x + 200 \\ y = 360x + 400 \end{cases};$$

$$\begin{cases} y = 400x + 200 \\ y = 320x + 480 \end{cases};$$

$$\begin{cases} y = 360x + 400 \\ y = 320x + 480 \end{cases}.$$

Il primo sistema è risolto per $P(5; 2200)$, il secondo per il punto $Q(3{,}5; 1600)$ e il terzo per $M(2; 1120)$.

▶ Rappresentiamo le rette trovate su un piano cartesiano e analizziamo le possibilità più convenienti.

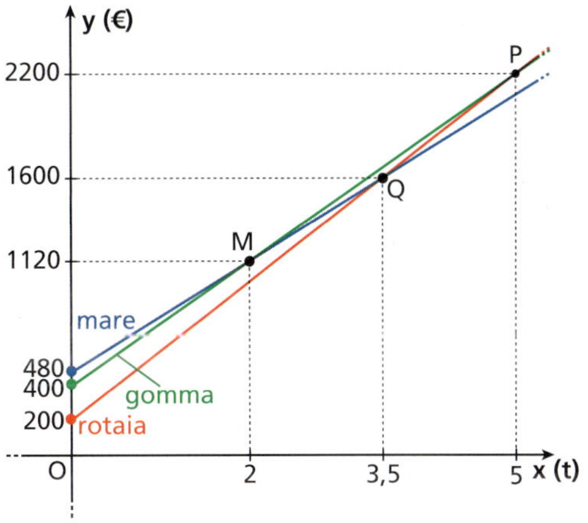

Dal grafico ricaviamo che:

- per $x < 3{,}5$ (tonnellate trasportate) è più conveniente il trasporto via ferrovia in quanto questo corrisponde alle ordinate dei punti della retta PQ che a parità di ascissa sono minori delle ordinate dei punti delle altre due rette;
- per $x = 3{,}5$ (tonnellate trasportate) si ha parità di costi tra il trasporto via ferrovia e via mare: questi sono rappresentati dall'ordinata del punto Q;
- per $x > 3{,}5$ è più conveniente il trasporto via mare in quanto questo corrisponde alle ordinate dei punti della retta QM, che a parità di ascissa sono minori delle ordinate dei punti delle altre due rette relative ai costi delle altre due possibilità.

REALTÀ E MODELLI

303 **Bottiglie di Chianti** Il negozio «Ok Enologia» acquista in Toscana bottiglie di vino Chianti da due fornitori diversi, i quali vendono le proprie bottiglie a € 3,60 l'una. Questi sono i cartelli che pubblicizzano le loro offerte.
Determina il quantitativo di bottiglie per il quale è conveniente acquistare dalla prima o dalla seconda cantina.

304 **In bici** Sara e Luca vogliono noleggiare delle biciclette per un'escursione e confrontano i prezzi di due noleggi. Il noleggio A chiede € 15 al giorno, il noleggio B invece chiede una quota iniziale di € 30 e altri € 10 per ogni giorno di noleggio.

a. Scrivi l'equazione della funzione che esprime il costo in funzione dei giorni in entrambi i casi e rappresenta i due grafici.

b. Perché sia più conveniente il noleggio A, quanti giorni deve durare, al massimo, l'escursione? [b) 5]

305 **Appuntamento** Elena e Filippo si muovono da casa per incontrarsi. La funzione che esprime la distanza s_E (in metri) percorsa da Elena rispetto al tempo t (in minuti) è $s_E(t) = 50 \cdot t$; Filippo parte 2 minuti dopo e la funzione che esprime la sua distanza dalla casa di Elena rispetto al tempo è:

$$S_F(t) = \begin{cases} 700 & \text{se } 0 \leq t \leq 2 \\ 900 - 100 \cdot t & \text{se } t > 2 \end{cases}.$$

a. Rappresenta graficamente le due funzioni. (SUGGERIMENTO Per l'asse delle ordinate considera come unità di misura 100 m).

b. Dopo quanto tempo si incontrano?

[b) 6 min]

306 **Poi ti raggiungo!** Nella figura sono rappresentati i grafici spazio-tempo relativi alle leggi orarie del moto di due ciclisti.

a. Dopo i primi 20 minuti, chi ha percorso la distanza maggiore?

b. In che intervallo di tempo il ciclista B è «in testa»?

c. In che istanti di tempo avvengono i sorpassi?

d. Scrivi le equazioni delle leggi orarie che descrivono i moti dei ciclisti A e B.

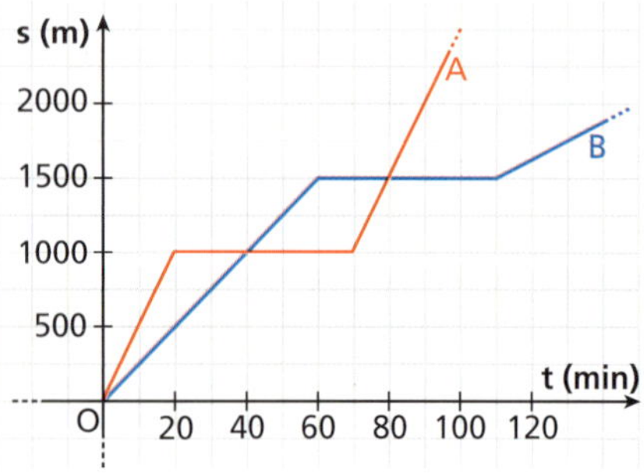

Rette perpendicolari

▶ Teoria a p. 136

307 TEST L'equazione della retta r è $5x + y - 6 = 0$. Quanto vale il coefficiente angolare di una retta perpendicolare a r?

A 5

B -5

C $\frac{1}{5}$

D $-\frac{1}{5}$

E -1

Determina il coefficiente angolare delle rette di ciascuno dei seguenti gruppi e stabilisci quali sono perpendicolari.

308 $2x + 7y = 0$; $7x + 2y - 1 = 0$; $21x - 6y + 10 = 0$; $y = 7x + 2$.

309 $y = 5x - 6$; $5x + y = 0$; $x + 5y + 5 = 0$; $2x - 10y + 5 = 0$.

310 $y = \frac{3x+1}{4}$; $4x + 3y = 0$; $8x - 6y + 4 = 0$; $y = -\frac{4}{3}$.

311 ASSOCIA a ciascuna retta r, della prima riga, la retta s nella seconda riga, perpendicolare a r.

a. $5x + 2y - 6 = 0$ b. $5x - 2y = 5$ c. $2x + 5y - 3 = 0$ d. $y = 5x - 1$

1. $2x + 5y - 2 = 0$ 2. $5y - 2x = 0$ 3. $2y = 5x + 3$ 4. $5y = 1 - x$

FAI UN ESEMPIO

312 Individua le equazioni di due rette perpendicolari alla retta $y = \frac{4}{3}x + 8$.

313 Scrivi le equazioni di due rette parallele alla retta di equazione $y = 2x + \frac{1}{4}$ e di due perpendicolari alla retta di equazione $y = 1$.

Per ogni retta scrivi l'equazione di una retta parallela a essa e l'equazione di una retta perpendicolare a essa.

314 $y = -x$; $y = 3x$; $y = \frac{1}{3}x - 3$; $y = 2x + 1$.

315 $y = -\frac{1}{3}x + 5$; $y = 2x + \frac{1}{4}$; $y = 2$; $y = \frac{1}{5}x$.

316 $4x - 2y + 1 = 0$; $3x + 1 = 0$; $7x + y + 3 = 0$; $x = -3$.

317 ESERCIZIO GUIDA Determiniamo l'equazione della retta s perpendicolare alla retta r di equazione $3x - 2y + 2 = 0$ e passante per $P(3; 2)$.

Scriviamo in forma esplicita l'equazione di r e ricaviamo il suo coefficiente angolare m_r:

$$y = \frac{3}{2}x + 1, \quad \text{con } m_r = \frac{3}{2}.$$

Il coefficiente angolare di s è:

$$m_s = -\frac{1}{m_r} \quad \to \quad m_s = -\frac{2}{3}.$$

L'equazione di s è:

$$y - 2 = -\frac{2}{3}(x - 3) \quad \to \quad y = -\frac{2}{3}x + 4.$$

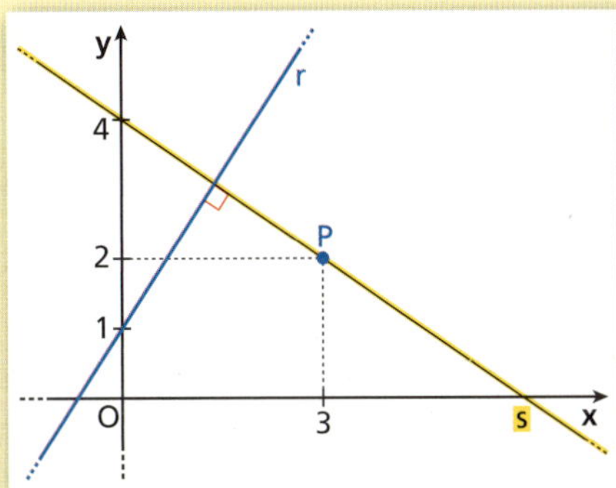

Per ciascuna retta, scrivi l'equazione della retta perpendicolare passante per il punto *A*.

318 $2x + 4y - 1 = 0,$ $A(-4; 3)$. $[2x - y + 11 = 0]$

319 $4x + y + 2 = 0,$ $A(-8; 1)$. $[x - 4y + 12 = 0]$

320 $y = \frac{x}{2} + 2,$ $A(-1; 3)$. $[2x + y - 1 = 0]$

---

321 Scrivi l'equazione della retta r perpendicolare alla retta s, passante per i punti $A(2; 0)$ e $B(0; -5)$, e passante per l'origine degli assi. $[2x + 5y = 0]$

322 **YOU & MATHS** Find the equation of the line that contains the point $(4; -3)$ and is perpendicular to the line $-2x + 3y - 10 = 0$. (USA *Southern Illinois University Carbondale,* Final Exam, 2003) $\left[y = -\frac{3}{2}x + 3\right]$

323 Scrivi l'equazione della retta che passa per il punto $C(-2; 3)$ ed è perpendicolare alla retta passante per $A(2; 5)$ e $B(-3; -1)$. $[5x + 6y - 8 = 0]$

LEGGI IL GRAFICO **Scrivi le equazioni di ciascuna coppia di rette perpendicolari delle figure.**

324

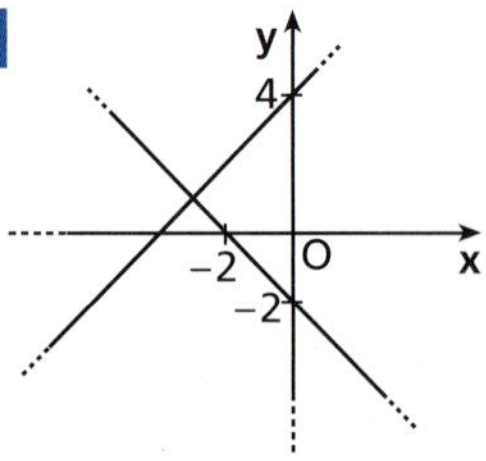

325

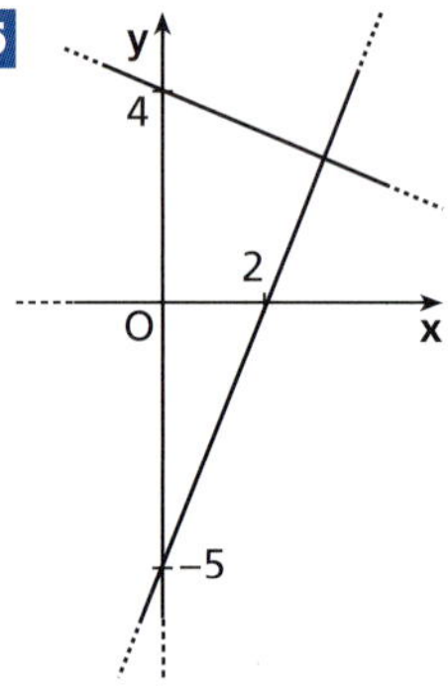

326

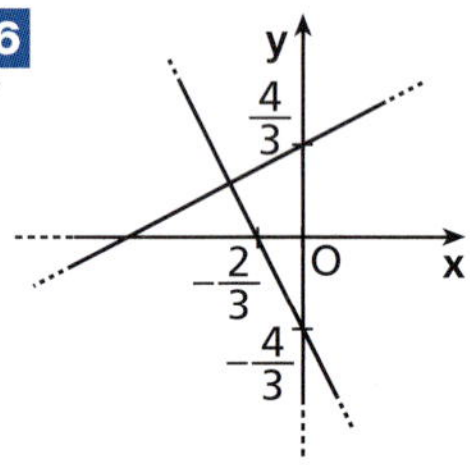

327

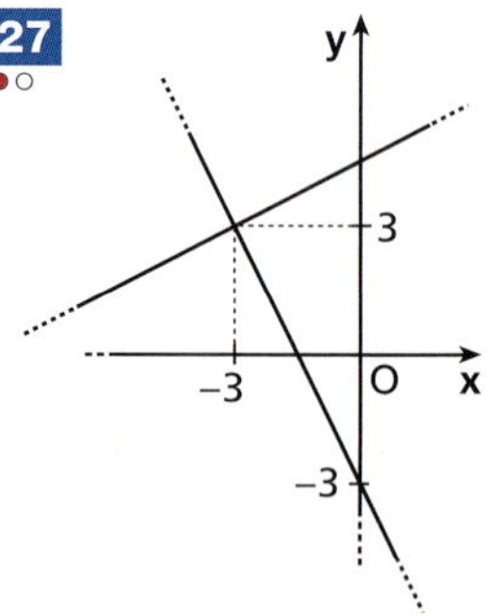

328 Fra le rette perpendicolari alla retta s di equazione $3x - 6y + 1 = 0$, determina:

a. la retta a che passa per il punto $A(1; 3)$;

b. la retta b che passa per l'origine.

[a) $2x + y - 5 = 0$; b) $2x + y = 0$]

329 Data la retta r di equazione $3x - y + 4 = 0$, scrivi le equazioni della retta parallela e della retta perpendicolare a r, passanti per $A(-1; 3)$. $[3x - y + 6 = 0; x + 3y - 8 = 0]$

330 Trova l'equazione della retta perpendicolare alla retta di equazione $2x - 3y + 6 = 0$ nel suo punto di intersezione con l'asse delle ordinate. $[3x + 2y - 4 = 0]$

331 Scrivi l'equazione della retta r passante per $A(-3; 0)$ e $B(1; 2)$. Determina l'equazione della retta parallela a r, passante per $C(1; -4)$, e della retta perpendicolare a r, passante per $D(6; 1)$.

$[x - 2y + 3 = 0; x - 2y - 9 = 0; 2x + y - 13 = 0]$

332 Determina per quale valore di a le due rette di equazioni

$2x + 4y - 3 = 0$ e $(2 - a)x + (a + 1)y + 1 = 0$

risultano perpendicolari. $[a = -4]$

333 Determina per quale valore di k la retta di equazione $(k+2)x+(k+3)y-1=0$ risulta:

a. parallela all'asse x;
b. parallela all'asse y;
c. parallela alla retta di equazione $x-2y=0$;
d. perpendicolare alla retta di equazione $4x-2y+1=0$.

$\left[\text{a) } k=-2; \text{ b) } k=-3; \text{ c) } k=-\frac{7}{3}; \text{ d) } k=-1\right]$

334 Determina per quale valore di a la retta di equazione $(a+1)x+(2a-3)y+2a=0$ risulta:

a. parallela alla retta $3x-1=0$;
b. parallela alla retta $2y+5=0$;
c. perpendicolare alla retta $9x-3y+1=0$;
d. parallela alla retta $y=-x+2$.

$\left[\text{a) } a=\frac{3}{2}; \text{ b) } a=-1; \text{ c) } a=-6; \text{ d) } a=4\right]$

MATEMATICA AL COMPUTER

La retta Con un software di geometria dinamica determiniamo la misura d del segmento PQ, sapendo che:

- il punto P è l'intersezione fra la retta r, di equazione $x-2y+3=0$, e la retta p, passante per i punti $M(-1;-2)$ e $N(3;2)$;
- il punto Q è l'intersezione con l'asse x della retta s, perpendicolare alla retta r e passante per il punto $R(-1;6)$.

Risoluzione – 38 esercizi in più

Asse di un segmento

335 ESERCIZIO GUIDA Determiniamo l'equazione dell'asse del segmento di estremi $A(-2;1)$ e $B(4;3)$.

L'asse del segmento è la retta perpendicolare al segmento passante per il punto medio.
Determiniamo le coordinate del punto medio M di AB:

$$x_M=\frac{x_A+x_B}{2}=\frac{-2+4}{2}=1, \quad y_M=\frac{y_A+y_B}{2}=\frac{1+3}{2}=2.$$

Il punto medio di AB è $M(1;2)$.
Calcoliamo il coefficiente angolare della retta AB:

$$m_{AB}=\frac{y_B-y_A}{x_B-x_A}=\frac{3-1}{4+2}=\frac{1}{3}.$$

Il coefficiente angolare di una retta perpendicolare ad AB è $m=-3$.
L'equazione dell'asse del segmento AB è:

$$y-2=-3(x-1) \rightarrow y=-3x+3+2 \rightarrow y=-3x+5.$$

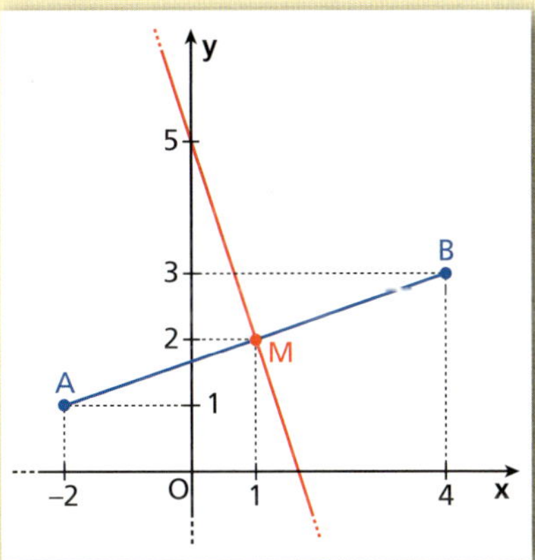

Determina l'equazione dell'asse del segmento che ha per estremi le seguenti coppie di punti.

336 $A(2;3)$, $B(4;5)$.

337 $A(1;1)$, $B(-1;3)$.

338 $A\left(-2;-\frac{1}{3}\right)$, $B\left(0;\frac{1}{3}\right)$.

339 $A(1;8)$, $B(5;7)$.

340 $A(-2;-6)$, $B(2;0)$.

341 $A(0;-6)$, $B(4;-6)$.

342 $A(2;-4)$, $B\left(\frac{1}{2};0\right)$.

343 $A(-1;-4)$, $B(3;3)$.

344 Calcola il perimetro del triangolo isoscele che ha la base di estremi $B(-1;-2)$ e $C(2;-5)$ e il vertice di ordinata nulla. $[2\sqrt{29}+3\sqrt{2}]$

345 Determina sulla retta di equazione $3x+y=0$ il punto equidistante dai punti $A(2;-1)$ e $B(4;3)$. $[(-1;3)]$

346 Individua le coordinate del vertice A di un triangolo isoscele ABC sapendo che A appartiene alla retta di equazione $2x - y + 1 = 0$ e che gli estremi della base hanno coordinate $B(2; 0)$ e $C(-2; 4)$. [(1; 3)]

347 Sia C il punto in cui l'asse del segmento avente per estremi i punti $A(-3; 3)$ e $B(1; 5)$ incontra l'asse x. Calcola l'area di ABC. [10]

348 Calcola l'area del triangolo isoscele ABC di base BC, sapendo che $B(-4; 1)$, $C(0; -1)$ e che il vertice A appartiene alla retta di equazione $3x + 2y - 15 = 0$. [15]

Punti notevoli di un triangolo

punto di incontro di
baricentro — mediane
circocentro — assi
ortocentro — altezze

Determina il circocentro dei triangoli *ABC*.

349 $A(-2; 1)$, $B(2; 5)$, $C(4; -1)$.

350 $A(-3; 0)$, $B(1; 4)$, $C(-3; 6)$.

351 $A(5; -1)$, $B(-1; 1)$, $C(-2; -4)$.

352 Trova le coordinate dell'ortocentro del triangolo di vertici $A(3; 5)$, $B(1; 0)$, $C(9; 8)$. [(− 6; 14)]

353 Dato il triangolo di vertici $A(6; 0)$, $B(3; 6)$ e $C(0; 2)$, determina le coordinate dell'ortocentro e del baricentro. $\left[(2; 3), \left(3; \frac{8}{3}\right)\right]$

354 Verifica che il triangolo ABC di vertici $A(1; 1)$, $B(4; 7)$ e $C(-5; 4)$ è un triangolo rettangolo e:

a. scrivi le equazioni dei lati;

b. determina l'ortocentro;

c. determina il circocentro.

$\left[\text{a) } 2x - y - 1 = 0,\ x - 3y + 17 = 0,\ x + 2y - 3 = 0; \text{ b) } (1; 1); \text{ c) } \left(-\frac{1}{2}; \frac{11}{2}\right)\right]$

355 Trova le coordinate del baricentro, del circocentro e l'area del triangolo di vertici $A(2; 1)$, $B(8; 1)$ e $C(5; 4)$. [(5; 2); (5; 4); area = 9]

356 Verifica che il triangolo di vertici

$$A(3; 0),\ B\left(\frac{18}{5}; \frac{9}{5}\right) \text{ e } C\left(\frac{24}{5}; -\frac{3}{5}\right)$$

è rettangolo isoscele. Determina poi il centro e il raggio della circonferenza circoscritta al triangolo. $\left[\left(\frac{21}{5}; \frac{3}{5}\right); \frac{3}{5}\sqrt{5}\right]$

357 Dato il triangolo di vertici $A(-1; 2)$, $B(-9; 2)$, $C(-5; -1)$, verifica che è un triangolo isoscele e determina il baricentro, il circocentro e l'ortocentro. $\left[(-5; 1), \left(-5; \frac{19}{6}\right), \left(-5; -\frac{10}{3}\right)\right]$

358 Verifica che nel triangolo ABC, di vertici $A(-2; -2)$, $B(4; -2)$ e $C(1; 6)$, il baricentro, l'ortocentro e il circocentro sono allineati.

5 Distanza di un punto da una retta

▶ Teoria a p. 137

TEST

359 La distanza del punto $P(-1; 4)$ dalla retta $y = -\frac{1}{3}x + 2$ è:

A $\frac{10}{\sqrt{10}}$.

B $\frac{\sqrt{10}}{2}$.

C $\frac{18}{\sqrt{10}}$.

D $\frac{5}{3}$.

E $\frac{3}{\sqrt{10}}$.

360 È *vera* soltanto una delle seguenti proposizioni relative al punto $P(1; -2)$ e alle rette r e s, rispettivamente di equazioni $2x + y = 0$ e $x + y - 2 = 0$. Quale?

A P è equidistante da r e da s.

B La distanza di P da r è maggiore della distanza di P da s.

C $P \in s$

D $P \in r$

E P è il punto di intersezione di r e s.

361 Determina la distanza del punto $P(2; -6)$ dalla retta di equazione $3x + 4y = 0$. $\left[\frac{18}{5}\right]$

362 Determina la distanza di $B(2; -4)$ dalla retta di equazione $2x - y + 2 = 0$. $[2\sqrt{5}]$

363 Calcola la distanza del punto $P(4; 2)$ dalla retta di equazione $y = -x - 2$. $[4\sqrt{2}]$

364 Stabilisci quale delle seguenti rette ha minore distanza dal punto $P(-1; 3)$:

r: $x = -3$; s: $y = -x$; t: $y = x + 1$. $[s]$

365 Calcola la distanza del punto $P(0; 6)$ dalla retta che passa per i punti $A(2; 3)$ e $B\left(\frac{1}{2}; 1\right)$. $\left[\frac{17}{5}\right]$

366 Considera il triangolo ABC di vertici $A(-3; 3)$, $B(1; -3)$, $C(3; 1)$. Calcola la lunghezza dell'altezza relativa al lato AB e l'area del triangolo. $\left[\frac{14\sqrt{13}}{13}; 14\right]$

367 Determina l'area del triangolo di vertici $A(4; 0)$, $B(-2; 6)$ e $C(8; 8)$. $[36]$

368 Determina la distanza fra le rette parallele di equazioni $y = 3x + 5$ e $y = 3x - 3$.
(**SUGGERIMENTO** Considera un punto a piacere di una delle due rette e poi...) $\left[\frac{4}{5}\sqrt{10}\right]$

369 Calcola la distanza tra le due rette parallele di equazioni $2x - 4y + 1 = 0$ e $y = \frac{1}{2}x + 2$. $\left[\frac{7\sqrt{5}}{10}\right]$

370 Calcola la misura delle altezze del triangolo di vertici $A(4; 3)$, $B(11; 4)$ e $C(7; 8)$. $\left[\frac{16}{5}\sqrt{2}; \frac{16}{17}\sqrt{34}; \sqrt{32}\right]$

371 Per quali valori del parametro k la distanza del punto $P(k-1; k)$ dalla retta di equazione $x - 2y - 2 = 0$ è $\sqrt{5}$? $[k = 2 \vee k = -8]$

6 Fasci di rette

Fascio improprio

▶ Teoria a p. 138

372 **TEST** Una sola delle seguenti equazioni *non* rappresenta un fascio improprio. Quale?

- A $y = -2x + 2 + a$
- B $2x - 4ky = 9$
- C $y = 3x + 5 - k$
- D $y = 7k + 1$
- E $ky - kx = 2$

373 **ESERCIZIO GUIDA** Scriviamo l'equazione del fascio improprio di rette contenente la retta di equazione $2x + y - 3 = 0$ e disegniamo alcune rette del fascio.

Scriviamo l'equazione della retta in forma esplicita, per ricavare il suo coefficiente angolare m:

$$y = -2x + 3 \rightarrow m = -2.$$

Il fascio di rette ha equazione $y = -2x + q$.

Disegniamo le rette corrispondenti a tre valori di q, per esempio 0, 2, -2. Le rette corrispondenti sono:

$$y = -2x; \quad y = -2x + 2; \quad y = -2x - 2.$$

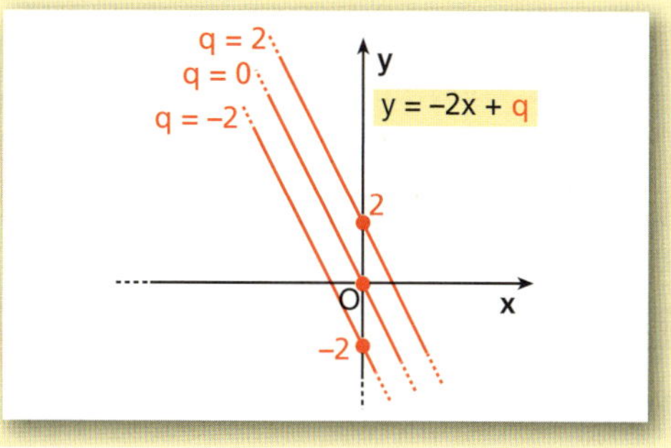

374 **AL VOLO** Scrivi l'equazione del fascio improprio a cui appartiene l'asse y.

375 Scrivi l'equazione del fascio improprio contenente la retta di equazione $8x - 4y + 6 = 0$ e disegna tre rette del fascio.

376 ●○ Ripeti l'esercizio precedente con la retta di equazione $2x + 6y + 18 = 0$.

377 ●○ Disegna cinque rette del fascio di equazione $y = -3x + k - 2$.

378 ●○ Disegna cinque rette del fascio di equazione $y = 3x + 2k - 1$.

379 ●○ Scrivi l'equazione del fascio di rette parallele alla retta di equazione $y = -4x + 5$ e l'equazione del fascio di rette perpendicolari alle precedenti. Rappresenta alcune rette di ciascun fascio.

380 ●○ Ripeti l'esercizio precedente con la retta $2x + 3y + 1 = 0$.

381 ●○ **AL VOLO** Dato il fascio di equazione $y = 2x + 3k + 1$, stabilisci per quali valori di k si ottengono la retta del fascio passante per l'origine e la retta passante per il punto $(0; 4)$.

382 ●○ Scrivi l'equazione del fascio improprio contenente la retta che passa per i punti $A(-3; 2)$ e $B(1; -1)$ e rappresenta altre due rette del fascio. $\left[y = -\frac{3}{4}x + k\right]$

383 ●○ Scrivi l'equazione del fascio improprio contenente la retta $2x - 5y - 10 = 0$ e determina l'equazione della retta del fascio passante per il punto $(-4; -1)$. $[2x - 5y + 3 = 0]$

Fascio proprio

Teoria a p. 138

384 **ESERCIZIO GUIDA** Scriviamo l'equazione del fascio proprio di rette passante per il punto $P\left(-3; \frac{4}{3}\right)$ e disegniamo le rette del fascio aventi coefficiente angolare $m = 0$ e $m = 1$.

Per trovare l'equazione del fascio utilizziamo l'equazione $y - y_1 = m(x - x_1)$.

Nel nostro caso $x_1 = -3$ e $y_1 = \frac{4}{3}$, perciò

$$y - \frac{4}{3} = m[x - (-3)] \rightarrow y = m(x + 3) + \frac{4}{3},$$

a cui dobbiamo aggiungere la retta verticale $x = -3$.

Per disegnare le rette del fascio aventi coefficiente angolare 0 e 1, determiniamo prima le loro equazioni:

- se $m = 0$, $y = \frac{4}{3}$;
- se $m = 1$, $y = x + 3 + \frac{4}{3} \rightarrow y = x + \frac{13}{3}$;

Poiché le due rette passano per P, per disegnarle basta determinare un solo altro punto su ciascuna.

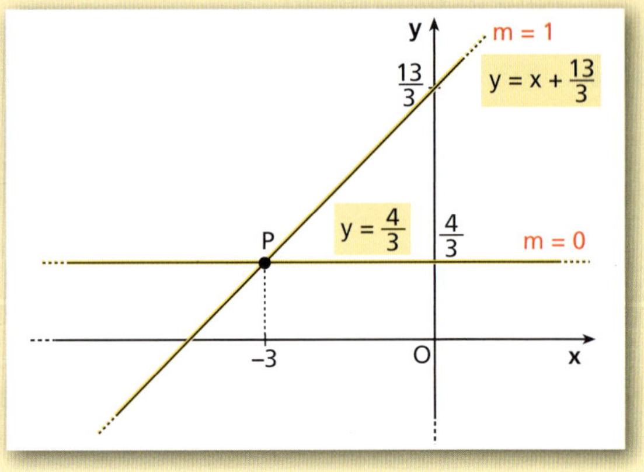

Scrivi l'equazione del fascio di rette passante per ciascun punto indicato e disegna le rette aventi coefficiente angolare $m = 0$, $m = 2$, $m = -3$.

385 ●○ $A(2; -3)$

386 ●○ $O(0; 0)$

387 ●○ $C(-3; -8)$

388 ●○ $D(7; -3)$

389 ●○ $G\left(-\frac{2}{3}; \frac{1}{6}\right)$

390 ●○ $Q\left(-\frac{1}{4}; \frac{3}{4}\right)$

391 ●○ **TEST** L'equazione del fascio proprio di rette di centro $P(-1; 2)$ è:

A $y = -2x + q$.

B $y = mx + 2 + m$.

C $y = mx + 2 - m$.

D $y = 2x + q$.

E $y = mx + m - 2$.

392 Scrivi l'equazione del fascio proprio con il centro nel punto di intersezione delle rette r e s rispettivamente di equazioni $x - y - 3 = 0$ e $3x - 5y - 5 = 0$.

393 Stabilisci se le rette di equazioni $x - 2y + 6 = 0$, $x + 4y - 6 = 0$ e $3x + 2y + 2 = 0$ appartengono allo stesso fascio; in caso affermativo, stabilisci quale tipo di fascio.

394 Scrivi l'equazione del fascio proprio con il centro nel punto $(3; -3)$ e determina l'equazione della retta del fascio:

a. parallela alla retta di equazione $x - 3y + 5 = 0$;

b. perpendicolare alla retta di equazione $6x + 3y - 4 = 0$;

c. passante per il punto $(-2; 7)$.

[a) $x - 3y - 12 = 0$; b) $x - 2y - 9 = 0$; c) $2x + y - 3 = 0$]

Studia i seguenti fasci di rette indicando se si tratta di fasci propri o impropri e determina il centro del fascio nel caso di fasci propri.

395 $2x - 2ky + 1 = 0$

396 $3kx - ky - 6 = 0$

397 $2x + y + k - 5 = 0$

398 $y = 2kx + x + 1$

399 $y = (2 - k)x + k$

400 $hx + 2ky - 3 = 0$

401 Dato il fascio di rette di equazione $(1 - k)x + y + k = 0$, stabilisci quali tra le seguenti rette appartengono al fascio:

a. $y = -1$; **b.** $3x + y - 2 = 0$; **c.** $2x + y - 2 = 0$; **d.** $6x - 2y - 8 = 0$.

402 Studia il fascio di equazione $2kx + (1 + k)y + 2 - k = 0$ e stabilisci quali tra le seguenti rette appartengono al fascio:

a. $4x + y - 4 = 0$; **b.** $4x + y = 0$; **c.** $x = \frac{3}{2}$; **d.** $6x - 2y - 1 = 0$.

403 **TEST** Per quale valore di $k \in \mathbb{R}$ una retta del fascio di equazione $(k - 1)x - (3 - 3k)y + 2k - 3 = 0$ è parallela alla bisettrice del primo e terzo quadrante?

A $k = 1$ **B** $k = -1$ **C** $k = 0$ **D** $\forall k \in \mathbb{R}$ **E** $\nexists k \in \mathbb{R}$

404 Dato il fascio di equazione $2x - (2 + 2k)y + k + 1 = 0$, determina per quale valore di k si ha una retta:

a. passante per il punto $(0; -3)$;

b. parallela alla retta di equazione $x - y + 1 = 0$;

c. perpendicolare alla retta di equazione $y = 2x + 5$.

[a) -1; b) 0; c) -3]

405 Dato il fascio di equazione $(1 - 2k)x + (3 + k)y + 2 - k = 0$, determina l'equazione della retta appartenente al fascio e:

a. parallela all'asse x; **b.** parallela all'asse y; **c.** passante per l'origine.

[a) $y = -\frac{3}{7}$; b) $x = -\frac{5}{7}$; c) $3x - 5y = 0$]

406 Determina l'equazione della retta appartenente al fascio di equazione $(1 + k)x + (1 + k)y + 3k - 1 = 0$:

a. passante per l'origine;

b. passante per $(-2; -5)$;

c. che interseca l'asse delle ascisse per $x = 1$.

[a) $x + y = 0$; b) $x + y + 7 = 0$; c) $x + y - 1 = 0$]

407 Dato il fascio di equazione $5kx - (k + 4)y - 2 = 0$, determina l'equazione della retta che appartiene al fascio:

a. perpendicolare alla retta di equazione $3x + 5y - 1 = 0$;

b. parallela alla retta di equazione $x - y = 0$;

c. passante per il punto $\left(-\frac{1}{5}; 1\right)$. [a) $5x + 3y - 1 = 0$; b) $5x - 5y - 2 = 0$; c) $15x + y + 2 = 0$]

REALTÀ E MODELLI

408 **Lunghe ombre notturne** Un lampione dell'illuminazione stradale è alto 7 metri. Supponiamo che una persona alta 1,8 metri passi a 3 metri di distanza dal lampione e che i raggi di luce emessi possano essere rappresentati mediante rette.
Nel sistema di riferimento in figura, qual è l'equazione del fascio di luce emesso dal lampione?
Quanto è lunga l'ombra del passante?

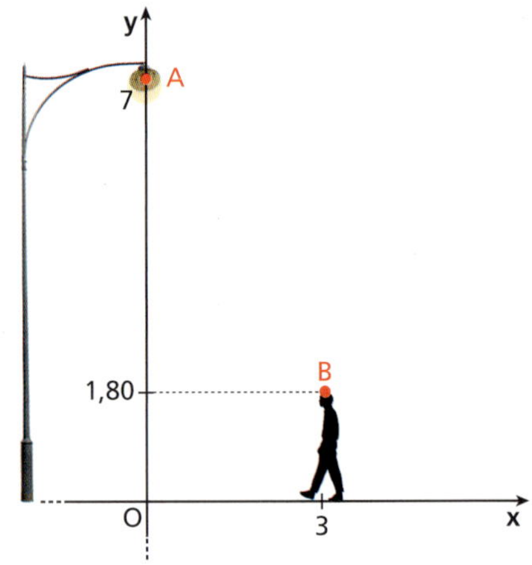

409 **La meridiana** La meridiana solare rappresentata in figura segna le ore utilizzando l'ombra che un'asta proietta sul sistema di linee dipinto sulla parete. Considera le due linee evidenziate in colore rosso, di estremi $A(0; 5)$, $B\left(3; \frac{44}{7}\right)$ e $C(3; 0)$, $D(5; 4)$ nel riferimento Oxy, quindi:

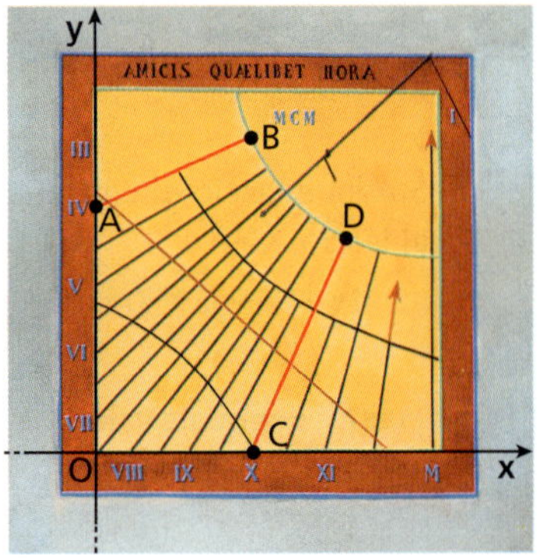

a. ricava l'equazione del fascio di rette proprio che ha per generatrici le rette AB e CD, assegnando alla retta CD il ruolo di generatrice corrispondente al valore nullo del parametro;

b. determina il centro del fascio;

c. ricava l'equazione della retta del fascio che corrisponde a un'ora intermedia tra la VII e la VIII, cioè la retta passante per l'origine O del riferimento.

[a) $(2 + 3k)x - (1 + 7k)y + 35k - 6 = 0$; b) $C(7; 8)$; c) $8x - 7y = 0$]

TUTOR matematica Allenati con **15 esercizi interattivi** con feedback "hai sbagliato, perché…"
su.zanichelli.it/tutor3 risorsa riservata a chi ha acquistato l'edizione con tutor

Riepilogo: Retta

410 I punti $A(4; 6)$, $B(9; 3)$ e $C(6; -2)$ sono tre vertici consecutivi di un quadrilatero $ABCD$ avente le diagonali che si intersecano in M, punto medio della diagonale AC. M divide la diagonale BD in due parti tali che MD è doppio di MB. Determina le coordinate del vertice D e l'area di $ABCD$. [$D(-3; 0)$, area = 51]

411 I punti $A(-2; 4)$ e $B(0; 1)$ sono due vertici del parallelogramma $ABCD$ e il punto $M\left(2; \frac{9}{2}\right)$ è il punto di intersezione delle diagonali.

a. Determina le coordinate dei vertici C e D del parallelogramma.

b. Verifica che il parallelogramma è un rettangolo.

c. Calcolane il perimetro e l'area. [a) $C(6; 5)$, $D(4; 8)$; c) $2p = 6\sqrt{13}$, $\mathcal{A} = 26$]

412 Trova i punti A' e B' simmetrici dei punti $A(-2; 1)$ e $B(1; 4)$, rispetto all'origine O degli assi, e determina nel quarto quadrante il punto C in modo che il triangolo $A'B'C$ sia rettangolo, con ipotenusa $A'C$, e abbia area uguale a 12.
$[A'(2; -1), B'(-1; -4); C(3; -8)]$

413 Determina le equazioni degli assi del triangolo ABC, con $A(-1; -6)$, $B(7; 5)$, $C(-5; 2)$, e calcola le coordinate del circocentro.
$\left[y = -\frac{8}{11}x + \frac{37}{22};\ y = -4x + \frac{15}{2};\ y = \frac{1}{2}x - \frac{1}{2};\ \left(\frac{16}{9}; \frac{7}{18}\right)\right]$

414 Considera la retta passante per $A(0; 5)$ e $B(-2; -3)$. Determina su tale retta un punto C la cui ascissa è tripla dell'ordinata. Considera la retta parallela all'asse x passante per A e la retta parallela all'asse y passante per B. Determina il punto D di intersezione di queste due rette e calcola l'area del triangolo DAC.
$\left[C\left(-\frac{15}{11}; -\frac{5}{11}\right); D(-2; 5); \text{area} = \frac{60}{11}\right]$

415 I lati di un quadrilatero $ABCD$ appartengono alle rette di equazioni: $x - y = 0$, $x + y - 2 = 0$, $x + y - 6 = 0$, $x - y - 4 = 0$. Determina le coordinate dei vertici, verifica che $ABCD$ è un quadrato e calcolane area e perimetro.
$[A(1; 1), B(3; 3), C(5; 1), D(3; -1);$ area $= 8$; perimetro $= 8\sqrt{2}]$

416 Da un punto $A(-5; -4)$ conduci la parallela r e la perpendicolare s alla retta t di equazione $y = 2x + 1$. Detto B il punto di intersezione di s e t e detti C e D i punti di intersezione rispettivamente di t e r con l'asse delle ordinate, stabilisci che tipo di quadrilatero è $ABCD$ e calcolane l'area. [trapezio rettangolo; area $= 20$]

417 Un parallelogramma $ABCD$ ha i lati AB, BC e DA che si trovano rispettivamente sulle rette di equazioni $2x + y - 2 = 0$, $4x - 7y - 4 = 0$ e $4x - 7y + 14 = 0$.
Sapendo che C ha coordinate $(8; 4)$, determina le coordinate degli altri vertici del parallelogramma e del punto di incontro delle diagonali.
$[A(0; 2), B(1; 0), D(7; 6), M(4; 3)]$

418 Il vertice A di un triangolo ABC ha coordinate $(-2; 3)$; si sa che l'altezza uscente dal vertice C ha equazione $x - y - 2 = 0$ e che l'equazione del lato BC è $2x - 3y - 2 = 0$. Calcola le coordinate degli altri due vertici del triangolo e la sua area.
$\left[C(4; 2), B(1; 0); \text{area} = \frac{15}{2}\right]$

LEGGI IL GRAFICO

419 Deduci dal grafico:
a. le equazioni di $f(x)$ e $g(x)$;
b. per quali valori di x si ha $f(x) < g(x)$.

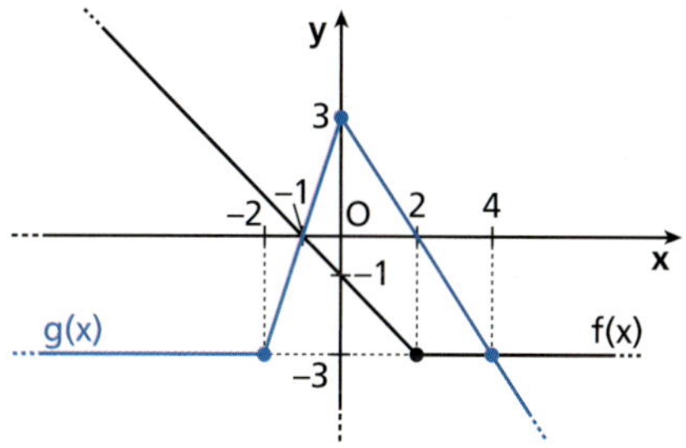

420 Utilizzando i dati della figura verifica se il triangolo ABC è rettangolo.

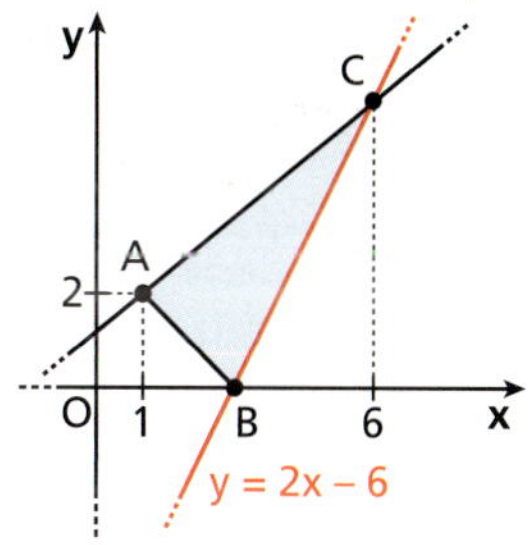

421 Il quadrilatero $ABCD$ della figura è un quadrato. Trova le coordinate di D. $[(2; 8)]$

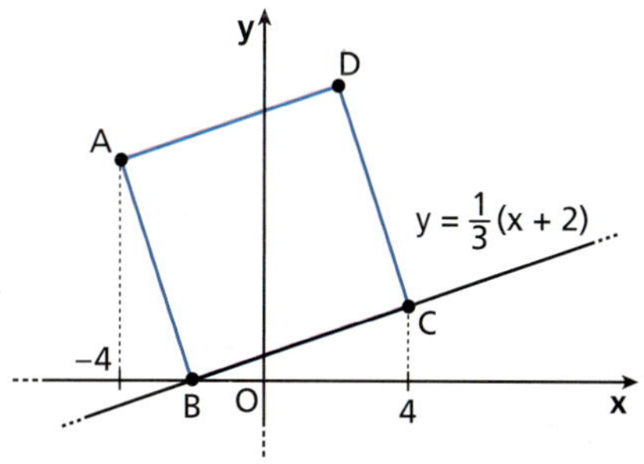

422 **ASSOCIA** a ciascuna coppia di rette la proprietà soddisfatta da entrambe le rette.

a. $3x + y - 2 = 0$ e $y = 3x + 2$.
b. $3x - 2y + 4 = 0$ e $2x + 3y - 6 = 0$.
c. $2y - x - 1 = 0$ e $y = 2x + 2$.
d. $6x - 3y + 1 = 0$ e $2x - y + 3 = 0$.

1. Intersecano l'asse x nel punto di ascissa uguale a -1.
2. Sono perpendicolari.
3. Hanno la medesima distanza dall'origine.
4. Sono parallele.

423 Verifica che il quadrilatero di vertici $A(3;\,0)$, $B(13;\,4)$, $C(9;\,6)$, $D(4;\,4)$ è un trapezio e che il segmento che congiunge i punti medi dei lati obliqui è parallelo alle due basi e congruente alla loro semisomma.

424 Determina i vertici e l'area del parallelogramma $ABCD$ che ha due lati consecutivi sulle rette di equazioni $3x + y - 5 = 0$, $5x - y - 11 = 0$ e un vertice nel punto $A(4;\,1)$. [$B(3;\,-4)$, $C(2;\,-1)$, $D(3;\,4)$; 8]

425 Il triangolo ABC ha i lati di equazioni:

$$r\colon\ y = -x + 3, \qquad s\colon\ y = \frac{1}{3}x - 1, \qquad t\colon\ 3y + x - 9 = 0.$$

Determina il perimetro, l'area e il baricentro. Verifica inoltre che il triangolo che si ottiene congiungendo i punti medi dei lati ha il perimetro uguale alla metà di quello di ABC.

$\left[\text{perimetro} = 3(\sqrt{10} + \sqrt{2});\ \text{area} = 6;\ \left(3;\,\frac{4}{3}\right)\right]$

426 **EUREKA!** Un quadrato, con un vertice in $A(1;\,2)$, ha un lato sulla retta di equazione $x - 2y + 3 = 0$. Individua le coordinate degli altri tre vertici del quadrato, sapendo che uno di essi sta sull'asse x, mentre gli altri sono interni al primo quadrante. [(2; 0), (4; 1), (3; 3)]

427 **VERO O FALSO?**

a. Tutte le rette di un fascio proprio hanno la stessa direzione. V F

b. La retta $y = -2x$ appartiene al fascio improprio di equazione $4x + 2y - k = 0$. V F

c. L'equazione $y = mx + 1$ rappresenta il fascio proprio con centro in $(0;\,1)$. V F

d. Nel fascio di equazione $y = (k-2)x + k - 1$ la retta parallela all'asse y si ottiene per $k = 2$. V F

428 **TEST** L'equazione $3kx - 2ky + 5 = 0$ rappresenta un fascio:

A improprio di rette parallele a $y = \frac{3}{2}x + 8$.

B proprio di rette con centro $C(3;\,-2)$.

C improprio di rette perpendicolari alla retta passante per $A(0;\,-4)$ e $B(3;\,-2)$.

D proprio di rette con centro $C(0;\,5)$.

E proprio di coefficiente angolare $3k$.

429 Nel fascio di rette di equazione

$(a + 3)\,x + y - 2 = 0$, con $a \in \mathbb{R}$,

determina per quale valore di a si ha una retta:

a. parallela all'asse x;

b. parallela all'asse y;

c. passante per l'origine;

d. che forma con gli assi cartesiani un triangolo di area $\frac{1}{4}$.

[a) $a = -3$; b) $\nexists a \in \mathbb{R}$; c) $\nexists a \in \mathbb{R}$; d) $a = -11 \vee a = 5$]

430 Trova per quale valore di k la retta di equazione $(1 + k)x - y + 3k + 1 = 0$:

a. è parallela alla retta di equazione $3x + y - 1 = 0$;

b. passa per il punto $(-1;\,4)$;

c. interseca l'asse y in un punto di ordinata -2.

[a) -4; b) 2; c) -1]

VERIFICA DELLE COMPETENZE ALLENAMENTO

ANALIZZARE E INTERPRETARE DATI E GRAFICI

1 ●○ Rappresenta le rette di equazioni:

a. $x = \frac{1}{3}y + 1;$ **b.** $2x - \frac{1}{2}y = 3;$ **c.** $3y - 6 = 0;$ **d.** $\frac{x}{2} + \frac{y}{4} = 1.$

LEGGI IL GRAFICO

2 ●○ Scrivi l'equazione delle funzioni rappresentate nelle figure.

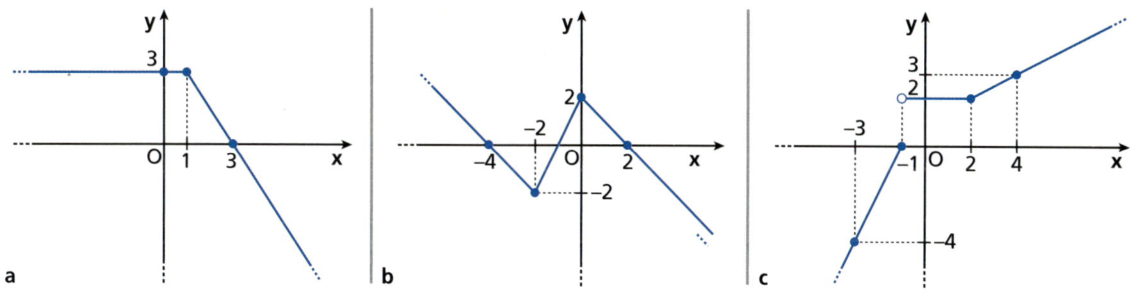

3 ●○ Trova le equazioni delle rette a, b, c della figura.

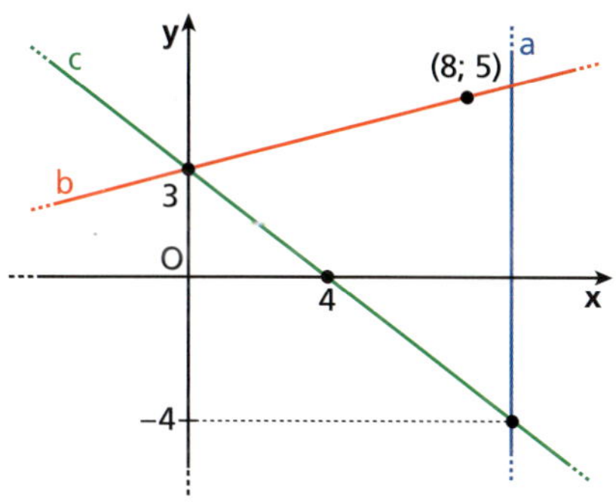

4 ●○ Il triangolo ABC della figura è isoscele?

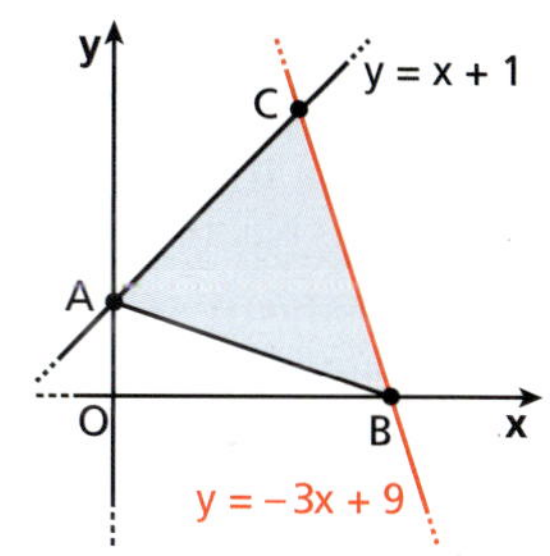

Disegna il grafico delle seguenti funzioni.

5 ●○ $y = \begin{cases} x + 3 & \text{se } x < -1 \\ -\frac{1}{3}x + \frac{5}{3} & \text{se } x \geq -1 \end{cases}$

6 ●○ $y = \begin{cases} -5 & \text{se } x < -2 \\ 4x + 3 & \text{se } -2 \leq x < 0 \\ 3 & \text{se } x \geq 0 \end{cases}$

7 ●○ $y = \begin{cases} 3 & \text{se } x < -1 \\ -3x + 6 & \text{se } -1 \leq x < 2 \\ 3x - 6 & \text{se } x \geq 2 \end{cases}$

8 ●○ $y = \begin{cases} \frac{1}{2}x + 4 & \text{se } x < 0 \\ x + 2 & \text{se } 0 \leq x < 2 \\ 4 & \text{se } x \geq 2 \end{cases}$

9 ●○ Che valori può assumere il coefficiente angolare delle rette per A in modo che attraversino il triangolo colorato?

$\left[\frac{1}{6} < m < \frac{2}{3}\right]$

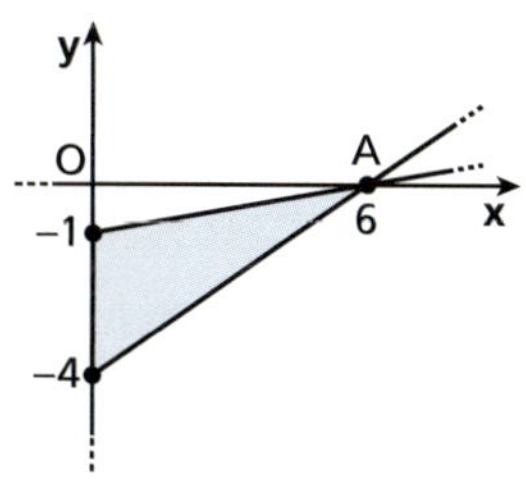

RISOLVERE PROBLEMI

10 ●○ Verifica che il triangolo di vertici $A(-2; 5)$, $B(-3; 4)$ e $C(-2; 3)$ è rettangolo e isoscele.

11 ●○ Calcola il perimetro e l'area del triangolo di vertici $A(1; 2)$, $B(-3; 1)$ e $C(-2; 2)$

$\left[\text{perimetro} = 3 + \sqrt{17} + \sqrt{2}; \text{area} = \frac{3}{2}\right]$

12 ●○ Verifica che il quadrilatero di vertici $A(3; -3)$, $B(2; 1)$, $C(-2; 2)$ e $D(-1; -2)$ è un rombo.

13 ●○ Calcola il perimetro del triangolo che ha come vertici i punti medi dei lati del triangolo ABC, con $A(-1; 2)$, $B(5; -2)$ e $C(5; 4)$. $[3 + \sqrt{13} + \sqrt{10}]$

14 ●○ Calcola la distanza tra i baricentri dei triangoli ABC e DEF, rispettivamente con $A(-5; 1)$, $B(-1; -4)$, $C(0; 4)$ e $D(1; 1)$, $E(5; -2)$, $F(3; 2)$. $[5]$

15 ●○ Verifica che il quadrilatero che ha per vertici i punti medi dei lati del parallelogramma $ABCD$, con $A(-1; -1)$, $B(5; -1)$, $C(8; 3)$ e $D(2; 3)$, è un parallelogramma e calcola il suo perimetro. $[5 + \sqrt{97}]$

16 ●○ Verifica che il trapezio di vertici $A(-3; 4)$, $B(-1; -2)$, $C(3; -2)$ e $D(5; 4)$ è isoscele. Calcola il perimetro e l'area di $ABCD$. $[\text{perimetro} = 12 + 4\sqrt{10}; \text{area} = 36]$

17 ●○ Determina il vertice D del parallelogramma $ABCD$, sapendo che $A(3; -1)$, $B(2; 3)$ e $C(-2; 0)$ sono tre suoi vertici consecutivi. $[(-1; -4)]$

18 ●○ Dopo aver verificato che il quadrilatero $ABCD$ di vertici $A(1; -1)$, $B(3; -4)$, $C(6; -6)$ e $D(4; -3)$ è un rombo, dimostra che, congiungendo i punti medi dei lati, si ottiene un rettangolo.

19 ●○ **VERO O FALSO?** Nel triangolo ABC di vertici $A(-2; 3)$, $B(1; 0)$ e $C(4; 5)$:

a. il punto medio di AC è $(3; 4)$. V F

b. l'angolo $A\widehat{B}C$ è retto. V F

c. la retta AB ha equazione $y + x = 1$. V F

d. il coefficiente angolare di AC è $-\frac{1}{3}$. V F

e. il baricentro è $\left(\frac{3}{2}; 4\right)$. V F

20 ●● Determina le coordinate del baricentro del triangolo ABC, con $A(0; -4)$, $B(5; 3)$, $C(-2; 1)$, e verifica che il baricentro divide ogni mediana in due parti tali che quella che contiene il vertice è doppia dell'altra.

21 ●○ Dato il quadrilatero $ABCD$ di vertici $A(0; -1)$, $B(-1; 0)$, $C\left(0; \frac{1}{3}\right)$, $D(3; 0)$, verifica che si tratta di un trapezio, calcola la sua area e il punto di incontro delle diagonali. $\left[\text{area} = \frac{8}{3}; (0; 0)\right]$

22 ●○ Scrivi le equazioni delle rette contenenti i lati del quadrilatero $ABCD$, $A(-3; 3)$, $B(-3; -1)$, $C(2; -2)$, $D(2; 2)$. Verifica che il quadrilatero è un parallelogramma.

$[x + 3 = 0; x + 5y + 8 = 0; x - 2 = 0; x + 5y - 12 = 0]$

23 ●○ Verifica che il quadrilatero di vertici $A(-3; 0)$, $B(-1; 4)$, $C(5; 1)$, $D(3; -3)$ è un rettangolo. Calcolane l'area e calcola l'area di ciascuno dei quattro triangoli che si formano tracciando le due diagonali.

$\left[\text{area del rettangolo} = 30; \text{area dei triangoli} = \frac{15}{2}\right]$

24 ●○ Determina perimetro e area del triangolo di vertici $A(-2; 3)$, $B(3; 1)$, $C(1; -4)$ e scrivi le equazioni dei lati.

$\left[\text{perimetro} = 2\sqrt{29} + \sqrt{58}; \text{area} = \frac{29}{2}; 5x - 2y - 13 = 0; 2x + 5y - 11 = 0; 7x + 3y + 5 = 0\right]$

25 Dato il triangolo di vertici $A(-1;-4)$, $B(3;2)$, $C(-1;4)$, scrivi le equazioni delle mediane e verifica che passano tutte per lo stesso punto. $[7x-2y-1=0; 5x+2y-3=0; x-2y+1=0]$

26 Considera il triangolo di vertici $A(5;4)$, $B(-1;6)$ e $C(7;-2)$.

a. Dimostra che è isoscele sulla base BC.

b. Verifica che le equazioni dell'altezza e della mediana relative a BC coincidono.

27 Dato il triangolo di vertici $A(-2;4)$, $B(4;3)$ e $C(2;-2)$, determina:

a. l'equazione dell'altezza relativa al lato AC;

b. l'equazione della retta passante per A e parallela al lato BC.

$[\text{a) } 2x-3y+1=0; \text{ b) } 5x-2y+18=0]$

28 Determina le equazioni dei lati del triangolo di vertici $A(4;-2)$, $B(0;4)$, $C(-4;-4)$ e stabilisci per quale valore di h il punto $P(4-h; h-1)$ appartiene al lato AB.

$[3x+2y-8=0; 2x-y+4=0; x-4y-12=0; h=2]$

29 Trova l'equazione della retta r passante per $A(-2;5)$ e parallela alla bisettrice del secondo e quarto quadrante. Detto B il punto di intersezione di r con l'asse x, determina l'equazione dell'asse del segmento AB.

$[y=-x+3; y=x+2]$

30 Determina la misura del segmento che ha per estremi i punti $A(1;2)$ e $B(-3;1)$ e l'equazione del suo asse. Determina inoltre la retta passante per A e parallela all'asse.

$[\sqrt{17}; 8x+2y+5=0; 4x+y-6=0]$

31 Sono dati i punti $A(-3;-1)$, $B(1;1)$ e $C\left(1;-\frac{3}{2}\right)$. Determina le coordinate del punto P, simmetrico di C rispetto alla retta AB, e l'area del quadrilatero $ACBP$. $\left[P\left(-1;\frac{5}{2}\right); \text{area} = 10\right]$

32 Determina per quale valore del parametro m la retta passante per i punti $A(m+1;2)$ e $B(1;m)$ è parallela alla retta $y=3x+1$. Trova poi il perimetro del triangolo ABC con C punto di intersezione tra l'asse x e la retta $y=x+1$.

$\left[m=\frac{1}{2}; \frac{1}{2}(\sqrt{10}+\sqrt{41}+\sqrt{17})\right]$

33 Un rombo ha centro nell'origine degli assi cartesiani e i vertici su di essi. Si sa che un lato appartiene alla retta $4x+3y-12=0$. Determina la misura delle diagonali e le equazioni delle rette sulle quali giacciono i lati del rombo. $\left[d_1=8, d_2=6; y=-\frac{4}{3}x+4; y=\frac{4}{3}x+4, y=-\frac{4}{3}x-4, y=\frac{4}{3}x-4\right]$

34 Determina per quale valore di k si ottiene una retta del fascio di equazione $kx+(1-2k)y+3+k=0$:

a. passante per l'origine;

b. parallela alla retta $x=5$;

c. perpendicolare alla retta $3x+y=0$. $\left[\text{a) } -3; \text{ b) } \frac{1}{2}; \text{ c) } -1\right]$

35 Riconosci se il fascio di equazione $3ax+4ay+3a-1=0$ è proprio o improprio e determina l'equazione della retta del fascio:

a. passante per il punto $\left(\frac{2}{3};-1\right)$;

b. passante per l'origine;

c. che dista 1 dall'origine. $[\text{a) } 3x+4y+2=0; \text{ b) } 3x+4y=0; \text{ c) } 3x+4y-5=0; 3x+4y+5=0]$

36 Determina per quale valore di a l'equazione $3x-2ay+a-2=0$ rappresenta una retta:

a. passante per l'origine;

b. con coefficiente angolare positivo;

c. parallela alla retta passante per $A(1;1)$, $B(5;-7)$;

d. con distanza dall'origine minore di 1. $\left[\text{a) } a=2; \text{ b) } a>0; \text{ c) } a=-\frac{3}{4}; \text{ d) } \forall a \in \mathbb{R}\right]$

COSTRUIRE E UTILIZZARE MODELLI

37 ●○ **La marmellata di Lucia** In un borgo medievale tipico la signora Lucia prepara e vende marmellate di frutta biologica al prezzo di € 7 al vasetto. Per quanto riguarda i costi ha rilevato che variano linearmente con la produzione come segue.

produzione 300 vasetti costo complessivo € 1800	produzione 500 vasetti costo complessivo € 2600

Ha la possibilità di aumentare la produzione fino a 700 vasetti e pertanto decide di effettuare una piccola campagna pubblicitaria che le verrebbe a costare € 300. Determina:

a. la funzione del costo e quella del ricavo nella situazione attuale e la quantità per cui esse si uguagliano;

b. la funzione del costo che tiene conto della spesa per la pubblicità e la quantità che nella nuova situazione uguaglia costi e ricavi;

c. rappresenta graficamente le due situazioni precedenti e commenta il risultato.

38 ●○ **Qual è la traiettoria?** La torretta di un pantografo da incisione scorre con velocità costante V_x lungo il braccio trasportatore, che a sua volta si muove con velocità costante V_y. La punta si trova inizialmente nella posizione A.

a. Determina l'equazione della traiettoria descritta dalla punta ed esegui il disegno nel piano cartesiano.

b. Quanto è lunga l'incisione tracciata in 40 s?

[a) $2x + 3y - 411 = 0$; b) $40\sqrt{13}$ cm]

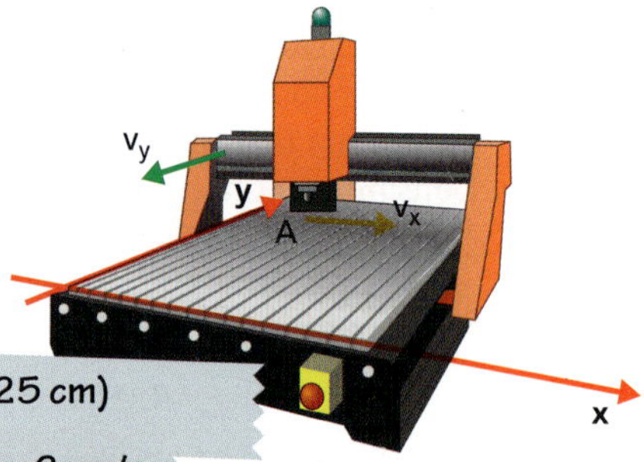

A = (18 cm; 125 cm)
$V_x = 3$ cm/s $V_y = 2$ cm/s

39 ●● **Tappetini** L'impresa Textil vuole studiare l'andamento del costo di produzione, in un settore dove vengono fabbricati piccoli tappeti di cotone, in relazione al tempo e al numero di addetti. Ha preso in considerazione la produzione di 100 unità e in base ai dati rilevati in passato ha determinato quanto segue.

costo € 4000 tempo lavorazione 48 ore numero addetti 6	costo € 3700 tempo lavorazione 120 ore numero addetti 2

Determina:

a. la funzione lineare che esprime il costo y in funzione del numero delle ore t;

b. la funzione lineare che esprime il numero degli addetti n in funzione del numero delle ore t e il costo nel caso in cui si utilizzino 3 addetti.

Rappresenta graficamente le due funzioni lineari y e n in funzione di t.

TUTOR matematica Allenati con **15 esercizi interattivi** con feedback "hai sbagliato, perché…"
su.zanichelli.it/tutor3 risorsa riservata a chi ha acquistato l'edizione con tutor

VERIFICA DELLE COMPETENZE PROVE

1 ora

PROVA A

1 Scrivi le equazioni delle rette r, s e t rappresentate nel grafico e indica le coordinate dei punti A, B, C.

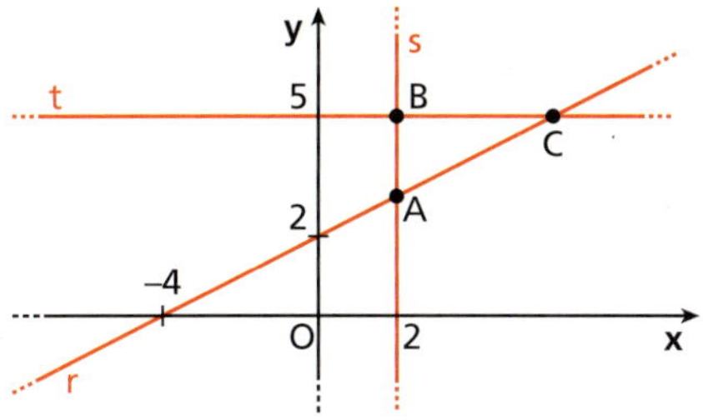

2 Rappresenta il grafico della funzione

$$y = \begin{cases} x - 1 & \text{se } x < 2 \\ -\dfrac{1}{2}x + 2 & \text{se } x \geq 2 \end{cases}.$$

3 Dato il triangolo di vertici $A(-1;4)$, $B(6;4)$ e $C(3;-2)$, scrivi le equazioni delle rette dei lati e dell'altezza AH.

4 Nel triangolo di vertici $A(6;2)$, $B(7;-5)$ e $C(1;1)$, calcola il perimetro, l'area e la misura della mediana AM.

5 Il parallelogramma $ABCD$ ha il vertice $A(1;4)$ e il punto di incontro delle diagonali $P(4;3)$. Il vertice B è sull'asse x e sulla retta di equazione $2y - x - 2 = 0$. Trova i vertici B, C, D, il perimetro e l'area del parallelogramma.

---

6 Considera il fascio di rette di equazione $kx + (2+k)y - 3 + k = 0$. Stabilisci se è proprio o improprio e determina per quale valore di k si ha una retta:

a. parallela all'asse y;

b. passante per il punto $(-1;2)$;

c. parallela alla retta di equazione $2x - 3y + 1 = 0$;

d. perpendicolare alla retta di equazione $2x - y - 2 = 0$.

PROVA B

1 **Il giardiniere** Un giardiniere ha l'incarico di tagliare e curare l'erba di un giardino il cui modello cartesiano è indicato in figura.

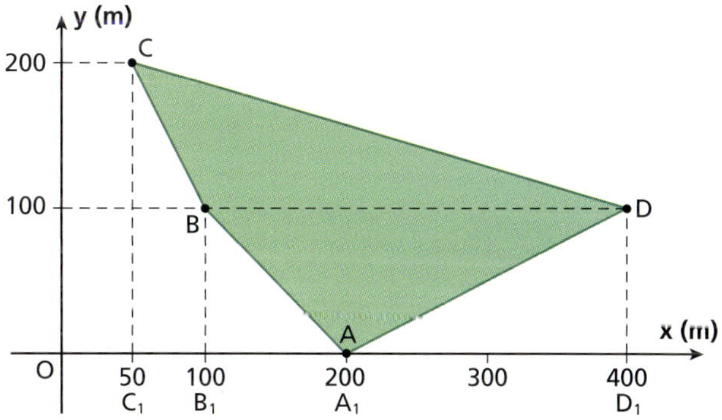

a. Quanto tempo è necessario per tosare il giardino se mediamente il giardiniere impiega 1 min per fare 50 m^2?

b. Quale sarebbe il preventivo di spesa se il giardiniere volesse piantare delle piccole betulle lungo tutto il perimetro del giardino a una distanza di 2,5 m l'una dall'altra, sapendo che il costo medio è di € 4,50 ciascuna? (Calcola il perimetro usando due metodi: l'usuale formula della distanza nel piano cartesiano, approssimando il risultato con la calcolatrice, e il metodo diretto, misurando i lati della figura con un righello e trasformando le lunghezze con il rapporto di scala.)

c. Il giardiniere vuole installare una fontana in corrispondenza del baricentro del triangolo ACD. Dove andrà collocata la fontana?

2 **Noleggio dell'automobile** Per il noleggio giornaliero di un'automobile si può scegliere fra tre diverse tariffe.

La tariffa A comporta una quota fissa di € 30 e costa € 0,25 a kilometro percorso; la tariffa B comporta una quota fissa di € 10 e costa € 0,60 a kilometro percorso; la tariffa C non ha quota fissa, costa € 0,40 a kilometro percorso, però ha un vincolo minimo di 150 km, ovvero la spesa ha un costo minimo corrispondente a un percorso di 150 km.

Dopo aver rappresentato i grafici del costo del noleggio in funzione dei kilometri percorsi, stabilisci qual è la tariffa più conveniente nei diversi casi.

T

CAPITOLO

4

PARABOLA

1 Parabola e sua equazione

MATEMATICA E STORIA

Le coniche nell'antichità Già gli antichi Greci sapevano che si possono ottenere le coniche tagliando un cono con un piano.

▶ Qual è l'opera più antica dedicata all'argomento? Chi l'ha scritta?

La risposta

Cerca nel Web: coniche, antica Grecia, parabola, circonferenza, ellisse, iperbole

Le coniche

La parabola, la circonferenza, l'ellisse e l'iperbole, che studieremo in questo e nei prossimi capitoli, sono curve dette **coniche** perché si possono ottenere sezionando una superficie conica (a due falde) con un piano, non passante per il vertice.

Al variare dell'inclinazione del piano rispetto al cono si ottiene:

1. un'iperbole se l'angolo α formato dal piano secante con l'asse del cono è minore dell'angolo di semiapertura ϑ del cono;
2. una parabola se l'angolo α formato dal piano secante con l'asse del cono è uguale alla semiapertura ϑ;
3. un'ellisse se l'angolo α formato dal piano secante con l'asse del cono è maggiore della semiapertura ϑ: se, in particolare, $\alpha = \frac{\pi}{2}$, abbiamo una circonferenza.

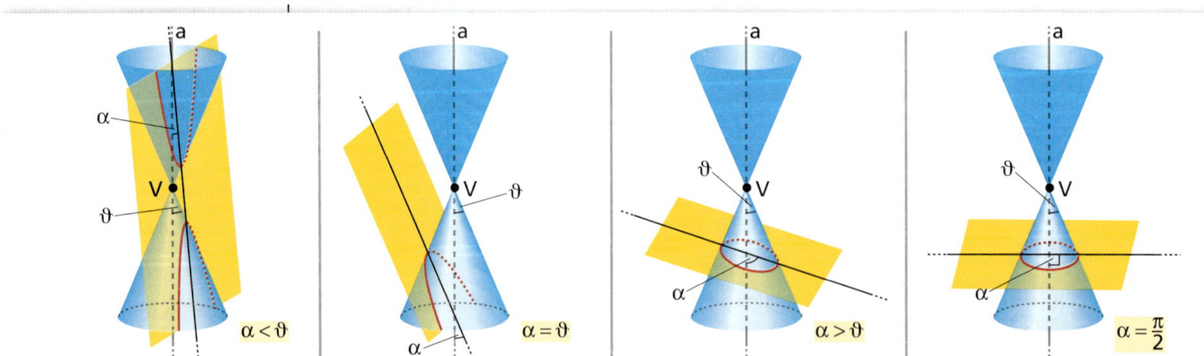

a. La sezione conica è una curva costituita da due rami illimitati: l'**iperbole**.

b. La sezione conica è una curva costituita da un unico ramo aperto illimitato: la **parabola**.

c. La sezione conica è una curva chiusa e limitata: l'**ellisse**.

d. L'ellisse è ridotta a una **circonferenza**.

Parabola

Si possono studiare le coniche anche considerandole come luoghi geometrici. Iniziamo dalla *parabola*.

DEFINIZIONE

Assegnati nel piano un punto F e una retta d, si chiama **parabola** la curva piana luogo geometrico dei punti equidistanti da F e da d.

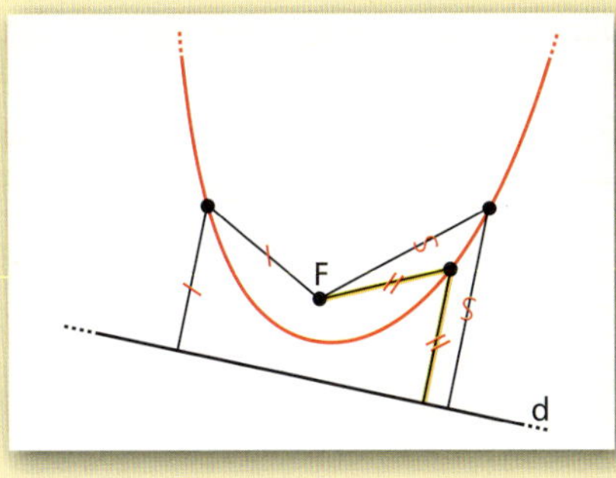

Listen to it

A **parabola** is the locus of points in a plane that are equidistant from both a line (the **directrix**) and a point (the **focus**).

Il punto F è il **fuoco** e la retta d è la **direttrice** della parabola.

La retta passante per il fuoco e perpendicolare alla direttrice si chiama **asse della parabola**.

Il punto V in cui la parabola interseca il suo asse è il **vertice** della parabola.

Si può dimostrare che l'asse della parabola è anche asse di simmetria della curva: preso un punto della parabola, esiste un altro suo punto simmetrico del primo rispetto all'asse.

Ora studiamo le parabole nel piano cartesiano, considerando inizialmente quelle con asse parallelo all'asse y.

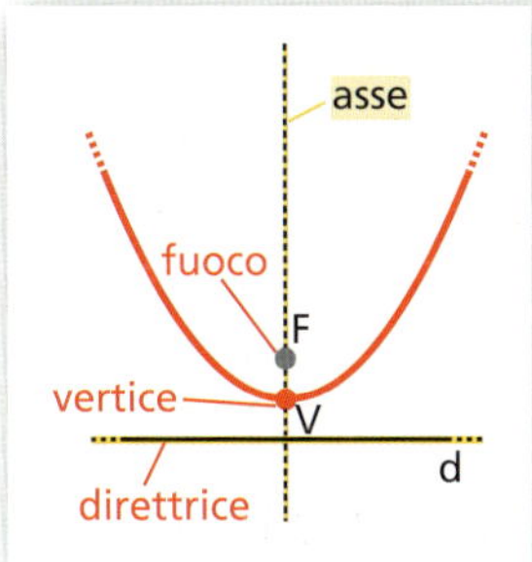

Parabola con asse coincidente con l'asse *y* e vertice nell'origine

▶ Esercizi a p. 200

Determiniamo l'equazione della generica parabola con asse coincidente con l'asse y e vertice nell'origine degli assi.
Il fuoco F è un punto dell'asse y di coordinate

$$F(0; f), \qquad \text{con } f \neq 0.$$

La direttrice, quindi, è una retta parallela all'asse x e interseca l'asse y in un punto D tale che $\overline{FO} = \overline{OD}$, cioè $D(0; -f)$. L'equazione della direttrice è pertanto:

$$y = -f.$$

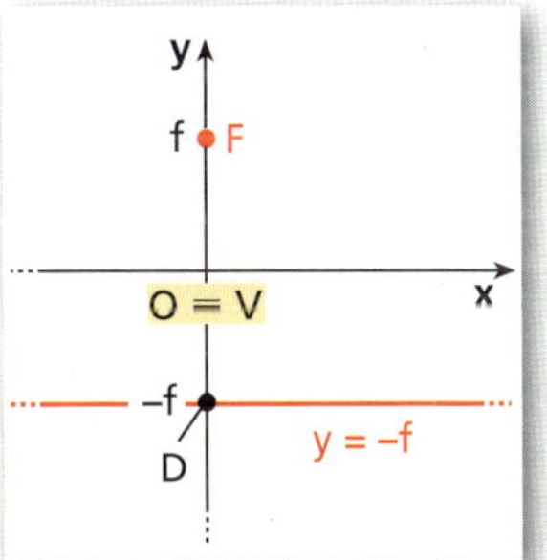

Indichiamo con $P(x; y)$ un punto qualsiasi della parabola, con H il piede della perpendicolare condotta da P alla direttrice e imponiamo la condizione:

$$\overline{PF} = \overline{PH}.$$

Poiché $\overline{PF} = \sqrt{x^2 + (y-f)^2}$ e $\overline{PH} = |y + f|$, si ha:

$$\sqrt{x^2 + (y-f)^2} = |y+f|.$$

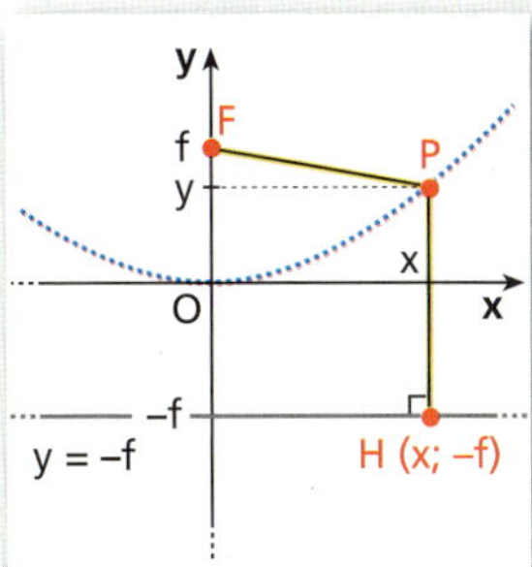

Eleviamo i due membri al quadrato:

$$x^2 + (y-f)^2 = (y+f)^2$$

$$x^2 + \cancel{y^2} - 2fy + \cancel{f^2} = \cancel{y^2} + 2fy + \cancel{f^2} \to x^2 = 4fy.$$

Ricavando y, otteniamo: $y = \dfrac{1}{4f}x^2$.

Animazione

Nell'animazione:

- troviamo l'equazione della parabola con asse coincidente con l'asse y, vertice in O e fuoco $F(0; 3)$;
- con una figura dinamica, verifichiamo la proprietà della parabola come luogo geometrico e osserviamo come cambia la parabola al variare della distanza del fuoco dal vertice.

MATEMATICA E CULTURA

Le coniche al museo In molti musei di matematica vengono presentate le coniche da un punto di vista non solo storico.

► Fai una ricerca in Internet relativa a come viene presentato l'argomento.

Cerca nel Web: laboratorio macchine matematiche, Giardino Archimede, Arkimedeion, Muse, museo Galileo

Posto $a = \frac{1}{4f}$, l'equazione precedente diventa:

$y = ax^2$. — equazione della parabola con vertice nell'origine e asse coincidente con l'asse y

Poiché $f \neq 0$, a risulta definito ed è $a \neq 0$. Da $a = \frac{1}{4f}$ ricaviamo $f = \frac{1}{4a}$, quindi:

$F\left(0; \frac{1}{4a}\right)$; — coordinate del fuoco

$y = -\frac{1}{4a}$. — equazione della direttrice

In sintesi

Equazione di una parabola con vertice nell'origine e asse coincidente con l'asse y:

$y = ax^2$, con $a \neq 0$.

Fuoco: $F\left(0; \frac{1}{4a}\right)$.

Equazione della direttrice: $y = -\frac{1}{4a}$.

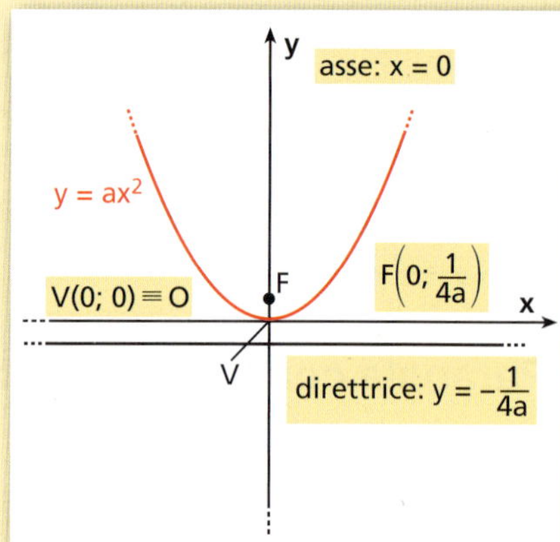

Le coordinate dei punti della parabola verificano l'equazione $y = ax^2$. Viceversa, si può dimostrare che i punti del piano le cui coordinate verificano l'equazione appartengono alla parabola.

Dall'equazione $y = ax^2$ al grafico

► Esercizi a p. 201

ESEMPIO

Studiamo le caratteristiche della parabola di equazione $y = \frac{1}{2}x^2$.

Attribuiamo alcuni valori a x: la funzione $y = \frac{1}{2}x^2$ fa corrispondere a ogni valore di x un valore di y.

x	-3	-2	-1	0	1	2	3
y	$\frac{9}{2}$	2	$\frac{1}{2}$	0	$\frac{1}{2}$	2	$\frac{9}{2}$

Le coppie $(x; y)$ corrispondono a punti della parabola che segniamo nel piano cartesiano. Congiungiamo i punti ottenendo il grafico.

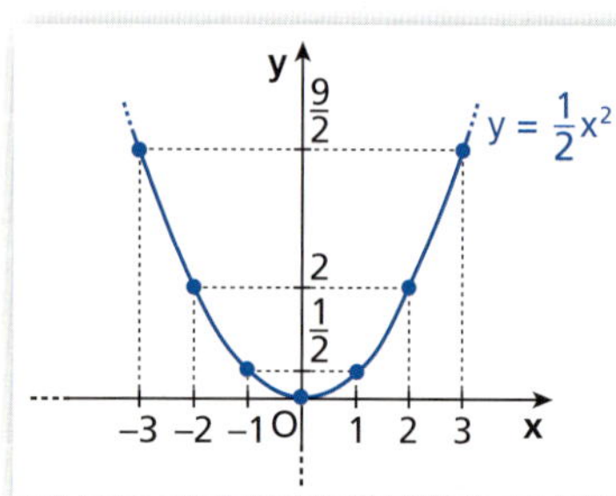

► Studia le caratteristiche della parabola di equazione $y = -5x^2$.

L'ordinata del fuoco è $y_F = \frac{1}{4a} = \frac{1}{2}$, quindi $F\left(0; \frac{1}{2}\right)$. La direttrice d ha equazione $y = -\frac{1}{2}$.

La parabola è simmetrica rispetto all'asse y, perché i punti che hanno ascisse opposte hanno la stessa ordinata: $\frac{1}{2}x^2 = \frac{1}{2}(-x)^2$.

Animazione

Nell'animazione, tracciata la parabola e disegnati il fuoco e la direttrice, verifichiamo con figure dinamiche:
- la proprietà della parabola come luogo geometrico;
- la simmetria rispetto all'asse y.

La simmetria osservata nell'esempio è vera in generale.

Ogni parabola di equazione $y = ax^2$ è simmetrica rispetto all'asse y.

Concavità e apertura della parabola

▶ Esercizi a p. 202

Segno di *a* e concavità

Nell'equazione della parabola $y = ax^2$, se $a > 0$ abbiamo $y \geq 0$, quindi i punti della parabola diversi dal vertice si trovano nel semipiano dei punti con ordinata positiva (primo e secondo quadrante).

Inoltre, se $a > 0$, anche $f > 0$. Il fuoco è sul semiasse positivo delle y: diciamo che la parabola *volge la concavità verso l'alto*.

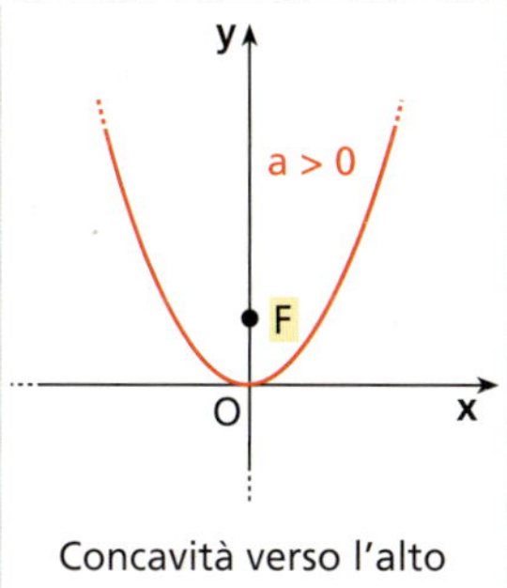

Concavità verso l'alto

Se invece $a < 0$, si ha $y \leq 0$ e i punti della parabola diversi dal vertice sono nel semipiano dei punti con ordinata negativa (terzo e quarto quadrante). Inoltre, $f < 0$. Il fuoco si trova nel semiasse negativo delle y: la parabola *volge la concavità verso il basso*.

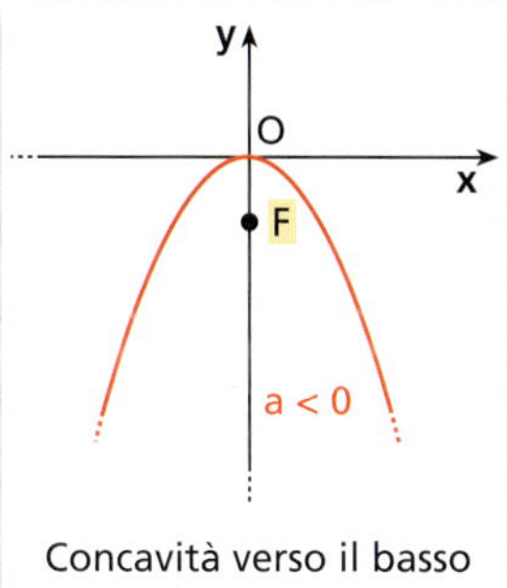

Concavità verso il basso

Per $a = 0$, l'equazione diventa $y = 0$, ossia quella dell'asse x. In questo caso diciamo che la parabola è *degenere*.

Valore di *a* e apertura

- Disegniamo per punti, assegnando a x alcuni valori a piacere, le parabole di equazione: $y = \frac{1}{4}x^2$, $y = \frac{3}{4}x^2$, $y = 2x^2$.

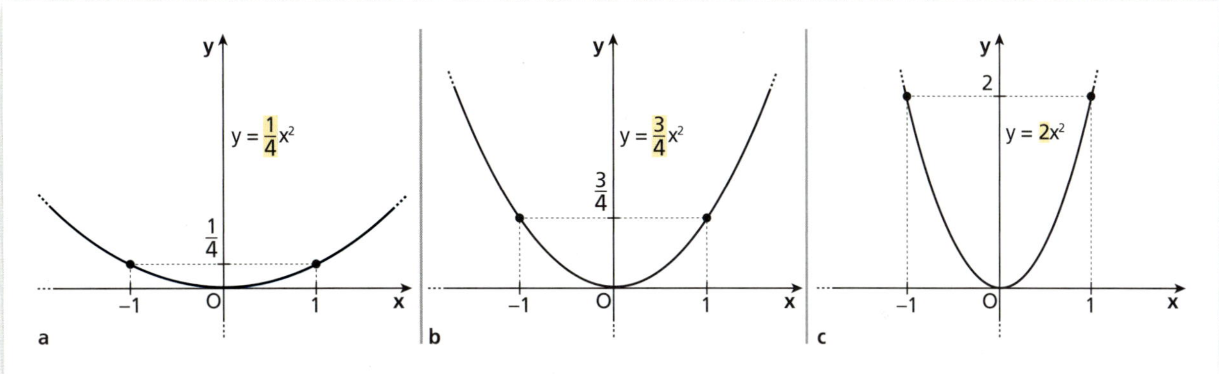

Notiamo che, per $a > 0$, all'aumentare di a diminuisce l'apertura della parabola. Se invece il coefficiente a è negativo, l'apertura della parabola diminuisce all'aumentare del valore assoluto di a.

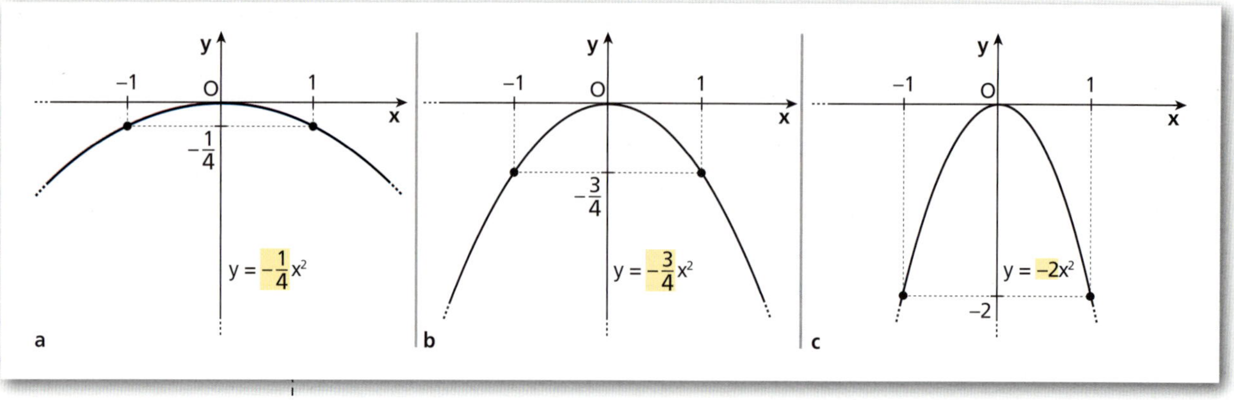

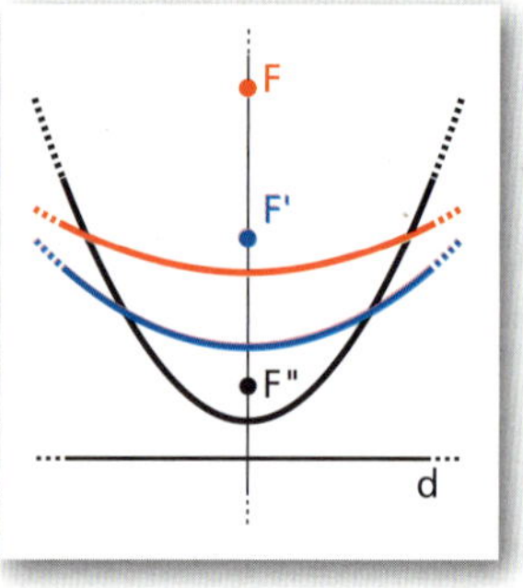

Animazione

Nell'animazione, con una figura dinamica, facciamo variare l'apertura della parabola.

- Ciò che geometricamente influenza l'apertura della parabola è la reciproca distanza tra fuoco e direttrice (figura a lato). Al diminuire della distanza, diminuisce l'apertura. Dal punto di vista analitico questo può essere compreso considerando le coordinate del fuoco $F(0; f)$:

$$f = \frac{1}{4a} \to a = \frac{1}{4f}.$$

Al diminuire di f aumenta a, quindi diminuisce l'apertura.

- Nei grafici precedenti, le parabole hanno equazioni con coefficienti opposti:

$$y = \frac{1}{4}x^2 \text{ e } y = -\frac{1}{4}x^2,\ y = \frac{3}{4}x^2 \text{ e } y = -\frac{3}{4}x^2,\ y = 2x^2 \text{ e } y = -2x^2.$$

Puoi notare che in parabole con vertice nell'origine e con *coefficiente opposto* i punti che hanno la stessa ascissa hanno ordinata opposta, quindi le due parabole sono *simmetriche rispetto all'asse x* e sono congruenti.

Parabola con asse parallelo all'asse *y*

▶ Esercizi a p. 202

Equazione e vertice

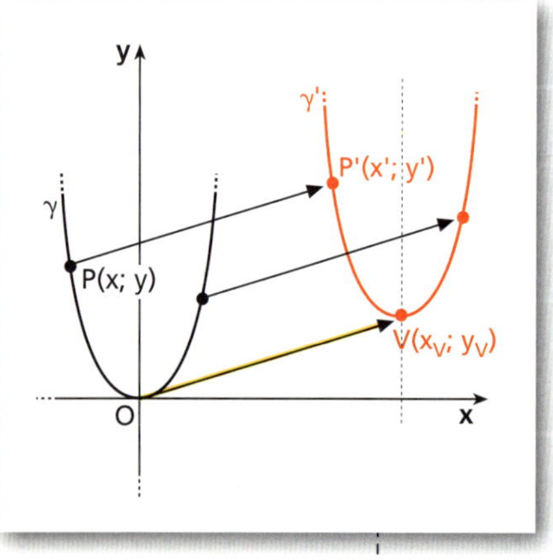

Data una qualsiasi parabola con asse parallelo all'asse y e di vertice noto, determiniamo la sua equazione.
La parabola γ' della figura si può ottenere mediante la traslazione dei punti della parabola γ con vertice nell'origine e a essa congruente.

In particolare, V è l'immagine di O, quindi la traslazione è associata al vettore $\overrightarrow{OV} = \vec{v}(x_V; y_V)$. Le equazioni della traslazione sono allora:

$$\begin{cases} x' = x + x_V \\ y' = y + y_V \end{cases}$$

Nelle equazioni della traslazione ricaviamo x e y:

$$\begin{cases} x = x' - x_V \\ y = y' - y_V \end{cases}$$

Sostituiamo nell'equazione $y = ax^2$ della parabola γ; otteniamo:

$$y' - y_V = a(x' - x_V)^2, \text{ con } a \neq 0,$$

ossia l'equazione che deve essere soddisfatta dalle coordinate dei punti di γ'.
Gli apici delle variabili x' e y' servono solo a distinguere tali punti da quelli di γ.

Una volta determinata l'equazione, possiamo eliminarli e scrivere:

$$y - y_V = a(x - x_V)^2.$$ — equazione della parabola avente vertice $(x_V; y_V)$ e asse parallelo all'asse y

Ricaviamo y, svolgiamo i calcoli e ordiniamo:

$$y = ax^2 - 2ax_Vx + ax_V^2 + y_V.$$

Ponendo $-2ax_V = b$ e $ax_V^2 + y_V = c$, l'equazione diventa:

$$y = ax^2 + bx + c.$$ — equazione della parabola con asse parallelo all'asse y

Dalle posizioni effettuate ricaviamo:

$$x_V = -\frac{b}{2a}.$$ — ascissa del vertice

$y_V = c - ax_V^2 = c - a \cdot \frac{b^2}{4a^2} = \frac{4ac - b^2}{4a}$; posto $\Delta = b^2 - 4ac$:

$$y_V = -\frac{\Delta}{4a}.$$ — ordinata del vertice

Animazione

Nell'animazione, con una figura dinamica, facciamo variare la parabola e la sua equazione quando cambiano x_V e y_V.

ESEMPIO

L'equazione della parabola, di vertice $V(1; -1)$, che si ottiene dalla traslazione della parabola di equazione $y = 2x^2$ è:

$$y - (-1) = 2(x - 1)^2$$

$$y + 1 = 2x^2 - 4x + 2$$

$$y = 2x^2 - 4x + 1.$$

Verifichiamo le formule per ricavare le coordinate del vertice:

$$x_V = -\frac{-4}{4} = 1; \; y_V = -\frac{16 - 8}{8} = -1.$$

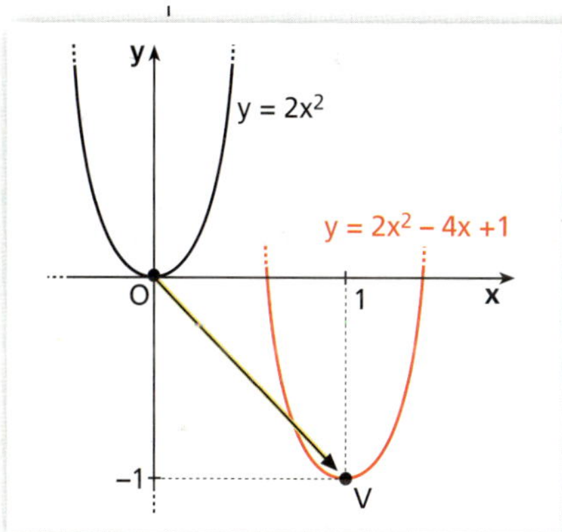

Abbiamo dimostrato che una parabola, con l'asse parallelo all'asse y, ha sempre equazione del tipo $y = ax^2 + bx + c$.

Viceversa, un'equazione qualsiasi del tipo $y = ax^2 + bx + c$ rappresenta sempre una parabola; infatti, se consideriamo la parabola di equazione $y = ax^2$ e la trasliamo del vettore $\vec{v}\left(-\frac{b}{2a}; -\frac{b^2 - 4ac}{4a}\right)$, otteniamo proprio l'equazione $y = ax^2 + bx + c$, che rappresenta quindi una parabola.

In generale, vale allora il seguente teorema.

TEOREMA

A ogni parabola con asse parallelo all'asse y corrisponde un'equazione del tipo

$$y = ax^2 + bx + c, \quad \text{con } a \neq 0,$$

e viceversa.

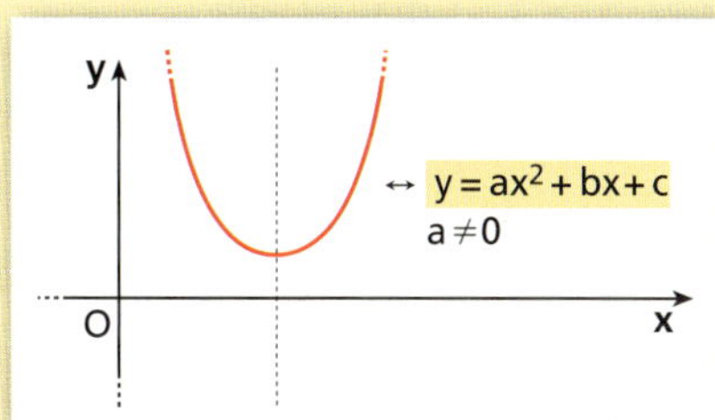

Video

Il moto parabolico

- Che traiettoria segue un oggetto quando lo lanciamo?
- Da cosa dipende?

TEORIA

Listen to it

If a parabola has vertical axis of symmetry, then $x = -\frac{b}{2a}$ is the equation of the axis of symmetry, $\left(-\frac{b}{2a}; \frac{1-\Delta}{4a}\right)$ are the coordinates of the focus and the directrix is in the form $y = -\frac{1+\Delta}{4a}$.

Video

Mirascopio Il mirascopio permette di creare l'ologramma dell'oggetto che vi poniamo all'interno. Spieghiamo il suo funzionamento attraverso le proprietà della parabola.

Asse, fuoco e direttrice

L'asse della parabola è la retta passante per il vertice e parallela all'asse y, quindi:

$$x = -\frac{b}{2a}. \quad \text{equazione dell'asse}$$

L'ascissa del fuoco F è uguale a quella del vertice, quindi:

$$x_F = -\frac{b}{2a}. \quad \text{ascissa del fuoco}$$

Per determinare l'ordinata del fuoco sfruttiamo il fatto che F, nella traslazione di vettore $\vec{v}(x_V; y_V)$, è il corrispondente del fuoco della parabola di equazione $y = ax^2$ che ha ordinata $\frac{1}{4a}$, quindi:

$$y_F = \frac{1}{4a} + y_V = \frac{1}{4a} - \frac{\Delta}{4a} \rightarrow y_F = \frac{1-\Delta}{4a}. \quad \text{ordinata del fuoco}$$

Analogamente, per l'equazione della direttrice, tenendo conto che l'equazione della direttrice della parabola di equazione $y = ax^2$ è $y = -\frac{1}{4a}$, otteniamo:

$$y = -\frac{1}{4a} + y_V \rightarrow y = -\frac{1+\Delta}{4a}. \quad \text{equazione della direttrice}$$

Poiché ogni parabola di equazione $y = ax^2 + bx + c$ è sovrapponibile con una traslazione e quindi congruente alla corrispondente parabola di equazione $y = ax^2$, anche per queste parabole la concavità dipende soltanto dal coefficiente a.

In sintesi

Equazione di una parabola con asse parallelo all'asse y:

$y = ax^2 + bx + c$, con $a \neq 0$.

Equazione dell'asse: $x = -\frac{b}{2a}$.

Vertice: $V\left(-\frac{b}{2a}; -\frac{\Delta}{4a}\right)$. **Fuoco:** $\left(-\frac{b}{2a}; \frac{1-\Delta}{4a}\right)$.

Equazione della direttrice: $y = -\frac{1+\Delta}{4a}$.

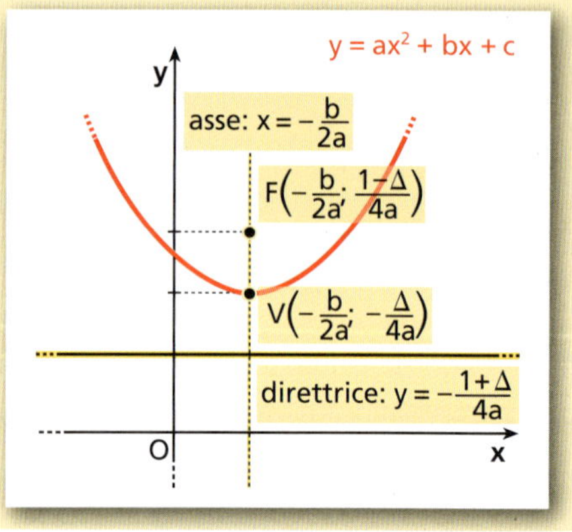

Dall'equazione $y = ax^2 + bx + c$ al grafico

▶ Esercizi a p. 203

ESEMPIO **Animazione**

Rappresentiamo nel piano cartesiano la parabola di equazione $y = \frac{1}{4}x^2 - x - 3$, il suo asse, il fuoco e la direttrice.

Sostituendo $x = 0$ nell'equazione, otteniamo: $y = -3$. Quindi l'*intersezione della parabola con l'asse* y è $A(0; -3)$. Se $y = 0$:

$$0 = \frac{1}{4}x^2 - x - 3 \rightarrow x_1 = -2,\ x_2 = 6.$$

Pertanto le *intersezioni con l'asse x* sono $B(-2; 0)$ e $B'(6; 0)$.
Il vertice è sull'asse di simmetria, quindi:

$$x_V = \frac{x_B + x_{B'}}{2} = \frac{-2+6}{2} = \frac{4}{2} = 2.$$

Sostituiamo l'ascissa del vertice nell'equazione: $y_V = \frac{1}{4} \cdot 2^2 - 2 - 3 = -4$.

Il vertice è perciò $V(2; -4)$. In alternativa, per trovare le sue coordinate, possiamo utilizzare le formule: $x_V = -\frac{b}{2a}$, $y_V = -\frac{\Delta}{4a}$.
L'asse ha equazione $x = 2$.

Il fuoco F è sull'asse, quindi $x_F = 2$.

L'ordinata è $y_F = \dfrac{1-4}{4 \cdot \frac{1}{4}} = -3$.

Pertanto il fuoco è $F(2; -3)$.
La direttrice passa per il punto dell'asse simmetrico del fuoco rispetto al vertice, di conseguenza la sua equazione è: $y = -5$. Per ottenere un grafico più preciso, possiamo segnare altri punti. Per esempio: $A'(4; -3)$, $C(-4; 5)$, $C'(8; 5)$.

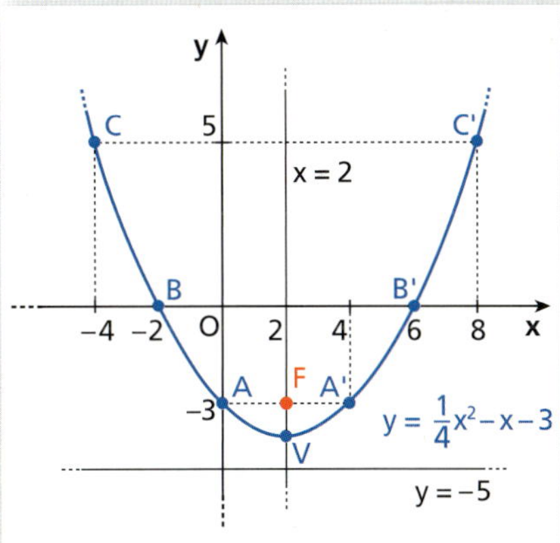

▶ Rappresenta nel piano cartesiano la parabola di equazione
$y = -2x^2 + x + 1$
e determina asse, fuoco e direttrice.

Casi particolari dell'equazione $y = ax^2 + bx + c$

Caso esaminato	Grafico	Esempio
$b = 0$ e $c \neq 0$ L'equazione diventa: $y = ax^2 + c$. La parabola ha vertice $V(0; c)$ e il suo asse di simmetria è l'asse y.	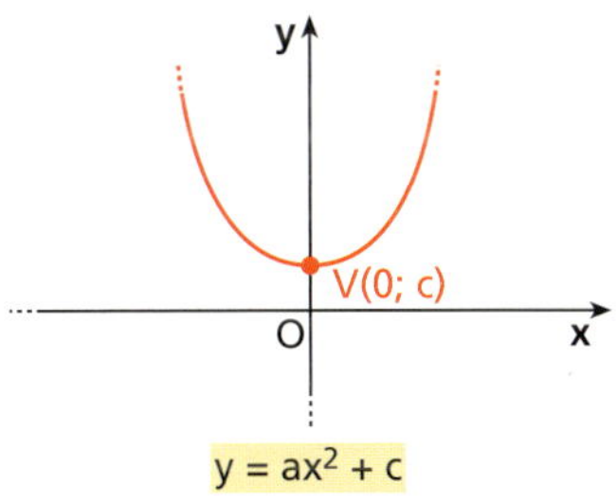	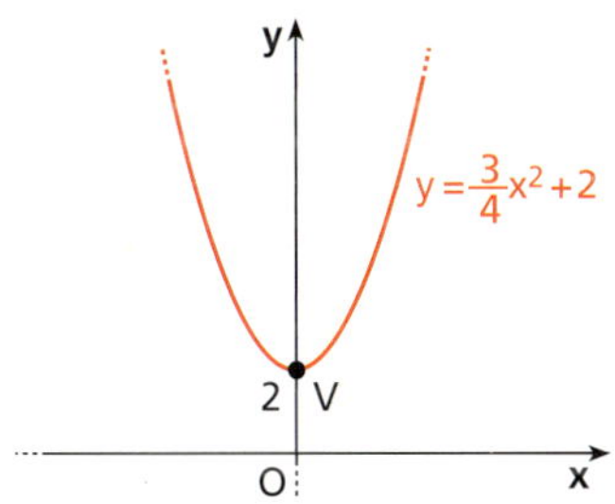
$c = 0$ e $b \neq 0$ L'equazione diventa: $y = ax^2 + bx$. La parabola ha vertice $V\left(-\frac{b}{2a}; -\frac{b^2}{4a}\right)$ e passa sempre per l'origine O. Infatti le coordinate $(0; 0)$ soddisfano l'equazione.	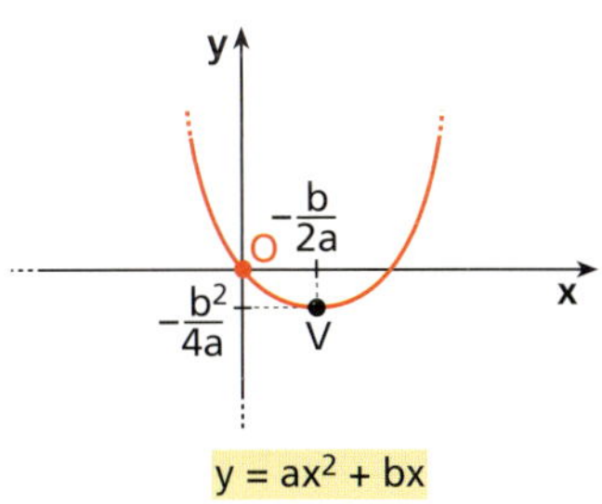	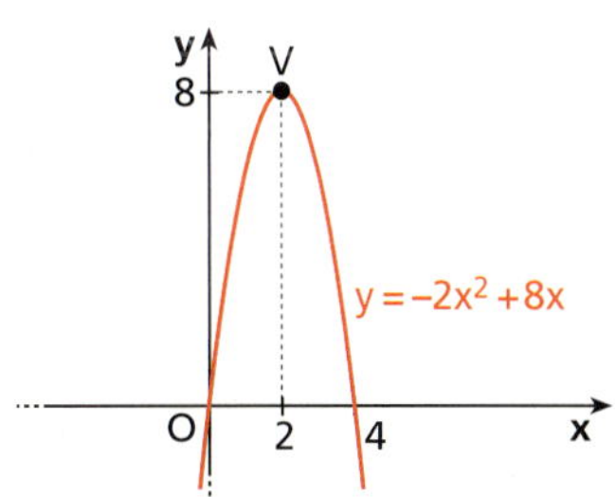
$b = 0$, $c = 0$ L'equazione diventa: $y = ax^2$. Ritroviamo la parabola già studiata con asse coincidente con l'asse y e vertice nell'origine.	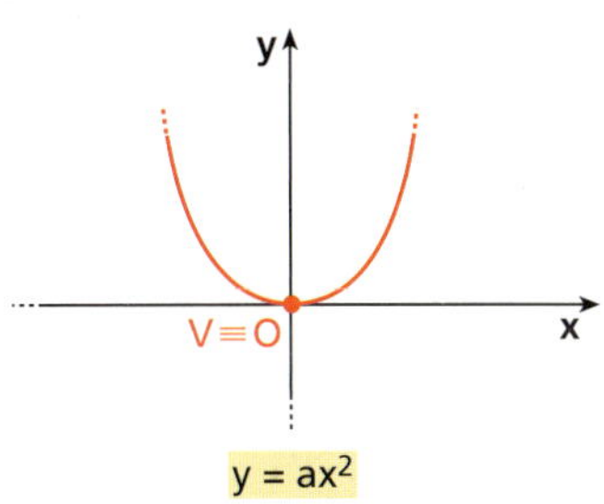	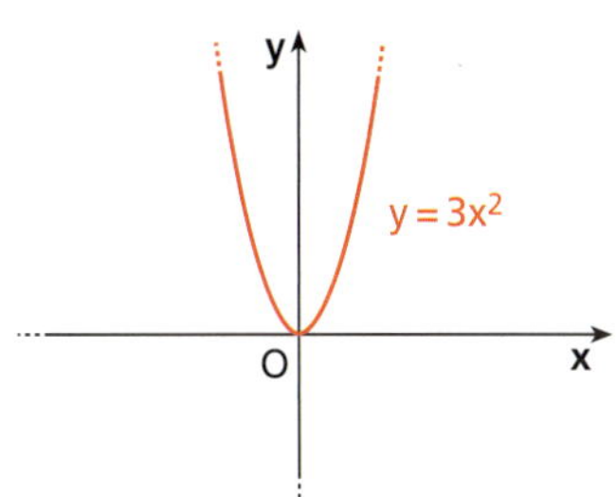

TEORIA

MATEMATICA INTORNO A NOI

Distanza di sicurezza

Un'automobile che viaggia in autostrada si trova davanti un ostacolo improvviso. Mentre il conducente si accorge del pericolo, l'auto percorre quello che si chiama *spazio di reazione*. Poi c'è lo *spazio di frenata*.

► In quanto spazio si ferma un'automobile in corsa?

La risposta

Parabola e funzioni

L'equazione $y = ax^2 + bx + c$ fa corrispondere a ogni x *uno e un solo* valore di y, quindi è una funzione, che chiamiamo **funzione quadratica**. Ogni parabola con equazione di questo tipo è pertanto il *grafico di una funzione*.

ESEMPIO

$y = \frac{1}{5}x^2 + \frac{6}{5}x + 1$ è l'equazione di una funzione quadratica. Il suo grafico è una parabola. A ogni valore di x corrisponde un solo valore di y. Gli zeri della funzione sono

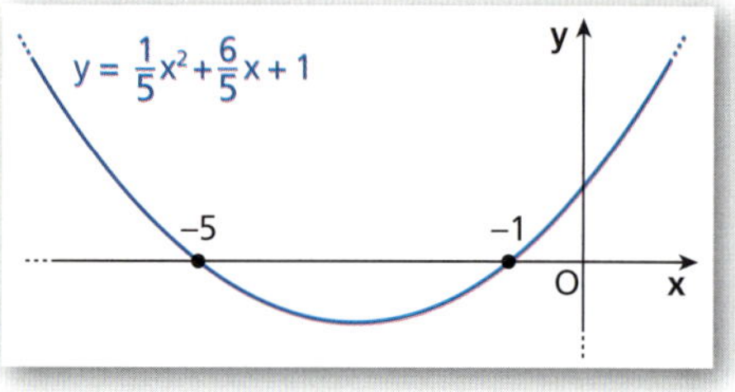

$$\frac{1}{5}x^2 + \frac{6}{5}x + 1 = 0 \rightarrow x^2 + 6x + 5 = 0 \rightarrow x_1 = -5, x_2 = -1,$$

e sono le ascisse dei punti di intersezione della parabola con l'asse x.

2 Parabola con asse parallelo all'asse *x*

► Esercizi a p. 206

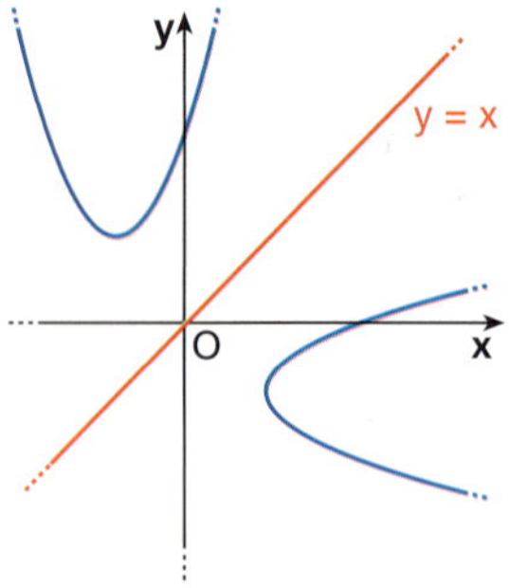

Animazione | Ogni parabola con asse parallelo all'asse x si può ottenere come corrispondente, nella simmetria assiale rispetto alla bisettrice del primo e terzo quadrante, di una parabola con asse parallelo all'asse y.

Per ricavare la sua equazione, all'equazione generale della parabola con asse parallelo all'asse y, $y = ax^2 + bx + c$, applichiamo le equazioni della simmetria:

$$\begin{cases} x' = y \\ y' = x \end{cases}.$$

Dobbiamo scambiare la variabile x con la variabile y, quindi otteniamo:

$$\boldsymbol{x = ay^2 + by + c.}$$

equazione della parabola con asse parallelo all'asse x

ESEMPIO

Nella simmetria assiale rispetto alla retta di equazione $y = x$, alla parabola di equazione

$$y = x^2 - 6x + 10$$

corrisponde la parabola di equazione

$$x = y^2 - 6y + 10.$$

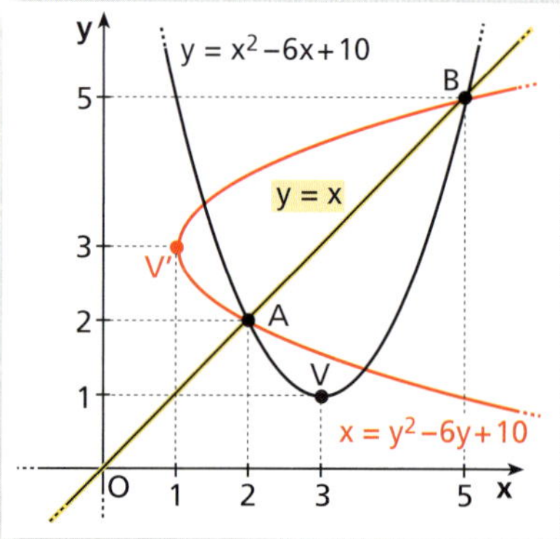

► Scrivi l'equazione della parabola che corrisponde a quella di equazione $y = x^2 + x + 2$ nella simmetria assiale rispetto alla retta $y = x$ e rappresenta graficamente le due parabole.

Anche per ottenere le altre caratteristiche della parabola (coordinate del vertice, equazione della direttrice, ...) possiamo applicare le equazioni della simmetria alle formule per la parabola con asse parallelo all'asse y, scambiando la x con la y. Otteniamo i seguenti risultati.

Equazione di una parabola con asse parallelo all'asse *x*:

$x = ay^2 + by + c$, con $a \neq 0$.

Equazione dell'asse: $y = -\frac{b}{2a}$.

Vertice: $V\left(-\frac{\Delta}{4a}; -\frac{b}{2a}\right)$. **Fuoco:** $F\left(\frac{1-\Delta}{4a}; -\frac{b}{2a}\right)$.

Equazione della direttrice: $x = -\frac{1+\Delta}{4a}$.

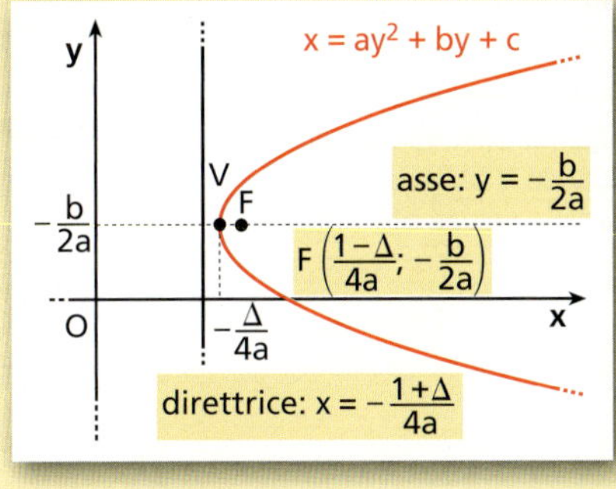

ESEMPIO Animazione

Disegniamo la parabola di equazione $x = 3y^2 - 4y - 4$.

Il vertice è $V\left(-\frac{16}{3}; \frac{2}{3}\right)$.

Determiniamo le coordinate di alcuni punti della parabola, mediante una tabella, attribuendo valori a y e ricavando i valori corrispondenti di x.

y	x		
$-\frac{2}{3}$	0	→	$\left(0; -\frac{2}{3}\right)$
0	-4	→	$(-4; 0)$
2	0	→	$(0; 2)$
-1	3	→	$(3; -1)$

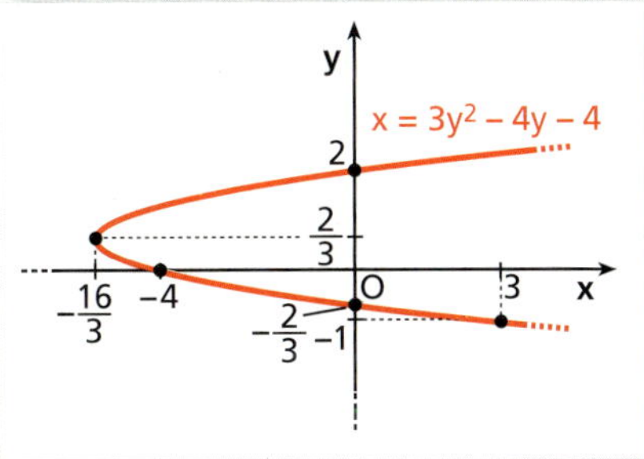

Il fuoco è $F\left(-\frac{21}{4}; \frac{2}{3}\right)$, l'equazione della direttrice è $x = -\frac{65}{12}$.

▸ Disegna la parabola di equazione $x = -2y^2 + y - 2$. Individua le coordinate del vertice e del fuoco e l'equazione della direttrice.

Concavità e segno di *a*

Mediante la simmetria possiamo anche comprendere che una parabola con asse parallelo all'asse x ha concavità rivolta verso la direzione positiva delle ascisse se $a > 0$, verso la direzione negativa se $a < 0$.

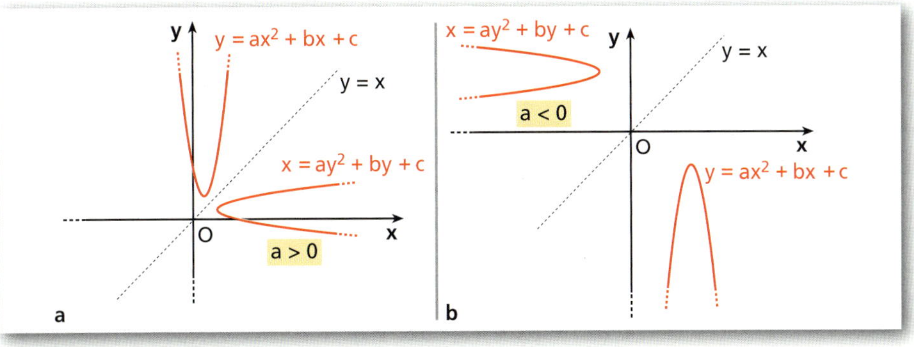

Parabola e funzioni

L'equazione $x = ay^2 + by + c$ *non* fa corrispondere a ogni x uno e un solo valore di y, quindi una parabola con asse parallelo all'asse x *non* è il grafico di una funzione da x a y.

Listen to it

The equation
$x = ay^2 + by + c$
does not describe a function because it associates two possible values of y to each value of x.

Tuttavia è possibile considerare una parte del grafico della parabola in modo che rappresenti una funzione.

ESEMPIO

La parabola di equazione $x = y^2$ non è il grafico di una funzione, perché se ricaviamo y nell'equazione otteniamo:

$$y = \pm\sqrt{x}.$$

È, invece, una funzione

$$y = \sqrt{x}$$

con dominio $x \geq 0$ e codominio $y \geq 0$. Il suo grafico è il ramo della parabola che si trova nel primo quadrante.

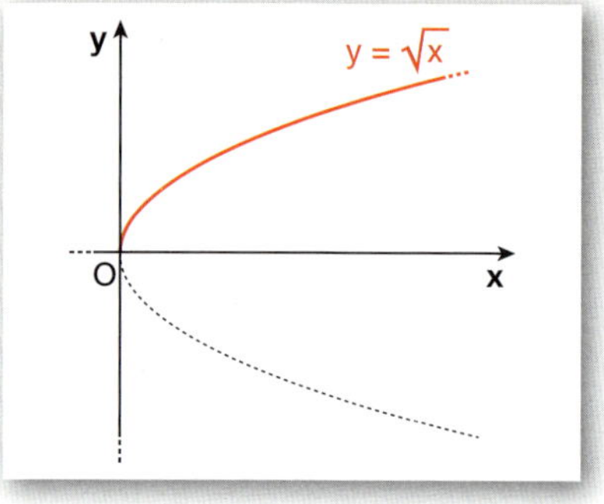

3 Rette e parabole

Posizione di una retta rispetto a una parabola

▶ Esercizi a p. 212

Una parabola e una retta possono essere secanti in due punti, essere tangenti in un punto, non intersecarsi in alcun punto oppure, se la retta è parallela all'asse della parabola, intersecarsi in un solo punto.
Considerando una parabola con asse parallelo all'asse y, i casi possibili sono quelli della figura.

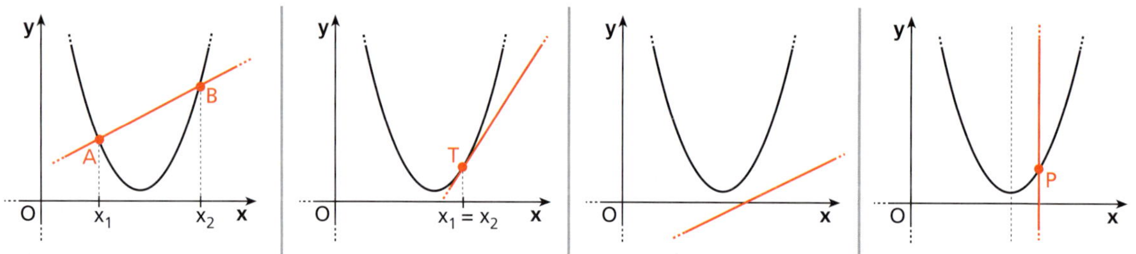

a. La retta è secante la parabola. I punti di intersezione sono due.

b. La retta è tangente alla parabola. Il punto di intersezione è unico e si chiama *punto di tangenza*.

c. La retta è esterna alla parabola. Non vi sono punti di intersezione.

d. La retta è parallela all'asse della parabola: c'è un unico punto di intersezione.

Supponiamo che la retta non sia parallela all'asse y e che, dunque, la sua equazione possa essere scritta nella forma esplicita $y = mx + q$.

Mettiamo a sistema l'equazione della parabola e l'equazione della retta:

$$\begin{cases} y = ax^2 + bx + c \\ y = mx + q \end{cases} \rightarrow ax^2 + bx + c = mx + q.$$

Svolgendo i calcoli, otteniamo l'equazione di secondo grado

$$ax^2 + (b - m)x + c - q = 0,$$

le cui soluzioni sono le ascisse dei punti di intersezione della parabola con la retta.

Il numero di soluzioni dipende dal discriminante Δ, quindi:

- se $\Delta > 0$, la retta è **secante** la parabola in due punti;
- se $\Delta = 0$, la retta è **tangente** alla parabola in un punto;
- se $\Delta < 0$, la retta è **esterna** alla parabola.

Listen to it

If $\Delta > 0$, we have **two points of intersection** between the line and the parabola; if $\Delta = 0$, the line is **tangent** to the parabola; if $\Delta < 0$, the line does not intersect the parabola.

ESEMPIO Animazione

Determiniamo gli eventuali punti di intersezione della parabola di equazione

$$y = -\frac{1}{2}x^2 + 2x$$

con la retta di equazione $y = x - 4$.

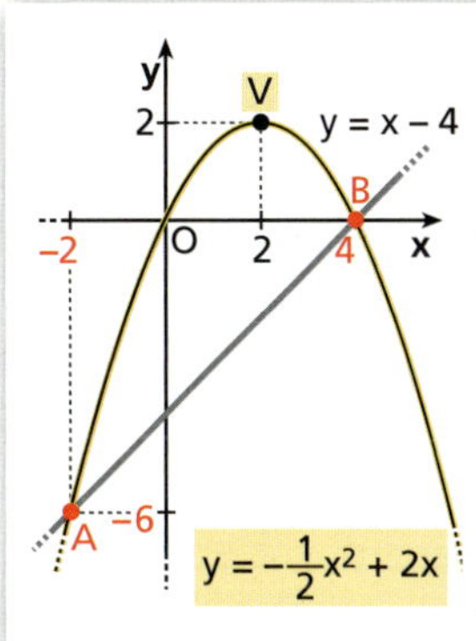

Risolviamo il sistema:

$$\begin{cases} y = -\frac{1}{2}x^2 + 2x \\ y = x - 4 \end{cases} \rightarrow -\frac{1}{2}x^2 + 2x = x - 4 \rightarrow$$

$$x^2 - 2x - 8 = 0.$$

L'equazione $x^2 - 2x - 8 = 0$ ha due soluzioni reali distinte, $x_1 = -2$ e $x_2 = 4$, ascisse dei due punti di intersezione tra retta e parabola.
Troviamo le loro ordinate.

$$\begin{cases} x = -2 \\ y = x - 4 \end{cases} \vee \begin{cases} x = 4 \\ y = x - 4 \end{cases} \rightarrow \begin{cases} x = -2 \\ y = -6 \end{cases} \vee \begin{cases} x = 4 \\ y = 0 \end{cases}$$

La retta interseca la parabola nei punti $A(-2; -6)$ e $B(4; 0)$.

► Determina gli eventuali punti di intersezione della parabola di equazione $y = 2x^2 - 2x$ con la retta di equazione $y = -x + 3$.

$\left[(-1; 4); \left(\frac{3}{2}; \frac{3}{2}\right)\right]$

Rette tangenti a una parabola

► Esercizi a p. 216

Le rette passanti per un punto P e tangenti a una parabola possono essere due, una o nessuna, a seconda della posizione di P rispetto alla parabola.
Se per un punto P si possono tracciare due rette tangenti, si dice che P è **esterno** alla parabola; se la retta è una sola, P è **sulla** parabola; se da P non è possibile tracciare rette tangenti, allora P si dice **interno** alla parabola.

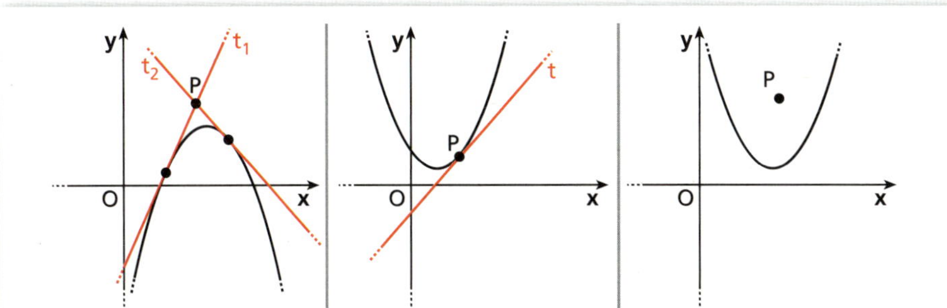

a. *P* **esterno** alla parabola: due rette tangenti.

b. *P* **sulla** parabola: una retta tangente.

c. *P* **interno** alla parabola: non esistono rette tangenti.

Per determinare le equazioni delle eventuali rette tangenti:

- scriviamo l'equazione del fascio di rette passanti per $P(x_0; y_0)$:

$$y - y_0 = m(x - x_0);$$

- scriviamo il sistema delle equazioni del fascio di rette e della parabola:

$$\begin{cases} y - y_0 = m(x - x_0) \\ y = ax^2 + bx + c \end{cases};$$

- poniamo la condizione di tangenza, ossia poniamo uguale a 0 il discriminante dell'equazione risolvente, cioè $\boldsymbol{\Delta = 0}$ (se una retta è tangente deve avere due intersezioni con la parabola coincidenti);
- risolviamo rispetto a m l'equazione ottenuta e sostituiamo nell'equazione del fascio gli eventuali valori trovati.

ESEMPIO Animazione

Determiniamo le equazioni delle eventuali rette passanti per $P(1; -5)$ e tangenti alla parabola di equazione $y = x^2 - 2$.

Scriviamo l'equazione del fascio di rette passanti per P:

$$y + 5 = m(x - 1).$$

Scriviamo il sistema delle equazioni del fascio e della parabola, e determiniamo l'equazione risolvente:

$$\begin{cases} y + 5 = m(x - 1) \\ y = x^2 - 2 \end{cases} \rightarrow x^2 - mx + m + 3 = 0.$$

Calcoliamo Δ:

$$\Delta = m^2 - 4m - 12.$$

Poniamo la condizione di tangenza $\Delta = 0$:

$$m^2 - 4m - 12 = 0 \rightarrow m_1 = -2, m_2 = 6.$$

Alle soluzioni $m_1 = -2$ e $m_2 = 6$ corrispondono le due rette tangenti:

$$t_1:\ y = -2x - 3, \qquad t_2:\ y = 6x - 11.$$

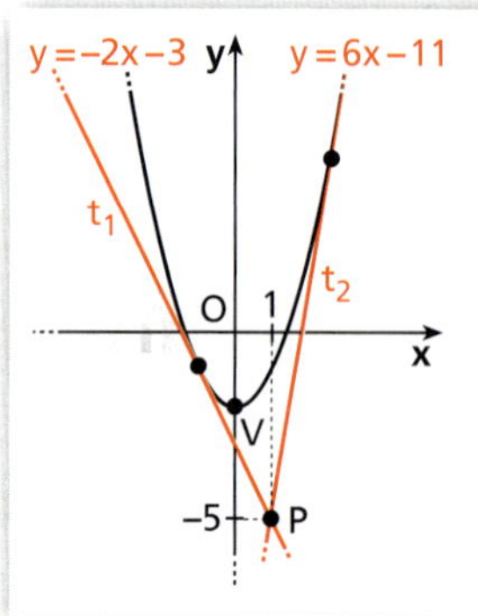

▸ Determina le equazioni delle eventuali rette passanti per $P(0; -2)$ e tangenti alla parabola di equazione $y = 6x^2 + 4$.
$[y = 12x - 2;\ y = -12x - 2]$

Caso particolare

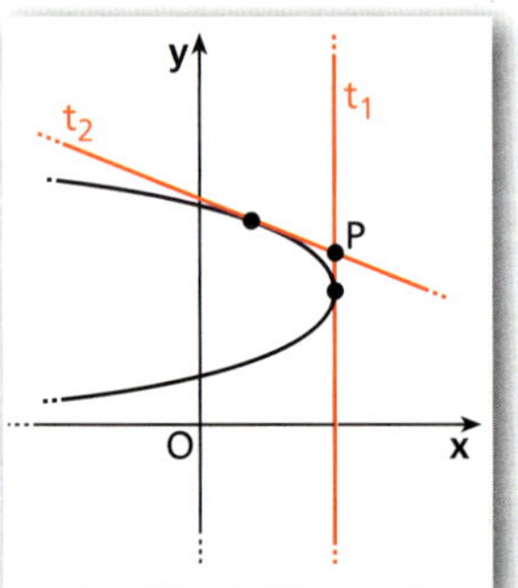

Se la parabola non ha l'asse parallelo all'asse y, può succedere che una delle sue tangenti passanti per P sia parallela all'asse y, come nell'esempio della figura. In questo caso la tangente non ha equazione del tipo $y = mx + q$, ma del tipo $x = k$, quindi con la condizione $\Delta = 0$ non si può trovare il coefficiente angolare dell'equazione di tale retta.

Area del segmento parabolico

▸ Esercizi a p. 218

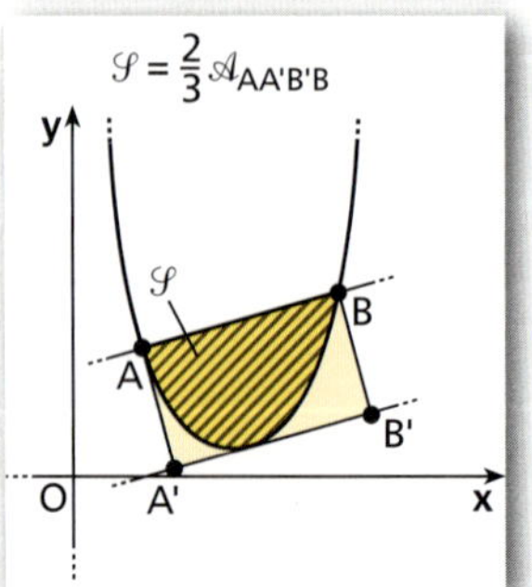

Se una retta è secante una parabola nei punti A e B, il segmento AB e l'arco di parabola AB delimitano una parte di piano detta **segmento parabolico**, che abbiamo tratteggiato nella figura a lato.
Tracciamo la retta parallela ad AB e tangente alla parabola, e consideriamo su di essa le proiezioni A' e B' di A e B. Archimede, il matematico e fisico vissuto a Siracusa intorno al 250 a.C., ha dimostrato che l'area del segmento parabolico è uguale ai $\frac{2}{3}$ dell'area del rettangolo $AA'B'B$.

ESEMPIO

Determiniamo l'area S del segmento parabolico individuato dalla parabola di equazione $y = \frac{1}{2}x^2 - 2x + 3$ e dalla retta di equazione $y = x + \frac{1}{2}$.

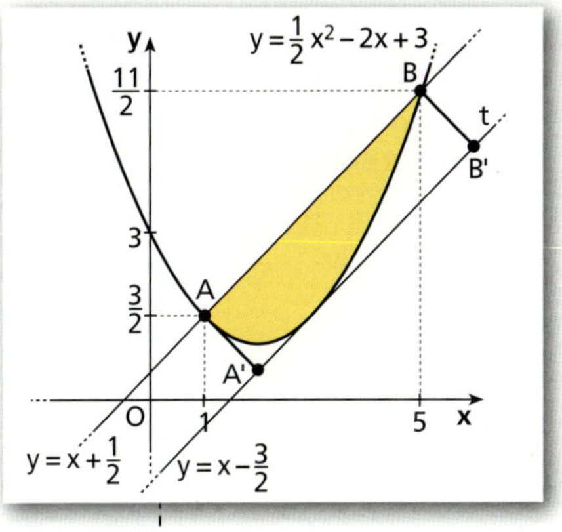

Dal sistema delle due equazioni si ottengono i punti di intersezione $A\left(1; \frac{3}{2}\right)$ e $B\left(5; \frac{11}{2}\right)$. Considerando una generica retta parallela ad AB, di equazione $y = x + q$, e imponendo la condizione di tangenza alla parabola, otteniamo la retta tangente t di equazione:

$$y = x - \frac{3}{2}.$$

Calcoliamo la misura di AB con la formula della distanza tra due punti:

$$\overline{AB} = 4\sqrt{2}.$$

Troviamo la distanza di A dalla retta t con la formula della distanza di un punto da una retta:

$$\overline{AA'} = \sqrt{2}.$$

Quindi l'area del rettangolo $AA'B'B$ è: $4\sqrt{2} \cdot \sqrt{2} = 8$.

L'area del segmento parabolico è allora $S = \frac{2}{3} \cdot 8 = \frac{16}{3}$.

Animazione

Nell'animazione ci sono i calcoli per determinare $\overline{AB}$ e $\overline{AA'}$.

4 Determinare l'equazione di una parabola

▶ Esercizi a p. 218

Poiché nell'equazione della parabola $y = ax^2 + bx + c$ ci sono tre coefficienti a, b e c, per poterli determinare occorrono tre informazioni sulla parabola, dette *condizioni*. Queste permettono di scrivere un sistema di tre equazioni nelle tre incognite a, b, c.

Per esempio, le coordinate note di un punto della parabola corrispondono a *una* condizione, perché permettono di scrivere un'equazione in a, b e c. Le coordinate note del fuoco, invece, corrispondono a *due* condizioni, perché possiamo scrivere due equazioni, utilizzando le formule relative all'ascissa e all'ordinata.

Considerazioni analoghe valgono per la parabola di equazione $x = ay^2 + by + c$. Esaminiamo due esempi.

ESEMPIO

1. **Animazione** | Determiniamo l'equazione della parabola con asse parallelo all'asse y passante per il punto $P(-1; 2)$ e avente per fuoco il punto $F\left(-2; \frac{5}{4}\right)$.

   Nell'equazione generica $y = ax^2 + bx + c$ sostituiamo a x e a y le coordinate di P; utilizziamo poi le formule del fuoco e scriviamo il sistema.

$$\begin{cases} 2 = a - b + c & \text{passaggio per } P(-1; 2) \\ -\dfrac{b}{2a} = -2 & x_F = -2 \\ \dfrac{1 - \Delta}{4a} = \dfrac{5}{4} & y_F = \dfrac{5}{4} \end{cases}$$

▶ Determina l'equazione della parabola con asse parallelo all'asse y che ha il fuoco nell'origine e passa per il punto $P(-1; 0)$.

$\left[y = \frac{1}{2}x^2 - \frac{1}{2};\ y = -\frac{1}{2}x^2 + \frac{1}{2}\right]$

▸ Determina le equazioni della parabola:
a. passante per l'origine, per $A(-4; 0)$ e di vertice con ordinata -3;
b. con vertice nell'origine e passante per $B\left(-2; -\frac{4}{5}\right)$;
c. con vertice $V(0; 3)$ e passante per $P(2; 2)$.

Animazione

Risolvendo il sistema, otteniamo:

$$\begin{cases} a = 1 \\ b = 4 \\ c = 5 \end{cases} \quad \text{e} \quad \begin{cases} a = -\frac{1}{4} \\ b = -1 \\ c = \frac{5}{4} \end{cases}$$

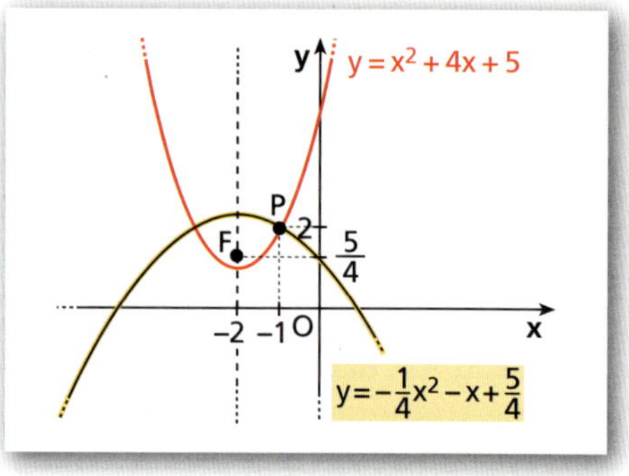

Le parabole che soddisfano le condizioni richieste sono due:

$$y = x^2 + 4x + 5,$$

$$y = -\frac{1}{4}x^2 - x + \frac{5}{4}.$$

2. Animazione | Scriviamo l'equazione della parabola con asse parallelo all'asse y che passa per $P(-2; 0)$ e ha per tangente la retta di equazione $y = x + 4$ nel punto di intersezione con l'asse y.
Considerata l'equazione generica $y = ax^2 + bx + c$, dalle informazioni del problema otteniamo tre equazioni nelle incognite a, b, c.

- Passaggio per $P(-2; 0)$: $0 = 4a - 2b + c$.
- Passaggio per il punto di tangenza $(0; 4)$: $4 = c$.
- Condizione di tangenza:

$$\begin{cases} y = ax^2 + bx + c \\ y = x + 4 \end{cases} \rightarrow ax^2 + (b-1)x + c - 4 = 0;$$

$$\Delta = (b-1)^2 - 4a(c-4) = 0.$$

Poniamo a sistema le tre equazioni e risolviamo.

$$\begin{cases} 4a - 2b + c = 0 \\ c = 4 \\ (b-1)^2 - 4a(c-4) = 0 \end{cases} \rightarrow \begin{cases} 2a - b + 2 = 0 \\ c = 4 \\ (b-1)^2 = 0 \end{cases} \rightarrow \begin{cases} a = -\frac{1}{2} \\ c = 4 \\ b = 1 \end{cases}$$

La parabola ha equazione $y = -\frac{1}{2}x^2 + x + 4$.

▸ Trova a, b, c in modo che la parabola di equazione $y = ax^2 + bx + c$ abbia vertice in $V(1; 0)$ e sia tangente alla retta di equazione $y = 4x$. $[y = -x^2 + 2x - 1]$

5 Fasci di parabole

Equazione di un fascio di parabole

▸ Esercizi a p. 227

Consideriamo le parabole γ e γ' di equazioni:

$$\gamma: y = -2x^2 + 10x - 7, \qquad \gamma': y = x^2 - 2x + 2.$$

Scriviamo le equazioni in forma implicita:

$$y + 2x^2 - 10x + 7 = 0, \qquad y - x^2 + 2x - 2 = 0.$$

Combiniamo linearmente le due equazioni, introducendo un parametro k:

$$y + 2x^2 - 10x + 7 + k(y - x^2 + 2x - 2) = 0.$$

Riscriviamo l'equazione raccogliendo i termini simili:

$$(1+k)y+(2-k)x^2+2(k-5)x+7-2k=0.$$

A ogni valore di $k \in \mathbb{R}$ corrisponde una parabola particolare. L'insieme delle parabole individuate dall'equazione si chiama **fascio di parabole** definito da γ e γ'.

- Se $k=-1$, l'equazione contiene soltanto la variabile x:

  $$3x^2-12x+9=0 \rightarrow x^2-4x+3=0 \rightarrow (x-1)(x-3)=0 \rightarrow$$
  $$x-1=0 \vee x-3=0.$$

  Chiamiamo **parabola degenere** l'insieme delle due rette di equazioni $x-1=0$ e $x-3=0$.
- Se nell'equazione $y+2x^2-10x+7+k(y-x^2+2x-2)=0$ poniamo $k=0$, otteniamo la parabola γ. Non esiste invece un valore di k che permette di ottenere la parabola γ'.

Le parabole γ e γ' sono dette **generatrici** del fascio.
In questo esempio le parabole si intersecano nei due punti $P(1; 1)$, $Q(3; 5)$. Le coordinate di questi punti soddisfano le equazioni di entrambe le parabole e quindi anche quella di ogni altra parabola del fascio. Infatti, sostituendo nelle equazioni implicite delle parabole γ e γ' le coordinate di Q, otteniamo

$$5+2(3)^2-10\cdot 3+7=0, \qquad 5-(3)^2+2\cdot(3)-2=0,$$

e quindi anche

$$5+2(3)^2-10\cdot 3+7+k[5-(3)^2+2\cdot 3-2]=0+k\cdot 0=0,$$

indipendentemente dal valore di k. Si ottiene lo stesso risultato sostituendo le coordinate di P.
Per i punti P e Q passano quindi tutte le parabole del fascio. Questi punti sono detti **punti base** del fascio.

- Se $k \neq -1$, possiamo dividere per $1+k$ e scrivere il fascio in forma esplicita:

  $$y=\frac{k-2}{1+k}\cdot x^2+\frac{2(5-k)}{1+k}\cdot x+\frac{2k-7}{1+k}.$$

- Se $k=2$, si annulla il coefficiente di x^2 e l'equazione diventa

  $$y=2x-1,$$

  ossia l'equazione della retta passante per P e Q, che può quindi essere considerata come una *parabola degenere* del fascio.

Nella figura puoi osservare alcune delle parabole del fascio.

Si può dimostrare che si ottiene lo stesso fascio se a γ e γ' si sostituiscono altre due parabole del fascio, dove una delle due può anche essere la retta passante per i punti base.

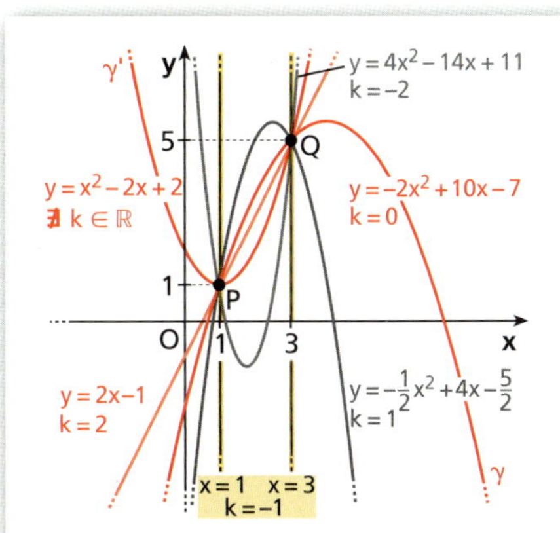

MATEMATICA E ARCHITETTURA

Archi di parabola
Dove è presente la parabola nell'architettura antica e moderna?
Prepara una presentazione multimediale con foto e didascalie.

Cerca nel Web: architecture, arc, catenaria, ponti, Gaudí, Calatrava, Taq Kisra, Oscar Niemeyer

Animazione

Nell'animazione tracciamo, con una figura dinamica, le parabole del fascio al variare di k.

Studio di un fascio di parabole

▶ Esercizi a p. 227

Studiare un fascio di parabole vuol dire descriverne le caratteristiche, in particolare, determinare le generatrici, gli eventuali punti base, le parabole degeneri.
I casi possibili sono quelli della figura.

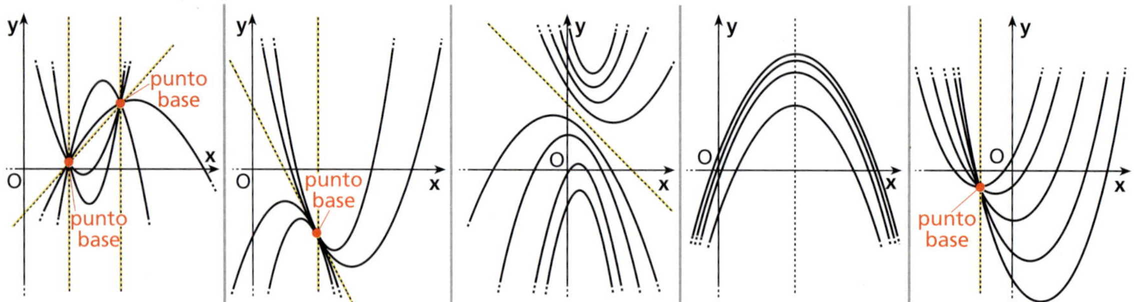

a. Le parabole sono secanti in due punti.

b. Le parabole sono tangenti.

c. Le parabole non hanno punti in comune.

d. Le parabole sono congruenti e hanno lo stesso asse di simmetria.

e. Le parabole hanno un punto comune e sono congruenti.

Listen to it

Two parabolas $\gamma: y - ax^2 - bx - c = 0$ and $\gamma': y - a'x^2 - b'x - c' = 0$, $a' \neq 0$, generate a **pencil of parabolas**, described by the equation $y - ax^2 - bx - c + k(y - a'x^2 - b'x - c') = 0$, with $k \in \mathbb{R}$. γ and γ' are the **generators** of the pencil.

Esaminiamo in modo sintetico il procedimento relativo ai diversi elementi.

Generatrici

Si riscrive in forma implicita l'equazione del fascio e si raccoglie rispetto al parametro k.
Le equazioni delle due generatrici si ottengono una per $k = 0$ e l'altra uguagliando a 0 l'espressione che è moltiplicata per k.

Punti base

Si risolve il sistema delle equazioni delle due generatrici. I punti base possono essere due distinti (parabole secanti), due coincidenti (parabole tangenti), uno (parabole congruenti e con diverso asse di simmetria) o nessuno. Se non ci sono punti base, le parabole non hanno punti in comune e possono essere congruenti e con lo stesso asse di simmetria.

Parabole degeneri

Le parabole degeneri sono rette che passano necessariamente per gli eventuali punti base.
Considerata l'equazione del fascio in forma implicita, tali parabole si ottengono:

- uguagliando a 0 il coefficiente di y (se dipende dal parametro); la retta o la coppia di rette ottenute sono parallele all'asse y;
- uguagliando a 0 il coefficiente di x^2 (se dipende dal parametro); la retta che si ottiene non è parallela all'asse y.

Nella figura precedente abbiamo segnato in giallo le rette che sono parabole degeneri. Nel caso **a** le parabole degeneri sono due: una è la retta che passa per i punti base, l'altra è costituita dalla coppia di rette parallele all'asse y passanti per i punti base.

Animazione

Nell'animazione, prima disegniamo alcune parabole del fascio, poi utilizziamo una figura dinamica per osservare le parabole al variare di k.

ESEMPIO

Consideriamo il fascio di parabole di equazione:

$$y = (k-2)x^2 + (1-k)x + k.$$

Raccogliamo i termini rispetto a k e scriviamo l'equazione nella variabile k:

$$k(x^2 - x + 1) + (-2x^2 + x - y) = 0.$$

Per determinare eventuali punti base scriviamo il sistema delle equazioni delle generatrici:

$$\begin{cases} x^2 - x + 1 = 0 \\ 2x^2 - x + y = 0 \end{cases}.$$

Il discriminante della prima equazione è negativo, quindi il sistema non ammette soluzioni reali. Le parabole non hanno punti in comune, come nel caso c della figura precedente. Osserviamo poi che, posto uguale a 0 il coefficiente di x^2 nell'equazione iniziale del fascio, otteniamo, per $k = 2$, la retta $y = -x + 2$, che è una parabola degenere del fascio.

▸ Nel fascio di parabole di equazione $y = ax^2 - 3x - a$ trova:
a. le generatrici;
b. i punti base.
[a) $y = -3x$, $x^2 - 1 = 0$; b) $A(1; -3)$ e $B(-1; 3)$]

Come trovare l'equazione di un fascio

|▸ Esercizi a p. 230

Per determinare l'equazione di un fascio di parabole dobbiamo scrivere la combinazione lineare delle equazioni di due parabole qualsiasi del fascio (che possono anche essere quelle degeneri), prese come generatrici.

ESEMPIO

Scriviamo l'equazione del fascio di parabole passanti per $A(2; 1)$ e $B(4; 2)$.
A e B sono i punti base del fascio. Scriviamo le equazioni delle parabole degeneri γ e γ_1, cioè la retta AB e la coppia di rette parallele all'asse y passanti per A e per B:

$$\gamma: \frac{y-1}{2-1} = \frac{x-2}{4-2} \rightarrow y - 1 = \frac{x-2}{2} \rightarrow x - 2y = 0;$$

$$\gamma_1: (x-2)(x-4) = 0.$$

Il fascio ha allora equazione $x - 2y + k(x-2)(x-4) = 0$.

Animazione

Nell'animazione studiamo il fascio, utilizzando una figura dinamica per rappresentarlo.

▸ Determina l'equazione del fascio di parabole passanti per i punti $A(5; 0)$ e $B(1; 1)$.

In generale, possiamo distinguere i seguenti casi.

Fasci di parabole per due punti distinti

Dati i punti distinti $A(x_A; y_A)$ e $B(x_B; y_B)$ e indicata con $y = mx + q$ l'equazione della retta AB, si può dimostrare che l'equazione

$$y = mx + q + k(x - x_A)(x - x_B)$$

rappresenta un fascio di parabole passanti per A e B.

▸ Con la formula, determina l'equazione del fascio di parabole passanti per i punti $A(0; 2)$ e $B(2; -4)$.

Fasci di parabole tangenti in un punto a una retta data

Dato il punto $T(x_T; y_T)$ appartenente alla retta r di equazione $y = mx + q$, si può dimostrare che l'equazione

$$y = mx + q + k(x - x_T)^2$$

rappresenta un fascio di parabole tangenti in T alla retta r.

▸ Con la formula, determina l'equazione del fascio di parabole tangenti alla bisettrice del primo e terzo quadrante in $T(1; 1)$.

IN SINTESI
Parabola

Caratteristiche della parabola

- **Parabola con asse parallelo all'asse *y***

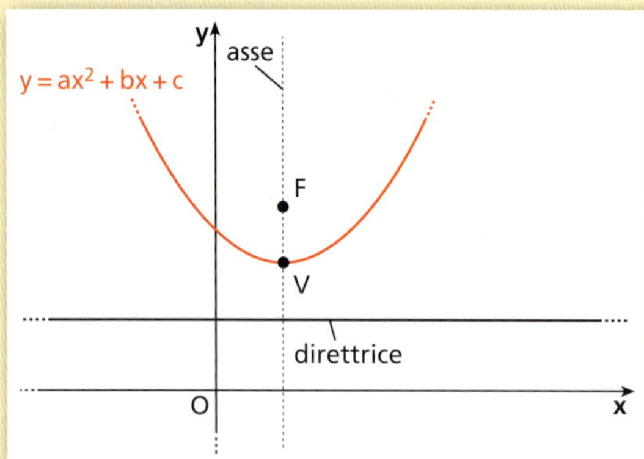

Equazione: $y = ax^2 + bx + c$.

Equazione dell'asse: $x = -\dfrac{b}{2a}$.

Vertice: $V\left(-\dfrac{b}{2a}; -\dfrac{\Delta}{4a}\right)$.

Fuoco: $F\left(-\dfrac{b}{2a}; \dfrac{1-\Delta}{4a}\right)$.

Equazione della direttrice: $y = -\dfrac{1+\Delta}{4a}$.

- **Parabola con asse parallelo all'asse *x***

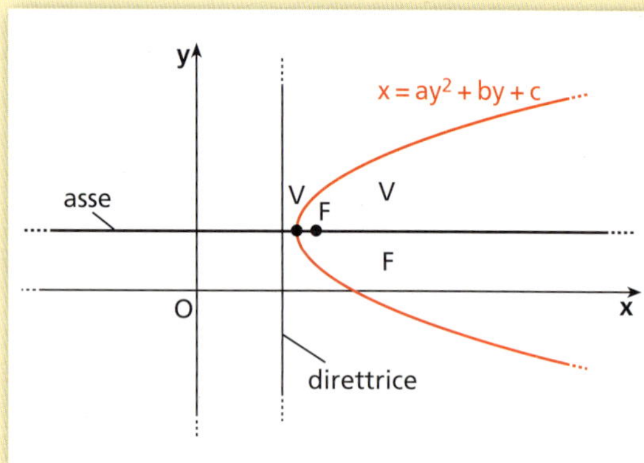

Equazione: $x = ay^2 + by + c$.

Equazione dell'asse: $y = -\dfrac{b}{2a}$.

Vertice: $V\left(-\dfrac{\Delta}{4a}; -\dfrac{b}{2a}\right)$.

Fuoco: $F\left(\dfrac{1-\Delta}{4a}; -\dfrac{b}{2a}\right)$.

Equazione della direttrice: $x = -\dfrac{1+\Delta}{4a}$.

Posizione di una retta rispetto a una parabola

Posizione della retta di equazione $y = mx + q$ (non parallela all'asse y) rispetto alla parabola di equazione $y = ax^2 + bx + c$.

$$\begin{cases} y = ax^2 + bx + c \\ y = mx + q \end{cases} \rightarrow ax^2 + (b-m)x + c - q = 0 \rightarrow$$

- se $\Delta > 0$, retta **secante**;
- se $\Delta = 0$, retta **tangente**;
- se $\Delta < 0$, retta **esterna**.

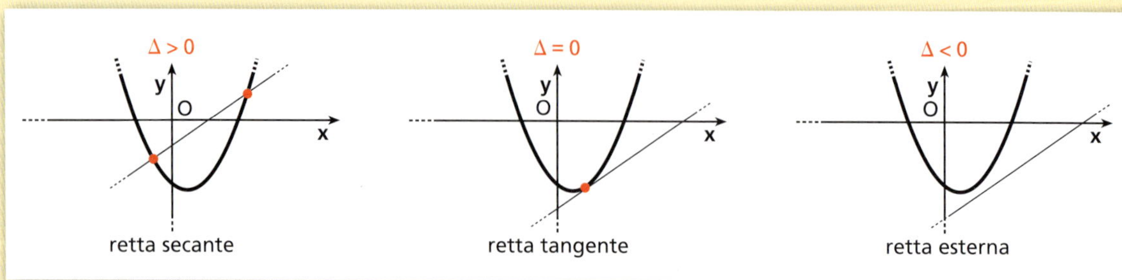

Rette tangenti

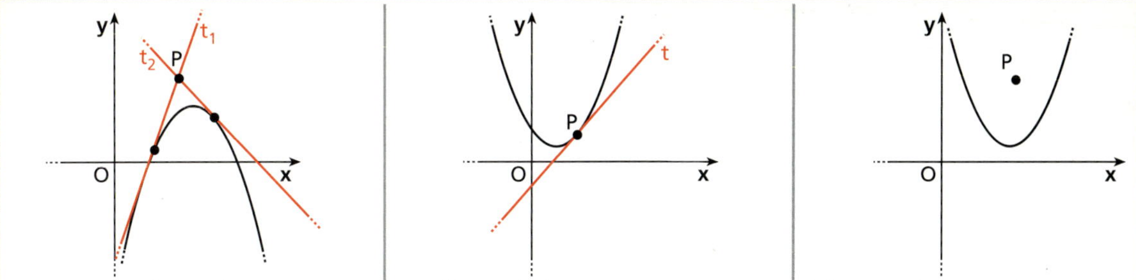

P **esterno** alla parabola: due rette tangenti.

P **sulla** parabola: una retta tangente.

P **interno** alla parabola: non esistono rette tangenti.

- Equazione del fascio di rette per $P(x_0; y_0)$: $y - y_0 = m(x - x_0)$.
- Sistema delle equazioni del fascio di rette e della parabola: $\begin{cases} y - y_0 = m(x - x_0) \\ y = ax^2 + bx + c \end{cases}$.
- Condizione di tangenza: $\Delta = 0$ nell'equazione risolvente; se l'equazione nell'incognita m ottenuta:
  - ha soluzioni $m_1 \neq m_2$, le tangenti sono due → *P* è **esterno** alla parabola;
  - ha soluzioni coincidenti $m_1 = m_2$, la tangente è una sola → *P* è **sulla** parabola;
  - non ha soluzioni, non esistono tangenti → *P* è **interno** alla parabola.

Fasci di parabole

- Date le parabole γ: $y - ax^2 - bx - c$ e γ': $y - a'x^2 - b'x - c' = 0$, con $a' \neq 0$, il **fascio di parabole** generato da γ e γ' è l'insieme di γ' e di tutte le parabole di equazione:

  $$y - ax^2 - bx - c + k(y - a'x^2 - b'x - c') = 0, \text{ con } k \in \mathbb{R}.$$
- γ e γ' sono le **generatrici del fascio**.
- Tutte le parabole del fascio possono avere punti in comune, i **punti base**, che possono essere: due distinti (parabole secanti), due coincidenti (parabole tangenti) o nessuno.
- Il fascio può avere **parabole degeneri**, che sono rette o coppie di rette, passanti per i punti base.

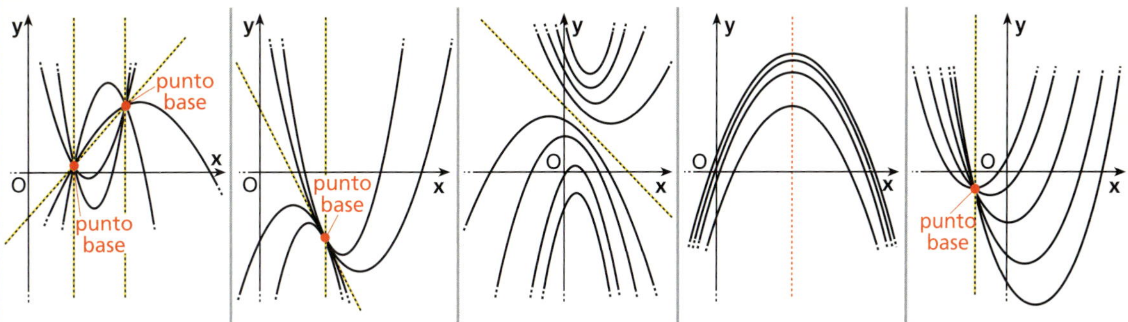

a. Le parabole sono secanti in due punti.

b. Le parabole sono tangenti.

c. Le parabole non hanno punti in comune.

d. Le parabole sono congruenti e hanno lo stesso asse di simmetria.

e. Le parabole hanno un punto comune e sono congruenti.

ESERCIZI

CAPITOLO 4
ESERCIZI

1 Parabola e sua equazione

Parabola con asse coincidente con l'asse *y* e vertice nell'origine

▶ Teoria a p. 181

Applicando la definizione determina l'equazione della parabola, dati il fuoco *F* e la direttrice *d*.

1 $F(0; 3)$ $d: y = -3$

2 $F\left(0; \frac{1}{3}\right)$ $d: y = -\frac{1}{3}$

3 $F(0; -4)$ $d: y = 4$

4 ASSOCIA il fuoco *F* alla corrispondente direttrice *d*, relativi a una parabola con asse $x = 0$ e vertice $V(0; 0)$.

a. $F(0; -5)$ **b.** $F(0; 1)$ **c.** $F(0; 5)$ **d.** $F(0; -2)$

1. $d: y = -5$ **2.** $d: y = 5$ **3.** $d: y = 2$ **4.** $d: y = -1$

LEGGI IL GRAFICO **Trova le equazioni delle seguenti parabole, utilizzando i dati delle figure.**

5

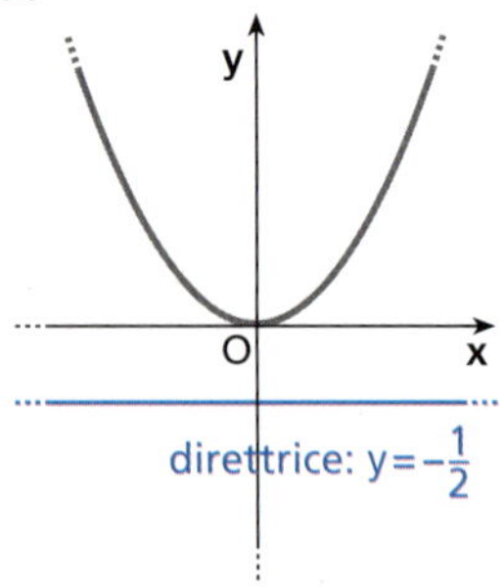

$\left[y = \frac{1}{2}x^2\right]$

6

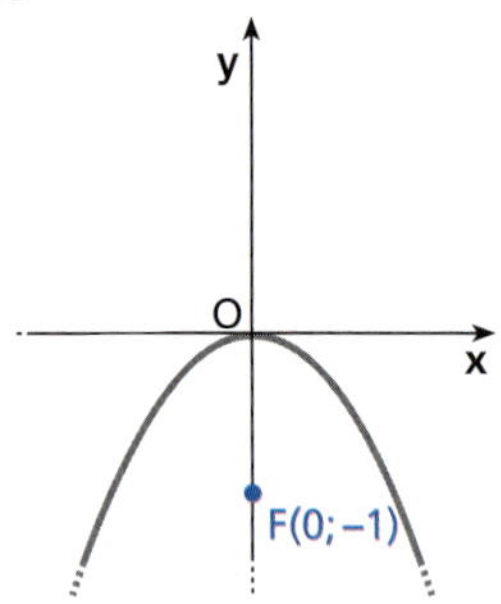

$\left[y = -\frac{1}{4}x^2\right]$

7

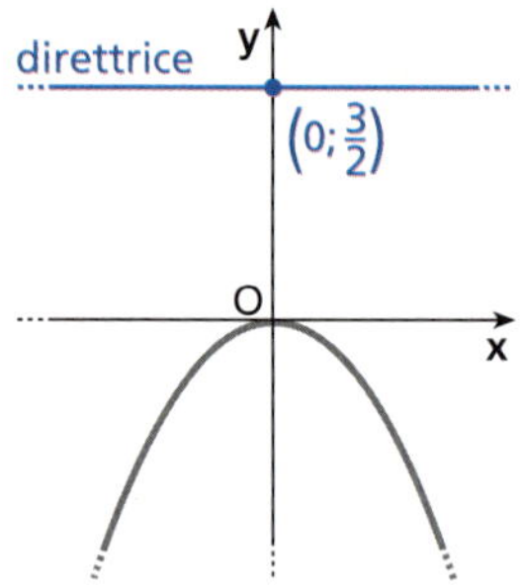

$\left[y = -\frac{1}{6}x^2\right]$

8

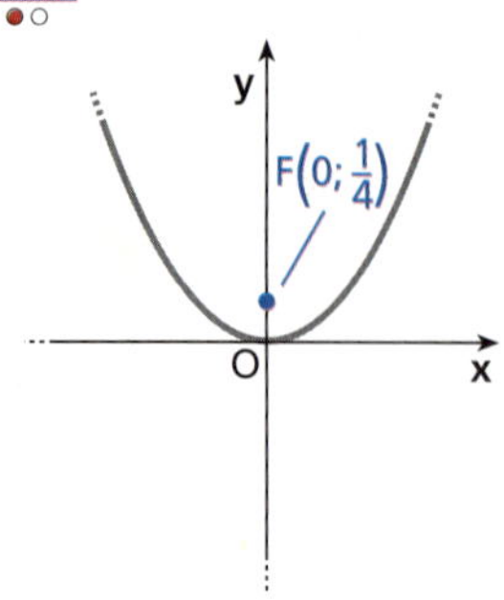

$[y = x^2]$

9 Determina l'equazione di una parabola che ha per asse l'asse *y*, il vertice nell'origine degli assi e il fuoco nel punto $F\left(0; \frac{5}{2}\right)$. $\left[y = \frac{1}{10}x^2\right]$

10 Una parabola ha vertice nell'origine, asse coincidente con l'asse *y* e direttrice che passa per il punto $\left(0; \frac{7}{4}\right)$. Scrivi l'equazione della parabola e le coordinate del fuoco. $\left[y = -\frac{1}{7}x^2; F\left(0; -\frac{7}{4}\right)\right]$

11 Una parabola di equazione $y = ax^2$ ha fuoco nel punto $F(0; 5)$. Quanto vale il coefficiente *a*? $\left[\frac{1}{20}\right]$

12 Per quale valore di *a* la parabola di equazione $y = ax^2$ ha direttrice di equazione $y = \frac{1}{8}$? $[-2]$

13 Nella parabola di equazione $y = ax^2$, trova il valore di *a* affinché il fuoco, che ha ordinata negativa, abbia distanza dalla direttrice uguale a $\frac{8}{3}$. $\left[-\frac{3}{16}\right]$

MATEMATICA E STORIA

Tracciare parabole L'immagine è tratta da *De organica conicarum sectionum in plano descriptione, tractatus* (Leiden, 1646) del matematico olandese Frans van Schooten.

La figura a destra mostra un dispositivo per tracciare una parabola, dati vertice *A* e fuoco *B*.

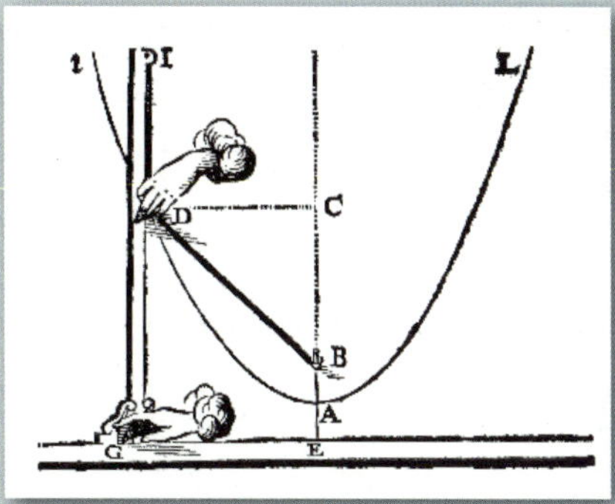

a. Anzitutto sono stati tracciati l'asse e la direttrice: illustra come.

Vengono collocati un regolo lungo la direttrice *GE* e un altro, *IG*, a esso perpendicolare. In *I* è fissata una corda che viene tesa lungo il regolo *IG* fino in *D* e fissata in *B*; la lunghezza della corda deve essere uguale a *IG* (considera dove effettivamente si trovi il punto *G* che rappresenta la proiezione del punto *I*).

b. Spiega perché la matita in *D* traccia una parabola quando il regolo *IG* viene trascinato e si mantiene perpendicolare a *GE*.

Risoluzione – Esercizio in più

Dall'equazione $y = ax^2$ al grafico

▶ Teoria a p. 182

14 ESERCIZIO GUIDA Disegniamo la parabola di equazione $y = \frac{x^2}{4}$ e determiniamo le coordinate del fuoco e l'equazione della direttrice.

L'equazione $y = ax^2$ rappresenta una parabola con il vertice nell'origine degli assi e con l'asse di simmetria coincidente con l'asse y.

Costruiamo la tabella e disegniamo la parabola per punti.

x	y
0	0
±2	1
±4	4
±6	9

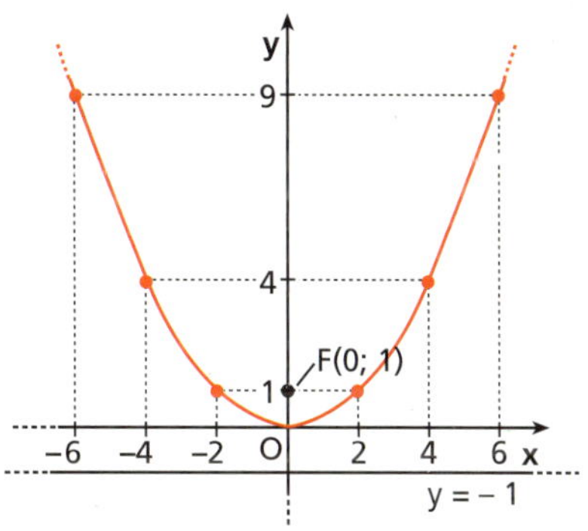

Il fuoco ha ascissa nulla e ordinata

$$y_F = \frac{1}{4a} = \frac{1}{4 \cdot \frac{1}{4}} = 1 \to F(0; 1).$$

L'equazione della direttrice è

$$y = -\frac{1}{4a} \to y = -1.$$

TEST

15 La parabola di equazione $y = -2x^2$ ha fuoco di coordinate:

A $(0; 8)$.
B $\left(0; -\frac{1}{8}\right)$.
C $\left(0; -\frac{1}{2}\right)$.
D $(0; -8)$.
E $(0; 0)$.

16 La parabola di equazione $y = \frac{1}{3}x^2$ ha direttrice di equazione:

A $y = -\frac{1}{12}$.
B $y = -\frac{3}{4}x$.
C $y = \frac{4}{3}$.
D $y = -3$.
E $y = -\frac{3}{4}$.

Rappresenta la parabola di equazione assegnata e trova le coordinate del fuoco e l'equazione della direttrice.

17 $y = \frac{3}{2}x^2$

18 $y = -4x^2$

19 $y - 3x^2 = 0$

20 $x^2 + 2y = 0$

21 $4y + 3x^2 = 0$

22 $2x^2 = 5y$

ESERCIZI

23 Trova per quale valore di a la parabola di equazione $y = ax^2$ ha direttrice di equazione $y = -2$ e rappresentala graficamente. Stabilisci se i punti $A(-1; 8)$ e $B\left(2; \frac{1}{2}\right)$ appartengono alla parabola. $\left[\frac{1}{8}\right]$

24 Determina il valore di a affinché la parabola di equazione $y = ax^2$ passi per il punto $P(-2; 8)$ e rappresenta la parabola ottenuta. [2]

Concavità e apertura della parabola

▶ Teoria a p. 183

25 Stabilisci come è rivolta la concavità delle seguenti parabole e disegna il loro grafico:

a. $y = 4x^2$; **b.** $y = 2x^2$; **c.** $\frac{1}{3}y = 2x^2$; **d.** $2y + 3x^2 = 0$.

26 Nell'equazione $y = ax^2$ determina per quale valore di a si ha una parabola con la concavità rivolta verso il basso e con il fuoco che ha distanza da $O(0; 0)$ uguale a $\frac{2}{3}$. $\left[-\frac{3}{8}\right]$

27 Determina per quali valori di a la parabola di equazione $y = (2a - 4)x^2$ ha concavità rivolta verso l'alto e disegna la parabola che si ottiene per $a = \frac{7}{2}$. $[a > 2]$

Per ogni coppia di parabole assegnata, stabilisci quale delle due parabole ha apertura minore e rappresenta graficamente le due parabole.

28 $y = \frac{3}{4}x^2$; $y = -\frac{4}{3}x^2$.

29 $y = -3x^2$; $y = \frac{1}{3}x^2$.

30 $y = 6x^2$; $y = 5x^2$.

31 VERO O FALSO? La parabola di equazione $y = -\frac{1}{5}x^2$:

a. ha concavità rivolta verso il basso. V F

b. ha fuoco di ordinata $\frac{5}{4}$. V F

c. passa per il punto $P\left(-1; -\frac{1}{5}\right)$. V F

d. ha apertura maggiore rispetto alla parabola di equazione $y = -\frac{1}{2}x^2$. V F

Parabola con asse parallelo all'asse *y*

▶ Teoria a p. 184

Determina l'equazione della parabola di cui sono assegnate le coordinate del fuoco e l'equazione della direttrice, applicando la definizione.

32 $F(-1; 2)$, $d: y = -1$. $\left[y = \frac{x^2}{6} + \frac{x}{3} + \frac{2}{3}\right]$

33 $F(-2; -1)$, $d: y = -3$. $\left[y = \frac{1}{4}x^2 + x - 1\right]$

34 $F(1; 3)$, $d: y = 1$. $\left[y = \frac{1}{4}x^2 - \frac{1}{2}x + \frac{9}{4}\right]$

35 $F(-2; -3)$, $d: y = -4$. $\left[y = \frac{1}{2}x^2 + 2x - \frac{3}{2}\right]$

36 ESERCIZIO GUIDA Determiniamo vertice, fuoco, asse e direttrice della parabola di equazione $y = x^2 + 6x - 1$.

I coefficienti della parabola sono: $a = 1$; $b = 6$; $c = -1$. Calcoliamo il discriminante:

$$\Delta = b^2 - 4ac = 6^2 - 4 \cdot 1 \cdot (-1) = 36 + 4 = 40.$$

- Vertice V:

$$x_V = -\frac{b}{2a} = -\frac{6}{2 \cdot 1} = -3 \qquad y_V = -\frac{\Delta}{4a} = -\frac{40}{4 \cdot 1} = -10 \quad \rightarrow V(-3; -10).$$

È possibile calcolare l'ordinata y_V del vertice anche sostituendo a x il valore -3 di x_V nell'equazione della parabola:

$$y_V = (-3)^2 + 6 \cdot (-3) - 1 = -10.$$

- Fuoco F:

$$x_F = x_V = -3$$

$$y_F = \frac{1 - \Delta}{4a} = \frac{1 - 40}{4 \cdot 1} = -\frac{39}{4} \rightarrow F\left(-3; -\frac{39}{4}\right)$$

- Asse: è l'insieme dei punti che hanno la stessa ascissa del vertice, quindi ha equazione:

$$x = -3.$$

- Direttrice:

$$y = -\frac{1 + \Delta}{4a} = -\frac{1 + 40}{4 \cdot 1} = -\frac{41}{4}.$$

Determina, per le seguenti parabole, vertice, fuoco, direttrice e asse di simmetria.

37 $y = x^2 - 1$

40 $y = -x^2 - 2x + 3$

43 $y = -x^2 + 6x$

46 $3y = x^2 - 4x$

38 $y = -x^2 - 3x$

41 $y = x^2 - 2x - 8$

44 $y = x^2 - 4x + 4$

47 $y = (x + 3)^2$

39 $y = x^2 + 3x + 2$

42 $y = -4x^2 + 4$

45 $y = -\frac{1}{2}x^2 - \frac{1}{4}$

48 $y = (x - 1)(x + 2)$

49 **TEST** La direttrice di una parabola ha equazione $y = -5$. Se il vertice della parabola ha coordinate $(3; -1)$, quali sono le coordinate del suo fuoco?

A $F(3; -3)$ B $F(3; 0)$ C $F(3; 3)$ D $F(-3; -1)$ E La parabola non esiste.

Dall'equazione $y = ax^2 + bx + c$ al grafico

▶ Teoria a p. 186

50 **ESERCIZIO GUIDA** Disegniamo la parabola di equazione $y = x^2 + 3x + 2$.

- La concavità è rivolta verso l'alto poiché $a = 1 > 0$.
- Troviamo le coordinate del vertice.

$$x_V = -\frac{b}{2a} = -\frac{3}{2} \qquad y_V = -\frac{\Delta}{4a} = -\frac{9 - 8}{4} = -\frac{1}{4} \quad \rightarrow V\left(-\frac{3}{2}; -\frac{1}{4}\right)$$

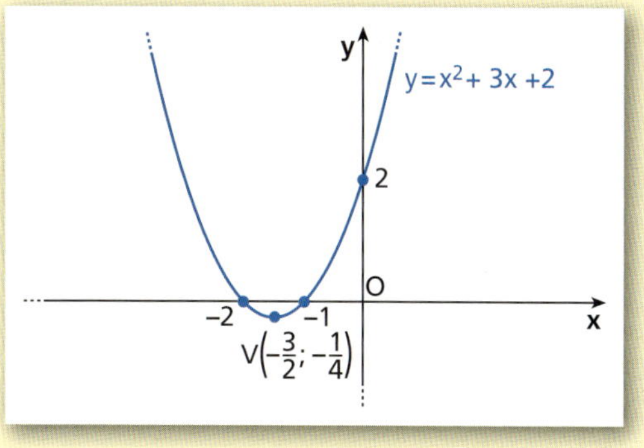

- Troviamo le intersezioni con gli assi.

$$x = 0 \rightarrow y = 2 \rightarrow (0; 2)$$

$$y = 0 \rightarrow x^2 + 3x + 2 = 0 \rightarrow x = \frac{-3 \pm \sqrt{9 - 8}}{2} = \frac{-3 \pm 1}{2} \quad \begin{cases} x_1 = -1 \rightarrow (-1; 0) \\ x_2 = -2 \rightarrow (-2; 0) \end{cases}$$

ESERCIZI

Disegna le parabole che hanno le seguenti equazioni.

51 $y = -x^2 + 3x + 4$

52 $y = -3x^2 + 3$

53 $y = x^2 - x$

54 $y = (x-1)^2$

55 $y = 3x^2 + 6$

56 $y = -x^2 + 2x + 3$

57 $y = 4 + x^2$

58 $y = -x^2 + \frac{1}{4}x$

59 $y = \frac{3}{2}x^2 - x$

60 $2y = -x^2 + 1$

61 $-x^2 + y - 1 = 0$

62 $x^2 = y + 4$

63 $y = \frac{1}{2}x^2 - x + \frac{1}{2}$

64 $y = x(x-2)$

65 $y = 3x^2 - 2x + 1$

66 $y = -\frac{1}{3}x^2 - 3$

67 $y = x^2 + 2x + 3$

68 $y = -2x^2 + 15x - 7$

69 $y + 9 = x^2$

70 $y - x = 4x^2$

71 $y = -(x+2)(-x+5)$

TEST

72 Solo una delle seguenti equazioni rappresenta una parabola con vertice $V(2; -1)$ e passante per $A(1; 0)$. Quale?

A $y = x^2 - 4x$

B $y = \frac{1}{2}x^2 - 2x + \frac{3}{2}$

C $y = -x^2 + 4x - 3$

D $y = x^2 - 4x + 3$

E $y = -x^2 - 3$

73 La parabola rappresentata in figura ha equazione:

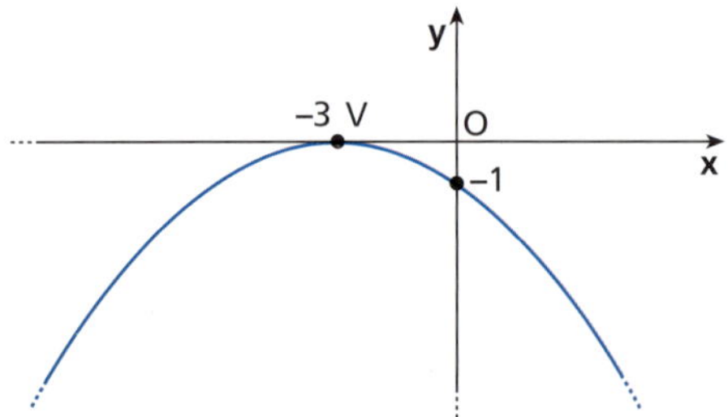

A $y = -(x+3)^2$.

B $y = -\frac{(x+3)^2}{9}$.

C $y = -(x-3)(x-1)$.

D $y = -\frac{(x-3)^2}{9}$.

E $y = -(x-3)^2$.

74 ASSOCIA ogni equazione al grafico corrispondente.

a. $y = \frac{1}{4}x^2 - x$ **b.** $y = x^2 - 6x + 9$ **c.** $y = -2x^2 + 8$ **d.** $y = -x^2 + 5x - 4$

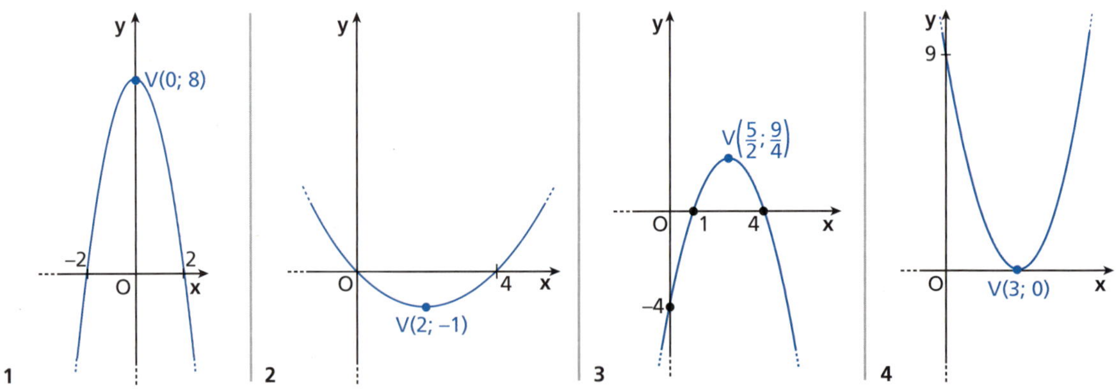

Coefficienti dell'equazione $y = ax^2 + bx + c$ e grafico

75 TEST Ogni parabola di equazione $y = 3x^2 - k$, al variare di $k \in \mathbb{R}$:

A passa per l'origine.

B ha il fuoco sull'asse y.

C ha il vertice sull'asse x.

D ha il vertice di ascissa $\frac{k}{6}$.

E ha il vertice di ordinata k.

76 ●○ **TEST** Ogni parabola di equazione $y = ax^2 + x$, al variare di $a \in \mathbb{R}$, $a \neq 0$:

A ha il vertice nell'origine.

B passa per l'origine.

C ha asse coincidente con l'asse y.

D ha il vertice sull'asse x.

E non interseca l'asse x.

77 ●● **YOU & MATHS** Given that the vertex of the parabola $y = x^2 + 8x + k$ is on the x-axis, what is the value of k?

A 0 B 4 C 8 D 16 E 24

(USA *University of South Carolina: High School Math Contest,* 2001)

78 ●○ **VERO O FALSO?** La parabola di equazione $y = ax^2 - ax + a + 1$:

a. ha per asse di simmetria la retta $x = \frac{1}{2}$. V F

b. ha il fuoco sull'asse x se $a = -\frac{8}{3}$. V F

c. passa per l'origine se $a = -1$. V F

d. interseca l'asse x solo per $-\frac{4}{3} \leq a \leq 0$. V F

79 ●○ **EUREKA!** Per quanti valori del parametro c la parabola di equazione $y = x^2 - 8cx + c^4$ ha il vertice che giace su uno (almeno) degli assi coordinati?

A Nessuno. B Uno. C Due. D Tre. E Infiniti.

(*Giochi di Archimede,* 1995)

80 ●● **FAI UN ESEMPIO** Scrivi l'equazione di una parabola con asse parallelo all'asse y tale che:

a. l'ascissa del vertice sia positiva;

b. abbia concavità rivolta verso il basso e passi per l'origine.

81 ●● Stabilisci per quali valori di a, b, c la parabola $y = ax^2 + bx + c$:

a. ha vertice sull'asse x;

b. rivolge la concavità verso l'alto e passa per l'origine;

c. ha vertice nell'origine;

d. ha come asse di simmetria la retta $x = 2$.

[a) $b^2 - 4ac = 0$; b) $a > 0 \wedge c = 0$; c) $b = 0 \wedge c = 0$; d) $b = -4a$]

82 ●○ **LEGGI IL GRAFICO** Indica il segno di a, b, c nell'equazione $y = ax^2 + bx + c$ per ciascuna delle parabole rappresentate.

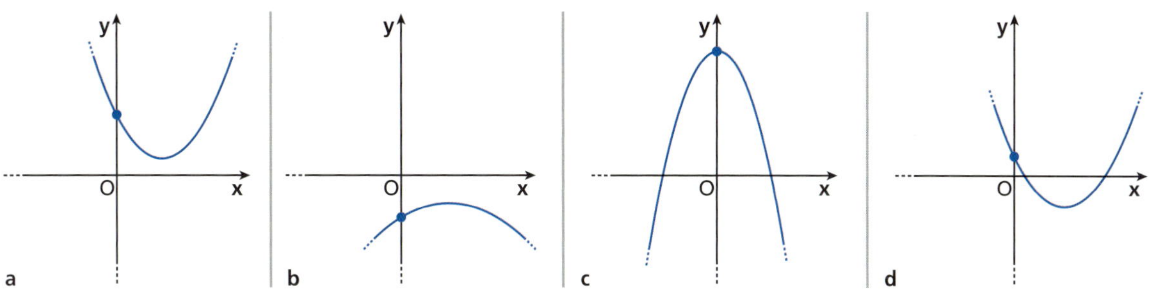

83 ●○ Disegna una parabola di equazione $y = ax^2 + bx + c$ con:

a. $a > 0, b = 0, c < 0$;

b. $a < 0, b < 0, c = 0$;

c. $a > 0, b < 0, c < 0$.

84 Determina per quali valori di k l'equazione $y = (1-k)x^2 + kx - 2$:

a. rappresenta una parabola con la concavità rivolta verso l'alto;

b. rappresenta una parabola con vertice di ascissa negativa. [a) $k < 1$; b) $0 < k < 1$]

85 Determina per quali valori di a la parabola di equazione $y = 3x^2 + ax - a + 2$:

a. passa per l'origine;

b. interseca l'asse y in un punto di ordinata positiva. [a) 2; b) $a < 2$]

86 **VERO O FALSO?** Per ognuna delle seguenti proposizioni indica se è vera o falsa e motiva la risposta.

a. La parabola di equazione $y = m(x-a)^2$ ha vertice in $(a; 0)$. V F

b. Due parabole con lo stesso fuoco hanno la stessa equazione. V F

c. Due parabole del tipo $y = ax^2 + bx + c$ con lo stesso asse di simmetria differiscono solo nel termine noto. V F

d. Tre parabole con i vertici allineati hanno lo stesso asse di simmetria. V F

2 Parabola con asse parallelo all'asse *x*

▶ Teoria a p. 188

87 Scrivi l'equazione della parabola luogo dei punti equidistanti da $F(-1; -1)$ e dalla retta di equazione $x = -\frac{3}{2}$.

$\left[x = y^2 + 2y - \frac{1}{4}\right]$

88 Una parabola ha il vertice nell'origine degli assi e asse di simmetria di equazione $y = 0$. La direttrice passa per il punto $A(-1; 5)$. Scrivi l'equazione della parabola. $\left[x = \frac{1}{4}y^2\right]$

LEGGI IL GRAFICO Trova le equazioni delle seguenti parabole, utilizzando i dati delle figure.

89

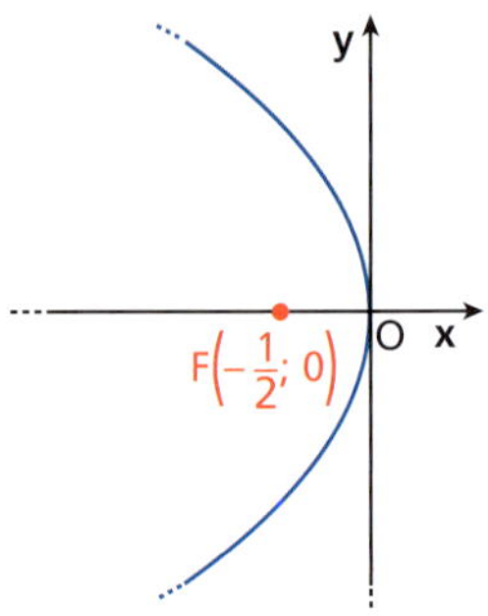

$\left[x = -\frac{1}{2}y^2\right]$

90

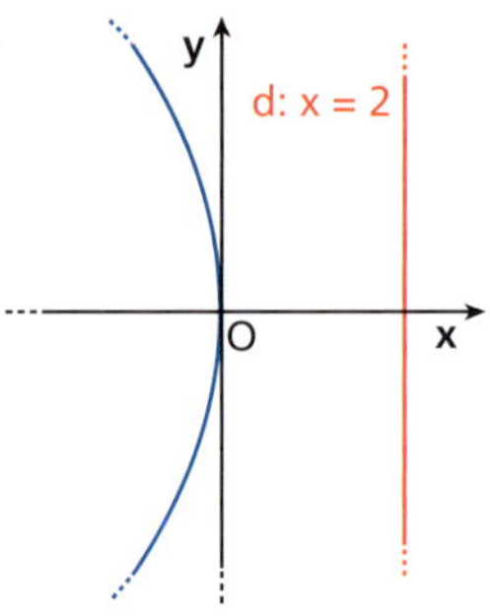

$\left[x = -\frac{1}{8}y^2\right]$

91

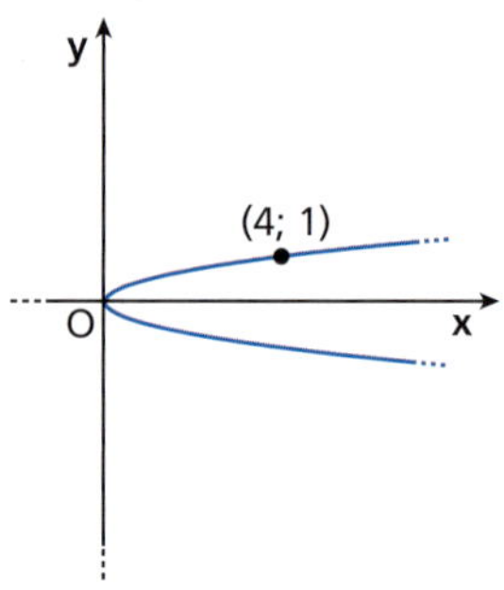

$[x = 4y^2]$

92 Disegna in uno stesso piano cartesiano le parabole di equazione $x = ay^2$, con $a = \frac{1}{2}$, $a = -\frac{1}{2}$, $a = 2$, $a = -2$. Determina fuoco e direttrice di ciascuna e confrontali al variare di a.

93 Determina per quali valori di a l'equazione $x = \frac{a+1}{a}y^2$ rappresenta:

a. una parabola;

b. una parabola con fuoco $F(3; 0)$. $\left[\text{a) } a \neq 0 \land a \neq -1; \text{ b) } -\frac{12}{11}\right]$

94 **YOU & MATHS** Find the equation of the directrix for the parabola defined by $y^2 = 8x$.

A $y = -2$. **B** $y = 2$. **C** $x = -2$. **D** $x = 2$. **E** $y = -8$.

(USA *University of Wyoming*, Practice Test)

95 ●○ REALTÀ E MODELLI **Fari nel buio** La figura rappresenta, in modo semplificato, la sezione di un faro di automobile: la superficie riflettente ha la forma di una parabola nel cui fuoco F si trova il filamento della lampadina. I raggi emessi dal punto F vengono riflessi in direzione parallela all'asse di simmetria della parabola. Utilizzando le misure indicate:

a. determina l'equazione della parabola nel riferimento Oxy;

b. ricava la distanza FO.

$\left[\text{a) } x=-\frac{1}{48}y^2;\ \text{b) } FO=12\text{ cm}\right]$

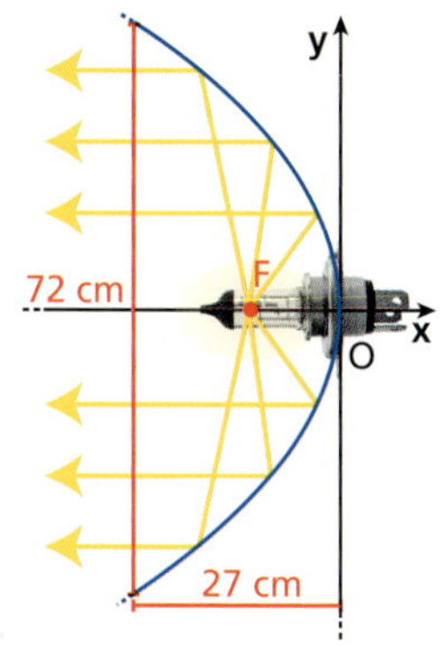

96 ESERCIZIO GUIDA Determiniamo vertice, asse, fuoco e direttrice della parabola di equazione $x=-y^2+6y-5$ e tracciamo il suo grafico.

I coefficienti sono:

$a=-1,\ b=6,\ c=-5.$

Poiché $a<0$, la concavità è verso sinistra.

Calcoliamo il discriminante:

$\Delta=b^2-4ac=36-20=16.$

- Vertice:

$$\left.\begin{array}{l} x_V=-\dfrac{\Delta}{4a}=-\dfrac{16}{-4}=4 \\ y_V=-\dfrac{b}{2a}=-\left(-\dfrac{6}{2}\right)=3 \end{array}\right. \to V(4;3).$$

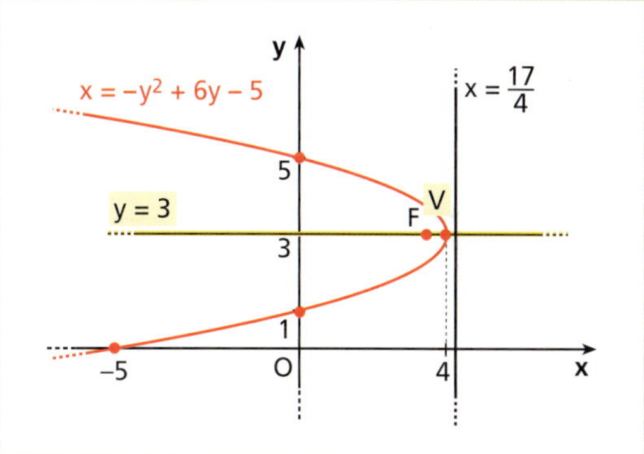

- Asse: $y=3$.
- Fuoco:

$$x_F=\frac{1-\Delta}{4a}=\frac{1-16}{-4}=\frac{15}{4} \quad y_F=y_V=3 \to F\left(\frac{15}{4};3\right).$$

- Direttrice:

$$x=-\frac{1+\Delta}{4a}=-\frac{1+16}{-4}=\frac{17}{4}.$$

- Intersezioni con gli assi.

$y=0\to x=-5\to(-5;0);$

$$x=0\to -y^2+6y-5=0\to y=\frac{-3\pm\sqrt{9-5}}{-1}=3\pm2 \begin{cases} y_1=1\to(0;1),\\ y_2=5\to(0;5).\end{cases}$$

Determina vertice, asse, fuoco e direttrice delle seguenti parabole e traccia il loro grafico.

97 ●○ $x=y^2-2y+3$

98 ●○ $x=-\frac{1}{2}y^2-2y+\frac{1}{2}$

99 ●○ $x=-2y^2+3y$

100 ●○ $x=\frac{1}{4}y^2+y$

101 ●○ $x-y^2+2y+8=0$

102 ●○ $x=(y-3)^2$

Disegna i grafici delle seguenti parabole dopo aver determinato vertice e intersezioni con gli assi.

103 ●○ $x=y^2+y$

104 ●○ $x=-y^2-8$

105 ●○ $x=-2y^2+\frac{1}{2}y$

106 ●○ $x=-y^2-4y-4$

107 ●○ $x=\frac{1}{4}y^2+1$

108 ●○ $x+y^2-2=0$

109 $y^2 - x + 2y + 1 = 0$

110 $x = y^2 - 9$

111 $x = \frac{1}{2}y^2 - 8y$

112 $x = 4y^2 + 12y + 9$

113 $y^2 - 6y + x = 0$

114 $y^2 - x - 3y + 2 = 0$

115 VERO O FALSO?

a. L'equazione $2x - (y-1)(y+2) = 0$ rappresenta una parabola con concavità verso destra. V F

b. La parabola di equazione $x = 3y^2 - 4y - 1$ passa per il punto $P(2; 3)$. V F

c. La parabola di equazione $x = ay^2 + 1$ ha vertice in $(1; 0)$ per ogni $a \neq 0$. V F

d. Il punto $P(2; -2)$ è il fuoco della parabola di equazione $x = y^2 + 4y + 6$. V F

116 TEST L'equazione $x = ay^2 + 2$, con $a > 0$, rappresenta una parabola con:

A la concavità rivolta verso destra e vertice sull'asse y.

B asse di simmetria l'asse x e vertice di ascissa negativa.

C vertice di ascissa 2 e concavità rivolta verso destra.

D asse di simmetria l'asse x e vertice nell'origine.

E fuoco nell'origine.

117 Determina per quali valori di b l'equazione $x = (3-b)y^2 + by$ rappresenta una parabola che ha:

a. concavità rivolta verso destra;

b. asse di equazione $y = -1$.

[a) $b < 3$; b) $b = 2$]

118 TEST L'equazione $x = -y^2 + 4y + c$ rappresenta una parabola con il fuoco di coordinate:

A $(0; 2)$. B $(2; c+4)$. C $(c+4; 2)$. D $(c+5; 2)$. E $\left(\frac{15}{4} + c; 2\right)$.

119 FAI UN ESEMPIO Scrivi l'equazione di una parabola con l'asse parallelo all'asse x tale che:

a. abbia concavità rivolta verso destra e passi per l'origine;

b. intersechi l'asse x in un punto di ascissa positiva e abbia il vertice di ordinata negativa.

Parabola e funzioni

Grafici di funzioni definite a tratti

Disegna il grafico delle seguenti funzioni.

120 $y = \begin{cases} x^2 + 6x & \text{se } x < 0 \\ x^2 - 4x + 4 & \text{se } x \geq 0 \end{cases}$

121 $y = \begin{cases} x^2 + 4x & \text{se } x \leq 0 \\ 2x - 1 & \text{se } x > 0 \end{cases}$

122 $y = \begin{cases} x^2 - 2x & \text{se } x \leq 0 \\ 4x & \text{se } x > 0 \end{cases}$

123 $y = \begin{cases} 1 - x^2 & \text{se } x \leq 1 \\ x - 2 & \text{se } x > 1 \end{cases}$

124 $y = \begin{cases} -2 & \text{se } x < 1 \\ x^2 - 2x - 3 & \text{se } x \geq 1 \end{cases}$

127 $y = \begin{cases} (x+1)^2 & \text{se } x \leq 1 \\ -2x + 6 & \text{se } x > 1 \end{cases}$

125 $y = \begin{cases} x + 3 & \text{se } x < -1 \\ 2x^2 - x - 1 & \text{se } x \geq -1 \end{cases}$

128 $y = \begin{cases} x^2 - 4 & \text{se } x < 2 \\ -(x-2)(x-6) & \text{se } x \geq 2 \end{cases}$

126 $y = \begin{cases} -x^2 - 3x & \text{se } x < 0 \\ -x^2 + 2x & \text{se } x \geq 0 \end{cases}$

129 $y = \begin{cases} 1 - x & \text{se } x < -1 \\ 2 & \text{se } -1 \leq x < 3 \\ 3x^2 - 8x - 1 & \text{se } x \geq 3 \end{cases}$

130 **ESERCIZIO GUIDA** Rappresentiamo graficamente la funzione $y = x^2 - 3x - |x - 1| + 1$.

Poiché $|x - 1| = \begin{cases} x - 1 & \text{se } x - 1 \geq 0 \\ -(x - 1) & \text{se } x - 1 < 0 \end{cases}$, la funzione data è la seguente:

$$y = \begin{cases} x^2 - 4x + 2 & \text{se } x \geq 1 \\ x^2 - 2x & \text{se } x < 1 \end{cases}.$$

Le equazioni $y = x^2 - 4x + 2$ e $y = x^2 - 2x$ sono le equazioni di due parabole rispettivamente di vertici $V_1(2; -2)$ e $V_2(1; -1)$.

Consideriamo la prima equazione e disegniamo solo l'arco di parabola contenuto nel semipiano con $x \geq 1$.

Consideriamo la seconda equazione e disegniamo solo l'arco di parabola contenuto nel semipiano delle $x < 1$.

Il grafico della funzione è rappresentato dalla linea continua.

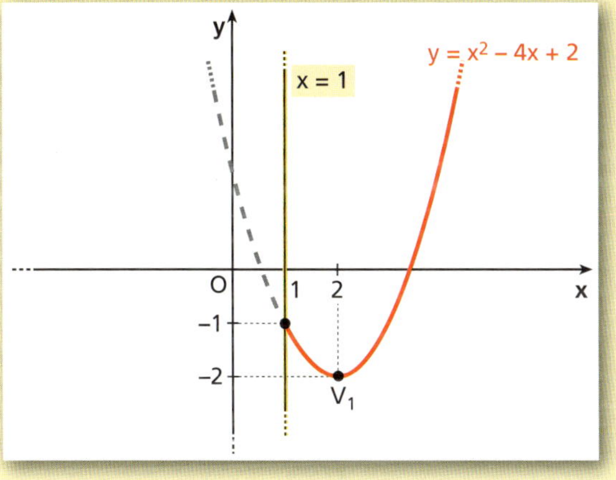

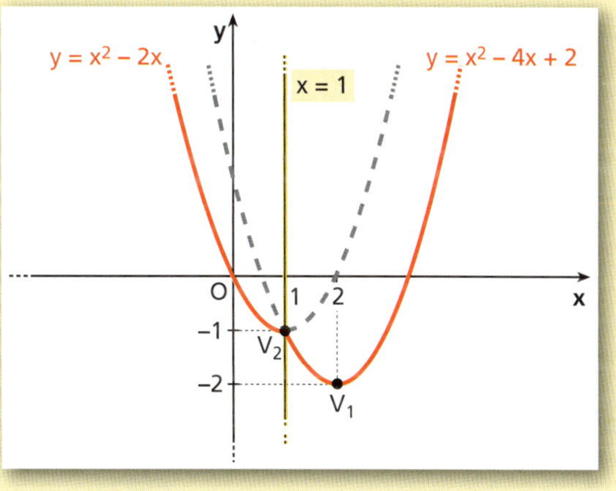

Rappresenta graficamente le seguenti funzioni.

131 $y = -2x|x|$

132 $y = x^2 - 4|x|$

133 $y = -x^2 + |x|$

134 $y = x|x| - 3$

135 $y = x^2 - 2|x|$

136 $y = x^2 - x - |x - 1|$

137 $y = |x - 2| \cdot x + 3$

138 $y = x^2 + |x - 2| + 2$

139 $y = x^2 - |x^2 - 1|$

140 $|x| + 2x^2 - y = 0$

141 $y = -x|x| - 3x$

142 $y = |x^2 - 3x|$

143 **LEGGI IL GRAFICO** Nel grafico è rappresentata la funzione:

A $y = x^2 - 2|x|$.

B $y = |x^2 - 2x|$.

C $y = -x|x| + 4$.

D $y = 2|x| - x^2$.

E $y = 2|x| + |x^2|$.

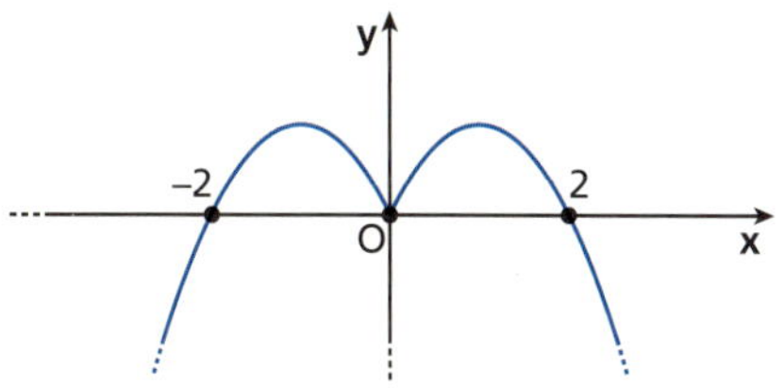

Grafici di particolari funzioni irrazionali

144 ESERCIZIO GUIDA Dopo averne determinato il dominio, rappresentiamo graficamente la funzione: $y = 1 + \sqrt{x+1}$.

- Determiniamo il dominio ponendo il radicando maggiore o uguale a 0.

$$x + 1 \geq 0 \;\rightarrow\; x \geq -1 \;\rightarrow\; D = \{x \in \mathbb{R} | x \geq -1\}$$

- Isoliamo la radice:

$$y - 1 = \sqrt{x+1}.$$

Questa equazione è equivalente a:

$$\begin{cases} y - 1 \geq 0 \\ (y-1)^2 = x + 1 \end{cases} \rightarrow \begin{cases} y \geq 1 \\ y^2 - 2y + 1 = x + 1 \end{cases} \rightarrow \begin{cases} y \geq 1 \\ x = y^2 - 2y \end{cases}.$$

Tracciamo la retta $y = 1$ ed eliminiamo tutti i punti che hanno ordinata minore di 1.
L'equazione $x = y^2 - 2y$ è l'equazione di una parabola con l'asse di simmetria parallelo all'asse x e con vertice $V(-1; 1)$. Tracciamo il ramo di parabola contenuto nella parte di piano che non abbiamo oscurato.

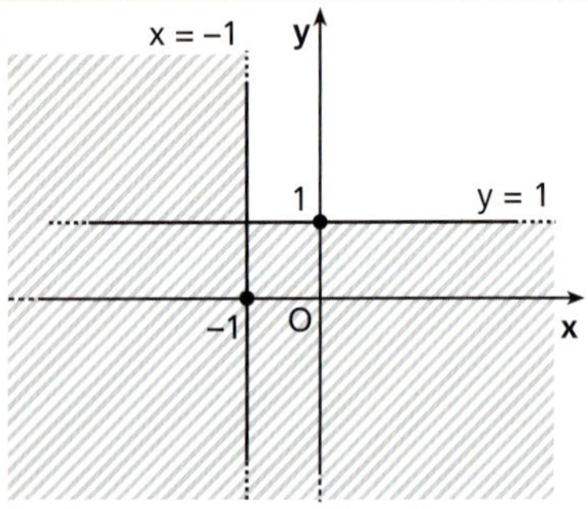

Regione contenente il grafico della funzione.

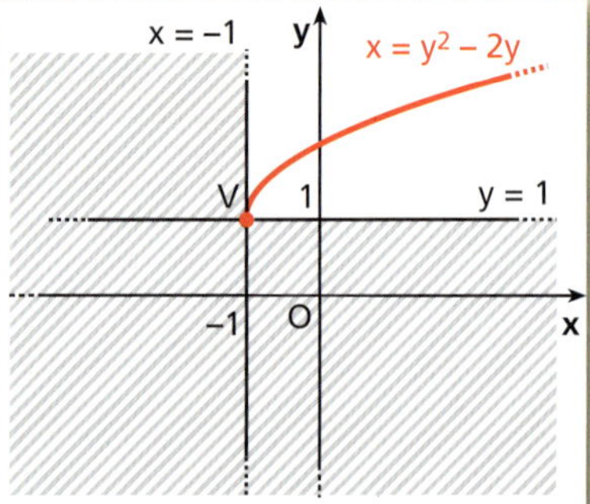

Grafico della funzione.

Traccia i grafici delle seguenti funzioni.

145 $y = \sqrt{x-9}$

146 $y = 2 + \sqrt{x+2}$

147 $y = -2\sqrt{x}$

148 $y = 1 - \sqrt{x}$

149 $y = -\sqrt{x-2}$

150 $y = 3 - \sqrt{2x+3}$

151 $y = -\sqrt{x-1}$

152 $\sqrt{y} = 1 - x$

153 $y = 2\sqrt{x+4}$

154 $y = 2 - \sqrt{2x-4}$

155 $x - \sqrt{y+3} = 0$

156 $x = 2 + \sqrt{2y}$

157 $x = 4 - \sqrt{y}$

158 $y = 2 + \sqrt{x+1}$

159 $y = 3 + \sqrt{1-x}$

160 $x - 1 = \sqrt{y-3}$

161 $\sqrt{y+2} = -x$

162 $x - \sqrt{y+1} = 2$

163 $y = \sqrt{|x|+1}$

164 $y = -4\sqrt{|x|-1}$

165 $y = \begin{cases} 2x^2 & \text{se } x < 2 \\ \sqrt{x-1} & \text{se } x \geq 2 \end{cases}$

166 $y = \begin{cases} -\sqrt{x} & \text{se } x < 0 \\ -x^2 + 2x & \text{se } x \geq 0 \end{cases}$

ESERCIZI

Parabola e trasformazioni geometriche

167 ESERCIZIO GUIDA Data la parabola di equazione $y = x^2 + 2x + 3$, determiniamo l'equazione della parabola traslata secondo il vettore $\vec{v}(-1; 2)$.

La parabola data ha vertice $V(-1; 2)$. Le equazioni di una traslazione di vettore $\vec{v}(a; b)$ sono:

$$\begin{cases} x' = x + a \\ y' = y + b \end{cases} \underset{\vec{v}(-1;\,2)}{\rightarrow} \begin{cases} x' = x - 1 \\ y' = y + 2 \end{cases} \underset{\text{ricaviamo } x \text{ e } y}{\rightarrow} \begin{cases} x = x' + 1 \\ y = y' - 2 \end{cases}.$$

Sostituiamo nell'equazione della parabola data:

$$y' - 2 = (x' + 1)^2 + 2(x' + 1) + 3 \rightarrow y' = x'^2 + 4x' + 8.$$

La parabola cercata ha equazione $y = x^2 + 4x + 8$ e vertice $V'(-2; 4)$, cioè il traslato di V secondo il vettore $\vec{v}(-1; 2)$.

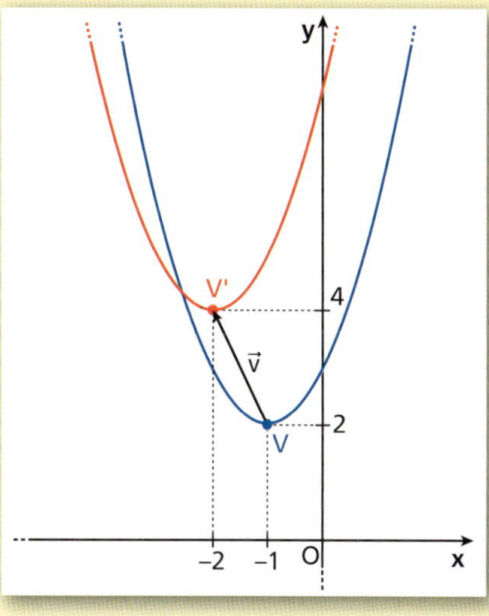

Per ognuna delle seguenti parabole scrivi l'equazione della parabola corrispondente nella trasformazione indicata a fianco e rappresenta le due parabole.

168 $y = -x^2$, traslazione di vettore $\vec{v}(2; 3)$.

169 $y = 3x^2 - 1$, traslazione di vettore $\vec{v}(1; -3)$.

170 $y = -x^2 + 6x - 2$, traslazione di vettore $\vec{v}(-3; -2)$.

171 $y = 2x^2 - 4x$, traslazione di vettore $\vec{v}(4; 1)$.

172 $y = -x^2 + 4x + 1$, simmetria rispetto alla retta di equazione $y = 1$.

173 $y = 2x^2 - 4x + 2$, simmetria rispetto alla retta di equazione $y = 3$.

174 $y = x^2 - 6x + 1$, simmetria rispetto alla retta di equazione $x = 2$.

175 $y = -x^2 + 4x + 1$, simmetria rispetto all'asse x.

176 $y = 3x^2 - 6x$, simmetria rispetto all'asse y.

177 $y = 4x^2 - x$, simmetria rispetto alla bisettrice del primo e terzo quadrante.

178 $y = x^2 + 2$, simmetria rispetto alla bisettrice del secondo e quarto quadrante.

179 $y = x^2 + 2x + 3$, simmetria di centro O.

180 $y = -x^2 + x + 1$, simmetria di centro O.

181 Determina le componenti a e b del vettore $\vec{v}(a; b)$ corrispondente a una traslazione che trasforma la parabola di equazione $y = x^2 + 2$ nella parabola di equazione $y = x^2 - 4x + 3$. $[a = 2; b = -3]$

ESERCIZI

TEST

182 La traslazione di equazioni $\begin{cases} x' = x + 1 \\ y' = y + 5 \end{cases}$ trasforma la parabola di equazione $y = 3x^2 - 12x$ in una parabola con vertice nel punto di coordinate:

A $(1; -17)$. B $(5; 5)$. C $(1; -7)$. D $(3; -7)$. E $(1; 7)$.

183 La parabola di equazione $y = \frac{1}{2}x^2 + x - 3$ è la simmetrica della parabola di equazione $y = -\frac{1}{2}x^2 - x + 1$ rispetto alla retta di equazione:

A $y = -2$. B $y = 2$. C $y = 1$. D $y = -1$. E $y = 0$.

184 La parabola di equazione $y = 2x^2 - 3$ non può essere la traslata della parabola di equazione $y = 4x^2 + x - 1$ secondo alcun vettore $\vec{v}$. Perché?

185 Le parabole di equazioni $y = 2x^2 - x + 3$ e $y = 2x^2 - 5x + 9$ si corrispondono in una traslazione di vettore $\vec{v}$. Determina le componenti del vettore $\vec{v}$. [$\vec{v}(1; 3)$ oppure $\vec{v}(-1; -3)$]

186 Una traslazione di vettore $\vec{v}$ trasforma la parabola di equazione $y = -x^2 - x + 1$ in una parabola di vertice $V\left(\frac{3}{2}; \frac{1}{4}\right)$. Determina $\vec{v}$, l'equazione della parabola traslata e disegna le due parabole. [$\vec{v}(2; -1)$; $y = -x^2 + 3x - 2$]

187 TEST L'equazione che rappresenta la parabola traslata di un'unità verso destra e di otto unità verso il basso rispetto alla parabola di equazione $y = 5x^2$ è:

A $y = 5(x - 8)^2 + 1$.

B $y = 5x^2 - 8$.

C $y = 5(x - 1)^2 - 8$.

D $y = 5(x - 1)^2 + 8$.

E $y = 5(x + 1)^2 - 8$.

(USA *Pro2Serve Tennessee Math Contest «Fermat 1»*, 2005)

188 RIFLETTI SULLA TEORIA Quali sono le componenti del vettore $\vec{v}$ corrispondente a una traslazione che trasforma la parabola di equazione $y = ax^2 + bx + c$ in quella di equazione $y = ax^2$? $\left[\vec{v}\left(\frac{b}{2a}; \frac{b^2}{4a} - c\right)\right]$

TUTOR matematica Allenati con **15 esercizi interattivi** con feedback "hai sbagliato, perché..."
su.zanichelli.it/tutor3 risorsa riservata a chi ha acquistato l'edizione con tutor

3 Rette e parabole

Posizione di una retta rispetto a una parabola

▶ Teoria a p. 190

189 ESERCIZIO GUIDA Determiniamo, se ci sono, le intersezioni tra la parabola di equazione $y = x^2 + 4x - 1$ e le rette r e s rispettivamente di equazioni $y = 3x + 1$ e $y = -2x - 10$, e disegniamo il grafico.

Risolviamo i seguenti sistemi per ottenere le intersezioni rispettivamente con r e con s.

- $\begin{cases} y = 3x + 1 \\ y = x^2 + 4x - 1 \end{cases}$

Per confronto, otteniamo:

$x^2 + 4x - 1 = 3x + 1 \rightarrow x^2 + x - 2 = 0; \quad \Delta = 1 + 8 = 9 > 0 \rightarrow r$ è secante.

$x = \frac{-1 \pm 3}{2} \begin{cases} 1 \rightarrow y = 4 \\ -2 \rightarrow y = -5 \end{cases}$

I punti di intersezione sono $A(1; 4)$ e $B(-2; -5)$.

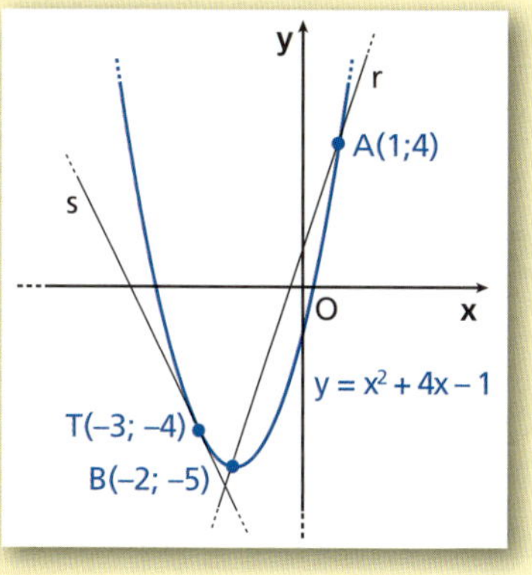

- $\begin{cases} y = -2x - 10 \\ y = x^2 + 4x - 1 \end{cases}$

Per confronto, otteniamo:

$x^2 + 4x - 1 = -2x - 10 \rightarrow x^2 + 6x + 9 = 0;$

$\Delta = 9 - 9 = 0 \rightarrow s$ è tangente.

$x = -3 \rightarrow y = -4$

Il punto di tangenza è $T(-3; -4)$.

Determina, se esistono, i punti di intersezione tra la retta e la parabola di cui sono date le equazioni e disegna il grafico corrispondente.

190 $y = -x, \quad y = x^2 - x - 1.$

191 $y = 2x + 5, \quad y = x^2 + 2x + 5.$

192 $y = -8, \quad y = x^2 + 8.$

193 $y = x + 4, \quad x = y^2 + 2y + 4.$

194 $x = 2, \quad x = -2y^2 - 3y + 1.$

195 $y = 5x + 2, \quad y = 3x^2 - 4x + 2.$

196 $x = -4y + 4, \quad x = y^2 - 6y + 5.$

TEST

197 La parabola di equazione $y = x^2 - 3x + 3$ interseca la bisettrice del primo e terzo quadrante:

A in un solo punto.
B in $A(1; 1)$ e $B(3; 3)$.
C nell'origine e in un punto del primo quadrante.
D in $A(-1; 1)$ e $B(3; -3)$.
E in due punti del terzo quadrante.

198 La retta di equazione $y = 2$ interseca la parabola di equazione $y = x^2 - mx + 1$:

A solo se $m > 0$.
B in un solo punto.
C mai.
D solo se $m < -2 \vee m > 2$.
E per ogni $m \in \mathbb{R}$.

199 Determina per quali valori di m la retta e la parabola rispettivamente di equazioni $y = mx - m$ e $y = 2x^2 + x - 5$ hanno dei punti in comune. $[\forall m \in \mathbb{R}]$

200 Disegna la parabola di equazione $y = -x^2 + 2x$ e determina il coefficiente angolare m delle rette passanti per $C\left(\frac{3}{2}; 3\right)$ che hanno almeno un punto in comune con la parabola. $[m \leq -4 \vee m \geq 2]$

201 Determina le coordinate del punto di intersezione della parabola $y = 2x^2 + 4x - 2$ con la retta parallela all'asse della parabola passante per il punto $P(-2; 6)$. $[(-2; -2)]$

202 Calcola l'area del triangolo ABV, dove V è il vertice della parabola di equazione $y = -x^2 - 2x + 6$ e A e B sono le intersezioni della parabola con la retta di equazione $y = -2$. [27]

203 Date la parabola $y = x^2 - 2x + 7$ e la retta r di equazione $y = 2x - 1$, determina l'equazione della retta parallela a r passante per il vertice della parabola e calcola le coordinate dei punti di intersezione di tale retta con la parabola. $[y = 2x + 4; (1; 6); (3; 10)]$

204 Determina i punti di intersezione A e B della parabola di equazione $y = x^2 - 4x$ con la retta di equazione $y = x - 4$ e calcola la misura di AB. $[A(4; 0), B(1; -3); \overline{AB} = 3\sqrt{2}]$

ESERCIZI

205 Verifica che la parabola $y = 2x^2 + 4x + 2$ è tangente all'asse x e scrivi le coordinate del punto di tangenza. $[T(-1; 0)]$

206 Dopo aver verificato che la retta di equazione $y = -6x - 1$ è tangente in un punto A alla parabola di equazione $y = x^2 - 4x$, determina l'area del triangolo AVF, dove V e F sono rispettivamente il vertice e il fuoco della parabola. $\left[A(-1; 5); \frac{3}{8}\right]$

207 Calcola l'area del triangolo ABV illustrato in figura, dove V è il vertice della parabola. [3]

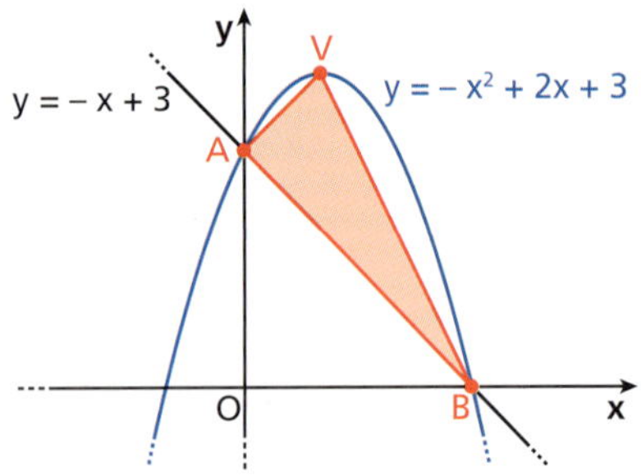

208 La parabola di equazione $x = -y^2 + 2y + 1$ ha il fuoco in F e interseca la retta di equazione $x + y - 1 = 0$ nei punti A e B. Trova l'area del triangolo ABF. $\left[\frac{21}{8}\right]$

209 Determina per quale valore di k la retta di equazione $y = k$ stacca una corda lunga 6 sulla parabola di equazione $y = x^2 + 4x - 7$. $[-2]$

210 Date le parabole di equazioni $y = -x^2 + 4x + 2$ e $y = x^2 - 3x$, conduci una retta parallela all'asse x in modo che intercetti corde uguali sulle due parabole. $\left[y = \frac{15}{8}\right]$

211 Per quale valore di k la parabola di equazione $y = x^2 - 2x + k - 1$ stacca un segmento di misura 3 sulla retta $y = 2$? $\left[\frac{7}{4}\right]$

212 Data la parabola di equazione $x = 2y^2 - 8y + 9$, trova quale retta, che interseca la parabola ed è parallela alla retta di equazione $2y = x$, definisce una corda lunga $3\sqrt{5}$. $\left[y = \frac{1}{2}x - \frac{1}{2}\right]$

Inscrivere quadrilateri

213 ESERCIZIO GUIDA Inscriviamo nella parte di piano compresa tra la parabola di equazione $y = -x^2 + 4x$ e l'asse x un rettangolo di perimetro uguale a 10.

La parabola ha il vertice V di coordinate $(2; 4)$ e interseca gli assi cartesiani nei punti $(0; 0)$ e $(4; 0)$.

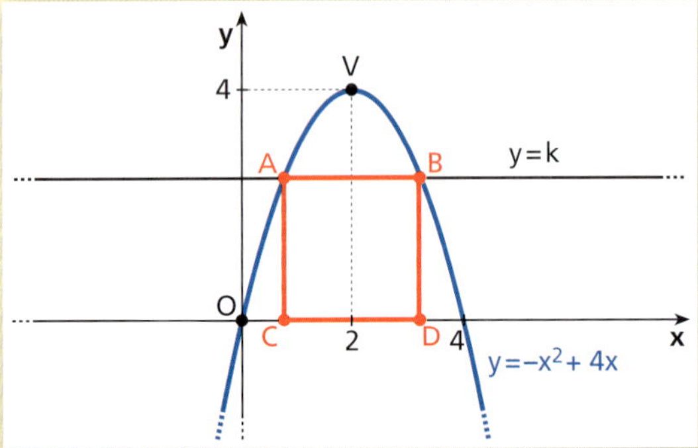

Tracciamo una retta parallela all'asse x. Essa ha equazione $y = k$, con $0 < k < 4$, e interseca la parabola nei punti A e B, le cui coordinate si determinano risolvendo il sistema:

$$\begin{cases} y = -x^2 + 4x \\ y = k \end{cases} \rightarrow \begin{cases} x^2 - 4x + k = 0 \\ y = k \end{cases} \rightarrow$$
$$\begin{cases} x_{1,2} = 2 \pm \sqrt{4-k} \\ y = k \end{cases}.$$

Si ottengono i punti $A(2 - \sqrt{4-k}; k)$ e $B(2 + \sqrt{4-k}; k)$.

Se C e D sono le proiezioni di A e B sull'asse x, che indichiamo con C e D, e troviamo il perimetro del rettangolo $ABDC$, si ha:

$$\overline{AB} = 2 + \sqrt{4-k} - 2 + \sqrt{4-k} = 2\sqrt{4-k},$$
$$\overline{AC} = k.$$

Il perimetro del rettangolo è:

$$4\sqrt{4-k} + 2k.$$

Troviamo ora per quale valore di k il perimetro risulta uguale a 10 risolvendo l'equazione:

$$4\sqrt{4-k} + 2k = 10.$$

Si ha $2\sqrt{4-k} = 5 - k$, da cui, posto $k \leq 4$, si ottiene, elevando al quadrato:

$$4 \cdot (4-k) = 25 + k^2 - 10k \rightarrow k^2 - 6k + 9 = 0.$$

Le soluzioni di questa equazione sono:

$$k_1 = k_2 = 3.$$

Dovendo essere $0 < k < 4$, la soluzione è accettabile e la retta che individua il rettangolo ha equazione:

$$y = 3.$$

214 Inscrivi nella parte di piano delimitata dalla parabola di equazione $y = -2x^2 + 16x - 24$ e dall'asse x un rettangolo che ha il perimetro uguale a 16. $[y = 6]$

215 Inscrivi nella parte di piano compresa fra la parabola di equazione $y = -\frac{x^2}{2} + 4x + 8$ e l'asse x un quadrato avente un lato sull'asse x. $[y = 8]$

216 Data la parabola di equazione $y = -x^2 + 3x + 2$, inscrivi nella parte di piano compresa fra l'asse x e la curva un rettangolo la cui altezza è il quadruplo della base. $[y = 4]$

217 La parabola di equazione $y = -x^2 + 8x - 7$ interseca l'asse x nei punti A e B. Determina due punti C e D sulla parabola che formino con A e B un trapezio isoscele di base maggiore AB e area 32. $[C(3; 8), D(5; 8)]$

218 Data la parabola di equazione $x = 10 - y^2$, inscrivi nella parte di piano compresa fra la curva e l'asse y un rettangolo di perimetro uguale a 20. $[x = 6]$

La risoluzione grafica di equazioni e disequazioni

219 Determina per quali valori di x il grafico della parabola di equazione $y = -5x^2 + 10x$ sta sopra al grafico della retta di equazione $y = -6x + 3$. Aiutati disegnando i grafici. $\left[\frac{1}{5} < x < 3\right]$

220 ESERCIZIO GUIDA Risolviamo graficamente la disequazione irrazionale $\sqrt{x+1} - 1 \geq x - 2$.

- Isoliamo la radice a sinistra del segno di disuguaglianza: $\sqrt{x+1} \geq x - 1$.
- Poniamo ciascuno dei due membri uguale a y, ottenendo le funzioni $y = \sqrt{x+1}$ e $y = x - 1$.
- Disegniamo il grafico di $y = \sqrt{x+1}$; il suo dominio è: $x + 1 \geq 0 \rightarrow x \geq -1$.

  L'equazione $y = \sqrt{x+1}$ equivale al sistema $\begin{cases} y \geq 0 \\ y^2 = x + 1 \end{cases} \rightarrow \begin{cases} y \geq 0 \\ x = y^2 - 1 \end{cases}$.

  L'equazione $x = y^2 - 1$ descrive una parabola con asse parallelo all'asse x e vertice in $V(-1; 0)$. La condizione $y \geq 0$ ci impone di considerare solo i punti di ordinata positiva o nulla e per il dominio escludiamo anche i punti con $x < -1$.

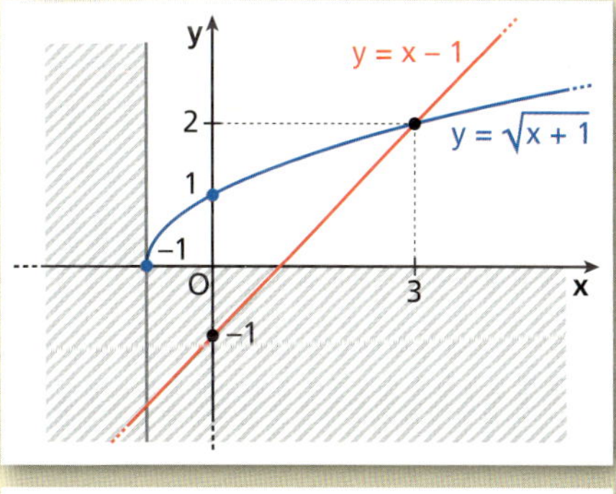

- Disegniamo il grafico di $y = x - 1$, che corrisponde a una retta. La retta e l'arco di parabola si intersecano nel punto $(3; 2)$.
- Nel grafico evidenziamo i valori di x per cui i punti della parabola hanno ordinata maggiore o uguale a quella dei punti sulla retta; questi valori corrispondono alle soluzioni della disequazione $\sqrt{x+1} - 1 \geq x - 2$ e, come si vede dalla figura, corrispondono all'insieme $S = \{x \in \mathbb{R} \mid -1 \leq x \leq 3\}$.

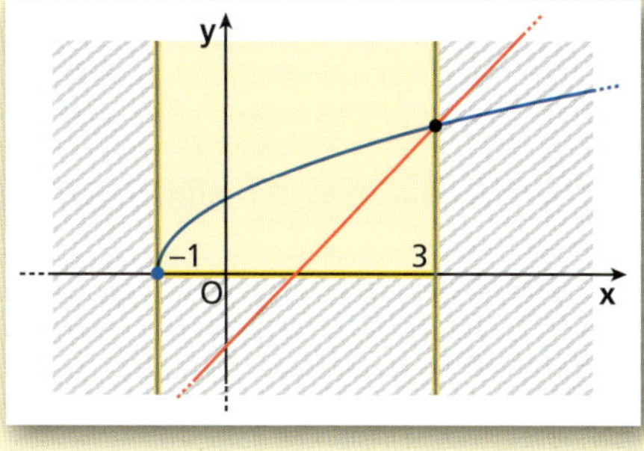

Osservazione. Per risolvere graficamente un'**equazione**, per esempio $\sqrt{x+1} - 1 = x - 2$, procediamo nello stesso modo, ma terminiamo la risoluzione determinando le ascisse dei punti di intersezione tra i due grafici.

Risolvi graficamente le seguenti equazioni.

221 $\sqrt{x+1} = x + 1$ $[-1; 0]$

222 $|x^2 + 3x| = x$ $[0]$

223 $|1 - x^2| = 2x + 2$ $[-1; 3]$

224 $\sqrt{4x - 1} = 2x + \frac{1}{2}$ [impossibile]

225 $3\sqrt{-x} + x = 2$ $[-4; -1]$

226 $\sqrt{x-2} = 1 - \frac{1}{2}x$ $[2]$

227 $x - \sqrt{x+4} = 2$ $[5]$

228 $3 - \sqrt{x-1} = |x-4|$ $[1; 2; 5]$

229 $2 - \sqrt{x} = x - 4$ $[4]$

230 $\sqrt{x} = |x-6|$ $[4; 9]$

Risolvi graficamente le seguenti disequazioni.

231 $\sqrt{2x+2} \geq \frac{6}{7}x$ $\left[-1 \leq x \leq \frac{7}{2}\right]$

232 $\sqrt{-3x-6} \leq 2x + 13$ $[-5 \leq x \leq -2]$

233 $-\sqrt{x} + 3 \leq -x + 1$ [impossibile]

234 $\sqrt{4x-8} \leq 11 - 3x$ $[2 \leq x \leq 3]$

235 $\sqrt{x+2} \leq 2x + 3$ $[x \geq -1]$

236 $\sqrt{x} < x$ $[x > 1]$

237 $|4x - x^2| > 4x$ $[x < 0 \vee x > 8]$

238 $\sqrt{x+1} + 5 > -x + \frac{7}{2}$ $[x \geq -1]$

239 $-\sqrt{2x} + \frac{5}{2} > -\frac{2}{3}x$ $[x \geq 0]$

240 $-3 + \sqrt{x} \geq -|x-3|$ $[0 \leq x \leq 1 \vee x \geq 4]$

241 $|x^2 - 6x| \leq 6 - x$ $[-1 \leq x \leq 1 \vee x = 6]$

242 $\sqrt{x+4} \leq |x-2|$ $[-4 \leq x \leq 0 \vee x \geq 5]$

Risolvi graficamente i seguenti sistemi di equazioni.

243 $\begin{cases} 2x - y = 0 \\ x^2 - y = 0 \end{cases}$

244 $\begin{cases} x - \sqrt{2-y} = 1 \\ y + x - 1 = 0 \end{cases}$

245 $\begin{cases} y - \sqrt{-\frac{x}{4}} = 0 \\ y = 2x - 1 \end{cases}$

246 $\begin{cases} y = |x^2 - 4| \\ y = \frac{1}{4}x + 1 \end{cases}$

247 $\begin{cases} y = \sqrt{x} \\ 3y + x - 4 = 0 \end{cases}$

248 $\begin{cases} x = \sqrt{y} \\ y = x + 2 \end{cases}$

Rette tangenti a una parabola

▶ Teoria a p. 191

249 ESERCIZIO GUIDA Data la parabola di equazione $y = -x^2 + 4x + 1$, determiniamo le equazioni delle rette passanti per il punto $P(0; 2)$ tangenti alla parabola.

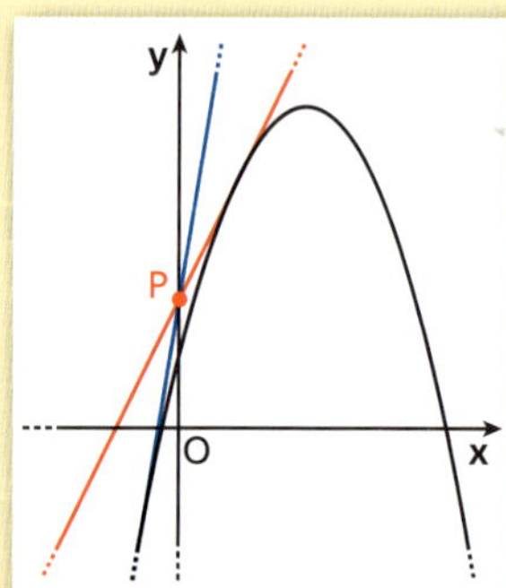

- Scriviamo l'equazione della retta generica passante per P:
  $y - 2 = m(x - 0) \rightarrow y = mx + 2.$
- Mettiamo a sistema l'equazione della retta con quella della parabola.
  $\begin{cases} y = mx + 2 \\ y = -x^2 + 4x + 1 \end{cases} \rightarrow -x^2 + 4x + 1 = mx + 2 \rightarrow x^2 + (m-4)x + 1 = 0$
  $\Delta = m^2 + 16 - 8m - 4 = m^2 - 8m + 12$
- Poniamo $\Delta = 0$ (condizione di tangenza):
  $m^2 - 8m + 12 = 0 \rightarrow m = 4 \pm \sqrt{4} = 4 \pm 2$ $\begin{cases} m_1 = 6, \\ m_2 = 2. \end{cases}$

Le rette tangenti passanti per P sono due e hanno equazioni $y = 6x + 2$ e $y = 2x + 2$.

250 Trova l'equazione della retta tangente alla parabola $y = 2x^2 - 6x + 1$ nel suo punto $A(1; -3)$. $[y = -2x - 1]$

251 Data la parabola di equazione $y = x^2 - 3x + 2$, determina l'equazione della retta tangente nel suo punto di ascissa -1. $[y = -5x + 1]$

252 ●○ Data la parabola di equazione

$$y = -\frac{1}{2}x^2 - 4x - 6,$$

determina l'equazione della retta tangente alla parabola nel suo punto di intersezione fra la parabola e l'asse y. $[y = -4x - 6]$

253 ●○ Data la parabola di equazione $y = x^2 + 4x + 6$, determina le equazioni delle rette passanti per $P(-4; 5)$ e tangenti alla parabola. $[y = -2x - 3; y = -6x - 19]$

254 ●○ Determina le equazioni delle rette tangenti alla parabola di equazione $y = 2x^2 + 4x - 1$ condotte dal punto $A(-1; -5)$. $[y = 4x - 1; y = -4x - 9]$

255 ●○ Scrivi l'equazione della retta di coefficiente angolare -3 tangente alla parabola di equazione $y = 3x^2 - 4x$ e determina il punto di tangenza. $\left[y = -3x - \frac{1}{12}; \left(\frac{1}{6}; -\frac{7}{12}\right)\right]$

256 ●○ Scrivi l'equazione della retta tangente alla parabola di equazione $y = -x^2 + 3x$ nel suo punto di ordinata uguale a -4 e ascissa positiva. $[y = -5x + 16]$

257 ●○ Data la parabola di equazione $y = \frac{3}{2}x^2 - x + 5$, determina l'equazione della retta tangente a essa nel punto $P(2; 9)$. $[y = 5x - 1]$

258 ●○ Verifica che il punto $A(2; 13)$ appartiene alla parabola $y = 5x^2 - 4x + 1$ e trova l'equazione della retta tangente alla parabola in tale punto. $[y = 16x - 19]$

259 ●○ Trova le equazioni delle rette passanti per $A(1; 11)$ e tangenti alla parabola di equazione $y = x^2 - 5x + 19$ e l'equazione della tangente alla parabola nel suo punto $B(2; 13)$. $[y = x + 10; y = -7x + 18; y = -x + 15]$

260 ●● Scrivi le equazioni delle rette r e s passanti per P e tangenti alla parabola utilizzando le informazioni della figura; calcola l'area del triangolo ABP. $\left[y = 2x + \frac{1}{2}; y = \frac{1}{2}; 4\right]$

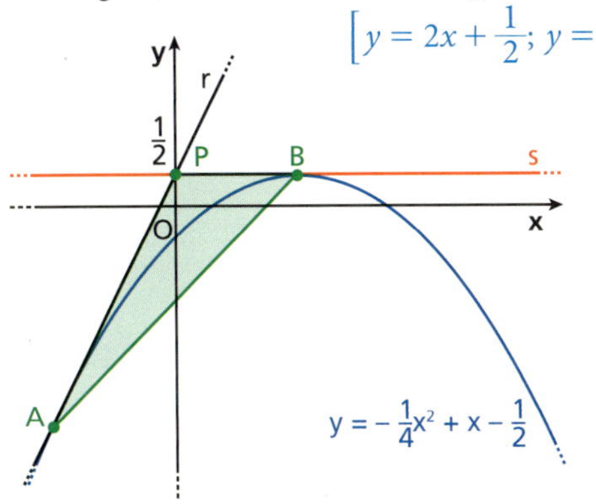

261 ●● È data la parabola di equazione $y = x^2 - 2x - 3$. Dopo aver determinato le equazioni delle rette a essa tangenti uscenti dal punto $C(1; -8)$, trova le coordinate dei punti di intersezione A e B delle tangenti con l'asse x. Calcola l'area del triangolo ABC. $[y = 4x - 12; y = -4x - 4; A(3; 0); B(-1; 0); \text{area} = 16]$

262 ●● Determina le coordinate dei punti di intersezione A e B della parabola $y = -x^2 + 4x$ con la retta $y = -x + 4$, essendo A il punto di ascissa minore. Conduci dal punto $C\left(\frac{5}{2}; 6\right)$ le rette tangenti alla parabola e verifica che i punti di tangenza sono A e B. Detto E il punto in cui la tangente in A interseca l'asse x, calcola l'area del triangolo EBC. $\left[A(1; 3); B(4; 0); \text{area} = \frac{27}{2}\right]$

263 ●● Determina per quale valore di k la parabola di equazione $y = x^2 + 3x + 2k - 1$ risulta tangente alla retta passante per i punti $A(-1; 3)$ e $B(1; -1)$. $\left[\frac{33}{8}\right]$

264 ●● Disegna la parabola $y = -x^2 - 2x + 7$. Dal punto $C(0; 11)$ traccia le due tangenti alla parabola e determina le coordinate dei punti A e B di tangenza. Calcola l'area del triangolo ABC. $[A(2; -1); B(-2; 7); \text{area} = 16]$

265 ●● Determina l'equazione della retta tangente alla parabola di equazione $y = -x^2 + x + 2$ e parallela alla retta di equazione $x - y + 1 = 0$, poi calcola le coordinate del punto di tangenza. $[x - y + 2 = 0; P(0; 2)]$

266 ●● Data la parabola $y = x^2 - 3x$, determina per quali valori di k la retta $y = x + k$ è tangente alla parabola. $[-4]$

267 ●● Scrivi le equazioni delle rette t_1 e t_2 tangenti alla parabola di equazione $x = \frac{1}{2}y^2 - 2y$ e passanti per $P(-2; 3)$. Condotta poi la tangente t_3 nel punto della parabola di ordinata 1, trova l'area del triangolo definito da t_1, t_2, t_3. $\left[x = -2; x - 2y + 8 = 0; 2x + 2y + 1 = 0; \text{area} = \frac{3}{4}\right]$

268 ●● Trova le equazioni delle rette tangenti comuni alle due parabole di equazioni $x = \frac{y^2}{2} - 2$ e $x = \frac{y^2}{4}$ e determina l'area del quadrilatero che ha per vertici i punti di tangenza. $[x - 2y + 4 = 0; x + 2y + 4 = 0; 24]$

269 ●● Data la parabola γ di equazione $2y = x^2 - 6x + 5$, trova le equazioni delle rette tangenti nei punti A e B di intersezione di γ con l'asse x e verifica che tali rette si incontrano in un punto C dell'asse della parabola. $[y = -2x + 2,\ y = 2x - 10]$

270 ●● EUREKA! Dimostra che la tangente alla parabola di equazione $y = ax^2 + bx + c$ nel suo punto P di ascissa 0 ha equazione $y = bx + c$ e verificalo nel caso della parabola di equazione $y = x^2 + 4x - 5$.

Area del segmento parabolico

▶ Teoria a p. 192

271 ●○ Calcola l'area del segmento parabolico individuato dall'asse x e dalla parabola di equazione $y = -x^2 + 6x - 5$. $\left[\frac{32}{3}\right]$

272 ●● Trova l'area del segmento parabolico individuato dalla parabola di equazione $y = x^2 - 4x$ e dalla retta $y = 2x$. [36]

273 ●● Calcola l'area della parte di piano delimitata dalla parabola di equazione $y = -\frac{1}{3}(x + 1)(x - 3)$ e dalla retta di equazione $y = \frac{1}{3}(x + 1)$. $\left[\frac{3}{2}\right]$

274 ●● Trova l'area del segmento parabolico definito dalla parabola di equazione $y = -\frac{1}{2}x^2 - 2x - 3$ e dalla retta che congiunge i due punti della parabola di ascissa -7 e -1. [18]

275 ●● Calcola l'area colorata nella figura, delimitata dalle parabole di equazioni $y = x^2 - 3x$ e $y = 6x - 2x^2$. $\left[\frac{27}{2}\right]$

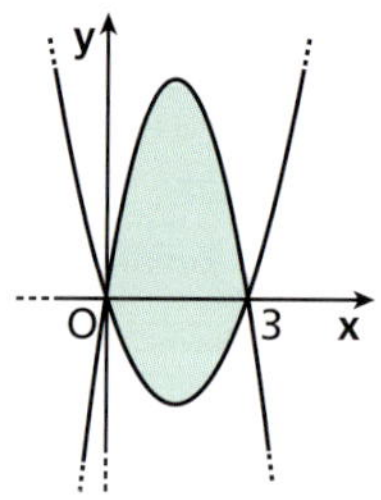

4 Determinare l'equazione di una parabola

▶ Teoria a p. 193

Equazione della parabola, noti il vertice e il fuoco

276 ESERCIZIO GUIDA Determiniamo l'equazione della parabola con asse parallelo all'asse y avente per vertice il punto $V(1; 4)$ e per fuoco il punto $F\left(1; \frac{15}{4}\right)$ e rappresentiamola nel piano cartesiano.

La parabola ha equazione generale:

$$y = ax^2 + bx + c.$$

Risolviamo il seguente sistema.

$$\begin{cases} -\dfrac{b}{2a} = 1 & \text{ascissa di } V \text{ e } F \\ -\dfrac{\Delta}{4a} = 4 & \text{ordinata di } V \\ \dfrac{1-\Delta}{4a} = \dfrac{15}{4} & \text{ordinata di } F \end{cases}$$

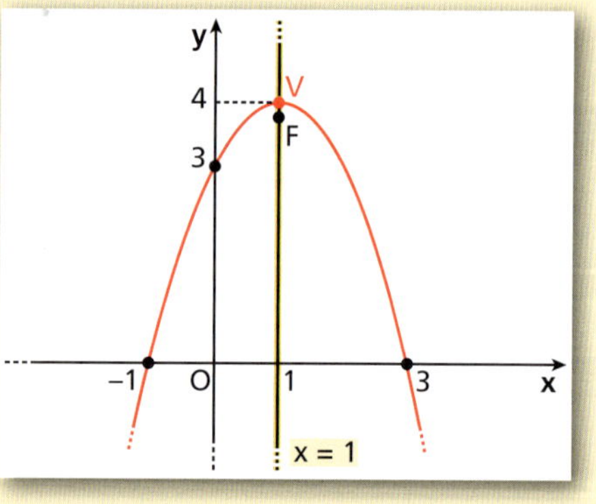

$$\begin{cases} b = -2a \\ b^2 - 4ac = -16a \\ 1 - (b^2 - 4ac) = 15a \end{cases} \rightarrow \begin{cases} b = -2a \\ b^2 - 4ac = -16a \\ 1 - (-16a) = 15a \end{cases} \rightarrow \begin{cases} b = 2 \\ 4 + 4c = 16 \\ a = -1 \end{cases} \rightarrow \begin{cases} a = -1 \\ b = 2 \\ c = 3 \end{cases}$$

L'equazione della parabola è $y = -x^2 + 2x + 3$.

Osservazione. La seconda equazione del sistema può essere sostituita con la condizione di appartenenza del vertice alla parabola:

$$4 = a + b + c.$$

LEGGI IL GRAFICO Determina le equazioni delle parabole rappresentate nelle figure.

277 ●○

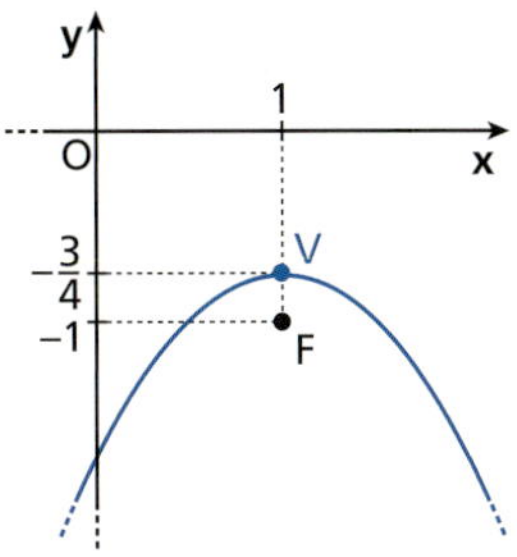

$\left[y = -x^2 + 2x - \frac{7}{4}\right]$

278 ●○

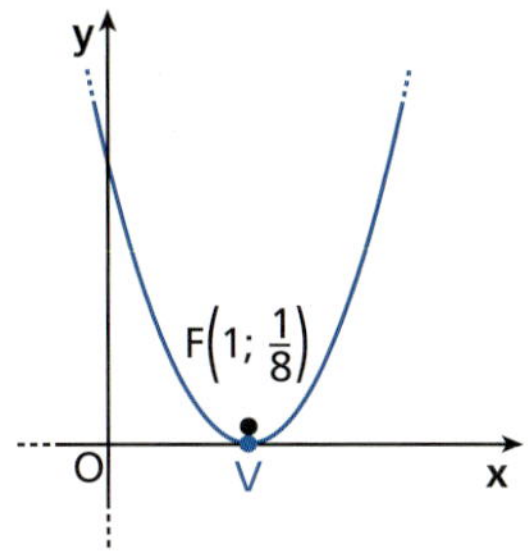

$[y = 2x^2 - 4x + 2]$

279 ●○

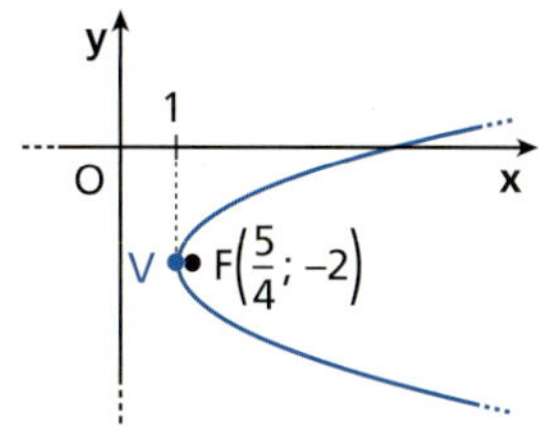

$[x = y^2 + 4y + 5]$

Determina l'equazione della parabola con asse parallelo all'asse *y*, date le coordinate del vertice *V* e del fuoco *F*, e rappresentala nel piano cartesiano.

280 ●○ $V(2; 1)$, $F\left(2; \frac{3}{4}\right)$. $[y = -x^2 + 4x - 3]$

281 ●○ $V(1; -4)$, $F\left(1; -\frac{9}{2}\right)$. $\left[y = -\frac{1}{2}x^2 + x - \frac{9}{2}\right]$

282 ●○ $V(2; -1)$, $F\left(2; \frac{1}{4}\right)$. $\left[y = \frac{1}{5}x^2 - \frac{4}{5}x - \frac{1}{5}\right]$

Determina l'equazione della parabola con asse parallelo all'asse *x*, date le coordinate del vertice *V* e del fuoco *F*, e rappresentala nel piano cartesiano.

283 ●○ $V(1; 1)$, $F\left(\frac{3}{2}; 1\right)$. $\left[x = \frac{1}{2}y^2 - y + \frac{3}{2}\right]$

284 ●○ $V(0; 3)$, $F\left(\frac{1}{4}; 3\right)$. $[x = y^2 - 6y + 9]$

285 ●○ $V\left(\frac{5}{2}; 1\right)$, $F(4; 1)$. $\left[x = \frac{1}{6}y^2 - \frac{1}{3}y + \frac{8}{3}\right]$

286 ●○ Una parabola con asse parallelo all'asse *y* ha vertice di ordinata -1 e fuoco in $\left(1; -\frac{15}{16}\right)$. Determina l'equazione della parabola. $[y = 4x^2 - 8x + 3]$

Equazione della parabola, noti il vertice e la direttrice

LEGGI IL GRAFICO Determina le equazioni delle parabole rappresentate.

287 ●○

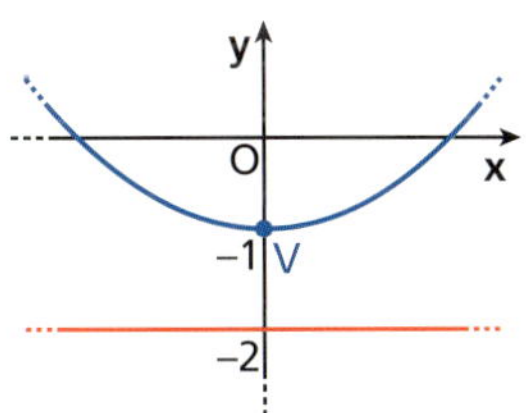

$\left[y = \frac{1}{4}x^2 - 1\right]$

288 ●○

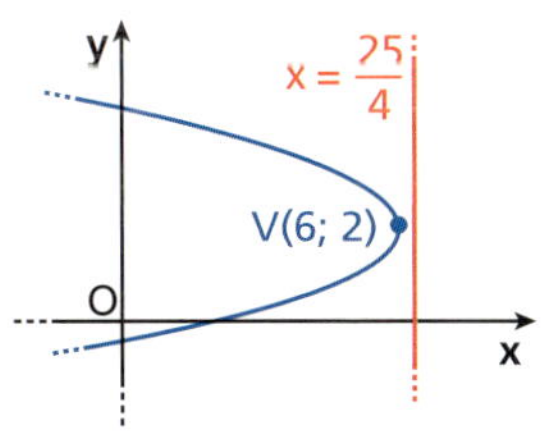

$[x = -y^2 + 4y + 2]$

289 ●○

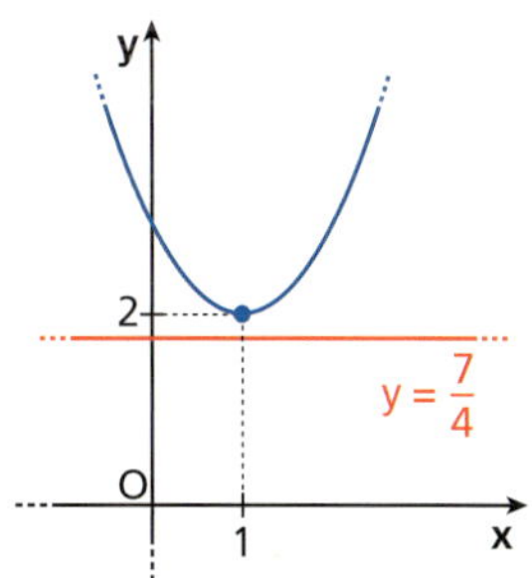

$[y = x^2 - 2x + 3]$

Determina l'equazione della parabola, date le coordinate del vertice *V* e l'equazione della direttrice *d*.

290 ●○ $V(4; 4)$, d: $y = \frac{17}{4}$. $[y = -x^2 + 8x - 12]$

291 ●○ $V\left(\frac{1}{2}; \frac{1}{4}\right)$, d: $y = \frac{1}{6}$. $[y = 3x^2 - 3x + 1]$

292 ●○ $V\left(2; -\frac{5}{2}\right)$, d: $y = -\frac{3}{2}$. $\left[y = -\frac{1}{4}x^2 + x - \frac{7}{2}\right]$

293 ●○ $V(16; 0)$, d: $x = \frac{65}{4}$. $[x = -y^2 + 16]$

Equazione della parabola per due punti, noto l'asse

294 ESERCIZIO GUIDA Determiniamo l'equazione della parabola che passa per i punti $A(0; -4)$ e $B(-1; -1)$ e ha asse di simmetria di equazione $x = 1$, e rappresentiamola nel piano cartesiano.

L'asse è parallelo all'asse y e quindi la parabola cercata ha equazione del tipo $y = ax^2 + bx + c$.

Risolviamo il seguente sistema.

$$\begin{cases} -\dfrac{b}{2a} = 1 & \text{equazione dell'asse} \\ a(0) + b(0) + c = -4 & \text{passaggio per } A \\ a(-1)^2 + b(-1) + c = -1 & \text{passaggio per } B \end{cases}$$

$$\begin{cases} b = -2a \\ c = -4 \\ a - b + c = -1 \end{cases} \rightarrow \begin{cases} b = -2a \\ c = -4 \\ a - (-2a) + (-4) = -1 \end{cases} \rightarrow \begin{cases} b = -2 \\ c = -4 \\ a = 1 \end{cases}$$

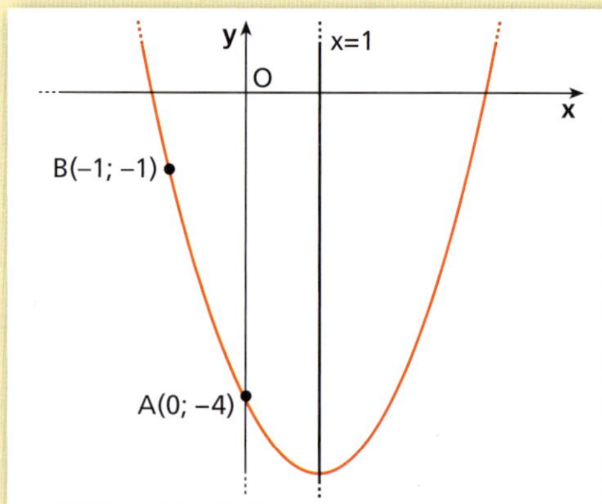

L'equazione della parabola è $y = x^2 - 2x - 4$.

LEGGI IL GRAFICO Determina l'equazione delle parabole rappresentate.

295

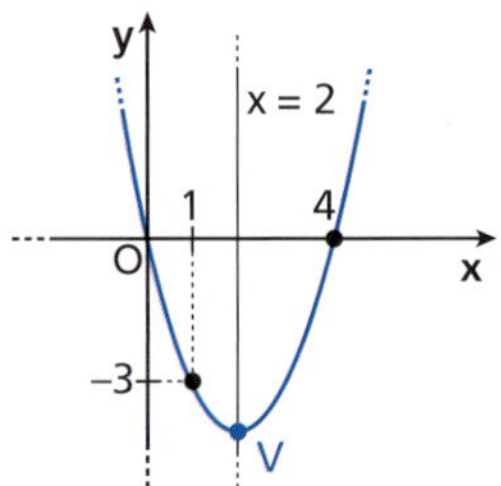

$[y = x^2 - 4x]$

296

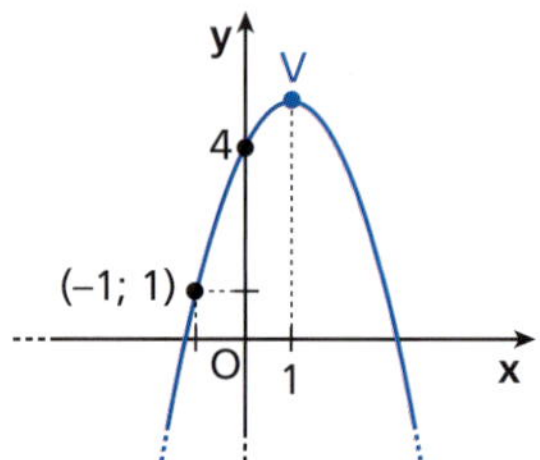

$[y = -x^2 + 2x + 4]$

297

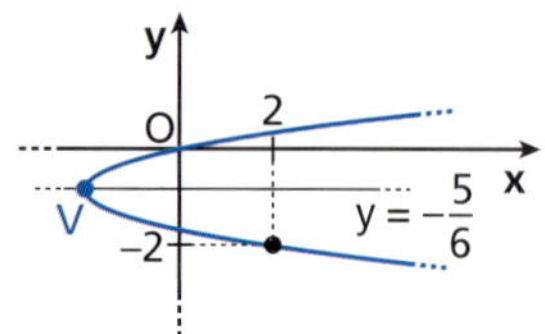

$[x = 3y^2 + 5y]$

Determina l'equazione della parabola, di cui sono indicate le coordinate di due suoi punti, *A* e *B*, e l'equazione dell'asse di simmetria. Rappresenta graficamente la parabola ottenuta.

298 $A(-1; -1)$, $B(1; 5)$, $x = -\dfrac{3}{2}$. $[y = x^2 + 3x + 1]$

299 $A(-6; 1)$, $B(9; -2)$, $y = -3$. $[x = -y^2 - 6y + 1]$

300 $A(-2; 5)$, $B(1; -7)$, $x = -\dfrac{5}{2}$. $[y = -x^2 - 5x - 1]$

301 $A(1; 1)$, $B(3; 0)$, $y = 1$. $[x = 2y^2 - 4y + 3]$

302 $A(2; 12)$, $B(0; 4)$, $x = 2$. $[y = -2x^2 + 8x + 4]$

Equazione della parabola passante per tre punti

LEGGI IL GRAFICO Determina l'equazione delle parabole rappresentate.

303

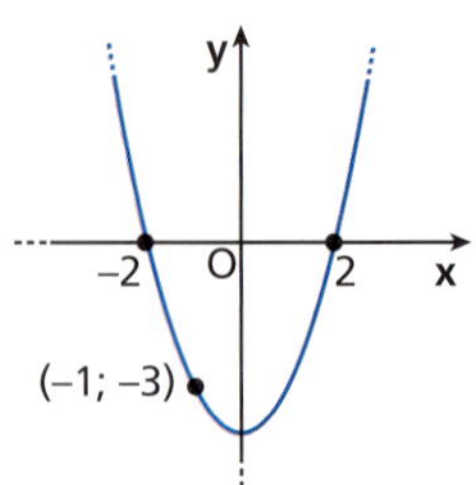

$[y = x^2 - 4]$

304

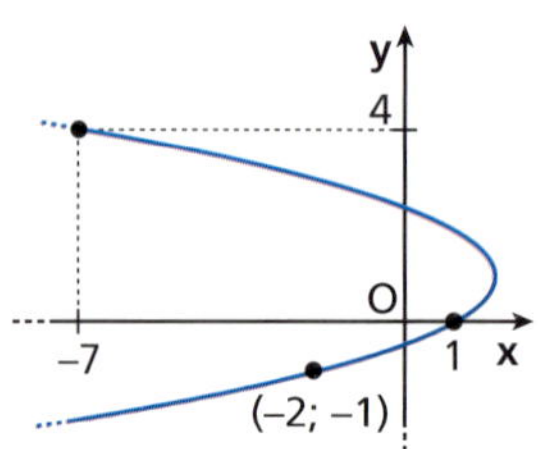

$[x = -y^2 + 2y + 1]$

305

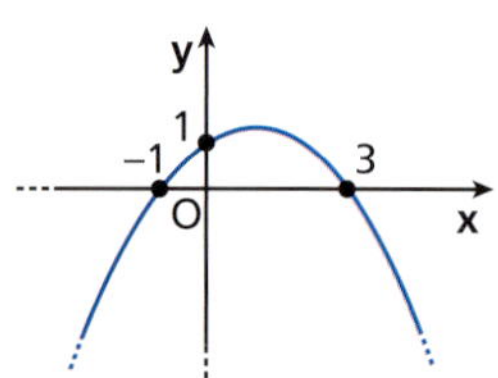

$\left[y = -\dfrac{1}{3}x^2 + \dfrac{2}{3}x + 1\right]$

Determina l'equazione della parabola con asse parallelo all'asse y che passa per i punti assegnati e rappresentala graficamente.

306 $A(0; 0)$, $B(1; 2)$, $C(3; 0)$. $[y = -x^2 + 3x]$

307 $A(1; 1)$, $B(2; 3)$, $C(-1; -9)$. $[y = -x^2 + 5x - 3]$

308 $A(1; 0)$, $B(0; -5)$, $C(2; 3)$. $[y = -x^2 + 6x - 5]$

309 $A(0; -1)$, $B(-2; -3)$, $C(-4; -1)$. $\left[y = \frac{1}{2}x^2 + 2x - 1\right]$

Determina l'equazione della parabola con asse parallelo all'asse x che passa per i punti assegnati e disegnala nel piano cartesiano.

310 $A(2; 0)$, $B(4; 1)$, $C(12; 2)$. $[x = 3y^2 - y + 2]$

311 $A(-11; 2)$, $B(13; -2)$, $C(2; 0)$. $\left[x = -\frac{1}{4}y^2 - 6y + 2\right]$

312 $A(2; 1)$, $B(12; -1)$, $C(0; 2)$. $[x = y^2 - 5y + 6]$

313 $A(1; 0)$, $B(2; 1)$, $C(6; -1)$. $[x = 3y^2 - 2y + 1]$

Equazione della parabola passante per un punto, noto il vertice

Determina l'equazione della parabola con asse parallelo all'asse y che passa per il punto A e che ha vertice in V e disegnala.

314 $A(1; -2)$, $V(2; -3)$. $[y = x^2 - 4x + 1]$

315 $A(4; 10)$, $V(1; -8)$. $[y = 2x^2 - 4x - 6]$

316 $A(1; 0)$, $V\left(\frac{3}{2}; \frac{1}{4}\right)$. $[y = -x^2 + 3x - 2]$

317 $A(0; 1)$, $V\left(\frac{3}{2}; \frac{13}{4}\right)$. $[y = -x^2 + 3x + 1]$

---

318 Determina l'equazione della parabola $y = ax^2 + bx + c$ che ha vertice $V(4; 1)$ e passa per il punto $A(2; -7)$. $[y = -2x^2 + 16x - 31]$

319 Scrivi l'equazione della parabola, con asse parallelo all'asse y, passante per l'origine e di vertice $V(-2; -4)$. $[y = x^2 + 4x]$

320 Scrivi l'equazione della parabola con asse parallelo all'asse y passante per l'origine e con il vertice nel punto $V(1; -2)$. $[y = 2x^2 - 4x]$

321 Determina l'equazione della parabola, con asse parallelo all'asse x, avente vertice in $V(4; 2)$ e passante per $A(-1; 3)$. $[x = -5y^2 + 20y - 16]$

322 Scrivi l'equazione della parabola, con asse parallelo all'asse y, che ha vertice $V\left(\frac{1}{3}; -\frac{16}{3}\right)$ e che incontra l'asse y nel punto di ordinata -5. $[y = 3x^2 - 2x - 5]$

323 Una parabola, con l'asse parallelo all'asse y, ha vertice $V(4; 2)$ e passa per il punto di intersezione delle rette di equazioni $5x - 2y - 10 = 0$ e $3x + 2y + 2 = 0$. Determina la sua equazione. $\left[y = -\frac{1}{2}x^2 + 4x - 6\right]$

324 È data la parabola con asse parallelo all'asse y, di vertice $V(4; -2)$ e passante per il punto $A(1; 7)$.

a. Scrivi la sua equazione.

b. Determina l'equazione delle parabole a essa simmetriche rispetto all'origine, all'asse y e alla bisettrice del primo e terzo quadrante.

[a) $y = x^2 - 8x + 14$; b) $y = -x^2 - 8x - 14$, $y = x^2 + 8x + 14$, $x = y^2 - 8y + 14$]

325 ●○ REALTÀ E MODELLI **Acrobazie con gli sci** In una sfida di salto acrobatico con gli sci, la rampa usata dagli atleti può essere schematizzata nel modo rappresentato in figura: a un tratto rettilineo AB segue un breve arco di parabola BB', di cui la retta AB rappresenta la tangente nel punto B.

a. Ricava l'equazione della retta AB nel riferimento Oxy in figura.

b. Determina l'equazione della parabola BOB' nello stesso riferimento e verifica che la retta AB è tangente alla parabola trovata nel punto B.

$\left[\text{a) } y = -\frac{3}{5}x - \frac{3}{5}; \text{ b) } y = \frac{3}{20}x^2\right]$

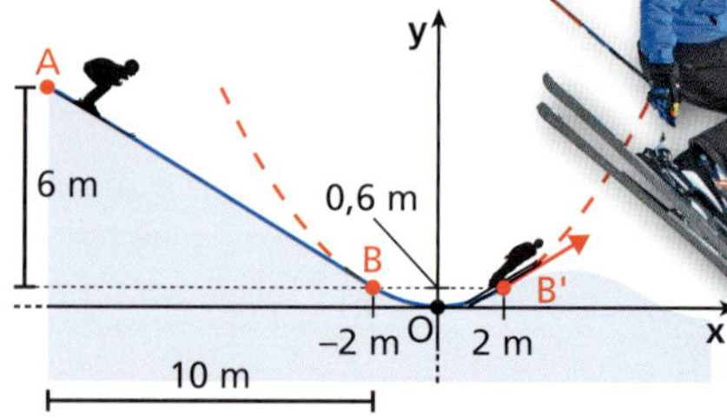

Equazione della parabola, nota una condizione di tangenza

326 ESERCIZIO GUIDA Determiniamo l'equazione della parabola con asse parallelo all'asse y e con il vertice di ascissa minore di -1, passante per i punti $A(-1; -5)$ e $B(1; 3)$ e tangente alla retta r di equazione $y = -2x - 11$.

- Imponiamo alla parabola di equazione $y = ax^2 + bx + c$ il passaggio per i punti A e B.

$$\begin{cases} a - b + c = -5 & \text{passaggio per } A \\ a + b + c = 3 & \text{passaggio per } B \end{cases}$$

Risolviamo il sistema sottraendo membro a membro la prima equazione dalla seconda.

$$\begin{cases} (a+b+c) - (a-b+c) = 3 - (-5) \\ a + b + c = 3 \end{cases} \rightarrow \begin{cases} 2b = 8 \\ a + b + c = 3 \end{cases} \rightarrow \begin{cases} b = 4 \\ c = -a - 1 \end{cases}$$

L'equazione della parabola diventa: $y = ax^2 + 4x - a - 1$; occorre ancora determinare a.

- Imponiamo che la retta r sia tangente alla parabola.

Scriviamo il sistema delle equazioni della parabola e della retta e otteniamo l'equazione risolvente:

$$\begin{cases} y = ax^2 + 4x - a - 1 \\ y = -2x - 11 \end{cases} \rightarrow ax^2 + 4x - a - 1 = -2x - 11 \rightarrow ax^2 + 6x - a + 10 = 0.$$

La condizione di tangenza è:

$$\frac{\Delta}{4} = 9 + a^2 - 10a = 0 \rightarrow$$

$$a = 5 \pm \sqrt{25 - 9} = 5 \pm 4 \begin{matrix} a_1 = 9, \\ a_2 = 1. \end{matrix}$$

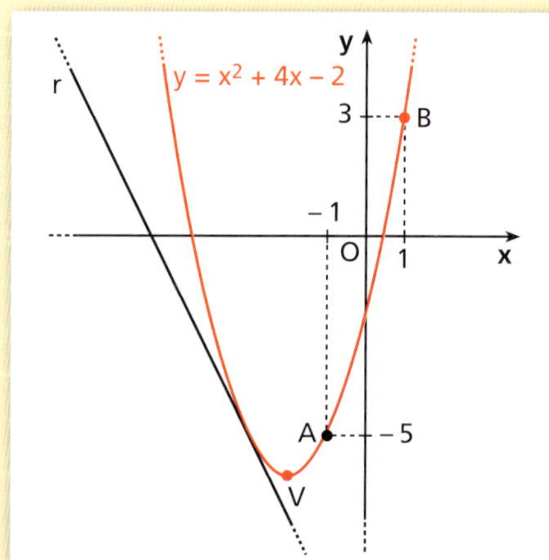

- Le soluzioni sono due:

$$\begin{cases} a_1 = 9 \\ b_1 = 4 \\ c_1 = -10 \end{cases} \vee \begin{cases} a_2 = 1 \\ b_2 = 4 \\ c_2 = -2 \end{cases} \rightarrow$$

$y = 9x^2 + 4x - 10 \ \vee \ y = x^2 + 4x - 2.$

La prima parabola ha vertice di ascissa $-\frac{2}{9} > -1$, la seconda $-2 < -1$. Quindi la parabola cercata ha equazione $y = x^2 + 4x - 2$.

327 ●○ Determina l'equazione della parabola, con asse parallelo all'asse y, passante per i punti $A(1; 2)$ e $B(0; 6)$, tangente alla retta di equazione $y = -x + 2$ e con vertice di ascissa maggiore di 1. $[y = x^2 - 5x + 6]$

328 ●○ Determina l'equazione della parabola $y = ax^2 + bx + c$ passante per i punti $A(1; 2)$, $B(3; 0)$ e tangente alla bisettrice del secondo e quarto quadrante. $[y = 3x^2 - 13x + 12]$

329 ●○ Determina l'equazione della parabola con asse parallelo all'asse y passante per i punti $A(-1; 5)$ e $B(4; 0)$ e tangente alla retta di equazione $y = 2x - 9$.
$\left[y = x^2 - 4x;\ y = \frac{9}{25}x^2 - \frac{52}{25}x + \frac{64}{25}\right]$

330 ●○ Scrivi l'equazione della parabola $y = ax^2 + bx + c$ passante per i punti $A(2; 0)$, $B(1; -1)$ e tangente alla retta di equazione $y = -2x + 5$.
$[y = -x^2 + 4x - 4;\ y = -9x^2 + 28x - 20]$

331 ●○ Determina l'equazione della parabola $y = ax^2 + bx + c$ di vertice $V(2; -2)$ e tangente alla retta di equazione $y = 2x - 7$. $[y = x^2 - 4x + 2]$

332 ●○ Scrivi l'equazione della parabola $x = ay^2 + by + c$ di vertice $V(0; 2)$, tangente alla retta di equazione $y = \frac{1}{8}x$. $[x = -y^2 + 4y - 4]$

333 ●○ Determina l'equazione della parabola, con asse parallelo all'asse x, passante per i punti $A(-6; 1)$ e $B(-2; 0)$ e tangente alla retta di equazione $x + y + 6 = 0$.
$[x = 9y^2 - 13y - 2;\ x = y^2 - 5y - 2]$

334 ●● Determina l'equazione della parabola $y = ax^2 + bx + c$ passante per il punto $A(0; 1)$ e tangente a entrambe le rette di equazioni $y = -4x$ e $4x + 4y - 3 = 0$.
$[y = x^2 - 2x + 1;\ y = 9x^2 + 2x + 1]$

Riepilogo: Ricerca dell'equazione di una parabola

335 ●○ Scrivi l'equazione della parabola, con asse parallelo all'asse y, che passa per i punti $P(0; 1)$ e $Q(1; -9)$ e che ha vertice sulla retta di equazione $y = -4x - 5$.
$[y = 10x^2 - 20x + 1;\ y = 2x^2 - 12x + 1]$

336 ●○ Determina l'equazione della parabola, con asse parallelo all'asse y, passante per i vertici del triangolo ABC formato dalle rette di equazioni $y = -6x + 6$, $y + 5x - 6 = 0$ e $y = -4x + 4$.
$[y - x^2 - 7x + 6]$

337 ●○ Scrivi l'equazione della parabola che ha per direttrice la retta di equazione $y = -\frac{11}{2}$ e il fuoco in $F\left(-4; -\frac{9}{2}\right)$, e determina l'equazione della retta tangente passante per il punto A della parabola di ascissa -6.
$\left[y = \frac{1}{2}x^2 + 4x + 3;\ y = -2x - 15\right]$

338 ●○ Determina l'equazione della parabola, con asse parallelo all'asse y, passante per i punti $A(0; 1)$, $B(1; 0)$ e $C(-1; -1)$. Determina quindi l'equazione della retta tangente alla parabola e parallela a r: $y = 2x - 3$.
$\left[y = -\frac{3}{2}x^2 + \frac{1}{2}x + 1;\ y = 2x + \frac{11}{8}\right]$

339 ●○ Data la parabola di equazione $y = x^2 + bx + 3$, determina b in modo che:

a. la parabola abbia il vertice sull'asse y;

b. sia tangente alla retta di equazione $y = x + 3$.

[a) $b = 0$; b) $b = 1$]

340 ●○ Data la parabola di equazione $y = 2x^2 - ax + a$, determina a in modo che:

a. la parabola sia tangente dell'asse x;

b. intersechi l'asse x in due punti distinti.

[a) $a = 0 \vee a = 8$; b) $a < 0 \vee a > 8$]

341 ●○ Determina a e b in modo che la parabola di equazione $y = ax^2 + bx - 1$ sia tangente alla retta di equazione $2x - y = 0$ nel suo punto di ascissa 1. $[a = -1, b = 4]$

342 ●● Determina per quale valore di c le parabole di equazioni $y = x^2 - 2x + c + \frac{3}{2}$ e $y = -x^2 + 4cx$ sono tangenti e determina il punto di tangenza.
$\left[c = -1, \left(-\frac{1}{2}; \frac{7}{4}\right); c = \frac{1}{2}, (1; 1)\right]$

343 ●○ Determina per quale valore di k la parabola di equazione $y = -x^2 + 2(k - 1)x - k$:

a. passa per il punto $P(-1; 1)$;

b. ha asse di simmetria $x = 5$;

c. ha il vertice di ordinata 5.

[a) $k = 0$; b) $k = 6$; c) $k = 4 \vee k = -1$]

ESERCIZI

344 ●○ Determina l'equazione della parabola nella figura. Trova le coordinate del punto C, sapendo che le rette r e s sono tangenti alla parabola in A e in V.

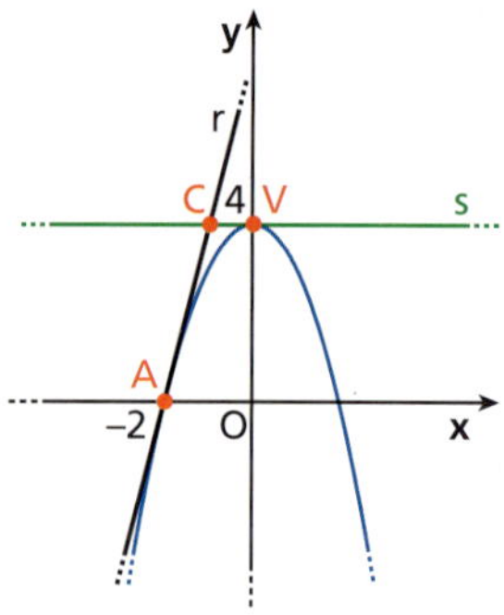

$[y = -x^2 + 4; C(-1; 4)]$

345 ●○ Scrivi l'equazione della parabola avente fuoco $F\left(1; -\frac{3}{2}\right)$ e vertice $V(1; -2)$. Dette A e B le sue intersezioni con la retta $y = x + 1$, determina le tangenti in A e in B alla parabola.

$\left[y = \frac{1}{2}x^2 - x - \frac{3}{2}; y = -2x - 2, y = 4x - 14\right]$

346 ●○
a. Scrivi l'equazione della parabola passante per i punti $A(0; 1)$, $B(4; 1)$ e avente il vertice sull'asse delle ascisse.
b. Determina l'equazione della tangente alla parabola in B e il punto di intersezione C della tangente con l'asse x.

$\left[\text{a) } y = \frac{1}{4}x^2 - x + 1; \text{ b) } y = x - 3, C(3; 0)\right]$

347 ●○ Considera i punti $V(2; -1)$ e $A(0; 3)$ e la retta r di equazione $y = x + 9$.
a. Determina l'equazione della parabola, con asse parallelo all'asse y, avente come vertice il punto V e passante per il punto A.
b. Trova i punti di intersezione B e C tra la parabola e la retta r.

$[\text{a) } y = x^2 - 4x + 3; \text{ b) } B(-1; 8), C(6; 15)]$

348 ●● Scrivi l'equazione della parabola, con asse parallelo all'asse y, passante per il punto $A(1; 1)$ e tangente alle rette di equazioni $y = 2x + 1$ e $y = x$.

$\left[y = -\frac{1}{8}x^2 + \frac{5}{4}x - \frac{1}{8}\right]$

349 ●● Determina a e b in modo che la parabola di equazione $y = ax^2 + bx - 1$ sia tangente all'asse x e abbia, nel punto di ascissa 4, la tangente di coefficiente angolare -1.

$\left[a = -\frac{1}{4}, b = 1; a = -\frac{1}{16}, b = -\frac{1}{2}\right]$

350 ●○ Trova a e b in modo che la parabola di equazione $y = x^2 - ax + b$ passi per $A(0; 2)$, sia tangente alla retta di equazione $y = 2x - 7$ e il suo vertice abbia ascissa positiva. $[a = 4; b = 2]$

351 ●○ Determina il valore di a e b in modo che la parabola di equazione $x = ay^2 + by + 1$ abbia fuoco in $F\left(\frac{1}{4}; -1\right)$ e concavità rivolta verso destra.

$[a = 1; b = 2]$

352 ●○ **LEGGI IL GRAFICO** Trova l'equazione della seguente parabola, utilizzando i dati della figura.

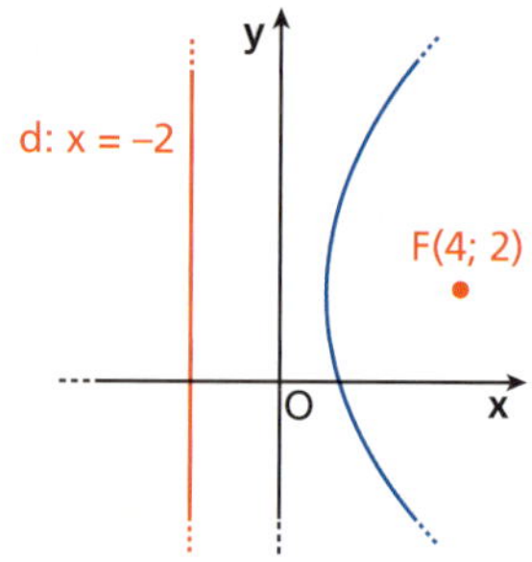

$\left[x = \frac{1}{12}y^2 - \frac{1}{3}y + \frac{4}{3}\right]$

353 ●○ Una parabola ha il vertice sull'asse y e passa per $A(2; 1)$ e $B(-3; 2)$. Trova la sua equazione.

$\left[y = \frac{1}{5}x^2 + \frac{1}{5}\right]$

354 ●○ Scrivi l'equazione della parabola avente il vertice nel punto $V(2; 3)$ e tale che l'ordinata del fuoco superi di 4 l'ordinata di tutti i punti della direttrice. $\left[y = \frac{1}{8}x^2 - \frac{1}{2}x + \frac{7}{2}\right]$

355 ●○ Scrivi l'equazione della parabola, con asse parallelo all'asse y, che interseca l'asse delle ordinate nel punto di ordinata -3 e ha per fuoco il punto $F\left(-1; -\frac{15}{4}\right)$.

$\left[y = -\frac{1}{4}x^2 - \frac{1}{2}x - 3; y = x^2 + 2x - 3\right]$

356 ●○ Determina l'equazione della parabola con asse di equazione $x = \frac{1}{2}$ e passante per i punti di intersezione della retta di equazione $y = -2x + 6$ con gli assi cartesiani. $[y = -x^2 + x + 6]$

357 ●○ Trova l'equazione della parabola che ha asse di equazione $y = -2$, vertice appartenente all'asse y e passa per il punto di intersezione delle rette di equazioni $x + 2y + 1 = 0$ e $3x - y - 4 = 0$.

$[x = y^2 + 4y + 4]$

358 ●○ Scrivi l'equazione della parabola che passa per il punto $A(1; -2)$ e ha l'asse di equazione $x = 2$ e il vertice appartenente alla retta di equazione $x + 2y + 4 = 0$. $[y = x^2 - 4x + 1]$

359 ●○ Determina l'equazione della parabola, con asse parallelo all'asse y, che ha fuoco in $F(3; 2)$ e direttrice di equazione $y = -1$. $\left[y = \frac{1}{6}x^2 - x + 2\right]$

360 ●○ Scrivi l'equazione della parabola, con asse parallelo all'asse y e concavità rivolta verso il basso, passante per l'origine e per $A\left(1; \frac{7}{8}\right)$ e con vertice sulla retta di equazione $y = 2x - 6$. $\left[y = -\frac{1}{8}x^2 + x\right]$

361 ●● Le rette di equazioni $y = 3x - 3$ e $y = -3x + 21$ si intersecano in un punto V e incontrano l'asse x nei punti A e B. Determina e rappresenta graficamente l'equazione della parabola che ha vertice in V e passa per A e B. $[y = -x^2 + 8x - 7]$

362 ●○ REALTÀ E MODELLI **Microfono parabolico**
Il microfono parabolico consente di amplificare suoni provenienti anche da kilometri di distanza: le onde sonore si riflettono sul profilo parabolico e vengono concentrate nel fuoco, dove si trova un microfono. È un apparecchio molto usato per registrare suoni in diretta, come durante le telecronache sportive.
Determina l'equazione della parabola nel riferimento Oxy indicato nella figura dove la retta r è la direttrice. $\left[x = \frac{1}{4}y^2 - y - 2\right]$

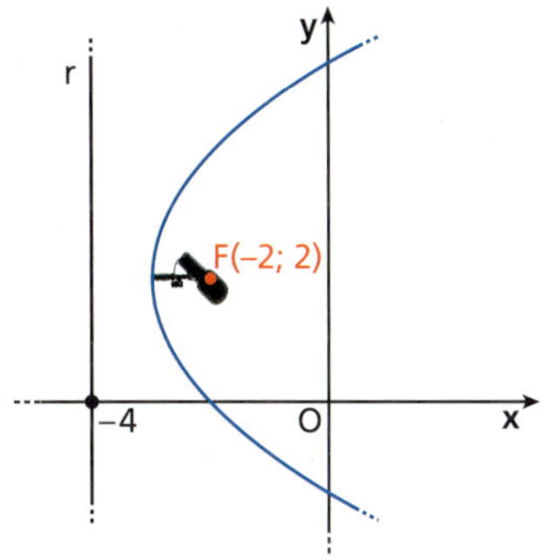

Dal grafico all'equazione

LEGGI IL GRAFICO **Trova l'equazione dei grafici, utilizzando i dati delle figure.**

363 ●○

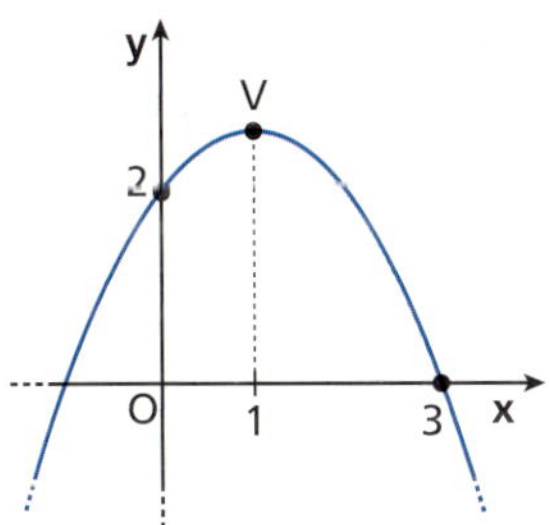

$\left[y = -\frac{2}{3}x^2 + \frac{4}{3}x + 2\right]$

364 ●○

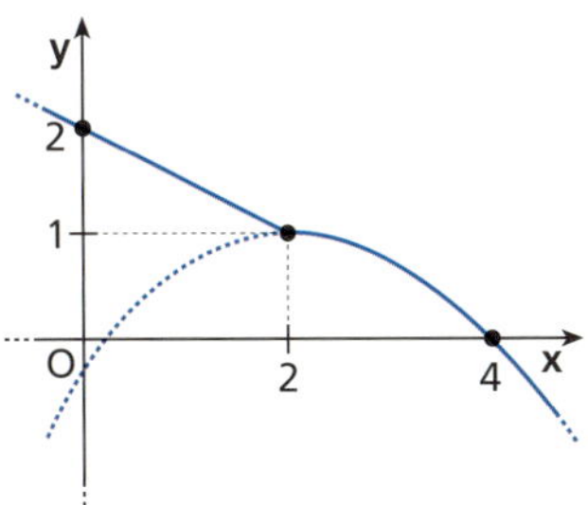

$\left[y = \begin{cases} -\frac{1}{2}x + 2 & \text{se } x \le 2 \\ -\frac{1}{4}x^2 + x & \text{se } x > 2 \end{cases}\right]$

365 ●○

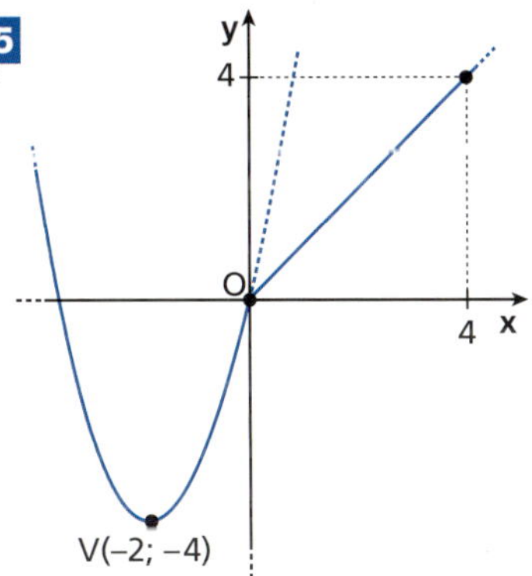

$\left[y = \begin{cases} x^2 + 4x & \text{se } x < 0 \\ x & \text{se } x \ge 0 \end{cases}\right]$

366 ●○

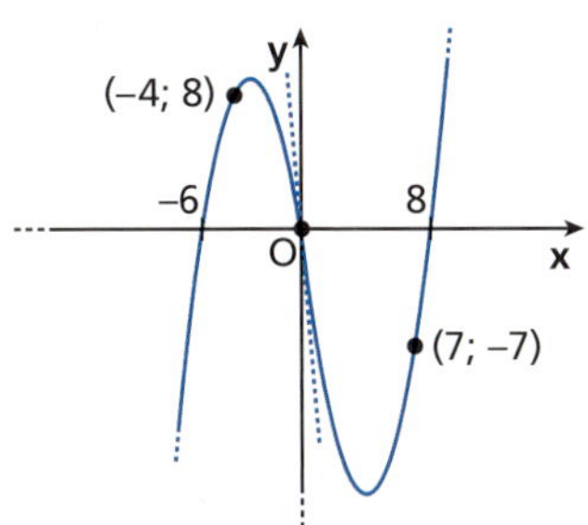

$\left[y = \begin{cases} -x^2 - 6x & \text{se } x < 0 \\ x^2 - 8x & \text{se } x \ge 0 \end{cases}\right]$

367 ●●

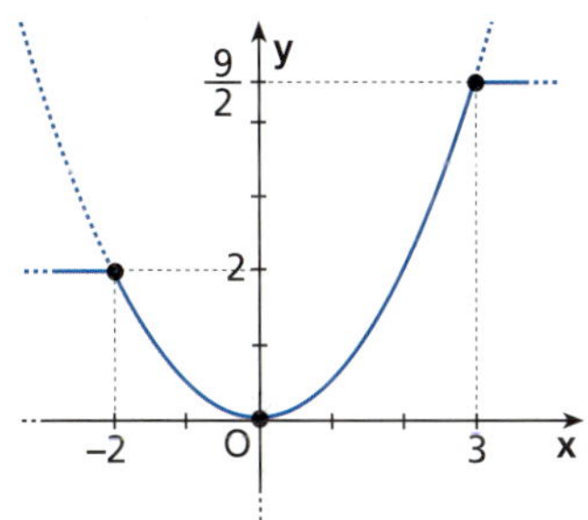

$\left[y = \begin{cases} 2 & \text{se } x \le -2 \\ \frac{1}{2}x^2 & \text{se } -2 < x \le 3 \\ \frac{9}{2} & \text{se } x > 3 \end{cases}\right]$

368 ●●

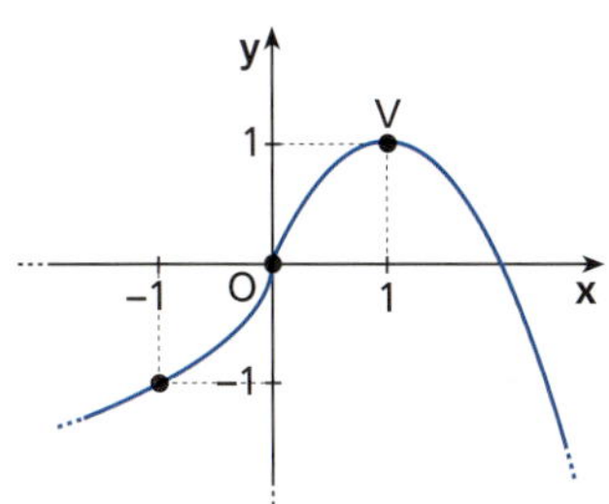

$\left[y = \begin{cases} -\sqrt{-x} & \text{se } x \le 0 \\ -x^2 + 2x & \text{se } x > 0 \end{cases}\right]$

Problemi REALTÀ E MODELLI

369 **La fontana** Il Comune del tuo paese ha indetto un concorso per ragazzi per progettare una nuova fontana per il parco. Decidi di costruire le due vasche, simili a quelle in figura, in cui sono mostrate dall'alto, delimitate da *due* archi di parabola con lo zampillo d'acqua che esce dai fuochi F_1 e F_2. Trova le equazioni delle parabole.

$\left[y = -\frac{1}{8}x^2 + x;\ y = \frac{1}{8}x^2 + x\right]$

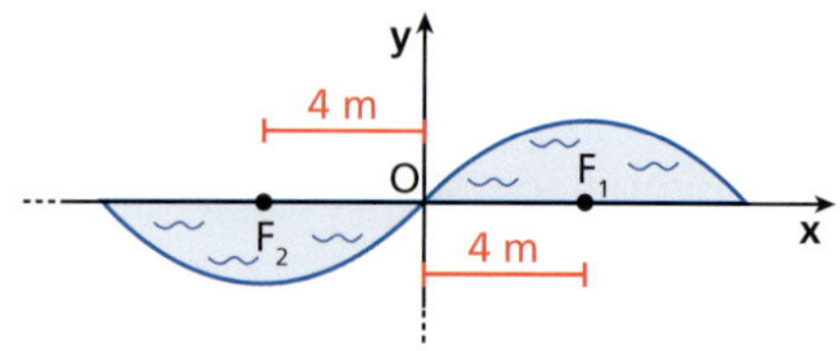

RISOLVIAMO UN PROBLEMA

Archeologia industriale

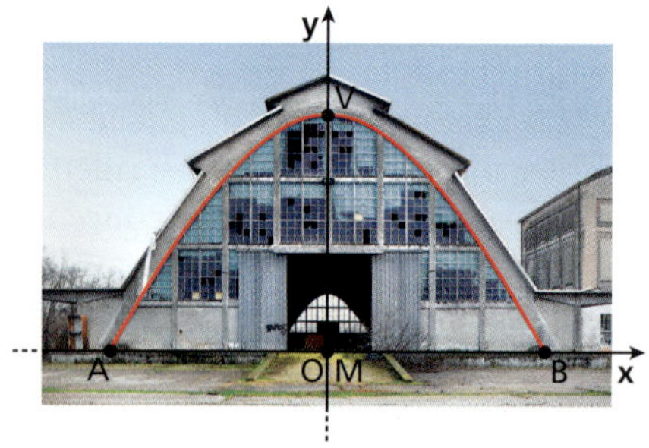

La foto rappresenta un capannone di una fabbrica mantovana di concimi chimici, ormai chiusa, la cui facciata è un arco di parabola pressoché perfetto. Supponendo che le lunghezze dei segmenti AB (corda perpendicolare all'asse di simmetria) e MV (M punto medio della corda e V vertice della parabola) siano $AB = 24$ m, $MV = 12$ m:

- determina l'equazione della parabola in un riferimento Mxy, in cui AB appartenga all'asse x e MV appartenga all'asse y;
- trova l'area della parte di facciata dell'edificio costituita dal segmento parabolico di base AB e del triangolo isoscele ABC in cui essa è inscritta, essendo C il punto di incontro delle tangenti alla parabola nei punti A e B.

► Determiniamo l'equazione della parabola nel riferimento indicato.

Prendendo il punto M come origine degli assi e supponendo che l'asse della parabola coincida con l'asse y, si ha che l'equazione della parabola è del tipo $y = ax^2 + c$, con $c = 12$; inoltre la condizione di passaggio per A (o per B) fornisce la condizione $0 = 144a + 12$.

Pertanto l'equazione della parabola è $y = -\frac{1}{12}x^2 + 12$.

► Calcoliamo l'area del segmento parabolico di base *AB*.

Il segmento parabolico di base AB è inscritto in un rettangolo di dimensioni $AB = 24$ m e $MV = 12$ m, che ha area 288 m^2; in base alla formula di Archimede il segmento parabolico ha quindi area $\frac{2}{3} \cdot 288 \text{ m}^2 = 192 \text{ m}^2$.

► Determiniamo le equazioni delle rette tangenti alla parabola in *A* e in *B*.

La retta generica passante per $A(-12; 0)$ ha equazione $y = m(x + 12)$ e intersecandola con la parabola otteniamo il sistema $\begin{cases} y = -\frac{1}{12}x^2 + 12 \\ y = mx + 12m \end{cases}$.

Imponiamo la condizione di tangenza tra la retta generica e la parabola: otteniamo l'equazione $m^2 - 4m + 4 = 0$, che ha come soluzione $m = 2$. La retta tangente alla parabola in A ha quindi equazione $y = 2x + 24$. Con calcoli analoghi ricaviamo l'equazione della retta tangente alla parabola nel punto $B(12; 0)$, che ha equazione $y = -2x + 24$.

► Ricaviamo le coordinate di *C* e l'area del triangolo *ABC*.

Il sistema $\begin{cases} y = 2x + 24 \\ y = -2x + 24 \end{cases}$ ha come soluzione $C(0; 24)$.

Avendo scelto come asse x la retta su cui giace il segmento AB, l'area di ABC sarà: $\frac{24 \cdot 24}{2} = 288 \text{ m}^2$.

370 **Il rimbalzo** Una pallina scivola da un tavolo orizzontale e, cadendo sul pavimento, descrive prima l'arco AB della parabola γ di vertice A, quindi l'arco $BA'D$ della parabola γ' di vertice A'. Sapendo che $OA = 1$ m, $OB = \frac{5}{4}$ m, $A'C = \frac{16}{25}$ m e che la parabola γ' è congruente alla parabola γ, in quanto ottenibile da γ per traslazione:

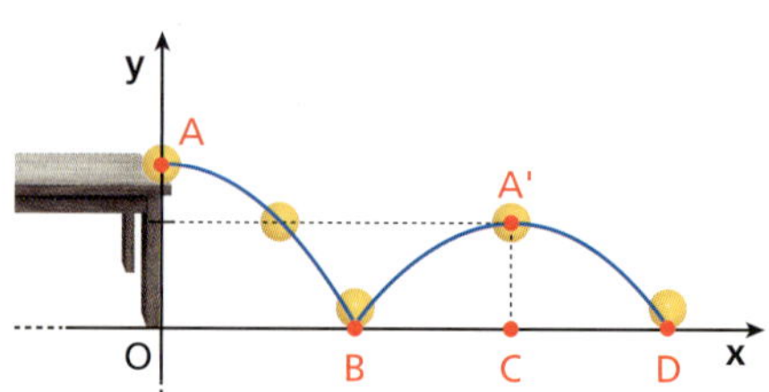

a. ricava le equazioni di γ e di γ' nel riferimento Oxy;

b. determina la distanza BD.

$\left[\text{a) } \gamma\text{: } y = -\frac{16}{25}x^2 + 1;\ \gamma'\text{: } y = -\frac{16}{25}x^2 + \frac{72}{25}x - \frac{13}{5};\ \text{b) } BD = 2 \text{ m}\right]$

371 Il capannone industriale in figura ha il profilo di una parabola ed è alto 9 m. A quale altezza da terra si trova la trave di ferro evidenziata? [5 m]

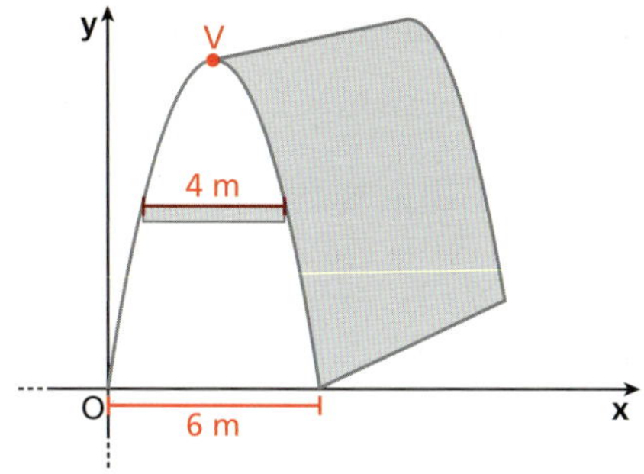

5 Fasci di parabole

Equazione di un fascio di parabole

▶ Teoria a p. 194

372 Riconosci quali tra le seguenti equazioni rappresentano un fascio di parabole.

a. $y = x^2 - (a+1)x - 2$

b. $y + 2 = ax^2 + (a-1)x + 1$

c. $k(y - x^2) = 2 - kx^2$

d. $(k+1)x^2 - y + kx = 0$

373 RIFLETTI SULLA TEORIA L'equazione $(k+1)x^2 + (k+1)y^2 - ky + kx = 0$ può rappresentare un fascio di parabole? Perché?

374 TEST Solo una delle seguenti equazioni rappresenta un fascio di parabole. Quale?

A $(k+2)x - ky + 3 - k = 0$

B $x^2 + y^2 + kx - 3y - 4 = 0$

C $(k+1)x^2 + 2ky - 3k + 1 = 0$

D $x^2 - ky^2 = 1$

E $y = kx^2 - k(1 + x^2)$

Studio di un fascio di parabole

▶ Teoria a p. 196

375 ESERCIZIO GUIDA Studiamo il fascio di parabole di equazione $y = -(k+2)x^2 - x + k - 1$, con $k \in \mathbb{R}$.

- Troviamo le parabole generatrici e gli eventuali punti base.

Scriviamo l'equazione del fascio in forma implicita e raccogliamo il parametro k:

$$y + 2x^2 + x + 1 + k(x^2 - 1) = 0.$$

$$k = 0 \rightarrow p: y = -2x^2 - x - 1$$

$p': x^2 - 1 = 0 \rightarrow$ coppia di rette di equazioni $x = 1$ e $x = -1$

Determiniamo le coordinate dei punti di intersezione di p con p':

$$\begin{cases} y = -2x^2 - x - 1 \\ x^2 - 1 = 0 \end{cases}$$

$$\begin{cases} x = 1 \\ y = -4 \end{cases} \vee \begin{cases} x = -1 \\ y = -2 \end{cases}$$

I punti base sono due: $A(1; -4)$ e $B(-1; -2)$.
Si tratta quindi di un fascio di parabole secanti.

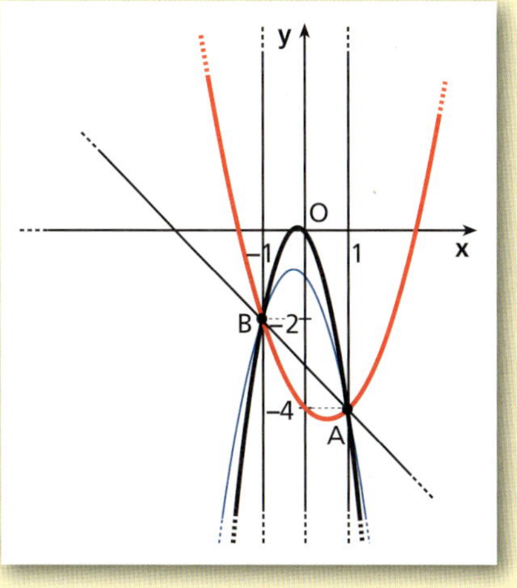

- Parabole degeneri.

Uguagliamo a 0 il coefficiente di x^2: $k + 2 = 0 \rightarrow k = -2$.

Per questo valore otteniamo la retta di equazione $y = -x - 3$.

ESERCIZI

Studia i seguenti fasci di parabole.

376 $y = x^2 - kx + 2$ [secanti in $A(0; 2)$; parabole congruenti]

377 $y = (b+1)x^2 - bx$ [secanti in $A(0; 0)$ e $B(1; 1)$; deg. per $b = -1$]

378 $y = kx^2 - 2x + k$ [non ci sono punti base; deg. per $k = 0$]

379 $(a-1)x^2 + 2y + 2x + a + 1 = 0$ [non ci sono punti base; deg. per $a = 1$]

380 $kx^2 - y + (k-1)x = 0$ [secanti in $A(-1; 1)$ e $B(0; 0)$; deg. per $k = 0$]

381 $y = (k+1)x^2 - 2kx - 3$ [secanti in $A(0; -3)$ e $B(2; 1)$; deg. per $k = -1$]

382 $(k-2)y + kx^2 - 2x + k = 0$ [non ci sono punti base; deg. per $k = 0$; $\nexists$ parabole per $k = 2$]

383 $y = x^2 + 2kx + 2k - 1$ [secanti in $A(-1; 0)$; deg. per $k = -1$]

384 $x^2 + 2(m-2)x - (m+1)y + 4 - 5m = 0$ [tangenti alla retta $2x - y - 5 = 0$ in $T(3; 1)$; deg. per $m = -1$]

385 $(1+m)x^2 - 4mx + (m-1)y = 0$ [secanti in $A(0; 0)$ e $B(2; 4)$; deg. per $m = -1$, $m = 1$]

386 $x = (2-k)y^2 + 2ky + 1$ [secanti in $A(1; 0)$ e $B(9; 2)$; deg. per $k = 2$]

387 $y^2 - (m+1)x + (m-6)y + 9 - m = 0$ [secanti in $(1; 2)$ e $(4; 5)$; deg. per $m = -1$]

388 $y = 3x^2 - kx + 2k + 1$ [secanti in $A(2; 13)$]

389 $ax^2 - (a+1)x + 3a - 4 + (a-2)y = 0$ [non ci sono punti base; deg. per $a = 0$; $\nexists$ parabole per $a = 2$]

390 $ky - kx^2 + (k-4)x - 1 = 0$ $\left[\text{secanti in } A\left(-\frac{1}{4}; \frac{5}{16}\right); \text{deg. per } k = 0\right]$

391 Nel fascio di parabole di equazione $y = kx^2 + 2x + 1 - k$, trova:

a. la parabola degenere;

b. i punti base;

c. la parabola passante per l'origine;

d. la parabola tangente alla retta di equazione $y = 2x - 2$.

[a) $y = 2x + 1$; b) $(-1; -1)$, $(1; 3)$; c) $y = x^2 + 2x$; d) $y = 3x^2 + 2x - 2$]

392 Nel fascio di parabole di equazione $(1+b)y - bx^2 + 6bx + 2 - 7b = 0$ trova:

a. le parabole degeneri;

b. la tangente comune a tutte le parabole e il punto di tangenza.

[a) $y = -2$, $(x-3)^2 = 0$; b) $y = -2$, $T(3; -2)$]

393 **TEST** Tutte le parabole del fascio di equazione $y = (k+1)x^2 - (k+1)x + k$ hanno:

A lo stesso vertice.

B asse di equazione $x = \frac{1}{2}$.

C concavità rivolta verso l'alto.

D le stesse intersezioni con l'asse y.

E il punto $(0; 1)$ in comune.

394 **VERO O FALSO?** Nel fascio di parabole di equazione $y = ax^2 + 3$:

a. c'è un'unica parabola degenere, per $a = 0$. V F

b. c'è un solo punto base. V F

c. tutte le parabole hanno lo stesso vertice. V F

d. $y + 3 = 0$ è una parabola degenere. V F

395 ●○ Studia il fascio di parabole di equazione $(1+m)x^2 - 4x + (1-m)y + 3 - m = 0$ e trova per quale valore di m si ottiene la parabola del fascio passante per l'origine.

[tangenti alla retta $y = 2x - 2$ in $T(1; 0)$, deg. per $m = \pm 1$; $m = 3$]

396 ●● Studia il fascio di parabole di equazione $y = (k+3)x^2 + (k-1)x + 2k - 1$ e determina per quale valore di k la parabola del fascio:

a. passa per l'origine;

b. ha concavità rivolta verso il basso;

c. ha vertice di ascissa -2.

$\left[\text{non ci sono punti base; deg. per } k = -3;\ \text{a) } \frac{1}{2};\ \text{b) } k < -3;\ \text{c) } -\frac{13}{3}\right]$

397 ●○ Studia il fascio di parabole di equazione $(1-2k)x^2 - (3+3k)x + (1+k)y - 6 - 3k = 0$ e determina l'equazione della parabola del fascio:

a. passante per il punto $P(0; 1)$;

b. che ha asse di simmetria di equazione $x = -\frac{1}{2}$.

[parabole secanti in $A(-1; 2)$ e $B(1; 8)$; a) $y = 4x^2 + 3x + 1$; b) $y = 3x^2 + 3x + 2$]

398 ●● Studia il fascio di parabole di equazione $(k-1)x^2 + (1-3k)x + (1+k)y + k - 1 = 0$ e determina per quali valori di k si ha la parabola:

a. con il vertice sulla retta di equazione $x = 2$;

b. tangente alla retta $y = -x$;

c. passante per il punto di intersezione delle rette: $y = x + 3$ e $3x + y - 11 = 0$.

$\left[\text{parabole tangenti in } T(1; 1);\ y = x,\ x = 1 \text{ parabole degeneri; a) } k = 3;\ \text{b) } k = \frac{1}{3};\ \text{c) } k = -\frac{1}{2}\right]$

399 ●● Studia il fascio di parabole di equazione $y = ax^2 - (2a+1)x + a - 1$.

a. Determina la parabola γ avente per tangente la retta $y = -3x$.

b. Determina la parabola γ_1 che ha come asse di simmetria la retta di equazione $x = \frac{1}{2}$.

c. Dimostra che le due parabole γ e γ_1 sono congruenti.

[parabole tangenti nel punto $(1; -2)$ alla retta $y + x + 1 = 0$; a) γ: $y = x^2 - 3x$; b) γ_1: $y = -x^2 + x - 2$]

400 ●● Studia il fascio di parabole di equazione $y = (3k-2)x^2 + 2(3-5k)x - 4 + 7k$, poi determina per quale valore di k la parabola del fascio:

a. passa per il punto $P(2;\quad 3)$;

b. ha il vertice sull'asse y.

$\left[\text{secanti in } A(1; 0) \text{ e } B\left(\frac{7}{3}; -\frac{8}{9}\right);\ \text{deg. per } k = \frac{2}{3};\ \text{a) } 3;\ \text{b) } \frac{3}{5}\right]$

401 ●● **a.** Studia il fascio di parabole di equazione $y = kx^2 - 2x(4k-1) + 16k - 7$.

b. Tra le parabole del fascio individua quella tangente all'asse delle ascisse e indica con A il suo punto di intersezione con l'asse delle ordinate.

c. Nell'arco di parabola di estremi A e B, dove B è il punto base del fascio dato, individua i punti che formano con AB un triangolo di area 6.

[a) parabole tangenti a $2x - y - 7 = 0$ nel punto $(4; 1)$, con asse di simmetria parallelo all'asse y; b) $y = x^2 - 6x + 9$, $A(0; 9)$; c) $C_1(1; 4)$, $C_2(3; 0)$]

402 ●○ Dopo aver studiato il fascio di parabole rappresentato dall'equazione $y = (2k+1)x^2 - kx + k - 3$, determina per quale valore di k si ottiene la parabola del fascio:

a. passante per il punto $P(2; -2)$;

b. avente il vertice di ascissa $\frac{1}{2}$.

$\left[\text{non ci sono punti base; parabola degenere per } k = -\frac{1}{2};\ \text{a) } -\frac{3}{7};\ \text{b) } \frac{10 \pm 2\sqrt{46}}{7}\right]$

403 ●● Considera il fascio di parabole di equazione $(m+1)\,y^2+(m-1)\,x+2(m-1)\,y=0$ e studia le sue principali caratteristiche. Determina poi la parabola del fascio:

a. passante per il punto $(2;-2)$;

b. tangente alla retta $x-2y-2=0$;

c. che intercetta sul semiasse positivo delle ordinate un segmento di lunghezza 2.

[tangenti in O alla retta $x+2y=0$; deg. per $m=\pm 1$; a) $x=-\frac{1}{2}(y^2+4y)$; b) $x=-2y^2-2y$; c) $x=y^2-2y$]

Come trovare l'equazione di un fascio

▶ Teoria a p. 197

404 ESERCIZIO GUIDA Scriviamo l'equazione del fascio di parabole generato dalle parabole di equazioni $y=2x^2+1$ e $y=-3x^2-2x$.

Scriviamo le equazioni delle parabole generatrici in forma implicita,

$$y-2x^2-1=0, \qquad y+3x^2+2x=0,$$

e scriviamo una loro combinazione lineare utilizzando il parametro k:

$$y-2x^2-1+k(y+3x^2+2x)=0.$$

Svolgendo i calcoli e ordinando si ha l'equazione del fascio:

$$(1+k)\,y+(3k-2)\,x^2+2kx-1=0.$$

405 ●○ Scrivi l'equazione del fascio generato dalle parabole di equazioni $y=-2x^2+1$ e $y=x^2-5x+1$ e determina i punti base.

[$A(0;1)$ e $B\left(\frac{5}{3};-\frac{41}{9}\right)$]

406 ●○ Scrivi l'equazione del fascio generato dalla parabola di equazione $y=4x^2-x+7$ e dalla retta di equazione $x=2$. Di che tipo di fascio si tratta? [parabole congruenti, secanti in $A(2;21)$]

407 ●○ Nel fascio di parabole generato dalle parabole di equazioni $y=x^2-2x+1$ e $y=-x^2+4x+1$, determina:

a. l'equazione delle parabole degeneri; **b.** l'equazione della parabola passante per il punto $P(-1;-2)$.

[a) $y=x+1$; $x=0 \vee x=3$; b) $y=-\frac{1}{2}x^2+\frac{5}{2}x+1$]

408 ●○ TEST Il fascio di parabole generato dalle parabole di equazioni $y=x^2+x$ e $y=2x^2-3x+4$ ha:

A due punti base.

B un punto base in cui le parabole sono secanti.

C nessun punto base.

D un punto base in cui le parabole sono tangenti.

E ogni parabola rivolta verso l'alto.

409 ●○ Nel fascio individuato dalle parabole di equazioni $y=2x^2+x-1$ e $y=-x^2+2x$, determina la parabola:

a. avente il fuoco di ascissa $\frac{7}{2}$;

b. passante per il punto $P(0;1)$;

c. avente asse di simmetria di equazione $x=\frac{1}{2}$.

[a) $y=-\frac{x^2}{4}+\frac{7}{4}x-\frac{1}{4}$; b) $y=-4x^2+3x+1$; c) $y=-\frac{5}{2}x^2+\frac{5}{2}x+\frac{1}{2}$]

410 ●○ Date le parabole di equazioni $y=x^2+2x$ e $y=-x^2+1$, scrivi l'equazione del fascio da esse generato e quindi trova la parabola del fascio:

a. passante per il punto $P(1;-3)$; **b.** avente vertice di ascissa 1.

[a) $y=-3x^2-2x+2$; b) $y=-\frac{1}{3}x^2+\frac{2}{3}x+\frac{2}{3}$]

411 Scrivi l'equazione del fascio di parabole generato dalle parabole di equazioni $y = x^2 - 3x$ e $y = x^2 - 4x + 3$. Determina per quale valore di k si ha una parabola con vertice di ascissa 4.

$\left[(1+k)y = (1+k)x^2 - (3+4k)x + 3k; -\frac{5}{4}\right]$

412 Nel fascio generato dalle parabole di equazioni $y = x^2 - 2x + 4$ e $y = -x^2 + 2$, determina la parabola:

a. passante per l'origine;
b. avente vertice di ascissa $x_V = \frac{1}{4}$;
c. tangente alla retta di equazione $y = -2x + 4$.

$\left[\text{a) } y = -3x^2 + 2x; \text{ b) } y = -2x^2 + x + 1; \text{ c) } y = -\frac{1}{3}x^2 - \frac{2}{3}x + \frac{8}{3}, y = x^2 - 2x + 4\right]$

413 Dopo aver rappresentato le parabole di equazioni $y = x^2 + 4x$ e $y = -x^2 + 2x$, scrivi l'equazione del fascio da esse generato, infine determina e rappresenta la parabola del fascio:

a. degenere;
b. avente asse di simmetria coincidente con l'asse y;
c. avente il fuoco sull'asse delle x.

[a) $y = 3x$; b) $y = -3x^2$; c) $y = -2x^2 + x$, $y = -4x^2 - x$]

414 ESERCIZIO GUIDA

a. Determiniamo l'equazione del fascio di parabole con asse parallelo all'asse y, passanti per i punti $A(-1; 0)$ e $B(1; 2)$.

b. Determiniamo l'equazione del fascio di parabole con asse parallelo all'asse y, tangenti nel punto T di ascissa 3 alla retta t di equazione $y = 2x - 1$.

a. Determiniamo l'equazione della retta AB utilizzando la formula dell'equazione della retta per due punti:

$$\frac{y - y_A}{y_B - y_A} = \frac{x - x_A}{x_B - x_A} \rightarrow \frac{y - 0}{2 - 0} = \frac{x - (-1)}{1 - (-1)} \rightarrow \frac{y}{2} = \frac{x + 1}{2} \rightarrow y = x + 1.$$

Scriviamo l'equazione del fascio di parabole utilizzando la formula:

$$y = mx + q + k(x - x_A)(x - x_B).$$

Sostituendo a x_A e x_B le ascisse di A e B e a m e q i valori trovati per la retta AB, otteniamo:

$$y = x + 1 + k(x + 1)(x - 1) \rightarrow y = x + 1 + k(x^2 - 1) \rightarrow y = kx^2 + x + 1 - k.$$

b. Scriviamo l'equazione del fascio di parabole utilizzando la formula:

$$y = mx + q + k(x - x_T)^2.$$

Sostituendo a x_T l'ascissa di T e a m e q i corrispondenti valori dell'equazione di t, otteniamo:

$$y = 2x - 1 + k(x - 3)^2 \rightarrow y = 2x - 1 + k(x^2 - 6x + 9) \rightarrow y = kx^2 + (2 - 6k)x - 1 + 9k.$$

415 Scrivi l'equazione del fascio di parabole con asse parallelo all'asse y, passanti per $A(0; 0)$ e $B(1; 4)$.

$[y = kx^2 + (4 - k)x]$

416 Scrivi l'equazione del fascio di parabole con asse parallelo all'asse y, passanti per $P(2; 3)$ e $Q(3; 1)$. Trova la parabola del fascio passante per l'origine.

$\left[y = kx^2 - (2 + 5k)x + 6k + 7; y = -\frac{7}{6}x^2 + \frac{23}{6}x\right]$

417 Scrivi l'equazione del fascio di parabole con asse parallelo all'asse y, tangenti nel punto $T(2; 7)$ alla retta $y = 2x + 3$.

$[y = kx^2 + 2(1 - 2k)x + 3 + 4k]$

418 Nel fascio di parabole con asse parallelo all'asse y tangenti nel punto $T(4; 0)$ alla retta di equazione $y = x - 4$, trova la parabola con vertice di ascissa 2.

$\left[y = kx^2 + (1 - 8k)x + 16k - 4; y = \frac{1}{4}x^2 - x\right]$

419 Determina l'equazione del fascio di parabole con asse parallelo all'asse y passanti per i punti $A(-1; 1)$ e $B(1; -1)$. Trova poi la parabola del fascio con concavità verso l'alto e con il vertice sulla retta di equazione $y = -x - \frac{3}{4}$. $[y = kx^2 - x - k; y = x^2 - x - 1]$

420 Nel fascio di parabole con asse parallelo all'asse y, tangenti alla retta di equazione $y = 2x + 5$ nel suo punto di ascissa nulla, determina la parabola:
a. passante per $P(1; 9)$;
b. tangente alla retta di equazione $y = 6x + 9$. [a) $y = 2x^2 + 2x + 5$; b) $y = -x^2 + 2x + 5$]

421 Fra le parabole del fascio con asse parallelo all'asse y, avente come punti base $A(-3; 0)$ e $B(0; 3)$, determina quella:
a. che ha vertice in $V(-2; -1)$;
b. avente per asse la retta di equazione $x = -\frac{5}{4}$. [a) $y = x^2 + 4x + 3$; b) $y = -2x^2 - 5x + 3$]

422 **a.** Scrivi l'equazione del fascio di parabole tangenti in $P(1; -5)$ alla retta di equazione $y = -3x - 2$.
b. Determina l'equazione della parabola del fascio passante per $A(0; 3)$.
[a) $y = kx^2 - (3 + 2k)x + k - 2$; b) $y = 5x^2 - 13x + 3$]

423 Nel fascio di parabole con asse parallelo all'asse y, tangenti alla retta di equazione $y = -x + 2$ nel suo punto di ascissa 1, determina la parabola:
a. passante per $P(2; -1)$; **b.** con fuoco di ascissa $\frac{5}{4}$; **c.** con direttrice la retta di equazione $y = \frac{5}{4}$.
[a) $y = -x^2 + x + 1$; b) $y = 2x^2 - 5x + 4$; c) $y = -2x^2 + 3x$]

424 Nel fascio di parabole con asse parallelo all'asse y, passanti per i punti $A(2; 2)$ e $B(3; 0)$, determina la parabola:
a. passante per l'origine;
b. tangente alla retta di equazione $y = x - 4$;
c. avente per asse la retta di equazione $x = 2$.
[a) $y = -x^2 + 3x$; b) $y = x^2 - 7x + 12$, $y = 9x^2 - 47x + 60$; c) $y = -2x^2 + 8x - 6$]

TUTOR matematica
Allenati con **15 esercizi interattivi** con feedback "hai sbagliato, perché..."
su.zanichelli.it/tutor3 risorsa riservata a chi ha acquistato l'edizione con tutor

Riepilogo: Parabola

425 VERO O FALSO? La parabola di equazione $y = 4ax^2 - 8x + 1$:
a. ha il vertice sull'asse x per $a = 2$. V F
b. interseca l'asse x se $a \leq 4$. V F
c. è tangente alla retta di equazione $y = 4$ per $a = 9$. V F
d. per ogni valore di a interseca l'asse y in $(0; 1)$. V F

426 TEST Data la parabola $y = x^2 - 4x + 3$, la retta di equazione $2x + 4 = 0$ è:
A esterna alla parabola.
B secante la parabola in due punti distinti.
C tangente alla parabola nel suo punto di intersezione con l'asse y.
D tangente alla parabola nel suo vertice.
E secante la parabola in un solo punto.

427 Trova la tangente comune alle due parabole di equazioni $y = 2x^2 + 2x + 1$ e $y = 2x^2 - 2x + 2$. Indicati con T_1 e T_2 i punti di tangenza, verifica che la distanza tra T_1 e T_2 è uguale alla distanza tra i vertici delle due parabole.
$[8x - 8y + 7 = 0; d = \sqrt{2}]$

428 ●● **LEGGI IL GRAFICO**

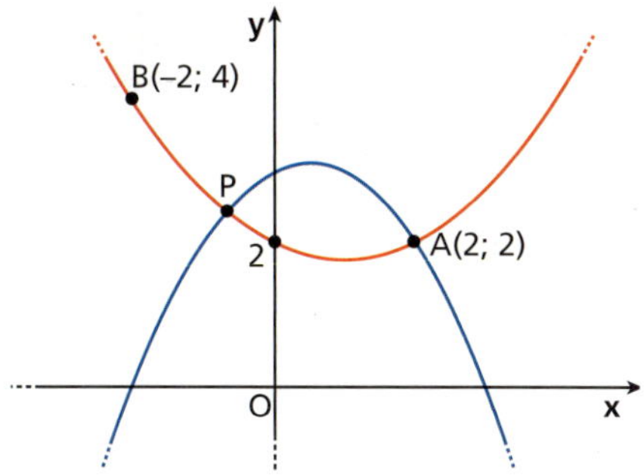

a. Determina l'equazione delle due parabole della figura, sapendo che la parabola con concavità rivolta verso il basso ha fuoco in $F\left(\frac{1}{2}; \frac{21}{8}\right)$.

b. Trova le coordinate del loro punto di intersezione P.

$\left[\text{a) } y = \frac{x^2}{4} - \frac{x}{2} + 2, \ y = -\frac{x^2}{2} + \frac{x}{2} + 3; \text{ b) } P\left(-\frac{2}{3}; \frac{22}{9}\right)\right]$

429 ●● **a.** Determina la parabola p_1, del tipo $y = ax^2 + bx + c$, passante per $A(-3; 4)$ e $B(5; 8)$ e avente ascissa del vertice uguale a 2.

b. Individua la parabola p_2, del tipo $y = ax^2 + bx + c$, passante per A e B e per il punto $(1; 2)$.

c. Conduci una retta parallela all'asse y nella parte di piano delimitata da p_1 e p_2 in modo che, intersecando le due parabole, si formi un segmento lungo 2.

$\left[\text{a) } y = -\frac{1}{4}x^2 + x + \frac{37}{4}; \text{ b) } y = \frac{1}{4}x^2 + \frac{7}{4}; \text{ c) } x = 1 \pm 2\sqrt{3}\right]$

430 ●● Scrivi le equazioni delle parabole $y = ax^2 + bx + c$, tangenti alle rette $2x + 2y + 1 = 0$ e $2x - y - 8 = 0$ e passanti per il punto $O(0; 0)$, e determina la misura della corda intercettata sulla retta di equazione $2x - y - 6 = 0$ dalla parabola avente il vertice di ascissa maggiore.

$\left[y = \frac{1}{2}x^2 - 2x \text{ e } y = \frac{9}{50}x^2 - \frac{2}{5}x; 4\sqrt{5}\right]$

431 ●● **EUREKA!** Nella parte di piano racchiusa dalle due parabole di equazioni $y = -x^2 + 8x - 8$ e $y = \frac{1}{4}x^2 - 2x + \frac{3}{4}$ inscrivi un rettangolo con i lati paralleli agli assi cartesiani di perimetro uguale a 24.

$\left[k = 7 \vee k = \frac{191}{25}\right]$

MATEMATICA AL COMPUTER

La parabola Con l'aiuto di Wiris troviamo le parabole che, al variare di k nell'equazione $y = (k + 3)x^2 - kx + 1$, individuano sulla retta $y = x + 3$ una corda lunga $3\sqrt{2}$. Tracciamo poi il grafico di tutto.

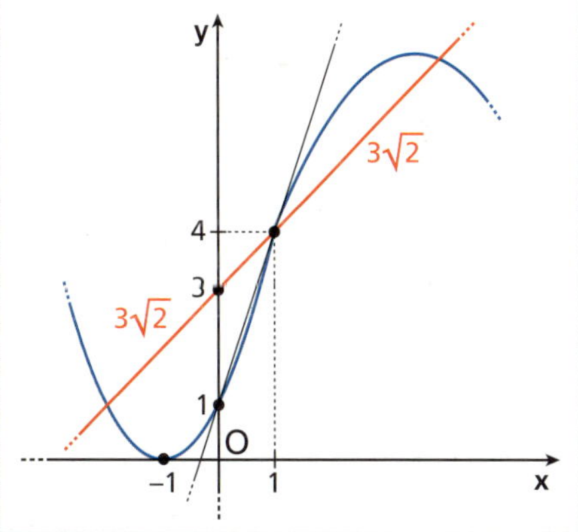

Risoluzione – 7 esercizi in più

432 ●○ Determina l'equazione della parabola con asse di simmetria parallelo all'asse x, con vertice in $V(-1; 1)$ e passante per l'origine O del sistema di riferimento, e rappresentala graficamente. Detto F il fuoco e A il secondo punto di intersezione della parabola con l'asse y, calcola l'area del triangolo AVF.

$\left[x = y^2 - 2y; \frac{1}{8}\right]$

433 ●○ Scrivi l'equazione della parabola avente il vertice nel punto $P(4; 2)$ e il fuoco di coordinate $\left(4; \frac{3}{2}\right)$. Calcola poi l'area del triangolo che ha come vertici il vertice della parabola e le sue intersezioni con l'asse delle ascisse.

$\left[y = -\frac{1}{2}x^2 + 4x - 6; \text{area} = 4\right]$

434 Scrivi l'equazione della parabola con asse parallelo all'asse y avente vertice nel punto $V(2; 3)$, concavità rivolta verso il basso e direttrice che dista $\frac{1}{12}$ dal vertice. Calcola quindi l'area del triangolo avente per vertici V e i punti di intersezione della parabola con l'asse x.
$[y = -3x^2 + 12x - 9; \text{area} = 3]$

435 Scrivi l'equazione della parabola con asse parallelo all'asse y passante per i punti $A(0; 5)$, $B(2; 2)$ e $C(6; 2)$. Calcola poi l'area del triangolo formato dalla tangente alla parabola passante per A con gli assi cartesiani.
$\left[y = \frac{1}{4}x^2 - 2x + 5; \text{area} = \frac{25}{4}\right]$

436 Determina l'equazione della parabola, con asse parallelo all'asse y, che passa per il punto $A(4; 0)$ e l'origine O e ha vertice $V(2; -2)$. Detto B il simmetrico di V rispetto all'asse x, determina l'area del quadrilatero $ABOV$.
$\left[y = \frac{1}{2}x^2 - 2x; \text{area} = 8\right]$

437 Determina l'equazione della retta r tangente in T alla parabola della figura, sapendo che r è parallela alla bisettrice del primo e terzo quadrante, e calcola l'area del triangolo TOB. $[y = x + 1; 3]$

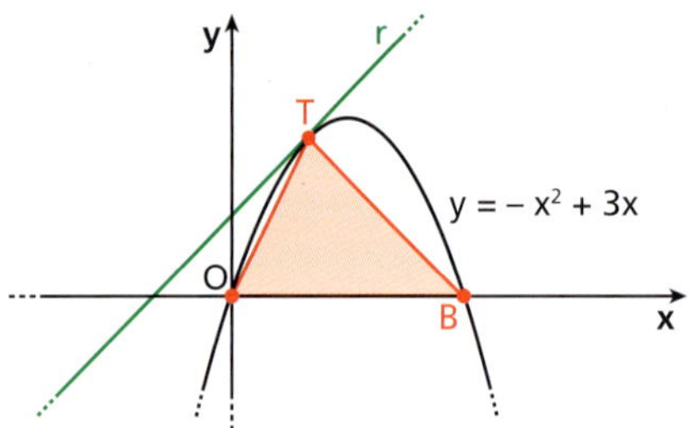

438 Data la parabola di equazione $y = ax^2 + bx + c$ con il vertice nell'origine e passante per il punto $\left(\frac{\sqrt{3}}{3}; \frac{\sqrt{3}}{3}\right)$, considera il triangolo equilatero ABO che ha un vertice in O e i vertici A e B sulla parabola. Trova le coordinate di A e B e l'area del triangolo. $[A(1; \sqrt{3}), B(-1; \sqrt{3}); \text{area} = \sqrt{3}]$

439 Date le parabole di equazione $y = x^2 + kx + 4$, determina per quale valore di k sono tangenti all'asse delle ascisse. Scrivi le equazioni delle parabole corrispondenti ai valori trovati e calcola l'area della parte di piano individuata dalle tangenti a esse nel punto di ascissa 0 e dall'asse delle x.
$[k = \pm 4; y = x^2 - 4x + 4, y = x^2 + 4x + 4; \text{area} = 4]$

440 Determina l'equazione della parabola passante per i punti $A(0; 5)$ e $B(5; 0)$ avente come asse di simmetria la retta di equazione $x = 2$. Determina poi un punto P sull'arco di parabola AB in modo che il quadrilatero $OAPB$ abbia area $\frac{55}{2}$.
$[y = -x^2 + 4x + 5; P(3; 8) \vee P(2; 9)]$

441 Scrivi l'equazione della parabola tangente all'asse delle ascisse nel punto $A(4; 0)$ e passante per il punto $B(0; 4)$. Calcola poi l'equazione della retta t tangente alla parabola nel punto B e l'area del triangolo formato da t con gli assi cartesiani.
$\left[y = \frac{1}{4}x^2 - 2x + 4; y = -2x + 4; \text{area} = 4\right]$

442 Scrivi l'equazione della parabola, con asse parallelo all'asse y, passante per i punti $A(5; 4)$, $B(1; 2)$ e $C(9; 2)$, e calcola l'area del triangolo formato dalle tangenti alla parabola nei punti A, B e C.
$\left[y = -\frac{1}{8}x^2 + \frac{5}{4}x + \frac{7}{8}; \text{area} = 4\right]$

443 **EUREKA!** Data la parabola di equazione $y = \frac{1}{4}x^2$, considera un punto Q della direttrice.

a. Verifica che le due tangenti alla parabola condotte da Q sono perpendicolari.

b. Determina la tangente t alla parabola nel suo punto P di ascissa 3. Trova poi la tangente alla parabola perpendicolare a t. Verifica che le due tangenti si intersecano in un punto della direttrice.

$\left[\text{b)}\ y = \frac{3}{2}x - \frac{9}{4}, y = -\frac{2}{3}x - \frac{4}{9}, \left(\frac{5}{6}; -1\right)\right]$

444 Determina l'equazione della parabola, con asse parallelo all'asse y, passante per il punto $P(-8; 0)$, avente per fuoco il punto $F\left(-4; \frac{15}{2}\right)$ e con la concavità verso il basso. Quindi:

a. scrivi le equazioni delle rette tangenti alla parabola passanti per il punto $A(-3; 12)$;

b. calcola l'area del triangolo avente per vertici P e i punti di tangenza delle due rette.

$\left[y = -\frac{1}{2}x^2 - 4x;\right.$
$\left.\text{a)}\ y = 2x + 18, y = -4x; \text{b) area} = 24\right]$

445 Determina b e c in modo che le parabole di equazioni $y = x^2 + bx$ e $y = -x^2 - 2x + c$ intersechino la retta r di equazione $y = -5$ nel punto di ascissa 1. Verifica che le due parabole sono tangenti, determina l'equazione della tangente comune t e calcola l'area del triangolo formato da t, r e l'asse y.
$[y = x^2 - 6x, y = -x^2 - 2x - 2; t\colon y = -4x - 1; 2]$

446 ●● **a.** Determina le equazioni delle rette t e s tangenti alle parabole di equazioni $y = x^2 - 4x + 4$ e $y = \frac{1}{9}x^2 + \frac{4}{3}x + 4$ nel loro punto di ascissa $x = 0$.

b. Determina k in modo che la retta $y = k$ formi con t e s un triangolo di area 32.

$\left[\text{a) } t\text{: } y = -4x + 4,\ s\text{: } y = \frac{4}{3}x + 4;\ \text{b) } k = 12 \vee k = -4\right]$

447 ●● Considera la parabola di equazione $y = x^2 - 4x + 5$ e il suo punto P di ascissa 4.

a. Scrivi le equazioni della tangente t, passante per il vertice, e della tangente s, passante per P, e determina il punto R di intersezione tra s e t.

b. Dette H e K le proiezioni di P, rispettivamente sull'asse della parabola e sulla retta t, calcola l'area del quadrilatero $HPKR$.

$[\text{a) } t\text{: } y = 1;\ s\text{: } y = 4x - 11;\ R(3; 1);\ \text{b) area} = 6]$

448 ●● **a.** Rappresenta graficamente la curva di equazione $y = 4 - \sqrt{16 + 8x}$.

b. Trova l'equazione della retta r tangente alla curva nel suo punto V di ordinata massima.

$[\text{b) } V(-2; 4), r: x + 2 = 0]$

449 ●● Rappresenta graficamente la curva di equazione $y = 3 - \sqrt{9 - x}$ e determina le sue intersezioni A e B con la parabola di equazione $y = -x^2 + 18x - 78$. Calcola poi l'area del triangolo formato dall'asse del segmento AB e dagli assi cartesiani.

$\left[A(8; 2), B(9; 3);\ \text{area} = \frac{121}{2}\right]$

450 ●● **EUREKA!** Rappresenta il grafico delle seguenti funzioni.

a. $y = \frac{x^4 - 16}{x^2 - 4}$ **b.** $y = \frac{x^3 + x}{x}$

451 ●● Determina l'equazione della parabola con asse di simmetria parallelo all'asse y tangente alla retta $4x + y - 16 = 0$ nel suo punto di ascissa 4 e passante per l'origine del sistema di riferimento. Trova l'area della parte di piano delimitata dalla parabola trovata e dalla bisettrice del secondo e quarto quadrante.

$\left[y = -x^2 + 4x;\ \text{area} = \frac{125}{6}\right]$

---

452 ●● **a.** Determina l'equazione della parabola con asse parallelo all'asse y che ha vertice $V(-4; 16)$ e passa per il punto $A(0; 12)$.

b. Trova l'equazione della retta tangente alla parabola nel suo punto P di ascissa 2.

c. Dimostra che la retta trovata è l'asse del segmento FQ con F fuoco della parabola e Q proiezione di P sulla direttrice.

d. Calcola perimetro e area del triangolo FPQ.

$\left[\text{a) } y = -\frac{1}{4}x^2 - 2x + 12;\ \text{b) } 3x + y - 13 = 0;\ \text{d) perimetro} = 2(10 + \sqrt{10}),\ \text{area} = 30\right]$

453 ●● Scrivi l'equazione della parabola che ha per asse la retta $x = 4$, intercetta sull'asse x una corda lunga 4 e passa per il punto di ordinata -6 dell'asse y. Determina l'equazione della parabola simmetrica della parabola trovata rispetto all'asse x. Nella parte di piano delimitata dalle due parabole inscrivi un rettangolo con i lati paralleli agli assi cartesiani avente perimetro 10 e individua i suoi vertici.

$\left[y = -\frac{1}{2}x^2 + 4x - 6;\ y = \frac{1}{2}x^2 - 4x + 6;\ \left(3; \frac{3}{2}\right), \left(5; \frac{3}{2}\right), \left(3; -\frac{3}{2}\right), \left(5; -\frac{3}{2}\right)\right]$

454 ●○ **VERO O FALSO?** Considera il fascio di parabole di equazione $(k - 1)y + kx^2 - 2(k - 3)x + 4 + k = 0$.

a. Per $k = 1$ si ottiene una parabola degenere. V F

b. Per $k = 3$ si ottiene una parabola con il vertice di ordinata $-\frac{7}{2}$. V F

c. Per $k = 0$ si ottiene l'equazione di una generatrice. V F

d. La parabola ottenuta per $k = -4$ passa per l'origine. V F

455 Studia il fascio di parabole di equazione $y = kx^2 + 2x - k$.

a. Determina l'equazione della retta r del fascio passante per i punti base.

b. Determina l'equazione della parabola γ del fascio con vertice $V(1; 2)$.

c. Calcola l'area del segmento parabolico individuato da r e γ.

$\left[\text{a) } y = 2x;\ \text{b) } y = -x^2 + 2x + 1;\ \text{c) } \frac{4}{3}\right]$

456 Studia il fascio di parabole di equazione $y = 2x^2 - (4k - 8)x + 1$ e determina per quali valori di k si ha una parabola che ha:

a. il vertice di ordinata minore di -1;

b. l'asse di simmetria di equazione $x = -4$;

c. il vertice sulla bisettrice del primo e terzo quadrante;

d. il fuoco di ordinata nulla.

$\left[\text{a) } k < 1 \vee k > 3;\ \text{b) } k = -2;\ \text{c) } k = 1 \vee k = \frac{5}{2};\ \text{d) } k = \frac{5}{4} \vee k = \frac{11}{4}\right]$

Problemi di massimo e minimo

457 AL VOLO Il grafico di una funzione è una parabola con concavità rivolta verso l'alto e vertice in $V(-1; -3)$. Qual è il suo minimo?

458 VERO O FALSO? La parabola rappresentata nel grafico nell'intervallo $[-2; 3]$:

a. ha minimo nel punto di ascissa -2. V F

b. ha massimo uguale a 6. V F

c. ha minimo uguale a 0. V F

d. ammette un massimo ma non un minimo. V F

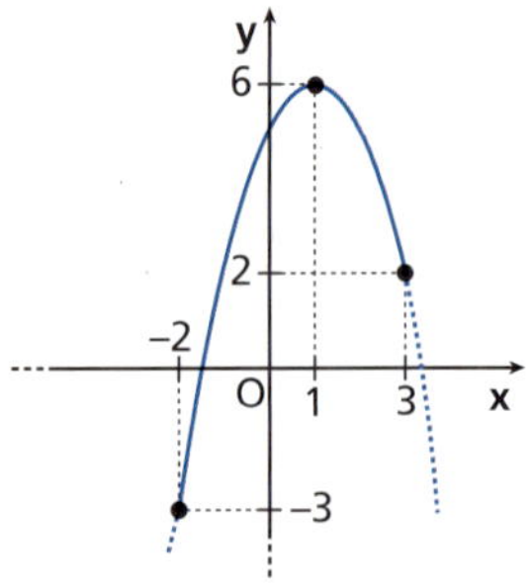

459 YOU & MATHS Let $y = f(x) = x^2 - 6x + 8$. Find the vertex and axis of symmetry. Does its graph open up or down? Find the maximum or minimum value of $f(x)$ and state which it is. Sketch the graph. Label the vertex and intercepts on your graph.

(USA *Southern Illinois University Carbondale,* Final Exam, Fall 2001)

$[V(3, -1);\ x = 3;\ \text{min: } y = -1]$

Determina il massimo e il minimo delle seguenti funzioni nell'intervallo indicato e disegnale nel piano cartesiano.

460 $y = x^2 + 4x, \quad [-4; 1].$ $[\text{max: } y = 5;\ \text{min: } y = -4]$

461 $y = -x^2 + 3x, \quad [0; 2].$ $\left[\text{max: } y = \frac{9}{4};\ \text{min: } y = 0\right]$

462 $y = x^2 + 6x + 9, \quad [-4; -1].$ $[\text{max: } y = 4;\ \text{min: } y = 0]$

463 $y = -x^2 - 4x + 3, \quad [-3; 0].$ $[\text{max: } y = 7;\ \text{min: } y = 3]$

464 YOU & MATHS Let $y = -4x^2 - 2x + 3$.

a. Find the y-intercept. Find the vertex and axis of symmetry. Sketch.

b. Find the x-intercepts, if any. Indicate them on your graph of part **a**.

c. Determine whether y has a maximum or a minimum value and state that value.

(USA *Southern Illinois University Carbondale,* Final Exam, 2002)

$\left[\text{a) } y = 3;\ \text{b) } x = \frac{-1 \pm \sqrt{13}}{4};\ \text{c) max: } y = \frac{13}{4}\right]$

Problemi geometrici

465 Considera un rettangolo di perimetro 24 cm.
a. Scrivi la funzione che esprime la sua area in funzione della base x e rappresentala nel piano cartesiano.
b. Determina il valore massimo dell'area. [a) area $= -x^2 + 12x$; b) 36]

466 Dato il triangolo equilatero ABC di lato 6 e considerato sul lato AB un punto P, esprimi in funzione di $\overline{AP} = x$ il prodotto delle distanze di P dai lati AC e CB. Rappresenta la funzione ottenuta e determina il suo valore massimo. $\left[y = -\frac{3}{4}x^2 + \frac{9}{2}x, 0 \le x \le 6; \frac{27}{4}\right]$

467 Considera il quadrato $ABCD$ di lato 2 e congiungi un punto P del lato AD con i vertici B e C. Determina, al variare di PD, la funzione $y = \overline{PB}^2 + \overline{PC}^2 + \overline{CB}^2$ e rappresentala graficamente, determinando il suo valore minimo. $[y = 2x^2 - 4x + 16, 0 \le x \le 2; 14]$

468 Nel triangolo rettangolo ABC l'ipotenusa AC misura 8 e il cateto BC è la metà di AC. Considerato un punto P su AC e la sua proiezione K su BC, esprimi in funzione di PC l'area del quadrilatero $BAPK$. Rappresenta il grafico della funzione ottenuta e trova per quale posizione di P l'area di $BAPK$ è la metà di quella di ABC. $\left[y = \frac{\sqrt{3}}{8}(64 - x^2), 0 \le x \le 8; \overline{PC} = 4\sqrt{2}\right]$

469 La figura colorata ha perimetro di 40 cm. Che valore deve assumere x perché l'area sia massima?

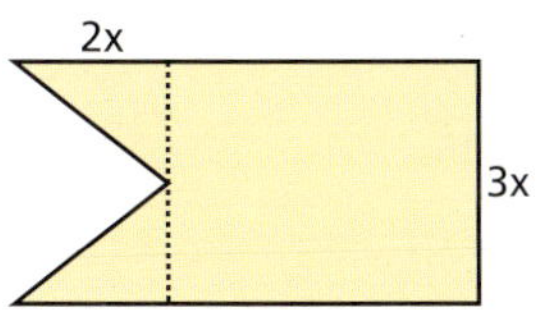

$[x = 2]$

Problemi di geometria analitica

470 Dati la parabola γ di equazione $y = \frac{1}{2}x^2 - 2$ e il punto $A(0; 2)$, considera su γ un punto P ed esprimi, al variare dell'ascissa di P, la funzione $y = \overline{OP}^2 - \overline{PA}^2$, essendo O l'origine del sistema di riferimento. Rappresenta graficamente la funzione ottenuta e determina per quale valore di x assume il valore minimo. $[y = 2x^2 - 12; x = 0]$

471 Scrivi l'equazione della parabola, con asse parallelo all'asse y, passante per i punti $A(0; -2)$, $B(1; 5)$ e $C(-2; -10)$. Preso un punto P sulla parabola, scrivi la funzione che indica la somma delle sue coordinate e determina il suo valore minimo. $\left[y = x^2 + 6x - 2; y = x^2 + 7x - 2; -\frac{57}{4}\right]$

472 Sia Q un punto con ordinata positiva o nulla appartenente alla parabola di equazione $y = \frac{1}{2}x^2 + 4x$. Detto A il punto di intersezione della parabola con l'asse x distinto da O, determina l'area del triangolo QOA in funzione dell'ascissa di Q. Rappresenta la funzione ottenuta e determina il suo valore minimo. $[y = 2(x^2 + 8x), x \le -8 \vee x \ge 0; 0]$

473 Considera la parabola di equazione $y = 8x - x^2$ che interseca l'asse x in O e in A. Inscrivi nel segmento parabolico delimitato dall'asse x un rettangolo $BCDE$ con la base su OA e altezza variabile k.
a. Esprimi la misura della base del rettangolo in funzione di k.
b. Determina la funzione che esprime la somma tra il quadrato della misura della base e il quadrato della misura dell'altezza.
c. Individua il valore di k che la rende minima. [a) $2\sqrt{16 - k}$; b) $y = k^2 - 4k + 64, 0 \le k \le 16$; c) 2]

Problemi REALTÀ E MODELLI

RISOLVIAMO UN PROBLEMA

Cena di Capodanno

Il ristorante *Che delizia!* propone una promozione per il cenone di capodanno: i clienti prenotati pagheranno € 30 a testa più € 1 per ogni posto che rimane libero. Il ristorante può ospitare 120 persone.

- Quanti clienti dovranno prenotare perché il ristorante abbia il massimo ricavo?
- A quanto ammonta il massimo ricavo?

▶ Modellizziamo la situazione.

Se x è il numero di posti che rimangono liberi, il prezzo del cenone a persona sarà espresso dalla funzione $y = 30 + x$. Il ricavo del ristorante si ottiene moltiplicando questo prezzo per il numero dei clienti, cioè $y = (30 + x)(120 - x) = -x^2 + 90x + 3600$.
Questa è l'equazione di una parabola con la concavità rivolta verso il basso, che non passa per l'origine. Infatti $x = 0$ corrisponde a 120 coperti occupati, situazione in cui il ristorante ricava € 3600.

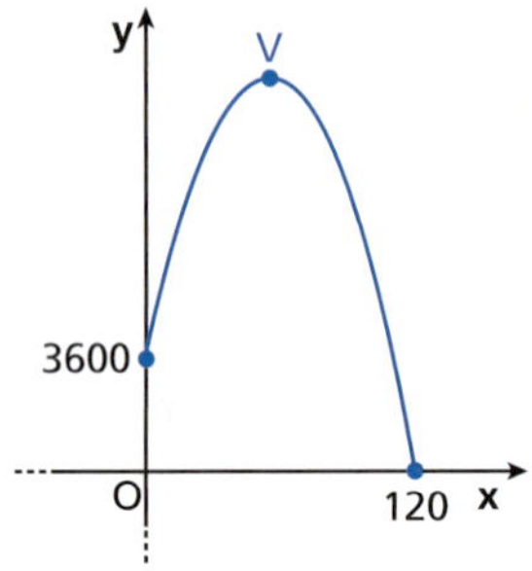

▶ Calcoliamo il numero di clienti necessari per ottenere il massimo ricavo.

Come si vede anche dalla figura, il punto di massimo ricavo corrisponde al vertice della parabola. L'ascissa del vertice indica quanti posti vuoti si hanno in questa condizione, cioè $x_V = -\frac{b}{2a} = -\frac{90}{-2} = 45$. Questo vuol dire che i clienti presenti sono 75.

▶ Calcoliamo il massimo ricavo.

L'ammontare del ricavo si ottiene calcolando l'ordinata del vertice:

$$y_V = -\frac{\Delta}{4a} = € \, 5625.$$

474 ●○ **Guadagno aziendale** L'amministratore di una piccola azienda dolciaria sa che il guadagno mensile dovuto alla vendita di un particolare tipo di biscotti è ben descritto dalla funzione quadratica $y = -0{,}065x^2 + 48{,}1x$, dove x rappresenta il numero di confezioni prodotte in un mese.

a. Dopo aver rappresentato il grafico della funzione, stabilisci quante confezioni di biscotti deve produrre l'azienda per ottenere il massimo guadagno.

b. Potrebbe diventare negativo il guadagno? In quale caso?

c. Dopo aver implementato un nuovo metodo di produzione, l'amministratore osserva che il guadagno mensile massimo arriva a € 10 000 e corrisponde alla produzione di 500 scatole di biscotti. Quale funzione quadratica rappresenta ora il guadagno dell'azienda?

[a) vertice della parabola (370; 8898,50), guadagno max per $x = 370$; b) guadagno negativo per $x > 740$; c) nuova funzione: $y = -0{,}04x^2 + 40x$]

475 ●● **Superefficiente!** L'efficienza di un motorino (ossia il numero dei kilometri percorsi con un litro di carburante) dipende dalla massa del veicolo. Si sta studiando un modello la cui efficienza è data approssimativamente da:

$$E(x) = 0{,}12x^2 - 21x + 934, \qquad 80 \leq x \leq 120,$$

dove x è la massa del motorino in kilogrammi. Sulla base di tale informazione rispondi alle seguenti domande.

a. Qual è la massa del motorino meno efficiente?

b. Qual è l'efficienza minima? [a) 87,5 kg; b) 15,25 km/L]

VERIFICA DELLE COMPETENZE ALLENAMENTO

ANALIZZARE E INTERPRETARE DATI E GRAFICI

1 ASSOCIA a ogni parabola o il suo vertice o la sua retta direttrice.

a. $x = \frac{1}{2}y^2 - 2y + 1$ b. $y = x^2 + 3x + 1$ c. $x = \frac{1}{2}y^2 - 2y - 1$ d. $y = -\frac{1}{2}x^2 - 3x - 1$

1. $y = -\frac{3}{2}$ 2. $V\left(-3; \frac{7}{2}\right)$ 3. $x = -\frac{3}{2}$ 4. $V(-3; 2)$

TEST

2 Per quale valore di $k \in \mathbb{R}$ l'equazione $(3k+6)x^2 + 3y - 6k = 0$ rappresenta una parabola con asse parallelo all'asse delle y?

A Solo per $k = 1$ B $k \neq -2$ C $\forall k \in \mathbb{R}$ D $\nexists k \in \mathbb{R}$ E $k = 0$

3 Sulle parabole di equazioni

$$y = -\frac{1}{4}x^2 + 2 \text{ e } y = -\frac{1}{4}x^2 + 2x$$

si può dire che:

A hanno lo stesso vertice.
B hanno lo stesso asse di simmetria.
C hanno lo stesso fuoco.
D hanno la stessa direttrice.
E sono congruenti.

4 La parabola di equazione $y = ax^2 + c$, con a e c discordi,

A passa per l'origine.
B ha il vertice di ordinata c.
C ha come asse di simmetria la retta $y = 0$.
D ha il fuoco di ordinata $\frac{1-4ac}{4a}$.
E interseca l'asse x nei punti di ascissa $x = \pm\sqrt{\frac{c}{a}}$.

Determina vertice, asse, fuoco e direttrice delle seguenti parabole e rappresentale graficamente.

5 $y = -\frac{3}{8}x^2$

6 $2y - x^2 = 4x$

7 $y = (2-x)^2$

8 $2y = -\frac{1}{2}x^2 + 2x + 3$

9 $y = 3x^2 + 4$

10 $y + 7 = -x^2 + 3x$

11 Per quali valori di a l'equazione $y = \frac{1}{a-1}x^2$ rappresenta una parabola? Trova a affinché il fuoco abbia coordinate $(0; 2)$ e disegna la parabola ottenuta. [$a \neq 1; a = 9$]

12 L'equazione $ay - 3x^2 + 6x = 0$ può rappresentare una parabola per qualsiasi valore di a? Trova per quali valori di a la direttrice ha equazione $y = 1$ e disegna la parabola ottenuta. [$a \neq 0; a = -6$]

LEGGI IL GRAFICO **Trova le equazioni dei seguenti grafici.**

13

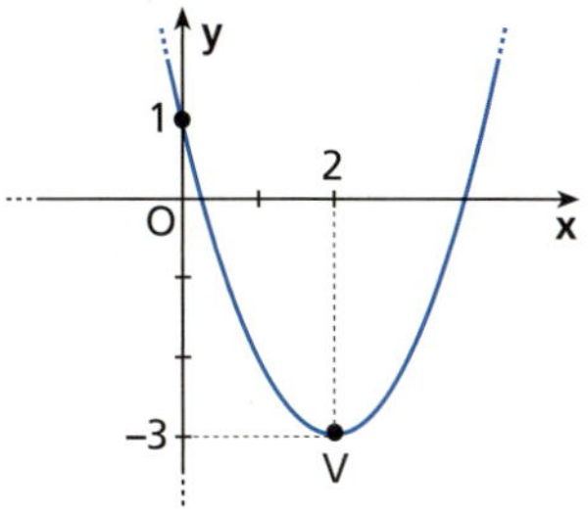

[$y = x^2 - 4x + 1$]

14

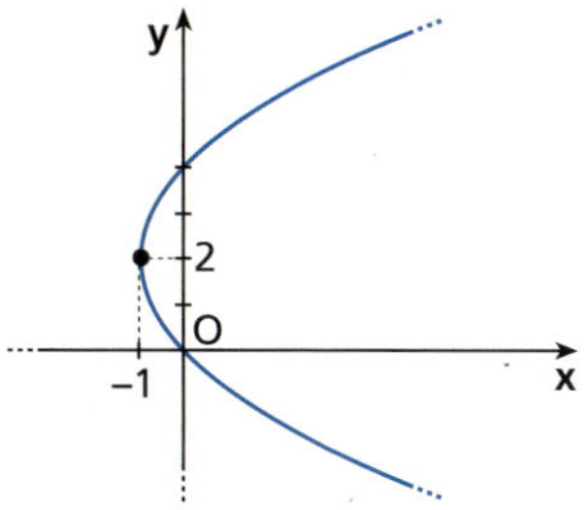

[$x = \frac{1}{4}y^2 - y$]

15

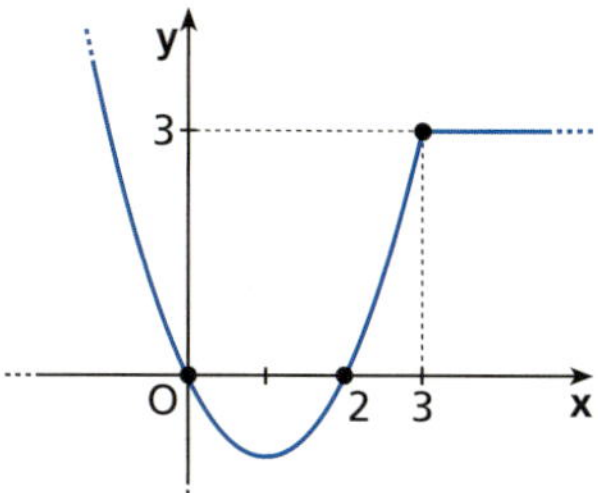

[$f(x) = \begin{cases} x^2 - 2x & \text{se } x \leq 3 \\ 3 & \text{se } x > 3 \end{cases}$]

16 ●○ **LEGGI IL GRAFICO** In figura è rappresentato il grafico di una funzione del tipo:

$$f(x)=\begin{cases} a(x+1)^2 & \text{se } x<0, \\ b(4-x^2) & \text{se } x\geq 0. \end{cases}$$

Trova a, b e le coordinate di P.

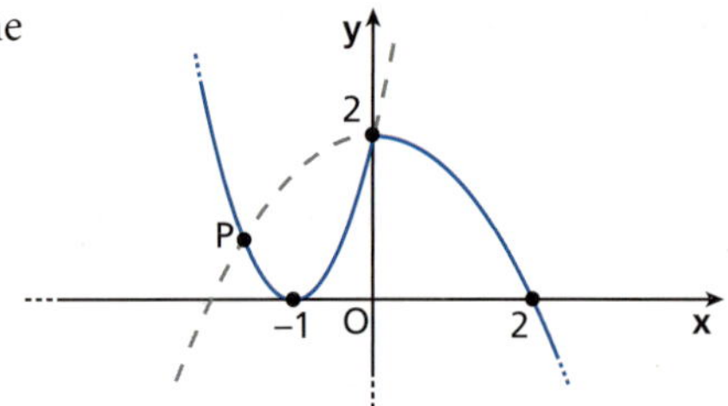

$\left[2; \frac{1}{2}; P\left(-\frac{8}{5}; \frac{18}{25}\right)\right]$

17 ●○ **ASSOCIA** a ogni parabola la sua equazione.

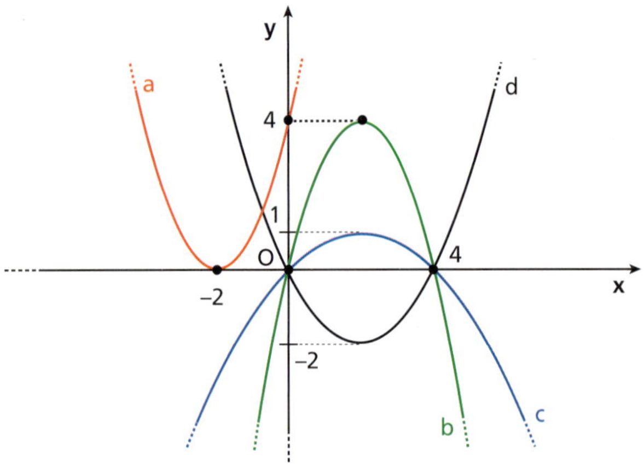

1. $y=-x^2+4x$
2. $y=-\frac{1}{4}(x^2-4x)$
3. $y=(x+2)^2$
4. $y=\frac{1}{2}(x^2-4x)$

Rappresenta il grafico delle seguenti funzioni.

18 ●○ $y=-\sqrt{4-x}$

19 ●○ $y=2+2\sqrt{x}$

20 ●○ $y=\sqrt{x+6}$

21 ●○ $y=-|x|x+5$

22 ●○ $y=|9-x^2|$

23 ●○ $y=|x-2|-x^2$

RISOLVERE PROBLEMI

TEST

24 ●○ Per quale valore non nullo di k la distanza tra i vertici delle parabole $y=kx^2-2x+1$ e $y=-2x^2+2$ è uguale a 1?

A Per ogni k.

B 1

C -1

D ± 1

E Per nessun valore di k.

(*CISIA, Facoltà di Ingegneria, Test di ingresso*)

25 ●○ La lunghezza della corda individuata dalla parabola $y=x^2+x$ sulla retta $y=x+4$ è:

A $2\sqrt{3}$.

B $3\sqrt{2}$.

C $4\sqrt{2}$.

D $2\sqrt{5}$.

E $5\sqrt{2}$.

26 ●○ Determina l'equazione della parabola, con asse parallelo all'asse y, che ha vertice in $V\left(\frac{1}{3}; \frac{2}{3}\right)$ e passa per il punto $A(0;1)$. $[y=3x^2-2x+1]$

27 ●○ Determina l'equazione della parabola, con asse parallelo all'asse x, passante per i punti $A(0;1)$, $B(-1;0)$ e $C(-1;2)$. $[x=-y^2+2y-1]$

28 ●○ Determina l'equazione della parabola, con asse parallelo all'asse y, di vertice $V(2;-2)$ e passante per il punto $A(1;-1)$. $[y=x^2-4x+2]$

29 ●○ Trova l'equazione della parabola avente il fuoco in $F(-1;0)$ e la direttrice di equazione $y=2$. $\left[y=-\frac{1}{4}x^2-\frac{1}{2}x+\frac{3}{4}\right]$

Determina i punti di intersezione tra la parabola e la retta di cui sono date le equazioni e disegna il grafico.

30 $y = x - 2; \qquad y = x^2 + 3x - 1.$ [(− 1; − 3)]

31 $y = 3x + 12; \qquad y = -4x^2 + 8x.$ [nessuna intersezione]

32 $y = -2x - 3; \qquad y = -4x^2 - 2x + 1.$ [(− 1; − 1), (1; − 5)]

33 Determina la lunghezza della corda intercettata dalla retta di equazione $y = -4x + 8$ sulla parabola di equazione $y = -3x^2 + 5x + 2$. [$\sqrt{17}$]

34 Verifica che la retta tangente alla parabola di equazione $y = \frac{1}{2}x^2 - x$ nell'origine è la bisettrice del secondo e quarto quadrante.

35 Determina l'equazione della retta tangente alla parabola di equazione $y = -2x^2 + 8x - 4$ nel suo punto di ascissa 3. [$y = -4x + 14$]

36 Determina l'equazione della parabola $x = ay^2 + by + c$ di vertice $V(0; 1)$, tangente alla retta di equazione $x - 4y = 0$. [$x = -y^2 + 2y - 1$]

37 Trova le equazioni delle rette tangenti alla parabola di equazione $y = 2x^2 - 7x + 2$ e passanti per $A(-2; -8)$. [$y = x - 6$; $y = -31x - 70$]

38 Determina per quali valori di k la parabola di equazione $y = kx^2 + kx - 1$:

a. passa per l'origine;

b. ha la concavità rivolta verso il basso;

c. ha il vertice nel punto $V\left(-\frac{1}{2}; 1\right)$. [a) impossibile b) $k < 0$; c) − 8]

39 Determina per quali valori di b la parabola di equazione $y = x^2 - 2bx + b + 2$:

a. interseca l'asse y nel punto di ordinata − 3;

b. è tangente alla retta di equazione $y = x - \frac{5}{4}$. [a) − 5 b) $\pm\sqrt{3}$]

40 Dati i punti $V(-3; 11)$ e $A(0; 2)$, determina:

a. l'equazione della parabola, con asse parallelo all'asse y, che ha vertice V e passa per A;

b. l'equazione della retta tangente alla parabola nel suo punto di ascissa − 5.

[a) $y = -x^2 - 6x + 2$; b) $y = 4x + 27$]

41 Data la parabola di equazione $y = -x^2 + 6x$, indicato con V il vertice, determina l'area del triangolo AVB, dove A e B sono i punti di intersezione della parabola con la retta di equazione $y = 5$. [8]

42 Calcola l'area del triangolo che ha per vertici il vertice e il fuoco della parabola di equazione $y = 3x^2 - 6x$ e il punto $A(2; 2)$. [$\frac{1}{24}$]

43 Determina l'equazione della parabola, con asse parallelo all'asse y, che passa per i punti $O(0; 0)$, $A(4; 0)$ e che ha vertice di ordinata −2.
Trova poi le coordinate del punto B, simmetrico di V rispetto all'asse x, e determina l'area e il perimetro del quadrilatero $ABOV$, verificando che si tratta di un quadrato. [$y = \frac{1}{2}x^2 - 2x$; 8; $8\sqrt{2}$]

44 Trova la retta tangente alla parabola di equazione $y = x^2 + 2x + 4$, parallela alla retta di equazione $y - 2x = 0$. Indicati con T il punto di tangenza, con V il vertice della parabola e con A il punto d'incontro della retta tangente con l'asse delle x, calcola l'area del triangolo AVT. [$y = 2x + 4$; area = 1]

45 Dato il fascio di parabole $y = (k+3)x^2 + (k-1)x + 2k - 1$, indica per quale valore di k si ha una parabola che:

a. passa per O; **b.** ha la concavità rivolta verso il basso; **c.** ha vertice di ascissa -2.

$\left[\text{a) } k = \frac{1}{2}; \text{ b) } k < -3; \text{ c) } k = -\frac{13}{3}\right]$

COSTRUIRE E UTILIZZARE MODELLI

46 **Antenna parabolica** Un radiotelescopio è un telescopio che è specializzato nel rilevare onde radio, generalmente grazie a una grande antenna parabolica o a più antenne collegate. La proprietà focale della parabola che viene sfruttata era conosciuta fin dall'antichità: le onde (viste come raggi) parallele all'asse si riflettono nel fuoco.

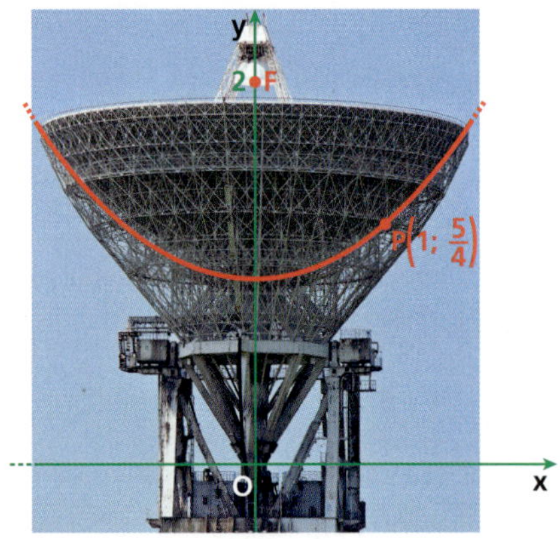

a. Trova l'equazione della sezione parabolica dell'antenna del radiotelescopio in figura, sapendo che la direttrice della parabola giace sull'asse x.

b. Un'onda radio viene riflessa nel fuoco con un angolo di 45° rispetto all'asse y: da quale punto dell'antenna proveniva?

$\left[\text{a) } y = \frac{1}{4}x^2 + 1; \text{ b) } A(2-2\sqrt{2}; 4-2\sqrt{2}), B(-2+2\sqrt{2}; 4-2\sqrt{2})\right]$

47 **Fontane di Roma** Girando per Roma è facile imbattersi in fontane come quella della foto, in cui il getto d'acqua segue una traiettoria parabolica. Calcola l'altezza della vasca intermedia rispetto alla vasca che si trova alla base utilizzando i dati nella foto.

[1,2 m]

48 **Golf** Una pallina da golf dopo il colpo segue una traiettoria di equazione $y = \frac{v_{0y}}{v_{0x}}x - \frac{1}{2} \cdot \frac{g}{v_{0x}^2}x^2$, dove v_{0x} e v_{0y} sono le componenti orizzontale e verticale del vettore velocità iniziale $\vec{v}_0$ della pallina e $g = 9{,}81 \text{ m/s}^2$ è l'accelerazione di gravità. Se $v_0 = 38$ m/s e $\vec{v}_0$ forma un angolo di 45° con la direzione orizzontale, calcola l'altezza massima h raggiunta dalla pallina. Calcola poi la gittata, ovvero la distanza che la pallina percorre prima di ricadere al suolo.

[$h \simeq 36{,}8$ m; gittata $\simeq 147{,}2$ m]

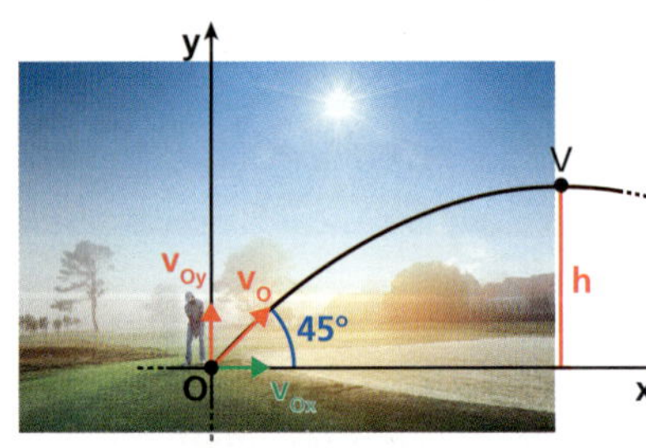

49 **Un bel tiro!** Un giocatore di pallacanestro lancia la palla da un punto A a un'altezza di 2 m da terra. La palla (ovvero il punto centrale della palla) raggiunge il centro del canestro B, che è a una distanza, in orizzontale, di 6 m dalla posizione del giocatore e a un'altezza da terra di 3 m. Scrivi l'equazione della traiettoria seguita dalla palla, sapendo che raggiunge la sua altezza massima h quando è a 4 m di distanza in orizzontale dal punto di partenza.

$\left[y = -\frac{1}{12}x^2 + \frac{2}{3}x + 2\right]$

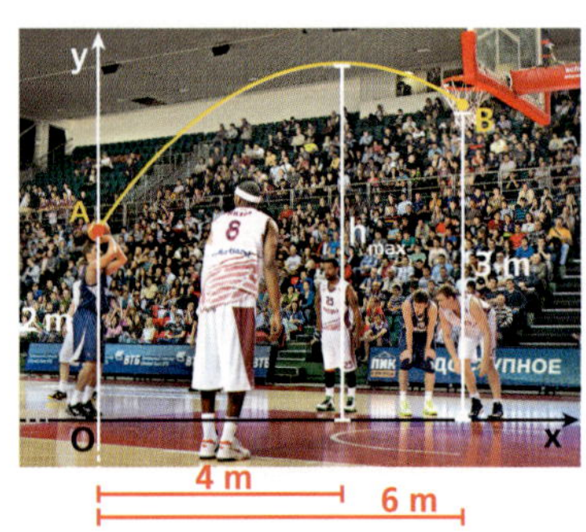

TUTOR matematica
Allenati con 15 esercizi interattivi con feedback "hai sbagliato, perché..."
su.zanichelli.it/tutor3 risorsa riservata a chi ha acquistato l'edizione con tutor

VERIFICA DELLE COMPETENZE PROVE

1 ora

PROVA A

1 VERO O FALSO?

a. La parabola di equazione $y = 2x^2 + 8x + 5$ ha vertice di ordinata 3. V F

b. La retta di equazione $x = \frac{5}{2}$ è l'asse della parabola di equazione $y = x^2 - 5x + 6$. V F

c. La parabola di equazione $y = -3x^2$ e la retta di equazione $y - x - 1 = 0$ sono tangenti. V F

d. Se $k = 3$ la parabola di equazione $y = -(2 - k)x^2 + 4 - x$ ha concavità rivolta verso l'alto. V F

2 Determina l'equazione della parabola, con asse parallelo all'asse y, passante per il punto $(-3; 3)$ e con il vertice nel punto $V(-2; 4)$.

3 Trova le equazioni delle seguenti parabole.

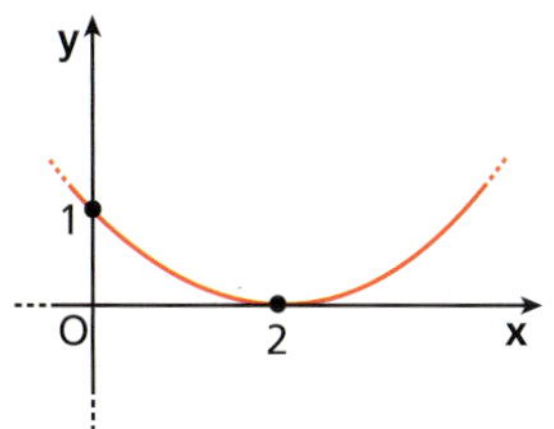

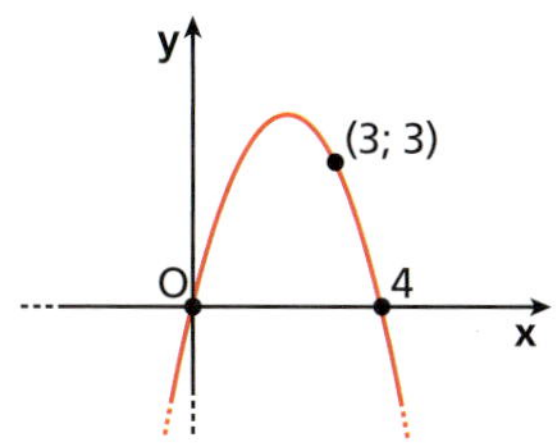

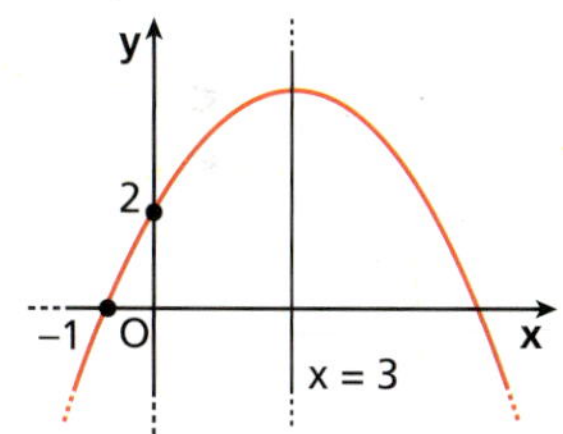

4 Rappresenta la retta di equazione $y = x - 3$ e la parabola di equazione $y = -x^2 + 3x + 5$; determina i loro punti di intersezione A e B e calcola la lunghezza di AB.

5 Scrivi le equazioni delle rette passanti per $A(0; 9)$ e tangenti alla parabola di equazione $y = 3x^2 - 4x + 12$.

6 Data la parabola di equazione $ky - 2x^2 + (k + 1)x - 3 = 0$, trova per quale valore di k:

a. l'asse ha equazione $x = 1$;

b. la parabola passa per $P(-1; 2)$.

PROVA B

Partita di pallavolo Durante un torneo di giochi scolastici assistiamo a una partita di pallavolo.
Immaginiamo di fissare un sistema di riferimento cartesiano centrato su una parete alle spalle di una squadra e proiettiamo sulla parete le varie posizioni della palla.
La traiettoria parabolica della palla alzata dal palleggiatore raggiunge la sua massima altezza nel punto $A(4; 6)$ e viene intercettata dallo schiacciatore nel punto $B\left(\frac{1}{2}; \frac{47}{16}\right)$.

a. Determina l'equazione della traiettoria e rappresentala nel piano cartesiano.

b. Nel caso in cui i piedi dello schiacciatore (o, per meglio dire, la loro proiezione sulla parete di fondo) si trovino nell'origine, a che altezza lo schiacciatore, saltando verticalmente, intercetta la palla?

c. Se il soffitto della palestra è alto 5,5 m, riuscirà il palleggiatore ad alzare ugualmente la palla? In caso negativo, in che punto la palla rimbalzerà contro il soffitto?

T

CAPITOLO 5

CIRCONFERENZA

1 Circonferenza e sua equazione

Circonferenza come luogo geometrico

DEFINIZIONE

Assegnato nel piano un punto C, detto centro, si chiama **circonferenza** la curva piana luogo geometrico dei punti equidistanti da C:

$$\overline{PC} = \textbf{costante.}$$

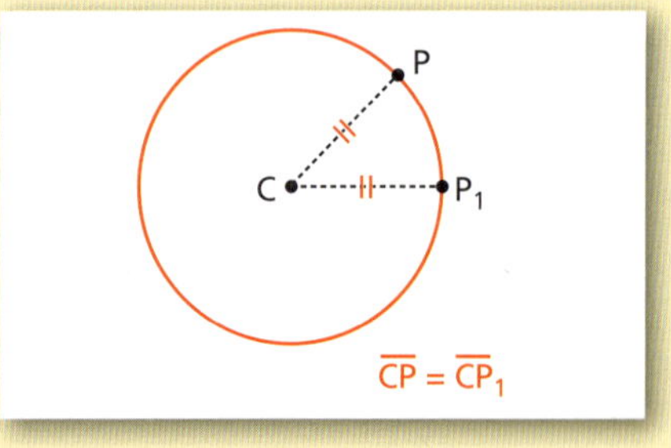

Listen to it

The set of all points at a fixed distance from a given point C is called a **circle**. C is called the **centre** of the circle.

La distanza fra ognuno dei punti e il centro è il **raggio** della circonferenza.

Equazione della circonferenza

▶ Esercizi a p. 260

Animazione

Nella figura dinamica dell'animazione puoi osservare come variano la circonferenza e la sua equazione quando cambiano α, β e r.

Determiniamo nel piano cartesiano l'equazione della circonferenza che ha centro $C(\alpha; \beta)$ e raggio r.

Un generico punto $P(x; y)$ appartiene alla circonferenza se e solo se:

$$\overline{PC} = r \rightarrow \overline{PC}^2 = r^2.$$

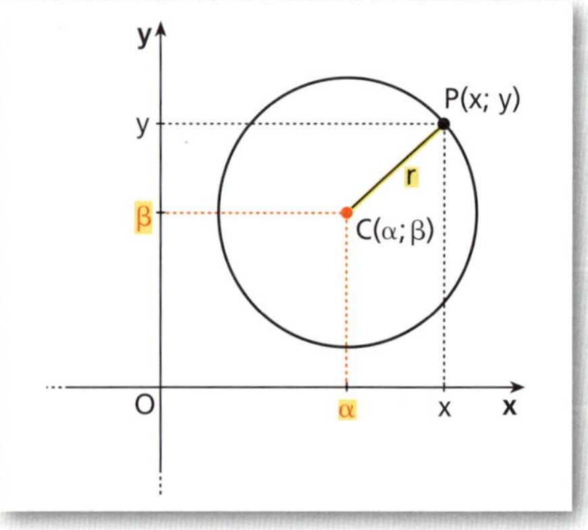

Per la formula della distanza fra due punti:

$$\overline{PC}^2 = (x - \alpha)^2 + (y - \beta)^2.$$

Sostituendo r^2 a $\overline{PC}^2$, otteniamo

$$(x - \alpha)^2 + (y - \beta)^2 = r^2,$$

che è l'equazione cercata. Svolgendo i calcoli, possiamo scrivere l'equazione anche in altro modo:

$$x^2 + y^2 - 2\alpha x - 2\beta y + \alpha^2 + \beta^2 - r^2 = 0.$$

Se poniamo $a = -2\alpha$, $b = -2\beta$, $c = \alpha^2 + \beta^2 - r^2$, l'equazione diventa:

$$\mathbf{x^2 + y^2 + ax + by + c = 0.}$$

L'equazione trovata è di secondo grado nelle incognite x e y. Osserviamo che l'equazione non è completa, perché manca il termine con il prodotto xy, e che i coefficienti di x^2 e di y^2 sono uguali a 1.

ESEMPIO

Ricaviamo l'equazione della circonferenza di centro $C(2; 1)$ e raggio 3.

Se un punto $P(x; y)$ appartiene alla circonferenza: $\overline{PC} = 3 \rightarrow \overline{PC}^2 = 9$.

Per la formula della distanza tra due punti:

$$\overline{PC}^2 = (x-2)^2 + (y-1)^2.$$

Quindi l'equazione della circonferenza è:

$$(x-2)^2 + (y-1)^2 = 9.$$

Svolgendo i calcoli, possiamo scriverla:

$$x^2 + y^2 - 4x - 2y - 4 = 0.$$

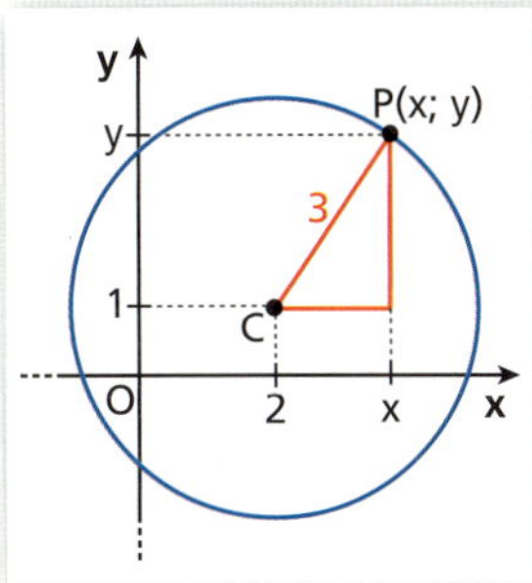

▶ Scrivi l'equazione della circonferenza di centro $C(0; -1)$ e raggio 1. $[x^2 + y^2 + 2y = 0]$

Dall'equazione al grafico

▶ Esercizi a p. 261

Coordinate del centro e misura del raggio

Esprimiamo le coordinate del centro e la misura del raggio in funzione di a, b e c:

$$a = -2\alpha \rightarrow \boldsymbol{\alpha = -\frac{a}{2}}; \qquad b = -2\beta \rightarrow \boldsymbol{\beta = -\frac{b}{2}};$$

$$c = \alpha^2 + \beta^2 - r^2 \rightarrow r^2 = \alpha^2 + \beta^2 - c \rightarrow r^2 = \frac{a^2}{4} + \frac{b^2}{4} - c \rightarrow$$

$$\boldsymbol{r = \sqrt{\frac{a^2}{4} + \frac{b^2}{4} - c}}.$$

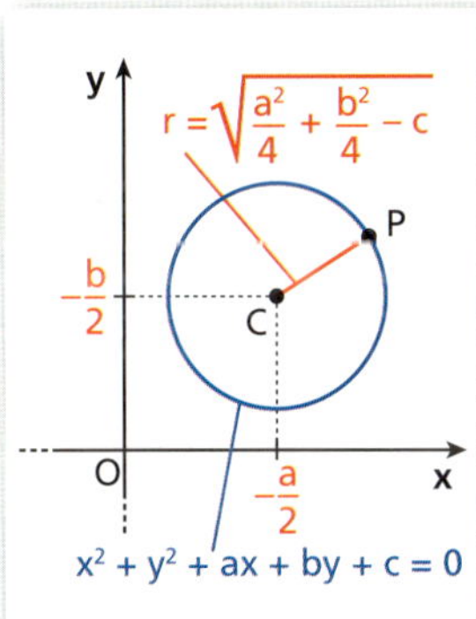

L'equazione $x^2 + y^2 + ax + by + c = 0$ rappresenta una circonferenza solo se la misura del raggio è un numero reale, quindi solo se:

$$\boldsymbol{\frac{a^2}{4} + \frac{b^2}{4} - c \geq 0}.$$

In particolare, se $\frac{a^2}{4} + \frac{b^2}{4} - c = 0$, allora $\boldsymbol{r = 0}$ e la circonferenza si riduce a un solo punto, il centro. In questo caso diciamo che la circonferenza è **degenere**.

Osserviamo che, per avere l'equazione di una circonferenza, non è necessario che x^2 e y^2 abbiano coefficiente 1. È sufficiente che i loro coefficienti siano entrambi uguali a un qualunque numero n, con $n \neq 0$. In tal caso, infatti, è possibile riottenere i coefficienti uguali a 1 dividendo tutti i termini per n. Per esempio:

$$4x^2 + 4y^2 - 2x + 3y - 8 = 0 \rightarrow x^2 + y^2 - \frac{1}{2}x + \frac{3}{4}y - 2 = 0.$$

Rappresentazione grafica di una circonferenza

ESEMPIO Animazione

Disegniamo la circonferenza di equazione $x^2 + y^2 + 2x - 4y - 11 = 0$.

TEORIA

▸ Disegna la circonferenza di equazione $x^2+y^2+4x-8y-5=0$.

Le coordinate del centro C sono

$$\alpha=-\frac{a}{2}=-\frac{2}{2}=-1,\quad \beta=-\frac{b}{2}=-\frac{-4}{2}=2.$$

Il raggio misura:

$$\sqrt{\frac{a^2}{4}+\frac{b^2}{4}-c}=\sqrt{1+4+11}=\sqrt{16}=4.$$

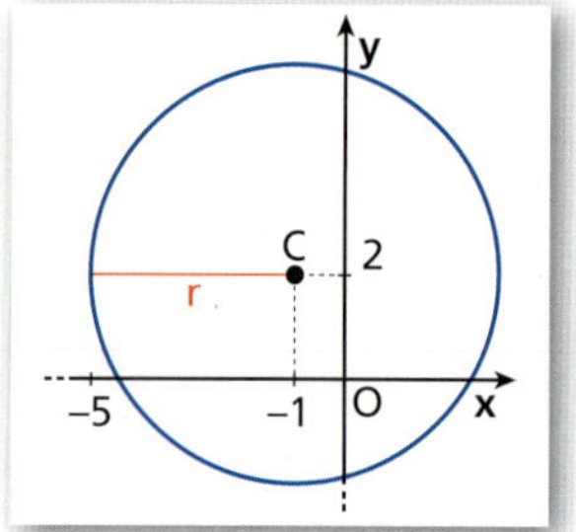

Casi particolari

Consideriamo l'equazione $x^2+y^2+ax+by+c=0$ ed esaminiamo i seguenti casi particolari.

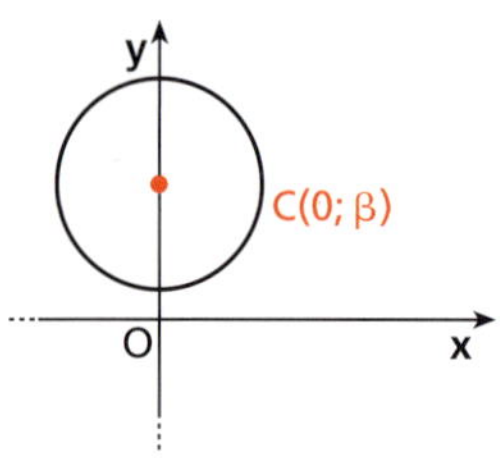

a = 0
$x^2+y^2+by+c=0$

a. Se $a=0$, allora $\alpha=0$, quindi $C(0;\beta)$: **il centro appartiene all'asse** ***y***.

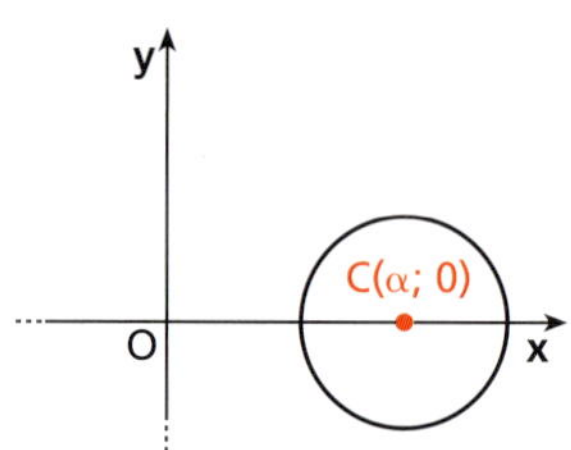

b = 0
$x^2+y^2+ax+c=0$

b. Se $b=0$, allora $\beta=0$, quindi $C(\alpha;0)$: **il centro appartiene all'asse** ***x***.

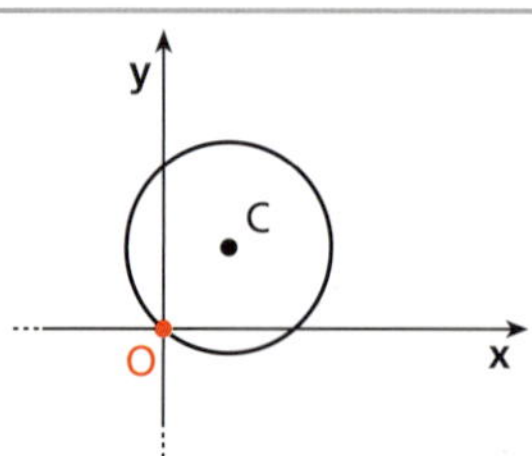

c = 0
$x^2+y^2+ax+by=0$

c. Se $c=0$, le coordinate di $O(0;0)$ verificano l'equazione, quindi **la circonferenza passa per l'origine degli assi**.

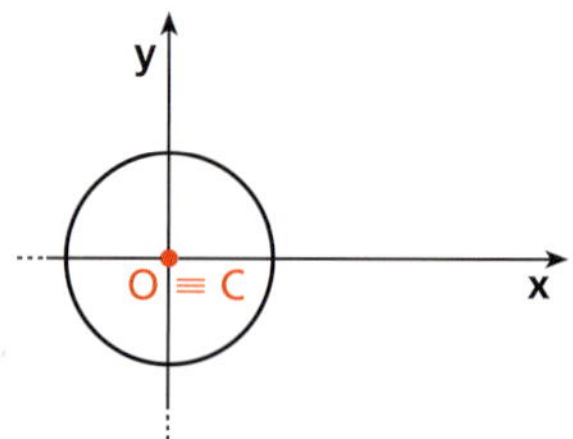

a = b = 0
$x^2+y^2+c=0$
$x^2+y^2=r^2\quad (r=\sqrt{-c})$

d. Se $a=b=0$, allora $\alpha=\beta=0$, quindi $C(0;0)$. **La circonferenza ha il centro nell'origine.**

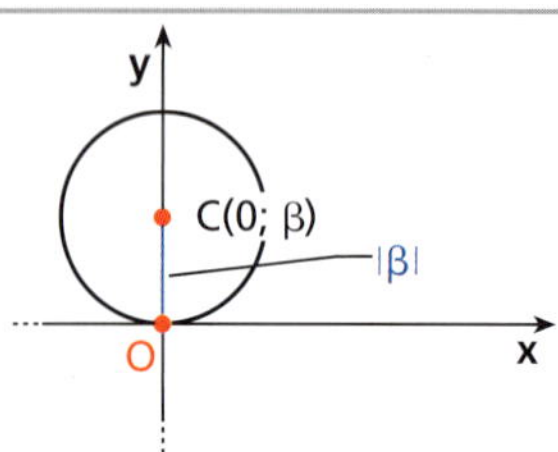

a = c = 0
$x^2+y^2+by=0$

e. La circonferenza ha centro sull'asse ***y*** **e passa per l'origine.** Il raggio misura $r=\sqrt{\beta^2}=|\beta|$.

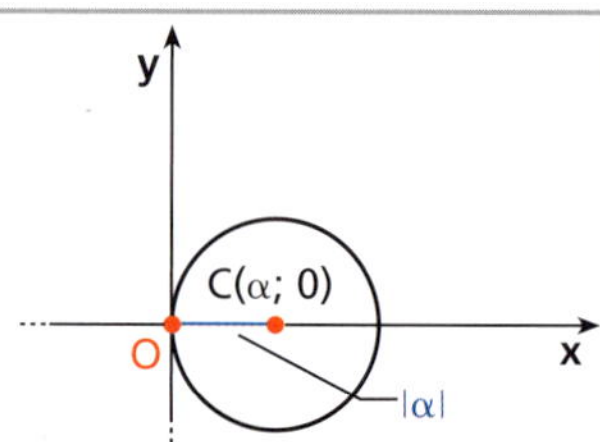

b = c = 0
$x^2+y^2+ax=0$

f. La circonferenza ha centro sull'asse x e passa per l'origine. Il raggio misura $r=\sqrt{\alpha^2}=|\alpha|$.

ESEMPIO

Disegniamo $x^2+y^2-8y-9=0$.
Poiché $a=0$ e $b=-8$, abbiamo:

$$\alpha=0,\ \beta=4\ \rightarrow\ C(0;4).$$

Il raggio misura:

$$r=\sqrt{0+16+9}=\sqrt{25}=5.$$

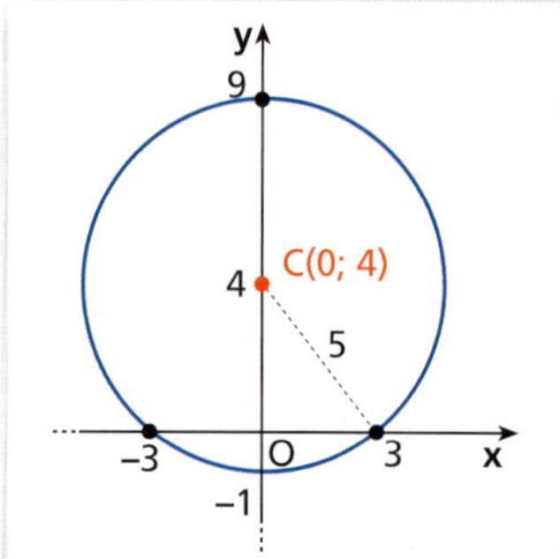

Rappresentiamo $x^2 + y^2 - 16 = 0$.

$$a = b = 0 \rightarrow \alpha = 0, \ \beta = 0 \rightarrow C(0; 0).$$

Il raggio misura:

$$r = \sqrt{-c} = \sqrt{16} = 4.$$

Più rapidamente, se scriviamo l'equazione nella forma $x^2 + y^2 = r^2$, cioè $x^2 + y^2 = 16$, ricaviamo subito $C(0; 0)$ e $r = 4$.

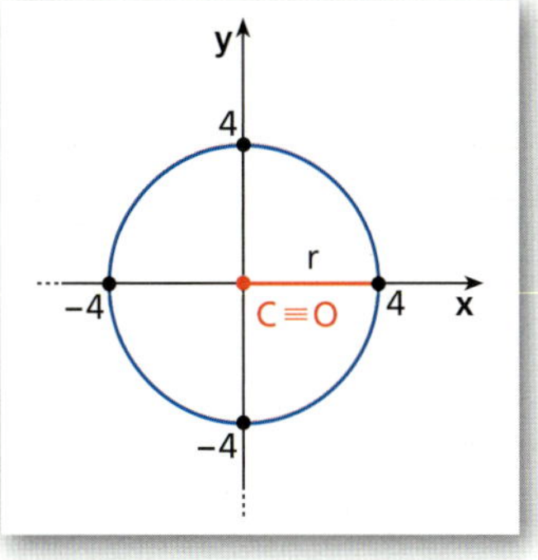

▶ Rappresenta le circonferenze di equazioni:

- $x^2 + y^2 - 4x - 5 = 0$, dove $b = 0$;
- $x^2 + y^2 - 5x - 12y = 0$, dove $c = 0$.

Animazione

▶ Rappresenta le circonferenze di equazioni:

- $x^2 + y^2 + 7y = 0$, con $a = c = 0$;
- $x^2 + y^2 - 10x = 0$, con $b = c = 0$.

Animazione

Circonferenza e funzioni

L'equazione $x^2 + y^2 + ax + by + c = 0$ non rappresenta una funzione perché a ogni valore di x corrispondono due valori di y.
Infatti, se consideriamo per esempio l'equazione $x^2 + y^2 = 4$ ed esplicitiamo rispetto a y, otteniamo: $y^2 = 4 - x^2 \rightarrow y = \pm\sqrt{4 - x^2}$.
Il grafico della circonferenza può essere visto come l'unione dei grafici di due semicirconferenze di equazioni $y = \sqrt{4 - x^2}$ e $y = -\sqrt{4 - x^2}$, che invece rappresentano delle funzioni.

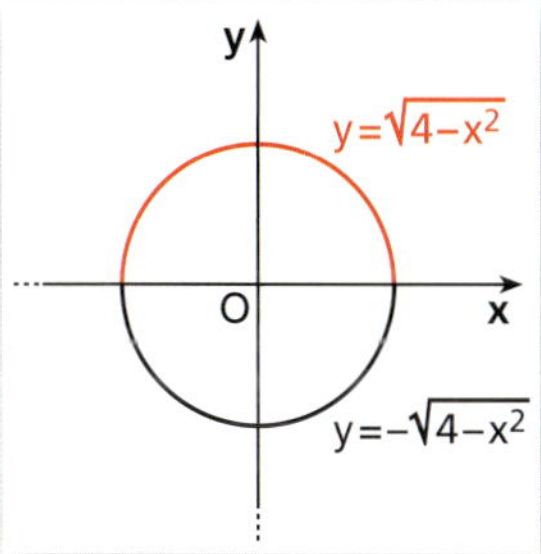

2 Rette e circonferenze

Posizione di una retta rispetto a una circonferenza

▶ Esercizi a p. 270

La posizione di una retta rispetto a una circonferenza dipende dalla distanza d del centro della circonferenza dalla retta, cioè dalla misura del segmento che ha per estremi il centro e il piede della perpendicolare condotta dal centro alla retta.
Consideriamo una circonferenza di raggio r. Le relazioni che legano d con la posizione che assume la retta rispetto alla circonferenza sono le seguenti.

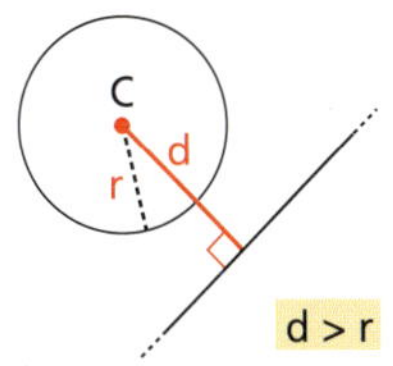

a. Se $d > r$, la retta è esterna alla circonferenza: retta e circonferenza non hanno punti in comune.

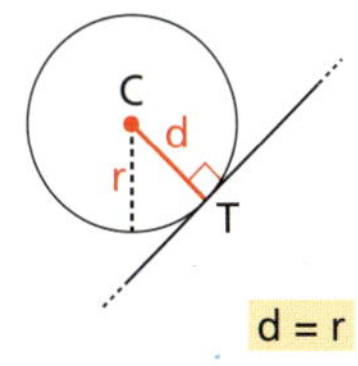

b. Se $d = r$, la retta è tangente alla circonferenza: retta e circonferenza hanno un solo punto in comune.

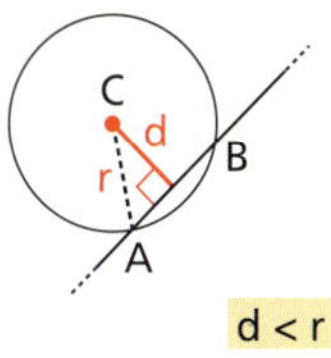

c. Se $d < r$, la retta è secante la circonferenza: retta e circonferenza hanno due punti distinti in comune.

TEORIA

Listen to it

A generic line is **external** to a circle if it has no points in common with it; it is a **tangent** line if it has a single point of intersection with the circle; it is a **secant** line if it meets the circle at two distinct points.

Se vogliamo studiare la posizione di una circonferenza di equazione $x^2+y^2+ax+by+c=0$ rispetto a una retta di equazione $a'x+b'y+c'=0$, dobbiamo determinare quante sono le soluzioni del sistema:

$$\begin{cases} x^2+y^2+ax+by+c=0 \\ a'x+b'y+c'=0 \end{cases}.$$

Infatti, le sue soluzioni $(x; y)$ danno le coordinate dei punti in comune alla retta e alla circonferenza, cioè dei loro punti di intersezione.
Risolviamo il sistema applicando il metodo di sostituzione. Otteniamo un'equazione di secondo grado detta **equazione risolvente**.
Studiando il segno del discriminante Δ dell'equazione risolvente abbiamo tre casi:

- $\Delta < \mathbf{0}$, il sistema non ha soluzioni reali: non ci sono punti di intersezione, quindi **la retta è esterna** alla circonferenza;
- $\Delta = \mathbf{0}$, il sistema ha due soluzioni reali e coincidenti: c'è un solo punto di intersezione, quindi **la retta è tangente** alla circonferenza;
- $\Delta > \mathbf{0}$, il sistema ha due soluzioni reali e distinte: ci sono due punti di intersezione, quindi **la retta è secante** la circonferenza.

Animazione

Se segui lo svolgimento dell'esempio nell'animazione, hai a disposizione i calcoli svolti per la risoluzione del sistema e le informazioni per disegnare il grafico.

ESEMPIO

Studiamo la posizione della retta di equazione

$$3x-2y+1=0,$$

rispetto alla circonferenza di equazione $x^2+y^2+3x-3y-2=0$.
Consideriamo il sistema:

$$\begin{cases} x^2+y^2+3x-3y-2=0 \\ 3x-2y+1=0 \end{cases}.$$

Ricaviamo y nell'equazione di primo grado, sostituiamo in quella di secondo grado e svolgiamo i calcoli. Otteniamo l'equazione:

$$13x^2-13=0 \rightarrow x^2-1=0 \rightarrow x_1=1; \quad x_2=-1.$$

Sostituendo i due valori di x nell'equazione della retta, otteniamo:

$$y_1=2 \;\text{ e }\; y_2=-1.$$

Il sistema ha due soluzioni, quindi la retta è secante la circonferenza. I punti di intersezione sono $A(1; 2)$ e $B(-1; -1)$.

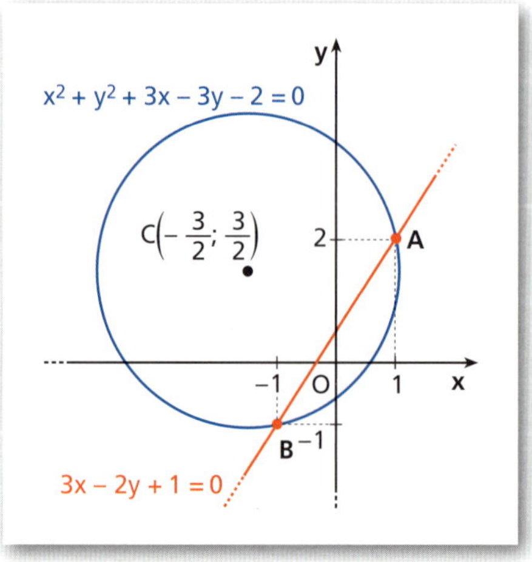

► Qual è la posizione della retta di equazione $y=4$ rispetto alla circonferenza $x^2+y^2-1=0$?

Rette tangenti a una circonferenza

▶ Esercizi a p. 273

Dati un punto $P(x_0; y_0)$ e una circonferenza qualsiasi di equazione

$x^2 + y^2 + ax + by + c = 0$,

si possono presentare tre casi:

a. P è esterno alla circonferenza;
b. P appartiene alla circonferenza;
c. P è interno alla circonferenza.

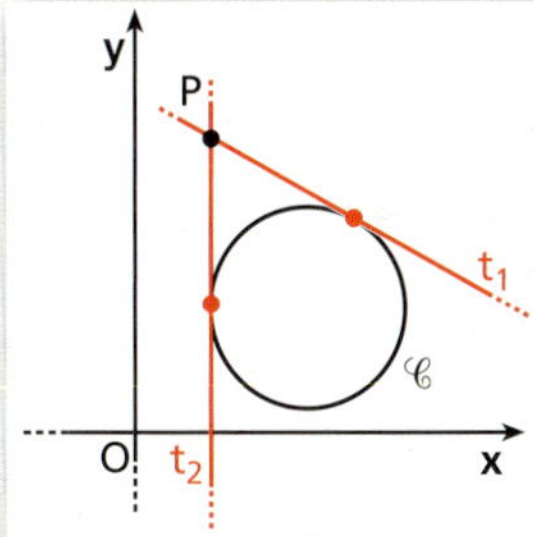

a. P esterno a $\mathscr{C}$.

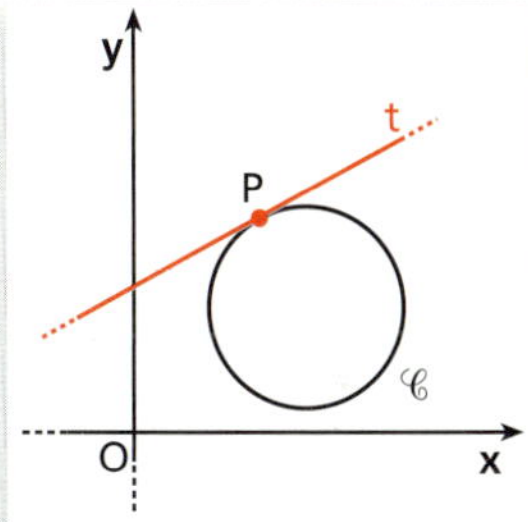

b. $P \in \mathscr{C}$.

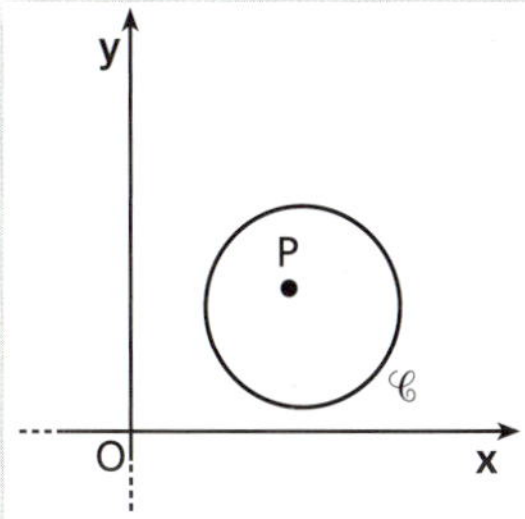

c. P interno a $\mathscr{C}$.

Nel primo caso le rette passanti per P e tangenti alla circonferenza sono due, nel secondo caso è una sola, nel terzo caso non esistono rette tangenti passanti per P. Per determinare le equazioni delle eventuali rette tangenti, nei casi **a** e **b** è possibile seguire due metodi.

Primo metodo: $\Delta = 0$

- Scriviamo il sistema delle equazioni del fascio di rette passanti per P, $y - y_0 = m(x - x_0)$, e della circonferenza.

  $$\begin{cases} y - y_0 = m(x - x_0) \\ x^2 + y^2 + ax + by + c = 0 \end{cases}$$

  Il sistema fornisce i punti di intersezione della retta passante per P con la circonferenza, al variare di m.
- Ricaviamo y nella prima equazione e sostituiamo nella seconda, ottenendo un'equazione di secondo grado nella variabile x i cui coefficienti sono funzioni del parametro m.
- Poniamo la *condizione di tangenza* $\Delta = 0$, perché, se la retta per P è tangente alla circonferenza, è necessario che l'equazione risolvente abbia due soluzioni coincidenti.
- Risolviamo rispetto a m l'equazione di secondo grado ottenuta ponendo $\Delta = 0$.

Se il punto P è esterno alla circonferenza, abbiamo due soluzioni $m_1 \neq m_2$ e le rette tangenti sono due.
Se il punto P appartiene alla circonferenza, $m_1 = m_2$ e la retta tangente è una sola.

ESEMPIO

Determiniamo le equazioni delle rette passanti per $P(0; 1)$ e tangenti alla circonferenza di equazione $x^2 + y^2 - 12x + 2y + 17 = 0$.
Mettiamo a sistema l'equazione $y = mx + 1$ della retta generica per P con quella della circonferenza.

$$\begin{cases} y = mx + 1 \\ x^2 + y^2 - 12x + 2y + 17 = 0 \end{cases}$$

Troviamo l'equazione risolvente e la riduciamo a forma normale:

$$x^2(1 + m^2) + 2x(2m - 6) + 20 = 0.$$

Poniamo la condizione di tangenza $\frac{\Delta}{4} = 0$,

$$(2m - 6)^2 - 20(1 + m^2) = 0 \rightarrow 2m^2 + 3m - 2 = 0,$$

e troviamo i valori

$$m_1 = -2 \text{ e } m_2 = \frac{1}{2}.$$

Animazione

Nella figura dinamica dell'animazione puoi osservare come varia il numero delle intersezioni della retta di equazione $y = mx + 1$ con la circonferenza, quando cambia m.

Sostituendoli in

$$y = mx + 1,$$

ricaviamo le equazioni delle due tangenti:

$$y = -2x + 1,$$

$$y = \frac{1}{2}x + 1.$$

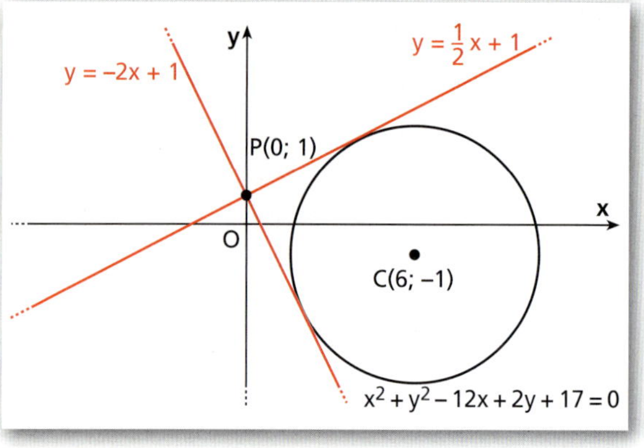

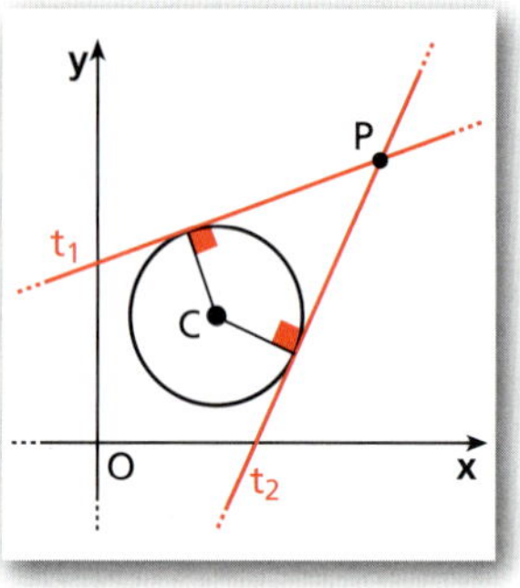

Secondo metodo: distanza retta-centro uguale al raggio

- Determiniamo le coordinate del centro C e il raggio r della circonferenza.
- Scriviamo l'equazione del fascio di rette passanti per P, $y - y_0 = m(x - x_0)$, in forma implicita: $mx - y + y_0 - mx_0 = 0$.
- Applichiamo la formula della distanza di un punto da una retta per esprimere la distanza del centro C da una generica retta del fascio.
- Poniamo tale distanza uguale al raggio e risolviamo l'equazione in m.
- Sostituiamo il valore o i valori di m trovati nell'equazione del fascio di rette.

Video

L'ombra

- Qual è la circonferenza dell'ombra di un pallone illuminato da una lampada?
- Come ci possono aiutare le rette tangenti?

ESEMPIO **Animazione**

Determiniamo le equazioni delle rette passanti per $P\left(\frac{9}{4}; 0\right)$ e tangenti alla circonferenza di equazione $x^2 + y^2 - 2x = 0$.

- Determiniamo le coordinate del centro C e il raggio r della circonferenza:

  $C(1; 0), \qquad r = 1.$

- Scriviamo l'equazione del fascio di rette passanti per $P\left(\frac{9}{4}; 0\right)$:

  $y = m\left(x - \frac{9}{4}\right)$ e, in forma implicita, $4mx - 4y - 9m = 0$.

- Troviamo la distanza d fra la generica retta del fascio e il centro C:

  $$d = \frac{|ax_0 + by_0 + c|}{\sqrt{a^2 + b^2}} = \frac{|4m(1) - 4(0) - 9m|}{\sqrt{16m^2 + 16}} = \frac{|-5m|}{\sqrt{16m^2 + 16}}.$$

- Poniamo d uguale al raggio e risolviamo l'equazione rispetto a m:

  $$\frac{|-5m|}{\sqrt{16m^2 + 16}} = 1 \rightarrow |-5m| = \sqrt{16m^2 + 16}.$$

  Eleviamo entrambi i membri al quadrato:

  $$25m^2 = 16m^2 + 16 \rightarrow 9m^2 = 16 \rightarrow m^2 = \frac{16}{9} \rightarrow m = \pm\frac{4}{3}.$$

- Sostituiamo i valori di m nell'equazione del fascio di rette e troviamo le equazioni delle tangenti:

  $$t_1\colon y = \frac{4}{3}x - 3, \qquad t_2\colon y = -\frac{4}{3}x + 3.$$

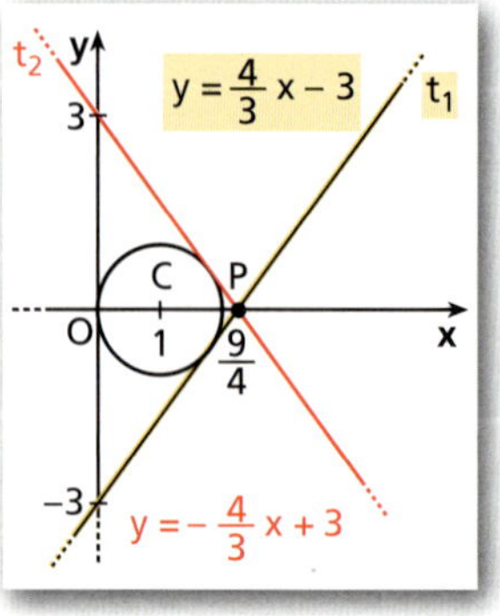

Se *il punto P appartiene alla circonferenza*, oltre al primo e al secondo metodo, possiamo applicare anche il seguente.

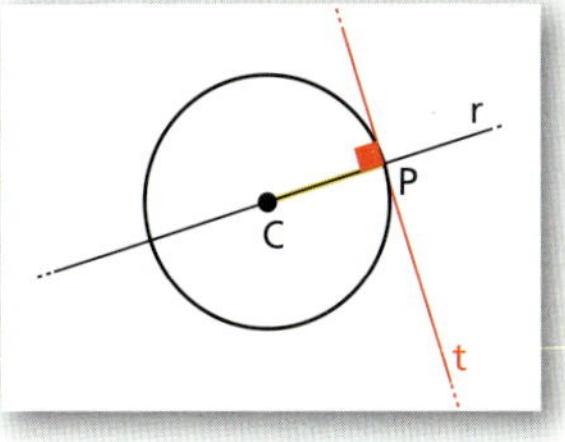

Terzo metodo: retta tangente in P come perpendicolare al raggio PC

- Determiniamo le coordinate del centro C della circonferenza.
- Troviamo il coefficiente angolare m della retta r passante per P e per C.
- Calcoliamo il coefficiente angolare $m' = -\frac{1}{m}$ della retta perpendicolare a r.
- La retta tangente t in P è perpendicolare al diametro passante per P, quindi ha equazione $y - y_0 = m'(x - x_0)$.

ESEMPIO Animazione

Troviamo l'equazione della retta tangente alla circonferenza di centro $C(2; 1)$ e raggio $2\sqrt{2}$ nel suo punto P del primo quadrante che ha ascissa 4.
La circonferenza ha equazione:

$$(x-2)^2 + (y-1)^2 = 8 \rightarrow x^2 + y^2 - 4x - 2y - 3 = 0.$$

Sostituiamo l'ascissa 4 di P, per trovare la sua ordinata:

$$16 + y^2 - 16 - 2y - 3 = 0 \rightarrow y^2 - 2y - 3 = 0 \rightarrow y_1 = -1, y_2 = 3.$$

P deve appartenere al primo quadrante, quindi $P(4; 3)$.

Il coefficiente angolare di CP è $m = \frac{3-1}{4-2} = 1$, quindi quello della tangente è $m_1 = -1$.

L'equazione della tangente è: $y - 3 = -1(x - 4) \rightarrow y = -x + 7$.

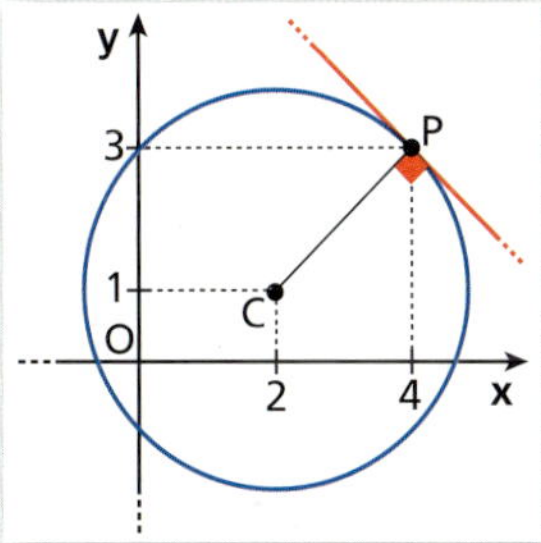

► Determina le equazioni delle rette passanti per $O(0; 0)$ e tangenti alla circonferenza di equazione $x^2 + y^2 - 4x - 2y = 0$.
[$y = -2x$]

3 Determinare l'equazione di una circonferenza

► Esercizi a p. 276

Poiché nell'equazione della circonferenza $x^2 + y^2 + ax + by + c = 0$ sono presenti tre coefficienti a, b e c, per poterli determinare occorrono tre informazioni geometriche, indipendenti tra loro, sulla circonferenza, dette *condizioni*, che si traducono poi in tre equazioni algebriche nelle incognite a, b, c.
Le coordinate note di un punto della circonferenza corrispondono a una condizione, perché permettono di scrivere un'equazione in a, b e c; le coordinate del centro corrispondono a due condizioni, perché possiamo determinare sia a sia b; il raggio corrisponde a una condizione.

ESEMPIO

1. Determiniamo l'equazione della circonferenza di centro $C(4; 3)$ e passante per il punto $P(1; 2)$.

   Dalle informazioni del problema otteniamo tre equazioni:

   - ascissa del centro: $-\frac{a}{2} = 4 \rightarrow a = -8$;
   - ordinata del centro: $-\frac{b}{2} = 3 \rightarrow b = -6$;

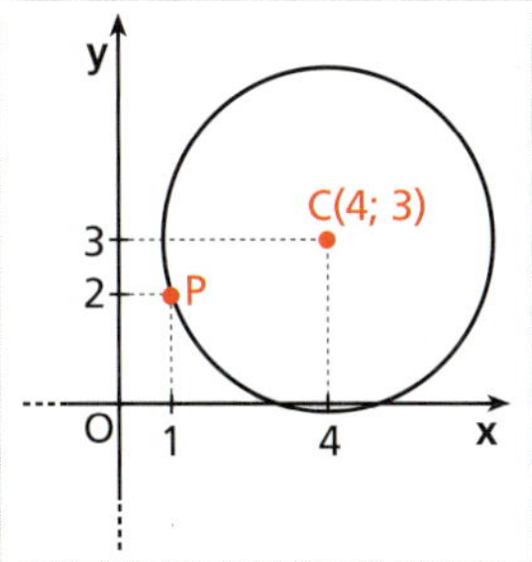

TEORIA

- passaggio per $P(1;2)$: $1^2+2^2+a\cdot 1+b\cdot 2+c=0 \rightarrow a+2b+c=-5$.

Considerando il sistema delle tre equazioni e sostituendo i valori delle prime due nella terza, otteniamo:

$$\begin{cases} a=-8 \\ b=-6 \\ a+2b+c=-5 \end{cases} \rightarrow \begin{cases} a=-8 \\ b=-6 \\ -8-12+c=-5 \end{cases} \rightarrow \begin{cases} a=-8 \\ b=-6. \\ c=15 \end{cases}$$

L'equazione della circonferenza è $x^2+y^2-8x-6y+15=0$.
In alternativa, avremmo potuto utilizzare l'equazione della circonferenza di centro e raggio noti, dopo aver calcolato la misura del raggio $\overline{CP}$.

Animazione

Nell'animazione relativa all'esempio 1, trovi anche lo svolgimento basato sull'equazione della circonferenza con centro e raggio noti.

2. **Animazione** | Determiniamo l'equazione della circonferenza passante per i punti $P(1;4)$ e $Q(5;0)$ e tangente alla retta di equazione $y=-x+1$.
Imponiamo alla circonferenza di equazione $x^2+y^2+ax+by+c=0$ il passaggio per P e Q.

$$\begin{cases} 1+16+a+4b+c=0 & \text{passaggio per } P\,(1;4) \\ 25+5a+c=0 & \text{passaggio per } Q\,(5;0) \end{cases}$$

Ricaviamo due delle incognite a, b e c in funzione della terza:

$c=-5a-25$ e $b=a+2$.

L'equazione della circonferenza diventa:

$$x^2+y^2+ax+(a+2)y-5a-25=0.$$

Ora utilizziamo la condizione di tangenza della retta di equazione $y=-x+1$ con la circonferenza.
Risolvendo il sistema

$$\begin{cases} x^2+y^2+ax+(a+2)y-5a-25=0 \\ y=-x+1 \end{cases}$$

si giunge all'equazione risolvente: $x^2-2x-(2a+11)=0$.

Imponiamo la condizione di tangenza:

$$\frac{\Delta}{4}=0 \rightarrow 1+2a+11=0 \rightarrow a=-6.$$

Sostituiamo $a=-6$ nell'equazione:

$$x^2+y^2+ax+(a+2)y-5a-25=0.$$

La circonferenza cercata ha equazione:

$$x^2+y^2-6x-4y+5=0.$$

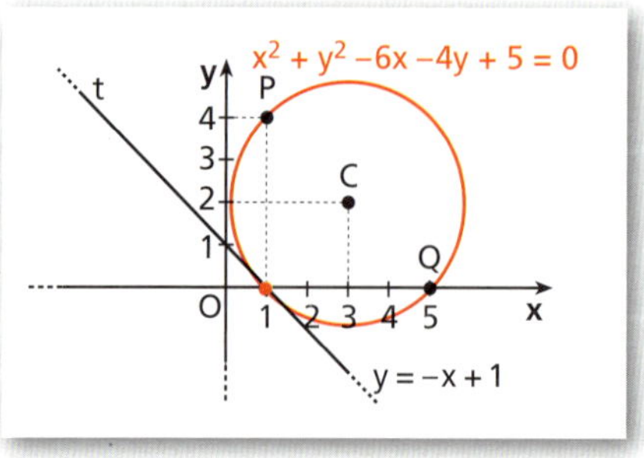

► Determina l'equazione della circonferenza passante per i punti $A(-3;4)$, $B(1;0)$, $C(1;4)$.
$[x^2+y^2+2x-4y-3=0]$

4 Posizione di due circonferenze

▶ Esercizi a p. 286

Due circonferenze possono avere le seguenti posizioni reciproche.

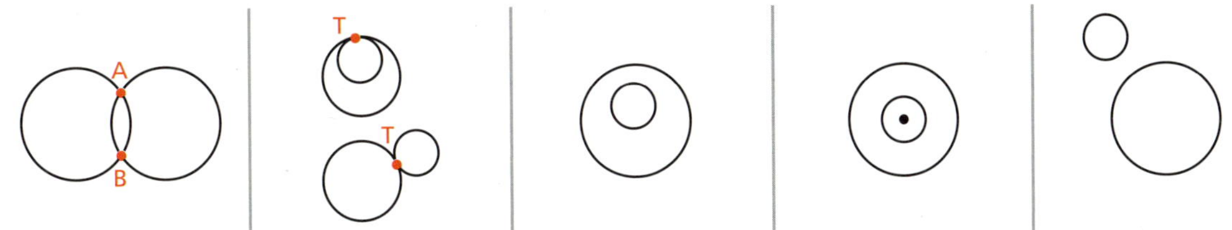

a. Circonferenze secanti. **b.** Circonferenze tangenti. **c.** Circonferenze una interna all'altra. **d.** Circonferenze concentriche. **e.** Circonferenze esterne.

Per determinare gli eventuali punti di intersezione o il punto di tangenza, occorre risolvere il sistema formato dalle equazioni delle due circonferenze.

$$\begin{cases} x^2 + y^2 + ax + by + c = 0 \\ x^2 + y^2 + a'x + b'y + c' = 0 \end{cases}$$

Se $a = a'$ e $b = b'$, le circonferenze sono concentriche e quindi non si intersecano, se $c \neq c'$, oppure coincidono se anche $c = c'$.
Se $a \neq a'$ o $b \neq b'$, sottraiamo membro a membro le due equazioni.

$$\ominus \begin{cases} x^2 + y^2 + ax + by + c = 0 \\ x^2 + y^2 + a'x + b'y + c' = 0 \end{cases}$$
$$\overline{(a - a')x + (b - b')y + (c - c') = 0}$$

L'equazione ottenuta è lineare in x e y, perciò rappresenta una retta.

Questa retta è detta **asse radicale** delle due circonferenze.

Il sistema iniziale è equivalente al sistema formato dall'equazione di una delle due circonferenze e dall'equazione dell'asse radicale.

$$\begin{cases} x^2 + y^2 + ax + by + c = 0 \\ (a - a')x + (b - b')y + (c - c') = 0 \end{cases}$$

Se le due circonferenze si intersecano in due punti A e B, l'asse radicale passa per essi (figura **a**); se le circonferenze sono tangenti in un punto T, l'asse radicale passa per T (figura **b**).

Video

Illuminazione stradale
Il comune dispone di lampade per l'illuminazione stradale che, poste a un'altezza di 6 metri, illuminano una superficie circolare di 9 metri di raggio.

▶ Dato che la strada è larga 6 metri, a che distanza devono essere poste le lampade per non avere zone d'ombra sulla strada?

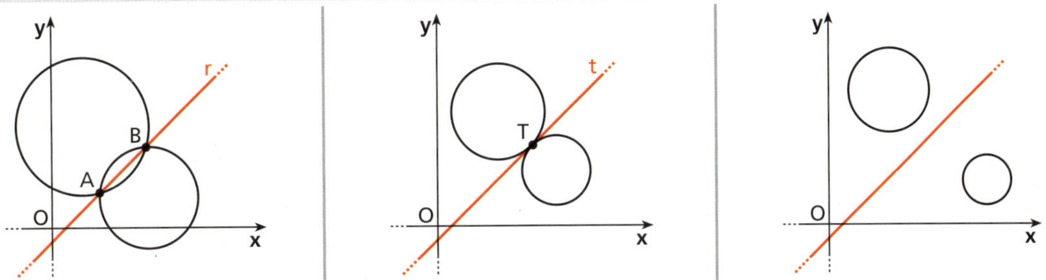

a. L'asse radicale è la retta r passante per i punti di intersezione delle due circonferenze. **b.** L'asse radicale è la retta tangente t passante per il punto di tangenza delle due circonferenze. **c.** L'asse radicale esiste anche se le circonferenze non sono secanti, ma non sono concentriche.

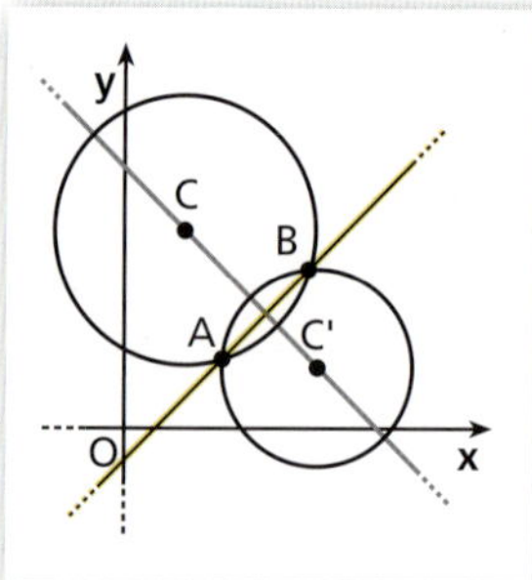

Il coefficiente angolare m_a dell'asse radicale è $-\dfrac{a-a'}{b-b'}$. Il coefficiente angolare m_c della retta passante per i centri $C\left(-\dfrac{a}{2}; -\dfrac{b}{2}\right)$ e $C'\left(-\dfrac{a'}{2}; -\dfrac{b'}{2}\right)$ è:

$$m_c = \frac{-\dfrac{b}{2}+\dfrac{b'}{2}}{-\dfrac{a}{2}+\dfrac{a'}{2}} = \frac{-b+b'}{-a+a'} = \frac{-(b-b')}{-(a-a')} = \frac{b-b'}{a-a'}.$$

Poiché $m_a \cdot m_c = -\dfrac{a-a'}{b-b'} \cdot \dfrac{b-b'}{a-a'} = -1$, *l'asse radicale risulta perpendicolare alla retta passante per i centri delle due circonferenze.*

Si deduce, quindi, che nel caso di circonferenze tangenti (figura **b**) l'asse radicale coincide con la retta tangente alle circonferenze nel loro comune punto di tangenza T.

Se si conosce l'equazione dell'asse radicale, si possono trovare i punti di intersezione di due circonferenze.

▶ Determina gli eventuali punti di intersezione delle circonferenze $x^2+y^2-4x-2y=0$ e $x^2+y^2-8x+2y+8=0$

[(1; − 1), (4; 2)]

ESEMPIO Animazione

Determiniamo gli eventuali punti di intersezione delle due circonferenze di equazioni

$$x^2+y^2+2x-4y-11=0 \text{ e } x^2+y^2+2x-16y+13=0.$$

Troviamo l'equazione dell'asse radicale sottraendo membro a membro le due equazioni:

$$\ominus\begin{cases} x^2+y^2+2x-4y-11=0 \\ x^2+y^2+2x-16y+13=0 \end{cases}$$

$$12y-24=0 \rightarrow y=2$$

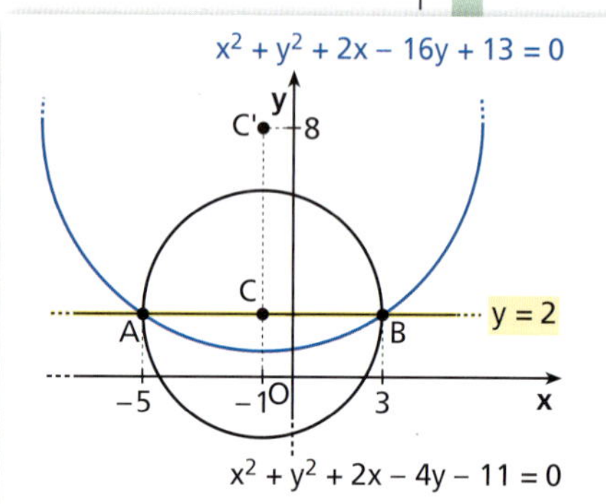

L'asse radicale è una retta parallela all'asse x.

Determiniamo i punti di intersezione fra una delle circonferenze e l'asse radicale:

$$\begin{cases} x^2+y^2+2x-4y-11=0 \\ y=2 \end{cases} \rightarrow \begin{cases} x^2+2x-15=0 \\ y=2 \end{cases}$$

da cui, risolvendo l'equazione di secondo grado:

$$\begin{cases} x=-1\pm 4 = \begin{matrix} -5 \\ 3 \end{matrix} \\ y=2 \end{cases}$$

Le due circonferenze si intersecano nei punti $A(-5; 2)$ e $B(3; 2)$.

MATEMATICA E DISEGNO

Ovale è bello! Gli ovali sono costruzioni geometriche basate su archi di circonferenze. In architettura servono per ottenere approssimazioni delle ellissi, curve difficili da realizzare nelle costruzioni. Ma vengono utilizzati anche in altri campi...

a. Descrivi alcuni modi per disegnare un ovale con uno o con due assi di simmetria.

b. Illustra, attraverso immagini, dove sono presenti ovali: negli edifici, nell'arredamento, nell'oggettistica...

Cerca nel Web: ovale, geometria, architettura, tangram

5 Fasci di circonferenze

Come generare un fascio di circonferenze ▶ Esercizi a p. 288

Sono date le circonferenze $\mathscr{C}$ e $\mathscr{C}'$ di equazioni:

$$\mathscr{C}: x^2 + y^2 - 6x - 2y - 10 = 0, \qquad \mathscr{C}': x^2 + y^2 - 8y - 10 = 0.$$

Combiniamo linearmente le due equazioni, introducendo un parametro reale k:

$$x^2 + y^2 - 6x - 2y - 10 + k \cdot (x^2 + y^2 - 8y - 10) = 0.$$

L'equazione rappresenta infinite circonferenze al variare di k, purché k sia diverso da -1.

Animazione

Nella figura dinamica dell'animazione osserva cosa succede al variare di k.

L'insieme costituito da queste infinite circonferenze viene detto **fascio di circonferenze con generatrici $\mathscr{C}$ e $\mathscr{C}'$**.

Per ogni valore di k si ottiene l'equazione di una circonferenza particolare.

Per $k = 0$ abbiamo la circonferenza $\mathscr{C}$, mentre non esiste alcun valore di k che permette di ottenere l'equazione della circonferenza $\mathscr{C}'$.

Per $k = -1$, l'equazione diventa

$$\cancel{x^2} + \cancel{y^2} - 6x - 2y - 10 - \cancel{x^2} - \cancel{y^2} + 8y + 10 = 0 \rightarrow$$
$$-6x + 6y = 0 \rightarrow -x + y = 0 \rightarrow y = x,$$

ossia otteniamo l'asse radicale delle circonferenze $\mathscr{C}$ e $\mathscr{C}'$.

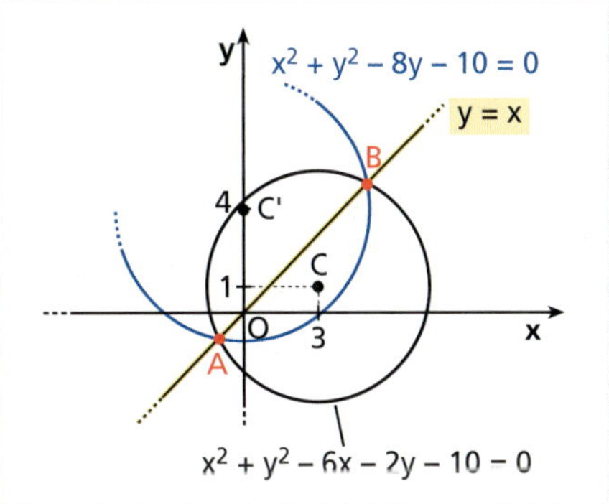

In generale, diamo la seguente definizione.

DEFINIZIONE

Date due circonferenze $\mathscr{C}$ e $\mathscr{C}'$, rispettivamente di equazioni

$$x^2 + y^2 + ax + by + c = 0 \text{ e}$$
$$x^2 + y^2 + a'x + b'y + c' = 0,$$

si chiama **fascio di circonferenze** definito da $\mathscr{C}$ e $\mathscr{C}'$ l'insieme della circonferenza $\mathscr{C}'$ e di tutte le circonferenze rappresentate dall'equazione:

$$x^2 + y^2 + ax + by + c + k(x^2 + y^2 + a'x + b'y + c') = 0,$$

con $k \in \mathbb{R}$.

$\mathscr{C}$ e $\mathscr{C}'$ si dicono **generatrici del fascio.**

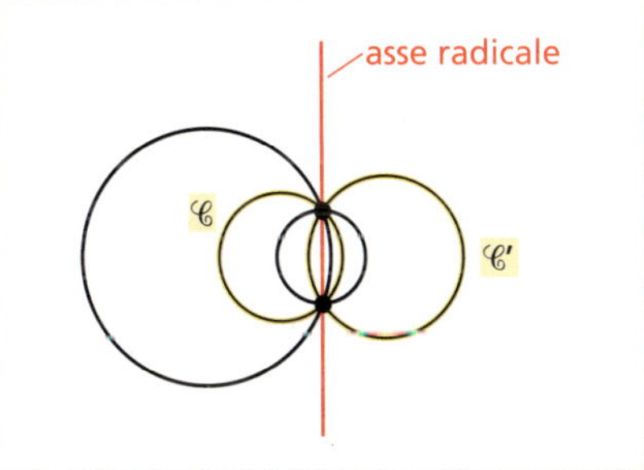

Si può dimostrare che si ottiene lo stesso fascio se a $\mathscr{C}$ e $\mathscr{C}'$ si sostituiscono altre due circonferenze del fascio, dove una delle due può anche essere l'asse radicale.
Svolgendo i calcoli nell'equazione del fascio, possiamo anche scriverla nella forma:

$$(1 + k)x^2 + (1 + k)y^2 + (a + ka')x + (b + kb')y + c + kc' = 0.$$

Per k diverso da -1, otteniamo l'equazione:

$$x^2 + y^2 + \frac{a + ka'}{k + 1}x + \frac{b + kb'}{k + 1}y + \frac{c + kc'}{k + 1} = 0.$$

TEORIA

Listen to it

The linear combination of the equations of two circles is called a **pencil of circles**. If the circles share one or two points, these are called **base points**; otherwise the circles can be **concentric** (if they share the same centre), or have no points in common at all.

Per $k = -1$, otteniamo invece l'equazione della retta **asse radicale del fascio**:

$$(a - a')x + (b - b')y + c - c' = 0.$$

L'asse radicale può essere considerato come una particolare circonferenza con un raggio infinitamente grande, ossia come una *circonferenza degenere*.

Se le due circonferenze $\mathscr{C}$ e $\mathscr{C}'$:

- si intersecano nei punti A e B, tutte le circonferenze del fascio passano per A e B, che vengono detti **punti base del fascio**, e l'asse radicale è la retta AB (figura **a**);
- sono tangenti nel punto A, allora tutte le circonferenze del fascio passano per A, che è l'**unico punto base**, e l'asse radicale è la retta tangente in A alle circonferenze (figura **b**); in questo caso, al fascio appartiene anche la circonferenza degenere di centro A e raggio nullo: se $(x_0; y_0)$ sono le coordinate del punto A, questa circonferenza ha equazione

  $$(x - x_0)^2 + (y - y_0)^2 = 0,$$

  e il fascio di circonferenze tangenti in A alla retta t di equazione

  $$ax + by + c = 0$$

  si può scrivere nel seguente modo:

  $$(x - x_0)^2 + (y - y_0)^2 + k(ax + by + c) = 0;$$

- non si intersecano e non sono concentriche, non esistono punti comuni alle circonferenze del fascio e l'asse radicale è esterno alle circonferenze (figura **c**);
- sono concentriche, allora tutte le circonferenze del fascio sono concentriche e, dato che $a = a'$, $b = b'$, l'asse radicale non esiste (figura **d**).

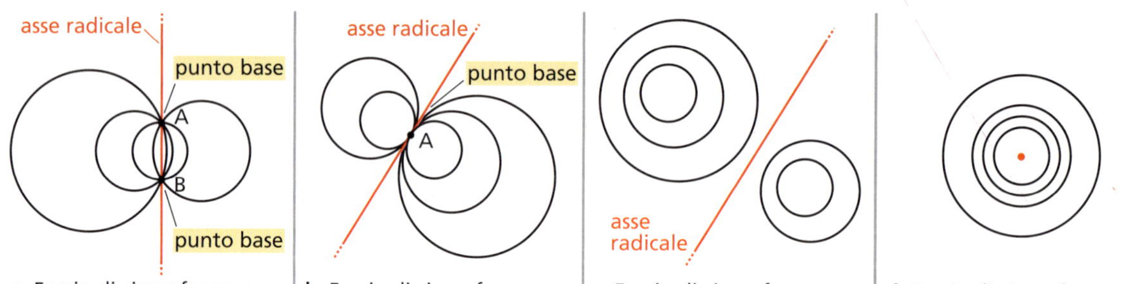

a. Fascio di circonferenze per due punti.

b. Fascio di circonferenze per un punto.

c. Fascio di circonferenze senza punti comuni.

d. Fascio di circonferenze concentriche.

Quando le circonferenze non sono concentriche, il luogo dei centri delle circonferenze del fascio è una retta perpendicolare all'asse radicale e si chiama **asse centrale**.

Studio di un fascio di circonferenze

▶ Esercizi a p. 290

Per **studiare un fascio di circonferenze** occorre trovare:

a. centro e raggio in funzione di k;
b. le due generatrici;
c. gli eventuali punti base;
d. l'asse radicale e l'asse centrale;
e. eventuali circonferenze degeneri.

Una **circonferenza degenere** può essere una retta (circonferenza di raggio infinitamente grande) oppure un punto (circonferenza di raggio nullo).

ESEMPIO

Studiamo il fascio di circonferenze di equazione:

$$x^2 + y^2 + \frac{8k-2}{k+1}x - 4y = 0 \qquad (\text{con } k \neq -1).$$

- Determiniamo le coordinate dei centri al variare di k: $C\left(\frac{1-4k}{k+1}; 2\right)$.

  I centri delle circonferenze appartengono alla retta $y = 2$ (asse centrale).

- Determiniamo le lunghezze dei raggi al variare di k:

$$r = \sqrt{\left(\frac{1-4k}{k+1}\right)^2 + 4} = \frac{\sqrt{20k^2+5}}{|k+1|}.$$

- Troviamo le due circonferenze generatrici e gli eventuali punti base del fascio.

  Scriviamo l'equazione del fascio in forma intera:

$$(k+1)x^2 + (k+1)y^2 + (8k-2)x - 4y(k+1) = 0.$$

  Raccogliamo k:

$$x^2 + y^2 - 2x - 4y + k(x^2 + y^2 + 8x - 4y) = 0.$$

  Le equazioni delle circonferenze generatrici sono:

$$x^2 + y^2 - 2x - 4y = 0 \quad \text{e} \quad x^2 + y^2 + 8x - 4y = 0.$$

  Risolviamo il sistema formato dalle equazioni delle generatrici.

$$\ominus\begin{cases} x^2 + y^2 - 2x - 4y = 0 \\ x^2 + y^2 + 8x - 4y = 0 \end{cases}$$
$$-10x \qquad = 0 \to x = 0$$

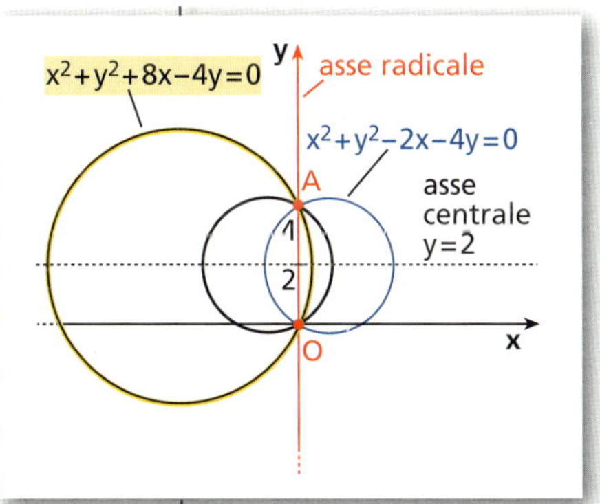

  $x = 0$ è l'asse radicale.

$$\begin{cases} x^2 + y^2 - 2x - 4y = 0 \\ x = 0 \end{cases} \to \begin{cases} x = 0 \\ y = 0 \text{ e } y = 4 \end{cases}$$

  I punti base del fascio sono $O(0; 0)$ e $A(0; 4)$.

- L'asse radicale è l'unica circonferenza degenere perché, per ogni valore di k, con $k \neq -1$, il raggio

$$r = \frac{\sqrt{20k^2+5}}{|k+1|}$$

  è diverso da 0, quindi nel fascio non ci sono circonferenze costituite da un solo punto.

▶ Studia il fascio di circonferenze di equazione

$x^2 + y^2 + (k+4)x - (k+4)y = 0$.

Animazione

Interagisci con la figura dinamica dell'animazione osservando:

- le circonferenze al variare di k;
- i punti base;
- la variazione del centro sull'asse centrale.

IN SINTESI
Circonferenza

Equazione della circonferenza

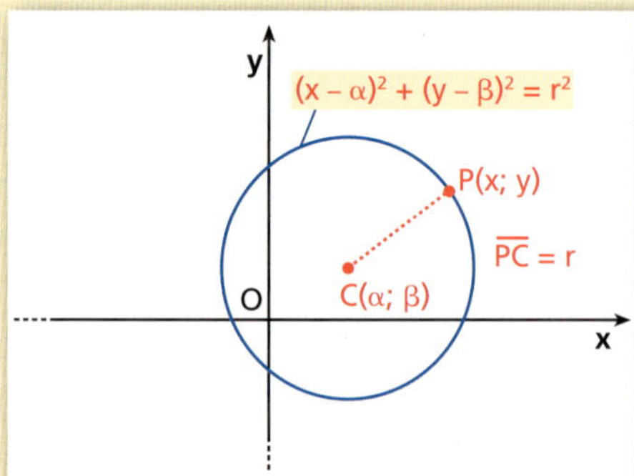

Note le coordinate del centro $(\alpha; \beta)$ e la misura r del raggio, l'equazione della circonferenza è: $(x - \alpha)^2 + (y - \beta)^2 = r^2$.
L'equazione può essere scritta nella forma

$$x^2 + y^2 + ax + by + c = 0.$$

$$\alpha = -\frac{a}{2}, \quad \beta = -\frac{b}{2},$$

$$r = \sqrt{\frac{a^2}{4} + \frac{b^2}{4} - c}, \text{ con } \frac{a^2}{4} + \frac{b^2}{4} - c \geq 0.$$

Posizione di una retta rispetto a una circonferenza

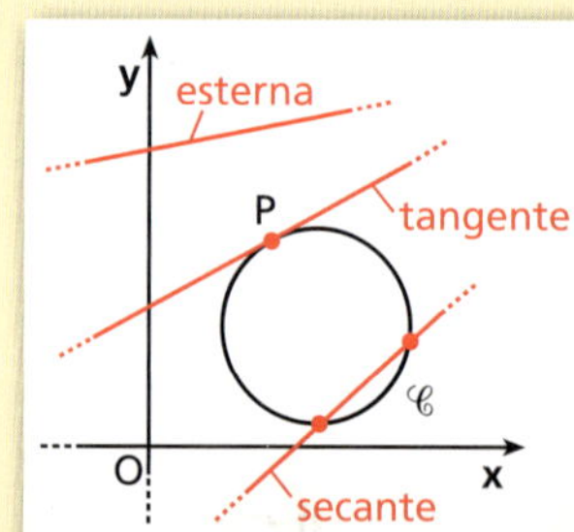

Dato il sistema formato dalle equazioni della circonferenza e della retta:

$$\begin{cases} x^2 + y^2 + ax + by + c = 0 \\ a'x + b'y + c' = 0 \end{cases}$$

se nell'equazione di secondo grado risolvente abbiamo:

- $\Delta > 0$, la retta è **secante**;
- $\Delta = 0$, la retta è **tangente**;
- $\Delta < 0$, la retta è **esterna**.

Rette tangenti a una circonferenza

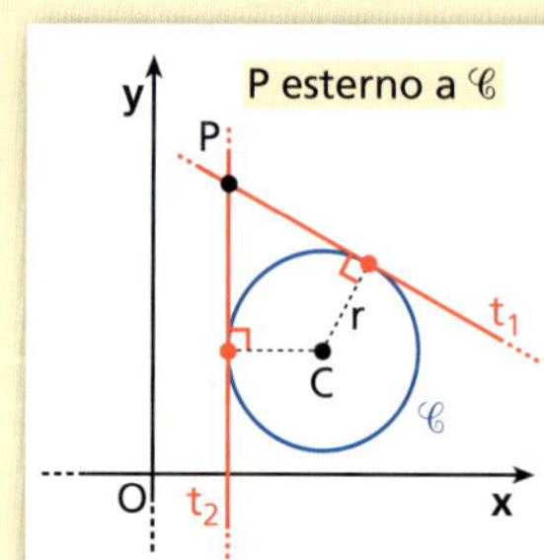

Dati un punto $P(x_0; y_0)$ e una circonferenza di equazione

$$x^2 + y^2 + ax + by + c = 0,$$

per determinare le equazioni delle eventuali rette per P tangenti alla circonferenza, si usano i seguenti metodi.

- **Primo metodo.** $\Delta = 0$ nell'equazione di secondo grado nella variabile x, risolvente il sistema

$$\begin{cases} y - y_0 = m(x - x_0) \\ x^2 + y^2 + ax + by + c = 0 \end{cases}.$$

- **Secondo metodo.** Distanza tra centro C e retta generica passante per P, di equazione $y - y_0 = m(x - x_0)$, uguale al raggio.

Con entrambi i metodi si ottiene un'equazione di secondo grado in m le cui soluzioni sono i coefficienti angolari delle rette tangenti.

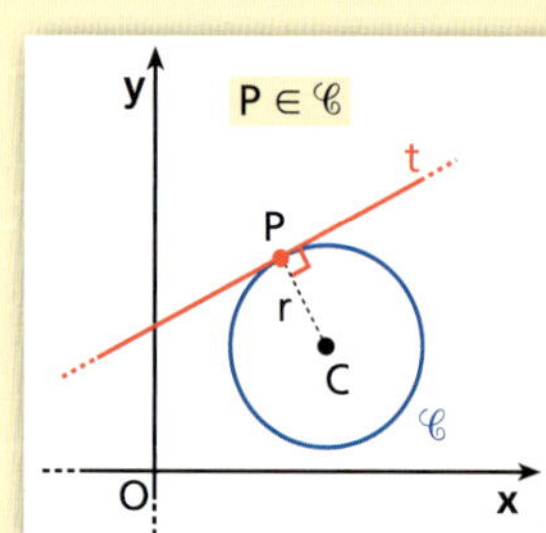

Se **P appartiene alla circonferenza**, c'è ancora un altro metodo.

- **Terzo metodo.** La tangente è la perpendicolare in P alla retta PC. Si determina il centro della circonferenza e si calcola il coefficiente angolare m di PC. La tangente ha equazione

$$y - y_0 = m'(x - x_0), \text{ con } m' = -\frac{1}{m}.$$

Posizione di due circonferenze

- 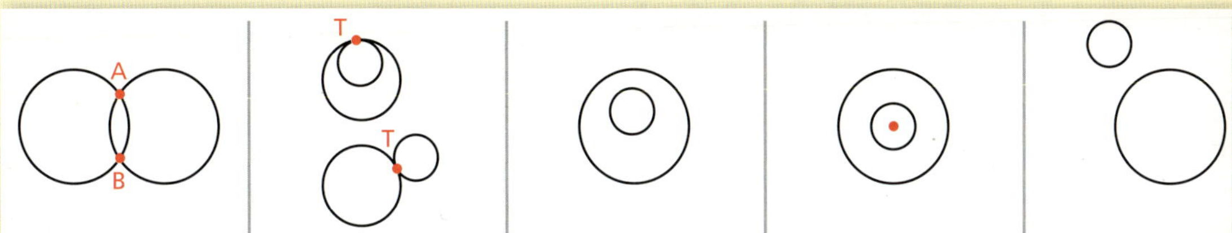

a. Circonferenze secanti. b. Circonferenze tangenti. c. Circonferenze una interna all'altra. d. Circonferenze concentriche. e. Circonferenze esterne.

- **Asse radicale**
Poniamo a sistema le equazioni delle circonferenze:

$$\begin{cases} x^2 + y^2 + ax + by + c = 0 \\ x^2 + y^2 + a'x + b'y + c' = 0 \end{cases}$$

Se $a \neq a'$ o $b \neq b'$, sottraendo membro a membro si ottiene l'equazione dell'**asse radicale**:

$$(a - a')x + (b - b')y + (c - c') = 0.$$

L'asse è perpendicolare alla retta passante per i centri delle due circonferenze.

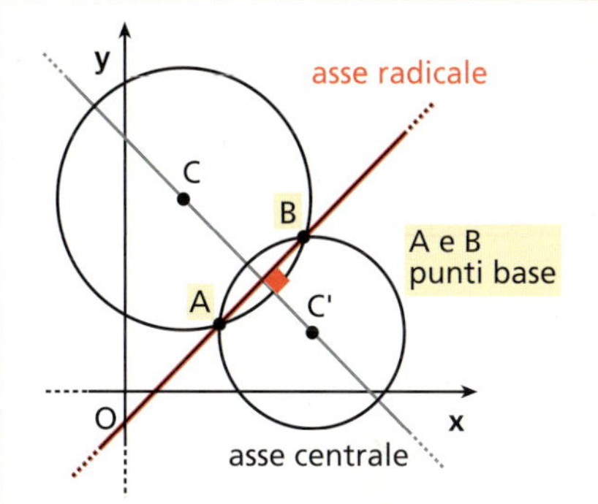

- **Punti di intersezione e di tangenza fra circonferenze**
Per determinarli si pone a sistema l'equazione dell'asse radicale con una delle equazioni delle circonferenze.

Fasci di circonferenze

- Date due circonferenze

$$\mathscr{C}: x^2 + y^2 + ax + by + c = 0,$$
$$\mathscr{C}': x^2 + y^2 + a'x + b'y + c' = 0,$$

il fascio di circonferenze con generatrici $\mathscr{C}$ e $\mathscr{C}'$ è l'insieme di $\mathscr{C}'$ e di tutte le circonferenze rappresentate dall'equazione:

$$x^2 + y^2 + ax + by + c + k(x^2 + y^2 + a'x + b'y + c') = 0,$$

con $k \in \mathbb{R}$.

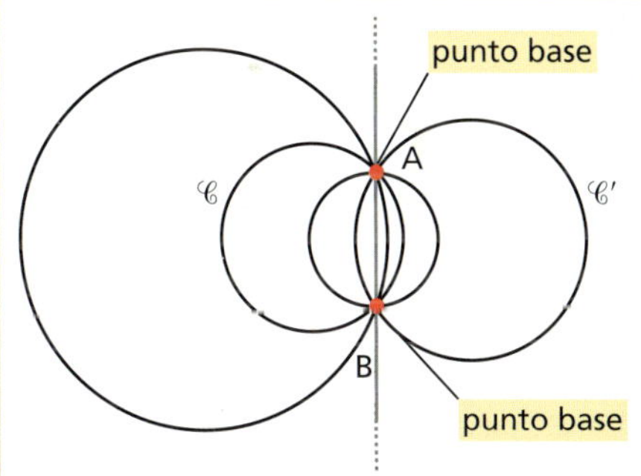

Fascio di circonferenze

- Poniamo a sistema le equazioni delle circonferenze generatrici.

$$\begin{cases} x^2 + y^2 + ax + by + c = 0 \\ x^2 + y^2 + a'x + b'y + c' = 0 \end{cases}$$

Se $a \neq a'$ o $b \neq b'$, cioè se le circonferenze non sono concentriche, sottraendo membro a membro otteniamo l'equazione dell'**asse radicale**,

$$(a - a')x + (b - b')y + (c - c') = 0,$$

che nell'equazione del fascio si ricava ponendo $k = -1$.

- **Punti base**: punti per i quali passano tutte le circonferenze del fascio.
- **Asse centrale**: retta perpendicolare all'asse radicale sulla quale si trovano i centri delle circonferenze del fascio.

ESERCIZI

CAPITOLO 5
ESERCIZI

1 Circonferenza e sua equazione

Equazione della circonferenza

▶ Teoria a p. 244

1 Determina il luogo geometrico dei punti del piano aventi distanza 2 dall'origine degli assi. $[x^2 + y^2 = 4]$

2 Scrivi il luogo geometrico dei punti del piano che hanno distanza $\sqrt{5}$ dal punto $(-3; 1)$. $[x^2 + y^2 + 6x - 2y + 5 = 0]$

3 Individua l'equazione della circonferenza con centro l'origine e raggio 3. $[x^2 + y^2 = 9]$

4 Scrivi l'equazione della circonferenza con centro $C(2; -3)$ e raggio 4. $[x^2 + y^2 - 4x + 6y - 3 = 0]$

5 Trova l'equazione della circonferenza con centro $C(-1; -2)$ e raggio 5. $[x^2 + y^2 + 2x + 4y - 20 = 0]$

6 Determina il raggio e scrivi l'equazione della circonferenza di centro $C(0; 3)$ e passante per $P(2; -1)$. $[2\sqrt{5}; x^2 + y^2 - 6y - 11 = 0]$

7 Determina il raggio e scrivi l'equazione della circonferenza di centro $C(-1; 1)$ e passante per $A(0; -2)$. $[\sqrt{10}; x^2 + y^2 + 2x - 2y - 8 = 0]$

8 Determina l'equazione della circonferenza avente centro $C(3; 4)$ e raggio di lunghezza uguale a quella del segmento di estremi $\left(-2; \frac{3}{2}\right)$ e $\left(1; -\frac{5}{2}\right)$. $[x^2 + y^2 - 6x - 8y = 0]$

9 Scrivi l'equazione della circonferenza di raggio 5 il cui centro è il punto P che si trova sull'asse x di ascissa -4. $[x^2 + y^2 + 8x - 9 = 0]$

10 TEST Il raggio di una circonferenza passante per l'origine e con centro in $\left(-2; \frac{3}{2}\right)$ è:

A $\frac{13}{2}$.
B $\frac{5}{4}$.
C $\frac{5}{2}$.
D $\frac{1}{2}$.
E 5.

11 FAI UN ESEMPIO Scrivi l'equazione di una circonferenza che:

a. passa per l'origine e ha il centro sull'asse x;
b. ha il grafico nel terzo quadrante.

12 Trova l'equazione della circonferenza di raggio $2\sqrt{3}$ avente il centro nel punto in cui la retta di equazione $2x + 3y = 5$ interseca la bisettrice del primo quadrante. $[x^2 + y^2 - 2x - 2y - 10 = 0]$

13 LEGGI IL GRAFICO Scrivi le equazioni delle circonferenze rappresentate nei seguenti grafici.

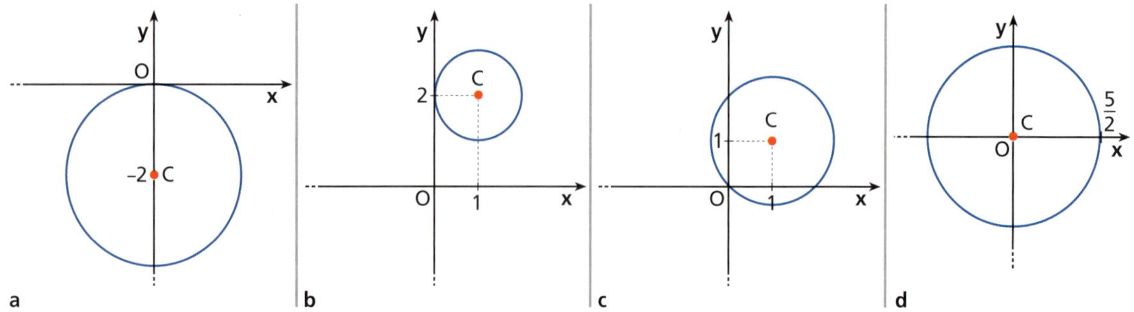

REALTÀ E MODELLI

14 **In 3D!** Con una stampante 3D Luca vuole stampare l'anello in figura. Per generare il file di stampa deve inserire le equazioni dei bordi interno ed esterno nel sistema di riferimento indicato. Quali equazioni dovrà inserire?

$[x^2 + y^2 - 36 = 0;\ x^2 + y^2 - 81 = 0]$

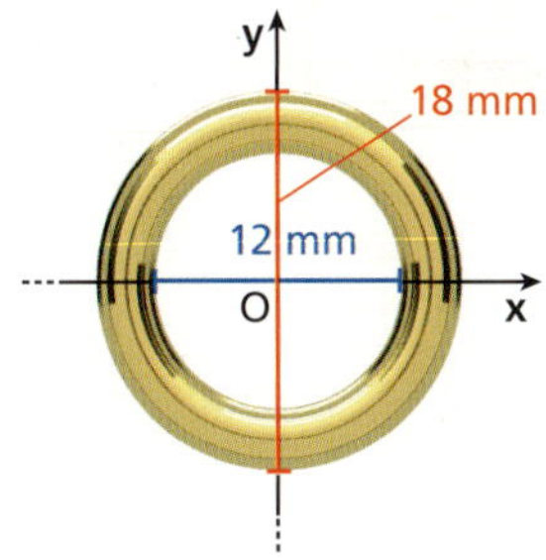

15 **Un cerchione cartesiano** Scrivi l'equazione del bordo del cerchione nel sistema di riferimento indicato, sapendo che la lunghezza della sua circonferenza è circa 12,66 dm.

$[x^2 + y^2 - 4 = 0]$

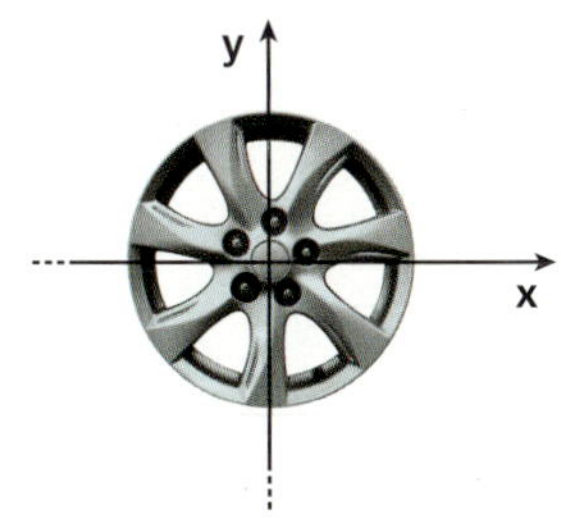

Dall'equazione al grafico

▶ Teoria a p. 245

16 **ESERCIZIO GUIDA** Indichiamo quale, fra le seguenti equazioni, è quella di una circonferenza e rappresentiamo il suo grafico.

a. $x^2 + y^2 - x + y + 5 = 0$; **b.** $4x^2 + 4y^2 + 8x - 16y + 11 = 0$.

Il raggio $r = \sqrt{\frac{a^2}{4} + \frac{b^2}{4} - c}$ deve essere un numero reale, quindi il radicando deve essere maggiore o uguale a 0.

a. Per l'equazione $x^2 + y^2 - x + y + 5 = 0$, poiché $a = -1$, $b = 1$, $c = 5$, otteniamo:

$$\frac{(-1)^2}{4} + \frac{1^2}{4} - 5 = \frac{1}{4} + \frac{1}{4} - 5 = -\frac{18}{4} < 0 \ \rightarrow$$ l'equazione non è quella di una circonferenza.

b. Dividiamo entrambi i membri per 4:

$$x^2 + y^2 + 2x - 4y + \frac{11}{4} = 0.$$

Sostituiamo $a = 2, b = -4, c = \frac{11}{4}$ nell'espressione $\left(-\frac{a}{2}\right)^2 + \left(-\frac{b}{2}\right)^2 - c$:

$$1 + 4 - \frac{11}{4} = \frac{9}{4} > 0.$$

L'equazione data, quindi, è quella di una circonferenza di raggio $\frac{3}{2}$.

Le coordinate del centro sono $\alpha = -\frac{a}{2} = -1$ e $\beta = -\frac{b}{2} = 2$.

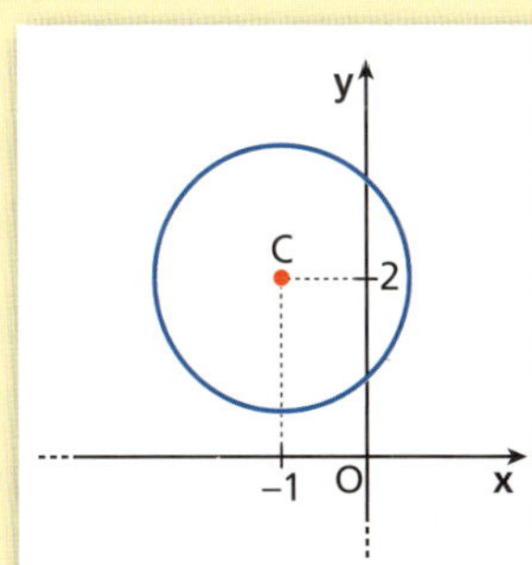

Determina se ognuna delle seguenti equazioni corrisponde a una circonferenza; in caso affermativo disegna la circonferenza, dopo aver determinato il centro e il raggio.

17 **a.** $x^2 + y^2 + 1 = 0$; **b.** $x^2 + y^2 - 1 = 0$; **c.** $6x^2 + 6y^2 - 24 = 0$.

18 **a.** $(x - 1)^2 + y^2 = 4$; **b.** $x^2 + 2y^2 + x + 3y - 5 = 0$; **c.** $x^2 + y^2 - 2x - 2y - 2 = 0$.

ESERCIZI

19 a. $x^2 + y^2 + 2xy + 3 = 0$; b. $3x^2 - 3y^2 + x + y + 1 = 0$; c. $x^2 + y^2 - 6x + 2y - 6 = 0$.

20 a. $x^2 + y^2 = 4$; b. $(x-3)^2 + (y+4)^2 = 36$; c. $x^2 + y^2 - 16 = 0$.

21 a. $x^2 + y^2 + 4y = 0$; b. $x^2 + y^2 - x = 0$; c. $x^2 + y^2 + 2x - 6y = 0$.

22 a. $x^2 + y^2 - 4y + 1 = 0$; b. $x^2 + y^2 - 2x - 15 = 0$; c. $x^2 + y^2 - 14x + 8y + 16 = 0$.

23 a. $x^2 + y^2 - x + 4y = 0$; b. $x^2 + y^2 + 2x = 3y$; c. $x^2 + y^2 = 2y$.

24 TEST Solo una delle seguenti equazioni rappresenta una circonferenza. Quale?

A $x^2 + y^2 - x + 2 = 0$
B $x^2 + y^2 + 4y + 5 = 0$
C $x^2 + y^2 + 4 = 0$
D $2x^2 + 2y^2 + x - 1 = 0$
E $x^2 + y^2 + 2x + 2y + 3 = 0$

Trova per quali valori di *k* ognuna delle seguenti equazioni rappresenta una circonferenza.

25 $x^2 + y^2 - 2kx + 2y - 4 = 0$ $[\forall k \in \mathbb{R}]$

26 $x^2 + y^2 + (k-2)x + ky - 2 = 0$ $[\forall k \in \mathbb{R}]$

27 $x^2 + y^2 + x - 2y + k + 3 = 0$ $\left[k \leq -\frac{7}{4}\right]$

28 $x^2 + y^2 - 2kx + 4y - k + 6 = 0$ $[k \leq -2 \vee k \geq 1]$

TEST

29 Qual è il grafico della circonferenza di equazione $x^2 + y^2 + 4x - 2y + 1 = 0$?

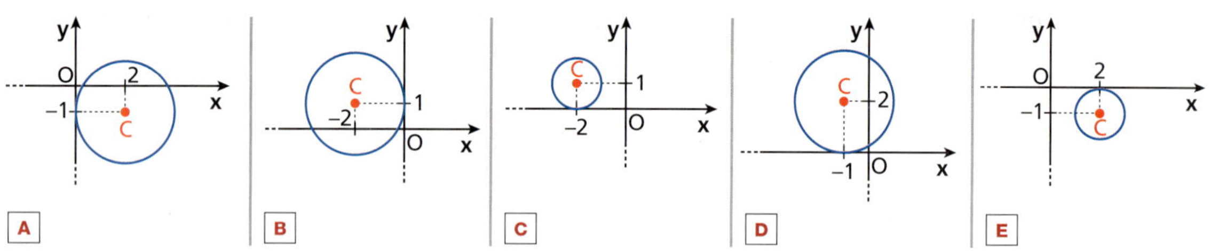

30 La circonferenza di equazione $x^2 + y^2 - x + 6y = 0$ ha centro di coordinate:

A $(1; 3)$.
B $(1; -3)$.
C $\left(\frac{1}{2}; -3\right)$.
D $\left(-\frac{1}{2}; 3\right)$.
E $(-1; 6)$.

31 La circonferenza di equazione $x^2 + y^2 - 4x + 2y - 4 = 0$ ha raggio di lunghezza:

A 1.
B $2\sqrt{6}$.
C 6.
D 3.
E 9.

AL VOLO **Stabilisci se le coppie di circonferenze, di cui sono date le equazioni, hanno lo stesso centro.**

32 $x^2 + y^2 + 2x + 2y = 0$; $x^2 + y^2 = 2$.

33 $x^2 + y^2 + 3x - 2y + 1 = 0$; $x^2 + y^2 + 3x - 2y + \frac{23}{4} = 0$.

34 ●● **ASSOCIA** a ogni equazione il grafico corrispondente.

a. $x^2 + y^2 - 6x = 0$

b. $x^2 + y^2 - x - 2y = 0$

c. $x^2 + y^2 - 9 = 0$

d. $x^2 + y^2 - 4x + 2y - 5 = 0$

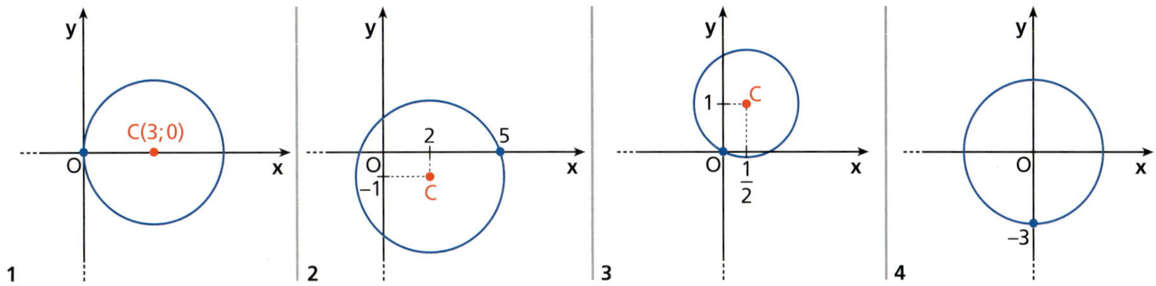

35 ●○ **TEST** L'equazione $x^2 + y^2 + k = 0$ rappresenta una circonferenza con il centro nell'origine e raggio:

A $\sqrt{k}$ se $k > 0$.

B $\sqrt{-k}$ se $k > 0$.

C $-\sqrt{k}$ se $k > 0$.

D $\sqrt{-k}$ se $k < 0$.

E $\sqrt{-k}$ se $k \leq 0$.

36 ●○ **VERO O FALSO?**

a. L'equazione $-2x^2 - 2y^2 + 1 = 0$ non rappresenta una circonferenza. V F

b. Le due circonferenze $x^2 + y^2 + 4x - 2y - 4 = 0$ e $(x - 2)^2 + (y + 1)^2 = 1$ hanno lo stesso centro. V F

c. La circonferenza $x^2 + y^2 + 2x - 2y - 25 = 0$ ha raggio 5. V F

d. L'equazione $x^2 + y^2 + 12x = 0$ ha il centro sull'asse y. V F

37 ●○ Scrivi l'equazione della circonferenza di centro $C(1; -2)$ che ha lo stesso raggio della circonferenza di equazione $x^2 + y^2 - 2x - 3 = 0$ e rappresenta graficamente le due circonferenze. $[x^2 + y^2 - 2x + 4y + 1 = 0]$

38 ●○ Determina l'equazione della circonferenza di raggio 3 che ha lo stesso centro della circonferenza di equazione $x^2 + y^2 - 4x + 6y + 7 = 0$. $[x^2 + y^2 - 4x + 6y + 4 = 0]$

39 ●○ Trova l'equazione della circonferenza che ha lo stesso centro e raggio doppio rispetto alla circonferenza di equazione $x^2 + y^2 - 10x + 2y + 17 = 0$. $[x^2 + y^2 - 10x + 2y - 10 = 0]$

40 ●○ Verifica che il centro della circonferenza di equazione $x^2 + y^2 - 8x + y - 3 = 0$ appartiene alla retta di equazione $2y - 2x + 9 = 0$.

Appartenenza di un punto a una circonferenza

41 ●○ Stabilisci se le seguenti circonferenze passano per i punti indicati a fianco.

a. $x^2 + y^2 - 4x + y = 0$, $A(1; 2)$.

b. $x^2 + y^2 + 3x - y - 1 = 0$, $A(0; -1)$.

c. $x^2 + y^2 - 4x = 0$, $A(4; 0)$.

42 ●○ **AL VOLO** Determina per quali valori del parametro k la circonferenza di equazione

$$x^2 + y^2 - 2kx + 6y + k = 0$$

passa per l'origine.

ESERCIZI

COMPLETA in modo che i punti indicati appartengano alla circonferenza di equazione data. La scelta è unica?

43 $x^2 + y^2 = 64$, $P(0; \square)$, $Q(-8; \square)$.

44 $x^2 + y^2 - 4y = 0$, $P(2; \square)$, $Q(\square; 2)$.

45 Determina il valore da attribuire al parametro c affinché la circonferenza di equazione

$$x^2 + y^2 + 4cx - y + c - 1 = 0$$

passi per il punto $P(-1; 2)$. $\left[\frac{2}{3}\right]$

46 Trova il valore da attribuire a k affinché il punto $P(3k; -1)$ appartenga alla circonferenza di equazione $x^2 + y^2 - 2x + 2y - 14 = 0$. $\left[-1; \frac{5}{3}\right]$

47 Stabilisci per quali valori del parametro k il punto $P(k-1; 2k-1)$ appartiene alla circonferenza con centro nell'origine e raggio $\sqrt{10}$. $\left[-\frac{4}{5}; 2\right]$

48 Dopo aver calcolato centro e raggio della circonferenza di equazione $x^2 + y^2 - 2x - 2y + 1 = 0$, verifica se il punto $A(2; 1)$ appartiene alla circonferenza. $[C(1; 1); r = 1; \text{sì}]$

49 Calcola centro e raggio della circonferenza di equazione $x^2 + y^2 - 7x + 4y - 4 = 0$. Verifica poi se la circonferenza passa per l'origine degli assi. $\left[C\left(\frac{7}{2}; -2\right); r = \frac{9}{2}; \text{no}\right]$

50 **VERO O FALSO?** La circonferenza di equazione $x^2 + y^2 - 2x - 3 = 0$:

a. ha il centro sull'asse x. V F

b. passa per il punto $A(1; -2)$. V F

c. ha raggio 4. V F

d. non passa per l'origine. V F

51 Verifica che i punti $A(3; 1)$ e $B(1; -5)$ non appartengono alla circonferenza $x^2 + y^2 - 4x = 0$. Sono interni o esterni alla circonferenza? (**SUGGERIMENTO** Se un punto è interno, la sua distanza dal centro è minore del...) [A interno; B esterno]

52 Stabilisci se i punti $A(1; 0)$, $B\left(\frac{1}{2}; -\frac{3}{4}\right)$, $D(0; -1)$, $E(-1; 1)$ sono interni, esterni o appartengono alla circonferenza di equazione $x^2 + y^2 - x + 2y + 1 = 0$ e verificalo graficamente.

53 Stabilisci se i punti $A(5; -3)$, $B(1; -2)$ e $C(-1; 1)$ sono interni, esterni o appartengono alla circonferenza di equazione $x^2 + y^2 - 4x + 6y + 4 = 0$. Quindi rappresenta la circonferenza nel piano cartesiano e verifica graficamente la posizione dei punti.

54 Dopo aver determinato il valore da attribuire a h affinché il punto $P(6; 8)$ appartenga alla circonferenza di equazione $x^2 + y^2 - (h+3)x + (-3h+1)y + h - 3 = 0$, rappresenta la curva e verifica graficamente l'appartenenza di P a essa. [3]

55 **VERO O FALSO?** Date le circonferenze γ_1 e γ_2 di equazioni

$$\gamma_1: x^2 + y^2 - 2x + y - 11 = 0 \quad \text{e} \quad \gamma_2: x^2 + y^2 - 4x + y - 11 = 0,$$

si può affermare che:

a. hanno lo stesso raggio. V F

b. il centro di γ_1 si trova nel secondo quadrante. V F

c. γ_2 passa per $A(5; 2)$. V F

d. i centri di γ_1 e γ_2 si trovano su una retta parallela all'asse x. V F

LEGGI IL GRAFICO

56 La circonferenza della figura ha equazione $x^2 + y^2 + ax + by + c = 0$. Allora:

A $a = 6, b = -6$.
B $a = -6, b = 6, c = 3$.
C $a = b$.
D $c = 9$.
E $a = c$.

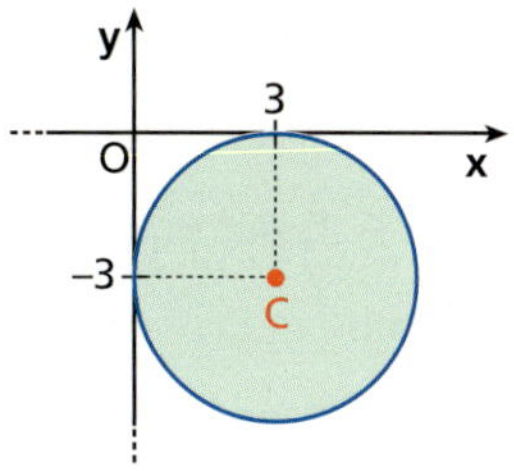

57 Se la circonferenza della figura ha equazione $x^2 + y^2 + ax + by + c = 0$, allora:

A $a < 0, b > 0$.
B $a < 0, b < 0$.
C $a > 0, c = 0$.
D $a > 0, b < 0$.
E $a > 0, c < 0$.

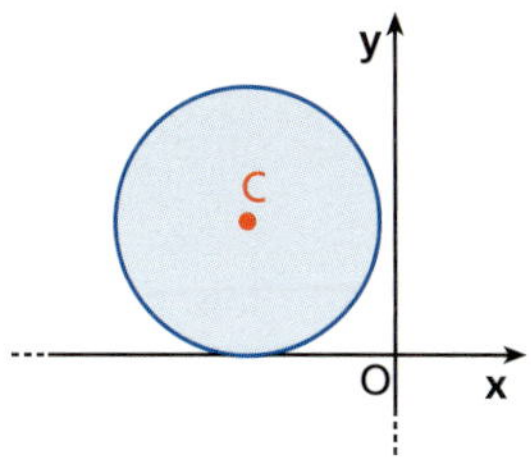

58 Nell'equazione $x^2 + y^2 + ax + by + c = 0$ della circonferenza rappresentata in figura:

a. a e b sono uguali. V F
b. c è nullo. V F
c. la misura del raggio è uguale ad a. V F
d. b è positivo. V F

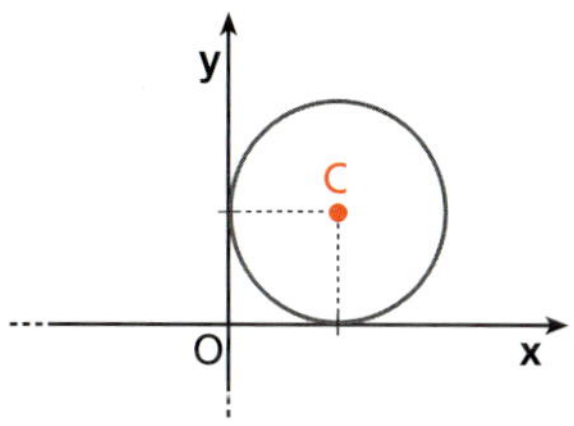

59 Calcola per quali valori di k l'equazione $x^2 + y^2 + 4x - 2y - k + 3 = 0$ rappresenta una circonferenza e determina per quale valore di k si ha una circonferenza:

a. con raggio 1;
b. passante per l'origine;
c. passante per il punto $P(1; 2)$.

$[k \geq -2;$ a) $k = -1;$ b) $k = 3;$ c) $k = 8]$

60 Dopo aver determinato per quali valori di k l'equazione $x^2 + y^2 - 6x - 4y + k + 1 = 0$ rappresenta una circonferenza, stabilisci per quale valore di k la circonferenza:

a. ha raggio 3;
b. passa per il punto $A\left(-\frac{1}{2}; \frac{3}{2}\right)$;
c. si trova nel primo quadrante.

$\left[k \leq 12;\right.$ a) $k = 3;$ b) $k = -\frac{1}{2};$ c) $\left.8 \leq k \leq 12\right]$

61 Determina i valori di a per cui l'equazione $x^2 + y^2 + 2ax - 4y + 5a = 0$ rappresenta una circonferenza non degenere. Trova poi per quale valore di a la circonferenza:

a. ha centro di ascissa 3;
b. ha centro sull'asse y;
c. ha raggio 2 e non passa per l'origine.

$[a < 1 \vee a > 4;$ a) $a = -3;$ b) $a = 0;$ c) $a = 5]$

Circonferenza e funzioni

Grafici con archi di circonferenze

62 ESERCIZIO GUIDA Tracciamo il grafico di $y = 2 + \sqrt{4 - x^2}$.

La funzione è definita per $-2 \leq x \leq 2$; per rappresentarla isoliamo la radice: $y - 2 = \sqrt{4 - x^2}$.

L'equazione è equivalente al sistema:

$$\begin{cases} y - 2 \geq 0 \\ (y-2)^2 = 4 - x^2 \end{cases} \rightarrow \begin{cases} y \geq 2 \\ y^2 - 4y + 4 - 4 + x^2 = 0 \end{cases} \rightarrow$$

$$\begin{cases} y \geq 2 \\ x^2 + y^2 - 4y = 0 \end{cases}.$$

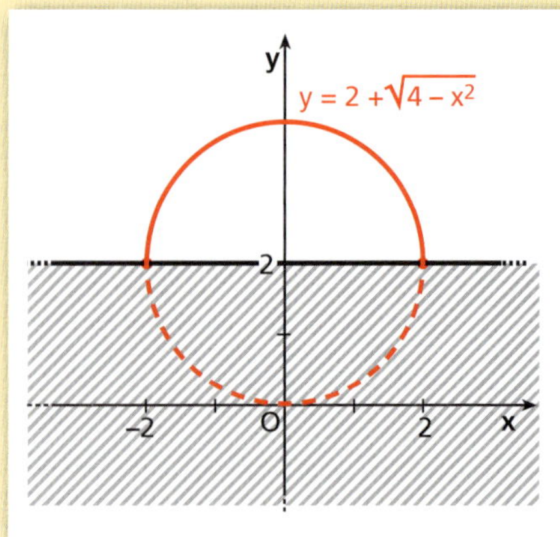

$x^2 + y^2 - 4y = 0$ è l'equazione di una circonferenza con centro $C(0; 2)$ e raggio $r = 2$.

Tracciamo la retta $y = 2$ e consideriamo solo i punti del piano che hanno ordinata maggiore o uguale a 2.

Consideriamo quindi solo la semicirconferenza che ha i punti con ordinata $y \geq 2$, rappresentata dalla linea continua rossa.

Rappresenta graficamente le seguenti funzioni.

63 $y = \sqrt{1 - x^2}$

64 $y = -\sqrt{16 - x^2}$

65 $y = -\sqrt{36 - x^2}$

66 $y = -\sqrt{2 - x^2}$

67 $y = \sqrt{3x - x^2}$

68 $y = -\sqrt{10x - x^2}$

69 $y = \sqrt{6x - x^2 - 8}$

70 $y = 2 + \sqrt{9 - x^2}$

71 $y = 3 - \sqrt{4 - x^2}$

72 $y = 3 - \sqrt{3 + 2x - x^2}$

73 $y = 1 + \sqrt{2x - x^2}$

74 $y = 5 - \sqrt{12 - 4x - x^2}$

LEGGI IL GRAFICO **Scrivi l'equazione di ognuno dei seguenti grafici utilizzando i dati delle figure.**

75

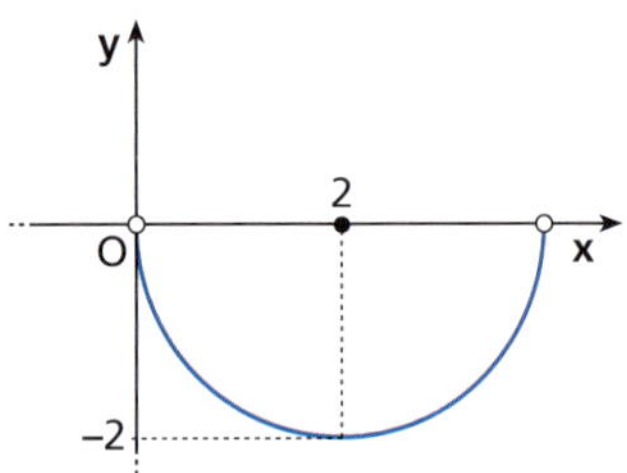

$\left[y = -\sqrt{4x - x^2}, 0 < x < 2\right]$

77

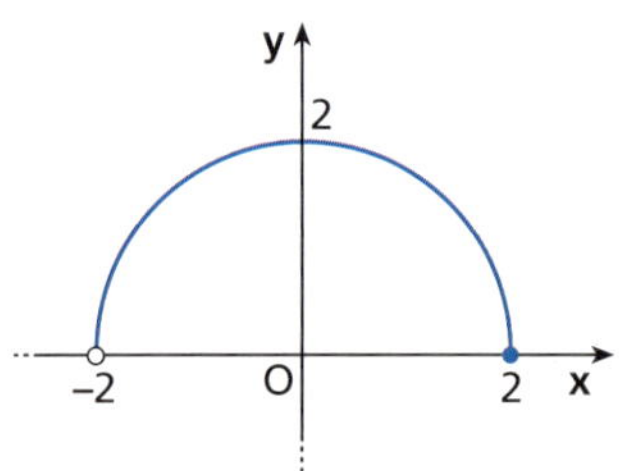

$\left[y = \sqrt{4 - x^2}, -2 < x \leq 2\right]$

79

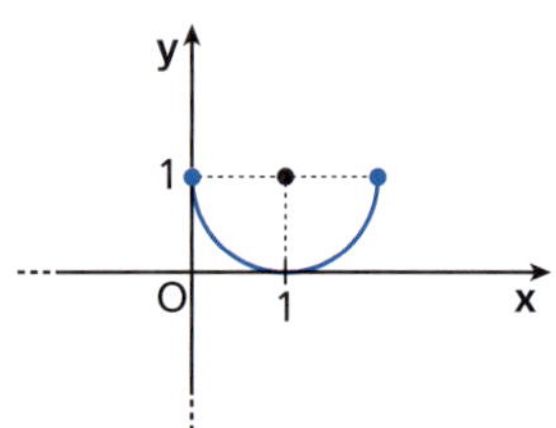

$\left[y = 1 - \sqrt{2x - x^2}, 0 \leq x \leq 2\right]$

76

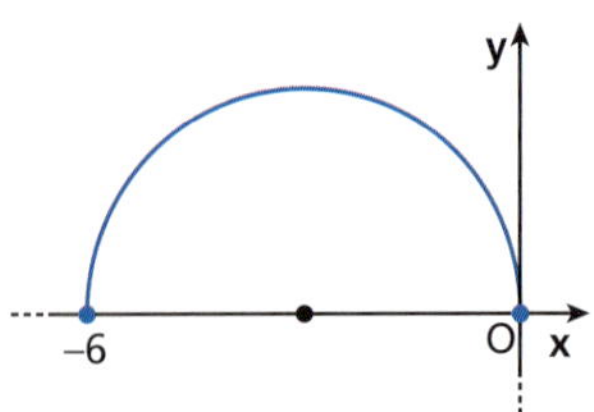

$\left[y = \sqrt{-x^2 - 6x}, -6 \leq x \leq 0\right]$

78

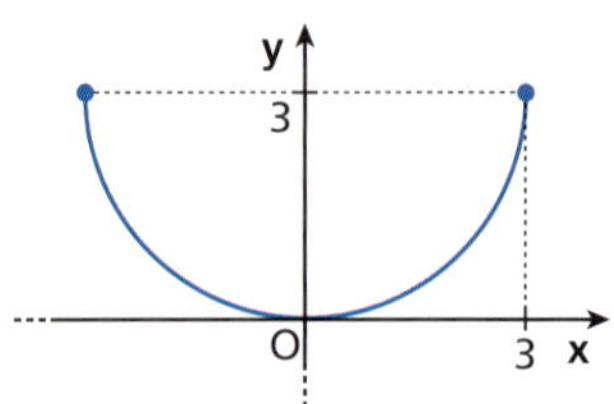

$\left[y = 3 - \sqrt{9 - x^2}, -3 \leq x \leq 3\right]$

80

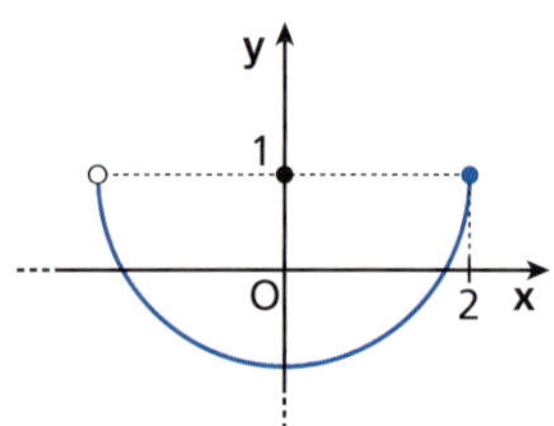

$\left[y = 1 - \sqrt{4 - x^2}, -2 < x \leq 2\right]$

81 Scrivi l'equazione della semicirconferenza che ha diametro OB, con O origine degli assi e $B(4; 0)$, e che si trova nel primo quadrante. $\left[y = \sqrt{4x - x^2}\right]$

82 Trova l'equazione della semicirconferenza che ha centro in $C(2; 0)$, raggio 1, e che si trova nel quarto quadrante. $\left[y = -\sqrt{-x^2 + 4x - 3}\right]$

MATEMATICA E STORIA

Gli ovali di Serlio Il bolognese Sebastiano Serlio (1475-1554) fu un maestro dell'architettura. Nei suoi *Sette libri d'architettura* sono presenti alcuni modi per disegnare degli ovali tracciando archi di circonferenza.

Nella figura a lato, gli ovali sono formati da archi di circonferenza con centro nei vertici dei triangoli equilateri ACD e BCD. Serlio osserva che per rendere la forma «più rotonda» basta aumentare i raggi degli archi di circonferenza, ma comunque non si otterrà mai un cerchio.

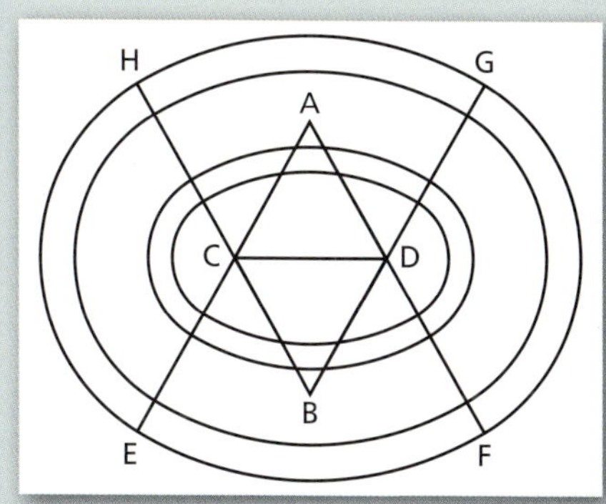

a. Come variano i rapporti fra la lunghezza del lato AC e i raggi degli archi di centro A, all'aumentare di questi ultimi? E i rapporti fra la lunghezza del lato AC e i raggi degli archi di centro C? (Ricava le lunghezze misurandole direttamente sulla figura.)

b. Considera il caso limite in cui la lunghezza del lato del triangolo sia nulla: indica quali figure si traccerebbero con il compasso e rifletti su quale sarebbe, in questo caso, il valore dei rapporti considerati sopra.

Risoluzione

Rappresenta il grafico delle seguenti funzioni.

83 $y = \begin{cases} -\sqrt{1 - x^2} & \text{se } -1 \le x \le 1 \\ 2x - 2 & \text{se } x > 1 \end{cases}$

84 $y = \begin{cases} \sqrt{4 - x^2} & \text{se } -2 \le x \le 0 \\ 3x + 2 & \text{se } x > 0 \end{cases}$

85 $y = \begin{cases} -2x & \text{se } x \le 0 \\ -\sqrt{4x - x^2} & \text{se } 0 < x < 4 \end{cases}$

86 $y = \begin{cases} \sqrt{9 - x^2} & \text{se } -3 < x < 0 \\ -1 + \sqrt{16 - x^2} & \text{se } 0 \le x \le 4 \end{cases}$

LEGGI IL GRAFICO **Scrivi l'equazione delle funzioni rappresentate nei seguenti grafici.**

87

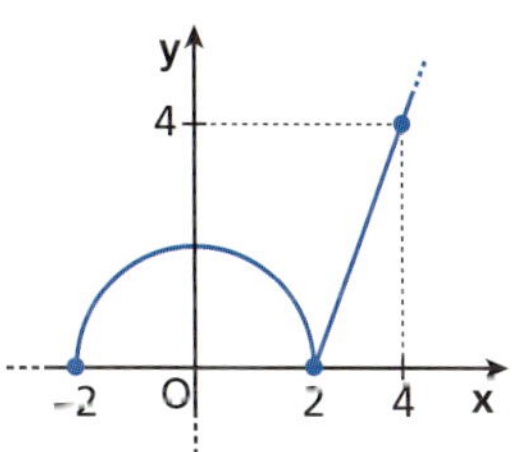

$\left[y = \begin{cases} \sqrt{4 - x^2} & \text{se } -2 \le x \le 2 \\ 2x - 4 & \text{se } x > 2 \end{cases}\right]$

88

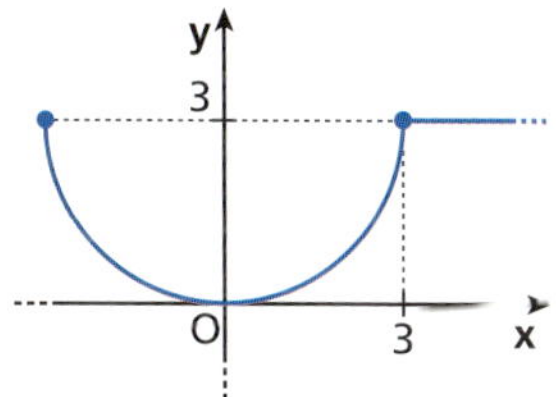

$\left[y = \begin{cases} 3 - \sqrt{9 - x^2} & \text{se } -3 \le x \le 3 \\ 3 & \text{se } x > 3 \end{cases}\right]$

89

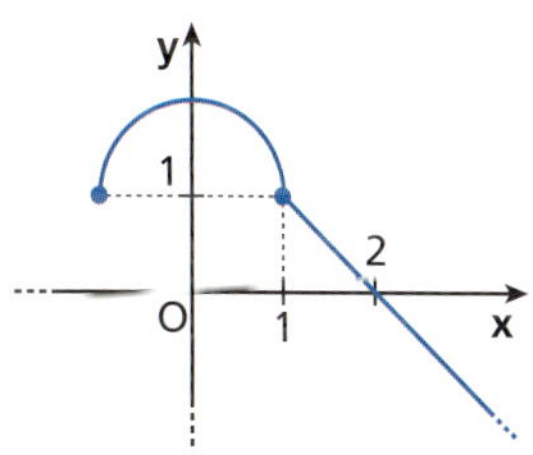

$\left[y = \begin{cases} 1 + \sqrt{1 - x^2} & \text{se } -1 \le x \le 1 \\ -x + 2 & \text{se } x > 1 \end{cases}\right]$

Scrivi in forma esplicita l'equazione della circonferenza assegnata, ricavando y in funzione di x. Ottieni delle funzioni?

90 $x^2 + y^2 - 6x = 0$

91 $x^2 + y^2 = 4$

92 $x^2 + y^2 - 2x + 6y = 0$

93 $x^2 + y^2 - 4y + 3 = 0$

94 $x^2 + y^2 - x = 0$

95 $x^2 + y^2 - 3x - 8 = 0$

96 $x^2 + y^2 - 9 = 0$

97 $x^2 + y^2 - 2y - 8 = 0$

Traccia il grafico delle curve aventi le seguenti equazioni.

98 $x = \sqrt{4 - y^2}$

99 $x = -\sqrt{9 - y^2}$

100 $x = 1 + \sqrt{25 - y^2}$

101 $x = -2 - \sqrt{4y - y^2}$

102 $x = -1 - \sqrt{16 - y^2}$

103 $x = 4 - \sqrt{10y - y^2 - 21}$

104 $x = 2 + \sqrt{1 - y^2}$

105 $\sqrt{-y^2 - 2y} = x + 3$

106 REALTÀ E MODELLI **Campo da basket** Determina le equazioni delle curve colorate nel campo da basket in figura. Le misure sono in metri.

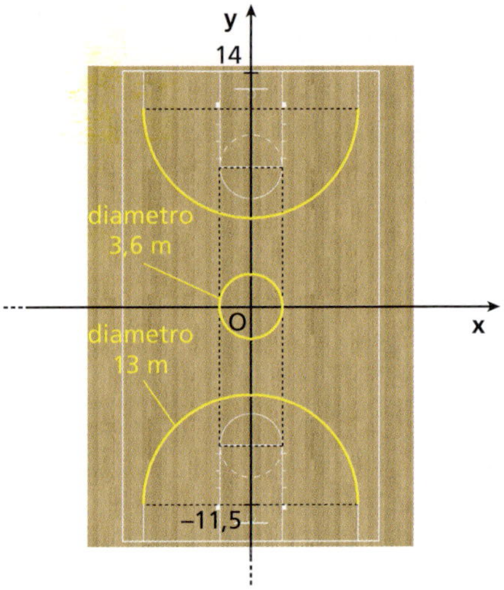

$[x^2 + y^2 - 3,24 = 0;\ y = -11,5 + \sqrt{-x^2 + 42,25};$
$y = 11,5 - \sqrt{-x^2 + 42,25}]$

Curve particolari

107 ESERCIZIO GUIDA Rappresentiamo graficamente la curva di equazione $x^2 + y^2 - 4|x| - 4 = 0$.

Poiché

$$|x| = \begin{cases} x & \text{per } x \geq 0 \\ -x & \text{per } x < 0 \end{cases}$$

l'equazione data risulta equivalente all'unione delle soluzioni dei due sistemi:

$$\begin{cases} x \geq 0 \\ x^2 + y^2 - 4x - 4 = 0 \end{cases} \vee \begin{cases} x < 0 \\ x^2 + y^2 + 4x - 4 = 0 \end{cases}.$$

La rappresentazione delle soluzioni del primo sistema è costituita dai punti della circonferenza di equazione $x^2 + y^2 - 4x - 4 = 0$ contenuti nel semipiano delle $x \geq 0$.

La circonferenza ha centro $C_1(2; 0)$ e raggio $r = 2\sqrt{2}$. Disegniamo solo l'arco di circonferenza contenuto nel semipiano delle $x \geq 0$ (figura **a**).

La rappresentazione delle soluzioni del secondo sistema è costituita dai punti della circonferenza di equazione $x^2 + y^2 + 4x - 4 = 0$ contenuti nel semipiano delle $x < 0$.

Tale circonferenza ha centro $C_2(-2; 0)$ e raggio $r = 2\sqrt{2}$. Disegniamo solo l'arco di circonferenza contenuto nel semipiano delle $x < 0$ (figura **b**). Entrambe le circonferenze passano per i punti $A(0; -2)$ e $B(0; 2)$.

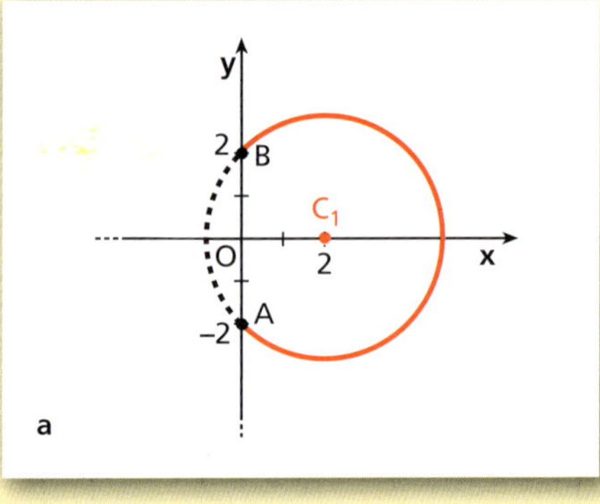

a

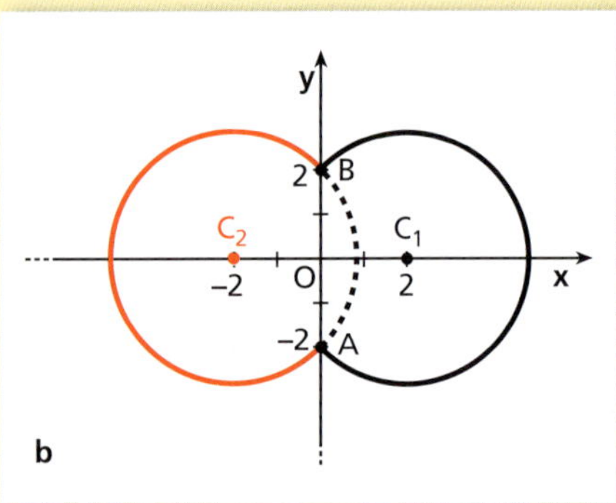

b

Rappresenta graficamente le curve descritte dalle seguenti equazioni.

108 $x^2+y^2-2|x|-4=0$

109 $x^2+y^2-2x+2|y|=0$

110 $x^2+y^2-2|x|+2y=0$

111 $x^2+y^2+|2x-2|+4y=0$

112 $x^2+y^2+|y+1|-9=0$

113 $x^2+y^2-|4x-4|+2y+4=0$

114 EUREKA! Individua la parte di piano che soddisfa ognuna delle seguenti disequazioni:

a. $x^2+y^2>4$; **b.** $x^2+y^2<2x$.

Circonferenza e trasformazioni geometriche

115 Trova l'equazione della circonferenza che si ottiene traslando la circonferenza di equazione $x^2+y^2-2x=0$ secondo il vettore $(3;-1)$. $[x^2+y^2-8x+2y+16=0]$

116 Trasla la circonferenza di centro $(-2;3)$ e raggio 2 secondo il vettore $(0;1)$. Scrivi le equazioni delle due circonferenze e rappresentale nel piano cartesiano. $[x^2+y^2+4x-6y+9=0;\ x^2+y^2+4x-8y+16=0]$

117 Scrivi l'equazione della circonferenza simmetrica rispetto all'asse y della circonferenza di equazione $x^2+y^2-x+4y-2=0$ e rappresentala graficamente. $[x^2+y^2+x+4y-2=0]$

118 Scrivi l'equazione della circonferenza di centro $(1;2)$ e di raggio 1 e l'equazione della sua simmetrica rispetto all'origine. $[x^2+y^2-2x-4y+4=0;\ x^2+y^2+2x+4y+4=0]$

119 Riconosci la trasformazione geometrica di equazioni $\begin{cases} x'=2-x \\ y'=-2-y \end{cases}$ e applicala alla circonferenza di equazione $x^2+y^2=1$.

[simmetria centrale di centro $(1;-1)$, $x^2+y^2-4x+4y+7=0$]

120 Trova l'equazione della circonferenza trasformata della circonferenza di equazione $x^2+y^2-4x+2y=0$ secondo la simmetria centrale di centro $P(-2;-3)$. $[x^2+y^2+12x+10y+56=0]$

121 Una traslazione trasforma la circonferenza di equazione $x^2+y^2-4=0$ in una circonferenza di centro $C(3;-3)$. Determina l'equazione della circonferenza traslata e disegna le due circonferenze.

$[x^2+y^2-6x+6y+14=0]$

122 Determina le componenti a e b del vettore $\vec{v}(a;b)$ corrispondente a una traslazione che trasforma la circonferenza di equazione $x^2+y^2-9=0$ nella circonferenza di equazione $x^2+y^2-4x-4y-1=0$. $[a=2, b=2]$

123 RIFLETTI SULLA TEORIA Quali sono le componenti del vettore $\vec{v}$ corrispondente a una traslazione che trasforma la circonferenza di equazione $x^2+y^2+ax+by+c=0$ in quella di equazione $x^2+y^2=r^2$?

ESERCIZI

2 Rette e circonferenze

Posizione di una retta rispetto a una circonferenza

▶ Teoria a p. 247

AL VOLO Indica, senza rappresentarle, le posizioni reciproche della circonferenza e della retta di equazioni date.

124 $x^2 + y^2 = 4; \quad x = 0.$

125 $x^2 + y^2 - 4y = 0; \quad y = 0.$

Trova i punti di intersezione delle seguenti circonferenze con gli assi cartesiani.

126 $x^2 + y^2 - 2x + 2y + 1 = 0$

127 $x^2 + y^2 - 3x + 7y = 0$

128 $x^2 + y^2 - 6x - 4y + 12 = 0$

129 $x^2 + y^2 + 5x - y = 0$

130 **COMPLETA** le seguenti affermazioni in riferimento alla circonferenza di equazione $x^2 + y^2 - 2x - 3 = 0$, quindi rappresentala graficamente.

a. Ha raggio $r =$ ☐.

b. Ha centro $C($☐; ☐$)$.

c. Interseca l'asse y in $A($☐; ☐$)$ e $B($☐; ☐$)$.

d. Passa per il punto $P($☐$; -2)$.

e. Interseca l'asse x in $D($☐; ☐$)$ e $E($☐; ☐$)$.

f. Interseca la retta $y = 2$ in $Q($☐; ☐$)$.

131 **ESERCIZIO GUIDA** Stabiliamo la posizione della retta di equazione $2x - y + 1 = 0$ rispetto alla circonferenza di equazione $x^2 + y^2 - x - 9y + 8 = 0$ e determiniamo le coordinate degli eventuali punti di intersezione.

Consideriamo il sistema formato dalle equazioni della retta e della circonferenza:

$$\begin{cases} 2x - y + 1 = 0 \\ x^2 + y^2 - x - 9y + 8 = 0 \end{cases}$$

Risolviamo con il metodo di sostituzione:

$$\begin{cases} y = 2x + 1 \\ x^2 + (2x+1)^2 - x - 9(2x+1) + 8 = 0 \end{cases} \rightarrow$$

$$\begin{cases} y = 2x + 1 \\ x^2 + 4x^2 + 4x + 1 - x - 18x - 9 + 8 = 0 \end{cases} \rightarrow$$

$$\begin{cases} y = 2x + 1 \\ 5x^2 - 15x = 0 \end{cases} \rightarrow \begin{cases} y = 2x + 1 \\ 5x(x-3) = 0 \end{cases} \rightarrow \begin{array}{l} x = 0;\ y = 1 \\ x = 3;\ y = 7 \end{array}$$

La retta è quindi secante e $A(0; 1)$ e $B(3; 7)$ sono i punti di intersezione richiesti.

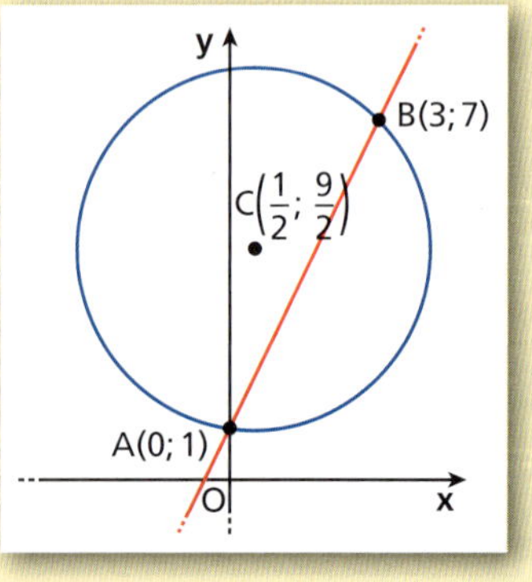

Nelle seguenti coppie di equazioni, stabilisci la posizione della retta rispetto alla circonferenza e, nei casi in cui la retta non sia esterna, determina le coordinate dei punti di intersezione o quelle del punto di tangenza.

132 $x^2 + y^2 - 4x - 2y = 0, \quad x - 4 = 0.$ [secante: $(4; 0), (4; 2)$]

133 $x^2 + y^2 - 8x + 10y + 25 = 0, \quad y + 9 = 0.$ [tangente: $(4; -9)$]

134 $x^2 + y^2 + 4x - 2y = 0, \quad x + 3y + 4 = 0.$ [secante: $(-4; 0), (-1; -1)$]

135 $x^2 + y^2 - 6x + 2y = 0,$ $\quad y - 3x = 0.$ $\quad$ [tangente: (0; 0)]

136 $x^2 + y^2 - 50 = 0,$ $\quad 3x + 4y + 40 = 0.$ $\quad$ [esterna]

137 $x^2 + y^2 - 6x + 3y - 4 = 0,$ $\quad 2x + y - 1 = 0.$ $\quad$ $\left[\text{secante: } (0; 1), \left(\frac{16}{5}; -\frac{27}{5}\right)\right]$

138 $x^2 + y^2 - 6x - 16y + 60 = 0,$ $\quad 3x - 2y - 6 = 0.$ $\quad$ [tangente: (6; 6)]

139 $x^2 + y^2 - 6x + 3y + 11 = 0,$ $\quad 2x - 4y - 10 = 0.$ $\quad$ $\left[\text{secante: } (3; -1), \left(\frac{13}{5}; -\frac{6}{5}\right)\right]$

140 La retta di equazione $x + y + 4 = 0$ interseca la circonferenza $x^2 + y^2 + 6x - 4y + 4 = 0$ nei punti A e B. Calcola la misura della corda AB. $[3\sqrt{2}]$

141 Determina i punti di intersezione A e B della retta di equazione $y = 2x - 4$ con la circonferenza di equazione $x^2 + y^2 + 4x - 4y - 17 = 0$ e calcola la misura della corda AB. $[A(1; -2), B(3; 2); 2\sqrt{5}]$

142 Verifica che la retta di equazione $y = 3x - 5$ è tangente in P alla circonferenza di equazione

$$x^2 + y^2 - 12x - 6y + 35 = 0$$

e calcola la distanza di P dall'origine O. $[P(3; 4); 5]$

---

143 Calcola l'area del triangolo ABC della figura, dove C è il centro della circonferenza. [4]

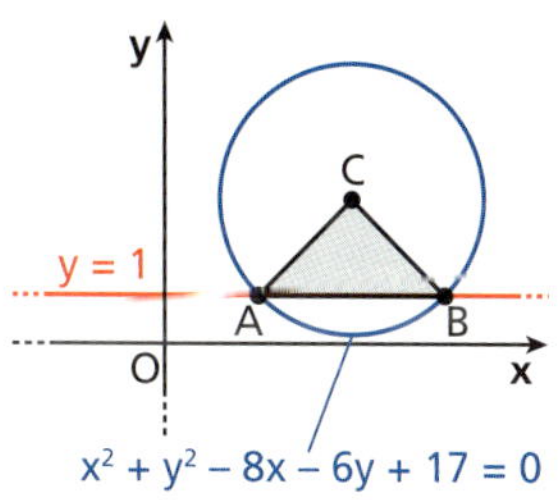

144 Detti A, B, C e D i punti in cui la circonferenza di equazione $x^2 + y^2 - 4x + 4y - 12 = 0$ interseca gli assi cartesiani, trova perimetro e area del quadrilatero $ABCD$. $[4\sqrt{10} + 8\sqrt{2}; 32]$

145 Determina il valore del parametro k affinché la retta di equazione $x = k$ incontri la circonferenza di equazione $x^2 + y^2 + 4x - 6y - 7 = 0$ in due punti A e B tali che $\overline{AB} = 4$. $[-6; 2]$

---

146 Scrivi l'equazione della retta parallela all'asse x sulla quale la circonferenza di equazione $x^2 + y^2 + 2x + 8y - 0$ stacca una corda di misura $4\sqrt{2}$. $[y = -7; y = -1]$

147 Nel fascio di rette di equazione $y = -2x + k$, determina le rette sulle quali la circonferenza di equazione $x^2 + y^2 - x + y - 2 = 0$ stacca delle corde di misura $\sqrt{5}$. $[k = -2; k = 3]$

148 Trova le coordinate dei vertici C e D dei due triangoli isosceli inscritti nella circonferenza di equazione $x^2 + y^2 - 8y + 11 = 0$ che hanno la base AB sulla retta di equazione $y = -2x + 5$. $[C(-2; 3), D(2; 5)]$

149 $M(1; 4)$ è il punto medio della corda AB nella circonferenza di equazione $x^2 + y^2 - 4x - 6y + 3 = 0$. Trova le coordinate di A e di B. $[A(-1; 2), B(3; 6)]$

Trova per quali valori di *k* la circonferenza assegnata interseca la retta indicata a fianco.

150 $x^2 + y^2 - 6x = 0,$ $\quad y = k.$ $\quad$ $[-3 \le k \le 3]$

151 $x^2 + y^2 - 2y = 0,$ $\quad y = kx - 1.$ $\quad$ $[k \le -\sqrt{3} \vee k \ge \sqrt{3}]$

152 $x^2 + y^2 + 4x - 4y + 4 = 0,$ $\quad y = kx + 4.$ $\quad$ $[k \ge 0]$

153 ●● YOU & MATHS The straight line l_1 with equation $x-2y+10=0$ meets the circle with equation $x^2+y^2=100$ at B in the first quadrant. A line through B, perpendicular to l_1, cuts the y-axis at $P(0; t)$. Determine the value of t.
(CAN *Canadian Open Mathematics Challenge, COMC*, 1997)
$[t=20]$

154 ●○ EUREKA! Rappresenta la circonferenza di equazione $x^2+y^2-4x-2y=0$ e la retta r di equazione $y=-x+2$. Trova la misura della corda intercettata da r sulla circonferenza senza calcolare le coordinate dei punti di intersezione.
$[3\sqrt{2}]$

155 ●○ REALTÀ E MODELLI **Fido e il ruscello** Giovanni lega il suo cane Fido a un palo vicino a un ruscello che scorre in linea retta nelle vicinanze. Per fare ciò utilizza una corda lunga 3 m. Sapendo che nel grafico le coordinate sono espresse in metri e che il palo è nel punto C, individua i punti P e Q del ruscello più lontani che Fido riesce a raggiungere e calcola la lunghezza del tratto PQ.

$[P(2; 4), Q(5; 1), PQ=3\sqrt{2}\text{ m}]$

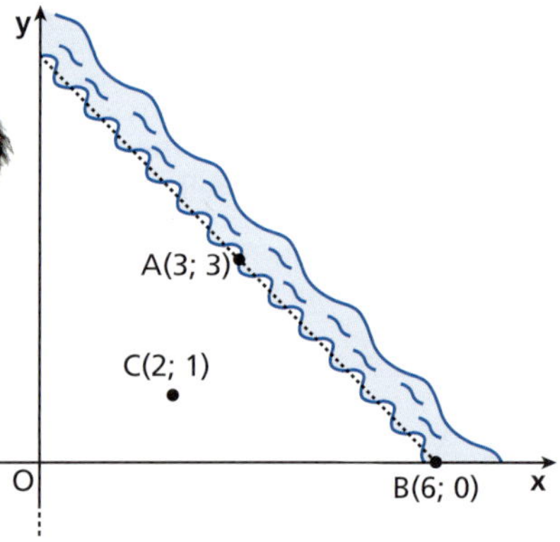

Risoluzione grafica di equazioni e disequazioni irrazionali

156 ESERCIZIO GUIDA Risolviamo graficamente $\sqrt{4x-x^2}=6-2x$ e verifichiamo il risultato algebricamente.

Dai due membri dell'equazione ricaviamo due funzioni:

$$y=\sqrt{4x-x^2}; \qquad y=6-2x.$$

Le soluzioni dell'equazione sono date dagli eventuali punti di intersezione dei grafici delle due funzioni.
L'equazione della prima funzione è equivalente al sistema

$$\begin{cases} y\geq 0 \\ y^2=4x-x^2 \end{cases} \rightarrow \begin{cases} y\geq 0 \\ x^2+y^2-4x=0 \end{cases},$$

che rappresenta una semicirconferenza di centro $(2; 0)$ e raggio 2.

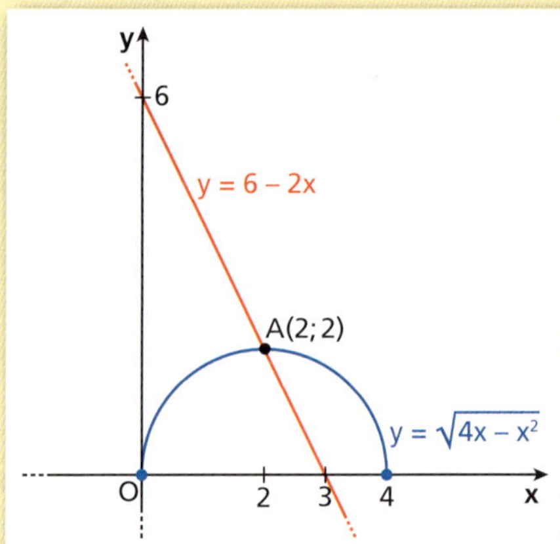

La seconda equazione rappresenta una retta.

La semicirconferenza e la retta si incontrano in $A(2; 2)$, pertanto l'equazione ha una soluzione: $x=2$.

Risolviamo l'equazione anche algebricamente per verificare il risultato.

$$\begin{cases} 4x-x^2\geq 0 \\ 6-2x\geq 0 \\ 4x-x^2=(6-2x)^2 \end{cases} \rightarrow \begin{cases} 0\leq x\leq 4 \\ x\leq 3 \\ 4x-x^2=36-24x+4x^2 \end{cases} \rightarrow \begin{cases} 0\leq x\leq 4 \\ x\leq 3 \\ 5x^2-28x+36=0 \end{cases} \rightarrow x = \begin{cases} \frac{18}{5} \\ 2 \end{cases}$$

L'unica soluzione del sistema è $x=2$.

Osservazione. Se dobbiamo risolvere una disequazione irrazionale, procediamo in modo analogo, ma confrontiamo i grafici, per stabilire in quali intervalli il valore di una funzione supera quello dell'altra o viceversa.

Risolvi graficamente le seguenti equazioni irrazionali.

157 $\sqrt{8-x^2}=x$ [2]

158 $\sqrt{1-x^2}=1-x$ [0; 1]

159 $\sqrt{-6x-x^2}=-x$ [−3; 0]

160 $\sqrt{16-x^2}=x+4$ [−4; 0]

161 $1-\sqrt{1-x^2}=2x$ [0]

162 $\sqrt{9-x^2}=x+3$ [−3; 0]

163 $\sqrt{-x^2-2x+3}=x+3$ [−3; −1]

164 $1-\sqrt{2x-x^2}=2x+2$ [impossibile]

165 $4x+\sqrt{4x-x^2}=x$ [0]

166 $-\sqrt{2x+3-x^2}=|x|$ [impossibile]

Risolvi graficamente le seguenti disequazioni irrazionali.

167 $\sqrt{4-x^2}\leq-2x+2$ $[-2\leq x\leq 0]$

168 $\sqrt{-x^2+2x}<x$ $[1<x\leq 2]$

169 $-\sqrt{-(x-2)^2+1}>\frac{2}{3}x$ $[S=\varnothing]$

170 $\sqrt{-2x^2+3x-1}>1-x$ $\left[\frac{9}{17}<x<1\right]$

171 $\sqrt{16-x^2}>4-x$ $[0<x<4]$

172 $\sqrt{4x-x^2}<\sqrt{3}(x-2)$ $[3<x\leq 4]$

173 $x\leq\sqrt{8x-x^2}$ $[0\leq x\leq 4]$

174 $\sqrt{2-x^2}>|x|$ $[-1<x<1]$

175 $-\sqrt{-x^2-4x}\leq-\frac{x}{2}-2$ $\left[-4\leq x\leq-\frac{4}{5}\right]$

176 $\sqrt{\frac{1}{4}-(x-1)^2}<3x-\frac{3}{2}$ $\left[\frac{3}{5}<x\leq\frac{3}{2}\right]$

Rette tangenti a una circonferenza

▶ Teoria a p. 249

Rette tangenti condotte da un punto esterno

177 **ESERCIZIO GUIDA** Determiniamo le equazioni delle rette passanti per $A(0; 7)$ e tangenti alla circonferenza di equazione:

$$x^2+y^2-10x-6y+18=0.$$

Utilizziamo il primo metodo ($\Delta=0$).
Mettiamo a sistema l'equazione di una generica retta passante per A con l'equazione della circonferenza.

$$\begin{cases} y=mx+7 \\ x^2+y^2-10x-6y+18=0 \end{cases}$$

Troviamo l'equazione risolvente e poniamo $\Delta=0$:

$$x^2(1+m^2)+2x(4m-5)+25=0.$$

$$\frac{\Delta}{4}=0 \rightarrow (4m-5)^2-25(1+m^2)=0 \rightarrow$$

$$-9m^2-40m=0 \rightarrow$$

$$-m(9m+40)=0 \begin{array}{l} m_1=0 \\ m_2=-\frac{40}{9} \end{array}$$

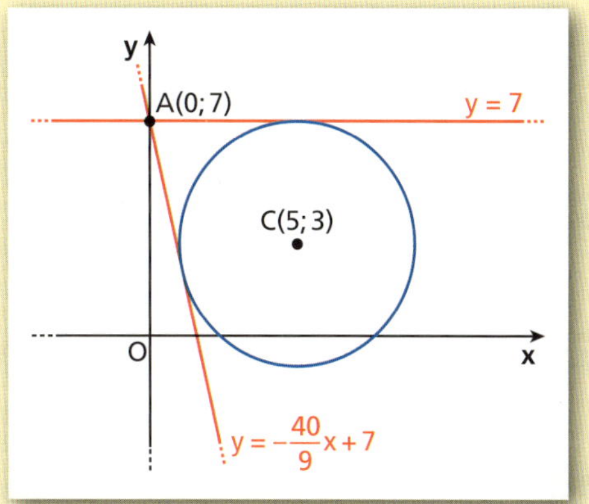

Le equazioni delle due rette tangenti sono:

$$y=7, \qquad y=-\frac{40}{9}x+7.$$

Utilizziamo il secondo metodo (distanza retta-centro uguale al raggio).

La circonferenza ha centro $C(5; 3)$ e raggio $r = \sqrt{25 + 9 - 18} = \sqrt{16} = 4$.
Le rette che passano per A hanno equazione $mx - y + 7 = 0$ oppure $x = 0$.
Applichiamo la formula della distanza fra la generica retta passante per A e il centro C:

$$d = \frac{|ax_0 + by_0 + c|}{\sqrt{a^2 + b^2}} = \frac{|m \cdot 5 - 1 \cdot 3 + 7|}{\sqrt{m^2 + 1}} = \frac{|5m + 4|}{\sqrt{m^2 + 1}}.$$

Poniamo $d = r$ e ricaviamo m:

$$\frac{|5m + 4|}{\sqrt{m^2 + 1}} = 4 \rightarrow (5m + 4)^2 = 16(m^2 + 1) \rightarrow 25m^2 + 40m + \cancel{16} = 16m^2 + \cancel{16} \rightarrow$$

$$9m^2 + 40m = 0 \begin{cases} m_1 = 0, \\ m_2 = -\frac{40}{9}. \end{cases}$$

Le equazioni delle due rette tangenti sono quindi:

$$y = 7, y = -\frac{40}{9}x + 7.$$

178 Determina le equazioni delle rette tangenti alla circonferenza di equazione $x^2 + y^2 = 8$ passanti per il punto $P(0; 4)$. $[y = -x + 4; y = x + 4]$

179 Scrivi le equazioni delle rette tangenti alla circonferenza di equazione $x^2 + y^2 - 2x - 10y + 13 = 0$ condotte dall'origine. $[2x - 3y = 0; 3x + 2y = 0]$

180 Scrivi le equazioni delle rette tangenti alla circonferenza di equazione $x^2 + y^2 - 6x - 4y + 9 = 0$ condotte dal punto $P(9; 0)$. $[y = 0; 3x + 4y - 27 = 0]$

181 Determina le equazioni delle rette passanti per $A(0; 3)$ e tangenti alla circonferenza di equazione $x^2 + y^2 - 8x - 10y + 31 = 0$. $[3x - y + 3 = 0; x + 3y - 9 = 0]$

182 Trova le equazioni delle rette tangenti alla circonferenza di centro $(0; 2)$ e di raggio 1 condotte dal punto $P(2; 3)$. $[y = 3; 3y - 4x - 1 = 0]$

183 Determina le equazioni delle tangenti alla circonferenza di equazione $x^2 + y^2 - 6x + 16y + 37 = 0$ parallele agli assi cartesiani. $[y = -2; y = -14; x = -3; x = 9]$

184 Trova le equazioni delle rette passanti per $A(-2; 3)$ e tangenti alla circonferenza di equazione $x^2 + y^2 - 10x + 8y - 8 = 0$. $[x = -2; y = 3]$

185 Determina le equazioni delle rette parallele all'asse x e tangenti alla circonferenza di equazione $x^2 + y^2 - 4y - 5 = 0$. $[y = -1; y = 5]$

186 Trova le equazioni delle rette tangenti alla circonferenza di equazione $x^2 + y^2 + 8x - 2y - 8 = 0$ condotte dal punto $P(1; 0)$. $[x = 1; 12x - 5y - 12 = 0]$

187 Determina per quali valori di k la retta $y = k(x - 4)$ è tangente alla circonferenza rappresentata dall'equazione $x^2 + y^2 - 2x - 3 = 0$. $\left[\pm\frac{2}{5}\sqrt{5}\right]$

188 ●● REALTÀ E MODELLI **Ombra di una palla** Un'auto in sosta punta i fanali accesi in direzione del muro di un condominio. All'improvviso, una palla del diametro di 30 cm cade da un terrazzino dei piani superiori e giunge nello spiazzo tra l'automobile e il muro. Calcola l'altezza dell'ombra proiettata sul muro nella situazione in figura. [40 cm]

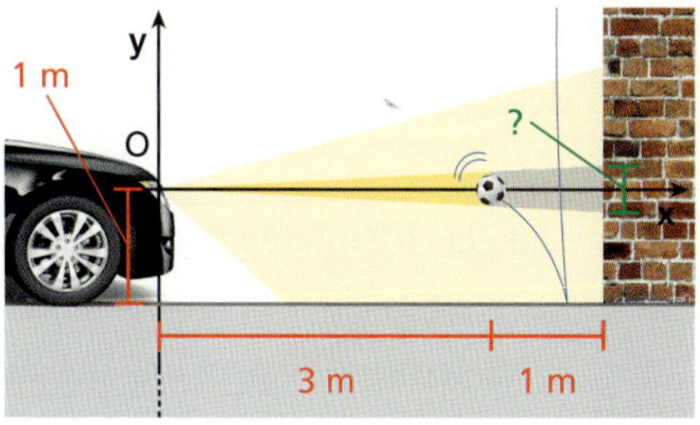

189 ●● EUREKA! Trova le tangenti comuni alle due circonferenze di equazioni $x^2 + y^2 - 2y - \frac{4}{5} = 0$ e $x^2 + y^2 + 6y - \frac{4}{5} = 0$. [$y = 2x + 4$; $y = -2x + 4$]

190 ●● Dal punto $P(-1; 0)$ conduci le tangenti alla circonferenza di equazione $x^2 + y^2 - 4x + 2y = 0$, determina le coordinate dei punti di contatto A e B e calcola la misura di AB. [$A(1; 1)$, $B(0; -2)$; $\sqrt{10}$]

Retta tangente in un punto della circonferenza

191 ESERCIZIO GUIDA Determiniamo l'equazione della retta tangente alla circonferenza $x^2 + y^2 - 4x - 2y = 0$ nel suo punto $P(1; 3)$.

La retta tangente è perpendicolare al raggio PC nel punto di tangenza. La circonferenza ha centro $C(2; 1)$.

Il coefficiente angolare del raggio PC è:

$$m = \frac{y_P - y_C}{x_P - x_C} = \frac{3 - 1}{1 - 2} = -2.$$

Per la condizione di perpendicolarità $m' = -\frac{1}{m}$, la retta tangente ha coefficiente angolare $\frac{1}{2}$:

$$y - 3 = \frac{1}{2}(x - 1) \rightarrow y = \frac{1}{2}x + \frac{5}{2}.$$

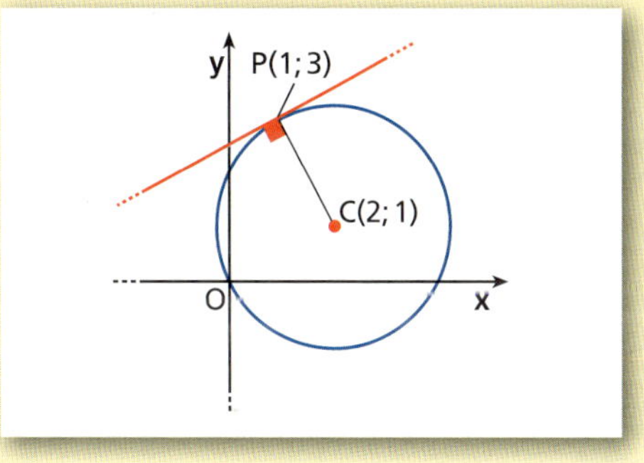

Assegnate l'equazione di una circonferenza e le coordinate di un punto *P*, verifica che *P* appartiene alla circonferenza e determina l'equazione della tangente in *P*.

192 ●○ $x^2 + y^2 + 5x = 0$, $P(-1; -2)$. [$3x - 4y - 5 = 0$]

193 ●○ $x^2 + y^2 + 2x - 4y = 0$, $P(-2; 4)$. [$x - 2y + 10 = 0$]

194 ●○ $x^2 + y^2 + 4y - 6 = 0$, $P(-1; 1)$. [$3y - x - 4 = 0$]

195 ●○ $x^2 + y^2 - 10x + 8y - 8 = 0$, $P(-2; -4)$. [$x = -2$]

196 ●○ $x^2 + y^2 - 6x + 2y - 3 = 0$, $P(1; 2)$. [$2x - 3y + 4 = 0$]

197 ●○ Determina l'equazione della tangente alla circonferenza di equazione $x^2 + y^2 - 2x - 6y - 10 = 0$ nel suo punto $P(5; 5)$. [$y = -2x + 15$]

198 ●○ Scrivi le equazioni delle tangenti alla circonferenza di equazione $x^2 + y^2 + 8x - 6y = 0$ nei suoi punti di intersezione con l'asse y. [$4x - 3y = 0$; $4x + 3y - 18 = 0$]

199 ●○ Scrivi l'equazione della tangente nell'origine alla circonferenza di equazione $x^2 + y^2 - 4x + 6y = 0$. [$y = \frac{2}{3}x$]

ESERCIZI

200 Scrivi e rappresenta nel piano cartesiano le equazioni della circonferenza di centro $C(3; -1)$ e raggio $\sqrt{17}$ e della sua tangente in $P(4; 3)$. $\left[x^2 + y^2 - 6x + 2y - 7 = 0;\ y = -\frac{1}{4}x + 4\right]$

201 Data la circonferenza di equazione $x^2 + y^2 - 4x + 6y + 4 = 0$:

a. verifica che è tangente all'asse x;

b. determina l'equazione della tangente alla circonferenza nel suo punto $A(2; -6)$. [b) $y = -6$]

202 Trova i punti di intersezione tra la circonferenza di equazione $x^2 + y^2 - 4x - 2y = 0$ e la retta di equazione $y = x - 2$ e poi determina le equazioni delle rette tangenti alla circonferenza in tali punti. $[(4;2), (1; -1);\ 2x + y - 10 = 0;\ x + 2y + 1 = 0]$

203 REALTÀ E MODELLI **Il lancio del martello** Nel lancio del martello l'atleta fa ruotare una sfera di metallo legata a un cavo d'acciaio che percorre una traiettoria circolare e poi la lascia andare, scagliandola il più lontano possibile. A quel punto il martello parte lungo la retta tangente. Immagina che l'atleta sia nel punto C, faccia ruotare il martello in senso antiorario e lo lasci andare quando la sfera è nel punto A. Passerà per il punto B? [sì]

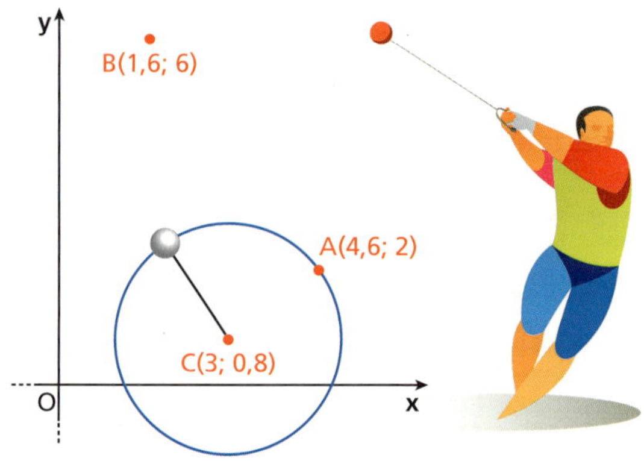

204 YOU & MATHS Given a circle centered at (3, 4) that passes through point (7, 1), which of the following is the equation of the tangent line to the circle at point (7, 1)?

A $4x - 3y = 25$ B $3x + 4y = 25$ C $3x - 4y = 17$ D $4x + 3y = 31$ E None of these.

(USA *North Carolina State High School Mathematics Contest*, 2004)

205 Disegna la circonferenza di equazione $x^2 + y^2 + 2x - 4y - 5 = 0$, trova le equazioni delle tangenti nei suoi punti di intersezione A e B con l'asse y e calcola l'area del quadrilatero $CATB$, essendo C il centro della circonferenza e T il punto di intersezione delle due tangenti. $\left[y = -\frac{1}{3}x + 5;\ y = \frac{1}{3}x - 1;\ 30\right]$

206 Determina l'area del quadrilatero $ABCD$, dove A e C sono punti di intersezione della circonferenza $x^2 + y^2 - 6x - 8y + 5 = 0$ con l'asse x, B il centro della circonferenza e D il punto di intersezione delle tangenti alla circonferenza condotte da A e C. [10]

TUTOR matematica Allenati con **15 esercizi interattivi** con feedback "hai sbagliato, perché..."
su.zanichelli.it/tutor3 risorsa riservata a chi ha acquistato l'edizione con tutor

3 Determinare l'equazione di una circonferenza

▶ Teoria a p. 251

Sono noti il centro e un punto

Determina l'equazione della circonferenza di centro C e passante per il punto P.

207 $C(3; -2)$, $P(4; 0)$. $[x^2 + y^2 - 6x + 4y + 8 = 0]$

208 $C\left(-\frac{3}{2}; \frac{1}{2}\right)$, $P(6; -1)$. $[x^2 + y^2 + 3x - y - 56 = 0]$

209 $C(-1; 4)$, $P(3; 1)$. $[x^2 + y^2 + 2x - 8y - 8 = 0]$

210 $C(1; -3)$, $P(2; -6)$. $[x^2 + y^2 - 2x + 6y = 0]$

LEGGI IL GRAFICO **Scrivi le equazioni delle circonferenze rappresentate nelle figure.**

211

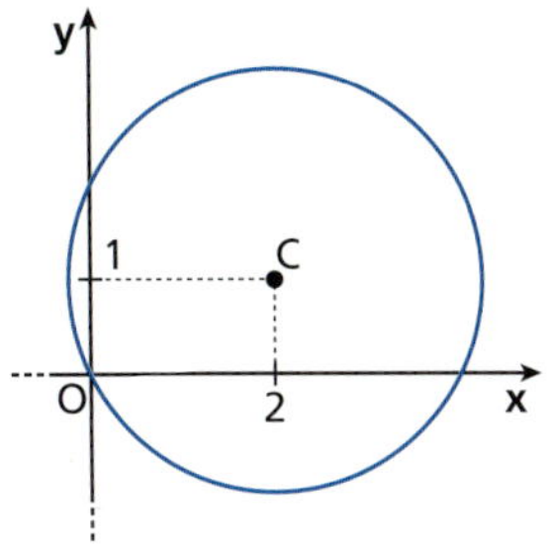

$[x^2 + y^2 - 4x - 2y = 0]$

212

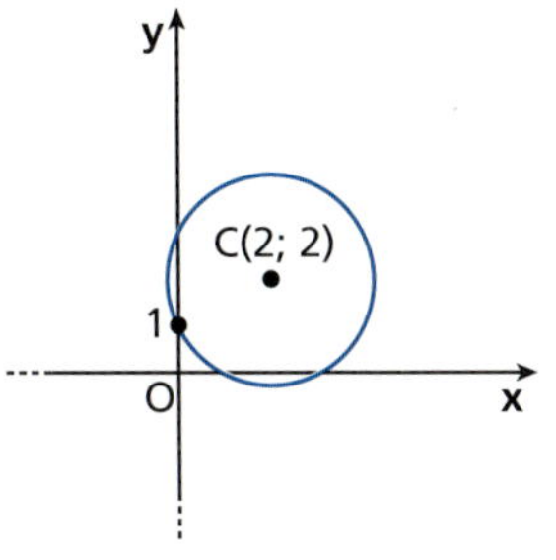

$[x^2 + y^2 - 4x - 4y + 3 = 0]$

213

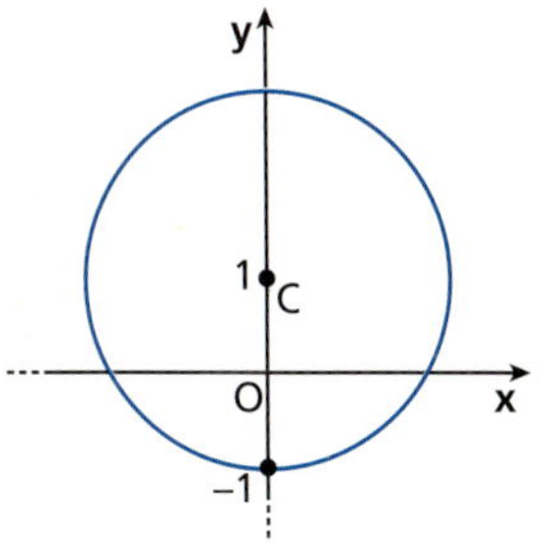

$[x^2 + y^2 - 2y - 3 = 0]$

214 Scrivi l'equazione della circonferenza passante per l'origine e avente il centro nel punto di ordinata 2 della retta di equazione $y = 3x - 4$. $[x^2 + y^2 - 4x - 4y = 0]$

215 Trova l'equazione della circonferenza avente come centro il punto di intersezione delle rette $x + 2y - 2 = 0$ e $3x - 2y = 6$ e passante per $P(2; -2)$. $[x^2 + y^2 - 4x = 0]$

216 Scrivi l'equazione della circonferenza che ha lo stesso centro di quella di equazione $x^2 + y^2 - 2x + 4y = 0$ e passa per $A(1; -6)$. $[x^2 + y^2 - 2x + 4y - 11 = 0]$

217 Determina l'equazione della circonferenza avente come centro il punto di intersezione delle rette r e t, rispettivamente di equazione $x - 2y + 2 = 0$ e $2x + 2y - 5 = 0$, e avente in comune con r un punto dell'asse x. $[x^2 + y^2 - 2x - 3y - 8 = 0]$

È noto il diametro

218 **TEST** La circonferenza con diametro di estremi $A(0; 2)$ e $B(6; -2)$ ha centro:

A $C(3; 0)$. **B** $C(0; 3)$. **C** $C(3; 1)$. **D** $C(-3; 2)$. **E** $C(0; 0)$.

Determina l'equazione della circonferenza avente per diametro il segmento di estremi *A* e *B*.

219 $A(0; 2)$, $B(-4; -2)$. $[x^2 + y^2 + 4x - 4 = 0]$

220 $A(-3; 1)$, $B(2; 5)$. $[x^2 + y^2 + x - 6y - 1 = 0]$

221 $A(1; 6)$, $B(-3; 4)$. $[x^2 + y^2 + 2x - 10y + 21 = 0]$

222 $A(-5; -2)$, $B(1; 4)$. $[x^2 + y^2 + 4x - 2y - 13 = 0]$

223 **YOU & MATHS** Find the equation of the circle that has a diameter with endpoints (1, 1) and (7, 5).

(USA *Southern Illinois University Carbondale,* Final Exam, 2003)

$[x^2 + y^2 - 8x - 6y + 12 = 0]$

LEGGI IL GRAFICO Scrivi le equazioni delle circonferenze di diametro *AB* rappresentate nelle figure.

224

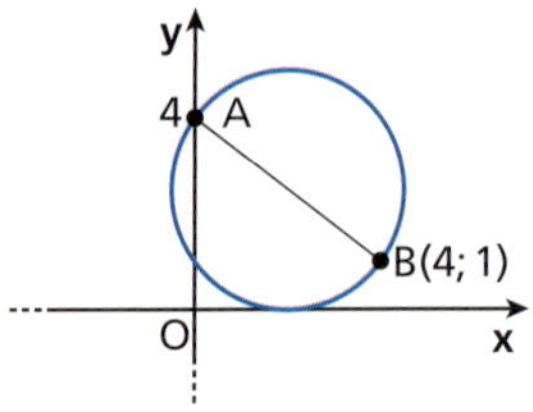

$[x^2 + y^2 - 4x - 5y + 4 = 0]$

225

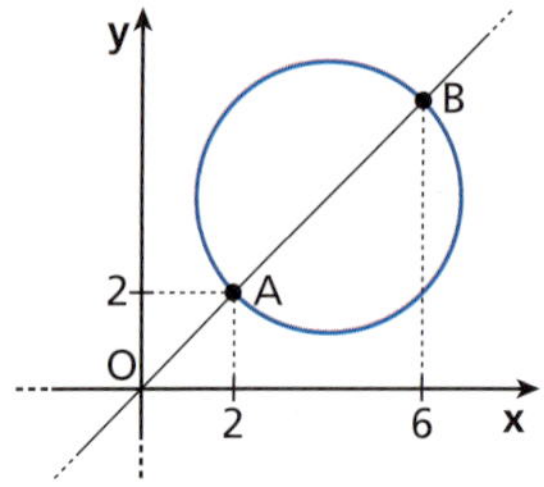

$[x^2 + y^2 - 8x - 8y + 24 = 0]$

226

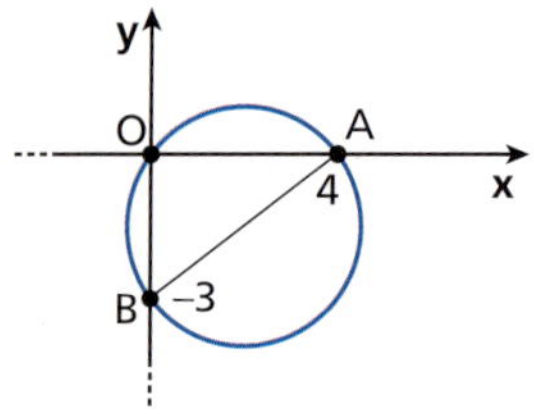

$[x^2 + y^2 - 4x + 3y = 0]$

227 Scrivi l'equazione della circonferenza avente per diametro il segmento AO, dove A è il punto di intersezione delle rette di equazioni $y = x + 2$ e $y = 3x - 2$. $[x^2 + y^2 - 2x - 4y = 0]$

228 Determina l'equazione della circonferenza avente per diametro il segmento AB, dove A e B sono i punti di intersezione della retta di equazione $4x - 3y + 12 = 0$ con gli assi cartesiani. $[x^2 + y^2 + 3x - 4y = 0]$

229 Scrivi l'equazione della circonferenza avente per diametro il segmento individuato dagli assi coordinati sulla retta di equazione $5x - y + 6 = 0$. Verifica che la circonferenza passa per l'origine. $[5x^2 + 5y^2 + 6x - 30y = 0]$

Sono noti tre punti

230 **ASSOCIA** a ciascun punto l'equazione che esprime il passaggio per tale punto della circonferenza di equazione $x^2 + y^2 + ax + by + c = 0$.

a. $(4; 0)$ **b.** $(-4; 0)$ **c.** $(0; 4)$ **d.** $(0; -4)$

1. $16 - 4b + c = 0$ **2.** $4a + c = -16$ **3.** $4b + c = -16$ **4.** $4a - c = 16$

231 **ESERCIZIO GUIDA** Determiniamo l'equazione della circonferenza passante per i punti $A(-2; -1)$, $B(2; 1)$ e $C(1; 0)$.

Se una curva passa per un punto, le coordinate del punto verificano l'equazione della curva, quindi imponiamo che le coordinate dei tre punti dati verifichino l'equazione della circonferenza

$x^2 + y^2 + ax + by + c = 0$:

$$\begin{cases} 4 + 1 - 2a - b + c = 0 & \text{passaggio per } A(-2; -1) \\ 4 + 1 + 2a + b + c = 0 & \text{passaggio per } B(2; 1) \\ 1 + a + c = 0 & \text{passaggio per } C(1; 0) \end{cases}$$

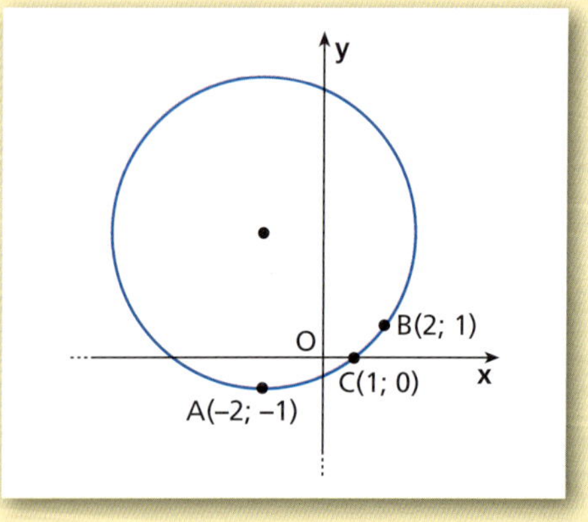

Riduciamo il sistema a forma normale.

$$\begin{cases} -2a - b + c = -5 \\ 2a + b + c = -5 \\ a + c = -1 \end{cases}$$

Applichiamo il metodo di riduzione alle prime due equazioni sommandole membro a membro:

$$\begin{cases} 2c = -10 \\ 2a + b + c = -5 \\ a + c = -1 \end{cases} \rightarrow \begin{cases} c = -5 \\ 2a + b - 5 = -5 \\ a - 5 = -1 \end{cases} \rightarrow \begin{cases} c = -5 \\ 2a + b = 0 \\ a = 4 \end{cases} \rightarrow \begin{cases} c = -5 \\ b = -8 \\ a = 4 \end{cases}$$

Sostituiamo i valori ottenuti per a, b e c nell'equazione generale della circonferenza.

$x^2 + y^2 + 4x - 8y - 5 = 0.$

Determina, se esiste, l'equazione della circonferenza passante per i punti dati.

232 ●○ $A(0; 4)$, $B(2; 0)$, $C(3; 1)$. $[x^2 + y^2 - 2x - 4y = 0]$

233 ●○ $A(0; 1)$, $B(3; 2)$, $C(0; -1)$. $[x^2 + y^2 - 4x - 1 = 0]$

234 ●○ $D(-4; 0)$, $E(-2; -1)$, $F(2; -3)$. [non esiste]

235 ●○ $A(1; -1)$, $B(1; 3)$, $C(-2; 0)$. $[x^2 + y^2 - 2y - 4 = 0]$

236 ●○ $A(3; 4)$, $B(0; -5)$, $C(-2; -1)$. $[x^2 + y^2 - 6x + 2y - 15 = 0]$

237 ●● $F(9; -1)$, $G(1; 5)$, $H(10; 2)$. $[x^2 + y^2 - 10x - 4y + 4 = 0]$

LEGGI IL GRAFICO **Scrivi le equazioni delle circonferenze rappresentate nelle figure.**

238 ●○

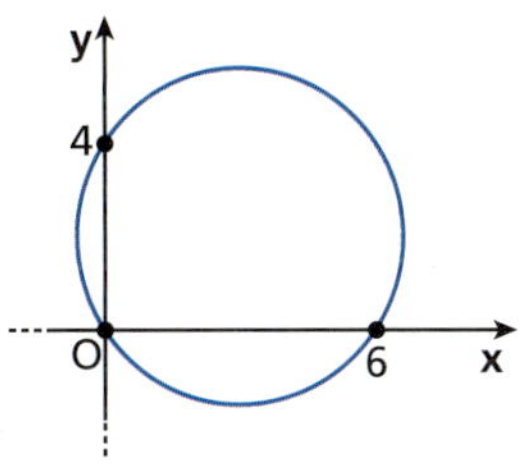

$[x^2 + y^2 - 6x - 4y = 0]$

239 ●○

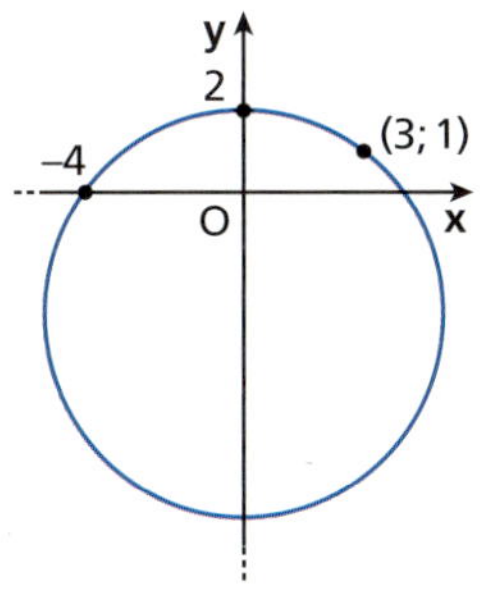

$[x^2 + y^2 + 6y - 16 = 0]$

240 ●○

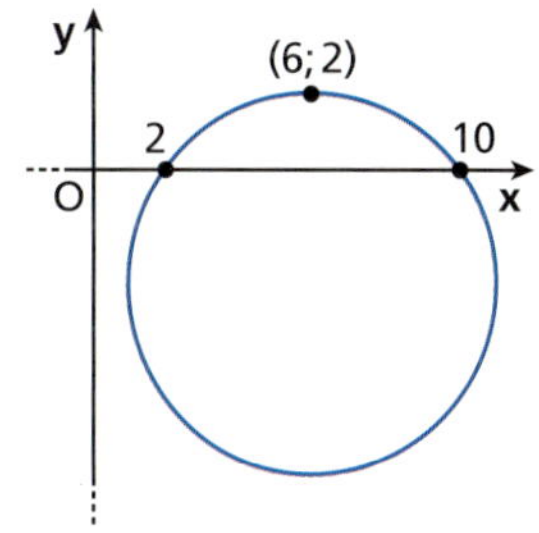

$[x^2 + y^2 - 12x + 6y + 20 = 0]$

241 ●○ Trova l'equazione della circonferenza circoscritta al triangolo rettangolo di vertici $(0; 0)$, $(3; \sqrt{3})$, $(4; 0)$. $[x^2 + y^2 - 4x = 0]$

242 ●○ Determina l'equazione della circonferenza circoscritta al triangolo di vertici $(-3; 4)$, $(1; 1)$, $(-3; 1)$. $[x^2 + y^2 + 2x - 5y + 1 = 0]$

243 ●○ **YOU & MATHS** What is the y-component of the center of the circle which passes through $(-1, 2)$, $(3, 2)$, and $(5, 4)$?
(USA *Lehigh University: High School Math Contest*, 2001)
[6]

244 ●○ Trova l'equazione della circonferenza che passa per l'origine e per i punti di intersezione della retta di equazione $x - 3y = 3$ con gli assi cartesiani. $[x^2 + y^2 - 3x + y = 0]$

245 ●○ Scrivi l'equazione della circonferenza circoscritta al triangolo individuato dalle rette di equazioni $y = 1$, $y = -3x + 10$, $y = 6 - x$. $[x^2 + y^2 - 8x - 6y + 20 = 0]$

246 ●○ **REALTÀ E MODELLI** **Stonehenge** Il sito neolitico di Stonehenge, risalente al 2500 a.C. circa, è costituito da megaliti che pesano fino a 50 tonnellate. Gli archeologi sono ormai quasi unanimi nel ritenere che originariamente il sito avesse forma circolare e fosse usato come osservatorio astronomico.
Quanto misura il diametro di Stonehenge?

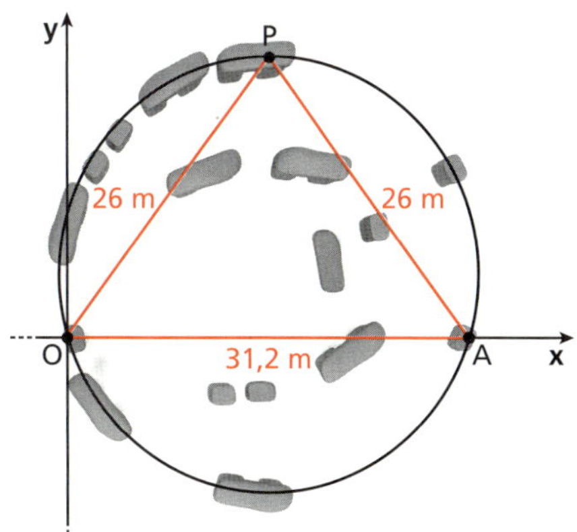

Sono noti due punti e il centro appartiene a una retta

247 ESERCIZIO GUIDA Determiniamo l'equazione della circonferenza passante per i punti $A(-1; 2)$ e $B(2; 5)$ e avente il centro C sulla retta r di equazione $y = 2x - 2$.

Imponiamo le condizioni date alla circonferenza di equazione $x^2 + y^2 + ax + by + c = 0$.

$$\begin{cases} -a + 2b + c = -5 & \text{passaggio per } A \\ 2a + 5b + c = -29 & \text{passaggio per } B \\ \left(-\frac{b}{2}\right) = 2\left(-\frac{a}{2}\right) - 2 & C \text{ appartiene alla retta } r \end{cases}$$

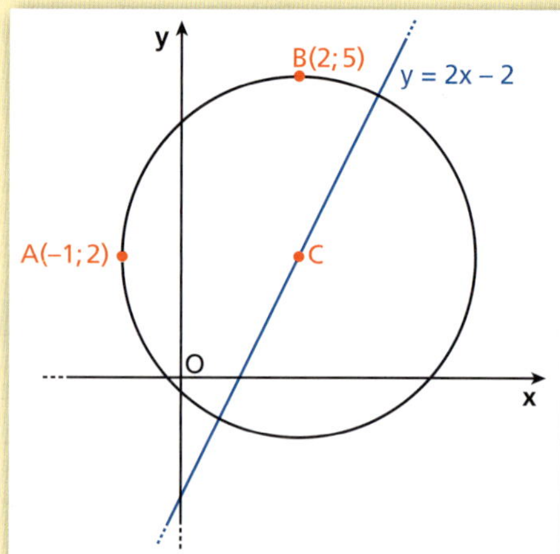

$$\begin{cases} -a + 2b + c = -5 \\ 2a + 5b + c = -29 \\ 2a - b = -4 \end{cases}$$

Ricaviamo dalla terza equazione $b = 2a + 4$ e sostituiamo nelle prime due equazioni.

$$\begin{cases} -a + 4a + 8 + c = -5 \\ 2a + 10a + 20 + c = -29 \\ b = 2a + 4 \end{cases} \rightarrow \begin{cases} 3a + c = -13 \\ 12a + c = -49 \\ b = 2a + 4 \end{cases}$$

Usiamo il metodo di riduzione sottraendo membro a membro le prime due equazioni.

$$\begin{cases} 9a = -36 \\ c = -3a - 13 \\ b = 2a + 4 \end{cases} \rightarrow \begin{cases} a = -4 \\ c = -1 \\ b = -4 \end{cases}$$

La circonferenza ha equazione $x^2 + y^2 - 4x - 4y - 1 = 0$.

248 Scrivi l'equazione della circonferenza passante per i punti $A(-2; 0)$, $B(3; 1)$ e avente il centro C sull'asse delle ordinate. $[x^2 + y^2 - 6y - 4 = 0]$

249 Trova l'equazione della circonferenza avente il centro sulla retta di equazione $y = 3$ e passante per i punti $A(8; 9)$ e $B(12; 1)$. $[x^2 + y^2 - 12x - 6y + 5 = 0]$

250 Determina l'equazione della circonferenza passante per i punti $A(1; 2)$ e $B(3; 4)$ e avente centro sulla retta di equazione $x - 3y - 1 = 0$. $[x^2 + y^2 - 8x - 2y + 7 = 0]$

251 Scrivi l'equazione della circonferenza passante per i punti $A(1; 1)$ e $B(3; -1)$ e avente il centro sulla retta di equazione $2x + 3y - 9 = 0$. $[x^2 + y^2 - 6x - 2y + 6 = 0]$

LEGGI IL GRAFICO **Scrivi le equazioni delle circonferenze di centro C rappresentate nei grafici.**

252

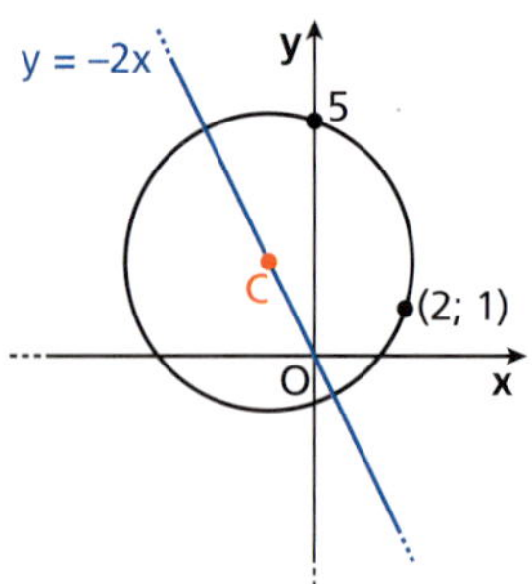

$[x^2 + y^2 + 2x - 4y - 5 = 0]$

253

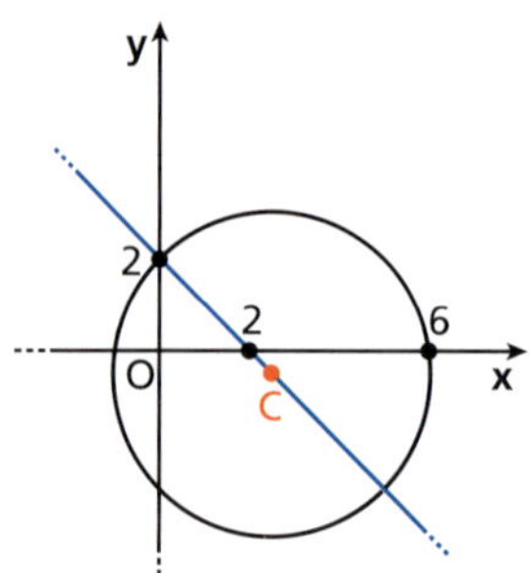

$[x^2 + y^2 - 5x + y - 6 = 0]$

254

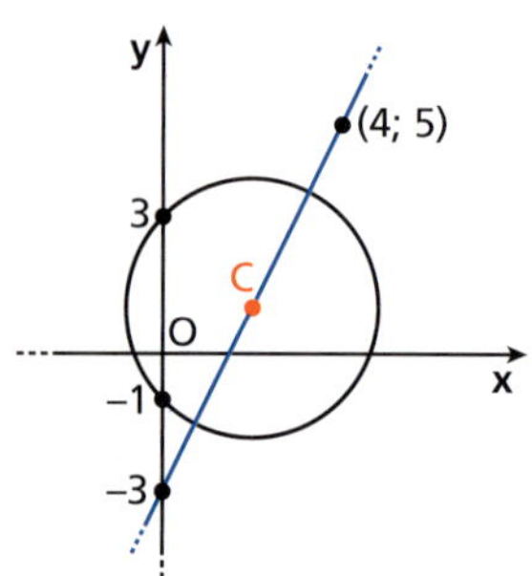

$[x^2 + y^2 - 4x - 2y - 3 = 0]$

255 Determina l'equazione della circonferenza passante per i punti di ascissa 2 e 5 appartenenti alla retta di equazione $x + 3y - 11 = 0$ e avente il centro sulla retta di equazione $2x - 5y - 1 = 0$. $[x^2 + y^2 - 6x - 2y + 5 = 0]$

256 Scrivi l'equazione della circonferenza passante per i punti di intersezione della retta di equazione $y = -3x - 3$ con gli assi cartesiani e avente il centro sulla bisettrice del secondo e quarto quadrante.
$[x^2 + y^2 - 2x + 2y - 3 = 0]$

È nota una retta tangente

TEST

257 L'equazione della circonferenza tangente all'asse delle ordinate e di centro $C(-2; -3)$ è:

A $x^2 + y^2 - 4x - 6y - 9 = 0$.

B $x^2 + y^2 + 4x + 6y - 9 = 0$.

C $x^2 + y^2 + 4x + 6y = 0$.

D $x^2 + y^2 + 4x + 6y + 9 = 0$.

E $x^2 + y^2 - 4x - 6y + 9 = 0$.

258 Una circonferenza γ è tangente agli assi cartesiani e il suo raggio vale 3. Quale, fra le seguenti, è una sua possibile equazione?

A $x^2 + y^2 - 6x + 6y + 9 = 0$

B $x^2 + y^2 - 3x - 3y + 9 = 0$

C $x^2 + y^2 - 6x - 6y - 9 = 0$

D $x^2 + y^2 + 6x + 6y = 0$

E $x^2 + y^2 + 6x - 6y + 3 = 0$

259 ESERCIZIO GUIDA Determiniamo l'equazione della circonferenza di centro $C(1; 1)$ e tangente alla retta di equazione $y = 2x + 4$.

Il raggio coincide con la distanza di C dalla retta tangente.

Scriviamo l'equazione della retta in forma implicita:

$$2x - y + 4 = 0.$$

Calcoliamo la distanza di C dalla retta:

$$r = \frac{|2 \cdot 1 - 1 \cdot 1 + 4|}{\sqrt{4 + 1}} = \frac{5}{\sqrt{5}} = \sqrt{5}.$$

L'equazione della circonferenza è:

$$(x - 1)^2 + (y - 1)^2 = (\sqrt{5})^2 \rightarrow$$

$$x^2 + y^2 - 2x - 2y - 3 = 0.$$

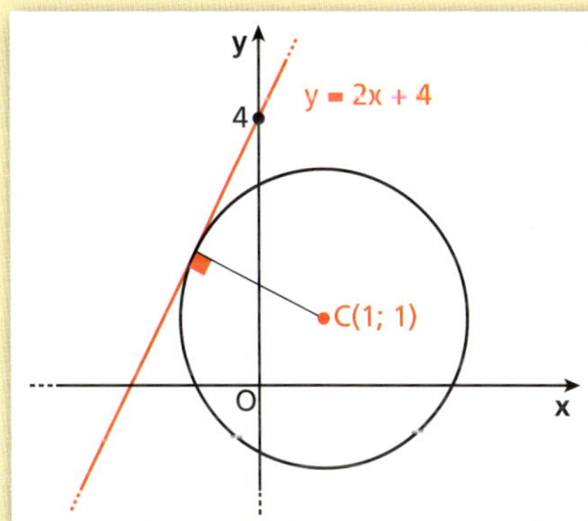

260 Scrivi l'equazione della circonferenza di centro $C(3; -1)$ e tangente all'asse delle ordinate.
$[x^2 + y^2 - 6x + 2y + 1 = 0]$

261 Determina l'equazione della circonferenza con centro $C(-2; -5)$ e tangente all'asse delle ascisse.
$[x^2 + y^2 + 4x + 10y + 4 = 0]$

262 Trova l'equazione della circonferenza con centro nell'origine e tangente alla retta $x + 2y - 5 = 0$.
$[x^2 + y^2 = 5]$

263 Scrivi l'equazione della circonferenza con centro $C(2; -2)$ e tangente alla retta di equazione $y = 2x + 3$.
$\left[x^2 + y^2 - 4x + 4y - \frac{41}{5} = 0\right]$

264 Trova l'equazione della circonferenza di centro $C(3; 2)$ e tangente alla retta passante per i punti $A(-1; 0)$ e $B(-5; 3)$. $[x^2 + y^2 - 6x - 4y - 3 = 0]$

265 ●○ Determina l'equazione della circonferenza avente centro nel punto di intersezione delle rette di equazioni $3x - 2y = 0$ e $x + 2y - 4 = 0$, e tangente alla retta $x - y - 1 = 0$. $[8x^2 + 8y^2 - 16x - 24y + 17 = 0]$

266 ●○ Determina l'equazione della circonferenza situata nel quarto quadrante, tangente agli assi cartesiani e avente raggio 3. $[x^2 + y^2 - 6x + 6y + 9 = 0]$

267 ●○ Trova l'equazione della circonferenza situata nel secondo quadrante, tangente agli assi cartesiani e avente il centro sulla retta di equazione $3x - 7y + 20 = 0$. $[x^2 + y^2 + 4x - 4y + 4 = 0]$

268 ●● Determina le equazioni delle circonferenze tangenti agli assi cartesiani, con il centro sulla retta di equazione $x - 5y + 12 = 0$. $[x^2 + y^2 - 6x - 6y + 9 = 0; x^2 + y^2 + 4x - 4y + 4 = 0]$

269 ●● Scrivi l'equazione della circonferenza tangente in $A(-1; 1)$ alla retta di equazione $x - 2y + 3 = 0$ e avente il centro sulla retta di equazione $y = x + 5$. $[x^2 + y^2 + 4x - 6y + 8 = 0]$

270 **ESERCIZIO GUIDA** Troviamo l'equazione della circonferenza passante per $A(0; -1)$ e tangente in $B(3; 0)$ alla retta di equazione $x + 2y - 3 = 0$.

Imponiamo alla circonferenza di equazione $x^2 + y^2 + ax + by + c = 0$ il passaggio per i punti A e B.

$$\begin{cases} 1 - b + c = 0 \\ 9 + 3a + c = 0 \end{cases} \rightarrow \begin{cases} b = 1 + c \\ c = -3a - 9 \end{cases} \rightarrow \begin{cases} b = -3a - 8 \\ c = -3a - 9 \end{cases}$$

L'equazione della circonferenza diventa:

$$x^2 + y^2 + ax + (-3a - 8)y - 3a - 9 = 0.$$

Ora imponiamo che la retta di equazione $x + 2y - 3 = 0$ sia tangente alla circonferenza.

$$\begin{cases} x^2 + y^2 + ax + (-3a - 8)y - 3a - 9 = 0 \\ y = -\dfrac{x}{2} + \dfrac{3}{2} \end{cases}$$

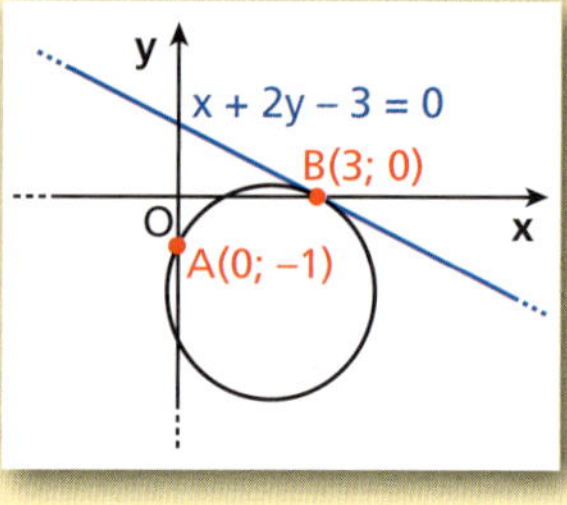

L'equazione risolvente è:

$$5x^2 + 2(5 + 5a)x - 30a - 75 = 0.$$

Poniamo la condizione di tangenza $\dfrac{\Delta}{4} = 0$.

$$(5 + 5a)^2 + 150a + 375 = 0 \rightarrow (a + 4)^2 = 0 \rightarrow a = -4.$$

Riprendiamo il sistema iniziale.

$$\begin{cases} b = -3(-4) - 8 = 4 \\ c = -3(-4) - 9 = 3 \end{cases}$$

La circonferenza cercata ha equazione $x^2 + y^2 - 4x + 4y + 3 = 0$.

271 ●○ Determina l'equazione della circonferenza passante per $P(1; 1)$ e tangente in $A(0; 2)$ alla retta di equazione $y = -3x + 2$. $[x^2 + y^2 - 3x - 5y + 6 = 0]$

272 ●○ Scrivi l'equazione della circonferenza passante per l'origine e tangente in $A(1; 2)$ alla retta di equazione $y = -3x + 5$. $[x^2 + y^2 + x - 3y = 0]$

273 ●● Determina l'equazione della circonferenza tangente alla retta di equazione $x - 2y + 4 = 0$ nel suo punto di ascissa -2 e passante per $P(1; 0)$. $[x^2 + y^2 + 2x + 2y - 3 = 0]$

274 ●○ Scrivi l'equazione della retta r passante per $A(0; 1)$ e $B(1; -2)$ e l'equazione della circonferenza passante per $C(7; 0)$ e tangente in B alla retta r. $[y = -3x + 1; x^2 + y^2 - 8x + 2y + 7 = 0]$

275 ●● REALTÀ E MODELLI **Una grossa trave** Un architetto deve posizionare una trave di sezione circolare di raggio 0,2 m in un sottotetto. La parete verticale ha la forma illustrata in figura. Il foro da cui si deve far passare la trave deve essere posizionato il più in alto possibile. Riferendoti agli assi cartesiani indicati in figura, determina:

a. in quale punto si trova il centro del foro;

b. l'equazione della circonferenza bordo della sezione della trave.

$\left[\text{a) } C\left(\frac{1}{5}; \frac{8}{5}\right); \text{ b) } x^2 + y^2 - \frac{2}{5}x - \frac{16}{5}y + \frac{64}{25} = 0\right]$

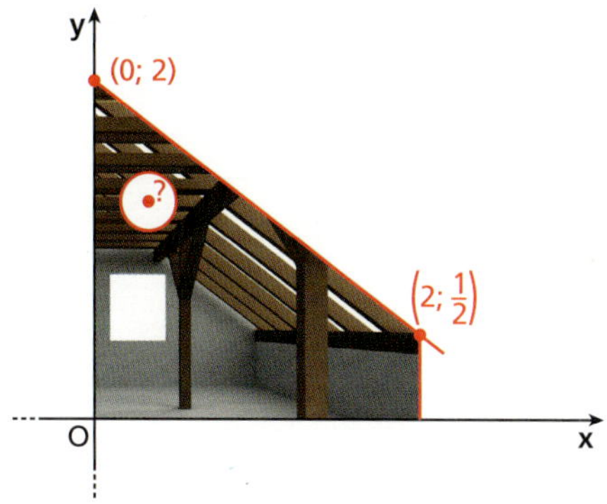

LEGGI IL GRAFICO **Scrivi le equazioni delle circonferenze rappresentate nelle figure tenendo conto che la retta è tangente alla circonferenza.**

276 ●○

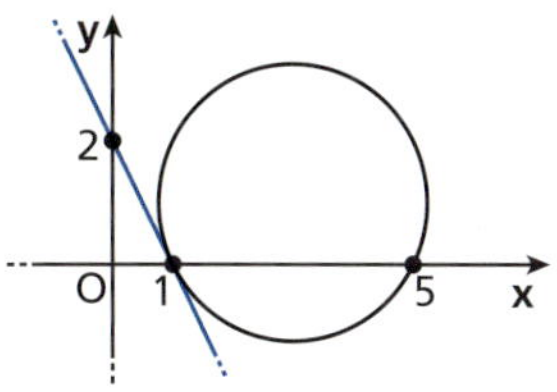

$[x^2 + y^2 - 6x - 2y + 5 = 0]$

277 ●○

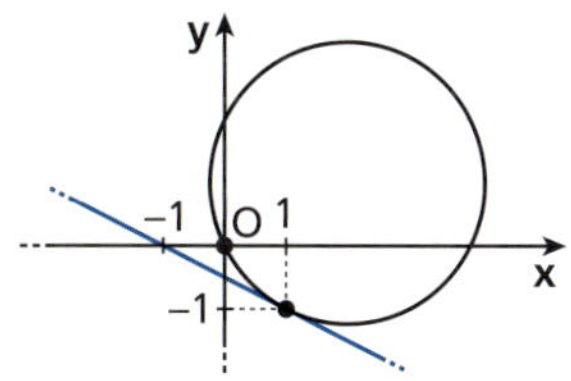

$[x^2 + y^2 - 4x - 2y = 0]$

278 ●○

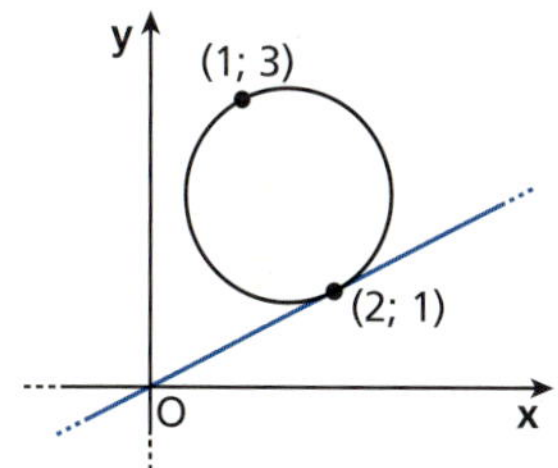

$[x^2 + y^2 - 3x - 4y + 5 = 0]$

In ognuno dei seguenti esercizi sono indicate le coordinate di due punti, *P* e *Q*, e l'equazione di una retta *r*. Determina le equazioni delle circonferenze passanti per i due punti e tangenti alla retta *r*.

279 ●○ $P(1; 2)$; $Q(3; 4)$; r: $3x + y - 3 = 0$. $[x^2 + y^2 - 3x - 7y + 12 = 0; x^2 + y^2 - 8x - 2y + 7 = 0]$

280 ●○ $P(5; 1)$; $Q(0; 2)$; r: $2x - 3y + 6 = 0$. $[x^2 + y^2 - 4x + 2y - 8 = 0]$

281 ●○ $P(1;\ \ 1)$; $Q(3; -7)$; r: $3x + y + 8 = 0$. $[x^2 + y^2 - 4x + 8y + 10 = 0]$

Riepilogo: Determinare l'equazione della circonferenza

282 ●○ TEST In quale dei seguenti casi è possibile scrivere l'equazione di una sola circonferenza che soddisfa le condizioni date? La circonferenza:

A passa per i punti $A(3; 2)$ e $B(1; 3)$.

B passa per $A(1; 3)$ e ha raggio 8.

C passa per $P(0; 1)$ ed è tangente alla retta di equazione $y = x$.

D ha centro $O(0; 0)$ ed è tangente alla retta di equazione $x - y - 9 = 0$.

E ha il centro di ascissa 2 e diametro 4.

283 ●○ RIFLETTI SULLA TEORIA Dati due punti A e B, è univocamente determinata la circonferenza che passa per A e B e ha raggio di misura assegnata? Se no, quante ne esistono?

LEGGI IL GRAFICO **Trova le equazioni delle circonferenze rappresentate nelle figure.**

284

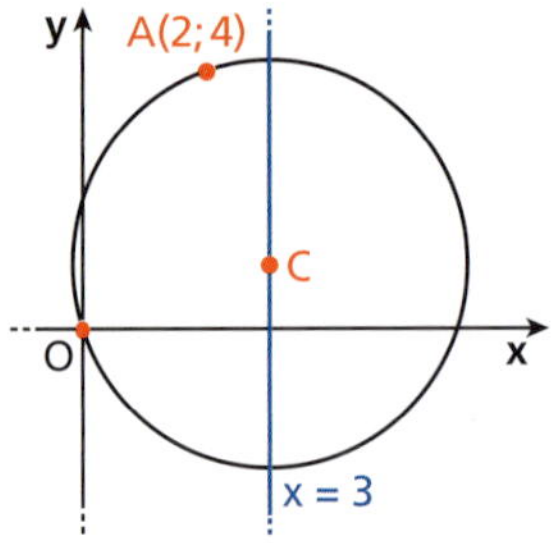

$[x^2 + y^2 - 6x - 2y = 0]$

285

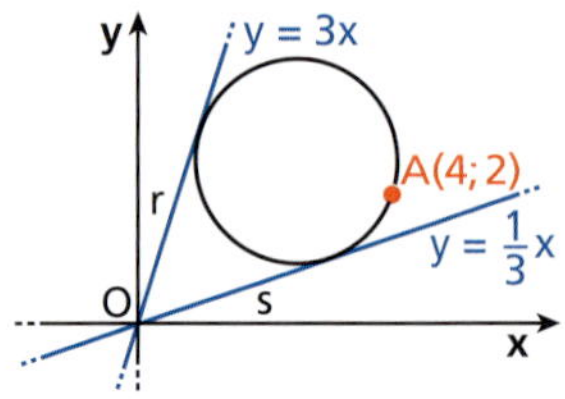

r e *s* tangenti

$[x^2 + y^2 - 5x - 5y + 10 = 0]$

286

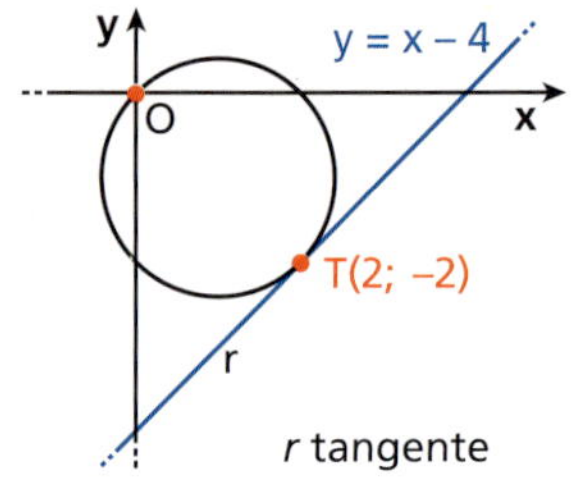

r tangente

$[x^2 + y^2 - 2x + 2y = 0]$

287 Scrivi l'equazione della circonferenza avente per diametro il segmento AB, dove A e B sono i punti di intersezione della retta di equazione $3x + 2y + 1 = 0$ con le rette di equazioni $x + y - 1 = 0$ e $2x + y = 0$. $[x^2 + y^2 + 2x - 2y - 11 = 0]$

288 Determina l'equazione della circonferenza passante per i punti $A(1; 0)$ e $B(4; 3)$ e avente il centro sull'asse delle x. $[x^2 + y^2 - 8x + 7 = 0]$

289 Determina l'equazione della circonferenza di centro $C(-2; -3)$ e tangente alla retta di equazione $y = 3x - 1$.

$$\left[x^2 + y^2 + 4x + 6y + \frac{57}{5} = 0\right]$$

290 Determina l'equazione della circonferenza di centro $C(4; 2)$ passante per il punto di intersezione delle rette di equazioni $y = 2x + 1$ e $y = 4x - 1$. $[x^2 + y^2 - 8x - 4y + 10 = 0]$

291 Determina l'equazione della retta parallela alla retta $x - 3y + 1 = 0$, condotta per il centro della circonferenza passante per i punti $(0; 2)$, $(1; 1)$, $(1; 3)$, e trova l'area del triangolo che questa retta forma con gli assi cartesiani.

$$\left[x - 3y + 5 = 0; \frac{25}{6}\right]$$

292 **REALTÀ E MODELLI** **Calendario azteco** Durante degli scavi archeologici in America centrale emerge dal terreno parte di un disco di pietra, che si pensa essere un calendario di forma circolare appartenente all'antica civiltà degli Aztechi. Riferendoti agli assi cartesiani della figura, dove le misure sono in decimetri:

a. scrivi l'equazione della circonferenza del calendario;

b. calcola il raggio del calendario;

c. rispetto all'asse x in figura, quanto è necessario scavare in profondità per poter estrarre l'intero reperto?

[a) $x^2 + y^2 - 8x + 6y = 0$; b) $r = 5$ dm; c) 8 dm]

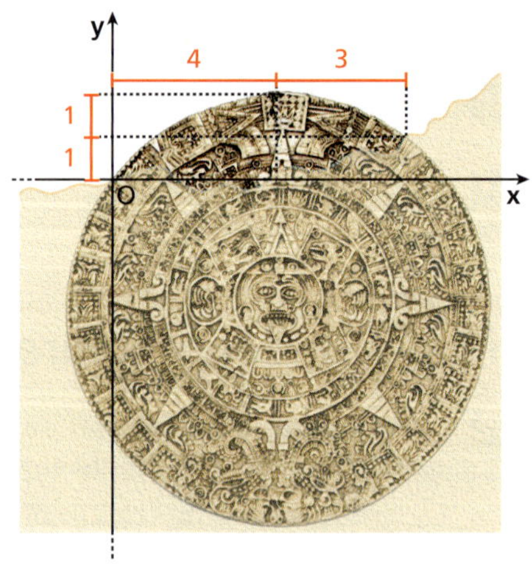

293 Trova la misura della corda staccata sulla retta di equazione $x + y - 3 = 0$ dalla circonferenza tangente all'asse y che ha come centro il punto di ordinata 3 appartenente alla retta di equazione $y = 2x - 5$. $[4\sqrt{2}]$

294 Determina l'equazione della circonferenza di centro $(-3; -2)$ tangente alla retta di equazione $x + 3y = 6$. $[2x^2 + 2y^2 + 12x + 8y - 19 = 0]$

295 Scrivi l'equazione della circonferenza che ha il centro sulla retta $2x - y = 5$ e passa per i punti A e B in cui la retta $x - y + 2 = 0$ interseca gli assi cartesiani. $[3x^2 + 3y^2 - 10x + 10y - 32 = 0]$

296 Scrivi l'equazione della circonferenza di centro $O(0; 0)$ e raggio $r = \sqrt{10}$, poi determina le equazioni delle rette tangenti a essa parallele alla retta $x + 3y + 5 = 0$. $[x^2 + y^2 = 10; x + 3y + 10 = 0; x + 3y - 10 = 0]$

297 Determina l'equazione della circonferenza di centro $C(6; -1)$ e passante per $P(9; 3)$ e scrivi l'equazione della retta tangente a essa nel suo punto di ascissa 3 appartenente al I quadrante.
$[x^2 + y^2 - 12x + 2y + 12 = 0;\ 3x - 4y + 3 = 0]$

298 Dopo aver verificato che il triangolo di vertici $A(14; 2)$, $B(6; -2)$ e $C(10; 10)$ è un triangolo rettangolo, determina l'equazione della circonferenza circoscritta ad ABC.
$[x^2 + y^2 - 16x - 8y + 40 = 0]$

299 Determina l'equazione della circonferenza passante per l'origine e per i punti di intersezione della retta di equazione $y = -2x + 2$ con l'asse delle ordinate e con la bisettrice del II e IV quadrante. $[x^2 + y^2 - 6x - 2y = 0]$

300 Determina le equazioni delle circonferenze passanti per i punti $A(1; 3)$ e $B(5; -3)$ e aventi raggio $r = \sqrt{26}$. $[x^2 + y^2 - 12x - 4y + 14 = 0; x^2 + y^2 + 4y - 22 = 0]$

301 Scrivi le equazioni delle circonferenze passanti per i punti $A(0; 10)$ e $B(4; 8)$ e tangenti all'asse delle ascisse. $[x^2 + (y - 5)^2 = 25; (x - 40)^2 + (y - 85)^2 = 85^2]$

302 I punti $A(1; -3)$, $B(3; -5)$ e $C(4; 4)$ sono i vertici di un triangolo. Determina l'equazione della circonferenza di centro C e tangente al lato AB del triangolo. $[x^2 + y^2 - 8x - 8y - 18 = 0]$

303 Dopo aver determinato l'equazione della circonferenza di centro $C(-2; -4)$ passante per il punto $A(1; 2)$, determina per quale valore del parametro k il punto $B(2k + 1; k + 5)$ le appartiene.
$[x^2 + y^2 + 4x + 8y - 25 = 0; k = -3]$

304 Scrivi le equazioni delle circonferenze che passano per l'origine degli assi cartesiani e hanno il centro sulla retta di equazione $y = 2x$ e raggio $r = 3\sqrt{5}$. $[x^2 + y^2 - 6x - 12y = 0; x^2 + y^2 + 6x + 12y = 0]$

305 Determina l'equazione della circonferenza che ha centro di coordinate $C(3; 2)$ e che stacca sull'asse x una corda di misura uguale a 8.
$[x^2 + y^2 - 6x - 4y - 7 = 0]$

306 Scrivi l'equazione della circonferenza che ha centro di coordinate $C(-1; -1)$ e che stacca sull'asse y una corda di misura uguale a 6.
$[x^2 + y^2 + 2x + 2y - 8 = 0]$

307 Scrivi l'equazione della circonferenza avente il centro sulla retta di equazione $x - 3y + 10 = 0$ e tangente in O alla retta di equazione $y = -\frac{1}{2}x$.
$[x^2 + y^2 - 4x - 8y = 0]$

308 Determina l'equazione della circonferenza circoscritta al triangolo i cui lati giacciono sulle rette di equazioni $y = 3x - 7$, $y = x + 1$ e $y = -2x - 2$.
$[x^2 + y^2 - 8x - 9 = 0]$

309 Trova le equazioni delle circonferenze passanti per i punti $A(1; -4)$ e $B(3; 0)$ e tangenti alla retta di equazione $2x + y + 3 = 0$.
$[x^2 + y^2 - 4x + 4y + 3 = 0;$
$4x^2 + 4y^2 - 46x + 31y + 102 = 0]$

310 Dato il triangolo di vertici $A(1; 2)$, $B(-7; 6)$ e $C(-1; 0)$, determina l'equazione della circonferenza circoscritta e quella della circonferenza con centro in C e tangente alla retta AB.
$[x^2 + y^2 + 6x - 8y + 5 = 0;$
$5x^2 + 5y^2 + 10x - 31 = 0]$

311 Dopo aver verificato che il triangolo di vertici $A(0; 2)$, $B(4; -6)$ e $C(6; 0)$ è un triangolo isoscele, determina l'equazione della circonferenza:

a. circoscritta ad ABC;

b. con centro in C e passante per A e B;

c. con centro in C e tangente ad AB.

[a) $x^2 + y^2 - 4x + 4y - 12 = 0;$
b) $x^2 + y^2 - 12x - 4 = 0;$
c) $x^2 + y^2 - 12x + 16 = 0$]

ESERCIZI

4 Posizione di due circonferenze

▶ Teoria a p. 253

312 TEST Due circonferenze con centri distinti e raggi congruenti non possono essere:

A secanti.
B tangenti internamente.
C esterne.
D tangenti esternamente.
E con i centri sull'asse y.

313 AL VOLO Determina la posizione reciproca delle circonferenze di equazioni $x^2+y^2=6$ e $x^2+y^2=10$.

314 ESERCIZIO GUIDA Determiniamo gli eventuali punti di intersezione delle due circonferenze di equazioni:

$x^2+y^2+2y-9=0$ e $x^2+y^2-8x-2y+7=0$.

Sottraiamo membro a membro le due equazioni:

$$\ominus\begin{cases}x^2+y^2 \qquad +2y-9=0\\ x^2+y^2-8x-2y+7=0\end{cases}$$
$$8x+4y-16=0$$

L'equazione ottenuta, $y=-2x+4$, è quella dell'asse radicale.

Risolviamo il sistema,

$$\begin{cases}x^2+y^2+2y-9=0\\ y=-2x+4\end{cases}.$$

I punti di intersezione delle due circonferenze sono:

$A(1;2)$ e $B(3;-2)$.

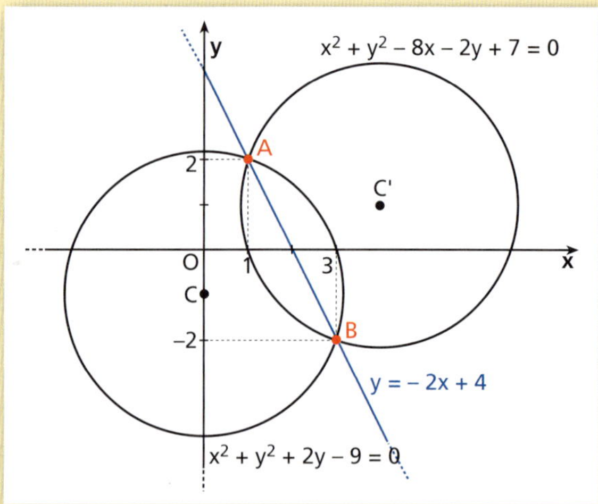

Determina gli eventuali punti di intersezione delle due circonferenze assegnate.

315 $x^2+y^2-4y+3=0$, $x^2+y^2+2y-3=0$. $[A(0;1)]$

316 $x^2+y^2-6x-4y+12=0$, $x^2+y^2-2x-4y=0$. $[A(3;1); B(3;3)]$

317 $x^2+y^2=25$, $x^2+y^2-5x-5y=0$. $[A(0;5); B(5;0)]$

318 $x^2+y^2+2x=0$, $x^2+y^2-6x-2y+6=0$. [nessuna intersezione]

319 $x^2+y^2-2x+4y-12=0$, $x^2+y^2-8x+14y-20=0$. $[A(2;2); B(-3;-1)]$

320 $x^2+y^2=10$, $x^2+y^2-8x-16y+30=0$. $[A(-1;3); B(3;1)]$

321 $x^2+y^2+8x-2y+8=0$, $x^2+y^2-2x-4y+4=0$. [nessuna intersezione]

322 $x^2+y^2-2x=0$, $x^2+y^2-10x+16=0$. $[A(2;0)]$

323 AL VOLO Determina l'equazione della retta passante per i centri delle circonferenze di equazioni $x^2+y^2+4y-3=0$ e $x^2+y^2-2y-1=0$.

324 ●○ RIFLETTI SULLA TEORIA Date le due circonferenze di equazioni

$$x^2 + y^2 + ax + by + c = 0 \qquad \text{e} \qquad x^2 + y^2 + a'x + b'x + c' = 0,$$

indica come devono essere i coefficienti delle due equazioni se le due circonferenze:

a. sono concentriche;

b. hanno lo stesso centro che appartiene alla bisettrice del secondo e quarto quadrante;

c. passano per l'origine.

325 ●○ VERO O FALSO? Date due circonferenze γ_1 e γ_2, l'asse radicale:

a. esiste sempre. V F

b. se esiste, è parallelo alla retta passante per i centri. V F

c. coincide con la tangente comune se γ_1 e γ_2 sono tangenti. V F

d. si determina, se esiste, sottraendo membro a membro le equazioni di γ_1 e γ_2. V F

326 ●○ RIFLETTI SULLA TEORIA Perché, se due circonferenze sono concentriche, non è possibile determinare l'asse radicale?

327 ●○ Determina l'equazione della circonferenza avente come diametro la corda comune alle circonferenze di equazioni $x^2 + y^2 - 12x + 4y + 6 = 0$ e $x^2 + y^2 + 4x + 4y - 10 = 0$. $[x^2 + y^2 - 2x + 4y - 4 = 0]$

328 ●● Calcola l'area del triangolo individuato dall'asse delle y, dalla retta passante per i centri delle circonferenze di equazioni $x^2 + y^2 + 6x - 1 = 0$ e $x^2 + y^2 + 8x - 6y + 5 = 0$ e dal loro asse radicale. [15]

329 ●● Verifica che le circonferenze di equazioni $x^2 + y^2 - 2x - 9 = 0$ e $x^2 + y^2 + 4x - 2y - 35 = 0$ sono tangenti internamente e trova il punto di tangenza. $[(4; -1)]$

330 ●● Verifica che le circonferenze di equazioni $x^2 + y^2 - 2y - 19 = 0$ e $x^2 + y^2 - 10x + 18y + 61 = 0$ sono tangenti esternamente e determina l'equazione dell'asse radicale e della retta dei centri.
$[x - 2y - 8 = 0; 2x + y - 1 = 0]$

REALTÀ E MODELLI

331 ●○ **L'eclisse** Un'eclisse ci appare come la sovrapposizione parziale di due dischi con lo stesso raggio. Utilizzando i dati in figura, in cui l'origine è nel centro del disco luminoso, scrivi l'equazione delle due circonferenze e le coordinate dei loro punti di intersezione.

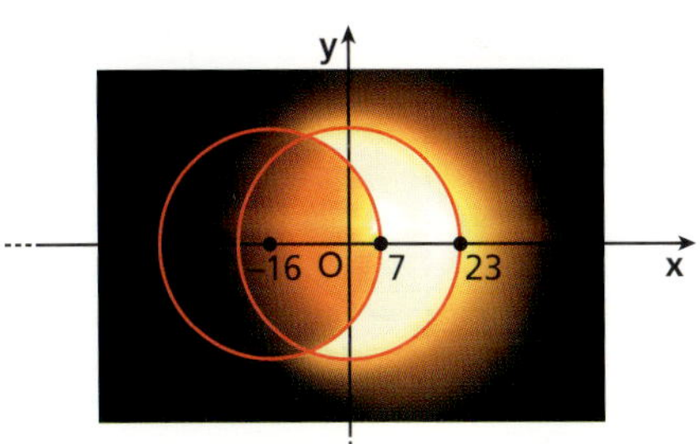

$[x^2 + y^2 - 529 = 0; x^2 + y^2 + 32x - 273 = 0;$
$A(-8; \sqrt{465}); B(-8; -\sqrt{465})]$

332 ●○ **Meccanismi** Calcola le coordinate dei punti di intersezione dei due meccanismi circolari evidenziati in verde in figura.

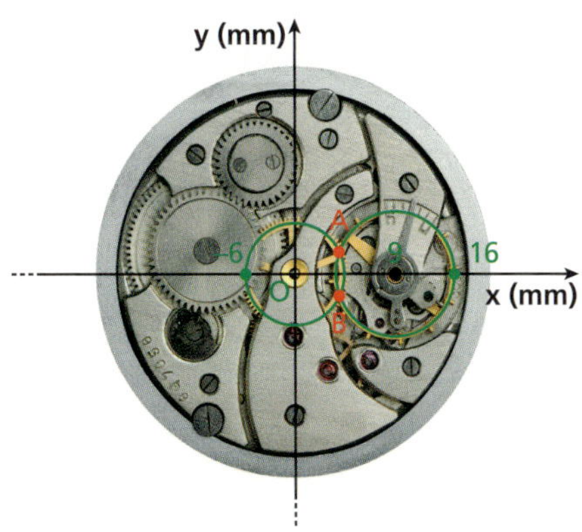

$\left[A\left(\frac{34}{9}; \frac{4}{9}\sqrt{110}\right); B\left(\frac{34}{9}; -\frac{4}{9}\sqrt{110}\right)\right]$

ESERCIZI

5 Fasci di circonferenze

Come generare un fascio di circonferenze

Teoria a p. 255

333 VERO O FALSO?

a. Due circonferenze secanti in A e B generano un fascio di circonferenze con punti base A e B. V F

b. L'asse radicale di un fascio di circonferenze tangenti è tangente a tutte le circonferenze del fascio. V F

c. Ogni fascio di circonferenze ha almeno un punto base. V F

d. Le circonferenze di equazioni $x^2 + y^2 = 1$ e $x^2 + y^2 = 3$ generano un fascio di circonferenze concentriche. V F

334 ESERCIZIO GUIDA Determiniamo l'equazione del fascio di circonferenze generato dalle circonferenze di equazioni

$$x^2 + y^2 - 10x - 6y + 24 = 0 \quad \text{e} \quad x^2 + y^2 - 4x = 0$$

e scriviamo l'equazione dell'asse radicale del fascio e dell'asse centrale.

Combiniamo linearmente le equazioni delle due circonferenze mediante un parametro reale k:

$$x^2 + y^2 - 10x - 6y + 24 + k(x^2 + y^2 - 4x) = 0.$$

Quella ottenuta è l'equazione del fascio, che può essere riscritta in forma canonica:

$$x^2 + y^2 - 10x - 6y + 24 + kx^2 + ky^2 - 4kx = 0 \rightarrow (1+k)x^2 + (1+k)y^2 - (4k+10)x - 6y + 24 = 0.$$

L'equazione dell'asse radicale si ottiene ponendo $k = -1$:

$$-6x - 6y + 24 = 0 \rightarrow x + y - 4 = 0 \rightarrow y = -x + 4.$$

L'asse centrale è perpendicolare all'asse radicale, quindi il suo coefficiente angolare è $m = 1$. Il centro della circonferenza di equazione $x^2 + y^2 - 4x = 0$ è $C(2; 0)$. L'asse centrale ha quindi equazione:

$$y = 1 \cdot (x - 2) \rightarrow y = x - 2.$$

Disegniamo alcune circonferenze del fascio, attribuendo alcuni valori a k:

$k = -2 \rightarrow x^2 + y^2 + 2x + 6y - 24 = 0$,

$C_{-2}(-1; -3)$, $r_{-2} = \sqrt{34}$;

$k = 0 \rightarrow x^2 + y^2 - 10x - 6y + 24 = 0$,

$C_0(5; 3)$, $r_0 = \sqrt{10}$;

$k = 1 \rightarrow x^2 + y^2 - 7x - 3y + 12 = 0$,

$C_1\left(\frac{7}{2}; \frac{3}{2}\right)$, $r_1 = \frac{\sqrt{10}}{2}$.

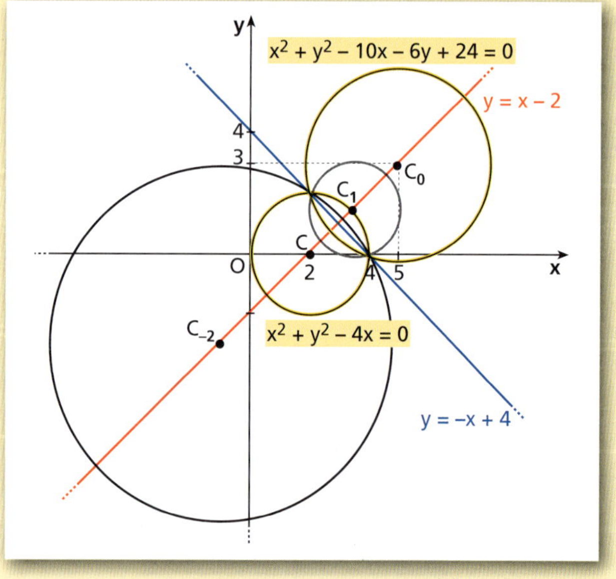

Scrivi l'equazione del fascio generato dalle seguenti coppie di circonferenze. Determina, se esistono, l'asse radicale e l'asse centrale.

335 $x^2 + y^2 - x - y = 0,$ $x^2 + y^2 + 4x + 2y = 0.$ $[5x + 3y = 0; - 3x + 5y = 1]$

336 $x^2 + y^2 - 2x - 3 = 0,$ $x^2 + y^2 + 8x + 7 = 0.$ $[x = -1; y = 0]$

337 $x^2 + y^2 - 6x - 6y + 1 = 0,$ $x^2 + y^2 - 6x - 6y - 6 = 0.$ [non esistono]

338 $x^2 + y^2 - 2x - 2y + 1 = 0,$ $x^2 + y^2 + 2y = 0.$ $[2x + 4y - 1 = 0; y = 2x - 1]$

339 $x^2 + y^2 + 3x - 2y = 0,$ $x^2 + y^2 - 5x = 0.$ $[y = 4x; 2x + 8y - 5 = 0]$

340 Considera il fascio generato dalle circonferenze di equazioni $x^2 + y^2 - 4x + 2y = 0$ e $x^2 + y^2 + 2x - 3 = 0$ e determina l'equazione:

a. dell'asse radicale;

b. della retta dei centri;

c. della circonferenza passante per il punto $P(-1; 0)$.

$[a)\ 6x - 2y - 3 = 0;\ b)\ x + 3y + 1 = 0;\ c)\ 9x^2 + 9y^2 - 6x + 8y - 15 = 0]$

341 Nel fascio di circonferenze generato dalle circonferenze di equazioni $x^2 + y^2 - 2x + 4y - 2 = 0$ e $x^2 + y^2 - 6y + 8 = 0$ individua la circonferenza con il centro sulla retta di equazione $y = -8x$.

$[x^2 + y^2 + 2x - 16y + 18 = 0]$

342 Nel fascio generato dalle circonferenze di equazioni $x^2 + y^2 + 4x - 2y - 18 = 0$ e $x^2 + y^2 - 9 = 0$, determina e rappresenta l'equazione della circonferenza:

a. passante per l'origine;

b. che ha il centro di ascissa 1.

$\left[a)\ x^2 + y^2 - 4x + 2y = 0;\ b)\ x^2 + y^2 - 2x + y - \frac{9}{2} = 0\right]$

343 Nel fascio generato dalle circonferenze γ_1 e γ_2, rispettivamente di raggio 4 e centri $C_1(-4; 2)$ e $C_2(-12; 2)$, determina le equazioni delle circonferenze tangenti all'asse x.

$[x^2 + y^2 + 20x - 4y + 100 = 0; x^2 + y^2 + 12x - 4y + 36 = 0]$

344 REALTÀ E MODELLI **Gocce** Una goccia che cade su uno specchio d'acqua genera sulla sua superficie la propagazione di onde circolari. Osservando la figura, determina l'equazione del fascio di circonferenze con cui descrivere i fronti d'onda generati dalla goccia che cade nel punto C.

$[x^2 + y^2 - 10x - 6y + 34 - k = 0, \text{con } k \geq 0]$

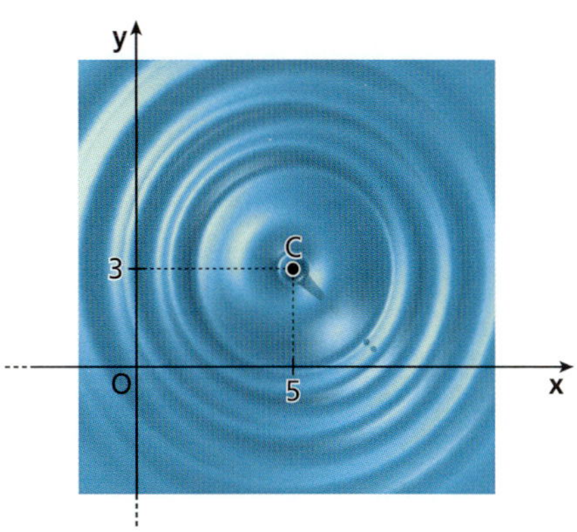

Studio di un fascio di circonferenze

▶ Teoria a p. 256

345 ESERCIZIO GUIDA Studiamo il fascio di circonferenze di equazione:

$x^2+y^2+(k-4)x+(4-2k)y-2-k=0.$

- Le coordinate dei centri, al variare di k, sono $C\left(\frac{4-k}{2}; k-2\right)$.

  La misura dei raggi è:

  $$r=\sqrt{\left(\frac{4-k}{2}\right)^2+(k-2)^2+2+k}=\sqrt{\frac{5k^2-20k+40}{4}}=\frac{1}{2}\sqrt{5(k^2-4k+8)}.$$

  Tale espressione è reale quando il radicando è positivo o nullo:

  $$\frac{\Delta}{4}=4-8=-4<0 \quad \to \quad k^2-4k+8>0, \quad \forall k \in \mathbb{R}.$$

- Troviamo le due circonferenze generatrici e gli eventuali punti base del fascio. Raccogliamo k:

  $x^2+y^2-4x+4y-2+k(x-2y-1)=0.$

  Le equazioni delle circonferenze generatrici sono:

  $x^2+y^2-4x+4y-2=0 \quad$ e $\quad x-2y-1=0.$

  La seconda equazione individua l'asse radicale del fascio.

  Risolviamo il sistema:

  $$\begin{cases}x^2+y^2-4x+4y-2=0\\x-2y-1=0\end{cases} \to \begin{cases}5y^2-5=0\\x=2y+1\end{cases} \to \begin{cases}y=1\\x=3\end{cases} \text{ e } \begin{cases}y=-1\\x=-1\end{cases}$$

  I punti base sono $A(3;1)$ e $B(-1;-1)$.

- Disegniamo alcune circonferenze del fascio, attribuendo alcuni valori a k.

  $k=0 \quad \to \quad x^2+y^2-4x+4y-2=0,$

  $C_0(2;-2), r_0=\sqrt{10}.$

  $k=1 \quad \to \quad x^2+y^2-3x+2y-3=0,$

  $C_1\left(\frac{3}{2};-1\right), r_1=\frac{5}{2}.$

  $k=2 \quad \to \quad x^2+y^2-2x-4=0,$

  $C_2(1;0), r_2=\sqrt{5}.$

- L'asse centrale è la retta passante per C_0 e C_2: $y=-2x+2$.

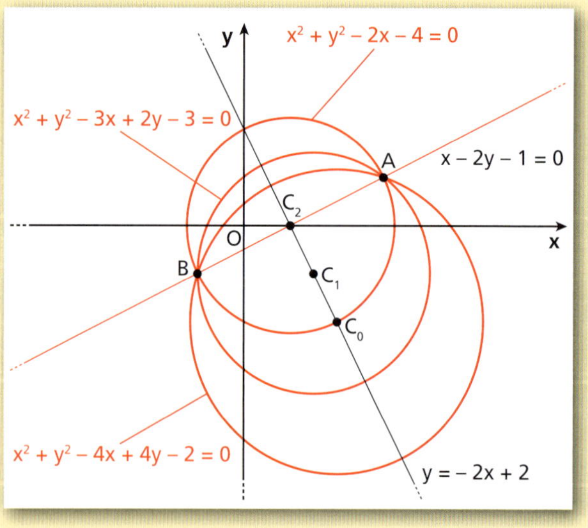

346 TEST Le coordinate dei centri delle circonferenze del fascio di equazione $kx^2+ky^2-kx+y-3=0$ sono:

A $\left(\frac{k}{2};-\frac{1}{2}\right)$.

B $\left(\frac{1}{2};-\frac{1}{2k}\right)$.

C $\left(1;\frac{1}{k}\right)$.

D $(k;-1)$.

E $\left(-\frac{k}{2};\frac{1}{2}\right)$.

Studia i seguenti fasci di circonferenze determinando i punti base, l'asse radicale e l'asse centrale.

347 $x^2 + y^2 + 6k - 3 = 0$ [circonferenze concentriche]

348 $x^2 + y^2 - (4k + 3)y = 0$ [$O(0; 0)$; $y = 0$; $x = 0$]

349 $x^2 + y^2 - 4x + 6y + 2k - 1 = 0$ [circonferenze concentriche]

350 $x^2 + y^2 - 4kx + (k - 4)y + 4 - 2k = 0$ [$T(0; 2)$; $y - 4x - 2 = 0$; $x + 4y - 8 = 0$]

351 $(1 + k)x^2 + (1 + k)y^2 + 2(1 - 4k)x - 2y + 15k = 0$
[circonferenze non secanti; $10x - 2y - 15 = 0$; $5y + x - 4 = 0$]

352 $x^2 + y^2 + 2(1 + k)x + (2 - k)y + 2 + k = 0$ [$T(-1; -1)$; $y = 2x + 1$; $x + 2y + 3 = 0$]

353 $(1 + k)x^2 + (1 + k)y^2 + 2(1 + k)x - 4(1 + k)y - 1 + 2k = 0$ [circonferenze concentriche]

354 $x^2 + y^2 + kx + (k - 2)y - 7 - k = 0$ [$A(2; -1)$, $B(-2; 3)$; $y = 1 - x$; $y = x + 1$]

355 **TEST** Per quali valori di $t \in \mathbb{R}$ l'equazione $x^2 + y^2 - 3x + y + 5t = 0$ rappresenta un fascio di circonferenze concentriche?

A $t \geq -2$ **B** $t \geq -\frac{1}{2}$ **C** $t \geq 0$ **D** $t \leq \frac{1}{2}$ **E** $\forall t \in \mathbb{R}$

356 **RIFLETTI SULLA TEORIA** L'equazione $kx^2 + (k + 1)y^2 + x - 3ky + 1 = 0$ rappresenta un fascio di circonferenze? Perché?

357 Considera il fascio di circonferenze di equazione $x^2 + y^2 + 4kx - (4 + k)y + 4 + 2k = 0$ e studia le sue caratteristiche. Trova per quale valore di k si ha:

a. la circonferenza che ha il centro di ascissa uguale a 4;

b. la circonferenza che interseca l'asse y nel punto di ordinata -1.

[circonferenze tangenti in $T(0; 2)$; a) $k = -2$; b) $k = -3$]

358 Studia il fascio di circonferenze di equazione $x^2 + y^2 - 4x + 2ky - 2 = 0$ e calcola per quale valore di k la circonferenza del fascio:

a. passa per l'origine $O(0; 0)$;

b. ha raggio uguale a 6;

c. ha il centro sulla retta di equazione $x - y = 0$.

[circonferenze secanti; a) $\nexists k \in \mathbb{R}$; b) $k = \pm\sqrt{30}$; c) $k = -2$]

359 Studia il fascio di circonferenze di equazione $x^2 + y^2 - 6x + (k - 2)y + 6 - 2k = 0$ e trova per quali valori di k si ha:

a. una circonferenza di raggio uguale a 2;

b. una circonferenza che racchiude un'area uguale a 7π.

[circonferenze secanti; a) $k = 0$ e $k = -4$; b) $k = -6$ e $k = 2$]

360 Studia il fascio di circonferenze di equazione $kx^2 + ky^2 - (2k + 1)x + (2k + 1)y + k + 1 = 0$ indicando gli eventuali punti base, l'asse radicale e l'asse centrale. Trova poi per quale valore di k si ha:

a. la circonferenza che ha il centro sulla retta di equazione $y = -2x + 3$;

b. la circonferenza tangente alla retta di equazione $y - x = 0$.

[circonferenze secanti in $(0; -1)$ e $(1; 0)$; a) $k = \frac{1}{4}$; b) $k = -1$]

ESERCIZI

361 Studia il fascio di circonferenze di equazione

$$x^2 + y^2 + (2 - k)\,x + (k - 8)\,y - 3 + k = 0.$$

Trova per quali valori di k si ha la circonferenza:

a. passante per l'origine;

b. con il centro nel primo quadrante.

[circonferenze secanti; a) $k = 3$; b) $2 \leq k \leq 8$]

TUTOR matematica
Allenati con **15 esercizi interattivi** con feedback "hai sbagliato, perché..."
su.zanichelli.it/tutor3
risorsa riservata a chi ha acquistato l'edizione con tutor

362 Considera il fascio di circonferenze di equazione $x^2 + y^2 + 2x - 4y + k = 0$ e studia le sue caratteristiche. Trova poi per quali valori di k si ha una circonferenza:

a. degenere;

b. passante per il punto $P(-2; 1)$;

c. con raggio uguale a 5;

d. tangente alla retta di equazione $2x + y - 1 = 0$.

$\left[\text{circonferenze concentriche; a) } k = 5\text{; b) } k = 3\text{; c) } k = -20\text{; d) } k = \frac{24}{5}\right]$

363 Dato il fascio di circonferenze di equazione $x^2 + y^2 - 4kx - 2(k - 1)\,y + 2 = 0$, determina:

a. il centro C delle circonferenze del fascio e gli eventuali punti base;

b. per quali valori di k si hanno circonferenze di raggio $r = \sqrt{6}$;

c. per quale valore di k il centro C appartiene alla bisettrice del primo e terzo quadrante.

$\left[\text{a) } C(2k; k - 1)\text{, non ci sono punti base; b) } k = \frac{7}{5}, k = -1\text{; c) } k = -1\right]$

Riepilogo: Circonferenza

TEST

364 L'equazione $x^2 + y^2 + ax + c = 0$, con $c > 0$, rappresenta una circonferenza:

A passante per l'origine.

B con il centro sull'asse delle ascisse.

C con il centro sull'asse delle ordinate.

D di raggio $r = \frac{a^2}{4} - c$.

E che interseca l'asse y in due punti.

365 Fissato nel piano un sistema di assi cartesiani ortogonali Oxy, siano γ e γ' le due circonferenze rispettivamente di equazione $x^2 + y^2 = 9$ e $(x + 1)^2 + y^2 = 1$. Quante sono le rette tangenti comuni a γ e γ'?

A Due.

B Infinite.

C Più di due, ma in numero finito.

D Nessuna.

E Una.

(*CISIA, Facoltà di Ingegneria, Test di ingresso*, 2007)

LEGGI IL GRAFICO Scrivi le equazioni delle circonferenze rappresentate nelle figure.

366

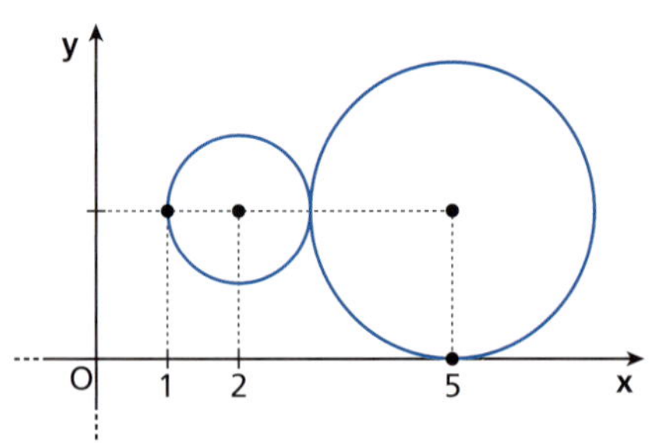

$[x^2 + y^2 - 4x - 4y + 7 = 0,$
$x^2 + y^2 - 10x - 4y + 25 = 0]$

367

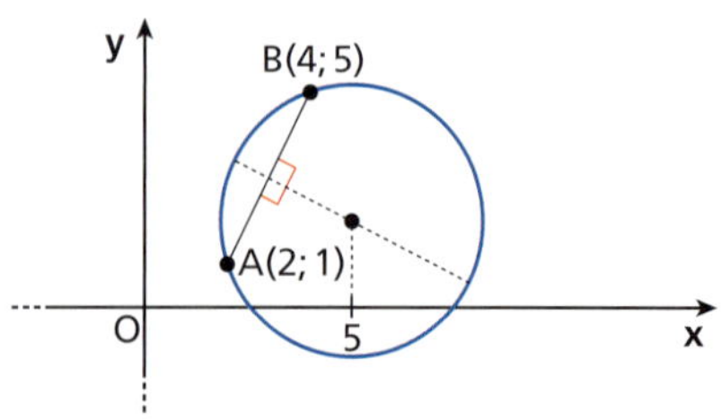

$[x^2 + y^2 - 10x - 4y + 19 = 0]$

368 ●●

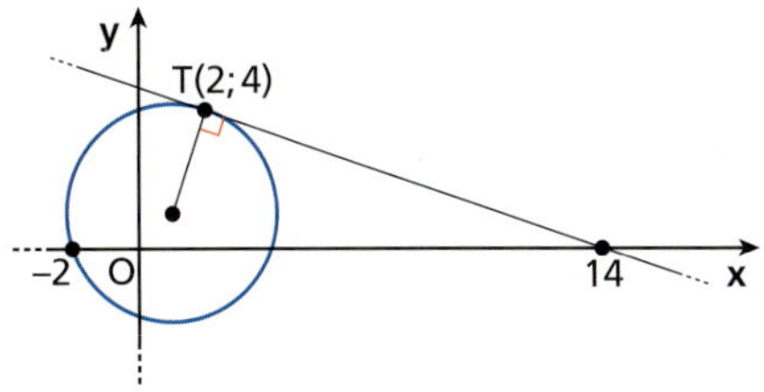

$[x^2 + y^2 - 2x - 2y - 8 = 0]$

369 ●●

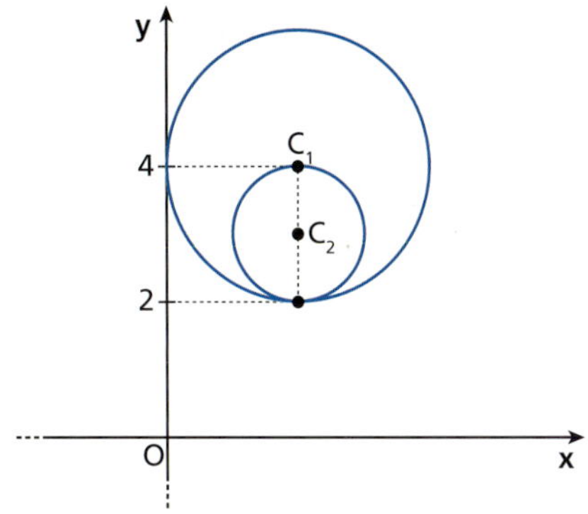

$[x^2 + y^2 - 4x - 8y + 16 = 0,$
$x^2 + y^2 - 4x - 6y + 12 = 0]$

370 ●○ Rappresenta la circonferenza di equazione

$$x^2 + y^2 + 4x - 4y - 2 = 0$$

e calcola l'equazione della retta tangente alla circonferenza nel suo punto $P(-3; -1)$ e di quelle passanti per il punto $A(0; -2)$.

$[C(-2; 2); r = \sqrt{10}; x + 3y + 6 = 0;$
$3x - y - 2 = 0; x + 3y + 6 = 0]$

371 ●○ Determina l'equazione della circonferenza passante per i punti $(-3; 2)$, $(1; -2)$, $(1; 2)$. Trova poi la distanza tra il centro della circonferenza e la retta r passante per il punto $(3; 4)$ e parallela alla retta $y = \quad x + 1$.

$[x^2 + y^2 + 2x - 7 = 0; d = 4\sqrt{2}]$

MATEMATICA AL COMPUTER

Circonferenze con il foglio elettronico Costruisci un foglio elettronico che trovi le coordinate degli eventuali punti di intersezione fra la circonferenza di equazione $x^2 + y^2 + ax + by + c = 0$ e la retta $y = q$ e che tracci il loro grafico.
Prova il foglio ponendo $a = -4$, $b = -2$, $c = -20$ e $q = 4$.

Risoluzione – 11 esercizi in più

372 ●○ Tra le circonferenze concentriche a quella di equazione

$$x^2 + y^2 + 6x - 2y + 1 = 0,$$

determina:

a. quella passante per $A(0; -3)$;

b. quella tangente alla retta di equazione $4x + 3y + 4 = 0$.

$[a)\ x^2 + y^2 + 6x - 2y - 15 = 0;$
$b)\ x^2 + y^2 + 6x - 2y + 9 = 0]$

373 ●○ Rappresenta la circonferenza di equazione $x^2 + y^2 - 6x + 2y + 1 = 0$ e verifica che la retta tangente nel suo punto di ascissa 0 passa per $B(0; 5)$.

374 ●○ Determina i punti A e B di intersezione delle due circonferenze di equazioni $x^2 + y^2 = 25$ e $x^2 + y^2 - 20x + 10y + 25 = 0$. Considerando il punto $C(-2; 2)$, calcola l'area del triangolo ABC.

[22]

375 ●○ Determina l'equazione della circonferenza γ passante per i punti $(-3; 4)$, $(1; 0)$, $(1; 4)$ e quella di γ' che ha per diametro il segmento di estremi $(-4; -2)$ e $(2; 6)$. Dopo aver verificato che γ e γ' sono concentriche, determina l'area della corona circolare.

$[x^2 + y^2 + 2x - 4y - 3 = 0;$
$x^2 + y^2 + 2x - 4y - 20 = 0; 17\pi]$

376 ●● Determina le equazioni delle circonferenze di raggio 5 passanti per l'origine degli assi cartesiani e per il punto $P(7; 7)$. Trova i punti di intersezione con l'asse x, diversi dall'origine, delle due circonferenze. Scrivi le equazioni delle tangenti in tali punti alle corrispondenti circonferenze.

$[x^2 + y^2 - 6x - 8y = 0; x^2 + y^2 - 8x - 6y = 0;$
$A(6; 0); B(8; 0); y = \frac{3}{4}x - \frac{9}{2}; y = \frac{4}{3}x - \frac{32}{3}]$

377 ●● Dato il triangolo di vertici $A(-4; 3)$, $B(-6; -3)$ e $C(0; -5)$, determina:

a. l'equazione della circonferenza circoscritta;

b. le equazioni delle tangenti alla circonferenza perpendicolari alla retta di equazione $x - 2y - 9 = 0$.

$[a)\ x^2 + y^2 + 4x + 2y - 15 = 0;$
$b)\ 2x + y + 15 = 0, 2x + y - 5 = 0]$

378 ●● Determina l'equazione della circonferenza passante per i punti $A(4; -2)$ e $B(-2; 1)$ e avente il centro sulla retta $6x - 2y - 7 = 0$. Trova poi le equazioni delle rette tangenti alla circonferenza parallele ad AB, dopo aver verificato che A e B sono estremi di un diametro.

$\left[x^2 + y^2 - 2x + y - 10 = 0;\ y = -\frac{1}{2}x \pm \frac{15}{4}\right]$

RIFLETTI SULLA TEORIA

379 ●● Dimostra che per ogni circonferenza che passa per l'origine di equazione $x^2 + y^2 + ax + by = 0$ la tangente in O ha equazione $ax + by = 0$.

380 ●● Date una circonferenza e una retta nel piano cartesiano, indica un procedimento per determinare il punto P della circonferenza che ha la minima distanza dalla retta. Trova poi il punto della circonferenza di equazione $x^2 + y^2 - 4x - 6y + 12 = 0$ più vicino alla retta di equazione $x + 2y - 1 = 0$.

$\left[P\left(2 - \frac{\sqrt{5}}{5}; 3 - \frac{2}{5}\sqrt{5}\right)\right]$

381 ●● Scrivi l'equazione della circonferenza che ha il centro C sull'asse x e passa per i punti $A(0; 2)$ e $B\left(-\frac{1}{2}; -\frac{3}{2}\right)$. Calcola l'ascissa del punto D di intersezione della circonferenza con il semiasse positivo delle ascisse e, dopo aver trovato le equazioni delle rette tangenti alla circonferenza in A e D, determina le coordinate del loro punto di intersezione P e l'area del quadrilatero $APDC$.

$\left[x^2 + y^2 - 3x - 4 = 0; D(4; 0);\ x = 4,\ y = \frac{3}{4}x + 2; P(4; 5); \frac{25}{2}\right]$

382 ●● **YOU & MATHS** Consider the circles with radii $4\sqrt{5}$ and which are tangent to the line $x - 2y = 20$ at the point $(6; -7)$. The sum of the x-coordinates of the centers of the circles is

A 12.
B -14.
C 3.
D -5.
E 2.

(USA *North Carolina State High School Mathematics Contest*, 2004)

383 ●● La circonferenza di equazione

$$x^2 + y^2 - 8x + 6 = 0$$

è intersecata in A e B dalla retta di equazione $y = x - 2$ e in C e D dalla sua parallela passante per l'origine. Sapendo che $x_A < x_B$ e $x_C < x_D$, determina l'area di $ABDC$. [6]

384 ●● Indica quali valori deve assumere il coefficiente angolare m di una retta passante per $P(0; 2)$ affinché la retta sia esterna alla circonferenza di equazione $x^2 + y^2 - 8x + 12 = 0$.

$\left[m < -\frac{4}{3} \vee m > 0, \text{ retta } x = 0\right]$

385 ●● Determina le coordinate del vertice D del parallelogramma in figura e l'equazione della circonferenza che ha diametro DA.

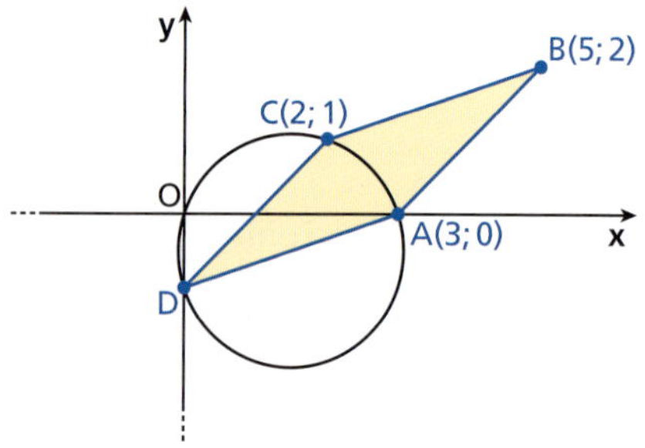

$[D(0; -1); x^2 + y^2 - 3x + y = 0]$

386 ●● Una circonferenza ha il centro nel punto di intersezione delle rette di equazioni $y = -x + 5$ e $2x - y - 7 = 0$ e ha raggio $r = \sqrt{10}$. Trova l'area del triangolo ABC, dove A e B sono i punti di intersezione della circonferenza con l'asse x e C è il punto di intersezione delle tangenti alla circonferenza condotte da A e B. [27]

387 ●●
a. Scrivi l'equazione della circonferenza γ_1 passante per i punti $A(1; 3)$, $B(5; 5)$ e $C(8; -4)$ e l'equazione della circonferenza γ_2 avente il centro nel punto $(5; 0)$ e raggio 3.
b. Determina l'area del quadrilatero $ABCD$, dove D è l'intersezione di ascissa minore della circonferenza γ_2 con l'asse delle ascisse.

[a) γ_1: $x^2 + y^2 - 10x = 0$; γ_2: $x^2 + y^2 - 10x + 16 = 0$; b) 28]

388 ●●
a. Scrivi l'equazione della circonferenza che è tangente nel punto $A(0; 2)$ alla retta $3x - 4y + 8 = 0$ e ha il centro sulla retta di equazione $y = -2x + 3$.
b. Dal punto $P(4; -5)$ conduci le tangenti alla circonferenza, trova le loro equazioni, le coordinate dei punti E e F di tangenza e il perimetro del triangolo EFP.

$\left[\text{a) } x^2 + y^2 - 3x - 4 = 0; \text{ b) } y = -\frac{3}{4}x - 2,\ x = 4, E(0; -2), F(4; 0), 10 + 2\sqrt{5}\right]$

389 ●● **a.** Rappresenta la circonferenza di equazione

$$x^2 + y^2 - 12x + 6y + 32 = 0$$

e nel fascio di rette di equazione

$$mx - y - 3 = 0$$

determina le due rette passanti per i punti A e B della circonferenza di ascissa 3.

b. Detto D il centro del fascio, determina il quarto vertice C del rombo $ADBC$ e calcolane perimetro e area.

[a) $2x - 3y - 9 = 0$, $2x + 3y + 9 = 0$; b) $C(6; -3)$, $4\sqrt{13}$, 12]

390 ●● Scrivi le equazioni delle tangenti alla circonferenza di equazione $x^2 + y^2 + 9y - 9 = 0$ condotte dal punto $\left(\frac{3}{2}; 3\right)$, e verifica che sono perpendicolari. Determina poi le coordinate dei punti di tangenza e la misura della corda che li congiunge.

[$2x - 3y + 6 = 0$; $6x + 4y - 21 = 0$; $(-3; 0)$, $\left(\frac{9}{2}; -\frac{3}{2}\right)$; $\frac{3\sqrt{26}}{2}$]

391 ●● Trova l'equazione della circonferenza che passa per i punti $A(0; -1)$ e $B(-3; 0)$ e ha il centro C sulla retta di equazione $6x - y + 4 = 0$. Traccia per il punto D di intersezione della circonferenza con il semiasse positivo delle x la corda DE parallela all'asse y e trova le equazioni delle tangenti in D e in E alla circonferenza che si intersecano in F. Calcola l'area del quadrilatero $CDFE$.

[$x^2 + y^2 - 8y - 9 = 0$; $3x + 4y - 41 = 0$; $3x - 4y - 9 = 0$; $\frac{100}{3}$]

392 ●● Trova l'equazione della circonferenza tangente nell'origine alla bisettrice del secondo e quarto quadrante e con il centro di ordinata 2. Scrivi poi l'equazione della circonferenza concentrica che passa per $P(5; 0)$ e calcola il rapporto tra le aree dei due cerchi.

[$x^2 + y^2 - 4x - 4y = 0$; $x^2 + y^2 - 4x - 4y - 5 = 0$; $\frac{8}{13}$]

Fasci di circonferenze

393 ●○ Studia le caratteristiche del fascio di circonferenze di equazione $x^2 + y^2 - 2kx + 2(k + 1)y - k + 6 = 0$, indicando per quali valori di k l'equazione rappresenta delle circonferenze.
Determina per quali valori di k le circonferenze del fascio incontrano l'asse delle x in due punti A e B tali che $\overline{AB} = 2\sqrt{6}$.

[circonferenze non secanti; $k < -\frac{5}{2} \vee k > 1$; $k = 3 \vee k = -4$]

394 ●● Determina l'equazione della circonferenza γ tangente alla retta t passante per $A(0; 3)$ e $B(6; 1)$ e avente centro di ascissa 2 sull'asse del segmento AB. Trova poi il fascio di circonferenze individuato da γ e avente per asse radicale la retta t. Tra le circonferenze del fascio individua quella che stacca sull'asse x una corda di misura 3 e non interseca l'asse y.

[$x^2 + y^2 - 4x + 2y - 5 = 0$; $x^2 + y^2 - 5x - y + 4 = 0$]

395 ●● Studia le caratteristiche del fascio generato dalle due circonferenze di equazioni

$$x^2 + y^2 - 5y = 0 \quad \text{e} \quad x^2 + y^2 - 10x - 25 = 0$$

e determina l'equazione della circonferenza del fascio che ha:

a. centro di ascissa uguale a 3;

b. raggio minimo.

[circonferenze secanti; a) $x^2 + y^2 - 6x - 2y - 15 = 0$; b) $x^2 + y^2 + 2x - 6y + 5 = 0$]

396 ●● **a.** Considera il fascio di circonferenze di equazione $x^2 + y^2 + (k - 10)x + (k - 4)y + 4(6 - k) = 0$ e individua le coordinate dei punti base A e B ($x_A < x_B$).

b. Dopo aver verificato che il fascio considerato è generato da una circonferenza γ e da una retta r, determina l'equazione della circonferenza γ_1, simmetrica della circonferenza γ rispetto a r.

c. Scrivi le equazioni delle tangenti s e t a γ_1 mandate dal punto P di coordinate $(-3; 4)$.

[a) $A(3; 1)$, $B(4; 0)$; b) $x^2 + y^2 - 4x + 2y = 0$; c) $x + 2y - 5 = 0$, $2x + y + 2 = 0$]

Circonferenza e parabola

397 Determina i punti di intersezione tra la circonferenza di equazione $x^2 + y^2 - 4x + 4y + 4 = 0$ e la parabola di equazione $y = -\frac{x^2}{4} + x - 2$. [$A(0; -2)$, $B(4; -2)$]

398 Trova i punti comuni alla circonferenza passante per $A(-3; 0)$, $B(1; 2)$ e $C(4; -7)$ e la parabola di equazione $y = x^2 - 2x - 7$. Trova poi l'equazione della tangente comune t alle due curve nel punto di ordinata minore in cui si intersecano. [$D(1; -8)$, $E(4; 1)$, $F(-2; 1)$, $y = -8$]

399
a. Scrivi l'equazione della parabola passante per i punti $A(0; 1)$, $B(4; 1)$ e avente il vertice sull'asse delle ascisse.
b. Determina l'equazione della tangente alla parabola in B e indica con C la sua intersezione con l'asse x.
c. Individua l'equazione della circonferenza passante per i punti A, C e F, dove F è il fuoco della parabola.

$\left[\text{a) } y = \frac{1}{4}x^2 - x + 1; \text{ b) } y = x - 3, C(3; 0); \text{ c) } x^2 + y^2 - 2x + 2y - 3 = 0\right]$

400 I punti A e B sono comuni a una parabola, a una retta e a una circonferenza. Trova le equazioni delle tre curve, sapendo che:

- il punto A ha coordinate $(-2; 4)$;
- la parabola ha il vertice nell'origine e asse di simmetria $x = 0$;
- la retta passa per il punto $C(2; 12)$;
- la circonferenza passa per il punto $D(4; 0)$. [$y = x^2$; $y = 2x + 8$; $x^2 + y^2 - 10x - 16y + 24 = 0$]

Problemi REALTÀ E MODELLI

401 **Epicentro** Negli Stati Uniti vengono avvertite alcune scosse di terremoto. Ricava le coordinate dell'epicentro del sisma, nel sistema di riferimento nella figura, sapendo che nelle stazioni di San Francisco, Dallas e Chicago si è ricavato che l'epicentro dista dalle tre città rispettivamente 2,1, 2,5 e 3. [epicentro (2; 0,6)]

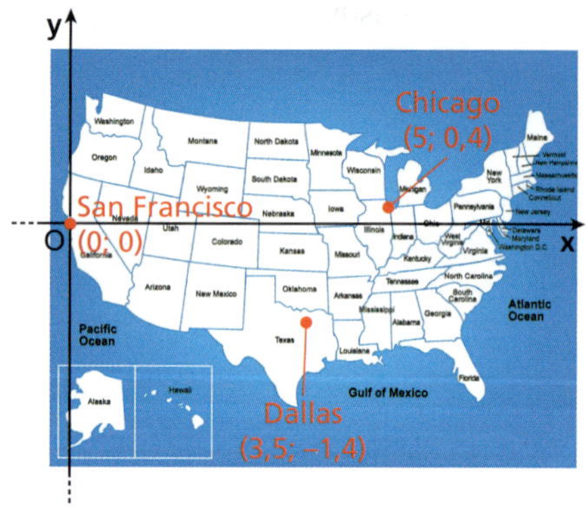

402 **Cerchi olimpici** I cinque cerchi e la bandiera olimpica furono presentati ufficialmente da Pierre de Coubertin al Congresso olimpico di Parigi nel 1914. Gli ideali di universalità e fratellanza simboleggiati dai cinque cerchi intrecciati (che rappresentano i cinque continenti) erano una proposta molto innovativa per l'epoca, l'inizio del XX secolo, in un clima mondiale sempre più teso e segnato da forti nazionalismi.
Supponi che i bordi dei cerchi abbiano spessore nullo e trova le equazioni delle cinque circonferenze. Nella figura le misure sono in decimetri.

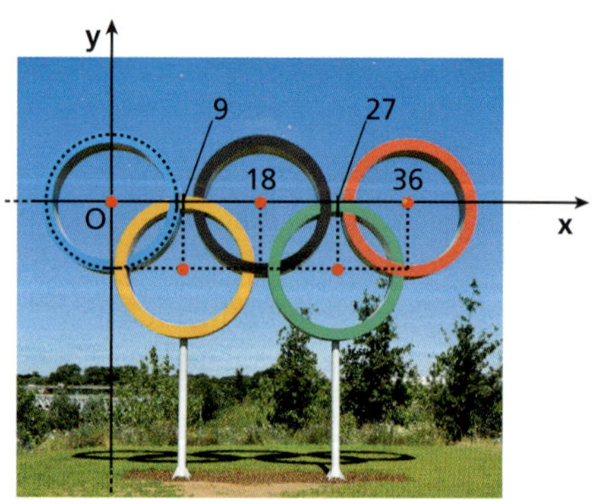

[$x^2 + y^2 = 64$; $x^2 + y^2 - 18x + 16y + 81 = 0$; $x^2 + y^2 - 36x + 260 = 0$; $x^2 + y^2 - 54x + 16y + 729 = 0$; $x^2 + y^2 - 72x + 1232 = 0$]

RISOLVIAMO UN PROBLEMA

La pista di atletica leggera

Le corse di atletica leggera si svolgono, nella versione outdoor, su una pista formata da un minimo di sei corsie (otto per le gare internazionali) della larghezza di 1,22 metri ciascuna. Consideriamo la prima corsia, la più interna, di una pista a sei corsie: i due tratti rettilinei sono paralleli e hanno una lunghezza di 100 m ciascuno; i due tratti curvilinei hanno la forma di semicirconferenze, ciascuna lunga 32π m $\simeq$ 100 m. La linea di arrivo si trova al termine di uno dei tratti rettilinei.

- Fissato un opportuno sistema di riferimento, determina le equazioni delle semicirconferenze della corsia più interna.
- Di quanto è più lunga la seconda corsia rispetto alla prima?
- In una gara di 400 m il corridore in prima corsia parte in corrispondenza della linea di arrivo e compie un giro di pista; le partenze nelle altre corsie sono spostate progressivamente in avanti per compensare le maggiori lunghezze delle corsie più esterne. Di quanto è spostata in avanti la posizione di partenza in sesta corsia?

► Disegniamo il modello geometrico della pista.

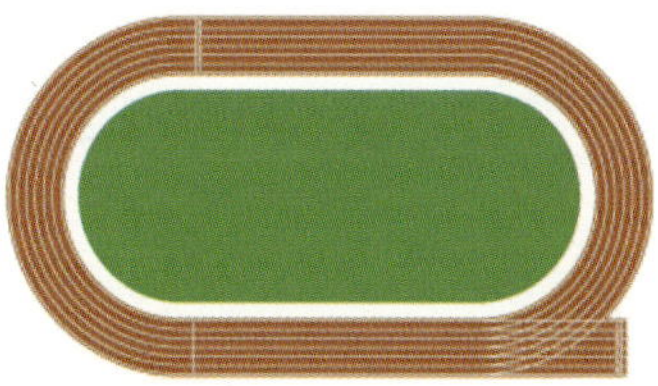

► Scegliamo un sistema di riferimento.

Fissiamo il sistema di riferimento con l'origine coincidente con il centro di una delle semicirconferenze più interne della pista e l'asse x parallelo ai tratti rettilinei.

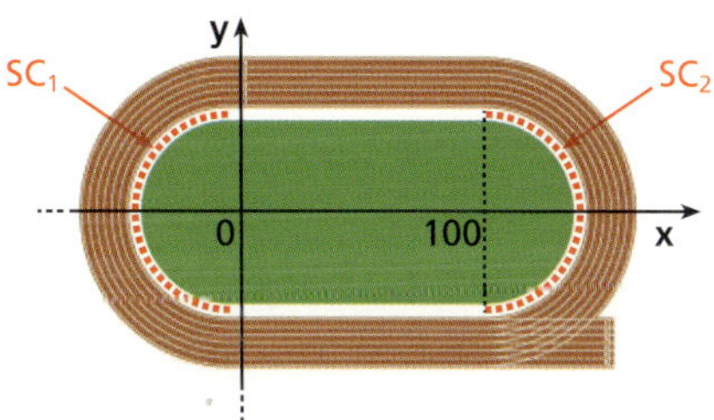

► Determiniamo il raggio della semicirconferenza.

La lunghezza della semicirconferenza SC_1 più interna è 32π m. Il raggio è quindi:

$$\pi r = 32\pi \to r = 32.$$

► Troviamo le equazioni delle due semicirconferenze, noti il centro e il raggio.

La circonferenza a cui appartiene SC_1 ha centro in $(0; 0)$ e raggio 32, quindi l'equazione della circonferenza è:

$$x^2 + y^2 = r^2 \to x^2 + y^2 = 1024.$$

Per ottenere l'equazione della semicirconferenza esplicitiamo la x:

$$SC_1\text{: } x = -\sqrt{1024 - y^2}.$$

L'altra circonferenza C_2 (corrispondente all'altro tratto curvilineo) ha il centro C traslato lungo l'asse x di 100 m. Otteniamo quindi:

$$C(100; 0) \to C_2\text{: } (x - 100)^2 + y^2 = 1024.$$

Esplicitiamo nuovamente rispetto a x:

$$SC_2\text{: } x = 100 + \sqrt{1024 - y^2}.$$

► Troviamo la lunghezza di uno dei due tratti curvilinei percorsi dal corridore in seconda corsia.

La circonferenza C_1' della seconda corsia ha un raggio maggiore di 1,22 m rispetto alla prima.
La lunghezza della semicirconferenza C_1' è quindi:

$$l' = \pi(r + 1{,}22) = \pi \cdot 33{,}22 \simeq 104 \text{ m}.$$

► Confrontiamo le lunghezze delle due corsie.

Un tratto curvilineo della seconda corsia è lungo $(l' - l) \simeq 4$ m in più rispetto alla prima. La seconda corsia è più lunga della prima di:

$$d = 2(l' - l) \simeq 8 \text{ m}.$$

► Troviamo di quanto avanza la linea di partenza del corridore in sesta corsia.

La differenza tra la lunghezza di una corsia e la successiva è di 8 m, quindi un corridore in sesta corsia dovrà partire con un vantaggio di $8 \cdot 5 = 40$ m.

VERIFICA DELLE COMPETENZE ALLENAMENTO

ANALIZZARE E INTERPRETARE DATI E GRAFICI

Determina le equazioni delle seguenti circonferenze.

1 ●○

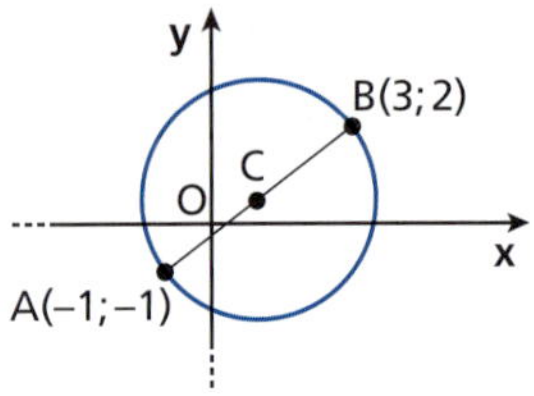

$[x^2 + y^2 - 2x - y - 5 = 0]$

2 ●○

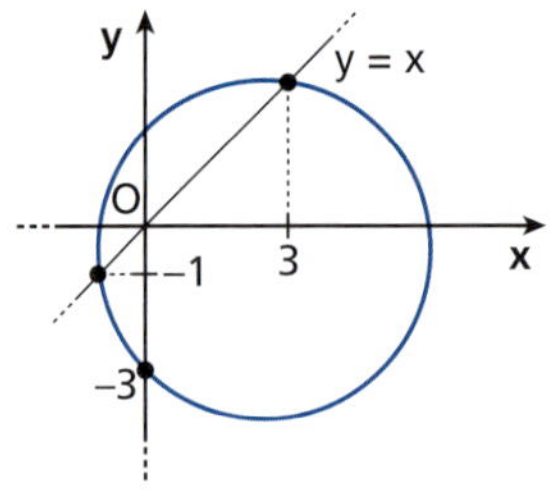

$[x^2 + y^2 - 5x + y - 6 = 0]$

3 ●○

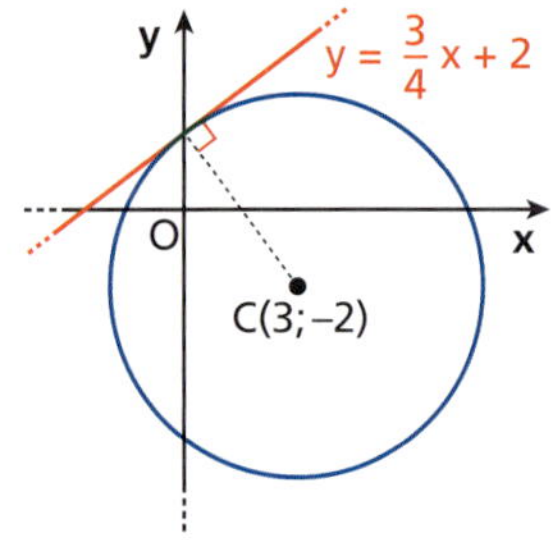

$[x^2 + y^2 - 6x + 4y - 12 = 0]$

Indica se le seguenti equazioni individuano delle circonferenze e in caso affermativo rappresentale graficamente.

4 ●○ **a.** $x^2 + y^2 - 2x + 3y + 1 = 0$; **b.** $x^2 + y^2 - 6x + y + 18 = 0$; **c.** $x^2 + (y - 3)^2 - 1 = 0$.

5 ●○ **a.** $x^2 + y^2 - 3x + 5 = 0$; **b.** $2x^2 + 2y^2 - 3x = 0$; **c.** $x^2 + y^2 + 4x - 6y + 13 = 0$.

6 ●○ **VERO O FALSO?**

a. $x^2 + y^2 + 6 = 0$ è l'equazione di una circonferenza che ha centro nell'origine O. V F

b. $x^2 + y^2 + 3x = 0$ è una circonferenza con centro sull'asse y. V F

c. Per tre punti qualsiasi passa una e una sola circonferenza. V F

d. La circonferenza di equazione $x^2 + y^2 - 6x + 17y = 0$ passa per l'origine degli assi. V F

7 ●○ **TEST** L'equazione della circonferenza nella figura è:

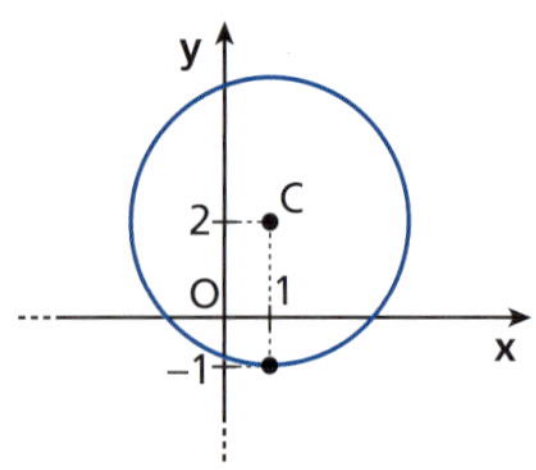

A $x^2 + y^2 - x - 2y - 4 = 0$.

B $x^2 + y^2 = 9$.

C $(x - 1)^2 + (y + 2)^2 = 9$.

D $x^2 + y^2 + 2x + 4y - 4 = 0$.

E $x^2 + y^2 - 2x - 4y - 4 = 0$.

8 ●○ Stabilisci se i punti $P\left(-2; -\frac{1}{2}\right)$ e $Q(-1; -1)$ appartengono alla circonferenza di equazione

$$x^2 + y^2 - 3x + 2y - 3 = 0$$

ed esegui la rappresentazione grafica. [no; sì]

9 ●○ Scrivi l'equazione della circonferenza circoscritta al triangolo i cui lati appartengono alle rette di equazioni: $x + y + 4 = 0$, $7x - y + 4 = 0$ e $x - y - 8 = 0$. $[x^2 + y^2 + 3x + 13y + 32 = 0]$

RISOLVERE PROBLEMI

10 ●○ Determina l'equazione della circonferenza avente per diametro il segmento ottenuto congiungendo i punti medi dei lati AB e AC del triangolo ABC, essendo $A(3; 5)$, $B(-5; -1)$, $C(4; 3)$. $[2x^2 + 2y^2 - 5x - 12y + 9 = 0]$

11 ●○ Determina l'equazione della circonferenza di centro $C(-2; 3)$ e tangente alla bisettrice del primo e terzo quadrante. $\left[x^2 + y^2 + 4x - 6y + \frac{1}{2} = 0\right]$

12 Rappresenta la circonferenza di equazione $x^2+y^2-4x-6y+3=0$ e verifica che le tangenti nei suoi punti di ordinata 4 si intersecano nel punto $A(2;13)$.

13 Indica per quali valori di k l'equazione $x^2+y^2+2(k-1)x-2y+k=0$ rappresenta una circonferenza. Determina poi per quale valore di k la circonferenza:

a. passa per 0;

b. ha centro di ascissa 3;

c. ha raggio $\sqrt{2}$.

$[k\leq 1 \vee k\geq 2$; a) $k=0$; b) $k=-2$; c) $k=0 \vee k=3]$

14 Scrivi l'equazione della circonferenza tangente agli assi cartesiani e con centro nel punto $C(-2;2)$. $[x^2+y^2+4x-4y+4=0]$

15 Trova i punti A e B di intersezione tra la circonferenza di equazione $x^2+y^2+4x-9y-7=0$ e la retta passante per $\left(1;\frac{1}{2}\right)$ e $(7;5)$, e calcola la lunghezza di AB. $[A(3;2), B(-1;-1); 5]$

16 Il diametro di una circonferenza ha per estremi i punti $A(-2;3)$ e $B(3;-1)$. Scrivi l'equazione della circonferenza e le equazioni delle rette a essa tangenti in A e B.

$[x^2+y^2-x-2y-9=0; 4y-5x+19=0; 4y-5x-22=0]$

17 Trova le equazioni delle rette tangenti alla circonferenza di equazione $x^2+y^2-4x-1=0$ perpendicolari alla retta AB, essendo $A(2;0)$ e $B(-4;3)$. $[y=2x+1; y=2x-9]$

18 Determina l'equazione della circonferenza passante per A e B, punti di intersezione della retta $3x-2y+6=0$ con gli assi cartesiani, e avente centro appartenente alla bisettrice del primo e terzo quadrante.

$[x^2+y^2-x-y-6=0]$

19 Considera le rette

r: $3x+2y+4=0$,

s: $x+3y-1=0$,

t: $x-y-3=0$.

Determina la circonferenza che ha centro nel punto di intersezione di r con s ed è tangente alla retta t. $[x^2+y^2+4x-2y-13=0]$

20 Scrivi le equazioni delle rette secanti la circonferenza di centro $C(2;1)$ e raggio $r=1$, sapendo che tali rette sono parallele all'asse y e individuano una corda di misura $\sqrt{3}$. $\left[x=\frac{3}{2}; x=\frac{5}{2}\right]$

21 Verifica che le due circonferenze di equazioni

$x^2+y^2-6x-12y+40=0$ e

$x^2+y^2-9x-18y+100=0$

sono tangenti esternamente e determina il punto di tangenza. $[(4;8)]$

22 Fra tutte le circonferenze tangenti alla retta t di equazione $2x-y=0$ nell'origine O del sistema di riferimento, determina quelle tangenti alla retta s di equazione $2x+y-4=0$.

$[x^2+y^2-2x+y=0; x^2+y^2+8x-4y=0]$

23 Considera la circonferenza di equazione $x^2+y^2-8x-6y=0$. Siano C il suo centro, A il punto (di ascissa non nulla) di intersezione con l'asse delle ascisse e B quello (con ordinata non nulla) con l'asse delle ordinate. Verifica che A, B e C sono allineati.

24 Stabilisci per quali valori di k l'equazione $x^2+y^2-2(k-3)x+ky-6k+14=0$ rappresenta una circonferenza. Determina poi per quali valori di k si ha una circonferenza che incontra l'asse delle ordinate in due punti A e B tali che $\overline{AB}=\sqrt{56}$.

$[k\leq -2 \vee k\geq 2; k=-28 \vee k=4]$

25 Disegna il triangolo avente per vertici i punti $A(1;3)$, $B(-3;3)$ e il punto C di intersezione della bisettrice del secondo e quarto quadrante con la retta $x-y-2=0$. Determina l'equazione della circonferenza circoscritta al triangolo.

$[x^2+y^2+2x-2y-6=0]$

26 Due circonferenze sono concentriche. Una ha equazione $4x^2+4y^2-6x+8y-23=0$, l'altra passa per $P\left(\frac{3}{4};-2\right)$. Determina l'equazione della seconda circonferenza.

$[16x^2+16y^2-24x+32y+9=0]$

27 Fra le circonferenze di centro $C(-2;3)$ determina quella:

a. passante per il punto $P(1;1)$;

b. avente il raggio che misura 5.

[a) $x^2+y^2+4x-6y=0$; b) $x^2+y^2+4x-6y-12=0$]

28 Scrivi l'equazione della circonferenza di centro $C(-1;0)$, tangente alla retta r di equazione $x+2y-4=0$. Dal punto P di r, di ascissa 2, conduci l'ulteriore retta tangente alla circonferenza. Determina le coordinate dei punti di contatto delle due tangenti.
$[x^2+y^2+2x-4=0;\ A(0;2),\ B(1;-1)]$

29 Scrivi l'equazione della circonferenza passante per i punti $A(3;0)$, $B(5;4)$ e $C(-1;4)$ e rappresentala nel piano cartesiano. Determina poi le rette tangenti alla circonferenza condotte dal punto $D(-2;1)$. $[x^2+y^2-4x-6y+3=0;\ 3x-y+7=0;\ x+3y-1=0]$

30 Disegna la circonferenza di equazione $x^2+y^2-2x+6y=0$ e determina le ordinate dei suoi punti E e F, di ascissa 2. Conduci per E e F le rette tangenti alla circonferenza e calcola le coordinate del punto di intersezione.
$[x+3y-2=0;\ x-3y-20=0;\ A(11;-3)]$

31 Determina l'equazione della circonferenza, il cui centro appartiene alla retta di equazione $y=\frac{1}{2}$, che interseca l'asse x nei punti di ascissa -1 e 2. Trova la misura della corda che la circonferenza individua sulla retta di equazione $y=3x$.
$\left[x^2+y^2-x-y-2=0;\ \frac{4}{5}\sqrt{15}\right]$

32 Determina l'area del quadrilatero i cui vertici sono i centri delle circonferenze di equazioni
$x^2+y^2-8x+6y+8=0$ e
$x^2+y^2+4x+6y-16=0$
e i loro punti di intersezione. $[6\sqrt{13}]$

33 Determina l'equazione della circonferenza passante per $A(5;1)$, $B(6;4)$ e avente il centro C sulla retta di equazione $y=2x-5$. Scrivi poi le equazioni delle rette t_1 e t_2 tangenti in A e in B alla circonferenza. Indicato con D il punto di intersezione di t_1 e t_2, calcola l'area del quadrilatero $ADBC$.
$[x^2+y^2-8x-6y+20=0;\ x-2y-3=0;\ 2x+y-16=0;\ D(7;2);\ \text{area}=5]$

34 Scrivi l'equazione della circonferenza γ_1 di raggio 3 che ha ordinata del centro minore di 5 e passa per $A(-7;2)$ e $B(-4;5)$ e l'equazione di γ_2 che ha centro in $C(-2;0)$ e passa per $D(-4;1)$. Verifica che γ_1 e γ_2 sono secanti in P e Q e trova la misura della corda PQ.
$[x^2+y^2+8x-4y+11=0;\ x^2+y^2+4x-1=0;\ 3\sqrt{2}]$

35 Trova i punti di intersezione tra la circonferenza di equazione $x^2+y^2-6x-4y+4=0$ e la retta di equazione $x-y-4=0$. $[A(3;-1),\ B(6;2)]$

36 Determina la misura della corda che la circonferenza di equazione $x^2+y^2-12x+2y-37=0$ stacca sulla retta di equazione $y=2x+4$.
$\left[\frac{18}{5}\sqrt{5}\right]$

37 Una circonferenza taglia l'asse x nei punti di ascissa -1 e 4 e passa per $A(3;2)$. Determina l'equazione della circonferenza e l'equazione della retta tangente nel punto A.
$[x^2+y^2-3x-4=0;\ 3x+4y-17=0]$

38 Conduci dal punto $P\left(\frac{2}{3};4\right)$ le tangenti alla circonferenza di equazione:
$x^2+y^2-18x-8y+72=0.$
$[3x-4y+14=0;\ 3x+4y-18=0]$

39 Dopo aver trovato centro e raggio della circonferenza di equazione $x^2+y^2-4x+6y-3=0$, scrivi l'equazione delle rette tangenti alla circonferenza e passanti per il punto $A(-2;3)$.
$[C(2;-3);\ r=4;\ 5x+12y-26=0;\ x+2=0]$

40 Verifica che il punto $P(2;-3)$ appartiene alla circonferenza di equazione
$x^2+y^2-4x+2y+1=0$
e scrivi l'equazione della retta tangente alla circonferenza in P. $[y=-3]$

41 Determina i punti di intersezione A e B della retta $x+2y-4=0$ con la circonferenza avente centro $C(2;1)$ e raggio $\sqrt{5}$ e scrivi le equazioni delle rette tangenti in tali punti.
$[A(0;2),\ B(4;0);\ y=2x+2;\ y=2x-8]$

42 Dopo aver determinato i punti A e B in cui la retta di equazione $x-3y-10=0$ incontra le rette di equazioni $y=-2x-1$ e $y=-2x+6$, scrivi l'equazione della circonferenza passante per A e B e avente centro di ordinata uguale a -1.
$[x^2+y^2-4x+2y=0]$

TUTOR matematica
Allenati con **15 esercizi interattivi** con feedback "hai sbagliato, perché..."
su.zanichelli.it/tutor3
risorsa riservata a chi ha acquistato l'edizione con tutor

COSTRUIRE E UTILIZZARE MODELLI

RISOLVIAMO UN PROBLEMA

La cinghia di trasmissione

La cinghia è uno dei più semplici sistemi tecnologici per trasmettere il moto e quindi per trasportare materiali.
Supponi che nel sistema in figura la ruota piccola (la motrice) abbia raggio di 1 dm, quella grande di 2 dm e la distanza tra i due centri sia di 6 dm.
Posiziona il sistema di riferimento cartesiano in modo tale che la ruota piccola abbia centro nell'origine e l'asse x passi per i centri delle due ruote.

- Trova l'equazione della retta a cui appartiene il tratto AB della cinghia (A e B rappresentano i punti di contatto fra la cinghia e le ruote).
- Qual è la velocità del nastro trasportatore (supponendola uguale alla velocità lineare della cinghia) se la porzione di cinghia che si trova nel punto B impiega 0,9 s a portarsi su A?

▶ **Troviamo la retta su cui giace *AB*.**

Le due circonferenze hanno rispettivamente equazione

$$x^2 + y^2 = 1 \text{ e } (x-6)^2 + y^2 = 4.$$

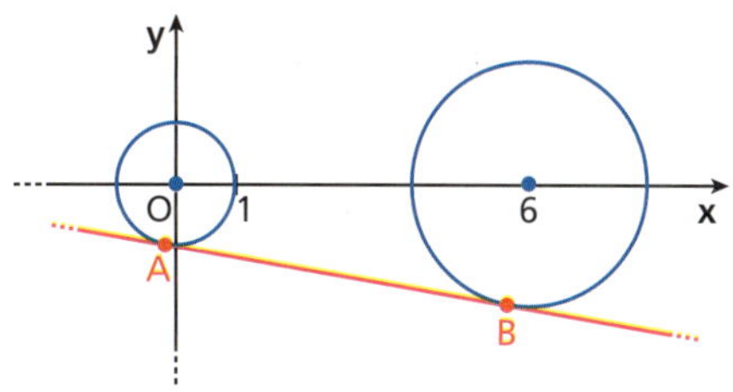

Data la generica retta di equazione $y = mx + q$, in cui possiamo supporre $q < 0$ e $m < 0$, imponiamo la condizione di tangenza a entrambe le circonferenze stabilendo che la distanza dal punto (0; 0), centro della prima circonferenza, sia 1 e dal punto (6; 0), centro della seconda, sia 2.

$$\begin{cases} \dfrac{|q|}{\sqrt{m^2+1}} = 1 \\ \dfrac{|6m+q|}{\sqrt{m^2+1}} = 2 \end{cases} \rightarrow \begin{cases} q = -\sqrt{m^2+1} \\ \left|6m - \sqrt{m^2+1}\right| = 2\sqrt{m^2+1} \end{cases}$$

Dalla seconda equazione, elevando al quadrato i due membri, otteniamo:

$$36m^2 + 1 + m^2 - 12m\sqrt{m^2+1} = 4 + 4m^2 \rightarrow 12m\sqrt{m^2+1} = 33m^2 - 3.$$

Eleviamo ancora al quadrato, con la condizione $33\,\text{m}^2 - 3 \leq 0$, perché nel primo membro $m < 0$:

$$945m^4 - 342m^2 + 9 = 0 \rightarrow m^2 = \frac{171 \pm \sqrt{171^2 - 9 \cdot 945}}{945} = \frac{171 \pm 144}{945} \simeq \begin{cases} 0{,}33, \\ 0{,}03. \end{cases}$$

Il valore $m^2 = 0{,}33$ non è accettabile perché $33m^2 - 3$ risulta positivo. È accettabile invece $m^2 = 0{,}03$, da cui si ricava $m \simeq \pm 0{,}17$. Accettiamo solo il valore negativo $-0{,}17$, quindi $q \simeq -1{,}01$.
La retta che congiunge i punti A e B ha equazione:

$$t_{AB}: y = -0{,}17x - 1{,}01.$$

▶ **Calcoliamo le coordinate dei punti *A* e *B*.**

Determiniamo (in modo approssimato) i punti A e B di tangenza. Per questo, determiniamo le intersezioni con t_{AB} delle due rette r_1 e r_2 passanti rispettivamente per i centri delle due circonferenze e perpendicolari a t_{AB} (in alternativa avremmo potuto determinare le intersezioni di ciascuna circonferenza con la retta t_{AB}, ma per le approssimazioni effettuate tale intersezione potrebbe non esistere oppure potrebbe essere data da due punti).

$m = -\dfrac{1}{-0,17} \simeq 5,88$ coefficiente angolare delle rette perpendicolari a t_{AB},

r_1: $y - 0 = m(x - 0) \rightarrow y = 5,88x \rightarrow \begin{cases} y = 5,88x \\ y = -0,17x - 1,01 \end{cases} \rightarrow A(-0,17; -0,98)$,

r_2: $y - 0 = m(x - 6) \rightarrow y = 5,88x - 35,28 \rightarrow \begin{cases} y = 5,88x - 35,28 \\ y = -0,17x - 1,01 \end{cases} \rightarrow B(5,66; -1,97)$.

▶ **Calcoliamo la velocità del nastro.**

La distanza dei punti A e B è:

$$AB = \sqrt{(5,66 + 0,17)^2 + (1,97 - 0,98)^2} \simeq 5,91 \text{ dm} = 0,591 \text{ m},$$

quindi la velocità lineare del nastro trasportatore è:

$$v = \frac{AB}{t} = \frac{0,591}{0,9} \simeq 0,66 \text{ m/s}.$$

43 ●○

Fiori al computer Laura vuole preparare dei bigliettini al computer con un disegno stilizzato di un fiore e deve dare al computer le equazioni corrette degli archi di curva che compongono il contorno del fiore.

Quali sono queste equazioni?

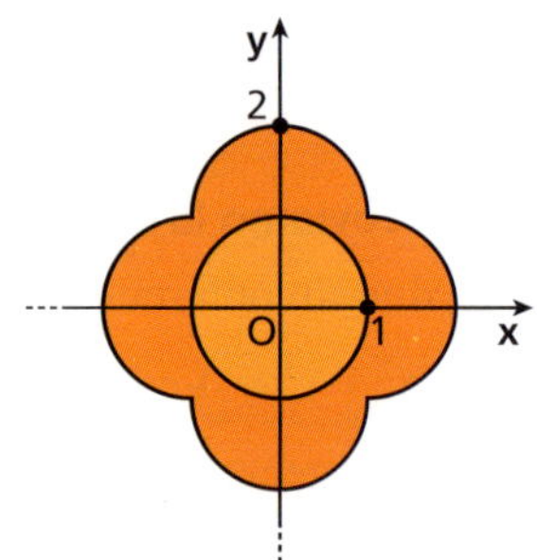

44 ●●

Girotondo di particelle Il progetto di un nuovo acceleratore di particelle prevede di collegare tra loro due acceleratori circolari secondo lo schema in figura.

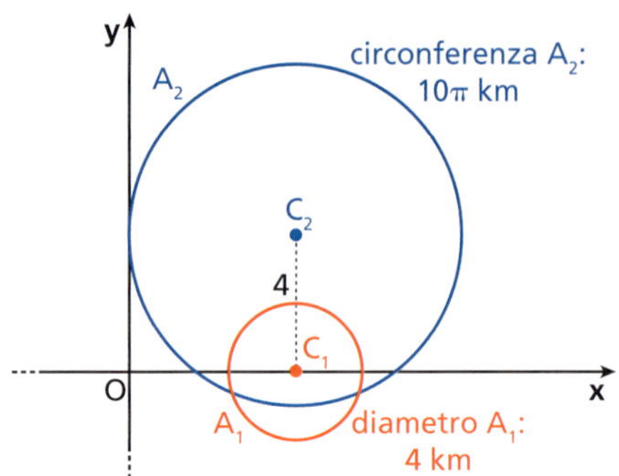

a. Determina le equazioni delle circonferenze che costituiscono gli acceleratori.

b. Determina l'asse radicale delle circonferenze.

c. Nel progetto si vuole aggiungere un acceleratore lineare tangente ad A_1 in modo che la retta che lo individua passi per O, origine del riferimento, e attraversi il secondo e quarto quadrante. Determina l'equazione della retta e stabilisci se questo acceleratore può essere utilizzato per trasferire particelle da A_1 in A_2.

$\left[\text{a) } x^2 + y^2 - 10x - 8y + 16 = 0; x^2 + y^2 - 10x + 21 = 0; \text{ b) } y = -\frac{5}{8}; \text{ c) } y = -\frac{2\sqrt{21}}{21}x\right]$

45 ●●

Salti sull'acqua Giacomo, lanciando un sasso nell'acqua, riesce a fargli fare due salti e ogni salto crea delle onde circolari.

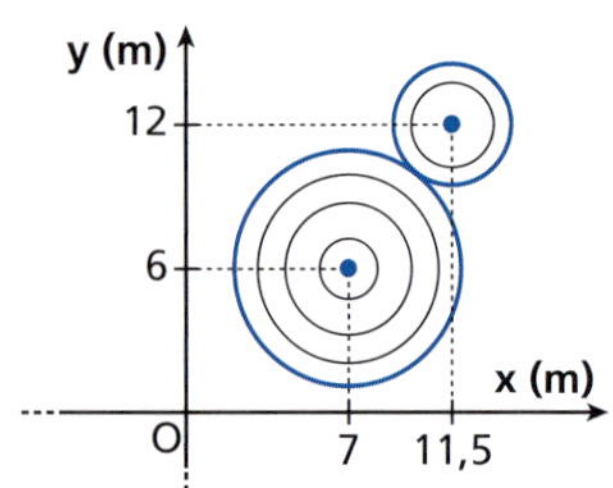

a. Il raggio (misurato in metri) dei fronti d'onda creati dal primo salto aumenta in funzione del tempo (misurato in secondi) seguendo la legge $r = 2,5t$, mentre quello dei fronti d'onda creati dal secondo salto segue la legge $r = 2,5(t - 1)$. Scrivi le equazioni dei due fasci di circonferenze creati dal lancio.

b. Dopo quanto tempo i fronti d'onda creati dal primo salto incontrano quelli creati dal secondo?

c. Scrivi l'equazione della retta tangente a entrambi i fasci nell'istante in cui si toccano.

$\left[\text{a) } (x - 7)^2 + (y - 6)^2 = (2,5t)^2; (x - 11,5)^2 + (y - 12)^2 = [2,5(t - 1)]^2; \text{ b) } t = 2 \text{ s}; \text{ c) } y = -\frac{3}{4}x + \frac{35}{2}\right]$

VERIFICA DELLE COMPETENZE PROVE

1 ora

PROVA A

1 Trova l'equazione delle circonferenze utilizzando i dati nelle figure.

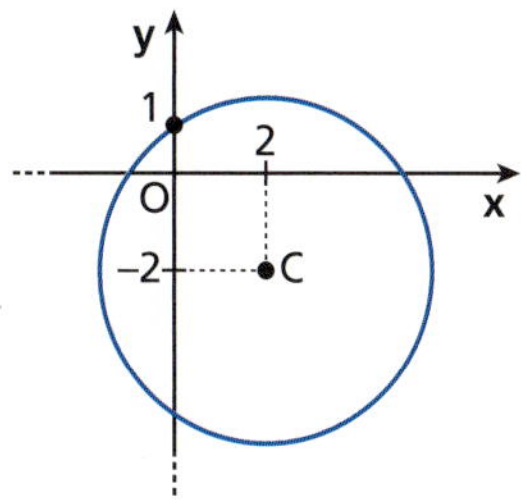

a

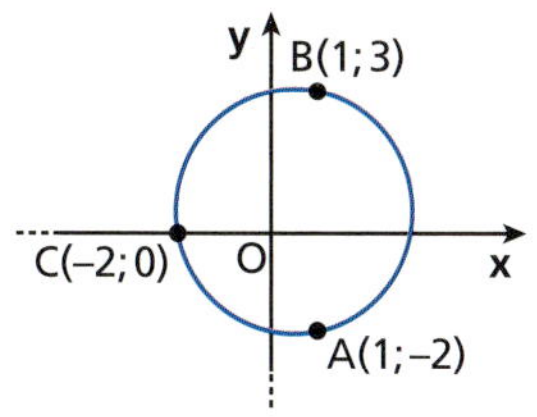

b

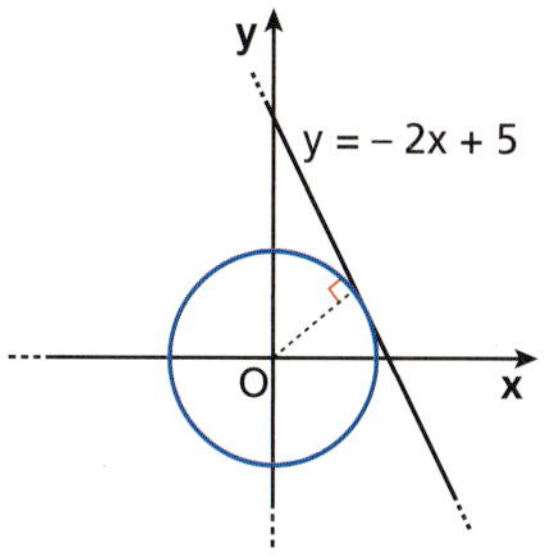

c

2 Disegna le circonferenze di equazioni:

a. $x^2 + y^2 + 4x - 2y - 4 = 0$; **b.** $x^2 + (y + 1)^2 = 4$; **c.** $x^2 + y^2 + 2x = 0$.

3 Trova l'equazione della circonferenza che ha centro di ascissa 3, passa per $A(2; -4)$ e interseca l'asse y in $(0; -2)$.

4 Scrivi l'equazione della circonferenza di diametro AB, con $A(6; 0)$ e $B(3; 1)$, e trova la misura della corda che si forma nell'intersezione con la retta di equazione $x + 2y - 8 = 0$.

5 Scrivi le equazioni delle tangenti alla circonferenza di equazione $x^2 + y^2 - 12x + 4y + 20 = 0$ condotte dall'origine degli assi.

6 Rappresenta la circonferenza di equazione $x^2 + y^2 - 2x - 4 = 0$ e trova l'equazione della tangente condotta dal suo punto $T(2; 2)$. Detti B e C i punti di intersezione tra la retta di equazione $3y - x + 6 = 0$ e la circonferenza, calcola l'area del triangolo BCT.

PROVA B

Fontana al centro Una rotonda stradale con il bordo interno di raggio 6 m ha una fontana centrale e tre aiuole fiorite delimitate da archi di circonferenza anch'essi di raggio 6 m. I punti A, B, C, D, E e F sono vertici di un esagono regolare.

a. Trova le coordinate di C e l'equazione della circonferenza a cui appartiene l'arco BC.

b. Scrivi le coordinate dei centri delle circonferenze i cui archi delimitano le altre due aiuole.

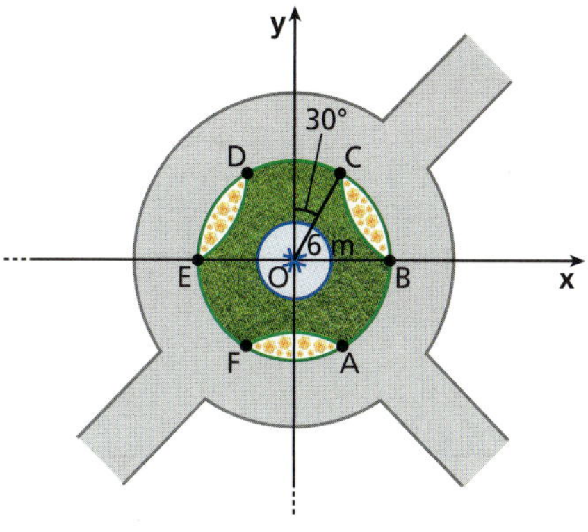

T

CAPITOLO 6

ELLISSE

1 Ellisse e sua equazione

Esercizi a p. 314

Ellisse come luogo geometrico

Listen to it

Given two points, F_1 and F_2, an **ellipse** is a plane curve such that, for every point on the curve, the sum of the distances from F_1 and F_2 is constant. F_1 and F_2 are called the **focal points** or **foci**.

DEFINIZIONE

Assegnati nel piano due punti, F_1 e F_2, si chiama **ellisse** il luogo geometrico dei punti P del piano tali che sia costante la somma delle distanze di P da F_1 e da F_2:

$$\overline{PF_1} + \overline{PF_2} = \textbf{costante}.$$

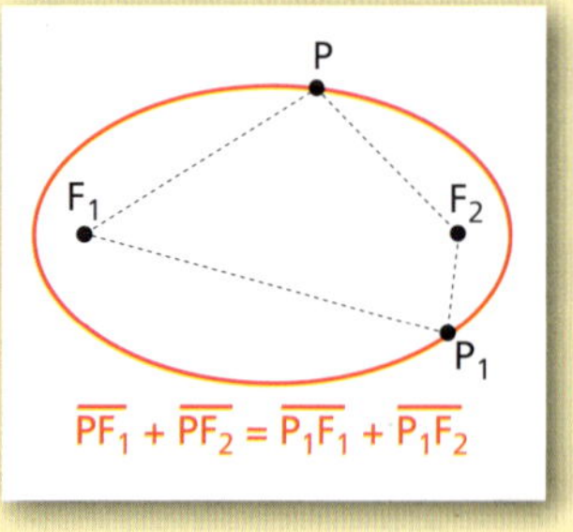

F_1 e F_2 sono i **fuochi** dell'ellisse.
Il punto medio del segmento F_1F_2 è il **centro** dell'ellisse.

Indichiamo con:

$2c$ la distanza tra F_1 e F_2, detta **distanza focale**;

$2a$ la somma costante delle distanze dei punti dell'ellisse dai fuochi.

a e c indicano due valori costanti e positivi.

Se P è un generico punto dell'ellisse, per definizione deve risultare:

$$\overline{PF_1} + \overline{PF_2} = 2a.$$

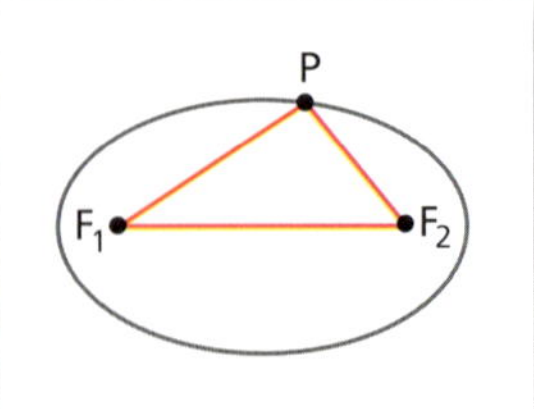

Poiché in un triangolo un lato è minore della somma degli altri due, considerato il triangolo PF_1F_2, deve essere:

$$\overline{PF_1} + \overline{PF_2} > \overline{F_1F_2} \to 2a > 2c \to \boldsymbol{a > c}.$$

Equazione dell'ellisse con i fuochi sull'asse *x*

Nel piano cartesiano, consideriamo un'ellisse con centro nell'origine degli assi e fuochi F_1 e F_2 sull'asse x.
Poiché abbiamo indicato la distanza focale con $2c$, le coordinate dei fuochi sono:

$$F_1(-c; 0), \quad F_2(c; 0).$$

Indicato con $P(x; y)$ un generico punto del piano, le distanze di P dai fuochi sono:

$$\overline{PF_1} = \sqrt{(x+c)^2 + y^2}, \qquad \overline{PF_2} = \sqrt{(x-c)^2 + y^2}.$$

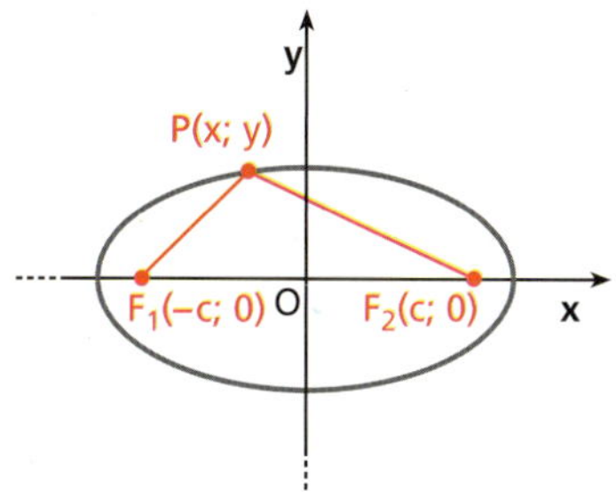

Poiché P appartiene all'ellisse se e solo se

$$\overline{PF_1} + \overline{PF_2} = 2a, \text{ con } a > 0,$$

sostituendo le espressioni di $\overline{PF_1}$ e $\overline{PF_2}$, otteniamo:

$$\sqrt{(x+c)^2 + y^2} + \sqrt{(x-c)^2 + y^2} = 2a,$$

che è già l'equazione dell'ellisse. Cerchiamo ora di scriverla in una forma più semplice, in modo che non contenga radicali.

Isoliamo un radicale ed eleviamo entrambi i membri al quadrato:

$$\sqrt{(x+c)^2 + y^2} = 2a - \sqrt{(x-c)^2 + y^2}$$

$$(x+c)^2 + y^2 = [2a - \sqrt{(x-c)^2 + y^2}]^2.$$

Svolgiamo i calcoli e semplifichiamo:

$$x^2 + c^2 + 2cx + y^2 = 4a^2 + x^2 + c^2 - 2cx + y^2 - 4a\sqrt{(x-c)^2 + y^2}$$

$$4cx = 4a^2 - 4a\sqrt{(x-c)^2 + y^2} \rightarrow a\sqrt{(x-c)^2 + y^2} = a^2 - cx.$$

Eleviamo al quadrato entrambi i membri e riordiniamo i termini:

$$(a^2 - c^2)x^2 + a^2y^2 = a^2(a^2 - c^2).$$

$a > c$, quindi $a^2 > c^2 \rightarrow a^2 - c^2 > 0$. Poniamo allora $\boldsymbol{a^2 - c^2 = b^2}$.
L'equazione diventa: $b^2x^2 + a^2y^2 = a^2b^2$.

Dividiamo tutti i termini per a^2b^2:

$$\boldsymbol{\frac{x^2}{a^2} + \frac{y^2}{b^2} = 1}.$$ — equazione canonica o normale dell'ellisse

Avendo posto $a^2 - c^2 = b^2$, risulta anche che:

$$a^2 - c^2 = b^2 \rightarrow a^2 > b^2 \rightarrow \boldsymbol{a > b}.$$

Abbiamo dimostrato che tutti i punti $P(x; y)$ dell'ellisse verificano l'equazione canonica; viceversa, si può dimostrare che soltanto i punti del piano che verificano l'equazione appartengono all'ellisse.

MATEMATICA INTORNO A NOI

L'ellisse del giardiniere Nei giardini rinascimentali era facile imbattersi in aiuole ellittiche. L'ellisse era usata come simbolo di molte relazioni a due: uomo-Dio, maschio-femmina, tecnica-natura e così via.

► Come può fare un giardiniere per creare un'aiuola a forma di ellisse?

La risposta

ESEMPIO

Consideriamo l'equazione $4x^2 + 9y^2 = 16$.

Poiché $9y^2 = \dfrac{y^2}{\frac{1}{9}}$, se dividiamo i due membri per 16, otteniamo:

$$\frac{x^2}{4} + \frac{y^2}{\frac{16}{9}} = 1 \quad \rightarrow \quad \text{equazione di un'ellisse.}$$

$$a^2 = 4 \text{ e } b^2 = \frac{16}{9} \quad \rightarrow \quad a = 2 \text{ e } b = \frac{4}{3}.$$

► Calcola a e b nell'ellisse di equazione $4x^2 + 48y^2 - 12 = 0$.

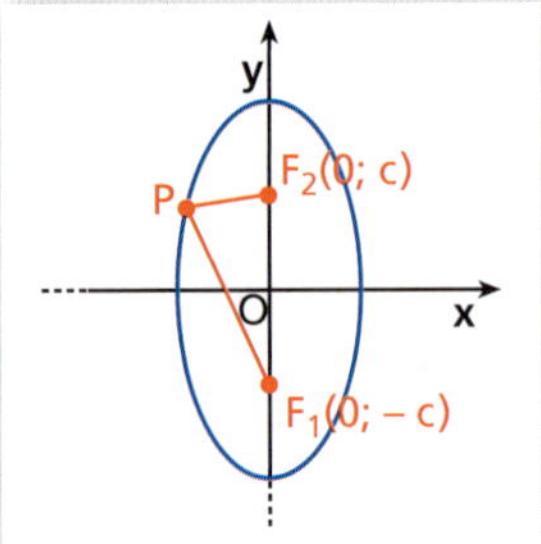

Equazione dell'ellisse con i fuochi sull'asse y

Consideriamo ora un'ellisse con centro nell'origine degli assi e fuochi F_1 e F_2 sull'asse y. Le coordinate dei fuochi sono allora $F_1(0; -c)$ e $F_2(0; c)$.
Indicando con $2b$ la somma costante delle distanze di un punto P dell'ellisse dai fuochi, abbiamo:

$$\overline{PF_1} + \overline{PF_2} = 2b.$$

Con calcoli analoghi a quelli precedenti, otteniamo ancora l'equazione canonica:

$$\frac{x^2}{a^2} + \frac{y^2}{b^2} = 1,$$

uguale a quella dell'ellisse con i fuochi sull'asse x. Tuttavia, in questo caso, si pone $b^2 - c^2 = a^2$, da cui:

$$b^2 = a^2 + c^2 \rightarrow b^2 > a^2 \rightarrow \mathbf{b > a}.$$

Simmetrie

Video

Ellissografo
▶ Come tracciare un'ellisse su un foglio? Con l'aiuto di un ellissografo!

Nell'equazione dell'ellisse le variabili x e y compaiono solo elevate al quadrato. Se consideriamo un punto dell'ellisse $P_1(x_1; y_1)$, appartiene all'ellisse anche il punto $P_2(-x_1; y_1)$, che ha la stessa ordinata e l'ascissa opposta.
Per verificarlo, basta osservare che, poiché $x_1^2 = (-x_1)^2$, se

$$\frac{x_1^2}{a^2} + \frac{y_1^2}{b^2} = 1, \quad \text{anche} \quad \frac{(-x_1)^2}{a^2} + \frac{y_1^2}{b^2} = 1.$$

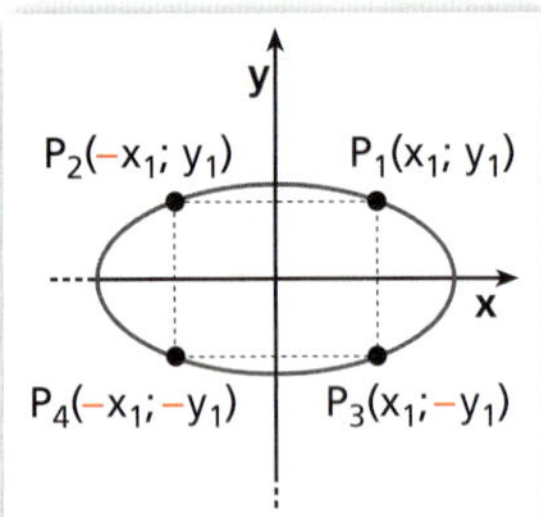

Dal punto di vista geometrico, ciò significa che *l'ellisse ha come asse di simmetria l'asse y.*

Analogamente, se $P_1(x_1; y_1)$ è un punto dell'ellisse, lo è anche il punto P_3 di coordinate $(x_1; -y_1)$, che ha la stessa ascissa e ordinata opposta. *L'ellisse ha come asse di simmetria anche l'asse x.*

Allo stesso modo, se $P_1(x_1; y_1)$ è un punto dell'ellisse, lo è anche il punto $P_4(-x_1; -y_1)$, che ha ascissa e ordinata opposte. Quindi, poiché P_1 e P_4 sono simmetrici rispetto all'origine, *l'ellisse ha come centro di simmetria l'origine degli assi.*

Considerate le simmetrie precedenti, si dice anche che l'equazione $\frac{x^2}{a^2} + \frac{y^2}{b^2} = 1$ *rappresenta un'ellisse riferita ai propri assi di simmetria.*

Vertici e assi

Se mettiamo a sistema l'equazione dell'ellisse con quella dell'asse x, cioè risolviamo il sistema

$$\begin{cases} \frac{x^2}{a^2} + \frac{y^2}{b^2} = 1 \\ y = 0 \end{cases} \rightarrow \begin{cases} \frac{x^2}{a^2} = 1 \\ y = 0 \end{cases} \rightarrow \begin{cases} x^2 = a^2 \\ y = 0 \end{cases} \rightarrow \begin{cases} x = \pm a \\ y = 0 \end{cases},$$

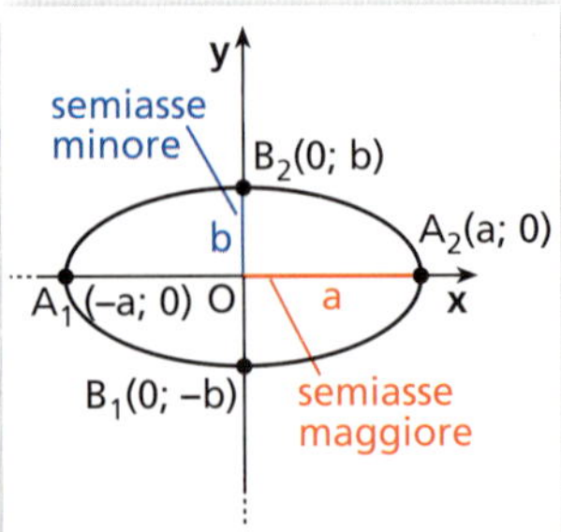

troviamo i punti di intersezione dell'ellisse con l'asse x, che sono

$$A_1(-a; 0) \quad \text{e} \quad A_2(a; 0).$$

Analogamente, se risolviamo il sistema

$$\begin{cases} \frac{x^2}{a^2} + \frac{y^2}{b^2} = 1 \\ x = 0 \end{cases} \rightarrow \begin{cases} y = \pm b \\ x = 0 \end{cases},$$

otteniamo i punti

$B_1(0; -b)$ e $B_2(0; b)$,

intersezioni dell'ellisse con l'asse y.

I punti A_1, A_2, B_1 e B_2 si chiamano **vertici** dell'ellisse.

I segmenti A_1A_2 e B_1B_2 sono detti **assi** dell'ellisse. La distanza $\overline{A_1A_2}$ vale $2a$, mentre $\overline{B_1B_2}$ vale $2b$, quindi a e b rappresentano le misure dei semiassi.

Se l'ellisse ha i fuochi sull'asse x, è $a > b$ e risulta anche $\overline{A_1A_2} > \overline{B_1B_2}$. Per questo, il segmento A_1A_2 è detto **asse maggiore** e B_1B_2 è detto **asse minore**.

Se l'ellisse ha i fuochi sull'asse y, è $b > a$ e risulta $\overline{B_1B_2} > \overline{A_1A_2}$, quindi B_1B_2 è l'**asse maggiore** e A_1A_2 è l'**asse minore**.

Listen to it

Every ellipse is symmetric with respect to its major axis, its minor axis, and with respect to their point of intersection.

Coordinate dei fuochi

Se l'ellisse ha i **fuochi sull'asse *x***, cerchiamo le coordinate dei fuochi $F_1(-c; 0)$ e $F_2(c; 0)$ in funzione di a e b. Partendo dall'uguaglianza $a^2 - c^2 = b^2$, otteniamo: $c^2 = a^2 - b^2$.

Poiché c è un numero positivo:

$$c = \sqrt{a^2 - b^2},$$

quindi:

$$F_1(-\sqrt{a^2 - b^2}; 0), \quad F_2(\sqrt{a^2 - b^2}; 0).$$

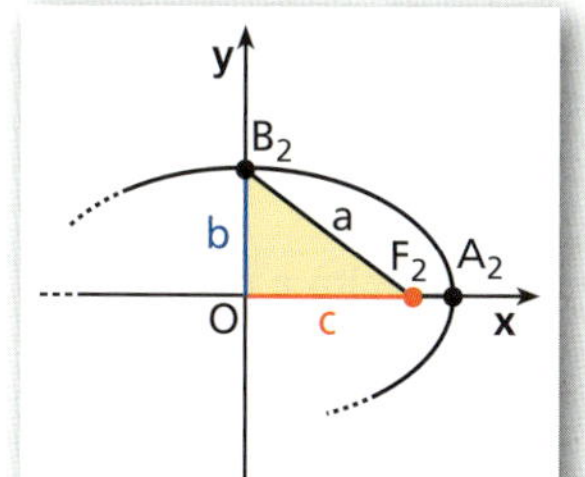

a

La relazione fra a, b e c è interpretabile geometricamente mediante il teorema di Pitagora (figura **a**).

Se l'ellisse ha i **fuochi sull'asse *y***, poiché $b^2 - c^2 = a^2$, ricaviamo $c^2 = b^2 - a^2$, da cui $c = \sqrt{b^2 - a^2}$; quindi le coordinate dei fuochi sono:

$$F_1(0; -\sqrt{b^2 - a^2}), \quad F_2(0; \sqrt{b^2 - a^2}).$$

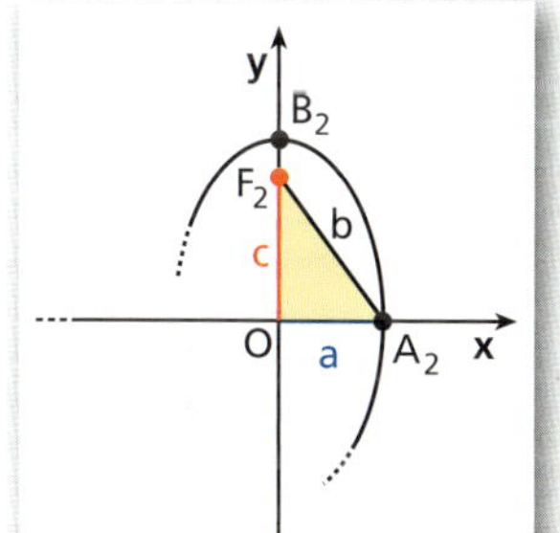

b

Anche in questo caso la relazione fra a, b e c è interpretabile con il teorema di Pitagora (figura **b**).

Rappresentazione di un'ellisse

Disegniamo il rettangolo con i lati paralleli agli assi cartesiani, ognuno passante per uno dei quattro vertici A_1, A_2, B_1 e B_2: tutti i punti dell'ellisse sono all'interno di questo rettangolo.
Per verificare questa affermazione, nell'equazione canonica isoliamo y^2:

$$\frac{x^2}{a^2} + \frac{y^2}{b^2} = 1 \rightarrow \frac{y^2}{b^2} = 1 - \frac{x^2}{a^2} \rightarrow y^2 = \frac{b^2}{a^2}(a^2 - x^2).$$

I membri dell'uguaglianza ottenuta devono essere entrambi positivi o nulli. In particolare, al secondo membro deve essere:

$$a^2 - x^2 \geq 0 \quad \rightarrow \quad x^2 - a^2 \leq 0 \quad \rightarrow \quad -a \leq x \leq a.$$

Con ragionamenti analoghi, isolando x^2, otteniamo $-b \leq y \leq b$.
L'ellisse è quindi inscritta nel rettangolo che ha i lati di equazioni

$$x = \pm a, \qquad y = \pm b.$$

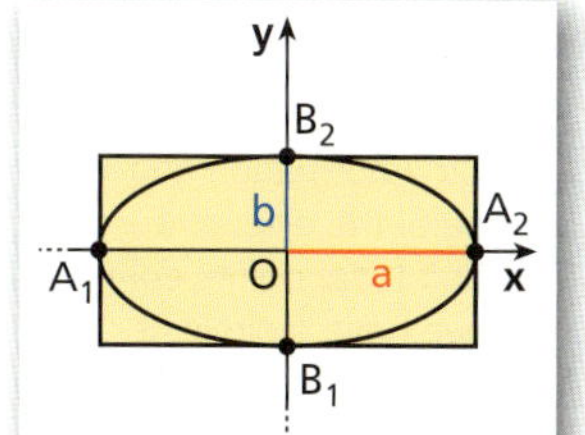

TEORIA

ESEMPIO Animazione

Nell'ellisse di equazione

$$\frac{x^2}{4} + y^2 = 1,$$

abbiamo $a = 2$ e $b = 1$.
$a > b$, quindi i fuochi sono sull'asse x.
I vertici sono

$A_1(-2; 0), A_2(2; 0), B_1(0; -1), B_2(0; 1)$.

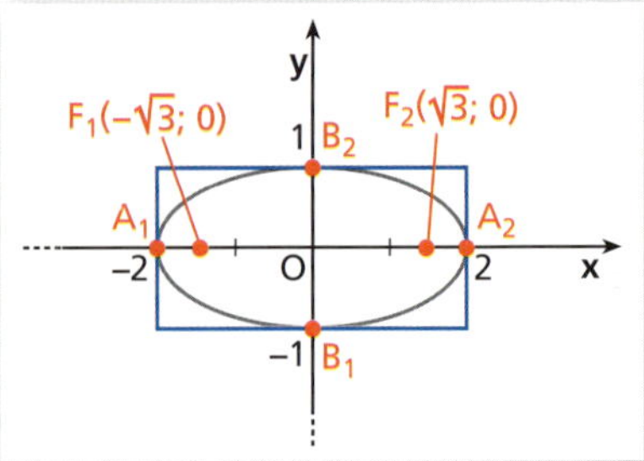

Tutti i punti dell'ellisse sono all'interno del rettangolo i cui lati passano per i vertici e misurano 4 e 2.
Essendo

$$c = \sqrt{4-1} = \sqrt{3},$$

i fuochi hanno coordinate:

$$F_1(-\sqrt{3}; 0), F_2(\sqrt{3}; 0).$$

▶ Determina vertici e fuochi dell'ellisse di equazione $\frac{x^2}{9} + \frac{y^2}{4} = 1$.

Video

Eccentricità e orbite Le orbite dei pianeti sono ellissi, con il Sole in uno dei fuochi. Uno dei parametri per descrivere l'orbita è l'eccentricità.

▶ Quanto vale l'eccentricità dell'orbita terrestre?

▶ Se un pianeta ha un'orbita più esterna rispetto a un altro, si trova sempre più lontano dal Sole?

Listen to it

The **eccentricity** e provides us with information about the shape of the ellipse: if $e = 0$, the two focal points coincide and we have a circle; if $0 < e < 1$, the ellipse will be more or less elongated.

Eccentricità

Il rapporto fra la distanza focale e la lunghezza dell'asse maggiore di un'ellisse è detto **eccentricità**. Lo indichiamo con la lettera e:

$$e = \frac{\textbf{distanza focale}}{\textbf{lunghezza dell'asse maggiore}}.$$

Se i fuochi sono sull'asse x:

$$e = \frac{2c}{2a} = \frac{c}{a} \quad \rightarrow \quad \boldsymbol{e = \frac{c}{a} = \frac{\sqrt{a^2 - b^2}}{a}}.$$

Se i fuochi sono sull'asse y:

$$e = \frac{2c}{2b} = \frac{c}{b} \quad \rightarrow \quad \boldsymbol{e = \frac{c}{b} = \frac{\sqrt{b^2 - a^2}}{b}}.$$

L'eccentricità e indica la forma più o meno schiacciata dell'ellisse: se l'eccentricità aumenta, l'ellisse risulta più schiacciata sull'asse maggiore (figure **a** e **b**).
Poiché la distanza focale è minore dell'asse maggiore:

$$\boldsymbol{0 \leq e < 1}.$$

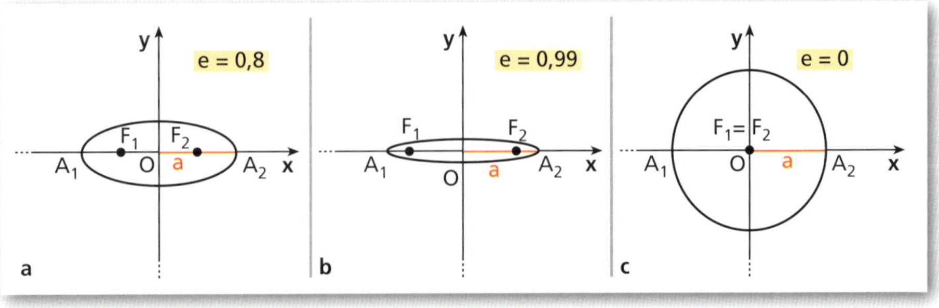

Esaminiamo anche il caso limite che abbiamo quando $e = 0$.

Se $e = 0$, la distanza focale c è 0, quindi i fuochi coincidono con il centro. Si ottiene allora una circonferenza con il centro nell'origine e raggio $a = b$ (figura **c**).

Ellisse e funzioni

L'equazione $\frac{x^2}{a^2}+\frac{y^2}{b^2}=1$ *non* rappresenta una funzione perché a ogni valore di x corrispondono due valori di y. Esplicitando y, otteniamo: $y=\pm\frac{b}{a}\sqrt{a^2-x^2}$.

Il grafico dell'ellisse può essere visto come unione di due semiellissi di equazioni $y=-\frac{b}{a}\sqrt{a^2-x^2}$ e $y=\frac{b}{a}\sqrt{a^2-x^2}$, che invece rappresentano funzioni.

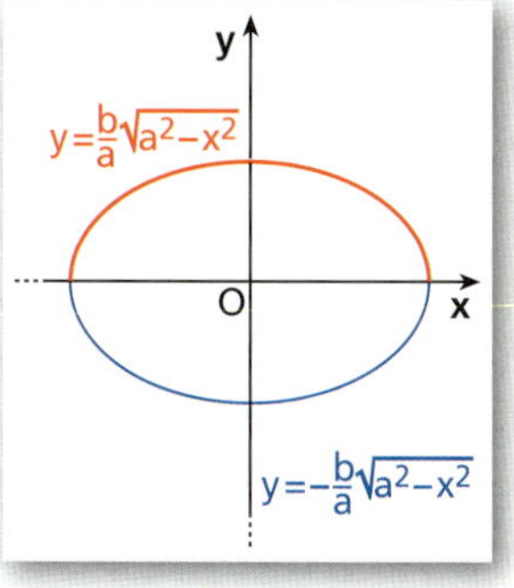

In sintesi

Ellisse

Ellisse con i fuochi sull'asse *x*	Ellisse con i fuochi sull'asse *y*
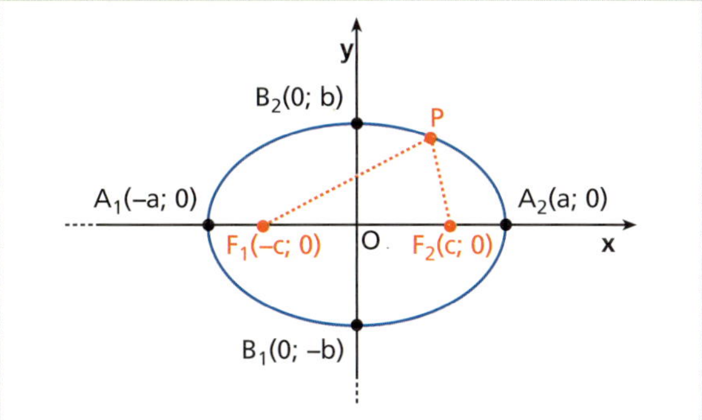	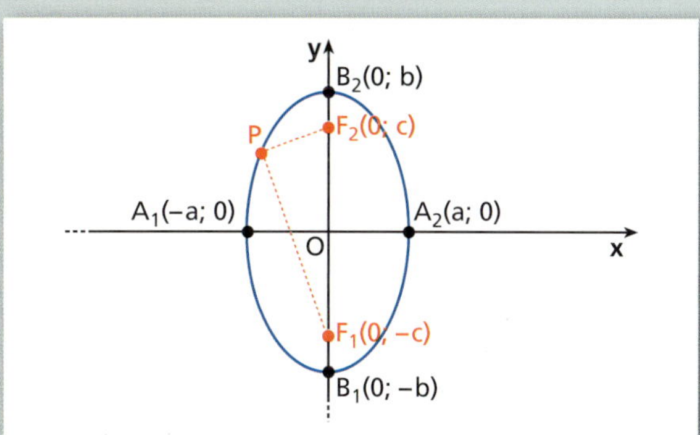
Equazione: $\frac{x^2}{a^2}+\frac{y^2}{b^2}=1$, con $a>b$.	**Equazione**: $\frac{x^2}{a^2}+\frac{y^2}{b^2}=1$, con $b>a$.
Fuochi: $F_1(-c;0)$, $F_2(c;0)$, con $a>c$ e $c=\sqrt{a^2-b^2}$.	**Fuochi**: $F_1(0;-c)$, $F_2(0;c)$, con $b>c$ e $c=\sqrt{b^2-a^2}$.
Eccentricità: $e=\frac{c}{a}=\frac{\sqrt{a^2-b^2}}{a}$.	**Eccentricità**: $e=\frac{c}{b}=\frac{\sqrt{b^2-a^2}}{b}$.

Animazione **Animazione**

Nelle animazioni studiamo le caratteristiche delle ellissi con i fuochi sull'asse *x* (prima animazione) o sull'asse *y* (seconda animazione), con figure dinamiche in cui variamo il semiasse minore e osserviamo la proprietà dell'ellisse come luogo geometrico.

2 Ellissi e rette

Posizione di una retta rispetto a un'ellisse

▶ Esercizi a p. 322

Se vogliamo studiare la posizione di una retta di equazione $a'x+b'y+c'=0$ rispetto a un'ellisse di equazione $\frac{x^2}{a^2}+\frac{y^2}{b^2}=1$, procediamo in maniera analoga a quanto fatto per la parabola e la circonferenza, determinando quante sono le soluzioni del sistema costituito dalle equazioni della retta e dell'ellisse.

Risolvendo il sistema, otteniamo un'equazione di secondo grado detta **equazione risolvente**.

Studiando il segno del discriminante Δ dell'equazione risolvente, otteniamo i seguenti casi.

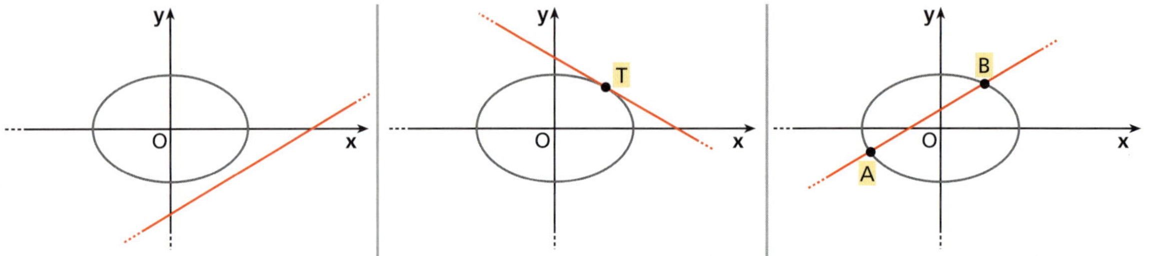

a. $\Delta < 0$ La retta è **esterna** all'ellisse. Non ci sono punti di intersezione.

b. $\Delta = 0$ La retta è **tangente** all'ellisse. L'unico punto di intersezione è il punto di tangenza.

c. $\Delta > 0$ La retta è **secante** l'ellisse. I punti di intersezione sono due.

Animazione

Nell'animazione trovi l'esempio svolto con tutti i calcoli.

ESEMPIO

Studiamo la posizione della retta di equazione $x + 2y - 6 = 0$ rispetto all'ellisse di equazione $\frac{x^2}{18} + \frac{y^2}{9} = 1$.

Risolviamo il sistema: $\begin{cases} \frac{x^2}{18} + \frac{y^2}{9} = 1 \\ x + 2y - 6 = 0 \end{cases}$

Ricaviamo x dalla seconda equazione, sostituiamo in quella di secondo grado e svolgiamo i calcoli. Otteniamo l'equazione risolvente:

$6y^2 - 24y + 18 = 0 \quad \rightarrow \quad y^2 - 4y + 3 = 0.$

$\Delta = 4 > 0 \quad \rightarrow \quad y_1 = 1$ e $y_2 = 3.$

La retta interseca l'ellisse nei punti

$A(4; 1)$ e $B(0; 3)$.

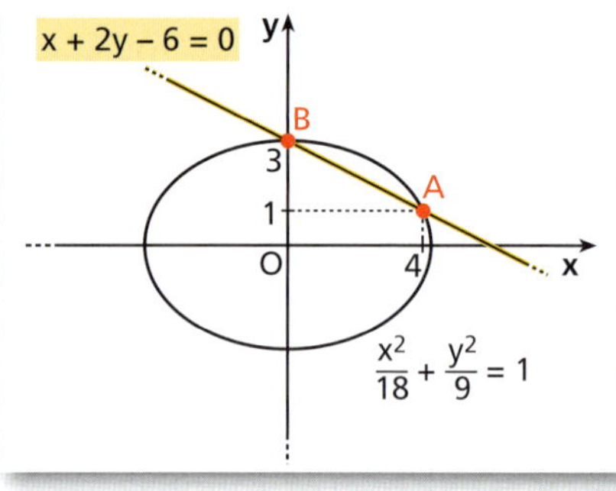

▶ Studia la posizione della retta $x = 1$ rispetto all'ellisse di equazione $x^2 + \frac{y^2}{4} = 1$.

Tangenti a un'ellisse

▶ Esercizi a p. 323

Le rette per un punto P e tangenti a un'ellisse possono essere due, una o nessuna, a seconda della posizione di P rispetto all'ellisse.

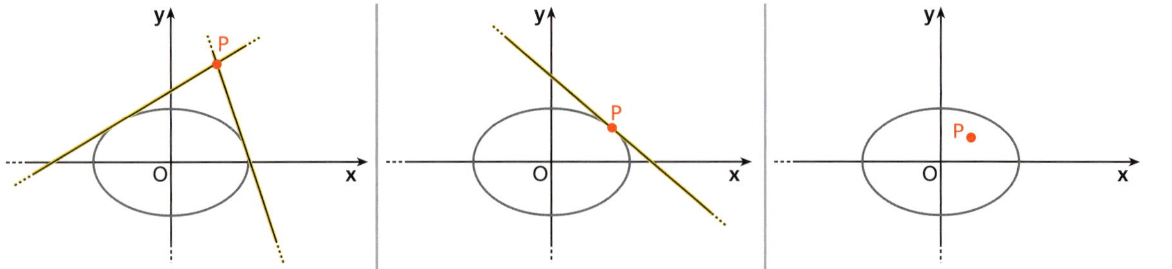

a. P è esterno all'ellisse: esistono due rette tangenti per P.

b. P appartiene all'ellisse: esiste una sola retta tangente per P.

c. P è interno all'ellisse: non esistono rette tangenti per P.

Per determinare le equazioni delle eventuali rette tangenti condotte da un punto $P(x_0; y_0)$ alla generica ellisse di equazione $\frac{x^2}{a^2} + \frac{y^2}{b^2} = 1$, dobbiamo porre:

$$\boldsymbol{\Delta = 0},$$

dove Δ è il discriminante dell'equazione risolvente il sistema tra l'equazione della retta generica passante per P e l'equazione dell'ellisse.

ESEMPIO

Determiniamo le equazioni delle rette tangenti condotte dal punto $P(6; -2)$ all'ellisse di equazione $\frac{x^2}{12} + \frac{y^2}{4} = 1$.

L'equazione del fascio di rette di centro P è:

$$y + 2 = m(x - 6) \to y = mx - 6m - 2.$$

Scriviamo il sistema formato dalle equazioni del fascio e dell'ellisse.

$$\begin{cases} y = mx - 6m - 2 \\ \frac{x^2}{12} + \frac{y^2}{4} = 1 \end{cases}$$

Sostituiamo l'espressione di y dell'equazione della retta in quella dell'ellisse e otteniamo l'equazione risolvente:

$$(1 + 3m^2)x^2 - 12(3m^2 + m)x + 108m^2 + 72m = 0.$$

Imponiamo la condizione di tangenza $\frac{\Delta}{4} = 0$ e otteniamo l'equazione in m:

$$36(3m^2 + m)^2 - (1 + 3m^2)(108m^2 + 72m) = 0.$$

Risolvendola troviamo: $m_1 = 0$, $m_2 = -1$.

Sostituiamo i valori di m nell'equazione del fascio di rette:

$$y = -2, \; y = -x + 4, \quad \text{equazioni delle due tangenti.}$$

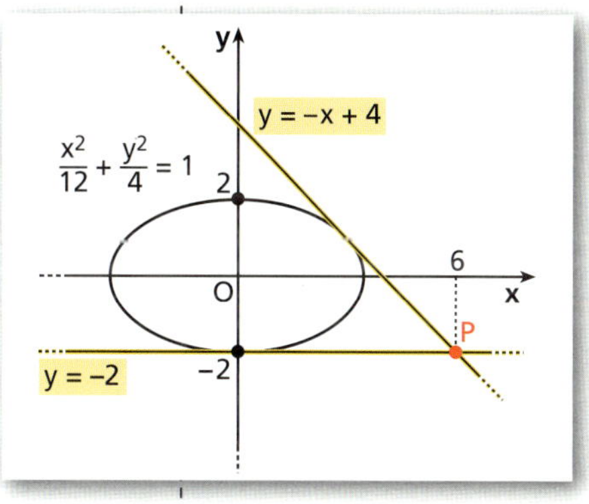

Animazione

Nell'animazione, oltre a tutti i calcoli relativi all'esempio, trovi la figura dinamica al variare di m.

► Calcola le equazioni delle rette tangenti all'ellisse di equazione $\frac{x^2}{4} + \frac{y^2}{9} = 1$ e passanti per il punto $P(3; 0)$.

Formula di sdoppiamento

► Esercizi a p. 325

Se si deve determinare l'equazione della retta *tangente a un'ellisse in un suo punto* $P(x_0; y_0)$, si può utilizzare:

$$\boldsymbol{\frac{xx_0}{a^2} + \frac{yy_0}{b^2} = 1},$$ — formula di sdoppiamento

che si ottiene dall'equazione canonica dell'ellisse sostituendo il termine x^2 con xx_0 e il termine y^2 con yy_0.

La formula si può applicare *solo se il punto P appartiene all'ellisse.*

ESEMPIO

Troviamo la retta tangente all'ellisse di equazione $\frac{x^2}{9} + \frac{y^2}{6} = 1$ nel suo punto di coordinate $(\sqrt{3}; 2)$, applicando la formula di sdoppiamento:

$$\frac{\sqrt{3}\,x}{9} + \frac{2y}{6} = 1 \to y = -\frac{\sqrt{3}}{3}x + 3.$$

► Determina l'equazione della retta tangente all'ellisse di equazione $\frac{x^2}{9} + \frac{5}{81}y^2 = 1$ nel punto $P(-2; 3)$.

3 Determinare l'equazione di un'ellisse

▶ Esercizi a p. 325

Abbiamo visto che l'equazione di un'ellisse con centro di simmetria nell'origine e fuochi su uno degli assi cartesiani è:

$$\frac{x^2}{a^2}+\frac{y^2}{b^2}=1, \qquad \text{con } a, b \in \mathbb{R}-\{0\}.$$

Per determinarla basta conoscere i valori di a e b. Quindi occorrono due informazioni (condizioni) sull'ellisse che permettano di impostare un sistema di due equazioni nelle incognite a e b.

ESEMPIO ☐ **Animazione**

Determiniamo l'equazione dell'ellisse con i fuochi sull'asse y che passa per il punto $P\left(2; \frac{5}{3}\sqrt{5}\right)$ e ha eccentricità $\frac{4}{5}$.

Sostituiamo le coordinate di P nell'equazione canonica dell'ellisse:

$$\frac{4}{a^2}+\frac{125}{9b^2}=1.$$

Poiché i fuochi appartengono all'asse y, l'eccentricità è:

$$e=\frac{\sqrt{b^2-a^2}}{b}.$$

Scriviamo il sistema

$$\begin{cases} \dfrac{4}{a^2}+\dfrac{125}{9b^2}=1 & \text{—— } P \text{ è un punto dell'ellisse} \\ \dfrac{\sqrt{b^2-a^2}}{b}=\dfrac{4}{5} & \text{—— l'eccentricità è } \dfrac{4}{5} \end{cases}$$

dal quale si ricava:

$$\begin{cases} a^2=9 \\ b^2=25 \end{cases} \to \text{ l'equazione dell'ellisse è: } \frac{x^2}{9}+\frac{y^2}{25}=1.$$

▶ Trova l'equazione dell'ellisse con i fuochi sull'asse x, che passa per $P(2; 1)$ e ha semiasse maggiore lungo 4.

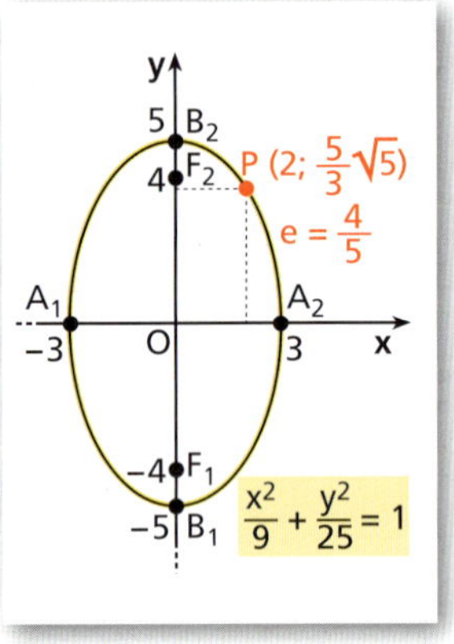

4 Ellisse traslata

▶ Esercizi a p. 330

Se trasliamo un'ellisse di equazione $\frac{x^2}{a^2}+\frac{y^2}{b^2}=1$, mediante un **vettore** $\vec{v}(p; q)$, otteniamo un'ellisse di **equazione**:

$$\frac{(x-p)^2}{a^2}+\frac{(y-q)^2}{b^2}=1, \text{ con } \textbf{centro } O'(p; q).$$

Svolgendo i calcoli e con opportune sostituzioni, l'equazione può essere scritta nella forma: $a'x^2+b'y^2+c'x+d'y+e'=0$, con a' e b' concordi.

Non sempre un'equazione di questo tipo rappresenta un'ellisse traslata.

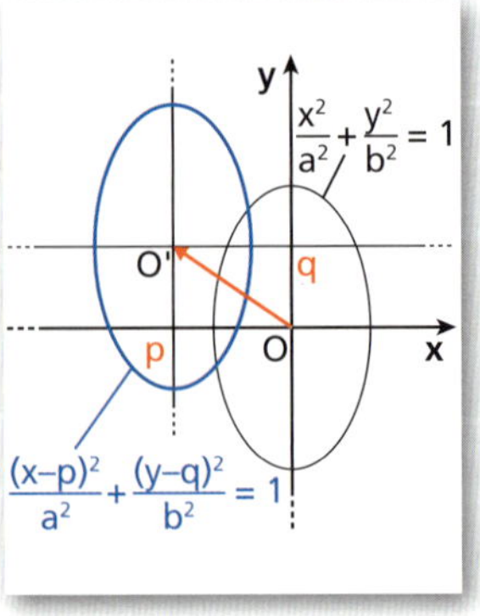

☐ **Animazione** | Per stabilirlo, è utile il **metodo del completamento del quadrato**, che esaminiamo nell'animazione e nell'esercizio guida 199 a pagina 29.

IN SINTESI
Ellisse

Equazione dell'ellisse

Fuochi sull'asse x

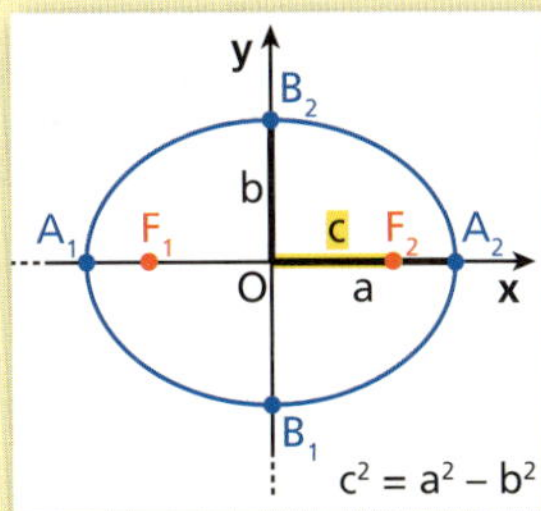

Equazione

$a > b$ $\qquad \dfrac{x^2}{a^2} + \dfrac{y^2}{b^2} = 1 \qquad$ $b > a$

Vertici

$A_1(-a; 0), A_2(a; 0), B_1(0; -b), B_2(0; b)$

$F_1(-c; 0), F_2(c; 0)$ **Fuochi** $F_1(0; -c), F_2(0; c)$

Eccentricità

$e = \dfrac{c}{a} = \dfrac{\sqrt{a^2 - b^2}}{a} \qquad 0 \leq e < 1 \qquad e = \dfrac{c}{b} = \dfrac{\sqrt{b^2 - a^2}}{b}$

Fuochi sull'asse y

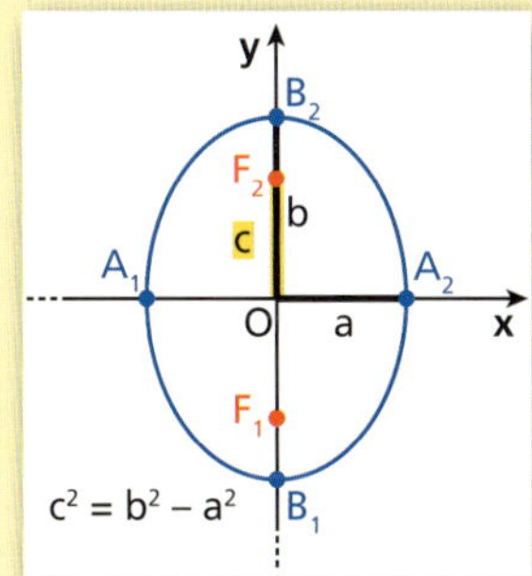

Ellissi e rette

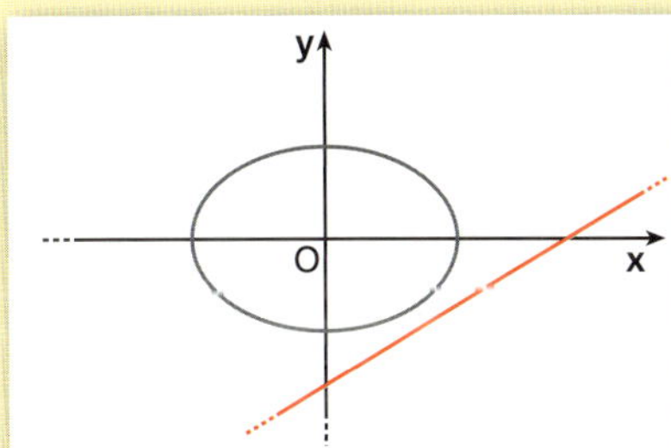

La retta è **esterna** all'ellisse.
Nell'equazione risolvente: $\Delta < 0$.

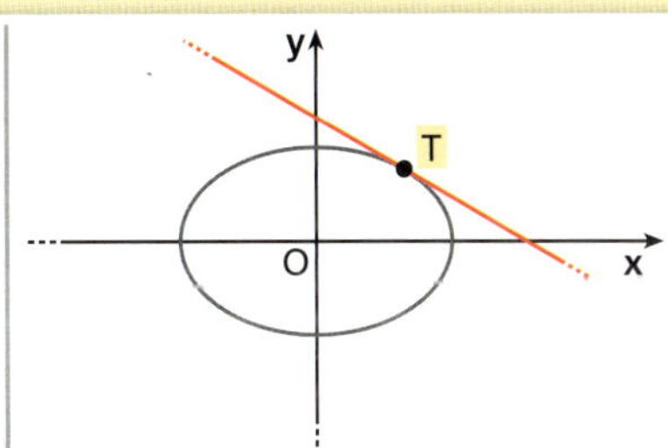

La retta è **tangente** all'ellisse.
Nell'equazione risolvente: $\Delta = 0$.

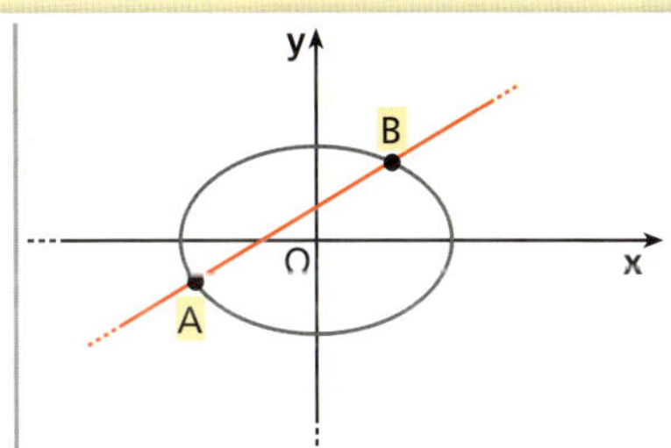

La retta è **secante** l'ellisse.
Nell'equazione risolvente: $\Delta > 0$.

Rette tangenti a un'ellisse

- Per determinare le **equazioni delle tangenti** condotte da $P(x_0; y_0)$ all'ellisse di equazione $\dfrac{x^2}{a^2} + \dfrac{y^2}{b^2} = 1$:
  - scriviamo l'equazione del fascio di rette passanti per P, $y - y_0 = m(x - x_0)$;
  - mettiamo a sistema le equazioni del fascio e dell'ellisse;
  - otteniamo l'equazione risolvente di secondo grado nella variabile x oppure nella variabile y;
  - poniamo la condizione di tangenza, $\boldsymbol{\Delta = 0}$;
  - risolviamo l'equazione di secondo grado rispetto a m:
    - se $m_1 \neq m_2$, le rette tangenti sono due (il punto è esterno all'ellisse);
    - se $m_1 = m_2$, la retta tangente è una sola (il punto appartiene all'ellisse).
- **Formula di sdoppiamento**: $\dfrac{xx_0}{a^2} + \dfrac{yy_0}{b^2} = 1$.

  Fornisce l'equazione della tangente a un'ellisse **in un suo punto $(x_0; y_0)$**.

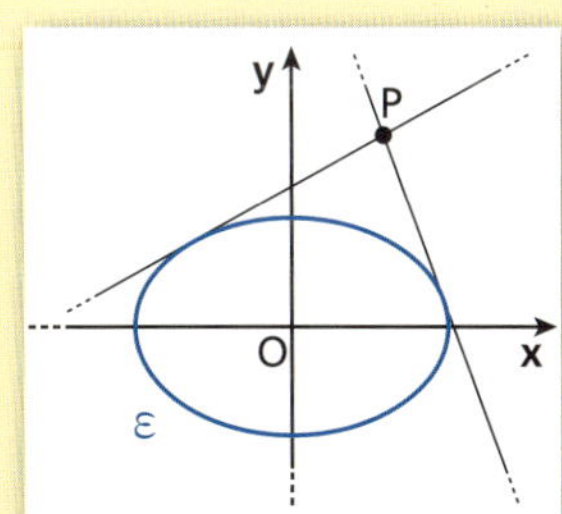

P esterno a ε

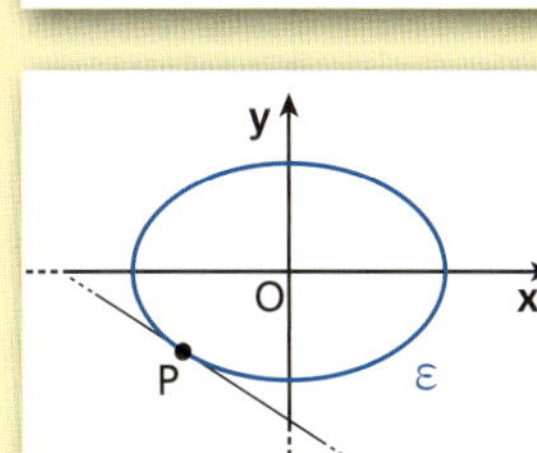

P ∈ ε

CAPITOLO 6
ESERCIZI

1 Ellisse e sua equazione

▶ Teoria a p. 304

Determina l'equazione dell'ellisse come luogo geometrico dei punti del piano di cui è data la somma delle distanze dai punti *A* e *B*.

1 $A(3;0)$, $B(-3;0)$; 10. $\left[\frac{x^2}{25}+\frac{y^2}{16}=1\right]$

2 $A(0;1)$, $B(0;-1)$; 12. $\left[\frac{x^2}{35}+\frac{y^2}{36}=1\right]$

Riconosci quali delle seguenti equazioni rappresentano ellissi, scrivile nella forma canonica e stabilisci se i fuochi appartengono all'asse *x* o all'asse *y*.

3 a. $x^2+\frac{y^2}{2}-1=0$; b. $x^2=9y^2+1$; c. $x^2+25y^2-100=0$.

4 a. $y^2+4x^2=16$; b. $1-x^2+25y^2=0$; c. $\frac{x^2}{4}+\frac{4}{9}y^2=1$.

5 a. $x^2+3y^2=6$; b. $4x^2+2y^2=8$; c. $y^2=2x^2+8$.

6 a. $2x^2-5y^2=10$; b. $x+4y^2=12$; c. $4x^2+y^2-12=0$.

7 CACCIA ALL'ERRORE Trova l'errore nel trasformare le seguenti equazioni in forma canonica.

a. $25x^2+y^2=1 \rightarrow \frac{x^2}{25}+y^2=1$.

b. $9x^2+\frac{9}{16}y^2=1 \rightarrow \frac{x^2}{\frac{1}{9}}+\frac{y^2}{\frac{9}{16}}=1$.

c. $x^2+4y^2=25 \rightarrow \frac{x^2}{\frac{1}{25}}+\frac{y^2}{\frac{25}{4}}=1$.

d. $4x^2+\frac{4}{9}y^2=\frac{4}{9} \rightarrow \frac{x^2}{9}+y^2=1$

Trova per quali valori di *k* le seguenti equazioni rappresentano un'ellisse.

8 $\frac{x^2}{9k}+\frac{y^2}{k-2}=1$ $[k>2]$

9 $x^2+(4-k)y^2=k$ $[0<k<4]$

10 ESERCIZIO GUIDA Data l'ellisse di equazione $4x^2+25y^2=100$, determiniamo la misura dei semiassi, le coordinate dei vertici, quelle dei fuochi e l'eccentricità, e rappresentiamo il suo grafico.

- Dividiamo entrambi i membri dell'equazione data per 100, per ridurla nella forma canonica:

$$\frac{x^2}{25}+\frac{y^2}{4}=1 \rightarrow a^2=25,\quad b^2=4 \rightarrow a=5,\quad b=2.$$

$\frac{x^2}{a^2}+\frac{y^2}{b^2}=1$

$a>b \rightarrow$ i fuochi sono sull'asse x.

- Le coordinate dei vertici sono:

$A_1(-5;0)$, $A_2(5;0)$, $B_1(0;-2)$, $B_2(0;2)$.

- Per trovare i fuochi usiamo la relazione:

$c^2=a^2-b^2=25-4=21 \rightarrow c=\sqrt{21} \rightarrow$

$F_1(-\sqrt{21};0)$ e $F_2(\sqrt{21};0)$.

- L'eccentricità è $e=\frac{c}{a}=\frac{\sqrt{21}}{5}$.

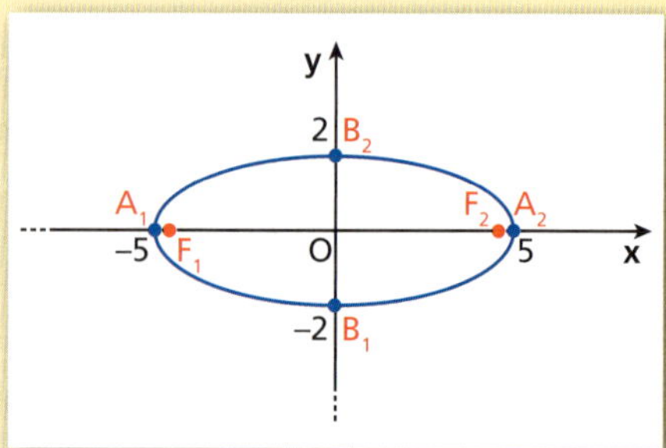

Data l'equazione dell'ellisse, in ciascuno dei seguenti casi, determina la misura dei semiassi, le coordinate dei vertici, quelle dei fuochi e l'eccentricità, e rappresenta la curva graficamente.

11 $\frac{x^2}{25}+\frac{y^2}{9}=1$

12 $\frac{x^2}{16}+y^2=1$

13 $\frac{x^2}{9}+\frac{y^2}{16}=1$

14 $\frac{x^2}{16}+\frac{y^2}{4}=1$

15 $\frac{4}{25}x^2+\frac{4}{9}y^2=1$

16 $\frac{4x^2}{9}+\frac{y^2}{16}=1$

17 $9x^2+4y^2=36$

18 $25x^2+y^2=25$

19 $5x^2+16y^2=20$

20 $4x^2+y^2=16$

21 $16x^2+y^2=4$

22 $4x^2+3y^2=12$

LEGGI IL GRAFICO **Trova le equazioni delle ellissi rappresentate nei seguenti grafici, utilizzando i dati delle figure, e determina le coordinate dei vertici, quelle dei fuochi e l'eccentricità.**

23

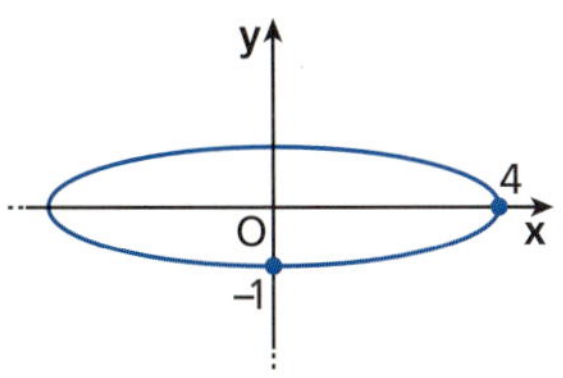

24

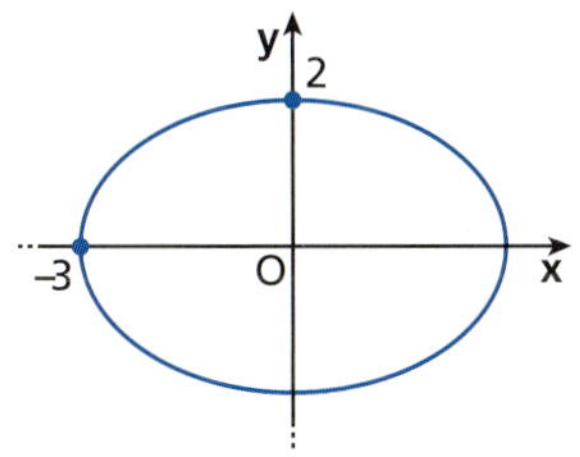

25

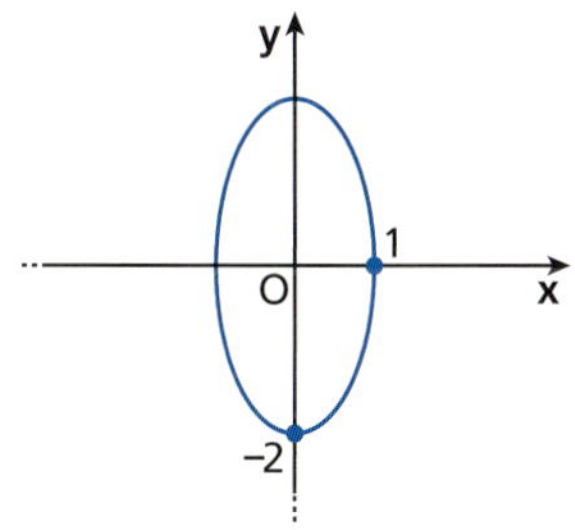

TEST

26 Per l'ellisse di equazione

$$\frac{x^2}{9}+\frac{y^2}{25}=1,$$

possiamo dire che:

- **A** la distanza focale è 6.
- **B** i punti $(-4; 0)$ e $(4; 0)$ sono i fuochi.
- **C** l'asse maggiore misura 10.
- **D** il semiasse minore misura 6.
- **E** un vertice ha coordinate $(5; 0)$.

27 Quale delle ellissi con le seguenti equazioni ha eccentricità uguale a $\frac{1}{4}$?

- **A** $\frac{3}{16}x^2+\frac{y^2}{15}=1$
- **B** $\frac{x^2}{16}+\frac{y^2}{12}=1$
- **C** $16x^2+15y^2=240$
- **D** $4x^2+3y^2=12$
- **E** $x^2+4y^2=1$

28 **FAI UN ESEMPIO** Scrivi l'equazione di un'ellisse con i fuochi sull'asse y e con un asse doppio dell'altro.

Scrivi l'equazione dell'ellisse con i fuochi sull'asse *x* e con le seguenti caratteristiche (ricorda che *a*, *b*, *c* ed *e* sono, rispettivamente, le misure dei semiassi, la semidistanza focale e l'eccentricità).

29 **a.** $a=4$, $b=1$. $[x^2+16y^2=16]$

b. $a=2$, $c=1$. $[3x^2+4y^2=12]$

30 **a.** $a=3$, $e=\frac{2}{3}$. $\left[\frac{x^2}{9}+\frac{y^2}{5}=1\right]$

b. $b=2$, $e=\frac{\sqrt{3}}{2}$. $[x^2+4y^2=16]$

Scrivi l'equazione dell'ellisse con i fuochi sull'asse *y* e con le seguenti caratteristiche (ricorda che *a*, *b*, *c* ed *e* sono, rispettivamente, le misure dei semiassi, la semidistanza focale e l'eccentricità).

31 **a.** $b=3$, $a=2$. $\left[\frac{x^2}{4}+\frac{y^2}{9}=1\right]$

b. $b=2$, $c=1$. $\left[\frac{x^2}{3}+\frac{y^2}{4}=1\right]$

32 **a.** $a=2$, $e=\frac{\sqrt{3}}{2}$. $\left[\frac{x^2}{4}+\frac{y^2}{16}=1\right]$

b. $b=10$, $e=\frac{3}{5}$. $\left[\frac{x^2}{64}+\frac{y^2}{100}=1\right]$

33 ●○ YOU & MATHS Determine the equation of the ellipse having vertices $(\pm 10, 0)$ and foci $(\pm 6, 0)$.

A $\frac{x^2}{100}+\frac{y^2}{36}=1$

B $\frac{x^2}{100}-\frac{y^2}{36}=1$

C $100x^2+36y^2=1$

D $\frac{x^2}{100}+\frac{y^2}{64}=1$

E $\frac{x^2}{36}+\frac{y^2}{64}=1$

(USA *Indiana State Mathematics Contest*, 2004)

34 ●○ TEST L'equazione dell'ellisse in figura è:

A $9x^2+4y^2=36$.

B $2x^2+3y^2=6$.

C $\frac{x^2}{4}-\frac{y^2}{9}=1$.

D $4x^2+9y^2=36$.

E $\frac{x^2}{2}+\frac{y^2}{3}=1$.

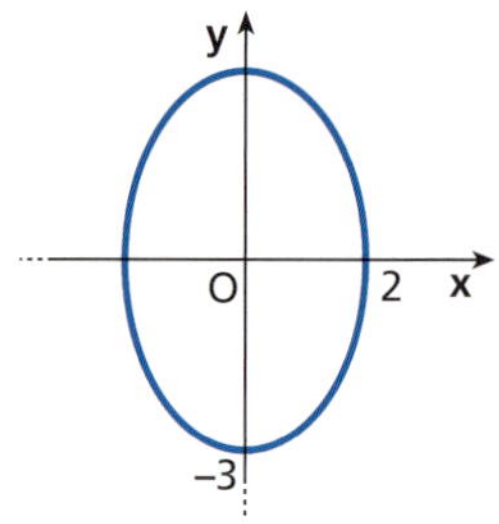

35 ●○ Scrivi l'equazione dell'ellisse con i fuochi sull'asse y che ha gli assi che misurano 8 e 2. $\left[x^2+\frac{y^2}{16}=1\right]$

36 ●○ Scrivi l'equazione di un'ellisse con i fuochi sull'asse y, asse minore di misura 4 e distanza focale uguale a 2. $\left[\frac{x^2}{4}+\frac{y^2}{5}=1\right]$

37 ●○ Determina l'equazione di un'ellisse che ha i fuochi sull'asse x, semiasse maggiore che misura 6 e distanza focale uguale a 4. $\left[\frac{x^2}{36}+\frac{y^2}{32}=1\right]$

38 ●○ Determina l'equazione dell'ellisse che ha i fuochi sull'asse x, eccentricità $\frac{1}{2}$ e asse minore di misura 4. $\left[\frac{3x^2}{16}+\frac{y^2}{4}=1\right]$

REALTÀ E MODELLI

39 ●● **Fenomeni acustici** Una camera a volta *ellissoidale* come quella in figura ha la proprietà acustica che, se due persone si posizionano nei fuochi dell'ellisse e parlano a bassa voce, anche rivolte verso il muro, si sentono molto bene, come fossero una accanto all'altra. Questo è dovuto alla riflessione delle onde acustiche sulle pareti dell'ellissoide.

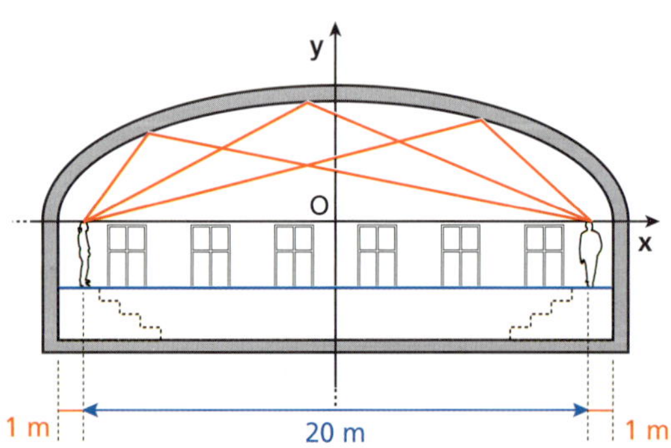

Nella figura qui sopra due persone sono con la testa nei fuochi dell'ellisse. Trova l'equazione e l'eccentricità dell'ellisse.

$\left[\frac{x^2}{121}+\frac{y^2}{21}=1; 0,91\right]$

40 ●● **Il Colosseo** In questa foto aerea del Colosseo si vede l'impianto di forma ellittica, così come la struttura a ellissi concentriche dei vari ordini di gradinate. La massima lunghezza (asse maggiore) dell'anfiteatro è di circa 188 m, mentre la sua massima larghezza (asse minore) è di circa 156 m.

a. Ricava l'equazione dell'ellisse che rappresenta il contorno esterno dell'edificio, scelto un riferimento cartesiano Oxy, con O nel centro dell'ellisse e asse x contenente il semiasse maggiore.

b. A quale distanza dai vertici dell'asse maggiore si trovano i fuochi di tale ellisse?

$\left[\text{a) } \frac{x^2}{8836}+\frac{y^2}{6084}=1; \text{ b) } 41,54 \text{ m}\right]$

VERO O FALSO?

41 Nell'ellisse di equazione $9x^2 + y^2 = 36$:

a. un fuoco ha coordinate $(4\sqrt{2}; 0)$. V F

b. l'eccentricità è $2\sqrt{2}$. V F

c. gli assi misurano 4 e 12. V F

d. due vertici hanno coordinate (2; 0) e (0; 6). V F

e. i fuochi sono sull'asse y. V F

42 Indica se ciascuna affermazione è vera o falsa.

a. L'ellisse di equazione $x^2 + 8y^2 = 32$ ha i fuochi sull'asse x. V F

b. Se i due semiassi di un'ellisse sono uguali, l'eccentricità è 1. V F

c. L'ellisse di equazione $9x^2 + 4y^2 = 1$ ha un vertice nel punto $\left(0; \frac{1}{3}\right)$. V F

d. L'ellisse di eccentricità $\frac{1}{10}$ è più schiacciata rispetto a quella di eccentricità $\frac{1}{2}$. V F

REALTÀ E MODELLI

43 **In uno dei fuochi** La Terra si muove su un'orbita ellittica intorno al Sole, che occupa uno dei due fuochi dell'ellisse. Sapendo che la massima distanza tra la Terra e il Sole è di 152 milioni di kilometri e la minima è di 147 milioni di kilometri, calcola:

a. la lunghezza del semiasse maggiore dell'orbita;

b. la distanza del Sole dal centro dell'orbita;

c. l'eccentricità dell'orbita terrestre.

[a) $149,5 \cdot 10^6$ km; b) $2,5 \cdot 10^6$ km; c) 0,0167]

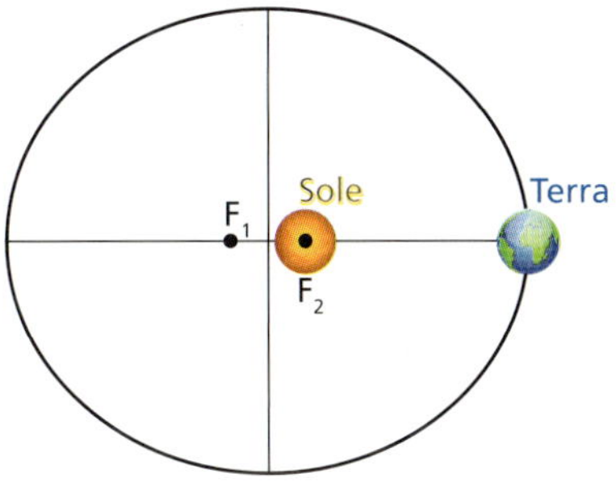

44 **Tanti fiori** Per realizzare un'aiuola di forma ellittica un giardiniere usa una corda lunga 10 m, due picchetti per fissare le estremità della corda e un punteruolo per tracciare nel terreno il solco. Il giardiniere pianta i picchetti a 8 m di distanza l'uno dall'altro; calcola la misura dei semiassi e l'eccentricità dell'ellisse che delimita l'aiuola. [5 m; 3 m; 0,8]

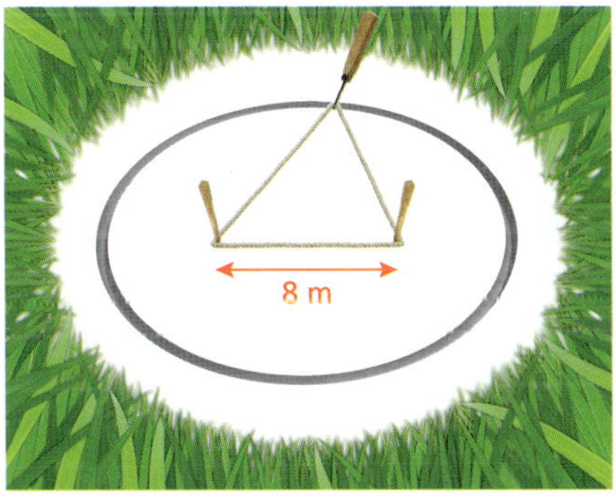

COMPLETA tenendo conto che F_1 e F_2 sono i fuochi dell'ellisse, a, b e c sono le misure dei semiassi e la semidistanza focale ed e è l'eccentricità.

45 $\frac{x^2}{4} + y^2 = 1 \rightarrow F_1(\square; \square), F_2(\square; \square); \; e = \square, b = \square.$

46 $\frac{x^2}{\square} + \frac{y^2}{\square} = 1 \rightarrow F_1(0; 8), F_2(0; -8); \; e = \frac{4}{5}, c = \square.$

47 $\frac{x^2}{36} + \frac{y^2}{\square} = 1 \rightarrow F(\square; 0), F_2(\square; 0); \; e = \frac{\sqrt{5}}{3}, a = \square.$

48 $\frac{x^2}{9} + \frac{y^2}{\square} = 1 \rightarrow F_1(0; -4), F_2(0; 4); \; e = \square, c = \square.$

ESERCIZI

49 ASSOCIA a ciascuna equazione di ellisse la caratteristica che la riguarda.

a. $\frac{x^2}{3}+\frac{y^2}{2}=1$. b. $\frac{x^2}{3}+\frac{y^2}{4}=1$. c. $5x^2+4y^2=20$. d. $x^2+4y^2=16$.

1. Eccentricità $\frac{1}{2}$. 2. Fuochi $(\pm1; 0)$. 3. Vertici $(\pm2; 0)$. 4. Vertici $(0; \pm2)$.

50 VERO O FALSO? L'ellisse di equazione $9x^2+y^2=9$ ha:

a. i fuochi sull'asse x. V F

b. eccentricità $\frac{2}{3}\sqrt{2}$. V F

c. un vertice in $(-1; 0)$. V F

d. un fuoco di coordinate $(0; 3)$. V F

51 RIFLETTI SULLA TEORIA Data l'ellisse di equazione $\frac{x^2}{4}+\frac{y^2}{25}=1$, esistono altre ellissi con la stessa eccentricità? In caso affermativo scrivine l'equazione.

52 Data l'ellisse di equazione $\frac{x^2}{9}+\frac{y^2}{6}=1$, verifica se passa per i punti $A(3; 0)$ e $B(2; -1)$. [sì; no]

Ellisse e parametri

AL VOLO

53 Trova per quali valori di k il punto $P(0; k)$ appartiene all'ellisse di equazione $x^2+\frac{y^2}{4}=1$.

54 Trova per quali valori di k il punto $P(k; 0)$ appartiene all'ellisse di equazione $\frac{x^2}{25}+\frac{y^2}{4}=1$.

55 Calcola i valori di k affinché il punto $P(k; 3k-1)$ appartenga all'ellisse di equazione $3x^2+y^2=1$. $\left[0; \frac{1}{2}\right]$

56 Determina il valore di k affinché l'ellisse di equazione $\frac{x^2}{2}+y^2=k$ passi per il punto $P\left(\frac{1}{2}; \frac{1}{4}\right)$. $\left[\frac{3}{16}\right]$

57 VERO O FALSO? L'equazione $\frac{x^2}{2-k}+y^2=1$:

a. se $k<1$, rappresenta un'ellisse con i fuochi sull'asse x. V F

b. se $k=-2$, rappresenta un'ellisse con un vertice in $(-2; 0)$. V F

c. se $k>2$, non rappresenta un'ellisse. V F

d. se $k=-8$, rappresenta un'ellisse con un fuoco in $(3; 0)$. V F

58 Per quali valori di k l'espressione $\frac{k-2}{3}$ può rappresentare l'eccentricità di un'ellisse? $[2\leq k<5]$

59 Trova per quali valori di a un'ellisse può avere eccentricità data dall'espressione $\frac{a-3}{4a}$. $[a<-1 \vee a\geq 3]$

60 ESERCIZIO GUIDA Troviamo per quali valori di k l'equazione $\frac{x^2}{k-2}+\frac{y^2}{2k}=1$ rappresenta:

a. un'ellisse; b. un'ellisse con i fuochi sull'asse x; c. un'ellisse con un vertice in $(-2; 0)$.

a. Affinché l'equazione data sia l'equazione canonica di un'ellisse e cioè $\frac{x^2}{a^2}+\frac{y^2}{b^2}=1$, deve essere:

$$\begin{cases} k-2>0 \\ 2k>0 \end{cases} \rightarrow \begin{cases} k>2 \\ k>0 \end{cases} \rightarrow k>2.$$

b. L'equazione rappresenta un'ellisse con i fuochi sull'asse x se $a^2>b^2$:

$$\begin{cases} k>2 \\ k-2>2k \end{cases} \rightarrow \begin{cases} k>2 \\ k<-2 \end{cases} \rightarrow \text{impossibile.}$$

Per ogni valore di $k>2$ l'equazione rappresenta sempre un'ellisse con i fuochi sull'asse y.

c. Deve essere $a=2$, quindi $a^2=4$:

$$a^2=4 \rightarrow k-2=4 \rightarrow k=6.$$

61 Data l'equazione $\frac{x^2}{k+2}+\frac{y^2}{3-k}=1$, determina i valori da attribuire al parametro k affinché rappresenti un'ellisse. $[-2<k<3]$

---

62 Data l'equazione

$$\frac{x^2}{1-2k}+\frac{y^2}{k+4}=1,$$

determina i valori da attribuire al parametro k affinché rappresenti un'ellisse con i fuochi sull'asse x. $[-4<k<-1]$

63 È data l'equazione:

$$\frac{x^2}{k+5}+\frac{y^2}{3k-1}=1.$$

Stabilisci per quali valori del parametro k essa rappresenta un'ellisse con i fuochi sull'asse y. $[k>3]$

64 Considera l'equazione $\frac{x^2}{k-1}+\frac{y^2}{k}=1$ e trova per quali valori di k rappresenta:

a. un'ellisse;

b. un'ellisse con i fuochi sull'asse y;

c. un'ellisse con un vertice in $(-3;0)$;

d. un'ellisse che passa per $P\left(-\frac{1}{3};\frac{4}{3}\right)$.

[a) $k>1$; b) $k>1$; c) $k=10$; d) $k=2$]

65 Determina per quali valori di k l'equazione $x^2+ky^2=k$ rappresenta:

a. un'ellisse;

b. un'ellisse con i fuochi sull'asse x;

c. un'ellisse che passa per $A\left(-2;\frac{\sqrt{2}}{2}\right)$.

[a) $k>0$; b) $k\geq 1$; c) $k=8$]

66 Dopo aver trovato i valori di k affinché l'equazione

$$\frac{x^2}{4k+4}+\frac{y^2}{3+k}=1$$

rappresenti un'ellisse, determina per quale valore di k l'ellisse passa per il punto $(2;\sqrt{2})$. $[k>-1;\ k=1]$

67 Individua i valori di k affinché l'equazione

$$\frac{x^2}{2k+7}+\frac{y^2}{3+k}=1$$

rappresenti un'ellisse con un fuoco di coordinate $(\sqrt{7};0)$. $[k=3]$

68 Data l'equazione $\frac{x^2}{k+2}+\frac{y^2}{1-2k}=1$, stabilisci per quali valori di k:

a. rappresenta un'ellisse;

b. rappresenta un'ellisse con i fuochi sull'asse x ed eccentricità $\frac{\sqrt{2}}{2}$.

$\left[\text{a) } -2<k<\frac{1}{2};\ \text{b) } k=0\right]$

69 Determina i valori di k affinché l'equazione

$$\frac{x^2}{2k-1}+\frac{y^2}{5k+2}=1$$

rappresenti un'ellisse:

a. con i fuochi sull'asse delle y;

b. con un fuoco di coordinate $(0;3)$;

c. con un vertice di coordinate $(-3;0)$;

d. con eccentricità $e=\sqrt{\frac{6}{7}}$.

$\left[\text{a) } k>\frac{1}{2};\ \text{b) } k=2;\ \text{c) } k=5;\ \text{d) } k=1\right]$

70 ●● EUREKA! Calcola per quali valori di k, se esistono, l'equazione $\frac{x^2}{8-k}+\frac{y^2}{2k+2}=1$ rappresenta:

a. un'ellisse; **b.** una circonferenza; **c.** una parabola.

$[\text{a})\ -1<k<8;\ \text{b})\ k=2;\ \text{c})\ \nexists k]$

Grafici con archi di ellisse

71 ESERCIZIO GUIDA Rappresentiamo graficamente la funzione $y=2\sqrt{4-x^2}$.

Determiniamo il dominio D ponendo il radicando maggiore o uguale a 0:

$$4-x^2\geq 0 \ \rightarrow\ -2\leq x\leq 2 \ \rightarrow\ D=\{x\in\mathbb{R}\,|-2\leq x\leq 2\}.$$

Per rappresentare la funzione isoliamo la radice: $\frac{y}{2}=\sqrt{4-x^2}$.

L'equazione è equivalente al sistema:

$$\begin{cases}\frac{y}{2}\geq 0\\ \frac{y^2}{4}=4-x^2\end{cases} \rightarrow \begin{cases}y\geq 0\\ x^2+\frac{y^2}{4}=4\end{cases} \rightarrow \begin{cases}y\geq 0\\ \frac{x^2}{4}+\frac{y^2}{16}=1\end{cases}.$$

Tracciamo l'ellisse di equazione $\frac{x^2}{4}+\frac{y^2}{16}=1$ e consideriamo solo il ramo che si trova sopra l'asse x.

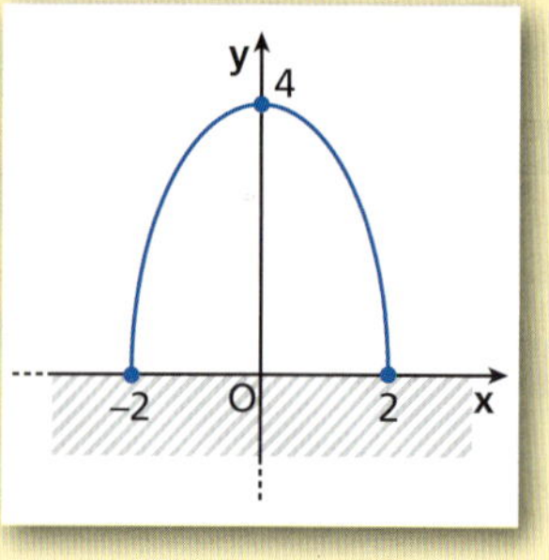

Rappresenta graficamente le seguenti funzioni.

72 ●○ $y=\frac{1}{2}\sqrt{-x^2+1}$

73 ●○ $y=\sqrt{4-9x^2}$

74 ●○ $y=-\sqrt{1-16x^2}$

75 ●○ $y=\sqrt{-4x^2+4}$

76 ●○ $y=4\sqrt{1-x^2}$

77 ●○ $y=-\frac{1}{2}\sqrt{9-x^2}$

78 ●○ $y=\frac{3}{2}\sqrt{-x^2+\frac{4}{9}}$

79 ●○ $y=-\frac{2}{3}\sqrt{-x^2+36}$

80 ●○ $y=\frac{4}{5}\sqrt{9-x^2}$

81 ●○ $y=\sqrt{25-4x^2}$

82 ●○ $y=-2\sqrt{-x^2+8}$

83 ●○ $y=\sqrt{32-4x^2}$

84 ●○ $y=-5\sqrt{1-x^2}$

85 ●○ $y=-\sqrt{9-9x^2}$

LEGGI IL GRAFICO **Scrivi le equazioni dei seguenti grafici.**

86 ●○

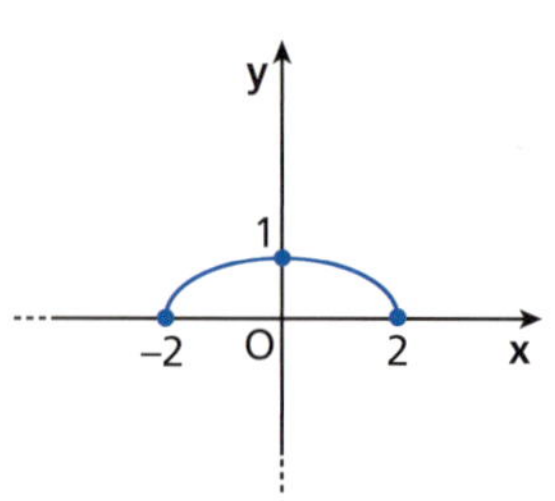

$\left[y=\frac{1}{2}\sqrt{4-x^2}\right]$

87 ●○

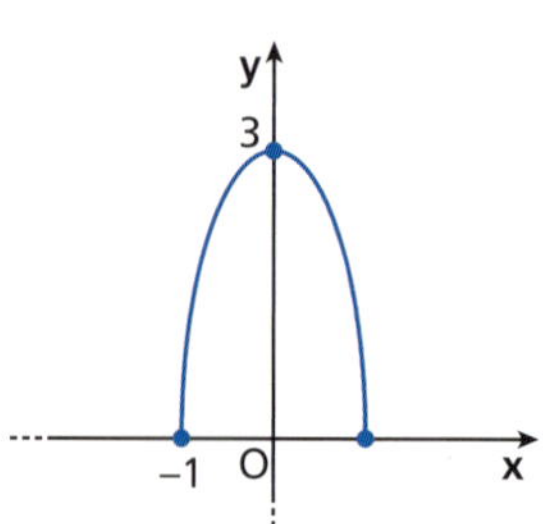

$\left[y=3\sqrt{1-x^2}\right]$

88 ●○

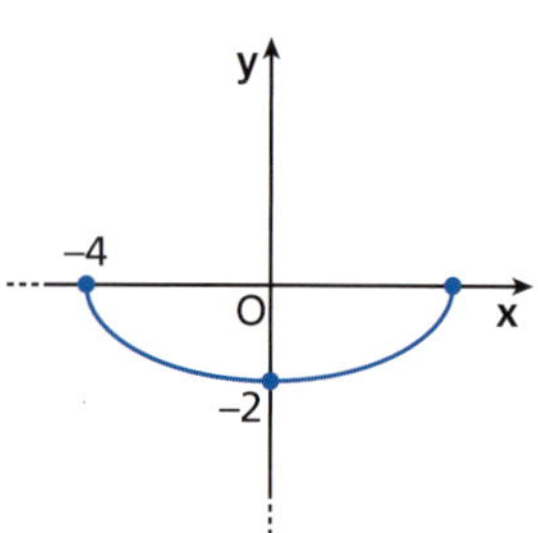

$\left[y=-\frac{1}{2}\sqrt{16-x^2}\right]$

REALTÀ E MODELLI

89 ●○ Determina l'equazione dei due archi di ellisse che delimitano l'arco superiore del portone in figura.

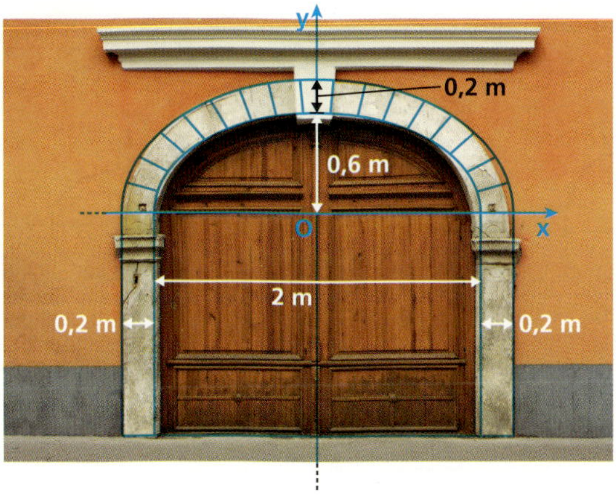

$\left[y = \frac{3}{5}\sqrt{1-x^2};\ y = \frac{2}{3}\sqrt{1{,}44-x^2}\right]$

90 ●○ **Il ponte** Abbiamo approssimato il profilo di un arco del ponte di Santa Trinita a Firenze con un arco di ellisse. Trova la sua equazione rispetto al sistema di riferimento in figura.

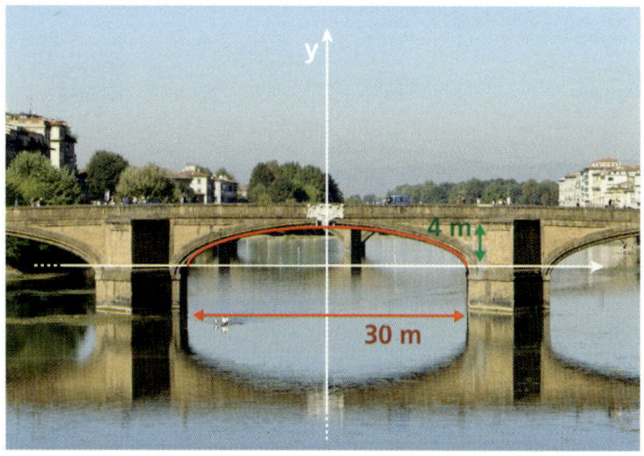

$\left[y = \frac{4}{15}\sqrt{225-x^2}\right]$

Traccia il grafico delle curve aventi le seguenti equazioni. Spiega perché non rappresentano delle funzioni.

91 ●○ $x = -3\sqrt{9-y^2}$

92 ●○ $x = -\frac{1}{3}\sqrt{4-y^2}$

93 ●○ $x = 2\sqrt{1-y^2}$

94 ●○ $x = -\sqrt{8-4y^2}$

95 ●○ $x = -\sqrt{16-16y^2}$

96 ●○ $x = \frac{1}{2}\sqrt{36-y^2}$

97 ●○ **ASSOCIA** a ogni arco di ellisse la relativa equazione.

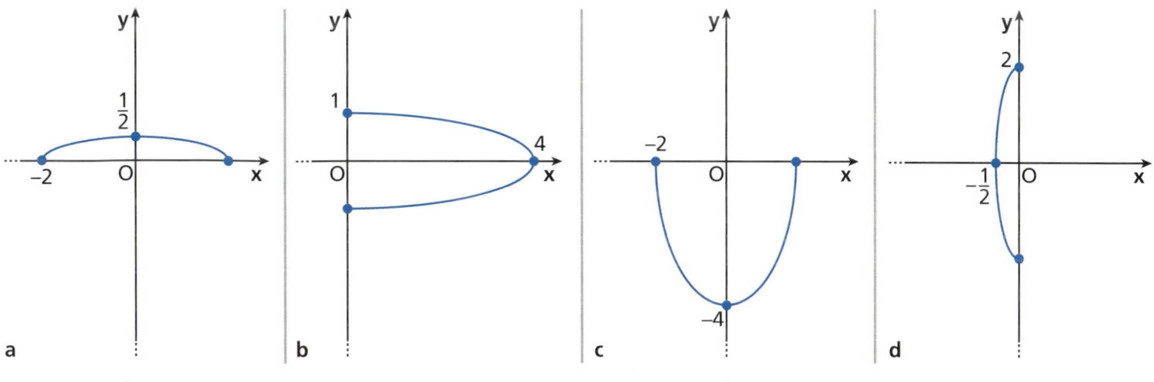

1. $x = -\frac{1}{4}\sqrt{4-y^2}$ **2.** $y = -2\sqrt{4-x^2}$ **3.** $y = \frac{1}{4}\sqrt{4-x^2}$ **4.** $x = 4\sqrt{1-y^2}$

98 ●● **LEGGI IL GRAFICO** Scrivi l'equazione del seguente grafico, formato da un arco di ellisse e da una semicirconferenza.

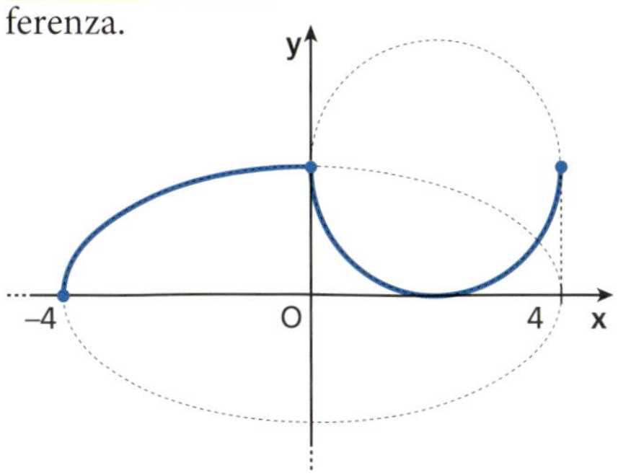

TUTOR matematica
Allenati con **15 esercizi interattivi** con feedback "hai sbagliato, perché..."
su.zanichelli.it/tutor3
risorsa riservata a chi ha acquistato l'edizione con tutor

2 Ellissi e rette

Posizione di una retta rispetto a un'ellisse

▶ Teoria a p. 309

LEGGI IL GRAFICO Scrivi il sistema di equazioni che rappresenta i punti di intersezione delle curve rappresentate nei seguenti grafici.

99 ●○

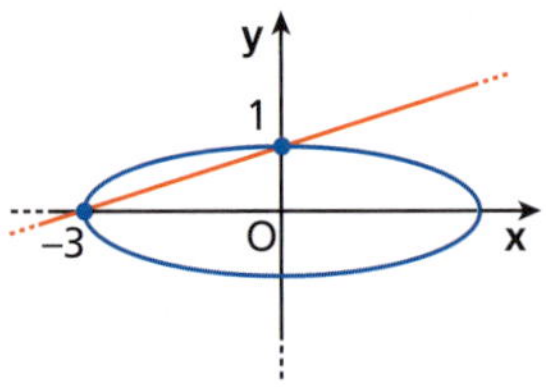

100 ●○

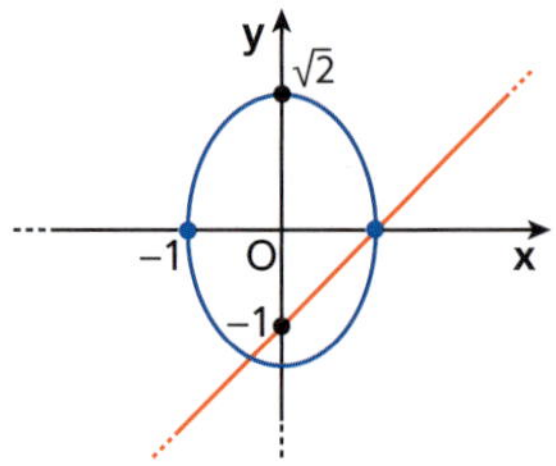

101 ●○

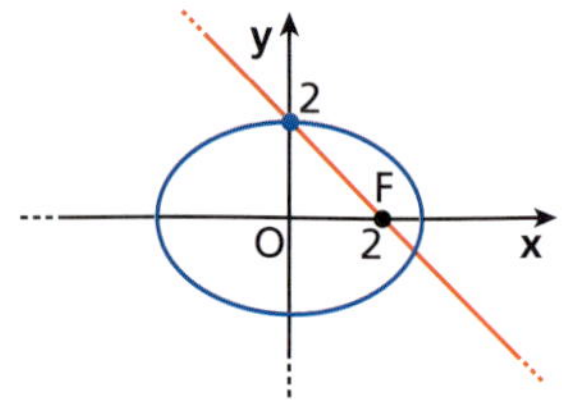

Interpreta graficamente i seguenti sistemi.

102 ●○ $\begin{cases} x^2 + 9y^2 = 9 \\ x + y = 0 \end{cases}$

103 ●○ $\begin{cases} \dfrac{x^2}{36} + y^2 = 1 \\ x = -2 \end{cases}$

104 ●○ $\begin{cases} 4x^2 + 9y^2 = 16 \\ x + 2y - 2 = 0 \end{cases}$

Nei seguenti esercizi sono assegnate le equazioni di un'ellisse e di una retta. Stabilisci la posizione della retta rispetto all'ellisse determinando gli eventuali punti di intersezione e rappresenta graficamente.

105 ●○ $4x^2 + 9y^2 = 36;$ $x - y - 7 = 0.$ [esterna]

106 ●○ $16x^2 + 25y^2 = 100;$ $x - 2 = 0.$ $\left[\text{secante: } \left(2; -\frac{6}{5}\right), \left(2; \frac{6}{5}\right)\right]$

107 ●○ $81x^2 + 196y^2 = 441;$ $2y + 3 = 0.$ $\left[\text{tangente: } \left(0; -\frac{3}{2}\right)\right]$

108 ●○ $x^2 + 4y^2 = 40;$ $x + 6y - 20 = 0.$ [tangente: (2; 3)]

109 ●○ $4x^2 + 21y^2 = 85;$ $2x - 9y - 17 = 0.$ $\left[\text{secante: } \left(-\frac{1}{2}; -2\right), (4; -1)\right]$

110 ●○ $\dfrac{x^2}{4} + \dfrac{y^2}{5} = 1;$ $y = 2x - 1.$ $\left[\text{secante; } \left(-\frac{4}{7}; -\frac{15}{7}\right), \left(\frac{4}{3}; \frac{5}{3}\right)\right]$

111 ●○ **ASSOCIA** a ciascuna retta la sua posizione rispetto all'ellisse di equazione $2x^2 + y^2 = 9$.

a. $4x + y = 9$ b. $y = -x - 1$ c. $4y - 5x - 20 = 0$

1. esterna 2. tangente 3. secante

112 ●○ **VERO O FALSO?** Data l'ellisse di equazione $\dfrac{x^2}{5} + \dfrac{y^2}{9} = 1$:

a. la retta di equazione $x = 5$ è secante. V F

b. la retta di equazione $y = -3$ è tangente. V F

c. la corda che essa stacca sull'asse y misura 6. V F

d. la retta di equazione $x = -\sqrt{5}$ è secante. V F

113 ●○ Data l'ellisse di equazione $\frac{x^2}{3}+\frac{y^2}{8}=35$, determina la misura del segmento che la retta di equazione $x-2y+7=0$ individua intersecando l'ellisse. $\left[48\frac{\sqrt{5}}{5}\right]$

114 ●○ Trova le equazioni delle rette parallele all'asse x che determinano sull'ellisse di equazione $\frac{x^2}{2}+\frac{y^2}{12}=1$ una corda di misura $\sqrt{2}$. $[y=\pm 3]$

115 ●○ Determina l'equazione dell'ellisse avente due vertici in $(6; 0)$ e $(0; 4)$ e calcola la misura della corda individuata sulla retta di equazione $y-2=0$. $\left[\frac{x^2}{36}+\frac{y^2}{16}=1; 6\sqrt{3}\right]$

116 ●○ Calcola l'area del quadrilatero che ha per vertici i punti di intersezione dell'ellisse di equazione $x^2+6y^2=4$ con le rette di equazioni $x=-1$ e $x=1$. $[2\sqrt{2}]$

117 ●○ Data l'ellisse di equazione $x^2+4y^2=16$, trova la misura della corda individuata sulla retta di equazione $x-2y+4=0$. $[2\sqrt{5}]$

118 ●○ Determina l'area del triangolo ABF, dove A e B sono i punti di intersezione della retta di equazione $y=-2x+3$ con l'ellisse di equazione $\frac{x^2}{18}+\frac{y^2}{9}=1$ e F è il fuoco dell'ellisse di ascissa negativa. [12]

119 ●○ Determina quali rette passanti per l'origine staccano sull'ellisse di equazione $\frac{x^2}{4}+y^2=1$ una corda di misura $\sqrt{10}$. $\left[y=\pm\frac{x}{2}\right]$

120 ●● Trova per quale valore di a l'ellisse di equazione $ax^2+\frac{y^2}{27}=1$ ha un vertice in $(-\sqrt{6}; 0)$ e determina il perimetro del rettangolo inscritto nell'ellisse che ha un lato sulla retta di equazione $x=2$. $\left[a=\frac{1}{6}; 20\right]$

121 ●● Scrivi le equazioni dei lati del rettangolo di perimetro 24 inscritto nell'ellisse di equazione $\frac{x^2}{28}+\frac{3y^2}{28}=1$. $[x=\pm 4, y=\pm 2; x=\pm 5, y=\pm 1]$

Risoluzione grafica di equazioni e disequazioni irrazionali

Utilizzando il metodo già visto nell'esercizio guida 156 del capitolo 5, risolvi graficamente le seguenti equazioni irrazionali.

122 ●○ $\sqrt{1-4x^2}=2x-1$ $\left[\frac{1}{2}\right]$

123 ●○ $\sqrt{1-\frac{x^2}{10}}=1-\frac{x}{3}$ $[0]$

124 ●○ $\sqrt{9-8x^2}=1$ $[\pm 1]$

125 ●○ $1-x=\sqrt{1-\frac{x^2}{3}}$ $[0]$

126 ●○ $\sqrt{\frac{4-x^2}{3}}=\frac{2-x}{3}$ $[-1; 2]$

127 ●○ $\sqrt{1-\frac{x^2}{25}}=x+6$ [impossibile]

Risolvi graficamente le seguenti disequazioni irrazionali.

128 ●○ $2\sqrt{1-x^2}\geq -x-1$ $[-1\leq x\leq 1]$

129 ●○ $\sqrt{1-\frac{x^2}{9}}\leq -2$ [impossibile]

130 ●○ $3x>4\sqrt{1-x^2}$ $\left[\frac{4}{5}<x\leq 1\right]$

131 ●● $\sqrt{\frac{16-x^2}{15}}\geq 3x+4$ $[-4\leq x\leq -1]$

Tangenti a un'ellisse

▶ Teoria a p. 310

132 ESERCIZIO GUIDA Rappresentiamo le equazioni delle rette tangenti all'ellisse di equazione $\frac{x^2}{11}+\frac{y^2}{5}=1$, condotte dal punto $A(0; -7)$.

L'equazione della retta generica passante per A è:

$y + 7 = m(x - 0) \rightarrow y = mx - 7.$

Scriviamo il sistema formato dalle equazioni della retta e dell'ellisse e imponiamo la condizione di tangenza.

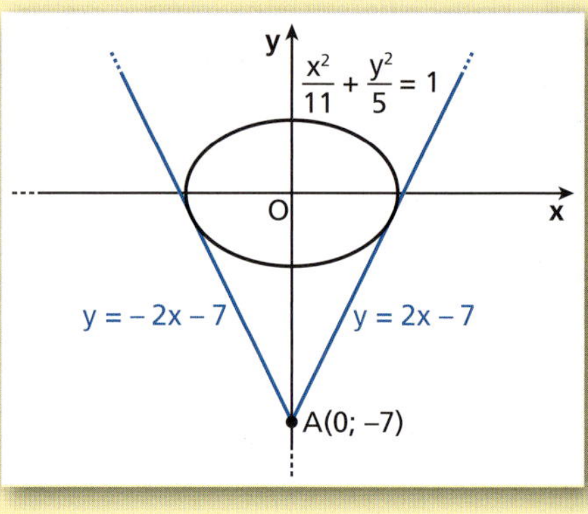

$$\begin{cases} \frac{x^2}{11} + \frac{y^2}{5} = 1 \\ y = mx - 7 \end{cases} \rightarrow \frac{x^2}{11} + \frac{(mx-7)^2}{5} = 1 \rightarrow$$

$$(5 + 11m^2)x^2 - 154mx + 484 = 0$$

$$\frac{\Delta}{4} = 0 \rightarrow (-77m)^2 - 484 \cdot (5 + 11m^2) = 0 \rightarrow 605m^2 = 2420 \rightarrow m^2 = 4 \rightarrow m = \pm 2$$

Ricaviamo quindi le equazioni delle tangenti:

$y = 2x - 7, \quad y = -2x - 7.$

133 Conduci da $P\left(6; -\frac{3}{2}\right)$ le tangenti all'ellisse di equazione $x^2 + 4y^2 = 9$.
$[2y + 3 = 0; 4x + 6y - 15 = 0]$

134 Determina le equazioni delle tangenti all'ellisse di equazione $9x^2 + 16y^2 = 144$, condotte dai suoi punti di intersezione con gli assi cartesiani.
$[x = \pm 4; y = \pm 3]$

135 Determina le equazioni delle rette tangenti all'ellisse di equazione $x^2 + 2y^2 = 9$, condotte da $P(-9; 0)$.
$[x + 4y + 9 = 0; x - 4y + 9 = 0]$

136 Scrivi le equazioni delle rette tangenti all'ellisse di equazione $x^2 + \frac{3}{2}y^2 = 1$, condotte da $A(0; 1)$.
$\left[y = \pm\frac{\sqrt{3}}{3}x + 1\right]$

137 Scrivi le equazioni delle tangenti all'ellisse di equazione $x^2 + 9y^2 = 25$, condotte da $P\left(\frac{5}{2}; \frac{5}{3}\right)$.
$[3y - 5 = 0; 4x + 9y - 25 = 0]$

138 Determina l'equazione della tangente all'ellisse di equazione $x^2 + 3y^2 = 36$, condotta dal suo punto $A(3; 3)$. $[x + 3y - 12 = 0]$

139 Scrivi le equazioni delle tangenti all'ellisse di equazione $x^2 + 2y^2 = 9$, condotte da $P\left(3; \frac{3}{2}\right)$.
$[x - 3 = 0; x + 4y - 9 = 0]$

140 Trova le tangenti all'ellisse di equazione $\frac{x^2}{5} + \frac{y^2}{9} = 1$ passanti rispettivamente per $A\left(\frac{5}{3}; 2\right)$ e per $B(0; 4)$.
$\left[3x + 2y - 9 = 0; y = \pm\frac{\sqrt{35}}{5}x + 4\right]$

---

141 Data l'ellisse di equazione $\frac{x^2}{40} + \frac{y^2}{10} = 1$, trova per quali valori di q la retta di equazione $x - 6y + q = 0$:

a. interseca l'ellisse in due punti distinti;
b. è tangente all'ellisse;
c. è esterna all'ellisse. $[a)\ -20 < q < 20;\ b)\ q = \pm 20;\ c)\ q < -20 \lor q > 20]$

142 Trova il valore di k affinché l'ellisse di equazione $\frac{x^2}{k+6} + \frac{y^2}{1-k} = 1$ sia tangente alla retta di equazione $y = -2x + 4$. $[k = -3]$

143 L'ellisse di equazione $\frac{x^2}{a^2} + y^2 = 1$ è tangente alla retta di equazione $\sqrt{3}x - 2y - 4 = 0$. Trova il valore di a. [2]

Formula di sdoppiamento

▶ Teoria a p. 311

144 ESERCIZIO GUIDA Determiniamo l'equazione della tangente all'ellisse di equazione $3x^2 + y^2 = 4$, nel suo punto del quarto quadrante, di ascissa 1.

Determiniamo l'ordinata del punto, sostituendo l'ascissa 1 nell'equazione dell'ellisse:

$$3 + y^2 = 4 \quad \to \quad y^2 = 1 \quad \to \quad y = \pm 1.$$

Il punto, nel quarto quadrante, ha ordinata -1.

Applichiamo la formula di sdoppiamento:

$$3x_0\, x + y_0 y = 4 \quad \to \quad 3x - y = 4.$$

L'equazione della tangente è: $y = 3x - 4$.

145 Trova l'equazione della tangente all'ellisse di equazione $9x^2 + 2y^2 = 54$ nel suo punto $(-2; 3)$. $[y = 3x + 9]$

146 Determina l'equazione della retta tangente all'ellisse di equazione $x^2 + \frac{3}{4}y^2 = 1$ nel suo punto di coordinate $\left(\frac{1}{2}; 1\right)$. $[2x + 3y - 4 = 0]$

147 Trova la retta tangente all'ellisse di equazione $\frac{x^2}{8} + \frac{y^2}{9} = 1$ nel suo punto del quarto quadrante che ha la stessa ordinata del fuoco. $[y = 3x - 9]$

148 Determina l'equazione della tangente all'ellisse di equazione $3x^2 + 4y^2 = 48$ nel suo punto del terzo quadrante di ascissa -2. $[x + 2y + 8 = 0]$

149 Conduci la tangente all'ellisse di equazione $x^2 + 4y^2 = 20$ dal suo punto P del quarto quadrante, di ascissa 2. $[x - 4y - 10 = 0]$

150 Trova le equazioni delle tangenti all'ellisse di equazione $4x^2 + y^2 = 4$ nei suoi punti di ascissa $\frac{1}{2}$ e calcola l'area del triangolo che esse formano con l'asse y. $\left[2x \pm \sqrt{3}\,y - 4 = 0; \frac{8}{3}\sqrt{3}\right]$

3 Determinare l'equazione di un'ellisse

▶ Teoria a p. 312

LEGGI IL GRAFICO Trova le equazioni delle ellissi, utilizzando i dati delle figure.

151

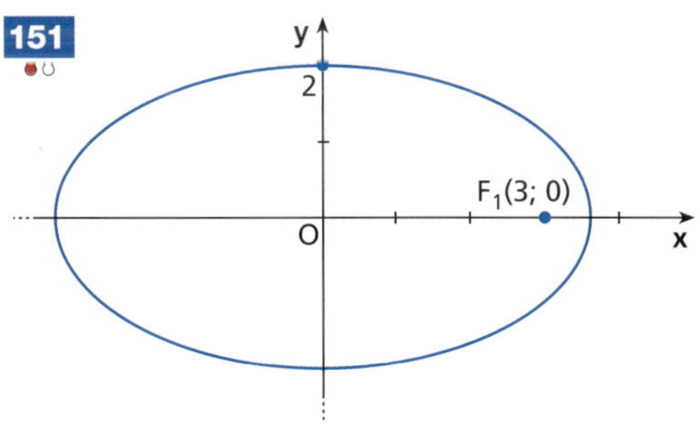

152

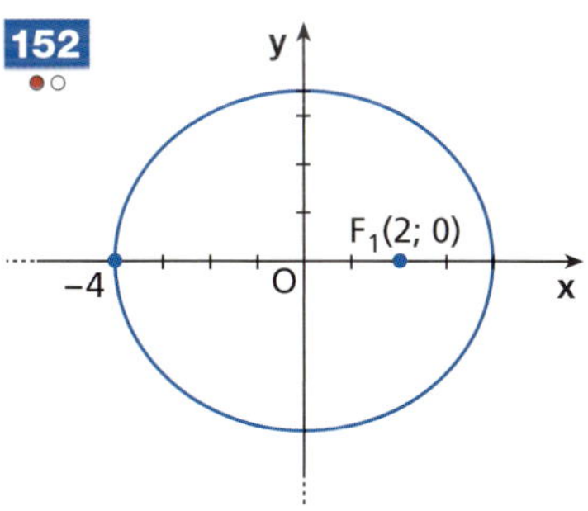

153

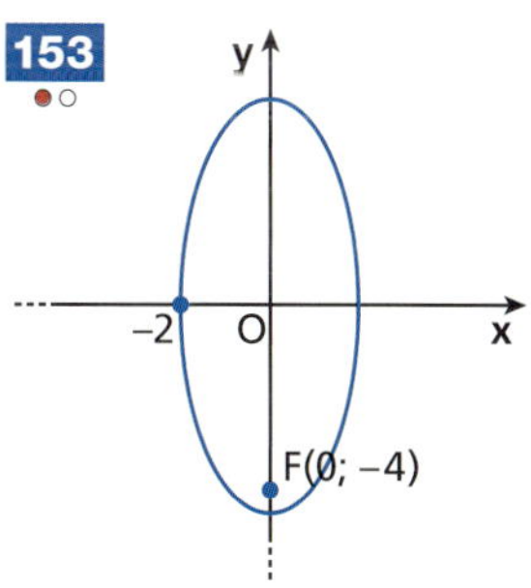

154 Determina l'equazione dell'ellisse avente un fuoco in $(-3; 0)$ e un vertice in $(0; -4)$. $\left[\frac{x^2}{25} + \frac{y^2}{16} = 1\right]$

155 Scrivi l'equazione dell'ellisse avente un vertice in $(0; -3)$ e semiasse sull'asse x di misura $2\sqrt{3}$. $[9x^2 + 12y^2 = 108]$

156 Trova l'equazione dell'ellisse con i fuochi sull'asse y che ha distanza focale 3 e un vertice in $(-2; 0)$. $\left[\frac{x^2}{4} + \frac{4}{25}y^2 = 1\right]$

157 Scrivi l'equazione dell'ellisse che individua sugli assi cartesiani x e y due corde di misura, rispettivamente, 6 e 4. $[4x^2 + 9y^2 = 36]$

158 Determina l'equazione dell'ellisse avente un fuoco in $(0; -2\sqrt{5})$ e un vertice in $(-4; 0)$ e rappresentala. $\left[\frac{x^2}{16}+\frac{y^2}{36}=1\right]$

159 Trova l'equazione dell'ellisse avente un fuoco in $\left(\frac{3}{2}; 0\right)$ e il semiasse su cui non giace il fuoco di misura $\frac{\sqrt{7}}{2}$. $[7x^2 + 16y^2 = 28]$

160 Trova l'equazione dell'ellisse avente due dei suoi vertici nei punti di intersezione della retta di equazione $x - 3y + 9 = 0$ con gli assi cartesiani. $\left[\frac{x^2}{81}+\frac{y^2}{9}=1\right]$

161 TEST L'equazione dell'ellisse che ha un vertice in $(0; 5)$ e un fuoco in $(0; 4)$ è:

A $25x^2 - 16y^2 = 400$.

B $25x^2 - 9y^2 = 225$.

C $25x^2 + 9y^2 = 225$.

D $16x^2 - 9y^2 = 144$.

E $9x^2 + 25y^2 = 225$.

(*Università di Bergamo, Facoltà di Ingegneria, Corso propedeutico di Matematica*)

REALTÀ E MODELLI

162 **Due fontane, due fuochi** Piazza San Pietro ha una forma ovale che si riesce ad approssimare molto bene con un'ellisse avente come fuochi le due fontane della piazza. Utilizzando la figura sotto, trova l'equazione dell'ellisse. $\left[\frac{x^2}{14\,400}+\frac{y^2}{10\,800}=1\right]$

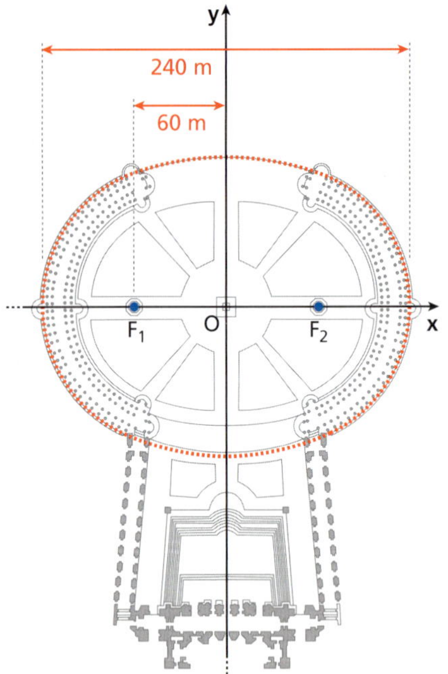

163 **Greip** Nel 2006 un'équipe di astronomi britannici e statunitensi annunciò la scoperta di un nuovo satellite del pianeta Saturno: Greip. L'eccentricità della sua orbita è di 0,37 e il suo semiasse maggiore misura $18 \cdot 10^6$ km. Scrivi l'equazione dell'orbita nel sistema di riferimento della figura, approssimando il risultato al milione di kilometri. $\left[\frac{x^2}{18^2 \cdot 10^{12}}+\frac{y^2}{17^2 \cdot 10^{12}}=1\right]$

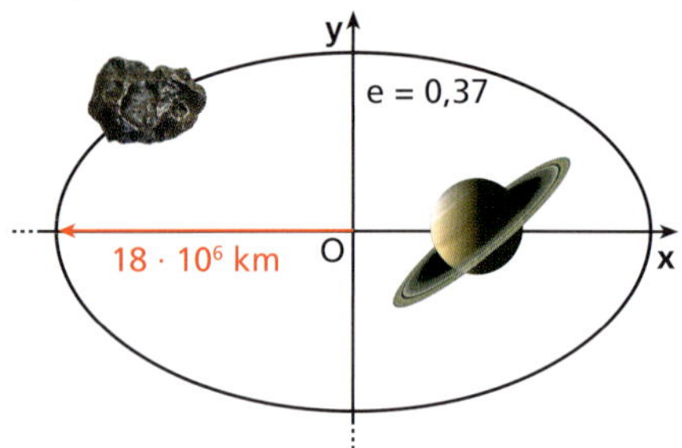

164 ESERCIZIO GUIDA Scriviamo l'equazione dell'ellisse che passa per i punti $A\left(\sqrt{3}; \frac{1}{2}\right)$ e $B\left(-1; \frac{\sqrt{3}}{2}\right)$.

Imponiamo il passaggio per A e B per l'ellisse di equazione $\frac{x^2}{a^2}+\frac{y^2}{b^2}=1$: $\begin{cases} \frac{3}{a^2}+\frac{1}{4b^2}=1 \\ \frac{1}{a^2}+\frac{3}{4b^2}=1 \end{cases}$.

Per comodità poniamo $\frac{1}{a^2} = t$ e $\frac{1}{b^2} = z$.

$$\begin{cases} 3t + \frac{1}{4}z = 1 \\ t + \frac{3}{4}z = 1 \end{cases} \rightarrow \begin{cases} 3\left(1 - \frac{3}{4}z\right) + \frac{1}{4}z = 1 \\ t = 1 - \frac{3}{4}z \end{cases} \rightarrow \begin{cases} \frac{1}{4}z - \frac{9}{4}z = 1 - 3 \\ t = 1 - \frac{3}{4}z \end{cases} \rightarrow \begin{cases} z = 1 \\ t = \frac{1}{4} \end{cases}$$

Quindi $a^2 = \frac{1}{t} = 4$ e $b^2 = \frac{1}{z} = 1$.

L'ellisse cercata ha equazione $\frac{x^2}{4} + y^2 = 1$.

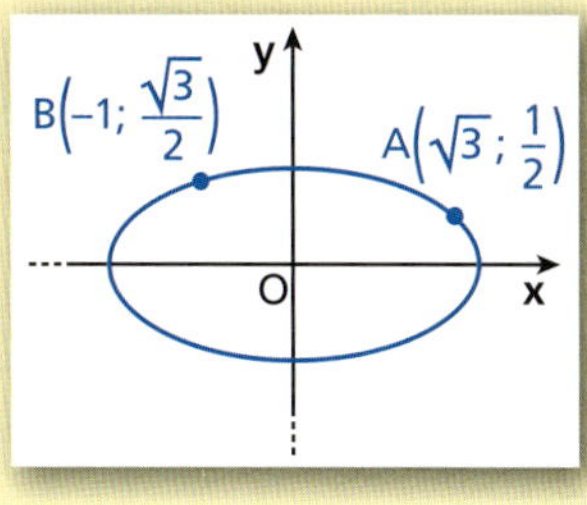

Scrivi l'equazione dell'ellisse passante per i punti *A* e *B* indicati.

165 $A\left(-1; \frac{8}{3}\right), B\left(\frac{3}{2}\sqrt{2}; 2\right)$. $\left[\frac{x^2}{9} + \frac{y^2}{8} = 1\right]$

166 $A\left(1; \sqrt{\frac{3}{5}}\right)$, $B\left(-\sqrt{15}; \frac{1}{5}\right)$. $[x^2 + 25y^2 = 16]$

167 $A(\sqrt{5}; 4)$, $B(-2\sqrt{2}; 2)$. $\left[\frac{x^2}{9} + \frac{y^2}{36} = 1\right]$

168 $A(2; -2), B(\sqrt{6}; \sqrt{3})$. $[x^2 + 2y^2 = 12]$

Scrivi l'equazione dell'ellisse con le caratteristiche indicate.

169 $a = 3$ e passante per $P(1; -4)$. $\left[\frac{x^2}{9} + \frac{y^2}{18} = 1\right]$

170 $b = 2$ e passante per $P(-2; \sqrt{3})$. $\left[\frac{x^2}{16} + \frac{y^2}{4} = 1\right]$

171 $b = 7$ e passante per $P\left(\frac{12}{7}; 1\right)$. $\left[\frac{x^2}{3} + \frac{y^2}{49} = 1\right]$

172 Scrivi l'equazione dell'ellisse avente un vertice nel punto $(-3; 0)$ e passante per $\left(-\frac{3\sqrt{2}}{2}; -2\right)$. $[8x^2 + 9y^2 = 72]$

173 Determina l'equazione dell'ellisse avente un vertice in $(2; 0)$ e passante per $\left(1; \frac{\sqrt{15}}{2}\right)$. $\left[\frac{x^2}{4} + \frac{y^2}{5} = 1\right]$

174 Un'ellisse ha un fuoco in $(0; \sqrt{6})$ e passa per $\left(\sqrt{\frac{5}{3}}; 2\right)$. Qual è la sua equazione? $\left[\frac{x^2}{3} + \frac{y^2}{9} = 1\right]$

175 Determina l'equazione dell'ellisse di eccentricità $e = \frac{2\sqrt{5}}{5}$ e avente un fuoco nel punto $(0; 4)$. $\left[\frac{x^2}{4} + \frac{y^2}{20} = 1\right]$

176 Determina l'equazione dell'ellisse con i fuochi sull'asse x di eccentricità $\frac{1}{2}$ e con un vertice in $(0; -\sqrt{3})$. $[3x^2 + 4y^2 = 12]$

177 Trova l'equazione dell'ellisse con i fuochi sull'asse delle y avente un vertice in $(0; 4)$ ed eccentricità $\frac{\sqrt{7}}{4}$. $\left[\frac{x^2}{9} + \frac{y^2}{16} = 1\right]$

178 Trova l'equazione dell'ellisse che ha eccentricità $e = \frac{3\sqrt{10}}{10}$ e un fuoco nel punto $(-3; 0)$. $\left[\frac{x^2}{10} + y^2 = 1\right]$

179 YOU & MATHS Determine the equation of the ellipse having foci on the x-axis, eccentricity $e = \frac{\sqrt{7}}{3}$, and one vertex at $(-3, 0)$.
$\left[\frac{x^2}{9} + \frac{y^2}{2} = 1\right]$

180 Scrivi l'equazione dell'ellisse di eccentricità $e = \frac{\sqrt{5}}{5}$ e avente il semiasse minore $a = 4$.
$\left[\frac{x^2}{16} + \frac{y^2}{20} = 1\right]$

181 Determina l'equazione dell'ellisse con i fuochi sull'asse x, di eccentricità $e = \sqrt{\frac{2}{3}}$, sapendo che passa per $(-\sqrt{3}; -\sqrt{2})$.
$\left[\frac{x^2}{9} + \frac{y^2}{3} = 1\right]$

182 Scrivi l'equazione dell'ellisse che ha un fuoco nel punto $F(2; 0)$ ed è tangente alla retta di equazione $x = -2\sqrt{2}$.
$\left[\frac{x^2}{8} + \frac{y^2}{4} = 1\right]$

183 Scrivi l'equazione dell'ellisse tangente nel punto $A(2; -1)$ alla retta di equazione $y = x - 3$.
$\left[\frac{x^2}{6} + \frac{y^2}{3} = 1\right]$

184 Determina l'equazione dell'ellisse che nel suo punto di coordinate $(1; \sqrt{2})$ ha per tangente la retta di equazione $y = -\sqrt{2}x + 2\sqrt{2}$.
$[2x^2 + y^2 = 4]$

185 Un'ellisse ha un vertice di coordinate $(\sqrt{10}; 0)$ ed è tangente alla retta di equazione $y = 6x - 20$. Qual è la sua equazione?
$\left[\frac{x^2}{10} + \frac{y^2}{40} = 1\right]$

186 Dopo aver determinato l'equazione dell'ellisse passante per i punti $A(2; 0)$ e $B\left(1; -\frac{3}{2}\right)$, calcola l'area del triangolo ABC, dove C è il punto di intersezione delle tangenti all'ellisse condotte da A e B.
$\left[\frac{x^2}{4} + \frac{y^2}{3} = 1; \frac{1}{2}\right]$

MATEMATICA AL COMPUTER

L'ellisse Costruiamo una funzione di Wiris che in ingresso richieda un valore d e in uscita dia l'equazione dell'eventuale retta $y = k$ che intercetta una corda di misura d sull'arco dell'ellisse di equazione $x^2 + \frac{y^2}{4} = 1$ che giace sul semipiano delle y maggiori o uguali a 0.

Risoluzione – 7 esercizi in più

Problemi REALTÀ E MODELLI

187 **Missione Kepler** La NASA ha avviato nel 2009 la missione *Kepler*, che ha come obiettivo la ricerca di pianeti con caratteristiche simili a quelle della Terra. Il primo pianeta trovato con queste caratteristiche è stato *Kepler-20 f*, orbitante attorno alla stella *Kepler-20*. La lunghezza stimata del semiasse maggiore è di 17 milioni di kilometri e l'eccentricità $e = 0,32$. Calcola la lunghezza del semiasse minore e determina l'equazione dell'ellisse rispetto al sistema di riferimento in figura, dove l'unità è un milione di kilometri.
(Approssima i valori al milione di kilometri.)
$\left[16 \text{ milioni di kilometri}; \frac{x^2}{289} + \frac{y^2}{256} = 1\right]$

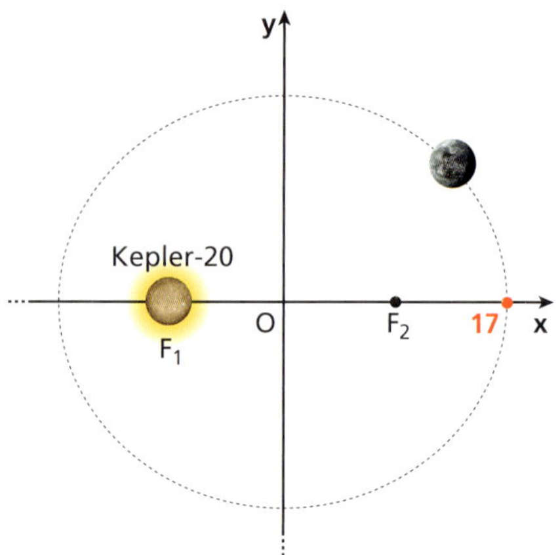

188 **Liberty** Nella figura c'è la foto di una finestra con alcune misure riportate.

a. Scrivi l'equazione dell'ellisse nel sistema di riferimento in cui l'origine è nel centro di simmetria della figura e l'unità corrisponde a 10 cm.

b. Qual è la larghezza massima della finestra?

c. Trova la distanza dei fuochi dai vertici sull'asse y dell'ellisse.

$\left[\text{a) } \frac{x^2}{16} + \frac{y^2}{36} = 1; \text{ b) } 80 \text{ cm; c) circa } 15,3 \text{ cm}\right]$

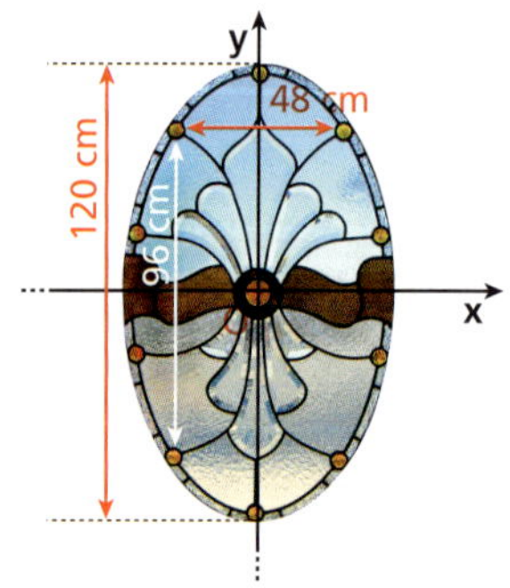

RISOLVIAMO UN PROBLEMA

L'anfiteatro di Nîmes

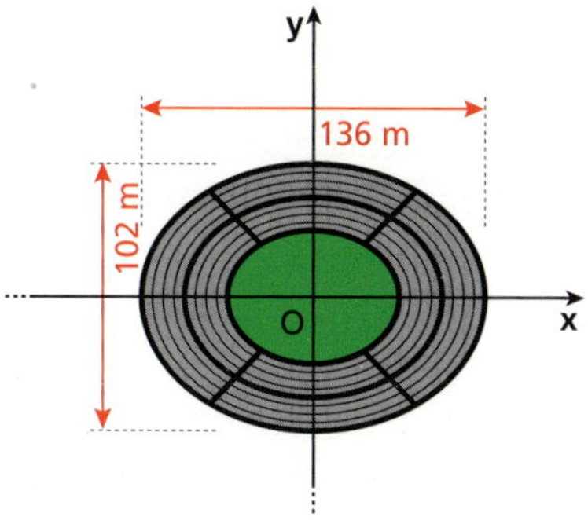

In figura è rappresentato l'anfiteatro romano di Nîmes, nella Francia meridionale, che è un edificio di forma ellittica.

- Nel sistema di riferimento scelto per rappresentare la sua pianta, dove l'unità corrisponde a 17 metri, determina l'equazione dell'ellisse che contorna l'anfiteatro.
- Un turista vuole fotografare l'anfiteatro dall'esterno. Sapendo che il fotografo si sposta lungo l'asse x, determina in quale punto dell'asse deve posizionarsi perché l'anfiteatro occupi tutto il campo visivo della fotocamera, che ha un'apertura angolare di 90°.
- Se il turista si trovasse sull'asse y, a che distanza si dovrebbe posizionare rispetto al centro dell'anfiteatro?

► Scriviamo l'equazione dell'ellisse.

Dalla figura sopra ricaviamo che il semiasse maggiore è $68\ \text{m} = 17\ \text{m} \cdot 4$ e quello minore è $51\ \text{m} = 17\ \text{m} \cdot 3$. Scriviamo l'equazione in forma canonica rispetto al sistema di riferimento scelto:

$$\frac{x^2}{16} + \frac{y^2}{9} = 1.$$

► Scriviamo le equazioni delle rette che delimitano il campo visivo della fotocamera.

Le coordinate generiche del turista nel sistema cartesiano sono $T(k; 0)$. Il campo visivo della fotocamera è delimitato da due rette passanti per T, che formano tra loro un angolo di 90°. Data la simmetria dell'ellisse, ciascuna retta forma con l'asse x un angolo di 45°, quindi sono parallele alle bisettrici dei quadranti:

$$y - 0 = \pm 1 \cdot (x - k) \to y = \pm x \mp k.$$

► Troviamo la posizione del turista.

Dobbiamo trovare il valore di k per cui le rette che delimitano il campo visivo sono tangenti all'ellisse. Data la simmetria del problema, è sufficiente fare i conti con una sola retta. Mettiamo dunque a sistema l'equazione dell'ellisse con l'equazione di una delle due rette,

$$\begin{cases} \dfrac{x^2}{16} + \dfrac{y^2}{9} = 1 \\ y = x - k \end{cases} \to \frac{25}{144}x^2 - \frac{2k}{9}x + \frac{k^2}{9} - 1 = 0.$$

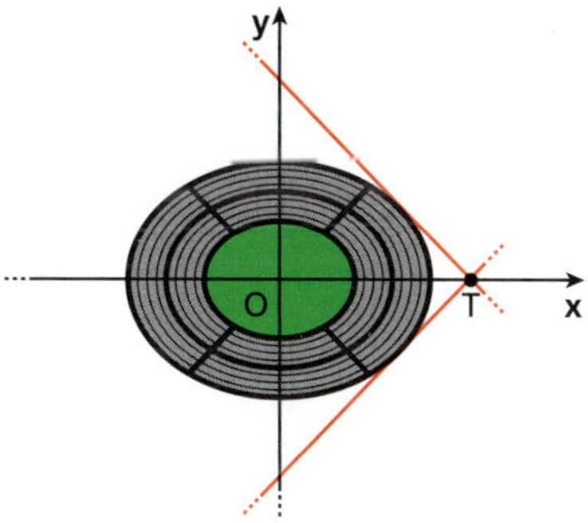

Imponiamo la condizione di tangenza:

$$\frac{\Delta}{4} = 0: \frac{k^2}{81} - \frac{25}{144}\left(\frac{1}{9}k^2 - 1\right) = 0 \to k^2 = 25 \to k = \pm 5.$$

Il turista deve posizionarsi in uno dei punti di coordinate $(-5; 0), (5; 0)$, ovvero a $5 \cdot 17\ \text{m} = 85\ \text{m}$ dal centro dell'anfiteatro.

► Troviamo la posizione del turista sull'asse *y*.

Le rette che delimitano il campo visivo per un punto sull'asse y sono a loro volta parallele alle bisettrici dei quadranti, pertanto le tangenti all'ellisse sono proprio quelle trovate nel passaggio precedente. Dato che le rette formano con gli assi dei triangoli rettangoli isosceli, la distanza a cui si deve posizionare il turista è la stessa lungo l'asse x e lungo l'asse y, cioè 85 m.

189 •• **Incursione** Un castello è circondato da un fossato di forma ellittica, la cui larghezza è 10 m. Un drappello di spie proveniente dalla foresta cerca di infiltrarsi attraversando a nuoto il fossato. Le spie decidono di attraversarlo dal punto indicato nella figura, nella direzione che consente il tragitto a nuoto più breve.

a. Nel sistema di assi cartesiani in figura, con unità di misura 1 m, scrivi le equazioni delle due ellissi che delimitano il fossato.

b. Scrivi l'equazione della retta che dà la direzione in cui nuotano le spie.

$\left[\text{a) } \frac{x^2}{1600}+\frac{y^2}{2500}=1; \frac{x^2}{900}+\frac{y^2}{1600}=1; \text{b) } y=-\frac{3}{5}x-\frac{54}{5}\right]$

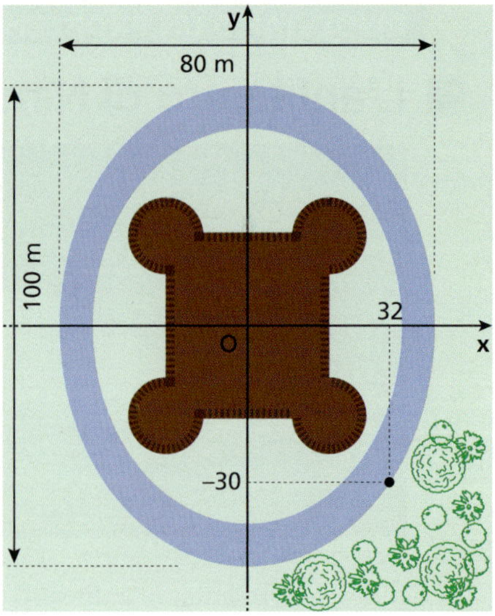

4 Ellisse traslata

▶ Teoria a p. 312

Ellisse e trasformazioni geometriche

190 ESERCIZIO GUIDA Data l'ellisse di equazione $\frac{x^2}{4}+\frac{y^2}{9}=1$, determiniamo l'equazione dell'ellisse corrispondente nella traslazione di vettore $\vec{v}(3; -4)$ e rappresentiamo le due ellissi.

I vertici dell'ellisse data sono $A_1(-2; 0)$, $A_2(2; 0)$, $B_1(0; -3)$ e $B_2(0; 3)$.
Scriviamo le equazioni della traslazione di vettore $\vec{v}(3; -4)$ e ricaviamo la x e la y.

$$\begin{cases} x' = x+3 \\ y' = y-4 \end{cases} \rightarrow \begin{cases} x = x'-3 \\ y = y'+4 \end{cases}$$

$\vec{v}(p; q)$
$\frac{(x-p)^2}{a^2}+\frac{(y-q)^2}{b^2}=1$

Sostituiamo nell'equazione $\frac{x^2}{4}+\frac{y^2}{9}=1$: $\frac{(x'-3)^2}{4}+\frac{(y'+4)^2}{9}=1$.

Eliminando gli apici, otteniamo l'equazione dell'ellisse cercata: $\frac{(x-3)^2}{4}+\frac{(y+4)^2}{9}=1$.

Sviluppando i calcoli otteniamo l'equazione: $9x^2+4y^2-54x+32y+109=0$.

Il centro O' dell'ellisse traslata corrisponde nella traslazione al centro $O(0; 0)$ dell'ellisse data.
I vertici dell'ellisse traslata sono i corrispondenti dei vertici dell'ellisse data.
Sostituendo nelle equazioni della traslazione a x e a y le coordinate del centro e dei vertici, otteniamo:

$O'(3; -4)$, $A_1'(1; -4)$, $A_2'(5; -4)$,

$B_1'(3; -7)$, $B_2'(3; -1)$.

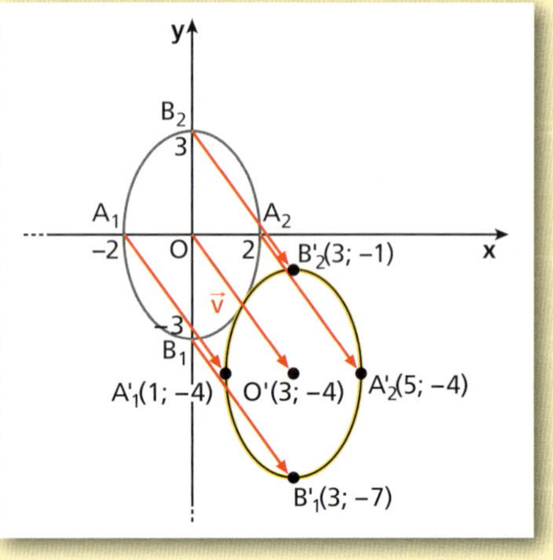

191 Determina l'equazione e disegna l'ellisse ottenuta dall'ellisse di equazione $\frac{x^2}{4}+\frac{y^2}{3}=1$ mediante la traslazione di vettore $\vec{v}(2;-1)$.

$[3x^2+4y^2-12x+8y+4=0]$

192 Scrivi l'equazione e disegna l'ellisse ottenuta dall'ellisse di equazione $\frac{x^2}{2}+y^2=1$ mediante la traslazione di vettore $\vec{v}(-1;-1)$.

$[x^2+2y^2+2x+4y+1=0]$

193 Trova l'ellisse corrispondente all'ellisse di equazione $\frac{x^2}{9}+\frac{y^2}{25}=1$ nella traslazione che fa corrispondere al fuoco di ordinata negativa il punto $F'(2;0)$.

$[25x^2+9y^2-100x-72y+19=0]$

194 Scrivi l'equazione dell'ellisse che ha il centro di simmetria di coordinate $(3;-1)$, l'asse maggiore parallelo all'asse x e di misura 4 e l'asse minore di misura 2.

$\left[\frac{(x-3)^2}{4}+(y+1)^2=1\right]$

195 Determina l'equazione dell'ellisse con centro di simmetria di coordinate $(2;0)$, fuochi sull'asse x e assi che misurano 6 e 4.

$\left[\frac{(x-2)^2}{9}+\frac{y^2}{4}=1\right]$

196 Determina l'equazione dell'ellisse avente centro di simmetria $O'(-1;3)$, gli assi paralleli agli assi cartesiani e due vertici nei punti $A(-3;3)$ e $B(-1;4)$.

$[x^2+4y^2+2x-24y+33=0]$

197 Trova l'equazione dell'ellisse con i fuochi $F_1(0;-1)$ e $F_2(2;-1)$ e semiasse maggiore di misura $a=3$.

$[8x^2+9y^2-16x+18y-55=0]$

198 Qual è l'equazione dell'ellisse con i fuochi $F_1(-2;-2)$ e $F_2(-2;2)$ e semiasse minore di misura $a=1$?

$[5x^2+y^2+20x+15=0]$

Metodo del completamento del quadrato

199 ESERCIZIO GUIDA Determiniamo le caratteristiche dell'ellisse traslata di equazione $9x^2+25y^2-54x-100y-44=0$, determiniamo il vettore della traslazione e tracciamo il grafico dell'ellisse utilizzando il metodo del completamento del quadrato.

Riscriviamo l'equazione data raggruppando i termini con x e quelli con y:

$$9x^2-54x+25y^2-100y-44=0 \quad\to\quad 9(x^2-6x)+25(y^2-4y)-44=0.$$

Per avere il quadrato di un binomio all'interno di ogni parentesi, occorre aggiungere il termine noto. Aggiungiamo a entrambi i membri i termini mancanti:

$$9(x^2-6x+9)+25(y^2-4y+4)-44=81+100$$

$$9(x-3)^2+25(y-2)^2=225.$$

Dividendo entrambi i membri per 225 si ha:

$$\frac{(x-3)^2}{25}+\frac{(y-2)^2}{9}=1.$$

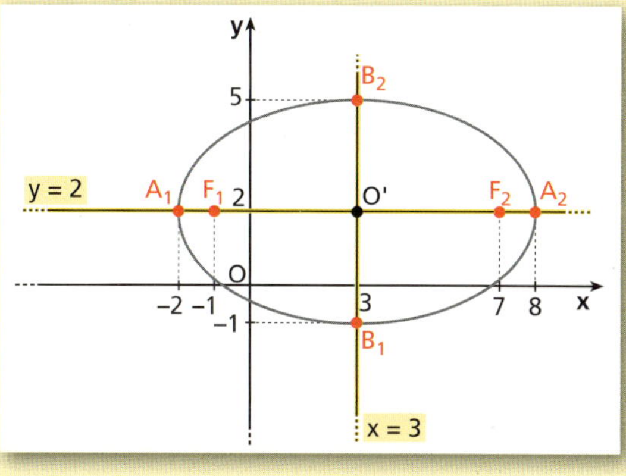

L'equazione ottenuta è di un'ellisse che è l'immagine di quella di equazione $\frac{x^2}{25}+\frac{y^2}{9}=1$ nella traslazione di vettore $(3;2)$.

Il centro è $(3;2)$, i semiassi misurano 5 e 3. I vertici sono i punti $A_1(-2;2)$, $A_2(8;2)$, $B_1(3;-1)$ e $B_2(3;5)$.

Essendo $a=5$ e $b=3$, $c=\sqrt{a^2-b^2}=4$. Quindi i fuochi sono i punti $F_1(-1;2)$ e $F_2(7;2)$.

Stabilisci se le seguenti equazioni individuano delle ellissi traslate e, in caso affermativo, determina il vettore della traslazione e rappresenta l'ellisse.

200 $x^2+9y^2-6x=0$ $[(3;0)]$

201 $x^2+4y^2+2x+8y+4=0$ $[(-1;-1)]$

202 $2x^2+y^2-4x-4y+7=0$ [impossibile]

203 $9x^2+y^2-18x+4y+12=0$ $[(1;-2)]$

204 $4x^2+y^2-4x-35=0$ $\left[\left(\frac{1}{2};0\right)\right]$

205 $9x^2+4y^2-18x+24y+9=0$ $[(1;-3)]$

206 $x^2+3y^2-4x+8=0$ [impossibile]

207 $x^2+4y^2-2x-16y+13=0$ $[(1;2)]$

TUTOR matematica — Allenati con **15 esercizi interattivi** con feedback "hai sbagliato, perché..."
su.zanichelli.it/tutor3 risorsa riservata a chi ha acquistato l'edizione con tutor

Riepilogo: Ellisse

208 TEST Per quali valori di $k \in \mathbb{R}$ l'equazione $x^2+(k-2)y^2=4-k$ rappresenta un'ellisse con i fuochi sull'asse delle ordinate?

A $2<k<3$ B $k<2 \vee k>4$ C $k<4$ D $\forall k \in \mathbb{R}$ E $\nexists k \in \mathbb{R}$

209 Scrivi per quali valori di k l'equazione $\frac{x^2}{k-6}+\frac{y^2}{2}=1$ rappresenta:

a. un'ellisse, precisando per quali valori si ha una circonferenza;
b. un'ellisse con i fuochi sull'asse x;
c. un'ellisse passante per $(-3;1)$.

[a) $k>6$, $k=8$; b) $k>8$; c) $k=24$]

210 Data l'equazione $\frac{x^2}{4}+\frac{y^2}{13-k}=1$, stabilisci per quali valori di k:

a. rappresenta un'ellisse o, come caso particolare, una circonferenza;
b. rappresenta un'ellisse con i fuochi sull'asse y;
c. rappresenta un'ellisse con un fuoco di coordinate $(-1;0)$.

[a) $k<13$, $k=9$; b) $k<9$; c) $k=10$]

211 Determina i valori del parametro k affinché l'equazione $\frac{x^2}{2k+3}+\frac{y^2}{3-k}=1$ rappresenti:

a. un'ellisse;
b. un'ellisse di eccentricità $\sqrt{\frac{3}{5}}$;
c. una circonferenza.

$\left[\text{a) } -\frac{3}{2}<k<3;\ \text{b) } k=1;\ \text{c) } k=0\right]$

212 Data l'ellisse di equazione $\frac{x^2}{12}+\frac{y^2}{4}=1$, determina per quali valori del parametro m la retta di equazione $y=mx-4$:

a. interseca l'ellisse in due punti distinti;
b. è tangente all'ellisse;
c. è esterna all'ellisse.

[a) $m<-1 \vee m>1$; b) $m=\pm 1$; c) $-1<m<1$]

213 Data l'ellisse di equazione $x^2+8y^2=4$, trova il perimetro e l'area del quadrato inscritto in essa. $\left[\frac{16}{3};\frac{16}{9}\right]$

214 Data la circonferenza di equazione $25x^2+25y^2=64$, determina:

a. l'equazione della retta t, tangente alla circonferenza nel suo punto del terzo quadrante di ascissa $-\frac{24}{25}$;
b. le intersezioni A e B di t con gli assi cartesiani;
c. l'equazione dell'ellisse che ha due vertici in A e B.

$\left[\text{a) } 3x+4y+8=0;\ \text{b) } (0;-2), \left(-\frac{8}{3};0\right);\ \text{c) } 9x^2+16y^2=64\right]$

215 Scrivi l'equazione dell'ellisse con il centro nell'origine O, passante per $A(5; 0)$ e $B\left(-4; \frac{9}{5}\right)$, e quella della circonferenza con centro in O e raggio 3. Determina poi i punti di intersezione delle due curve e la lunghezza della corda che l'ellisse individua sulla retta $x = 3$.

$\left[\frac{x^2}{25} + \frac{y^2}{9} = 1;\ x^2 + y^2 = 9;\ (0; 3), (0; -3);\ \frac{24}{5}\right]$

LEGGI IL GRAFICO

216 Determina l'equazione dell'ellisse, le coordinate dei fuochi F_1 e F_2 e l'eccentricità. Scrivi l'equazione della parabola.

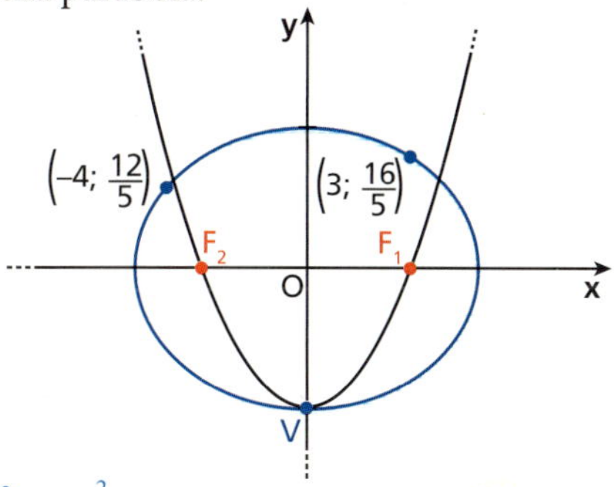

$\left[\frac{x^2}{25} + \frac{y^2}{16} = 1;\ F(\pm 3; 0);\ e = \frac{3}{5};\ y = \frac{4}{9}x^2 - 4\right]$

217 Scrivi il sistema di equazioni che interpreta la figura e risolvilo algebricamente.

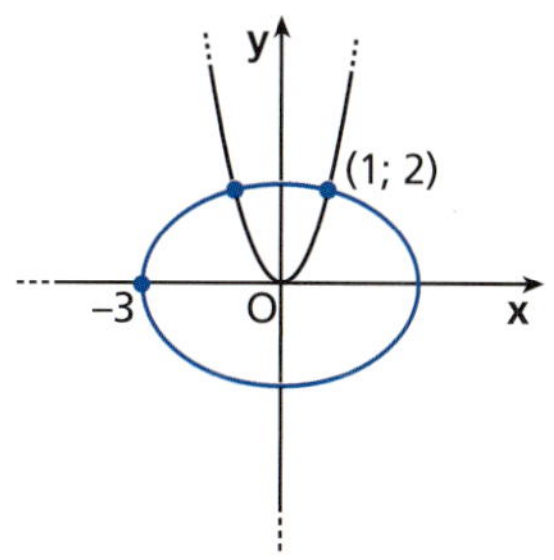

218 Determina l'equazione di un'ellisse con centro nell'origine e i fuochi sull'asse x, che ha la somma delle misure degli assi che vale 6 e l'eccentricità uguale a $\frac{\sqrt{3}}{2}$. Trova quindi l'equazione della tangente nel suo punto di ascissa $\sqrt{3}$ del primo quadrante.

$\left[\frac{x^2}{4} + y^2 = 1;\ y = -\frac{\sqrt{3}}{2}x + 2\right]$

219 Trova l'area del rombo circoscritto all'ellisse di equazione $x^2 + 4y^2 - 40 = 0$, avente un lato sulla tangente all'ellisse nel punto $(2; 3)$ e i vertici sugli assi cartesiani.

$\left[\frac{400}{3}\right]$

220 Trova l'equazione della circonferenza di centro $C(4; 0)$ e passante per il punto $P(4; 5)$. Indicati con F_1 e F_2 i punti di intersezione della circonferenza con l'asse delle ordinate, scrivi l'equazione dell'ellisse passante per $A\left(-\frac{9}{4}; 0\right)$ e con i fuochi in F_1 e F_2.

$\left[x^2 + y^2 - 8x - 9 = 0;\ \frac{16x^2}{81} + \frac{16y^2}{225} = 1\right]$

221 Trova le tangenti all'ellisse di equazione $\frac{3}{64}x^2 + \frac{1}{4}y^2 = 1$ condotte da $P(0; 4)$. Individua i punti di contatto S e T. Scrivi l'equazione della parabola passante per S, T e P.

$\left[y = -\frac{3}{4}x + 4;\ y = \frac{3}{4}x + 4;\ S(4; 1);\ T(-4; 1);\ y = -\frac{3}{16}x^2 + 4\right]$

222 Trova le equazioni delle tangenti alla circonferenza $x^2 + y^2 = 5$ parallele alla retta $y = -2x$. Determina l'equazione dell'ellisse con centro nell'origine, passante per i punti di contatto fra le tangenti trovate e la circonferenza data e avente un vertice nel punto $V(3; 0)$.

$\left[y = -2x - 5;\ y = -2x + 5;\ \frac{1}{9}x^2 + \frac{5}{9}y^2 = 1\right]$

223 Scrivi l'equazione dell'ellisse che ha due vertici nei punti in cui la circonferenza di equazione $4x^2 + 4y^2 = 9$ interseca l'asse y e che passa per il punto in cui la retta di equazione $2x + 4y - 5 = 0$ interseca l'asse x.

$[36x^2 + 100y^2 = 225]$

224 Data la parabola di equazione $y = -\frac{3}{16}x^2 + 3$, determina l'equazione dell'ellisse che ha un fuoco nel vertice della parabola e due vertici nei punti in cui la parabola interseca l'asse x.

$\left[\frac{x^2}{16} + \frac{y^2}{25} = 1\right]$

VERIFICA DELLE COMPETENZE

VERIFICA DELLE COMPETENZE ALLENAMENTO

ANALIZZARE E INTERPRETARE DATI E GRAFICI

LEGGI IL GRAFICO Scrivi le equazioni delle ellissi rappresentate nelle figure.

1

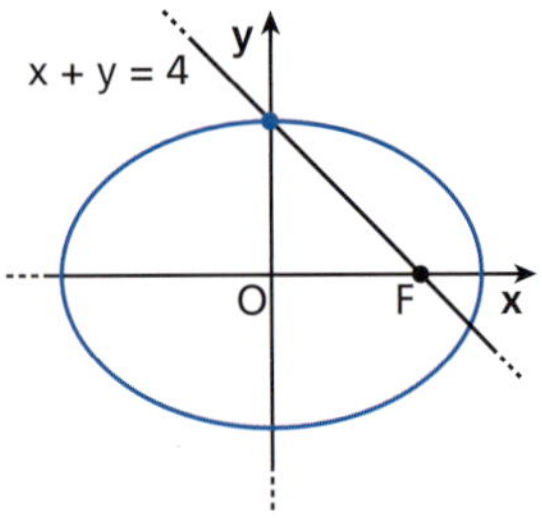

$[x^2 + 2y^2 = 32]$

2

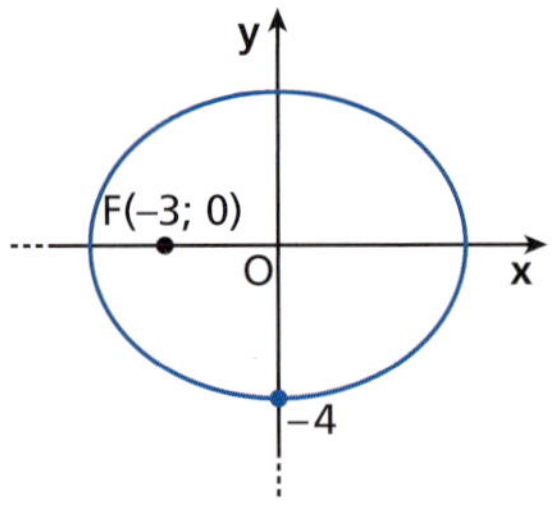

$[16x^2 + 25y^2 = 400]$

3

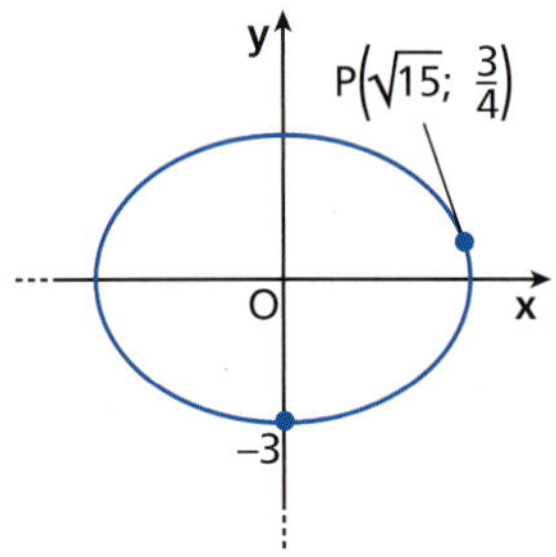

$\left[\frac{x^2}{16} + \frac{y^2}{9} = 1\right]$

Rappresenta nel piano cartesiano le seguenti ellissi, dopo averne determinato i vertici, i fuochi e l'eccentricità.

4 $5x^2 + y^2 = 20$

5 $\frac{4}{7}x^2 + 7y^2 = 28$

6 $x^2 + 4y^2 - 4 = 0$

Traccia i grafici che rappresentano le seguenti equazioni.

7 $y = \frac{3}{2}\sqrt{4 - x^2}$

8 $x = -\frac{1}{3}\sqrt{6 - y^2}$

9 $y = -\frac{4}{3}\sqrt{9 - x^2}$

10 $y = 2\sqrt{-x^2 + 2}$

11 $y = \frac{1}{2}\sqrt{4 - x^2}$

12 $y = 2\sqrt{16 - x^2}$

Interpreta graficamente i seguenti sistemi e risolvili algebricamente.

13 $\begin{cases} \frac{x^2}{9} + y^2 = 1 \\ y = x + 1 \end{cases}$

14 $\begin{cases} \frac{x^2}{25} + \frac{y^2}{4} = 1 \\ y + x = 0 \end{cases}$

15 $\begin{cases} \frac{x^2}{9} + \frac{y^2}{16} = 1 \\ 9y = 2x^2 - 18 \end{cases}$

LEGGI IL GRAFICO Scrivi i sistemi di equazioni che hanno come interpretazione grafica le figure seguenti e risolvili algebricamente.

16

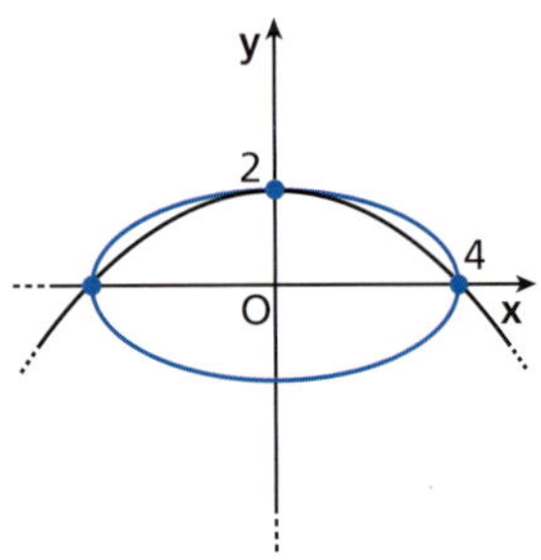

17

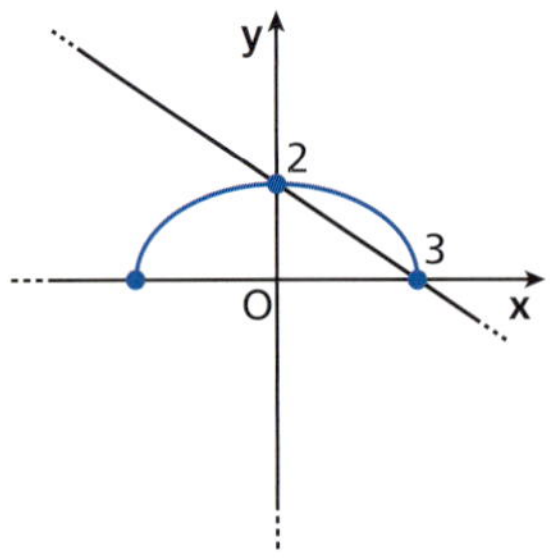

18

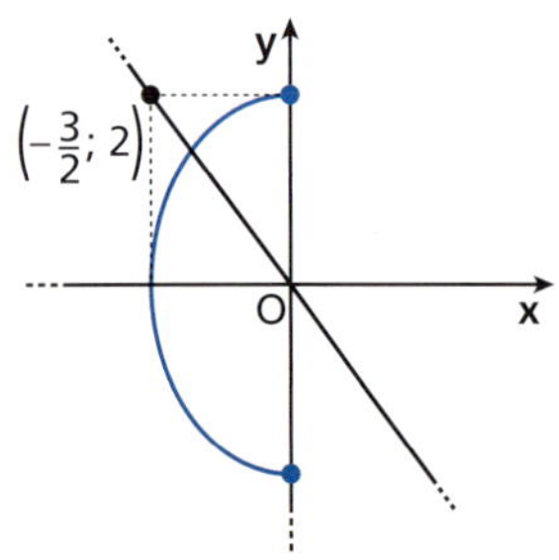

19 **ASSOCIA** i valori del parametro k alla corrispondente proprietà, considerando l'ellisse di equazione $(k-2)x^2 + (k+2)y^2 = k^2 - 4$.

a. Per $k > 2$.

b. Per nessun valore di k.

c. Per $k = 14$.

d. Per $k = 7$.

1. L'ellisse ha i fuochi appartenenti all'asse x.

2. L'ellisse ha l'asse maggiore lungo 6.

3. L'ellisse ha eccentricità $\frac{1}{2}$.

4. L'ellisse ha i fuochi appartenenti all'asse y.

20 ●○ Per quali valori del parametro k il punto $\left(2k-3; \frac{2k+1}{5}\right)$ appartiene all'ellisse di equazione $\frac{4x^2}{25}+\frac{y^2}{4}=1$? $\left[\frac{5}{2}; \frac{9}{34}\right]$

TEST

21 ●○ Fra le seguenti equazioni, quella dell'ellisse passante per i punti $A(0; -\sqrt{3})$ e $B(2; 0)$ è:

A $4x^2+3y^2=12$. B $\frac{x^2}{4}+\frac{y^2}{3}=1$. C $\frac{x^2}{2}+\frac{y^2}{3}=1$. D $\frac{x^2}{3}+\frac{y^2}{2}=1$. E $\frac{x^2}{3}-\frac{y^2}{4}=1$.

22 ●○ L'ellisse di equazione $9x^2+5y^2=45$ ha eccentricità uguale a:

A $\frac{3}{2}$. B $\frac{4}{9}$. C $\frac{2}{3}$. D $\frac{2}{\sqrt{5}}$. E $\frac{9}{4}$.

RISOLVERE PROBLEMI

23 ●○ Determina l'equazione dell'ellisse che ha un vertice in $(0; -2)$ e passa per $(1; \sqrt{2})$. $\left[\frac{x^2}{2}+\frac{y^2}{4}=1\right]$

24 ●○ Scrivi l'equazione dell'ellisse con un vertice in $(0; -4)$ e un fuoco in $(2; 0)$. $[4x^2+5y^2=80]$

25 ●○ Trova le rette passanti per $(4; 2)$ che sono tangenti all'ellisse di equazione $x^2+9y^2=16$. $[x=4; 5x-36y+52=0]$

26 ●● Determina la misura della corda staccata sulla retta di equazione $y=x+2$ dall'ellisse di equazione $2x^2+y^2=8$. $\left[\frac{8}{3}\sqrt{2}\right]$

27 ●● Data l'ellisse di equazione $\frac{x^2}{9}+y^2=5$, stabilisci la posizione di ciascuna delle seguenti rette rispetto all'ellisse e determina gli eventuali punti di intersezione:

a. $x+2y+10=0$;
b. $x+6y-15=0$;
c. $y=x-5$.

[a) esterna; b) tangente in $(3; 2)$; c) secante in $(6; 1)$, $(3; -2)$]

28 ●○ Trova le rette tangenti all'ellisse di equazione $\frac{x^2}{9}+\frac{y^2}{4}=1$ e passanti per il punto $A(-2; 0)$. [impossibile]

29 ●○ Stabilisci la posizione della retta di equazione $y=x-3$ rispetto all'ellisse di equazione $3x^2+2y^2-1=0$. [esterna]

30 ●● Rappresenta l'ellisse di equazione $x^2+4y^2=25$ e trova la misura della corda che l'ellisse stacca sulla retta di equazione $x-4y-5=0$. $[2\sqrt{17}]$

31 ●○ Scrivi l'equazione dell'ellisse $\frac{x^2}{a^2}+\frac{y^2}{b^2}=1$ passante per i punti $\left(\frac{1}{2}; -\frac{3\sqrt{7}}{10}\right)$ e $\left(-2; \frac{2\sqrt{3}}{5}\right)$. $[x^2+25y^2=16]$

32 ●○ Scrivi l'equazione dell'ellisse tangente alla retta di equazione $x+2y=4$ nel suo punto di ascissa 1. $\left[\frac{x^2}{4}+\frac{y^2}{3}=1\right]$

33 ●○ Determina l'equazione dell'ellisse che ha un fuoco in $(\sqrt{2}; 0)$ e l'asse minore lungo 1. Trova quindi le equazioni delle tangenti condotte dal punto $(0; 2)$. $\left[\frac{x^2}{3}+y^2=1; y=x+2, y=-x+2\right]$

34 ●○ La retta di equazione $y-2x+6=0$ interseca l'asse x in F. Determina l'equazione dell'ellisse che ha un fuoco in F ed eccentricità $\frac{3}{5}$. $\left[\frac{x^2}{25}+\frac{y^2}{16}=1\right]$

35 ●○ È data l'ellisse di equazione $\frac{x^2}{9}+\frac{y^2}{4}=1$. Calcola perimetro e area del rettangolo a essa circoscritto. [20; 24]

36 ●● Scrivi le equazioni delle circonferenze inscritta e circoscritta all'ellisse di equazione
$9x^2+25y^2=225$. $[x^2+y^2=9; x^2+y^2=25]$

37 Il rettangolo di vertici $(-4; 2)$, $(4; 2)$, $(4; -2)$, $(-4; -2)$ è circoscritto a un'ellisse; determinane l'equazione. $[x^2 + 4y^2 = 16]$

38 Calcola l'area del triangolo ABC della figura, inscritto nell'ellisse di equazione $9x^2+16y^2=36$. $\left[\frac{8\sqrt{2}}{3}\right]$

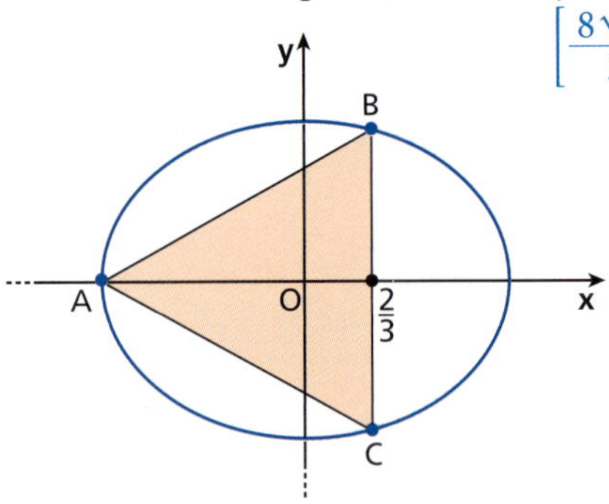

39 Determina i punti di intersezione A e B dell'ellisse di equazione $\frac{x^2}{9} + \frac{y^2}{4} = 1$ con la retta di equazione $y = 2x - 2$ e calcola l'area del triangolo ABO, essendo O l'origine del sistema di riferimento. $\left[A(0; -2), B\left(\frac{9}{5}; \frac{8}{5}\right); \frac{9}{5}\right]$

40 Scrivi l'equazione dell'ellisse che nel suo punto di coordinate $\left(1; \frac{2}{3}\sqrt{2}\right)$ ha per tangente la retta di equazione $x + 6\sqrt{2}y - 9 = 0$. $\left[\frac{x^2}{9} + y^2 = 1\right]$

41 Dato il punto $P(1; \sqrt{2})$, sull'ellisse di equazione $2x^2 + y^2 = 4$, determina:

a. la lunghezza della corda staccata dall'ellisse sulla retta passante per l'origine e per P;

b. l'equazione della tangente all'ellisse in P.

$[a)\ 2\sqrt{3};\ b)\ y = -\sqrt{2}x + 2\sqrt{2}]$

42 Trova l'equazione dell'ellisse, con il centro nell'origine O e con i fuochi sull'asse x, che ha gli assi lunghi 8 e 6. Calcola poi l'area del rettangolo che ha i vertici nei punti di intersezione dell'ellisse con le bisettrici dei quadranti. $\left[\frac{x^2}{16} + \frac{y^2}{9} = 1; \frac{576}{25}\right]$

43 L'ellisse di equazione $\frac{x^2}{a^2} + \frac{y^2}{b^2} = 1$ passa per $A(-\sqrt{3}; 0)$ e $P(1; -2)$. Determina a e b, scrivi l'equazione della retta tangente in P alla curva e calcola l'area del triangolo AOP, essendo O l'origine del sistema di riferimento. $[a = \sqrt{3}, b = \sqrt{6}; y = x - 3; \sqrt{3}]$

44 Determina perimetro e area del rettangolo inscritto nell'ellisse di equazione $4x^2 + 25y^2 = 100$, avente due vertici sulla retta di equazione $5y - 6 = 0$. $\left[\frac{104}{5}; \frac{96}{5}\right]$

COSTRUIRE E UTILIZZARE MODELLI

45 **Aerei da caccia** Durante la Seconda guerra mondiale, furono costruiti numerosi modelli di aerei da caccia le cui ali avevano, per ragioni aerodinamiche, il profilo posteriore ellittico.
La figura a lato mostra uno schema del Reggiane Re.2005 «Sagittario». Sapendo che l'eccentricità del profilo posteriore dell'ala del velivolo è 0,96, determina la profondità complessiva dell'ala. $[2{,}29\ \text{m}]$

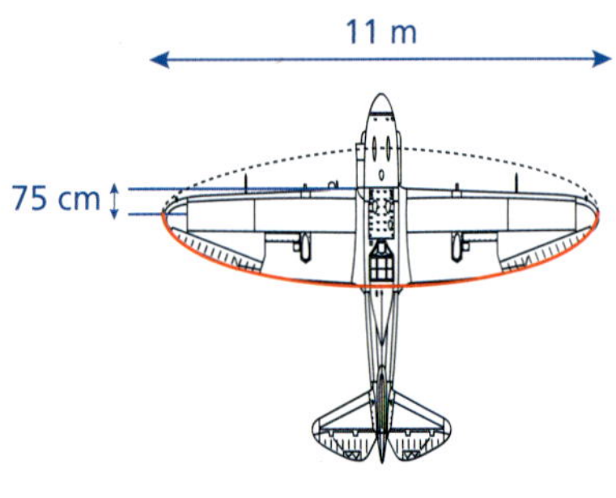

46 **La sveglia** Una sveglia ha il quadrante a forma di ellisse con assi di 10 e 6 cm; le lancette sono fissate sull'asse maggiore (quello orizzontale), distanti 3 cm dal vertice destro, e i numeri delle ore sono scritti sul bordo esterno.

a. Fissato il sistema di riferimento con l'origine nel centro dell'ellisse, qual è la lunghezza massima della lancetta dei minuti?

b. Individua sull'ellisse i punti in cui vanno scritte le ore (procedi solo per via grafica, non algebrica). $[a) \simeq 2{,}6\ \text{cm}]$

TUTOR matematica Allenati con **15 esercizi interattivi** con feedback "hai sbagliato, perché..."
su.zanichelli.it/tutor3 risorsa riservata a chi ha acquistato l'edizione con tutor

VERIFICA DELLE COMPETENZE PROVE

1 ora

PROVA A

1 Determina l'equazione dell'ellisse della figura e le coordinate dei suoi fuochi.

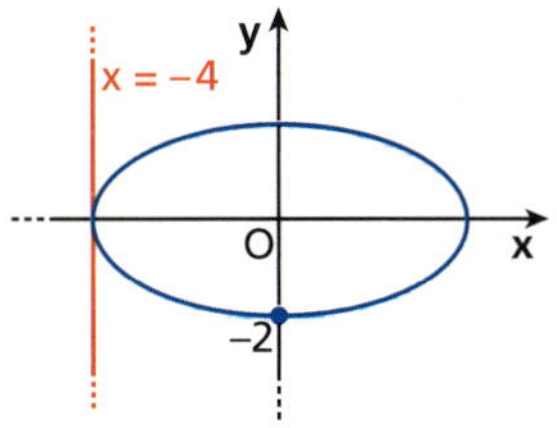

2 Traccia le ellissi di cui è data l'equazione e determina le coordinate dei vertici, quelle dei fuochi e l'eccentricità.

a. $25x^2 + y^2 = 25$

b. $x^2 + 9y^2 = 16$

c. $x^2 + 10y^2 - 10x + 15 = 0$

3 Data la retta di equazione $2x + 3y - 4 = 0$, verifica che è tangente all'ellisse di equazione $x^2 + \frac{3}{4}y^2 = 1$ e calcola le coordinate del punto di contatto.

4 Stabilisci se il punto $P(-2; 0)$ appartiene all'ellisse di equazione $4x^2 + y^2 = 8$ e scrivi le equazioni delle rette tangenti all'ellisse passanti per P.

5 Determina l'equazione dell'ellisse passante per $P\left(2; \frac{5}{3}\sqrt{5}\right)$ e avente un vertice in $A(3; 0)$.

6 Scrivi l'equazione dell'ellisse con i fuochi sull'asse delle ordinate, un vertice in $A(3; 0)$ ed eccentricità $e = \frac{\sqrt{2}}{2}$. Successivamente calcola l'area dei rettangoli inscritti nell'ellisse aventi perimetro che misura 20.

PROVA B

Ellisse nell'ellisse Un architetto sta progettando una stanza di forma ellittica delle dimensioni riportate in figura. Nella direzione nord vuole collocare una vetrata piana e a sud una porta d'ingresso a due battenti. Al centro della stanza l'architetto pensa di posizionare un tavolo di forma ellittica.

a. Nel sistema di riferimento in figura, dove l'unità è il metro, scrivi l'equazione che descrive il profilo della stanza.

b. Qual è la distanza tra la vetrata e la porta?

c. L'architetto vuole che il tavolo abbia l'asse minore di 4 m e la stessa eccentricità della stanza. Quanto deve essere lungo l'asse maggiore? Scrivi l'equazione che descrive il tavolo.

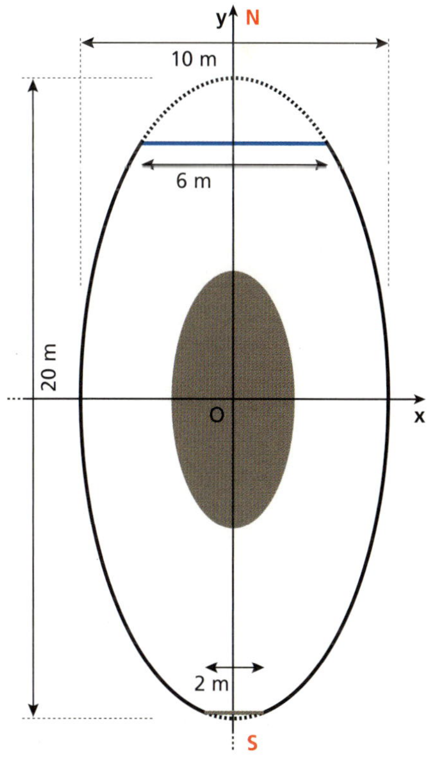

T

CAPITOLO

7 IPERBOLE

1 Iperbole e sua equazione

▶ Esercizi a p. 353

Iperbole come luogo geometrico

Listen to it

Given two points, F_1 and F_2, a **hyperbola** is a plane curve such that, for every point P on the curve, the absolute value of the difference between the distances to F_1 and F_2 is constant. F_1 and F_2 are called the **focal points** or **foci**.

DEFINIZIONE

Assegnati nel piano due punti, F_1 e F_2, si chiama **iperbole** il luogo geometrico dei punti P del piano che hanno costante la differenza delle distanze da F_1 e da F_2:

$$\left|\overline{PF_1} - \overline{PF_2}\right| = \textbf{costante}.$$

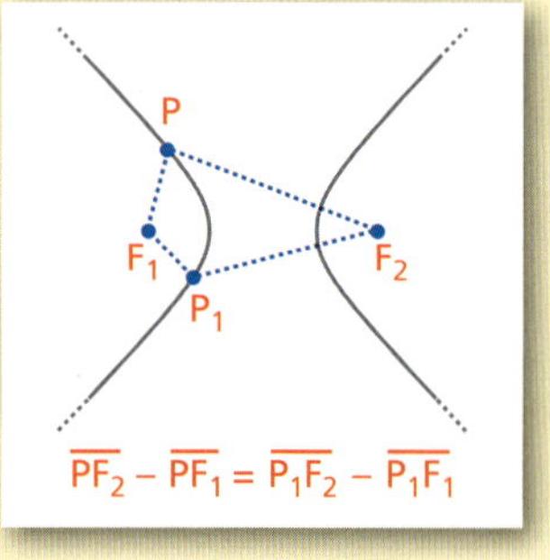

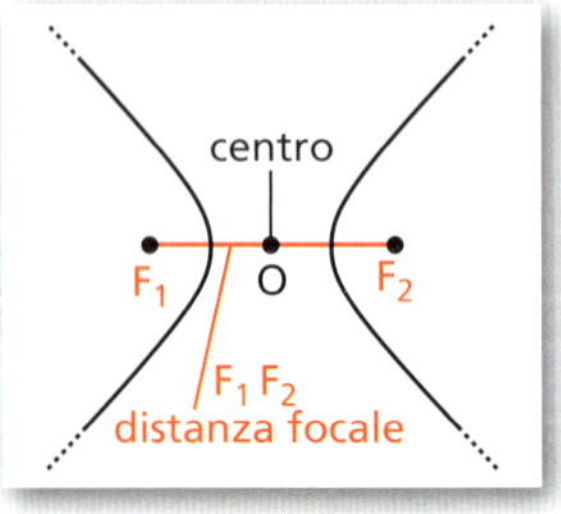

F_1 e F_2 sono i **fuochi** dell'iperbole.

Il punto medio del segmento F_1F_2 è il **centro** dell'iperbole.

Indichiamo con:

$2c$ la distanza tra F_1 e F_2, detta **distanza focale**;

$2a$ la differenza costante fra le distanze di ognuno dei punti dell'iperbole dai fuochi.

a e c sono due valori costanti e positivi.

Se P è un generico punto dell'iperbole, dalla definizione data segue

$$\overline{PF_1} - \overline{PF_2} = 2a \quad \text{se} \quad \overline{PF_1} - \overline{PF_2} > 0, \text{ cioè se } P \text{ è più vicino a } F_2,$$

oppure:

$$\overline{PF_2} - \overline{PF_1} = 2a \quad \text{se} \quad \overline{PF_2} - \overline{PF_1} > 0, \text{ ovvero se } P \text{ è più vicino a } F_1.$$

Queste due relazioni si possono riassumere nell'uguaglianza:

$$\left|\overline{PF_1} - \overline{PF_2}\right| = 2a.$$

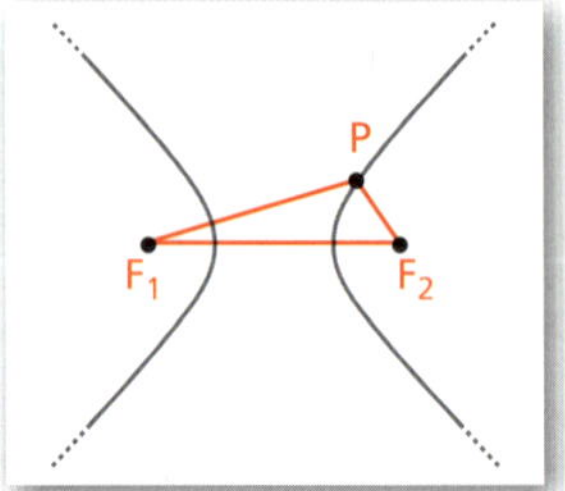

In un triangolo un lato è maggiore della differenza degli altri due, quindi considerato il triangolo PF_1F_2:

$$\left|\overline{PF_1} - \overline{PF_2}\right| < \overline{F_1F_2} \;\rightarrow\; 2a < 2c \;\rightarrow\; \boldsymbol{a < c}.$$

Equazione dell'iperbole con i fuochi sull'asse *x*

Nel piano cartesiano, consideriamo un'iperbole con centro nell'origine degli assi e fuochi F_1 e F_2 sull'asse x.
Le coordinate dei fuochi sono allora $F_1(-c; 0)$ e $F_2(c; 0)$.

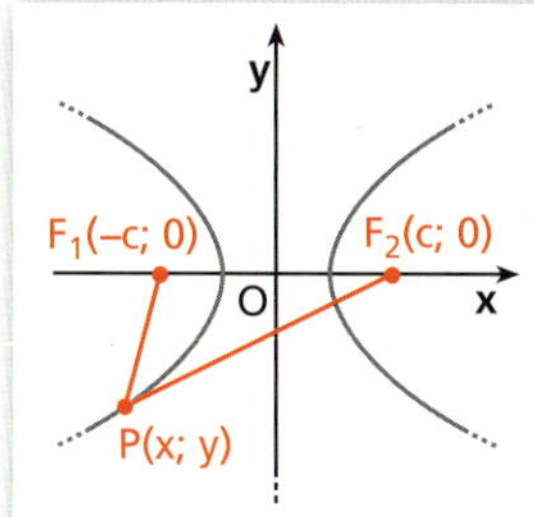

Indicato con $P(x; y)$ un generico punto del piano, poiché P appartiene all'iperbole se e solo se

$$\left|\overline{PF_1} - \overline{PF_2}\right| = 2a,$$

utilizzando la formula della distanza fra due punti, otteniamo:

$$\left|\sqrt{(x-c)^2+y^2} - \sqrt{(x+c)^2+y^2}\right| = 2a.$$

Eliminiamo il valore assoluto:

$$\sqrt{(x-c)^2+y^2} - \sqrt{(x+c)^2+y^2} = \pm 2a.$$

Con calcoli analoghi a quelli svolti per l'ellisse, otteniamo l'equazione:

$$(c^2-a^2)x^2 - a^2y^2 = a^2(c^2-a^2).$$

Essendo $a < c$, è anche $a^2 < c^2 \rightarrow c^2 - a^2 > 0$.
Poniamo allora: $\boldsymbol{c^2 - a^2 = b^2}$. L'equazione diventa:

$$b^2x^2 - a^2y^2 = a^2b^2.$$

Dividiamo tutti i termini per a^2b^2:

$$\boldsymbol{\frac{x^2}{a^2} - \frac{y^2}{b^2} = 1},$$ **equazione canonica dell'iperbole con i fuochi sull'asse *x*.**

Viceversa, si può dimostrare che ogni equazione del tipo $\frac{x^2}{a^2} - \frac{y^2}{b^2} = 1$ rappresenta un'iperbole.

ESEMPIO

Troviamo a e b nell'iperbole di equazione $25x^2 - 4y^2 = 36$.
Dividiamo i due membri per 36:

$$\frac{25x^2}{36} - \frac{y^2}{9} = 1,$$

che si può anche scrivere:

$$\frac{x^2}{\frac{36}{25}} - \frac{y^2}{9} = 1 \rightarrow a^2 = \frac{36}{25} \text{ e } b^2 = 9 \rightarrow a = \frac{6}{5} \text{ e } b = 3.$$

Video

Iperbolografo

▶ Come tracciare un'iperbole su un foglio? Con l'aiuto di un iperbolografo!

▶ Trova a e b nell'iperbole di equazione: $49x^2 - 16y^2 = 1$.

Equazione dell'iperbole con i fuochi sull'asse *y*

Se un'iperbole ha centro nell'origine degli assi e fuochi F_1 e F_2 sull'asse y, indichiamo le coordinate dei fuochi con $F_1(0; -c)$ e $F_2(0; c)$.
Chiamando $2b$ la differenza costante fra le distanze di un punto P dell'iperbole dai fuochi, abbiamo:

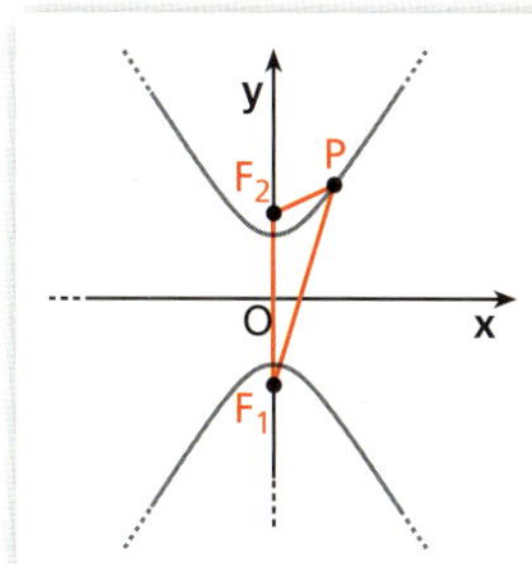

$$\left|\overline{PF_1} - \overline{PF_2}\right| = 2b.$$

Con calcoli analoghi a quelli visti per l'iperbole con i fuochi sull'asse x, otteniamo:

$$\boldsymbol{\frac{x^2}{a^2} - \frac{y^2}{b^2} = -1},$$ **equazione canonica dell'iperbole con i fuochi sull'asse *y*.**

In questo caso si pone $\boldsymbol{c^2 - b^2 = a^2}$.

Simmetrie

Nell'equazione canonica, sia dell'iperbole con fuochi sull'asse x sia di quella con fuochi sull'asse y, le variabili x e y compaiono solo elevate al quadrato; pertanto, se $P_1(x_1; y_1)$ è un punto dell'iperbole, lo sono anche i punti $P_2(-x_1; y_1)$, $P_3(x_1; -y_1)$ e $P_4(-x_1; -y_1)$, perché $x_1^2 = (-x_1)^2$ e $y_1^2 = (-y_1)^2$.

L'iperbole è quindi una curva simmetrica rispetto all'asse x, all'asse y e all'origine.

Si dice anche che l'equazione canonica rappresenta un'iperbole riferita al centro e ai suoi assi di simmetria o, più semplicemente, *un'iperbole riferita ai propri assi.*

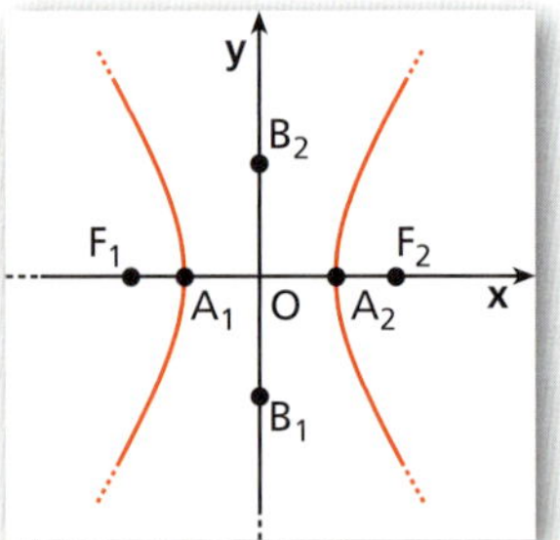

Vertici e assi

Se l'iperbole ha i fuochi sull'asse x, per determinare le sue intersezioni con l'asse x, mettiamo a sistema le rispettive equazioni:

$$\begin{cases} \dfrac{x^2}{a^2} - \dfrac{y^2}{b^2} = 1 \\ y = 0 \end{cases} \rightarrow \begin{cases} \dfrac{x^2}{a^2} = 1 \\ y = 0 \end{cases} \rightarrow \begin{cases} x^2 = a^2 \\ y = 0 \end{cases} \rightarrow \begin{cases} x = \pm a \\ y = 0 \end{cases}.$$

Quindi $A_1(-a; 0)$ e $A_2(a; 0)$ sono le intersezioni dell'iperbole con l'asse x e si dicono **vertici reali** dell'iperbole. Il segmento A_1A_2 si chiama **asse trasverso**. Ha lo stesso nome anche la retta che passa per A_1 e A_2, ossia l'asse x. Il numero a è la misura della lunghezza del semiasse trasverso. Inoltre i fuochi, che si trovano sull'asse x, giacciono sull'asse trasverso.

Analogamente, per determinare le intersezioni con l'asse y, risolviamo il sistema:

$$\begin{cases} \dfrac{x^2}{a^2} - \dfrac{y^2}{b^2} = 1 \\ x = 0 \end{cases} \rightarrow \begin{cases} \dfrac{-y^2}{b^2} = 1 \\ x = 0 \end{cases} \rightarrow \begin{cases} y^2 = -b^2 \\ x = 0 \end{cases}.$$

La prima equazione è impossibile: *l'iperbole non ha intersezioni con l'asse y.*

Per disegnare l'iperbole, è utile evidenziare sull'asse y i punti $B_1(0; -b)$ e $B_2(0; b)$, anche se non sono punti di intersezione tra l'iperbole e l'asse delle ordinate.
Tali punti sono anche detti **vertici non reali**. La retta B_1B_2, perpendicolare all'asse trasverso, è detta **asse non trasverso**, così come il segmento B_1B_2. Il numero b è la misura della lunghezza del semiasse non trasverso.

Se l'iperbole ha i fuochi sull'asse y, valgono considerazioni analoghe, ma:

- **l'asse y è l'asse trasverso** e i **vertici reali** sono i punti $\boldsymbol{B_1(0; -b)}$ e $\boldsymbol{B_2(0; b)}$;
- **l'asse x è l'asse non trasverso** e i punti $\boldsymbol{A_1(-a; 0)}$ e $\boldsymbol{A_2(a; 0)}$ sono i **vertici non reali**.

Coordinate dei fuochi

Data l'equazione di un'iperbole, con i fuochi sull'asse x, determiniamo le loro coordinate. Poiché $c^2 - a^2 = b^2$, otteniamo $c^2 = a^2 + b^2$, $c = \sqrt{a^2 + b^2}$, quindi i fuochi hanno coordinate:

$$\boldsymbol{F_1\left(-\sqrt{a^2+b^2}; 0\right), \qquad F_2\left(\sqrt{a^2+b^2}; 0\right).}$$

Analogamente, se l'iperbole ha i **fuochi sull'asse y**, le loro coordinate sono:

$$\boldsymbol{F_1\left(0; -\sqrt{a^2+b^2}\right), F_2\left(0; \sqrt{a^2+b^2}\right).}$$

Rappresentazione di un'iperbole

Disegniamo il rettangolo con i lati paralleli agli assi cartesiani e passanti per i punti A_1, A_2, B_1 e B_2 (figura **a**). Le misure di metà dei lati del rettangolo sono a e b, mentre c, per il teorema di Pitagora, è la misura di metà della diagonale: $c^2 = a^2 + b^2$.

Disegniamo anche le due rette sulle quali giacciono le diagonali del rettangolo, dette **asintoti** dell'iperbole (figura **b**). Poiché passano entrambe per l'origine e una per il punto $(a; b)$ e l'altra per $(a; -b)$, abbiamo:

$$y = \frac{b}{a}x \text{ e } y = -\frac{b}{a}x,$$ **equazioni degli asintoti**.

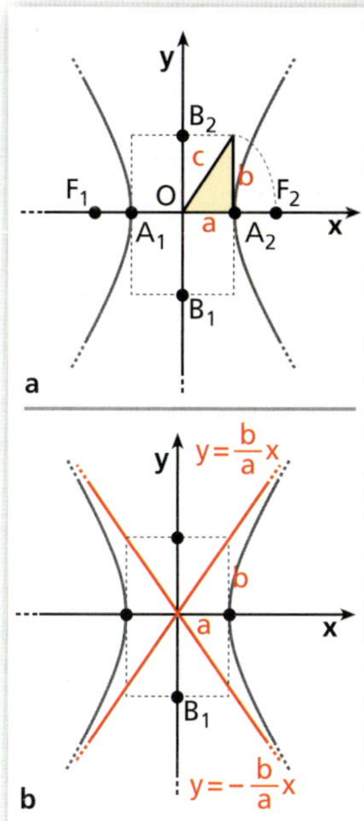

Si può dimostrare che tutti i punti dell'iperbole sono esterni al rettangolo e interni a quelle porzioni di piano delimitate dagli asintoti che contengono i fuochi.
Inoltre, si dimostra che gli asintoti sono rette che non intersecano mai la curva, ma le si avvicinano sempre più man mano che ci si allontana dall'origine.
L'iperbole non è una curva chiusa ed è costituita da due **rami** distinti.

ESEMPIO

a. Animazione | Nell'iperbole di equazione $\frac{x^2}{9} - \frac{y^2}{16} = 1$:

$$a = 3,\ b = 4 \text{ e } c = \sqrt{9 + 16} = \sqrt{25} = 5,$$

quindi i vertici reali sono $A_1(-3; 0)$, $A_2(3; 0)$, quelli non reali $B_1(0; -4)$, $B_2(0; 4)$; i fuochi sono $F_1(-5; 0)$ e $F_2(5; 0)$; le equazioni degli asintoti $y = \frac{4}{3}x$ e $y = -\frac{4}{3}x$.

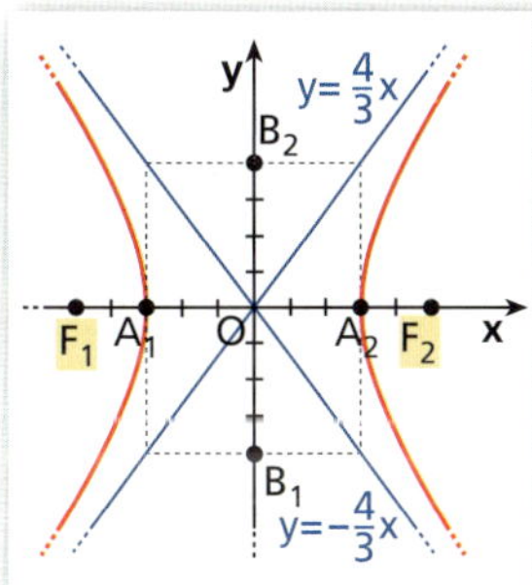

b. Nell'iperbole di equazione $\frac{x^2}{4} - \frac{y^2}{16} = -1$:

$$a = 2, b = 4 \text{ e } c = \sqrt{4 + 16} = \sqrt{20} = 2\sqrt{5},$$

quindi i vertici reali sono $B_1(0; -4)$, $B_2(0; 4)$, quelli non reali $A_1(-2; 0)$, $A_2(2; 0)$; i fuochi sono $F_1(0; -2\sqrt{5})$ e $F_2(0; 2\sqrt{5})$; le equazioni degli asintoti $y = -2x$ e $y = 2x$.

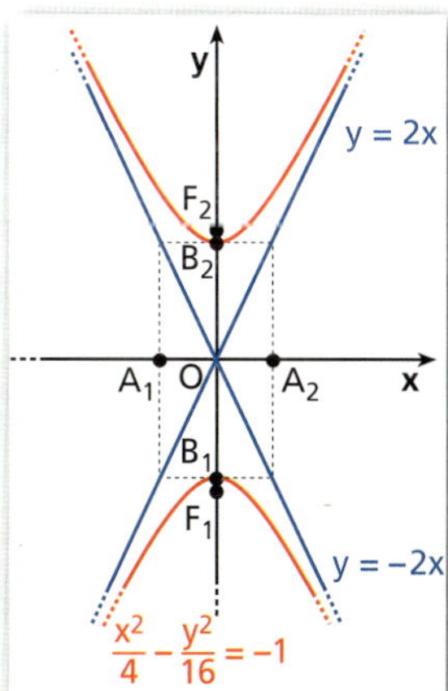

Eccentricità

L'**eccentricità** di un'iperbole è il rapporto fra la distanza focale e la lunghezza dell'asse trasverso:

$$e = \frac{\textbf{distanza focale}}{\textbf{lunghezza dell'asse trasverso}}.$$

Nell'iperbole con i fuochi sull'asse x la distanza focale è $2c$, mentre la lunghezza dell'asse trasverso è $2a$, quindi l'eccentricità è data dal rapporto:

$$e = \frac{c}{a} = \frac{\sqrt{a^2 + b^2}}{a}.$$

Poiché $c > a > 0$, osserviamo che $e > 1$.

▶ Calcola le coordinate dei vertici, quelle dei fuochi, l'equazione degli asintoti e l'eccentricità dell'iperbole di equazione $x^2 - \frac{y^2}{9} = 1$. Traccia poi l'iperbole.

Per comprendere il significato geometrico dell'eccentricità dell'iperbole, esaminiamo tre iperboli con lo stesso valore di a ($a = 4$) e diversi valori di b. All'aumentare di b, aumenta c, quindi aumenta e. A eccentricità maggiore corrisponde maggiore apertura dei rami dell'iperbole.

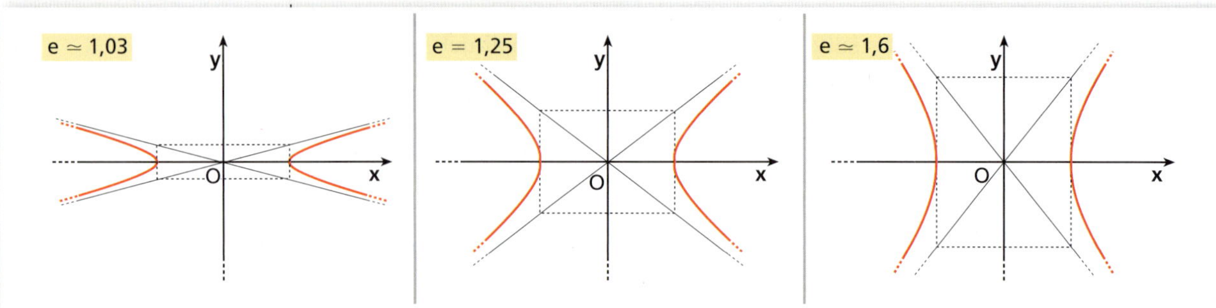

Considerazioni analoghe valgono per l'**iperbole con i fuochi sull'asse** y, per la quale la lunghezza dell'asse trasverso è $2b$ e l'**eccentricità** è:

$$e = \frac{c}{b} = \frac{\sqrt{a^2 + b^2}}{b}.$$

In sintesi

Iperbole	
Iperbole con i fuochi sull'asse *x*	**Iperbole con i fuochi sull'asse *y***
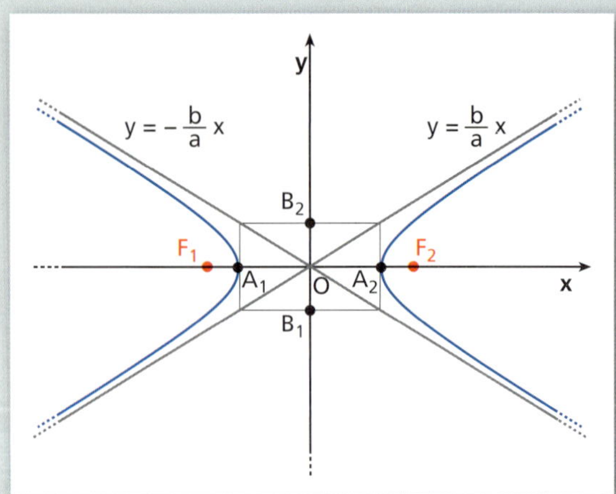	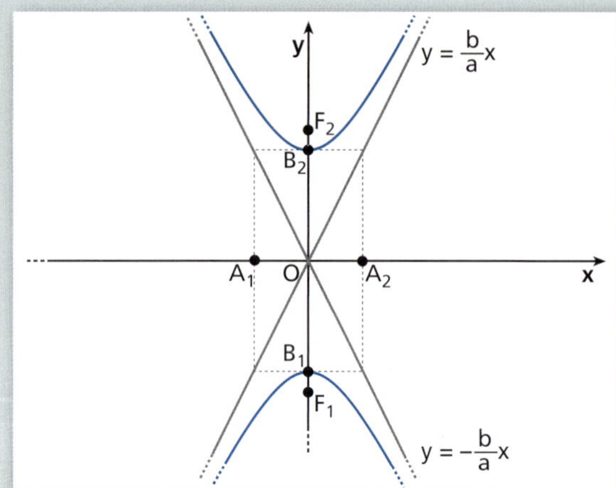
Equazione: $\frac{x^2}{a^2} - \frac{y^2}{b^2} = 1$.	**Equazione**: $\frac{x^2}{a^2} - \frac{y^2}{b^2} = -1$.
Asintoti: $y = -\frac{b}{a}x$, $y = \frac{b}{a}x$.	**Asintoti**: $y = -\frac{b}{a}x$, $y = \frac{b}{a}x$.
Fuochi: $F_1(-c; 0)$, $F_2(c; 0)$, con $c = \sqrt{a^2 + b^2}$.	**Fuochi**: $F_1(0; -c)$, $F_2(0; c)$, con $c = \sqrt{a^2 + b^2}$.
Eccentricità: $e = \frac{c}{a} = \frac{\sqrt{a^2 + b^2}}{a}$.	**Eccentricità**: $e = \frac{c}{b} = \frac{\sqrt{a^2 + b^2}}{b}$.

Animazione **Animazione**

Nelle figure dinamiche delle animazioni puoi osservare:

- come varia la forma dell'iperbole al variare dei semiassi;
- la proprietà dell'iperbole come luogo geometrico.

TEORIA

Iperbole e funzioni

L'equazione $\frac{x^2}{a^2} - \frac{y^2}{b^2} = 1$ non rappresenta una funzione perché a ogni x, con $x < -a$ o $x > a$, corrispondono due valori di y.

Analogamente $\frac{x^2}{a^2} - \frac{y^2}{b^2} = -1$ non rappresenta una funzione perché a ogni $x \in \mathbb{R}$ corrispondono due valori di y.

Si possono ottenere funzioni se si pongono particolari condizioni. Per esempio, le due equazioni sono funzioni se consideriamo soltanto valori di y tali che $y \geq 0$.

Listen to it

A generic hyperbola is not a function; we have a function only if we put certain restrictions on the domain and on the range.

2 Iperboli e rette

Posizione di una retta rispetto a un'iperbole

▶ Esercizi a p. 358

Un'iperbole e una retta possono essere secanti in due punti, essere tangenti in un punto, non intersecarsi in alcun punto oppure, se la retta è parallela a un asintoto, intersecarsi in un punto.

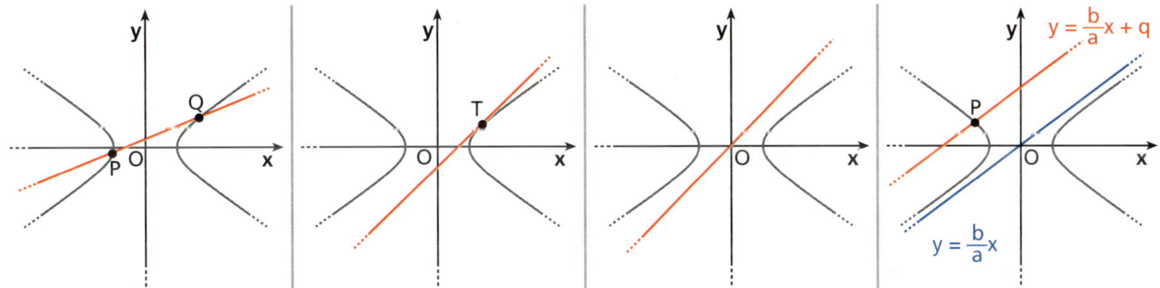

a. La retta è secante l'iperbole. I punti di intersezione sono due.

b. La retta, non parallela agli asintoti, è tangente all'iperbole. Il punto di intersezione è unico e si chiama *punto di tangenza*.

c. La retta è esterna all'iperbole. Non vi sono punti di intersezione.

d. La retta è parallela a un asintoto: la retta è secante e il punto di intersezione è unico.

Se vogliamo stabilire la posizione di una retta di equazione $a'x + b'y + c' = 0$, rispetto a un'iperbole di equazione $\frac{x^2}{a^2} - \frac{y^2}{b^2} = 1$, consideriamo il sistema formato dalle due equazioni e studiamo l'equazione risolvente.

- Se l'equazione risolvente è di secondo grado, studiamo il segno del discriminante Δ:
  se $\mathbf{\Delta > 0}$, il sistema ha due soluzioni reali e la retta è secante l'iperbole in due punti;
  se $\mathbf{\Delta = 0}$, il sistema ha due soluzioni reali e coincidenti e la retta è tangente all'iperbole in un punto;
  se $\mathbf{\Delta < 0}$, il sistema non ha soluzioni reali e la retta è esterna all'iperbole.
- Se l'equazione risolvente è di primo grado, la retta è secante l'iperbole in un solo punto.

ESEMPIO Animazione

Studiamo la posizione della retta di equazione $2x + 3y - 4 = 0$ rispetto all'iperbole di equazione $\frac{x^2}{9} - \frac{y^2}{4} = 1$. Risolviamo il sistema:

$$\begin{cases} \frac{x^2}{9} - \frac{y^2}{4} = 1 \\ 2x + 3y - 4 = 0 \end{cases} \rightarrow \begin{cases} \frac{1}{9}\left(\frac{-3y+4}{2}\right)^2 - \frac{y^2}{4} = 1 \\ x = \frac{-3y+4}{2} \end{cases}.$$

L'equazione risolvente è:

$$9y^2 + 16 - 24y - 9y^2 = 36 \rightarrow -24y = 20 \rightarrow 6y = -5 \rightarrow y = -\frac{5}{6}.$$

Dall'equazione di primo grado abbiamo ottenuto un solo valore, quindi la retta è secante l'iperbole in un solo punto, che ha coordinate $P\left(\frac{13}{4}; -\frac{5}{6}\right)$.

Si ricava che la retta è secante in un solo punto anche osservando che il suo coefficiente angolare è $-\frac{2}{3}$, e quindi la retta è parallela all'asintoto di equazione $y = -\frac{2}{3}x$.

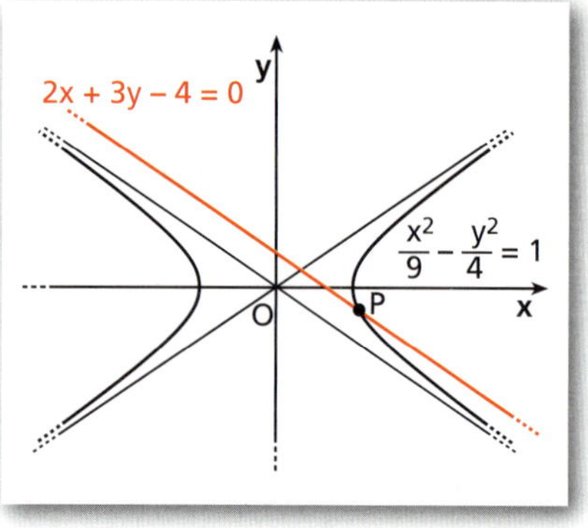

▶ Determina la posizione della retta $y = 1$ rispetto all'iperbole di equazione $\frac{x^2}{4} - \frac{y^2}{16} = -1$.

Tangenti a un'iperbole

▶ Esercizi a p. 361

Per determinare le equazioni delle eventuali rette tangenti condotte da un punto $P(x_0; y_0)$ all'iperbole di equazione $\frac{x^2}{a^2} - \frac{y^2}{b^2} = 1$, dobbiamo porre:

$$\Delta = 0,$$

dove Δ è il discriminante dell'equazione risolvente il sistema tra l'equazione della retta generica passante per P e l'equazione dell'iperbole.
Otteniamo due, una o nessuna tangente, a seconda della posizione del punto P (figure **a**, **b**, **c**).

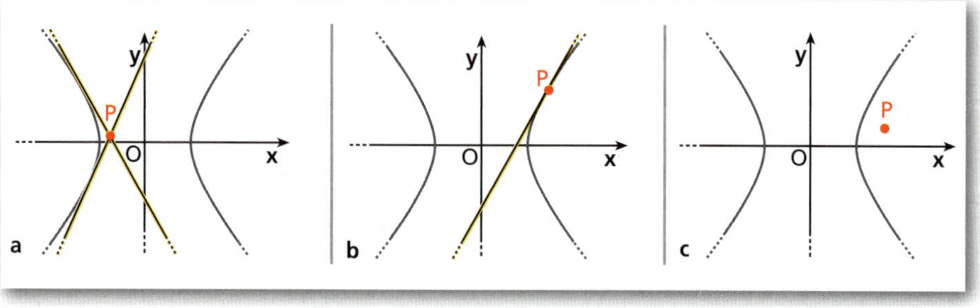

Se il punto P appartiene a un asintoto, allora fra le equazioni delle tangenti si trova anche l'equazione dell'asintoto stesso. Gli asintoti, infatti, sono considerati tangenti all'iperbole in un punto all'infinito.

Formula di sdoppiamento

▶ Esercizi a p. 362

Per determinare l'equazione della retta *tangente all'iperbole in un suo punto* $P(x_0; y_0)$, si può utilizzare la **formula di sdoppiamento**:

$$\frac{xx_0}{a^2} - \frac{yy_0}{b^2} = 1; \quad \text{per l'iperbole } \frac{x^2}{a^2} - \frac{y^2}{b^2} = 1$$

$$\frac{xx_0}{a^2} - \frac{yy_0}{b^2} = -1. \quad \text{per l'iperbole } \frac{x^2}{a^2} - \frac{y^2}{b^2} = -1$$

Le formule si ottengono dall'equazione canonica dell'iperbole sostituendo il termine x^2 con xx_0 e il termine y^2 con yy_0.

▶ Trova l'equazione della tangente all'iperbole di equazione $\frac{x^2}{16} - y^2 = 1$ nel suo punto $P\left(5; -\frac{3}{4}\right)$.

3 Determinare l'equazione di un'iperbole

▶ Esercizi a p. 363

Poiché nell'equazione dell'iperbole sono presenti due coefficienti a e b, per determinarla occorrono due condizioni sull'iperbole, in modo da impostare un sistema di due equazioni nelle incognite a e b.
La conoscenza di un vertice fornisce direttamente il valore di a o b. Gli altri tipi di condizioni forniscono invece delle equazioni nelle incognite a e b.
Condizioni di questo tipo si ottengono se, per esempio, sono note le coordinate di un punto o quelle dei fuochi.

ESEMPIO Animazione

Determiniamo l'equazione dell'iperbole con un fuoco nel punto $F(\sqrt{5}; 0)$ e passante per $P\left(\frac{\sqrt{5}}{2}; 1\right)$.

Dalle coordinate del fuoco ricaviamo:

$$a^2 + b^2 = 5.$$

Sostituiamo le coordinate di P nell'equazione canonica dell'iperbole:

$$\frac{5}{4a^2} - \frac{1}{b^2} = 1.$$

Risolviamo il sistema costituito dalle due equazioni ottenute:

$$\begin{cases} a^2 + b^2 = 5 \\ \frac{5}{4a^2} - \frac{1}{b^2} = 1 \end{cases} \to \begin{cases} a^2 = 5 - b^2 \\ 5b^2 - 4a^2 = 4a^2b^2 \end{cases} \to$$

$$\begin{cases} a^2 = 5 - b^2 \\ 5b^2 - 20 + 4b^2 = 20b^2 - 4b^4 \end{cases} \to \begin{cases} a^2 = 5 - b^2 \\ 4b^4 - 11b^2 - 20 = 0 \end{cases}.$$

Ricaviamo b^2 dalla seconda equazione.

$$b^2 = \frac{11 \pm \sqrt{121 + 320}}{8} = \frac{11 \pm 21}{8} \begin{cases} -\frac{5}{4} \\ 4 \end{cases}$$

$b^2 = -\frac{5}{4}$ non è accettabile.

Per $b^2 = 4$, otteniamo:

$$a^2 = 5 - b^2 = 5 - 4 = 1.$$

L'equazione richiesta è:

$$x^2 - \frac{y^2}{4} = 1.$$

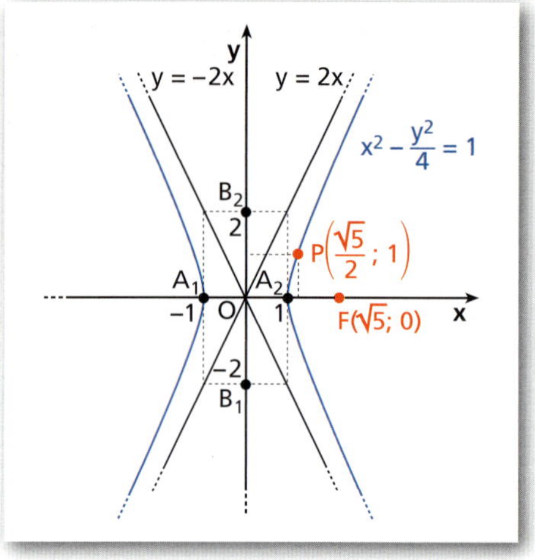

► Determina l'equazione dell'iperbole che ha un vertice reale in $(0; -5)$ e ha per asintoto la retta $y = \frac{5}{2}x$.

4 Iperbole traslata

▶ Esercizi a p. 367

Analogamente a quanto visto per l'ellisse, se trasformiamo un'iperbole con una traslazione di vettore $\vec{v}$, la curva ottenuta è ancora un'iperbole.

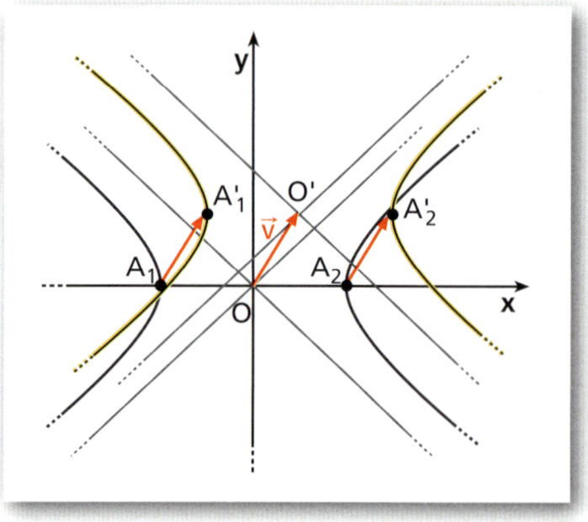

L'iperbole traslata ha il centro, i vertici, gli assi di simmetria e gli asintoti che sono i corrispondenti di quelli dell'iperbole data.

Si dimostra che l'equazione di un'iperbole traslata nella traslazione di vettore $\vec{v}(p; q)$ è:

$$\frac{(x-p)^2}{a^2} - \frac{(y-q)^2}{b^2} = 1$$ se i fuochi sono sull'asse x;

$$\frac{(x-p)^2}{a^2} - \frac{(y-q)^2}{b^2} = -1$$ se i fuochi sono sull'asse y.

Svolgendo i calcoli e con opportune posizioni, queste equazioni possono essere scritte nella forma:

$$a'x^2 + b'y^2 + c'x + d'y + e' = 0.$$

Abbiamo quindi un'equazione di secondo grado nelle incognite x e y, come l'equazione dell'ellisse traslata. Rispetto a questa, però, nell'equazione dell'iperbole traslata, a' e b' hanno segno opposto.

Viceversa, data un'equazione $a'x^2 + b'y^2 + c'x + d'y + e' = 0$, si può dimostrare che, se a' e b' hanno segno opposto, allora, o rappresenta un'iperbole o rappresenta una coppia di rette passanti per il centro di simmetria, che è un'**iperbole degenere** perché le due rette si ottengono dall'intersezione fra una superficie conica e un piano che contiene l'asse del cono.

5 Iperbole equilatera

Riferita agli assi di simmetria

▶ Esercizi a p. 369

Se nell'equazione canonica $a = b$, l'iperbole si dice **equilatera**.

Se i fuochi sono sull'asse x, l'equazione dell'iperbole è:

$$\frac{x^2}{a^2} - \frac{y^2}{a^2} = 1 \rightarrow \boldsymbol{x^2 - y^2 = a^2}.$$

Se i fuochi sono sull'asse y, l'equazione dell'iperbole equilatera è:

$$\frac{x^2}{a^2} - \frac{y^2}{a^2} = -1 \rightarrow \boldsymbol{x^2 - y^2 = -a^2}.$$

Essendo $2a = 2b$, il rettangolo che ha lati paralleli all'asse trasverso e a quello non trasverso diventa un quadrato. Le equazioni degli **asintoti** sono:

$$\boldsymbol{y = x} \quad \text{e} \quad \boldsymbol{y = -x}.$$

Gli asintoti coincidono con le bisettrici dei quadranti e sono quindi perpendicolari tra di loro.

La semidistanza focale nell'iperbole equilatera è $c = \sqrt{a^2 + a^2} = a\sqrt{2}$, e l'**eccentricità** vale

$$e = \frac{a\sqrt{2}}{a} \rightarrow \boldsymbol{e = \sqrt{2}}.$$

ESEMPIO

L'iperbole di equazione

$x^2 - y^2 = 9$

ha per vertici

$A_1(-3;0)$, $A_2(3;0)$,

$B_1(0;-3)$ e $B_2(0;3)$.

I fuochi sono

$F_1(-3\sqrt{2};0)$ e $F_2(3\sqrt{2};0)$.

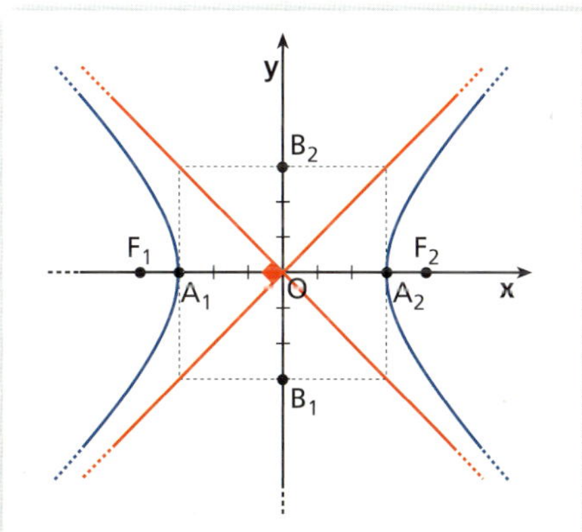

▶ Determina vertici, fuochi, asintoti ed eccentricità dell'iperbole di equazione $x^2 - y^2 = -1$; traccia poi il suo grafico.

Riferita agli asintoti

▶ Esercizi a p. 370

Nell'iperbole equilatera riferita agli assi di simmetria, gli asintoti coincidono con le bisettrici dei quadranti, ovvero sono perpendicolari fra loro. Prendiamo allora gli asintoti come assi, X e Y, di un nuovo sistema di riferimento per l'iperbole.

Consideriamo l'iperbole nei due sistemi di riferimento Oxy e OXY. Sia P un punto dell'iperbole, esso ha coordinate $(x; y)$ nel primo sistema e $(X; Y)$ nel secondo.

Listen to it

When $a = b$, we have a **rectangular hyperbola** or **equilateral hyperbola** or **right hyperbola**.

TEORIA

MATEMATICA INTORNO A NOI

Le torri di raffreddamento In tanti processi industriali si raggiungono temperature di lavorazione elevatissime. C'è quindi la necessità di raffreddare le acque di scarico. Molti impianti industriali sono dotati di ciminiere a forma iperbolica all'interno delle quali l'acqua di scarico viene vaporizzata e raffreddata.

▶ Perché le torri di raffreddamento hanno forma iperbolica?

La risposta

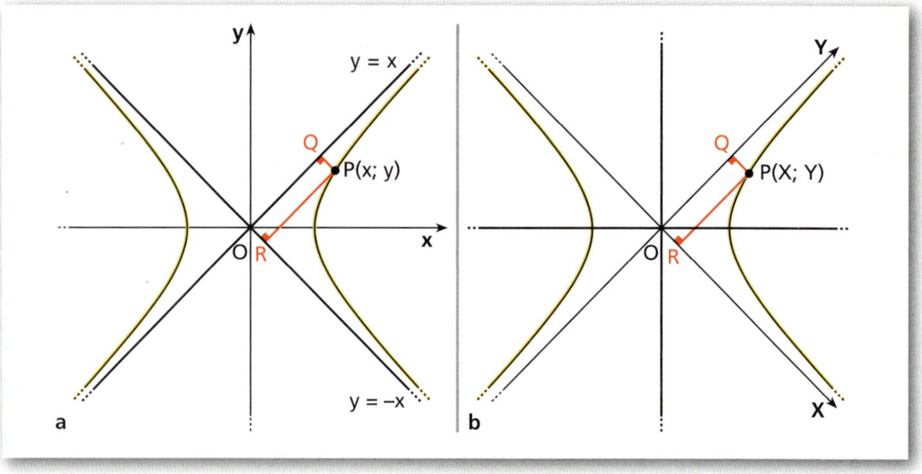

Calcoliamo $\overline{PQ}$, $\overline{PR}$ e il loro prodotto usando la formula della distanza di un punto da una retta.

Nel riferimento *Oxy*	Nel riferimento *OXY*
$\overline{PQ} = \frac{\mid x-y \mid}{\sqrt{2}}$	$\overline{PQ} = \mid X \mid$
$\overline{PR} = \frac{\mid x+y \mid}{\sqrt{2}}$	$\overline{PR} = \mid Y \mid$
$\overline{PQ} \cdot \overline{PR} = \frac{\mid x-y \mid}{\sqrt{2}} \cdot \frac{\mid x+y \mid}{\sqrt{2}} = \frac{\mid x^2-y^2 \mid}{2} = \frac{a^2}{2}$	$\overline{PQ} \cdot \overline{PR} = \mid X \mid \cdot \mid Y \mid = \mid X \cdot Y \mid$

Confrontiamo i risultati ottenuti:

$$|XY| = \frac{a^2}{2} \rightarrow XY = \pm\frac{a^2}{2}.$$

Abbiamo ottenuto due equazioni relative al riferimento OXY, quello degli asintoti. Se i rami dell'iperbole si trovano nel primo e nel terzo quadrante, l'equazione è $XY = \frac{a^2}{2}$, mentre, se si trovano nel secondo e nel quarto quadrante, è $XY = -\frac{a^2}{2}$.

Per semplicità, anche nel caso di iperbole equilatera riferita ai propri asintoti, indichiamo gli assi con x e y (anziché con X e Y).

Ponendo uguale a k l'espressione costante del secondo membro, otteniamo che l'equazione di un'iperbole equilatera riferita ai propri asintoti è:

$$\boldsymbol{xy = k}, \qquad \text{con } k \text{ costante positiva o negativa.}$$

L'equazione $xy = k$, ovvero $y = \frac{k}{x}$, indica che fra le variabili x e y c'è **proporzionalità inversa**; k è la costante di proporzionalità.

La relazione fra le costanti a e k è quindi:

$$k = \frac{a^2}{2} \quad \text{o} \quad k = -\frac{a^2}{2}.$$

Listen to it

If there exists a non-zero constant k such that $y = \frac{k}{x}$, we say that y is **inversely proportional** to x. This relation is expressed by a hyperbola whose asymptotes lie along the axes.

Nella figura esaminiamo i due possibili casi.

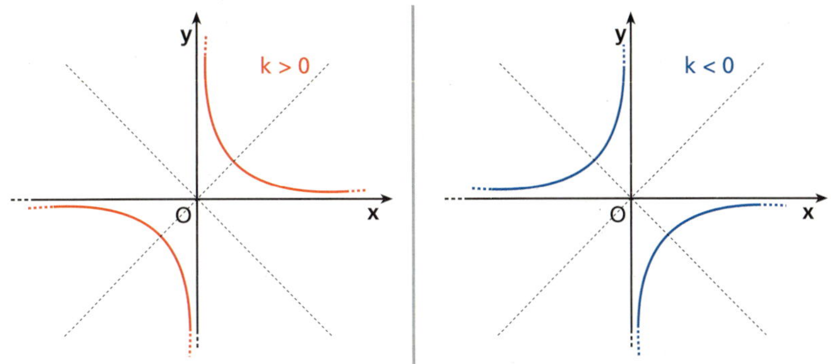

a. Se $k > 0$, i rami dell'iperbole sono nel primo e terzo quadrante.

b. Se $k < 0$, i rami dell'iperbole sono nel secondo e quarto quadrante.

Gli assi di simmetria dell'iperbole equilatera riferita agli asintoti sono le bisettrici dei quadranti, quindi i fuochi e i vertici appartengono a tali rette.

Le coordinate dei vertici reali sono le soluzioni del sistema:

$$\begin{cases} xy = k \\ y = x \end{cases} \quad \text{per } k > 0 \ \rightarrow \ A_1(-\sqrt{k}; -\sqrt{k}) \text{ e } A_2(\sqrt{k}; \sqrt{k});$$

$$\begin{cases} xy = k \\ y = -x \end{cases} \quad \text{per } k < 0 \ \rightarrow \ A_1(-\sqrt{-k}; \sqrt{-k}) \text{ e } A_2(\sqrt{-k}; -\sqrt{-k}).$$

La misura del semiasse trasverso in entrambi i casi è:

$$a = \overline{OA_2} = \sqrt{|k| + |k|} = \sqrt{2|k|}.$$

La semidistanza focale è:

$$\overline{OF_2} = c = a\sqrt{2} = \sqrt{2|k|} \cdot \sqrt{2} = 2\sqrt{|k|}.$$

Le coordinate dei fuochi sono:

per $k > 0$: $F_1(-\sqrt{2k}; -\sqrt{2k})$ e $F_2(\sqrt{2k}; \sqrt{2k})$;

per $k < 0$: $F_1(-\sqrt{-2k}; \sqrt{-2k})$ e $F_2(\sqrt{-2k}; -\sqrt{-2k})$.

ESEMPIO

L'iperbole equilatera di equazione

$$xy = -4$$

ha per asse trasverso la bisettrice del secondo e quarto quadrante.

I vertici reali sono i punti

$$A_1(-2; 2) \text{ e } A_2(2; -2).$$

I fuochi sono:

$$F_1(-2\sqrt{2}; 2\sqrt{2});$$

$$F_2(2\sqrt{2}; -2\sqrt{2}).$$

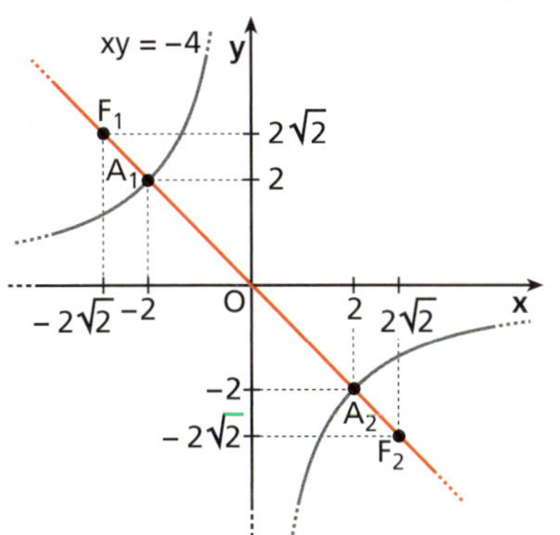

Video

Il problema di Delo

Si narra che un oracolo chiese di costruire un altare di forma cubica di volume doppio rispetto a quello esistente per placare le ire di Apollo.

▶ Come risolvere il problema con l'aiuto dell'iperbole?

Animazione

Nell'animazione, oltre alla rappresentazione di $xy = -4$ e $xy = 2$, puoi osservare nella figura dinamica le caratteristiche dell'iperbole equilatera al variare di k.

Funzione omografica

▶ Esercizi a p. 373

ESEMPIO

Determiniamo l'equazione dell'iperbole ottenuta applicando la traslazione di vettore $\vec{v}(1; 3)$ all'iperbole equilatera, riferita agli asintoti, di equazione $xy = 1$.

Scriviamo le equazioni della traslazione e ricaviamo x e y:

$$\begin{cases} x' = x + 1 \\ y' = y + 3 \end{cases} \rightarrow \begin{cases} x = x' - 1 \\ y = y' - 3 \end{cases}.$$

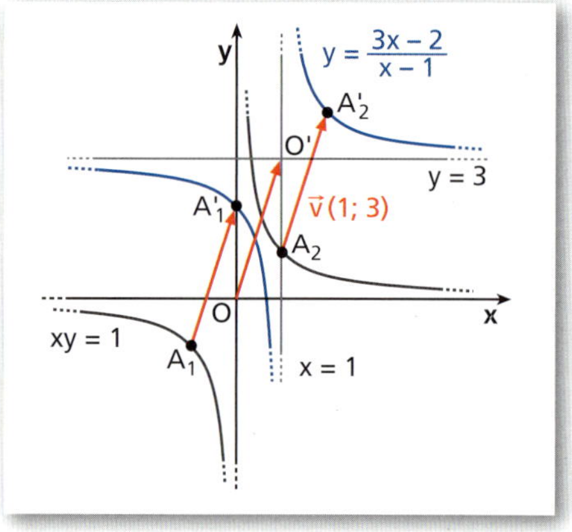

Sostituiamo in $xy = 1$ le espressioni di x e y e togliamo gli apici:

$$(x - 1)(y - 3) = 1.$$

Ricaviamo y:

$$y - 3 = \frac{1}{x - 1} \rightarrow y = 3 + \frac{1}{x - 1}$$

$$y = \frac{3x - 3 + 1}{x - 1} \rightarrow y = \frac{3x - 2}{x - 1}.$$

L'equazione ottenuta rappresenta un'iperbole equilatera che ha centro in $O'(1; 3)$ e asintoti paralleli agli assi cartesiani di equazioni $x = 1$ e $y = 3$.

Animazione

Nell'animazione, oltre a costruire passo passo il grafico di $y = \frac{3x-2}{x-1}$, mediante la traslazione, puoi osservare con una figura dinamica le caratteristiche di $y = \frac{ax+b}{cx+d}$, al variare di a, b, c, d.

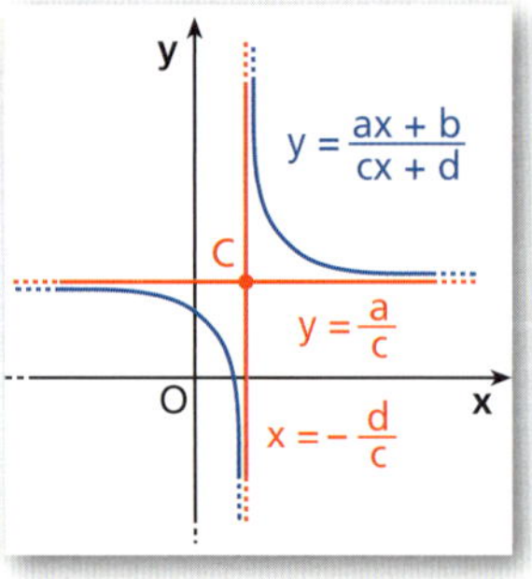

In generale, si può dimostrare che, se si considera un'iperbole equilatera che ha gli asintoti paralleli agli assi cartesiani, allora tale curva ha un'equazione del tipo:

$$\boldsymbol{y = \frac{ax + b}{cx + d}}, \qquad \text{con } c \neq 0 \text{ e } ad - bc \neq 0.$$

Questa equazione è una particolare funzione, la **funzione omografica**.

Le equazioni degli asintoti sono: $\boldsymbol{x = -\frac{d}{c}}$ e $\boldsymbol{y = \frac{a}{c}}$.

Le coordinate del centro di simmetria sono: $\boldsymbol{C\left(-\frac{d}{c}; \frac{a}{c}\right)}$.

Viceversa, si può dimostrare che ogni equazione del tipo precedente rappresenta un'iperbole equilatera.

ESEMPIO

L'equazione $y = \frac{x-3}{x-2}$ rappresenta un'iperbole che ha centro $C(2; 1)$. Per disegnare il grafico, segniamo C e gli asintoti $x = 2$, verticale, e $y = 1$, orizzontale. Possiamo poi considerare alcuni punti dell'iperbole, per esempio le intersezioni con gli assi:

$$A\left(0; \frac{3}{2}\right); \ B(3; 0).$$

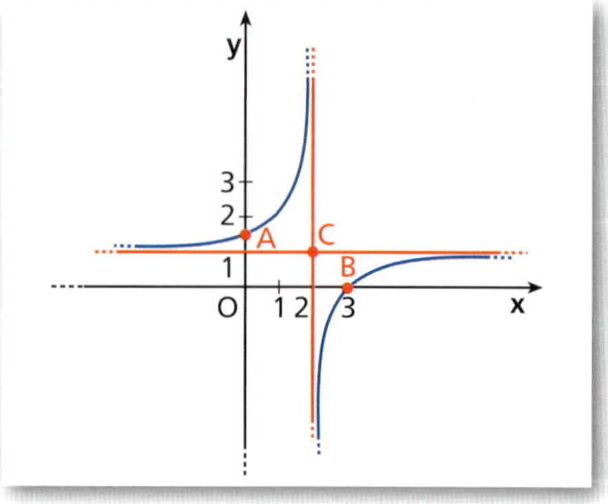

▶ Disegna il grafico della funzione $f(x)$ di equazione

$$y = \frac{x}{2 - x}$$

e trova la sua funzione inversa $f^{-1}(x)$.

Animazione

Nell'esempio che segue, esaminiamo com'è possibile trovare l'equazione di una funzione omografica, note alcune condizioni.

ESEMPIO Animazione

Scriviamo l'equazione della funzione omografica il cui grafico ha centro in (2; 3) e passa per $\left(-1; \frac{7}{3}\right)$. Dalle informazioni del problema otteniamo tre equazioni, che mettiamo a sistema.

$$\begin{cases} -\dfrac{d}{c} = 2 & \text{ascissa del centro = 2} \\ \dfrac{a}{c} = 3 & \text{ordinata del centro = 3} \\ \dfrac{7}{3} = \dfrac{-a+b}{-c+d} & \text{passaggio per } \left(-1; \frac{7}{3}\right) \end{cases} \rightarrow \begin{cases} d = -2c \\ a = 3c \\ \dfrac{7}{3} = \dfrac{-3c+b}{-3c} \end{cases} \rightarrow \begin{cases} d = -2c \\ a = 3c \\ b = -4c \end{cases}$$

Sostituendo nell'equazione generica e dividendo numeratore e denominatore per $c \neq 0$, otteniamo l'equazione della funzione, $y = \dfrac{3x-4}{x-2}$, di cui possiamo disegnare il grafico.

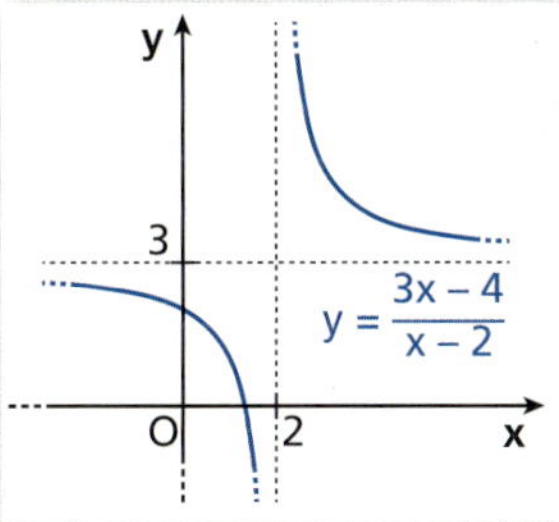

► Determina l'equazione della funzione omografica il cui grafico ha centro in $C(2; 2)$ e passa per l'origine. $\left[y = \dfrac{2x}{x-2}\right]$

Affinché l'equazione $y = \dfrac{ax+b}{cx+d}$ rappresenti un'iperbole occorre che sia $c \neq 0$ e $ad - bc \neq 0$.
Se una di queste due condizioni non è soddisfatta, l'equazione rappresenta invece una retta.
Infatti, se $c = 0$, l'equazione diventa:

$$y = \frac{ax+b}{d} \rightarrow y = \frac{a}{d}x + \frac{b}{d},$$

che rappresenta una retta.

Se $ad - bc = 0$, allora:

$$ad = bc \rightarrow \frac{a}{c} = \frac{b}{d}.$$

Indicando con m il rapporto $\dfrac{a}{c}$, abbiamo:

$$\frac{a}{c} = \frac{b}{d} = m \rightarrow a = mc \text{ e } b = md.$$

Sostituendo a e b nell'equazione data, otteniamo:

$$y = \frac{mcx+md}{cx+d} \rightarrow y = \frac{m(cx+d)}{cx+d} \rightarrow y = m, \quad \text{con } x \neq -\frac{d}{c},$$

che è l'equazione di una retta parallela all'asse x, privata del suo punto di ascissa $-\dfrac{d}{c}$.

ESEMPIO

L'equazione $y = \dfrac{2x+6}{x+3}$ **non** rappresenta un'iperbole equilatera perché si può scrivere:

$$y = \frac{2(x+3)}{x+3} \rightarrow y = 2, \quad \text{con } x \neq -3.$$

Si tratta quindi di una retta parallela all'asse x privata del punto $(-3; 2)$.

TEORIA

IN SINTESI
Iperbole

Equazione dell'iperbole

Fuochi sull'asse x

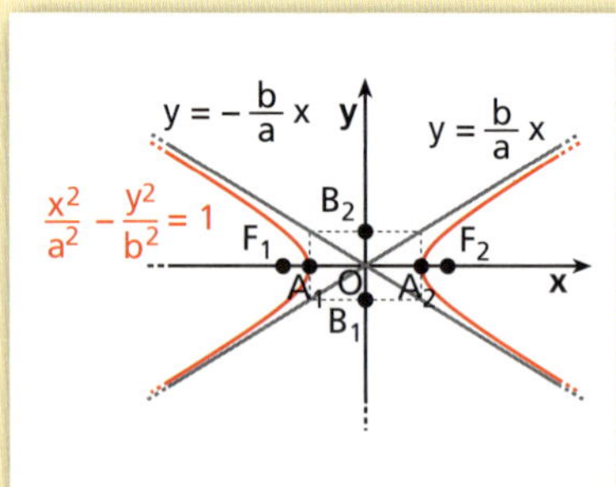

$\frac{x^2}{a^2}-\frac{y^2}{b^2}=1$ **Equazione** $\frac{x^2}{a^2}-\frac{y^2}{b^2}=-1$

Vertici

$A_1(-a;0)$, $A_2(a;0)$, $B_1(0;-b)$, $B_2(0;b)$

$F_1(-c;0)$, $F_2(c;0)$ **Fuochi** $F_1(0;-c)$, $F_2(0;c)$

Asintoti

$y=\frac{b}{a}x,\ y=-\frac{b}{a}x$

Eccentricità

$e=\frac{c}{a}=\frac{\sqrt{a^2+b^2}}{a}$ $\qquad e>1 \qquad$ $e=\frac{c}{b}=\frac{\sqrt{a^2+b^2}}{b}$

Fuochi sull'asse y

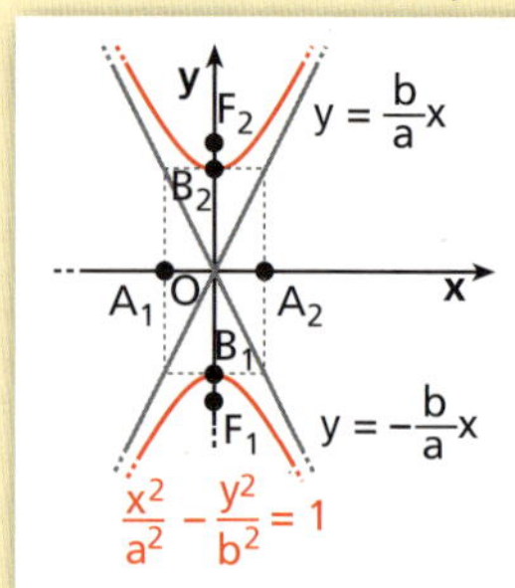

Rette tangenti a un'iperbole

- Per determinare le equazioni delle eventuali **rette tangenti** condotte da un punto $P(x_0; y_0)$ alla generica iperbole di equazione $\frac{x^2}{a^2}-\frac{y^2}{b^2}=1$, si pone la condizione di tangenza, $\boldsymbol{\Delta=0}$, nell'equazione risolvente del sistema formato dalle equazioni dell'iperbole e del fascio di rette passanti per P.
- **Formula di sdoppiamento**: $\frac{xx_0}{a^2}-\frac{yy_0}{b^2}=1$ o $\frac{xx_0}{a^2}-\frac{yy_0}{b^2}=-1$.

  Fornisce l'equazione della tangente a un'iperbole in un suo punto $(x_0; y_0)$.

Iperbole equilatera e funzione omografica

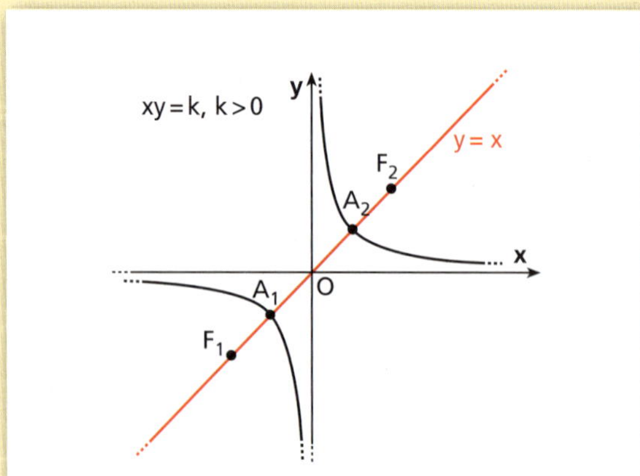

Iperbole equilatera

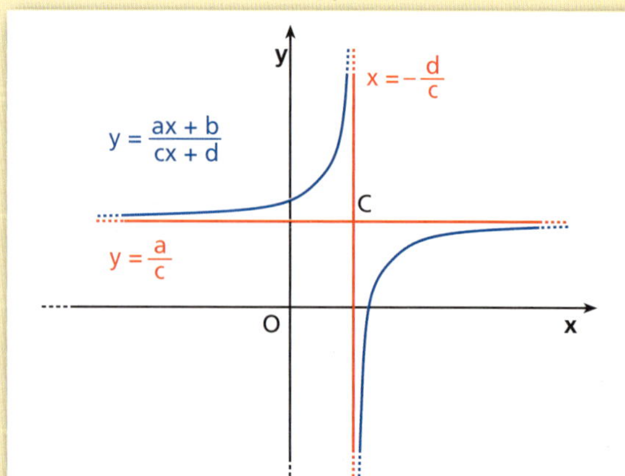

Funzione omografica

CAPITOLO 7
ESERCIZI

1 Iperbole e sua equazione

▶ Teoria a p. 338

Determina l'equazione dell'iperbole come luogo geometrico dei punti del piano per i quali la differenza delle distanze dai punti *A* e *B* ha il valore assegnato.

1 $A(-4; 0)$, $B(4; 0)$; 6. $\left[\frac{x^2}{9} - \frac{y^2}{7} = 1\right]$

2 $A(0; -3)$, $B(0; 3)$; 4. $\left[\frac{x^2}{5} - \frac{y^2}{4} = -1\right]$

Riconosci quali delle seguenti equazioni rappresentano iperboli, scrivile nella forma canonica e stabilisci se i fuochi appartengono all'asse *x* o all'asse *y*.

3 a. $\frac{x^2}{4} - \frac{y^2}{3} = 2$ b. $6x^2 - y^2 + 1 = 0$ c. $9x^2 - y^2 = 1$

4 a. $y^2 = 3 - x^2$ b. $7x^2 = y^2 + 2$ c. $4x^2 = y^2 - 4$

5 a. $x^2 - 4y^2 = -4$ b. $\frac{x^2}{6} - \frac{8}{9}y^2 = 1$ c. $y^2 = x^2 + 8$

6 a. $\frac{y^2}{4} - \frac{x^2}{3} = \frac{1}{12}$ b. $9x^2 - y^2 = -4$ c. $y^2 = x^2 - 3$

7 **CACCIA ALL'ERRORE** Trova l'errore commesso nel trasformare le equazioni in forma canonica.

a. $x^2 - 3y^2 = -1 \rightarrow x^2 - \frac{y^2}{3} = -1$

b. $5x^2 - 4y^2 = -20 \rightarrow \frac{x^2}{4} - \frac{y^2}{5} = 1$

c. $2y^2 - 9x^2 = 18 \rightarrow \frac{x^2}{2} - \frac{y^2}{9} = 1$

d. $\frac{9}{4}x^2 - 9y^2 = \frac{4}{9} \rightarrow x^2 - \frac{y^2}{4} = 1$

Trova per quali valori di *k* le seguenti equazioni rappresentano un'iperbole con i fuochi sull'asse *x*.

8 $\frac{x^2}{2k+6} + \frac{y^2}{2k} = 1$ $[-3 < k < 0]$

9 $(k+1)x^2 + y^2 = 2k$ $[k < -1]$

10 **ESERCIZIO GUIDA** Data l'iperbole di equazione $9x^2 - 16y^2 = 144$, determiniamo la misura del semiasse trasverso, le coordinate dei vertici e dei fuochi, l'eccentricità e l'equazione degli asintoti; poi rappresentiamo la curva graficamente.

- Dividiamo entrambi i membri dell'equazione data per il termine noto 144, per ridurla in forma canonica:

$$\frac{x^2}{16} - \frac{y^2}{9} = 1 \rightarrow a^2 = 16, b^2 = 9 \rightarrow a = 4, b = 3.$$

L'equazione rappresenta un'iperbole con i fuochi sull'asse x.

- I vertici reali sono $A_1(-4; 0)$, $A_2(4; 0)$, e quelli non reali sono $B_1(0; -3)$, $B_2(0; 3)$. Il semiasse trasverso misura 4.
- Per trovare i fuochi, determiniamo

$$c^2 = a^2 + b^2 = 16 + 9 = 25 \rightarrow$$
$$F_1(-5; 0), F_2(5; 0).$$

- L'eccentricità vale $e = \frac{c}{a} = \frac{5}{4}$.
- Le equazioni degli asintoti,

$$y = \pm\frac{b}{a}x \rightarrow y = \pm\frac{3}{4}x.$$

Rappresentiamo l'iperbole.

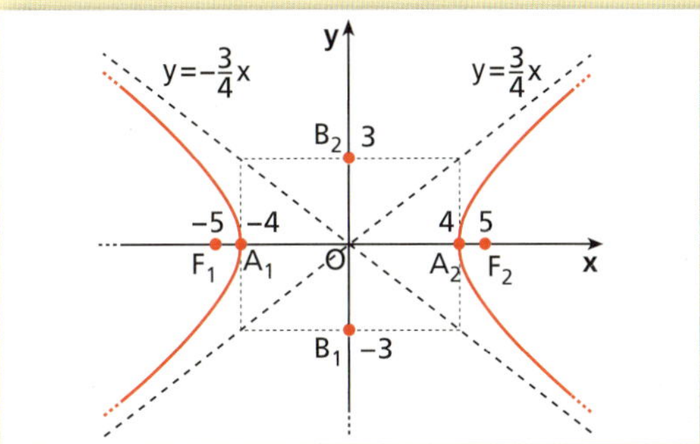

Data l'equazione dell'iperbole, in ciascuno dei seguenti casi determina la misura del semiasse trasverso, le coordinate dei vertici e dei fuochi, l'equazione degli asintoti, l'eccentricità e rappresenta la curva graficamente.

11 $9x^2 - y^2 = -9$

12 $x^2 - \frac{y^2}{4} = 1$

13 $\frac{x^2}{9} - \frac{y^2}{16} = -1$

14 $4x^2 - 16y^2 = -16$

15 $3x^2 - 2y^2 = -12$

16 $\frac{x^2}{2} - \frac{y^2}{3} = -1$

17 $\frac{x^2}{64} - \frac{y^2}{36} = -1$

18 $x^2 = 9 + 9y^2$

19 $9x^2 = y^2 - 81$

20 $\frac{x^2}{10} - \frac{y^2}{6} = 1$

21 $\frac{x^2}{5} - \frac{y^2}{4} = 1$

22 $x^2 - y^2 = 16$

23 $y^2 - x^2 = 1$

24 $x^2 - 4y^2 = 25$

25 $9x^2 - 100y^2 = 25$

26 $y^2 = 36 + 9x^2$

27 $x^2 - y^2 = -9$

---

28 TEST L'eccentricità dell'iperbole di equazione $x^2 - y^2 = -4$ è:

A $\frac{1}{\sqrt{2}}$.

B 2.

C $\sqrt{2}$.

D $\frac{1}{2}$.

E $2\sqrt{2}$.

29 COMPLETA utilizzando i dati della figura.

Vertici reali di coordinate ____, ____.

Fuochi di coordinate ____, ____.

Vertici non reali di coordinate ____, ____.

Asse non trasverso di misura ____.

Asse trasverso di misura ____.

Distanza focale uguale a ____.

Eccentricità $e =$ ____.

Asintoti di equazioni ____, ____.

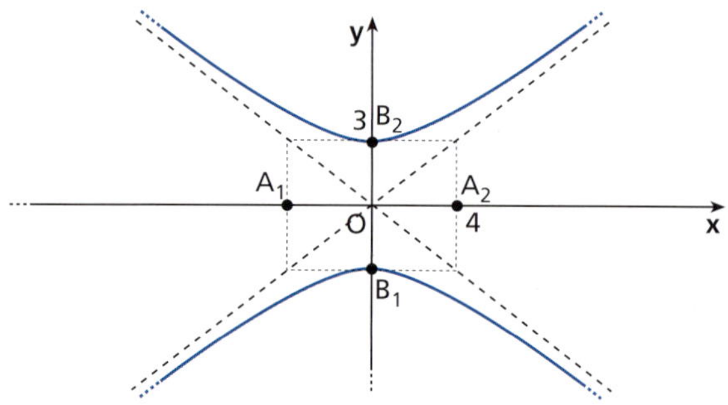

MATEMATICA E STORIA

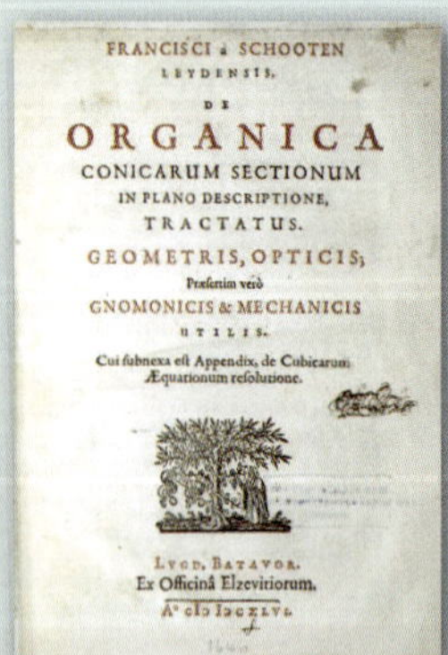

De organica conicarum Il dispositivo in figura è tratto dal *De organica conicarum sectionum in plano descriptione, tractatus* di Frans van Schooten: consente di tracciare l'iperbole, noti i fuochi e i vertici. Il dispositivo è costituito dal regolo *NF*, libero di ruotare nel piano attorno al punto *F*, e dal filo legato all'estremità del regolo *N* e al piolo *C*. Osserva che la matita, oltre a tracciare la curva, tiene il filo premuto nel punto *n* contro il regolo mentre quest'ultimo ruota.

a. Giustifica il fatto che i punti della curva sono tali che la differenza fra le loro distanze dai fuochi *F* e *C* è costante (puoi fare riferimento alla proprietà invariantiva della sottrazione).

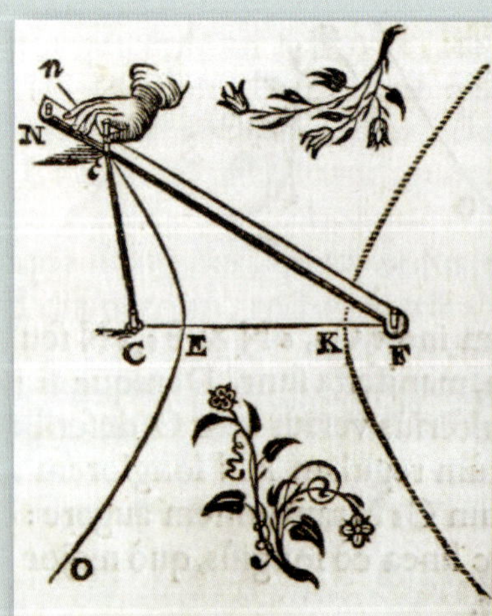

b. Sapendo che la lunghezza del regolo è uguale alla somma delle lunghezze di *CF* ed *EK*, quale deve essere la lunghezza del filo? (SUGGERIMENTO Supponi che la matita sia giunta in *E*...)

Risoluzione – Esercizio in più

LEGGI IL GRAFICO Scrivi le equazioni delle iperboli rappresentate, utilizzando i dati delle figure. Trova le coordinate dei vertici, dei fuochi, l'eccentricità e le equazioni degli asintoti.

30

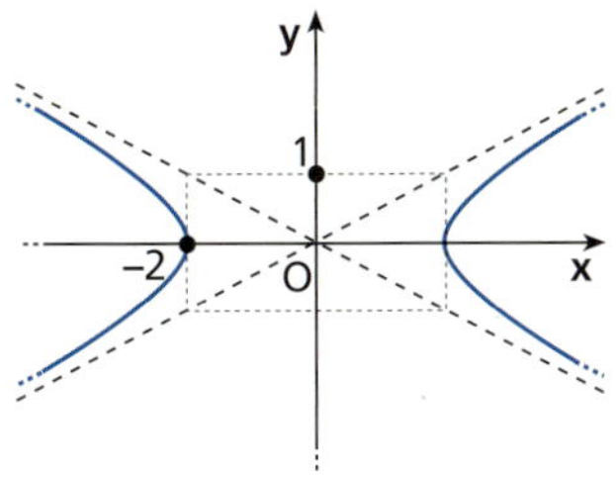

31

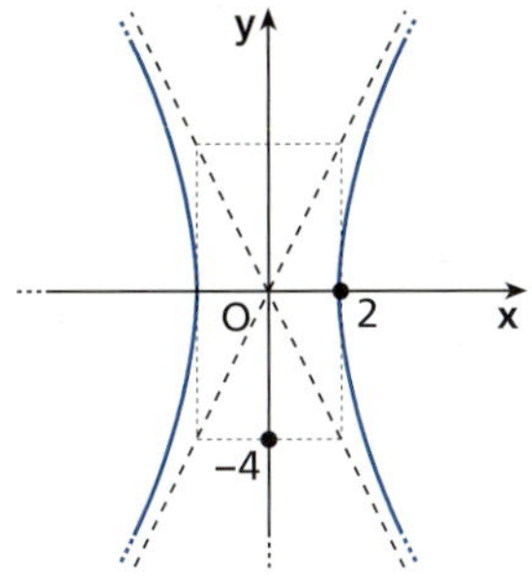

32

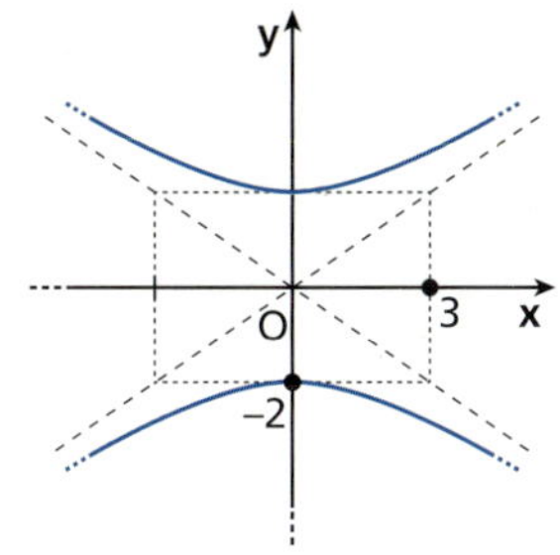

33 **FAI UN ESEMPIO** di un'iperbole con i fuochi sull'asse x che ha come asintoti le bisettrici dei quadranti. Scrivi la sua equazione e rappresentala.

Scrivi l'equazione dell'iperbole con i fuochi sull'asse *x* con le seguenti caratteristiche (ricordando che *a*, *b*, *c* ed *e* sono rispettivamente le misure dei semiassi, la semidistanza focale e l'eccentricità).

34 **a.** $a = 2$, $b = 4$. $[4x^2 - y^2 = 16]$

b. $a = 1$, $c = 2$. $[3x^2 - y^2 = 3]$

35 **a.** $b = 4$, $c = 6$. $\left[\frac{x^2}{20} - \frac{y^2}{16} = 1\right]$

b. $a = 4$, $e = \frac{3}{2}$. $\left[\frac{x^2}{16} - \frac{y^2}{20} = 1\right]$

Scrivi l'equazione dell'iperbole con i fuochi sull'asse *y* e con le seguenti caratteristiche (*a*, *b*, *c* ed *e* sono rispettivamente le misure dei semiassi, la semidistanza focale e l'eccentricità).

36 **a.** $a = 1$, $b = 3$. $[9x^2 - y^2 = -9]$

b. $b = 2$, $c = 5$. $\left[\frac{x^2}{21} - \frac{y^2}{4} = -1\right]$

37 **a.** $a = 3$, $c = 8$. $\left[\frac{x^2}{9} - \frac{y^2}{55} = -1\right]$

b. $a = 2$, $e = \frac{2}{\sqrt{3}}$. $\left[\frac{x^2}{4} - \frac{y^2}{12} = -1\right]$

38 Scrivi l'equazione di un'iperbole con i fuochi sull'asse x, asse trasverso che misura 6 e distanza focale uguale a 8. $\left[\frac{x^2}{9} - \frac{y^2}{7} = 1\right]$

39 Determina l'equazione di un'iperbole che ha i fuochi sull'asse y, asse non trasverso che misura 4 e asse trasverso che misura 2. $\left[\frac{x^2}{4} - y^2 = -1\right]$

40 **ASSOCIA** a ciascuna iperbole l'equazione di uno dei suoi asintoti.

a. $x^2 - \frac{y^2}{4} = 1$ **b.** $x^2 - y^2 = 7$ **c.** $x^2 - 2y^2 = 4$ **d.** $\frac{x^2}{9} - y^2 = 1$

1. $y = -x$ **2.** $y = \frac{1}{3}x$ **3.** $y = -2x$ **4.** $y = \frac{\sqrt{2}}{2}x$

COMPLETA

41 $\frac{x^2}{8} - y^2 = 1 \rightarrow F_1(\square; \square), F_2(\square; \square) \rightarrow e = \square.$

42 $\frac{x^2}{24} - \frac{y^2}{\square} = \square \rightarrow F_1(-7; 0), F_2(7; 0) \rightarrow e = \square.$

43 $\frac{x^2}{\square} - \frac{y^2}{\square} = \square \rightarrow F_1(0; -4), F_2(0; 4) \rightarrow e = 2.$

44 $\frac{x^2}{3} + \frac{y^2}{\square} = \square \rightarrow F_1(\square; 0), F_2(\square; 0) \rightarrow e = \sqrt{3}.$

45 VERO O FALSO? Le rette di equazione $y = \pm\frac{3}{2}x$ sono gli asintoti di un'iperbole. Possiamo affermare che:

a. $a = 2$ e $b = 3$. V F

b. i fuochi sono sull'asse x. V F

c. $b = \frac{2}{3}a$. V F

d. esistono due iperboli con gli stessi asintoti. V F

46 YOU & MATHS Which of the following is an equation of a hyperbola with horizontal transverse axis and asymptotes $y = \pm\frac{4}{3}x$?

A $x^2 - y^2 = 12$ B $\frac{x^2}{16} - \frac{y^2}{9} = 1$ C $\frac{x^2}{9} - \frac{y^2}{16} = 1$ D $\frac{y^2}{9} - \frac{x^2}{16} = 1$

(USA *North Carolina State High School Mathematics Contest,* 2000)

47 VERO O FALSO?

a. L'eccentricità dell'iperbole di equazione $\frac{x^2}{9} - \frac{y^2}{4} = -1$ è $\frac{\sqrt{13}}{3}$. V F

b. L'iperbole di equazione $4x^2 - 36y^2 = -1$ ha un vertice reale nel punto $\left(0; \frac{1}{6}\right)$. V F

c. Se l'asse trasverso di un'iperbole è uguale all'asse non trasverso, l'eccentricità è 1. V F

d. L'iperbole di equazione $2x^2 - 9y^2 - 9 = 0$ ha i fuochi sull'asse y. V F

Iperbole e parametri

48 Trova per quali valori di k il punto $P(2k; -5)$ appartiene all'iperbole di equazione $\frac{x^2}{4} - \frac{y^2}{9} = -1$. $\left[\pm\frac{4}{3}\right]$

49 Determina il valore di k affinché l'iperbole di equazione $\frac{x^2}{k^2} - \frac{y^2}{6} = 1$ passi per $A(2; 3)$. $\left[\pm 2\sqrt{\frac{2}{5}}\right]$

50 VERO O FALSO? L'equazione $\frac{x^2}{k} - \frac{y^2}{k+1} = -1$:

a. se $k = 1$, rappresenta un'iperbole con un fuoco in $(0; -\sqrt{3})$. V F

b. se $k = 4$, rappresenta un'iperbole con asse trasverso che misura 2. V F

c. rappresenta un'iperbole per ogni valore di $k \neq 0 \wedge k \neq -1$. V F

d. se $k < -1$, rappresenta un'iperbole con i fuochi sull'asse x. V F

51 Per quali valori di k l'espressione $\frac{8-k}{3k}$ può rappresentare l'eccentricità di un'iperbole? $[0 < k < 2]$

52 Trova per quali valori di a l'espressione $\frac{5a^2 - 4a}{a}$ può esprimere l'eccentricità di un'iperbole. $[a > 1]$

53 ESERCIZIO GUIDA Troviamo per quali valori di k l'equazione $\frac{x^2}{1-k^2} - \frac{y^2}{3k-1} = 1$ rappresenta:

a. un'iperbole;

b. un'iperbole con i fuochi sull'asse y;

c. un'iperbole con un vertice non reale in $(0; 1)$.

a. Affinché l'equazione rappresenti un'iperbole deve essere del tipo $\frac{x^2}{a^2} - \frac{y^2}{b^2} = 1$ oppure $\frac{x^2}{a^2} - \frac{y^2}{b^2} = -1$, quindi si deve avere

$$\begin{cases} 1 - k^2 > 0 \\ 3k - 1 > 0 \end{cases} \rightarrow \begin{cases} -1 < k < 1 \\ k > \frac{1}{3} \end{cases} \rightarrow \frac{1}{3} < k < 1$$

oppure

$$\begin{cases} 1 - k^2 < 0 \\ 3k - 1 < 0 \end{cases} \rightarrow \begin{cases} k < -1 \vee k > 1 \\ k < \frac{1}{3} \end{cases} \rightarrow k < -1.$$

b. L'equazione deve essere del tipo $\frac{x^2}{a^2} - \frac{y^2}{b^2} = -1$, quindi $k < -1$.

c. Deve essere $b = 1$, quindi $b^2 = 1$ nell'equazione $\frac{x^2}{a^2} - \frac{y^2}{b^2} = 1$:

$$b^2 = 1 \rightarrow 3k - 1 = 1 \rightarrow k = \frac{2}{3}.$$

Se $k = \frac{2}{3}$, l'iperbole ha un vertice non reale in $(0; 1)$.

54 Stabilisci per quali valori di k l'equazione $\frac{x^2}{k+1} - \frac{y^2}{9} = 1$ rappresenta:

a. un'iperbole; **b.** un'iperbole con un vertice nel punto $A(4; 0)$. $[a)\ k > -1;\ b)\ k = 15]$

55 Determina i valori di k per cui l'equazione $\frac{x^2}{3-k} - \frac{y^2}{6} = -1$ rappresenta:

a. un'iperbole; **b.** un'iperbole che passa per $P(3; 4)$. $\left[a)\ k < 3;\ b)\ k = -\frac{12}{5}\right]$

56 Determina i valori di k affinché l'equazione $\frac{x^2}{2k-1} + \frac{y^2}{k^2-4} = 1$ rappresenti:

a. un'iperbole;

b. un'iperbole con i fuochi sull'asse x;

c. un'iperbole che passa per il punto di coordinate $(0; -\sqrt{5})$;

d. un'iperbole con un fuoco di coordinate $(2; 0)$.

$\left[a)\ k < -2 \vee \frac{1}{2} < k < 2;\ b)\ \frac{1}{2} < k < 2;\ c)\ k = -3;\ d)\ k = 1\right]$

57 Determina i valori di k affinché l'equazione $\frac{x^2}{3-k} + \frac{y^2}{4k+3} = 1$ rappresenti:

a. un'iperbole;

b. un'iperbole con i fuochi sull'asse y;

c. un'iperbole con un fuoco di coordinate $(0; -2\sqrt{5})$;

d. un'iperbole che passa per il punto $(3; 2)$.

$\left[a)\ k < -\frac{3}{4} \vee k > 3;\ b)\ k > 3;\ c)\ k = 4;\ d)\ k = -2,\ k = -\frac{15}{4}\right]$

58 Trova per quali valori di k l'equazione $\frac{x^2}{4k^2-1} - \frac{y^2}{k-3} = 1$ rappresenta:

a. un'ellisse;

b. un'iperbole;

c. un'iperbole con i fuochi sull'asse y;

d. un'iperbole con i fuochi sull'asse y che ha distanza focale uguale a 4.

$\left[a)\ k < -\frac{1}{2} \vee \frac{1}{2} < k < 3;\ b)\ -\frac{1}{2} < k < \frac{1}{2} \vee k > 3;\ c)\ -\frac{1}{2} < k < \frac{1}{2};\ d)\ k = 0,\ k = -\frac{1}{4}\right]$

Grafici con archi di iperbole

59 ESERCIZIO GUIDA Rappresentiamo graficamente la funzione $y = 3\sqrt{\frac{x^2}{4} - 1}$.

La funzione esiste se $\frac{x^2}{4} - 1 \geq 0$, cioè per $x \leq -2 \vee x \geq 2$.

Per rappresentare la funzione isoliamo la radice: $\frac{y}{3} = \sqrt{\frac{x^2}{4} - 1}$.

Questa equazione è equivalente al sistema:

$$\begin{cases} y \geq 0 \\ \frac{y^2}{9} = \frac{x^2}{4} - 1 \end{cases} \rightarrow \begin{cases} y \geq 0 \\ \frac{x^2}{4} - \frac{y^2}{9} = 1 \end{cases}.$$

Dobbiamo pertanto considerare soltanto i punti del piano con ordinata positiva; evidenziamo quindi le parti dei rami dell'iperbole $\frac{x^2}{4} - \frac{y^2}{9} = 1$ che si trovano in questo semipiano.

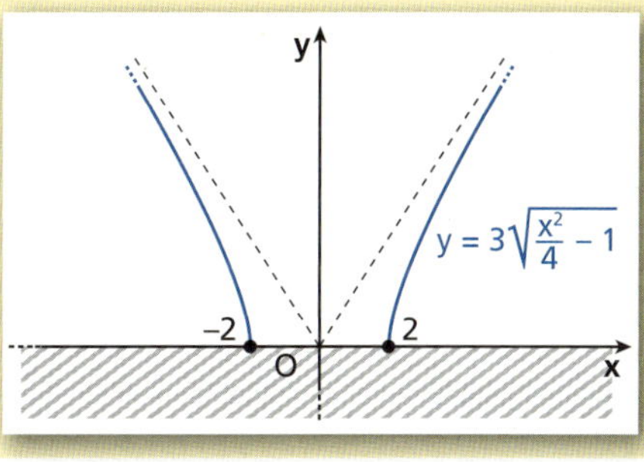

Rappresenta graficamente le seguenti funzioni.

60 $y = -\sqrt{x^2 + 1}$

61 $y = -\sqrt{x^2 - 16}$

62 $y = \sqrt{8 + 4x^2}$

63 $y = \sqrt{1 + 9x^2}$

64 $y = 2\sqrt{1 + \frac{x^2}{9}}$

65 $y = -\frac{1}{3}\sqrt{\frac{x^2}{4} + 1}$

66 $y = 3\sqrt{9 + x^2}$

67 $y = -4\sqrt{x^2 - 4}$

68 $y = \sqrt{9x^2 + 9}$

69 $y = -\sqrt{4x^2 + 16}$

70 $y = \frac{2}{5}\sqrt{x^2 + 25}$

71 $y = -\frac{4}{5}\sqrt{x^2 + 9}$

LEGGI IL GRAFICO Trova le equazioni dei seguenti grafici utilizzando i dati delle figure.

72

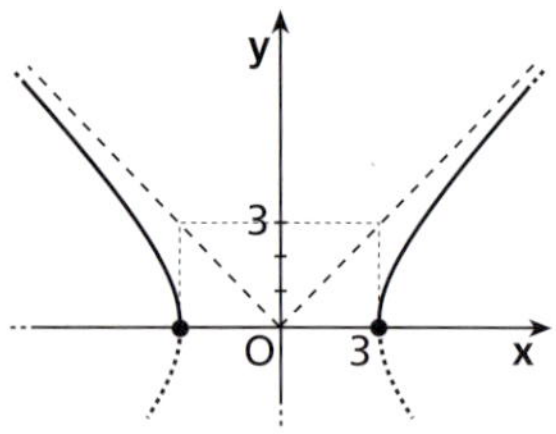

73

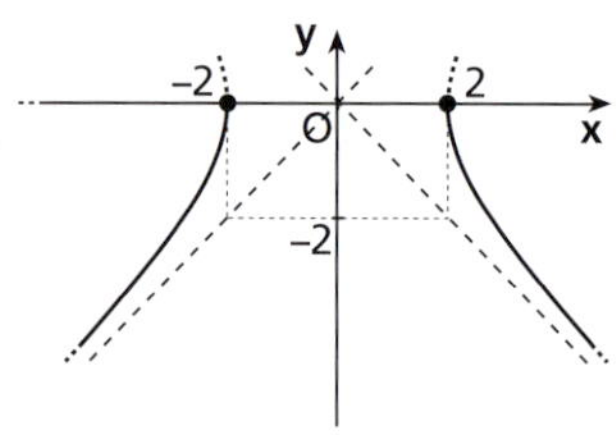

74

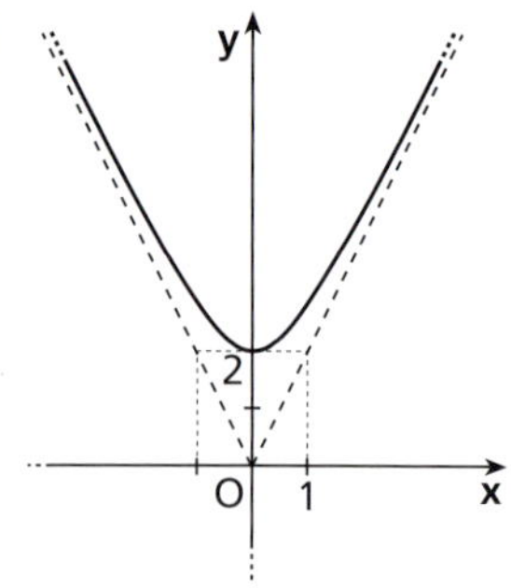

Traccia il grafico delle curve aventi le seguenti equazioni.

75 $x = \sqrt{9 + y^2}$

76 $x = -2\sqrt{y^2 - 4}$

77 $x = 4\sqrt{y^2 + 2}$

78 $x = -\sqrt{y^2 + 6}$

79 $x = -\sqrt{y^2 + 1}$

80 $x = \sqrt{4y^2 - 16}$

81 $x = -\frac{1}{2}\sqrt{y^2 + 4}$

82 $x = \sqrt{y^2 - 4}$

83 $x = -\frac{1}{3}\sqrt{y^2 - 9}$

84 $\sqrt{y^2 - 16} + x = 0$

85 $x^2 + y|y| = 4$

86 $x|x| - y^2 + 9 = 0$

87 **EUREKA!** Rappresenta il grafico della curva di equazione $\frac{x|x|}{9} + \frac{y|y|}{4} = 1$.

2 Iperboli e rette

Posizione di una retta rispetto a un'iperbole

▶ Teoria a p. 343

LEGGI IL GRAFICO Scrivi il sistema che ha per soluzioni i punti di intersezione delle rette con le iperboli.

88

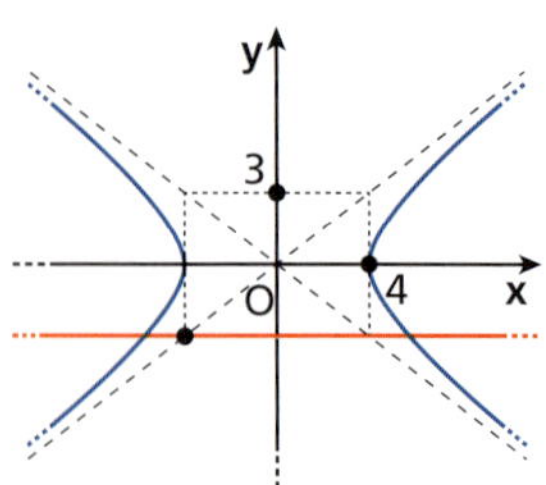

89

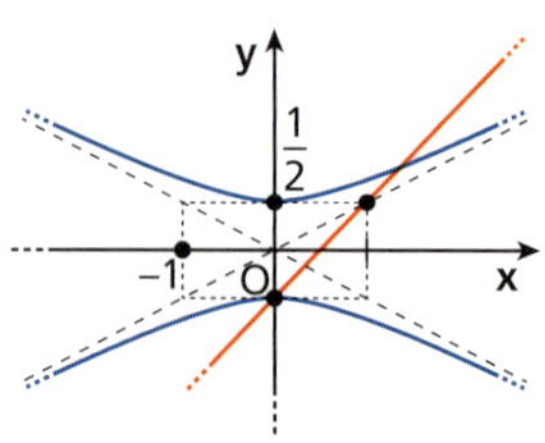

90

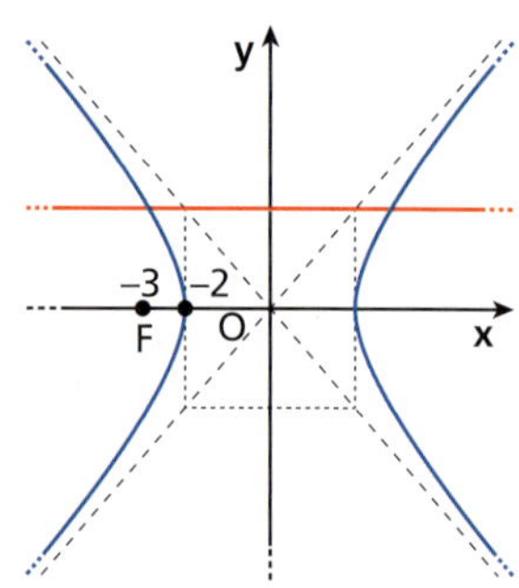

Interpreta graficamente i seguenti sistemi.

91 $\begin{cases} x^2 - y^2 = 4 \\ y = x \end{cases}$

92 $\begin{cases} \dfrac{x^2}{49} - \dfrac{y^2}{9} = -1 \\ x = -7 \end{cases}$

93 $\begin{cases} x^2 - 9y^2 = -9 \\ x - 3y + 3 = 0 \end{cases}$

Stabilisci la posizione reciproca delle seguenti coppie di iperboli e rette, determinando gli eventuali punti di intersezione, e rappresenta i loro grafici.

94 $3x^2 - 4y^2 = 12$; $x + y - 1 = 0$. [retta tangente: $(4; -3)$]

95 $4x^2 - 9y^2 = 36$; $4x - 3y - 12 = 0$. [retta secante: $(3; 0)$, $\left(5; \frac{8}{3}\right)$]

96 $x^2 - 4y^2 = 20$; $3x + 2y = 0$. [retta esterna]

97 $3x^2 - y^2 = 2$; $x - y = 0$. [retta secante: $(1; 1)$, $(-1; -1)$]

98 $2x^2 - 5y^2 = 30$; $x - y - 3 = 0$. [retta tangente: $(5; 2)$]

99 $\dfrac{x^2}{9} - \dfrac{y^2}{4} = -1$; $y = \dfrac{2}{3}x + 1$. [retta secante: $\left(\frac{9}{4}; \frac{5}{2}\right)$]

100 **ASSOCIA** a ciascuna retta la sua posizione rispetto all'iperbole di equazione $x^2 - 4y^2 = -9$.

a. $x - 5y - 5 = 0$ **b.** $2x - 2y - 3 = 0$ **c.** $4x + 10y - 9 = 0$

1. secante **2.** esterna **3.** tangente

101 **FAI UN ESEMPIO** Scrivi le equazioni di un'iperbole e di una retta che siano secanti in un solo punto.

RIFLETTI SULLA TEORIA

102 Data l'iperbole di equazione $\dfrac{x^2}{6} - \dfrac{y^2}{9} = 1$, stabilisci la posizione della retta di equazione $y = k$ rispetto all'iperbole, al variare del parametro k. Puoi generalizzare il risultato per un'iperbole di equazione $\dfrac{x^2}{a^2} - \dfrac{y^2}{b^2} = 1$?

103 Data l'iperbole di equazione $\dfrac{x^2}{16} - \dfrac{y^2}{4} = 1$, stabilisci la posizione della retta di equazione $x = k$ rispetto alla curva, al variare del parametro k. Considera poi l'iperbole di equazione $\dfrac{x^2}{a^2} - \dfrac{y^2}{b^2} = 1$ e studia le sue intersezioni con la retta di equazione $x = k$.
[$k < -4 \lor k > 4$: secante; $k = \pm 4$: tangente; $-4 < k < 4$: esterna]

104 Determina la misura della corda staccata dall'iperbole di equazione $x^2 - 3y^2 = 4$ sulla retta di equazione $x - 3y + 2 = 0$. [$2\sqrt{10}$]

105 Calcola la misura della corda che la retta di equazione $x - 4y + 5 = 0$ determina intersecando l'iperbole di equazione $3x^2 - 8y^2 = -5$. [$\sqrt{17}$]

106 Determina l'equazione dell'iperbole avente un vertice reale in $(2; 0)$ e un vertice non reale in $(0; -4)$ e calcola la misura della corda individuata sulla bisettrice del primo e terzo quadrante. $\left[\dfrac{x^2}{4} - \dfrac{y^2}{16} = 1; \dfrac{8\sqrt{6}}{3}\right]$

107 Determina le coordinate dei punti A e B di intersezione dell'iperbole di equazione $x^2 - \dfrac{y^2}{8} = -1$ con la retta di equazione $y = 4x$ e, indicati con F_1 e F_2 i fuochi dell'iperbole, verifica che il quadrilatero AF_1BF_2 è un parallelogramma e determinane l'area. [$A(-1; -4)$, $B(1; 4)$; 6]

108 Determina l'area del triangolo ABF, dove A e B sono i punti di intersezione della retta di equazione $x = 4$, con l'iperbole di equazione $\dfrac{x^2}{20} - \dfrac{y^2}{5} = -1$, e F è un fuoco dell'iperbole. [12]

109 ●● Trova le equazioni delle rette parallele all'asse x su cui l'iperbole di equazione $\frac{x^2}{3} - \frac{y^2}{4} = 1$ stacca una corda di misura $2\sqrt{30}$.

$[y = \pm 6]$

110 ●● Determina su quali rette passanti per l'origine l'iperbole di equazione $\frac{x^2}{2} - \frac{y^2}{36} = 1$ stacca una corda di misura 3.

$\left[y = \pm\sqrt{\frac{2}{17}}\,x\right]$

111 ●● Se una retta interseca un'iperbole, allora l'iperbole e gli asintoti staccano su tale retta segmenti aventi lo stesso punto medio.

Verifica che l'iperbole di equazione $\frac{x^2}{16} - \frac{y^2}{9} = 1$ e la retta di equazione $15x - 4y - 84 = 0$ soddisfano la proprietà.

112 ●● **TEST** È data l'iperbole di equazione:

$$\frac{x^2}{4} - \frac{y^2}{3} = 1.$$

Le rette del fascio $y = mx$ che intersecano l'iperbole sono *soltanto* quelle per cui:

A $-\frac{\sqrt{3}}{2} \le m \le \frac{\sqrt{3}}{2}$.

B $-\frac{\sqrt{3}}{2} < m < \frac{\sqrt{3}}{2}$.

C $0 \le m \le \frac{\sqrt{3}}{2}$.

D $m = \pm\frac{\sqrt{3}}{2}$.

E $0 < m < \frac{\sqrt{3}}{2}$.

Risolvi graficamente i seguenti sistemi e verifica algebricamente il risultato.

113 ●○ $\begin{cases} y = 2\sqrt{x^2 - 1} \\ y = \frac{1}{4}x \end{cases}$

114 ●○ $\begin{cases} y = \sqrt{1 + x^2} \\ y = 2x + 1 \end{cases}$

115 ●○ $\begin{cases} y = -\frac{1}{3}\sqrt{7x^2 - 63} \\ 3y + 7 = 0 \end{cases}$

MATEMATICA AL COMPUTER

Iperbole Determiniamo, con l'aiuto di un software di geometria dinamica, il coefficiente angolare m della retta di equazione $y = mx + \frac{9}{2}$, in modo che tale retta, intersecando l'iperbole di equazione $xy = 1$, formi una corda lunga $d = \frac{7\sqrt{5}}{4}$.

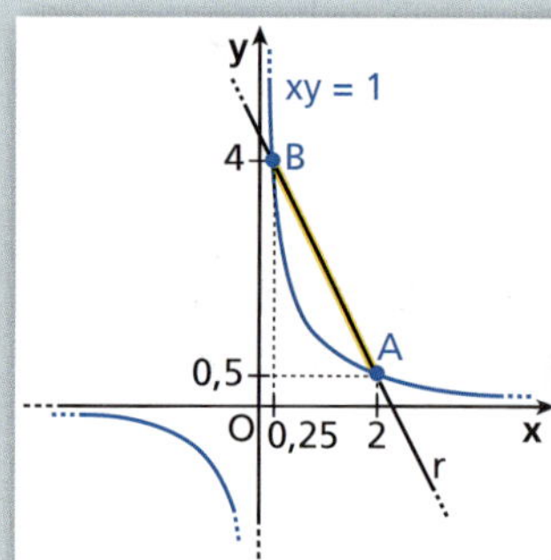

Risoluzione – 2 esercizi in più

Risoluzione grafica di equazioni e disequazioni irrazionali

116 **ESERCIZIO GUIDA** Risolviamo graficamente l'equazione $\sqrt{3x^2 - 3} = x + 1$ e verifichiamo algebricamente.

Dobbiamo trovare le intersezioni tra i grafici delle funzioni $y = \sqrt{3x^2 - 3}$ e $y = x + 1$, cioè risolvere il sistema:

$$\begin{cases} y = \sqrt{3x^2 - 3} \\ y = x + 1 \end{cases}.$$

Per disegnare il grafico della prima funzione, che esiste per $x \le -1 \vee x \ge 1$, consideriamo il sistema

$$\begin{cases} y \ge 0 \\ y^2 = 3x^2 - 3 \end{cases} \rightarrow \begin{cases} y \ge 0 \\ x^2 - \frac{y^2}{3} = 1 \end{cases}.$$

L'equazione $x^2 - \frac{y^2}{3} = 1$ rappresenta un'iperbole di vertici reali $A_1(-1; 0)$ e $A_2(1; 0)$ e vertici non reali $B_1(0; \sqrt{3})$ e $B_2(0; -\sqrt{3})$. Tracciamo i rami di iperbole contenuti nel semipiano $y \geq 0$.

Rappresentiamo la retta di equazione $y = x + 1$.

Osserviamo dal grafico che le soluzioni sono due, di cui una è $x = -1$.

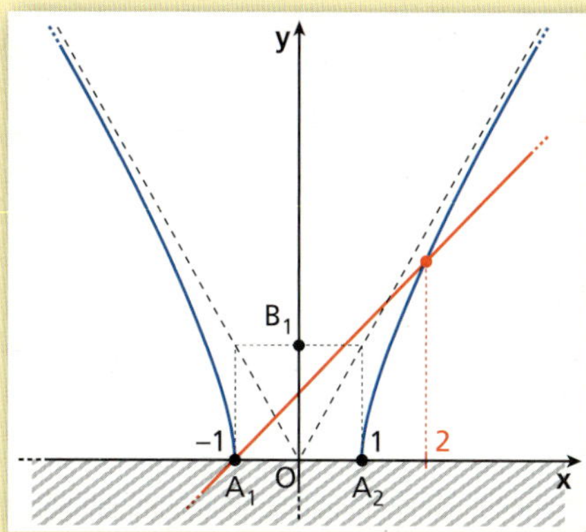

Verifichiamo risolvendo l'equazione irrazionale.

$$\begin{cases} 3x^2 - 3 \geq 0 \\ x + 1 \geq 0 \\ 3x^2 - 3 = x^2 + 2x + 1 \end{cases} \rightarrow \begin{cases} x \leq -1 \vee x \geq 1 \\ x \geq -1 \\ 2x^2 - 2x - 4 = 0 \end{cases} \rightarrow x = \frac{1 \pm 3}{2} \begin{matrix} 2 \\ -1 \end{matrix}$$

Le soluzioni del sistema sono $x = -1$ e $x = 2$.

Risolvi graficamente le seguenti equazioni irrazionali.

117 $\sqrt{4x^2 + 5} = 3$ $[\pm 1]$

118 $\sqrt{\frac{x^2 - 4}{5}} = 4 - x$ $[3]$

119 $x + 2 = \sqrt{\frac{5}{9}x^2 + 4}$ $[0]$

120 $\sqrt{\frac{x^2}{3} + 4} = \frac{\sqrt{3}}{3}x$ [impossibile]

121 $\sqrt{\frac{15}{4}x^2 + 1} + 4 = 4x$ $[2]$

122 $x + \sqrt{3x^2 - 2} = 0$ $[-1]$

Risolvi graficamente le seguenti disequazioni irrazionali.

123 $\sqrt{x^2 - 9} \geq x + 3$ $[x \leq -3]$

124 $\sqrt{2x^2 + 1} < 1 - x$ $[-2 < x < 0]$

125 $\sqrt{\frac{x^2}{4} + 1} + 4 > 5$ $[x \neq 0]$

126 $\frac{1}{2}\sqrt{x^2 - 20} < 2x + 1$ $[x \geq 2\sqrt{5}]$

127 $\sqrt{x^2 - 1} + 2x \geq -2$ $\left[-\frac{5}{3} \leq x \leq -1 \vee x \geq 1\right]$

128 $3x + 3\sqrt{x^2 - 1} > -5$ $[x \leq -1 \vee x \geq 1]$

Tangenti a un'iperbole

▶ Teoria a p. 344

129 ESERCIZIO GUIDA Scriviamo le tangenti all'iperbole di equazione $\frac{x^2}{5} - \frac{y^2}{4} = 1$, condotte da $P(-1; 0)$.

L'equazione della retta generica passante per $P(-1; 0)$ è:

$$y - 0 = m(x + 1) \rightarrow y = mx + m.$$

Impostiamo il sistema formato dalle equazioni della retta e dell'iperbole e imponiamo la condizione di tangenza:

$$\begin{cases} \frac{x^2}{5} - \frac{y^2}{4} = 1 \\ y = mx + m \end{cases} \rightarrow \frac{x^2}{5} - \frac{(mx + m)^2}{4} = 1 \rightarrow$$

$$(4 - 5m^2)x^2 - 10m^2x - 5m^2 - 20 = 0.$$

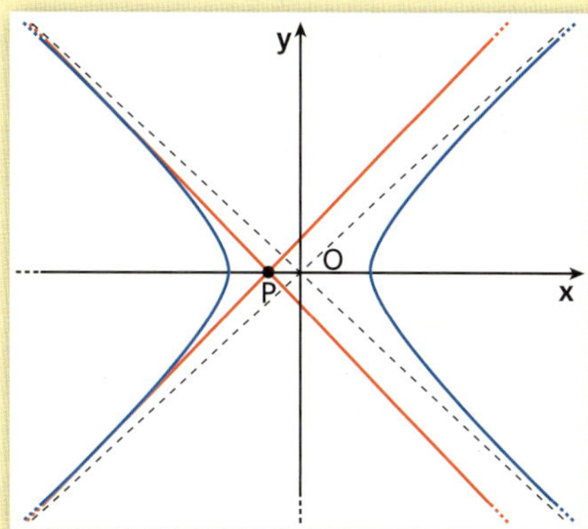

$\frac{\Delta}{4} = 0 \rightarrow (-5m^2)^2 - (4 - 5m^2)(-5m^2 - 20) = 0 \rightarrow$

$80m^2 = 80 \rightarrow m^2 = 1 \rightarrow m = \pm 1.$

Sostituiamo i valori trovati nell'equazione della retta:

$y = x + 1, y = -x - 1.$

Scrivi le equazioni delle rette tangenti all'iperbole di equazione data condotte dal punto *P*.

130 ●○ $x^2 - 4y^2 = 9, \quad P\left(\frac{9}{5}; 0\right).$ $[5x - 8y - 9 = 0; 5x + 8y - 9 = 0]$

131 ●○ $x^2 - y^2 = 16, \quad P\left(\frac{16}{5}; 0\right).$ $[5x + 3y - 16 = 0; 5x - 3y - 16 = 0]$

132 ●○ $\frac{x^2}{9} - y^2 = 1, \quad P(-2; 0).$ $[x - \sqrt{5}\,y + 2 = 0; x + \sqrt{5}\,y + 2 = 0]$

133 ●○ $x^2 - y^2 = 1, \quad P(0; -1).$ $[y = \sqrt{2}\,x - 1; y = -\sqrt{2}\,x - 1]$

---

134 ●○ Conduci la tangente all'iperbole di equazione $x^2 - 4y^2 = 20$, dal suo punto di ordinata 2 del secondo quadrante. $[3x + 4y + 10 = 0]$

135 ●○ Trova le equazioni delle rette tangenti all'iperbole di equazione $x^2 - y^2 = 9$ nei suoi punti di intersezione con la retta $x - 5 = 0$. $[5x + 4y - 9 = 0; 5x - 4y - 9 = 0]$

136 ●○ Determina l'area del triangolo che la tangente nel punto $C(4; 1)$ all'iperbole di equazione $x^2 - 12y^2 = 4$ forma con gli assi di simmetria dell'iperbole. $\left[\frac{1}{6}\right]$

137 ●○ Date l'iperbole di equazione $x^2 - \frac{y^2}{3} = 1$ e la retta di equazione $y = 2x + q$, determina per quali valori di q la retta:

a. interseca l'iperbole in due punti distinti; **b.** è tangente all'iperbole; **c.** è esterna all'iperbole.

$[\text{a) } q < -1 \vee q > 1; \text{ b) } q = \pm 1; \text{ c) } -1 < q < 1]$

138 ●○ L'iperbole di equazione $x^2 - \frac{y^2}{b^2} = 1$ è tangente alla retta $6x - \sqrt{3}\,y - 3 = 0$. Trova il valore di b. $[3]$

139 ●● Determina il valore di k affinché l'iperbole di equazione $\frac{x^2}{9} - \frac{y^2}{1+k} = 1$ sia tangente alla retta di equazione $4x - 9y - 6 = 0$. $\left[k = \frac{1}{3}\right]$

140 ●● Data l'iperbole di equazione $\frac{x^2}{4} - y^2 = 1$, trova il valore di $q < 0$ tale che la retta di equazione $y = \frac{\sqrt{5}}{4}x + q$ sia tangente all'iperbole. Calcola quindi l'area del triangolo che ha per vertici i due vertici reali dell'iperbole e il punto di tangenza. $\left[q = -\frac{1}{2}; 4\right]$

141 ●● Data l'iperbole di equazione $x^2 - y^2 = 16$, determina per quali valori di m la retta passante $A(0; 2)$, di coefficiente angolare m:

a. è tangente all'iperbole; **b.** interseca l'iperbole in due punti; **c.** interseca l'iperbole in un solo punto.

$\left[\text{a) } m = \pm\frac{\sqrt{5}}{2}; \text{ b) } -\frac{\sqrt{5}}{2} < m < \frac{\sqrt{5}}{2} \wedge m \neq \pm 1; \text{ c) } m = \pm 1\right]$

Formula di sdoppiamento

▶ Teoria a p. 345

142 ESERCIZIO GUIDA Determiniamo l'equazione della tangente all'iperbole di equazione $16x^2 - 3y^2 = 1$ nel suo punto A, del secondo quadrante, di ascissa $-\frac{1}{2}$.

Determiniamo l'ordinata di A:

$$16\left(-\frac{1}{2}\right)^2 - 3y^2 = 1 \rightarrow 16 \cdot \frac{1}{4} - 3y^2 = 1 \rightarrow 3y^2 = 3 \rightarrow y^2 = 1 \rightarrow y = \pm 1.$$

Poiché A appartiene al secondo quadrante, l'ordinata richiesta è $y = 1$.

Applichiamo ora la formula di sdoppiamento: $\frac{xx_0}{a^2} - \frac{yy_0}{b^2} = 1$.

$$16x\left(-\frac{1}{2}\right) - 3y(1) = 1 \rightarrow -8x - 3y - 1 = 0$$

L'equazione della tangente richiesta è $8x + 3y + 1 = 0$.

143 Scrivi l'equazione della tangente all'iperbole di equazione $8x^2 - 9y^2 = 36$ nel suo punto $(-3; -2)$. $[4x - 3y + 6 = 0]$

144 Trova l'equazione della retta tangente all'iperbole di equazione $9x^2 - 2y^2 - 18 = 0$ nel suo punto di ordinata 3 e ascissa positiva. $[3x - y - 3 = 0]$

145 Determina l'equazione della tangente all'iperbole di equazione $9x^2 - y^2 = -8$ nel suo punto di ascissa $\frac{1}{3}$ che si trova nel quarto quadrante. $[3x + 3y + 8 = 0]$

146 Trova l'equazione della retta tangente all'iperbole di equazione $12x^2 - 32y^2 + 5 = 0$ nel suo punto di ordinata $-\frac{1}{2}$ che si trova nel terzo quadrante. $[6x - 16y - 5 = 0]$

147 Scrivi l'equazione della tangente all'iperbole di equazione $5x^2 - y^2 = 3$ nel suo punto di intersezione con la retta di equazione $y + \sqrt{2}x = 0$ che si trova nel secondo quadrante. $[5x + \sqrt{2}y + 3 = 0]$

148 **YOU & MATHS** The point $(3, 1)$ is on the hyperbola $\frac{x^2}{6} - \frac{y^2}{2} = 1$.

What is the slope of the line passing through $(3, 1)$ and tangent to the hyperbola?

A 1 **B** -1 **C** $\frac{1}{3}$ **D** 3 **E** None of these.

(USA *Marywood University Mathematics Contest,* 2006)

3 Determinare l'equazione di un'iperbole

▶ Teoria a p. 345

149 **ESERCIZIO GUIDA** Determiniamo l'equazione dell'iperbole di eccentricità 2, avente un vertice reale in $(-4; 0)$.

Il vertice reale è sull'asse x, quindi l'equazione dell'iperbole è del tipo $\frac{x^2}{a^2} - \frac{y^2}{b^2} = 1$.

Dalle coordinate del vertice ricaviamo che $a = 4$.
L'eccentricità ci permette di determinare c e quindi b:

$$\frac{c}{a} = e \rightarrow \frac{c}{4} = 2 \rightarrow c = 8;$$

$$a^2 + b^2 = c^2 \rightarrow 16 + b^2 = 64 \rightarrow b^2 = 48.$$

Quindi l'equazione richiesta è:

$$\frac{x^2}{16} - \frac{y^2}{48} = 1.$$

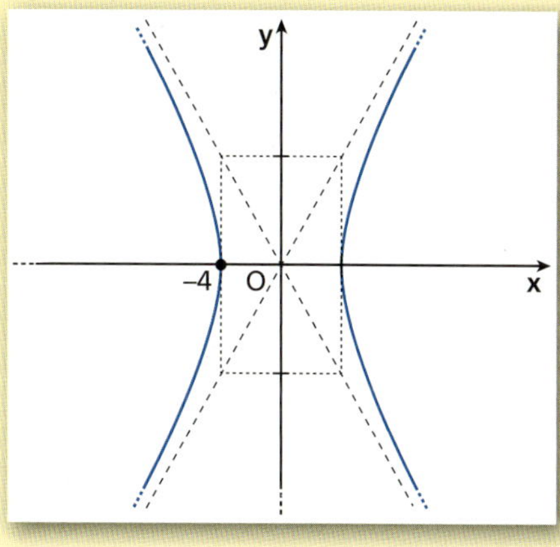

ESERCIZI

150 Determina l'equazione dell'iperbole che interseca l'asse x individuando un segmento di lunghezza 8 e ha un fuoco nel punto $(-5; 0)$. $\left[\frac{x^2}{16}-\frac{y^2}{9}=1\right]$

151 Scrivi l'equazione dell'iperbole avente un vertice e un fuoco rispettivamente in $(5; 0)$ e $(-6; 0)$. $\left[\frac{x^2}{25}-\frac{y^2}{11}=1\right]$

152 Trova l'equazione dell'iperbole che ha i fuochi sull'asse x, eccentricità $\frac{2}{3}\sqrt{3}$ e asse non trasverso che misura 6. $\left[\frac{x^2}{27}-\frac{y^2}{9}=1\right]$

153 Determina l'equazione dell'iperbole che ha i fuochi sull'asse y, asse trasverso che misura 8 e distanza focale uguale a 10. $\left[\frac{x^2}{9}-\frac{y^2}{16}=-1\right]$

154 Scrivi l'equazione dell'iperbole con i fuochi sull'asse x, asse non trasverso che misura 4 e distanza focale uguale a 12. $\left[\frac{x^2}{32}-\frac{y^2}{4}=1\right]$

155 Trova l'equazione dell'iperbole avente un vertice reale in $(\sqrt{5}; 0)$ e passante per $\left(-\frac{5}{2}; -1\right)$. $\left[\frac{x^2}{5}-\frac{y^2}{4}=1\right]$

156 Determina l'equazione dell'iperbole di eccentricità $e=\frac{3\sqrt{5}}{5}$ che ha un vertice non reale nel punto $(-2; 0)$. $\left[\frac{x^2}{4}-\frac{y^2}{5}=-1\right]$

157 TEST L'iperbole con eccentricità $\sqrt{5}$ e fuochi $(0; \pm 2\sqrt{5})$ ha equazione:

A $4x^2-y^2-16=0$.
B $y^2-4x^2-16=0$.
C $x^2-4y^2+16=0$.
D $4y^2-x^2+16=0$.
E $4x^2-y^2+1=0$.

158 Trova l'equazione dell'iperbole avente un vertice reale in $(0; 4)$ e passante per $(6; 5)$. $\left[\frac{x^2}{64}-\frac{y^2}{16}=-1\right]$

---

159 Determina l'equazione dell'iperbole avente un fuoco in $(0; -5)$ e passante per $\left(\frac{9}{4}; 5\right)$. $\left[\frac{x^2}{9}-\frac{y^2}{16}=-1\right]$

160 Scrivi l'equazione dell'iperbole che ha eccentricità 2, passa per $(-\sqrt{7}; 3)$ e ha i fuochi sull'asse x. $[3x^2-y^2=12]$

161 ESERCIZIO GUIDA Determiniamo l'equazione dell'iperbole avente un fuoco nel punto $F\left(-\frac{5}{2}; 0\right)$ e un asintoto di equazione $y=\frac{4}{3}x$.

L'equazione dell'iperbole è del tipo $\frac{x^2}{a^2}-\frac{y^2}{b^2}=1$, poiché il fuoco è sull'asse x.

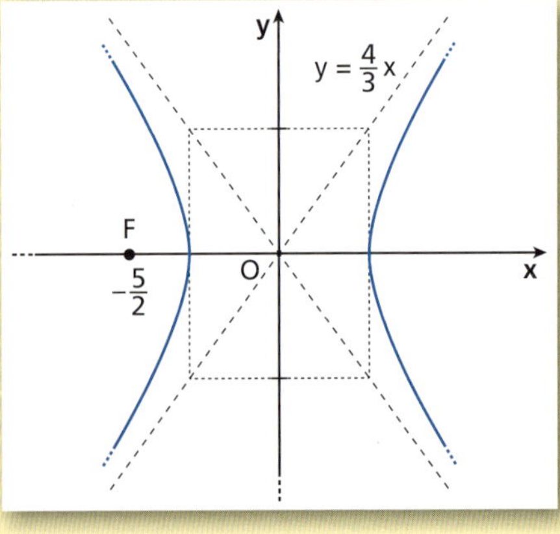

Dalle coordinate di F deduciamo che $c=\frac{5}{2}$, quindi:

$$a^2+b^2=c^2 \rightarrow a^2+b^2=\frac{25}{4}.$$

Dall'equazione dell'asintoto ricaviamo:

$$\frac{b}{a}=\frac{4}{3} \rightarrow \frac{b^2}{a^2}=\frac{16}{9} \rightarrow b^2=\frac{16}{9}a^2.$$

Risolviamo il sistema costituito dalle due relazioni ottenute,

$$\begin{cases} a^2+b^2=\frac{25}{4} \\ b^2=\frac{16}{9}a^2 \end{cases} \rightarrow \begin{cases} a^2+\frac{16}{9}a^2=\frac{25}{4} \\ b^2=\frac{16}{9}a^2 \end{cases} \rightarrow \begin{cases} 36a^2+64a^2=225 \\ b^2=\frac{16}{9}a^2 \end{cases} \rightarrow \begin{cases} a^2=\frac{225}{100} \\ b^2=\frac{16}{9}a^2 \end{cases} \rightarrow \begin{cases} a^2=\frac{9}{4} \\ b^2=4 \end{cases},$$

da cui, sostituendo i valori ottenuti nell'equazione canonica:

$$\frac{x^2}{\frac{9}{4}} - \frac{y^2}{4} = 1 \rightarrow \frac{4x^2}{9} - \frac{y^2}{4} = 1.$$

162 Scrivi l'equazione dell'iperbole avente un fuoco in $(-5; 0)$ e un asintoto di equazione $y = \sqrt{\frac{2}{3}}x$. $[2x^2 - 3y^2 = 30]$

163 Determina l'equazione dell'iperbole avente un fuoco in $(-\sqrt{29}; 0)$ e un asintoto di equazione $y = \frac{5}{2}x$. $[25x^2 - 4y^2 = 100]$

164 Scrivi l'equazione dell'iperbole avente un vertice reale in $(-6; 0)$ e un asintoto di equazione $2x + 3y = 0$. $[4x^2 - 9y^2 = 144]$

165 Determina l'equazione dell'iperbole avente un fuoco in $(0; -\sqrt{5})$ e passante per $(1; 2\sqrt{2})$. $\left[x^2 - \frac{y^2}{4} = -1\right]$

166 Scrivi l'equazione dell'iperbole avente un fuoco in $(0; -5)$ e un asintoto di equazione $4x + 3y = 0$. $\left[\frac{x^2}{9} - \frac{y^2}{16} = -1\right]$

167 Trova l'equazione dell'iperbole con i fuochi sull'asse x avente distanza focale uguale a $\frac{10}{3}$ e un asintoto di equazione $y = -\frac{3}{4}x$. $\left[\frac{9}{16}x^2 - y^2 = 1\right]$

168 TEST La retta $3x + 2y = 0$ e il punto $F(0; -\sqrt{13})$ sono rispettivamente un asintoto e un fuoco di un'iperbole. L'equazione dell'iperbole è:

A $\frac{x^2}{4} + \frac{y^2}{9} = 1.$

B $\frac{x^2}{9} - \frac{y^2}{13} = -1.$

C $9x^2 - 4y^2 + 36 = 0.$

D $\frac{x^2}{4} - \frac{y^2}{9} = 1.$

E $\frac{x^2}{9} - \frac{y^2}{13} = 1.$

LEGGI IL GRAFICO **Trova le equazioni delle iperboli seguenti, utilizzando i dati delle figure.**

169

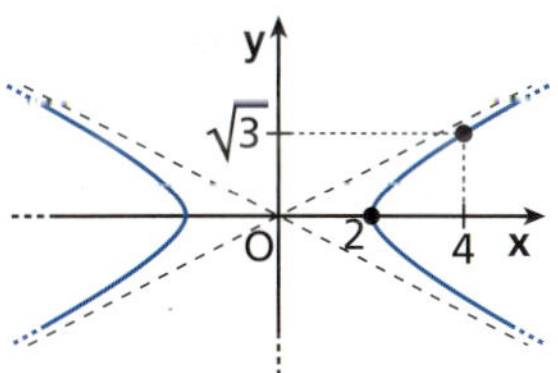

170

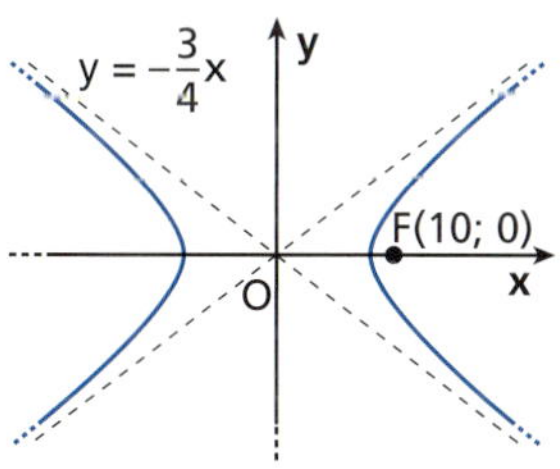

171

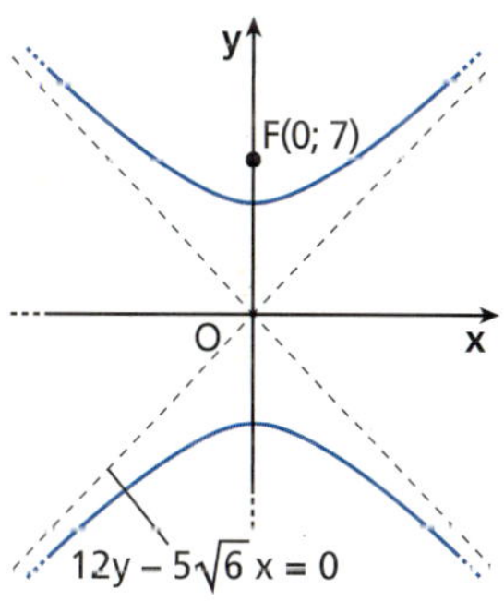

172 Scrivi l'equazione dell'iperbole con i fuochi sull'asse y passante per i punti $\left(1; \frac{\sqrt{5}}{2}\right)$ e $(4; \sqrt{5})$. $\left[\frac{x^2}{4} - y^2 = -1\right]$

173 Un'iperbole con i fuochi sull'asse y passa per il punto $(1; -4\sqrt{5})$ e ha per asintoto la retta di equazione $2x - y = 0$. Determina l'equazione dell'iperbole e, dopo averne individuato le caratteristiche, disegnala. $\left[\frac{x^2}{19} - \frac{y^2}{76} = -1\right]$

174 Un'iperbole di equazione $\frac{x^2}{a^2} - \frac{y^2}{b^2} = -1$ ha eccentricità $e = \frac{\sqrt{7}}{2}$ e passa per $(-6; 2\sqrt{15})$. Calcola i valori di a e di b. $[a = 3; b = 2\sqrt{3}]$

175 Determina l'equazione dell'iperbole con i fuochi sull'asse x che ha il semiasse trasverso di misura $2\sqrt{3}$ e passa per $(2\sqrt{6}; 2)$. $[x^2 - 3y^2 = 12]$

176 Determina l'equazione dell'iperbole con i fuochi sull'asse x che ha un asintoto di equazione $3x + 4y = 0$ e passa per $(-4\sqrt{5}; 3)$. $\left[\frac{x^2}{64} - \frac{y^2}{36} = 1\right]$

177 Scrivi l'equazione dell'iperbole avente vertice reale di coordinate $(2; 0)$ e tangente alla retta di equazione $2x - 3y - 2 = 0$. $[x^2 - 3y^2 = 4]$

178 Determina l'equazione dell'iperbole che ha i fuochi sull'asse y, asse trasverso che misura 6 ed è tangente alla retta di equazione $y = \frac{9}{8}x + \frac{3}{2}$. $[27x^2 - 16y^2 = -144]$

179 Trova l'equazione dell'iperbole con i fuochi sull'asse y che è tangente alla retta di equazione $x - 2\sqrt{3}\,y + 4 = 0$ nel suo punto di coordinate $(2; \sqrt{3})$. $\left[\frac{x^2}{8} - \frac{y^2}{2} = -1\right]$

Problemi REALTÀ E MODELLI

RISOLVIAMO UN PROBLEMA

Raffreddare una centrale nucleare

Le torri di raffreddamento delle centrali nucleari hanno di solito la forma di un solido di rotazione chiamato *iperboloide*; sezionando questo iperboloide con un qualsiasi piano passante per il suo asse di simmetria, si ottengono due rami di iperbole.

Nella figura la curva evidenziata è l'iperbole ottenuta come sezione dell'iperboloide, e gli assi del sistema di riferimento sono gli assi di simmetria dell'iperbole.

Utilizzando i dati indicati in figura, determina l'equazione dell'iperbole.

Chiamiamo A e B i punti di intersezione tra l'iperbole e la retta $y = 52$. In assenza di vento il vapore che fuoriesce dalla torre occupa, con buona approssimazione, la zona delimitata dalle due rette tangenti all'iperbole nei punti A e B. Scrivi l'equazione della porzione di piano delimitata dalle tangenti.

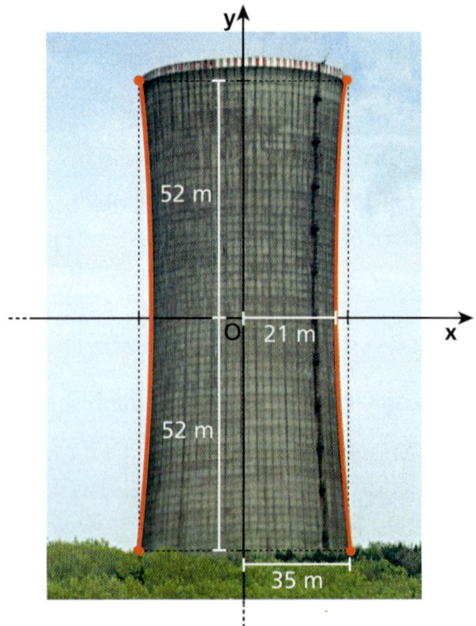

▶ Imponiamo il passaggio per i punti noti.

L'iperbole passa per i punti di coordinate $V(21; 0)$ e $A(35; 52)$. Consideriamo l'equazione generale dell'iperbole con i fuochi sull'asse x,

$$\frac{x^2}{a^2} - \frac{y^2}{b^2} = 1,$$

e imponiamo il passaggio per i due punti

$$\text{vertice } V \rightarrow \frac{21^2}{a^2} - \frac{0^2}{b^2} = 1 \rightarrow a^2 = 21^2,$$

$$\text{punto } A \rightarrow \frac{35^2}{21^2} - \frac{52^2}{b^2} = 1 \rightarrow$$

$$b^2 = \frac{52^2 \cdot 21^2}{35^2 - 21^2} = 1521 = 39^2.$$

L'equazione dell'iperbole è dunque:

$$\frac{x^2}{21^2} - \frac{y^2}{39^2} = 1.$$

▶ Cerchiamo le tangenti.

Cerchiamo le tangenti all'iperbole passanti per i punti $A(35; 52)$ e $B(-35; 52)$. Possiamo usare le formule di sdoppiamento e otteniamo le equazioni delle due tangenti:

$$y = \frac{65}{28}x - \frac{117}{4}, \qquad y = -\frac{65}{28}x - \frac{117}{4}.$$

▶ Descriviamo la parte di piano cercata.

La parte di piano che ci interessa è quella delimitata da queste due tangenti e dalla retta $y = 52$. Essa è quindi descritta da un'opportuna porzione del fascio di rette generato dalle due appena trovate, al di sopra della retta $y = 52$. Tale parte di piano sarà

$$\begin{cases} y = mx - \frac{117}{4}, & \text{con } m \leq -\frac{65}{28} \vee m \geq \frac{65}{28} \\ y \geq 52 \end{cases}.$$

180 **Niemeyer a Brasilia** La Cattedrale Metropolitana Nossa Senhora Aparecida fu realizzata a Brasilia negli anni Sessanta dall'architetto Oscar Niemeyer. L'edificio è alto 40 m da terra e ogni sua sezione, con un piano passante per il suo asse di simmetria, è un'iperbole. Determina l'equazione dell'iperbole evidenziata nel sistema di riferimento in figura, che ha l'origine nel centro dell'iperbole e come assi gli assi di simmetria dell'iperbole. [$x^2 - y^2 = 100$]

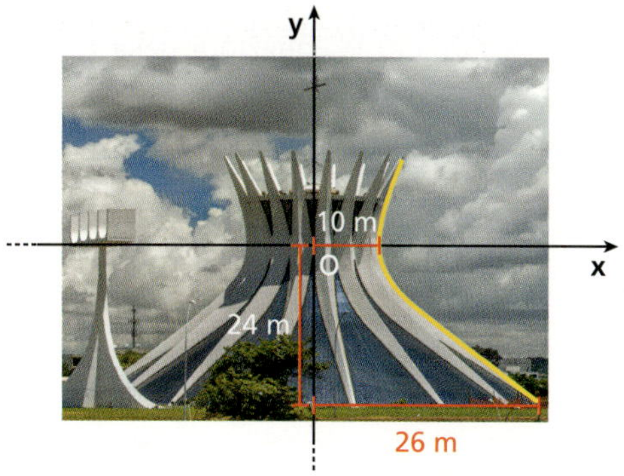

181 **Vaso iperbolico** Sapendo che il profilo del collo, evidenziato nel grafico con il particolare ingrandito, è un'iperbole, quanto misura il diametro minimo x del vaso in figura? [circa 16 cm]

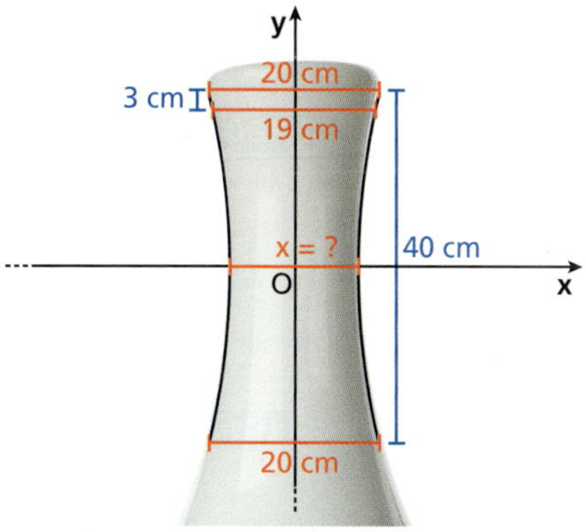

182 **Spaghetti iperbolici** Quando si stringono gli spaghetti come nella foto, il loro profilo disegna un'iperbole. Determina l'equazione dell'iperbole in figura. Quanto è lungo, come minimo, il nastro che tiene legati gli spaghetti? $\left[\frac{x^2}{4} - \frac{y^2}{9} = 1;\ 4\pi\right]$

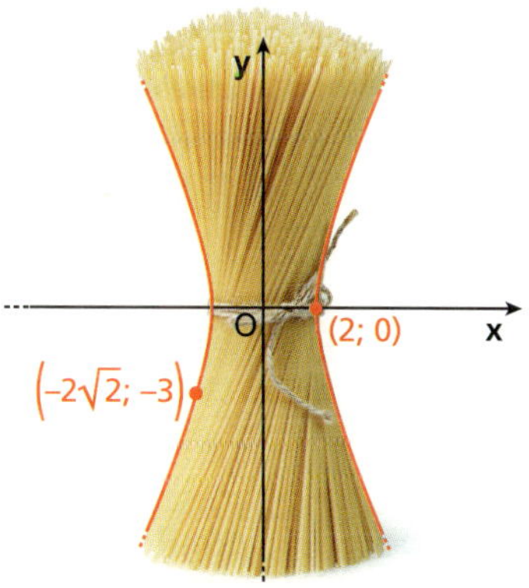

TUTOR matematica
Allenati con **15 esercizi interattivi** con feedback "hai sbagliato, perché…"
su.zanichelli.it/tutor3
risorsa riservata a chi ha acquistato l'edizione con tutor

4 Iperbole traslata

▶ Teoria a p. 346

Equazione dell'iperbole traslata

183 ESERCIZIO GUIDA Data l'iperbole di equazione $\frac{x^2}{4} - \frac{y^2}{16} = -1$, determiniamo l'equazione dell'iperbole corrispondente nella traslazione di vettore $\vec{v}(6; 2)$ e rappresentiamo le due iperboli.

L'iperbole data ha i fuochi sull'asse y, i vertici reali sono $B_1(0; -4)$ e $B_2(0; 4)$, mentre quelli non reali sono $A_1(-2; 0)$ e $A_2(2; 0)$. Gli asintoti dell'iperbole hanno equazione:

$$y = \pm 2x.$$

Scriviamo le equazioni della traslazione di vettore $\vec{v}(6; 2)$ e ricaviamo la x e la y:

$$\begin{cases} x' = x + 6 \\ y' = y + 2 \end{cases} \rightarrow \begin{cases} x = x' - 6 \\ y = y' - 2 \end{cases}$$

Sostituiamo nell'equazione dell'iperbole:

$$\frac{(x' - 6)^2}{4} - \frac{(y' - 2)^2}{16} = -1.$$

L'equazione dell'iperbole traslata è:

$$\frac{(x - 6)^2}{4} - \frac{(y - 2)^2}{16} = -1.$$

Sviluppando i calcoli otteniamo l'equazione:

$$4x^2 - y^2 - 48x + 4y + 156 = 0.$$

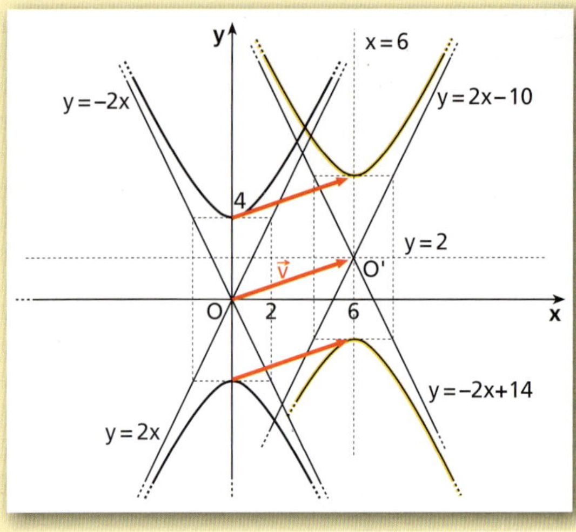

Rappresenta graficamente le seguenti iperboli.

184 $x^2 - \frac{(y + 1)^2}{4} = 4$

185 $\frac{(x - 1)^2}{9} - \frac{(2y + 1)^2}{4} = -1$

186 $y^2 - (x - 1)^2 = 4$

187 $(4x + 1)^2 - \frac{y^2}{9} = -1$

188 Determina l'equazione dell'iperbole ottenuta dall'iperbole di equazione $\frac{x^2}{4} - \frac{y^2}{9} = -1$ mediante la traslazione di vettore $\vec{v}(1; -1)$. Rappresenta graficamente le curve.

[$9x^2 - 4y^2 - 18x - 8y + 41 = 0$]

189 Determina l'equazione dell'iperbole immagine dell'iperbole di equazione $\frac{x^2}{6} - \frac{y^2}{3} = -1$ nella traslazione di vettore $\vec{v}(-4; 0)$.

[$x^2 - 2y^2 + 8x + 22 = 0$]

190 Scrivi l'equazione dell'iperbole ottenuta dall'iperbole di equazione $\frac{x^2}{4} - y^2 = 1$ mediante la traslazione di vettore $\vec{v}(-2; 1)$. Rappresenta graficamente le curve.

[$x^2 - 4y^2 + 4x + 8y - 4 = 0$]

191 Scrivi l'equazione dell'iperbole ottenuta dall'iperbole di equazione $\frac{x^2}{2} - \frac{y^2}{4} = -1$ mediante la traslazione che fa corrispondere l'origine degli assi al punto $O'(3; -1)$.

[$2x^2 - y^2 - 12x - 2y + 21 = 0$]

192 YOU & MATHS Find the asymptotes of

$$\frac{(x + 1)^2}{36} - \frac{(y - 3)^2}{9} = 1.$$

(USA *Southern Illinois University Carbondale*, Final Exam, 2002)

[$y = \pm\frac{1}{2}(x + 1) + 3$]

Il metodo del completamento del quadrato

193 ESERCIZIO GUIDA Determiniamo il vettore di traslazione relativo all'iperbole traslata di equazione $9x^2 - 4y^2 - 18x + 16y + 29 = 0$.

Riscriviamo l'equazione data raggruppando i termini con x e quelli con y:

$$9x^2 - 18x - 4y^2 + 16y + 29 = 0 \rightarrow 9(x^2 - 2x) - 4(y^2 - 4y) + 29 = 0.$$

Perché i termini all'interno delle parentesi diventino il quadrato di un binomio, occorre aggiungere il termine noto. Aggiungiamo quindi i termini mancanti a entrambi i membri dell'equazione:

$$9(x^2 - 2x + 1) - 4(y^2 - 4y + 4) + 29 = 9 - 16 \rightarrow 9(x - 1)^2 - 4(y - 2)^2 = -36.$$

Dividendo entrambi i membri per 36 otteniamo:

$$\frac{(x - 1)^2}{4} - \frac{(y - 2)^2}{9} = -1.$$

L'equazione ottenuta è l'equazione dell'iperbole immagine di quella di equazione $\frac{x^2}{4} - \frac{y^2}{9} = -1$ nella traslazione di vettore $(1; 2)$.

Determina le caratteristiche delle iperboli aventi le seguenti equazioni, individua il vettore della traslazione e rappresenta le iperboli.

194 $x^2 - 4y^2 - 6x = 0$ $[(3; 0)]$

195 $x^2 - 9y^2 - 4x + 5 = 0$ $[(2; 0)]$

196 $4x^2 - y^2 + 2y - 9 = 0$ $[(0; 1)]$

197 $25x^2 - 4y^2 + 50x - 75 = 0$ $[(-1; 0)]$

198 $x^2 - 4y^2 + 2x - 24y - 31 = 0$ $[(-1; -3)]$

199 $2x^2 - y^2 - 8x - 8y - 4 = 0$ $[(2; -4)]$

200 REALTÀ E MODELLI **L'abat-jour** L'abat-jour della fotografia sta proiettando sul muro un fascio di luce che ha un profilo iperbolico. Relativamente al sistema di riferimento fissato, determina l'equazione dell'iperbole a cui appartiene il ramo proiettato sul muro esprimendo le misure in decimetri.

$[4x^2 - 9y^2 + 36y = 0]$

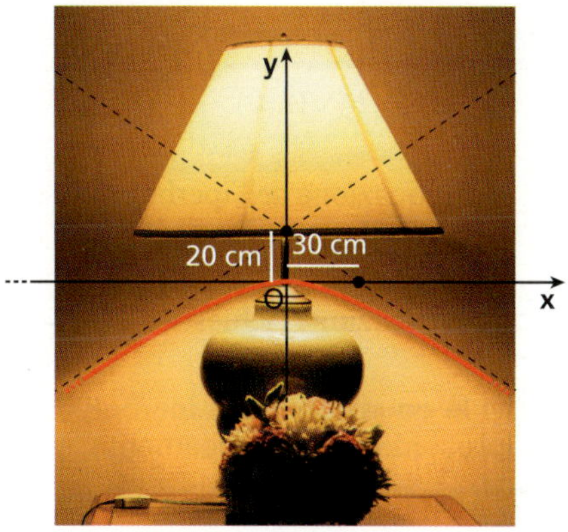

5 Iperbole equilatera

Riferita agli assi di simmetria

Teoria a p. 347

Fra le seguenti equazioni riconosci quelle che individuano un'iperbole equilatera riferita ai suoi assi di simmetria e rappresentale graficamente.

201 $x^2 - y^2 = 1;\quad x^2 + y^2 = 1;\quad y^2 - x^2 = \frac{1}{9}.$

202 $\frac{x^2}{4} - \frac{y^2}{4} = 4;\quad y^2 - 4x^2 = 1;\quad y^2 - x^2 = 16.$

Disegna le seguenti iperboli equilatere, scrivendo le equazioni degli asintoti e le coordinate dei vertici e dei fuochi. Calcola poi l'eccentricità.

203 $y^2 - x^2 = 1;\quad y^2 - x^2 = 9;\quad x^2 - y^2 = -16.$

204 $x^2 - y^2 = 25;\quad y^2 - x^2 = 36;\quad x^2 - y^2 = \frac{1}{4}.$

205 TEST L'iperbole equilatera rappresentata nella figura ha equazione:

A $x^2 - y^2 = 2.$

B $x^2 - y^2 = -2.$

C $y^2 - x^2 = 4.$

D $\frac{x^2}{4} - \frac{y^2}{4} = 1.$

E $y^2 - x^2 = \frac{1}{4}.$

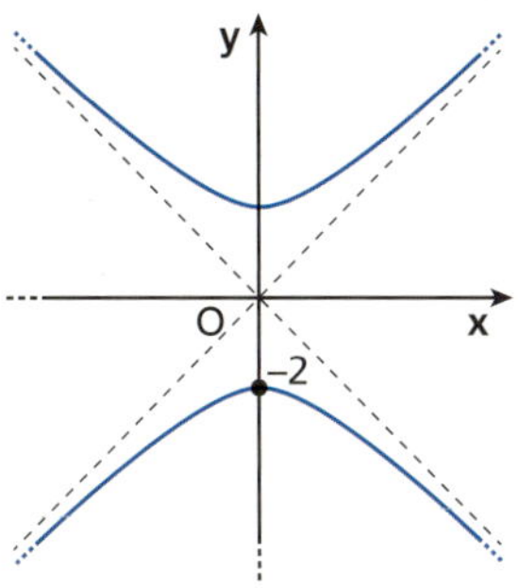

206 VERO O FALSO? Tutte le iperboli equilatere con i fuochi sull'asse x e centro nell'origine hanno:

a. come asintoti le bisettrici dei quadranti. V F

b. gli stessi fuochi. V F

c. eccentricità $\frac{\sqrt{2}}{2}$. V F

d. l'asse trasverso e l'asse non trasverso di misura uguale. V F

207 AL VOLO Per quale valore di k l'equazione $kx^2 + 4y^2 = 1$ rappresenta un'iperbole equilatera?

208 Indica per quale valore di k l'equazione $\frac{x^2}{2k-1} - \frac{y^2}{4+k} = 1$ rappresenta un'iperbole equilatera. [5]

209 Indica per quale valore di k l'equazione $3kx^2 + (k-8)y^2 = 1$ è quella di un'iperbole equilatera. [2]

210 **TEST** Per quale valore di $k \in \mathbb{R}$ l'equazione $(k^2 - 4k)x^2 + (6-k)y^2 = 1$ rappresenta un'iperbole equilatera con i fuochi sull'asse delle ordinate?

A $k = 2 \vee k = 3$ B $k < 6$ C $k = \frac{3+\sqrt{33}}{2}$ D $\nexists k \in \mathbb{R}$ E $\forall k \in \mathbb{R}$

211 **ESERCIZIO GUIDA** Scriviamo l'equazione dell'iperbole equilatera riferita ai propri assi con un fuoco nel punto $F(\sqrt{18}; 0)$.

L'equazione dell'iperbole cercata è del tipo $x^2 - y^2 = a^2$. Dalla relazione fra a e c ricaviamo il valore di a^2:

$$c^2 = 2a^2 \rightarrow 18 = 2a^2 \rightarrow 9 = a^2.$$

L'equazione richiesta è $x^2 - y^2 = 9$.

$x^2 - y^2 = a^2$

Scrivi le equazioni delle iperboli equilatere riferite ai propri assi di simmetria con le caratteristiche indicate. Rappresentale poi graficamente.

212 Un fuoco in $(0; -4)$. $[x^2 - y^2 = -8]$

213 Un fuoco in $(2\sqrt{6}; 0)$. $[x^2 - y^2 = 12]$

214 Un vertice reale in $(0; 5)$. $[x^2 - y^2 = -25]$

215 Passante per $(10; 6)$. $[x^2 - y^2 = 64]$

216 Passante per $(2\sqrt{5}; -4)$. $[x^2 - y^2 = 4]$

217 Un vertice non reale in $(-3; 0)$. $[x^2 - y^2 = -9]$

218 Passante per il punto di ascissa 4 della retta di equazione $y = 2x - 5$. $[x^2 - y^2 = 7]$

Riferita agli asintoti

▶ Teoria a p. 347

219 **ESERCIZIO GUIDA** Data l'iperbole equilatera di equazione $xy = -36$, determiniamo le coordinate dei vertici reali e rappresentiamo la curva graficamente.

$xy = k$

Poiché $k = -36 < 0$, il grafico della curva si trova nel secondo e quarto quadrante e l'asse trasverso della curva è la bisettrice di tali quadranti, ossia $y = -x$.

Per determinare le coordinate dei vertici reali risolviamo il sistema costituito dalle equazioni dell'iperbole e della bisettrice. Otteniamo:

$$A_1(-\sqrt{-k}; \sqrt{-k}), A_2(\sqrt{-k}; -\sqrt{-k}) \rightarrow A_1(-6; 6), A_2(6; -6).$$

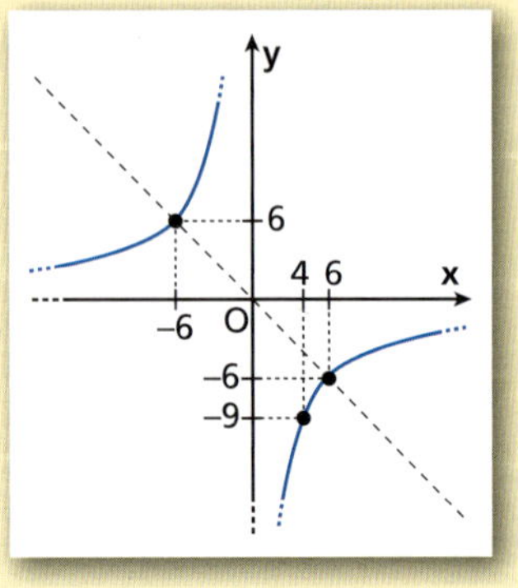

Per disegnare l'iperbole troviamo qualche punto della curva assegnando un valore qualunque a x, purché diverso da 0, e calcoliamo il corrispondente valore di y. Per esempio, per $x = 4$ abbiamo $y = -9$.

Congiungendo i punti ottenuti, rappresentiamo la curva richiesta, ricordando che gli assi cartesiani sono gli asintoti dell'iperbole.

Data l'equazione dell'iperbole, in ciascuno dei seguenti casi determina le coordinate dei vertici e rappresenta graficamente la curva.

220 a. $xy = 36$ b. $xy = -12$

221 a. $xy = 4$ b. $xy = -9$

222 a. $xy - 5 = 0$ b. $xy = -25$

223 a. $xy = 8$ b. $xy = -18$

224 a. $xy = -16$ b. $xy = 20$

225 a. $4xy + 1 = 0$ b. $xy - \frac{4}{9} = 0$

Stabilisci quali delle seguenti equazioni rappresentano un'iperbole equilatera, specificando se è riferita agli assi o agli asintoti, e determina i vertici e i fuochi.

226 a. $x^2 - 4y^2 + 4 = 0$ b. $xy + 6 = 0$ c. $x = \frac{y}{2}$ d. $x^2 = y^2 + 4$

227 a. $y^2 - x^2 = 9$ b. $9x^2 - 9y^2 = 1$ c. $x^2y^2 = 9$ d. $xy - 6 = 0$

228 ASSOCIA a ogni equazione il grafico corrispondente.

a. $xy = -4$ b. $x^2 - y^2 = -4$ c. $xy = 2$ d. $x^2 - y^2 = 16$

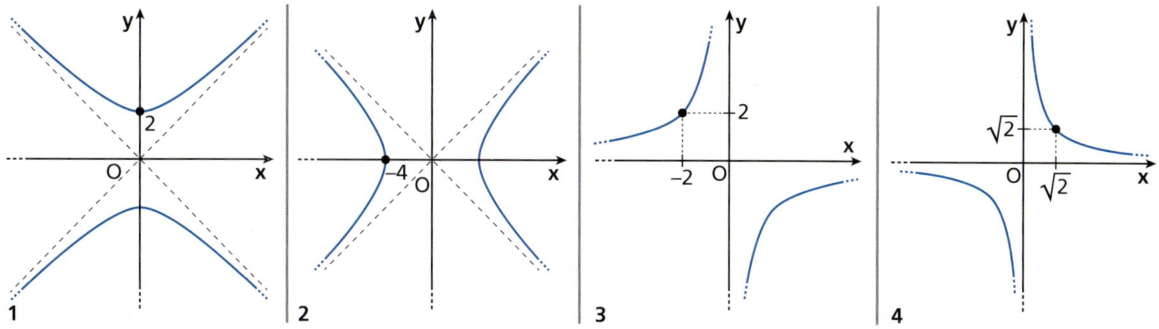

229 COMPLETA

a. L'iperbole di equazione $xy = -3$ si trova nel ______ e ______ quadrante.

b. L'equazione $xy + 1 = 0$ rappresenta un'iperbole equilatera con i fuochi sulla retta $y =$ ___.

c. L'iperbole di equazione $xy = 100$ ha un vertice reale in (10; ___).

d. L'eccentricità dell'iperbole di equazione $xy = 4$ è ___.

230 Scrivi l'equazione dell'iperbole equilatera riferita ai propri asintoti, passante per $P\left(-\frac{3}{2}; -8\right)$. $[xy = 12]$

231 LEGGI IL GRAFICO Scrivi le equazioni delle seguenti iperboli equilatere.

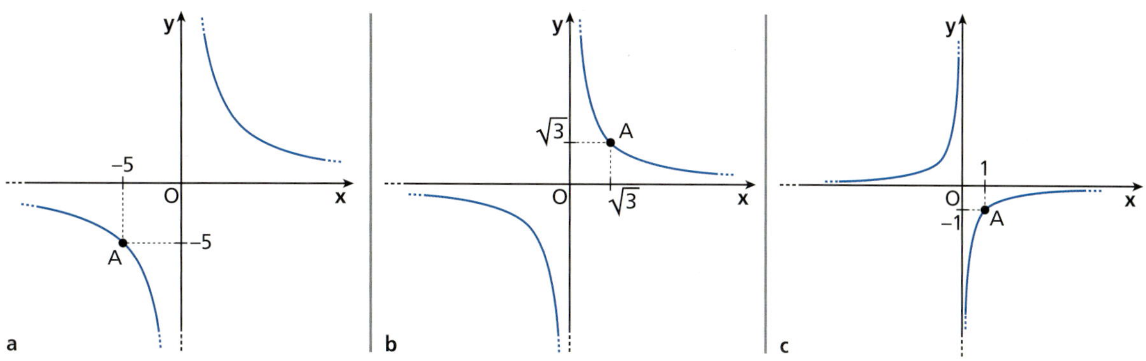

232 Scrivi l'equazione dell'iperbole equilatera, riferita agli asintoti, passante per (−2; −8), e, dopo aver calcolato le coordinate dei suoi vertici, rappresentala graficamente. $[xy = 16; (-4; -4), (4; 4)]$

233 Un'iperbole equilatera, riferita ai propri asintoti, ha un vertice nel punto $A(6; -6)$. Determina la sua equazione e rappresentala graficamente. $[xy = -36]$

234 Trova l'equazione dell'iperbole equilatera situata nel secondo e quarto quadrante e con vertici reali A_1 e A_2, sapendo che $\overline{A_1A_2} = 6\sqrt{2}$. $[xy = -9]$

235 Scrivi l'equazione dell'iperbole equilatera, riferita agli asintoti, con un fuoco in $F(2; 2)$. $[xy = 2]$

236 Scrivi l'equazione dell'iperbole equilatera, riferita agli asintoti, avente un fuoco nel punto $F(-4; 4)$. $[xy = -8]$

237 Determina l'equazione dell'iperbole equilatera, riferita agli asintoti, tangente alla retta di equazione $y = 5x - 10$. $[xy = -5]$

LEGGI IL GRAFICO **Scrivi le equazioni delle iperboli utilizzando i dati delle figure.**

238

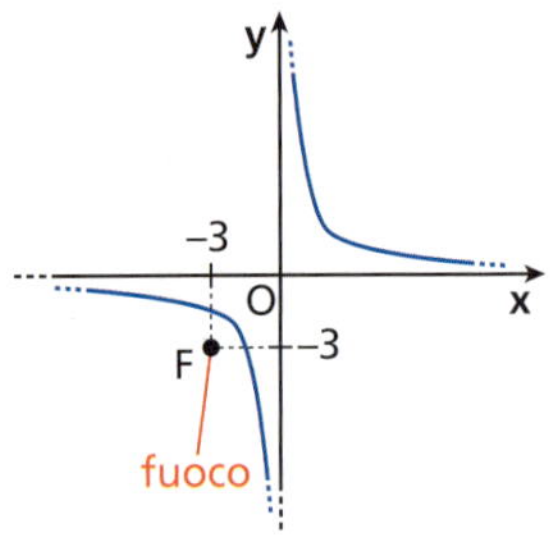

239

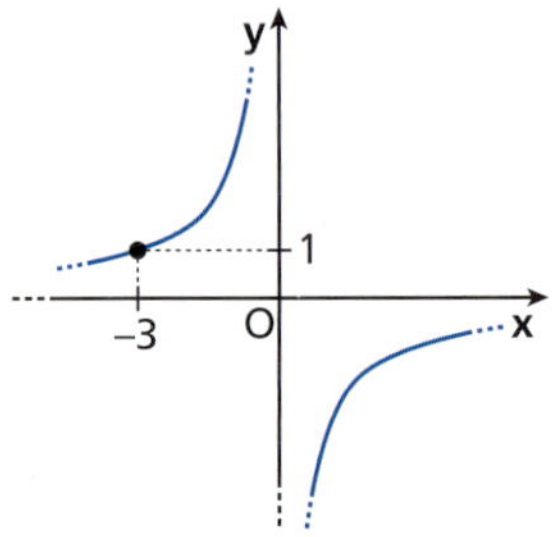

240

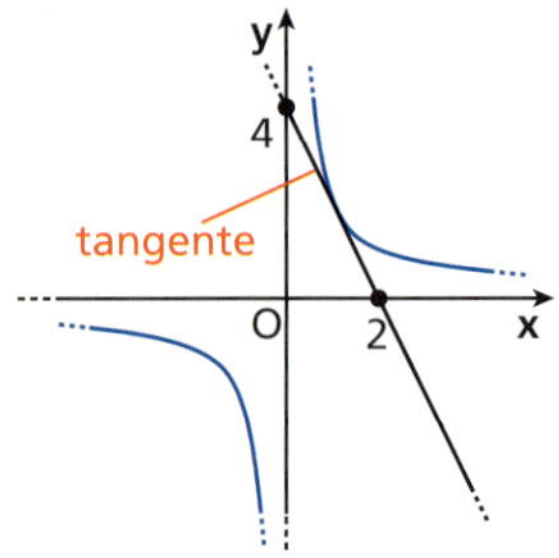

241 Trova l'equazione dell'iperbole equilatera, riferita ai propri asintoti, passante per il punto $P(2; 2)$. Determina l'equazione della retta passante per P e $C(-2; 0)$ e trova l'ulteriore intersezione S fra la retta e l'iperbole. $\left[xy = 4;\ y = \frac{1}{2}x + 1;\ S(-4; -1)\right]$

242 Dopo aver determinato l'equazione dell'iperbole equilatera, riferita agli asintoti, che passa per il punto $A(-2; -8)$, trova le equazioni delle rette tangenti nei vertici. $[xy = 16;\ y = -x \pm 8]$

243 Calcola l'equazione dell'iperbole equilatera, riferita agli asintoti, che stacca sulla retta di equazione $y = -2x + 1$ una corda che misura $\frac{7}{2}\sqrt{5}$. $[xy = -6]$

244 **AL VOLO** Qual è la misura dell'area dei rettangoli della figura, se l'iperbole ha equazione $y = \frac{36}{x}$?

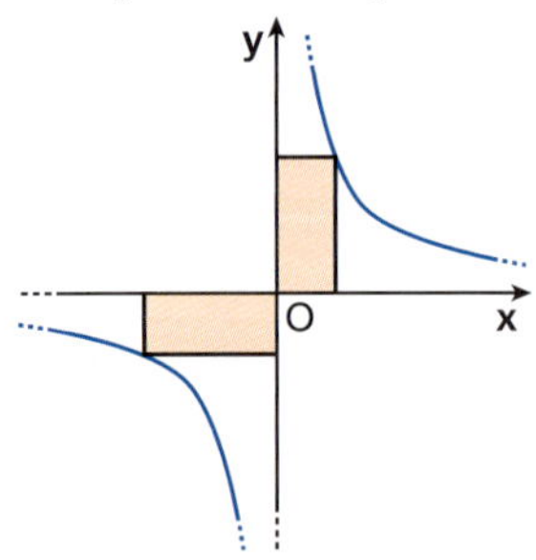

245 **REALTÀ E MODELLI** **A temperatura costante** Un gas perfetto o ideale costituisce un modello fisico a cui tendono molti gas della nostra atmosfera. La legge di Boyle-Mariotte descrive il comportamento di un gas perfetto a temperatura costante. Da un esperimento effettuato alla temperatura di 18 °C si sono ottenuti i dati riportati nella tabella. Rappresenta per punti nel piano cartesiano la curva ottenuta, detta *isoterma*, con V in ascissa e P in ordinata. Hai ottenuto un ramo di iperbole. Di che tipo? Qual è la sua equazione? $[VP = 2400]$

V (dm^3)	P (bar)
1000	2,4
1200	2
800	3
1600	1,5

Funzione omografica

▶ Teoria a p. 350

246 VERO O FALSO?

a. L'equazione $y = \frac{2x+1}{x}$ rappresenta un'iperbole con gli asintoti paralleli agli assi cartesiani. V F

b. L'equazione $y = \frac{4x-1}{8x-2}$ rappresenta un'iperbole. V F

c. L'iperbole di equazione $y = \frac{5}{x-3}$ ha il centro di simmetria sull'asse x. V F

d. La retta $y = \frac{1}{3}$ è un asintoto dell'iperbole di equazione $y = \frac{2x+3}{6x-4}$. V F

e. L'equazione $2xy - x - 1 = 0$ rappresenta un'iperbole. V F

247 TEST Quale delle seguenti proposizioni relative al grafico della funzione omografica $y = \frac{x}{x-2}$ è vera?

A Passa per $P(1; 1)$.

B Ha come asintoti le rette di equazioni $x = 2$ e $y = -1$.

C Ha il centro in $C(2; 1)$.

D È simmetrico rispetto all'asse x.

E Non passa per l'origine.

248 ESERCIZIO GUIDA Disegniamo il grafico della funzione omografica di equazione $y = \frac{6x+1}{2x-4}$.

L'equazione $y = \frac{6x+1}{2x-4}$ rappresenta un'iperbole equilatera traslata.

Gli asintoti hanno equazioni

$$x = -\frac{d}{c} \rightarrow x = -\frac{-4}{2} \rightarrow x = 2,$$

$$y = \frac{a}{c} \rightarrow y = \frac{6}{2} \rightarrow y = 3.$$

Il centro di simmetria è $C(2; 3)$.

Per disegnare il grafico determiniamo le intersezioni con gli assi:

$$\text{asse } y: \begin{cases} x = 0 \\ y = \frac{6x+1}{2x-4} \end{cases} \rightarrow \begin{cases} x = 0 \\ y = -\frac{1}{4} \end{cases} \rightarrow A\left(0; -\frac{1}{4}\right);$$

$$\text{asse } x: \begin{cases} y = 0 \\ y = \frac{6x+1}{2x-4} \end{cases} \rightarrow \begin{cases} y = 0 \\ 6x+1 = 0 \end{cases} \rightarrow \begin{cases} y = 0 \\ x = -\frac{1}{6} \end{cases} \rightarrow B\left(-\frac{1}{6}; 0\right).$$

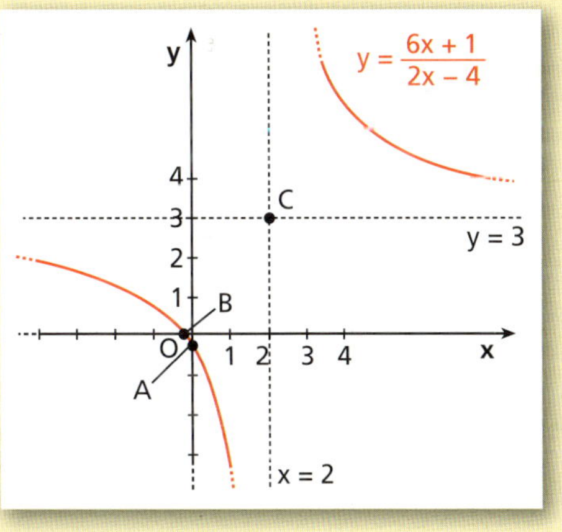

Disegna il grafico delle funzioni omografiche che hanno le seguenti equazioni.

249 $y = \frac{x+4}{x-3}$

250 $y = \frac{5}{3x+15}$

251 $y = \frac{-1}{x-3}$

252 $y = \frac{2x+3}{8x-4}$

253 $y = \frac{2x-1}{4x+8}$

254 $y = \frac{5x+1}{2-10x}$

255 $y = 2 + \frac{1}{x+3}$

256 $y = \frac{4-6x}{3x-9}$

257 $y = \frac{x}{x-3}$

258 $y = \frac{3+5x}{1-x}$

259 $xy - x + 1 = 0$

260 $2xy + x - y + 3 = 0$

261 ●○ **ASSOCIA** ogni equazione al grafico corrispondente.

a. $y = \dfrac{2}{x+2}$ **b.** $y = \dfrac{x-3}{x-2}$ **c.** $y = \dfrac{2x-2}{4-x}$ **d.** $y = \dfrac{5x-14}{x-2}$

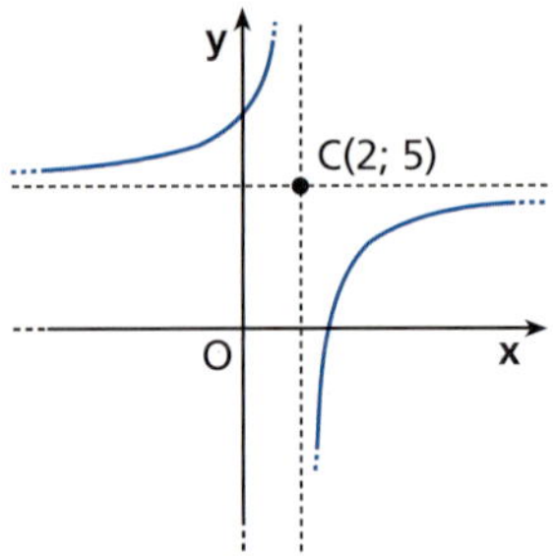

1

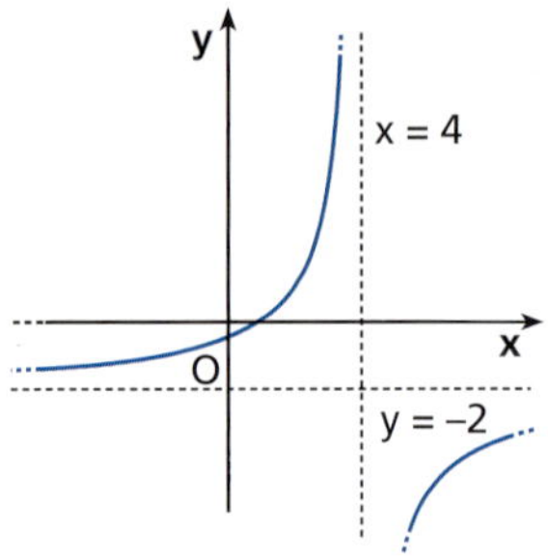

2

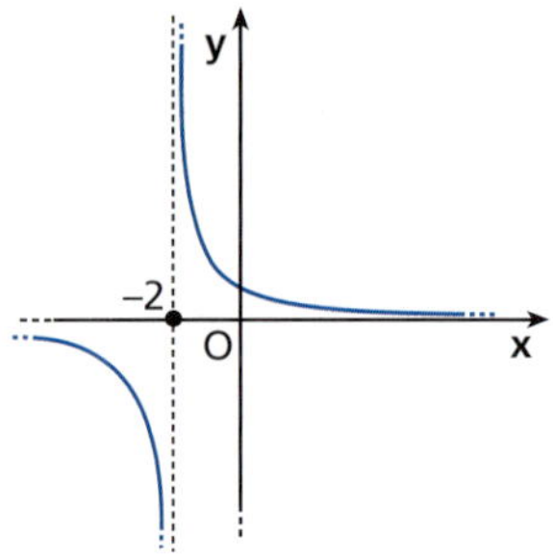

3

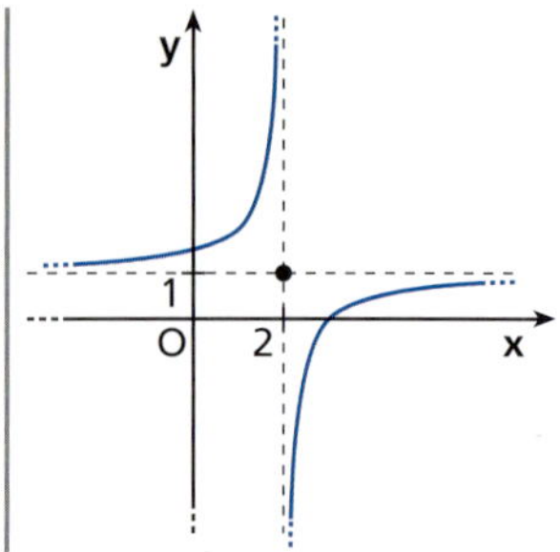

4

262 ●○ Disegna l'iperbole di equazione $y = \dfrac{x+3}{1-x}$ e poi determina le coordinate dei vertici e la distanza focale. $[(-1; 1), (3; -3), 8]$

263 ●○ Rappresenta il grafico di $y = \dfrac{4-2x}{6-2x}$ e scrivi le equazioni degli assi di simmetria. $[y = x-2,\ y = -x+4]$

264 ●○ Determina per quali valori di a e b l'iperbole di equazione $y = \dfrac{ax-3}{bx+1}$ ha centro nel punto $C(-1; 4)$. $[a = 4; b = 1]$

265 ●○ Trova a e b in modo che l'iperbole di equazione $y = \dfrac{ax+b}{2x-5}$ abbia un asintoto di equazione $y = 2$ e passi per il punto $A(1; -2)$. $[a = 4; b = 2]$

266 ●○ Determina i valori di c per cui l'equazione $y = \dfrac{3x+5}{cx-2}$ definisce:

a. un'iperbole;

b. un'iperbole con un asintoto di equazione $x = \dfrac{1}{2}$. $\left[\text{a) } c \neq 0 \wedge c \neq -\dfrac{6}{5}; \text{ b) } c = 4\right]$

267 ●○ Trova per quali valori di a, b, c l'iperbole di equazione $y = \dfrac{ax+b}{cx-4}$ ha il centro in $C(-4; -1)$ e passa per $(-2; 2)$. $[a = 1, b = -2, c = -1]$

268 ●● Trova per quale valore di k il grafico della funzione omografica $y = \dfrac{2x+k}{2x+6}$ passa per il punto $P\left(1; -\dfrac{3}{8}\right)$. Determina poi l'equazione della tangente al grafico nel suo punto di intersezione con l'asse y. $[k = -5; 11x - 18y - 15 = 0]$

LEGGI IL GRAFICO Determina le equazioni dei seguenti grafici utilizzando i dati delle figure.

269 ●○

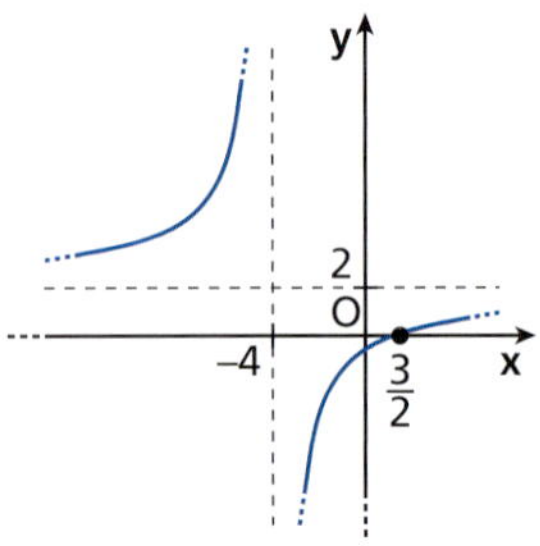

270 ●○

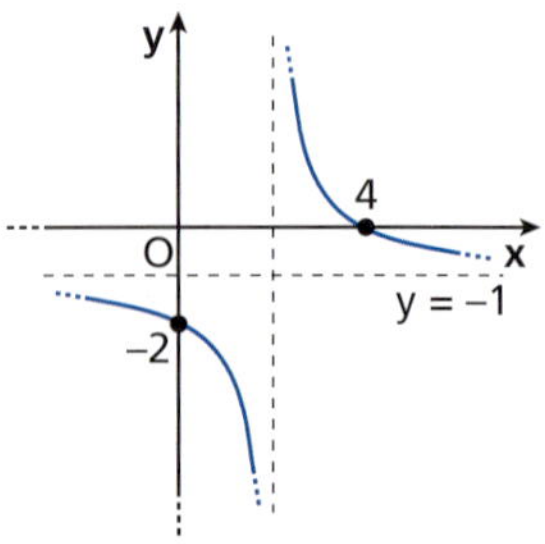

271 ●○

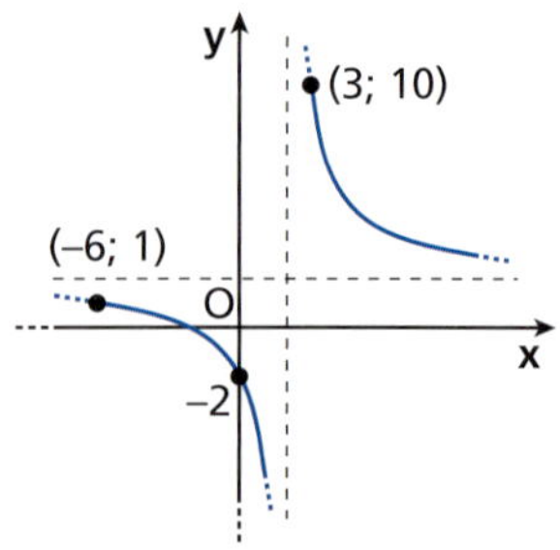

TUTOR matematica Allenati con **15 esercizi interattivi** con feedback "hai sbagliato, perché…"
su.zanichelli.it/tutor3 risorsa riservata a chi ha acquistato l'edizione con tutor

Riepilogo: Iperbole

272 ●○ **VERO O FALSO?** L'equazione $\frac{x^2}{k^2} - \frac{y^2}{2k} = 1$:

a. per $k = 2$ rappresenta un'iperbole equilatera. V F

b. determina un'ellisse per ogni valore negativo di k. V F

c. se $k = 1$, rappresenta un'iperbole con eccentricità $e = \sqrt{2}$. V F

d. non può mai rappresentare una circonferenza. V F

273 ●○ Stabilisci per quali valori di k l'equazione $\frac{x^2}{k+6} + \frac{y^2}{2-3k} = 1$ rappresenta:

a. un'ellisse;

b. una circonferenza;

c. un'iperbole;

d. un'iperbole con i fuochi sull'asse x.

$\left[\text{a) } -6 < k < \frac{2}{3}\text{; b) } k = -1\text{; c) } k < -6 \vee k > \frac{2}{3}\text{; d) } k > \frac{2}{3}\right]$

LEGGI IL GRAFICO **Determina l'equazione dell'iperbole della figura e scrivi le coordinate dei vertici e le equazioni degli asintoti.**

274 ●○

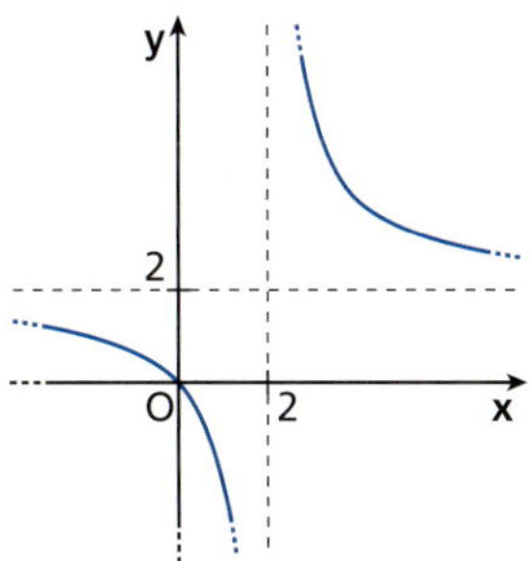

275 ●○

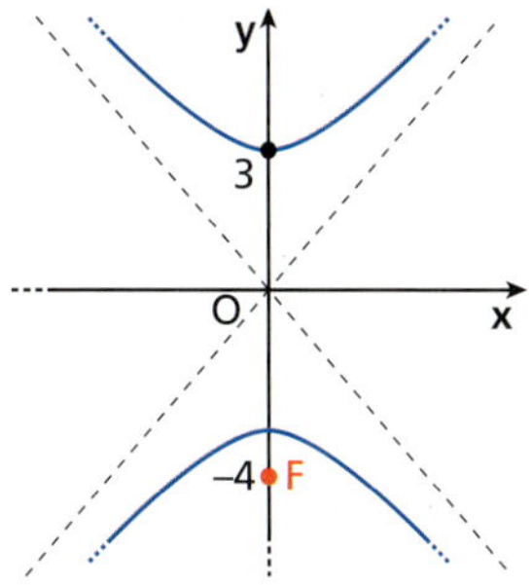

276 ●○

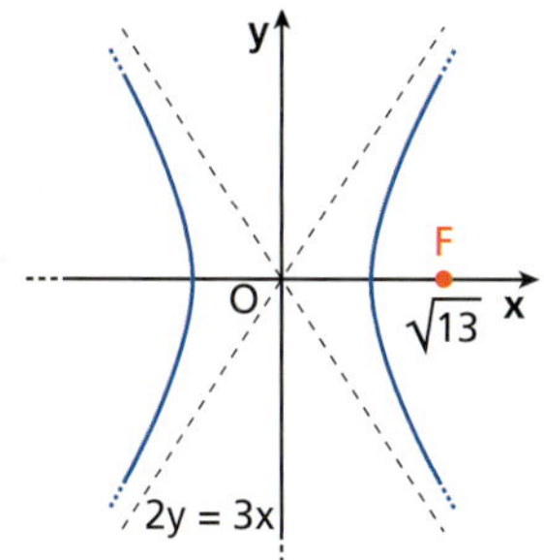

277 ●● Determina l'equazione dell'iperbole che ha centro nell'origine del sistema di riferimento e per asse trasverso l'asse x, ha eccentricità $e = 2$ e passa per il punto $A(3; \sqrt{15})$. Trova poi l'equazione della circonferenza circoscritta al triangolo che ha per vertici il punto A e i vertici reali dell'iperbole.

$\left[\frac{x^2}{4} - \frac{y^2}{12} = 1; 3x^2 + 3y^2 - 4\sqrt{15}y - 12 = 0\right]$

278 ●● Scrivi l'equazione dell'iperbole equilatera con centro nell'origine, fuochi sull'asse y e passante per $A(3; 5)$. Determina l'equazione della tangente in A all'iperbole. Calcola l'area del triangolo formato dalla tangente, dall'asse x e dall'asintoto dell'iperbole con coefficiente angolare positivo.

$\left[x^2 - y^2 + 16 = 0; 3x - 5y + 16 = 0; \frac{64}{3}\right]$

279 ●● Scrivi l'equazione della circonferenza passante per il punto $C(3; -2)$ e per le intersezioni A e B fra l'iperbole di equazione $xy = 4$ e la retta di equazione $y = -x + 5$. Determina le eventuali ulteriori intersezioni fra la circonferenza e l'iperbole.

$[A(1; 4); B(4; 1); x^2 + y^2 - x - y - 12 = 0; T(-2; -2)]$

280 ●● Determina le intersezioni M e N fra l'iperbole $x^2 - y^2 = 16$ e la retta $y = \frac{1}{3}x + \frac{4}{3}$. Scrivi l'equazione della circonferenza passante per M, per N e per $P(0; -2)$.

$[M(-4; 0); N(5; 3); x^2 + y^2 - 6y - 16 = 0]$

281 ●● Scrivi l'equazione della circonferenza di centro $C(-3; 2)$ e raggio $2\sqrt{2}$. Trova i punti di intersezione con il grafico della funzione omografica di equazione $y = \frac{2x + 10}{x + 3}$ e individua le tangenti nei punti comuni.

$[x^2 + y^2 + 6x - 4y + 5 = 0; (-1; 4), (-5; 0); y = -x + 3, y = -x - 5]$

282 ●● Scrivi l'equazione dell'iperbole, con i fuochi sull'asse x, passante per i punti $A(2; 1)$ e $B(-1; 0)$, e poi quella della circonferenza di centro O, passante per i fuochi dell'iperbole. Considera le intersezioni delle due curve e calcola l'area del rettangolo che esse formano.

$\left[x^2 - 3y^2 = 1; 3x^2 + 3y^2 = 4; \frac{\sqrt{15}}{3}\right]$

REALTÀ E MODELLI

283 •• **Saturno nel fuoco** Le sonde Voyager 1 e Voyager 2 sono state lanciate negli anni Settanta per esplorare il sistema solare. Dopo aver sorvolato Giove e Saturno, si sono allontanate seguendo una traiettoria iperbolica di cui Saturno è un fuoco. Le loro rispettive orbite possono essere descritte dalle seguenti equazioni (i valori sono espressi in kilometri):

$$\frac{x^2}{2{,}761 \cdot 10^{10}} - \frac{y^2}{9{,}502 \cdot 10^{10}} = 1$$

e

$$\frac{x^2}{1{,}109 \cdot 10^{11}} - \frac{y^2}{1{,}320 \cdot 10^{11}} = 1.$$

a. Quale delle due sonde si è avvicinata di più a Saturno?

b. Quale delle due traiettorie ha eccentricità maggiore? [a) Voyager 2; b) $e_1 = 2{,}107$, $e_2 = 1{,}48$]

284 •• **Giorno e notte** Nella sua opera del 1938 *Dag en nacht* (giorno e notte) l'incisore Escher utilizzò un'iperbole per rappresentare due fiumi che scorrono; l'incisione è simmetrica rispetto all'asse verticale. Utilizzando i dati in figura, determina le coordinate del punto P evidenziato, sapendo che i ponti sul fiume evidenziati in rosso si trovano su rette parallele alle bisettrici dei due quadranti.

[$P(-13+\sqrt{10}; 1-\sqrt{10})$]

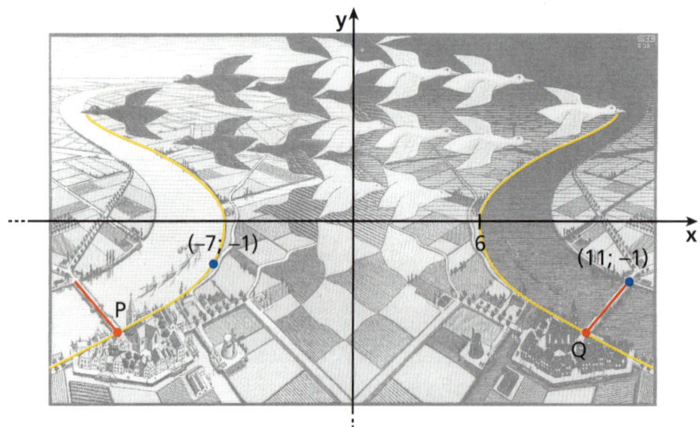

285 •• **Il costo di una caffettiera** Una piccola fabbrica produce un nuovo tipo di caffettiera in un dato periodo di tempo, sostenendo costi fissi pari a circa € 9000 e costi variabili quantificabili in € 9 per ogni unità prodotta.

a. Esprimi in funzione del numero x di pezzi prodotti i costi totali sostenuti dall'azienda e il costo medio unitario per ogni pezzo prodotto. Rappresenta graficamente la funzione «costo totale» e la funzione «costo medio unitario» tenendo conto che nel periodo considerato l'azienda può produrre al massimo 3000 unità.

b. Il costo unitario diminuisce all'aumentare del numero di pezzi prodotti. Per studiare meglio questo aspetto, calcola la variazione percentuale della diminuzione di costo unitario corrispondente all'aumento di 100 del numero di pezzi prodotti, nei due casi in cui inizialmente i pezzi prodotti siano 1000 oppure 2000.

c. Dopo un'indagine di mercato si valuta che le caffettiere possano essere vendute a un prezzo massimo di € 16. Considerato che per la distribuzione si ha una spesa fissa di circa € 1800 e un'ulteriore spesa di € 0,50 per ogni pezzo, calcola qual è il minimo numero di pezzi da produrre per non andare in perdita.

[b) $\simeq -0{,}82\%$; $\simeq -0{,}21\%$; c) 1662]

VERIFICA DELLE COMPETENZE ALLENAMENTO

ANALIZZARE E INTERPRETARE DATI E GRAFICI

LEGGI IL GRAFICO Utilizzando i dati delle figure, trova le equazioni dei seguenti grafici.

1

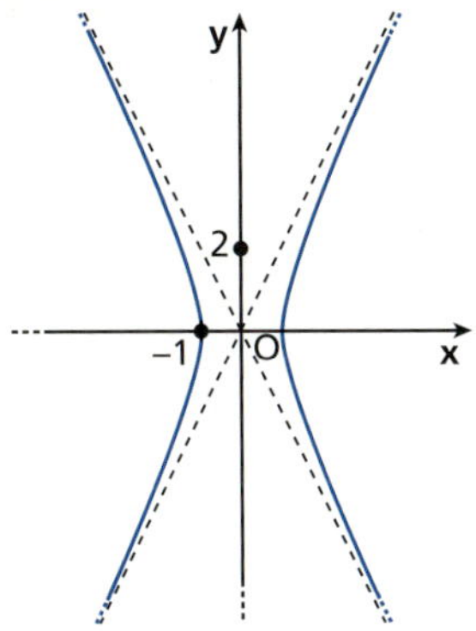

2

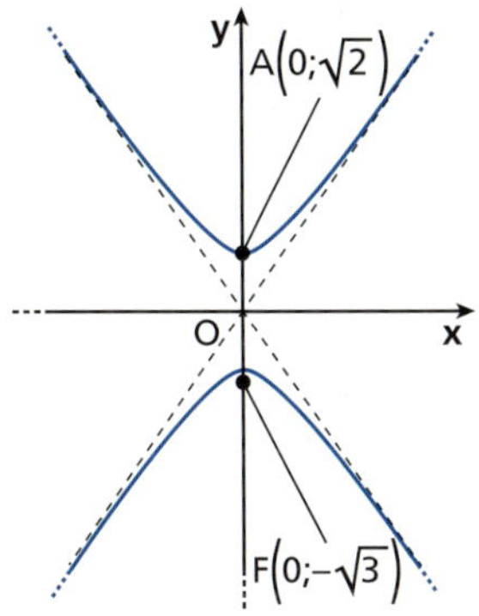

3

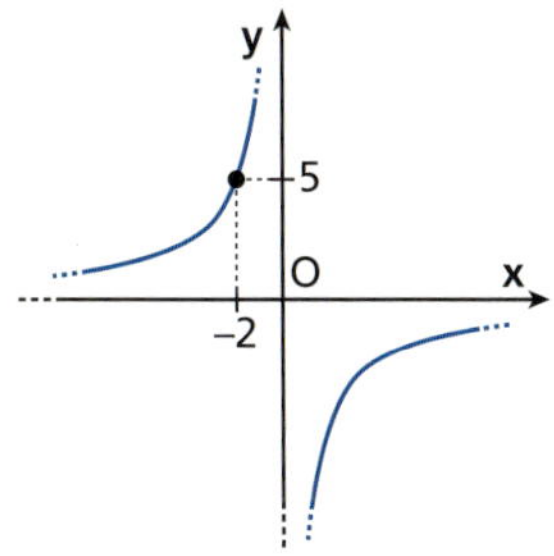

Rappresenta nel piano cartesiano le seguenti iperboli.

4 $9x^2 - 36y^2 = 576$

5 $4 - x^2 + 16y^2 = 0$

6 $y^2 = -1 + 4x^2$

7 $\frac{x^2}{9} - y^2 = -1$

8 $\frac{y^2}{4} - \frac{x^2}{4} = 4$

9 $y = \frac{3x+1}{6x-2}$

Data l'equazione dell'iperbole, in ciascuno dei seguenti casi determina la misura dei semiassi, le coordinate dei vertici e dei fuochi, l'eccentricità e rappresenta la curva graficamente.

10 a. $\frac{x^2}{9} - \frac{y^2}{16} = -1$; b. $\frac{x^2}{4} - \frac{y^2}{9} = -1$; c. $\frac{x^2}{25} - \frac{y^2}{16} = -1$; d. $\frac{x^2}{2} - \frac{y^2}{3} = -1$.

11 a. $4x^2 - 16y^2 = -16$; b. $x^2 - 4y^2 = -16$; c. $8x^2 - y^2 + 16 = 0$; d. $x^2 - 8y^2 = -8$.

12 a. $y^2 = 36 + 9x^2$; b. $x^2 = \frac{-9 + y^2}{9}$; c. $y^2 = \frac{4 + x^2}{2}$; d. $42 + 7x^2 - 4y^2 = 0$.

Traccia i grafici relativi alle seguenti equazioni.

13 $y = \sqrt{x^2 + 4}$

14 $y = -2\sqrt{x^2 + 1}$

15 $2y = \sqrt{x^2 - 1}$

TEST

16 Quali equazioni, tra

$$x = -\frac{4}{y}, \quad x^2 = y^2 + 1, \quad y = \frac{1-x}{2x+1},$$

rappresentano un'iperbole equilatera?

A Solo la prima.

B Solo la prima e la terza.

C Solo la seconda.

D Solo la prima e la seconda.

E Tutte e tre.

17 I fuochi dell'iperbole in figura sono i punti:

A $(\pm 4\sqrt{2}; 0)$.

B $(\pm 2\sqrt{2}; 0)$.

C $(0; \pm\sqrt{2})$.

D $(\pm 2; 0)$.

E $(\pm 6; 0)$.

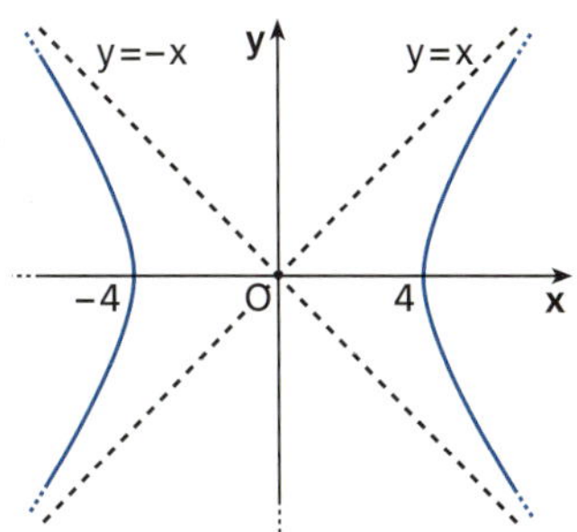

VERIFICA DELLE COMPETENZE

18 TEST Gli asintoti dell'iperbole di equazione $y = \frac{3-x}{4-2x}$ sono:

A $x = -2$ e $y = \frac{1}{2}$.

B $x = \frac{1}{2}$ e $y = 2$.

C $x = 3$ e $y = 2$.

D $x = 2$ e $y = \frac{1}{2}$.

E $x = -\frac{1}{2}$ e $y = -2$.

19 VERO O FALSO?

a. Ogni iperbole ha eccentricità $e \neq 1$. V F

b. All'aumentare di e, aumenta lo «schiacciamento» dell'iperbole. V F

c. L'iperbole equilatera ha eccentricità $e = 1$. V F

d. Per tutte le funzioni omografiche l'eccentricità è $e = \sqrt{2}$. V F

---

20 Un'iperbole con il centro nell'origine e i fuochi sull'asse x ha eccentricità $e = 2$. Trova le equazioni degli asintoti. $[y = \pm\sqrt{3}\,x]$

21 COMPLETA Data l'equazione $\frac{x^2}{9} - \frac{y^2}{2a-3} = 1$, allora:

a. per $a >$ ☐ l'equazione rappresenta un'iperbole con i vertici reali sull'asse x;

b. per $a =$ ☐ l'equazione rappresenta una circonferenza;

c. per $a < -3$ l'equazione rappresenta una ☐ con i fuochi sull'asse ☐.

RISOLVERE PROBLEMI

22 Stabilisci per quali valori del parametro b il punto $A(2; 1)$ appartiene all'iperbole di equazione $\frac{x^2}{b^2+1} - \frac{y^2}{b^2} = 1$, determina la corrispondente equazione dell'iperbole e trova l'equazione della tangente all'iperbole nel punto A. $[\pm 1; x^2 - 2y^2 = 2; y = x - 1]$

23 Data la funzione $y = \frac{3ax+b}{x-c}$, determina a, b, $c \in \mathbb{R}$ in modo che il suo grafico passi per il punto $A(3; 14)$ e gli asintoti abbiano equazioni $x = 2$ e $y = 6$. Disegna la curva così ottenuta. $\left[y = \frac{6x-4}{x-2}\right]$

24 Data l'iperbole $\frac{x^2}{4} - \frac{y^2}{b^2} = 1$, determina b in modo tale che la curva risulti tangente alla retta passante per $A(-2; -1)$ e parallela alla retta di equazione $y = x + 2$. $[b = \sqrt{3}]$

25 Data l'iperbole equilatera riferita agli asintoti di equazione $xy = k$, con $k > 0$:

a. stabilisci per quale valore del parametro l'iperbole ha il semiasse trasverso che misura 4;

b. rappresenta l'iperbole trovata;

c. scrivi le equazioni delle rette tangenti all'iperbole nei vertici.

$[a)\ k = 8;\ c)\ y = -x + 4\sqrt{2},\ y = -x - 4\sqrt{2}]$

---

26 Data l'iperbole di equazione $\frac{x^2}{a^2} - \frac{y^2}{b^2} = -1$ determina i valori di a e b affinché la retta di equazione $y = 2x + 6$ intersechi l'iperbole in due suoi vertici. $[a = 3; b = 6]$

27 Determina per quali valori di k l'equazione $\frac{x^2}{3k+1} - \frac{y^2}{9-k^2} = 1$ rappresenta:

a. un'iperbole;

b. un'iperbole equilatera;

c. un'iperbole con fuochi sull'asse x;

d. un'ellisse.

Posto $k = 1$, rappresenta la curva che si ottiene, individuando le sue principali caratteristiche.

$\left[a)\ k < -3 \vee -\frac{1}{3} < k < 3;\ b)\ k = \frac{-3 \pm \sqrt{41}}{2};\ c)\ -\frac{1}{3} < k < 3;\ d)\ k > 3;\ \frac{x^2}{4} - \frac{y^2}{8} = 1\right]$

28 ●● Data l'equazione $\frac{2x^2}{k-4} - \frac{3y^2}{k+1} = 1$, determina per quale valore di k rappresenta un'iperbole equilatera. Preso poi P appartenente a tale iperbole nel primo quadrante, trova le sue coordinate, sapendo che, detti F_1 e F i fuochi, l'area del triangolo F_1PF vale 10. $[k = 14; P(\sqrt{15}; \sqrt{10})]$

29 ●● Data l'iperbole di equazione $xy = k$, con $k < 0$:

a. stabilisci per quale valore di k l'iperbole stacca sulla retta di equazione $2x - y - 6 = 0$ una corda che misura $\sqrt{5}$;

b. rappresenta l'iperbole determinando le coordinate dei fuochi e dei vertici.

$[a)\ k = -4;\ b)\ F(\pm 2\sqrt{2}; \mp 2\sqrt{2}), V(\pm 2; \mp 2)]$

30 ●● Stabilisci, al variare di $k \in \mathbb{R}$, la posizione reciproca della retta di equazione $x - ky + 2 = 0$ e dell'iperbole di equazione $5x^2 - 9y^2 = 45$. Disegna l'iperbole e le rette tangenti trovate e calcola l'area del triangolo che ha per vertici i punti di tangenza e il punto di intersezione delle tangenti.

$\left[k < -1 \vee k > 1 \text{ secante; } k = \pm 1 \text{ tangente; } -1 < k < 1 \text{ esterna; } \frac{25}{4}\right]$

31 ●○ Determina l'equazione dell'iperbole, con centro nell'origine e asse trasverso sull'asse delle ascisse, passante per i punti $A(1; 1)$ e $B(3; 5)$. $[3x^2 - y^2 = 2]$

32 ●○ Trova l'equazione dell'iperbole, con asse trasverso sull'asse delle ordinate e centro nell'origine, di eccentricità $e = \frac{5}{4}$ e con semidistanza focale uguale a 10. $\left[\frac{x^2}{36} - \frac{y^2}{64} = -1\right]$

33 ●○ Determina l'equazione dell'iperbole avente asintoto di equazione $y = \frac{3}{4}x$, semidistanza focale uguale a 5 e asse trasverso sull'asse delle ascisse. $\left[\frac{x^2}{16} - \frac{y^2}{9} = 1\right]$

34 ●● Determina l'equazione dell'iperbole con i fuochi sull'asse x e centro nell'origine che ha eccentricità $\sqrt{5}$ e semiasse non trasverso di misura 4. $\left[\frac{x^2}{4} - \frac{y^2}{16} = 1\right]$

35 ●● Calcola l'area del triangolo ABC, dove A è il vertice con ascissa positiva dell'iperbole di equazione $x^2 - 9y^2 = 9$ e B, C sono punti di intersezione dell'iperbole con la retta di equazione $x = 6$. $[3\sqrt{3}]$

36 ●● Scrivi l'equazione della retta tangente all'iperbole di equazione $\frac{x^2}{5} - \frac{y^2}{4} = 1$ nel suo punto $(-5; 4)$. $[x + y + 1 = 0]$

37 ●● Scrivi l'equazione dell'iperbole avente un fuoco nel punto $(-\sqrt{7}; 0)$, centro nell'origine e passante per $(2\sqrt{2}; -\sqrt{3})$. $[3x^2 - 4y^2 = 12]$

38 ●● Dopo aver determinato l'equazione dell'iperbole avente un fuoco di coordinate $F(0; \sqrt{39})$, centro nell'origine e passante per il punto $A(2; 6)$, calcola le equazioni degli asintoti, determina l'eccentricità e rappresenta la curva.

$\left[\frac{x^2}{12} - \frac{y^2}{27} = -1;\ y = \pm\frac{3}{2}x;\ e = \frac{\sqrt{13}}{3}\right]$

39 ●● Determina l'equazione dell'iperbole equilatera, riferita agli assi e avente centro nell'origine, che individua sulla retta $y = 3$ un segmento di misura 8. Trova poi l'equazione della tangente all'iperbole nel suo punto A del primo quadrante di ascissa 3 e quella nel punto B del terzo quadrante di ascissa -3.

$[x^2 - y^2 = 7;\ 3x - \sqrt{2}y - 7 = 0;\ 3x - \sqrt{2}y + 7 = 0]$

40 ●● Trova le equazioni delle tangenti all'iperbole di equazione $\frac{x^2}{9} - \frac{y^2}{4} = -1$ mandate dai suoi punti A e B di ascissa 4. Detto P il punto di intersezione delle due tangenti, calcola l'area del triangolo ABP.

$\left[8x - 15y + 18 = 0, 8x + 15y + 18 = 0;\ P\left(-\frac{9}{4}; 0\right); \frac{125}{6}\right]$

41 ●● Considera la curva di equazione $y = \frac{x-4}{x+1}$, con centro di simmetria C. La retta di equazione $y = 5x - 4$ interseca l'iperbole in A e la bisettrice del secondo e quarto quadrante in B. Calcola l'area del triangolo ABC. $\left[\frac{10}{3}\right]$

42 ●● Scrivi l'equazione dell'iperbole con i fuochi sull'asse y che nel suo punto di coordinate $\left(2; \frac{\sqrt{5}}{2}\right)$ ha per tangente la retta di equazione $x - 4\sqrt{5}y + 8 = 0$. $\left[\frac{x^2}{16} - y^2 = -1\right]$

43 ●● Dopo aver determinato l'equazione dell'iperbole equilatera, riferita agli asintoti, avente un fuoco nel punto $F(-2\sqrt{3}; -2\sqrt{3})$, calcola l'area del quadrilatero i cui vertici sono le intersezioni delle rette di equazioni $y=-3x+9$ e $y=-3x-9$ con l'iperbole. [$xy=6$; 18]

44 ●● Scrivi le equazioni delle iperboli equilatere, riferite agli asintoti, che sono tangenti alla circonferenza di equazione $x^2+y^2=4$ e trova l'area del quadrilatero che si ottiene congiungendo i punti di tangenza. [$xy=-2$; $xy=2$; 8]

45 ●● Considera l'iperbole di equazione $xy=12$ e rappresentala graficamente. Calcola poi le aree dei triangoli formati dagli assi cartesiani e dalle tangenti all'iperbole nei suoi punti di ascissa 4 e -6 e verifica che sono uguali. [24]

46 ●●
a. Scrivi l'equazione della circonferenza di centro (9; 9) e passante per (14; 4).
b. Determina l'equazione dell'iperbole equilatera, riferita ai propri asintoti, passante per il punto di intersezione della circonferenza con la bisettrice del primo e terzo quadrante avente ascissa minore.
c. Calcola l'area della figura piana i cui vertici sono i punti di intersezione della circonferenza con l'iperbole.

[a) $x^2+y^2-18x-18y+112=0$; b) $xy=16$; c) area $=6$]

COSTRUIRE E UTILIZZARE MODELLI

47 ●○ **Come Cassegrain** Moltissimi telescopi funzionano secondo lo schema Cassegrain e contengono due specchi, di cui uno ha un profilo iperbolico. In generale, ponendo una sorgente puntiforme di luce in un fuoco di uno specchio iperbolico, i raggi riflessi si comportano come se provenissero dall'altro fuoco.

a. Qual è l'equazione del profilo dello specchio iperbolico rappresentato nel grafico, se la distanza tra i fuochi F e F' è 6 e la retta r, asintoto dello specchio, ha equazione $y=\frac{\sqrt{5}}{2}x$?
b. Qual è la sua eccentricità?

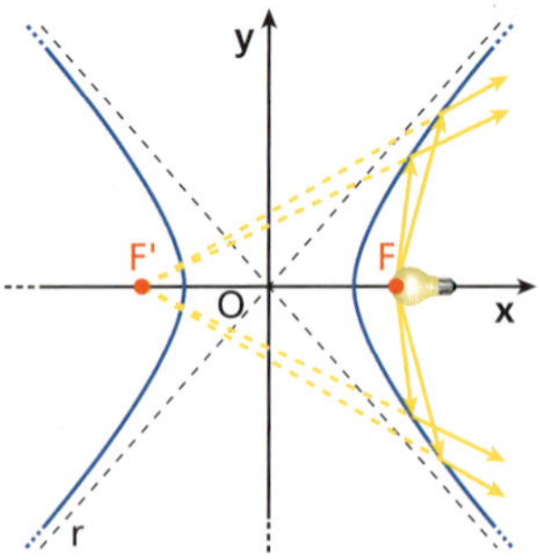

$\left[\text{a) } \frac{x^2}{4}-\frac{y^2}{5}=1; \text{ b) } \frac{3}{2}\right]$

48 ●○ **Kobe** Utilizzando i dati riportati in figura, ricava l'equazione del profilo della torre del porto di Kobe (Giappone), sapendo che ha l'andamento di un'iperbole.
Sapendo che l'altezza totale della torre è di 108 metri, sei in grado di ricavare il raggio della base superiore della torre?

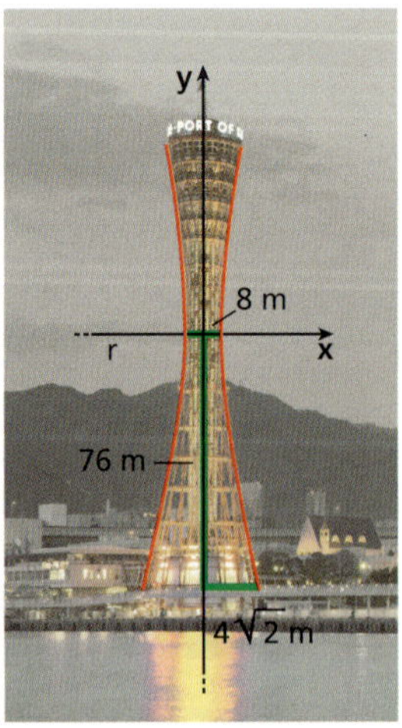

$\left[\frac{20}{19}\sqrt{17}\right]$

49 ●○ **Spicchi in regola** I palloni da basket regolamentari per le competizioni maschili hanno un diametro di circa 24 cm. Come si vede nella foto, gli spicchi in cui sono divisi disegnano il profilo di due rette e un'iperbole. Scrivi le equazioni delle curve che dividono gli spicchi nella foto, sapendo che l'iperbole divide la circonferenza del pallone in quattro parti di uguale lunghezza.

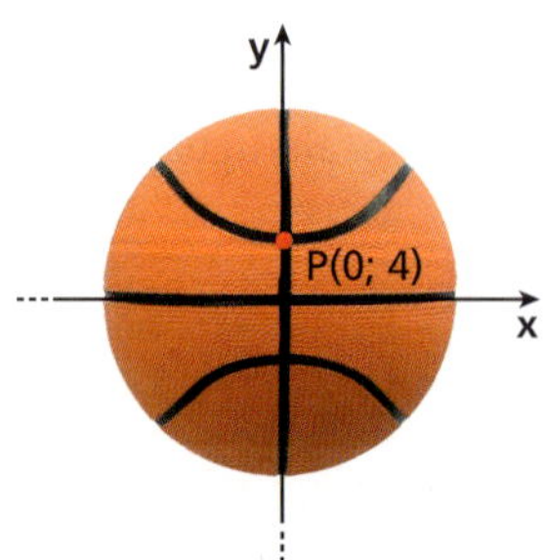

$\left[\frac{7x^2}{144}-\frac{y^2}{16}=-1\right]$

TUTOR matematica
Allenati con **15 esercizi interattivi** con feedback "hai sbagliato, perché..."
su.zanichelli.it/tutor3 risorsa riservata a chi ha acquistato l'edizione con tutor

VERIFICA DELLE COMPETENZE PROVE

1 ora

PROVA A

1 VERO O FALSO?

a. L'equazione $\frac{x^2}{4} - \frac{y^2}{k} = 1$ definisce un'iperbole $\forall k \neq 0$. V F

b. L'iperbole di equazione $xy = -3$ si trova nel primo e terzo quadrante. V F

c. La retta di equazione $y = -2x$ non interseca mai l'iperbole di equazione $\frac{x^2}{4} - \frac{y^2}{16} = -1$. V F

d. L'iperbole di equazione $x^2 - y^2 = -4$ è equilatera. V F

2 Determina l'equazione dell'iperbole rappresentata nella figura e scrivi le coordinate dei vertici e le equazioni degli asintoti.

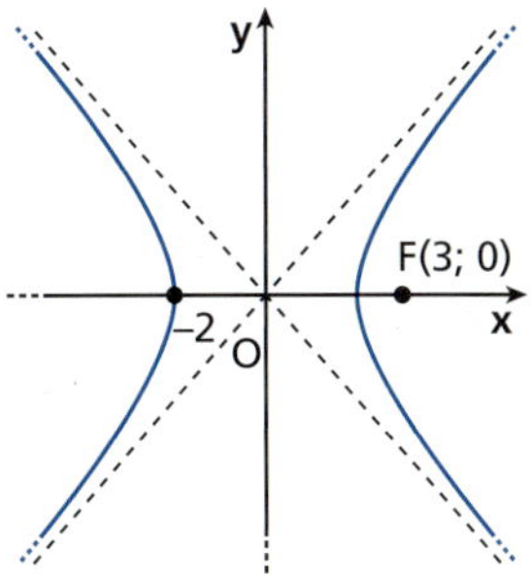

3 Scrivi le equazioni delle rette tangenti all'iperbole di equazione $4x^2 - 9y^2 = 36$, condotte da $\left(0; -\frac{3}{2}\right)$.

4 Rappresenta nel piano cartesiano le seguenti iperboli, determinando le coordinate dei vertici e dei fuochi.

a. $xy = 16$

b. $x^2 - \frac{y^2}{9} = -1$

c. $x^2 - 16y^2 - 4 = 0$

5 Trova l'equazione dell'iperbole equilatera, riferita ai propri asintoti, avente un fuoco in $F(-4; -4)$ e determina l'area del triangolo AOF, essendo A l'intersezione tra l'iperbole e la retta di equazione $x = -4$ e O l'origine degli assi.

6 Trova per quale valore di a la funzione omografica di equazione $y = \frac{ax}{2x-1}$ ha un asintoto di equazione $y = 3$ e disegna il grafico della funzione.

PROVA B

Gas perfetti Grazie all'*equazione di stato dei gas perfetti* sappiamo che una certa quantità di azoto segue la legge $PV = kT$, dove la costante k, in unità del Sistema Internazionale, vale circa 8300, T è la temperatura (in kelvin), P la pressione (in pascal) e V il volume (in m^3).

a. Rappresenta l'andamento della pressione in funzione del volume quando la temperatura è di 100 kelvin.

b. Se nel nostro laboratorio si può creare al massimo una pressione di 2000 kPa, che volume occupa il gas?

c. Se si potesse aumentare ancora la pressione del gas, cosa succederebbe al suo volume?

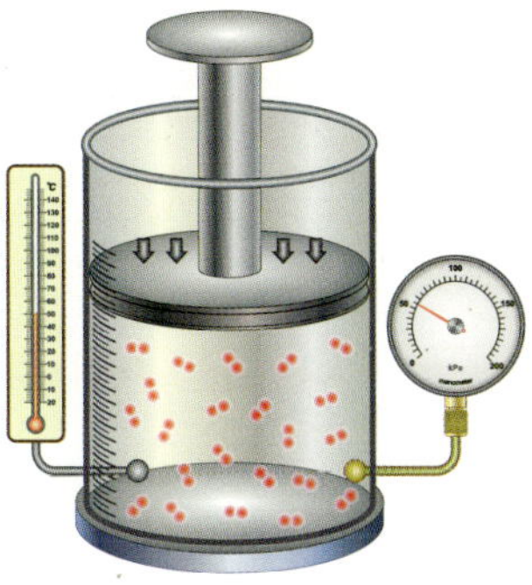

T

CAPITOLO 8

ESPONENZIALI

1 Potenze con esponente reale

Potenze con esponente intero o razionale ▶ Esercizi a p. 389

Riassumiamo nelle tabelle seguenti quando sono definite le potenze di un numero reale con esponente intero o razionale, fornendo qualche esempio.

Le potenze con esponente intero		
a^x se...	...è definita per...	Esempio
$x > 0$	$\forall\, a$	$(-\sqrt{2})^3 = -2\sqrt{2}$; $0^3 = 0$.
$x = 0$	$a \neq 0$	$a^0 = 1$; 0^0 non si definisce.
$x < 0$	$a \neq 0$	$\left(-\frac{2}{3}\right)^{-2} = \left(-\frac{3}{2}\right)^2 = \frac{9}{4}$.

Le potenze con esponente razionale		
a^x se...	...è definita per...	Esempio
$x > 0$	$a \geq 0$	$5^{\frac{3}{4}} = \sqrt[4]{5^3}$; $0^{\frac{1}{2}} = 0$.
$x = 0$	$a \neq 0$	$a^0 = 1$; 0^0 non si definisce.
$x < 0$	$a > 0$	$(\sqrt{3})^{-\frac{1}{2}} = \frac{1}{(\sqrt{3})^{\frac{1}{2}}} = \frac{1}{\sqrt[4]{3}}$.

Osserviamo che l'introduzione degli esponenti razionali richiede che **la base delle potenze non possa essere negativa**. In caso contrario si avrebbero situazioni non accettabili come quella del seguente esempio.

ESEMPIO

Supponiamo che la base di una potenza con esponente razionale possa essere negativa. Allora possiamo scrivere:

$$-125 = (-5)^3 = \{[(-5)^3]^{\frac{1}{2}}\}^2 = \{[(-5)^3]^2\}^{\frac{1}{2}} = \sqrt{(-5)^6} = \sqrt{5^6} = 125.$$

Ma -125 non è uguale a 125!

Potenze con esponente reale

▶ Esercizi a p. 389

È possibile definire una potenza con esponente reale ma non razionale?

Una scrittura come $3^{\sqrt{2}}$ ha significato?

Sappiamo che $\sqrt{2}$ è un numero irrazionale, cioè un numero decimale illimitato non periodico. Può essere approssimato per eccesso o per difetto da due successioni di numeri decimali finiti:

$$1{,}4 \quad 1{,}41 \quad 1{,}414 \quad 1{,}4142 \quad \ldots \qquad \text{per difetto;}$$

$$1{,}5 \quad 1{,}42 \quad 1{,}415 \quad 1{,}4143 \quad \ldots \qquad \text{per eccesso.}$$

Consideriamo ora le due seguenti successioni di potenze che hanno come base 3 e come esponenti razionali i termini delle due precedenti successioni:

$$3^{1{,}4} \quad 3^{1{,}41} \quad 3^{1{,}414} \quad 3^{1{,}4142} \quad \ldots$$

$$3^{1{,}5} \quad 3^{1{,}42} \quad 3^{1{,}415} \quad 3^{1{,}4143} \quad \ldots$$

Si può dimostrare che esiste un unico numero reale più grande di tutti gli elementi della prima successione e, contemporaneamente, più piccolo di tutti quelli della seconda.

Indichiamo con $3^{\sqrt{2}}$ questo numero:

$$3^{1{,}4} < 3^{1{,}41} < 3^{1{,}414} < 3^{1{,}4142} < \ldots < \mathbf{3^{\sqrt{2}}} < \ldots < 3^{1{,}4143} < 3^{1{,}415} < 3^{1{,}42} < 3^{1{,}5}.$$

Se rappresentiamo le successioni approssimanti sulla retta reale, vediamo che i punti relativi alla prima successione si avvicinano sempre di più a un punto da sinistra senza mai oltrepassarlo, quelli relativi alla seconda si avvicinano allo stesso punto da destra senza mai oltrepassarlo. Associamo a tale punto il numero $3^{\sqrt{2}}$.

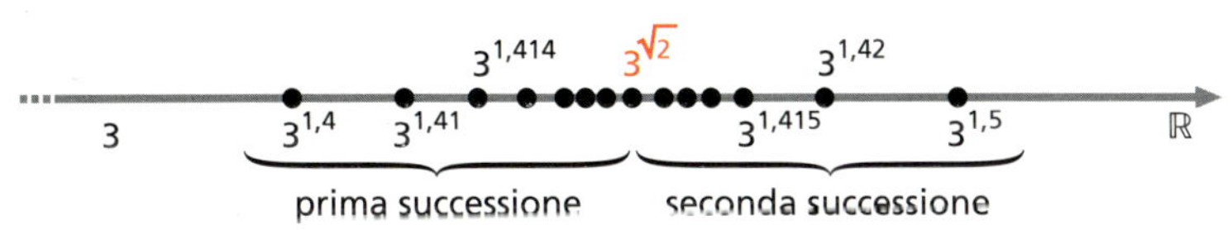

In generale, si definisce la **potenza a^x di un numero reale $a > 1$**, che abbia **esponente reale $x > 0$**, come quell'*unico* numero reale:

- maggiore di tutte le potenze di a con esponenti razionali che approssimano x per difetto;
- minore di tutte le potenze di a con esponenti razionali che approssimano x per eccesso.

In modo analogo si ragiona quando $0 < a < 1$, ma tenendo conto che in questo caso al crescere degli esponenti che approssimano x le potenze decrescono, mentre al decrescere degli esponenti le potenze crescono. Per esempio:

$$\left(\frac{1}{2}\right)^3 < \left(\frac{1}{2}\right)^2.$$

▶ Considera le successioni che approssimano $(0,2)^{\sqrt{2}}$. Che differenza noti tra queste e quelle che approssimano $3^{\sqrt{2}}$?

Quindi si definisce la **potenza a^x di un numero reale a, con $0 < a < 1$**, che abbia **esponente reale $x > 0$**, come quell'*unico* numero reale:

- maggiore di tutte le potenze di a con esponenti razionali che approssimano x per eccesso;
- minore di tutte le potenze di a con esponenti razionali che approssimano x per difetto.

Si definiscono poi:

- $\mathbf{1^x = 1}$ per qualunque numero reale x;
- $\mathbf{0^x = 0}$ per qualunque numero reale x positivo;
- $\mathbf{a^0 = 1}$ per qualunque numero reale a positivo;
- $\boldsymbol{a^{-r} = \left(\frac{1}{a}\right)^r = \frac{1}{a^r}}$ per qualunque coppia di numeri reali positivi a e r.

Non si definiscono invece:

- le potenze con base zero ed esponente nullo o negativo;
- le potenze con base un numero reale negativo.

Se ci limitiamo a studiare le potenze a^x con base reale $a > 0$, che sono le sole a essere definite con esponente x reale qualsiasi, essendo la base a positiva, il valore della potenza a^x è sempre positivo:

$$a > 0 \quad \rightarrow \quad a^x > 0, \quad \forall\, x \in \mathbb{R}.$$

Proprietà delle potenze con esponente reale

▶ Esercizi a p. 390

Si può dimostrare che anche per le potenze con esponente reale valgono le cinque proprietà delle potenze con esponente razionale; le riassumiamo nella tabella.

Le proprietà delle potenze

Definizione	$a, b \in \mathbb{R}^+$, $x, y \in \mathbb{R}$	Esempio
I.	Prodotto di potenze di uguale base: $a^x \cdot a^y = a^{x+y}$	$10^{4\sqrt{3}} \cdot 10^{-\sqrt{27}} = 10^{\sqrt{3}}$
II.	Quoziente di potenze di uguale base: $a^x : a^y = a^{x-y}$	$\left(\frac{1}{3}\right)^4 : \left(\frac{1}{3}\right)^{-5} = \left(\frac{1}{3}\right)^9$
III.	Potenza di potenza: $(a^x)^y = a^{x \cdot y}$	$(6^{-\sqrt{2}})^{\sqrt{2}} = 6^{-\sqrt{2}\cdot\sqrt{2}} = 6^{-2} = \frac{1}{36}$
IV.	Prodotto di potenze di uguale esponente: $a^x \cdot b^x = (a \cdot b)^x$	$\left(\frac{2}{3}\right)^\pi \cdot \left(\frac{3}{4}\right)^\pi = \left(\frac{1}{2}\right)^\pi$
V.	Quoziente di potenze di uguale esponente: $a^x : b^x = (a : b)^x$	$\left(\frac{81}{5}\right)^{\frac{1}{3}} : \left(\frac{3}{5}\right)^{\frac{1}{3}} = 27^{\frac{1}{3}} = 3$

TEOREMA

All'aumentare dell'esponente reale x, la potenza a^x:

- aumenta se $a > 1$: $a > 1 \rightarrow x_1 < x_2 \leftrightarrow a^{x_1} < a^{x_2}$;
- diminuisce se $0 < a < 1$: $0 < a < 1 \rightarrow x_1 < x_2 \leftrightarrow a^{x_1} > a^{x_2}$.

ESEMPIO

Consideriamo i due esponenti 5 e $\sqrt{3}$, poiché $5 > \sqrt{3}$ risulta:

- $2^5 > 2^{\sqrt{3}}$, perché la base 2 è maggiore di 1;
- $\left(\frac{1}{2}\right)^5 < \left(\frac{1}{2}\right)^{\sqrt{3}}$, perché la base $\frac{1}{2}$ è minore di 1.

MATEMATICA INTORNO A NOI

La rete di Sant'Antonio Una catena di Sant'Antonio funziona così: devi inviare una somma di denaro a chi ti ha introdotto nello schema; da quel momento in poi, potrai reclutare nuovi amici, chiedendo loro di versarti la medesima somma per partecipare. Così facendo il tuo gruzzolo si moltiplicherà?

► Perché la catena non funziona?

La risposta

2 Funzione esponenziale

► Esercizi a p. 391

DEFINIZIONE

Si chiama **funzione esponenziale** ogni funzione del tipo:

$y = a^x$, con $a \in \mathbb{R}^+$.

Abbiamo una diversa funzione esponenziale per ogni valore $a > 0$ che scegliamo.

Se $a = 1$, la funzione è la funzione costante $y = 1$, perché $1^x = 1$ per qualunque valore di x. Il suo grafico è quindi una retta parallela all'asse x, passante per $(0; 1)$.

Se $a \neq 1$, distinguiamo i due casi $a > 1$ e $0 < a < 1$.

Nella figura ci sono i grafici di $y = a^x$ nei due casi.

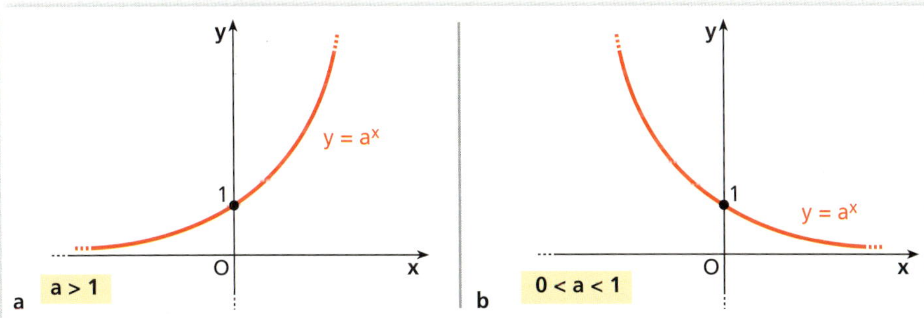

Dai grafici notiamo **proprietà comuni nei due casi**:

- il dominio è $\mathbb{R}$;
- il grafico non interseca l'asse x e si trova interamente nei quadranti con ordinata positiva, cioè il codominio è $\mathbb{R}^+$;
- il grafico interseca l'asse y in $(0; 1)$;
- la funzione è biunivoca.

Se $a > 1$:

- la funzione è crescente;
- per esponenti negativi decrescenti, le potenze si avvicinano sempre più a 0.

Se $0 < a < 1$:

- la funzione è decrescente;
- per esponenti positivi crescenti, le potenze si avvicinano sempre più a 0.

Listen to it

An **exponential function** is a function that can be written as $y = a^x$, with $a \in \mathbb{R}^+$.

Video

Invenzione degli scacchi
Secondo un'antica leggenda, un bramino insegnò il gioco degli scacchi a un re indiano. Il re ne fu entusiasta e promise in cambio la realizzazione di qualsiasi desiderio. Il bramino chiese dei chicchi di riso: uno per la prima casella della scacchiera, due per la seconda, quattro per la terza e così via.

► Quanto riso dovrà dare il re al bramino?

► Riuscirà a mantenere la promessa?

► Disegna per punti le funzioni:

- $y = 2^x$;
- $y = \left(\frac{1}{2}\right)^x$.

Controlla nei grafici le proprietà elencate qui a fianco.

Funzione esponenziale con base *e*

In matematica è spesso utilizzata, per le sue particolari proprietà che studieremo in seguito, la funzione esponenziale

$$y = e^x,$$

dove e è un particolare numero irrazionale, il numero di Nepero:

$$e = 2{,}71828182845\ldots$$

Nelle calcolatrici scientifiche trovi spesso un tasto che fornisce il valore di e o anche un tasto che, dato x, fornisce il valore di e^x.

MATEMATICA INTORNO A NOI

Crescita di una popolazione I modelli matematici hanno fatto capire che una popolazione, in presenza di risorse abbondanti, cresce secondo una curva esponenziale.

► Approfondisci l'argomento.

Cerca nel Web: crescita esponenziale, popolazione umana, batteri

3 Equazioni esponenziali

|► Esercizi a p. 395

DEFINIZIONE

Un'**equazione esponenziale** contiene almeno una potenza con l'incognita nell'esponente.

Per esempio, $2^x = 5$ è un'equazione esponenziale, mentre $x^{\sqrt{5}} = 2$ non lo è.

Consideriamo l'equazione esponenziale: $\boldsymbol{a^x = b}$, con $\boldsymbol{a > 0}$.

Escludendo il caso particolare in cui $a = 1$, per risolvere $a^x = b$, distinguiamo due casi.

- **Se $b \leq 0$**, l'equazione $a^x = b$ è *impossibile*, perché a^x non è mai negativo o nullo. Per esempio, l'equazione $2^x = -4$ non è verificata per alcun valore di x.
- **Se $b > 0$**, l'equazione $a^x = b$ ha sempre *una e una sola soluzione*. Infatti, se interpretiamo graficamente l'equazione, considerando il grafico di $y = a^x$ e quello di $y = b$, la soluzione $\bar{x}$ è l'ascissa del punto di intersezione dei due grafici, che è una e una sola, perché la funzione $y = a^x$ è biunivoca.

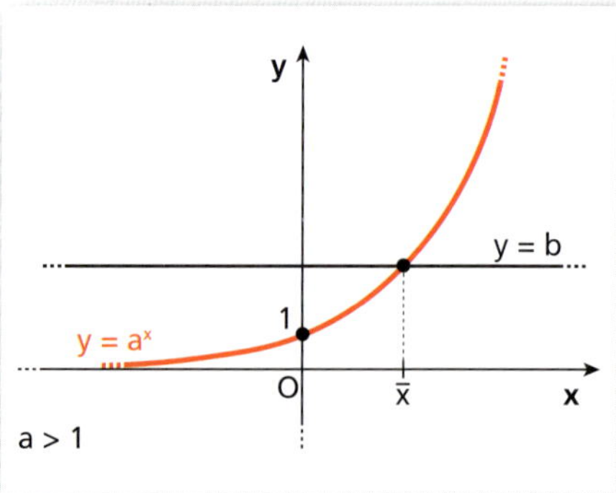

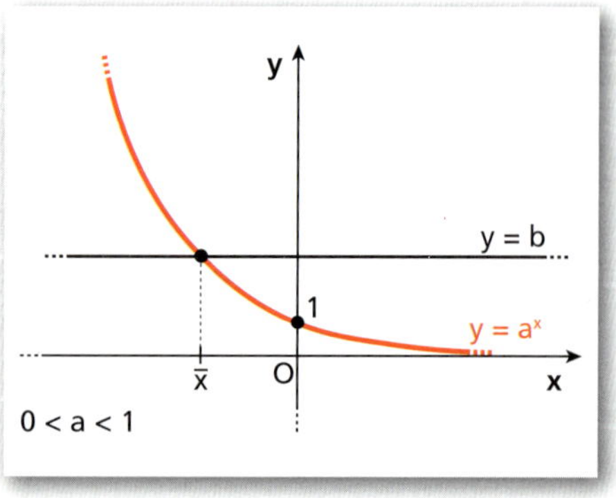

► Risolvi le seguenti equazioni.

a. $3^x = -125$;
b. $1^{2x} = 1^{x-2}$;
c. $6 = 1^{6x}$;
d. $64\sqrt{2} = 4^{2x}$;
e. $-8 = \left(\frac{1}{2}\right)^x$.

Con l'animazione verifica i tuoi risultati.

Animazione

Non esiste un metodo generale per la risoluzione delle equazioni esponenziali. Negli esercizi, noi considereremo solo alcuni casi.

È possibile risolvere l'equazione **in modo immediato**, se si riescono a scrivere a e b come potenze aventi la stessa base.

ESEMPIO

Risolviamo $25^x = 125$.

Scriviamo l'equazione utilizzando potenze di 5:

$$(5^2)^x = 5^3 \rightarrow 5^{2x} = 5^3.$$

Due potenze con la stessa base sono uguali se e solo se sono uguali anche gli esponenti, quindi:

$$5^{2x} = 5^3 \quad \rightarrow \quad 2x = 3 \quad \rightarrow \quad x = \frac{3}{2}.$$

4 Disequazioni esponenziali

▶ Esercizi a p. 398

DEFINIZIONE

Una **disequazione esponenziale** contiene almeno una potenza con l'incognita nell'esponente.

Per le disequazioni esponenziali valgono osservazioni analoghe a quelle fatte sulle equazioni esponenziali, purché ricordiamo che:

Se $a > 1$:

$a^t > a^z \quad \leftrightarrow \quad t > z.$

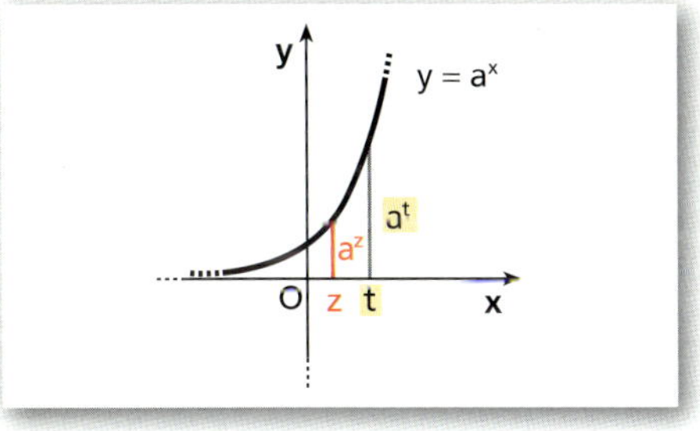

Se $0 < a < 1$:

$a^t > a^z \quad \leftrightarrow \quad t < z.$

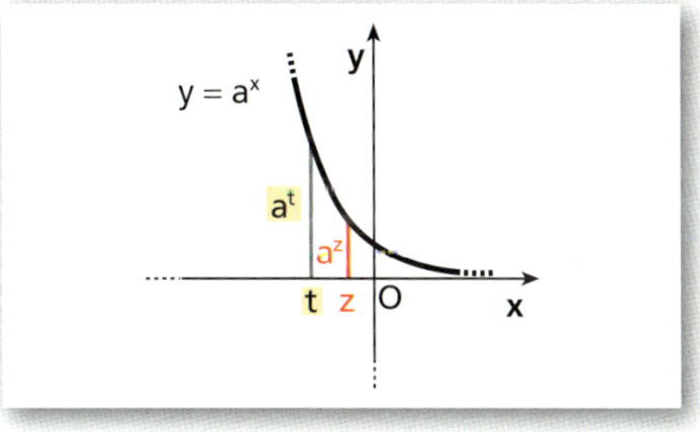

ESEMPIO Animazione

1. Risolviamo la disequazione $32^x > 128$.

   Scriviamo la disequazione utilizzando potenze di 2:

   $$(2^5)^x > 2^7 \rightarrow 2^{5x} > 2^7.$$

   Poiché le potenze hanno **base maggiore di 1**, dalla disuguaglianza precedente otteniamo una disuguaglianza fra gli esponenti **di ugual verso**:

   $$2^{5x} > 2^7 \quad \rightarrow \quad 5x > 7 \quad \rightarrow \quad x > \frac{7}{5}.$$

2. Risolviamo la disequazione $\left(\frac{1}{8}\right)^x > \frac{1}{4}$.

   Scriviamo la disequazione utilizzando potenze di $\frac{1}{2}$:

   $$\left(\frac{1}{2}\right)^{3x} > \left(\frac{1}{2}\right)^2.$$

   Poiché le potenze hanno **base minore di 1**, dalla disuguaglianza precedente otteniamo una disuguaglianza fra gli esponenti **di verso contrario**:

   $$\left(\frac{1}{2}\right)^{3x} > \left(\frac{1}{2}\right)^2 \quad \rightarrow \quad 3x < 2 \quad \rightarrow \quad x < \frac{2}{3}.$$

MATEMATICA INTORNO A NOI

Computer ed esponenziali Nel 1965, Gordon Moore notò che la potenza di calcolo dei computer raddoppiava ogni due anni.

▶ Aveva ragione?

Cerca nel Web: legge di Moore, exponential growth of computing

▶ Risolvi

$$4 \cdot 2^x - \frac{2}{2^x} + 2 > 0,$$

utilizzando come incognita ausiliaria $t = 2^x$, come proponiamo nell'animazione.

Animazione

IN SINTESI
Esponenziali

Potenze con esponente reale

- **Potenza a^x**, con a e x numeri reali positivi:
  se $a > 1$, è il numero reale
  - *maggiore* di tutte le potenze di a con esponenti razionali che approssimano x per *difetto*;
  - *minore* di tutte le potenze di a con esponenti razionali che approssimano x per *eccesso*;

  se $0 < a < 1$, è il numero reale
  - *maggiore* di tutte le potenze di a con esponenti razionali che approssimano x per *eccesso*;
  - *minore* di tutte le potenze di a con esponenti razionali che approssimano x per *difetto*.

- Definiamo: $1^x = 1, \quad \forall x \in \mathbb{R}; \qquad a^0 = 1, \quad \forall a \in \mathbb{R}^+;$

  $0^x = 0, \quad \forall x \in \mathbb{R}^+; \qquad a^{-r} = \left(\frac{1}{a}\right)^r = \frac{1}{a^r}, \quad \forall a, r \in \mathbb{R}^+.$

  Non si definiscono le potenze con base 0 ed esponente negativo o nullo e quelle con base negativa.

- **Proprietà**
  - Anche per le potenze con esponente reale valgono le cinque proprietà delle potenze.
  - All'aumentare di x, la potenza a^x aumenta se $a > 1$, diminuisce se $0 < a < 1$.

Funzione esponenziale

Ogni funzione da $\mathbb{R}$ a $\mathbb{R}^+$ del tipo

$$y = a^x, \quad \text{con } a \in \mathbb{R}^+,$$

è una **funzione esponenziale**.

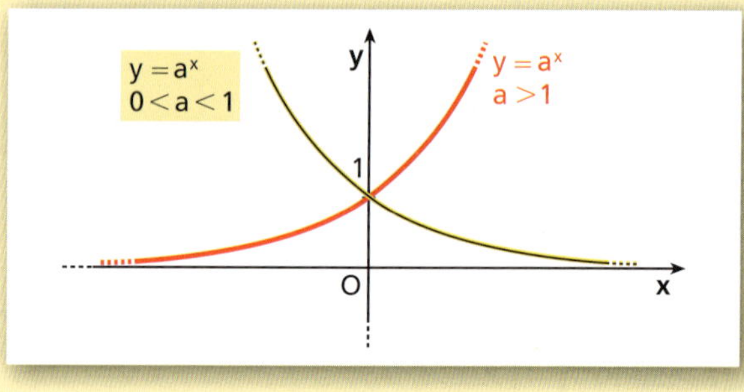

Equazioni esponenziali

Equazione esponenziale: contiene almeno una potenza in cui compare l'incognita nell'esponente.
L'equazione esponenziale più semplice è del tipo: $a^x = b$, con $a > 0$.

Quando l'equazione è determinata, può essere **risolta in modo immediato** se si riescono a scrivere a e b come potenze con la stessa base.

ESEMPIO: $27^x = 81 \rightarrow 3^{3x} = 3^4 \rightarrow 3x = 4 \rightarrow x = \frac{4}{3}$.

Disequazioni esponenziali

Disequazione esponenziale: contiene almeno una potenza con l'incognita nell'esponente.
Per risolvere le disequazioni esponenziali si tiene presente che:

- se $a > 1$ e $a^x > a^y$, allora $x > y$;
- se $0 < a < 1$ e $a^x > a^y$, allora $x < y$.

ESEMPIO: 1. $2^{2x} > 2^3 \rightarrow 2x > 3 \rightarrow x > \frac{3}{2}$. 2. $\left(\frac{1}{3}\right)^x > \left(\frac{1}{3}\right)^5 \rightarrow x < 5$.

CAPITOLO 8

ESERCIZI

1 Potenze con esponente reale

Potenze con esponente intero o razionale

▶ Teoria a p. 382

1 Fra le seguenti potenze con esponente razionale elimina quelle prive di significato e spiega il motivo della tua scelta.

$(2\pi)^{-44}$; $(-2)^{\frac{1}{8}}$; $(-3)^{-2}$; $(9-3^2)^0$; $(\sqrt[4]{5})^{-\frac{2}{7}}$; 0^{-2}.

2 Ricordando che $x^{\frac{m}{n}} = \sqrt[n]{x^m}$, scrivi le seguenti potenze con esponente razionale sotto forma di radice.

a. $3^{\frac{5}{8}}$; $4^{\frac{2}{3}}$; $\left(\frac{1}{3}\right)^{\frac{3}{2}}$;

b. $2^{-\frac{4}{3}}$; $\left(\frac{1}{4}\right)^{-\frac{4}{3}}$; $\left(\frac{11}{3}\right)^{-\frac{2}{5}}$.

$\left[\text{a) } \sqrt[8]{3^5}; 2\cdot\sqrt[3]{2}; \frac{\sqrt{3}}{9}; \text{b) } \frac{1}{2\cdot\sqrt[3]{2}}; 4\cdot\sqrt[3]{4}; \sqrt[5]{\frac{9}{121}}\right]$

Scrivi le seguenti radici sotto forma di potenza con esponente razionale.

3 $\sqrt{7}$; $\sqrt[6]{2^5}$; $\sqrt[4]{243}$; $\sqrt[4]{0,25}$. $\left[7^{\frac{1}{2}}; 2^{\frac{5}{6}}; 3^{\frac{5}{4}}; 2^{-\frac{1}{2}}\right]$

4 $\frac{1}{\sqrt{2}}$; $\sqrt[19]{\frac{1}{256}}$; $\sqrt[7]{\frac{1}{125}}$; $\sqrt[4]{3^{-1}}$. $\left[2^{-\frac{1}{2}}; 2^{-\frac{8}{19}}; 5^{-\frac{3}{7}}; 3^{-\frac{1}{4}}\right]$

Calcola il valore delle seguenti espressioni.

5 $4^{-\frac{1}{2}}$; $\left(\frac{3}{2}\right)^{-\frac{3}{2}}$; $\left(3^{-\frac{1}{3}}\right)^{\frac{3}{2}}$; $\sqrt[4]{\left(\frac{1}{4}\right)^{\frac{4}{3}}}$. $\left[\frac{1}{2}; \frac{2}{9}\sqrt{6}; \frac{\sqrt{3}}{3}; \frac{\sqrt[3]{2}}{2}\right]$

6 $\left(\frac{1}{16}\right)^{-\frac{1}{2}}$; $27^{-\frac{1}{3}}$; $64^{\frac{1}{3}}$; $125^{-\frac{1}{3}}$. $\left[4; \frac{1}{3}; 4; \frac{1}{5}\right]$

Potenze con esponente reale

▶ Teoria a p. 383

7 Indica quali fra le seguenti scritture hanno significato, ossia rappresentano potenze con esponente reale.

a. $-5^{\sqrt{3}}$; **b.** $\left(-\frac{1}{2}\right)^{1+\sqrt{2}}$; **c.** $(\sqrt{5}+1)^{\pi}$; **d.** $(1-\sqrt{2})^{\frac{1}{\sqrt{3}}}$; **e.** $1^{\sqrt{3}}$. [a; c; e]

8 TEST $3^{\pi-1}$ ha un valore compreso tra:

A 9 e 10. **B** 1 e 9. **C** 9 e 27. **D** 27 e 81. **E** 3 e 9.

Indica quali valori possono assumere le variabili affinché le seguenti espressioni rappresentino potenze reali con esponenti reali.

9 $(a+4)^{\pi}$; $\left(\frac{1}{a}\right)^{\sqrt{3}}$. $[a \geq -4; a > 0]$

10 $(2a-a^2)^{\sqrt{2}}$; $(-2a)^{-\sqrt{3}}$. $[0 \leq a \leq 2; a < 0]$

11 $\left(\frac{1-a}{a}\right)^{\sqrt{2}}$; $(a^2-4a+4)^{-\sqrt{2}}$. $[0 < a \leq 1; a \neq 2]$

12 $(a-8)^{\pi-4}$; $\left(\frac{2a}{a-3}\right)^{-\sqrt{5}}$. $[a > 8; a < 0 \vee a > 3]$

ESERCIZI

Proprietà delle potenze con esponente reale

▶ Teoria a p. 384

VERO O FALSO?

13 a. $4^{\frac{1}{x}} = 4^{-x}$ V F

b. $-8^x = (-8)^x$ V F

c. $6^{x^2} = (6^x)^2$ V F

d. $5^x + 5^y = 5^{x+y}$ V F

14 a. $\frac{1}{3^x} = \left(\frac{1}{3}\right)^x$ V F

b. $0^x = 0, \forall x \in \mathbb{R}$ V F

c. $a^{-\frac{1}{\sqrt{3}}} = \frac{1}{\sqrt[3]{a}}, \forall a \in \mathbb{R}^+$ V F

d. $\left(\frac{1}{\sqrt{2}}\right)^0 = 1$ V F

15 a. $7^{x-1} = 7^x - 1$ V F

b. $5^{x-2} \cdot \frac{1}{25} = 5^{x-4}$ V F

c. $8^{1+3x} = 2^{3+3x}$ V F

d. $(a^3)^x \cdot \frac{1}{(a^2)^x} = a$ V F

16 a. $5^{2x-1} = \frac{25^x}{5}$ V F

b. $\sqrt[5]{64^x} = 2^{\frac{6}{5}x}$ V F

c. $9 \cdot 3^{2x+1} = 27 \cdot 9^x$ V F

d. $\sqrt{64^{2x}} = 8^x$ V F

Semplifica le seguenti espressioni, applicando le proprietà delle potenze.

17 $3^{\sqrt{5}} \cdot 3^{\sqrt{20}}$; $\quad 2^{\sqrt{3}} \cdot 3^{\sqrt{3}}$. $\quad [3^{3\cdot\sqrt{5}}; 6^{\sqrt{3}}]$

18 $5^{3\sqrt{3}} : 5^{\sqrt{3}}$; $\quad (3^{\sqrt{2}})^{\sqrt{2}}$. $\quad [5^{2\sqrt{3}}; 9]$

19 $(5^{4\pi} : 5^4) \cdot 5^{\pi}$; $\quad [(6^{\sqrt{2}})^2]^{\sqrt{2}}$. $\quad [5^{5\pi-4}; 6^4]$

20 $\sqrt{32^{\sqrt{2}}}$; $\quad [(5)^{\sqrt{3}-1}]^{\sqrt{3}+1}$. $\quad [2^{\frac{5}{2}\sqrt{2}}; 25]$

21 $(2^x \cdot 2^3)^x$; $\quad \sqrt{a} \cdot a^{3x}$. $\quad [2^{x^2+3x}; a^{3x+\frac{1}{2}}]$

22 $\sqrt{2\sqrt{4^x}}$; $\quad \left(\frac{2^x}{4^{2x}}\right)^3$. $\quad [2^{\frac{x+1}{2}}; 2^{-9x}]$

23 $(3^{-2x} \cdot 3^3) : 3^x$; $\quad \sqrt{\frac{9^{x+1}}{3^{4x}}}$. $\quad [3^{-3x+3}; 3^{1-x}]$

24 $2^x \cdot 4^{x+1} \cdot 16^{x+2}$; $\quad 3^{-x} \cdot 9^{-\frac{1}{2}x}$. $\quad \left[2^{7x+10}; \frac{1}{9^x}\right]$

25 $[(2^{x+1} \cdot 2^{-x})^3 : 2^{x-1}]^{\sqrt{x}}$ $\quad [2^{\sqrt{x}(4-x)}]$

26 $(5^x)^x \cdot 25^{-x} : [(5^{2-x})^x \cdot 5]^{-1}$ $\quad [5]$

COMPLETA inserendo il simbolo > oppure < fra le seguenti coppie di numeri.

27 $3^{2\pi}$ ☐ 3^6; $\quad 2^{\sqrt{5}}$ ☐ $2^{\frac{5}{2}}$; $\quad \left(\frac{5}{6}\right)^{\sqrt{7}}$ ☐ $\left(\frac{5}{6}\right)^{\sqrt{5}+1}$; $\quad 1,12^3$ ☐ $3^{1,12}$.

28 $4^{0,15}$ ☐ $4^{0,25}$; $\quad 0,12^6$ ☐ $0,12^5$; $\quad 0,6^{\sqrt{5}}$ ☐ $0,6^3$; $\quad 0,31^{\sqrt{3}}$ ☐ $0,31^{\sqrt{7}}$.

Disponi in ordine crescente i seguenti numeri.

29 -2; $\quad -2^{\pi}$; $\quad \sqrt{2}$; $\quad 2^{-1}$; $\quad 2^{\sqrt{2}}$.

30 $3^{-\frac{1}{2}}$; $-3^{\sqrt{2}}$; -3^{π}; 3^{-1}; $3^{-\sqrt{3}}$.

31 EUREKA! Se $2^x = 3$, calcola:

a. 4^{x-2};

b. $\frac{6 \cdot 8^x}{4^{x+1}} - 4^{x-1}$.

2 Funzione esponenziale

▶ Teoria a p. 385

32 Indica quali delle seguenti equazioni definiscono una funzione esponenziale.

$y=4^{-x}$, $y=(-4)^x$, $y=-4^x$, $y=0{,}2^x$, $y=(\sqrt{2})^x$, $y=(1-\sqrt{2})^x$.

Determina per quali valori di *a* le seguenti equazioni definiscono una funzione esponenziale.

33 $y=(a-1)^x$ $[a>1]$

34 $y=\left(\frac{a-2}{3-a}\right)^x$ $[2<a<3]$

Costruisci per punti il grafico delle seguenti funzioni.

35 $y=3^x$

36 $y=5^x$

37 $y=2{,}5^x$

38 $y=0{,}4^x$

39 $y=\left(\frac{1}{3}\right)^x$

Per ciascuna coppia di funzioni esponenziali disegna i grafici delle due funzioni nello stesso piano cartesiano, assegnando alla *x* alcuni valori scelti a piacere.

40 $y=3^x$ e $y=3^{2x}$.

41 $y=2^x$ e $y=2^{x-1}$.

42 $y=3^x$ e $y=3^x-1$.

43 Disegna i grafici delle funzioni $y=2^x$, $y=4^x$, $y=5^x$ in uno stesso piano cartesiano. Che cosa puoi dedurre dal confronto dei tre grafici?

44 Come nell'esercizio precedente, ma con le funzioni $y=\left(\frac{1}{2}\right)^x$, $y=\left(\frac{1}{4}\right)^x$, $y=\left(\frac{1}{5}\right)^x$.

LEGGI IL GRAFICO

45 Associa ogni funzione al grafico corrispondente.

a. $y=4^x$ **b.** $y=-4^x$ **c.** $y=\left(\frac{1}{4}\right)^x$ **d.** $y=4^x+1$

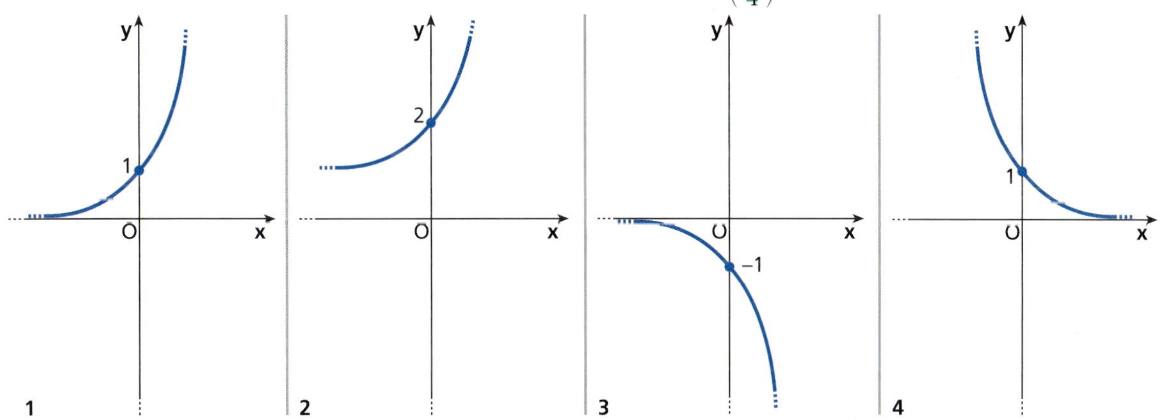

Nelle figure sono disegnati i grafici di funzioni esponenziali. Scrivi le equazioni corrispondenti.

46

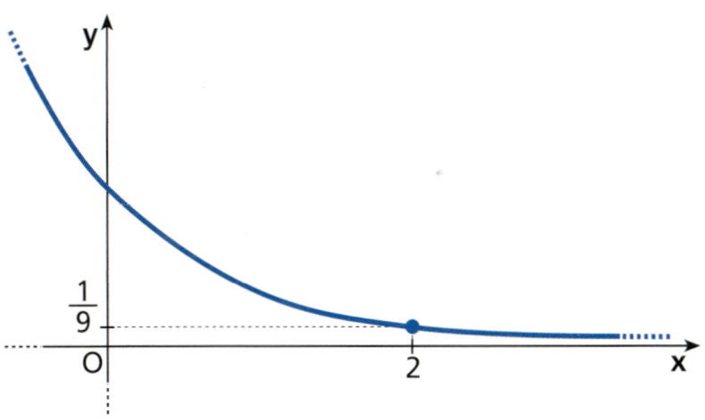

47

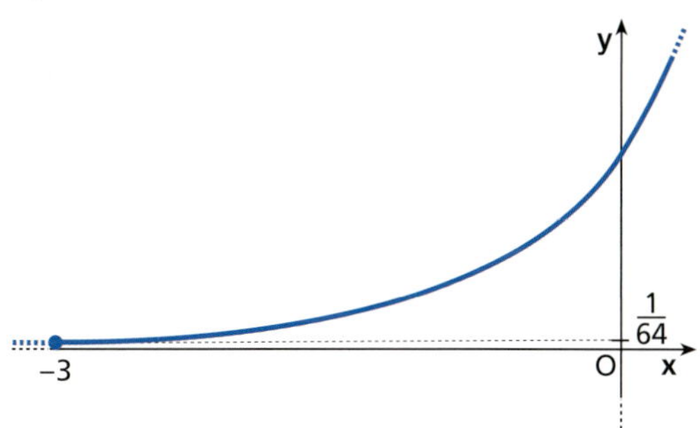

ESERCIZI

48 ●○ VERO O FALSO?

a. La funzione $y = \left(\frac{1}{3}\right)^{x-2}$ ha come dominio $\mathbb{R}$ e come codominio $\mathbb{R}^+$. V F

b. La funzione $y = 4^x$ è decrescente per $x < 0$. V F

c. Il grafico di $y = (\sqrt{2})^x$ passa per il punto $(0; 1)$. V F

d. La funzione $y = \left(\frac{2}{3}\right)^x$ si annulla in un punto. V F

49 ●○ AL VOLO Quale delle seguenti funzioni cresce più rapidamente? a. $y = 4^x$ b. $y = (\sqrt{3})^x$

Determina per quali valori di a le seguenti equazioni definiscono una funzione esponenziale crescente.

50 ●○ $y = (5 - a)^x$ $[a < 4]$

51 ●○ $y = (a^2 - 3)^x$ $[a < -2 \vee a > 2]$

Determina per quali valori di a le seguenti equazioni definiscono una funzione esponenziale decrescente.

52 ●○ $y = (1 - a)^x$ $[0 < a < 1]$

53 ●● $y = \left(-\frac{2}{a}\right)^x$ $[a < -2]$

Determina il dominio delle seguenti funzioni.

54 ●○ $y = 2^{\sqrt{x-1}}$ $[x \geq 1]$

55 ●○ $y = \frac{1}{2} \cdot 3^x + 4^{\frac{1}{x}}$ $[x \neq 0]$

56 ●○ $y = 2^{\frac{x}{x^2-1}}$ $[x \neq \pm 1]$

57 ●○ $y = \sqrt{4^x}$ $[\forall x \in \mathbb{R}]$

58 ●○ $y = \frac{4}{3^x}$ $[\forall x \in \mathbb{R}]$

59 ●○ $y = 3^{\frac{x-1}{x^3-4x}}$ $[x \neq \pm 2 \wedge x \neq 0]$

60 ●● $y = \frac{5^{\frac{1}{x}}}{x^2 - 4}$ $[x \neq 0 \wedge x \neq \pm 2]$

61 ●● $y = \sqrt{2^x} - \sqrt{x+2}$ $[x \geq -2]$

62 ●● $y = \sqrt{-3^{-x}}$ $[\nexists x \in \mathbb{R}]$

63 ●● $y = 4^{\sqrt{3-|x|}}$ $[-3 \leq x \leq 3]$

64 ●● TEST Se $f(x) = 7^x$, allora $\frac{f(2x)}{f(x-1)}$ è uguale a:

A $7^x - 7$. B 7^{x-1}. C 7^{x+1}. D 7^3. E $7^x + 1$.

65 ●○ Date le funzioni $f(x) = 4^x$ e $g(x) = \left(\frac{1}{2}\right)^x$, calcola:

a. $f(1) - g(0)$; b. $8f(-2) + g(1)$; c. $f\left(\frac{1}{2}\right) + 2g(-1)$. [a) 3; b) 1; c) 6]

66 ●● Nella funzione $f(x) = 1 + b \cdot a^{x-2}$, con $a > 0$, è $f(2) = 3$ e $f(4) = \frac{9}{8}$. Calcola $a + b$. $\left[\frac{9}{4}\right]$

67 ●● EUREKA! Se $f(x) = 3^x$, completa: $f(f(f(1))) = 27^{\square}$; $f(f(\square)) = 27^{81}$; $f(f(f(0))) = \square$.

Trasformazioni geometriche e grafico delle funzioni esponenziali

Assegnate le seguenti funzioni, scrivi le equazioni delle funzioni ottenute da quelle date mediante la trasformazione indicata e traccia i loro grafici.

68 ●○ $y = 2^x$; traslazione di vettore $\vec{v}(0; -1)$. $[y = 2^x - 1]$

69 ●○ $y = 10^x$; traslazione di vettore $\vec{v}(2; -1)$. $[y = 10^{x-2} - 1]$

70 ●○ $y = 2^{x-2}$; dilatazione di equazioni $\begin{cases} x' = 3x \\ y' = 4y \end{cases}$. $\left[y = 2^{\frac{x}{3}}\right]$

71 ●○ $y = 5^x$; simmetria rispetto all'asse y. $\left[y = \left(\frac{1}{5}\right)^x\right]$

72 ●○ $y = -3^x$; simmetria rispetto alla retta $y = 1$. $[y = 3^x + 2]$

73 ●○ $y = 2^{x+2}$; simmetria rispetto all'asse x. $[y = -2^{x+2}]$

74 ●○ **AL VOLO** Le funzioni $y = 9 \cdot 3^{\frac{x}{2}-2}$ e $y = 3^{\frac{x}{2}}$ sono uguali?

TEST

75 ●○ Applicando una traslazione di vettore $\vec{v}(-1; -3)$ alla funzione $y = 3^{x+2}$, si ottiene:

- **A** $y = 3^{x+1} - 3.$
- **B** $y = 3^{x+3} + 3.$
- **C** $y = 3^{x+3} - 3.$
- **D** $y = 3^{x+1} + 3.$
- **E** $y = 3^{x} - 2.$

76 ●○ Applicando una simmetria rispetto all'asse y e poi una traslazione di vettore $\vec{v}(0; -1)$ alla funzione $y = \left(\frac{1}{2}\right)^x$, si ottiene:

- **A** $y = -\left(\frac{1}{2}\right)^x - 1.$
- **B** $y = -2^x - 1.$
- **C** $y = 2^x + 1.$
- **D** $y = 2^x - 1.$
- **E** $y = -2^x + 1.$

Disegna il grafico delle seguenti funzioni utilizzando le trasformazioni geometriche.

77 ●○ $y = 2^{x+2}$; $\quad y = 2^x + 2.$

78 ●○ $y = \left(\frac{1}{2}\right)^{x+1} - 1$; $\quad y = 2^{-x}.$

79 ●○ $y = \left(\frac{1}{2}\right)^{x-1}$; $\quad y = -2^x.$

80 ●○ $y = 3^{|x|}$; $\quad y = \left(\frac{1}{2}\right)^{|x|}.$

81 ●○ $y = 3^{\frac{x}{2}}$; $\quad y = 5 \cdot 3^x.$

82 ●○ $y = \frac{2^x}{3}$; $\quad y = \frac{1}{2} \cdot 3^{\frac{1}{2}x}.$

83 ●○ $y = 2^{3x}$; $\quad y = 3 \cdot 2^x.$

84 ●○ $y = 4^{-x} + 1$; $\quad y = -3^x - 3.$

85 ●● $y = -3^{-x}$; $\quad y = -\left(\frac{1}{3}\right)^{-x}.$

86 ●● $y = |-2^{-x}|$; $\quad y = |2^{x+1} - 1|.$

87 ●● $y = 2 \cdot 3^{-x}$; $\quad y = 4 \cdot 2^x - 1.$

88 ●● $y = -2^{|x|}$; $\quad y = |2^{x+2}|.$

89 ●● $y = -3^{|x|}$; $\quad y = -\left|\left(\frac{1}{3}\right)^x - 1\right|.$

90 ●● Determina l'equazione della funzione il cui grafico è il simmetrico di quello della funzione $y = 2^{x-1}$ rispetto alla retta $y = -4$. Trasla poi il grafico ottenuto secondo il vettore $\vec{v}(-3; -4)$ e scrivi l'espressione analitica della funzione rappresentata. $[y = -(2^{x-1} + 8); y = -(2^{x+2} + 12)]$

91 ●● **YOU & MATHS** Let:

a. $f(x) = 3^x$;
b. $g(x)$ be its symmetric function with respect to the y-axis;
c. $h(x)$ be its symmetric function with respect to the line $y = -1$;
d. $t(x)$ be the function obtained by translating $f(x)$ along the vector $\vec{v}(2; 4)$.

Write $t(h(g(f(x))))$ and sketch its graph.

LEGGI IL GRAFICO **Utilizzando i dati forniti nelle figure, determina l'equazione dei seguenti grafici.**

92 ●○

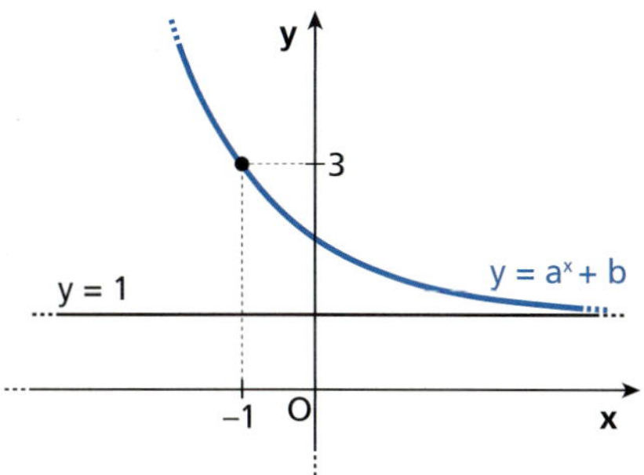

$\left[y = \left(\frac{1}{2}\right)^x + 1\right]$

93 ●○

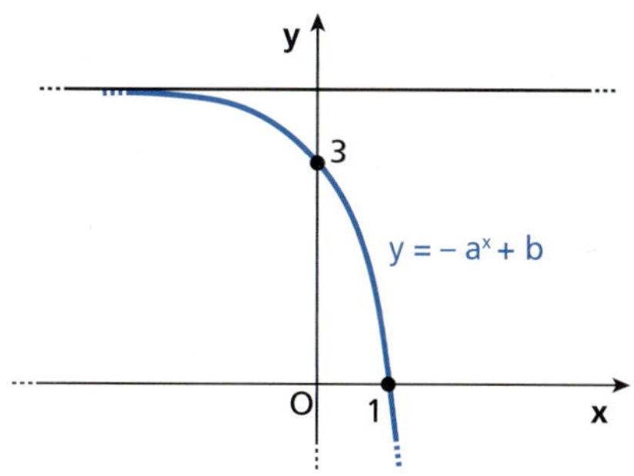

$[y = -4^x + 4]$

ESERCIZI

MATEMATICA E STORIA

La crescita della popolazione Nella sua opera del 1748 *Introductio in analysin infinitorum*, Eulero propone il seguente problema:

«Se la popolazione di una regione aumenta annualmente di un trentesimo e in un certo momento contava 100 000 abitanti, vorremmo conoscere la popolazione dopo 100 anni».

a. Prima di risolvere il problema, fai una stima: quale potrà essere, secondo te, il numero di abitanti dopo 100 anni?

b. Interpreta e completa i calcoli seguenti, che consentono di esprimere il numero di abitanti di quella regione dopo un anno:

$$100000 + 100000 \cdot \frac{1}{30} = 100000 \cdot (\ldots + \ldots) = 100000 \cdot \ldots$$

c. Una volta determinato il numero di abitanti dopo un anno, per quale frazione (maggiore di 1) lo puoi moltiplicare in modo da ottenere la popolazione dopo due anni?

d. Per determinare la popolazione dopo 100 anni, ripeterai la moltiplicazione precedente più volte... Scrivi un'espressione che ti consenta (con l'aiuto di una calcolatrice o di un foglio elettronico) di trovare la soluzione del problema.

Risoluzione – Esercizio in più

94 ●○ TEST La figura rappresenta il grafico (in rosso) di una funzione. Quale?

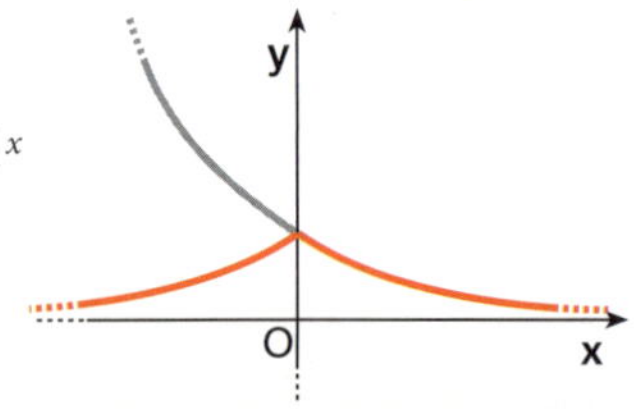

A $y = \left(\frac{1}{2}\right)^x$. **B** $y = 2^{|x|}$. **C** $y = \left|\left(\frac{1}{2}\right)^x\right|$. **D** $y = -\left(\frac{1}{2}\right)^x$. **E** $y = \left(\frac{1}{2}\right)^{|x|}$

REALTÀ E MODELLI

95 ●○ **Larve e anatre** Nell'agosto 2015 si è registrata una diffusa morìa di anatre e oche selvatiche nell'alta Toscana. La causa risiedeva nelle larve di mosche infettate dalle spore del botulino, larve mangiate dalle anatre e dalle oche. L'andamento nel tempo della diffusione della tossina può essere descritto dalla funzione esponenziale indicata a fianco, dove $y(t)$ è il numero di larve infette al tempo t (misurato in giorni).

diffusione tossina: $y(t) = y_0 e^{kt}$

a. All'inizio dell'osservazione ($t = 0$) le larve infette erano 50. Riporta in una tabella l'andamento del numero di larve infette nei primi cinque giorni di osservazione, considerando $k = 1,1$ e rappresenta graficamente la funzione.

b. Come cambia il grafico della funzione se la costante diventa $k = 0,5$? Confronta i due grafici.

96 ●○ **Il tasso di crescita** Le ultime stime indicano che ogni anno la popolazione mondiale aumenta esponenzialmente (con base e) con un tasso dell'1,18% (dati ONU 2015, World Population Prospects). Il tasso di crescita della popolazione è quella percentuale che deve essere moltiplicata per il tempo di crescita della popolazione (espresso in anni) per ottenere l'esponente di crescita, da attribuire alla base e.

popolazione attuale: circa 7 miliardi

a. Scrivi la funzione di accrescimento della popolazione al passare del tempo.

b. Calcola quante persone abiteranno sulla Terra tra 25 anni *se* il tasso di crescita rimarrà costante.

$\left[\text{a) } N(t) = N_0 e^{\frac{1,18}{100}t}\text{; b) 9,4 miliardi}\right]$

97 ●● **Interesse** Depositando in banca un capitale C_0 a interesse composto i annuale, alla fine di ogni anno l'interesse maturato durante l'anno viene aggiunto al capitale di inizio d'anno.

a. Dimostra che la funzione che permette di calcolare il capitale C accumulato dopo t anni è $C(t) = C_0(1+i)^t$.

b. Giulia deposita in banca € 20 000 al tasso composto del 2% annuale. Scrivi la funzione $C(t)$, rappresentala graficamente e calcola che capitale ritirerà Giulia fra 8 anni.

[€ 23 433,19]

TUTOR matematica — Allenati con **15 esercizi interattivi** con feedback "hai sbagliato, perché..."
su.zanichelli.it/tutor3 risorsa riservata a chi ha acquistato l'edizione con tutor

3 Equazioni esponenziali

▶ Teoria a p. 386

98 ●○ **ASSOCIA** ciascuna equazione alla soluzione corretta.

a. $3^{-x} = -1$ **b.** $4^x = 1$ **c.** $2^x = \frac{1}{4}$ **d.** $3 \cdot \left(\frac{1}{2}\right)^x = 6$

1. $x = -1$ **2.** impossibile **3.** $x = 0$ **4.** $x = -2$

99 ●○ **VERO O FALSO?**

a. L'equazione $2^x + 1 = 0$ è impossibile. V F

b. L'equazione $5^{2-x} - \frac{1}{5} = 0$ ha per soluzione 3. V F

c. $2^{-x} + 2^x = 0$ è un'equazione impossibile. V F

d. $2 \cdot 4^{x-1} = 0$ ha per soluzione 1. V F

I due membri si possono scrivere come potenze di uguale base

100 **ESERCIZIO GUIDA** Risolviamo: **a.** $3^x = \frac{\sqrt{3}}{9}$; **b.** $75 \cdot 25^{x-1} - 5^{2x+1} = -50$.

a. $3^x = \frac{\sqrt{3}}{9}$) $\sqrt{3} = 3^{\frac{1}{2}}$

$3^x = \frac{3^{\frac{1}{2}}}{3^2}$) seconda proprietà delle potenze

$3^x = 3^{\frac{1}{2}-2}$

$3^x = 3^{-\frac{3}{2}}$) potenze con la stessa base: uguagliamo gli esponenti

$x = -\frac{3}{2}$

b. $75 \cdot 25^{x-1} - 5^{2x+1} = -50$) proprietà delle potenze

$\overset{3}{\cancel{75}} \cdot \frac{5^{2x}}{\cancel{25}} - 5 \cdot 5^{2x} = -50$) raccogliamo 5^{2x}

$5^{2x}(3 - 5) = -50$

$5^{2x} = 5^2$) uguagliamo gli esponenti

$2x = 2 \rightarrow x = 1$

Risolvi le seguenti equazioni esponenziali.

101 ●○ $3^{x+1} = 27$ $[2]$

102 ●○ $5^{2x} = \frac{1}{25}$ $[-1]$

103 ●○ $2^{3x-1} = 16$ $\left[\frac{5}{3}\right]$

AL VOLO

104 ●○ $4 \cdot 3^x = 4$

105 ●○ $7^{x+2} + 7 = 0$

106 ●○ $2^x = 16 \cdot \sqrt{2}$ $\left[\frac{9}{2}\right]$

107 ●○ $5^x = \frac{1}{25} \cdot \sqrt{5}$ $\left[-\frac{3}{2}\right]$

108 ●○ $3^x = \frac{9 \cdot \sqrt{3}}{\sqrt[4]{3}}$ $\left[\frac{9}{4}\right]$

109 ●○ $4^x = 2 \cdot \sqrt{2}$ $\left[\frac{3}{4}\right]$

110 ●○ $\sqrt[3]{5^x} = \frac{1}{3125}$ $[-15]$

111 ●○ $8^x \cdot \sqrt{2} = 4^x$ $\left[-\frac{1}{2}\right]$

112 ●○ $a^x \cdot a^{2x-1} = \frac{a^2}{\sqrt{a}}$ $(a > 0)$ $\left[\frac{5}{6}\right]$

113 ●○ $2^x = 8 \cdot \sqrt{2}$ $\left[\frac{7}{2}\right]$

114 ●○ $\sqrt[3]{5^x} = 25$ $[6]$

115 ●○ $4^{x+2} = 1 - \sqrt{2}$ [impossibile]

116 ●○ $3^x \cdot 27 = 9^{2x}$ $[1]$

117 ●○ $t^2 \cdot t^{x+1} = \frac{t^{6x}}{t^5}$ $(t > 0)$ $\left[\frac{8}{5}\right]$

118 ●○ $2^x + 9 \cdot 2^x = 40$ $[2]$

ESERCIZI

119 $3 \cdot 4^x + \frac{7}{4} \cdot 4^x = 19 \cdot \sqrt{2}$ $\left[\frac{5}{4}\right]$

120 $5 \cdot 2^x + 2^{x-3} = 328$ [6]

121 $9^{x+2} = \sqrt[3]{3^{x+7}}$ [– 1]

122 $4^{2x+1} = 8^{2x-1}$ $\left[\frac{5}{2}\right]$

123 $8^{x-1} = \sqrt[3]{2^{x-3}}$ $\left[\frac{3}{4}\right]$

124 $3 \cdot 5^x + 5^{x+1} = 8 \cdot 5^3$ [3]

125 $3^x - 3^{x-2} + 3^{x+1} = 35$ [2]

126 $5^x \cdot 25^x = \frac{1}{5}$ $\left[-\frac{1}{3}\right]$

127 $3^x - 9 \cdot \frac{\sqrt{3}}{\sqrt[5]{9}} = 0$ $\left[\frac{21}{10}\right]$

128 $2^x + 2^{x+1} = -2^{x-1} + 7$ [1]

129 $3^{x+\frac{1}{2}} - 3^x = 9 \cdot (\sqrt{3} - 1)$ [2]

130 $(\sqrt{2})^x + (\sqrt{2})^{x-1} = 2(\sqrt{2} + 1)$ [3]

131 $3^{2-x} + 3^{3-x} = 12$ [1]

132 $8^{x-\frac{2}{3}} = \sqrt{2^{x+1}}$ [1]

133 $4^x + (2^x)^2 - 2^{2(x-2)} = 124$ [3]

134 $7^x + 49^{\frac{x}{2}} = 2 \cdot \sqrt[5]{343}$ $\left[\frac{3}{5}\right]$

135 $4^{2x-1} - 4^{2x+1} + 3 \cdot 2^{4x} = -\frac{3}{2}$ $\left[\frac{1}{4}\right]$

---

136 LEGGI IL GRAFICO Considera il grafico della funzione $f(x)$.

Determina $f(1)$, $2^{f(-2)}$, $3^{f\left(-\frac{1}{2}\right)}$, $4^{f(2)}$. Risolvi le equazioni:

a. $2^x - 4^{f(0)} = 2^{f\left(-\frac{1}{2}\right)}$;

b. $2^{f(x)} = 1$.

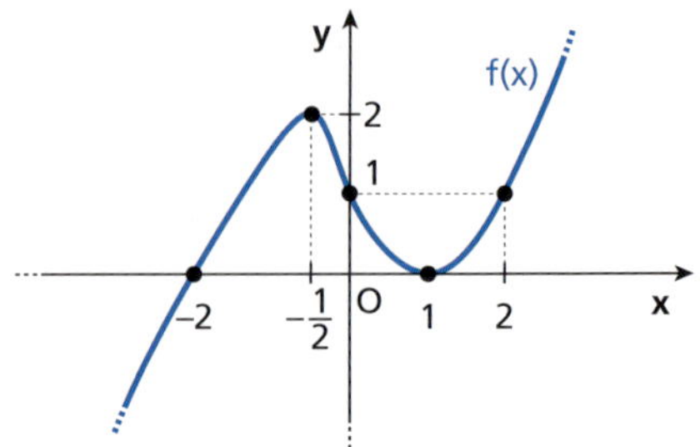

REALTÀ E MODELLI

137 **La mitosi** Il processo che porta a dividere una cellula e a generare due cellule identiche alla cellula madre si chiama *mitosi*. Consideriamo che ogni cellula impieghi 30 ore a dividersi in due.

a. Quante cellule contiene un organismo umano dopo 5 giorni dalla fecondazione?

b. Quanti giorni serviranno per generare complessivamente circa 2^{20} cellule (ossia, più di un milione)? [a) 16; b) 25]

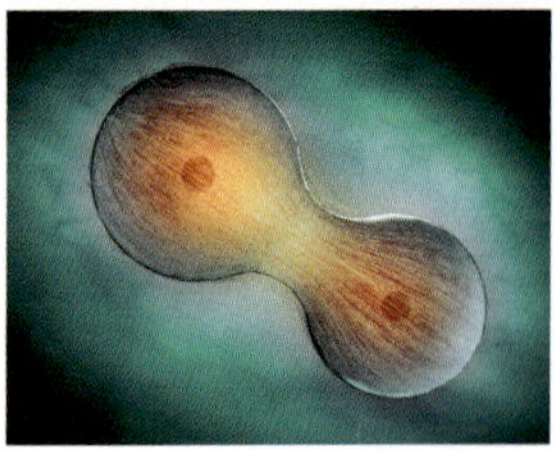

138 **Tre mesi o un anno?** Alberto decide di investire i suoi risparmi sottoscrivendo il contratto che vedi qui a fianco. «Tasso di interesse composto del 4% con capitalizzazione a tre mesi» significa che ogni tre mesi la sua banca gli accrediterà il 4% del denaro presente sul suo conto in quel momento e che questi soldi andranno a sommarsi al capitale. Le condizioni del contratto di Giorgio invece sono quelle riportate più in basso a fianco.
Dopo quanto tempo il capitale di Alberto uguaglierà quello di Giorgio? [1 anno]

deposito di Alberto: € 156 250
tasso di interesse composto: 4%
capitalizzazione: 3 mesi

deposito di Giorgio: € 175 760
tasso di interesse composto: 4%
capitalizzazione: 1 anno

---

139 ESERCIZIO GUIDA Risolviamo $6 \cdot 2^{x+3} = 4 \cdot 7^x - 2^x$.

$$6 \cdot 2^x \cdot 8 = 4 \cdot 7^x - 2^x \to 48 \cdot 2^x + 2^x = 4 \cdot 7^x \to 49 \cdot 2^x = 4 \cdot 7^x \to \frac{2^x}{7^x} = \frac{4}{49} \to \left(\frac{2}{7}\right)^x = \left(\frac{2}{7}\right)^2 \to x = 2$$

dividiamo entrambi i membri per $49 \cdot 7^x$

proprietà delle potenze

Risolvi le seguenti equazioni esponenziali.

140 ●○ $5 \cdot 2^x = 2 \cdot 5^x$ [1]

141 ●○ $3^{x+2} = 2^{2x+4}$ [−2]

142 ●○ $26 \cdot 2^x = 4 \cdot 5^x + 2^x$ [2]

143 ●○ $7^{x+1} = 3^{x+1}$ [−1]

144 ●○ $21 \cdot 3^x - 2^{x+3} = 3^{x+1}$ [−2]

145 ●● $2^{x+2} - 4 \cdot 5^{x+2} = 25 \cdot 5^x - 4 \cdot 2^x$ [−3]

Utilizziamo un'incognita ausiliaria

146 **ESERCIZIO GUIDA** Risolviamo l'equazione $6 \cdot 3^x - 3^{2-x} = 15$.

$$6 \cdot 3^x - 3^{2-x} = 15 \rightarrow 6 \cdot 3^x - \frac{9}{3^x} = 15 \rightarrow {}^{2}\cancel{6}z - \frac{\cancel{9}^{3}}{z} = \cancel{15}^{5} \rightarrow \frac{2z^2 - 3 - 5z}{z} = 0 \rightarrow$$

seconda proprietà delle potenze $a^x : a^y = a^{x-y}$; sostituiamo $z = 3^x$; riduciamo allo stesso denominatore; $z \neq 0$

$$2z^2 - 5z - 3 = 0 \rightarrow z_1 = -\frac{1}{2} \vee z_2 = 3$$

$$z_1 = -\frac{1}{2} \rightarrow 3^x = -\frac{1}{2} \rightarrow \text{impossibile}$$

$$z_2 = 3 \rightarrow 3^x = 3 \rightarrow x = 1$$

L'equazione data ha per soluzione $x = 1$.

Risolvi le seguenti equazioni esponenziali utilizzando un'incognita ausiliaria.

147 ●○ $4^x = 2^x - 2$ [impossibile]

148 ●○ $8 + 2^{x+1} = 2^{2x}$ [2]

149 ●○ $9^x - 3 = 2 \cdot 3^x$ [1]

150 ●○ $3^{2x} - 9 \cdot 3^x + 3 = \frac{1}{3} \cdot 3^x$ [−1; 2]

151 ●○ $5^{2x} - 5^x = 5^{x-2} - \frac{1}{25}$ [0; −2]

152 ●○ $\frac{2}{3^x - 1} = \frac{1}{3^x - 5}$ [2]

153 ●○ $2^x + 8 = \frac{1}{4} + 2^{1-x}$ [−2]

154 ●○ $10^x + 10^{2-x} = 101$ [0; 2]

155 ●○ $2^{x+3} + 4^{x+1} = 320$ [3]

156 ●○ $2^{x+1} + 2^{3-x} = 17$ [−1; 3]

157 ●● $3^x + 3^{1-x} = 4$ [0; 1]

158 ●● $2^x - \sqrt{2} = 4 - 2^{\frac{5}{2} - x}$ $\left[\frac{1}{2}; 2\right]$

159 ●● $(3^x - 5)^2 + 1 = 3^x - 5$ [impossibile]

160 ●● $\left(\frac{1}{2}\right)^{2x} - \frac{12}{2^x} + 32 = 0$ [−2; −3]

161 ●● $-2 \cdot 5^{x+2} + 25^{x+1} = 375$ [1]

162 ●● $9^x + 9 = 10 \cdot 3^x$ [0; 2]

163 ●● $2^{4x+3} + 2 = 17 \cdot 4^x$ $\left[-\frac{3}{2}; \frac{1}{2}\right]$

164 ●● $5^{x+2} - 4 \cdot 5^{1-x} - 30 = -5^{2-x}$ [0; −1]

165 ●● $3^x - 3^{-1} = 3(2 \cdot 3^{-x} + 8 \cdot 3^{-1})$ [2]

166 ●● $\frac{4}{2^x - 1} + \frac{3}{2^x + 1} = 5$ [1]

167 ●● $\frac{2 \cdot (3^x + 1)}{3^x} = \frac{3 \cdot (3^x + 1)}{2 \cdot 3^x + 1}$ [impossibile]

Risolvi le seguenti equazioni esponenziali applicando il metodo opportuno.

168 $5^{x+6} = 125$ $[-3]$

169 $9^x - 3^x = 6$ $[1]$

170 $4^x = 3 \cdot 2^x + 4$ $[2]$

171 $2^x = 2^{x-1} + 2^{x+3}$ [impossibile]

172 $5^x + 125^{\frac{x}{3}} = 250$ $[3]$

173 $25^{5x-2} = \sqrt[3]{125^x}$ $\left[\frac{4}{9}\right]$

174 $3^{x-2} \cdot 9^{x+4} \cdot \sqrt{27^x} = 1$ $\left[-\frac{4}{3}\right]$

175 $3^{2+x} + 3^x = 90$ $[2]$

176 $5^{2x-1} = 7^{2x-1}$ $\left[\frac{1}{2}\right]$

177 $\left(\frac{1}{2}\right)^{x+3} - 4 \cdot 64^x = 0$ $\left[-\frac{5}{7}\right]$

178 $7^x \cdot \sqrt{7^x} = \frac{1}{343}$ $[-2]$

179 $2 \cdot 3^{2x} - 2 \cdot 3^{x+2} - 8 = 1 - 3^x$ $[2]$

180 $\left(\frac{3}{4}\right)^{x-3} = \left(\frac{16}{9}\right)^{1+2x}$ $\left[\frac{1}{5}\right]$

181 $2^{2x-1} \cdot 3^x = \frac{1}{2 \cdot 3^x}$ $[0]$

182 $3^{x+1} - \frac{1}{3^x} - 2 = 0$ $[0]$

183 $5^{x+1} \cdot 25^x = \sqrt{5^{1-x}} \cdot \sqrt{125}$ $\left[\frac{2}{7}\right]$

184 $\frac{5^{x+2} \cdot 25^{1-x}}{125^x} = \frac{1}{5}$ $\left[\frac{5}{4}\right]$

185 $27^{\frac{2}{3}x} - 3^{2x+3} + 9^{x+2} = 165$ $\left[\frac{1}{2}\right]$

186 $\left(\frac{2}{5}\right)^{x-1} - \left(\frac{5}{2}\right)^{\frac{x-1}{x}} = 0$ $[\pm 1]$

187 $\frac{5^x}{5^x + 1} - \frac{1}{25^x - 1} = 1$ [impossibile]

188 $\frac{2}{2^x} - 1 = \frac{12}{2^x - 4}$ [impossibile]

189 a. Risolvi algebricamente l'equazione $2 \cdot 3^x = 3 - 9^x$.
b. Interpreta graficamente l'equazione tracciando i grafici delle funzioni che si ottengono in ogni membro.

Sistemi con equazioni esponenziali

Risolvi i seguenti sistemi.

190 $\begin{cases} 2x + y = 3 \\ 2^{x-y} = 64 \end{cases}$ $[(3; -3)]$

191 $\begin{cases} 2^x + y = 0 \\ 4^x + y = 2 \end{cases}$ $[(1; -2)]$

192 $\begin{cases} y - 2^x = 0 \\ 5y = 4^x + 4 \end{cases}$ $[(0; 1); (2; 4)]$

193 $\begin{cases} 2^x - 2^y = 8 \\ 2^x + 2^y = 24 \end{cases}$ $[(4; 3)]$

194 $\begin{cases} 3^x + 3^y = 10 \\ 3^{x+1} - 3^y = -6 \end{cases}$ $[(0; 2)]$

195 $\begin{cases} 9^{x-y} \cdot 27^y = 1 \\ 4^x \cdot \left(\frac{1}{2}\right)^y = 32 \end{cases}$ $\left[\left(\frac{5}{4}; -\frac{5}{2}\right)\right]$

196 $\begin{cases} 3^x \cdot \sqrt{81^{x-y}} = 1 \\ 25^x \cdot \sqrt{125^y} = 5 \end{cases}$ $\left[\left(\frac{4}{17}; \frac{6}{17}\right)\right]$

197 $\begin{cases} 36 \cdot 6^{x-y} = 6^{2x} \\ 49^x \cdot \sqrt{7^y} = 1 \end{cases}$ $\left[\left(-\frac{2}{3}; \frac{8}{3}\right)\right]$

4 Disequazioni esponenziali

▶ Teoria a p. 387

198 COMPLETA con i simboli $>$ o $<$.

a. $2^{\sqrt{2}} \square 2^4$; $\quad 4^{-1} \square 4^{-\sqrt{5}}$.

b. $\left(\frac{1}{5}\right)^{\pi} \square \left(\frac{1}{5}\right)^2$; $\quad 5^{\sqrt{3}} \square 5^3$.

c. $\left(\frac{4}{3}\right)^{\frac{1}{2}} \square \left(\frac{4}{3}\right)^2$; $\quad 3^{-6} \square 3^{1-\sqrt{3}}$.

d. $7^{\sqrt{2}} \square 7$; $\quad \left(\frac{1}{3}\right)^2 \square \left(\frac{1}{3}\right)^{-\frac{1}{2}}$.

199 VERO O FALSO?

a. $5^x < \frac{1}{25}$ ha per soluzione $x < -2$. V F

b. $\left(\frac{5}{3}\right)^{-x} > 1$ se $x < 0$. V F

c. $1^x > 1^4$ è vera per $x > 4$. V F

d. $5^{-x} + 7^{-x} > 0 \quad \forall x \in \mathbb{R}$. V F

e. $6^x < -6$ se $x < -1$. V F

200 CACCIA ALL'ERRORE Ognuna delle seguenti proposizioni è falsa. Individua l'errore.

a. $x^{-\frac{1}{3}} < x^{-\frac{2}{3}}$ se $x > 1$.

b. Se $a^2 < b^2$, allora $a < b$, $\forall a, b \in \mathbb{R}$.

c. $x^4 < x^2$ non è mai vera.

d. $\left(\frac{4}{5}\right)^{-\frac{2}{3}} > \left(\frac{4}{5}\right)^{-\frac{6}{7}}$.

e. $3^x > 2^x \quad \forall x \in \mathbb{R}$.

I due membri si possono scrivere come potenze di uguale base

201 ESERCIZIO GUIDA Risolviamo le seguenti disequazioni: **a.** $250 \cdot 5^{\frac{x}{3}} > 2$; **b.** $\left(\frac{1}{27}\right)^x > \frac{1}{81}$.

a. $250 \cdot 5^{\frac{x}{3}} > 2$ — dividiamo entrambi i membri per 250

$5^{\frac{x}{3}} > \frac{2}{250}$ (semplificato in $\frac{1}{125}$)

$5^{\frac{x}{3}} > 5^{-3}$ — la base è 5 > 1

$\frac{x}{3} > -3$

$x > -9$

b. $\left(\frac{1}{27}\right)^x > \frac{1}{81}$ — scriviamo $\frac{1}{27}$ e $\frac{1}{81}$ come potenze di $\frac{1}{3}$

$\left(\frac{1}{3}\right)^{3x} > \left(\frac{1}{3}\right)^4$ — la base è $\frac{1}{3} < 1$

$3x < 4$

$x < \frac{4}{3}$

Risolvi le seguenti disequazioni esponenziali i cui membri sono riconducibili a potenze di uguale base.

202 $4^x \leq 32$ $\left[x \leq \frac{5}{2}\right]$

203 $\left(\frac{3}{2}\right)^x < \frac{27}{8}$ $[x < 3]$

204 $3^{2x} \geq 81$ $[x \geq 2]$

205 $\left(\frac{3}{2}\right)^x < \frac{8}{27}$ $[x < -3]$

206 $3^{2x+2} < \frac{1}{3}$ $\left[x < -\frac{3}{2}\right]$

207 $7^{x+2} > 49$ $[x > 0]$

208 $\left(\frac{1}{4}\right)^{x-1} < 64$ $[x > -2]$

209 $0{,}1^x \leq 100$ $[x \geq -2]$

210 $100^x < 0{,}001$ $\left[x < -\frac{3}{2}\right]$

211 $\left(\frac{2}{5}\right)^{x+3} < \left(\frac{5}{2}\right)^{x-2}$ $\left[x > -\frac{1}{2}\right]$

212 $\left(\frac{1}{5}\right)^{2x+1} < 625$ $\left[x > -\frac{5}{2}\right]$

213 $\left(\frac{2}{3}\right)^{x^2-2x} < \frac{3}{2}$ $[x \neq 1]$

214 $5^{x^2-1} > \left(\frac{1}{5}\right)^{3x+1}$ $[x < -3 \vee x > 0]$

215 $2^x \cdot 3^{x+1} \leq \frac{6^{3x}}{2}$ $\left[x \geq \frac{1}{2}\right]$

216 $2 \cdot 3^{2x-1} + 9^{x+1} - 3^{2x+1} \leq \frac{60}{\sqrt[5]{3}}$ $\left[x \leq \frac{9}{10}\right]$

217 $17 \cdot \sqrt{2^{x+1}} > 34 \cdot \sqrt[3]{4^{x-3}}$ $[x < 9]$

218 $\frac{2^x \cdot 8}{4^x} > \frac{16^{-x}}{8}$ $[x > -2]$

ESERCIZI

Utilizziamo un'incognita ausiliaria

219 ESERCIZIO GUIDA Risolviamo la disequazione $3^x - 2 \cdot 3^{2-x} < 7$.

$$3^x - 2 \cdot 3^{2-x} < 7 \rightarrow 3^x - 2 \cdot \frac{9}{3^x} < 7 \underset{z = 3^x}{\rightarrow} z - \frac{18}{z} < 7 \rightarrow \frac{z^2 - 7z - 18}{z} < 0 \underset{z > 0 \text{ perché } z = 3^x}{\rightarrow} z^2 - 7z - 18 < 0 \rightarrow$$

$$-2 < z < 9 \rightarrow \begin{cases} 3^x > -2 & \rightarrow \quad \forall x \in \mathbb{R} \\ 3^x < 3^2 & \rightarrow \quad x < 2 \end{cases}$$

La soluzione della disequazione data è $x < 2$.

220 TEST La disequazione $2^x + \frac{8}{2^x} > 6$:

A è verificata $\forall x \in \mathbb{R}$.

B è verificata per $x < 1 \lor x > 2$.

C è verificata per $x < 2$.

D è verificata $\forall x \in \mathbb{R} \land x \neq 0$.

E non ha soluzioni.

Risolvi le seguenti disequazioni esponenziali con l'uso di un'incognita ausiliaria.

221 $2 \cdot 3^{-x} - 3^x \geq 1$ $[x \leq 0]$

222 $7^x - 6 > 7^{1-x}$ $[x > 1]$

223 $-4^x - 3 \cdot 2^x > 2^{2x} - 2^x$ [impossibile]

224 $34\left(\frac{3}{5}\right)^x < 25\left(\frac{9}{25}\right)^x + 9$ $[x < 0 \lor x > 2]$

225 $9\left(\frac{2}{3}\right)^x + 2 + 4\left(\frac{2}{3}\right)^{-x} \leq 0$ [impossibile]

226 $(0,01)^x - 7(0,1)^x - 30 \geq 0$ $[x \leq -1]$

227 $25\left(\frac{1}{5}\right)^x + 5 - 2\left(\frac{1}{5}\right)^{-x} \leq 0$ $[x \geq 1]$

228 $5^{\frac{2}{x}} - \frac{26}{25} 5^{\frac{1}{x}} > -\frac{1}{25}$ $\left[-\frac{1}{2} < x < 0 \lor x > 0\right]$

229 $\frac{1}{3^x - 9} - \frac{1}{3^x + 1} > 0$ $[x > 2]$

230 $\frac{-6}{2^x - 2} + \frac{9}{2^x - 1} < 0$ $[x < 0 \lor 1 < x < 2]$

Risolvi le seguenti disequazioni applicando il metodo opportuno.

231 $\frac{2^x - 4}{1 - 3^x} > 0$ $[0 < x < 2]$

232 $\frac{4 - 8^x}{3^x + 9} \leq 0$ $\left[x \geq \frac{2}{3}\right]$

233 $\left(\frac{1}{5}\right)^{2x+1} < 625$ $\left[x > -\frac{5}{2}\right]$

234 $45 \cdot 2^{2x-2} < -35 \cdot 4^{x-1}$ [impossibile]

235 $9^x - 12 \cdot 3^x + 27 < 0$ $[1 < x < 2]$

236 $\left(\frac{1}{4}\right)^x - 7 \cdot \left(\frac{1}{2}\right)^x - 8 \geq 0$ $[x \leq -3]$

237 $4 \cdot 2^{3x} - 4^{x+2} < 0$ $[x < 2]$

238 $9^x - 10 \cdot 3^x + 9 > 0$ $[x < 0 \lor x > 2]$

239 $\frac{3^{x+2}}{25} < 5^x$ $[x > -2]$

240 $25^x + 9 \cdot 5^{2x} \leq 2$ $\left[x \leq -\frac{1}{2}\right]$

241 $\frac{5^x - 125}{(1 - 2^x)(3^x - 3)} \geq 0$ $[x < 0 \lor 1 < x \leq 3]$

242 $72 \cdot 2^{2x} > 4 \cdot 9^x \cdot 27$ $\left[x < -\frac{1}{2}\right]$

243 $\frac{3^x - 2}{2} + \frac{2 \cdot 9^x - 1}{2 \cdot 3^x} + 2 > 0$ $[x > -1]$

244 $\frac{4}{2^x - 4} - \frac{2}{2^x - 2} \leq 0$ $[1 < x < 2]$

245 $\frac{\left(\frac{1}{2}\right)^x - 4}{9 - 3^{2x}} < 0$ $[-2 < x < 1]$

246 $2^{x+5} \cdot 3^{x+2} \leq 8 \cdot 6^{\frac{3x-1}{x}}$ $[x < 0]$

247 $\dfrac{3 \cdot 3^{2x} - 4 \cdot 4^{2x}}{|-1+5^{x+1}|-4} < 0$ $\left[x < -\dfrac{1}{2} \vee x > 0\right]$

248 $\dfrac{9 \cdot 3^{-x}}{9^x + 3^{2x}} > \dfrac{27}{2}$ $\left[x < -\dfrac{1}{3}\right]$

249 $(2^{x+2})^2 \cdot 3^x < \dfrac{2}{3^{x+3}}$ $\left[x < -\dfrac{3}{2}\right]$

Disegna i grafici delle funzioni $f(x)$ e $g(x)$. Trova il loro punto di intersezione e gli intervalli dove $f(x) > g(x)$.

250 $f(x) = 2^x, \quad g(x) = 4 \cdot 2^{-x}$.

251 $f(x) = 4^{x+1}, \quad g(x) = 2^{x-2}$.

252 $f(x) = 3^{x-1}, \quad g(x) = 3^{2x}$.

Determina il dominio delle seguenti funzioni.

253 $y = \dfrac{x}{3^x - 3}$ $[x \neq 1]$

254 $y = \dfrac{x-1}{4^x - 2^x}$ $[x \neq 0]$

255 $y = \dfrac{6+3x}{8+5^x}$ $[\forall x \in \mathbb{R}]$

256 $y = \dfrac{1}{16 - 2^{x+2}}$ $[x \neq 2]$

257 $y = \left(\dfrac{1}{2}\right)^{\sqrt{x^2-3}}$ $[x \leq -\sqrt{3} \vee x \geq \sqrt{3}]$

258 $y = \sqrt{2^x - 16}$ $[x \geq 4]$

259 $y = \dfrac{1}{\sqrt{9 - 3^x}}$ $[x < 2]$

260 $y = \dfrac{3}{5^{-x} - 25}$ $[x \neq -2]$

261 $y = \dfrac{7^x}{\sqrt[3]{8^x} - 2}$ $\left[x \neq \dfrac{1}{3}\right]$

262 $y = \sqrt{4^{x-1} - 2}$ $\left[x \geq \dfrac{3}{2}\right]$

263 $y = \sqrt{3^{-x} - 3^x}$ $[x \leq 0]$

264 $y = \sqrt{\dfrac{3^x - 1}{3^{-x} - 3}}$ $[-1 < x \leq 0]$

265 $y = \dfrac{1 - 3^x}{4^{x-2} - 2^x}$ $[x \neq 4]$

266 $y = \sqrt{4^x + 2^x - 6}$ $[x \geq 1]$

Determina il dominio delle seguenti funzioni, studia il segno e determina gli eventuali zeri.

267 $y = \dfrac{5}{6^x + 5}$ $[D: \mathbb{R};\ y > 0: \forall x \in \mathbb{R};\ y = 0: \text{imp.}]$

268 $y = \dfrac{2^{3x} - 1}{8 - 2^x}$ $[D: x \neq 3;\ y > 0: 0 < x < 3;\ y = 0: x = 0]$

269 $y = \sqrt{9^x - 3}$ $\left[D: x \geq \dfrac{1}{2};\ y > 0: x > \dfrac{1}{2};\ y = 0: x = \dfrac{1}{2}\right]$

270 $y = \dfrac{x-1}{4^{2x-5} - 1}$ $\left[D: x \neq \dfrac{5}{2};\ y > 0: x < 1 \vee x > \dfrac{5}{2};\ y = 0: x = 1\right]$

271 **EUREKA!** È data la funzione $f(x) = a4^x + b2^x - a + 2b$.

a. Trova a e b in modo che il grafico della funzione passi per i punti $O(0; 0)$ e $A(1; 6)$.

b. Utilizzando i valori di a e b trovati nel punto precedente traccia i grafici di $f(x)$ e di $g(x) = |f(x)| - 2$ e determina i loro punti di intersezione anche algebricamente.

c. Studia il segno delle due funzioni.

$\left[\text{a) } a = 2 \wedge b = 0;\ \text{b) } \left(-\dfrac{1}{2}; -1\right);\ \text{c) } f(x) > 0: x > 0;\ f(x) = 0: x = 0;\ g(x) > 0: \ldots\right]$

RISOLVIAMO UN PROBLEMA

Il parassita varroa

Nelle due arnie di Niccolò si è diffuso l'acaro varroa, un parassita che attacca le api. Quando se ne è accorto, nella prima arnia erano presenti circa 100 varroe, mentre la seconda era sana. Dopo un solo mese, anche la seconda arnia era infestata da circa 50 varroe.

ciclo vitale varroa: raddoppia la popolazione ogni 30 giorni

limite critico di sopravvivenza di un'arnia: circa 3200 varroe

- Dal giorno in cui si è accorto del problema, in quanto tempo la popolazione complessiva di parassiti nelle arnie supererà le 2000 unità?
- Considerando il limite critico, quanti giorni ha a disposizione Niccolò per salvare le sue api?

▶ **Calcoliamo la popolazione nella prima arnia.**

Indicato con t il numero di giorni a partire dal momento in cui Niccolò ha visto le prime varroe, la popolazione di parassiti cresce secondo la legge:

$$n_1(t) = 100 \cdot 2^{\frac{t}{30}}, \quad \text{con } t \geq 0.$$

▶ **Calcoliamo la popolazione nella seconda arnia.**

L'infestazione nella seconda arnia inizia dopo 30 giorni rispetto alla prima. La popolazione di varroe nella seconda arnia segue la legge:

$$n_2(t) = 50 \cdot 2^{\frac{t-30}{30}}, \quad \text{con } t \geq 30.$$

▶ **Calcoliamo la popolazione complessiva.**

Il numero totale di parassiti nelle due arnie si ottiene sommando le varroe presenti nelle due arnie.

$$n(t) = 100 \cdot 2^{\frac{t}{30}} + 50 \cdot 2^{\frac{t-30}{30}}, \quad \text{con } t \geq 30.$$

▶ **Calcoliamo in quanto tempo le varroe superano le 2000 unità.**

Per calcolare dopo quanto tempo la popolazione complessiva di parassiti supera le 2000 unità, dobbiamo risolvere la disequazione:

$$100 \cdot 2^{\frac{t}{30}} + 50 \cdot 2^{\frac{t-30}{30}} \geq 2000 \rightarrow$$

$$100 \cdot 2^{\frac{t}{30}} + 50 \cdot 2^{\frac{t}{30}} \cdot 2^{-1} \geq 2000 \rightarrow$$

$$125 \cdot 2^{\frac{t}{30}} \geq 2000 \rightarrow 2^{\frac{t}{30}} \geq 2^4 \rightarrow \frac{t}{30} \geq 4 \rightarrow$$

$$t \geq 120.$$

Pertanto, dopo 120 giorni (circa 4 mesi) da quando Niccolò ha avvistato i primi parassiti, le varroe avranno raggiunto quota 2000.

▶ **Calcoliamo in quanto tempo le varroe raggiungono il limite critico nella prima arnia.**

Calcoliamo il tempo che Niccolò ha a disposizione per salvare la prima arnia:

$$100 \cdot 2^{\frac{t}{30}} < 3200 \rightarrow 2^{\frac{t}{30}} < 2^5 \rightarrow t < 150.$$

Niccolò ha a disposizione al più 150 giorni (circa 5 mesi) da quando si è accorto dei primi parassiti per salvare la prima arnia.

▶ **Calcoliamo in quanto tempo le varroe raggiungono il limite critico nella seconda arnia.**

Nella seconda arnia l'attacco è iniziato dopo, quindi Niccolò avrà più tempo a disposizione.
Infatti:

$$50 \cdot 2^{\frac{t-30}{30}} < 3200 \rightarrow 2^{\frac{t-30}{30}} < 2^6 \rightarrow$$

$$\frac{t-30}{30} < 6 \rightarrow t < 210.$$

Per salvare la seconda arnia, Niccolò ha al massimo 210 giorni di tempo (circa 7 mesi) da quando ha osservato i primi acari nella prima arnia.

Sistemi con disequazioni esponenziali

Risolvi i seguenti sistemi di disequazioni.

272 ●○ $\begin{cases} 3^{2x-1} > 3 \\ 1 - 5^{x^2-4} \geq 0 \end{cases}$ $[1 < x \leq 2]$

273 ●○ $\begin{cases} 5^{2x-1} - 25 > 0 \\ \dfrac{3^x + 1}{3^x - 1} \geq 1 \end{cases}$ $\left[x > \dfrac{3}{2}\right]$

274 ●○ $\begin{cases} 4^{3x+2} > 2 \\ 2^x(2^x - 1) < 2 \end{cases}$ $\left[-\dfrac{1}{2} < x < 1\right]$

275 ●○ $\begin{cases} 49^x - 7^x < 0 \\ 3^{-x} + 4\left(\dfrac{1}{3}\right)^x > 15 \end{cases}$ $[x < -1]$

276 ●○ $\begin{cases} \left(\frac{3}{4}\right)^{4x+3} < \frac{9}{16} \\ 2^{x+1} + 2^{x+2} \le 12 \end{cases}$ $\left[-\frac{1}{4} < x \le 1\right]$

277 ●● $\begin{cases} 3^x - 3^{3-x} + 6 \ge 0 \\ |2^x - 1| < 3 \end{cases}$ $[1 \le x < 2]$

Equazioni e disequazioni esponenziali risolvibili solo con metodo grafico

278 ESERCIZIO GUIDA Determiniamo il numero delle soluzioni dell'equazione $3^{x-1} = 1 - x$ utilizzando il metodo grafico e indichiamo un intervallo in cui si trova ogni soluzione.

Disegniamo il grafico delle funzioni $y = 3^{x-1}$ e $y = 1 - x$:

le ascisse dei punti di intersezione dei due grafici sono le soluzioni dell'equazione data.

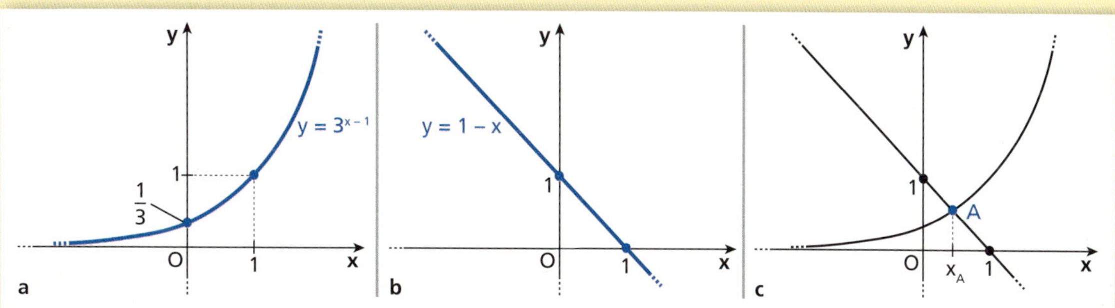

Nella figura osserviamo che i due grafici si intersecano solo nel punto A, la cui ascissa è la soluzione dell'equazione. x_A è un numero compreso tra 0 e 1.

Determina il numero delle soluzioni delle seguenti equazioni utilizzando il metodo grafico e indica un intervallo in cui si trovano.

279 ●○ $2^x - 1 = -x$ $[x = 0]$

280 ●○ $3^{-x} = \frac{x}{3}$ $[x = 1]$

281 ●○ $\left(\frac{1}{2}\right)^{x-2} = x^2 - 4x$ [una sol.; $4 < x < 5$]

282 ●○ $2^{1-x} = x + 1$ [una sol.; $0 < x < 1$]

283 ●○ $x^2 + 3 = -3^x$ [impossibile]

284 ●● $\left(\frac{1}{3}\right)^x - 1 = -\frac{2}{x}$ [due sol.; $x_1 = -1$, $2 < x_2 < 3$]

Risolvi le seguenti disequazioni utilizzando il metodo grafico.

285 ●○ $2^{-x} > 2x + 1$ $[x < 0]$

286 ●○ $\frac{x}{2} - 1 > 3^x$ [impossibile]

287 ●○ $3^{x-2} > -x + 3$ $[x > 2]$

288 ●○ $4^x + 1 > 1 - x^2$ $[\forall x \in \mathbb{R}]$

289 ●○ $x^2 + 6x < 2^{-x}$ $[0 < x < 1]$

290 ●● $\frac{1}{x} > -3^{-x}$ $[x < a \lor x > 0, \text{con} -1 < a < 0]$

TUTOR matematica Allenati con **15 esercizi interattivi** con feedback "hai sbagliato, perché…"
su.zanichelli.it/tutor3 risorsa riservata a chi ha acquistato l'edizione con tutor

VERIFICA DELLE COMPETENZE

VERIFICA DELLE COMPETENZE ALLENAMENTO

UTILIZZARE TECNICHE E PROCEDURE DI CALCOLO

Risolvi le seguenti equazioni.

1 $9^{2x-1} = 27$ $\left[\frac{5}{4}\right]$

2 $3^x + 4 \cdot 3^x = 3^{x+1} + 6$ $[1]$

3 $25^x - 4 \cdot 5^x = 2 \cdot 5^x - 5$ $[0; 1]$

4 $3^{2x} + 6 \cdot 3^x + 8 = 0$ [impossibile]

5 $2^{x+2} - 2^{x-1} - 2^{x-2} = 26$ $[3]$

6 $5^x + 5^{-x-1} = \frac{6}{5}$ $[-1; 0]$

7 $2 \cdot 7^x + 7^{1-x} = 3$ [impossibile]

8 $(2^x - 1)(3^x - 9) = 0$ $[0; 2]$

9 $5^{5x+1} \cdot 25^x = \sqrt{\left(\frac{1}{5}\right)^{x-1}} \cdot \sqrt{125}$ $\left[\frac{2}{15}\right]$

10 $3^{x+1} - \frac{1}{3^x} - 2 = 0$ $[0]$

Risolvi le seguenti disequazioni.

11 $4^{1-x} > \left(\frac{1}{2}\right)^{3x+4}$ $[x > -6]$

12 $5^{x+1} - 5^{x-2} < 0$ [impossibile]

13 $4 \cdot 2^{3x} - 4^{x+2} < 0$ $[x < 2]$

14 $4^{2x} - 17 \cdot 4^x + 16 < 0$ $[0 < x < 2]$

15 $15 \cdot \sqrt{9^{x+4}} \leq 5 \cdot 81^{4x-1}$ $\left[x \geq \frac{3}{5}\right]$

16 $(4 - 2^{3x})(x - 1) \geq 0$ $\left[\frac{2}{3} \leq x \leq 1\right]$

17 $\frac{x}{3 \cdot 9^x + 5 \cdot 3^x - 2} < 0$ $[-1 < x < 0]$

18 $2 \cdot 3^{2x} - 2 \cdot 3^{x+2} - 8 \geq 1 - 3^x$ $[x \geq 2]$

19 $9 \cdot 2^{2x} \cdot 8 > 4 \cdot 9^x \cdot 27$ $\left[x < -\frac{1}{2}\right]$

20 $\frac{3^x - 2}{2} + \frac{9^x - \frac{1}{2}}{3^x} + 2 > 0$ $[x > -1]$

ANALIZZARE E INTERPRETARE DATI E GRAFICI

Disegna il grafico delle seguenti funzioni.

21 $y = 2^{x+1} - 3$

22 $y = -\left(\frac{1}{2}\right)^x + 2$

23 $y = -3^{x-1} + 4$

24 $y = -3^{-x} + 2$

25 $y = |2^x - 1|$

26 $y = -3^{|x|}$

Determina il dominio delle seguenti funzioni.

27 $y = \frac{1+x}{16 - 8^x}$ $\left[x \neq \frac{4}{3}\right]$

28 $y = \sqrt{2^{x+5}}$ $[\forall x \in \mathbb{R}]$

29 $y = 5^{\frac{3x}{x^2 - 5x + 6}}$ $[x \neq 2 \wedge x \neq 3]$

30 $y = \sqrt{x^2 - 4x} + \sqrt{2^x - 4}$ $[x \geq 4]$

31 $y = \sqrt{2^x + 2^{1-x} - 3}$ $[x \leq 0 \vee x \geq 1]$

32 $y = \sqrt{27^x - 9 \cdot 3^{-x}}$ $\left[x \geq \frac{1}{2}\right]$

33 Disegna il grafico della funzione $f\colon y = -2^{x+1}$, poi applica a f la traslazione di equazioni $\begin{cases} x' = x + 1 \\ y' = y + 1 \end{cases}$ e alla funzione traslata applica la simmetria rispetto alla retta $y = 2$. Della funzione così ottenuta scrivi l'espressione analitica e traccia il grafico. $[y = 2^x + 3]$

34 Disegna i grafici delle funzioni $y = 2^{x+1}$ e $y = \frac{7}{2} + 2^{-x}$ e determina il loro punto di intersezione. $[(1; 4)]$

35 Trova per quali valori di a e b il grafico della funzione $y = 2^{x+a} + b$ passa per i punti $A(0; -1)$ e $B(2; 5)$ e rappresenta la funzione applicando le trasformazioni geometriche. $[a = 1, b = -3]$

LEGGI IL GRAFICO

36 Trova le coordinate di A, B, C, D e calcola il perimetro e l'area del trapezio $ABCD$ in figura.

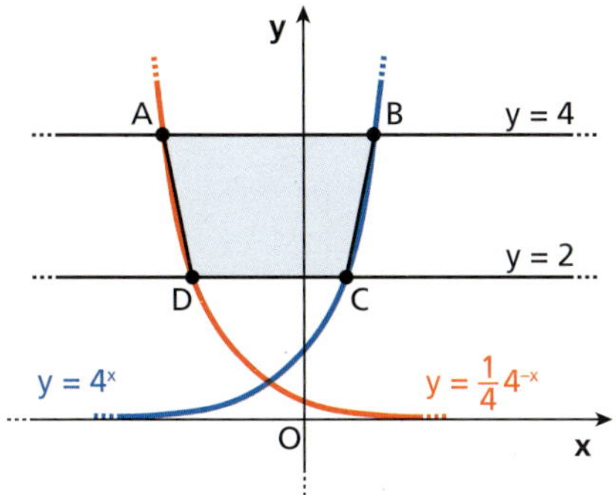

[perimetro: $5 + \sqrt{17}$; area: 5]

37 Il grafico della funzione della figura ha equazione $y = a^{bx+2} + c$. Trova a, b, c.

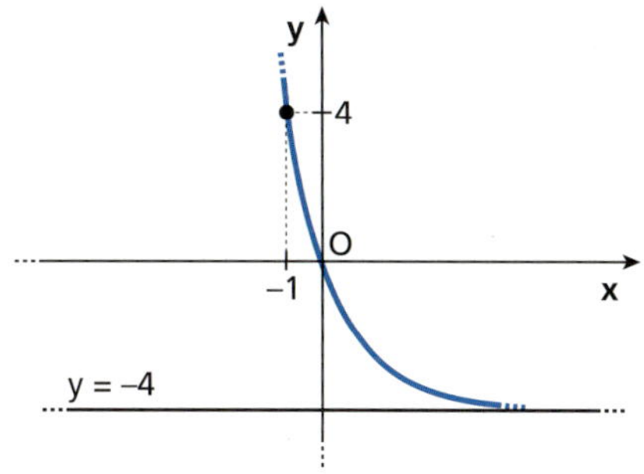

$[a = 2, b = -1, c = -4]$

COSTRUIRE E UTILIZZARE MODELLI

38 **Acquisto prima casa** Una giovane coppia vuole accedere a un prestito per l'acquisto della prima casa e valuta le proposte di due banche. La prima propone una durata minima di 15 anni con tasso composto $i_1 = 4\%$, mentre la seconda propone una durata minima di 20 anni con un tasso composto $i_2 = 3\%$. Per il calcolo del montante, cioè del capitale più l'interesse, da restituire dopo la durata stabilita, puoi utilizzare la formula a lato (dove M è il montante, C il capitale e n la durata del prestito in anni).

a. Determina quale banca incasserà gli interessi maggiori al termine del prestito.
b. Disegna su uno stesso piano cartesiano l'andamento dei due montanti al variare degli anni.
c. Esiste un tempo in cui i due montanti sono uguali? Motiva la tua risposta.

[a) la seconda banca; c) solo all'inizio del prestito]

RISOLVIAMO UN PROBLEMA

Cambio di stagione

Una coperta matrimoniale misura 250 cm × 280 cm ed è spessa circa 0,3 cm. Ogni volta che la pieghi in due, la coperta occupa metà della superficie precedente e il doppio dello spessore.

- Scrivi la legge che descrive come varia la superficie occupata in funzione del numero di piegature e rappresentala in un grafico, poi fai lo stesso per lo spessore.
- Per il cambio di stagione vuoi comprare una scatola in cui riporre la coperta e al supermercato ne trovi una con le misure indicate a lato. La compri? Quante volte dovresti ripiegare a metà la coperta per metterla nella scatola? Come?

▶ Determiniamo la legge che descrive la superficie occupata.

Indichiamo con x il numero delle piegature effettuate. La legge che descrive la superficie occupata S in funzione del numero delle piegature è:

$$S(x) = \frac{250 \cdot 280}{2^x} = 70000 \cdot \left(\frac{1}{2}\right)^x.$$

Il grafico della funzione $S(x)$ è quindi quello di una funzione esponenziale con base minore di 1. Utilizziamo sull'asse y come unità di misura $1 \cdot 10^4$ cm^2 e disegniamo il grafico.

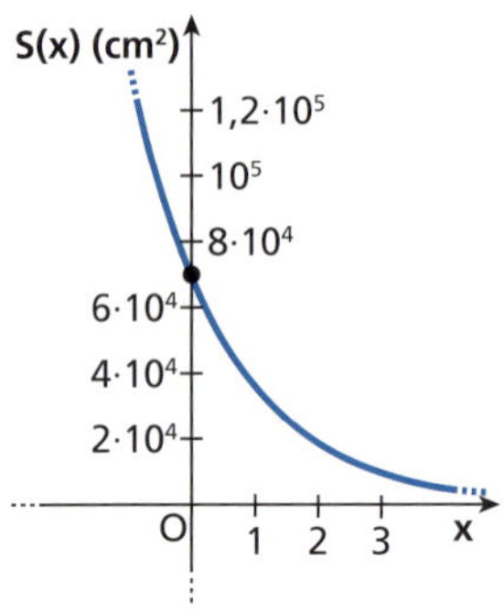

▶ Determiniamo la legge che descrive lo spessore occupato.

La legge che descrive lo spessore h occupato in funzione del numero di piegature effettuate, invece, è:

$$h(x) = 0,3 \cdot 2^x.$$

Il grafico della funzione $h(x)$ è quindi quello di una funzione esponenziale con base maggiore di 1.

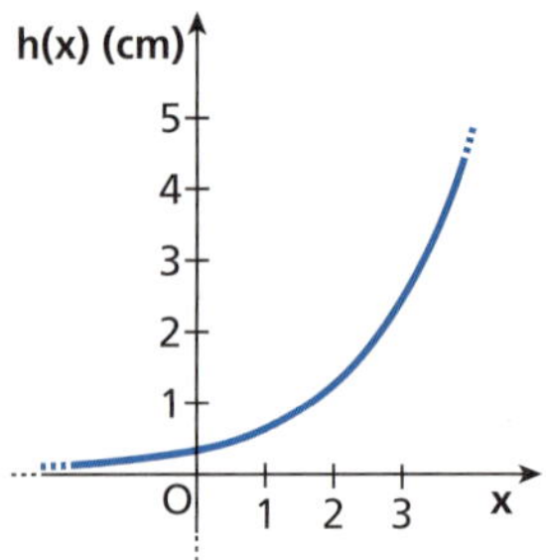

▶ Condizione necessaria affinché la coperta entri nella scatola...

Affinché la coperta piegata entri nella scatola è necessario almeno che la superficie occupata dalla coperta sia inferiore a quella del fondo della scatola e che lo spessore occupato sia inferiore all'altezza della scatola. Dobbiamo quindi risolvere il sistema di disequazioni esponenziali:

$$\begin{cases} 70000 \cdot \left(\frac{1}{2}\right)^x < 50 \cdot 43,75 \\ 0,3 \cdot 2^x < 38,4 \end{cases} \rightarrow \begin{cases} \left(\frac{1}{2}\right)^x < \frac{1}{32} \\ 2^x < 128 \end{cases} \rightarrow$$

$$\begin{cases} \left(\frac{1}{2}\right)^x < \left(\frac{1}{2}\right)^5 \\ 2^x < 2^7 \end{cases} \rightarrow \begin{cases} x > 5 \\ x < 7 \end{cases}.$$

La coperta deve quindi essere piegata a metà 6 volte.

▶ ...ma non condizione sufficiente.

Ma, attenzione, non basta! Occorre anche verificare che con 6 piegature si riesca a ottenere un rettangolo di dimensioni compatibili con quelle del fondo della scatola. Poiché

$$250 : 8 = 250 : 2^3 = 31,25 < 43,75,$$

ripiegando tre volte a metà il lato corto riusciamo a ottenere un rettangolo che entra nei limiti della larghezza della scatola.

Abbiamo a disposizione altre 3 piegature sul lato lungo, basteranno? Sì, poiché

$$280 : 8 = 35 < 50.$$

Di conseguenza, piegando a metà la coperta esattamente 3 volte lungo il lato lungo e 3 volte lungo il lato corto (nell'ordine che preferiamo), essa entrerà nella scatola.

39 ●○ **Come crescono i risparmi?** Lisa ha depositato su un libretto di risparmio € 500 e la banca ogni tre mesi accredita l'interesse maturato. Quale funzione descrive l'andamento degli importi in funzione del numero dei mesi trascorsi?
Rappresentala graficamente. $\left[y(t) = 500 \cdot 1,005^{\frac{t}{3}}\right]$

importi rilevati nei quattro trimestri successivi al deposito:
€ 502,50
€ 505,01
€ 507,54
€ 510,08

40 ●● **Nerello** L'enoteca My Wine ha acquistato 120 bottiglie di vino Nerello al prezzo di € 8 a bottiglia. Non le rivende subito, ma aspetta l'incremento del loro valore, che in base a esperienze precedenti segue l'andamento della funzione $v(t)$. Il tempo è espresso in mesi. Per determinare l'intervallo di tempo che si può considerare favorevole alla vendita del vino confrontiamo il suo valore con quello che si otterrebbe investendo l'importo in titoli di stato al tasso netto in capitalizzazione continua del 4%.
Determina graficamente l'intervallo di tempo entro il quale deve essere venduto il vino per ottenere un rendimento maggiore di quello offerto finanziariamente dal mercato. $[0 < t \leq 5]$

andamento valore bottiglia:
$$v(t) = 8 \cdot \left(1 + \frac{\sqrt{t}}{10}\right)$$

andamento valore investimento:
$$g(t) = 8 \cdot e^{0,04t}$$

VERIFICA DELLE COMPETENZE PROVE

1 ora

PROVA A

1 VERO O FALSO?

a. $y = (-2)^x$ definisce una funzione esponenziale. V F

b. La funzione $y = \left(\frac{4}{3}\right)^{x+1}$ è crescente. V F

c. $\left(\frac{1}{5}\right)^{\pi} > \left(\frac{1}{5}\right)^{3}$. V F

d. Il grafico della funzione $y = 7^{x-2}$ passa per $A(2;1)$. V F

2 Disegna i grafici delle seguenti funzioni.

a. $y = 5^x + 2$

b. $y = \left(\frac{1}{3}\right)^{x+2}$

3 Risolvi le seguenti equazioni.

a. $2^{4x+1}\sqrt{4^x} = 8^x \cdot 32$

b. $2^{3x} + 8^x = \sqrt[5]{2}$

c. $3^{2x-1} - \frac{4}{3^x} = \frac{5}{3}$

4 Risolvi le seguenti disequazioni.

a. $4^x > 2^{5-x}$

b. $\left(\frac{2}{3}\right)^{x+2} > \frac{9}{4}$

c. $3^{2x} - 8 \cdot 3^x < 9$

5 Determina il dominio delle seguenti funzioni.

a. $y = \sqrt{36 - 6^{3x+1}}$

b. $y = \frac{4 - 3^x}{9^x - 3}$

PROVA B

Una popolazione batterica La crescita dei batteri avviene per divisione cellulare, perciò in un dato intervallo di tempo (che dipende da vari fattori) raddoppia il numero dei batteri di una coltura e la legge di crescita è una funzione esponenziale in base 2. Considera una colonia di 1000 batteri *Escherichia coli*.

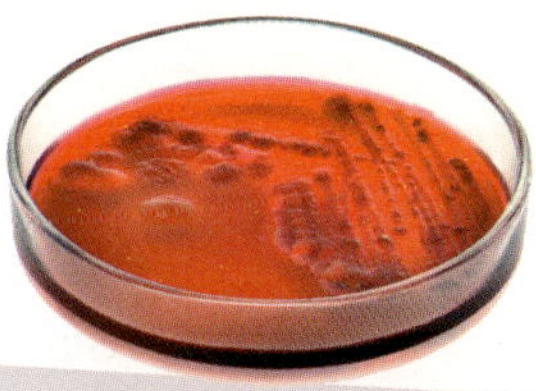

coltura di *Escherichia coli*; tempo necessario a una cellula per duplicarsi: circa 20 minuti.

a. Calcola quanti batteri compongono la colonia dopo 4 generazioni.
b. Determina in quanto tempo è avvenuta tale crescita.
c. Esprimi la legge di crescita in funzione del numero n di generazioni.
d. Calcola la velocità media di crescita (variazione del numero di cellule per unità di tempo).
e. Da quanti batteri sarà costituita la colonia dopo 4 ore?

TUTOR matematica Allenati con **15 esercizi interattivi** con feedback "hai sbagliato, perché..."
su.zanichelli.it/tutor3 risorsa riservata a chi ha acquistato l'edizione con tutor

CAPITOLO 9

LOGARITMI

1 Definizione di logaritmo

Esercizi a p. 419

Sappiamo che l'equazione esponenziale $a^x = b$, con $a > 0$, $a \neq 1$ e $b > 0$, ammette una e una sola soluzione. A tale valore si dà il nome di logaritmo in base a di b e si scrive: $x = \log_a b$.

Per esempio, la soluzione di $2^x = 7$ è $x = \log_2 7$.

Listen to it

The **logarithm** of a number to a given base is the exponent to which the base must be raised to get that number.

DEFINIZIONE

Dati due numeri reali positivi a e b, con $a \neq 1$, chiamiamo **logaritmo in base *a* di *b*** l'esponente x da assegnare alla base a per ottenere il numero b.

$\log_a b = x \leftrightarrow a^x = b$
$a > 0,\ a \neq 1,\ b > 0$

► Applica la definizione per calcolare:
$\log_2 512$; $\log_5 1$;
$\log_2 \frac{1}{256}$; $\log_3 \sqrt{27}$.

Il numero b viene detto **argomento** del logaritmo.

Dalla definizione possiamo osservare che il logaritmo permette di scrivere in modo diverso la relazione che esiste in una potenza fra base, esponente e risultato. Per esempio, le due scritture $5^2 = 25$ e $2 = \log_5 25$ sono equivalenti.

Dalla definizione, supponendo $a, b > 0$ e $a \neq 1$, otteniamo:

$\mathbf{\log_a 1 = 0}$, perché $a^0 = 1$;

$\mathbf{\log_a a = 1}$, perché $a^1 = a$;

$\mathbf{a^{\log_a b} = b}$, perché $\log_a b$ è l'esponente a cui elevare a per ottenere b.

Osserviamo poi che se due numeri positivi sono uguali, anche i loro logaritmi, rispetto a una stessa base, sono uguali e viceversa:

$$\mathbf{x = y \leftrightarrow \log_a x = \log_a y}.$$

Vale il seguente teorema.

TEOREMA

All'aumentare dell'argomento b (reale positivo), il logaritmo $\log_a b$:

- aumenta, se $a > 1$;
- diminuisce, se $0 < a < 1$.

ESEMPIO

Fissati i due argomenti 5 e 2, poiché $5 > 2$, risulta:

$\log_{10}5 > \log_{10}2$, perché la base 10 è maggiore di 1;

$\log_{\frac{1}{2}}5 < \log_{\frac{1}{2}}2$, perché la base $\frac{1}{2}$ è minore di 1.

Di solito, la base 10 si sottintende. Per esempio, $\log_{10}5$ si scrive $\log 5$.

2 Proprietà dei logaritmi

Esercizi a p. 422

Le proprietà fondamentali dei logaritmi sono tre, valide qualunque sia la base, purché positiva e diversa da 1, e si deducono dalle proprietà delle potenze.

Nei loro enunciati sottintendiamo che i logaritmi sono riferiti a una stessa base.

Logaritmo di un prodotto

Il logaritmo del prodotto di due numeri positivi è uguale alla *somma* dei logaritmi dei due fattori:

$$\log_a(b \cdot c) = \log_a b + \log_a c, \quad \text{con } b > 0, c > 0.$$

DIMOSTRAZIONE

Poniamo:

$x = \log_a b, \quad y = \log_a c.$

Per la definizione di logaritmo: $a^x = b, \quad a^y = c.$

Moltiplichiamo membro a membro le due uguaglianze:

$a^x \cdot a^y = b \cdot c,$ — prodotto di due potenze di ugual base

$a^{x+y} = b \cdot c,$ — definizione di logaritmo

$x + y = \log_a(b \cdot c),$ — sostituzione: $x = \log_a b$ e $y = \log_a c$

$\log_a b + \log_a c = \log_a(b \cdot c),$ — proprietà simmetrica dell'uguaglianza

$\log_a(b \cdot c) = \log_a b + \log_a c.$

Animazione

In questa animazione e nelle due successive trovi sia la dimostrazione sia l'esempio commentati passo passo.

ESEMPIO

Verifichiamo l'uguaglianza: $\log_2(8 \cdot 16) = \log_2 8 + \log_2 16.$

Primo membro: $\log_2(8 \cdot 16) = \log_2 128 = \log_2 2^7 = 7.$

Secondo membro: $\log_2 8 + \log_2 16 = \log_2 2^3 + \log_2 2^4 = 3 + 4 = 7.$

► Trasforma in un unico logaritmo:

$\log 18 + \log\frac{1}{3} + \log\frac{3}{2}.$

Logaritmo di un quoziente

Il logaritmo del quoziente di due numeri positivi è uguale alla *differenza* fra il logaritmo del dividendo e il logaritmo del divisore:

$$\log_a \frac{b}{c} = \log_a b - \log_a c, \quad \text{con } b > 0, c > 0.$$

DIMOSTRAZIONE Animazione

Poniamo $x = \log_a b$ e $y = \log_a c$ e dalle uguaglianze $a^x = b$ e $a^y = c$, dividendo membro a membro, otteniamo:

$\frac{a^x}{a^y} = \frac{b}{c}$, quoziente di due potenze di ugual base

$a^{x-y} = \frac{b}{c}$, definizione di logaritmo

$x - y = \log_a \frac{b}{c}$, sostituzione: $x = \log_a b$ e $y = \log_a c$

$\log_a b - \log_a c = \log_a \frac{b}{c}$, proprietà simmetrica dell'uguaglianza

$\log_a \frac{b}{c} = \log_a b - \log_a c$.

ESEMPIO

Verifichiamo l'uguaglianza: $\log_3 \frac{729}{9} = \log_3 729 - \log_3 9$.

Primo membro: $\log_3 \frac{729}{9} = \log_3 81 = \log_3 3^4 = 4$.

Secondo membro: $\log_3 729 - \log_3 9 = \log_3 3^6 - \log_3 3^2 = 6 - 2 = 4$.

► Trasforma in un unico logaritmo

$\log 128 - \log 32$.

Logaritmo di una potenza

Il logaritmo della potenza di un numero positivo elevato a un esponente reale è uguale al prodotto di quell'esponente per il logaritmo del numero positivo:

$$\boldsymbol{\log_a b^n = n \cdot \log_a b}, \quad \text{con } b > 0,\ n \in \mathbb{R}.$$

DIMOSTRAZIONE Animazione

Data l'uguaglianza $a^x = b$, elevando a n i due membri, otteniamo:

$(a^x)^n = b^n$, potenza di una potenza

$a^{nx} = b^n$, definizione di logaritmo

$nx = \log_a b^n$, sostituzione: $x = \log_a b$

$n \log_a b = \log_a b^n$, proprietà simmetrica dell'uguaglianza

$\log_a b^n = n \log_a b$.

ESEMPIO

Verifichiamo l'uguaglianza: $\log_3 9^4 = 4 \cdot \log_3 9$.

Primo membro: $\log_3 9^4 = \log_3 (3^2)^4 = \log_3 3^8 = 8$.

Secondo membro: $4 \cdot \log_3 9 = 4 \log_3 3^2 = 4 \cdot 2 = 8$.

► Applica la proprietà del logaritmo di una potenza per trasformare

$\log 1296$; $\log(7^4 \cdot 16)$.

Un caso particolare

Poiché $\sqrt[n]{b} = b^{\frac{1}{n}}$, applichiamo la terza proprietà dei logaritmi anche per il logaritmo di una radice:

$$\boldsymbol{\log_a \sqrt[n]{b} = \frac{1}{n} \log_a b}, \quad \text{con } b > 0.$$

ESEMPIO

$\log \sqrt{6} = \frac{1}{2} \log 6$, perché $\sqrt{6} = 6^{\frac{1}{2}}$.

Formula del cambiamento di base

Come calcolare i logaritmi usando le calcolatrici

Le calcolatrici sono spesso costruite per calcolare i logaritmi in due sole basi: la base 10 e la base $e = 2{,}71828\ldots$, cioè il **numero di Nepero**.

Per distinguere i logaritmi nelle due basi si usano le seguenti notazioni:

log *x* indica il $\log_{10} x$, **logaritmo decimale**;

ln *x* indica il $\log_e x$, **logaritmo naturale** o **neperiano**.

Vediamo come utilizzare la calcolatrice per calcolare il logaritmo in una base diversa dalle precedenti.

MATEMATICA INTORNO A NOI

Logaritmi e fotografia In fotografia, si chiama esposizione la quantità di luce che raggiunge l'elemento sensibile (sensore elettronico o pellicola) durante lo scatto di una fotografia. Per confrontare diverse impostazioni di esposizione, i fotografi usano il concetto di *stop*. Aumentare l'esposizione di uno stop significa far entrare il doppio della luce (2^1); aumentare di 2 stop significa averne 4 volte in più (2^2); abbassare di 4 stop significa avere un sedicesimo della luce (2^{-4}) e così via. Muovendosi lungo la scala in su o in giù di passo, la grandezza raddoppia o si dimezza. Questa è una scala logaritmica.

► Per regolare l'esposizione, un fotografo può scegliere il tempo di esposizione, l'apertura del diaframma e la sensibilità, utilizzando specifiche scale disponibili sulla macchina fotografica. In tutti e tre i casi, si ha a che fare con i logaritmi?

Cerca nel Web: diaframma, tempi di esposizione, ISO

ESEMPIO

Calcoliamo $\log_3 14$ utilizzando i logaritmi decimali.

Poniamo $x = \log_3 14$:

$3^x = 14$, per la definizione di logaritmo.

Calcoliamo il logaritmo in base 10 dei due membri:

$\log 3^x = \log 14$.

Per la proprietà del logaritmo di una potenza,

$x \cdot \log 3 = \log 14$,

da cui, essendo $\log 3 \neq 0$, ricaviamo:

$$x = \frac{\log 14}{\log 3}.$$

Abbiamo così trasformato il logaritmo in base 3 nel quoziente di due logaritmi in base 10. Ora possiamo calcolare il valore *approssimato* di x, determinando con la calcolatrice il valore di $\log 14$ e quello di $\log 3$:

$$x = \frac{\log 14}{\log 3} \simeq \frac{1{,}146128}{0{,}477121} \simeq 2{,}402.$$

Animazione

Nell'animazione, oltre all'esempio, c'è la generalizzazione del procedimento.

Video

Calcolo approssimato dei logaritmi

► Come possiamo calcolare log 2 senza calcolatrice?

► E log 2000?

Formula del cambiamento di base

Generalizzando l'esempio precedente, otteniamo la seguente proprietà.

Cambiamento di base nei logaritmi

$$\log_a b = \frac{\log_c b}{\log_c a}, \quad \text{con } a > 0, b > 0, c > 0, a \neq 1, c \neq 1.$$

TEORIA

Possiamo anche scrivere la formula del cambiamento di base così:

$$\log_a b = \frac{\log_c b}{\log_c a} = \frac{1}{\log_c a} \cdot \log_c b.$$

$\frac{1}{\log_c a}$ è detto **modulo di trasformazione** per il passaggio da base c a base a.

Per esempio, il modulo di trasformazione è

$\frac{1}{\log 2} \simeq 3{,}32193$, per passare da base 10 a base 2;

$\frac{1}{\log e} \simeq 2{,}30259$, per passare da base 10 a base e.

▶ Trasforma i seguenti logaritmi in base 10:

$\log_3 10$; $\log_5 7$; $\log_6 24$.

3 Funzione logaritmica

▶ Esercizi a p. 425

DEFINIZIONE

Una **funzione logaritmica** è del tipo:

$y = \log_a x$, con $a > 0$ e $a \neq 1$.

Poiché l'argomento del logaritmo deve essere positivo, il dominio della funzione è $\mathbb{R}^+$.

Grafico della funzione logaritmica

Deduciamo il grafico della funzione logaritmica da quello della funzione esponenziale. La funzione $y = a^x$ è una funzione biunivoca da $\mathbb{R}$ a $\mathbb{R}^+$, quindi è invertibile. Ricaviamo x in funzione di y. Applicando la definizione di logaritmo, otteniamo: $x = \log_a y$. Pertanto, la funzione logaritmo è la funzione inversa della funzione esponenziale. I grafici delle due funzioni sono simmetrici rispetto alla bisettrice del primo e terzo quadrante.

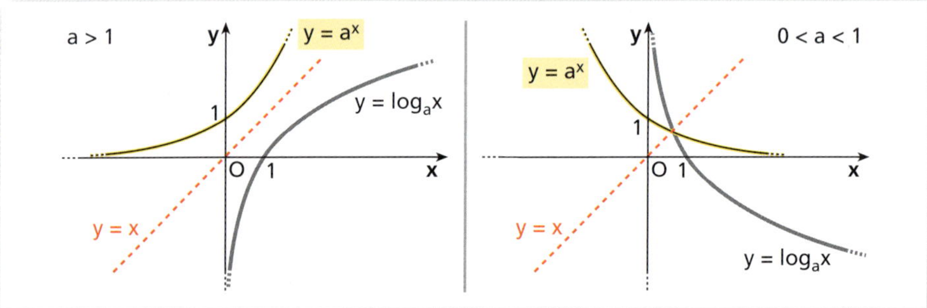

MATEMATICA E ASTRONOMIA

Quanto brillano le stelle? La magnitudine è la misura della quantità di luce che ci arriva da un corpo celeste (stelle, nebulose, galassie…) Dipende da tanti fattori, tra cui la temperatura, la distanza e la grandezza della stella. Gli antichi Greci dividevano le stelle visibili a occhio nudo in sei magnitudini. Nell'Ottocento si passò a una scala logaritmica.

▶ Scopri di più.

Cerca nel Web: Pogson, magnitudine assoluta, magnitudine apparente

Proprietà della funzione logaritmica

Osservando i grafici che seguono e tenendo conto che la funzione logaritmica è l'inversa di quella esponenziale, concludiamo che $y = \log_a x$, sia per $a > 1$ sia per $0 < a < 1$:

- ha dominio $\mathbb{R}^+$, come già detto, e codominio $\mathbb{R}$;
- è una funzione biunivoca, sempre crescente se $a > 1$, sempre decrescente se $0 < a < 1$;
- il grafico interseca l'asse x in $(1; 0)$.

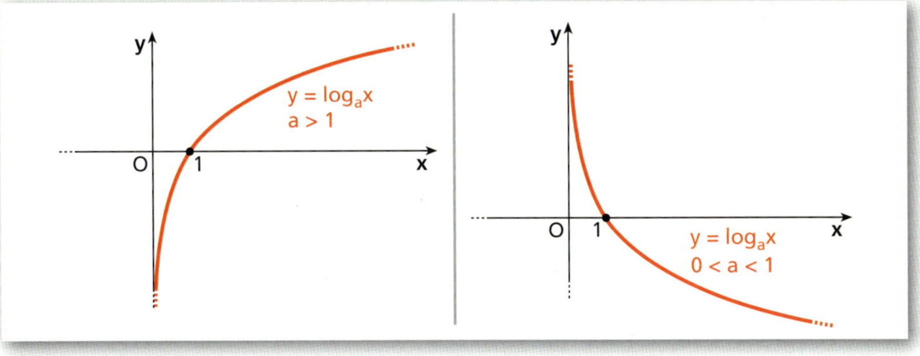

4 Equazioni logaritmiche

Esercizi a p. 429

DEFINIZIONE

Un'**equazione logaritmica** ha l'incognita che compare nell'argomento di almeno un logaritmo.

Listen to it

A **logarithmic equation** contains at least one logarithm whose argument is unknown.

Tra le equazioni logaritmiche, consideriamo quelle che possiamo scrivere nella forma:

$$\log_a A(x) = \log_a B(x),$$

dove con $A(x)$ e $B(x)$ indichiamo due funzioni dell'incognita x.
Per le condizioni di esistenza dei logaritmi deve essere: $A(x) > 0$ e $B(x) > 0$.
Dal momento che

$$A(x) = B(x) \quad \leftrightarrow \quad \log_a A(x) = \log_a B(x),$$

per risolvere l'equazione è sufficiente cercare le soluzioni di $A(x) = B(x)$ e controllare successivamente se queste soddisfano le condizioni di esistenza.

ESEMPIO

Risolviamo l'equazione

$$\log x + \log(x+3) = \log 2 + \log(2x+3).$$

Scriviamo le condizioni di esistenza imponendo che ciascun logaritmo presente nell'equazione abbia argomento maggiore di 0. Otteniamo il sistema:

$$\begin{cases} x > 0 \\ x+3 > 0 \\ 2x+3 > 0 \end{cases} \rightarrow \begin{cases} x > 0 \\ x > -3 \\ x > -\dfrac{3}{2} \end{cases} \rightarrow \quad x > 0, \text{ cioè C.E.: } x > 0.$$

Applichiamo la proprietà del logaritmo di un prodotto:

$$\log[x(x+3)] = \log[2(2x+3)].$$

Passiamo all'uguaglianza degli argomenti:

$$x(x+3) = 2(2x+3) \rightarrow x^2 + 3x = 4x + 6 \rightarrow x^2 - x - 6 = 0 \rightarrow$$

$$x_1 = -2,\ x_2 = 3.$$

Il valore -2 non soddisfa la condizione di esistenza posta ($x > 0$), soddisfatta invece da 3, che quindi è l'unica soluzione dell'equazione logaritmica.

Animazione

Nella stessa animazione trovi lo svolgimento commentato di questo esempio e del successivo.

▶ Risolvi l'equazione:
$\log(x-2) - \log(2x-5) = 0.$
$[x = 3]$

TEORIA

A volte, è utile servirsi di un'incognita ausiliaria.

ESEMPIO Animazione

Risolviamo l'equazione $(\log_3 x)^2 - 2\log_3 x - 3 = 0$.

La condizione di esistenza del logaritmo è $x > 0$.

Poniamo $\log_3 x = t$ e sostituiamo:

$$t^2 - 2t - 3 = 0 \rightarrow t = 1 \pm \sqrt{1+3} = \begin{cases} 3, \\ -1, \end{cases}$$

da cui $\log_3 x = -1 \rightarrow x_1 = \frac{1}{3}$, $\log_3 x = 3 \rightarrow x_2 = 27$, entrambe soluzioni accettabili perché soddisfano la condizione di esistenza.

► Risolvi l'equazione: $(\log_5 x)^2 + 4\log_5 x + 3 = 0$. $\left[x = \frac{1}{5}; x = \frac{1}{125}\right]$

Negli esercizi vedremo anche come risolvere un'equazione logaritmica con metodo grafico.

5 Disequazioni logaritmiche

|► Esercizi a p. 433

Consideriamo le disequazioni logaritmiche che possiamo scrivere nella forma

$$\log_a A(x) < \log_a B(x),$$

o nelle forme analoghe con gli altri segni di disuguaglianza.

Per passare da una disequazione di questo tipo a una riguardante gli argomenti $A(x)$ e $B(x)$, dobbiamo ricordare il comportamento della funzione logaritmica:

- per $a > 1$, $\quad \log_a b < \log_a c \leftrightarrow b < c$;
- per $0 < a < 1$, $\quad \log_a b < \log_a c \leftrightarrow b > c$;

con $b, c > 0$.

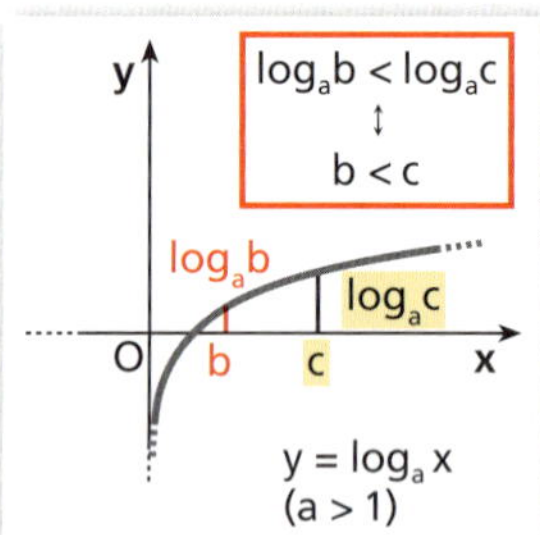

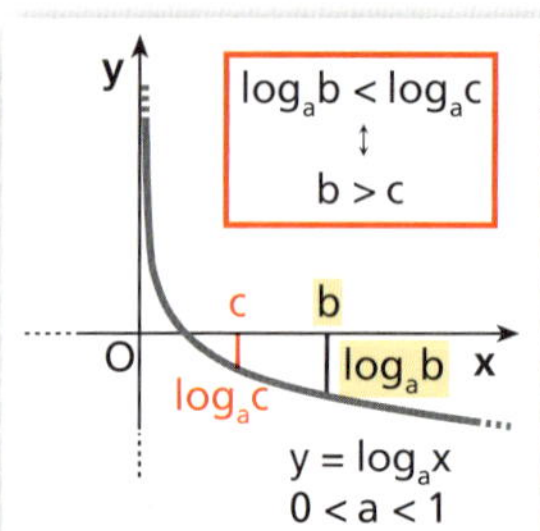

Animazione

Nell'animazione osserva, mediante i grafici, il collegamento con il comportamento della funzione logaritmica.

Le soluzioni di una disequazione logaritmica del tipo considerato si ottengono risolvendo il sistema formato da:

- le condizioni di esistenza della disequazione;
- la disequazione che si ottiene dalla disuguaglianza degli argomenti.

ESEMPIO

1. Risolviamo la disequazione

$$\log_5 (x-1) < 2.$$

Per la definizione di logaritmo, scriviamo: $2 = \log_5 25$, perché $5^2 = 25$.

La disequazione può essere scritta:

$$\log_5 (x-1) < \log_5 25.$$

Risolviamo il sistema.

$$\begin{cases} x - 1 > 0 & \text{condizione di esistenza} \\ x - 1 < 25 & \text{disuguaglianza fra gli argomenti, con lo stesso verso di quella fra i logaritmi (base maggiore di 1)} \end{cases}$$

$$\begin{cases} x > 1 \\ x < 26 \end{cases}$$

► Trova i valori per cui $\log_3(x+2) \geq 0$. $[x \geq -1]$

Le soluzioni della disequazione logaritmica sono: $1 < x < 26$.

2. Risolviamo la disequazione $\log_{\frac{1}{3}}(x-4) > \log_{\frac{1}{3}} 5x$.

È equivalente al seguente sistema.

$$\begin{cases} x-4>0 & \text{condizione di esistenza del primo logaritmo} \\ 5x>0 & \text{condizione di esistenza del secondo logaritmo} \\ x-4<5x & \text{disuguaglianza fra gli argomenti, di verso contrario a quella fra i logaritmi (base compresa fra 0 e 1)} \end{cases}$$

$$\begin{cases} x>4 \\ x>0 \\ -4x<4 \end{cases} \rightarrow \begin{cases} x>4 \\ x>0 \\ x>-1 \end{cases} \rightarrow x>4$$

Le soluzioni della disequazione logaritmica sono: $x > 4$.

► Risolvi la disequazione:

$$\frac{3}{\log_2 x} \geq \log_2 x + 2,$$

utilizzando un'incognita ausiliaria.

Animazione

6 Logaritmi ed equazioni e disequazioni esponenziali

Equazioni esponenziali risolubili con i logaritmi

► Esercizi a p. 438

Alcuni tipi di equazioni esponenziali si possono risolvere con i logaritmi.

ESEMPIO

Risolviamo l'equazione $7 \cdot 5^{2x} = 3^{x+1}$.

Poiché i due membri dell'equazione sono positivi, applichiamo il logaritmo in base 10 e otteniamo un'equazione equivalente:

$$\log(7 \cdot 5^{2x}) = \log 3^{x+1} \rightarrow \log 7 + 2x \log 5 = (x+1)\log 3.$$

L'equazione ottenuta è di primo grado nell'incognita x.

$$2x\log 5 - x\log 3 = \log 3 - \log 7 \rightarrow x(2\log 5 - \log 3) = \log 3 - \log 7 \rightarrow$$

$$x = \frac{\log 3 - \log 7}{2\log 5 - \log 3}$$

Animazione

Nell'animazione, oltre a quella dell'esempio, ti proponiamo di risolvere questa equazione:

$2^x + 2^{x+1} + 2^{x-1} = 15$.

Disequazioni esponenziali risolubili con i logaritmi

► Esercizi a p. 440

I logaritmi sono utili anche per risolvere disequazioni esponenziali.

ESEMPIO Animazione

Risolviamo $3 \cdot 2^x > 4 \cdot 3^{x+1}$.

Applichiamo una proprietà delle potenze e semplifichiamo:

$$3 \cdot 2^x > 4 \cdot 3^{x+1} \rightarrow 3 \cdot 2^x > 4 \cdot 3^x \cdot 3 \rightarrow 2^x > 4 \cdot 3^x.$$

Applichiamo i logaritmi ai due membri,

$$2^x > 4 \cdot 3^x \rightarrow \log 2^x > \log(4 \cdot 3^x),$$

▶ Risolvi la disequazione:
$\frac{6^{x-3}}{4} < 2 \cdot 5^{3x}$.

tenendo presente che la disuguaglianza fra i logaritmi ha lo stesso verso di quella fra gli argomenti, perché la base 10 è maggiore di 1. Utilizziamo le proprietà dei logaritmi:

$$\log 2^x > \log(4 \cdot 3^x) \to x\log 2 > \log 4 + x\log 3 \to x(\log 2 - \log 3) > \log 4.$$

Dividiamo per $\log 2 - \log 3$; poiché è un numero negativo, cambiamo il verso:

$$x < \frac{\log 4}{\log 2 - \log 3}.$$

7 Coordinate logaritmiche e semilogaritmiche

▶ Esercizi a p. 444

I logaritmi, grazie alle proprietà di cui godono, hanno varie applicazioni in diversi ambiti delle scienze, in particolare nella rappresentazione di funzioni in cui i valori delle variabili appartengono a intervalli molto grandi. Per esempio, l'intervallo in cui variano le frequenze dei suoni udibili va da 20 hertz a 20 000 hertz.

Fissata l'origine 0 e un'unità di misura su una semiretta orientata, rappresentiamo le potenze di 10, associandole ai valori dei loro logaritmi:

$$\log 1 = 0,\ \log 10 = 1,\ \log 100 = 2,\ \log 1000 = 3,\ \ldots$$

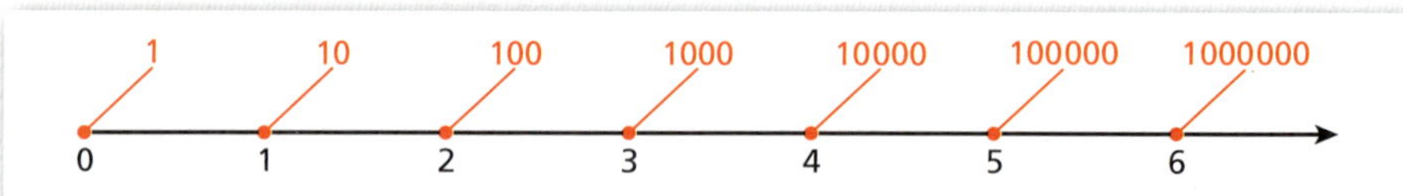

Notiamo che, se utilizziamo questa **scala logaritmica**, le distanze 1-10, 10-100, 100-1000… sono uguali, pur essendo gli intervalli fra 1, 10, 100, 1000… sempre più grandi. Questo permette di rappresentare valori molto lontani fra loro in uno stesso grafico. Vediamo come costruire coordinate nel piano che si basino su scale logaritmiche.

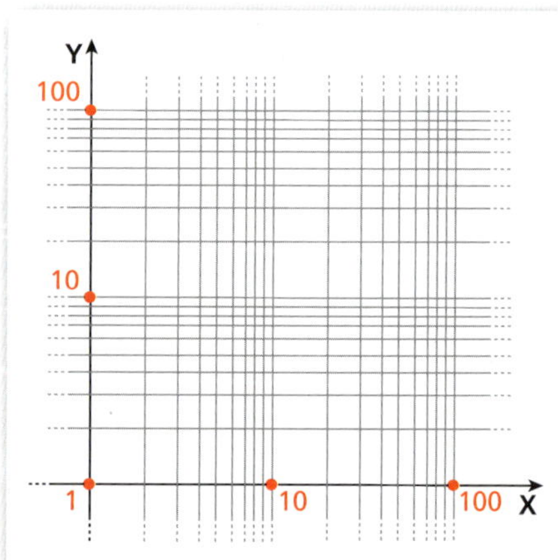

Fissata una base b, definiamo, in funzione delle coordinate cartesiane x, y, due nuove coordinate, dette **coordinate logaritmiche**:

$$Y = \log_b y \quad \text{e} \quad X = \log_b x.$$

Riportando le nuove coordinate su un sistema di assi, otteniamo, analogamente a quanto fatto per il piano cartesiano, il **piano logaritmico**, dove ogni punto è rappresentato dalla coppia $(\log_b x; \log_b y)$.

L'origine degli assi logaritmici, cioè il punto di coordinate logaritmiche (0; 0), è corrispondente al punto (1; 1) in coordinate cartesiane. L'intero piano logaritmico corrisponde al primo quadrante del piano cartesiano.
Nella figura abbiamo segnato in rosso anche i punti sugli assi corrispondenti a 10

MATEMATICA INTORNO A NOI

Logaritmi e decibel
Il campo di udibilità è un intervallo di intensità sonore il cui limite inferiore (soglia del silenzio) vale 10^{-12} watt/metro^2 (W/m^2) e corrisponde al rumore di una zanzara a 3 m di distanza.
Il limite superiore (soglia del dolore) vale 1 W/m^2.
Il campo di udibilità occupa dunque 12 ordini di grandezza ed è comodo rappresentarlo con una scala logaritmica; in questa scala l'unità di misura è il decibel (simbolo dB).

▶ Che relazione c'è tra il livello di intensità percepita e l'intensità effettiva di un suono?

Cerca nel Web: livello di intensità sonora, decibel

e a 100. Le linee orizzontali e verticali partono dai punti corrispondenti a 2, 3, 4..., fra 1 e 10, e corrispondenti a 20, 30, 40..., fra 10 e 100.
Il piano logaritmico è particolarmente utile quando si devono rappresentare funzioni definite da equazioni del tipo $x^m y^n = a$.

ESEMPIO

Consideriamo la funzione di equazione $xy = 1$, con $x > 0$, che nel piano cartesiano ha per grafico un ramo di iperbole equilatera. Costruiamo le coordinate logaritmiche.

Fissiamo, per esempio, la base $b = 10$. Isoliamo y, applichiamo il logaritmo in base 10 ai due membri dell'uguaglianza e riscriviamo quanto ottenuto utilizzando le nuove coordinate X, Y:

$$xy = 1, \text{con } x > 0 \to y = \frac{1}{x} \to y = x^{-1} \to \log_{10} y = -\log_{10} x \to Y = -X.$$

Nel piano logaritmico, la funzione data è dunque rappresentata da una retta.

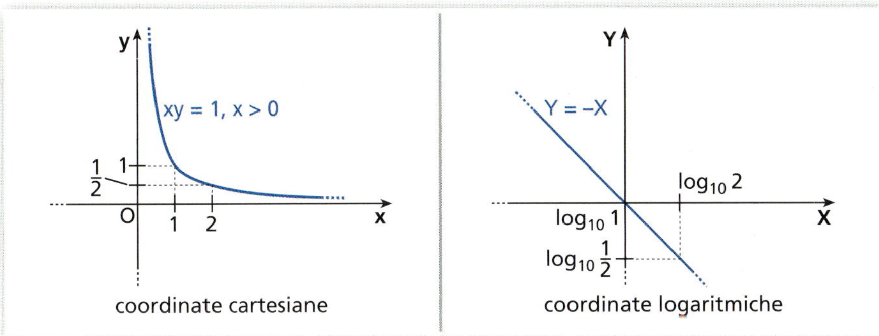

In alcuni casi è più conveniente utilizzare un sistema misto di coordinate cartesiane e logaritmiche, dette **semilogaritmiche**.

ESEMPIO

Consideriamo la funzione $y = 5^x$ che, nel piano cartesiano usuale, ha come grafico una curva esponenziale.
Fissiamo la base $b = 5$ e applichiamo il logaritmo in base 5 ai due membri:

$$y = 5^x \to \log_5 y = \log_5 5^x \to \log_5 y = x \log_5 5 \to \log_5 y = x.$$

Se rappresentiamo sull'asse delle ascisse la coordinata cartesiana x e sull'asse delle ordinate la coordinata logaritmica $Y = \log_5 y$, la funzione data ha per grafico la retta di equazione $Y = x$.

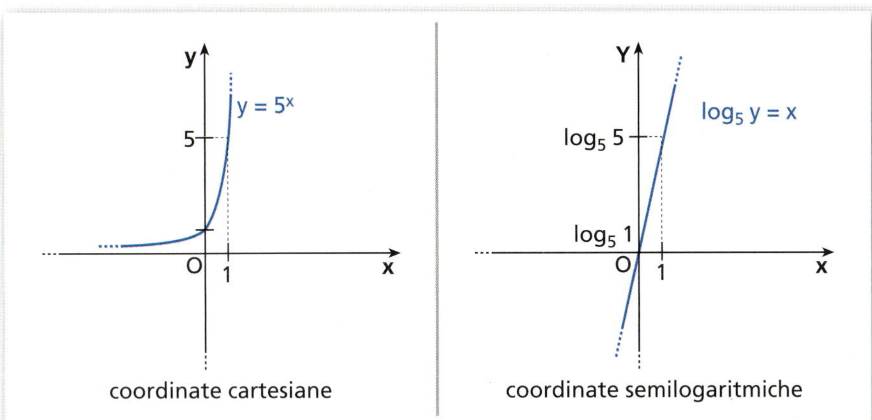

Video

Logaritmi e decibel
L'intensità di un suono si misura in decibel, una scala di misura logaritmica.
► Come funziona?
► Perché si usa questa scala?

MATEMATICA INTORNO A NOI

Quando la Terra trema Per misurare l'intensità di un terremoto i sismologi usano delle scale logaritmiche.

► Approfondisci l'argomento.

Cerca nel Web: scala Richter, scala di magnitudo del momento sismico

IN SINTESI
Logaritmi

Definizione di logaritmo

- **Logaritmo in base a di b**: dati due numeri reali positivi a e b, con $a \neq 1$, è l'esponente da assegnare ad a per ottenere b.

$$\log_a b = x \leftrightarrow a^x = b$$

- **Proprietà**: $a^{\log_a b} = b$; $x = y \leftrightarrow \log_a x = \log_a y$ $(x > 0, y > 0)$.

Proprietà dei logaritmi

- **1. Logaritmo di un prodotto**:
  $\log_a(b \cdot c) = \log_a b + \log_a c \ (b > 0, c > 0)$.

  2. Logaritmo di un quoziente:
  $\log_a\left(\frac{b}{c}\right) = \log_a b - \log_a c \ (b > 0, c > 0)$.

  3. Logaritmo di una potenza:
  $\log_a b^n = n \cdot \log_a b \ (b > 0, n \in \mathbb{R})$.

- **Passaggio di base**: $\log_a b = \dfrac{\log_c b}{\log_c a}$,
  con $a \neq 1, c \neq 1, a > 0, b > 0, c > 0$.

Funzione logaritmica

È una funzione da $\mathbb{R}^+$ a $\mathbb{R}$ del tipo $y = \log_a x$, con $a \in \mathbb{R}^+$ e $a \neq 1$.

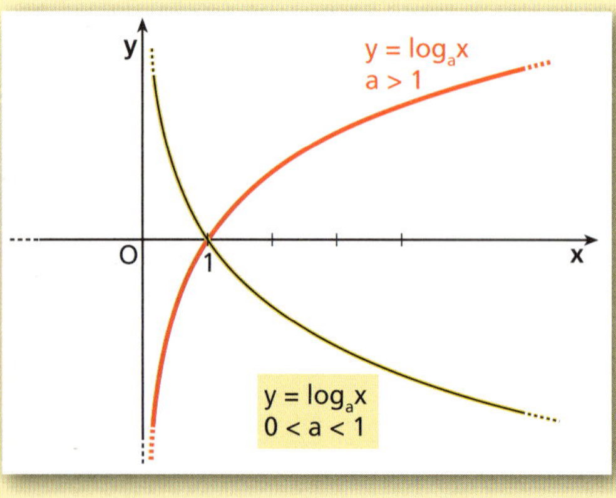

Equazioni logaritmiche

L'incognita compare nell'argomento di almeno un logaritmo.

ESEMPIO: $\log(x - 7) = 1$
Risoluzione
C.E.: $x - 7 > 0 \rightarrow x > 7$;
$\log(x - 7) = \log 10$;
$x - 7 = 10 \rightarrow x = 17$;
$17 > 7 \rightarrow 17$ è soluzione accettabile.

Disequazioni logaritmiche

- Fra le **disequazioni logaritmiche** consideriamo quelle del tipo: $\log_a A(x) < \log_a B(x)$.
- **Risoluzione.**
  Teniamo presente che:
  - per $a > 1$, se $\log_a b < \log_a c$, allora $b < c$;
  - per $0 < a < 1$, se $\log_a b < \log_a c$, allora $b > c$;

  e risolviamo il sistema formato da:
  - le condizioni di esistenza della disequazione;
  - la disequazione che si ottiene dalla disuguaglianza degli argomenti.

Logaritmi ed equazioni e disequazioni esponenziali

Alcune equazioni e disequazioni esponenziali si possono risolvere mediante i logaritmi.

ESEMPIO: $2 \cdot 6^x = 5 \rightarrow \log 2 + x \log 6 = \log 5 \rightarrow$
$x = \dfrac{\log 5 - \log 2}{\log 6}$.

Coordinate logaritmiche e semilogaritmiche

Se utilizziamo le coordinate logaritmiche $(\log_b x; \log_b y)$ o semilogaritmiche $(\log_b x; y)$ oppure $(x; \log_b y)$, i grafici di alcune funzioni non lineari (per esempio, le potenze o gli esponenziali) sono delle rette.

CAPITOLO 9

ESERCIZI

1 Definizione di logaritmo

Teoria a p. 408

RIFLETTI SULLA TEORIA

1 Considera la definizione di logaritmo e, aiutandoti anche con esempi, spiega perché:

a. non esistono i logaritmi di numeri negativi;

b. la base di un logaritmo deve essere diversa da 1.

2 Ognuna delle seguenti scritture non è corretta. Perché?

a. $\log_4 0 = 1$

b. $\log_{-2} 1 = 0$

c. $\log_3 (-3)^3 = -3$

d. $\log_1 8 = 8$

e. $\log_0 1 = 0$

3 **TEST** Dato $\log_a b = c$:

A b può essere negativo.

B c è sempre positivo.

C a deve essere maggiore o uguale a 0.

D c può assumere qualunque valore reale.

E a può essere 1.

VERO O FALSO?

4

a. Se $3^x = 11$, allora $x = \log_{11} 3$. V F

b. Se $\log_9 a = -2$, allora $a = (-2)^9$. V F

c. $2^{-\frac{1}{3}} = x$ è equivalente a $\log_2 x = -\frac{1}{3}$. V F

d. $\log_{-2}(-8) = 3$ perché $(-2)^3 = -8$. V F

5

a. $\log_2 \left(\frac{1}{2}\right)^{-3} = 3$. V F

b. $\log_a 1 = 0, \quad \forall a \in \mathbb{R}$. V F

c. $\log_{\frac{2}{3}} \frac{2}{3} = 1$. V F

d. $\log_x x = 1, \quad \forall x \in \mathbb{R}$. V F

Riscrivi, usando i logaritmi, le seguenti uguaglianze.

6 $2^5 = 32$; $3^4 = 81$; $5^2 = 25$.

7 $7^x = 2$; $a^4 = 6$; $2^9 = b$.

8 $3^{\frac{1}{2}} = \sqrt{3}$; $10^0 = 1$; $\left(\frac{1}{2}\right)^{-2} = 4$.

9 $6^{-5} = b$; $a^{-2} = 8$; $3^x = \frac{1}{9}$.

Riscrivi, usando le potenze, le seguenti uguaglianze.

10 $\log_7 49 = 2$; $\log_{11} 121 = 2$; $\log_{10} 10\,000 = 4$; $\log_5 \sqrt{5} = \frac{1}{2}$.

11 $\log_a 3 = 7$; $\log_2 b = -\frac{1}{2}$; $\log_5 3 = x$; $\log_2 a = -5$.

12 Fra i seguenti logaritmi elimina quelli privi di significato e spiega il motivo della scelta.

a. $\log_3(-3)$; $\log_2 82$; $\log_2(-1)$; $\log_3 0{,}6$; $\log_5 5$; $\log_{-2}(-8)$.

b. $\log_2(-2)$; $\log_{11}(-0{,}01)$; $\log_1 100$; $\log_5 0$; $\log_8 10$; $\log_{\sqrt{3}} 3$.

13 **ESERCIZIO GUIDA** Calcoliamo $\log_2(4 \cdot \sqrt[3]{2})$ applicando la definizione di logaritmo.

$x = \log_2(4 \cdot \sqrt[3]{2})$ è equivalente a $2^x = 4 \cdot \sqrt[3]{2} \rightarrow 2^x = 2^2 \cdot 2^{\frac{1}{3}} \rightarrow 2^x = 2^{\frac{7}{3}} \rightarrow x = \frac{7}{3}$.

prima proprietà delle potenze

Quindi $\log_2(4 \cdot \sqrt[3]{2}) = \frac{7}{3}$.

ESERCIZI

Calcola i seguenti logaritmi applicando la definizione.

14 $\log_{\frac{1}{2}} \frac{1}{2}$; $\log_{10} 10$.

15 $\log_2 1$; $\log_2 2$.

16 $\log_3 243$; $\log_2 64$.

17 $\log_3 27$; $\log_5 25$.

18 $\log_2 16$; $\log_3 9$.

19 $\log_5 125$; $\log_7 49$.

20 $\log 100$; $\log 1000$.

21 $\log_{11} 121$; $\log_7 343$.

22 $\log_3 \frac{1}{9}\sqrt{3}$; $\log_2 \frac{1}{16}$.

23 $\log_5 0{,}04$; $\log_{745} 1$.

24 $\log_2 \frac{4}{\sqrt{2}}$; $\log_3(3 \cdot \sqrt[4]{3})$.

25 $\log_2 \frac{\sqrt[5]{4}}{2}$; $\log_6(6 \cdot \sqrt[3]{6})$.

26 $\log_7(7\sqrt{7})$; $\log_3 \frac{1}{\sqrt{3}}$.

27 $\log_2(\sqrt{2} \cdot \sqrt[4]{2})$; $\log \frac{1}{\sqrt[13]{10}}$.

28 $\log_5 \sqrt[5]{5}$; $\log_{\frac{1}{2}} \frac{\sqrt{2}}{2}$.

29 $\log_3 \frac{3 \cdot \sqrt{3}}{\sqrt[3]{9}}$; $\log_5\left(0{,}2\frac{\sqrt{5}}{5}\right)$.

30 $\log_3(27 \cdot \sqrt{3})$; $\log_4 \frac{1}{2}$.

31 $\log_{25} \frac{5}{\sqrt[3]{5}}$; $\log_8 \sqrt[117]{4}$.

32 $\log_{625} \frac{\sqrt[3]{5}}{25}$; $\log_{16} \frac{2}{\sqrt[7]{2}}$.

33 $\log(1000 \cdot \sqrt[8]{10})$; $\log_{49} \sqrt[5]{\frac{1}{7}}$.

34 $\log_{\sqrt{2}} 1$; $\log_{\sqrt{2}} 256$.

35 $\log_{2\sqrt{2}} 2$; $\log_{0,1} 10$.

36 $\log_{\frac{4}{9}} \frac{27}{8}$; $\log_{\sqrt[3]{9}} \sqrt[4]{27}$.

37 $\log_{32} \sqrt[5]{8}$; $\log_{\frac{4}{3}} \frac{64}{27}$.

38 $\log_a a$; $\log_{2a}(4a^2)$.

39 $\log_{\sqrt{a}} a^3$; $\log_a(a\sqrt{a})$.

40 ESERCIZIO GUIDA Data l'uguaglianza $\log_5 b = 2$, calcoliamo il valore di b applicando la definizione di logaritmo.

$\log_5 b = 2$ è equivalente a $5^2 = b$.

Quindi $b = 25$.

Calcola il valore dell'argomento *b*, usando la definizione di logaritmo.

41 $\log_2 b = 1$; $\log_3 b = 4$.

42 $\log_3 b = -1$; $\log_2 b = -1$.

43 $\log_2 b = -2$; $\log_5 b = -2$.

44 $\log_2 b = \frac{1}{2}$; $\log_3 b = \frac{1}{4}$.

45 $\log_4 b = \frac{1}{2}$; $\log_5 b = \frac{1}{3}$.

46 $\log_3 b = 0$; $\log_{0,4} b = 1$.

47 $\log_5 b = -\frac{1}{3}$; $\log_{32} b = -\frac{1}{4}$.

48 $\log_4 b = -2$; $\log_{\frac{2}{3}} b = -\frac{1}{2}$.

49 $\log_{\frac{1}{2}} b = -2$; $\log_5 b = -\frac{2}{5}$.

50 $\log b = 2$; $\log(1-b) = -1$.

51 ESERCIZIO GUIDA Data l'uguaglianza $\log_a 16 = 2$, calcoliamo la base a.

Applichiamo la definizione di logaritmo: $a^2 = 16 \rightarrow a = \pm 4$.

La base di un logaritmo può essere solo positiva e diversa da 1, quindi $a = 4$.

$\log_a b = x \leftrightarrow a^x = b$
$a > 0, a \neq 1, b > 0$

Calcola il valore della base *a* usando la definizione di logaritmo.

52 $\log_a 9 = 2;$ $\log_a 125 = 3.$

53 $\log_a 100 = 2;$ $\log_a 2 = 1.$

54 $\log_a \frac{1}{4} = 2;$ $\log_a \frac{16}{81} = 4.$

55 $\log_a \frac{1}{4} = -2;$ $\log_a \frac{8}{27} = -3.$

56 $\log_a \frac{1}{81} = -4;$ $\log_a \frac{4}{5} = -1.$

57 $\log_a 5 = 1;$ $\log_a 100 = -2.$

58 $\log_a 4 = -2;$ $\log_a \frac{1}{49} = -2.$

59 $\log_a 5 = -1;$ $\log_a 3 = -2.$

60 $\log_a 4 = \frac{1}{2};$ $\log_a \frac{1}{2} = -2.$

61 $\log_a 5 = -2;$ $\log_a 64 = 5.$

62 $\log_a \frac{1}{100} = -2;$ $\log_a 6 = 36.$

63 $\log_a 7 = -\frac{1}{2};$ $\log_a 4 = \frac{1}{3}.$

64 $\log_a (2a-3) = 1;$ $\log_a (2\sqrt{a} - 2) = \frac{1}{2}.$

---

65 Calcola: $5^{\log_5 3};$ $10^{\log 2};$ $3^{\log_3 \frac{1}{3}} - \log_3 1;$ $2^{\log_2 7} - 10^{\log 5}.$

$a^{\log_a b} = b$

---

66 VERO O FALSO?

a. $2^{\log_2 3} = \log_3 2$ V F

b. $7^{\log_{10} 7} = 10$ V F

c. $9^{\log_9 \sqrt{3}} = \sqrt{3}$ V F

d. $5^{-\log_5 2} = \frac{1}{2}$ V F

e. $\log_2 (6^{\log_6 2}) = 1$ V F

f. $3^{2\log_3 5} = 25$ V F

COMPLETA

67
a. $7^{\log_{\square} 2} = 2$
b. $\log_{\square} 9 = -2$
c. $\log_2 \square = 0$
d. $\log_5 (2^{\log_2 \square}) = 2$
e. $\log_7 \square + \log_4 1 = 1$

68
a. $\log_{\square} (3^{\log_3 10}) = 1$
b. $\log_6 6 - \log_6 \square = 1$
c. $\log_3 \square + \log_3 3 = 3$
d. $5^{2\log_5 2} = \square$
e. $\square^{\log_2 8} = 8$

Calcola il valore delle seguenti espressioni utilizzando la definizione di logaritmo.

69 $\log_2 (\log_8 8)$ [0]

70 $\log_3 (\log_2 8)$ [1]

71 $\log_2 16 - \log_3 27$ [1]

72 $\log 1 + \log 10 + \log 100 + \log 1000$ [6]

73 $2\log_2 \frac{1}{4} + \log_3 \frac{1}{9}$ [−6]

74 $5^{\log_5 3} + \log(\log_4 4) + \log_3 9$ [5]

75 $\log_{\frac{1}{7}} (6^{\log_6 7}) + \log_4 \frac{1}{2} - (\log_3 \sqrt{3} - \log 1)$ [−2]

76 $\log_2 32 - 4\log_4 16 + \log[\log_2 (\log 100)]$ [−3]

ESERCIZI

MATEMATICA E STORIA

Un «calcolatore» per i logaritmi Secondo quanto suggerito dal matematico francese Nicolas Chuquet (1445-1488), la seguente tabella delle potenze di 2 consente di ottenere il risultato di moltiplicazioni e divisioni eseguendo addizioni e sottrazioni.

n	0	1	2	3	4	5	6	7	8	9	10	11	12	13	14	15	16	17	18	19
2^n	1	2	4	8	16	32	64	128	256	512	1024	2048	4096	8192	16384	32768	65536	131072	262144	524288

Utilizzando i valori in tabella:

a. determina $\log_2 131072$;
b. spiega con quale ragionamento si può stabilire che $32 \cdot 16384$ è uguale a 524288;
c. calcola $64 \cdot 16 \cdot 128$;
d. spiega come si può stabilire che $65536 : 512$ è uguale a 128;
e. calcola $524288 : 2048$.

Risoluzione – Esercizio in più

COMPLETA inserendo $>$ o $<$ fra le seguenti coppie di logaritmi.

77 $\log 11 \ \square \ \log 3$; $\quad \log 5 \ \square \ \log 8$; $\quad \log 100 \ \square \ \log 5$; $\quad \log_3 23 \ \square \ \log_3 116$.

78 $\log_2 14 \ \square \ \log_2 11$; $\quad \log_{\frac{2}{3}} \frac{7}{6} \ \square \ \log_{\frac{2}{3}} \frac{11}{9}$; $\quad \log_{0,4} 6 \ \square \ \log_{0,4} 9$; $\quad \log_{\frac{6}{5}} 48 \ \square \ \log_{\frac{6}{5}} 7$.

2 Proprietà dei logaritmi

▶ Teoria a p. 409

VERO O FALSO

79
a. $\log 5 - \log 4 = \log 1$ V F
b. $\log \frac{4}{3} = \frac{\log 4}{\log 3}$ V F
c. $\log_2 \sqrt{6} = \frac{1}{2} \log_2 6$ V F
d. $\log_2(2 \cdot 7) = 1 + \log_2 7$ V F
e. $(\log_3 8)^2 = 2\log_3 8$ V F

80
a. $2\log_3 5 = \log_3 10$ V F
b. $\log_4 9 = \log_2 3$ V F
c. $\frac{1}{2}\log_2 36 = \log_2 \frac{1}{2} \cdot 36$ V F
d. $(\log_2 7)^2 = \log_2 49$ V F
e. $\frac{\log 11}{2} = \log \sqrt{11}$ V F

81 **ESERCIZIO GUIDA** Applicando le proprietà dei logaritmi sviluppiamo l'espressione $\log_2 \frac{a^6}{13 \cdot \sqrt[4]{19}}$.

$\log_2 \frac{a^6}{13\sqrt[4]{19}} =$) logaritmo di un quoziente

$\log_2(a^6) - \log_2(13 \cdot \sqrt[4]{19}) =$) logaritmo di un prodotto

$\log_2 a^6 - (\log_2 13 + \log_2 \sqrt[4]{19}) =$) logaritmo di una potenza

$6\log_2 a - \log_2 13 - \frac{1}{4}\log_2 19$

$\log_a(b \cdot c) = \log_a b + \log_a c$

$\log_a \frac{b}{c} = \log_a b - \log_a c$

$\log_a b^n = n \cdot \log_a b$

Nell'ipotesi in cui tutti gli argomenti dei logaritmi considerati siano positivi, sviluppa le seguenti espressioni applicando le proprietà dei logaritmi.

82 $\log \sqrt[3]{4}$ $\left[\frac{1}{3}\log 4\right]$

83 $\log(4\sqrt{2})$ $\left[\log 4 + \frac{1}{2}\log 2\right]$

84 $\log \frac{3}{2}$ $[\log 3 - \log 2]$

85 $\log \frac{3}{5a}$ $[\log 3 - \log 5 - \log a]$

86 $\log_5(3ab^2)$ $[\log_5 3 + \log_5 a + 2\log_5 b]$

87 $\log\frac{3\sqrt{a}}{b}$ $\left[\log 3 + \frac{1}{2}\log a - \log b\right]$

88 $\log_2\left(\frac{2\cdot\sqrt[3]{2}}{\sqrt{2}}\right)$ $\left[\frac{5}{6}\right]$

89 $\log\frac{5a}{b^4}\sqrt[7]{b}$ $\left[\log 5 + \log a - \frac{27}{7}\log b\right]$

90 $\log_{\sqrt{2}}\frac{\sqrt[5]{4}}{8\sqrt{2}}$ $\left[-\frac{31}{5}\right]$

91 $\log(a^4 b^5\sqrt{7})$ $\left[4\log a + 5\log b + \frac{1}{2}\log 7\right]$

92 $\log\frac{a^3(a^2+1)}{b^2}$ $[3\log a + \log(a^2+1) - 2\log b]$

93 $\log_5\left(\frac{3\sqrt[6]{a}}{\sqrt[27]{b}}\right)$ $\left[\log_5 3 + \frac{1}{6}\log_5 a - \frac{1}{27}\log_5 b\right]$

---

94 RIFLETTI SULLA TEORIA Spiega perché non è corretta la seguente uguaglianza:

$$\log 10 = \log[(-2)(-5)] = \log(-2) + \log(-5).$$

TEST

95 Il triplo di log 4 è:

A $\log 12$. B $\log\frac{4}{3}$. C $\log_{30} 4$. D $\log 64$. E $\log_{30} 12$.

96 Un quinto di $\log_5 10$ è:

A $\log_5 2$. B $\log_5\sqrt[5]{10}$. C $\log_1 2$. D $\log_5 10^5$. E $\log_5\frac{1}{10}$.

97 ESERCIZIO GUIDA Applichiamo le proprietà dei logaritmi per trasformare in un unico logaritmo l'espressione

$$2\log_5 10 + \log_5 25 - \frac{1}{3}\log_5 64.$$

$2\log_5 10 + \log_5 25 - \frac{1}{3}\cdot\log_5 64 =$) logaritmo di una potenza

$\log_5 10^2 + \log_5 25 - \log_5\sqrt[3]{64} =$) logaritmo di un prodotto

$\log_5 100\cdot 25 - \log_5 4 =$) logaritmo di un quoziente

$\log_5\frac{2500}{4} = \log_5 625 = \log_5 5^4 = 4$

Applica le proprietà dei logaritmi per scrivere le seguenti espressioni sotto forma di un unico logaritmo, supponendo che tutti gli argomenti dei logaritmi considerati siano positivi.

98 $\log 3 + \log 7 - \log 6$ $\left[\log\frac{7}{2}\right]$

99 $\log_2 50 - \log_2 400 + \log_2 4$ $[-1]$

100 $\frac{1}{2}\log 81 - \log\frac{9}{7} + \log\frac{10}{7}$ $[1]$

101 $\frac{1}{4}\log 81 + \log\frac{9}{3} - \log 9$ $[0]$

102 $\frac{1}{3}\log 27 + 2\log\frac{1}{3} - \frac{1}{2}\log\frac{1}{9} + \log 2$ $[\log 2]$

103 $\frac{1}{2}\log_2 100 - (\log_2 24 - \log_2 6) + 1$ $[\log_2 5]$

104 $\frac{1}{3}[\log_3 35 - (\log_3 7 - 2\log_3 5)]$ $[\log_3 5]$

105 $\log_5 100\left(\log_3\frac{9}{7} - \log_3\frac{27}{7} + \log_3\sqrt{3}\right)$ $\left[\log_5\frac{1}{2} - 1\right]$

106 $2 + \log_2 24 + \log_2 3 - \left(2\log_2 2 - \log_2\frac{1}{6}\right)$ $[\log_2 12]$

107 $\log_3 a + \log_3 b - \log_3 5 + \log_3\frac{1}{b}$ $\left[\log_3\frac{a}{5}\right]$

108 $\log_5 h - 2\log_5 b + \frac{1}{2}\log_5 6$ $\left[\log_5\frac{h\sqrt{6}}{b^2}\right]$

ESERCIZI

109 $\frac{1}{2}\log_3 x + 2\log_3(x+1) - \log_3 7$ $\left[\log_3 \frac{\sqrt{x}(x+1)^2}{7}\right]$

110 $\frac{1}{2}(\log 7 + \log x - \log 3) + \log\sqrt{3x}$ $[\log x\sqrt{7}]$

111 $\log_2(x-3) - \frac{1}{4}\log_2(x-1) - 1$ $\left[\log_2 \frac{x-3}{2\sqrt[4]{x-1}}\right]$

112 $\log(x-1) + \log(x-2) - \log(x+3)$ $\left[\log \frac{(x-1)(x-2)}{x+3}\right]$

113 $\log_2(x+1) + 5\log_2(x-1) - 4\log_2(x^2-1)$ $\left[\log_2 \frac{x-1}{(x+1)^3}\right]$

114 $\log_7 a - 2\log_7 b + \frac{1}{2}\log_7 c - 3\left(\log_7 a - \frac{1}{2}\log_7 c\right)$ $\left[\log_7 \frac{c^2}{a^2 b^2}\right]$

115 $\frac{1}{5}\log(3x-2) + \log x - 2\log\sqrt{x+1} - 1$ $\left[\log \frac{\sqrt[5]{3x-2}\cdot x}{10(x+1)}\right]$

116 $4[\log a + \log(a+5)] - 2\log(a-5)$ $\left[\log \frac{a^4\cdot(a+5)^4}{(a-5)^2}\right]$

117 $3[\log_2 b - 2(\log_2 c + \log_2 a)]$ $\left[\log_2 \frac{b^3}{c^6 a^6}\right]$

118 $\frac{1}{3}[\log_3 27 - 2(\log_3 a^2 - \log_3 b^2)]$ $\left[\log_3\left(3\cdot\sqrt[3]{\frac{b^4}{a^4}}\right)\right]$

Calcola il valore delle seguenti espressioni applicando le proprietà dei logaritmi.

119 $8^{-\log_2 5}$; $81^{\log_3 2}$; $7^{\log_7 3 + \log_7 2}$; $2^{\log_{\frac{1}{2}} 4}$. $\left[\frac{1}{125}, 16, 6, \frac{1}{4}\right]$

120 $4^{-\log_2 3}$; $25^{-\log_5 10}$; $4^{3-\log_2 7}$; $\log_2(5^{\log_5 8})$. $\left[\frac{1}{9}, \frac{1}{100}, \frac{64}{49}, 3\right]$

Formula del cambiamento di base

121 ESERCIZIO GUIDA Scriviamo $\log_2 3$ usando il logaritmo in base 10 e calcoliamone il valore approssimato.

Utilizziamo la formula del cambiamento di base $\log_a b = \frac{\log_c b}{\log_c a}$, in cui $a = 2$, $b = 3$, $c = 10$:

$$\log_2 3 = \frac{\log 3}{\log 2}.$$

$$\log_a b = \frac{\log_c b}{\log_c a}$$

Con la calcolatrice approssimiamo log 3 e log 2 con quattro cifre decimali:

$$\begin{array}{l}\log 3 \simeq 0{,}4771\\ \log 2 \simeq 0{,}3010\end{array} \rightarrow \log_2 3 \simeq \frac{0{,}4771}{0{,}3010} \simeq 1{,}5850.$$

Trasforma i seguenti logaritmi in logaritmi in base 10 e, con la calcolatrice, approssima con quattro cifre decimali i valori trovati.

122 $\log_5 7$; $\log_4 61$; $\log_2 10$.

123 $\log_5 0{,}23$; $\ln 100$; $\log_2 32$.

124 $\log_3 99$; $\log_{\frac{1}{2}} 15$; $\ln 8$.

125 $\log_5 50$; $\log_{40} 80$; $\log_9 2$.

126 Rappresenta sulla retta orientata i seguenti numeri, utilizzando la calcolatrice.

$\log_2 7$ $\log_3 26$ $\log_4 9$ $\log_{\frac{1}{2}} 6$

127 ESERCIZIO GUIDA Semplifichiamo la seguente espressione utilizzando anche la formula del cambiamento di base:

$$\log_3 8 - \frac{1}{2\log_8 3} + \log_3 4 \log_4 7\sqrt{2}.$$

Trasformiamo $\log_8 3$ e $\log_4 7\sqrt{2}$ in logaritmi in base 3.

$$\log_3 8 - \frac{1}{2}\frac{\log_3 8}{\log_3 3} + \log_3 4 \frac{\log_3 7\sqrt{2}}{\log_3 4} = \log_3 8 - \frac{1}{2}\log_3 8 + \log_3 7\sqrt{2} =$$

$\log_3 3 = 1$; logaritmo della potenza

$$\log_3 8 - \log_3(2\sqrt{2}) + \log_3 7\sqrt{2} = \log_3 \frac{\overset{4}{\cancel{8}} \cdot 7 \cdot \sqrt{2}}{\cancel{2}\sqrt{2}} = \log_3 28$$

logaritmo del quoziente e del prodotto

Semplifica le seguenti espressioni senza utilizzare la calcolatrice.

128 $\log_4 7 \cdot \log_7 16$ $[2]$

129 $\log_2 3 \cdot \log_3 4 \cdot \log_4 5 \cdot \log_5 6$ $[\log_2 6]$

130 $\log_3 5 \cdot \log_{25} 9$ $[1]$

131 $\log_6 5 \cdot \log_5 \sqrt{6}$ $\left[\frac{1}{2}\right]$

132 $\log_3 8 \cdot \log_4 27$ $\left[\frac{9}{2}\right]$

133 $\log_3 5 + \log_9 4$ $[\log_3 10]$

134 $\log_2 48 - \log_4 9$ $[4]$

135 $\log_{25} 36 + \log_5 \frac{1}{6}$ $[0]$

136 $\log_8 15 + \frac{2}{3}\log_2 15$ $[\log_2 15]$

137 $\log_4 10 + \frac{1}{2\log_{10} 4} + \log_2 10$ $\left[\frac{7}{4}\log_2 10\right]$

138 $\dfrac{\log_3 12 \quad \log_9 4}{\log_{\frac{1}{3}} 6}$ $[-1]$

139 $\dfrac{\log_8 27 + \log_2 5}{\log_4 9 - \log_{\frac{1}{4}} 25}$ $[1]$

EUREKA! **Dimostra le seguenti uguaglianze nell'ipotesi in cui esistano i logaritmi.**

140 **a.** $\log_{a^2} b^2 = \log_a b$ **b.** $\log_{\sqrt{a}} \sqrt{b} = \log_a b$

141 **a.** $\log_a b = -\log_{\frac{1}{a}} b$ **b.** $\log_a b \cdot \log_b c \cdot \log_c a = 1$

3 Funzione logaritmica

▶ Teoria a p. 412

142 Traccia per punti il grafico della funzione $y = \log_{\frac{3}{2}} x$, assegnando a x i seguenti valori.

$\frac{8}{27}$ $\frac{2}{3}$ 1 $\frac{9}{4}$ $\frac{81}{16}$

Per ogni funzione indica se è crescente o decrescente e individua il punto in cui si annulla.

143 $y = \log_{0,6} x$ $[(1; 0)]$

144 $y = \log_5(x-2)$ $[(3; 0)]$

145 $y = \log_{\frac{1}{3}}(x+4)$ $[(-3; 0)]$

146 $y = \log_{3,7}(x-1)$ $[(2; 0)]$

Traccia per punti i grafici delle seguenti funzioni logaritmiche nello stesso piano cartesiano e confrontali.

147 $y = \log_3 x$; $y = \log_7 x$.

148 $y = \log_{0,2} x$; $y = \log_{0,5} x$.

149 $y = \log_4 x$; $y = \log_{\frac{1}{4}} x$.

150 $y = \log x$; $y = \ln x$.

---

151 **VERO O FALSO?**

a. $y = \log_{2\sqrt{2}} x$ è una funzione crescente in $\mathbb{R}$. V F

b. $y = \log_{\sqrt{2}} x$ è positiva per $x > 1$. V F

c. La funzione $y = \log_{\frac{5}{6}} x$ è decrescente. V F

d. La funzione $y = \log_{\frac{1}{a}} x$ esiste per $a > 0$ e $a \neq 1$ ed è crescente per $a < 1$. V F

152 **AL VOLO** Quale delle seguenti funzioni cresce più rapidamente? Motiva la risposta.

a. $y = \log_4 x$ b. $y = \log_{\sqrt{3}} x$

LEGGI IL GRAFICO **Nelle figure sono disegnati i grafici di funzioni logaritmiche del tipo $y = \log_a x$. Scrivi le equazioni corrispondenti.**

153

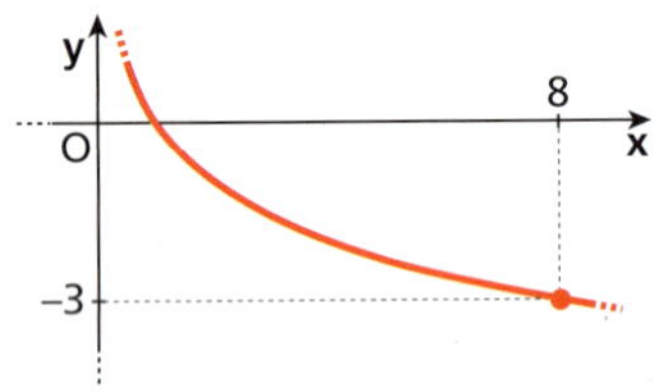

154

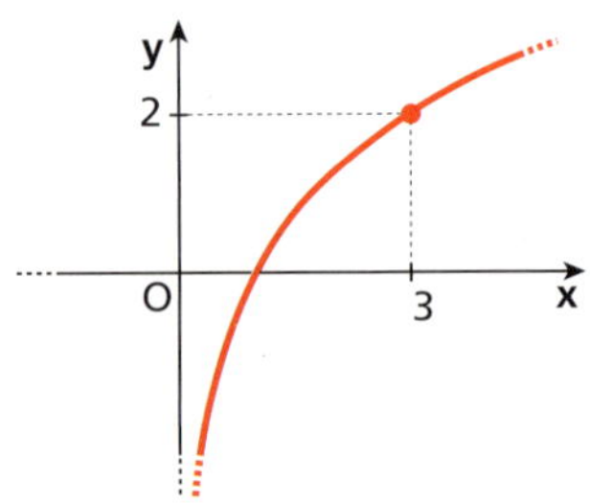

155

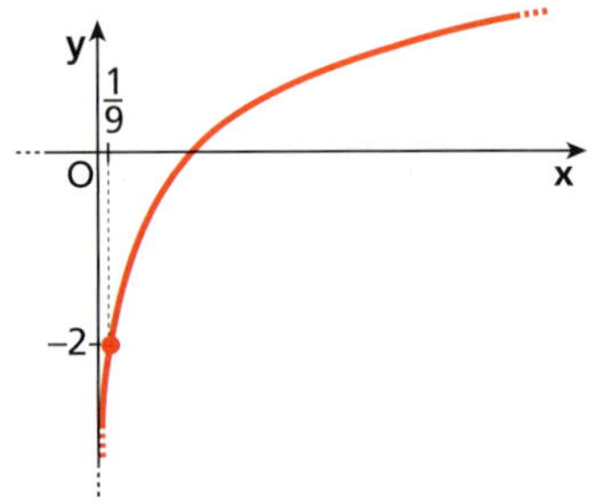

156 Senza utilizzare la calcolatrice indica, fra i seguenti numeri, quali sono positivi e quali negativi.

$\log_3 9$; $\log_{\frac{1}{2}} 9$; $\log_4 \frac{1}{3}$; $\log 2$; $\ln 0,5$; $\log(2 - \sqrt{2})$.

157 **TEST** Solo uno dei seguenti logaritmi esiste ed è positivo. Quale?

A $\log_4(-4)$

B $\log_{\frac{1}{3}} 2$

C $\log_{\frac{1}{2}} \frac{1}{6}$

D $\log_3 \frac{1}{4}$

E $\log_1 4$

Determina il segno dei seguenti logaritmi, senza calcolare il loro valore, ma servendoti eventualmente del grafico.

158 $\log_2 6$; $\log_3 \frac{1}{5}$; $\log_4 18$; $\log_5 \frac{3}{2}$.

159 $\log_{\frac{1}{2}} 4$; $\log_{\frac{1}{2}} \frac{4}{3}$; $\log_{\frac{1}{2}} \frac{2}{5}$; $\log_2 \sqrt{3}$.

160 $\log_{\frac{2}{3}} 5$; $\log_{2,5} 4$; $\log_{0,5} \frac{1}{10}$; $\ln 3$.

161 Traccia il grafico di $y = \log_5 x$ e deduci il grafico di $y = 5^x$.

162 Traccia il grafico di $y = \left(\frac{1}{4}\right)^x$ e deduci il grafico di $y = \log_{\frac{1}{4}} x$.

Trasformazioni geometriche e grafico della funzione logaritmo

Scrivi le equazioni delle funzioni ottenute da quelle assegnate applicando la trasformazione indicata e traccia i loro grafici.

163 $y=\ln x$ — traslazione di vettore $\vec{v}(-1;2)$ — $[y=\ln(x+1)+2]$

164 $y=\log x$ — simmetria rispetto all'origine — $[y=-\log(-x)]$

165 $y=\log_{\frac{1}{2}}x$ — simmetria rispetto all'asse x — $[y=-\log_{\frac{1}{2}}x]$

166 $y=\log_{\frac{1}{3}}x$ — simmetria rispetto all'asse y — $[y=\log_{\frac{1}{3}}(-x)]$

---

167 YOU & MATHS Draw the graphs of these functions in a single Cartesian coordinate system.

$y=\log_2 x,\quad y=\log_2(x+1),\quad y=\log_2 x+1.$

---

168 TEST Quale funzione è rappresentata nella figura?

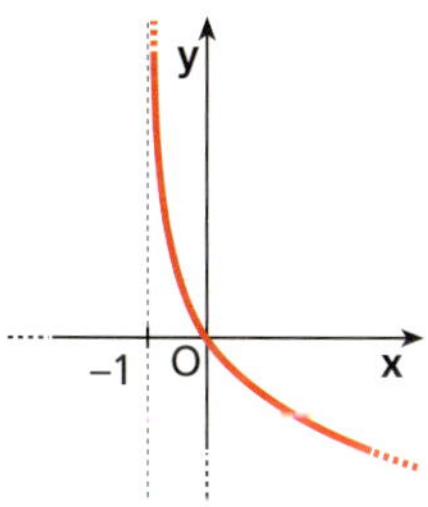

A $y=\ln(x+1)$

B $y=\log_{0,5}(x+1)$

C $y=\log_{0,5}(x-1)$

D $y=\ln(x-1)$

E $y=1-\log_{0,5}x$

MATEMATICA AL COMPUTER

I logaritmi Con Wiris tracciamo i grafici di $f(x)=\frac{x^2-x-2}{4}$ e di $g(x)=\log_2 f(x)$, per mostrare come l'andamento del logaritmo di una funzione possa essere ricavato da quello della funzione stessa.

Risoluzione – 8 esercizi in più

Disegna il grafico delle seguenti funzioni utilizzando le trasformazioni geometriche.

169 $y=\ln(x-1)$; $\quad y=\log_2 x+4$.

170 $y=\log(x-2)-3$; $\quad y=\log_3(x+3)$.

171 $y=\ln(-x)$; $\quad y=-\ln x$.

172 $y=2+\ln x$; $\quad y=-\log x-2$.

173 $y=4-\log_2(-x)$; $\quad y=\ln x+3$.

174 $y=\log_2|x|+2$; $\quad y=|1-\log_2 x|$.

175 $y=|\log_2(x-4)|$; $\quad y=1-\log_{\frac{1}{2}}|x|$.

176 $y=-\log_3(1-x)$; $\quad y=-\ln(-x)+4$.

177 $y=\left|\log_{\frac{1}{4}}x\right|$; $\quad y=|\log_2 x|$.

178 $y=-|\ln x|$; $\quad y=-\ln|x|$.

---

179 Applica alla funzione $y=\log_2 x$ la simmetria rispetto all'asse x e al risultato la simmetria rispetto alla retta $x=1$. Scrivi l'espressione analitica della funzione ottenuta e disegna il suo grafico. $[y=-\log_2(2-x)]$

180 Data la funzione $y=\log_3 x$, applica di seguito la traslazione di vettore $\vec{v}(-2;4)$ e la simmetria rispetto all'asse y. Rappresenta il grafico della funzione ottenuta ed esprimila analiticamente. $[y=\log(-x+2)+4]$

181 Data la funzione $y=a^x-2$, determina a sapendo che il punto $P(2;7)$ appartiene al suo grafico e rappresentala graficamente. Disegna poi il grafico simmetrico rispetto alla bisettrice del primo e terzo quadrante e determina l'espressione analitica della funzione corrispondente. $[a=3;\ y=\log_3(x+2)]$

Determina la funzione inversa della funzione data e disegna i due grafici.

182 ●● $y = \log(x+1)$ $[y = 10^x - 1]$

183 ●● $y = \log_2 x - 1$ $[y = 2^{x+1}]$

184 ●● $y = 3^x + 2$ $[y = \log_3(x-2)]$

185 ●○ YOU & MATHS Let $f(x) = \ln(x+3)$. Find $f^{-1}(x)$.

(USA *Southern Illinois University Carbondale,* Final Exam, Spring 2001)

$[y = e^x - 3]$

Dominio di funzioni logaritmiche

186 ●○ ASSOCIA ogni funzione al suo dominio.

a. $y = \log_2 x - 2$ **b.** $y = \log_3 x^2 + 1$ **c.** $y = \log(x-1)$ **d.** $y = \log_2(x^2+1)$

1. D: $x > 0$ **2.** D: $\mathbb{R}$ **3.** D: $x \neq 0$ **4.** D: $x > 1$

187 ESERCIZIO GUIDA Determiniamo il dominio di $y = \log\dfrac{x+3}{x-1}$.

L'argomento del logaritmo deve essere positivo e il denominatore della frazione deve essere diverso da 0:

$$\frac{x+3}{x-1} > 0.$$

Numeratore: $x + 3 > 0 \rightarrow x > -3$.

Denominatore: $x - 1 > 0 \rightarrow x > 1$.

Compiliamo il quadro dei segni.

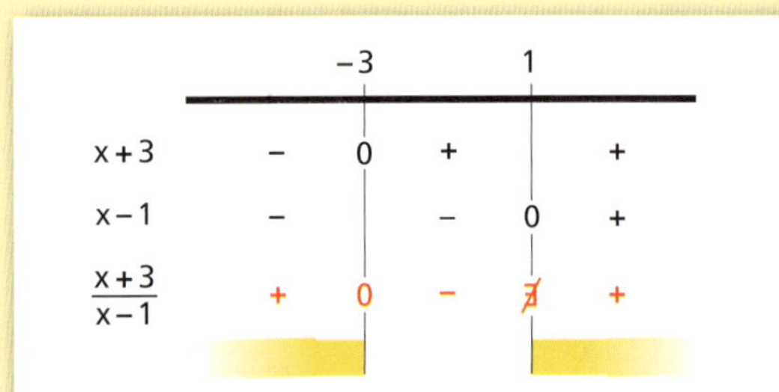

Deduciamo

D: $x < -3 \lor x > 1$.

Determina il dominio delle seguenti funzioni.

188 ●○ $y = \ln\dfrac{x^2-1}{x^2+4}$ $[x < -1 \lor x > 1]$

189 ●○ $y = \log(x-8) + \log(2x+7)$ $[x > 8]$

190 ●○ $y = \log_2\dfrac{x-3}{x+2}$ $[x < -2 \lor x > 3]$

191 ●○ $y = \log(x+1)^2$ $[x \neq -1]$

192 ●○ $y = \log(x+5) + \log(3-x)$ $[-5 < x < 3]$

193 ●○ $y = \ln|x^2 - 1|$ $[x \neq \pm 1]$

194 ●○ $y = \ln(3 - |x|)$ $[-3 < x < 3]$

195 ●○ $y = \ln(x^2 - 4x) + 4$ $[x < 0 \lor x > 4]$

196 ●○ $y = \log(4^x - 2) + \log(2^x - 1)$ $\left[x > \frac{1}{2}\right]$

197 ●○ $y = \ln\dfrac{x-3}{1-x^2}$ $[x < -1 \lor 1 < x < 3]$

198 ●○ $y = \log_3(3x^2 + 2x - 1)$ $\left[x < -1 \lor x > \frac{1}{3}\right]$

199 ●○ $y = \ln\dfrac{x}{\sqrt{x^2}}$ $[x > 0]$

200 ●● $y = \log\dfrac{x}{\sqrt{x-2}}$ $[x > 2]$

201 ●● $y = \log\dfrac{2x^2 + 3x - 2}{x^2 - 2x + 3}$ $\left[x < -2 \lor x > \frac{1}{2}\right]$

202 ●● $y = \log_2\dfrac{x^2 - 4x}{1 - x}$ $[x < 0 \lor 1 < x < 4]$

203 ●● $y = \log_3 x + \log_3(4 - x^2)$ $[0 < x < 2]$

204 ●● $y = \dfrac{\log(x^3 + 3x^2)}{x+1}$ $[x > -3 \land x \neq -1 \land x \neq 0]$

205 ●● $y = \log\dfrac{x}{x+5} + \log(x^2 - 9)$ $[x < -5 \lor x > 3]$

206 ●○ RIFLETTI SULLA TEORIA Spiega perché $y = \log x^4$ e $y = 4\log x$ non sono funzioni uguali.

TUTOR matematica
Allenati con **15 esercizi interattivi** con feedback "hai sbagliato, perché…"
su.zanichelli.it/tutor3
risorsa riservata a chi ha acquistato l'edizione con tutor

4 Equazioni logaritmiche

▶ Teoria a p. 413

TEST

207 Le seguenti equazioni sono tutte equazioni logaritmiche tranne una. Quale?

- **A** $3x + 1 = \log 4x$
- **B** $3 \cdot \log_2 x = 17$
- **C** $\log_3(x^2 + 1) = x^2 + 1$
- **D** $\log_2 5 = x + \dfrac{3}{\log_5 x}$
- **E** $\log 2^x = 2$

208 La condizione di esistenza dell'equazione $\log^2 x - 4 = 0$ è:

- **A** $x \geq 4.$
- **B** $x > 4.$
- **C** $x < -2 \vee x > 2.$
- **D** $x > 2.$
- **E** $x > 0.$

Scrivi le condizioni di esistenza per ciascuna delle seguenti equazioni.

209 $2\log x - \log(1 - x) = 1$ $[0 < x < 1]$

210 $\log(x-4)^2 = \log x^2$ $[x \neq 0 \wedge x \neq 4]$

211 $\dfrac{1}{\log x} = 3$ $[x > 0 \wedge x \neq 1]$

212 $\log_2(x^2+9) - \log x - 1 = 0$ $[x > 0]$

213 $\log \dfrac{x^2-4}{2x} = -1$ $[-2 < x < 0 \vee x > 2]$

214 $\sqrt{\log x} = 2$ $[x \geq 1]$

215 **ASSOCIA** a ciascuna equazione a sinistra un'equazione equivalente, fra quelle scritte a destra.

a. $\log(x-1) + \log(x+1) = 1$

b. $\log[(x+1)(x-1)] = \log 10$

c. $3\log[(1-x)(1+x)] = 3$

d. $\log(1-x) + \log(x+1) = 0$

1. $\log(x^2 - 1) = 1$

2. $\log(1 - x^2) = 1$

3. $\log(x-1) = \log 10 - \log(1+x)$

4. $\log(x+1) = \log(1-x)^{-1}$

216 **ESERCIZIO GUIDA** Risolviamo $\log_3(x+8) = 2$.

- Condizioni di esistenza: $x + 8 > 0 \;\rightarrow\; x > -8$.
- Risolviamo l'equazione applicando la definizione di logaritmo.

$x + 8 = 3^2 \;\rightarrow\; x + 8 = 9 \;\rightarrow\; x = 1$ accettabile perché maggiore di -8

Risolvi le seguenti equazioni.

AL VOLO

217 $\log_5 x = -2$

218 $\log_4 x = \dfrac{1}{2}$

219 $\log_2(x-4) = 0$ $[5]$

220 $2\log_2(x+3) = 8$ $[13]$

221 $-\log(x+102) + 2 = 0$ $[-2]$

222 $\log(x^2 - 3) = 0$ $[\pm 2]$

223 $\log_2\left(\dfrac{5}{4}x - 1\right) = -2$ $[1]$

224 $\log_3(x^2 + 2x) = 1$ $[-3; 1]$

225 $3 - \log_2(x^2 - 2x) = 0$ $[-2; 4]$

226 $\log_{\frac{1}{2}}(x^2 - 8) = -3$ $[\pm 4]$

227 $\log \dfrac{x-9}{4x} = 0$ $[-3]$

228 $\log_2 \dfrac{2x}{x+3} = -1$ $[1]$

229 ESERCIZIO GUIDA Risolviamo l'equazione:

$\log_2(x-2) - \log_2(8-x) = \log_2 x - 3.$

- Condizioni di esistenza:

$$\begin{cases} x-2>0 \\ 8-x>0 \\ x>0 \end{cases} \rightarrow \begin{cases} x>2 \\ x<8 \\ x>0 \end{cases} \rightarrow 2<x<8$$

- Risolviamo l'equazione.
Al secondo membro, poiché per la definizione di logaritmo è $\log_a a = 1$, possiamo scrivere:

$$3 = 3 \cdot 1 = 3\log_2 2 = \log_2 2^3 = \log_2 8.$$

Sostituiamo questo risultato nell'equazione data e applichiamo le proprietà dei logaritmi.

$$\log_2(x-2) - \log_2(8-x) = \log_2 x - \log_2 8$$

$$\log_2 \frac{x-2}{8-x} = \log_2 \frac{x}{8}$$ uguagliamo gli argomenti

$$\frac{x-2}{8-x} = \frac{x}{8}$$ trasformiamo in equazione intera ricordando che $2 < x < 8$

$$8(x-2) = x(8-x)$$

$$x^2 - 16 = 0 \quad x_1 = 4, \quad x_2 = -4$$ non accettabile

- La soluzione dell'equazione è: $x = 4$.

Risolvi le seguenti equazioni.

230 $\log_5 x + \log_5 3 = \log_5 6$ [2]

231 $\log_2(x+1) = 2\log_2 3$ [8]

232 $2\log(x-7) = \log 25$ [12]

233 $\log_2(2x+11) = \log_2(x+10)$ [−1]

234 $\log_2 x - \log_2 7 = \log_2(x-1)$ $\left[\frac{7}{6}\right]$

235 $\log x - 2\log 3 = \log(x-1)$ $\left[\frac{9}{8}\right]$

236 $\log x - \log(x+1) = \log 2 - \log 5$ $\left[\frac{2}{3}\right]$

237 $\log(x-1) + \log(x-3) = \log 8$ [5]

238 $\log_2 x + \log_2(x-1) = 2\log_2 x$ [impossibile]

239 $\log(3x-1) + \log(x-2) = \log 22$ [4]

240 $\log_2(x-2) - \log_2 x = \log_2 x$ [impossibile]

241 $\log_5(x^2+1) = \log_5 2 + \log_5(x^2-4)$ [3; −3]

242 $\log_3(x-2) + \log_3 x = 2\log_3 x$ [impossibile]

243 $\log_5(x+1) + \log_5 4 = \log_5 6x$ [2]

244 $\log_7(x-3) = \log_7(x^2-3x)$ [impossibile]

245 $\log_{\frac{1}{2}}(x^2-4x) + \log_2 2x - 1 = 0$ [5]

---

246 $\log(x-1) - \log(x+1) = \log(x-3) - \log(x-2)$ [5]

247 $\log_2 8x - 2\log_2 x = 3$ [1]

248 $\log_3(2x+7) = 2 + \log_3 x$ [1]

249 $2\log_2\sqrt{x-2} + \log_2 x = 3$ [4]

250 $\log(2x+1) - \log(x-1) = \log(x+4) - \log 2$ [3]

251 $1 + \log_3(x-2) + \log_3(x+2) = \log_3 5 + \log_3 x$ [3]

252 $\log_2(x^2+1) = 1 - \log_{\frac{1}{2}} x$ [1]

253 $\log(2x^2+5x-3) - \log(x+3) = \log(4-x)$ $\left[\frac{5}{3}\right]$

254 $\log(10-x^2) - \log 8 = 2\log\frac{x}{5} - 2\log\frac{\sqrt{2}}{5}$ $[\sqrt{2}]$

255 $\log_2(x^2+2x+8) = 2 + \log_2(x+2)$ [0; 2]

256 TEST L'equazione $\log_x 4 + \log_4 x = -2$ è:

- A verificata per $x = 1$.
- B impossibile.
- C verificata per $x = 4$.
- D verificata per $x = -4$.
- E verificata per $x = \frac{1}{4}$.

Usiamo un'incognita ausiliaria

257 ESERCIZIO GUIDA Risolviamo $2(\log_2 x)^2 + 5\log_2 x - 3 = 0$.

C.E.: $x > 0$.

Poniamo $\log_2 x = t$ e sostituiamo nell'equazione:

$$2t^2 + 5t - 3 = 0 \;\rightarrow\; t = \frac{-5 \pm \sqrt{25+24}}{4} = \frac{-5 \pm 7}{4} \begin{cases} t_1 = \frac{1}{2}, \\ t_2 = -3. \end{cases}$$

Dai due valori di t, tenendo conto dell'assegnazione, otteniamo le soluzioni dell'equazione iniziale:

$$\log_2 x = -3 \;\rightarrow\; x_1 = \frac{1}{8}, \qquad \log_2 x = \frac{1}{2} \;\rightarrow\; x_2 = \sqrt{2}.$$

Risolvi le seguenti equazioni.

258 $3\log^2 x - 2\log x = 0$ $[1; \sqrt[3]{100}]$

259 $(\log_4 x)^2 + 3\log_4 x = 4$ $\left[4; \frac{1}{256}\right]$

260 $\log_3 x(3\log_3 x - 4) + 1 = 0$ $[\sqrt[3]{3}; 3]$

261 $2(\log_2 x)^2 - 9\log_2 x + 4 = 0$ $[\sqrt{2}; 16]$

262 $4(\log_2 x)^2 + 2\log_2 x - 2 = 0$ $\left[\frac{1}{2}; \sqrt{2}\right]$

263 $2\ln x + \ln^2 x = 0$ $[1; e^{-2}]$

264 $3 - \log x = \frac{2}{\log x}$ $[10; 100]$

265 $1 - \ln^2 x = 0$ $\left[e; \frac{1}{e}\right]$

266 $\frac{3}{\log x - 2} + \log x + 2 = 0$ $[0{,}1; 10]$

267 $\log_3 \sqrt{x}\,(\log_3 x + 1) - 2\log_3 x = 2$ $\left[\frac{1}{3}; 81\right]$

268 $(\log_2 x^2)^2 + 9\log_2 x + 2 = 0$ $\left[\frac{1}{4}; \frac{1}{\sqrt[4]{2}}\right]$

269 $3 = \frac{14}{\log_5 x + 2} + \frac{4}{\log_5 x - 1}$ $[1; 5^5]$

Riepilogo: Equazioni logaritmiche

270 TEST Le equazioni $\log\sqrt{x} = 1$ e $\frac{1}{2}\log x = 1$ sono equivalenti?

- A Sì.
- B Solo se $x \geq 0$.
- C Sì, $\forall x \in \mathbb{R}$.
- D Solo per $x < 0$.
- E No.

271 ASSOCIA a ciascuna equazione a sinistra le sue soluzioni scritte a destra.

a. $\log_x 9 = 2$	1. $x = \pm 3$
b. $\log(x^2 + 1) = 1$	2. $x = 3$
c. $\log_2 \frac{1}{8} = x$	3. $x = -3$
d. $\log(-1000) = x$	4. impossibile

Risolvi le seguenti equazioni.

272 AL VOLO $\log_2 x = -5$

273 $\log(x-2) + \log 5 = \log x$ $\left[\frac{5}{2}\right]$

274 $5\log^2 x - \log x = 0$ $[1; \sqrt[5]{10}]$

275 $\ln^2 x - 9 = 0$ $[e^{-3}; e^3]$

ESERCIZI

276 AL VOLO $\log_x 3 = \frac{1}{3}$

277 $\ln \frac{x-4}{2x+1} = 0$ $[-5]$

278 $\log x - \frac{1}{2} = \log \sqrt{x}$ $[10]$

279 $\log_3(x+1) + 2\log_9(x+1) = \log_3 9$ $[2]$

280 $\log(x-3) + \log(x+1) = \log(4x-3)$ $[6]$

281 $\log(x+1) + \log(x+2) = \log 2$ $[0]$

---

282 $\log(x-2) - \log(x-1) = \log 5$ [impossibile]

283 $\log_2 x + \log_2(x-1) = 1$ $[2]$

284 $\log_2(x-2) - 1 = \log_2 \frac{3}{5}$ $\left[\frac{16}{5}\right]$

285 $\log(x^2 - x - 6) - \log(x-3) = 0$ [impossibile]

286 $\log 21 - \log(x+5) - \log(23-x) = -\log 7$ $[2; 16]$

287 $\log_3(x+1) = \log_3(x^2+9) - 2$ $[0; 9]$

288 $\log(5+x) = \frac{3}{2}\log 2 + \frac{1}{2}\log(x+3)$ $[-1]$

289 $\log_3(x^2 + 3x - 3) - 1 = \log_3(x+2) + \log_3(x-2)$ $[3]$

290 $\log_2(2x+6) - \log_4(x-1) = 3$ $[5]$

291 $\log_5(x^2 + 6x - 2) = 1 + \log_5(x+2)$ $[3]$

292 $\log_3(x-1) = \frac{1}{2}\log_3 x$ $\left[\frac{3+\sqrt{5}}{2}\right]$

293 $\log(x-1) - 2 \cdot \log(x+1) - \log 8 = -2$ $\left[\frac{3}{2}; 9\right]$

294 $\log 2 + \frac{1}{2}\log(x^2+5) = \log(x^2+2)$ $[-2; 2]$

295 $3\log_{13}(5-x) + \log_{13} 11 = \log_{13}(x+3) + 2\log_{13}(5-x)$ $\left[\frac{13}{3}\right]$

296 $4\log(3-2x) - \log(4-x^2) = \log(3-2x)^3$ $[1-\sqrt{2}]$

297 $2\log_2\left(\frac{3}{2}x - \frac{2}{3}\right) = \log_2(x^2-5) - 2$ [impossibile]

---

298 $2\log_2 x = 2 + \log_2(x+3)$ $[6]$

299 $\log_5 x + \log_5(\sqrt{5}x - 4) = \frac{1}{2}$ $[\sqrt{5}]$

300 $\log(x+1) - \log(\sqrt{x+1}) = 2$ $[9999]$

301 $\log_3(2+x)\log_2(x-4) = 0$ $[5]$

302 $\frac{3\log_{\frac{1}{2}} x}{\log_2 x - 1} = -4$ $[16]$

303 $\log^2 x - 2\log x = -1$ $[10]$

304 $\log^2 x^2 + 4\log x = 0$ $\left[1; \frac{1}{10}\right]$

305 $-\log_{\frac{1}{3}} 6 + \log_3(x+1) = \log_3(5x)$ [impossibile]

306 $1 + \frac{\log_2(x+1)}{\log_2 x} = \frac{1}{\log_2 x}$ [impossibile]

307 $\frac{3}{\log_2 x - 1} + \frac{2}{\log_2 x + 1} = 2$ $\left[8; \frac{\sqrt{2}}{2}\right]$

308 $\log_3(2x-1) = 2\log_9(3x+6) - 2$ $[1]$

309 $\frac{3}{\log_2 x(1+\log_2 x)} = 2 - \frac{3}{\log_2 x}$ $\left[\frac{1}{2\sqrt{2}}; 4\right]$

LEGGI IL GRAFICO

310 Determina l'ascissa di P.

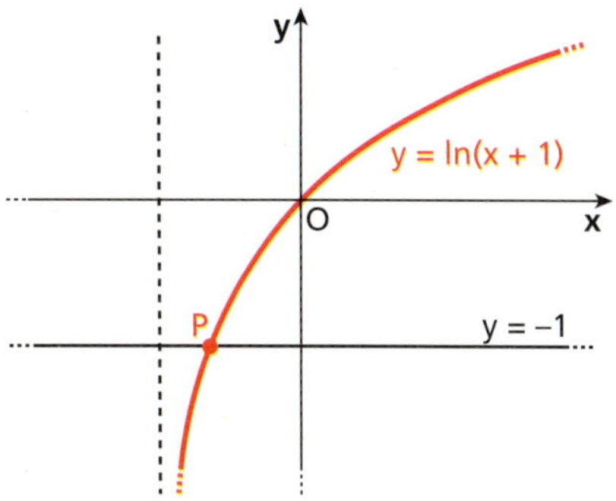

311 Trova la misura di AB.

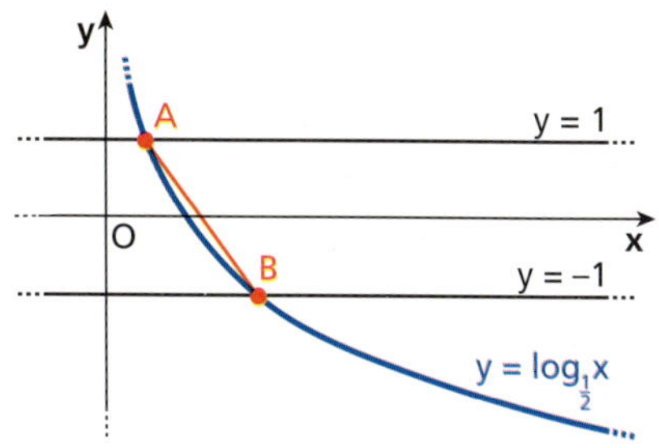

312 Traccia il grafico di $y = \log_2(x+2)$ e $y = 3 - \log_2 x$ e trova il loro punto di intersezione. $[(2; 2)]$

313 **REALTÀ E MODELLI** **Pensarci su** Nella teoria dell'informazione, la legge di Hick afferma che, se aumenta il numero n di possibilità di scelta, il tempo T che impieghiamo a scegliere cresce secondo la legge $T = b\log_2(n+1)$. Il parametro b dipende da chi effettua la scelta e dalle condizioni in cui si trova a scegliere.
Lucia e Fabio partecipano a un gruppo di ricerca: devono effettuare delle scelte tra un numero variabile di alternative e viene misurato il tempo che impiegano. I due ragazzi impiegano lo stesso tempo a completare il test e al termine viene loro comunicato che il parametro b di Fabio vale 5, quello di Lucia 10. Sapendo che Lucia aveva 6 alternative di scelta in meno rispetto a Fabio, calcola quante erano le alternative di Fabio. $[8]$

Sistemi con equazioni logaritmiche

Risolvi i seguenti sistemi.

314 $\begin{cases} \log_2 x - \log_2 y = 2 \\ x - 2y = 1 \end{cases}$ $\left[\left(2; \frac{1}{2}\right)\right]$

315 $\begin{cases} 2\log_3 x - y = 1 \\ \log_3 x + 2y = 4 \end{cases}$ $\left[\left(3\sqrt[5]{3}; \frac{7}{5}\right)\right]$

316 $\begin{cases} x + y = 11 \\ \log x + \log y = 1 \end{cases}$ $[(10; 1), (1; 10)]$

317 $\begin{cases} \log_{\frac{1}{2}}(y - x) = -1 \\ 2\log_{\frac{1}{2}} x - \log_{\frac{1}{2}} y = \log_{\frac{1}{2}} \frac{9}{5} \end{cases}$ $[(3; 5)]$

318 $\begin{cases} \log_2 x - \log_2 y = 4 \\ \log_2 x + \log_2 y = 0 \end{cases}$ $\left[\left(4; \frac{1}{4}\right)\right]$

319 $\begin{cases} \log_3(x - y) = 1 \\ \log_3 x + \log_3 y = 2\log_3 2 \end{cases}$ $[(4; 1)]$

320 $\begin{cases} 4\log_2 x - \log_2 y^2 = 4 \\ \log_2 x + \log_2 y = 4 \end{cases}$ $[(4; 4)]$

321 $\begin{cases} 3^x \cdot \left(\frac{1}{9}\right)^y = 27 \\ \frac{1}{2}\log_2(x - y) = \log_4 x \end{cases}$ $[(3; 0)]$

5 Disequazioni logaritmiche

▶ Teoria a p. 414

322 **COMPLETA** con il simbolo $>$ o $<$.

a. $\log_3 7 \ \square\ \log_3 5$; $\log_6 4 \ \square\ \log_6 14$.

b. $\log_{0,5} 4 \ \square\ \log_{0,5} 0,7$; $\log_{1,5} 12 \ \square\ \log_{1,5} 2$.

c. $\log_{\frac{2}{5}} 8 \ \square\ \log_{\frac{2}{5}} 9$; $\log_{\frac{5}{2}} 3 \ \square\ \log_{\frac{5}{2}} 5$.

I due membri si possono scrivere come logaritmi di uguale base

323 TEST Puoi affermare che $\log_a A > \log_a B \rightarrow A > B$ se a vale:

A -1. B 0. C $\frac{2}{3}$. D $\frac{3}{2}$. E $\frac{3}{5}$.

324 ESERCIZIO GUIDA Risolviamo: **a.** $\log_{11}(2-x) > \log_{11}(x+2)$; **b.** $\log_{\frac{1}{5}} 20x < -3$.

a. Dobbiamo risolvere il seguente sistema.

$$\begin{cases} 2-x>0 & \text{condizione di esistenza} \\ x+2>0 & \text{condizione di esistenza} \\ 2-x>x+2 & \text{disuguaglianza fra gli argomenti con lo stesso verso di quella fra i logaritmi, dato che la base è maggiore di 1} \end{cases}$$

$$\begin{cases} -x>-2 \\ x>-2 \\ -2x>0 \end{cases} \rightarrow \begin{cases} x<2 \\ x>-2 \\ x<0 \end{cases} \rightarrow -2<x<0$$

b. Osserviamo che, per la definizione di logaritmo, possiamo scrivere

$$-3 = \log_{\frac{1}{5}}\left(\frac{1}{5}\right)^{-3} = \log_{\frac{1}{5}} 5^3 = \log_{\frac{1}{5}} 125$$

e perciò la disequazione assume la forma:

$$\log_{\frac{1}{5}} 20x < \log_{\frac{1}{5}} 125.$$

Ora dobbiamo risolvere il seguente sistema.

$$\begin{cases} 20x>0 & \text{condizione di esistenza} \\ 20x>125 & \text{disuguaglianza fra gli argomenti con verso opposto rispetto a quella fra i logaritmi, essendo la base minore di 1} \end{cases}$$

$$\begin{cases} x>0 \\ 20x>125 \end{cases} \rightarrow \begin{cases} x>0 \\ x>\frac{25}{4} \end{cases} \rightarrow x>\frac{25}{4}$$

Risolvi le seguenti disequazioni.

325 $\log_3 x > 2$ $[x>9]$

326 $\log_2 x \le \log_2(3x-1)$ $\left[x \ge \frac{1}{2}\right]$

327 $\log(9-x) \ge \log 12$ $[x \le -3]$

328 $\ln x < 1$ $[0<x<e]$

329 $\log_{\frac{1}{3}}(x+1) > \log_{\frac{1}{3}}(4x)$ $\left[x>\frac{1}{3}\right]$

330 $\log x \le -1$ $\left[0<x\le\frac{1}{10}\right]$

331 $\log_{\frac{3}{4}} x < 2$ $\left[x>\frac{9}{16}\right]$

332 $\log(x-3) \ge 0$ $[x \ge 4]$

333 $\log_{0,5}(5+3x) \ge \log_{0,5} 2$ $\left[-\frac{5}{3}<x\le-1\right]$

334 $\log_{\frac{1}{2}}(2x) > 0$ $\left[0<x<\frac{1}{2}\right]$

335 $\log_5(5-x) \le \log_5(5x+2)$ $\left[\frac{1}{2}\le x<5\right]$

336 $\log_{\frac{2}{3}}(3+x) < \log_{\frac{2}{3}}(2x-3)$ $\left[\frac{3}{2}<x<6\right]$

337 $\log_3(2-5x) > 2$ $\left[x<-\frac{7}{5}\right]$

338 $\log_{\frac{7}{9}}(2x+5) \ge 1$ $\left[-\frac{5}{2}<x\le-\frac{19}{9}\right]$

339 $\log_{\frac{1}{3}}(4x-3) > -1$ $\left[\frac{3}{4}<x<\frac{3}{2}\right]$

340 $\log_5\left(\frac{2-x}{x+3}\right) < \log_5 4$ $[-2<x<2]$

341 $\log(2x - x^2) < \log(x - 2)$ [impossibile]

342 $\log_{\frac{1}{10}}\left(\frac{x+1}{x-1}\right) > \log_{\frac{1}{10}}\left(\frac{x}{x+1}\right)$ $[x < -1]$

343 $\log_{\frac{4}{5}}(2 - x^2) < \log_{\frac{4}{5}}(1 - 2x)$ $\left[1 - \sqrt{2} < x < \frac{1}{2}\right]$

---

344 **TEST** Quale fra le seguenti disequazioni ammette come soluzioni $x > 0$?

A $\log_{\frac{1}{2}}(x + 1) > 0$

B $\log_2(x + 1) > 0$

C $\log x > 10$

D $\log_2 x > 0$

E $\log_{\frac{1}{2}} x < 0$

Utilizziamo anche le proprietà dei logaritmi

Risolvi le seguenti disequazioni.

345 $\log_3 x^2 - \log_3 x < 3$ $[0 < x < 27]$

346 $\log_2(x - 1) + \log_2 x > 1$ $[x > 2]$

347 $\log_3(2x - 3) - \log_3(x + 1) < 2$ $\left[x > \frac{3}{2}\right]$

348 $\log_{\frac{3}{5}}(2 - x) + \log_{\frac{3}{5}}(x + 2) > \log_{\frac{3}{5}} 3x$ $[1 < x < 2]$

349 $\log_{\frac{1}{4}}(x^2 - 6) - \log_{\frac{1}{4}}(x - 3) > -1$ [impossibile]

350 $\log(x + 5) - \log(4 - x) + \log(3x - 1) > \log(3x - 1) - \log(x + 4)$ $\left[\frac{1}{3} < x < 4\right]$

351 $\log_{\frac{1}{4}}(x + 1) - 2\log_{\frac{1}{4}}(x - 2) + \log_{\frac{1}{4}}(x - 1) < 0$ $[x > 2]$

352 $\log_2(x - 1) + \log_2(x + 4) \geq \log_2(2x - 1) + 1$ $[x \geq 2]$

Usiamo un'incognita ausiliaria

353 **ESERCIZIO GUIDA** Risolviamo la disequazione $\log_2 4x < 3 + \frac{4}{\log_2 4x}$.

Introduciamo l'incognita ausiliaria $y = \log_2 4x$ e sostituiamo:

$$y < 3 + \frac{4}{y} \quad \rightarrow \quad \frac{y^2 - 3y - 4}{y} < 0 \quad \rightarrow \quad y < -1 \vee 0 < y < 4.$$

Ora dobbiamo risolvere:

$$\log_2 4x < -1, \quad 0 < \log_2 4x < 4.$$

- La disequazione $\log_2 4x < -1$ è equivalente al seguente sistema.

$$\begin{cases} 4x > 0 & \text{condizione di esistenza del logaritmo} \\ \log_2 4x < \log_2 \frac{1}{2} & \text{poiché } -1 = \log_2 \frac{1}{2} \end{cases}$$

$$\begin{cases} x > 0 \\ 4x < \frac{1}{2} \end{cases} \rightarrow \begin{cases} x > 0 \\ x < \frac{1}{8} \end{cases} \rightarrow 0 < x < \frac{1}{8}$$

- La disequazione $0 < \log_2 4x < 4$ è equivalente al seguente sistema.

$$\begin{cases} 4x > 0 & \text{condizione di esistenza del logaritmo} \\ \log_2 4x < \log_2 16; & 4 = \log_2 16 \\ \log_2 4x > \log_2 1 & 0 = \log_2 1 \end{cases}$$

$$\begin{cases} x > 0 \\ 4x < 16 \\ 4x > 1 \end{cases} \rightarrow \begin{cases} x > 0 \\ x < 4 \\ x > \frac{1}{4} \end{cases} \rightarrow \frac{1}{4} < x < 4$$

Le soluzioni della disequazione assegnata sono pertanto: $0 < x < \frac{1}{8} \vee \frac{1}{4} < x < 4$.

Risolvi le seguenti disequazioni.

354 $(\log_2 x)^2 - \log_2 x < 0$ $[1 < x < 2]$

355 $(\log_3 x)^2 - 6\log_3 x + 9 \leq 0$ $[27]$

356 $\log^2 x - 7\log x + 12 < 0$ $[1000 < x < 10\,000]$

357 $(\log_{\frac{1}{2}} x)^2 - \log_{\frac{1}{2}} x - 2 < 0$ $\left[\frac{1}{4} < x < 2\right]$

358 $2(\log_3 x)^2 + 3\log_3 x - 2 < 0$ $\left[\frac{1}{9} < x < \sqrt{3}\right]$

359 $[\log_2(x+5)]^2 - \log_2(x+5) - 6 > 0$ $\left[-5 < x < -\frac{19}{4} \vee x > 3\right]$

360 $3\log_5(x-4) > \dfrac{6}{\log_5(x-4)+1}$ $\left[\frac{101}{25} < x < \frac{21}{5} \vee x > 9\right]$

Riepilogo: Disequazioni logaritmiche

361 **COMPLETA**

Disequazione	a	Soluzione
$\log_a(x-1) < 1$	2	
$\log_2(x+1) < a$		$-1 < x < 7$
$\log_{\frac{1}{3}}(x+a) < -2$		$x > 0$

362 **ASSOCIA** a ogni disequazione le sue soluzioni.

a. $\log_2 x < 3$
b. $\log_{\sqrt{2}} x > 4$
c. $\log_{\frac{1}{3}}(2-x) > \log_{\frac{1}{3}}(1-2x)$
d. $\log_2(x+1) - \log_2(x-1) < 1$

1. $x > 3$
2. $x < -1$
3. $0 < x < 8$
4. $x > 4$

Risolvi le seguenti disequazioni.

363 $\log x \cdot \log(x-3) > 0$ $[x > 4]$

364 $\ln x + \ln^2 x < 0$ $\left[\frac{1}{e} < x < 1\right]$

365 $\log_{\frac{1}{2}}(x+3) < -1$ $[x > -1]$

366 $\log x + \dfrac{1}{\log x} < 0$ $[0 < x < 1]$

367 $3 - \ln|x| < 0$ $[x < -e^3 \vee x > e^3]$

368 $x\log(x+2) > 0$ $[-2 < x < -1 \vee x > 0]$

369 $\log(x^2 + 17x + 16) < 2$ $[-21 < x < -16 \vee -1 < x < 4]$

370 $\log_{\frac{2}{3}} x^5 - \log_{\frac{2}{3}} x < 8$ $\left[x > \frac{4}{9}\right]$

371 $\log_4(4x-4) \leq \log_2 x$ $[x > 1]$

372 $(\log_{\frac{1}{4}} x)^2 + \frac{5}{2}\log_{\frac{1}{4}} x > \frac{3}{2}$ $\left[0 < x < \frac{1}{2} \vee x > 64\right]$

373 $\dfrac{1}{\log x} - 3\log x < 2$ $\left[\frac{1}{10} < x < 1 \vee x > \sqrt[3]{10}\right]$

374 $\log(3-x)^2 - 2\log(4+x) < 0$ $\left[x > -\frac{1}{2} \wedge x \neq 3\right]$

375 ●○ $\log_{\frac{1}{3}}(2x+8) \ge \log_{\frac{1}{3}} 6x - 1$ $\left[x \ge \frac{1}{2}\right]$

376 ●○ $\log_2 \sqrt{x} \le \frac{1}{2}\log_4 x^2 + \log_2 x$ $[x \ge 1]$

377 ●○ $\log_3 \frac{1}{x} - \log_3 x^2 < 6$ $\left[x > \frac{1}{9}\right]$

378 ●○ $\log_{\frac{1}{2}} x^4 \ge \log_{\frac{1}{2}} x^3$ $[0 < x \le 1]$

379 ●○ $\log_2 x > -\log_{\frac{1}{2}} \sqrt{x}$ $[x > 1]$

380 ●○ $2\log_{\frac{1}{2}}(x-1) \ge \log_{\frac{1}{2}} \frac{1}{4}$ $\left[1 < x \le \frac{3}{2}\right]$

381 ●● $\frac{\log(x-1)}{\log x - 1} \le 0$ $[2 \le x < 10]$

382 ●● $(\log_2 x)^3 - 9\log_2 x \le 0$ $\left[0 < x \le \frac{1}{8} \vee 1 \le x \le 8\right]$

383 ●● $(\log_2 x^2)^2 - 7\log_2 x \le 2$ $\left[\frac{1}{\sqrt[4]{2}} \le x \le 4\right]$

384 ●● $(\log_2 x)^2 - 8 \ge 4\log_2 \sqrt{x}$ $\left[0 < x \le \frac{1}{4} \vee x \ge 16\right]$

385 ●● $\frac{\log_2 x}{\log_{\frac{1}{2}} 2x + 2} > 0$ $[1 < x < 2]$

386 ●● $\log_4 |x-3| \le 1$ $[-1 \le x \le 7 \wedge x \ne 3]$

387 ●● $\log^4 x - 8\log^2 x + 16 > 0$ $\left[x > 0 \wedge x \ne \frac{1}{100} \wedge x \ne 100\right]$

388 ●● $\log_2 \sqrt{2x - x^2} < 0$ $[0 < x < 2 \wedge x \ne 1]$

389 ●● $\frac{1}{\log_5(x-1)} < -1$ $\left[\frac{6}{5} < x < 2\right]$

390 ●● $\log_2(3x-2) + \log_{\frac{1}{2}}(2x-1) \le 2$ $\left[x > \frac{2}{3}\right]$

391 ●● $\frac{1}{2}\log_4 8x - (\log_4 8x)^2 < \frac{1}{2}$ $[x > 0]$

392 ●● $\log_2 \log_3(x+4) > 0$ $[x > -1]$

393 ●● $\frac{4 - \log_2 x}{\log_2(x-2)} \ge 0$ $[3 < x \le 16]$

394 ●● $\log^3 x - 4\log^2 x + 4\log x \le 0$ $[0 < x \le 1 \vee x = 100]$

395 ●● $(\log_2 x)[\log_2(x+1)] < 2\log_2 x$ $[1 < x < 3]$

396 ●● $\log_{\frac{1}{2}} \frac{|x-2|}{x} < -1 + \log_2 x$ $[x > 4]$

397 ●● EUREKA! $\left|\log_3|2x+3|\right| - 3 > 0$ $\left[x < -15 \vee \left(-\frac{41}{27} < x < -\frac{40}{27} \wedge x \ne -\frac{3}{2}\right) \vee x > 12\right]$

---

398 ●○ Traccia il grafico di $f(x) = \log_{\frac{1}{2}}(x-1)$ e $g(x) = \log_2 x - 1$ e trova per quali valori di x si ha $f(x) \ge g(x)$.

399 ●● TEST Il dominio della funzione $y = \log_2 \log_{\frac{1}{2}} x$ è:

A $[0; 1]$. B $]0; +\infty[$. C $]1; +\infty[$. D $]-\infty; 0[$. E $]0; 1[$.

Sistemi con disequazioni logaritmiche

Risolvi i seguenti sistemi.

400 ●○ $\begin{cases} \log_3 \frac{3x}{x+1} > 1 \\ \log(1-x) \le 1 \end{cases}$ $[-9 \le x < -1]$

401 ●○ $\begin{cases} \log_2 \frac{x}{x-1} < 2 \\ \log_{\frac{1}{2}}(x-1) < -2 \end{cases}$ $[x > 5]$

402 ●● $\begin{cases} \log x^2 \ge 3\log x \\ \log x - 1 \le 0 \end{cases}$ $[0 < x \le 1]$

403 ●● $\begin{cases} \log_4(x-1) + \frac{3}{2} < 0 \\ \log_2 \log_3 x \le 1 \end{cases}$ $\left[1 < x < \frac{9}{8}\right]$

404 ●● $\begin{cases} \log_3(x+9) \le \log_3(x+1) + 2 \\ (\log_3 x)^2 - 1 > 0 \end{cases}$ $\left[0 < x < \frac{1}{3} \vee x > 3\right]$

405 ●● $\begin{cases} \log_2(4^x - 2) < 1 \\ \log_2 x + 2 \ge 0 \end{cases}$ $\left[\frac{1}{2} < x < 1\right]$

6 Logaritmi ed equazioni e disequazioni esponenziali

Equazioni esponenziali risolubili con i logaritmi

▶ Teoria a p. 415

406 ESERCIZIO GUIDA Risolviamo $7^{x+1} + 2 \cdot 7^x = 11$.

$7^{x+1} + 2 \cdot 7^x = 11$) raccogliamo 7^x

$7^x(7+2) = 11$

$9 \cdot 7^x = 11$) dividiamo entrambi i membri per 9

$7^x = \frac{11}{9}$) calcoliamo i logaritmi in base 7 del primo e secondo membro

$\log_7 7^x = \log_7 \frac{11}{9}$) logaritmo di una potenza

$x \cancel{\log_7 7} = \log_7 \frac{11}{9}$) $\log_7 7 = 1$

$x = \log_7 \frac{11}{9}$) cambiamo la base del logaritmo da 7 a 10

$x = \dfrac{\log \frac{11}{9}}{\log 7} = \dfrac{\log 11 - \log 9}{\log 7}$

Risolvi le seguenti equazioni.

407 $5^x = 9$ $\left[\frac{\log 9}{\log 5}\right]$

408 $3^x - 2 = 0$ $\left[\frac{\log 2}{\log 3}\right]$

409 $1{,}3^x + 2 = 0$ [impossibile]

410 $3 \cdot 11^x = 2$ $\left[\frac{\log 2 - \log 3}{\log 11}\right]$

411 $4 \cdot 5^x = 3 \cdot 7^x$ $\left[\frac{\log 3 - \log 4}{\log 5 - \log 7}\right]$

412 $\frac{7}{2^x} = 1$ $\left[\frac{\log 7}{\log 2}\right]$

413 $\sqrt[3]{7^x} = 5$ $\left[\frac{3\log 5}{\log 7}\right]$

414 $3 \cdot 2^x + 2^{x+1} = 19$ $\left[\frac{\log 19 - \log 5}{\log 2}\right]$

415 $3^x + 3^{x+1} + 3^{x+2} = 26$ $\left[\frac{\log 2}{\log 3}\right]$

416 $4^x = 4^{x-2} + 27$ $\left[2 + \frac{2\log 3 - \log 5}{2\log 2}\right]$

417 $7^{x+1} - 7^x + 2 \cdot 7^{x-1} = 2$ $\left[1 - \frac{\log 22}{\log 7}\right]$

418 $9^x - 3^x - 2 = 0$ $\left[\frac{\log 2}{\log 3}\right]$

419 $12 - 2^{x+3} + 2^{2x} = 0$ $\left[1; \frac{\log 2 + \log 3}{\log 2}\right]$

420 $3^x + 20 = 9^x$ $\left[\frac{\log 5}{\log 3}\right]$

421 $3 \cdot 5^x - \frac{12}{5^x} = 5^x$ $\left[\frac{\log 6}{2\log 5}\right]$

422 $5^x \cdot 2^{2x} = 10$ $\left[\frac{\log 5 + \log 2}{\log 5 + 2\log 2}\right]$

423 $3^{x+1} + 2 \cdot 3^{2-x} = 29$ $\left[2; \frac{\log 2}{\log 3} - 1\right]$

424 $6 - 5 \cdot 3^x + (3^x)^2 = 0$ $\left[1; \frac{\log 2}{\log 3}\right]$

425 $9 \cdot 2^{2x+1} - 9^2 - 4^{2x} = 0$ $\left[\frac{\log 3}{\log 2}\right]$

426 $2^{2x+3} - 25 \cdot 2^x + 3 = 0$ $\left[-3; \frac{\log 3}{\log 2}\right]$

427 $\frac{2}{5^x} = \frac{3}{7^x}$ $\left[\frac{\log 3 - \log 2}{\log 7 - \log 5}\right]$

428 $3^x + 3^{x+1} = 5^x$ $\left[\frac{2\log 2}{\log 5 - \log 3}\right]$

TEST

429 ●● Fra le seguenti equazioni esponenziali, *una sola* può essere risolta senza ricorrere all'uso dei logaritmi. Quale?

A $7^{x+1} = 5^x$

B $3^{x-1} = 6^{2x}$

C $2^{3x-1} = 5^x$

D $2^{x-1} = 4^x + 3$

E $2^{2x} + 2 = 6^{1-x}$

430 ●● Tutte le seguenti equazioni si devono risolvere ricorrendo all'uso dei logaritmi, *tranne* una. Quale?

A $2^{x-1} = 3^{x+1}$

B $\sqrt[3]{4^x} = 3$

C $3^{x-1} + 3 = 9$

D $7 \cdot 5^{x+2} = 7^{x+1}$

E $\dfrac{2}{4^x} = \dfrac{3}{6^x}$

Risolvi le seguenti equazioni con il metodo che ritieni opportuno.

431 ●○ $3^{\frac{x+2}{2}} = 9$ $[2]$

432 ●○ $4^{5-x} = 3^{x+1}$ $\left[\dfrac{5\log 4 - \log^3}{\log 3 + \log 4}\right]$

433 ●○ $3^{\sqrt{x+2}} = 9^{\sqrt{x}}$ $\left[\dfrac{2}{3}\right]$

434 ●○ $\sqrt{3^{x+3}} = \dfrac{3^{2x+4}}{27^{5x}}$ $\left[\dfrac{5}{27}\right]$

435 ●○ $49^x - 13 \cdot 7^x + 36 = 0$ $[\log_7 9; \log_7 4]$

436 ●○ $25^x - 2 \cdot 5^x = 8$ $\left[\dfrac{\log 4}{\log 5}\right]$

437 ●○ $4 \cdot 3^x + 3^{x+1} = 2$ $\left[\dfrac{\log 2 - \log 7}{\log 3}\right]$

438 ●○ $\dfrac{8^x \cdot 2}{2^{x+3}} = \dfrac{2^{x+1}}{2^{2x+2}}$ $\left[\dfrac{1}{3}\right]$

439 ●○ $64 \cdot 4^x + 7 \cdot 2^{x+2} - 2 = 0$ $[-4]$

440 ●○ $3 \cdot 9^x - 28 \cdot 3^x + 9 = 0$ $[-1; 2]$

441 ●○ $6 - \dfrac{3 + 5^x}{5^x} = 6 \cdot 5^x$ [impossibile]

442 ●○ $\dfrac{1}{2^x - 1} + \dfrac{2^x}{4^x - 1} = \dfrac{3 \cdot 2^x - 1}{2^x + 1}$ $[1]$

443 ●○ $\dfrac{(2^{x-2})^x}{4^{2x+1}} = \dfrac{(2^{2x})^{x-3}}{8^{x+4}}$ $[-2; 5]$

444 ●○ $\dfrac{2 \cdot 25^x - 13 \cdot 5^x + 15}{5^x - 5} = 0$ $\left[\dfrac{\ln 3 - \ln 2}{\ln 5}\right]$

Problemi REALTÀ E MODELLI

RISOLVIAMO UN PROBLEMA

Escherichia coli

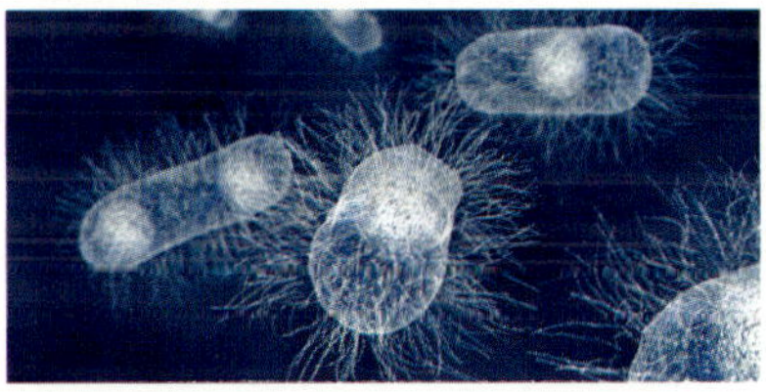

L'*Escherichia coli* è una specie particolare di batterio localizzata nell'ultima parte dell'intestino dell'uomo e degli animali a sangue caldo. Sono batteri necessari per la corretta digestione del cibo, ma alcuni ceppi particolari possono essere dannosi e provocare infezioni.

Sappiamo che il tempo di «raddoppio» per ogni *Escherichia coli* è di circa 20 minuti e che la popolazione al tempo t è data dalla funzione $P(t) = P_0 e^{kt}$, con $k > 0$, dove P_0 è la popolazione all'istante iniziale.

- Determina il valore di k.
- Trova il numero di *Escherichia coli* che si sviluppano da un singolo batterio in 7 ore.
- Dopo quanto tempo, da $t = 0$, la popolazione raggiunge le 90 000 unità, nell'ipotesi che $P_0 = 1$?

▶ **Determiniamo il valore di *k*.**

Se usiamo come unità di tempo l'ora (h), $t = 20$ minuti corrisponde a $\frac{1}{3}$ h. Quindi:

$$P\left(\frac{1}{3}\right) = P_0 e^{k \cdot \frac{1}{3}}, \text{ con } k > 0.$$

Poiché la popolazione iniziale P_0 raddoppia dopo $\frac{1}{3}$ h,

$$P_0 e^{k \cdot \frac{1}{3}} = 2P_0,$$

da cui, semplificando P_0, si ottiene:

$$e^{\frac{1}{3}k} = 2.$$

Risolviamo l'equazione con i logaritmi:

$$\ln\left(e^{\frac{1}{3}k}\right) = \ln 2 \to \frac{1}{3}k = \ln 2 \to k \simeq 2{,}08.$$

▶ **Calcoliamo il numero di batteri dopo 7 ore.**

Se $P_0 = 1$, per $t = 7$:

$$P(7) = e^{2{,}08 \cdot 7} \to P(7) \simeq 2105367.$$

▶ **Calcoliamo il tempo necessario a raggiungere 90 000 unità.**

$90000 = e^{2{,}08 \cdot t} \to \ln 90000 = 2{,}08 \cdot t \to t = 5{,}484406225.$
Questo tempo è di circa 5 ore e 29 minuti.

445 **Capelli in caduta** Circa l'80% degli uomini dopo i 45 anni è colpito da una perdita di capelli. Indicata con C_0 la quantità di capelli all'inizio della caduta, si può pensare che il numero decresca secondo la legge $C(t) = C_0 e^{-kt}$, dove t è il tempo espresso in anni.

a. Scrivi le espressioni analitiche delle funzioni che riguardano uomini bruni ($k = 0,138$) e uomini biondi ($k = 0,147$) e traccia i loro grafici.
b. Verifica che dopo 5 anni il numero di capelli di un uomo bruno si è dimezzato.
c. Mediante un'equazione calcola dopo quanto tempo un uomo biondo e uno bruno hanno lo stesso numero di capelli e quanti sono i capelli dopo quel tempo.

[a) $C(t) = 100000e^{-0,138t}$, $C(t) = 140000e^{-0,147t}$; c) circa 37 anni e 5 mesi, 575 capelli]

446 **Veder lontano** Nel 1965 Gordon Moore, che diventò poi il fondatore di Intel, teorizzò che la potenza di calcolo dei processori sarebbe cresciuta negli anni successivi in modo prevedibile: in particolare, il numero di transistor presenti nei processori sarebbe raddoppiato ogni dodici mesi circa.

a. Scrivi l'espressione della funzione $t(x)$ che esprime questa relazione in funzione di x, numero di mesi trascorsi.
b. Un processore, nel gennaio 1992, conteneva 750 000 transistor. Se la legge di Moore è valida, in quale anno è stato realizzato un processore con 1 000 000 000 di transistor?

[a) $t(x) = t_0 \cdot 2^{\frac{x}{12}}$; b) 2002]

447 **Non riesco a dormire!** Se si beve caffè, per calcolare approssimativamente la quantità totale di caffeina presente nel corpo al passare del tempo si può utilizzare la formula $C_1 = C_0 e^{-\frac{3}{20}t}$, dove il tempo t è espresso in ore e C_0 è la quantità di caffeina che si assume all'istante t_0 (la formula deriva da valori medi, infatti l'assorbimento della caffeina dipende fortemente dalle caratteristiche di ogni singola persona).

a. Una tazzina di caffè contiene circa 60 mg di caffeina; quanto tempo ci vuole per portare a 40 mg la quantità di caffeina nel corpo di chi la assume?
b. Rappresenta graficamente la funzione che indica come varia la quantità di caffeina presente al variare del tempo se si bevono due tazzine di caffè una subito dopo l'altra.

[a) circa 2 ore e 42 minuti]

Disequazioni esponenziali risolubili con i logaritmi

▶ Teoria a p. 415

448 **ESERCIZIO GUIDA** Risolviamo $7^x > 4 \cdot 3^{5x}$.

Applichiamo a entrambi i membri il logaritmo in base 10. Poiché la base è maggiore di 1, manteniamo il segno $>$ nella disequazione fra logaritmi.

$$\log 7^x > \log(4 \cdot 3^{5x})$$ logaritmo di un prodotto

$$\log 7^x > \log 4 + \log 3^{5x}$$ logaritmo di una potenza

$$x \log 7 > 2\log 2 + 5x \log 3$$

$$x\log 7 - 5x\log 3 > 2\log 2 \rightarrow x \cdot (\log 7 - 5\log 3) > 2\log 2$$

Dato che $\log 7 - 5\log 3 \simeq -1,54 < 0$, dividendo entrambi i membri della disequazione per questo fattore, invertiamo il verso della disequazione.

Le soluzioni sono pertanto: $x < \dfrac{2\log 2}{\log 7 - 5\log 3}$.

ESERCIZI

Risolvi le seguenti disequazioni usando le proprietà dei logaritmi.

449 $2^x < 5$ $\left[x < \frac{\log 5}{\log 2}\right]$

450 $3^{2x} - 4 \geq 0$ $\left[x \geq \frac{\log 4}{2\log 3}\right]$

451 $4 - 7^{2x} > 0$ $\left[x < \frac{\log 4}{2\log 7}\right]$

452 $6^x + 6 \geq 6^{-1}$ $[\forall x]$

453 $10 \cdot 5^{2x} < 1$ $\left[x < -\frac{1}{2\log 5}\right]$

454 $3^{x+1} \geq 2^{1-x}$ $\left[x \geq \frac{\log 2 - \log 3}{\log 2 + \log 3}\right]$

455 $3 \cdot 5^{2-x} - 6^{1+x} < 8 \cdot 5^{2-x} - 2 \cdot 6^{1+x}$ $\left[x < \frac{3\log 5 - \log 6}{\log 6 + \log 5}\right]$

456 $100^x - 2^{3-x} < 0$ $\left[x < \frac{3\log 2}{2 + \log 2}\right]$

457 $5 \cdot 3^{1-x} - 2^{1+x} \geq 4 \cdot 3^{1-x} + 3 \cdot 2^{1+x}$ $\left[x \leq \frac{\log 3 - 3\log 2}{\log 3 + \log 2}\right]$

458 $5^{2x} - \left(\frac{1}{3}\right)^{x-1} < 0$ $\left[x < \frac{\log 3}{2\log 5 + \log 3}\right]$

459 $1 - \frac{1}{4 \cdot 9^x - 4} \geq 0$ $\left[x < 0 \vee x \geq \log_9 \frac{5}{4}\right]$

460 $25^{x+1} - 3 \cdot 5^{2x+1} < 31 - 7 \cdot 25^x$ $\left[x < \frac{\log 31 - \log 17}{2\log 5}\right]$

461 $40 - 9 \cdot 2^x > 20 + 2^{2-x}$ $\left[\frac{\log 2 - \log 9}{\log 2} < x < 1\right]$

462 $4^x + 10 > 7 \cdot 2^x$ $\left[x < 1 \vee x > \frac{\log 5}{\log 2}\right]$

463 $\left(\frac{2}{3}\right)^{2x} - \left(\frac{3}{2}\right)^{-x} < 2$ $\left[x > \frac{\log 2}{\log 2 - \log 3}\right]$

Riepilogo: Dominio e segno di una funzione

464 ESERCIZIO GUIDA Cerchiamo il dominio delle seguenti funzioni:

a. $y = \frac{\ln x}{1 - \ln^2 x}$; **b.** $y = \ln(1 - e^{-2x})$.

a. Dobbiamo risolvere il seguente sistema.

$$\begin{cases} x > 0 & \text{condizione di esistenza di } \ln x \\ 1 - \ln^2 x \neq 0 & \text{denominatore diverso da 0} \end{cases}$$

Cerchiamo i valori che annullano il denominatore risolvendo l'equazione:

$$1 - \ln^2 x = 0 \rightarrow \ln^2 x = 1 \rightarrow \ln x = \pm 1.$$

$$\ln x = -1 \rightarrow x = e^{-1}; \qquad \ln x = 1 \rightarrow x = e.$$

Il dominio della funzione è dunque D: $x > 0 \wedge x \neq e^{-1} \wedge x \neq e$.

b. Imponiamo la condizione di esistenza del logaritmo:

$$1 - e^{-2x} > 0 \rightarrow 1 > e^{-2x} \rightarrow e^{-2x} < e^0 \underset{e>1}{\rightarrow} -2x < 0 \rightarrow 2x > 0 \rightarrow x > 0.$$

Il dominio della funzione è D: $x > 0$.

ESERCIZI

Determina il dominio delle seguenti funzioni.

465 $y = \log(2-x) + \log(x+3)$ $[-3 < x < 2]$

466 $y = \dfrac{\ln x}{1 + \ln x}$ $[0 < x < e^{-1} \vee x > e^{-1}]$

467 $y = \sqrt{\log_3 x - 2}$ $[x \geq 9]$

468 $y = \sqrt{4 - (\log_{\frac{1}{2}} x)^2}$ $\left[\frac{1}{4} \leq x \leq 4\right]$

469 $y = \dfrac{\log x}{\ln x - 2}$ $[0 < x < e^2 \vee x > e^2]$

470 $y = \sqrt{3 - \log_2(x-1)}$ $[1 < x \leq 9]$

471 $y = \dfrac{\ln(9-6x)}{\ln x - 1}$ $\left[0 < x < \dfrac{3}{2}\right]$

472 $y = \dfrac{\ln x - 4}{\sqrt{4 - \ln x}}$ $[0 < x < e^4]$

473 $y = \sqrt{\log_2 x - 1} + \sqrt{-\log_2 x + 4}$ $[2 \leq x \leq 16]$

474 $y = \log_2(2^x + 2^{1-x} - 3)$ $[x < 0 \vee x > 1]$

475 $y = \dfrac{1}{\log^2 x - \log x}$ $[x > 0 \wedge x \neq 1 \wedge x \neq 10]$

476 $y = \sqrt{\dfrac{\ln x}{\ln x - 1}}$ $[0 < x \leq 1 \vee x > e]$

477 $y = \dfrac{\sqrt{4-x}}{\ln(2^x - 3)}$ $[\log_2 3 < x \leq 4 \wedge x \neq 2]$

478 $y = \dfrac{3}{(\log_3 x)^2 - \log_3 x - 2}$ $\left[x > 0 \wedge x \neq \dfrac{1}{3} \wedge x \neq 9\right]$

479 $y = \sqrt{|e^x - 2| - 1}$ $[x \leq 0 \vee x \geq \ln 3]$

480 $y = \log_{\frac{1}{2}}\left[\log_{\frac{1}{2}}(x+5)\right]$ $[-5 < x < -4]$

481 $y = \dfrac{1}{5^x - 25^x + 6}$ $\left[x \neq \dfrac{\log 3}{\log 5}\right]$

482 $y = \dfrac{5}{|\log_2(5-x)| - 1}$ $\left[x < 5 \wedge x \neq \dfrac{9}{2} \wedge x \neq 3\right]$

483 $y = \log(2^{-x} - 3)$ $\left[x < -\dfrac{\log 3}{\log 2}\right]$

484 $y = \ln(1 - 2\sqrt{-x})$ $\left[-\dfrac{1}{4} < x \leq 0\right]$

485 $y = \sqrt{\log_2(x+1)} + \sqrt{\log_{\frac{1}{2}} x - 4}$ $\left[0 < x \leq \dfrac{1}{16}\right]$

486 $y = \sqrt{\dfrac{\ln(x^2+4)}{\ln(x+1) - 2}}$ $[x > e^2 - 1]$

487 $y = \sqrt{\log_{\frac{1}{3}} |x|}$ $[-1 \leq x \leq 1 \wedge x \neq 0]$

488 $y = \log_{\frac{1}{2}} \log_2 \log_3 x$ $[x > 3]$

489 $y = \dfrac{2}{\log_3 \sqrt{x}}$ $[x \neq 0 \wedge x \neq -1]$

490 $y = \sqrt{\dfrac{3^x - 2}{\log_3 x}}$ $[0 < x \leq \log_3 2 \vee x > 1]$

Determina il dominio delle seguenti funzioni, studia il segno e determina gli eventuali zeri.

491 $y = \log_3(x+1)$ $[D: x > -1;\ y > 0: x > 0;\ y = 0: x = 0]$

492 $y = \log_{\frac{1}{4}}(2x)$ $\left[D: x > 0;\ y > 0: 0 < x < \dfrac{1}{2};\ y = 0: x = \dfrac{1}{2}\right]$

493 $y = \log_{0,3}(x-3)$ $[D: x > 3;\ y > 0: 3 < x < 4;\ y = 0: x = 4]$

494 $y = \log_4\left(\dfrac{1}{x}\right)$ $[D: x > 0;\ y > 0: 0 < x < 1;\ y = 0: x = 1]$

495 $y = \sqrt{3^x - 5}$ $\left[D: x \geq \dfrac{\log 5}{\log 3};\ y > 0: x > \dfrac{\log 5}{\log 3};\ y = 0: x = \dfrac{\log 5}{\log 3}\right]$

496 $y = \sqrt{\ln x - 1}$ $[D: x \geq e;\ y > 0: x > e;\ y = 0: x = e]$

497 $y = \log\frac{2x-4}{x}$ $[D: x < 0 \vee x > 2; y > 0: x < 0 \vee x > 4; y = 0: x = 4]$

498 $y = \log\frac{1}{x+2}$ $[D: x > -2; y > 0: -2 < x < -1; y = 0: x = -1]$

499 $y = \log_2 \log_2 x$ $[D: x > 1; y > 0: x > 2; y = 0: x = 2]$

500 $y = \frac{1}{\log(2^x - 1)}$ $[D: 0 < x < 1 \vee x > 1; y > 0: x > 1; y = 0:$ impossibile$]$

501 $y = \log(x-2) - 2$ $[D: x > 2; y > 0: x > 102; y = 0: x = 102]$

502 $y = \frac{\log x}{\log(x-3)}$ $[D: x > 3 \wedge x \neq 4; y > 0: x > 4; y = 0:$ impossibile$]$

Equazioni e disequazioni logaritmiche risolvibili solo graficamente

Equazioni

503 ESERCIZIO GUIDA Determiniamo il valore approssimato delle soluzioni della seguente equazione utilizzando il metodo grafico:

$|\ln x| = 1 - x^2.$

Le soluzioni dell'equazione sono le ascisse dei punti di intersezione dei grafici delle due funzioni di equazioni $y = |\ln x|$ e $y = 1 - x^2$. Tracciamo il grafico di $y = |\ln x|$ (figura **a**) e il grafico di $y = 1 - x^2$ (figura **b**), riportandoli in uno stesso piano cartesiano (figura **c**), e segniamo i punti di intersezione A e B.

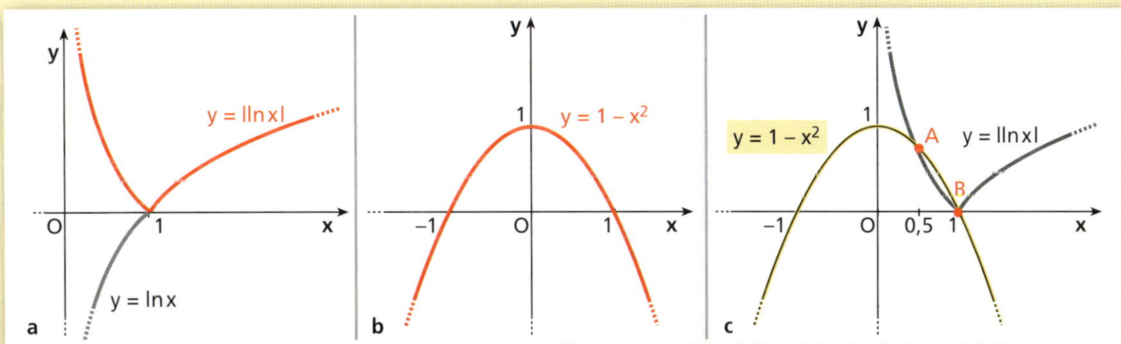

L'ascissa di A si trova fra 0 e 1, approssimativamente in 0,5, mentre quella di B in 1.
Le soluzioni dell'equazione sono $x_1 \simeq 0,5$ e $x_2 = 1$.

Risolvi le seguenti equazioni utilizzando il metodo grafico.

504 $\ln x = 4 - x^2$ $[x \simeq 1,8]$

505 $\ln(x+3) + x = 10$ $[x \simeq 7,6]$

506 $\ln(x+6) - |x| = 0$ $[x_1 \simeq -1,5; x_2 \simeq 2,1]$

507 $\ln x = -2x + 2$ $[x = 1]$

508 $\log(x-2) = x - 2$ $[\nexists x \in \mathbb{R}]$

509 $\log_{\frac{1}{2}} x = -\frac{1}{x}$ $[x \simeq 1,6]$

510 $\ln(x-1) - 1 = \frac{x^2}{16}$ $[\nexists x \in \mathbb{R}]$

511 $\left(\frac{1}{2}\right)^{x+2} = \ln(x+1)$ $[x \simeq 0,2]$

ESERCIZI

Disequazioni

Risolvi le seguenti disequazioni utilizzando il metodo grafico.

512 $\log_2 x \leq 1 - x$ $[x \leq 1]$

513 $x < \log_{\frac{1}{3}} x + 2$ $[0 < x < a, \text{con } a \simeq 1{,}6]$

514 $\ln(x+3) > x^2 - 4$ $[-2 < x < a, \text{con } a \simeq 2{,}4]$

515 $x^2 + 1 > \ln x$ $[x > 0]$

516 $\ln(x+2) > 3^x$ [impossibile]

517 $\ln(x-1) < \dfrac{1}{x-1}$ $[1 < x < a, \text{con } a \simeq 2{,}8]$

LEGGI IL GRAFICO Utilizza le informazioni delle figure e determina:

a. l'equazione di $f(x)$;

b. le coordinate dei punti di intersezione dei grafici di $f(x)$ e $g(x)$;

c. gli intervalli in cui $f(x) > g(x)$.

518

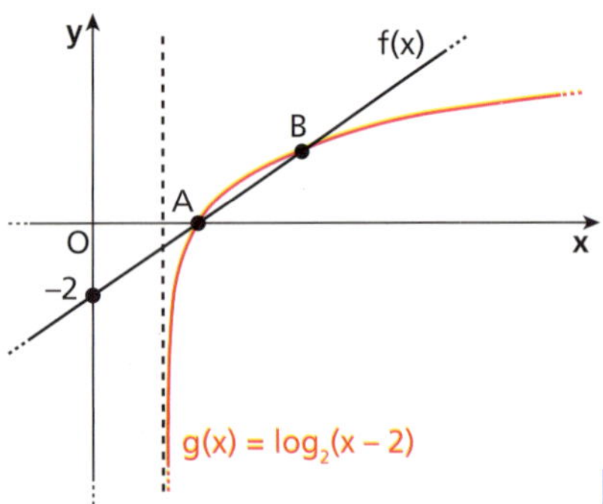

[b) (6; 2)]

519

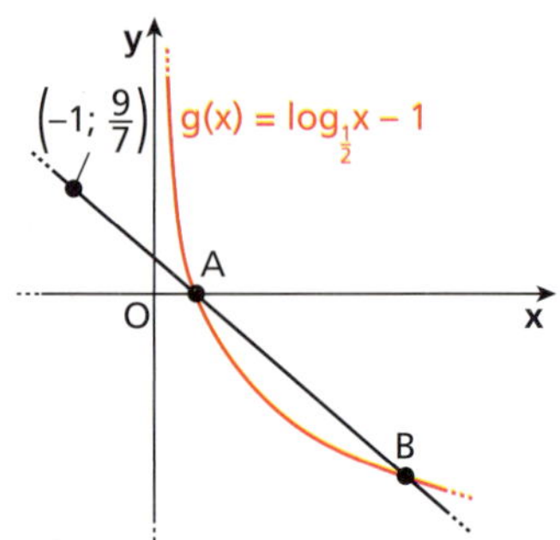

[b) (4; – 3)]

7 Coordinate logaritmiche e semilogaritmiche

Teoria a p. 416

Rappresenta le seguenti funzioni in un piano logaritmico per ognuna delle basi b indicate: $b = 2$, $b = 6$, $b = e$, $b = 10$. Considera le funzioni solo per $x > 0$ e $y > 0$.

520 $x^2 y = 6$

521 $xy^{-2} = 2$

522 $x \cdot 2y = e$

523 $x^e y^{\log 4} = 3$

524 $xy^3 = x^2$

525 $x^2 y^2 = \dfrac{1}{2}$

526 $\sqrt[3]{x^2}\, y = 2$

527 $3x^4 = y^3$

528 $x^{-\frac{1}{3}} y^2 = 10$

529 $(xy)^{\ln 3} = 6$

Rappresenta le seguenti funzioni in un piano semilogaritmico, utilizzando la base più opportuna. Considera le funzioni solo per $y > 0$.

530 $y = 6^{\log_2 5x + 2}$

531 $10^{-x} = y$

532 $y = e^x$

533 $y \cdot 2^{-x} = 1$

534 $\dfrac{y}{5^{2x}} = 1$

535 $y = (10e)^x$

536 $y - e^{3x+1} = 0$

537 $\dfrac{y}{6^x} = 1$

538 $4^x \cdot y - 1 = 0$

Rappresenta nel piano logaritmico o semilogaritmico indicato le seguenti funzioni. Esprimile poi in coordinate cartesiane e, se possibile, rappresentale in un piano cartesiano.

539 $Y = 5X + 1$. $Y = \log_3 y;\ X = \log_3 x$.

540 $Y = \log_4 3 + X$. $Y = y;\ X = \log_4 x$.

541 $Y = \log_7 3 - X$. $Y = \log_7 y;\ X = x$.

542 $Y + X = 3$. $Y = \ln y;\ X = \ln x$.

LEGGI IL GRAFICO Trova per ogni grafico la sua equazione in coordinate logaritmiche o semilogaritmiche e trasformala in coordinate cartesiane.

543 ●○

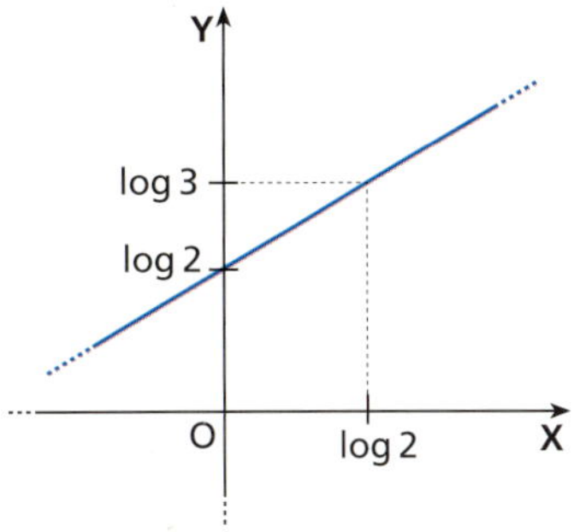

$\left[Y = \log 2 + \frac{\log 3 - \log 2}{\log 2} X;\ y = 2x^{\frac{\log 3 - \log 2}{\log 2}}\right]$

545 ●○

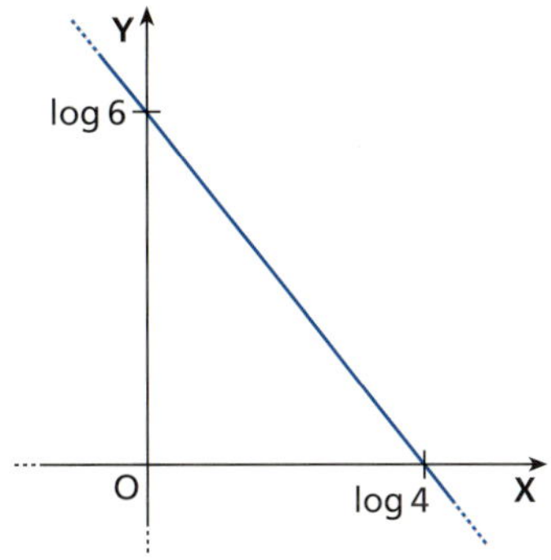

$\left[Y = -\frac{\log 6}{\log 4} X + \log 6;\ y = 6x^{-\frac{\log 6}{\log 4}}\right]$

544 ●○

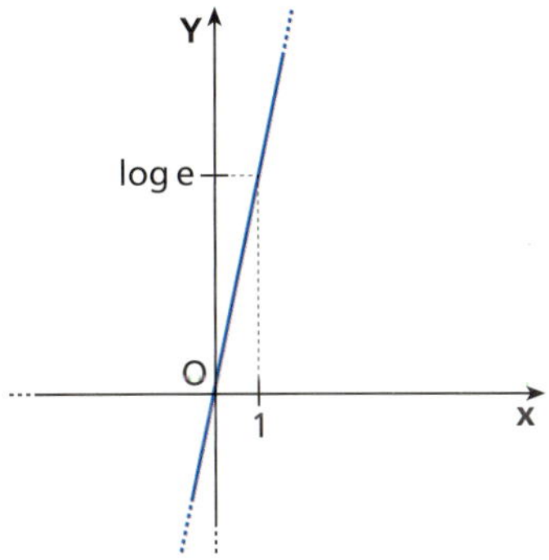

$[Y = (\log e)x;\ y = 10^{(\log e)x}]$

546 ●○

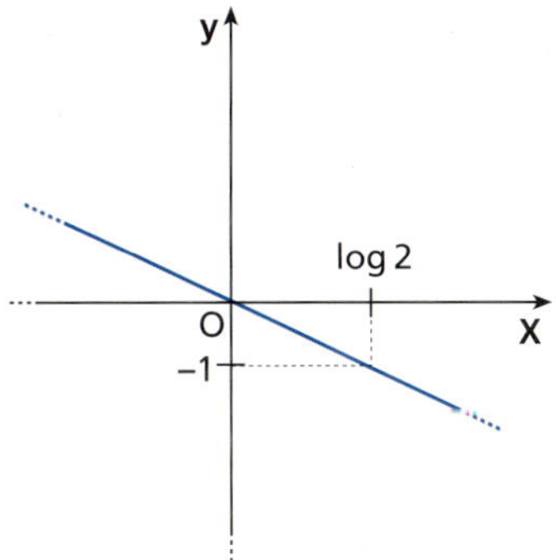

$\left[y = \frac{-1}{\log 2} X;\ x^{2y} = 1\right]$

Per ognuna delle seguenti tabelle, riporta i dati su un piano logaritmico di base $b = 10$ e deduci la funzione che lega le due variabili x e y. Ricorda che $X = \log_{10} x$ e $Y = \log_{10} y$.

547 ●○

X	Y
1	$\frac{1}{2}$
2	0
5	$-\frac{3}{2}$
6	-2

548 ●○

X	Y
0	$\log_{10} 7$
$\log_{10} 7$	$8 \log_{10} 7$
1	$7 + \log_{10} 7$
7	$49 + \log_{10} 7$

549 ●○

X	Y
-3	1
$-\frac{3}{2}$	$\frac{1}{2}$
0	0
6	-2

TUTOR matematica Allenati con **15 esercizi interattivi** con feedback "hai sbagliato, perché..."
su.zanichelli.it/tutor3 risorsa riservata a chi ha acquistato l'edizione con tutor

VERIFICA DELLE COMPETENZE ALLENAMENTO

UTILIZZARE TECNICHE E PROCEDURE DI CALCOLO

1 ●○ **VERO O FALSO?** Nell'espressione $\log_a b = c$:

a. a, b, c devono essere positivi. V F

b. c può essere 0. V F

c. b non può essere 1. V F

d. a, b, c non possono mai essere uguali. V F

2 ●○ **TEST** Se a, b e c sono numeri reali positivi e $a \neq 1$, quale fra le seguenti uguaglianze è *falsa*?

A $\log_a(b \cdot c) = \log_a b + \log_a c$

B $\log_a\left(\frac{b}{c}\right) = \log_a b - \log_a c$

C $\log_a a = 1$

D $\log_a b \cdot \log_a c = \log_a(b + c)$

E $\log_a b^c = c \cdot \log_a b$

Calcola il valore delle seguenti espressioni applicando le proprietà dei logaritmi.

3 ●○ $\log_3 \frac{4}{5} + \log_3 \frac{15}{4} - \log_3(4^{\log_4 9})$ $[-1]$

4 ●○ $\log(100 \cdot 3) + \log 3^4 - 4^{\log_5 \sqrt{5}}$ $[5 \log^3]$

5 ●○ $\log_4 5 \cdot \log_5 64 - \log_3(\log_5 5)$ $[3]$

6 ●○ $\log_9 12 + \frac{1}{2}\log_3 75 - \log_3 10$ $[1]$

7 ●○ Indica le relazioni che esistono tra i seguenti logaritmi, motivando le risposte:

a. $\log_5 x$ e $\log_{25} x$;

b. $\log_5 x$ e $\log_{\sqrt{5}} \sqrt{x}$;

c. $\log_3 x$ e $\log_9 x$;

d. $\log_7 x$ e $\log_7 (7x)$.

Risolvi le seguenti equazioni logaritmiche.

8 ●○ $\log(2 - x) = 2\log 2$ $[-2]$

9 ●○ $\log_4 x + \log_4(x - 1) = \log_4(3x - 4)$ $[2]$

10 ●○ $\ln^2 x - 4\ln x = 0$ $[1; e^4]$

11 ●○ $\log(x + 5) - \log(x + 3) = \log 4$ $\left[-\frac{7}{3}\right]$

12 ●○ $\log(x - 2) - \log(x + 1) = \log 6$ [impossibile]

13 ●○ $\log 7 + \log(x - 3) - \log x = \log 14 - \log(x + 1)$ $[2 + \sqrt{7}]$

Risolvi le seguenti disequazioni logaritmiche.

14 ●○ $\log_{\frac{2}{3}}(3x - 1) > 1$ $\left[\frac{1}{3} < x < \frac{5}{9}\right]$

15 ●○ $\log_2(4x + 6) - \log_2(5 + x) \leq 1$ $\left[-\frac{3}{2} < x \leq 2\right]$

16 ●○ $\log_2 \log_{\frac{1}{2}}(x - 6) < 0$ $\left[\frac{13}{2} < x < 7\right]$

17 ●○ $\ln(x + 1) - 2\ln(x - 2) + \ln(x - 1) < 0$ [imp.]

18 ●○ $\log_5(4^{2x} + 1) > 1$ $\left[x > \frac{1}{2}\right]$

19 ●○ $\frac{\log(x - 3)\log x}{\log(x - 4)} \leq 0$ $[4 < x < 5]$

20 ●○ $\frac{1}{2}\log_3 x - \log_9 x \log_3 x \leq 0$ $[0 < x \leq 1 \vee x \geq 3]$

21 ●○ $\log(3x - 2) \geq \log(x + 4)$ $[x \geq 3]$

22 ●○ $[\log_4(3x)]^2 - \log_4(9x^2) + 1 \leq 0$ $\left[x = \frac{4}{3}\right]$

23 ●○ $(\log_3 x)^2 - \log_3 x - 2 > 0$ $\left[0 < x < \frac{1}{3} \vee x > 9\right]$

24 ●● $\frac{2}{\log_{\frac{2}{3}} x - 1} > \frac{\log_{\frac{2}{3}} x}{\log_{\frac{2}{3}} x - 1}$ $\left[\frac{4}{9} < x < \frac{2}{3}\right]$

Risolvi con i logaritmi le seguenti equazioni e disequazioni esponenziali.

25 ●○ $4 \cdot 5^x = 3^{2x+1}$ $\left[\frac{\log 3 - \log 4}{\log 5 - 2\log 3}\right]$

26 ●○ $9^x - 3^{x+1} - 10 = 0$ $\left[\frac{\log 5}{\log 3}\right]$

27 ●○ $\frac{5}{3^x - 1} - \frac{1}{3^x + 1} = \frac{26}{9^x - 1}$ $\left[\frac{\log 5}{\log 3}\right]$

28 ●● $\frac{9^{1-2x} \cdot 3^{5x-2}}{2^{x+1}} < \frac{7}{2 \cdot 4^x}$ $\left[x < \frac{\log 7}{\log 2 + \log 3}\right]$

29 ●● $\frac{2^x - 2}{\sqrt[3]{3 \cdot 6^x \cdot (6^x - 1) - 6}} < 0$ $\left[\frac{\log 2}{\log 6} < x < 1\right]$

30 ●● $\log_3(2^{2x+1} - 5 \cdot 2^x - 2) \geq 0$ $[x \geq \log_2 3]$

Risolvi i seguenti sistemi.

31 $\begin{cases} \log_2(x+y)=3 \\ 2y-x=1 \end{cases}$ $[(5;3)]$

32 $\begin{cases} \log_3(2x-y)=0 \\ 3^y+3^x-\frac{4}{3}=0 \end{cases}$ $[(0;-1)]$

ANALIZZARE E INTERPRETARE DATI E GRAFICI

Determina il dominio delle seguenti funzioni.

33 $y=\log(x+5)-\log(6-x)+2$ $[-5<x<6]$

34 $y=\sqrt{\log\frac{x}{x-3}}$ $[x>3]$

35 $y=\frac{x}{\log(x+1)}$ $[x>-1 \wedge x\neq 0]$

36 $y=\frac{5}{\log(x^2+1)-1}$ $[x\neq\pm 3]$

37 $y=\log_3\log_2 x$ $[x>1]$

38 $y=\ln(|x|-1)+2$ $[x<-1 \vee x>1]$

39 $y=\sqrt{1-\log^2 x}$ $\left[\frac{1}{10}\le x\le 10\right]$

40 $y=\log(10^x+4)-\log(10^x-5)$ $[x>\log 5]$

41 $y=\log\frac{x-2}{x^2-x}$ $[0<x<1 \vee x>2]$

42 $y=\sqrt{\log_2(x-1)}$ $[x\ge 2]$

43 Determina la funzione inversa di $y=\log(x-3)$ e disegna i grafici delle due funzioni. $[y=10^x+3]$

VERO O FALSO?

44 La funzione $y=\log_2(x+1)$:
- a. è crescente. V F
- b. ha dominio $D: x\ge -1$ V F
- c. ha il grafico che passa per l'origine. V F
- d. ha come inversa $y=2^{x-1}$. V F

45 La funzione $y=\log_{0,5}(x)$:
- a. è positiva per $0<x<1$. V F
- b. ha dominio $D: x>0$. V F
- c. è crescente. V F
- d. ha il grafico che passa per $P\left(1;\frac{1}{2}\right)$. V F

46 Data la funzione $y=\log_4 x$, applica a essa, in sequenza, la traslazione di vettore $(2;-3)$, la simmetria rispetto all'asse x e la simmetria rispetto alla retta di equazione $x=5$. Rappresenta graficamente la funzione ottenuta ed esprimila analiticamente. $[y=-\log_4(8-x)+3]$

Disegna il grafico delle seguenti funzioni.

47 $y=\ln(x+2)$

48 $y=|\log_2 x+1|$

49 $y=\log|x|$

50 $y=-\log(x-3)$

51 $y=4-\ln x$

52 $y=2+\log_{\frac{1}{2}} x$

LEGGI IL GRAFICO **Trova *a* e *b* nelle equazioni dei seguenti grafici, utilizzando le informazioni delle figure.**

53

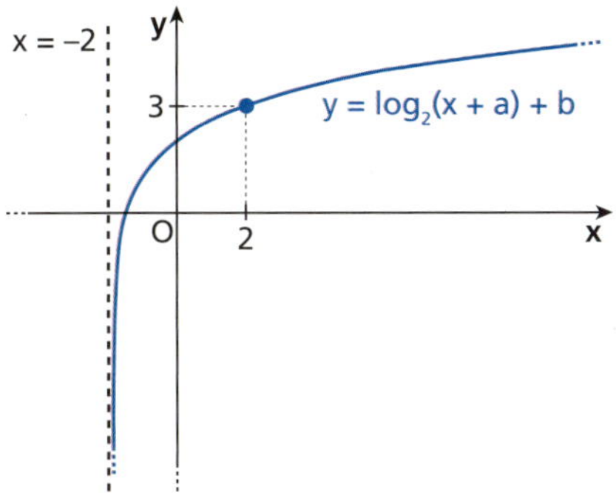

$[a=2, b=1]$

54

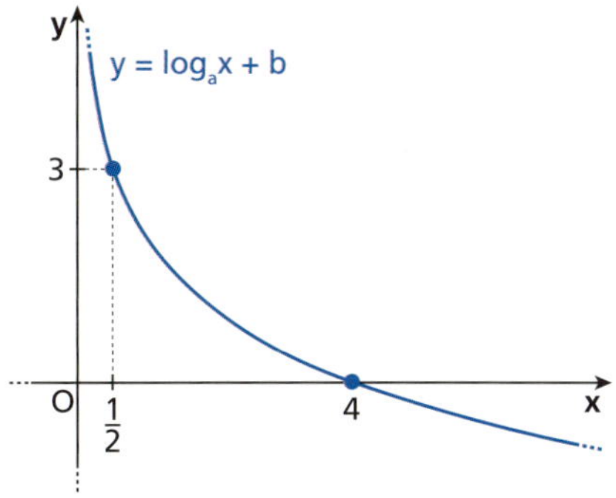

$\left[a=\frac{1}{2}, b=2\right]$

COSTRUIRE E UTILIZZARE MODELLI

55 ●○ **Cavolo logaritmico** Il broccolo romanesco ha una struttura molto affascinante: la parte che si consuma normalmente è composta da una serie di infiorescenze disposte lungo una spirale logaritmica. Il processo di accrescimento del raggio delle infiorescenze (o rosette) si può descrivere con l'equazione

$r = 2 \cdot 10^{-4} \cdot e^{\frac{1}{7}t}$ (t indica il tempo in giorni e r il raggio in cm).

Il broccolo è maturo quando il raggio delle rosette più grandi è compreso tra 4 cm e 8 cm. Quanti giorni impiega a maturare? [circa 70 giorni]

56 ●○ **Volume al massimo** Il livello acustico L percepito viene espresso per convenzione in decibel (dB) e si ricava dalla formula:

$$L = 10\log\frac{I}{I_0},$$

dove I è l'intensità sonora che dipende da proprietà fisiche dell'onda sonora, e $I_0 = 10^{-12}$ W/m² è il più piccolo valore di intensità udibile.

a. Calcola l'intensità sonora I in discoteca.

b. Calcola a quanti decibel corrisponde il valore di intensità sonora che provoca dolore, sapendo che è mille miliardi di volte più intenso di I_0. [a) 10^{-2} W/m²; b) 120 dB]

57 ●● **Rende poco** Il 15 ottobre 2012 Andrea ha impegnato € 18 000 in un piano di gestione patrimoniale. Le condizioni offerte erano quelle che riportiamo a fianco.

> tasso di rendimento non fisso ma che fino a quel momento era stato del 2% annuo
>
> zero spese di gestione
>
> accredito dell'utile alla fine dell'anno reimpiegato nella gestione

Il 19 gennaio 2016 Andrea, poco soddisfatto del rendimento, chiede la chiusura del rapporto e ottiene € 19 158.

a. Calcola quanto è stato il tasso di rendimento annuo dell'operazione utilizzando la funzione $M = C \cdot (1 + x)^t$, dove C è il valore investito, M il valore finale che Andrea ha ritirato, x il tasso di rendimento annuo cercato e t la durata, espressa in anni, dell'operazione.

b. Se invece l'operazione fosse stata descritta con la funzione $M = C \cdot e^{xt}$, quale sarebbe stato il tasso di rendimento? [a) 1,929%; b) 1,9107]

58 ●● **Magnitudo** La scala Richter quantifica l'intensità M, detta *magnitudo*, di un terremoto in base ai dati forniti dagli strumenti di misurazione, che rilevano l'energia E liberata dall'evento sismico.

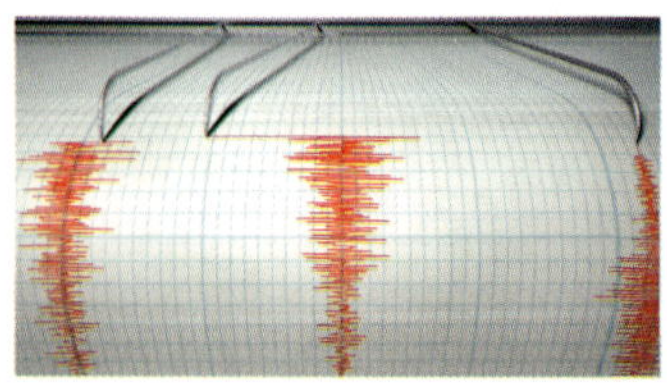

La legge che lega M a E è $M = \frac{2}{3}\log\frac{E}{E_0}$, dove E_0 è un valore di riferimento.

a. Rappresenta il grafico della funzione che esprime M, assumendo come unità di misura $E_0 = 1$.

b. Esprimi E in funzione di M ed E_0.

c. Calcola quanto un terremoto di magnitudo 4 è più potente di uno di magnitudo 2.

d. Calcola quanto un terremoto di magnitudo 6 è più potente di uno di magnitudo 2.

[b) $E = E_0 10^{\frac{3}{2}M}$; c) 1000; d) 1000 000]

TUTOR matematica — Allenati con **15 esercizi interattivi** con feedback "hai sbagliato, perché..."
su.zanichelli.it/tutor3 risorsa riservata a chi ha acquistato l'edizione con tutor

VERIFICA DELLE COMPETENZE

VERIFICA DELLE COMPETENZE PROVE

1 ora

PROVA A

1 COMPLETA

a. $5^{\log_5 15} = \square$

b. $\log 4 + \log 11 = \log \square$

c. $\log_3(9\sqrt{3}) = \square$

d. $\log_{\square}(32) = \dfrac{5}{2}$

2 Calcola il valore delle seguenti espressioni:

a. $\log_3(9 \cdot 5) - \log_3(\log_3 3^5)$;

b. $\log_4 25 + \log_2 \dfrac{16}{5}$.

3 Disegna il grafico delle seguenti funzioni:

a. $y = \left|\log_{\frac{1}{3}} x\right|$;

b. $y = \log(x-1) + 2$.

4 Risolvi le seguenti equazioni:

a. $\log_6(x-3) = 2$;

b. $\log(1+x) + 2\log\sqrt{1-x} = \log(9-6x)$;

c. $2 \cdot 3^{x+2} = 2^{x+1}$.

5 Risolvi le seguenti disequazioni:

a. $\log_3(2x+3) < \log_3(x-4)$;

b. $\log_{\frac{1}{2}}(3x) - \log_{\frac{1}{2}}(x+2) > 1$.

6 Determina il dominio delle seguenti funzioni:

a. $y = \log \dfrac{x-2}{4-x}$;

b. $y = \sqrt{\log_2 x - 2}$.

PROVA B

Il pH La concentrazione molare di ioni H^+ presenti in una soluzione (indicata con $[H^+]$) varia da 1 ($=10^0$) per una soluzione di massima acidità a 10^{-14} per una soluzione di minima acidità, ovvero di massima basicità (la soluzione neutra, l'acqua pura, ha $[H^+] = 10^{-7}$). In questa sequenza di potenze l'elemento significativo è l'esponente del 10; si definisce pertanto il pH di una soluzione come $\text{pH} = -\log[H^+]$.

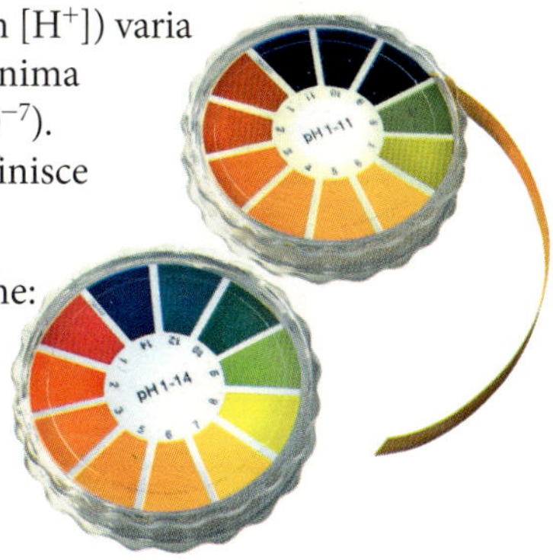

a. Dato il pH delle seguenti soluzioni, distingui quali sono acide, neutre o basiche: acqua di mare da 7,7 a 8,3; latte 6,5; saliva da 6,5 a 7,4; sapone da 9 a 10; succo di mela 3,5; acido cloridrico 0,3.

b. Dato il pH di una soluzione, quanto vale la concentrazione di ioni H^+?

c. Un aumento del pH corrisponde a un aumento oppure a una diminuzione della concentrazione $[H^+]$?

d. La soluzione X ha il pH doppio della soluzione Y; cosa puoi dire della concentrazione di ioni H^+ presenti nelle due soluzioni?

T

CAPITOLO 10

FUNZIONI GONIOMETRICHE

1 Misura degli angoli

Gli angoli e la loro ampiezza

La **trigonometria** ha lo scopo di studiare i procedimenti di calcolo che permettono di determinare, con l'approssimazione che si vuole, la misura degli elementi di un triangolo (lati e angoli), noti alcuni di essi.
Trova applicazione, in particolare, in astronomia, meccanica, navigazione aerea e marittima, topografia. «Trigonometria» deriva dal greco *trígōnos*, che significa «triangolo», e *métron*, ossia «misura».
Lo studio della trigonometria è preceduto da quello della **goniometria**, ossia di quella parte della matematica che si occupa della misura degli angoli e delle relative funzioni.
Richiamiamo la definizione di angolo.

Listen to it

An **angle** is the part of a plane between two rays, called the **sides**, sharing an endpoint, called the **vertex**.

DEFINIZIONE
Un **angolo** è la parte di piano individuata da due semirette a e b che hanno origine comune V.
Il punto V è il **vertice** dell'angolo e le semirette a e b sono i **lati**.

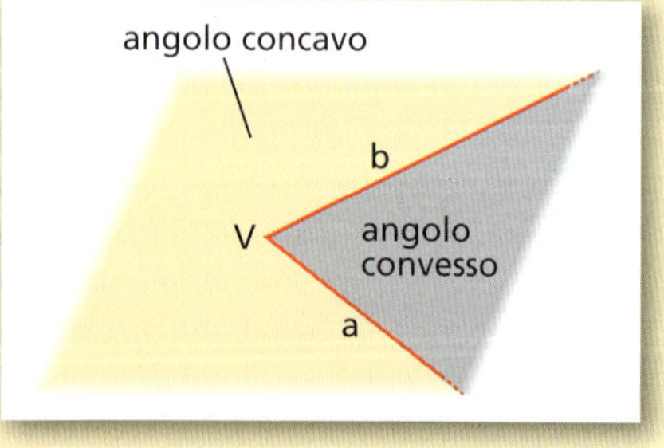

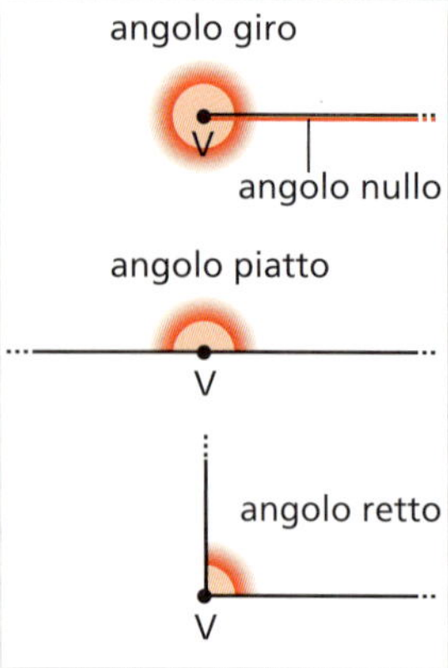

Un angolo è **convesso** quando non contiene i prolungamenti dei suoi lati, **concavo** quando li contiene. In genere, quando parleremo dell'angolo $a\widehat{V}b$, senza altra indicazione, ci riferiremo all'angolo convesso.

Quando i lati di un angolo sono coincidenti, l'angolo è **nullo** se è formato dalla sola semiretta dei lati, è **giro** se è formato da tutti i punti del piano.
Se i lati di un angolo sono uno il prolungamento dell'altro, l'angolo è **piatto**.
Se due rette incontrandosi formano quattro angoli congruenti, ognuno degli angoli è un angolo **retto**.
Due angoli congruenti hanno la stessa **ampiezza**, che si può misurare rispetto a un'unità di misura assegnata.

È usuale indicare con le lettere greche minuscole α, β, γ, ... sia gli angoli sia la misura della loro ampiezza. Le unità di misura più usate sono:

- il grado sessagesimale;
- il radiante.

Misura in gradi

▶ Esercizi a p. 478

Nel *sistema sessagesimale*, l'unità di misura degli angoli è il **grado sessagesimale**, definito come la 360ª parte dell'angolo giro.

Il grado sessagesimale viene indicato con un piccolo cerchio in alto a destra della misura:

$$1° = \frac{1}{360} \text{ dell'angolo giro.}$$

Nel sistema sessagesimale, il grado viene suddiviso a sua volta in 60 *primi*, che vengono indicati con un apice ($'$):

$$1° = 60'.$$

Ogni primo viene suddiviso a sua volta in 60 *secondi*, indicati con due apici ($''$):

$$1' = 60''.$$

Queste suddivisioni in 60 parti danno il nome al sistema di misura.
Un angolo di 32 gradi, 10 primi e 47 secondi viene scritto così:

$$32°\ 10'\ 47''.$$

Il sistema di misura degli angoli con gradi, primi e secondi è il più antico. Risale ai Babilonesi (2000 a.C.), i quali dividevano anche l'anno solare in 360 giorni. Tuttavia, questo sistema presenta il problema di non basarsi su un sistema decimale e di avere quindi procedimenti di calcolo complicati.

Anche soltanto il calcolo della somma delle misure di due angoli non è immediato.

ESEMPIO
Per ottenere

$$30°\ 20'\ 54'' + 2°\ 45'\ 24''$$

dobbiamo prima sommare i secondi e trasformare il risultato in primi e secondi,

$$54'' + 24'' = 78'' \rightarrow 78'' = 1'\ 18'',$$

sommare i primi e trasformare il risultato in gradi e primi,

$$20' + 45' + 1' = 66' \rightarrow 66' = 1°\ 6',$$

sommare i gradi,

$$30° + 2° + 1° = 33°,$$

e ottenere così il risultato finale:

$$33°\ 6'\ 18''.$$

▶ Calcola la somma di $30°24'35''$ e $59°35'25''$. È più o meno di un angolo retto?

▶ Calcola:
a. $25°12'37'' + 13°51'41''$;
b. $180° - 5°3'2''$;
c. $9°30'50'' \cdot 3$.

Animazione

Le calcolatrici scientifiche usano anche il sistema **sessadecimale**, in cui accanto ai gradi si usano decimi, centesimi, millesimi, ... di grado. Per esempio, nel sistema sessadecimale, 37,25° significa $37° + \left(\frac{2}{10}\right)^\circ + \left(\frac{5}{100}\right)^\circ$.

Misura in radianti

▶ Esercizi a p. 480

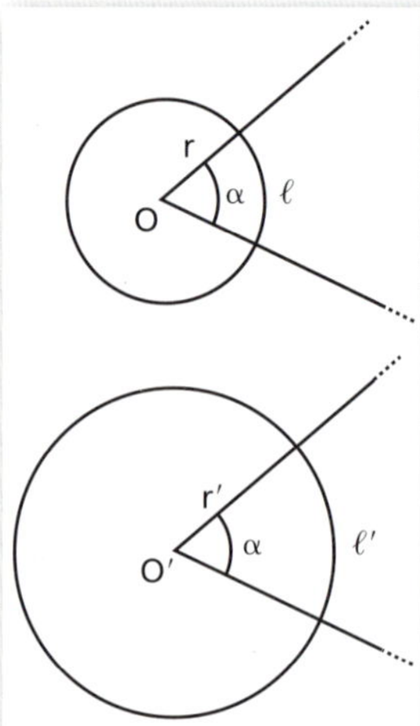

Per semplificare i calcoli si usa il sistema che ha per unità di misura il radiante.
Per definirlo, consideriamo due circonferenze di raggi r e r' e i due archi l e l' su cui insistono angoli al centro della stessa ampiezza α (figura a lato).
Dalla proporzionalità fra archi e angoli al centro si ricava

$$l : \alpha° = 2\pi r : 360° \qquad \text{e} \qquad l' : \alpha° = 2\pi r' : 360°,$$

$$l = \frac{\alpha° \pi}{180°} r \qquad \text{e} \qquad l' = \frac{\alpha° \pi}{180°} r',$$

da cui, dividendo membro a membro, si ottiene

$$l : l' = r : r' \quad \rightarrow \quad l : r = l' : r' \quad \rightarrow \quad \frac{l}{r} = \frac{l'}{r'},$$

cioè gli archi sono proporzionali ai rispettivi raggi e il rapporto $\frac{l}{r}$ non varia al variare della circonferenza, ma dipende solo dall'angolo al centro α.
Pertanto, se ogni volta che si misura un arco l si usa come unità di misura il raggio della circonferenza cui appartiene, si ottiene un numero che non dipende dalla circonferenza considerata, ma solo dall'angolo α che sottende l'arco.
Il rapporto $\frac{l}{r}$ viene quindi assunto come misura, in radianti, dell'angolo α,

$$\alpha = \frac{l}{r}.$$

Come definizione di radiante possiamo allora dare la seguente.

DEFINIZIONE
Data una circonferenza, chiamiamo **radiante** l'angolo al centro che insiste su un arco di lunghezza uguale al raggio.

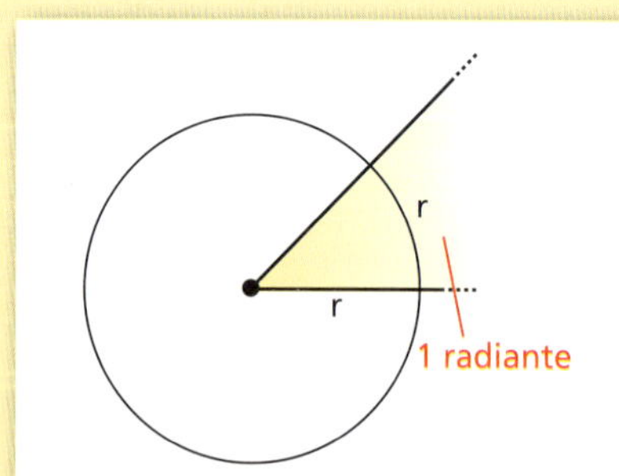

L'unità di misura viene indicata con rad, ma generalmente, se si esprime un angolo in radianti, si è soliti trascurare l'indicazione dell'unità di misura.
Poiché corrisponde all'intera circonferenza, l'angolo giro misura $\frac{2\pi r}{r} = 2\pi$.
L'angolo piatto, che corrisponde a metà circonferenza, misura π, l'angolo retto misura $\frac{\pi}{2}$ ecc.
Dalla relazione $\alpha = \frac{l}{r}$ ricaviamo che, se α è misurato in radianti, la **lunghezza di un arco** è:

$$l = \alpha r.$$

Listen to it

A **radian** is the measure of the angle at the centre of a circle that intercepts an arc whose length is equal to the radius of the circle.

MATEMATICA E STORIA
L'inafferrabile pi greco

▶ Perché π affascina tanto i matematici?

La risposta

Dai gradi ai radianti e viceversa

Date le misure di un angolo α in gradi e in radianti, vale la proporzione $\alpha° : \alpha_{rad} = 360° : 2\pi$, da cui:

$$\alpha° = \alpha_{rad} \cdot \frac{180°}{\pi}, \qquad \alpha_{rad} = \alpha° \cdot \frac{\pi}{180°}.$$

ESEMPIO

1. A quanti gradi corrisponde 1 radiante?
   Applichiamo la prima formula:
   $$\alpha° = 1 \cdot \frac{180°}{\pi} = \frac{180°}{\pi} \simeq 57°.$$
2. A quanti radianti corrispondono 60°?
   Applichiamo la seconda formula:
   $$\alpha_{rad} = \overset{1}{\cancel{60}}° \cdot \frac{\pi}{\underset{3}{\cancel{180°}}} = \frac{\pi}{3}.$$

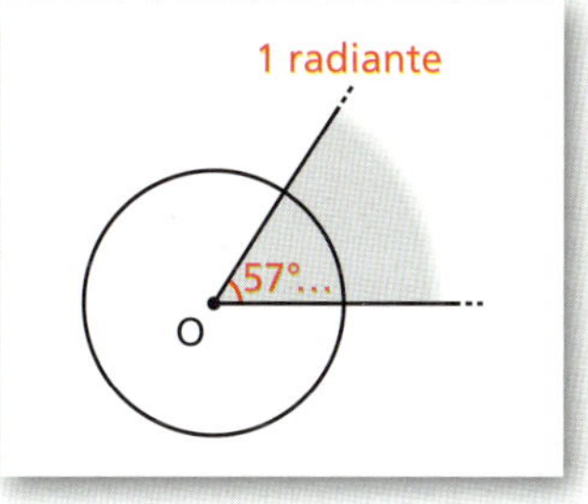

► Trasforma:
a. in radianti le misure di 10°, 18°, 270°;
b. in gradi sessagesimali le misure di $\frac{\pi}{9}$, 2, $\frac{3}{4}\pi$.

Animazione

Riportiamo in una tabella le misure in radianti e in gradi di alcuni angoli.

Misure degli angoli									
Gradi	0°	30°	45°	60°	90°	120°	135°	150°	180°
Radianti	0	$\frac{\pi}{6}$	$\frac{\pi}{4}$	$\frac{\pi}{3}$	$\frac{\pi}{2}$	$\frac{2}{3}\pi$	$\frac{3}{4}\pi$	$\frac{5}{6}\pi$	π

Angoli orientati

► Esercizi a p. 482

La definizione di angolo che abbiamo dato non è adatta per descrivere tutte le situazioni. Per esempio, nell'avvitare o svitare una vite si descrive un angolo che può essere maggiore di un angolo giro.
È più utile quindi collegare il concetto di angolo a quello di *rotazione*, cioè al movimento che porta uno dei lati dell'angolo a sovrapporsi all'altro.

La rotazione è univoca quando ne specifichiamo il **verso**, **orario** o **antiorario**.

Consideriamo la semiretta OA che ruota in senso orario intorno al vertice O, fino a sovrapporsi alla semiretta OB, generando l'angolo $\alpha = A\widehat{O}B$. La semiretta OA si chiama **lato origine** dell'angolo α, la semiretta OB si chiama **lato termine**.

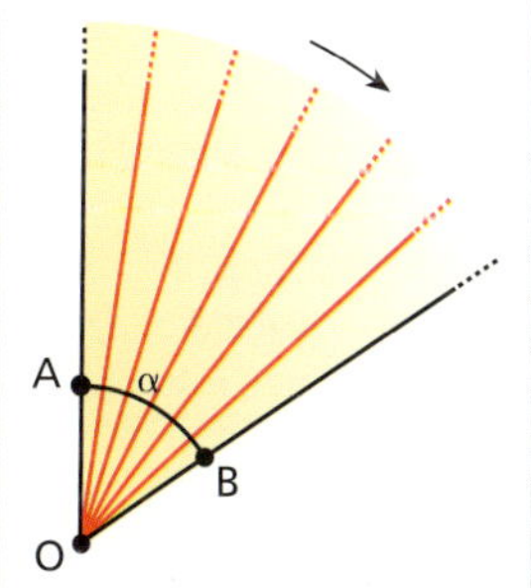

DEFINIZIONE

Un **angolo** è **orientato** quando sono stati scelti uno dei due lati come lato origine e un senso di rotazione.
Un angolo orientato è **positivo** quando è descritto mediante una rotazione in senso orario; è **negativo** quando la rotazione è in senso antiorario.

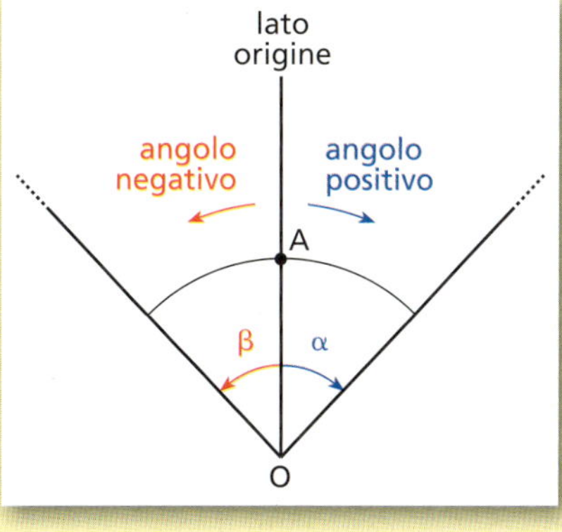

TEORIA

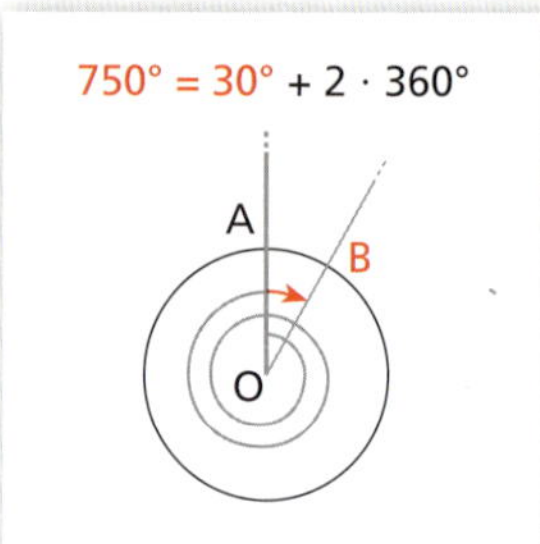

Un angolo orientato può anche essere maggiore di un angolo giro.

ESEMPIO

Poiché $750° = 30° + 2 \cdot 360°$, l'angolo di 750° si ottiene con la rotazione della semiretta OA di due giri completi e di altri 30°.

È possibile scrivere in forma sintetica un qualunque angolo α, minore di un angolo giro, e tutti gli infiniti angoli orientati che da α differiscono di un multiplo dell'angolo giro nel seguente modo:

in gradi: $\alpha + k360°$, con $k \in \mathbb{Z}$; in radianti: $\alpha + 2k\pi$, con $k \in \mathbb{Z}$.

Quando $k = 0$, otteniamo l'angolo α. Nel seguito, in espressioni del tipo $\alpha + 2k\pi$, sottintenderemo che k è un numero intero, senza scrivere esplicitamente $k \in \mathbb{Z}$.

► Scrivi in gradi la misura di almeno 4 angoli che si possono ottenere dall'espressione $\frac{\pi}{2} + 2k\pi$, con $k \in \mathbb{Z}$, per particolari valori di k.

ESEMPIO

La scrittura $\frac{\pi}{4} + 2k\pi$ indica gli angoli:

$$\frac{\pi}{4}, \frac{\pi}{4} \pm 2\pi, \frac{\pi}{4} \pm 4\pi, \frac{\pi}{4} \pm 6\pi, \dots$$

Circonferenza goniometrica

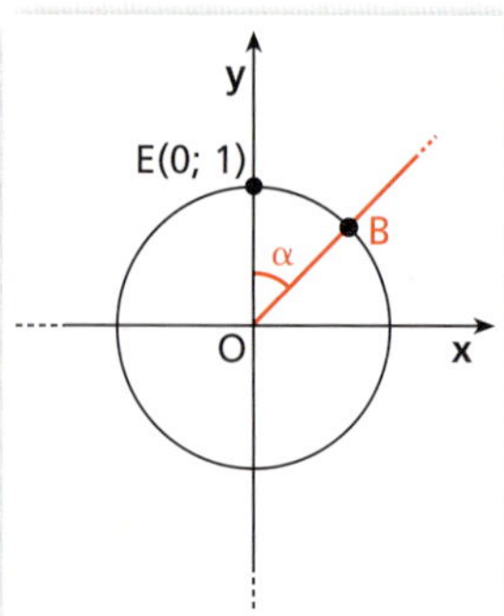

Nel piano cartesiano, per **circonferenza goniometrica** intendiamo la circonferenza che ha come centro l'origine O degli assi e raggio di lunghezza 1, ossia la circonferenza di equazione $x^2 + y^2 = 1$.
Il punto $E(0; 1)$ si dice **origine degli archi**.
Utilizzando la circonferenza goniometrica, si possono rappresentare gli angoli orientati, prendendo come lato origine l'asse y. In questo modo, a ogni angolo corrisponde un punto di intersezione B fra la circonferenza e il lato termine.

ESEMPIO

Rappresentiamo gli angoli $\alpha_1 = \frac{\pi}{6}$, $\alpha_2 = \frac{5}{4}\pi$, $\alpha_3 = -\frac{\pi}{3}$.

Essi individuano sulla circonferenza i punti B_1, B_2 e B_3 della figura.

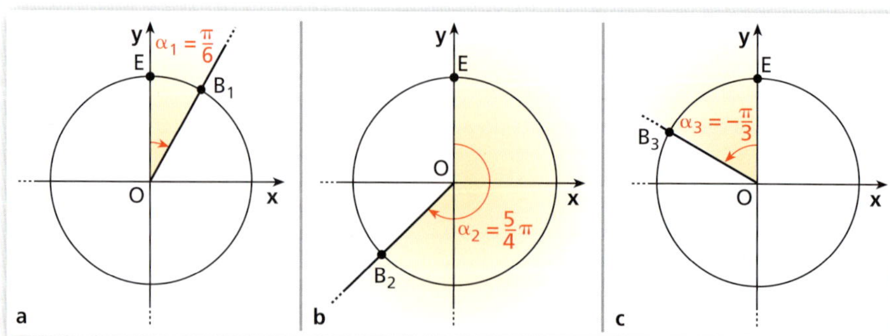

MATEMATICA E TOPOGRAFIA

Rotolare per misurare

► Come si misura con precisione la lunghezza di una strada?

La risposta

2 Funzioni seno e coseno

► Esercizi a p. 483

Introduciamo alcune **funzioni goniometriche** che alla misura dell'ampiezza di ogni angolo associano un numero reale.

DEFINIZIONE

Consideriamo la circonferenza goniometrica e un angolo orientato α, e sia B il punto della circonferenza associato ad α.

Definiamo **coseno** e **seno** dell'angolo α, e indichiamo con $\cos\alpha$ e $\sin\alpha$, le funzioni che ad α associano, rispettivamente, il valore dell'ordinata e quello dell'ascissa del punto B:

$$\cos\alpha = y_B, \qquad \sin\alpha = x_B.$$

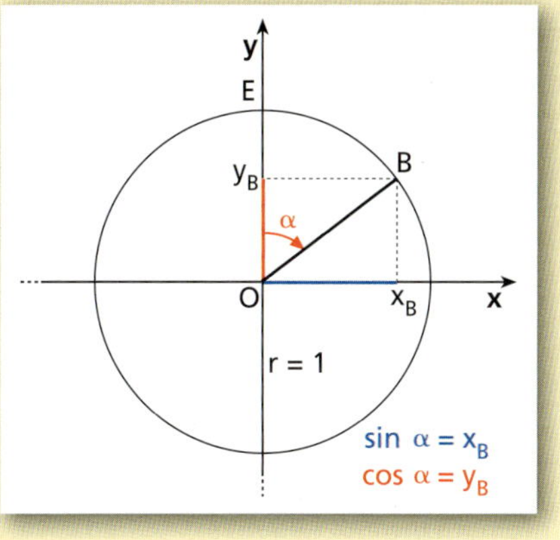

Consideriamo una circonferenza $\mathscr{C}'$ con centro O e raggio qualsiasi $r' \neq 1$.

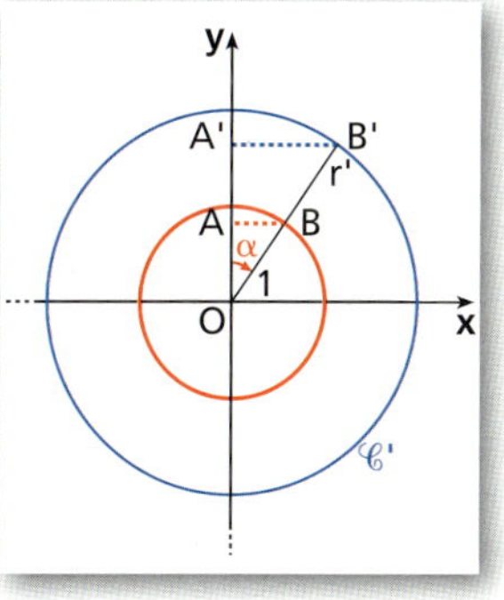

Prendiamo un angolo α appartenente al primo quadrante individuato dal punto B sulla circonferenza goniometrica. Su $\mathscr{C}'$ il punto corrispondente ad α sia B'. Dalla similitudine dei triangoli OBA e $OB'A'$ deduciamo:

$$\frac{\overline{OA'}}{\overline{OB'}} = \frac{\overline{OA}}{\overline{OB}} = \cos\alpha,$$

$$\frac{\overline{B'A'}}{\overline{OB'}} = \frac{\overline{BA}}{\overline{OB}} = \sin\alpha.$$

I due rapporti, e quindi $\sin\alpha$ e $\cos\alpha$, non dipendono dalla particolare circonferenza considerata, ma esclusivamente dall'angolo α.

Osserviamo inoltre che $\sin\alpha$ e $\cos\alpha$ sono numeri puri, perché rapporti di grandezze omogenee, quindi non hanno alcuna unità di misura.

Consideriamo ora un triangolo rettangolo OAB. Possiamo pensare all'ipotenusa OB come al raggio di una circonferenza di centro O, quindi il seno di α è uguale al rapporto fra il cateto opposto all'angolo α e l'ipotenusa, il coseno di α è uguale al rapporto fra il cateto adiacente ad α e l'ipotenusa.

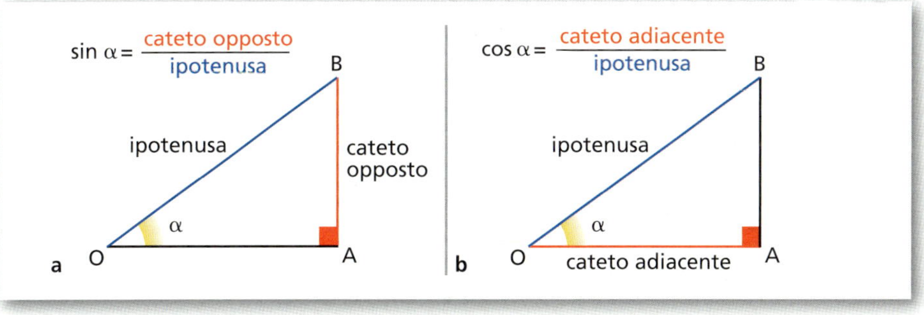

Variazioni delle funzioni seno e coseno

Seno e coseno di un angolo α sono funzioni che hanno come **dominio** $\mathbb{R}$, perché per ogni valore dell'angolo $\alpha \in \mathbb{R}$ esiste uno e un solo punto B sulla circonferenza goniometrica.

Supponiamo che un punto B percorra l'intera circonferenza goniometrica, a partire da E, in verso orario. Se $\alpha = E\widehat{O}B$, come variano $\sin\alpha$ e $\cos\alpha$ al variare della posizione di B? Basta osservare che cosa succede all'ascissa di B (ossia il seno dell'angolo α) e alla sua ordinata (ossia il coseno).

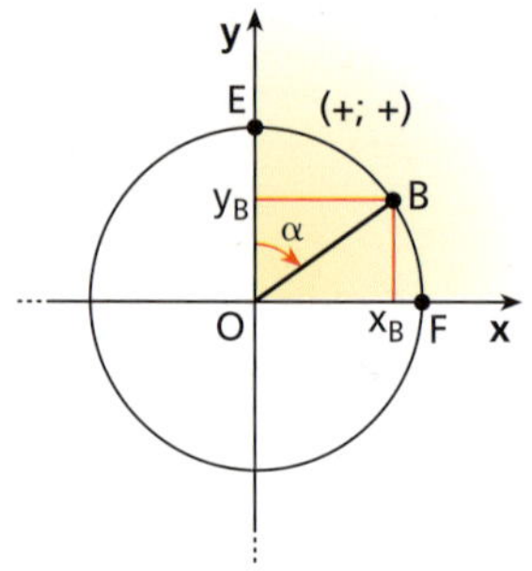

a. Finché B percorre il primo quarto di circonferenza, la sua ascissa x_B e la sua ordinata y_B sono positive. Man mano che B si avvicina al punto F, l'ascissa aumenta e l'ordinata diminuisce.
In F: $x_F = 1$, $y_F = 0$.

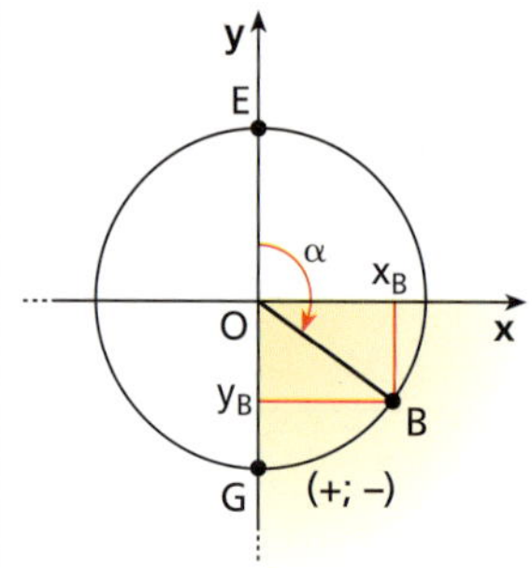

b. Quando B percorre il secondo quarto di circonferenza, la sua ordinata diventa negativa, mentre l'ascissa è ancora positiva. Avvicinandosi a G, sia l'ascissa sia l'ordinata di B diminuiscono.
In G: $x_G = 0$, $y_G = -1$.

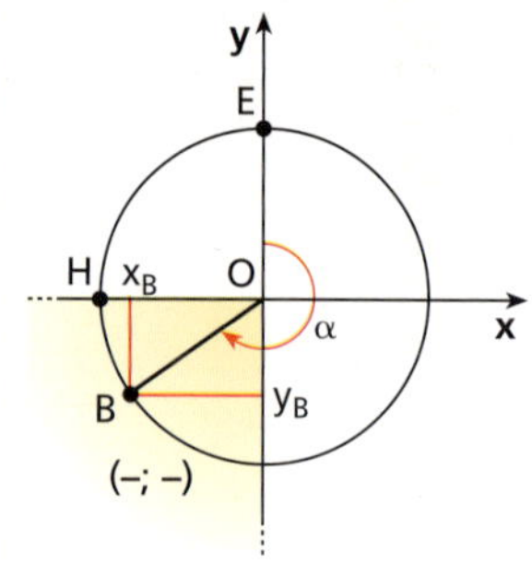

c. Se B si trova nel terzo quadrante, la sua ordinata e la sua ascissa sono negative. Man mano che B si avvicina a H, l'ascissa diminuisce e l'ordinata aumenta.
In H: $x_H = -1$, $y_H = 0$.

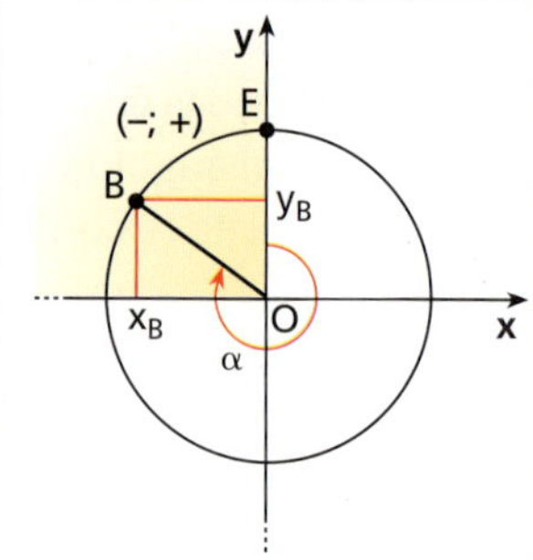

d. Quando B percorre l'ultimo quarto di circonferenza la sua ordinata diventa positiva, mentre l'ascissa è ancora negativa. Quando B si avvicina a E, sia l'ascissa sia l'ordinata aumentano.
In E: $x_E = 0$, $y_E = 1$.

Qualunque sia la posizione di B sulla circonferenza, la sua ordinata e la sua ascissa assumono sempre valori compresi fra -1 e 1, quindi:

$$-1 \leq \cos\alpha \leq 1 \qquad \text{e} \qquad -1 \leq \sin\alpha \leq 1.$$

Il codominio delle funzioni seno e coseno è quindi $[-1; 1]$.

Poiché $\cos\alpha = \cos(-\alpha)$, allora il coseno è una funzione **pari**, mentre, essendo $\sin(-\alpha) = -\sin\alpha$, il seno è una funzione **dispari**.

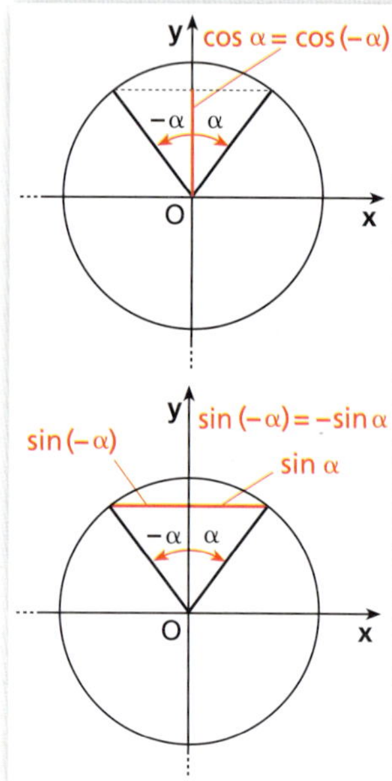

Grafici delle funzioni $y = \sin x$, $y = \cos x$

Per costruire il grafico della funzione $y = \sin x$ in $[0; 2\pi]$ riportiamo sull'asse x i valori degli angoli e, in corrispondenza, sull'asse y le ascisse dei punti B corrispondenti sulla circonferenza goniometrica.

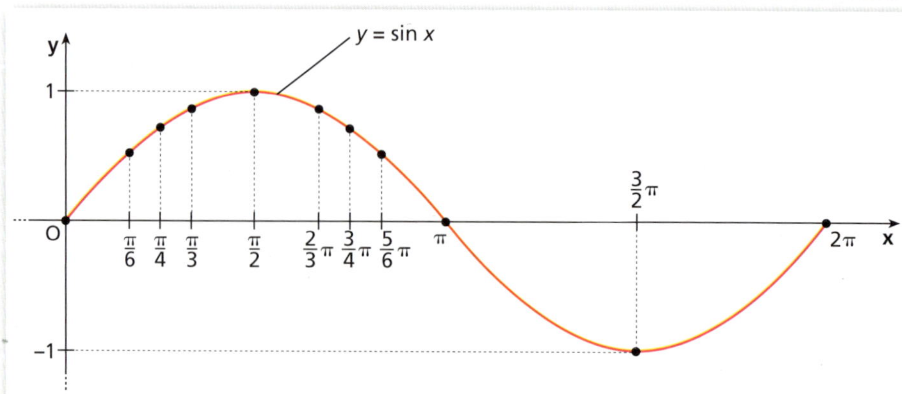

Analogamente, per ottenere il grafico della funzione $y = \cos x$ in $[0; 2\pi]$ riportiamo sulle ordinate di un piano cartesiano le ordinate dei punti B della circonferenza goniometrica in corrispondenza degli angoli.

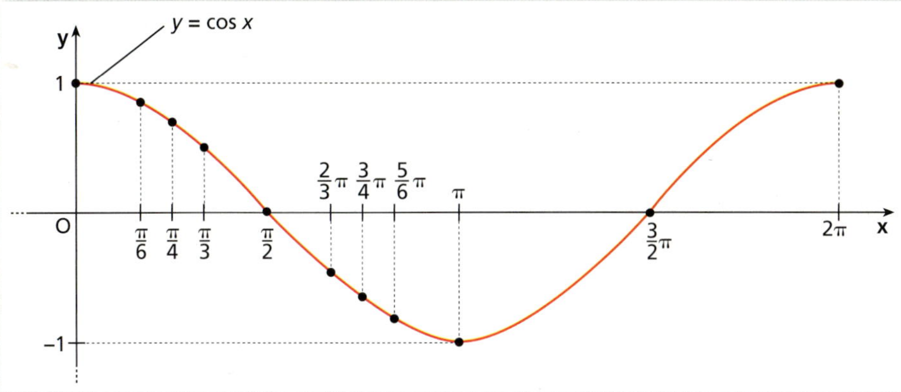

x	$\sin x$	$\cos x$
0	0	1
$\frac{\pi}{6}$	$\frac{1}{2}$	$\frac{\sqrt{3}}{2}$
$\frac{\pi}{4}$	$\frac{\sqrt{2}}{2}$	$\frac{\sqrt{2}}{2}$
$\frac{\pi}{3}$	$\frac{\sqrt{3}}{2}$	$\frac{1}{2}$
$\frac{\pi}{2}$	1	0
$\frac{2}{3}\pi$	$\frac{\sqrt{3}}{2}$	$-\frac{1}{2}$
$\frac{3}{4}\pi$	$\frac{\sqrt{2}}{2}$	$-\frac{\sqrt{2}}{2}$
$\frac{5}{6}\pi$	$\frac{1}{2}$	$-\frac{\sqrt{3}}{2}$
π	0	-1
$\frac{7}{6}\pi$	$-\frac{1}{2}$	$-\frac{\sqrt{3}}{2}$
$\frac{5}{4}\pi$	$-\frac{\sqrt{2}}{2}$	$-\frac{\sqrt{2}}{2}$
$\frac{4}{3}\pi$	$-\frac{\sqrt{3}}{2}$	$-\frac{1}{2}$
$\frac{3}{2}\pi$	1	0
$\frac{5}{3}\pi$	$-\frac{\sqrt{3}}{2}$	$\frac{1}{2}$
$\frac{7}{4}\pi$	$-\frac{\sqrt{2}}{2}$	$\frac{\sqrt{2}}{2}$
$\frac{11}{6}\pi$	$-\frac{1}{2}$	$\frac{\sqrt{3}}{2}$
2π	0	1

Periodo delle funzioni seno e coseno

Dopo aver percorso un giro completo, il punto B può ripetere lo stesso movimento quante volte si vuole.

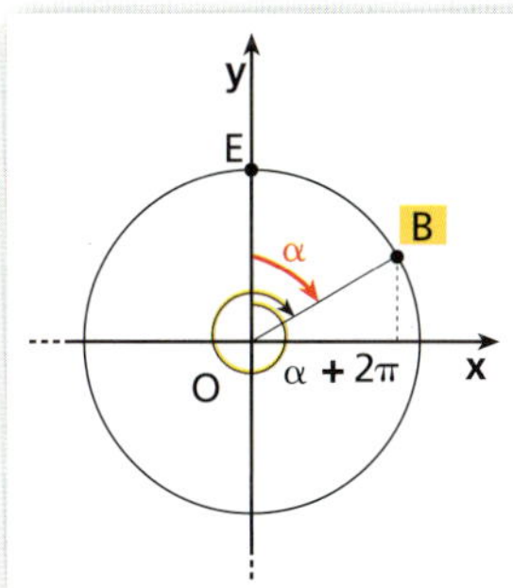

Le funzioni $\sin\alpha$ e $\cos\alpha$ assumono di nuovo gli stessi valori ottenuti al «primo giro», ossia:

$$\sin\alpha = \sin(\alpha + 2\pi) = \sin(\alpha + 2\cdot 2\pi) = \ldots$$

$$\cos\alpha = \cos(\alpha + 2\pi) = \cos(\alpha + 2\cdot 2\pi) = \ldots$$

Le funzioni seno e coseno sono quindi periodiche di periodo 2π. Possiamo scrivere, in modo sintetico:

$$\sin(\alpha + 2k\pi) = \sin\alpha, \quad \cos(\alpha + 2k\pi) = \cos\alpha, \quad \text{con } k \in \mathbb{Z}.$$

In generale, una funzione $y = f(x)$ è detta **periodica** di periodo p (con $p > 0$) se per ogni x e per qualsiasi numero k intero si ha $\boldsymbol{f(x) = f(x + kp)}$.

Sinusoide e cosinusoide

Il grafico completo della funzione seno si chiama **sinusoide**, quello della funzione coseno **cosinusoide**. Le funzioni sono periodiche di periodo 2π, quindi i grafici si ottengono ripetendo ogni 2π i grafici relativi all'intervallo $[0; 2\pi]$.

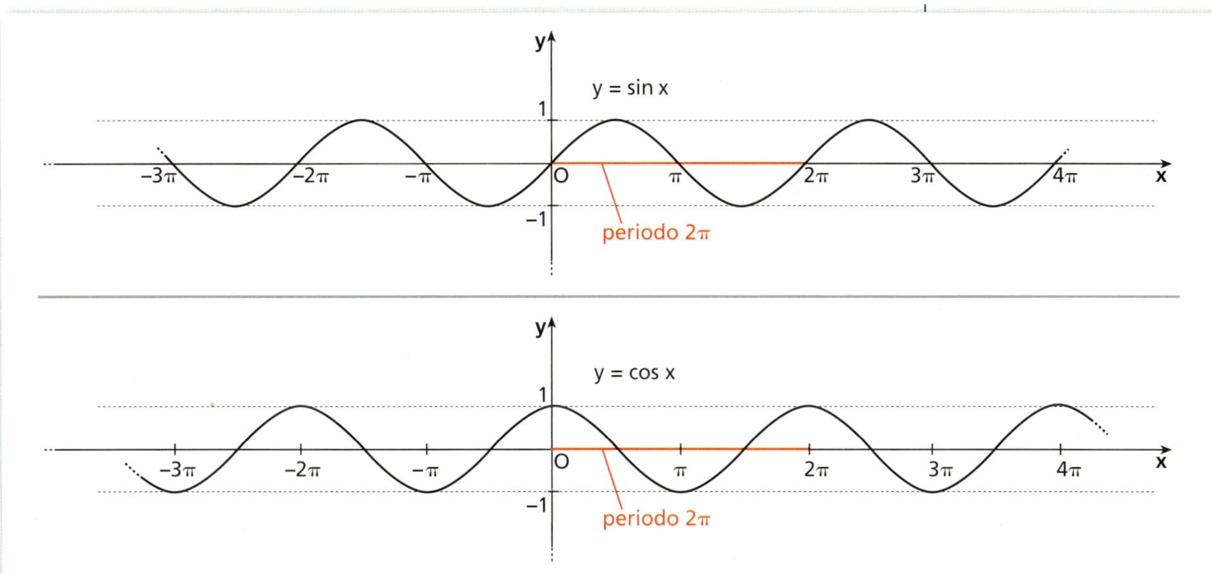

I grafici delle due funzioni sono sovrapponibili con una traslazione di vettore parallelo all'asse x e di modulo $\frac{\pi}{2}$.

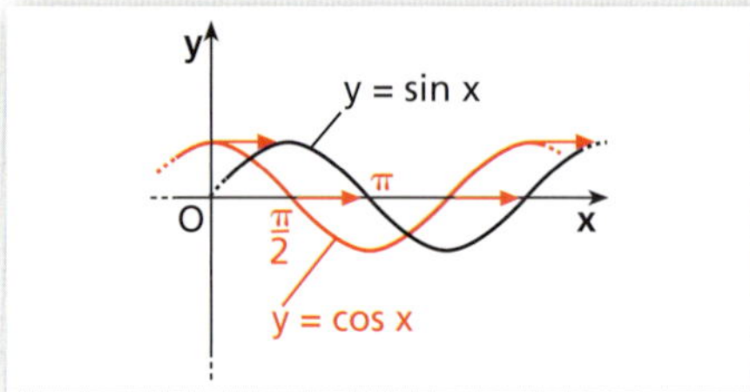

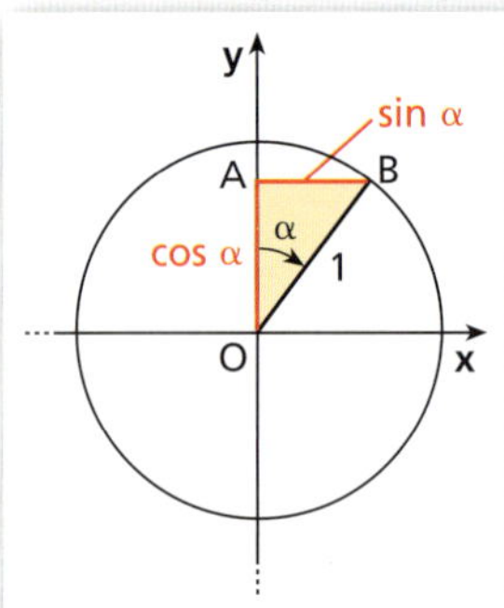

Prima relazione fondamentale

Poiché il punto $B(\sin\alpha; \cos\alpha)$ appartiene alla circonferenza goniometrica, le sue coordinate soddisfano l'equazione $x^2 + y^2 = 1$:

$$\sin^2\alpha + \cos^2\alpha = 1.$$ — prima relazione fondamentale della goniometria

La relazione esprime il teorema di Pitagora applicato al triangolo rettangolo OAB.

Da questa relazione è possibile ricavare $\sin\alpha$ conoscendo $\cos\alpha$ e viceversa. Infatti, se è noto $\cos\alpha$, si ha $\sin\alpha = \pm\sqrt{1-\cos^2\alpha}$. Viceversa, se si conosce $\sin\alpha$, si ha $\cos\alpha = \pm\sqrt{1-\sin^2\alpha}$.

3 Funzione tangente

Tangente di un angolo

▶ Esercizi a p. 487

DEFINIZIONE

Consideriamo un angolo orientato α e chiamiamo B l'intersezione fra il lato termine e la circonferenza goniometrica di centro O. Definiamo **tangente** di α la funzione che ad α associa il rapporto, quando esiste, fra l'ascissa e l'ordinata dal punto B:

$$\tan\alpha = \frac{x_B}{y_B}.$$

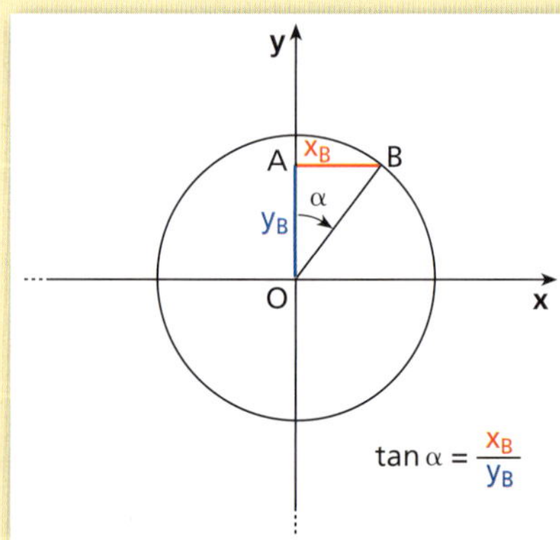

Il rapporto $\frac{x_B}{y_B}$ *non esiste* quando $y_B = 0$, ossia quando B si trova sull'asse x e l'angolo è uguale a $\frac{\pi}{2}$ o a $\frac{3}{2}\pi$ o a un altro valore che ottieni da $\frac{\pi}{2}$ aggiungendo multipli interi dell'angolo piatto. Quindi la tangente esiste solo se:

$$\alpha \neq \frac{\pi}{2} + k\pi, \quad \text{con } k \in \mathbb{Z}.$$

Consideriamo ancora la circonferenza goniometrica, un suo punto $B(x_B; y_B)$, la sua proiezione A sull'asse y e l'angolo orientato $A\widehat{O}B = \alpha$.

Anche in questo caso, come per il seno e il coseno, si può dimostrare che il rapporto $\frac{\overline{AB}}{\overline{OA}}$, e di conseguenza $\frac{x_B}{y_B}$, non varia se cambiamo il raggio della circonferenza. Infatti, considerata una seconda circonferenza di raggio OB', i triangoli OAB e $OA'B'$ sono simili, quindi vale la proporzione

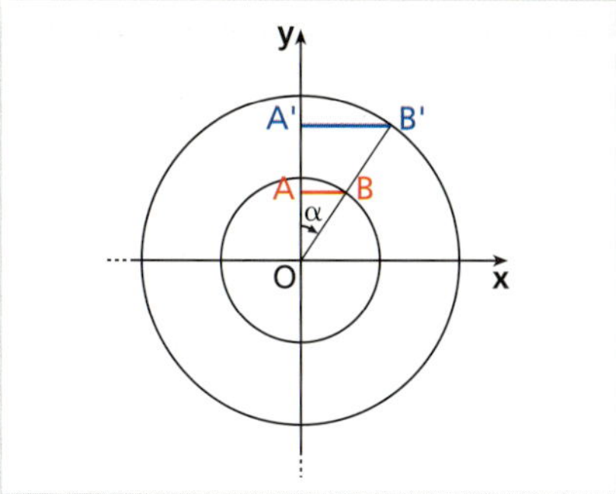

$$\overline{AB} : \overline{OA} = \overline{A'B'} : \overline{OA'},$$

ossia:

$$\frac{\overline{AB}}{\overline{OA}} = \frac{\overline{A'B'}}{\overline{OA'}} = \tan \alpha.$$

Pertanto, il rapporto considerato non dipende dalla particolare circonferenza scelta, bensì solo dall'angolo.

Anche $\tan \alpha$ è un numero puro, essendo un rapporto tra grandezze omogenee. Consideriamo il triangolo rettangolo OAB. Possiamo pensare l'ipotenusa OB come raggio di una circonferenza di centro O. Pertanto la tangente di α è uguale al rapporto fra il cateto opposto all'angolo α e il cateto adiacente.

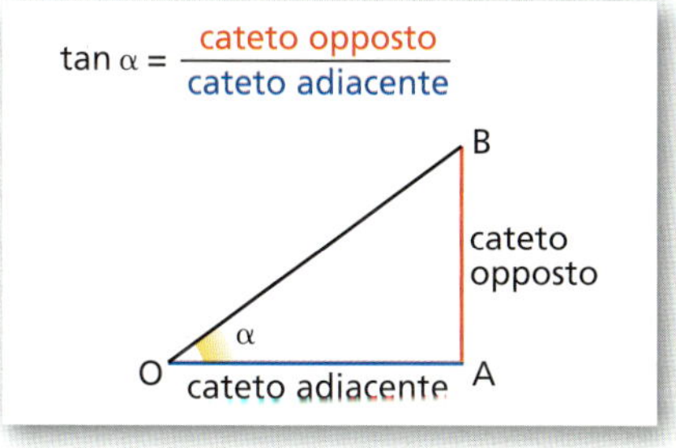

Un altro modo di definire la tangente

Consideriamo la circonferenza goniometrica, la retta tangente a essa nel punto E, origine degli archi, e un angolo α. Il prolungamento del lato termine OB interseca la retta tangente nel punto T (figura a lato).
La tangente di α può anche essere definita come il valore dell'ascissa di T:

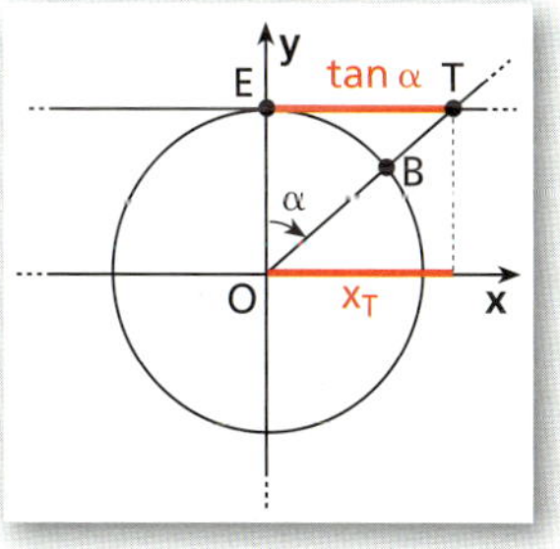

$$\tan \alpha = x_T.$$

Dimostriamo che le due definizioni date sono equivalenti.

DIMOSTRAZIONE

I triangoli rettangoli OAB e OET sono simili, quindi:

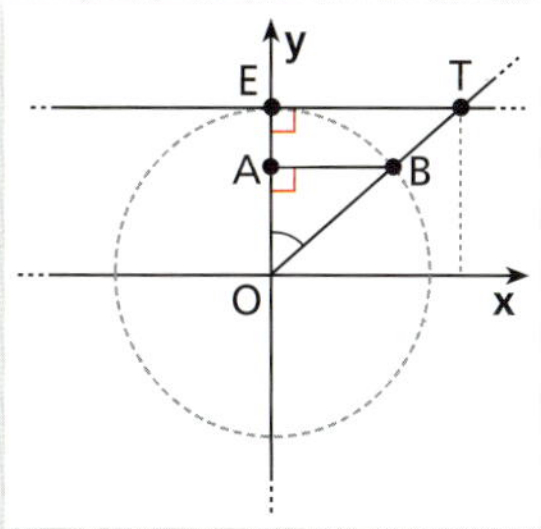

$$\overline{TE} : \overline{BA} = \overline{OE} : \overline{OA} \quad \rightarrow \quad x_T : x_B = 1 : y_B,$$

da cui

$$x_T = \frac{x_B \cdot 1}{y_B}, \quad \text{ossia } x_T = \frac{x_B}{y_B}.$$

Pertanto:

$$\tan \alpha = \frac{x_B}{y_B} = x_T.$$

Variazioni della funzione tangente

Studiamo come varia x_T al variare dell'angolo α.

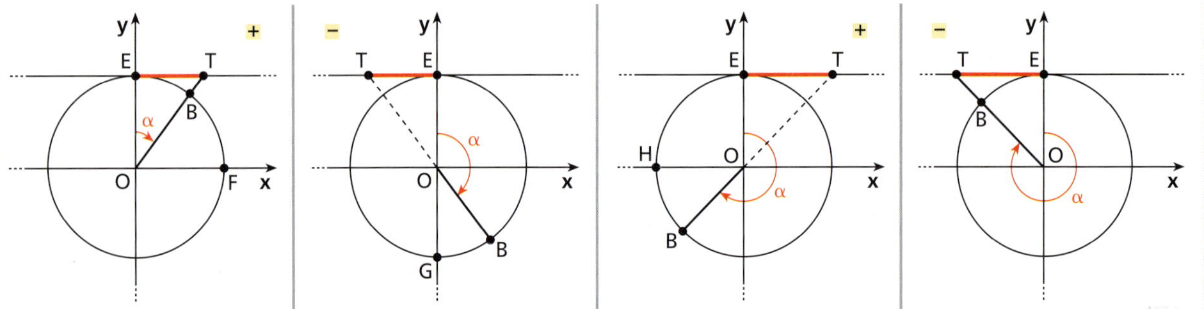

a. Finché B percorre il primo quarto di circonferenza, l'ascissa di T è positiva e aumenta man mano che B si avvicina al punto F. Quando $B \equiv F$, la tangente non esiste.

b. Quando B percorre la circonferenza nel secondo quadrante, l'ascissa di T diventa negativa e aumenta fino a quando $B \equiv G$, in cui $x_T = 0$.

c. Se B si trova nel terzo quadrante, l'ascissa di T è di nuovo positiva e va aumentando fino a quando $B \equiv H$ e T non esiste più. La tangente di $\frac{3}{2}\pi$ non esiste.

d. Quando B è nel quarto quadrante, l'ascissa di T torna a essere negativa e aumenta fino a che $B \equiv E$, dove $x_T = 0$.

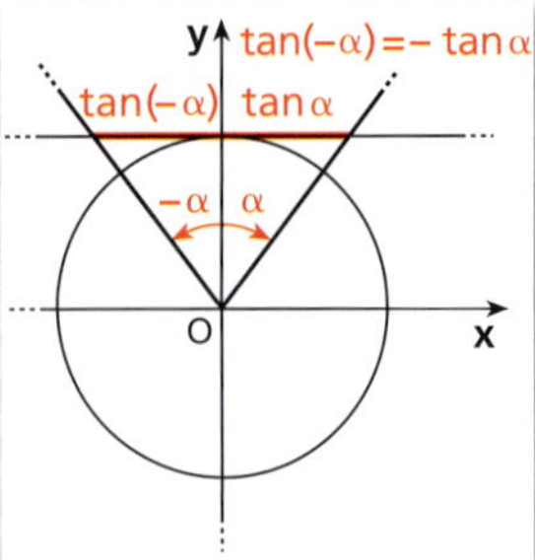

A differenza delle funzioni seno e coseno, la funzione tangente può assumere qualunque valore reale.

Il suo codominio è quindi $\mathbb{R}$, mentre, come abbiamo visto, il suo dominio è:

$$\alpha \neq \frac{\pi}{2} + k\pi, \quad \text{con } k \in \mathbb{Z}.$$

Essendo $\tan(-\alpha) = -\tan\alpha$, la tangente è una funzione dispari.

Grafico della funzione $y = \tan x$

Tracciamo il grafico della funzione $y = \tan x$ nell'intervallo $[0; \pi]$, riportando sull'asse x i valori degli angoli e sull'asse y le ascisse dei punti corrispondenti sulla retta tangente.

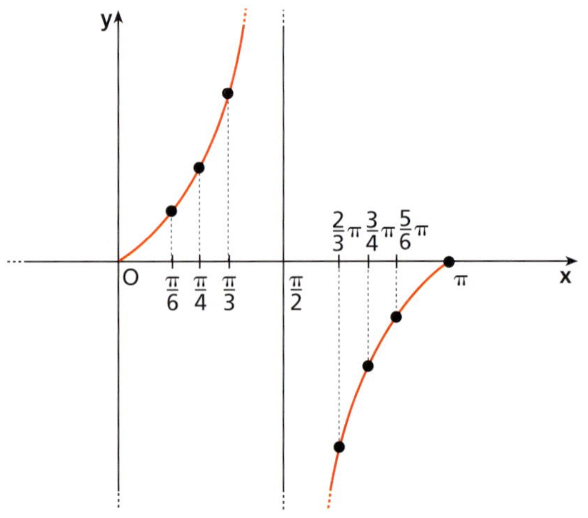

x	0	$\frac{\pi}{6}$	$\frac{\pi}{4}$	$\frac{\pi}{3}$	$\frac{\pi}{2}$	$\frac{2}{3}\pi$	$\frac{3}{4}\pi$	$\frac{5}{6}\pi$	π
tan x	0	$\frac{\sqrt{3}}{3}$	1	$\sqrt{3}$	non esiste	$-\sqrt{3}$	−1	$-\frac{\sqrt{3}}{3}$	0

Notiamo come, man mano che x si avvicina a $\frac{\pi}{2}$:

- con valori minori di $\frac{\pi}{2}$, il valore della funzione tende a diventare sempre più grande; diremo che tende a $+\infty$;
- con valori maggiori di $\frac{\pi}{2}$, il valore della funzione tende a diventare sempre più grande in valore assoluto, in quanto è negativo; diremo che tende a $-\infty$.

Il grafico della tangente, per valori di x che si approssimano a $\frac{\pi}{2}$, si avvicina sempre più alla retta di equazione $x = \frac{\pi}{2}$, detta **asintoto verticale** del grafico.

Periodo della funzione tangente

La tangente è una funzione periodica di periodo π, cioè qualunque sia l'angolo α, è:

$$\tan\alpha = \tan(\alpha + k\pi), \quad \text{con } k \in \mathbb{Z}.$$

Questo si può vedere usando la definizione di tangente (figura a lato).

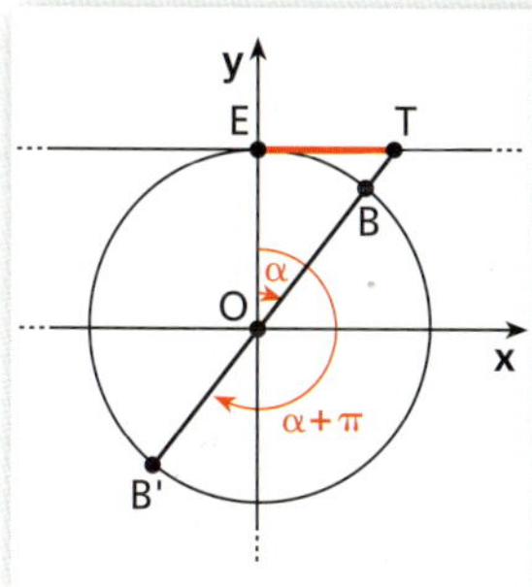

Il grafico completo della tangente si chiama **tangentoide**. Ha infiniti asintoti verticali: le rette di equazioni $x = \frac{\pi}{2} + k\pi$.

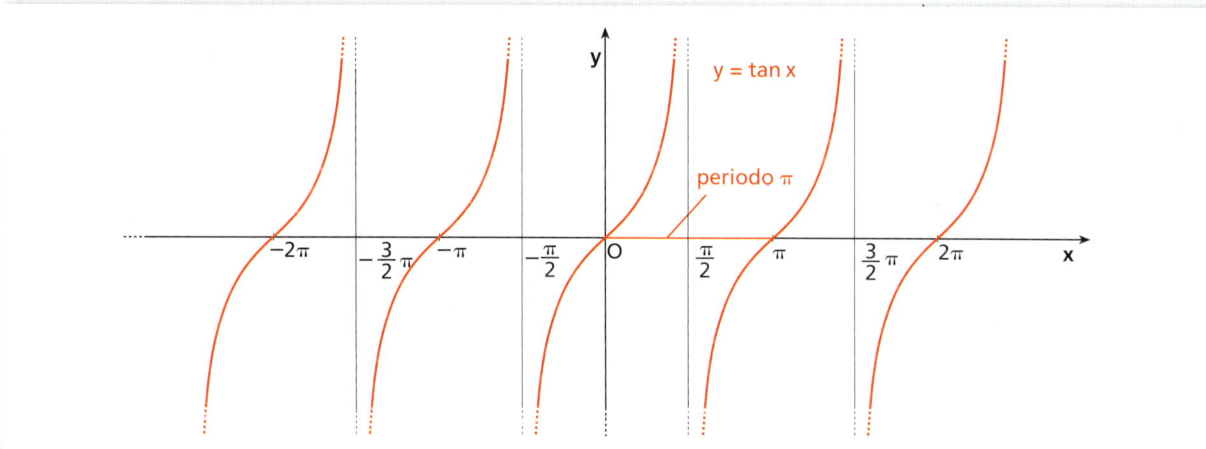

Seconda relazione fondamentale

Consideriamo la circonferenza goniometrica. Per definizione:

$$\tan\alpha = \frac{x_B}{y_B},$$

$$x_B = \sin\alpha, \quad y_B = \cos\alpha.$$

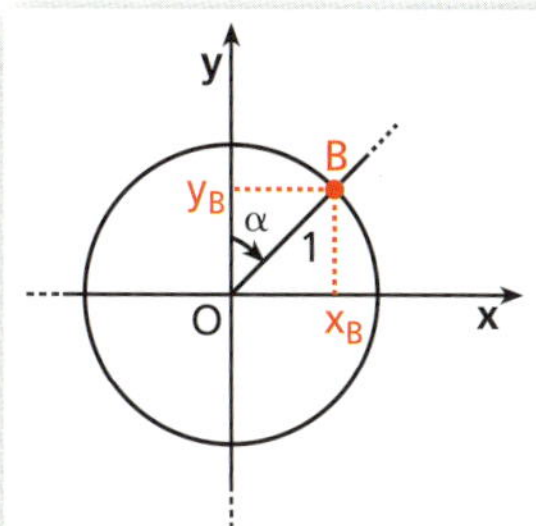

Sostituiamo $\sin\alpha$ e $\cos\alpha$ nell'espressione della tangente:

$$\mathbf{\tan\alpha = \frac{\sin\alpha}{\cos\alpha}}.$$

Questa è la **seconda relazione fondamentale** della goniometria: la tangente di un angolo è data dal rapporto, quando esiste, fra il seno e il coseno dello stesso angolo.

TEORIA

4 Funzioni secante, cosecante e cotangente

Secante e cosecante

▶ Esercizi a p. 490

DEFINIZIONE

Dato un angolo α, chiamiamo:

- **secante** di α la funzione che associa ad α il reciproco del valore di $\cos\alpha$, purché $\cos\alpha$ sia diverso da 0. Si indica con $\sec\alpha$:

$$\sec\alpha = \frac{1}{\cos\alpha}, \quad \text{con } \alpha \neq \frac{\pi}{2} + k\pi \text{ e } k \in \mathbb{Z};$$

- **cosecante** di α la funzione che associa ad α il reciproco del valore di $\sin\alpha$, purché $\sin\alpha$ sia diverso da 0. Si indica con $\csc\alpha$:

$$\csc\alpha = \frac{1}{\sin\alpha}, \quad \text{con } \alpha \neq k\pi \text{ e } k \in \mathbb{Z}.$$

Secante e cosecante, come seno e coseno, sono funzioni periodiche di periodo 2π.

Un altro modo di definire la secante e la cosecante

Consideriamo la circonferenza goniometrica, l'angolo α e la tangente in B che interseca gli assi x e y rispettivamente in S' e S.

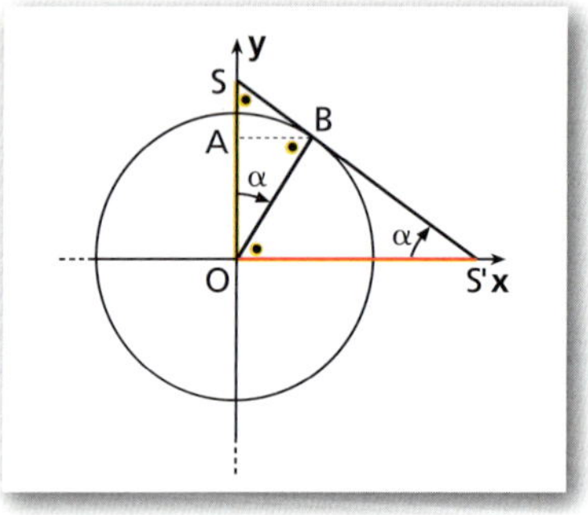

I triangoli OBA e OBS sono simili, quindi:

$$\overline{OA} : \overline{OB} = \overline{OB} : \overline{OS} \quad \rightarrow \quad \cos\alpha : 1 = 1 : \overline{OS},$$

da cui:

$$\overline{OS} = \frac{1}{\cos\alpha} = \sec\alpha.$$

Analogamente, essendo simili i triangoli OAB e OBS':

$$\overline{BA} : \overline{OB} = \overline{OB} : \overline{OS'} \quad \rightarrow \quad \sin\alpha : 1 = 1 : \overline{OS'},$$

da cui:

$$\overline{OS'} = \frac{1}{\sin\alpha} = \csc\alpha.$$

La secante di α è quindi l'ordinata del punto S, intersezione della retta tangente nel punto B, associato ad α sulla circonferenza goniometrica, con l'asse y.
Analogamente, la cosecante di α è l'ascissa del punto S', intersezione della retta tangente in B con l'asse x.

I grafici delle funzioni secante e cosecante sono rappresentati nelle seguenti figure.

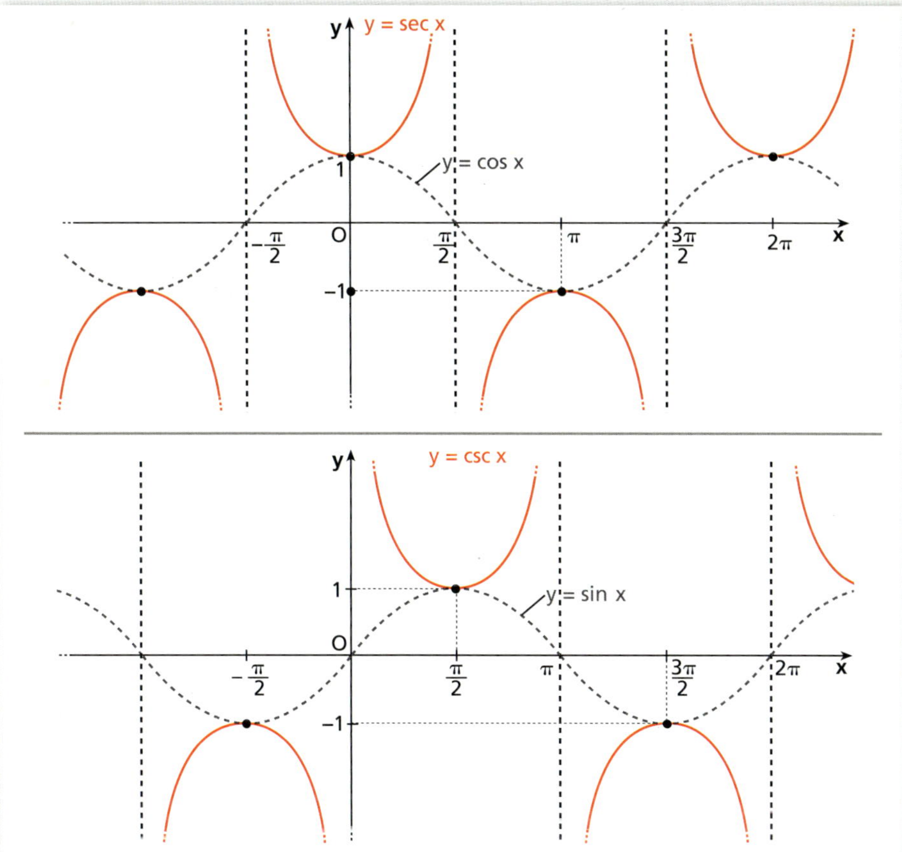

Il grafico di una funzione si ottiene da quello dell'altra con una traslazione di vettore parallelo all'asse x e modulo $\frac{\pi}{2}$.

Dalla figura si deduce che il codominio, sia della funzione secante, sia della funzione cosecante, è $\mathbb{R} -]-1; 1[$.

Sono asintoti verticali le rette di equazione:

$x = \frac{\pi}{2} + k\pi$ per il grafico della secante;

$x = 0 + k\pi$ per il grafico della cosecante.

Come il coseno, la secante è una funzione pari, mentre la cosecante è una funzione dispari, come il seno.

Cotangente

▶ Esercizi a p. 491

DEFINIZIONE

Consideriamo un angolo orientato α e chiamiamo B l'intersezione fra il lato termine e la circonferenza goniometrica. Definiamo **cotangente** di α la funzione che associa ad α il rapporto, quando esiste, fra l'ordinata e l'ascissa del punto B:

$$\cot \alpha = \frac{y_B}{x_B}.$$

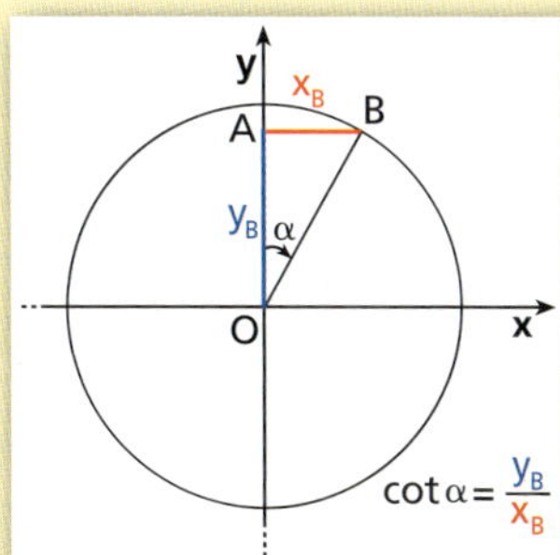

Il rapporto $\frac{y_B}{x_B}$ *non esiste* quando $x_B = 0$, ossia quando il punto B si trova sull'asse y cioè quando l'angolo misura 0, π e tutti i multipli interi di π.
$\cot\alpha$ esiste solo se $\alpha \neq k\pi$.

Poiché $\tan\alpha = \frac{x_B}{y_B}$ e $\cot\alpha = \frac{y_B}{x_B}$, risulta $\tan\alpha \cdot \cot\alpha = 1$, da cui:

$$\boldsymbol{\cot\alpha = \frac{1}{\tan\alpha}}, \quad \text{con } \alpha \neq k\frac{\pi}{2}.$$

La condizione posta deriva dal fatto che consideriamo $\frac{1}{\tan\alpha}$, quindi occorre scartare gli angoli in cui non esiste $\tan\alpha$, cioè $\alpha = \frac{\pi}{2} + k\pi$, e quelli in cui $\tan\alpha = 0$, cioè $\alpha = 0 + k\pi$, perciò: $\alpha \neq k\frac{\pi}{2}$.

Dalla definizione di cotangente deriva anche che:

$$\boldsymbol{\cot\alpha = \frac{\cos\alpha}{\sin\alpha}}, \quad \text{con } \alpha \neq k\pi.$$

Un altro modo di definire la cotangente

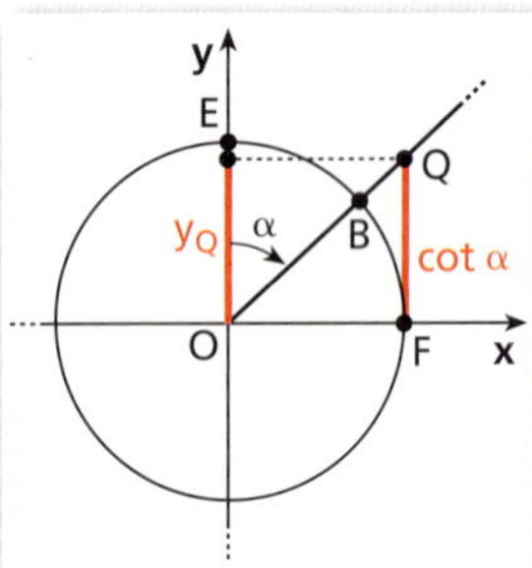

Consideriamo la circonferenza goniometrica e la retta tangente a essa nel punto F.
Il prolungamento del lato termine OB interseca la retta tangente nel punto Q.
La cotangente dell'angolo α può anche essere definita come il valore dell'ordinata del punto Q:

$$\cot\alpha = y_Q.$$

Dimostriamo che le due definizioni date sono equivalenti.

DIMOSTRAZIONE

Consideriamo i due triangoli rettangoli OAB e OFQ. Essi sono simili, essendo $FQ \parallel OA$ e quindi $\alpha \cong \alpha'$, perché alterni interni di rette parallele tagliate da una trasversale.

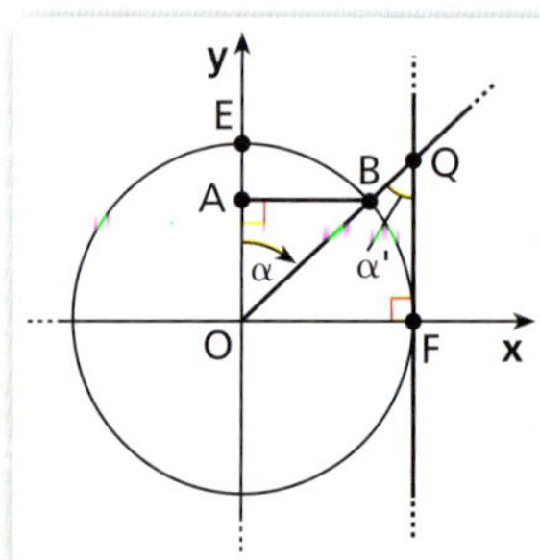

Scriviamo la proporzione fra le misure dei cateti corrispondenti,

$$\overline{FQ} : \overline{OA} = \overline{FO} : \overline{BA}, \quad \rightarrow \quad y_Q : y_B = 1 : x_B,$$

da cui: $y_Q = \frac{y_B}{x_B}$.

Pertanto: $\cot\alpha = \frac{y_B}{x_B} = y_Q$.

Grafico della funzione $y = \cot x$

Come la tangente, anche la funzione cotangente può assumere qualunque valore reale. Il codominio della cotangente è quindi $\mathbb{R}$, mentre il suo dominio è: $x \neq k \cdot \pi$.
Le rette di equazione $x = k\pi$ sono asintoti verticali del suo grafico.

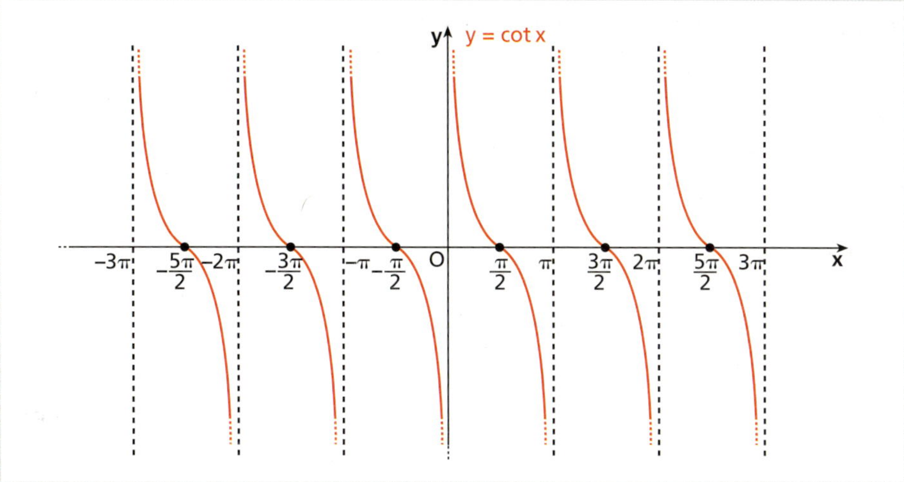

Periodo della funzione cotangente

In analogia con la tangente, la funzione cotangente risulta periodica di periodo π:

$$\cot(\alpha + k\pi) = \cot \alpha, \quad \text{con } k \in \mathbb{Z}.$$

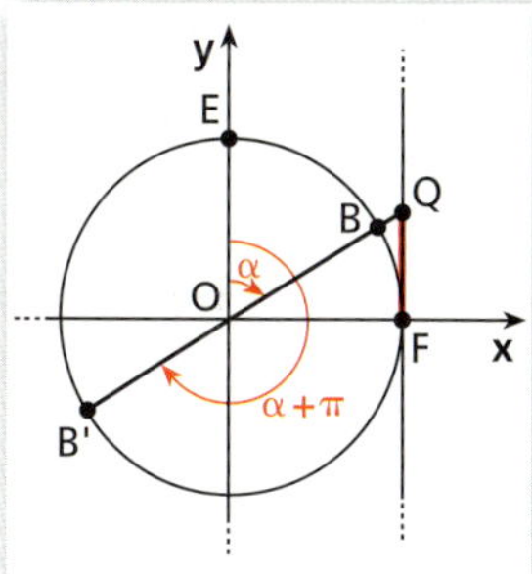

5 Funzioni goniometriche di angoli particolari

▶ Esercizi a p. 494

Mediante le proprietà delle figure geometriche riusciamo a calcolare il valore delle funzioni goniometriche di alcuni angoli particolari.

L'angolo $\frac{\pi}{6}$

Consideriamo la circonferenza goniometrica e il triangolo OAB, rettangolo in A, con $\alpha = A\hat{O}B = \frac{\pi}{6}$ e $\overline{OB} = 1$.

Poiché in un triangolo rettangolo gli angoli acuti sono complementari $O\hat{B}A = \frac{\pi}{3}$.

Prolungando il lato BA, otteniamo sulla circonferenza il punto C.

Il triangolo OBC è equilatero, poiché ha gli angoli di $\frac{\pi}{3}$, quindi $\overline{BC} = 1$.

AB è la metà di BC, ossia $\overline{AB} = \frac{1}{2}$.

Ricaviamo $\overline{OA}$ applicando il teorema di Pitagora al triangolo OAB:

$$\overline{OA} = \sqrt{\overline{OB}^2 - \overline{AB}^2} = \sqrt{1^2 - \left(\frac{1}{2}\right)^2} = \sqrt{\frac{3}{4}} = \frac{\sqrt{3}}{2}.$$

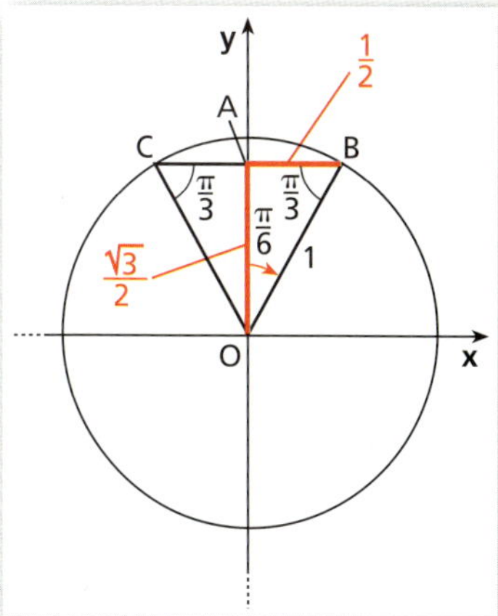

Pertanto: $\sin\frac{\pi}{6} = \frac{1}{2}$ e $\cos\frac{\pi}{6} = \frac{\sqrt{3}}{2}$.

Osservazione. Noto $\sin\frac{\pi}{6} = \frac{1}{2}$, per determinare $\cos\frac{\pi}{6}$ potremmo anche utilizzare direttamente la prima relazione fondamentale: $\sin^2\frac{\pi}{6} + \cos^2\frac{\pi}{6} = 1$.

Ricaviamo la tangente e la cotangente di $\frac{\pi}{6}$:

$$\tan\frac{\pi}{6} = \frac{\sin\frac{\pi}{6}}{\cos\frac{\pi}{6}} = \frac{\frac{1}{2}}{\frac{\sqrt{3}}{2}} = \frac{\sqrt{3}}{3}; \quad \cot\frac{\pi}{6} = \frac{1}{\tan\frac{\pi}{6}} = \frac{1}{\frac{\sqrt{3}}{3}} = \sqrt{3}.$$

Pertanto: $\tan\frac{\pi}{6} = \frac{\sqrt{3}}{3}$ e $\cot\frac{\pi}{6} = \sqrt{3}$.

Possiamo ricavare anche secante e cosecante:

$$\sec\frac{\pi}{6} = \frac{1}{\cos\frac{\pi}{6}} = \frac{1}{\frac{\sqrt{3}}{2}} = \frac{2}{3}\sqrt{3}; \quad \csc\frac{\pi}{6} = \frac{1}{\sin\frac{\pi}{6}} = 2.$$

L'angolo $\frac{\pi}{4}$

Consideriamo la circonferenza goniometrica e il triangolo OAB, rettangolo in A, con $\alpha = A\widehat{O}B = \frac{\pi}{4}$ e $\overline{OB} = 1$.

Poiché l'angolo in B è complementare di α, risulta $O\widehat{B}A = \frac{\pi}{4}$ e il triangolo OAB è anche isoscele.

Applichiamo il teorema di Pitagora al triangolo AOB:

$$\overline{OA}^2 + \overline{AB}^2 = \overline{OB}^2.$$

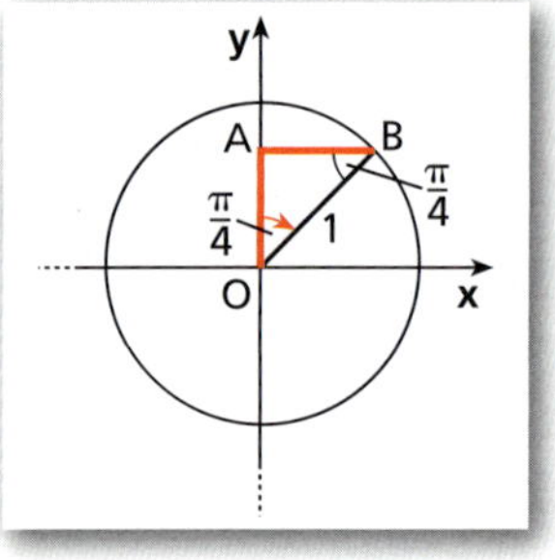

Poiché $\overline{OA} = \overline{AB}$ e $\overline{OB} = 1$:

$$2\overline{OA}^2 = 1 \rightarrow \overline{OA}^2 = \frac{1}{2} \rightarrow \overline{OA} = \frac{1}{\sqrt{2}} = \frac{\sqrt{2}}{2}.$$

$$\sin\frac{\pi}{4} = \frac{\sqrt{2}}{2} \quad \text{e} \quad \cos\frac{\pi}{4} = \frac{\sqrt{2}}{2}.$$

Calcoliamo tangente e cotangente di $\frac{\pi}{4}$:

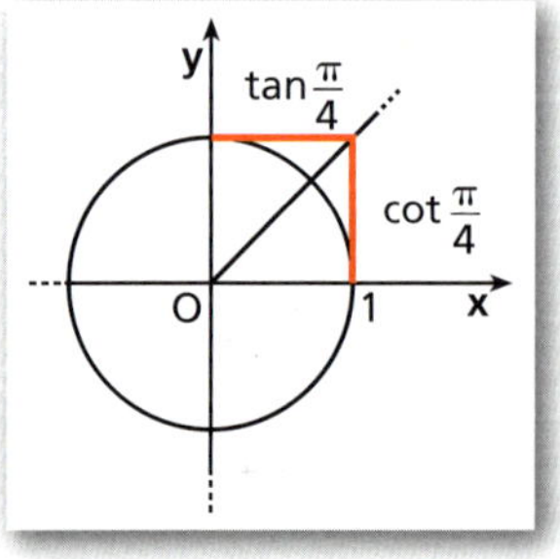

$$\tan\frac{\pi}{4} = \frac{\sin\frac{\pi}{4}}{\cos\frac{\pi}{4}} = \frac{\frac{\sqrt{2}}{2}}{\frac{\sqrt{2}}{2}} = 1;$$

$$\cot\frac{\pi}{4} = \frac{1}{\tan\frac{\pi}{4}} = 1.$$

Pertanto:

$$\tan\frac{\pi}{4} = 1 \quad \text{e} \quad \cot\frac{\pi}{4} = 1.$$

Poiché $\sin\frac{\pi}{4} = \cos\frac{\pi}{4}$, otteniamo:

$$\sec\frac{\pi}{4} = \csc\frac{\pi}{4} = \frac{2}{\sqrt{2}} = \sqrt{2}.$$

L'angolo $\frac{\pi}{3}$

Nella circonferenza goniometrica consideriamo il triangolo OAB, rettangolo in A, con $\alpha = A\widehat{O}B = \frac{\pi}{3}$ e, di conseguenza, $O\widehat{B}A = \frac{\pi}{6}$.

Congiungendo B con E, otteniamo il triangolo equilatero OEB.

BA è altezza e mediana del triangolo OEB, quindi $\overline{OA} = \frac{1}{2}$.

Ricaviamo $\overline{AB}$ applicando il teorema di Pitagora al triangolo OAB:

$$\overline{AB} = \sqrt{\overline{OB}^2 - \overline{OA}^2} = \sqrt{1^2 - \left(\frac{1}{2}\right)^2} = \sqrt{\frac{3}{4}} = \frac{\sqrt{3}}{2}.$$

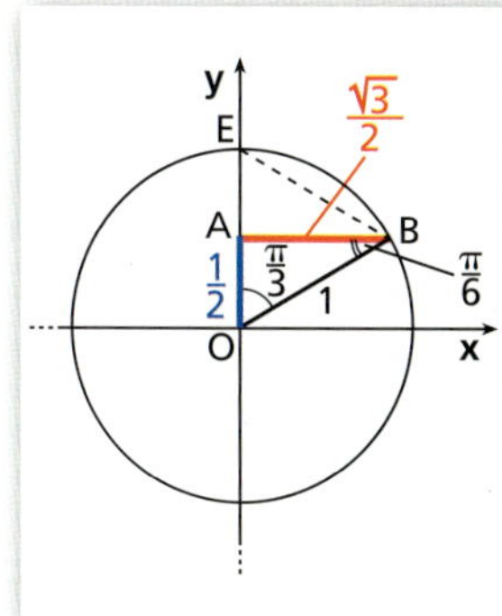

$$\cos\frac{\pi}{3} = \frac{1}{2} \text{ e } \sin\frac{\pi}{3} = \frac{\sqrt{3}}{2}.$$

Ricaviamo la tangente e la cotangente di $\frac{\pi}{3}$:

$$\tan\frac{\pi}{3} = \frac{\sin\frac{\pi}{3}}{\cos\frac{\pi}{3}} = \frac{\frac{\sqrt{3}}{2}}{\frac{1}{2}} = \sqrt{3}; \qquad \cot\frac{\pi}{3} = \frac{1}{\tan\frac{\pi}{3}} = \frac{1}{\sqrt{3}} = \frac{\sqrt{3}}{3}.$$

Pertanto: $\tan\frac{\pi}{3} = \sqrt{3}$ e $\cot\frac{\pi}{3} = \frac{\sqrt{3}}{3}$.

Ricaviamo anche:

$$\sec\frac{\pi}{3} = \frac{1}{\cos\frac{\pi}{3}} = \frac{1}{\frac{1}{2}} = 2; \qquad \csc\frac{\pi}{3} = \frac{1}{\sin\frac{\pi}{3}} = \frac{1}{\frac{\sqrt{3}}{2}} = \frac{2}{3}\sqrt{3}.$$

6 Angoli associati

Consideriamo un angolo α. Chiamiamo **angoli associati** (o **archi associati**) ad α i seguenti angoli:

$$-\alpha,\ \frac{\pi}{2} - \alpha,\ \frac{\pi}{2} + \alpha,\ \pi - \alpha,\ \pi + \alpha,\ \frac{3}{2}\pi - \alpha,\ \frac{3}{2}\pi + \alpha,\ 2\pi - \alpha.$$

Funzioni goniometriche di angoli associati

▶ Esercizi a p. 495

Determiniamo seno, coseno, tangente e cotangente degli angoli associati ad α, in funzione di seno, coseno, tangente e cotangente dell'angolo α.

- I due angoli α e $-\alpha$ sono congruenti e orientati in verso opposto, ossia sono **angoli opposti**:

$$\sin(-\alpha) = x_{B'} = -x_B = -\sin\alpha,$$
$$\cos(-\alpha) = y_{B'} = y_B = \cos\alpha.$$

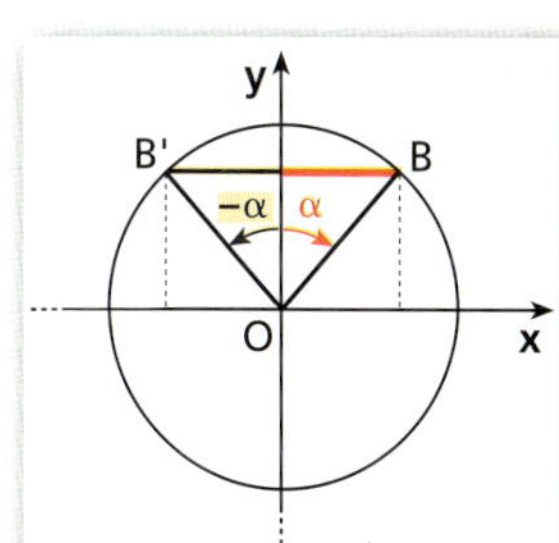

α e $-\alpha$

TEORIA

Pertanto:

$$\sin(-\alpha) = -\sin\alpha \qquad \tan(-\alpha) = -\tan\alpha$$
$$\cos(-\alpha) = \cos\alpha \qquad \cot(-\alpha) = -\cot\alpha$$

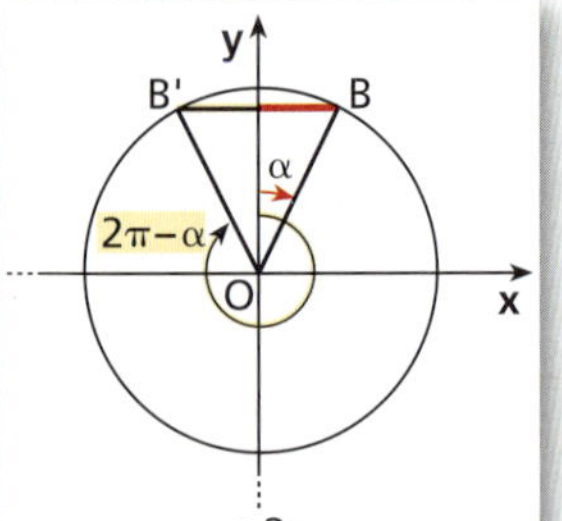

α e 2π−α

- α e $2\pi - \alpha$ sono **angoli esplementari**, ossia la loro somma è un angolo giro. Per essi valgono considerazioni analoghe a quelle precedenti, quindi:

$$\sin(2\pi-\alpha) = -\sin\alpha \qquad \tan(2\pi-\alpha) = -\tan\alpha$$
$$\cos(2\pi-\alpha) = \cos\alpha \qquad \cot(2\pi-\alpha) = -\cot\alpha$$

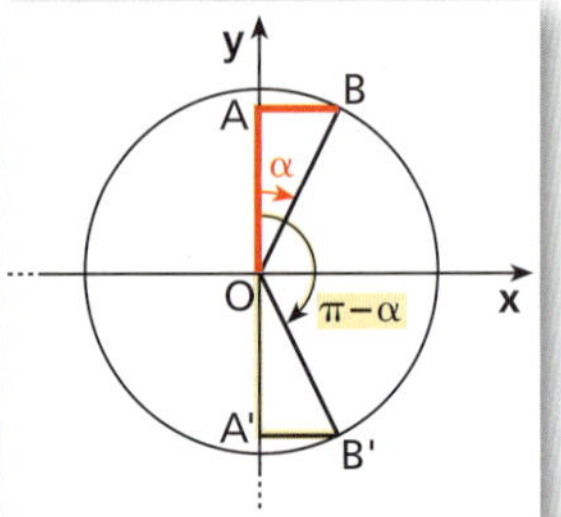

α e π−α

- α e $\pi - \alpha$ sono **angoli supplementari**.
I triangoli rettangoli OAB e $OA'B'$ sono congruenti perché hanno congruenti l'ipotenusa e l'angolo acuto α:

$$\sin(\pi-\alpha) = x_{B'} = x_B = \sin\alpha,$$
$$\cos(\pi-\alpha) = y_{B'} = -y_B = -\cos\alpha.$$

Pertanto:

$$\sin(\pi-\alpha) = \sin\alpha \qquad \tan(\pi-\alpha) = -\tan\alpha$$
$$\cos(\pi-\alpha) = -\cos\alpha \qquad \cot(\pi-\alpha) = -\cot\alpha$$

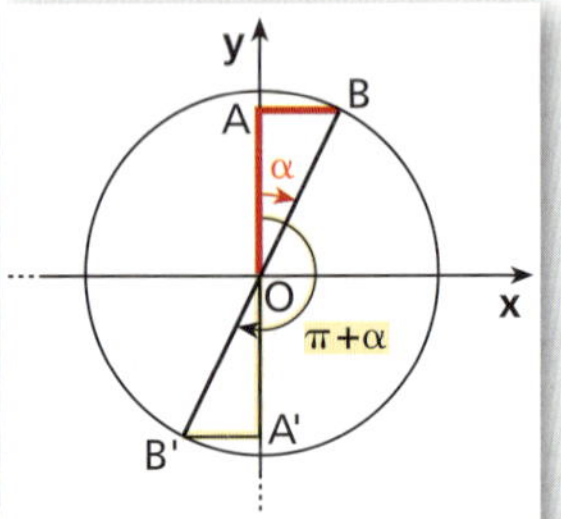

α e π+α

- α e $\pi + \alpha$ sono **angoli che differiscono di un angolo piatto**. Con considerazioni analoghe a quelle del caso precedente otteniamo:

$$\sin(\pi+\alpha) = -\sin\alpha \qquad \tan(\pi+\alpha) = \tan\alpha$$
$$\cos(\pi+\alpha) = -\cos\alpha \qquad \cot(\pi+\alpha) = \cot\alpha$$

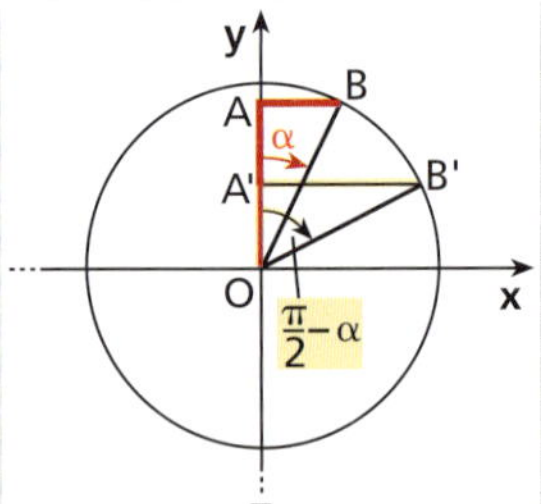

α e π/2−α

- α e $\frac{\pi}{2} - \alpha$ sono **angoli complementari**.
Nel triangolo rettangolo $OA'B'$ risulta $A'\widehat{O}B' = \frac{\pi}{2} - \alpha$ e $O\widehat{B'}A' = \alpha$, perché complementare del precedente.
I triangoli OAB e $OA'B'$ sono congruenti perché hanno congruente l'ipotenusa e l'angolo acuto α, pertanto $OA \cong A'B'$ e $AB \cong OA'$:

$$\sin\left(\frac{\pi}{2}-\alpha\right) = x_{B'} = y_B = \cos\alpha,$$
$$\cos\left(\frac{\pi}{2}-\alpha\right) = y_{B'} = x_B = \sin\alpha.$$

Pertanto:

$$\sin\left(\frac{\pi}{2}-\alpha\right) = \cos\alpha \qquad \tan\left(\frac{\pi}{2}-\alpha\right) = \cot\alpha$$
$$\cos\left(\frac{\pi}{2}-\alpha\right) = \sin\alpha \qquad \cot\left(\frac{\pi}{2}-\alpha\right) = \tan\alpha$$

- α e $\frac{\pi}{2}+\alpha$ sono **angoli che differiscono di un angolo retto.**
  Nel triangolo rettangolo $OA'B'$ risulta $A'\widehat{O}B' = \pi - \left(\frac{\pi}{2}+\alpha\right) = \frac{\pi}{2} - \alpha$ e $A'\widehat{B'}O = \alpha$.
  Quindi, in analogia con il caso precedente, tenuto conto che $A'B'O$ è nel secondo quadrante, otteniamo:

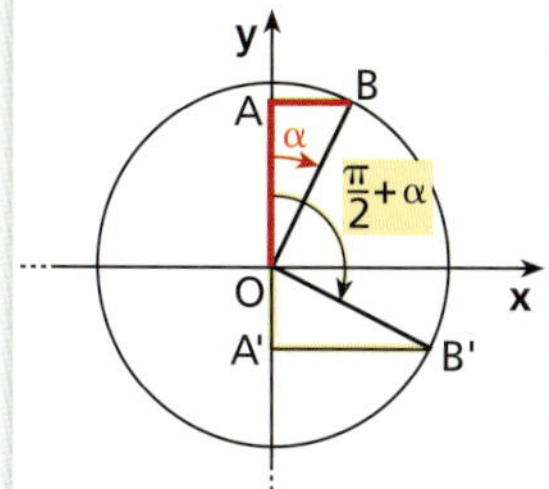

α e $\frac{\pi}{2}+\alpha$

$$\sin\left(\frac{\pi}{2}+\alpha\right) = \cos\alpha \qquad \tan\left(\frac{\pi}{2}+\alpha\right) = -\cot\alpha$$
$$\cos\left(\frac{\pi}{2}+\alpha\right) = -\sin\alpha \qquad \cot\left(\frac{\pi}{2}+\alpha\right) = -\tan\alpha$$

- Se consideriamo α e $\frac{3}{2}\pi-\alpha$, $A'\widehat{O}B' = \frac{3}{2}\pi - \alpha - \pi = \frac{\pi}{2} - \alpha$ e $A'\widehat{B'}O = \alpha$,
  quindi i triangoli AOB e $A'OB'$ sono congruenti.
  Per **angoli la cui somma è $\frac{3}{2}\pi$** otteniamo dunque:

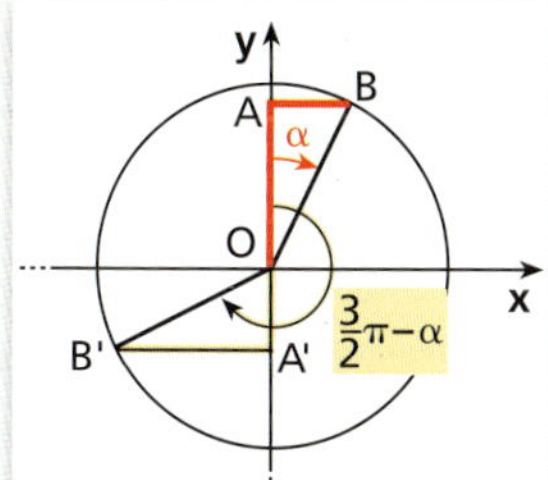

α e $\frac{3}{2}\pi-\alpha$

$$\sin\left(\frac{3}{2}\pi-\alpha\right) = -\cos\alpha \qquad \tan\left(\frac{3}{2}\pi-\alpha\right) = \cot\alpha$$
$$\cos\left(\frac{3}{2}\pi-\alpha\right) = -\sin\alpha \qquad \cot\left(\frac{3}{2}\pi-\alpha\right) = \tan\alpha$$

- Con ragionamenti analoghi, per α e $\frac{3}{2}\pi+\alpha$, ossia **angoli la cui differenza** è $\frac{3}{2}\pi$, otteniamo:

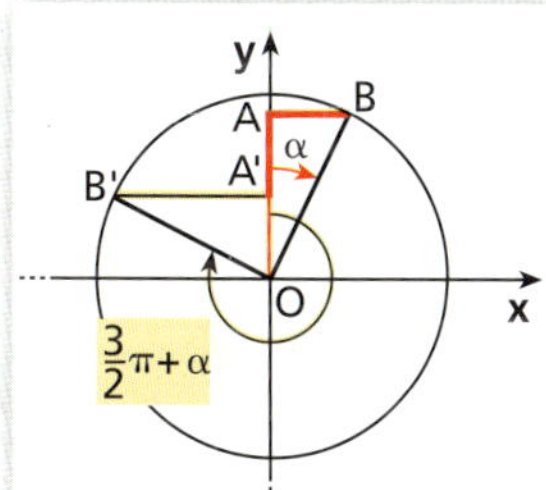

α e $\frac{3}{2}\pi+\alpha$

$$\sin\left(\frac{3}{2}\pi+\alpha\right) = -\cos\alpha \qquad \tan\left(\frac{3}{2}\pi+\alpha\right) = -\cot\alpha$$
$$\cos\left(\frac{3}{2}\pi+\alpha\right) = \sin\alpha \qquad \cot\left(\frac{3}{2}\pi+\alpha\right) = -\tan\alpha$$

Riduzione al primo quadrante

▶ Esercizi a p. 502

Utilizzando le relazioni stabilite per gli angoli associati, è possibile determinare le funzioni goniometriche di qualunque angolo, conoscendo le funzioni goniometriche degli angoli che appartengono al primo quadrante.
Il procedimento relativo viene detto **riduzione al primo quadrante**.

ESEMPIO

Riduciamo al primo quadrante sin 110°.

Poiché 110° = 90° + 20°, possiamo scrivere:

$\sin 110° = \sin(90° + 20°) = \cos 20°$.

▶ Riduci al primo quadrante cos 230°.

TEORIA

7 Funzioni goniometriche inverse

Esercizi a p. 505

Animazione

Nell'animazione vediamo, in pochi passi, come disegnare i grafici di:

- $y = \arcsin x$;
- $y = \arccos x$;
- $y = \arctan x$;
- $y = \text{arccot}\, x$.

Funzione inversa di $y = \sin x$

Una funzione è invertibile, ossia ammette la funzione inversa, solo se è biunivoca.

La funzione $y = \sin x$ non è biunivoca perché non è iniettiva. Infatti, se consideriamo una retta $y = k$, parallela all'asse x, con $-1 \leq k \leq 1$, essa interseca il grafico della funzione seno in infiniti punti, quindi ogni valore del codominio $[-1; 1]$ di $y = \sin x$ è il corrispondente di infiniti valori del dominio $\mathbb{R}$.

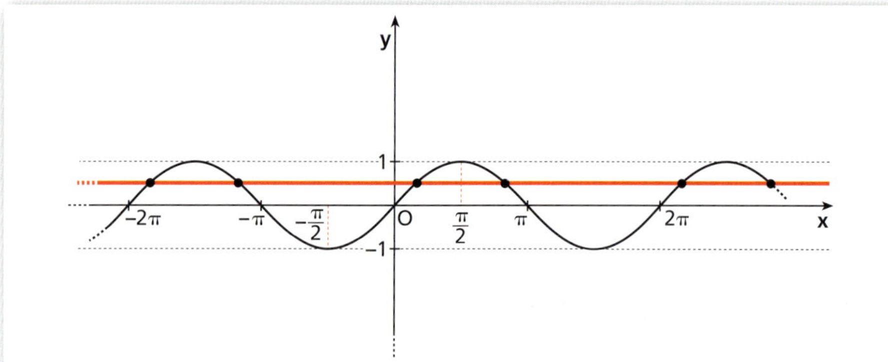

Restrizione del dominio

Se restringiamo il dominio della funzione seno all'intervallo $\left[-\frac{\pi}{2}; \frac{\pi}{2}\right]$, la funzione $y = \sin x$ risulta biunivoca e dunque invertibile.

La funzione inversa del seno si chiama *arcoseno*.

DEFINIZIONE

Dati i numeri reali x e y, con

$$-1 \leq x \leq 1 \text{ e } -\frac{\pi}{2} \leq y \leq \frac{\pi}{2},$$

diciamo che y è l'**arcoseno** di x se x è il seno di y.

Scriviamo: $y = \arcsin x$.

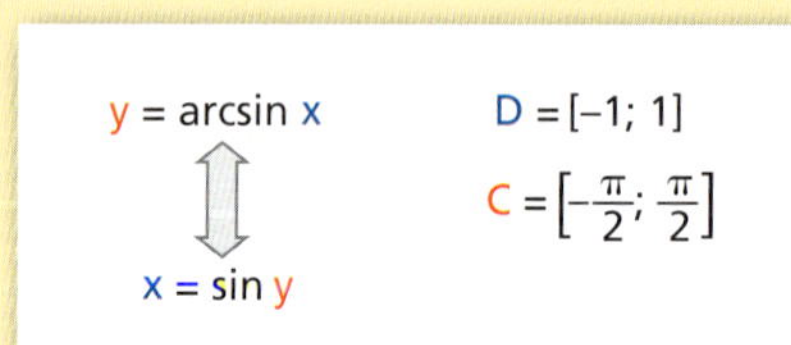

Listen to it

To define the inverse of the sine function, we need to restrict the domain; we can define the function $\arcsin(x)$ from $[-1;1]$ to $\left[-\frac{\pi}{2};\frac{\pi}{2}\right]$ as the inverse of the sine function in $\left[-\frac{\pi}{2};\frac{\pi}{2}\right]$. This method can be used to define the inverse function of all the trigonometric functions.

ESEMPIO

$$\arcsin 1 = \frac{\pi}{2} \quad \leftrightarrow \quad \sin\frac{\pi}{2} = 1;$$

$$\arcsin\frac{1}{2} = \frac{\pi}{6} \quad \leftrightarrow \quad \sin\frac{\pi}{6} = \frac{1}{2}.$$

► Qual è l'arcoseno di $\frac{\sqrt{3}}{2}$?

Per ottenere il grafico della funzione $y = \arcsin x$, basta costruire il simmetrico rispetto alla bisettrice del primo e terzo quadrante del grafico della funzione $y = \sin x$, considerata nell'intervallo $\left[-\frac{\pi}{2}; \frac{\pi}{2}\right]$.

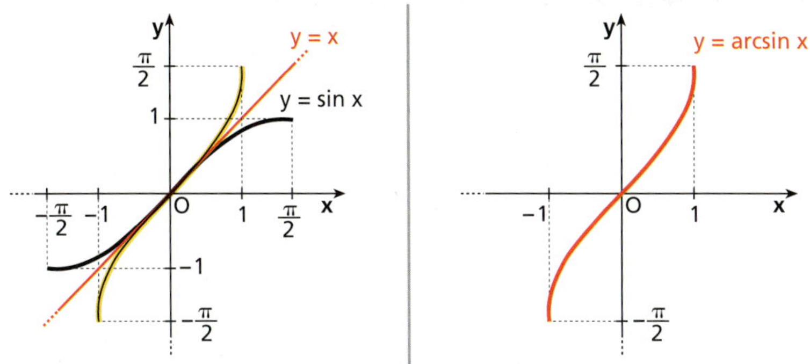

a. Grafico di $y = \sin x$ in $\left[-\frac{\pi}{2}; \frac{\pi}{2}\right]$ e suo simmetrico rispetto alla bisettrice del primo e terzo quadrante.

b. Grafico di $y = \arcsin x$.

Considerazioni analoghe valgono per le funzioni inverse delle altre funzioni goniometriche.

Funzione inversa di $y = \cos x$

Se consideriamo $[0; \pi]$ come dominio, la funzione coseno è biunivoca e quindi invertibile.
La funzione inversa del coseno si chiama *arcocoseno*.

DEFINIZIONE

Dati i numeri reali x e y, con $-1 \leq x \leq 1$ e $0 \leq y \leq \pi$, diciamo che y è l'**arcocoseno** di x se x è il coseno di y.
Scriviamo: $y = \arccos x$.

$y = \arccos x$ ⇕ $x = \cos y$

$D = [-1; 1]$

$C = [0; \pi]$

ESEMPIO

$$\arccos(-1) = \pi \leftrightarrow \cos \pi = -1; \quad \arccos \frac{\sqrt{3}}{2} = \frac{\pi}{6} \leftrightarrow \cos \frac{\pi}{6} = \frac{\sqrt{3}}{2}.$$

► Qual è l'arcocoseno di $-\frac{1}{2}$?

La figura illustra il grafico della funzione arcocoseno.

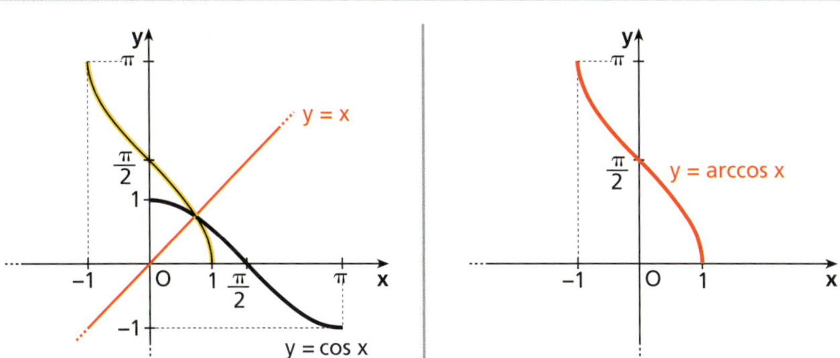

a. Grafico di $y = \cos x$ in $[0; \pi]$ e suo simmetrico rispetto alla bisettrice del primo e terzo quadrante.

b. Grafico di $y = \arccos x$.

Funzione inversa di $y = \tan x$

Se consideriamo $\left]-\frac{\pi}{2}; \frac{\pi}{2}\right[$ come dominio, la funzione tangente è biunivoca e di conseguenza invertibile.

La funzione inversa della tangente si chiama *arcotangente*.

DEFINIZIONE

Dati i numeri reali x e y, con $x \in \mathbb{R}$ e $-\frac{\pi}{2} < y < \frac{\pi}{2}$, diciamo che y è l'**arcotangente** di x se x è la tangente di y.
Scriviamo: $y = \arctan x$.

$y = \arctan x$ ⇕ $x = \tan y$

$D = \mathbb{R}$

$C = \left]-\frac{\pi}{2}; \frac{\pi}{2}\right[$

▶ Qual è l'arcotangente di $-\frac{\sqrt{3}}{3}$?

ESEMPIO

$$\arctan 1 = \frac{\pi}{4} \leftrightarrow \tan\frac{\pi}{4} = 1; \quad \arctan\sqrt{3} = \frac{\pi}{3} \leftrightarrow \tan\frac{\pi}{3} = \sqrt{3}.$$

Studiamo il grafico della funzione arcotangente.

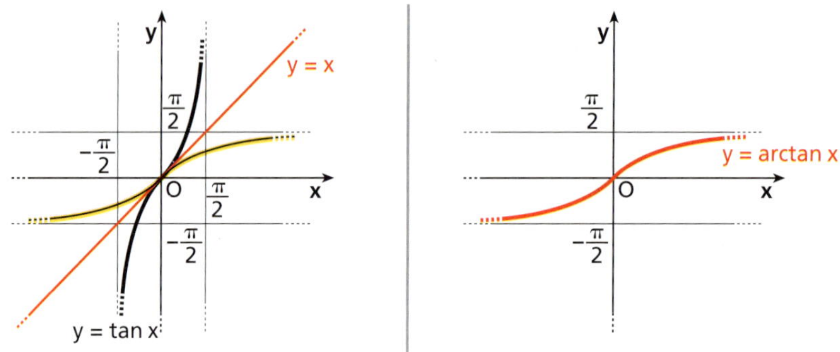

a. Grafico di $y = \tan x$ in $\left]-\frac{\pi}{2}; \frac{\pi}{2}\right[$ e suo simmetrico rispetto alla bisettrice del primo e terzo quadrante.

b. Grafico di $y = \arctan x$.

Funzione inversa di $y = \cot x$

DEFINIZIONE

Dati i numeri reali x e y, con $x \in \mathbb{R}$ e $0 < y < \pi$, diciamo che y è l'**arcocotangente** di x se x è la cotangente di y.
Scriviamo: $y = \text{arccot}\, x$.

$y = \text{arccot}\, x$ ⇕ $x = \cot y$

$D = \mathbb{R}$

$C =]0; \pi[$

▶ Qual è l'arcocotangente di $\sqrt{3}$?

ESEMPIO

$$\text{arccot}\, 0 = \frac{\pi}{2} \leftrightarrow \cot\frac{\pi}{2} = 0; \quad \text{arccot}\,\frac{\sqrt{3}}{3} = \frac{\pi}{3} \leftrightarrow \cot\frac{\pi}{3} = \frac{\sqrt{3}}{3}.$$

Disegniamo il grafico della funzione arcocotangente.

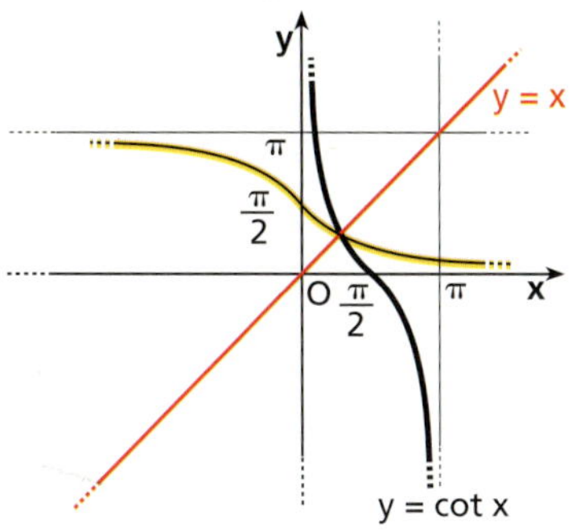

a. Grafico di $y = \cot x$ in $]0; \pi[$ e suo simmetrico rispetto alla bisettrice del primo e terzo quadrante.

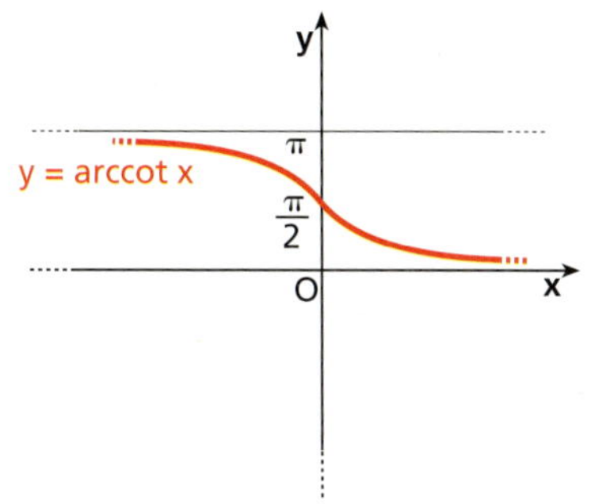

b. Grafico di $y = \text{arccot}\, x$.

8 Funzioni goniometriche e trasformazioni geometriche

▶ Esercizi a p. 508

Dai grafici delle funzioni goniometriche si ottengono grafici di altre funzioni mediante traslazioni, simmetrie, dilatazioni e contrazioni. Ne proponiamo alcuni negli esercizi, mentre qui ci occupiamo soltanto delle *funzioni sinusoidali*.

Funzioni sinusoidali

La funzione $y = 3\sin\left(2x + \frac{\pi}{3}\right)$, raccogliendo 2 all'interno della parentesi, si può riscrivere

$$y = 3\sin\left[2\left(x + \frac{\pi}{6}\right)\right],$$

quindi è possibile ottenere il suo grafico a partire da quello di $y = \sin x$ con le seguenti trasformazioni geometriche:

- contrazione orizzontale, in cui $y = f\left(\frac{x}{m}\right)$, con $m = \frac{1}{2}$;
- traslazione di vettore $\vec{v}\left(-\frac{\pi}{6}; 0\right)$;
- dilatazione verticale, in cui $y = nf(x)$, con $n = 3$.

Animazione

Studiamo in modo dinamico il grafico di $y = A\sin(\omega x + \varphi)$ al variare di A, ω, φ.

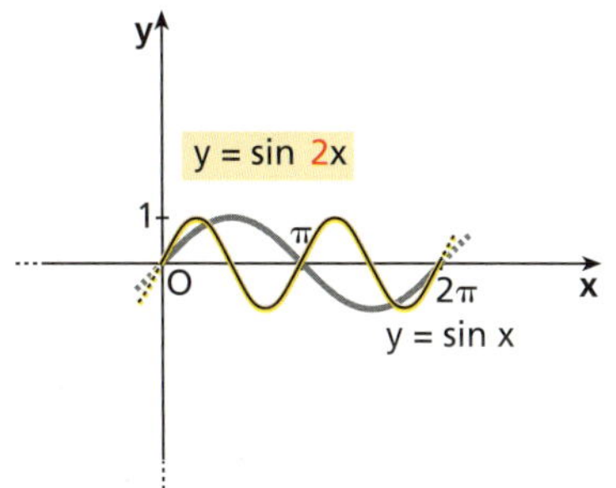

a. Grafico di $y = \sin 2x$.

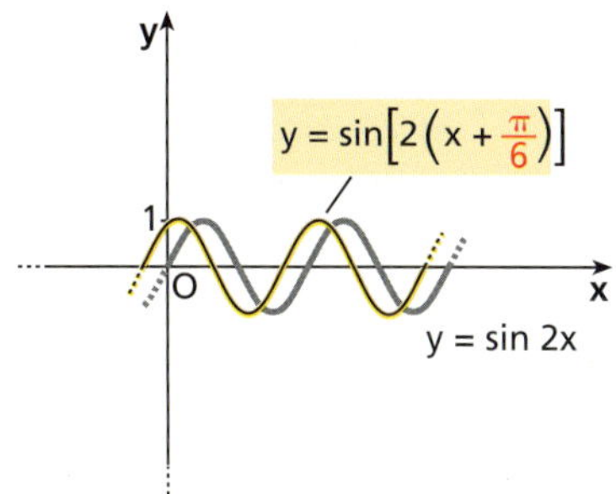

b. Grafico di $y = \sin\left[2\left(x + \frac{\pi}{6}\right)\right]$.

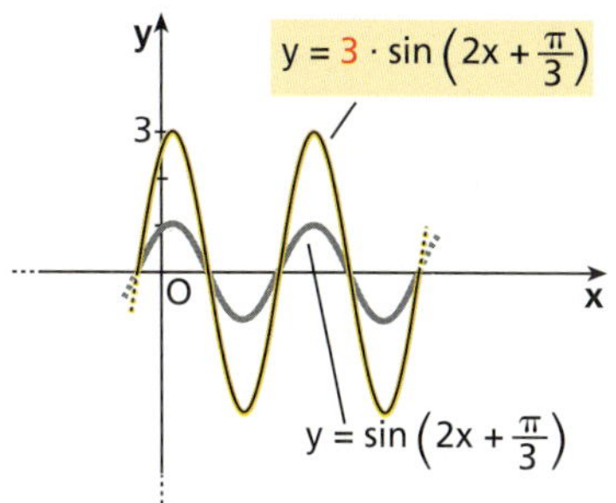

c. Grafico di $y = 3\sin\left(2x + \frac{\pi}{3}\right)$.

TEORIA

Video

Funzione sinusoidale
Studiamo insieme l'equazione di una funzione sinusoidale.

- Cosa rappresentano i parametri?
- Cosa sono il periodo, l'ampiezza e la fase di una funzione sinusoidale?

Una funzione di questo tipo è detta **sinusoidale** e viene applicata molto spesso nello studio di fenomeni fisici.

In generale, sono dette funzioni sinusoidali le funzioni del tipo:

$$y = A\sin(\omega x + \varphi),$$

$$y = A\cos(\omega x + \varphi),$$

con $A, \omega, \varphi \in \mathbb{R}$.

Studiamo il grafico di $y = A\cos(\omega x + \varphi)$.

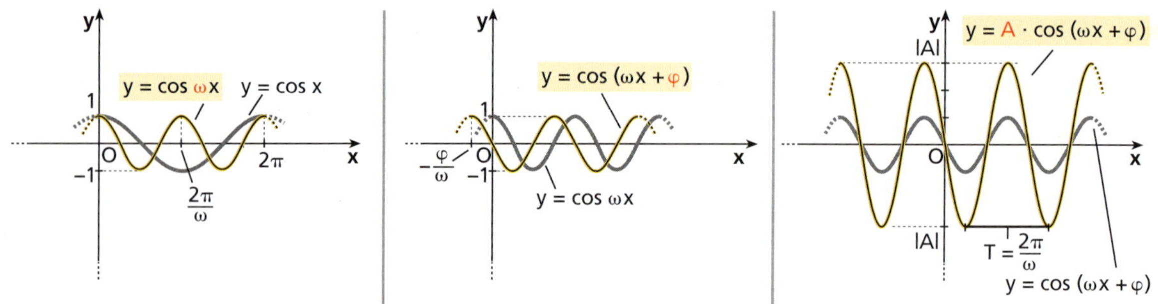

a. Il cambiamento di ω modifica il periodo della funzione.

b. Il cambiamento di φ produce una traslazione orizzontale.

c. Il cambiamento di |A| genera una dilatazione o contrazione verticale.

Animazione

Studiamo in modo dinamico il grafico di
$y = A\cos(\omega x + \varphi)$
al variare di A, ω, φ.

Il codominio di una funzione sinusoidale è $[-|A|; |A|]$.
Il numero $|A|$ è detto **ampiezza** della funzione sinusoidale, il numero ω **pulsazione** e φ **sfasamento** o **fase iniziale**.

Il periodo T è: $\boldsymbol{T = \frac{2\pi}{\omega}}$.

Infatti, la funzione seno è periodica di periodo 2π, quindi possiamo scrivere:

$$A\sin(\omega x + \varphi) = A\sin(\omega x + \varphi + 2k\pi) = A\sin[(\omega x + 2k\pi) + \varphi] =$$

$$A\sin\left[\omega\left(x + k\cdot\frac{2\pi}{\omega}\right) + \varphi\right],$$

da cui deduciamo che il periodo è $\frac{2\pi}{\omega}$.

MATEMATICA E MUSICA

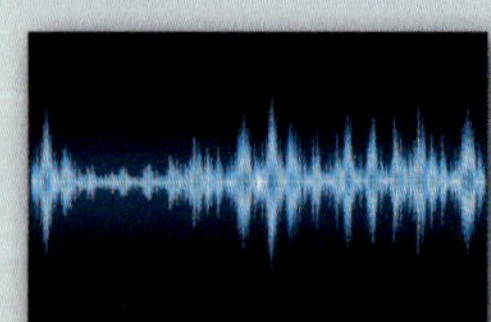

- Qual è il legame tra le funzioni sinusoidali e la musica?

Cerca nel Web: diapason, moto armonico, frequenza, timbro, altezza

Periodo delle funzioni goniometriche

Nella tabella riassumiamo i periodi delle principali funzioni goniometriche che abbiamo studiato.

Funzione	Periodo
$\sin x$, $\cos x$	2π
$\sin(kx + \alpha)$, $\cos(kx + \alpha)$	$\frac{2\pi}{k}$
$\tan x$, $\cot x$	π
$\tan(kx + \alpha)$, $\cot(kx + \alpha)$	$\frac{\pi}{k}$

IN SINTESI
Funzioni goniometriche

Misura degli angoli

Un angolo può essere misurato in **gradi** oppure in **radianti**.

- Passaggio da gradi (sessagesimali) a radianti: si moltiplica la misura espressa in gradi per $\frac{\pi}{180°}$.
- Passaggio da radianti a gradi: si moltiplica la misura in radianti per $\frac{180°}{\pi}$.

Funzioni seno, coseno, secante, cosecante, tangente e cotangente

- Consideriamo un angolo orientato α e chiamiamo B l'intersezione fra il suo lato termine e la circonferenza goniometrica. Si dice:
  - **seno di α** ($\sin\alpha$) il valore dell'ascissa di B;
  - **coseno di α** ($\cos\alpha$) il valore dell'ordinata di B;
  - **tangente di α** ($\tan\alpha$) il rapporto fra l'ascissa e l'ordinata di B; è definita per $\alpha \neq \frac{\pi}{2} + k\pi \ (k \in \mathbb{Z})$;
  - **cotangente di α** ($\cot\alpha$) il rapporto fra l'ordinata e l'ascissa di B; è definita per $\alpha \neq k\pi \ (k \in \mathbb{Z})$.

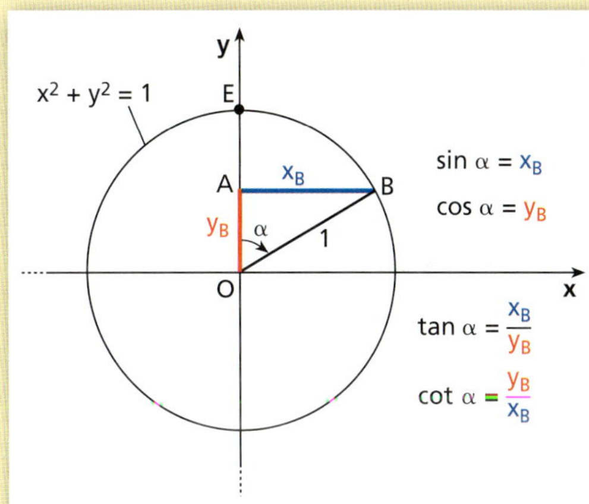

- **Relazioni fondamentali della goniometria**:
  $\sin^2\alpha + \cos^2\alpha = 1$ e $\tan\alpha = \frac{\sin\alpha}{\cos\alpha}$.
- **Secante di α**: $\sec\alpha = \frac{1}{\cos\alpha}$, con $\alpha \neq \frac{\pi}{2} + k\pi$.
- **Cosecante di α**: $\csc\alpha = \frac{1}{\sin\alpha}$, con $\alpha \neq k\pi$.

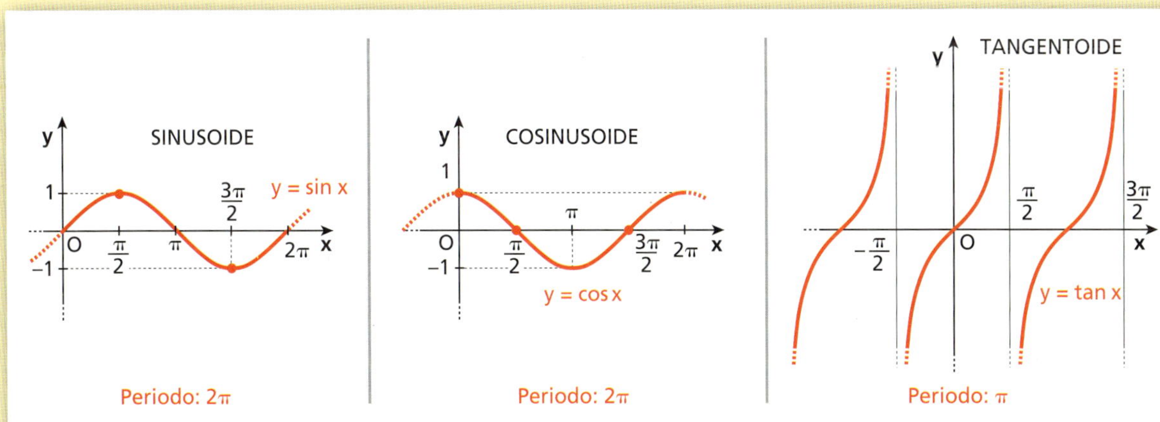

Funzioni goniometriche di angoli particolari

- $\sin\frac{\pi}{6} = \frac{1}{2}$; $\cos\frac{\pi}{6} = \frac{\sqrt{3}}{2}$; $\tan\frac{\pi}{6} = \frac{\sqrt{3}}{3}$.
- $\sin\frac{\pi}{3} = \frac{\sqrt{3}}{2}$; $\cos\frac{\pi}{3} = \frac{1}{2}$; $\tan\frac{\pi}{3} = \sqrt{3}$.
- $\sin\frac{\pi}{4} = \frac{\sqrt{2}}{2}$; $\cos\frac{\pi}{4} = \frac{\sqrt{2}}{2}$; $\tan\frac{\pi}{4} = 1$.

Angoli associati

Funzioni goniometriche di angoli associati

α e $-\alpha$

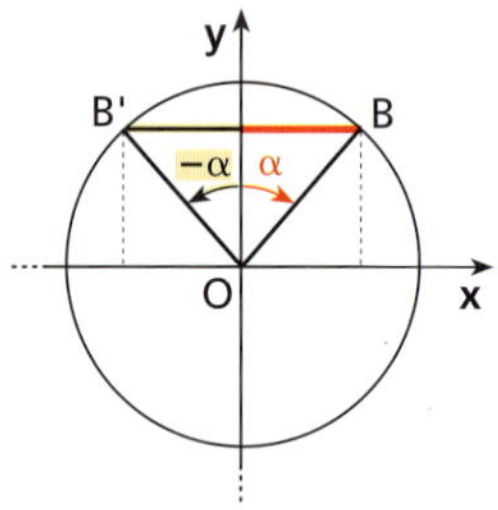

α e −α

$\sin(-\alpha) = -\sin\alpha$

$\cos(-\alpha) = \cos\alpha$

$\tan(-\alpha) = -\tan\alpha$

$\cot(-\alpha) = -\cot\alpha$

α e $2\pi-\alpha$

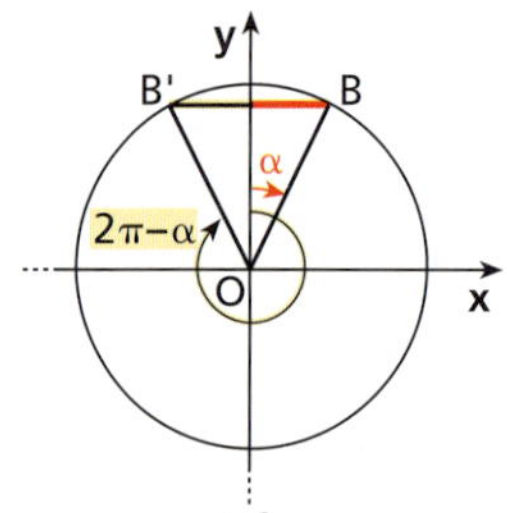

α e 2π−α

$\sin(2\pi-\alpha) = -\sin\alpha$

$\cos(2\pi-\alpha) = \cos\alpha$

$\tan(2\pi-\alpha) = -\tan\alpha$

$\cot(2\pi-\alpha) = -\cot\alpha$

α e $\pi-\alpha$

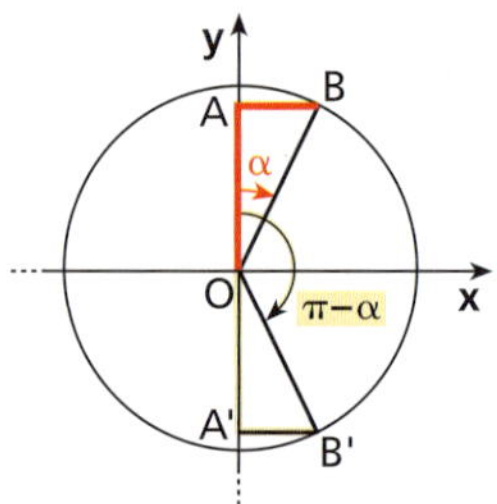

α e π−α

$\sin(\pi-\alpha) = \sin\alpha$

$\cos(\pi-\alpha) = -\cos\alpha$

$\tan(\pi-\alpha) = -\tan\alpha$

$\cot(\pi-\alpha) = -\cot\alpha$

α e $\pi+\alpha$

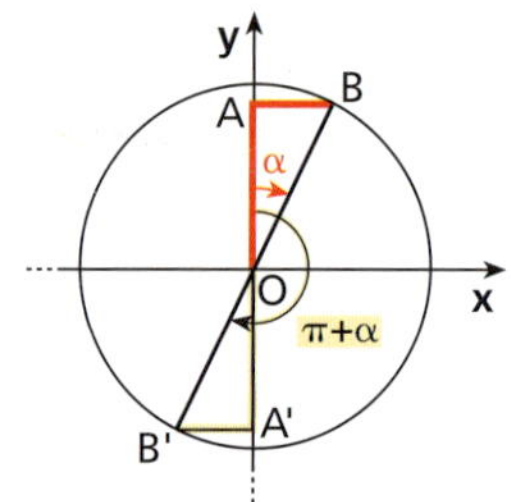

α e π+α

$\sin(\pi+\alpha) = -\sin\alpha$

$\cos(\pi+\alpha) = -\cos\alpha$

$\tan(\pi+\alpha) = \tan\alpha$

$\cot(\pi+\alpha) = \cot\alpha$

α e $\frac{\pi}{2}-\alpha$

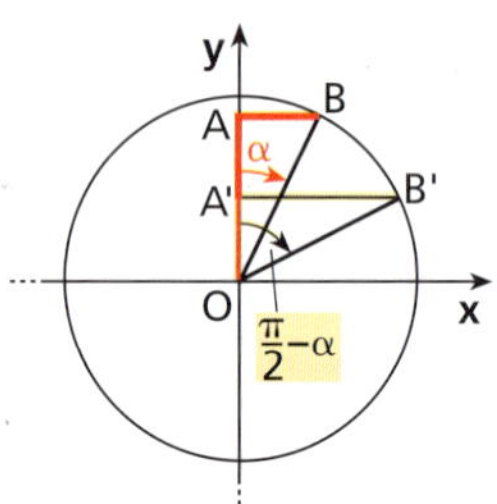

α e π/2−α

$\sin\left(\frac{\pi}{2}-\alpha\right) = \cos\alpha$

$\cos\left(\frac{\pi}{2}-\alpha\right) = \sin\alpha$

$\tan\left(\frac{\pi}{2}-\alpha\right) = \cot\alpha$

$\cot\left(\frac{\pi}{2}-\alpha\right) = \tan\alpha$

α e $\frac{\pi}{2}+\alpha$

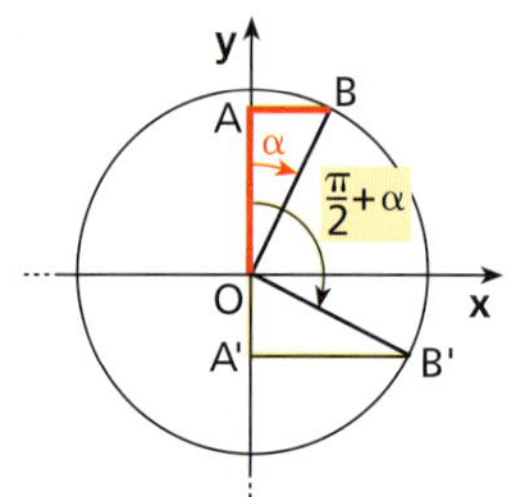

α e π/2+α

$\sin\left(\frac{\pi}{2}+\alpha\right) = \cos\alpha$

$\cos\left(\frac{\pi}{2}+\alpha\right) = -\sin\alpha$

$\tan\left(\frac{\pi}{2}+\alpha\right) = -\cot\alpha$

$\cot\left(\frac{\pi}{2}+\alpha\right) = -\tan\alpha$

α e $\frac{3}{2}\pi-\alpha$

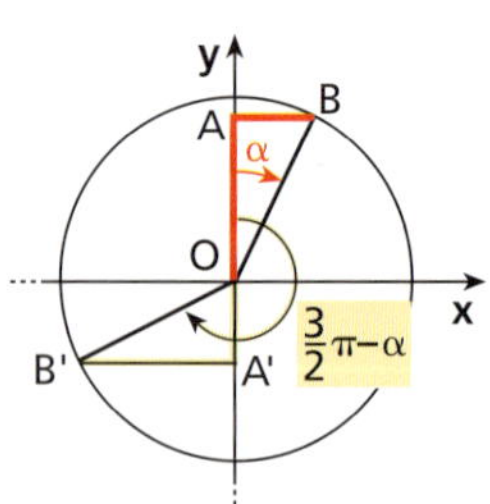

α e 3/2π−α

$\sin\left(\frac{3}{2}\pi-\alpha\right) = -\cos\alpha$

$\cos\left(\frac{3}{2}\pi-\alpha\right) = -\sin\alpha$

$\tan\left(\frac{3}{2}\pi-\alpha\right) = \cot\alpha$

$\cot\left(\frac{3}{2}\pi-\alpha\right) = \tan\alpha$

α e $\frac{3}{2}\pi+\alpha$

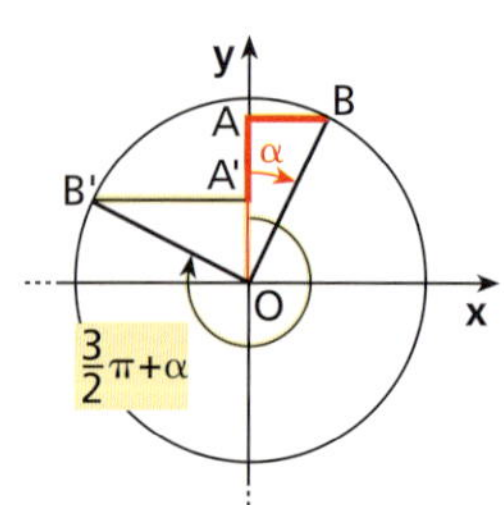

α e 3/2π+α

$\sin\left(\frac{3}{2}\pi+\alpha\right) = -\cos\alpha$

$\cos\left(\frac{3}{2}\pi+\alpha\right) = \sin\alpha$

$\tan\left(\frac{3}{2}\pi+\alpha\right) = -\cot\alpha$

$\cot\left(\frac{3}{2}\pi+\alpha\right) = -\tan\alpha$

Funzioni goniometriche inverse

- Le **funzioni inverse** delle funzioni seno, coseno, tangente e cotangente sono, rispettivamente:
  - **arcoseno**: $y = \arcsin x$
    $D: [-1; 1]$; $C: \left[-\frac{\pi}{2}; \frac{\pi}{2}\right]$;

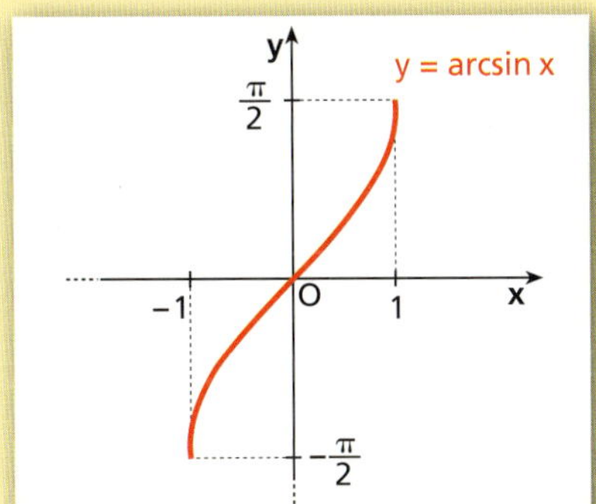

Grafico della funzione $y = \arcsin x$.

  - **arcocoseno**: $y = \arccos x$
    $D: [-1; 1]$; $C: [0; \pi]$;

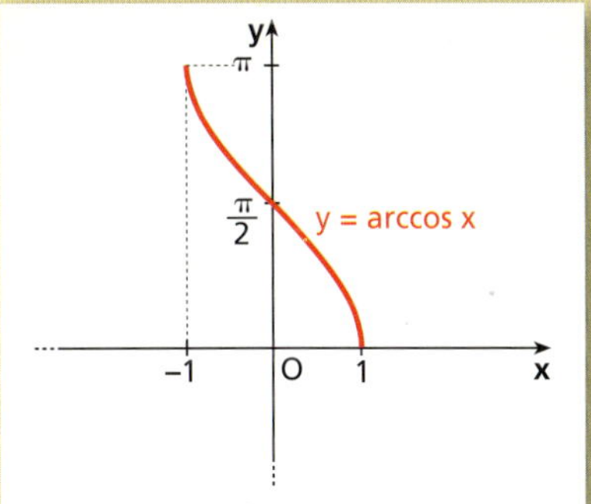

Grafico della funzione $y = \arccos x$.

  - **arcotangente**: $y = \arctan x$
    $D: \mathbb{R}$; $C: \left]-\frac{\pi}{2}; \frac{\pi}{2}\right[$;

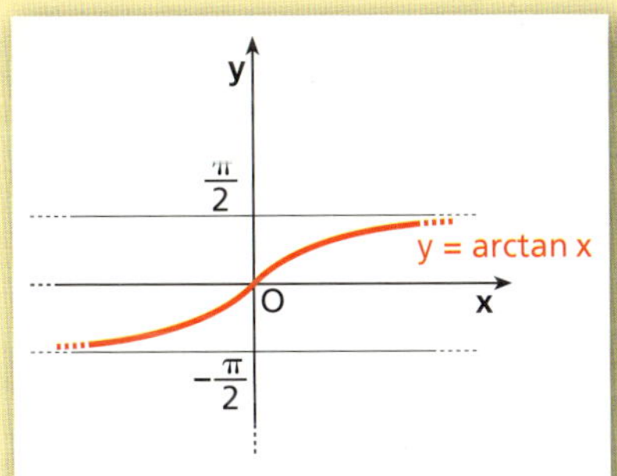

Grafico della funzione $y = \arctan x$.

  - **arcocotangente**: $y = \text{arccot}\, x$
    $D: \mathbb{R}$; $C:]0; \pi[$.

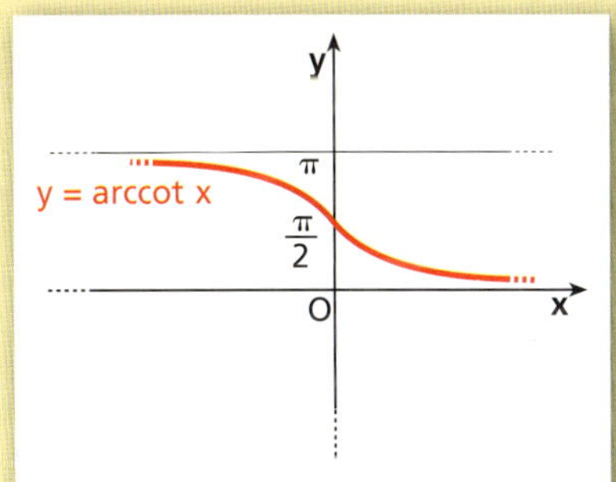

Grafico della funzione $y = \text{arccot}\, x$.

- I loro grafici si ottengono da quelli delle funzioni di cui sono le inverse (dopo opportune restrizioni dei domini), tracciando i simmetrici rispetto alla bisettrice del primo e terzo quadrante.

Funzioni goniometriche e trasformazioni geometriche

Funzioni sinusoidali: sono funzioni del tipo

$$y = A\sin(\omega x + \varphi), \quad y = A\cos(\omega x + \varphi),$$

con $A, \omega, \varphi \in \mathbb{R}$. Chiamiamo:

- **ampiezza** della funzione sinusoidale il numero $|A|$;
- **pulsazione** il numero ω;
- **sfasamento** o **fase iniziale** il numero φ.

Il **periodo** di una funzione sinusoidale è $T = \frac{2\pi}{\omega}$.

ESERCIZI

CAPITOLO 10
ESERCIZI

1 Misura degli angoli

Misura in gradi

▶ Teoria a p. 451

AL VOLO Scrivi il complementare e il supplementare dei seguenti angoli

1 $30°$; $64°$.

2 $50°$; $45°$.

3 $20°$; $15°$.

Le operazioni fra angoli espressi in gradi

4 ESERCIZIO GUIDA Eseguiamo la sottrazione $90° - 32° \, 46' \, 22''$.

Scriviamo $90°$ in termini di primi e secondi.

Poiché $1° = 60'$, scriviamo:

$$90° = 89° \, 60'.$$

Poiché $1' = 60''$, scriviamo:

$$90° = 89° \, 59' \, 60''.$$

Ora è possibile eseguire la sottrazione in colonna, fra gradi, primi e secondi:

$$\begin{array}{l} 89° \, 59' \, 60'' - \\ 32° \, 46' \, 22'' = \\ \hline 57° \, 13' \, 38'' \end{array}$$

Esegui le seguenti operazioni fra le misure di angoli.

5 $15° \, 32' \, 52'' + 2° \, 12' \, 8''$ [$17° \, 45'$]

6 $185° \, 2' + 6° \, 59' \, 12''$ [$192° \, 1' \, 12''$]

7 $27° \, 2' \, 3'' + 42° \, 12' \, 56'' + 1° \, 2' \, 4''$ [$70° \, 17' \, 3''$]

8 $102° \, 50' \, 18'' + 3° \, 9' \, 42''$ [$106°$]

9 $180° - 28° \, 30' \, 58''$ [$151° \, 29' \, 2''$]

10 $270° - 120° \, 29' \, 32''$ [$149° \, 30' \, 28''$]

11 $360° - 322° \, 40' \, 50''$ [$37° \, 19' \, 10''$]

12 $90° - 82° \, 48' \, 32''$ [$7° \, 11' \, 28''$]

13 $26° - 1° \, 1' \, 1''$ [$24° \, 58' \, 59''$]

14 $18° \, 30' \, 15'' \cdot 2$ [$37° \, 0' \, 30''$]

Trova il complementare e il supplementare dei seguenti angoli.

15 $36° \, 25'$

16 $55° \, 2' \, 25''$

17 $42° \, 11' \, 80''$

Dai gradi sessagesimali ai gradi sessadecimali

18 ESERCIZIO GUIDA Esprimiamo 25° 32′ 40″ in forma sessadecimale.

Poiché $1' = \left(\frac{1}{60}\right)^\circ$, scriviamo $32' = \left(32 \cdot \frac{1}{60}\right)^\circ$.

Poiché $1'' = \left(\frac{1}{60}\right)' = \left(\frac{1}{3600}\right)^\circ$, scriviamo $40'' = \left(40 \cdot \frac{1}{3600}\right)^\circ$.

Trasformiamo la misura:

$$25°\,32'\,40'' = 25° + \left(\frac{32}{60}\right)^\circ + \left(\frac{40}{3600}\right)^\circ = 25° + 0{,}5\bar{3}° + 0{,}0\bar{1}° \simeq 25{,}54°.$$

La trasformazione richiesta è la seguente:

$$25°\,32'\,40'' \simeq 25{,}54°.$$

$1' = \left(\frac{1}{60}\right)^\circ$

$1'' = \left(\frac{1}{60}\right)' = \left(\frac{1}{3600}\right)^\circ$

Esprimi in forma sessadecimale le seguenti misure di angoli.

19 0° 59′ 59″; 0° 30′. [1°; 0,5°]

20 1° 59′ 30″; 2° 40″. [1,99°; 2,01°]

21 20° 30′; 60° 20′. [20,5°; 60,33°]

22 15° 30′ 30″; 30° 30′ 30″. [15,51°; 30,51°]

23 44° 59′ 32″; 45° 59′ 60″. [44,99°; 46°]

24 92° 20′ 36″; 140° 26′ 55″. [92,34°; 140,45°]

COMPLETA trasformando le misure degli angoli in forma sessadecimale.

25 17° 45′ 6″ → 17,____°

26 35° 16′ 48″ → 35,____°

27 41° 30′ 36″ → ____,____°

Dai gradi sessadecimali ai gradi sessagesimali

28 ESERCIZIO GUIDA Trasformiamo 28,07° in gradi, primi e secondi.

Possiamo scrivere 28,07° = **28°** + 0,07°.

Trasformiamo 0,07° in primi, moltiplicando 0,07 per 60 (poiché 1° = 60′):

$$0{,}07° = (0{,}07 \cdot 60)' = 4{,}2'.$$

Scriviamo 4,2′ = **4′** + 0,2′.

Trasformiamo 0,2′ in secondi, moltiplicando 0,2 per 60 (poiché 1′ = 60″):

$$0{,}2' = (0{,}2 \cdot 60)'' = \boxed{12''}.$$

Pertanto: 28,07° = 28° 4′ 12″.

Esprimi in gradi, primi e secondi le seguenti misure di angoli, espresse in forma sessadecimale (arrotondando eventualmente i secondi).

29 28,3° [28° 18′]

30 2,23° [2° 13′ 48″]

31 22,52° [22° 31′ 12″]

32 120,36° [120° 21′ 36″]

33 90,5° [90° 30′]

34 60,46° [60° 27′ 36″]

35 90,05° [90° 3′]

36 1,567° [1° 34′ 1″]

37 25,251° [25° 15′ 4″]

ESERCIZI

COMPLETA trasformando le misure degli angoli in gradi, primi, secondi.

38 $45,13° \to 45°\,7'\,\square''$ **39** $39,61° \to 39°\,\square'\,\square''$ **40** $105,75° \to 105°\,\square'\,\square''$

Misura in radianti

▶ Teoria a p. 452

Dai gradi sessagesimali ai radianti e viceversa

41 **ASSOCIA**

a. 90° 1. $\frac{5}{3}\pi$

b. 30° 2. $\frac{\pi}{2}$

c. 300° 3. $\frac{3}{4}\pi$

d. 270° 4. $\frac{\pi}{6}$

e. 135° 5. $\frac{3}{2}\pi$

42 **TEST** L'angolo $\frac{\pi}{4}$:

A è ottuso.

B è metà dell'angolo retto.

C è metà dell'angolo piatto.

D è un quarto dell'angolo giro.

E corrisponde a 90°.

43 **COMPLETA** la seguente tabella.

Gradi	0°	$\square$	180°	$\square$	$\square$	270°
Radianti	$\square$	$\frac{\pi}{3}$	$\square$	$\frac{2}{3}\pi$	$\frac{5}{4}\pi$	$\square$

Trasforma in radianti le misure dei seguenti angoli, espresse in gradi sessagesimali.

44 15°, 36°, 210°, 300°. $\left[\frac{\pi}{12}; \frac{\pi}{5}; \frac{7}{6}\pi; \frac{5}{3}\pi\right]$

45 20°, 80°, 100°, 160°. $\left[\frac{\pi}{9}; \frac{4}{9}\pi; \frac{5}{9}\pi; \frac{8}{9}\pi\right]$

46 70°, 5°, 150°, 225°. $\left[\frac{7}{18}\pi; \frac{\pi}{36}; \frac{5}{6}\pi; \frac{5}{4}\pi\right]$

47 16°, 27°, 102°, 315°. [0,28; 0,47; 1,78; 5,50]

48 25°, 35°, 72°, 155°. [0,44; 0,61; 1,26; 2,71]

Trasforma in gradi sessagesimali le misure dei seguenti angoli, espresse in radianti.

49 $\frac{4}{5}\pi$, $\frac{5}{12}\pi$, $\frac{7}{9}\pi$, $\frac{5}{3}\pi$. [144°; 75°; 140°; 300°]

50 $\frac{2}{3}$, $\frac{2}{3}\pi$, $\frac{9}{5}\pi$, $\frac{3}{2}\pi$. [38° 11′ 50″; 120°; 324°; 270°]

51 4π, 4, $\frac{5}{2}$, $\frac{5}{2}\pi$. [720°; 229° 11′; 143° 14′ 22″; 450°]

52 $\frac{7}{2}\pi$, $\frac{6}{5}\pi$, $\frac{3}{5}\pi$, 3. [630°; 216°; 108°; 171° 53′ 14″]

53 **COMPLETA** la seguente tabella.

Gradi sessagesimali	22° 30′	$\square$	$\square$	31° 12′	$\square$	$\square$
Radianti	$\square$	$\frac{3}{8}\pi$	$\square$	$\square$	8	$\square$
Gradi sessadecimali	$\square$	$\square$	12,5°	$\square$	$\square$	120,34°

54 Un angolo α misura $\frac{3}{7}\pi$. Trova la misura del suo supplementare in gradi. [102° 51′ 36″]

In un triangolo rettangolo trova le misure in gradi degli angoli acuti α e β utilizzando la condizione indicata.

55 $\alpha = \frac{1}{3}\beta$ [$\alpha = 22° 30'$, $\beta = 67° 30'$]

56 $\alpha = \beta - 20°$ [$\alpha = 35°$, $\beta = 55°$]

57 α supera il doppio di β di 15° [$\alpha = 65°$, $\beta = 25°$]

58 Un triangolo isoscele ha ciascun angolo alla base di 27°. Trova l'angolo al vertice in radianti. [2,2]

59 Un triangolo ha due angoli che misurano 52° e 20°. Calcola la misura del terzo angolo in gradi e radianti. $\left[108°; \frac{3}{5}\pi\right]$

60 Un angolo di un triangolo misura 32°, un secondo angolo è $\frac{2}{3}\pi$ radianti. Calcola la misura del terzo angolo in gradi e in radianti. [28°; 0,49]

61 Un triangolo ha un angolo doppio di un altro e il terzo angolo misura 24°. Trova la misura in radianti dei tre angoli del triangolo. [0,42; 0,91; 1,82]

Trova la misura, in gradi o in radianti, di due angoli supplementari α e β, utilizzando la condizione indicata.

62 $\alpha - 3\beta = 27°$ [$\alpha = 141° 45'$, $\beta = 38° 15'$]

63 $\beta - 2\alpha = 80°$ [$\alpha = 33° 20'$, $\beta = 146° 40'$]

64 $\alpha = \beta + \frac{\pi}{3}$ $\left[\alpha = \frac{2}{3}\pi, \beta = \frac{\pi}{3}\right]$

Lunghezza di un arco di circonferenza

65 Calcola la misura, in gradi e in radianti, di un angolo al centro di una circonferenza il cui raggio è uguale a 5 cm e che insiste su un arco lungo 23 cm. [263° 33′ 38″; 4,6]

66 Calcola la lunghezza di un arco di circonferenza, con il raggio lungo 7 cm, che corrisponde a un angolo al centro uguale a 4,2 radianti. [29,4 cm]

Determina la grandezza incognita.

67

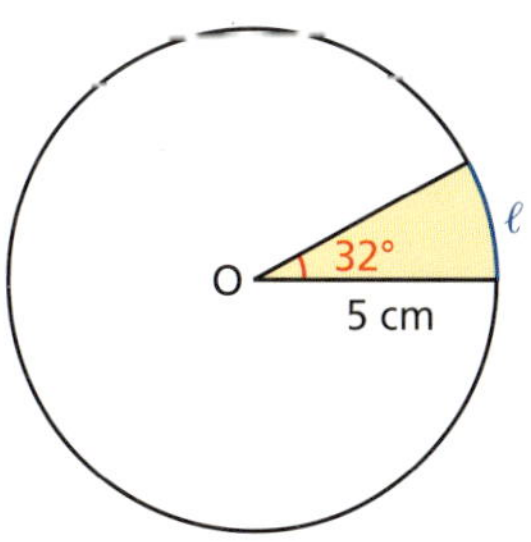

[$l = 2{,}8$ cm]

68

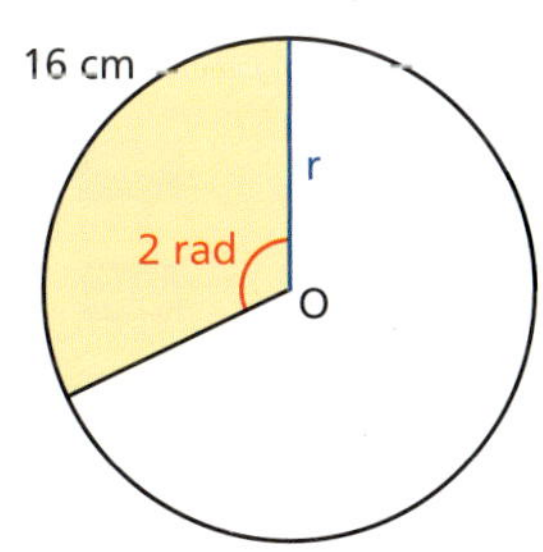

[$r = 8$ cm]

69

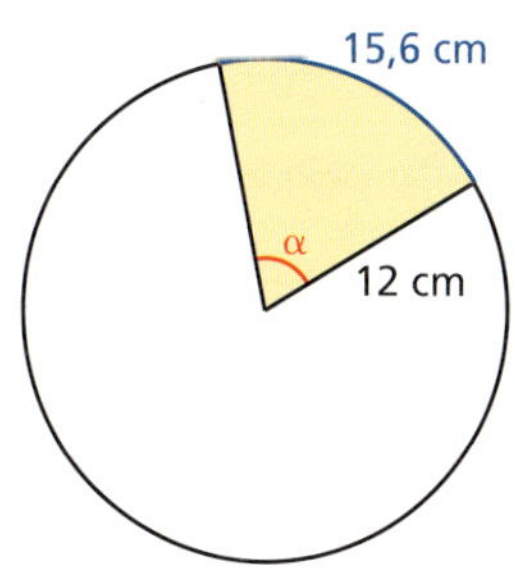

[$\alpha = 1{,}3$]

---

70 Due archi l_1 e l_2 di due circonferenze, che hanno i raggi r_1 e r_2 rispettivamente uguali a 2 cm e 3,5 cm, corrispondono allo stesso angolo. Trova la misura di l_2, sapendo che l_1 misura 4,5 cm. [7,88 cm]

71 **YOU & MATHS** The diagram shows an angle of 45° at the centre of the circle of radius length 14 cm. Calculate d, taking $\pi = \frac{22}{7}$.

(IR *Leaving Certificate Examination*, Ordinary Level, 1992)

[11 cm]

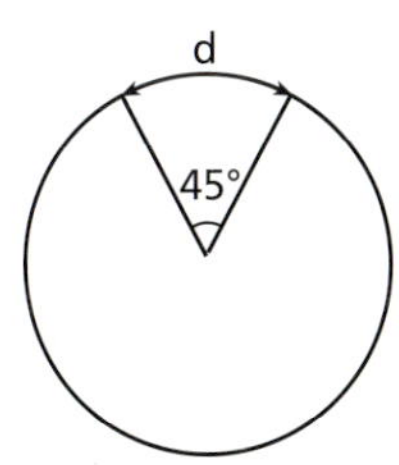

Angoli orientati

▶ Teoria a p. 453

72 ●○ Disegna i seguenti angoli orientati facendo riferimento alla circonferenza goniometrica. L'angolo $\widehat{R}$ rappresenta l'angolo retto.

$+\widehat{R}$; $-2\widehat{R}$; $-\frac{1}{2}\widehat{R}$; $+3\widehat{R}$; $+\frac{3}{2}\widehat{R}$; $-\frac{5}{2}\widehat{R}$.

Disegna i seguenti angoli, utilizzando la circonferenza goniometrica.

73 ●○ $-45°$; $-180°$; $450°$; $720°$.

74 ●○ $390°$; $765°$; $-420°$; $1200°$.

75 ●○ COMPLETA scrivendo in forma sintetica gli angoli rappresentati in figura.

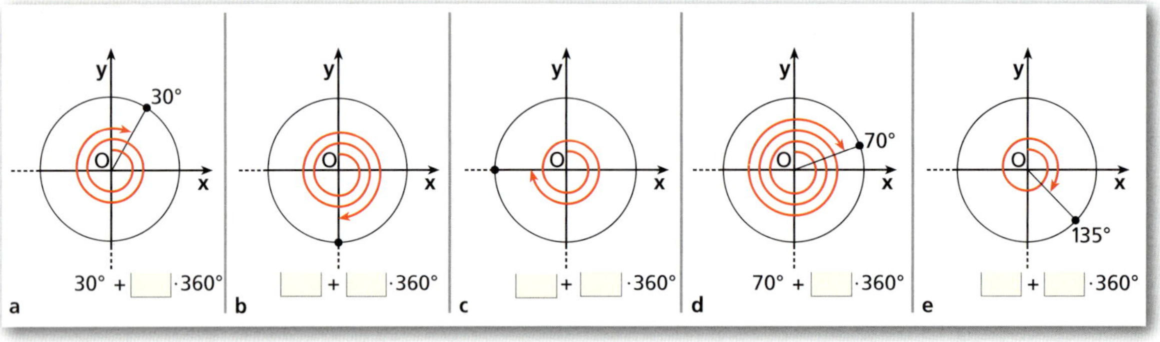

Disegna gli angoli corrispondenti a ogni scrittura sintetica, per ogni valore di *k* indicato.

76 ●○ $k360°$; $k = 1$, $k = 2$, $k = -1$.

77 ●○ $k45°$; $k = -1$, $k = 3$, $k = 4$.

78 ●○ $k90°$; $k = -2$, $k = 3$, $k = 5$.

79 ●○ $k180°$; $k = 2$, $k = -3$, $k = 5$.

80 ●○ $60° + k360°$; $k = 0$, $k = 1$, $k = 3$.

81 ●○ $45° + k180°$; $k = 0$, $k = 1$, $k = -1$.

82 ●○ $30° + k60°$; $k = -1$, $k = 3$, $k = 4$.

83 ●○ $60° + k120°$; $k = 0$, $k = -1$, $k = 2$.

Disegna i seguenti angoli, utilizzando la circonferenza goniometrica.

84 ●○ $\frac{\pi}{4}$; $\frac{3}{4}\pi$; $\frac{11}{4}\pi$; $\frac{\pi}{8}$.

85 ●○ $\frac{\pi}{2}$; $\frac{3}{2}\pi$; $\frac{\pi}{3}$; $\frac{13}{6}\pi$.

Disegna gli angoli corrispondenti a ogni scrittura sintetica, per ogni valore di *k* indicato.

86 ●○ $\frac{\pi}{4} + 2k\pi$; $k = 0$, $k = 1$, $k = -2$.

87 ●○ $\frac{\pi}{2} + k\pi$; $k = -1$, $k = 1$, $k = 2$.

88 ●○ $\pi + 2k\pi$; $k = -2$, $k = 1$, $k = 4$.

89 ●○ $\frac{\pi}{4} + k\frac{\pi}{4}$; $k = 1$, $k = 2$, $k = 3$.

90 ●● COMPLETA indicando tutti gli angoli che hanno il lato termine che passa per i punti segnati nelle seguenti figure, con la scrittura più sintetica possibile (come nel caso **a**).

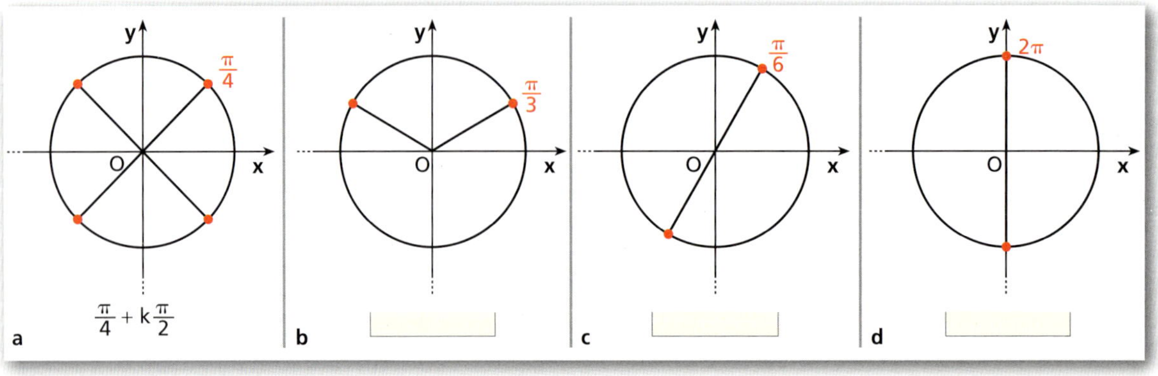

2 Funzioni seno e coseno

▶ Teoria a p. 454

VERO O FALSO

91 ●○
a. Il seno di un angolo orientato è un segmento. V F
b. Se $\sin\alpha < 0$ e $\cos\alpha < 0$, allora α appartiene al quarto quadrante. V F
c. Se $\cos\alpha > 0$, allora $\sin\alpha > 0$. V F
d. Se $\cos\alpha > \cos\beta$, allora $\alpha > \beta$. V F

92 ●○
a. Se $-1 \leq \cos\alpha \leq 1$, allora $1 \leq \cos^2\alpha \leq 1$. V F
b. Se $\sin\alpha = \cos\alpha$, allora può essere solo $\alpha = \frac{\pi}{4}$. V F
c. Se $\sin\alpha = -\frac{8}{9}$, allora α appartiene al terzo quadrante oppure al quarto. V F
d. Non esiste nessun angolo α per cui $\cos\alpha = \frac{5}{4}$. V F

93 ●○ **COMPLETA** la tabella e disegna, utilizzando la circonferenza goniometrica, il coseno e il seno degli angoli assegnati, indicando se sono positivi o negativi.

α	30°	145°	220°	−28°	380°	460°	$\frac{\pi}{3}$	$\frac{13}{6}\pi$	$-\frac{\pi}{8}$	$\frac{17}{3}\pi$
$\cos\alpha$	+									
$\sin\alpha$	+									

94 ●○ **COMPLETA**

a. Se $\alpha = \frac{\pi}{2}$ → $\cos\alpha = \square$ e $\sin\alpha = \square$.

b. Se $\alpha = -\frac{\pi}{2}$ → $\cos\alpha = \square$ e $\sin\alpha = \square$.

c. Se $\alpha = \pi$ → $\cos\alpha = \square$ e $\sin\alpha = \square$.

d. Se $\alpha = 4\pi$ → $\cos\alpha = \square$ e $\sin\alpha = \square$.

95 ●○ **FAI UN ESEMPIO** di un angolo che abbia:

a. seno positivo e coseno negativo;

b. seno e coseno entrambi positivi.

96 ●○ **COMPLETA** con i simboli > e <.

a. sin 3° $\square$ sin 5°

b. cos 12° $\square$ cos 17°

c. sin 190° $\square$ sin 200°

d. cos 350° $\square$ cos 280°

TEST

97 ●○ Quanti sono gli angoli compresi tra 0° e 360° che hanno coseno $\frac{1}{2}$?

A 0 **B** 1 **C** 2 **D** 3 **E** 4

98 ●○ Quanti sono gli angoli compresi tra 0° e 360° che hanno seno −1?

A 0 **B** 1 **C** 2 **D** 3 **E** 4

Disegna, utilizzando la circonferenza goniometrica, gli angoli a cui corrispondono i seguenti valori.

99 $\sin\alpha = \frac{1}{3}$

100 $\cos\alpha = -\frac{2}{5}$

101 $\sin\alpha = -\frac{1}{4}$

102 $\cos\alpha = -\frac{1}{3}$

103 $\sin\alpha = 1$

104 $\cos\alpha = -1$

105 $\sin\beta = -\frac{1}{2}$

106 $\cos\beta = \frac{1}{2}$

107 $\cos\gamma = -\frac{1}{2}$

---

108 Utilizza i dati nelle figure per determinare i valori richiesti.

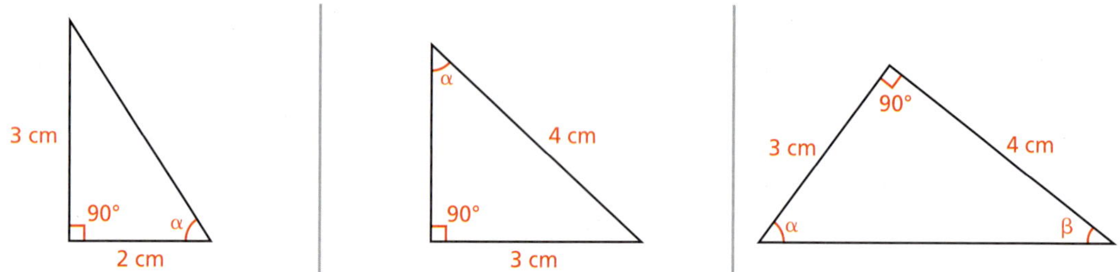

a $\sin\alpha = \square$ $\cos\alpha = \square$

b $\sin\alpha = \square$ $\cos\alpha = \square$

c $\sin\alpha = \square$ $\cos\beta = \square$

Trova quale condizione deve soddisfare il parametro affinché sia verificata l'uguaglianza.

109 $\cos x = k - 2$ $[1 \leq k \leq 3]$

110 $\sin x = -2a$ $\left[-\frac{1}{2} \leq a \leq \frac{1}{2}\right]$

111 $4a\cos x = a + 1$ $\left[a \leq -\frac{1}{5} \vee a \geq \frac{1}{3}\right]$

112 $(k-1)\sin x = k$ $\left[k \leq \frac{1}{2}\right]$

113 $\sin x = 2k - 3$, con $x \in$ terzo quadrante. $\left[1 \leq k \leq \frac{3}{2}\right]$

114 $(2a-3)\cos x = -a + 4$, con $x \in$ secondo quadrante. $[a \leq -1 \vee a \geq 4]$

115 **TEST** Considera l'angolo nella figura. Quale delle seguenti affermazioni è corretta?

- **A** $\cos\alpha > \sin\alpha$
- **B** $\sin\alpha < 0$
- **C** $\cos\alpha > 0$
- **D** $\sin\alpha > \cos\alpha$
- **E** $\sin\alpha = \cos\alpha$

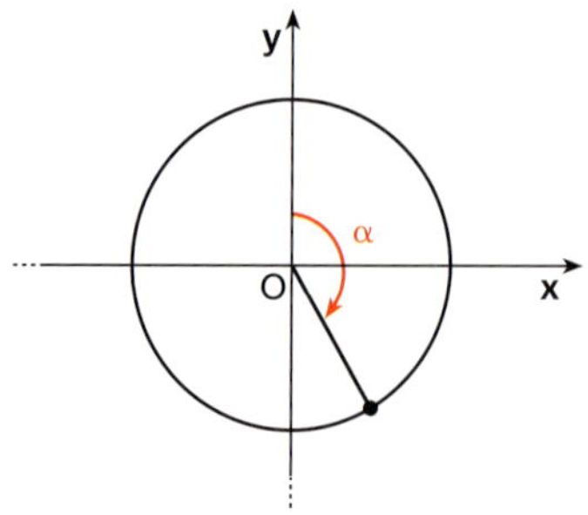

116 **VERO O FALSO?** Rispondi aiutandoti con la circonferenza goniometrica.

a. $\cos(\alpha + 6\pi) = \cos\alpha$ V F

b. $\sin(\alpha + 3\pi) = \sin\alpha$ V F

c. $\cos(-\alpha) = -\cos\alpha$ V F

d. $\sin(4\pi) = 4 \cdot \sin(\pi)$ V F

Scrivi il valore del seno e del coseno dei seguenti angoli.

117 540°; 810°. **118** 630°; −540°. **119** 720°; 900°. **120** $\frac{5}{2}\pi$; $-\frac{9}{2}\pi$.

Calcola il valore delle seguenti espressioni.

121 $-\cos 360° + \frac{3}{5}\sin 270° + 3\sin 720° - \frac{5}{3}\cos(-180°)$ $\left[\frac{1}{15}\right]$

122 $\frac{4}{3}\cos(-90°) + \sin(-270°) - \frac{3}{4}\sin(-450°) + \frac{1}{4}\sin 270°$ $\left[\frac{3}{2}\right]$

123 $\left(\sin\frac{\pi}{2} + \cos\pi\right)^2 - 4\cos 2\pi + 3\sin 2\pi + 1$ $[-3]$

124 $\frac{1}{3}\left[\sin 3\pi + 4\sin\left(-\frac{\pi}{2}\right) + 1\right] - \sin\left(-\frac{3}{2}\pi\right)$ $[-2]$

125 $\frac{1}{2}\cos 540° + \frac{2}{3}\sin 720° - \frac{1}{4}\sin 450° + 6\sin(-270°)$ $\left[\frac{21}{4}\right]$

126 $\cos 4\pi + 2\sin\left(-\frac{15}{2}\pi\right) + \frac{1}{3}\cos(-3\pi) + \sin\frac{9}{2}\pi$ $\left[\frac{11}{3}\right]$

127 $\cos 720° + 2\cos 1080° - \frac{1}{2}\sin 630° + 3\sin 540°$ $\left[\frac{7}{2}\right]$

128 $\dfrac{\sin\frac{7}{2}\pi - \cos(-7\pi) + 2\sin\left(-\frac{11}{2}\pi\right)}{2\sin\left(-\frac{3}{2}\pi\right) + \cos 4\pi - 4\cos\frac{5}{2}\pi}$ $\left[\frac{2}{3}\right]$

129 $\dfrac{4\left(\cos^2 2\pi + \sin^2\frac{5}{2}\pi\right) + 8\cos 10\pi}{3[1 - 4\cos(-4\pi)]}$ $\left[-\frac{16}{9}\right]$

130 $\dfrac{(-\sin 5\pi + \cos\pi)\sin\frac{11}{2}\pi + 2\sin\frac{3}{2}\pi\cdot\cos 2\pi}{3\left(\cos\frac{5}{2}\pi + 2\sin\frac{9}{2}\pi\right)}$ $\left[-\frac{1}{6}\right]$

131 $\dfrac{a\sin\alpha + b\cos 2\alpha}{\sin(-4\alpha) - a\cos\left(\alpha + \frac{\pi}{2}\right) - b\cos\left(\frac{7}{2}\pi + \alpha\right)}$, con $\alpha = \frac{\pi}{2}$. $[1]$

132 $\dfrac{a^2\cos(5\pi - \alpha) - b^2\sin\left(\frac{7}{2}\pi - \alpha\right)}{a\sin\left(\frac{\pi}{2} - \alpha\right) + b\cos(4\pi - \alpha)} + a$, con $\alpha = \pi$. $[b]$

133 $\dfrac{\cos\left(\frac{9}{2}\pi + \alpha\right) + \sin(-\pi + \alpha) + \cos(\alpha - 5\pi)}{2\cos\left(\frac{\pi}{2} + 2\alpha\right) + \sin\left(\frac{3}{2}\pi - \alpha\right) + 4}$, con $\alpha = \frac{3}{2}\pi$. $\left[\frac{1}{2}\right]$

134 Disegna il grafico di $y = \cos x$ nell'intervallo $[-\pi; 4\pi]$. Scrivi le coordinate dei punti di intersezione della funzione con l'asse x in tale intervallo e trova le ordinate dei punti di ascissa $x = \frac{7}{2}\pi$, $x = -\frac{\pi}{2}$, $x = 3\pi$.

$\left[\pm\frac{\pi}{2}, \frac{3}{2}\pi, \frac{5}{2}\pi, \frac{7}{2}\pi; 0, 0, -1\right]$

135 Disegna il grafico di $y = \sin x$ nell'intervallo $\left[-\frac{5}{2}\pi; \frac{7}{2}\pi\right]$. Trova i punti di intersezione della funzione con l'asse x e determina i valori di x per cui $\sin x = -1$. $\left[-2\pi, -\pi, 0, \pi, 2\pi, 3\pi; -\frac{5}{2}\pi, -\frac{\pi}{2}, \frac{3}{2}\pi, \frac{7}{2}\pi\right]$

ESERCIZI

Trova il dominio delle seguenti funzioni.

136 $y=\frac{\sqrt{1+\sin x}}{\cos x}$ $\left[x\neq\frac{\pi}{2}+k\pi\right]$

137 $y=\frac{2}{\sin x}$ $[x\neq k\pi]$

138 $y=\frac{1}{\sqrt{1-\cos x}}$ $[x\neq 2k\pi]$

139 ESERCIZIO GUIDA Sapendo che $\sin\alpha=\frac{5}{13}$ e che $\frac{\pi}{2}<\alpha<\pi$, calcoliamo $\cos\alpha$.

Utilizziamo $\sin^2\alpha+\cos^2\alpha=1$, sostituendo a $\sin\alpha$ il valore $\frac{5}{13}$.

Otteniamo così:

$$\frac{25}{169}+\cos^2\alpha=1\rightarrow\cos^2\alpha=1-\frac{25}{169}\rightarrow\cos^2\alpha=\frac{144}{169}\rightarrow\cos\alpha=\pm\frac{12}{13}.$$

Poiché $\frac{\pi}{2}<\alpha<\pi$ e per tali angoli il coseno è negativo, allora: $\cos\alpha=-\frac{12}{13}$.

Calcola il valore della funzione indicata, utilizzando le informazioni fornite.

140 $\sin\alpha=\frac{7}{25}$ e $0<\alpha<\frac{\pi}{2}$; $\cos\alpha$? $\left[\frac{24}{25}\right]$

141 $\cos\alpha=-\frac{4}{5}$ e $\pi<\alpha<\frac{3}{2}\pi$; $\sin\alpha$? $\left[-\frac{3}{5}\right]$

142 $\sin\alpha=\frac{1}{3}$ e $\frac{\pi}{2}<\alpha<\pi$; $\cos\alpha$? $\left[-\frac{2\sqrt{2}}{3}\right]$

143 $\sin\alpha=-\frac{2}{5}$ e $\frac{3}{2}\pi<\alpha<2\pi$; $\cos\alpha$? $\left[\frac{\sqrt{21}}{5}\right]$

144 $\cos\alpha=\frac{8}{17}$ e $0<\alpha<\frac{\pi}{2}$; $\sin\alpha$? $\left[\frac{15}{17}\right]$

145 $\cos\alpha=\frac{2}{3}$ e $\frac{3}{2}\pi<\alpha<2\pi$; $\sin\alpha$? $\left[-\frac{\sqrt{5}}{3}\right]$

146 $\cos\alpha=\frac{1}{2}$ e $\alpha\in$ IV quadrante; $\sin\alpha$? $\left[-\frac{\sqrt{3}}{2}\right]$

147 $\sin\alpha=-\frac{9}{41}$ e $\alpha\in$ IV quadrante; $\cos\alpha$? $\left[\frac{40}{41}\right]$

148 $\cos\alpha=-\frac{28}{53}$ e $\alpha\in$ III quadrante; $\sin\alpha$? $\left[-\frac{45}{53}\right]$

149 $\sin\alpha=-\frac{12}{13}$ e $\alpha\in$ III quadrante; $\cos\alpha$? $\left[-\frac{5}{13}\right]$

RIFLETTI SULLA TEORIA

150 Esiste un angolo α tale che $\cos\alpha=\frac{1}{4}$ e $\sin\alpha=\frac{3}{4}$?

151 È vero che $\sin^2\frac{\alpha}{4}+\cos^2\frac{\alpha}{4}=1$? Perché?

Semplifica le seguenti espressioni.

152 $(a\sin\alpha-2\cos\alpha)^2+(a\cos\alpha+2\sin\alpha)^2-4+a^2\sin\frac{5}{2}\pi$ $[2a^2]$

153 $4-4\sin^2\alpha+(\cos\alpha-\sin\alpha)^2+2\cos\alpha(\sin\alpha+\cos\alpha)$ $[1+6\cos^2\alpha]$

154 $\sin^2\alpha+(4\cos\alpha+\sin\alpha)^2+(4\sin\alpha-\cos\alpha)^2+2\cos^2\alpha$ $[18+\cos^2\alpha]$

155 EUREKA! Trova per quali valori di a le soluzioni dell'equazione $x^2-ax+a-1=0$ rappresentano il seno e il coseno dello stesso angolo. $[a=1]$

Trova i valori del seno e del coseno degli angoli indicati con l'aiuto della calcolatrice.

156 40,3°; 160,55°; 200°.

157 $\frac{7}{5}\pi$; 305°; $\frac{12}{5}\pi$.

158 $\frac{3}{5}\pi$; $\frac{8}{3}\pi$; $\frac{3}{7}\pi$.

3 Funzione tangente

Tangente di un angolo

▶ Teoria a p. 458

Disegna la circonferenza goniometrica e rappresenta la tangente dei seguenti angoli.

159 $\frac{\pi}{4}$; $\frac{\pi}{3}$; $\frac{5}{4}\pi$; 2π.

160 30°; 180°; 225°; 320°.

Per ogni angolo α in figura, individua tan α, se esiste, sulla retta tangente alla circonferenza in *E*.

161

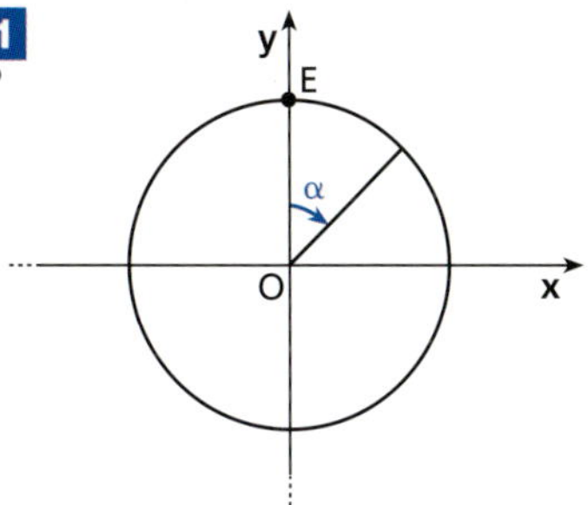

162

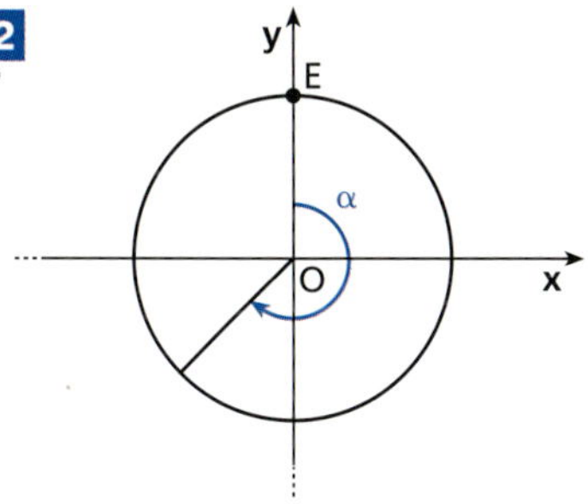

163

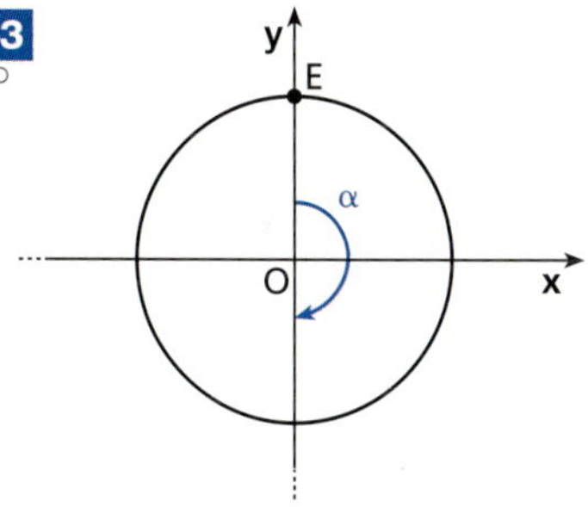

164 Rappresenta gli angoli α, β, γ tali che: $\tan\alpha = 1$; $\tan\beta = 3$; $\tan\gamma = -2$.

165 Utilizzando la circonferenza goniometrica rappresenta gli angoli che verificano le seguenti condizioni.

$\tan\alpha = -3$, $\alpha \in$ quarto quadrante; $\tan\beta = \frac{3}{2}$, $\beta \in$ terzo quadrante; $\tan\gamma = \sqrt{3}$, $\gamma \in$ primo quadrante.

166 VERO O FALSO?

a. $\tan\alpha$ non esiste solo per $x = \frac{\pi}{2} + 2k\pi$. V F

b. Se $\alpha = 120°$, allora $\tan\alpha < 0$. V F

c. Se $0 \leq \alpha < 360°$, $\tan\alpha = 0$ solo se $\alpha = 0$. V F

d. Se $\pi < \alpha < \frac{3}{2}\pi$, allora $\tan\alpha > 0$. V F

e. Non esiste nessun angolo per cui $\tan\alpha = 10$. V F

Nei seguenti triangoli calcola la tangente dell'angolo indicato.

167

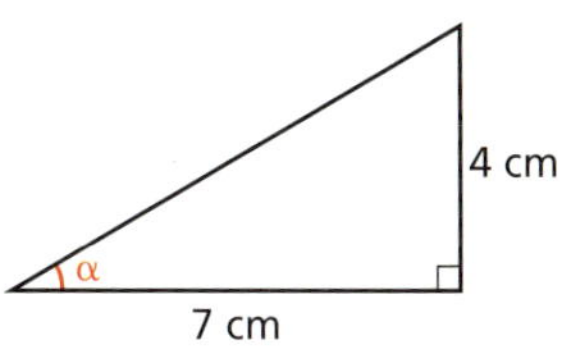

168

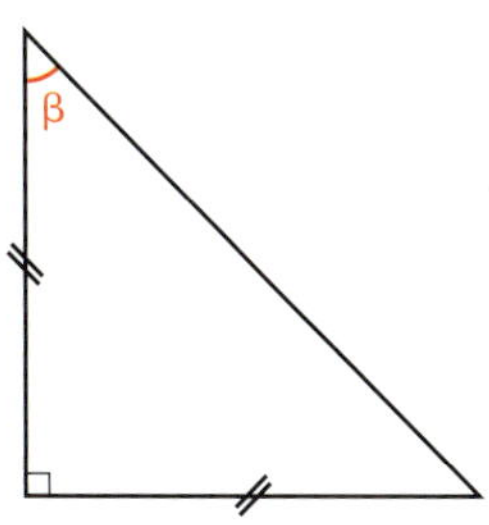

169

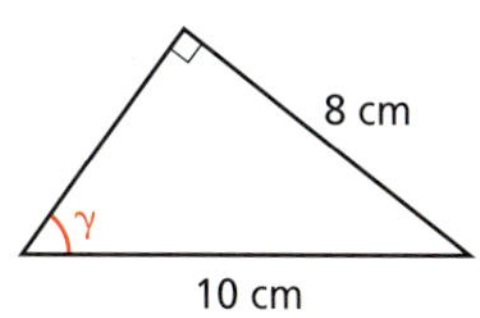

Trova quale condizione deve soddisfare il parametro *k* affinché sia verificata l'uguaglianza.

170 $\tan x = \frac{1-k}{k^2-9}$ $[k \neq \pm 3]$

171 $\tan x = \sqrt{\frac{4-k^2}{k+1}}$ $[k \leq -2 \vee -1 < k \leq 2]$

ESERCIZI

172 $\tan x = 2k - 1, \quad x \in$ primo quadrante. $\left[k > \frac{1}{2}\right]$

173 $\tan x = \frac{2-k}{4k^2+9}, \quad x \in$ quarto quadrante. $[k > 2]$

174 TEST Solo uno dei seguenti angoli ha tangente non nulla. Quale?

A 3π B $-\pi$ C 4π D $\frac{3}{4}\pi$ E $180°$

Determina il valore delle seguenti espressioni.

175 $\tan\left(\frac{\pi}{2} + \alpha\right) + \sin\left(\frac{7}{2}\pi + 2\alpha\right) + 2\tan\left(\frac{5}{2}\pi + \alpha\right), \quad$ con $\alpha = \frac{\pi}{2}$. $[1]$

176 $2\tan\left(\frac{\pi}{2} + \frac{\alpha}{2}\right) + \sin\left(\alpha + \frac{5}{2}\pi\right) - \tan(2\alpha + \pi), \quad$ con $\alpha = \pi$. $[-1]$

Trova il dominio delle seguenti funzioni.

177 $y = \frac{2\tan x}{\sqrt{1 - \sin x} + 1}$ $\left[x \neq \frac{\pi}{2} + k\pi\right]$

178 $y = \frac{-\tan x}{\sin x}$ $\left[x \neq k\frac{\pi}{2}\right]$

179 $y = \frac{2\sin x - 1}{3\tan x}$ $\left[x \neq k\frac{\pi}{2}\right]$

180 $y = \sqrt{\tan x}$ $\left[k\pi \leq x < \frac{\pi}{2} + k\pi\right]$

Utilizziamo le relazioni fondamentali della goniometria

181 ESERCIZIO GUIDA Sapendo che $\sin\alpha = \frac{5}{7}$ e che $0 < \alpha < \frac{\pi}{2}$, calcoliamo il valore di $\tan\alpha$.

Utilizziamo $\sin^2\alpha + \cos^2\alpha = 1$, per determinare $\cos\alpha$:

$$\frac{25}{49} + \cos^2\alpha = 1 \rightarrow \cos^2\alpha = \frac{24}{49}.$$

$\sin^2\alpha + \cos^2\alpha = 1$

Poiché $0 < \alpha < \frac{\pi}{2}$ e per tali angoli il coseno è positivo, abbiamo $\cos\alpha = \frac{2\sqrt{6}}{7}$.

Sfruttiamo ora $\tan\alpha = \frac{\sin\alpha}{\cos\alpha}$, per determinare $\tan\alpha$:

$\tan\alpha = \frac{\sin\alpha}{\cos\alpha}$

$$\tan\alpha = \frac{\frac{5}{7}}{\frac{2\sqrt{6}}{7}} = \frac{5}{7} \cdot \frac{7}{2\sqrt{6}} = \frac{5}{2\sqrt{6}} = \frac{5\sqrt{6}}{12}.$$

Calcola il valore di $\tan\alpha$, usando le informazioni fornite.

182 $\sin\alpha = \frac{4}{5}$ e $\frac{\pi}{2} < \alpha < \pi$. $\left[-\frac{4}{3}\right]$

183 $\cos\alpha = -\frac{8}{17}$ e $\frac{\pi}{2} < \alpha < \pi$. $\left[-\frac{15}{8}\right]$

184 $\cos\alpha = -\frac{5}{6}$ e $\pi < \alpha < \frac{3}{2}\pi$. $\left[\frac{\sqrt{11}}{5}\right]$

185 $\sin\alpha = \frac{2}{3}$ e $\frac{\pi}{2} < \alpha < \pi$. $\left[-\frac{2}{5}\sqrt{5}\right]$

186 $\cos\alpha = \frac{3}{4}$ e $\frac{3}{2}\pi < \alpha < 2\pi$. $\left[-\frac{\sqrt{7}}{3}\right]$

187 $\cos\alpha = \frac{1}{5}$ e $0 < \alpha < \frac{\pi}{2}$. $[2\sqrt{6}]$

188 TEST Quale delle seguenti affermazioni *non* è corretta?

A La tangente non esiste dove il seno è 0.

B La tangente può assumere ogni valore reale.

C La tangente è nulla dove il coseno è 1 o −1.

D Il periodo della tangente è π.

E Nel terzo quadrante la tangente è positiva.

189 Utilizza le relazioni fondamentali per dimostrare le formule che permettono di trovare $\sin\alpha$ e $\cos\alpha$ in funzione di $\tan\alpha$:

$$\sin\alpha = \frac{\tan\alpha}{\pm\sqrt{1+\tan^2\alpha}}, \quad \cos\alpha = \frac{1}{\pm\sqrt{1+\tan^2\alpha}}.$$

seno e coseno in funzione della tangente

Calcola il valore di sin α e cos α, utilizzando le informazioni fornite.

190 $\tan\alpha = \sqrt{15}$ e $0 < \alpha < \frac{\pi}{2}$. $\left[\frac{\sqrt{15}}{4}; \frac{1}{4}\right]$

191 $\tan\alpha = \frac{3}{4}$ e $\pi < \alpha < \frac{3}{2}\pi$. $\left[-\frac{3}{5}; -\frac{4}{5}\right]$

192 $\tan\alpha = -\frac{\sqrt{5}}{2}$ e $\frac{\pi}{2} < \alpha < \pi$. $\left[\frac{\sqrt{5}}{3}; -\frac{2}{3}\right]$

193 $\tan\alpha = -\frac{9}{40}$ e $\frac{\pi}{2} < \alpha < \pi$. $\left[\frac{9}{41}; -\frac{40}{41}\right]$

194 $\tan\alpha = -\frac{12}{5}$ e $\frac{3}{2}\pi < \alpha < 2\pi$. $\left[-\frac{12}{13}; \frac{5}{13}\right]$

195 $\tan\alpha = \frac{15}{8}$ e $\pi < \alpha < \frac{3}{2}\pi$. $\left[-\frac{15}{17}; -\frac{8}{17}\right]$

---

196 Trasforma l'espressione in funzione soltanto di $\cos\alpha$, sapendo che $\pi < \alpha < \frac{3}{2}\pi$:

$$\frac{\tan\alpha - 2\sin^2\alpha + \cos^2\alpha + 2}{\sin\alpha}.$$ $\left[\frac{1}{\cos\alpha} - \frac{3\cos^2\alpha}{\sqrt{1-\cos^2\alpha}}\right]$

197 Trasforma l'espressione in funzione soltanto di $\sin\alpha$, sapendo che $0 < \alpha < \frac{\pi}{2}$:

$$\frac{\tan\alpha + \cos\alpha}{\tan^2\alpha} \cdot \frac{1}{\cos\alpha} - \frac{1}{\tan^2\alpha}.$$ $\left[\frac{1}{\sin\alpha}\right]$

Semplifica le seguenti espressioni utilizzando le relazioni fondamentali della goniometria.

198 $\frac{\sin^3\alpha - \sin\alpha}{\cos\alpha} + 2\tan\alpha + \frac{\sin^2\alpha}{\tan\alpha}$ $[2\tan\alpha]$

199 $\frac{\tan\alpha}{\sin\alpha\cos^2\alpha} + \tan\alpha\cos\alpha - \frac{\tan^2\alpha + 1}{\cos\alpha}$ $[\sin\alpha]$

200 $\frac{1}{2}\cos\alpha + \frac{\tan^2\alpha}{1+\tan^2\alpha} - \sin^2\alpha + \frac{1}{2} \cdot \frac{\sin^2\alpha}{\cos\alpha\tan^2\alpha}$ $[\cos\alpha]$

201 $\frac{\cos^2\alpha}{1-\cos^2\alpha} - \tan\alpha + \frac{1-\sin^2\alpha}{\cos^2\alpha} - \frac{1}{\sin^2\alpha}$ $[-\tan\alpha]$

202 $\sin\alpha\tan\alpha + \cos\alpha(1-\sin\alpha) + \tan\alpha\cos^2\alpha$ $\left[\frac{1}{\cos\alpha}\right]$

203 $(\sin\alpha + \cos\alpha)^2 - 2\tan\alpha\cos^2\alpha + 2\sin^2\alpha - 1$ $[2\sin^2\alpha]$

ESERCIZI

4 Funzioni secante, cosecante e cotangente

Secante e cosecante

▶ Teoria a p. 462

Utilizzando la circonferenza goniometrica, rappresenta gli angoli che verificano le seguenti uguaglianze.

204 $\sec\alpha = 2$ **205** $\csc\alpha = \frac{3}{2}$ **206** $\sec\alpha = -1$ **207** $\csc\alpha = 3$

208 TEST Una sola delle seguenti uguaglianze è falsa. Quale?

A $\sec\alpha = \frac{\tan\alpha}{\sin\alpha}$

B $\tan\alpha = \frac{\sec\alpha}{\csc\alpha}$

C $\csc\alpha = \frac{\cos\alpha}{\tan\alpha}$

D $\sec\alpha \cdot \sin\alpha = \tan\alpha$

E $\sin\alpha \cdot \csc\alpha = 1$

Semplifica le seguenti espressioni.

209 $\frac{\csc\alpha}{\tan\alpha}\cdot\cos\alpha - \csc^2\alpha$ [-1]

210 $(\sec^2\alpha - 1)\csc\alpha - \frac{\csc\alpha}{\cos^2\alpha}$ [$-\csc\alpha$]

211 $\frac{\sin\alpha\cdot\sec\alpha + \cos\alpha\cdot\csc\alpha}{\csc\alpha}$ [$\sec\alpha$]

212 $\left(\frac{\sec\alpha}{\csc\alpha} + \frac{\csc\alpha}{\sec\alpha}\right)\cdot\cos\alpha$ [$\frac{1}{\sin\alpha}$]

213 Trasforma l'uguaglianza esprimendo y in funzione soltanto di: **a.** $\sin\alpha$; **b.** $\tan\alpha$.

$$y = \frac{\sec^2\alpha + \csc^2\alpha}{2\tan^2\alpha}$$

[a) $\frac{1}{2\sin^4\alpha}$; b) $\frac{(1+\tan^2\alpha)^2}{2\tan^4\alpha}$]

214 VERO O FALSO?

a. La cosecante non è definita per $\alpha = k\pi$. V F

b. La secante è positiva per angoli il cui seno è positivo. V F

c. Se $0 < \alpha \le \frac{\pi}{2}$, allora $\sec\alpha \ge 1$. V F

d. Non esistono angoli che verificano l'uguaglianza $\csc\alpha = \frac{1}{2}$. V F

Trova quale condizione deve soddisfare il parametro affinché sia verificata l'uguaglianza.

215 $\sec\alpha = k - 4$ [$k \le 3 \vee k \ge 5$]

216 $\csc\alpha = \frac{2k}{k+3}$ [$k < -3 \vee -3 < k \le -1 \vee k \ge 3$]

217 $\sec\alpha = \frac{2a-1}{a}$, con $0 < \alpha < \frac{\pi}{2}$. [$a < 0 \vee a > 1$]

Cotangente

▶ Teoria a p. 463

Disegna la circonferenza goniometrica e rappresenta la cotangente dei seguenti angoli.

218 $60°$; $90°$; $150°$; $330°$.

219 $\frac{\pi}{4}$; $\frac{3}{4}\pi$; $\frac{5}{4}\pi$; $\frac{7}{4}\pi$.

Per ogni angolo α nelle figure, individua cot α, se esiste, sulla retta tangente in *F* alla circonferenza.

220

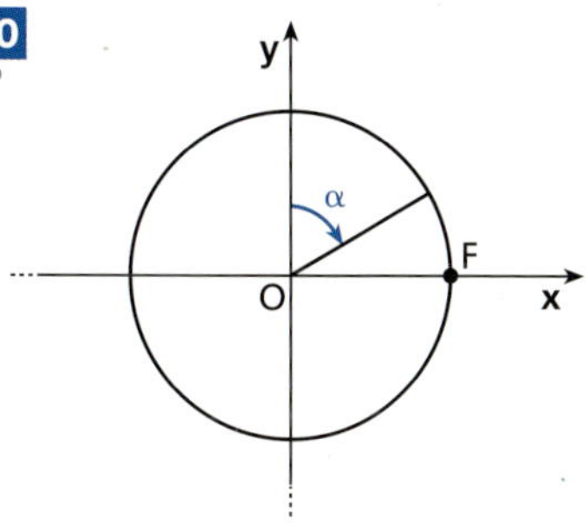

221

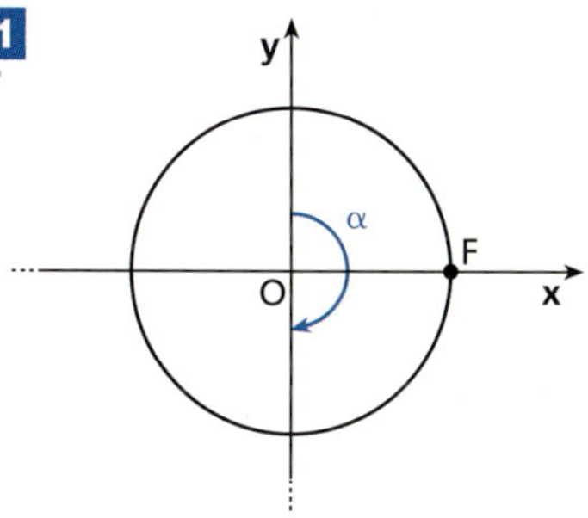

222

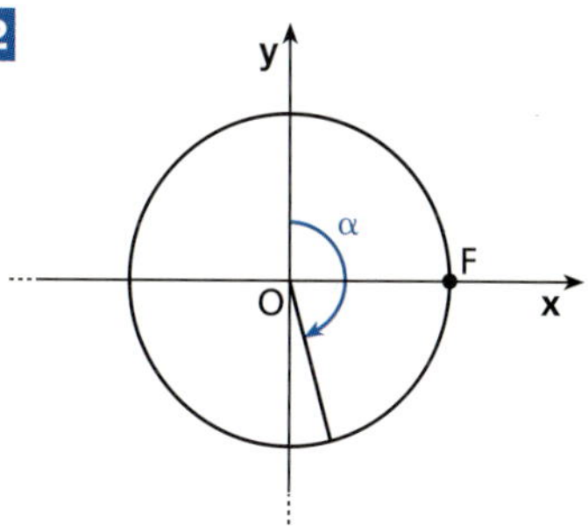

223 **ASSOCIA** a ogni angolo la relativa cotangente.

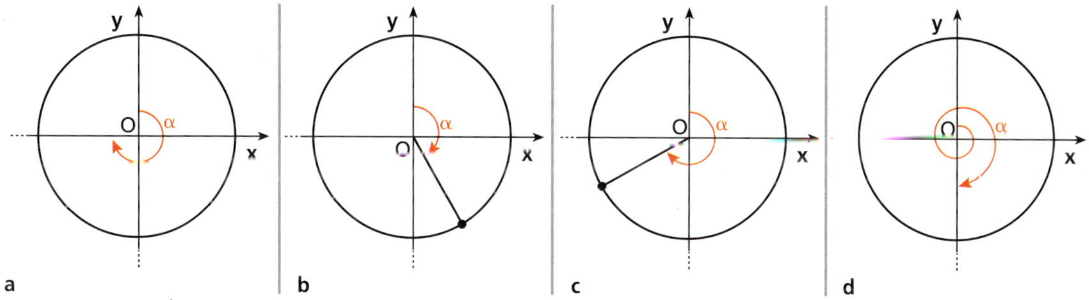

1. $\cot\alpha > 0$ **2.** $\cot\alpha = 0$ **3.** $\cot\alpha$ non esiste **4.** $\cot\alpha < 0$

224 Disegna nella circonferenza goniometrica gli angoli che soddisfano le seguenti uguaglianze.

$\cot\alpha = 1$; $\cot\beta = 4$; $\cot\gamma = -2$.

Indica in quale quadrante si trova un angolo α che verifica le seguenti condizioni.

225 $\sin\alpha > 0$, $\cot\alpha < 0$. [secondo quadrante]

226 $\cot\alpha < 0$, $\sec\alpha < 0$. [secondo quadrante]

227 $\cos\alpha > 0$, $\cot\alpha > 0$. [primo quadrante]

228 Calcola il valore di: $\tan\frac{2}{3}\cdot\cot\frac{2}{3}$. [1]

Trova il dominio delle seguenti funzioni.

229 $y = \cot x + \tan x$ $\left[x \neq k\frac{\pi}{2}\right]$

230 $y = \frac{2}{\cot x}$ $\left[x \neq k\frac{\pi}{2}\right]$

231 $y = \cot x - 3\sin x$ $[x \neq k\pi]$

ESERCIZI

232 ●● Utilizza le relazioni fondamentali per dimostrare le seguenti formule, che permettono di trovare sin α e cos α in funzione di cot α.

$$\sin\alpha = \frac{1}{\pm\sqrt{1+\cot^2\alpha}}, \qquad \cos\alpha = \frac{\pm\cot\alpha}{\sqrt{1+\cot^2\alpha}}.$$

seno e coseno in funzione della cotangente

233 ESERCIZIO GUIDA Sapendo che $\cot\alpha = 3$ e che α appartiene al primo quadrante, determiniamo sin α, cos α e tan α.

Poiché $0 < \alpha < \frac{\pi}{2}$, seno, coseno e tangente di α sono tutti positivi.

- Calcoliamo sin α applicando la formula $\sin\alpha = \frac{1}{\sqrt{1+\cot^2\alpha}}$:

$$\sin\alpha = \frac{1}{\sqrt{1+3^2}} = \frac{1}{\sqrt{10}} = \frac{1}{\sqrt{10}}\cdot\frac{\sqrt{10}}{\sqrt{10}} = \frac{\sqrt{10}}{10}.$$

- Calcoliamo cos α applicando la formula $\cos\alpha = \frac{\cot\alpha}{\sqrt{1+\cot^2\alpha}}$:

$$\cos\alpha = \frac{3}{\sqrt{1+3^2}} = \frac{3}{\sqrt{10}} = \frac{3\cdot\sqrt{10}}{10}.$$

- Calcoliamo tan α tenendo presente che $\tan\alpha = \frac{1}{\cot\alpha}$, quindi:

$$\tan\alpha = \frac{1}{3}.$$

Considera le funzioni seno, coseno, tangente e cotangente dell'angolo α: noti il valore di una funzione e l'intervallo a cui appartiene α, calcola il valore delle altre tre funzioni.

234 ●○ $\cot\alpha = 2$ e $0 < \alpha < \frac{\pi}{2}$. $\left[\frac{\sqrt{5}}{5}, \frac{2}{5}\sqrt{5}, \frac{1}{2}\right]$

235 ●○ $\sin\alpha = \frac{1}{2}$ e $\frac{\pi}{2} < \alpha < \pi$. $\left[-\frac{\sqrt{3}}{2}, -\frac{\sqrt{3}}{3}, -\sqrt{3}\right]$

236 ●○ $\tan\alpha = -\sqrt{3}$ e $\frac{3}{2}\pi < \alpha < 2\pi$. $\left[-\frac{\sqrt{3}}{2}, \frac{1}{2}, -\frac{\sqrt{3}}{3}\right]$

237 ●○ $\tan\alpha = 1$ e $\pi < \alpha < \frac{3}{2}\pi$. $\left[-\frac{\sqrt{2}}{2}, -\frac{\sqrt{2}}{2}, 1\right]$

238 ●○ $\cos\alpha = \frac{\sqrt{3}}{2}$ e $\frac{3}{2}\pi < \alpha < 2\pi$. $\left[-\frac{1}{2}, -\frac{\sqrt{3}}{3}, -\sqrt{3}\right]$

239 ●○ $\cot\alpha = -\sqrt{3}$ e $\frac{\pi}{2} < \alpha < \pi$. $\left[\frac{1}{2}, -\frac{\sqrt{3}}{2}, -\frac{\sqrt{3}}{3}\right]$

Espressioni con funzioni goniometriche

Semplifica le seguenti espressioni.

240 $(\sec^2\alpha + \csc^2\alpha)\cot^2\alpha$ $\left[\frac{1}{\sin^4\alpha}\right]$

241 $\frac{\cos^2\alpha + 2\sin^2\alpha - 2}{\cot\alpha}\cdot\csc\alpha$ $[-\cos\alpha]$

242 $\tan\alpha + \frac{1-\sin^2\alpha}{\sin\alpha\cdot\cos\alpha} - \cot\alpha + 1$ $\left[\frac{\sin\alpha+\cos\alpha}{\cos\alpha}\right]$

243 $\frac{\cot\alpha}{\sin\alpha} + \csc\alpha - \frac{\csc\alpha}{\tan\alpha}$ $\left[\frac{1}{\sin\alpha}\right]$

244 $\frac{\cot^2\alpha+1}{\csc^2\alpha} - \left(\frac{1}{\sec^2\alpha} + \frac{1}{\csc^2\alpha}\right)$ $[0]$

245 Trasforma l'espressione in funzione soltanto di $\sin\alpha$, sapendo che $\pi < \alpha < \frac{3}{2}\pi$.

$3\sin\alpha - 2\cot^2\alpha + \cos^2\alpha$

$\left[\frac{-\sin^4\alpha + 3\sin^3\alpha + 3\sin^2\alpha - 2}{\sin^2\alpha}\right]$

Identità con le funzioni goniometriche

246 ESERCIZIO GUIDA Verifichiamo l'identità $1 + \cot^2\alpha = \csc^2\alpha$.

Poiché un'**identità goniometrica** è un'uguaglianza fra espressioni contenenti funzioni goniometriche di uno o più angoli che risulta verificata per **tutti** i valori appartenenti ai domini di tali funzioni, determiniamo le condizioni di esistenza del primo e secondo membro:

C.E.: $\alpha \neq k\pi$.

Consideriamo il primo membro e trasformiamo $\cot^2\alpha$ in funzione di $\sin\alpha$ e $\cos\alpha$, poi sommiamo:

$$1 + \left(\frac{\cos\alpha}{\sin\alpha}\right)^2 = 1 + \frac{\cos^2\alpha}{\sin^2\alpha} = \frac{\sin^2\alpha + \cos^2\alpha}{\sin^2\alpha} = \frac{1}{\sin^2\alpha}.$$

Trasformando il secondo membro in funzione di $\sin\alpha$ otteniamo

$$\frac{1}{\sin^2\alpha}.$$

Pertanto l'identità è verificata, se $\alpha \neq k\pi$.

Verifica le seguenti identità.

247 $(\sin\alpha + \cos\alpha)^2 - 1 = 2\sin\alpha\cos\alpha$

248 $\cos\alpha\cdot\tan\alpha + \sin\alpha\cdot\cot\alpha = \cos\alpha + \sin\alpha$

249 $\cos^2\alpha\cdot\tan^2\alpha + \sin^2\alpha\cdot\cot^2\alpha = 1$

250 $(\tan\alpha + \cot\alpha)\sin\alpha = \frac{1}{\cos\alpha}$

ESERCIZI

251 $(\cot\alpha - \cos\alpha)\cdot\tan\alpha = 1 - \sin\alpha$

252 $\tan\alpha = \dfrac{\tan\alpha - 1}{1 - \cot\alpha}$

253 $\sin\alpha\cdot\cos^2\alpha + \sin^3\alpha = \sin\alpha$

254 $\csc^2\alpha + \sec^2\alpha = \dfrac{1}{\cos^2\alpha\cdot\sin^2\alpha}$

255 $(1 + \tan^2\alpha)\cdot(1 - \sin^2\alpha) = 1$

256 $\sec\alpha - \cos^2\alpha - \sin\alpha\cdot\tan\alpha - \cos\alpha + 1 = \sin^2\alpha$

257 $1 + \tan^2\alpha - \dfrac{1}{\sin^2\alpha}\cdot\tan^2\alpha + \dfrac{1}{\cos^2\alpha} = \dfrac{1}{\cos^2\alpha}$

258 $\cos^2\alpha - \sin^2\alpha = \dfrac{1 - \tan^2\alpha}{1 + \tan^2\alpha}$

259 $\dfrac{1}{2 - \sin^2\alpha} = \dfrac{1 + \tan^2\alpha}{2 + \tan^2\alpha}$

260 $\sin^2\alpha + \sin^2\alpha\cdot\cos^2\alpha + \cos^4\alpha = 1$

261 $\dfrac{\sec\alpha + \csc\alpha}{\tan\alpha + \cot\alpha} = \cos\alpha + \sin\alpha$

262 $\dfrac{1 - \cos^2\alpha}{1 + \cot^2\alpha} = \dfrac{\sin^2\alpha}{\csc^2\alpha}$

TUTOR matematica — Allenati con **15 esercizi interattivi** con feedback “hai sbagliato, perché...”
su.zanichelli.it/tutor3 risorsa riservata a chi ha acquistato l’edizione con tutor

5 Funzioni goniometriche di angoli particolari

▶ Teoria a p. 465

263 VERO O FALSO?

a. $\sin\dfrac{\pi}{6} + \cos\dfrac{\pi}{3} = 1$ V F

b. $\sin 30° + \sin 60° = \sin 90°$ V F

c. $\tan\dfrac{\pi}{4} = \cot\dfrac{\pi}{4}$ V F

d. $\cos\dfrac{\pi}{6} - \sin\dfrac{\pi}{6} = \dfrac{1}{2}$ V F

Calcola il valore delle seguenti espressioni.

264 $\sin\dfrac{\pi}{6} + \cos\dfrac{\pi}{6} - \cos\dfrac{\pi}{3}$ $\left[\dfrac{\sqrt{3}}{2}\right]$

265 $\left(\tan 0 - 2\sin\dfrac{\pi}{4}\right)^2$ $[2]$

266 $\dfrac{\sqrt{3}}{3}\tan 30° + \sqrt{3}\tan 60°$ $\left[\dfrac{10}{3}\right]$

---

267 $\dfrac{\cos\dfrac{\pi}{4} + \sin\dfrac{\pi}{6}}{\cos\dfrac{\pi}{6} + \sin\dfrac{\pi}{3}}$ $\left[\dfrac{\sqrt{6} + \sqrt{3}}{6}\right]$

268 $4\sin 30° - \sec 60° + \sqrt{2}\csc 45° + \cos 90° - 3\sec 0°$ $[-1]$

269 $4\cos 0 - 2\sec\dfrac{\pi}{3} + 2\csc\dfrac{\pi}{4} - 4\sin\dfrac{\pi}{4} + \cot\dfrac{\pi}{2}$ $[0]$

270 $3\tan 0° + 4\cos 30°\sin 60° - \sqrt{2}\cos 45° - 6\sin 90°$ $[-4]$

271 $\cot\dfrac{\pi}{2} - 3\sec\dfrac{\pi}{4} + \csc\dfrac{\pi}{6}\sec\dfrac{\pi}{6} - 8\cot\dfrac{\pi}{3}\cos\dfrac{\pi}{3}$ $[-3\sqrt{2}]$

272 $\dfrac{1}{2}\sec 45° - \cos 45° - 2\cos^2 30° + \sqrt{3}\csc 60° - 3\tan 30° + 3\cot 60°$ $\left[\dfrac{1}{2}\right]$

273 $\dfrac{1}{3}\cos 0° + \sqrt{3}\sin 60° + 4\cos 90° - \dfrac{\sqrt{2}}{3}\cos 45° - 2\cos 60° - \dfrac{3}{2}\sin 90°$ $[-1]$

274 $\sin\frac{\pi}{3}+\sin\pi+\cos\frac{\pi}{3}+\sin\frac{\pi}{6}-\cos\frac{\pi}{6}$ $[1]$

275 $4\sin\frac{\pi}{2}-3\left(\sin\frac{\pi}{6}+\cos\frac{\pi}{3}\right)-2\sin\frac{\pi}{3}+\cos\pi$ $[-\sqrt{3}]$

276 $\cos\frac{\pi}{4}\left(1+\sin\frac{\pi}{4}\right)-\sqrt{3}\tan\frac{\pi}{3}+\csc\frac{\pi}{6}$ $\left[\frac{\sqrt{2}-1}{2}\right]$

277 $-\cos^2\frac{\pi}{6}+\frac{1}{2}\sec^2\frac{\pi}{4}-\frac{1}{2}\cos\frac{\pi}{3}-\tan\frac{\pi}{4}$ $[-1]$

278 $\frac{1}{2}\sin\frac{\pi}{6}+\frac{\sqrt{3}}{2}\cos\frac{\pi}{6}+\sqrt{2}\csc\frac{\pi}{4}+3\cot\frac{\pi}{3}\tan\frac{\pi}{6}+\csc\frac{\pi}{6}$ $[6]$

Calcola il valore delle seguenti espressioni a coefficienti letterali.

279 $2a\sin\frac{\pi}{6}-b\sqrt{2}\csc\frac{\pi}{4}+a\cos\frac{\pi}{2}+b\cot\frac{\pi}{4}$ $[a-b]$

280 $a\sin 90°+2b\cos 180°-3a\sin 270°+b\cos 0°$ $[4a-b]$

281 $2x\cos 60°-2y\sin 60°+x\sec 60°+y\tan 60°$ $[3x]$

282 $\frac{a}{2}\sec\frac{\pi}{3}+b\cos\frac{3}{2}\pi-a\tan\frac{\pi}{4}+\frac{b}{4}\sec^2\frac{\pi}{3}$ $[b]$

283 $\frac{a^2}{4}\sin\frac{3}{2}\pi-\frac{3}{4}a\sec\frac{\pi}{4}\cdot\left(a\csc\frac{\pi}{4}\right)+\left(a\cos\frac{\pi}{6}\right)^2$ $[-a^2]$

284 $\left(a\sin\frac{\pi}{2}-b\cos\pi\right)\left(2a\sin\frac{\pi}{6}-b\cot\frac{\pi}{4}\right)+b^2\sec\frac{\pi}{3}$ $[a^2+b^2]$

285 $x\tan 0+\left(x\cot\frac{\pi}{6}+y\tan\frac{\pi}{3}\right)^2-3y^2\cot\frac{\pi}{4}-x\cot\frac{3}{2}\pi$ $[3x^2+6xy]$

286 $a\sec\frac{\pi}{3}+b^2\sqrt{3}\cot\frac{\pi}{6}+5a\sin\frac{3}{2}\pi-b^2\cos 0-b^2\csc\frac{3}{2}\pi$ $[3b^2-3a]$

287 $\dfrac{a^2\tan 45°+ab\csc 30°+b^2\sec 0°}{a-b\sin 270°}$ $[a+b]$

6 Angoli associati

Funzioni goniometriche di angoli associati

▶ Teoria a p. 467

Angoli opposti (α e $-\alpha$) o esplementari (α e $2\pi-\alpha$)

288 VERO O FALSO?

a. $\sin(-30°)=-\sin(30°)$ V F

b. $\cos\left(-\frac{\pi}{4}\right)=-\cos\left(-\frac{\pi}{4}\right)$ V F

c. $\tan\left(2\pi-\frac{\pi}{6}\right)=\tan\left(-\frac{\pi}{6}\right)$ V F

d. $\sin(360°-42°)=-\sin(42°)$ V F

e. $\sec\left(-\frac{\pi}{5}\right)=\sec\left(\frac{\pi}{5}\right)$ V F

ESERCIZI

Calcola il valore delle seguenti funzioni goniometriche.

289 $\sin(-30°)$; $\sin(-45°)$. $\left[-\frac{1}{2}; -\frac{\sqrt{2}}{2}\right]$

290 $\csc(-60°)$; $\cos(-60°)$. $\left[-\frac{2}{\sqrt{3}}; \frac{1}{2}\right]$

291 $\cos\left(-\frac{\pi}{6}\right)$; $\sec\left(-\frac{\pi}{4}\right)$. $\left[\frac{\sqrt{3}}{2}; \sqrt{2}\right]$

292 $\tan\left(-\frac{\pi}{4}\right)$; $\tan\left(-\frac{\pi}{3}\right)$. $[-1; -\sqrt{3}]$

293 $\cot\left(-\frac{\pi}{6}\right)$; $\sin\left(2\pi-\frac{\pi}{3}\right)$. $\left[-\sqrt{3}; -\frac{\sqrt{3}}{2}\right]$

294 $\tan(360° - 45°)$; $\cos\left(2\pi-\frac{\pi}{6}\right)$. $\left[-1; \frac{\sqrt{3}}{2}\right]$

---

295 **TEST** Una sola delle seguenti uguaglianze è vera, quale?

A $\sin^2\left(-\frac{\pi}{6}\right) = -\sin^2\left(\frac{\pi}{6}\right)$

B $\cos^2\left(-\frac{\pi}{5}\right) = -\cos^2\left(\frac{\pi}{5}\right)$

C $\sin^2(-35°) + \cos^2(-35°) = 1$

D $\sin^2(-80°) - \cos^2(-80°) = -1$

E $\sin\left(\frac{\pi}{8}\right) = \sin\left(2\pi - \frac{\pi}{8}\right)$

296 **ESERCIZIO GUIDA** Semplifichiamo:

$\sec\alpha - \cos(-\alpha) + \tan\alpha\sin(-\alpha)$.

Riscriviamo l'espressione in funzione solo di seno e coseno.

$$\frac{1}{\cos\alpha} - \cos(-\alpha) + \frac{\sin\alpha}{\cos\alpha}\cdot\sin(-\alpha) =$$
) trasformiamo le funzioni di $-\alpha$ come indicato in figura

$$\frac{1}{\cos\alpha} - \cos\alpha + \frac{\sin\alpha}{\cos\alpha}\cdot(-\sin\alpha) =$$
) denominatore comune

$$\frac{1-\cos^2\alpha-\sin^2\alpha}{\cos\alpha} =$$
) $\sin^2\alpha + \cos^2\alpha = 1$

$$\frac{1-1}{\cos\alpha} = 0$$

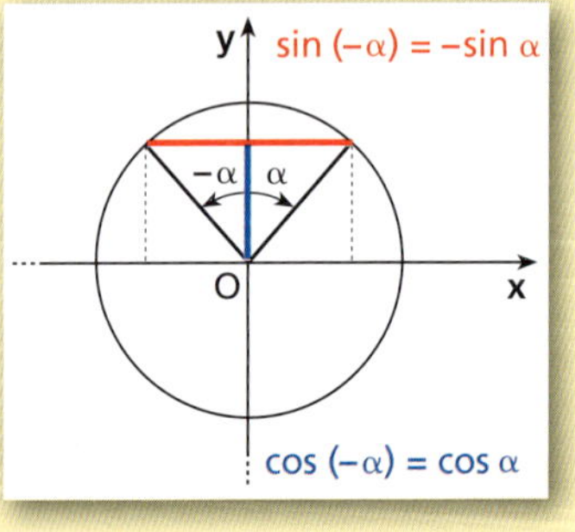

Semplifica le seguenti espressioni.

297 $-\sin\alpha\sin(-\alpha) + \cos\alpha\cos(-\alpha)$ $[1]$

298 $\tan(-\alpha) - 2\cos(-\alpha) + 2\sin(-\alpha)\cot(-\alpha)$ $[-\tan\alpha]$

299 $\sin(-\alpha) + \cos(-\alpha) + \sec(-\alpha) + 2\sin\alpha - \sec\alpha + 3\cos\alpha$ $[\sin\alpha + 4\cos\alpha]$

300 $\sin^2(-\alpha) + \cos^2\alpha + \tan\alpha\cot(-\alpha)$ $[0]$

301 $\cos(-\alpha) - \sin(-\alpha)\cot(-\alpha) + \dfrac{1}{\sec(-\alpha)}$ $[\cos\alpha]$

302 $\sin(2\pi - \alpha) - 2\cos(2\pi - \alpha) - \cos\alpha\tan(2\pi - \alpha)$ $[-2\cos\alpha]$

303 $\sec(360° - \alpha)\cos\alpha + \tan(360° - \alpha)\cot\alpha$ $[0]$

304 $3\sin(2\pi - \alpha) + \cos(2\pi - \alpha)\sec\alpha + 3\sin\alpha$ $[1]$

305 $\dfrac{\sin(2\pi - \alpha)}{\cos(-\alpha)} - 2\cos(2\pi - \alpha) - \tan(2\pi - \alpha) + \cos\alpha$ $[-\cos\alpha]$

306 $\csc(2\pi - \alpha) + \dfrac{\cos^2(2\pi - \alpha) + \sin^2\alpha}{\sin(2\pi - \alpha)}$ $\left[-\dfrac{2}{\sin\alpha}\right]$

Angoli complementari $\left(\alpha \text{ e } \dfrac{\pi}{2} - \alpha\right)$

307 ESERCIZIO GUIDA Semplifichiamo:

$$\sin\left(\frac{\pi}{2} - \alpha\right) - \cos\alpha + \csc\left(\frac{\pi}{2} - \alpha\right)\cos\left(\frac{\pi}{2} - \alpha\right).$$

Esprimiamo $\csc\left(\frac{\pi}{2} - \alpha\right)$ in funzione di $\sin\left(\frac{\pi}{2} - \alpha\right)$:

$$\sin\left(\frac{\pi}{2} - \alpha\right) - \cos\alpha + \frac{1}{\sin\left(\frac{\pi}{2} - \alpha\right)}\cos\left(\frac{\pi}{2} - \alpha\right);$$

trasformiamo le funzioni di $\frac{\pi}{2} - \alpha$ come indicato in figura

$$\cos\alpha - \cos\alpha + \frac{1}{\cos\alpha}\sin\alpha = \tan\alpha.$$

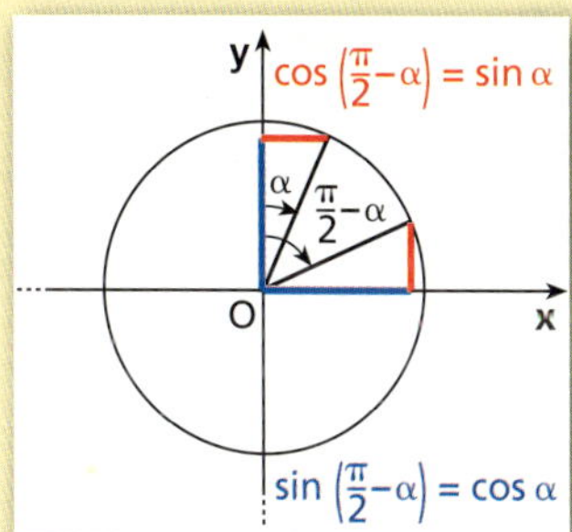

Semplifica le seguenti espressioni.

308 $\tan\left(\frac{\pi}{2} - \alpha\right)\sin\alpha - \cos\alpha + \sin\left(\frac{\pi}{2} - \alpha\right)$ $[\cos\alpha]$

309 $\csc\left(\frac{\pi}{2} - \alpha\right)\tan\left(\frac{\pi}{2} - \alpha\right) + \sin\left(\frac{\pi}{2} - \alpha\right) - \sec\left(\frac{\pi}{2} - \alpha\right)$ $[\cos\alpha]$

310 $2\cos(90° - \alpha) - 3\sin(90° - \alpha) + 2\cos\alpha - 3\sin\alpha$ $[-\cos\alpha - \sin\alpha]$

311 $\cot\left(\frac{\pi}{2} - \alpha\right)\left[2\sin\left(\frac{\pi}{2} - \alpha\right) - 3\cos(-\alpha)\right] + \cos\left(\frac{\pi}{2} - \alpha\right)$ $[0]$

Determina il valore delle espressioni indicate nelle figure.

312

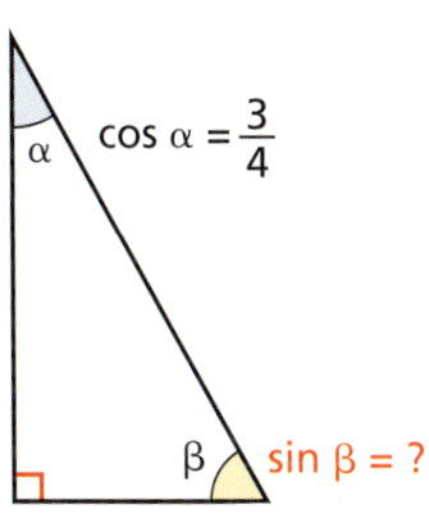

313

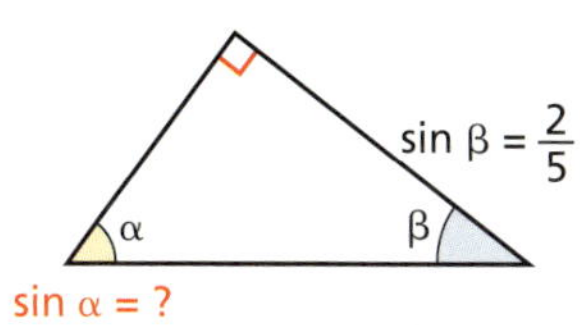

314

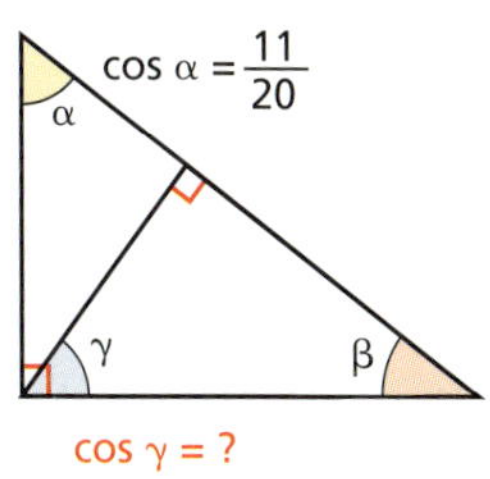

315 RIFLETTI SULLA TEORIA Dimostra che se un triangolo ABC è rettangolo allora $\sin^2\widehat{A} + \sin^2\widehat{B} + \sin^2\widehat{C} = 2$.

Angoli che differiscono di un angolo retto $\left(\alpha \text{ e } \frac{\pi}{2}+\alpha\right)$

316 ESERCIZIO GUIDA Semplifichiamo la seguente espressione:

$$\cos\left(\frac{\pi}{2}+\alpha\right)+\sin\alpha+\sec\left(\frac{\pi}{2}+\alpha\right)\sin\alpha+\sin\left(\frac{\pi}{2}+\alpha\right).$$

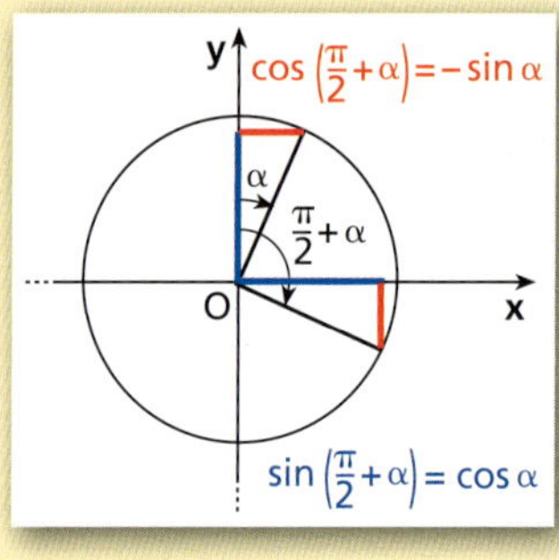

Esprimiamo $\sec\left(\frac{\pi}{2}+\alpha\right)$ in funzione di $\cos\left(\frac{\pi}{2}+\alpha\right)$:

$$\cos\left(\frac{\pi}{2}+\alpha\right)+\sin\alpha+\frac{1}{\cos\left(\frac{\pi}{2}+\alpha\right)}\sin\alpha+\sin\left(\frac{\pi}{2}+\alpha\right)=$$

trasformiamo le funzioni di $\frac{\pi}{2}+\alpha$ come indicato in figura

$$-\sin\alpha+\sin\alpha+\frac{1}{-\sin\alpha}\sin\alpha+\cos\alpha=-1+\cos\alpha.$$

Semplifica le seguenti espressioni.

317 $\sec\left(\frac{\pi}{2}+\alpha\right)\tan\alpha+\sin\left(\frac{\pi}{2}+\alpha\right)+\csc\left(\frac{\pi}{2}+\alpha\right)$ $[\cos\alpha]$

318 $\cos(90°+\alpha)\cot(90°+\alpha)(1+\cot^2\alpha)(-\cos\alpha)$ $[-1]$

319 $\sin^2\left(\frac{\pi}{2}+\alpha\right)-1+\cot^2\left(\frac{\pi}{2}+\alpha\right)\sin^2\left(\frac{\pi}{2}+\alpha\right)$ $[0]$

320 $\sin(90°+\alpha)\cos(90°-\alpha)+\cos(90°+\alpha)\sin(90°+\alpha)-\sin(-\alpha)$ $[\sin\alpha]$

Angoli supplementari (α e $\pi-\alpha$)

321 ESERCIZIO GUIDA Semplifichiamo la seguente espressione:

$$3\cos\alpha+\cos(\pi-\alpha)-\sin\alpha+2\cot(\pi-\alpha)\sin\alpha+2\sin(\pi-\alpha).$$

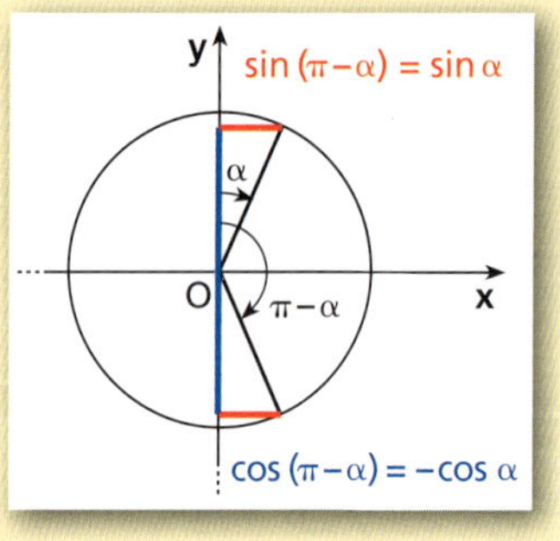

Esprimiamo $\cot(\pi-\alpha)$ mediante le funzioni seno e coseno:

$$3\cos\alpha+\cos(\pi-\alpha)-\sin\alpha+\frac{2\cos(\pi-\alpha)}{\sin(\pi-\alpha)}\sin\alpha+2\sin(\pi-\alpha)=$$

trasformiamo le funzioni di $\pi-\alpha$ come indicato in figura

$$3\cos\alpha-\cos\alpha-\sin\alpha+2\frac{-\cos\alpha}{\sin\alpha}\sin\alpha+2\sin\alpha=$$

$$2\cos\alpha+\sin\alpha-2\cos\alpha=\sin\alpha.$$

Semplifica le seguenti espressioni.

322 $2[\sin\alpha\sin(180°-\alpha)-\cos\alpha\cos(180°-\alpha)]-5\cos180°$ $[7]$

323 $\tan(\pi-\alpha)\cot\alpha-\cot(\pi-\alpha)\tan\alpha$ $[0]$

324 $\cos\alpha\csc(180°-\alpha)+\sin\alpha\sec(180°-\alpha)-\cot(180°-\alpha)+\tan(180°-\alpha)$ $[2\cot\alpha-2\tan\alpha]$

325 $\sin(\pi-\alpha)-\cot(\pi-\alpha)\sin\alpha+\cos(\pi-\alpha)$ $[\sin\alpha]$

326 ●○ Trova $\sin\gamma$, utilizzando i dati.

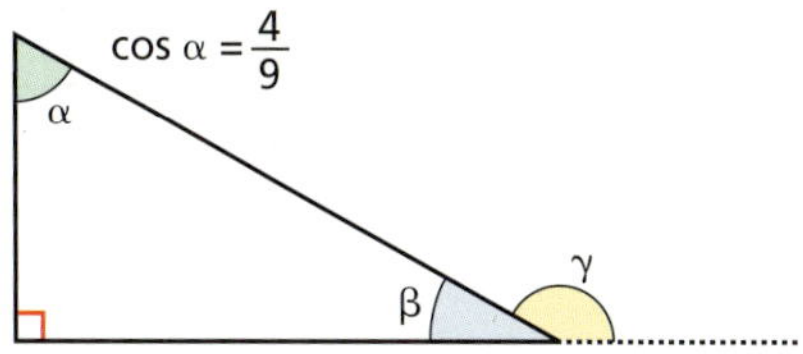

327 ●○ Trova $\cos\beta$, utilizzando i dati.

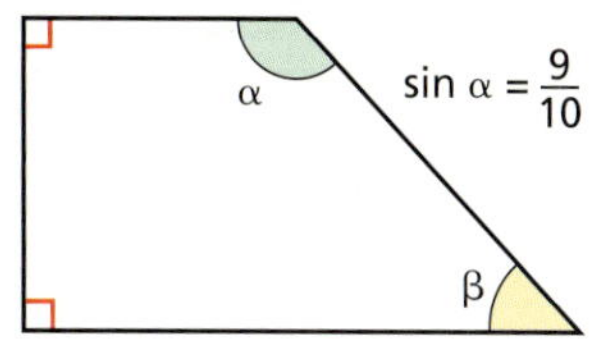

---

328 ●● **TEST** La somma $\sin\frac{3}{7}\pi + \sin\frac{4}{7}\pi$ vale:

A $\sin\frac{7}{7}\pi = \sin\pi = 0.$

B $-2\cos\frac{\pi}{14}.$

C $2\sin\frac{\pi}{14}.$

D $2\cos\frac{\pi}{7}.$

E $2\cos\frac{\pi}{14}.$

329 ●● **RIFLETTI SULLA TEORIA** Dato il triangolo ABC, verifica che: $\sin\widehat{A} = \sin(\widehat{B}+\widehat{C})$.

Angoli che differiscono di un angolo piatto (α e $\pi+\alpha$)

330 **ESERCIZIO GUIDA** Semplifichiamo la seguente espressione:

$$\csc(\pi+\alpha) + 3\sin\alpha + \cot(\pi+\alpha)\sec\alpha + 2\sin(\pi+\alpha).$$

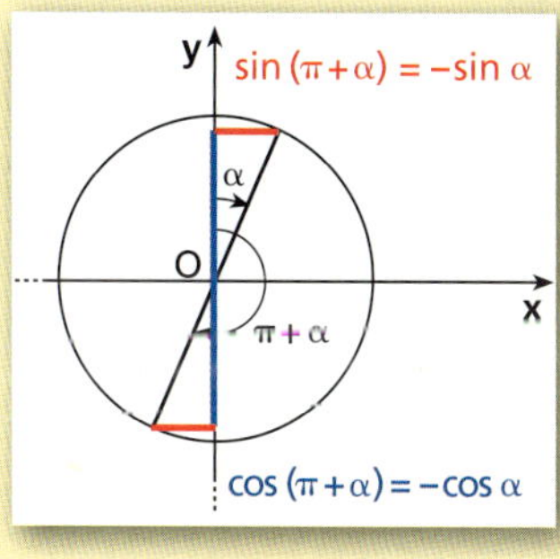

Esprimiamo $\cot(\pi+\alpha)$, $\csc(\pi+\alpha)$ e $\sec\alpha$ mediante le funzioni seno e coseno:

$$\frac{1}{\sin(\pi+\alpha)} + 3\sin\alpha + \frac{\cos(\pi+\alpha)}{\sin(\pi+\alpha)}\cdot\frac{1}{\cos\alpha} + 2\sin(\pi+\alpha) =$$

trasformiamo le funzioni di $\pi+\alpha$ come indicato in figura

$$\frac{1}{-\sin\alpha} + 3\sin\alpha + \frac{-\cos\alpha}{-\sin\alpha}\cdot\frac{1}{\cos\alpha} - 2\sin\alpha = -\frac{1}{\sin\alpha} + \sin\alpha + \frac{1}{\sin\alpha} = \sin\alpha.$$

Semplifica le seguenti espressioni.

331 ●○ $\sin\alpha\sin(\pi+\alpha) + \cos(\pi+\alpha)\cos\alpha + 2$ $[1]$

332 ●○ $\sin\alpha\cos(\pi+\alpha) + 2\sin\alpha\cos\alpha + \cos\alpha[\sin(\pi+\alpha)+1] + \cos(\pi+\alpha)$ $[0]$

333 ●○ $[\sin(180°-\alpha) - \cos(180°+\alpha)]^2 - 2\sin(-\alpha)\cos(180°+\alpha)$ $[1]$

334 ●○ $\sec(180°+\alpha)\sin^2(180°+\alpha) - \tan(180°+\alpha) - \cos\alpha$ $\left[-\frac{1}{\cos\alpha} - \tan\alpha\right]$

Angoli la cui somma o differenza è $\frac{3}{2}\pi$

335 **ESERCIZIO GUIDA** Semplifichiamo l'espressione:

$$\sin\left(\frac{3}{2}\pi-\alpha\right)\cos\alpha + \cos\left(\frac{3}{2}\pi+\alpha\right)\cos\left(\frac{3}{2}\pi-\alpha\right) + \cot\left(\frac{3}{2}\pi-\alpha\right).$$

Trasformiamo le funzioni di $\frac{3}{2}\pi - \alpha$ e $\frac{3}{2}\pi + \alpha$ in funzioni di α tenendo conto delle relazioni delle figure:

$$-\cos\alpha\cos\alpha + \sin\alpha(-\sin\alpha) + \tan\alpha = -\cos^2\alpha - \sin^2\alpha + \tan\alpha = -1 + \tan\alpha.$$

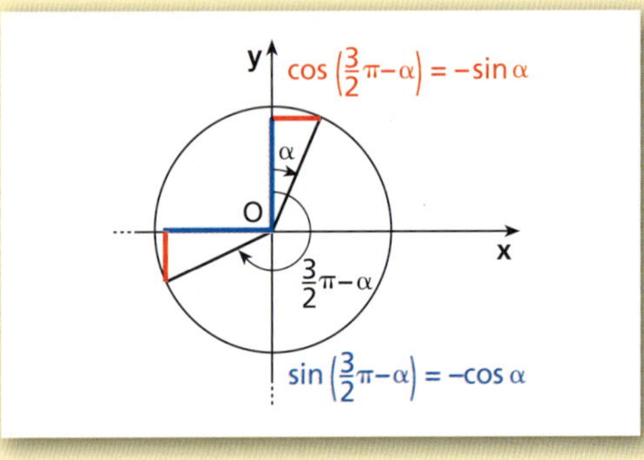

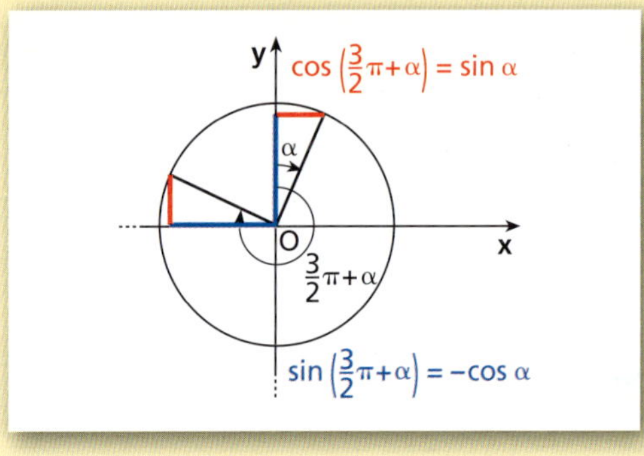

Semplifica le seguenti espressioni.

336 $\cos\left(\frac{3}{2}\pi-\alpha\right)\sin\left(\frac{3}{2}\pi+\alpha\right)+\cos\left(\frac{3}{2}\pi+\alpha\right)\sin\left(\frac{3}{2}\pi-\alpha\right)$ [0]

337 $2\tan\left(\frac{3}{2}\pi+\alpha\right)\cot\left(\frac{3}{2}\pi-\alpha\right)+\sin^2\left(\frac{3}{2}\pi+\alpha\right)+\cos^2\left(\frac{3}{2}\pi-\alpha\right)$ [− 1]

338 $\sin\left(\frac{3}{2}\pi+\alpha\right)+\cos\left(\frac{3}{2}\pi-\alpha\right)+\cos(-\alpha)+2\cos\left(\frac{3}{2}\pi+\alpha\right)$ [$\sin\alpha$]

339 $\sec\left(\frac{3}{2}\pi-\alpha\right)\csc\left(\frac{3}{2}\pi+\alpha\right)+\tan\left(\frac{3}{2}\pi+\alpha\right)$ [$\tan\alpha$]

340 $\cos(270°+\alpha)+\tan(270°-\alpha)-\frac{\sin(270°-\alpha)}{\sin(-\alpha)}$ [$\sin\alpha$]

Riepilogo: Angoli associati

TEST

341 Quale fra le seguenti espressioni *non* è equivalente a $-\sin(\alpha+270°)$?

- A $\cos\alpha$
- B $\cos(-\alpha)$
- C $\sin(90°-\alpha)$
- D $\sin(\pi-\alpha)$
- E $-\cos(\alpha-\pi)$

342 Quale fra le seguenti espressioni è equivalente a $\sec\alpha$?

- A $\csc(\pi-\alpha)$
- B $\sec(90°-\alpha)$
- C $\sec(270°-\alpha)$
- D $\csc(-\alpha)$
- E $\sec(-\alpha)$

343 **ASSOCIA** a ciascuna espressione della prima colonna una equivalente nella seconda colonna.

a. $\tan(x+\pi)+\tan(\pi-x)$	**1.** 0
b. $\sin(x+90°)-\cos(180°-x)$	**2.** 2
c. $\csc(270°-x)+2+\sec(-x)$	**3.** $2\cos x$
d. $\sin^2(-x)+\sin^2(270°+x)$	**4.** 1

344 **VERO O FALSO?** Se $0<\alpha<\frac{\pi}{2}$:

a. $\sin(\pi-\alpha)=-\sin\alpha$ V F

b. $\cos\left(\frac{3}{2}\pi+\alpha\right)=-\sin\alpha$ V F

c. $\cot(\alpha-4\pi)=\cot\alpha$ V F

d. $\sin\left(\frac{3}{2}\pi-\alpha\right)=\cos\alpha$ V F

345 **FAI UN ESEMPIO** di due angoli che abbiano:

a. lo stesso seno ma coseni opposti;

b. lo stesso coseno ma seni opposti.

Semplifica le seguenti espressioni.

346 $\csc(\pi+\alpha)\tan(\pi-\alpha)+\cos(2\pi-\alpha)-\sec(-\alpha)$ $[\cos\alpha]$

347 $\cos(-\alpha)+\cos(360°-\alpha)+\cos(180°-\alpha)-\cos(180°+\alpha)$ $[2\cos\alpha]$

348 $\tan(-\alpha)+\tan(180°-\alpha)+\tan(360°-\alpha)-\tan(180°-\alpha)$ $[-2\tan\alpha]$

349 $\sin(2\pi-\alpha)+2\cos(\pi+\alpha)+3\sin\left(\frac{\pi}{2}-\alpha\right)-\cos(-\alpha)$ $[-\sin\alpha]$

350 $\sin(90°+\alpha)\tan(-\alpha)+\sin(90°+\alpha)\cot(90°-\alpha)$ $[0]$

351 $\sin\left(\frac{\pi}{2}+\alpha\right)\cos(\pi-\alpha)-\cos\left(\frac{\pi}{2}-\alpha\right)\sin\alpha+\tan\left(\frac{\pi}{2}-\alpha\right)$ $[\cot\alpha-1]$

352 $\tan(-\alpha)\cos(\pi+\alpha)-\cos\left(\frac{3}{2}\pi+\alpha\right)-\cot\left(\frac{\pi}{2}+\alpha\right)$ $[\tan\alpha]$

353 $\cos\left(\frac{\pi}{2}+\alpha\right)\cot\alpha+2\sin\left(\frac{\pi}{2}-\alpha\right)+\cos(\pi+\alpha)$ $[0]$

354 $\tan(\alpha+\pi)\cot(\pi-\alpha)+\sin(-\alpha)\tan\left(\alpha+\frac{\pi}{2}\right)$ $[-1+\cos\alpha]$

355 $\sin\left(\frac{3}{2}\pi-\alpha\right)\cdot\dfrac{\sin(2\pi+\alpha)}{\sin\left(\frac{\pi}{2}+\alpha\right)}+\sin(-\alpha)+\sin(\pi+\alpha)$ $[-3\sin\alpha]$

356 $\dfrac{\sin\left(\frac{\pi}{2}-\alpha\right)+\cos(-\alpha)+\sin(2\pi-\alpha)+\cos\left(\frac{\pi}{2}-\alpha\right)}{\cos\left(\frac{\pi}{2}+\alpha\right)+\sin(-\alpha)}$ $[-\cot\alpha]$

357 $\sin\left(\frac{3}{2}\pi-\alpha\right)+\cos(3\pi+\alpha)+\sin(-\alpha)\cot(\alpha-5\pi)$ $[-3\cos\alpha]$

358 $\dfrac{-2\sin^2(180°-\alpha)+\cos^2(180°-\alpha)+2}{\tan(180°-\alpha)\sin(90°-\alpha)+1}$ $[3(\sin\alpha+1)]$

359 $\dfrac{\sin(-\alpha)+\cos(180°-\alpha)-\tan(180°+\alpha)}{\tan(180°-\alpha)-\cos(90°-\alpha)-\cos(-\alpha)}$ $[1]$

360 $\dfrac{2\tan\left(\frac{\pi}{2}-\alpha\right)}{1+[\cot(\pi-\alpha)]^2}-\left[\cos\left(\frac{\pi}{2}-\alpha\right)+\sin\left(\frac{\pi}{2}-\alpha\right)\right]^2$ $[-1]$

361 $\sin(\alpha-2\pi)\cot(-\alpha)+\sin\left(\alpha+\frac{3}{2}\pi\right)\cos(\alpha+5\pi)+\sin^2(6\pi-\alpha)$ $[1-\cos\alpha]$

362 $\cos(-\alpha)\sin\left(\frac{5}{2}\pi+\alpha\right)+\sin\left(\frac{7}{2}\pi-\alpha\right)\cot\left(\frac{\pi}{2}+\alpha\right)+\sin\left(\frac{\pi}{2}+\alpha\right)\tan(\pi-\alpha)$ $[\cos^2\alpha]$

363 $\sin(720°+\alpha)\cos(180°+\alpha)-\cos(450°+\alpha)\sin(-270°-\alpha)$ $[0]$

Calcola i valori delle espressioni indicate, utilizzando le informazioni.

364 $\cos(270°-\alpha)-\cos(180°-\alpha)+\tan(90°+\alpha)$ — $\cos\alpha=-\frac{4}{5}$, con $\pi<\alpha<\frac{3}{2}\pi$ $\left[-\frac{23}{15}\right]$

365 $\dfrac{\sin\left(\frac{\pi}{2}-\alpha\right)+2\cos(-\alpha)}{\sin(-\pi-\alpha)}+\tan\left(\frac{3}{2}\pi-\alpha\right)$ — $\sin\alpha=\frac{12}{13}$, con $\frac{\pi}{2}<\alpha<\pi$ $\left[-\frac{5}{3}\right]$

366 $\cos(\pi+\alpha)$, $\tan(\alpha-4\pi)$, $\cos(2\pi-\alpha)$, $\cot\left(\frac{\pi}{2}-\alpha\right)$ — $\cos\alpha=\frac{3}{5}$, con $0<\alpha<\frac{\pi}{2}$ $\left[-\frac{3}{5};\frac{4}{3};\frac{3}{5};\frac{4}{3}\right]$

367 $\cos(\pi+\alpha)$, $\tan\left(\frac{\pi}{2}+\alpha\right)$, $\sin\left(\frac{3}{2}\pi+\alpha\right)$, $\cos(-\alpha)$ — $\sin\left(\frac{\pi}{2}-\alpha\right)=-\frac{7}{25}$, con $\pi<\alpha<\frac{3}{2}\pi$ $\left[\frac{7}{25};-\frac{7}{24};\frac{7}{25};-\frac{7}{25}\right]$

Utilizza i dati nelle figure per determinare i valori richiesti.

368 ●○

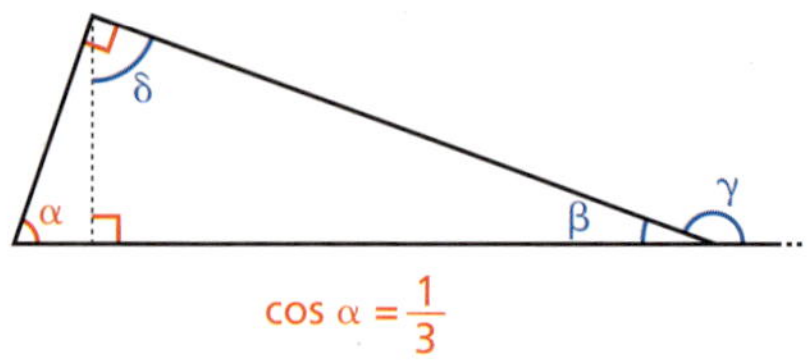

Trova $\cos\beta$, $\sin\delta$, $\sin\gamma$. $\left[\frac{2}{3}\sqrt{2}; \frac{2}{3}\sqrt{2}; \frac{1}{3}\right]$

369 ●○

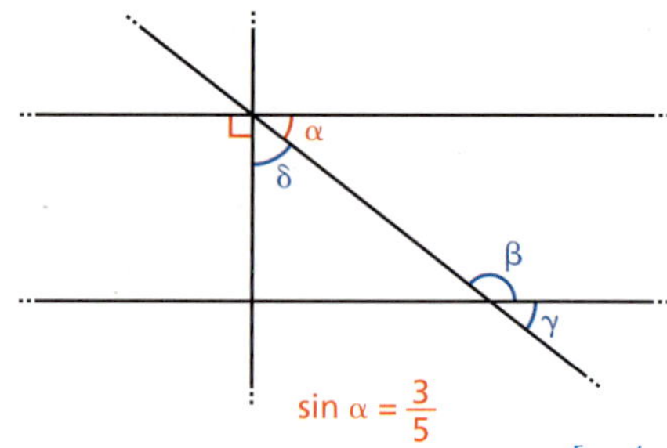

Trova $\cos\beta$, $\tan\gamma$, $\sin\delta$. $\left[-\frac{4}{5}; \frac{3}{4}; \frac{4}{5}\right]$

MATEMATICA E STORIA

L'altezza di un monte Il problema illustrato nell'immagine riguarda il calcolo dell'altezza di un monte che si trova sopra un'isola. Problemi simili sono stati affrontati dai matematici di tutto il mondo: saper calcolare l'altezza o le dimensioni di oggetti difficilmente accessibili era in effetti fondamentale. Vi si cimentarono matematici cinesi, indiani (per esempio Aryabhata, matematico indiano del V-VI secolo), arabi (X-XI secolo) ed europei.

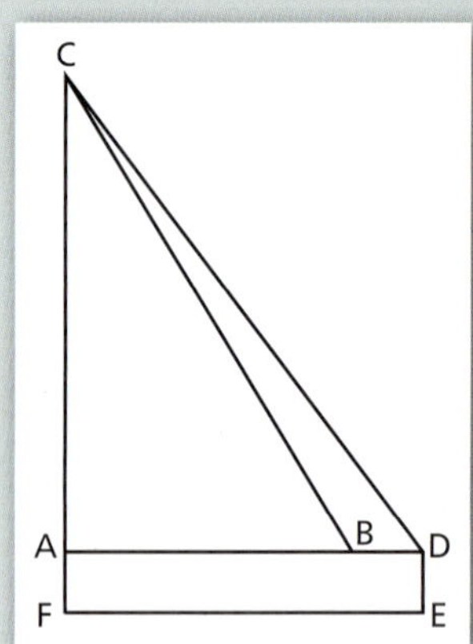

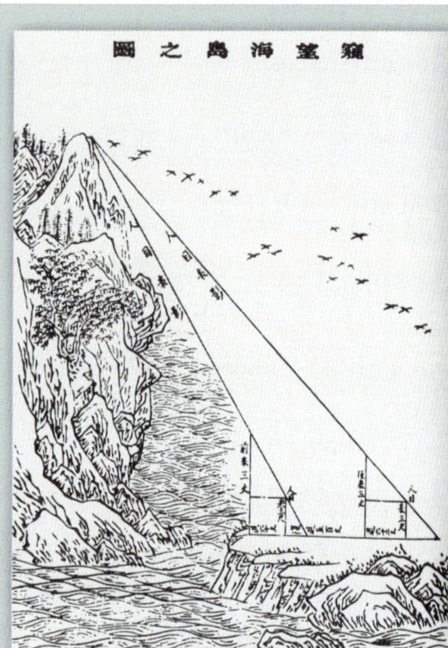

Questo è il problema espresso in termini moderni: «Calcolare $\overline{CF}$ sapendo che $A\widehat{B}C = 58°$, $A\widehat{D}C = 32°$, $\overline{BD} = 100$, $\overline{AF} = 1{,}5$».

Per risolvere il problema puoi utilizzare la seguente traccia di risoluzione:
- scrivi le tangenti dei due angoli come rapporto fra cateti;
- considera come incognite le lunghezze di AB e AC;
- ricava la lunghezza di AC e quindi quella di AF, da cui puoi ricavare quella di CF.

Risoluzione – Esercizio in più

Riduzione al primo quadrante

▶ Teoria a p. 469

370 ESERCIZIO GUIDA Esprimiamo mediante la riduzione al primo quadrante: **a.** $\sin 225°$; **b.** $\tan\frac{5}{3}\pi$.

a. $\sin 225° = \sin(180° + 45°) = -\sin 45°$.

b. $\tan\frac{5}{3}\pi = \tan\left(2\pi - \frac{\pi}{3}\right) = \tan\left(-\frac{\pi}{3}\right) = -\tan\frac{\pi}{3}$.

COMPLETA

371 ●○ $\sin 100° = \sin(90° + \square) = \square$

372 ●○ $\tan 150° = \tan(180° - \square) = \square$

373 ●○ $\cos\frac{5}{6}\pi = \cos(\pi - \square) = \square$

374 ●○ $\sin\left(\frac{4}{3}\pi\right) = \sin(\pi + \square) = \square$

Esprimi mediante la riduzione al primo quadrante.

375 $\sin 190°$; $\tan 100°$; $\cos 128°$. $[-\sin 10°; -\cot 10°; -\cos 52°]$

376 $\sin \frac{3}{4}\pi$; $\tan \frac{7}{8}\pi$; $\cot \frac{5}{6}\pi$. $\left[\sin \frac{\pi}{4}; -\tan \frac{\pi}{8}; -\cot \frac{\pi}{6}\right]$

377 $\sin 290°$; $\cos 215°$; $\tan 375°$. $[-\cos 20°; -\cos 35°; \tan 15°]$

378 $\sin 105°$; $\cos 286°$; $\cot 132°$. $[\cos 15°; \sin 16°; -\tan 42°]$

379 $\sin \frac{17}{12}\pi$; $\cos \frac{10}{7}\pi$; $\tan \frac{6}{5}\pi$. $\left[-\sin \frac{5}{12}\pi; -\cos \frac{3}{7}\pi; \tan \frac{\pi}{5}\right]$

380 $\sin \frac{13}{7}\pi$; $\cos \frac{16}{9}\pi$; $\cot \frac{17}{10}\pi$. $\left[-\sin \frac{\pi}{7}; \cos \frac{2}{9}\pi; -\cot \frac{3}{10}\pi\right]$

381 **VERO O FALSO?**

a. $\tan 228° = -\tan 48°$ V F

b. $\cos(-320°) = \cos 40°$ V F

c. $\sin(-390°) = -\cos 120°$ V F

d. $\tan \frac{13}{4}\pi = -\cot \frac{9}{4}\pi$ V F

382 Determina il seno e il coseno degli angoli nelle figure, utilizzando le conoscenze sugli angoli particolari.

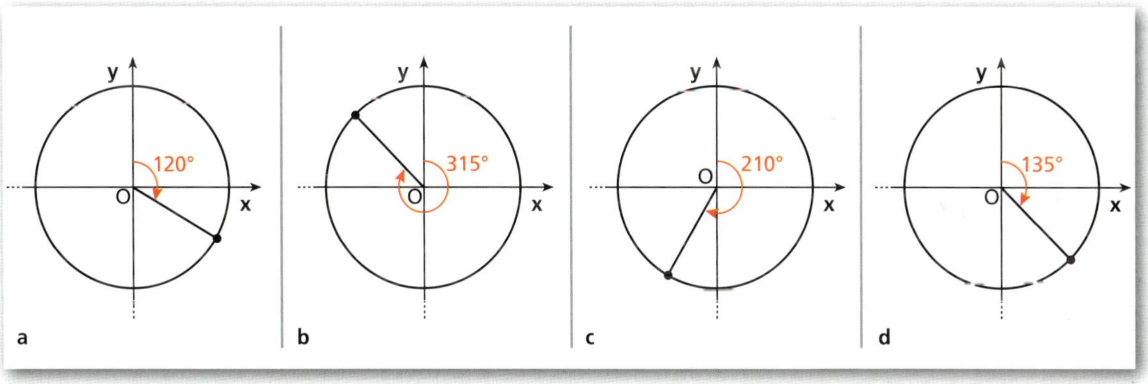

COMPLETA utilizzando le conoscenze sugli angoli particolari.

383 $\cos 150° = \square$; $\sin 150° = \square$.

384 $\cos 300° = \square$; $\sin 300° = \square$.

385 $\cos 225° = \square$; $\sin 225° = \square$.

386 $\cos \frac{4}{3}\pi = \square$; $\sin \frac{4}{3}\pi = \square$.

Calcola seno, coseno e tangente dei seguenti angoli, mediante la riduzione al primo quadrante.

387 330°, 225°, 495°. $\left[-\frac{1}{2}, \frac{\sqrt{3}}{2}, -\frac{\sqrt{3}}{3}; -\frac{\sqrt{2}}{2}, -\frac{\sqrt{2}}{2}, 1; \frac{\sqrt{2}}{2}, -\frac{\sqrt{2}}{2}, -1\right]$

388 $\frac{13}{6}\pi, \frac{5}{4}\pi, -\frac{4}{3}\pi$. $\left[\frac{1}{2}, \frac{\sqrt{3}}{2}, \frac{\sqrt{3}}{3}; -\frac{\sqrt{2}}{2}, -\frac{\sqrt{2}}{2}, 1; \frac{\sqrt{3}}{2}, -\frac{1}{2}, -\sqrt{3}\right]$

Mediante la riduzione al primo quadrante, calcola il valore delle seguenti funzioni goniometriche.

389 $\sin 405°, \tan 225°, \cot(-495°), \cos 315°$. $\left[\frac{\sqrt{2}}{2}, 1, 1, \frac{\sqrt{2}}{2}\right]$

390 $\tan\frac{7}{3}\pi, \cos\frac{15}{4}\pi, \sin\left(-\frac{5}{6}\pi\right), \cot\frac{7}{6}\pi$. $\left[\sqrt{3}, \frac{\sqrt{2}}{2}, -\frac{1}{2}, \sqrt{3}\right]$

Calcola il valore delle seguenti espressioni.

391 $2\sin 140° - \cos 315° + 2\sin 220° + 3\cos 225°$ $[-2\sqrt{2}]$

392 $\sin 240° + \cos(-60°) + 2\sin 120° + \cos 210°$ $\left[\frac{1}{2}\right]$

393 $\sin 150° + \cos 240° - \tan(-150°) + \sin 750°$ $\left[\frac{1}{2} - \frac{\sqrt{3}}{3}\right]$

394 $5\cos 36° - 2\sin 54° + 3\sin 234° + \cos 144° - 2\sin 306°$ $[\cos 36°]$

395 $\sin 198° - 4\sin 18° - 7\cos 252° + 2\sin 342°$ $[0]$

396 $\sqrt{3}\cos\frac{\pi}{3} - 3\cos\frac{7}{6}\pi + 2\tan\frac{5}{3}\pi + \sqrt{2}\sin\frac{3}{4}\pi$ $[1]$

397 $2\cos 225° + \sqrt{3}\sin 240° - \sqrt{2}\sin 315° - 2\sin 150° + \frac{3}{2}\tan 225°$ $[-\sqrt{2}]$

398 $\frac{2\cos 240° + 2\tan 225° - \sqrt{2}\cos 315°}{4\cos 150° + 2\cot 225°}$ $[0]$

399 $\sin 390° + \cos 120° - \frac{2}{\sqrt{2}}\cos 135° - \tan 210°$ $\left[\frac{3-\sqrt{3}}{3}\right]$

400 $\frac{2}{3}\cos 300° - \tan 150° + \cot 240° - \sin 210°$ $\left[\frac{5+4\sqrt{3}}{6}\right]$

401 $\sin\frac{5}{4}\pi + 3\tan\frac{5}{6}\pi - \cos\frac{3}{4}\pi - 2\cos\frac{7}{6}\pi$ $[0]$

402 $\cos\frac{4}{3}\pi + \sin\frac{3}{4}\pi \cdot \cos\frac{7}{4}\pi - \cot\frac{5}{6}\pi$ $[\sqrt{3}]$

403 $\cos\frac{11}{6}\pi \cdot \tan\frac{4}{3}\pi + \sin^2\frac{2}{3}\pi - \cot\frac{5}{4}\pi$ $\left[\frac{5}{4}\right]$

404 $3\tan\frac{5}{6}\pi + \cos\frac{3}{4}\pi - 2\sin\frac{5}{3}\pi + \sqrt{2}\sin\frac{7}{6}\pi$ $[-\sqrt{2}]$

405 $2(\sin 240°\cos 150° - \cot 225°)(\tan 135° - \cot 225°)$ $[1]$

406 $6\left(\tan\frac{11}{6}\pi \cdot \tan\frac{5}{6}\pi + \sin\frac{4}{3}\pi\right) - \frac{\tan\frac{7}{4}\pi}{\cos\frac{2}{3}\pi}$ $[-3\sqrt{3}]$

407 $\cos^2\frac{7}{6}\pi + \tan\left(-\frac{\pi}{4}\right) - \frac{\sin\frac{3}{4}\pi + \sin\frac{5}{4}\pi}{\cos\frac{5}{6}\pi}$ $\left[-\frac{1}{4}\right]$

408 $\left(\cot\frac{5}{6}\pi + \tan\frac{2}{3}\pi\right) \cdot \sin\frac{5}{3}\pi + 2\cos\frac{5}{4}\pi \cdot \sin\frac{3}{4}\pi$ $[2]$

409 $4(\sin 150°\cos 135° + \cos 240°\sin 135°)\sin 45°$ $[-2]$

410 $\sin\frac{5}{4}\pi\cos\frac{4}{3}\pi + \sin\frac{7}{6}\pi\cos\frac{5}{4}\pi$ $\left[\frac{\sqrt{2}}{2}\right]$

ESERCIZI

411 $\cos 30° + \cos 135° - 5\cos 270° + \sin^2 120° - \cos(-30°) + \sin 45°$ $\left[\frac{3}{4}\right]$

412 $\cos 135° \cdot \cos 315° - 2\cos 300° \cdot \sin(-30°) + \cos(-330°)$ $\left[\frac{\sqrt{3}}{2}\right]$

413 $2\sin\frac{5}{6}\pi + 4\cos\frac{5}{6}\pi\sin\frac{2}{3}\pi - 2\tan\frac{3}{4}\pi + \cot\frac{5}{6}\pi$ $[-\sqrt{3}]$

Verifica le seguenti uguaglianze.

414 $\left(\sin\frac{3}{4}\pi + \cos\frac{7}{4}\pi\right)^2 = -\cos 5\pi + \cot\frac{5}{4}\pi$

415 $\dfrac{3\sin\frac{5}{6}\pi + \cos\frac{4}{3}\pi}{\tan\frac{5}{4}\pi} = \dfrac{\tan\frac{5}{3}\pi \cdot \sin\frac{3}{2}\pi}{2\cos\frac{11}{6}\pi}$

416 $\dfrac{4(\sin 150° - \cos 120°)\cdot(\cos 330° \cdot \sin 240°)}{\tan 315°} = \tan^2 60°$

417 $\dfrac{\tan\frac{9}{4}\pi + \tan^2\left(-\frac{4}{3}\pi\right)}{\sin\left(-\frac{3}{2}\pi\right)} = \dfrac{\tan\frac{5}{6}\pi + \cot\frac{\pi}{3} - 1}{\sin\frac{7}{6}\pi \cdot \cos\frac{2}{3}\pi}$

418 $\dfrac{\cos\frac{5}{3}\pi \cdot \left(\tan\frac{3}{4}\pi - \cot\frac{11}{6}\pi\right)}{\sin\frac{2}{3}\pi - \cos\frac{7}{6}\pi} = -\frac{1}{2}\cot\frac{\pi}{3} + \frac{1}{2}$

419 $\tan\frac{11}{4}\pi + 2\cos 7\pi + 2\tan\frac{4}{3}\pi \cdot \sin\frac{8}{3}\pi = \cos\frac{11}{2}\pi$

420 $\sin\frac{7}{6}\pi + \tan\frac{5}{3}\pi + \cos\frac{11}{3}\pi = \cos\frac{9}{4}\pi + \sin\frac{5}{4}\pi + \tan\frac{2}{3}\pi$

421 $\sin 10° \cdot (\tan 190° + 1) = \dfrac{\sin^2 170°}{\cos 10°} + \cos 80°$

7 Funzioni goniometriche inverse

▶ Teoria a p. 470

422 RIFLETTI SULLA TEORIA Esiste l'inversa della funzione seno nell'intervallo $[0; \pi]$? Spiega perché.

423 TEST Una sola delle seguenti affermazioni è *falsa*. Quale?

A La funzione $y = \arccos x$ è periodica.

B $-\frac{\pi}{2} \leq \arcsin x \leq \frac{\pi}{2}$.

C $\tan(\arctan x) = x$.

D Il dominio di $y = \arcsin x$ è $[-1; 1]$.

E $\arctan x$ esiste $\forall x \in \mathbb{R}$.

COMPLETA

424 $\arccos 1 = \square$, $\arcsin 1 = \square$.

425 $\arccos 0 = \square$, $\arctan 0 = \square$.

426 $\arctan(-1) = \square$, $\arcsin(-1) = \square$.

427 ●○ **ASSOCIA** a ciascuna espressione il suo valore.

a. $\arcsin\frac{1}{2}$ **b.** $\arctan\left(-\frac{\sqrt{3}}{3}\right)$ **c.** $\arccos\left(-\frac{\sqrt{3}}{2}\right)$ **d.** $\text{arccot}(-1)$

1. $\frac{5}{6}\pi$ **2.** $\frac{3}{4}\pi$ **3.** $-\frac{\pi}{6}$ **4.** $\frac{\pi}{6}$

Calcola il valore delle seguenti espressioni.

428 ●○ $\arccos\left(-\frac{\sqrt{2}}{2}\right)$; $\arcsin\frac{\sqrt{3}}{2}$. $\left[\frac{3}{4}\pi, \frac{\pi}{3}\right]$

429 ●○ $\arctan(-1)$; $\arctan\sqrt{3}$. $\left[-\frac{\pi}{4}, \frac{\pi}{3}\right]$

430 ●○ $\arcsin\frac{1}{2} + \arccos\left(-\frac{\sqrt{3}}{2}\right)$ $[\pi]$

431 ●○ $\arcsin 1 + \arctan(-1)$ $\left[\frac{\pi}{4}\right]$

432 ●○ $\arctan(-1) + 2\arcsin\frac{1}{2} + \arctan(-\sqrt{3})$ $\left[-\frac{\pi}{4}\right]$

433 ●○ $\arccos\frac{\sqrt{3}}{2} + \arcsin\frac{1}{2} - \arctan\frac{\sqrt{3}}{3}$ $\left[\frac{\pi}{6}\right]$

434 ●○ $\arcsin\frac{\sqrt{3}}{2} - \frac{2}{3}\text{arccot}\, 0 + 6\arctan\frac{\sqrt{3}}{3}$ $[\pi]$

435 ●○ $\arccos(-1) + \arcsin\left(-\frac{1}{2}\right) - \text{arccot}\sqrt{3}$ $\left[\frac{2}{3}\pi\right]$

REALTÀ E MODELLI

436 ●○ **La fetta di pizza** Calcola l'ampiezza dell'angolo della fetta di pizza in figura. [65°]

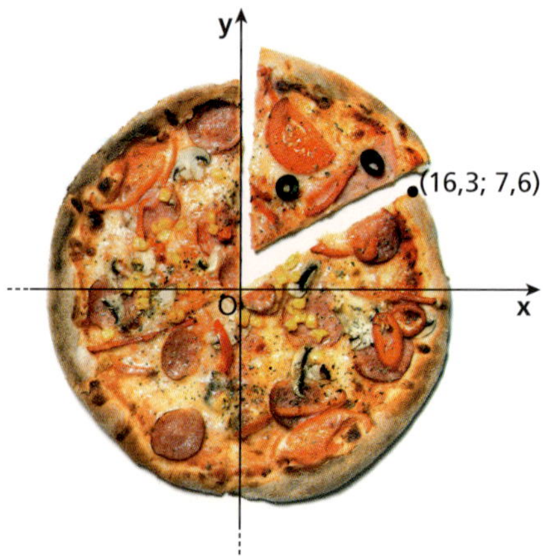

437 ●○ **Il ventaglio** Determina l'angolo di apertura del ventaglio. [≃ 143°]

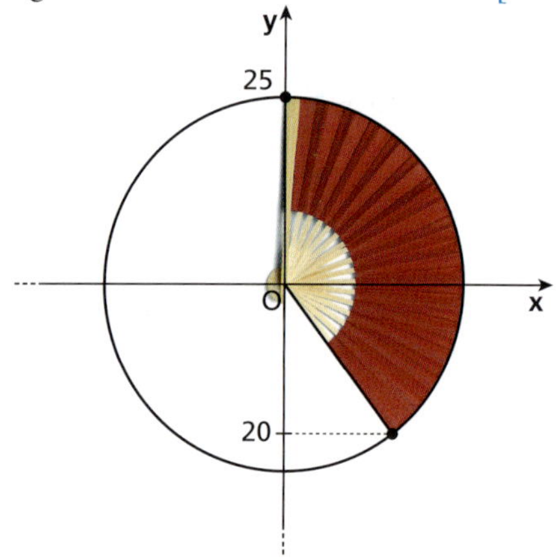

438 ●○ **Angoli di corda** Marisa spinge la figlia seduta su un'altalena con la corda lunga 2 m. La fa sedere e indietreggia afferrando il seggiolino di 0,9 m rispetto alla verticale a riposo, per poi lasciarlo andare. Che angoli descrive la corda (rispetto alla verticale) dal momento in cui Marisa lascia il seggiolino fino al passaggio per la posizione a riposo? $[0 \le \alpha \le 26{,}7°]$

Risolvi le seguenti equazioni.

439 ●○ $\arcsin x = \pi$ [impossibile]

440 ●○ $4\arctan x - \pi = 0$ [1]

441 ●○ $2 - 4\arcsin x = 2$ [0]

442 ●○ $\pi - 3\arctan x = 0$ $[\sqrt{3}]$

443 ●○ $3\arccos x - 2\pi = 0$ $\left[-\frac{1}{2}\right]$

444 ●● $\arccos\frac{1}{2} = \arcsin x$ $\left[\frac{\sqrt{3}}{2}\right]$

AL VOLO **Determina il valore di ciascuna espressione, se esiste.**

445 ●○ $\arccos\left(\cos\frac{\pi}{4}\right)$; $\sin\left(\arcsin\frac{1}{2}\right)$.

446 ●○ $\cos\left[\arccos\left(-\frac{1}{3}\right)\right]$; $\arctan\left(\tan\frac{\pi}{5}\right)$.

447 ESERCIZIO GUIDA Calcoliamo $\cos\left[\arcsin\left(-\frac{1}{2}\right)\right]$.

- Si tratta di una funzione composta; calcoliamo il valore della funzione più «interna», $\arcsin\left(-\frac{1}{2}\right)$, tenendo conto che il codominio dell'arcoseno è $\left[-\frac{\pi}{2}; \frac{\pi}{2}\right]$:

$$\arcsin\left(-\frac{1}{2}\right) = -\frac{\pi}{6}.$$

Pertanto $\cos\left[\arcsin\left(-\frac{1}{2}\right)\right] = \cos\left(-\frac{\pi}{6}\right)$.

- Calcoliamo ora il valore della funzione «esterna»: $\cos\left(-\frac{\pi}{6}\right) = \cos\left(\frac{\pi}{6}\right) = \frac{\sqrt{3}}{2}$.

Calcola il valore delle seguenti espressioni.

448 $\sin(\arctan 1)$ $\left[\frac{\sqrt{2}}{2}\right]$

449 $\tan\left(\arccos\frac{1}{2}\right)$ $[\sqrt{3}]$

450 $\cos[\arctan(-\sqrt{3})]$ $\left[\frac{1}{2}\right]$

451 $\sin\left(\arccos\frac{\sqrt{2}}{2}\right)$ $\left[\frac{\sqrt{2}}{2}\right]$

452 $\cos\left[\arcsin\left(-\frac{\sqrt{3}}{2}\right)\right]$ $\left[\frac{1}{2}\right]$

453 $\cot\left[\arccos\left(-\frac{1}{2}\right)\right]$ $\left[-\frac{\sqrt{3}}{3}\right]$

454 $\sin(\text{arccot}\sqrt{3})$ $\left[\frac{1}{2}\right]$

455 $\cos\left[\arcsin\left(-\frac{\sqrt{2}}{2}\right)\right]$ $\left[\frac{\sqrt{2}}{2}\right]$

---

456 EUREKA! Calcola il valore di $\cos\left(\arcsin\frac{1}{4}\right)$ senza usare la calcolatrice.

Dominio dell'inversa di una funzione goniometrica

457 ESERCIZIO GUIDA Determiniamo il dominio di $y = \arccos(3x - 2)$.

Il dominio dell'arcocoseno è $[-1; 1]$, quindi dobbiamo imporre $-1 \le 3x - 2 \le 1$, che equivale al sistema:

$$\begin{cases} 3x - 2 \ge -1 \\ 3x - 2 \le 1 \end{cases} \rightarrow \begin{cases} 3x \ge 1 \\ 3x \le 3 \end{cases} \rightarrow \begin{cases} x \ge \frac{1}{3} \\ x \le 1 \end{cases} \rightarrow$$

$$\frac{1}{3} \le x \le 1.$$

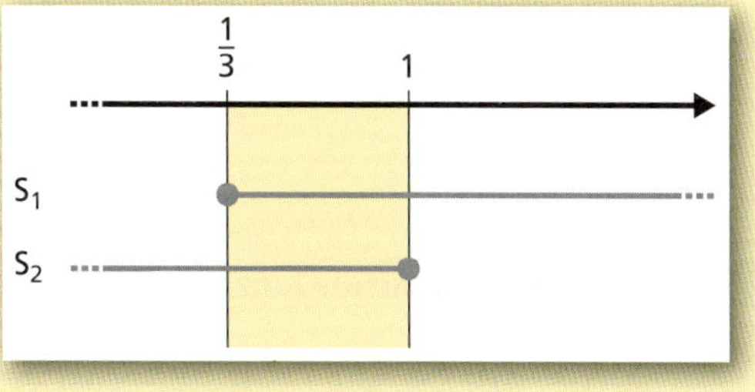

Il dominio della funzione è $\left[\frac{1}{3}; 1\right]$.

Determina il dominio delle seguenti funzioni.

458 $y = \arcsin(2x + 1)$ $[[-1; 0]]$

459 $y = \arcsin(5x - 6)$ $\left[\left[1; \frac{7}{5}\right]\right]$

460 $y = \arccos(3 - x)$ $[[2; 4]]$

461 $y = \arctan\sqrt{x}$ $[[0; +\infty[]$

462 $y = \arcsin\frac{2 + x}{3}$ $[[-5; 1]]$

463 $y = \arcsin x^2$ $[[-1; 1]]$

ESERCIZI

464 $y = \arccos\left(\frac{1}{5}x - 4\right)$ $[[15; 25]]$

465 $y = \arccos(x^2 - 3)$ $[[-2; -\sqrt{2}] \cup [\sqrt{2}; 2]]$

466 $y = \arctan\frac{1}{x}$ $[]-\infty; 0[\cup]0; +\infty[]$

467 $y = \arctan(x^4 + 1)$ $[]-\infty; +\infty[]$

468 $y = \text{arccot}(x^3 + 1)$ $[]-\infty; +\infty[]$

469 $y = \arcsin\frac{2}{x+2}$ $[]-\infty; -4] \cup [0; +\infty[]$

470 $y = \arccos\frac{x-1}{x+3}$ $[[-1; +\infty[]$

471 $y = \arctan\frac{2x+3}{x-2}$ $[]-\infty; 2[\cup]2; +\infty[]$

Trova il dominio e la funzione inversa delle seguenti funzioni restringendo tale dominio dove necessario.

472 $y = \arccos(x + 2)$ $[-3 \leq x \leq -1;\ y = \cos x - 2]$

473 $y = \tan(x - \pi)$ $\left[x \neq \frac{\pi}{2} + k\pi, k \in \mathbb{Z};\ y = \pi + \arctan x\right]$

474 $y = 2 + \arcsin(1 - x)$ $[0 \leq x \leq 2;\ y = 1 - \sin(x - 2)]$

475 $y = \arctan\frac{1}{x+2}$ $\left[x \neq -2;\ y = \frac{1}{\tan x} - 2,\ x \neq k\frac{\pi}{2}\right]$

8 Funzioni goniometriche e trasformazioni geometriche

▶ Teoria a p. 473

Disegna il grafico delle seguenti funzioni dopo aver calcolato il loro valore nei punti di ascissa indicati.

476 $y = -\sin x$, $x = 0, \frac{\pi}{2}, \pi, \frac{3}{2}\pi, 2\pi$.

477 $y = \cos 2x$, $x = 0, \frac{\pi}{4}, \frac{\pi}{2}, \frac{3}{4}\pi, \pi$.

478 $y = 3\sin\frac{x}{2}$, $x = 0, \pi, 2\pi, 3\pi, 4\pi$.

479 $y = 2\tan x$, $x = -\frac{\pi}{3}, -\frac{\pi}{4}, 0, \frac{\pi}{4}, \frac{\pi}{3}$.

Traslazione

480 TEST Il grafico di $y = \sin\left(x - \frac{\pi}{2}\right) - 1$ si ottiene dal grafico di $y = \sin x$ mediante una traslazione di vettore:

A $\vec{v}\left(-\frac{\pi}{2}; -1\right)$.

B $\vec{v}\left(1; \frac{\pi}{2}\right)$.

C $\vec{v}\left(-1; \frac{\pi}{2}\right)$.

D $\vec{v}\left(\frac{\pi}{2}; -1\right)$.

E $\vec{v}(0; -1)$.

481 ASSOCIA a ciascuna funzione il vettore della traslazione corrispondente

a. $y = \cos\left(x + \frac{\pi}{4}\right)$ b. $y = \cos\left(x - \frac{\pi}{4}\right) + 4$ c. $y = \cos\left(x + \frac{\pi}{3}\right) - 4$ d. $y = \cos\left(x - \frac{\pi}{3}\right) + 4$

1. $\vec{v}\left(\frac{\pi}{4}; 4\right)$ 2. $\vec{v}\left(\frac{\pi}{3}; 4\right)$ 3. $\vec{v}\left(-\frac{\pi}{4}; 0\right)$ 4. $\vec{v}\left(-\frac{\pi}{3}; -4\right)$

482 ESERCIZIO GUIDA Disegniamo il grafico di

$$y = \sin\left(x - \frac{\pi}{2}\right) + 2.$$

- Tracciamo il grafico di $y = \sin x$.
- Riconosciamo che $y = \sin\left(x - \frac{\pi}{2}\right) + 2$ si ottiene da $y = \sin x$ con una traslazione di vettore $\vec{v}\left(\frac{\pi}{2}; 2\right)$.
- Trasliamo il grafico di $y = \sin x$ secondo il vettore trovato.

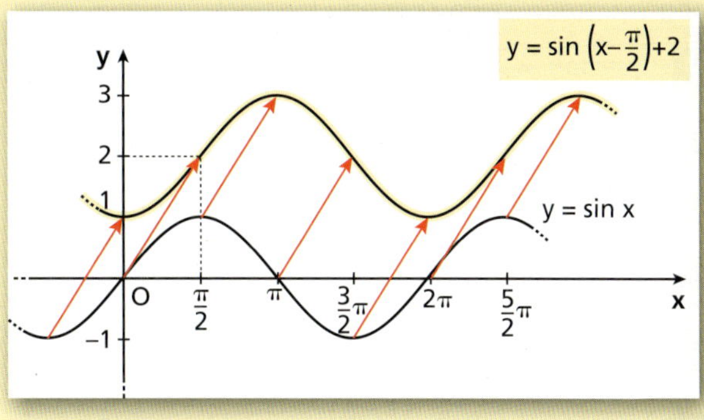

Disegna le seguenti funzioni, utilizzando i grafici delle funzioni goniometriche e delle loro inverse.

483 $y = \cos\left(x - \frac{\pi}{4}\right) + 1$; $\quad y = \sin x + 1$; $\quad y = \sin\left(x - \frac{\pi}{2}\right)$.

484 $y = \tan\left(x - \frac{\pi}{4}\right) - 2$; $\quad y = \cot\left(x + \frac{\pi}{2}\right) + 4$; $\quad y = \cos\left(x + \frac{\pi}{6}\right) + 5$.

485 $y = \cot\left(x - \frac{2}{3}\pi\right) - 2$; $\quad y = \tan(x - \pi) + 1$; $\quad y = \sin(x + 2\pi) + 2$.

486 $y = \cos x + 2$; $\quad y = \arcsin(x - 1)$; $\quad y = \arccos x + 1$.

487 FAI UN ESEMPIO di un vettore $\vec{v}$, diverso dal vettore nullo, tale che la traslazione di vettore $\vec{v}$ lascia invariato il grafico di $y = \cos x$.

488 EUREKA! Risolvi la disequazione $\cos\left(x - \frac{\pi}{3}\right) + 3 \geq 0$ utilizzando le traslazioni.

489 RIFLETTI SULLA TEORIA Qual è il periodo della funzione $y = \tan x$ traslata di un vettore $\vec{v}(a; b)$?

Simmetrie

490 ESERCIZIO GUIDA Disegniamo i grafici delle funzioni: **a.** $y = \cos(-x)$; **b.** $y = -\cos x$.

a. Sappiamo che il grafico di $y = f(-x)$ è il simmetrico di quello di $y = f(x)$ rispetto all'asse y. Poiché il grafico di $y = \cos x$ è simmetrico rispetto all'asse y, il grafico di $y = \cos(-x)$ coincide con quello di $y = \cos x$.

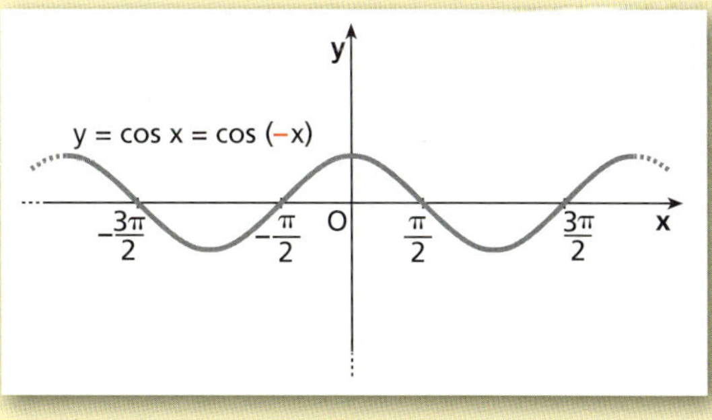

b. Il grafico della funzione $y = -f(x)$ è il simmetrico di quello di $y = f(x)$ rispetto all'asse x. Quindi, tracciato il grafico di $y = \cos x$, consideriamo il suo simmetrico rispetto all'asse delle ascisse.

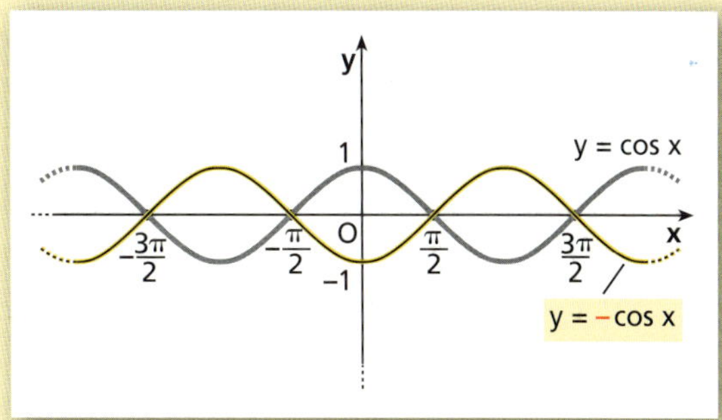

Disegna i grafici delle seguenti funzioni.

491 $y = \tan(-x)$; $y = \sin(-x)$; $y = -\sin x$.

492 $y = \sec(-x)$; $y = -\cos(-x)$; $y = -\tan x$.

493 $y = -\sin(-x)$; $y = -\tan(-x)$; $y = \cot(-x)$.

494 $y = -\cot x$; $y = -\sec x$; $y = \csc(-x)$.

495 $y = -\arcsin x$; $y = -\arctan(-x)$; $y = -\sin\left(x - \frac{\pi}{4}\right)$.

496 EUREKA! Verifica graficamente che $\sin\left(\frac{\pi}{2} - x\right) = \cos x$.

Funzioni goniometriche e valore assoluto

Il grafico di $y = |f(x)|$

497 ESERCIZIO GUIDA Disegniamo il grafico di

$y = |\sin x|$, con $0 \le x \le 2\pi$.

- Disegniamo $y = \sin x$ e confermiamo la parte di curva che sta nel semipiano positivo delle y.
- Negli intervalli in cui la curva sta nel semipiano negativo delle y, tracciamo la curva simmetrica rispetto all'asse x.

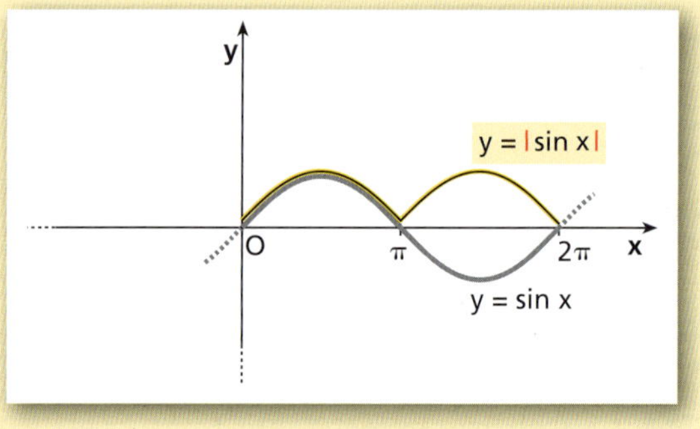

Disegna il grafico delle seguenti funzioni.

498 $y = |\cos x|$

499 $y = |\csc x|$

500 $y = |\cos(-x)|$

501 $y = |\tan x|$

502 $y = |\cot x|$

503 $y = |-\tan(-x)|$

504 $y = |\sec x|$

505 $y = |\sin(-x)|$

506 $y = |-\sin(-x)|$

507 $y = |\arctan x|$

508 $y = |\sin x - 2|$

509 $y = |\arcsin x|$

Il grafico di $y = f(|x|)$

510 ESERCIZIO GUIDA Disegniamo il grafico di $y = \sin|x|$.

Sappiamo che $f(|x|) =$ $f(x)$ se $x \ge 0$; $f(-x)$ se $x < 0$.

- Disegniamo $y = \sin x$ nel semipiano positivo delle x.
- Per $x < 0$ disegniamo il simmetrico del grafico precedente rispetto all'asse y.

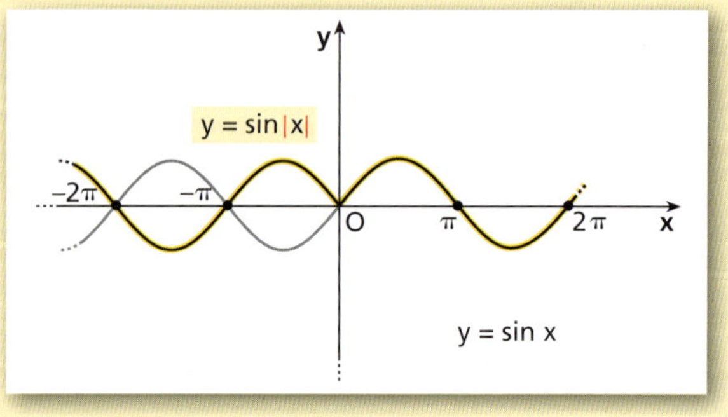

Disegna i grafici delle seguenti funzioni.

511 $y = \cos|x|$

512 $y = \tan|x|$

513 $y = \cot|x|$

514 $y = \sec|x|$

515 $y = \arcsin|x|$

516 $y = \csc|x|$

517 $y = \arctan|x|$

518 $y = \sin|x - \pi|$

519 $y = \tan\left|x - \frac{\pi}{2}\right|$

TEST

520 Quale, fra le seguenti funzioni, ha la stessa rappresentazione grafica della funzione $y = |\sin|x||$?

A $y = \cos x$ **B** $y = |\sin x|$ **C** $y = |\cos x|$ **D** $y = \sin x$ **E** $y = \cos|x|$

521 Il grafico a lato rappresenta la funzione:

A $y = 2|\sin x| + 1.$

B $y = 2|\cos x| - 1.$

C $y = \frac{1}{2}|\sin x| - 1.$

D $y = \frac{1}{2}|\cos x| + 1.$

E $y = 2|\sin x| - 1.$

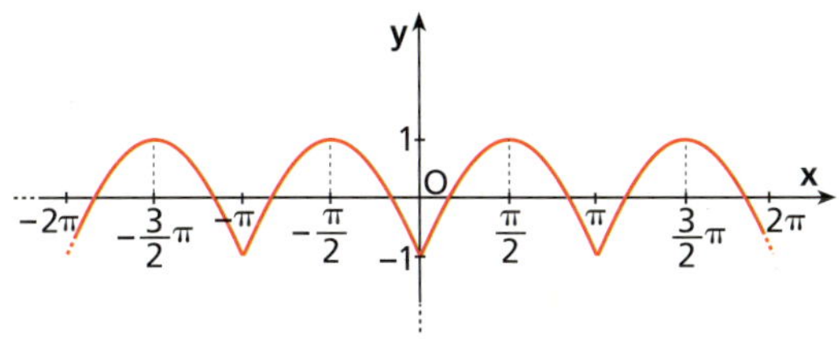

Dilatazione e contrazione

522 **ESERCIZIO GUIDA** Disegniamo il grafico di $y = \frac{1}{4}\cos 2x$.

- Passiamo da $y = \cos x$ a $y = \cos 2x$. Possiamo scrivere $2x = \frac{x}{\frac{1}{2}}$, quindi $y = \cos 2x = \cos\frac{x}{\frac{1}{2}}$, e pertanto abbiamo una contrazione orizzontale di rapporto $m = \frac{1}{2}$ (figura **a**).
- Da $y = \cos 2x$ passiamo a $y = \frac{1}{4}\cos 2x$ con una contrazione verticale con $n = \frac{1}{4}$ (figura **b**).

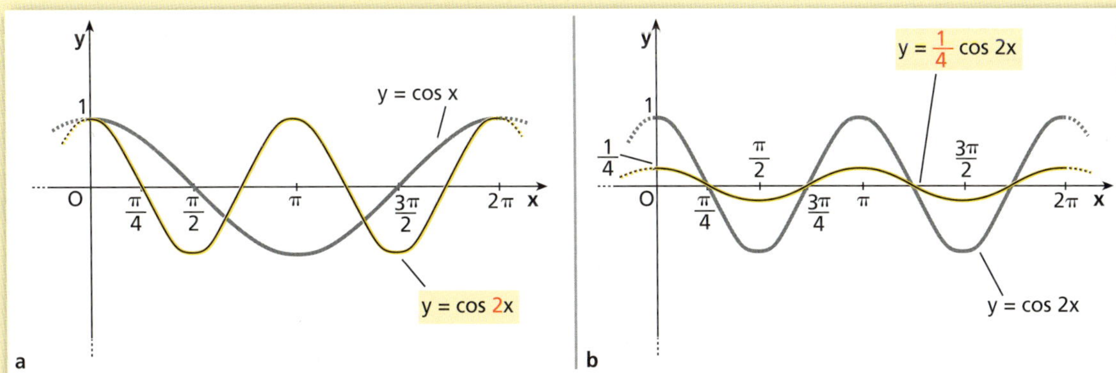

Disegna i grafici delle seguenti funzioni.

523 $y = \sin 2x$; $\quad y = 2\cos x$; $\quad y = \frac{1}{3}\sin x$.

524 $y = 3\cos x$; $\quad y = \cos\frac{x}{2}$; $\quad y = \sin\frac{x}{3}$.

525 $y = 2\sin\frac{x}{4}$; $\quad y = \frac{1}{2}\sin 2x$; $\quad y = 2\cos\frac{x}{2}$.

526 $y = 3\tan\frac{x}{4}$; $\quad y = 2\cot 4x$; $\quad y = 4\sin\frac{x}{2}$.

527 $y = 4\cos 2x$; $\quad y = \frac{1}{2}\sin\frac{x}{4}$; $\quad y = \frac{1}{4}\tan\frac{x}{2}$.

528 $y = 2\cot\frac{x}{2}$; $\quad y = 3\sin 4x$; $\quad y = 3\cos 2x$.

ESERCIZI

Periodo delle funzioni goniometriche

529 CACCIA ALL'ERRORE Trova l'errore nella determinazione del periodo.

a. $y = 2\sin x \rightarrow T = \frac{2\pi}{2} = \pi$ **b.** $y = \cos\frac{x}{5} \rightarrow T = \frac{2\pi}{5}$ **c.** $y = \cot 3x \rightarrow T = \frac{2\pi}{3}$

Determina il periodo delle seguenti funzioni.

530 $y = \cos 2x$

531 $y = \sin 3x$

532 $y = \sin\frac{x}{2}$

533 $y = \cos\frac{3}{2}x$

534 $y = \tan 2x$

535 $y = \cot 4x$

536 $y = 2\sin\left(\frac{x}{3} + \pi\right)$

537 $y = \frac{1}{2}\cos\left(2x - \frac{\pi}{3}\right)$

538 $y = \frac{1}{3}\tan\left(\frac{x}{2} + \frac{\pi}{6}\right)$

---

539 FAI UN ESEMPIO di funzione goniometrica con periodo: **a.** 4π; **b.** $\frac{\pi}{4}$.

---

540 Trova per quale valore di a il periodo della funzione $y = \tan\left(\frac{3a}{2}x\right)$ è $\frac{\pi}{2}$, e poi rappresentala graficamente. $\left[a = \frac{4}{3}\right]$

541 YOU & MATHS Find the value of k that makes the period of $y = \cos\left(\frac{k}{4}x\right)$ become $\frac{3}{2}\pi$. $\left[k = \frac{16}{3}\right]$

542 REALTÀ E MODELLI **Datemi un LA**
Un diapason percosso emette la nota LA pura, che è perciò rappresentabile come una sinusoide. La funzione che descrive l'intensità del suono prodotto è: $y = 10\sin(2{,}76 \cdot 10^3 t)$, dove t è il tempo espresso in secondi. Calcola il periodo dell'onda sonora e rappresentala in un riferimento cartesiano dove in ascissa c'è il tempo e in ordinata l'intensità del suono. $[2{,}27 \cdot 10^{-3}\ \text{s}]$

MATEMATICA AL COMPUTER

Funzioni goniometriche Per studiare l'influenza che il coefficiente b ha sull'andamento delle funzioni definite dalla legge da $\mathbb{R}$ a $\mathbb{R}$ $f: x \rightarrow 2\sin\left(bx + \frac{\pi}{6}\right)$, costruiamo una figura con un software di geometria dinamica che mostri i grafici in relazione ai valori assegnati a b.

Risoluzione – 8 esercizi in più

Riepilogo: Funzioni goniometriche e trasformazioni geometriche

543 TEST Quale fra le seguenti funzioni *non* ha il grafico simmetrico rispetto all'origine?

A $y = \sin x$
B $y = \arctan x$
C $y = \arcsin x$
D $y = \tan x$
E $y = -\cos x$

---

544 ASSOCIA a ogni funzione quella che ha lo stesso grafico.

a. $y = -\cos x$ **b.** $y = \sin(-x)$ **c.** $y = \cos(-x)$

1. $y = \cos(x + 2\pi)$ **2.** $y = \sin\left(x + \frac{3}{2}\pi\right)$ **3.** $y = \sin(x + \pi)$

Disegna i grafici delle seguenti funzioni.

545 ●○ $y = 2\cos(-x)$

546 ●○ $y = \sin 2x - \frac{\pi}{2}$

547 ●○ $y = \cos 2x + 2$

548 ●○ $y = \tan\left(x - \frac{\pi}{3}\right)$

549 ●○ $y = \tan|x| - 3$

550 ●○ $y = -|\sin x|$

551 ●● $y = \begin{cases} \sin x & \text{se } x \leq 0 \\ |\sin x| & \text{se } x > 0 \end{cases}$

552 ●● $y = \begin{cases} \sin(-x) & \text{se } x < 0 \\ \cos x - 1 & \text{se } x \geq 0 \end{cases}$

553 ●● Dopo aver tracciato il grafico della funzione $f(x) = -|\tan x| + 1$, disegna il grafico delle funzioni $f\left(x - \frac{\pi}{2}\right)$, $f(x) - \frac{\pi}{2}$, $2f(x)$, $f(2x)$.

Funzioni sinusoidali

554 ●○ **TEST** La funzione $y = 3\sin\left(\frac{1}{3}x + \frac{\pi}{4}\right)$ ha come ampiezza, pulsazione e periodo, rispettivamente:

A $3, \frac{1}{3}, 6\pi$. **B** $3, \frac{1}{3}, \frac{2}{3}\pi$. **C** $3, \frac{1}{3}, \frac{\pi}{4}$. **D** $3, \frac{1}{3}, \frac{\pi}{6}$. **E** $\frac{1}{3}, 3, 8\pi$.

555 **ESERCIZIO GUIDA** Disegniamo il grafico di $y = -2\sin\left(\frac{1}{3}x + \frac{\pi}{2}\right) + 1$ e scriviamo il valore dell'ampiezza, della pulsazione, della fase iniziale e del periodo.

Riscriviamo la funzione raccogliendo $\frac{1}{3}$ all'interno della parentesi:

$$y = -2\sin\left(\frac{1}{3}x + \frac{\pi}{2}\right) + 1 \rightarrow y = -2\sin\left[\frac{1}{3}\left(x + \frac{3}{2}\pi\right)\right] + 1.$$

Applichiamo alla funzione $y = \sin x$, per passi successivi:

- la dilatazione orizzontale con $m = 3$;
- la dilatazione verticale con $n = 2$;
- la simmetria rispetto all'asse x;
- la traslazione di vettore $\left(-\frac{3\pi}{2}; 1\right)$.

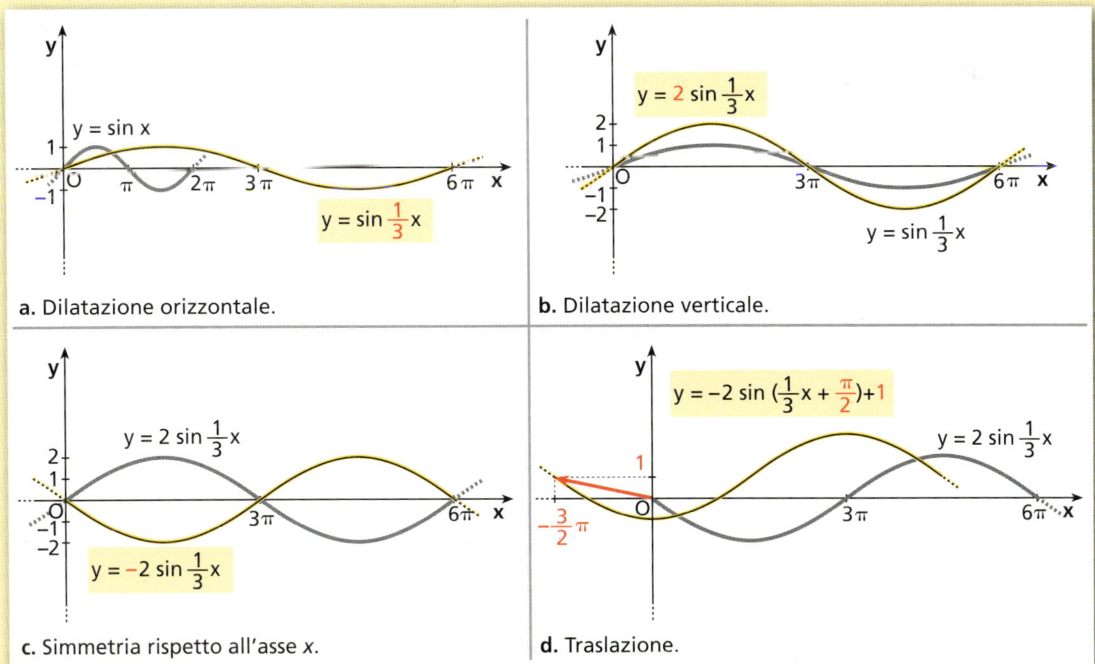

a. Dilatazione orizzontale.
b. Dilatazione verticale.
c. Simmetria rispetto all'asse x.
d. Traslazione.

L'ampiezza $|A|$ vale 2, la pulsazione $\omega = \frac{1}{3}$, la fase iniziale $\varphi = \frac{\pi}{2}$, il periodo $T = \frac{2\pi}{\frac{1}{3}} = 6\pi$.

ESERCIZI

Disegna i grafici delle seguenti funzioni e scrivi il valore dell'ampiezza, della pulsazione, della fase iniziale e del periodo.

556 $y = 4\cos\left(2x + \frac{\pi}{4}\right)$

557 $y = -2\sin\left(x + \frac{\pi}{4}\right)$

558 $y = -\frac{1}{3}\cos\left(\frac{1}{3}x + \frac{\pi}{3}\right) + 1$

559 $y = 3\sin\left(x + \frac{\pi}{6}\right)$

560 $y = \sin\left(2x - \frac{\pi}{2}\right) + 2$

561 $y = -\cos 3x + \frac{1}{2}$

562 $y = -2\sin\frac{x}{2} - 1$

563 $y = \frac{1}{4}\sin\left(\frac{1}{2}x + \frac{\pi}{2}\right)$

564 $y = \frac{1}{2}\sin\left(\frac{1}{2}x + \frac{\pi}{4}\right)$

565 $y = 2\cos\left(\frac{1}{4}x + \frac{\pi}{2}\right)$

566 $y = 3\sin\left(\frac{1}{4}x + \pi\right)$

567 $y = -2\cos\left(\frac{1}{2}x + \frac{\pi}{3}\right)$

---

568 **TEST** Quale delle seguenti funzioni ha il grafico della figura?

A $y = 2\sin 2x$

B $y = 2\sin x$

C $y = 4\cos 2x$

D $y = 2\cos 2x$

E $y = 2\sin x + \pi$

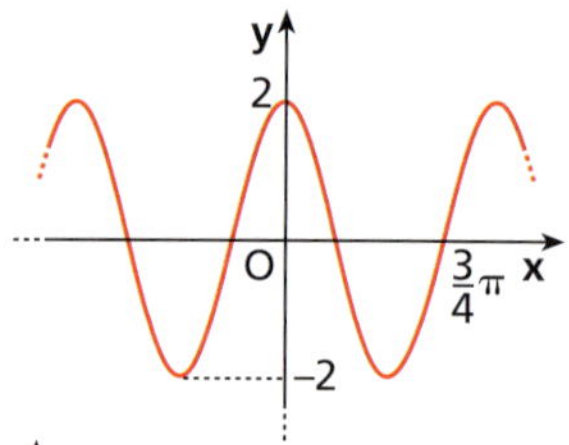

569 **ASSOCIA** a ogni grafico la corrispondente funzione scelta fra le seguenti.

a. $y = \sin 2x$

b. $y = \cos 2x$

c. $y = \cos\frac{x}{2}$

d. $y = \cos|x|$

e. $y = \sin|x|$

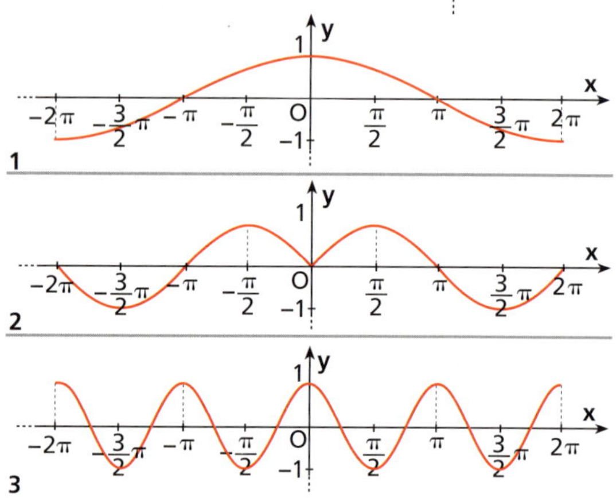

LEGGI IL GRAFICO **Determina l'espressione analitica della funzione rappresentata nel grafico.**

570

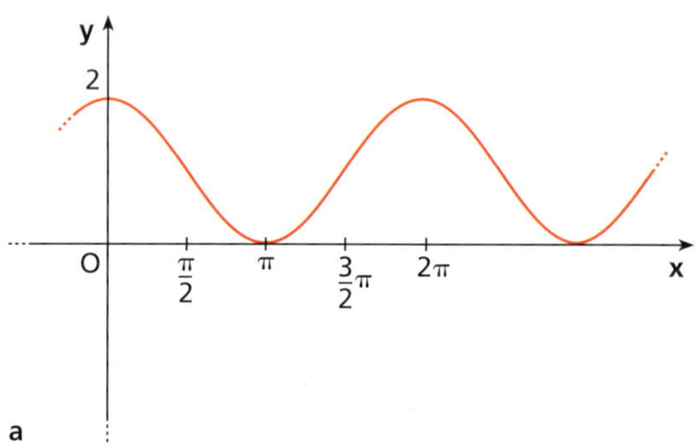

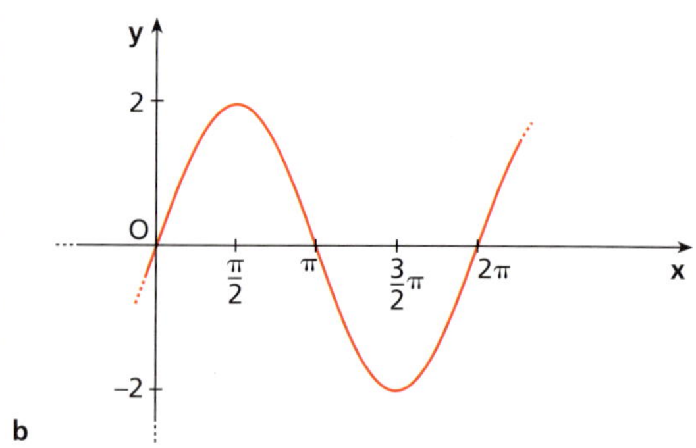

571

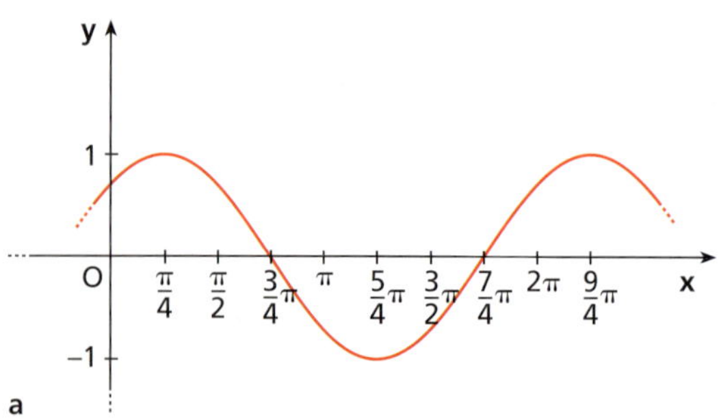

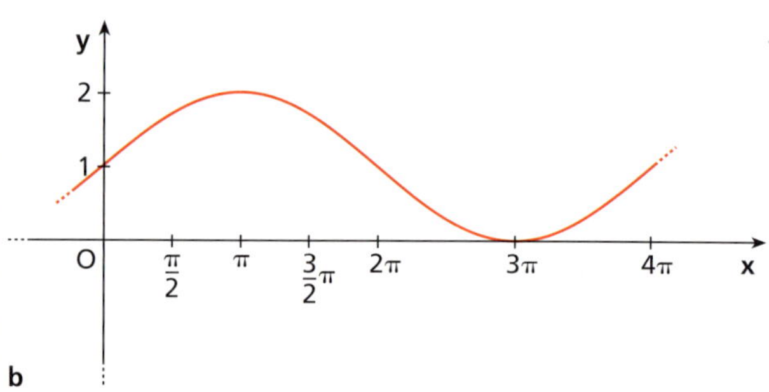

Problemi REALTÀ E MODELLI

RISOLVIAMO UN PROBLEMA

T Cephei

La stella T Cephei è una gigante rossa della Via Lattea. Essa ha una luminosità variabile in modo abbastanza regolare tra i valori 5,4 e 11 di magnitudine, in cicli di 389 giorni. Supponi che la variazione di magnitudine possa essere modellizzata con una funzione del tipo $y = A\cos(\omega t + \varphi) + k$.

- Trova i valori dei parametri in modo che all'inizio del ciclo corrisponda il valore massimo di magnitudine.
- Dopo quanti giorni dall'inizio del ciclo la magnitudine è minima?
- Determina la magnitudine di T Cephei dopo 100 giorni dall'inizio del ciclo.

▶ **Calcoliamo φ e ω utilizzando i dati sul periodo.**

Poiché $\cos\alpha$ ha valore massimo 1 per $\alpha = 0$, deve essere $\omega t + \varphi = 0$ all'istante iniziale.
Per $t = 0$, abbiamo $\varphi = 0$.
Dato che il periodo è di 389 giorni, deve essere:

$$T = \frac{2\pi}{\omega} = 389 \rightarrow \omega = \frac{2\pi}{389}.$$

▶ **Calcoliamo A e k dai valori di massimo e minimo.**

Rappresentiamo la funzione che nel periodo di 389 giorni oscilla tra 5,4 e 11.
L'ampiezza dell'oscillazione è

$$A = \frac{11 - 5,4}{2} = 2,8.$$

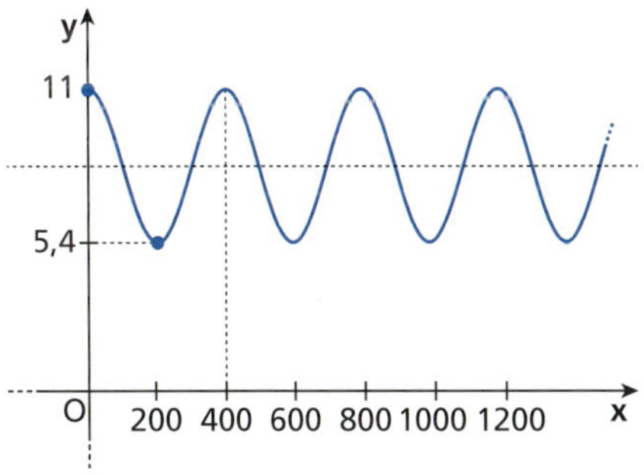

Notiamo poi che la funzione è una cosinusoide traslata verso l'alto di

$$k = 5,4 + 2,8 = 8,2.$$

La funzione è allora:

$$y = 2,8\cos\left(\frac{2\pi}{389}t\right) + 8,2.$$

▶ **Ricaviamo l'istante di magnitudine minima.**

Il valore minimo viene raggiunto dopo metà periodo, ovvero circa 194 giorni.

▶ **Ricaviamo la magnitudine a un istante fissato.**

Per determinare la magnitudine dopo 100 giorni è sufficiente sostituire a t il valore 100:

$$y = 2,8\cos\left(\frac{2\pi}{389}\cdot 100\right) + 8,2 \simeq 8,08.$$

572 ●○ **Uva** Una rivendita di frutta offre ai suoi clienti l'uva bianca tutto l'anno. In un anno il prezzo di vendita ha oscillato intorno al valore medio di € 4 al kg e ha raggiunto il valore più alto in marzo e quello più basso in settembre. Modellizza l'andamento del prezzo dell'uva nei vari mesi dell'anno mediante una funzione del tipo $y = a + b\sin(\omega x)$ oppure $y = a + b\cos(\omega x)$, supponendo che le condizioni del mercato del prodotto non cambino.

ESERCIZI

573 **Predatori e prede** L'allocco è un uccello rapace notturno che si nutre preferibilmente di topi. Alcuni biologi, monitorando il numero di esemplari delle due specie nello stesso habitat per un certo periodo, hanno osservato che tale numero può essere descritto dalle funzioni:

$$y_1 = 500\cos(2t) + 2000 \quad \text{e} \quad y_2 = 10\cos\left(2t - \frac{\pi}{4}\right) + 50,$$

dove y_1 indica il numero di topi presenti al tempo t (espresso in anni) e y_2 il numero di allocchi.

a. Al tempo $t = 0$ quanti sono i topi e gli allocchi presenti?

b. Qual è il numero massimo di topi e di allocchi raggiunto nella zona? Quando ciascuna specie lo raggiunge?

c. Qual è il numero minimo di topi e di allocchi raggiunto? Quando, per la prima volta, raggiungono il numero minimo?

d. Dopo 6 anni gli allocchi si trovano in una fase in cui stanno aumentando o diminuendo di numero?

574 **In Bretagna** La marea è un moto periodico di oceani e mari che si innalzano e abbassano anche di 10-15 metri, solitamente ogni sei ore circa. L'ampiezza (detta *altezza dell'onda di marea*, uguale al dislivello tra bassa e alta marea) dipende dalla conformazione della costa e del terreno.
Al molo di un villaggio in Bretagna una tabella riporta giorno per giorno gli orari della marea e precisa che l'altezza dell'acqua sul pilone del molo varia da 0,8 a 9,5 m. Per un certo giorno sono segnati i seguenti orari: alta marea ore 4:03; bassa marea ore 10:14; alta marea ore 16:25; bassa marea ore 22:36.

a. Determina l'altezza media dell'acqua sul pilone, l'ampiezza della variazione e il periodo dell'onda di marea di quel giorno.

b. La variazione dell'altezza del livello dell'acqua nel tempo può essere descritta da una funzione goniometrica; scrivi l'equazione di tale funzione fissando il tempo 0 in corrispondenza delle ore 4:03 e il livello 0 in corrispondenza dell'altezza media dell'acqua.

c. Cambia il sistema di riferimento mettendo il livello 0 in corrispondenza del fondo del mare e il tempo 0 in corrispondenza dell'ora 0 della notte (esprimi il tempo in minuti) e rappresentane il grafico.

I grafici delle funzioni goniometriche e gli archi associati

Disegna i grafici delle seguenti funzioni dopo aver semplificato la loro espressione analitica mediante le regole degli archi associati.

575 $y = \sin\left(\frac{3}{2}\pi - x\right) + 2\cos(\pi + x)$ $[y = -3\cos x]$

576 $y = -\tan(-x) + 2$ $[y = \tan x + 2]$

577 $y = 2\cos\left(\frac{\pi}{2} - x\right)\cot(\pi - x)$ $[y = -2\cos x,\ x \neq k\pi]$

578 $y = \dfrac{1}{\sin\left(\frac{\pi}{2} - x\right) + \cos(-x)}$ $\left[y = \frac{1}{2}\sec x\right]$

579 $y = \dfrac{2\cos^2\left(\frac{\pi}{2} - x\right)}{-\sin(-x)}$ $[y = 2\sin x,\ x \neq k\pi]$

TUTOR matematica Allenati con **15 esercizi interattivi** con feedback "hai sbagliato, perché…"
su.zanichelli.it/tutor3 risorsa riservata a chi ha acquistato l'edizione con tutor

VERIFICA DELLE COMPETENZE ALLENAMENTO

UTILIZZARE TECNICHE E PROCEDURE DI CALCOLO

VERO O FALSO

1 ●○
a. Seno, coseno e tangente sono funzioni di periodo 2π. V F
b. $\tan 30° = \tan 210°$. V F
c. Esiste un angolo α tale che $\sin\alpha = \frac{5}{6}$ e $\cos\alpha = \frac{1}{6}$. V F
d. Esiste un angolo β tale che $\sin\beta = \frac{7}{4}$. V F

2 ●○
a. $\sin(-\alpha) = -\sin\alpha$ V F
b. $\cot\left(\frac{\pi}{2} - \alpha\right) = -\tan\alpha$ V F
c. $\cos(\pi - \alpha) = -\cos\alpha$ V F
d. $\sin(2\pi - \alpha) = -\sin\alpha$ V F
e. $\tan(\pi + \alpha) = \tan\alpha$ V F

TEST

3 ●● $\frac{1}{\sec^2\alpha} + \frac{\tan^2\alpha}{1+\tan^2\alpha} + \tan^2\alpha$ è equivalente a:
A $1 - \tan^2\alpha$.
B $\csc^2\alpha$.
C $\sec^2\alpha$.
D $\frac{1+2\tan^2\alpha}{(1+\tan^2\alpha)\sec^2\alpha}$.
E $\frac{1+\sin^2\alpha}{\cos^2\alpha}$.

4 ●● Quale delle seguenti uguaglianze è sempre vera?
A $\sin(\pi+\alpha) = \cos(\pi+\alpha)$
B $\tan(-\alpha) = \tan(\pi-\alpha)$
C $\tan\left(\frac{\pi}{2}+\alpha\right) = \cot\alpha$
D $\sec(\pi-\alpha) = \sec\alpha$
E $\sin(-\alpha) = -\cos(\alpha)$

Calcola il valore delle funzioni indicate, utilizzando le informazioni fornite.

5 ●○ $\cos\alpha$ e $\tan\alpha$ — $\sin\alpha = \frac{5}{13}$, $\frac{\pi}{2} < \alpha < \pi$ $\left[-\frac{12}{13}; -\frac{5}{12}\right]$

6 ●○ $\tan\alpha$ e $\sin(-\alpha)$ — $\cos\alpha = -\frac{2}{3}$, $\pi < \alpha < \frac{3}{2}\pi$ $\left[\frac{\sqrt{5}}{2}; \frac{\sqrt{5}}{3}\right]$

7 ●○ $\sin\alpha$ e $\cos\alpha$ — $\tan\alpha = \frac{28}{45}$, $\pi < \alpha < \frac{3}{2}\pi$ $\left[-\frac{28}{53}; -\frac{45}{53}\right]$

8 ●○ $\cos\alpha$ e $\tan\alpha$ — $\sin\alpha = \frac{15}{17}$, $\frac{\pi}{2} < \alpha < \pi$ $\left[-\frac{8}{17}; -\frac{15}{8}\right]$

9 ●○ $\sin\alpha$ e $\tan\alpha$ — $\cos\alpha = \frac{39}{89}$, $\frac{3}{2}\pi < \alpha < 2\pi$ $\left[-\frac{80}{89}; -\frac{80}{39}\right]$

10 ●○ $\sin\alpha$ e $\tan\alpha$ — $\cos\alpha = -\frac{33}{65}$, $\frac{\pi}{2} < \alpha < \pi$ $\left[\frac{56}{65}; -\frac{56}{33}\right]$

11 ●○ $\sin\beta$ e $\cos(\pi+\beta)$ — $\tan\beta = -\frac{9}{40}$, $\frac{\pi}{2} < \beta < \pi$ $\left[\frac{9}{41}; \frac{40}{41}\right]$

12 $\tan(-\alpha)$ e $\cos\alpha$ — $\sin\alpha = -\frac{\sqrt{13}}{7}$, $\frac{3}{2}\pi < \alpha < 2\pi$ $\left[\frac{\sqrt{13}}{6}; \frac{6}{7}\right]$

13 $\sin(-\alpha)$, $\cos\left(\frac{\pi}{2}+\alpha\right)$, $\sin(\pi+\alpha)$, $\cos\left(-\frac{3}{2}\pi+\alpha\right)$, $\tan(\pi+\alpha)$ — $\tan\alpha = \frac{3}{4}$, $0 < \alpha < \frac{\pi}{2}$

$\left[-\frac{3}{5}; -\frac{3}{5}; -\frac{3}{5}; -\frac{3}{5}; \frac{3}{4}\right]$

14 $\cos\left(\frac{\pi}{2}-\alpha\right)$, $\sin\left(\frac{\pi}{2}+\alpha\right)$, $\cot(\pi-\alpha)$, $\tan\left(\frac{3}{2}\pi-\alpha\right)$ — $\sin(\pi+\alpha) = \frac{5}{13}$, con $-\frac{\pi}{2} < \alpha < 0$

$\left[-\frac{5}{13}; \frac{12}{13}; \frac{12}{5}; -\frac{12}{5}\right]$

15 Determina per quale valore di t esiste un angolo β tale che:

$\sin\beta = \frac{t+1}{t}$ e $\cos\beta = \frac{1+2t}{t}$. $\left[-1; -\frac{1}{2}\right]$

16 Trova quali condizioni deve soddisfare il parametro a affinché sia verificata l'uguaglianza $\cos\alpha = a^2 - 5$.
$[-\sqrt{6} \le a \le -2 \vee 2 \le a \le \sqrt{6}]$

Calcola il valore delle seguenti espressioni.

17 $\sqrt{3}\cos 30° - \sqrt{3}\sec 60° - \sin 45° + \cos 60° \csc 45° - 8\sin^2 30°$ $\left[-\frac{1}{2} - 2\sqrt{3}\right]$

18 $\frac{3}{2}\cot\frac{\pi}{4} - \sec\frac{\pi}{3} + \frac{3}{5}\csc\frac{\pi}{6} - \frac{3}{2} - \frac{1}{2}\csc\frac{\pi}{2}$ $\left[-\frac{13}{10}\right]$

19 $\left(2\cos\frac{\pi}{6} - 4\sin\frac{\pi}{4}\right)^2 + 16\sin\frac{\pi}{4}\left(\cos\frac{\pi}{6} + \cos\frac{\pi}{3}\right) - \sin\frac{\pi}{2}$ $[10 + 4\sqrt{2}]$

20 $\tan 310° + \cot 330° - 4\tan 230° + 2\tan 130°$ $[-7\tan 50° - \sqrt{3}]$

21 $2\sin 72° - 3\cos 162° + \cos 342° - 5\sin 252°$ $[11\sin 72°]$

22 $3\cot 270° - 4\cos 330° \sin 300° - \sqrt{2}\cos(-45°) - 6\sqrt{2}\sec(-45°)$ $[-10]$

23 $\sin 1312°$; $\cos 1280°$; $\tan 1532°$; $\cos 829°$. $[-\sin 52°, -\cos 20°, -\tan 88°, -\cos 71°]$

24 $\sin\frac{27}{4}\pi$; $\cos\frac{35}{6}\pi$; $\tan\frac{38}{5}\pi$; $\cot\frac{37}{6}\pi$. $\left[\sin\frac{\pi}{4}, \cos\frac{\pi}{6}, -\tan\frac{2}{5}\pi, \cot\frac{\pi}{6}\right]$

25 $(\sin 210° \cos 225° - \sin 225° \cos 210°)\cos 45° - \cos 240° - \csc 330°$ $\left[\frac{11-\sqrt{3}}{4}\right]$

26 $\dfrac{\sin\frac{7}{4}\pi \cdot \cos\frac{11}{6}\pi - \cos\frac{5}{3}\pi \cdot \cos\left(-\frac{\pi}{4}\right)}{\sin\frac{5}{4}\pi - \cos\frac{7}{4}\pi}$ $\left[\frac{\sqrt{3}+1}{4}\right]$

27 $\sqrt{3}\sin\frac{\pi}{3} - \sqrt{2}\cos\frac{\pi}{4} + \cos\frac{\pi}{2}\left(\sin\frac{\pi}{4} + \cos\frac{\pi}{3}\right)^2 - \left(\sin\frac{\pi}{3} - 2\cos\frac{\pi}{6}\right)^2$ $\left[-\frac{1}{4}\right]$

28 $\sec\frac{\pi}{3}\left(\sin\frac{\pi}{6} + \cos\frac{\pi}{3}\right) - 2\csc\frac{\pi}{2} + \tan 0 - \tan\frac{\pi}{4}\left(\cos\frac{\pi}{6} + \sin\frac{\pi}{3}\right)$ $[-\sqrt{3}]$

29 $\dfrac{a^2\tan\frac{\pi}{4} + 2b^2\sin\frac{\pi}{6} + ab\sec\frac{\pi}{3}}{a\cos 0 + b\sin\frac{\pi}{2}} - \sqrt{2}\cdot a\sin\frac{\pi}{4}$ $[b]$

30 $\cos(-30°) + \sin(-60°) + \sin 210° - \tan 225° - \csc 150°$ $\left[-\frac{7}{2}\right]$

Semplifica le seguenti espressioni.

31 $\left(\frac{1}{\cos^2\alpha}+\tan^2\alpha\right)\frac{1}{\sec^2\alpha}$ $[1+\sin^2\alpha]$

32 $1+\frac{1}{\cos^2\alpha}+\tan^2\alpha-\frac{1}{\sin^2\alpha}\cdot\tan^2\alpha$ $\left[\frac{1}{\cos^2\alpha}\right]$

33 $\frac{\sin(90°+\alpha)+\cos(90°+\alpha)\tan(90°-\alpha)}{\cos\alpha}$ $[0]$

34 $\sec\left(\frac{\pi}{2}+\alpha\right)\tan(\pi-\alpha)-\cos(\pi-\alpha)-\csc\left(\frac{\pi}{2}+\alpha\right)-\cos(-\alpha)$ $[0]$

35 $[\tan(180°+\alpha)+\tan\alpha]\csc(180°+\alpha)-\sec(180°+\alpha)$ $\left[-\frac{1}{\cos\alpha}\right]$

36 $\cos(\pi+\alpha)+\sin^2(-\alpha)+\tan(\alpha+\pi)\tan\left(\alpha+\frac{\pi}{2}\right)+\sin\left(\frac{\pi}{2}+\alpha\right)$ $[-\cos^2\alpha]$

37 $\cos(-a)+\sin(90°-\alpha)+\cos(\alpha-360°)-\sin(90°+\alpha)$ $[2\cos\alpha]$

38 $\frac{\sin(180°-\alpha)\cos(90°+\alpha)}{\sin(-\alpha)}+\frac{\sin(90°+\alpha)\cos(90°-\alpha)}{\cos(180°+\alpha)}$ $[0]$

39 $\frac{\sin(-\alpha)+\sin(\pi-\alpha)+\sin(\pi+\alpha)}{\cos(-\alpha)+\cos(\pi-\alpha)+\cos(\pi+\alpha)}$ $[\tan\alpha]$

40 $\tan(360°-\alpha)+2\cos(360°-\alpha)+2\sin(180°-\alpha)\cot(-\alpha)+\tan\alpha$ $[0]$

41 $\tan(90°-\alpha)\tan\alpha-\frac{\sin(180°+\alpha)}{\cos(180°-\alpha)}+\cot(90°-\alpha)$ $[1]$

42 $-\cos\left(-\alpha-\frac{3}{2}\pi\right)-\sin(\alpha-5\pi)+\sin\left(-\alpha-\frac{7}{2}\pi\right)$ $[\cos\alpha]$

43 $\cot^2\left(\frac{3}{2}\pi+\alpha\right)+\sec^2(\pi+\alpha)-\frac{\sin\left(\frac{\pi}{2}+\alpha\right)\cos(\pi-\alpha)}{\sin^2\left(\alpha-\frac{3}{2}\pi\right)}$ $[2\sec^2\alpha]$

44 $\frac{2}{\csc(90°-\alpha)}+6\frac{\cos(180°-\alpha)}{\sin(-\alpha)}-2\cos(180°-\alpha)$ $[2\cot\alpha(2\sin\alpha+3)]$

45 $\sin\left(\alpha-\frac{7}{2}\pi\right)\sec(\pi+\alpha)-\tan(2\pi-\alpha)\tan\left(\frac{\pi}{2}-\alpha\right)$ $[0]$

46 $\sin\left(\alpha+\frac{3}{2}\pi\right)\cos(\alpha+\pi)-\frac{\tan\left(\frac{3}{2}\pi-\alpha\right)\sin\left(\frac{\pi}{2}+\alpha\right)}{\sin(-\alpha)+\cos\left(\frac{\pi}{2}+\alpha\right)}$ $\left[\frac{\cos^2\alpha(2\sin^2\alpha+1)}{2\sin^2\alpha}\right]$

47 $\frac{\tan\frac{1}{5}\cot\frac{1}{5}+\tan(-\alpha)\cot\left(\frac{3}{2}\pi-\alpha\right)}{\sin^2\left(\alpha-\frac{3\pi}{2}\right)+\cos^2\left(\frac{5}{2}\pi-\alpha\right)}$ $[1-\tan^2\alpha]$

48 $\frac{\tan^2\left(\frac{3}{2}\pi-\alpha\right)-1}{\tan\left(\alpha+\frac{5}{2}\pi\right)}\cdot\frac{4\tan(4\pi-\alpha)}{1-\tan^2(3\pi+\alpha)}$ $[4]$

49 $\frac{\cos(5\pi+\alpha)\sin\left(\frac{3}{2}\pi+\alpha\right)+\tan(-\alpha)\sin\left(\alpha-\frac{5}{2}\pi\right)+\sin^2(3\pi+\alpha)}{\cos(\alpha-6\pi)\sin(2\pi-\alpha)-\cos\left(\frac{7}{2}\pi-\alpha\right)}$ $\left[\frac{1+\sin\alpha}{\sin\alpha(1-\cos\alpha)}\right]$

50 $\cot(\pi-\alpha)\cos\left(\frac{3}{2}\pi+\alpha\right)+2\frac{\sin(-\alpha)\cos(10\pi-\alpha)}{\sin\left(\frac{\pi}{2}-\alpha\right)\cos\left(\alpha-\frac{11}{2}\pi\right)}$ $[-\cos\alpha+2]$

51 ●● $$\frac{\sin\left(\alpha-\frac{\pi}{2}\right)\sin(-\alpha)+\cos\left(\frac{3}{2}\pi-\alpha\right)\sin\left(\frac{11}{2}\pi+\alpha\right)+\cos(3\pi+\alpha)}{-\tan\left(\alpha+\frac{\pi}{2}\right)\cot\left(\alpha-\frac{3}{2}\pi\right)-\sin(\alpha+\pi)+\sin(7\pi-\alpha)}$$ [$\cos\alpha$]

52 ●● $$\sin(\pi-\alpha)\cos\left(\alpha-\frac{\pi}{2}\right)-2\sin\left(\alpha-\frac{3}{2}\pi\right)\cos(2\pi-\alpha)+\frac{\tan\left(\frac{5}{2}\pi-\alpha\right)}{\cot(-\alpha)}$$ [$-3\cos^2\alpha$]

53 ●● $$\frac{\cos(4\pi-\alpha)\cos(\alpha-6\pi)}{\cos\left(\alpha-\frac{3}{2}\pi\right)\sin\left(\alpha-\frac{\pi}{2}\right)}+\frac{\tan\left(\alpha-\frac{3}{2}\pi\right)\cot(-\alpha)}{\cos(\alpha-3\pi)\sin\left(\frac{3}{2}\pi+\alpha\right)}-\tan\left(\frac{\pi}{2}-\alpha\right)$$ [$\frac{1}{\sin^2\alpha}$]

ANALIZZARE E INTERPRETARE DATI E GRAFICI

54 ●○ Un triangolo ha gli angoli α, β, γ tali che $\alpha=\frac{1}{3}\beta$ e $\beta=\gamma$. Trova la misura in radianti degli angoli α, β, γ.
[$\alpha=\frac{\pi}{7};\beta=\gamma=\frac{3}{7}\pi$]

55 ●○ Dato il triangolo rettangolo della figura, è noto che $\tan\beta=\frac{4}{3}$. Calcola $\sin\beta$, $\cos\beta$, $\cos\gamma$ e $\tan\delta$.

[$\frac{4}{5};\frac{3}{5};\frac{4}{5};-\frac{4}{3}$]

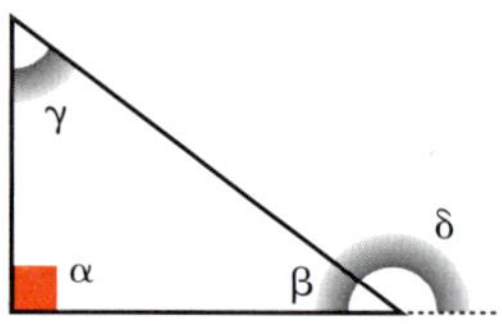

56 ●○ Trova: $\sin\beta$, $\tan\gamma$, $\cos\left(\frac{\pi}{2}-\gamma\right)$.

[$-\frac{3}{5};\frac{3}{4};\frac{3}{5}$]

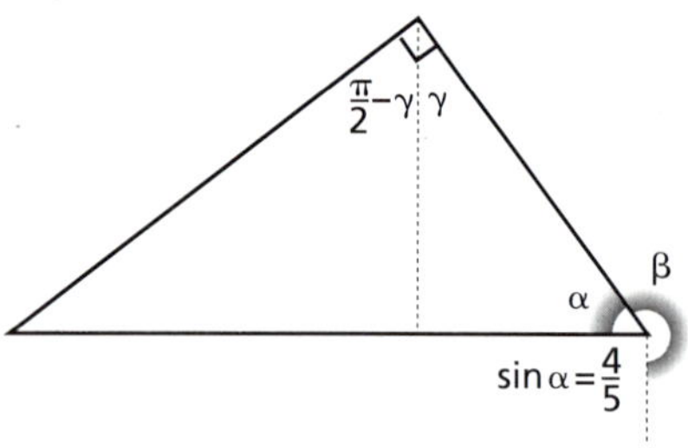

57 ●○ Calcola: $\tan\beta$, $\cos\gamma$, $\sin(\pi+\gamma)$.

[$\frac{12}{5};-\frac{5}{13};-\frac{12}{13}$]

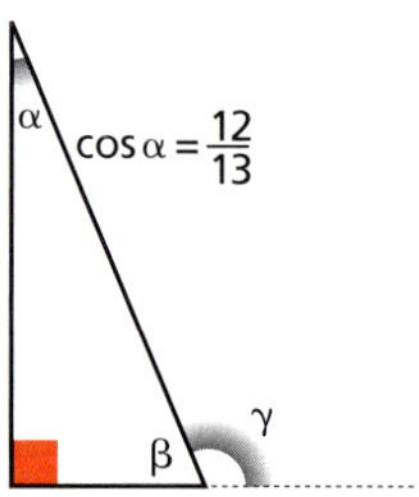

Disegna i grafici delle seguenti funzioni.

58 ●○ $y=4\sin x-1$

59 ●○ $y=\cos\left(\frac{\pi}{6}+x\right)$

60 ●○ $y=|\sin 2x|+1$

61 ●○ $y=\cot\left(\frac{2}{3}\pi+x\right)+\frac{1}{2}$

62 ●○ $y=-\cos(x+\pi)$

63 ●○ $y=-\sin x+2$

64 $y = \left|\cos\left(x - \frac{\pi}{4}\right)\right|$

65 $y = \sin\left(x - \frac{\pi}{4}\right) - 1$

66 $y = \sin|x| + 2$

67 $y = -|\tan x|$

68 $y = -\cos x + 2$

69 $y = \frac{1}{2}\sin\frac{x}{2}$

70 $y = \begin{cases} \cos x & \text{se } x \leq \frac{\pi}{2} \\ -2\cos x & \text{se } x > \frac{\pi}{2} \end{cases}$

71 $y = \begin{cases} |\cos x| & \text{se } x < 0 \\ |\sin x| + 1 & \text{se } x \geq 0 \end{cases}$

Disegna i grafici delle seguenti funzioni e scrivi il valore dell'ampiezza, della pulsazione, della fase iniziale e del periodo.

72 $y = -6\sin\left(2x + \frac{3}{2}\pi\right)$

73 $y = -\frac{1}{4}\cos\left(\frac{1}{2}x + \frac{\pi}{6}\right)$

74 $y = \frac{1}{2}\sin\left(\frac{1}{2}x\right) + \frac{1}{2}$

75 $y = -2\cos\left(2x + \frac{\pi}{3}\right)$

---

76 Della funzione $y = 1 + \tan\frac{x}{2}$ trova il dominio, disegna il grafico e scrivi le equazioni degli asintoti.
[D: $x \neq \pi + 2k\pi$; $x = \pi + 2k\pi$]

Scrivi le equazioni dei seguenti grafici.

77

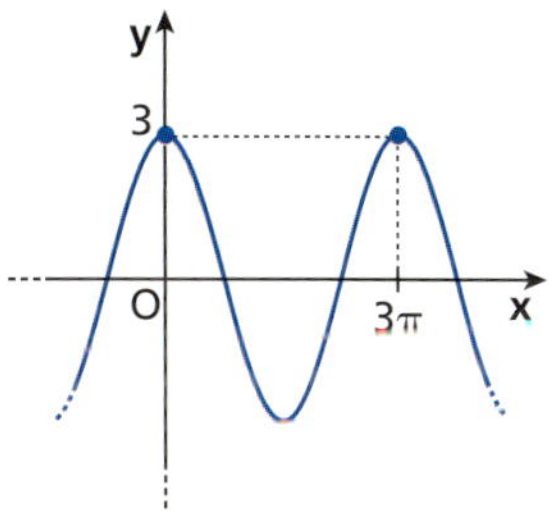

78

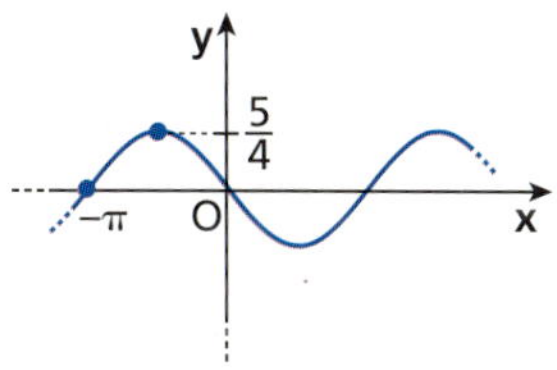

79

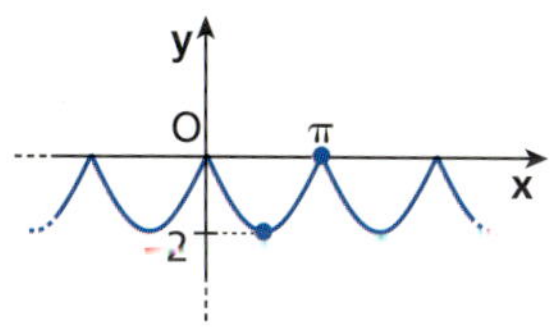

---

80 Spiega perché la funzione seno è invertibile se si restringe il suo dominio all'intervallo $\left[-\frac{\pi}{2}; \frac{\pi}{2}\right]$, mentre la funzione coseno è invertibile se si restringe il suo dominio all'intervallo $[0; \pi]$.

81 Spiega perché la funzione tangente è invertibile se si restringe il suo dominio all'intervallo $\left]-\frac{\pi}{2}; \frac{\pi}{2}\right[$.

COSTRUIRE E UTILIZZARE MODELLI

82 **Illuminazione stradale** La ditta che deve rinnovare il sistema di illuminazione della rotonda in figura colloca 6 lampioni equidistanti uno dall'altro sulla circonferenza interna, e sulla circonferenza esterna ne colloca 8: 2 ai lati di ciascun imbocco delle tre strade e 2 nei punti medi dei due archi $\widehat{BC}$ e $\widehat{FA}$. Nel sistema di assi cartesiani in figura determina:

a. l'angolo al centro individuato da due lampioni consecutivi della circonferenza interna;

b. le coordinate dei lampioni sulla circonferenza interna, supponendo che il primo lampione si trovi sul semiasse x positivo;

c. le coordinate dei lampioni posizionati sui due archi della circonferenza esterna $\widehat{BC}$ e $\widehat{FA}$.

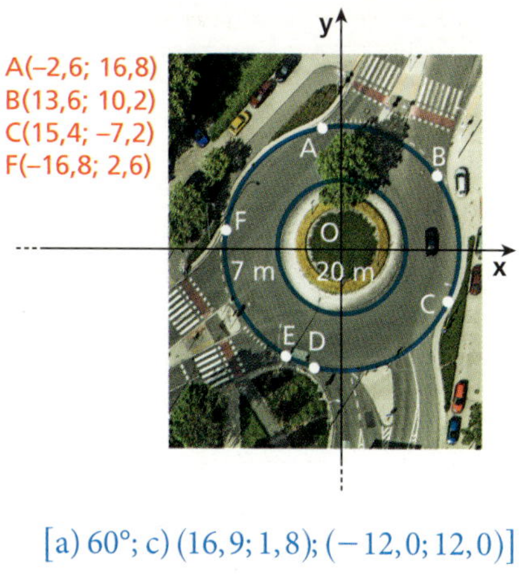

[a) 60°; c) (16,9; 1,8); (−12,0; 12,0)]

RISOLVIAMO UN PROBLEMA

Pupazzetto a molla

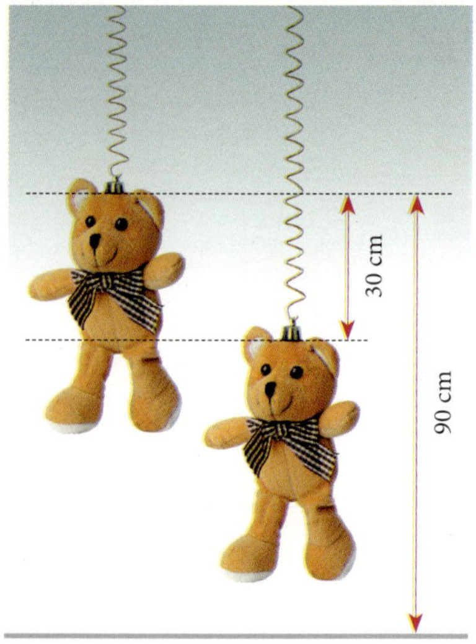

Roberto gioca con un pupazzetto a molla facendolo oscillare verticalmente, partendo da una posizione di equilibrio a un'altezza di 90 cm dal pavimento. Sappiamo che per effettuare un'oscillazione completa, di ampiezza 30 cm, e ritornare nella posizione iniziale impiega 3 secondi. La funzione che descrive l'altezza dal suolo del giocattolo al tempo t è del tipo $h(t) = A\sin(\omega t + y) + B$.

- Determina il valore dei parametri che corrispondono alla situazione descritta e traccia il grafico della funzione.
- Quale posizione occupa il pupazzetto dopo 2 secondi?

▶ Determiniamo le caratteristiche della funzione.

Al tempo $t = 0$ il giocattolo si trova a 90 cm da terra e per la stessa posizione passerà dopo 1,5 s (dato che per fare un'oscillazione completa impiega 3 s). Nella posizione più bassa, a 60 cm dal suolo, passerà dopo $\frac{3}{4} = 0{,}75$ s e in quella più alta, a 120 cm, dopo $3 \cdot \frac{3}{4} = 2{,}25$ s. Si tratta di una funzione sinusoidale del tipo $y = A\sin(\omega t + \varphi)$ con periodo $T = \frac{2\pi}{\omega} = 3$ s e ampiezza $A = 30$ cm, traslata verso l'alto di 90 cm.

Quindi $h(t) = 90 + 30 \cdot \sin\left(\frac{2\pi t}{3} + \varphi\right)$. Per determinare la fase iniziale φ bisogna considerare che il giocattolo viene inizialmente tirato verso il basso, quindi $\varphi = \pi$ e $\sin\left(\frac{2\pi t}{3} + \pi\right) = -\sin\left(\frac{2\pi t}{3}\right)$. Perciò:

$$h(t) = 90 - 30 \cdot \sin\left(\frac{2\pi t}{3}\right).$$

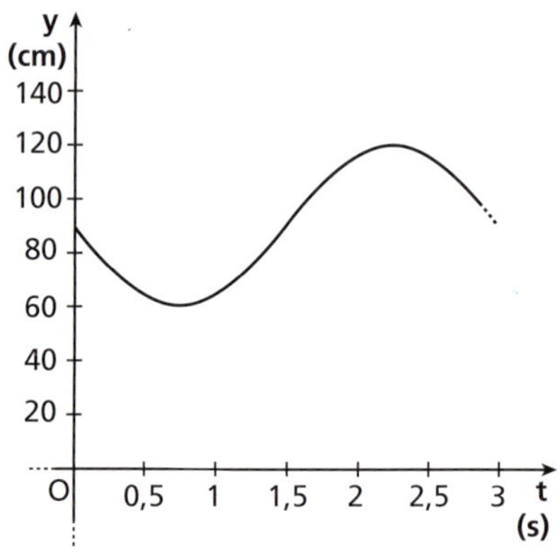

▶ Calcoliamo la posizione dopo 2 s.

Dopo 2 secondi si ha:

$$h(2) = 90 - 30 \cdot \sin\left(\frac{2\pi \cdot 2}{3}\right) \simeq 116 \text{ cm},$$

perciò il giocattolo si trova a circa 116 cm dal pavimento.

TUTOR matematica
Allenati con **15 esercizi interattivi** con feedback "hai sbagliato, perché..."
su.zanichelli.it/tutor3 risorsa riservata a chi ha acquistato l'edizione con tutor

VERIFICA DELLE COMPETENZE PROVE

1 ora

PROVA A

1 Sapendo che $\sin\alpha = \frac{1}{3}$ e $\frac{\pi}{2} < \alpha < \pi$, calcola:

$\cos\alpha$, $\tan\alpha$ e $\tan\left(\frac{\pi}{2} - \alpha\right)$.

2 Calcola il valore delle seguenti espressioni.

a. $\sin\frac{\pi}{6} + \left(\cos\frac{\pi}{2} + \tan\frac{\pi}{3}\right)^2 - \cos\frac{2}{3}\pi \cdot \cot\frac{3}{4}\pi$

b. $\sin^2\frac{5}{3}\pi - \cot\frac{3}{2}\pi + \cos\frac{11}{6}\pi \cdot \tan\frac{\pi}{6}$

3 Semplifica le seguenti espressioni.

a. $\sin(180° - \alpha)\tan(90° - \alpha) - \cos(-\alpha) + \sin(\alpha - 90°) - \cos(360° + \alpha)$

b. $\sin(-\alpha)\cos(3\pi + \alpha) + \cos\left(\frac{3}{2}\pi - \alpha\right)\sin\left(\frac{11}{2}\pi + \alpha\right)$

4 Verifica l'identità.

$$\frac{\sin\alpha\cos\alpha}{2} + 2\tan\alpha\cos^2\alpha - (\sin\alpha + \cos\alpha)^2 = \frac{\tan\alpha}{2}(1 - \sin^2\alpha) - 1$$

5 Determina il periodo della funzione $y = 4\sin\left(\frac{x}{2} + \frac{\pi}{3}\right)$.

6 Disegna il grafico delle seguenti funzioni.

a. $y = \sin\left(x + \frac{\pi}{2}\right) - 1$

b. $y = -3\cos x$

c. $y = \left|\tan\frac{x}{2}\right|$

d. $y = 2\sin 2x + 2$

PROVA B

Riesenrad Nel 1897 fu costruita a Vienna la Riesenrad, una ruota panoramica alta 65 metri, tuttora esistente e in funzione. Il punto più basso dista da terra 4 metri e impiega circa 4 minuti per fare un giro completo.

a. Nel sistema di riferimento cartesiano in figura esprimi le funzioni che descrivono l'ascissa e l'ordinata della posizione di un passeggero in funzione dell'angolo α.

b. Posiziona ora il sistema di riferimento in modo che l'asse x coincida con la linea del terreno e l'asse y passi per il centro della ruota. Esprimi la funzione che descrive l'altezza del passeggero rispetto al terreno, sempre in relazione all'angolo α, e rappresenta il grafico di tale funzione.

c. Esprimi l'altezza del passeggero trovata al punto precedente in funzione del tempo, anziché dell'angolo, considerando il verso di rotazione antiorario.

d. A che altezza dal suolo si trova il passeggero dopo 30 secondi dalla partenza?

T

CAPITOLO 11

FORMULE GONIOMETRICHE

1 Formule di addizione e sottrazione

Listen to it

Trigonometric **addition** and **subtraction formulae** (or **angle sum** and **difference formulae**) express trigonometric functions of sums and differences of two angles $\alpha \pm \beta$ in terms of functions of α and β.

Formula di sottrazione del coseno

Consideriamo $\cos(\alpha - \beta)$. **Non** è vero che:

$$\cos(\alpha - \beta) = \cos\alpha - \cos\beta. \qquad \text{falso!}$$

Per esempio, $\cos\left(\frac{\pi}{2} - \frac{\pi}{6}\right) \neq \cos\frac{\pi}{2} - \cos\frac{\pi}{6}$.

Infatti, $\cos\left(\frac{\pi}{2} - \frac{\pi}{6}\right) = \cos\frac{\pi}{3} = \frac{1}{2}$,

invece: $\cos\frac{\pi}{2} - \cos\frac{\pi}{6} = 0 - \frac{\sqrt{3}}{2} = -\frac{\sqrt{3}}{2}$.

Esiste tuttavia una relazione fra $\cos(\alpha - \beta)$ e i seni e i coseni di α e di β. Cerchiamola.
Consideriamo gli angoli $D\widehat{O}A$ di ampiezza α e $B\widehat{O}A$ di ampiezza β, con $\alpha > \beta$. La loro differenza è $D\widehat{O}B = \alpha - \beta$.
Consideriamo l'angolo $C\widehat{O}A = \alpha - \beta$, che ha il primo estremo nell'origine A degli archi.
I punti B, C e D hanno allora coordinate $B(\sin\beta; \cos\beta)$, $C(\sin(\alpha - \beta); \cos(\alpha - \beta))$, $D(\sin\alpha; \cos\alpha)$.

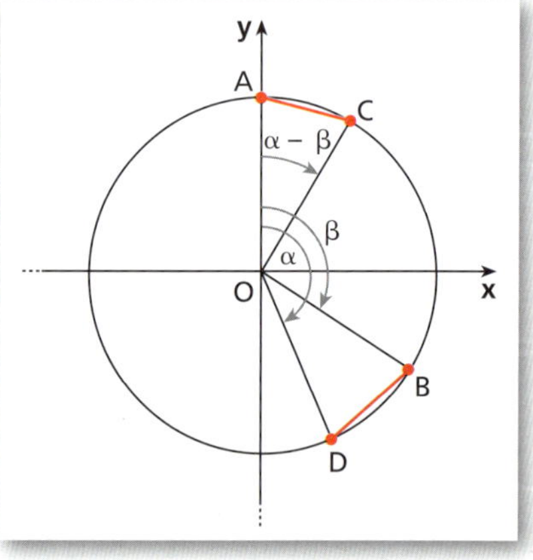

Essendo $D\widehat{O}B$ e $C\widehat{O}A$ entrambi di ampiezza $\alpha - \beta$, le corde CA e DB sono congruenti perché corrispondenti di angoli al centro congruenti. Applicando la formula della distanza tra due punti, otteniamo:

$$\overline{CA}^2 = (x_C - x_A)^2 + (y_C - y_A)^2 = \sin^2(\alpha - \beta) + [\cos(\alpha - \beta) - 1]^2,$$
$$\overline{DB}^2 = (x_D - x_B)^2 + (y_D - y_B)^2 = (\sin\alpha - \sin\beta)^2 + (\cos\alpha - \cos\beta)^2.$$

Uguagliando le due espressioni e sviluppando i calcoli otteniamo:

$$\sin^2(\alpha-\beta)+\cos^2(\alpha-\beta)+1-2\cos(\alpha-\beta)=$$

$$\sin^2\alpha+\sin^2\beta-2\sin\alpha\sin\beta+\cos^2\alpha+\cos^2\beta-2\cos\alpha\cos\beta.$$

La somma dei quadrati del seno e del coseno di un angolo è 1, quindi

$2-2\cos(\alpha-\beta)=2-2\cos\alpha\cos\beta-2\sin\alpha\sin\beta$, da cui:

$$\boldsymbol{\cos(\alpha-\beta)=\cos\alpha\cos\beta+\sin\alpha\sin\beta.}$$

ESEMPIO

Riprendiamo l'esempio iniziale e calcoliamo $\cos\frac{\pi}{3}=\frac{1}{2}$ come $\cos\left(\frac{\pi}{2}-\frac{\pi}{6}\right)$:

$$\cos\left(\frac{\pi}{2}-\frac{\pi}{6}\right)=\cos\frac{\pi}{2}\cos\frac{\pi}{6}+\sin\frac{\pi}{2}\sin\frac{\pi}{6}=0\cdot\frac{\sqrt{3}}{2}+1\cdot\frac{1}{2}=\frac{1}{2}.$$

Formula di addizione del coseno

Scriviamo $\alpha+\beta$ come $\alpha-(-\beta)$ e applichiamo la formula di sottrazione del coseno:

$$\cos(\alpha+\beta)=\cos[\alpha-(-\beta)]=\cos\alpha\cos(-\beta)+\sin\alpha\sin(-\beta).$$

Essendo $\cos(-\beta)=\cos\beta$ e $\sin(-\beta)=-\sin\beta$, otteniamo:

$$\boldsymbol{\cos(\alpha+\beta)=\cos\alpha\cos\beta-\sin\alpha\sin\beta.}$$

► Calcola $\cos\frac{5}{6}\pi$ considerandolo come $\cos\left(\frac{\pi}{2}+\frac{\pi}{3}\right)$.

Formula di addizione del seno

Poiché, per le formule degli angoli associati, è $\sin x=\cos\left(\frac{\pi}{2}-x\right)$, considerando l'angolo $x=\alpha+\beta$, abbiamo:

$$\sin(\alpha+\beta)=\cos\left[\frac{\pi}{2}-(\alpha+\beta)\right]=\cos\left[\left(\frac{\pi}{2}-\alpha\right)-\beta\right].$$

Con la formula di sottrazione del coseno otteniamo

$$=\cos\left(\frac{\pi}{2}-\alpha\right)\cos\beta+\sin\left(\frac{\pi}{2}-\alpha\right)\sin\beta.$$

Poiché $\cos\left(\frac{\pi}{2}-\alpha\right)=\sin\alpha$ e $\sin\left(\frac{\pi}{2}-\alpha\right)=\cos\alpha$:

$$\boldsymbol{\sin(\alpha+\beta)=\sin\alpha\cos\beta+\cos\alpha\sin\beta.}$$

► Calcola $\sin\frac{\pi}{2}$ considerandolo come $\sin\left(\frac{\pi}{3}+\frac{\pi}{6}\right)$.

Formula di sottrazione del seno

$$\sin(\alpha-\beta)=\sin[\alpha+(-\beta)]$$

Applichiamo la formula di addizione del seno

$$=\sin\alpha\cos(-\beta)+\cos\alpha\sin(-\beta)$$

Essendo $\sin(-\beta)=-\sin\beta$ e $\cos(-\beta)=\cos\beta$:

$$\boldsymbol{\sin(\alpha-\beta)=\sin\alpha\cos\beta-\cos\alpha\sin\beta.}$$

MATEMATICA E STORIA

Prima Tycho, poi Enrico Fin dal XVI secolo, nei principali osservatori astronomici e, in particolare, in quello danese di Tycho Brahe venivano utilizzate formule goniometriche e tavole di seni e coseni per effettuare calcoli astronomici. Qualcosa del genere l'ha fatto anche Enrico Fermi, che nel 1918, nella sua prova di ammissione alla Scuola Normale di Pisa, calcolò tan 35° senza tavole.

▶ Com'è possibile trovare tan 35° senza strumenti di calcolo e tavole?

La risposta

Formule di addizione e sottrazione della tangente

Calcoliamo $\tan(\alpha+\beta)$

Essendo $\tan x = \dfrac{\sin x}{\cos x}$, si ha

$$\tan(\alpha+\beta) = \frac{\sin(\alpha+\beta)}{\cos(\alpha+\beta)} = \frac{\sin\alpha\cos\beta + \cos\alpha\sin\beta}{\cos\alpha\cos\beta - \sin\alpha\sin\beta},$$

con la condizione di esistenza della tangente: $(\alpha+\beta) \neq \dfrac{\pi}{2} + k\pi$.

Dividiamo numeratore e denominatore per $\cos\alpha\cos\beta$, con la condizione $\cos\alpha \neq 0 \to \alpha \neq \dfrac{\pi}{2} + k_1\pi$, $\cos\beta \neq 0 \to \beta \neq \dfrac{\pi}{2} + k_2\pi$:

$$\tan(\alpha+\beta) = \frac{\dfrac{\sin\alpha\cos\beta}{\cos\alpha\cos\beta} + \dfrac{\cos\alpha\sin\beta}{\cos\alpha\cos\beta}}{\dfrac{\cos\alpha\cos\beta}{\cos\alpha\cos\beta} - \dfrac{\sin\alpha\sin\beta}{\cos\alpha\cos\beta}} = \frac{\tan\alpha + \tan\beta}{1-\tan\alpha\tan\beta}.$$

Pertanto:

$$\boldsymbol{\tan(\alpha+\beta) = \frac{\tan\alpha + \tan\beta}{1-\tan\alpha\tan\beta}},$$

con $\alpha+\beta \neq \dfrac{\pi}{2} + k\pi$, $\alpha \neq \dfrac{\pi}{2} + k_1\pi$, $\beta \neq \dfrac{\pi}{2} + k_2\pi$.

Calcoliamo $\tan(\alpha-\beta)$

$$\tan(\alpha-\beta) = \tan[\alpha + (-\beta)] = \frac{\tan\alpha + \tan(-\beta)}{1-\tan\alpha\tan(-\beta)} = \frac{\tan\alpha - \tan\beta}{1+\tan\alpha\tan\beta}.$$

Tenendo conto delle condizioni di esistenza di $\tan\alpha$, $\tan\beta$ e $\tan(\alpha-\beta)$:

$$\boldsymbol{\tan(\alpha-\beta) = \frac{\tan\alpha - \tan\beta}{1+\tan\alpha\tan\beta}},$$

con $\alpha-\beta \neq \dfrac{\pi}{2} + k\pi$, $\alpha \neq \dfrac{\pi}{2} + k_1\pi$, $\beta \neq \dfrac{\pi}{2} + k_2\pi$.

Funzione lineare $y = a\sin x + b\cos x$ e angolo aggiunto

▶ Esercizi a p. 537

La conoscenza delle formule di addizione e sottrazione permette di studiare il grafico di una funzione del tipo $y = a\sin x + b\cos x$, detta **funzione lineare** in seno e coseno perché di primo grado rispetto a seno e coseno, riconducendolo a quello di una funzione sinusoidale del tipo $y = r\sin(x+\alpha)$. Dobbiamo risolvere il seguente problema: data l'espressione $a\sin x + b\cos x$, cerchiamo un numero r positivo e un angolo α tali che:

$$a\sin x + b\cos x = r\sin(x+\alpha).$$

α è detto **angolo aggiunto**.

Sviluppiamo il secondo membro con la formula di addizione del seno:

$$r\sin(x+\alpha) = \underline{r}\sin x\,\underline{\cos\alpha} + \underline{r}\cos x\,\underline{\sin\alpha}.$$

Perché l'espressione ottenuta coincida con $\underline{a}\sin x + \underline{b}\cos x$, deve essere:

$$\begin{cases} a = r\cos\alpha \\ b = r\sin\alpha \end{cases}$$

Eleviamo al quadrato i membri delle due equazioni e sommiamo:

$$a^2+b^2 = r^2(\cos^2\alpha + \sin^2\alpha) \to a^2+b^2 = r^2 \to r = \sqrt{a^2+b^2}.$$

Listen to it

A **linear combination** of sine and cosine with the same argument, that is $y = a\sin x + b\cos x$, can be expressed as a single **sinusoidal function** with a new amplitude and a phase shift, $y = r\sin(x+\alpha)$, where $r = \sqrt{a^2+b^2}$ and $\tan\alpha = \dfrac{b}{a}$.

Dividiamo membro a membro la seconda equazione per la prima:

$$\frac{b}{a} = \frac{\sin\alpha}{\cos\alpha} \rightarrow \tan\alpha = \frac{b}{a}.$$

Per determinare univocamente α, teniamo conto che, per le relazioni del sistema, il segno di a è lo stesso di $\cos\alpha$ e quello di b è lo stesso di $\sin\alpha$:

Segno di a e di $\cos\alpha$	Segno di b e di $\sin\alpha$	Quadrante del lato termine di α
+	+	I
+	−	IV
−	−	III
−	+	II

ESEMPIO

Rappresentiamo il grafico di $y = \sin x - \cos x$.
$\sin x - \cos x = r\sin(x + \alpha)$ quando:

$$r = \sqrt{1^2 + (-1)^2} = \sqrt{2}; \quad \tan\alpha = \frac{-1}{1} = -1$$

con $\sin\alpha$ negativo e $\cos\alpha$ positivo, cioè il lato termine di α è nel quarto quadrante. Quindi $\alpha = -\frac{\pi}{4}$.
La funzione $y = \sin x - \cos x$ si può scrivere come $y = \sqrt{2}\sin\left(x - \frac{\pi}{4}\right)$. Il suo grafico si ottiene da quello di $y = \sin x$ con una traslazione di vettore $\vec{v}\left(\frac{\pi}{4}; 0\right)$ e una dilatazione verticale con $n = \sqrt{2}$.

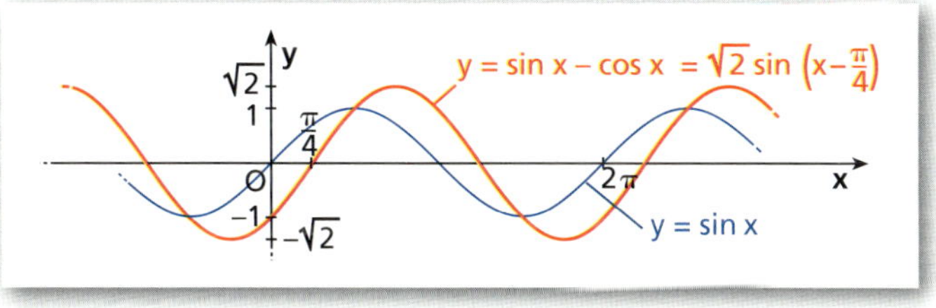

Animazione

Oltre alla figura dinamica che ti permette di osservare il grafico di $y = a\sin x + b\cos x$ al variare di a e b, in particolare ti proponiamo la funzione dell'esempio, e quella dell'esercizio, $y = \sin x + \sqrt{3}\cos x$.

▶ Traccia il grafico di $y = \sin x + \sqrt{3}\cos x$.

2 Formule di duplicazione

▶ Esercizi a p. 537

Consideriamo l'espressione $\sin 2\alpha$, utilizzando la convenzione secondo cui il simbolo di una funzione goniometrica davanti a più fattori riguarda tutto il prodotto, cioè $\sin 2\alpha = \sin(2\alpha)$.

Non è vero che:

$\sin 2\alpha = 2 \cdot \sin\alpha$. falso!

Per esempio: $\sin 2 \cdot \frac{\pi}{4} \neq 2\sin\frac{\pi}{4}$.

Infatti, $\sin 2 \cdot \frac{\pi}{4} = \sin\frac{\pi}{2} = 1$, mentre $2 \cdot \sin\frac{\pi}{4} = 2 \cdot \frac{\sqrt{2}}{2} = \sqrt{2}$.

Quindi, in generale, $\sin 2\alpha \neq 2\sin\alpha$ e per il calcolo dobbiamo ricorrere a una formula detta *di duplicazione*.

Listen to it

Double-angle formulae express trigonometric functions of an angle 2α in terms of functions of an angle α.

Anche per il coseno, **non** è vero che quando l'angolo raddoppia, raddoppia anche il coseno: $\cos 2\alpha \neq 2\cos\alpha$.
Anche per la tangente $\tan 2\alpha \neq 2\tan\alpha$.
Le **formule di duplicazione** permettono di calcolare il seno, il coseno e la tangente di 2α conoscendo il valore delle funzioni seno, coseno o tangente di α.
Le ricaviamo applicando le formule di addizione, considerando $2\alpha = \alpha + \alpha$.

sin 2α

$$\sin 2\alpha = \sin(\alpha+\alpha) = \sin\alpha\cos\alpha + \cos\alpha\sin\alpha \quad\rightarrow\quad \mathbf{\sin 2\alpha = 2\sin\alpha\cos\alpha}.$$

cos 2α

$$\cos 2\alpha = \cos(\alpha+\alpha) = \cos\alpha\cos\alpha - \sin\alpha\sin\alpha = \cos^2\alpha - \sin^2\alpha.$$

Questa formula, ricordando che $\sin^2\alpha + \cos^2\alpha = 1$, può essere scritta anche nei seguenti modi:

$$\cos 2\alpha = \cos^2\alpha - \sin^2\alpha = (1-\sin^2\alpha) - \sin^2\alpha = 1 - 2\sin^2\alpha;$$

$$\cos 2\alpha = \cos^2\alpha - (1-\cos^2\alpha) = 2\cos^2\alpha - 1.$$

In sintesi: $\mathbf{\cos 2\alpha = \cos^2\alpha - \sin^2\alpha =} \begin{cases} \mathbf{1 - 2\sin^2\alpha,} \\ \mathbf{2\cos^2\alpha - 1.} \end{cases}$

tan 2α

$$\tan 2\alpha = \tan(\alpha+\alpha) = \frac{\tan\alpha + \tan\alpha}{1 - \tan\alpha\tan\alpha} \rightarrow \mathbf{\tan 2\alpha = \frac{2\tan\alpha}{1-\tan^2\alpha}}.$$

Mentre le formule di $\sin 2\alpha$ e di $\cos 2\alpha$ sono valide $\forall\alpha \in \mathbb{R}$, quella di $\tan 2\alpha$ vale solo se α soddisfa le seguenti condizioni di esistenza.

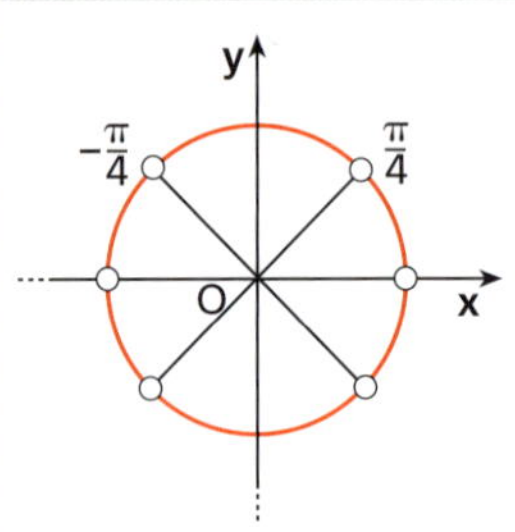

$\tan 2\alpha$:	$2\alpha \neq \frac{\pi}{2} + k\pi$	$\rightarrow \quad \alpha \neq \frac{\pi}{4} + k\frac{\pi}{2}$;
$\tan\alpha$:		$\alpha \neq \frac{\pi}{2} + k\pi$;
denominatore:	$\tan\alpha \neq \pm 1$	$\rightarrow \quad \alpha \neq \pm\frac{\pi}{4} + k\pi$.

In sintesi, la formula di $\tan 2\alpha$ vale per: $\alpha \neq \frac{\pi}{4} + k\frac{\pi}{2} \wedge \alpha \neq \frac{\pi}{2} + k\pi$.

Vediamo un esempio di applicazione delle formule di duplicazione.

ESEMPIO

Calcoliamo $\sin 2\alpha$, $\cos 2\alpha$, $\tan 2\alpha$, sapendo che il lato termine dell'angolo α appartiene al secondo quadrante e $\cos\alpha = -\frac{4}{5}$.

$$\sin\alpha = +\sqrt{1-\cos^2\alpha} = +\sqrt{1-\frac{16}{25}} = \frac{3}{5},$$

$$\tan\alpha = \frac{\sin\alpha}{\cos\alpha} = -\frac{3}{4}, \text{ quindi:}$$

$$\sin 2\alpha = 2\sin\alpha\cos\alpha = 2\cdot\frac{3}{5}\cdot\left(-\frac{4}{5}\right) = -\frac{24}{25},$$

$$\cos 2\alpha = \cos^2\alpha - \sin^2\alpha = \frac{16}{25} - \frac{9}{25} = \frac{7}{25},$$

$$\tan 2\alpha = \frac{2\tan\alpha}{1-\tan^2\alpha} = \frac{2\left(-\frac{3}{4}\right)}{1-\frac{9}{16}} = \frac{-\frac{3}{2}}{\frac{7}{16}} = -\frac{3}{2}\cdot\frac{16}{7} = -\frac{24}{7}.$$

▶ Calcola $\sin 2\alpha$, $\cos 2\alpha$ e $\tan 2\alpha$, sapendo che $0 < \alpha < \frac{\pi}{2}$ e $\sin\alpha = \frac{1}{3}$.

$\left[\frac{4}{9}\sqrt{2}; \frac{7}{9}; \frac{4}{7}\sqrt{2}\right]$

Animazione

Essendo α uguale alla metà di 2α, si può anche dire che le formule di duplicazione forniscono le funzioni goniometriche di un angolo, note quelle della sua metà.

Dalle formule $\cos 2\alpha = 1 - 2\sin^2\alpha$ e $\cos 2\alpha = 2\cos^2\alpha - 1$ si ricavano $\sin^2\alpha$ e $\cos^2\alpha$:

$$\sin^2\alpha = \frac{1-\cos 2\alpha}{2}, \qquad \cos^2\alpha = \frac{1+\cos 2\alpha}{2}.$$

Queste formule trasformano $\sin^2\alpha$ e $\cos^2\alpha$ in funzioni lineari del coseno di 2α.

3 Formule di bisezione

▶ Esercizi a p. 541

Le formule di bisezione permettono di scrivere le funzioni goniometriche dell'angolo $\frac{\alpha}{2}$ in funzione di quelle dell'angolo α. Anche in questo caso, in generale:

$$\sin\frac{\alpha}{2} \neq \frac{\sin\alpha}{2}, \quad \cos\frac{\alpha}{2} \neq \frac{\cos\alpha}{2}, \quad \tan\frac{\alpha}{2} \neq \frac{\tan\alpha}{2}.$$

Per ricavare queste funzioni è possibile usare le formule di duplicazione del coseno, scrivendo α come $2\cdot\frac{\alpha}{2}$.

$$\cos\alpha = \cos 2\left(\frac{\alpha}{2}\right) = 2\cos^2\frac{\alpha}{2} - 1 \text{ e } \cos\alpha = \cos 2\left(\frac{\alpha}{2}\right) = 1 - 2\sin^2\frac{\alpha}{2},$$

da cui si ricavano rispettivamente $\cos\frac{\alpha}{2}$ e $\sin\frac{\alpha}{2}$:

$$\cos\frac{\alpha}{2} = \pm\sqrt{\frac{1+\cos\alpha}{2}}, \qquad \sin\frac{\alpha}{2} = \pm\sqrt{\frac{1-\cos\alpha}{2}}.$$

Ricaviamo ora la formula che esprime $\tan\frac{\alpha}{2}$:

$$\tan\frac{\alpha}{2} = \frac{\sin\frac{\alpha}{2}}{\cos\frac{\alpha}{2}} = \frac{\pm\sqrt{\frac{1-\cos\alpha}{2}}}{\pm\sqrt{\frac{1+\cos\alpha}{2}}} = \pm\sqrt{\frac{1-\cos\alpha}{1+\cos\alpha}}.$$

- La formula della tangente vale solo se $1+\cos\alpha \neq 0 \to \cos\alpha \neq -1 \to \alpha \neq \pi + 2k\pi$, condizione necessaria anche per l'esistenza di $\tan\frac{\alpha}{2}$: infatti $\frac{\alpha}{2}$ esiste se $\frac{\alpha}{2} \neq \frac{\pi}{2} + k\pi$, ossia: $\alpha \neq \pi + 2k\pi$.
- In queste formule compare sempre il doppio segno. Nelle applicazioni dobbiamo sceglierne uno solo, in base al quadrante in cui si trova il lato termine dell'angolo $\frac{\alpha}{2}$.
- La formula di bisezione della tangente si può presentare in altre due forme, che generalmente risultano più comode perché sono razionali e non presentano il doppio segno $\pm$:

$$\tan\frac{\alpha}{2} = \frac{\sin\alpha}{1+\cos\alpha}, \qquad \text{con } \alpha \neq \pi + 2k\pi,$$

Listen to it

Half-angle formulae express trigonometric functions of an angle $\frac{\alpha}{2}$ in terms of functions of an angle α.

oppure

$$\tan\frac{\alpha}{2} = \frac{1-\cos\alpha}{\sin\alpha}, \qquad \text{con } \alpha \neq \pi + k\pi.$$

Dimostriamo la prima relazione:

$$\tan\frac{\alpha}{2} = \frac{\sin\frac{\alpha}{2}}{\cos\frac{\alpha}{2}} = \frac{2\sin\frac{\alpha}{2}\cos\frac{\alpha}{2}}{2\cos^2\frac{\alpha}{2}} = \frac{\sin\alpha}{2\,\frac{1+\cos\alpha}{2}} = \frac{\sin\alpha}{1+\cos\alpha}.$$

moltiplichiamo e dividiamo per $2\cos\frac{\alpha}{2}$

► Dimostra la seconda relazione.

4 Altre formule

Formule parametriche

▶ Esercizi a p. 544

Le formule parametriche permettono di esprimere il seno e il coseno di un angolo α in funzione della tangente di $\frac{\alpha}{2}$.

Si può dimostrare che:

$$\sin\alpha = \frac{2\tan\frac{\alpha}{2}}{1+\tan^2\frac{\alpha}{2}}, \qquad \cos\alpha = \frac{1-\tan^2\frac{\alpha}{2}}{1+\tan^2\frac{\alpha}{2}}, \qquad \text{con } \alpha \neq \pi + 2k\pi.$$

Spesso, per comodità, si pone $\tan\frac{\alpha}{2} = t$:

$$\sin\alpha = \frac{2t}{1+t^2}, \qquad \cos\alpha = \frac{1-t^2}{1+t^2}.$$

La possibilità di esprimere $\sin\alpha$ e $\cos\alpha$ in funzione di t giustifica il nome di formule parametriche.

ESEMPIO

Calcoliamo $\sin\alpha$ e $\cos\alpha$, sapendo che $\tan\frac{\alpha}{2} = 2$:

$$\sin\alpha = \frac{2t}{1+t^2} = \frac{4}{1+4} = \frac{4}{5}, \qquad \cos\alpha = \frac{1-t^2}{1+t^2} = \frac{1-4}{1+4} = -\frac{3}{5}.$$

► Calcola $\sin\alpha$ e $\cos\alpha$ sapendo che $\tan\frac{\alpha}{2} = 3$.

$\left[\frac{3}{5}; -\frac{4}{5}\right]$

Formule di prostaferesi

▶ Esercizi a p. 545

Le formule di prostaferesi permettono di trasformare la somma o la differenza di due funzioni seno o coseno in un prodotto di funzioni seno o coseno.

$$\sin p + \sin q = 2\sin\frac{p+q}{2}\cos\frac{p-q}{2};$$

$$\sin p - \sin q = 2\cos\frac{p+q}{2}\sin\frac{p-q}{2};$$

$$\cos p + \cos q = 2\cos\frac{p+q}{2}\cos\frac{p-q}{2};$$

$$\cos p - \cos q = -2\sin\frac{p+q}{2}\sin\frac{p-q}{2}.$$

ESEMPIO

$$\sin\frac{\pi}{4} - \sin\frac{\pi}{12} = 2\cos\frac{\frac{\pi}{4}+\frac{\pi}{12}}{2}\sin\frac{\frac{\pi}{4}-\frac{\pi}{12}}{2} = 2\cos\frac{\pi}{6}\sin\frac{\pi}{12}.$$

► Trasforma in prodotto la somma:
$\cos\frac{\pi}{3} + \cos\frac{\pi}{6}$.

Formule di Werner

► Esercizi a p. 546

Le formule di Werner risolvono il problema inverso rispetto a quello delle formule di prostaferesi, cioè permettono di trasformare espressioni contenenti prodotti di funzioni seno e coseno in somme o differenze di funzioni seno e coseno.

$$\sin\alpha\cos\beta = \frac{1}{2}[\sin(\alpha+\beta) + \sin(\alpha-\beta)];$$

$$\cos\alpha\cos\beta = \frac{1}{2}[\cos(\alpha+\beta) + \cos(\alpha-\beta)];$$

$$\sin\alpha\sin\beta = \frac{1}{2}[\cos(\alpha-\beta) - \cos(\alpha+\beta)].$$

ESEMPIO

$$\cos\frac{5}{12}\pi\cos\frac{\pi}{12} = \frac{1}{2}\left[\cos\left(\frac{5}{12}\pi + \frac{\pi}{12}\right) + \cos\left(\frac{5}{12}\pi - \frac{\pi}{12}\right)\right] =$$

$$\frac{1}{2}\left(\cos\frac{\pi}{2} + \cos\frac{\pi}{3}\right) = \frac{1}{2}\left(0 + \frac{1}{2}\right) = \frac{1}{4}.$$

► Calcola $\sin\frac{5}{8}\pi\cos\frac{\pi}{8}$.

$\left[\frac{\sqrt{2}+2}{4}\right]$

MATEMATICA INTORNO A NOI

Onde e sinusoidi La sinusoide è la curva che rappresenta la funzione seno. Questa descrive molti fenomeni ondulatori presenti in natura,
come per esempio il suono o le onde generate da un sasso lanciato nell'acqua. Quando si sommano due sinusoidi, molto spesso si trova una curva che non è più una sinusoide, ma che continua a essere periodica.

► Cerca esempi di fenomeni fisici che coinvolgono onde sinusoidali e scopri come entrano in campo le formule di prostaferesi.

Cerca nel Web: interferenza, diffrazione, battimenti

TEORIA

IN SINTESI
Formule goniometriche

Formule di addizione e sottrazione

Funzione	Formula di addizione	Formula di sottrazione
seno	$\sin(\alpha+\beta)=\sin\alpha\cos\beta+\cos\alpha\sin\beta$	$\sin(\alpha-\beta)=\sin\alpha\cos\beta-\cos\alpha\sin\beta$
coseno	$\cos(\alpha+\beta)=\cos\alpha\cos\beta-\sin\alpha\sin\beta$	$\cos(\alpha-\beta)=\cos\alpha\cos\beta+\sin\alpha\sin\beta$
tangente	$\tan(\alpha+\beta)=\dfrac{\tan\alpha+\tan\beta}{1-\tan\alpha\cdot\tan\beta}$, con $\alpha+\beta\neq\frac{\pi}{2}+k\pi$, $\alpha\neq\frac{\pi}{2}+k_1\pi$, $\beta\neq\frac{\pi}{2}+k_2\pi$	$\tan(\alpha-\beta)=\dfrac{\tan\alpha-\tan\beta}{1+\tan\alpha\cdot\tan\beta}$, con $\alpha-\beta\neq\frac{\pi}{2}+k\pi$, $\alpha\neq\frac{\pi}{2}+k_1\pi$, $\beta\neq\frac{\pi}{2}+k_2\pi$

Una funzione del tipo $y=a\sin x+b\cos x$ può essere ricondotta alla forma sinusoidale

$y=r\sin(x+\alpha)$, con $r=\sqrt{a^2+b^2}$ e $\tan\alpha=\dfrac{b}{a}$.

α è detto **angolo aggiunto**.

Formule di duplicazione e bisezione

Funzione	Formula di duplicazione	Formula di bisezione
seno	$\sin 2\alpha=2\sin\alpha\cos\alpha$	$\sin\frac{\alpha}{2}=\pm\sqrt{\dfrac{1-\cos\alpha}{2}}$
coseno	$\cos 2\alpha=\cos^2\alpha-\sin^2\alpha=\begin{cases}1-2\sin^2\alpha\\2\cos^2\alpha-1\end{cases}$	$\cos\frac{\alpha}{2}=\pm\sqrt{\dfrac{1+\cos\alpha}{2}}$
tangente	$\tan 2\alpha=\dfrac{2\tan\alpha}{1-\tan^2\alpha}$, con $\alpha\neq\frac{\pi}{4}+k\frac{\pi}{2}\wedge\alpha\neq\frac{\pi}{2}+k\pi$	$\tan\frac{\alpha}{2}=\pm\sqrt{\dfrac{1-\cos\alpha}{1+\cos\alpha}}$, con $\alpha\neq\pi+2k\pi$ $\tan\frac{\alpha}{2}=\dfrac{\sin\alpha}{1+\cos\alpha}$, con $\alpha\neq\pi+2k\pi$ $\tan\frac{\alpha}{2}=\dfrac{1-\cos\alpha}{\sin\alpha}$, con $\alpha\neq\pi+k\pi$

Sono utili anche le seguenti formule:

- $\sin^2\alpha=\dfrac{1-\cos 2\alpha}{2}$;
- $\cos^2\alpha=\dfrac{1+\cos 2\alpha}{2}$.

Altre formule

- **Formule parametriche**
  - $\sin\alpha=\dfrac{2\tan\frac{\alpha}{2}}{1+\tan^2\frac{\alpha}{2}}$, con $\alpha\neq\pi+2k\pi$;
  - $\cos\alpha=\dfrac{1-\tan^2\frac{\alpha}{2}}{1+\tan^2\frac{\alpha}{2}}$, con $\alpha\neq\pi+2k\pi$.

- **Formule di prostaferesi**
  - $\sin p+\sin q=2\sin\frac{p+q}{2}\cdot\cos\frac{p-q}{2}$;
  - $\sin p-\sin q=2\cos\frac{p+q}{2}\cdot\sin\frac{p-q}{2}$;
  - $\cos p+\cos q=2\cos\frac{p+q}{2}\cdot\cos\frac{p-q}{2}$;
  - $\cos p-\cos q=-2\sin\frac{p+q}{2}\cdot\sin\frac{p-q}{2}$.

- **Formule di Werner**
  - $\sin\alpha\sin\beta=\frac{1}{2}[\cos(\alpha-\beta)-\cos(\alpha+\beta)]$;
  - $\cos\alpha\cos\beta=\frac{1}{2}[\cos(\alpha+\beta)+\cos(\alpha-\beta)]$;
  - $\sin\alpha\cos\beta=\frac{1}{2}[\sin(\alpha+\beta)+\sin(\alpha-\beta)]$.

CAPITOLO 11

ESERCIZI

1 Formule di addizione e sottrazione

1 **VERO O FALSO?**

a. $\cos(30° + 90°) = \cos 30° - \cos 90°$. V F

b. $\sin 70° \cos 10° - \cos 70° \sin 10° = \frac{1}{2}$. V F

c. $\cos 15° = \cos 45° \cos 30° - \sin 45° \sin 30°$. V F

d. $\tan 105° = \frac{\tan 60° + \tan 45°}{1 + \tan 60° \tan 45°}$. V F

2 **COMPLETA**

a. $\sin 50° = \sin 30° \cos \square + \square$.

b. $\cos \square = \cos 90° \cos 30° - \square$.

c. $\cos\left(\frac{\pi}{5} - \alpha\right) = \cos \square \cos \square + \sin \square \sin \square$.

d. $\sin\left(\alpha - \frac{\pi}{3}\right) = \square - \square$.

3 **FAI UN ESEMPIO** per verificare che $\sin(\alpha + \beta) \neq \sin\alpha + \sin\beta$ e che $\tan(\alpha - \beta) \neq \tan\alpha - \tan\beta$.

4 **ESERCIZIO GUIDA** Calcoliamo seno, coseno e tangente di 75° e cos 15° utilizzando le formule di addizione e sottrazione.

- Sappiamo che $75° = 30° + 45°$.

  Applichiamo le formule di addizione del seno, del coseno e della tangente:

$$\sin(30° + 45°) = \sin 30° \cos 45° + \sin 45° \cos 30° = \frac{1}{2} \cdot \frac{\sqrt{2}}{2} + \frac{\sqrt{2}}{2} \cdot \frac{\sqrt{3}}{2} = \frac{\sqrt{2} + \sqrt{6}}{4};$$

$$\cos(30° + 45°) = \cos 30° \cos 45° - \sin 45° \sin 30° = \frac{\sqrt{3}}{2} \cdot \frac{\sqrt{2}}{2} - \frac{\sqrt{2}}{2} \cdot \frac{1}{2} = \frac{\sqrt{6} - \sqrt{2}}{4};$$

$$\tan(30° + 45°) = \frac{\tan 30° + \tan 45°}{1 - \tan 30° \tan 45°} = \frac{\frac{\sqrt{3}}{3} + 1}{1 - \frac{\sqrt{3}}{3} \cdot 1} = \frac{\sqrt{3} + 3}{3 - \sqrt{3}} = 2 + \sqrt{3}.$$

- Calcoliamo ora cos 15°.
  Possiamo scrivere: $15° = 45° - 30°$.

  Per la formula di sottrazione del coseno:

$$\cos(45° - 30°) = \cos 45° \cos 30° + \sin 45° \sin 30° = \frac{\sqrt{2}}{2} \cdot \frac{\sqrt{3}}{2} + \frac{\sqrt{2}}{2} \cdot \frac{1}{2} = \frac{\sqrt{6} + \sqrt{2}}{4}.$$

Applicando opportunamente le formule di addizione e sottrazione, calcola le seguenti funzioni goniometriche.

5 $\sin 15°$; $\cos 135°$; $\tan 150°$. $\left[\frac{\sqrt{6} - \sqrt{2}}{4}; -\frac{\sqrt{2}}{2}; -\frac{\sqrt{3}}{3}\right]$

6 $\cos 105°$; $\sin 165°$; $\tan \frac{5}{12}\pi$. $\left[\frac{\sqrt{2} - \sqrt{6}}{4}; \frac{\sqrt{6} - \sqrt{2}}{4}; 2 + \sqrt{3}\right]$

7 $\sin 195°$; $\cos 165°$; $\sin 285°$. $\left[\frac{\sqrt{2}-\sqrt{6}}{4}; \frac{-\sqrt{6}-\sqrt{2}}{4}; \frac{-\sqrt{6}-\sqrt{2}}{4}\right]$

8 $\cos\frac{7}{12}\pi$; $\sin\frac{13}{12}\pi$; $\tan\frac{7}{12}\pi$. $\left[\frac{\sqrt{2}-\sqrt{6}}{4}; \frac{\sqrt{2}-\sqrt{6}}{4}; -2-\sqrt{3}\right]$

9 REALTÀ E MODELLI **Una prof agrodolce** L'ultimo giorno di scuola la professoressa porta una buonissima torta al cioccolato per i suoi alunni. Ha già tagliato 24 fette, tutte uguali, ma sfida i suoi studenti: potrà ottenerne una soltanto chi calcola, senza utilizzare la calcolatrice, esattamente il seno dell'angolo formato dalla punta di una fetta. $\left[\frac{\sqrt{6}-\sqrt{2}}{4}\right]$

10 COMPLETA

a. $\cos\frac{11}{12}\pi = \cos\left(\frac{\pi}{4} + \square\right) = \square$.

b. $\sin\frac{19}{12}\pi = \sin\left(\frac{11}{6}\pi - \square\right) = \square$.

c. $\cos\frac{17}{12}\pi = \cos\left(\frac{7}{4}\pi - \square\right) = \square$.

d. $\tan 345° = \tan(210° + \square) = \square$.

Espressioni e identità con le formule di addizione e sottrazione

11 ESERCIZIO GUIDA Sviluppiamo $\sin\left(\frac{\pi}{6}+x\right)$ e $\cos\left(\frac{\pi}{3}-x\right)$, con le formule di addizione e sottrazione.

$$\sin\left(\frac{\pi}{6}+x\right) = \sin\frac{\pi}{6}\cos x + \sin x\cos\frac{\pi}{6} = \frac{1}{2}\cos x + \frac{\sqrt{3}}{2}\sin x$$

$$\cos\left(\frac{\pi}{3}-x\right) = \cos\frac{\pi}{3}\cos x + \sin\frac{\pi}{3}\sin x = \frac{1}{2}\cos x + \frac{\sqrt{3}}{2}\sin x$$

Semplifica le seguenti espressioni.

12 $\sin\left(\frac{\pi}{3}+x\right) + \cos\left(\frac{\pi}{6}+x\right)$ $[\sqrt{3}\cos x]$

13 $\sin\left(\alpha+\frac{2}{3}\pi\right) - \cos\left(\frac{\pi}{6}+\alpha\right)$ $[0]$

14 $\cos(\alpha+135°) - \cos(225°-\alpha) + \cos(-\alpha)$ $[\cos\alpha]$

15 $\cos\left(\alpha-\frac{11}{6}\pi\right) - \sin\left(\frac{5}{3}\pi+\alpha\right)$ $[\sqrt{3}\cos\alpha - \sin\alpha]$

16 $\sin(45°+\alpha) - \sin(135°+\alpha)$ $[\sqrt{2}\sin\alpha]$

17 $\cos\left(\frac{\pi}{3}+\alpha\right) + \cos\left(\frac{2}{3}\pi-\alpha\right)$ $[0]$

18 $\sin\left(\frac{3}{4}\pi+x\right) + \cos\left(\frac{\pi}{4}-x\right)$ $[\sqrt{2}\cos x]$

19 $\cos\left(\frac{5}{6}\pi+\alpha\right) - \sin\left(\frac{\pi}{3}-\alpha\right)$ $[-\sqrt{3}\cos\alpha]$

20 $\sin\left(\alpha+\frac{7}{6}\pi\right) - \cos\left(\alpha-\frac{2}{3}\pi\right)$ $[-\sqrt{3}\sin\alpha]$

21 $(\sqrt{3}\tan\alpha - 1)\cdot\tan\left(\alpha+\frac{\pi}{3}\right) + \sqrt{3}$ $[-\tan\alpha]$

22 $\cos(210° - x) - \sin(120° + x)$ $[-\sqrt{3}\cos x]$

23 $\cos(60° - \alpha) \cdot \cos(300° - \alpha)$ $\left[\frac{\cos^2\alpha - 3\sin^2\alpha}{4}\right]$

24 $\tan\left(x + \frac{\pi}{4}\right)(1 - \tan x) - 1$ $[\tan x]$

25 $\sin(\alpha + 300°) \cdot \sin(240° + \alpha)$ $\left[\frac{1}{4}(-\sin^2\alpha + 3\cos^2\alpha)\right]$

26 $\tan\left(x + \frac{\pi}{4}\right) + \cot\left(x - \frac{\pi}{4}\right)$ $[0]$

27 $\cos(60° + x) + \sin(30° - x) - \sqrt{3}\sin(-x)$ $[\cos x]$

28 $\sin\left(\frac{2}{3}\pi - \alpha\right) + \sin\left(\alpha + \frac{5}{6}\pi\right) - \cos\left(\frac{\pi}{3} + \alpha\right)$ $\left[\frac{\sqrt{3}}{2}\cos\alpha + \frac{1}{2}\sin\alpha\right]$

29 $\sin(240° - \alpha) + \cos(\alpha - 330°) - \cos(180° - \alpha)$ $[\cos\alpha]$

30 $\sin^2(30° + x) + \cos x\cos(x - 240°) - \sin^2 x$ $\left[-\frac{1}{4}\right]$

31 $\dfrac{\cos\left(\alpha + \frac{\pi}{6}\right) + \cos\left(\alpha - \frac{\pi}{6}\right)}{\sin\left(\alpha - \frac{\pi}{6}\right) - \sin\left(\alpha + \frac{\pi}{6}\right)}$ $[-\sqrt{3}]$

32 $\sin^2(\alpha - 150°) + \cos^2(\alpha + 330°) - 1$ $[\sqrt{3}\sin\alpha\cos\alpha]$

33 $\tan(\alpha - 135°) \cdot \tan(\alpha + 225°) - 1$ $\left[\frac{4\tan\alpha}{(1 - \tan\alpha)^2}\right]$

34 $\sin\left(\frac{7}{6}\pi - \alpha\right) \cdot \cos\left(\alpha - \frac{\pi}{3}\right) - \frac{1}{2}\cos^2\alpha$ $\left[-\frac{3}{4}\cos 2\alpha\right]$

Verifica le seguenti identità.

35 $\sin(30° + \alpha) = \sin(-210° - \alpha)$

36 $\sin\left(\alpha + \frac{\pi}{3}\right) = \cos\left(\frac{\pi}{6} - \alpha\right)$

37 $\tan\left(\alpha + \frac{\pi}{4}\right) = \dfrac{\cos\left(\alpha - \frac{5}{4}\pi\right)}{\cos\left(\frac{3}{4}\pi - \alpha\right)}$

38 $\sin(\alpha + \beta) \cdot \sin(\alpha - \beta) = \cos^2\beta - \cos^2\alpha$

39 $\sin\left(\frac{5}{6}\pi - \alpha\right) = \cos\left(\alpha - \frac{\pi}{3}\right)$

40 $\cos(\alpha + \beta) \cdot \cos(\alpha - \beta) = \cos^2\beta - \sin^2\alpha$

---

41 $\sin^2\left(\alpha - \frac{3}{4}\pi\right) - \sin^2\left(\frac{\pi}{4} + \alpha\right) = \cos\left(\frac{2}{3}\pi - \alpha\right) + \cos\left(\frac{\pi}{3} + \alpha\right)$

42 $\cos\left(\frac{\pi}{3} + \alpha\right) \cdot \cos\left(\frac{\pi}{6} + \alpha\right) = \sin\left(\frac{\pi}{3} + \alpha\right) \cdot \sin\left(\frac{\pi}{6} + \alpha\right) - \sin 2\alpha$

43 $1 + \cot^2\alpha + \sin\left(\frac{\pi}{4} + \alpha\right) = \csc^2\alpha + \cos\left(\frac{\pi}{4} - \alpha\right)$

44 $\dfrac{2\sin(\alpha - \beta)}{\tan\alpha - \tan\beta} = \cos(\alpha - \beta) + \cos(\alpha + \beta)$

Calcolo di funzioni goniometriche

45 Dati gli angoli acuti α e β, con $\sin\alpha = \frac{1}{3}$ e $\cos\beta = \frac{2}{3}$, calcola $\cos(\alpha + \beta)$. $\left[\frac{4\sqrt{2} - \sqrt{5}}{9}\right]$

46 Dati gli angoli α e β, con $\pi < \alpha < \frac{3}{2}\pi$ e $\frac{3}{2}\pi < \beta < 2\pi$, sapendo che $\sin\alpha = -\frac{2}{3}$ e $\cos\beta = \frac{1}{3}$, calcola $\tan(\alpha + \beta)$. $\left[\frac{2 - 2\sqrt{10}}{\sqrt{5} + 4\sqrt{2}}\right]$

Sapendo che $\cos\alpha = \frac{3}{5}$ e che $0 < \alpha < \frac{\pi}{2}$, calcola le seguenti funzioni goniometriche.

47 $\sin\left(\frac{\pi}{3} - \alpha\right)$; $\tan\left(\alpha + \frac{\pi}{6}\right)$. $\left[\frac{-4 + 3\sqrt{3}}{10}; \frac{48 + 25\sqrt{3}}{11}\right]$

48 $\cos\left(\frac{2}{3}\pi - \alpha\right)$; $\cot\left(\alpha - \frac{\pi}{4}\right)$. $\left[\frac{4\sqrt{3} - 3}{10}; 7\right]$

Sapendo che $\cos\alpha = -\frac{2}{3}$ e che $90° < \alpha < 180°$, calcola le seguenti funzioni goniometriche.

49 $\sin\left(\frac{\pi}{6} + \alpha\right)$; $\cos\left(\frac{2\pi}{3} + \alpha\right)$. $\left[\frac{\sqrt{15} - 2}{6}; \frac{2 - \sqrt{15}}{6}\right]$

50 $\sin(45° + \alpha)$; $\cos\left(-\frac{\pi}{6} + \alpha\right)$. $\left[\frac{\sqrt{10} - 2\sqrt{2}}{6}; \frac{\sqrt{5} - 2\sqrt{3}}{6}\right]$

Calcola i valori richiesti, utilizzando le informazioni.

51 $\tan(\alpha - \beta)$. $\tan\alpha = \frac{1}{3}$, $\sin\beta = -\frac{4}{5}$, con $0 < \alpha < \frac{\pi}{2}$, $\frac{3}{2}\pi < \beta < 2\pi$ $[3]$

52 $\tan\left(\alpha + \frac{\pi}{4}\right)$, $\cot\left(\frac{3}{4}\pi + \alpha\right)$, $\sin\left(\alpha - \frac{\pi}{6}\right)$. $\cos\alpha = -\frac{3}{5}$, con $\pi < \alpha < \frac{3}{2}\pi$ $\left[-7; 7; \frac{3 - 4\sqrt{3}}{10}\right]$

53 $\cos\left(\alpha + \frac{\pi}{4}\right)$, $\sin\left(\frac{5}{6}\pi - \alpha\right)$, $\tan\left(\frac{5}{4}\pi - \alpha\right)$. $\sin\alpha = \frac{1}{3}$, con $\frac{\pi}{2} < \alpha < \pi$ $\left[-\frac{4 + \sqrt{2}}{6}; \frac{\sqrt{3} - 2\sqrt{2}}{6}; \frac{9 + 4\sqrt{2}}{7}\right]$

Utilizzando i dati forniti nelle figure, determina quanto richiesto.

54

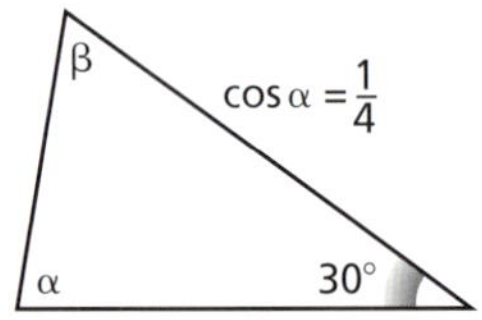

Determina $\tan\beta$. $\left[\frac{\sqrt{3}(4 + \sqrt{5})}{3}\right]$

55

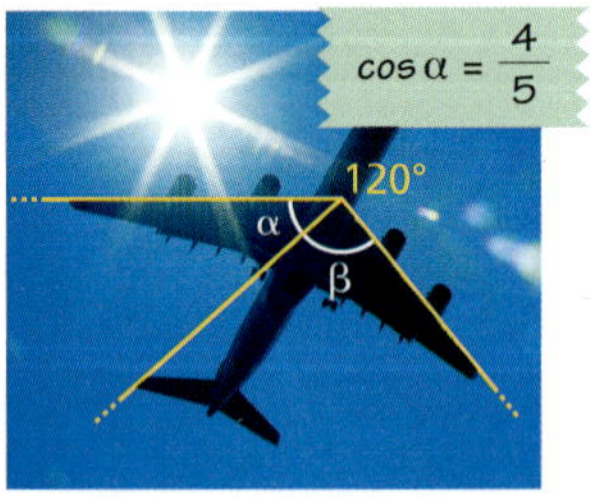

Determina $\sin\beta$. $\left[\frac{3 + 4\sqrt{3}}{10}\right]$

56

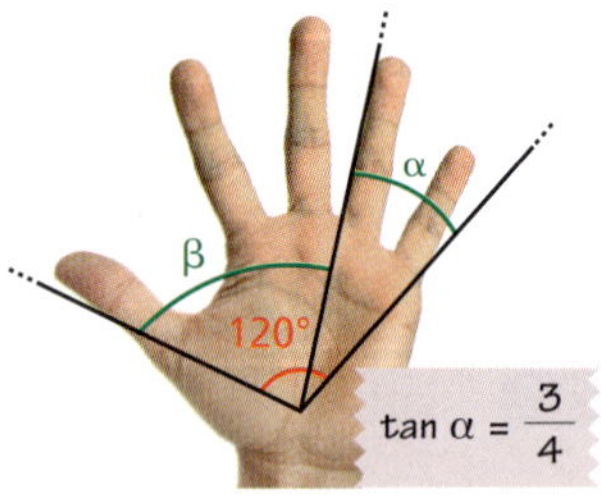

Determina $\cos\beta$. $\left[\frac{3\sqrt{3} - 4}{10}\right]$

---

57 In un triangolo acutangolo con angoli α, β, γ, sai che $\sin\alpha = \frac{12}{13}$ e $\tan\beta = \frac{3}{4}$. Calcola seno e coseno dell'angolo γ. $\left[\frac{63}{65}; \frac{16}{65}\right]$

58 Dato il triangolo di angoli α, β e γ, determina $\tan\gamma$ sapendo che $\cos\alpha = \frac{12}{13}$ e $\cos\beta = \frac{4}{5}$. Puoi dire se il triangolo è acutangolo o ottusangolo? $\left[-\frac{56}{33}; \text{ottusangolo}\right]$

59 ●● **EUREKA!** α, β, γ sono angoli acuti, $\sin\alpha = \frac{1}{3}$, $\cos\beta = \frac{3}{5}$, $\tan\gamma = \frac{3}{4}$. Calcola $\sin(\alpha+\beta+\gamma)$. $\left[\frac{2}{3}\sqrt{2}\right]$

60 ●● **YOU & MATHS** When $\sin\alpha = \frac{5}{13}$ and $\cos\beta = \frac{4}{5}$, α and β less than 90°, express $\sin(\alpha+\beta)$ in the form $\frac{a}{b}$, where $a, b \in \mathbb{Q}$.

(IR *Leaving Certificate Examination*, Higher Level, 1995)

$\left[\sin(\alpha+\beta) = \frac{56}{65}\right]$

61 ●● **EUREKA!** α e β appartengono al primo quadrante, $\tan\alpha = \frac{1}{2}$, $\cot\beta = 3$. Dimostra che $\alpha+\beta = \frac{\pi}{4}$.

Funzione lineare $y = a\sin x + b\cos x$ e angolo aggiunto

▶ Teoria a p. 526

Disegna il grafico delle seguenti funzioni dopo averle trasformate nella forma $y = r\sin(x+\alpha)+c$.

62 ●○ $y = \sqrt{3}\sin x - \cos x$

63 ●○ $y = \sqrt{2}\sin x + \sqrt{2}\cos x - 1$

64 ●○ $y = \frac{1}{4}\sin x + \frac{\sqrt{3}}{4}\cos x$

65 ●○ $y = -\sin x + \sqrt{3}\cos x + 1$

66 ●● $y = \sin(x+60°) + \cos(x+60°)$

67 ●● $y = \sin(\pi + x) + \sin\left(\frac{\pi}{2} - x\right)$

2 Formule di duplicazione

▶ Teoria a p. 527

TEST

68 ●○ $\cos 2\beta$ non è uguale a:

- **A** $\cos^2\beta - \sin^2\beta$.
- **B** $2\cos^2\beta - 1$.
- **C** $\cos(-2\beta)$.
- **D** $2\cos\beta$.
- **E** $1 - 2\sin^2\beta$.

69 ●○ $\frac{\sin 2\alpha}{2}$ è uguale a:

- **A** $\sin\alpha$.
- **B** $2\sin\alpha\cos\alpha$.
- **C** $\sin\alpha\cos\alpha$.
- **D** $4\sin\alpha\cos\alpha$.
- **E** $\frac{\sin^2\alpha - \cos^2\alpha}{2}$.

70 ●○ **FAI UN ESEMPIO** per mostrare che $\cos 2\alpha \neq 2\cos\alpha$.

Espressioni e identità con le formule di duplicazione

71 **ESERCIZIO GUIDA** Sviluppiamo $\sin 4\alpha$ utilizzando le formule di duplicazione.

$\sin 4\alpha = \sin(2\cdot 2\alpha) =$) applichiamo la formula di duplicazione del seno

$2\sin 2\alpha \cdot \cos 2\alpha =$) applichiamo le formule di duplicazione del seno e del coseno

$2\cdot(2\sin\alpha\cos\alpha)(\cos^2\alpha - \sin^2\alpha) =$

$4(\sin\alpha\cos^3\alpha - \sin^3\alpha\cos\alpha)$

72 ●○ Sviluppa $\cos 4\alpha$ utilizzando le formule di duplicazione. $[1 - 8\sin^2\alpha\cos^2\alpha]$

73 ●● Sviluppa $\sin 3\alpha$ e $\cos 3\alpha$ utilizzando le formule di addizione e sottrazione e le formule di duplicazione.

$[3\sin\alpha\cos^2\alpha - \sin^3\alpha,\ \cos^3\alpha - 3\cos\alpha\sin^2\alpha]$

ESERCIZI

Semplifica le seguenti espressioni.

74 $\cos 2\alpha + \sin 2\alpha \cdot \tan \alpha$ $[1]$

75 $\cos 2\alpha + \sin 2\alpha + 2\sin^2 \alpha$ $[(\cos \alpha + \sin \alpha)^2]$

76 $\tan 2\alpha \cdot (1 + \tan \alpha) \cdot \cot \alpha$ $\left[\dfrac{2}{1-\tan \alpha}\right]$

77 $\cos 2\alpha - \sin 2\alpha + (\sin \alpha + \cos \alpha)^2$ $[2\cos^2 \alpha]$

78 $\cos 2\alpha - \dfrac{\cos \alpha \cdot \sin 2\alpha}{\sin \alpha}$ $[-1]$

79 $\dfrac{\sin 2\alpha}{1+\cos 2\alpha} - \tan \alpha$ $[0]$

80 $\dfrac{1-\cos 2\alpha}{1+\cos 2\alpha} \cdot \cot \alpha$ $[\tan \alpha]$

81 $\sin^2(2\pi - \alpha) + \cos^2(2\pi + \alpha) + \sin^2 2\alpha - 1$ $[4\sin^2 \alpha \cos^2 \alpha]$

---

82 $\dfrac{3\sin 2\alpha + \tan 2\alpha}{2\tan 2\alpha}$ $[3\cos^2 \alpha - 1]$

83 $\sin 2\alpha + \cos 2\alpha + 1 - 2\sqrt{2}\cos \alpha \sin\left(\alpha + \dfrac{\pi}{4}\right)$ $[0]$

84 $2\cos \alpha \cdot (1 + \cos 2\alpha) - \sin \alpha \sin 2\alpha$ $[2\cos \alpha(3\cos^2 \alpha - 1)]$

85 $\sin 2\alpha - 2\sin \alpha(\cos \alpha + 1) - \cos 2\alpha + 1 - 2\sin \alpha(\sin \alpha - 1)$ $[0]$

86 $\sin 2\alpha - 2\cos^2(-\alpha) + 3\cos 2\alpha + 4\sin^2(-\alpha) - (\sin \alpha + \cos \alpha)^2$ $[0]$

Verifica le seguenti identità indicando i valori di α per i quali non sono definite.

87 $\dfrac{2}{1-\cos 2\alpha} = \csc^2 \alpha$

88 $1 + \cos 2\alpha = 2 - 2\sin^2 \alpha$

89 $2\csc 2\alpha = \tan \alpha + \cot \alpha$

90 $(1 - \cos 2\alpha) \cdot \csc 2\alpha = \tan \alpha$

91 $\cot 2\alpha = \csc 2\alpha - \tan \alpha$

92 $2\cot 2\alpha + \tan \alpha = \cot \alpha$

93 $\dfrac{\sin 2\alpha}{\cos^2 \alpha} = \tan 2\alpha(1 - \tan^2 \alpha)$

94 $\dfrac{\tan 2\alpha}{\tan \alpha} = \dfrac{\cos 2\alpha + 1}{\cos 2\alpha}$

95 $\sin^2 2\alpha \cdot \tan^2 \alpha = \cos^2 2\alpha - 4\cos^2 \alpha + 3$

96 $(\cos 2\alpha - 1)^2 \cdot \csc^2 \alpha = \dfrac{4}{\cot^2 \alpha + 1}$

Calcolo di funzioni goniometriche

97 **ESERCIZIO GUIDA** Senza determinare il valore di α, calcoliamo $\sin 2\alpha$, $\cos 2\alpha$ e $\tan\left(2\alpha + \dfrac{\pi}{4}\right)$ sapendo che:

$$\sin \alpha = \frac{3}{5} \text{ e } \frac{\pi}{2} < \alpha < \pi.$$

- $\sin 2\alpha = 2\sin \alpha \cos \alpha$

Determiniamo $\cos \alpha$ per mezzo della prima relazione fondamentale, osservando che $\cos \alpha$ deve essere negativo, poiché $\dfrac{\pi}{2} < \alpha < \pi$:

$$\cos \alpha = -\sqrt{1 - \sin^2 \alpha} = -\sqrt{1 - \frac{9}{25}} = -\sqrt{\frac{16}{25}} = -\frac{4}{5}.$$

Sostituendo i valori di $\cos \alpha$ e $\sin \alpha$, otteniamo:

$$\sin 2\alpha = 2 \cdot \frac{3}{5} \cdot \left(-\frac{4}{5}\right) = -\frac{24}{25}.$$

- $\cos 2\alpha = \cos^2\alpha - \sin^2\alpha = \frac{16}{25} - \frac{9}{25} = \frac{7}{25}$
- $\tan\left(2\alpha + \frac{\pi}{4}\right) = \frac{\tan 2\alpha + \tan\frac{\pi}{4}}{1 - \tan 2\alpha \tan\frac{\pi}{4}}$ con la formula di addizione.

  Calcoliamo $\tan 2\alpha$ osservando che:

  $$\tan 2\alpha = \frac{\sin 2\alpha}{\cos 2\alpha} = -\frac{24}{25} \cdot \frac{25}{7} = -\frac{24}{7}.$$

  Sostituendo, otteniamo:

  $$\tan\left(2\alpha + \frac{\pi}{4}\right) = \frac{-\frac{24}{7} + 1}{1 + \frac{24}{7}} = -\frac{17}{7} \cdot \frac{7}{31} = -\frac{17}{31}.$$

Calcola quanto è richiesto utilizzando le informazioni.

98 $\sin 2\alpha$. $\cos\alpha = \frac{3}{4}$, con $0 < \alpha < \frac{\pi}{2}$ $\left[\frac{3}{8}\sqrt{7}\right]$

99 $\cos 2\alpha$. $\sin\alpha = \frac{1}{4}$, con $0 < \alpha < \frac{\pi}{2}$ $\left[\frac{7}{8}\right]$

100 $\cos 2\alpha$. $\sin\alpha = \frac{1}{6}$, con $0 < \alpha < \frac{\pi}{2}$ $\left[\frac{17}{18}\right]$

101 $\sin 2\alpha$. $\cos\alpha = \frac{\sqrt{5}}{5}$, con $\frac{3}{2}\pi < \alpha < 2\pi$ $\left[-\frac{4}{5}\right]$

102 $\sin 2\beta$ e $\cos 2\beta$. $\cot\beta = -3$, con $\frac{3}{2}\pi < \beta < 2\pi$ $\left[-\frac{3}{5}; \frac{4}{5}\right]$

103 $\cos\left(2\alpha + \frac{\pi}{3}\right)$. $\cos\alpha = -\frac{\sqrt{3}}{4}$, con $\frac{\pi}{2} < \alpha < \pi$ $\left[\frac{3\sqrt{13} - 5}{16}\right]$

104 $\tan 6\alpha$. $\tan 3\alpha = \frac{2}{3}$, con $0 < \alpha < \frac{\pi}{6}$ $\left[\frac{12}{5}\right]$

105 Un angolo alla circonferenza ha ampiezza α e $\cos\alpha = \frac{8}{17}$. Trova seno e coseno del corrispondente angolo al centro. $\left[\sin\beta = \frac{240}{289}; \cos\beta = -\frac{161}{289}\right]$

106 **EUREKA!** Sapendo che $\sin\frac{\alpha}{2} = \frac{4}{5}$, con $\frac{\pi}{2} < \alpha < \pi$, calcola $\sin\alpha$. $\left[\frac{24}{25}\right]$

107 **VERO O FALSO?**

a. Se $\cos\alpha = \frac{3}{7}$ e $\cos\beta = \frac{6}{7}$, allora $\beta = 2\alpha$. V F

b. L'uguaglianza $\sin 5\alpha = 2\sin\frac{5}{2}\alpha\cos\frac{5}{2}\alpha$ è vera $\forall\alpha \in \mathbb{R}$. V F

c. $\sin 2\alpha = 2\sin\alpha$ è vera solo per $\alpha = k\pi$. V F

d. $\sin 2\alpha > \sin\alpha\ \forall\alpha \in \mathbb{R}$. V F

e. Se $\cos 2\alpha = \frac{1}{4}$, allora $\cos 4\alpha = \frac{7}{8}$. V F

108 ●● RIFLETTI SULLA TEORIA È possibile che sia $\sin 2\alpha = \sin\alpha$ per qualche valore di α? Motiva la risposta.

---

109 ●○

$\sin\alpha = \frac{1}{2}$

Determina $\cos\beta$ e $\tan\beta$.

$\left[\frac{1}{2}; \sqrt{3}\right]$

110 ●●

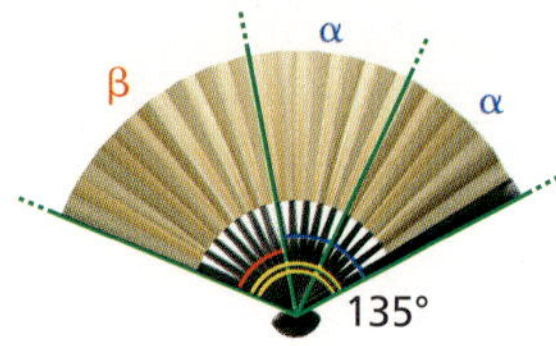

$\cos\alpha = \frac{4}{5}$

Determina $\sin\beta$ e $\cos\beta$.

$\left[\frac{31\sqrt{2}}{50}; \frac{17\sqrt{2}}{50}\right]$

111 ●●

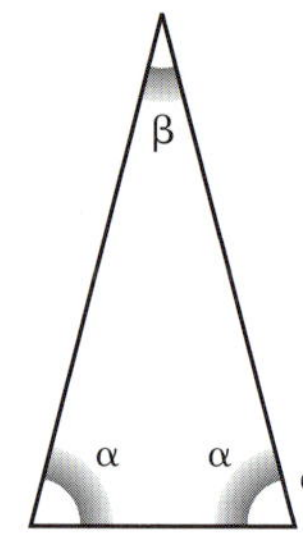

$\cos\alpha = \frac{1}{4}$

Calcola $\sin\beta$ e $\cos\beta$.

$\left[\frac{\sqrt{15}}{8}; \frac{7}{8}\right]$

I grafici e le formule di duplicazione

Traccia il grafico delle seguenti funzioni dopo aver trasformato le loro equazioni.

112 ●○ $y = -\sin x \cos x$

113 ●○ $y = 2\cos^2 x$

114 ●○ $y = \sin x \cos x + 1$

115 ●○ $y = \dfrac{\sin 2x}{\cos^2 x - \sin^2 x}$

116 ●○ $y = 1 - 2\sin^2 x$

117 ●○ $y = \dfrac{2\sin 2x}{\cos x}$

118 ●● $y = -(\sin x + \cos x)^2$

119 ●● $y = \dfrac{2\sin 4x}{\cos 2x}$

120 ●● $y = 4\tan 2x\,(1 - \tan^2 x)$

121 ●● $y = \sin 4x \cos 4x + \dfrac{1}{2}$

---

122 ●○ ASSOCIA ogni espressione nella prima riga a quella equivalente nella seconda.

a. $\sin^2\alpha$ **b.** $\cos^2\alpha$ **c.** $\sin\alpha\cos\alpha$ **d.** $\sin^2\alpha - \cos^2\alpha$

1. $\dfrac{\sin 2\alpha}{2}$ **2.** $-\cos 2\alpha$ **3.** $\dfrac{1 - \cos 2\alpha}{2}$ **4.** $\dfrac{1 + \cos 2\alpha}{2}$

Mediante le formule di duplicazione, trasforma le seguenti espressioni in espressioni lineari in seno e coseno.

123 ●○ $2\cos^2 x - 1 - 2\sin x \cos x$ $[\cos 2x - \sin 2x]$

124 ●○ $2\sin^2 x - \sqrt{3}$ $[-\cos 2x + 1 - \sqrt{3}]$

125 ●○ $\cos^2 x - 2\sqrt{3}\sin x \cos x - \sin^2 x$ $[\cos 2x - \sqrt{3}\sin 2x]$

126 ●● $2\sqrt{2}\sin x \cos\left(x + \frac{\pi}{4}\right)$ $[\sin 2x + \cos 2x - 1]$

127 ●● $\sin^2 x - \cos x \sin x + 2\cos^2 x$ $\left[\frac{-\sin 2x + \cos 2x + 3}{2}\right]$

128 ●● $2\sin^2 x - 4\sin x \cos x$ $[1 - \cos 2x - 2\sin 2x]$

Utilizzando il metodo dell'angolo aggiunto, traccia il grafico delle seguenti funzioni, dopo averle trasformate in funzioni lineari in seno e coseno.

129 ●● $y = \sin x \cos x + \cos^2 x$

130 ●● $y = 2\sin^2 x - 2\sin x \cos x$

131 ●● $y = \cos^2 x + 2\sin^2 x - \sin x \cos x$

132 ●● $y = \sqrt{2}\cos^2 x + \sqrt{2}\sin x \cos x$

133 ●● $y = \sqrt{3}\sin^2 x + \sin x \cos x - 1$

134 ●● $y = \sin x \cos x + \dfrac{\sqrt{3}}{2}(\cos^2 x - \sin^2 x)$

Determina il periodo delle seguenti funzioni, dopo averle opportunamente trasformate.

135 $y = 1 - 2\sin^2 6x$ $\left[\frac{\pi}{6}\right]$

136 $y = \cos^2 4x - \sin^2 4x$ $\left[\frac{\pi}{4}\right]$

137 $y = \sin 4x \cos 4x$ $\left[\frac{\pi}{4}\right]$

138 $y = \dfrac{\cos 2x}{\cos x - \sin x}$ $[2\pi]$

TUTOR matematica Allenati con **15 esercizi interattivi** con feedback "hai sbagliato, perché..."
su.zanichelli.it/tutor3 risorsa riservata a chi ha acquistato l'edizione con tutor

3 Formule di bisezione

▶ Teoria a p. 529

139 TEST $\sin\frac{7}{12}\pi$ vale:

A $\frac{\sqrt{3}}{2}$. B $-\frac{\sqrt{3}}{2}$. C $\frac{\sqrt{2+\sqrt{3}}}{2}$. D $-\frac{\sqrt{2+\sqrt{3}}}{2}$. E $\frac{\sqrt{2-\sqrt{3}}}{2}$.

Calcola il valore delle seguenti espressioni, utilizzando le formule di bisezione.

140 $\sin\frac{\pi}{8}$; $\tan\frac{\pi}{8}$. $\left[\frac{1}{2}\sqrt{2-\sqrt{2}}; \sqrt{2}-1\right]$

141 $\cos\frac{\pi}{12}$; $\sin\frac{\pi}{12}$. $\left[\frac{1}{2}\sqrt{2+\sqrt{3}}; \frac{1}{2}\sqrt{2-\sqrt{3}}\right]$

142 $\sin\frac{5}{8}\pi$; $\sin\frac{3}{8}\pi$. $\left[\frac{1}{2}\sqrt{2+\sqrt{2}}; \frac{1}{2}\sqrt{2+\sqrt{2}}\right]$

143 VERO O FALSO?

a. $\cos 2x = \sqrt{\dfrac{1+\cos 4x}{2}}$ V F

b. $\cos\frac{\alpha}{2} = \frac{\cos\alpha}{2}$ V F

c. $\tan\frac{\pi}{8} = \dfrac{1-\cos\frac{\pi}{4}}{\sin\frac{\pi}{4}}$ V F

d. $2\sin\frac{\pi}{12} = \sin\frac{\pi}{6}$ V F

144 TEST Nel terzo quadrante l'angolo α ha il seno che vale $-0,8$. Quanto vale $\sin\frac{\alpha}{2}$?

A $-0,4$ B $0,4$ C $-\frac{2\sqrt{5}}{5}$ D $\frac{2}{\sqrt{5}}$ E $\frac{1}{\sqrt{5}}$

Espressioni e identità con le formule di bisezione

Semplifica le seguenti espressioni.

145 $\dfrac{\sin^2\frac{\alpha}{2}\cdot\cos^2\frac{\alpha}{2}}{1-\cos\alpha}$ $\left[\frac{1+\cos\alpha}{4}\right]$

146 $\dfrac{1-2\sin^2\frac{\alpha}{2}}{\sin\frac{\alpha}{2}\cdot\cos\frac{\alpha}{2}}$ $[2\cot\alpha]$

147 $\left(\sin\frac{\alpha}{2}+\cos\frac{\alpha}{2}\right)^2 - \sin\alpha + 1$ $[2]$

148 $\left(\cos^2\frac{\alpha}{2}-\frac{1}{2}\right)\left(\sin^2\frac{\alpha}{2}-\frac{1}{2}\right)$ $\left[-\frac{1}{4}\cos^2\alpha\right]$

ESERCIZI

149 $\tan\frac{\alpha}{2} - \frac{\sin\alpha}{\cos^2\frac{\alpha}{2}}$ $\left[-\frac{\sin\alpha}{1+\cos\alpha}\right]$

150 $\sin^2\frac{\alpha}{2} + \cos\alpha - \cos^2\frac{\alpha}{2}$ $[0]$

151 $\frac{4\sin\frac{\alpha}{2}\cos\frac{\alpha}{2}}{\tan\frac{\alpha}{2}} - 1$ $[1+2\cos\alpha]$

152 $2\cot\alpha\cdot\tan\frac{\alpha}{2}\cdot\sec^2\frac{\alpha}{2}$ $\left[\frac{4\cos\alpha}{(1+\cos\alpha)^2}\right]$

153 $\left(2\tan\alpha\cdot\tan\frac{\alpha}{2}+2\right)\cdot\sin 2\alpha$ $[4\sin\alpha]$

154 $\tan\frac{\alpha}{2} + 2\cos^2\frac{\alpha}{2}\cdot\csc\alpha$ $\left[\frac{2}{\sin\alpha}\right]$

155 $\frac{2-\sec^2\frac{\alpha}{2}}{2\tan\frac{\alpha}{2}}$ $[\cot\alpha]$

156 $\tan\left(\frac{\pi}{4}-\frac{\alpha}{2}\right) - \tan\left(\frac{\pi}{4}+\frac{\alpha}{2}\right) - \tan\alpha$ $[-3\tan\alpha]$

157 $\tan\frac{\alpha}{2} + \cot\alpha - \csc\alpha + 2\sin\alpha$ $[2\sin\alpha]$

158 $\left(\sin\frac{\alpha}{2}+\cos\frac{\alpha}{2}\right)^2 - \cos^2\frac{\alpha}{2} + \frac{1}{2}\cos\alpha$ $\left[\frac{1}{2}+\sin\alpha\right]$

159 $\frac{1}{1-\tan\frac{\alpha}{2}} + \frac{1}{1+\tan\frac{\alpha}{2}}$ $\left[\frac{1+\cos\alpha}{\cos\alpha}\right]$

160 $2\sin^2\frac{\alpha}{2}\cdot\cot^2\frac{\alpha}{2} - \cos^2\frac{\alpha}{2}$ $\left[\frac{1+\cos\alpha}{2}\right]$

Verifica le seguenti identità.

161 $\sin\alpha\cdot\tan\frac{\alpha}{2} = \sin^2\alpha - 2\cos\alpha\cdot\sin^2\frac{\alpha}{2}$

162 $\cot\frac{\alpha}{2} = 2\cot\alpha + \tan\frac{\alpha}{2}$

163 $\cot^2\frac{\alpha}{2} = 4\cot\alpha\cdot\csc\alpha + \tan^2\frac{\alpha}{2}$

164 $\frac{\sin\frac{\alpha}{2}\cos\frac{\alpha}{2}}{\cos\alpha} - \sin^2\frac{\alpha}{2} = \frac{\tan\alpha}{2} - \tan\frac{\alpha}{2}\cdot\frac{\sin\alpha}{2}$

165 $\frac{1+\sin\alpha}{\cos\alpha} = \frac{\cot\frac{\alpha}{2}+1}{\cot\frac{\alpha}{2}-1}$

166 $\frac{2\sin^2\frac{\alpha}{2}\cdot(1+\cos\alpha)}{2\sin^2\frac{\alpha}{2}\cdot\sin\alpha} = \frac{\sin\alpha}{1-\cos\alpha}$

Calcolo di funzioni goniometriche

167 **ESERCIZIO GUIDA** Senza determinare il valore dell'angolo α, calcoliamo $\sin\frac{\alpha}{2}$, $\cos\frac{\alpha}{2}$, $\tan\frac{\alpha}{2}$, sapendo che $\sin\alpha = -\frac{12}{13}$ e $\pi < \alpha < \frac{3}{2}\pi$.

Poiché $\pi < \alpha < \frac{3}{2}\pi$, $\cos\alpha$ deve essere negativo. Da $\sin^2\alpha + \cos^2\alpha = 1$ ricaviamo il valore di $\cos\alpha$:

$$\cos\alpha = -\sqrt{1-\sin^2\alpha} = -\sqrt{1-\frac{144}{169}} = -\frac{5}{13}.$$

Inoltre, essendo $\pi < \alpha < \frac{3}{2}\pi$, si ha $\frac{\pi}{2} < \frac{\alpha}{2} < \frac{3}{4}\pi$, quindi il lato termine di $\frac{\alpha}{2}$ si trova nel secondo quadrante. Perciò $\sin\frac{\alpha}{2}$ deve essere positivo e $\cos\frac{\alpha}{2}$ negativo. Abbiamo:

$$\cos\frac{\alpha}{2} = -\sqrt{\frac{1+\cos\alpha}{2}} = -\sqrt{\frac{1-\frac{5}{13}}{2}} = -\sqrt{\frac{\cancel{8}^{4}}{13}\cdot\frac{1}{\cancel{2}_{1}}} = -\frac{2\sqrt{13}}{13},$$

$$\sin\frac{\alpha}{2} = +\sqrt{\frac{1-\cos\alpha}{2}} = \sqrt{\frac{1+\frac{5}{13}}{2}} = \sqrt{\frac{\cancel{18}^{9}}{13}\cdot\frac{1}{\cancel{2}_{1}}} = \frac{3\sqrt{13}}{13},$$

$$\tan\frac{\alpha}{2} = \frac{\sin\alpha}{1+\cos\alpha} = \frac{-\frac{12}{13}}{\frac{8}{13}} = -\frac{12}{8} = -\frac{3}{2}.$$

Osservazione. $\tan\frac{\alpha}{2}$ si può ricavare anche applicando la definizione:

$$\tan\frac{\alpha}{2} = \frac{\sin\frac{\alpha}{2}}{\cos\frac{\alpha}{2}} = \frac{\frac{3\sqrt{13}}{13}}{-\frac{2\sqrt{13}}{13}} = -\frac{3}{2}.$$

Calcola quanto è richiesto, utilizzando le informazioni date.

168 Seno, coseno e tangente di $\frac{\alpha}{2}$. $\cos\alpha = \frac{3}{5}$, con $0 < \alpha < \frac{\pi}{2}$ $\left[\frac{\sqrt{5}}{5}; \frac{2\sqrt{5}}{5}; \frac{1}{2}\right]$

169 Seno, coseno e tangente di $\frac{\alpha}{2}$. $\sin\alpha = \frac{\sqrt{15}}{8}$, con $\frac{\pi}{2} < \alpha < \pi$ $\left[\frac{\sqrt{15}}{4}; \frac{1}{4}; \sqrt{15}\right]$

170 Seno, coseno e tangente di $\frac{\alpha}{2}$. $\cos\alpha = \frac{5}{7}$, con $\frac{\pi}{2} < \alpha < \pi$ $\left[\frac{\sqrt{7}}{7}; \frac{\sqrt{42}}{7}; \frac{\sqrt{6}}{6}\right]$

171 $\tan\frac{\alpha}{2}$ e $\sin\left(\frac{\pi}{2} - \frac{\alpha}{2}\right)$. $\sec\alpha = -\frac{5}{3}$, con $\frac{\pi}{2} < \alpha < \pi$ $\left[2; \frac{\sqrt{5}}{5}\right]$

172 $\sin\alpha$ e $\cos\alpha$. $\sin 2\alpha = \frac{-\sqrt{15}}{4}$, con $\frac{3}{2}\pi < 2\alpha < 2\pi$ $\left[\frac{\sqrt{6}}{4}; -\frac{\sqrt{10}}{4}\right]$

173 $\sin\alpha$ e $\tan\alpha$. $\cos 2\alpha = \frac{1}{4}$, con $\frac{3}{2}\pi < 2\alpha < 2\pi$ $\left[\frac{\sqrt{6}}{4}; -\frac{\sqrt{15}}{5}\right]$

174 **EUREKA!** Se $\cos 4\alpha = \frac{17}{32}$, con $0 < \alpha < \frac{\pi}{8}$, quanto vale $\cos\alpha$? $\left[\frac{\sqrt{15}}{4}\right]$

175

$\cos 2\alpha = -\frac{3}{4}$

Calcola $\sin\alpha$ e $\cos\alpha$.

$\left[\frac{\sqrt{14}}{4}; \frac{\sqrt{2}}{4}\right]$

176

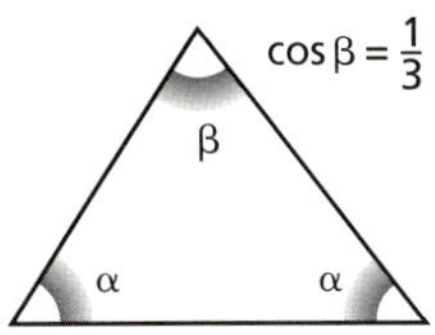

Trova $\cos\alpha$.

$\left[\frac{\sqrt{3}}{3}\right]$

177

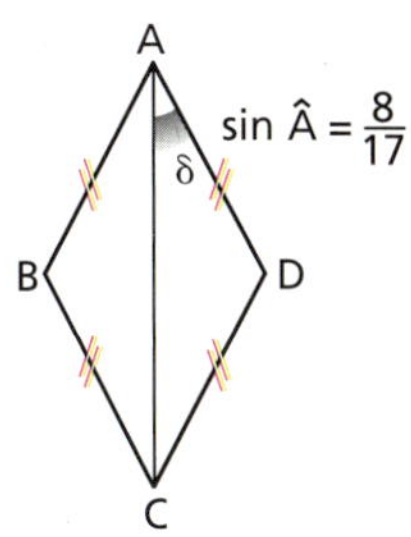

Determina: $\tan\hat{\delta}$, $\sin\widehat{B}$, $\cos\widehat{B}$.

$\left[\frac{1}{4}; \frac{8}{17}; -\frac{15}{17}\right]$

Formule di bisezione e grafici

Traccia il grafico delle seguenti funzioni dopo aver trasformato le loro equazioni.

178 $y = \cos x + \cos^2 \frac{x}{2}$

179 $y = 2\tan \frac{x}{2}(1 + \cos x)$

180 $y = \tan \frac{x}{2} + \cot \frac{x}{2}$

181 $y = \sin^2 \frac{x}{2} + \cos x$

Determina il periodo delle seguenti funzioni, dopo averle opportunamente trasformate.

182 $y = 2\sin^2 \frac{x}{2} - \cos x$ $[2\pi]$

183 $y = \sin^2 \frac{x}{2} + 1$ $[2\pi]$

184 $y = \tan 2x + \cos \frac{x}{2}$ $[4\pi]$

4 Altre formule

Formule parametriche

▶ Teoria a p. 530

185 $\tan \frac{\alpha}{2} = -\frac{7}{4}$. Calcola: $\sin \alpha$, $\cos \alpha$, $\tan \alpha$. $\left[-\frac{56}{65}; -\frac{33}{65}; \frac{56}{33}\right]$

186 $\tan \frac{\alpha}{2} = \frac{1}{3}$. Calcola: $\sin \alpha$, $\cos \alpha$, $\tan \alpha$. $\left[\frac{3}{5}; \frac{4}{5}; \frac{3}{4}\right]$

Scrivi nella variabile $t = \tan \frac{\alpha}{2}$ le seguenti espressioni.

187 $\frac{\cos \alpha - 1}{\sin \alpha}$ $[-t]$

188 $\frac{2\sin \alpha + \cos \alpha + 1}{\sin \alpha}$ $\left[\frac{2t + 1}{t}\right]$

189 $\frac{1 + \cos \alpha - \sin \alpha}{2 + 2\cos \alpha + \sin \alpha}$ $\left[\frac{1 - t}{t + 2}\right]$

190 $\frac{2\sin \alpha + 3\cos \alpha}{1 + \cos \alpha}$ $\left[\frac{4t + 3 - 3t^2}{2}\right]$

191 $\frac{2\sin \alpha + 4\cos \alpha}{\cos \alpha} - 2\tan \alpha$ $[4]$

192 **ASSOCIA** a ciascuna espressione la sua equivalente ottenuta utilizzando le formule parametriche e ponendo $\tan \frac{\alpha}{2} = t$.

a. $\sin \alpha + 1 - \cos \alpha$ **b.** $\frac{\cos \alpha - 1}{\tan \alpha}$ **c.** $\cos \alpha + 1$ **d.** $\sin \alpha + 1$

1. $\frac{2}{1 + t^2}$ **2.** $\frac{(1 + t)^2}{t^2 + 1}$ **3.** $\frac{t(t^2 - 1)}{t^2 + 1}$ **4.** $\frac{2t(t + 1)}{1 + t^2}$

Formule di prostaferesi

▶ Teoria a p. 530

Calcola il valore delle seguenti somme o differenze applicando le formule di prostaferesi.

193 $\sin 15° + \sin 75°$ $\left[\frac{\sqrt{6}}{2}\right]$

194 $\cos\frac{7}{12}\pi + \cos\frac{\pi}{12}$ $\left[\frac{\sqrt{2}}{2}\right]$

195 $\sin\frac{5}{12}\pi - \sin\frac{\pi}{12}$ $\left[\frac{\sqrt{2}}{2}\right]$

196 $\cos 105° - \cos 15°$ $\left[-\frac{\sqrt{6}}{2}\right]$

Trasforma in prodotto le seguenti somme.

197 $\sin 20° + \sin 100°$ $[\sqrt{3}\cos 40°]$

198 $\cos 135° - \cos 15°$ $[-\sqrt{3}\sin 75°]$

199 $\frac{\sqrt{2}}{2} - \sin 75°$ $[-\sin 15°]$

200 $\sin 3\alpha + \sin\alpha$ $[2\sin 2\alpha\cos\alpha]$

201 $\cos 7\alpha - \cos\alpha$ $[-2\sin 4\alpha\sin 3\alpha]$

202 $\sin 2\alpha + \sin 6\alpha$ $[2\sin 4\alpha\cos 2\alpha]$

203 $\cos 10\alpha + \cos 4\alpha$ $[2\cos 7\alpha\cos 3\alpha]$

204 $\cos 5\alpha - \cos 3\alpha$ $[-2\sin 4\alpha\sin\alpha]$

205 $\sin 8\alpha - \sin 2\alpha$ $[2\cos 5\alpha\sin 3\alpha]$

206 $\cos(\alpha - \beta) - \cos(\alpha + \beta)$ $[2\sin\alpha\sin\beta]$

Semplifica le seguenti espressioni.

207 $\frac{\sin 15° + \sin 25°}{\cos 5°\sin 20°}$ $[2]$

208 $\frac{\sin(60° + \alpha) + \sin(60° - \alpha)}{\cos 3\alpha + \cos 5\alpha}$ $\left[\frac{\sqrt{3}}{2\cos 4\alpha}\right]$

209 $\frac{\sin 5\alpha - \sin 3\alpha}{\cos 3\alpha - \cos 5\alpha}$ $[\cot 4\alpha]$

210 $\frac{\cos\alpha + \cos 3\alpha}{\sin 5\alpha + \sin 3\alpha}$ $\left[\frac{1}{2\sin 2\alpha}\right]$

I grafici e le formule di prostaferesi

Disegna i grafici delle seguenti funzioni dopo aver semplificato la loro espressione analitica con le formule di prostaferesi.

211 $y = \dfrac{\sin 9x - \sin x}{2\cos 5x}$

212 $y = \dfrac{\cos 7x + \cos 5x}{4\cos 6x} + 1$

213 $y = \sin(30° - x) - \sin(30° + x)$

214 $y = \dfrac{\cos 3x - \cos 5x}{\sin 5x - \sin 3x}$

---

215 Determina il periodo della funzione $y = \dfrac{\sin 3x + \sin 2x}{\cos 2x - \cos 3x}$. $[2\pi]$

Formule di Werner

▶ Teoria a p. 531

Trasforma in somme i seguenti prodotti.

216 $\sin 2\alpha \cos 3\alpha$ $\left[\frac{1}{2}(\sin 5\alpha - \sin \alpha)\right]$

217 $\cos 7\alpha \cos 5\alpha$ $\left[\frac{1}{2}(\cos 12\alpha + \cos 2\alpha)\right]$

218 $\sin 4\alpha \sin 5\alpha$ $\left[\frac{1}{2}(\cos \alpha - \cos 9\alpha)\right]$

219 $\sin \frac{x}{2} \sin \frac{5}{2}x$ $\left[\frac{1}{2}(\cos 2x - \cos 3x)\right]$

220 $\sin 6x \cos 2x$ $\left[\frac{1}{2}(\sin 8x + \sin 4x)\right]$

221 $\sin(x + y)\sin(x - y)$ $\left[\frac{1}{2}(\cos 2y - \cos 2x)\right]$

222 Determina il periodo della funzione $y = \sin 4x \cos 8x$. $\left[\frac{\pi}{2}\right]$

TUTOR matematica
Allenati con **15 esercizi interattivi** con feedback "hai sbagliato, perché..."
su.zanichelli.it/tutor3 risorsa riservata a chi ha acquistato l'edizione con tutor

VERIFICA DELLE COMPETENZE ALLENAMENTO

UTILIZZARE TECNICHE E PROCEDURE DI CALCOLO

TEST

1 Quanto vale l'espressione $\sin 13° \cos 17° + \cos 13° \sin 17°$?

A 1 B 0 C $0{,}5$ D -1 E $-0{,}5$

2 $\dfrac{[(\sin\alpha+\cos\alpha)^2-\sin 2\alpha]\cos 4\alpha}{\cos 3\alpha+\cos 5\alpha}$ è equivalente a:

A $\cos 4\alpha$. B $-\dfrac{1}{2\sin 4\alpha}$. C $-\dfrac{1}{2\cos\alpha}$. D $\dfrac{1}{\cos\alpha}$. E $\dfrac{1}{2\cos\alpha}$.

Calcola il valore delle seguenti espressioni.

3 $\cos 105° - \tan 15°$ $\left[\dfrac{\sqrt{2}-\sqrt{6}-8+4\sqrt{3}}{4}\right]$

4 $\cos^2\dfrac{\pi}{12}-\sin\dfrac{\pi}{3}$ $\left[\dfrac{2-\sqrt{3}}{4}\right]$

5 $\cos 55° \cos 35° - \sin 55° \sin 35°$ $[0]$

6 $\sin 40° \cos 20° + \sin 20° \cos 40°$ $\left[\dfrac{\sqrt{3}}{2}\right]$

Semplifica le seguenti espressioni.

7 $\sin\left(\dfrac{\pi}{3}-x\right)-\cos\left(\dfrac{\pi}{6}-x\right)$ $[-\sin x]$

8 $\dfrac{\cos(\pi-\alpha)\cos(-\alpha)+\cos 2\alpha}{\cos^2\left(\dfrac{\pi}{2}-\alpha\right)}$ $[-1]$

9 $\cos\left(\alpha-\dfrac{2}{3}\pi\right)+\dfrac{1}{2}\sin\alpha+\cos\left(\alpha-\dfrac{7}{6}\pi\right)-\sin\left(\alpha-\dfrac{\pi}{6}\right)$ $\left[-\dfrac{\sqrt{3}}{2}\cos\alpha\right]$

10 $\cos\left(\alpha+\dfrac{3}{4}\pi\right)\sec\alpha+\tan(\pi+\alpha)\sin\left(\dfrac{\pi}{4}\right)$ $\left[-\dfrac{\sqrt{2}}{2}\right]$

11 $\sin(-\alpha)\cos(\alpha+60°)+\dfrac{1}{4}\sin 2\alpha+\dfrac{\sqrt{3}}{2}\cos^2\alpha$ $\left[\dfrac{\sqrt{3}}{2}\right]$

12 $\sin^2\dfrac{\alpha}{2}+\sin(30°+\alpha)+\sin 60°\cos\left(\dfrac{\pi}{2}+\alpha\right)$ $\left[\dfrac{1}{2}\right]$

13 $\dfrac{\cos 2\alpha}{\sin^2\left(\dfrac{\pi}{2}+\alpha\right)}-\dfrac{2\tan\alpha}{\tan 2\alpha}$ $[0]$

14 $\tan\left(\alpha+\dfrac{\pi}{4}\right)-\dfrac{\cos 2\alpha}{1-2\sin^2\alpha}$ $\left[\dfrac{2\tan\alpha}{1-\tan\alpha}\right]$

15 $\sin^2\left(\alpha+\dfrac{\pi}{4}\right)-\sin 2\alpha+\sin\left(\alpha+\dfrac{\pi}{2}\right)\cos\left(\dfrac{\pi}{2}-\alpha\right)$ $\left[\dfrac{1}{2}\right]$

16 $\sin\left(\alpha+\dfrac{\pi}{6}\right)\cos\left(\alpha-\dfrac{2}{3}\pi\right)+\dfrac{3}{4}\cos 2\alpha$ $\left[\dfrac{1}{2}\cos^2\alpha\right]$

17 $\tan\dfrac{\alpha}{2}\left[\cos 2\pi+\sin\left(\dfrac{\pi}{2}+\alpha\right)\right]+\dfrac{\sin 2\alpha}{\cos(\pi+\alpha)}$ $[-\sin\alpha]$

18 $\sqrt{2}\cos\left(\dfrac{\pi}{4}+\alpha\right)+\tan(\pi-\alpha)\cos\alpha$ $[\cos\alpha]$

19 $4[\cos(\alpha-30°)+\sin(-60°)\cos\alpha]+2\cos(90°+\alpha)$ $[0]$

VERIFICA DELLE COMPETENZE

20 $\dfrac{\cos\left(\alpha+\frac{\pi}{4}\right)\cdot\cos\left(\alpha-\frac{\pi}{4}\right)}{\cos 2\alpha}$ $\left[\frac{1}{2}\right]$

21 $[\tan(150°-\alpha)\tan(-\alpha-30°)+1]\cos(\alpha+30°)-\dfrac{1}{\sin(60°-\alpha)}$ $[0]$

22 $\cos(\alpha+30°)\cos(\alpha+60°)-\sin(\alpha+60°)\sin(\alpha+30°)+\sin 2\alpha$ $[0]$

23 $2\cos\left(x-\frac{\pi}{4}\right)+\sin\left(x-\frac{\pi}{6}\right)+4\cos\left(\frac{7}{4}\pi+x\right)+\cos\left(\frac{\pi}{3}+x\right)-3\sqrt{2}\sin x$ $[3\sqrt{2}\cos x]$

24 $\sin^2\frac{\alpha}{2}-\frac{1}{2}-\cos(\pi+\alpha)-\sin^2(-\alpha)+\sin^2(\pi-\alpha)$ $\left[\frac{1}{2}\cos\alpha\right]$

25 $(1-\sin\alpha)^2+(1+\cos\alpha)^2+\cos 2\alpha+2\sin(\pi-\alpha)+2\cos(\pi+\alpha)+2\sin^2\alpha$ $[4]$

26 $(1-\cos\alpha)^2+(1-\cos\alpha)(1+\cos\alpha)-4\sin^2\frac{\alpha}{2}+\sin(-\alpha)-\sin(\pi-\alpha)$ $[-2\sin\alpha]$

27 $2(1-\sin\alpha)^2-4\sin(\pi+\alpha)+2\cos 2\alpha+(1-\cos\alpha)(1+\cos\alpha)-4\cos^2\alpha$ $[3\sin^2\alpha]$

28 $\sin^2(\alpha-150°)-\cos^2(300°-\alpha)-\sqrt{3}\sin\alpha\cos\alpha$ $[0]$

29 $\dfrac{\sin 2\alpha}{1+\cos 2\alpha}\cdot\cot\frac{\alpha}{2}+\dfrac{1+\cos\alpha}{\cos\alpha}$ $\left[2+\frac{2}{\cos\alpha}\right]$

30 $\dfrac{\sin(\alpha+\beta)\cdot\sin(\alpha-\beta)}{\cos\beta+\cos\alpha}$ $[\cos\beta-\cos\alpha]$

31 $\dfrac{\sin(60°+\alpha)\cdot\sin(60°-\alpha)}{1+\cos 2\alpha}$ $\left[\frac{4-\sec^2\alpha}{8}\right]$

32 $\left[2\sin\left(\frac{2}{3}\pi-\alpha\right)-\sin\alpha\right]\cdot\tan\alpha-\sin 2\alpha\cdot\sec\alpha$ $[(\sqrt{3}-2)\sin\alpha]$

33 $\cos^2\alpha-4[\sin^2(150°+\alpha)]-\sqrt{3}\sin 2\alpha$ $[-3\sin^2\alpha]$

34 $\left(\tan^2\frac{\alpha}{2}+\cot^2\frac{\alpha}{2}\right)\cdot\sin^2\alpha-2$ $[2\cos^2\alpha]$

Verifica le seguenti identità.

35 $\dfrac{1+\cos 2\alpha+\cos\alpha}{\sin\alpha+\sin 2\alpha}=\cot\alpha$

36 $\cos 2\alpha=2\cos\left(\frac{\pi}{4}+\alpha\right)\cos\left(\frac{\pi}{4}-\alpha\right)$

37 $4\cos(60°+\alpha)\cos(60°-\alpha)=\cos 2\alpha-2\sin^2\alpha$

38 $\dfrac{1-\sin\alpha}{\cos\alpha}=\dfrac{1-\tan\frac{\alpha}{2}}{1+\tan\frac{\alpha}{2}}$

39 $\sin\alpha\cos 2\alpha-\cos\alpha\sin 2\alpha=\cos\left(\frac{\pi}{2}+\alpha\right)$

40 $\dfrac{\cos 2\alpha}{1-\tan^2\alpha}=\cos^2\alpha$

41 $\sin 2\alpha\cdot\tan\alpha+\cos^2\alpha=2-\cos 2\alpha-\sin^2\alpha$

42 $\dfrac{1}{1+\tan\alpha}-\dfrac{1}{1-\tan\alpha}=-\tan 2\alpha$

RISOLVERE PROBLEMI

Determina i valori richiesti, utilizzando le informazioni.

43 $\sin 2\alpha$, $\cos^2\frac{\alpha}{2}$, $\tan 2\alpha$. $\sin\alpha=\frac{1}{3}$, con $0<\alpha<\frac{\pi}{2}$ $\left[\frac{4}{9}\sqrt{2};\ \frac{3+2\sqrt{2}}{6};\ \frac{4}{7}\sqrt{2}\right]$

44 $\cos\alpha$. $\cos\frac{\alpha}{2}=-\frac{1}{3}$, con $\pi<\alpha<2\pi$ $\left[-\frac{7}{9}\right]$

45 $\tan\left(2\alpha - \frac{\pi}{4}\right)$. $\sin\alpha = -\frac{2}{5}\sqrt{5}$, con $\pi < \alpha < \frac{3}{2}\pi$ [7]

46 $\sin\left(2\alpha + \frac{\pi}{4}\right)$. $\cos\alpha = \frac{1}{3}$, con $0 < \alpha < \frac{\pi}{2}$ $\left[\frac{8-7\sqrt{2}}{18}\right]$

47 $\cos 4\alpha$. $\cos\alpha = \frac{1}{4}$, con $0 < \alpha < \frac{\pi}{2}$ $\left[\frac{17}{32}\right]$

48 $\sin 2\alpha$ e $\cos 2\alpha$. $\tan\alpha = -\frac{1}{3}$, con $\frac{\pi}{2} < \alpha < \pi$ $\left[-\frac{3}{5}; \frac{4}{5}\right]$

49 Determina seno e coseno dell'angolo α, sapendo che α è un angolo al centro di una circonferenza, la sua tangente vale $\frac{4}{3}$ e inoltre $0 < \alpha < \frac{\pi}{2}$. Calcola poi il seno dell'angolo alla circonferenza che insiste sullo stesso arco. $\left[\frac{4}{5}, \frac{3}{5}, \frac{\sqrt{5}}{5}\right]$

50 **EUREKA!** Dimostra che in un triangolo ABC, con l'angolo $\widehat{B} = 2\widehat{A}$, si ha: $\frac{\tan\widehat{A} \cdot \sin\widehat{B}}{\sin\widehat{A}} = \frac{2\sin\widehat{C}}{4\cos^2\widehat{A} - 1}$.

51 Data la funzione $f(x) = \tan x - \cot x$:

a. determina il dominio di $f(x)$ e dimostra l'identità $\tan x - \cot x = -2\cot 2x$;

b. trova il periodo e il codominio di $f(x)$. $\left[\text{a) } x \neq k\frac{\pi}{2}; \text{ b) } \frac{\pi}{2}, C: \mathbb{R}\right]$

ANALIZZARE E INTERPRETARE DATI E GRAFICI

Utilizza le informazioni fornite nelle figure per calcolare quanto è richiesto.

52

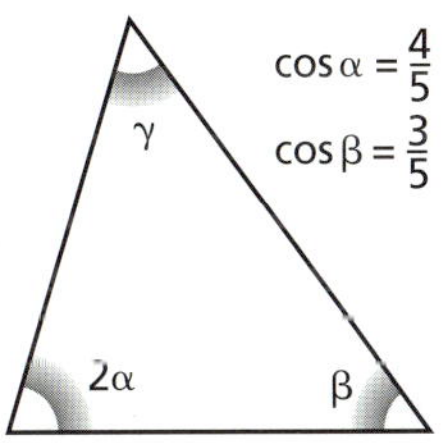

Calcola $\sin\gamma$ e $\cos\gamma$. $\left[\frac{4}{5}; \frac{3}{5}\right]$

53

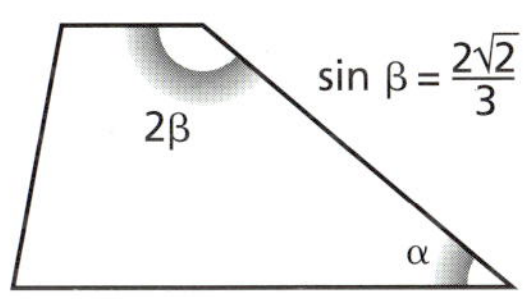

Calcola $\cot\alpha$. $\left[\frac{7\sqrt{2}}{8}\right]$

54

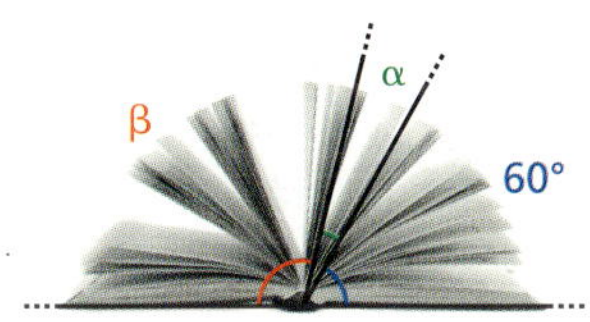

$\sin\alpha = \frac{7}{25}$

Calcola $\cos\beta$. $\left[\frac{7\sqrt{3}-24}{50}\right]$

Disegna i grafici delle seguenti funzioni.

55 $y = \frac{-\sin 2x}{\cos x}$

56 $y = 2\sin\frac{3}{2}x\cos\frac{3}{2}x - 1$

57 $y = \frac{\sin 2x}{1-\sin^2 x} + 1$

58 $y = \cos^2 x - \sin^2 x - 1$

59 $y = 2\sin 2x\cos 2x$

60 $y = \frac{\sin 2x - \cos x}{2\cos x}$

61 $y = \frac{\cos 2x}{\cos x + \sin x}$

62 $y = \frac{\sin 2x}{\cos^2 x - \sin^2 x}$

63 $y = -\sin x - \sqrt{3}\cos x$

64 $y = \sqrt{2}(\sin x + \cos x)$

65 $y = |2\sin x\cos x| - 1$

66 $y = \sin x + \cos x - 2$

COSTRUIRE E UTILIZZARE MODELLI

RISOLVIAMO UN PROBLEMA

Mezzogiorno e un quarto

Michele e Laura vogliono calcolare il seno dell'angolo formato dalle lancette delle ore e dei minuti della sveglia che vedi nella foto. Non hanno una calcolatrice scientifica. Come possono fare?

▶ **Esprimiamo l'angolo come differenza di due angoli.**

L'angolo formato dalle lancette vale $\alpha - \beta$, dove α e β sono gli angoli indicati in figura.

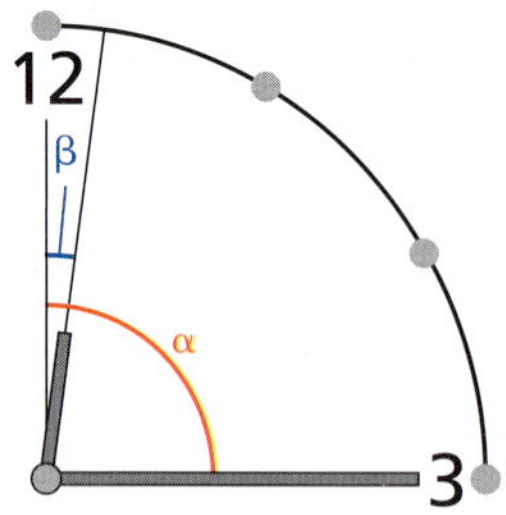

▶ **Troviamo α.**

L'angolo α è $\frac{1}{4}$ dell'angolo giro, quindi $\alpha = 90°$.

▶ **Troviamo β.**

Ogni ora la lancetta delle ore percorre un dodicesimo di angolo giro, cioè 30°. Poiché è passato un quarto d'ora dalle 12, la lancetta delle ore ha percorso un quarto del suo cammino tra le 12 e l'una, quindi

$$\beta = \frac{30°}{4} = 7,5°.$$

▶ **Calcoliamo il seno dell'angolo.**

$$\sin(\alpha - \beta) = \sin(90° - 7,5°) = \cos 7,5°$$

Utilizziamo la formula di bisezione:

$$\cos 7,5° = \sqrt{\frac{1 + \cos 15°}{2}}.$$

Il valore di cos 15° si può ottenere con la formula di bisezione, applicata a $\cos \frac{30°}{2}$, oppure con la formula di sottrazione, applicata a $\cos(45° - 30°)$. Troviamo:

$$\cos 15° = \frac{\sqrt{2} + \sqrt{6}}{4}.$$

Sostituiamo nella formula precedente:

$$\sin(\alpha - \beta) = \sqrt{\frac{1 + \frac{\sqrt{2} + \sqrt{6}}{4}}{2}} = \frac{1}{2}\sqrt{\frac{4 + \sqrt{2} + \sqrt{6}}{2}}.$$

67 ●○ **Mach supersonico** Il numero di Mach (M) per un aereo in volo è dato dal rapporto tra la velocità dell'aereo e la velocità del suono nell'aria. Quando l'aereo supera la velocità del suono ($M > 1$), si genera un'onda d'urto a forma di cono e un bang sonico viene avvertito nell'area di intersezione fra cono e suolo (linea gialla in figura). Se l'angolo al vertice misura 2α, allora vale la relazione:

$$M = \frac{1}{\sin \alpha}.$$

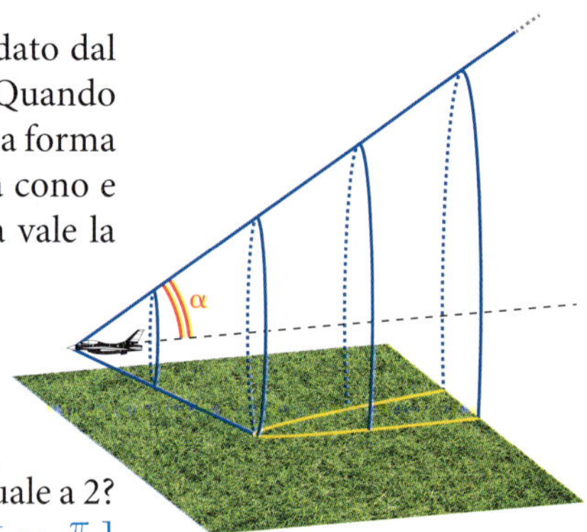

a. Trova l'esatto valore del numero di Mach quando $2\alpha = \frac{\pi}{6}$.

b. Quanto deve valere l'angolo 2α affinché il numero di Mach sia uguale a 2?

$\left[\text{a) } \sqrt{6} + \sqrt{2}; \text{ b) } \frac{\pi}{3}\right]$

68 ●○ **Il gioco del golf** Una pallina da golf viene lanciata con una velocità iniziale v_0 m/s; la traiettoria iniziale forma un angolo α con il terreno, orizzontale. La distanza che la pallina riesce a raggiungere è espressa dalla relazione $d = \frac{2(v_0)^2 \sin \alpha \cos \alpha}{g}$ (g è costante e vale 9,8 m/s^2).

a. Come si può esprimere la distanza percorsa d in funzione dell'angolo 2α?

b. Quanto vale l'angolo α se la velocità iniziale è di 40 m/s e la distanza raggiunta è di 83 m?

$\left[\text{a) } d = \frac{(v_0)^2 \sin 2\alpha}{g}; \text{ b) } \alpha \simeq 15°\right]$

TUTOR matematica
Allenati con **15 esercizi interattivi** con feedback "hai sbagliato, perché…"
su.zanichelli.it/tutor3 risorsa riservata a chi ha acquistato l'edizione con tutor

VERIFICA DELLE COMPETENZE PROVE

1 ora

PROVA A

1 Calcola il valore di: **a.** $\sin\frac{\pi}{8} + \cos\frac{\pi}{12}$; **b.** $\sin 72° \cos 18° + \cos 72° \sin 18°$.

2 Semplifica le seguenti espressioni:

a. $\dfrac{\sin(\alpha + 45°) - \cos(\alpha + 45°)}{\sin(\alpha + 135°) + \cos(\alpha + 315°)}$;

b. $4\cos^2\frac{\alpha}{2} - 2(\sin\alpha - \cos\alpha)^2 - 2\sin 2\alpha$;

c. $4\cos^2\frac{\alpha}{2} + \dfrac{1-\cos 2\alpha}{1+\cos\alpha}$.

3 Sapendo che $\sin\alpha = \frac{3}{5}$ e $\cos\beta = \frac{5}{13}$, con $\frac{\pi}{2} < \alpha < \pi$ e $0 < \beta < \frac{\pi}{2}$, calcola: $\cos(\alpha+\beta)$, $\sin(\alpha-\beta)$, $\tan 2\alpha$.

4 Verifica le identità: **a.** $\tan(45° + \alpha) = \dfrac{1 + \sin 2\alpha}{\cos 2\alpha}$; **b.** $2\sin\alpha\cos 2\alpha + \sin\alpha = \sin 3\alpha$.

5

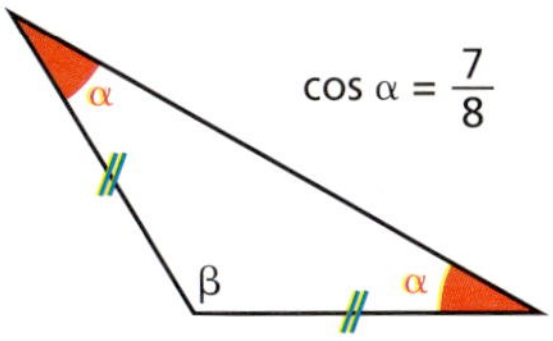

Trova $\cos\beta$ e $\sin\alpha$.

6 Traccia il grafico della funzione

$$y = \frac{\sin 2x}{4\cos x} - 2.$$

PROVA B

Il Sancarlone Su una collina vicino ad Arona, sul Lago Maggiore, si trova il Colosso di San Carlo Borromeo, una delle più grosse statue al mondo visitabili dall'interno, costruita nel XVII secolo. La statua è alta 23,50 m, il piedistallo 11,50 m e l'altura su cui è situata circa 36 m rispetto al livello del piazzale antistante.

Considerando le lettere in figura, indica con D il piede della perpendicolare condotta da A e C (il segmento AC è verticale) alla retta OD, che rappresenta il livello del piazzale, e con O il punto in cui un osservatore si trova sul piazzale di fronte all'entrata.

a. Calcola i valori del seno, del coseno e della tangente dell'angolo x mediante i valori delle stesse funzioni per α e β.

b. Supposto che OD sia lungo 40 m, determina gli angoli α, β e x e verifica la formula di sottrazione della tangente.

c. Se si raddoppia la distanza a cui si trova l'osservatore, qual è il rapporto tra il nuovo angolo x' e il precedente?

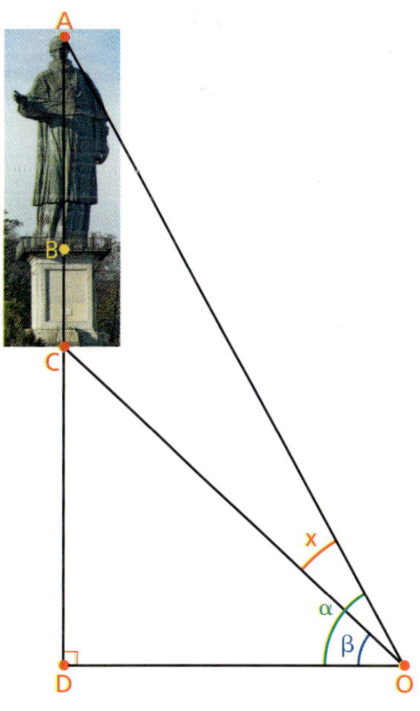

CAPITOLO 12 EQUAZIONI E DISEQUAZIONI GONIOMETRICHE

Listen to it

A **trigonometric equation** involves trigonometric functions of an unknown angle.

1 Equazioni goniometriche elementari

DEFINIZIONE

Un'**equazione goniometrica** contiene almeno una funzione goniometrica dell'incognita.

ESEMPIO

$2\cos x - 1 = 0$ è un'equazione goniometrica perché l'argomento della funzione coseno contiene l'incognita x.

$2x\cos\frac{\pi}{4} - 1 = 0$ **non** è un'equazione goniometrica perché $\cos\frac{\pi}{4}$ è un numero.

Le **equazioni goniometriche elementari** sono quelle del tipo:

$$\sin x = a, \quad \cos x = b, \quad \tan x = c, \quad \text{con } a, b, c \in \mathbb{R}.$$

$\sin x = a$

▶ Esercizi a p. 571

Disegniamo la circonferenza goniometrica e indichiamo gli assi cartesiani con X e Y, per non confonderli con l'incognita x dell'equazione goniometrica.
Poiché il seno di un angolo rappresenta l'ascissa del punto della circonferenza goniometrica a cui l'angolo è associato, dobbiamo trovare i punti della circonferenza goniometrica di ascissa a, ovvero i punti di intersezione della circonferenza di equazione $X^2 + Y^2 = 1$ con la retta di equazione $X = a$. Distinguiamo due casi.

$-1 \leq a \leq 1$

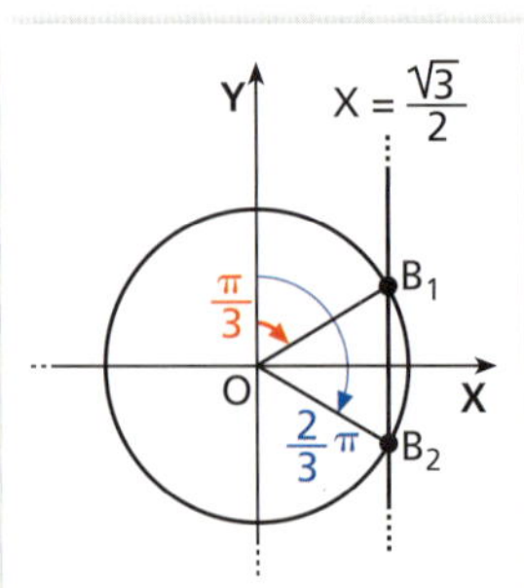

ESEMPIO

Risolviamo l'equazione $\sin x = \frac{\sqrt{3}}{2}$.

Disegniamo nel piano cartesiano la circonferenza goniometrica e la retta di equazione $X = \frac{\sqrt{3}}{2}$. Le loro intersezioni sono date dai punti B_1 e B_2.

Gli angoli che hanno seno uguale a $\frac{\sqrt{3}}{2}$ sono $\frac{\pi}{3}$ e $\pi - \frac{\pi}{3} = \frac{2}{3}\pi$.

Poiché il seno è una funzione periodica di periodo 2π, alle soluzioni $x = \frac{\pi}{3}$ e $x = \frac{2}{3}\pi$ dobbiamo aggiungere quelle ottenute sommando i multipli interi di 2π, quindi le soluzioni dell'equazione data sono:

$$x = \frac{\pi}{3} + 2k\pi \ \vee \ x = \frac{2}{3}\pi + 2k\pi, \text{ con } k \in \mathbb{Z}.$$

▶ Risolvi l'equazione $\sin x = -\frac{1}{2}$.

$a < -1 \vee a > 1$

Poiché i valori di $\sin x$ sono compresi fra -1 e 1, l'equazione $\sin x = a$ è impossibile quando $a > 1$ oppure $a < -1$.

ESEMPIO

L'equazione $\sin x = \frac{5}{4}$ non ha soluzione, perché $\frac{5}{4} > 1$.

In generale, l'equazione elementare **$\sin x = a$** può essere:

- **determinata** se **$-1 \leq a \leq 1$**; una volta trovata una soluzione α, cioè un angolo α tale che $\sin \alpha = a$, le soluzioni dell'equazione sono:

  $$x = \alpha + 2k\pi \ \vee \ x = (\pi - \alpha) + 2k\pi;$$

- **impossibile** se **$a < -1$** oppure **$a > 1$**.

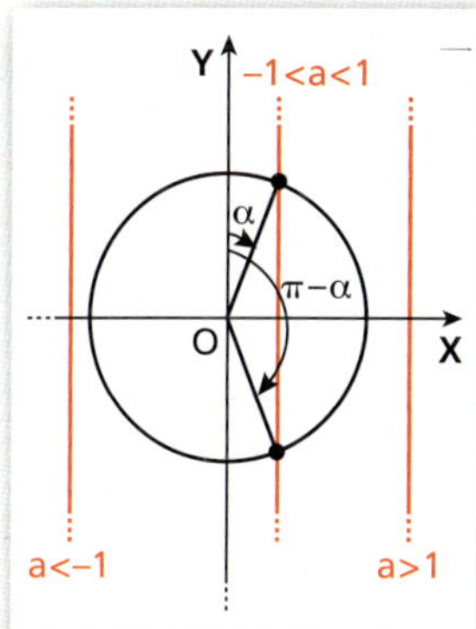

Casi particolari.

- $a = 1$, $\sin x = 1$; soluzioni: $x = \frac{\pi}{2} + 2k\pi$.
- $a = -1$, $\sin x = -1$; soluzioni: $x = -\frac{\pi}{2} + 2k\pi$, ossia $x = \frac{3}{2}\pi + 2k\pi$.

Osserviamo che la soluzione α dell'equazione può essere uno qualsiasi dei valori che indicano lo stesso angolo. Le soluzioni possono essere scritte allora in modi diversi. Conveniamo di considerare $\alpha \in \left[-\frac{\pi}{2}; \frac{\pi}{2}\right]$.

Se il valore a dell'equazione $\sin x = a$ non corrisponde a un angolo noto del primo o del quarto quadrante, possiamo applicare la funzione inversa del seno ($x - \arcsin a$) e calcolare un valore approssimato della soluzione α con la calcolatrice.

ESEMPIO

Risolviamo $\sin x = -\frac{7}{8}$. Otteniamo:

$$x = \arcsin\left(-\frac{7}{8}\right) + 2k\pi \ \vee \ x = \pi - \arcsin\left(-\frac{7}{8}\right) + 2k\pi.$$

Per trovare il valore approssimato di $\arcsin\left(-\frac{7}{8}\right)$ con la calcolatrice, scegliamo la modalità RAD e, dopo aver calcolato $-\frac{7}{8} = -0,875$, premiamo il tasto <sin^{-1}>, oppure i tasti <INV> e <sin>. Viene visualizzato il valore della misura in radianti dell'angolo x, ossia $-1,065435817$, che approssimiamo a $-1,07$. Le soluzioni dell'equazione sono:

$$x \simeq -1,07 + 2k\pi \ \vee \ x \simeq 3,14 + 1,07 + 2k\pi \simeq 4,21 + 2k\pi.$$

Se scegliamo la modalità DEG, viene visualizzato il valore in gradi sessadecimali: $-61,04497563 \simeq -61 \rightarrow x \simeq -61° + k360° \vee x \simeq 241° + k360°$.

▶ Risolvi l'equazione $\sin x = \frac{2}{5}$.

$\cos x = b$

Esercizi a p. 574

Il coseno di un angolo è l'ordinata del punto della circonferenza goniometrica a cui l'angolo è associato, quindi cerchiamo i punti della circonferenza goniometrica di ordinata b. Distinguiamo due casi.

$-1 \le b \le 1$

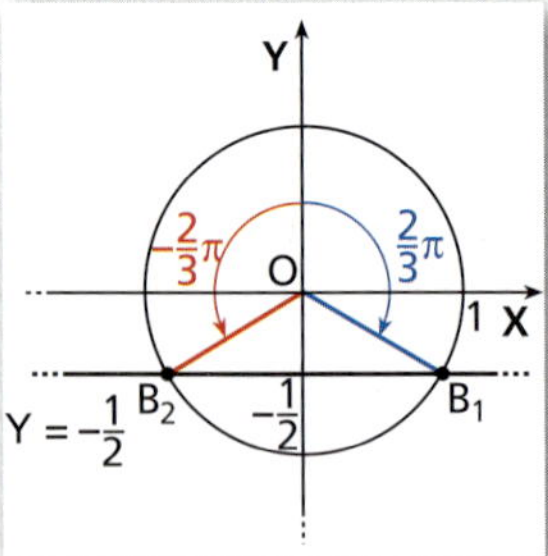

ESEMPIO

Risolviamo $\cos x = -\frac{1}{2}$.

Disegniamo la retta di equazione $Y = -\frac{1}{2}$. Le sue intersezioni con la circonferenza goniometrica sono B_1 e B_2.

Gli angoli che hanno coseno uguale a $-\frac{1}{2}$ sono $\frac{2}{3}\pi$ e $-\frac{2}{3}\pi$.

Per la periodicità della funzione coseno, alle due soluzioni $x = \frac{2}{3}\pi$ e $x = -\frac{2}{3}\pi$ dobbiamo aggiungere quelle ottenute sommando i multipli interi di 2π. Quindi le soluzioni dell'equazione data sono

$$x = \frac{2}{3}\pi + 2k\pi \ \vee \ x = -\frac{2}{3}\pi + 2k\pi,$$

che possiamo anche indicare con: $x = \pm\frac{2}{3}\pi + 2k\pi$.

$b < -1 \vee b > 1$

L'equazione $\cos x = b$ è impossibile se $b > 1$ o $b < -1$, poiché $-1 \le \cos x \le 1$.

ESEMPIO

L'equazione $\cos x = -\frac{4}{3}$ non ha soluzioni perché $-\frac{4}{3} < -1$.

► Risolvi le seguenti equazioni:
- $\cos x = \frac{1}{2}$;
- $\cos x = -2$.

In generale, l'equazione elementare $\boldsymbol{\cos x = b}$ può essere:

- **determinata** se $-1 \le b \le 1$; data una soluzione β, cioè un angolo β tale che $\cos\beta = b$, le soluzioni dell'equazione sono:

$$x = \beta + 2k\pi \qquad \vee \qquad x = -\beta + 2k\pi;$$

- **impossibile** se $b < -1$ oppure $b > 1$.

Casi particolari.

- $b = 1 \to \cos x = 1$; soluzioni: $x = 2k\pi$.
- $b = -1 \to \cos x = -1$; soluzioni: $x = \pi + 2k\pi$.

Per angoli non noti, anche per l'equazione $\cos x = b$ possiamo utilizzare la calcolatrice, calcolando arccos b con i tasti <INV> e <cos>, oppure con il tasto <$\cos^{-1}$>.

$\tan x = c$

Esercizi a p. 576

La tangente di un angolo è l'ascissa del punto di intersezione della retta tangente alla circonferenza nell'origine degli archi con la retta OP che individua l'angolo.

ESEMPIO

Risolviamo $\tan x = \frac{\sqrt{3}}{3}$.

Sulla retta tangente in E alla circonferenza goniometrica, prendiamo il punto T di ascissa $\frac{\sqrt{3}}{3}$. La retta OT interseca la circonferenza nei punti P e Q che individuano gli angoli cercati: $\frac{\pi}{6}$ e $\frac{7}{6}\pi$.

Per la periodicità della funzione tangente, scriviamo in forma compatta tutte le soluzioni dell'equazione: $x = \frac{\pi}{6} + k\pi$.

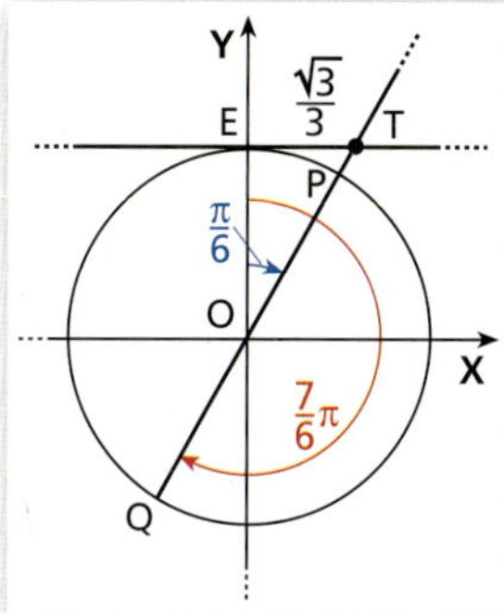

▶ Risolvi le seguenti equazioni:
- $\tan x = 1$;
- $\tan x = -\sqrt{3}$.

In generale, poiché, data l'equazione $\tan x = c$, il valore di c corrisponde sempre all'ascissa del punto T, per ogni valore di c si può determinare il punto T e la retta OT interseca la circonferenza in due punti distinti, quindi l'equazione elementare **$\tan x = c$** è sempre **determinata**.

Data una soluzione γ, cioè un angolo γ tale che $\tan \gamma = c$, le soluzioni dell'equazione sono $x = \gamma + k\pi$.
Con la calcolatrice, per calcolare arctan c, si usano i tasti <INV> e <tan>, oppure <tan^{-1}>.

Equazioni e funzioni

Le equazioni goniometriche possono essere interpretate graficamente. Per esempio, consideriamo ancora $\cos x = -\frac{1}{2}$, vista in un esempio precedente, e poniamo $y = \cos x$ e $y = -\frac{1}{2}$. Risolvere l'equazione significa trovare i punti di intersezione dei grafici relativi.

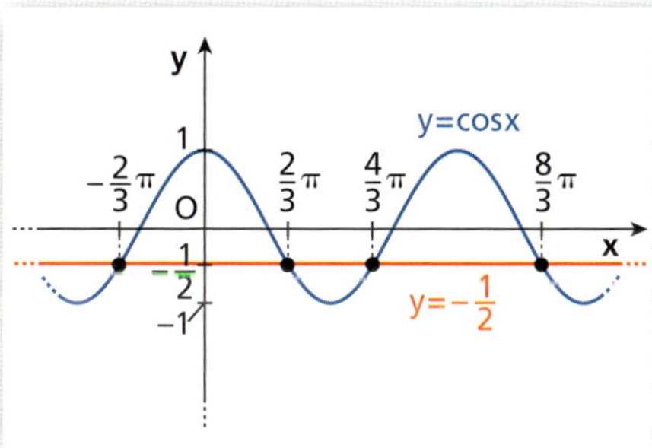

Particolari equazioni goniometriche elementari

▶ Esercizi a p. 578

$\sin\alpha = \sin\alpha'$

Osserviamo che due angoli hanno lo stesso seno se e solo se sono congruenti o supplementari, a meno di un numero intero di angoli giro:

$$\sin\alpha = \sin\alpha' \leftrightarrow \alpha = \alpha' + 2k\pi \ \lor \ \alpha + \alpha' = \pi + 2k\pi.$$

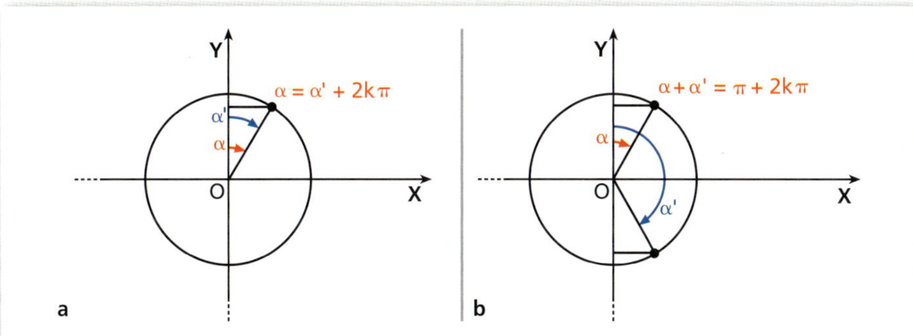

MATEMATICA E TECNOLOGIA

Le fibre ottiche Le fibre ottiche consentono connessioni tv e internet velocissime per far viaggiare informazioni digitali.
A differenza dei cavi di rame, che conducono elettroni, le fibre ottiche fanno passare impulsi luminosi. I cavi in fibra ottica sono sottilissimi fili di vetro. Sono formati da un cilindro interno trasparente, chiamato **nucleo** o **core**, ricoperto da un rivestimento detto **mantello** o **cladding**.
Il fenomeno fisico alla base del funzionamento della fibra ottica è stato studiato ben 350 anni prima che trovasse applicazione in questa tecnologia. Si tratta della riflessione totale della luce.

▶ Come fa un raggio di luce a viaggiare all'interno di una fibra ottica sfruttando la riflessione totale?

La risposta

ESEMPIO

Risolviamo $\sin\left(\frac{1}{2}x-\frac{\pi}{2}\right)=\sin\left(\frac{1}{4}x-\frac{\pi}{4}\right)$.

Applichiamo la proprietà precedente:

$$\underbrace{\frac{1}{2}x-\frac{\pi}{2}}_{\alpha}=\underbrace{\frac{1}{4}x-\frac{\pi}{4}}_{\alpha'}+2k\pi \ \vee\ \underbrace{\frac{1}{2}x-\frac{\pi}{2}}_{\alpha}+\underbrace{\frac{1}{4}x-\frac{\pi}{4}}_{\alpha'}=\pi+2k\pi.$$

Svolgendo i calcoli: $x=\pi+8k\pi \ \vee\ x=\frac{7}{3}\pi+\frac{8}{3}k\pi$.

$\sin\alpha=-\sin\alpha'$

Possiamo ricondurci al caso precedente scrivendo $\sin\alpha=\sin(-\alpha')$.
Infatti, per le proprietà degli archi associati, è: $-\sin\alpha'=\sin(-\alpha')$.

$\sin\alpha=\cos\alpha'$

Per le proprietà degli archi associati, $\cos\alpha'=\sin\left(\frac{\pi}{2}-\alpha'\right)$, quindi

$$\sin\alpha=\sin\left(\frac{\pi}{2}-\alpha'\right),$$

che permette di ricondurci al primo caso.

$\sin\alpha=-\cos\alpha'$

Per risolvere equazioni di questo tipo, scriviamo $\cos\alpha'=\sin\left(\frac{\pi}{2}-\alpha'\right)$, da cui $-\cos\alpha'=-\sin\left(\frac{\pi}{2}-\alpha'\right)$. Pertanto l'equazione data si trasforma nella seguente:

$$\sin\alpha=-\sin\left(\frac{\pi}{2}-\alpha'\right),\text{ e quindi }\sin\alpha=\sin\left(-\frac{\pi}{2}+\alpha'\right).$$

$\cos\alpha=\cos\alpha'$

Ricordiamo che due angoli hanno lo stesso coseno se e solo se sono congruenti oppure sono opposti, a meno di un numero intero di angoli giro

$$\cos\alpha=\cos\alpha' \ \leftrightarrow\ \alpha=\alpha'+2k\pi \ \vee\ \alpha=-\alpha'+2k\pi,$$

ossia, in forma più compatta:

$\cos\alpha = \cos\alpha' \leftrightarrow \alpha = \pm\alpha' + 2k\pi.$

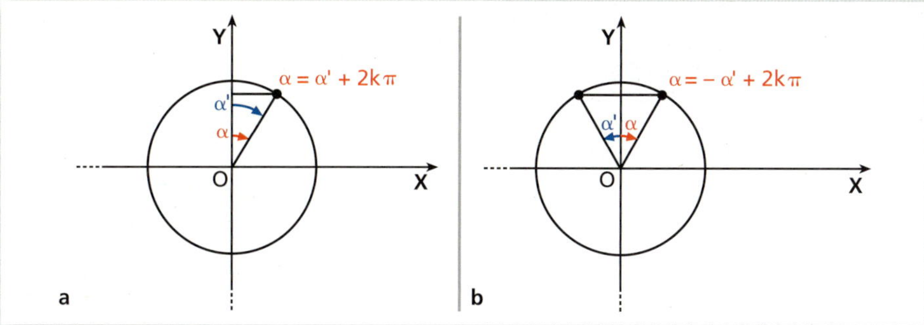

$\cos\alpha = -\cos\alpha'$

Poiché gli angoli supplementari hanno coseni opposti, ossia

$$\cos(\pi - \alpha) = -\cos\alpha,$$

possiamo scrivere l'equazione nella forma $\cos\alpha = \cos(\pi - \alpha')$ e ricondurci al caso precedente.

▶ Risolvi le seguenti equazioni:
- $\cos\left(\frac{3}{4}\pi - 4x\right) = \cos\left(2x - \frac{\pi}{3}\right)$;
- $\cos\left(x + \frac{\pi}{6}\right) = -\cos 2x$.

$\tan\alpha = \tan\alpha'$

Equazioni di questo tipo sono risolubili tenendo presente che due angoli hanno la stessa tangente se e solo se sono congruenti, a meno di un numero intero di angoli piatti:

$\tan\alpha = \tan\alpha' \leftrightarrow \alpha = \alpha' + k\pi.$

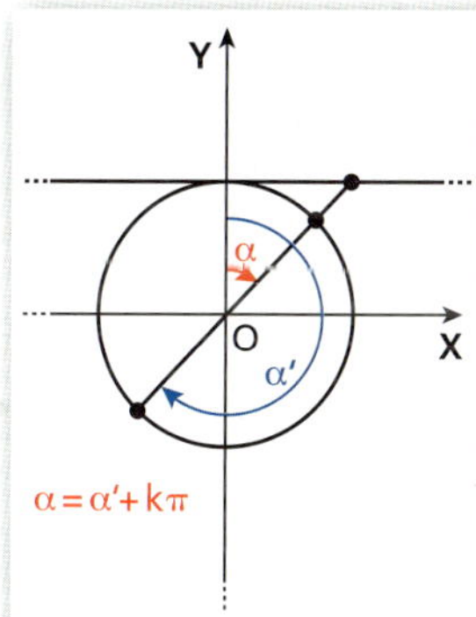

ESEMPIO

Risolviamo $\tan x = \tan\left(2x + \frac{\pi}{4}\right)$.

Essa è equivalente all'equazione $x = 2x + \frac{\pi}{4} + k\pi$, con la condizione:

$$x \neq \frac{\pi}{2} + k\pi \wedge 2x + \frac{\pi}{4} \neq \frac{\pi}{2} + k\pi \quad \rightarrow \quad x \neq \frac{\pi}{2} + k\pi \wedge x \neq \frac{\pi}{8} + k\frac{\pi}{2}.$$

Risolvendo l'equazione, otteniamo:

$$x = -\frac{\pi}{4} - k\pi, \text{ soluzioni accettabili.}$$

$\tan\alpha = -\tan\alpha'$

Poiché $\tan(-\alpha) = -\tan\alpha$, possiamo scrivere l'equazione nella forma $\tan\alpha = \tan(-\alpha')$, che permette di ricondurci al caso precedente.

Equazioni riconducibili a equazioni elementari

▶ Esercizi a p. 581

Per ricondurre, quando è possibile, equazioni che contengono più funzioni goniometriche a equazioni elementari si deve:

- esprimere le diverse funzioni mediante una sola di esse, utilizzando eventualmente le formule goniometriche;

Listen to it

When possible, to solve a trigonometric equation involving more than one function, express all the trigonometric functions in terms of only one of them using the trigonometric formulae.

- risolvere l'equazione ottenuta rispetto a tale funzione considerata come incognita;
- risolvere le equazioni elementari che si ottengono.

ESEMPIO

Risolviamo $2 \sin^2 x + 5 \cos x - 4 = 0$.

- Scriviamo l'espressione del primo membro in funzione soltanto di $\cos x$, essendo $\sin^2 x = 1 - \cos^2 x$:

$$2(1 - \cos^2 x) + 5 \cos x - 4 = 0 \rightarrow 2\cos^2 x - 5 \cos x + 2 = 0.$$

- Risolviamo l'equazione rispetto a $\cos x$:

$$\cos x = \frac{5 \pm \sqrt{25 - 16}}{4} \quad \rightarrow \quad \cos x = \frac{1}{2} \vee \cos x = 2.$$

- Se $\cos x = \frac{1}{2}$, $x = \pm\frac{\pi}{3} + 2k\pi$. Se $\cos x = 2$, nessuna soluzione.
- L'equazione di partenza ha quindi le soluzioni $x = \pm\frac{\pi}{3} + 2k\pi$.

2 Equazioni lineari in seno e coseno

▶ Esercizi a p. 584

DEFINIZIONE

Un'**equazione goniometrica lineare in sin *x* e cos *x*** si può ricondurre alla forma:

$$a \sin x + b \cos x + c = 0, \quad \text{con } a, b, c \in \mathbb{R}, a \neq 0 \text{ e } b \neq 0.$$

Se fosse $a = 0$ o $b = 0$, si avrebbe un'equazione goniometrica elementare.
Per risolvere un'equazione lineare si possono applicare tre metodi: quello algebrico, quello grafico e quello dell'angolo aggiunto.

Metodo algebrico

Se $c = 0$

Con $c = 0$ l'equazione diventa della forma: $a \sin x + b \cos x = 0$.

Osserviamo che $x = \frac{\pi}{2} + k\pi$ non può essere soluzione dell'equazione perché per tale valore si avrebbe

$$a \cdot 1 + b \cdot 0 = 0 \vee a \cdot (-1) + b \cdot 0 = 0$$

e cioè $a = 0$, che è impossibile perché per definizione a deve essere diverso da 0.
Allora, se $x \neq \frac{\pi}{2} + k\pi$, è anche $\cos x \neq 0$. Possiamo così dividere tutti i termini per $\cos x$ ottenendo l'equazione elementare

$$a \tan x + b = 0 \rightarrow \tan x = -\frac{b}{a}.$$

ESEMPIO
Risolviamo $\sin x - \sqrt{3}\cos x = 0$. Dividiamo i due membri per $\cos x$,

$$\frac{\sin x}{\cos x} - \frac{\sqrt{3}\cos x}{\cos x} = \frac{0}{\cos x} \quad \rightarrow \quad \tan x - \sqrt{3} = 0,$$

e otteniamo l'equazione elementare $\tan x = \sqrt{3}$, le cui soluzioni sono:

$$x = \frac{\pi}{3} + k\pi.$$

Se $c \neq 0$

L'equazione goniometrica è del tipo: $a \sin x + b \cos x + c = 0$.
Per la soluzione si utilizzano le **formule parametriche**:

$$\sin x = \frac{2t}{1+t^2} \quad \text{e} \quad \cos x = \frac{1-t^2}{1+t^2}, \quad \text{con } t = \tan\frac{x}{2} \text{ e } x \neq \pi + 2k\pi.$$

Sostituendo ed eseguendo le semplificazioni, si ottiene un'equazione di secondo grado in t del tipo:

$$a't^2 + b't + c' = 0.$$

Poiché le formule parametriche si applicano solo per valori di x per cui esiste la tangente di $\frac{x}{2}$, cioè per $\frac{x}{2} \neq \frac{\pi}{2} + k\pi \rightarrow x \neq \pi + 2k\pi$, occorre, prima di tutto, verificare se l'equazione di partenza ammette come soluzioni $x = \pi + 2k\pi$. Risolvendo poi l'equazione in t, si ottengono tutte le altre soluzioni.

ESEMPIO Animazione
Risolviamo $\sin x + \cos x - 1 = 0$.

Dapprima verifichiamo se $x = \pi + 2k\pi$ è soluzione dell'equazione.
Sostituiamo nel primo membro dell'equazione $x = \pi$:

$$\sin \pi + \cos \pi - 1 = 0 + (-1) - 1 \neq 0,$$

quindi $x = \pi + 2k\pi$ **non** è soluzione dell'equazione.
Sostituiamo ora a $\sin x$ e $\cos x$ le relative espressioni delle formule parametriche e l'equazione data diventa:

$$\frac{2t}{1+t^2} + \frac{1-t^2}{1+t^2} - 1 = 0.$$

Moltiplichiamo i due membri per $1 + t^2 \neq 0$ e semplifichiamo:

$$2t + 1 - t^2 - 1(1+t^2) = 0 \quad \rightarrow \quad -2t^2 + 2t = 0 \quad \rightarrow$$

$$2t(t-1) = 0 \begin{cases} t_1 = 0, \\ t_2 = 1. \end{cases}$$

Siamo giunti a due equazioni elementari, che risolviamo:

$$\tan\frac{x}{2} = 0 \rightarrow \frac{x}{2} = k\pi \rightarrow x = 2k\pi;$$

$$\tan\frac{x}{2} = 1 \rightarrow \frac{x}{2} = \frac{\pi}{4} + k\pi \rightarrow x = \frac{\pi}{2} + 2k\pi.$$

Le soluzioni dell'equazione lineare $\sin x + \cos x - 1 = 0$ sono:

$$x = 2k\pi \ \vee \ x = \frac{\pi}{2} + 2k\pi.$$

▸ Risolvi l'equazione:
$\cos x - \sin x - \sqrt{2} = 0$.
$\left[-\frac{\pi}{4} + 2k\pi\right]$

TEORIA

Metodo grafico

Risolviamo un'equazione lineare in seno e coseno con la geometria analitica.

- Sostituiamo l'equazione $a \sin x + b \cos x + c = 0$ con un sistema formato dall'equazione stessa e dall'equazione $\sin^2 x + \cos^2 x = 1$, la prima relazione fondamentale della goniometria:

$$\begin{cases} a\sin x + b\cos x + c = 0 \\ \cos^2 x + \sin^2 x = 1 \end{cases}.$$

- Poniamo $\cos x = Y$ e $\sin x = X$ e otteniamo un sistema algebrico.

$$\begin{cases} aX + bY + c = 0 \\ Y^2 + X^2 = 1 \end{cases}$$

$aX + bY + c = 0$ — equazione di una retta

$Y^2 + X^2 = 1$ — equazione della circonferenza con centro l'origine e raggio 1

- Troviamo le soluzioni dell'equazione lineare, rappresentate dalle coordinate dei punti di intersezione della retta e della circonferenza.

ESEMPIO

Risolviamo $\sqrt{3}\sin x + \cos x = 2$.

Trasformiamo l'equazione nel sistema: $\begin{cases} \sqrt{3}\sin x + \cos x = 2 \\ \cos^2 x + \sin^2 x = 1 \end{cases}$.

Poniamo $\sin x = X$ e $\cos x = Y$:

$$\begin{cases} \sqrt{3}X + Y = 2 \\ Y^2 + X^2 = 1 \end{cases}$$

$\sqrt{3}X + Y = 2$ — equazione di una retta

$Y^2 + X^2 = 1$ — equazione della circonferenza con centro l'origine e raggio 1

Le soluzioni dell'equazione data sono rappresentate dalle coordinate degli eventuali punti di intersezione della retta con la circonferenza.

Svolgendo i calcoli, si ottiene:

$$\begin{cases} Y = \frac{1}{2} \\ X = \frac{\sqrt{3}}{2} \end{cases}$$

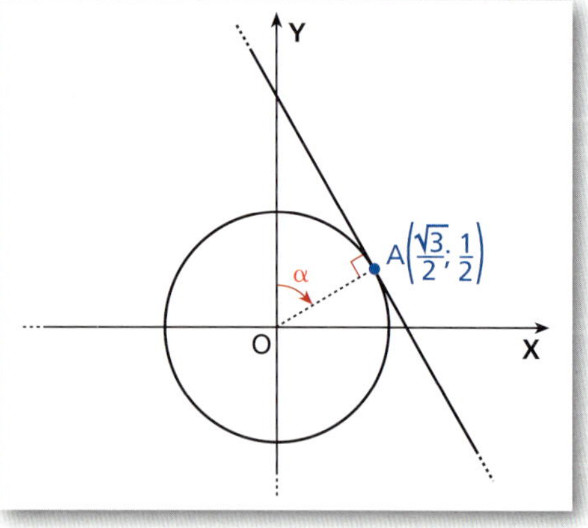

Sostituiamo $\cos x$ a Y e $\sin x$ a X, ottenendo il sistema:

$$\begin{cases} \cos x = \frac{1}{2} \\ \sin x = \frac{\sqrt{3}}{2} \end{cases}$$

che ha per soluzioni $x = \frac{\pi}{3} + 2k\pi$.

▶ Risolvi graficamente l'equazione: $\sin x + \cos x - \sqrt{2} = 0$. $\left[\frac{\pi}{4} + 2k\pi\right]$

Metodo dell'angolo aggiunto

Poiché l'espressione $a \sin x + b \cos x$ equivale a

$$r\sin(x + \alpha), \quad \text{con } r = \sqrt{a^2 + b^2} \text{ e } \tan\alpha = \frac{b}{a},$$

è possibile trasformare l'equazione lineare $a \sin x + b \cos x + c = 0$ in

$$r\sin(x+\alpha)+c=0 \quad\rightarrow\quad \sin(x+\alpha)=-\frac{c}{r},$$

ossia in un'equazione elementare.

ESEMPIO

Risolviamo $\sin x - \sqrt{3}\cos x + 1 = 0$.

$$r=\sqrt{1+3}=2; \quad \tan\alpha=\frac{-\sqrt{3}}{1}=-\sqrt{3} \quad\rightarrow\quad \alpha=-\frac{\pi}{3}.$$

L'equazione equivale a:

$$2\sin\left(x-\frac{\pi}{3}\right)+1=0 \quad\rightarrow\quad \sin\left(x-\frac{\pi}{3}\right)=-\frac{1}{2} \quad\rightarrow$$

$$x-\frac{\pi}{3}=\frac{7}{6}\pi+2k\pi \quad\rightarrow\quad x=\frac{3}{2}\pi+2k\pi$$

$$x-\frac{\pi}{3}=\frac{11}{6}\pi+2k\pi \quad\rightarrow\quad x=\frac{13}{6}\pi+2k\pi.$$

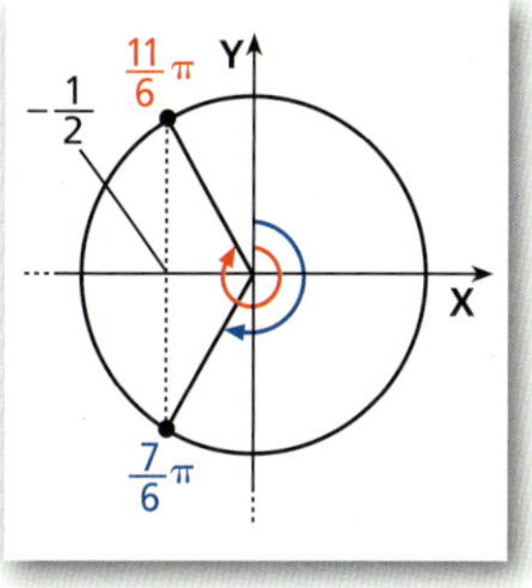

▶ Risolvi con il metodo dell'angolo aggiunto l'equazione:

$\sin x + \sqrt{3}\cos x = 1$.

$\left[-\frac{\pi}{6}+2k\pi \vee \frac{\pi}{2}+2k\pi\right]$

3 Equazioni omogenee di secondo grado in seno e coseno

▶ Esercizi a p. 587

Ricordiamo che un'equazione è omogenea quando tutti i suoi termini sono dello stesso grado.

DEFINIZIONE

Un'**equazione goniometrica omogenea di secondo grado in sin *x* e cos *x*** si può scrivere nella forma:

$$a\sin^2 x + b\sin x\cos x + c\cos^2 x = 0.$$

Consideriamo due casi.

- $a = 0 \vee c = 0$.

  Se $a = 0$ si ha: $b\sin x\cos x + c\cos^2 x = 0$.

  Se $c = 0$ si ha: $a\sin^2 x + b\sin x\cos x = 0$.

  Si può poi eseguire un raccoglimento di $\cos x$ nel primo caso e di $\sin x$ nel secondo,

  $\cos x\,(b\sin x + c\cos x) = 0$, oppure

  $\sin x\,(a\sin x + b\cos x) = 0$,

  ottenendo equazioni che si possono risolvere mediante la legge di annullamento del prodotto. Uguagliando a 0 i singoli fattori, si hanno equazioni elementari o equazioni lineari.

▶ Risolvi l'equazione:

$\cos x\sin x - \sqrt{3}\sin^2 x = 0$.

$\left[k\pi; \frac{\pi}{6}+k\pi\right]$

TEORIA

- $a \neq 0 \wedge c \neq 0$. Sono presenti entrambi i termini con $\sin^2 x$ e con $\cos^2 x$.

  Poiché $a \neq 0$, possiamo assumere: $\cos^2 x \neq 0$.

  Infatti è $\cos^2 x = 0$ per $x = \frac{\pi}{2} + k\pi$ e se questo valore fosse soluzione dell'equazione data, risulterebbe $a \cdot 1 + 0 + 0 = 0$, ossia $a = 0$, contro l'ipotesi.

  Dividiamo allora entrambi i membri per $\cos^2 x$, ottenendo un'equazione di secondo grado in $\tan x$, equivalente alla data:

  $$\frac{a\sin^2 x}{\cos^2 x} + \frac{b\sin x\cos x}{\cos^2 x} + \frac{c\cos^2 x}{\cos^2 x} = \frac{0}{\cos^2 x} \rightarrow$$

  $$a\tan^2 x + b\tan x + c = 0.$$

ESEMPIO

Risolviamo $\sin^2 x - (1+\sqrt{3})\sin x\cos x + \sqrt{3}\cos^2 x = 0$.

Poiché sono presenti i termini in $\sin^2 x$ e $\cos^2 x$ (quindi $x = \frac{\pi}{2} + k\pi$ non è soluzione dell'equazione), dividiamo i due membri per $\cos^2 x$:

$$\frac{\sin^2 x}{\cos^2 x} - \frac{(1+\sqrt{3})\sin x\cancel{\cos x}}{\cos^{\cancel{2}} x} + \frac{\sqrt{3}\cancel{\cos^2 x}}{\cancel{\cos^2 x}} = \frac{0}{\cos^2 x}.$$

Otteniamo l'equazione in $\tan x$:

$$\tan^2 x - (1+\sqrt{3}) \cdot \tan x + \sqrt{3} = 0.$$

Poniamo $\tan x = y$ e risolviamo l'equazione di secondo grado in y:

$$y = \frac{(1+\sqrt{3}) \pm \sqrt{(1-\sqrt{3})^2}}{2} = \frac{(1+\sqrt{3}) \pm (1-\sqrt{3})}{2} \begin{cases} y_1 = 1, \\ y_2 = \sqrt{3}. \end{cases}$$

Risolviamo, dunque, le due equazioni elementari:

$$\tan x = 1 \rightarrow x = \frac{\pi}{4} + k\pi; \quad \tan x = \sqrt{3} \rightarrow x = \frac{\pi}{3} + k\pi.$$

L'equazione omogenea data ha per soluzioni:

$$x = \frac{\pi}{4} + k\pi \vee x = \frac{\pi}{3} + k\pi.$$

▶ Risolvi l'equazione:
$\sin^2 x - 4\sin x\cos x + 3\cos^2 x = 0$.
$\left[\frac{\pi}{4} + k\pi; \arctan 3 + k\pi\right]$

Un'equazione omogenea di secondo grado può essere risolta anche trasformandola in un'equazione lineare, tenendo presente che:

$$\sin^2 x = \frac{1-\cos 2x}{2}, \quad \cos^2 x = \frac{1+\cos 2x}{2}, \quad \sin x\cos x = \frac{\sin 2x}{2}.$$

▶ Risolvi l'equazione: $5\sin^2 x - 2 = 2\sqrt{3}\sin x\cos x + \cos^2 x$.

Equazioni riconducibili a omogenee di secondo grado in seno e coseno

Un'equazione del tipo

$$\boldsymbol{a\sin^2 x + b\sin x\cos x + c\cos^2 x = d}, \quad \text{con } d \neq 0,$$

è **riconducibile a omogenea di secondo grado in seno e coseno**. Infatti, può essere scritta in modo da risultare omogenea moltiplicando il termine noto d per $(\sin^2 x + \cos^2 x)$, uguale a 1 per ogni x.

L'equazione diventa:

$$a\sin^2 x + b\sin^2 x\cos x + c\cos^2 x = d(\sin^2 x + \cos^2 x).$$

► Risolvi l'equazione: $2\sqrt{3}\sin^2 x - \sin x\cos x + \sqrt{3}\cos^2 x = \sqrt{3}$.

Animazione

4 Sistemi di equazioni goniometriche

► Esercizi a p. 594

È possibile trattare i sistemi di equazioni goniometriche in modo analogo ai sistemi di equazioni algebriche.

ESEMPIO Animazione

Risolviamo il seguente sistema di due equazioni goniometriche in due incognite x e y, utilizzando il metodo di sostituzione:

$$\begin{cases} 4\cos^2 x + 3\cos^2 y = 4 \\ 2\cos x + 5\cos y = 6 \end{cases}$$

Poniamo $\cos x = X$ e $\cos y = Y$:

$$\begin{cases} 4X^2 + 3Y^2 = 4 \\ 2X + 5Y = 6 \end{cases}$$

Dalla seconda equazione ricaviamo $X = \dfrac{6-5Y}{2}$; sostituiamo nella prima:

$$\begin{cases} 4\left(\dfrac{6-5Y}{2}\right)^2 + 3Y^2 = 4 \to 7Y^2 - 15Y + 8 = 0 \to Y = \dfrac{8}{7} \text{ e } Y = 1 \\ X = \dfrac{6-5Y}{2} \end{cases}$$

Poiché $Y = \cos y$ e la funzione coseno ha i valori compresi fra -1 e 1, l'equazione $\cos\ y = \dfrac{8}{7}$ non ha soluzioni.

Consideriamo soltanto la soluzione $Y = 1$, per cui il sistema diventa:

$$\begin{cases} Y = 1 \\ X = \dfrac{1}{2} \end{cases} \to \begin{cases} \cos y = 1 \\ \cos x = \dfrac{1}{2} \end{cases} \to \begin{cases} y = 2k\pi \\ x = \pm\dfrac{\pi}{3} + 2k_1\pi \end{cases}, \quad \text{con } k, k_1 \in \mathbb{Z}.$$

► Risolvi il seguente sistema:

$$\begin{cases} \tan x - \tan y = -\dfrac{\sqrt{3}}{3} \\ \tan x + \tan y = \dfrac{\sqrt{3}}{3} \end{cases}.$$

$\left[x = k\pi;\ y = \dfrac{\pi}{6} + k_1\pi\right]$

5 Disequazioni goniometriche

DEFINIZIONE

Una **disequazione goniometrica** contiene almeno una funzione goniometrica dell'incognita.

Disequazioni goniometriche elementari

▶ Esercizi a p. 597

Le **disequazioni goniometriche elementari** sono del tipo:

$\sin x > a, \quad \cos x > b, \quad \tan x > c,$

o del tipo analogo con i simboli $\geq$, $<$, $\leq$.
È possibile risolverle in due modi:

1. utilizzando il grafico della relativa funzione goniometrica;
2. utilizzando la circonferenza goniometrica.

Primo metodo

ESEMPIO

Risolviamo $\sin x < \frac{1}{2}$.

L'equazione associata è $\sin x = \frac{1}{2}$, le cui soluzioni in $[0; 2\pi]$ sono $x = \frac{\pi}{6}$ e $x = \frac{5}{6}\pi$.

Tracciamo il grafico della funzione $y = \sin x$ nell'intervallo $[0; 2\pi]$ e il grafico della retta $y = \frac{1}{2}$. Le ascisse dei punti di intersezione della retta con la sinusoide sono $\frac{\pi}{6}$ e $\frac{5}{6}\pi$.

Poiché dev'essere $\sin x < \frac{1}{2}$, coloriamo la parte di sinusoide che sta strettamente «sotto» la retta $y = \frac{1}{2}$ (figura **c**).

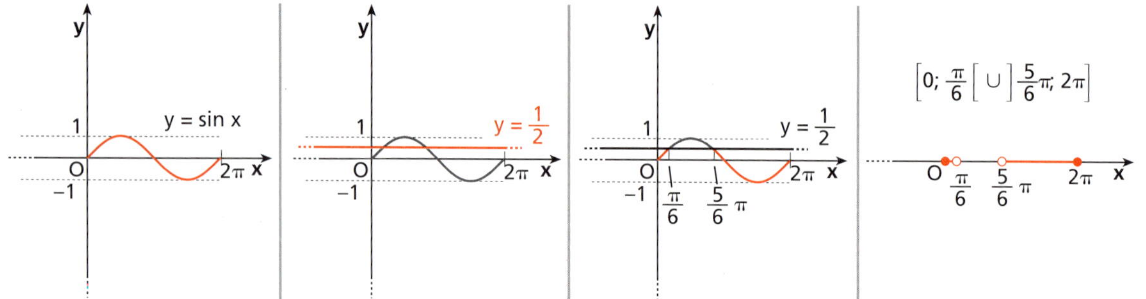

a. Disegniamo il grafico di $y = \sin x$, $x \in [0; 2\pi]$.

b. Tracciamo la retta $y = \frac{1}{2}$.

c. Evidenziamo in rosso la parte di sinusoide le cui ordinate sono strettamente minori di $\frac{1}{2}$.

d. La soluzione della disequazione è data dalle ascisse corrispondenti ai punti evidenziati.

Le ascisse dei punti della sinusoide evidenziata variano da 0 a $\frac{\pi}{6}$ e da $\frac{5}{6}\pi$ a 2π. Pertanto le soluzioni nell'intervallo $[0; 2\pi]$ sono:

$$0 \leq x < \frac{\pi}{6} \vee \frac{5}{6}\pi < x \leq 2\pi.$$

Se teniamo conto della periodicità della funzione seno, le soluzioni della disequazione in $\mathbb{R}$ sono:

$$2k\pi \leq x < \frac{\pi}{6} + 2k\pi \vee \frac{5}{6}\pi + 2k\pi < x \leq 2\pi + 2k\pi.$$

▶ Risolvi la disequazione $\cos x > \frac{\sqrt{3}}{2}$, utilizzando il grafico di $y = \cos x$.

Secondo metodo

ESEMPIO

Consideriamo di nuovo la disequazione $\sin x < \frac{1}{2}$.

Disegniamo la circonferenza goniometrica e su di essa evidenziamo i punti P e Q che hanno ascissa uguale a $\frac{1}{2}$. A essi corrispondono gli angoli $\frac{\pi}{6}$ e $\frac{5}{6}\pi$ che risolvono l'equazione associata.

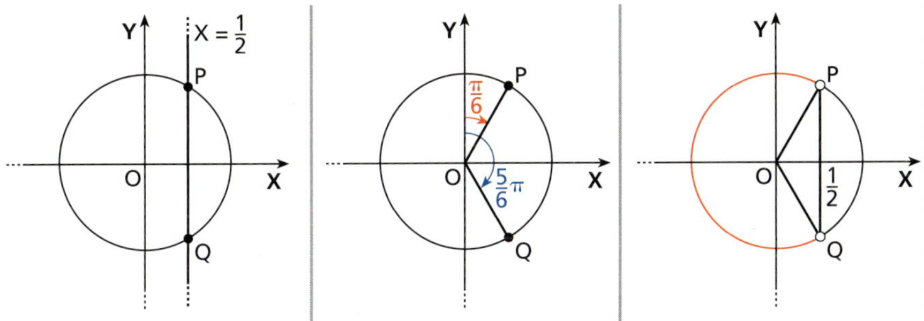

a. Tracciamo la retta $X = \frac{1}{2}$ e indichiamo i punti P e Q aventi ascissa $\frac{1}{2}$.

b. Evidenziamo gli angoli $\frac{\pi}{6}$ e $\frac{5}{6}\pi$ individuati da P e Q.

c. Coloriamo in rosso gli archi i cui punti hanno ascissa minore di $\frac{1}{2}$.

Le soluzioni nell'intervallo $[0; 2\pi]$ sono date da tutti gli angoli a cui corrispondono sulla circonferenza goniometrica punti con ascissa minore di $\frac{1}{2}$:

$$0 \leq x < \frac{\pi}{6} \vee \frac{5}{6}\pi < x \leq 2\pi.$$

Abbiamo ottenuto lo stesso risultato del primo metodo.

▶ Risolvi utilizzando la circonferenza goniometrica: $\cos x > \frac{\sqrt{3}}{2}$.

Disequazioni goniometriche non elementari

▶ Esercizi a p. 600

Esaminiamo un esempio.

ESEMPIO

Risolviamo $\sqrt{2}\sin^2 x - \sin x \geq 0$, nell'intervallo $[0; 2\pi]$.

Questa è una disequazione di secondo grado in $\sin x$, soddisfatta per valori esterni all'intervallo delle soluzioni dell'equazione associata.

Determiniamo le soluzioni dell'equazione associata:

$$\sqrt{2}\sin^2 x - \sin x = 0$$

$$\sin x \cdot (\sqrt{2}\sin x - 1) = 0 \quad \rightarrow \quad \sin x = 0 \vee \sin x = \frac{\sqrt{2}}{2}.$$

Consideriamo i valori esterni all'intervallo delle soluzioni:

$$\sin x \leq 0 \vee \sin x \geq \frac{\sqrt{2}}{2}.$$

Ci siamo quindi ricondotti a risolvere due disequazioni elementari.

Rappresentiamo graficamente gli intervalli soluzione, utilizzando i due metodi appena visti.

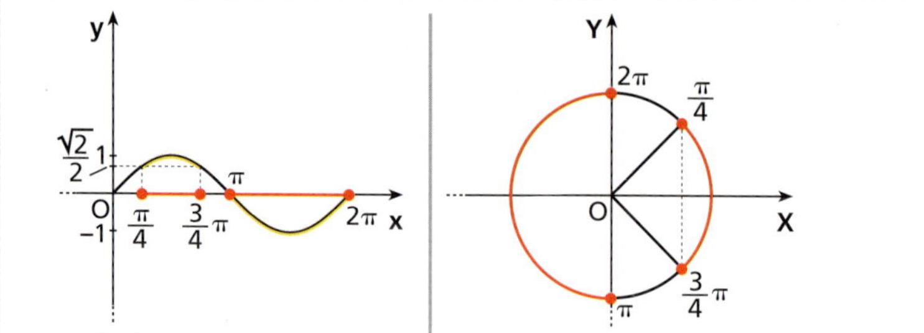

a. Risoluzione con il grafico della funzione seno.

b. Risoluzione con la circonferenza goniometrica.

Le soluzioni della disequazione di partenza, nell'intervallo $[0; 2\pi]$, sono

$$\frac{\pi}{4} \leq x \leq \frac{3}{4}\pi \vee \pi \leq x \leq 2\pi.$$

► Risolvi la disequazione $\cos x + \cos^2 x > 0$.
$\left[-\frac{\pi}{2} + 2k\pi < x < \frac{\pi}{2} + 2k\pi\right]$

Disequazioni fratte o sotto forma di prodotto

► Esercizi a p. 602

Esaminiamo un esempio in cui viene risolta una disequazione fratta.

ESEMPIO

Risolviamo la disequazione $\tan x \geq \frac{1}{2\cos x}$.

- Scriviamo la disequazione in seno e coseno, nella forma $\frac{N}{D} \geq 0$:

$$\frac{\sin x}{\cos x} \geq \frac{1}{2\cos x} \quad \rightarrow \quad \frac{2\sin x - 1}{2\cos x} \geq 0.$$

- Studiamo il segno di N e D in $[0; 2\pi]$:

$$N > 0: 2\sin x - 1 > 0 \quad \rightarrow \quad \sin x > \frac{1}{2} \quad \rightarrow \quad \frac{\pi}{6} < x < \frac{5}{6}\pi;$$

$$D > 0: 2\cos x > 0 \quad \rightarrow \quad \cos x > 0 \quad \rightarrow \quad 0 < x < \frac{\pi}{2} \vee \frac{3}{2}\pi < x < 2\pi.$$

- Rappresentiamo i segni su circonferenze concentriche (quella più interna è relativa al segno di N) e applichiamo la regola dei segni, riportando i risultati su una terza circonferenza, che nella figura è la più esterna.

  Scegliamo gli intervalli in cui in $[0; 2\pi]$ è $\frac{N}{D} \geq 0$:

$$\frac{\pi}{6} \leq x < \frac{\pi}{2} \vee \frac{5}{6}\pi \leq x < \frac{3}{2}\pi.$$

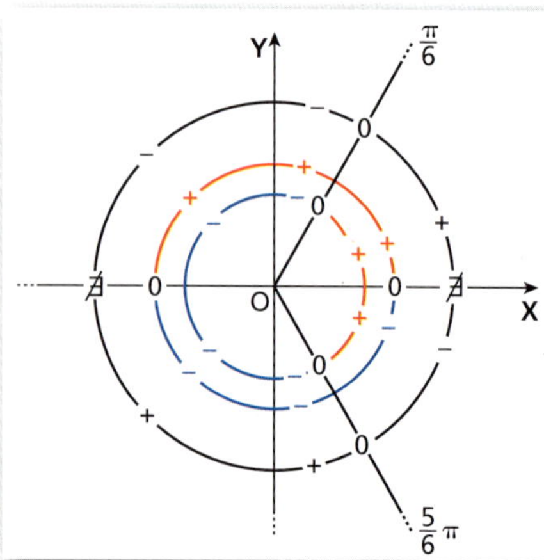

Tenendo conto della periodicità, la disequazione è verificata in $\mathbb{R}$ per:

$$\frac{\pi}{6} + 2k\pi \leq x < \frac{\pi}{2} + 2k\pi \vee \frac{5}{6}\pi + 2k\pi \leq x < \frac{3}{2}\pi + 2k\pi.$$

► Risolvi la disequazione: $(2\sin x + 1) \cdot (\sqrt{2}\cos x - 1) < 0$.

Sistemi di disequazioni goniometriche

▶ Esercizi a p. 606

Un sistema di disequazioni goniometriche è l'insieme di due o più disequazioni goniometriche nella stessa incognita. Le soluzioni del sistema sono quei valori che soddisfano contemporaneamente tutte le disequazioni.

ESEMPIO

Risolviamo il sistema $\begin{cases} 4\sin^2 x - 3 \geq 0 \\ \tan x \geq 1 \end{cases}$.

- Risolviamo la prima disequazione.

$$4\sin^2 x - 3 \geq 0 \rightarrow \sin^2 x \geq \frac{3}{4} \rightarrow$$

$$\sin x \leq -\frac{\sqrt{3}}{2} \vee \sin x \geq \frac{\sqrt{3}}{2}$$

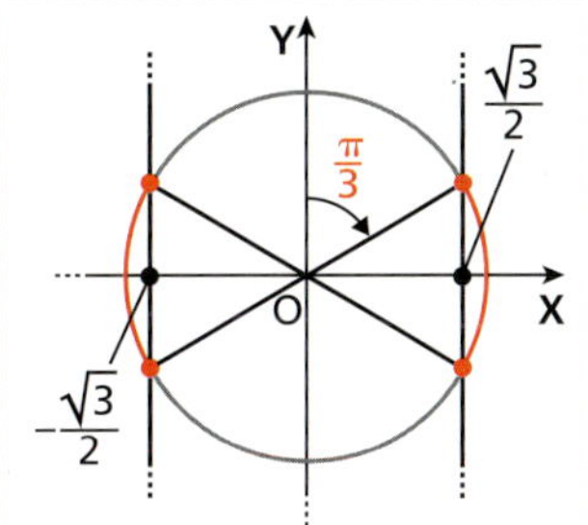

a

- Dallo schema grafico (figura **a**) deduciamo che la disequazione è verificata per:

$$\frac{\pi}{3} + k\pi \leq x \leq \frac{2}{3}\pi + k\pi.$$

- Risolviamo la seconda disequazione (figura **b**):

$$\tan x \geq 1 \rightarrow \frac{\pi}{4} + k\pi \leq x < \frac{\pi}{2} + k\pi.$$

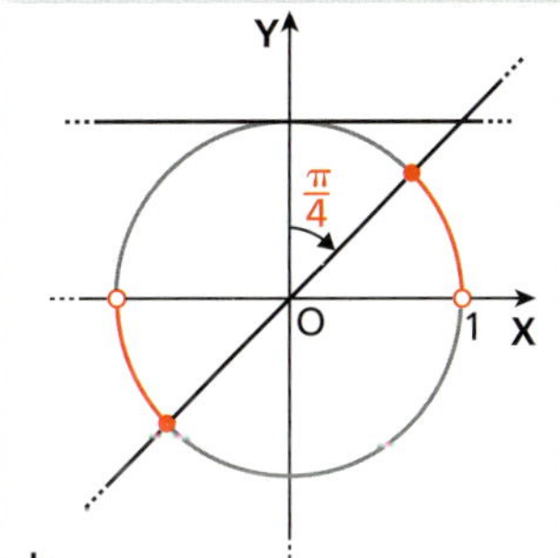

b

- Rappresentiamo le soluzioni su circonferenze concentriche (figura **c**) ed evidenziamo gli intervalli in cui le disequazioni sono entrambe verificate. Le soluzioni del sistema sono:

$$\frac{\pi}{3} + k\pi \leq x < \frac{\pi}{2} + k\pi.$$

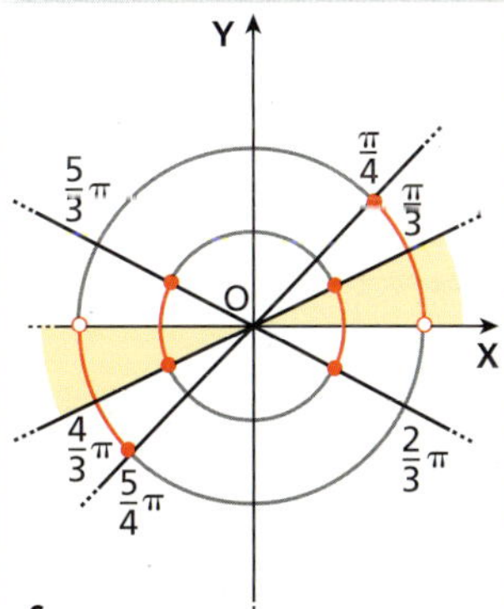

c

▶ Risolvi il sistema:
$\begin{cases} 2\cos x + \sqrt{2} > 0 \\ 2\sin x \leq -1 \end{cases}$.

MATEMATICA E TECNOLOGIA

I pannelli solari Il Sole è una fonte di energia rinnovabile ed economica. Chiunque può diventare produttore di energia solare se possiede dei pannelli solari.

▶ Come si devono collocare i pannelli solari affinché il loro rendimento sia massimo?

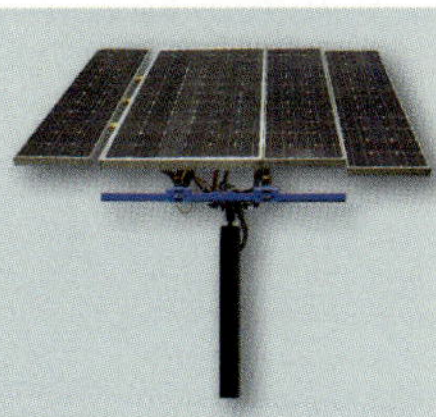

La risposta

IN SINTESI
Equazioni e disequazioni goniometriche

Equazioni goniometriche elementari

Equazioni goniometriche elementari		
$\sin x = a$ determinata se $-1 \le a \le 1$; impossibile se $a < -1 \vee a > 1$	$\cos x = b$ determinata se $-1 \le b \le 1$; impossibile se $b < -1 \vee b > 1$	$\tan x = c$ determinata $\forall c \in \mathbb{R}$

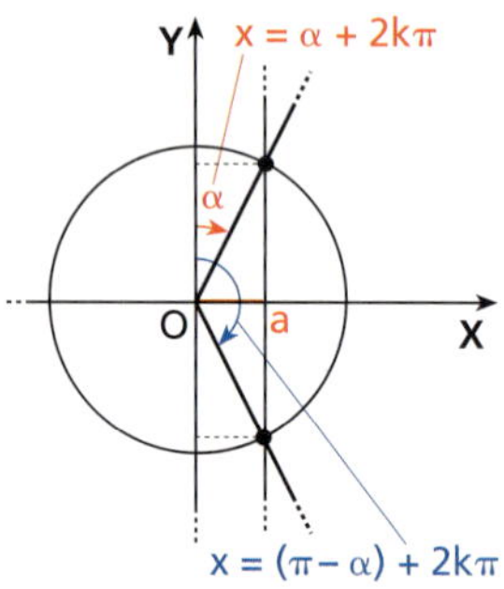

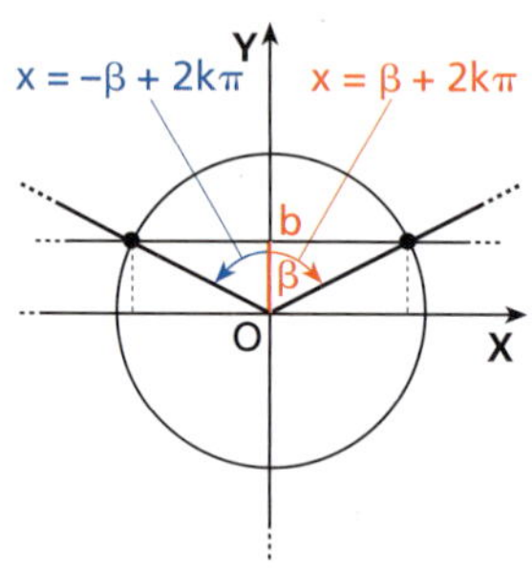

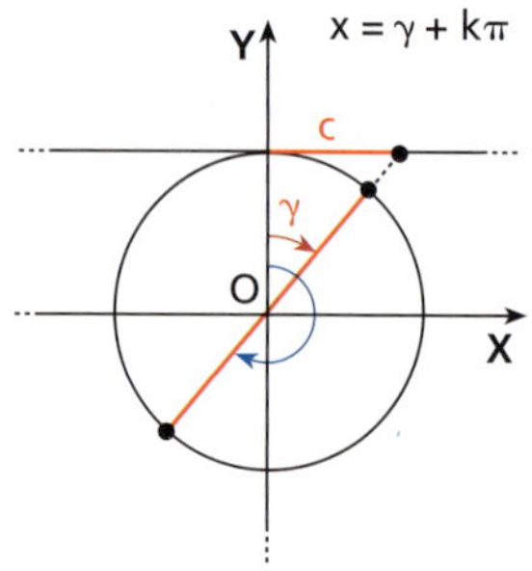

Equazioni lineari in seno e coseno

- **Equazioni lineari**: sono della forma $a \sin x + b \cos x + c = 0$, con $a \neq 0$ e $b \neq 0$.
- **Metodo di risoluzione algebrico**
  - $c = 0$: si dividono i membri per $\cos x \neq 0$ e si risolve l'equazione in tangente.
  - $c \neq 0$:
    - si determinano eventuali soluzioni del tipo $x = \pi + 2k\pi$;
    - si utilizzano le formule parametriche per $x \neq \pi + 2k\pi$,
      $\sin x = \frac{2t}{1+t^2}$ e $\cos x = \frac{1-t^2}{1+t^2}$, con $t = \tan\frac{x}{2}$
      risolvendo l'equazione in t.
- **Metodo di risoluzione grafico**
  - Si eseguono le sostituzioni $\sin x = X$ e $\cos x = Y$.
  - Si risolve il sistema tra equazione della retta $aX + bY + c = 0$ e $Y^2 + X^2 = 1$, equazione della circonferenza goniometrica. Le soluzioni del sistema sono i punti di intersezione tra retta e circonferenza.
- **Metodo di risoluzione dell'angolo aggiunto**
  - Si considera
    $$a \sin x + b \cos x = r \sin(x + \alpha), \text{ con } r = \sqrt{a^2 + b^2} \text{ e } \tan\alpha = \frac{b}{a}.$$
  - Si sostituisce in $a \sin x + b \cos x + c = 0$:
    $$r \sin(x+\alpha) + c = 0 \;\rightarrow\; \sin(x+\alpha) = -\frac{c}{r}, \text{ equazione elementare.}$$

Equazioni omogenee di secondo grado in seno e coseno

- **Equazioni omogenee di secondo grado in seno e coseno**: sono le equazioni riconducibili alla forma:

  $a \cdot \sin^2 x + b \sin x \cos x + c \cos^2 x = 0.$

- **Metodo risolutivo**
  - Se $a = 0$: $b \sin x \cos x + c \cos^2 x = 0 \rightarrow \cos x(b \sin x + c \cos x) = 0$.
  - Se $c = 0$: $a \sin^2 x + b \sin x \cos x = 0 \rightarrow \sin x(a \sin x + b \cos x) = 0$.
  - Se $a \neq 0 \ \wedge \ c \neq 0$: si divide per $\cos^2 x$ (diverso da 0, essendo $a \neq 0$) $\rightarrow a \tan^2 x + b \tan x + c = 0$.

- Sono **riconducibili** a omogenee di secondo grado in seno e coseno le equazioni del tipo:

  $a \cdot \sin^2 x + b \cdot \sin x \cos x + c \cdot \cos^2 x = d, \quad \text{con } d \neq 0.$

  Per risolverle, si moltiplica d per $1 = \sin^2 x + \cos^2 x$ e si risolve l'equazione omogenea così ottenuta.

Disequazioni goniometriche

- **Disequazioni goniometriche elementari**: sono le disequazioni del tipo $\sin x < a$, $\cos x < a$, $\tan x < a$ e quelle analoghe con diversi simboli di diseguaglianza.

- **Metodi risolutivi**
  - Con il **grafico della funzione goniometrica**.

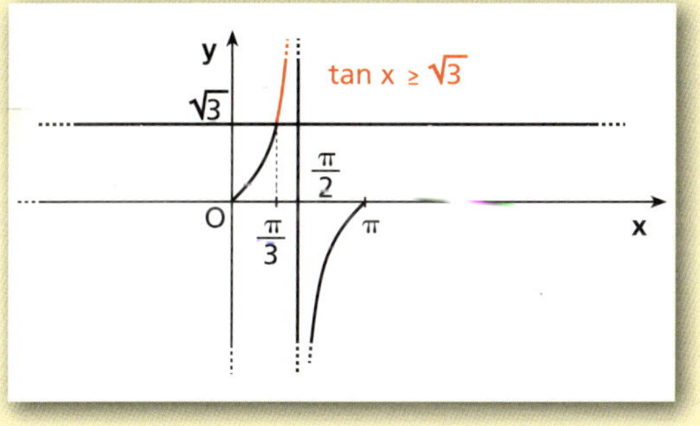

  - Con la **circonferenza goniometrica**.

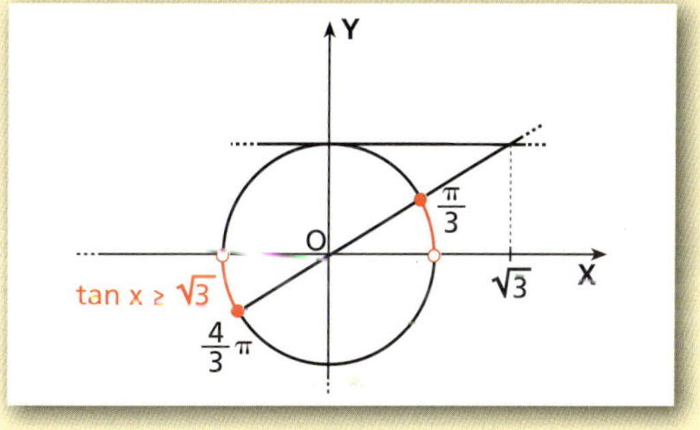

- Si risolvono le **disequazioni goniometriche non elementari** riconducendole a disequazioni elementari. Le disequazioni sotto forma di prodotti si risolvono mediante lo **studio del segno** dei fattori.

ESEMPIO: $(2 \sin x + \sqrt{2})(2 \cos x - 1) > 0.$

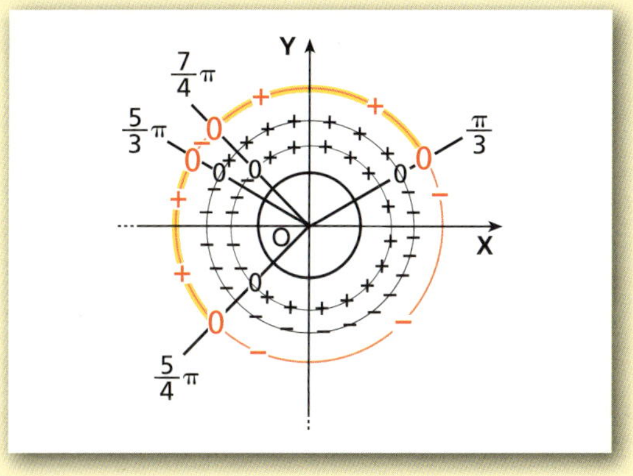

- Un **sistema di disequazioni goniometriche** ha come soluzioni quei valori che soddisfano contemporaneamente tutte le sue disequazioni.

ESEMPIO: $\begin{cases} 2 \sin x + \sqrt{2} > 0 \\ 2 \cos x - 1 > 0 \end{cases}$

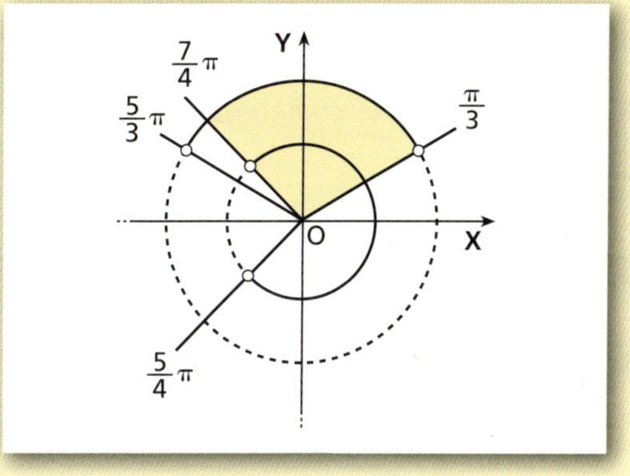

CAPITOLO 12 ESERCIZI

1 Equazioni goniometriche elementari

1 Riconosci fra le seguenti equazioni quelle goniometriche.

$3 \sin x = 1$; $3x \sin \pi = 1$; $2 \cos x + 2 = 0$; $2x - \tan 30° = 0$; $\sin^2 x - \cos x - 3 = 0$.

Scrittura sintetica delle soluzioni di un'equazione

2 TEST Fra le seguenti espressioni, una sola *non* è equivalente a $x = \frac{\pi}{2} + k\frac{\pi}{2}$. Quale?

A $x = \pi + k\frac{\pi}{2}$

B $x = \frac{3}{2}\pi + k\frac{\pi}{2}$

C $x = k\pi \vee x = \frac{\pi}{2} + k\pi$

D $x = 2k\pi \vee x = \frac{\pi}{2} + k\pi$

E $x = k\frac{\pi}{2}$

3 ASSOCIA a ciascuna espressione della prima colonna un'espressione della seconda colonna che descriva gli stessi angoli.

a. $x = k\pi$	1. $x = 2k\pi$
b. $x = \pi + 2k\pi$	2. $x = \pi + k\pi$
c. $x = -4\pi + 2k\pi$	3. $x = -\pi + 2k\pi$
d. $x = k\frac{\pi}{2}$	4. $x = \frac{\pi}{2} + k\frac{\pi}{2}$

4 VERO O FALSO? Le due scritture sintetiche indicate sono equivalenti.

a. $x = -\frac{\pi}{4} + 2k\pi$, $\quad x = \frac{7}{4}\pi + 2k\pi$. V F

b. $x = \frac{\pi}{3} + 2k\pi \vee x = \frac{4}{3}\pi + 2k\pi$, $\quad x = \frac{\pi}{3} + k\pi$. V F

c. $x = \frac{5}{6}\pi + k\pi$, $\quad x = \frac{11}{6}\pi + 2k\pi$. V F

d. $x = \frac{\pi}{2} + 2k\pi \vee x = \frac{3}{2}\pi + 2k\pi$, $\quad x = -\frac{\pi}{2} + k\pi$. V F

e. $x = k\pi$, $\quad x = 2k\pi \vee x = \pi + 2k\pi$. V F

f. $x = \frac{\pi}{4} + k\frac{\pi}{2}$, $\quad x = \pm\frac{\pi}{4} + k\pi$. V F

Rappresenta nella circonferenza goniometrica le seguenti soluzioni di equazioni goniometriche.

5 a. $x = -\frac{\pi}{4} + k\pi$; b. $x = \frac{3}{2}\pi + k\pi$.

6 a. $x = \frac{\pi}{4} + k\frac{\pi}{2}$; b. $x = -\frac{2}{3}\pi + k\pi$.

7 a. $x = \frac{\pi}{6} + k\pi \vee x = -\frac{\pi}{6} + 2k\pi$; b. $x = \frac{3}{4}\pi + k\pi \vee x = k\pi$.

LEGGI IL GRAFICO In ogni figura sono indicate le soluzioni di un'equazione goniometrica. Scrivi il risultato nella forma più sintetica possibile, indicando anche la periodicità.

8 ●○

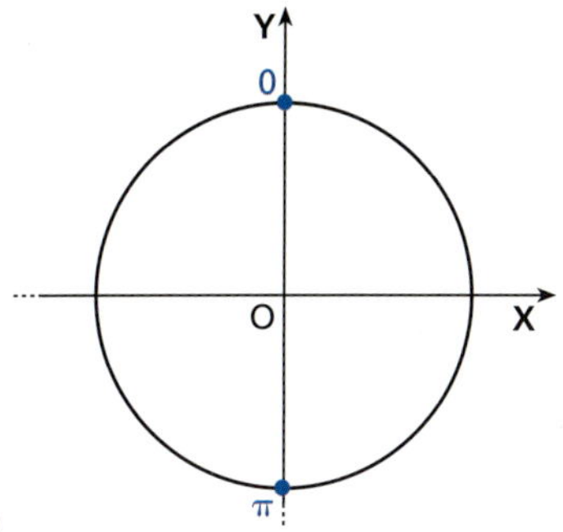

a

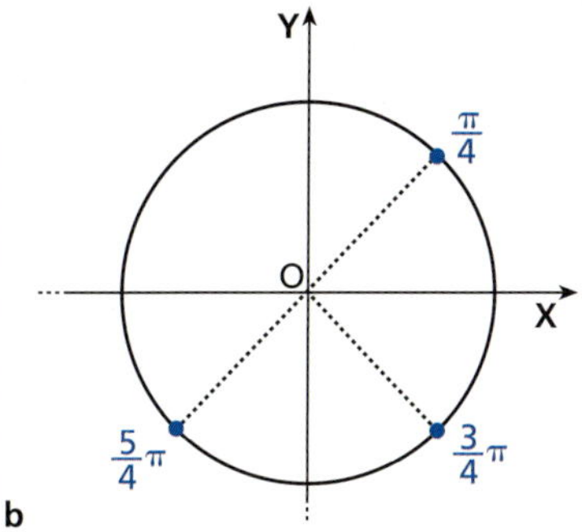

b

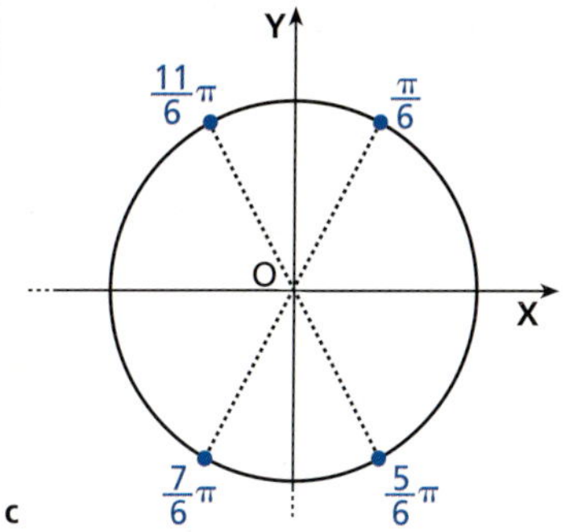

c

9 ●○

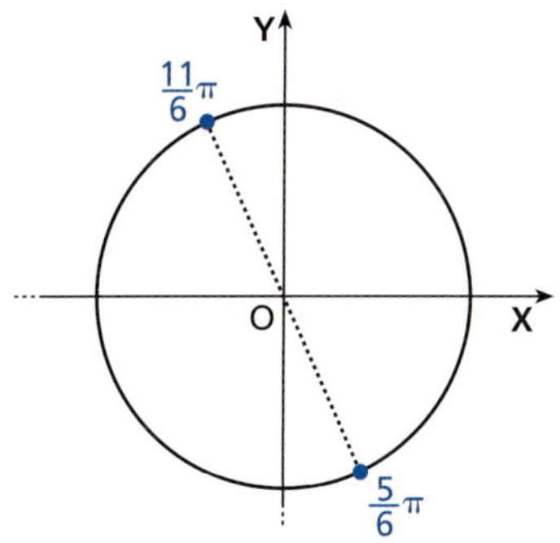

a

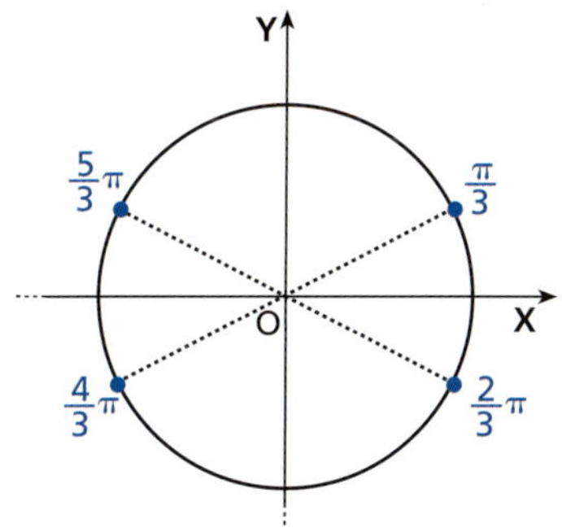

b

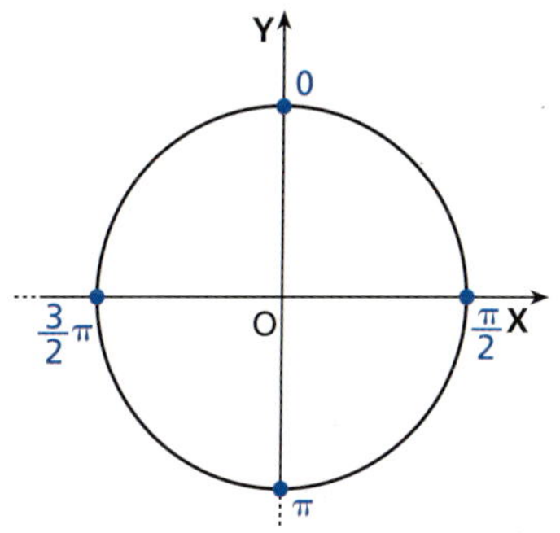

c

$\sin x = a$

▶ Teoria a p. 552

10 **ESERCIZIO GUIDA** Risolviamo le seguenti equazioni:

a. $2\sin x - 1 = 0$; **b.** $2\sin x - 4 = 0$; **c.** $\sin\left(x - \frac{\pi}{6}\right) = \frac{\sqrt{3}}{2}$; **d.** $\sin x = \frac{1}{3}$.

a. Risolviamo l'equazione rispetto a $\sin x$:

$$2\sin x - 1 = 0 \rightarrow \sin x = \frac{1}{2}.$$

Usando la circonferenza goniometrica, cerchiamo i punti di ascissa $\frac{1}{2}$. A essi corrispondono gli angoli $\frac{\pi}{6}$ e $\pi - \frac{\pi}{6} = \frac{5}{6}\pi$. Inoltre, tutti gli angoli che si ottengono da $\frac{\pi}{6}$ e $\frac{5}{6}\pi$ aggiungendo (o sottraendo) 2π e i suoi multipli hanno lo stesso seno, quindi sono soluzioni dell'equazione. In conclusione, le soluzioni dell'equazione sono: $x = \frac{\pi}{6} + 2k\pi \vee x = \frac{5}{6}\pi + 2k\pi$.

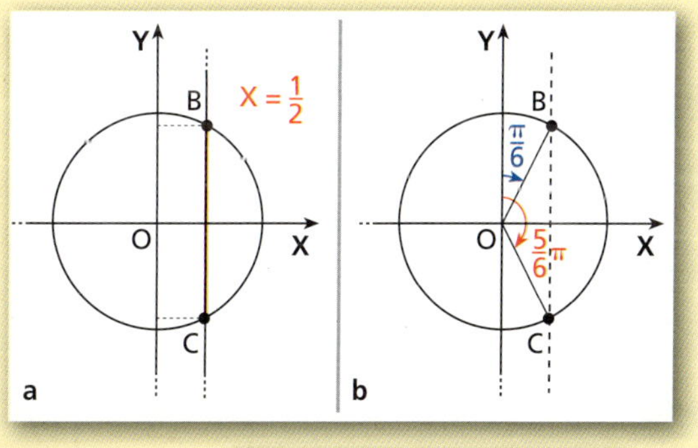

b. $2\sin x - 4 = 0$. Risolviamo l'equazione rispetto a $\sin x$:

$$2\sin x = 4 \quad \rightarrow \quad \sin x = 2.$$

L'equazione è impossibile perché deve essere $-1 \leq \sin x \leq 1$ per qualsiasi valore di x. Graficamente osserviamo che la retta dei punti che hanno ascissa 2 non incontra mai la circonferenza goniometrica.

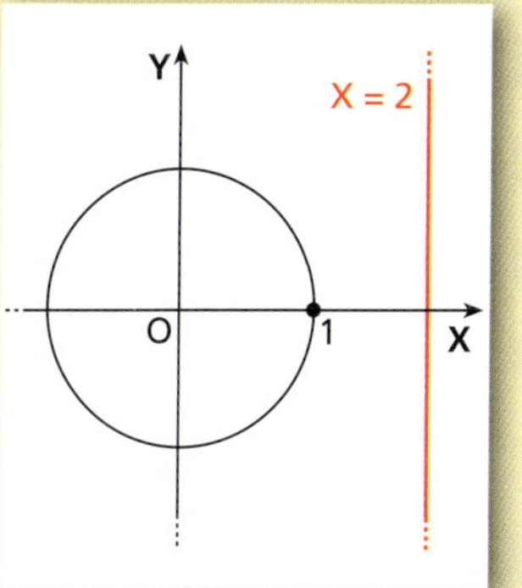

▶

c. $\sin\left(x-\frac{\pi}{6}\right)=\frac{\sqrt{3}}{2}$. Poniamo $x-\frac{\pi}{6}=t$. Otteniamo l'equazione:

$$\sin t=\frac{\sqrt{3}}{2}.$$

Le soluzioni sono $t=\frac{\pi}{3}+2k\pi$ e $t=\frac{2}{3}\pi+2k\pi$.
Sostituiamo i valori trovati per t nell'equazione $x-\frac{\pi}{6}=t$ e otteniamo: $x=\frac{\pi}{2}+2k\pi \vee x=\frac{5}{6}\pi+2k\pi$.

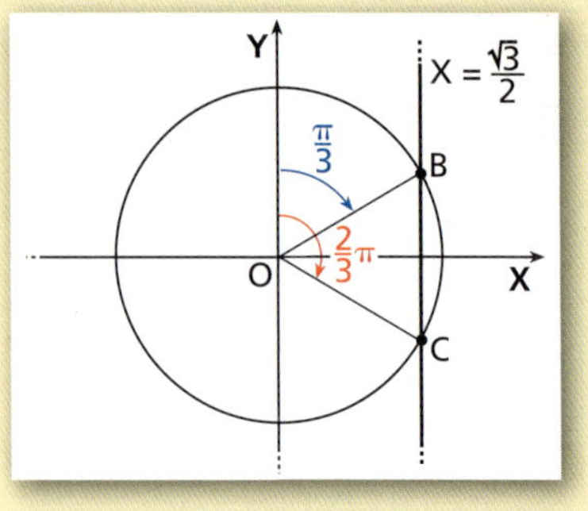

d. $\sin x=\frac{1}{3}$.

Procediamo come nel caso **a**. Tuttavia, notiamo che il valore del seno non corrisponde ad angoli noti, quindi esprimiamo le soluzioni mediante la funzione arcoseno:

$$x=\arcsin\frac{1}{3}+2k\pi \vee x=\pi-\arcsin\frac{1}{3}+2k\pi.$$

Con l'aiuto della calcolatrice scriviamo i valori approssimati degli angoli:

$$x\simeq 0{,}34+2k\pi \vee x\simeq 2{,}8+2k\pi.$$

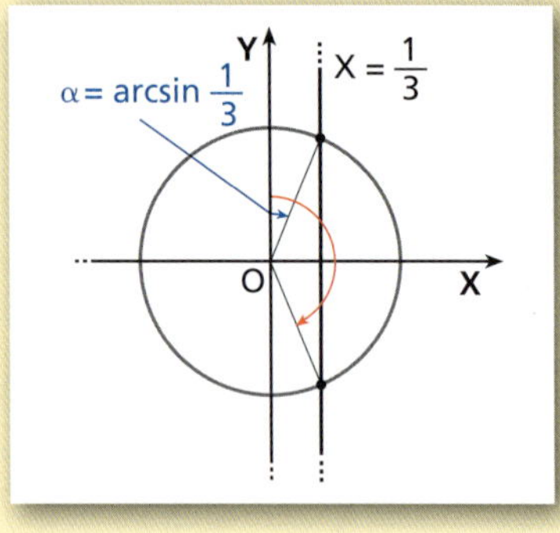

11 ●○ Scrivi le soluzioni dell'equazione $\sin x=\frac{\sqrt{2}}{2}$ in $[0; 3\pi]$. $\left[\frac{\pi}{4}, \frac{3}{4}\pi, \frac{9}{4}\pi, \frac{11}{4}\pi\right]$

12 ●○ Scrivi le soluzioni dell'equazione $\sin 2x=\frac{1}{2}$ in $[0; 2\pi]$. $\left[\frac{\pi}{12}, \frac{5}{12}\pi, \frac{13}{12}\pi, \frac{17}{12}\pi\right]$

13 ●○ **TEST** Solo una tra le seguenti *non* è soluzione dell'equazione $\sin 2x=\frac{\sqrt{3}}{2}$. Quale?

A $\frac{\pi}{3}$ **B** $\frac{\pi}{6}$ **C** $\frac{13}{6}\pi$ **D** $\frac{2}{3}\pi$ **E** $\frac{7}{6}\pi$

Risolvi le seguenti equazioni in $\mathbb{R}$.

14 ●○ $\sin x=\frac{\sqrt{3}}{2}$ $\left[\frac{\pi}{3}+2k\pi; \frac{2}{3}\pi+2k\pi\right]$

15 ●○ $2\sin x=-\sqrt{2}$ $\left[\frac{5}{4}\pi+2k\pi; \frac{7}{4}\pi+2k\pi\right]$

16 ●○ $\sin x-1=0$ $\left[\frac{\pi}{2}+2k\pi\right]$

17 ●○ $2\sin x-4=3$ [impossibile]

18 ●○ $\sin x=\cos\frac{\pi}{6}$ $\left[\frac{\pi}{3}+2k\pi; \frac{2}{3}\pi+2k\pi\right]$

19 ●○ $2\sin x+2=3\sin x+4$ [impossibile]

20 ●○ $\sin x+1=1$ $[k\pi]$

21 ●○ $2\sin 3x-1=0$ $\left[\frac{\pi}{18}+k\frac{2}{3}\pi; \frac{5}{18}\pi+k\frac{2}{3}\pi\right]$

22 ●○ $2\sin\frac{x}{3}+\sqrt{3}=0$ $[-\pi+6k\pi; 4\pi+6k\pi]$

23 ●○ $2\sin\left(x-\frac{\pi}{3}\right)-1=0$ $\left[\frac{\pi}{2}+2k\pi; \frac{7}{6}\pi+2k\pi\right]$

24 ●○ $\sin\left(\frac{\pi}{3}-x\right)=0$ $\left[\frac{\pi}{3}+k\pi\right]$

25 ●○ $\sin x=-\frac{1}{2}$ $\left[-\frac{\pi}{6}+2k\pi; \frac{7}{6}\pi+2k\pi\right]$

26 ●○ $2\sin\frac{x}{2}=\cos 2\pi$ $\left[\frac{\pi}{3}+4k\pi; \frac{5}{3}\pi+4k\pi\right]$

27 ●○ $\sin x=\cos\frac{2}{3}\pi$ $\left[-\frac{\pi}{6}+2k\pi; \frac{7}{6}\pi+2k\pi\right]$

28 ●○ $3\sin x+1=2\sin x$ $\left[\frac{3}{2}\pi+2k\pi\right]$

29 ●○ $\sin(x+1)=\tan\frac{\pi}{3}$ [impossibile]

30 ●○ $2\sin 5x-\sqrt{2}=0$ $\left[\frac{\pi}{20}+k\frac{2}{5}\pi; \frac{3}{20}\pi+k\frac{2}{5}\pi\right]$

31 ●○ $3\sin x-10=2(\sin x-1)$ [impossibile]

32 ●○ $2(\sin 2x+3)-1=3(1-\sin 2x)+2$ $\left[k\frac{\pi}{2}\right]$

33 ●○ $8\sin 8x=8$ $\left[\frac{\pi}{16}+k\frac{\pi}{4}\right]$

34 ●○ $\sin x+3=2(\sin x+1)$ $\left[\frac{\pi}{2}+2k\pi\right]$

35 ●○ $2\sin x+\sqrt{3}=0$ $\left[-\frac{\pi}{3}+2k\pi; \frac{4}{3}\pi+2k\pi\right]$

36 $\sin x = \frac{2}{5}$ $\left[\arcsin\frac{2}{5} + 2k\pi; \pi - \arcsin\frac{2}{5} + 2k\pi\right]$

37 $4\sin x = -1$ $\left[\arcsin\left(-\frac{1}{4}\right) + 2k\pi; \pi - \arcsin\left(-\frac{1}{4}\right) + 2k\pi\right]$

38 $\frac{3}{5}\sin x - \frac{4}{3} = -\frac{2}{5}\sin x - \sin\frac{\pi}{2} + \frac{2}{3}$ $\left[\frac{\pi}{2} + 2k\pi\right]$

39 $2\cos 60° \sin x - \sin 30° = \tan 180°$ $[30° + k\,360°; 150° + k\,360°]$

40 $\csc x = -2$ $\left[\frac{7}{6}\pi + 2k\pi; \frac{11}{6}\pi + 2k\pi\right]$

41 $(\sin 3x - 2)(\sin 3x - 3) = (\sin 3x + 2)(\sin 3x + 3)$ $\left[k\frac{\pi}{3}\right]$

42 $\left|\sin\left(x - \frac{\pi}{6}\right)\right| = 1$ $\left[\frac{2}{3}\pi + k\pi\right]$

43 $2\sin x - 2\cos 45° = 2(\sqrt{2}\sin 60° - \sin x)$ $[75° + k\,360°; 105° + k\,360°]$

44 $|2\sin 3x| = 1$ $\left[\pm\frac{\pi}{18} + k\frac{\pi}{3}\right]$

45 REALTÀ E MODELLI **La scala** Determina la misura dell'angolo che una scala lunga 4 m forma con il terreno quando è appoggiata a una parete in modo da raggiungere un'altezza di 3 m. $[\alpha \simeq 49°]$

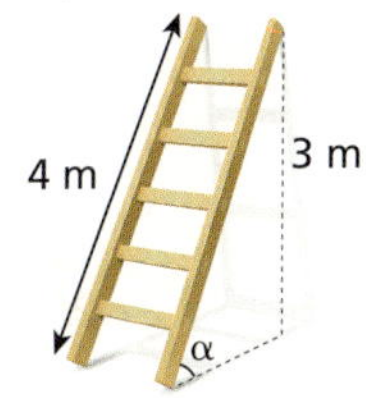

46 Disegna nel piano cartesiano i grafici delle funzioni $y = 2\sin x$ e $y = -\sqrt{2}$ nell'intervallo $[-\pi; \pi]$ e determina le coordinate dei loro punti di intersezione. $\left[\left(-\frac{3}{4}\pi; -\sqrt{2}\right); \left(-\frac{\pi}{4}; -\sqrt{2}\right)\right]$

47 Traccia i grafici delle funzioni $y = \sin x - 1$ e $y = 3\sin x - 2$ nell'intervallo $[-\pi; 2\pi]$, e determina le coordinate dei loro punti di intersezione. $\left[\left(\frac{\pi}{6}; -\frac{1}{2}\right); \left(\frac{5}{6}\pi; -\frac{1}{2}\right)\right]$

LEGGI IL GRAFICO **Determina in ognuna delle figure le coordinate dei punti *A* e *B*.**

48

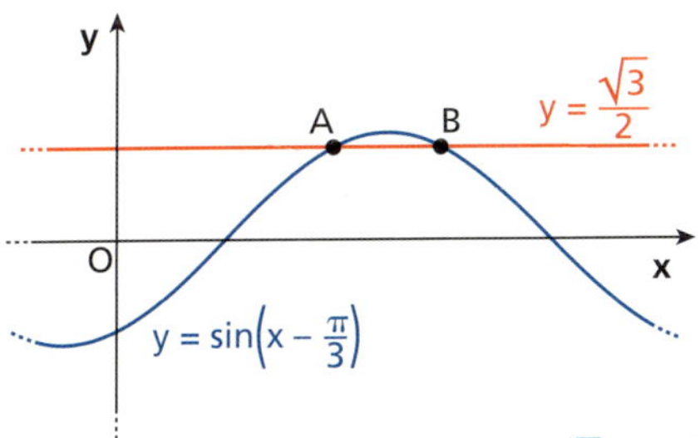

$\left[A\left(\frac{2}{3}\pi; \frac{\sqrt{3}}{2}\right); B\left(\pi; \frac{\sqrt{3}}{2}\right)\right]$

49

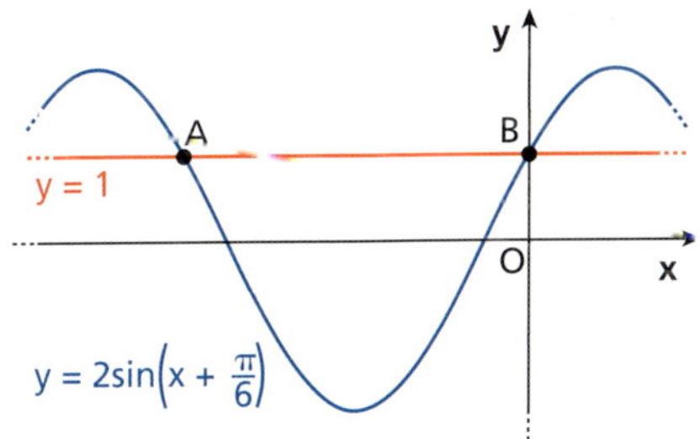

$\left[A\left(-\frac{4}{3}\pi; 1\right); B(0; 1)\right]$

Scrivi l'equazione delle funzioni goniometriche rappresentate nelle figure e trova i punti di intersezione con le rette tracciate.

50

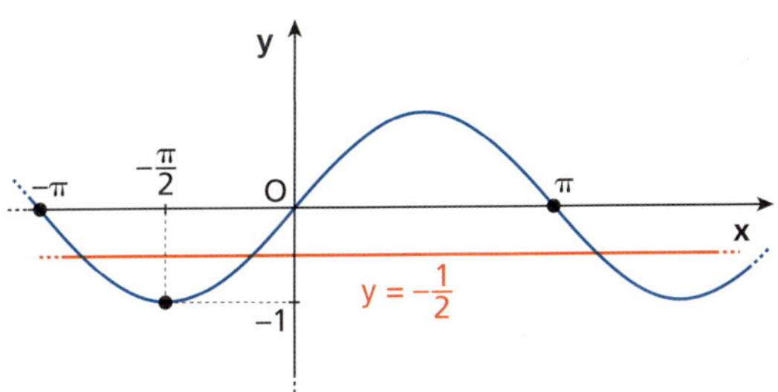

51

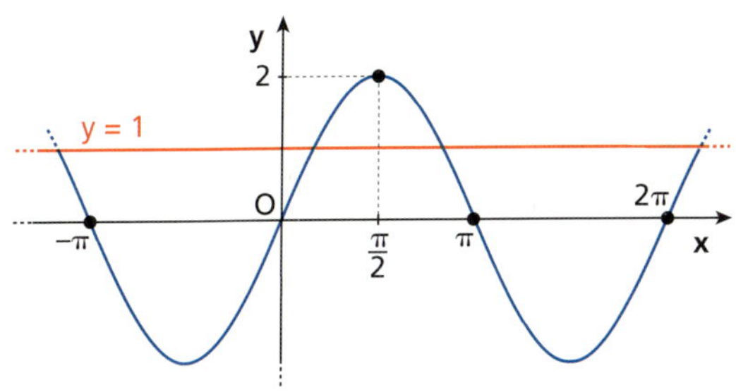

ESERCIZI

$\cos x = b$

▶ Teoria a p. 554

52 ESERCIZIO GUIDA Risolviamo: **a.** $2\cos x - \sqrt{3} = 0$; **b.** $\cos 5x = \frac{\sqrt{2}}{2}$.

a. Risolviamo l'equazione rispetto a $\cos x$:

$$2\cos x - \sqrt{3} = 0 \rightarrow \cos x = \frac{\sqrt{3}}{2}.$$

Sulla circonferenza goniometrica cerchiamo i punti di ordinata $\frac{\sqrt{3}}{2}$.

Le soluzioni sono $x = \frac{\pi}{6}$ e $x = -\frac{\pi}{6}$.

Tenendo conto che il periodo della funzione coseno è 2π, scriviamo in forma sintetica:

$$x = \pm\frac{\pi}{6} + 2k\pi.$$

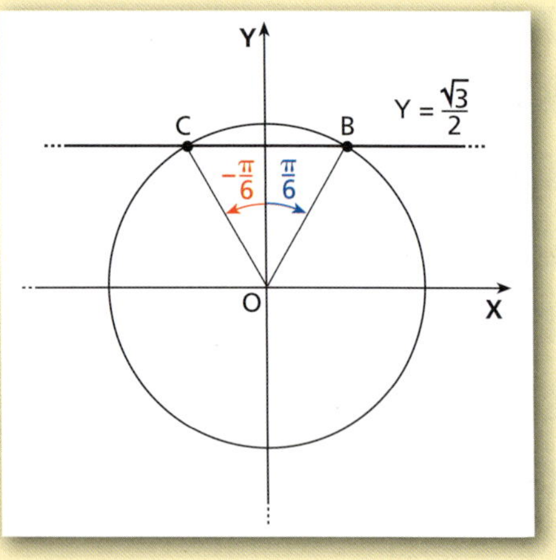

b. Poniamo $5x = t$, ottenendo l'equazione: $\cos t = \frac{\sqrt{2}}{2}$.

Le sue soluzioni sono: $t = \pm\frac{\pi}{4} + 2k\pi$.

Sostituiamo i valori determinati in $5x = t$ e troviamo: $5x = \pm\frac{\pi}{4} + 2k\pi \rightarrow x = \pm\frac{\pi}{20} + \frac{2}{5}k\pi$.

53 Scrivi le soluzioni dell'equazione $\cos x = 1$ in $[2\pi; 5\pi]$. $[2\pi; 4\pi]$

54 Scrivi le soluzioni dell'equazione $\cos 3x = -\frac{1}{2}$ in $[0; 2\pi]$. $\left[\frac{2}{9}\pi; \frac{4}{9}\pi; \frac{8}{9}\pi; \frac{10}{9}\pi; \frac{14}{9}\pi; \frac{16}{9}\pi\right]$

55 VERO O FALSO?

a. $\cos 2x = 2$ e $\cos x = 1$ sono equazioni equivalenti. V F

b. L'equazione $\frac{1}{4}\cos x = \frac{1}{2}$ è impossibile. V F

c. Le soluzioni dell'equazione $\cos x = -\frac{1}{3}$ corrispondono ad angoli ai quali sono associati punti del secondo e terzo quadrante. V F

d. L'equazione $\cos x = \frac{1}{5}$ ha infinite soluzioni. V F

Risolvi le seguenti equazioni in $\mathbb{R}$.

56 $\cos x = -\frac{1}{2}$ $\left[\pm\frac{2}{3}\pi + 2k\pi\right]$

57 $\cos x = 1$ $[2k\pi]$

58 $2\cos x = \sqrt{2}$ $\left[\pm\frac{\pi}{4} + 2k\pi\right]$

59 $3\cos x - 5 = 3$ [impossibile]

60 $2\cos 5x + \sqrt{2} = 0$ $[\pm 27° + k72°]$

61 $2\cos 6x - 1 = 0$ $\left[\pm\frac{\pi}{18} + k\frac{\pi}{3}\right]$

62 $8\cos x = 1$ $\left[\pm\arccos\frac{1}{8} + 2k\pi\right]$

63 $2\cos x + \sqrt{3} = 0$ $\left[\pm\frac{5}{6}\pi + 2k\pi\right]$

64 $\cos x - 4 = 3\cos x + 8$ [impossibile]

65 $\cos\frac{x}{4} - 1 = 0$ $[8k\pi]$

66 $\cos\left(\frac{\pi}{9} - x\right) = 0$ $\left[\frac{11}{18}\pi + k\pi\right]$

67 $\cos 3x = -1 - \cos 3x$ $\left[\pm\frac{2}{9}\pi + k\cdot\frac{2}{3}\pi\right]$

ESERCIZI

68 $\cos 4x = \frac{1}{3}$ $\left[\pm \frac{1}{4} \arccos \frac{1}{3} + k\frac{\pi}{2}\right]$

69 $\cos\left(x - \frac{\pi}{6}\right) = \frac{1}{4}$ $\left[\frac{\pi}{6} \pm \arccos \frac{1}{4} + 2k\pi\right]$

70 $\sqrt{3} \sec 2x = 2$ $\left[\pm \frac{\pi}{12} + k\pi\right]$

71 $2\cos\left(x - \frac{\pi}{18}\right) - \sqrt{3} = 0$ $\left[-\frac{\pi}{9} + 2k\pi; \frac{2}{9}\pi + 2k\pi\right]$

72 $2\cos\left(x + \frac{\pi}{6}\right) + 1 = 0$ $\left[\frac{\pi}{2} + 2k\pi; -\frac{5}{6}\pi + 2k\pi\right]$

73 $2\cos x + 2 = \cos x + 2\sin\frac{\pi}{2}$ $\left[\frac{\pi}{2} + k\pi\right]$

74 $2\sin\frac{\pi}{3}\cos x - \cos\frac{\pi}{6} = \tan \pi$ $\left[\pm\frac{\pi}{3} + 2k\pi\right]$

75 $2(\cos 2x + 3) - 1 = 3(1 - \cos 2x) + 2$ $\left[\pm\frac{\pi}{4} + k\pi\right]$

76 $2(\cos x - 1) + 3 = 3(\cos x - 2) - 2(\cos x - 3)$ $[\pi + 2k\pi]$

77 $\cos\left(x - \frac{2}{3}\pi\right) = 2\cos\left(x - \frac{2}{3}\pi\right) + \tan\frac{\pi}{4}$ $\left[\frac{5}{3}\pi + 2k\pi\right]$

78 $5\cos\left(x - \frac{\pi}{9}\right) + 3 = 3\cos\left(x - \frac{\pi}{9}\right) + 4$ $\left[-\frac{2}{9}\pi + 2k\pi; \frac{4}{9}\pi + 2k\pi\right]$

79 $4\cos(x - 115°) - 5 + 6\cos(x - 115°) = \cos(x - 115°) + 4$ $[115° + k360°]$

80 $2\sqrt{3}\cos(x + 1°) + 10 = 3 - 2[1 + 2\sqrt{3}\cos(x + 1°)]$ $[-151° + k360°; 149° + k360°]$

81 $2\cos x - 2\cos 45° = 2(\sqrt{2}\sin 60° - \cos x)$ $[\pm 15° + k360°]$

82 $2|\cos x| = 1$ $\left[\pm\frac{\pi}{3} + k\pi\right]$

83 $\left|\cos\left(x - \frac{\pi}{4}\right)\right| = \frac{\sqrt{2}}{2}$ $\left[\frac{\pi}{2} + k\frac{\pi}{2}\right]$

84 Disegna nel piano cartesiano i grafici delle funzioni $y = \cos x + 2$ e $y = 1$ nell'intervallo $[0; 2\pi]$ e determina le coordinate dei loro punti di intersezione. $[(\pi; 1)]$

LEGGI IL GRAFICO **Calcola l'area del triangolo *ABO*.**

85

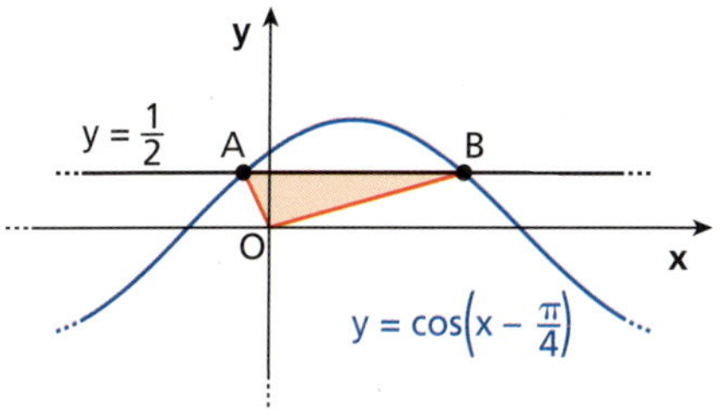

$\left[\frac{\pi}{6}\right]$

86

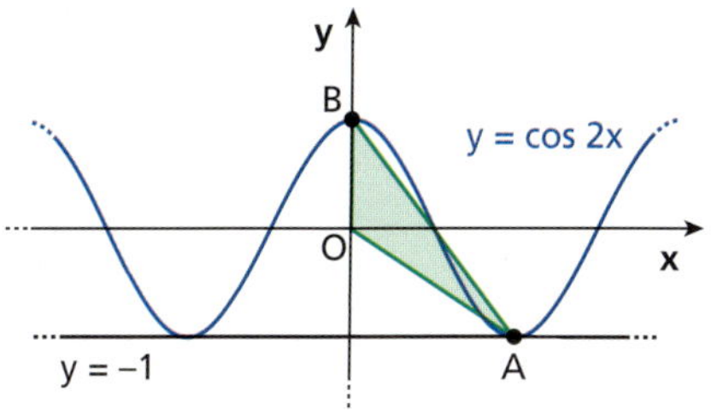

$\left[\frac{\pi}{4}\right]$

87 Traccia nel piano cartesiano i grafici delle funzioni $y = 2\cos x$ e $y = \cos x - \frac{\sqrt{3}}{2}$ nell'intervallo $[-\pi; \pi]$ e calcola l'area del triangolo che ha per vertici i loro punti di intersezione e l'origine. $\left[\frac{5}{6}\sqrt{3}\pi\right]$

ESERCIZI

tan x = c

▶ Teoria a p. 554

88 ESERCIZIO GUIDA Risolviamo $\tan\left(x+\frac{\pi}{3}\right)=\sqrt{3}$.

Poniamo $x+\frac{\pi}{3}=t$ e otteniamo l'equazione $\tan t=\sqrt{3}$.
Sulla retta tangente alla circonferenza nel punto A origine degli archi prendiamo il punto T di ascissa $\sqrt{3}$. Tracciata TO, vediamo che al valore $\sqrt{3}$ della tangente corrispondono l'angolo $\frac{\pi}{3}$ e tutti quelli che si ottengono da $\frac{\pi}{3}$ aggiungendo un multiplo di π.

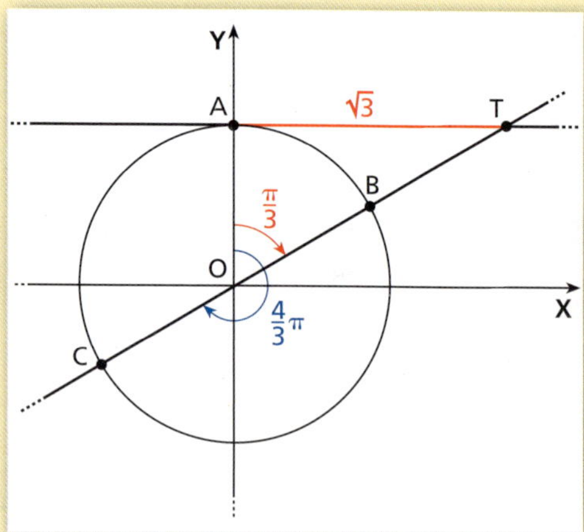

Le soluzioni sono $t=\frac{\pi}{3}+k\pi$.

Sostituendo il valore di t in $x+\frac{\pi}{3}=t$ troviamo:

$$x+\frac{\pi}{3}=\frac{\pi}{3}+k\pi \rightarrow x=k\pi.$$

89 ●○ Scrivi le soluzioni dell'equazione $\tan x=-1$ in $[0;3\pi]$. $\left[\frac{3}{4}\pi;\ \frac{7}{4}\pi;\ \frac{11}{4}\pi\right]$

90 ●○ Scrivi le soluzioni dell'equazione $\tan\frac{x}{2}-\sqrt{3}=0$ in $[-\pi;\pi]$. $\left[\frac{2}{3}\pi\right]$

91 ●○ TEST L'equazione $\tan x=4$:

A è impossibile.

B è verificata per $x=\arctan 4+k\frac{\pi}{2}$.

C è verificata per $x=\arctan 4+k\pi$.

D ammette due soluzioni nell'intervallo $\left[-\frac{\pi}{2};\frac{\pi}{2}\right]$.

E non ha soluzioni nell'intervallo $\left[\pi;\frac{3}{2}\pi\right]$.

Risolvi le seguenti equazioni in $\mathbb{R}$.

92 ●○ $\tan x-1=0$ $\left[\frac{\pi}{4}+k\pi\right]$

93 ●○ $3\tan x=\sqrt{3}$ $\left[\frac{\pi}{6}+k\pi\right]$

94 ●○ $\tan x-\sqrt{3}=0$ $\left[\frac{\pi}{3}+k\pi\right]$

95 ●○ $\tan x=\sin\pi$ $[k\pi]$

96 ●○ $\tan x=2$ $[\arctan 2+k\pi]$

97 ●○ $\tan\frac{x}{4}+1=0$ $[-\pi-4k\pi]$

98 ●○ $3\tan\left(x+\frac{\pi}{9}\right)-\sqrt{3}=0$ $\left[\frac{\pi}{18}+k\pi\right]$

99 ●○ $3\tan x=\tan x$ $[k\pi]$

100 ●○ $\tan\left(x+\frac{\pi}{6}\right)+1=0$ $\left[-\frac{5}{12}\pi+k\pi\right]$

101 ●○ $2\sin\frac{\pi}{3}\tan x-\tan\frac{\pi}{3}=0$ $\left[\frac{\pi}{4}+k\pi\right]$

102 ●○ $3\tan\frac{x}{2}-2=2\tan\frac{x}{2}-1$ $\left[\frac{\pi}{2}+2k\pi\right]$

103 ●○ $\tan 3x=3$ $\left[\frac{1}{3}\arctan 3+k\frac{\pi}{3}\right]$

104 ●○ $\cot 2x=1$ $\left[\frac{\pi}{8}+k\frac{\pi}{2}\right]$

105 ●○ $\tan(50°-x)=0$ $[50°+k180°]$

106 ●○ $3\tan 6x+\sqrt{3}=0$ $\left[x=-\frac{\pi}{36}+k\frac{\pi}{6}\right]$

107 ●○ $3\tan 3x=-1+2\tan 3x$ $\left[-\frac{\pi}{12}+k\frac{\pi}{3}\right]$

108 ●○ $\tan\left(x-\frac{\pi}{5}\right)+7=0$ $\left[\frac{\pi}{5}+\arctan(-7)+k\pi\right]$

109 ●● $\left|\tan\left(x-\frac{\pi}{3}\right)\right|=\sqrt{3}$ $\left[k\pi;\ \frac{2}{3}\pi+k\pi\right]$

110 $-2\sqrt{3}\tan(x+100°)=4[1+\sqrt{3}\tan(x+100°)]+2$ $[-130°+k180°]$

111 $\tan(x-12°)-3=2\tan(x-12°)-2$ $[-33°+k180°]$

112 $2(\tan x+1)+3(1-\tan x)=-2(\tan x-1)+4$ $\left[\frac{\pi}{4}+k\pi\right]$

113 REALTÀ E MODELLI **Pendenza** Francesca si trova all'inizio di una salita e deve raggiungere la sua auto, parcheggiata in cima. Vede il cartello qui a fianco e sa che la strada è lunga 100 metri: con quale angolo rispetto all'orizzontale vede la sua auto? A che altezza? [5,7°; 9,95 m]

114 Disegna nel piano cartesiano i grafici delle funzioni $y=\sqrt{3}$ e $y=3\tan\frac{x}{6}$ nell'intervallo $[-3\pi; 3\pi]$ e determina le coordinate dei loro punti di intersezione. $[(\pi; \sqrt{3})]$

Equazioni elementari a confronto

TEST

115 Una sola delle seguenti equazioni ha come soluzioni $x=\frac{\pi}{6}+k\pi$. Quale?

A $2\sin x-1=0$
B $3\tan x-\sqrt{3}=0$
C $3\cot x-\sqrt{3}=0$
D $2\cos x-\sqrt{3}=0$
E $\sqrt{3}\sec x-2=0$

116 Quale fra le seguenti equazioni *non* ammette 0 fra le soluzioni?

A $\sin x=0$
B $\sec x-1=0$
C $\tan x=0$
D $\csc x=0$
E $\sin x+\cos x-1=0$

117 Indica per ogni equazione se l'insieme scritto a fianco rappresenta tutte le sue soluzioni.

a. $\cos x=0$; $x=\frac{\pi}{2}+2k\pi$.
b. $\tan x=-1$; $x=\frac{3}{4}\pi+k\pi$.
c. $\sin x=-\frac{1}{2}$; $x=\frac{11}{6}\pi+2k\pi$.
d. $\cos x=\pm\frac{\sqrt{2}}{2}$; $x=\frac{\pi}{4}+k\frac{\pi}{2}$.

118 VERO O FALSO?

a. L'equazione $\sin\frac{1}{4}x=\frac{1}{4}$ è equivalente a $\sin x=1$. V F
b. L'equazione $|\cos x|=1$ ha come soluzioni $x=k\pi$. V F
c. L'equazione $\sin x=-4k^2$ ammette soluzione solo se $-\frac{1}{2}<k<\frac{1}{2}$. V F
d. L'equazione $\tan x=4\pi$ non ammette soluzioni. V F

119 COMPLETA

a. $\sin x=$ ☐ $\rightarrow$ $x=\frac{3}{2}\pi+2k\pi$.
b. $\cos 2x=\frac{\sqrt{2}}{2}$ $\rightarrow$ $x=\pm\frac{\pi}{8}+$ ☐.
c. $\cos x=$ ☐ $\rightarrow$ $x=\frac{2}{3}\pi+2k\pi \vee x=$ ☐.
d. $\tan x=-\sqrt{3}$ $\rightarrow$ $x=-\frac{\pi}{3}+$ ☐.

120 ASSOCIA ogni equazione al suo insieme soluzione.

a. $x=\frac{\pi}{6}+2k\pi \vee x=\frac{5}{6}\pi+2k\pi$
b. $x=\frac{\pi}{4}+k\frac{\pi}{2}$
c. $x=\frac{\pi}{6}+k\pi$
d. $x=\frac{\pi}{4}+k\pi$

1. $|\cos x|=\frac{\sqrt{2}}{2}$
2. $\sqrt{3}\tan x=1$
3. $\sin x=\frac{1}{2}$
4. $\cot x=1$

121 Indica quali tra le seguenti equazioni ammettono soluzione e per ciascuna determina le eventuali soluzioni.

a. $\tan x=\frac{\pi}{2}$
b. $\tan\frac{\pi}{2}=x$
c. $\sin x=\frac{\pi}{2}$
d. $\sin\frac{\pi}{2}=x$

$\left[\text{a) } \arctan\frac{\pi}{2}+k\pi\text{; b) impossibile; c) impossibile; d) } 1\right]$

ESERCIZI

Particolari equazioni goniometriche elementari

▶ Teoria a p. 555

122 ESERCIZIO GUIDA Risolviamo le seguenti equazioni:

a. $\sin 4x = \sin\left(2x - \frac{\pi}{3}\right)$; **b.** $\cos 6x = \cos\left(x - \frac{\pi}{3}\right)$; **c.** $\sin\left(x + \frac{\pi}{4}\right) = \cos 3x$.

a. $\sin 4x = \sin\left(2x - \frac{\pi}{3}\right)$.

$\sin\alpha = \sin\alpha' \leftrightarrow \alpha = \alpha' + 2k\pi \lor \alpha + \alpha' = \pi + 2k\pi$

Utilizzando la regola, dobbiamo risolvere le due equazioni:

- $4x = 2x - \frac{\pi}{3} + 2k\pi \rightarrow 2x = -\frac{\pi}{3} + 2k\pi \rightarrow x = -\frac{\pi}{6} + k\pi$;
- $4x + 2x - \frac{\pi}{3} = \pi + 2k\pi \rightarrow 6x = \frac{\pi}{3} + \pi + 2k\pi \rightarrow 6x = \frac{4}{3}\pi + 2k\pi \rightarrow x = \frac{2}{9}\pi + k\frac{\pi}{3}$.

In sintesi, le soluzioni dell'equazione data sono: $x = -\frac{\pi}{6} + k\pi \lor x = \frac{2}{9}\pi + k\frac{\pi}{3}$.

b. $\cos 6x = \cos\left(x - \frac{\pi}{3}\right)$.

$\cos\alpha = \cos\alpha' \leftrightarrow \alpha = \pm\alpha' + 2k\pi$

Utilizzando la regola $\cos\alpha = \cos\alpha' \leftrightarrow \alpha = \pm\alpha' + 2k\pi$, dobbiamo risolvere le seguenti equazioni:

- $6x = x - \frac{\pi}{3} + 2k\pi \rightarrow 5x = -\frac{\pi}{3} + 2k\pi \rightarrow x = -\frac{\pi}{15} + \frac{2}{5}k\pi$;
- $6x = -x + \frac{\pi}{3} + 2k\pi \rightarrow 7x = \frac{\pi}{3} + 2k\pi \rightarrow x = \frac{\pi}{21} + \frac{2}{7}k\pi$.

In sintesi, le soluzioni dell'equazione data sono: $x = -\frac{\pi}{15} + \frac{2}{5}k\pi \lor x = \frac{\pi}{21} + \frac{2}{7}k\pi$.

c. $\sin\left(x + \frac{\pi}{4}\right) = \cos 3x$. L'equazione si può trasformare utilizzando gli angoli associati.
Poiché $\cos\alpha = \sin\left(\frac{\pi}{2} - \alpha\right)$, scriviamo:

$$\sin\left(x + \frac{\pi}{4}\right) = \sin\left(\frac{\pi}{2} - 3x\right).$$

Otteniamo le soluzioni dalle equazioni:

- $x + \frac{\pi}{4} = \frac{\pi}{2} - 3x + 2k\pi \rightarrow 4x = \frac{\pi}{4} + 2k\pi \rightarrow x = \frac{\pi}{16} + k\frac{\pi}{2}$;
- $x + \frac{\pi}{4} + \frac{\pi}{2} - 3x = \pi + 2k\pi \rightarrow -2x = \frac{\pi}{4} + 2k\pi \rightarrow x = -\frac{\pi}{8} - k\pi \rightarrow x = -\frac{\pi}{8} + k\pi$.

Risolvi le seguenti equazioni in $\mathbb{R}$.

123 $\sin\left(2x + \frac{\pi}{5}\right) = \sin\left(5x + \frac{\pi}{2}\right)$ $\left[-\frac{\pi}{10} - \frac{2}{3}k\pi; \frac{3}{70}\pi + \frac{2}{7}k\pi\right]$

124 $\sin\left(3x - \frac{\pi}{4}\right) = \sin x$ $\left[\frac{\pi}{8} + k\pi; \frac{5}{16}\pi + k\frac{\pi}{2}\right]$

125 $\sin\left(2x - \frac{\pi}{3}\right) = \sin 2x$ $\left[\frac{\pi}{3} + k\frac{\pi}{2}\right]$

126 $\sin\left(2x - \frac{\pi}{8}\right) = -\sin\left(\frac{3}{4}\pi - 3x\right)$ $\left[\frac{5}{8}\pi + 2k\pi; \frac{3}{8}\pi + 2k\frac{\pi}{5}\right]$

127 $\sin x = \cos x$ $\left[\frac{\pi}{4} + k\pi\right]$

128 $\sin x = -\cos x$ $\left[\frac{3}{4}\pi + k\pi\right]$

129 $\cos 6x = -\cos 4x$ $\left[\frac{\pi}{2} + k\pi; \frac{\pi}{10} + k\frac{\pi}{5}\right]$

130 $\sin 2x = -\sin 8x$ $\left[k\frac{\pi}{5}; \frac{\pi}{6} + k\frac{\pi}{3}\right]$

131 $\sin 3x = -\cos 4x$ $\left[\frac{\pi}{2} + 2k\pi; \frac{3}{14}\pi + \frac{2}{7}k\pi\right]$

132 $\sin 4x = \cos\left(\frac{\pi}{4} - 2x\right)$ $\left[\frac{\pi}{8} + k\frac{\pi}{3}\right]$

133 $\sin\left(4x - \frac{\pi}{10}\right) = -\cos\left(3x + \frac{\pi}{5}\right)$ $\left[-\frac{\pi}{5} + 2k\pi; \frac{\pi}{5} + \frac{2}{7}k\pi\right]$

134 $\sin 8x = \sin 6x$ $\left[k\pi; \frac{\pi}{14} + k\frac{\pi}{7}\right]$

135 $\sin\left(\frac{2}{3}x - \frac{\pi}{4}\right) = \sin\left(2x - \frac{\pi}{3}\right)$ $\left[\frac{\pi}{16} + \frac{3}{2}k\pi; \frac{19}{32}\pi + \frac{3}{4}k\pi\right]$

136 $\cos\left(5x - \frac{2}{3}\pi\right) = \cos\left(3x + \frac{\pi}{4}\right)$ $\left[\frac{11}{24}\pi + k\pi; \frac{5}{96}\pi + k\frac{\pi}{4}\right]$

137 $\cos\left(4x - \frac{2}{5}\pi\right) = -\cos\left(3x + \frac{4}{5}\pi\right)$ $\left[\frac{3}{35}\pi + \frac{2}{7}k\pi; \frac{\pi}{5} + 2k\pi\right]$

138 $\sin\frac{x}{3} = \cos 5x$ $\left[\frac{3}{32}\pi + \frac{3}{8}k\pi; -\frac{3}{28}\pi - \frac{3}{7}k\pi\right]$

139 $\sin\left(x - \frac{2}{3}\pi\right) = \sin(\pi + 2x)$ $\left[-\frac{5}{3}\pi + 2k\pi; \frac{2}{9}\pi + \frac{2}{3}k\pi\right]$

140 $\cos x = \sin\left(4x - \frac{\pi}{4}\right)$ $\left[\frac{3}{20}\pi + \frac{2}{5}k\pi; \frac{\pi}{4} + \frac{2}{3}k\pi\right]$

141 $\cos\left(2x - \frac{\pi}{5}\right) = -\cos\left(x + \frac{\pi}{2}\right)$ $\left[\frac{7}{30}\pi + \frac{2}{3}k\pi; -\frac{3}{10}\pi + 2k\pi\right]$

142 $\sin(2x - 108°) = \sin(-54° - 5x)$ $\left[\frac{54°}{7} + k\frac{360°}{7}; -114° + k120°\right]$

143 $\cos\left(3x - \frac{4}{5}\pi\right) = \cos\left(\frac{2}{5}\pi - 2x\right)$ $\left[\frac{6}{25}\pi + \frac{2}{5}k\pi; \frac{2}{5}\pi + 2k\pi\right]$

144 $\sin 4x = -\cos\frac{3}{2}x$ $\left[\frac{3}{5}\pi + \frac{4}{5}k\pi; \frac{3}{11}\pi + \frac{4}{11}k\pi\right]$

145 $\cos\left(3x - \frac{\pi}{9}\right) = -\cos\left(4x - \frac{2}{3}\pi\right)$ $\left[\frac{16}{63}\pi + \frac{2}{7}k\pi; \frac{14}{9}\pi + 2k\pi\right]$

146 $\sin\left(2x - \frac{\pi}{3}\right) - \sin x = 0$ $\left[\frac{\pi}{3} + 2k\pi; \frac{4}{9}\pi + \frac{2}{3}k\pi\right]$

147 $|\cos x| = \cos 3x$ $\left[2k\pi; \frac{\pi}{2} + k\pi; \frac{3}{4}\pi + 2k\pi; \frac{5}{4}\pi + 2k\pi\right]$

148 **TEST** La soluzione dell'equazione $\sin x - \cos\frac{x}{2} = 0$ nell'intervallo $[0; 2\pi]$ è:

A $\pi, \frac{\pi}{3}, \frac{5\pi}{3}$. **B** $\pi, \frac{\pi}{6}, \frac{5\pi}{6}$. **C** $0, \frac{\pi}{3}, \frac{5\pi}{3}$. **D** $\frac{\pi}{3}, \frac{5\pi}{3}$. **E** $0, \frac{\pi}{6}, \frac{5\pi}{6}$.

(Università di Bergamo, Facoltà di Ingegneria, Corso propedeutico di Matematica)

Determina *x* utilizzando le informazioni delle figure.

149

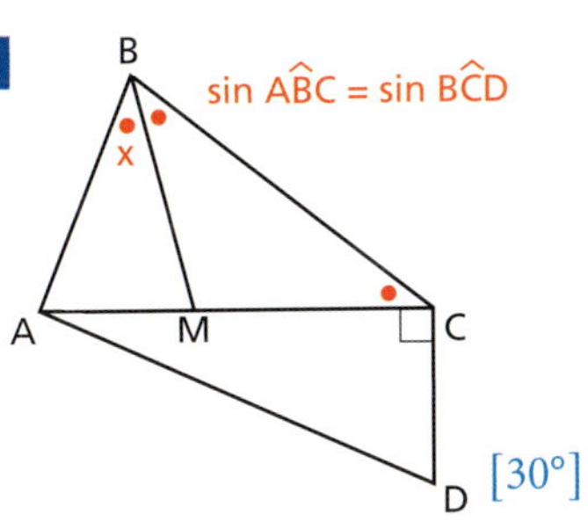

[30°]

150

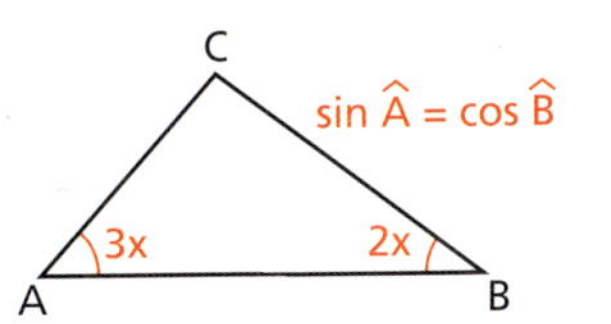

[18°]

151

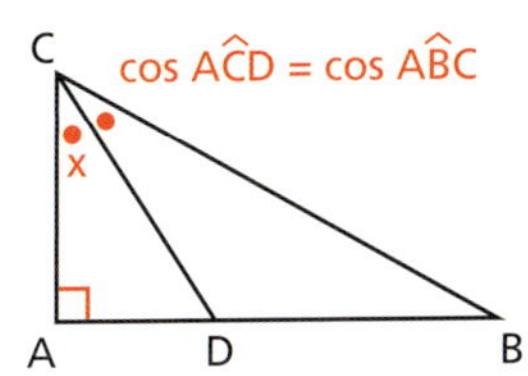

[30°]

152 ESERCIZIO GUIDA Risolviamo:

a. $\tan\left(x-\frac{\pi}{6}\right)=\tan\frac{5x}{6}$; b. $\tan 3x=-\tan\left(\frac{\pi}{4}-2x\right)$.

a. $\tan\left(x-\frac{\pi}{6}\right)=\tan\frac{5x}{6}$. $\tan\alpha=\tan\alpha' \leftrightarrow \alpha=\alpha'+k\pi$ Posta la condizione di esistenza

$$x-\frac{\pi}{6}\neq\frac{\pi}{2}+k\pi \wedge \frac{5}{6}x\neq\frac{\pi}{2}+k\pi \;\rightarrow\; x\neq\frac{2}{3}\pi+k\pi \wedge x\neq\frac{3}{5}\pi+k\frac{6}{5}\pi,$$

si ha: $x-\frac{\pi}{6}=\frac{5}{6}x+k\pi \;\rightarrow\; x-\frac{5}{6}x=\frac{\pi}{6}+k\pi \;\rightarrow\; \frac{x}{6}=\frac{\pi}{6}+k\pi \;\rightarrow\; x=\pi+6k\pi.$

Le soluzioni sono accettabili.

b. $\tan 3x=-\tan\left(\frac{\pi}{4}-2x\right)$.

Poniamo: $3x\neq\frac{\pi}{2}+k\pi \wedge \frac{\pi}{4}-2x\neq\frac{\pi}{2}+k\pi \;\rightarrow\; x\neq\frac{\pi}{6}+k\frac{\pi}{3} \wedge x\neq-\frac{\pi}{8}-k\frac{\pi}{2}$.

Poiché $-\tan\alpha=\tan(-\alpha)$, l'equazione è equivalente a:

$$\tan 3x=\tan\left(2x-\frac{\pi}{4}\right).$$

Analogamente al caso precedente, dobbiamo risolvere l'equazione:

$$3x=2x-\frac{\pi}{4}+k\pi \;\rightarrow\; x=-\frac{\pi}{4}+k\pi.$$

Le soluzioni sono accettabili.

Risolvi le seguenti equazioni in $\mathbb{R}$.

153 $\tan\left(3x+\frac{\pi}{7}\right)=\tan\left(4x-\frac{\pi}{8}\right)$ $\left[\frac{15}{56}\pi-k\pi\right]$

154 $\tan(3x+65°)=-\tan(2x-25°)$ $[28°+k36°]$

155 $\tan\left(4x+\frac{\pi}{2}\right)=\tan 2x$ $[\nexists x\in\mathbb{R}]$

156 $\tan\left(2x+\frac{\pi}{5}\right)=\tan\left(5x+\frac{\pi}{3}\right)$ $\left[\frac{43}{45}\pi+k\frac{\pi}{3}\right]$

157 $\tan x=-\tan\left(x-\frac{2}{5}\pi\right)$ $\left[\frac{\pi}{5}+k\frac{\pi}{2}\right]$

158 $\tan\left(x+\frac{3}{4}\pi\right)+\tan x=0$ $\left[-\frac{3}{8}\pi+k\frac{\pi}{2}\right]$

159 ASSOCIA ogni equazione nella seconda colonna al suo insieme soluzione nella prima colonna.

a. $x=k\frac{\pi}{3}$.	**1.** $\tan\left(\frac{2}{3}\pi-x\right)=\tan x$.
b. $x=\frac{\pi}{3}+k\frac{\pi}{2}$.	**2.** $\sqrt{3}\tan x=1$.
c. $x=\frac{\pi}{6}+k\pi$.	**3.** $2\cos\left(\frac{2}{3}\pi+x\right)=1$.
d. $x=\pi+2k\pi \vee x=\frac{5}{3}\pi+2k\pi$.	**4.** $\cos 4x=\sin\left(\frac{\pi}{2}+2x\right)$.

Equazioni riconducibili a equazioni elementari

▶ Teoria a p. 557

160 ESERCIZIO GUIDA Risolviamo $2\cos^2 x - \sin x - 1 = 0$.

Esprimiamo $\cos^2 x$ come $(1 - \sin^2 x)$, in modo da avere un'equazione contenente solo $\sin x$:

$2(1 - \sin^2 x) - \sin x - 1 = 0 \rightarrow 2\sin^2 x + \sin x - 1 = 0$.

Poniamo $\sin x = t$:

$2t^2 + t - 1 = 0 \rightarrow t = \frac{-1 \pm \sqrt{1+8}}{4} \rightarrow t_1 = -1;\ t_2 = \frac{1}{2}$.

$t_1 = -1 \rightarrow \sin x = -1 \rightarrow x = \frac{3}{2}\pi + 2k\pi$

$t_2 = \frac{1}{2} \rightarrow \sin x = \frac{1}{2} \rightarrow x = \frac{\pi}{6} + 2k\pi \vee x = \frac{5}{6}\pi + 2k\pi$

Risolvi le seguenti equazioni in $\mathbb{R}$.

161 $2\cos^2 x - \cos x = 0$ $\left[\frac{\pi}{2} + k\pi; \pm\frac{\pi}{3} + 2k\pi\right]$

162 $2\sin^2 x - 1 = 0$ $\left[\frac{\pi}{4} + k\frac{\pi}{2}\right]$

163 $\sin^3 4x + 1 = 0$ $\left[\frac{3}{8}\pi + k\frac{\pi}{2}\right]$

164 $\sin x \cos x + \sin x = 0$ $[k\pi]$

165 $\sin x \tan x - \sin x = 0$ $\left[k\pi; \frac{\pi}{4} + k\pi\right]$

166 $3 + 4\cos^2 x - 4\sqrt{3}\cos x = 0$ $\left[\pm\frac{\pi}{6} + 2k\pi\right]$

167 $\cos(\pi - x) + \cos^2 x = 0$ $\left[\frac{\pi}{2} + k\pi; 2k\pi\right]$

168 $\sqrt{2 + \sin^2 x} = \frac{3}{2}$ $\left[\pm\frac{\pi}{6} + k\pi\right]$

169 $\cot^2 x + 1 = 2\tan^2 x$ $\left[\pm\frac{\pi}{4} + k\pi\right]$

170 $\tan^2 x - 3 = 0$ $\left[\pm\frac{\pi}{3} + k\pi\right]$

171 $\tan^2 4x - \tan 4x = 0$ $\left[k\frac{\pi}{4}; \frac{\pi}{16} + k\frac{\pi}{4}\right]$

172 $\cot^2 x - \sqrt{3}\cot x = 0$ $\left[\frac{\pi}{2} + k\pi; \frac{\pi}{6} + k\pi\right]$

---

173 $5\sin(\pi - x) + 4 - 2\cos^2 x = 0$ $\left[\frac{7}{6}\pi + 2k\pi; \frac{11}{6}\pi + 2k\pi\right]$

174 $2\sin^2 x + \sin x = 0$ $\left[k\pi; \frac{7}{6}\pi + 2k\pi; \frac{11}{6}\pi + 2k\pi\right]$

175 $\sqrt{2}\cos^2 x + \cos x = 0$ $\left[\frac{\pi}{2} + k\pi; \pm\frac{3}{4}\pi + 2k\pi\right]$

176 $(\tan x - \sqrt{3})(\cos x + 1) = 0$ $\left[\frac{\pi}{3} + k\pi; \pi + 2k\pi\right]$

177 $2\sin^2 x + \sin x - 1 = 0$ $\left[\frac{\pi}{6} + 2k\pi; \frac{5}{6}\pi + 2k\pi; \frac{3}{2}\pi + 2k\pi\right]$

178 $3\tan^2 x - 4\sqrt{3}\tan x + 3 = 0$ $\left[\frac{\pi}{6} + k\pi; \frac{\pi}{3} + k\pi\right]$

179 $2\cos^2 x - 3\cos x + 1 = 2\sin^2 x$ $\left[2k\pi; \pm\arccos\left(-\frac{1}{4}\right) + 2k\pi\right]$

180 $2\tan x + \cot x - 3 = 0$ $\left[\frac{\pi}{4} + k\pi; \arctan\frac{1}{2} + k\pi\right]$

181 $2\cos^4 x - \cos^2 x = 0$ $\left[\frac{\pi}{2} + k\pi; \frac{\pi}{4} + k\frac{\pi}{2}\right]$

182 $3\sin x \cdot \cot^2 x + 5\sin x = 7$ $\left[\frac{\pi}{6} + 2k\pi; \frac{5}{6}\pi + 2k\pi\right]$

183 $\cos^2 x - \sin(-x) = \sin^2 x + 1$ $\left[k\pi; \frac{\pi}{6} + 2k\pi; \frac{5}{6}\pi + 2k\pi\right]$

184 $2\sin^2 x - 5\sin x + 1 = 2\left(\cos^2 x - \frac{1}{2}\right)$ $[k\pi]$

185 $\tan^2 x - (1 + \sqrt{3})\tan x + \sqrt{3} = 0$ $\left[\frac{\pi}{4} + k\pi; \frac{\pi}{3} + k\pi\right]$

186 $(\tan x + \cot x) \cdot (2\cos x) = 4$ $\left[\frac{\pi}{6} + 2k\pi; \frac{5}{6}\pi + 2k\pi\right]$

187 $2\cos x - \sqrt{2} - \cos^2 x + \sin^2 x = 0$ $\left[\pm\frac{\pi}{4} + 2k\pi; \pm\arccos\frac{2-\sqrt{2}}{2} + 2k\pi\right]$

188 ASSOCIA ogni equazione alle rispettive soluzioni.

a. $2\sin^2 x = 1$ **b.** $3\sin x + \sin^2 x = 0$ **c.** $\tan^2 x - \tan x = 0$ **d.** $\sin^2 x\cos^2 x = 1$

1. $x = \frac{\pi}{4} + k\pi \vee x = k\pi$ **2.** $x = k\pi$ **3.** impossibile **4.** $x = \frac{\pi}{4} + k\frac{\pi}{2}$

189 YOU & MATHS Find all solutions ϑ to $2\cos^2\vartheta - 3\cos\vartheta = -1$.

(USA *Southern Illinois University Carbondale,* Final Exam, 2001)

$\left[2k\pi; \pm\frac{\pi}{3} + 2k\pi\right]$

Con le formule goniometriche

190 ESERCIZIO GUIDA Risolviamo $\sin\left(x - \frac{\pi}{6}\right) + \cos\left(x + \frac{2}{3}\pi\right) + \cos 2x = 0$.

Applichiamo le formule di addizione, sottrazione e duplicazione in modo che l'argomento delle funzioni goniometriche sia solo x:

$$\left(\sin x \cdot \cos\frac{\pi}{6} - \cos x \cdot \sin\frac{\pi}{6}\right) + \left(\cos x \cdot \cos\frac{2}{3}\pi - \sin x \cdot \sin\frac{2}{3}\pi\right) + (\cos^2 x - \sin^2 x) = 0.$$

Svolgiamo i calcoli:

$$\left(\frac{\sqrt{3}}{2}\sin x - \frac{1}{2}\cos x\right) + \left(-\frac{1}{2}\cos x - \frac{\sqrt{3}}{2}\sin x\right) + [\cos^2 x - (1 - \cos^2 x)] = 0 \rightarrow$$

$$2\cos^2 x - \cos x - 1 = 0.$$

Poniamo $\cos x = t$: $2t^2 - t - 1 = 0 \rightarrow t = \frac{1 \pm \sqrt{1+8}}{4} = \frac{1 \pm 3}{4} \rightarrow t_1 = -\frac{1}{2}, t_2 = 1$.

$$t_1 = -\frac{1}{2} \rightarrow \cos x = -\frac{1}{2} \rightarrow x = \pm\frac{2}{3}\pi + 2k\pi; \qquad t_2 = 1 \rightarrow \cos x = 1 \rightarrow x = 2k\pi.$$

Risolvi le seguenti equazioni in $\mathbb{R}$.

191 $\cos 2x + \sin^2 x = 0$ $\left[\frac{\pi}{2} + k\pi\right]$

192 $1 - \sin^2 x - \cos^2\frac{x}{2} = 0$ $\left[\pm\frac{2}{3}\pi + 2k\pi; 2k\pi\right]$

193 $3\sin 2x + 10\sin x = 0$ $[k\pi]$

194 $\cos 2x - \sin 2x \cdot \tan x = 0$ $\left[\pm\frac{\pi}{6} + k\pi\right]$

195 $2\sin\left(x + \frac{\pi}{6}\right) \cdot \cos x = 1$ $\left[k\pi; \frac{\pi}{3} + k\pi\right]$

196 $\cos x - 2\sin^2\frac{x}{2} = \cos^2\frac{x}{2}$ $[2k\pi]$

197 $2\cos\left(x + \frac{\pi}{4}\right) = \sqrt{2}(1 - \sin x)$ $[2k\pi]$

198 $\tan\frac{x}{2} \cdot \cot x = -1$ $\left[\pm\frac{2}{3}\pi + 2k\pi\right]$

199 $4\cos x + \tan^2\frac{x}{2} = 3$ $\left[\pm\frac{\pi}{4} + k\pi\right]$

200 $\cot 2x \cdot \cot x = 1$ $\left[\frac{\pi}{6} + k\pi; \frac{5}{6}\pi + k\pi\right]$

201 $3\sin 2x \cdot \tan x - 2\cos^2 x = 2$ $\left[\frac{\pi}{4} + k\frac{\pi}{2}\right]$

202 $\tan\left(x - \frac{\pi}{4}\right)\tan x = 0$ $\left[k\pi; \frac{\pi}{4} + k\pi\right]$

203 $2\sin\left(x - \frac{\pi}{4}\right) = \sqrt{2}(1 - \cos x)$ $\left[\frac{\pi}{2} + 2k\pi\right]$

204 $\sin\left(x + \frac{\pi}{6}\right) + \cos\left(x + \frac{5}{6}\pi\right) = 0$ $\left[\frac{\pi}{4} + k\pi\right]$

205 $\sin^2 2x - 2 - 2\cos 2x = 0$ $\left[\frac{\pi}{2} + k\pi\right]$

206 $\cos^2 x + \sin^2 2x = 1$ $\left[\pm\frac{\pi}{3} + k\pi; k\pi\right]$

---

207 $\sin 2x - \cos x = 0$ $\left[\frac{\pi}{2} + k\pi; \frac{\pi}{6} + 2k\pi; \frac{5}{6}\pi + 2k\pi\right]$

208 $\sin x + \sqrt{3}\sin\frac{x}{2} = 0$ $\left[2k\pi; \frac{5}{3}\pi + 4k\pi; \frac{7}{3}\pi + 4k\pi\right]$

209 $2\sin^2\left(x - \frac{\pi}{4}\right) - \sqrt{2}\sin\left(x - \frac{\pi}{4}\right) = 0$ $\left[\pi + 2k\pi; \frac{\pi}{4} + k\pi; \frac{\pi}{2} + 2k\pi\right]$

210 $\cos 2x - (\sin x - 1)^2 + \sin x = 0$ $\left[k\pi; \frac{\pi}{2} + 2k\pi\right]$

211 $4\cos^2 x - 4\sqrt{3}\sin\left(\frac{\pi}{2} + x\right) + 3 = 0$ $\left[\pm\frac{\pi}{6} + 2k\pi\right]$

212 $\sqrt{2}\sin 2x + 2\cos x - \sqrt{2}\sin x - 1 = 0$ $\left[\pm\frac{\pi}{3} + 2k\pi; \frac{5}{4}\pi + 2k\pi; \frac{7}{4}\pi + 2k\pi\right]$

213 $2\sin\left(x - \frac{\pi}{3}\right) + 2\cos\left(x - \frac{\pi}{6}\right) = \sin^2 x + 1$ $\left[\frac{\pi}{2} + 2k\pi\right]$

214 $\sin 2x + \sin 3x + \sin 4x = 0$ $\left[k\frac{\pi}{3}\right]$

215 $\cos x + \cos\frac{x}{2} + 1 = 0$ $\left[\pi + 2k\pi; \frac{4}{3}\pi + 4k\pi; \frac{8}{3}\pi + 4k\pi\right]$

216 $\cos 4x - \cos 2x = \sin 3x$ $\left[k\frac{\pi}{3}; \frac{7}{6}\pi + k\pi; \frac{11}{6}\pi + 2k\pi\right]$

217 $\sin 2x \cdot \cot x + \cos x - 1 = 0$ $\left[\pm\frac{\pi}{3} + 2k\pi\right]$

218 $\tan\left(x + \frac{\pi}{4}\right) - (1 + \tan x) = 0$ $\left[k\pi; \frac{3}{4}\pi + k\pi\right]$

219 $(1 - \tan x) \cdot \tan 2x - \tan x = 0$ $[k\pi]$

220 $4\sin x \cdot \cos\left(x - \frac{11}{6}\pi\right) = \sqrt{3} \cdot \sin 2x - 1$ $\left[\pm\frac{\pi}{4} + k\pi\right]$

221 $2\cos x \cdot \sin\left(x + \frac{2}{3}\pi\right) = \sin x(-\cos x - \sqrt{3}\sin x) + \tan x$ $\left[\frac{\pi}{3} + k\pi\right]$

Equazioni e funzioni

222 **YOU & MATHS** How many x-intercepts does the graph of $y = \cos x - \sin 2x$ have in the interval $0 \leq x \leq 2\pi$?

A 0 **B** 2 **C** 4 **D** 6 **E** 8

(USA *Marywood University Mathematics Contest*, 2003)

Determina le intersezioni con l'asse x dei grafici delle seguenti funzioni, nell'intervallo $[-\pi; \pi]$.

223 $y = \cos 2x + 1 + \cos x$ $\left[\left(-\frac{2}{3}\pi; 0\right); \left(-\frac{\pi}{2}; 0\right); \left(\frac{\pi}{2}; 0\right); \left(\frac{2}{3}\pi; 0\right)\right]$

224 $y = 2\sin^2 x - 3\sin x + 1$ $\left[\left(\frac{\pi}{6}; 0\right); \left(\frac{\pi}{2}; 0\right); \left(\frac{5}{6}\pi; 0\right)\right]$

225 $y = \tan(\pi - x) + \tan^2 x$ $\left[(-\pi; 0); \left(-\frac{3}{4}\pi; 0\right); (0; 0); \left(\frac{\pi}{4}; 0\right); (\pi; 0)\right]$

2 Equazioni lineari in seno e coseno

▶ Teoria a p. 558

226 ESERCIZIO GUIDA Risolviamo $\sqrt{3}\cos x + \sin x = \sqrt{3}$.

Metodo algebrico

L'equazione è del tipo $a\sin x + b\cos x + c = 0$, con $c \neq 0$.
Per risolverla ci serviamo delle formule parametriche.

$$\sin x = \frac{2t}{1+t^2}, \quad \cos x = \frac{1-t^2}{1+t^2}, \quad \text{con } t = \tan\frac{x}{2}.$$

Poiché tali formule valgono per $x \neq \pi + 2k\pi$, dobbiamo verificare, prima di applicarle, se $x = \pi + 2k\pi$ è una soluzione dell'equazione data. Sostituendo π otteniamo:

$$\sqrt{3}\cos\pi + \sin\pi = -\sqrt{3} + 0 = -\sqrt{3} \neq \sqrt{3}.$$

In questo caso $x = \pi + 2k\pi$ **non** è soluzione dell'equazione data.
Se $x = \pi + 2k\pi$ avesse soddisfatto l'equazione, l'avremmo considerata come una soluzione.
Utilizziamo ora le formule parametriche per determinare le soluzioni diverse da $\pi + 2k\pi$:

$$\sqrt{3}\frac{1-t^2}{1+t^2} + \frac{2t}{1+t^2} = \sqrt{3} \to \frac{\sqrt{3}(1-t^2)+2t}{1+t^2} = \frac{\sqrt{3}(1+t^2)}{1+t^2} \to \sqrt{3} - \sqrt{3}t^2 + 2t = \sqrt{3} + \sqrt{3}t^2.$$

L'equazione ridotta in forma normale è:

$$\sqrt{3}t^2 - t = 0 \to t(\sqrt{3}t - 1) = 0 \quad \to \quad t = 0 \vee t = \frac{\sqrt{3}}{3}.$$

Torniamo alla variabile x:

- $\tan\frac{x}{2} = 0 \quad \to \quad \frac{x}{2} = k\pi \quad \to \quad x = 2k\pi;$
- $\tan\frac{x}{2} = \frac{\sqrt{3}}{3} \quad \to \quad \frac{x}{2} = \frac{\pi}{6} + k\pi \quad \to \quad x = \frac{2\pi}{6} + 2k\pi \quad \to \quad x = \frac{\pi}{3} + 2k\pi.$

Le soluzioni dell'equazione data sono: $x = 2k\pi \vee x = \frac{\pi}{3} + 2k\pi$.

Metodo grafico

Trasformiamo l'equazione nel sistema $\begin{cases} \sqrt{3}\cos x + \sin x = \sqrt{3} \\ \cos^2 x + \sin^2 x = 1 \end{cases}$.

Poniamo $\sin x = X$ e $\cos x = Y$ e sostituiamo nel sistema.

$$\begin{cases} \sqrt{3}\,Y + X = \sqrt{3} & \text{——— equazione di una retta} \\ Y^2 + X^2 = 1 & \text{——— equazione della circonferenza goniometrica} \end{cases}$$

Risolviamo il sistema per sostituzione.

$$\begin{cases} X = -\sqrt{3}\,Y + \sqrt{3} \\ Y^2 + (-\sqrt{3}\,Y + \sqrt{3})^2 = 1 \end{cases}$$

Risolviamo la seconda equazione:

$$Y^2 + (3Y^2 + 3 - 6Y) = 1 \quad \to \quad 4Y^2 - 6Y + 2 = 0 \quad \to \quad 2Y^2 - 3Y + 1 = 0 \quad \to \quad Y = 1, Y = \frac{1}{2}.$$

Le soluzioni del sistema sono: $\begin{cases} Y = 1 \\ X = 0 \end{cases} \to E(0;1); \begin{cases} Y = \frac{1}{2} \\ X = \frac{\sqrt{3}}{2} \end{cases} \to A\left(\frac{\sqrt{3}}{2}; \frac{1}{2}\right).$

Disegniamo sul piano cartesiano la retta e la circonferenza.
Torniamo all'incognita x con i sistemi:

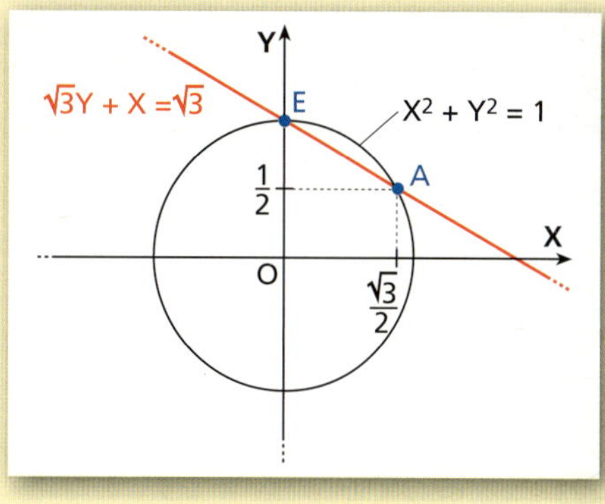

1. $\begin{cases} \cos x = 1 \\ \sin x = 0 \end{cases} \rightarrow x = 2k\pi;$

2. $\begin{cases} \cos x = \frac{1}{2} \\ \sin x = \frac{\sqrt{3}}{2} \end{cases} \rightarrow x = \frac{\pi}{3} + 2k\pi.$

Le soluzioni dell'equazione data sono:

$$x = 2k\pi \quad \vee \quad x = \frac{\pi}{3} + 2k\pi.$$

Metodo dell'angolo aggiunto
Utilizzando le formule, nell'equazione data, per l'espressione $\sqrt{3}\cos x + \sin x$ abbiamo:

$a \sin x + b \cos x = r \sin(x + \alpha)$, con $r = \sqrt{a^2 + b^2}$ e $\tan \alpha = \frac{b}{a}$

$$r = \sqrt{1+3} = 2; \quad \tan \alpha = \frac{\sqrt{3}}{1} \rightarrow \alpha = \frac{\pi}{3}.$$

Quindi l'equazione data equivale a:

$$2 \sin\left(x + \frac{\pi}{3}\right) = \sqrt{3},$$

equazione elementare che ha come soluzioni $x = 2k\pi \vee x = \frac{\pi}{3} + 2k\pi$.

227 VERO O FALSO? L'equazione $\cos x - \sqrt{3} \sin x = 0$:
a. è lineare in seno e coseno. V F
b. è equivalente all'equazione $1 - \sqrt{3}\tan x = 0$. V F
c. è equivalente all'equazione $2\sin\left(x - \frac{\pi}{6}\right) = 0$. V F
d. non si può risolvere con il metodo grafico. V F

228 CACCIA ALL'ERRORE Trova l'errore nell'applicazione del metodo dell'angolo aggiunto.
a. $\sin x + \cos x = 1 \rightarrow r = \sqrt{2}, \tan \alpha = 1 \rightarrow \sin\left(x + \frac{\pi}{4}\right) = 1$
b. $\sqrt{3}\sin x - \cos x = 0 \rightarrow r = \sqrt{2}, \tan \alpha = -\sqrt{3} \rightarrow \sqrt{2}\sin\left(x - \frac{\pi}{3}\right) = 0$

229 RIFLETTI SULLA TEORIA Fabio sostiene che l'equazione $\sin\left(\frac{3}{2}\pi - x\right) + 2\sin x = 1$ non è lineare in seno e coseno, ma Alessia la risolve come equazione lineare. Come fa?

Risolvi le seguenti equazioni goniometriche lineari.

230 $\sin x + \cos x = 0$ $\left[\frac{3}{4}\pi + k\pi\right]$

231 $\sin x - \cos x = 0$ $\left[\frac{\pi}{4} + k\pi\right]$

232 $\cos x - \sin x = 1$ $\left[-\frac{\pi}{2} + 2k\pi; 2k\pi\right]$

233 $\cos x + \sin x - 3 = 0$ [impossibile]

234 $\cos x - \sqrt{3}\sin x = 1$ $\left[2k\pi; -\frac{2}{3}\pi + 2k\pi\right]$

235 $\sqrt{3}\cos x - \sin x = 0$ $\left[\frac{\pi}{3} + k\pi\right]$

236 $\sin\left(\frac{\pi}{2} + x\right) + \sin x = 1$ $\left[\frac{\pi}{2} + 2k\pi; 2k\pi\right]$

237 $\sqrt{3}\sin x - 2\cos x = \sqrt{3} - \cos x$ $\left[\frac{\pi}{2} + 2k\pi; \frac{5}{6}\pi + 2k\pi\right]$

238 $\cos 5x + \sin 5x = 0$ $\left[\frac{3}{20}\pi + k\frac{\pi}{5}\right]$

ESERCIZI

239 $\sin 4x - \cos 4x - 1 = 0$ $\left[\frac{\pi}{4} + k\frac{\pi}{2}; \frac{\pi}{8} + k\frac{\pi}{2}\right]$

240 $\sqrt{3}\,\sin x + \cos x = \sqrt{3}$ $\left[\frac{\pi}{2} + 2k\pi; \frac{\pi}{6} + 2k\pi\right]$

241 $\sin x - \cos(-x) = \frac{\sqrt{2}}{2}$ $\left[\frac{5}{12}\pi + 2k\pi; \frac{13}{12}\pi + 2k\pi\right]$

242 $\sqrt{3}\,\sin x + 3\cos x + 3 = 0$ $\left[\pi + 2k\pi; \frac{4}{3}\pi + 2k\pi\right]$

243 $\cos\left(x + \frac{\pi}{6}\right) + \sin\left(x + \frac{\pi}{6}\right) = 1$ $\left[\frac{\pi}{3} + 2k\pi; -\frac{\pi}{6} + 2k\pi\right]$

244 $\sqrt{3}\,\sin 3x + \cos 3x = \sqrt{3}$ $\left[\frac{\pi}{18} + \frac{2k\pi}{3}; \frac{\pi}{6} + \frac{2k\pi}{3}\right]$

245 $\sqrt{3}\,\sin x + \cos x + 1 = 0$ $\left[\pi + 2k\pi; \frac{5}{3}\pi + 2k\pi\right]$

246 $\sin x + (\sqrt{2} - 1)\cos x - 1 = 0$ $\left[\frac{\pi}{4} + 2k\pi; \frac{\pi}{2} + 2k\pi\right]$

247 $(2 + \sqrt{3})\sin x - \cos x + 2 + \sqrt{3} = 0$ $\left[-\frac{\pi}{3} + 2k\pi; -\frac{\pi}{2} + 2k\pi\right]$

248 $\sin x + 2\cos x - 6 = 0$ [impossibile]

249 $\sin x + 3\cos x = 2 + \sqrt{2}\cos\left(x + \frac{\pi}{4}\right)$ $\left[\frac{\pi}{2} + 2k\pi; 2k\pi\right]$

250 $\sin\left(x - \frac{\pi}{4}\right) + \cos\left(x - \frac{\pi}{4}\right) - 1 = 0$ $\left[\frac{\pi}{4} + 2k\pi; \frac{3}{4}\pi + 2k\pi\right]$

251 $\sqrt{3}\,\sin x - 5\cos x + 1 = 0$ $\left[\frac{\pi}{3} + 2k\pi; 2\arctan\left(-\frac{2\sqrt{3}}{3}\right) + 2k\pi\right]$

252 $\sin\left(\frac{3}{4}\pi + x\right) + \cos\left(x - \frac{7}{4}\pi\right) = \sqrt{2}$ $\left[2k\pi; \frac{3}{2}\pi + 2k\pi\right]$

253 $\sqrt{3}\sin\left(x + \frac{4}{3}\pi\right) + \sin\left(x - \frac{7}{6}\pi\right) + 2 = 0$ $\left[\frac{\pi}{3} + 2k\pi\right]$

MATEMATICA AL COMPUTER

Le equazioni goniometriche Nel laboratorio che ti proponiamo puoi imparare a risolvere con il computer un'equazione goniometrica e a verificare le soluzioni trovate.

risolvere $(2\cdot\sin(x) + 3\cdot\cos(x) = -2) \rightarrow \left\{\left\{x = -\frac{\pi}{2}\right\}, \{x = 2.7468\}\right\}$

Risoluzione – 3 esercizi in più

254 Determina i punti di intersezione con gli assi cartesiani del grafico della funzione $y = \sin x + \cos x + \sqrt{2}$.
$\left[(0; 1 + \sqrt{2}); \left(-\frac{3}{4}\pi + 2k\pi; 0\right)\right]$

255 REALTÀ E MODELLI **Scorciatoia per amore** La casa del fidanzato di Sara dista 1 km in linea d'aria dalla sua, ma per raggiungerla Sara deve percorrere via Libertà e via Risorgimento, un percorso di 1,2 km. Se volesse attraversare il parco in linea retta, che direzione dovrebbe prendere, espressa come valore dell'angolo α? (Considera via Libertà più lunga di via Risorgimento.) [13°]

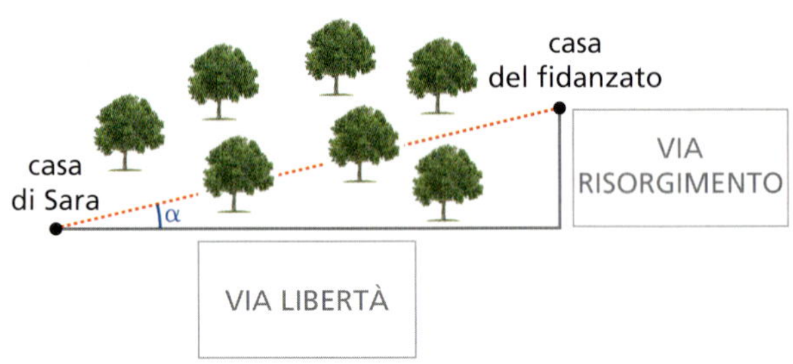

Determina graficamente e algebricamente i punti di intersezione dei grafici delle seguenti funzioni.

256 $y = 1 - \sqrt{3}\sin x; \quad y = \cos x.$ $\left[(2k\pi; 1); \left(\frac{2}{3}\pi + 2k\pi; -\frac{1}{2}\right)\right]$

257 $y = \sqrt{3}\sin x; \quad y = 2 - \cos x.$ $\left[\left(\frac{\pi}{3} + 2k\pi; \frac{3}{2}\right)\right]$

258 $y = \sqrt{2}\sin x + 2; \quad y = -\sqrt{2}\cos x.$ $\left[\left(\frac{5}{4}\pi + 2k\pi; 1\right)\right]$

TUTOR matematica Allenati con **15 esercizi interattivi** con feedback "hai sbagliato, perché..."
su.zanichelli.it/tutor3 risorsa riservata a chi ha acquistato l'edizione con tutor

3 Equazioni omogenee di secondo grado in seno e coseno

▶ Teoria a p. 561

259 **ESERCIZIO GUIDA** Risolviamo $\sqrt{3}\cos^2 x - \sin x \cos x = \sqrt{3}$.

Così come è scritta, l'equazione non è un'equazione omogenea, perché compare il termine noto $\sqrt{3}$. Usiamo la relazione $\sin^2 x + \cos^2 x = 1$ per trasformarla nell'equazione equivalente:

$$\sqrt{3}\cos^2 x - \sin x \cos x = \sqrt{3}(\sin^2 x + \cos^2 x) \rightarrow \sqrt{3}\sin^2 x + \sin x \cos x = 0.$$

Risolviamo l'equazione omogenea ottenuta, raccogliendo $\sin x$:

$$\sin x(\sqrt{3}\sin x + \cos x) = 0.$$

Per la legge dell'annullamento del prodotto dobbiamo risolvere le due equazioni:

- $\sin x = 0 \rightarrow x = k\pi$;
- $\sqrt{3}\sin x + \cos x = 0 \rightarrow \frac{\pi}{2} + k\pi$ non è soluzione, quindi dividiamo per $\cos x$ e otteniamo:

$$\sqrt{3}\tan x + 1 = 0 \quad \rightarrow \quad \tan x = -\frac{\sqrt{3}}{3} \quad \rightarrow \quad x = -\frac{\pi}{6} + k\pi.$$

Le soluzioni dell'equazione sono: $x = k\pi \vee x = -\frac{\pi}{6} + k\pi$.

Risolvi le seguenti equazioni.

260 $\sin x \cos x - \sin^2 x = 0$ $\left[k\pi; \frac{\pi}{4} + k\pi\right]$

261 $\sqrt{3}\sin x \cos x - 3\sin^2 x = 0$ $\left[k\pi; \frac{\pi}{6} + k\pi\right]$

262 $\sin^2 x - \cos^2 x = 0$ $\left[\frac{\pi}{4} + k\frac{\pi}{2}\right]$

263 $\sin^2 x - \sqrt{3}\sin x \cos x = 0$ $\left[k\pi; \frac{\pi}{3} + k\pi\right]$

264 $4\sin^2 x - \sin x \cos x + 3 = 0$ [impossibile]

265 $\sin x \cos x - \cos^2 x = 0$ $\left[\frac{\pi}{2} + k\pi; \frac{\pi}{4} + k\pi\right]$

---

266 $\sqrt{3}(\cos^2 x - \sin^2 x) + 2\sin x \cos x = 0$ $\left[\frac{\pi}{3} + k\pi; \frac{5}{6}\pi + k\pi\right]$

267 $3\cos^2 x - \sin x \cos x = 0$ $\left[\frac{\pi}{2} + k\pi; \arctan 3 + k\pi\right]$

268 $\sqrt{2}\sin x \cos x + \sqrt{6}\cos^2 x = 0$ $\left[\frac{\pi}{2} + k\pi; -\frac{\pi}{3} + k\pi\right]$

269 $3\sin^2 x + 2\sqrt{3}\sin x \cos x + \cos^2 x = 0$ $\left[\frac{5}{6}\pi + k\pi\right]$

270 $3\sin^2 x + \cos^2 x + 2\sin x \cos x = 2$ $\left[\frac{\pi}{8} + k\frac{\pi}{2}\right]$

271 $2\sqrt{3}\cos^2 x - 2\sin x\cos x = \sqrt{3}$ $\left[\frac{2}{3}\pi + k\pi; \frac{\pi}{6} + k\pi\right]$

272 $2\sin^2 x + 3\sin x\cos x = 2 + \cos^2 x$ $\left[\frac{\pi}{2} + k\pi; \frac{\pi}{4} + k\pi\right]$

273 $4\sin^2 x + 2\sin x\cos x + 4\cos^2 x = 3$ $\left[\frac{3}{4}\pi + k\pi\right]$

274 $6\sin^2 x - 5\sin x\cos x = 1 - \cos^2 x$ $\left[k\pi; \frac{\pi}{4} + k\pi\right]$

275 $3\sin^2 x + 2\sqrt{3}\sin x\cos x + 5\cos^2 x - 3 = 0$ $\left[\frac{\pi}{2} + k\pi; -\frac{\pi}{6} + k\pi\right]$

276 $3\sin^2 x + 2\sin x\cos x = 2 - 3\cos^2 x$ $\left[-\frac{\pi}{4} + k\pi\right]$

277 $2\sin^2 x + 2\sqrt{3}\sin x\cos x - 4\cos^2 x + 1 = 0$ $\left[\frac{\pi}{6} + k\pi; \frac{2}{3}\pi + k\pi\right]$

278 $(3 + \sqrt{3})\sin^2 x + 2\cos^2 x + (\sqrt{3} - 1)\sin x\cos x = 3$ $\left[\frac{3}{4}\pi + k\pi; \frac{\pi}{6} + k\pi\right]$

279 $(\sqrt{3} - 1)\sin^2 x + (\sqrt{3} + 1)\sin x\cos x + 1 = 0$ $\left[-\frac{\pi}{6} + k\pi; -\frac{\pi}{4} + k\pi\right]$

280 $\sin^2 x + 4\sqrt{3}\sin x\cos x + \cos^2 x + 2 = 0$ $\left[\frac{5}{6}\pi + k\pi; \frac{2}{3}\pi + k\pi\right]$

281 $(\sqrt{2} - 1)\cos^2 x + (\sqrt{2} - 2)\sin x\cos x - \sin^2 x = 0$ $\left[\frac{\pi}{8} + k\pi; \frac{3}{4}\pi + k\pi\right]$

282 $2\cos^2 x + 1 + \sqrt{3} = 2(2 + \sqrt{3})\sin x\cos x$ $\left[\frac{\pi}{4} + k\pi; \frac{\pi}{3} + k\pi\right]$

Determina le coordinate dei punti di intersezione con gli assi cartesiani dei grafici delle seguenti funzioni.

283 $y = \sin^2 x + \sin x\cos x$ $\left[(k\pi; 0); \left(\frac{3}{4}\pi + k\pi; 0\right); (0; 0)\right]$

284 $y = 2\cos^2 x - \sin x\cos x$ $\left[\left(\frac{\pi}{2} + k\pi; 0\right); (\arctan 2 + k\pi; 0); (0; 2)\right]$

285 $y = 2\sin^2 x - \cos^2 x - \sin x\cos x$ $\left[\left(\frac{\pi}{4} + k\pi; 0\right); \left(\arctan\left(-\frac{1}{2}\right) + k\pi; 0\right); (0; -1)\right]$

Riepilogo: Equazioni goniometriche

TEST

286 Una sola fra le seguenti equazioni ammette esattamente due soluzioni comprese fra 0 e 2π. Quale?

- **A** $\sin\left(x + \frac{\pi}{3}\right) = 1$
- **B** $\cos\left(\frac{\pi}{4} - x\right) = -1$
- **C** $\sin 2x = 0$
- **D** $\tan\left(x - \frac{\pi}{3}\right) = 0$
- **E** $\cos(2x - \pi) = \frac{1}{2}$

287 L'equazione $\sin\left(\frac{3}{2}x - \frac{3}{2}\pi\right) = \frac{1}{2}$ è equivalente a:

- **A** $\cos\frac{3}{2}x = -\frac{1}{2}$.
- **B** $\sin x = \frac{1}{3}$.
- **C** $\sin\frac{3}{2}x = \frac{1}{2}$.
- **D** $\cos x = -\frac{1}{2}$.
- **E** $\cos\frac{3}{2}x = \frac{1}{2}$.

288 **VERO O FALSO?**

a. $\sin x = \sin 2x \rightarrow x = k\pi$. V F

b. $\cos^4 x - \sin^4 x = 2 \rightarrow$ impossibile. V F

c. $\sin x - \cos x = \sqrt{2} \rightarrow x = \frac{3}{4}\pi + k\pi$. V F

d. $\frac{1}{4}\cos 4x = 1 \rightarrow \cos x = 1$. V F

Identità

Verifica le seguenti identità indicando i valori di α per i quali non sono definite.

289 $\frac{\cos\alpha\tan 2\alpha}{\sin\alpha} = \frac{2\cos^2\alpha}{2\cos^2\alpha - 1}$

290 $\tan\alpha = 2\tan\alpha\cos^2\frac{\alpha}{2} - \sin\alpha$

291 $\frac{\cos^2\alpha}{1+\sin 2\alpha} = \frac{1}{(1+\tan\alpha)^2}$

292 $\frac{\sin 3\alpha - \sin\alpha}{\cos 2\alpha} = 2\sin\alpha$

293 $\frac{1-\tan\alpha}{1+\tan\alpha} = \frac{(\cos\alpha - \sin\alpha)^2}{\cos 2\alpha}$

294 $\frac{\cos 2\alpha}{\sin 2\alpha - \cos 2\alpha + 1} = \frac{\cot\alpha - 1}{2}$

295 $\frac{\tan\frac{\alpha}{2}}{1-\cos\alpha} = \frac{1}{\sin\alpha}$

Equazioni

Risolvi le seguenti equazioni.

AL VOLO

296 $2\cos x = 4$

297 $\sin\left(\frac{\pi}{2} + x\right) = 0$

298 $2\sin\left(x - \frac{\pi}{3}\right) = 3$

299 $\cos^2 x - \sin^2 x = 2$

300 $2\tan x = 0$

301 $2\cos x = 1$

302 $2(\tan x - 1) + 3 = \tan x + 1 + \sqrt{3}$ $\left[\frac{\pi}{3} + k\pi\right]$

303 $3\tan^2 x - 2\sqrt{3}\tan x + 1 = 0$ $\left[\frac{\pi}{6} + k\pi\right]$

304 $4\cos^2 x + \csc^2 x - 7 = 0$ $\left[\pm\frac{\pi}{6} + k\pi\right]$

305 $4\sin^2 x - 7 + 10\cos^2 x = 0$ $\left[\frac{\pi}{4} + k\frac{\pi}{2}\right]$

306 $\sin 2x + \cos 2x + 1 = 0$ $\left[\frac{\pi}{2} + k\pi; \frac{3}{4}\pi + k\pi\right]$

307 $\frac{1+\cos^2 x}{\cos x} + \cos^2 x + 1 = 0$ $[\pi + 2k\pi]$

308 $\sin^2\frac{x}{2}\cos^2 x + 2\cos x = 0$ $\left[\frac{\pi}{2} + k\pi\right]$

309 $\tan^2\left(x + \frac{\pi}{3}\right) - 3 = 0$ $\left[k\pi; \frac{\pi}{3} + k\pi\right]$

310 $2\cos^2 6x - 1 = 0$ $\left[\pm\frac{\pi}{24} + k\frac{\pi}{3}; \pm\frac{\pi}{8} + k\frac{\pi}{3}\right]$

311 $2\sin x\cos^2 x - \sin x = 0$ $\left[k\pi; \frac{\pi}{4} + k\frac{\pi}{2}\right]$

312 $\sin x - \sqrt{3}\cos x = -2$ $\left[\frac{11}{6}\pi + 2k\pi\right]$

313 $2\sin^2 x = \sin 2x$ $\left[k\pi; \frac{\pi}{4} + k\pi\right]$

314 $8\sin\left(\frac{\pi}{2} - x\right) - 1 = 4\sin^2 x$ $\left[\pm\frac{\pi}{3} + 2k\pi\right]$

315 $\sin x - (\sqrt{2} - 1)\cos x = 0$ $\left[\frac{\pi}{8} + k\pi\right]$

316 $\cos^4 x - 3\cos^2 x + 2 = 0$ $[k\pi]$

317 $4\sin^4 x - 11\sin^2 x + 6 = 0$ $\left[\pm\frac{\pi}{3} + k\pi\right]$

318 $3\sin x + \cos x - 3 = 0$ $\left[\frac{\pi}{2} + 2k\pi; 2\arctan\frac{1}{2} + 2k\pi\right]$

319 $2\cos^2\left(x + \frac{\pi}{3}\right) + \cos\left(x + \frac{\pi}{3}\right) - 1 = 0$ $\left[\pm\frac{2}{3}\pi + 2k\pi; 2k\pi\right]$

320 $2 - \sqrt{2}\sin x = 2\sqrt{2}\sin x + 5$ $\left[-\frac{\pi}{4} + 2k\pi; \frac{5}{4}\pi + 2k\pi\right]$

321 $\cos\left(2x + \frac{\pi}{5}\right) = -\sin\left(3x - \frac{4}{3}\pi\right)$ $\left[\frac{31}{30}\pi + 2k\pi; \frac{19}{150}\pi + \frac{2}{5}k\pi\right]$

322 $\tan\left(2x - \frac{2}{7}\pi\right) = -\cot\left(3x - \frac{3}{5}\pi\right)$ $\left[\frac{57}{70}\pi + k\pi\right]$

323 $5\sin^2 x - \sqrt{3}\sin 2x = 2 + \cos^2 x$ $\left[\frac{5}{6}\pi + k\pi; \frac{\pi}{3} + k\pi\right]$

324 $\cos\left(\frac{x}{3} + \frac{\pi}{9}\right) = -\cos\left(2x - \frac{5}{3}\pi\right)$ $\left[\frac{5}{3}\pi + \frac{6}{5}k\pi; \frac{23}{21}\pi + \frac{6}{7}k\pi\right]$

ESERCIZI

325 $\cos x \cot x + \sqrt{3}\cos x = 0$ $\left[\frac{\pi}{2} + k\pi; \frac{5}{6}\pi + k\pi\right]$

326 $3\tan^2 x + 4\sqrt{3}\tan x + 3 = 0$ $\left[\frac{5}{6}\pi + k\pi; \frac{2}{3}\pi + k\pi\right]$

327 $\sqrt{3}\sin x + \cos x + \sqrt{3} = 0$ $\left[\frac{7}{6}\pi + 2k\pi; \frac{3}{2}\pi + 2k\pi\right]$

328 $\sin\left(x + \frac{\pi}{6}\right) + \sin\left(x + \frac{\pi}{3}\right) = \frac{\sqrt{3}+1}{2}$ $\left[\frac{\pi}{2} + 2k\pi; 2k\pi\right]$

329 $\cot(5x - 125°) = -\tan(15° - 3x)$ $\left[\frac{25°}{4} + k\frac{45°}{2}\right]$

330 $4\sin^2 x - 8\sin x - 5 = 0$ $\left[\frac{7}{6}\pi + 2k\pi; \frac{11}{6}\pi + 2k\pi\right]$

331 $\cos\left(3x - \frac{\pi}{4}\right) = \cos\left(\frac{2}{3}\pi - 2x\right)$ $\left[\frac{19}{12}\pi + 2k\pi; \frac{11}{60}\pi + \frac{2}{5}k\pi\right]$

332 $\tan x\cos x + \tan x = \sqrt{3}\cos x + \sqrt{3}$ $\left[\pi + 2k\pi; \frac{\pi}{3} + k\pi\right]$

333 $3\sin^2 x - \sqrt{3}\sin 2x - 3\cos^2 x = 0$ $\left[\frac{\pi}{3} + k\pi; -\frac{\pi}{6} + k\pi\right]$

334 $\cot\left(\frac{x}{3} + \frac{\pi}{5}\right) = -\tan\left(3x - \frac{\pi}{7}\right)$ $\left[\frac{177}{560}\pi + \frac{3}{8}k\pi\right]$

335 $5\sin^2 x + 3\cos^2 x + \cos(-x) = 5$ $\left[\frac{\pi}{2} + k\pi; \pm\frac{\pi}{3} + 2k\pi\right]$

336 $\cos x \cdot \cos(x - 300°) = \sin x \cdot \sin(x - 210°)$ $[45° + k180°; 30° + k180°]$

337 $4\sin 2x\cos 2x - 1 = 0$ $\left[\frac{\pi}{24} + k\frac{\pi}{2}; \frac{5}{24}\pi + k\frac{\pi}{2}\right]$

338 $2\sin^2 x + \sqrt{3}\sin x\cos x + 1 - \cos^2 x = 0$ $\left[k\pi; \frac{5}{6}\pi + k\pi\right]$

339 $2\sin^2 x - 4\sqrt{2}\sin x + 3 = 0$ $\left[\frac{\pi}{4} + 2k\pi; \frac{3}{4}\pi + 2k\pi\right]$

340 $2\sin^2 x + 9\cos\left(\frac{3}{2}\pi - x\right) + 4 = 0$ $\left[\frac{\pi}{6} + 2k\pi; \frac{5}{6}\pi + 2k\pi\right]$

341 $\tan^2 x + (\sqrt{3} + 1)\tan x + \sqrt{3} = 0$ $\left[-\frac{\pi}{4} + k\pi; -\frac{\pi}{3} + k\pi\right]$

342 $\sqrt{3}\tan^2 2x - 4\tan 2x + \sqrt{3} = 0$ $\left[\frac{\pi}{12} + k\frac{\pi}{2}; \frac{\pi}{6} + k\frac{\pi}{2}\right]$

343 $4\sin^2\left(x + \frac{\pi}{6}\right) + 4\sin\left(x + \frac{\pi}{6}\right) - 3 = 0$ $\left[2k\pi; \frac{2}{3}\pi + 2k\pi\right]$

344 $(\sqrt{2}\sin x - 1)\cdot\tan x = 0$ $\left[k\pi; \frac{\pi}{4} + 2k\pi; \frac{3}{4}\pi + 2k\pi\right]$

345 $\frac{2}{1 + \sin x} = \frac{\sin^2 x + 5}{\cos^2 x}$ [impossibile]

346 $\frac{1 - \cos 2x}{\sin 2x} - \frac{\sin x}{1 + \cos 2x} = 0$ $\left[\pm\frac{\pi}{3} + 2k\pi\right]$

347 $\frac{2\cos x - 1}{\tan 3x} = 0$ [impossibile]

348 $\frac{\sin(\pi - x)}{\cos x} = \frac{1}{\sqrt{3}}$ $\left[\frac{\pi}{6} + k\pi\right]$

349 $\sqrt{3} - 2\sin x = \frac{\cos x}{\sin 2x}$ [impossibile]

350 $\cos x + \tan x = \frac{1}{\cos x}$ $[k\pi]$

351 $\tan\left(x+\frac{\pi}{3}\right)+\tan x=0$ $\left[-\frac{\pi}{6}+\frac{k}{2}\pi\right]$

352 $\cos 2x-2\cos\left(x+\frac{3}{4}\pi\right)=0$ $\left[-\frac{\pi}{4}+k\pi\right]$

353 $\frac{2\sin x\cos x-\cos x}{3\tan^2 x-1}=0$ [impossibile]

354 $\tan\left(x-\frac{\pi}{4}\right)-\tan 2x+2=0$ $\left[\pm\frac{\pi}{6}+k\pi\right]$

355 $\frac{(\cos x-3)(2\cos x+1)}{3-4\sin^2 x}=0$ [impossibile]

356 $2\sin^2\frac{x}{2}-\cos 2x-\cos x=2$ $\left[\pi+2k\pi;\ \frac{\pi}{2}+k\pi\right]$

357 $2\cos^2\frac{x}{2}+\cos 2x-2\cos x=0$ $\left[\frac{\pi}{2}+k\pi;\ \pm\frac{\pi}{3}+2k\pi\right]$

358 $\sin 5x+\sin 3x=\cos 4x+\cos 2x$ $\left[\frac{\pi}{2}+k\pi;\ \frac{\pi}{14}+\frac{2}{7}k\pi\right]$

359 $8\cos^2 x-3\tan^2 x-5=0$ $\left[\pm\frac{\pi}{6}+k\pi\right]$

360 $6\tan^2 x-4\sin^2 x-1=0$ $\left[\pm\frac{\pi}{6}+k\pi\right]$

361 $\frac{\sin x+1}{\sin x}+\cot^2 x=2$ $\left[\frac{\pi}{2}+2k\pi;\ -\frac{5}{6}\pi+2k\pi;\ -\frac{\pi}{6}+2k\pi\right]$

362 $\cos\frac{x}{2}-2\cos x-2=0$ $\left[\pi+2k\pi;\ \pm 2\arccos\left(\frac{1}{4}\right)+4k\pi\right]$

363 $\sin^4 x+\cos^4 x=\frac{1}{2}$ $\left[\frac{\pi}{4}+k\frac{\pi}{2}\right]$

364 $\cot 2x\cdot\cot x=1$ $\left[\frac{\pi}{6}+k\pi;\ \frac{5}{6}\pi+k\pi\right]$

365 $\cot 2x\cdot\sin x+\cos x=0$ $\left[\pm\frac{\pi}{3}+k\pi\right]$

366 $\sin 2x=\cos x\,(1-\cos 2x)$ $\left[k\frac{\pi}{2}\right]$

367 $\tan\left(x+\frac{\pi}{6}\right)\cdot\tan\left(x+\frac{\pi}{3}\right)=1$ $\left[k\frac{\pi}{2}\right]$

368 $\sin\left(x-\frac{\pi}{4}\right)\cdot\cos\left(x-\frac{\pi}{4}\right)-\sin 2x=\cos^2 x+\frac{1}{2}$ $\left[\frac{3}{4}\pi+k\pi;\ \frac{\pi}{2}+k\pi\right]$

369 $\sin 5x\cos 7x=\sin 4x\cos 8x$ $\left[k\pi;\ \frac{\pi}{6}+k\frac{\pi}{3}\right]$

370 $\cos\left(x-\frac{\pi}{6}\right)+\cos\left(x-\frac{\pi}{3}\right)+\cos 2x=0$ $\left[\frac{3}{4}\pi+k\pi;\ \frac{2}{3}\pi+2k\pi;\ \frac{5}{6}\pi+2k\pi\right]$

---

371 TEST Trova l'angolo ϑ in radianti per il quale $0\leq\vartheta\leq\pi$ e $4\cos 2\vartheta+4\sin^2\vartheta-4\cos\vartheta=-1$.

A $\frac{\pi}{6}$ B $\frac{\pi}{4}$ C $\frac{\pi}{3}$ D $\frac{\pi}{2}$ E $\frac{2\pi}{3}$

(USA *University of North Carolina at Wilmington High School Math Contest,* 2004)

372 YOU & MATHS Find x if $\frac{1}{\sqrt{3}}\sin x=\cos\frac{x}{2}$, where $0\leq x\leq 2\pi$.

(IR *Leaving Certificate Examination,* Higher Level, 1994)

$\left[\pi;\ \frac{2}{3}\pi;\ \frac{4}{3}\pi\right]$

373 •• EUREKA! Considera l'equazione $a \sin x + b \cos x + c = 0$ e dimostra che le sue soluzioni sono $x = \pi + 2k\pi$ e $x = \frac{3}{2}\pi + 2k\pi$ se e solo se $a = b = c$.

Problemi REALTÀ E MODELLI

RISOLVIAMO UN PROBLEMA

La galleria

Un trasporto eccezionale transita attraverso una galleria a doppio senso di marcia con sezione semicircolare di raggio 6 m.

Determina l'area di ingombro massima che il mezzo può avere (intesa come l'area della sezione trasversale del veicolo) per poter attraversare la galleria senza bisogno di interrompere il traffico in senso opposto.

▶ **Modellizziamo il problema.**

Schematizziamo la situazione con una figura.

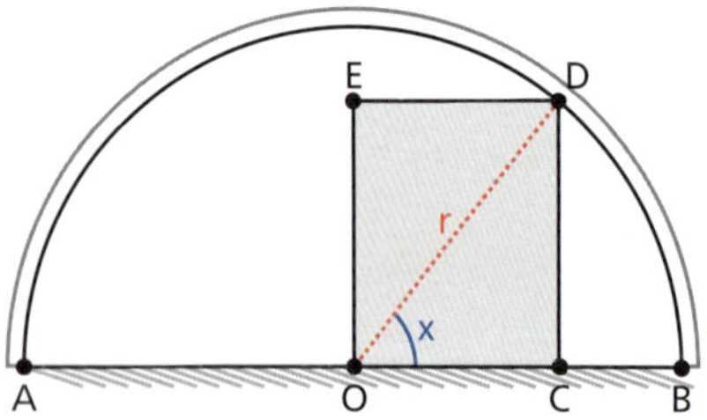

L'area da calcolare è rappresentata dalla superficie del rettangolo *OCDE* (il veicolo può occupare solo una metà della carreggiata). Per risolvere il problema, dobbiamo esprimere i lati della figura in funzione di $D\widehat{O}C = x$.

▶ **Esprimiamo l'area in funzione di *x*.**

$\overline{CD} = r \sin x;$

$\overline{OC} = r \cos x;$

area $= \overline{CD} \cdot \overline{OC} = r \sin x \cdot r \cos x =$

$r^2 \sin x \cdot \cos x = \frac{1}{2} r^2 \sin 2x.$

▶ **Troviamo la soluzione.**

Il valore di $\sin 2x$ è massimo quando

$\sin 2x = 1$, cioè $2x = \frac{\pi}{2} \rightarrow x = \frac{\pi}{4}$,

dal quale, poiché $\sin \frac{\pi}{4} = \cos \frac{\pi}{4} = \frac{\sqrt{2}}{2}$, si ricava:

$\overline{CD} = \overline{OC} = r \cos x = 6 \cdot \frac{\sqrt{2}}{2} \simeq 4{,}24 \text{ m} \rightarrow$

area $= \overline{CD} \cdot \overline{OC} = (4{,}24)^2 \simeq 17{,}98$.

L'area massima della superficie della sezione del veicolo corrisponde a una sezione quadrata di circa 18 m^2.

374 •• **Rifrazione** Un raggio luminoso che attraversa un oggetto di vetro e poi si propaga nell'aria nel passaggio da un mezzo all'altro subisce il fenomeno ottico della rifrazione. Gli angoli α_1 e α_2 che il raggio forma con la perpendicolare alla superficie di separazione tra i due mezzi sono legati dalla relazione:

$$\frac{\sin \alpha_1}{\sin \alpha_2} = \frac{n_2}{n_1},$$

dove n_1 e n_2 sono valori caratteristici dei due mezzi, chiamati indici di rifrazione.

a. Quanto dovrebbe misurare l'angolo di incidenza α_1 perché l'angolo di rifrazione α_2 sia esattamente il doppio?

b. La rifrazione si verifica se α_2 è minore di 90°. Qual è, dunque, il più grande valore di α_1 per cui si ha rifrazione nel passaggio da vetro ad aria? [a) 40,5°; b) 41,1°]

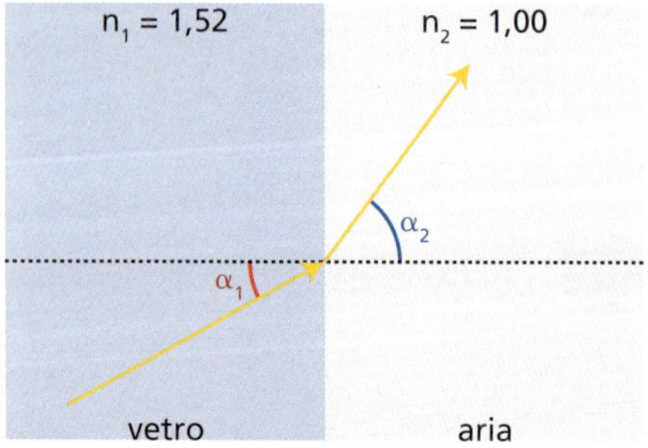

375 ●● **Decollo in sicurezza** Una pista per aeroplani turistici è progettata in modo che D sia il punto di decollo, posizionato a distanza l da B, dove si trova la torre BC, per il ponte radio. La sicurezza del volo è garantita se gli aerei superano, al decollo, il punto A, che si trova a un'altezza tripla della torre.

a. Trova il valore minimo dell'angolo di salita 2α (angolo tra la traiettoria e l'orizzontale) che gli aerei devono assumere al decollo.

b. Se $BC = 30$ m e α ha il valore trovato al punto precedente, qual è la distanza di D da B?

$\left[\text{a) } 2\alpha = \frac{\pi}{3}; \text{ b) } 52 \text{ m}\right]$

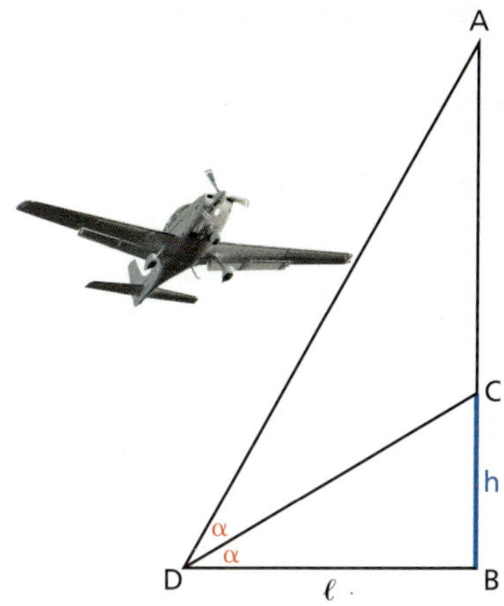

Funzioni

Determina il dominio delle seguenti funzioni.

376 ●○ $f(x) = \dfrac{1}{\sin 4x}$ $\left[x \neq k\frac{\pi}{4}\right]$

377 ●○ $f(x) = \dfrac{1}{2\cos^2 x - 1}$ $\left[x \neq \frac{\pi}{4} + k\frac{\pi}{2}\right]$

378 ●○ $f(x) = \dfrac{4\cos x}{\sin 2x - 3}$ $[\forall x \in \mathbb{R}]$

379 ●○ $f(x) = \dfrac{\cos(3x - \pi)}{\cos^2 x - \sin^2 x}$ $\left[x \neq \frac{\pi}{4} + k\frac{\pi}{2}\right]$

380 ●○ $f(x) = \dfrac{\tan 2x}{\cos^2 x - \sin^2 x}$ $\left[x \neq \frac{\pi}{4} + k\frac{\pi}{2}\right]$

381 ●○ $f(x) = \dfrac{-2\cos x - \cos^2 x}{2\sin^2 x - 3\cos x + 3}$ $[x \neq 2k\pi]$

---

382 ●○ $f(x) = \dfrac{\sin 5x + \cos 5x}{2\cos x - \sqrt{3}}$ $\left[x \neq \frac{\pi}{6} + 2k\pi \wedge x \neq \frac{11}{6}\pi + 2k\pi\right]$

383 ●○ $f(x) = \dfrac{\tan x}{\sin x - \cos x}$ $\left[x \neq \frac{\pi}{4} + k\pi \wedge x \neq \frac{\pi}{2} + k\pi\right]$

384 ●○ $f(x) = \dfrac{\cot x}{\sin\left(x + \frac{\pi}{6}\right) + \cos\left(x + \frac{\pi}{3}\right)}$ $\left[x \neq k\frac{\pi}{2}\right]$

385 ●○ $f(x) = \dfrac{\cot x}{4\sin x \cos x - 1}$ $\left[x \neq k\pi \wedge x \neq \frac{\pi}{12} + k\pi \wedge x \neq \frac{5}{12}\pi + k\pi\right]$

386 ●○ $f(x) = \dfrac{2\cos x}{\sin x - \sin 2x}$ $\left[x \neq k\pi \wedge x \neq \pm\frac{\pi}{3} + 2k\pi\right]$

387 ●● $f(x) = \dfrac{\cos 2x}{|\cos x| - |\sin x|}$ $\left[x \neq \frac{\pi}{4} + k\frac{\pi}{2}\right]$

388 ●○ **LEGGI IL GRAFICO** Nella figura è rappresentata la funzione

$y = a\sin x + b$.

a. Determina a e b.

b. Trova le coordinate dei punti P e Q.

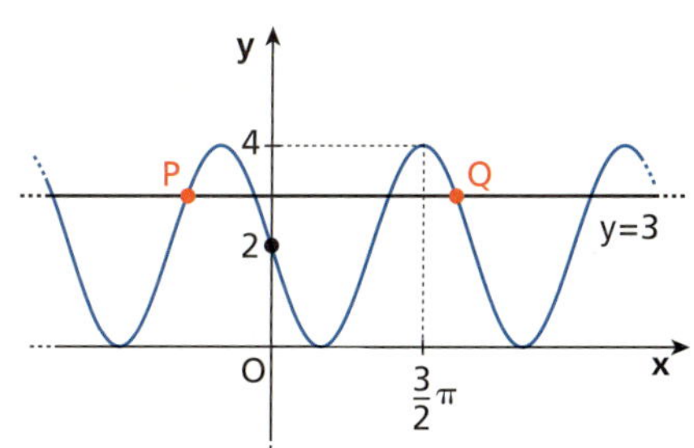

ESERCIZI

LEGGI IL GRAFICO Scrivi l'equazione le cui soluzioni sono le ascisse dei punti colorati in rosso individuati nei seguenti grafici.

389 ●○

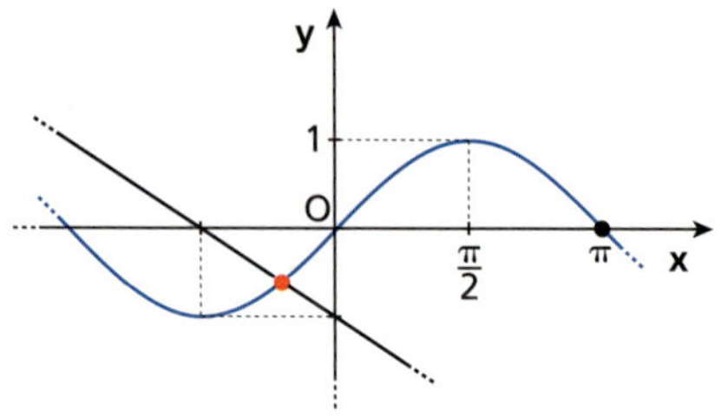

390 ●○

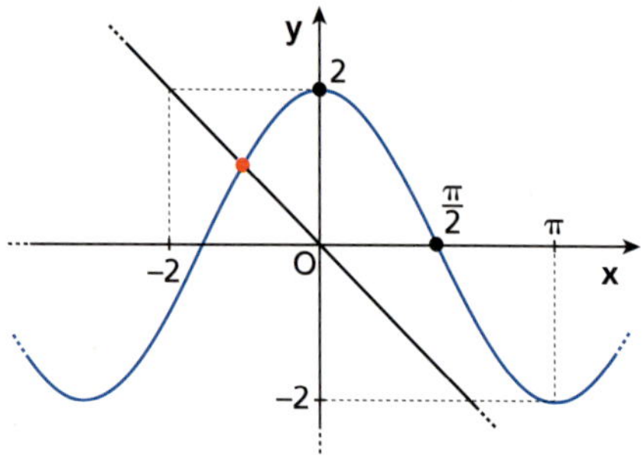

Determina graficamente il numero delle soluzioni delle seguenti equazioni.

391 ●○ $\cos x - 2x = 0$ [1 soluzione]

392 ●○ $2\tan x + x - 1 = 0$ [∞ soluzioni]

393 ●○ $2\sin\frac{x}{2} + x = 1$ [1 soluzione]

394 ●○ $\sin x + \cos x = 4x^2$ [2 soluzioni]

395 ●○ $|\sin x| - x^2 + 1 = 0$ [2 soluzioni]

396 ●○ $\cos\frac{x}{2} - 2|x| = 0$ [2 soluzioni]

Equazioni con le funzioni goniometriche inverse

Risolvi le seguenti equazioni.

397 ●○ $\arccos x = \frac{\pi}{4}$ $\left[\frac{\sqrt{2}}{2}\right]$

398 ●○ $\arctan\frac{2x+1}{x} = \frac{\pi}{4}$ $[-1]$

399 ●○ $4(\arcsin x)^2 = \pi^2$ $[\pm 1]$

400 ●● $3(\arcsin x)^2 + \pi\arcsin x = 0$ $\left[0; -\frac{\sqrt{3}}{2}\right]$

401 ●○ Se $\arcsin x = \frac{\pi}{2}$, quanto vale $\arctan x$? $\left[\frac{\pi}{4}\right]$

402 ●○ Se $\arctan x = -\frac{\pi}{4}$, quanto vale $\arcsin x$? E $\arccos x$? $\left[-\frac{\pi}{2}; \pi\right]$

403 ●● Risolvi l'equazione $\sin(\arctan\sqrt{3}) = \cos x$. $\left[\pm\frac{\pi}{6} + 2k\pi\right]$

404 ●● Risolvi l'equazione $\sin 2x = \cos(\arctan 1)$. $\left[\frac{\pi}{8} + k\pi; \frac{3}{8}\pi + k\pi\right]$

4 Sistemi di equazioni goniometriche

▶ Teoria a p. 563

405 ESERCIZIO GUIDA Risolviamo i seguenti sistemi di equazioni.

a. $\begin{cases} x + y = \frac{\pi}{2} \\ \sin x + \sin y = 1 \end{cases}$ **b.** $\begin{cases} \tan x - \tan y = \sqrt{3} + 1 \\ \tan x + \tan y = \sqrt{3} - 1 \end{cases}$

a. Ricaviamo x dalla prima equazione e sostituiamo nella seconda:

$$\begin{cases} x = \frac{\pi}{2} - y \\ \sin\left(\frac{\pi}{2} - y\right) + \sin y = 1 \end{cases} \rightarrow \begin{cases} x = \frac{\pi}{2} - y \\ \cos y + \sin y = 1 \end{cases}$$

Nella seconda equazione, utilizziamo le formule parametriche $\cos y = \frac{1-t^2}{1+t^2}$ e $\sin y = \frac{2t}{1+t^2}$, dove $t = \tan\frac{y}{2}$, con $y \neq \pi + 2k\pi$.

$$\frac{1-t^2}{1+t^2} + \frac{2t}{1+t^2} = 1 \rightarrow 1 - t^2 + 2t = 1 + t^2 \rightarrow 2t^2 - 2t = 0$$

Le soluzioni sono:

$$t = 0, \text{ da cui } \frac{y}{2} = k\pi \rightarrow y = 2k\pi; \qquad t = 1, \text{ da cui } \frac{y}{2} = \frac{\pi}{4} + k\pi \rightarrow y = \frac{\pi}{2} + 2k\pi.$$

Le soluzioni del sistema sono:

$$\begin{cases} x = \frac{\pi}{2} - 2k\pi \\ y = 2k\pi \end{cases} \vee \begin{cases} x = -2k\pi \\ y = \frac{\pi}{2} + 2k\pi \end{cases}$$

b. Sommiamo membro a membro le due equazioni del sistema.

$$\begin{cases} \tan x - \tan y = \sqrt{3} + 1 \\ \tan x + \tan y = \sqrt{3} - 1 \end{cases}$$
$$2\tan x = 2\sqrt{3} \rightarrow \tan x = \sqrt{3} \rightarrow x = \frac{\pi}{3} + k\pi$$

Sottraendo la prima equazione dalla seconda otteniamo:

$$2\tan y = -2 \rightarrow \tan y = -1 \rightarrow y = -\frac{\pi}{4} + k\pi.$$

Le soluzioni del sistema sono:

$$\begin{cases} x = \frac{\pi}{3} + k\pi \\ y = -\frac{\pi}{4} + k_1\pi \end{cases} \quad \text{con } k, k_1 \in \mathbb{Z}.$$

Risolvi i seguenti sistemi.

406 ●○ $\begin{cases} x + y = \pi \\ 2\sin x + 2\cos y = \sqrt{3} + 1 \end{cases}$ $\left[\left(x = \frac{5}{6}\pi - 2k\pi \wedge y = \frac{\pi}{6} + 2k\pi\right) \vee \left(x = \frac{2}{3}\pi - 2k\pi \wedge y = \frac{\pi}{3} + 2k\pi\right)\right]$

407 ●○ $\begin{cases} \sin x + \sin y = \frac{3}{2} \\ \sin x - \sin y = -\frac{1}{2} \end{cases}$ $\left[x = \frac{\pi}{6} + 2k\pi \vee x = \frac{5}{6}\pi + 2k\pi;\ y = \frac{\pi}{2} + 2k_1\pi\right]$

408 ●○ $\begin{cases} x - y = \frac{\pi}{2} \\ \sin x + \cos y = \sqrt{3} \end{cases}$ $\left[\left(x = \frac{\pi}{3} + 2k\pi \wedge y = -\frac{\pi}{6} + 2k\pi\right) \vee \left(x = \frac{2}{3}\pi + 2k\pi \wedge y = \frac{\pi}{6} + 2k\pi\right)\right]$

409 ●○ $\begin{cases} 8\sin x - 6\sin y = 1 \\ \sin x + \sin y = 1 \end{cases}$ $\left[x = \frac{\pi}{6} + 2k\pi \vee x = \frac{5}{6}\pi + 2k\pi;\ y = \frac{\pi}{6} + 2k_1\pi \vee y = \frac{5}{6}\pi + 2k_1\pi\right]$

410 ●○ $\begin{cases} x + y = \pi \\ \tan x - \tan y = -2 \end{cases}$ $\left[x = \frac{3}{4}\pi - k\pi \wedge y = \frac{\pi}{4} + k\pi\right]$

411 ●○ $\begin{cases} x - y = \frac{\pi}{2} \\ \sin x + \cos y = \sqrt{2} \end{cases}$ $\left[\left(x = \frac{3}{4}\pi + 2k\pi \wedge y = \frac{\pi}{4} + 2k\pi\right) \vee \left(x = \frac{\pi}{4} + 2k\pi \wedge y = -\frac{\pi}{4} + 2k\pi\right)\right]$

412 ●○ $\begin{cases} \cos x + 3\cos y = \sqrt{3} \\ \cos x - 3\cos y = -2\sqrt{3} \end{cases}$ $\left[x = \frac{5}{6}\pi + 2k\pi \vee x = \frac{7}{6}\pi + 2k\pi;\ y = \frac{\pi}{6} + 2k_1\pi \vee y = \frac{11}{6}\pi + 2k_1\pi\right]$

413 ●○ $\begin{cases} 2\tan x - 3\tan y = 2 + \sqrt{3} \\ \tan x + \tan y = \frac{3 - \sqrt{3}}{3} \end{cases}$ $\left[x = \frac{\pi}{4} + k\pi;\ y = \frac{5}{6}\pi + k_1\pi\right]$

ESERCIZI

414 ●○ $\begin{cases} x+y=\pi \\ \sin(\pi-x)+\sqrt{3}\cos y = 1 \end{cases}$ $\left[\left(x=\frac{\pi}{2}+2k\pi \wedge y=\frac{\pi}{2}-2k\pi\right) \vee \left(x=-\frac{5}{6}\pi+2k\pi \wedge y=\frac{11}{6}\pi-2k\pi\right)\right]$

415 ●○ $\begin{cases} \sin x+\sin y=\frac{3}{2} \\ 2\sin^2 x+4\sin^2 y=\frac{9}{2} \end{cases}$ $\left[\left(x=\frac{\pi}{6}+2k\pi \vee x=\frac{5}{6}\pi+2k\pi\right) \wedge y=\frac{\pi}{2}+2k_1\pi\right]$

416 ●● $\begin{cases} 2\cos x+3\cos y=-\sqrt{3} \\ 4\cos^2 x-2\cos^2 y=3 \end{cases}$ $\left[x=\frac{5}{6}\pi+2k\pi \vee x=\frac{7}{6}\pi+2k\pi;\ y=\frac{\pi}{2}+k_1\pi\right]$

417 ●● $\begin{cases} x+y=\pi \\ 3\tan x+3\cot y=-2\sqrt{3} \end{cases}$ $\left[\left(x=\frac{2}{3}\pi-k\pi \wedge y=\frac{\pi}{3}+k\pi\right) \vee \left(x=\frac{\pi}{6}-k\pi \wedge y=\frac{5}{6}\pi+k\pi\right)\right]$

418 ●● $\begin{cases} x+y=\frac{5}{6}\pi \\ 2\sin x-\sqrt{3}\sin y=-1 \end{cases}$ $\left[x=-\frac{\pi}{6}-2k\pi \wedge y=\pi+2k\pi\right]$

419 ●● $\begin{cases} \tan x+3\cot y=0 \\ \tan^2 x+3\cot^2 y=4 \end{cases}$ $\left[\left(x=\frac{2}{3}\pi+k\pi \wedge y=\frac{\pi}{3}+k_1\pi\right) \vee \left(x=\frac{\pi}{3}+k\pi \wedge y=\frac{2}{3}\pi+k_1\pi\right)\right]$

420 ●● **EUREKA!** Esistono valori di φ per i quali la seguente equazione ha soluzioni?

$|\sin 2x|+|\cos(2x-\varphi)|=0$

421 ●● **YOU & MATHS** If the system of equations $\begin{cases} y=7\sin x+3\cos x \\ y=7\cos x+3\sin x \end{cases}$ is solved simultaneously for $0 \le x \le \pi$, the value of y must be:

A $4\sqrt{2}$. **B** $2\sqrt{5}$. **C** 2. **D** $5\sqrt{2}$. **E** -2.

(USA *North Carolina State High School Mathematics Contest*, 2003)

5 Disequazioni goniometriche

422 ●○ **VERO O FALSO?** Nella figura è indicato graficamente (in rosso) l'insieme delle soluzioni di una disequazione goniometrica. In forma algebrica si può scrivere:

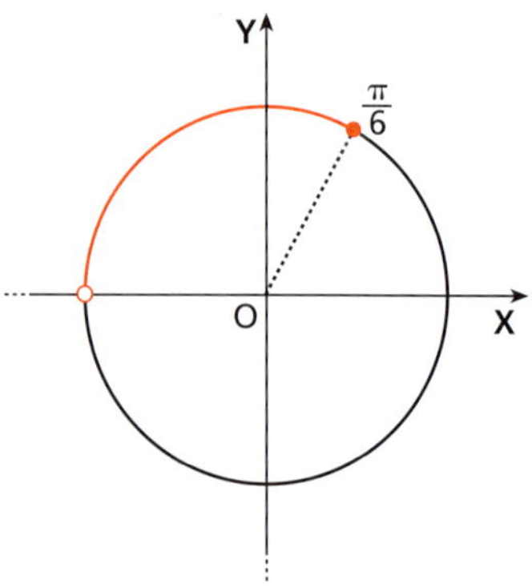

a. $-\frac{\pi}{2}+2k\pi < x < \frac{\pi}{6}+2k\pi$. V F

b. $2k\pi \le x \le \frac{\pi}{6}+2k\pi \vee \frac{3}{2}\pi+2k\pi < x \le 2\pi+2k\pi$. V F

c. $-\frac{\pi}{2}+2k\pi < x \le \frac{\pi}{6}+2k\pi$. V F

d. $\frac{3}{2}\pi+2k\pi < x \le \frac{\pi}{6}+2k\pi$. V F

423 ●○ **LEGGI IL GRAFICO** Nelle seguenti figure sono indicate le soluzioni di alcune disequazioni goniometriche. Scrivile in forma algebrica.

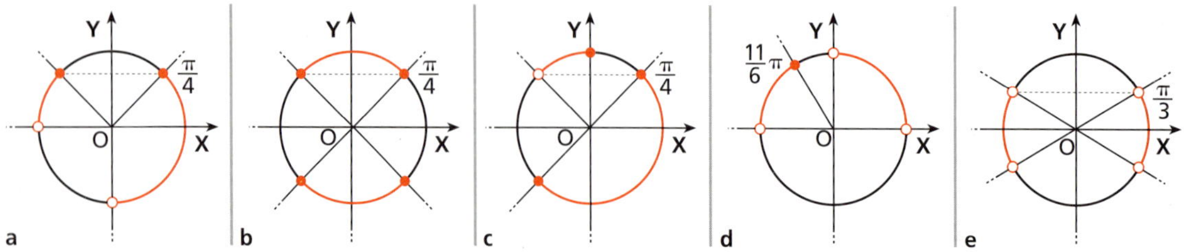

Disequazioni goniometriche elementari

▶ Teoria a p. 564

424 **ESERCIZIO GUIDA** Risolviamo:

a. $2\sin x - \sqrt{3} > 0$;

b. $2\cos x + 1 \leq 0$;

c. $\tan x > 1$.

---

a. $2\sin x - \sqrt{3} > 0 \rightarrow \sin x > \dfrac{\sqrt{3}}{2}$.

Disegniamo la circonferenza goniometrica e tracciamo la retta di equazione $X = \dfrac{\sqrt{3}}{2}$, che intersecando la circonferenza individua gli angoli $\alpha = \dfrac{\pi}{3}$ e $\beta = \dfrac{2}{3}\pi$, soluzioni dell'equazione associata.

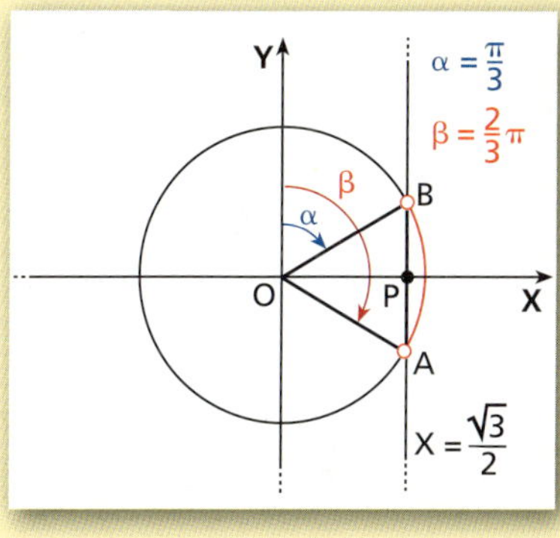

Poiché deve risultare $\sin x > \dfrac{\sqrt{3}}{2}$, scegliamo l'arco di circonferenza che sta a destra della retta AB.

Gli estremi dell'arco sono esclusi, perché la disuguaglianza è stretta.

Le soluzioni sono: $\dfrac{\pi}{3} + 2k\pi < x < \dfrac{2}{3}\pi + 2k\pi$.

b. $2\cos x + 1 \leq 0 \rightarrow \cos x \leq -\dfrac{1}{2}$.

Disegniamo la circonferenza goniometrica e tracciamo la retta di equazione $Y = -\dfrac{1}{2}$.

$\alpha = \dfrac{2}{3}\pi$ e $\beta = \dfrac{4}{3}\pi$ sono le soluzioni dell'equazione associata.

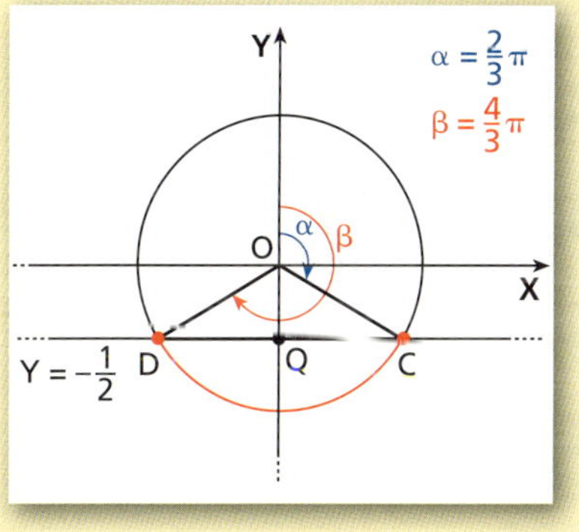

Poiché deve risultare $\cos x \leq -\dfrac{1}{2}$, scegliamo l'arco evidenziato in rosso.

Gli estremi dell'arco sono inclusi, perché la disuguaglianza è larga.

Le soluzioni sono: $\dfrac{2}{3}\pi + 2k\pi \leq x \leq \dfrac{4}{3}\pi + 2k\pi$.

c. $\tan x > 1$.

Disegniamo la circonferenza goniometrica e la retta tangente nel punto $E(0; 1)$. Su tale retta scegliamo il punto $T(1; 1)$ e tracciamo OT in modo da individuare gli angoli con tangente uguale a 1, cioè $x = \dfrac{\pi}{4}$ e $x = \dfrac{5}{4}\pi$.

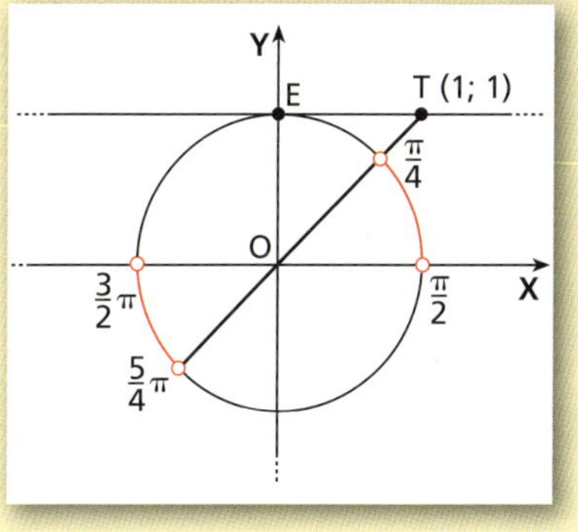

Poiché deve risultare $\tan x > 1$, gli archi da scegliere sono quelli compresi fra $\dfrac{\pi}{4}$ e $\dfrac{\pi}{2}$ e fra $\dfrac{5}{4}\pi$ e $\dfrac{3}{2}\pi$.

Tenendo conto che la funzione $\tan x$ ha periodo π, scriviamo tutte le soluzioni in forma compatta: $\dfrac{\pi}{4} + k\pi < x < \dfrac{\pi}{2} + k\pi$.

ESERCIZI

425 ●○ TEST Quale grafico evidenzia le soluzioni della disequazione $\sin x < \frac{1}{2}$?

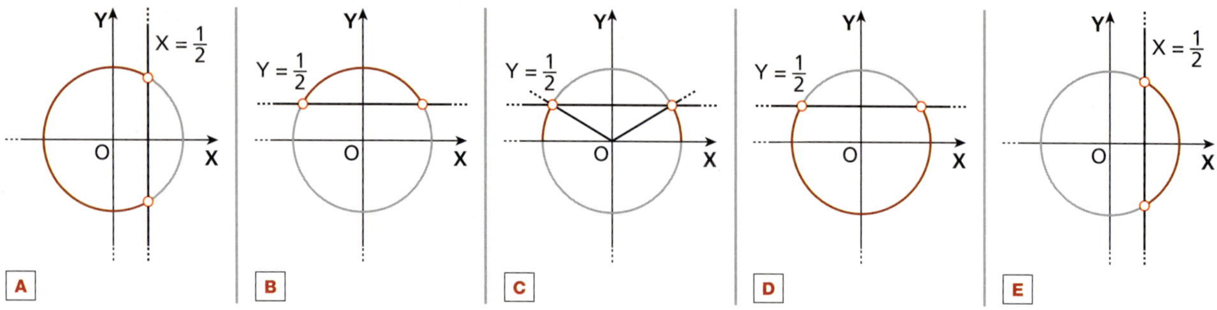

426 ●○ ASSOCIA ogni disequazione al grafico che ne rappresenta le soluzioni.

a. $\sin x > \frac{\sqrt{2}}{2}$ **b.** $\cos x \leq -\frac{1}{2}$ **c.** $\sin x \leq \frac{\sqrt{2}}{2}$ **d.** $\tan x < \frac{1}{2}$

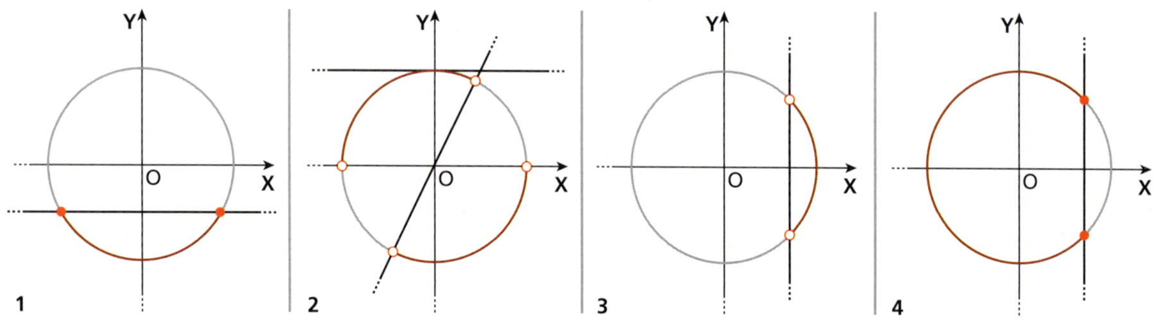

Risolvi le seguenti disequazioni nell'intervallo $[0; 2\pi]$.

427 ●○ $2\sin x > 1$ $\left[\frac{\pi}{6} < x < \frac{5}{6}\pi\right]$

428 ●○ $3\tan x > \sqrt{3}$ $\left[\frac{\pi}{6} < x < \frac{\pi}{2} \vee \frac{7}{6}\pi < x < \frac{3}{2}\pi\right]$

429 ●○ $\cos x > \frac{1}{2}$ $\left[0 \leq x < \frac{\pi}{3} \vee \frac{5}{3}\pi < x \leq 2\pi\right]$

430 ●○ $2\cos x < \sqrt{2}$ $\left[\frac{\pi}{4} < x < \frac{7\pi}{4}\right]$

431 ●○ $2\sin x + 1 < 0$ $\left[\frac{7}{6}\pi < x < \frac{11}{6}\pi\right]$

432 ●○ $\tan x \leq -1$ $\left[\frac{\pi}{2} < x \leq \frac{3}{4}\pi \vee \frac{3}{2}\pi < x \leq \frac{7}{4}\pi\right]$

433 ●○ $\cos x \geq -\frac{\sqrt{2}}{2}$ $\left[0 \leq x \leq \frac{3}{4}\pi \vee \frac{5}{4}\pi \leq x \leq 2\pi\right]$

434 ●○ $\sqrt{3}\tan x - 3 \geq 0$ $\left[\frac{\pi}{3} \leq x < \frac{\pi}{2} \vee \frac{4}{3}\pi \leq x < \frac{3}{2}\pi\right]$

435 ●○ $2\sin\frac{x}{2} \geq \sqrt{2}$ $\left[\frac{\pi}{2} \leq x \leq \frac{3}{2}\pi\right]$

436 ●○ $\sin x + 1 < 0$ [impossibile]

437 ●○ $3\tan x + 2 > \tan x + 2$ $\left[0 < x < \frac{\pi}{2} \vee \pi < x < \frac{3}{2}\pi\right]$

438 ●○ $2\cos x + \sqrt{3} < 0$ $\left[\frac{5\pi}{6} < x < \frac{7\pi}{6}\right]$

439 ●○ $\sin x \leq 1$ $[0 \leq x \leq 2\pi]$

440 ●○ $\tan x \leq -\sqrt{3}$ $\left[\frac{\pi}{2} < x \leq \frac{2}{3}\pi \vee \frac{3}{2}\pi < x \leq \frac{5}{3}\pi\right]$

441 ●○ $\cot x \leq -1$ $\left[\frac{3}{4}\pi \leq x < \pi \vee \frac{7}{4}\pi \leq x < 2\pi\right]$

442 ●○ $\sin\left(x - \frac{\pi}{5}\right) \geq 0$ $\left[\frac{\pi}{5} \leq x \leq \frac{6}{5}\pi\right]$

443 ●● $\tan\frac{x}{2} + 1 > 0$ $\left[0 < x < \pi \vee \frac{3}{2}\pi < x \leq 2\pi\right]$

444 ●● $2\cos 2x - 1 \leq 0$ $\left[\frac{\pi}{6} \leq x \leq \frac{5}{6}\pi \vee \frac{7}{6}\pi \leq x \leq \frac{11}{6}\pi\right]$

445 ●● $1 - \sqrt{2}\cos\left(x + \frac{\pi}{6}\right) > 0$ $\left[\frac{\pi}{12} < x < \frac{19}{12}\pi\right]$

446 ●● $\sqrt{3}\cot\frac{x}{2} \geq 3$ $\left[0 < x \leq \frac{\pi}{3}\right]$

447 ●● $2\sin 2x - \sqrt{3} < 0$ $\left[0 \leq x < \frac{\pi}{6} \vee \frac{\pi}{3} < x < \frac{7}{6}\pi \vee \frac{4}{3}\pi < x \leq 2\pi\right]$

FAI UN ESEMPIO Scrivi una disequazione elementare che abbia per soluzioni gli angoli rappresentati nella circonferenza goniometrica.

448 ●○

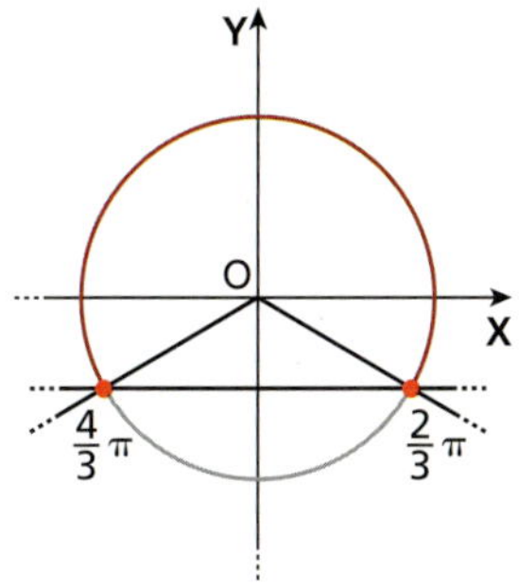

449 ●○

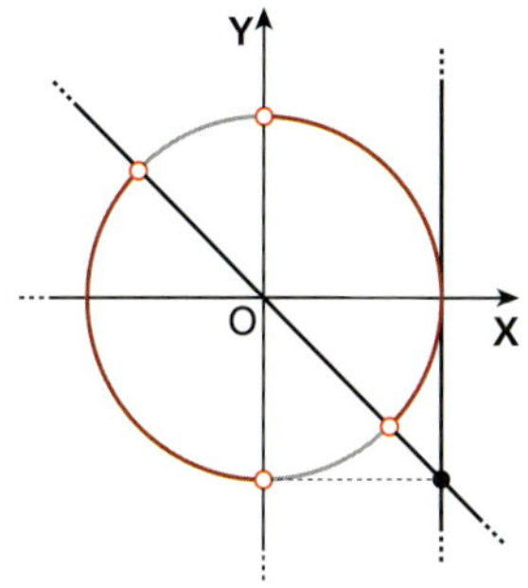

450 ●○

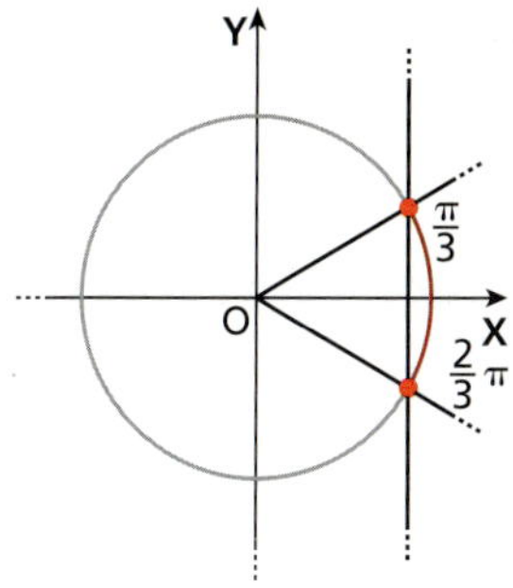

TEST

451 ●○ Considera le seguenti disequazioni in $[0; 2\pi]$. Quale ha come soluzioni solo angoli compresi fra 0 e π?

A $2\sin x < 1$ B $\cos x > \frac{1}{3}$ C $\tan x \leq 1$ D $\sin x > \frac{4}{5}$ E $\cos x < 1$

452 ●○ Quale fra le seguenti disequazioni *non* è verificata $\forall x \in \mathbb{R}$?

A $\sin x - 1 \leq 0$ B $\sin x + \pi > 0$ C $\tan x < 1$ D $\cos x + 2 \geq 0$ E $3 - \cos x > 1$

Risolvi le seguenti disequazioni in $\mathbb{R}$.

453 ●○ $\sin x < -\frac{1}{2}$ $\left[\frac{7\pi}{6} + 2k\pi < x < \frac{11}{6}\pi + 2k\pi\right]$

454 ●○ $\cos x \geq 1$ $[x = 2k\pi]$

455 ●○ $2\cos x < \cos x$ $\left[\frac{\pi}{2} + 2k\pi < x < \frac{3\pi}{2} + 2k\pi\right]$

456 ●○ $3\tan x + \sqrt{3} < 0$ $\left[\frac{\pi}{2} + k\pi < x < \frac{5\pi}{6} + k\pi\right]$

457 ●○ $2\cos x \geq -1$ $\left[-\frac{2}{3}\pi + 2k\pi \leq x \leq \frac{2}{3}\pi + 2k\pi\right]$

458 ●○ $\tan x \geq \cos\pi$ $\left[-\frac{\pi}{4} + k\pi \leq x < \frac{\pi}{2} + k\pi\right]$

459 ●○ $\tan 2x \leq 0$ $\left[\frac{\pi}{4} + k\frac{\pi}{2} < x \leq \frac{\pi}{2} + k\frac{\pi}{2}\right]$

460 ●○ $3\cot x \geq \sqrt{3}$ $\left[k\pi < x \leq \frac{\pi}{3} + k\pi\right]$

461 ●○ $\cot x < \sqrt{3}$ $\left[\frac{\pi}{6} + k\pi < x < \pi + k\pi\right]$

462 ●○ $2\sin x \leq -\sqrt{2}$ $\left[\frac{5}{4}\pi + 2k\pi \leq x \leq \frac{7}{4}\pi + 2k\pi\right]$

---

463 ●○ $2\sin x + \sqrt{2} > 0$ $\left[-\frac{\pi}{4} + 2k\pi < x < \frac{5}{4}\pi + 2k\pi\right]$

464 ●○ $2\cos x + \sqrt{3} \geq 0$ $\left[2k\pi \leq x \leq \frac{5}{6}\pi + 2k\pi \vee \frac{7}{6}\pi + 2k\pi \leq x \leq 2\pi + 2k\pi\right]$

465 ●○ $\sin x + 3 \geq 2(\sin x + 2)$ $\left[x = \frac{3}{2}\pi + 2k\pi\right]$

466 ●○ $2(\sin x + 3) < 3(2 - \sin x)$ $[\pi + 2k\pi < x < 2\pi + 2k\pi]$

467 ●○ $\cos x - \sqrt{2} > 3\cos x$ $\left[\frac{3\pi}{4} + 2k\pi < x < \frac{5\pi}{4} + 2k\pi\right]$

468 ●○ $2(\tan x + 1) + 3(1 - \tan x) < -2(\tan x - 3)$ $\left[-\frac{\pi}{2} + k\pi < x < \frac{\pi}{4} + k\pi\right]$

469 ●○ $2(1 + \cos x) - 3(2 - \cos x) < 3(\cos x - 1)$ $\left[\frac{\pi}{3} + 2k\pi < x < \frac{5}{3}\pi + 2k\pi\right]$

470 ●○ $2\cos^2 x - 1 \leq 2(1 - \sin x)(1 + \sin x) + \cos x$ $[\forall x \in \mathbb{R}]$

471 ●○ $\cos\left(x + \frac{\pi}{3}\right) \geq \frac{\sqrt{2}}{2}$ $\left[-\frac{7}{12}\pi + 2k\pi \leq x \leq -\frac{\pi}{12} + 2k\pi\right]$

ESERCIZI

472 $\sin\left(x-\frac{\pi}{4}\right)<1$ $\left[x\neq\frac{3}{4}\pi+2k\pi\right]$

473 $\sin\frac{x}{2}\leq\frac{1}{2}$ $\left[-\frac{7}{3}\pi+4k\pi\leq x\leq\frac{\pi}{3}+4k\pi\right]$

Disequazioni goniometriche non elementari

▶ Teoria a p. 565

474 TEST Quale fra le seguenti disequazioni è verificata per ogni x dell'insieme $\mathbb{R}$?

A $|\sin x|>0$

B $\cos^2 x>1$

C $\sin x+\pi>0$

D $|-\cos x|\leq 0$

E $2\tan^2 x>0$

Risolvi le seguenti disequazioni riconducibili a disequazioni elementari.

475 $\cos\left(x-\frac{\pi}{6}\right)+\cos\left(x+\frac{\pi}{6}\right)\geq\frac{3}{2}$ $\left[-\frac{\pi}{6}+2k\pi\leq x\leq\frac{\pi}{6}+2k\pi\right]$

476 $\sin\left(\frac{\pi}{4}+x\right)-\cos\left(x-\frac{\pi}{4}\right)>-1$ $[\forall x\in\mathbb{R}]$

477 $\sin\left(x+\frac{\pi}{3}\right)-\cos\left(x+\frac{\pi}{6}\right)>-\frac{1}{2}$ $\left[-\frac{\pi}{6}+2k\pi<x<\frac{7}{6}\pi+2k\pi\right]$

478 $\sin\left(\frac{5}{6}\pi+x\right)+\sin\left(x+\frac{\pi}{6}\right)<\frac{\sqrt{2}}{2}$ $\left[\frac{\pi}{4}+2k\pi<x<\frac{7}{4}\pi+2k\pi\right]$

479 ESERCIZIO GUIDA Risolviamo $4\cos^2 x-4\cos x-3\leq 0$.

Risolviamo dapprima l'equazione associata.

$$4\cos^2 x-4\cos x-3=0 \rightarrow \cos x=\frac{2\pm\sqrt{4+12}}{4}=\frac{2\pm 4}{4} \begin{cases}\cos x=-\frac{1}{2}\\ \cos x=\frac{3}{2}\end{cases}$$

La disequazione è soddisfatta per i valori interni all'intervallo delle soluzioni, cioè:

$$-\frac{1}{2}\leq\cos x\leq\frac{3}{2}.$$

Rappresentiamo graficamente gli intervalli soluzione della disequazione con il grafico della funzione $y=\cos x$ (figura **a**) oppure con la circonferenza goniometrica (figura **b**).

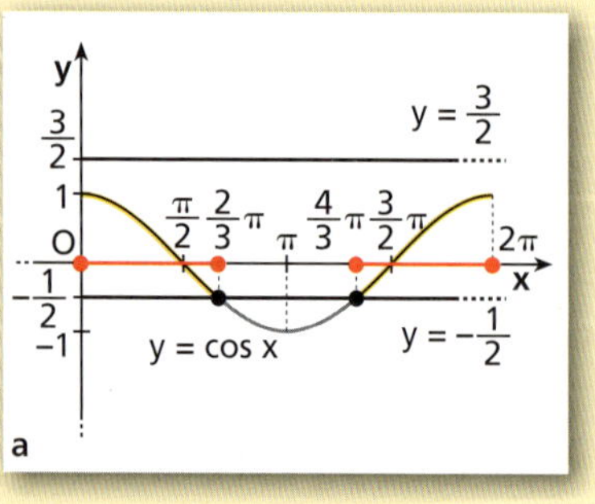

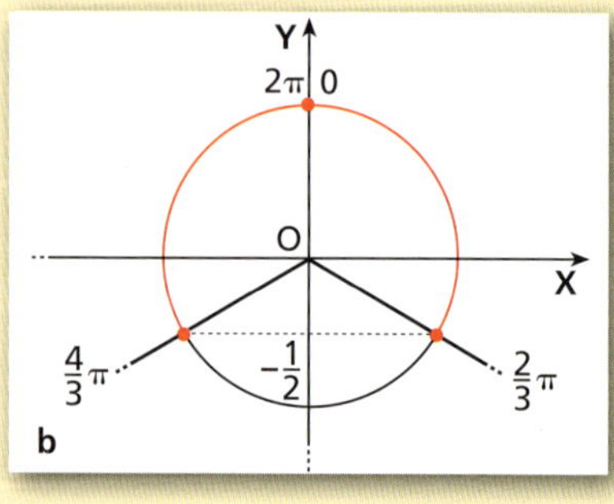

Le soluzioni della disequazione sono:

$$2k\pi\leq x\leq\frac{2}{3}\pi+2k\pi \vee \frac{4}{3}\pi+2k\pi\leq x\leq 2\pi+2k\pi.$$

Risolvi le seguenti disequazioni.

480 $2\sin^2 x - 1 \leq 0$ $\left[\frac{3}{4}\pi + k\pi \leq x \leq \frac{5}{4}\pi + k\pi\right]$

481 $\cos^2 x - \frac{1}{4} \leq 0$ $\left[\frac{\pi}{3} + k\pi \leq x \leq \frac{2}{3}\pi + k\pi\right]$

482 $2\cos^2 x + \cos x \geq 0$ $\left[-\frac{\pi}{2} + 2k\pi \leq x \leq \frac{\pi}{2} + 2k\pi \vee \frac{2}{3}\pi + 2k\pi \leq x \leq \frac{4}{3}\pi + 2k\pi\right]$

483 $\tan^2 x - 1 \geq 0$ $\left[\frac{\pi}{4} + k\pi \leq x < \frac{\pi}{2} + k\pi \vee \frac{\pi}{2} + k\pi < x \leq \frac{3}{4}\pi + k\pi\right]$

484 $3 - \cot^2 x \leq 0$ $\left[\frac{5}{6}\pi + k\pi \leq x \leq \frac{7}{6}\pi + k\pi \wedge x \neq \pi + k\pi\right]$

485 $2\sin^2 x + \sqrt{3}\sin x \geq 0$ $\left[2k\pi \leq x \leq \pi + 2k\pi \vee \frac{4}{3}\pi + 2k\pi \leq x \leq \frac{5}{3}\pi + 2k\pi\right]$

486 $1 - 2\cos^2 x \leq 0$ $\left[\frac{3}{4}\pi + k\pi \leq x \leq \frac{5}{4}\pi + k\pi\right]$

487 $3\tan^2 x + \sqrt{3}\tan x \leq 0$ $\left[\frac{5}{6}\pi + k\pi \leq x \leq \pi + k\pi\right]$

488 $\cos^2 x - \cos x \geq 0$ $\left[\frac{\pi}{2} + 2k\pi \leq x \leq \frac{3}{2}\pi + 2k\pi \vee x = 2k\pi\right]$

489 $\sin^2 x + \sin x < 0$ $\left[\pi + 2k\pi < x < 2\pi + 2k\pi \wedge x \neq \frac{3}{2}\pi + 2k\pi\right]$

490 $\cos 2x + \cos x < 0$ $\left[\frac{\pi}{3} + 2k\pi < x < \frac{5}{3}\pi + 2k\pi \wedge x \neq \pi + 2k\pi\right]$

491 $\sin^2 x - 2 \leq 0$ $[\forall x \in \mathbb{R}]$

492 $2\sin^2 x + \sin x - 1 < 0$ $\left[-\frac{7}{6}\pi + 2k\pi < x < \frac{\pi}{6} + 2k\pi \wedge x \neq \frac{3}{2}\pi + 2k\pi\right]$

493 $\sin^2 x - 3\sin x + 2 \leq 0$ $\left[x = \frac{\pi}{2} + 2k\pi\right]$

494 $\cos 2x - \sin x \leq 0$ $\left[\frac{\pi}{6} + 2k\pi \leq x \leq \frac{5}{6}\pi + 2k\pi \vee x = \frac{3}{2}\pi\right]$

495 $\cos^2 x - 2\cos x + 1 > 0$ $[\forall x \neq 2k\pi]$

496 $3\tan^2 x - (\sqrt{3} - 3)\tan x - \sqrt{3} \geq 0$ $\left[\frac{\pi}{6} + k\pi \leq x \leq \frac{3}{4}\pi + k\pi \wedge x \neq \frac{\pi}{2} + k\pi\right]$

497 $4\cos^2 x + 4\cos x - 3 \geq 0$ $\left[-\frac{\pi}{3} + 2k\pi \leq x \leq \frac{\pi}{3} + 2k\pi\right]$

498 $1 + 2\sin\left(x + \frac{\pi}{6}\right) - 2\cos x \geq 0$ $\left[2k\pi \leq x \leq \frac{4}{3}\pi + 2k\pi\right]$

Confrontando grafici

499 ESERCIZIO GUIDA Risolviamo $\sin x - \cos x \geq 0$ utilizzando il metodo grafico.

Scriviamo la disequazione nella forma $\sin x \geq \cos x$ e consideriamo il seguente sistema.

$$\begin{cases} y_1 = \sin x \\ y_2 = \cos x \\ y_1 \geq y_2 \end{cases}$$

Disegniamo i grafici di $y = \sin x$ e di $y = \cos x$ e determiniamo gli intervalli in cui il grafico di $y_1 = \sin x$ si trova sopra a quello di $y_2 = \cos x$.

Le soluzioni sono: $\frac{\pi}{4} + 2k\pi \leq x \leq \frac{5}{4}\pi + 2k\pi$.

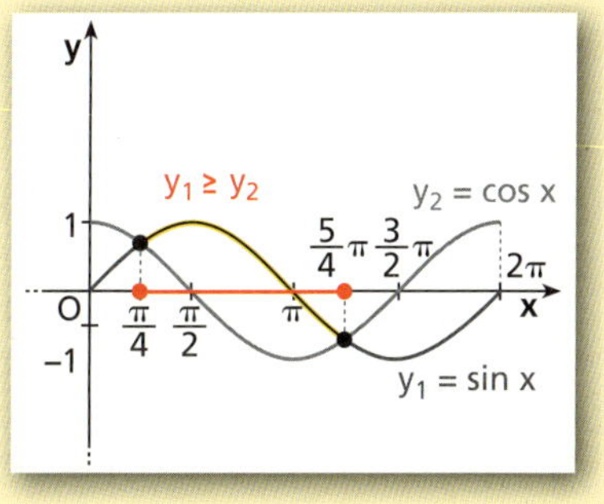

ESERCIZI

Risolvi le seguenti disequazioni con il metodo grafico.

500 $\sqrt{3}\,\sin x + \cos x \geq 0$ $\left[-\frac{\pi}{6} + 2k\pi \leq x \leq \frac{5}{6}\pi + 2k\pi\right]$

501 $3\sin x - \sqrt{3}\,\cos x \leq 0$ $\left[-\frac{5}{6}\pi + 2k\pi \leq x \leq \frac{\pi}{6} + 2k\pi\right]$

502 $\sin x + \cos x \leq 0$ $\left[\frac{3}{4}\pi + 2k\pi \leq x \leq \frac{7}{4}\pi + 2k\pi\right]$

503 $\sin x - (\sqrt{2} - 1)\cos x \leq 0$ $\left[-\frac{7}{8}\pi + 2k\pi \leq x \leq \frac{\pi}{8} + 2k\pi\right]$

504 $\sqrt{3}\,\cos x - \sin x \geq 0$ $\left[-\frac{2}{3}\pi + 2k\pi \leq x \leq \frac{\pi}{3} + 2k\pi\right]$

505 $\sin x - \cos x + 1 \geq 0$ $\left[2k\pi \leq x \leq \frac{3}{2}\pi + 2k\pi\right]$

506 $\sin x + \cos x + 1 \leq 0$ $\left[\pi + 2k\pi \leq x \leq \frac{3}{2}\pi + 2k\pi\right]$

507 $\sqrt{3}\,\sin x - \cos x - 1 \geq 0$ $\left[\frac{\pi}{3} + 2k\pi \leq x \leq \pi + 2k\pi\right]$

Disequazioni fratte o sotto forma di prodotto

▶ Teoria a p. 566

508 ESERCIZIO GUIDA Risolviamo: **a.** $\frac{\tan x + \sqrt{3}}{2\cos x - 1} \leq 0$; **b.** $(\tan x + \sqrt{3})(2\cos x - 1) \leq 0$.

a. La disequazione è fratta.
Studiamo il segno del numeratore e del denominatore nell'intervallo tra 0 e 2π, ponendoli maggiori di 0:

$$N > 0:\quad \tan x + \sqrt{3} > 0 \;\rightarrow\; \tan x > -\sqrt{3} \;\rightarrow\; 0 < x < \frac{\pi}{2} \vee \frac{2}{3}\pi < x < \frac{3}{2}\pi \vee \frac{5}{3}\pi < x < 2\pi;$$

$$D > 0:\quad 2\cos x - 1 > 0 \;\rightarrow\; \cos x > \frac{1}{2} \;\rightarrow\; 0 < x < \frac{\pi}{3} \vee \frac{5}{3}\pi < x < 2\pi.$$

Rappresentiamo i segni su due circonferenze concentriche.

Sulla circonferenza interna è individuato il segno del numeratore. Segniamo con ∄ i valori per cui la tangente non esiste.

Sulla seconda circonferenza è individuato il segno del denominatore.

Applichiamo la regola dei segni e registriamo i risultati in una terza circonferenza, dove il segno ∄ indica che la frazione non esiste, cioè indica i valori in corrispondenza dei quali il denominatore è 0 oppure la tangente non esiste.

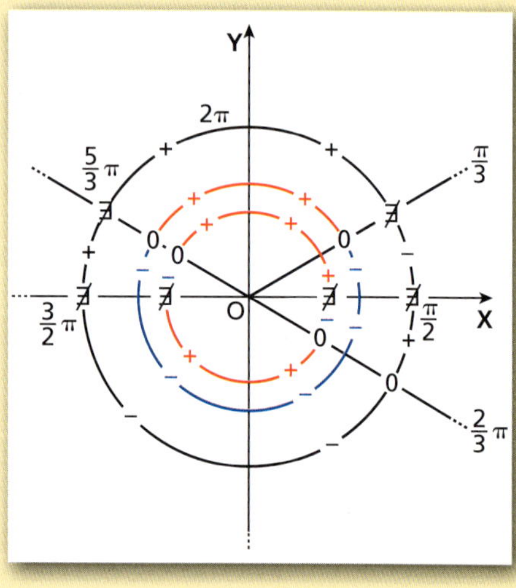

Tenendo conto della periodicità, la disequazione è soddisfatta nei seguenti intervalli:

$$\frac{\pi}{3} + 2k\pi < x < \frac{\pi}{2} + 2k\pi \vee \frac{2}{3}\pi + 2k\pi \leq x < \frac{3}{2}\pi + 2k\pi.$$

b. Anche per lo studio di un prodotto procediamo applicando la regola dei segni.
Utilizziamo la stessa figura del caso **a** poiché i fattori sono identici. La differenza rispetto al quoziente si ha per i valori in cui si annulla il secondo fattore: in corrispondenza di tali valori il prodotto esiste e si annulla, quindi essi, al contrario del caso **a**, sono soluzioni della disequazione.
La disequazione è soddisfatta per:

$$\frac{\pi}{3} + 2k\pi \leq x < \frac{\pi}{2} + 2k\pi \vee \frac{2}{3}\pi + 2k\pi \leq x < \frac{3}{2}\pi + 2k\pi \vee x = \frac{5}{3}\pi + 2k\pi.$$

Risolvi le seguenti disequazioni nell'intervallo [0; 2π].

509 $\frac{\cos^2 x}{2\sin x} \geq 0$ $\left[0 < x < \pi \vee x = \frac{3}{2}\pi\right]$

510 $\tan x \cdot \sin x \leq 0$ $\left[\frac{\pi}{2} < x < \frac{3}{2}\pi\right]$

511 $\sin x(\tan x - 1) < 0$ $\left[0 < x < \frac{\pi}{4} \vee \frac{\pi}{2} < x < \pi \vee \frac{5}{4}\pi < x < \frac{3}{2}\pi\right]$

512 $\frac{2\sin x + 1}{\cot x - 1} > 0$ $\left[0 < x < \frac{\pi}{4} \vee \pi < x < \frac{7}{6}\pi \vee \frac{5}{4}\pi < x < \frac{11}{6}\pi\right]$

513 $\sin x > \sin 2x$ $\left[\frac{\pi}{3} < x < \pi \vee \frac{5}{3}\pi < x < 2\pi\right]$

514 $\frac{\cos x}{\sqrt{3} - 2\sin x} < 0$ $\left[\frac{\pi}{3} < x < \frac{\pi}{2} \vee \frac{2}{3}\pi < x < \frac{3}{2}\pi\right]$

515 $\sin x\,(\tan^2 x - 1) \leq 0$ $\left[0 \leq x \leq \frac{\pi}{4} \vee \frac{3}{4}\pi \leq x \leq \pi \vee \left(\frac{5}{4}\pi \leq x \leq \frac{7}{4}\pi \wedge x \neq \frac{3}{2}\pi\right)\right]$

516 $\frac{2\sin^2 x - \sin x}{\cos^2 x} \geq 0$ $\left[\left(\frac{\pi}{6} \leq x \leq \frac{5}{6}\pi \wedge x \neq \frac{\pi}{2}\right) \vee \left(\pi \leq x \leq 2\pi \wedge x \neq \frac{3}{2}\pi\right)\right]$

517 $\frac{2\sin x \cos x}{\sin x - \cos x} \geq 0$ $\left[\frac{\pi}{4} < x \leq \frac{\pi}{2} \vee \pi \leq x < \frac{5}{4}\pi \vee \frac{3}{2}\pi \leq x \leq 2\pi \vee x = 0\right]$

Risolvi le seguenti disequazioni in ℝ.

518 $\frac{\cos x}{\sin x} \geq 0$ $\left[k\pi < x \leq \frac{\pi}{2} + k\pi\right]$

519 $\frac{2\sin x - \sqrt{2}}{\cos x} < 0$ $\left[-\frac{\pi}{2} + 2k\pi < x < \frac{\pi}{4} + 2k\pi \vee \frac{\pi}{2} + 2k\pi < x < \frac{3}{4}\pi + 2k\pi\right]$

520 $\tan x(1 - \sin x) \leq 0$ $\left[\frac{\pi}{2} + k\pi < x \leq \pi + k\pi\right]$

521 $(1 - 2\sin x)(2\cos x + \sqrt{3}) \leq 0$ $\left[\frac{\pi}{6} + 2k\pi \leq x \leq \frac{7}{6}\pi + 2k\pi\right]$

522 $(2\sin x - \sqrt{3})(2\cos x + \sqrt{2}) \leq 0$ $\left[-\frac{3}{4}\pi + 2k\pi \leq x \leq \frac{\pi}{3} + 2k\pi \vee \frac{2}{3}\pi + 2k\pi \leq x \leq \frac{3}{4}\pi + 2k\pi\right]$

523 $\frac{3\cos x}{\sqrt{2} - 2\sin x} \geq 0$ $\left[-\frac{\pi}{2} + 2k\pi \leq x < \frac{\pi}{4} + 2k\pi \vee \frac{\pi}{2} + 2k\pi \leq x < \frac{3}{4}\pi + 2k\pi\right]$

524 $(3\tan^2 x - 1)(\sin x + 1) \geq 0$ $\left[\frac{\pi}{6} + k\pi \leq x \leq \frac{5}{6}\pi + k\pi \wedge x \neq \frac{\pi}{2} + k\pi\right]$

525 $(2\cos x - 1)(\cos^2 x - 1) \leq 0$ $\left[-\frac{\pi}{3} + 2k\pi \leq x \leq \frac{\pi}{3} + 2k\pi \vee x = \pi + 2k\pi\right]$

526 $(\sqrt{2}\cot x - \sqrt{6})(\sin x - 1) \leq 0$ $\left[k\pi < x \leq \frac{\pi}{6} + k\pi \vee x = \frac{\pi}{2} + 2k\pi\right]$

527 $\frac{2\cos x - \sqrt{3}}{\cos x + 1} \geq 0$ $\left[-\frac{\pi}{6} + 2k\pi \leq x \leq \frac{\pi}{6} + 2k\pi\right]$

528 $\frac{2\sin x - \sqrt{3}}{\tan x - \sqrt{3}} \leq 0$ $\left[\frac{\pi}{2} + 2k\pi < x \leq \frac{2}{3}\pi + 2k\pi \vee \frac{4}{3}\pi + 2k\pi < x < \frac{3}{2}\pi + 2k\pi\right]$

529 $\frac{3\tan x - \sqrt{3}}{\cos x} > 0$ $\left[\frac{\pi}{6} + 2k\pi < x < \frac{7}{6}\pi + 2k\pi \wedge x \neq \frac{\pi}{2} + 2k\pi\right]$

530 $\sin x \cos x(2 + \sin x) < 0$ $\left[\frac{\pi}{2} + k\pi < x < \pi + k\pi\right]$

531 $2\cos x - \sin 2x \leq 0$ $\left[\frac{\pi}{2} + 2k\pi \leq x \leq \frac{3}{2}\pi + 2k\pi\right]$

ESERCIZI

532 $(\tan^2 x - 3)(2\cos x - 1) \le 0$ $\left[-\frac{2}{3}\pi + 2k\pi \le x \le \frac{2}{3}\pi + 2k\pi \wedge x \ne \frac{\pi}{2} + k\pi\right]$

533 $(\tan x + \sqrt{3})(2\cos^2 x - 1) \le 0$ $\left[\frac{\pi}{4} + k\pi \le x < \frac{\pi}{2} + k\pi \vee \frac{2}{3}\pi + k\pi \le x \le \frac{3}{4}\pi + k\pi\right]$

534 $\frac{\sqrt{3}\sin x - \cos x}{1 - \sin^2 x} \ge 0$ $\left[\frac{\pi}{6} + 2k\pi \le x \le \frac{7}{6}\pi + 2k\pi \wedge x \ne \frac{\pi}{2} + 2k\pi\right]$

535 $\frac{\cos^2 x - \sin^2 x}{\sqrt{3}\tan x + 1} \le 0$ $\left[\frac{\pi}{4} + k\pi \le x < \frac{\pi}{2} + k\pi \vee \frac{3}{4}\pi + k\pi \le x < \frac{5}{6}\pi + k\pi\right]$

TUTOR matematica — Allenati con **15 esercizi interattivi** con feedback "hai sbagliato, perché…"
su.zanichelli.it/tutor3 risorsa riservata a chi ha acquistato l'edizione con tutor

Riepilogo: Disequazioni goniometriche

536 **TEST** La disequazione $(\sin x + 2)(3\cos x - 3) \ge 0$ è verificata per:

A $x = k\pi$.
B nessun valore di x.
C $x = \frac{\pi}{2} + 2k\pi$.
D ogni valore di x.
E $x = 2k\pi$.

537 Giustifica l'equivalenza tra le disequazioni $\frac{1}{\cos x} < 1$ e $\cos x < 0$.

Quali soluzioni ha invece la disequazione $\frac{1}{|\cos x|} < 1$? [impossibile]

538 **ASSOCIA** a ciascuna disequazione della prima riga una disequazione della seconda riga a essa equivalente.

a. $\frac{1}{\sin x} \le 2$ b. $\sin x \ge 0$ c. $\frac{\sin x}{\cos^2 x + \pi} > 0$ d. $\frac{\cos x + 2}{\sin x} > 0$

1. $\sin x(\cos x + 2) > 0$ 2. $\frac{\sin x}{\cos x + 2} \ge 0$ 3. $\frac{2\sin x - 1}{\sin x} \ge 0$ 4. $\frac{1}{\sin x} \ge 0$

Risolvi le seguenti disequazioni nell'intervallo $[0; 2\pi]$.

AL VOLO

539 $\frac{\sin x}{\cos^2 x} > 0$

540 $1 + \cos x \ge 0$

541 $\frac{|-\cos x|}{\tan x} < 0$

542 $\frac{2\sin x - 1}{1 + \cos^2 x} > 0$

543 $\cos x > \sqrt{2}$

544 $(1 - \sin^2 x)\sin x \ge 0$

545 $(2\sin^2 x + \sin x)(\tan x - 1) \le 0$ $\left[0 \le x \le \frac{\pi}{4} \vee \frac{\pi}{2} \le x \le \pi \vee \frac{7}{6}\pi \le x \le \frac{5}{4}\pi \vee \frac{3}{2}\pi \le x \le \frac{11}{6}\pi\right]$

546 $\frac{\sin x}{4\cos^2 x - 1} \le 0$ $\left[x = 0 \vee \frac{\pi}{3} < x < \frac{2}{3}\pi \vee \pi \le x < \frac{4}{3}\pi \vee \frac{5}{3}\pi < x \le 2\pi\right]$

547 $\frac{1 - \tan x}{2\cos x + 1} \ge 0$ $\left[0 < x \le \frac{\pi}{4} \vee \frac{\pi}{2} < x < \frac{2}{3}\pi \vee \frac{5}{4}\pi \le x < \frac{4}{3}\pi \vee \frac{3}{2}\pi < x \le 2\pi\right]$

548 $|\cos x| \ge \frac{\sqrt{2}}{2}$ $\left[0 \le x \le \frac{\pi}{4} \vee \frac{3}{4}\pi \le x \le \frac{5}{4}\pi \vee \frac{7}{4}\pi \le x \le 2\pi\right]$

549 $|\tan x| \le \sqrt{3}$ $\left[0 \le x \le \frac{\pi}{3} \vee \frac{2}{3}\pi \le x \le \frac{4}{3}\pi \vee \frac{5}{3}\pi \le x \le 2\pi\right]$

550 $2|\sin(-x)| \le \sqrt{2}$ $\left[0 \le x \le \frac{\pi}{4} \vee \frac{3}{4}\pi \le x \le \frac{5}{4}\pi \vee \frac{7}{4}\pi \le x \le 2\pi\right]$

551 $4\cos^2 \frac{x}{2} - 2 - \cos x - 2\sin^2 \frac{x}{2} \ge 0$ $\left[0 \le x \le \frac{\pi}{3} \vee \frac{5}{3}\pi \le x \le 2\pi\right]$

552 $\dfrac{\tan x}{\cos x + \sqrt{3}\sin x} \geq 0$ $\left[0 \leq x < \dfrac{\pi}{2} \vee \dfrac{5}{6}\pi < x \leq \pi \vee \dfrac{3}{2}\pi < x < \dfrac{11}{6}\pi\right]$

Risolvi le seguenti disequazioni in $\mathbb{R}$.

553 $\cot x + \sqrt{3} > 0$ $\left[k\pi < x < \dfrac{5}{6}\pi + k\pi\right]$

554 $\sqrt{3}\sin x - \cos x > 0$ $\left[\dfrac{\pi}{6} + 2k\pi < x < \dfrac{7}{6}\pi + 2k\pi\right]$

555 $\sin x + \sqrt{3}\cos x - 1 < 0$ $\left[\dfrac{\pi}{2} + 2k\pi < x < \dfrac{11}{6}\pi + 2k\pi\right]$

556 $4\cos^2 x - 2(1 - \sqrt{2})\cos x - \sqrt{2} \geq 0$ $\left[-\dfrac{\pi}{3} + 2k\pi \leq x \leq \dfrac{\pi}{3} + 2k\pi \vee \dfrac{3}{4}\pi + 2k\pi \leq x \leq \dfrac{5}{4}\pi + 2k\pi\right]$

557 $\sqrt{3}\tan^2 x - (\sqrt{3} + 1)\tan x + 1 \geq 0$ $\left[\dfrac{\pi}{4} + k\pi \leq x \leq \dfrac{7}{6}\pi + k\pi \wedge x \neq \dfrac{\pi}{2} + k\pi\right]$

558 $2\sin^2 x - (2 + \sqrt{3})\sin x + \sqrt{3} > 0$ $\left[2k\pi \leq x \leq \dfrac{\pi}{3} + 2k\pi \vee \dfrac{2}{3}\pi + 2k\pi \leq x \leq 2\pi + 2k\pi\right]$

559 $(\tan^2 x - 3)(2\sin^2 x - 1) \leq 0$ $\left[\dfrac{\pi}{4} + k\pi \leq x \leq \dfrac{\pi}{3} + k\pi \vee \dfrac{2}{3}\pi + k\pi \leq x \leq \dfrac{3}{4}\pi + k\pi\right]$

560 $(\sin^2 x - 2\sin x + 1)(\cot^2 x - 1) \leq 0$ $\left[\dfrac{\pi}{4} + k\pi \leq x \leq \dfrac{3}{4}\pi + k\pi\right]$

561 $\dfrac{|\sin x|}{2\cos x - 1} \geq 0$ $\left[-\dfrac{\pi}{3} + 2k\pi < x < \dfrac{\pi}{3} + 2k\pi \vee x = \pi + 2k\pi\right]$

562 $\dfrac{1 + |\cos x|}{2\sin x - \sqrt{3}} < 0$ $\left[-\dfrac{4}{3}\pi + 2k\pi < x < \dfrac{\pi}{3} + 2k\pi\right]$

563 $|\cos x - 2| < 1$ [impossibile]

564 $\left|\dfrac{2\sin x - 1}{\cos x + \sin x}\right| > 0$ $\left[x \neq \dfrac{\pi}{6} + 2k\pi \wedge x \neq \dfrac{5}{6}\pi + 2k\pi \wedge x \neq -\dfrac{\pi}{4} + k\pi\right]$

565 $|\cot^2 x - 3| \leq 0$ $\left[x = \pm\dfrac{\pi}{6} + k\pi\right]$

566 $2|\cos x| < 1$ $\left[\dfrac{\pi}{3} + k\pi < x < \dfrac{2}{3}\pi + k\pi\right]$

567 $\sqrt{\sin x} < \dfrac{\sqrt{2}}{2}$ $\left[2k\pi \leq x < \dfrac{\pi}{6} + 2k\pi \vee \dfrac{5}{6}\pi + 2k\pi < x \leq \pi + 2k\pi\right]$

568 $\sqrt{\sqrt{3} - 2\cos x} \geq 0$ $\left[\dfrac{\pi}{6} + 2k\pi \leq x \leq \dfrac{11}{6}\pi + 2k\pi\right]$

569 $(\cos x + \sin x)\tan\left(\dfrac{3}{2}x - \pi\right) > 0$ $\left[k\pi < x < \dfrac{\pi}{3} + k\pi \vee \dfrac{2}{3}\pi + k\pi < x < \dfrac{3}{4}\pi + k\pi\right]$

570 $2 - 3\sin^2 x - \cos x < \cos^2 x$ $\left[-\dfrac{2}{3}\pi + 2k\pi < x < \dfrac{2}{3}\pi + 2k\pi \wedge x \neq 2k\pi\right]$

571 $|1 - \tan x| \leq 1$ $[k\pi \leq x \leq \arctan 2 + k\pi]$

572 $\cos x(3\tan^2 x - 1)(\cos^2 x + \cos x) \geq 0$ $\left[\left(\dfrac{\pi}{6} + k\pi \leq x \leq \dfrac{5}{6}\pi + k\pi \wedge x \neq \dfrac{\pi}{2} + k\pi\right) \vee x = \pi + 2k\pi\right]$

573 $\dfrac{3\sin x - \sqrt{3}\cos x}{2\cos x + 1} \leq 0$ $\left[-\dfrac{2}{3}\pi + 2k\pi < x \leq \dfrac{\pi}{6} + 2k\pi \vee \dfrac{2}{3}\pi + 2k\pi < x \leq \dfrac{7}{6}\pi + 2k\pi\right]$

Disequazioni e funzioni

Determina il dominio delle seguenti funzioni.

574 $f(x) = \sqrt{\tan x}$ $\left[k\pi \leq x < \dfrac{\pi}{2} + k\pi\right]$

575 $f(x) = \sqrt{2\cos x + 1}$ $\left[2k\pi \leq x \leq \dfrac{2}{3}\pi + 2k\pi \vee \dfrac{4}{3}\pi + 2k\pi \leq x \leq 2\pi + 2k\pi\right]$

ESERCIZI

576 ●○ $f(x) = \sqrt{2\cos x(\cos x - 1)}$ $\left[x = 2k\pi \vee \frac{\pi}{2} + 2k\pi \le x \le \frac{3}{2}\pi + 2k\pi\right]$

577 ●○ $f(x) = \sqrt{\cos x - \sin x}$ $\left[2k\pi \le x \le \frac{\pi}{4} + 2k\pi \vee \frac{5}{4}\pi + 2k\pi \le x \le 2\pi + 2k\pi\right]$

578 ●○ $f(x) = \sqrt{2 + \cos^2 x + \sin x}$ $[\forall x \in \mathbb{R}]$

579 ●● $f(x) = \frac{1}{\sqrt{\sin x - 2\cos x}}$ $[\arctan 2 + 2k\pi < x < \arctan 2 + (2k+1)\pi]$

580 ●● $f(x) = \sqrt{\cos x + \sin x - 1}$ $\left[2k\pi < x < \frac{\pi}{2} + 2k\pi\right]$

581 ●● EUREKA! Trova per quali valori di a il dominio della funzione $y = \sqrt{\cos x - 2a}$:

a. è un insieme non vuoto;

b. è l'intervallo $\left[-\frac{\pi}{3} + 2k\pi; \frac{\pi}{3} + 2k\pi\right]$. $\left[\text{a) } a \le \frac{1}{2}; \text{ b) } a = \frac{1}{4}\right]$

Studia il segno delle seguenti funzioni.

582 ●○ $f(x) = \tan x - \sqrt{3}$ $\left[f(x) \ge 0: \frac{\pi}{3} + k\pi \le x < \frac{\pi}{2} + k\pi\right]$

583 ●○ $f(x) = 3\sin x + \sqrt{3}\cos x$ $\left[f(x) \ge 0: -\frac{\pi}{6} + 2k\pi \le x \le \frac{5}{6}\pi + 2k\pi\right]$

584 ●○ $f(x) = \frac{\sin x + 1}{2\cos x - 1}$ $\left[f(x) \ge 0: -\frac{\pi}{3} + 2k\pi < x < \frac{\pi}{3} + 2k\pi \vee x = \frac{3}{2}\pi + 2k\pi\right]$

585 ●○ $f(x) = \frac{4\sin^2 x - 1}{\tan^2 x}$ $\left[f(x) \ge 0: \frac{\pi}{6} + k\pi \le x \le \frac{5}{6}\pi + k\pi \wedge x \ne \frac{\pi}{2} + k\pi\right]$

Rappresenta graficamente le funzioni $f(x)$ e $g(x)$ e trova per quali valori di x si ha $f(x) > g(x)$.

586 ●○ $f(x) = \sin x; \quad g(x) = \sin\left(x - \frac{\pi}{3}\right)$. $\left[-\frac{\pi}{3} + 2k\pi < x < \frac{2}{3}\pi + 2k\pi\right]$

587 ●○ $f(x) = \cos\left(x + \frac{\pi}{4}\right); \quad g(x) = \cos x$. $\left[\frac{7}{8}\pi + 2k\pi < x < \frac{15}{8}\pi + 2k\pi\right]$

588 ●● $f(x) = 2|\cos x|; \quad g(x) = 2(1 - \sin x)$. $\left[2k\pi < x < \pi + 2k\pi \wedge x \ne \frac{\pi}{2} + 2k\pi\right]$

589 ●○ LEGGI IL GRAFICO Utilizza il grafico per determinare i valori di a e b nell'espressione della funzione rappresentata e trova algebricamente, evidenziandoli anche in figura, gli intervalli in cui $f(x) \le 1$ tra $-\pi$ e 2π.

$\left[a = 2, b = 2; -\pi \le x \le -\frac{2}{3}\pi \vee \frac{2}{3}\pi \le x \le \frac{4}{3}\pi\right]$

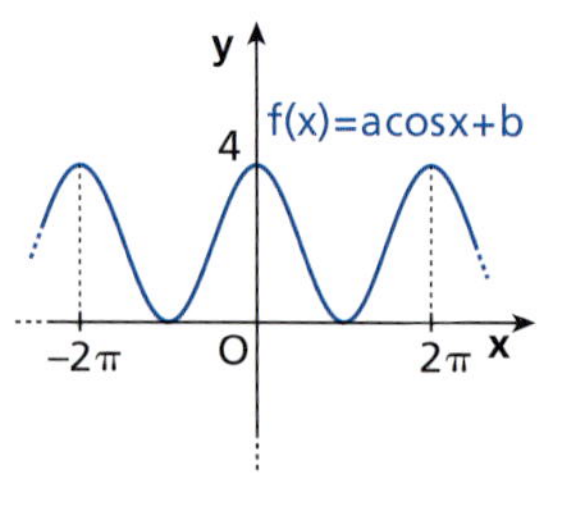

Sistemi di disequazioni goniometriche

▶ Teoria a p. 567

590 ESERCIZIO GUIDA Risolviamo il seguente sistema di disequazioni:

$$\begin{cases} \cos x > 0 \\ \cot^2 x - 3 \ge 0 \\ 2\sin x - 1 \le 0 \end{cases}.$$

Dobbiamo risolvere ogni disequazione nell'intervallo $[0; 2\pi]$ e poi scegliere le soluzioni comuni a tutte e tre.

- Risolviamo la prima disequazione.

$$\cos x > 0 \quad \rightarrow \quad 0 \leq x < \frac{\pi}{2} \vee \frac{3}{2}\pi < x \leq 2\pi$$

- Risolviamo la seconda disequazione (figura **a**):

$$\cot^2 x - 3 \geq 0 \quad \rightarrow$$

$$\cot x \leq -\sqrt{3} \vee \cot x \geq \sqrt{3} \quad \rightarrow$$

$$0 < x \leq \frac{\pi}{6} \vee \frac{5}{6}\pi \leq x < \pi \vee$$

$$\vee \pi < x \leq \frac{7}{6}\pi \vee \frac{11}{6}\pi \leq x < 2\pi.$$

- Risolviamo la terza disequazione:

$$2\sin x - 1 \leq 0 \quad \rightarrow \quad \sin x \leq \frac{1}{2} \quad \rightarrow$$

$$0 \leq x \leq \frac{\pi}{6} \vee \frac{5}{6}\pi \leq x \leq 2\pi.$$

Riuniamo i risultati delle tre disequazioni in un grafico formato da tre circonferenze concentriche (figura **b**).

Dal grafico, considerando la periodicità, deduciamo che le soluzioni in $\mathbb{R}$ del sistema sono:

$$2k\pi < x \leq \frac{\pi}{6} + 2k\pi \quad \vee$$

$$\frac{11}{6}\pi + 2k\pi \leq x < 2\pi + 2k\pi.$$

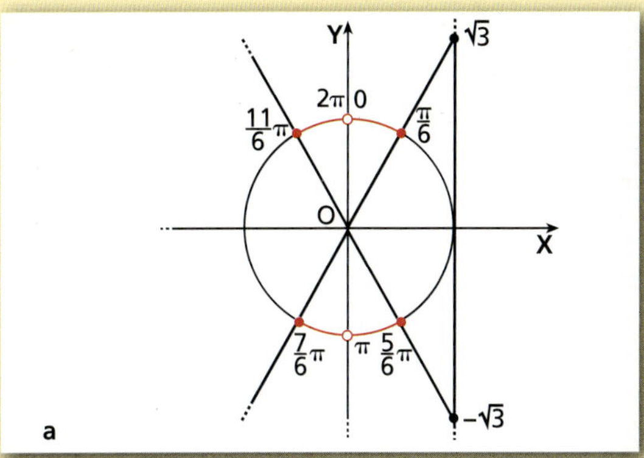

a

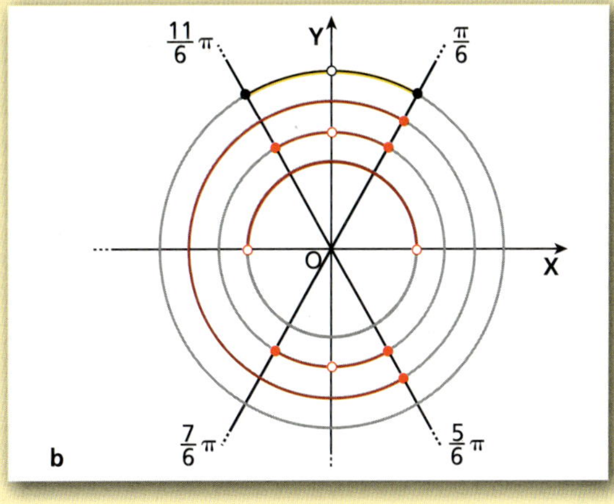

b

Risolvi i seguenti sistemi di disequazioni.

591 $\begin{cases} \sin x \leq 0 \\ \cos x < 1 \end{cases}$ $[\pi + 2k\pi \leq x < 2\pi + 2k\pi]$

592 $\begin{cases} \sin x > \frac{1}{2} \\ \tan x < 1 \end{cases}$ $\left[\frac{\pi}{6} + 2k\pi < x < \frac{\pi}{4} + 2k\pi \vee \frac{\pi}{2} + 2k\pi < x < \frac{5}{6}\pi + 2k\pi\right]$

593 $\begin{cases} 2\cos x + 1 \geq 0 \\ 2\sin x - \sqrt{2} < 0 \end{cases}$ $\left[-\frac{2}{3}\pi + 2k\pi \leq x < \frac{\pi}{4} + 2k\pi\right]$

594 $\begin{cases} \tan x \geq 1 \\ \cos x < \frac{1}{2} \end{cases}$ $\left[\frac{\pi}{3} + 2k\pi < x < \frac{\pi}{2} + 2k\pi \vee \frac{5}{4}\pi + 2k\pi \leq x < \frac{3}{2}\pi + 2k\pi\right]$

595 $\begin{cases} 2\sin x \leq 1 \\ 2\cos x < \sqrt{3} \end{cases}$ $\left[\frac{5}{6}\pi + 2k\pi \leq x < \frac{11}{6}\pi + 2k\pi\right]$

596 $\begin{cases} 2\sin^2 x - 1 \leq 0 \\ 2\cos x + 1 \geq 0 \end{cases}$ $\left[-\frac{\pi}{4} + 2k\pi \leq x \leq \frac{\pi}{4} + 2k\pi\right]$

597 $\begin{cases} \tan^2 x - 1 \geq 0 \\ \sqrt{3} + 2\sin x \geq 0 \end{cases}$ con $0 \leq x \leq 2\pi$. $\left[\left(\frac{\pi}{4} \leq x \leq \frac{3}{4}\pi \wedge x \neq \frac{\pi}{2}\right) \vee \frac{5}{4}\pi \leq x \leq \frac{4}{3}\pi \vee \frac{5}{3}\pi \leq x \leq \frac{7}{4}\pi\right]$

598 $\begin{cases} 1 - 2\sin x \geq 0 \\ 2\cos x - \sqrt{2} \leq 0 \end{cases}$ $\left[\frac{5}{6}\pi + 2k\pi \leq x \leq \frac{7}{4}\pi + 2k\pi\right]$

599 $\begin{cases} \tan^2 x - 3 \geq 0 \\ 2\cos^2 x - 1 \geq 0 \end{cases}$ [impossibile]

ESERCIZI

600 $\begin{cases} 3\tan^2 x - 1 \le 0 \\ 3\cot^2 x - 1 \ge 0 \end{cases}$ $\left[-\frac{\pi}{6} + k\pi \le x \le \frac{\pi}{6} + k\pi \wedge x \ne k\pi\right]$

601 $\begin{cases} 2\cos^2 x - 1 \le 0 \\ \sin^2 x + 2\sin x + 1 \le 0 \end{cases}$ $\left[x = \frac{3}{2}\pi + 2k\pi\right]$

602 $\begin{cases} 1 - 2\cos^2 x \ge 0 \\ \sin^2 x + \sin x \ge 0 \\ 4\sin^2 x - 3 \ge 0 \end{cases}$ $\left[\frac{\pi}{3} + 2k\pi \le x \le \frac{2}{3}\pi + 2k\pi \vee x = \frac{3}{2}\pi + 2k\pi\right]$

603 $\begin{cases} 2\sin^2 x - \sin x \ge 0 \\ 2\cos x - 1 \ge 0 \\ \cos^2 x + \cos x \ge 0 \end{cases}$, con $0 \le x \le 2\pi$. $\left[x = 0 \vee \frac{\pi}{6} \le x \le \frac{\pi}{3} \vee \frac{5}{3}\pi \le x \le 2\pi\right]$

604 $\begin{cases} \sin x - \sqrt{3}\cos x \le 0 \\ \cos x(2\sin x + 1) \ge 0 \end{cases}$ $\left[-\frac{\pi}{6} + 2k\pi \le x \le \frac{\pi}{3} + 2k\pi \vee \frac{4}{3}\pi + 2k\pi \le x \le \frac{3}{2}\pi + 2k\pi\right]$

605 $\begin{cases} \sin x(2\cos x + 1) \le 0 \\ \cos x(\tan x + 1) \ge 0 \end{cases}$, con $0 \le x \le 2\pi$. $\left[x = 0 \vee \frac{2}{3}\pi \le x \le \frac{3}{4}\pi \vee \frac{7}{4}\pi \le x \le 2\pi\right]$

606 $\begin{cases} \sqrt{3}\sin x + \cos x \ge 0 \\ 4\sin^2 x - 3 \le 0 \\ 2\cos x + 1 \ge 0 \end{cases}$ $\left[-\frac{\pi}{6} + 2k\pi \le x \le \frac{\pi}{3} + 2k\pi \vee x = \frac{2}{3}\pi + 2k\pi\right]$

607 $\begin{cases} (2\sin x - 1)(2\cos x + 3) \ge 0 \\ \tan x \cdot (\cot x - \sqrt{3}) \le 0 \end{cases}$ $\left[\frac{\pi}{6} + 2k\pi \le x < \frac{\pi}{2} + 2k\pi\right]$

608 TEST Sulla circonferenza goniometrica della figura sono rappresentate le soluzioni di uno fra i seguenti sistemi. Quale?

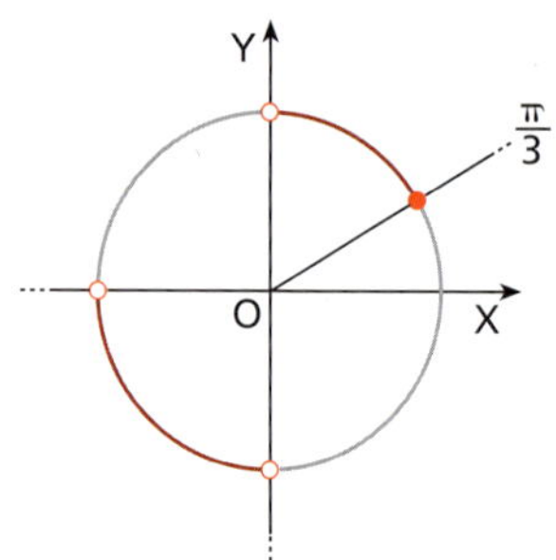

A $\begin{cases} \tan x \ge 0 \\ \sin x < \frac{\sqrt{3}}{2} \end{cases}$

B $\begin{cases} \sin x < \frac{\sqrt{3}}{2} \\ \cot x > 0 \end{cases}$

C $\begin{cases} \cos x < \frac{\sqrt{3}}{2} \\ \tan x > 0 \end{cases}$

D $\begin{cases} \sin x < \frac{\sqrt{3}}{2} \\ \cos x < 0 \end{cases}$

E $\begin{cases} \sin x \le \frac{\sqrt{3}}{2} \\ \tan x > 0 \end{cases}$

Sistemi e funzioni

Determina il dominio delle seguenti funzioni.

609 $f(x) = \sqrt{\cos x} - \sqrt{\sin x}$ $\left[2k\pi \le x \le \frac{\pi}{2} + 2k\pi\right]$

610 $f(x) = \sqrt{2\sin x - 1} + \frac{1}{\sqrt{\tan x}}$ $\left[\frac{\pi}{6} + 2k\pi \le x < \frac{\pi}{2} + 2k\pi\right]$

611 $f(x) = \sqrt{\sqrt{2} - 2\sin x} - \frac{1}{\sqrt{-\cos x}}$ $\left[\frac{3}{4}\pi + 2k\pi \le x < \frac{3}{2}\pi + 2k\pi\right]$

612 $f(x) = \sqrt{\sin x - \cos x} + \sqrt{1 - \tan^2 x}$ $\left[x = \frac{\pi}{4} + 2k\pi \vee \frac{3}{4}\pi + 2k\pi \le x \le \frac{5}{4}\pi + 2k\pi\right]$

VERIFICA DELLE COMPETENZE ALLENAMENTO

UTILIZZARE TECNICHE E PROCEDURE DI CALCOLO

Equazioni goniometriche

TEST

1 Per una sola delle seguenti equazioni, le soluzioni indicate sono quelle corrette.

A $\sin x = -1 \quad \rightarrow \quad x = \frac{3}{2}\pi + k\pi$

B $6\sin 6x = 6 \quad \rightarrow \quad x = \frac{\pi}{12} + k\frac{\pi}{3}$

C $\cos 2x = 0 \quad \rightarrow \quad x = \frac{\pi}{2} + 2k\pi$

D $\arctan x = 1 \quad \rightarrow \quad x = \frac{\pi}{4} + k\pi$

E $\tan 2x = 4\pi \quad \rightarrow \quad x = 2\pi + k\pi$

2 Indica quale delle seguenti equazioni ha come soluzione $x = \frac{\pi}{4} + k\frac{\pi}{2}$.

A $\sin^2 x = \frac{1}{2}$

B $\cos x = \frac{\sqrt{2}}{2}$

C $\tan x = 1$

D $\sin x = \frac{\sqrt{2}}{2}$

E $\cot x = -1$

Risolvi le seguenti equazioni.

3 $\sin^2 x = \frac{1}{2}$ $\left[\frac{\pi}{4} + k\frac{\pi}{2}\right]$

4 $\sin\left(5x - \frac{\pi}{3}\right) = -\sin\left(2x - \frac{\pi}{5}\right)$ $\left[\frac{8}{105}\pi + \frac{2}{7}k\pi;\ \frac{17}{45}\pi + \frac{2}{3}k\pi\right]$

5 $5\sin^2 x + \sqrt{3}\sin x\cos x - 2 = 0$ $\left[\frac{\pi}{6} + k\pi;\ \arctan\left(-\frac{2}{3}\sqrt{3}\right) + k\pi\right]$

6 $3\cot^2 x - 4\sqrt{3}\cot x + 3 = 0$ $\left[\frac{\pi}{6} + k\pi;\ \frac{\pi}{3} + k\pi\right]$

7 $2\cos^4 x - 3\cos^2 x + 1 = 0$ $\left[k\pi;\ \frac{\pi}{4} + k\frac{\pi}{2}\right]$

8 $\sqrt{3}\sin x - \cos x + 2 = 0$ $\left[\frac{5}{3}\pi + 2k\pi\right]$

9 $\tan\left(3x - \frac{\pi}{7}\right) = \cot\left(\frac{2}{5}\pi - 2x\right)$ $\left[\frac{17}{70}\pi + k\pi\right]$

10 $10\sin x + 7 - 6(\sin x - 1) = 3(\sin x + 3)$ [impossibile]

11 $\sin 2x - \sqrt{3}\cos 2x = 0$ $\left[\frac{\pi}{6} + k\frac{\pi}{2}\right]$

12 $\sin\left(x - \frac{\pi}{6}\right) + \cos\left(x + \frac{2}{3}\pi\right) + \cos 2x = 0$ $\left[\pm\frac{2}{3}\pi + 2k\pi;\ 2k\pi\right]$

13 $2\sqrt{2}\sin x\cos x + 2\cos x - \sqrt{2}\sin x - 1 = 0$ $\left[\pm\frac{\pi}{3} + 2k\pi;\ \frac{5}{4}\pi + 2k\pi;\ \frac{7}{4}\pi + 2k\pi\right]$

14 $\cos x - \sqrt{3}\sin x + 1 = 0$ $\left[\frac{\pi}{3} + 2k\pi;\ \pi + 2k\pi\right]$

15 $2\sin\left(x - \frac{\pi}{3}\right) + 2\sin\left(x - \frac{\pi}{6}\right) = \sqrt{3} + 1$ $\left[\frac{\pi}{2} + 2k\pi;\ \pi + 2k\pi\right]$

16 $2\sqrt{2}\cos x + 3 = -\sqrt{2}\cos x$ $\left[\pm\frac{3}{4}\pi + 2k\pi\right]$

17 $2\sin^2 x - 5\sin x - 3 = 0$ $\left[\frac{7}{6}\pi + 2k\pi;\ \frac{11}{6}\pi + 2k\pi\right]$

18 $3\sin^2 x + 2\sin x\cos^2\frac{x}{2} - \sin x = 0$ $\left[k\pi;\ \arctan\left(-\frac{1}{3}\right) + k\pi\right]$

19 $\cot\left(\frac{5}{4}\pi + x\right) = \cot 3x$ $\left[\frac{5}{8}\pi + k\frac{\pi}{2}\right]$

20 $\sqrt{3}\sin x - \cos x + \sqrt{2} = 0$ $\left[-\frac{\pi}{12} + 2k\pi;\ \frac{17}{12}\pi + 2k\pi\right]$

21 $2\cos^2\left(x - \frac{\pi}{3}\right) - \cos\left(x - \frac{\pi}{3}\right) - 1 = 0$ $\left[\pm\frac{\pi}{3} + 2k\pi;\ \pi + 2k\pi\right]$

22 $2\sec x = \frac{2 - \sin^2 x}{\cos^2 x}$ $[2k\pi]$

23 $\sin\left(\frac{5}{6}\pi - x\right) - \cos\left(\frac{4}{3}\pi - x\right) = -\sqrt{3}$ $\left[\frac{7}{6}\pi + 2k\pi;\ \frac{3}{2}\pi + 2k\pi\right]$

24 $\sin\left(\frac{2}{3}\pi + x\right) + \frac{1}{2} = \sqrt{3}\cos(-x)$ $\left[\frac{\pi}{2} + 2k\pi;\ -\frac{\pi}{6} + 2k\pi\right]$

VERIFICA DELLE COMPETENZE

Risolvi i seguenti sistemi di equazioni.

25 $\begin{cases} \cos x + \cos y = \dfrac{\sqrt{3}+1}{2} \\ \cos x - \cos y = \dfrac{\sqrt{3}-1}{2} \end{cases}$ $\left[x = \pm\frac{\pi}{6} + 2k\pi;\ y = \pm\frac{\pi}{3} + 2k_1\pi\right]$

26 $\begin{cases} x + y = \dfrac{\pi}{6} \\ \sin x + \cos y = \dfrac{\sqrt{3}}{2} \end{cases}$ $\left[\left(x = 2k\pi \wedge y = \frac{\pi}{6} - 2k\pi\right) \vee \left(x = \frac{2}{3}\pi + 2k\pi \wedge y = -\frac{\pi}{2} - 2k\pi\right)\right]$

27 $\begin{cases} \sin x + \sin y = 0 \\ \sin x - \sin y = 1 \end{cases}$ $\left[\left(x = \frac{\pi}{6} + 2k\pi \vee x = \frac{5}{6}\pi + 2k\pi\right) \wedge \left(y = -\frac{\pi}{6} + 2k\pi \vee y = -\frac{5}{6}\pi + 2k\pi\right)\right]$

28 $\begin{cases} \sin^2 x + \cos^2 y = 1 \\ 5\cos^2 x + \sin^2 y = 2 \end{cases}$ $\left[x = \pm\frac{\pi}{3} + 2k\pi \vee x = \pm\frac{2}{3}\pi + 2k\pi,\ y = \pm\frac{\pi}{3} + 2k_1\pi \vee y = \pm\frac{2}{3}\pi + 2k_1\pi\right]$

Disequazioni goniometriche

TEST

29 Una sola delle seguenti disequazioni ha come soluzioni

$$0 < x < \frac{2}{3}\pi \vee \pi < x < \frac{4}{3}\pi \text{ in } [0; 2\pi].$$

Quale?

A $2\cos x + 1 > 0$

B $\dfrac{\sin x}{2\cos x + 1} > 0$

C $\dfrac{\sin x}{2\cos x + 1} \geq 0$

D $\tan^2 x - 3 > 0$

E $\dfrac{2\sin x + 1}{\cos x} > 0$

30 L'insieme

$$A = \left\{x \mid x \in \left]\frac{\pi}{4} + k\pi; \frac{3\pi}{4} + k\pi\right[\right\}$$

verifica una sola delle seguenti disequazioni. Quale?

A $2\sin^2 x - 1 < 0$

B $2\cos^2 x - 1 \leq 0$

C $\cot^2 x - 1 > 0$

D $\tan^2 x - 1 > 0$

E $2\cos^2 x - 1 > 0$

Risolvi le seguenti disequazioni.

31 $\sin\left(x - \frac{\pi}{3}\right) > \frac{1}{2}$ $\left[\frac{\pi}{2} + 2k\pi < x < \frac{7}{6}\pi + 2k\pi\right]$

32 $\cos\left(\frac{\pi}{4} - x\right) \leq \frac{\sqrt{3}}{2}$ $\left[-\frac{19}{12} + 2k\pi \leq x \leq \frac{\pi}{12} + 2k\pi\right]$

33 $2(1 - \sin x) - 3(\sin x + 2) > -7\sin x - 3$ $\left[\frac{\pi}{6} + 2k\pi < x < \frac{5}{6}\pi + 2k\pi\right]$

34 $6(1 + \sin x) + 2(3 + 2\sin x) \geq 2$ $[\forall x \in \mathbb{R}]$

35 $2\sin^2 x - (2 - \sqrt{3})\sin x - \sqrt{3} \leq 0$ $\left[-\frac{\pi}{3} + 2k\pi \leq x \leq \frac{4}{3}\pi + 2k\pi\right]$

36 $(\sqrt{3} - 2\sin x)(2\cos x - 1)(\cos^2 x + 1) \geq 0$ $\left[-\frac{\pi}{3} + 2k\pi \leq x \leq \frac{2}{3}\pi + 2k\pi\right]$

37 $(\sin x + 1)^2 + 2\sin x < \sin x(2 + \sin x)$ $\left[\frac{7}{6}\pi + 2k\pi < x < \frac{11}{6}\pi + 2k\pi\right]$

38 $2\sin^2 x + 3\sqrt{2}\sin x < 4$, con $0 \leq x \leq 2\pi$. $\left[0 \leq x < \frac{\pi}{4} \vee \frac{3}{4}\pi < x \leq 2\pi\right]$

39 $\dfrac{2\cos x - 1}{\tan x - \sqrt{3}} \leq 0$, con $0 \leq x \leq 2\pi$. $\left[0 \leq x < \frac{\pi}{2} \vee \frac{4}{3}\pi < x < \frac{3}{2}\pi \vee \frac{5}{3}\pi \leq x \leq 2\pi, x \neq \frac{\pi}{3}\right]$

40 $\tan x \cdot (1 - \cos^2 x) \geq 0$ $\left[k\pi \leq x < \frac{\pi}{2} + k\pi\right]$

41 $\left|\dfrac{1}{\cot x}\right| > \sqrt{3}$ $\left[\frac{\pi}{3} + k\pi < x < \frac{2}{3}\pi + k\pi;\ x \neq \frac{\pi}{2} + k\pi\right]$

42 ●○ $\sqrt{3}\cot x - 4\cos^2 x \geq 0$ $\left[k\pi < x \leq \frac{\pi}{6} + k\pi \vee \frac{\pi}{3} + k\pi \leq x \leq \frac{\pi}{2} + k\pi\right]$

43 ●○ $(2\sin^2 x - 1)(1 - 2\cos x) \geq 0$, con $0 \leq x \leq 2\pi$. $\left[0 \leq x \leq \frac{\pi}{4} \vee \frac{\pi}{3} \leq x \leq \frac{3}{4}\pi \vee \frac{5}{4}\pi \leq x \leq \frac{5}{3}\pi \vee \frac{7}{4}\pi \leq x \leq 2\pi\right]$

44 ●○ $\dfrac{\sin x \cos x}{\tan^2 x - 1} \leq 0$ $\left[k\pi \leq x < \frac{\pi}{4} + k\pi \vee \frac{\pi}{2} + k\pi < x < \frac{5}{4}\pi + k\pi\right]$

45 ●○ $(\tan x - \sqrt{3})(1 + \cot x) \leq 0$ $\left[k\pi < x \leq \frac{\pi}{3} + k\pi \vee \frac{\pi}{2} + k\pi < x \leq \frac{3}{4}\pi + k\pi\right]$

46 ●○ $\dfrac{\sin 2x}{\sin x - \sqrt{3}\cos x} \leq 0$, con $0 \leq x \leq 2\pi$. $\left[0 \leq x < \frac{\pi}{3} \vee \frac{\pi}{2} \leq x \leq \pi \vee \frac{4}{3}\pi < x \leq \frac{3}{2}\pi \vee x = 2\pi\right]$

47 ●○ $\dfrac{\tan x - \tan^2 x}{2\sin x - 1} \geq 0$, con $0 \leq x \leq 2\pi$. $\left[\frac{\pi}{6} < x \leq \frac{\pi}{4} \vee \frac{5}{6}\pi < x \leq \pi \vee \frac{5}{4}\pi \leq x \leq 2\pi; x \neq \frac{3}{2}\pi\right]$

48 ●● **TEST** Quale dei seguenti sistemi ha per soluzioni quelle rappresentate in figura?

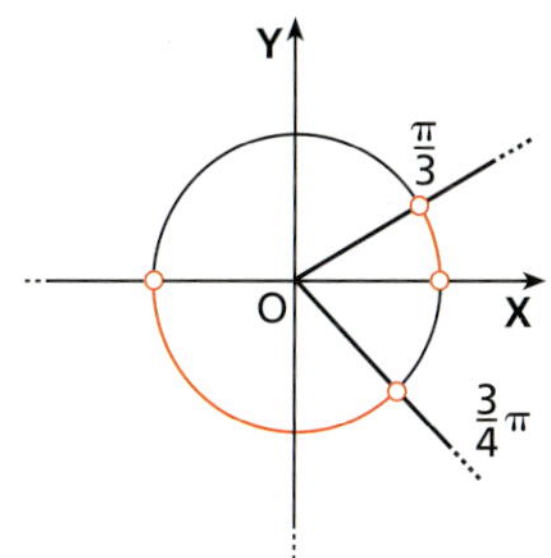

A $\begin{cases} \tan x > -1 \\ \cos x < \frac{1}{2} \end{cases}$

B $\begin{cases} \cot x < 1 \\ \cos x < \frac{1}{2} \end{cases}$

C $\begin{cases} \sin x < \frac{\sqrt{2}}{2} \\ \cos x < 0 \end{cases}$

D $\begin{cases} \cos x \leq 0 \\ \tan x > \sqrt{3} \end{cases}$

E $\begin{cases} \sin x > \frac{\sqrt{3}}{2} \\ \tan x < -1 \end{cases}$

Risolvi i seguenti sistemi di disequazioni.

49 ●○ $\begin{cases} \sin x > 0 \\ \tan x \leq 1 \end{cases}$ $\left[2k\pi < x \leq \frac{\pi}{4} + 2k\pi \vee \frac{\pi}{2} + 2k\pi < x < \pi + 2k\pi\right]$

50 ●○ $\begin{cases} \cos x + \frac{1}{2} < 0 \\ 2\sin x \leq \sqrt{3} \end{cases}$ $\left[\frac{2}{3}\pi + 2k\pi < x < \frac{4}{3}\pi + 2k\pi\right]$

51 ●○ $\begin{cases} \sin^2 x - 1 \leq 0 \\ \sin^2 x - \sin x \geq 0 \end{cases}$ $\left[x = \frac{\pi}{2} + 2k\pi \vee \pi + 2k\pi \leq x \leq 2\pi + 2k\pi\right]$

52 ●○ $\begin{cases} 4\cos^2 x - 3 \leq 0 \\ \cot^2 x - 1 < 0 \end{cases}$ $\left[\frac{1}{4}\pi + k\pi < x < \frac{3}{4}\pi + k\pi\right]$

53 ●○ $\begin{cases} 2\cos^2 x + \cos x - 1 \geq 0 \\ 2\sin x + 1 \geq 0 \end{cases}$ $\left[-\frac{\pi}{6} + 2k\pi \leq x \leq \frac{\pi}{3} + 2k\pi \vee x = \pi + 2k\pi\right]$

ANALIZZARE E INTERPRETARE DATI E GRAFICI

Trova il dominio delle seguenti funzioni.

54 ●○ $f(x) = \sqrt{2\sin x - 1} + \sqrt{\cos x}$ $\left[\frac{\pi}{6} + 2k\pi \leq x \leq \frac{\pi}{2} + 2k\pi\right]$

55 ●○ $g(x) = \sqrt{\dfrac{\tan x - 1}{\sin 2x}}$ $\left[\frac{\pi}{4} + k\pi \leq x < \pi + k\pi, x \neq \frac{\pi}{2} + k\pi\right]$

56 ●○ $f(x) = -\sqrt{\dfrac{\sin 2x}{\cos^2 x}}$ $\left[k\pi \leq x < \frac{\pi}{2} + k\pi\right]$

57 ●○ $h(x) = \dfrac{3\sin^2 x - 4}{\sin x - \cos x}$ $\left[x \neq \frac{\pi}{4} + k\pi\right]$

Determina le coordinate dei punti di intersezione con gli assi cartesiani dei grafici delle seguenti funzioni.

58 $f(x) = \sin\left(x - \frac{\pi}{6}\right) - 1$ $\left[\left(0; -\frac{3}{2}\right); \left(\frac{2}{3}\pi + 2k\pi; 0\right)\right]$

59 $g(x) = \sqrt{3}\sin x - \cos x$ $\left[(0; -1); \left(\frac{\pi}{6} + k\pi; 0\right)\right]$

60 $f(x) = \sqrt{2\cos x - 1}$ $\left[(0; 1); \left(\pm\frac{\pi}{3} + 2k\pi; 0\right)\right]$

61 $f(x) = \sin^2 x - 2\cos x \sin x - 1$ $\left[(0; -1); \left(\frac{\pi}{2} + k\pi; 0\right); \left(-\arctan\frac{1}{2} + k\pi; 0\right)\right]$

62 Quanti punti di intersezione ha il grafico della funzione $y = \sin 2x - \cos x$ con l'asse x nell'intervallo $[0; \pi]$? [tre]

63 Determina i punti di intersezione del grafico della funzione $y = \frac{1}{2}\sin 2x - \cos^2 x$ con la retta $y = -1$ nell'intervallo $\left[-\frac{\pi}{2}; \frac{\pi}{2}\right]$. $\left[\left(-\frac{\pi}{4}; -1\right); (0; -1)\right]$

64 Trova i valori di a, b, c in modo che il grafico della funzione $f(x) = a\cos\left(x - \frac{\pi}{3}\right) + b\cos x + c$ passi per l'origine O e per i punti $\left(\frac{2}{3}\pi; 3\right)$ e $\left(-\frac{\pi}{3}; -1\right)$. Calcola poi i punti di intersezione con l'asse x nell'intervallo $[-\pi; \pi]$. $\left[a = 2, b = -2, c = 1; x = -\frac{2}{3}\pi, x = 0\right]$

LEGGI IL GRAFICO

65 Nella figura è rappresentata la funzione $f(x) = \tan kx$. Determina k e trova sia algebricamente sia graficamente gli intervalli in cui $f(x) < -1$ tra $-\pi$ e 3π.

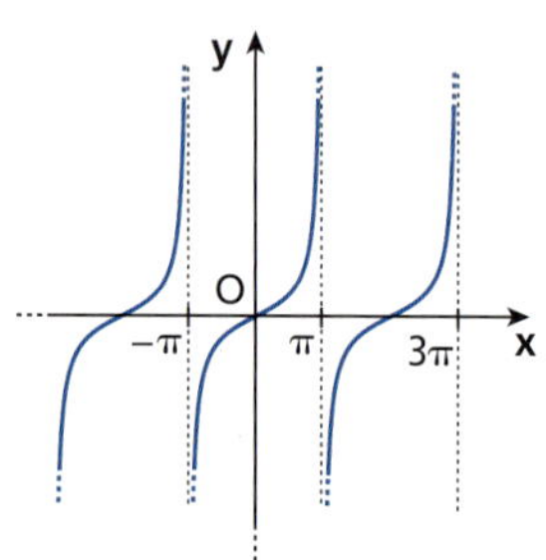

66 Determina la funzione sinusoidale $f(x)$ e individua le coordinate dei punti A, B e C.

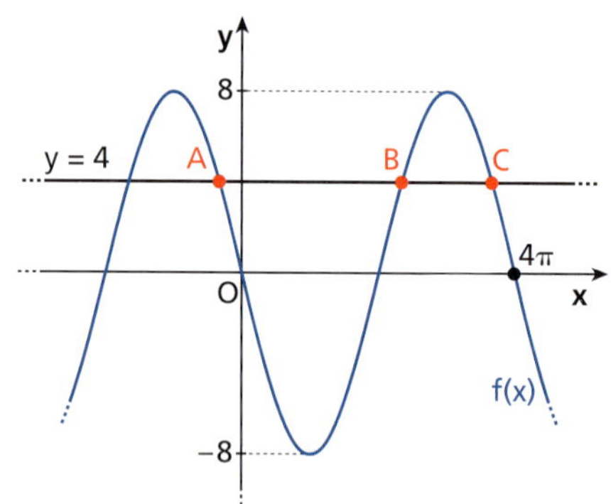

$\left[A\left(-\frac{\pi}{3}; 4\right), B\left(\frac{7}{3}\pi; 4\right), C\left(\frac{11}{3}\pi; 4\right)\right]$

67 Nella figura sono rappresentate le funzioni $f(x) = 2\cos x$ e $g(x) = \sin 2x$.

a. Indica qual è il grafico di $f(x)$ e quale quello di $g(x)$.

b. Risolvi graficamente la disequazione $f(x) \leq g(x)$ nell'intervallo $[-\pi; 2\pi]$.

c. Conferma algebricamente il risultato trovato.

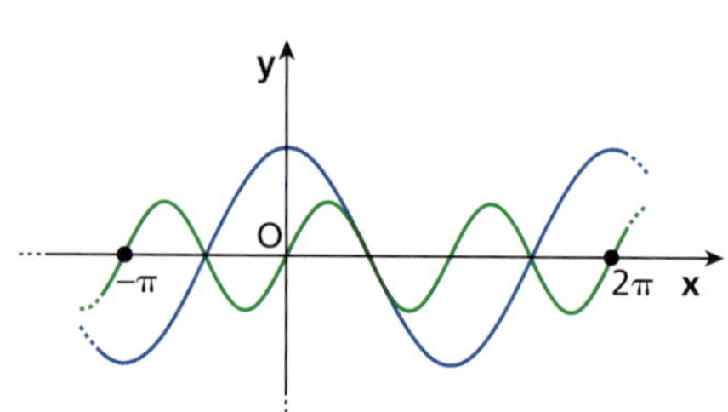

COSTRUIRE E UTILIZZARE MODELLI

RISOLVIAMO UN PROBLEMA

Rampa a norma

Per accedere a un edificio pubblico ci sono 6 gradini alti 16 cm e profondi 30 cm; è necessario costruire una rampa di accesso per carrozzine.

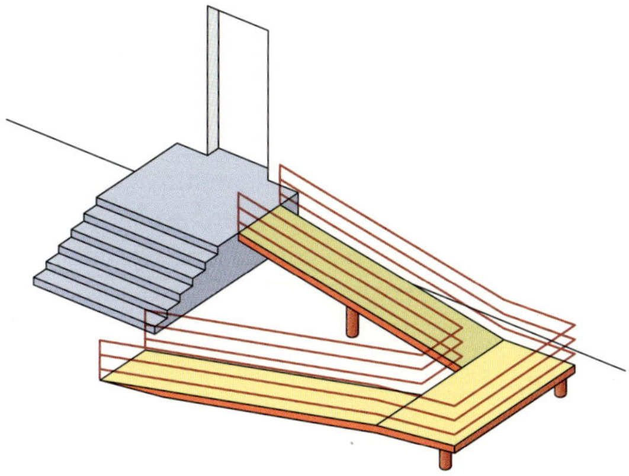

La normativa prevede che la massima pendenza delle rampe (ovvero il rapporto tra lo spostamento verticale e quello orizzontale) sia dell'8%.

- Qual è il massimo angolo che una rampa può formare con l'orizzontale?
- Lo spazio disponibile di fronte alla base della scala è di 260 cm. Una rampa che costeggia la scala occupando tutto lo spazio antistante a essa è a norma?
- Lungo la parete dell'edificio di fianco alla scala si può costruire una rampa doppia, come in figura (ciascuna delle due rampe si può sviluppare, in orizzontale, per 650 cm). In questo modo è a norma? Di quanto risulta inclinata?

▶ Calcoliamo l'angolo relativo alla pendenza dell'8%.

Sia h l'altezza a cui arriva la rampa, l la lunghezza in orizzontale e α l'angolo formato dalla rampa con l'orizzontale.
Secondo la normativa deve essere $\frac{h}{l} \leq 0,08$; nel triangolo rettangolo si ha $\frac{h}{l} = \tan\alpha$, che sostituito nella relazione precedente dà $\tan\alpha \leq 0,08$, da cui si ottiene $\alpha \leq 4,57°$ (con α positivo).

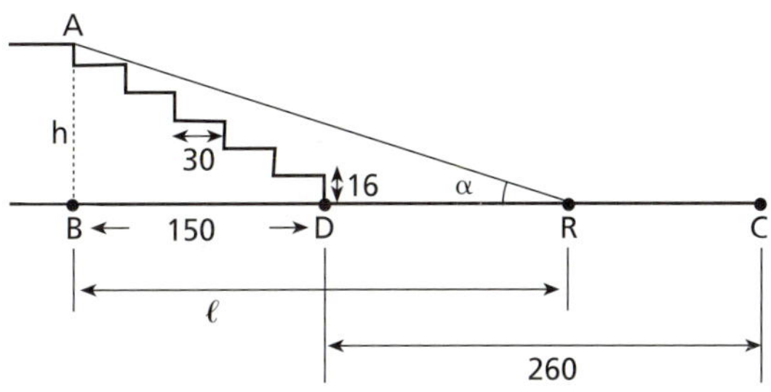

▶ Verifichiamo se è a norma.

Sulla base della figura precedente: $\overline{AB} = 6 \cdot 16 = 96$ cm,

$$\overline{BC} = \overline{BD} + \overline{DC} = 5 \cdot 30 + 260 = 410 \text{ cm}.$$

Nell'ipotesi di minor pendenza, in cui $R \equiv C$, si ha:

$$\tan\alpha = \frac{\overline{AB}}{\overline{BC}} \simeq 0,23 \rightarrow \alpha \simeq \arctan 0,23 = 13°.$$

In tal caso, quindi, la rampa non risulta a norma.

▶ Analizziamo il caso della rampa doppia.

Sulla base della figura seguente e dei dati noti si ha $\overline{AB} = 96$ cm,

$$\overline{BT} = \overline{MN} = 650 \text{ cm}, \; T\widehat{B}N = M\widehat{N}A = \alpha$$

e deve essere $\overline{NT} + \overline{AM} = 96$ cm, ovvero:

$$(650 \cdot \tan\alpha) \cdot 2 = 96 \rightarrow \tan\alpha = \frac{96}{1300} \rightarrow \alpha \simeq 4,22°.$$

In questo modo la rampa risulta a norma.

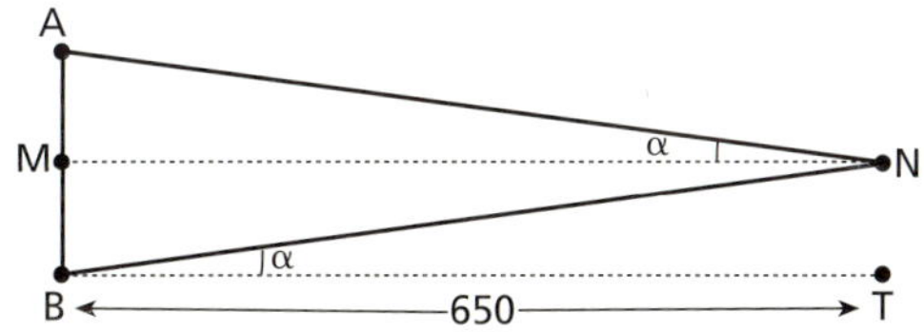

COSTRUIRE E UTILIZZARE MODELLI

68 **Bioritmo** Secondo una teoria *non scientificamente provata*, l'energia fisica, emotiva e intellettuale di una persona sono regolate da ritmi periodici matematizzabili, il cosiddetto *bioritmo*.
Lorena ha un bioritmo regolato dalle funzioni $f_1(t) = \sin k_1 t$ per l'energia fisica, $f_2(t) = \sin(k_2 t + 3)$ per l'emotività, $f_3(t) = \sin k_3 t$ per la lucidità intellettuale, rispettivamente con periodi di 24, 28 e 32 giorni.
Trova k_1, k_2 e k_3 e determina dopo quanti giorni il ciclo si ripete in modo identico per f_1, f_2 e f_3.

$\left[\frac{\pi}{12}, \frac{\pi}{14}, \frac{\pi}{16}, 672 \text{ giorni}\right]$

69 **Ghiacci polari** Anna e Claudio sono appassionati di matematica ed ecologia. Provano a studiare l'andamento dell'estensione dei ghiacci artici con un modello semplificato. In figura è rappresentato il grafico della funzione che secondo il modello fornisce l'estensione dei ghiacci a partire dal primo gennaio. Per maggior praticità, la durata dell'anno solare è arrotondata a 360 giorni.

a. Determina l'espressione analitica della funzione, che è del tipo
$$f(t) = A\cos(k \cdot t + \phi) + B.$$

b. In base al modello, determina i giorni dell'anno in cui l'estensione dei ghiacci è $13{,}5 \cdot 10^6$ km^2.

c. Individua i giorni dell'anno in cui l'estensione dei ghiacci polari è compresa tra $13{,}5 \cdot 10^6$ km^2 e $8{,}5 \cdot 10^6$ km^2.

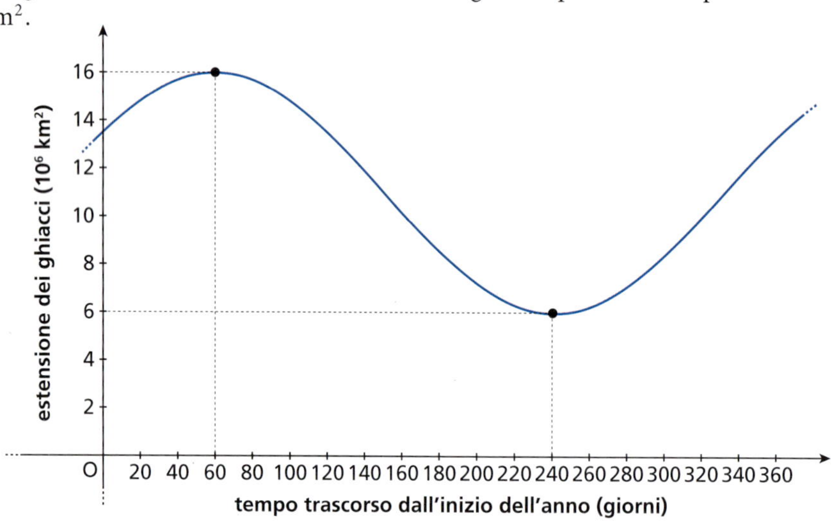

$\left[\text{a) } f(t) = 5\cos\left(\frac{\pi}{180}t - \frac{\pi}{3}\right) + 11; \text{ b) } 0; 120; 360; \text{ c) } 120 \le t \le 180; 300 \le t \le 360\right]$

70 **Più giochi che picnic** All'interno di una zona verde si vogliono delimitare un'area giochi quadrata e un'area picnic triangolare, come in figura, in modo che la superficie dell'area giochi sia almeno il triplo di quella dell'area picnic e la superficie totale sia al massimo di 400 m^2. Determina i valori, approssimati al grado, che l'angolo x può assumere per soddisfare le condizioni poste.

$[27° \le x \le 34°]$

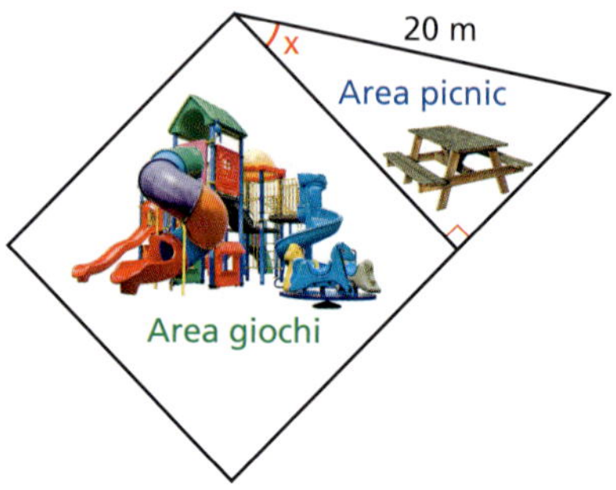

TUTOR matematica
Allenati con **15 esercizi interattivi** con feedback "hai sbagliato, perché..."
su.zanichelli.it/tutor3 risorsa riservata a chi ha acquistato l'edizione con tutor

VERIFICA DELLE COMPETENZE PROVE

1 ora

PROVA A

1 **VERO O FALSO?**

a. L'equazione $\tan x = -2$ è impossibile. V F

b. La disequazione $\sin 3x \leq 1$ è verificata $\forall x \in \mathbb{R}$. V F

c. $\frac{\pi}{4}$ è soluzione dell'equazione $\frac{2\sin x - \sqrt{2}}{2\cos x - \sqrt{2}} = 0$. V F

d. L'equazione $\cos x = -\frac{\sqrt{5}}{4}$ ammette due soluzioni nell'intervallo $\left[\frac{\pi}{2}; \frac{3}{2}\pi\right]$. V F

2 Risolvi le seguenti equazioni.

a. $\tan 2x = -\tan\left(x - \frac{\pi}{3}\right)$;

b. $3\sin x + \sqrt{3}\cos x = 0$;

c. $\sqrt{3}\sin^2 x - \sin 2x - \sqrt{3}\cos^2 x = 0$.

3 Risolvi le seguenti disequazioni.

a. $\cos\left(x - \frac{\pi}{6}\right) \geq -\frac{1}{2}$;

b. $2\sin^2 x - 3\sin x + 1 \geq 0$.

4 Risolvi il seguente sistema:

$$\begin{cases} 2\sin^2 x - \cos x - 1 < 0 \\ 1 - \tan x \leq 0 \end{cases}.$$

5 Determina il dominio di $f(x) = \sqrt{\frac{2\cos x + 1}{\tan x}}$.

6 Determina le coordinate dei punti di intersezione con gli assi cartesiani della funzione

$$f(x) = 2\cos^2 x + 3\sin^2 x + \sin x \cos x - 3.$$

PROVA B

Con vincoli Nel progettare una casa, un architetto disegna una finestra ottagonale con una vetrata colorata, come quella rappresentata in figura. Nel realizzare la finestra l'architetto ha due vincoli: i tratti AB, CD, EF, GH devono essere lunghi 1 m e la superficie in vetro deve essere di 3 m^2.

a. Calcola il valore dell'angolo α affinché i due vincoli siano rispettati.

b. Determina quali valori può assumere l'angolo α affinché l'area della vetrata sia maggiore di 2,75 m^2 e il lato AD sia minore di 2 m.

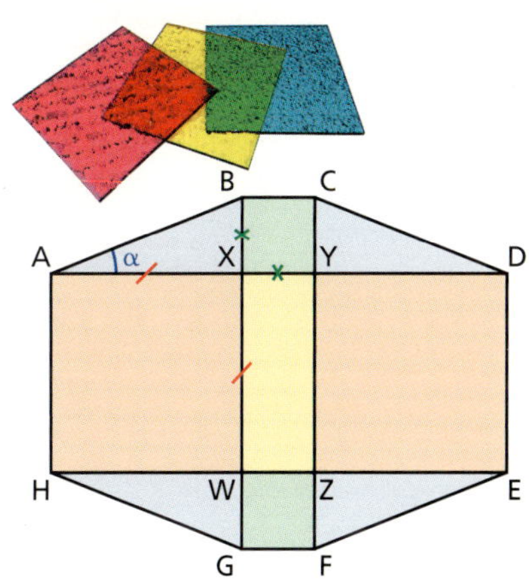

T

CAPITOLO

13 TRIGONOMETRIA

1 Triangoli rettangoli

Finora ci siamo occupati di goniometria, ossia della misurazione degli angoli e delle funzioni associate a essi. Ora tratteremo la trigonometria, che studia le relazioni metriche fra i lati e gli angoli di un triangolo. La parola **trigonometria** deriva dal greco e significa «misura dei triangoli».

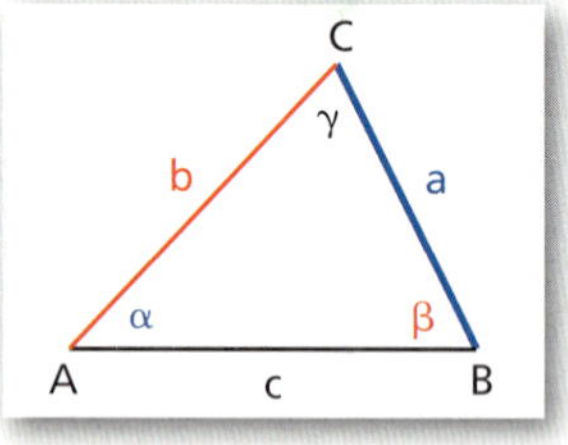

D'ora in poi, quando ci occuperemo di triangoli, rispetteremo le seguenti convenzioni per la nomenclatura dei diversi elementi. Disegnato un triangolo ABC, indichiamo con α la misura dell'angolo $\widehat{A}$, con β la misura dell'angolo $\widehat{B}$ e con γ la misura dell'angolo $\widehat{C}$. Indichiamo poi con a la misura del lato BC, che si oppone al vertice A, con b la misura del lato AC, che si oppone al vertice B, e con c la misura del lato AB, che si oppone al vertice C.

Teoremi sui triangoli rettangoli

▶ Esercizi a p. 630

Disegniamo un triangolo rettangolo ABC, con l'angolo retto in $\widehat{C}$, e indichiamo le misure dei lati e degli angoli, secondo le convenzioni appena stabilite.

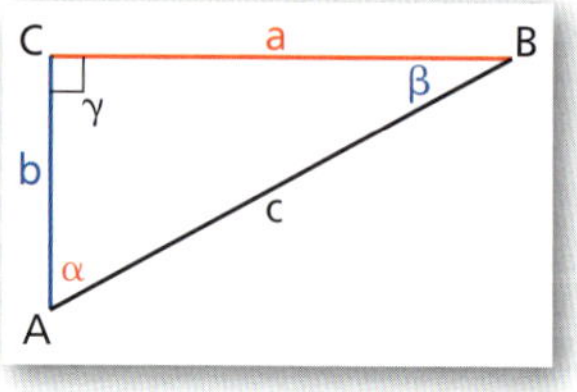

Tracciamo la circonferenza goniometrica di centro A.

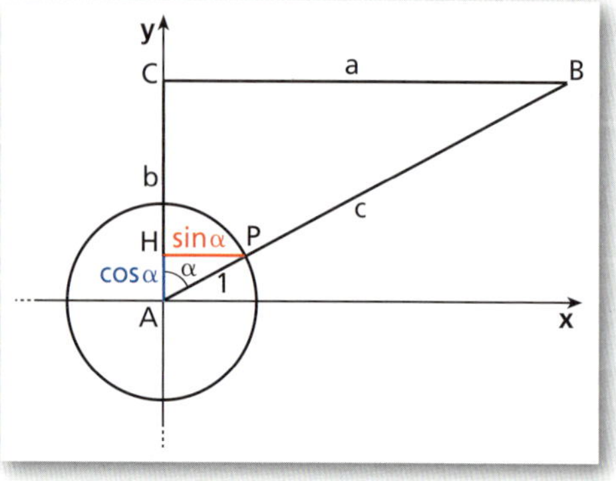

In figura sono indicati il punto P, in cui il lato AB incontra la circonferenza goniometrica, e il punto H, proiezione di P sul lato AC.
I triangoli APH e ABC sono simili in quanto sono rettangoli e hanno l'angolo acuto α in comune.
Possiamo scrivere le proporzioni

$$BC : AB = PH : AP,$$

$$AC : AB = AH : AP,$$

e, poiché $\overline{AP} = 1$, $\overline{PH} = \sin\alpha$ e $\overline{AH} = \cos\alpha$, otteniamo:

$$\overline{BC} = \overline{AB}\sin\alpha \rightarrow \boldsymbol{a = c\sin\alpha},$$

$$\overline{AC} = \overline{AB}\cos\alpha \rightarrow \boldsymbol{b = c\cos\alpha}.$$

Le due uguaglianze ottenute portano a enunciare il seguente teorema.

TEOREMA

Primo teorema dei triangoli rettangoli

In un triangolo rettangolo la misura di un cateto è uguale a quella dell'ipotenusa moltiplicata per il seno dell'angolo opposto al cateto o per il coseno dell'angolo (acuto) adiacente al cateto.

cateto = ipotenusa · seno dell'angolo opposto

cateto = ipotenusa · coseno dell'angolo adiacente

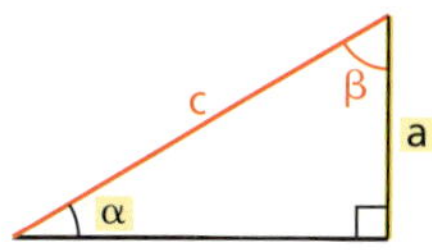

$a = c \sin \alpha$

$a = c \cos \beta$

Listen to it

In a right triangle the length of a leg equals the length of the hypotenuse multiplied by the sine of the angle opposite to the leg or by the cosine of the angle adjacent to the leg.

Consideriamo nuovamente i triangoli APH e ABC esaminati per ricavare le relazioni precedenti. Possiamo anche scrivere la proporzione

$$BC : AC = PH : AH,$$

da cui:

$$\frac{\overline{BC}}{\overline{AC}} = \frac{\sin \alpha}{\cos \alpha} = \tan \alpha,$$

oppure

$$\frac{\overline{AC}}{\overline{BC}} = \frac{\cos \alpha}{\sin \alpha} = \cot \alpha.$$

Scritte nella forma

$$\overline{BC} = \overline{AC} \tan \alpha \rightarrow a = b \tan \alpha,$$

$$\overline{AC} = \overline{BC} \cot \alpha \rightarrow b = a \cot \alpha,$$

le due uguaglianze portano al seguente teorema.

Video

Misura del raggio terrestre

► Come riuscì Eratostene di Cirene, nel III secolo a.C., a calcolare il raggio della Terra sfruttando solamente la trigonometria?

TEOREMA

Secondo teorema dei triangoli rettangoli

In un triangolo rettangolo la misura di un cateto è uguale a quella dell'altro cateto moltiplicata per la tangente dell'angolo opposto al primo cateto o per la cotangente dell'angolo (acuto) adiacente al primo cateto.

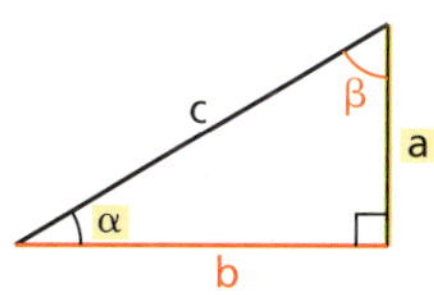

$a = b \tan \alpha$

$a = b \cot \beta$

cateto = altro cateto · tangente dell'angolo opposto al primo cateto

cateto = altro cateto · cotangente dell'angolo acuto adiacente al primo cateto

Listen to it

In a right triangle, the length of a leg equals the length of the other leg multiplied by the tangent of the angle opposite to the unknown leg or by the cotangent of the angle adjacent to the unknown leg.

Il significato goniometrico del coefficiente angolare di una retta

► Esercizi a p. 631

Consideriamo, in un piano cartesiano, la retta di equazione $y = mx$ $(m > 0)$, il suo punto P di ascissa unitaria e il punto Q, proiezione di P sull'asse x.

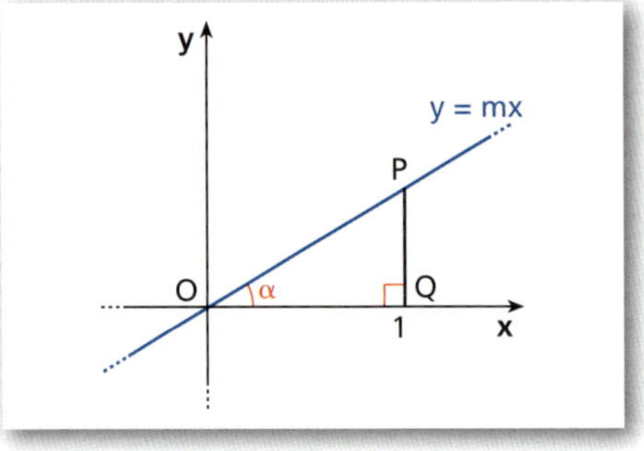

Il triangolo OQP risulta, quindi, rettangolo in Q. Pertanto, per il teorema dei triangoli rettangoli, abbiamo

$$\overline{PQ} = \overline{OQ} \cdot \tan\alpha,$$

dove abbiamo indicato con α l'angolo che la retta forma con il semiasse positivo delle x. Sapendo che le coordinate di P e Q sono rispettivamente $(1; m)$ e $(1; 0)$, abbiamo $\overline{PQ} = m$ e $\overline{OQ} = 1$.
Sostituendo nella relazione, otteniamo

$$m = \tan\alpha,$$

ossia *il coefficiente angolare della retta è uguale alla tangente dell'angolo fra la retta e il semiasse positivo delle x.*

Dalla geometria analitica sappiamo che due rette sono parallele quando hanno lo stesso coefficiente angolare e, inoltre, rette parallele formano angoli congruenti con l'asse x. Ciò permette di estendere il risultato ottenuto anche a rette che non passano per l'origine (figura a lato).

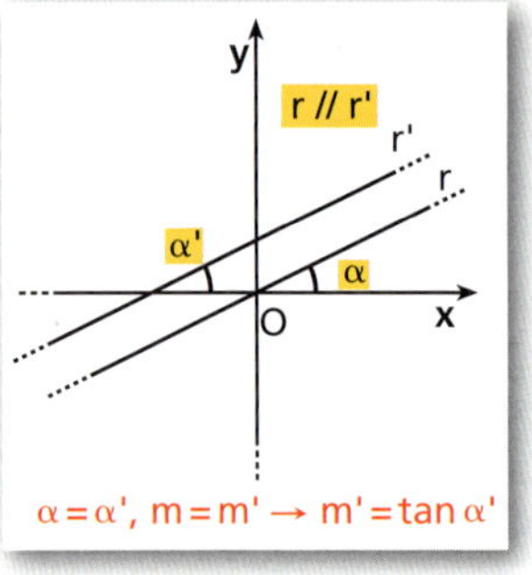

Risoluzione dei triangoli rettangoli

▶ Esercizi a p. 631

Risolvere un triangolo rettangolo significa determinare le misure dei suoi lati e dei suoi angoli conoscendo **almeno un lato** e un altro dei suoi elementi (cioè, un angolo o un altro lato).
Se di un triangolo sono noti solo gli angoli, non è infatti possibile trovare i lati, perché esistono infiniti triangoli, tutti simili al triangolo dato, che hanno gli angoli congruenti.

Esaminiamo quattro casi.

Sono noti i due cateti

Conoscendo a e b, vogliamo determinare α, β e c:

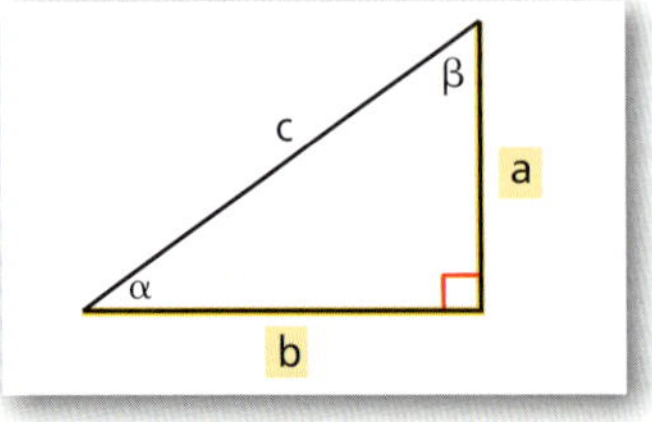

$\tan\alpha = \dfrac{a}{b}$, da cui ricaviamo

$\alpha = \arctan\dfrac{a}{b}$; $\beta = 90° - \alpha$;

$c = \sqrt{a^2 + b^2}$, per il teorema di Pitagora.

TEORIA

ESEMPIO

Le misure dei due cateti del triangolo in figura sono $a = 40$ e $b = 110$:

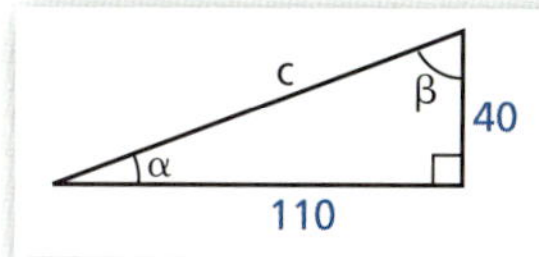

$$\tan\alpha = \frac{40}{110} \rightarrow \alpha = \arctan\frac{40}{110} \simeq 20°;$$

$$\alpha \simeq 20° \rightarrow \beta \simeq 90° - 20° \simeq 70°;$$

$$c = \sqrt{40^2 + 110^2} = \sqrt{1600 + 12100} = \sqrt{13700} \simeq 117.$$

È possibile calcolare il valore di c anche senza applicare il teorema di Pitagora, ma ricavando c dalla formula: $a = c \sin\alpha$.

► I cateti di un triangolo rettangolo sono lunghi 7 cm e 24 cm. Calcola l'ampiezza degli angoli acuti e la lunghezza dell'ipotenusa.
[16°, 74°; 25 cm]

Sono noti un cateto e l'ipotenusa

Conoscendo a e c, vogliamo determinare α, β e b:

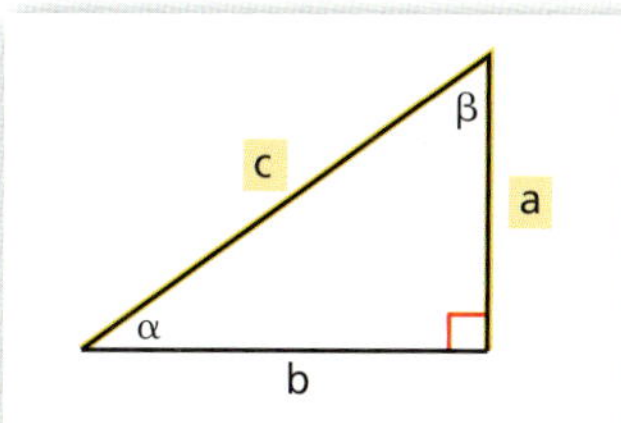

$\sin\alpha = \dfrac{a}{c}$, da cui ricaviamo

$\alpha = \arcsin\dfrac{a}{c}$; $\beta = 90° - \alpha$;

$b = \sqrt{c^2 - a^2}$, per il teorema di Pitagora.

Si può ricavare b anche senza applicare il teorema di Pitagora, ma con:

$b = c\cos\alpha$ o $b = c\sin\beta$.

Animazione

Nell'animazione c'è la risoluzione dei due esercizi che ti proponiamo in questa pagina.

ESEMPIO

In un triangolo rettangolo le misure di un cateto e dell'ipotenusa sono

$a = 21{,}13$ e $c = 50$.

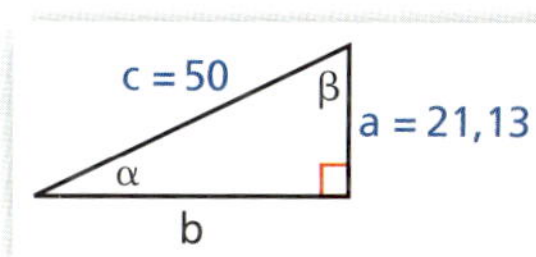

Ricaviamo:

$$\sin\alpha = \frac{21{,}13}{50} = 0{,}4226 \rightarrow \alpha = \arcsin 0{,}4226 \simeq 25°;$$

$$\beta \simeq 90° - 25° \simeq 65°;$$

$$b = \sqrt{50^2 - (21{,}13)^2} = \sqrt{2500 - 446{,}4769} = \sqrt{2053{,}5231} \simeq 45{,}3.$$

► Un triangolo rettangolo ha l'ipotenusa di 37 cm e un cateto di 35 cm. Qual è l'ampiezza degli angoli acuti? Qual è la lunghezza dell'altro cateto?
[71°, 19°; 12 cm]

Sono noti un cateto e un angolo acuto

Conoscendo a e α, vogliamo determinare β, b e c:

$\beta = 90° - \alpha$;

$b = a\tan\beta$;

$c = \sqrt{a^2 + b^2}$.

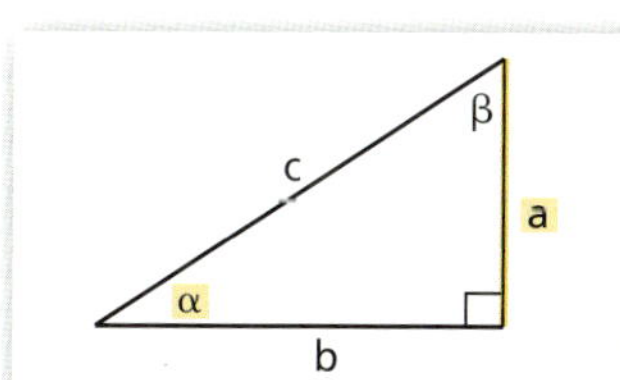

TEORIA

▶ In un triangolo rettangolo un cateto è lungo 5 dm e l'angolo acuto opposto è di 23°. Determina l'ampiezza dell'altro angolo acuto e le lunghezze dell'altro cateto e dell'ipotenusa.
[67°; 12 dm, 13 dm]

ESEMPIO

Consideriamo il triangolo rettangolo in cui sono noti $a = 8$ e $\alpha = 28°$.
Si ricava:

$$\beta = 90° - 28° = 62°;$$

$$b = 8 \tan 62° \simeq 8 \cdot 1{,}88 \simeq 15;$$

$$c \simeq \sqrt{8^2 + 15^2} = \sqrt{289} = 17.$$

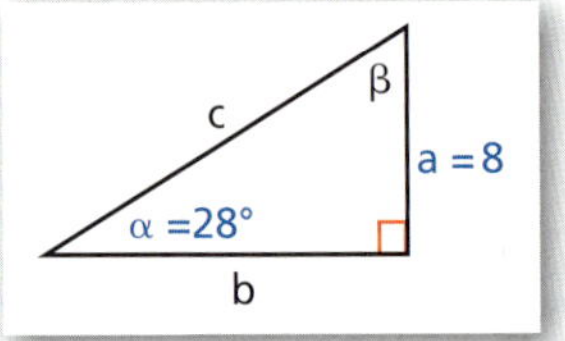

Sono noti l'ipotenusa e un angolo acuto

Conoscendo c e α, vogliamo determinare β, a e b:

$$\beta = 90° - \alpha;$$

$$a = c \sin \alpha; \; b = c \sin \beta.$$

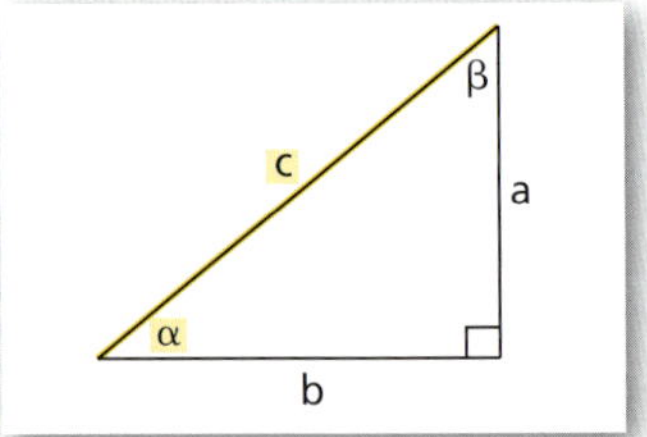

Animazione

Nell'animazione trovi i due esercizi risolti.

▶ Se l'ipotenusa di un triangolo rettangolo è lunga 1 cm e uno dei suoi angoli acuti ha ampiezza di 53°, quali sono le lunghezze dei due cateti e l'ampiezza dell'altro angolo acuto?
[0,8 cm, 0,6 cm; 37°]

ESEMPIO

Consideriamo il triangolo rettangolo della figura. Le misure dell'ipotenusa e dell'angolo α sono rispettivamente $c = 28{,}3$ e $\alpha = 58°$.
Si ricava:

$$\beta = 90° - 58° = 32°;$$

$$a = 28{,}3 \cdot \sin 58° \simeq 28{,}3 \cdot 0{,}848 \simeq 24;$$

$$b = 28{,}3 \cdot \sin 32° \simeq 28{,}3 \cdot 0{,}5299 \simeq 15.$$

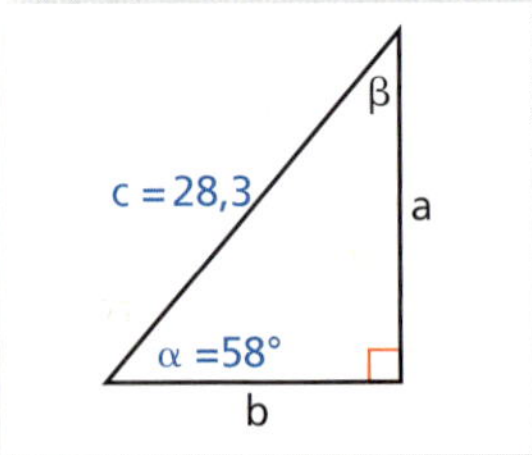

2 Applicazioni dei teoremi sui triangoli rettangoli

Area di un triangolo

▶ Esercizi a p. 638

Consideriamo un triangolo qualsiasi ABC e supponiamo noti due lati e l'angolo α compreso fra essi. Distinguiamo due casi:

a. α è acuto

Tracciata l'altezza CH, si ha $\overline{CH} = b \sin \alpha$, per il primo teorema dei triangoli rettangoli, quindi la misura dell'area S del triangolo è:

$$S = \frac{1}{2}\overline{AB} \cdot \overline{CH} = \frac{1}{2} cb \sin \alpha.$$

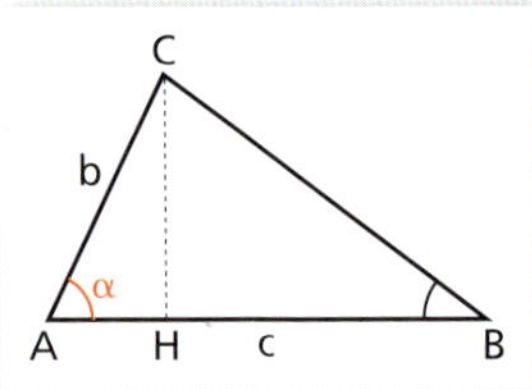

Animazione

Per vedere la proprietà in modo dinamico puoi utilizzare l'animazione, dove trovi anche la risoluzione dell'esercizio che è di fianco all'esempio.

b. α è ottuso

Il triangolo rettangolo CHA ha un angolo acuto di misura $\pi - \alpha$, quindi $\overline{CH} = b \sin(\pi - \alpha) = b \sin \alpha$ e la misura dell'area è ancora:

$$S = \frac{1}{2}\overline{AB} \cdot \overline{CH} = \frac{1}{2} cb \sin \alpha.$$

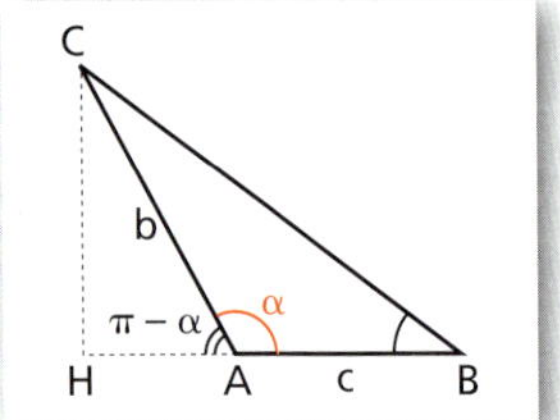

Abbiamo quindi il seguente teorema.

TEOREMA

Area di un triangolo

La misura dell'area di un triangolo è uguale al semiprodotto delle misure di due lati e del seno dell'angolo compreso fra essi.

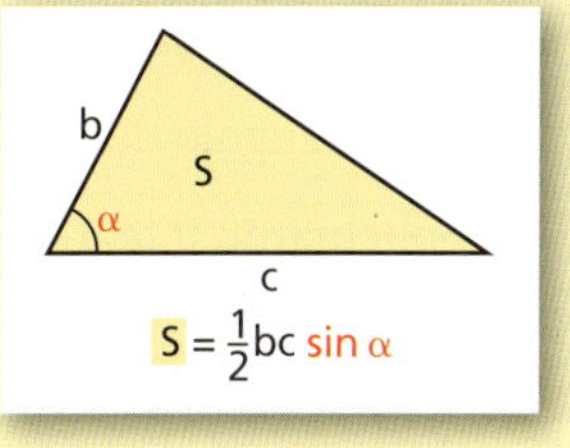

$$\textbf{area} = \frac{1}{2} \cdot \textbf{lato}_1 \cdot \textbf{lato}_2 \cdot \textbf{seno dell'angolo compreso}$$

Listen to it

The area of a triangle is half the product of two sides times the sine of the included angle.

ESEMPIO

Calcoliamo S, sapendo che $a = 4$, $b = 6$ e che l'angolo compreso tra essi è $\gamma = 45°$:

$$S = \frac{1}{2} 4 \cdot 6 \cdot \sin 45° = 12 \cdot \frac{\sqrt{2}}{2} = 6 \cdot \sqrt{2}.$$

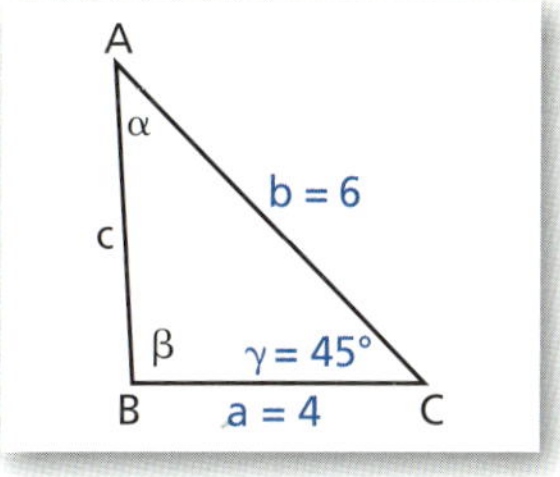

► Calcola l'area di un triangolo che ha due lati lunghi 5 cm e 12 cm, sapendo che tra essi c'è un angolo di 150°.

Teorema della corda

► Esercizi a p. 639

TEOREMA

In una circonferenza la misura di una corda è uguale al prodotto della misura del diametro per il seno di uno degli angoli alla circonferenza che insistono sulla corda.

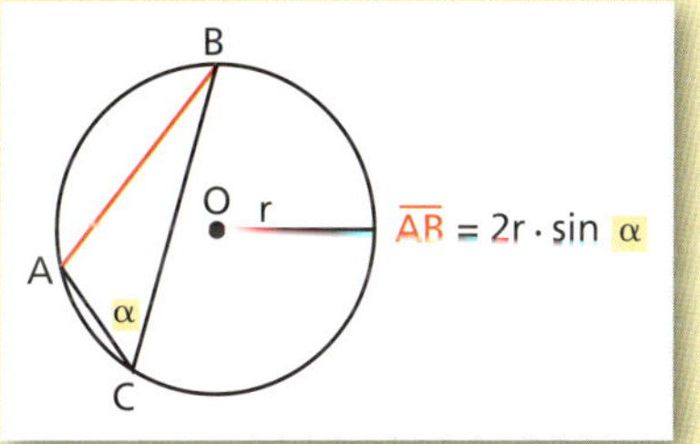

Listen to it

In a circle, the length of a chord equals the diameter times the sine of one of the inscribed angles subtended by the chord.

DIMOSTRAZIONE

Considerato un qualsiasi angolo $A\widehat{C}B$ alla circonferenza che insista sulla corda AB e sull'arco $\widehat{AB}$ minore, tracciamo il diametro BD e congiungiamo il vertice A con l'estremo D del diametro.

Il triangolo ABD è rettangolo in A, perché inscritto in una semicirconferenza.

Inoltre, si ha $A\widehat{D}B \cong A\widehat{C}B$, perché i due angoli insistono sullo stesso arco $\widehat{AB}$. Chiamiamo α la loro misura comune. Calcoliamo la misura della corda AB applicando il teorema dei triangoli rettangoli al triangolo ABD:

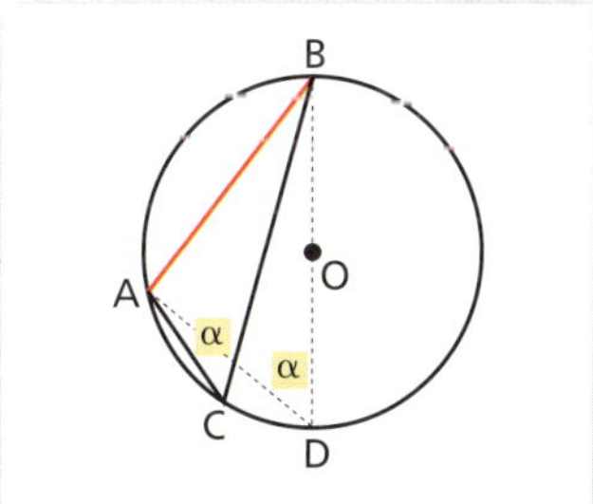

$$\overline{AB} = 2r \cdot \sin \alpha.$$

Il teorema continua a valere anche se consideriamo l'angolo $A\widehat{E}B = \beta$ che insiste sull'arco maggiore $\widehat{AB}$. Infatti il quadrilatero $AEBC$, essendo inscritto in una circonferenza, ha gli angoli opposti supplementari, quindi $\alpha + \beta = \pi$, perciò $\beta = \pi - \alpha$ e $\sin \beta = \sin(\pi - \alpha) = \sin \alpha$.

Animazione

Esamina la figura dinamica del teorema nell'animazione, dove c'è anche la risoluzione degli esercizi della pagina seguente.

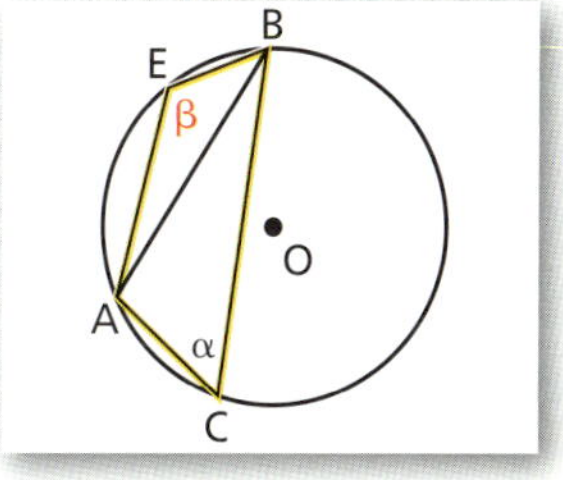

▸ Una circonferenza di centro C ha raggio 3. Determina la lunghezza di una corda AB, sapendo che i segmenti AC e BC formano tra loro un angolo di 30°. [3]

ESEMPIO

Determiniamo la misura della corda di una circonferenza di raggio 2, sapendo che su di essa insiste un angolo di $\frac{\pi}{3}$.

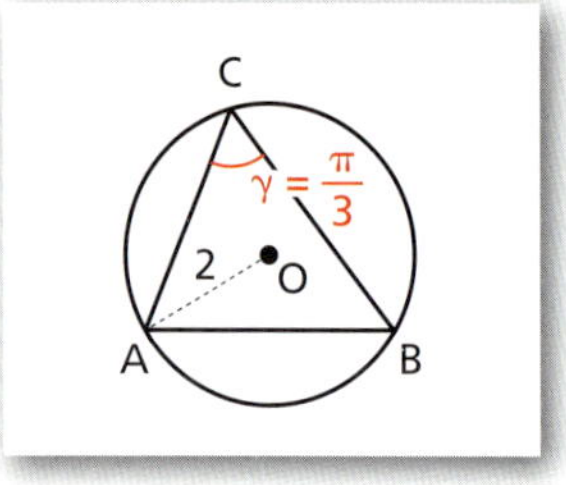

Applichiamo il teorema della corda.

$$\overline{AB} = 2 \cdot 2 \cdot \sin\frac{\pi}{3} = 4 \cdot \frac{\sqrt{3}}{2} = 2\sqrt{3}.$$

Il raggio della circonferenza circoscritta a un triangolo

ABC è inscritto in una circonferenza di raggio r.

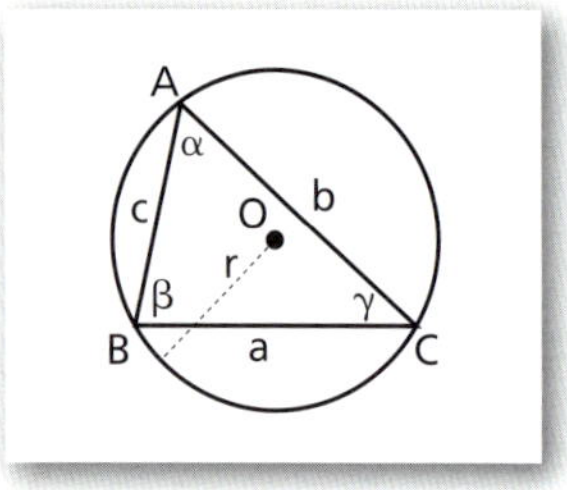

Con il teorema della corda scriviamo le relazioni

$$a = 2r \cdot \sin\alpha, \quad b = 2r \cdot \sin\beta, \quad c = 2r \cdot \sin\gamma,$$

dalle quali ricaviamo r:

$$r = \frac{a}{2\sin\alpha}, \quad r = \frac{b}{2\sin\beta}, \quad r = \frac{c}{2\sin\gamma}.$$

Queste formule consentono di calcolare il raggio della circonferenza circoscritta a un triangolo conoscendo un lato del triangolo e l'angolo opposto a esso.

▸ Calcola il raggio della circonferenza circoscritta al triangolo ABC, sapendo che il lato BC è lungo 15 cm e l'angolo $B\widehat{A}C$ è di 45°. $\left[\frac{15}{2}\sqrt{2}\text{ cm}\right]$

ESEMPIO

Calcoliamo il raggio della circonferenza circoscritta al triangolo ABC, di cui sono noti il lato $\overline{AB} = 10$ e l'angolo $A\widehat{C}B = 120°$.

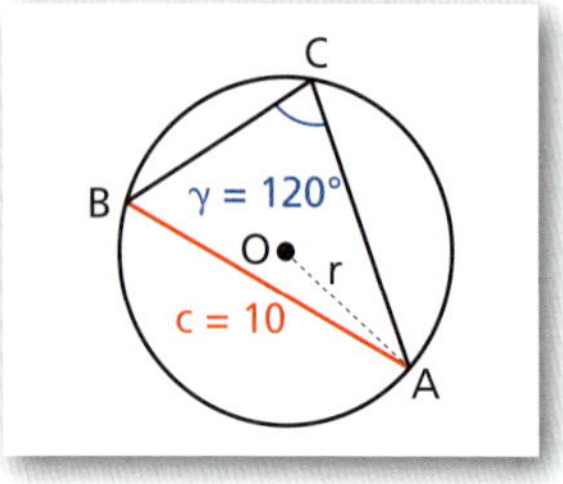

Utilizziamo la relazione:

$$r = \frac{c}{2\sin\gamma} = \frac{10}{2 \cdot \frac{\sqrt{3}}{2}} = \frac{10\sqrt{3}}{3}.$$

3 Triangoli qualunque

Esaminiamo ora le relazioni che legano le misure dei lati di un triangolo qualunque ai valori delle funzioni goniometriche degli angoli.

Teorema dei seni

▸ Esercizi a p. 641

TEOREMA

In un triangolo le misure dei lati sono proporzionali ai seni degli angoli opposti.

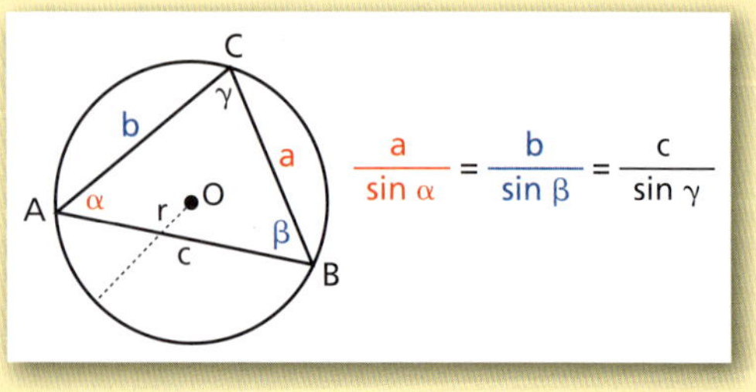

Listen to it

In a triangle, the ratio of the length of a side to the sine of the opposite angle is constant.

DIMOSTRAZIONE

È sempre possibile inscrivere un triangolo in una circonferenza, perché per tre punti distinti e non allineati passa sempre una e una sola circonferenza. Consideriamo allora un triangolo ABC inscritto in una circonferenza di diametro $2r$.

Applichiamo il teorema della corda ai lati del triangolo ABC:

$$a = 2r \cdot \sin\alpha \ \rightarrow \ \frac{a}{\sin\alpha} = 2r;$$

$$b = 2r \cdot \sin\beta \ \rightarrow \ \frac{b}{\sin\beta} = 2r;$$

$$c = 2r \cdot \sin\gamma \ \rightarrow \ \frac{c}{\sin\gamma} = 2r.$$

Confrontando le relazioni precedenti, essendo i tre rapporti uguali alla misura del diametro della circonferenza circoscritta, concludiamo che:

$$\boldsymbol{\frac{a}{\sin\alpha} = \frac{b}{\sin\beta} = \frac{c}{\sin\gamma} = 2r.}$$

ESEMPIO

Calcoliamo la misura del lato AB del triangolo ABC sapendo che $\alpha = 30°$, $\beta = 105°$ e che la misura di BC è 6. Per poter applicare il teorema dei seni dobbiamo calcolare l'ampiezza dell'angolo γ:

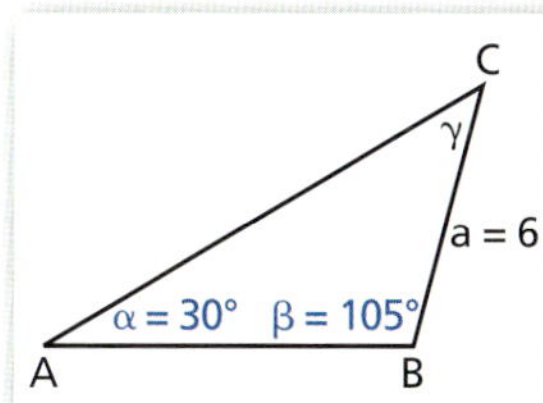

$$\gamma = 180° - (30° + 105°) = 45°.$$

Utilizziamo la relazione $\frac{a}{\sin\alpha} = \frac{c}{\sin\gamma}$:

$$\frac{6}{\sin 30°} = \frac{c}{\sin 45°} \ \rightarrow \ \frac{6}{\frac{1}{2}} = \frac{c}{\frac{\sqrt{2}}{2}}.$$

Ricaviamo $c = \frac{6 \cdot \frac{\sqrt{2}}{2}}{\frac{1}{2}} = 6\sqrt{2}$.

Teorema del coseno

▶ Esercizi a p. 642

TEOREMA

In un triangolo il quadrato della misura di un lato è uguale alla somma dei quadrati delle misure degli altri due lati diminuita del doppio prodotto della misura di questi due lati per il coseno dell'angolo compreso fra essi.

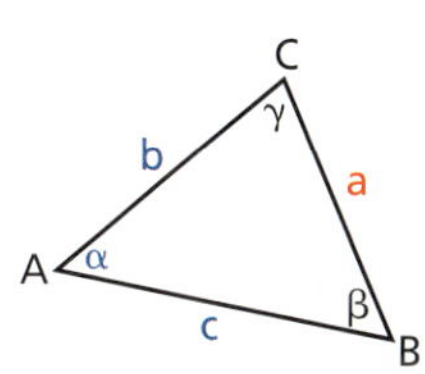

$$a^2 = b^2 + c^2 - 2bc\cos\alpha$$

DIMOSTRAZIONE

Consideriamo un triangolo ABC acutangolo. La dimostrazione è analoga se il

MATEMATICA E ASTRONOMIA

Dalla Terra alla Luna

Per misurare la distanza tra la Terra e altri corpi celesti, si utilizzano radar in grado di emettere e ricaptare, al suo ritorno sulla Terra, un segnale che «rimbalza» sulla superficie del corpo.

▶ Senza apparecchiature tecnologiche sofisticate, come si può, dalla Terra, stimare la distanza della Luna?

La risposta

▶ Nel triangolo ABC il lato AB è lungo 10 cm. L'angolo opposto ad AB è di 30° e l'angolo $C\widehat{A}B$ è di 120°. Calcola la lunghezza del lato BC.

[$10\sqrt{3}$ cm]

Animazione

Listen to it

In a triangle, the square of the length of any side equals the sum of the squares of the lengths of the other two sides minus twice the product of those two sides times the cosine of the included angle.

Video

Teorema del coseno
Il teorema del coseno consente di risolvere problemi in cui di un triangolo conosciamo le misure di due lati e un angolo.

- Come si può dimostrare graficamente?
- Perché il teorema del coseno è un'estensione del teorema di Pitagora?

triangolo è ottusangolo.
Tracciamo l'altezza CH relativa al lato AB.
Applichiamo il primo teorema dei triangoli rettangoli al triangolo ACH:

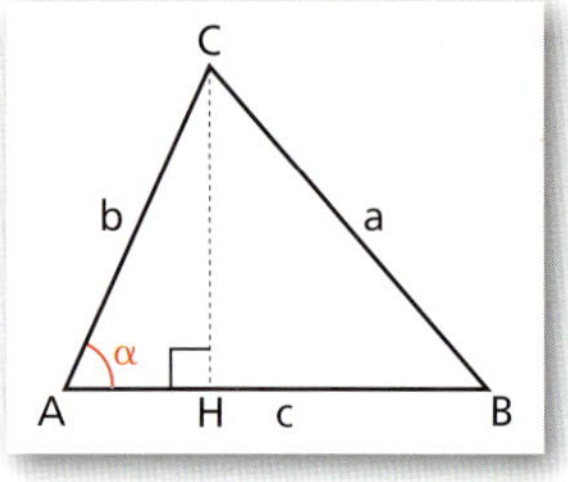

$$\overline{CH} = b\sin\alpha \text{ e } \overline{AH} = b\cos\alpha.$$

Per differenza, otteniamo:

$$\overline{HB} = c - b\cos\alpha.$$

Determiniamo $\overline{CB}$ applicando il teorema di Pitagora al triangolo CHB:

$$\overline{CB}^2 = \overline{CH}^2 + \overline{HB}^2.$$

$$a^2 = b^2\sin^2\alpha + (c - b\cos\alpha)^2 = b^2\sin^2\alpha + c^2 + b^2\cos^2\alpha - 2bc\cos\alpha =$$
$$b^2(\sin^2\alpha + \cos^2\alpha) + c^2 - 2bc\cos\alpha = b^2 + c^2 - 2bc\cos\alpha.$$

Quindi: $\boldsymbol{a^2 = b^2 + c^2 - 2bc\cos\alpha}$.

Analogamente, per gli altri due lati:

$\boldsymbol{b^2 = a^2 + c^2 - 2ac\cos\beta}$; $\boldsymbol{c^2 = a^2 + b^2 - 2ab\cos\gamma}$.

Animazione

Osserva la figura dinamica del teorema nell'animazione, dove trovi anche la risoluzione dell'esercizio.

ESEMPIO
Calcoliamo la lunghezza del lato AB di un triangolo ABC in cui:

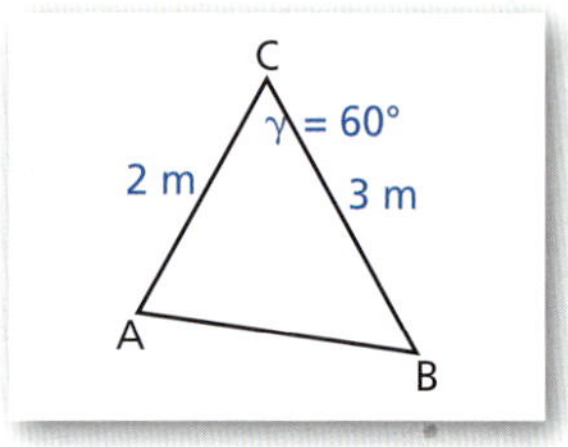

$$AC = 2 \text{ m}, BC = 3 \text{ m e } \gamma = 60°.$$

Applichiamo il teorema del coseno:

$$\overline{AB}^2 = \overline{AC}^2 + \overline{BC}^2 - 2\cdot\overline{AC}\cdot\overline{BC}\cdot\cos\gamma =$$
$$4 + 9 - 12\cdot\frac{1}{2} = 7,$$

da cui $AB = \sqrt{7}$ m.

► In un triangolo ABC calcola la lunghezza del lato BC, sapendo che $AB = 3$ m, $AC = 5$ m e $\alpha = 45°$. [$BC \simeq 3{,}58$ m]

Il teorema del coseno viene anche chiamato **teorema di Carnot**. Inoltre è anche detto **teorema di Pitagora generalizzato**. Questo perché, se il triangolo ABC è rettangolo, il teorema del coseno non è altro che il teorema di Pitagora.
Infatti, se $\alpha = 90°$, abbiamo

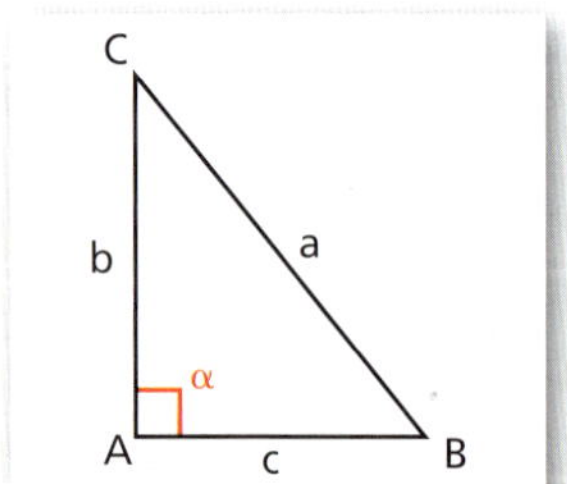

$$a^2 = b^2 + c^2 - 2bc\cdot\cos 90°,$$

e poiché $\cos 90° = 0$, ritroviamo il teorema di Pitagora: $a^2 = b^2 + c^2$.

Risoluzione dei triangoli qualunque

► Esercizi a p. 644

Risolvere un triangolo qualunque significa determinare le misure dei suoi lati e dei suoi angoli. È sempre possibile risolvere un triangolo se sono noti *tre* suoi elementi, di cui *almeno uno sia un lato*.
Possiamo utilizzare il teorema dei seni e il teorema del coseno.
Esaminiamo i quattro possibili casi.

Sono noti un lato e due angoli

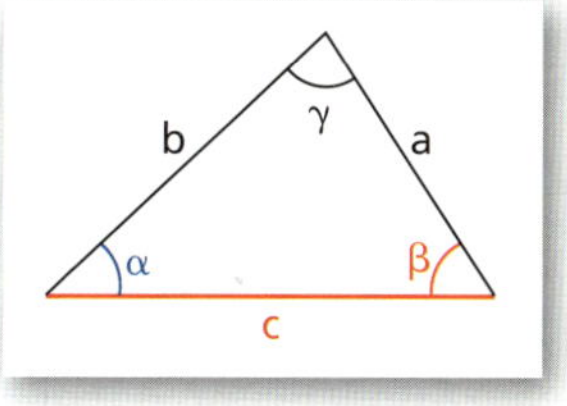

Conoscendo c, α e β, vogliamo determinare γ, a e b.

Determiniamo $\gamma = 180° - (\alpha + \beta)$.
Per il teorema dei seni:

$$\frac{a}{\sin\alpha} = \frac{c}{\sin\gamma} \quad \to \quad a = \frac{c \cdot \sin\alpha}{\sin\gamma}.$$

Ancora per il teorema dei seni:

$$\frac{b}{\sin\beta} = \frac{c}{\sin\gamma} \quad \to \quad b = \frac{c \cdot \sin\beta}{\sin\gamma}.$$

ESEMPIO

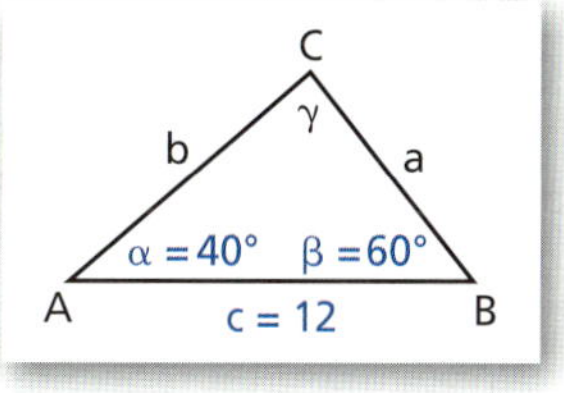

Sono noti $c = 12$, $\alpha = 40°$ e $\beta = 60°$.
Ricaviamo γ:

$$\gamma = 180° - (40° + 60°) = 80°.$$

Per il teorema dei seni:

$$\frac{a}{\sin 40°} = \frac{12}{\sin 80°} \to a = \frac{12 \cdot \sin 40°}{\sin 80°} \simeq \frac{12 \cdot 0{,}64279}{0{,}9848} \simeq 7{,}83.$$

Ancora per il teorema dei seni:

$$\frac{b}{\sin 60°} = \frac{12}{\sin 80°} \to b = \frac{12 \cdot \sin 60°}{\sin 80°} \simeq \frac{12 \cdot 0{,}866}{0{,}9848} \simeq 10{,}55.$$

► Risolvi il triangolo *ABC* di cui sono dati $a = 10$, $\alpha = 45°$, $\beta = 30°$.
$[\gamma = 105°, b = 5\sqrt{2}, c = 5(\sqrt{3} + 1)]$

Animazione

Sono noti due lati e l'angolo fra essi compreso

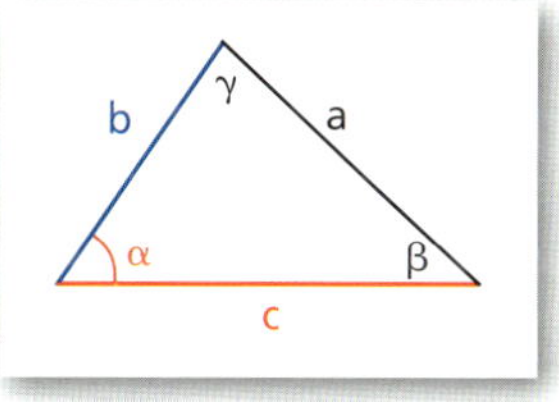

Conosciamo b, c e α; determiniamo β, γ e a.
Determiniamo a mediante il teorema del coseno:

$$a = \sqrt{b^2 + c^2 - 2bc\cos\alpha}.$$

Applichiamo nuovamente il teorema del coseno per calcolare β:

$$b^2 = a^2 + c^2 - 2ac\cos\beta \to 2ac\cos\beta = a^2 + c^2 - b^2 \to \cos\beta = \frac{a^2 + c^2 - b^2}{2ac}.$$

Troviamo quindi β utilizzando la funzione arcocoseno.
Infine determiniamo $\gamma = 180° - (\alpha + \beta)$.
Per calcolare β abbiamo usato il teorema del coseno, invece del teorema dei seni, perché, se determiniamo un angolo conoscendo il valore del suo coseno, allora l'angolo che otteniamo è unico. Infatti l'equazione

$$\cos x = k, \quad \text{con} -1 \le k \le 1,$$

ha un'unica soluzione se $0° < x < 180°$, mentre

$$\sin x = k$$

ha due soluzioni se $0° < x < 180°$.
Quindi, se si calcola un angolo conoscendo il valore del suo seno, si ottengono due soluzioni di cui si dovrà poi verificare l'accettabilità.

Video

Triangolazione Nel video usiamo la triangolazione per calcolare la distanza di due punti lontani da noi.

► In che cosa consiste questo metodo?

► Perché è utile?

▶ Risolvi il triangolo *ABC* di cui sono dati $a = 25$, $c = 38$, $\beta = 45°$.
$[b \simeq 26{,}94, \alpha \simeq 41°, \gamma \simeq 94°]$

Animazione

ESEMPIO

Sono noti $b = 46$, $c = 62$ e $\alpha = 20°$.

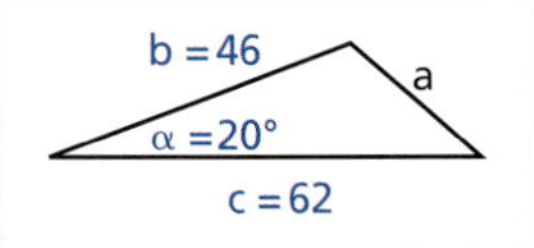

Applichiamo il teorema del coseno per calcolare a:

$$a = \sqrt{46^2 + 62^2 - 2 \cdot 46 \cdot 62 \cdot \cos 20°}$$

$$a \simeq \sqrt{2116 + 3844 - 5704 \cdot 0{,}93969} \simeq \sqrt{600{,}0082} \rightarrow a \simeq 24{,}50.$$

Applichiamo il teorema del coseno per calcolare β:

$$b^2 = a^2 + c^2 - 2ac\cos\beta \rightarrow 46^2 = 24{,}5^2 + 62^2 - 2 \cdot 24{,}5 \cdot 62 \cdot \cos\beta,$$

$$\cos\beta \simeq 0{,}77 \rightarrow \beta \simeq 40°.$$

$$\gamma \simeq 180° - (20° + 40°) = 120°.$$

Sono noti due lati e l'angolo opposto a uno di essi

Consideriamo il triangolo *ABC* e supponiamo noti a, b e α. Vogliamo conoscere β, γ e c.
Applichiamo il teorema dei seni per calcolare β:

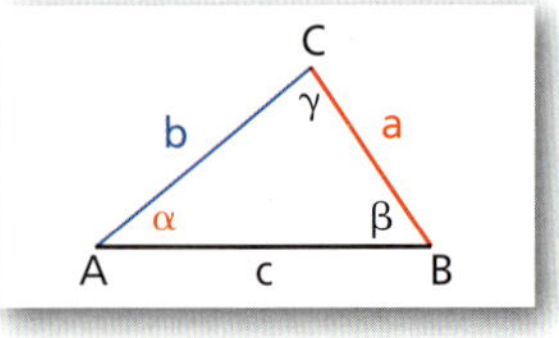

$$\frac{a}{\sin\alpha} = \frac{b}{\sin\beta} \quad \rightarrow \quad \sin\beta = \frac{b}{a}\sin\alpha.$$

Esaminiamo i casi che si possono presentare a seconda del valore di $\sin\beta$, ricordando che deve risultare $0 < \sin\beta \leq 1$, altrimenti β non esiste.

1. $\sin\beta = 1 \rightarrow \beta = 90°$. Distinguiamo due casi:
   - se $\alpha \geq 90°$, il problema non ha soluzioni;
   - se $\alpha < 90°$, il problema ammette una sola soluzione (figura **a**).
2. $0 < \sin\beta < 1$: in questo caso si hanno due soluzioni, β_1 e β_2, tra loro supplementari, per esempio β_1 acuto e β_2 ottuso.
   Per sapere se questi valori sono accettabili, dobbiamo considerare α, a e b.
   - Se $\alpha \geq 90°$, la soluzione β_2 non è accettabile perché un triangolo non può avere due angoli ottusi. Accettiamo solo β_1 acuto; il problema ammette una sola soluzione (figura **b**).
   - Se $\alpha < 90°$ e $b > a$, allora, poiché a lato maggiore sta opposto angolo maggiore, è $\beta_1 > \alpha$ e $\beta_2 > \alpha$; entrambe le situazioni sono accettabili: il problema ammette due soluzioni (figure **c** e **d**).
   - Se $\alpha < 90°$ e $b < a$, allora $\beta < \alpha$, per cui β_2, che è ottuso, non è accettabile e abbiamo per soluzione solo β_1.

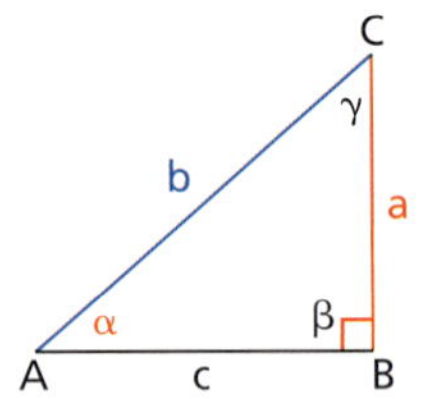

a

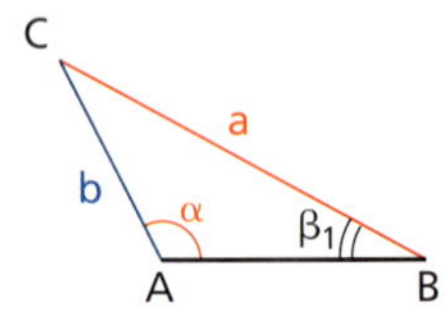

b

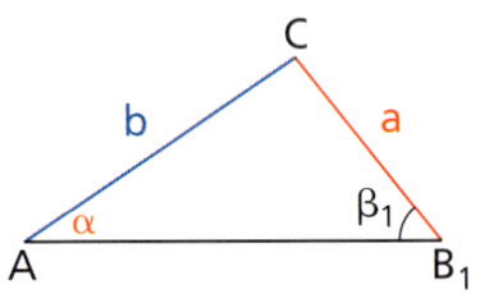

c

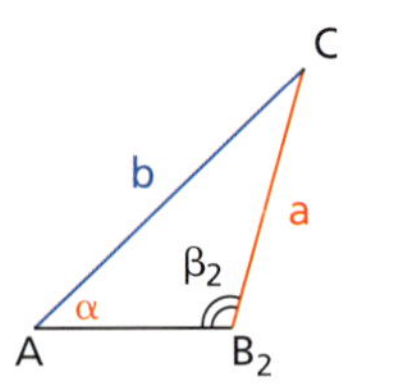

d

Per finire, dopo aver calcolato β, determiniamo $\gamma = 180° - (\alpha + \beta)$ e poi calcoliamo la misura del terzo lato, applicando il teorema dei seni:

$$\frac{a}{\sin\alpha} = \frac{c}{\sin\gamma} \quad \rightarrow \quad c = a\frac{\sin\gamma}{\sin\alpha}.$$

Trovi due esempi del caso appena esaminato nell'esercizio 214 a pagina 646.

▶ Risolvi il triangolo *ABC*, noti $b = 6\sqrt{3}$, $c = 6\sqrt{2}$, $\cos\beta = \frac{1}{2}$.
$\left[\alpha = \frac{5}{12}\pi; \gamma = \frac{\pi}{4}; a = 3\sqrt{2} + 3\sqrt{6}\right]$

Animazione

Sono noti i tre lati

Conoscendo a, b e c, determiniamo α, β e γ.

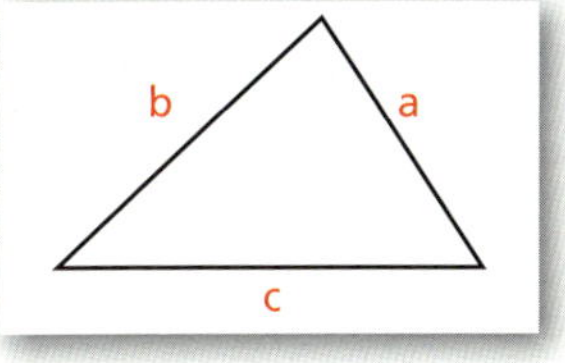

Ricaviamo α applicando il teorema del coseno:

$$a^2 = b^2 + c^2 - 2bc\cos\alpha \rightarrow$$

$$2bc\cos\alpha = b^2 + c^2 - a^2 \rightarrow$$

$$\cos\alpha = \frac{b^2 + c^2 - a^2}{2bc}.$$

Troviamo poi α con la funzione arcocoseno.

Allo stesso modo, ricaviamo β con la funzione arcocoseno, utilizzando:

$$b^2 = a^2 + c^2 - 2ac\cos\beta \rightarrow \cos\beta = \frac{a^2 + c^2 - b^2}{2ac}.$$

Ricaviamo γ per differenza:

$$\gamma = 180° - (\alpha + \beta).$$

ESEMPIO

Consideriamo il triangolo con:

$$a = 58{,}6,\ b = 77 \text{ e } c = 70.$$

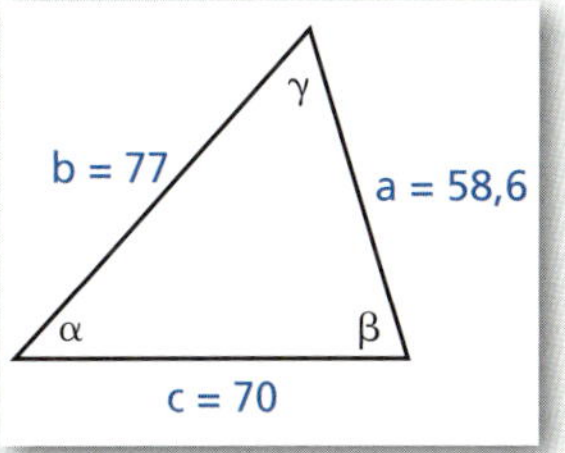

Per ricavare α possiamo sostituire, nella formula che esprime la relazione tra il coseno di un angolo e le misure dei lati del triangolo, i valori di a, b e c:

$$\cos\alpha = \frac{77^2 + 70^2 - 58{,}6^2}{2 \cdot 70 \cdot 77} = \frac{5929 + 4900 - 3433{,}96}{10780};$$

$$\cos\alpha = \frac{7395{,}04}{10780} \rightarrow \cos\alpha \simeq 0{,}686 \rightarrow \alpha \simeq \arccos 0{,}686 \simeq 47°.$$

Ricaviamo β allo stesso modo:

$$\cos\beta = \frac{58{,}6^2 + 70^2 - 77^2}{2 \cdot 58{,}6 \cdot 70} \simeq 0{,}293 \rightarrow \beta \simeq \arccos 0{,}293 \simeq 73°.$$

Ricaviamo, infine, γ per differenza:

$$\gamma \simeq 180° - (47° + 73°) = 60°.$$

► Risolvi il triangolo ADC di cui sono dati $a = 30$, $b = 19$, $c = 25$.
[$\alpha \simeq 85°, \beta \simeq 39°, \gamma \simeq 56°$]

Animazione

MATEMATICA E STORIA

Astri, seni, coseni, tangenti La statua della fotografia è l'*Atlante Farnese*, conservato nel Museo archeologico nazionale di Napoli.
Il gigante sorregge un globo in cui sono rappresentate delle costellazioni. È stato ipotizzato che il globo riproduca la prima mappa stellare, quella di Ipparco di Nicea, astronomo greco del II secolo a.C.
Ipparco è anche considerato il fondatore della trigonometria.

► Quali furono, nel corso dei secoli, i principali collegamenti fra astronomia e trigonometria?

La risposta

IN SINTESI
Trigonometria

Triangoli rettangoli

- La **trigonometria** è lo studio delle relazioni fra i lati e gli angoli di un triangolo.

- **Primo teorema dei triangoli rettangoli**
  In un triangolo rettangolo la misura di un cateto è uguale:
  - alla misura dell'ipotenusa moltiplicata per il seno dell'angolo opposto al cateto stesso;
  - alla misura dell'ipotenusa moltiplicata per il coseno dell'angolo acuto adiacente al cateto stesso.

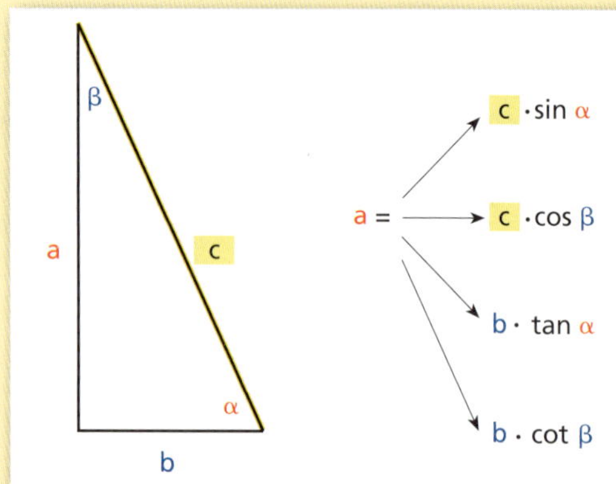

- **Secondo teorema dei triangoli rettangoli**
  In un triangolo rettangolo la misura di un cateto è uguale:
  - alla misura dell'altro cateto moltiplicata per la tangente dell'angolo opposto al primo cateto;
  - alla misura dell'altro cateto moltiplicata per la cotangente dell'angolo adiacente al primo cateto.

- **Risolvere un triangolo rettangolo** significa determinare le misure dei suoi lati e dei suoi angoli conoscendo **almeno un lato** e **un altro dei suoi elementi**.

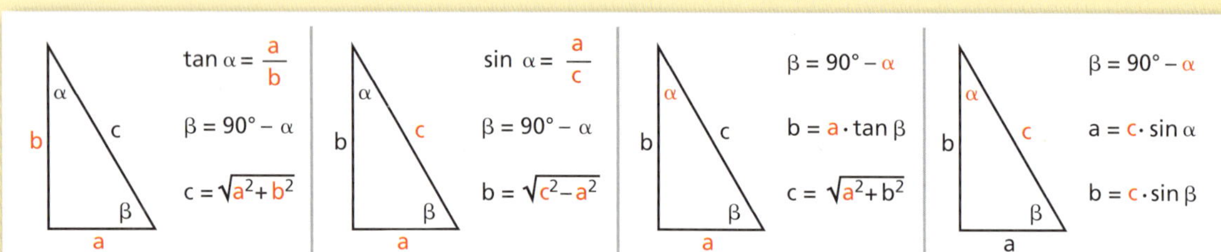

a. Sono noti i due cateti.

b. Sono noti l'ipotenusa e un cateto.

c. Sono noti un cateto e l'angolo opposto.

d. Sono noti l'ipotenusa e un angolo adiacente.

Applicazioni dei teoremi sui triangoli rettangoli

- **Area di un triangolo**
  La misura dell'area di un triangolo è uguale al semiprodotto delle misure di due lati e del seno dell'angolo compreso fra essi.

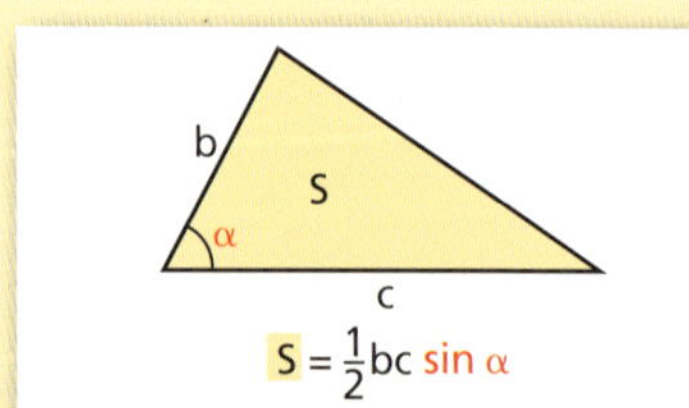

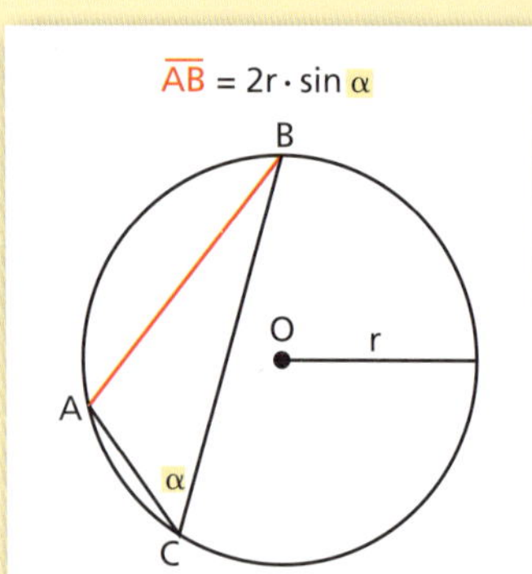

- **Teorema della corda**
  In una circonferenza la misura di una corda è uguale al prodotto della misura del diametro per il seno di uno degli angoli alla circonferenza che insistono sulla corda.

- Il **raggio della circonferenza circoscritta a un triangolo**, noti un lato a del triangolo e l'angolo α opposto a esso, si calcola con:

$$r = \frac{a}{2 \sin \alpha}.$$

Triangoli qualunque

- **Teorema dei seni**
  In un triangolo le misure dei lati sono proporzionali ai seni degli angoli opposti.

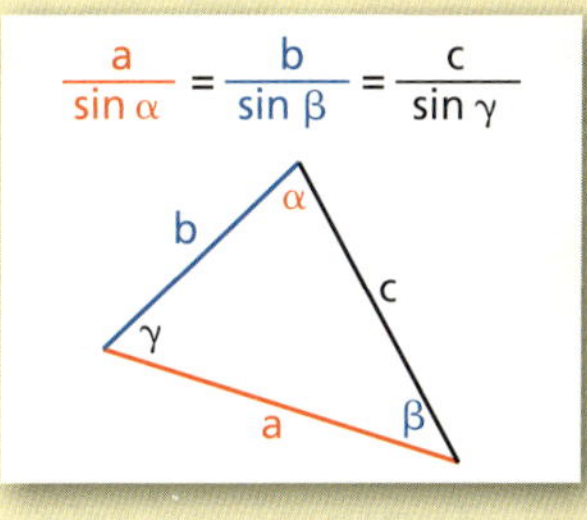

- **Teorema del coseno**
  In un triangolo il quadrato della misura di un lato è uguale alla somma dei quadrati delle misure degli altri due lati diminuita del doppio prodotto della misura di questi due lati per il coseno dell'angolo compreso fra essi.

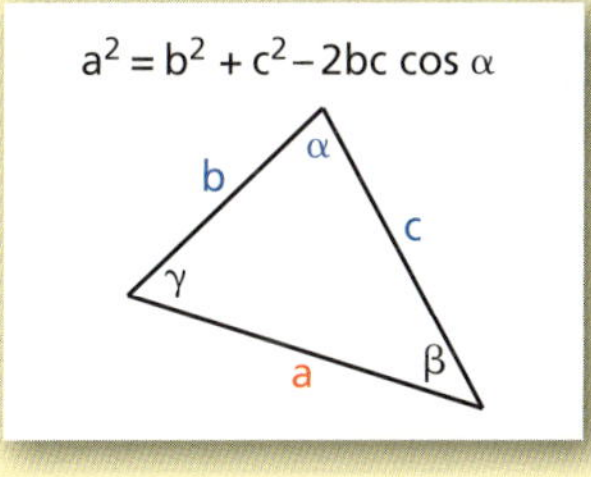

- **Risolvere un triangolo qualunque** significa determinare le misure dei suoi lati e dei suoi angoli conoscendo **almeno un lato** e altri **due** suoi elementi.

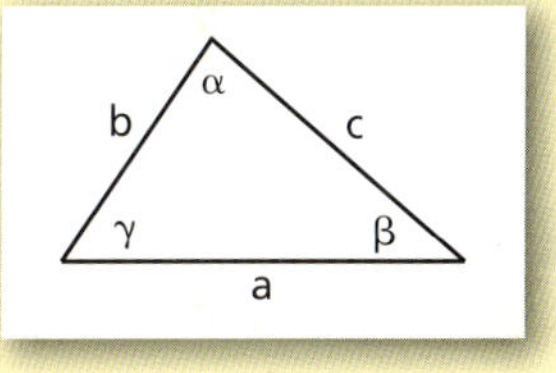

  - Sono noti **un lato e due angoli**. Per esempio: c, α, β noti.

$$\gamma = 180° - (\alpha + \beta),$$

$$\frac{a}{\sin\alpha} = \frac{c}{\sin\gamma} \to a = \frac{\sin\alpha \cdot c}{\sin\gamma},$$

$$\frac{b}{\sin\beta} = \frac{c}{\sin\gamma} \to b = \frac{\sin\beta \cdot c}{\sin\gamma}.$$

  - Sono noti **due lati e l'angolo compreso** fra essi. Per esempio: b, c, α noti.

$$a = \sqrt{b^2 + c^2 - 2bc\cos\alpha},$$

$$\cos\beta = \frac{a^2 + c^2 - b^2}{2ac} \to \beta = \arccos\frac{a^2 + c^2 - b^2}{2ac},$$

$$\gamma = 180° - (\alpha + \beta).$$

  - Sono noti **due lati e un angolo opposto** a uno di essi.
    Per esempio: a, b, α noti.

$$\frac{a}{\sin\alpha} = \frac{b}{\sin\beta} \to \sin\beta = \frac{\sin\alpha \cdot b}{a},$$

$\sin\beta$:
- $= 1 \to \beta = 90°$
  - $\alpha < 90°$: una soluzione
  - $\alpha \geq 90°$: problema impossibile
- $< 1 \to$ β_1 acuto, β_2 ottuso
  - $\alpha \geq 90°$: solo β_1 accettabile
  - $\alpha < 90°$
    - e $b < a$: solo β_1 accettabile
    - e $b > a$: β_1 e β_2 accettabili

  - Sono noti **i tre lati** a, b, c.

$$\cos\alpha = \frac{b^2 + c^2 - a^2}{2bc} \to \alpha = \arccos\frac{b^2 + c^2 - a^2}{2bc},$$

$$\cos\beta = \frac{a^2 + c^2 - b^2}{2ac} \to \beta = \arccos\frac{a^2 + c^2 - b^2}{2ac},$$

$$\gamma = 180° - (\alpha + \beta).$$

ESERCIZI

CAPITOLO 13
ESERCIZI

1 Triangoli rettangoli

Teoremi sui triangoli rettangoli

▶ Teoria a p. 616

1 ●○ VERO O FALSO? Nel triangolo rettangolo della figura si ha:

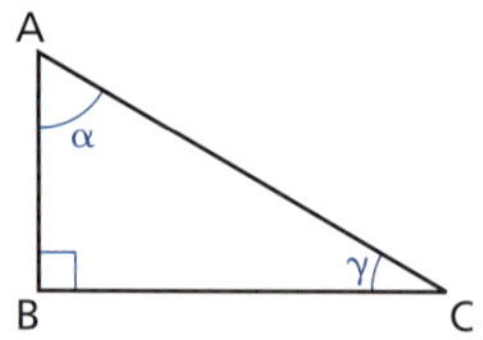

a. $\overline{AB} = \overline{AC} \cos \gamma$ V F

b. $\overline{AC} = \dfrac{\overline{AB}}{\cos \alpha}$ V F

c. $\overline{BC} = \overline{AB} \tan \gamma$ V F

d. $\overline{AC} = \overline{BC} \sin \alpha$ V F

e. $\overline{AB} = \overline{BC} \cot \alpha$ V F

f. $\overline{AB} = \overline{AC} \cos \alpha$ V F

2 ●● COMPLETA osservando la figura.

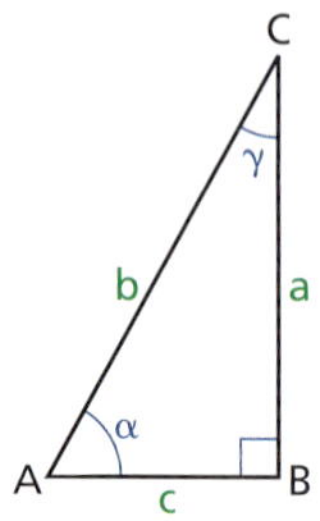

a. $b \cos \alpha = \square$, $\quad \dfrac{c}{\sin \gamma} = \square$.

b. $\sin \alpha = \dfrac{\square}{\square}$, $\quad a \tan \gamma = \square$.

c. $\dfrac{c}{a} = \tan \square$, $\quad a = c \cot \square$.

d. $\dfrac{a}{b} = \cos \square$, $\quad b \sin \alpha = \square$.

COMPLETA arrotondando il risultato a meno di un decimo.

3 ●○

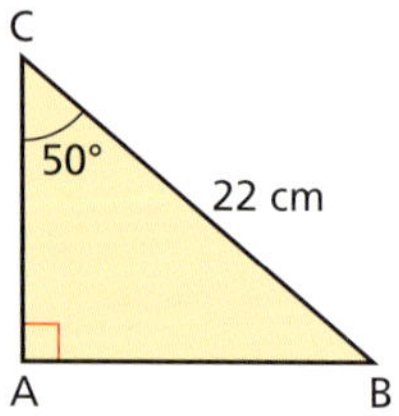

$AB = \square$ cm

$AC = \square$ cm

4 ●○

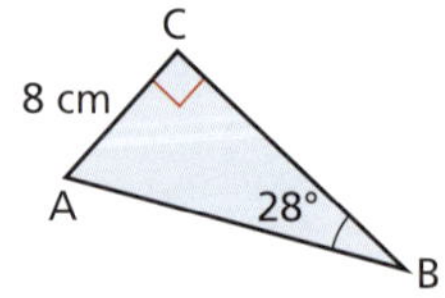

$BC = \square$ cm

$AB = \square$ cm

5 ●○

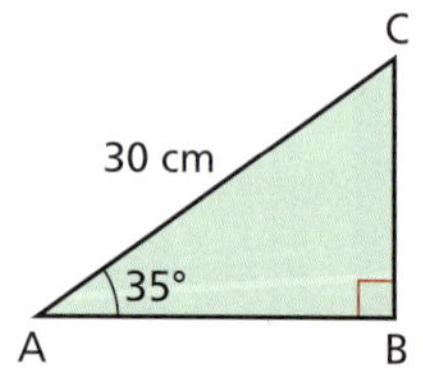

$AB = \square$ cm

$BC = \square$ cm

6 ●○ TEST Se in un triangolo rettangolo un cateto è lungo 30 cm e la tangente dell'angolo a esso opposto è $\dfrac{3}{5}$, quanto è lungo l'altro cateto?

A 50 cm B 18 cm C 2 cm D 40 cm E 30 cm

Il significato goniometrico del coefficiente angolare di una retta

▶ Teoria a p. 617

7 La retta r forma con l'asse x un angolo α che ha $\cos \alpha = \frac{3}{5}$. Scrivi l'equazione di r, sapendo che passa per il punto di coordinate (0; 1). $[4x - 3y + 3 = 0]$

8 Determina l'equazione della retta che passa per il punto P di coordinate (2; 5) e forma con l'asse x un angolo α che ha $\sin \alpha = \frac{12}{13}$. $[12x - 5y + 1 = 0 \vee 12x + 5y - 49 = 0]$

Utilizzando i dati della figura determina tan α e scrivi l'equazione della retta.

9

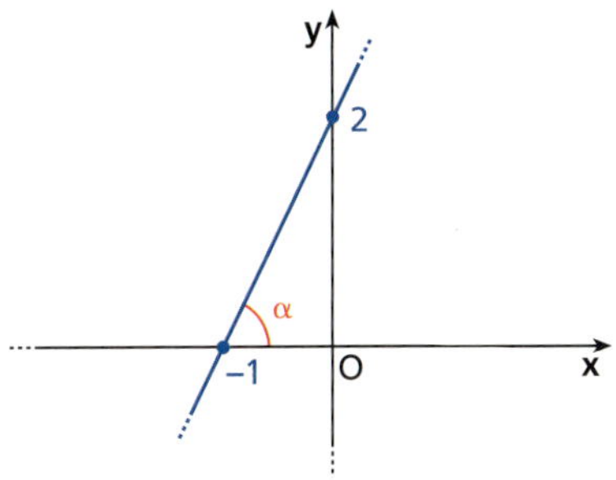

[2]

10

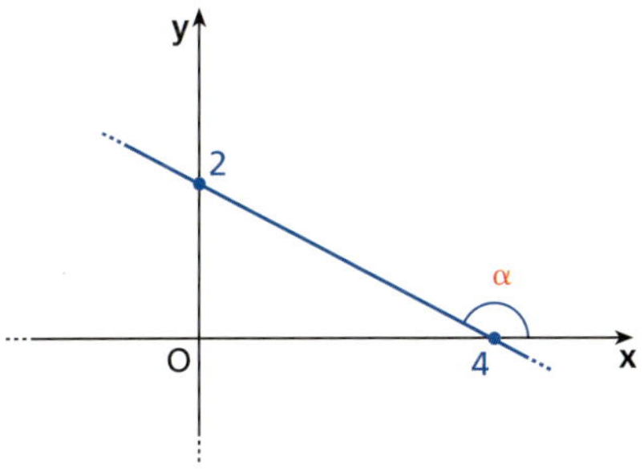

$\left[-\frac{1}{2}\right]$

11 Calcola il coseno dell'angolo che la retta di equazione $y = -\frac{3}{4}x + 5$ forma con l'asse x. $\left[-\frac{4}{5}\right]$

12 Determina il seno dell'angolo che la retta di equazione $12x + 9y - 1 = 0$ forma con l'asse x. $\left[\frac{4}{5}\right]$

Risoluzione dei triangoli rettangoli

▶ Teoria a p. 618

13 ESERCIZIO GUIDA Risolviamo un triangolo ABC rettangolo in A, sapendo che:

a. i due cateti sono lunghi 12 cm e 15 cm;
b. un cateto è lungo 10 cm e l'angolo adiacente misura 20°.

a. $\tan \beta = \frac{12}{15} \rightarrow \beta = \arctan \frac{12}{15} \simeq 39°$;

$\gamma = 90° - \beta \simeq 51°$.

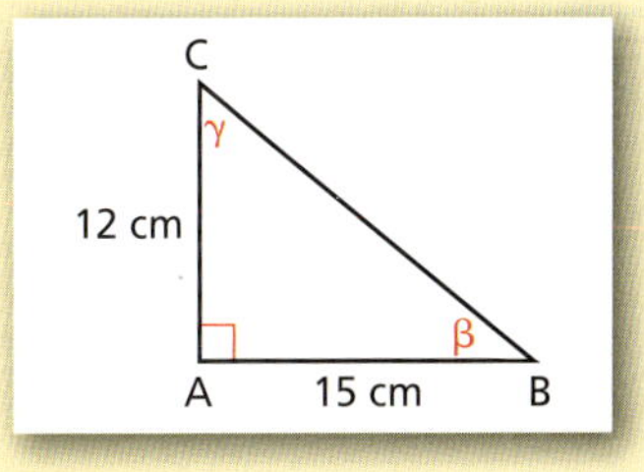

Calcoliamo la misura dell'ipotenusa BC con il primo teorema dei triangoli rettangoli:

$$\overline{AB} = \overline{BC} \cos \beta \rightarrow \overline{BC} = \frac{\overline{AB}}{\cos \beta} \simeq \frac{15}{\cos 39°} \simeq 19.$$

b. $\gamma = 90° - \beta = 90° - 20° = 70°$.

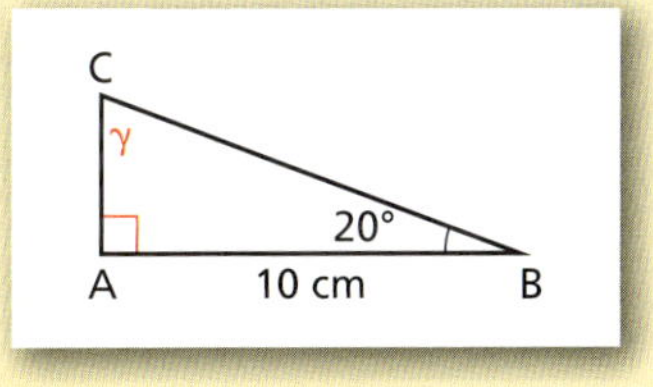

Per il secondo teorema dei triangoli rettangoli:

$$\overline{AC} = \overline{AB} \tan \beta = 10 \tan 20° \simeq 3{,}6.$$

Troviamo $\overline{BC}$ con il teorema di Pitagora:

$$\overline{BC} = \sqrt{\overline{AB}^2 + \overline{AC}^2} \simeq \sqrt{100 + 12{,}96} \simeq 10{,}6.$$

Risolvi il triangolo *ABC*, rettangolo in *A*, noti gli elementi indicati.

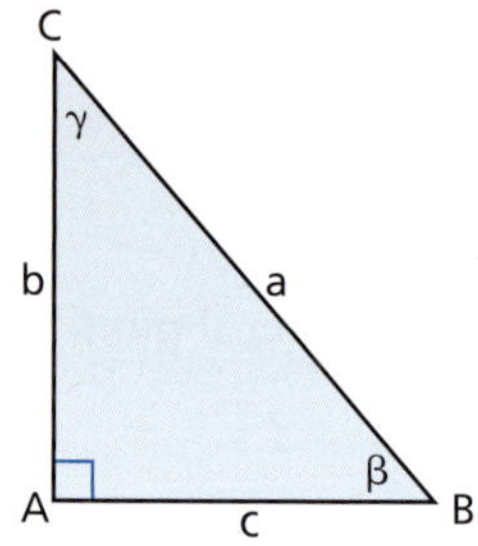

14 $b = 15$; $\gamma = 30°$. $[a = 10\sqrt{3}; c = 5\sqrt{3}; \beta = 60°]$

15 $a = 24$; $\beta = 60°$. $[b = 12\sqrt{3}; c = 12; \gamma = 30°]$

16 $b = 8$; $c = 8\sqrt{3}$. $[a = 16; \beta = 30°; \gamma = 60°]$

17 $a = 48$; $b = 24$. $[c = 24\sqrt{3}; \beta = 30°; \gamma = 60°]$

18 $b = 22$; $\gamma = 45°$. $[a = 22\sqrt{2}; c = 22; \beta = 45°]$

19 $a = 28$; $\gamma = 45°$. $[b = 14\sqrt{2}; c = 14\sqrt{2}; \beta = 45°]$

20 $a = 26$; $b = 10$. $[c = 24; \beta \simeq 23°; \gamma \simeq 67°]$

21 $b = 30$; $c = 40$. $[a = 50; \beta \simeq 37°; \gamma \simeq 53°]$

22 $a = 36$; $\beta = 18°$. $[b \simeq 11{,}1; c \simeq 34{,}2; \gamma = 72°]$

23 $c = 5$; $b = 12$. $[a = 13; \beta \simeq 67°; \gamma \simeq 23°]$

24 $c = 5$; $a = 5\sqrt{2}$. $[b = 5; \beta = \gamma = 45°]$

25 $c = 15$; $\beta = \arctan\frac{3}{5}$. $[b = 9; a \simeq 17{,}5; \gamma \simeq 59°]$

26 $a = 5$; $\beta = 10°$. $[b \simeq 0{,}87; c \simeq 4{,}92; \gamma = 80°]$

27 $b = 16$; $a = 34$. $[c = 30; \beta \simeq 28°; \gamma \simeq 62°]$

28 $b = 12$; $\beta = \frac{\pi}{3}$. $\left[a = 8\sqrt{3}; c = 4\sqrt{3}; \gamma = \frac{\pi}{6}\right]$

29 $c = 3{,}5$; $b = 12$. $[a = 12{,}5; \beta \simeq 74°; \gamma \simeq 16°]$

Risolvi i seguenti triangoli rettangoli, noti gli elementi indicati in figura.

30

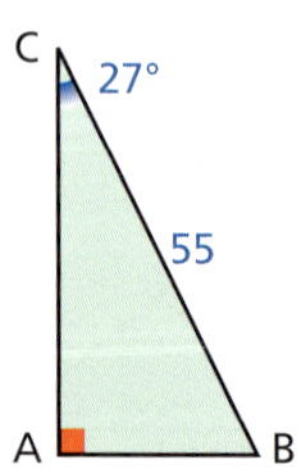

$[c \simeq 25; b \simeq 49; \beta = 63°]$

31

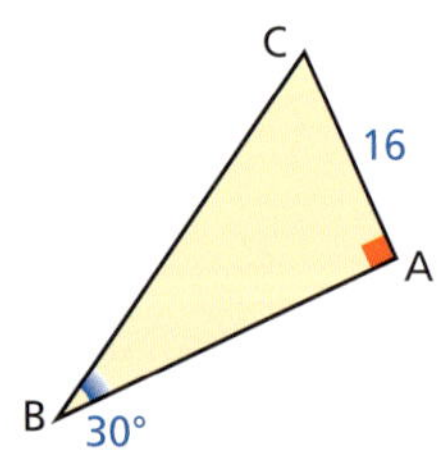

$[a = 32; c \simeq 27{,}7; \gamma = 60°]$

32

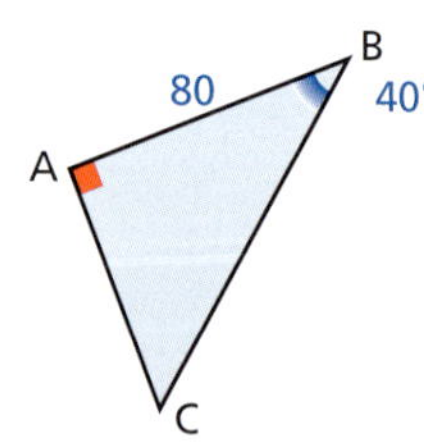

$[b \simeq 67; a \simeq 104; \gamma = 50°]$

33

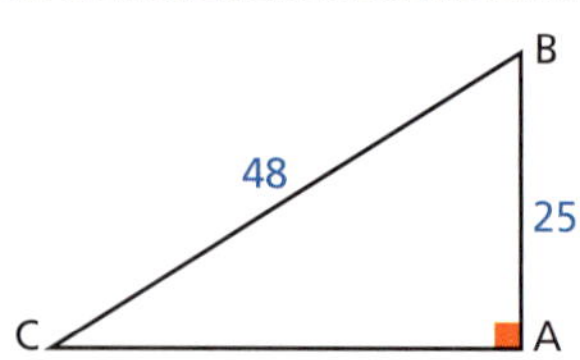

$[b \simeq 41; \beta \simeq 59°; \gamma \simeq 31°]$

34

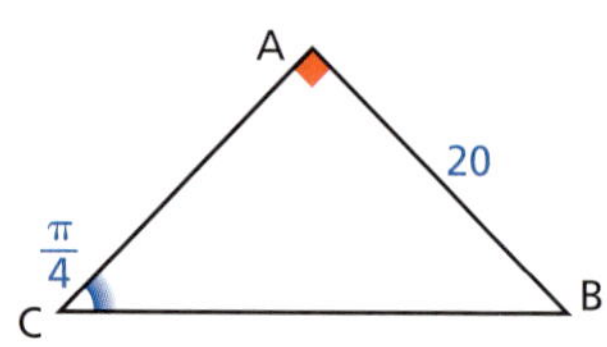

$\left[\beta = \frac{\pi}{4}; b = 20; a = 20\sqrt{2}\right]$

35

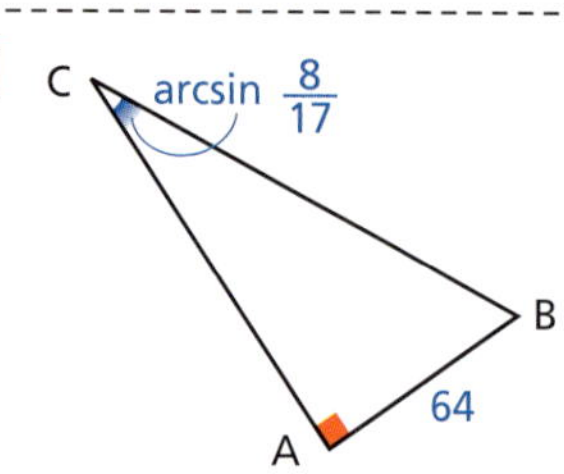

$[a = 136; b = 120; \beta \simeq 62°]$

36 ●○

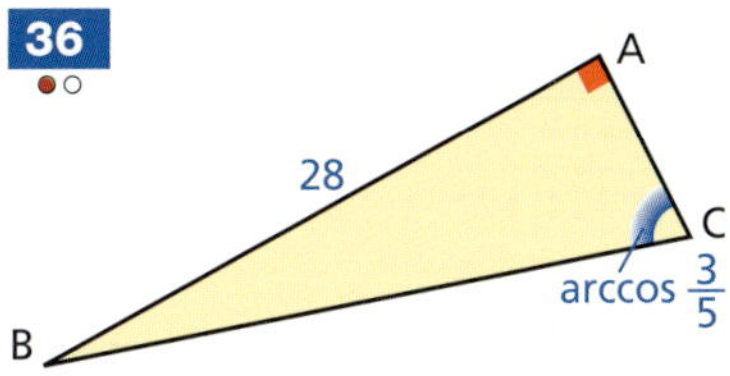

$[a = 35; b = 21; \beta \simeq 37°]$

37 ●○

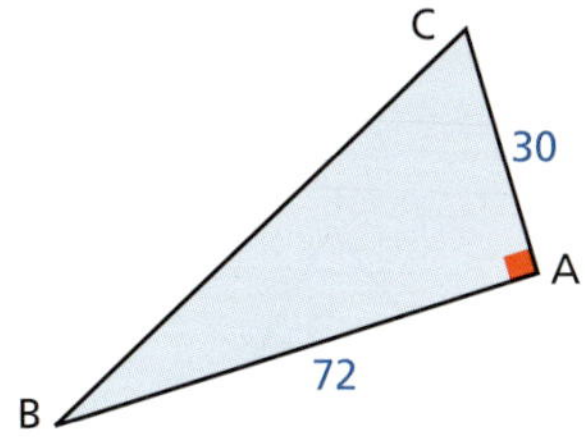

$[a = 78; \beta \simeq 23°; \gamma \simeq 67°]$

38 ●○

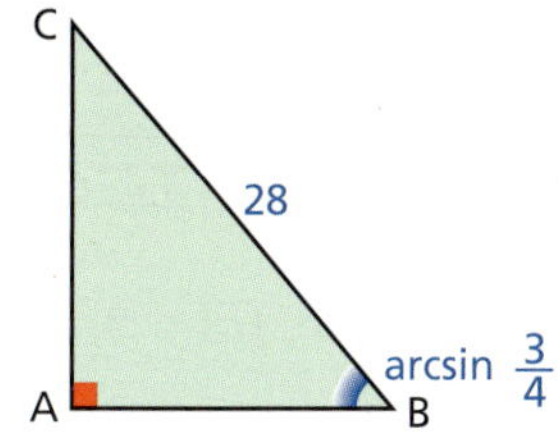

$[b = 21; c = 7\sqrt{7}; \gamma \simeq 41°]$

---

39 ●○ **ASSOCIA** ciascun segmento alla sua misura.

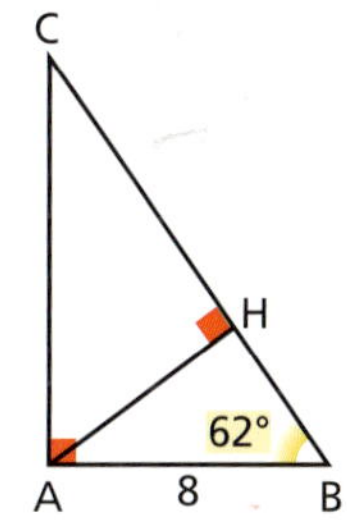

a. BH — **1.** $8\cos 62°$

b. AC — **2.** $8\sin 62°$

c. AH — **3.** $\dfrac{8}{\cos 62°}$

d. BC — **4.** $8\tan 62°$

Verifica che tra gli elementi di un triangolo *ABC*, rettangolo in *A*, valgono le seguenti relazioni.

40 ●○ $\cot\beta \cot\gamma = 1$

41 ●○ $\cos\beta \cos\gamma = \dfrac{bc}{a^2}$

Problemi con i triangoli rettangoli

Utilizzando i dati della figura, deduci ciò che è indicato in rosso.

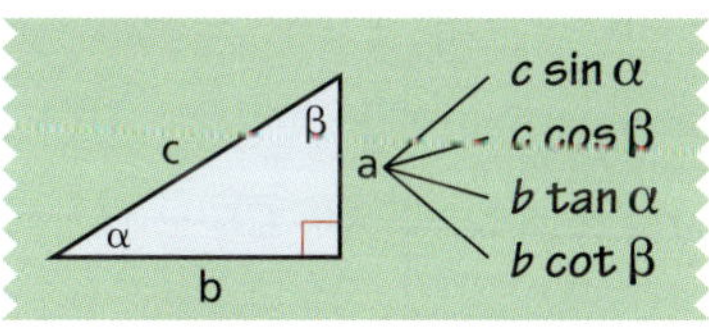

42 ●○

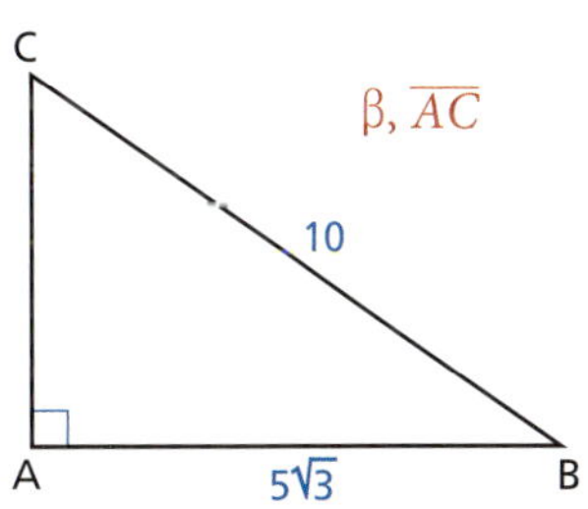

$\beta, \overline{AC}$

$[30°; 5]$

43 ●○

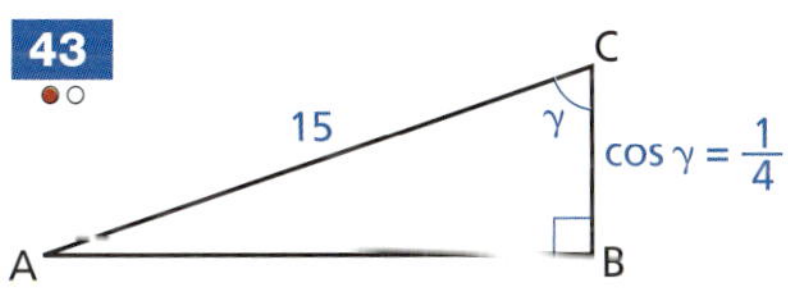

$\overline{BC}, \sin\alpha$

$\left[\dfrac{15}{4}; \dfrac{1}{4}\right]$

44 ●○

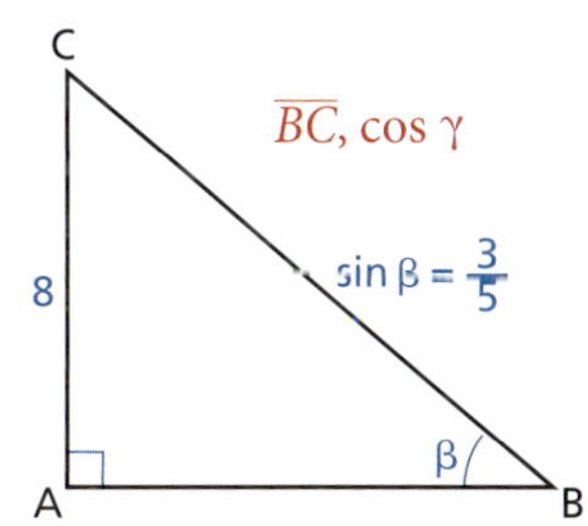

$\overline{BC}, \cos\gamma$

$\left[\dfrac{40}{3}; \dfrac{3}{5}\right]$

---

45 ●○

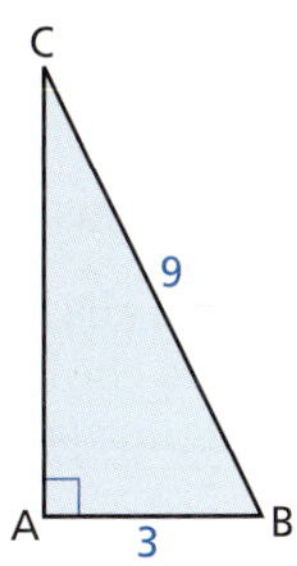

$\tan\beta, \cos\gamma$

$\left[2\sqrt{2}; \dfrac{2\sqrt{2}}{3}\right]$

46 ●○

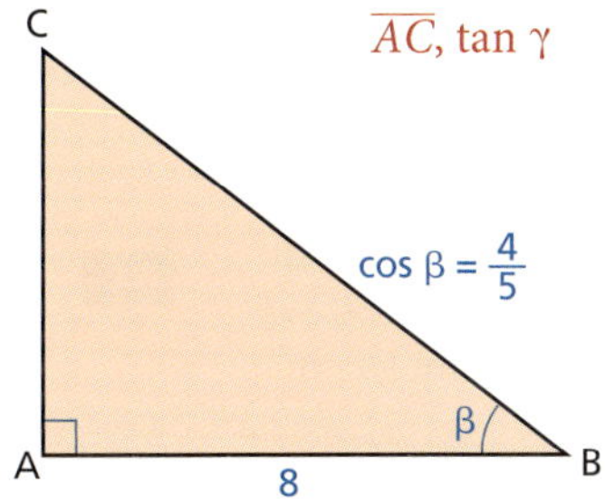

$\overline{AC}, \tan\gamma$

$\left[6; \dfrac{4}{3}\right]$

47 ●○

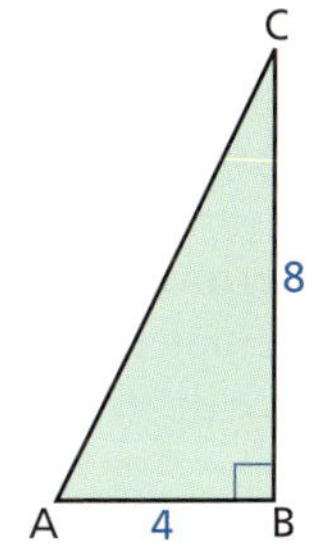

$\sin\gamma, \sin\alpha$

$\left[\dfrac{\sqrt{5}}{5}; \dfrac{2\sqrt{5}}{5}\right]$

Nei seguenti esercizi, dato un triangolo come quello della figura e noti gli elementi indicati, determina i lati e gli angoli incogniti.

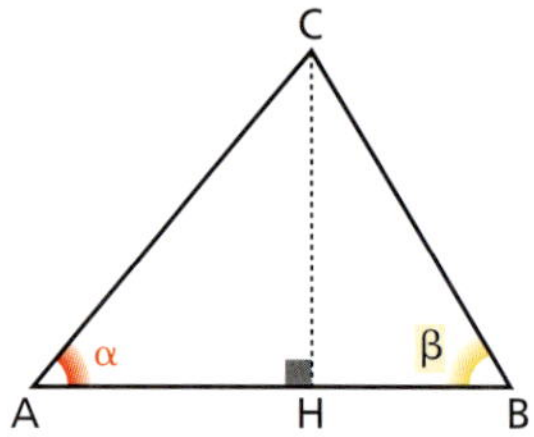

48 ●○ $\alpha = 30°$, $\beta = 45°$, $\overline{CH} = 12$. $[24; 12\sqrt{2}; 12(\sqrt{3}+1); 105°]$

49 ●○ $\alpha = 60°$, $\overline{HB} = 9$, $\cos\beta = \frac{1}{3}$. $[27; 12\sqrt{6}; 3(2\sqrt{6}+3); \simeq 49°]$

50 ●○ $\overline{AC} = 24$, $\beta = \frac{\pi}{3}$, $\tan\alpha = \frac{4}{3}$. $\left[\frac{64\sqrt{3}}{5}; \frac{8(9+4\sqrt{3})}{5}; \simeq 67°\right]$

51 ●○ $\overline{CH} = 8$, $\overline{AH} = 6$, $\beta = 30°$. $[2(3+4\sqrt{3}); 16; 10; \simeq 53°; \simeq 97°]$

52 **ESERCIZIO GUIDA** Nel triangolo *ABC*, *CH* è l'altezza relativa al lato *AB*, *AH* ha lunghezza 6 cm e gli angoli $A\widehat{C}H$ e $B\widehat{C}H$ sono ampi rispettivamente 20° e 40°. Calcoliamo perimetro e area del triangolo (approssimando tutte le misure a una sola cifra decimale).

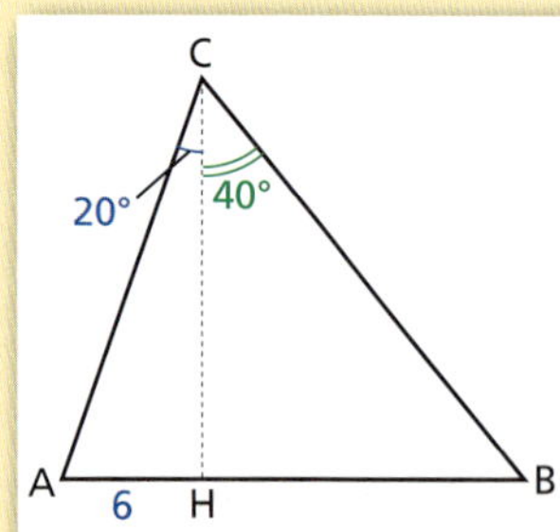

Per il primo teorema dei triangoli rettangoli:

$$\overline{AH} = \overline{AC} \cdot \sin A\widehat{C}H \rightarrow \overline{AC} = \frac{\overline{AH}}{\sin A\widehat{C}H} = \frac{6}{\sin 20°} \simeq 17{,}5;$$

$$\overline{CH} = \overline{AC} \cdot \cos A\widehat{C}H = 17{,}5 \cdot \cos 20° \simeq 16{,}4.$$

Per il secondo teorema dei triangoli rettangoli:

$$\overline{HB} = \overline{CH} \cdot \tan B\widehat{C}H = 16{,}4 \cdot \tan 40° \simeq 13{,}8.$$

Calcoliamo $\overline{CB}$ con il teorema di Pitagora:

$$\overline{CB} = \sqrt{\overline{HB}^2 + \overline{CH}^2} \simeq 21{,}4.$$

Il perimetro di *ABC* misura: $\overline{AB} + \overline{BC} + \overline{AC} = \overline{AH} + \overline{HB} + \overline{BC} + \overline{AC} \simeq 58{,}7$.

L'area misura: $\frac{1}{2}\overline{AB} \cdot \overline{CH} \simeq 162{,}4$.

Quindi il perimetro è 58,7 cm, l'area è 162,4 cm^2.

53 ●○ Sapendo che l'ipotenusa e un cateto di un triangolo rettangolo sono lunghi rispettivamente 5 cm e 4 cm, trova l'ampiezza degli angoli acuti. $[\alpha = 53{,}1°; \beta = 36{,}9°]$

54 ●○ In un triangolo rettangolo la lunghezza dell'altezza *AH* relativa all'ipotenusa è 12 cm e l'ampiezza dell'angolo acuto β è 22°. Risolvi il triangolo. $[AB \simeq 32$ cm; $AC \simeq 12{,}9$ cm; $BC \simeq 34{,}5$ cm$]$

55 ●○ In un triangolo rettangolo un cateto è lungo 10 cm e l'angolo opposto a esso è di 40°. Trova il perimetro del triangolo. [37,5 cm]

56 ●○ Calcola perimetro e area di un triangolo rettangolo la cui ipotenusa è lunga 3 cm e l'ampiezza di un angolo è di 30°. [7,1 cm; 1,9 cm^2]

57 ●○ Determina perimetro e area di un triangolo rettangolo in cui un cateto è lungo 4 cm e l'angolo adiacente a esso ha ampiezza 50°. [15 cm; 9,6 cm^2]

58 ●○ In un triangolo isoscele la somma degli angoli alla base vale 80° e la lunghezza del lato obliquo è 5 cm. Calcola perimetro e area del triangolo. [17,7 cm; 12,3 cm^2]

59 ●○ In un rettangolo la diagonale, che è lunga 4 cm, divide l'angolo retto in due angoli in modo che uno di essi è uguale a 20°. Determina perimetro e area del rettangolo. [10,4 cm; 5,3 cm^2]

60 ●○ Nel triangolo rettangolo *ABC* l'altezza *AH* relativa all'ipotenusa è lunga 3 m, la proiezione *HC* del cateto *AC* sull'ipotenusa è lunga 7 m. Calcola il perimetro e l'area del triangolo. [19,18 m; 12,46 m^2]

61 ●○ In un triangolo isoscele gli angoli alla base sono di 50°. Determina l'area, sapendo che la base del triangolo è 40 cm. [476,7 cm^2]

62 ●○ Determina i cateti di un triangolo rettangolo, sapendo che l'altezza relativa all'ipotenusa è 50 cm e che uno degli angoli del triangolo è 25°. [55,17 cm; 118,31 cm]

Trova l'area delle seguenti figure geometriche.

63

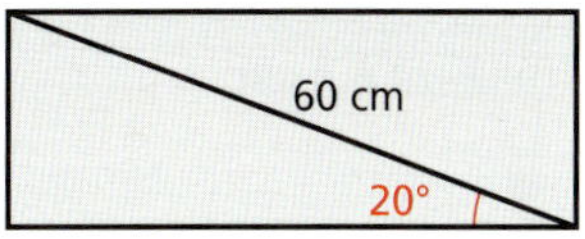

[1157 cm^2]

64

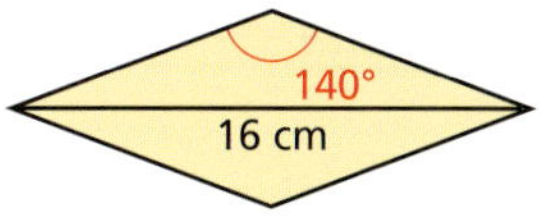

[46,4 cm^2]

65

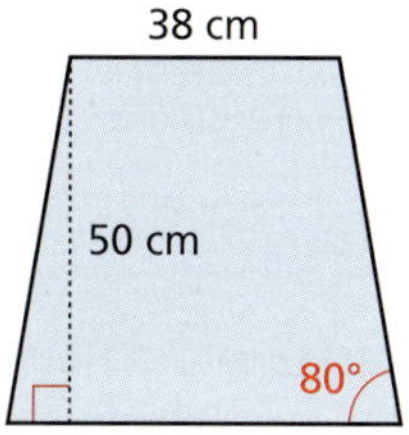

[2340 cm^2]

66 Trova gli angoli di un triangolo isoscele sapendo che il perimetro è 72 cm e la base 32 cm. [36,9°; 106,2°]

67 In un triangolo rettangolo un cateto è lungo 75 cm e il seno del suo angolo opposto è $\frac{15}{17}$. Determina il perimetro del triangolo e l'altezza relativa all'ipotenusa. [200 cm; $h \simeq 35{,}3$ cm]

68 In un triangolo rettangolo un cateto è i $\frac{3}{8}$ dell'altro e la loro somma è 44 cm. Determina l'ampiezza degli angoli acuti. [$\beta \simeq 21°$; $\gamma \simeq 69°$]

69 In un triangolo isoscele la base è lunga 24 cm e il coseno dell'angolo al vertice è $\frac{7}{25}$. Determina le altezze del triangolo. [16 cm; 19,2 cm]

70 Il lato obliquo di un triangolo isoscele è lungo 41 cm e il coseno dell'angolo alla base è $\frac{9}{41}$. Trova il perimetro e l'area del triangolo. [100 cm; 360 cm^2]

71 Nel trapezio isoscele $ABCD$ di base AB è $AD = DC = 82$ cm e $\tan \hat{A} = \frac{9}{40}$. Determina perimetro e area del trapezio. [488 cm; 2916 cm^2]

72 Trova il perimetro di un triangolo isoscele, di base 48 cm, in cui il coseno dell'angolo al vertice è $-\frac{7}{25}$. [108 cm]

73 Trova i lati del triangolo ABC in cui $\cos \widehat{A} = \frac{4}{5}$, $\widehat{B} = 45°$ e l'altezza relativa ad AB è lunga 24 cm. [56 cm; 40 cm; $24\sqrt{2}$ cm]

74 Determina i lati del triangolo ABC nella figura.

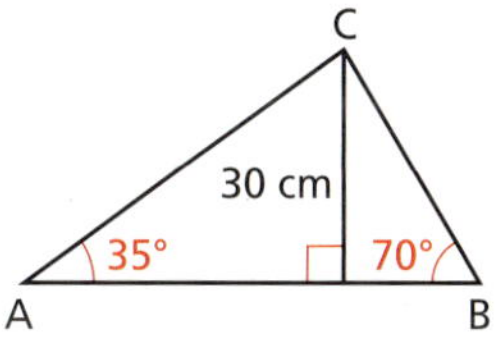

[$AC \simeq 52{,}3$ cm; $BC \simeq 31{,}9$ cm; $AB \simeq 53{,}8$ cm]

75 Il trapezio $ABCD$ è rettangolo in A e D. Sapendo che $AB = 32$ cm, $CD = 8$ cm e $\tan \widehat{B} = \frac{5}{12}$, calcola il perimetro e l'area del trapezio e determina il valore di $\cos \widehat{C}$. $\left[76 \text{ cm}; 200 \text{ cm}^2; -\frac{12}{13}\right]$

76 In un triangolo rettangolo il rapporto tra un cateto e l'ipotenusa è $\frac{5}{13}$, e l'altro cateto è lungo 48 cm.
Determina l'area del triangolo e le misure degli angoli acuti. [480 cm^2; 22° 37′; 67° 23′]

77 Nel triangolo rettangolo ABC la lunghezza dell'ipotenusa BC è 41 cm e la tangente dell'angolo $\widehat{B}$ è $\frac{40}{9}$.
Determina il perimetro e l'area del triangolo. [90 cm; 180 cm^2]

78 L'area di un triangolo rettangolo è 54 m^2 e la tangente di uno degli angoli acuti misura $\frac{3}{4}$. Calcola il perimetro del triangolo. [36 m]

79 Calcola l'area di un triangolo rettangolo, sapendo che il suo perimetro è 46 m e l'ampiezza di un angolo acuto è 34°. [85,99 m^2]

80 Una circonferenza ha diametro $\overline{AB} = 60$. La corda AC misura 40 e il suo prolungamento incontra in T la tangente alla circonferenza condotta per il punto B. Calcola $\overline{BT}$. [$30\sqrt{5}$]

81 Nel trapezio rettangolo $ABCD$ il lato obliquo BC forma un angolo di 30° con la base maggiore AB e la diagonale AC è perpendicolare a BC. Calcola il perimetro e l'area del trapezio, sapendo che la sua altezza è 10 cm. [58,9 cm; 144,3 cm^2]

82 In un triangolo rettangolo l'ipotenusa è lunga 20 cm e fra gli angoli acuti β e γ vale la relazione $\sin\beta = 2\sin\gamma$. Trova l'area del triangolo. [80 cm^2]

83 ●● In un trapezio rettangolo $ABCD$ l'angolo $D\widehat{C}B$ è di 120° e il lato obliquo BC, che misura $6l$, è perpendicolare alla diagonale minore AC. Determina il perimetro e l'area del trapezio. $\left[3(9+\sqrt{3})l;\ \frac{63\sqrt{3}}{2}l^2\right]$

84 ●● Nel triangolo rettangolo ABC le proiezioni dei cateti sull'ipotenusa BC sono $BH = 25$ cm e $CH = 49$ cm. Determina i cateti e gli angoli acuti. $[AB \simeq 43\text{ cm};\ AC \simeq 60{,}2\text{ cm};\ \widehat{B} \simeq 54°;\ \widehat{C} \simeq 36°]$

85 ●● Determina il perimetro del triangolo in figura. [140 cm]

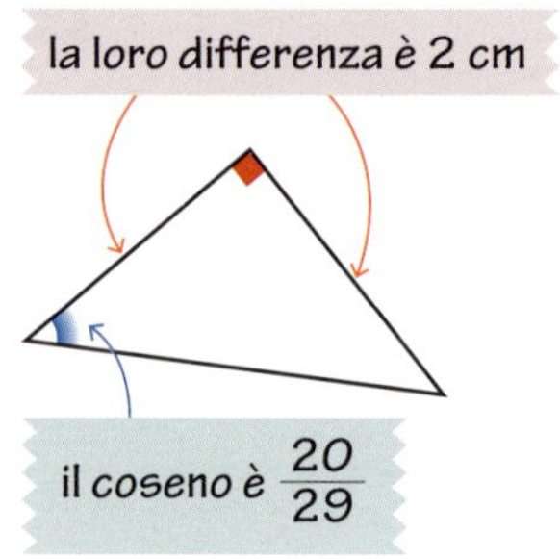

Problemi REALTÀ E MODELLI

86 ●○ Calcola l'altezza di un campanile, sapendo che da un bar distante 80 metri da esso si vede la sua cima secondo un angolo di 42°. [$\simeq$ 72 m]

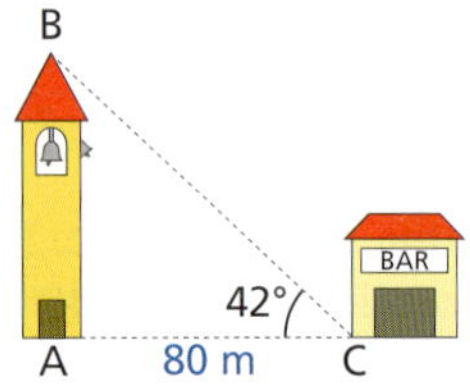

87 ●○ Una funivia collega due località, A e B, distanti 1200 m ed è inclinata di 42° sul piano orizzontale. A che altezza, rispetto ad A, si trova la stazione B? [802,96 m]

88 ●○ **Acquapark** Uno scivolo di una piscina per bambini è alto 2,5 m. Per arrivare in acqua un bimbo scivola per 3,36 m. Che angolo forma lo scivolo con il piano orizzontale? [48°]

89 ●○ La rampa di accesso a un sotterraneo è lunga 9,5 m e forma un angolo di 21° con il piano orizzontale. A che profondità si trova il locale sotterraneo? [3,4 m]

90 ●○ **Pendenza** In un cartello stradale si legge: «Pendenza del 14%». Questo significa che ogni 100 m in orizzontale la strada sale (o scende) di 14 m in verticale. Percorrendo un tratto orizzontale di 280 m, quanto si sale in altezza? Che angolo forma la strada con il piano orizzontale? [39,2 m; 8°]

91 ●○ **Pista!** Nel corso di una gara di sci, Aldo percorre un lungo tratto di discesa con pendenza costante del 32%.

a. Supponendo che nel corso della discesa Aldo abbia coperto un dislivello verticale di 400 m, quanto è lunga la pista?

b. Quanto misura, in gradi e primi, l'angolo α formato dalla pista con l'orizzontale?

[a) 1312 m; b) 17°45′]

92 ●○ TEST L'ombra di un campanile è lunga la metà della sua altezza. Detta α la misura dell'angolo formato dal sole sull'orizzonte in quel momento, si può dire che:

A $45° \leq \alpha < 60°$.

B $60° \leq \alpha$.

C $\alpha < 30°$.

D è notte.

E $30° \leq \alpha < 45°$.

(*CISIA, Facoltà di Ingegneria, Test di ingresso*, 2003)

93 ●○ **Che occhio!** Nell'occhio umano il massimo angolo di visuale in orizzontale è di 160°. A che distanza dall'occhio deve trovarsi una trave lunga 3 m, disposta orizzontalmente e al centro del campo visivo, affinché possa essere vista per intero? [0,26 m]

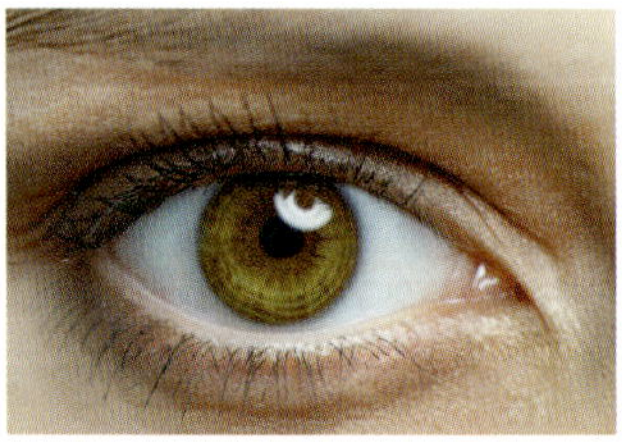

Problemi con equazioni, disequazioni e funzioni

94 In un rettangolo $ABCD$, di area $8a^2$, la diagonale DB misura $4a$. Trova l'angolo $D\widehat{B}A$. [45°]

95 Considera sulla semicirconferenza di centro O e diametro $AB = 4$ cm un punto P e, posto $A\widehat{B}P = x$, trova per quali valori di x:

$$\frac{8\overline{PB} + 5\overline{PO}}{\overline{AB}} = \frac{13}{2}.$$ $\left[x = \frac{\pi}{3}\right]$

96 Osserva la figura e trova per quale posizione di P sulla semicirconferenza si ha

$$\overline{PC} + \overline{PB} = \frac{25}{2}.$$

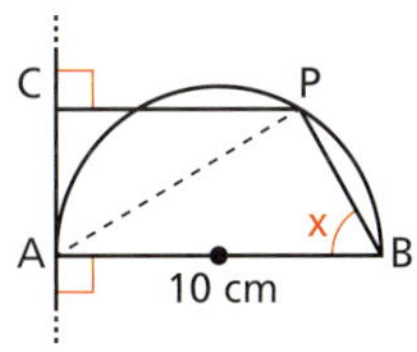

$[x = 60°]$

97 È dato il triangolo ABC inscritto in una semicirconferenza il cui diametro AB misura 4. Indicata con x l'ampiezza dell'angolo $C\widehat{A}B$, determina l'area del triangolo al variare di C sulla semicirconferenza e il valore di x per cui l'area misura $2\sqrt{3}$. $\left[4\sin 2x;\ x = \frac{\pi}{6} \vee x = \frac{\pi}{3}\right]$

98 Inscrivi un triangolo ABC in una semicirconferenza di centro O e diametro $\overline{AB} = 4a$, in modo che l'angolo in B risulti maggiore dell'angolo in A. Da O conduci la perpendicolare al diametro che incontra AC in H. Determina l'angolo $\widehat{B}$ in modo che il rettangolo di base OH e altezza AC abbia area $4a^2$. [60°]

99 Nel triangolo ABC, rettangolo in A, il cateto AB misura $10a$ e l'angolo $\widehat{C}$ ha il coseno uguale a $\frac{12}{13}$. Disegna la semicirconferenza di diametro CB esterna al triangolo e su di essa trova un punto P in modo che: $\overline{CP} \cdot \overline{PB} = 169a^2$. (Poni $C\widehat{B}P = x$.) $[x = 15° \vee x = 75°]$

100 Nel triangolo rettangolo ABC, di ipotenusa $\overline{BC} = 2a$, il cateto minore è AB. Traccia la perpendicolare all'ipotenusa BC nel suo punto medio M, fino a incontrare il cateto AC in P. Determina l'ampiezza di $A\widehat{C}B$ in modo che:

$$\frac{\overline{AC}}{\overline{PM}} = 3\,\frac{\overline{CM}}{\overline{AB}}.$$ [30°]

101 È dato il rombo $ABCD$ circoscritto a una circonferenza di centro O e raggio r. Indica con x l'angolo $O\widehat{A}B$ e determina, al variare di x, l'area $A(x)$ del rombo. Trova per quali valori di x si ha $A(x) = \frac{8}{3}\sqrt{3}\,r^2$. $\left[A(x) = \frac{4r^2}{\sin 2x};\ \frac{\pi}{6} \vee \frac{\pi}{3}\right]$

102 Dato il quadrato $ABCD$ di lato a, sia r una retta passante per B e non intersecante altri punti del quadrato. A' e C' sono le proiezioni su r, rispettivamente, di A e C. Determina l'angolo $A'\widehat{B}A = x$ in modo che l'area del trapezio $A'ACC'$ sia $\frac{3}{4}a^2$. $\left[x = \frac{\pi}{12} \vee x = \frac{5}{12}\pi\right]$

103 Nel quadrato $ABCD$, di lato lungo 1 m, traccia l'arco di circonferenza $\overset{\frown}{AC}$ di centro B. Su di esso considera il punto P individuato dall'angolo $A\widehat{B}P = x$. Sia H la proiezione di P su AD.

a. Trova per quali valori di x si ha $\overline{PD}^2 = 3 - \sqrt{6}$. (SUGGERIMENTO Calcola $\overline{DH}$ e $\overline{HP}$...)

b. Traccia il grafico di $y = 2 \cdot \overline{AB} \cdot \overline{AH} + \overline{PD}^2$ in funzione di x. [a) $x = 15° \vee x = 75°$; b) $y = 3 - 2\cos x$]

104 Dato il segmento AB di lunghezza unitaria, considera la semiretta AP che forma con AB un angolo acuto $P\widehat{A}B = x$. Sia Q la proiezione di B su AP. Costruisci il triangolo AQC rettangolo e isoscele, di ipotenusa AQ, nel semipiano generato da AP non contenente B.

a. Determina i valori di x per cui l'area del quadrilatero $ABQC$ risulta minore di $\frac{1}{4}$.

b. Considera la funzione $f(x)$ che rappresenta l'area del triangolo ABQ, tracciane il grafico limitatamente all'intervallo del problema geometrico e individua il suo valore massimo.

$\left[\text{a) } \arctan 2 < x < \frac{\pi}{2};\ \text{b) } f(x) = \frac{1}{4}\sin 2x;\ \frac{1}{4}\right]$

105 Data la semicirconferenza di diametro $\overline{AB} = 2r$, siano P un punto su di essa e H la proiezione di P sul diametro AB. Determina $f(x) = \frac{\overline{AH} + \overline{PH}}{\overline{HB}}$ in funzione dell'angolo $P\widehat{B}A = x$ e calcola per quale valore di x si ha $f(x) = 2$. $\left[f(x) = \tan^2 x + \tan x;\ x = \frac{\pi}{4}\right]$

ESERCIZI

2 Applicazioni dei teoremi sui triangoli rettangoli

Area di un triangolo

▶ Teoria a p. 620

Determina l'area di un triangolo *ABC*, noti gli elementi indicati.

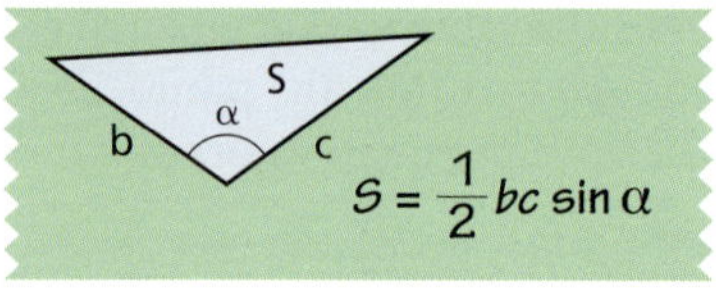

106 $a = 20,\quad b = 5,\quad \gamma = \frac{\pi}{3}$. $[25\sqrt{3}]$

107 $a = 12,\quad c = 3\sqrt{2},\quad \beta = \frac{3}{4}\pi$. [18]

108 $b = \frac{5}{2}\sqrt{3},\quad c = 16,\quad \alpha = 120°$. [30]

109 $a = 20,\quad b = 12,\quad \gamma = 150°$. [60]

110 $b = 65,\quad c = 20,\quad \sin\alpha = \frac{5}{13}$. [250]

111 $a = 26,\quad c = 10,\quad \tan\beta = \frac{12}{5}$. [120]

112 TEST L'area del rombo in figura misura:

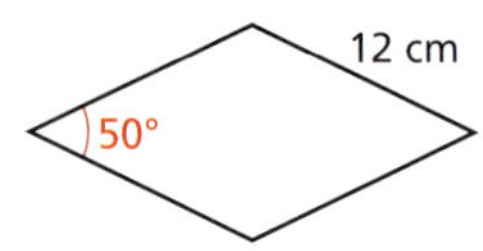

A $144\cos 50°\ \text{cm}^2$.

B $144\sin 50°\ \text{cm}^2$.

C $72\sin 50°\ \text{cm}^2$.

D $288\sin 50°\ \text{cm}^2$.

E $72\cos 50°\ \text{cm}^2$.

113 Calcola l'area di un triangolo sapendo che due suoi lati sono lunghi 30 cm e 18 cm e l'angolo compreso tra essi è di 40°. [173,6 cm^2]

114 In un triangolo due lati sono lunghi 28 cm e 39 cm. L'angolo compreso tra essi ha il coseno uguale a $\frac{12}{13}$. Determina l'area del triangolo. [210 cm^2]

115 Calcola l'area di un parallelogramma in cui due lati consecutivi misurano 12 e 28 e l'angolo compreso fra essi ha ampiezza $\frac{\pi}{3}$. $[168\sqrt{3}]$

116 In un triangolo ABC, $\overline{AC} = 26$ e $\overline{AB} = 18\sqrt{2}$. Sapendo che l'area è 234, trova l'angolo $C\widehat{A}B$. $\left[\frac{\pi}{4} \vee \frac{3}{4}\pi\right]$

117 Un triangolo isoscele ha area 192 e l'angolo alla base misura $\arcsin\frac{4}{5}$. Determina il perimetro. [64]

118 Dal vertice A del triangolo equilatero ABC di lato l traccia una semiretta secante il triangolo e fissa su di essa il punto P tale che $\overline{AP} = l$. Calcola le ampiezze degli angoli del triangolo ABP, sapendo che è valida la seguente relazione fra le aree dei due triangoli: $\mathcal{A}_{ABC} = \sqrt{3}\,\mathcal{A}_{ABP}$. $\left[\frac{5}{12}\pi; \frac{5}{12}\pi; \frac{\pi}{6}\right]$

119 Un rombo ha l'area di 208,6 cm^2 e un angolo misura 68°. Trova il lato e le diagonali. [15 cm; 16,8 cm; 24,9 cm]

Nei seguenti esercizi determina gli elementi richiesti utilizzando i dati forniti nelle figure.

120

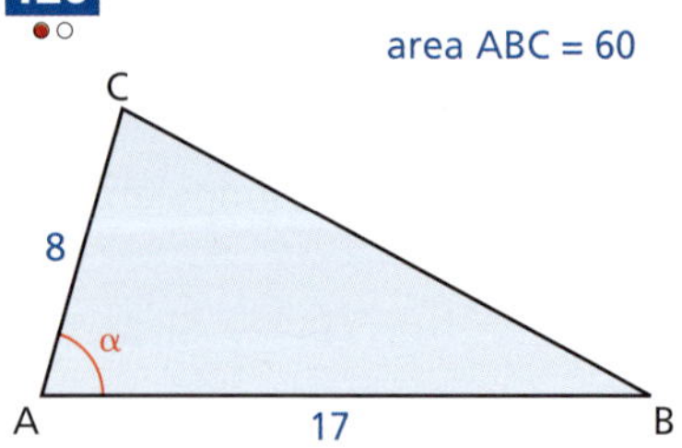

α? $\quad \overline{CB}$? $\left[\arcsin\frac{15}{17}; 15\right]$

121

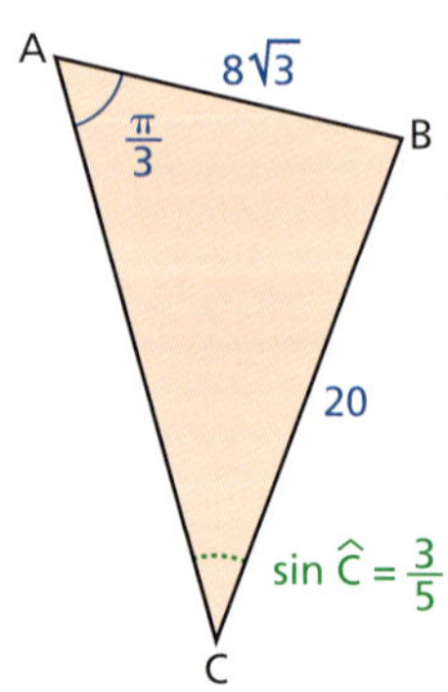

area ABC? $[24(\sqrt{3} + 4)]$

122

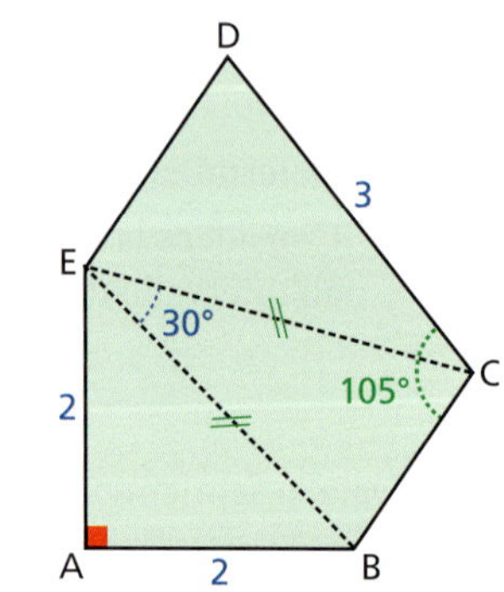

area ABCDE? $\left[4 + \frac{3}{2}\sqrt{2}\right]$

123 ●● **EUREKA!** Dato un triangolo ABC, costruisci sui tre lati, esternamente al triangolo, i quadrati $ABHK$, $BCLM$ e $ACNP$. Congiungi H con M, L con N, P con K e dimostra, utilizzando la trigonometria, che i triangoli AKP, BMH e CNL sono equivalenti.

Teorema della corda

▶ Teoria a p. 621

124 **ESERCIZIO GUIDA** In una circonferenza il raggio è 20 cm. Calcoliamo la lunghezza di una sua corda, sapendo che l'angolo al centro che insiste su di essa ha ampiezza di 120°.

Se l'angolo al centro che insiste sulla corda è di 120°, allora il corrispondente angolo alla circonferenza è $\alpha = 60°$. Applichiamo il teorema della corda.

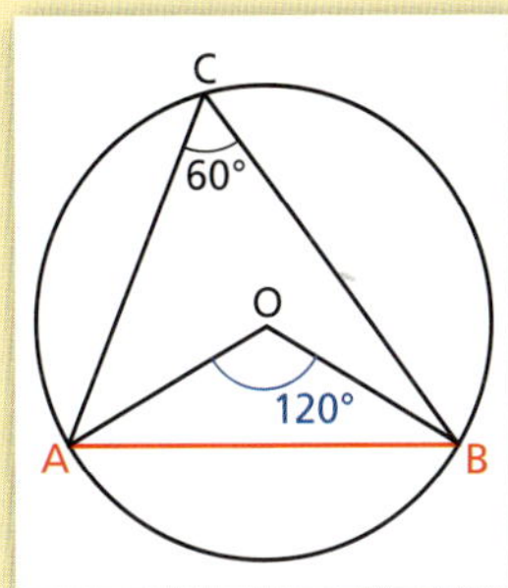

$\overline{AB} = 2r \sin\alpha$

$\overline{AB} = 2 \cdot 20 \cdot \sin 60° = 40\,\frac{\sqrt{3}}{2} = 20\sqrt{3}$.

La corda è lunga $20\sqrt{3}$ cm.

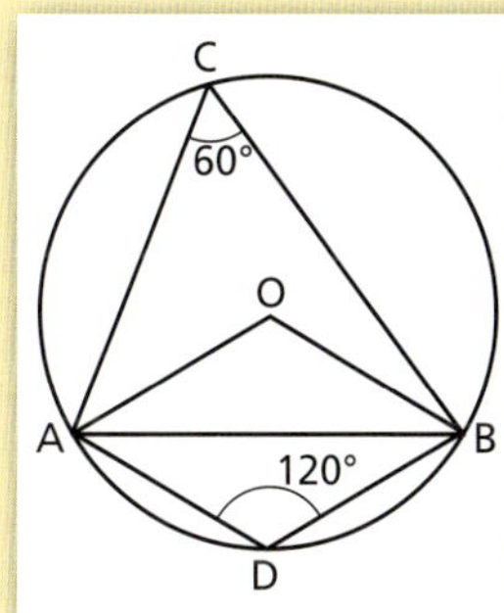

Osservazione. Sulla corda AB insistono angoli alla circonferenza di 60° (come $A\widehat{C}B$) e angoli alla circonferenza di 120° (come $A\widehat{D}B$). La lunghezza della corda AB che calcoliamo non dipende dall'angolo scelto, perché $\sin 60° = \sin 120°$.

Negli esercizi che seguono trova gli elementi richiesti riferendoti alla figura.

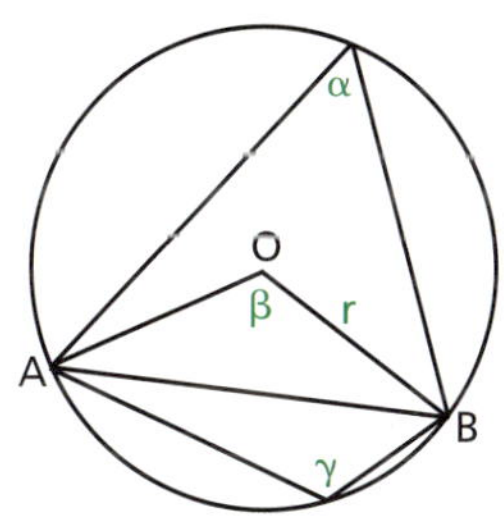

125 ●○ $\overline{AB} = ?$, $r = 5$, $\alpha = 30°$. $[5]$

126 ●○ $\overline{AB} = ?$, $r = 12$, $\gamma = 135°$. $[12\sqrt{2}]$

127 ●○ $\overline{AB} = ?$, $r = 15$, $\beta = \arccos\frac{7}{25}$. $[18]$

128 ●○ $r = ?$, $\overline{AB} = 10$, $\alpha = 40°$. $[7{,}8]$

129 ●○ $r = ?$, $\overline{AB} = 20$, $\beta = 120°$. $\left[\frac{20}{3}\sqrt{3}\right]$

130 ●○ $\alpha = ?$, $\beta = ?$, $\gamma = ?$, $\overline{AB} = 7\sqrt{2}$, $r = 7$. $[45°; 90°; 135°]$

131 ●○ $\alpha = ?$, $r = ?$, $\beta = ?$, $\gamma = \frac{5}{6}\pi$, $\overline{AB} = 24$. $\left[\frac{\pi}{6}; 24; \frac{\pi}{3}\right]$

132 ●○ $r = ?$, $\beta = ?$, $\gamma = ?$, $\alpha = \arccos\frac{4}{5}$, $\overline{AB} = 18$. $\left[15; 2\arccos\frac{4}{5}; \pi - \arccos\frac{4}{5}\right]$

Nei seguenti esercizi determina gli elementi richiesti utilizzando i dati forniti nelle figure.

133 ●○

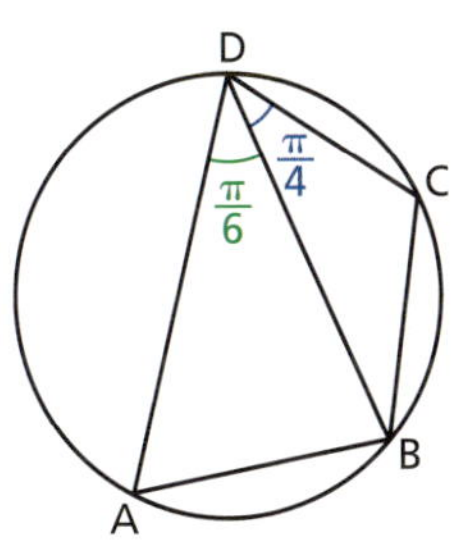

raggio = 10 $\overline{AB}$? $\overline{BC}$?

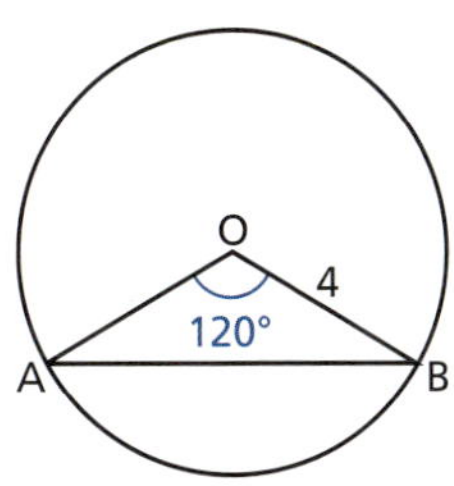

$\overline{AB}$?

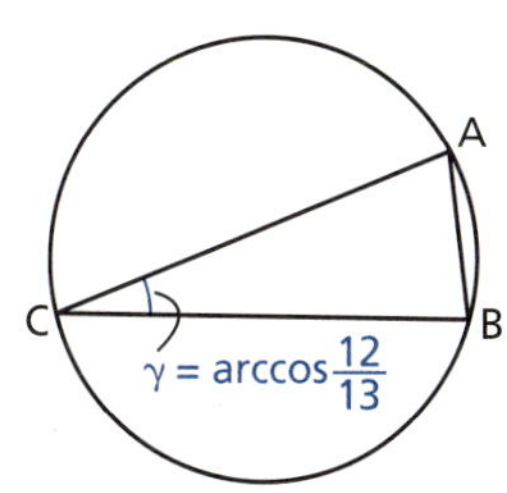

raggio = 13 $\overline{AB}$?

$[10; 10\sqrt{2}; 4\sqrt{3}; 10]$

134 ●○

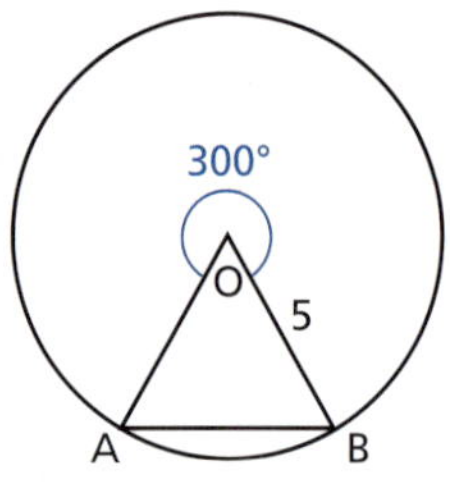

$\overline{AB}$?

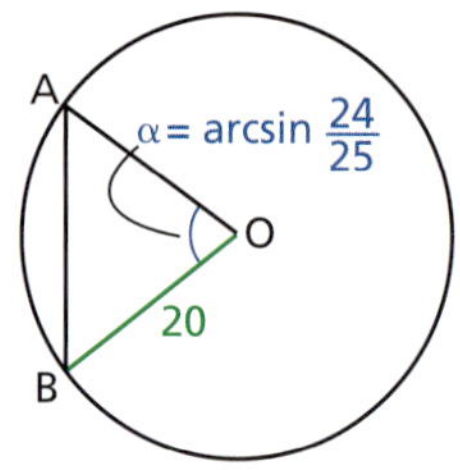

$\overline{AB}$?

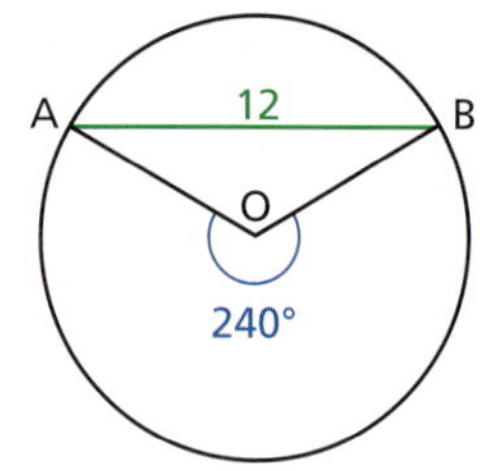

raggio?

$[5; 24; 4\sqrt{3}]$

135 ●○ Utilizzando il teorema della corda, trova le misure dei lati del triangolo equilatero, del quadrato e dell'esagono regolare inscritti in una circonferenza di raggio r. $[r\sqrt{3}; r\sqrt{2}; r]$

136 ●○ In una circonferenza di diametro 16 cm, un angolo alla circonferenza di 36° insiste su una corda. Determina la lunghezza della corda. [9,4 cm]

137 ●○ In una circonferenza di raggio 24 cm, un angolo al centro di 48° insiste su una corda AB. Determina la lunghezza di AB. [19,5 cm]

138 ●○ Determina il raggio della circonferenza circoscritta al triangolo ABC, sapendo che $AB = 40$ cm e che $\cos A\widehat{C}B = \frac{12}{13}$. [52 cm]

139 ●○ Il quadrilatero $ABCD$ è inscritto in una circonferenza di raggio 5 e $\overline{AC} = 8$. Calcola seno e coseno degli angoli $\widehat{B}$ e $\widehat{D}$ supponendo che il vertice B si trovi sul maggiore dei due archi di estremi A e C.

$\left[\sin \widehat{B} = \frac{4}{5}; \cos \widehat{B} = \frac{3}{5}; \sin \widehat{D} = \frac{4}{5}; \cos \widehat{D} = -\frac{3}{5}\right]$

140 ●○ Nel triangolo isoscele ABC il rapporto fra il raggio della circonferenza circoscritta e la base AB è $\frac{\sqrt{2}}{2}$. Trova l'ampiezza dell'angolo al vertice $A\widehat{C}B$. $\left[\frac{\pi}{4} \text{ o } \frac{3}{4}\pi\right]$

141 ●○ Sia ABC un triangolo inscritto in una circonferenza. Determina la misura del raggio, sapendo che la corda BC misura $12l$ e gli angoli $\widehat{B}$ e $\widehat{C}$ misurano rispettivamente 45° e 105°. Trova poi il perimetro del triangolo.

$[r = 12l; 6l(\sqrt{6} + 2 + 3\sqrt{2})]$

142 ●● In una circonferenza di raggio 2, la corda AB misura $\frac{16}{9}\sqrt{5}$. Preso C sull'arco maggiore $\widehat{AB}$ in modo che $\overline{AC} = \overline{CB}$, determina il perimetro del triangolo ABC. $\left[\frac{40}{9}\sqrt{5}\right]$

143 ●● Nel quadrilatero $ABCD$ inscritto in una circonferenza di raggio 4 calcola $\overline{AD}$ e l'ampiezza dei quattro angoli, sapendo che $\overline{AB} = 4$, $\overline{BC} = 4\sqrt{3}$, $\overline{CD} = 4\sqrt{2}$.

$\left[4\sqrt{2}; \widehat{A} = \frac{7}{12}\pi; \widehat{B} = \widehat{D} = \frac{\pi}{2}; \widehat{C} = \frac{5}{12}\pi\right]$

144 ●● Considera una circonferenza di raggio r e una sua corda $\overline{AB} = r$. Sul maggiore dei due archi $\widehat{AB}$ prendi un punto P e poni $P\widehat{B}A = x$. Determina $\overline{BP}$ in funzione di x e trova per quali valori di x si ha $\overline{BP} = r\sqrt{2}$.

$\left[\overline{BP} = 2r\sin\left(\frac{5}{6}\pi - x\right); x = \frac{\pi}{12} \vee x = \frac{7}{12}\pi\right]$

145 ●● Su una semicirconferenza di diametro $\overline{AB} = 2r$ considera la corda $\overline{AC} = r$ e sull'arco $\widehat{CB}$ un punto P variabile, con $P\widehat{A}B = x$. Calcola x in modo che il perimetro di $ACPB$ sia $5r$. Trova poi l'area del quadrilatero corrispondente al valore di x determinato.

$\left[\frac{\pi}{6}; \frac{3}{4}r^2\sqrt{3}\right]$

146 ●○ **EUREKA!** Dimostra che l'area di un triangolo qualsiasi ABC è data dalla seguente formula:

$\mathcal{A}_{ABC} = 2r_c^2 \sin \widehat{A} \sin \widehat{B} \sin \widehat{C}$, dove r_c è il raggio della circonferenza circoscritta.

TUTOR matematica Allenati con **15 esercizi interattivi** con feedback "hai sbagliato, perché..."
su.zanichelli.it/tutor3 risorsa riservata a chi ha acquistato l'edizione con tutor

3 Triangoli qualunque

Teorema dei seni

Teoria a p. 622

147 VERO O FALSO? Stabilisci se le seguenti uguaglianze sono vere o false, in riferimento al triangolo in figura.

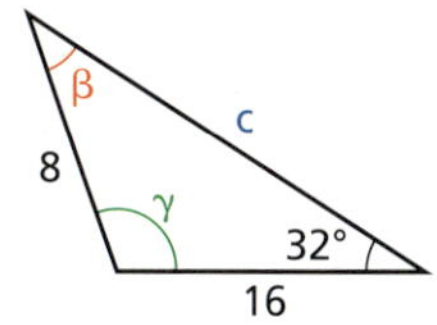

a. $\dfrac{8\sin\gamma}{\sin 32°} = c$ V F

b. $\sin\beta = 2\sin 32°$ V F

c. $\dfrac{\sin\beta}{\sin\gamma} = \dfrac{c}{16}$ V F

d. $\dfrac{\sin 32°}{\sin\beta} = \dfrac{c}{8}$ V F

148 ESERCIZIO GUIDA Utilizziamo gli elementi indicati nella figura per trovare l'angolo β e i lati *CB* e *AC* del triangolo.

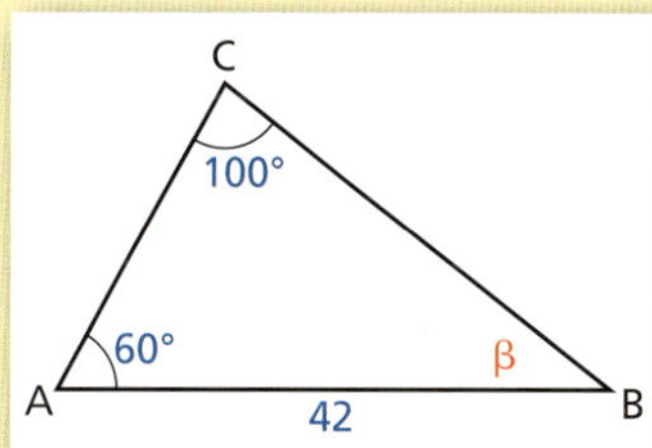

$\beta = 180° - (100° + 60°) = 20°.$

Applichiamo il teorema dei seni per determinare *CB* e *AC*:

$$\frac{\overline{CB}}{\sin 60°} = \frac{42}{\sin 100°} \rightarrow \overline{CB} = \frac{42}{\sin 100°} \cdot \sin 60° \simeq 36,9.$$

$$\frac{\overline{AC}}{\sin 20°} = \frac{42}{\sin 100°} \rightarrow \overline{AC} = \frac{42}{\sin 100°} \cdot \sin 20° \simeq 14,6.$$

Del triangolo *ABC* sono noti alcuni elementi. Determina ciò che è richiesto.

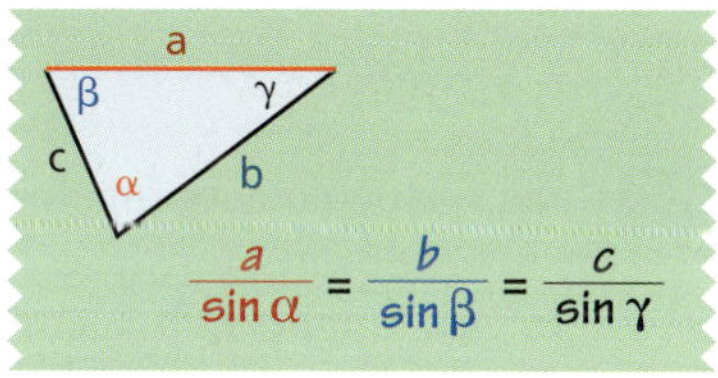

149 $a = 12,$ $b = 9,$ $\beta = 30°.$ $\sin\alpha?$ $\left[\frac{2}{3}\right]$

150 $a = 20,$ $b = 9,$ $\alpha = 120°.$ $\sin\beta?$ $\left[\frac{9\sqrt{3}}{40}\right]$

151 $a = 21,$ $c = 12,$ $\gamma = \frac{\pi}{3}.$ $\sin\alpha?$ [impossibile]

152 $a = 12\sqrt{2},$ $\beta = 60°,$ $\gamma = 45°.$ $b?$ $c?$ $[12\sqrt{3}(\sqrt{3}-1); 12\sqrt{2}(\sqrt{3}-1)]$

153 $\alpha = 60°,$ $\gamma = 75°,$ $b = 12.$ $a?$ $c?$ $[6\sqrt{6}; 6(1+\sqrt{3})]$

154 $\alpha = 82°,$ $\beta = 36°,$ $c = 63.$ $a?$ $b?$ $[70,6; 41,9]$

155 $\beta = 28°,$ $\gamma = 107°,$ $b = 48.$ $a?$ $c?$ $[72,3; 97,8]$

156 TEST In un triangolo $a = 18$, $\sin\alpha = \frac{3}{5}$ e $\sin\beta = \frac{1}{10}$. Quanto vale b?

A 3 **B** 60 **C** $\frac{27}{25}$ **D** $\frac{25}{27}$ **E** 30

Nelle seguenti figure determina ciò che è richiesto.

157

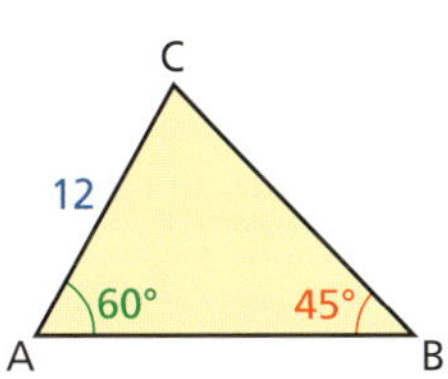

$\overline{AB}$? $[6(\sqrt{3}+1)]$

158

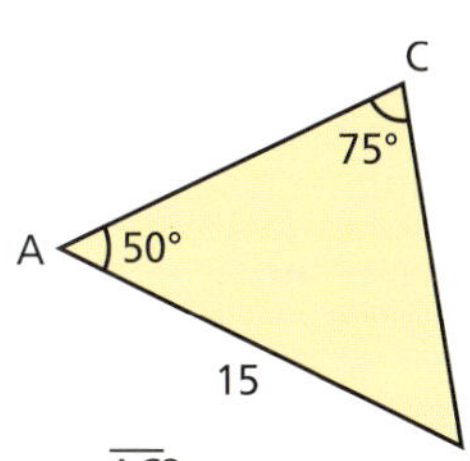

$\overline{AC}$? $[12,7]$

159

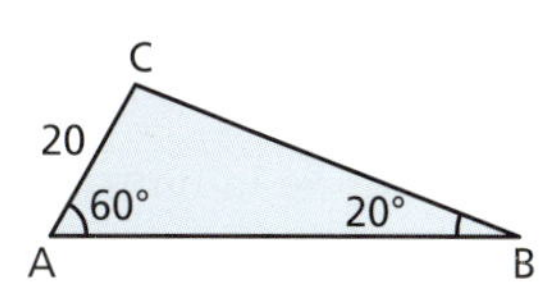

$\overline{AB}$? $[57,6]$

MATEMATICA AL COMPUTER

La trigonometria Scriviamo un programma nel linguaggio di Wiris che, letti il perimetro $2p$ e l'ampiezza dell'angolo alla base α di un triangolo isoscele, determini il lato obliquo ℓ, la base b e l'area S del triangolo. Proviamo il programma con $2p = 12$ m e $\alpha = 34°20'54''$.

Risoluzione – 7 esercizi in più

160 ●○ Nel triangolo ABC sono noti

$$\overline{AB} = 20, \cot \widehat{A} = \frac{3}{4} \text{ e } \widehat{C} = \frac{\pi}{6}.$$

Determina la misura degli altri due lati.

$[\overline{BC} = 32; \overline{AC} = 4(3 + 4\sqrt{3})]$

161 ●○ Determina il perimetro del parallelogramma $ABCD$ di base AB, sapendo che $\overline{BD} = 12$, $D\widehat{A}B = \frac{\pi}{3}$, $A\widehat{B}D = \frac{\pi}{4}$. $[12\sqrt{2}(\sqrt{3} + 1)]$

162 ●○ Nel triangolo LMN il lato LM è lungo 60 cm e l'angolo $M\widehat{L}N$ ha ampiezza 30°. Sapendo che $\cos L\widehat{N}M = \frac{2}{3}\sqrt{2}$, determina gli altri lati del triangolo.

$[MN = 90 \text{ cm}; LN = 30(2\sqrt{2} + \sqrt{3}) \text{ cm}]$

163 ●○ Nel triangolo acutangolo ABC la mediana AM è lunga 80 cm e forma, col lato AB, un angolo di 30°. La lunghezza del lato BC è 120 cm. Calcola l'area del triangolo ABC.

$[800(\sqrt{5} + 2\sqrt{3}) \text{ cm}^2]$

164 ●○ REALTÀ E MODELLI **Passaggi** Durante una partita di calcio, si svolge l'azione rappresentata in figura: un giocatore in A passa la palla a un compagno in B, che gliela ripassa nella posizione A', dove si è spostato nel frattempo.
Si sa che $AB = 20$ m e $A'B = 30$ m, mentre l'angolo formato dalle direzioni AB e $A'A$ è $\alpha = 60°$.

a. Calcola la distanza AA' percorsa dal primo giocatore.

b. Determina l'angolo formato dalle direzioni della palla in arrivo e in partenza da B.

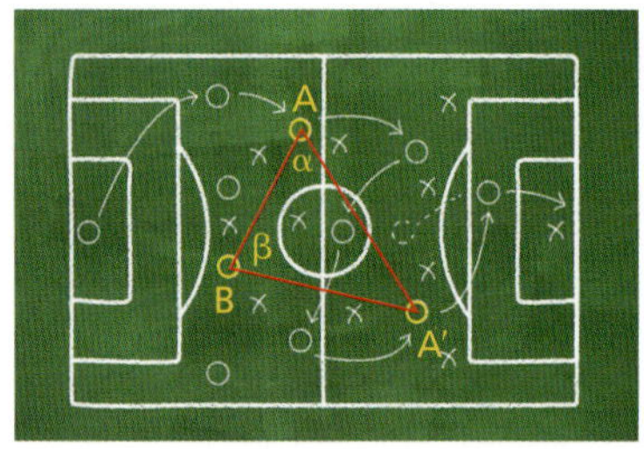

[a) 34,5 m; b) 84,7°]

165 ●○ La bisettrice NP del triangolo LMN misura 40. Determina $\overline{NM}$, noti $L\widehat{N}M = \arccos\frac{7}{25}$ e $\widehat{M} = 30°$.

$[8(4 + 3\sqrt{3})]$

166 ●● Nel triangolo ABC i lati AB e BC sono lunghi rispettivamente 50 cm e 80 cm. La tangente di $B\widehat{A}C$ è $-\frac{4}{3}$. Determina il perimetro e l'area.

$[20(5 + 2\sqrt{3}) \text{ cm}; 200(4\sqrt{3} - 3) \text{ cm}^2]$

Nelle seguenti figure determina ciò che è richiesto.

167 ●●

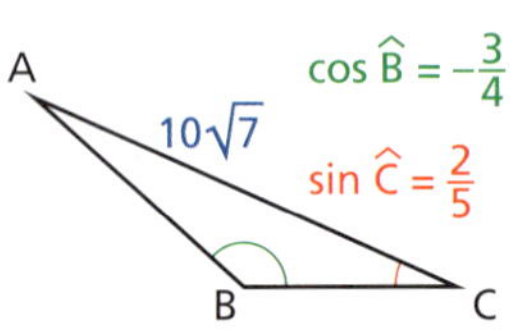

$\overline{AB}$? $\overline{BC}$?

$[16; 2(7\sqrt{3} - 6)]$

168 ●●

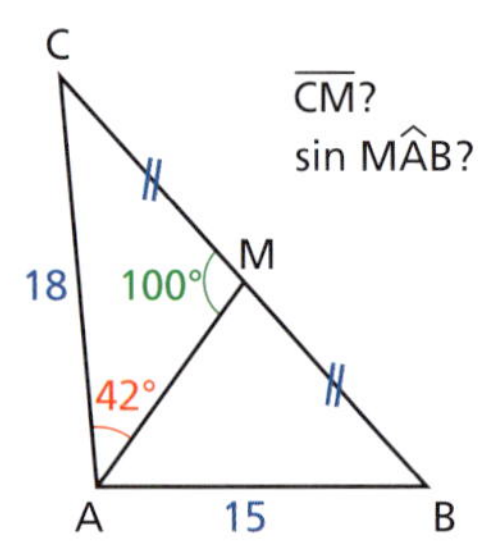

$\overline{CM}$?
$\sin M\widehat{A}B$?

[12,2; 0,80]

169 ●●

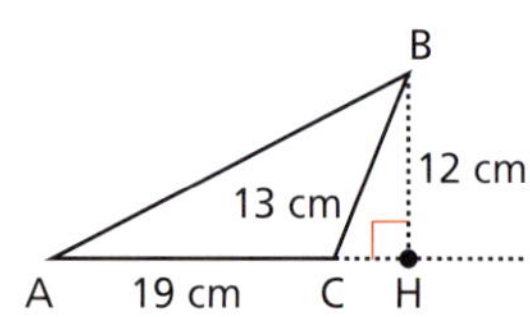

Perimetro?
$A\widehat{B}C$?

$[(32 + 12\sqrt{5}) \text{ cm}; \simeq 40,8°]$

Teorema del coseno

▶ Teoria a p. 623

170 ●○ TEST Se in un triangolo due lati sono lunghi rispettivamente 6 cm e 15 cm e il coseno dell'angolo compreso fra essi vale $\frac{3}{10}$, quanto è lungo il terzo lato?

A 207 cm
B 315 cm
C $\sqrt{315}$ cm
D $\sqrt{207}$ cm
E $\sqrt{261}$ cm

171 **ESERCIZIO GUIDA** Determiniamo la misura del lato BC utilizzando gli elementi indicati nella figura.

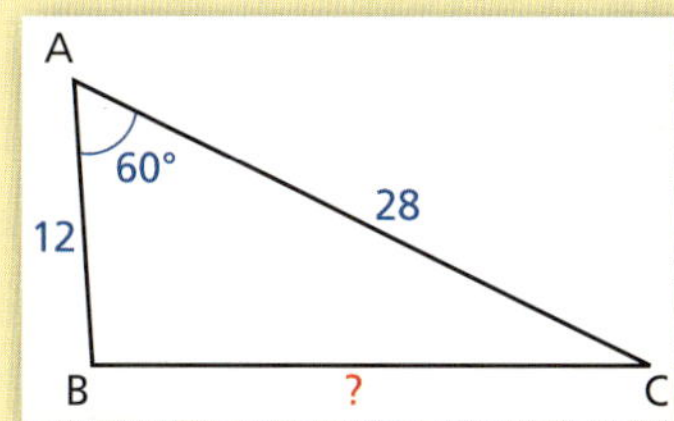

Applichiamo il teorema del coseno: $a^2 = b^2 + c^2 - 2bc\cos\alpha$

$$\overline{BC}^2 = \overline{AB}^2 + \overline{AC}^2 - 2\overline{AB}\cdot\overline{AC}\cos B\widehat{A}C =$$

$$12^2 + 28^2 - 2\cdot 12\cdot 28\cos 60° = 144 + 784 - \cancel{2}\cdot 12\cdot 28\cdot\frac{1}{\cancel{2}} = 592.$$

Quindi $\overline{BC} = \sqrt{592} \simeq 24{,}3$.

Del triangolo *ABC* sono noti alcuni elementi. Determina ciò che è richiesto.

172 $a = 12,\quad b = 6,\quad \gamma = \frac{\pi}{3}.\quad c?$ $[6\sqrt{3}]$

173 $b = \sqrt{2},\quad c = 10,\quad \alpha = \frac{\pi}{4}.\quad a?$ $[\sqrt{82}]$

174 $a = 15,\quad c = 21,\quad \beta = 40°.\quad b?$ $[13{,}5]$

175 $a = 24,\quad b = 12,\quad c = 12\sqrt{3}.\quad \gamma?$ $[60°]$

176 $a = \sqrt{56},\ b = 10,\quad c = 6.\quad \cos\alpha?$ $\left[\frac{2}{3}\right]$

177 $a = 12,\quad b = 4\sqrt{10},\ c = 8.\quad \tan\beta?$ $[\sqrt{15}]$

178 $a = 5,\quad c = 9,\quad \beta = \arccos\frac{1}{3}.\quad b?$ $[\sqrt{76}]$

179 $b = 20,\quad c = 6,\quad \alpha = \arctan\frac{3}{4}.\quad a?$ $[2\sqrt{61}]$

Nelle seguenti figure determina ciò che è richiesto.

180

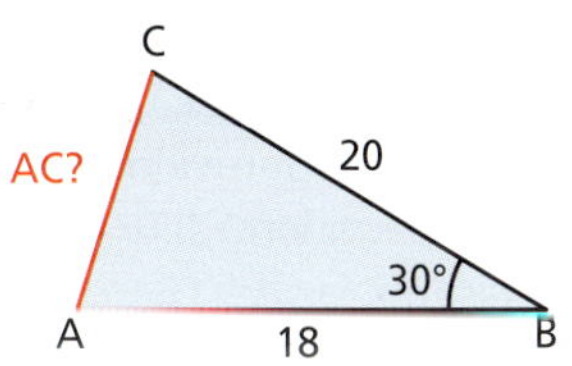

$[\simeq 10]$

181

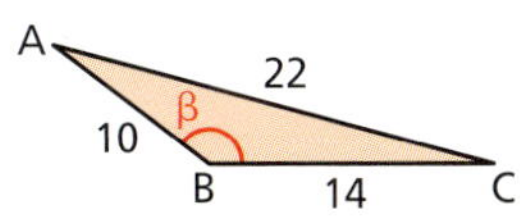

$[\simeq 132°]$

182

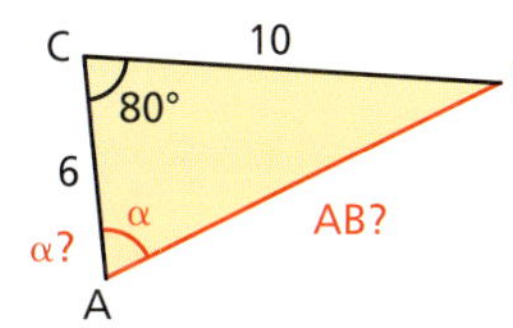

$[\simeq 11; \simeq 64°]$

183 Nel triangolo acutangolo ABC si ha $\sin A\widehat{C}B = \frac{5}{13}$, $AC = 26$ cm e $BC = 8$ cm. Trova AB. [18,9 cm]

184 Un rombo ha i lati lunghi 10 cm e un angolo di 25°. Determina le lunghezze delle diagonali. [4,3 cm; 19,5 cm]

185 Nel triangolo ABC la misura di AC è 4 e il coseno dell'angolo $\widehat{A}$ è $\frac{3}{4}$. Il punto D divide AB in modo che $\overline{AD} = 2$ e $\overline{DB} = 1$. Trova $\overline{CD}$, $\overline{CB}$ e la misura di CM, mediana relativa ad AB.

$\left[2\sqrt{2}; \sqrt{7}; \frac{\sqrt{37}}{2}\right]$

186 In un parallelogramma due lati consecutivi misurano 4 e 20 e l'angolo fra essi compreso è $\alpha = \arcsin\frac{4}{5}$. Calcola le misure dell'area e delle diagonali. $[64; 8\sqrt{5}; 16\sqrt{2}]$

187 **RIFLETTI SULLA TEORIA** Verifica che un triangolo che ha i lati lunghi 9 cm, 15 cm e 21 cm è ottusangolo.

188 La base maggiore AB del trapezio rettangolo $ABCD$ misura 26, il lato obliquo CB misura 5 e $\widehat{B} = \arcsin\frac{5}{13}$. Determina $\overline{AC}$ e l'area.

$\left[\sqrt{461}; \frac{7700}{169}\right]$

189 In un trapezio isoscele $ABCD$ la base maggiore AB e il lato obliquo CB sono lunghi rispettivamente 70 cm e 32 cm. L'angolo $A\widehat{B}C$ è di 72°. Calcola le lunghezze delle diagonali e del perimetro del trapezio. [67,4 cm; 184,2 cm]

190 Determina l'angolo $B\widehat{C}D$ nel quadrilatero della figura. $[\simeq 104°]$

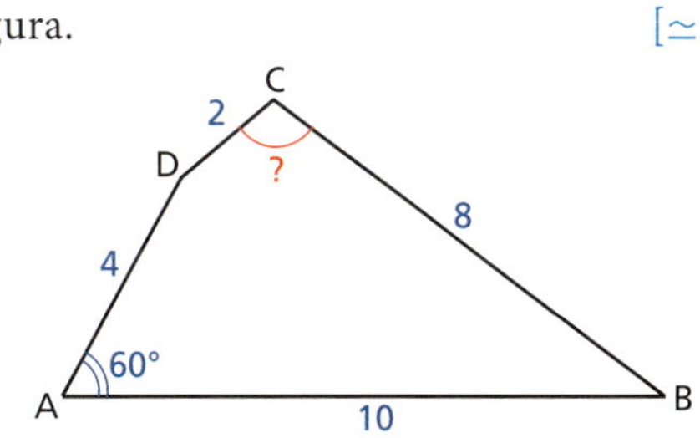

191 ●○ YOU & MATHS In the triangle ABC the length of the side AB is 24 cm and the length of the side AC is 20 cm. The cosine of the angle included between them is $-\frac{1}{4}$. Compute the perimeter, the area, and the length of the median BM.
$[(44+8\sqrt{19})\text{ cm}; 60\sqrt{15}\text{ cm}^2; 2\sqrt{199}\text{ cm}]$

192 ●○ Nel triangolo ABC il lato AB supera di 4 cm il lato AC. Inoltre, $B\widehat{A}C = 120°$ e $BC = 14$ cm. Trova le lunghezze dei lati AC e AB. [6 cm; 10 cm]

193 ●● Nel triangolo LMN la lunghezza del lato LM è $6\sqrt{21}$ cm, quella del lato MN è 50 cm e il seno dell'angolo compreso fra essi è $\frac{2}{5}$. Determina l'area del triangolo e il raggio della circonferenza circoscritta.
$[S_1 = S_2 = 60\sqrt{21}\text{ cm}^2; r_1 = 95\text{ cm}, r_2 = 5\sqrt{46}\text{ cm}]$

194 ●● Determina gli angoli, il perimetro e l'area del trapezio in figura.

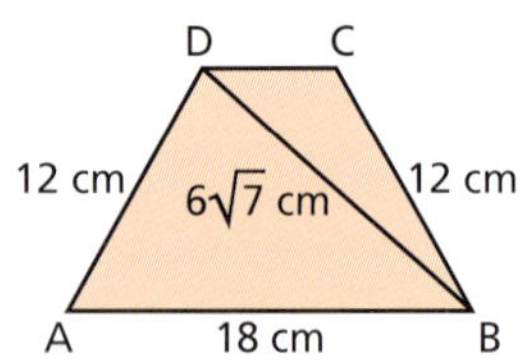

$[\widehat{A} = \widehat{B} = 60°; \widehat{C} = \widehat{D} = 120°; 48\text{ cm}; 72\sqrt{3}\text{ cm}^2]$

195 ●● La corda AB di una circonferenza di centro O e raggio r è lunga quanto il lato di un triangolo equilatero inscritto nella circonferenza. Traccia da B la tangente alla circonferenza e prendi su di essa un punto P appartenente al semipiano che è individuato da AB e contiene O. Poni $\overline{PB} = x$. Esprimi:

$$f(x) = \overline{AP}^2 - \overline{AB}^2,$$

rappresenta la funzione $f(x)$ nel piano cartesiano e determina per quale valore di x è $f(x) = \frac{1}{4}r^2$.

$$\left[f(x) = x^2 + \sqrt{3}\,rx, x \geq 0; x = \frac{r}{2}(2-\sqrt{3})\right]$$

196 ●● Sia $ABCD$ un quadrato di lato 4 cm. Traccia la circonferenza di diametro AB e considera un punto P appartenente alla semicirconferenza interna al quadrato, ponendo $P\widehat{A}B = x$. Sia P' il simmetrico di P rispetto ad AB. Determina la funzione

$$f(x) = \overline{DP'}^2 - \overline{PA}^2,$$

rappresentala graficamente ed evidenzia la parte del grafico relativa al problema. In tale tratto indica il massimo e il minimo valore della funzione. Trova per quale valore di x la funzione assume valore massimo.

$$\left[f(x) = 16(1+\sin 2x); \text{massimo} = 32; \text{minimo} = 16; x = \frac{\pi}{4}\right]$$

Risoluzione dei triangoli qualunque

▶ Teoria a p. 624

Sono noti un lato e due angoli

197 ESERCIZIO GUIDA Risolviamo il triangolo ABC, sapendo che: $c = 4\sqrt{3}$, $\alpha = 120°$, $\beta = 15°$.

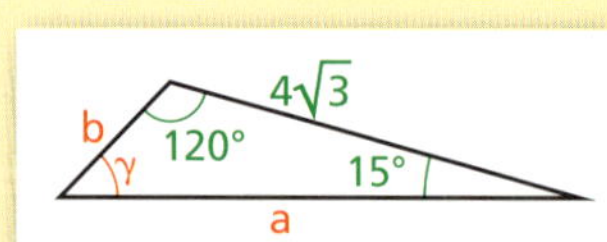

Ricaviamo γ per differenza: $\gamma = 180° - (120° + 15°) = 45°$.

Applichiamo il teorema dei seni per calcolare a e b.

$$\frac{a}{\sin\alpha} = \frac{c}{\sin\gamma} \rightarrow a = \frac{c\sin\alpha}{\sin\gamma} = \frac{4\sqrt{3}\cdot\frac{\sqrt{3}}{2}}{\frac{\sqrt{2}}{2}} = \frac{12}{\sqrt{2}} = 6\sqrt{2}$$

$$\frac{b}{\sin\beta} = \frac{c}{\sin\gamma} \rightarrow b = \frac{c\sin\beta}{\sin\gamma} = \frac{4\sqrt{3}\cdot\frac{\sqrt{6}-\sqrt{2}}{4}}{\frac{\sqrt{2}}{2}} = \sqrt{6}(\sqrt{6}-\sqrt{2}) = 6-2\sqrt{3}$$

Risolvi il triangolo *ABC*, noti gli elementi indicati.

198 ●○ $c = 12\sqrt{3}$, $\alpha = \frac{\pi}{4}$, $\gamma = \frac{\pi}{3}$. $\left[\beta = \frac{5}{12}\pi; a = 12\sqrt{2}; b = 6(\sqrt{2}+\sqrt{6})\right]$

199 ●○ $b = \sqrt{3}+1$, $\beta = 15°$, $\gamma = 120°$. $[\alpha = 45°; a = 4+2\sqrt{3}; c = 2\sqrt{6}+3\sqrt{2}]$

200 $a = 8\sqrt{6}$, $\alpha = \frac{2}{3}\pi$, $\beta = \frac{\pi}{12}$. $\left[\gamma = \frac{\pi}{4}; b = 8\sqrt{3} - 8; c = 16\right]$

201 $c = 4\sqrt{2}$, $\alpha = 30°$, $\gamma = \frac{7}{12}\pi$. $\left[\beta = \frac{\pi}{4}; a = 4\sqrt{3} - 4; b = 4\sqrt{6} - 4\sqrt{2}\right]$

202 $a = 28$, $\alpha = 30°$, $\cos\beta = \frac{1}{3}$. $\left[\gamma \simeq 79°28'; b = \frac{112}{3}\sqrt{2}; c = \frac{28}{3}(2\sqrt{6} + 1)\right]$

203 $a = 10\sqrt{2}$, $\alpha = \frac{\pi}{4}$, $\gamma = \frac{5}{12}\pi$. $\left[\beta = \frac{\pi}{3}; b = 10\sqrt{3}; c = 5\sqrt{2}(\sqrt{3} + 1)\right]$

204 $b = 4\sqrt{6}$, $\beta = \frac{\pi}{4}$, $\tan\gamma = -\sqrt{3}$. $\left[\alpha = \frac{\pi}{12}; a = 6\sqrt{2} - 2\sqrt{6}; c = 12\right]$

205 Determina la lunghezza della diagonale *BD* del parallelogramma. $[4(\sqrt{3} + 3)]$

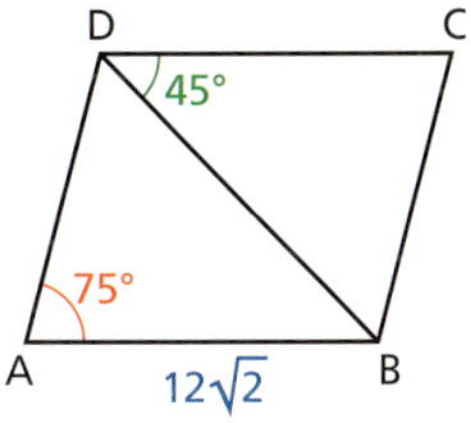

Sono noti due lati e l'angolo fra essi compreso

206 ESERCIZIO GUIDA Risolviamo il triangolo *ABC*, sapendo che $b = 12$, $c = 18$, $\alpha = 21°$.

Applicando il teorema del coseno, ricaviamo a:

$a^2 = b^2 + c^2 - 2bc\cos\alpha$;

$a^2 = 12^2 + 18^2 - 2 \cdot 12 \cdot 18\cos 21° \simeq 64{,}69$;

$a \simeq 8{,}04$.

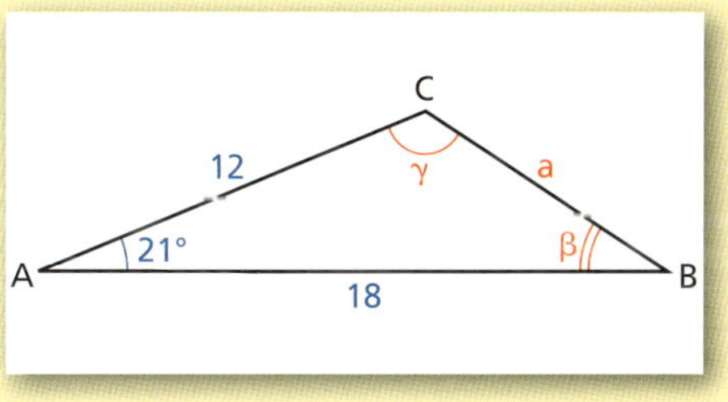

Ricaviamo β, applicando ancora il teorema del coseno:

$$b^2 = a^2 + c^2 - 2ac\cos\beta \rightarrow \cos\beta = \frac{a^2 + c^2 - b^2}{2ac};$$

$$\cos\beta \simeq \frac{8{,}04^2 + 18^2 - 12^2}{2 \cdot 8{,}04 \cdot 18} \simeq 0{,}85 \rightarrow \beta \simeq 32°.$$

Ricaviamo γ per differenza: $\gamma \simeq 180° - (21° + 32°) = 127°$.

Risolvi il triangolo *ABC*, noti gli elementi indicati.

207 $b = 14$, $c = 28$, $\alpha = 34°$. $[a \simeq 18{,}17; \beta \simeq 26°; \gamma \simeq 120°]$

208 $a = 15{,}3$, $b = 6{,}2$, $\gamma = 128°$. $[c \simeq 19{,}73; \alpha \simeq 38°; \beta \simeq 14°]$

209 $a = \sqrt{3}$, $c = 5\sqrt{3}$, $\beta = 60°$. $[b \simeq 7{,}94; \alpha \simeq 11°; \gamma \simeq 109°]$

210 $b = 4$, $c = 20$, $\alpha = \frac{2}{3}\pi$. $[a \simeq 22{,}27; \beta \simeq 9°; \gamma \simeq 51°]$

211 $a = 4\sqrt{3}$, $b = 6\sqrt{2}$, $\tan\gamma = \sqrt{3}$. $[\alpha \simeq 50°; \beta \simeq 70°; c \simeq 7{,}82]$

212 $a = 14$, $c = 10$, $\cos\beta = \frac{2}{7}$. $[b = 6\sqrt{6}; \alpha \simeq 66°; \gamma \simeq 41°]$

213 Determina la lunghezza del segmento *DC*. $[\simeq 15{,}8]$

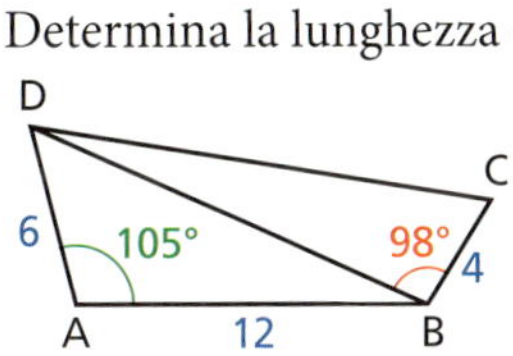

Sono noti due lati e l'angolo opposto a uno di essi

214 ESERCIZIO GUIDA Risolviamo un triangolo *ABC*, sapendo che:

a. $b = 6\sqrt{2}, c = 12, \gamma = 45°$; **b.** $b = 4\sqrt{2}, c = 4\sqrt{6}, \beta = 30°$.

a. Ricaviamo β con il teorema dei seni, $\frac{c}{\sin\gamma} = \frac{b}{\sin\beta}$.

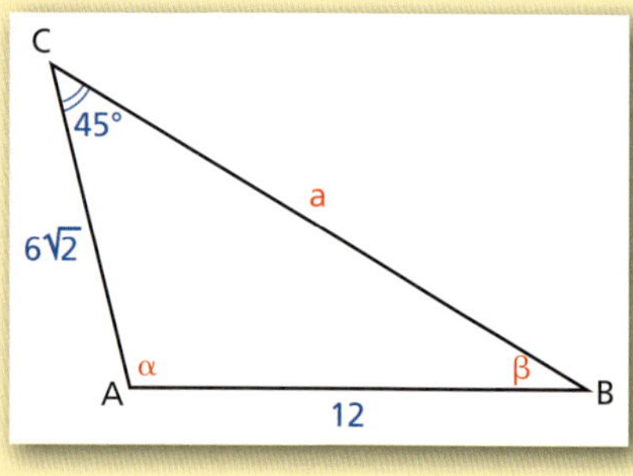

$$\frac{12}{\frac{\sqrt{2}}{2}} = \frac{6\sqrt{2}}{\sin\beta} \rightarrow \sin\beta = \frac{1}{2} \quad \beta_1 = 30°, \quad \beta_2 = 150°$$

È accettabile solo il valore $\beta_1 = 30°$, in quanto per $\beta_2 = 150°$ si avrebbe $\beta + \gamma = 150° + 45° = 195° > 180°$.
Inoltre non sarebbe vero che ad angolo maggiore sta opposto lato maggiore: $6\sqrt{2}$, che è minore di 12, sarebbe opposto a 150°, che è maggiore di 45°.

Determiniamo α per differenza: $\alpha = 180° - (30° + 45°) = 105°$.

Troviamo *a* con il teorema dei seni: $\frac{a}{\sin\alpha} = \frac{b}{\sin\beta} \rightarrow \frac{a}{\sin 105°} = \frac{6\sqrt{2}}{\frac{1}{2}} \rightarrow a \simeq 16{,}4$.

b. Applichiamo il teorema dei seni, $\frac{c}{\sin\gamma} = \frac{b}{\sin\beta}$.

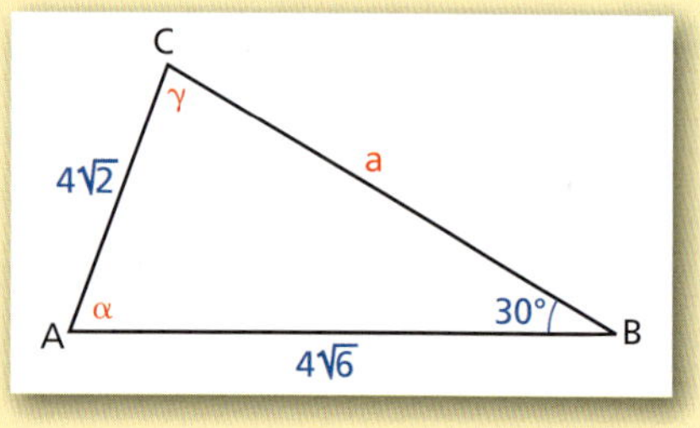

$$\frac{4\sqrt{6}}{\sin\gamma} = \frac{4\sqrt{2}}{\frac{1}{2}} \rightarrow \sin\gamma = \frac{\sqrt{3}}{2} \quad \gamma_1 = 60°, \quad \gamma_2 = 120°$$

Entrambe le soluzioni sono accettabili.

- Se $\gamma = 60° \rightarrow \alpha = 90°$,

  $\frac{a}{\sin 90°} = \frac{4\sqrt{2}}{\sin 30°} \rightarrow a = 8\sqrt{2}$.

- Se $\gamma = 120° \rightarrow \alpha = 30°$, il triangolo è isoscele, quindi $a = 4\sqrt{2}$.

Risolvi il triangolo *ABC*, noti gli elementi indicati.

215 $a = 12\sqrt{2}$, $b = 8\sqrt{3}$, $\alpha = 60°$. $[\beta = 45°; \gamma = 75°; c = 12 + 4\sqrt{3}]$

216 $a = 2\sqrt{2}$, $c = \sqrt{2} + \sqrt{6}$, $\alpha = 45°$. $[\beta = 60°, \gamma = 75°, b = 2\sqrt{3} \vee \beta = 30°, \gamma = 105°, b = 2]$

217 $b = 7$, $c = 7\sqrt{3}$, $\gamma = 120°$. $[\alpha = 30°; \beta = 30°; a = 7]$

218 $b = 3\sqrt{3}$, $c = 3$, $\beta = \frac{\pi}{3}$. $\left[\alpha = \frac{\pi}{2}; \gamma = \frac{\pi}{6}; a = 6\right]$

219 $b = 4$, $c = 2\sqrt{2}$, $\tan\gamma = \frac{\sqrt{3}}{3}$.
$\left[\alpha = \frac{7}{12}\pi, \beta = \frac{\pi}{4}, a = 2(\sqrt{3} + 1) \vee \alpha = \frac{\pi}{12}, \beta = \frac{3}{4}\pi, a = 2(\sqrt{3} - 1)\right]$

220 $a = 6(\sqrt{2} + 1)$, $b = 6 + 3\sqrt{2}$, $\beta = \frac{\pi}{4}$. $\left[\alpha = \frac{\pi}{2}; \gamma = \frac{\pi}{4}; c = 6 + 3\sqrt{2}\right]$

221 $a = 2\sqrt{3}$, $b = 3\sqrt{3}$, $\sin\alpha = \frac{2}{3}$ (α acuto). $[\beta = 90°; \gamma \simeq 48°; c = \sqrt{15}]$

YOU & MATHS

222 ●● Two sides and an angle are given. Determine whether the given information results in one triangle, two triangles or no triangle at all. Solve any triangle(s) that result.

$a = 4, \quad b = 8, \quad \alpha = 20°.$ (USA *Southern Illinois University Carbondale*, Final Exam, 2002)

[1st tr.: $\alpha = 20°, \beta = 43.16°, \gamma = 116.84°, a = 4, b = 8, c = 10.44$; 2nd tr.: $\alpha = 20°, \beta = 136.84°, \gamma = 23.16°, a = 4, b = 8, c = 4.6$]

223 ●● In triangle ABC, $\overline{AB} = 10$, $\overline{BC} = 9$, and $\widehat{A} = 60$ degrees. Find the sum of all possible lengths of AC.
(USA *Bay Area Math Meet, Bowl Sampler*, 1995)

[10]

Sono noti i tre lati

224 **ESERCIZIO GUIDA** Risolviamo un triangolo ABC, sapendo che $a = 9, b = 20, c = 13$.

$$\cos\alpha = \frac{b^2 + c^2 - a^2}{2bc} = \frac{20^2 + 13^2 - 9^2}{2 \cdot 20 \cdot 13} \simeq 0{,}94 \to \alpha \simeq 20°$$

$$\cos\beta = \frac{a^2 + c^2 - b^2}{2ac} = \frac{9^2 + 13^2 - 20^2}{2 \cdot 9 \cdot 13} \simeq -0{,}64 \to \beta \simeq 130°$$

Troviamo γ per differenza: $\gamma \simeq 180° - (20° + 130°) = 30°$.

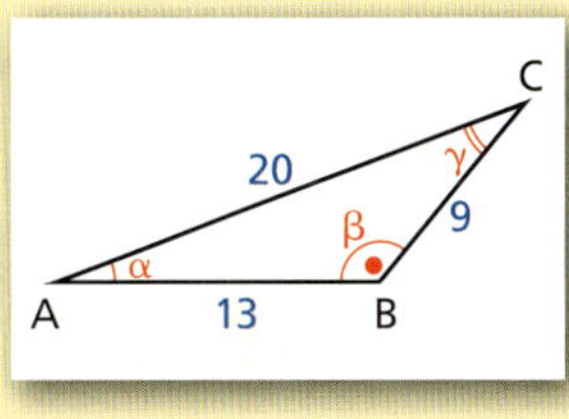

Risolvi il triangolo *ABC*, noti gli elementi indicati.

225 ●○ $a = 4, \quad b = 9, \quad c = 12.$ [$\alpha \simeq 15°; \beta \simeq 35°; \gamma \simeq 130°$]

226 ●○ $a = 20, \quad b = 7, \quad c = 14.$ [$\alpha \simeq 142°; \beta \simeq 12°; \gamma \simeq 26°$]

227 ●○ $a = 52, \quad b = 48, \quad c = 36.$ [$\alpha \simeq 75°; \beta \simeq 63°; \gamma \simeq 42°$]

228 ●○ $a = 15, \quad b = 26, \quad c = 40.$ [$\alpha \simeq 10°; \beta \simeq 17°; \gamma \simeq 153°$]

229 ●○ $a = 4, \quad b = 2\sqrt{6}, \quad c = 2 + 2\sqrt{3}.$ [45°; 60°; 75°]

230 ●○ $a = 12, \quad b = 8, \quad c = 4\sqrt{7}.$ [$\alpha \simeq 79°; \beta \simeq 41°; \gamma \simeq 60°$]

231 ●○ $a = 2\sqrt{3}, \quad b = 2\sqrt{2}, \quad c = \sqrt{2} + \sqrt{6}.$ $\left[\alpha = \frac{\pi}{3}; \beta = \frac{\pi}{4}; \gamma = \frac{5}{12}\pi\right]$

232 ●○ Determina l'ampiezza degli angoli interni di un parallelogramma, sapendo che i lati misurano 12 cm e 17 cm e la diagonale minore misura 20 cm. [85°; 95°]

Problemi con triangoli qualunque

233 ●○ **VERO O FALSO?** Nel triangolo della figura:

a. $a = \dfrac{\sqrt{3}\,b}{2\sin\beta}$. V F

b. $\overline{CH} = \dfrac{\sqrt{3}}{2}$. V F

c. $\dfrac{\sin(120° - \beta)}{\sin\beta} = 3$. V F

d. $\cos A\widehat{C}B = \dfrac{a^2 - 8b^2}{2ab}$. V F

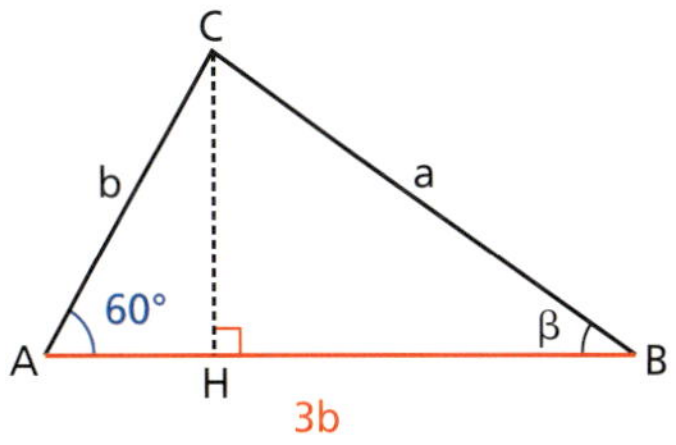

234 In un triangolo un lato misura $9\sqrt{2}$. Un angolo a esso adiacente è $\frac{\pi}{4}$ e l'altro ha tangente uguale a $-\frac{4}{3}$. Determina le misure degli altri elementi del triangolo. $\left[\arccos\frac{\sqrt{98}}{10}; 72, 45\sqrt{2}\right]$

235 In un triangolo l'area misura $\frac{\sqrt{3}}{2}(1+\sqrt{3})$ e due angoli hanno ampiezze $\frac{\pi}{4}$ e $\frac{\pi}{3}$. Calcola le misure degli altri elementi del triangolo. $\left[\frac{5}{12}\pi; 2, \sqrt{6}, \sqrt{3}+1\right]$

236 In un triangolo le misure dell'area e di due lati sono rispettivamente $\frac{25}{2}(3-\sqrt{3})$, 10 e $5(\sqrt{3}-1)$. Trova gli altri elementi del triangolo. $[60°, 81°, 39°, 8{,}76 \vee 120°, 45°, 15°, 5\sqrt{6}]$

237 REALTÀ E MODELLI **Che vista!** Dalla finestra della propria stanza con vista sul lago, Giulia può ammirare un panorama dominato, alla sua sinistra, dalla vetta del monte Alto, distante 8 km in linea d'aria, e, alla sua destra, dalla vetta del monte Brullo, distante 12 km in linea d'aria. Se per passare dall'una all'altra Giulia deve girare lo sguardo di 75°, qual è la distanza tra le due vette? [12,6 km]

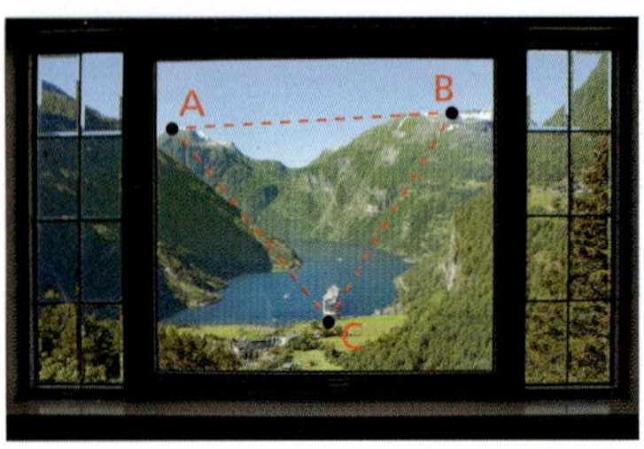

238 Determina il perimetro e la diagonale minore di un parallelogramma, sapendo che la diagonale maggiore è lunga 20 cm e forma con un lato un angolo di 30°, mentre l'angolo a essa opposto è di 135°. $[20(\sqrt{2}+\sqrt{3}-1)\text{ cm}, 20\sqrt{2-\sqrt{3}}\text{ cm}]$

239 In un parallelogramma la diagonale minore misura $2\sqrt{2}$ cm e forma con un lato un angolo di 30°. Sapendo che l'angolo opposto a tale diagonale è di 45°, calcola il perimetro del parallelogramma. $[2(\sqrt{6}+\sqrt{2}+2)\text{ cm}]$

240 Determina le diagonali del parallelogramma *ABCD* in figura.

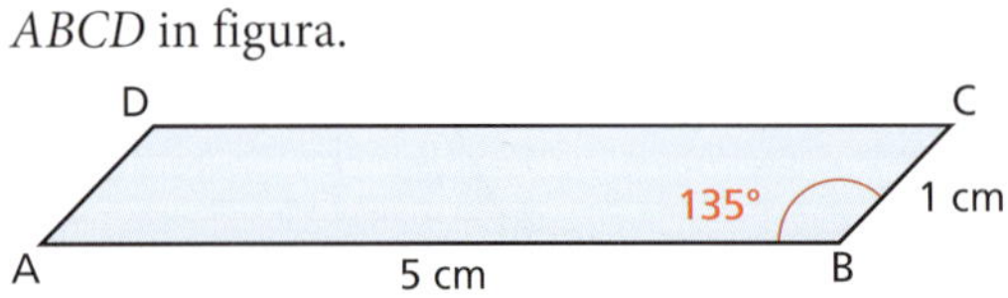

[5,75 cm; 4,35 cm]

241 Il triangolo acutangolo ABC è inscritto in una circonferenza di raggio 5; la misura del lato AB è $5\sqrt{3}$ e quella del lato AC è 8. Calcola l'area del triangolo. $[2(4\sqrt{3}+9)]$

242 Sulla semicirconferenza di diametro $\overline{AB} = 2r$ è assegnato un punto Q tale che $\overline{AQ} + \overline{QB} = \sqrt{6}\,r$. Quanto misura l'angolo $Q\widehat{A}B$? [15°; 75°]

243 Nella semicirconferenza di diametro $\overline{AB} = 4$ è data la corda $\overline{BC} = 2$. Sul raggio OA è fissato il punto D tale che $\overline{DO} = 3\overline{AD}$. Calcola la misura del segmento DC. $\left[\frac{\sqrt{37}}{2}\right]$

244 L'ampiezza dell'angolo al vertice di un triangolo isoscele è 120°. Calcola il rapporto fra il raggio della circonferenza circoscritta al triangolo e il raggio di quella inscritta. $\left[\frac{2(2\sqrt{3}+3)}{3}\right]$

245 Il triangolo RST ha il lato RS lungo 8 cm e la mediana RM lunga 5 cm. Sapendo che l'ampiezza dell'angolo $S\widehat{R}M$ è $\arccos\frac{3}{5}$, determina i lati RT e ST e l'angolo $R\widehat{S}T$.
$\left[RT = 2\sqrt{17}\text{ cm}; ST = 2\sqrt{41}\text{ cm}; \arcsin\frac{4}{\sqrt{41}}\right]$

246 Sai che nel triangolo ABC il lato BC è lungo 14 cm, la mediana AM è lunga 8 cm e l'angolo $A\widehat{M}C$ è di 60°. Determina l'area e il perimetro del triangolo. $[28\sqrt{3}\text{ cm}^2; (27+\sqrt{57})\text{ cm}]$

247 REALTÀ E MODELLI **Relax!** La sedia a sdraio di Gianni ha uno schienale la cui base d'appoggio AB è lunga 40 cm. All'estremo A è incernierato lo schienale AD, lungo 70 cm, all'estremo B è incernierata un'asta di sostegno BC, che è lunga 25 cm e può essere fissata in qualunque punto C di AD.

a. A quale distanza da A Gianni deve fissare l'estremo C dell'asta se vuole avere l'angolo di inclinazione α di 30°?

b. Può Gianni fissare l'estremo C dell'asta in modo che l'angolo di inclinazione α sia 45°?

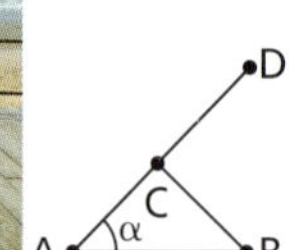

$[a)\ 5(4\sqrt{3}+3)\text{ cm} \simeq 49{,}6\text{ cm} \vee$
$\vee\ 5(4\sqrt{3}-3)\text{ cm} \simeq 19{,}6\text{ cm}; b)\ no]$

248 ●○ Nel triangolo PQR conosci il lato $\overline{PQ} = 2\sqrt{2}$, il lato $\overline{QR} = 2$ e la mediana $\overline{RM} = \sqrt{3} - 1$. Calcola l'area e il perimetro del triangolo.
$[\sqrt{3} - 1; 2 + \sqrt{2} + \sqrt{6}]$

249 ●○ La base maggiore del trapezio rettangolo $ABCD$ è $AB = 48$ cm; la diagonale maggiore BD è lunga $32\sqrt{3}$ cm ed è bisettrice dell'angolo $A\widehat{B}C$. Determina gli angoli, il perimetro e l'area del trapezio.
$[\widehat{B} = 60°; \widehat{C} = 120°; 16(7 + \sqrt{3})\text{ cm}; 640\sqrt{3}\text{ cm}^2]$

250 ●○ Il rettangolo $ABCD$ ha i lati $AB = 40$ cm e $BC = 25$ cm; il parallelogramma $ABC'D'$ ha i vertici C' e D' appartenenti alla retta CD. Il perimetro di $ABC'D'$ è i $\frac{6}{5}$ del perimetro di $ABCD$. Calcola gli angoli del parallelogramma $ABC'D'$.
$\left[\widehat{C}' = \arcsin\frac{25}{38}\right]$

251 ●○ Il triangolo ABC ha $\widehat{B} = 45°$ e $\overline{AB} = 28\sqrt{2}$. La mediana AM misura 35. Calcola l'area.
[196 o 1372]

252 ●● L'area di un triangolo isoscele è 160 m²; l'altezza relativa alla base è $AH = 20$ m. Determina gli angoli del triangolo e le altezze relative ai lati obliqui.
$\left[\beta = \gamma = \arctan\frac{5}{2}; \alpha = \arctan\frac{20}{21}; h = \frac{80\sqrt{29}}{29}\text{ m}\right]$

253 ●● Nel triangolo ABC la lunghezza del lato AB è $5\sqrt{21}$ cm, quella della proiezione del lato AC su BC è 8 cm. Gli angoli $\widehat{B}$ e $\widehat{C}$ sono acuti e $\sin\widehat{C} = \frac{\sqrt{21}}{5}$; calcola i lati e gli angoli del triangolo.
$\left[AC = 20\text{ cm}; BC = (3\sqrt{21} + 8)\text{ cm};\right.$
$\left.\widehat{B} = \arccos\frac{3}{5}; \widehat{A} = \arccos\frac{4\sqrt{21} - 6}{25}\right]$

254 ●● Risolvi il triangolo ABC in figura.

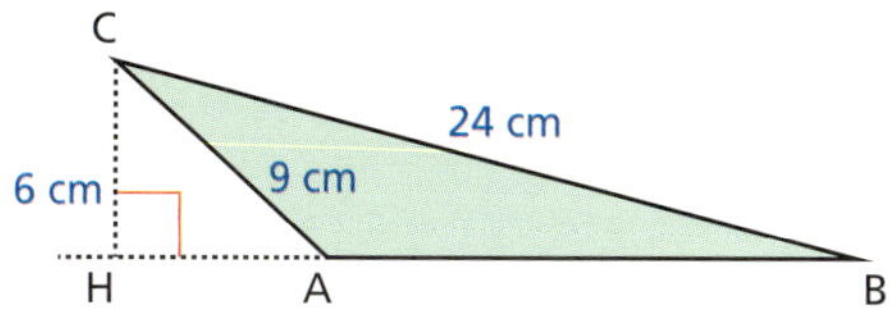

$[\widehat{A} \simeq 138°; \widehat{B} \simeq 15°; \widehat{C} \simeq 27°;$
$AB = (6\sqrt{15} - 3\sqrt{5})\text{ cm}]$

255 ●● Determina gli angoli del triangolo ABC e il raggio della circonferenza circoscritta, sapendo che $AB = 2$ cm, $BC = \sqrt{6}$ cm e $AC = (1 + \sqrt{3})$ cm.
$[\widehat{A} = 60°, \widehat{B} = 75°, \widehat{C} = 45°; \sqrt{2}\text{ cm}]$

256 ●● Nel triangolo ABC la lunghezza della proiezione HC del lato AC su BC è 40 cm; sai inoltre che $\cos\widehat{C} = \frac{4}{7}$, $\sin B\widehat{A}H = \frac{2}{7}$ e l'angolo $\widehat{B}$ è acuto. Calcola le lunghezze dei lati del triangolo.
$\left[AB = \frac{14}{3}\sqrt{165}\text{ cm}; AC = 70\text{ cm};\right.$
$\left.BC = \left(\frac{4}{3}\sqrt{165} + 40\right)\text{ cm}\right]$

257 ●● Nel triangolo PQR sono noti il lato $PQ = 2(\sqrt{3} + 1)$ m, la bisettrice $PT = 2$ m e l'angolo $P\widehat{Q}R = 15°$. Determina il perimetro e l'area del triangolo. $[2\sqrt{3}(\sqrt{2} + 2)\text{ m}; 2\sqrt{3}\text{ m}^2]$

258 ●● Nel triangolo ABC la bisettrice di $\widehat{C}$ interseca AB in P. Sapendo che $\overline{PB} = 12$, $\widehat{B} = \arctan\frac{\sqrt{2}}{4}$ e $A\widehat{C}B = \arccos\frac{7}{9}$, calcola l'area del triangolo.
$\left[\frac{1024}{23}\sqrt{2}\right]$

259 ●● Nel triangolo ABC l'angolo $\widehat{B}$ è ottuso e AH è l'altezza relativa al lato BC. Sapendo che $HB = 12$ cm, $HC = 48$ cm e $\tan B\widehat{C}A = \frac{1}{3}$, determina i lati e gli angoli del triangolo ABC.
$\left[AB = 20\text{ cm}; AC = 16\sqrt{10}\text{ cm}; BC = 36\text{ cm};\right.$
$\left.\sin A\widehat{B}C = \frac{4}{5}; \sin B\widehat{A}C = \frac{9}{50}\sqrt{10}\right]$

260 ●● Nel triangolo ABC i lati AB e BC sono lunghi rispettivamente 32 cm e 66 cm; la tangente dell'angolo $B\widehat{A}C$ è $\frac{6}{5}$. Determina il terzo lato e l'area del triangolo.
$[AC \simeq 81{,}74\text{ cm}; \text{area} \simeq 1004{,}67\text{ cm}^2]$

261 ●● Il parallelogramma $ABCD$ ha l'angolo $\widehat{B} = \frac{2}{3}\pi$ e la sua bisettrice incontra la diagonale AC nel punto P in modo che $\overline{AP} = \frac{35}{8}$ e $\overline{BP} = \frac{15}{8}$. Determina i lati del parallelogramma. [5; 3]

262 ●● In un trapezio scaleno $ABCD$ le basi misurano: $\overline{AB} = 5\sqrt{3} + 21$ e $\overline{CD} = 9$. Sapendo che l'angolo in B è di 60° e che $\cos\widehat{D} = -\frac{5}{13}$, calcola la misura dei lati obliqui. $[24; 13\sqrt{3}]$

263 ●● Gli angoli del parallelogramma $ABCD$ hanno il seno uguale a $\frac{3}{5}$ e le distanze del centro O del parallelogramma dai lati sono $\overline{OM} = 5$ e $\overline{OP} = 8$. Calcola le lunghezze delle diagonali e l'area del parallelogramma.
$\left[10\sqrt{17}, \frac{50}{3}; \frac{800}{3}\right]$

ESERCIZI

264 ●● In un triangolo isoscele ABC l'altezza BH relativa al lato obliquo AC lo divide in due parti, AH e HC, con $AH = 2HC$. Determina gli angoli del triangolo. $\left[\widehat{A} = \widehat{B} = \arccos\frac{1}{\sqrt{3}}, \widehat{C} = \arccos\frac{1}{3}\right]$

265 ●○ Sapendo che il perimetro del quadrato $ABCD$ è $8\sqrt{6}$ e quello di $PQRS$ è 16, determina l'ampiezza degli angoli α e β indicati. [15°; 75°]

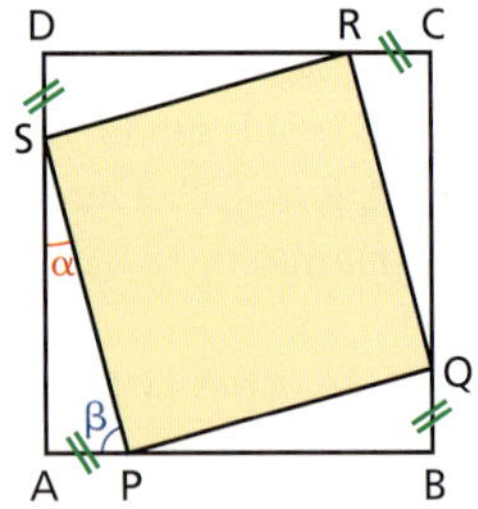

266 ●● Il triangolo acutangolo MNP è inscritto in una circonferenza di raggio 2; la misura del lato MN è $2\sqrt{3}$ e l'area della superficie è $(3 + \sqrt{3})$. Determina gli angoli del triangolo. [due soluzioni: 60°, 75°, 45°; 60°, 45°, 75°]

267 ●● EUREKA! Dimostra che il perimetro e l'area di un poligono regolare di n lati inscritto in una circonferenza di raggio r misurano rispettivamente $2nr\sin\frac{\pi}{n}$ e $\frac{1}{2}r^2 n\sin\frac{2\pi}{n}$. Calcola poi:

a. perimetro e area del dodecagono regolare inscritto in una circonferenza di raggio 2;

b. il raggio di una circonferenza in cui è inscritto un ottagono regolare di area $32\sqrt{2}$.

[a) $12\sqrt{2}(\sqrt{3} - 1)$; 12; b) 4]

Problemi con equazioni e funzioni

268 ●○ In una circonferenza di centro O e diametro $\overline{AB} = 10$ la corda MN è perpendicolare al diametro e lo divide in due parti che stanno nel rapporto $\frac{7}{3}$. Determina l'ampiezza $2x$ di $M\widehat{O}N$. $\left[2\arcsin\frac{\sqrt{21}}{5}\right]$

269 ●○ Considera il triangolo rettangolo ABC che ha gli angoli acuti $\widehat{B} = 60°$ e $\widehat{C} = 30°$ e l'ipotenusa $\overline{BC} = 2$. Per il vertice A conduci una retta s esterna al triangolo e indica con B' e C' le proiezioni ortogonali di B e C su di essa. Poni $C\widehat{A}C' = x$ e calcola per quale valore di x il perimetro del trapezio $BCC'B'$ è $2 + \sqrt{6} + \sqrt{2}$. [45°]

270 ●○ Nel rettangolo $ABCD$ è inscritto il triangolo ABP, con il vertice P sul lato CD. Le misure dei lati del rettangolo sono $\overline{AB} = a$ e $\overline{AD} = (2 - \sqrt{3})a$. Determina $D\widehat{A}P$, sapendo che $\overline{AP}^2 + \overline{AD}^2 = \overline{BP}^2$. [60°]

271 ●○ Un triangolo LMN è inscritto in una circonferenza di raggio $r = 5$; la lunghezza del lato LM è $5\sqrt{3}$. Determina l'ampiezza di $M\widehat{L}N$ in modo che $\overline{LN}^2 - \overline{MN}^2 = 25\sqrt{3}$. [due soluzioni: 45°; 15°]

272 ●○ Trova l'ampiezza dell'angolo α nel trapezio in figura, sapendo che:

$$\overline{AB} + 2\overline{CH} = (1 + 2\sqrt{2})\overline{DC}.$$ [45°]

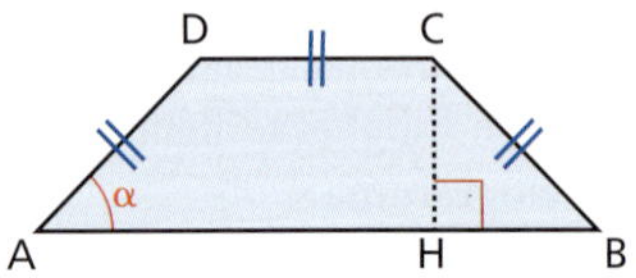

273 ●○ In un settore circolare AOB di raggio r e di ampiezza uguale a 90° traccia un raggio OP. Considera la proiezione ortogonale D di P sul raggio OB e il punto medio C del raggio OA. Determina l'angolo $A\widehat{O}P$, sapendo che:

$$\overline{PC}^2 + \overline{PD}^2 = \frac{11}{10}r^2.$$

$\left[\text{due soluzioni: } \cos A\widehat{O}P = \frac{5 \pm \sqrt{10}}{10}\right]$

274 ●○ Considera il triangolo rettangolo ABC inscritto in una circonferenza di diametro $\overline{AB} = 2r$: sul lato BC costruisci il quadrato $BPQC$ esternamente al triangolo. Se il trapezio $ABPQ$ ha area $S = \frac{4 + 3\sqrt{2}}{2}r^2$, quanto misura l'angolo $B\widehat{A}C$? $\left[\frac{3}{8}\pi, \arctan(5\sqrt{2} + 7)\right]$

275 ●● Determina gli angoli di un trapezio isoscele, sapendo che la base maggiore è $\overline{AB} = 14$, la base minore è $\overline{CD} = 8$ e il rapporto fra il quadrato della diagonale e il quadrato del lato obliquo è $\frac{37}{9}$. $\left[\frac{\pi}{3}; \frac{2}{3}\pi\right]$

276 ●● Nel triangolo ABC il lato AC ha misura l, il lato BC ha misura $2l$. Determina gli angoli del triangolo sapendo che fra i due lati noti e l'angolo $\widehat{A}$ intercorre la seguente relazione:

$$\overline{BC}\sin 2\widehat{A} - \overline{AC}\tan 2\widehat{A} = 0.$$

[tre soluzioni: $\widehat{A} = 90°$, $\widehat{B} = 30°$; $\widehat{A} = 30°$, $\widehat{B} \simeq 14{,}477°$; $\widehat{A} = 150°$, $\widehat{B} \simeq 14{,}477°$]

277 •• Traccia la tangente t nel punto B alla semicirconferenza di diametro $\overline{AB} = 4$. Considera un punto P sulla semicirconferenza e indica con Q e R le sue proiezioni rispettivamente su AB e su t; determina $P\widehat{A}B$ in modo che:

$$2\sqrt{3}\,\overline{PQ} + \overline{PR} = 5\overline{AQ}.$$

$\left[\frac{\pi}{6} + \frac{1}{2}\arcsin\frac{\sqrt{3}}{3}\right]$

278 •• Due semicirconferenze che hanno diametri $\overline{AB} = \overline{BC} = 2r$ giacciono nello stesso semipiano e sono tangenti esternamente in B. Presi i punti P sulla prima e Q sulla seconda in modo che $P\widehat{B}Q = 45°$, calcola $x = P\widehat{B}A$ in modo che:

$$\overline{BQ} + \sqrt{2}\,\overline{PB} = \frac{\sqrt{3}}{2}\overline{AB}.$$

$\left[\frac{5}{12}\pi\right]$

279 •• La circonferenza della figura ha raggio 2. Calcola l'area $A(x)$ del quadrilatero $ABCD$ e determina per quale valore di x si ha $A(x) = \sqrt{3}$.

$\left[x = 0, x - \frac{2}{3}\pi\right]$

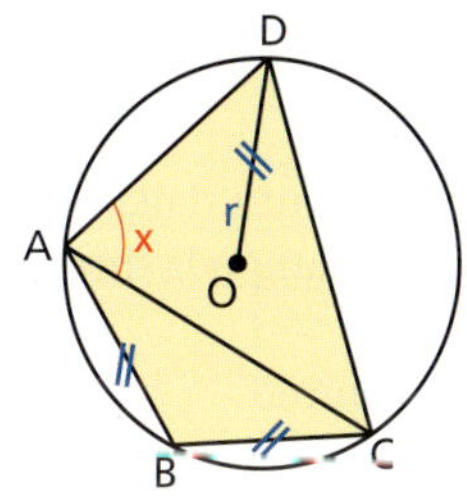

280 •• Sono dati il triangolo equilatero ABC di lato 1 e la semiretta di origine A che incontra il lato BC nel punto P. Su tale semiretta, considera il punto S proiezione di C e il punto T proiezione di B. Indicato con x l'angolo $B\widehat{A}P$, determina la funzione:

$$f(x) = \overline{AB}^2 - \overline{CS}^2 - \overline{BT}^2.$$

Trova x in modo che $f(x) = \frac{\sqrt{3}}{4}$.

$\left[f(x) = \frac{\cos 2x + \sqrt{3}\sin 2x}{4}; \frac{\pi}{12} \vee \frac{\pi}{4}\right]$

281 •• Data la semicirconferenza di diametro $\overline{AB} = 4$, sia C il punto medio dell'arco $\widehat{AB}$. Considera sull'arco $\widehat{BC}$ un punto P, traccia la tangente in P che incontra la retta AB nel punto Q e, posto $P\widehat{A}B = x$, determina $\overline{PQ}$ in funzione di x. Rappresenta poi la funzione $f(x) = \frac{\overline{PQ}}{\overline{AB}}$ su un periodo completo ed evidenzia la parte relativa al problema.

$\left[\overline{PQ} = 2\tan 2x;\right.$
$\left. f(x) = \frac{1}{2}\tan 2x, \text{con } 0 \le x < \frac{\pi}{4}\right]$

282 •• Dato il quadrato $ABCD$ di lato $l = 1$, costruisci una semicirconferenza di diametro AB esterna al quadrato. Considerato sulla semicirconferenza un punto P, con $A\widehat{B}P = x$, determina l'espressione della funzione:

$$f(x) = \overline{PC}^2 + \overline{PD}^2.$$

Rappresenta la funzione su un periodo completo ed evidenzia la parte relativa al problema. Individua la situazione geometrica corrispondente al valore massimo della funzione.

$\left[f(x) = 3 + 2\sin 2x; 0 \le x \le \frac{\pi}{2};\right.$
$\left.\text{massimo} = \left(\frac{\pi}{4}; 5\right)\right]$

283 •• È dato il triangolo ABC tale che il lato $\overline{AB} = 2$ e la mediana a esso relativa $\overline{CM} = 1$. Determina, in funzione dell'angolo $C\widehat{A}B = x$, il perimetro del triangolo ABC. Rappresenta la funzione ottenuta ed evidenzia la parte relativa al problema. Descrivi la situazione geometrica corrispondente al valore massimo del perimetro.

$[f(x) = 2\sqrt{2}\sin(x + 45°) + 2$, con $0° < x < 90°$;
massimo $= (45°; 2(\sqrt{2} + 1))$,
triangolo rettangolo isoscele$]$

284 •• Data la semicirconferenza di centro O e raggio unitario, prolunga il diametro AB di un segmento $\overline{BC} = 1$ e congiungi il punto C con i punti P e Q della semicirconferenza tali che $C\widehat{O}Q = 2 \cdot C\widehat{O}P$. Indicato con x l'angolo $C\widehat{O}P$, determina l'espressione della funzione:

$$f(x) = \frac{\overline{QC}^2 - \overline{PC}^2}{2 \cdot \overline{QP}^2}.$$

Rappresenta il grafico di $f(x)$ ed evidenzia il tratto relativo al problema. Indipendentemente dal problema geometrico, risolvi la disequazione $f(x) \le 0$.

$\left[f(x) = 2\cos x + 1, 0 < x \le \frac{\pi}{2};\right.$
$\left.\frac{2}{3}\pi + 2k\pi \le x \le \frac{4}{3}\pi + 2k\pi\right]$

285 •• Sono dati il quadrato $ABCD$ di lato $l = 1$ e in esso l'arco di circonferenza $\widehat{BD}$, di centro C. Considera un punto P appartenente all'arco $\widehat{BD}$ e poni $D\widehat{C}P = 2x$. Determina l'espressione analitica della funzione:

$$y = \overline{AP}^2 - \overline{BP}^2.$$

Verifica che la funzione può essere espressa come $y = -2\cos 2x + 1$ e rappresentala graficamente.

286 È data una semicirconferenza di diametro $\overline{AB} = 2r$. Inscrivi in essa il triangolo ABC e traccia la bisettrice dell'angolo $C\widehat{A}B$ che interseca la circonferenza in D e il lato CB in T. Indicato con $2x$ l'angolo $C\widehat{A}B$, determina, al variare di x, il rapporto $y = \frac{\overline{AT}}{\overline{TD}}$ e calcola per quale valore di x tale rapporto è 1.

$\left[y = \frac{1}{\sin^2 x} - 2; 0 < x \leq \frac{\pi}{4}; x = \arcsin\frac{\sqrt{3}}{3}\right]$

TUTOR matematica Allenati con **15 esercizi interattivi** con feedback "hai sbagliato, perché..."
su.zanichelli.it/tutor3 risorsa riservata a chi ha acquistato l'edizione con tutor

Applicazioni della trigonometria

Applicazioni alla fisica

287 ESERCIZIO GUIDA Calcoliamo il lavoro che compie una forza costante di intensità pari a 25 N, inclinata di 60° rispetto all'orizzontale, agente su un corpo che viene spostato da tale forza di 15 m in direzione orizzontale.

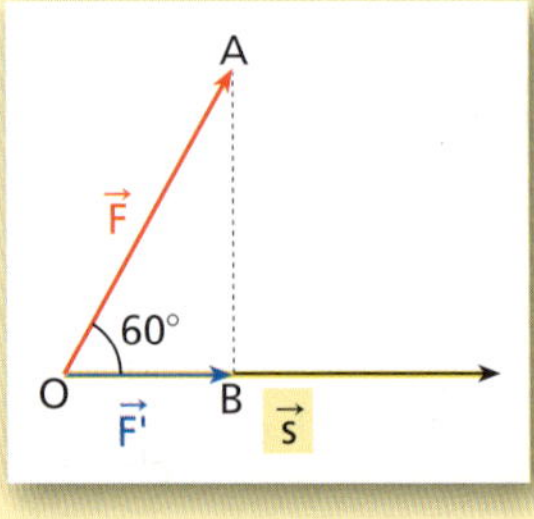

Sono dati la forza $\vec{F}$ e lo spostamento $\vec{s}$. Il lavoro L compiuto dalla forza è $L = F' \cdot s$, dove F' è l'intensità della proiezione della forza lungo la direzione dello spostamento.
F' è la misura di un cateto del triangolo rettangolo OAB, quindi

$$F' = \overline{OB} = \overline{OA} \cdot \cos\alpha = F \cdot \cos\alpha,$$

da cui: $L = F \cdot s \cdot \cos\alpha = 25 \cdot 15 \cdot \frac{1}{2} = 187{,}5$.

Il lavoro è di 187,5 J.

288 Calcola l'intensità e la direzione della risultante delle due forze di intensità $F' = 8$ N, $F'' = 10$ N che sono applicate nel punto A e formano tra loro un angolo di 30°. [17,39 N; 16° 42′ 19″ risp. a $\vec{F'}$]

289 Generalizza il problema precedente, determinando l'intensità e la direzione della risultante $\vec{R}$ di due forze $\vec{F'}$ e $\vec{F''}$ che sono applicate a uno stesso punto e le cui direzioni formano un angolo α.

$\left[R = \sqrt{F'^2 + F''^2 + 2F'F''\cos\alpha}; \sin\beta = \frac{F''}{R}\sin\alpha\right]$

290 Una massa puntiforme di 0,5 kg è appesa a un filo verticale di massa trascurabile. Una forza $\vec{F}$ orizzontale di modulo pari a 2 N è applicata alla massa e la tiene in equilibrio in una posizione in cui il filo forma un angolo α con la verticale. Trova l'ampiezza di α. [22° 12′ 13″]

291 Calcola il lavoro che svolge una forza costante di intensità pari a 15 N, inclinata di 30° rispetto all'orizzontale, agente su un corpo che per effetto di tale forza si sposta lungo l'orizzontale di 25 m. [324,8 J]

292 Qual è il lavoro relativo a una forza perpendicolare a uno spostamento? Giustifica la risposta. [0]

293 Un carrello di massa $m = 1{,}2$ kg, vincolato a muoversi su una rotaia rettilinea senza attrito, è spinto da una forza $\vec{F}$ che forma un angolo di 25° rispetto alla direzione di movimento. Se l'intensità della forza F è 3,2 N, qual è l'accelerazione del carrello? [2,42 m/s²]

294 Un ragazzo sta girando in una giostra a sedili; la catena del suo sedile è inclinata di 36° rispetto alla verticale. Se la massa complessiva del sedile e del ragazzo è di 80 kg, quanto è la tensione della catena? (Considera trascurabile la massa della catena.) [969,1 N]

295 **Attrito** Un blocchetto di legno è in equilibrio su un piano inclinato di legno. L'intensità della forza di attrito statico si ottiene dalla formula $F_a = \mu \cdot P_\perp$. Ricava il coefficiente di attrito statico μ, sapendo che l'angolo di inclinazione massimo, dopo il quale il blocchetto inizia a muoversi, è $\alpha = 27°$. [0,51]

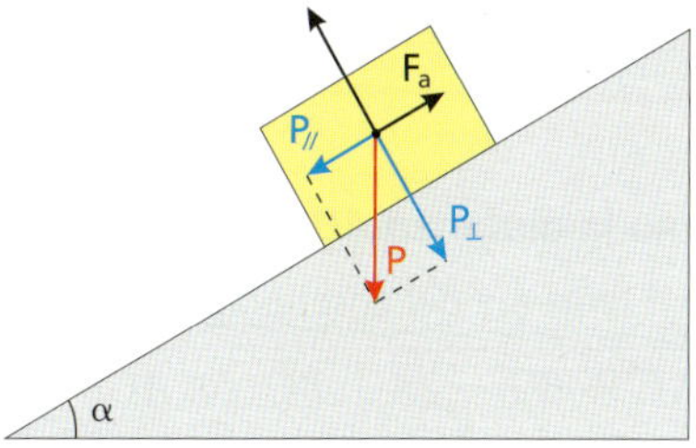

296 Una lastra trasparente a facce piane e parallele ha uno spessore di 50 cm. Un raggio luminoso incide su di essa con un angolo di incidenza di 35°: quale spostamento subisce nell'attraversarla se l'angolo di rifrazione per il raggio che entra nella lastra è di 28°? Per spostamento intendiamo la distanza fra la retta del raggio entrante e quella del raggio uscente. [6,9 cm]

297 Tre forze, $\vec{F}_1$, $\vec{F}_2$, $\vec{F}_3$, i cui moduli sono 8 N, 4 N e 10 N, sono applicate su una stessa massa puntiforme. Determina gli angoli che $\vec{F}_1$ e $\vec{F}_2$ formano con $\vec{F}_3$, sapendo che le tre forze si equilibrano. [157° 40′ 06″; 130° 32′ 30″]

298 Due sbarre omogenee, *PO* e *OR*, sono saldate all'estremo *O* formando un angolo di 110°. La prima è lunga 58 cm e pesa 10 N; la seconda è lunga 70 cm e pesa 14 N. Il sistema si trova in un piano verticale ed è libero di ruotare attorno a un asse orizzontale passante per *O*. Nella posizione di equilibrio quanto misura l'angolo che *PO* forma con la direzione verticale? [75° 06′ 44″]

299 Determina l'inclinazione α del piano per cui la forza *F* è sufficiente per mantenere in equilibrio il corpo. [$\alpha \simeq 10° \, 9' \, 51''$]

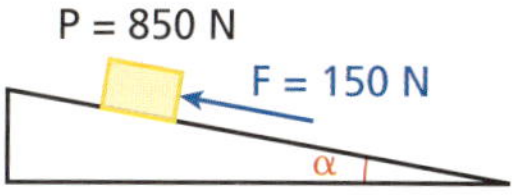

300 Un pendolo è formato da una sferetta di piccole dimensioni appesa a un filo lungo 80 cm. Nella posizione di riposo l'altezza della sfera dal suolo è di 60 cm; durante l'oscillazione essa raggiunge l'altezza massima dal suolo di 75 cm. Qual è l'ampiezza di oscillazione? [35° 39′ 33″]

301 Un'altalena a bilancia misura 3 m e il suo fulcro si trova a 30 cm da terra. Qual è la massima altezza raggiungibile da ciascun sedile? (I sedili si trovano alle due estremità.) [60 cm]

302 Un blocco avente la massa di 150 kg è spinto su un piano orizzontale scabro da una forza inclinata verso il basso che forma un angolo di 34° con l'orizzontale. Se l'intensità della forza è 300 N e il coefficiente di attrito è $k = 0{,}12$, qual è l'accelerazione impressa al blocco? [$0{,}348 \text{ m/s}^2$]

Problemi REALTÀ E MODELLI

RISOLVIAMO UN PROBLEMA

Il tunnel

Un'impresa deve costruire un tunnel che colleghi con una strada rettilinea i punti A e B, posti alla stessa quota sui due versanti opposti di una collina.
I due punti non sono reciprocamente visibili, quindi è stata tracciata la poligonale $ACDB$, riportata in figura, su cui sono indicati i dati rilevati dai tecnici. Sapendo che A, B, C e D hanno la stessa quota, e quindi $ABCD$ giace su un piano orizzontale, calcola:

- la distanza tra i punti A e B;
- l'ampiezza degli angoli α e β.

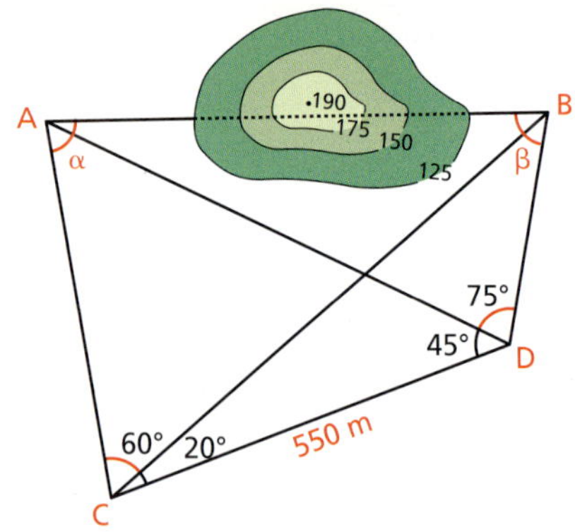

► **Analizziamo il problema.**

Il segmento AB è un lato del triangolo ABC, di cui per ora conosciamo la misura dell'angolo opposto al lato AB. Se riusciamo a calcolare le misure dei lati AC e BC, con il teorema del coseno rispondiamo alla prima domanda. Per quanto riguarda la seconda, dovremo utilizzare il teorema dei seni, sfruttando i risultati ottenuti.

► **Calcoliamo le lunghezze di *AC* e *BC*.**

Consideriamo il triangolo ADC:

$$C\widehat{A}D = 180° - (60° + 20° + 45°) = 55°.$$

Applichiamo il teorema dei seni:

$$\frac{AC}{\sin A\widehat{D}C} = \frac{CD}{\sin C\widehat{A}D} \rightarrow$$

$$AC = 550 \cdot \frac{\sin 45°}{\sin 55°} \rightarrow AC \simeq 475 \text{ m}.$$

Consideriamo il triangolo CDB:

$$C\widehat{B}D = 180° - (20° + 45° + 75°) = 40°.$$

Applichiamo il teorema dei seni:

$$\frac{CB}{\sin C\widehat{D}B} = \frac{CD}{\sin C\widehat{B}D} \rightarrow$$

$$CB = 550 \cdot \frac{\sin 120°}{\sin 40°} \rightarrow CB \simeq 741 \text{ m}.$$

► **Calcoliamo la distanza *AB*.**

Applichiamo il teorema del coseno al triangolo ABC:

$$\overline{AB} = \sqrt{AC^2 + BC^2 - 2AC \cdot BC \cdot \cos A\widehat{C}B} =$$

$$\sqrt{475^2 + 741^2 - 2 \cdot 475 \cdot 741 \cdot \cos 60°} \simeq 650.$$

La distanza AB è di circa 650 m.

► **Calcoliamo la misura degli angoli.**

Per calcolare α applichiamo il teorema dei seni al triangolo ABC:

$$\frac{AB}{\sin A\widehat{C}B} = \frac{CB}{\sin \alpha} \rightarrow$$

$$\sin \alpha = \sin 60° \cdot \frac{741}{680} = 0,987 \rightarrow$$

$$\alpha = \arcsin 0,987 \simeq 81°.$$

Per calcolare l'angolo β sfruttiamo la proprietà dei quadrilateri di avere la somma degli angoli interni uguale a 360°:

$$\beta = 360° - (\alpha + A\widehat{C}D + C\widehat{D}B) =$$

$$360° - (81° + 80° + 120°) \simeq 79°.$$

L'ampiezza di α è di circa 81°, quella di β di circa 79°.

303 ●○ Calcoliamo la distanza fra due laghi separati da una collina. Scegliamo come punto di riferimento un monastero che dista dai due laghi rispettivamente 850 m e 680 m. Inoltre, le direzioni in cui dal monastero si vedono i due laghi formano tra loro un angolo di 72°. [909,77 m]

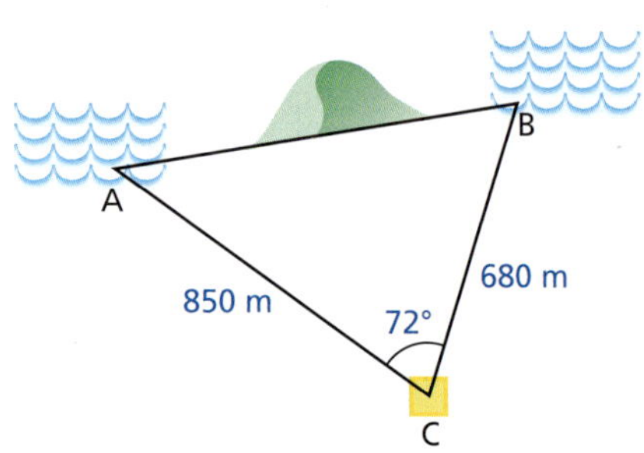

304 Due case, A e B, sono separate da un fiume. Una torre T è posta dalla stessa parte di B, a una distanza da B di 375 m. L'angolo $B\widehat{T}A$ è di 60°; l'angolo $A\widehat{B}T$ è di 75°. Calcola la distanza fra le due case. [459,28 m]

305 **In spiaggia** Ti trovi su una spiaggia e vuoi calcolare l'altezza di un isolotto scoglioso. Scegli due punti A e B allineati con l'isolotto e distanti fra loro 20 m. Misuri gli angoli $D\widehat{A}C = 28°$ e $D\widehat{B}C = 20°$ (D è un punto alla base dell'isolotto, C è un punto sulla sua sommità). Quanto risulta alto? [23,07 m]

306 In un terreno pianeggiante vuoi calcolare la distanza fra due punti inaccessibili A e B. Scegli due posizioni P e Q, distanti 50 m fra loro, e misuri gli angoli $Q\widehat{P}A = 120°$, $Q\widehat{P}B = 50°$, $P\widehat{Q}B = 110°$, $P\widehat{Q}A = 40°$. Quanto sono distanti A e B? [137,37 m]

307 **Campane sul colle** Una chiesa si trova in cima a una collina e la cella campanaria del suo campanile è a 25 m dal suolo. Per calcolare l'altezza del colle scegli come riferimento una casa situata nella pianura sottostante; misuri, rispetto alla verticale, l'angolo $\widehat{A} = 73°\ 20'$, sotto cui vedi la casa dalla base del campanile, e l'angolo $\widehat{B} = 65°\ 40'$, sotto cui la vedi dalla cella campanaria. Quanto è alto il colle rispetto alla pianura? [48,97 m]

308 Un geometra deve misurare la larghezza di un canale. Dopo aver individuato un punto di riferimento A sulla sponda opposta alla sua, pianta due paletti: uno sull'argine nella posizione B e l'altro nella posizione H, in modo che la retta ABH risulti perpendicolare alle sponde (figura a lato). Dalla posizione P, tale che $P\widehat{H}A = 90°$, misura gli angoli $H\widehat{P}B$, $H\widehat{P}A$ e la distanza PH: $H\widehat{P}B = 35°$; $H\widehat{P}A = 65°$; $PH = 20$ m.
Qual è la larghezza AB del canale? [28,89 m]

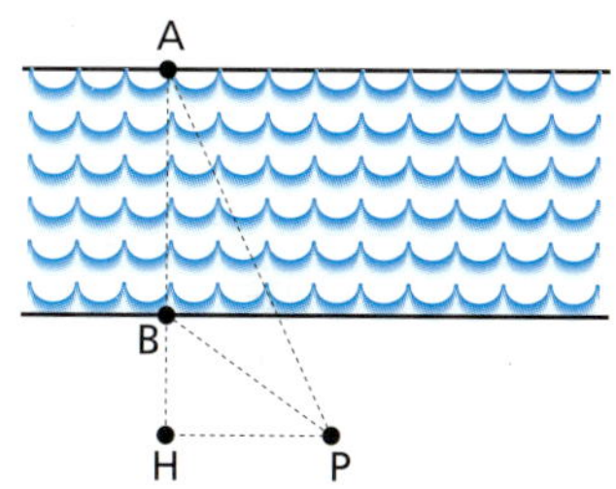

309 Un osservatore è sulla riva di un lago in una postazione a 241 m di altezza dalla sua superficie. Dall'altra parte del lago vede la cima di una montagna in una direzione che forma, col piano orizzontale, un angolo $\alpha = 43°\ 12'$ verso l'alto e la sua immagine riflessa sull'acqua sotto un angolo $\beta = 49°\ 33'$ verso il basso. Quanto è alta la cima della montagna? (Ricorda che per le leggi della riflessione l'angolo di incidenza e quello di riflessione sono congruenti.) [2176 m]

310 **Con angoli diversi** Una piazza ha la forma di un quadrilatero convesso i cui angoli misurano: $\widehat{A} = 70°$, $\widehat{B} = 130°$, $\widehat{C} = 40°$, $\widehat{D} = 120°$. Se il lato AB è lungo 40 m e BC è 90 m, quanto misura la superficie della piazza? [3388,26 m²]

311 Per calcolare l'area di un appezzamento di terreno a forma di quadrilatero convesso un agronomo ne misura i lati trovando: $AB = 58$ m, $BC = 53$ m, $CD = 104$ m e $DA = 82$ m. Misura poi l'angolo $D\widehat{A}B = 112°\ 42'$. Qual è l'area del terreno? [4949,59 m²]

312 In una zona montuosa un topografo deve calcolare l'altezza di una cima V rispetto alla sua postazione P. Per base prende la distanza $PQ = 483$ m dal punto noto Q situato sulla cima di un'altra montagna. Misura gli angoli $P\widehat{Q}V = 54°$, $Q\widehat{P}V = 50°$ e l'angolo $\alpha = 68°$ che la direzione PV forma col piano orizzontale. Quanto è il dislivello fra P e V? [381 m]

313 Due edifici sono posti uno di fronte all'altro alla distanza di 20 m. Un osservatore A sta sul cornicione (figura a lato) dell'edificio più basso e vede il cornicione C di quello più alto sotto l'angolo $\alpha = 20°$ rispetto al piano orizzontale. L'angolo sotto cui A vede la base B dello stesso edificio è $\beta = 35°$. Trova le altezze dei due palazzi. [14 m; 21,28 m]

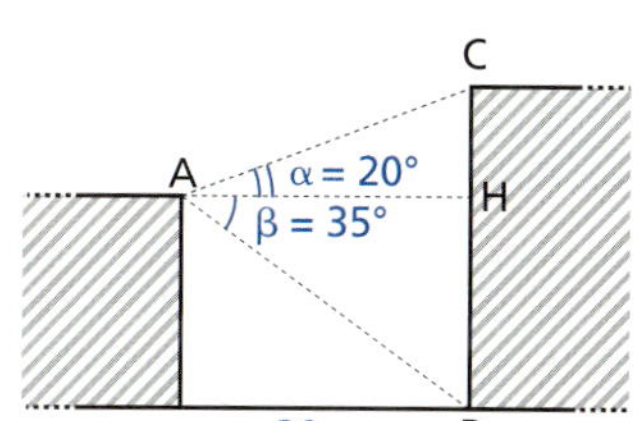

314 •• **Salite a San Francisco** Alcune strade di San Francisco hanno una notevole pendenza e inoltre sono rettilinee, senza curve. In una strada il cartello indica una pendenza del 15% per 800 m e successivamente dell'11% per altri 800 m.

a. Al termine della strada, di quanto si è saliti in quota?

b. Se per tutto il percorso la strada avesse avuto la stessa pendenza, quanto dovrebbe segnalare il cartello iniziale?

[a) 206,14 m; b) 13%]

315 •• **L'altezza del monte** Alcuni amici in estate affittano una casa in montagna per fare trekking. Da una delle finestre vedono la cima della montagna da raggiungere e, non avendo una cartina, cercano di valutare la sua altezza. Camilla propone di misurare l'angolo α con cui si vede la cima dalla base della casa e l'angolo β con il quale si vede la cima dalla stazione di partenza dell'ovovia.
Sapendo che la distanza fra la casa e l'ovovia è di 1000 m e che l'angolo α è di 35° circa, mentre β è di 50° circa, quanto è alta la montagna rispetto al livello della casa? (Supponi che casa e ovovia si trovino alla stessa altitudine.)

[$\simeq$ 1698 m]

316 •• **Il cespuglio di elicriso** Una fotografa marina, dopo un'immersione, approda su uno scoglio per riposarsi e vede, sulla parete di fronte, un enorme cespuglio di elicriso. Con la macchina fotografica valuta che l'angolo di visuale è di circa 22° e che la distanza dal punto dove si trova alla parete opposta è di 15 m circa. Inoltre l'altezza dello scoglio su cui è seduta è di circa 7 m dal livello del mare.

a. A quale altezza dall'acqua si trova il cespuglio?

b. Quanto dovrebbe essere lunga una canna per poter raggiungere il cespuglio?

[a) 13,1 m; b) $\simeq$ 16,2 m]

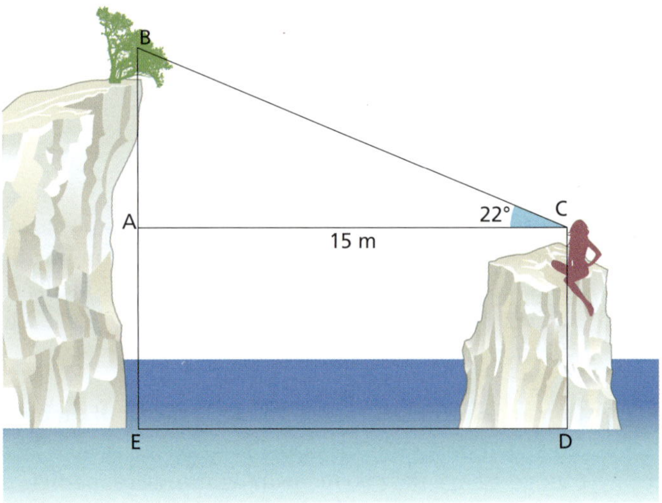

317 •• **La biella-manovella** La biella è un'asta (MP) di collegamento tra due parti di una macchina, alle quali è incernierata; ha la funzione di trasformare il moto rotatorio continuo della manovella OM nel moto rettilineo alterno del punto P che può essere collegato a un pistone; in tal caso si parla di «meccanismo biella-manovella».
Indichiamo con m la lunghezza della manovella OM e con b la lunghezza della biella MP, con α e β gli angoli formati dalla manovella e dalla biella con la verticale; A e B identificano le posizioni estreme del punto P variabile.

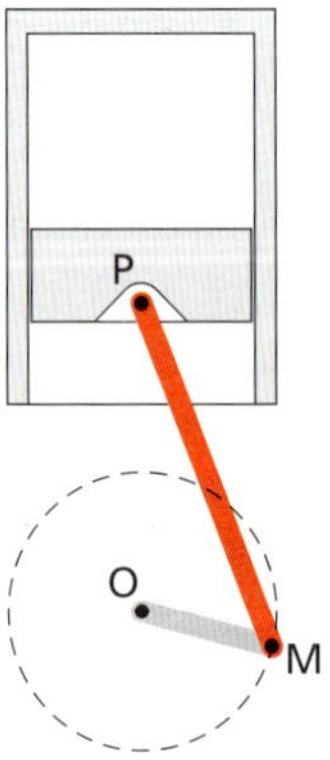

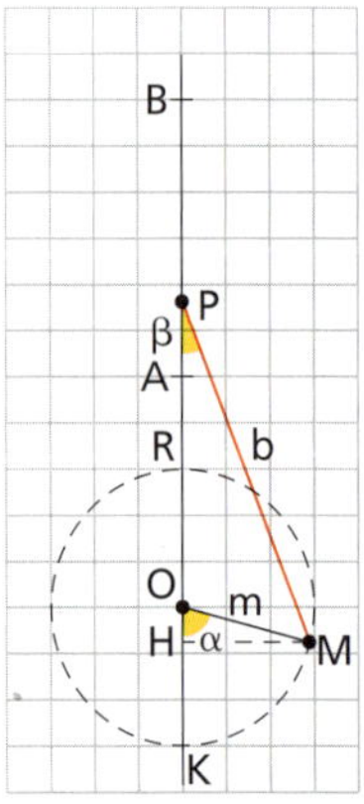

a. Trova quanto vale l'ampiezza del moto del punto P.

b. Trova la relazione tra m, b, α e β.

c. Calcola la distanza OP in funzione di α quando P si trova in una posizione qualsiasi tra A e B (come in figura).

$\left[\text{a) } 2m; \text{ b) } \beta = \arcsin\left(\frac{m}{b}\sin\alpha\right); \text{ c) } \sqrt{b^2 - m^2\sin^2\alpha} - m\cos\alpha\right]$

318 ●● **La finestra basculante** La signora Ada vuole far montare, nella sua mansarda, finestre che si aprono a ribalta, come in figura. Le dimensioni sono di 1,10 m di larghezza per 1 m di altezza, e il vincolo intorno al quale ruota si trova a 40 cm dal davanzale. L'installatore le dice che normalmente l'angolo formato dalla finestra aperta con lo stipite verticale è di 20°. La signora Ada pensa che in tal modo la finestra si apra troppo poco e chiede che l'apertura sia doppia. Il tecnico le risponde che allora bisogna raddoppiare l'angolo.

Il tecnico ha detto una cosa corretta?
Per capirlo, segui queste indicazioni:

- rappresenta con un disegno la finestra aperta vista di lato;
- calcola la distanza degli spigoli della finestra dallo stipite, con la finestra aperta di 20°, sia nella parte superiore che in quella inferiore.

Che cosa succede raddoppiando l'angolo?
[raddoppiando l'angolo, l'apertura non raddoppia, perché…]

Applicazioni alla geometria solida

319 ●○ La piramide $ABCV$ ha per base il triangolo equilatero ABC, di lato a, e lo spigolo CV è perpendicolare alla base. Sai che il volume misura $\frac{1}{4}a^3$; determina l'angolo α che lo spigolo BV forma con lo spigolo BC e l'angolo ϕ della faccia ABV con la base. [$\alpha = 60°$; $\phi = \arctan 2$]

320 ●○ In una piramide regolare a base esagonale lo spigolo laterale è lungo 10 cm e forma un angolo di 70° col piano di base. Calcola il volume della piramide e l'angolo σ che ciascuna faccia laterale forma col piano di base. [volume $\simeq 95{,}196$ cm^3; $\sigma \simeq 72°\,30'$]

321 ●○ Un cubo di spigolo l è inscritto in una piramide regolare a base quadrata in modo che quattro dei suoi vertici si trovano sugli spigoli laterali della piramide, mentre gli altri stanno sulla sua base. Determina il volume della piramide, sapendo che la tangente dell'angolo che le sue facce laterali formano con la base è 2. $\left[\frac{8}{3}l^3\right]$

322 ●○ Un prisma retto che ha per base un triangolo rettangolo è inscritto in una sfera di raggio r. Gli angoli acuti delle basi ABC e $A'B'C'$ del prisma sono $\widehat{B} = \widehat{B'} = 75°$ e $\widehat{C} = \widehat{C'} = 15°$. Determina l'angolo $x = C\widehat{B}C'$ in modo che l'area laterale del prisma sia $\frac{2\sqrt{3} + 3\sqrt{2}}{2}r^2$. [30°]

323 ●○ Una piramide regolare a base quadrata ha gli spigoli laterali lunghi 12 cm e l'area di base uguale a 16 cm^2. Determina gli angoli delle facce laterali e l'angolo σ che ciascuna di esse forma con la base.
$\left[\alpha = \beta = \arccos\frac{1}{6};\ \gamma = \arccos\frac{17}{18};\ \sigma = \arccos\frac{\sqrt{35}}{35}\right]$

324 ●○ La diagonale di un parallelepipedo rettangolo, misurata rispetto a un'unità prefissata, è $d = \sqrt{5}$; gli spigoli della base misurano $a = \frac{3}{2}$ e $b = \frac{\sqrt{6}}{2}$. Determina l'ampiezza dell'angolo α che la diagonale d forma con la diagonale di base. [$\alpha = 30°$]

325 ●○ L'apotema di una piramide regolare a base quadrata forma, con il piano della base, un angolo α tale che $\tan\alpha = \frac{12}{5}$. Determina la tangente dell'angolo β che lo spigolo laterale forma con il piano della base.
$\left[\tan\beta = \frac{6\sqrt{2}}{5}\right]$

326 ●○ Dallo spigolo AD del cubo $ABCDEFGH$ (AF, BG, CH e DE sono gli spigoli laterali) conduci un piano $ALMD$ che intersechi la faccia $BCHG$: se tale piano divide il cubo in due parti, una doppia dell'altra, quanto è l'ampiezza α del diedro che esso forma con la faccia $ABCD$? [33° 41′ 24″]

VERIFICA DELLE COMPETENZE ALLENAMENTO

ANALIZZARE E INTERPRETARE DATI E GRAFICI

TEST

1 Del quadrilatero convesso $ABCD$ si conoscono i lati $\overline{AB} = \overline{DA} = 6$, $\overline{BC} = 4$, $\overline{CD} = 5$ e l'angolo $\widehat{B} = 120°$. Riguardo all'angolo $\widehat{D}$ si può affermare che:

- **A** non ci sono elementi sufficienti per calcolarlo.
- **B** il coseno è uguale a $-\frac{1}{4}$.
- **C** la sua misura è 60°.
- **D** è congruente a $\widehat{B}$.
- **E** è un angolo acuto.

2 Nel triangolo della figura l'angolo $B\widehat{A}C$ misura:

- **A** 120°.
- **B** 60°.
- **C** 45°.
- **D** 30°.
- **E** 150°.

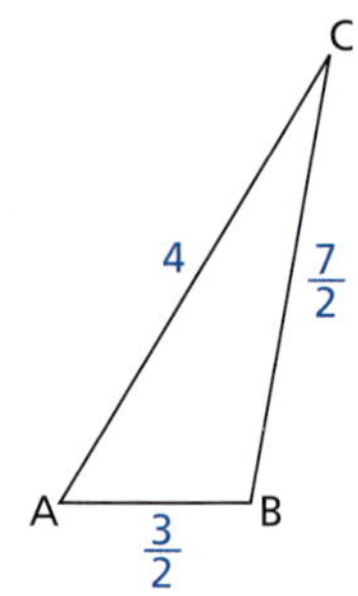

3 Individua l'affermazione errata fra le seguenti, in riferimento alla figura.

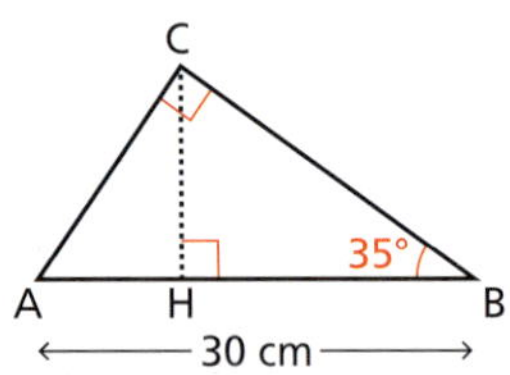

- **A** $\overline{AC} = 30 \sin 35°$
- **B** $\overline{BC} = 30 \cos 35°$
- **C** $\overline{AC} = \overline{BC} \tan 55°$
- **D** $\overline{CH} = 30 \cos 35° \cdot \sin 35°$
- **E** $\overline{AH} = \overline{AC} \cos 55°$

Risolvi il triangolo *ABC*, noti gli elementi indicati.

4 $\alpha = \frac{\pi}{2}$, $a = 41$, $c = 40$. $\left[b = 9; \beta = \arcsin\frac{9}{41}; \gamma = \arcsin\frac{40}{41}\right]$

5 $\alpha = 40°$, $\beta = 38°$, $b = 15$. $[a \simeq 15,7; c \simeq 23,8; \gamma = 102°]$

6 $a = 8$, $b = 21$, $\gamma = 15°$. $[c \simeq 13,4; \alpha \simeq 9°; \beta \simeq 156°]$

7 $b = 21$, $c = 35$, $\tan\beta = \frac{3}{4}$. $[a = 28; \alpha \simeq 53°; \gamma = 90°]$

8 $a = 7$, $b = 10$, $c = 16$. $[\alpha \simeq 16°; \beta \simeq 24°; \gamma = 140°]$

9 Determina l'elemento incognito nelle seguenti figure.

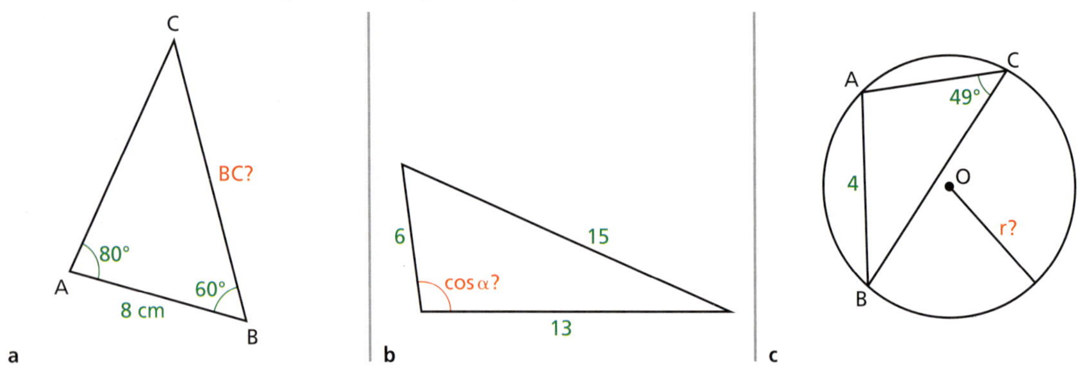

$[a)\ BC \simeq 12,3 \text{ cm};\ b)\ \cos\alpha \simeq -0,13;\ c)\ r \simeq 2,7]$

RISOLVERE PROBLEMI

10 ●○ Nel triangolo ABC, rettangolo in A, un cateto è lungo 20 cm e il coseno dell'angolo acuto a esso adiacente è 0,7. Determina l'area e il perimetro del triangolo. [204 cm^2; 68,97 cm]

11 ●○ In un triangolo ABC, $\widehat{A} = 30°$ e $\widehat{B} = 45°$. Essendo $AC = 20$ cm, calcola la lunghezza del lato AB. [$(10\sqrt{3} + 10)$ cm]

12 ●○ Le ampiezze degli angoli di un triangolo sono α, β, γ. Sapendo che $\cos\alpha = \frac{7}{25}$ e $\cos\beta = \frac{24}{25}$, calcola $\cos\gamma$, specificando se il triangolo è rettangolo, acutangolo o ottusangolo. [0; triangolo rettangolo]

13 ●○ In un triangolo rettangolo un cateto è i $\frac{7}{24}$ dell'altro e l'area è 756 cm^2. Determina i cateti e gli angoli acuti. [72 cm, 21 cm; 73,7°; 16,3°]

14 ●○ Calcola l'area di un rombo di lato 35 cm, sapendo che il coseno dell'angolo acuto è $\frac{7}{25}$. [1176 cm^2]

15 ●○ Calcola il perimetro e l'area di un trapezio isoscele, sapendo che la base maggiore è 90 cm, il lato obliquo 30 cm e l'angolo alla base ha il coseno uguale a $\frac{3}{5}$. [204 cm; 1728 cm^2]

16 ●○ In un parallelogramma un angolo misura 75°, un lato 15 e l'area $15\sqrt{3}$. Calcola la misura dell'altro lato. [$3\sqrt{2} - \sqrt{6}$]

17 ●○ Una circonferenza ha il diametro $\overline{AB} = 6$. Determina la misura della corda AC, sapendo che il suo prolungamento incontra in T la tangente alla circonferenza condotta per B e che $\overline{BT} = 3\sqrt{5}$. [4]

18 ●○ Nel triangolo ABC la bisettrice BP è lunga 78 cm, l'ampiezza dell'angolo $A\widehat{C}B$ è 24° e quella dell'angolo $A\widehat{B}C$ è 54°. Risolvi il triangolo. [$\widehat{A} = 102°$; $BC \simeq 149{,}03$ cm; $AC \simeq 123{,}26$ cm; $AB \simeq 61{,}97$ cm]

19 ●○ Un triangolo ABC è inscritto in una circonferenza; le misure dei lati AC e BC sono rispettivamente 5 e 3 e l'area è 6. Determina il raggio della circonferenza circoscritta. $\left[\text{due soluzioni: } \frac{5}{2}; \frac{5}{4}\sqrt{13}\right]$

20 ●● In un triangolo ABC conosci il lato $AB = 35$ cm, l'angolo $A\widehat{B}C = 45°$ e la mediana $AM = 28$ cm. Calcola l'area e il perimetro del triangolo. [$S \simeq 936{,}6$ cm^2; $2p \simeq 167{,}3$ cm; oppure: $S \simeq 288{,}4$ cm^2; $2p \simeq 83{,}1$ cm]

21 ●● Nel triangolo ABC i lati AB e BC sono lunghi rispettivamente 42 cm e 78 cm; la tangente dell'angolo $B\widehat{A}C$ è $-\frac{3}{2}$. Determina gli angoli, il terzo lato del triangolo e la mediana BN. [$\simeq 123{,}7°$; $\simeq 29{,}7°$; $\simeq 26{,}6°$; 46,44 cm; 58,18 cm]

22 ●○ In un triangolo rettangolo l'ipotenusa è lunga 20 dm e un angolo acuto ha ampiezza 27°. Calcola le proiezioni dei cateti sull'ipotenusa. [15,88 dm; 4,12 dm]

23 ●● Inscrivi un triangolo ABC in una semicirconferenza di diametro $\overline{AB} = 4$ in modo che l'angolo in B risulti maggiore dell'angolo in A. Prolunga AC fino a intersecare in T la tangente in B alla circonferenza e trova per quali valori di $x = A\widehat{B}C$ si ha $3\overline{CT} + \sqrt{3}\,\overline{CB} = 2\overline{AC}$. [60°]

24 ●● Un trapezio rettangolo $ABCD$ circoscritto a una circonferenza ha gli angoli retti in A e in D e l'angolo acuto in B è di 54°. Sapendo che il perimetro è $20\sqrt{5}$, calcola l'area e la lunghezza del lato obliquo BC. [$S = 50\sqrt{5}$; $BC = 10(\sqrt{5} - 1)$]

25 ●● Le misure dei lati del trapezio scaleno $ABCD$ sono: base maggiore $\overline{AB} = 60$, base minore $\overline{CD} = 20$, lati obliqui $\overline{BC} = 20\sqrt{3}$ e $\overline{AD} = 20$. Determina gli angoli del trapezio, la sua area e la misura delle sue diagonali.
$[\widehat{A} = 60°, \widehat{B} = 30°, \widehat{C} = 150°, \widehat{D} = 120°; 400\sqrt{3}; 20\sqrt{7}, 20\sqrt{3}]$

26 ●● Il triangolo PQR ha l'angolo in Q di 30° e la lunghezza del lato PQ è 120 cm. La mediana RM incontra PQ in M in modo che $R\widehat{M}Q = 110°$. Trova i lati e gli angoli incogniti.
[una soluzione accettabile: $QR \simeq 87{,}71$ cm; $PR \simeq 62{,}15$ cm; $P\widehat{R}Q \simeq 105°$]

27 ●● Dimostra che tra l'angolo al vertice α di un triangolo isoscele e un suo angolo alla base β sussiste la relazione: $\cos\alpha = 1 - 2\cos^2\beta$. Se $\beta = \arcsin\frac{5}{13}$ e il lato è lungo 120 cm, trova la base e l'altezza del triangolo.
$\left[\frac{2880}{13} \text{ cm}; \frac{600}{13} \text{ cm}\right]$

RISOLVERE PROBLEMI CON EQUAZIONI E FUNZIONI

28 ●○ È dato il trapezio $ABCD$, di base maggiore AB, tale che l'angolo $B\widehat{C}D$ è di 120°, il triangolo HCB (con H piede della perpendicolare tracciata da D su AB) è rettangolo e l'altezza DH è lunga 4 cm. Indica con x l'angolo $D\widehat{A}B$ e determina l'area del trapezio. Trova poi per quale valore di x l'area è $\frac{80}{3}\sqrt{3}$ cm^2.
$\left[8\left(\frac{7}{3}\sqrt{3} + \cot x\right); 30°\right]$

29 ●● Nel trapezio rettangolo $ABCD$ l'altezza AD e la base minore DC misurano 20 cm. Traccia da A e D le perpendicolari alla retta CB, che la intersechino rispettivamente in Q e in P. Determina $\overline{AQ}$, $\overline{DP}$ e $\overline{PQ}$ in funzione della misura x di $A\widehat{B}C$ e calcola x in modo che $\overline{AQ} = \sqrt{3}\,\overline{PD} + \overline{PQ}$.
$\left[\overline{AQ} = 20(\sin x + \cos x); \overline{DP} = 20\sin x; \overline{PQ} = 20\sin x; x = \frac{\pi}{6}\right]$

30 ●● Nel trapezio rettangolo $ABCD$, di base maggiore AB e base minore DC, è $\overline{AD} = \overline{DC} = 8$. E e F sono le proiezioni sulla retta CB, rispettivamente, di D e A. Indica con x l'angolo $A\widehat{B}C$ e determina la funzione

$f(x) = \overline{AF} + \overline{DE} + \overline{EC}$.

a. Calcola per quali valori di x si ha: $f(x) = 8\sqrt{6}$.

b. Rappresenta graficamente $f(x)$ nell'intervallo in cui può variare x geometricamente.
(**SUGGERIMENTO** Trasforma l'espressione di $f(x)$ con il metodo dell'angolo aggiunto.)

$\left[f(x) = 16(\sin x + \cos x); \text{a) } x = \frac{\pi}{12} \vee x = \frac{5}{12}\pi\right]$

31 ●● Nella figura la retta CE è tangente alla circonferenza che ha raggio 4. Studia, al variare dell'angolo x, la funzione

$$y = \frac{\overline{CD}}{\overline{AB}} + \frac{\overline{CE}}{\overline{EO}}$$

e disegnane il grafico, evidenziando il tratto che si riferisce al problema.

$\left[y = 2\sin 2x; 0 \leq x \leq \frac{\pi}{2} \wedge x \neq \frac{\pi}{4}\right]$

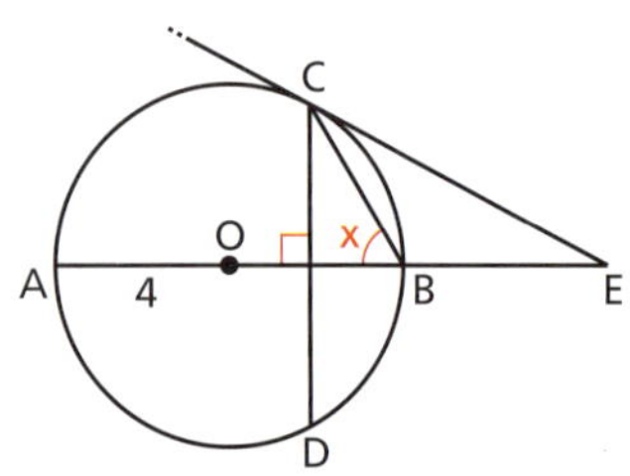

32 ●● Nel triangolo ABC, rettangolo in C, l'area misura 24 e $\overline{AC} = 6$. Considera un punto P variabile sulla semicirconferenza di diametro CB esterna al triangolo. Sia D la sua proiezione su CB ed E la proiezione di D su AB. Posto $P\widehat{B}C = x$, trova per quali valori di x si ha:

$\overline{DB} + \overline{PD} + \frac{5}{2}\overline{AE} = 25.$ $\left[x = \frac{\pi}{4} \vee x = \frac{\pi}{2}\right]$

33 ●● Nella semicirconferenza di diametro $\overline{AB} = 2$ traccia il punto C tale che $A\widehat{B}C = 60°$. Considera P sull'arco $\overset{\frown}{AC}$ e H proiezione di P su AC. Determina per quale posizione di P si ha: $\sqrt{3}\,\overline{AH} + \overline{PH} = 1$.
(Poni $P\widehat{A}C = x$.) $[x = 45°]$

34 È dato il quadrato $ABCD$ di lato 4 cm. Al suo interno traccia l'arco di circonferenza $\widehat{AC}$ con centro nel punto D. Considera un punto T dell'arco e la tangente in esso che incontra i lati del quadrato nei punti P e Q.

a. Scrivi $\overline{PQ}$ in funzione dell'angolo $A\widehat{D}T = 2x$.

b. Trova per quali valori di x si ha $\overline{PQ} = 8(\sqrt{2} - 1)$.

$\left[\text{a) } \overline{PQ} = 4\frac{1+\tan^2 x}{1+\tan x}; \text{ b) } x = \frac{\pi}{8}\right]$

35 Il triangolo rettangolo ABC ha l'ipotenusa BC lunga 16 cm e l'angolo $A\widehat{B}C = 60°$. Trova un punto Q sull'altezza AH relativa all'ipotenusa in modo che sia:

$$4\overline{QB}^2 + \frac{1}{6}\overline{AC}^2 = \overline{CQ}^2.$$

(Poni $Q\widehat{B}C = x$.) $[x = 45°]$

36 P è un punto variabile su una semicirconferenza di raggio 2 e H la sua proiezione sul diametro AB.

a. Studia la funzione

$$f(x) = \overline{PH} + \overline{HB}$$

al variare dell'angolo $x = P\widehat{A}H$ e rappresenta il tratto di grafico che si riferisce al problema.

b. Trova per quali valori di x il valore della funzione è minore della misura del raggio.

$\left[\text{a) } f(x) = 2\sqrt{2}\sin\left(2x - \frac{\pi}{4}\right) + 2; \text{ b) } 0 \le x < \frac{\pi}{8}\right]$

37 Il quadrilatero $ABCD$ è inscritto in una circonferenza e si conoscono:

$$\overline{AB} = \overline{DA} = 2, \quad \cos\widehat{A} = \cos\widehat{C} = 0.$$

a. Posto $B\widehat{D}C = x$, esprimi, in funzione di x, l'area del quadrilatero.

b. Calcola per quali valori di x l'area è $2 + \sqrt{3}$.

c. In corrispondenza di tali angoli determina la misura della diagonale AC.

$\left[\text{a) } 2(\sin 2x + 1); \text{ b) } \frac{\pi}{6}, \frac{\pi}{3}; \text{ c) } \sqrt{3} + 1\right]$

38 Un triangolo ABC ha l'angolo $\widehat{B}$ doppio dell'angolo $\widehat{C}$, e il lato AC misura 2.

a. Determina $\overline{AB}$ e $\overline{BC}$ in funzione dell'ampiezza x dell'angolo $\widehat{C}$.

b. Risolvi, limitatamente al problema, la disequazione:

$$\overline{AB} \ge \sqrt{2}.$$

c. Determina il valore di $\widehat{C}$ per cui $\overline{BC} = 2$.

$\left[\text{a) } \overline{AB} = \frac{1}{\cos x}, \overline{BC} = \frac{4\cos^2 x - 1}{\cos x}; \text{ b) } \frac{\pi}{4} \le x < \frac{\pi}{3}; \text{ c) } \frac{\pi}{5}\right]$

39 È dato il trapezio rettangolo $ABCD$ la cui base minore AB misura l, l'angolo $A\widehat{B}C = \frac{2}{3}\pi$ e la diagonale $\overline{AC} = \sqrt{3} \cdot l$. Sull'altezza BH considera il punto P tale che $P\widehat{C}D = x$. In funzione di x determina l'espressione di $f(x) = \frac{\overline{PD}^2 - \overline{PB}^2}{l^2}$ e verifica che $f(x) > 0$ nei limiti imposti dal problema. Indipendentemente dal problema geometrico, risolvi la disequazione $f(x) \ge \frac{3}{4}$.

$\left[f(x) = \frac{\sqrt{3}}{2}\tan x + \frac{1}{4}, 0 \le x \le \frac{\pi}{3}; \frac{\pi}{6} + k\pi \le x < \frac{\pi}{2} + k\pi\right]$

40 Determina i lati AC e CB nel triangolo ABC in cui sono noti: $AB = 10$ cm, $B\widehat{A}C = 45°$, $A\widehat{B}C = 30°$. Considera un punto P appartenente al lato AC e, posto $P\widehat{B}A = x$, risolvi la seguente equazione:

$$\overline{PA} + \overline{PB} = \frac{5}{3}\sqrt{2}(3 + \sqrt{3}).$$

Esprimi poi la funzione $f(x) = \frac{10\sqrt{2}}{\overline{PA}}$ e rappresentala su un periodo completo, indipendentemente dal problema geometrico.

$[AC = 5(\sqrt{6} - \sqrt{2})\text{ cm}, CB = 10(\sqrt{3} - 1)\text{ cm}; x = 15°; f(x) = \cot x + 1]$

COSTRUIRE E UTILIZZARE MODELLI

RISOLVIAMO UN PROBLEMA

London Eye

Paolo, Sandro e Rosa sono saliti sulla ruota panoramica di Londra e si tengono in contatto con i loro cellulari, dotati di altimetro e di livella digitale. Sandro e Paolo occupano due posti diametralmente opposti. A un certo punto i tre si scambiano nello stesso istante i seguenti messaggi:
Sandro: «Vedo Paolo perfettamente allineato con me lungo la direzione orizzontale».
Paolo: «Vedo Rosa sopra di me a un angolo di 30° sull'orizzontale».
Rosa: «Mi trovo a 120 metri di altezza rispetto al punto più basso della ruota!».
Qual è la distanza PR tra Paolo e Rosa?

▶ **Esprimiamo *PR* in funzione del raggio.**

Il triangolo PSR è rettangolo, in quanto inscritto in una semicirconferenza, $\overline{PS} = 2r$, quindi:

$$\overline{PR} = 2r\cos 30° = r\sqrt{3}.$$

▶ **Calcoliamo la misura del raggio.**

Scriviamo l'altezza di Rosa, ovvero il segmento HR, in funzione del raggio,

$$\overline{HR} = \overline{HT} + \overline{TR} = r + \overline{PR}\cdot\sin 30° = r\frac{2+\sqrt{3}}{2},$$

da cui, sapendo che $\overline{HR} = 120$:

$$r\frac{2+\sqrt{3}}{2} = 120 \rightarrow r = \frac{240}{2+\sqrt{3}} =$$

$$240(2-\sqrt{3}) \simeq 64,3.$$

▶ **Ricaviamo *PR*.**

Sostituiamo il valore del raggio:

$$\overline{PR} = r\sqrt{3} = 64,3\cdot\sqrt{3} \simeq 111,4.$$

La distanza tra Paolo e Rosa è di circa 111,4 metri.

41 ●○ **Proprietà privata** Alcune misure di una zona edificabile di forma triangolare sono riportate in figura. Il proprietario vuole dividere la zona in due parti in modo che le aree siano proporzionali ai numeri 1,5 e 2,5, mediante la linea di confine CD.

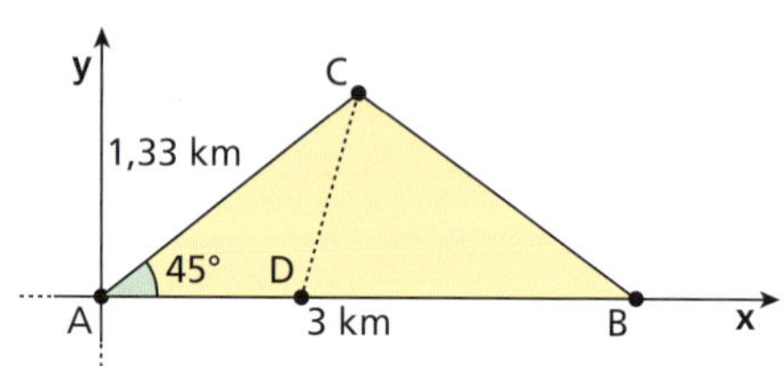

a. Calcola l'area della zona complessiva e quelle delle due parti.

b. Determina le coordinate di D e la misura di CD.

[a) $1,41\text{ km}^2$; $0,53\text{ km}^2$; $0,88\text{ km}^2$; b) $D(1,27; 0)$; $0,99$ km]

42 ●○ **Congiunzioni astrali** Quando i primi tre pianeti del sistema solare sono allineati, si hanno le distanze: Sole-Mercurio $57,9\cdot 10^6$ km, Mercurio-Venere $39,1\cdot 10^6$ km, Venere-Terra $38,2\cdot 10^6$ km.

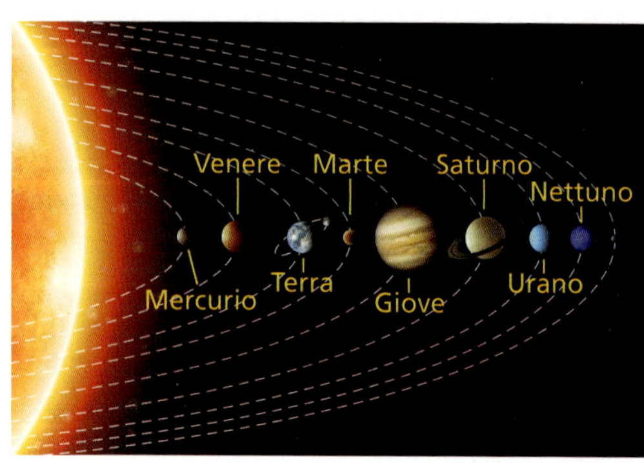

a. Calcola la distanza Mercurio-Venere nel momento in cui le due rette congiungenti i centri dei corpi Sole-Mercurio e Sole-Venere formano un angolo di 30°. (Approssima le orbite a circonferenze.)

b. Nel caso in cui le rette congiungenti i centri di Sole-Venere e Sole-Terra formino un angolo di 18°, determina l'angolo formato tra le congiungenti Sole-Venere e Venere-Terra.

[a) $55\cdot 10^6$ km; b) 127°]

TUTOR matematica Allenati con **15 esercizi interattivi** con feedback "hai sbagliato, perché..."
su.zanichelli.it/tutor3 risorsa riservata a chi ha acquistato l'edizione con tutor

VERIFICA DELLE COMPETENZE PROVE

1 ora

PROVA A

1 **COMPLETA** in riferimento alla figura.

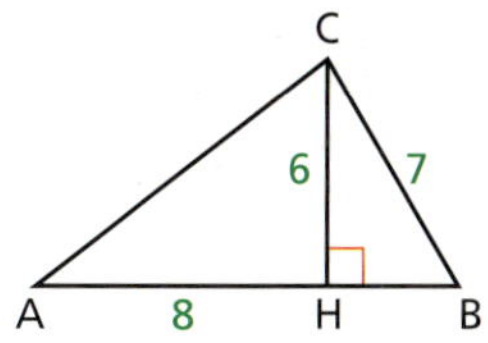

a. $\sin\widehat{B} = \square$

b. $\tan A\widehat{C}H = \square$

c. $\overline{AC}\sin\widehat{A} = \square\ \sin\widehat{B}$

d. $\sin C\widehat{A}H = \square$

e. $\cos H\widehat{C}B = \square$

f. perimetro di $ABC = \square$

2 In un triangolo rettangolo un cateto è lungo 72 cm ed è i $\frac{12}{13}$ dell'ipotenusa. Risolvi il triangolo.

3 In un triangolo isoscele il seno degli angoli alla base è uguale a $\frac{1}{5}$. Calcola il perimetro e l'area, sapendo che la base misura 40.

4 Risolvi il triangolo ABC, sapendo che:

a. $a = 3\sqrt{5}$, $b = 3$, $\cos\alpha = \frac{1}{4}$;

b. $a = 12$, $b = 17$, $c = 20$.

5 Nel triangolo ABC la bisettrice dell'angolo in C incontra il lato AB nel punto P tale che $PB = 70$ cm. Sapendo che $A\widehat{B}C = 40°$ e $A\widehat{C}B = 80°$, calcola perimetro e area del triangolo.

6 Il trapezio scaleno $ABCD$ è circoscritto a una circonferenza; gli angoli alla base maggiore sono $\widehat{A} = 75°$, $\widehat{B} = 45°$ e l'area è $\mathcal{A} = 32\sqrt{6}$. Calcola il raggio della circonferenza.

PROVA B

Il terrazzo Nell'appartamento di Barbara c'è un terrazzo della forma rappresentata in figura. La lunghezza dei due lati è $AB = 9$ m e $BC = 7$ m e il lato AB forma un angolo di 30° con la parete esterna AC.

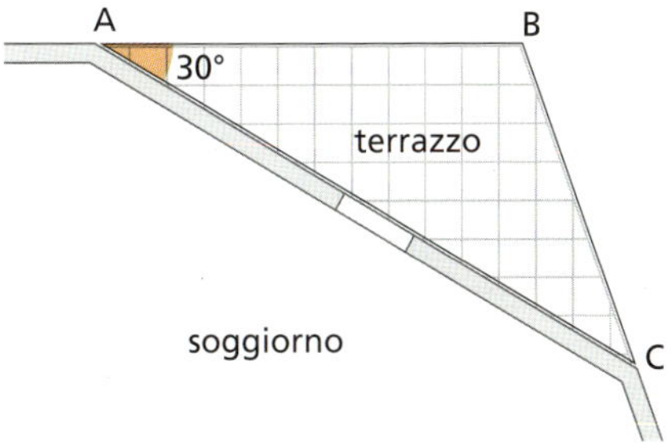

a. Qual è l'ampiezza dell'angolo che il lato BC forma con la parete AC? E di quello formato tra i due lati esterni?

b. Qual è la superficie del terrazzo?

c. Se si volesse che il terrazzo fosse di soli 20 m^2, quanto misurerebbe l'angolo formato dai due lati esterni? (Le misure di AB e di BC rimangono uguali.)

T

CAPITOLO

14

STATISTICA

MATEMATICA INTORNO A NOI

Possiamo fidarci?

I giornali sono sommersi di sondaggi, che rivelano opinioni, tendenze, orientamenti politici della popolazione.

▶ Quanto sono attendibili i risultati dei sondaggi?

La risposta

1 Dati statistici

▶ Esercizi a p. 694

La **statistica** è la scienza che si occupa di analizzare e comprendere fenomeni del mondo e della società attraverso l'interpretazione di dati che sono collegati o descrivono i fenomeni stessi. In particolare, la **statistica descrittiva** si occupa di:

- raccogliere e organizzare i dati;
- sintetizzarli in modo da individuare relazioni o caratteristiche;
- fare previsioni per il futuro.

La **statistica inferenziale**, invece, si occupa di trarre conclusioni generali con un errore predeterminato a partire da dati ottenuti su una parte della popolazione. Si avvale dei risultati della statistica descrittiva e di strumenti di probabilità.

Ci occuperemo principalmente della statistica descrittiva.
Richiamiamo le definizioni fondamentali.

Definizioni fondamentali

1. **Popolazione**: è l'insieme delle persone (o oggetti) sui quali si effettua l'indagine; ogni singolo individuo (o soggetto) è detto **unità statistica**.
2. **Carattere**: è la caratteristica oggetto dell'indagine; la **modalità** di un carattere è uno dei modi possibili in cui il carattere si può manifestare. In base alle modalità un carattere può essere di due tipi.
   - **Quantitativo**: se espresso attraverso un numero. In questo caso si parla di **variabile statistica** e può essere a sua volta di due tipi:
     - **continua**: se le modalità derivano da un'operazione di *misurazione*, per esempio l'altezza delle persone o il prezzo di un prodotto;
     - **discreta**: se le modalità derivano da un'operazione di *conteggio*, per esempio l'età in anni o il numero di ingressi giornalieri a un museo.
   - **Qualitativo**: se espresso attraverso parole. Si parla, in tal caso, di **mutabile statistica**, per esempio il colore degli occhi o la marca di un certo tipo di prodotto.
3. **Frequenza assoluta di una modalità**: è il numero di volte in cui si presenta la modalità in una distribuzione di dati.
4. **Frequenza relativa di una modalità**: è il rapporto tra la frequenza assoluta della modalità e il numero totale delle unità statistiche.

5. **Frequenza cumulata di una modalità**: è la somma della frequenza assoluta della modalità con tutte le frequenze assolute precedenti. Per calcolare la frequenza cumulata, le modalità devono essere ordinate in modo crescente.

Si chiama **distribuzione di frequenze**, o più semplicemente **distribuzione**, l'insieme delle coppie ordinate in cui il primo elemento è la modalità e il secondo è la frequenza corrispondente.

Occupiamoci, innanzitutto, delle **distribuzioni semplici**, cioè delle distribuzioni che interessano un solo carattere.

Per riassumere i dati è utile organizzarli in tabelle e poi rappresentarli con un grafico opportuno, in modo da rendere più evidenti le loro caratteristiche.

Serie e seriazioni

Serie statistiche

In questo tipo di tabelle, la prima colonna contiene le modalità di un carattere *qualitativo* e le colonne successive contengono le corrispondenti frequenze assolute e relative.
Per esempio, consideriamo la tabella che riporta i tipi di elettrodomestici che sono stati acquistati presso un negozio.

Serie statistica

Elettrodomestici	Frequenze assolute	Frequenze relative
apparecchi TV	15	30%
lavatrici	10	20%
forni a microonde	8	16%
aspirapolvere	17	34%
Totale	50	100%

Rappresentazione delle serie statistiche

Possiamo rappresentare i dati in tabella in due modi: con un **ortogramma** o con un **areogramma**.

Per costruire un **ortogramma**, rappresentiamo sull'asse orizzontale le modalità e su quello verticale le frequenze assolute. Questo tipo di grafico permette di confrontare velocemente le frequenze delle modalità in base all'altezza dei rettangoli.

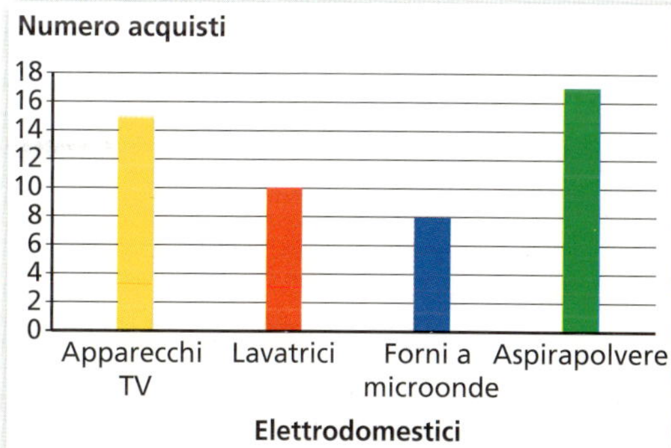

Per costruire un **areogramma** troviamo le frequenze relative di ogni modalità e dividiamo un cerchio in spicchi in modo che l'area di ogni spicchio sia proporzionale alla frequenza relativa della modalità corrispondente allo spicchio. A tal fine è sufficiente calcolare l'angolo al centro di ogni spicchio.
Per esempio, l'angolo corrispondente allo spicchio degli apparecchi TV soddisfa la proporzione:

$$x : 360° = 30 : 100, \text{ da cui } x = 108°.$$

È preferibile non utilizzare l'areogramma nel caso in cui ci siano tante modalità.

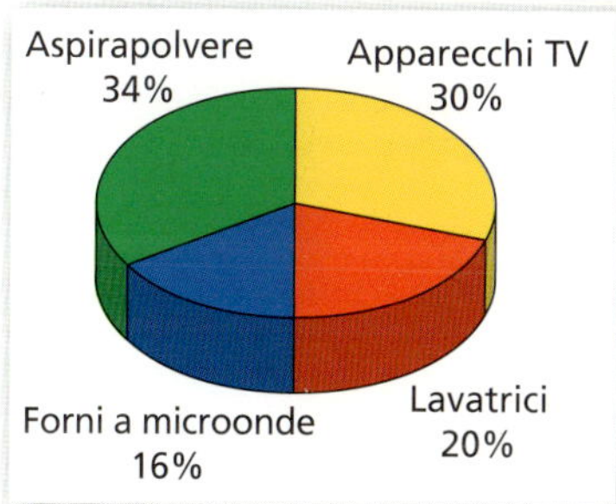

TEORIA

Serie storiche

Un tipo particolare di serie statistiche è costituito dalle **serie storiche**, che mostrano l'evoluzione nel tempo del fenomeno considerato.
Questa tabella, per esempio, mostra la percentuale di giovani disoccupati negli anni dispari tra il 2005 e 2013.

Serie storica

Anno	Giovani disoccupati tra i 15 e i 29 anni (%)
2005	20,0
2007	18,9
2009	20,5
2011	22,7
2013	26,0

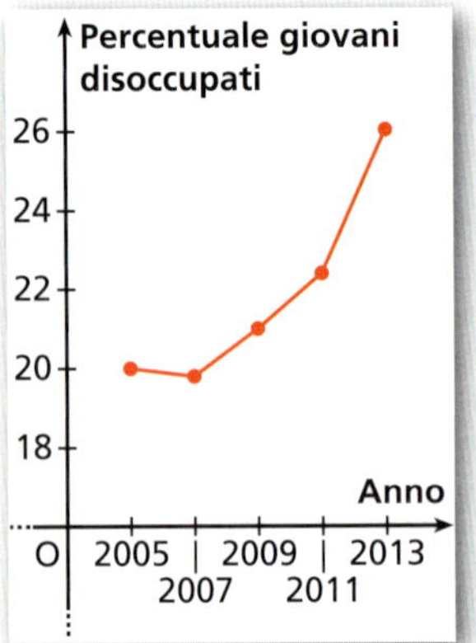

Rappresentazione delle serie storiche

Il metodo migliore per rappresentare una serie storica è il **diagramma cartesiano**. Per costruirlo si mettono in ascissa i tempi di osservazione e in ordinata i valori rilevati. Collegando i punti con una spezzata, risulta evidente l'andamento del carattere nel tempo.

Seriazioni statistiche

In queste tabelle, la prima colonna contiene un carattere *quantitativo* e le colonne successive contengono le corrispondenti frequenze (assolute, relative o cumulate). Per esempio, consideriamo la spesa sostenuta dai clienti abituali di un supermercato in un mese.

Seriazione statistica

Spesa sostenuta dai clienti (euro)	Frequenza	Frequenza relativa percentuale	Frequenza cumulata	Frequenza relativa percentuale cumulata
0-300	12	30%	12	30%
300-600	18	45%	30	75%
600-900	6	15%	36	90%
900-1200	4	10%	40	100%
Totale	40	100%		

Rappresentazioni delle seriazioni statistiche

Una seriazione statistica in cui compare un carattere discreto può essere rappresentata con un diagramma cartesiano o con un areogramma o con un ortogramma. Nel caso in cui il carattere sia continuo la rappresentazione più conveniente è il diagramma cartesiano.

Nella tabella precedente i dati sono raggruppati in **classi** e le frequenze riportate sono relative a ogni classe. In tal caso la rappresentazione migliore è l'**istogramma**.

Per costruire un istogramma si disegnano, su un riferimento cartesiano, tanti rettangoli adiacenti quante sono le classi. Ogni rettangolo ha la base proporzionale all'ampiezza della classe e l'area proporzionale alla corrispondente frequenza. Se le classi hanno tutte la stessa ampiezza, allora i rettangoli hanno altezza proporzionale alla frequenza. Se in un istogramma si congiungono i punti medi dei lati superiori dei rettangoli, si ottiene una spezzata chiamata **poligono delle frequenze**.

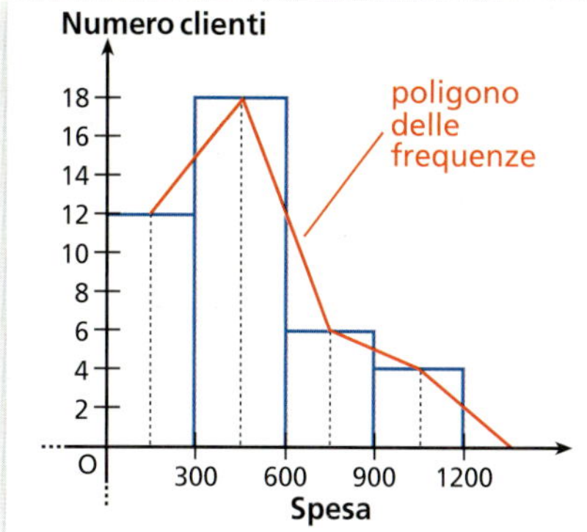

2 Indici di posizione e variabilità

Dopo aver raccolto, organizzato e rappresentato i dati, è necessario sintetizzarli in modo da identificare le relazioni che li caratterizzano.
La sintesi dei dati avviene attraverso gli **indici**, che si distinguono in **indici di posizione** e **indici di variabilità.**
Gli indici di posizione vengono anche detti **medie**, che a loro volta si distinguono in **medie di calcolo** e **medie di posizione**.

Video

Medie di calcolo In statistica vengono definiti diversi tipi di media.

▶ Come scegliere quella più adatta al nostro caso?

Medie di calcolo

▶ Esercizi a p. 696

Media aritmetica

DEFINIZIONE

La **media aritmetica** M di n numeri $x_1, x_2, \ldots, x_n$ è il quoziente fra la loro somma e il numero n.

$$M = \frac{x_1 + x_2 + \ldots + x_n}{n}$$

somma dei valori
media aritmetica
numero dei valori

Listen to it

Given a set of n values, the **arithmetic mean** is the sum of all the values divided by n.

La media aritmetica di n numeri è quel numero che, sostituito a ciascuno di essi, lascia invariata la somma totale.

ESEMPIO

Tre amici mangiano in pizzeria e spendono rispettivamente € 10,50, € 13 e € 11. Se vogliono dividere il conto in parti uguali, possono calcolare la spesa media:

$$M = \frac{10,50 + 13 + 11}{3} = 11,50.$$

Evidentemente, se ciascuno paga € 11,50, la somma totale resta invariata e il conto può essere saldato.

▶ In tre test Chiara ha ottenuto i seguenti punteggi:
5,4; 7,8; 6,3.
Calcola la media dei punteggi.

Possiamo calcolare la media anche nel caso in cui conosciamo la distribuzione di frequenze.
Consideriamo, per esempio, la tabella seguente.

Voto	6	7	8
Frequenza	4	3	1

Per calcolare la media, dovremmo sommare 4 volte 6, 3 volte 7 e una volta 8, e dividere tutto per il numero totale dei dati. Abbiamo, perciò:

$$M = \frac{6+6+6+6+7+7+7+8}{8} = \frac{6 \cdot 4 + 7 \cdot 3 + 8}{4+3+1} = 6{,}625.$$

Possiamo dare una formula equivalente per calcolare la media usando le modalità e le frequenze. Date k modalità $v_1, \ldots, v_k$ con frequenze assolute $f_1, \ldots, f_k$, la media aritmetica è il quoziente tra le somme dei prodotti delle modalità per le corrispondenti frequenze e la somma delle frequenze:

$$M = \frac{v_1 \cdot f_1 + v_2 \cdot f_2 + \ldots + v_k \cdot f_k}{f_1 + f_2 + \ldots + f_k}.$$

Se in una distribuzione di frequenze le modalità sono raggruppate in classi, possiamo considerare come valori $v_1, \ldots, v_k$ i valori centrali di ogni classe.

ESEMPIO

Calcoliamo la media aritmetica relativa alla seriazione statistica di pagina 666:

$$\frac{150 \cdot 12 + 450 \cdot 18 + 750 \cdot 6 + 1050 \cdot 4}{12 + 18 + 6 + 4} = 465.$$

Media ponderata

► Dati i numeri -2, 0 e 2, con pesi rispettivamente 4, 8 e 2, ti aspetti che la media ponderata sia positiva, negativa o nulla? Verifica la tua risposta calcolando la media ponderata.

DEFINIZIONE

Dati i numeri $x_1, x_2, \ldots, x_n$ e associati a essi i numeri $p_1, p_2, \ldots, p_n$, detti *pesi*, la **media aritmetica ponderata** P è il rapporto fra la somma dei prodotti dei numeri per i loro pesi e la somma dei pesi stessi.

somma dei prodotti dei valori per i loro pesi

$$P = \frac{x_1p_1 + x_2p_2 + \ldots + x_np_n}{p_1 + p_2 + \ldots + p_n}$$

media aritmetica ponderata

somma dei pesi

La media aritmetica può essere considerata un caso particolare di media ponderata in cui tutti i pesi sono uguali a 1.

La media ponderata è particolarmente significativa quando i pesi servono per indicare l'*importanza* dei diversi valori.

Voti pesati	
Voto	**Peso**
5	1
6	2,5
5	1
5	1
7	2,5
6	3

ESEMPIO Animazione

In un quadrimestre vengono svolte prove alle quali viene attribuita una diversa importanza (compiti in classe, relazioni, interrogazioni, test). Per un certo studente, i voti riportati e i pesi da attribuire ai voti sono quelli della tabella.

Calcoliamo la media ponderata:

$$P = \frac{5 \cdot 1 + 6 \cdot 2{,}5 + 5 \cdot 1 + 5 \cdot 1 + 7 \cdot 2{,}5 + 6 \cdot 3}{1 + 2{,}5 + 1 + 1 + 2{,}5 + 3} \simeq 5{,}95.$$

Se avessimo calcolato la media aritmetica semplice, cioè senza considerare i pesi, avremmo avuto

$$M = \frac{5+6+5+5+7+6}{6} \simeq 5{,}67.$$

Il valore della media ponderata è maggiore di quello della media aritmetica semplice, perché i voti maggiori sono stati ottenuti nelle prove con peso maggiore, cosa di cui la media aritmetica semplice non tiene conto.

Media geometrica

DEFINIZIONE

La **media geometrica** G di n numeri x_1, x_2, ..., x_n, tutti positivi, è la radice n-esima del prodotto degli n numeri.

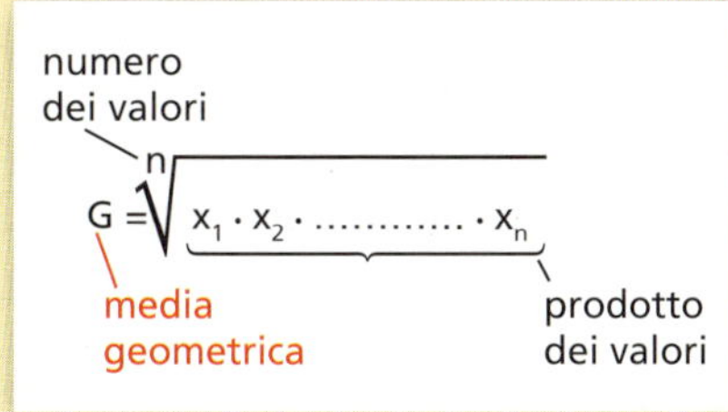

Listen to it

Given a set of n positive values, the **geometric mean** is the nth root of the product of all the values.

► Trova la media geometrica dei seguenti numeri.

1 2 4 [2]

La media geometrica trova impiego ogniqualvolta si descrive il variare di un fenomeno nel tempo e vogliamo resti costante il prodotto dei valori considerati.

Infatti, la media geometrica è l'unico numero che sostituito ai dati ne lascia inalterato il prodotto, come possiamo dedurre dalla formula della sua definizione:

$$x_1 \cdot x_2 \cdot \ldots \cdot x_n = G^n.$$

ESEMPIO **Animazione**

Consideriamo la tabella relativa alla produzione di grano ottenuta da un'azienda agricola tra il 2012 e il 2016.

Abbiamo ottenuto le percentuali della terza colonna calcolando l'incremento percentuale rispetto all'anno precedente. Per esempio, nel 2013 si è avuto un incremento rispetto al 2012 di 27 t, cioè una variazione percentuale:

$$\frac{125-98}{98} = \frac{27}{98} \simeq 0{,}276 = 27{,}6\%.$$

Produzione di grano		
Anno	**Produzione (tonnellate)**	**Variazione %**
2012	98	
2013	125	27,6%
2014	145,5	16,4%
2015	143	−1,7%
2016	165	15,4%

Vogliamo determinare la percentuale media di variazione.

Osserviamo come possiamo passare dal valore della produzione di un anno a quello dell'anno successivo:

2013 $\quad 98 + 98 \cdot 0{,}276 = 98 \cdot (1 + 0{,}276) = 98 \cdot 1{,}276 \simeq 125;$

2014 $\quad 125 + 125 \cdot 0{,}164 = 125 \cdot (1 + 0{,}164) = 125 \cdot 1{,}164 \simeq 145{,}5;$

2015 $\quad 145{,}5 + 145{,}5 \cdot (-0{,}017) = 145{,}5 \cdot (1 - 0{,}017) = 145{,}5 \cdot 0{,}983 \simeq 143;$

2016 $\quad 143 + 143 \cdot 0{,}154 = 143 \cdot (1 + 0{,}154) = 143 \cdot 1{,}154 \simeq 165.$

Possiamo ottenere il valore relativo all'anno 2016 anche direttamente, a partire dal valore iniziale relativo all'anno 2012:

$$165 \simeq 143 \cdot (1 + 0{,}154) \simeq 145{,}5 \cdot (1 - 0{,}017) \cdot (1 + 0{,}154) \simeq$$

$$125 \cdot (1 + 0{,}164) \cdot (1 - 0{,}017) \cdot (1 + 0{,}154) \simeq$$

$$98 \cdot (1 + 0{,}276) \cdot (1 + 0{,}164) \cdot (1 - 0{,}017) \cdot (1 + 0{,}154).$$

Abbiamo ottenuto

$$165 \simeq 98 \cdot 1{,}276 \cdot 1{,}164 \cdot 0{,}983 \cdot 1{,}154.$$

Cerchiamo il fattore che, sostituito a ognuno dei quattro fattori per cui è moltiplicato il valore iniziale 98, lascia invariato il risultato. Deve essere:

$$98 \cdot (1 + x) \cdot (1 + x) \cdot (1 + x) \cdot (1 + x) = 165 \quad \rightarrow \quad 98 \cdot (1 + x)^4 = 165.$$

TEORIA

▶ Considera i seguenti prezzi (in euro) di un bene di consumo negli ultimi quattro anni.

20 18 21 23

Calcola la percentuale media di variazione. [4,92%]

Confrontando l'uguaglianza con la relazione precedente:

$$(1+x)^4 = 1{,}276 \cdot 1{,}164 \cdot 0{,}983 \cdot 1{,}154;$$

$$(1+x) = \sqrt[4]{1{,}276 \cdot 1{,}164 \cdot 0{,}983 \cdot 1{,}154} \simeq 1{,}139.$$

Il valore ottenuto per $(1+x)$ è la media geometrica dei quattro fattori. Da esso ricaviamo:

$$1+x = 1{,}139 \quad \rightarrow \quad x = 1{,}139 - 1 = 0{,}139 \quad \rightarrow \quad x = 13{,}9\%.$$

La percentuale media di variazione è quindi del 13,9%.

Media armonica

Listen to it

Given a set of *n* positive values, the **harmonic mean** is the reciprocal of the arithmetic mean of the reciprocal of each of the values.

DEFINIZIONE

La **media armonica** A di n numeri $x_1, x_2, \dots, x_n$, tutti positivi, è il reciproco della media aritmetica dei reciproci dei valori.

$$A = \frac{1}{\dfrac{\frac{1}{x_1}+\frac{1}{x_2}+\dots+\frac{1}{x_n}}{n}}$$

media armonica

somma dei reciproci dei valori

numero dei valori

La media armonica è utilizzata per la determinazione di valori medi di dati che derivano dal reciproco di altri dati. Si usa, per esempio, per calcolare il valore medio di velocità relative a uno stesso percorso o per il calcolo del prezzo medio di un bene quando si vuole determinare il potere d'acquisto di una moneta.

ESEMPIO Animazione

Consideriamo, per esempio, la tabella a fianco, che mostra il prezzo in euro di un litro di benzina in quattro successivi momenti.

Prezzo della benzina

Tempo	Prezzo
I	1,382
II	1,522
III	1,405
IV	1,509

Se ogni volta abbiamo effettuato un rifornimento per 30 euro, quanto è costata in media la benzina al litro?

Indichiamo con L_i i litri di rifornimento fatti ogni volta e con p_i il prezzo in ciascun caso. Abbiamo allora $30 = p_i \cdot L_i$.

Per calcolare la media, calcoliamo i litri di benzina fatti a ogni rifornimento:

$$L_1 = \frac{30}{1{,}382} \simeq 21{,}71; \qquad L_2 = \frac{30}{1{,}522} \simeq 19{,}71; \qquad L_3 = \frac{30}{1{,}405} \simeq 21{,}35;$$

$$L_4 = \frac{30}{1{,}509} \simeq 19{,}88.$$

Osservato che la spesa totale per i 4 rifornimenti è stata di € 120, si trova che il prezzo medio di un litro di benzina è: $\dfrac{120}{82{,}65} \simeq 1{,}452$.

Questo, infatti, è il numero A che, sostituito al prezzo al litro per ogni rifornimento, lascia inalterata la spesa totale per i quattro rifornimenti, cioè

$$AL_1 + AL_2 + AL_3 + AL_4 = 4 \cdot 30,$$

e poiché $L_i = \dfrac{30}{p_i}$ otteniamo:

$$A = \frac{4 \cdot 30}{\frac{30}{p_1} + \frac{30}{p_2} + \frac{30}{p_3} + \frac{30}{p_4}} = \frac{4}{\frac{1}{p_1} + \frac{1}{p_2} + \frac{1}{p_3} + \frac{1}{p_4}}.$$

La media cercata è proprio la media armonica.

▶ Calcola la media armonica dei seguenti numeri.

6 3 4 1 2

$\left[\frac{20}{9}\right]$

Media quadratica

DEFINIZIONE

La **media quadratica** Q di n numeri $x_1, x_2, \ldots, x_n$ è la radice quadrata della media aritmetica dei quadrati dei numeri.

$$Q = \sqrt{\frac{x_1^2 + x_2^2 + \ldots + x_n^2}{n}}$$

Q: media quadratica

$x_1^2 + x_2^2 + \ldots + x_n^2$: somma dei quadrati dei valori

n: numero dei valori

Listen to it

The **quadratic mean** or **root mean square** of *n* values is the square root of the arithmetic mean of the squares of the values.

La media quadratica di n numeri è quel valore che, sostituito a ciascuno di essi, lascia invariata la somma dei quadrati.
Se per esempio abbiamo tre quadrati di lati 3 cm, 4 cm e 5 cm e ci chiediamo quale lato deve avere un quadrato affinché la sua area sia uguale all'area media dei tre quadrati, possiamo procedere in due modi.
Possiamo calcolare l'area di ciascun quadrato, 9 cm^2, 16 cm^2 e 25 cm^2, e poi calcolare la media aritmetica delle aree, e da questa ricavare il lato.
Oppure possiamo osservare che stiamo cercando una misura l in modo che

$$l^2 + l^2 + l^2 = 3^2 + 4^2 + 5^2,$$

cioè: $l^2 = \frac{3^2 + 4^2 + 5^2}{3}$, $\quad l = \sqrt{\frac{3^3 + 4^2 + 5^2}{3}} \simeq 4{,}08.$

La media quadratica è utilizzata per calcolare il valore medio di scostamenti positivi o negativi da un livello prefissato, in quanto supera il problema del segno e tiene conto soltanto dell'ampiezza degli scostamenti.

ESEMPIO Animazione

La tabella riporta le variazioni della temperatura in gradi Celsius relative ad alcuni giorni di una settimana rispetto alla temperatura media stagionale.

Calcoliamo il valore della variazione media per mezzo della media quadratica.

Giorno	Variazione	Variazione al quadrato
lunedì	− 2,5	6,25
martedì	1,5	2,25
mercoledì	0,8	0,64
giovedì	− 1,5	2,25
venerdì	− 2,4	5,76
Totale		17,15

Nella tabella sono riportati anche i valori al quadrato delle variazioni.

La media quadratica risulta: $Q = \sqrt{\frac{17{,}15}{5}} \simeq 1{,}85.$

► Trova la media quadratica dei seguenti numeri.

−1 2 −3

$\left[\sqrt{\frac{14}{3}}\right]$

Tale media rappresenta il valore medio di scostamento rispetto alla temperatura stagionale.
Il calcolo della media aritmetica delle variazioni con il loro segno non sarebbe stato indicativo, in quanto si sarebbero avute delle compensazioni. La media aritmetica delle variazioni prese in valore assoluto è 1,74, e il confronto con la media quadratica, di poco superiore, indica che i valori assoluti delle variazioni della temperatura non differiscono molto fra loro.

Medie di posizione

► Esercizi a p. 700

Mediana

Listen to it

Given an ordered sequence of *n* values, the **median** is the central value if *n* is odd; it is the arithmetic mean of the two central values if *n* is even.

DEFINIZIONE

Data la sequenza ordinata di n numeri $x_1, x_2, \ldots, x_n$, la **mediana** è:

- il valore centrale, se n è dispari;
- la media aritmetica dei due valori centrali, se n è pari.

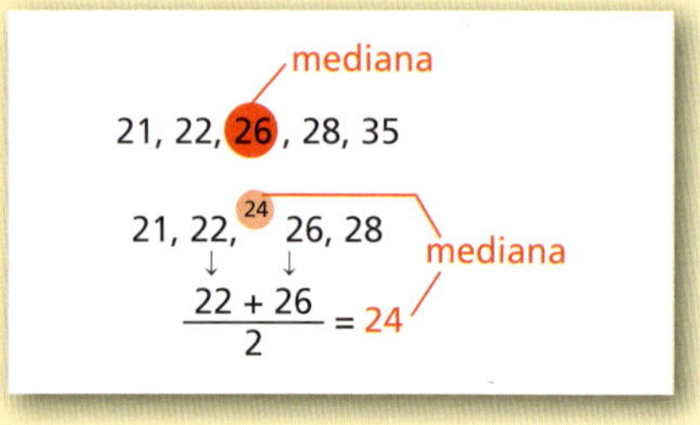

La mediana è il numero che lascia alla sua sinistra la metà dei dati, dopo che questi sono stati ordinati.
Per questa sua caratteristica la mediana può essere calcolata anche usando la frequenza cumulata.
Consideriamo, per esempio, la seguente serie di dati.

3 3 4 −2 −2 0 0 0 −1 7

Ordiniamoli e scriviamo la tabella seguente, riportando la frequenza cumulata.

Dati	−2	−1	0	3	4	7
Frequenza cumulata	2	3	6	8	9	10

La prima modalità la cui frequenza cumulata supera la metà del numero di dati è 0: 0 è la mediana cercata.

► Trova la mediana dei seguenti numeri.

−2 −5 3 3 0 0 2

Moda

Listen to it

In a data set, the **mode** is the most frequent value.

DEFINIZIONE

Dati i numeri $x_1, x_2, \ldots, x_n$, si chiama **moda** il valore a cui corrisponde la frequenza massima.

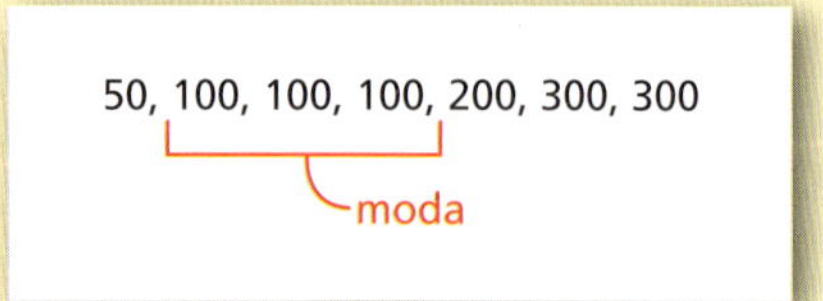

La moda indica il valore più «presente» nella distribuzione. Ci sono serie di dati che hanno più di una moda. Consideriamo i risultati di un compito in classe (vedi tabella a fianco).

Voti di un compito

Voto	4	5	6	7	8
Frequenza	2	9	3	9	2

La distribuzione risulta *bimodale*, avendo per moda sia 5 sia 7.

► Trova la moda dei seguenti numeri.

1 2 11 3 23

Nel caso di una distribuzione suddivisa in classi, chiamiamo **classe modale** quella che ha frequenza maggiore.

La moda è l'unico indice di posizione che è calcolabile anche per caratteri qualitativi.

Indici di variabilità

▶ Esercizi a p. 701

Gli indici di posizione sono utili per individuare l'ordine di grandezza del fenomeno considerato, sintetizzandolo in un unico valore. In molte situazioni, però, sono insufficienti per spiegare in maniera completa il fenomeno. Ecco perché si utilizzano gli **indici di variabilità**. Riassumiamo le definizioni principali.

- il **campo di variazione** è la differenza tra il valore massimo e quello minimo:

  $x_{\max} - x_{\min}$;

- lo **scarto semplice medio** S è la media aritmetica dei valori assoluti degli scarti dalla media aritmetica M dei dati:

  $$S = \frac{|x_1 - M| + |x_2 - M| + \ldots + |x_n - M|}{n};$$

- la **deviazione standard** σ è la media quadratica degli scarti dalla media:

  $$\sigma = \sqrt{\frac{(x_1 - M)^2 + (x_2 - M)^2 + \ldots + (x_n - M)^2}{n}};$$

  il valore σ^2, cioè il radicando nell'espressione di σ, è chiamato **varianza**.

▶ Data la serie di numeri

−2 −1 0 4 6

calcola il campo di variazione, lo scarto semplice medio e la deviazione standard.

[8; 2,88; 3,07]

Consideriamo la tabella seguente, che riporta le temperature di due diverse località, registrate nell'arco della stessa giornata.

Ore	06:00	10:00	12:00	18:00	20:00	22:00	24:00
Località A	−6	−2	4	8	1	−3	−2
Località B	−3	−1	0	3	4	−2	−1

È facile osservare che la temperatura media è 0 in entrambe le località, ma climaticamente le due località sono molto diverse.
Calcoliamo innanzitutto il campo di variazione: è 14 nella località A e 7 nella località B. Ciò indica già che la località A ha un'escursione termica maggiore rispetto alla località B.
Calcoliamo anche lo scarto semplice e la deviazione standard nelle due località:

$$S_A = \frac{6+2+4+8+1+3+2}{7} = \frac{26}{7} \simeq 3{,}71,$$

$$S_B = \frac{3+1+0+3+4+2+1}{7} = \frac{14}{7} = 2;$$

$$\sigma_A = \sqrt{\frac{6^2+2^2+4^2+8^2+1^2+3^2+2^2}{7}} \simeq 4{,}37,$$

$$\sigma_B = \sqrt{\frac{3^2+1^2+0^2+3^2+4^2+2^2+1^2}{7}} \simeq 2{,}39.$$

Gli scarti semplici e le deviazioni standard confermano che, pur avendo le due località la stessa temperatura media, le temperature della località B subiscono, nell'arco della giornata, variazioni minori rispetto alla media.

▶ Considera le due serie di dati:

−7 −5 0 5 7

e

−2 −1 0 1 2.

In quale dei due casi ti aspetti la varianza maggiore? Provalo, calcolando le due varianze.

TEORIA

3 Distribuzione gaussiana

▶ Esercizi a p. 707

Consideriamo la distribuzione relativa a un'indagine sull'altezza di 100 ragazze di età compresa tra i 20 e i 30 anni.

Altezza (cm)	Frequenza
160-165	5
165-170	11
170-175	13
175-180	40
180-185	15
185-190	10
190-195	6

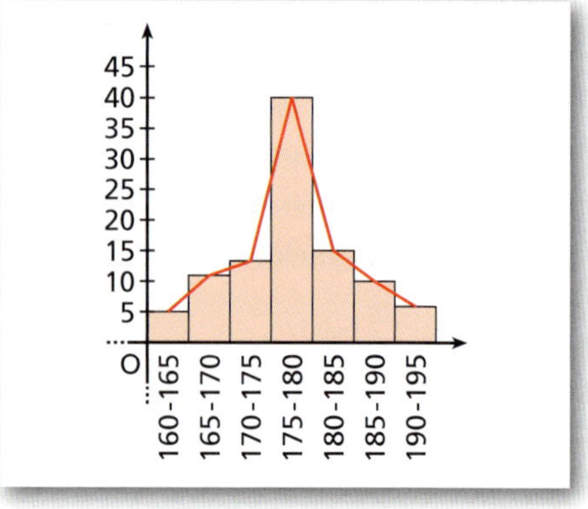

Ripetiamo l'indagine su una popolazione composta da 100 ragazze di età compresa tra i 10 e i 20 anni.

Altezza (cm)	Frequenza
140-145	4
145-150	6
150-155	7
155-160	8
160-165	16
165-170	19
170-175	15
175-180	10
180-185	7
185-190	5
190-195	3

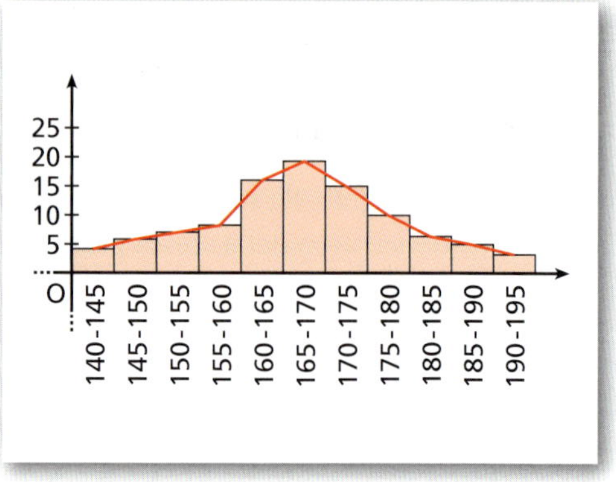

I poligoni delle frequenze hanno la stessa forma, che ricorda una campana, ma posizioni e larghezze diverse.

Nel primo caso, la media M_1 della distribuzione è circa 177 cm e la deviazione standard σ_1 è circa 7.

Nel secondo caso, la media M_2 della distribuzione è circa 167 cm e la deviazione standard σ_2 è circa 12.

Il poligono delle frequenze nel primo caso è **centrato** rispetto a 177,5, cioè ha massimo all'incirca in M_1 ed è simmetrico rispetto alla media. Poiché le ragazze sono tutte in età in cui si è concluso lo sviluppo, la varianza è piccola, quindi i dati sono abbastanza concentrati intorno alla media.

Il poligono delle frequenze nel secondo caso è centrato rispetto a 167,5, cioè all'incirca rispetto alla media M_2 ed è più largo rispetto al precedente. A una maggiore deviazione standard, infatti, corrisponde una maggiore dispersione dei dati.

Le curve che si ottengono aumentando la numerosità della popolazione presa in esame e riducendo l'ampiezza delle classi in ciascuno dei due casi si avvicinano sempre più alle curve teoriche, dette **curve di Gauss**, che osservi nelle figure. Esse hanno le stesse caratteristiche osservate per i poligoni, ma sono centrate una rispetto a 177 e l'altra rispetto a 167, e la prima è più stretta della seconda.

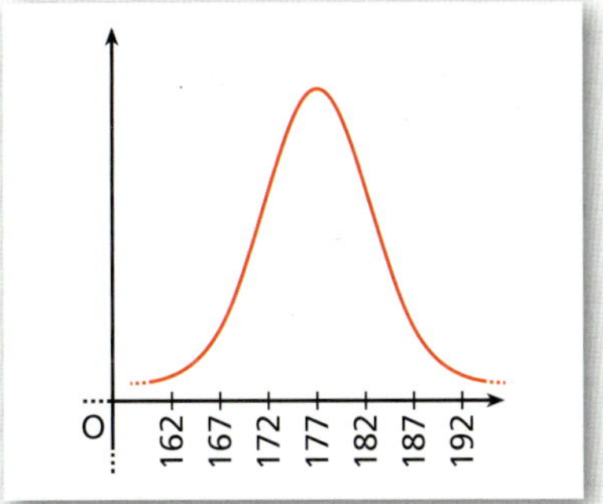

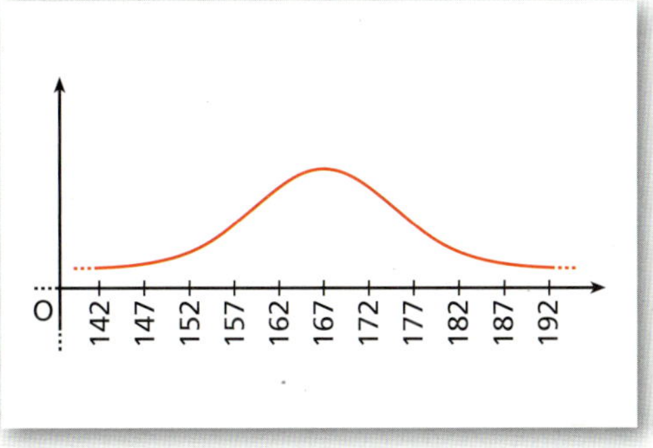

Nonostante queste diversità, i due poligoni delle frequenze hanno anche qualcosa in comune.
Consideriamo nel primo caso l'intervallo di dati compreso tra $M_1 - \sigma_1$ e $M_1 + \sigma_1$, cioè all'incirca l'intervallo di dati compreso tra $177 - 7 = 170$ e $177 + 7 = 184$.
Quante sono le ragazze che hanno un'altezza compresa in questo intervallo?
Per stabilirlo basta sommare le frequenze corrispondenti alle classi interessate, che equivale a calcolare l'area dei rettangoli dell'istogramma che, sappiamo, corrisponde all'area compresa tra il poligono delle frequenze e l'asse x, in corrispondenza di queste classi.
Abbiamo perciò:

$$13 + 40 + 15 = 68.$$

Possiamo anche dire che con buona approssimazione il 68% delle ragazze ha un'altezza compresa tra $M_1 - \sigma_1$ e $M_1 + \sigma_1$.(L'approssimazione deriva dal fatto che abbiamo considerato l'intera classe 180-185 senza fermarci a 184.)
Ripetiamo il procedimento nel secondo caso. Troviamo il numero di ragazze la cui altezza è compresa tra $M_2 - \sigma_2 = 155$ e $M_2 + \sigma_2 = 179$. Considerando sempre classi intere, ci basta sommare le frequenze delle classi corrispondenti:

$$8 + 16 + 19 + 15 + 10 = 68.$$

Anche in questo caso circa il 68% delle ragazze intervistate ha un'altezza compresa tra $M_2 - \sigma_2$ e $M_2 + \sigma_2$.

Questa è una caratteristica delle **distribuzioni gaussiane**, cioè delle distribuzioni rappresentate da una curva di Gauss. Al di là delle approssimazioni, sempre necessarie quando si considera un caso numerico, si può infatti dimostrare che, considerata la curva di Gauss corrispondente a una distribuzione gaussiana con media M e deviazione standard σ, l'area compresa tra la curva e l'asse x nell'intervallo tra $M - \sigma$ e $M + \sigma$ rappresenta il 68,27% dell'area totale, cioè il 68,27% dei dati è compreso tra $M - \sigma$ e $M + \sigma$, il 95,45% fra $M - 2\sigma$ e $M + 2\sigma$, e infine il 99,74% fra $M - 3\sigma$ e $M + 3\sigma$. Da queste informazioni, essendo la distribuzione gaussiana simmetrica rispetto alla media, se ne possono ricavare altre. Per esempio, il 15,865% dei dati è maggiore di $M + \sigma$. Infatti (vedi figura nella pagina successiva), la percentuale di valori maggiori di $M + \sigma$ o minori di $M - \sigma$ è

$$100\% - 68,27\% = 31,73\%,$$

MATEMATICA INTORNO A NOI

Piramide della popolazione Nelle indagini statistiche demografiche, la popolazione viene spesso rappresentata con un grafico, detto *piramide dell'età* o *piramide della popolazione*: in tale grafico si confrontano le frequenze di uomini e donne al variare della fascia di età.

▶ Cerca informazioni e fornisci esempi di piramidi delle età per la popolazione italiana.

Cerca nel Web: piramide della popolazione, piramide dell'età, age-sex pyramid

e quindi la percentuale di valori maggiori di $M + \sigma$ è:

$$\frac{100\% - 68{,}27\%}{2} = 15{,}865\%.$$

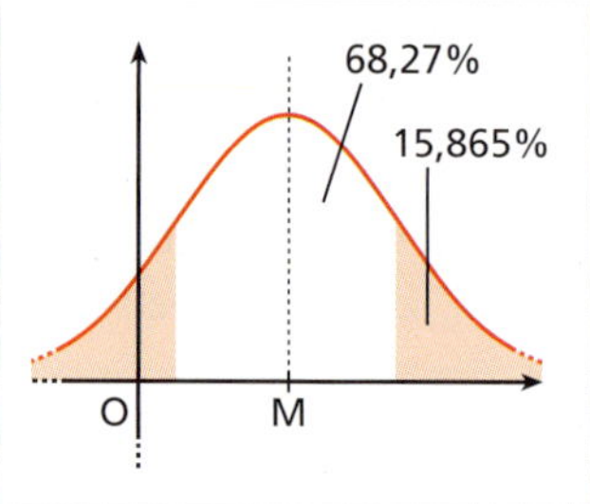

In modo analogo si ricava che il 2,275% dei valori è maggiore di $M + 2\sigma$, e la stessa percentuale di valori è minore di $M - 2\sigma$.

ESEMPIO

Il costo mensile per il trasporto casa-scuola e viceversa, in una popolazione composta da 800 studenti delle scuole superiori residenti fuori dal capoluogo di provincia, ha una distribuzione gaussiana. Sapendo che il costo medio mensile è $M = 56$ euro e la deviazione standard $\sigma = 5$ euro, calcoliamo quanti studenti sostengono un costo compreso tra 51 e 61 euro e quanti uno maggiore di 66 euro.

Essendo $51 = 56 - 5$ e $61 = 56 + 5$, la prima domanda chiede quante sono le persone che sostengono un costo compreso tra $M - \sigma$ e $M + \sigma$; sappiamo che sono il 68,27%:

$$800 \cdot \frac{68{,}27}{100} = 546.$$

La seconda domanda chiede quanti sono gli studenti che sostengono un costo maggiore di $M + 2\sigma$, essendo $66 = 56 + 2 \cdot 5$. Essi sono il 2,275%:

$$800 \cdot \frac{2{,}275}{100} = 18.$$

I valori calcolati sono da considerarsi approssimati, in quanto la popolazione esaminata non ha una distribuzione rigorosamente gaussiana, ma sono comunque attendibili.

▶ Calcola quanti studenti sostengono una spesa tra 46 e 61 euro, usando i dati dell'esempio.

In alcuni casi svolgere un'indagine sull'intera popolazione può essere impossibile o poco conveniente.

Un'indagine sull'altezza di tutta la popolazione italiana sarebbe molto complicata da svolgere perché dovremmo intervistare tutti gli italiani.

Analogamente, un'indagine sulla concentrazione di succo di arancia in ogni bottiglia di bibita all'arancia prodotta da un'azienda sarebbe poco conveniente: bisognerebbe testare il prodotto di ogni bottiglia rendendo invendibile la produzione.

In questi casi conviene selezionare un **campione**, cioè un sottoinsieme della popolazione su cui effettuare l'indagine. Un campione rappresenta in scala ridotta una popolazione e le unità che lo costituiscono permettono di valutare i parametri della popolazione da cui provengono.

La **statistica inferenziale** è la branca della statistica che si occupa di ricavare dai dati raccolti su un campione, o su più campioni, informazioni sull'intera popolazione con un'accuratezza prestabilita. Uno degli strumenti fondamentali per questo passaggio dal *particolare* al *generale* è la distribuzione gaussiana.

Grazie ad alcuni risultati della teoria della probabilità, infatti, lo studio di molti fenomeni che interessano una popolazione può essere ricondotto allo «studio» di una distribuzione gaussiana le cui caratteristiche possono essere dedotte da un campione.

In questo passaggio dal particolare al generale, la numerosità del campione gioca un ruolo fondamentale. Maggiore è la numerosità del campione, maggiori sono l'accuratezza e la certezza della risposta.

4 Rapporti statistici

▶ Esercizi a p. 708

In alcuni casi i singoli dati non sono molto significativi. Supponiamo, per esempio, di voler confrontare la natalità in Piemonte e nelle Marche nel 2011. Si trova che nel 2011 sono nati 37 757 bambini in Piemonte e 13 856 nelle Marche.
Da questi dati «assoluti» saremmo portati a credere che la natalità sia maggiore in Piemonte rispetto alle Marche.
Consideriamo però anche il numero degli abitanti in Piemonte e nelle Marche. In Piemonte nel 2011 risultavano residenti 4 357 663 persone e nelle Marche 1 540 688.
Se calcoliamo il rapporto tra il numero di nati e il numero di abitanti in ciascuna delle due regioni, scopriamo che ci sono 8,7 nati su 1000 abitanti in Piemonte e 9 su 1000 nelle Marche. La natalità, quindi, è più alta nelle Marche. Questo è un esempio di **rapporto statistico**, cioè un quoziente fra valori di dati statistici o di un dato statistico e uno non statistico, che permette un confronto tra fenomeni diversi ma collegati fra loro da una qualche relazione logica.

Esaminiamo i seguenti rapporti statistici: rapporti di derivazione, rapporti di densità, rapporti di composizione, rapporti di coesistenza, numeri indice.

Rapporti di derivazione: servono per confrontare due dati statistici di cui il primo deriva dal secondo.

Consideriamo per esempio i seguenti dati sulla popolazione e sui morti italiani in due anni «significativi».

Dati rilevati in Italia		
Anno	**Popolazione**	**Numero di morti**
1946	45 540 000	547 952
2010	59 190 143	587 488

I dati assoluti ci stupiscono: nel 1946 ci sono stati meno morti che nel 2010. Se invece consideriamo il rapporto di derivazione,

$$\text{quoziente di mortalità} = \frac{\text{numero dei morti}}{\text{popolazione}},$$

riportato in tabella, evidenziamo che, relativamente alla popolazione, il tasso di mortalità, in realtà, come ci aspettiamo, è inferiore nel 2010.

Quoziente di mortalità (per 1000 abitanti)	
Anno	**Quoziente di mortalità**
1946	12,03
2010	9,92

Particolari rapporti di derivazione sono i **rapporti di densità**, che sono rapporti tra dati statistici e dati relativi al campo di riferimento (temporale, spaziale o altro). Un rapporto di densità è, per esempio, il rapporto tra la popolazione e la superficie del territorio in cui abita, oppure il rapporto tra il fatturato di un'azienda (espresso in euro) e il numero di addetti.

Rapporti di coesistenza: sono rapporti tra le frequenze di due fenomeni diversi riferiti alle stesse unità statistiche e danno un'indicazione dello squilibrio fra dati coesistenti in uno stesso luogo o in uno stesso periodo di tempo.

MATEMATICA INTORNO A NOI

Statistica e mercato del lavoro Tasso di occupazione, tasso di attività, indice di vecchiaia...

▶ In che modo le indagini statistiche permettono di fotografare i cambiamenti della società?

La risposta

▶ La Basilicata ha una superficie che misura 9992 km^2, con una popolazione di 576619 abitanti. La Valle d'Aosta ha un'area di 3262 km^2, con una popolazione di 128298 abitanti. Calcola il rapporto di densità nei due casi.

[57,7; 39,3]

In genere sono rapporti tra le frequenze corrispondenti a due diverse modalità di uno stesso carattere. Per esempio, per confrontare i risultati di diverse scuole si può considerare il rapporto tra il numero degli alunni respinti e quello dei promossi.

ESEMPIO

Confrontiamo le spese annue per il tempo libero di una certa popolazione.

Spesa per il tempo libero	
Tipo di spettacolo	**Spesa**
teatro e concerti	212 118
cinema	303 787
intrattenimenti vari	914 230
manifestazioni sportive	390 652
Totale	1 820 787

Il rapporto

$$\frac{\text{spesa per teatro e concerti}}{\text{spesa per cinema}} = 0,70$$

significa che per 100 euro spesi per il cinema ne sono stati spesi 70 per teatro e concerti.

Rapporti di composizione: sono rapporti tra dati omogenei e servono per valutare l'importanza delle diverse modalità nella composizione del valore complessivo del fenomeno. Spesso coincidono con le frequenze relative. In una scuola ci sono 50 professori, 18 maschi e 32 femmine. Di questi, 12 maschi e 15 femmine fumano. È maggiore la percentuale di fumatori maschi o quella di fumatori femmine?

Calcoliamo i rapporti di composizione.

$$\frac{\text{numero fumatori maschi}}{\text{numero maschi}} = \frac{12}{18} \simeq 67\%$$

$$\frac{\text{numero fumatori femmine}}{\text{numero femmine}} = \frac{15}{32} \simeq 47\%$$

Concludiamo che in percentuale fumano di più i maschi.

▶ Un'azienda produce 3000 bicchieri a calice e 7000 bicchieri non a calice. Di questi, rispettivamente 1500 e 3000 sono da vino. La percentuale dei bicchieri da vino è maggiore nei bicchieri a calice o in quelli non a calice?

Numeri indice: sono il rapporto fra un dato statistico e il valore di un dato statistico preso come elemento di riferimento (base), moltiplicato per 100. Permettono quindi di comprendere le variazioni relative nel tempo o nello spazio di un fenomeno.

I numeri indice sono molto usati nella valutazione di serie storiche di dati. Si distinguono in numeri indice a **base fissa** e numeri indice a **base mobile**. In quest'ultimo caso, il rapporto è tra il dato statistico e quello che lo precede.

Numeri indice a base fissa

Si divide ogni valore per quello della base fissata e si moltiplica il quoziente per 100.

ESEMPIO

Nella tabella a pagina seguente fissiamo come base il 2010 e, per indicare questa scelta, poniamo la produzione nel 2010 uguale a 100.

Produzione di uva	
Anno	**Produzione di uva (tonnellate)**
2010	32,2
2011	36,8
2012	29,4
2013	32,9
2014	32,3
2015	30,2
2016	35,8

anno 2011 $\frac{36,8}{32,2} \cdot 100 \simeq 114,29$;

anno 2012 $\frac{29,4}{32,2} \cdot 100 \simeq 91,30$;

anno 2013 $\frac{32,9}{32,2} \cdot 100 \simeq 102,17$;

anno 2014 $\frac{32,3}{32,2} \cdot 100 \simeq 100,31$;

anno 2015 $\frac{30,2}{32,2} \cdot 100 \simeq 93,79$;

anno 2016 $\frac{35,8}{32,2} \cdot 100 \simeq 111,18$.

Numero indice a base fissa
100,00
114,29
91,30
102,17
100,31
93,79
111,18

▶ Riferendoti ai dati contenuti nella tabella a fianco, calcola i numeri indice a base fissa usando come base il 2012.

Numeri indice a base mobile

Come base si sceglie il valore che nella tabella precede il valore in esame.

ESEMPIO

Consideriamo la tabella dell'esempio precedente e calcoliamo i numeri indice a base mobile. Il numero indice del primo anno non è determinabile in quanto non conosciamo il valore dell'anno precedente.

anno 2011 $\frac{36,8}{32,2} \cdot 100 \simeq 114,29$;

anno 2012 $\frac{29,4}{36,8} \cdot 100 \simeq 79,89$;

anno 2013 $\frac{32,9}{29,4} \cdot 100 \simeq 111,90$;

anno 2014 $\frac{32,3}{32,9} \cdot 100 \simeq 98,18$;

anno 2015 $\frac{30,2}{32,3} \cdot 100 \simeq 93,50$;

anno 2016 $\frac{35,8}{30,2} \cdot 100 \simeq 118,54$.

Numero indice a base mobile
n.d.
114,29
79,89
111,90
98,18
93,50
118,54

5 Introduzione alla statistica bivariata

La statistica bivariata si occupa di fare rilevazioni contemporaneamente su due diversi caratteri di una stessa popolazione e analizzare le loro eventuali relazioni. Come per la statistica univariata il primo passo è l'organizzazione dei dati.

Distribuzioni congiunte

▶ Esercizi a p. 712

Supponiamo che su un gruppo di 13 ragazzi siano stati registrati i seguenti voti in italiano e matematica. Raggruppiamo i dati in una **tabella composta**: nella prima riga riportiamo i ragazzi, identificandoli con un numero progressivo, nella seconda e nella terza i voti nelle due materie.

Studente	1	2	3	4	5	6	7	8	9	10	11	12	13
Matematica	6	6	6	6	6	7	8	8	6	6	7	8	7
Italiano	6	7	7	6	6	6	8	6	6	7	7	9	8

Voto in italiano / Voto in matematica	6	7	8	9	Totale
6	4	3	0	0	7
7	1	1	1	0	3
8	1	0	1	1	3
Totale	6	4	2	1	13

Anche in questo caso possiamo riassumere i dati evidenziando le frequenze con una **tabella a doppia entrata**: mettiamo nella prima riga e nella prima colonna le modalità dei due caratteri «Voto in italiano» e «Voto in matematica» e in ogni casella interna il numero di ragazzi che hanno ottenuto contemporaneamente i vari voti. Otteniamo la tabella a fianco.
Questa tabella permette di conoscere quanti sono gli alunni che hanno un determinato voto in italiano e in matematica, ma anche di leggere immediatamente quanti sono gli alunni che hanno un certo voto in matematica e contemporaneamente un altro voto in italiano. Se vogliamo sapere, per esempio, quanti studenti hanno 7 in matematica e 6 in italiano, troviamo 1 all'incrocio fra la terza riga e la seconda colonna.

La tabella ottenuta rappresenta la **distribuzione congiunta delle frequenze** dei due caratteri, cioè dell'insieme delle frequenze delle modalità di ciascuna coppia ordinata che ha come primo elemento una modalità del primo carattere e come secondo elemento una modalità del secondo carattere. Tali frequenze si chiamano **frequenze congiunte** o **interne**.

Quando entrambe le modalità sono quantitative si hanno **tabelle di correlazione**, se sono entrambe qualitative **tabelle di contingenza** e se una modalità è qualitativa e l'altra quantitativa **tabelle miste**.

Se consideriamo separatamente le modalità della prima colonna con i relativi totali esposti nell'ultima colonna, o le modalità della prima riga con i relativi totali dell'ultima riga, otteniamo due distribuzioni semplici (riportate nelle tabelle seguenti) che si chiamano **distribuzioni marginali**. Sono le distribuzioni che i due caratteri avrebbero se fossero rilevati singolarmente.

Voto in matematica	Numero alunni
6	7
7	3
8	3
Totale	13

Voto in italiano	Numero alunni
6	6
7	4
8	2
9	1
Totale	13

Supponiamo di voler conoscere la distribuzione dei voti di matematica tra i soli alunni che hanno ottenuto 7 in italiano. È sufficiente considerare, della tabella dei voti, solo la prima e la terza colonna, cioè la colonna delle modalità del carattere «Voto in matematica» e la colonna delle corrispondenti frequenze sotto la modalità «Voto in italiano = 7». Questa nuova tabella è la *distribuzione del carattere «Voto in matematica» condizionato alla modalità «Voto in italiano uguale a 7».*

Voto in matematica \ Voto in italiano	6	7	8	9	Totale
6	4	3	0	0	7
7	1	1	1	0	3
8	1	0	1	1	3
Totale	6	4	2	1	13

In generale, si chiama **distribuzione condizionata** di un carattere rispetto a una modalità di un altro carattere quella che, fissata la modalità del secondo carattere, associa le corrispondenti frequenze assolute a tutte le modalità del carattere in osservazione.
Possiamo invertire i ruoli dei due caratteri semplicemente scambiando le righe con le colonne.

Delle distribuzioni congiunte e marginali possiamo calcolare le frequenze relative calcolando i rapporti fra le frequenza assolute rispettivamente congiunte e marginali e il numero complessivo di unità della popolazione.

	6	7	8	9	Totale
6	$\frac{4}{13}$	$\frac{3}{13}$	0	0	$\frac{7}{13}$
7	$\frac{1}{13}$	$\frac{1}{13}$	$\frac{1}{13}$	0	$\frac{3}{13}$
8	$\frac{1}{13}$	0	$\frac{1}{13}$	$\frac{1}{13}$	$\frac{1}{13}$
Totale	$\frac{6}{13}$	$\frac{4}{13}$	$\frac{2}{13}$	$\frac{1}{13}$	1

Per calcolare le frequenze relative di una distribuzione condizionata, invece, ciascuna frequenza assoluta deve essere divisa per il totale della colonna o della riga corrispondente alla modalità rispetto a cui si condiziona. Nelle due tabelle seguenti abbiamo calcolato le distribuzioni condizionate rispetto a tutte le modalità del carattere «Voto in italiano» e le distribuzione condizionate rispetto a tutte le modalità del carattere «Voto in matematica».

	Fissato 6	Fissato 7	Fissato 8	Fissato 9	Totale
6	$\frac{4}{6}$	$\frac{3}{4}$	0	0	$\frac{7}{13}$
7	$\frac{1}{6}$	$\frac{1}{4}$	$\frac{1}{2}$	0	$\frac{3}{13}$
8	$\frac{1}{6}$	0	$\frac{1}{2}$	1	$\frac{3}{13}$
Totale	1	1	1	1	1

MATEMATICA INTORNO A NOI

Fattori di rischio
I virus sono spesso i responsabili dei nostri malanni. Per indicare la causa presunta di una malattia si parla anche di fattore di rischio.

► Com'è possibile cercare eventuali correlazioni tra un fattore di rischio e una malattia?

La risposta

► Con riferimento alla tabella a fianco, qual è la frequenza relativa dei ragazzi che hanno preso 8 in matematica tra quelli che hanno preso 8 in italiano?

TEORIA

► Con riferimento alla tabella a fianco, qual è la frequenza relativa dei ragazzi che hanno preso 6 in italiano tra quelli che hanno preso 7 in matematica?

	6	7	8	9	Totale
Fissato 6	$\frac{4}{7}$	$\frac{3}{7}$	0	0	1
Fissato 7	$\frac{1}{3}$	$\frac{1}{3}$	$\frac{1}{3}$	0	1
Fissato 8	$\frac{1}{3}$	0	$\frac{1}{3}$	$\frac{1}{3}$	1
Totale	$\frac{6}{13}$	$\frac{4}{13}$	$\frac{2}{13}$	$\frac{1}{13}$	1

Indipendenza e dipendenza

► Esercizi a p. 714

Consideriamo i caratteri X e Y, le cui frequenze congiunte sono riportate nella tabella di sinistra, e calcoliamo le frequenze relative delle distribuzioni condizionate rispetto alle modalità del carattere Y (tabella di destra).

X \ Y	y_1	y_2	y_3	Totale
x_1	15	25	20	60
x_2	75	125	100	300
x_3	60	100	80	240
Totale	150	250	200	600

X \ Y	Fissato y_1	Fissato y_2	Fissato y_3	Totale
x_1	0,1	0,1	0,1	0,1
x_2	0,5	0,5	0,5	0,5
x_3	0,4	0,4	0,4	0,4
Totale	1	1	1	1

Osserviamo che tutte le distribuzioni condizionate presentano la stessa sequenza di frequenze relative. Ciò evidenzia il fatto che condizionare il carattere X a una qualunque modalità del carattere Y non influisce sulla distribuzione di X. Si dice in questo caso che il carattere X è **indipendente** dal carattere Y.
È facile verificare che se condizioniamo Y rispetto alle modalità di X otteniamo, di nuovo, la stessa sequenza di frequenze relative in tutte le righe, quindi anche Y è indipendente dal carattere X.
Possiamo perciò dire che i caratteri X e Y sono simmetricamente indipendenti.
Se due caratteri non sono indipendenti, diciamo che sono **dipendenti**.

Osserviamo meglio la tabella sopra di sinistra. Notiamo che

$$15 = \frac{60 \cdot 150}{600}, \quad 25 = \frac{60 \cdot 250}{600}, \quad 20 = \frac{60 \cdot 200}{600}, \quad 75 = \frac{300 \cdot 150}{600}$$

e così via.
Possiamo dire che, quando due caratteri sono indipendenti, ogni frequenza congiunta è il prodotto del totale della sua riga con il totale della sua colonna diviso per il numero di osservazioni.
Questo vale anche con le frequenze congiunte relative: in tal caso ogni frequenza relativa congiunta è uguale al prodotto delle corrispondenti frequenze marginali relative (tabella a fianco).

X \ Y	y_1	y_2	y_3	Totale
x_1	0,025	0,042	0,033	0,1
x_2	0,125	0,208	0,167	0,5
x_3	0,1	0,167	0,133	0,4
Totale	0,25	0,417	0,333	1

Indice χ^2

Nelle indagini reali è altamente improbabile ottenere delle frequenze congiunte

che soddisfino esattamente la condizione di indipendenza, anche se i due caratteri sono indipendenti in modo evidente. L'indice χ^2 permette di valutare il grado di indipendenza in questi casi.
Consideriamo i generi di romanzo preferiti da un gruppo di ragazzi e ragazze.

Sesso \ Generi	Avventura	Storico	Giallo	Totale
Maschi	20	5	25	50
Femmine	45	10	15	70
Totale	65	15	40	120

Mantenendo gli stessi valori totali di ogni riga e colonna, possiamo costruire una tabella teorica nella quale si ha perfetta indipendenza, in cui cioè ogni frequenza congiunta si ottiene moltiplicando il totale della sua riga per il totale della sua colonna e dividendo poi il prodotto per il totale delle osservazioni.

Sesso \ Generi	Avventura	Storico	Giallo	Totale
Maschi	27,08	6,25	16,67	50
Femmine	37,92	8,75	23,33	70
Totale	65	15	40	120

Per ogni coppia di modalità la differenza tra la frequenza assoluta rilevata e la corrispondente frequenza assoluta teorica si chiama **contingenza**.
Per comodità esponiamo il loro valore in tabella.

Sesso \ Generi	Avventura	Storico	Giallo
Maschi	− 7,08	− 1,25	8,33
Femmine	7,08	1,25	− 8,33

Più le frequenze teoriche sono «vicine» alle frequenze reali, cioè più le contingenze sono, in valore assoluto, vicine a 0, più ci aspettiamo indipendenza tra i caratteri in osservazione. L'**indice χ^2**, cioè la somma dei rapporti tra il quadrato di ogni contingenza e la relativa frequenza teorica, dà una misura di questa vicinanza e quindi dell'indipendenza. Nel nostro caso abbiamo:

$$\chi^2 = \frac{50{,}1264}{27{,}08} + \frac{1{,}5625}{6{,}25} + \frac{69{,}3889}{16{,}67} + \frac{50{,}1264}{37{,}92} + \frac{1{,}5625}{8{,}75} + \frac{69{,}3889}{23{,}33} \simeq 10{,}7383.$$

L'indice χ^2 vale 0 in caso di perfetta indipendenza, essendo nulle tutte le contingenze, e cresce al crescere delle contingenze e del numero di osservazioni. L'indipendenza tra due caratteri, però, non dipende dal numero delle osservazioni e quindi nemmeno l'indice da utilizzare per valutarla dovrebbe dipenderne. Per questo si utilizza il seguente indice C, detto **χ^2 normalizzato**:

$$C = \frac{\chi^2}{N \cdot (h-1)},$$

dove N è il numero totale delle osservazioni e h è il valore minimo tra il numero delle righe e il numero delle colonne. Si ha che $0 \leq C \leq 1$. Nel nostro esempio:

$$C = \frac{10{,}7383}{120 \cdot (2-1)} = 0{,}089.$$

6 Regressione e correlazione

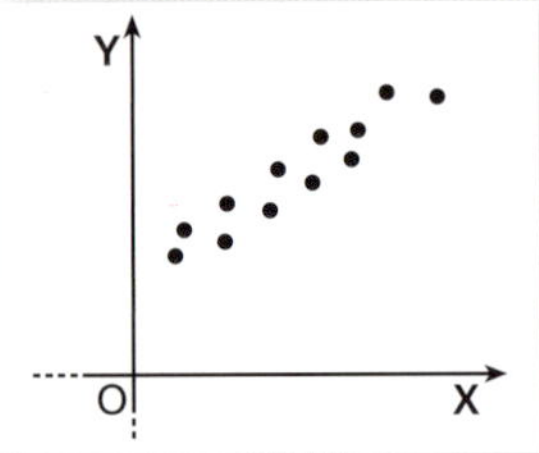

Consideriamo due variabili X e Y, cioè due caratteri quantitativi. Possiamo rappresentare le coppie dei dati relativi $(x_i; y_i)$ in un piano cartesiano: otteniamo ciò che si chiama **diagramma di dispersione** o **nuvola di punti** (figura a fianco).
Vogliamo trovare una funzione matematica $y = f(x)$, detta **funzione interpolante**, che permetta di rappresentare il legame tra i due caratteri. Il grafico di tale funzione avrà punti «vicini» alle coppie di dati rilevati e potrebbe passare per alcuni di essi.

Funzione interpolante lineare

▶ Esercizi a p. 715

La funzione lineare $y = ax + b$ è la più semplice delle possibili funzioni interpolanti, ma anche quella più usata. Fra tutte le funzioni lineari che passano fra i punti del diagramma di dispersione, la migliore è quella che:

- passa per il punto $(\overline{x}; \overline{y})$, detto **baricentro** della distribuzione, dove $\overline{x}$ e $\overline{y}$ sono le medie dei valori che le variabili X e Y assumono;
- rende nulla la somma delle differenze tra i valori rilevati y_i e i valori $f(x_i)$ calcolati con la retta interpolante;
- rende minima la somma dei quadrati delle differenze del punto precedente.

Quest'ultima caratteristica dà il nome al procedimento per determinare la retta, che si chiama perciò **metodo dei minimi quadrati**.
Per cercare la forma analitica dell'equazione della retta interpolante, scriviamo la retta generica passante per $(\overline{x}; \overline{y})$:

$$\boldsymbol{y - \overline{y} = a(x - \overline{x})}.$$

Il valore di a viene determinato in modo da soddisfare la condizione dei minimi quadrati. Si può dimostrare che la formula per trovare a è la seguente:

$$a = \frac{\sum_{i=1}^{n}(x_i - \overline{x})(y_i - \overline{y})}{\sum_{i=1}^{n}(x_i - \overline{x})^2},$$

dove $x_i - \overline{x}$ e $y_i - \overline{y}$ sono gli scarti dei valori dati rispetto al valore medio e n è il numero di punti.

Ricordiamo che:

$$\overline{x} = \frac{\sum_{i=1}^{n} x_i}{n}, \quad \overline{y} = \frac{\sum_{i=1}^{n} y_i}{n},$$

dove $\sum_{i=1}^{n}$ si legge «sommatoria per i che va da 1 a n» e serve per indicare una somma di termini. Per esempio, nel nostro caso,

$$\sum_{i=1}^{n} x_i = x_1 + x_2 + \ldots + x_n$$

e

$$\sum_{i=1}^{n}(x_i - \overline{x})(y_i - \overline{y}) = (x_1 - \overline{x})(y_1 - \overline{y}) + (x_2 - \overline{x})(y_2 - \overline{y}) + \ldots + (x_n - \overline{x})(y_n - \overline{y}).$$

ESEMPIO Animazione

Il fatturato di un'industria nei primi 5 anni di attività è il seguente.

Anni (X)	1	2	3	4	5
Migliaia di euro (Y)	3456	3769,5	4126,5	4182	4408,5

Determiniamo la retta che interpola questi dati. Dopo aver calcolato $\overline{x}$ e $\overline{y}$,

$$\overline{x} = \frac{\sum x_i}{n} = \frac{15}{5} = 3, \qquad \overline{y} = \frac{\sum y_i}{n} = \frac{19942,5}{5} = 3988,5,$$

compiliamo le colonne di $x_i' = x_i - \overline{x}$ e $y_i' = y_i - \overline{y}$ e poi quelle di $x_i'y_i'$ e $(x_i')^2$.

	x_i	y_i	$x_i' = x_i - \overline{x}$	$y_i' = y_i - \overline{y}$	$x_i'y_i'$	$(x_i')^2$
	1	3456	−2	−532,5	1065	4
	2	3769,5	−1	−219	219	1
	3	4126,5	0	138	0	0
	4	4182	1	193,5	193,5	1
	5	4408,5	2	420	840	4
$\sum$	15	19942,5			2317,5	10
	$\overline{x} = 3$	$\overline{y} = 3988,5$				

I valori ottenuti permettono di calcolare a:

$$a = \frac{\sum x_i'y_i'}{\sum x_i'^2} = \frac{2317,5}{10} = 231,75.$$

Poiché l'equazione della retta interpolante è $y - \overline{y} = a(x - \overline{x})$, sostituendo otteniamo:

$$y - 3988,5 = 231,75 \cdot (x - 3) \rightarrow y = 231,75x + 3293,25.$$

Questa relazione ci dice che secondo questo modello il fatturato y in media aumenta ogni anno di 231,75 migliaia di euro e che teoricamente l'anno successivo il fatturato sarà pari a $231,75 \cdot 6 + 3293,25 = 4683,75$ migliaia di euro.

▶ Carlo ha messo in un conto deposito € 1100 il primo mese, € 1000 il secondo e € 1200 il terzo. In base alla funzione interpolante lineare, quanto metterà sul conto deposito nel sesto mese?

[€ 1300]

Regressione lineare

▶ Esercizi a p. 717

La retta interpolante che abbiamo appena considerato è detta **retta di regressione di *Y* su *X*** e il coefficiente a è il **coefficiente di regressione di *Y* su *X***.

Con lo stesso procedimento possiamo calcolare la retta di regressione di X su Y.

Anche questa retta passa per il punto $(\overline{x}; \overline{y})$ e il coefficiente b di regressione di X su Y è dato dalla formula:

$$b = \frac{\sum_{i=1}^{n}(x_i - \overline{x})(y_i - \overline{y})}{\sum_{i=1}^{n}(y_i - \overline{y})^2}.$$

Quindi la retta di regressione di X su Y ha equazione:

$$x - \overline{x} = b(y - \overline{y}) \quad \rightarrow \quad y = \frac{1}{b}x - \frac{\overline{x}}{b} + \overline{y}.$$

ESEMPIO **Animazione**

La tabella riporta il reddito di cinque dipendenti di un'industria e le relative spese per le ferie.

Dipendenti	Reddito mensile (in migliaia di euro)	Spese annuali per le ferie (in migliaia di euro)
Annovi	1,1	0,89
Bertini	1,65	1,07
Cocci	1,92	1,78
Dondi	2,75	2,23
Ellani	3,57	2,5

Chiamiamo X la variabile relativa al reddito e Y quella relativa alle spese. Determiniamo la retta di regressione di Y rispetto a X. Svolgendo i calcoli si ottiene, mediante il baricentro della distribuzione:

$$y - 1{,}694 = 0{,}69028(x - 2{,}198),$$
$$y = 0{,}69028x + 0{,}17677.$$

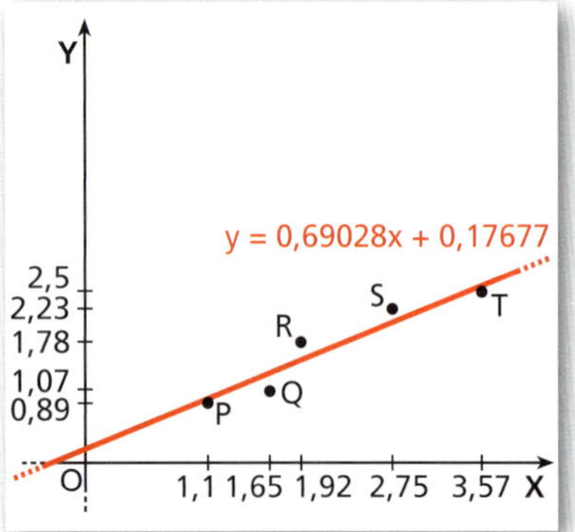

Analogamente, possiamo determinare la retta di regressione di X su Y. Svolti i calcoli si ottiene:

$$x = 1{,}31433y - 0{,}02848,$$

cioè

$$y = 0{,}76084x + 0{,}02167.$$

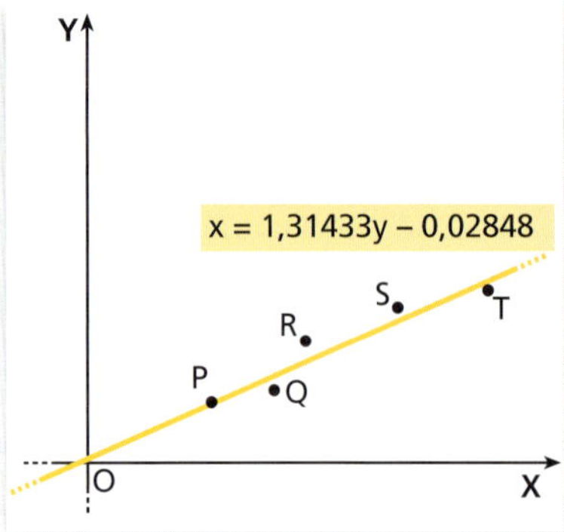

Confrontando le equazioni delle due rette di regressione notiamo che passano entrambe per lo stesso punto di coordinate (2,198; 1,694), che è proprio il baricentro della distribuzione.

▶ La tabella riporta le età di cinque intervistati e il loro reddito annuo.

Età (X)	25	30	32	37	40
Reddito (Y)	3600	15 000	17 000	18 000	20 000

Trova le rette di regressione di Y su X e di X su Y.

[$y - 14\,720 = 979{,}25(x - 32{,}8)$; $x - 32{,}8 = 0{,}0008(y - 14\,720)$]

Coefficienti di regressione

Il coefficiente angolare a della prima retta dell'esempio, cioè il **coefficiente di regressione di Y su X**, indica quanto varia la variabile Y al variare di un'unità di X.
Nell'esempio, il coefficiente di regressione di Y su X è 0,69028.
Si può quindi ipotizzare che, se il reddito mensile aumenta di 1 euro, la predisposizione delle famiglie è di aumentare di circa 0,69 euro le spese per le ferie.
Analogamente, il coefficiente b della seconda retta dell'esempio, cioè il **coefficiente di regressione di X su Y**, indica quanto varia X al variare di un'unità di Y.

Nell'esempio il coefficiente è 1,31433: si può pensare che, se le spese per ferie sono aumentate di 1 euro, le famiglie hanno avuto un aumento di reddito di 1,31 euro. Osserviamo che le formule dei coefficienti a e b hanno lo stesso numeratore e a denominatore una quantità sicuramente positiva: i due coefficienti, perciò, sono sempre concordi. Inoltre a è il coefficiente angolare della retta di regressione di Y su X, mentre il coefficiente angolare della retta di regressione di X su Y è $\frac{1}{b}$.

Possiamo quindi affermare che i coefficienti angolari delle due rette di regressione sono sempre concordi, se sono positivi indicano che le rette hanno andamento crescente e se sono negativi indicano un andamento decrescente. Nel nostro esempio, questo fa capire che se aumenta il reddito, aumentano le spese per le ferie e, viceversa, se aumentano le spese per le ferie vuol dire che è aumentato lo stipendio in modo lineare.

In generale:

- se $a > 0$, Y aumenta all'aumentare di X;
- se $a < 0$, Y diminuisce all'aumentare di X;
- se $a = 0$, Y non dipende da X.

Regressione e angolo fra le rette di regressione

Consideriamo la situazione espressa nella tabella, relativa al prezzo di un prodotto e alla sua richiesta sul mercato.

Prezzo in euro (X)	28	31,2	36	42	44,8	61,6
Numero articoli richiesti (Y)	7840	7672	7560	7280	7168	6496

Determiniamo le rette di regressione con il metodo dei minimi quadrati. Otteniamo, con il solito procedimento:

$$y - 7336 = -39{,}737 \cdot (x - 40{,}6),$$

$$x - 40{,}6 = -0{,}025 \cdot (y - 7336).$$

Le rappresentiamo in un grafico. Notiamo che le rette approssimativamente coincidono. Com'è noto in economia, c'è un legame tra domanda e prezzo di un prodotto e questo legame è lineare.

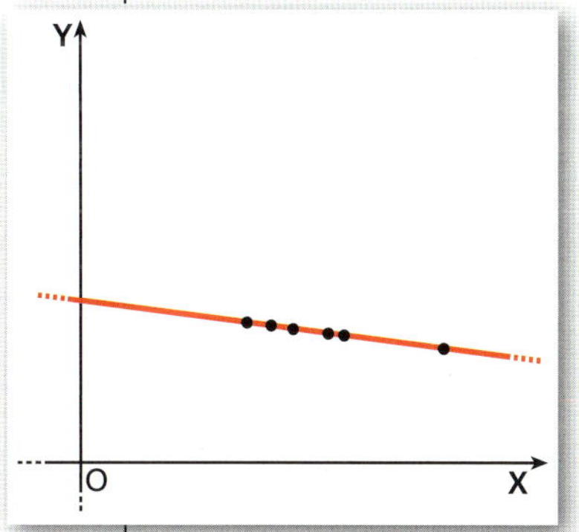

In generale, considerate le due rette di regressione di Y su X e di X su Y, rispetto all'angolo acuto che si forma fra di esse si può dire che:

- più l'angolo è piccolo, migliore è il grado di approssimazione dei dati da parte delle due rette;
- se l'angolo è retto, non c'è relazione lineare fra le due variabili;
- se l'angolo è nullo, vale a dire se le due rette coincidono, diciamo che la regressione è **perfetta**; in questo caso le coppie di valori dei dati appartengono tutti alla retta.

Dire che non c'è relazione lineare non vuol dire che non ci sia relazione tra i due caratteri; vuol solo dire che il modello di regressione lineare non è adeguato.
La teoria della correlazione ci aiuta in tale valutazione.

Correlazione

▶ Esercizi a p. 718

La **teoria della correlazione** si occupa di stabilire se fra due variabili esiste un legame e, in caso affermativo, di esprimerlo con un numero che misuri quanto e come una variabile dipende dall'altra.

Covarianza

Date n coppie $(x_i; y_i)$ di una rilevazione statistica su due variabili X e Y, possiamo calcolare le medie di ciascuna variabile.

$$\overline{x} = \frac{\sum x_i}{n} \quad \text{e} \quad \overline{y} = \frac{\sum y_i}{n}.$$

Ricaviamo, poi, tutti gli scarti $\boldsymbol{x_i' = x_i - \overline{x}}$ e $\boldsymbol{y_i' = y_i - \overline{y}}$ dai valori medi $\overline{x}$ e $\overline{y}$.

DEFINIZIONE

La **covarianza** di X e di Y è la media dei prodotti degli scarti, ossia la qualità

$$\sigma_{XY} = \frac{\sum x_i' y_i'}{n}.$$

Listen to it

Given n pairs $(x_i; y_i)$ of values for two statistical variables X and Y, the **covariance** is defined as $\sigma_{XY} = \frac{\sum x_i' y_i'}{n}$, where x_i' is the difference between x_i and the mean value of X and y_i' is the difference between y_i and the mean value of Y.

La covarianza è utile per studiare il grado di relazione tra due variabili.
Le rilevazioni riguardanti due variabili X e Y sono riportate nelle prime due colonne della tabella seguente.

	x_i	y_i	x_i'	y_i'	$x_i'y_i'$
	6	4	0,75	0,7	0,525
	6	5	0,75	1,7	1,275
	7	4	1,75	0,7	1,225
	7	5	1,75	1,7	2,975
	8	4	2,75	0,7	1,925
	8	5	2,75	1,7	4,675
	9	4	3,75	0,7	2,625
	9	5	3,75	1,7	6,375
	2	1	−3,25	−2,3	7,475
	2	2	−3,25	−1,3	4,225
	3	1	−2,25	−2,3	5,175
	3	2	−2,25	−1,3	2,925
	4	1	−1,25	−2,3	2,875
	4	2	−1,25	−1,3	1,625
	3	4	−2,25	0,7	−1,575
	3	5	−2,25	1,7	−3,825
	4	4	−1,25	0,7	−0,875
	4	5	−1,25	1,7	−2,125
	6	2	0,75	−1,3	−0,975
	7	1	1,75	−2,3	−4,025
$\sum$	105	66	0	0	32,5

Determiniamo la covarianza di X e di Y. Nella tabella abbiamo calcolato gli scarti e i loro prodotti dopo aver determinato i valori medi:

$$\overline{x} = \frac{105}{20} = 5,25 \text{ e } \overline{y} = \frac{66}{20} = 3,3.$$

Otteniamo $\sigma_{XY} = \frac{\sum x_i' y_i'}{n} = \frac{32,5}{20} = 1,625.$

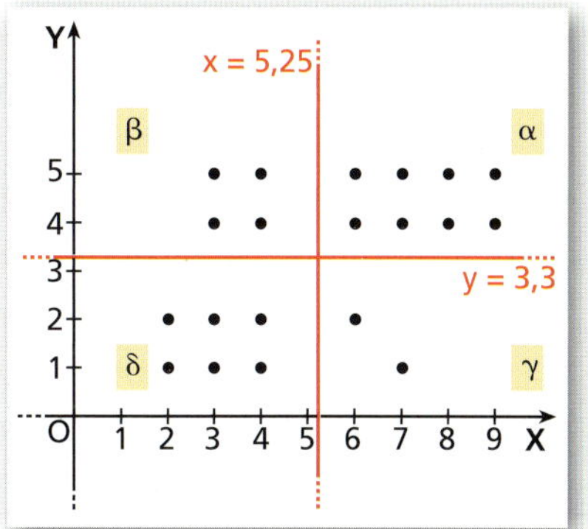

Rappresentiamo i dati su un piano cartesiano e sullo stesso le rette $x = \overline{x}$ e $y = \overline{y}$. Queste rette dividono il diagramma di dispersione in quattro regioni che chiamiamo rispettivamente α, β, δ, γ.
Dalla figura possiamo rilevare che le regioni opposte α e δ contengono più punti e le altre β e γ meno punti.

Ciò accade ogni volta che la covarianza è positiva.

In generale, è vero quanto segue.

- Se $\sigma_{XY} > 0$, nelle regioni α e δ in cui il diagramma di dispersione è diviso dalle rette $x = \overline{x}$ e $y = \overline{y}$, abbiamo più punti che nelle altre due regioni β e γ. Questo significa che all'aumentare di una variabile, aumenta in media anche l'altra.

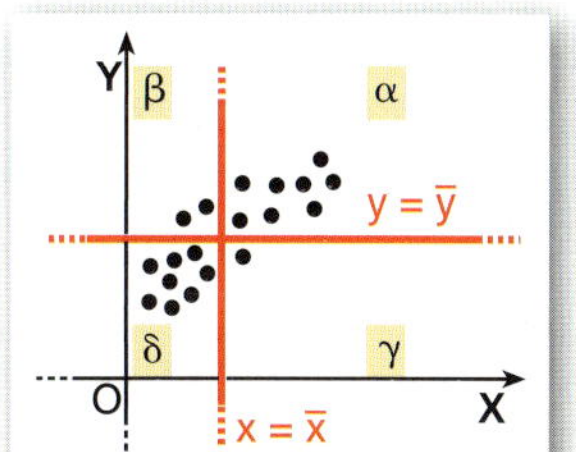

$\sigma_{XY} > 0.$

- Se $\sigma_{XY} < 0$, nelle regioni β e γ abbiamo più punti che nelle altre due regioni α e δ. All'aumentare di una variabile, diminuisce in media l'altra.

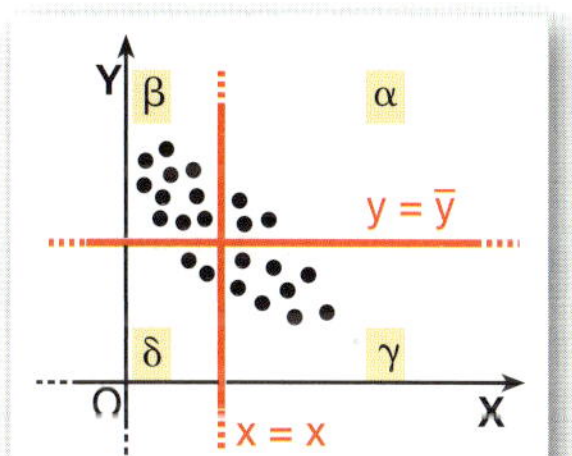

$\sigma_{XY} < 0.$

- Se $\sigma_{XY} = 0$, fra le due variabili non c'è dipendenza lineare.

Coefficiente di Bravais-Pearson

Per misurare il grado di dipendenza o correlazione lineare delle variabili X e Y, usiamo un indice che prende il nome di **coefficiente di correlazione lineare di Bravais-Pearson** e che indichiamo con la lettera r. Questo indice vale:

$$r = \frac{\sigma_{XY}}{\sigma_X \cdot \sigma_Y}, \quad \text{cioè} \quad r = \frac{\sum (x_i - \overline{x})(y_i - \overline{y})}{\sqrt{\sum (x_i - \overline{x})^2 \sum (y_i - \overline{y})^2}}.$$

Ricordiamo che con σ_{XY} abbiamo indicato la covarianza, mentre

$$\sigma_X = \sqrt{\frac{\sum (x_i - \overline{x})^2}{n}} \quad \text{e} \quad \sigma_Y = \sqrt{\frac{\sum (y_i - \overline{y})^2}{n}}$$

sono le **deviazioni standard** di X e di Y.

Poiché le deviazioni standard sono positive, il coefficiente di Bravais-Person ha lo stesso segno della covarianza. Ha però il vantaggio di essere un numero puro, cioè senza dimensioni, e sempre compreso tra -1 e 1. Per questo non risente né delle unità di misura di X e di Y né dell'ordine di grandezza dei due caratteri.

In generale, possiamo quindi affermare che valgono i seguenti fatti.

- Se $0 < r < 1$, la correlazione lineare è **diretta** o **positiva**, cioè all'aumentare di X aumenta in media anche Y.
- Se $-1 < r < 0$, la correlazione lineare è **inversa** o **negativa**, cioè all'aumentare di X diminuisce in media Y.
- Se $r = 1$, la correlazione è lineare **perfetta diretta**, cioè tutti i punti del diagramma di dispersione appartengono alla retta di regressione che è crescente.
- Se $r = -1$, la correlazione lineare è **perfetta inversa**, cioè tutti i punti del diagramma di dispersione appartengono alla retta di regressione che è decrescente.
- Se $r = 0$, non esiste correlazione lineare.

Dire che non c'è correlazione lineare non vuol dire che non ci sia correlazione; può esistere ma di altro tipo.

Confrontiamo le conclusioni a cui arriviamo con le rette di regressione e quelle a cui arriviamo con il coefficiente di Bravais-Pearson.
Ricordando le espressioni dei coefficienti di correlazione, possiamo scrivere che:

$$a \cdot b = \frac{\left[\sum (x_i - \bar{x})(y_i - \bar{y})\right]^2}{\sum (x_i - \bar{x})^2 \sum (y_i - \bar{y})^2} = r^2.$$

Quindi, se conosciamo i coefficienti di regressione, possiamo più semplicemente calcolare il coefficiente di correlazione con la formula:

$$\boldsymbol{r = \pm\sqrt{a \cdot b}}.$$

r va scelto con il segno $+$ se i due coefficienti sono positivi, con il segno $-$ se i due coefficienti sono negativi. Si ricava inoltre che:

$$\boldsymbol{a = r\frac{\sigma_Y}{\sigma_X}} \text{ e } \boldsymbol{b = r\frac{\sigma_X}{\sigma_Y}}.$$

Consideriamo allora una nuvola di punti, la retta di regressione di Y su X

$$y = ax - a\bar{x} + \bar{y},$$

la retta di regressione di X su Y

$$y = \frac{1}{b}x - \frac{\bar{x}}{b} + \bar{y}$$

e valutiamo i vari casi.

Caso a. $r = -1$, cioè $-\sqrt{ab} = -1$: ciò vuol dire che i due coefficienti a e b hanno segno negativo e il loro prodotto è uguale a 1. Quindi $a = \frac{1}{b}$.

Le rette di regressione di Y su X e di X su Y sono parallele e passano per uno stesso punto: le due rette, dunque coincidono e c'è correlazione perfetta inversa.

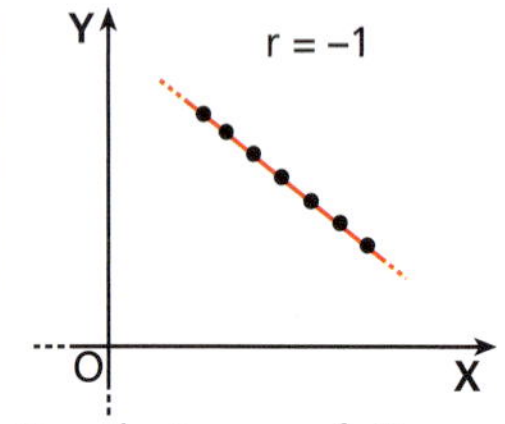

Correlazione perfetta inversa.

Caso b. $r = 1$, cioè $\sqrt{ab} = 1$: ciò vuol dire che i due coefficienti a e b hanno segno positivo e il loro prodotto è uguale a 1. Quindi $a = \frac{1}{b}$.

Le rette di regressione di Y su X e di X su Y sono parallele e passano per uno stesso punto: le due rette dunque coincidono e c'è correlazione perfetta diretta.

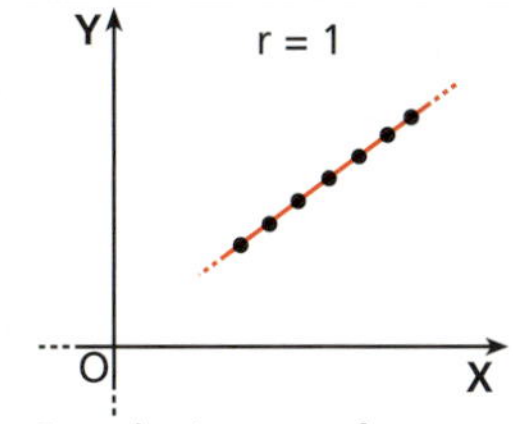

Correlazione perfetta diretta.

Caso c. $r = 0$, cioè $\sqrt{ab} = 0$. Osservato che i numeratori delle formule per calcolare a e b sono uguali, se uno dei due coefficienti è uguale a 0, allora lo è anche l'altro, ovvero $ab = 0$ se e solo se $a = 0$ e $b = 0$. Considerando le rette di regressione, ciò vuol dire che una è orizzontale e l'altra è verticale, cioè sono perpendicolari: dunque non esiste correlazione lineare, il che vuol dire che non esiste correlazione oppure esiste ma non è di tipo lineare.

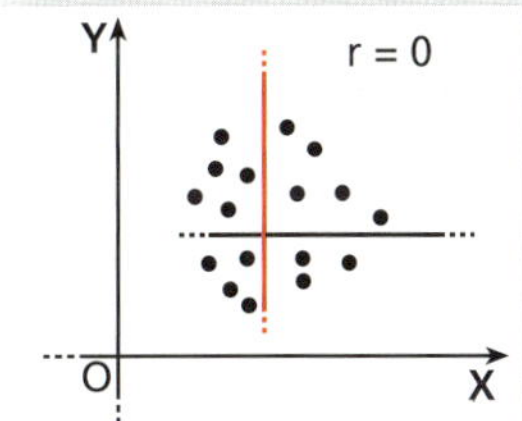

Non esiste correlazione lineare.

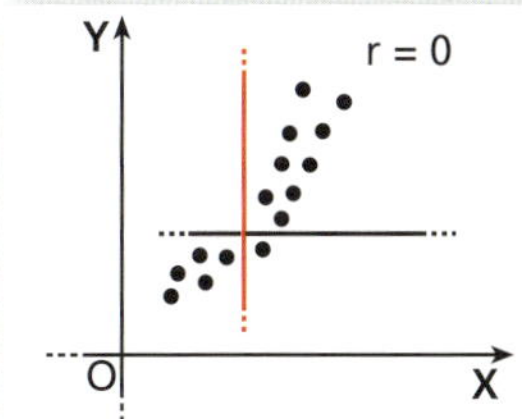

Non esiste correlazione lineare.

Caso d. $0 < r < 1$ oppure $-1 < r < 0$. Il prodotto dei coefficienti non è né 0 né in valore assoluto uguale a 1. Le rette di regressione non coincidono, né sono perpendicolari. Le rette formano quindi un angolo compreso tra 0° e 90° e i loro coefficienti angolari hanno segno concorde. Se il segno di entrambi è positivo c'è correlazione diretta, se il segno è negativo c'è correlazione inversa.

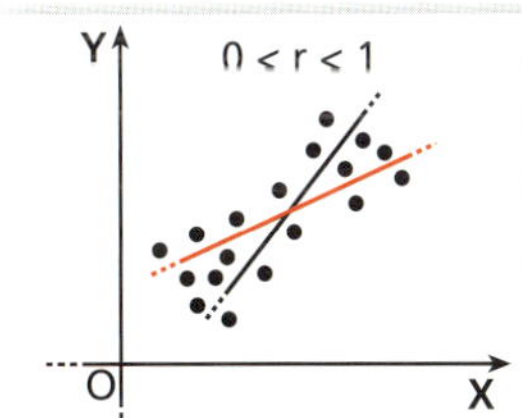

Correlazione diretta o positiva.

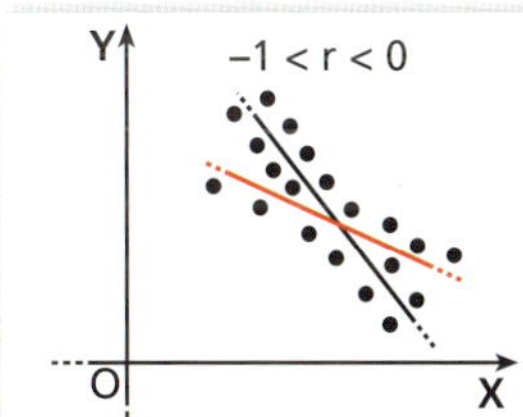

Correlazione inversa o negativa.

Video

Cefeidi Le cefeidi sono stelle la cui luminosità varia periodicamente: quelle più luminose hanno periodi maggiori.

▶ Qual è la legge che lega queste due quantità?

TEORIA

IN SINTESI
Statistica

Dati statistici

- **Serie statistica**: è la tabella che riporta le modalità di un carattere qualitativo e le relative frequenze.
- **Seriazione statistica**: è la tabella che riporta le modalità di un carattere quantitativo e le relative frequenze.
- Esistono vari tipi di grafici per rappresentare i dati statistici e le loro frequenze, fra i quali l'**ortogramma**, l'**istogramma**, l'**areogramma**, i **diagrammi cartesiani**.

Indici di posizione e variabilità

- **Media aritmetica** di $x_1, x_2, \ldots, x_n$: $M = \dfrac{x_1 + x_2 + \ldots + x_n}{n}$.
- **Media aritmetica ponderata** di $x_1, x_2, \ldots, x_n$ con pesi $p_1, p_2, \ldots, p_n$: $P = \dfrac{x_1 \cdot p_1 + x_2 \cdot p_2 + \ldots + x_n \cdot p_n}{p_1 + p_2 + \ldots + p_n}$.
- **Media geometrica** di $x_1, x_2, \ldots, x_n$: $G = \sqrt[n]{x_1 \cdot x_2 \cdot \ldots \cdot x_n}$.
- **Media armonica** di $x_1, x_2, \ldots, x_n$: $A = \dfrac{n}{\dfrac{1}{x_1} + \dfrac{1}{x_2} + \ldots + \dfrac{1}{x_n}}$.
- **Media quadratica** di $x_1, x_2, \ldots, x_n$: $Q = \sqrt{\dfrac{x_1^2 + x_2^2 + \ldots + x_n^2}{n}}$.
- **Mediana**: valore centrale di una sequenza ordinata di n numeri se n è dispari, o la media aritmetica dei due valori centrali se n è pari.
- **Moda**: valore a cui corrisponde la frequenza massima.

Data una sequenza di numeri $x_1, x_2, \ldots, x_n$ con valore medio M, si definiscono:

- **campo di variazione**: la differenza tra il valore massimo e quello minimo;
- **scarto semplice medio**: $S = \dfrac{|x_1 - M| + |x_2 - M| + \ldots + |x_n - M|}{n}$;
- **deviazione standard**: $\sigma = \sqrt{\dfrac{(x_1 - M)^2 + (x_2 - M)^2 + \ldots + (x_n - M)^2}{n}}$.

Distribuzione gaussiana

Distribuzioni gaussiane (o normali): sono distribuzioni di valori il cui poligono delle frequenze ha la forma della curva di Gauss. Per tali distribuzioni, la deviazione standard σ è legata al modo in cui i dati si distribuiscono intorno al valore medio M: il 68,27% dei valori è compreso tra $M - \sigma$ e $M + \sigma$, il 95,45% tra $M - 2\sigma$ e $M + 2\sigma$, il 99,74% tra $M - 3\sigma$ e $M + 3\sigma$.

Rapporti statistici

Rapporti statistici: sono i quozienti fra i valori di due dati statistici o di un dato statistico e uno non statistico. Possono essere **rapporti di derivazione**, **rapporti di densità**, **rapporti di composizione**, **rapporti di coesistenza** e **numeri indice**. Questi ultimi si distinguono in numeri indice a **base fissa** e numeri indice a **base mobile**.

Introduzione alla statistica bivariata

- **Dati bivariati**: dati riguardanti un fenomeno statistico descritto da due variabili X e Y, rilevati mediante coppie ordinate $(x_i; y_i)$.

Le frequenze di ogni coppia di dati, dette **frequenze congiunte**, possono essere rappresentate in una tabella **a doppia entrata**.
Due caratteri sono **indipendenti** se nella tabella a doppia entrata ogni frequenza congiunta è il prodotto del totale della sua riga per il totale della sua colonna diviso per il numero di osservazioni.

- La differenza tra una frequenza assoluta rilevata e la corrispondente frequenza assoluta teorica si chiama **contingenza**.
- L'**indice** χ^2 (**chi quadrato**) è la somma dei rapporti fra il quadrato di ogni contingenza e la relativa frequenza teorica. χ^2 vale 0 in caso di perfetta indipendenza.

Regressione e correlazione

- La **regressione** si occupa dell'individuazione di un legame tra due variabili statistiche X e Y. Può essere **di X su Y** o **di Y su X**.
  La retta di regressione di Y su X ha equazione $y-\overline{y}=a(x-\overline{x})$, con

  $$a=\frac{\sum_{i=1}^{n}(x_i-\overline{x})(y_i-\overline{y})}{\sum_{i=1}^{n}(x_i-\overline{x})^2},$$ dove $\overline{x}$ e $\overline{y}$ sono i valori medi rispettivamente di x e y.

  La retta di regressione di X su Y ha equazione $x-\overline{x}=b(y-\overline{y})$, dove

  $$b=\frac{\sum_{i=1}^{n}(x_i-\overline{x})(y_i-\overline{y})}{\sum_{i=1}^{n}(y_i-\overline{y})^2}.$$

  Considerato l'angolo che si forma fra le due rette di regressione di Y su X e di X su Y, possiamo dire che:
  - più l'angolo è piccolo, migliore è il grado di approssimazione dei dati da parte delle due rette;
  - se l'angolo è retto, non c'è dipendenza lineare fra le due variabili;
  - se l'angolo è nullo, vale a dire se le due rette coincidono, diciamo che la regressione è **perfetta**; in questo caso le coppie di valori dei dati individuano punti che appartengono tutti alla retta.
- Mediante la **correlazione** vogliamo esprimere il legame che c'è tra due variabili statistiche X e Y con un indice.
- Diamo il nome di **covarianza di X e di Y** alla quantità:

  $$\sigma_{XY}=\frac{\sum(x_i-\overline{x})(y_i-\overline{y})}{n},$$ dove $x_i-\overline{x}$ e $y_i-\overline{y}$ sono gli scarti dai valori medi $\overline{x}$ e $\overline{y}$.

  - Se $\sigma_{XY}>0$, all'aumentare di una variabile, aumenta in media anche l'altra.
  - Se $\sigma_{XY}<0$, all'aumentare di una variabile, diminuisce in media l'altra.
  - Se $\sigma_{XY}=0$, non c'è dipendenza lineare tra le variabili.
- Per misurare il grado di dipendenza lineare delle variabili X e Y, usiamo un indice che prende il nome di **coefficiente di correlazione lineare di Bravais-Pearson**. Questo indice vale:

  $$r=\frac{\sigma_{XY}}{\sigma_X\cdot\sigma_Y},\quad \text{cioè } r=\frac{\sum(x_i-\overline{x})(y_i-\overline{y})}{\sqrt{\sum(x_i-\overline{x})^2\sum(y_i-\overline{y})^2}},$$ dove σ_X e σ_Y sono le deviazioni standard.

  - Se $0<r<1$, la correlazione è **diretta** o **positiva**, cioè all'aumentare di X aumenta in media anche Y.
  - Se $-1<r<0$, la correlazione è **inversa** o **negativa**, cioè all'aumentare di X diminuisce in media Y.
  - Se $r=1$, la correlazione è **perfetta diretta**, cioè tutti i punti del diagramma di dispersione appartengono alla retta di regressione che è crescente.
  - Se $r=-1$, la correlazione è **perfetta inversa**, cioè tutti i punti del diagramma di dispersione appartengono alla retta di regressione che è decrescente.
  - Se $r=0$, non esiste correlazione lineare.

CAPITOLO 14
ESERCIZI

1 Dati statistici

▶ Teoria a p. 664

Serie e seriazioni

1 ●○ **COMPLETA** la seguente tabella sulla produzione di 800 scooter suddivisi in 4 modelli.

Tipo di scooter	Quantità	Percentuale
Alfabeta		25%
XY	120	
Tuono	320	
S50	160	

2 ●○ **LEGGI IL GRAFICO** Considera il grafico relativo alla produzione giornaliera di un'azienda automobilistica.

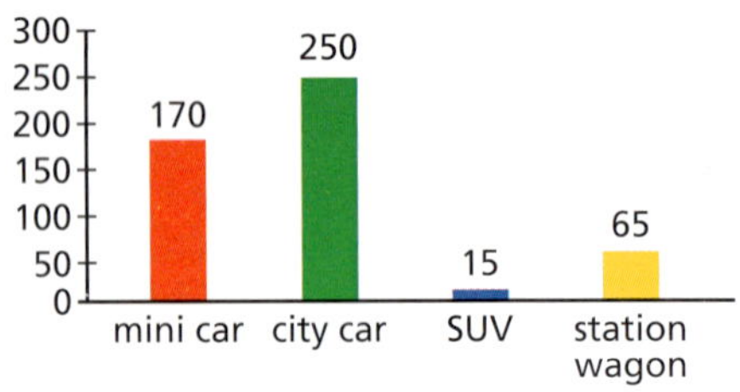

a. Che cosa rappresenta il numero 170?

b. Calcola le frequenze relative e riporta i dati in un areogramma.

c. Qual è la percentuale complessiva di mini e city car prodotte in un giorno?

3 ●○ **COMPLETA** la tabella relativa alle mete scelte da 180 clienti di un'agenzia di viaggi.

Destinazione	Frequenza assoluta	Frequenza relativa
Europa	90	
Asia		10%
Africa	18	
America		25%
Oceania	9	

Rappresenta i dati in un ortogramma e in un areogramma.

4 ●○ **VERO O FALSO?** Nella città di Villabella, nel giorno di ingresso gratuito ai musei, è stato rilevato il seguente numero di visitatori.

Museo	Numero visitatori
pinacoteca	90
civico	75
arte moderna	80
archeologico	35
gipsoteca	20

a. Il numero di visitatori complessivo è 300. V F

b. Meno del 7% dei visitatori è entrato nella gipsoteca. V F

c. Più della metà dei visitatori ha scelto la pinacoteca o il museo di arte moderna. V F

d. Un visitatore su 4 ha optato per il museo civico. V F

5 ●○ **LEGGI IL GRAFICO** Questo areogramma rappresenta la distribuzione del tipo di sport praticato dai 300 alunni di una scuola media.

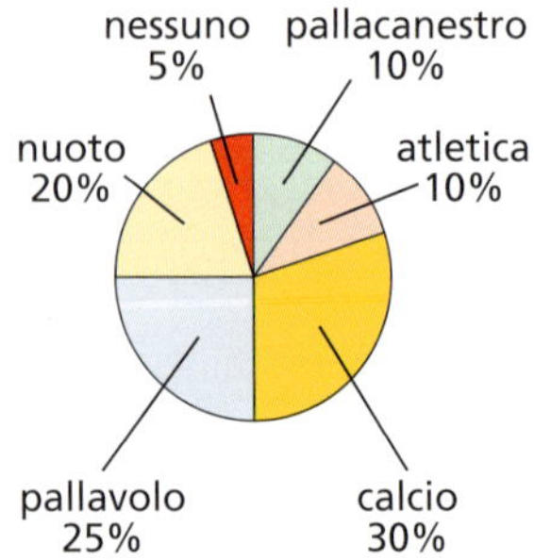

a. Quanti alunni praticano il calcio?

b. Qual è la frequenza relativa degli alunni che non praticano sport?

c. Quanti alunni praticano uno sport senza palla?

[a) 90; b) 0,05; c) 90]

6 LEGGI IL GRAFICO Osserva il grafico che rappresenta l'altezza media degli uomini alla visita di leva (in cm).

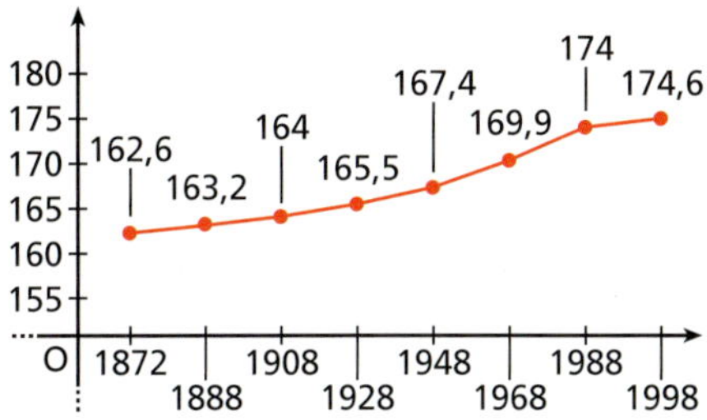

a. Che cosa rappresenta il numero 165,5?

b. Di quanto è aumentata l'altezza media degli uomini dal 1872 al 1998?

[b) 12 cm]

7 Questa serie storica indica il numero di ore di sole rilevate nel 2013 in una località costiera.

Mese	gen	feb	mar	apr	mag	giu	lug	ago	set	ott	nov	dic
Numero ore	52	111	92	148	199	274	343	312	228	91	80	117

a. Rappresenta i dati in un diagramma cartesiano.

b. In quale mese è stato rilevato il maggior numero di ore di sole? In quale il minimo?

c. Tra quali mesi si osserva la diminuzione più evidente di ore di sole rilevate?

[b) luglio, gennaio; c) settembre-ottobre]

8 È stata rilevata la temperatura media dell'acqua di mare in una località balneare nel mese di luglio 2009.

a. Completa la tabella.

b. Rappresenta le frequenze assolute con un ortogramma.

c. Rappresenta le frequenze relative con un areogramma.

Temperatura	Numero giornate	Frequenza relativa	Frequenza relativa cumulata
26	2		
27	4		
28	9		
29	12		
30	4		

9 I voti conseguiti in una classe nell'ultimo compito di matematica sono:

6, 6, 7, 5, 5, 4, 4, 3, 6, 8, 8, 8, 9, 4, 8, 4, 5, 6, 6, 7.

a. Compila la tabella di frequenza dei voti.

b. Calcola le frequenze relative percentuali e rappresenta graficamente i dati.

c. Qual è la percentuale dei risultati insufficienti?

10 Il numero di presenze al cinema in marzo da parte di 30 appassionati è rappresentato da questa serie di dati:

3, 7, 8, 5, 5, 8, 4, 2, 4, 6, 5, 6, 6, 3, 2, 7, 4, 4, 3, 3, 9, 8, 1, 2, 3, 3, 7, 5, 4, 6

a. Compila una seriazione statistica con le frequenze assolute e relative.

b. Quanti tra gli appassionati sono andati al cinema non più di 4 volte?

c. Quale percentuale è andata al cinema almeno 7 volte?

[b) 15; c) 23,3%]

11 COMPLETA la tabella relativa all'età dei 300 abitanti di un piccolo paese. Rappresenta i dati come ritieni più opportuno.

Età	Persone	Percentuale
0-18	54	
18-30	84	
30-50	90	
50-70	48	
70-100	24	

12 REALTÀ E MODELLI **Al bar** Il gestore di un bar ha esaminato a fine giornata gli scontrini emessi e ha riassunto nella seguente tabella gli importi pagati dai clienti, dopo averli suddivisi in classi.

Importo (€)	0-5	5-10	10-15	15-20	20-25
Clienti	35	40	25	12	8

a. Quale rappresentazione dei dati permette al gestore di individuare immediatamente la classe con maggiore frequenza?

b. Il gestore sa che la giornata non è stata proficua se almeno la metà dei clienti ha speso meno di € 10. Quale frequenza deve calcolare il gestore per stabilire se la giornata è stata proficua oppure no? In base a questi dati, è stata una buona giornata?

c. Qual è la percentuale dei clienti che ha speso al massimo 10 euro?

[c) 62,5%]

2 Indici di posizione e variabilità

Medie di calcolo

▶ Teoria a p. 667

Media aritmetica

13 Luisa ha riportato i seguenti voti in storia durante l'anno scolastico:

5, 7, 5,5, 6, 7.

Avrà la sufficienza in pagella? [Sì]

14 In un campionato una squadra di calcio ha giocato 36 partite, realizzando 52 punti. I goal segnati sono stati 58, quelli subiti 40.

a. Calcola la media dei punti a partita.

b. Calcola la media dei goal segnati per partita e quella dei goal subiti. [a) $1,\overline{4}$; b) $1,6\overline{1}$; $1,\overline{1}$]

15 ESERCIZIO GUIDA Un grossista di frutta acquista quattro quantitativi di mele Golden presso aziende agricole diverse che praticano prezzi differenti. La seguente tabella espone i prezzi e le relative quantità. Qual è il prezzo medio al kg?

	Azienda A	Azienda B	Azienda C	Azienda D
Prezzo (€)	0,60	0,55	0,68	0,57
Quantità (kg)	200	300	220	280

Consideriamo il prezzo al kilogrammo delle mele come carattere: i prezzi al kilogrammo pagati alle quattro aziende sono le modalità con cui questo carattere si presenta e i quantitativi acquistati sono le frequenze corrispondenti. Per calcolare il prezzo medio possiamo allora servirci della formula che calcola la media aritmetica usando le modalità e le frequenze:

$$M = \frac{0,60 \cdot 200 + 0,55 \cdot 300 + 0,68 \cdot 220 + 0,57 \cdot 280}{200 + 300 + 220 + 280} \simeq 0,59.$$

16 Questa tabella riporta il numero di DVD posseduti dai ragazzi di una classe.

Numero DVD	10	15	20	25
Numero ragazzi	8	7	6	3

Calcola il numero medio di DVD posseduti da ciascun ragazzo. [15,8]

17 Questa tabella indica il numero di Gran Premi di Formula 1 vinti, negli ultimi tre anni, da vari piloti.

Numero GP vinti	1	2	3	4	5	6	7
Numero piloti	7	4	1	2	3	2	1

Calcola il numero medio di GP vinti da ciascun pilota. [3]

18 COMPLETA In una località sciistica è stata rilevata la temperatura della neve ogni giorno per un certo periodo, ottenendo una media di $-3,5$ °C. Inserisci il dato mancante nella seguente tabella.

Temperatura (°C)	-5	-4	-3	-2	-1	0	1
Giorni	11	5	6		0	2	1

[3]

19 RIFLETTI SULLA TEORIA Un paniere raccoglie il prezzo di alcuni beni di consumo. In seguito all'aumento dell'IVA, il prezzo di ogni prodotto aumenta dell'1%. Di quanto aumento il prezzo medio di quei beni?

20 In un gruppo di persone sono state rilevate le seguenti diminuzioni della pressione arteriosa in seguito alla somministrazione di un farmaco.

Diminuzione pressione (mmHg)	0-10	10-20	20-30	30-40	40-50
Persone	25	30	15	6	4

Effettua la rappresentazione grafica e calcola la diminuzione media registrata. [16,75 mmHg]

Media ponderata

21 TEST Un esame consiste in una prova di laboratorio, una prova orale e una prova scritta. Le tre prove hanno rispettivamente peso 2, 3, 5. Un candidato riceve 8 nella prova di laboratorio, 6 nella prova orale e 7 nella prova scritta. Quanto vale la media aritmetica ponderata dei punteggi?

A 6,9 B 7,2 C 6,7 D 7 E 7,1

22 TEST La tabella riporta i punti totalizzati giocando al tiro con l'arco.

Il punteggio medio per ogni tiro è:

A 9,6.
D 19,2.
B 25,0.
E 20.
C 3,0.

Punti	Numero tiri
10	6
20	3
30	1
40	2

23 La seguente tabella rappresenta i crediti formativi degli esami del primo anno di matematica e i voti presi da Sandra in ciascun esame.

Materia	algebra 1	fisica 1	informatica	analisi 1	geometria 1
Crediti formativi	7	7	8	14	14
Voto	27	28	24	30	27

Calcola la media ponderata dei voti ottenuti, considerando come pesi i crediti formativi. [27,5]

24 YOU & MATHS The table shows a student's marks and their weights. Calculate the weighted mean mark.

Subject	Physics	Chemistry	Mathematics	Irish
Mark	74	65	82	58
Weight	3	4	5	2

(IR *Leaving Certificate Examination*, Ordinary Level, 1994)

[$M = 72$]

25 Un torneo sportivo di istituto prevede alcune prove a tempo di difficoltà diverse, per cui il tempo impiegato per ciascuna prova viene pesato in base alla difficoltà. La tabella seguente riporta i pesi delle varie prove e i tempi impiegati in ciascuna prova da una delle squadre partecipanti.

Prova	prova 1	prova 2	prova 3
Peso	0,5	0,75	1
Tempo	2 min 4 sec	5 min 16 sec	6 min

Qual è la media ponderata del tempo impiegato? [4 min 53 sec]

Media geometrica

26 ESERCIZIO GUIDA Un capitale è stato investito con i seguenti rendimenti: 7% per il primo anno; 5% per il secondo e il terzo anno; 9% per il quarto anno; 8% per il quinto, il sesto e il settimo anno.
Calcoliamo il rendimento percentuale medio.

Se I_0 è il capitale investito, dopo il primo anno con rendimento r_1 si ha un capitale $I_1 = I_0 + I_0 \cdot r_1 = I_0(1 + r_1)$.
Alla fine del secondo anno si ha un capitale $I_2 = I_1 + r_2 I_1 = I_1(1 + r_2) = I_0(1 + r_1)(1 + r_2)$ e così via.

Dobbiamo perciò calcolare la media geometrica utilizzando il fattore (1 + tasso) che permette di passare dal valore del capitale di un anno a quello dell'anno successivo. Per esempio, poiché il tasso per il primo anno è 7%, ossia 0,07, il primo fattore nella media è $1 + 0{,}07 = 1{,}07$:

$$G = \sqrt[7]{1{,}07 \cdot 1{,}05 \cdot 1{,}05 \cdot 1{,}09 \cdot 1{,}08 \cdot 1{,}08 \cdot 1{,}08} = \sqrt[7]{1{,}07 \cdot 1{,}05^2 \cdot 1{,}09 \cdot 1{,}08^3} \simeq 1{,}0713.$$

Quindi il rendimento medio percentuale è stato del 7,13%.

27 ●○ TEST Si sono registrati gli aumenti di costo di un bene di prima necessità in quattro anni consecutivi e si è rilevato che nel primo anno il dato è del 2,5%, nel secondo anno del 4,0%, nel terzo anno del 3,8% e nel quarto anno del 4,5%. L'aumento medio percentuale nei quattro anni è circa:

A 3,2%. B 7,8%. C 3,7%. D 3,6%. E 4,0%.

28 ●○ COMPLETA Nella tabella a fianco sono riportati i dati relativi alle vendite di automobili di una concessionaria in diversi anni. Compila i dati mancanti per il calcolo dell'incremento medio delle vendite.

$$G = \sqrt[5]{1,0682 \cdot 1,0638 \cdot \square} = \square$$

Anno	Numero automobili	$x_i - x_{i-1}$	$\frac{x_i - x_{i-1}}{x_{i-1}}$
2011	220	$\square$	$\square$
2012	235	$235 - 220 = 15$	$\frac{15}{220} = 0,0682$
2013	250	15	0,0638
2014	255	$\square$	$\square$
2015	250	$\square$	$\square$
2016	240	$\square$	$\square$

29 ●● La seguente serie storica riporta le temperature medie del mese di gennaio in una data località. Compila una tabella delle variazioni annue percentuali della temperatura e calcola l'incremento medio della temperatura di gennaio nel corso del quinquennio considerato. [1,41%]

Anno	2012	2013	2014	2015	2016
Temperatura (°C)	10,4	10,5	10,6	10,8	11

Media armonica

30 ESERCIZIO GUIDA Un ciclista percorre prima 30 km alla velocità di 25 km/h e successivamente altri 45 km alla velocità di 20 km/h. Calcoliamo la velocità media v_m.

Suddividiamo il percorso di 75 km in 5 tratti uguali ciascuno di 15 km e assegniamo a ogni tratto la sua velocità. Abbiamo i seguenti cinque valori: 25, 25, 20, 20, 20. Calcoliamo la media armonica:

$$A = \frac{5}{\frac{1}{25} + \frac{1}{25} + \frac{1}{20} + \frac{1}{20} + \frac{1}{20}} = \frac{5}{\frac{1}{25} \cdot 2 + \frac{1}{20} \cdot 3} \simeq 21,739 \quad \rightarrow \quad v_m = 21,739 \text{ km/h}.$$

Se moltiplichiamo numeratore e denominatore della formula per 15 otteniamo:

$$A = \frac{75}{\frac{1}{25} \cdot 30 + \frac{1}{20} \cdot 45} \simeq 21,739 \quad \rightarrow \quad v_m = 21,739 \text{ km/h},$$

che rappresenta la media armonica ponderata dei valori 25 km/h e 20 km/h, ciascuno considerato con il suo «peso».

Osservazione. Nell'espressione di A il numeratore è la lunghezza totale del percorso e il denominatore è la somma dei tempi impiegati per percorrere i due tratti di strada.

31 ●○ TEST Un podista percorre 15 km alla velocità di 15 km/h e i successivi 20 km con una velocità di 18 km/h. La sua velocità media è stata di:

A 16,58 km/h. B 17,00 km/h. C 14,27 km/h. D 16,71 km/h. E 16,00 km/h.

ESERCIZI

32 ●○ Si è rilevato che, nel mese di settembre, il prezzo in euro di un kilogrammo di pesce spada in cinque mercati ittici è stato:

26,50; 25,90; 27,00; 27,80; 25,50.

Supponendo di comprare in ogni mercato pesce spada per 25 euro, calcola il prezzo medio di un kilogrammo di pesce spada acquistato. [26,52 euro]

33 ●○ Un automobilista percorre metà del suo tragitto alla velocità di 80 km/h e l'altra metà alla velocità di 110 km/h. Calcola la velocità media. [92,63 km/h]

34 ●○ Un motociclista percorre i primi 50 km alla velocità di 80 km/h e i successivi 25 alla velocità di 110 km/h. Calcola la velocità media. [88 km/h]

35 ●● Un grossista ha acquistato patate a buccia rossa per 200 euro al prezzo di 0,25 euro al kilogrammo e patate a buccia bianca per 300 euro al prezzo di 0,20 euro al kilogrammo. Calcola il costo medio di un kilogrammo di patate. [0,217 euro]

Media quadratica

36 ESERCIZIO GUIDA Un orefice ha a disposizione 7 medaglie d'oro, di uguale spessore, da fondere per ricavare altre 7 medaglie, uguali tra loro, dello stesso spessore di quelle fuse. Sappiamo che tre delle medaglie da fondere hanno diametro uguale a 12 mm, due medaglie hanno diametro uguale a 14 mm, una ha diametro di 15 mm e l'ultima di 17 mm. Calcoliamo quale deve essere il diametro delle nuove medaglie.

Poiché la superficie totale delle medaglie da fondere, in millimetri quadri, è

$$S = (6^2\pi)\cdot 3 + (7^2\pi)\cdot 2 + (7{,}5^2\pi) + (8{,}5^2\pi) = \frac{\pi}{4}(12^2\cdot 3 + 14^2\cdot 2 + 15^2 + 17^2),$$

è sufficiente trovare il diametro che, sostituito agli attuali, lasci inalterata la somma dei quadrati. Basta perciò calcolare la media quadratica delle misure dei diametri delle medaglie:

$$Q = \sqrt{\frac{12^2+12^2+12^2+14^2+14^2+15^2+17^2}{7}} = \sqrt{\frac{12^2\cdot 3+14^2\cdot 2+15^2+17^2}{7}} \simeq 13{,}83 \text{ mm}.$$

37 ●○ Devi sostituire 5 quadrati aventi rispettivamente lati di 8, 12, 15, 16 e 20 cm con 5 quadrati aventi lati uguali in modo che la superficie totale rimanga la stessa. Calcola la misura del lato dei nuovi quadrati. [14,758 cm]

38 ●○ TEST Priscilla ha versato una certa somma in banca nel mese di gennaio e altre somme nei cinque mesi successivi. Gli scostamenti di queste ultime rispetto alla prima sono stati: $+4\%, +3\%, -1\%, +2\%, -2\%$.
Lo scostamento medio, calcolato come media quadratica, è stato:

A 2,2%. B 2,6%. C 1,2%. D 3,4%. E 0%.

39 ●○ Si sono rilevate le seguenti differenze di peso in grammi rispetto al peso standard garantito da una macchina confezionatrice: +2, −18, −10, +4, +5, −9. Calcola la media quadratica degli scarti. [9,57 g]

Medie di posizione

▶ Teoria a p. 672

40 ●○ Gli studenti di una classe hanno rilevato il numero di scarpe indossato da ciascuno:

36; 38; 42; 37; 38; 40; 44; 37; 36; 37; 41; 43; 38; 39; 38; 40.

Calcola la moda e la mediana.

41 ●○ La tabella riporta il numero di esami superati da un gruppo di studenti universitari nel primo semestre.

Numero esami	0	1	2	3	4	5
Studenti	1	24	36	120	95	28

a. Determina la moda.

b. Qual è il numero di esami superato dalla metà degli studenti? [a) 3; b) almeno 3]

42 ●○ La seguente tabella riporta il numero di litri di latte consumati da 50 famiglie di 4 persone ciascuna in una settimana.

Litri di latte	6	7	8	9	10	11	12
Famiglie	8	21	9	7	2	1	2

a. Determina la moda e la mediana.

b. Qual è la percentuale di famiglie che ha consumato più litri di latte rispetto alla media? [a) 7; 7; b) 42%]

43 ●○ La seguente tabella riporta la quantità di libri venduti in una determinata settimana in 20 librerie.

Libri venduti	**Librerie**
40-50	4
50-60	8
60-70	5
70-80	3
80-90	1

Determina la classe modale. [50-60]

MATEMATICA E STORIA

Quale indice di posizione centrale? Leggi il seguente estratto da una lettera del 1907 di Sir Francis Galton (uno dei padri della statistica moderna) alla rivista *Nature Magazine*: «Il consiglio di amministrazione di una società deve determinare una somma di denaro da destinare a un certo scopo». Ognuno dei membri del consiglio «ha la stessa autorità di ciascuno dei colleghi. Come può venir raggiunta una conclusione considerando che ci possono essere tante diverse stime quanti sono i suoi membri? La conclusione chiaramente non può essere la media delle varie stime che darebbe agli eccentrici una potenza nel voto proporzionale alla loro eccentricità». Date queste premesse, quale potrebbe essere la soluzione di questa situazione? Quale indice di posizione centrale si potrebbe usare? Argomenta la tua scelta.

Risoluzione – Esercizio in più

Indici di variabilità

▶ Teoria a p. 673

44 **ESERCIZIO GUIDA** In una certa località, nel corso di una giornata estiva sono state rilevate le seguenti temperature in gradi Celsius: 19,0; 21,0; 22,5; 24,0; 26,0; 27,5; 28,0; 28,0; 26,0; 24,0.

Determiniamo:

a. la temperatura media della giornata;
b. il campo di variazione;
c. lo scarto semplice medio;
d. la deviazione standard.

a. La temperatura media è la media aritmetica M dei valori misurati:

$$M = \frac{19,0 + 21,0 + 22,5 + 24,0 + 26,0 + 27,5 + 28,0 + 28,0 + 26,0 + 24,0}{10} = \frac{246}{10} = 24,6.$$

La temperatura media è 24,6 °C.

b. Il campo di variazione è la differenza fra il valore massimo e il valore minimo:

$28,0 - 19,0 = 9,0.$

Questa differenza viene chiamata anche «escursione termica».

c. Per rispondere a questa domanda e alla successiva, disponiamo i dati nella prima colonna di una tabella, poi completiamo la tabella calcolando gli scarti, gli scarti in valore assoluto, i quadrati degli scarti.
Lo scarto semplice medio è dato dal quoziente tra la somma degli scarti assoluti e il numero di osservazioni:

$$S = \frac{25,0}{10} = 2,5.$$

Temperatura	**Scarto**	**Scarto assoluto**	**Scarto al quadrato**
19,0	−5,6	5,6	31,36
21,0	−3,6	3,6	12,96
22,5	−2,1	2,1	4,41
24,0	−0,6	0,6	0,36
26,0	+1,4	1,4	1,96
27,5	+2,9	2,9	8,41
28,0	+3,4	3,4	11,56
28,0	+3,4	3,4	11,56
26,0	+1,4	1,4	1,96
24,0	−0,6	0,6	0,36
246*	0*	25*	84,9*

* Totale.

ESERCIZI

d. La deviazione standard è data dalla radice quadrata del quoziente tra la somma degli scarti al quadrato e il numero di osservazioni.

$$\sigma = \sqrt{\frac{84{,}9}{10}} \simeq 2{,}91.$$

45 AL VOLO Osserva le seguenti sequenze di dati.

a. 7; 9; 11; 13; 8; **b.** 3; 3; 3; 3; 3; **c.** 2; 6; 10; 14; 18; **d.** −9; −2; 1; 2; 3.

Determina, facendo solo calcoli a mente: la sequenza che ha scarto semplice medio uguale a 0 e la sequenza che ha maggiore campo di variazione. [**b**; **c**]

46 Nel corso dell'anno, un alunno ha conseguito in italiano e in inglese i seguenti voti.

Italiano	6	5	7	7	8	6	5	6
Inglese	5	5	6	6	7	7	6	6

Determina in quale materia la variabilità è stata maggiore utilizzando prima il campo di variazione e poi lo scarto semplice medio. Che cosa osservi? [italiano 3 e 0,8125; inglese 2 e 0,5]

Calcola la deviazione standard delle distribuzioni descritte dalle seguenti tabelle.

47 Voti riportati da un alunno nel primo quadrimestre in inglese.

Voto	4	5	8	9
Frequenza	1	2	1	3

[2,07]

48 Temperature medie rilevate nel corso di alcune giornate invernali (espresse in °C).

Temperatura	−3	−2	2	3
Frequenza	2	3	3	2

[2,45]

49 Dario è un allenatore di pallavolo e deve scegliere lo schiacciatore titolare per la partita che può valere la qualifica ai play-off. Nelle ultime 10 partite ha alternato due schiacciatori facendo giocare a ciascuno 5 partite: i punti di ogni giocatore a partita sono riportati nella seguente tabella.

Punti a partita					
Lorenzo	23	15	22	23	12
Francesco	21	23	22	15	14

Dario usa la deviazione standard per valutare l'affidabilità dei due giocatori. Su chi ricadrà la sua scelta? [Francesco]

50 In un gruppo di dieci amici, quattro sono alti 173 cm, due sono alti 168 cm, tre sono alti 163 cm e uno è alto 183 cm. Calcola la deviazione standard delle altezze. [6]

51 Dalla produzione e vendita di articoli di pelletteria, una ditta, in sei mesi successivi, ha ottenuto i seguenti guadagni in euro: 100 000, 125 000, 140 000, 135 000, 160 000, 110 000. Calcola il guadagno medio e la deviazione standard. [128 333; 19 720]

52 A un gruppo di ragazzi è stato chiesto di quanto hanno ricaricato il loro cellulare negli ultimi due mesi. Nella seguente tabella sono riportate le risposte.

Importo (€)	0	5	10	20	30	40	50
Ragazzi	2	1	5	4	4	3	2

Calcola la ricarica media e la deviazione standard. [22,62; 15,09]

53 LEGGI IL GRAFICO In un libro di 200 pagine appena pubblicato vengono contati gli errori di battitura presenti in ciascuna pagina e si ottiene il seguente grafico.

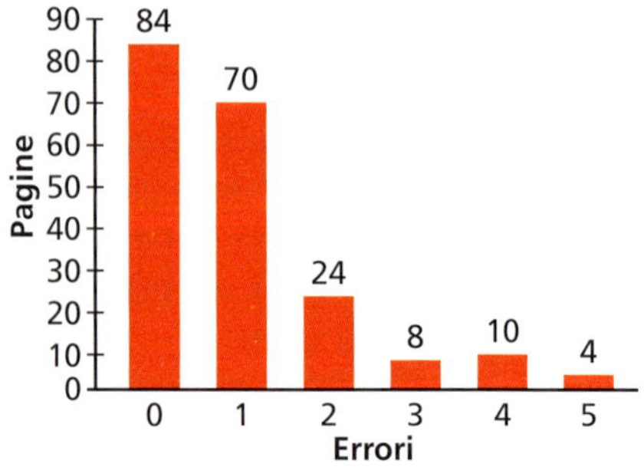

Determina il numero medio di errori per pagina e la deviazione standard della distribuzione. [1,01; 1,22]

54 ●○ Il numero di addetti alla vendita di 60 imprese industriali ha la seguente distribuzione.

Numero di addetti alla vendita	Numero di imprese industriali
0-4	4
4-8	12
8-12	16
12-16	14
16-20	4

a. Rappresenta i dati con un istogramma.

b. Determina il campo di variazione, lo scarto semplice medio e la deviazione standard usando il valore centrale di ogni classe.

[b) 20; 3,4048; 4,31]

Riepilogo: Indici di posizione e variabilità

55 ●○ TEST La frequenza relativa delle studentesse in un corso universitario è 0,28. Se gli studenti in tutto sono 125, quante sono le ragazze?

A 28 B 35 C 90 D 56 E 70

56 ●○ RIFLETTI SULLA TEORIA In proporzione ci sono più maschi in una classe con 27 alunni di cui 14 sono femmine o in una classe con 11 maschi e 10 femmine? Scrivi le serie statistiche corrispondenti alle due classi e rappresentale su uno stesso istogramma.

57 ●○ Gli stipendi dei dipendenti di due aziende sono riportati nella seguente tabella.

Stipendio (€)	Lavoratori azienda A	Lavoratori azienda B
1500	30	15
1700	12	18
1800	10	7
1900	8	8
2000	3	2

a. Calcola lo stipendio medio nelle due aziende.

b. A parità di altre condizioni, in quale azienda converrebbe lavorare?

[a) A: € 1660, B: € 1698; b) B]

RISOLVIAMO UN PROBLEMA

Il riciclo dell'alluminio

Un'azienda che lavora alluminio acquista i rottami da lavorare all'inizio di ogni quadrimestre. Nella tabella a fianco sono riportati i prezzi al kilogrammo negli ultimi 3 quadrimestri.

- Rappresenta la serie storica data dai prezzi al kilogrammo negli ultimi 3 quadrimestri
- Se la quantità acquistata è la stessa nei tre quadrimestri, qual è il prezzo medio al kilogrammo a cui è stato acquistato il rottame?

Prezzo dell'alluminio

Quadrimestre	Prezzo (€/kg)
I	1,20
II	1,50
III	1,00

L'alluminio viene lavorato in modo diverso a seconda della destinazione futura.
Nella seguente tabella sono riportati i kilogrammi di alluminio rivenduti dall'azienda in base alle destinazioni e il ricavo al kilogrammo (diverso per la tipologia di produzione).

Destinazione	Edilizia	Attrezzature sportive	Altre destinazioni
alluminio venduto (kg)	3000	900	600
ricavo (€/kg)	10	20	15

- Rappresenta con un areogramma la distribuzione dell'alluminio prodotto per ogni destinazione e con un ortogramma il ricavo ottenuto da ogni settore di produzione.
- Qual è il ricavo medio al kilogrammo che l'azienda ottiene dalla vendita dei prodotti?
- I ricavi che l'azienda ottiene da ciascun settore sono pressapoco equivalenti oppure c'è molta variabilità? In altre parole, c'è un settore che dà un ricavo al kilogrammo molto maggiore rispetto alla media?

▶ **Rappresentiamo la serie storica.**

La serie storica è quella rappresentata nel grafico a fianco.

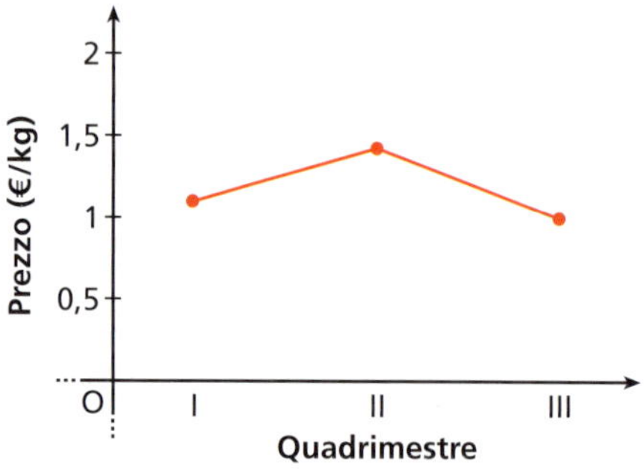

▶ **Troviamo il prezzo medio al kilogramma del rottame usando la media armonica.**

$$\frac{n}{\frac{1}{p_1}+\frac{1}{p_2}+\frac{1}{p_3}}=\frac{3}{\frac{1}{1,2}+\frac{1}{1,5}+\frac{1}{1}}=1,2.$$

▶ **Disegniamo l'areogramma e l'ortogramma.**

Per disegnare l'areogramma delle destinazioni osserviamo che:

totale alluminio venduto = 3000 + 900 + 600 = 4500.

Calcoliamo l'ampiezza degli angoli di ogni spicchio.

$$\frac{3000}{4500}=\frac{x}{360} \rightarrow x=240° \qquad \frac{900}{4500}=\frac{x}{360} \rightarrow x=72° \qquad \frac{600}{4500}=\frac{x}{360} \rightarrow x=48°$$

L'areogramma, quindi, è quello sotto a sinistra.
Per disegnare l'ortogramma mettiamo in ascissa le tre tipologie di destinazione della produzione e in ordinata i ricavi corrispondenti.

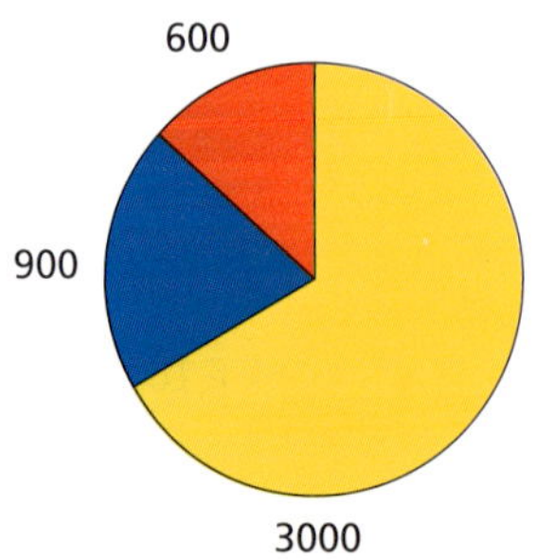

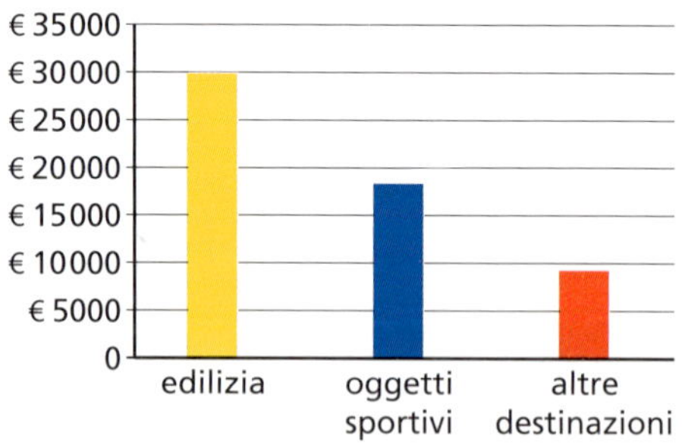

▶ **Calcoliamo il ricavo medio al kilogrammo che l'azienda ottiene dalla vendita dei tre prodotti.**

$$M=\frac{3000\cdot 10+900\cdot 20+600\cdot 15}{3000+900+600}\simeq 12,67.$$

▶ **Calcoliamo la deviazione standard dei ricavi al kilogrammo provenienti dai tre settori.**

$$\sigma^2=\frac{(10-12,67)^2\cdot 3000+(20-12,67)^2\cdot 900+(15-12,67)^2\cdot 600}{3000+900+600}\simeq 16,22 \rightarrow \sigma\simeq 4.$$

Come ci aspettavamo, la deviazione standard è abbastanza alta, se confrontata con la media. I tre settori contribuiscono in modo variabile al ricavo dell'azienda.

58 La seguente tabella riporta il numero di autovetture di un determinato tipo per le quali si è dovuto procedere alla sostituzione della marmitta, classificate secondo il numero di kilometri percorsi.

Kilometri (migliaia)	Numero autovetture
0-40	6
40-60	9
60-70	23
70-80	8
oltre 80	4

Effettua la rappresentazione grafica che ritieni più opportuna.
Determina il numero medio di kilometri prima della sostituzione della marmitta.

59 I kilogrammi di frutta venduti in una settimana da un negoziante sono i seguenti.

Giorno	lu	ma	me	gio	ve	sa
Kg di frutta	15	20	30	28	27	40

Calcola la media giornaliera dei kilogrammi venduti e il campo di variazione. [$26,\overline{6}$ kg; 25 kg]

60 Le autovetture di un salone per la vendita di auto usate sono classificate secondo l'età dell'usato.

Età usato (mesi)	Numero autovetture
6	12
12	16
18	15
24	9
30	5
36	1
48	1
60	1

Determina la media aritmetica, la mediana e la moda dell'età delle auto. [17,4; 18; 12]

61 Scrivi cinque numeri tali che la loro media aritmetica sia 10 e la loro mediana 8.

62 Calcola la media aritmetica, la mediana e la moda dei tempi (in minuti) impiegati da alcuni ragazzi a percorrere un tracciato di corsa campestre, dati dalla sequenza:

10, 8, 8, 9, 9, 8, 8, 9, 9, 9, 9, 8.

[8,7; 9; 9]

63 Calcola la media e lo scarto semplice medio del numero di spettatori presenti alla proiezione di un film nel corso di una settimana. Calcola anche la deviazione standard.

Giorno	lu	ma	me	gio	ve	sa	do
Spettatori	215	200	270	280	350	400	420

[305; 72,86; 80,40]

64 Una conduttura idrica, a causa di quattro rotture, subisce via via le seguenti perdite percentuali sui successivi flussi: 4%, 9%, 10%, 2%. Calcola la percentuale media di perdita. [6,31%]

65 Calcola la deviazione standard della seguente distribuzione: tempi impiegati da un ciclista a fare 8 giri di pista (espressi in minuti).

Tempo	1	1,1	1,4	1,8
Frequenza	2	1	3	1

[0,27]

66 Nella seriazione seguente è riportato il numero delle domande presentate a una scuola secondaria di primo grado, per ottenere il sussidio Buono Libro, ripartite secondo il numero dei componenti della famiglia.

Numero componenti della famiglia	2	3	4	5	6
Numero domande	5	16	14	4	1

Calcola media, mediana e moda del numero di componenti delle famiglie. [3,5; 3; 3]

TEST

67 Un treno percorre 100 km alla velocità di 150 km/h, 50 km a 180 km/h e 200 km alla velocità di 120 km/h. Qual è la sua velocità media?

A 140 km/h
B 150 km/h
C 142 km/h
D 134 km/h
E 145 km/h

68 Il prezzo di un abito ha subìto negli ultimi 5 mesi la seguente progressione di sconti: 2,5%, 5%, 4%, 8%, 10%. Qual è lo sconto medio?

A 5,4%
B 5,9%
C 6,1%
D 5,6%
E 4%

69 Si sono misurati i seguenti scarti in millimetri dalla dimensione standard di alcuni bulloni:

0,1; −0,2; 0,2; 0,2; 0,1; −0,1; −0,2; 0,3.

a. Quale media conviene utilizzare per determinare lo scarto medio?

b. Calcola la media aritmetica e la media quadratica e spiega perché la prima non è utile in questo caso.

70 Un artigiano vuole riutilizzare il rivestimento di una decorazione a 5 cerchi, di raggi 40 cm, 38 cm, 40 cm, 52 cm e 44 cm, per una nuova decorazione a 5 cerchi con raggi congruenti. Quale deve essere il raggio dei nuovi cerchi per non avere scarti? [43,1 cm]

71 Nel corso dell'anno Luigi ha avuto le seguenti valutazioni nelle verifiche di fisica.

6 5 7 4 6 7 8 8 5

Se deve ancora svolgere un'ultima verifica, qual è il voto minimo che deve ottenere per avere la media del 6? In tal caso, calcola lo scarto semplice medio e la deviazione standard delle 10 valutazioni.

72 **VERO O FALSO?** Osserva i dati relativi alle prenotazioni in due bed and breakfast in una località di mare.

	Apr	Mag	Giu	Lug	Ago	Set
Prenotazioni A	12	25	46	58	75	42
Prenotazioni B	22	27	39	56	64	50

a. A e B hanno avuto mediamente lo stesso numero di prenotazioni mensili. V F

b. B ha avuto un numero di prenotazioni più uniforme e quindi una deviazione standard minore. V F

c. Entrambi nella prima metà del semestre considerato hanno avuto meno prenotazioni rispetto alla media. V F

d. A ha avuto un maggior campo di variazione e un maggior numero di prenotazioni. V F

73 Il quantitativo di zucchero presente nel mosto consente di prevedere il grado alcolico dopo la fermentazione. La determinazione avviene in base al peso specifico del mosto. Si sono rilevati i seguenti valori di peso specifico del mosto in g/ml in 10 aziende agricole che hanno fornito uva alla Cantina sociale.

1,68 1,72 1,83 1,70 1,70 1,69 1,70 1,72 1,73 1,62

Determina la media aritmetica la mediana e la moda.

Eliminando il valore maggiore e quello minore, come cambiano i valori trovati? [1,71; 1,70; 1,70]

74 Un'impresa garantisce la quantità di acqua minerale contenuta in bottigliette da 500 ml. Sono state prese in esame 10 bottigliette e si è controllato il contenuto ottenendo:

498, 500, 502, 503, 496, 498, 504, 500, 499, 500.

a. Calcola la media e la mediana.

b. Calcola lo scarto semplice medio. Ti sembra un valore accettabile?

[a) 500; 500; b) 1,8]

75 **YOU & MATHS** The following data give the weight lost by 15 members of the Bancroft Health Club and Spa at the end of two months after joining the club.

5 10 8 7 25 12 5 14 11 10 21 9 8 11 18

Compute for these data:

a. the sample mean; **b.** the sample standard deviation.

(USA *United States Naval Academy*, Final Examination, 2001)

[a) $M = 11,6$; b) $\sigma \simeq 5,55$]

76 ●○ REALTÀ E MODELLI **Nazionale di pallavolo** La seguente tabella riporta le altezze in centimetri e le età di alcuni giocatori che hanno partecipato ai mondiali di pallavolo giocati in Italia nel 2010.

Altezza	202	180	195	189	196	208	198	204	202	192
Età	35	26	24	34	28	27	24	32	22	32

a. Qual è l'altezza media dei pallavolisti considerati?

b. Qual è la loro età media?

c. I due giocatori più bassi del gruppo sono il libero e l'alzatore; i rimanenti sono schiacciatori o centrali. Qual è l'altezza media, considerando solo schiacciatori e centrali?

d. Se calcoli la deviazione standard dell'altezza considerando solo questi otto giocatori, ti aspetti che sia maggiore o minore di quella calcolata su tutti i dieci giocatori? Motiva la risposta.

[a) 196,6 cm; b) 28,4 anni; c) 199,6 cm; d) minore]

77 ●● Lungo un viale di accesso a un deposito ferroviario sono allineati, uno adiacente all'altro, 6 edifici a pianta quadrata di lati diversi:

14 m, 23 m, 13 m, 33 m, 19 m, 21 m.

Gli edifici devono essere demoliti e sostituiti da 6 edifici adiacenti a pianta quadrata tutti uguali. Calcola la lunghezza l del lato di ciascun nuovo edificio se, alternativamente, si vuole conservare:

a. la lunghezza del tratto di viale che costeggia tutti gli edifici;

b. l'area complessiva occupata dagli edifici.

[a) 20,5; b) 21,5]

3 Distribuzione gaussiana

▶ Teoria a p. 674

78 ●○ LEGGI IL GRAFICO Osserva le seguenti curve gaussiane.

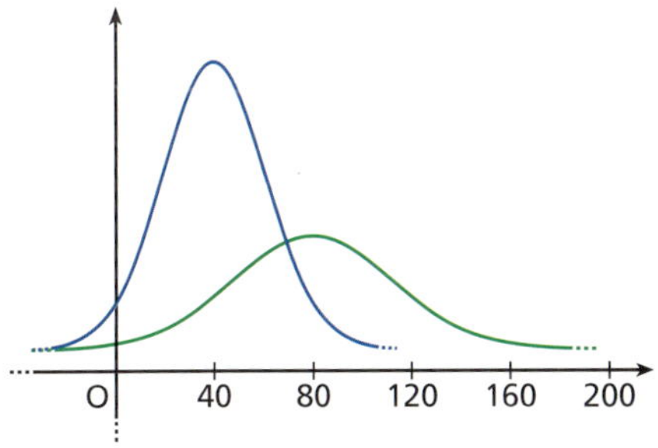

a. Qual è la media della distribuzione in blu?

b. Qual è la media della distribuzione in verde?

c. In base al grafico puoi dire che la deviazione standard della distribuzione in blu è maggiore o minore della deviazione standard di quella in verde?

79 ●○ Per una popolazione di 80 pile, la durata ha una distribuzione che si può considerare gaussiana con media 95 h e deviazione standard 3,6 h. Qual è il numero di pile che ha una durata compresa tra 91,4 h e 98,6 h?

80 ●○ Il consumo settimanale di benzina in 1000 famiglie è riportato nella seguente seriazione.

Consumo benzina (litri)	Famiglie
0-10	60
10-20	110
20-30	165
30-40	330
40-50	155
50-60	130
60-70	50

a. Rappresenta i dati con un istogramma evidenziando il poligono delle frequenze. La distribuzione si può considerare gaussiana?

b. Determina la media aritmetica e la deviazione standard della distribuzione.

c. Determina quante famiglie hanno un consumo compreso nell'intervallo

$$]M - \sigma; M + \sigma[.$$

[b) $M = 35$; $\sigma = 15$; c) 683]

81 ●● Un gruppo di 1500 studenti partecipa a una selezione di atletica leggera sui 100 m piani. Si osserva che la distribuzione dei tempi ottenuti è approssimativamente gaussiana, con media $t_M = 15{,}2$ s e deviazione standard $\sigma = 1{,}7$ s. Quanti ragazzi hanno corso ottenendo un tempo compreso tra 13,5 s e 16,9 s? Quanti hanno impiegato meno di 11,8 s? Quanti hanno impiegato più di 20,3 s? [1024; 34; 2]

82 ●● REALTÀ E MODELLI **Consumo energetico** Le misurazioni ripetute relative al consumo di energia elettrica per la prestazione giornaliera di una lavastoviglie in una mensa aziendale, presentano una distribuzione che si può ritenere gaussiana con media di 8 kWh e deviazione standard 0,85 kWh. Determina quante volte in 240 giorni il consumo è stato:

a. compreso fra 7,15 kWh e 8,85 kWh;

b. maggiore di 9,7 kWh. [a) circa 164; b) circa 5]

TUTOR matematica Allenati con **15 esercizi interattivi** con feedback "hai sbagliato, perché..."
su.zanichelli.it/tutor3 risorsa riservata a chi ha acquistato l'edizione con tutor

4 Rapporti statistici

▶ Teoria a p. 677

83 ESERCIZIO GUIDA La tabella seguente riporta dati statistici riguardanti quattro piccole imprese.

Ditta	Numero dipendenti	Fatturato (€)	Debiti (€)	Crediti (€)
A	5	25 000	12 000	13 000
B	8	54 000	22 000	26 000
C	4	32 000	13 000	11 000
D	3	45 000	19 000	18 000

Calcoliamo i rapporti di derivazione, di composizione e di coesistenza.

Calcoliamo il rapporto di *derivazione* che si ottiene dal rapporto tra fatturato e numero di dipendenti.
È un rapporto tra grandezze *non omogenee*, quindi è più propriamente un rapporto di densità. Si esprime in euro per dipendente:

$$\frac{25000}{5} = 5000; \quad \frac{54000}{8} = 6750; \quad \frac{32000}{4} = 8000; \quad \frac{45000}{3} = 15000.$$

Calcoliamo il rapporto di *derivazione* che si ottiene dal rapporto fra crediti e fatturato. È un rapporto tra grandezze *omogenee* e si può esprimere in *percentuale*:

$$\frac{13000}{25000} \cdot 100 = 52\%; \quad \frac{26000}{54000} \cdot 100 \simeq 48{,}15\%; \quad \frac{11000}{32000} \cdot 100 \simeq 34{,}38\%; \quad \frac{18000}{45000} \cdot 100 = 40\%.$$

Calcoliamo il rapporto di *composizione* dato dal rapporto fra il numero dei dipendenti di ogni impresa e il totale dei dipendenti delle quattro imprese. È un rapporto tra grandezze *omogenee* e lo esprimiamo in *percentuale*:

$$\frac{5}{20} \cdot 100 = 25\%; \quad \frac{8}{20} \cdot 100 = 40\%; \quad \frac{4}{20} \cdot 100 = 20\%; \quad \frac{3}{20} \cdot 100 = 15\%.$$

Calcoliamo il rapporto di *coesistenza* dato dal rapporto fra debiti e crediti. È un rapporto tra grandezze *omogenee* e lo esprimiamo in *percentuale*:

$$\frac{12000}{13000} \cdot 100 \simeq 92{,}31\%; \quad \frac{22000}{26000} \cdot 100 \simeq 84{,}62\%; \quad \frac{13000}{11000} \cdot 100 \simeq 118{,}18\%; \quad \frac{19000}{18000} \cdot 100 \simeq 105{,}56\%.$$

Nella tabella che segue riportiamo gli indici trovati.

Densità	Derivazione	Composizione	Coesistenza
fatturato/dipendenti (euro per dipendente)	crediti/fatturato (%)	dipendenti (%)	debiti/crediti (%)
5000	52,00	25	92,31
6750	48,15	40	84,62
8000	34,38	20	118,18
15 000	40,00	15	105,56

84 **VERO O FALSO?** Osserva la tabella relativa all'attività sportiva praticata dagli iscritti a una polisportiva.

Attività sportiva	calcio	tennis	volley	basket	ginnastica	nuoto
Numero persone	54	25	29	45	89	37

a. Circa il 10% delle persone gioca a volley. V F

b. Per ogni giocatore di tennis ci sono 2,16 calciatori. V F

c. Il rapporto di coesistenza fra ginnastica e basket è 0,51. V F

d. Il 37% delle persone pratica nuoto. V F

85 Rispondi osservando la tabella.

a. In quale Comune c'è una maggiore tendenza al matrimonio?

b. In quale Comune c'è il tasso di divorzi minore in rapporto alla popolazione?

c. In quale Comune c'è il più alto rapporto tra divorzi e matrimoni?

[a) B; b) D; c) A]

Comune	Popolazione	Numero matrimoni	Numero divorzi
A	65 312	512	84
B	32 450	331	43
C	33 458	267	43
D	32 513	154	19

86 Da un'indagine emergono i seguenti dati relativi al numero di incidenti stradali in una provincia durante il periodo estivo.

Mese	Numero incidenti
giugno	37
luglio	128
agosto	187
settembre	63

a. Quale percentuale degli incidenti totali è rappresentata dagli incidenti avvenuti in luglio?

b. Sapendo che l'entità della rete stradale è di 3457 km, determina il numero di incidenti per kilometro avvenuti ogni mese.

[a) 30,84%; b) 0,01; 0,04; 0,05; 0,02]

87 Le importazioni ed esportazioni (tonnellate di merce movimentata) di un'impresa industriale nei primi sei mesi del 2016 sono riportate nella seguente tabella.

Mese	Importazioni	Esportazioni
gennaio	122	127
febbraio	134	122
marzo	115	105
aprile	98	97
maggio	95	103
giugno	105	96

a. Determina i rapporti di composizione delle importazioni e delle esportazioni.

b. In quale mese è maggiore il rapporto tra esportazioni e importazioni?

[a) 18,24%; 20,03%; …; b) maggio]

88 ●○ **TEST** Il rapporto di coesistenza tra studenti stranieri e studenti italiani in una classe è 0,20. Vuol dire che:

- **A** gli studenti stranieri sono il 20% del totale.
- **B** gli studenti italiani sono l'80% del totale.
- **C** per ogni studente straniero ci sono 5 studenti italiani.
- **D** per ogni studente italiano ci sono 5 studenti stranieri.
- **E** se la classe è composta da 20 studenti, 4 di questi sono stranieri.

89 ●○ La tabella seguente si riferisce alle prestazioni di 4 attaccanti in un recente campionato di calcio amatoriale.

	Partite giocate	Tiri in porta	Goal realizzati
Aldo	36	118	18
Berto	29	106	15
Carlo	34	103	16
Davide	31	99	15

a. Chi ha effettuato il maggior numero di goal a partita?

b. Chi ha ottenuto il maggior successo in termini di goal effettuati rapportati ai tiri in porta?

[a) Berto; b) Carlo]

90 ●○ In una provincia vi sono 323 415 abitanti. Nel corso dell'anno sono stati rilevati i seguenti reati: 1320 furti nelle abitazioni, 45 rapine a mano armata e 745 borseggi. Calcola i quozienti di criminalità per 10 000 abitanti e specifica il tipo di rapporto statistico. [densità: 40,8; 1,4; 23,0]

91 ●○ In un'impresa nel corso di 4 settimane si sono rilevati i numeri di pezzi difettosi sul totale della produzione.

Settimana	Numero pezzi prodotti	Numero pezzi difettosi
Prima	7200	46
Seconda	6900	38
Terza	7020	32
Quarta	6990	30

Per ogni settimana, calcola l'indice di qualità, definito come rapporto tra il numero di pezzi difettosi per 1000 pezzi non difettosi, e indica il tipo di rapporto. [coesistenza: 6,4; 5,5; 4,6; 4,3]

92 ●○ La seguente tabella pone a confronto la numerosità della popolazione di 4 Comuni con il numero degli occupati, delle persone che hanno perso il lavoro e di quelle in cerca di prima occupazione.

Comune	Popolazione	Forza lavoro		
		Occupati	Perso lavoro	Prima occupazione
Bisbino	8967	4230	940	420
Predella	12 314	6320	1389	670
Rondigo	9856	3840	1760	433
Tacento	12 310	6324	2312	236

Determina per ogni Comune:

a. il tasso di attività dato dal rapporto tra forza lavoro e popolazione;

b. il tasso di occupazione dato dal rapporto fra occupati e popolazione;

c. il tasso di disoccupazione dato dal rapporto fra le persone in cerca di lavoro e la forza lavoro;

d. il rapporto fra disoccupati e occupati.

Quale Comune si trova nella situazione peggiore secondo te?

[a) 62,34%; …; b) 47,17%; …; c) 24,33%; …; d) 32,15%; …]

93 Si stanno sperimentando due farmaci A e B per curare una malattia su due gruppi rispettivamente di 24 e 20 pazienti. Si ottengono i risultati in tabella.

Farmaco	Guariti	Non guariti	Totale
A	13	11	24
B	12	8	20

a. Quale farmaco ha dato il maggior tasso di guarigione?

b. Qual è il rapporto fra i guariti e i non guariti per il farmaco B? Come lo interpreti?

[a) B; b) 1,5]

94 Considera la seguente tabella, che illustra il numero di dipendenti di un'impresa nel corso di un decennio.

Anno	2007	2008	2009	2010	2011	2012	2013	2014	2015	2016
Numero dipendenti	876	854	847	859	868	875	869	874	885	865

a. Calcola i numeri indice a base fissa con base anno 2007.

b. Calcola i numeri indice a base fissa con base anno 2011.

[a) 100; 97,49; ...; 98,74; b) 100,92; 98,39; ...; 100; ...; 99,65]

95 Data la seguente serie storica relativa al numero degli abbonamenti a un teatro, calcola i numeri indice a base fissa e a base mobile ponendo 2012 = 100 per i numeri indice a base fissa.

Anno	2012	2013	2014	2015	2016
Numero abbonati	1559	1650	1520	1587	1620

[100; 105,84; 97,50; ...; n.d.; 105,84; 92,12; ...]

96 La seguente tabella riguarda i siti web più visitati nel mondo nel 2006.

Siti web	Visitatori
Yahoo!	133 428 000
Google	123 892 000
Time Warner Network	123 702 000
MSN (Microsoft)	118 154 000
Myspace	81 233 000
eBay	79 787 000
Amazon	57 702 000
Ask Network	51 885 000
Wikipedia	46 372 000
Viacom Digital	43 056 000

Calcola i numeri indice a base fissa con base Yahoo! e con base Google.

[base Yahoo!: 100; 92,85; 92,71; ...; base Google: 107,70; 100; 99,85; ...]

97 **COMPLETA** la tabella con i dati mancanti relativamente al prezzo di un litro di benzina.

Prezzo €/litro	Numero indice a base mobile
1,403	n.d.
	101,3
	101,3
1,471	
	94,6

MATEMATICA AL COMPUTER

La statistica Con un foglio di calcolo costruiamo una tabella contenente i numeri degli alunni delle quindici classi di una scuola, distribuite su cinque livelli (I, II, III, IV, V) e tre sezioni (A, B, C). Calcoliamo quindi i totali e le medie dei vari livelli e delle varie sezioni.

Risoluzione – 8 Esercizi in più

98 È stato registrato il consumo domestico medio pro capite di acqua nell'anno 2013. La tabella riporta i numeri indice a base fissa, con base gennaio 2013.

Mese	gen	feb	mar	apr	mag	giu	lug	ago	set	ott	nov	dic
Indice	100	102	98	103	101	97	99	104	104	107	98	96

a. Sapendo che il consumo medio pro capite di marzo è stato di 22,5 litri, qual è stato il consumo medio pro capite in gennaio?

b. Che cosa puoi affermare sui mesi di agosto e settembre?

[a) 23 L]

5 Introduzione alla statistica bivariata

Distribuzioni congiunte

▶ Teoria a p. 680

99 Compila una tabella a doppia entrata. Considera gli accompagnatori turistici di un'agenzia che conoscono ciascuno due lingue straniere. Si hanno le seguenti coppie ordinate dove la prima lingua è quella del Paese di origine:
(francese; inglese), (francese; spagnolo), (francese; tedesco), (tedesco; inglese), (tedesco; francese), (francese; inglese), (inglese; tedesco), (spagnolo; inglese), (inglese; francese), (francese; tedesco).

100 Raggruppa i seguenti dati in classi, compila una tabella a doppia entrata e determina le distribuzioni marginali e condizionate. Verifica che le due modalità sono dipendenti.
Considera un campione di 30 pezzi meccanici prodotti da una macchina che possono essere difettosi nel peso o nella lunghezza. Si hanno le seguenti coppie ordinate di dati, dove il primo valore indica il peso in grammi e il secondo la lunghezza in cm:
(123; 56), (122; 55), (122; 55), (123; 55), (120; 56), (123; 57), (122; 55), (122; 56), (122; 54), (124; 57), (125; 55), (122; 54), (123; 58), (123; 54), (125; 55), (121; 52), (122; 55), (123; 56), (125; 56), (126; 57), (122; 56), (123; 54), (124; 55), (122; 55), (123; 56), (123; 57), (123; 56), (122; 57), (123; 57), (123; 55).

101 **VERO O FALSO?** Osserva la tabella in cui sono riportate le preferenze, divise per sesso, dei luoghi di vacanza.

Sesso \ Luogo di vacanza	Mare	Montagna	Città	Totale
Uomini	7	2	3	12
Donne	5	4	4	13
Totale	12	6	7	25

a. La popolazione analizzata è di 25 persone. V F

b. La frequenza relativa congiunta della coppia (Uomini; Mare) è $\frac{7}{12}$. V F

c. La distribuzione del carattere «Luogo di vacanza» condizionato alla modalità «Donne» è il seguente. V F

	Mare	Montagna	Città	Totale
Donne	5	4	4	13

d. La frequenza relativa della modalità «Città», condizionata alla modalità «Donne» è $\frac{4}{7}$. V F

102 COMPLETA la tabella relativa ai mezzi di trasporto usati per recarsi al lavoro e alla distanza dal luogo di lavoro.

Mezzo \ Distanza	< 5 km	Tra 5 km e 10 km	> 10 km	Totale
Auto		6	12	
Bici	4	1		5
Treno	0	1	5	6
Totale				31

a. Che cosa indica il numero 12?

b. Che cosa indica il numero 31?

Costruisci la tabella a doppia entrata con le frequenze congiunte e marginali assolute e la tabella con le frequenze relative utilizzando i dati forniti.

103

Sesso	M	M	F	M	F	F	F	M	F	M	M	F
Laurea	S	U	S	S	U	U	S	S	U	U	S	U

S = facoltà scientifiche U = facoltà umanistiche

104

Residenza	N	C	S	N	S	S	N	C	C	N	S	N	S	C
Numero di figli	1	3	4	2	2	1	4	3	1	1	1	2	2	2

N = Nord C = Centro S = Sud

Osserva le tabelle, determina le distribuzioni marginali dei due caratteri e rispondi alle domande.

105

Sesso \ Hobby	Sport	Lettura	Cucina	Giardinaggio
Uomini	28	10	8	4
Donne	20	15	17	6

a. Tra gli amanti dello sport, quante sono le donne?

b. Tra gli uomini quanti si dedicano al giardinaggio?

c. Qual è la percentuale di persone che hanno come hobby la cucina?

[a) 20; b) 4; c) 23%]

106

Età \ Ore al computer	1	2	3
10-15	21	14	8
15-20	17	25	30
20-25	5	35	25

a. Determina le distribuzioni marginali dei due caratteri.

b. Qual è la percentuale di ragazzi che passa 3 ore al giorno davanti al computer?

c. Tra coloro che passano 2 ore al giorno al computer che percentuale ha 10-15 anni?

[b) 35%; c) 19%]

Indipendenza e dipendenza

▶ Teoria a p. 682

107 FAI UN ESEMPIO Scrivi una tabella relativa a due caratteri X e Y in modo che abbiano entrambi due modalità, su una popolazione di 50 persone, e che i due caratteri siano indipendenti.

108 COMPLETA e verifica che i caratteri X e Y riportati in tabella sono indipendenti confrontando le distribuzioni condizionate di X rispetto a Y e la distribuzione marginale di X.

	y_1	y_2	y_3	Totale
x_1	14	28	42	
x_2	6	12	18	
Totale				

109 La tabella riporta le frequenze assolute dei giudizi ottenuti in un test in base all'età degli studenti.

Giudizio \ Età	7-10	11-14	15-18
A	60	80	70
B	70	65	95
C	85	75	80
D	70	60	80

Calcola gli indici χ^2 e C arrotondando opportunamente le frequenze teoriche all'unità.
Che cosa puoi concludere?
[$\chi^2 = 9,02$; $C = 0,005$]

110 TEST L'indice χ^2:

A è sempre positivo.
B è nullo per caratteri indipendenti
C può essere positivo, negativo o nullo.
D è sempre minore o uguale a 1.
E può essere negativo.

111 RIFLETTI SULLA TEORIA L'indice χ^2 calcolato su 10 osservazioni è pari a 0,01. Per gli stessi caratteri si fanno 1000 osservazioni e l'indice χ^2 diventa 0,3. Puoi concludere qualcosa sull'indipendenza dei caratteri?

112 EUREKA! Si è rilevato il livello di gradimento di un prodotto in quattro regioni.

Regioni \ Gradimento	Basso	Medio	Alto
Piemonte	20	30	10
Toscana	10	20	30
Puglia	30	10	10
Sicilia	10	30	40

Puoi affermare, senza calcolare tutte le contingenze, che i caratteri sono dipendenti? Perché?

113 REALTÀ E MODELLI **Istruzione e mondo del lavoro** Un campione di 80 dipendenti è stato esaminato sotto i caratteri «Grado di istruzione» e «Settore» in cui opera l'azienda in cui lavora.

Grado istruzione \ Settore	Industria	Commercio	Agricoltura	Altro	Totale
Scuola media	10	2	4	1	
Scuola superiore	12	31	5	0	
Laurea	15	8	2	0	
Totale					

a. Completa la tabella inserendo i totali.
b. Usando solo queste informazioni puoi dire se i due caratteri sono dipendenti o indipendenti?
c. Calcola gli indici χ^2 e C. Che cosa puoi concludere?
d. Le conclusioni a cui sei giunto attraverso gli indici χ^2 e C sono le stesse a cui eri giunto dall'analisi della tabella?
[(c) $\chi^2 = 21,10$; $C = 0,1228$]

6 Regressione e correlazione

Funzione interpolante lineare

▶ Teoria a p. 684

114 ESERCIZIO GUIDA In un esperimento abbiamo ottenuto le seguenti coppie di valori per le variabili X e Y.

x_i	25	30	35	40	45	50
y_i	80	93	102	118	132	152

Rappresentiamo il diagramma di dispersione e determiniamo la retta interpolante.

Rappresentiamo i punti in un diagramma cartesiano.

La retta interpolante ha equazione $y = ax + b$, ottenibile con la formula $y - \overline{y} = a(x - \overline{x})$, dove $a = \dfrac{\sum(x_i - \overline{x})(y_i - \overline{y})}{\sum(x_i - \overline{x})^2}$.

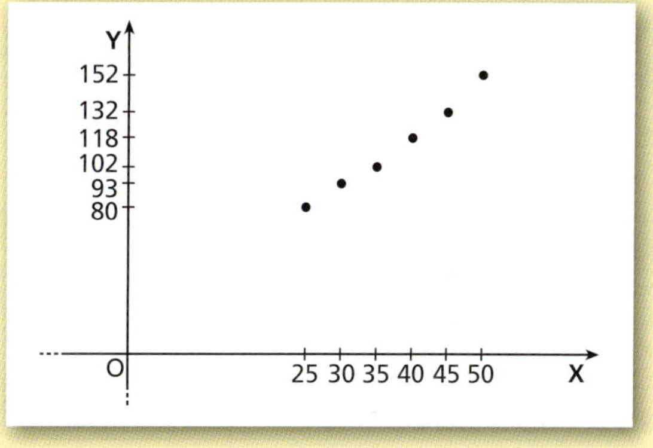

Calcoliamo i valori che servono per applicare le formule e li riportiamo nella tabella seguente.

	x_i	y_i	$x_i - \overline{x}$	$y_i - \overline{y}$	$(x_i - \overline{x})(y_i - \overline{y})$	$(x_i - \overline{x})^2$	$f(x_i)$
	25	80	−12,5	−32,8333	410,41625	156,25	77,6195
	30	93	−7,5	−19,8333	148,74975	56,25	91,7050
	35	102	−2,5	−10,8333	27,08325	6,25	105,7905
	40	118	2,5	5,1667	12,91675	6,25	119,8760
	45	132	7,5	19,1667	143,75025	56,25	133,9615
	50	152	12,5	39,1667	489,58375	156,25	148,0470
Σ	225	677			1232,5	437,5	676,9995

$\overline{x} = \dfrac{225}{6} = 37,5;\quad \overline{y} = \dfrac{677}{6} = 112,8333.$

L'equazione della retta interpolante è:

$$y = \frac{1232,5}{437,5}(x - 37,5) + 112,8333,$$

$$y = 2,8171x + 7,1920.$$

La rappresentiamo insieme al diagramma di dispersione.

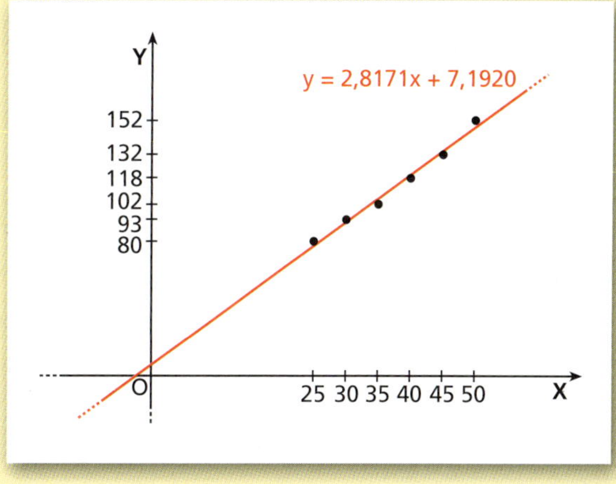

Rappresenta in un diagramma di dispersione i dati delle seguenti tabelle e determina l'equazione della retta di interpolazione.

115 ●○

x_i	0	1	2	3	4
y_i	3	5,4	9,9	13,5	18,9

$[y = 3{,}99x + 2{,}16]$

116 ●○

x_i	1	4	9	16	25
y_i	0,51	15,3	41,31	75,99	121,89

$[y = 5{,}06x - 4{,}66]$

117 ●○

x_i	1	2	3	4	5
y_i	37	62,9	96,2	118,4	148

$[y = 27{,}75x + 9{,}25]$

118 ●○

Tempo (s)	1	2	3	4	5
Velocità (m/s)	13,9	25,96	39,30	52,42	65,39

$[y = 12{,}944x + 0{,}562]$

119 ●○ REALTÀ E MODELLI **Viaggi all'estero** Nella seguente tabella sono riportati i dati (in milioni) relativi al numero di viaggi all'estero con almeno un pernottamento effettuati dagli italiani negli anni dal 2003 al 2008 (fonte: Istat).

Anno	2003	2004	2005	2006	2007	2008
Viaggi all'estero	14,6	15,8	17,8	18,1	18,9	19,8

a. Rappresenta i dati in una nuvola di punti.

b. Scrivi l'equazione della retta di interpolazione.

c. Nel 2009 i viaggi all'estero (in milioni) sono stati 17,3. Quale valore avresti invece potuto prevedere con il risultato del punto precedente?

[b) $y = 1{,}02x + 13{,}93$; c) $\simeq 21{,}1$ milioni]

120 ●○ Nella tabella sono riportati i dati relativi al numero di persone che hanno trasferito la propria residenza dall'Italia all'estero nel quinquennio 2001-2005 (fonte: Istat).

2001	2002	2003	2004	2005
56077	41756	48706	49910	59931

a. Rappresenta i dati in un diagramma di dispersione e congiungi i punti trovati con una spezzata.

b. Scrivi l'equazione della retta interpolante.

[b) $y = 1586{,}2x + 46517{,}4$]

121 ●○ Nella tabella sono riportati i dati relativi all'età e al numero di pulsazioni (al minuto) sotto sforzo, rilevati su un campione di otto donne.

Età	12	19	22	26	29	34	40	45
Pulsazioni	180	176	180	172	168	170	162	154

a. Riporta i dati in un diagramma di dispersione.

b. Scrivi l'equazione della retta di regressione della variabile *pulsazioni* rispetto alla variabile *età*.

c. Fai una previsione, in base ai dati forniti, riguardo al numero di pulsazioni sotto sforzo di una donna di 52 anni.

[b) $y = -0{,}767x + 192{,}014$; c) $\simeq 152$]

Regressione lineare

▶ Teoria a p. 685

122 ESERCIZIO GUIDA Nella seguente tabella sono riportati la statura di cinque giovani e il relativo peso corporeo.

Ragazzo	Altezza in centimetri (*X*)	Peso in kilogrammi (*Y*)
1	171	64
2	175	68
3	177	73
4	178	75
5	180	77

Rappresentiamo i dati in un diagramma di dispersione. Stabiliamo se c'è qualche relazione di tipo lineare tra le due grandezze. Calcoliamo i coefficienti di regressione e ne valutiamo il significato.

L'equazione della retta di regressione di *Y* su *X* è:

$$y - 71{,}4 = 1{,}5299(x - 176{,}2)$$

e l'equazione della retta di regressione di *X* su *Y* è:

$$x - 176{,}2 = 0{,}6325 \cdot (y - 71{,}4).$$

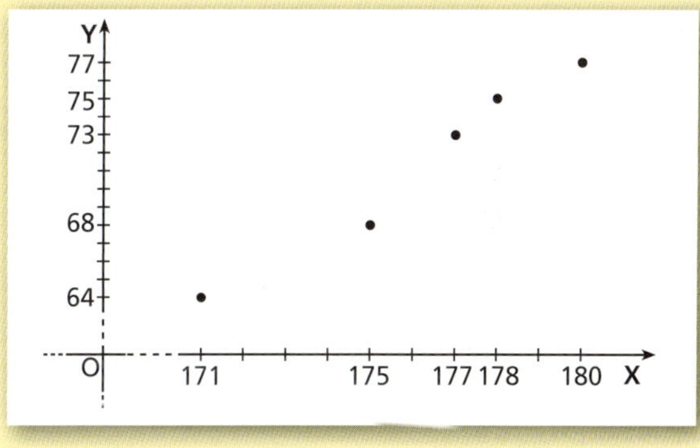

I coefficienti di regressione sono $a = 1{,}5299$ e $b = 0{,}6325$. Possiamo perciò dire che al variare di 1 cm dell'altezza il peso corporeo dei giovani varia in media di 1,5299 kilogrammi e che al variare di 1 kilogrammo del peso corporeo la statura varia in media di 0,6325 centimetri.

123 Sono dati i valori riportati in tabella.

x_i	30	48	102	168	180
y_i	30	33	42	53	55

- Rappresenta il diagramma di dispersione. Cosa osservi?
- Determina la retta di regressione della variabile *X* su *Y* e quella della variabile *Y* su *X*.
- Quanto valgono i due coefficienti di regressione? Cosa indicano?
- Determina il valore della variabile *Y* in corrispondenza di $x = 200$.
- Determina il coefficiente di correlazione.

[$x - 105{,}6 = 6(y - 42{,}6)$; $y - 42{,}6 = 0{,}16667(x - 105{,}6)$; $y = 58{,}33$]

124 Da un insieme di dati statistici sono state ricavate la retta di regressione di *Y* su *X* di equazione $y = 0{,}8x + 0{,}4$ e la retta di regressione di *X* su *Y* di equazione $x = 1{,}2y - 0{,}4$.
Quali sono i valori medi di *X* e di *Y*? [2; 2]

125 TEST La regressione lineare della variabile *X* su *Y* esprime:

- **A** di quanto *X* è più piccola di *Y*.
- **B** di quanto *Y* è più piccola di *X*.
- **C** un legame lineare fra *X* e *Y*.
- **D** di quanto *X* varia rispetto *Y*.
- **E** di quanto *Y* varia rispetto *X*.

126 ASSOCIA i valori di *a* e *b*, coefficienti di regressione rispettivamente di *Y* su *X* e di *X* su *Y*, a ciascuna situazione.

a.	$a = 2$	**1.**	Non c'è dipendenza lineare fra *X* e *Y*.
b.	$b = -3$	**2.**	*Y* aumenta al diminuire di *X*.
c.	$a = -0{,}3$	**3.**	*Y* aumenta all'aumentare di *X*.
d.	$b = 0$	**4.**	*X* diminuisce all'aumentare di *Y*.

Correlazione

▶ Teoria a p. 688

Dati i valori riportati in tabella, calcola covarianza tra *X* e *Y* e rappresenta i dati in un diagramma di dispersione.

127 ●○

X	1	6	7	14	7
Y	0	8	5	6	6

128 ●○

X	1	3	7	9	12
Y	17	15	9	4	1

129 ●○

X	1,6	3	4,5	7,9	11
Y	8	9	15,5	21	35,5

130 ●○

X	100	85	112	60	23
Y	25	35	36	40	30

131 ●○ **TEST** La correlazione è:

A diretta se $r < 0$.
B diretta se $r = 0$.
C perfetta se $r > 1$.
D perfetta diretta se $r = 1$.
E inversa se $r < -1$.

132 ●○ **ASSOCIA** il coefficiente di correlazione di due variabili *X* e *Y* al diagramma di dispersione corrispondente.

a. $r = 0{,}06$ **b.** $r = -1$ **c.** $r = 0{,}92$ **d.** $r = -0{,}6$

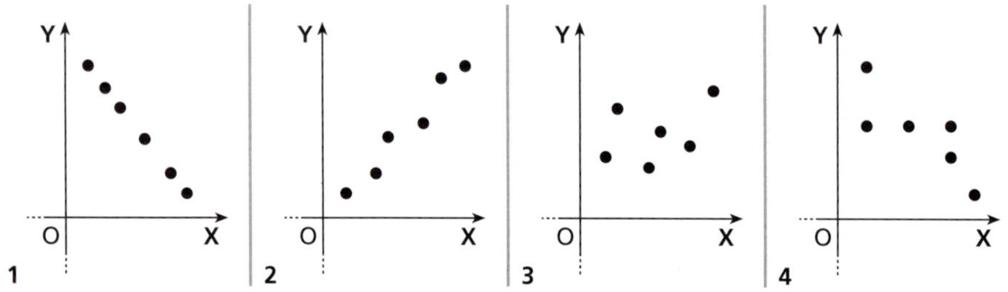

Dati i valori riportati in tabella, rappresenta il diagramma di dispersione e determina la retta di regressione della variabile *X* su *Y* e quella della variabile *Y* su *X*. Calcola il coefficiente di correlazione e commenta i risultati ottenuti.

133 ●○

X	1	3	5	7	9	11
Y	33,6	16	13,2	−15,6	−23,2	−47,2

[$x - 6 = -0{,}123(y + 3{,}8667)$; $y + 3{,}8667 = -7{,}863(x - 6)$; $r = -0{,}983$]

134 ●○

X	16	25	50	86	92
Y	24	29	36	50	54

[$x - 53{,}8 = 2{,}641(y - 38{,}6)$; $y - 38{,}6 = 0{,}376(x - 53{,}8)$; $r = 0{,}9966$]

135 ●● Sono date le due grandezze *X* e *Y* riportate nella tabella.

X	10	15	30	40	55	60
Y	4	12	36	52	76	84

a. Rappresenta il diagramma di dispersione.
b. Determina la retta di regressione di *X* su *Y* e di *Y* su *X*.
c. Traccia le due rette di regressione sul diagramma di dispersione.
d. Determina il coefficiente di correlazione lineare.
e. Commenta il risultato.

[b) $x - 0{,}625y + 7{,}5$; $y = 1{,}6x - 12$; d) 1]

TUTOR matematica
Allenati con **15 esercizi interattivi** con feedback "hai sbagliato, perché..."
su.zanichelli.it/tutor3 • risorsa riservata a chi ha acquistato l'edizione con tutor

MATEMATICA E STORIA

Misure sulla superficie della Terra Nell'ambito delle misurazioni del meridiano francese, il matematico Adrien-Marie Legendre (1752-1833) raccolse i dati riportati nella tabella a fianco. Le lunghezze degli archi sono espresse in *moduli*, uno dei quali equivale a 2 tese. Una tesa corrisponde approssimativamente a 1,95 m.

a. Determina l'equazione della retta di regressione con il metodo dei minimi quadrati. Considera che

$$2°\,11'\,21'' = 2 + \frac{11}{60} + \frac{21}{3600} \simeq 2,189167 \text{ ecc.}$$

b. Utilizza la retta di regressione per calcolare la lunghezza del meridiano.

Luogo di osservazione	Differenza di latitudine	Lunghezza dell'arco
Dunkerque	0	0
Parigi-Pantheon	2° 11′ 21″	62 472,59
Évaux	2° 40′ 7″	76 145,74
Carcassonne	2° 57′ 48″	84 424,55
Montjouy	1° 51′ 10″	52 749,48

Risoluzione – Esercizio in più

Riepilogo: Interpretazione dei dati

136 La lunghezza in centimetri delle mine per matita prodotte da una certa macchina ha una distribuzione che si può considerare gaussiana con media 12 cm e deviazione standard pari a 0,1 cm.
Si sceglie un campione formato da 150 mine. Quante di queste ci aspettiamo abbiano una lunghezza compresa tra 11,8 cm e 12,2 cm? [143]

137 REALTÀ E MODELLI **I campionati mondiali di calcio** Le tabelle riportano i risultati ottenuti dall'Italia nei campionati mondiali di calcio del 1982 e del 2006, di cui è stata vincitrice.

Campionato mondiale 1982	
Partita	**Risultato**
Italia – Polonia	0-0
Italia – Perù	1-1
Italia – Camerun	1-1
Italia – Argentina	2-1
Italia – Brasile	3-2
Polonia – Italia	0-2
Italia – Germania	3-1

Campionato mondiale 2006	
Partita	**Risultato**
Italia – Ghana	2-0
Italia – Stati Uniti	1-1
Repubblica Ceca – Italia	0-2
Italia – Australia	1-0
Italia – Ucraina	3-0
Germania – Italia	0-2
Italia – Francia	1-1 (5-3 ai rigori)

Per il campionato mondiale del 2006, calcola:

a. la media dei goal segnati e dei goal subìti durante il campionato, esclusi i goal ai rigori;

b. lo scarto semplice medio dei goal segnati;

c. la deviazione standard dei goal segnati.

Confrontiamo i due campionati mondiali.

d. In quale campionato l'Italia ha subìto in media più goal?

e. In quale campionato è migliore il rapporto fra goal segnati e goal subìti?

RISOLVIAMO UN PROBLEMA

Una questione di interessi

Carla vuole chiedere un mutuo e osserva la serie storica del valore a inizio anno del tasso Euribor a tre mesi degli ultimi 10 anni.

Anno	1	2	3	4	5	6	7	8	9	10
Tasso (%)	2,48	3,72	4,66	2,85	0,70	1,00	1,34	0,18	0,28	0,07

Il tasso Euribor sommato allo spread, diverso da banca a banca, determina il tasso di interesse applicato dalle banche per i mutui. Minore è l'Euribor, minori saranno gli interessi.
Carla vuole prevedere quale sarà il tasso due anni dopo.

- Quale modello potrebbe usare per fare questa previsione?
- Usando il metodo di interpolazione lineare, quale sarà il tasso Euribor due anni dopo?
- Osservando il coefficiente di correlazione, puoi affermare che c'è correlazione lineare tra il tempo in anni e l'andamento del tasso Euribor?

▶ Ipotizziamo il modello.

Per fare una previsione Carla può utilizzare il modello di regressione lineare.

▶ Calcoliamo il baricentro della distribuzione, cioè le medie dei due caratteri.

$$\overline{x} = \frac{1+2+3+4+5+6+7+8+9+10}{10} = 5,5;$$

$$\overline{y} = \frac{2,48+3,72+4,66+2,85+0,7+1+1,34+0,18+0,28+0,07}{10} = 1,728.$$

La retta di regressione passa per il punto $(\overline{x}; \overline{y})$ e il coefficiente angolare è:

$$a = \frac{\sum_{i=1}^{10}(x_i - 5,5)(y_i - 1,728)}{\sum_{i=1}^{10}(x_i - 5,5)^2} \simeq -0,438.$$

La retta di regressione dunque ha equazione:

$$y - 1,728 = -0,438(x - 5,5), \qquad y = -0,438x + 4,137.$$

Quindi, per prevedere il tasso due anni dopo, sapendo che allo stato attuale il tempo x vale 10, basta sostituire 12 a x. La previsione è $-0,438 \cdot 12 + 4,137 = -1,119$.

▶ Calcoliamo anche il coefficiente di regressione dell'altra retta.

Abbiamo:

$$b = \frac{\sum_{i=1}^{10}(x_i - 5,5)(y_i - 1,728)}{\sum_{i=1}^{10}(y_i - 1,728)^2} \simeq -1,55.$$

Il prodotto dei coefficienti a e b, cioè il quadrato del coefficiente di correlazione, è:

$$r^2 = a \cdot b \simeq 0,68.$$

Poiché il coefficiente di correlazione lineare è più vicino a 1 che a 0, possiamo aspettarci che ci sia una dipendenza lineare tra il tempo e il tasso Euribor: una correlazione lineare inversa.
Attenti però: anche se il modello sembra attendibile, non è il caso di aspettarsi che l'Euribor diventi negativo. Sarebbe un bel problema per le banche!

Rappresenta in un diagramma di dispersione i dati delle seguenti tabelle. Determina, con il metodo dei minimi quadrati, l'equazione della retta di interpolazione statistica.

138

Quantità (X)	8	9	10	11	12	13
Ricavo (Y)	65	66	67	68	69	70

[$y = x + 57$]

139

N. addetti manutenzione (X)	1	3	6	10	12	13
N. interventi straordinari (Y)	440	406	375	320	292	275

[$y = -13{,}36x + 451{,}53$]

140

Tempo in secondi (X)	1	3	6	10	12	13
Velocità in cm/s (Y)	44,4	40,6	37,4	31,8	29	27,5

[$y = -1{,}3675x + 45{,}3730$]

141 La tabella seguente è relativa al numero delle persone che abitano in 100 appartamenti suddivisi per numeri di vani. Calcola il coefficiente di correlazione r.

Persone \ Numero vani	**1**	**2**	**3**	**4**	**5**
1	6	25	5	0	0
2	4	20	12	2	1
3	0	5	6	5	2
4	0	0	2	3	2

[0,6011]

142 Nella tabella sono riportati i dati relativi al reddito medio pro capite X (in dollari) e la speranza di vita alla nascita Y (in anni) degli abitanti di 6 Paesi in via di sviluppo nel 2000.

a. Rappresenta i dati in una nuvola di punti.

b. Determina la retta di regressione di X su Y e quella di Y su X.

c. Determina quanto deve aumentare il reddito medio pro capite perché la speranza di vita alla nascita aumenti di 1 anno.

[b) $x = 54{,}35y - 2324{,}93$; $y = 0{,}013x + 48{,}023$; c) $\simeq 77$ dollari]

Paese	***X***	***Y***
Bangladesh	370	61,19
Burkina Faso	210	44,22
Ecuador	1190	69,59
Egitto	1490	67,46
El Salvador	2000	70,15
Repubblica del Congo	570	51,32

143 **REALTÀ E MODELLI** Una classe, suddivisa in quattro gruppi, effettua un esperimento nel laboratorio di fisica. Ogni gruppo riscalda in un forno di precisione varie sbarrette di alluminio che a temperatura ambiente (20 °C) sono lunghe 500,00 mm. La seguente tabella riporta le lunghezze finali in millimetri, misurate dai vari gruppi, alle diverse temperature. Dopo aver trovato la media delle lunghezze per ogni temperatura, analizza come l'allungamento dipende dalla variazione di temperatura, utilizzando la retta di regressione.

Gruppo	**80 °C**	**90 °C**	**110 °C**	**150 °C**	**180 °C**
1	500,61	500,78	500,98	501,38	501,71
2	500,71	500,79	500,96	501,51	501,73
3	500,70	500,80	502,00	501,50	501,70
4	500,72	500,83	501,11	501,45	501,71

VERIFICA DELLE COMPETENZE ALLENAMENTO

ANALIZZARE E INTERPRETARE DATI E GRAFICI

1 TEST Il seguente grafico rappresenta il poligono delle frequenze delle ore settimanali dedicate allo sport da un gruppo di 50 ragazzi.

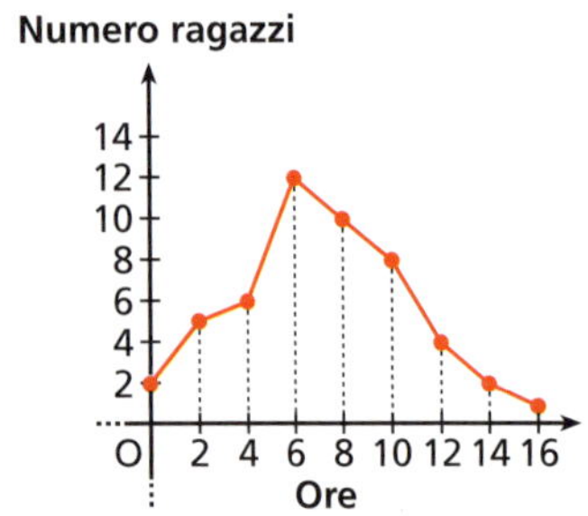

Quale delle seguenti affermazioni è *esatta*?

A Media e mediana sono uguali.

B La moda è maggiore della media aritmetica ma minore della mediana.

C Gianni, che si reca in palestra ogni giorno per un'ora al giorno, dedica alla palestra più ore della media dei ragazzi intervistati.

D La metà dei ragazzi intervistati dedica meno di otto ore a settimana allo sport.

E Non c'è alcun ragazzo che dedica 0 ore allo sport.

2 A una prova vengono attribuiti punteggi in quindicesimi e risulta superata con almeno un punteggio di 10. Abbiamo i seguenti dati relativi a 40 candidati che hanno superato la prova.

Punteggio	10	11	12	13	14	15
Candidati	6	14	12	4	2	2

a. Analizzando i dati, qual è la moda dei voti?

b. La mediana è maggiore o minore della media?

c. Disegna il poligono delle frequenze. Puoi dire che si tratta di una distribuzione gaussiana?

3 I tempi medi (in minuti) impiegati dai dipendenti di una società per recarsi al lavoro sono:
15, 20, 18, 10, 25, 40, 35, 32, 28, 45, 27, 43, 55, 34, 45, 43, 28, 23, 25, 27, 32, 33, 14, 32, 12.

a. Compila la distribuzione di frequenza con classi di intervallo di ampiezza dieci. (Estremo inferiore incluso nelle classi ed estremo superiore escluso.)

b. Un dipendente che impiega 30 minuti per andare a lavoro appartiene alla classe modale, cioè alla classe con frequenza maggiore?

c. Dall'analisi dei dati, puoi dire che più della metà dei dipendenti impiega meno di 30 minuti per andare a lavoro?

4 Viene fatta un'indagine sulla popolazione per stabilire se c'è relazione tra l'età e il numero di libri letti nell'ultimo anno. I risultati di questa indagine sono riportati nella seguente tabella.

Età \ Libri	4	8	12	18	20	Totale
20	7	12	15	10	8	52
25	8	17	10	14	3	52
30	6	15	10	12	7	50
35	8	16	12	10	5	51
40	7	12	15	8	9	51
Totale	36	72	62	54	32	256

a. Qual è la media dei libri letti dal totale della popolazione intervistata?

b. Qual è la media dei libri letti dai ragazzi di 25 anni?

c. Qual è l'età media delle persone che leggono 12 libri all'anno?

d. Usando l'indice χ^2 puoi concludere che i due caratteri sono indipendenti?

e. È possibile stabilire, tramite il coefficiente di correlazione lineare, se c'è correlazione tra le due variabili?

[a) $\simeq$ 12; b) $\simeq$ 12; c) $\simeq$ 30]

5 ●○ **TEST** Un'indagine sull'uso degli smartphone ha come scopo quello di stabilire se c'è una relazione tra il traffico dati e il traffico voce utilizzati. L'indagine perciò ha riguardato i caratteri X = «minuti di conversazione (con linea tradizionale) in un mese» e Y = «Mb di traffico dati consumati in un mese». Le rette di regressione di X su Y e di Y su X passano entrambe per il punto (263; 890) e i due coefficienti di regressione valgono rispettivamente $a = 0,32$ e $b = 3,1$. Quale delle seguenti conclusioni è sicuramente sbagliata, perché in contrasto con i risultati dell'indagine?

- **A** La media mensile dei minuti di conversazione è 263.
- **B** La media mensile dei Mb consumati in un mese è 890.
- **C** Non c'è correlazione lineare tra i due caratteri.
- **D** C'è correlazione lineare diretta.
- **E** Possiamo supporre che se aumentano i minuti di conversazione aumenta anche il traffico dati.

COSTRUIRE E UTILIZZARE MODELLI, RISOLVERE PROBLEMI

TEST

6 ●○ Un'indagine su due caratteri X e Y viene modellizzata secondo il modello della regressione lineare. Date le due rette di regressione di Y su X e di X su Y, quale delle seguenti affermazioni *non* è corretta?

- **A** Esse si incontrano nel baricentro della distribuzione.
- **B** Se l'angolo che si forma fra di esse è retto, non esiste correlazione lineare.
- **C** Se l'angolo che si forma fra di esse è nullo, la regressione è perfetta.
- **D** I coefficienti angolari delle due rette sono discordi.
- **E** Minore è l'angolo tra le rette, più il modello è attendibile.

7 ●○ In quale dei seguenti casi il modello della regressione non è opportuno?

- **A** Se il coefficiente di correlazione lineare è uguale a 0, perché vuol dire che non c'è alcuna correlazione tra i caratteri
- **B** Se il coefficiente di correlazione lineare è uguale a -1, perché significa che all'aumento di un carattere corrisponde la diminuzione dell'altro.
- **C** Se il coefficiente di correlazione è uguale a 1, perché le due rette di regressione coincidono.
- **D** Se il coefficiente di correlazione è 0, perché ci può essere correlazione tra i caratteri, ma la correlazione non è lineare.
- **E** Se i coefficienti di regressione delle rette di regressione sono concordi.

8 ●● Nella tabella sono riportati i dati relativi alle altezze medie delle bambine dalla nascita fino a un anno di età.
Stabilisci se esiste una relazione lineare tra le due grandezze determinando l'equazione delle rette di regressione e calcolando l'indice di correlazione.

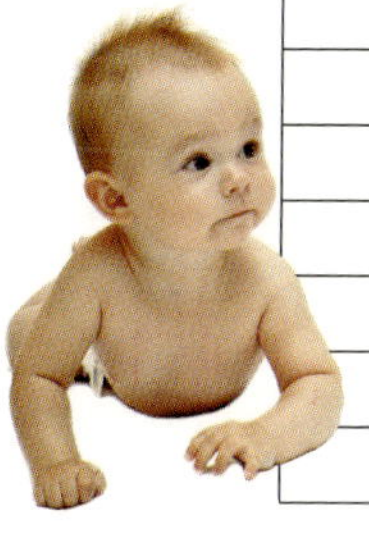

Età (mesi)	Altezza (cm)
0	49
2	53
4	59
6	62
8	66
10	68
12	71

9 ●● La seguente tabella riporta il saldo del conto in banca di Francesca negli ultimi 8 trimestri.

Trimestre	1	2	3	4	5	6	7	8
Saldo	3578,9	3867,25	3579,32	3769,35	3871,89	3548,15	3925,97	4025,68

A Francesca interessa il trend del suo saldo e prevedere, su questo modello, tra quanti anni teoricamente raggiungerà la cifra di 10 000 euro sul conto. Quale strumento statistico utilizzeresti per rispondere a queste domande? Usando il tuo modello rispondi alle richieste di Francesca e calcola l'incremento medio trimestrale del saldo del suo conto in banca.
[37 anni; € 40,83]

10 ●● **TEST** Un'azienda farmaceutica ha commissionato un'indagine per stabilire se c'è correlazione lineare tra l'efficacia di un farmaco e l'età del paziente a cui è stato somministrato. Si considerano perciò, tra tutte le persone che hanno utilizzato il farmaco, i due seguenti caratteri: X = « età del paziente» e Y = « tempo di guarigione ». L'indagine ha stabilito che c'è correlazione lineare perfetta diretta. Quale delle seguenti affermazioni non è corretta?

A Se aumenta l'età del paziente, aumenta in media il tempo di guarigione.

B Se aumenta il tempo di guarigione, aumenta l'età del paziente preso in considerazione.

C Le rette di regressione di X su Y e di Y su X sono perpendicolari.

D Le rette di regressione di X su Y e di Y su X sono coincidenti.

E I coefficienti di correlazione lineare sono entrambi positivi.

---

11 ●○ **COMPLETA** In una fabbrica di automobili sono state prodotte 800 automobili in 4 modelli. Completa la seguente tabella.

Tipo di auto	Quantità	Percentuale
A	50	
B		25%
C	250	
D		
Totale		

a. Effettua la rappresentazione grafica.

b. Individua il tipo di auto che rappresenta la moda.

c. Calcola i rapporti di coesistenza fra i vari tipi di auto e quello che rappresenta la moda.

[b) D; c) 16,7%; 66,7%; 83,3%]

12 ●○ **TEST** Le vendite di un'impresa mercantile hanno avuto nel corso di successivi anni un andamento crescente. Le percentuali di incremento sono state: 3%, 4%, 5% e 8%. L'incremento medio è stato:

A il 5%, media aritmetica degli incrementi.

B il 4,5%, valore mediano.

C il 4,98%, valore ottenuto utilizzando la media geometrica.

D il 5,34%, valore ottenuto con la media quadratica.

E il 5,5%, valore medio tra il maggiore e il minore.

---

13 ●● **TEST** Uno studente universitario ha superato un certo numero di esami, riportando la media di 23. Dopo aver superato un altro esame, la sua media scende a 22,25. Sapendo che il voto di ciascun esame è un numero intero compreso fra 18 e 30 inclusi, che voto ha riportato lo studente all'ultimo esame?

A 18 B 19 C 20 D 21 E 22

(*Olimpiadi di Matematica, Gara di 2° livello*, 2007)

14 ●● Un automobilista percorre in autostrada un terzo del tragitto alla velocità di 80 km/h, un terzo alla velocità di 120 km/h e l'ultimo terzo alla velocità di 100 km/h. Calcola:

a. la velocità media di tutto il tragitto;

b. il tempo complessivo nell'ipotesi che il tragitto sia lungo 144 km;

c. la velocità media nel caso avesse viaggiato per metà del tragitto alla velocità di 80 km/h, per un quarto del tragitto alla velocità di 120 km/h e per l'ultimo quarto alla velocità di 100 km/h;

d. la velocità media nel caso avesse viaggiato per un terzo del tempo complessivo alla velocità di 80 km/h, per un terzo del tempo alla velocità di 120 km/h e per l'ultimo terzo alla velocità di 100 km/h.

[a) 97,3 km/h; b) 1 h 28 m 48 s; c) 92,3 km/h; d) 100 km/h]

15 Tra gli appunti dell'allenatore dei pulcini di una squadra di calcio c'è la seguente distribuzione congiunta del numero di convocazioni alle partite del campionato (18 in totale) e delle assenze agli allenamenti durante l'anno (30 in totale).

Categoria pulcini			
Convocazioni \ Assenze allenamenti	0-10	10-20	20-30
0-6	0	7	7
6-12	1	4	0
12-18	12	4	0

a. Qual è il numero medio delle assenze agli allenamenti dei bambini che sono stati convocati almeno 6 volte e meno di 12 volte per le partite di campionato?

b. Si può affermare che l'allenatore non tiene conto del numero di assenze agli allenamenti nel momento in cui fa le convocazioni, ovvero che i due caratteri sono indipendenti?

c. Qual è il numero medio di convocazioni a cui può aspirare un bambino che fa meno di 20 assenze?

[a) 13; b) no; c) circa 11]

16 La tabella riporta i dati, relativi al primo semestre 2010, dei prezzi degli appartamenti di nuova costruzione in vendita nella periferia est di Roma, in base al numero dei locali.

Numero locali	Prezzo (€)
1	230 000
2	280 000
3	320 000
4	380 000
5	450 000

a. È possibile trovare una funzione che leghi il prezzo al numero dei locali?

b. Trova la retta interpolante.

c. Sulla base dei risultati precedenti stabilisci quanto potrebbe costare un appartamento di 6 locali.

17 Nelle ultime stagioni l'allenatore di una squadra di basket sta valutando l'acquisto di giocatori per rinforzare la sua squadra. Ha compilato una tabella riportando il numero di partite giocate nelle ultime 6 stagioni, il numero di punti segnati e il prezzo del cartellino del giocatore, cioè il prezzo che dovrebbe pagare se decidesse di acquistarlo.

Stagione	1	2	3	4	5	6
Partite giocate	16	15	18	20	17	22
Punti segnati	302	280	340	246	300	320
Costo cartellino (€)	700	750	900	1300	1200	1450

a. Scrivi la retta di regressione delle partite giocate sui punti segnati e quella dei punti segnati sulle partite giocate. Puoi dire che c'è correlazione lineare tra i due caratteri?

b. Considera la retta interpolante che esprime il costo del cartellino al variare delle stagioni giocate. Se aspettasse altre due stagioni prima di acquistare il giocatore, quanto può prevedere di dover pagare?

[a) $y = 0{,}053x - 16{,}4206$; $x = 0{,}8235y - 283{,}178$; b) circa € 1757]

TUTOR matematica
Allenati con **15 esercizi interattivi** con feedback "hai sbagliato, perché..."
su.zanichelli.it/tutor3 risorsa riservata a chi ha acquistato l'edizione con tutor

VERIFICA DELLE COMPETENZE PROVE

⏱ 1 ora

PROVA A

1 In una scuola con 400 studenti al primo anno, sono stati fatti i test d'ingresso. L'ortogramma sotto rappresenta la distribuzione dei voti ottenuti dagli studenti nei test.

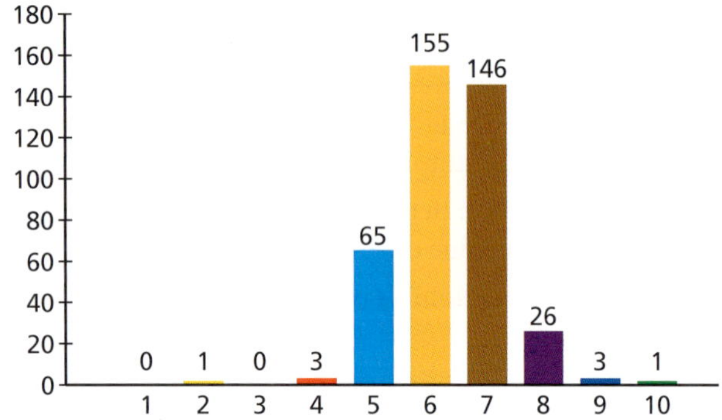

a. Qual è la media dei punteggi ottenuti dai ragazzi nei test?

b. Qual è la deviazione standard dei voti?

c. Senza calcolare la varianza, se si escludono gli otto studenti che hanno ottenuto meno di 5 e più di 8, ti aspetti che la varianza aumenti o diminuisca?

2 Due aziende hanno registrato i loro guadagni in tre trimestri consecutivi. I guadagni sono riportati in tabella in migliaia di euro.

	Trimestre 1	Trimestre 2	Trimestre 3
Azienda A	280	190	250
Azienda B	320	140	280

A parità di guadagno medio è considerata più solida l'azienda che ha meno variazione dei guadagni nei tre trimestri. In base a questo criterio, qual è l'azienda più solida?

3 Un pasticciere ha intervistato 100 clienti abituali chiedendo il numero di paste mangiate in una settimana. I risultati dell'indagine hanno evidenziato che la distribuzione delle frequenze del numero di paste mangiate è di tipo gaussiano con media 10 e deviazione standard 1. Quante sono le persone che mangiano meno di 9 dolci a settimana?

4 In un gruppo di 26 persone, 15 sono uomini e 11 sono donne. 6 dei 15 uomini usano le lenti a contatto, mentre sono solo 4 le donne che portano le lenti a contatto. In percentuale le lenti a contatto sono più diffuse tra gli uomini o tra le donne?

PROVA B

1 È data la seguente serie storica relativa alle quantità (in tonnellate) di formaggio prodotte da un gruppo di caseifici.

Anni	2004	2005	2006	2007	2008	2009
Quantità (t)	625	635	642	654	666	675

a. Costruisci la funzione lineare interpolante.

b. Estrapola la serie storica determinando le proiezioni relative agli anni 2010, 2011, 2012.

c. Se da una ulteriore indagine, per questi ultimi tre anni, i dati osservati sono stati rispettivamente 684, 694, 707, riformula la funzione del trend partendo dall'anno 2007.

2 La seguente tabella rappresenta la distribuzione dei caratteri «Sesso» e «Numero di sigarette fumate al giorno» in un campione di donne e uomini tra i 20 e i 45 anni.

	0-4	**5-9**	**10-14**	**15-20**	**Totale**
Uomini	8	16	4	2	30
Donne	4	8	2	2	16
Totale	12	24	6	4	46

a. Quante sigarette fumano mediamente le donne in una settimana?

b. Qual è la frequenza relativa delle donne che fumano tra 10 e 14 sigarette al giorno?

c. Usando l'indice χ^2 individua se i due caratteri sono indipendenti oppure no.

3 Per ottimizzare il suo lavoro un fotografo professionista ha deciso di segnare ogni volta quante fotografie scatta e quante alla fine ne seleziona, suddividendole a seconda dell'evento.

Evento	**Foto scattate**	**Foto selezionate**
pubblicità	810	15
pubblicità	656	10
matrimonio	2500	150
pubblicità	630	10
book fotografico	400	25
matrimonio	2650	150
matrimonio	3100	150
book fotografico	230	10
pubblicità	150	25

a. Scrivi una tabella che rappresenti la distribuzione congiunta dei due caratteri «Tipo evento» e «Destinazione foto», considerando per il primo le modalità «pubblicità», «matrimonio» e «book fotografico» e per il secondo i caratteri «Foto scattate» e «Foto selezionate».

b. Qual è la percentuale di foto scattate per i matrimoni?

c. In quale delle tre modalità è maggiore la percentuale di foto selezionate e quindi minore la percentuale di foto da buttare?

d. Osservando la tabella che hai costruito, puoi dire che i due caratteri «Tipo evento» e «Destinazione foto» sono indipendenti?

e. Usando l'indice χ^2 cambi la tua risposta precedente oppure no?

f. Considera la nuvola di punti che rappresenta i caratteri «Foto scattate» e «Foto selezionate». Puoi dire che c'è correlazione lineare tra i due caratteri?

CAPITOLO

C1 NUMERI COMPLESSI

1 Numeri immaginari

Problema:

«Qual è il *numero reale x* il cui quadrato è uguale a -4?».

Il problema non ammette soluzione, perché non esiste alcun numero reale che elevato al quadrato fornisca un numero negativo.

Introdurremo ora un nuovo insieme numerico, più ampio di $\mathbb{R}$, in cui invece il problema proposto avrà soluzione.

Questo nuovo insieme, che indicheremo con la lettera $\mathbb{C}$, è l'insieme dei **numeri complessi**.

Cominciamo intanto con l'introdurre i numeri immaginari.

Definizione di numero immaginario

Chiamiamo **unità immaginaria** quel numero che elevato al quadrato dà -1 e lo indichiamo con i:

$$i^2 = -1.$$

DEFINIZIONE

Si definisce **numero immaginario** ogni numero del tipo:

$$b \cdot i, \text{ con } b \in \mathbb{R}, \; i \text{ unità immaginaria.}$$

Se $b = 1$, si pone $\mathbf{1} \cdot \boldsymbol{i} = \boldsymbol{i}$; se $b = 0$, si pone $\mathbf{0} \cdot \boldsymbol{i} = \mathbf{0}$.

Inoltre, i numeri bi e $-bi$ si dicono **opposti**.

L'insieme dei numeri che si ottengono in questo modo si chiama **insieme dei numeri immaginari** e si indica con $\mathbb{I}$.

b viene detto **coefficiente** del numero immaginario.

I numeri reali e gli immaginari sono insiemi distinti, cioè hanno elementi diversi.

L'unico loro elemento in comune è lo 0 (che, fra gli immaginari, si ottiene quando il coefficiente b è nullo).

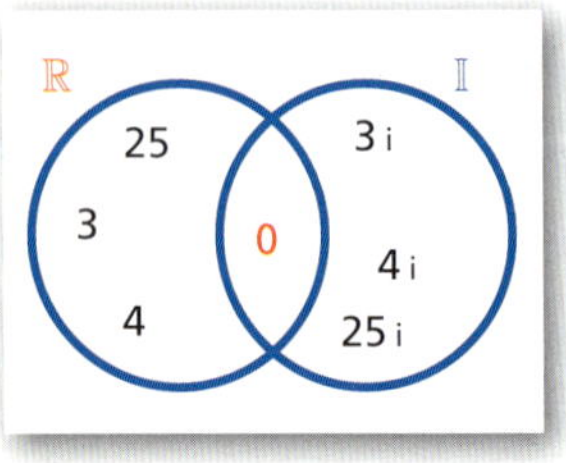

Operazioni con i numeri immaginari

▶ Esercizi a p. C10

Per poter conservare le regole di calcolo dei numeri reali anche nell'insieme $\mathbb{I}$ diamo le seguenti definizioni.

1. **Addizione e sottrazione**

$$ai + bi = (a + b)\,i.$$

2. **Moltiplicazione**

$$ai \cdot bi = -\,a \cdot b.$$

Algebricamente si può procedere così (essendo $i^2 = -\,1$):

$$a \cdot i \cdot b \cdot i = a \cdot b \cdot i^2 = a \cdot b \cdot (-\,1) = -\,ab.$$

3. **Divisione**

$$ai : bi = a : b.$$

ESEMPIO

1. $5i + 6i = 11i$; $5i - 3i = 2i$; $10i - 9i = i$; $2i - 2i = 0i = 0$.
2. $3i \cdot 5i = 15i^2 = 15(-\,1) = -\,15$.
3. $8i : 2i = 4$; $3i : i = 3$.

L'addizione e la sottrazione fra due numeri immaginari hanno come risultato un numero immaginario, mentre la moltiplicazione e la divisione fra due numeri immaginari hanno come risultato un numero reale. Quindi, l'addizione e la sottrazione nell'insieme $\mathbb{I}$ sono operazioni interne, mentre non lo sono la moltiplicazione e la divisione.

Potenze con i numeri immaginari

▶ Esercizi a p. C10

Calcoliamo innanzitutto alcune potenze a esponente naturale di i:

$$i^0 = 1;\ i^1 = i;\ i^2 = -\,1;\ i^3 = i^2 \cdot i = -\,1 \cdot i = -\,i;\ i^4 = i^2 \cdot i^2 = (-\,1)\cdot(-\,1) = 1;$$

$$i^5 = i^4 \cdot i = 1 \cdot i = i;\ \ldots$$

Nella tabella possiamo notare che le potenze si ripetono nell'ordine: 1, i, $-\,1$, $-\,i$, cioè sono cicliche di periodo 4.

Le potenze con esponente pari valgono 1 oppure $-\,1$, quelle con esponente dispari valgono i oppure $-\,i$.

Per calcolare per esempio i^{14}, tenendo conto che anche per i numeri immaginari valgono le proprietà delle potenze che già conosciamo, possiamo scrivere:

$$i^{14} = i^{4\cdot 3+2} = (i^4)^3 \cdot i^2 = 1^3 \cdot (-1) = -1.$$

In generale:

$$i^n = i^{4k+r} = (i^4)^k \cdot i^r = 1^k \cdot i^r = i^r.$$

Una potenza di i con esponente naturale $n \geq 4$ è uguale alla potenza che ha per base i e per esponente il resto della divisione fra n e 4.

Per calcolare la potenza di un numero immaginario basta applicare la quarta proprietà delle potenze:

$$(x \cdot y)^n = x^n \cdot y^n.$$

Le potenze di *i*	
i^0	1
i^1	i
i^2	-1
i^3	$-i$
i^4	1
i^5	i
i^6	-1
i^7	$-i$
i^8	1
i^9	i
i^{10}	-1
i^{11}	$-i$
…	…

TEORIA

ESEMPIO

$(7i)^2 = 49i^2 = 49(-1) = -49;$

$(-3i^2)^2 = 9i^4 = 9;$

$(\sqrt{2}\,i)^2 = -2.$

2 Numeri complessi

Definizione di numero complesso

DEFINIZIONE

Dati due numeri

$a \in \mathbb{R}, \quad bi \in \mathbb{I},$

si definisce **numero complesso** la loro somma

$a + bi.$

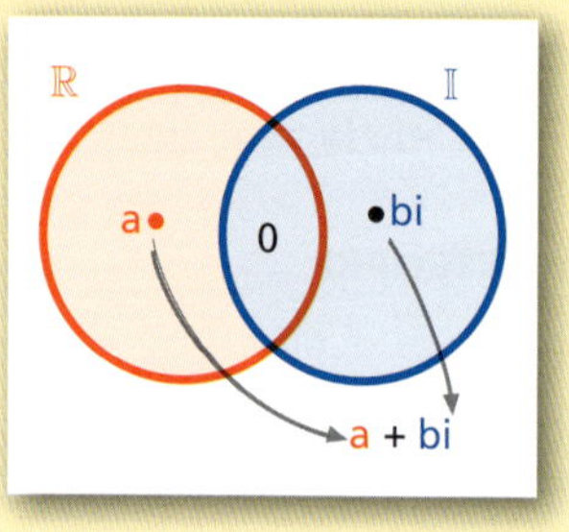

Il numero a è detto **parte reale** del numero complesso e il numero bi **parte immaginaria**. b è il **coefficiente della parte immaginaria**.

L'espressione $a + bi$ viene chiamata **forma algebrica** di un numero complesso.

L'**insieme dei numeri complessi** si indica con $\mathbb{C}$.

ESEMPIO

Se $a = 1$ e $b = 5$, il numero complesso è $1 + 5i$; 1 è la parte reale, $5i$ la parte immaginaria, 5 è il coefficiente della parte immaginaria.

Casi particolari

- Se $b = 0$, il numero complesso $a + bi$ coincide con il numero reale a, quindi ogni numero reale a può essere visto come il numero complesso $a + 0i$.
- Se $a = 0$, il numero complesso $a + bi$ coincide con il numero immaginario bi, quindi ogni numero immaginario bi può essere visto come il numero complesso $0 + bi$.

ESEMPIO

Il numero reale 5 può essere visto come il numero complesso $5 + 0i$.
Il numero immaginario $2i$ può essere visto come il numero complesso $0 + 2i$.

L'insieme dei numeri complessi contiene dunque sia i numeri reali sia quelli immaginari.

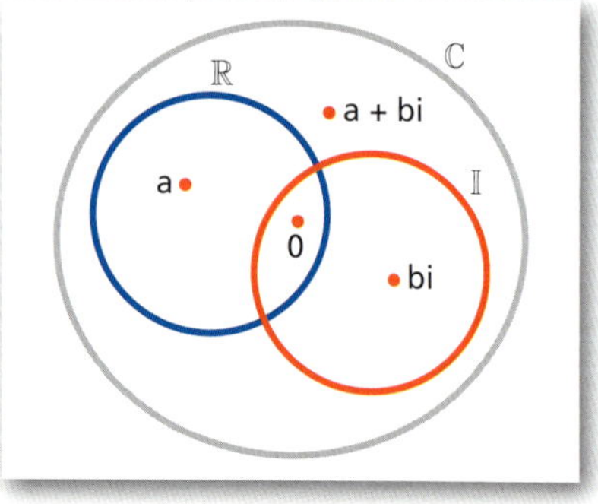

Confronto fra numeri complessi

Due numeri complessi sono uguali quando hanno la stessa parte reale e la stessa parte immaginaria.

Non viene definita una relazione d'ordine che permetta di dire se un numero complesso è maggiore o minore di un altro.

Modulo di un numero complesso

▶ Esercizi a p. C11

DEFINIZIONE

Dato il numero complesso $a + bi$, si dice **modulo del numero complesso**, e si indica $|a + bi|$, la radice quadrata della somma del quadrato di a e del quadrato di b:

$$|\boldsymbol{a} + \boldsymbol{bi}| = \sqrt{\boldsymbol{a}^2 + \boldsymbol{b}^2}.$$

Il modulo di un numero complesso è un numero reale positivo (o nullo).

ESEMPIO

Il modulo di $4 + 3i$ è:

$$|4 + 3i| = \sqrt{4^2 + 3^2} = \sqrt{16 + 9} = \sqrt{25} = 5.$$

Numeri complessi coniugati e complessi opposti

▶ Esercizi a p. C12

Due numeri complessi come

$$7 - 2i \quad \text{e} \quad 7 + 2i$$

si chiamano *complessi coniugati*.

In generale, due numeri sono **complessi coniugati** se hanno la stessa parte reale e i coefficienti delle parti immaginarie opposti.

Il complesso coniugato del numero $z = a + ib$ si indica con $\overline{z}$.

ESEMPIO

$$-2 + 5i \quad \text{e} \quad -2 - 5i$$

sono complessi coniugati.

Se due numeri complessi hanno opposte sia la parte reale sia quella immaginaria, si dicono numeri **complessi opposti**.

ESEMPIO

Sono complessi opposti:

$$\sqrt{5} + 4i \quad \text{e} \quad -\sqrt{5} - 4i,$$

$$-8 + 9i \quad \text{e} \quad 8 - 9i.$$

Il piano di Gauss

Esercizi a p. C12

Fissato su un piano un sistema di assi cartesiani Oxy, è possibile associare a ogni numero complesso $a + ib$ un punto $P(a; b)$ del piano. Viceversa, a ogni punto P di coordinate $(a; b)$ associamo il numero complesso $a + ib$.

Abbiamo così creato una corrispondenza biunivoca fra i numeri complessi e i punti del piano che permette di rappresentare geometricamente i numeri complessi.

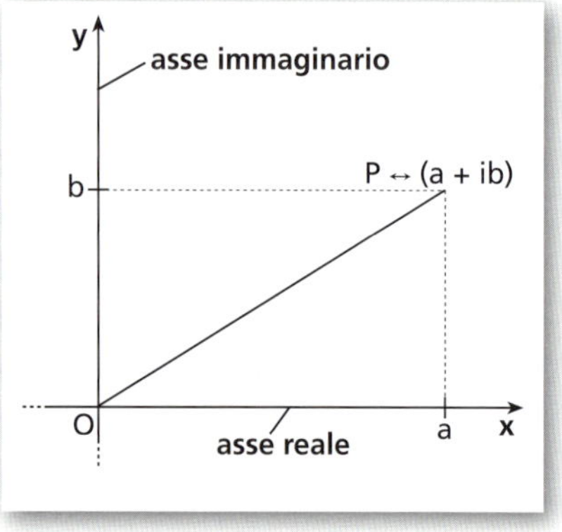

Il piano in cui si rappresenta $\mathbb{C}$ si chiama **piano complesso** o **piano di Gauss**.

In tale piano i punti dell'asse x corrispondono a numeri reali, i punti dell'asse y corrispondono a numeri immaginari, gli altri punti del piano corrispondono a numeri complessi. L'asse x è detto **asse reale**, l'asse y **asse immaginario**.

ESEMPIO
In figura sono rappresentati nel piano di Gauss il numero reale -3, il numero immaginario $4i$ e il numero complesso $5 + 2i$.

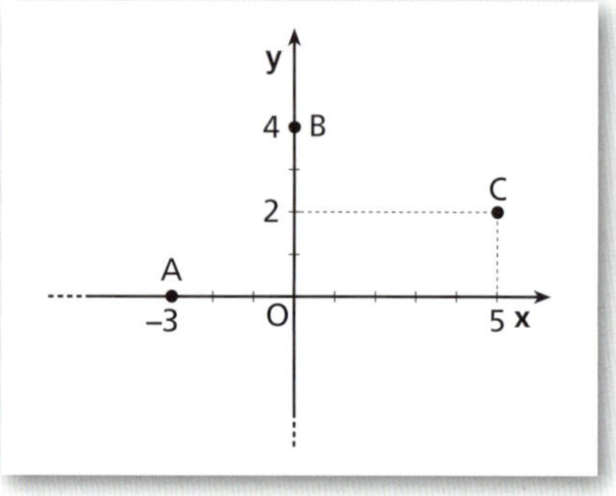

3 Calcolo con i numeri complessi

Addizione

Esercizi a p. C13

$$(a + bi) + (c + di) = (a + c) + (b + d)i.$$

ESEMPIO

$$(4 + 2i) + (5 + 3i) = (4 + 5) + (2 + 3)i = 9 + 5i.$$

In generale, la **somma di due numeri complessi** è un numero complesso che ha:

- per parte reale la somma delle parti reali;
- per coefficiente della parte immaginaria la somma dei coefficienti delle parti immaginarie.

La **somma di due numeri complessi coniugati** è un numero reale doppio della parte reale degli addendi.

$$(a + bi) + (a - bi) = 2a.$$

ESEMPIO
$(6 - i) + (6 + i) = 12.$

La **somma di due numeri complessi opposti** è 0.

$$(a + bi) + (- a - bi) = 0.$$

ESEMPIO
$(- 5 + 4i) + (5 - 4i) = 0.$

Sottrazione

▶ Esercizi a p. C13

$$(a + bi) - (c + di) = (a - c) + (b - d)i.$$

La **differenza fra due numeri complessi** è un numero complesso che ha:

- per parte reale la differenza delle parti reali;
- per coefficiente della parte immaginaria la differenza dei coefficienti delle parti immaginarie.

ESEMPIO
$(12 - 7i) - (4 + 2i) = 12 - 7i - 4 - 2i =$
$(12 - 4) + (- 7 - 2)i = 8 - 9i.$

Poiché $(a + bi) - (a - bi) = a + bi - a + bi = 2bi$, la **differenza fra due numeri complessi coniugati** è un numero immaginario che ha per coefficiente il doppio del coefficiente della parte immaginaria del minuendo.

ESEMPIO
$(2 - 15i) - (2 + 15i) = - 30i.$

Moltiplicazione

▶ Esercizi a p. C13

$$(a + bi) \cdot (c + di) = (ac - bd) + (ad + bc)i.$$

Algebricamente possiamo calcolare il **prodotto fra numeri complessi** nel modo seguente:

$$(a + bi) \cdot (c + di) = ac + adi + bci + bdi^2.$$

Essendo $i^2 = - 1$, abbiamo $bdi^2 = - bd$, quindi:

$$(a + bi) \cdot (c + di) = ac + adi + bci - bd = (ac - bd) + (ad + bc)i.$$

ESEMPIO
$(1 - 3i)(2 - i) = 2 - i - 6i + 3i^2 = 2 - 3 - 7i = - 1 - 7i.$

Il **prodotto di due numeri complessi coniugati** è un numero reale dato dalla somma del quadrato della parte reale e del quadrato del coefficiente della parte immaginaria:

$$(a + bi) \cdot (a - bi) = a^2 - (bi)^2 = a^2 - b^2 i^2 = a^2 + b^2.$$

ESEMPIO
$(6 + 7i) \cdot (6 - 7i) = 36 + 49 = 85.$

Reciproco

Il **reciproco di un numero complesso** $a + bi$ è quel numero complesso che moltiplicato per il numero dato dà come risultato 1.

Lo indichiamo con $\frac{1}{a+bi}$.

Se moltiplichiamo numeratore e denominatore della frazione per il coniugato di $a + bi$, cioè per $a - bi$, otteniamo che il reciproco di $a + bi$ è:

$$\frac{1}{a+bi} = \frac{a-bi}{(a+bi)(a-bi)} = \frac{a-bi}{a^2+b^2}.$$

Verifichiamo ora che il prodotto del numero complesso $a + bi$ per il suo reciproco è uguale a 1.

$$(a+bi) \cdot \frac{a-bi}{a^2+b^2} = \frac{a^2+b^2}{a^2+b^2} = 1.$$

Divisione

▶ Esercizi a p. C14

Il **quoziente fra due numeri complessi** $a + bi$ e $c + di$ è definito come prodotto del primo per il reciproco del secondo.

$$(a+bi):(c+di) = (a+bi) \cdot \frac{1}{c+di} = \frac{a+bi}{c+di}.$$

Possiamo quindi indicare la divisione anche con $\frac{a+bi}{c+di}$.

Per ottenere il quoziente possiamo applicare la definizione, ma si può verificare che giungiamo allo stesso risultato se moltiplichiamo numeratore e denominatore per $c - di$ (complesso coniugato del denominatore):

$$\frac{a+bi}{c+di} = \frac{(a+bi)(c-di)}{(c+di)(c-di)} = \frac{ac+bd}{c^2+d^2} + \frac{bc-ad}{c^2+d^2}i.$$

ESEMPIO

$$(3-2i):(4+i) = \frac{3-2i}{4+i} = \frac{(3-2i)(4-i)}{(4+i)(4-i)} =$$

$$\frac{12-3i-8i-2}{16+1} = \frac{10}{17} - \frac{11}{17}i.$$

Potenza

▶ Esercizi a p. C14

Fra le potenze di numeri complessi esaminiamo solo l'elevamento al quadrato e al cubo, utilizzando la regola del quadrato e quella del cubo di un binomio.

$$(a+bi)^2 = a^2 + 2abi + b^2i^2 = a^2 - b^2 + 2abi.$$

ESEMPIO

$$(5-3i)^2 = 25 - 30i + 9i^2 = 25 - 30i - 9 = 16 - 30i.$$

$$(a+bi)^3 = a^3 + 3a^2bi + 3ab^2i^2 + b^3i^3 = a^3 + 3a^2bi - 3ab^2 - b^3i =$$

$$= a^3 - 3ab^2 + (3a^2b - b^3)i.$$

ESEMPIO

$$(3+2i)^3 = 27 + 54i + 36i^2 + 8i^3 = 27 + 54i - 36 - 8i = -9 + 46i.$$

Risoluzione delle equazioni di secondo grado e i numeri complessi

▶ Esercizi a p. C17

Avendo a disposizione i numeri immaginari siamo in grado di calcolare le radici quadrate dei numeri negativi.

ESEMPIO

$$\sqrt{-36} = \sqrt{36 \cdot (-1)} = \sqrt{36} \cdot \sqrt{-1} = 6i.$$

Poniamo di nuovo il problema: qual è il numero x il cui quadrato è uguale a -4?

Si tratta di risolvere l'equazione

$$x^2 = -4,$$

ovvero di estrarre le radici quadrate di -4:

$$x = \pm\sqrt{-4} = \pm\sqrt{4 \cdot (-1)} = \pm 2i.$$

Le soluzioni sono i numeri immaginari $2i$ e $-2i$.
Analogamente possiamo risolvere un'equazione di secondo grado completa con $\Delta < 0$.

ESEMPIO

L'equazione $x^2 - 6x + 25 = 0$ ha per soluzioni:

$$x_{1,2} = 3 \pm \sqrt{-16}.$$

Essendo $\sqrt{-16} = \pm 4i$, le due soluzioni sono i numeri complessi:

$$x_1 = 3 - 4i, \quad x_2 = 3 + 4i.$$

Per non lasciare i calcoli a metà

Si può far risalire l'introduzione dei numeri immaginari e complessi a Raffaele Bombelli, che utilizzava le espressioni *più di meno* e *meno di meno* (abbreviate: *p.d.m.* e *m.d.m.*) per indicare $+i$ e $-i$. Egli applicò la formula di Cardano per la risoluzione di equazioni di terzo grado all'equazione $x^3 = 15x + 4$ e non si spaventò davanti alla comparsa di radici quadrate di numeri negativi. Prima di allora, si sapeva che una soluzione è 4 (si può verificare sostituendo il valore), ma con la formula non si riusciva a giungere al risultato e si lasciava il procedimento risolutivo incompiuto.
In generale, per la soluzione di un'equazione di terzo grado con la formula di Cardano, si ha:

$$x^3 = px + q, \; x = \sqrt[3]{\frac{q}{2} + \sqrt{\left(\frac{q}{2}\right)^2 - \left(\frac{p}{3}\right)^3}} + \sqrt[3]{\frac{q}{2} - \sqrt{\left(\frac{q}{2}\right)^2 - \left(\frac{p}{3}\right)^3}}.$$

Applicando la formula alla nostra equazione, otteniamo:

$$x = \sqrt[3]{2 + \sqrt{-121}} + \sqrt[3]{2 - \sqrt{-121}}.$$

Con il linguaggio moderno, la soluzione proposta da Bombelli si può sintetizzare così:

$$x = \sqrt[3]{2 + 11i} + \sqrt[3]{2 - 11i}.$$

Poiché $(2+i)^3 = 2 + 11i$ e $(2-i)^3 = 2 - 11i$, si ottiene:

$$x = (2+i) + (2-i) = 2 + 2 = 4.$$

ESERCIZI

CAPITOLO C1
ESERCIZI

1 Numeri immaginari

Operazioni con i numeri immaginari

▶ Teoria a p. C3

1 ESERCIZIO GUIDA Eseguiamo le quattro operazioni fra i numeri immaginari $2i$ e $5i$.

Per eseguire i calcoli, trattiamo i numeri immaginari come monomi nella lettera i; dobbiamo però ricordare che ***i*** **è un numero** e che $\boldsymbol{i^2 = -1}$:

$$2i + 5i = (2+5)i = 7i,$$
$$2i - 5i = (2-5)i = -3i,$$
$$2i \cdot 5i = 2 \cdot 5 \cdot i \cdot i = 10 \cdot (-1) = -10,$$
$$2i : 5i = \frac{2\cancel{i}}{5\cancel{i}} = \frac{2}{5}.$$

Calcola il valore delle seguenti espressioni.

2 $i - 2i;\quad 4i + 2i;\quad 8i - 3i.$

3 $i + \frac{1}{2}i;\quad i - \frac{1}{2}i;\quad \frac{1}{3}i + \frac{1}{2}i.$

4 $i \cdot 9i;\ i \cdot \left(-\frac{1}{2}i\right);\quad \frac{3}{4}i \cdot \frac{2}{9}i.$

5 $3i : i;\quad 5i : 2i;\quad 4i : \left(-\frac{1}{2}i\right).$

6 $\left[(2i - 3i) \cdot \frac{4}{3}i\right] : \frac{2}{3}$ $[2]$

7 $\left(\frac{1}{3}i - \frac{1}{2}i\right)\left(\frac{1}{3}i + \frac{1}{2}i\right) : \frac{5}{4i \cdot 9i}$ $[-1]$

8 $-5i - (14i - 6i) + (-2i + 6i)$ $[-9i]$

9 $8i : (-4i) + 16i(-2i + i)$ $[14]$

10 $i(2i - 5i)^2 - (9i - i) : (6i - 4i)^2$ $[-7i]$

11 $6i(-2i + 5i) - \frac{1}{2}i(13i - 7i) + i(-2i)$ $[-13]$

12 $(\sqrt{2}\,i)^2 - 4i(-5i) + 6\sqrt{2}\,i : (-\sqrt{2}\,i)$ $[-28]$

Potenze con i numeri immaginari

▶ Teoria a p. C3

13 ESERCIZIO GUIDA Calcoliamo la potenza i^{35}.

Sappiamo che $i^0 = 1$, $i^1 = i$, $i^2 = -1$, $i^3 = -i$. I valori si ripetono secondo la regola $i^n = i^{\text{resto di } n:4}$. Applichiamo la regola.

$$35 : 4 = 8, \quad \text{con resto 3, quindi: } i^{35} = i^3 = -i.$$

Calcola il valore delle seguenti espressioni contenenti potenze di numeri immaginari.

14 $i^4;\quad i^5;\quad i^6;\quad i^7.$

15 $(\sqrt{2}\,i)^2;\quad (-3\sqrt{3}\,i)^3;\quad (-2\sqrt{5}\,i)^2.$

16 $i^5 + 2i^{17} - 3i^{25}$ $[0]$

17 $\dfrac{i^{31} - 5i^{39} + 4i^{47}}{2i^{21} + 3i^{41}}$ $[0]$

18 $(2i)^4 - i^5 + (-i)^3 + (-2i)^6$ $[-48]$

19 $-i^8;\quad -i^{12};\quad -i^{33};\quad -i^{49}.$

20 $-\left(-\frac{\sqrt{2}}{6}i\right)^2;\quad -\left(-\frac{3}{5}\sqrt{5}\,i\right)^3;\quad \left(\frac{i}{\sqrt{2}}\right)^5.$

21 $\left(\frac{4}{5}i^{17} - \frac{1}{3}i^{29}\right) : \left(\frac{1}{2}i^{36} + \frac{1}{5}i^{52}\right)$ $\left[\frac{2}{3}i\right]$

22 $(-5i)^2 - i^{30} + 4i^{20} : (i^6) - i^2$ $[-27]$

23 $2i^{14} + 7i^{22} - 5i^{30}$ $[-4]$

24 $\dfrac{\frac{1}{2}i^{21} - \frac{1}{3}i^{41}}{\frac{3}{2}i^{31} - \frac{2}{3}i^{35}} \cdot (2i^{17} + 3i^5)$ $[-i]$

25 $(-2i^2)^3(-i)^8 + \dfrac{8i - 6i^5}{2i} - (-i)^7 i^{15}$ $[8]$

26 $\dfrac{-2i^5}{-5i} \cdot [-6i - (-i)^5]^2 - i(i^8 - 2i^{20})(i^7 - i^9)$ $[-8]$

27 $-2i^{27} : (-i)^5 + 4i^8 - i(-i)^4(-2i)^3$ $[10]$

28 $\dfrac{(2i - i^3)(-i^{25} - 3i^{13})^2}{(-2i)^4} + i^{12}(-i)^2 i^5$ $[-4i]$

29 $[2i - 3(-i)^3]^5 + [(-2i)^3]^5 + (3i^7 - 5i)^5$ $[-i]$

2 Numeri complessi

30 Scrivi i numeri complessi aventi come parte reale il primo numero e come coefficiente dell'immaginario il secondo numero delle seguenti coppie.

$1; 1,$ $\quad 1; -1,$ $\quad -1; 1,$ $\quad -1; -1,$ $\quad 2; 3,$ $\quad -2; -5,$ $\quad \frac{1}{2}; -\sqrt{2}.$

31 ESERCIZIO GUIDA Dato il numero complesso $3 + ki - 4i$, determiniamo per quale valore di k esso è un numero complesso reale.

Occorre che il coefficiente della parte immaginaria sia 0.

Raccogliamo i: $3 + i(k - 4)$.

Uguagliamo a 0 il coefficiente di i: $k - 4 = 0 \rightarrow k = 4$

Pertanto, il numero $3 + ki - 4i$ è complesso reale per $k = 4$, e in tal caso vale 3.

Determina per quali valori di *k* i seguenti numeri complessi sono numeri complessi reali.

32 $\frac{1}{2} - ki + 3i;$ $\quad \frac{2}{3} + 3ki - \frac{1}{2}i.$

33 $\frac{5}{4} + \frac{3}{2}i - \frac{2}{5}ki;$ $\quad \frac{7}{8} - \frac{1}{8}i + \frac{9}{2}ki.$

34 $2 - ki + 9i;$ $\quad 6 + 9ki + \frac{1}{4}i.$

35 $\frac{2}{3} \quad 3i + 2ki;$ $\quad \frac{1}{2} - i + \frac{3}{2}ki.$

Determina per quali valori di *k* i seguenti numeri complessi sono immaginari.

36 $k + 1 - 4ki;$ $\quad 2k - 1 + \frac{1}{2}ki.$

37 $5k + 2 - \frac{3}{2}ki;$ $\quad \frac{3}{2}k - 6 - 2ki - \frac{i}{2}.$

38 $8k - \frac{16}{3} - \frac{3}{2}ki + \frac{i}{2};$ $\quad \frac{5}{4} - 2k + 8ki - \frac{5}{2}i.$

39 $1 - 4k + \frac{1}{2}ki + 4i;$ $\quad 9 + k - \frac{3}{2}i - \frac{5}{2}ki.$

40 $k(k+2) - \left(k^2 + \frac{2}{3}\right) + ki - \frac{2}{3}i$

41 Determina $x, y \in \mathbb{R}$ in modo che i due numeri complessi $3x + 1 + (x - y + 2)i$ e $x - y + 2xi$ siano uguali. $[x = -3, y = 5]$

42 Calcola $a, b \in \mathbb{R}$ in modo che siano uguali i numeri complessi $a - b + 7 + (2a - b)i$ e $4a - 3b + 5bi$. $[a = 3, b = 1]$

Modulo di un numero complesso

▶ Teoria a p. C5

43 Calcola il modulo dei numeri complessi dell'esercizio 30.

44 TEST Quale dei seguenti numeri complessi ha modulo a, con $a \in \mathbb{R}$?

A $a + ai$

B $\dfrac{a^2 + 1}{a} - \dfrac{i}{a}$

C $\frac{3}{2}a - \frac{a}{2}i$

D $2a - ai$

E $\frac{\sqrt{3}}{2}a - \frac{a}{2}i$

45 ASSOCIA a ogni numero complesso il suo modulo (considera $x \in \mathbb{R}^+$).

1. $x+2xi$ 2. $(x+2)+(x+2)i$ 3. $ix-x$ 4. $\frac{x}{2}-xi$ 5. $\frac{1}{2}x-\frac{1}{2}xi$

a. $(x+2)\sqrt{2}$ b. $\sqrt{2}x$ c. $\frac{1}{2}x\sqrt{5}$ d. $\frac{\sqrt{2}}{2}x$ e. $x\sqrt{5}$

Numeri complessi coniugati e complessi opposti

▶ Teoria a p. C5

46 Scrivi il numero complesso coniugato e l'opposto dei seguenti numeri complessi.

$3-6i$; $2+\sqrt{3}i$; $\frac{1}{3}-i$; $-1+i$; $-\frac{1}{4}-2i$.

47 COMPLETA la seguente tabella.

Numero complesso	Complesso coniugato	Opposto
$4-3i$	$4+3i$	$-4+3i$
$5+6i$		
	$-3-\frac{1}{2}i$	
$-4-\frac{2}{3}i$		
	$\frac{1}{2}+\frac{1}{5}i$	
		$\frac{2}{3}-\frac{1}{2}i$

48 Dati i due numeri complessi $z_1=2a-1+3bi$ e $z_2=a+b-ai$, determina a e b in modo che:

a. $z_1=z_2$; $\left[a=\frac{3}{4}, b=-\frac{1}{4}\right]$

b. $z_1=\overline{z_2}$; $\left[a=\frac{3}{2}, b=\frac{1}{2}\right]$

c. z_1 e z_2 siano opposti. $\left[a=\frac{3}{10}, b=\frac{1}{10}\right]$

49 Dati i due numeri complessi $z_1=x+2-yi$ e $z_2=x-y+2xi$, stabilisci per quali valori di x e $y \in \mathbb{R}$ essi sono:

a. opposti; [impossibile]

b. coniugati. [$x=-1$ e $y=-2$]

Il piano di Gauss

▶ Teoria a p. C6

Rappresenta nel piano di Gauss i seguenti numeri complessi.

50 $-1-i$; $2i$; -4; $4+i$.

51 $6i$; $1+i$; $\frac{1}{2}-i$; $1-3i$.

52 Dati i seguenti punti nel piano di Gauss, scrivi i numeri complessi a essi associati.

$A(1;0)$, $B(-2;-4)$, $C(0;-3)$, $D\left(-\frac{1}{2};1\right)$, $E(2;-5)$, $F\left(1;\frac{1}{2}\right)$.

53 Dati i seguenti numeri complessi, determina i loro coniugati e rappresenta entrambi nel piano di Gauss. Cosa noti?

$3+i$, $-2-i$, $-4+2i$, $1-3i$.

54 Come nell'esercizio precedente, ma considerando gli opposti dei numeri complessi.

$2-5i$, $-3-2i$, $4+i$, $-1+3i$.

3 Calcolo con i numeri complessi

Addizione e sottrazione

Teoria a p. C6 e a p. C7

55 ESERCIZIO GUIDA Eseguiamo l'addizione e la sottrazione fra $4 + 3i$ e $-5 + 2i$.

Addizione

$(4 + 3i) + (-5 + 2i) =$

Sommiamo tra loro le parti reali e le parti immaginarie:

$= (4 - 5) + (3i + 2i) = -1 + 5i.$

Sottrazione

$(4 + 3i) - (-5 + 2i) =$

Trasformiamo la sottrazione in un'addizione, cambiando il segno del sottraendo:

$= (4 + 3i) + (5 - 2i) =$

$= (4 + 5) + (3i - 2i) = 9 + i.$

Esegui le seguenti addizioni e sottrazioni fra numeri complessi.

56 $(4 + 2i) + (4 - 2i)$; $(6 - 3i) + (-6 + 3i)$; $(2 + 7i) + (-12i) + 7$.

57 $\left(\frac{1}{3} + \frac{1}{2}i\right) + \left(\frac{1}{3} - \frac{1}{2}i\right)$; $\left(\frac{1}{3} + \frac{1}{2}i\right) - \left(\frac{1}{3} - \frac{1}{2}i\right)$; $(-9 - i) + (2 + i) - (-5 + 2i)$.

58 $(2 - 3i) - \left(\frac{1}{7}i\right)$; $\frac{3}{4}i + \left(2 - \frac{1}{3}i\right)$; $\left(\frac{1}{2} - 6i\right) - \left(\frac{3}{2} + 6i\right) + 2i$.

59 $\left(-\frac{1}{2} - \frac{1}{2}i\right) + \left(-\frac{1}{2} - \frac{1}{2}i\right)$; $\left(\frac{2}{5} - \frac{5}{3}i\right) - \left(\frac{2}{5} - \frac{5}{3}i\right)$; $(-2i) - (-4 + 7i) - (-5i)$.

Moltiplicazione

Teoria a p. C7

60 ESERCIZIO GUIDA Moltiplichiamo i seguenti numeri complessi:

a. $2 - 3i$ e $-6 + i$;

b. $3 - 2i$ e $3 + 2i$.

a. $(2 - 3i)(-6 + i) =$

Usiamo la regola di moltiplicazione di due binomi (senza dimenticare che i è un numero e $i^2 = -1$):

$= -12 + 2i + 18i - 3i^2 = -12 + 20i + 3 = -9 + 20i.$

b. I numeri dati sono complessi coniugati. Il loro prodotto è un numero complesso reale:

$(3 - 2i)(3 + 2i) =$

Poiché $(a - b)(a + b) = a^2 - b^2$:

$= 9 - 4i^2 = 9 + 4 = 13.$

Esegui le seguenti moltiplicazioni fra numeri complessi.

61 $(1 - i)(1 + i)$; $(2 - 3i)(2 + 3i)$.

62 $(2 - 5i)(1 + i)$; $(8 + 2i)(-4 - 2i)$.

63 $(6 + 3i)(6 + 2i)$; $(-7 + 2i)(7 + 2i)$.

64 $\left(\frac{1}{2} - \frac{1}{3}i\right)(2 + 3i)$; $\left(\frac{4}{5} + \frac{2}{3}i\right)\left(-\frac{5}{4} - \frac{3}{2}i\right)$.

Divisione

▶ Teoria a p. C8

65 ESERCIZIO GUIDA Eseguiamo la divisione fra i numeri complessi $2+i$ e $1-i$.

Scriviamo il quoziente sotto forma di frazione:

$$\frac{2+i}{1-i}=$$

Moltiplichiamo numeratore e denominatore per il complesso coniugato del denominatore, ossia $1+i$, ed eseguiamo i calcoli:

$$=\frac{2+i}{1-i}\cdot\frac{1+i}{1+i}=\frac{2+2i+i+i^2}{1-i^2}=\frac{2+3i-1}{1+1}=\frac{1+3i}{2}=$$

Separiamo la parte reale dalla parte immaginaria. Il quoziente cercato è:

$$=\frac{1}{2}+\frac{3}{2}i.$$

Calcola i seguenti quozienti fra numeri complessi.

66 $(1+i):i$; $\quad 2:i$; $\quad 1:(3-2i)$.

67 $\dfrac{3+4i}{2i}$; $\quad \dfrac{-6-2i}{5i}$; $\quad \dfrac{8-3i}{2i}$.

68 $\dfrac{73}{8-3i}$; $\quad \dfrac{40}{4+2i}$; $\quad \dfrac{22i}{3-i}$.

69 $\dfrac{1-i}{2+i}$; $\quad \dfrac{2-i}{2+3i}$; $\quad \dfrac{3-i}{3+2i}$.

Potenza

▶ Teoria a p. C8

Il quadrato

70 ESERCIZIO GUIDA Calcoliamo il quadrato di $-2-i$.

Applichiamo la regola del quadrato di un binomio $(a+b)^2=a^2+b^2+2ab$:

$$(-2-i)^2=4+i^2+4i=$$

Sostituiamo -1 a i^2:

$$=4-1+4i=3+4i.$$

Calcola il quadrato dei seguenti numeri complessi.

71 $1+i$;$1-i$; $\quad -1+i$.

72 $1+2i$; $\quad 1-2i$; $\quad -1+2i$.

73 $-\dfrac{1}{2}-\dfrac{1}{2}i$; $\quad \dfrac{1}{4}-i$; $\quad -5-\dfrac{1}{5}i$.

74 $2-3i$; $\quad \dfrac{1}{\sqrt{2}}-\sqrt{2}\,i$; $\quad \dfrac{3}{2}-2i$.

Il cubo

75 ESERCIZIO GUIDA Calcoliamo il cubo di $5-2i$, applicando la regola $(a+b)^3=a^3+3a^2b+3ab^2+b^3$.

$$(5-2i)^3=5^3+3\cdot(5^2)(-2i)+3\cdot(5)\cdot(-2i)^2+(-2i)^3=125-150i+15\cdot 4i^2-8i^3=$$

Teniamo presente che $i^2=-1$ e $i^3=-i$:

$$=125-150i-60+8i=65-142i.$$

Calcola il cubo dei seguenti numeri complessi.

76 $1+i$; $1-i$; $2+i$.

77 $2+3i$; $3-2i$; $1-5i$.

Espressioni con i numeri complessi

Calcola il valore delle seguenti espressioni.

78 $3+2i-\frac{5}{4}-\left(\frac{2}{5}-\frac{1}{3}\right)i-\left(2-\frac{1}{2}\right)+\frac{16}{15}i$ $\left[\frac{1}{4}+3i\right]$

79 $(3+2i)(3-2i)+(2-4i)3i-(6+2i)^2$ $[-(7+18i)]$

80 $\left[(2-3i):\frac{13}{2+3i}-(4+3i)\left(\frac{4}{25}-\frac{3}{25}i\right)\right]:12$ $[0]$

81 $\left(\frac{1+2i}{i-1}+\frac{39i}{2+3i}-\frac{19}{2}\right)\cdot 2i+6i$ $[-9+6i]$

82 $\frac{(2i^{28}-i^{45})^2}{2i^{41}}$ $\left[-2-\frac{3}{2}i\right]$

83 $\frac{3+i}{2-i}-\frac{i-2}{3-i}+(i-1)(i+2)-i$ $\left[\frac{9i-13}{10}\right]$

84 $(2+3i)(2-3i)-(3+i)^2+i(3-2i)-6(i+2)$ $[-5-9i]$

85 $\frac{9+7i}{2+i}+\frac{-2i^4+3i^3-2i^2+3i}{3-2i}$ $[5+i]$

86 $\frac{4i}{1-2i}+\frac{1-i}{1+2i}+\frac{12}{5}$ $\left[\frac{3+i}{5}\right]$

87 $\frac{1-i}{1-i^2}+\frac{1}{1-i}+\frac{1-2i}{2i}$ $\left[-\frac{i}{2}\right]$

88 $\frac{1+i}{(2-i)^2}-\frac{i}{2+i}$ $\left[\frac{-3i-6}{25}\right]$

89 $\frac{3-4i}{i}\cdot(1+i)-2$ $[-7i-3]$

90 $(1-i)(3-2i)-\frac{i}{4-2i}$ $\left[\frac{11-52i}{10}\right]$

91 $(1+i)^3-\frac{(1-i)^2}{i}$ $[2i]$

92 $\frac{1}{2-i}+\frac{1-i}{i(1+i)}$ $\left[\frac{i-3}{5}\right]$

93 $\left(\frac{1-i}{2i-1}\right)^2+\frac{2i}{1-2i}$ $\left[\frac{16i-12}{25}\right]$

94 $\frac{(2i)^2-(1+i)^2}{i(2+3i)}-i(2-i)$ $\left[\frac{-5-12i}{13}\right]$

95 $\left(\frac{2-i}{3-4i}\right)^3+(1-i)^2$ $\left[\frac{2-239i}{125}\right]$

96 $\frac{2i}{(2-i)^2}-(1-i)^2-\frac{i(1+i)}{2}$ $\left[\frac{9+87i}{50}\right]$

ESERCIZI

97 $\frac{1-i^2}{1+i^4}-\frac{i^5}{i(i-1)}-2i$ $\left[\frac{3-3i}{2}\right]$

98 $\frac{18i^{18}+7i^6}{(2i^{52}+i^{53})^2}:\frac{4i^{36}-2i^{20}}{(2i^8+i^7-i^{20})^2}$ $[4+3i]$

99 $\frac{3i^{10}}{(2-i^{21})^2}+\frac{\sqrt{2}\,i}{(3-i)^2}$ $\left[\frac{-18-3\sqrt{2}}{50}+\frac{2\sqrt{2}-12}{25}i\right]$

100 $(3-2i)(3+2i)+(1-3i)^2+(1-i)^3$ $[3-8i]$

101 $\left(\frac{3}{5}-\frac{4}{5}i\right)\left(\frac{3}{5}+\frac{4}{5}i\right)+\frac{i(2-i)}{(\sqrt{3}+\sqrt{3}\,i)^2}-(1+2i)^3$ $\left[\frac{74+11i}{6}\right]$

102 $(1+i)^5+4i$ $[-4]$

103 $4\frac{2-i}{3+i}-i^{28}+\left[\frac{2i}{i-1}(4-i)-(2i+1)^2\right]\cdot 2i$ $[19+10i]$

104 $\frac{5(1+2i)(1-2i)}{(2i-1)^2}:\frac{9i^{24}i^{17}}{(3i^{14}+i^{47}-2i)^2}-\frac{5}{i-2}$ $[-4+9i]$

105 $\frac{3i}{2+i}-\frac{i-1}{2-i}-\frac{3(2-i)}{2i+1}+2(i-3)^2+(i+1)(1-i)-\frac{1}{5}$ $[19-8i]$

106 $6i^{12}+\frac{i^{15}+1}{3-i^{13}}-7i-\frac{4-2i}{i^{21}}+(2-3i)i^{11}-\frac{2-i}{5}$ $[5(1-i)]$

107 $\frac{1+2i}{3-2i}+\frac{1-i}{1+2i}+\frac{1-i}{5}-\frac{i(i-1)}{13}$ $\left[-\frac{7}{65}i\right]$

108 $\frac{i(1+i)}{2-i}-\frac{3+2i}{1-2i}-(2-i)(2+3i)i$ $\left[\frac{18-42i}{5}\right]$

109 $(1+i)\left(\frac{2}{3+i}-\frac{1+i}{3-i}\right)+i(i+2)$ $\left[\frac{9}{5}i\right]$

---

110 **VERO O FALSO?** Dato il numero complesso z, si ha:

a. $\overline{\overline{z}}=z$. V F

b. $|z\cdot\overline{z}|=|z|\cdot|\overline{z}|$. V F

c. $\frac{|z|}{|\overline{z}|}=1$. V F

d. $3\overline{z}=\overline{3z}$. V F

e. $z^2=(\overline{z})^2$. V F

111 Dato il numero complesso $z=2+i$, determina $\overline{z}$, $|z|$, $\overline{z}+z$, $|\overline{z}|$.

112 Considera il numero complesso $z=3-4i$. Calcola $\overline{\overline{z}}$, $z\cdot\overline{z}$, $|\overline{z}|^2$, $|z+\overline{z}|$.

113 Trova per quali valori di k il prodotto

$$(k+3+ki)\cdot(1-2ki)$$

risulta un numero reale.

114 Calcola per quale valore di a il prodotto

$$(a-2+3ai)\cdot(1-i)^2$$

risulta un numero immaginario.

115 Trova il coniugato del numero complesso z, essendo $z=\frac{2-3i}{1+i}$.

116 Considera $z_1 = a + ib$ e $z_2 = c + id$ e i loro coniugati $\overline{z_1}$ e $\overline{z_2}$.
Verifica con esempi che:

a. $\overline{z_1 + z_2} = \overline{z_1} + \overline{z_2}$;

b. $\overline{z_1 \cdot z_2} = \overline{z_1} \cdot \overline{z_2}$;

c. $\overline{z_1^{-1}} = (\overline{z_1})^{-1}$.

117 Dato $z = \dfrac{2i - 2}{(1 + \sqrt{3}\, i)(1 + i)}$, trova:

a. il suo modulo;

b. il suo coniugato;

c. il suo opposto.

$\left[\text{a) } 1;\ \text{b) } \dfrac{\sqrt{3}}{2} - \dfrac{1}{2} i;\ \text{c) } -\dfrac{\sqrt{3}}{2} - \dfrac{1}{2} i\right]$

TEST

118 Dati $z_1 = k + 1 + i(k - 1)$ e $z_2 = 2k - ki$, indica il valore di k per cui $\dfrac{z_1}{z_2}$ è un numero reale.

A $\dfrac{1}{3}$.

B -3.

C 0 e -3.

D 0 e $\dfrac{1}{3}$.

E $\forall k \neq 0$.

119 Il prodotto $(x - 2i)(1 - x + xi)$ è un numero immaginario per x uguale a:

A $-3, 0$.

B $-1 \pm \sqrt{3}$.

C $0, 3$.

D 3.

E 0.

120 Dato il numero complesso $z = 2 - 2i$, calcola $|z|$, z^2, z^3, $(\overline{z})^3 - z \cdot z^2$. $[2\sqrt{2}, -8i, -16 - 16i, 32i]$

121 Dato il numero $z = a + 2 - 2i$, trova a in modo che:

a z^2 sia un numero reale; **b.** $\overline{z}^2$ sia un numero immaginario; **c.** $z \cdot \overline{z} = 13$.

[a) -2; b) $0, -4$; c) $1; -5$]

Risoluzione delle equazioni di secondo grado e i numeri complessi

▶ Teoria a p. C9

122 ESERCIZIO GUIDA Risolviamo la seguente equazione: $x^2 - 5x + 7 = 0$.

Le soluzioni dell'equazione sono:

$$x_{1,2} = \frac{5 \pm \sqrt{25 - 28}}{2} = \frac{5 \pm \sqrt{-3}}{2}.$$

Essendo $\sqrt{-3} = \sqrt{-1} \cdot \sqrt{3} = i\sqrt{3}$, le due soluzioni sono i numeri complessi:

$$x_1 = \frac{5 + i\sqrt{3}}{2}; \quad x_2 = \frac{5 - i\sqrt{3}}{2}.$$

Risolvi le seguenti equazioni.

123 $x^2 - 8x + 52 = 0$ $[4 \pm 6i]$

124 $x^2 - 2x + 5 = 0$ $[1 \pm 2i]$

125 $x^2 + 2\sqrt{2}\,x + 3 = 0$ $[-\sqrt{2} \pm i]$

126 $x^2 + 4x + 7 = 0$ $[-2 \pm \sqrt{3}\, i]$

127 $x^2 + 2\sqrt{2}\,x + 5 = 0$ $[-\sqrt{2} \pm \sqrt{3}\, i]$

128 $x^2 - 2x + 4 = 0$ $[1 \pm i\sqrt{3}]$

129 $x^2 - 6x + 10 = 0$ $[3 \pm i]$

130 $x^2 + 8x + 25 = 0$ $[-4 \pm 3i]$

131 $3x^2 - x + 4 = 0$ $\left[\dfrac{1 \pm i\sqrt{47}}{6}\right]$

132 $2x^2 + 5x + 10 = 0$ $\left[\dfrac{-5 \pm i\sqrt{55}}{4}\right]$

133 $3x^2 - 2x + 4 = 0$ $\left[\dfrac{1 \pm i\sqrt{11}}{3}\right]$

134 $x^2 - 8x + 60 = 0$ $[4 \pm 2i\sqrt{11}]$

135 $x^2 + 6x + 21 = 0$ $[-3 \pm 2i\sqrt{3}]$

136 $5x^2 - 2x + 1 = 0$ $\left[\dfrac{1 \pm 2i}{5}\right]$

TUTOR matematica Allenati con **15 esercizi interattivi** con feedback "hai sbagliato, perché..."
su.zanichelli.it/tutor3 risorsa riservata a chi ha acquistato l'edizione con tutor

CONICHE

Parabola con asse parallelo all'asse *y*

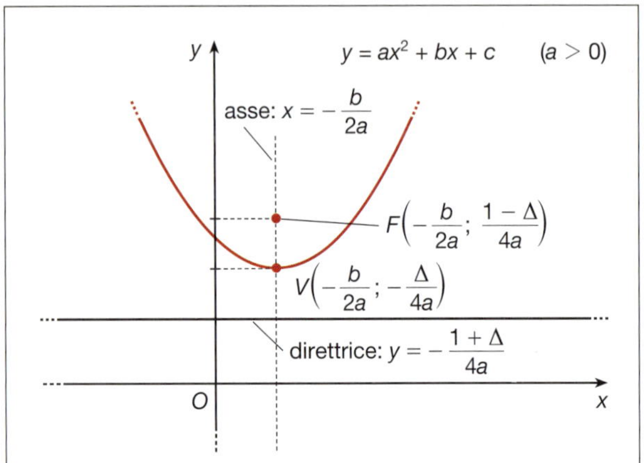

Se $a < 0$ la concavità è rivolta verso il basso.

Parabola con asse parallelo all'asse *x*

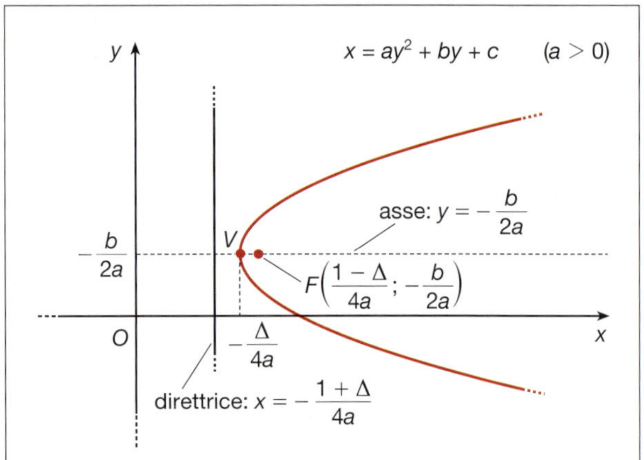

Se $a < 0$ la concavità è rivolta nel verso opposto.

Circonferenza

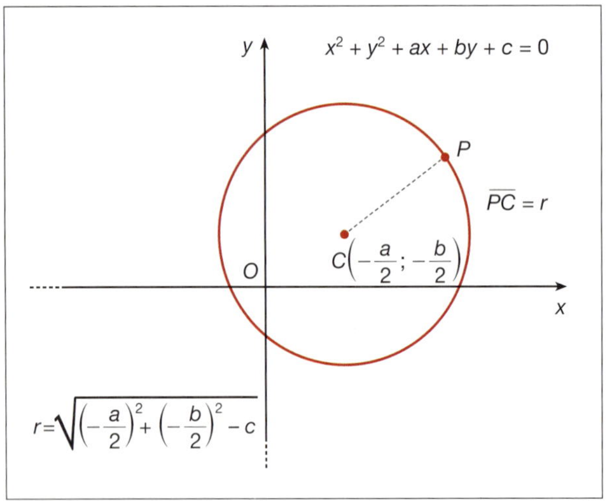

Ellisse

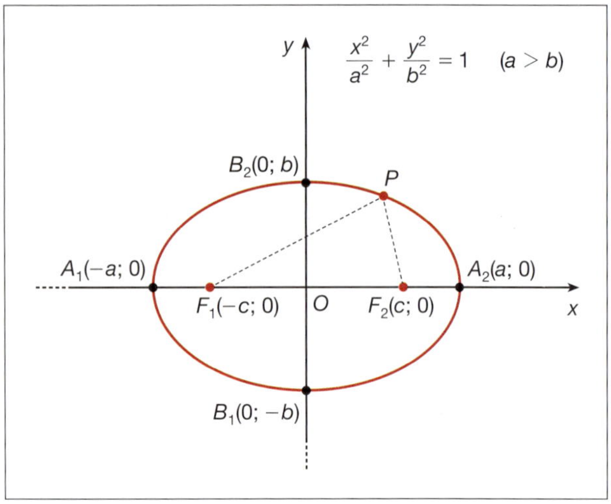

Iperbole

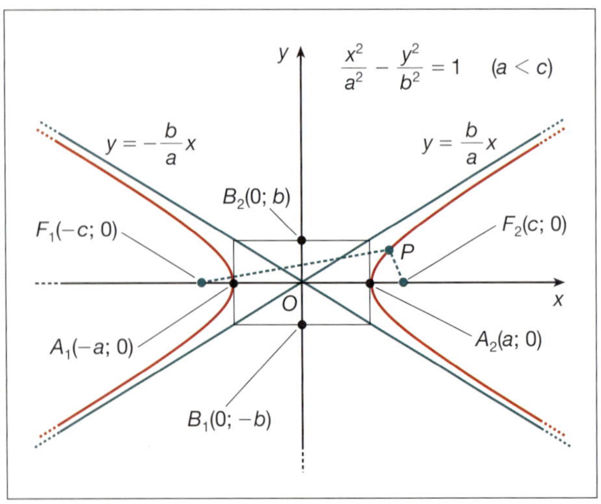

Funzione omografica

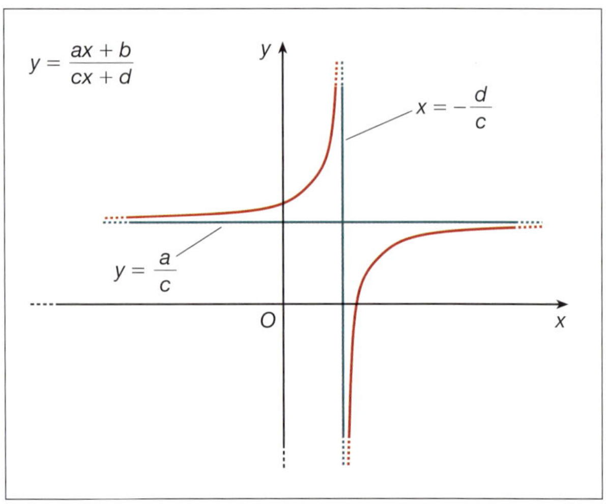

VERSO L'INVALSI

120 minuti

▸ Su http://online.scuola.zanichelli.it/invalsi trovi tante simulazioni interattive in più per fare pratica in vista della prova INVALSI.

1 Se a e b sono numeri interi tali che $4a + 3b$ è divisibile per 4, allora puoi concludere che sicuramente:

A a è pari.

B a è dispari.

C b è divisibile per 12.

D b è divisibile per 4.

2 Martina nuota in una piscina di forma circolare, rappresentata nel piano cartesiano in figura (le misure sono espresse in metri). Martina entra in acqua nel punto A e nuota fino a raggiungere il bordo della piscina nel punto C, passando per il punto B.

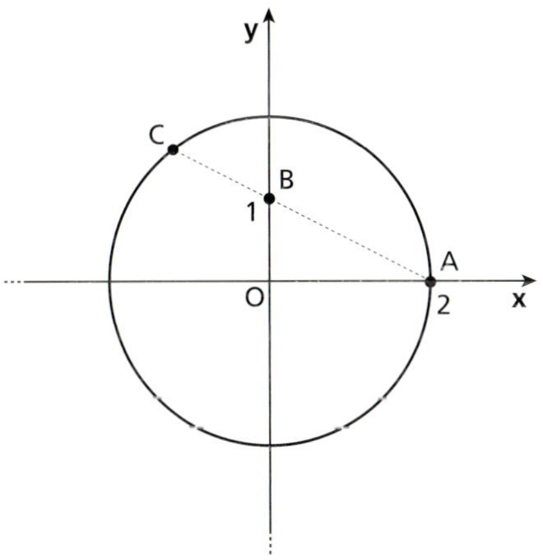

Quali sono le coordinate del punto C?

3 La popolazione di una città, dal 2014 al 2018, è cresciuta del 10% all'anno. Se a è il numero di abitanti nel 2014, quale delle seguenti funzioni indica la popolazione nell'anno $2014 + n$ $(n \leq 4)$?

A $f(n) = a \cdot 10^n$

B $f(n) = a \cdot \left(\frac{11}{10}\right)^n$

C $f(n) = a \cdot \left(\frac{1}{10}\right)^n$

D $f(n) = 10an$

4 Nel piano cartesiano le rette di equazioni

$$y = 3x + 1 \text{ e } ax + 2y - 1 = 0,$$

dove a è un numero reale, sono parallele. Quanto vale a?

5 Una pizza ha la forma di un rettangolo di dimensioni 40 cm × 20 cm. Quale dovrebbe essere il raggio di una pizza di forma circolare con la stessa area?
Esprimi il risultato in centimetri, approssimando al millimetro.

6 Quale delle seguenti uguaglianze è vera per ogni x reale?

A $\sin x - \cos x = 1$

B $\sin x + \cos x = 1$

C $\sin x = \sin(\pi - x)$

D $\cos x = \cos(\pi - x)$

7 Qual è il dominio della funzione

$$y = \ln(x(2 - x))?$$

A $x > 0$

B $x < 2$

C $0 < x < 2$

D $x < 0 \vee x > 2$

8 Data la funzione $f(x) = \frac{1}{x^2 + 1}$,

A $f = g \circ h$, con $g(x) = \frac{1}{x^2}$ e $h(x) = x + 1$.

B $f = g \circ h$, con $g(x) = x + 1$ e $h(x) = \frac{1}{x^2}$.

C $f = g \circ h$, con $g(x) = x^2$ e $h(x) = \frac{1}{x+1}$.

D $f = g \circ h$, con $g(x) = \frac{1}{x}$ e $h(x) = x^2 + 1$.

9 Quale dei seguenti polinomi *non* è divisibile per $x-2$?

A $x^3-6x^2+12x-8$

B x^3-3x-2

C x^3+3x^2-4

D x^3+2x^2-4x-8

10
11 Per riparare una presa, Pietro appoggia alla parete della stanza una scala di legno lunga 3 m, inclinata di 60° rispetto al pavimento. La scala possiede 7 scalini posti a distanza regolare (come in figura), cioè i 7 gradini dividono la scala in 8 parti della stessa lunghezza.

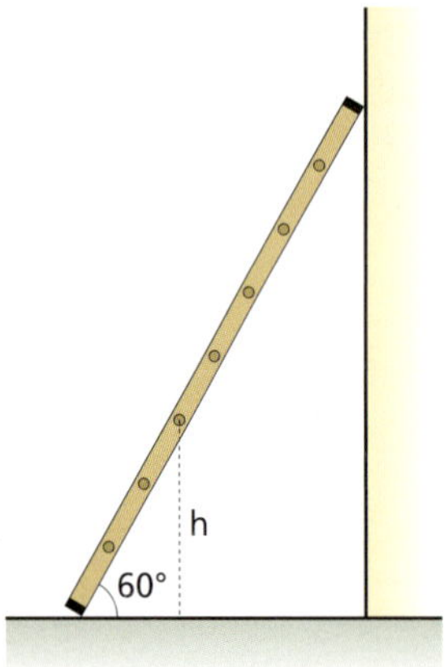

- A quale distanza dal muro si trova la base della scala? Scrivi il risultato in centimetri, approssimando all'unità.
- A quale altezza h da terra si trova il terzo scalino?

A 97,4 cm

B 56,2 cm

C 21,5 cm

D 112,5 cm

12 Considera i punti $A(0; 2)$, $B\left(\frac{3}{2}; 0\right)$ e $C(3; 0)$ sul piano cartesiano. Qual è l'area del triangolo ABC?

A 1 B $\frac{3}{2}$ C 2 D $\frac{5}{2}$

13 La funzione $f(x)=x^2+|x|$:

a. ha dominio $\mathbb{R}$. V F

b. è pari. V F

c. è iniettiva. V F

d. è invertibile. V F

14
15 Per la sua festa di laurea, Elettra chiede un preventivo a due diversi locali. Il primo le propone un prezzo di € 150, al quale aggiungere € 3 per ogni invitato, mentre il secondo le chiede € 90 più € 5 per ogni invitato.

- Scrivi le formule che esprimono il costo della festa nel primo locale (C_1) e il costo nel secondo locale (C_2), in funzione del numero n di invitati.

  $C_1 =$ ______ $C_2 =$ ______

- Per quale numero di invitati è più conveniente l'offerta del primo locale?

16
17 Kevin vuole ricavare un ottagono regolare da una tavoletta quadrata di legno di 12 cm di lato, effettuando quattro tagli come in figura.

- A quale distanza x (in cm) dai vertici del quadrato dovrà effettuare i tagli?

A 4

B $\frac{7}{2}$

C $\frac{12}{2-\sqrt{2}}$

D $12-6\sqrt{2}$

- Quale percentuale della tavoletta iniziale viene scartata per ottenere l'ottagono? Scrivi il risultato approssimando al decimo.

18 Giorgio si trova sotto un campanile, del quale riesce a vedere la punta sotto un angolo di 70°. Allontanandosi di 15 m vede la punta del campanile sotto un angolo di 45°. Gli occhi di Giorgio si trovano a un'altezza di 1,6 m rispetto al suolo. Qual è l'altezza del campanile? Scrivi il risultato in metri, approssimando all'unità.

19 In una piazza quadrata di lato 45 m sono presenti circa 3 persone per ogni m². Quante persone sono presenti all'incirca nella piazza?

20
21 La seguente tabella riporta il numero dei tiri effettuati e di quelli realizzati (cioè andati a segno) da Riccardo con la sua squadra di pallacanestro nell'ultima stagione.

	Tiri da 2 punti	Tiri da 3 punti	Tiri liberi (1 punto)
Effettuati	217	81	76
Realizzati	106	32	58

- Calcola il punteggio medio per ogni tiro *effettuato*, approssimando il risultato alla seconda cifra decimale.
- Calcola il punteggio medio per ogni tiro *realizzato*, approssimando il risultato alla seconda cifra decimale.

22 Quale delle seguenti terne *non* può rappresentare le misure dei lati di un triangolo?

A 2, 4, 6.
C 5, 8, 12.
B 3, 4, 5.
D 6, 9, 12.

23 Associa a ogni funzione la sua funzione inversa.

a. $y = \cos(e^x)$
b. $y = e^{\cos x}$
c. $y = \ln(\cos x)$
d. $y = \cos(\ln x)$

1. $y = \arccos \ln x$
2. $y = \arccos e^x$
3. $y = \ln \arccos x$
4. $y = e^{\arccos x}$

24 Quante soluzioni ha l'equazione

$$|x^2 + 2x| - 1 = 0?$$

A 0 B 1 C 2 D 3

---

25 Quale dei seguenti è il grafico di $y = \left(\frac{1}{3}\right)^x + 1$?

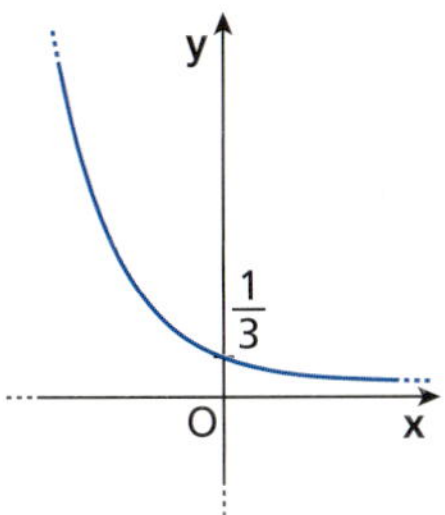

A

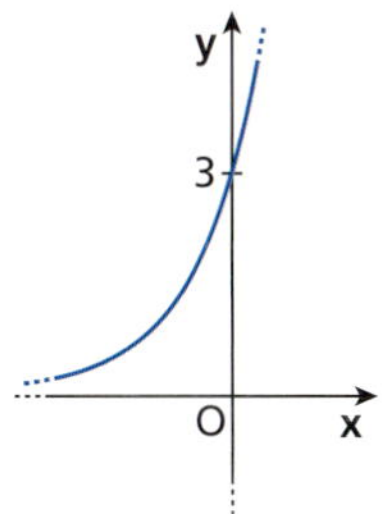

B

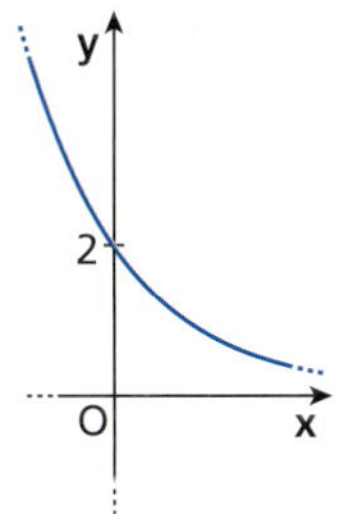

C

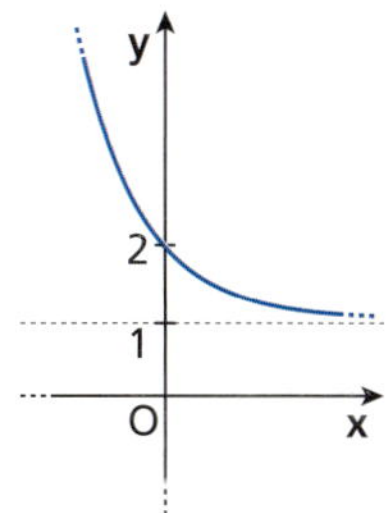

D

26 La seguente tabella riporta la variazione percentuale, rispetto all'anno precedente, dei ricavi derivanti dalla vendita di mobili prodotti in Italia (fonte: Istat).

Anno	2012	2013	2014	2015	2016
Variazione annua	−19,08%	−7,31%	+4,19%	+1,02%	+6,25%

Se i ricavi nel 2014 ammontavano a 17,49 miliardi di euro, a quanto ammontavano nel 2016 (in miliardi di euro)?

A 18,41 B 18,58 C 18,77 D 19,56

27 Determina le soluzioni dell'equazione $\log_{\frac{1}{x}} 8 = 3$, mostrando il procedimento.

28 Nell'intervallo $[0; 2\pi]$ l'equazione $2\cos x + 1 = 0$ ha come soluzione:

A $x = \frac{1}{6}\pi$ e $x = \frac{11}{6}\pi$.
C $x = \frac{5}{6}\pi$ e $x = \frac{7}{6}\pi$.
B $x = \frac{1}{3}\pi$ e $x = \frac{5}{3}\pi$.
D $x = \frac{2}{3}\pi$ e $x = \frac{4}{3}\pi$.

29 Di due numeri reali a e b sai che $a + b = 2$ e $ab = -8$. Quanto vale $a^2 + b^2$?

A 36 B 28 C 20 D Non è possibile determinarlo.

30 Nel piano cartesiano l'equazione $x^2 = y^2 - 1$ rappresenta:

A l'insieme vuoto. B una circonferenza. C una parabola. D un'iperbole.

31 **32** Caterina effettua un sondaggio tra i suoi compagni di classe, chiedendo a ognuno quante volte è stato al cinema negli ultimi 3 mesi. Ottiene le seguenti risposte:

4, 5, 4, 7, 3, 6, 2, 0, 8, 3, 5, 2,
8, 9, 3, 1, 3, 6, 1, 4, 8, 3, 8.

■ Qual è la moda della distribuzione di dati?

A 3 B 4 C 4,5 D 5

■ Calcola il numero medio di volte in cui un compagno di Caterina è andato al cinema negli ultimi 3 mesi, approssimando il risultato al decimo.

33 Qual è la metà del numero 2^{30}?

A 1^{30} B 2^{15} C 2^{29} D 2^{31}

34 La retta di equazione $y = mx$ ($m \in \mathbb{R}$) è tangente alla parabola di equazione $y = x^2 - 2x$. Determina m.

35 **36** La pendenza di una rampa (cioè il rapporto tra il dislivello verticale e quello orizzontale) è del 12%.

■ Se il dislivello verticale è di 30 cm, quanto è lunga la rampa? Esprimi il risultato in centimetri, approssimando al millimetro.

■ Qual è l'angolo che la rampa forma con il terreno? Esprimi il risultato in gradi, approssimando all'unità.

37 Il numero y di batteri di una colonia cresce secondo la legge $y = ae^{bt}$, dove t è il tempo in ore e a e b sono numeri reali. Inizialmente (al tempo $t = 0$) i batteri sono 4000, mentre dopo 3 ore sono 5400. Quali sono i valori di a e b?

A $a = \frac{27}{20}$, $b = \frac{3}{10}$.

B $a = 4000$, $b = \frac{3}{10}$.

C $a = 5400$, $b = \frac{1}{10}$.

D $a = 4000$, $b = \frac{1}{10}$.

38 Il grafico mostra la serie storica del numero di impianti fotovoltaici e della potenza totale installata in Italia dal 2008 al 2016 (fonte: GSE).

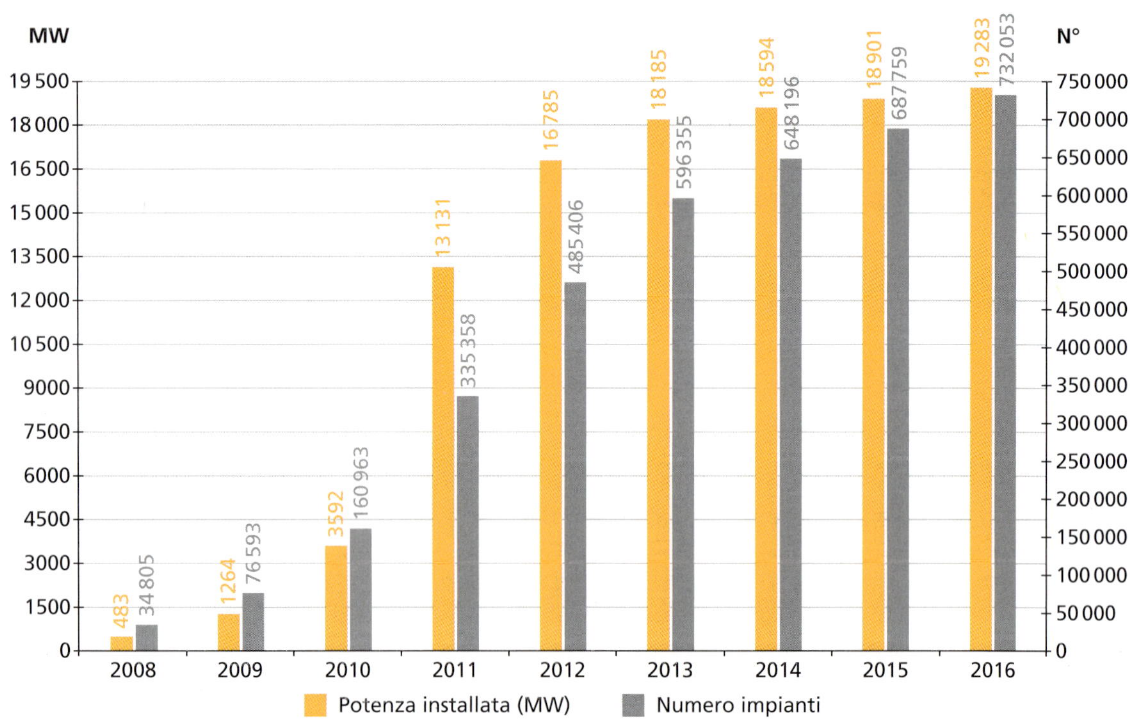

a. La potenza totale degli impianti presenti nel 2016 è stata più che doppia rispetto al 2011. V F

b. L'aumento relativo (rispetto all'anno precedente) del numero di impianti è stato maggiore nel 2011 che nel 2010. V F

c. La potenza media del totale degli impianti presenti nel 2016 è minore di 30 kW. V F

VERSO L'INVALSI

120 minuti

► Su http://online.scuola.zanichelli.it/invalsi trovi tante simulazioni interattive in più per fare pratica in vista della prova INVALSI.

1 **2** Il grafico seguente riporta le frequenze dei voti attribuiti a un film dagli utenti di un sito internet dedicato al cinema.

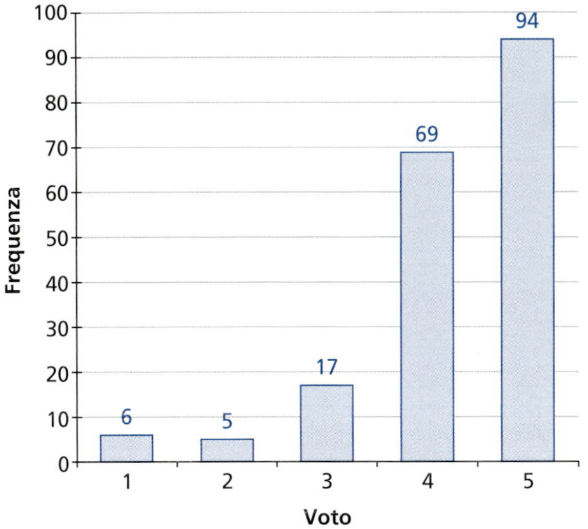

- **a.** Più di 200 persone hanno espresso il loro voto. V F
  b. Più del 90% dei votanti ha dato un voto maggiore o uguale a 3. V F
  c. La moda della distribuzione è 94. V F
- Calcola la media dei voti attribuiti al film, approssimando al decimo.

3 Il numero $6^{20} + 6^{21}$:

A è uguale a 6^{41}.

B è uguale a 6^{420}.

C è divisibile per 7.

D è divisibile per 5.

4 Risolvi l'equazione

$$\sqrt{4x^2 + 4x + 1} + x = 0,$$

mostrando il procedimento.

5 In un quadrilatero $ABCD$ si ha $\widehat{B} = 2\widehat{A}$, $\widehat{C} = 3\widehat{A}$ e $\widehat{D} = 4\widehat{A}$. Qual è l'ampiezza, in gradi, di $\widehat{A}$?

6 Una fra le seguenti disequazioni è impossibile. Quale?

A $\dfrac{(x-2)^2}{x-2} < 0$

B $\dfrac{x^3 + x^2}{1 + x} \leq 0$

C $\dfrac{x^3 - x^2 + x - 1}{x - 1} \leq 0$

D $\dfrac{x^2 + 1}{x^2} \geq 0$

7 Quale delle seguenti equazioni rappresenta una retta perpendicolare alla retta di equazione $2x + 3y - 1 = 0$?

A $2x + 3y = 0$

B $3x - 2y = 0$

C $\frac{1}{2}x + \frac{1}{3}y = 0$

D $\frac{1}{3}x - \frac{1}{2}y = 0$

8 In un certo momento della giornata i raggi solari sono inclinati di 27° rispetto all'orizzonte. Un palo della luce, posto su un terreno orizzontale, è alto 3,5 m. Quanto è lunga l'ombra che proietta il palo? Scrivi il risultato in metri, approssimando al decimetro.

9 Quale delle seguenti può essere l'espressione analitica della funzione $f(x)$ rappresentata nel grafico sotto?

A $y = 2\cos(x-1)$

B $y = \cos\left(\frac{x}{2}\right) - 1$

C $y = \sin\left(\frac{x}{2} - 1\right)$

D $y = \cos(2x) - 1$

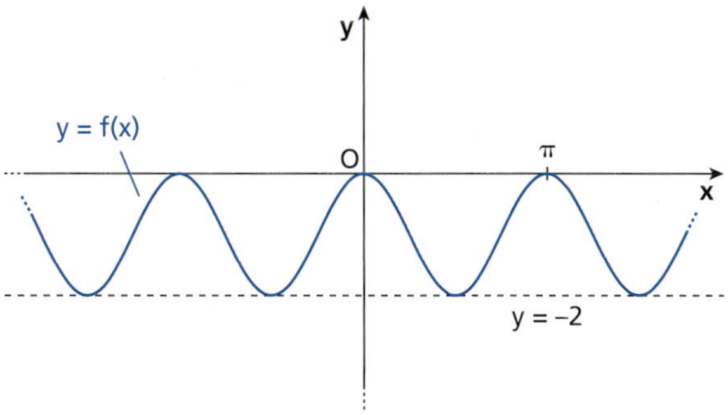

10 **11** La seguente tabella riporta i consumi domestici di energia elettrica in Italia dal 1966 al 2016 (fonte: Terna) e la popolazione residente in Italia nello stesso periodo (fonte: Istat). (1 TWh = 10^9 kWh).

Anno	1966	1976	1986	1996	2006	2016
Consumo di energia elettrica (TWh)	13,3	30	45,7	58	67,6	64,3
Popolazione (milioni)	52,3	55,6	56,6	56,8	58,1	60,7

- **a.** L'aumento relativo dei consumi tra il 1976 e il 1986 è stato maggiore del 50%. V F
- **b.** Nel 1986 il consumo pro capite era maggiore di 1000 kWh. V F
- **c.** Nel 2016 il consumo pro capite è più che quadruplicato rispetto al 1966. V F

Calcola la variazione percentuale dei consumi del 2016 rispetto al 2006, esprimendo il risultato con una cifra decimale.

---

12 Qual è la soluzione della disequazione

$$4^x \geq \left(\frac{1}{2}\right)^{x+1}?$$

A $x \geq 0$ C $x \geq -\frac{1}{3}$

B $x \leq 0$ D $x \leq -\frac{1}{3}$

13 Osserva il seguente grafico, che rappresenta una funzione $f(x)$.

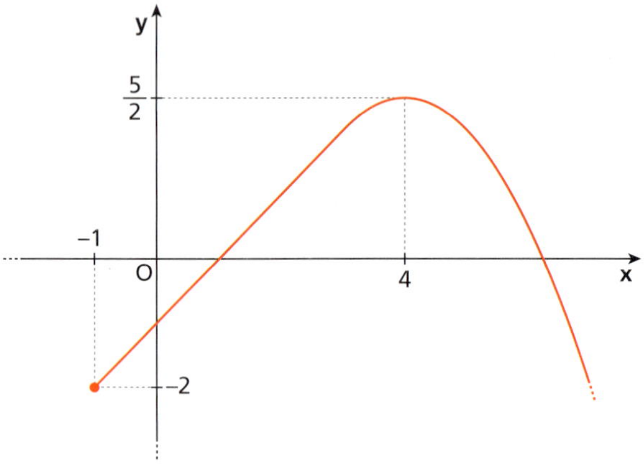

- **a.** Il dominio di $f(x)$ è $x \geq -1$. V F
- **b.** $f(x)$ è iniettiva. V F
- **c.** $f(x)$ ha tre zeri nel suo dominio. V F
- **d.** $f(x)$ è crescente per $-1 \leq x \leq 4$. V F

14 Quanto vale $\tan\alpha$ se

$$\cos\alpha = \frac{5}{7} \text{ e } -\frac{\pi}{2} < \alpha < 0?$$

A $\frac{2\sqrt{6}}{5}$ C $\frac{2\sqrt{6}}{7}$

B $-\frac{2\sqrt{6}}{5}$ D $-\frac{2\sqrt{6}}{7}$

15 Adele possiede un terreno la cui forma è rappresentata dal trapezio rettangolo $ABCD$ in figura. Vuole dividere il terreno in due parti, una in cui coltivare l'orto e una in cui piantare un frutteto, costruendo una staccionata per separarle, rappresentata dalla linea tratteggiata. A quanti metri dal punto A Adele deve posizionare la staccionata affinché l'orto e il frutteto abbiano la stessa area?

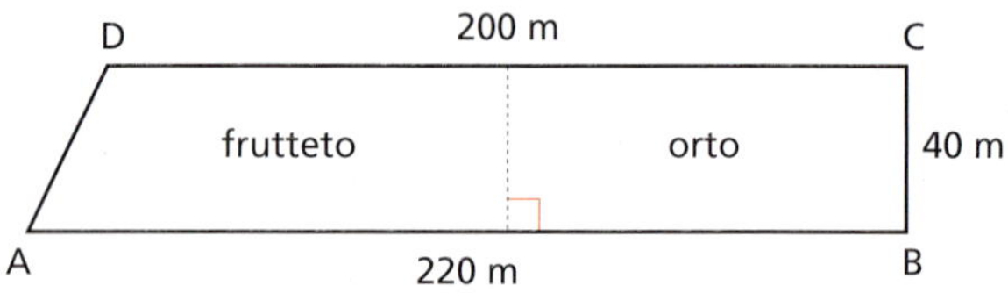

A 105 B 110 C 115 D 120

16 La figura mostra la facciata di un edificio. La pioggia colpisce la facciata con un angolo di 14°. Fino a quale altezza dal suolo viene bagnata la facciata? Esprimi il risultato in metri, approssimando alla prima cifra decimale.

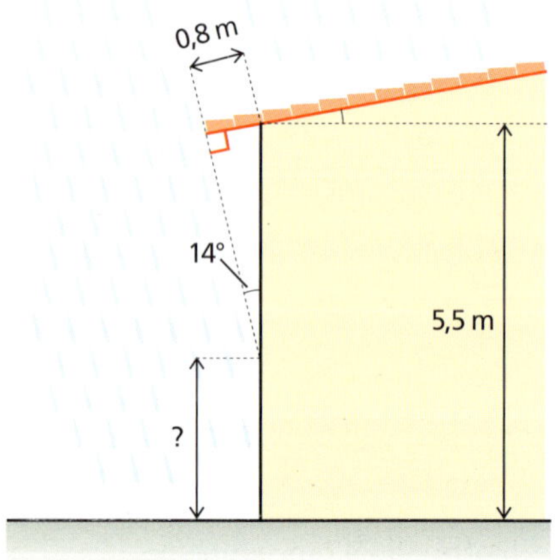

17 Associa a ogni equazione la sua soluzione.

a. $3^{5x} = 4$ **b.** $4^{3x} = 5$ **c.** $5^{4x} = 3$

1. $x = \log_5 \sqrt[4]{3}$ **2.** $x = \log_3 \sqrt[5]{4}$ **3.** $x = \log_4 \sqrt[3]{5}$

18 Un oculista, visitando un paziente, osserva che il diametro di una sua pupilla (la cui forma può essere approssimata a quella di un cerchio) varia da 1,4 mm, in presenza di una forte luce, a 8,2 mm, in presenza di una luce molto debole. Qual è il rapporto tra l'area della pupilla dilatata e quella della pupilla ristretta?

A 5,9 **B** 34 **C** 34π **D** $8{,}2\pi$

19 Silvano ha cronometrato il tempo impiegato per recarsi al lavoro in bicicletta per 5 giorni consecutivi, ottenendo i seguenti valori (espressi in minuti):

13, 12, 15, 13, 11.

Quale delle seguenti coppie di valori rappresenta, nell'ordine, il tempo medio impiegato da Silvano e la relativa deviazione standard?

A 13 min, 1,33 min.

B 13 min, 1,76 min^2.

C 12,8 min, 1,33 min.

D 12,8 min, 1,76 min^2.

20
21 Il torio-229 è un isotopo radioattivo. Il numero N di atomi di torio-229 presenti in una certa sostanza decade in modo approssimato secondo la legge

$$N(t) - N_0 e^{-\alpha t},$$

dove t è il tempo misurato in anni, N_0 è il numero iniziale di isotopi presenti e $\alpha = 8{,}755 \cdot 10^{-5}$.

- Se $N_0 = 8 \cdot 10^5$, quanti isotopi sono presenti dopo 1000 anni? Scrivi il risultato in notazione scientifica, con tre cifre significative.
- Determina l'*emivita* del torio-229 che ottieni con questa legge approssimata, cioè il tempo necessario affinché il numero di isotopi radioattivi si dimezzi. Esprimi il risultato in anni, approssimando all'unità.

22 Uno dei seguenti numeri è primo. Quale?

A 2345

B 3456

C 4567

D 5678

23 L'equazione della circonferenza con il centro nel punto (2; 1) e di raggio 5 ha equazione:

A $x^2 + y^2 = 25$.

B $(x-2)^2 + (y-1)^2 = 25$.

C $(x-2)^2 + (y-1)^2 = 5$.

D $x^2 + y^2 = 5$.

24 Il seguente grafico rappresenta una funzione del tipo $y = \ln(ax + b)$. Quanto valgono a e b?

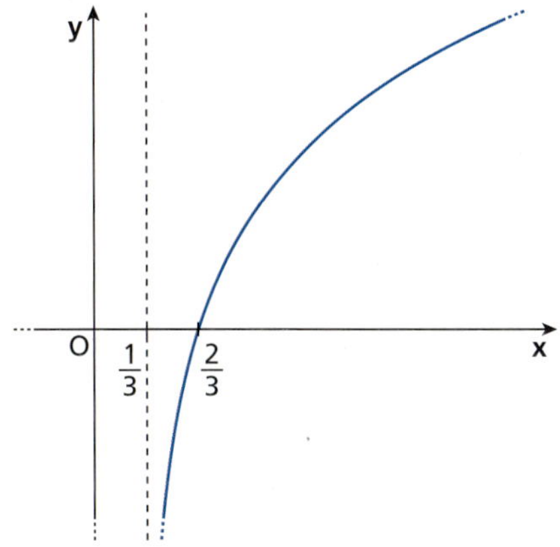

A $a = 1,\ b = -\frac{1}{3}$

B $a = -3,\ b = 1$

C $a = 3,\ b = -1$

D $a = 3,\ b = 1$

25 Un rettangolo di perimetro 32 ha la diagonale lunga $\sqrt{130}$. Calcola l'area del rettangolo.

26 In figura è rappresentata l'iperbole di equazione $xy = 3$.

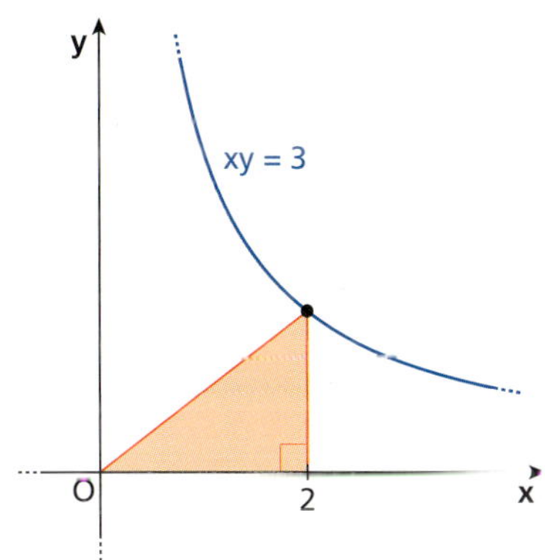

Qual è l'area del triangolo colorato?

A $\frac{3}{2}$

B 2

C $\frac{5}{2}$

D 4

27 Alcuni amici prendono il treno per una gita in montagna. Uno di loro nota che il prezzo del biglietto è uguale al triplo del numero dei partecipanti alla gita. La spesa complessiva è di € 432. Quanti sono i partecipanti?

28 Un negozio di articoli per la casa vende teglie rettangolari di varie dimensioni. La larghezza e la lunghezza di una teglia sono il doppio rispetto a un'altra teglia. Il rapporto tra le loro aree vale:

A 1,5 **B** 2 **C** 4 **D** 8

29 Qual è la soluzione dell'equazione

$\ln(x^2+1)=0$?

A Nessun $x \in \mathbb{R}$.

B $x=0$

C $x=\pm 1$

D $x=\pm\sqrt{e-1}$

30 Qual è la soluzione di $\sin x = \sqrt{3}\cos x$ nell'intervallo $[0; \pi[$?

A $x=\frac{\pi}{6}$

B $x=\frac{\pi}{4}$

C $x=\frac{\pi}{3}$

D $x=\frac{\pi}{2}$

31 Mauro lancia una mela a Stefano. Nella figura è schematizzata la traiettoria parabolica della mela, che viene lanciata dal punto $O(0; 0)$ e afferrata nel punto $A(3; 0)$ (le misure sono in metri). Rispetto all'asse x, la mela raggiunge una quota massima di 0,9 metri.
Qual è l'equazione della parabola?

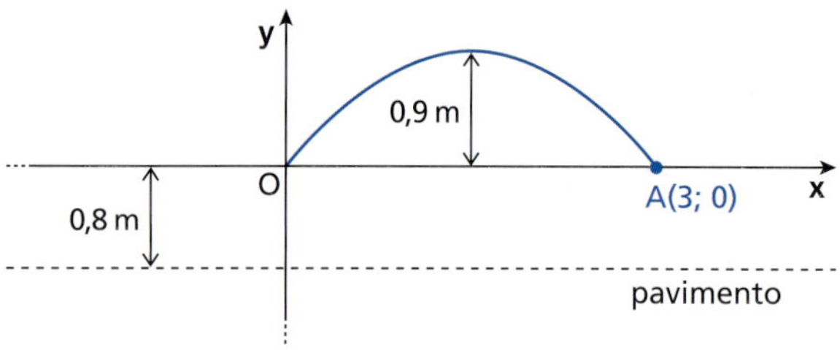

32 **33** Considera la figura.

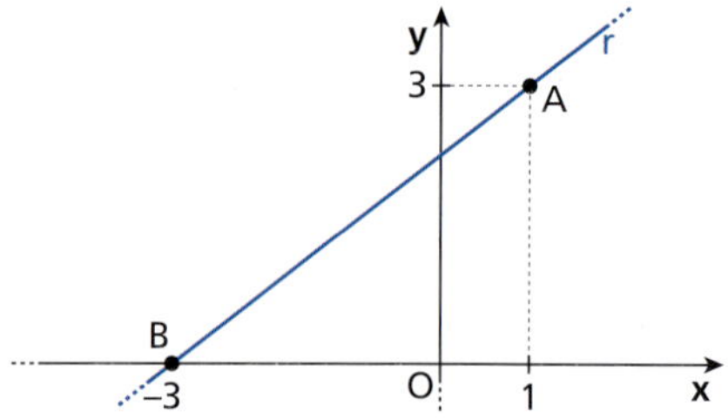

- **a.** Il coefficiente angolare della retta r è $\frac{3}{4}$. V F
- **b.** La retta r passa per il punto (4; 3). V F
- **c.** La retta di equazione $y=\frac{4}{3}x$ è perpendicolare a r. V F

- Calcola la distanza dell'origine degli assi dalla retta r.

34 **35** La seguente tabella riporta le quantità di rifiuti urbani e di raccolta differenziata in Italia negli anni 2011-2015 (fonte: Ispra).

Anno	2011	2012	2013	2014	2015
Rifiuti urbani prodotti (kg pro capite)	528	505	486,5	487,7	486,7
Raccolta differenziata (kg pro capite)	199,1	202	205,8	220,4	231,2

- Nel periodo 2011-2015, in quale anno è stata massima la quota di raccolta differenziata sul totale dei rifiuti urbani?

A 2012 B 2013 C 2014 D 2015

- Calcola la variazione percentuale dei rifiuti urbani pro capite prodotti in Italia nel 2015 rispetto al 2011.

36 **37** La figura rappresenta il profilo di uno smartphone, formato da quattro segmenti e quattro quarti di circonferenza.

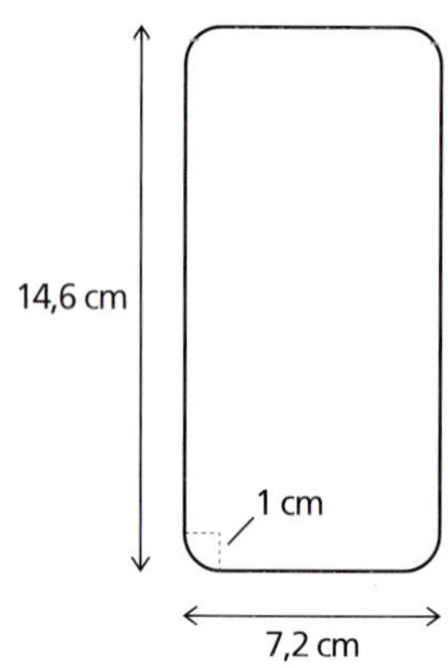

- Qual è l'area racchiusa dal profilo mostrato in figura, in cm^2?

A $101{,}12-\pi$

B $101{,}12+\pi$

C $105{,}12$

D $105{,}12+\pi$

- Lo schermo LCD dello smartphone è a forma di rettangolo con base 7 cm e altezza 11,2 cm.
Calcola la lunghezza della diagonale dello schermo ed esprimi il risultato in pollici, approssimando al decimo (1 pollice = 2,54 cm).

38 L'equazione $y=ax^2+3x+2$ rappresenta una parabola. Quale valore deve avere il parametro a affinché la parabola passi per il punto $P(-2; 0)$?